Fisiologia e Desenvolvimento Vegetal

F528	Fisiologia e desenvolvimento vegetal / Lincoln Taiz ... [et al.] ; tradução e revisão técnica : Júlio César de Lima, Paulo Luiz de Oliveira. – 7. ed. – Porto Alegre : Artmed, 2024.
	xxx, 834 p. il. color. ; 28 cm.
	ISBN 978-65-5882-211-0
	1. Fisiologia vegetal. 2. Botânica. I. Taiz, Lincoln.
	CDU 581.76

Catalogação na publicação: Karin Lorien Menoncin – CRB 10/2147

Lincoln Taiz • Ian Max Møller
Angus Murphy • Eduardo Zeiger

Fisiologia e Desenvolvimento Vegetal

7ª EDIÇÃO

Tradução
Paulo Luiz de Oliveira
Biólogo. Professor titular aposentado do Departamento de Ecologia do Instituto de Biociências da
Universidade Federal do Rio Grande do Sul (UFRGS). Mestre em Botânica pela UFRGS.
Doutor em Ciências Agrárias pela Universität Hohenheim, Stuttgart, República Federal da Alemanha.

Tradução técnica
Júlio César de Lima
Biólogo. Professor de carreira do Magistério de Canoas PEB II Ciências.
Doutor em Genética e Biologia Molecular pela UFRGS.

Porto Alegre
2024

Obra originalmente publicada sob o título *Plant Physiology and Development*, 7th edition.

ISBN 9780197577240

Plant Physiology and Development was originally published in English in 2023. This translation is published by arrangement with Oxford University Press. GA Educação Ltda. is solely responsible for this translation from the original work and Oxford University Press shall have no liability for any errors, omissions or inaccuracies or ambiguities in such translation or for any losses caused by reliance thereon.

Coordenação editorial: *Alberto Schwanke*

Editora responsável: *Simone de Fraga*

Assistente editorial: *Francelle Machado Viegas*

Leitura final: *Mariana Belloli Cunha e Mirela Favaretto*

Arte sobre capa original: *Márcio Monticelli*

Fotografia da capa: ©*Fotos593/Shutterstock*
O Parque Nacional Yasuní na floresta amazônica, Equador, pode ser considerado um dos lugares com maior biodiversidade da Terra.

Editoração: *Clic Editoração Eletrônica Ltda.*

As ciências biológicas estão em constante evolução. À medida que novas pesquisas e a própria experiência ampliam o nosso conhecimento, novas descobertas são realizadas. Os autores desta obra consultaram as fontes consideradas confiáveis, num esforço para oferecer informações completas e, geralmente, de acordo com os padrões aceitos à época da sua publicação.

Reservados todos os direitos de publicação, em língua portuguesa, a
GA EDUCAÇÃO LTDA.
(Artmed é um selo editorial do GA EDUCAÇÃO LTDA.)
Rua Ernesto Alves, 150 – Bairro Floresta
90220-190 – Porto Alegre – RS
Fone: (51) 3027-7000

SAC 0800 703 3444 – www.grupoa.com.br

É proibida a duplicação ou reprodução deste volume, no todo ou em parte, sob quaisquer formas ou por quaisquer meios (eletrônico, mecânico, gravação, fotocópia, distribuição na Web e outros), sem permissão expressa da Editora.

IMPRESSO NO BRASIL
PRINTED IN BRAZIL

Organizadores/Autores

Angus Murphy é professor e chefe do Departamento de Ciências Vegetais e Arquitetura da Paisagem da Universidade de Maryland. Obteve o título de Doutor em Biologia na Universidade da Califórnia, Santa Cruz. Sua pesquisa explora o transporte e metabolismo de hormônios vegetais e seu papel no desenvolvimento e respostas ambientais. Grande parte dessa pesquisa tem como foco as funções dos transportadores de cassetes de ligação ao ATP e outras proteínas que são agrupadas em nanodomínios ordenados nas membranas. (Capítulos 1 e 4)

Ian Max Møller é professor emérito de Biologia Molecular e Genética da Universidade Aarhus, Dinamarca. Obteve o título de Doutor em Bioquímica Vegetal no Imperial College, Londres, Reino Unido. Trabalhou na Universidade de Lund, Suécia, por 20 anos, antes de retornar à Dinamarca. Ao longo de sua carreira, professor Møller tem investigado as mitocôndrias de plantas. Seus interesses atuais incluem a proteômica, estresse oxidativo e modificação pós-traducional de proteínas como um mecanismo regulador. (Capítulo 13)

Lincoln Taiz é professor emérito de Biologia Molecular, Celular e do Desenvolvimento na Universidade da Califórnia, Santa Cruz. Obteve o título de Doutor em Botânica pela Universidade da Califórnia, Berkeley. Na sua linha de pesquisa são enfatizadas a estrutura, a função e a evolução das H^+-ATPases vacuolares. Outros interesses de investigação abrangem o transporte e a atividade de hormônios vegetais, propriedades mecânicas das paredes celulares e toxicidade de metais pesados. Dr. Taiz também é coautor, com Lee Taiz, de um livro de ciência popular (*popular science*) sobre a descoberta e a negação do sexo em plantas, denominado *Flora Unveiled* (*Flora Revelada*).

Organizador emérito

Eduardo Zeiger é professor emérito de Biologia da Universidade da Califórnia, Los Angeles. Obteve o título de Doutor em Genética Vegetal na Universidade da Califórnia, Davis. Seu interesse de pesquisa inclui a função estomática, a transdução sensorial das respostas à luz azul e o estudo da aclimatação estomática associada ao aumento da produtividade de culturas vegetais.

Autores

Alexander Jones é líder de grupo no Laboratório Sainsbury, Universidade de Cambridge, Reino Unido. Obteve o título de Doutor na Universidade da Califórnia, Berkeley, e concluiu o pós-doutorado em Biologia Vegetal no Instituto Carnegie na Universidade Stanford. Sua pesquisa está relacionada ao modo como os hormônios vegetais coordenam as atividades celulares a serviço da fisiologia e do desenvolvimento vegetal. Atualmente, seu grupo de estudos desenvolve novas ferramentas para detectar hormônios vegetais para tornar a dinâmica hormonal celular cada vez mais clara. (Capítulos 18 e 19)

Alexander Schulz é professor de Biologia Celular e Bioimagem na Universidade de Copenhague, Dinamarca. Obteve o título de Doutor na Universidade de Heidelberg, Alemanha. A sua pesquisa se concentra na estrutura, função e regeneração do floema de angiospermas e gimnospermas, incluindo o transporte apoplástico, por plasmodesmos e a partir do floema. (Capítulo 12)

Organizadores/Autores

Allan G. Rasmusson é professor de Fisiologia Vegetal na Universidade de Lund, Suécia. Obteve o título de Doutor em Fisiologia Vegetal na mesma universidade e concluiu seu pós-doutorado na IGF Berlim. Sua linha de pesquisa atual está centrada na biologia celular de bioestimulação vegetal e controle redox metabólico. (Capítulo 13)

Andreas Blennow é professor de Biotecnologia do Amido na Universidade de Copenhague, Dinamarca. Obteve o título de Doutor em Bioquímica na Universidade de Lund, Suécia. Sua linha de pesquisa abrange polissacarídeos, especialmente amido, estrutura e funcionalidade, metabolismo e engenharia de culturas agrícolas. (Capítulo 10)

Andreas Madlung é professor do Departamento de Biologia da Universidade de Puget Sound. Obteve o título de Doutor em Biologia Molecular e Celular na Universidade Estadual do Oregon. A pesquisa em seu laboratório se baseia na influência da estrutura genômica sobre o desenvolvimento e a evolução vegetal, bem como respostas vegetais à luz mediadas por fitocromos. (Capítulo 3)

Asaph B. Cousins é professor na Escola de Ciências Biológicas da Universidade Estadual de Washington. É bacharel em Biologia pela Universidade Estadual da Califórnia, Chico, e obteve seu título de Doutor em Biologia Vegetal na Universidade Estadual do Arizona. Sua pesquisa tem como foco a determinação da bioquímica foliar e os mecanismos estruturais que influenciam a eficiência fotossintética em diversas gramíneas C_4, biocombustível C_4 e culturas agrícolas importantes, e o arroz (planta C_3) melhorado com características C_4. (Capítulos 10 e 11)

Christopher D. Whitewoods é um pesquisador no Laboratório Sainsbury, Universidade de Cambridge, Reino Unido. Sua pesquisa estuda como as plantas se formam em três dimensões. Obteve o título de Doutor em Desenvolvimento Vegetal na Universidade de Cambridge. (Capítulo 18)

Claus Schwechheimer é professor de Biologia de Sistemas Vegetais na Universidade Técnica de Munique, Alemanha. Obteve o título de Doutor na Universidade de East Anglia, Reino Unido. Seu interesse de pesquisa é compreender os mecanismos moleculares que sustentam o modo de ação dos fitormônios auxina e giberelina no desenvolvimento vegetal. Atualmente, no seu laboratório são estudadas as proteínas quinases na regulação de transportadores PIN de auxina e de fatores de transcrição GATA na regulação do metabolismo primário e do crescimento vegetal. Claus é também coordenador da rede de pesquisa "Mecanismos moleculares que regulam o rendimento e a estabilidade de produção em plantas." (Capítulo 4)

David M. Kramer é professor do Departamento de Bioquímica e Biologia Molecular e do MSU-DOE Plant Research Laboratory da Universidade Estadual de Michigan. Obteve o título de Doutor em Biofísica na Universidade de Illinois em Urbana-Champaign. Sua pesquisa se concentra em como o maquinário de transdução de energia da fotossíntese funciona em organismos vivos e como ela é impactada pelas condições ambientais dinâmicas. (Capítulo 9)

Dolf Weijers é professor catedrático de Bioquímica na Universidade Wageningen, Holanda. Sua pesquisa se concentra na compreensão dos princípios bioquímicos e celulares que regulam o desenvolvimento vegetal e sua evolução, em que o embrião de *Arabidopsis* é frequentemente utilizado como um sistema-modelo. (Capítulo 22)

Eduardo Blumwald é professor eminente de Biologia Celular e ocupa a posição de Will W. Lester Endowed Chair no Departamento de Ciências Vegetais da Universidade da Califórnia, Davis. Obteve o título de Doutor em Bioenergia na Universidade Hebraica de Jerusalém. Sua pesquisa tem como foco a adaptação das plantas ao estresse ambiental e as bases celulares e moleculares da qualidade de frutos e da engenharia da fixação de nitrogênio em cereais. (Capítulo 15)

Organizadores/Autores

Federica Brandizzi é professora universitária eminente e professora da Fundação MSU de Biologia Vegetal na Universidade Estadual de Michigan. Obteve o título de Doutora em Biologia Celular e Molecular na Universidade de Roma, Itália. Federica desenvolveu sua formação de pós-doutorado na Universidade de Oxford e Universidade Oxford Brookes, Reino Unido, trabalhando com biologia de endomembranas vegetais. Sua pesquisa tem como foco os mecanismos fundamentais que embasam a identidade morfológica e funcional das organelas da rota secretora vegetal, em espécies de eudicotiledôneas e monocotiledôneas, no crescimento fisiológico e no estresse, aplicando tal conhecimento para melhorar economicamente culturas agrícolas relevantes. (Capítulo 1)

Hye Ryun Woo é professora associada do Departamento de Biologia (New Biology) do Daegu Gyeongbuk Instituto de Ciência e Tecnologia na República da Coreia. Sua pesquisa atual está centrada na compreensão dos mecanismos de genética molecular que fundamentam o crescimento e a senescência foliar. (Capítulo 23)

John J. Browse é professor do Instituto de Química Biológica da Universidade Estadual de Washington. Obteve o título de Doutor na Universidade de Aukland, Nova Zelândia. Sua linha de pesquisa inclui a bioquímica do metabolismo de lipídeos e as respostas das plantas às temperaturas baixas. (Capítulo 13)

John M. Christie é professor de Fotobiologia no Instituto de Biologia Celular, Molecular e Sistêmica da Universidade de Glasgow. Obteve o título de Doutor na Universidade de Glasgow. Sua pesquisa está centrada no uso de diversas abordagens, desde biofísicas até fotobiológicas, para entender como os sistemas fotossensores operam para moldar o crescimento e o desenvolvimento das plantas. Sua pesquisa tem resultado em avanços importantes no campo da fotobiologia, incluindo a identificação muito almejada do fotorreceptor para o fototropismo e, mais recentemente, o fotorreceptor de UV-B em plantas. Seu trabalho se estende também ao desenvolvimento de novas ferramentas optogenéticas para rastrear infecções bacterianas e virais não invasivas e controlar processos neurais pelo uso da luz. (Capítulo 16)

John M. Ward é professor do Departamento de Botânica e Biologia Microbiana na Universidade de Minnesota Twin Cities. Obteve o título de Doutor em Botânica na Universidade de Maryland. Sua pesquisa tem como foco o funcionamento de transportadores acoplados a prótons para o transporte de metabólitos e nutrientes. (Capítulos 7 e 8)

José Feijó é professor no Departamento de Biologia Celular e Genética Molecular na Universidade de Maryland. Sua pesquisa inclui atividade sobre a base biofísica da comunicação célula-célula durante a reprodução sexuada de musgos e angiospermas. (Capítulo 21)

June M. Kwak é professor do Departamento de Biologia (New Biology) do Daegu Gyeongbuk Instituto de Ciência e Tecnologia, Coreia do Sul. Obteve o título de Doutor na Universidade de Ciência e Tecnologia de Pohang, Coreia do Sul. Sua pesquisa tem como foco as redes de sinalização celular e a flexibilidade de programas de desenvolvimento. (Capítulo 23)

Michael Udvardi é professor de Genômica Vegetal na Universidade de Queensland em Brisbane, Austrália. Obteve o título de Doutor em Bioquímica Vegetal na Universidade Nacional da Austrália. O foco de sua pesquisa é a fixação simbiótica de nitrogênio em leguminosas e as abordagens genômicas voltadas ao melhoramento de culturas agrícolas. (Capítulo 7)

N. Michele Holbrook é professora do Departamento de Biologia Organísmica e Evolutiva da Universidade Harvard. Obteve o título de Doutora na Universidade Stanford. Seu grupo de pesquisa estuda as relações hídricas e o transporte em longa distância através do xilema e do floema. (Capítulos 5 e 6)

Organizadores/Autores

Nidhi Rawat é professora associada de Patologia Vegetal na Universidade de Maryland. Obteve o título de Doutora no Instituto Indiano de Tecnologia, Roorkee. Sua pesquisa identifica genes de defesa vegetal que proporcionam resistência aos fungos patogênicos. Esta atividade inclui a elucidação de mecanismos moleculares de defesa vegetal e o melhoramento de variedades de plantas de cereais sob elevada pressão de patógenos associada com mudança climática. (Capítulo 3)

Pyung Ok Lim é professora do Departamento de Biologia (New Biology) do Daegu Gyeongbuk Instituto de Ciência e Tecnologia (DGIST) na República da Coreia. Obteve o título de Doutora na Universidade Estadual de Michigan. Sua pesquisa atual tem como foco os mecanismos reguladores que fundamentam a senescência vegetal e a interação entre o relógio circadiano e o envelhecimento foliar. (Capítulo 23)

Roger W. Innes ocupa a cátedra em Biologia da Classe de 1954 na Universidade de Indiana-Bloomington (IUB) e atualmente dirige o Centro de Microscopia Eletrônica desta universidade. Obteve o título de Doutor em Biologia Molecular, Celular e do Desenvolvimento na Universidade do Colorado-Boulder e concluiu o pós-doutorado na Universidade da Califórnia, Berkeley, onde ajudou a desenvolver *Arabidopsis* como um sistema-modelo para estudar as interações moleculares entre planta e microrganismo. Professor Innes é membro da Associação Americana para o Avanço da Ciência e da Academia Americana de Microbiologia. (Capítulo 24)

Ron Mittler é professor na Divisão de Ciências Vegetais e Tecnologia do Departamento de Cirurgia da Universidade do Missouri, Columbia. Obteve o título de Doutor em Bioquímica na Universidade Rutgers. Sua pesquisa tem como foco o metabolismo e sinalização de espécies reativas de oxigênio em células vegetais e animais, respostas sistêmicas de plantas ao estresse, biologia do câncer e combinação de estresse. (Capítulo 15)

Sarah Robinson é líder de grupo no Laboratório Sainsbury da Universidade de Cambridge, Reino Unido, e bolsista de pesquisa da Royal Society. Obteve o título de Doutora em Biologia Vegetal no Centro John Innes e, após, desenvolveu pesquisa de pós-doutorado na Universidade de Berna, Suíça. Seu laboratório adota uma abordagem interdisciplinar para entender o desenvolvimento vegetal, com um foco especial no papel do estresse mecânico. (Capítulos 18 e 19)

Simon Gilroy é professor do Departamento de Botânica da Universidade de Wisconsin-Madison. Obteve o título de Doutor em Bioquímica Vegetal na Universidade de Edinburgh. Concluiu pesquisa de pós-doutorado na Universidade da Califórnia, Berkeley, antes de assumir o cargo de professor na Universidade Estadual da Pensivânia e de ocupar o cargo atual em Wisconsin. Sua pesquisa tem como foco a definição de redes de sinalização usadas pelas plantas para responder aos estímulos ambientais e sobre como elas reagem ao crescimento no espaço. (Capítulo 24)

Simona Radutoiu é professora associada do Departamento de Biologia Molecular e Genética da Universidade Aarhus, Dinamarca. Obteve o título de Doutora em Fisiologia Vegetal na Universidade de Agronomia, Bucareste, Romênia. Sua pesquisa tem como foco a sinalização em simbiose de plantas com bactérias fixadoras de nitrogênio e o estabelecimento de microbiota em raízes. (Capítulo 14)

Siobhan A. Braybrook é professora assistente de Biologia Molecular, Celular e do Desenvolvimento na Universidade da Califórnia, Los Angeles. Obteve o título de Doutora em Biologia Molecular Vegetal na Universidade da Califórnia, Davis. Professora Braybrook é também membro do Instituto de Nanossistemas da Califórnia, do Instituto de Biologia Molecular e do Centro para o Estudo das Mulheres na UCLA. (Capítulo 2)

Organizadores/Autores ix

Sofía Otero é funcionária de Evidência Científica no Gabinete de Ciência e Tecnologia do Congresso de Deputados da Espanha. Obteve o título de Doutora na Universidade Autônoma de Madri e concluiu o pós-doutorado no Laboratório Sainsbury na Universidade de Cambridge. Sua pesquisa está centrada na descoberta de mecanismos determinantes de identidade celular no desenvolvimento da raiz e tecnologias ômicas. Sofía Otero é também entusiasmada por educação científica, atuando como docente no Newnham College e como editora assistente em *The Plant Cell*. (Capítulo 19)

Vijay Tiwari é professor assistente de Genômica de Culturas de Cereais na Universidade de Maryland. Obteve o título de Doutor no Instituto Indiano de Tecnologia, Roorkee. O foco de sua pesquisa é o uso de ferramentas genéticas moleculares avançadas para acelerar a identificação e a implementação de características genéticas que melhorem os rendimentos, a utilização de nutrientes e a resiliência de culturas de cereais alimentícios. (Capítulo 3)

Wendy A. Peer é professora associada de Biologia Vegetal e de Ecologia Química do Departamento de Ciências Ambientais e Tecnologia da Universidade de Maryland, College Park. Obteve o título de Doutora na Universidade da Califórnia, Santa Cruz. Sua pesquisa tem como foco as interações de desenvolvimento, bióticas e abióticas que afetam o estabelecimento de plântulas e a identificação de novas aplicações de pareamento microbiano com alimentos de base vegetal para melhorar a qualidade alimentar e a nutrição. (Capítulo 17)

Yi-Fang Tsay é uma destacada bolsista de pesquisa do Instituto de Biologia Molecular, Academia Sínica, Taiwan. Obteve o título de Doutora em Biologia na Universidade Carnegie-Mellon, Pittsburgh, PA, Estados Unidos. Sua pesquisa tem como foco o transporte, a sinalização e a eficiência de utilização de nitratos. (Capítulo 14)

Yiping Qi é professor do Departamento de Ciência Vegetal e Arquitetura da Paisagem na Universidade de Maryland, College Park. Obteve o título de Doutor em Biologia Vegetal na Universidade de Minnesota. Seu laboratório trabalha com engenharia do genoma vegetal e biologia sintética. Professor Yiping Qi se interessa pelo desenvolvimento e aprimoramento de ferramentas para edição genômica de plantas, ajuste fino do transcriptoma vegetal, detecção de patógenos de plantas e sensores de estresses ambientais. Através de colaboração com outros cientistas, sua meta de longo prazo é conduzir pesquisa translacional para melhoramento e engenharia genética de culturas agrícolas, para reduzir as emissões de carbono e garantir alimentação global e segurança nutricional. (Capítulo 3)

Young Hun Song é professor associado do Departamento de Biotecnologia Agrícola da Universidade Nacional Seoul em Seoul, Coreia. Obteve o título de Doutor na Universidade Nacional Gyeongsang, Coreia. (Capítulo 20)

Zhongchi Liu é professora da Universidade de Maryland, College Park. Sua pesquisa tem como foco os mecanismos do desenvolvimento do morangueiro (*Fragaria vesca*) diploide selvagem. (Capítulo 21)

Revisores científicos

Annie Deslauriers
*Université du Québec
à Chicoutimi*

Brad Binder
*University of Tennessee,
Knoxville*

Caren Chang
University of Maryland

Chris Hawes
Oxford Brookes University

Christian Fankhauser
Université de Lausanne

Custodio de Oliveira Nunes
University of Maryland

Daniel Cosgrove
Pennsylvania State University

Danielle Way
University of Western Ontario

David Macherel
University of Angers

Duarte Figueiredo
*Max Planck Institute
for Molecular Biology,
Potsdam*

Eric Schaller
Dartmouth University

Eva Benková
*Institute of Science and
Technology, Austria*

Frederic Berger
*Gregor Mendel Institute,
Austria*

Gary D. Coleman
University of Maryland

Hans Lambers
The University of Western Australia

Henrik Flyvbjerg
Technical University of Denmark

Jarmila Pitterman
*University of California,
Santa Cruz*

Joe H. Sullivan
University of Maryland

José Díaz Varela
Universidade da Coruña

Joseph Kieber
University of North Carolina

Joshua Blakeslee
The Ohio State University

Julian Schroeder
*University of California,
San Diego*

June Nasrallah
Cornell University

Karen K. Christensen-Dalsgaard
MacEwan University

Larry Griffing
Texas A&M University

Lothar Kalmbach
University of Cambridge

Maria Janssen
Enza Zaden

Michael Blatt
University of Glasgow

Michael Broberg Palmgren
University of Copenhagen

Miltos Tsiantis
*Max Planck Institute for Plant Breeding
Research, Cologne*

Olga Voronova Komarov
*Botanical Institute,
Russian Academy of Sciences*

Paul Guy
University of Otago

Phillip Benfey
Duke University

Poul Erik Jensen
University of Copenhagen

Rainer Hedrich
Universität Würzburg

Rick Amasino
University of Wisconsin

Robert Sharwood
Western Sydney University

Shunyuan Xiao
University of Maryland

Subramanian Sankaranarayanan
Nagoya University

Susheng Gan
Cornell University

Ted Farmer
Université de Lausanne

Teun Munnik
University of Amsterdam

Thomas Vogelmann
University of Vermont

Tom Beeckman
Ghent University

Vernonica Franklin-Tong
University of Birmingham

Viktor Žárský
Charles University, Prague

William Plaxton
Queens University

Yeh Kuo-Chen
Academia Sinica

Yrjö Helariutta
University of Cambridge

Prefácio

Estamos entusiasmados e honrados em apresentar uma nova edição de *Fisiologia e Desenvolvimento Vegetal*. Como nas edições anteriores, nosso propósito global para a 7ª edição foi proporcionar aos estudantes uma base meticulosa dos princípios de fisiologia vegetal, bem como um alcance sólido das mais importantes descobertas científicas de ponta. Nosso objetivo a cada edição é integrar continuidade histórica e avanços científicos recentes como um conjunto harmonioso.

A 7ª edição aborda também um novo elemento temporal – o *futuro* da biologia vegetal. Deixou de ser controverso considerar que a civilização humana se tornou insustentável. A extração e a queima de combustíveis fósseis, a liberação da manufatura de subprodutos, a criação intensiva de animais e a destruição de ecossistemas tropicais e boreais têm produzido, de acordo com a National Oceanic and Atmospheric Administration (NOAA), o maior acúmulo de gases de efeito estufa na atmosfera desde o período quente do Plioceno Médio, há 3,6 milhões de anos. Esse processo, que começou durante a Revolução Industrial no início do século XIX e que foi amplamente acelerado na metade do século XX, atingindo temperaturas médias de 1 °C acima da média pré-industrial. Este aumento de temperatura aparentemente pequeno está ocorrendo de forma tão rápida que tem consequências na biodiversidade do mundo.

Muitos cientistas acreditam que temos agora o clima relativamente estável do Holoceno e entramos em uma nova época geológica perigosa, o Antropoceno, que é caracterizado pela dominação humana da biosfera e perturbação dos vários ciclos geológicos do sistema terrestre. A terrível situação foi resumida por António Guterres, Secretário Geral das Nações Unidas, em sua apresentação do Sexto Relatório de Avaliação do Painel Intergovernamental sobre Mudança Climática (IPCC) 2022:

> *O júri chegou a um veredito. E é um represamento ...*
> *Nós estamos em um processo acelerado para o desastre climático. Cidades importantes sob a água. Ondas de calor sem precedentes. Tempestades apavorantes. Carências de água generalizadas. Extinção de um milhão de espécies vegetais e animais. Isto não é ficção ou exagero. Isto é o que a ciência nos revela que resultará de nossas atuais políticas energéticas.*

Mitigação de mudança climática, preservação de ecossistemas e adaptação de sistemas agrícolas para evitar a fome em massa necessitarão de um esforço interdisciplinar internacional de enormes proporções, e a biologia vegetal estará certamente no centro desta ação. Como produtores primários, as plantas fornecem hábitat e alimento para o restante da biosfera. O conhecimento dos fundamentos da fisiologia vegetal, portanto, será necessário para concretizar intervenções significativas nos ecossistemas-chave. Padrões meteorológicos altamente variáveis e com extremos instáveis são esperados para prejudicar a produção agrícola global. O desenvolvimento e a adoção de abordagens adaptativas para alcançar uma agricultura sustentável de baixo consumo são agora prioridades inevitáveis.

Acima de tudo, as plantas desempenharão um papel central na conquista de emissões globais de carbono líquido zero. Desde o Grande Evento de Oxigenação – há 2,4 bilhões de anos, a atividade fotossintética de plantas, algas e cianobactérias tem regulado a temperatura do planeta mediante retirada e sequestro do CO_2 atmosférico. Os esforços para alcançar maior eficiência fotossintética, sequestro do carbono e utilização de nutrientes são apenas algumas das muitas áreas de pesquisa em que os cientistas já estão causando impacto. Nossa esperança é que estudantes interessados em fisiologia e desenvolvimento vegetal se tornem contribuintes importantes quanto aos esforços no uso de conhecimento sobre crescimento e funcionamento vegetal, visando à criação de novas soluções para a recuperação do nosso planeta.

■ Organização

A 7ª edição de *Fisiologia e Desenvolvimento Vegetal* continua com os esforços dentro da biologia vegetal para integrar fisiologia e desenvolvimento, como áreas complementares e inseparáveis de aprendizagem, em um texto coerente que proporcione um entendimento abrangente dos processos vegetais para estudantes em estágio mais avançado da graduação e estudantes de pós-graduação. Com a disponibilidade de *Fundamentos de Fisiologia Vegetal*, um livro acadêmico abrangente e rigoroso dos mesmos autores e destinado a cursos de graduação, com conteúdos que incluem menos genética molecular e bioquímica, *Fisiologia e Desenvolvimento Vegetal* pode se concentrar em um público onde essas áreas de experiência são resultados de aprendizagem importantes para cursos e currículos.

O livro está organizado em quatro unidades apresentando uma aprendizagem estruturada à medida que os estudantes manuseiam a sequência de tópicos.

- Uma nova Unidade I, Estrutura e sistemas de informação de células vegetais, com quatro capítulos, foi implementada para garantir a todos os estudantes um começo com um ponto de partida comum. A Unidade I também é organizada de uma maneira que permite que os capítulos sejam usados como material de referência, à medida que os estudantes consultam tópicos de capítulos subsequentes. Essa reestruturação importante também possibilita modernização do ensino de tópicos fisiológicos tradicionais pela introdução de genômica, genética molecular, edição de genoma e conceitos básicos de transdução de sinal no início do curso. Todos os quatro capítulos fornecem ideias importantes sobre processos e estruturas que são exclusivos para plantas.

- A Unidade II descreve transporte e translocação de água e solutos em um formato atualizado que melhora a compreensão de princípios fisiológicos básicos.
- A Unidade III detalha a bioquímica e o metabolismo, para proporcionar aos estudantes uma compreensão clara desses processos nas plantas. O último capítulo desta seção (Capítulo 15: Estresse abiótico) caracteriza as respostas ao estresse em um contexto que integra os temas aprendidos nos capítulos anteriores para melhorar a compreensão geral, antes de passar ao estudo detalhado dos processos de desenvolvimento.
- A Unidade IV enfatiza o crescimento e o desenvolvimento. Esta unidade leva o leitor aos estágios de desenvolvimento vegetal e culmina com um capítulo final (Capítulo 24) integrador, que descreve as interações bióticas.

Novidades nesta edição

- Inclusão de quadros com destaques que abordam tópicos de mudança climática e de biotecnologia que são relevantes para a fisiologia vegetal.
- Capítulo 15: Estresse abiótico foi antecipado para servir como um instrumento para ajudar os estudantes na integração dos conceitos aprendidos nas três primeiras unidades do livro.
- O tópico sobre crescimento vegetativo e organogênese agora é tratado em dois capítulos. O Capítulo 18: Crescimento vegetativo do eixo primário, que evidencia os meristemas, raiz e caule primários e o desenvolvimento foliar. O Capítulo 19: Crescimento vegetativo e organogênese: ramificação e crescimento secundário inclui seções atualizadas que descrevem o desenvolvimento da arquitetura da raiz, funcionamento cambial e ramificação epicórmica.
- O conteúdo de embriogênese agora é tratado no Capítulo 22, imediatamente após o tema reprodução sexuada: dos gametas aos frutos (Capítulo 21). Essa localização permite que o assunto seja apresentado junto com fecundação e desenvolvimento da semente ou antes do Capítulo 17: Dormência e germinação da semente e estabelecimento de plântula.
- O Capítulo 24: Interações bióticas foi reformulado para integrar melhor os conceitos de desenvolvimento com as primeiras três unidades do livro. Novos conteúdos sobre respostas vegetais à herbivoria e patógenos foram amplamente incorporados ao capítulo.
- Além das caixas de tópicos nos capítulos, tópicos e ensaios na internet foram atualizados para contemplar novos desenvolvimentos e destacar o melhoramento/biotecnologia vegetal e os impactos da mudança climática. O material da internet amplia a temática das abordagens integradoras para resolver problemas globais na produção de alimentos, energia renovável e sustentabilidade ambiental.
- Esta edição continua apresentando os avanços mais recentes e importantes na ciência vegetal, no grau de complexidade compatível com disciplinas avançadas de fisiologia vegetal na graduação.
- Genômica avançada, melhoramento molecular assistido e engenharia do genoma vegetal com CRISPR e ferramentas similares são apresentados por especialistas renomados na área.
- Nomenclatura conservadora para genes, produtos gênicos, mutantes e fatores epigenéticos foram padronizados ao longo do livro.
- No final de cada capítulo são incluídas Leituras sugeridas concisas e *links* para uma bibliografia *online* mais extensiva. Novos autores dos capítulos, que são expoentes em suas respectivas áreas, trazem um sentido aprimorado de relevância ao material apresentado.

Agradecimentos

Esta 7ª edição de *Fisiologia e Desenvolvimento Vegetal* é realmente o resultado de esforços da comunidade científica botânica. Primeiramente e acima de tudo, agradecemos aos talentosos autores dos capítulos, cujo compromisso pela excelência em educação superior e a convicção na proposta os motivaram a tirar um tempo livre de suas agendas cheias para atualizar e, em alguns casos, reescrever e reorganizar capítulos relacionados às suas áreas de especialização. Além disso, queremos agradecer às centenas de colegas que proporcionaram conhecimento, informação e crítica em relação ao material apresentado no livro. A American Society of Plant Biologists e a Society for Experimental Biology forneceram as plataformas para discussão e a divulgação deste projeto, somos gratos por isso. Igualmente, agradecemos, em especial à Dra. Wendy Peer pela sua contribuição ao desenvolvimento geral da 7ª edição, bem como pela organização e compilação dos Objetivos de Aprendizagem e Testes de Autoavaliação para aprimoramento do *e-book*.

Por fim, desejamos agradecer a equipe de produção da Oxford University Press/Sinauer Associates pelo incentivo e pela orientação durante o longo processo de organização, edição e produção desta 7ª edição: Joan Kalkut, nosso editor, uma liderança durante todo o processo; Linnea Duley, nossa editora de produção, que acompanhou cada capítulo durante a fase de produção, desde o começo até o fim; Arthur Pero, assistente editorial, que organizou os arquivos durante o processo de revisão e cuidou dos nossos contratos; Dra. Laura Green, que fez muitas sugestões relevantes para o aprimoramento da lógica organizacional e da clareza dos capítulos; Elizabeth Pierson, nossa editora de texto, que merece muito crédito pela consistência e clareza do estilo de escrita ao longo do texto; Donna DiCarlo e Meg Clark, especialistas em produção, que elaboraram um novo *layout* do livro e das páginas; e, por fim, Elizabeth Morales, a notável ilustradora científica, que deu continuidade ao trabalho realizado em edições anteriores. Por fim, mas certamente não menos importante, desejamos reconhecer e saudar nosso "editor emérito", Eduardo Zeiger, pelas contribuições inestimáveis às edições anteriores do livro, incluindo sua concepção original e formato com vários autores.

Ian Max Møller
Angus Murphy
Lincoln Taiz

Recursos didáticos

■ Para o estudante:

Acesse **oup.com/he/taiz7e**[*] para mais recursos de aprendizagem (em inglês), que auxiliarão no estudo dos temas. Ao final de cada capítulo deste livro, na seção Material da Internet, há uma lista de conteúdos avançados sobre **Tópicos** de interesse selecionados (*web topics*) e **Ensaios** de pesquisa atual (*essays*). Além disso, estão disponíveis no mesmo endereço um conjunto de questões de estudo (*study questions*) e referências adicionais (*references*). O *site* inclui o seguinte:

- **Tópicos na internet:** cobertura adicional de tópicos selecionados
- **Ensaios na internet:** artigos sobre pesquisas atuais, escritos pelos próprios pesquisadores
- *Flashcards*: que ajudam os alunos a dominar as centenas de novos termos introduzidos no livro
- **Questões de estudo:** um conjunto de perguntas com respostas curtas para cada capítulo
- **Referências:** um conjunto de referências específicas do capítulo
- **Apêndices na internet:** quatro apêndices completos estão disponíveis *on-line*:
    - **Apêndice na internet 1:** Energia e enzimas
    - **Apêndice na internet 2:** Análise cinemática do crescimento de plantas
    - **Apêndice na internet 3:** Vias biossintéticas de hormônios
    - **Apêndice na internet 4:** Metabólitos especializados

---

[*] A manutenção e a disponibilização da página **oup.com/he/taiz7e** (em inglês) são de responsabilidade da Sinauer Oxford.

Sumário

UNIDADE 1 Estrutura e sistemas de informação de células vegetais 1

CAPÍTULO 1	Arquitetura da célula e do vegetal 3
CAPÍTULO 2	Paredes celulares: estrutura, formação e expansão 45
CAPÍTULO 3	Estrutura do genoma e expressão gênica 73
CAPÍTULO 4	Sinais e transdução de sinal 103

UNIDADE 2 Transporte e translocação de água e solutos 151

CAPÍTULO 5	Água e células vegetais 153
CAPÍTULO 6	Balanço hídrico das plantas 169
CAPÍTULO 7	Nutrição mineral 189
CAPÍTULO 8	Transporte de solutos 217

UNIDADE 3 Bioquímica e metabolismo 245

CAPÍTULO 9	Fotossíntese: reações luminosas 247
CAPÍTULO 10	Fotossíntese: reações de carboxilação 281
CAPÍTULO 11	Fotossíntese: considerações fisiológicas e ecológicas 321
CAPÍTULO 12	Translocação no floema 345
CAPÍTULO 13	Respiração e metabolismo de lipídeos 379
CAPÍTULO 14	Assimilação de nutrientes inorgânicos 417
CAPÍTULO 15	Estresse abiótico 443

UNIDADE 4 Crescimento e desenvolvimento 473

CAPÍTULO 16	Sinais da luz solar 475
CAPÍTULO 17	Dormência e germinação da semente e estabelecimento da plântula 505
CAPÍTULO 18	Crescimento vegetativo e organogênese: crescimento primário do eixo da planta 541
CAPÍTULO 19	Crescimento vegetativo e organogênese: ramificação e crescimento secundário 567
CAPÍTULO 20	O controle do florescimento e o desenvolvimento floral 591
CAPÍTULO 21	Reprodução sexual: de gametas a frutas 625
CAPÍTULO 22	Embriogênese: a origem da arquitetura vegetal 669
CAPÍTULO 23	Senescência vegetal e morte celular 691
CAPÍTULO 24	Interações bióticas 721

Sumário detalhado

UNIDADE 1 Estrutura e sistemas de informação de células vegetais 1

CAPÍTULO 1
Arquitetura da célula e do vegetal 3

1.1 Processos vitais das plantas: princípios unificadores 4

Os ciclos de vida da planta alternam-se entre gerações diploides e haploides 5

1.2 Visão geral da estrutura vegetal 7

As células vegetais são delimitadas por paredes rígidas 7

Os plasmodesmos permitem o movimento livre de moléculas entre as células 7

As novas células são produzidas por tecidos em divisão denominados meristemas 10

1.3 Tipos de tecidos vegetais 10

Tecidos dérmicos recobrem as superfícies das plantas 11

Tecidos fundamentais formam o corpo dos vegetais 12

Os tecidos vasculares formam redes de transporte entre diferentes partes da planta 14

1.4 Compartimentos de células vegetais 15

As membranas biológicas são bicamadas lipídicas que contêm proteínas 15

1.5 O núcleo 18

A expressão gênica envolve transcrição, tradução e processamento de proteínas 20

A modificação pós-tradução de proteínas determina sua localização, atividade e longevidade 22

1.6 O sistema de endomembranas 22

O retículo endoplasmático é uma rede de endomembranas 23

Polissacarídeos, proteínas secretoras e glicoproteínas da matriz da parede celular são processados no complexo de Golgi 24

A membrana plasmática possui regiões especializadas envolvidas na reciclagem de membrana 26

Os vacúolos apresentam diversas funções nas células vegetais 27

Os oleossomos são organelas que armazenam lipídeos 28

Os peroxissomos exercem papéis metabólicos especializados em folhas e sementes 28

1.7 Organelas semiautônomas de divisão independente 29

Pró-plastídios desenvolvem-se em plastídios especializados em diferentes tecidos vegetais 30

Nas plantas terrestres, a divisão de plastídios e mitocôndrias é independente da divisão nuclear 31

1.8 O citoesqueleto vegetal 32

O citoesqueleto vegetal é formado por microtúbulos e microfilamentos 32

Actina, tubulina e seus polímeros estão em constante movimento na célula 32

Microtúbulos são cilindros dinâmicos 34

Proteínas motoras do citoesqueleto participam da corrente citoplasmática e do movimento dirigido de organelas 34

1.9 Regulação do ciclo celular 36

Cada fase do ciclo celular apresenta um conjunto específico de atividades bioquímicas e celulares 36

O ciclo celular é regulado por ciclinas e por quinases dependentes de ciclina 38

Os microtúbulos e o sistema de endomembranas atuam na mitose e na citocinese 38

CAPÍTULO 2
Paredes celulares: estrutura, formação e expansão 45

2.1 Visão geral das funções e das estruturas das paredes celulares vegetais 46

As paredes celulares das plantas variam em estrutura e função 46

Os componentes diferem para as paredes celulares primárias e secundárias 48

As microfibrilas de celulose têm uma estrutura organizada e são sintetizadas na membrana plasmática 50

Os polissacarídeos da matriz são entregues à parede por meio de vesículas 53

As hemiceluloses são polissacarídeos de matriz que se ligam à celulose 54

As pectinas são componentes formadores de gel hidrofílico na parede celular primária 54

2.2 A parede celular primária dinâmica 58

As paredes celulares primárias são continuamente montadas durante o crescimento celular 58

2.3 Mecanismos de expansão celular 58

A orientação das microfibrilas influencia a direção de células com crescimento difuso 59

A orientação da microfibrila na parede celular multicamada muda com o tempo 60

Os microtúbulos corticais influenciam a orientação de microfibrilas recém-depositadas 60

Muitos fatores influenciam a extensão e a taxa de crescimento celular 62

O relaxamento do estresse da parede celular dirige a captação de água e a expansão da célula 62

As células epidérmicas fundamentais das folhas fornecem um modelo para a expansão regulada da parede celular 63

O crescimento induzido por acidez e o relaxamento do estresse da parede são mediados por expansinas 63

Os modelos da parede celular são hipóteses sobre como os componentes moleculares se encaixam para formar uma parede funcional 64

Muitas mudanças estruturais acompanham o cessar da expansão da parede 65

2.4 Estrutura e função da parede celular secundária 66

As paredes celulares secundárias são ricas em celulose e hemicelulose e muitas vezes possuem uma organização hierárquica 67

A lignificação transforma a parede celular secundária em uma estrutura hidrofóbica, resistente à desconstrução 67

CAPÍTULO 3
Estrutura do genoma e expressão gênica 73

3.1 Organização do genoma nuclear 73

O genoma nuclear é compactado na cromatina 74

Centrômeros, telômeros e regiões organizadoras do nucléolo contêm sequências repetitivas 74

Transposons são sequências móveis dentro do genoma 75

A organização cromossômica não é aleatória no núcleo interfásico 76

A meiose divide o número de cromossomos e permite a recombinação dos alelos 76

Poliploides contêm múltiplas cópias do genoma completo 78

3.2 Genomas citoplasmáticos em vegetais: mitocôndrias e plastídios 80

3.3 Regulação transcricional da expressão gênica nuclear 81

A RNA polimerase II liga-se à região promotora da maioria dos genes codificadores de proteínas 81

Sequências nucleotídicas conservadas sinalizam o término da transcrição e a poliadenilação 84

Modificações epigenéticas ajudam a determinar a atividade gênica 84

3.4 Regulação pós-transcricional da expressão gênica nuclear 86

Todas as moléculas de RNA estão sujeitas ao decaimento 86

RNAs não codificantes regulam a atividade de mRNA por meio das rotas do RNA de interferência (RNAi) 86

3.5 Ferramentas para o estudo da função gênica 90

A análise de mutantes pode ajudar a elucidar a função gênica 90

Quadro 3.1 Características genéticas de gramíneas silvestres são usadas para tornar as culturas de grãos mais resistentes às mudanças climáticas e às ameaças globais de patógenos 91

Técnicas moleculares podem medir a atividade dos genes 92

Fusões gênicas podem criar genes repórteres 92

3.6 Modificação genética de plantas 93

3.7 Editando genomas vegetais 95

Nucleases específicas de sequência induzem mutações direcionadas 95

A edição de genes pode levar à substituição precisa de genes 97

A edição de base pode ser usada como uma alternativa ao reparo direcionado por homologia 97

A edição principal usa um modelo de reparo de RNA e transcrição reversa 99

3.8 Engenharia de plantas agrícolas 99

Transgenes podem conferir resistência a herbicidas ou a pragas de plantas 99

A engenharia genética de plantas continua controversa 100

CAPÍTULO 4
Sinais e transdução de sinal 103

4.1 Aspectos temporais e espaciais da sinalização 104

4.2 Percepção e amplificação de sinais 105

Os receptores localizam-se na célula e são conservados nos reinos 105

Os sinais devem ser amplificados intracelularmente para regular suas moléculas-alvo 106

As MAP quinases conservadas evolutivamente amplificam os sinais celulares 107

Quinases conservadas evolutivamente regulam o desenvolvimento programado e plástico das plantas 107

Os sinais extracelulares são percebidos e transmitidos por receptores ligados a quinases 108

As fosfatases são o "botão de desligamento" da fosforilação de proteínas 109

Outras modificações nas proteínas podem reconfigurar os processos celulares 109

Ca^{2+} é o mensageiro secundário mais ubíquo em plantas e em outros eucariotos 109

As mudanças no pH citosólico ou no pH da parede celular podem servir como mensageiros secundários para respostas hormonais e a estresses 110

Espécies reativas de oxigênio atuam como mensageiros secundários, mediando sinais ambientais e de desenvolvimento   111

As moléculas de sinalização de lipídeos atuam como mensageiros secundários que regulam diversos processos celulares   111

4.3 Hormônios e desenvolvimento vegetal   113

A auxina foi descoberta em estudos iniciais da curvatura do coleóptilo durante o fototropismo   114

As giberelinas promovem o crescimento do caule e foram descobertas em relação à "doença da planta boba" do arroz   114

As citocininas foram descobertas como fatores promotores da divisão celular em experimentos de cultura de tecidos   116

O etileno é um hormônio gasoso que promove o amadurecimento do fruto e outros processos do desenvolvimento   117

O ácido abscísico regula a maturação da semente e o fechamento estomático em resposta ao estresse hídrico   117

Os brassinosteroides regulam a fotomorfogênese, a germinação e outros processos do desenvolvimento   118

As estrigolactonas reprimem a ramificação e promovem interações na rizosfera   118

4.4 Metabolismo dos fitormônios e homeostase   119

O indol-3-piruvato é o intermediário principal na biossíntese da auxina   119

As giberelinas são sintetizadas pela oxidação do diterpeno *ent*-caureno   121

As citocininas são derivadas da adenina com cadeias laterais de isopreno   123

O etileno é sintetizado da metionina via ácido 1-aminociclopropano-1-carboxílico (ACC) intermediário   124

O ácido abscísico é sintetizado de um carotenoide intermediário   125

Os brassinosteroides são derivados do esterol campesterol   126

As estrigolactonas são sintetizadas a partir do β-caroteno   127

4.5 Movimento de hormônios dentro da planta   127

A polaridade da planta é mantida por correntes polares de auxina   128

O transporte de auxina é regulado por múltiplos mecanismos   131

4.6 Rotas de sinalização hormonal   132

As rotas de transdução de sinal de etileno e de citocinina são derivadas dos sistemas reguladores bacterianos de dois componentes   132

Os receptores do tipo quinase mediam as rotas de sinalização de certas auxinas e de brassinosteroides   136

Os componentes da sinalização central do ácido abscísico incluem fosfatases e quinases   136

As rotas de sinalização dos hormônios vegetais geralmente empregam regulação negativa   139

Vários receptores de hormônios vegetais incluem componentes da maquinaria de ubiquitinação e mediam a sinalização via degradação de proteínas   139

As plantas desenvolveram mecanismos para desligamento ou atenuação de respostas de sinalização   143

A saída (*output*) da resposta celular a um sinal frequentemente é específica do tecido   144

As respostas hormonais são moduladas por outras moléculas endógenas   144

As plantas usam sinalização elétrica para comunicação entre os tecidos   146

A regulação cruzada permite a integração das rotas de transdução de sinal   147

UNIDADE 2 Transporte e translocação de água e solutos   151

CAPÍTULO 5
Água e células vegetais   153

5.1 A água na vida das plantas   153

5.2 A estrutura e as propriedades da água   154

A água é uma molécula polar que forma pontes de hidrogênio   154

A água é um excelente solvente   154

A água tem propriedades térmicas características em relação a seu tamanho   155

A água tem uma resistência alta à tensão   155

A água tem uma grande resistência à tensão   156

5.3 Difusão e osmose   157

Difusão é o movimento líquido de moléculas por agitação térmica aleatória   157

A difusão é mais eficaz para curtas distâncias   158

A osmose descreve o movimento líquido da água através de uma barreira seletivamente permeável   159

5.4 Medindo o potencial hídrico   159

O potencial químico da água representa o *status* de sua energia livre   159

Três fatores principais contribuem para o potencial hídrico celular   159

Potenciais hídricos podem ser medidos 160

5.5 Potencial hídrico das células vegetais 161

A água entra na célula ao longo de um gradiente de potencial hídrico 161

A água também pode sair da célula em resposta a um gradiente de potencial hídrico 162

O potencial hídrico e seus componentes variam com as condições de crescimento e sua localização dentro da planta 163

5.6 Propriedades da parede celular e da membrana plasmática 163

Pequenas mudanças no volume da célula vegetal causam grandes mudanças na pressão de turgor 163

A taxa na qual as células ganham ou perdem água é influenciada pela condutividade hidráulica da membrana celular 164

Aquaporinas facilitam o movimento de água através das membranas plasmáticas 165

5.7 O *status* hídrico da planta 166

Os processos fisiológicos são afetados pelo *status* hídrico da planta 166

A acumulação de solutos ajuda a manter a pressão de turgor e o volume das células 166

CAPÍTULO 6
Balanço hídrico das plantas 169

6.1 A água no solo 169

O potencial hídrico do solo é afetado por solutos, tensão superficial e gravidade 170

A água move-se pelo solo por fluxo de massa 171

6.2 Absorção de água pelas raízes 171

A água se move na raiz pelas rotas apoplástica, simplástica e transmembrana 172

O acúmulo de solutos no xilema pode gerar "pressão de raiz" 174

6.3 Transporte de água pelo xilema 174

O xilema consiste em dois tipos de células de transporte 174

A água se move através do xilema por fluxo de massa acionado por pressão 176

O movimento de água através do xilema requer um gradiente de pressão menor que o do movimento através de células vivas 177

Qual é a diferença de pressão necessária para elevar a água 100 m até o topo de uma árvore? 177

A teoria da coesão–tensão explica o transporte de água no xilema 178

O transporte de água no xilema em árvores enfrenta desafios físicos 178

As plantas têm vários mecanismos para superar as perdas de condutividade do xilema causadas pela embolia 180

6.4 Movimento da água da folha para a atmosfera 181

As folhas têm uma grande resistência hidráulica 181

A força propulsora da transpiração é a diferença na concentração de vapor de água 182

A perda de água também é afetada por resistências da rota 182

O controle estomático liga a transpiração foliar à fotossíntese foliar 183

As paredes celulares das células-guarda têm características especializadas 183

Mudanças na pressão de turgor das células-guarda fazem com que os estômatos se abram e fechem 184

Sinais internos e externos regulam o equilíbrio osmótico das células-guarda 185

A razão de transpiração mede a relação entre perda de água e ganho de carbono 186

6.5 Visão geral: o *continuum* solo-planta-atmosfera 186

CAPÍTULO 7
Nutrição mineral 189

Quadro 7.1 Fertilizantes nitrogenados e mudanças climáticas 190

7.1 Nutrientes essenciais, deficiências e distúrbios vegetais 191

Técnicas especiais são utilizadas em estudos nutricionais 193

Soluções nutritivas podem sustentar o rápido crescimento das plantas 194

Deficiências minerais perturbam o metabolismo e o funcionamento vegetal 195

A análise de tecidos vegetais revela deficiências minerais 199

Quadro 7.2 Ionômica: uma abordagem poderosa para estudar nutrição mineral 200

7.2 Tratando deficiências nutricionais 201

A produtividade das culturas pode ser melhorada pela adição de fertilizantes 201

Alguns nutrientes minerais podem ser absorvidos pelas folhas 202

7.3 Solo, raízes e microrganismos 202

Partículas de solo negativamente carregadas afetam a adsorção dos nutrientes minerais 202

O pH do solo afeta a disponibilidade de nutrientes, os microrganismos do solo e o crescimento das raízes 204

O excesso de íons minerais no solo limita o crescimento das plantas 204

Algumas plantas desenvolvem sistemas radiculares extensos 205

Os sistemas radiculares diferem entre si na forma, mas se baseiam em estruturas comuns 205

As áreas diferentes da raiz absorvem íons minerais de maneiras diferentes 207

A disponibilidade de nutrientes influencia o crescimento e o desenvolvimento da raiz 208

As simbioses micorrízicas facilitam a absorção de nutrientes pelas raízes 210

Os nutrientes movem-se entre os fungos micorrízicos e as células das raízes 213

CAPÍTULO 8
Transporte de solutos 217

8.1 Transportes passivo e ativo 218

8.2 Transporte de íons através de barreiras de membrana 219

Taxas de difusão diferentes para cátions e ânions produzem potenciais de difusão 220

Como o potencial de membrana se relaciona à distribuição de um íon? 220

A equação de Nernst distingue transporte ativo de transporte passivo 221

O transporte de prótons é um importante determinante do potencial de membrana 222

8.3 Processos de transporte em membranas 223

Os canais aumentam a difusão através das membranas 224

Os carreadores ligam e transportam substâncias específicas 226

O transporte ativo primário requer energia 226

O transporte ativo secundário é acionado por gradientes iônicos 226

Análises cinéticas podem elucidar mecanismos de transporte 228

8.4 Proteínas de transporte em membranas 228

Genes que codificam muitos transportadores foram identificados 230

Existem transportadores para diversos compostos nitrogenados 230

Os transportadores de cátions são diversos 231

Transportadores de ânions foram identificados 233

Transportadores de íons metálicos e metaloides transportam micronutrientes essenciais 234

As aquaporinas têm funções diversas 235

As H^+-ATPases da membrana plasmática são ATPases do tipo P altamente reguladas 236

A H^+-ATPase do tonoplasto impulsiona a acumulação de solutos nos vacúolos 237

As H^+-pirofosfatases e as H^+-ATPases do tipo P também bombeiam prótons no tonoplasto 238

8.5 Transporte em células-guarda estomatais 238

A luz azul induz a abertura estomática 239

Ácido abscísico e concentração alta de CO_2 induzem o fechamento estomático 240

8.6 Transporte de íons nas raízes 240

Os solutos movem-se tanto pelo apoplasto quanto pelo simplasto 240

Os íons cruzam tanto o simplasto quanto o apoplasto 241

As células parenquimáticas xilemáticas participam do carregamento do xilema 242

UNIDADE 3 Bioquímica e metabolismo 245

CAPÍTULO 9
Fotossíntese: reações luminosas 247

9.1 Fotossíntese em plantas verdes 247

9.2 Conceitos gerais 248

A luz consiste em fótons com energias características 248

A absorção da luz fotossinteticamente ativa altera os estados eletrônicos das clorofilas 248

Os pigmentos fotossintetizantes absorvem a luz que impulsiona a fotossíntese 250

9.3 Experimentos-chave na compreensão da fotossíntese 252

Os espectros de ação relacionam a absorção de luz à atividade fotossintética 252

A fotossíntese ocorre em complexos contendo antenas de captação de luz e centros fotoquímicos de reação 253

A reação química da fotossíntese é impulsionada pela luz 254

A luz impulsiona a redução de $NADP^+$ e a formação de ATP 254

Os organismos produtores de oxigênio possuem dois fotossistemas que operam em série 255

9.4 Organização do aparelho fotossintético 256

O cloroplasto é onde ocorre a fotossíntese 256

Os tilacoides contêm proteínas integrais de membrana 257

Os fotossistemas I e II estão separados espacialmente na membrana do tilacoide 257

As bactérias anoxigênicas fotossintetizantes possuem um único centro de reação 259

9.5 Organização dos sistemas antena de absorção de luz 259

O sistema antena contém clorofila e está associado à membrana 259

A antena canaliza energia para o centro de reação 260

Muitos complexos pigmento-proteicos antena possuem um motivo estrutural comum 260

9.6 Mecanismos de transporte de elétrons 261

Elétrons oriundos da clorofila viajam através de carreadores organizados no esquema Z 261

A energia é capturada quando uma clorofila excitada reduz uma molécula aceptora de elétrons 263

As clorofilas dos centros de reação dos dois fotossistemas absorvem em comprimentos de onda diferentes 264

O centro de reação do fotossistema II é um complexo pigmento-proteico com múltiplas subunidades 264

A água é oxidada a oxigênio pelo fotossistema II 264

Feofitina e duas quinonas recebem elétrons do fotossistema II 265

O fluxo de elétrons através do complexo citocromo $b_6 f$ também transporta prótons 266

A plastocianina carrega elétrons entre o complexo do citocromo $b_6 f$ e o fotossistema I 268

O centro de reação PSI oxida a PC e reduz a ferredoxina, que transfere elétrons para o $NADP^+$ 268

Alguns herbicidas bloqueiam o fluxo fotossintético de elétrons 269

9.7 O transporte de prótons e a síntese de ATP no cloroplasto 270

O fluxo cíclico de elétrons aumenta a produção de ATP para equilibrar o orçamento energético do cloroplasto 272

9.8 Reparo e regulação da maquinaria fotossintética 273

Os carotenoides servem como agentes fotoprotetores 273

Algumas xantofilas também participam na dissipação da energia 274

O centro de reação do fotossistema II é facilmente danificado e rapidamente reparado 274

O empilhamento dos tilacoides permite a partição de energia entre os fotossistemas 275

9.9 Genética, montagem e evolução dos sistemas fotossintéticos 275

Os genes dos cloroplastos exibem padrões de hereditariedade não mendelianos 275

A maioria das proteínas dos cloroplastos é importada do citoplasma 275

A biossíntese e a quebra das clorofilas são rotas complexas 276

Os organismos fotossintetizantes complexos evoluíram a partir de formas mais simples 276

CAPÍTULO 10
Fotossíntese: reações de carboxilação 281

10.1 O ciclo de Calvin-Benson 282

O ciclo de Calvin-Benson tem três fases: carboxilação, redução e regeneração 282

A fixação do CO_2 via carboxilação da ribulose-1,5-bifosfato e redução de 3-fosfoglicerato produzem trioses fosfato 283

A regeneração da ribulose-1,5-bifosfato assegura a assimilação contínua do CO_2 284

Um período de indução antecede o estado de equilíbrio da assimilação fotossintética de CO_2 285

Muitos mecanismos regulam o ciclo de Calvin-Benson 286

A rubisco ativase regula a atividade catalítica da rubisco 287

A luz regula o ciclo de Calvin-Benson via sistema ferredoxina–tiorredoxina 288

Movimentos iônicos dependentes da luz modulam as enzimas do ciclo de Calvin-Benson 289

A luz controla o arranjo das enzimas do cloroplasto em complexos supramoleculares 289

10.2 A reação de oxigenação de rubisco e a fotorrespiração 290

A oxigenação da ribulose-1,5-bifosfato aciona a fotorrespiração 291

A fotorrespiração está ligada ao sistema de transporte de elétrons da fotossíntese 295

As enzimas da fotorrespiração vegetal derivam de diferentes ancestrais 295

Quadro 10.1 A produção de biomassa pode ser aumentada por fotorrespiração modificada geneticamente 296

A fotorrespiração interage com muitas rotas metabólicas 296

10.3 Mecanismos de concentração de carbono inorgânico 297

10.4 Mecanismos de concentração de carbono inorgânico: fixação fotossintética de carbono via C_4 297

Malato e aspartato são os produtos primários da carboxilação no ciclo C_4 298

As plantas C_4 do tipo Kranz assimilam CO_2 por uma ação combinada de dois tipos diferentes de células 299

Os subtipos C_4 utilizam mecanismos diferentes para descarboxilar os ácidos de quatro carbonos transportados para as células da bainha do feixe vascular 301

As células da bainha do feixe vascular e as células do mesófilo apresentam diferenças anatômicas e bioquímicas 301

O ciclo C_4 também concentra CO_2 em células individuais 302

A luz regula a atividade de enzimas fundamentais do ciclo C_4 302

A assimilação fotossintética de CO_2 nas plantas C_4 demanda mais processos de transporte do que nas plantas C_3 302

Em climas quentes e secos, o ciclo C_4 reduz a fotorrespiração 303

10.5 Mecanismos de concentração de carbono inorgânico: metabolismo ácido das crassuláceas (CAM) 303

Diferentes mecanismos regulam a PEPCase em C$_4$ e a PEPCase em CAM 305

O metabolismo ácido das crassuláceas é um mecanismo versátil sensível a estímulos ambientais 305

10.6 Acumulação e partição de fotossintatos – amido e sacarose 305

10.7 Formação e mobilização do amido do cloroplasto 306

O estroma do cloroplasto acumula amido como grânulos insolúveis durante o dia 307

A degradação do amido à noite requer a fosforilação da amilopectina 310

A exportação de maltose prevalece na decomposição noturna do amido transitório 310

A síntese e a degradação do grânulo de amido são reguladas por muitos mecanismos 311

10.8 Biossíntese e sinalização da sacarose 312

Trioses fosfato do ciclo de Calvin-Benson constroem o *pool* citosólico de três importantes hexoses fosfato na luz 312

A frutose-2,6-bifosfato regula o *pool* de hexose fosfato na luz 314

A sacarose é continuamente sintetizada no citosol 314

A sacarose desempenha apenas um papel menor na regulação estomática 316

CAPÍTULO 11
Fotossíntese: considerações fisiológicas e ecológicas 321

11.1 A fotossíntese é influenciada pelas propriedades foliares 322

A anatomia foliar e a estrutura do dossel otimizam a captação da luz 323

O ângulo e o movimento da folha podem controlar a captação da luz 325

As folhas aclimatam-se a ambientes ensolarados e sombrios 325

11.2 Efeitos da luz sobre a fotossíntese na folha intacta 326

As curvas fotossintéticas de resposta à luz revelam diferenças nas propriedades foliares 326

As folhas precisam dissipar o excesso de energia luminosa como calor 328

A captação de luz em demasia pode levar à fotoinibição 330

11.3 Efeitos da temperatura sobre a fotossíntese na folha intacta 330

As folhas precisam dissipar grandes quantidades de calor 331

Existe uma temperatura ideal para a fotossíntese 332

A fotossíntese é sensível às temperaturas altas e baixas 332

A eficiência fotossintética é sensível à temperatura 333

11.4 Efeitos do dióxido de carbono sobre a fotossíntese na folha intacta 334

A concentração de CO$_2$ atmosférico continua subindo 334

A difusão de CO$_2$ até o cloroplasto é essencial para a fotossíntese 334

O suprimento de CO$_2$ impõe limitações à fotossíntese 336

Como a fotossíntese e a respiração mudarão no futuro sob condições de elevação do CO$_2$? 338

11.5 Propriedades fotossintéticas pelo registro de isótopos estáveis 340

Como são medidos os isótopos estáveis de carbono de plantas? 340

Por que a razão entre isótopos de carbono varia em plantas? 341

CAPÍTULO 12
Translocação no floema 345

12.1 Padrões de translocação: fonte ao dreno 346

12.2 Rotas de translocação 347

O açúcar é translocado nos elementos crivados 347

Os elementos crivados maduros são células vivas especializadas para translocação 347

Grandes poros nas paredes celulares caracterizam os elementos crivados 348

As células companheiras dão suporte aos elementos crivados altamente especializados 350

12.3 Carregamento do floema 351

O carregamento do floema pode ocorrer via apoplasto ou via simplasto 351

A carga apoplástica é característica de muitas espécies herbáceas 352

O carregamento de sacarose na rota apoplástica requer energia metabólica 352

O carregamento do floema na rota apoplástica envolve um transportador de sacarose-H$^+$ do tipo simporte 353

As células de transferência são células companheiras especializadas no transporte de membranas 353

O carregamento do floema é simplástico em algumas espécies 354

O modelo de aprisionamento de oligômeros explica o carregamento simplástico em plantas com células companheiras tipo células intermediárias 354

O carregamento do floema é passivo em diversas espécies arbóreas 355

O tipo de carregamento do floema está correlacionado a muitas características significativas 356

12.4 Transporte de longa distância: um mecanismo acionado por pressão 357

A transferência de massa é muito mais rápida que a difusão 357

O modelo de fluxo de pressão é um mecanismo passivo para o transporte no floema 357

A pressão é gerada osmoticamente 357

Algumas previsões do modelo de fluxo de pressão têm sido confirmadas, enquanto outras necessitam de experimentos adicionais 359

Os poros funcionais da placa crivada parecem ser canais abertos 359

Os gradientes de pressão nos elementos crivados são suficientes para impulsionar o transporte no floema das árvores? 360

Modelos modificados para translocação por fluxo de massa foram sugeridos 361

A translocação em gimnospermas envolve um mecanismo diferente? 361

12.5 Materiais translocados no floema 361

Os açúcares são translocados na forma não redutora 362

Outros solutos orgânicos pequenos são translocados no floema 362

As macromoléculas móveis do floema muitas vezes se originam em células companheiras 364

Elementos de tubo crivado danificados são vedados 364

12.6 Descarregamento do floema e transição dreno-fonte 365

O descarregamento do floema e o transporte de curta distância podem ocorrer por rotas simplástica ou apoplástica 366

O descarregamento simplasmático supre drenos vegetativos em crescimento 366

O descarregamento simplástico é passivo, mas depende do consumo de energia no dreno 367

A importação para sementes, frutos e órgãos de armazenamento muitas vezes envolve uma etapa apoplástica 367

A importação apoplástica é ativa e requer energia metabólica 368

Em uma folha, a transição de dreno para fonte é gradual 369

12.7 Distribuição dos fotossintatos: alocação e partição 371

A alocação inclui armazenamento, utilização e transporte 371

As folhas-fonte regulam a alocação 371

Partição dos açúcares de transporte entre vários drenos 372

Os tecidos-dreno competem pelos fotossintatos translocados disponíveis 372

A força do dreno depende de seu tamanho e atividade 372

A fonte ajusta-se às alterações de longo prazo na razão fonte-dreno 373

12.8 Transporte de moléculas sinalizadoras 373

A pressão de turgor e os sinais químicos coordenam as atividades das fontes e dos drenos 374

RNAs móveis atuam como moléculas sinalizadoras no floema para regular o crescimento e o desenvolvimento 374

Proteínas móveis também atuam como moléculas sinalizadoras para regular o crescimento e o desenvolvimento 375

Plasmodesmos atuam na sinalização do floema 375

Quadro 12.1 Relevância da translocação e sinalização do floema para mudanças climáticas e biotecnologia 376

CAPÍTULO 13
Respiração e metabolismo de lipídeos 379

13.1 Visão geral da respiração vegetal 379

13.2 Glicólise 382

A glicólise metaboliza carboidratos de várias fontes 382

A fase de conservação de energia da glicólise produz piruvato, ATP e NADH 384

As plantas têm reações glicolíticas alternativas 385

Na ausência de oxigênio, a fermentação regenera o NAD^+ necessário para a produção glicolítica de ATP 385

13.3 Rota oxidativa das pentoses fosfato 386

A rota oxidativa das pentoses fosfato produz NADPH e intermediários biossintéticos 386

A rota oxidativa das pentoses fosfato é controlada por reações *status* redox celular 388

13.4 O ciclo do ácido tricarboxílico 388

As mitocôndrias são organelas semiautônomas 388

O piruvato entra na mitocôndria e é oxidado pelo ciclo do TCA 389

O ciclo do TCA em plantas tem características únicas 391

13.5 Fosforilação oxidativa 391

A cadeia de transporte de elétrons catalisa o fluxo de elétrons do NADH ao O_2 392

A cadeia de transporte de elétrons tem ramificações suplementares 393

A síntese de trifosfato de adenosina na mitocôndria está acoplada ao transporte de elétrons 394

Os transportadores trocam substratos e produtos 396

A respiração aeróbia gera cerca de 60 moléculas de trifosfato de adenosina por molécula de sacarose 396

Diversas subunidades dos complexos respiratórios são codificadas pelo genoma mitocondrial 396

As plantas têm diversos mecanismos que reduzem a produção de ATP 398

A respiração é parte de uma rede redox e de biossíntese 400

A respiração é controlada em vários níveis 401

13.6 Respiração em plantas intactas e em tecidos 402

As plantas respiram aproximadamente metade da produção fotossintética diária 402

Os processos respiratórios operam durante a fotossíntese 403

Tecidos e órgãos diferentes respiram com taxas diferentes 403

Quadro 13.1 Modificando a respiração para necessidades futuras 404

Os fatores ambientais alteram as taxas respiratórias 404

13.7 Metabolismo de lipídeos 405

Gorduras e óleos armazenam grandes quantidades de energia 405

Os triacilgliceróis são armazenados em corpos lipídicos 406

Quadro 13.2 Biotecnologia de lipídeos em um mundo em mudança 407

Os glicerolipídeos polares são os principais lipídeos estruturais nas membranas 407

A biossíntese de ácidos graxos consiste em ciclos de adição de dois carbonos 407

Os glicerolipídeos são sintetizados nos plastídios e no retículo endoplasmático 410

A composição lipídica influencia a função da membrana 411

Os lipídeos de membranas são importantes precursores de compostos sinalizadores 411

Os lipídeos de reserva são convertidos em carboidratos em sementes em germinação 413

CAPÍTULO 14
Assimilação de nutrientes inorgânicos 417

14.1 Nitrogênio no meio ambiente 418

O nitrogênio passa por diferentes formas no ciclo biogeoquímico 418

Amônio ou nitrato não assimilados podem ser perigosos 419

14.2 Assimilação do nitrato 420

Muitos fatores regulam a nitrato redutase 421

A nitrito redutase converte o nitrito em amônio 421

Raízes e partes aéreas assimilam nitrato 422

O nitrato pode ser transportado tanto no xilema quanto no floema 422

O transceptor contribui para a sinalização de nitrato 423

14.3 Assimilação do amônio 424

A conversão do amônio em aminoácidos requer duas enzimas 424

O amônio pode ser assimilado por uma rota alternativa 426

As reações de transaminação transferem o nitrogênio 426

A asparagina e a glutamina unem o metabolismo do carbono e do nitrogênio 426

14.4 Biossíntese de aminoácidos 426

14.5 Fixação biológica de nitrogênio 427

Bactérias fixadoras de nitrogênio de vida livre e simbióticas 428

A fixação do nitrogênio necessita de condições microanaeróbias e anaeróbias 429

Quadro 14.1 Desafios e soluções para resolver a deficiência de nitrogênio na agricultura futura 430

A fixação simbiótica do nitrogênio ocorre em estruturas especializadas 430

O estabelecimento da simbiose requer uma troca de sinais 431

Os fatores Nod produzidos por bactérias atuam como sinalizadores para a simbiose 431

A formação do nódulo envolve fitormônios 432

O complexo da enzima nitrogenase fixa o N_2 434

Amidas e ureídas são formas de transporte do nitrogênio 435

14.6 Assimilação do enxofre 435

O sulfato é a forma do enxofre transportado nos vegetais 435

A assimilação do sulfato requer a redução do sulfato à cisteína 436

A assimilação do sulfato ocorre principalmente nas folhas 438

A metionina é sintetizada a partir da cisteína 438

14.7 Assimilação do fosfato 438

Os miRNAs contribuem para a sinalização de fosfato e sulfato 438

14.8 Assimilação do oxigênio 439

14.9 O balanço energético da assimilação de nutrientes 439

CAPÍTULO 15
Estresse abiótico 443

15.1 Definição de estresse vegetal 444

O ajuste fisiológico ao estresse abiótico envolve conflitos (*trade-offs*) entre os desenvolvimentos vegetativo e reprodutivo 445

15.2 Aclimatação e adaptação 445

A adaptação ao estresse envolve modificação genética durante muitas gerações 445

A aclimatação permite que as plantas respondam às flutuações ambientais 446

15.3 Fatores ambientais e seus impactos biológicos nas plantas 446

O déficit hídrico diminui a pressão de turgor, aumenta a toxicidade iônica e inibe a fotossíntese 447

O estresse térmico afeta um amplo espectro de processos fisiológicos 447

A inundação resulta em estresse anaeróbio à raiz 449

O estresse salino tem efeitos osmóticos e citotóxicos 449

Durante o estresse por congelamento, a formação de cristal de gelo extracelular provoca desidratação celular 449

Os metais pesados podem imitar nutrientes minerais essenciais e gerar espécies reativas de oxigênio 449

O ozônio e a luz ultravioleta geram espécies reativas de oxigênio que causam lesões e induzem a morte celular programada 450

Combinações de estresses abióticos podem induzir rotas de sinalização e metabólicas exclusivas 450

As interações ocorrem entre estresses abióticos e bióticos 451

A exposição sequencial a estresses abióticos diferentes às vezes confere proteção cruzada 451

Micróbios benéficos podem melhorar a tolerância das plantas ao estresse abiótico 451

15.4 Mecanismos sensores de estresse em plantas 452

Sensores de ação precoce fornecem o sinal inicial para a resposta ao estresse 452

15.5 Rotas de sinalização ativadas em resposta ao estresse abiótico 453

Os intermediários da sinalização de muitas rotas de resposta ao estresse podem interagir 453

A aclimatação ao estresse envolve redes reguladoras transcricionais denominadas *regulons* 455

Cloroplastos e mitocôndrias respondem ao estresse abiótico emitindo sinais de estresse ao núcleo 456

Ondas de Ca^{2+} e EROs em toda a planta mediam a aclimatação sistêmica adquirida 456

Mecanismos epigenéticos, retrotransposons e pequenos RNAs fornecem proteção adicional contra o estresse 456

As interações hormonais regulam respostas ao estresse abiótico 459

15.6 Mecanismos fisiológicos e do desenvolvimento que protegem as plantas contra o estresse abiótico 460

Por acúmulo de solutos, as plantas ajustam-se osmoticamente aos solos secos 460

Os órgãos submersos desenvolvem um aerênquima em resposta à hipoxia 461

Antioxidantes e rotas de inativação de espécies reativas de oxigênio protegem as células do estresse oxidativo 462

Chaperonas moleculares e protetores moleculares protegem proteínas e membranas durante o estresse abiótico 462

As plantas podem alterar seus lipídeos de membrana em resposta à temperatura e a outros estresses abióticos 463

Mecanismos de exclusão e de tolerância interna permitem que as plantas suportem íons tóxicos 464

As fitoquelatinas e outros queladores contribuem para a tolerância interna de íons de metais tóxicos 465

As plantas usam moléculas crioprotetoras e proteínas anticongelamento para impedir a formação de cristais de gelo 466

A sinalização do ABA durante o estresse hídrico causa o grande efluxo de K^+ e ânions provenientes das células-guarda 466

As plantas podem alterar sua morfologia em resposta ao estresse abiótico 467

O processo de recuperação do estresse pode ser perigoso para a planta e requer um ajuste coordenado de metabolismo e fisiologia vegetais 469

UNIDADE 4 Crescimento e desenvolvimento 473

CAPÍTULO 16
Sinais da luz solar 475

16.1 Fotorreceptores vegetais 476

As fotorrespostas são acionadas pela qualidade da luz ou pelas propriedades espectrais da energia absorvida 477

As respostas das plantas à luz podem ser distinguidas pela quantidade de luz requerida 478

16.2 Fitocromos 480

O fitocromo é o fotorreceptor primário para as luzes vermelha e vermelho-distante 480

O fitocromo pode se interconverter entre as formas Pr e Pfr 480

O Pfr é a forma fisiologicamente ativa do fitocromo 481

Tanto o cromóforo como a proteína do fitocromo sofrem mudanças conformacionais em resposta à luz vermelha 481

O Pfr está particionado entre o citosol e o núcleo 483

16.3 Respostas do fitocromo 484

As respostas do fitocromo variam em período de atraso (*lag time*) e tempo de escape 484

As respostas do fitocromo são classificadas em três categorias principais com base na quantidade de luz requerida 484

O fitocromo A media respostas à luz vermelho-distante contínua 486

O fitocromo B media as respostas às luzes vermelha ou branca contínua 486

Os papéis dos fitocromos C, D e E estão emergindo 486

16.4 Rotas de sinalização do fitocromo 487

O fitocromo regula os potenciais de membrana e os fluxos de íons 487

O fitocromo regula a expressão gênica 487

Os fatores de interação do fitocromo (PIFs) atuam precocemente na sinalização 488

A sinalização pelo fitocromo envolve a fosforilação e a desfosforilação de proteínas 488

A fotomorfogênese induzida pelo fitocromo envolve degradação de proteínas 489

16.5 Respostas à luz azul e fotorreceptores 490

As respostas à luz azul possuem cinética e períodos de atraso (*lag times*) característicos 490

16.6 Criptocromos 491

O cromóforo FAD ativado do criptocromo causa uma mudança conformacional na proteína 491

cry1 e cry2 têm efeitos diferentes sobre o desenvolvimento 492

Criptocromos nucleares inibem a degradação de proteínas induzida pelo COP1 493

O criptocromo também pode se ligar diretamente aos reguladores de transcrição 493

16.7 Interações de criptocromos com outros fotorreceptores 493

O alongamento do caule é inibido por fotorreceptores vermelho e azul 493

O fitocromo interage com o criptocromo para regular o florescimento 494

O relógio circadiano é regulado por múltiplos aspectos da luz 494

16.8 Fototropinas 495

A luz azul induz mudanças nos máximos de absorção do FMN associadas a mudanças de conformação 495

O domínio LOV2 é principalmente responsável pela ativação da quinase em resposta à luz azul 496

A luz azul induz uma mudança conformacional que "libera" o domínio de quinase da fototropina e leva à autofosforilação 496

As fototropinas desencadeiam movimentos na planta que melhoram o uso da luz 496

A luz azul inicia a abertura estomática por meio da ativação da H^+-ATPase na membrana plasmática 498

16.9 Respostas à radiação ultravioleta 500

CAPÍTULO 17
Dormência e germinação da semente e estabelecimento da plântula 505

17.1 Estrutura da semente 506

A anatomia da semente varia amplamente entre diferentes grupos de plantas 506

17.2 Dormência da semente 508

Existem dois tipos básicos de mecanismos de dormência de sementes: exógeno e endógeno 508

Sementes não dormentes podem exibir viviparidade e germinação precoce 509

A razão ABA:GA é o primeiro determinante da dormência embrionária da semente 510

17.3 Liberação da dormência 511

A luz é um sinal importante que quebra a dormência nas sementes pequenas 511

Algumas sementes requerem ou resfriamento ou pós-maturação para quebrar a dormência 511

A dormência da semente pode ser quebrada por diversos compostos químicos 512

17.4 Germinação da semente 512

A germinação e a pós-germinação podem ser divididas em três fases correspondentes às fases de absorção da água 513

17.5 Mobilização das reservas armazenadas 514

Sementes de cereais são um modelo para entender a mobilização de amido 515

Sementes de leguminosas são um modelo para entender a mobilização de proteínas 516

As sementes oleaginosas são um modelo para entender a remobilização de lipídeos 517

17.6 Crescimento e estabelecimento da plântula 517

O desenvolvimento de plântulas emergentes é fortemente influenciado pela luz 517

Tanto as giberelinas quanto os brassinosteroides suprimem a fotomorfogênese no escuro 518

A abertura do gancho é regulada por fitocromo, auxina e etileno 519

A diferenciação vascular começa durante a emergência da plântula 520

A extremidade da raiz tem células especializadas 520

O etileno e outros hormônios regulam o desenvolvimento dos pelos da raiz 521

17.7 O crescimento diferencial permite o estabelecimento bem-sucedido de plântulas 522

O etileno afeta a orientação dos microtúbulos e induz a expansão celular lateral 523

A auxina promove o crescimento nos caules e coleóptilos, enquanto inibe o crescimento nas raízes 524

O tempo de adaptação mínimo para o alongamento induzido por auxina é de 10 minutos 525

A extrusão de prótons induzida por auxina afrouxa a parede celular 526

17.8 Tropismos: crescimento em resposta a estímulos direcionais 526

O gravitropismo envolve a redistribuição lateral de auxina 526

O estímulo gravitrópico perturba os movimentos simétricos de auxina 526

A percepção da gravidade é desencadeada pela sedimentação dos amiloplastos 529

A percepção da gravidade pode envolver o pH e os íons cálcio (Ca^{2+}) como mensageiros secundários 532

O tigmotropismo envolve a sinalização por Ca^{2+}, pH e espécies reativas de oxigênio 533

O hidrotropismo envolve sinalização do ABA e respostas assimétricas de citocinina 534

As fototropinas são os receptores de luz envolvidos no fototropismo 535

O fototropismo é mediado pela redistribuição lateral de auxina 535

O fototropismo da parte aérea ocorre em uma série de etapas 536

CAPÍTULO 18
Crescimento vegetativo e organogênese: crescimento primário do eixo da planta 541

18.1 Tecidos meristemáticos: fundamentos para o crescimento indeterminado 541

Os meristemas apicais de raiz e de caule utilizam estratégias similares para possibilitar o crescimento indeterminado 542

18.2 O meristema apical da raiz 542

A extremidade da raiz possui quatro zonas de desenvolvimento 542

A origem dos diferentes tecidos da raiz pode ser rastreada a partir de células iniciais específicas 543

A auxina e a citocinina contribuem para a manutenção e a função do MAR 543

18.3 O meristema apical do caule 545

O meristema apical do caule tem zonas e camadas distintas 545

Uma combinação de interações positivas e negativas determina o tamanho do meristema apical 546

Os fatores de transcrição do homeodomínio da classe KNOX ajudam a manter a capacidade proliferativa do MAC pela regulação das concentrações de citocinina e GA 547

O acúmulo localizado de auxina promove a iniciação foliar 547

Meristemas axilares se formam nas axilas dos primórdios foliares 548

18.4 Desenvolvimento da folha 549

O crescimento determina a forma foliar 551

18.5 Estabelecimento da polaridade foliar 551

Um sinal do meristema apical do caule inicia a polaridade adaxial-abaxial 551

O antagonismo entre conjuntos de fatores de transcrição determina a polaridade adaxial-abaxial da folha 552

Fatores de transcrição MYB, proteínas HD-ZIP III e repressão de *KNOX1* promovem identidade adaxial 552

A identidade abaxial é determinada por auxina, KANADI e YABBY 552

A emergência da lâmina é dependente da auxina e regulada pelos genes YABBY e WOX 553

A polaridade proximal-distal da folha também depende de expressão gênica específica 553

Nas folhas compostas, a desrepressão do gene *KNOX1* promove a formação dos folíolos 554

18.6 Diferenciação de tipos celulares epidérmicos 555

A identidade das células-guarda é determinada por uma linhagem epidérmica especializada 555

Dois grupos de fatores de transcrição bHLH governam as transições de identidade celular estomática 556

Sinais de peptídeos célula a célula regulam a padronização estomática 557

A polaridade intrínseca na linhagem estomática auxilia no espaçamento estomático 557

Fatores ambientais também regulam a densidade estomática 558

O desenvolvimento de estômatos em monocotiledôneas envolve alguns genes que são ortólogos aos de *Arabidopsis* 558

18.7 Padrões de venação nas folhas 559

A nervura foliar primária é iniciada descontinuamente a partir do sistema vascular preexistente 560

A canalização da auxina inicia o desenvolvimento do traço foliar 560

O transporte basípeto de auxina a partir da camada L1 do primórdio foliar inicia o desenvolvimento do procâmbio do traço foliar 561

A estrutura vascular existente orienta o crescimento do traço foliar 562

O desenvolvimento vascular processa-se a partir da diferenciação do procâmbio 562

As nervuras foliares hierarquicamente superiores diferenciam-se em uma ordem previsível 562

A auxina regula a formação e a padronização de nervuras de ordem superior 563

CAPÍTULO 19
Crescimento vegetativo e organogênese: ramificação e crescimento secundário 567

19.1 Ramificação e arquitetura do caule 568

Auxina, citocininas e estrigolactonas regulam a emergência das gemas axilares 569

A auxina da extremidade do caule mantém a dominância apical 569

As estrigolactonas atuam localmente para reprimir o crescimento das gemas axilares 571

As citocininas antagonizam os efeitos das estrigolactonas 571

A integração de sinais ambientais e hormonais de ramificação é necessária para a eficácia biológica (*fitness*) das plantas 572

A dormência das gemas axilares é afetada por fatores como a estação do ano, a posição e a idade 572

19.2 Ramificação e arquitetura da raiz 573

Os primórdios da raiz lateral surgem das células do periciclo do polo do xilema 573

A formação lateral da raiz pode ser dividida em quatro estágios distintos 574

As células fundadoras da raiz lateral sofrem divisões celulares assimétricas para iniciar a formação dos primórdios da raiz lateral 576

As monocotiledôneas e as eudicotiledôneas diferem em seus tipos de raízes predominantes 576

Os fatores de transcrição regulam os ângulos do valor-alvo gravitrópico das raízes laterais e caules 577

As plantas podem modificar a arquitetura de seus sistemas radiculares para otimizar a absorção de água e nutrientes 578

19.3 Crescimento secundário 578

Dois tipos de meristemas laterais estão envolvidos no crescimento secundário 578

O câmbio vascular produz xilema e floema secundários 579

Fatores de transcrição móveis pré-padronizam o câmbio vascular 580

As redes de genes que controlam os meristemas secundários compartilham semelhanças e diferenças com aquelas que controlam os meristemas apicais 582

Diversos fitormônios regulam a atividade do câmbio vascular e a diferenciação do xilema e do floema secundários 584

O felogênio dá origem à camada externa de cortiça chamada periderme 585

A casca tem diversas funções de proteção e armazenamento 586

Gemas epicórmicas cobertas por casca podem crescer após incêndios florestais 586

CAPÍTULO 20
O controle do florescimento e o desenvolvimento floral 591

20.1 Evocação floral: integração de estímulos ambientais 591

20.2 O ápice caulinar e as mudanças de fase 592

As plantas progridem em três fases de desenvolvimento 592

Os tecidos juvenis são produzidos primeiro e estão localizados na base do caule 592

As mudanças de fases podem ser influenciadas por nutrientes, giberelinas e outros sinais 593

20.3 Ritmos circadianos: o relógio interno 594

Os ritmos circadianos exibem características marcantes 595

A mudança de fase ajusta os ritmos circadianos aos diferentes ciclos dia-noite 596

Fitocromos e criptocromos sincronizam o relógio 597

20.4 Fotoperiodismo: monitoramento do comprimento do dia 597

As plantas podem ser classificadas por suas respostas fotoperiódicas 597

A folha é o sítio de percepção do sinal fotoperiódico 599

O comprimento da noite é importante para a indução floral 599

Quebras da noite podem cancelar o efeito do período de escuro 600

A cronometragem fotoperiódica durante a noite depende do relógio circadiano 601

O modelo externo de coincidência baseia-se na oscilação da sensibilidade à luz 602

A coincidência da expressão de CONSTANS e luz promove o florescimento em LDPs 602

SDPs usam um mecanismo de coincidência para inibir o florescimento em dias longos 603

Quadro 20.1 Refinando os mecanismos moleculares da floração fotoperiódica que acontece em ambientes naturais 604

O fitocromo é o fotorreceptor primário no fotoperiodismo 605

Um fotorreceptor de luz azul regula o florescimento em algumas plantas de dias longos 606

20.5 Sinalização de longa distância envolvida no florescimento 606

Os estudos de enxertia geraram a primeira evidência de um estímulo floral transmissível 607

O florígeno é translocado no floema 608

20.6 A identificação do florígeno 608

A proteína de *Arabidopsis* FLOWERING LOCUS T (FT) é um florígeno 608

20.7 Vernalização: promoção do florescimento com o frio 610

A vernalização resulta em competência para o florescimento no meristema apical do caule 610

A vernalização pode envolver mudanças epigenéticas na expressão gênica 611

Uma faixa de rotas de vernalização pode ter evoluído 612

20.8 Várias vias envolvidas na floração 612

Giberelinas e etileno podem induzir o florescimento 612

A transição para o florescimento envolve múltiplos fatores e rotas 613

20.9 Meristemas florais e desenvolvimento de órgãos florais 613

Em *Arabidopsis*, o meristema apical do caule muda com o desenvolvimento 613

Os quatro tipos diferentes de órgãos florais são iniciados como verticilos separados 614

Duas categorias principais de genes regulam o desenvolvimento floral 615

Genes de identidade de meristemas florais regulam a função do meristema 615

As mutações homeóticas levaram à identificação dos genes de identidade de órgãos florais 616

O modelo ABC explica parcialmente a determinação da identidade do órgão floral 617

Os genes da Classe E de *Arabidopsis* são necessários para as atividades dos genes A, B e C 618

De acordo com o Modelo Quaternário, a identidade do órgão floral é regulada por complexos tetraméricos das proteínas ABCE 619

Os genes da Classe D são necessários para a formação do óvulo 620

A assimetria floral nas flores é regulada pela expressão gênica 620

CAPÍTULO 21
Reprodução sexual: de gametas a frutas 625

21.1 Desenvolvimento das gerações gametofíticas masculina e feminina 625

21.2 Formação de gametófitos masculinos no estame 627

A formação do grão de pólen ocorre em dois estágios sucessivos 627

A parede celular multiestratificada do pólen é surpreendentemente complexa 629

21.3 Desenvolvimento do gametófito feminino no óvulo 630

O gineceu de *Arabidopsis* é um sistema-modelo importante para o estudo do desenvolvimento do rudimento seminal 631

A maioria das angiospermas exibe desenvolvimento do saco embrionário do tipo *Polygonum* 632

Megásporos funcionais sofrem uma série de divisões mitóticas nucleares livres seguidas por celularização 632

21.4 Polinização e fertilização em plantas com flores 633

A fase progâmica inclui tudo, desde a aterrissagem do pólen e o crescimento do tubo até a fusão do gameta masculino e do óvulo 633

A aderência e a hidratação de um grão de pólen sobre uma flor compatível dependem do reconhecimento entre as superfícies do pólen e do estigma 634

A polarização do grão de pólen desencadeada pelo Ca^{2+} precede a formação do tubo 635

Os tubos polínicos crescem por crescimento apical 636

Receptores do tipo quinase regulam a troca da ROP1 GTPase, um regulador fundamental do crescimento apical 638

O crescimento apical do tubo polínico no pistilo é orientado por estímulos físicos e químicos 638

O tecido do estilete pode condicionar os tubos polínicos a crescerem em direção ao saco embrionário 639

As células sinérgides liberam quimioatraentes que orientam o crescimento do tubo polínico até a micrópila 640

A fertilização dupla ocorre em três estágios distintos 641

21.5 Autopolinização *versus* polinização cruzada 642

Espécies hermafroditas e monoicas desenvolveram características florais para assegurar a polinização cruzada 642

Esterilidade masculina citoplasmática ocorre na natureza e é de grande utilidade na agricultura 642

A autoincompatibilidade é o mecanismo básico que impõe a polinização cruzada em angiospermas 643

Dois mecanismos genéticos distintos governam a autoincompatibilidade 644

O sistema SI esporofítico de Brassicaceae é mediado por receptores e ligantes codificados pelo *locus S* 645

S-RNases citotóxicas e proteínas F-box determinam a autoincompatibilidade gametofítica 645

21.6 Apomixia: reprodução assexuada por semente 647

A apomixia não é um "beco sem saída" evolutivo 647

21.7 Desenvolvimento do endosperma 647

A celularização do endosperma cenocítico em *Arabidopsis* avança da região micropilar para a calazal 648

A celularização do endosperma cenocítico de cereais avança centripetamente 649

O desenvolvimento do endosperma e a embriogênese podem ocorrer autonomamente 650

Muitos dos genes que controlam o desenvolvimento do endosperma são expressos diferencialmente no lado materno e paterno 651

As células do endosperma amiláceo e da camada de aleurona seguem rotas de desenvolvimento divergentes 652

21.8 Desenvolvimento da casca da semente 652

O desenvolvimento da casca da semente parece ser regulado pelo endosperma 652

21.9 Maturação da semente e tolerância à dessecação 653

As fases de enchimento e tolerância à dessecação da semente sobrepõem-se em muitas espécies 654

A conquista da tolerância à dessecação envolve muitas rotas metabólicas 654

Durante a conquista da tolerância à dessecação, as células do embrião adquirem um estado vítreo 655

Proteínas abundantes na embriogênese tardia e açúcares não redutores têm sido implicados na tolerância à dessecação das sementes 655

O ácido abscísico exerce um papel-chave na maturação da semente 655

A dormência imposta pela casca está correlacionada com a viabilidade a longo prazo da semente 655

21.10 Desenvolvimento e amadurecimento do fruto 656

Os fito-hormônios auxina e ácido giberélico (GA) regulam a frutificação e a partenocarpia 656

Fatores de transcrição específicos regulam o desenvolvimento da zona de deiscência 658

O tomate é um sistema modelo importante para estudar o desenvolvimento de frutos carnudos 659

Os frutos carnosos passam por amadurecimento 660

O amadurecimento envolve mudanças na cor do fruto 660

O amolecimento do fruto envolve a ação coordenada de muitas enzimas de degradação da parede celular 661

Paladar e sabor refletem mudanças nos compostos de ácidos, açúcares, aroma e outros compostos 661

O vínculo causal entre etileno e amadurecimento foi demonstrado em tomates transgênicos e mutantes 662

Os frutos climatéricos e não climatéricos diferem em suas respostas ao etileno 662

O processo de amadurecimento é regulado transcricionalmente 663

O estudo do mecanismo molecular de amadurecimento pode ter aplicações comerciais 664

CAPÍTULO 22
Embriogênese: a origem da arquitetura vegetal 669

22.1 Embriogênese em monocotiledôneas e eudicotiledôneas 670

A embriogênese difere entre monocotiledôneas e eudicotiledôneas, mas também compartilha características comuns 670

22.2 Estabelecimento da polaridade apical-basal 672

A polaridade apical-basal é estabelecida no início da embriogênese 672

A polarização do zigoto pode ser estudada usando imagens ao vivo 673

22.3 Mecanismos que orientam a embriogênese 676

Processos de sinalização intercelular desempenham papéis-chave no direcionamento do desenvolvimento dependente da posição 677

A comunicação célula-célula durante o desenvolvimento inicial do embrião pode ser regulada por plasmodesmos 677

As análises de mutantes identificaram genes para processos de sinalização essenciais para a organização do embrião 678

22.4 Sinalização de auxina durante a embriogênese 680

Os padrões espaciais de acumulação de auxina regulam eventos fundamentais de desenvolvimento 680

A proteína GNOM estabelece uma distribuição polar de proteínas de efluxo de auxina PIN 681

MONOPTEROS codifica um fator de transcrição que é ativado por auxina 681

22.5 Padronização radial durante a embriogênese 682

Precursores procambiais para o estelo vascular encontram-se no centro do eixo radial 683

A diferenciação de células corticais e endodérmicas envolve o movimento intracelular de um fator de transcrição 684

22.6 Formação dos meristemas apicais da raiz e do caule 686

A formação de raízes envolve *MONOPTEROS* e outros fatores de transcrição regulados por auxina 686

A formação de caules requer HD-ZIP III e os genes *SHOOT MERISTEMLESS* e *WUSCHEL* 687

As plantas podem iniciar a embriogênese em múltiplos tipos de células 687

CAPÍTULO 23
Senescência vegetal e morte celular 691

23.1 Morte celular programada 692

Tipos distintos de MCP ocorrem nas plantas 693

A MCP no desenvolvimento e a MCP desencadeada por patógenos envolvem processos distintos 693

A rota de autofagia captura e degrada constituintes celulares dentro de compartimentos líticos 693

A autofagia desempenha um papel duplo na regulação da MCP da planta 694

A autofagia é necessária para a reciclagem de nutrientes durante a senescência da planta 696

23.2 A síndrome da senescência foliar 696

A senescência foliar pode ser sequencial, sazonal ou induzida por estresse 697

As folhas sofrem grandes mudanças estruturais e bioquímicas durante a senescência foliar 698

A autólise das proteínas do cloroplasto ocorre em múltiplos compartimentos 698

A proteína STAY-GREEN (SGR) é exigida tanto para a reciclagem da proteína LHCP II como para o catabolismo da clorofila 699

23.3 Regulação da senescência foliar: uma rede de várias camadas 700

A senescência foliar depende da regulação abrangente das vias que respondem a fatores endógenos e ambientais 701

Hormônios vegetais e outros agentes sinalizadores podem atuar como reguladores positivos ou negativos da senescência foliar 706

Reguladores positivos da senescência 707

Reguladores negativos da senescência 708

23.4 Abscisão 709

A abscisão de órgãos é regulada por sinais ambientais e de desenvolvimento 711

23.5 Senescência de toda a planta 712

Os ciclos de vida de angiospermas podem ser anuais, bianuais ou perenes 713

A senescência da planta inteira difere do envelhecimento em animais 714

A determinação dos meristemas apicais do caule é regulada pelo desenvolvimento 715

A redistribuição de nutrientes pode desencadear a senescência em plantas monocárpicas 716

A produtividade de árvores de grande porte continua aumentando até o início da senescência 716

CAPÍTULO 24
Interações bióticas 721

24.1 Interações de plantas com microrganismos benéficos 723

Os fatores Nod são reconhecidos pelo receptor de fator Nod (NFR) em leguminosas 723

Associações com micorrizas arbusculares e simbiose de fixação de nitrogênio envolvem rotas de sinalização 723

Rizobactérias podem aumentar a disponibilidade de nutrientes, estimular a ramificação da raiz e proteger contra patógenos 725

24.2 Interações herbívoras que prejudicam as plantas 725

Barreiras mecânicas fornecem uma primeira linha de defesa contra insetos-praga e patógenos 726

Os metabólitos secundários vegetais podem afastar insetos herbívoros 728

As plantas armazenam compostos tóxicos constitutivos em estruturas especializadas 728

Frequentemente, as plantas armazenam moléculas de defesa no vacúolo, como conjugados de açúcar, hidrossolúveis e não tóxicos 730

24.3 Respostas de defesa induzidas contra insetos herbívoros 732

As plantas podem reconhecer componentes específicos na saliva dos insetos 733

A sinalização de Ca^{2+} e a ativação da rota da MAP quinase são eventos iniciais associados à herbivoria de insetos 734

O ácido jasmônico ativa respostas de defesa contra insetos herbívoros 734

O ácido jasmônico atua por um mecanismo conservado de sinalização de ubiquitina ligase 735

Interações hormonais contribuem para as interações entre plantas e insetos herbívoros 735

O ácido jasmônico inicia a produção de proteínas de defesa que inibem a digestão de herbívoros 736

Os danos causados por herbívoros induzem defesas sistêmicas 736

Genes de receptor tipo glutamato (GLR) são necessários para a sinalização elétrica de longa distância durante a herbivoria 737

Os voláteis induzidos por herbívoros podem repelir herbívoros e atrair inimigos naturais 738

Os voláteis induzidos por herbívoros podem servir como sinais de longa distância entre as plantas 739

Os voláteis induzidos por herbívoros também podem atuar como sinais sistêmicos em uma mesma planta 739

As respostas de defesa contra herbívoros e patógenos são reguladas por ritmos circadianos 739

Os insetos desenvolveram mecanismos para anular as defesas vegetais 741

24.4 Defesas da planta contra patógenos 741

Os agentes patogênicos microbianos desenvolveram várias estratégias para invadir as plantas hospedeiras 741

Patógenos produzem moléculas efetoras que auxiliam na colonização de suas células hospedeiras vegetais 742

As plantas podem detectar patógenos por meio da percepção de "sinais de perigo" derivados de patógenos 743

Genes R fornecem resistência a patógenos particulares pelo reconhecimento de efetores de linhagens específicas 744

A resposta de hipersensibilidade é uma defesa comum contra patógenos 745

Um único contato com o patógeno pode aumentar a resistência aos ataques futuros 746

Os principais componentes da rota de sinalização do ácido salicílico foram identificados 746

Fitoalexinas com atividade antimicrobiana se acumulam após o ataque do patógeno 747

A RNA de interferência desempenha um papel central nas respostas imunes antivirais em plantas 747

Alguns nematódeos parasitas de plantas formam associações específicas através da formação de estruturas de forrageio distintas 748

Plantas competem com outras plantas secretando metabólitos especializados alelopáticos no solo 749

Algumas plantas são parasitas de outras plantas 749

Glossário 753

Créditos das ilustrações 777

Índice 785

UNIDADE 1

Estrutura e sistemas de informação de células vegetais

Capítulo 1 Arquitetura da célula e do vegetal

Capítulo 2 Paredes celulares: estrutura, formação e expansão

Capítulo 3 Estrutura do genoma e expressão gênica

Capítulo 4 Sinais e transdução de sinal

1 Arquitetura da célula e do vegetal

Fisiologia vegetal é o estudo dos *processos* vegetais – como as plantas crescem, desenvolvem-se e atuam à medida que interagem com os ambientes físico (abiótico) e vivo (biótico). Embora este livro enfatize as funções fisiológicas, bioquímicas e moleculares das plantas, é importante reconhecer que, ao falar sobre a troca gasosa na folha, a condução de água no xilema, a fotossíntese no cloroplasto, o transporte de íons através das membranas, as rotas de transdução de sinal envolvendo luz e hormônios, ou a expressão gênica durante o desenvolvimento, todas essas funções dependem inteiramente das estruturas.

A função deriva de estruturas que interagem em cada nível de complexidade. Ela ocorre nas seguintes situações: a) quando moléculas pequenas se reconhecem e se interligam, produzindo um complexo com funções novas; (b) quando uma folha nova se expande e quando células e tecidos interagem durante o processo de desenvolvimento da planta; e (c) quando organismos enormes se sombreiam, nutrem ou se cruzam uns com os outros. Em todos os níveis, a partir de moléculas até organismos, a estrutura e a função representam diferentes pontos de referência de uma unidade biológica.

A unidade de organização fundamental de plantas e de todos os organismos vivos é a célula. O termo *célula* deriva do latim *cella*, cujo significado é "despensa" ou "câmara". Ele foi empregado pela primeira vez na biologia em 1665, pelo cientista inglês Robert Hooke, para descrever as unidades de uma estrutura semelhante a favos de mel, observada em uma cortiça, sob um microscópio óptico composto. As "células" que Hooke observou eram, na verdade, lumes vazios de células mortas, delimitados por paredes celulares; porém o termo é apropriado, pois as células são os constituintes estruturais básicos que definem a estrutura vegetal.

Movendo-se para o exterior da célula, grupos de células especializadas formam tecidos específicos, e tecidos específicos dispostos em padrões particulares são a base de órgãos tridimensionais. Assim como a anatomia da planta (o estudo dos arranjos macroscópicos de células e tecidos nos órgãos) teve seu impulso inicial com o aperfeiçoamento do microscópio óptico no século XVII, a biologia da célula vegetal (o estudo do interior das células) foi estimulada pelo primeiro uso do microscópio eletrônico em material biológico em meados do século XX. Aprimoramentos subsequentes em microscopia e em biologia molecular revelaram a surpreendente diversidade e a dinâmica dos componentes que constituem as células – as organelas, cujas atividades combinadas são necessárias para a ampla gama de funções celulares e fisiológicas que caracterizam os organismos biológicos.

Este capítulo fornece uma visão geral da anatomia básica e da biologia celular das plantas, desde a estrutura macroscópica de órgãos e tecidos até a ultraestrutura microscópica de organelas celulares. Os capítulos seguintes irão discorrer sobre essas estruturas mais detalhadamente do ponto de vista de suas funções fisiológicas e de desenvolvimento em diferentes estágios do ciclo de vida da planta.

1.1 Processos vitais das plantas: princípios unificadores

A grande diversidade de tamanhos e de formas vegetais é familiar a todos. As plantas variam em sua altura de menos de 1 cm a mais de 100 m. A morfologia, ou forma, da planta também é surpreendentemente diversa. À primeira vista, a pequena planta lentilha-d'água (*Lemna*) parece ter muito pouco em comum com um cacto saguaro ou uma sequoia. Como nenhum vegetal possui todo o espectro de adaptações para a amplitude de ambientes que as plantas ocupam na Terra, os fisiologistas vegetais estudam **organismos-modelo**, ou seja, vegetais com ciclos de vida curtos e **genomas** pequenos (a totalidade de suas informações genéticas) (ver **Tópico 1.1 na internet**). Esses modelos são úteis, pois todos os vegetais, independentemente de suas adaptações específicas, executam processos similares e estão pautados no mesmo plano arquitetural.

Os principais princípios unificadores de plantas podem ser resumidos da seguinte maneira:

- Como produtores primários da Terra, plantas e algas verdes são os coletores solares fundamentais. Elas captam a energia da luz solar e convertem a energia luminosa em energia química, a qual é armazenada nas ligações formadas durante a síntese de carboidratos, a partir de dióxido de carbono e água.
- Diferentemente de certas células reprodutivas, as plantas terrestres não se deslocam de um lugar para outro; elas são sésseis. Em substituição à mobilidade, eles desenvolveram a capacidade de crescer em busca dos recursos essenciais, como luz, água e nutrientes minerais, durante todo o seu ciclo de vida.
- As plantas terrestres são estruturalmente reforçadas para dar suporte à sua massa, à medida que elas crescem em direção à luz e contra a força da gravidade.
- As plantas terrestres apresentam mecanismos para transportar água e sais minerais do solo para os locais de fotossíntese e de crescimento, bem como para transportar os produtos da fotossíntese até os tecidos e órgãos não fotossintetizantes.
- As plantas perdem água de maneira contínua por evaporação e, evolutivamente, desenvolveram mecanismos para evitar a dessecação.
- As plantas desenvolvem-se a partir de embriões que extraem nutrientes da planta-mãe, e essas reservas nutritivas adicionais facilitam a produção de grandes estruturas autossustentáveis no ambiente terrestre.

Com base nesses princípios, em geral as plantas terrestres podem ser definidas como organismos multicelulares derivados de embriões, adaptados ao ambiente terrestre e capazes de converter dióxido de carbono em compostos orgânicos complexos pelo processo da fotossíntese. Essa definição geral inclui um amplo espectro de organismos, desde musgos até plantas floríferas, como ilustrado no diagrama, ou cladograma, que descreve a linhagem evolutiva como ramos, ou clados, de uma árvore (**Figura 1.1**). As plantas compartilham com as algas verdes (na maior parte, aquáticas) a característica primitiva tão importante para a fotossíntese nos dois clados: seus cloroplastos contêm os pigmentos clorofila *a* e *b* e β-caroteno. **Plantas terrestres**, ou **embriófitas**, compartilham as características evolutivamente derivadas para sobreviver em ambiente terrestre e que inexistem nas algas. As plantas terrestres incluem as **plantas avasculares**, ou **briófitas** (antóceros, musgos e hepáticas), e as **plantas vasculares**, ou **traqueófitas**, que evoluíram de um ancestral comum. As plantas vasculares, por sua vez, consistem em **plantas sem sementes** (pteridófitas e grupos afins) e **plantas com sementes** (gimnospermas e angiospermas).[1]

Devido aos variados usos das plantas – agrícola, industrial, de madeira e medicinal –, bem como seu grande domínio dos ecossistemas terrestres, a maioria das pesquisas em biologia vegetal tem enfocado as plantas que evoluíram nos últimos 300 milhões de anos, as plantas com sementes (espermatófitas) (ver Figura 1.1). As **gimnospermas** (do grego, "semente nua") compreendem coníferas, cicas, ginkgo e gnetófitas (que inclui *Ephedra*, uma planta medicinal). Cerca de 800 espécies de gimnospermas são conhecidas. O maior grupo das gimnospermas é representado pelas **coníferas** ("portadoras de cones"), que incluem árvores de importância comercial, como o pinheiro, o abeto, o espruce e a sequoia. As **angiospermas** (do grego, "semente em urna") evoluíram há cerca de 183 milhões de anos e incluem três grandes grupos: as **monocotiledôneas**, as **eudicotiledôneas** e as chamadas angiospermas basais, que incluem a família da Magnólia e grupos afins. Com exceção das grandes florestas de coníferas do Canadá, do Alasca e do norte da Eurásia, as angiospermas dominam a paisagem. Cerca de 370 mil espécies são conhecidas, além de 17 mil espécies não descritas preditas por taxonomistas usando modelos computacionais. (Uma discussão sobre sistemas taxonômicos de plantas é encontrada no **Tópico 1.2 na internet**.) A maioria das espécies preditas está ameaçada, pois elas ocorrem principalmente em regiões de rica biodiversidade, onde a destruição de hábitats é comum. A grande inovação morfológica das angiospermas é a flor; por isso elas são referidas como **plantas floríferas**.

---

[1]As gramíneas aquáticas são classificadas como plantas terrestres, pois são angiospermas evolutivamente adaptadas à submersão periódica ou contínua na água.

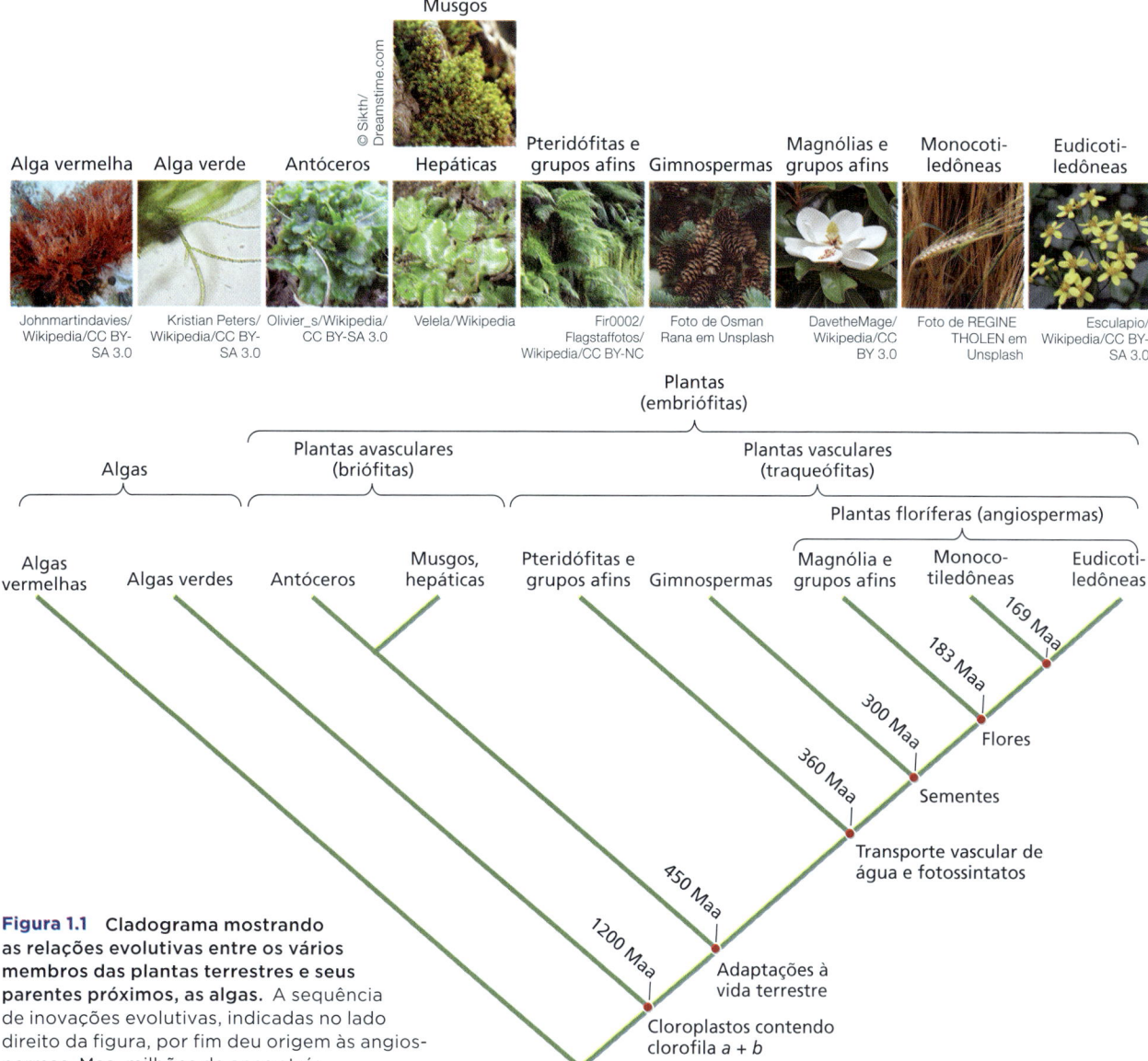

Figura 1.1 Cladograma mostrando as relações evolutivas entre os vários membros das plantas terrestres e seus parentes próximos, as algas. A sequência de inovações evolutivas, indicadas no lado direito da figura, por fim deu origem às angiospermas. Maa, milhões de anos atrás.

Os ciclos de vida da planta alternam-se entre gerações diploides e haploides

As plantas, ao contrário dos animais, alternam entre duas gerações multicelulares distintas para completar seu ciclo de vida. Isso é chamado de **alternância de gerações**. Uma geração tem células **diploides**, células com duas cópias de cada cromossomo, abreviado como tendo **2n** cromossomos, e a outra geração tem células **haploides**, células com apenas uma cópia de cada cromossomo, abreviado como **1n**. Cada uma dessas gerações multicelulares pode ser mais ou menos dependente física e metabolicamente da outra, conforme seu grupo evolutivo.

Quando animais diploides (2n), representados por seres humanos no ciclo mais interno da **Figura 1.2**, produzem **gametas** haploides, óvulo (1n) e espermatozoide (1n), eles fazem isso diretamente pelo processo de **meiose**, a divisão celular que resulta em uma redução do número de cromossomos de 2n para 1n. Por outro lado, os produtos da meiose em plantas diploides são **esporos**, e formas vegetais diploides são, por conseguinte, chamadas de **esporófitos**. Cada esporo é capaz de sofrer **mitose**, a divisão celular que não altera o número de cromossomos nas células-filhas, para formar um novo indivíduo multicelular haploide, o **gametófito**, como mostram os ciclos mais externos da Figura 1.2. Os gametófitos produzem gametas, a oosfera e os núcleos espermáticos por simples mitose, enquanto gametas em animais são produzidos por meiose. Uma vez que os gametas haploides se fundem e a **fecundação** ocorre para criar o zigoto 2n, os ciclos de vida de animais e plantas tornam-se semelhantes (ver Figura 1.2). O zigoto 2n passa por uma série de divisões mitóticas para produzir o embrião, o qual, por fim, transforma-se no adulto maduro diploide.

Assim, todos os ciclos de vida de plantas abrangem duas gerações distintas: a diploide, **geração esporofítica** produtora de esporos, e a haploide, **geração gametofítica** produtora

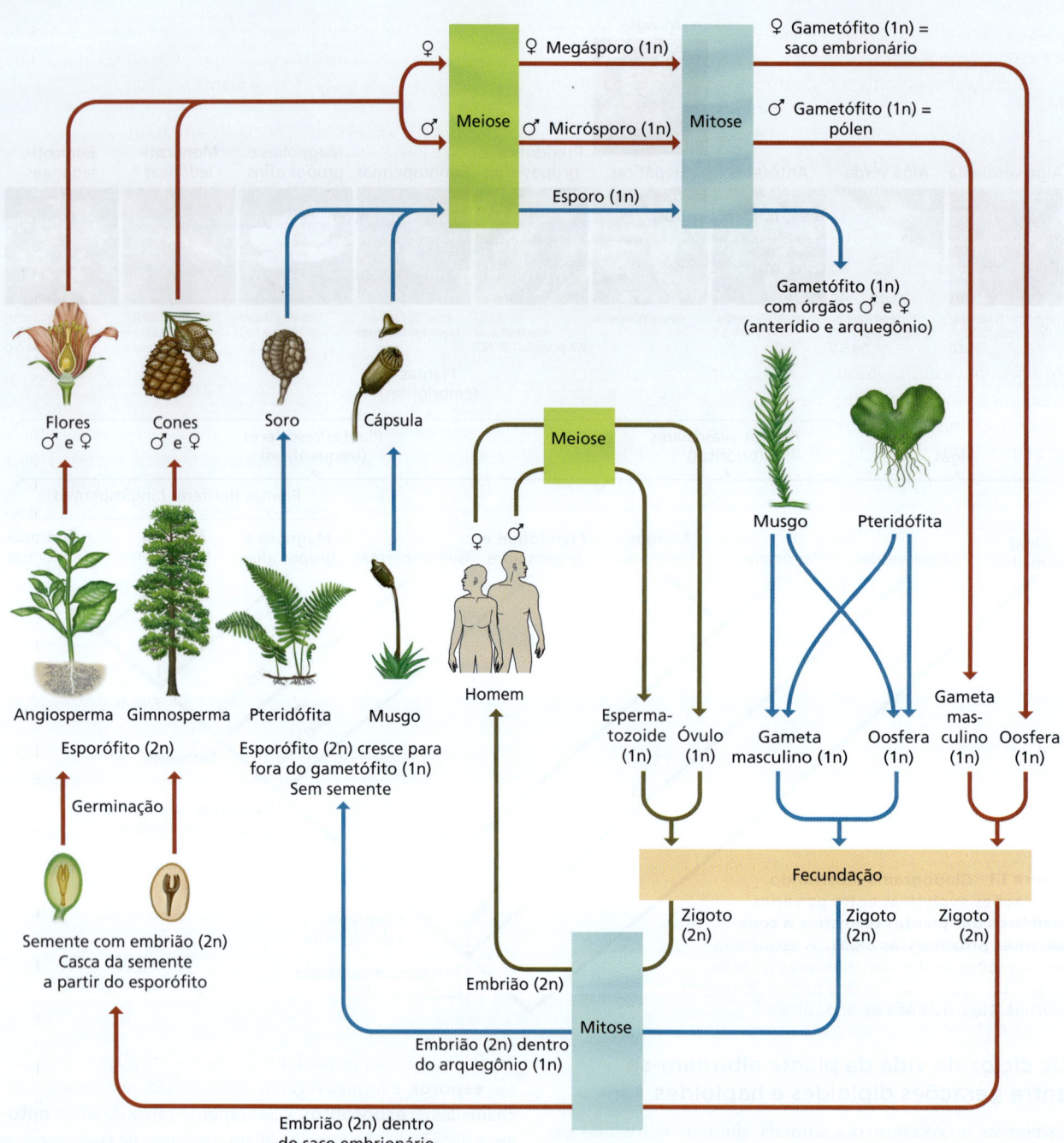

Figura 1.2 Diagrama dos ciclos de vida gerais de plantas e animais. Diferentemente dos animais, as plantas exibem alternância de gerações. Em vez de produzir gametas diretamente por meiose, como os animais, as plantas formam esporos vegetativos por meiose. Esses esporos 1n (haploides) dividem-se, produzindo um segundo indivíduo multicelular chamado gametófito. O gametófito, então, produz gametas (gameta masculino e oosfera) por mitose. Após a fecundação, o zigoto 2n (diploide) resultante desenvolve-se em uma geração esporofítica madura, e o ciclo começa novamente (para detalhes, ver Capítulo 21).

de gametas. Uma linha traçada entre a fecundação e a meiose divide esses dois estágios separados do ciclo de vida geral das plantas (ver Figura 1.2). O aumento do número de mitoses entre a fecundação e a meiose aumenta o tamanho da geração esporofítica e o número de esporos que podem ser produzidos. Ter mais esporos por evento de fecundação poderia compensar a baixa fertilidade quando a água se torna escassa na terra. Isso poderia explicar a forte tendência ao aumento do tamanho da geração esporofítica, em relação à geração gametofítica, durante a evolução de plantas.

A geração esporofítica é dominante nas espermatófitas (plantas com sementes), as gimnospermas e as angiospermas, e dá origem a diferentes esporos: os **megásporos**, que se desenvolvem em gametófito feminino, e os **micrósporos**, que se desenvolvem em gametófito masculino (ver Figura 1.2). A maneira como os gametófitos masculinos e femininos resultantes são separados é bastante diversificada. Em angiospermas, um único indivíduo em uma espécie **monoica** (do grego, "uma casa") tem flores que produzem tanto gametófitos masculinos quanto femininos; ambos podem ocorrer em uma única flor "perfeita", como em tulipas, ou podem ocorrer separadamente em flores masculinas (estaminadas) e femininas (pistiladas), como no milho (*Zea mays*). Se flores masculinas e femininas ocorrem em indivíduos separados, como no salgueiro ou no álamo, então a espécie é **dioica** (do grego, "duas casas"). As gimnospermas, gingkos e cicas são dioicas, enquanto as coníferas são monoicas. As coníferas produzem cones femininos, os **megastróbilos** (do grego, "cones grandes"), em geral posicionados na planta mais acima do que os cones masculinos, os **microstróbilos** (do grego, "cones pequenos"). Megásporos e micrósporos produzem gametófitos com apenas algumas células, em comparação com o esporófito. Os processos de desenvolvimento de gametófitos são discutidos em detalhes no Capítulo 21.

■ 1.2 Visão geral da estrutura vegetal

Apesar de sua aparente diversidade, o corpo de todas as plantas com sementes apresenta o mesmo plano básico (**Figura 1.3**). O corpo vegetativo é composto de três órgãos – o caule, a raiz e as folhas –, cada um com uma direção, ou polaridade, de crescimento diferente. O **caule** cresce para cima e sustenta a parte da planta acima do solo. A **raiz**, que ancora a planta e absorve água e nutrientes, cresce abaixo do solo. As **folhas**, cuja função principal é a fotossíntese, crescem lateralmente a partir dos **nós** caulinares. As variações na disposição das folhas (**filotaxia**) podem dar origem a muitas formas diferentes de **partes aéreas**, a denominação usada para folhas e caule juntos. Por exemplo, os nós podem estar dispostos em espiral em torno do caule, em rotação por um ângulo fixo entre cada **entrenó** (a região entre dois nós). Por outro lado, as folhas podem surgir opostas ou alternadas em ambos os lados do caule.

A posição e a forma dos órgãos são definidas por padrões direcionais de crescimento que são determinados mediante controle da divisão e expansão celular. A polaridade do crescimento do **eixo primário da planta** (o caule principal e a raiz pivotante) é vertical, enquanto a folha típica cresce lateralmente nas margens, produzindo a sua **lâmina** achatada. A superfície **adaxial** (superior) da folha está voltada para o caule, e a superfície **abaxial** (inferior) da folha está afastada do caule (ver Figura 1.3). As polaridades de crescimento dos órgãos são adaptadas às suas funções: as folhas atuam na absorção da luz, os caules alongam para erguer as folhas em direção à luz solar e as raízes alongam em busca de água e de nutrientes do solo. A parede é o componente da célula que determina diretamente a polaridade do crescimento nas plantas.

As células vegetais são delimitadas por paredes rígidas

O limite externo fluido do citoplasma vivo de células vegetais é a **membrana plasmática** (também chamada de **plasmalema**), similar em animais, fungos e bactérias. Situado no interior da membrana plasmática, o conjunto interno altamente adensado de íons hidratados, moléculas pequenas e grandes, organelas e componentes do citoesqueleto, além do núcleo, é chamada de **citoplasma**. **Citosol** é a porção líquida do citoplasma que pode ser fisicamente separada de macromoléculas insolúveis, organelas, pequenos compartimentos chamados de vesículas e ribossomos. Nucleoplasma é o compartimento interno do núcleo envolvido por membrana em eucariotos. O grande compartimento interno da maioria das células vegetais, conhecido como **vacúolo**, também é geralmente considerado distinto do citoplasma, pois contém uma solução menos densa dotada de moléculas e enzimas hidrolisantes. No entanto, ao contrário das células animais, as células vegetais são adicionalmente envolvidas por uma **parede celular** rígida (**Figura 1.4**). Devido à ausência de paredes celulares em animais, células embrionárias são capazes de migrar de um local para outro; tecidos e órgãos em desenvolvimento podem, assim, conter células que se originaram em diferentes partes do organismo. Nos vegetais, as migrações celulares são impedidas, pois cada célula é firmemente unida às células adjacentes por uma **lamela média**. Como consequência, o desenvolvimento vegetal, ao contrário do animal, depende exclusivamente dos padrões de divisão e de expansão celulares.

As células vegetais apresentam dois tipos de parede: primária e secundária (ver Figura 1.4A). As **paredes celulares primárias** são tipicamente delgadas (menos de 1 µm), caracterizando células jovens em crescimento. As **paredes celulares secundárias**, mais espessas e resistentes que as primárias, são depositadas na superfície interna da parede primária, depois que a maior parte da expansão celular está concluída. As paredes celulares secundárias devem sua resistência e rigidez à **lignina**, um material quebradiço e pegajoso (ver Capítulo 2). A evolução das paredes celulares lignificadas proporcionou aos vegetais o reforço estrutural necessário para crescerem verticalmente acima do solo e conquistarem o ambiente terrestre. As briófitas, que carecem de paredes celulares lignificadas, são incapazes de crescer mais do que poucos centímetros acima do solo.

Os plasmodesmos permitem o movimento livre de moléculas entre as células

O citoplasma das células adjacentes em geral está conectado por **plasmodesmos**, canais tubulares de 40 a 50 nm de diâmetro e formados pelas membranas conectadas de células adjacentes (ver Figura 1.4). Os plasmodesmos facilitam o movimento intercelular de proteínas, ácidos nucleicos e outros sinais

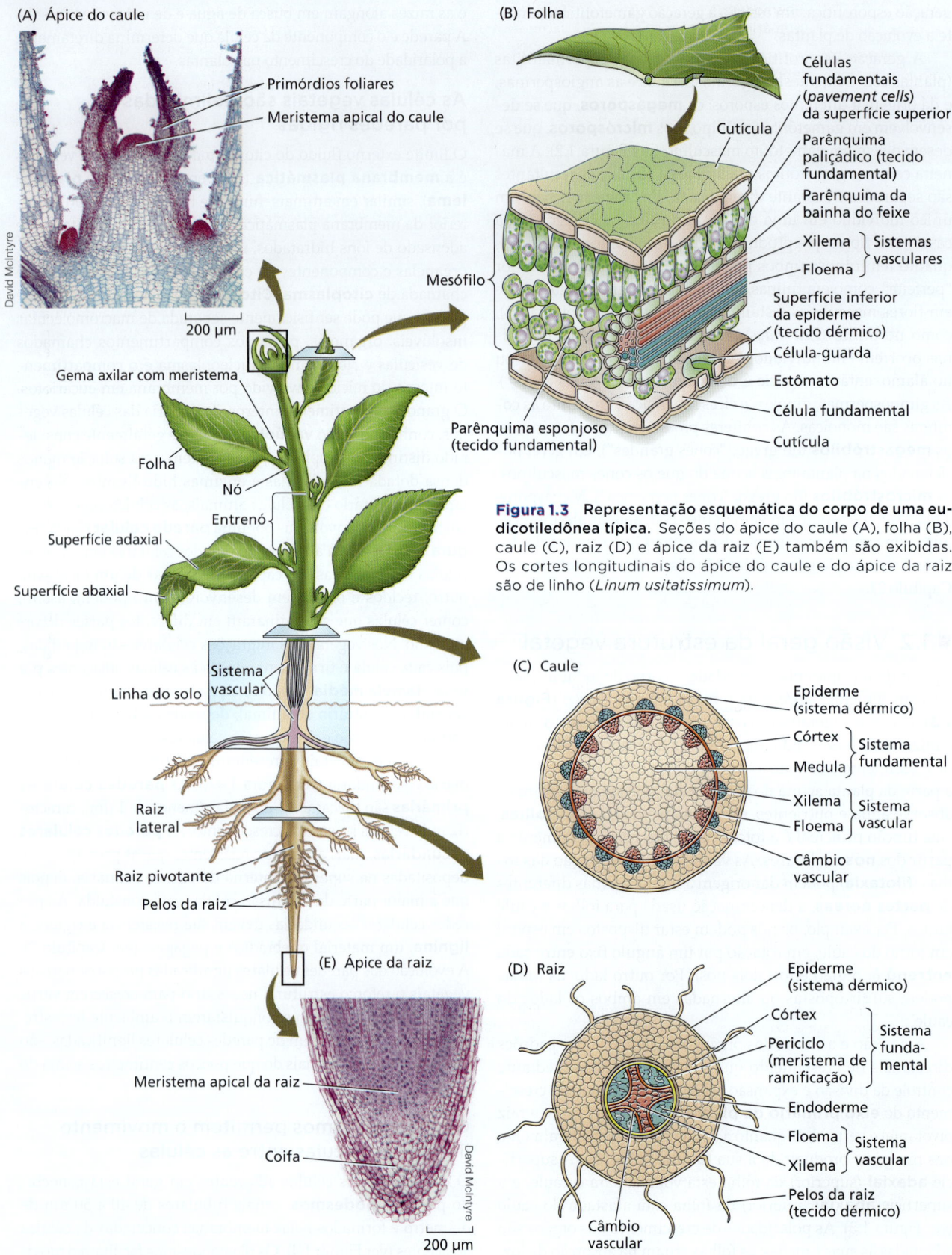

Figura 1.3 Representação esquemática do corpo de uma eudicotiledônea típica. Seções do ápice do caule (A), folha (B), caule (C), raiz (D) e ápice da raiz (E) também são exibidas. Os cortes longitudinais do ápice do caule e do ápice da raiz são de linho (*Linum usitatissimum*).

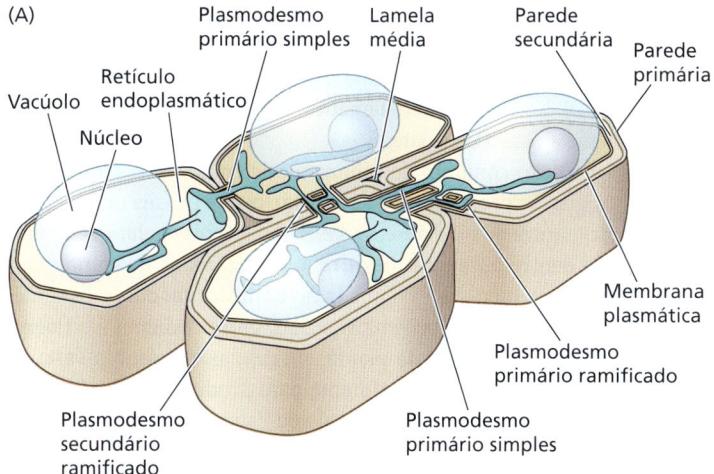
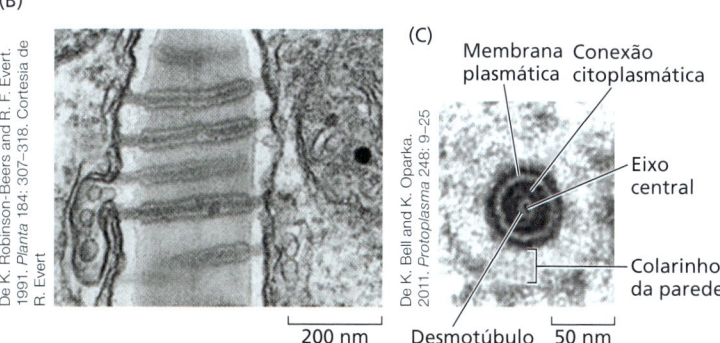
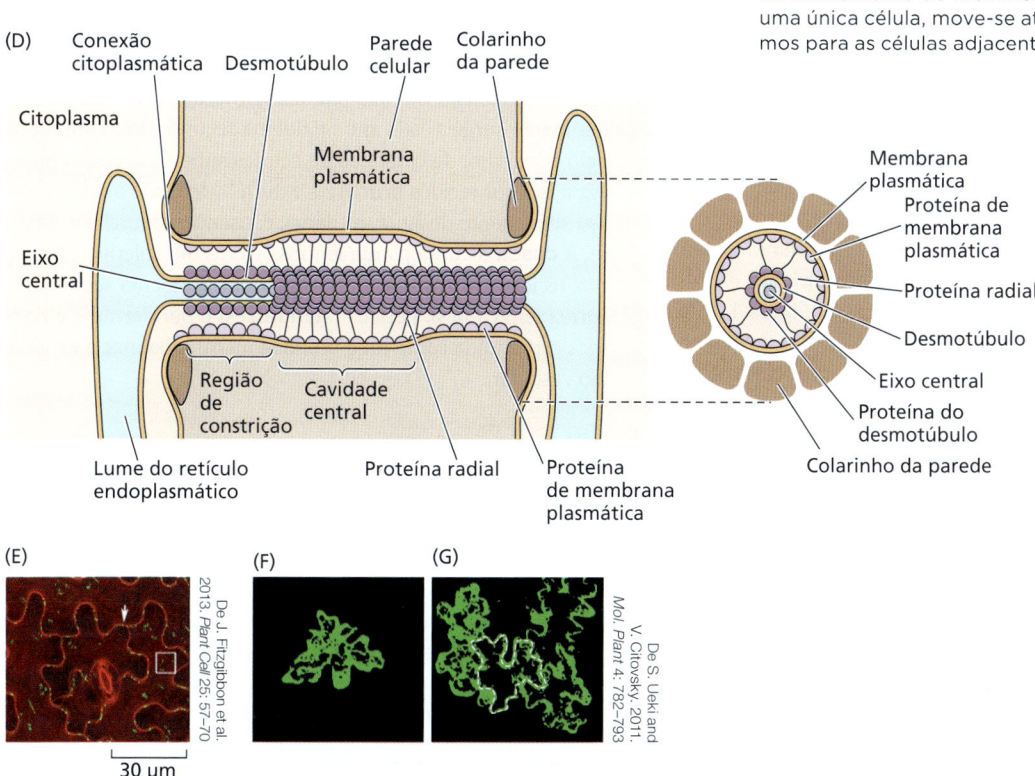

Figura 1.4 Parede celular vegetal e seus plasmodesmos associados. (A) Representação diagramática das paredes celulares de quatro células vegetais adjacentes. As células apenas com paredes primárias e com ambas as paredes – primária e secundária – estão ilustradas. As paredes secundárias formam-se por dentro das paredes primárias. As células estão conectadas tanto por plasmodesmos simples (não ramificados) quanto por ramificados. Os plasmodesmos formados durante a divisão celular são plasmodesmos primários. Os plasmodesmos secundários se formam, nas paredes celulares primárias ou secundárias, após a conclusão da divisão celular. (B) Micrografia eletrônica de uma parede que separa duas células adjacentes, mostrando plasmodesmos simples em vista longitudinal. (C) Seção tangencial de uma parede celular mostrando um plasmodesmo em seção transversal. (D) Vistas da superfície esquemática e da seção transversal de um plasmodesmo. O poro consiste em uma cavidade central rebaixada pela qual o desmotúbulo passa, ligando o retículo endoplasmático de células adjacentes. (E) Células epidérmicas de uma folha de *Arabidopsis*, em microscopia de fluorescência, mostrando a parede celular em vermelho e o complexo de plasmodesmos em verde. A seta aponta o número elevado de plasmodesmos nas junções celulares de três vias, e o retângulo delimita plasmodesmos que conectam as células da epiderme às células subjacentes do mesófilo. (F) Imagem, em microscopia de fluorescência, de única célula epidérmica foliar de tabaco expressando uma proteína verde fluorescente de movimento viral. (G) Com o tempo, a proteína verde fluorescente de movimento viral, expressa em uma única célula, move-se através dos plasmodesmos para as células adjacentes.

macromoleculares que coordenam processos de desenvolvimento entre células vegetais. Os plasmodesmos primários são formados durante a divisão celular. Os plasmodesmos secundários são formados após a divisão das células. O núcleo de cada plasmodesmo é o *desmotúbulo*, que é um sistema de endomembranas derivado de ambas as células adjacentes. As células vegetais interconectadas dessa forma formam um espaço citoplasmático contínuo denominado **simplasto**. O transporte de moléculas pequenas através dos plasmodesmos é chamado de **transporte simplástico** (ver Capítulos 6 e 8). O transporte através do espaço permeável da parede celular fora das células (o **apoplasto**) é chamado de **transporte apoplástico**. Ambas as formas de transporte são importantes no sistema vascular das plantas (ver Capítulo 8).

O simplasto pode transportar água, solutos e macromoléculas entre as células, sem ultrapassar a membrana plasmática. No entanto, existe uma restrição no tamanho das moléculas que podem ser transportadas através do simplasto; essa restrição é chamada de **limite de exclusão por tamanho**, que varia com o tipo de célula, o meio ambiente e o estágio de desenvolvimento. O transporte pode ser monitorado mediante estudo do movimento de proteínas ou de corantes marcados por fluorescência entre as células. O movimento através dos plasmodesmos (ver Figura 1.4) é regulado, ou bloqueado, pelo depósito (fechamento) ou degradação (liberação) de calose dentro da abertura dos plasmodesmos. A disseminação sistêmica de vírus de plantas que são introduzidos pela alimentação de insetos geralmente envolve movimento simplástico, após a expansão do limite de exclusão por tamanho por *proteínas de movimento viral* (ver Capítulo 24).

As novas células são produzidas por tecidos em divisão denominados meristemas

O crescimento vegetal está localizado em regiões específicas de divisões celulares chamadas de **meristemas**. A maioria das divisões nucleares (cariocinese) e as divisões celulares (citocinese) ocorre nessas regiões meristemáticas. Na planta jovem, os meristemas mais ativos são os **meristemas apicais**; eles estão localizados nos ápices do caule e da raiz (ver Figura 1.3A e E). A fase do desenvolvimento vegetal que origina os novos órgãos e a forma básica da planta é denominada **crescimento primário**, que dá origem ao **corpo primário da planta**. O crescimento primário resulta da atividade dos meristemas apicais. A divisão celular no meristema produz células cuboides de cerca de 10 μm em cada aresta. A divisão é seguida pela expansão celular progressiva, em geral o alongamento, pelo qual as células se tornam muito mais longas do que largas (30–100 μm de comprimento, 10–25 μm de largura – cerca de metade da largura de um cabelo fino de bebê e cerca de 50 vezes a largura de uma bactéria típica). O aumento do comprimento produzido por crescimento primário amplia a polaridade do eixo da planta (ápice-base), que é estabelecida no embrião.

O tecido meristemático é também encontrado ao longo do comprimento da raiz e do caule. As **gemas axilares** são meristemas que se desenvolvem no nó da axila foliar – na região axilar entre a folha e o caule. As gemas axilares tornam-se os meristemas apicais de ramos. As ramificações das raízes, as **raízes laterais**, surgem a partir de células meristemáticas no **periciclo** ou meristema da ramificação da raiz (ver Figura 1.3D). Esse tecido meristemático, em seguida, torna-se o meristema apical da raiz lateral.

Outro conjunto de células meristemáticas, o **câmbio**, dá origem ao **crescimento secundário**, que produz um aumento na largura ou no diâmetro das plantas, tendo polaridade radial (de dentro para fora) (**Figura 1.5**). A camada do câmbio que produz a madeira é chamada de **câmbio vascular**. Esse meristema surge no sistema vascular, entre o xilema e o floema do corpo primário da planta. As células do câmbio vascular dividem-se longitudinalmente para produzir derivações para o interior ou o exterior do caule ou da raiz. Elas também se dividem transversalmente para produzir **raios** que distribuem o material radialmente para fora.*

As células derivadas das iniciais radiais originarão os raios. As derivadas internas diferenciam-se em **xilema secundário**, que conduz a água e os nutrientes do solo, em direção ascendente, para outros órgãos da planta. Em climas temperados, o lenho estival (verão) é mais escuro e mais denso do que o lenho primaveril; camadas alternadas de lenhos estival e primaveril formam anéis anuais. As derivadas do câmbio vascular deslocadas na direção externa do caule ou da raiz secundários dão origem ao **floema secundário**, que, como o floema primário, conduz os produtos da fotossíntese, em direção descendente, a partir das folhas para outras partes da planta. As **fibras do floema** adicionam resistência à tração do caule, como fazem todas as fibras (ver Figura 1.9).

Por fim, o **câmbio suberoso**, ou **felogênio**, é a camada que produz a **periderme**, um tecido de proteção (ver Figura 1.5) na parte externa das plantas lenhosas. O felogênio normalmente surge a cada ano no floema secundário. A produção, pelo felogênio, de camadas de células suberosas resistentes à água isola os tecidos primários externos do caule ou da raiz de seu suprimento de água, o xilema, causando a murcha e a morte. A **casca** de uma planta lenhosa é o termo coletivo para vários tecidos – floema secundário, fibras do floema secundário, córtex (em caules), periciclo (em raízes) e periderme – e pode ser desprendida como uma unidade na camada macia de câmbio vascular.

■ 1.3 Tipos de tecidos vegetais

Existem três sistemas de tecidos principais presentes em todos os órgãos vegetais: sistema dérmico, sistema fundamental e sistema vascular (ver Figura 1.3B-D). O **sistema dérmico** forma a camada protetora externa da planta e é chamado de **epiderme** no corpo primário da planta. O **sistema fundamental** preenche o volume tridimensional da planta e inclui a **medula** e o **córtex** dos caules e raízes primários e o **mesófilo** nas folhas. O **sistema vascular** consiste em dois tipos de sistemas

---

*N. de R.T. O câmbio vascular possui dois tipos de células iniciais: fusiformes e radiais. As células derivadas das primeiras formarão os tecidos secundários do eixo.

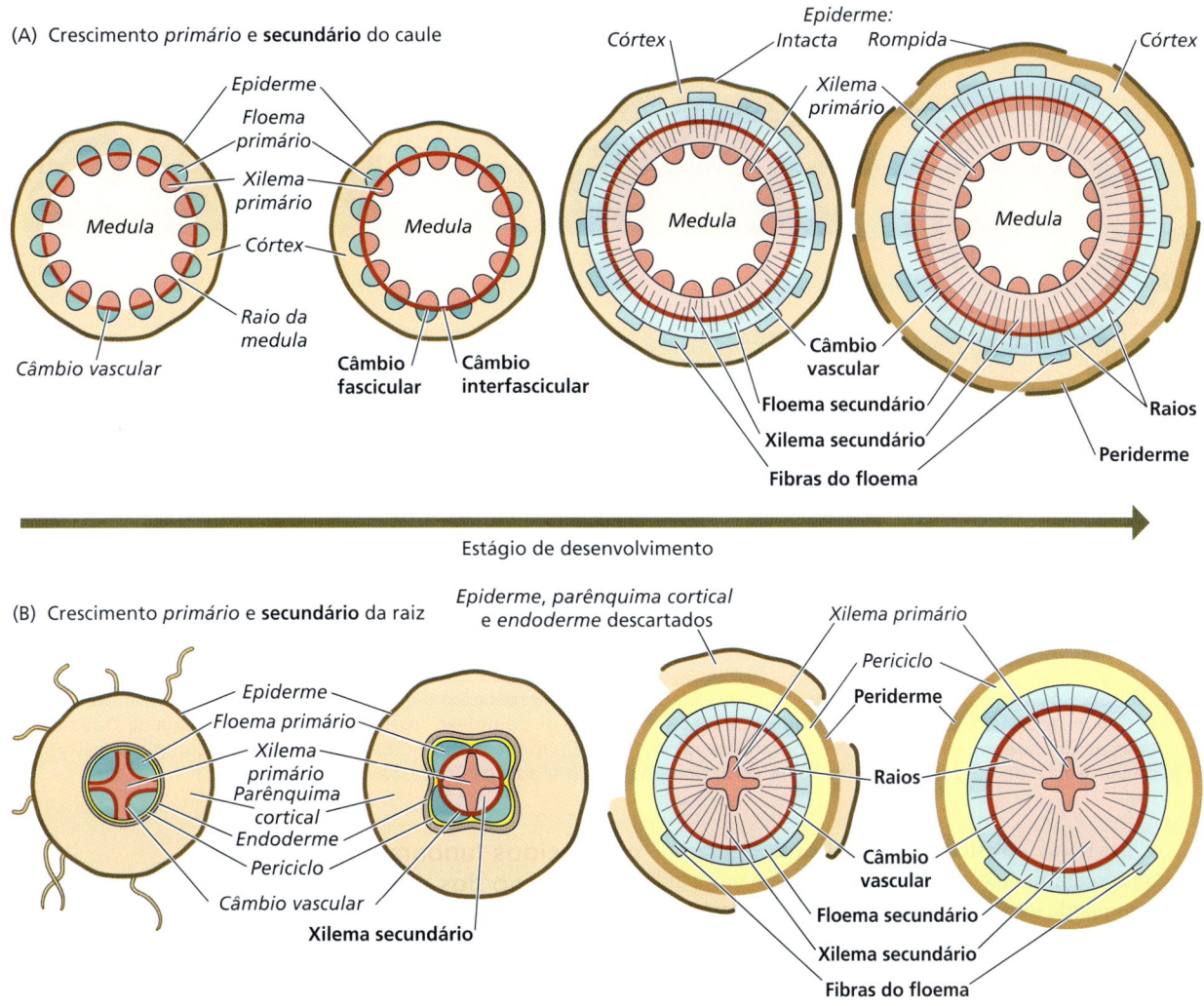

Figura 1.5 Crescimento secundário em caules e raízes. O crescimento primário está identificado com texto em itálico, enquanto o crescimento secundário está identificado com texto em negrito. (A) Crescimento primário e secundário do caule. O câmbio vascular inicia como regiões separadas de crescimento nos feixes vasculares (ou câmbio fascicular) de xilema e floema primários. À medida que a planta cresce, os feixes vasculares conectam-se pela união do câmbio fascicular com o câmbio interfascicular (entre os feixes). Tão logo o câmbio vascular forma um anel contínuo, ele divide-se para dentro, para gerar o xilema secundário, e para fora, para gerar o floema secundário. As regiões do córtex desenvolvem-se em fibras do floema e na periderme, que contém o felogênio, ou câmbio suberoso, e a feloderme (externa). Com o crescimento, a epiderme rompe-se e raios conectam o sistema vascular interno e externo. (B) Crescimento primário e secundário da raiz. O cilindro vascular central contém floema e xilema primários. Como no caule, o câmbio vascular torna-se conectado e cresce para fora, gerando floema secundário e raios. À medida que as raízes aumentam em circunferência, o periciclo gera a periderme da raiz, enquanto a epiderme, o parênquima cortical e a endoderme são descartados. O periciclo produz as fibras do floema e raios, bem como as raízes laterais (não mostradas). O câmbio vascular produz floema secundário e anéis de xilema secundário.

de tecidos; o **xilema** e o **floema**, cada um dos quais constando de células condutoras, células do parênquima e fibras de paredes espessas.

Tecidos dérmicos recobrem as superfícies das plantas

Três exemplos de células dérmicas foliares são mostrados na **Figura 1.6**. A epiderme foliar possui uma superfície superior e uma inferior, com diferentes tipos de células em cada uma (ver Figura 1.6A). A epiderme inclui as células fundamentais, que têm a forma de uma peça de quebra-cabeça em muitas plantas com flores (ver Figura 1.6B). Em *Arabidopsis*, as células fundamentais são as únicas células em evidência em uma folha de semente (cotilédone), mas a epiderme das folhas verdadeiras se diferencia em mais tipos de células, ficando coberta por pelos foliares de três pontas (tricomas) (ver Figura 1.6C). Muitas plantas têm relativamente poucos cloroplastos no tecido epidérmico das folhas verdadeiras, talvez porque a divisão do cloroplasto seja desligada. A exceção são as células-guarda – células extraordinárias que formam os

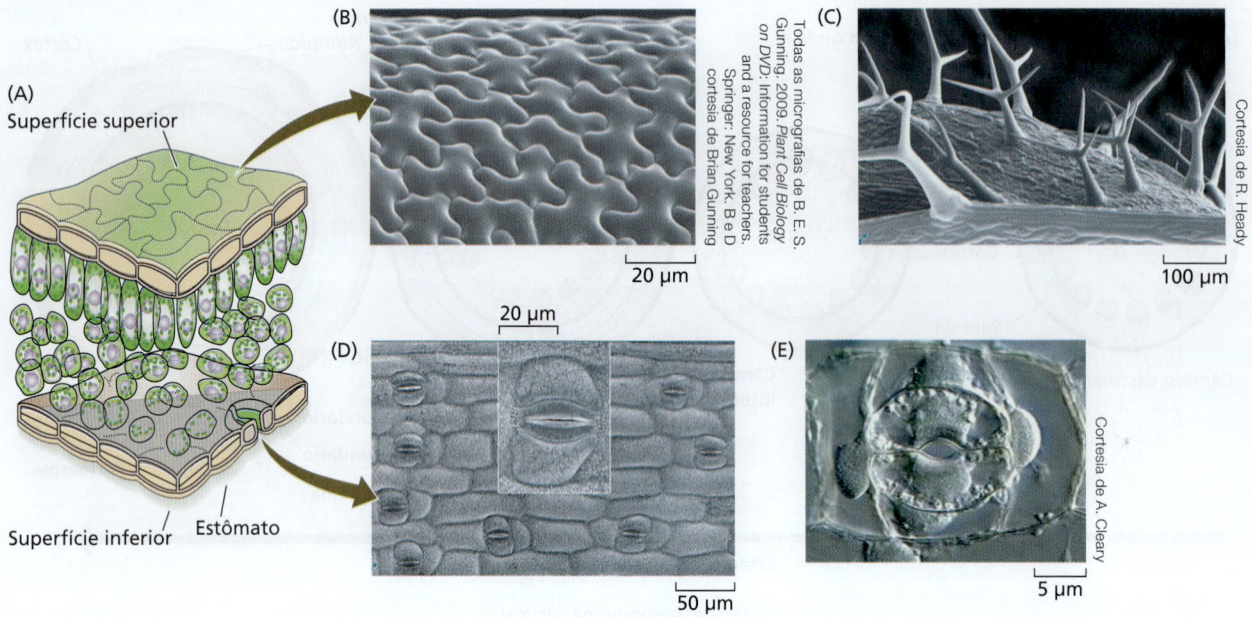

Figura 1.6 Tecido dérmico da folha de uma eudicotiledônea típica. (A) Visão geral da estrutura da folha. (B) Micrografia de microscopia de varredura de células epidérmicas de uma folha de *Galium aparine*, mostrando o arranjo de células similar a peças de um quebra-cabeça. (C) Micrografia de microscopia de varredura da epiderme de uma folha verdadeira de *Arabidopsis*. Tricomas ramificados surgem dos complexos de células-guarda e de outras células epidérmicas. (D) Imagem ao microscópio eletrônico de varredura mostrando um detalhe de complexos estomáticos em uma sépala de *Tradescantia*. (F) Imagem ao microscópio óptico do complexo estomático de sépala de *Tradescantia*.

"lábios" das bocas, ou estômatos, da folha (ver Figura 1.6D e E) – que contêm muitos cloroplastos. Uma vez produzidas, as células-guarda tornam-se citopasmaticamente isoladas do resto da folha durante a última divisão celular que as forma, e não têm plasmodesmos. Como será descrito no Capítulos 15, a membrana plasmática da célula-guarda é muito dinâmica, regulando por endocitose a abundância de canais de K$^+$ na superfície celular. Em raízes, os pelos diferenciam-se a partir da epiderme.

Tecidos fundamentais formam o corpo dos vegetais

O mesófilo da folha possui dois tipos de tecidos fundamentais: o *parênquima paliçádico*, de células alongadas, e o *parênquima esponjoso*, com células de formato irregular (**Figura 1.7**). O parênquima esponjoso apresenta grandes espaços de ar entre as células – elas não são cimentadas em toda sua periferia pela lamela média. Isso permite a troca de gases (dióxido de carbono e oxigênio) através dos espaços intercelulares da folha durante a fotossíntese e a respiração. Ambos os tipos de células têm muitos cloroplastos (ver Figura 1.7), geralmente orientados na periferia da célula, mas capazes de se mover em resposta a estímulos luminosos percebidos pelos fotorreceptores (ver Capítulo 16).

As células do mesófilo podem diferenciar-se em uma diversidade de outros tipos celulares; por isso o mesófilo é considerado uma forma de **parênquima**, um tecido fundamental com paredes primárias finas (Figura 1.7). O parênquima tem a capacidade de continuar se dividindo e pode se diferenciar em vários outros tecidos fundamentais e vasculares, depois de ser produzido por meristemas. Por exemplo, o

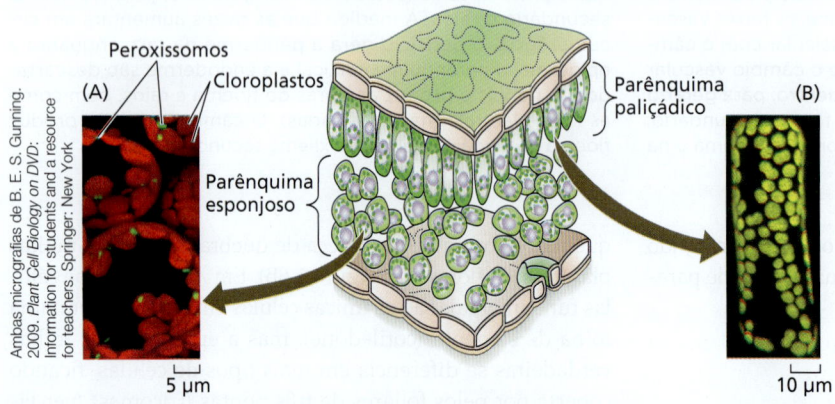

Figura 1.7 Parênquima esponjoso e células paliçádicas na folha. (A) Micrografia de fluorescência de células do parênquima esponjoso mostrando peroxissomos (verde) e cloroplastos (vermelho). (B) Visão estéreo tridimensional da distribuição dos cloroplastos em uma célula paliçádica de uma folha.

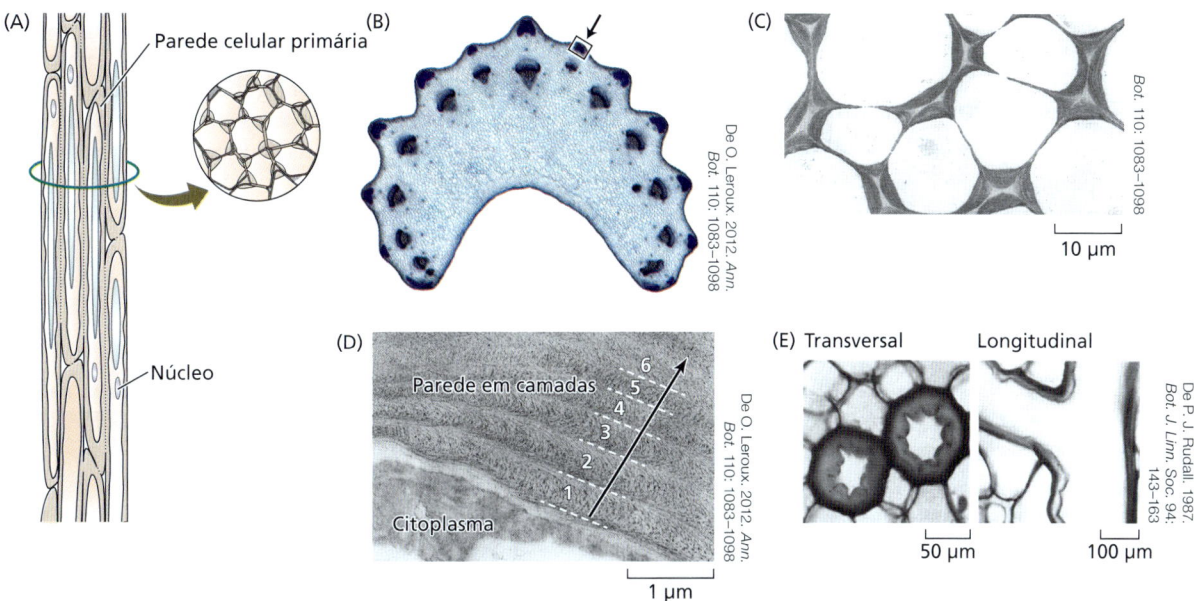

Figura 1.8 Tecido fundamental com paredes primárias espessadas. (A) Diagrama do colênquima de aipo em visão longitudinal e corte transversal. (B) Micrografia óptica de corte transversal mostrando grupos de colênquima em aipo. A seta indica a região rica em colênquima. (C) Micrografia eletrônica de seção transversal do colênquima de aipo. (D) Micrografia eletrônica ilustrando a parede primária em camadas do colênquima de aipo. A seta abrange seis camadas de parede celular primária. (E) Micrografias ópticas de cortes transversais e longitudinais de um laticífero de *Euphorbia*, mostrando as paredes primárias espessas.

parênquima pode se diferenciar em tecido fundamental com paredes celulares espessadas, que continuam a se alongar (**Figura 1.8**). O **colênquima**, por exemplo, nas saliências de caules de aipo possui paredes em camadas muito espessadas (ver Figura 1.8A-D) e é crocante! Os **laticíferos**, que carregam látex branco leitoso na seringueira, papoula, alface e dente-de-leão, possuem paredes primárias irregularmente espessadas e continuam a se alongar (ver Figura 1.8E).

O parênquima também pode se diferenciar em **esclerênquima**, que tem paredes secundárias espessas (**Figura 1.9**). As *esclereídes* procedem de parênquima de folhas, frutos (p. ex., pera) e flores (p. ex., camélia; ver Figura 1.9B). Eles muitas vezes possuem forma irregular ramificada (ver Figura 1.9B). Em alguns tecidos, seu desenvolvimento é dependente da exposição a estresses ambientais, como o vento e a chuva. As **fibras** desenvolvem-se a partir do parênquima e formam estruturas alongadas de suporte com paredes secundárias espessas, tanto no tecido fundamental (ver Figura 1.9C) quanto no vascular (ver as fibras do floema na Figura 1.5). Elas podem se tornar as células mais longas de plantas superiores; por exemplo, as células de fibras da planta do *Ramie* podem ter 25 cm de comprimento! Como as paredes são enrijecidas com lignina após o alongamento, as células vegetais têm alta resistência à tração. Logo, não é de admirar que os seres humanos usem amplamente tais fibras, chamadas de fibras do floema.

A presença de fibras, tanto em tecidos fundamentais quanto em vasculares, traz à tona o tema de como os diferentes tecidos são separados. No caule, o cilindro vascular pode ser preenchido com tecido fundamental incluindo células parenquimáticas, a *medula*, além do sistema vascular (ver Figura 1.5A). Na raiz, o tecido fundamental situa-se entre o sistema dérmico e o sistema vascular e é chamado de *parênquima cortical* da raiz (ver Figura 1.5B). O limite entre as células do parênquima cortical e do sistema vascular é um tipo de célula especializada chamada de **endoderme**, que tem uma estria impregnada de suberina – a **estria de Caspary**. Como

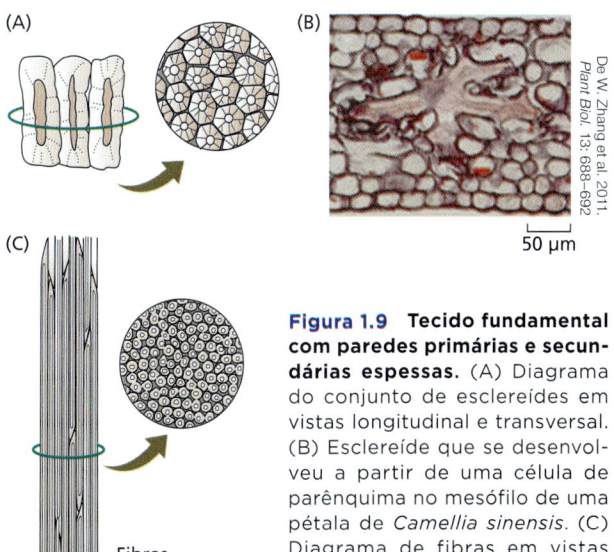

Figura 1.9 Tecido fundamental com paredes primárias e secundárias espessas. (A) Diagrama do conjunto de esclereídes em vistas longitudinal e transversal. (B) Esclereíde que se desenvolveu a partir de uma célula de parênquima no mesófilo de uma pétala de *Camellia sinensis*. (C) Diagrama de fibras em vistas longitudinal e transversal.

será descrito no Capítulo 6, a estria de Caspary contribui para a separação do apoplasto cortical do apoplasto do sistema vascular.

Os tecidos vasculares formam redes de transporte entre diferentes partes da planta

As células do floema, que conduzem os produtos da fotossíntese das folhas para as raízes, flores e frutos (ver Capítulo 12), são vivas na maturidade e apresentam paredes celulares não lignificadas. Elas incluem as **células crivadas** nas gimnospermas e os **elementos de tubo crivado** – que se dispõem de ponta a ponta para formar **tubos crivados** – nas angiospermas (**Figura 1.10**). Proteínas especializadas são produzidas no floema, como a proteína P (ver Figura 1.10B). A rede de proteína P concentra-se nas paredes transversais, ou placas crivadas (ver Figura 1.10B e D). Os plasmodesmos podem ser vistos em corte tangencial de uma placa crivada em formação (ver Figura 1.10C). Tal como acontece com outros arranjos de plasmodesmos, a calose é depositada na placa crivada. O elemento de tubo crivado está conectado por campos de plasmodesmos, ou

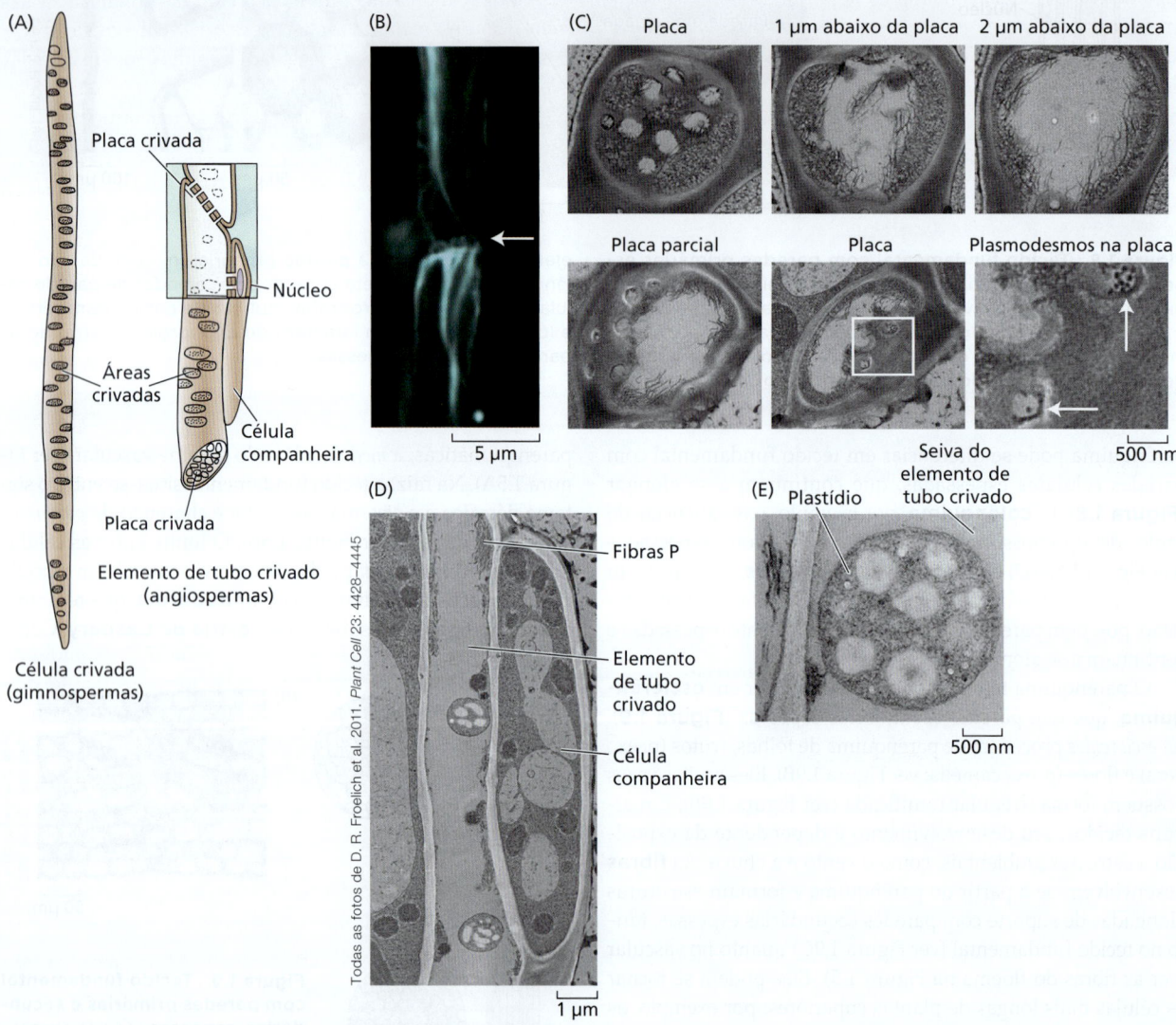

Figura 1.10 Floema. (A) Diagrama de células crivadas do floema de gimnospermas e elementos de tubo crivado de angiospermas. (B) Micrografia de fluorescência da proteína P (SERB2; azul) em um elemento de tubo crivado maduro. A seta indica a placa crivada. (C) Corte transversal da placa crivada em *Arabidopsis*. Linha superior: seções em série de uma placa crivada em etapas de 1 μm. Existem vários poros abertos no centro da placa (painel da esquerda); em seguida, o lume evidencia-se com proteína P escura e fibrosa (painéis do centro e da direita). Linha inferior: quando o elemento de tubo crivado é cortado em ângulo com a placa, vários poros abertos são revelados (painéis da esquerda e do centro), alguns dos quais contêm múltiplos plasmodesmos (setas brancas no painel à direita, o qual é uma ampliação da área marcada no painel do centro). (D) Micrografia eletrônica de um elemento de tubo crivado e uma célula companheira. Observe os agregados de proteína P fibrilar. (E) Plastídios diferenciados em um elemento de tubo crivado maduro em contato direto com a seiva do tubo crivado.

áreas crivadas, às células adjacentes, **células companheiras** (em angiospermas) e **células albuminosas** (em gimnospermas). Além disso, em algumas espécies, fibras e parênquima de reserva estão associados ao floema.

As células do xilema que conduzem água e sais minerais a partir da raiz, os **elementos traqueais**, não permanecem vivas na maturidade e consistem em **traqueídes** (em todas as plantas vasculares) e **elementos de vaso**, mais curtos (principalmente em angiospermas) (**Figura 1.11**). Os elementos de vaso empilham-se extremidade a extremidade para formar colunas largas (até 0,7 mm) chamadas de **vasos**. As células do protoxilema com paredes primárias começam a se diferenciar em elementos traqueais maduros, depositando paredes celulares secundárias com espessamento espiral de celulose e reforçadas com lignina. Uma vez cessado o alongamento celular, placas de perfuração grandes desenvolvem-se nas paredes das extremidades superior e inferior. As paredes secundárias laterais continuam a espessar, exceto nos locais que continham as pontoações, que iniciam como campos de plasmodesmos e, por fim, tornam-se canais nas paredes partilhadas entre células adjacentes. As células das traqueídes e vasos morrem por um processo chamado de morte celular programada (ver Capítulo 23), deixando um feixe de vasos formados pelas paredes secundárias e conectados lateralmente por pontoações. Essas pontoações são importantes porque o fluxo através desses vasos estreitos depende da existência de uma corrente líquida contínua (ver Capítulos 2 e 6). Se uma bolha de ar, ou embolia, é formada em um elemento de vaso ou traqueíde, a corrente pode ser desviada em volta da embolia, das pontoações para as células adjacentes.

■ 1.4 Compartimentos de células vegetais

Todas as células de plantas têm a mesma organização básica: elas contêm citoplasma, um núcleo e outras organelas, todas envolvidas pela membrana plasmática e pela parede celular (**Figura 1.12**). Todas as células vegetais *começam* com um complemento semelhante de organelas. Tendo por base a sua origem, essas organelas dividem-se em duas categorias principais:

1. *O sistema de endomembranas e os peroxissomos*: retículo endoplasmático, envelope nuclear (que encapsula o núcleo), complexo de Golgi, rede *trans* do Golgi, vacúolo e endossomos (compartimentos menores da endomembrana). Outras organelas derivadas do sistema de endomembranas incluem corpos lipídicos, peroxissomos e peroxissomos especializados chamados glioxissomos, que funcionam no armazenamento de lipídeos e no metabolismo do carbono em sementes e folhas. Com exceção de alguns peroxissomos, os componentes do sistema de endomembranas não são formados por processos semiautônomos. O sistema de endomembranas desempenha um papel central nos processos secretores, na sinalização celular, na produção especializada de metabólitos e hormônios, na reciclagem de membranas, no ciclo celular e na expansão celular.
2. *Organelas semiautônomas (que se dividem de maneira independente) de origem endossimbiótica*: plastídios e mitocôndrias. Essas organelas funcionam no metabolismo e armazenamento de energia e sintetizam uma ampla gama de metabólitos usados na biossíntese de todos os componentes celulares.

Como todas essas organelas celulares são compartimentos membranosos, será dado início à descrição da estrutura e da função das membranas.

As membranas biológicas são bicamadas lipídicas que contêm proteínas

Todas as células são envolvidas por uma membrana que representa seu limite externo, separando o citoplasma do ambiente exterior. Essa membrana plasmática permite que a célula absorva e mantenha certas substâncias, excluindo outras. Várias proteínas de transporte, incorporadas na membrana plasmática, são responsáveis por esse tráfego seletivo de solutos – íons hidrossolúveis e pequenas moléculas não carregadas – através da membrana. O acúmulo ou a exclusão de íons ou moléculas no citoplasma, pela ação das proteínas de transporte, consome energia metabólica. Nas células eucarióticas, as membranas compartimentalizam o material genético, estabelecem os

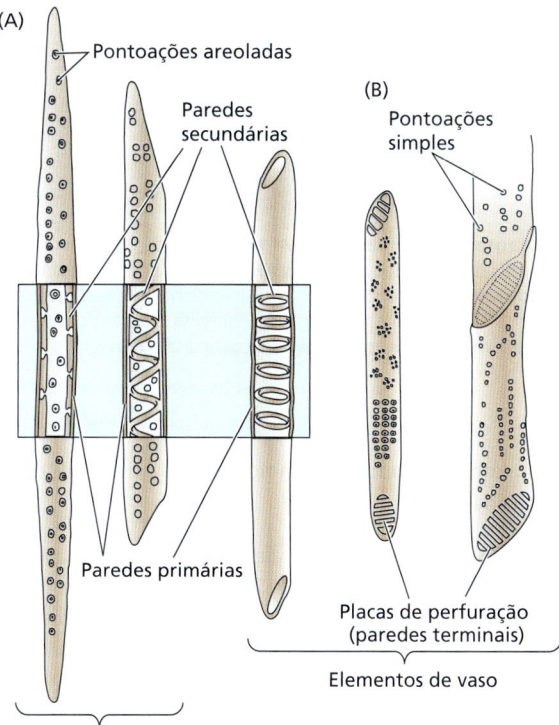

Figura 1.11 Xilema. (A) Diagrama de duas traqueídes e um elemento de vaso. Os cortes transversais (no retângulo azul) revelam o espessamento da parede secundária, com disposições em espiral (helicoidal) e anelar. (B) Diagrama de dois elementos de vasos, mostrando pontoações (areoladas em traqueídes, simples em elementos de vaso) e placas de perfuração.

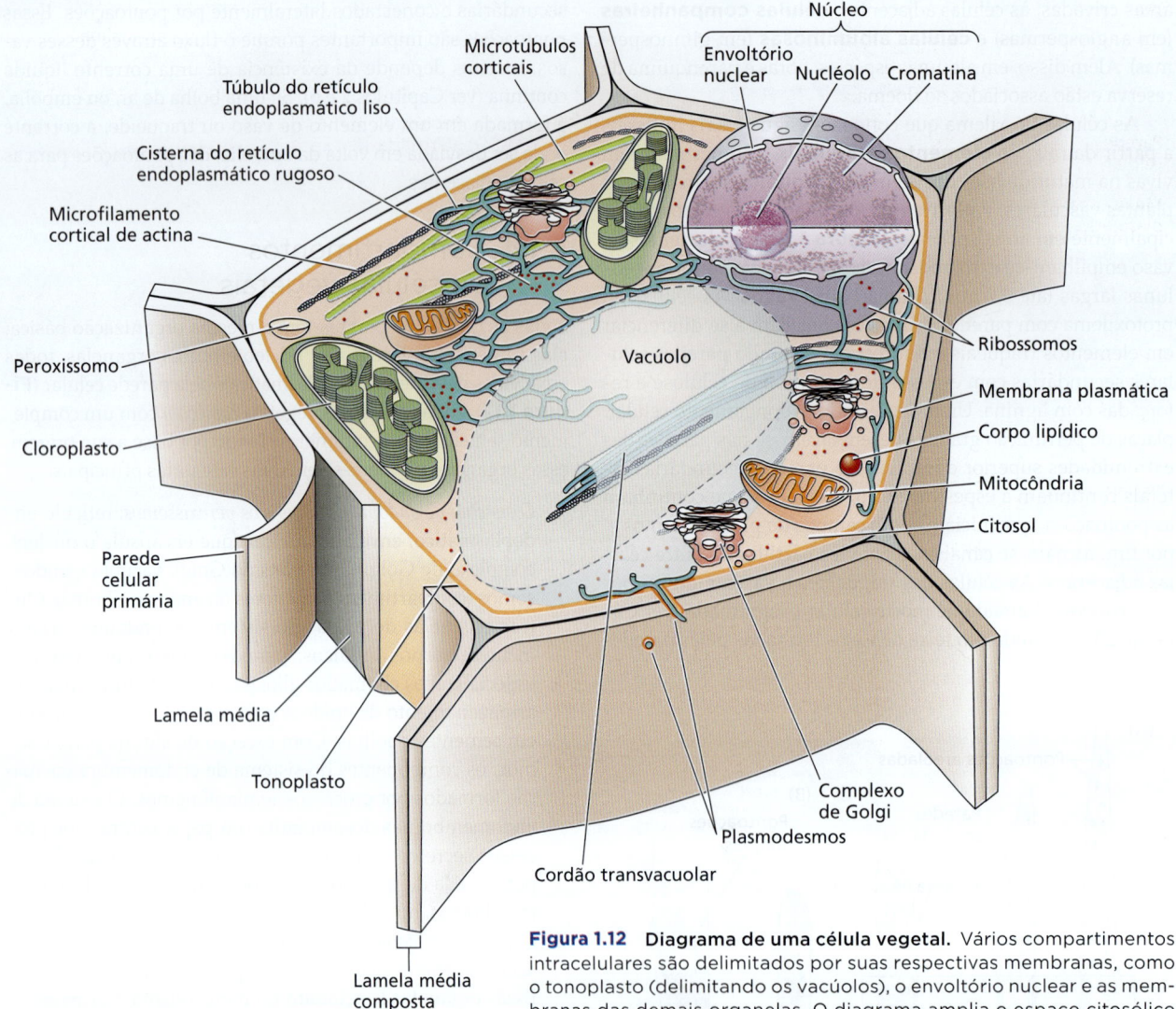

Figura 1.12 Diagrama de uma célula vegetal. Vários compartimentos intracelulares são delimitados por suas respectivas membranas, como o tonoplasto (delimitando os vacúolos), o envoltório nuclear e as membranas das demais organelas. O diagrama amplia o espaço citosólico entre os compartimentos citoplasmáticos compactados.

limites de outras organelas especializadas da célula e regulam os fluxos de íons e metabólitos para dentro e para fora desses compartimentos.

As membranas biológicas consistem em uma camada dupla (*bicamada*) de lipídeos na qual as proteínas são incorporadas no que é conhecido como **mosaico fluido** (**Figura 1.13**). As proteínas de membranas são incorporadas à bicamada e podem mover-se lateralmente dependendo da fluidez do seu ambiente de membrana. A heterogeneidade do mosaico de membrana resulta de interações entre seus lipídeos e proteínas à medida que interagem com o citoesqueleto e a parede celular. Cada camada da bicamada é chamada de *face*. As proteínas são responsáveis por quase metade da massa da maioria das membranas. No entanto, a constituição dos componentes lipídicos e as propriedades das proteínas variam de membrana para membrana, conferindo características funcionais específicas a cada uma.

LIPÍDEOS Os lipídeos mais relevantes encontrados na membrana de plantas são os fosfolipídeos, uma classe de lipídeos em que dois ácidos graxos estão covalentemente ligados ao glicerol, que está unido por ligação covalente a um grupo fosfato. Ligado ao grupo fosfato no fosfolipídeo, há um grupo variável, chamado de *grupo da cabeça*, tal como colina, glicerol ou inositol (ver Figura 1.13B). As cadeias de hidrocarbonetos não polares dos ácidos graxos formam uma região exclusivamente hidrofóbica, ou seja, que exclui a água. Ao contrário dos ácidos graxos, os grupos da cabeça são altamente polares; por consequência, as moléculas fosfolipídicas apresentam propriedades hidrofílicas e hidrofóbicas (ou seja, são *anfipáticas*). As cadeias de ácidos

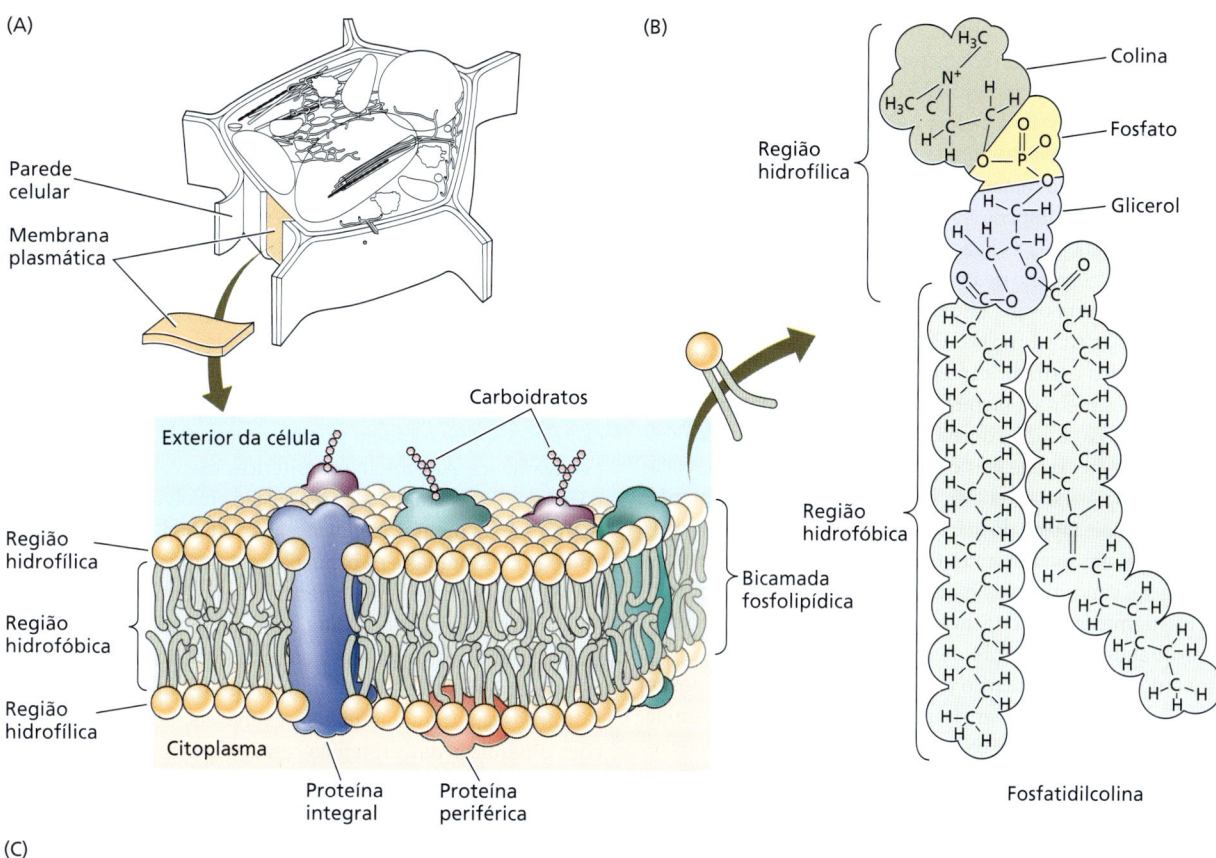
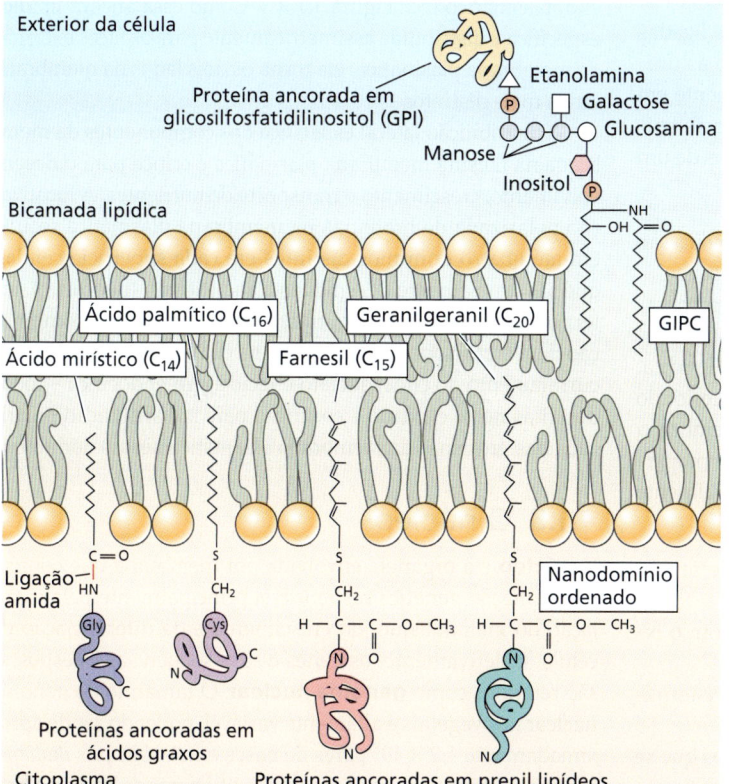

Figura 1.13 As membranas vegetais são mosaicos heterogêneos de proteínas e lipídeos. (A) A membrana plasmática, o retículo endoplasmático e outras endomembranas das células vegetais consistem em proteínas incorporadas à bicamada fosfolipídica. (B) Estruturas químicas da fosfatidilcolina, um fosfolipídeo típico de membrana vegetal, e do glicosil inositol fosforil ceramida (GIPC), um componente dos subdomínios ordenados pela membrana plasmática. (C) Várias proteínas ancoradas à membrana, ligadas à membrana por GPI, ácidos graxos e grupos de prenila, aumentam a unilateralidade das membranas. GIPCs e esteróis são enriquecidos em nanodomínios ordenados da membrana plasmática. (Segundo L. A. Staehelin and E. H. Newcomb. 2000. In *Biochemistry and Molecular Biology of Plants*. B. B. Buchanan et al. [eds.]. American Society of Plant Biologists, Rockville, M.D.)

graxos variam no comprimento, mas em geral consistem em 16 a 24 carbonos. Se os carbonos estão conectados por ligações simples, a cadeia de ácido graxo é dita *saturada* (com átomos de hidrogênio), mas, se a cadeia inclui uma ou mais ligações duplas, o ácido graxo é *insaturado*.

As ligações duplas em uma cadeia de ácido graxo criam uma dobra na cadeia que impede o arranjo compactado dos fosfolipídeos na bicamada (i.e., as ligações adquirem uma configuração *cis* dobrada, ao contrário de uma configuração *trans* não dobrada). As dobras promovem a fluidez da membrana, que é crítica para muitas das suas funções. Vários fosfolipídeos encontram-se distribuídos assimetricamente na membrana plasmática, conferindo assimetria à membrana; em termos da composição dos fosfolipídeos, a face externa da membrana plasmática voltada para o meio extracelular é diferente da face interna, voltada para o citoplasma. A renovação dos lipídeos da membrana é geralmente mais rápida do que a das proteínas da membrana.

Em algumas membranas (especialmente na membrana plasmática), concentrações mais altas de esteróis, como sitosterol e estigmasterol, reduzem a fluidez de regiões da membrana, resultando na formação de subdomínios lipídicos rígidos relativamente estáveis dentro da membrana. O glicosil inositol fosforil ceramida (GIPC; ver Figura 1.13B) e a glicosil ceramida, conhecidos coletivamente como *esfingolipídeos*, são lipídeos relativamente hidrofóbicos que limitam a difusão lateral de proteínas na fase lipídica, estabilizando assim os *nanodomínios* ordenados por lipídeos que são importantes para o agrupamento de complexos de proteínas de sinalização e transporte.

As membranas de plastídios – grupo de organelas ligadas à membrana ao qual os cloroplastos pertencem – são as únicas cujo componente lipídico consiste quase inteiramente em glicosil-glicerídeos, os grupos da cabeça polar de glicosil derivados de galactose. Esses galactolipídeos são derivados de um ancestral comum com cianobactérias.

PROTEÍNAS As proteínas associadas à bicamada lipídica são de dois tipos principais: integrais e periféricas.

As **proteínas integrais de membrana** estão incorporadas à bicamada lipídica (ver Figura 1.13A). A maioria das proteínas integrais atravessa completamente a bicamada lipídica. Desse modo, uma parte da proteína interage com o exterior do compartimento, outra com o centro hidrofóbico da membrana e uma terceira parte interage com o interior (lume) do compartimento. As proteínas integrais de membrana são geralmente divididas em cinco tipos:

- O tipo 1 tem uma única hélice transmembrana e um C-terminal na face citosólica da membrana.
- O tipo 2 tem uma única hélice transmembrana com o N-terminal na face citosólica.
- O tipo 3 tem várias hélices transmembrana com o N-terminal na face citosólica.
- O tipo 4 compreende vários polipeptídeos distintos que se reúnem para formar uma unidade funcional
- O tipo 5 são lipoproteínas integrais de membrana (proteínas com lipídeos que estão covalentemente ligadas a resíduos de aminoácidos).

Proteínas que atuam como transportadores de membrana (canais iônicos e bombas; ver Capítulo 8) são sempre proteínas integrais de membrana, assim como certos receptores que participam nas rotas de transdução de sinal (ver Capítulo 4) e proteínas no sistema de endomembranas que mediam fusão de membranas. Algumas proteínas integrais da membrana reconhecem e se ligam fortemente aos constituintes da parede celular na superfície externa da membrana plasmática, reticulando efetivamente a membrana à parede celular.

As **proteínas periféricas** estão ligadas à superfície da membrana (ver Figura 1.13A) por ligações não covalentes e interações hidrofóbicas. Essas proteínas podem ser dissociadas da membrana com soluções de alta salinidade ou agentes caotrópicos, que rompem pontes iônicas e de hidrogênio, respectivamente. As proteínas periféricas exercem várias funções na célula. Por exemplo, algumas estão envolvidos na regulação do tráfego da membrana intracelular ou mediam as interações entre as membranas e os principais elementos do citoesqueleto.

Algumas proteínas periféricas de membrana são chamadas de **proteínas ancoradas**, pois são modificadas com grupos hidrofóbicos de prenila, acila ou miristol que aumentam as interações com a membrana em graus variados. Tais modificações são frequentemente reversíveis, permitindo interações dinâmicas das proteínas com a superfície da membrana. As proteínas também podem ser fixadas à superfície da membrana plasmática por meio de uma **âncora de glicosilfosfatidilinositol** que é covalentemente ligada à proteína no retículo endoplasmático (ver Figura 1.13C). Como essa âncora lipídica específica é distribuída assimetricamente para as faces externas da membrana plasmática, ela torna os dois lados da membrana ainda mais distintos.

A distribuição lateral específica dos componentes da membrana na mesma membrana plasmática é crítica para o desenvolvimento, crescimento e transporte de nutrientes. A localização polarizada de proteínas na membrana plasmática resulta em até quatro domínios distintos em cada superfície celular, que são amplamente designados como externo (periférico), interno (central), apical (para trás) e basal (raiz). Uma combinação de secreção polar, difusão restrita da membrana lateral, encurralamento do citoesqueleto e reciclagem endocítica – todas descritas neste capítulo – contribui para a distribuição polarizada das proteínas da membrana plasmática nesses domínios.

1.5 O núcleo

O **núcleo** é a organela envolvida por membrana que contém a informação genética responsável principalmente pela regulação do metabolismo, do crescimento e da diferenciação da célula. Coletivamente, os genes e suas sequências interpostas são referidos como **genoma nuclear**. O tamanho do genoma nuclear nos vegetais é altamente variável, podendo ser de aproximadamente $1,2 \times 10^8$ pares de bases em *Arabidopsis thaliana*, espécie parente da mostarda, até 1×10^{11} pares de bases no lírio *Fritillaria assyriaca*. O restante da informação genética das células está contido nas duas organelas semiautônomas – o plastídio e a mitocôndria –, as quais serão discutidas na Seção 1.7.

O núcleo consiste em uma matriz complexa, o **nucleoplasma**, envolvida por dupla membrana denominada **envoltório nuclear** (**Figura 1.14A**), que é um subdomínio do retículo endoplasmático (RE, ver Seção 1.6). Os **poros nucleares** formam canais seletivos entre as duas membranas, conectando o nucleoplasma com o citoplasma (**Figura 1.14B**). Pode haver pouquíssimos a muitos milhares de poros nucleares em cada envoltório nuclear.

O "poro" nuclear é, na verdade, uma estrutura elaborada composta de mais de 100 nucleoporinas (proteínas) diferentes em arranjo octogonal, formando o complexo do poro nuclear de 105 nm. As nucleoporinas revestem o canal de 40 nm do complexo do poro nuclear, formando uma malha que atua como um filtro supramolecular. Uma sequência específica de aminoácidos chamada de sinal de localização nuclear é necessária para que uma proteína entre no núcleo, quando ela excede o tamanho da abertura do poro nuclear. Mais detalhes da estrutura e função dos poros nucleares podem ser encontrados no **Tópico 1.3 na internet**.

O núcleo é o local de armazenamento e replicação dos **cromossomos**, compostos de DNA e suas proteínas associadas (**Figura 1.15**). Coletivamente, esse complexo DNA-proteínas é

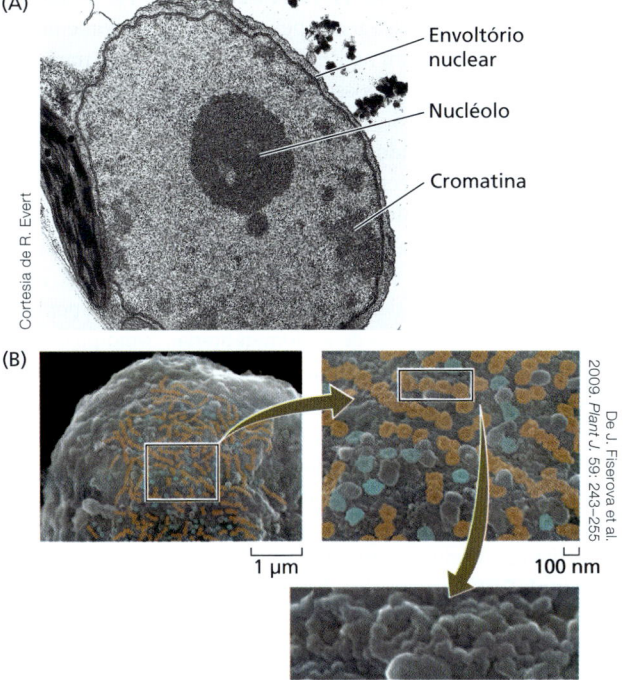

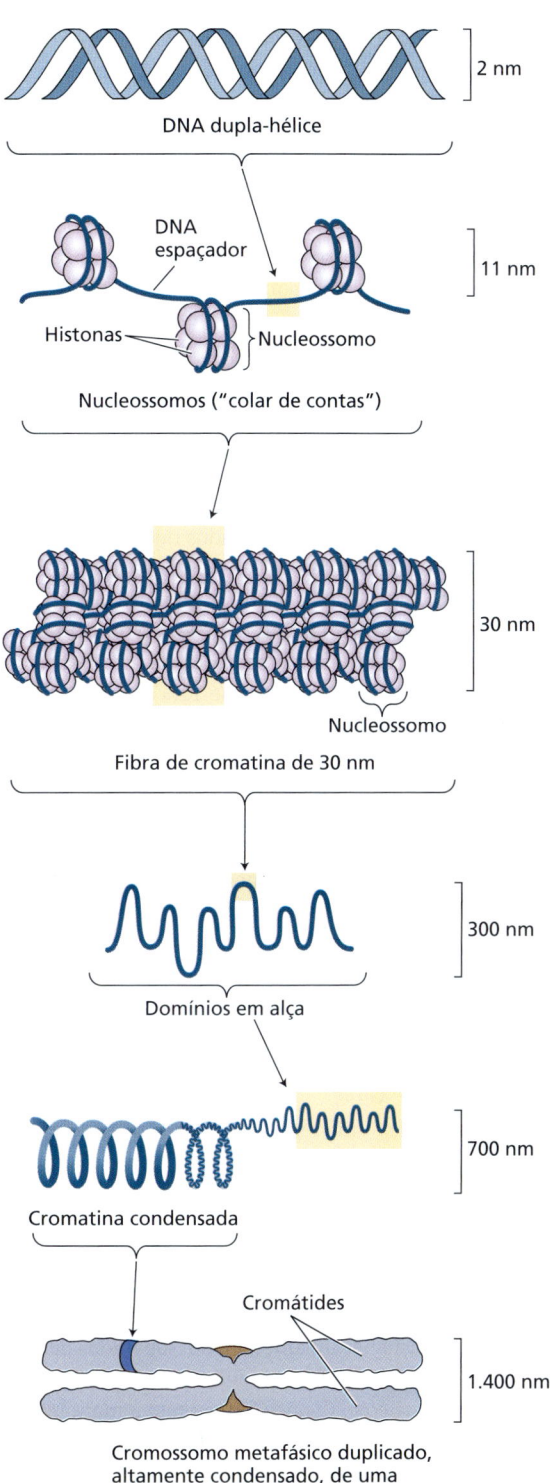

Figura 1.14 Complexos de poros na membrana nuclear. (A) Micrografia ao microscópio eletrônico de transmissão de um núcleo vegetal, mostrando o nucléolo e o envoltório nuclear. (B) Organização de complexos do poro nuclear (CPNs) na superfície do núcleo de células de tabaco cultivadas. Os CPNs que estão em contato entre si estão corados de marrom; os demais estão corados de azul. O primeiro destaque (superior à direita) ilustra que os CPNs, na maioria, estão intimamente associados, formando fileiras de 5 a 30 CPNs. O segundo destaque (inferior à direita) mostra a íntima associação dos CPNs.

Figura 1.15 Compactação do DNA em um cromossomo metafásico. O DNA é inicialmente compactado em nucleossomos e, após, enrola-se helicoidalmente para formar a fibra de cromatina de 30 nm. Torções adicionais levam ao cromossomo metafásico condensado. (Segundo B. Alberts et al. 2007. *Molecular Biology of the Cell*, 5th ed. Garland Science, New York.)

conhecido como **cromatina**. Em geral, o comprimento linear da totalidade do DNA em qualquer genoma da planta é milhões de vezes maior do que o diâmetro do núcleo em que se encontra. Para solucionar o problema de compactação do DNA cromossômico no núcleo, segmentos da dupla-hélice de DNA enrolam-se duas vezes em torno de um cilindro sólido de oito moléculas de proteínas **histonas**, formando um **nucleossomo**. A montagem do nucleossomo também é auxiliada por grandes complexos de proteínas chamados de condensinas. Os nucleossomos são organizados como um "colar de contas" ao longo de cada cromossomo. Quando o núcleo não está se dividindo, os cromossomos mantêm sua independência espacial; eles não se "emaranham" e, em vez disso, permanecem bastante discretos, dando origem à possibilidade de regulação separada de cada cromossomo.

Durante a mitose, a cromatina condensa-se inicialmente por um forte espiralamento em uma fibra de cromatina de 30 nm, com seis nucleossomos por volta, seguida por processos adicionais de dobramento e compactação, que dependem de interações entre as proteínas e os ácidos nucleicos (ver Figura 1.15). Na interfase (discutida na Seção 1.9), dois tipos de cromatina são distinguíveis, com base no seu grau de condensação: a heterocromatina e a eucromatina. A **heterocromatina** é uma forma de cromatina altamente compactada e transcricionalmente inativa, compreendendo quase 10% do DNA. A maior parte da heterocromatina está concentrada ao longo da periferia da membrana nuclear e associada a regiões dos cromossomos que contêm poucos genes, como os telômeros e os centrômeros. O restante do DNA consiste em **eucromatina**, a forma dispersa e transcricionalmente ativa. Somente cerca de 10% da eucromatina é transcricionalmente ativa em determinado momento. O restante permanece em um estado intermediário de condensação, entre a eucromatina transcricionalmente ativa e a heterocromatina. Durante o ciclo celular, a cromatina passa por mudanças estruturais dinâmicas. Além das mudanças locais transitórias que são necessárias para a transcrição, as regiões heterocromáticas podem ser convertidas em regiões eucromáticas e vice-versa.

O núcleo contém uma região densamente granular denominada **nucléolo** (ver Figura 1.14A), que é o local da síntese de **ribossomos**. As células típicas apresentam um nucléolo por núcleo; algumas células apresentam mais. O nucléolo inclui porções de um ou mais cromossomos onde os genes do RNA ribossômico (rRNA) estão agrupados, formando uma região denominada **região organizadora do nucléolo**. Embora os cromossomos permaneçam amplamente separados dentro do núcleo, partes de vários deles podem ser reunidas para ajudar a formar o nucléolo. O nucléolo executa a montagem das proteínas ribossômicas (importadas do citoplasma) e rRNA em uma subunidade grande e uma pequena, sendo que cada uma sai do núcleo separadamente, pelos poros nucleares. As duas subunidades unem-se no citoplasma para formar o ribossomo completo (Figura 1.16A, etapa 1). Os ribossomos montados são dispositivos de síntese de proteínas que consomem mais de 50% da energia celular total. Os produzidos pelo núcleo para a síntese de proteínas citoplasmáticas "eucarióticas", os ribossomos 80S (designados por seu coeficiente de sedimentação centrífuga), são maiores do que os ribossomos 70S. Estes são montados e mantidos em mitocôndrias e plastídios endossimbióticos para seu programa específico de síntese proteica "procariótica".

A expressão gênica envolve transcrição, tradução e processamento de proteínas

O núcleo é o local de leitura, ou **transcrição**, do DNA da célula (**Figura 1.16A**). Parte do DNA é transcrita como RNA mensageiro (mRNA), que codifica para proteínas nas RNA polimerases dependentes de DNA. Os ribossomos no citoplasma então leem o mRNA exportado do núcleo em uma direção, da extremidade 5' para a 3' (**Figura 1.16B**). Outras regiões do DNA são transcritas em RNA de transferência (tRNA) e rRNA para serem utilizadas na **tradução** (ver Figura 1.16A, etapas 1-3). O RNA move-se através dos poros nucleares para o citoplasma, onde os polirribossomos (grupos de ribossomos traduzindo uma fita simples de RNA) "livres" ou ligados ao citoesqueleto traduzem o RNA em proteínas destinadas ao citoplasma e às organelas que recebem proteínas independentemente da rota de endomembranas. A estabilidade ou degradação dos mRNAs é regulada com precisão por muitas proteínas de interação e é uma parte importante da expressão gênica. As proteínas que residem ou são trafegadas pelo sistema de endomembranas, na maioria, entram no RE durante o processo de tradução (cotradução) em polirribossomos situados na membrana do RE. O mecanismo de inserção cotradução de proteínas no RE é complexo, envolvendo os ribossomos, o mRNA que codifica para proteína de secreção e um poro proteico especial para translocação, o **translocon**, na membrana do RE (ver Figura 1.16A, etapas 4-7). As proteínas produzidas pelo sistema de endomembranas são chamadas de proteínas secretoras. Elas podem ser secretadas desde o interior da célula para o apoplasto, retidas nas organelas de endomembranas como proteínas solúveis ou ancoradas na membrana, ou trafegadas através do sistema de endomembranas até o vacúolo.

Todas as proteínas de secreção e a maioria das proteínas integrais de membrana apresentam um **peptídeo sinal**, uma sequência líder hidrofóbica de 18 a 30 resíduos de aminoácidos na extremidade amino-terminal da cadeia (ver Figura 1.16A). No início da tradução, uma **partícula de reconhecimento de sinal** (PRS), constituída de proteína e RNA, liga-se a essa sequência líder hidrofóbica e ao ribossomo, interrompendo a tradução. A membrana do RE contém **receptores de PRS**, que podem se associar aos translocons, nos quais a proteína recém-sintetizada é inserida. Durante a inserção da cotradução no RE, o complexo mRNA-ribossomo-PRS no citosol liga-se ao receptor de PRS na membrana do RE, e o ribossomo acopla no translocon. Esse acoplamento abre o poro do translocon, liberando a PRS e reiniciando a tradução, e o polipeptídeo em formação entra no lume do RE. A sequência de peptídeo sinal

Capítulo 1 | Arquitetura da célula e do vegetal

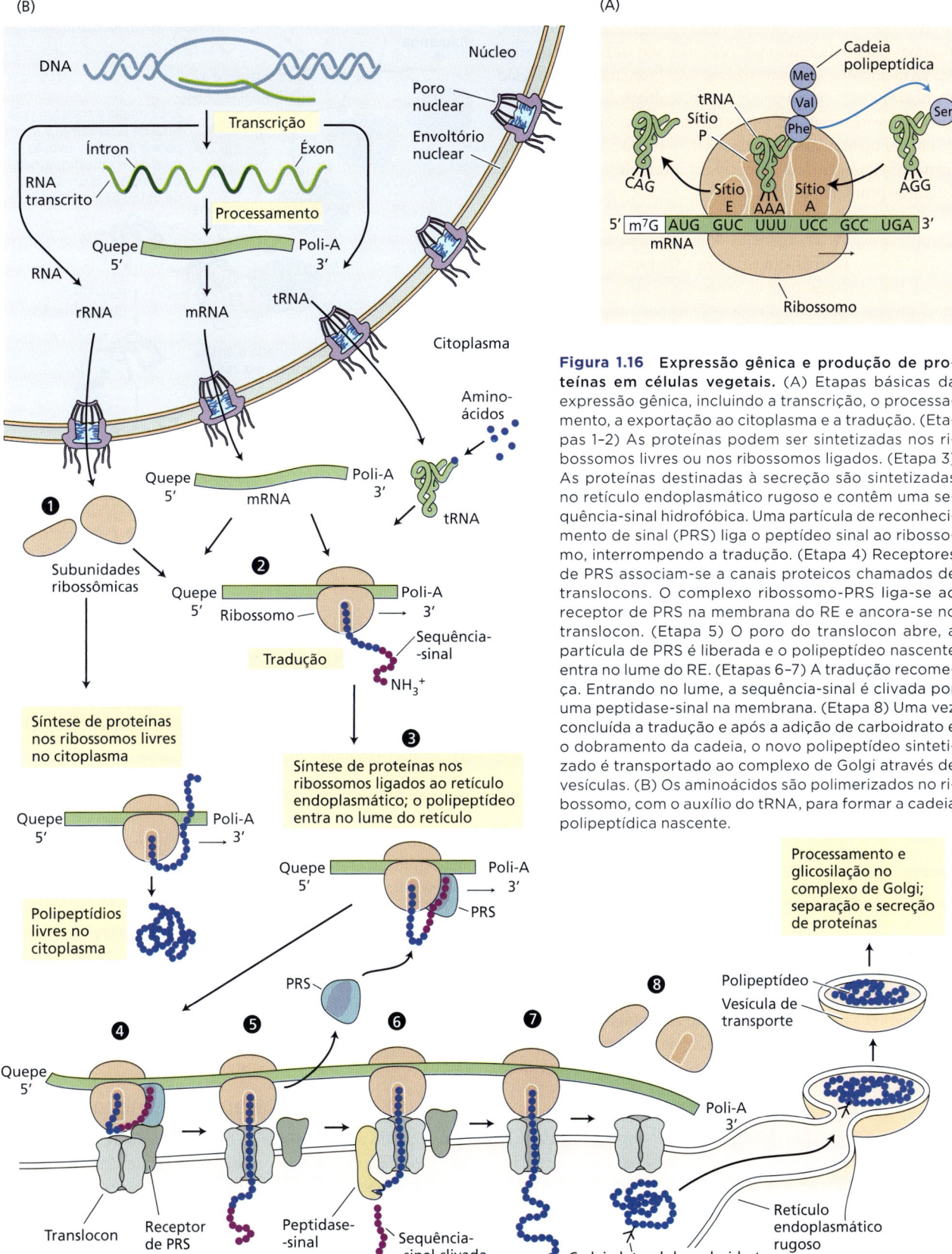

Figura 1.16 Expressão gênica e produção de proteínas em células vegetais. (A) Etapas básicas da expressão gênica, incluindo a transcrição, o processamento, a exportação ao citoplasma e a tradução. (Etapas 1-2) As proteínas podem ser sintetizadas nos ribossomos livres ou nos ribossomos ligados. (Etapa 3) As proteínas destinadas à secreção são sintetizadas no retículo endoplasmático rugoso e contêm uma sequência-sinal hidrofóbica. Uma partícula de reconhecimento de sinal (PRS) liga o peptídeo sinal ao ribossomo, interrompendo a tradução. (Etapa 4) Receptores de PRS associam-se a canais proteicos chamados de translocons. O complexo ribossomo-PRS liga-se ao receptor de PRS na membrana do RE e ancora-se no translocon. (Etapa 5) O poro do translocon abre, a partícula de PRS é liberada e o polipeptídeo nascente entra no lume do RE. (Etapas 6-7) A tradução recomeça. Entrando no lume, a sequência-sinal é clivada por uma peptidase-sinal na membrana. (Etapa 8) Uma vez concluída a tradução e após a adição de carboidrato e o dobramento da cadeia, o novo polipeptídeo sintetizado é transportado ao complexo de Golgi através de vesículas. (B) Os aminoácidos são polimerizados no ribossomo, com o auxílio do tRNA, para formar a cadeia polipeptídica nascente.

é clivada por uma peptidase-sinal associada à membrana do RE (ver Figura 1.16A). Para proteínas integrais de membrana, algumas partes da cadeia polipeptídica são translocadas através da membrana, enquanto outras não. Proteínas integrais são ancoradas à membrana por um ou mais domínios hidrofóbicos que a atravessam. As proteínas transmembranas que carecem de um peptídeo sinal se integram à membrana por meio de motivos de sequência de aminoácidos hidrofóbicos internos e de interação proteína-proteína.

As proteínas sintetizadas nos ribossomos citosólicos que são direcionados às organelas de membrana (plastídios, mitocôndrias ou peroxissomos), após a tradução, empregam inserção pós-tradução para atravessar a membrana da organela. O processo de tradução nos polissomos citoplasmáticos ou ligados à membrana produz o polímero primário de aminoácidos, que inclui não apenas a sequência envolvida na função proteica, mas também os motivos que interagem com proteínas "em tráfego" para marcar a proteína para diferentes destinos na célula (ou seja, endereços moleculares) (ver **Tópico 1.4 na internet**).

A modificação pós-tradução de proteínas determina sua localização, atividade e longevidade

A estabilidade das proteínas desempenha um papel importante na regulação da sua longevidade e, portanto, da expressão gênica. Uma proteína, uma vez sintetizada, tem um tempo de vida finito na célula, variando desde alguns minutos até horas ou dias. Assim, níveis estáveis de enzimas celulares refletem um equilíbrio entre a síntese e a degradação dessas proteínas, um balanço como **renovação** (*turnover*). Em células vegetais e animais, existem duas rotas distintas de renovação de proteínas: uma em vacúolos líticos especializados (chamados de lisossomos em células animais) (ver Seção 1.6) e a outra no citoplasma e núcleo.

A rota de renovação proteica, que ocorre no citoplasma e núcleo, envolve a formação de uma ligação covalente ATP-dependente entre a proteína que será degradada e um pequeno polipeptídeo de 76 aminoácidos, chamado de **ubiquitina**. A adição de uma ou mais moléculas de ubiquitina a uma proteína é chamada de *ubiquitinação*. A ubiquitinação direciona uma proteína para sua destruição por um grande complexo proteolítico ATP-dependente, chamado de **proteassomo 26S**, que reconhece especificamente essas moléculas "marcadas com ubiquitina" (**Figura 1.17**). Mais de 90% das proteínas de vida curta nas células eucarióticas são degradados pela rota da ubiquitina.

A ubiquitinação é iniciada quando a enzima ativadora de ubiquitina (E1) catalisa a adenilação ATP-dependente da porção C-terminal da ubiquitina. A ubiquitina adenilada é, então, transferida para um resíduo de cisteína em uma segunda enzima, a enzima conjugadora de ubiquitina (E2). As proteínas destinadas à degradação são ligadas por um terceiro tipo de proteína, a ubiquitina ligase (E3). O complexo E2-ubiquitina, em seguida, transfere sua ubiquitina a um resíduo de lisina da proteína ligada à E3. Esse processo pode ocorrer várias vezes, formando um polímero de ubiquitina. A proteína ubiquitinada é, então, destinada a um proteassomo para degradação.

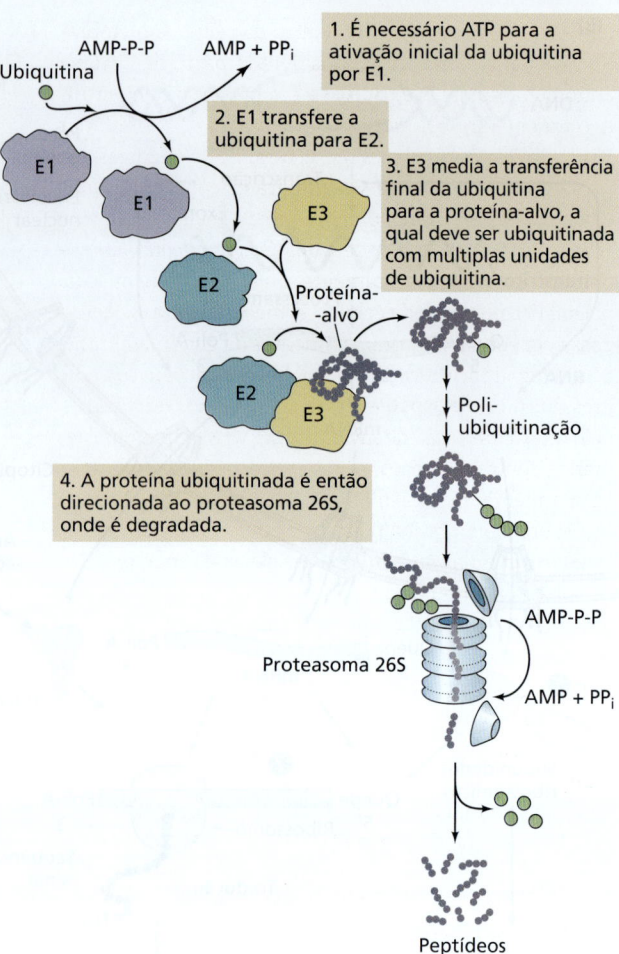

Figura 1.17 Diagrama geral da rota citoplasmática da degradação de proteínas. Uma rota semelhante degrada as proteínas da membrana no núcleo ou após a entrega ao vacúolo pelos autofagossomos.

Há uma infinidade de ubiquitina ligases específicas de proteínas que regulam a renovação de proteínas-alvo específicas para controlar o desenvolvimento e as respostas ambientais. O Capítulo 4 discutirá exemplos dessa rota, com mais detalhes em relação à ação dos hormônios vegetais.

■ 1.6 O sistema de endomembranas

O sistema de endomembranas é uma coleção de membranas internas relacionadas que contribui para a síntese de aproximadamente um terço de todas as proteínas celulares. Ele permite que a célula se comunique com o ambiente externo por meio do tráfego vesicular na membrana plasmática. Portanto, embora não esteja topologicamente dentro da célula, a membrana plasmática também é considerada parte do sistema endomembranas. A **exocitose** é o processo que permite o tráfego direto (anterógrado) de cargas e membranas biossintéticas do local de síntese, do retículo endoplasmático e do **complexo de Golgi** para os compartimentos distais do sistema de endomembranas, incluindo a **rede trans do Golgi** (TGN, de *trans Golgi network*), os endossomos tardios e, finalmente, o vacúolo, a membrana plasmática ou a parede celular. À medida que a exocitose passa por sucessivos compartimentos da endomembrana, o aumento da acidificação luminal contribui para sua progressão. A **endocitose** é o processo oposto (retrógrado), pelo qual a formação de invaginações da membrana plasmática contrabalança o fluxo exocítico das membranas para a membrana plasmática. Isso permite que a célula incorpore a membrana plasmática internalizada e o material extracelular na célula ou recicle esses componentes de volta à membrana plasmática. Sob algumas condições, um aumento na forma especializada de tráfego de endomembrana, conhecida como **autofagia**, permite que as células consumam suas próprias organelas e outros componentes citoplasmáticos após a transferência para o vacúolo. Existe um nível basal de autofagia nas células para manter a homeostase; no entanto, em condições de estresse, a autofagia é muitas vezes ampliada. A autofagia é discutida com mais detalhes no Capítulo 23.

O retículo endoplasmático é uma rede de endomembranas

O **retículo endoplasmático** (**RE**) é composto de uma extensa rede de túbulos que é contínua com o envoltório nuclear. Os túbulos formam uma rede de sáculos achatados chamados **cisternas** (*cisterna* singular) (**Figura 1.18**). Os túbulos espalham-se pela célula, formando associações muito estreitas com outras organelas e o citoesqueleto, principalmente actina. A rede do RE pode, portanto, ser uma rede de comunicação entre organelas de uma célula, ao mesmo tempo em que serve como um sistema de síntese e de distribuição de proteínas ou de lipídeos. O RE é responsável pelo início da síntese de proteínas secretoras; ele também produz lipídeos essenciais para a célula e as organelas celulares. A maior parte do RE fica logo abaixo da membrana plasmática, residindo na camada externa do citoplasma, chamada de córtex celular. Essa parte do RE é, portanto, chamada de **RE cortical**. O RE cortical está ligado à membrana plasmática em subdomínios de membrana chamados de locais de contato RE-membrana plasmática. Os locais de contato do RE também são formados com outras organelas, como mitocôndrias, plastídios e peroxissomos. Como as células vegetais geralmente contêm um vacúolo central grande (ver mais adiante nesta seção), o RE cortical de um lado da célula se conecta ao RE cortical do outro lado da célula por meio das chamadas fitas transvacuolares do RE. O RE é uma

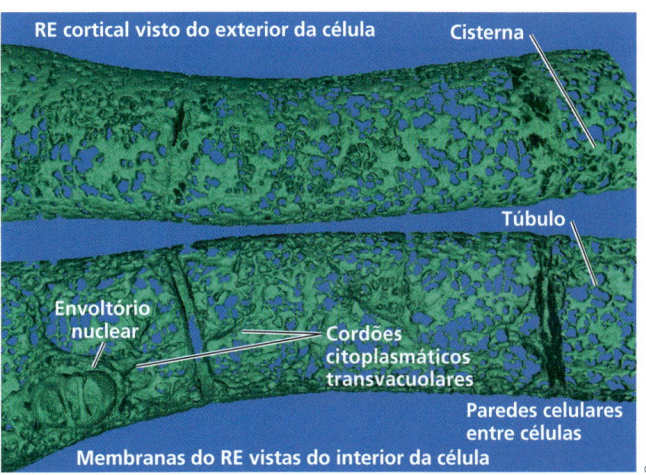

Figura 1.18 Reconstrução tridimensional do RE em células de cultura em suspensão de tabaco. Quando as células são observadas do exterior em direção ao interior (superior), a rede cortical do RE é claramente constituída de domínios de cisternas vinculados. Observando as células do interior para o exterior (inferior), cordões transvacuolares contendo túbulos do RE, bem como o envoltório nuclear, um subdomínio do RE, podem ser visualizados. Os núcleos apresentam canais e invaginações do envoltório nuclear.

organela altamente dinâmica que remodela túbulos em cisternas e vice-versa.

A região do RE que apresenta muitos ribossomos ligados à sua membrana, associados com inserção cotradução de proteínas de membrana, é denominada **RE rugoso**, pois os ribossomos conferem um aspecto granuloso ao RE em micrografias eletrônicas (**Figura 1.19A e B**). Como o RE é o principal local de síntese de proteínas secretoras, um sofisticado sistema de controle de qualidade de proteínas é encontrado dentro do lume do RE, para garantir a produção de proteínas totalmente dobradas. Uma vez que as proteínas secretoras entram no RE, elas passam por processos de dobramento auxiliados por chaperonas residentes especializadas no RE, chamadas de reticuloplasminas. Altos níveis de íons de cálcio e condições oxidantes contribuem para o dobramento e estabilização das proteínas mediante formação de ligações de cistina (cisteína a cisteína). Proteínas que não atingem sua conformação adequadamente dobrada são retrotranslocadas via translocons situados na membrana do RE ao citosol para degradação. O enovelamento de proteínas no RE é monitorado por sensores conservados que respondem à presença de domínios hidrofóbicos de proteínas desdobradas ou mal-enoveladas dentro do RE. A ativação desses sensores leva a um aumento na produção de proteínas que auxiliam no dobramento e no controle de qualidade das proteínas no RE. Esse processo é chamado coletivamente de **resposta de proteína desdobrada** e é descrito com mais detalhes no **Tópico 1.5 na internet**. Se a resposta da proteína desdobrada for insuficiente, a autofagia é ativada e a morte celular é iniciada.

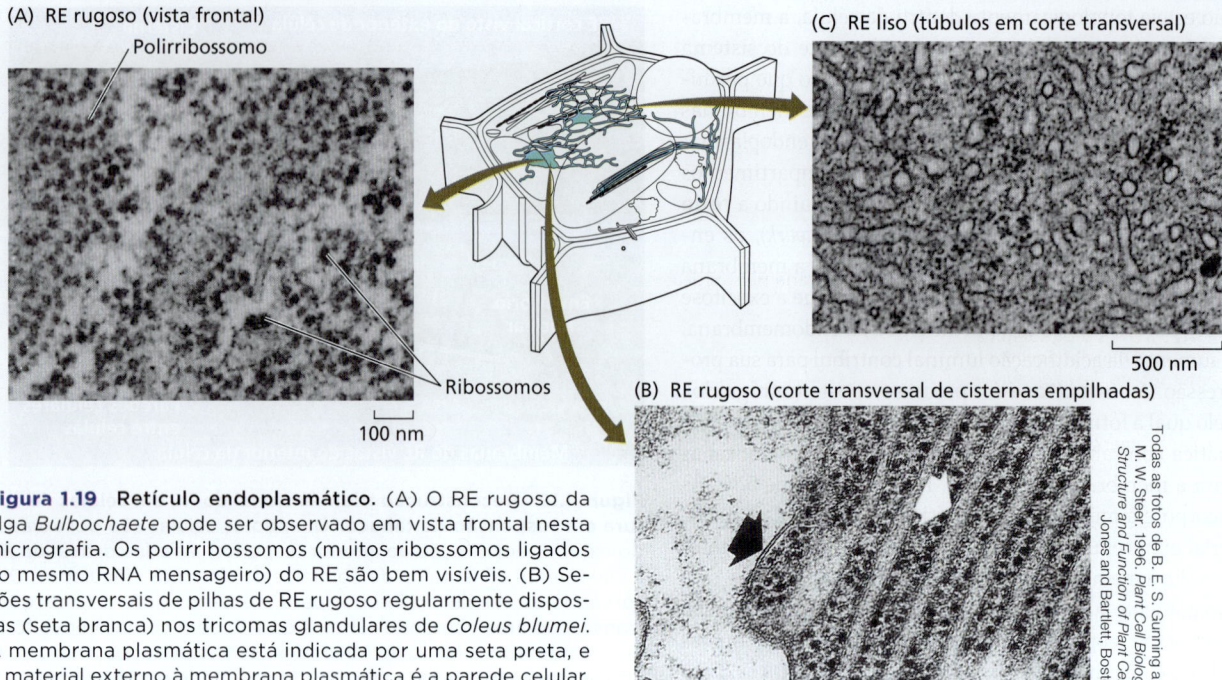

Figura 1.19 Retículo endoplasmático. (A) O RE rugoso da alga *Bulbochaete* pode ser observado em vista frontal nesta micrografia. Os polirribossomos (muitos ribossomos ligados ao mesmo RNA mensageiro) do RE são bem visíveis. (B) Seções transversais de pilhas de RE rugoso regularmente dispostas (seta branca) nos tricomas glandulares de *Coleus blumei*. A membrana plasmática está indicada por uma seta preta, e o material externo à membrana plasmática é a parede celular. (C) RE liso frequentemente forma uma rede tubular, conforme ilustrado nesta micrografia ao microscópio eletrônico de transmissão de uma pétala jovem de *Primula kewensis*.

A região do RE sem ribossomos ligados é chamada de **RE liso** (**Figura 1.19C**) e é a principal fonte de fosfolipídeos de membrana para os outros compartimentos do sistema de endomembranas. As enzimas que iniciam a síntese do grupo da cabeça de fosfolipídeos e fosfolipídeos na face citosólica da bicamada (ou seja, o lado da membrana voltado para o citosol) introduzem uma assimetria lipídica intrínseca no sistema de endomembranas e na membrana plasmática formada por exocitose. A assimetria da membrana pode, entretanto, ser ajustada por enzimas dependentes de ATP chamadas **flipases**, que movem os fosfolipídeos entre as faces da membrana.

O RE está intimamente associado ao complexo de Golgi. A exportação de proteínas de carga do RE é facilitada pelas proteínas do coatômero tipo II (COPII) após a ativação por uma secreção associada à GTPase Ras. O revestimento COPII interage com motivos de aminoácidos em proteínas associadas à membrana nos locais de saída do RE, que entram em contato com as cisternas *cis* aceptoras do complexo de Golgi. Esse fluxo anterógrado de carga é contrabalançado pelo tráfego retrógrado controlado pelas vesículas revestidas com proteína do coatômero I (COPI). Esse movimento retrógrado é importante para recuperar proteínas residentes no RE que escapam (reticuloplasminas) e enzimas específicas de *cis* para *trans* cisternas no complexo de Golgi que participam da maturação e fluxo contínuos das membranas de Golgi.

Polissacarídeos, proteínas secretoras e glicoproteínas da matriz da parede celular são processados no complexo de Golgi

O complexo de Golgi é uma pilha polarizada de cisternas, com cisternas mais grossas ocorrendo no lado *cis*, ou face formadora, que aceita cargas transportadas em carreadores COPII a partir do RE (**Figura 1.20**). A face oposta, madura, ou lado *trans*, do Golgi exibe cisternas mais achatadas e mais finas. Geralmente, acredita-se que o movimento anterógrado através do sistema

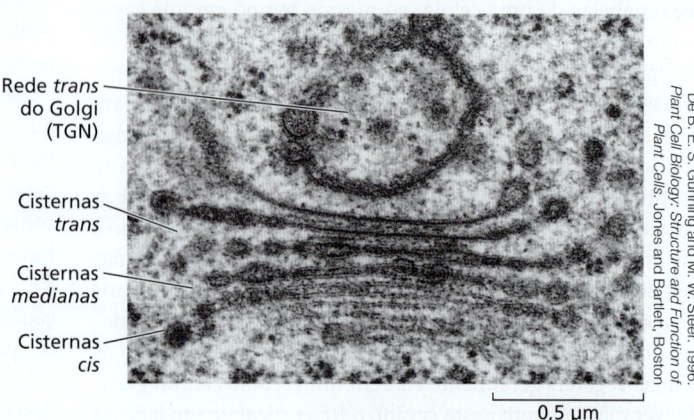

Figura 1.20 Micrografia ao microscópio eletrônico de um complexo de Golgi de uma célula da coifa da raiz de tabaco (*Nicotiana tabacum*). As cisternas *cis*, *mediana* e *trans* estão indicadas. A rede *trans* do Golgi está associada às cisternas *trans* e também funciona como o endossomo inicial nas células vegetais.

de endomembranas ocorra por meio de vesículas (**Figura 1.21**). No entanto, esse trânsito anterógrado pelo Golgi ocorre pela *maturação de cisterna*, em que as cisternas *cis*, formadas de vesículas revestidas por COPII, maturam gradativamente em cisterna *trans*. As cisternas *trans* então amadurecem na rede *trans* do Golgi (às vezes "se desprendendo" da pilha), que depois produz vesículas secretoras que, em sua maioria, não são revestidas. A rede *trans* do Golgi também aceita vesículas e sua carga derivada da endocitose na membrana plasmática. Nas plantas, a rede *trans* do Golgi funciona na classificação de vesículas de

(A)

1. Carreadores COPII brotam do RE quando próximos da face *cis* do complexo de Golgi.

2. As cisternas progridem na pilha de Golgi no movimento anterógrado, levando suas cargas.

3. O movimento retrógrado das vesículas revestidas por COPI mantém a distribuição correta de enzimas nas cisternas *cis*, *mediana* e *trans* da pilha.

4. As vesículas não revestidas brotam da cisterna *trans* do Golgi e se fundem com a membrana plasmática.

5. Vesículas endocíticas revestidas por clatrina se fundem com o compartimento pré-vacuolar.

6. Vesículas não revestidas brotam do compartimento pré-vacuolar e levam sua carga para um vacúolo lítico.

7. Proteínas destinadas aos vacúolos líticos são secretadas da face *trans* do Golgi para o compartimento pré-vacuolar via vesículas revestidas por clatrina e são, então, reencapsuladas e enviadas para o vacúolo lítico.

8. Vesículas revestidas por clatrina, da via endocítica, podem também perder o revestimento e sofrer reciclagem via rede *trans* do Golgi.
As vesículas produzidas por esse processo de reciclagem podem se fundir diretamente com a membrana plasmática ou com a face *trans* do Golgi.

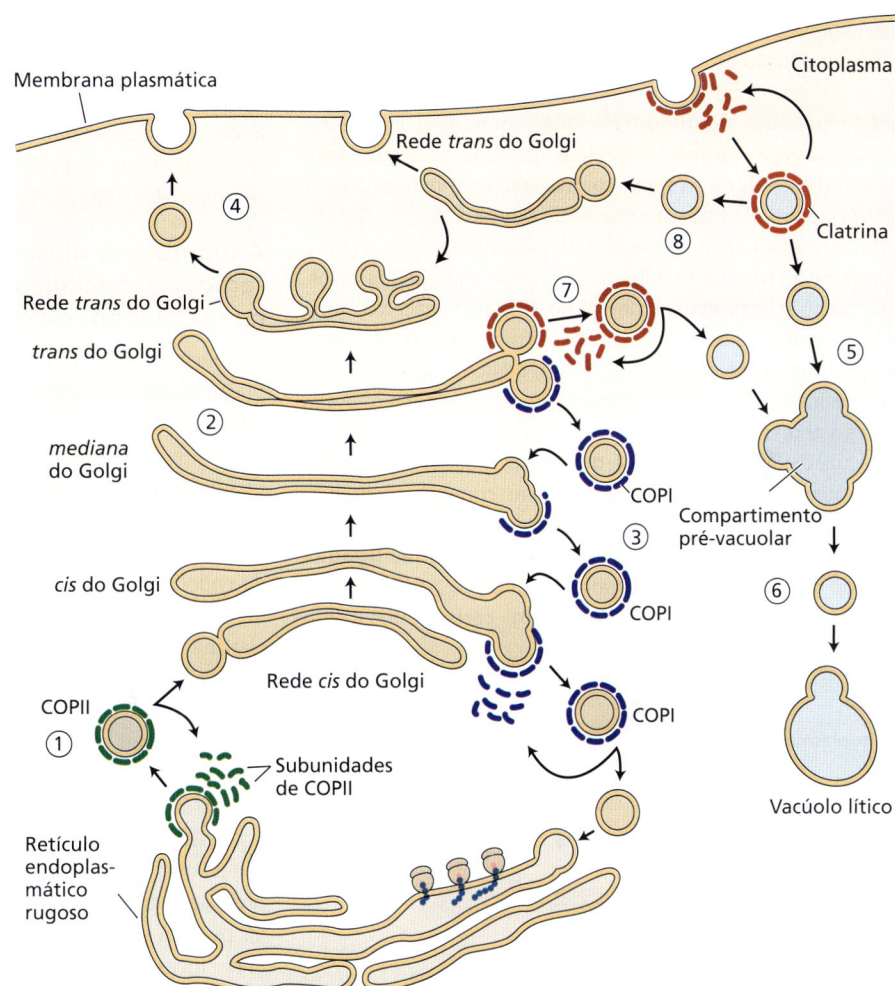

(B)

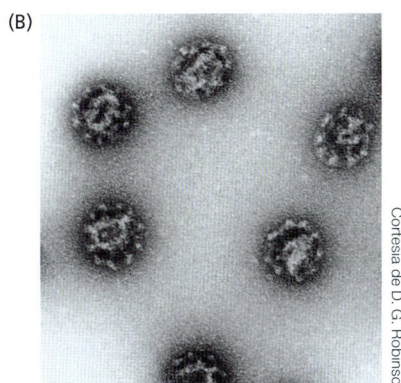

Figura 1.21 O movimento vesicular nas rotas secretora e endocítica. (A) Diagrama do tráfego vesicular mediado por três tipos de proteínas de revestimento. COPII é indicada em verde, COPI em azul e clatrina em vermelho. (B) Micrografia ao microscópio eletrônico de vesículas revestidas por clatrina isoladas de uma folha do feijoeiro.

membrana contendo proteínas recém-sintetizadas e recicladas e componentes da parede celular secretados na membrana plasmática. Domínios de membrana específicos dentro da rede *trans* do Golgi são parcialmente revestidos com **clatrina**. Esta é uma proteína que funciona em conjunto com proteínas adaptadoras para selecionar a carga e moldar as membranas em vesículas para transporte para o vacúolo (**Figura 1.22**). Proteínas sem sinal de localização vacuolar são secretadas para a parede celular/apoplasto no que geralmente é chamado de rota *padrão*.

Muitas das proteínas encontradas no lume do sistema de endomembranas são **glicoproteínas** – proteínas com cadeias oligoméricas de açúcares covalentemente ligadas – destinadas à secreção da célula ou ao envio a outras endomembranas. As enzimas que sintetizam essas cadeias de açúcar diferem substancialmente das enzimas que sintetizam polissacarídeos para incorporação na parede celular. Na grande maioria dos casos, a glicosilação de proteínas começa no RE com a ligação de uma cadeia ramificada de oligossacarídeos composta por *N*-acetilglucosamina (GlcNAc), manose (Man) e glicose (Glc) a um ou mais resíduos específicos de asparagina. Esse *glicano N-ligado* ("N" é a abreviação de asparagina) é inicialmente ligado a uma molécula de lipídeo, o **dolicol-difosfato**, o qual está embebido na membrana do RE. O açúcar glicano completo, contendo 14 resíduos, é então transferido ao polipeptídeo nascente assim que este entra no lume do RE. Essas **glicoproteínas ligadas a N** são cortadas no RE e novamente durante a transição da cisterna *cis* para a *trans* do Golgi. Certos carboidratos, como manose, são removidos de cadeias de oligossacarídeos, e outros açúcares são adicionados. Além dessas modificações, a glicosilação dos grupos –OH dos resíduos de hidroxiprolina, serina, treonina e tirosina (**oligossacarídeos O-ligados**) também ocorre no complexo de Golgi.

As enzimas que funcionam na biossíntese de polissacarídeos da parede celular não celulósica são encontradas nos corpos de Golgi. Essas enzimas são principalmente proteínas do tipo 2 que contêm uma única hélice transmembrana e um C-terminal que se estende até o lume dos compartimentos da endomembrana. As enzimas que formam pectinas e xiloglucanos da parede celular também estão localizadas em diferentes partes do complexo de Golgi.

A membrana plasmática possui regiões especializadas envolvidas na reciclagem de membrana

A internalização da membrana endocitótica na membrana plasmática ocorre em vesículas pequenas (100 nm) que são inicialmente revestidas com clatrina, mas a endocitose independente da clatrina foi documentada em células vegetais. Os materiais extracelulares podem ser reconhecidos especificamente por receptores, que geralmente são proteínas que atravessam a membrana plasmática. Esse processo é chamado de endocitose mediada por receptor. A endocitose ocorre por meio da invaginação da membrana plasmática mediada por clatrina, progredindo para dentro, seguida pela ruptura do colo da invaginação. Nas células vegetais, a diferença na osmolaridade (ou, mais precisamente, potencial hídrico; ver Capítulo 5) entre o interior e o exterior da célula cria uma grande pressão interna (na faixa de 0,2–1 MPa), chamada de pressão de turgor. A pressão de turgor empurra a membrana plasmática contra a parede celular. Portanto, durante a endocitose, a invaginação da membrana plasmática envolve energia e deve superar a pressão de turgor oposta. Após a endocitose inicial, as vesículas perdem seu revestimento de clatrina para formar vesículas endocíticas. Estas são, então, classificadas pela rede *trans* do Golgi (às vezes chamada de compartimento do *endossomo inicial*) para serem recicladas de volta à membrana plasmática ou aos *endossomos tardios*, também chamados de **compartimentos prevacuolares**, para serem trafegadas para o vacúolo (ver Figura 1.21A). Os endossomos do compartimento prevacuolar também são chamados de **corpos multivesiculares**, pois geralmente contêm vesículas intraluminais menores.

As rotas de tráfego de endomembrana são reguladas por pequenos complexos de amarração de vesículas de GTPase, e as fusões de vesículas com compartimentos-alvo são mediadas por uma classe especial de proteínas de reconhecimento de alvo chamadas **SNAREs** (ver **Tópico 1.6 na internet**). Um complexo formado de oito proteínas conhecido como **exocisto** é regulado pela formação de complexos SNARE específicos para prender as vesículas secretoras pós-Golgi à membrana plasmática antes da exocitose final.

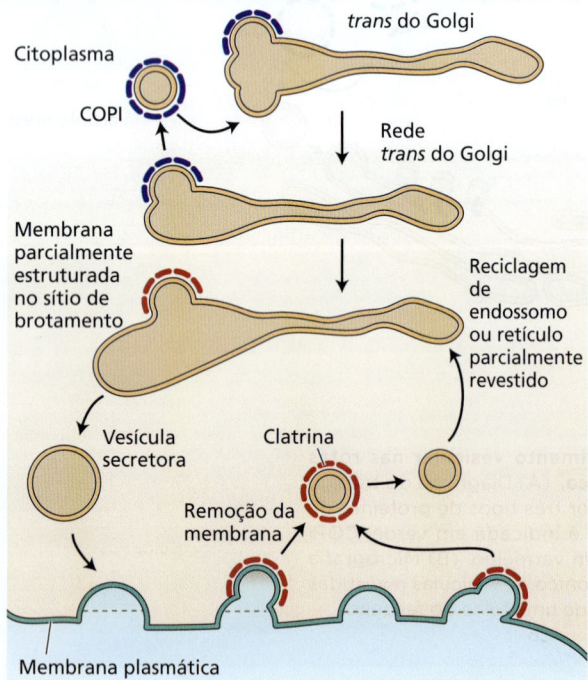

Figura 1.22 As fossas revestidas de clatrina estão associadas à exocitose e reciclagem de componentes da membrana de locais de secreção recentes na membrana plasmática.

Os vacúolos apresentam diversas funções nas células vegetais

O vacúolo vegetal é um compartimento fechado por uma membrana chamada de **tonoplasto**. Existem dois tipos principais de vacúolos: vacúolos líticos encontrados nas células vegetativas e vacúolos de armazenamento de proteínas encontrados nas sementes em desenvolvimento. A **seiva vacuolar**, composta de água e solutos, é ativamente acidificada (pH 5,5 e inferior) por ATPases de prótons localizados no tonoplasto e pirofosfatases em vacúolos líticos e vacúolos de armazenamento de proteínas, durante o crescimento ativo. Em geral, os vacúolos são pequenos nas células meristemáticas jovens e aumentam de tamanho durante o alongamento e a maturação celular, com a membrana sendo aumentada pela fusão com vesículas de membrana do compartimento prevacuoloar. Os vacúolos líticos (**Figura 1.23A**) podem ocupar 90 a 95% do volume das células vegetais e funcionar na sinalização de íons cálcio, regulação osmótica, digestão lítica, descarte de xenobióticos e respostas de defesa. A expansão das células vegetais é impulsionada principalmente pelo aumento do volume lítico vacuolar. Íons inorgânicos, açúcares, ácidos orgânicos e pigmentos são alguns dos solutos que podem ser acumulados nos vacúolos em concentrações muito elevadas ou mesmo como cristais, devido à presença de uma diversidade de transportadores específicos de membrana (ver Capítulo 8). Os vacúolos de armazenamento de proteínas (**Figura 1.23B**) são compartimentos especializados que acumulam grandes quantidades de proteínas e açúcares nas sementes em desenvolvimento.

Os corpos multivesiculares liberam sua carga de vesículas intraluminais no vacúolo lítico para reciclagem, após a fusão com o tonoplasto (**Figura 1.24**). Os autofagossomos também transportam carga para o vacúolo lítico, diretamente ou após a fusão com o endossomo tardio (formando um compartimento

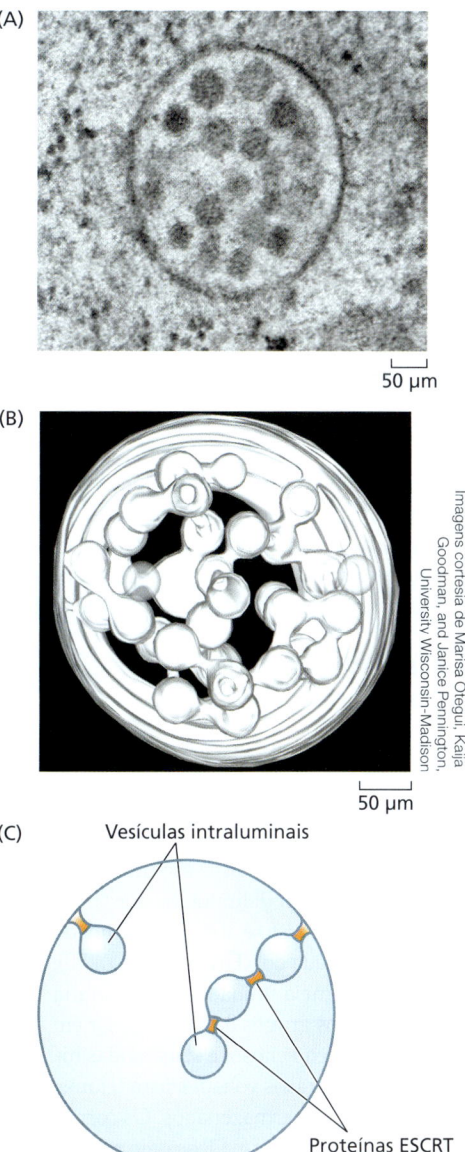

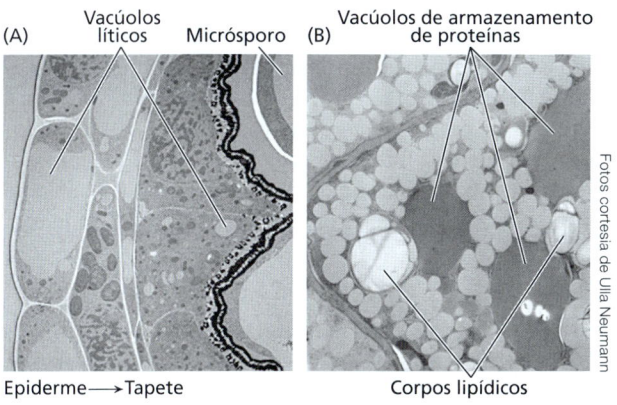

Figura 1.23 Micrografias eletrônicas de transmissão dos dois tipos principais de vacúolos. (A) Seção transversal de uma cevada em desenvolvimento (*Hordeum vulgare* cv. Bowman), antera mostrando a parede de quatro camadas (de fora para dentro: epiderme, endotécio, camada média, tapete) que circunda os micrósporos em desenvolvimento (ver Capítulo 21). Os vacúolos líticos podem ser vistos como espaços translúcidos de elétrons de vários tamanhos e formas nas diferentes camadas celulares. A epiderme é caracterizada por um único vacúolo lítico proeminente que compõe a maior parte do volume celular e restringe o citoplasma a uma fina camada pressionada contra a membrana plasmática. Por outro lado, as células do tapete têm um citoplasma muito mais denso e contêm vários vacúolos líticos pequenos. (B) Seção através do endosperma de mamona (*Ricinus communis*). O citoplasma do endosperma contém vacúolos de armazenamento de proteínas de diâmetros variados que são caracterizados por um conteúdo elétron-opaco. As estruturas pequenas, globulares e translúcidas a elétrons correspondem aos corpos lipídicos. Seu conteúdo foi extraído durante a preparação da amostra.

Figura 1.24 Corpos multivesiculares. (A) Um corpo multivesicular (também chamado de compartimento prevacuolar ou endossomo tardio) de uma célula do tapete de uma antera de *Arabidopsis*. (B) Modelo tomográfico reconstruído de um corpo multivesicular do tapete. (C) Diagrama mostrando o processo de internalização vesicular no corpo multivesicular. As amostras foram processadas por congelamento em alta pressão e substituição por congelamento (substituição da água por moléculas orgânicas e fixadores), seguidos de incorporação em resina plástica.

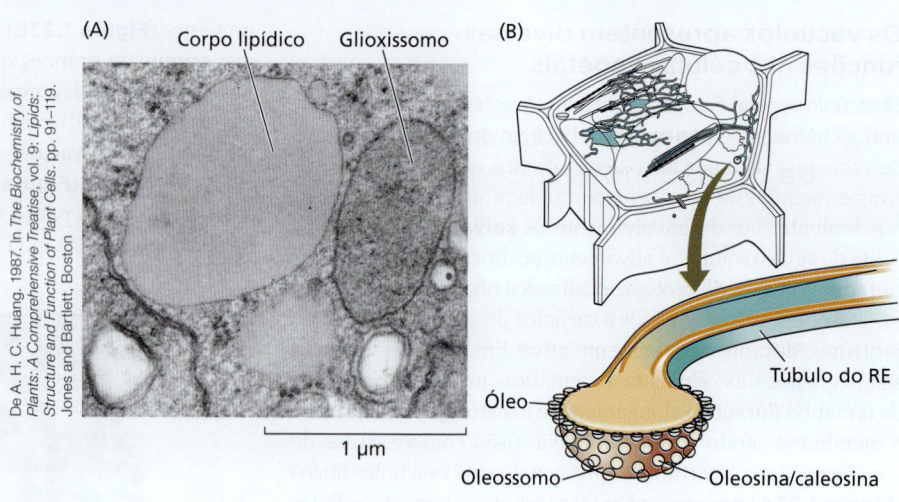

Figura 1.25 Corpos lipídicos encontrados em sementes e cotilédones de plantas vasculares. (A) Micrografia ao microscópio eletrônico de um corpo lipídico ao lado de um glioxissomo. (B) Diagrama mostrando a formação de oleossomos pela síntese e deposição de óleo na bicamada fosfolipídica do RE. Após o brotamento a partir do RE, o oleossomo é circundado por uma monocamada de fosfolipídeos contendo proteínas específicas de oleossomos, como a oleosina. (B segundo L. A. Staehelin and E. H. Newcomb. 2000. In *Biochemistry and Molecular Biology of Plants*. B. B. Buchanan et al. [eds.]. American Society of Plant Biologists, Rockville, M.D.)

chamado anfissomo). Ao se fundir com o vacúolo, a membrana dos compartimentos prevacuolares contribui para a expansão do tonoplasto. Durante a formação da semente, os vacúolos de armazenamento de proteína embrionária são formados pelo tráfego regular da endomembrana ou diretamente do RE pela agregação local de proteínas de armazenamento no lume do RE.

Os vacúolos podem ser herdados durante a citocinese de uma célula-mãe, mas também são formados de novo nas células meristemáticas, diretamente do RE e da fusão dos compartimentos endossomais. Portanto, o tonoplasto contém proteínas e lipídeos que são sintetizados inicialmente no RE.

Os oleossomos são organelas que armazenam lipídeos

Muitos vegetais sintetizam e armazenam grandes quantidades de óleo durante o desenvolvimento de sementes. Esses óleos se acumulam em organelas chamadas **corpos lipídicos** (também conhecidos como **oleossomos**) (**Figura 1.25**). Os corpos lipídicos são únicos entre as organelas, pois são delimitados por "meia unidade de membrana", isto é, uma monocamada de fosfolipídeos derivada do RE (ver Figura 1.25B). Os fosfolipídeos na meia unidade de membrana são orientados com os grupos da cabeça polar em direção à fase aquosa do citosol e suas caudas hidrofóbicas de ácidos graxos voltadas para o lume, dissolvidas nos lipídeos armazenados. Os corpos lipídicos são inicialmente formados como regiões de diferenciação na membrana bicamada do RE. A natureza do produto armazenado, os **triacilglicerois** (três ácidos graxos covalentemente ligados a uma estrutura de glicerol), indica que essa organela de reserva possui um lume hidrofóbico. Como consequência, à medida que são armazenados, os triacilglicerois são inicialmente depositados na região hidrofóbica entre as faces externa e interna da membrana do RE.

Os peroxissomos exercem papéis metabólicos especializados em folhas e sementes

Os **peroxissomos** são uma classe de organelas rodeadas por uma única bimembrana e caracterizadas pela capacidade de desintoxicar espécies reativas de oxigênio por meio da enzima **catalase**, bem como realizar outras funções metabólicas especializadas. Os **glioxissomos** são peroxissomos especializados na β-oxidação de ácidos graxos (em animais, localizados nas mitocôndrias) e no metabolismo do glioxilato, um aldeído ácido de dois carbonos, especialmente na germinação de sementes (ver Capítulo 13). Os glioxissomos estão associados a mitocôndrias e corpos lipídicos, enquanto os peroxissomos foliares funcionam na fotorrespiração (ver Capítulo 10) em associação com mitocôndrias e cloroplastos (**Figura 1.26**). Embora os peroxissomos possam se multiplicar por divisão assim com

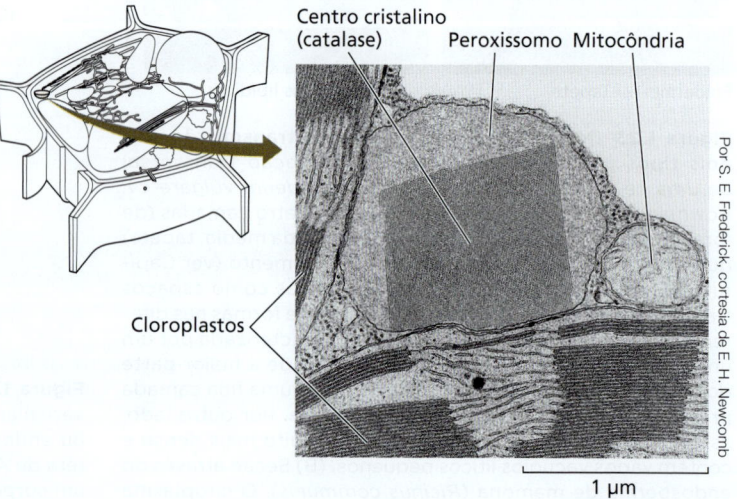

Figura 1.26 Cristal de catalase em um peroxissomo de folha madura de fumo. Observe a associação íntima do peroxissomo com dois cloroplastos e uma mitocôndria, organelas que trocam metabólitos com os peroxissomos, especialmente durante a fotorrespiração.

os plastídios e as mitocôndrias, eles são mais frequentemente formados de novo diretamente do RE.

■ 1.7 Organelas semiautônomas de divisão independente

Uma célula vegetal típica apresenta dois tipos de organelas semiautônomas: as mitocôndrias e os plastídios. Ambos os tipos são separados do citoplasma por uma membrana dupla (uma membrana externa e outra interna) e contêm seu próprio DNA e ribossomos do tipo procariótico como descendentes de endossimbiontes procarióticos.

As **mitocôndrias** são os sítios da respiração celular, processo no qual a energia liberada pelo metabolismo do açúcar é usada para a síntese de trifosfato de adenosina (ATP, de *adenosine triphosphate*) a partir do difosfato de adenosina (ADP, de *adenosine diphosphate*) e do fosfato inorgânico (P_i, de *inorganic phosphate*) (ver Capítulo 13).

As mitocôndrias são estruturas altamente dinâmicas, passíveis de sofrer tanto fissão quanto fusão. Independentemente da forma, todas as mitocôndrias apresentam uma membrana externa lisa e uma membrana interna altamente convoluta (**Figura 1.27**). A membrana interna contém uma ATP sintase, que utiliza um gradiente de prótons para sintetizar ATP para a célula. O gradiente de prótons é gerado pela cooperação de transportadores de elétrons, a cadeia transportadora de elétrons, que está embebida na membrana interna e é periférica a ela (ver Capítulo 13). As dobras da membrana interna são denominadas **cristas**. O compartimento envolvido pela membrana interna, a **matriz** mitocondrial, contém as enzimas da rota do metabolismo intermediário chamada de **ciclo do ácido tricarboxílico** (**TCA**, de *tricarboxylic acid*) (ver Capítulo 13).

Os **plastídios** são outro grupo de organelas delimitadas por membrana dupla (derivadas de um evento de endossimbiose ancestral com cianobactérias). Os plastídios que funcionam na fotossíntese são chamados de **cloroplastos** (**Figura 1.28A**). Além das membranas interna e externa, os cloroplastos têm um terceiro sistema de membranas internas, os **tilacoides**. Uma pilha de tilacoides forma um *granum* (plural, *grana*) (**Figura 1.28B**). As proteínas e os pigmentos (clorofilas e carotenoides) que atuam nos eventos fotoquímicos da fotossíntese estão embebidos na membrana do tilacoide. Os *grana* adjacentes estão conectados por membranas não empilhadas, as **lamelas do estroma**. O compartimento ao redor dos tilacoides, chamado de **estroma**, é análogo à matriz da mitocôndria e contém o que pode ser a proteína mais abundante da Terra, ribulose 1,5-bifosfato carboxilase/oxigenase, chamada rubisco por conveniência. A rubisco está envolvida na captura de carbono atmosférico para conversão em ácidos orgânicos durante a fotossíntese (ver Capítulo 10). Embora as subunidades grandes e pequenas de rubisco sejam codificadas no genoma do plastídio em algas, em plantas terrestres a grande subunidade de rubisco é codificada pelo genoma do cloroplasto, enquanto a pequena subunidade é codificada pelo genoma nuclear. A expressão coordenada de cada subunidade (e outras proteínas) por cada genoma é necessária para que o cloroplasto cresça e se divida.

Os vários componentes do aparelho fotossintético estão localizados em áreas diferentes dos *grana* e das lamelas do estroma. As ATP sintases do cloroplasto localizam-se na membrana do tilacoides (**Figura 1.28C**). Durante a fotossíntese, as reações de transferência de elétrons acionadas pela luz resultam em um gradiente de prótons através da membrana do tilacoide (**Figura 1.28D**) (ver Capítulo 9). Assim como na mitocôndria, o ATP é sintetizado quando o gradiente de prótons é dissipado pela ATP sintase. Entretanto, no cloroplasto, o ATP não é exportado para o citosol, mas é usado em muitas reações no estroma, incluindo a fixação do carbono a partir do dióxido de carbono atmosférico, como descrito no Capítulo 10.

Os plastídios que contêm concentrações altas de pigmentos carotenoides, em vez de clorofila, são denominados **cromoplastos**. Eles são responsáveis pelas

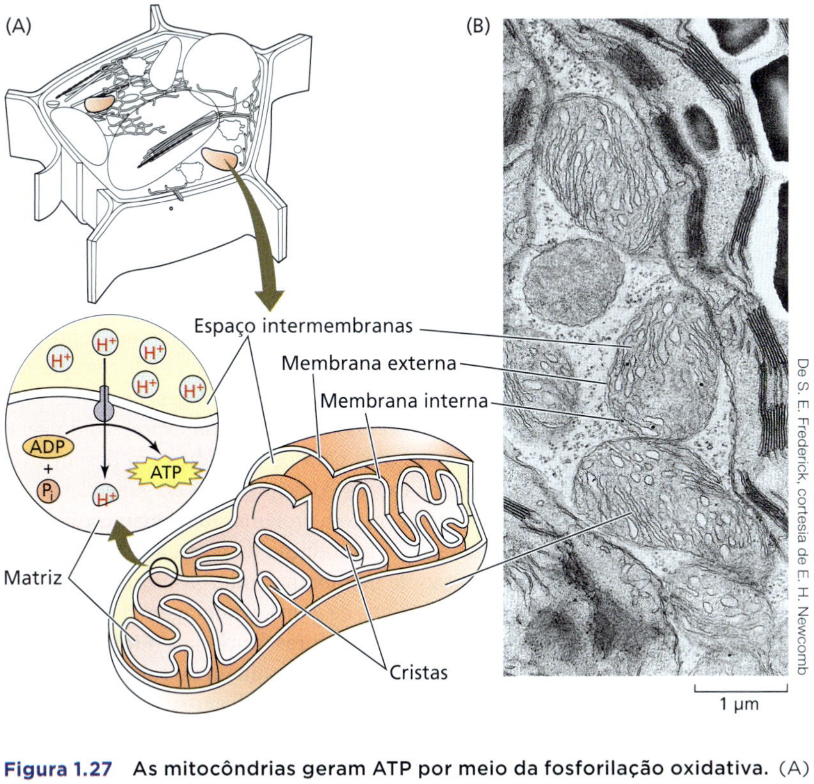

Figura 1.27 As mitocôndrias geram ATP por meio da fosforilação oxidativa. (A) Diagrama de uma mitocôndria, incluindo a localização das ATP sintases envolvidas na síntese de ATP na membrana interna. (B) Micrografia ao microscópio eletrônico de mitocôndrias de uma célula da folha da grama-bermuda (*Cynodon dactylon*).

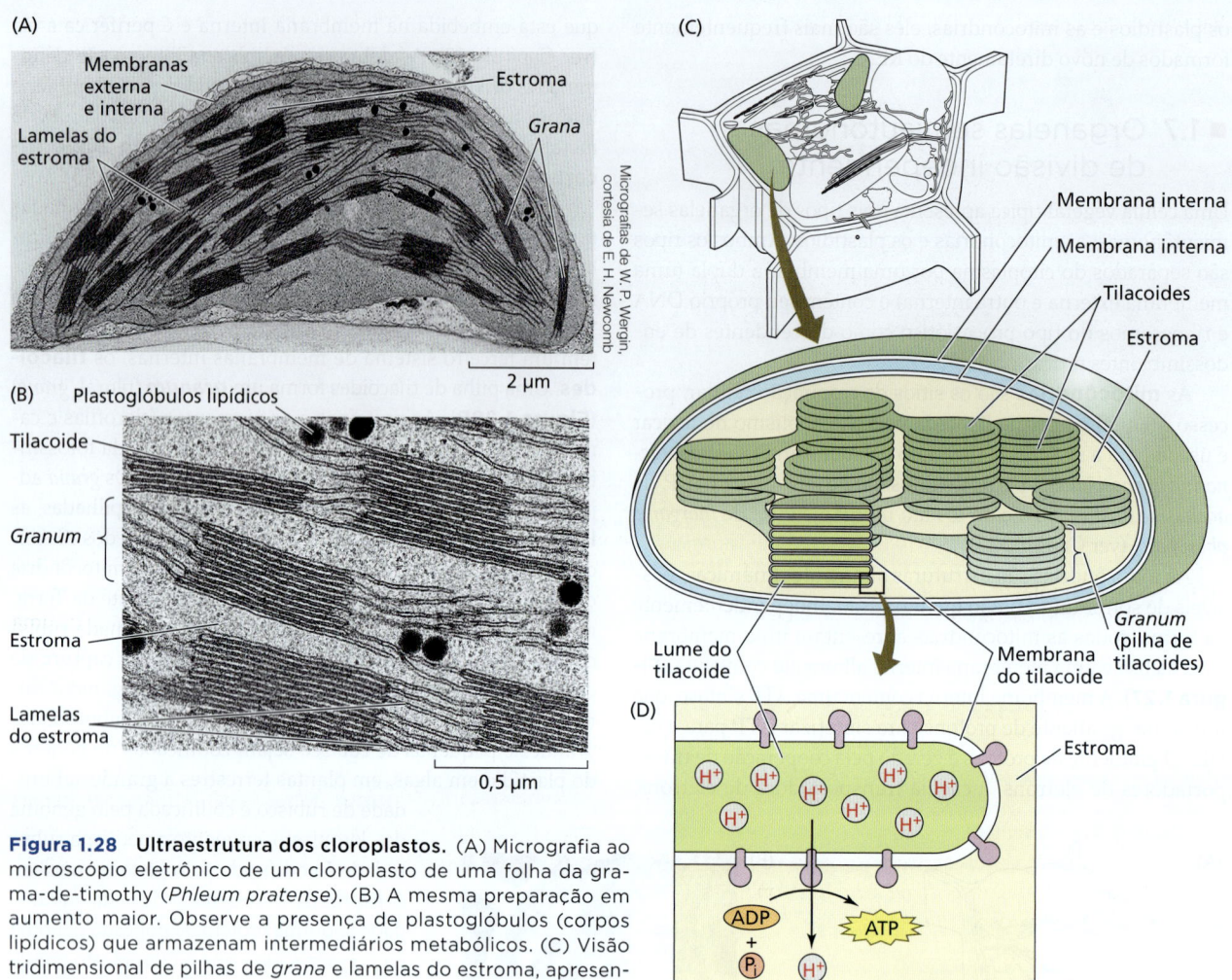

Figura 1.28 Ultraestrutura dos cloroplastos. (A) Micrografia ao microscópio eletrônico de um cloroplasto de uma folha da grama-de-timothy (*Phleum pratense*). (B) A mesma preparação em aumento maior. Observe a presença de plastoglóbulos (corpos lipídicos) que armazenam intermediários metabólicos. (C) Visão tridimensional de pilhas de *grana* e lamelas do estroma, apresentando a complexidade da organização. (D) Representação diagramática de um tilacoide, mostrando a localização das ATP sintases na sua membrana.

cores amarela, laranja e vermelha de muitos frutos e flores, assim como das folhas no outono (**Figura 1.29**). Os plastídios não pigmentados são os **leucoplastos**. Em tecidos secretores especializados, como os nectários, os leucoplastos produzem monoterpenos, moléculas voláteis (em óleos essenciais) que muitas vezes apresentam forte odor. O tipo mais importante de leucoplasto é o **amiloplasto**, um plastídio de reserva de amido. Os amiloplastos são abundantes nos tecidos de partes aéreas, de raízes e em sementes. Os amiloplastos especializados da coifa (na raiz) também atuam como sensores de gravidade, promovendo o crescimento da raiz em direção ao solo (ver Capítulo 17).

Pró-plastídios desenvolvem-se em plastídios especializados em diferentes tecidos vegetais

As células meristemáticas contêm **pró-plastídios**, que não possuem clorofila, apresentam poucas membranas internas e um conjunto incompleto de enzimas necessárias para realizar a fotossíntese (**Figura 1.30A**). Enquanto o desenvolvimento do cloroplasto nas gimnospermas ocorre tanto em condições de escuridão quanto de luz, o desenvolvimento de cloroplastos angiospermas a partir de pró-plastídios é desencadeado pela luz. Após a iluminação, os reguladores da expressão do gene plastidial são importados para os plastídios em desenvolvimento para iniciar a expressão de produtos do gene plastidial. Esses produtos interagem com proteínas funcionais codificadas pelo núcleo para iniciar a produção de pigmentos absorventes de luz, proliferação de membranas internas, formação de lamelas de estroma e pilhas de *grana* e montagem de complexos de coleta de luz e outras estruturas funcionais (**Figura 1.30B**).

As sementes normalmente germinam no solo em ausência de luz, e seus pró-plastídios desenvolvem-se em cloroplastos somente quando o caule jovem é exposto à luminosidade. Por outro lado, se as plântulas são mantidas no escuro, os pró-plastídios diferenciam-se em **etioplastos**, que contêm arranjos semicristalinos tubulares de membranas dos tilacoides,

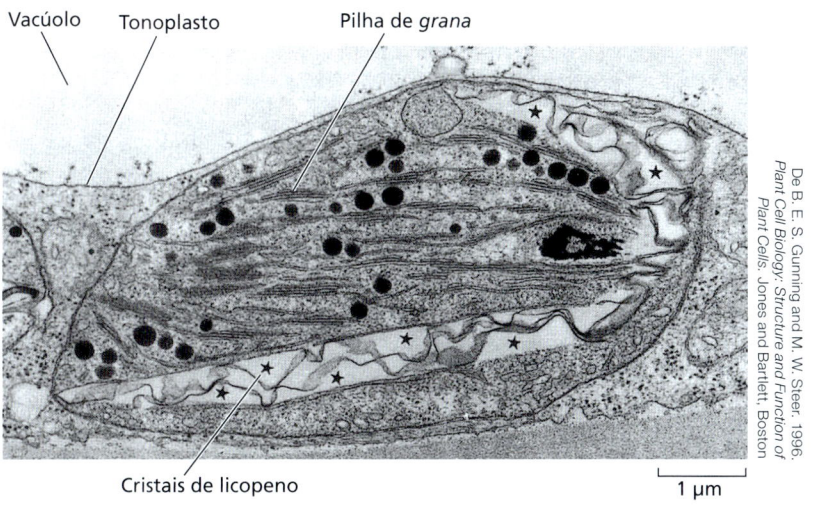

Figura 1.29 Micrografia ao microscópio eletrônico de um cromoplasto do fruto de tomateiro (*Solanum esculentum*), no estágio inicial de transição de cloroplasto para cromoplasto. Pequenas pilhas de *grana* ainda podem ser observadas. As estrelas indicam cristais de licopeno, um tipo de pigmento carotenoide.

conhecidos como **corpos pró-lamelares (Figura 1.30C)**. Em vez de clorofila, os etioplastos contêm um pigmento precursor, de cor verde-amarelada, a protoclorofilida. Minutos após a exposição à luz, um etioplasto diferencia-se, convertendo o corpo pró-lamelar em tilacoides e lamelas do estroma e a protoclorofila em clorofila. A manutenção da estrutura do cloroplasto depende da presença de luz; os cloroplastos maduros podem ser revertidos a etioplastos se mantidos por longos períodos no escuro. Da mesma forma, sob diferentes condições ambientais ou diferenciação de tecidos, os cloroplastos podem ser convertidos em cromoplastos, como nas folhas de outono e nos frutos maduros, ou em amiloplastos contendo amido nos órgãos de armazenamento.

Nas plantas terrestres, a divisão de plastídios e mitocôndrias é independente da divisão nuclear

Os plastídios e as mitocôndrias dividem-se por fissão, coerente com suas origens procarióticas. Fissão e replicação do DNA de organelas são eventos regulados independentemente da divisão nuclear. Por exemplo, o número de cloroplastos por volume celular depende do desenvolvimento da célula e de seu ambiente. Assim, há mais cloroplastos nas células do mesófilo de uma folha do que nas células da sua epiderme.

Embora o momento de fissão dos cloroplastos e das mitocôndrias seja independente do momento da divisão celular, essas organelas necessitam de proteínas codificadas pelo núcleo para que ocorra sua divisão. Em bactérias e organelas semiautônomas, a fissão é facilitada por proteínas que formam anéis coordenados nas membranas interna e externa no local do futuro plano de divisão. Em células vegetais, os genes que codificam essas proteínas se encontram no núcleo. As mitocôndrias e os cloroplastos podem também aumentar

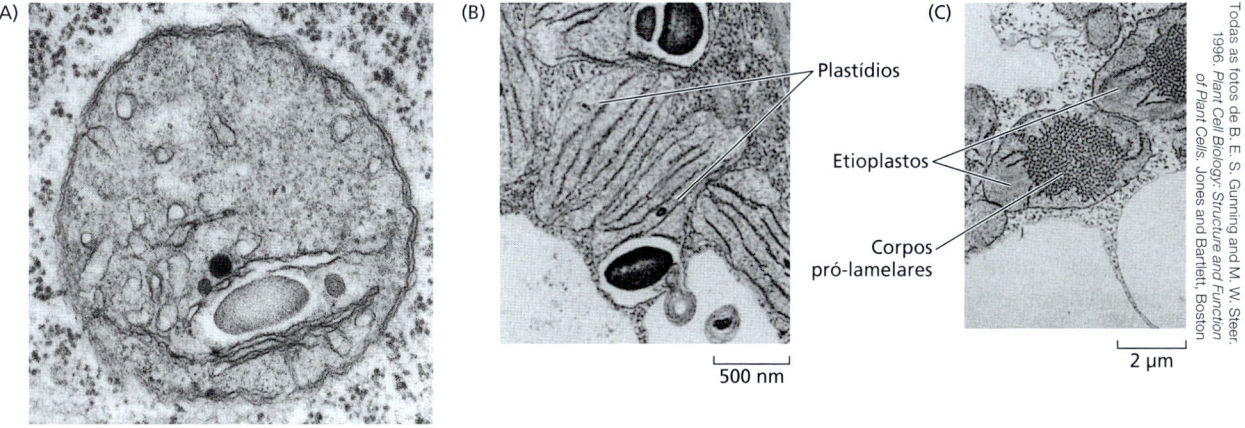

Figura 1.30 Micrografias ao microscópio eletrônico ilustrando vários estágios do desenvolvimento de plastídios. (A) Pró-plastídios de meristema apical de raiz de fava (*Vicia faba*). O sistema de membrana interna é rudimentar e os *grana* não estão presentes. Grandes inclusões contêm amido. (B) Uma célula de mesófilo de uma folha jovem de aveia (*Avena sativa*) em estágio inicial de diferenciação, em presença de luz. Os plastídios estão se desenvolvendo em pilhas de *grana*. (C) Célula de uma folha jovem de uma plântula de aveia crescida no escuro. Os plastídios desenvolveram-se como etioplastos, com túbulos de membranas semicristalinas entrelaçadas, chamados de corpos pró-lamelares. Quando expostos à luz, os etioplastos podem se converter em cloroplastos pela desorganização dos corpos pró-lamelares e formação de pilhas de *grana*.

em tamanho sem divisão para suprir a demanda de energia ou fotossintética. Se, por exemplo, as proteínas envolvidas na divisão da mitocôndria são inativadas experimentalmente, as poucas mitocôndrias tornam-se maiores, permitindo à célula suprir suas necessidades energéticas. Em plantas com biogênese e função do cloroplasto comprometidas (p. ex., os *albostrianos* mutantes em cereais), a biogênese e a função mitocondrial são aprimoradas para compensar as deficiências de energia.

Tanto os plastídios quanto as mitocôndrias podem se mover pelas células. Em algumas células vegetais, os cloroplastos estão ancorados no citoplasma cortical, externo, da célula; em outras células, eles são móveis, proporcionando a utilização ótima de luz para fotossíntese. Os plastídios e as mitocôndrias são movidos em grande parte por miosinas que se movem ao longo dos microfilamentos de actina (ver a discussão sobre miosinas na Seção 1.8).

■ 1.8 O citoesqueleto vegetal

O citoplasma é organizado em uma estrutura dinâmica tridimensional por uma rede de proteínas filamentosas, denominada **citoesqueleto**. Essa rede proporciona uma organização espacial para as organelas e serve como arcabouço para os movimentos das organelas e de outros componentes do citoesqueleto. Ela também apresenta papéis fundamentais no movimento de endomembranas, processos de mitose, meiose, citocinese, depósito da parede, manutenção da forma celular e diferenciação celular.

O citoesqueleto vegetal é formado por microtúbulos e microfilamentos

Dois tipos principais de elementos do citoesqueleto foram identificados nas células vegetais: microtúbulos e microfilamentos. Cada tipo é filamentoso, apresentando diâmetro fixo e comprimento variável, podendo atingir muitos micrômetros.

Os **microtúbulos** são cilindros ocos polarizados com diâmetro externo de 25 nm; eles são compostos de polímeros da proteína **tubulina**. O monômero de tubulina é um heterodímero composto por duas cadeias polipeptídicas semelhantes (α e β-tubulina) (**Figura 1.31A**). Um único microtúbulo consiste em centenas de milhares de monômeros de tubulina organizados em colunas, os **protofilamentos**.

Os **microfilamentos** são sólidos, com um diâmetro de 7 nm. Eles são compostos por uma forma monomérica de proteína **actina**, denominada actina globular ou actina G. Ativados por ATP, os monômeros de actina G polimerizam para formar uma cadeia polarizada de subunidades de actina, também denominada protofilamento. A actina no filamento polimerizado é referida como actina filamentosa ou actina F. Um microfilamento é helicoidal, uma forma resultante da polaridade da associação de monômeros de actina G (**Figura 1.31B**).

Actina, tubulina e seus polímeros estão em constante movimento na célula

Na célula, as subunidades de actina e tubulina ocorrem como *pools* de proteínas livres em equilíbrio dinâmico com

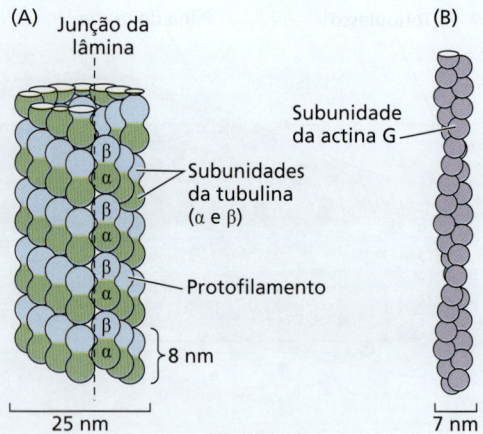

Figura 1.31 Microtúbulos e microfilamentos do citoesqueleto. (A) Desenho de um microtúbulo em vista longitudinal. Cada microtúbulo é composto de 13 protofilamentos (varia com a espécie e com o tipo celular). A organização das subunidades α e β é mostrada. (B) Diagrama de um microfilamento, mostrando um feixe de actina F (protofilamento) com uma organização helicoidal com base na assimetria dos monômeros, as subunidades de actina G.

as formas polimerizadas. Em comparação com as células animais, as plantas têm *pools* maiores de actina G monomérica e fitas compostas por matrizes de actina F. O ciclo de polimerização-despolimerização é essencial para a vida celular. Cada um dos monômeros contém um nucleotídeo ligado: ATP ou ADP no caso da actina, GTP ou GDP (tri ou difosfato de guanosina) no caso da tubulina. Os microtúbulos e os microfilamentos são polarizados, ou seja, as duas extremidades são diferentes. A polaridade manifesta-se pelas velocidades de crescimento diferentes das duas extremidades: a mais ativa é denominada extremidade mais, e a menos ativa, extremidade menos.

Em microfilamentos, a polaridade surge da polaridade do próprio monômero de actina; a fenda de ligação ao nucleotídeo ATP ou ADP do monômero se orienta em direção à extremidade negativa de crescimento lento do microfilamento, enquanto o lado oposto à fenda de ligação ao nucleotídeo ATP ou ADP se orienta em direção à extremidade positiva de crescimento rápido (**Figura 1.32A**). As proteínas **profilinas** ajudam a levar os monômeros para a extremidade mais da actina F, onde são montadas por **forminas** (**Figura 1.32B e C**). As proteínas **fimbrina** e **vilina** funcionam agrupando os filamentos de actina em cabos (ver Figura 1.32B e C). O complexo de **proteína 2/3 relacionada à actina** (**Arp 2/3**) cria filamentos de actina ramificados (**Figura 1.32D**), que são importantes para o crescimento polarizado das células. As proteínas de cobertura podem estabilizar as extremidades dos filamentos, e as proteínas despolimerizantes aumentam a renovação. Esses eventos de polimerização e despolimerização polarizados são altamente dinâmicos e são chamados de **esteira rolante**, quando ocorrem simultaneamente nas extremidades menos e mais dos filamentos de actina. A esteira rolante permite que os microfilamentos pareçam migrar ao redor do córtex celular na direção do pólo positivo. No entanto, o que parece ser a motilidade do

(A) Cinética da polimerização da actina sem proteínas de ligação à actina

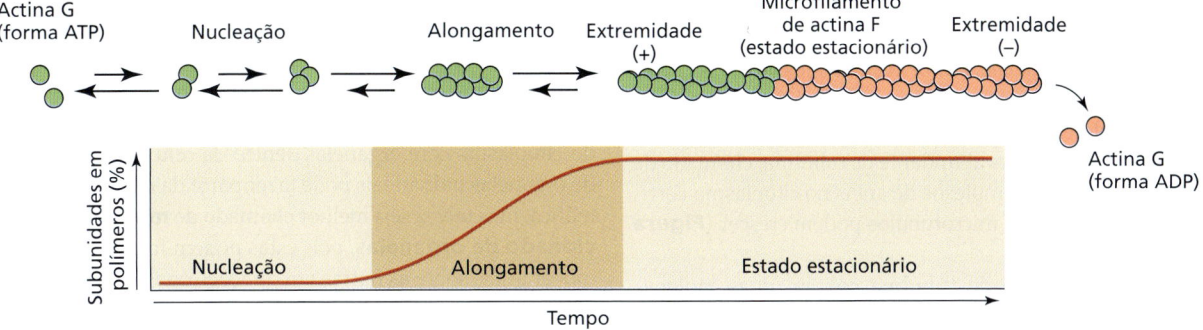

(B) Interação com profilina e produção de feixes de actina por vilina

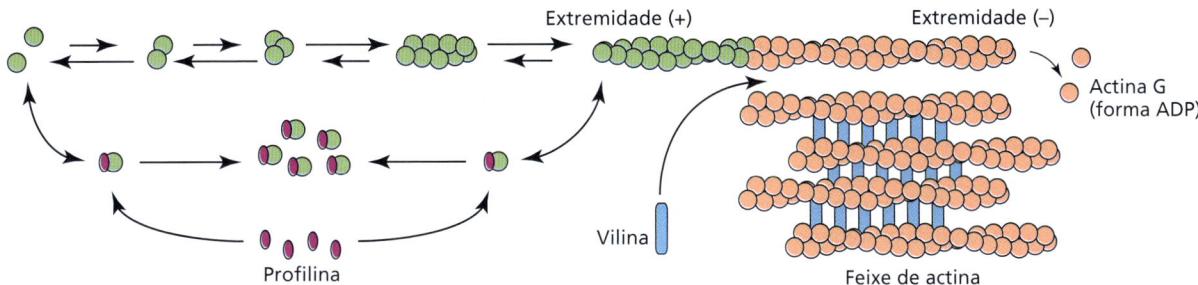

(C) Formação de microfilamentos simples ou organizados em feixes por formina e fimbrina

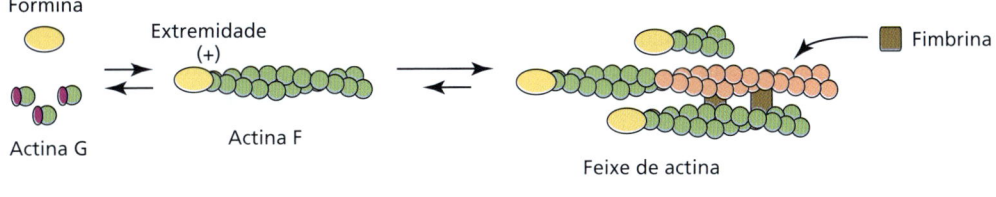

(D) Formação de filamentos ramificados de actina pelo complexo Arp 2/3

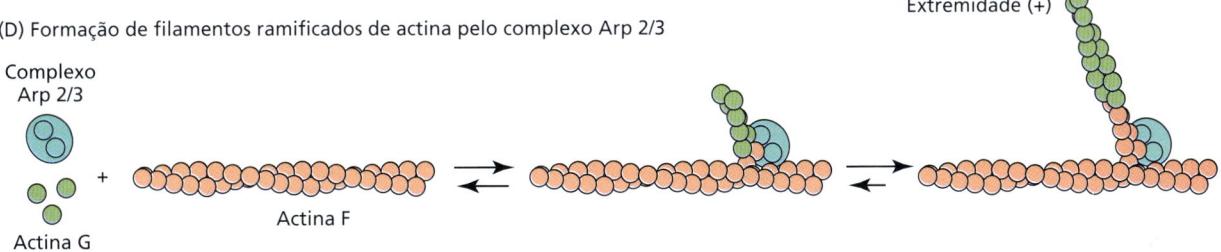

Figura 1.32 Montagem de microfilamentos de actina simples, agrupados e ramificados. (A) Cinética da montagem do microfilamento polarizado. Verde indica ATP, laranja indica ADP. (B) Montagem de actina F. Monômeros individuais de actina G se ligam ao ATP e se agregam para formar um trímero, que nucleia a formação de um novo filamento. A actina G adicional então polimeriza nas extremidades mais e menos do filamento de actina F em crescimento. A hidrólise de ATP em ADP ocorre após as unidades carregadas de ATP serem polimerizadas e a actina G que sai ter ADP. Os dímeros de formina iniciam a montagem da actina F. (C) Montagem de filamentos simples e agrupados. (D) Formação de actina ramificada pelo complexo ARP 2/3.

microfilamento é, na verdade, causado pelo crescimento nas extremidades positivas e pela degradação nas extremidades negativas.

Nos microtúbulos, a polaridade surge da polaridade do heterodímero de tubulina α e β-tubulina (ver Figura 1.31A). O monômero de α-tubulina existe apenas na forma GTP e é exposto na extremidade menos, e a β-tubulina pode se ligar a GTP ou GDP e é exposta na extremidade mais (ver Figura 1.33A). Os microfilamentos e os microtúbulos têm suas meias-vidas normalmente contadas em minutos, determinadas por proteínas acessórias que regulam a dinâmica de microfilamentos e microtúbulos.

Microtúbulos são cilindros dinâmicos

A nucleação de microtúbulos e o início do crescimento ocorrem em *centros de organização de microtúbulos* (MTOCs, de *microtubule organizing centers*), também chamados de *complexos de iniciação*, mas a natureza exata do complexo de iniciação ainda precisa ser esclarecida. Um tipo de complexo de iniciação contém um tipo muito menos abundante de tubulina, chamado de γ-*tubulina*, que forma complexos de anéis no citoplasma cortical a partir dos quais os microtúbulos podem crescer (**Figura 1.33A-C**).

Cada heterodímero de tubulina contém duas moléculas de GTP, uma no monômero de α-tubulina e outra no de β-tubulina. O GTP no monômero de α-tubulina está fortemente ligado e não é hidrolisável, enquanto o GTP ligado à β-tubulina é hidrolisado a GDP, após a ligação do heterodímero na extremidade mais de um microtúbulo. A montagem das subunidades da tubulina resulta na formação de um cilindro oco. Se a taxa de hidrólise de GTP "atingir" a taxa de adição de novos heterodímeros, a capa de tubulina carregada com GTP desaparece e os protofilamentos se separam, iniciando uma despolimerização catastrófica (ver Figura 1.33C). Tal despolimerização pode ser revertida (parada da despolimerização e retomada da polimerização) se o aumento da concentração local de tubulina livre (com GTP) causado pela catástrofe mais uma vez favorecer a polimerização. A extremidade menos de crescimento lento não despolimeriza se for coberta por γ-tubulina. No entanto, os microtúbulos de plantas podem ser liberados dos complexos de anel de γ-tubulina por uma ATPase, a catanina (da palavra japonesa *katana*, "espada samurai"), que corta o microtúbulo no ponto onde o crescimento ramifica para formar outro microtúbulo (**Figura 1.33D**). Logo que são liberados pela catanina, os microtúbulos se deslocam em movimentos ondulatórios pelo córtex celular por um mecanismo de esteira rolante.

Durante o deslocamento, os heterodímeros de tubulina são adicionados à extremidade mais em crescimento na mesma taxa que são removidos da extremidade menos em encurtamento (ver Figura 1.33D). A orientação transversal dos microtúbulos corticais determina a orientação das microfibrilas de celulose recém-sintetizadas na parede celular, restringindo o movimento dos complexos de celulose sintase dentro da membrana plasmática. A presença de fibrilas transversais de celulose na parede celular reforça a parede na direção transversal, promovendo crescimento ao longo do eixo longitudinal perpendicular. Dessa forma, os microtúbulos desempenham um papel importante na polaridade do crescimento das plantas.

Proteínas motoras do citoesqueleto participam da corrente citoplasmática e do movimento dirigido de organelas

Mitocôndrias, peroxissomos, endossomos e corpos de Golgi são extremamente móveis nas células vegetais. Essas partículas de aproximadamente 1 μm se movem com velocidades de cerca de 1 a 10 μm s^{-1} em plantas com sementes, dependendo do tipo de célula e do estágio de desenvolvimento. Esse movimento é bem rápido; ele equivale a um objeto de 1 m movendo-se a 10 m s^{-1}, aproximadamente a velocidade de um atleta de alto rendimento. A actina e sua proteína motora, a miosina, atuam em conjunto para gerar esse movimento, usando a energia liberada pela hidrólise do ATP e, por isso, frequentemente são referidas como citoesqueleto de actomiosina.

A **corrente citoplasmática** se refere ao fluxo coordenado do citoplasma com organelas dentro da célula. O movimento de organelas individuais pode fazer parte da corrente citoplasmática, mas talvez seja melhor chamado de **movimento direcionado de organelas**, pois estas podem frequentemente se mover umas sobre as outras em direções opostas nos filamentos vizinhos de actina F. Se o movimento direcionado de organelas exercer arrasto suficiente sobre o citoplasma circundante, em seguida ele desencadeará a corrente citoplasmática. Por conseguinte, quase não há corrente citoplasmática em células meristemáticas pequenas. Conforme as células se alongam e se diferenciam, as velocidades da corrente aumentam. Nas células gigantes das algas verdes *Chara* e *Nitella*, a corrente citoplasmática ocorre em uma trajetória helicoidal, para baixo em um lado da célula e para cima no outro lado, na velocidade de até 75 μm s^{-1}. Da mesma forma, em tubos polínicos de crescimento rápido, a presença de um fluxo direto no centro e de fluxos de retorno na periferia cria um fluxo citoplasmático semelhante a uma fonte. Tanto o movimento direcionado da organela quanto a estabilização envolvem interações por meio de locais de fixação com outras organelas, endomembranas, citoesqueleto ou membrana plasmática. O retículo endoplasmático interage com a membrana plasmática e outras organelas via actina F nesses locais de fixação.

Motores moleculares participam em todos os movimentos direcionados de organelas. Os vegetais possuem dois tipos de motores: as miosinas e as cinesinas. As miosinas são proteínas de ligação à actina. As cinesinas estão associadas aos microtúbulos. Quando as miosinas e as cinesinas se movem ao longo do citoesqueleto, elas se deslocam em uma direção particular ao longo dos polímeros do citoesqueleto polar. As miosinas geralmente se movem em direção à extremidade mais dos filamentos de actina, e uma isoforma específica vegetal, a miosina XI, desempenha um papel importante no **crescimento apical** dos tubos polínicos e dos pelos das raízes (ver o Capítulo 2). As cinesinas podem se mover ao longo dos microtúbulos em ambas as direções e podem se ligar à cromatina ou a outros microtúbulos para ajudar a organizar o aparato do fuso durante a mitose (ver Seção 1.9).

Todos esses motores apresentam domínios separados de cabeça, pescoço e cauda (como a miosina XI na **Figura 1.34**). O domínio da cabeça globular liga-se reversivelmente ao citoesqueleto, dependendo do estado de fosforilação do nucleotídeo no sítio ativo do domínio da ATPase. O domínio do pescoço muda o ângulo após a hidrólise de ATP, flexionando a cabeça em relação à cauda. O domínio da cauda em geral contém regiões para a dimerização, e o final do domínio da cauda globular liga-se a organelas específicas ou "carga" e é chamado de *domínio de carga* (ver Figura 1.34B). Para que a proteína mova uma organela, o motor dimeriza; as duas moléculas interagem

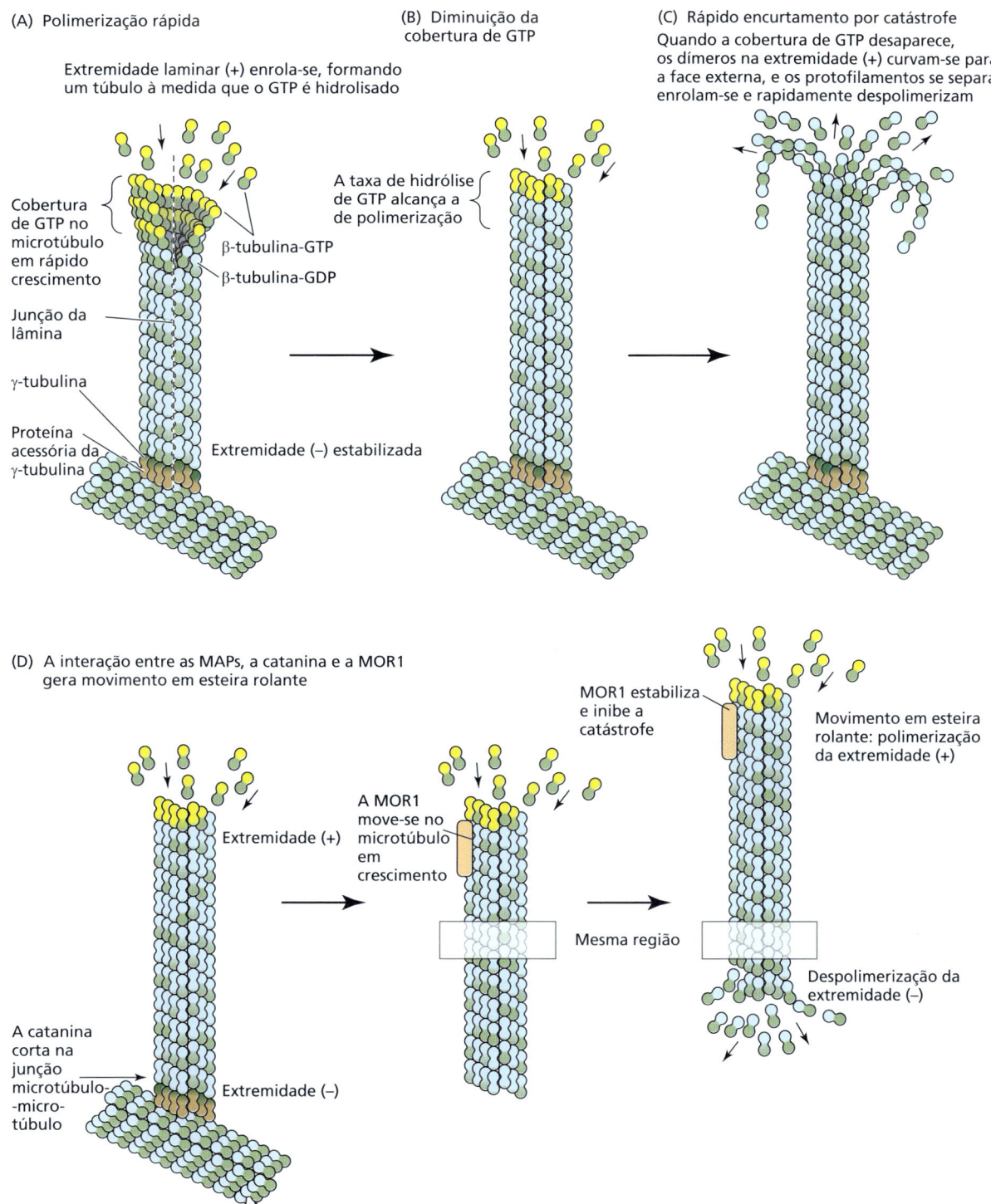

Figura 1.33 Modelos para a instabilidade dinâmica e esteira rolante. (A) A extremidade menos dos microtúbulos nos sítios de iniciação pode ser estabilizada por complexos de anel de γ-tubulina, alguns dos quais são encontrados ao lado de microtúbulos preexistentes. As extremidades mais dos microtúbulos crescem rapidamente, produzindo uma cobertura de tubulina, que apresenta GTP ligado à subunidade β. A extremidade recém-adicionada tem uma estrutura em lâmina que se enrola na forma de um túbulo enquanto o GTP é hidrolisado. (B) Com a diminuição da taxa de crescimento ou o aumento da hidrólise de GTP, a cobertura de GTP é diminuída. (C) Quando a cobertura de GTP desaparece, os protofilamentos dos microtúbulos separam-se, pois o heterodímero com o GDP ligado à subunidade de β-tubulina está levemente curvado. Os protofilamentos são instáveis, e ocorre a despolimerização rápida e catastrófica. (D) Se o microtúbulo é rompido no ponto de ramificação pela catanina ATPase, a extremidade menos torna-se instável e pode despolimerizar. Se o microtúbulo é estabilizado na extremidade mais pela MOR1, uma proteína associada ao microtúbulo, então a velocidade de adição na extremidade mais pode corresponder à despolimerização na extremidade menos, e o movimento em esteira rolante continua.

(A) Sequência linear dos domínios da miosina XI

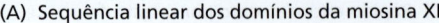

(B) Configuração dobrada do dímero da miosina XI

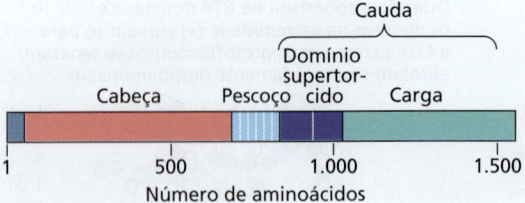

(C) Movimento da carga e geração de força da miosina XI

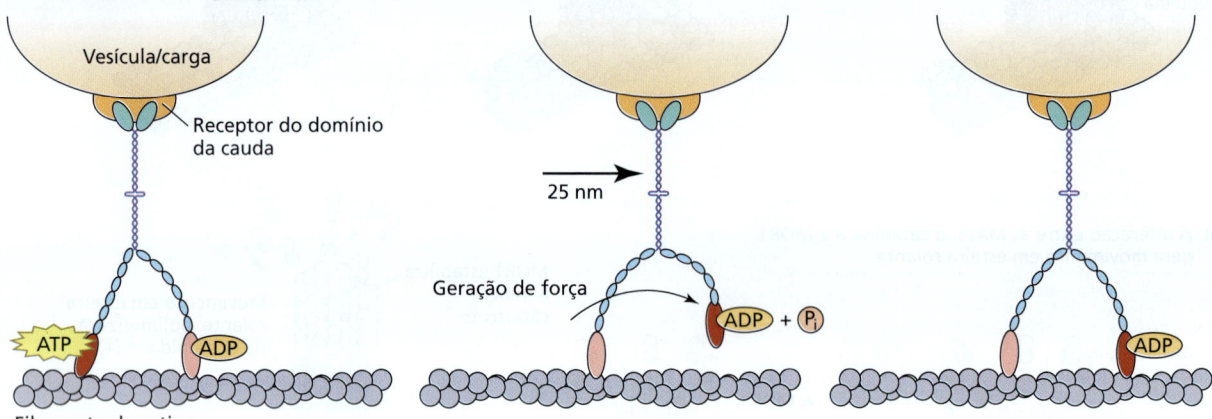

Figura 1.34 Movimento de organelas dirigido por miosina. (A) Domínios estendidos de aminoácidos da proteína motora miosina da classe XI. O domínio da cauda inclui uma região supertorcida por dimerização e um domínio de carga, para interagir com as membranas. (B) O domínio da cabeça dobra-se para se tornar globular. Próximo ao domínio do pescoço, ATP ou ADP liga-se ao domínio da cabeça. O pescoço consiste em regiões com composição específica de aminoácidos, que podem interagir com modulação de proteínas. (C) Movimento e geração de força da miosina XI. A cauda liga-se à organela pelo domínio de carga e por um complexo receptor na membrana. As duas cabeças, mostradas em vermelho e rosa, possuem ATPase e atividade motora, de tal forma que uma mudança na conformação da região do pescoço, adjacente à cabeça, produz uma "caminhada", um movimento ao longo do filamento de actina durante a geração de força do motor, quando o ATP é hidrolisado a ADP e fosfato inorgânico (P_i). A carga move-se cerca de 25 nm em cada etapa. O que agora é o domínio da cabeça final em rosa libera seu ADP e se liga ao ATP, permitindo assim que o processo se repita.

e ligam-se à organela no domínio de carga. As duas cabeças do dímero alternadamente ligam-se ao citoesqueleto e "caminham" para frente, enquanto o pescoço flexiona à medida que o ATP é hidrolisado (ver Figura 1.34C). Dessa forma, a organela é movida ao longo do citoesqueleto.

O citoesqueleto de actina interage com a membrana de muitas organelas. Estudos recentes identificaram proteínas de ligação à actina que ancoram a membrana RE com o citoesqueleto de actina e são necessárias para o fluxo dessa organela.

■ 1.9 Regulação do ciclo celular

O ciclo da divisão celular, ou ciclo celular, é o processo pelo qual ocorre a reprodução das células e do seu material genético, o DNA nuclear (**Figura 1.35**). O ciclo celular consiste em quatro fases: **fase G_1** (*gap* **1**), **fase S** (**fase da síntese de DNA**), **fase G_2** (*gap* **2**) e **M** (**fase mitótica**). G_1 é a fase de duração variável, quando uma célula-filha recém-formada ainda não replicou seu DNA. O DNA é replicado durante a fase S. G_2 é a fase em que a célula, com seu DNA replicado, ainda não iniciou a mitose, que ocorre durante a fase M. Coletivamente, as fases G_1, S e G_2 são referidas como **interfase**. A fase M inclui todos os estágios da mitose, da metáfase à telófase (discutida em breve). Em células vacuoladas, o vacúolo aumenta durante a interfase e o plano da divisão celular divide o vacúolo pela metade durante a mitose (ver Figura 1.35). As organelas se distribuem estocasticamente nas futuras células-filhas.

Cada fase do ciclo celular apresenta um conjunto específico de atividades bioquímicas e celulares

O DNA nuclear é preparado para a replicação na fase G_1 pela montagem de um complexo de pré-replicação nas origens de replicação ao longo da cromatina. O DNA é replicado durante a fase S, e as células em G_2 preparam-se para a mitose.

Toda arquitetura da célula é alterada à medida que ela entra em mitose. Se a célula possui um grande vacúolo central, esse vacúolo deve primeiro ser dividido em duas partes por uma coalescência dos cordões transvacuolares citoplasmáticos que contêm o núcleo; esta se torna a região onde ocorrerá a divisão

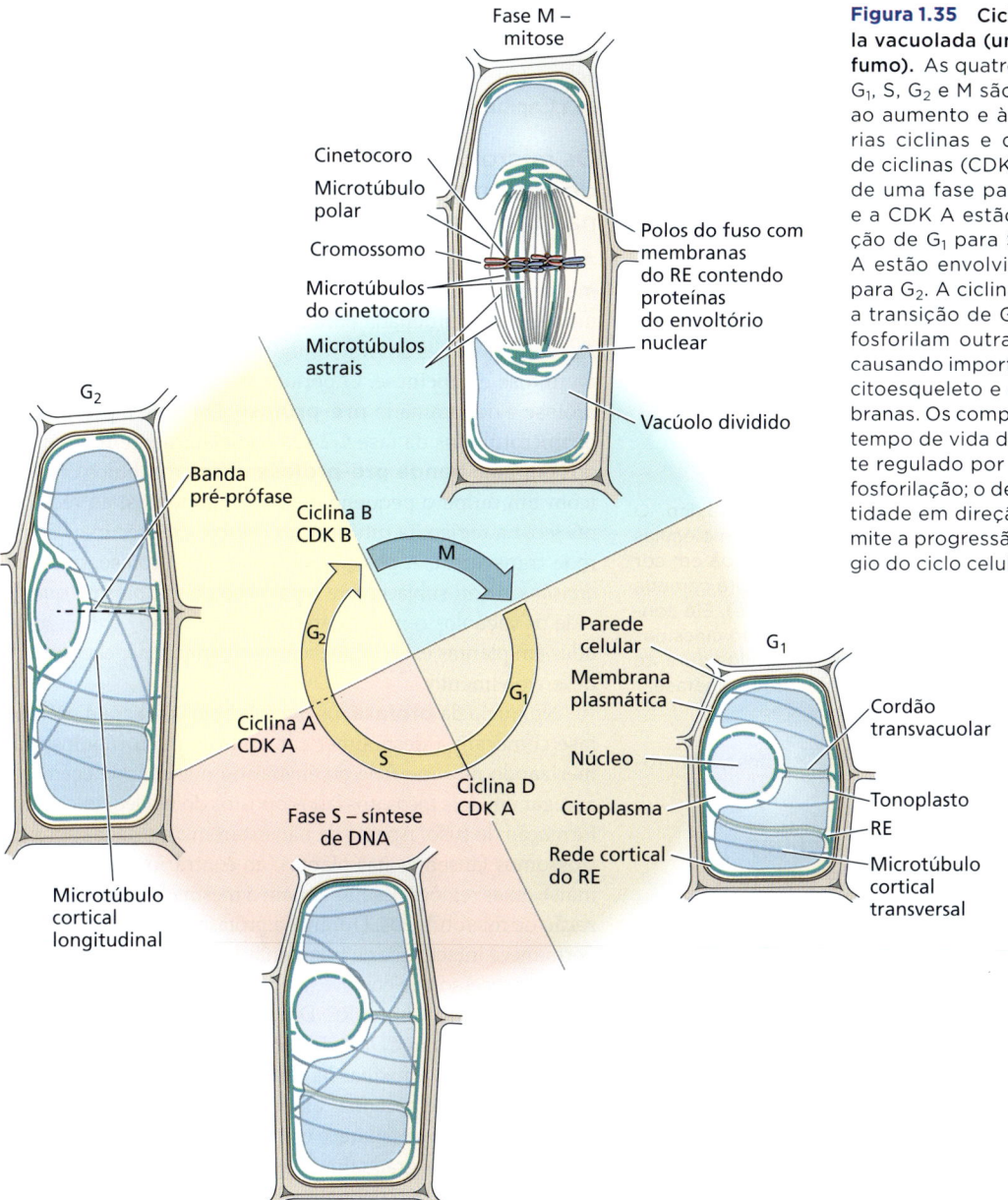

Figura 1.35 Ciclo celular em uma célula vacuolada (uma célula de planta de fumo). As quatro fases do ciclo celular, G_1, S, G_2 e M são ilustradas em relação ao aumento e à divisão da célula. Várias ciclinas e quinases dependentes de ciclinas (CDKs) regulam a transição de uma fase para a outra. A ciclina D e a CDK A estão envolvidas na transição de G_1 para S. A ciclina A e a CDK A estão envolvidas na transição de S para G_2. A ciclina B e a CDK B regulam a transição de G_2 para M. As quinases fosforilam outras proteínas na célula, causando importante reorganização do citoesqueleto e dos sistemas de membranas. Os complexos ciclinas/CDK têm tempo de vida determinado, geralmente regulado por seu próprio estado de fosforilação; o decréscimo de sua quantidade em direção ao final da fase permite a progressão para o próximo estágio do ciclo celular.

nuclear. As pilhas de Golgi e outras organelas se dividem e distribuem-se igualmente entre as duas metades da célula. Como descrito a seguir, o sistema de endomembranas e o citoesqueleto são extensamente reorganizados.

À medida que uma célula entra em mitose, os cromossomos mudam do estado de organização da interfase no núcleo e começam a se condensar para formar os cromossomos da metáfase (**Figura 1.36**). Estes são mantidos unidos por proteínas específicas denominadas *coesinas*, que se localizam na região centromérica de cada par de cromossomos. Para que os cromossomos se separem, essas proteínas devem ser clivadas pela enzima *separase*. Isso ocorre quando o cinetocoro se liga aos microtúbulos do fuso (descrito mais adiante nesta seção).

Em um ponto-chave de regulação, **ponto de checagem**, no final da fase G_1 do ciclo celular, a célula torna-se comprometida com a iniciação da síntese do DNA. Em célula de mamíferos, a replicação do DNA e a mitose são ligadas – uma vez iniciado o ciclo de divisão, ele não é interrompido até que as fases da mitose tenham sido concluídas. Por outro lado, as células vegetais podem parar o ciclo de divisão celular antes ou depois de replicarem seu DNA (ou seja, durante G_1 ou G_2). Como consequência, enquanto a maioria das células animais é diploide (apresentam dois conjuntos de cromossomos), as células vegetais com frequência são tetraploides (quatro conjuntos de cromossomos) ou às vezes até poliploides (muitos conjuntos de cromossomos), após passarem por ciclos adicionais de

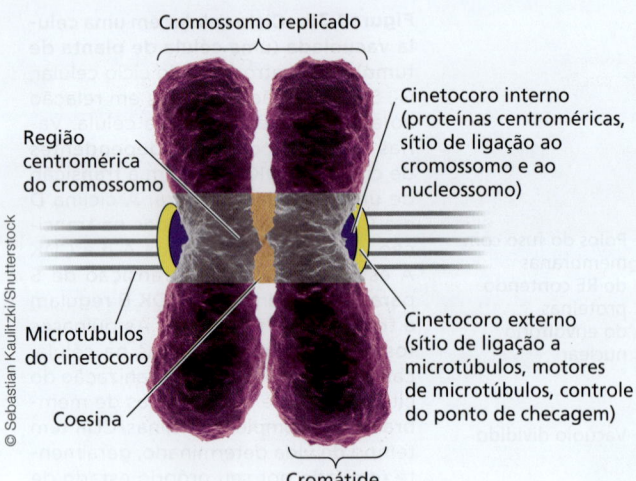

Figura 1.36 Estrutura de um cromossomo metafásico. O DNA centromérico está destacado, e a região onde moléculas de coesão unem os dois cromossomos está ilustrada em cor laranja. O cinetocoro é uma estrutura em camadas (a camada mais interna em roxo e a mais externa em amarelo). Ele contém proteínas associadas a microtúbulos, incluindo cinesinas que auxiliam na despolimerização dos microtúbulos durante o encurtamento dos microtúbulos do cinetocoro na anáfase.

replicação de DNA nuclear sem que ocorra a mitose, um processo denominado **endorreduplicação**.

O ciclo celular é regulado por ciclinas e por quinases dependentes de ciclina

As reações bioquímicas que governam o ciclo celular são altamente conservadas na evolução dos eucariotos, e as plantas preservaram os componentes básicos desse mecanismo. A progressão do ciclo é regulada principalmente em três pontos de checagem: durante a fase G_1 (como já mencionado), no final da fase S e no limite G_2–M.

As enzimas-chave que controlam as transições entre as diferentes fases do ciclo celular e a entrada das células no ciclo celular são as **quinases dependentes de ciclinas** (**CDKs**, de *cyclin-dependent kinases*). As proteínas quinases são enzimas que fosforilam outras proteínas utilizando o ATP. A maioria dos eucariotos multicelulares utiliza várias quinases que são ativas em diferentes fases do ciclo celular. Todas as CDKs dependem de subunidades reguladoras, as **ciclinas**, para suas atividades. Ciclinas específicas aumentam em abundância em cada estágio do ciclo celular e são degradadas antes da transição para a próxima fase. Diversas classes de ciclinas foram identificadas em plantas, animais e leveduras. Foi demonstrado que três ciclinas regulam o ciclo celular de fumo, como ilustrado na Figura 1.35:

1. Ciclinas G_1/S, ciclina D, ativa no final da fase G_1.
2. Ciclinas tipo S, ciclina A, ativa no final da fase S.
3. Ciclinas tipo M, ciclina B, ativa pouco antes da fase M.

O ponto de checagem crítico no final da fase G_1, que submete a célula a uma nova etapa de replicação de DNA, é regulado principalmente pelas ciclinas do tipo D e CDKs. A expressão da ciclina do tipo D depende da disponibilidade de açúcar (ou seja, energia suficiente) e da presença de citocinina (ver Capítulo 4).

Os microtúbulos e o sistema de endomembranas atuam na mitose e na citocinese

A mitose é o processo pelo qual os cromossomos anteriormente replicados são alinhados, separados e distribuídos de uma maneira ordenada para as células-filhas (**Figura 1.37**). As reorganizações dos microtúbulos são uma parte integrante da mitose e citocinese. O período imediatamente anterior à prófase é denominado **pré-prófase**. Durante a pré-prófase, os microtúbulos da fase G2 são completamente reorganizados em uma **banda pré-prófase** de microtúbulos corticais (com um número pequeno de microfilamentos) ao redor do núcleo, na região da futura placa celular – o precursor da parede transversal. A posição da banda pré-prófase, o *local de divisão cortical* subjacente e a partição do citoplasma que divide os vacúolos centrais determinam o plano de divisão celular em plantas e, assim, desempenham um papel crucial no desenvolvimento.

No início da **prófase**, os microtúbulos da banda pré-prófase começam a despolimerizar e novos microtúbulos polimerizando na superfície do envoltório nuclear começam a se agregar em dois focos nos lados opostos do núcleo, iniciando a formação do fuso. Apesar de não estarem associadas aos centrossomos (ausentes nas plantas, ao contrário de células animais), essas regiões desempenham a mesma função na organização de microtúbulos. Durante a prófase, o envoltório nuclear permanece intacto, mas é fragmentado no início da **metáfase**, em um processo que envolve a reorganização e a reassimilação do envoltório nuclear no RE. Durante todo o ciclo, as quinases (não confundir com CDKs) da divisão celular interagem com os microtúbulos para auxiliar na reorganização do fuso, por meio de fosforilação de proteínas associadas a microtúbulos e cinesinas. O nucléolo desaparece completamente durante a mitose e, ao final do ciclo, gradualmente é remontado, à medida que os cromossomos se descondensam e restabelecem suas posições nos núcleos-filhos.

No início da metáfase, a banda pró-metáfase desaparece e novos microtúbulos são polimerizados, completando o **fuso mitótico**. Os fusos mitóticos de células vegetais não se apresentam de forma elíptica como nas células animais. Os microtúbulos do fuso na célula vegetal surgem de uma zona difusa, que consiste em múltiplos microtúbulos organizando centros nas extremidades opostas da célula e se estendem para a região central em arranjos paralelos.

O **centrômero**, região onde duas cromátides são unidas próximo à região central do cromossomo, contém DNA repetitivo, assim como o **telômero**, que forma a extremidade do cromossomo que o protege contra a degradação. Alguns microtúbulos se ligam em uma região especial do centrômero, o **cinetocoro**, e os cromossomos condensados alinham-se na

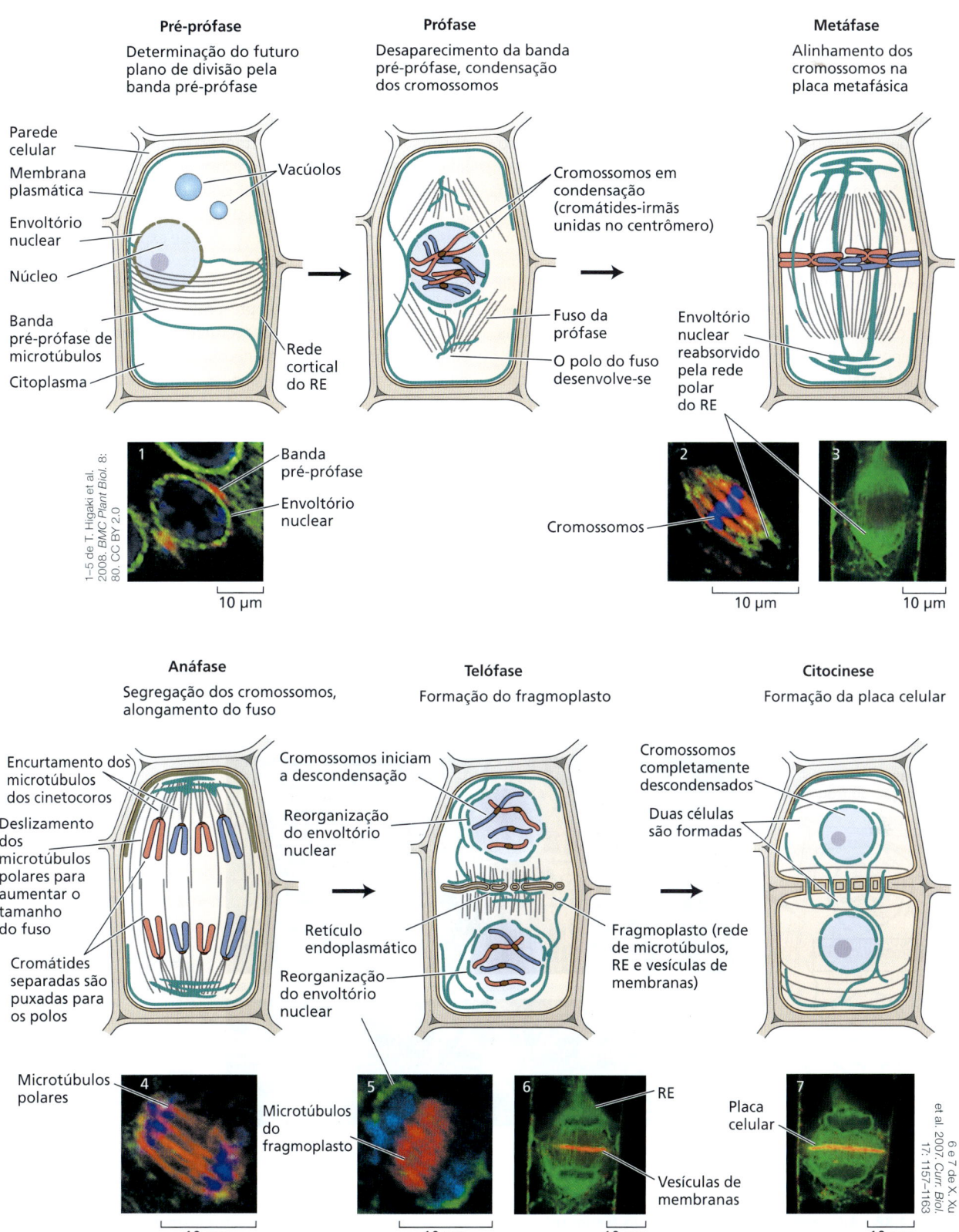

Figura 1.37 Alterações na organização celular que acompanham a mitose em uma célula vegetal meristemática (não vacuolada).

placa metafásica (ver Figuras 1.36 e 1.37). Alguns dos microtúbulos livres se sobrepõem aos microtúbulos da região polar oposta na zona intermediária do fuso.

O mecanismo da separação dos cromossomos durante a **anáfase** apresenta dois componentes: no início da anáfase, as cromátides irmãs se separam e começam a se mover em direção a seus pólos por meio da despolimerização regulada dos microtúbulos. Na anáfase tardia, os microtúbulos polares deslizam um em relação ao outro e alongam, afastando mais os pólos do fuso. Ao mesmo tempo, os cromossomos-irmãos são empurrados para seus respectivos polos. Nos vegetais, os microtúbulos do fuso aparentemente não estão ancorados ao córtex da célula nos polos, e, assim, os cromossomos não podem ser separados. Em vez disso, eles provavelmente são separados por cinesinas na sobreposição dos microtúbulos do fuso.

Na **telófase**, surge uma nova rede de microtúbulos, actina F e RE chamada de **fragmoplasto**. O fragmoplasto organiza a região do citoplasma onde ocorre a citocinese. Os microtúbulos perderam sua forma de fuso, mas retêm a polaridade, com suas extremidades menos ainda apontadas em direção aos cromossomos separados e em descondensação, onde o envoltório nuclear está em processo de reorganização. As extremidades mais dos microtúbulos apontam para a zona média do fragmoplasto, onde vesículas pequenas produzidas se acumulam no complexo de Golgi e rede *trans* do Golgi. Parte do conteúdo dessas vesículas também é reciclada das membranas plasmáticas das células parentais endocitadas. Essas vesículas apresentam longas projeções formadas pelo exocisto (ver Seção 1.6), que podem auxiliar na formação da placa celular no próximo estágio do ciclo celular: citocinese.

A **citocinese** é o processo que estabelece a **placa celular**, precursora da nova parede transversal que irá separar as células-filhas. Essa placa celular, com sua membrana plasmática envolvente, é iniciada por um grande aglomerado de vesículas que se fundem como uma ilha no centro da célula e depois cresce por fusão adicional de vesículas e expansão para fora em direção à parede parental. O local no qual a placa celular se une à membrana plasmática parental é determinado pela localização anterior da banda pré-prófase (que desapareceu primeiro). Proteínas específicas recrutadas pelos microtúbulos da banda de pré-prófase permanecem como pontos de referência na zona de divisão cortical após a desmontagem da banda de pré-prófase. À medida que a placa celular se forma, ocorre a agregação de túbulos do RE em canais revestidos de membrana que atravessam a placa, assim conectando as duas células-filhas (**Figura 1.38**). Os túbulos do RE que atravessam a placa celular demarcam os sítios dos plasmodesmos primários (ver Figura 1.4). Após a citocinese, os microtúbulos reorganizam-se no córtex celular. Os novos microtúbulos corticais apresentam uma orientação transversal em relação ao futuro eixo da célula, e essa orientação determina a polaridade da futura extensão celular.

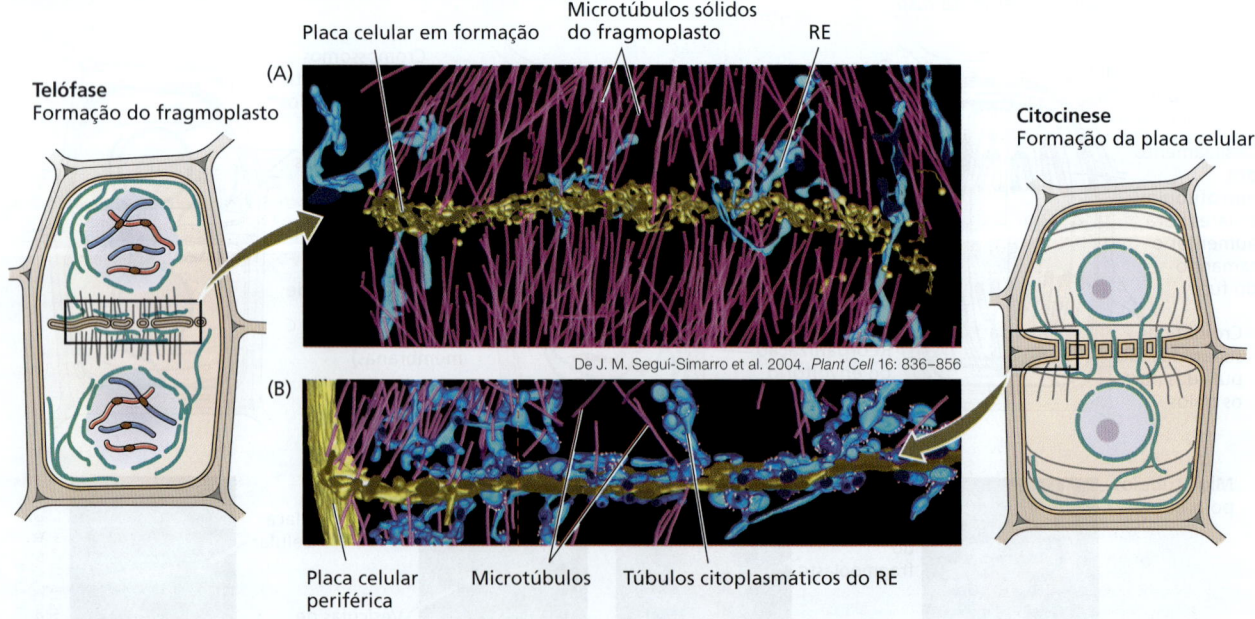

Figura 1.38 Alterações na organização do fragmoplasto e do RE durante a formação da placa celular. (A) A placa celular em formação (amarelo, em vista lateral) no início da telófase apresenta alguns locais onde interage com o RE (azul). Os blocos de microtúbulos do fragmoplasto (roxo) também apresentam poucas cisternas entre eles. (B) Visão lateral da placa celular periférica em formação (amarelo) mostrando que, embora muitos túbulos citoplasmáticos do RE (azul) se entrelacem com microtúbulos (roxo) na região de crescimento periférico, há pouco contato direto entre os túbulos do RE e as membranas da placa celular. Os pequenos pontos brancos são ribossomos ligados ao RE. (Segundo J. M. Seguí-Simarro et al. 2004. *Célula vegetal* 836–856)

Resumo

- Apesar da grande diversidade em forma e tamanho, todos os vegetais realizam processos fisiológicos e bioquímicos semelhantes. Esses processos dependem inteiramente de estruturas que interagem em todos os níveis de escala, do nível molecular ao nível anatômico.

1.1 Processos vitais das plantas: princípios unificadores

- Todas as plantas terrestres são organismos sésseis e convertem energia solar em energia química. As plantas usam o crescimento em vez da motilidade para obter recursos. Elas têm sistemas vasculares, possuem estruturas rígidas e apresentam mecanismos para evitar a dessecação em ambientes terrestres. As plantas se desenvolvem a partir de embriões sustentados e protegidos pelos tecidos da planta-mãe.
- A classificação dos vegetais tem como base as relações evolutivas (**Figura 1.1**).
- Os ciclos de vida das plantas alternam-se entre gerações diploides e haploides (**Figura 1.2**).

1.2 Visão geral da estrutura vegetal

- Todas as plantas com sementes têm a mesma estrutura corporal vegetativa básica, consistindo de caule, raiz e folhas (**Figura 1.3**).
- As células vegetais são envolvidas por paredes celulares rígidas, porém dinâmicas, que se comunicam com o citoplasma (**Figura 1.4**).
- As paredes celulares primárias são sintetizadas em células em crescimento ativo, enquanto as paredes celulares secundárias são depositadas na superfície interna das paredes primárias, após o término da maior parte da expansão celular (**Figura 1.4**).
- Por causa das paredes celulares rígidas, o desenvolvimento vegetal depende exclusivamente de padrões de divisão celular e do aumento celular direcionado.
- O citoplasma de células vizinhas está conectado por plasmodesmos, formando o simplasto, que permite não apenas o movimento de água e pequenas moléculas, mas também o deslocamento de proteínas e RNAs entre as células sem atravessar a membrana plasmática (**Figura 1.4**).
- Novas células são formadas em meristemas que produzem novos órgãos, como raízes, caules, folhas e, após uma transição do crescimento vegetativo, flores (**Figura 1.5**).
- O crescimento secundário resulta no aumento da circunferência de raízes e caules pela ação de meristemas especializados, o câmbio vascular e o felogênio (**Figura 1.5**).

1.3 Tipos de tecidos vegetais

- Os três principais sistemas de tecidos presentes em todos os órgãos vegetais são: dérmico, fundamental e vascular (**Figura 1.3**).
- O sistema dérmico abrange a epiderme, que possui vários tipos de células, incluindo células fundamentais (*pavement cells*), células-guarda dos estômatos e tricomas (**Figura 1.6**).
- Parênquima, colênquima e esclerênquima são tipos de tecido básico. O parênquima possui a capacidade de continuar se dividindo e pode se diferenciar em vários outros tecidos fundamentais e vasculares (**Figuras 1.8, 1.9**).
- O tecido vascular tem paredes celulares secundárias espessadas, paredes terminais perfuradas e pontoações que podem se desenvolver nas paredes compartilhadas entre células adjacentes (**Figuras 1.10, 1.11**).

1.4 Compartimentos de células vegetais

- Todas as células vegetais contêm citoplasma, um núcleo e organelas subcelulares, todos envolvidos pela membrana plasmática e pela parede celular (**Figura 1.12**).
- Todas as plantas começam com um complemento similar de organelas, que surgem de forma semiautônoma ou do sistema de endomembranas.
- O sistema de endomembranas desempenha um papel central nos processos secretores, na sinalização celular, na produção especializada de metabólitos, na reciclagem da membrana, no ciclo celular e na expansão celular (**Figura 1.12**).
- Os plastídios e as mitocôndrias são organelas semiautônomas de origem endossimbiótica, de divisão independente, que não são derivadas do sistema de endomembranas.
- As membranas biológicas são compostas por lipídeos e proteínas integrais e periféricas da membrana. As proteínas da membrana periférica com frações lipídicas incorporadas na membrana ligadas covalentemente são chamadas de proteínas ancoradas (**Figura 1.13**).
- A composição e o modelo do mosaico fluido de todas as membranas plasmáticas permitem a regulação do transporte para dentro e para fora da célula e entre os compartimentos subcelulares (**Figura 1.13**).

1.5 O núcleo

- O núcleo é o sítio de armazenamento, replicação e transcrição do DNA na cromatina, assim como o sítio da síntese de ribossomos e mRNA (**Figuras 1.14-1.16**).
- As membranas especializadas do envoltório nuclear derivam do retículo endoplasmático (RE) e mantêm continuidade com ele, um componente do sistema de endomembranas (**Figura 1.14**).
- A tradução do mRNA em proteínas ocorre no citoplasma (**Figura 1.16**).
- A regulação pós-tradução da expressão gênica envolve modificação de mRNA e proteína, bem como renovação (**Figura 1.17**).

1.6 O sistema de endomembranas

- O RE é uma rede de túbulos e cisternas ligados à membrana que formam uma estrutura complexa e dinâmica que está em grande parte alinhada com o citoesqueleto de actina F (**Figura 1.18**).

Resumo

- O RE rugoso está envolvido na síntese de proteínas que entram no lume do RE. O RE liso é o sítio de biossíntese de lipídeos (**Figura 1.19**).
- A secreção de proteínas pelas células inicia no RE rugoso (**Figura 1.19**).
- As glicoproteínas destinadas à secreção são processadas primeiro no RE e depois no complexo de Golgi (**Figuras 1.20, 1.21**).
- A matriz de polissacarídeos é sintetizada no complexo de Golgi e enviada para a parede celular por exocitose de vesículas (**Figura 1.22**).
- Os vacúolos desempenham múltiplas funções nas células vegetais. Além de estarem envolvidos na absorção de água e solutos, eles desempenham um papel na expansão celular e no armazenamento de metabólitos secundários que funcionam na defesa vegetal (**Figura 1.23**).
- Os corpos lipídicos são derivados do RE e servem como uma organela de armazenamento de lipídeos conhecidos como triacilgliceróis (**Figura 1.25**).
- Vários tipos de peroxissomos vegetais são organelas cruciais para desintoxicar espécies reativas de oxigênio, degradar ácidos graxos e outros processos metabólicos. Os glioxissomos participam da mobilização de lipídeos durante a germinação das sementes (**Figura 1.26**).

1.7 Organelas semiautônomas de divisão independente

- As mitocôndrias e os plastídios apresentam uma membrana interna e uma externa (**Figuras 1.27, 1.28**).
- Os cloroplastos têm um sistema de membranas internas (os tilacoides) que contém proteínas fotossintéticas, clorofilas e carotenoides, cadeias de transporte de elétrons e ATP sintases (**Figura 1.28**).
- Os plastídios podem conter concentrações altas de pigmentos (cromoplastos) ou de amido (amiloplastos) (**Figura 1.29**).
- Os pró-plastídios no meristema passam por diferentes estágios de desenvolvimento até formar plastídios especializados (**Figura 1.30**).
- Em plastídios e mitocôndrias, a fissão e a replicação do DNA são reguladas independentemente de divisão nuclear.

1.8 O citoesqueleto vegetal

- Uma rede tridimensional de proteínas filamentosas polimerizantes e despolimerizantes – tubulina nos microtúbulos e actina nos microfilamentos – organiza o citoplasma e fornece um contexto estrutural para os compartimentos de interações das endomembranas (**Figuras 1.31, 1.32**).
- Microtúbulos possuem instabilidade dinâmica, mas podem se estabilizar e se deslocar por movimento de esteira na célula com o auxílio de proteínas acessórias (**Figura 1.33**).
- Motores moleculares ligam-se reversivelmente ao citoesqueleto e direcionam o movimento de organelas (**Figura 1.34**).
- Durante a corrente citoplasmática, o fluxo de massa do citoplasmal é acionado pelo arraste viscoso no caminho das organelas movidas por motores moleculares ao longo da actina F.

1.9 Regulação do ciclo celular

- O ciclo celular, durante o qual a célula replica seu DNA e se reproduz, consiste em quatro fases (**Figura 1.35**).
- Ciclinas e quinases dependentes de ciclina (CDKs) regulam o ciclo celular, incluindo a separação de cromossomos metafásicos pareados (**Figuras 1.35, 1.36**).
- O sucesso na mitose (**Figura 1.37**) e na citocinese (**Figura 1.38**) requer a participação coordenada de microtúbulos e do sistema de endomembranas.

Material da internet

- **Tópico 1.1 Organismos modelo** Certas espécies vegetais são amplamente utilizadas em laboratório para o estudo de sua fisiologia.
- **Tópico 1.2 Identificação, classificação e conceito evolutivo das plantas** A organização de como as plantas são identificadas começou por motivos utilitários, mas atualmente se baseia em relações evolutivas.
- **Tópico 1.3 Poro nuclear e proteínas envolvidas na importação e exportação nuclear** Acredita-se que o poro nuclear seja revestido por uma malha de proteínas nucleoporinas não estruturadas e proteínas carregadas com GTP que mediam a transferência para dentro e para fora do nucleoplasma.
- **Tópico 1.4 Sinais de proteína usados para classificar proteínas para sua destinação** A sequência primária de uma proteína pode incluir uma passagem para seu destino.
- **Tópico 1.5 Resposta de proteína desdobrada: Controle de qualidade no RE** As proteínas que estão mal-enoveladas são marcadas e classificadas para degradação no lume do RE.
- **Tópico 1.6 SNAREs, Rabs e proteínas de revestimento mediam a formação, fissão e fusão de vesículas** Modelos são apresentados para os mecanismos de fissão e fusão de vesículas.

Para mais recursos de aprendizagem (em inglês), acesse **oup.com/he/taiz7e**.

Leituras sugeridas

Albersheim, P., Darvill, A., Roberts, K., Sederoff, R., and Staehelin, A. (2011) *Plant Cell Walls: From Chemistry to Biology*. Garland Science, Taylor and Francis Group, New York.

Bell, K., and Oparka, K. (2011) Imaging plasmodesmata. *Protoplasma* 248: 9–25.

Burch-Smith, T. M., Stonebloom, S., Xu, M., and Zambryski, P. C. (2011) Plasmodesmata during development: Re-examination of the importance of primary, secondary, and branched plasmodesmata structure versus function. *Protoplasma* 248: 61–74.

Burgess, J. (1985) *An Introduction to Plant Cell Development*. Cambridge University Press, Cambridge.

Carrie, C., Murcha, M. W., Giraud, E., Ng, S., Zhang, M. F., Narsai, R., and Whelan, J. (2013) How do plants make mitochondria? *Planta* 237: 429–439.

Chapman, K. D., Dyer, J. M., and Mullen, R. T. (2012) Biogenesis and functions of lipid droplets in plants: Thematic Review Series: Lipid droplet synthesis and metabolism: from yeast to man. *J. Lipid Res*. 53: 215–226.

Griffing, L. R. (2010) Networking in the endoplasmic reticulum. *Biochem. Soc. Trans*. 38: 747–753.

Gunning, B. E. S. (2009) *Plant Cell Biology on DVD*. Springer, New York, Heidelberg.

Henty-Ridilla, J. L., Li, J., Blanchoin, L., and Staiger, C. J. (2013) Actin dynamics in the cortical array of plant cells. *Curr. Opinion Plant Biol*. 16: 678–687.

Hu, J., Baker, A., Bartel, B., Linka, N., Mullen, R. T., Reumann, S., and Zolman, B. K. (2012) Plant peroxisomes: biogenesis and function. *Plant Cell* 24: 2279–2303.

Jones, R., Ougham, H., Thomas, H., and Waaland, S. (2013) *The Molecular Life of Plants*. Wiley-Blackwell, Oxford.

Joppa, L. N., Roberts, D. L., and Pimm, S. L. (2011) How many species of flowering plants are there? *Proc. R. Soc. B* 278: 554–559.

Leroux, O. (2012) Collenchyma: a versatile mechanical tissue with dynamic cell walls. *Ann. Bot*. 110: 1083–1098.

McMichael, C. M., and Bednarek, S. Y. (2013) Cytoskeletal and membrane dynamics during higher plant cytokinesis. *New Phytol*. 197: 1039–1057.

Müller, S., Wright, A. J., and Smith, L. G. (2009) Division plane control in plants: new players in the band. *Trends Cell Biol*. 19: 180–188.

Wasteneys, G. O., and Ambrose, J. C. (2009) Spatial organization of plant cortical microtubules: Close encounters of the 2D kind. *Trends Cell Biol*. 19: 62–71.

Williams, M. E. (2013) How to be a plant. Teaching tools in plant biology: Lecture notes. *Plant Cell* 25(7): tpc.113.tt0713.

2 Paredes celulares: estrutura, formação e expansão

As células vegetais, diferentemente das células animais, são envolvidas por uma parede celular mecanicamente forte. Essa estrutura física surgiu em muitos organismos como resultado de eventos evolutivos independentes. Por terem origens distintas, as paredes celulares de procariotos, fungos, heterocontes (p. ex., diatomáceas e algas pardas), algas e membros do reino vegetal diferem entre si na composição química e na estrutura molecular. No entanto, todas elas compartilham três funções comuns: regulação do volume celular, determinação da forma celular e proteção mecânica do delicado protoplasto contra agressões bioquímicas e físicas.

Grande parte do carbono assimilado pela fotossíntese nas plantas (ver Capítulo 10) é direcionada para os polissacarídeos que constituem a parede celular. A parede, em sua concepção mais simples, compreende um arcabouço de fibrilas de celulose embutidas em uma matriz de polissacarídeos e proteínas produzidas pela célula. A matriz de polissacarídeos e as microfibrilas de celulose reúnem-se em uma rede associada a uma mistura de ligações covalentes e não covalentes. A função da parede celular vegetal está intimamente ligada à sua composição e estrutura, que serão examinadas ao longo deste capítulo.

Embora o foco aqui esteja nas funções intrínsecas da parede celular no organismo vegetal, é importante observar que as paredes celulares também fornecem a matéria-prima para muitos produtos importantes para os humanos e a sociedade. As paredes celulares vegetais são a base material de papel, têxteis (como algodão e linho), produtos estruturais à base de madeira, fibras sintéticas, plásticos, filmes, revestimentos, adesivos, géis, espessantes e outros materiais de engenharia. Globalmente, as paredes celulares agregadas, descritas como *biomassa celulósica*, são amplamente usadas para geração de energia, calor e combustível. Como o reservatório mais abundante de carbono orgânico na natureza e um importante dreno de carbono capturado pela fotossíntese, a parede celular vegetal desempenha também um papel essencial no fluxo de carbono ao longo dos ecossistemas.

Este capítulo inicia com uma descrição de algumas funções gerais das paredes celulares vegetais, seguida por uma visão geral de sua composição, biossíntese e montagem. Em seguida, estuda-se o papel da parede celular primária na expansão e na forma celular, sem dúvida sua função fisiológica mais essencial. Por fim, examina-se como as paredes celulares secundárias são produzidas, via lignificação, e sua importância para a fisiologia do transporte de água e da estrutura da planta.

2.1 Visão geral das funções e das estruturas das paredes celulares vegetais

É impossível saber como seriam as plantas se as paredes celulares não tivessem evoluído nos seus ancestrais; no entanto, sabe-se que, se suas paredes celulares forem removidas por meio de digestão enzimática, permanecem os protoplastos vulneráveis, esféricos, ligados à membrana e sem estrutura ou função supracelular organizada. De fato, a parede celular é crucial para muitos processos essenciais no crescimento, desenvolvimento e fisiologia das plantas:

- As paredes das células que conectam as células adjacentes evitam o deslocamento, o deslizamento e a motilidade das células. A adesão celular é, portanto, essencial para a integridade e defesa do tecido. A liberação seletiva da adesão celular é igualmente importante para o crescimento, o desenvolvimento de espaços aéreos intercelulares para trocas gasosas e a separação celular durante a abscisão foliar.
- Como uma camada mecanicamente forte encapsulando a célula, a parede atua como um "exoesqueleto" celular, que controla a sua forma e que possibilita o desenvolvimento de pressões de turgor altas. Sem uma parede celular para resistir às forças geradas pela pressão de turgor, as relações hídricas das plantas seriam muito diferentes (ver Capítulo 3). Por essa razão, as paredes celulares determinam a resistência mecânica das estruturas vegetais que permitem o crescimento das plantas até grandes alturas.
- A morfogênese vegetal depende, em última instância, do controle das propriedades da parede celular, porque a ampliação física das células vegetais é limitada principalmente por quando e como a parede celular contribui para a força de turgor.
- A parede celular atua como uma barreira de difusão, limitando o tamanho e os tipos de moléculas que podem alcançar a membrana plasmática, tanto por efeitos de peneiramento como por interações iônicas e hidrofóbicas. Cargas negativas estáveis nas paredes influenciam profundamente a distribuição de íons e a carga das macromoléculas.
- Numerosas proteínas sensoriais são parcialmente ancoradas na parede celular e formam uma ponte até a membrana plasmática, proporcionando um mecanismo para detectar a integridade da célula.
- As paredes celulares apresentam uma barreira estrutural e química significativa à invasão e à propagação de patógenos, à entrada e proliferação de parasitas e ao consumo de tecidos por herbívoros. Além disso, oligossacarídeos liberados da parede celular pela ação de enzimas líticas a partir de microrganismos invasores atuam como moléculas sinalizadoras importantes, que induzem respostas de defesa contra patógenos.
- O fluxo de água da transpiração no xilema requer uma parede mecanicamente forte, que resista ao colapso em resposta à pressão negativa no xilema. Defeitos na formação da parede celular muitas vezes resultam em colapso do xilema.

A diversidade funcional e os vários papéis da parede celular requerem que ela tenha composições e estruturas diversas. Esta seção inicia com uma breve descrição da morfologia e da arquitetura básica das paredes celulares vegetais. Em seguida, são discutidas a organização, a composição e a síntese da parede em algumas de suas diversas formas.

As paredes celulares das plantas variam em estrutura e função

Em 1665, Robert Hooke publicou *Micrographia*, um livro que detalha a microscopia inicial de materiais biológicos. Suas observações da casca seccionada do sobreiro (*Quercus suber*) o levaram a cunhar o termo *célula* para as unidades microscópicas distintas que compõem essa amostra. Mas o que Hooke realmente descreveu foram as paredes celulares! As paredes celulares são os objetos visuais mais óbvios que podem ser vistos em seções coradas dos órgãos da planta. As paredes podem variar muito em aparência e composição em diferentes tipos de células (**Figura 2.1**). Por exemplo, as paredes celulares de parênquima na medula e no córtex são geralmente delgadas (cerca de 100 nm) e possuem algumas características distintivas. Por outro lado, as células de epiderme, colênquima, vasos e traqueídes, fibras do floema e outras formas de células do

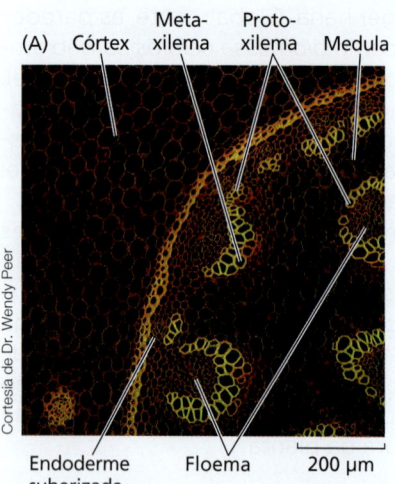
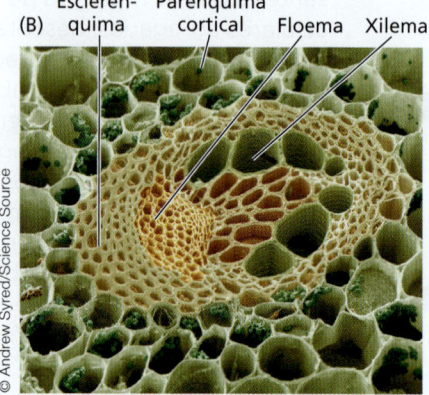

Figura 2.1 Morfologia em seção transversal dos órgãos vegetais, mostrando variação na forma e no tamanho da célula, e na estrutura da parede celular. (A) Seção transversal de uma raiz de um licopódio (*Lycopodium* sp.), mostrando células com formas e morfologia de parede variadas em diferentes tipos de tecido. Seção transversal corada, microscopia de luz. (B) Seção transversal de um caule do botão-de-ouro (*Ranunculus repens*), mostrando células com distintas morfologias de parede, em tipos de tecido diferentes (ver identificações). Observe as paredes altamente espessadas das células de fibras do esclerênquima e as pontoações das células do xilema. Micrografia eletrônica de varredura em falsa cor.

esclerênquima têm paredes mais espessas (cerca de 1.000 nm ou mais, frequentemente com muitas camadas). Essas paredes podem ser moldadas de forma complexa e impregnadas com substâncias, como ligninas, cutina, suberina, ceras, polímeros de silicato ou proteínas estruturais, as quais alteram as suas propriedades físicas e químicas.

As paredes em lados diferentes de uma célula podem variar em espessura, em quantidade e em tipo de substâncias impregnadas, e em frequência de pontoações e plasmodesmos – canais diminutos envolvidos por membrana que possibilitam o transporte passivo de moléculas pequenas e o transporte ativo de proteínas e ácidos nucleicos entre os citoplasmas de células adjacentes (ver Figura 1.4). Por exemplo, a parede externa da epiderme não possui plasmodesmos, é muito mais espessa que as outras paredes da célula e é revestida externamente com cutina e ceras. Em algumas gramíneas, a parede epidérmica também pode conter uma camada de silicato polimerizado. Nas células-guarda, a parede adjacente à fenda estomática é muito mais espessa do que as paredes dos demais lados da célula. Essas variações na estrutura e composição da parede dentro de uma única célula refletem a polaridade e as funções diferenciadas da célula. Tais variações geralmente surgem da secreção direcionada de componentes da parede na superfície celular.

Apesar dessa diversidade morfológica, as paredes celulares geralmente são descritas em termos de três camadas: a parede primária, a lamela média e a parede secundária. Conforme descrito no Capítulo 1, a **placa celular** formada durante a divisão celular vegetal é rica em polissacarídeos ácidos (pectinas). Nas paredes celulares pós-mitóticas, essa área se torna a **lamela média** enriquecida com pectina (**Figura 2.2**). Essa camada geralmente contém glicoproteínas ricas em hidroxi-prolina (HRGPs, de *hydroxyproline-rich glycoproteins*) e serve como uma camada adesiva flexível entre as células ou como local de abscisão celular durante a senescência (ver Capítulo 22). Logo após a formação da placa celular, a celulose e outros componentes são depositados durante o crescimento, formando a **parede primária**. Geralmente, as paredes celulares primárias são delgadas e de arquitetura simples (**Figuras 2.3A e 2.4A**), mas algumas paredes primárias podem ser espessas e multiestratificadas, como aquelas encontradas no colênquima

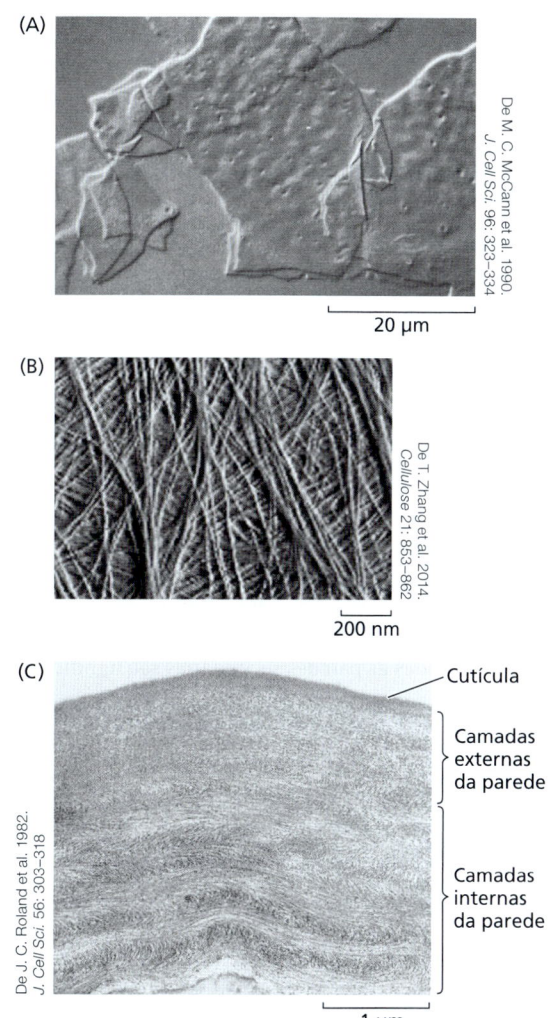

Figura 2.3 Três vistas de paredes celulares primárias. (A) Esta vista frontal de fragmentos de parede celular de células parenquimáticas de cebola foi obtida com microscópio óptico, utilizando óptica de Nomarski. Observe que, nesta escala, a parede assemelha-se a uma chapa muito fina com pequenas depressões na superfície; essas depressões podem ser campos de pontoação, locais onde são concentradas as conexões de plasmodesmos entre células. (B) Imagem da superfície interna de uma parede não extraída e não desidratada da epiderme de escama da cebola, obtida sob a água por microscopia de força atômica. Observe a textura fibrosa da parede e a presença de múltiplas lamelas com as fibrilas em orientações diversas. As fibrilas mais delgadas têm cerca de 3 nm de diâmetro. Elas se agregam para formar feixes maiores. (C) Micrografia ao microscópio eletrônico da parede externa de célula epidérmica (corte transversal) da região de crescimento do hipocótilo de feijão. Múltiplas camadas são visíveis na parede. As camadas internas são mais espessas e mais definidas do que as externas, pois as camadas externas são as regiões mais antigas da parede e foram estendidas e afinadas por expansão celular.

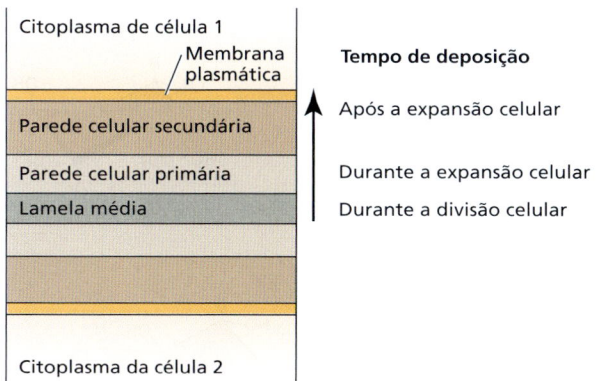

Figura 2.2 As três camadas de paredes celulares, alinhadas com seu tempo de deposição durante a origem, crescimento e diferenciação de uma célula. A lamela média é rica em pectina e é a primeira camada depositada durante a formação da placa celular, no início da divisão celular. A célula, então, começa a adicionar celulose e hemiceluloses, formando a parede celular primária. Uma vez que a expansão celular cessa, a parede celular secundária é produzida.

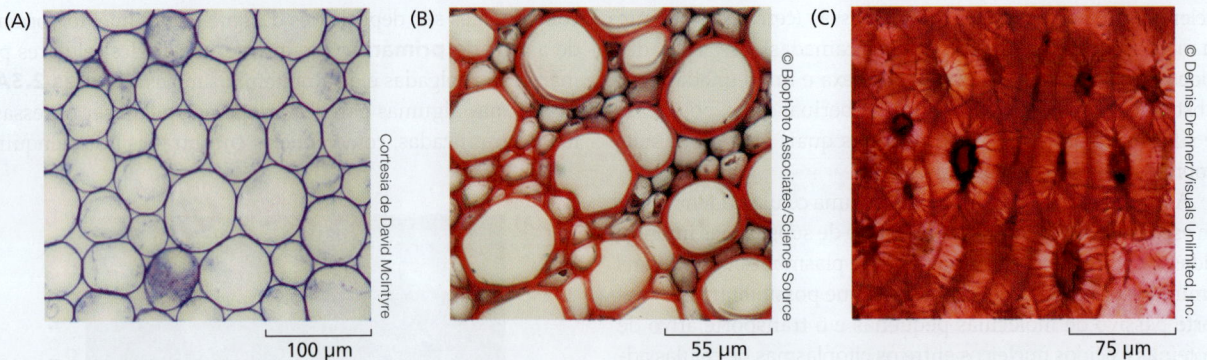

Figura 2.4 Diversidade da estrutura da parede celular. As paredes delgadas do parênquima do caule do botão-de-ouro (*Ranunculus occidentalis*) (A) contrastam com as paredes celulares secundárias espessadas das traqueídes de um feixe vascular do caule de girassol (*Helianthus* sp.) (B) e das escleréides de um caroço de cereja (*Prunus* sp.).

ou na epiderme (**Figura 2.3B e C**). As **paredes secundárias** são formadas após o término da expansão celular e, portanto, geralmente são os componentes mais jovens da parede celular. Elas são depositadas entre a membrana plasmática e a parede primária da célula. As paredes secundárias podem ser altamente especializadas em estrutura e composição, refletindo o estado diferenciado da célula (**Figura 2.4B e C**). No sistema condutor de água (xilema), fibras, traqueídes e vasos são notáveis por possuírem paredes secundárias espessadas, multiestratificadas, que são reforçadas e impermeáveis pela presença da **lignina** (discutida posteriormente nesta seção e em outras seções). Entretanto, nem todas as paredes secundárias são lignificadas ou espessadas. **Pontoações** e **campos de pontoação** são áreas delgadas da parede celular primária povoadas por plasmodesmos onde não há parede secundária (ver Capítulo 6).

Os componentes diferem para as paredes celulares primárias e secundárias

As paredes celulares contêm vários tipos de polissacarídeos, denominados de acordo com os principais açúcares que os constituem (**Figura 2.5** e **Tópico 2.1 na internet**). Por exemplo, um **glucano** é um polímero de unidades de glicose ligadas pelas extremidades, um **galactano** é um polímero de galactose, um **xilano** é um polímero de xilose, um **manano** é um

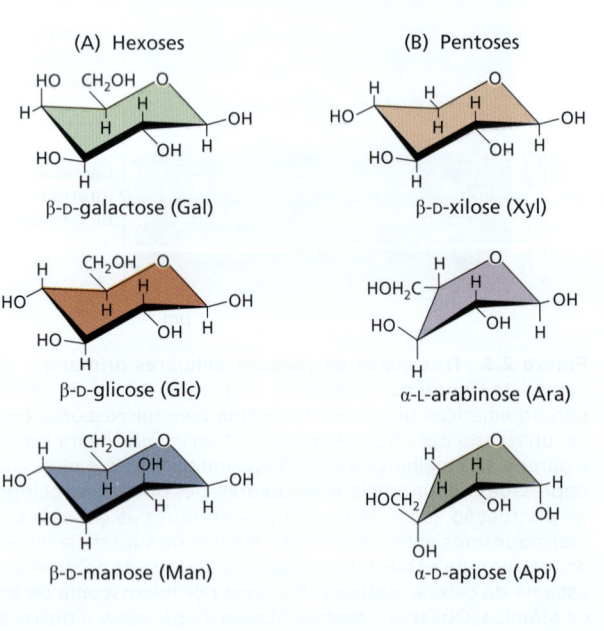
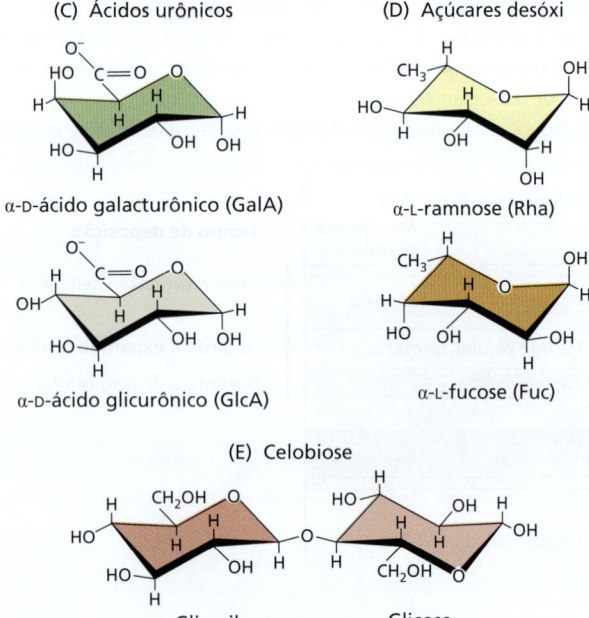

Figura 2.5 Estruturas conformacionais de açúcares comumente encontrados em paredes celulares vegetais. (A) Hexoses (açúcares de seis carbonos). (B) Pentoses (açúcares de cinco carbonos). (C) Ácidos urônicos (açúcares ácidos). (D) Açúcares desóxi. (E) Celobiose, mostrando a ligação (1,4)-β-D entre dois resíduos de glicose em orientação invertida. Todos os açúcares são apresentados em sua forma piranose (anéis de seis membros), exceto arabinose e apiose, que são mostradas na forma furanose (anéis de cinco membros).

polímero de manose, e assim por diante. **Glicano** é o termo geral para um polímero formado de açúcares e é sinônimo de polissacarídeo.

Polissacarídeos podem ser cadeias não ramificadas lineares de resíduos de açúcar (unidades) ou podem conter cadeias laterais ligadas à cadeia principal (*backbone*). Para polissacarídeos ramificados, a cadeia principal, em geral, é indicada pela última parte do nome. O **xiloglucano**, por exemplo, possui uma coluna de glucano (uma cadeia linear de resíduos de glicose) com açúcares de xilose ligados como cadeias laterais. O **arabinoxilano** tem uma cadeia principal de xilano (uma cadeia de resíduos de xilose) com cadeias laterais de arabinose. Os nomes podem ficar extensos. Por exemplo, **glicuronoarabinoxilano** (**GAX**) é um arabinoxilano ornamentado com uma baixa frequência de unidades de ácido glicurônico. Entretanto, um nome composto não indica necessariamente uma estrutura ramificada. Por exemplo, ramnogalacturonano I é o nome dado a um polímero contendo ramnose e ácido galacturônico em sua cadeia principal (também possui cadeias laterais de galactano e arabinano, que não estão incluídas no nome). Assim, a denominação é baseada no açúcar principal do polímero, porém não inclui seus detalhes estruturais.

As ligações específicas entre anéis de açúcar, incluindo os carbonos específicos que são ligados juntos e a configuração da ligação (ver **Tópico 2.1 na internet**), são importantes para as propriedades dos polissacarídeos. Por exemplo, a celulose é um glucano feito de glicose ligada a β(1,4), enquanto a calose é feita de glicose ligada a β(1,3); ambos são glucanos, mas têm funções e propriedades mecânicas muito diferentes.

Os polissacarídeos da parede celular são classificados em três grupos. A **celulose** é o principal componente fibrilar da parede celular e é composta de uma série de β(1,4) glucanos coalescidos para formar uma microfibrila com regiões mais ordenadas e menos ordenadas. Ela é insolúvel em água e tem alta resistência à tração (ver Seção 2.2). **Pectina** é o nome de um grupo complexo e diverso de polissacarídeos hidrofílicos e formadores de gel, rico em resíduos de ácidos de açúcar. Os polissacarídeos de parede do terceiro grupo são coletivamente denominados **hemiceluloses**. Quimicamente, as hemiceluloses têm sido definidas como polissacarídeos com cadeias principais ligadas a β(1,4) em uma configuração equatorial (significando que a ligação entre os resíduos está de acordo com o plano do anel). Pectinas e hemiceluloses também são chamadas de **polissacarídeos de matriz** porque ajudam a formar a matriz na qual a celulose está incorporada.

A composição dos polissacarídeos da matriz varia de acordo com a espécie vegetal, tipo de célula e região da parede celular (**Tabela 2.1**). As paredes celulares primárias típicas de eudicotiledôneas são ricas em pectinas com quantidades menores de celulose e hemiceluloses, enquanto as paredes celulares secundárias são ricas em celulose e uma forma diferente de hemicelulose, com quantidades variadas de lignina (descrita na Seção 2.4), um polímero de unidades derivadas do metabolismo fenilpropanoidico. Como resultado da alta quantidade de conteúdo péctico, as paredes primárias têm um conteúdo de água relativamente maior, que é importante para manter

Tabela 2.1 Componentes estruturais das paredes celulares vegetais

Classe	Exemplos
Celulose	Microfibrilas de (1,4)-β-D-glucano
Pectinas	Homogalacturonano
	Ramnogalacturonano I com cadeias laterais de arabinano, galactano e arabinogalactano
	Ramnogalacturonano II
Hemiceluloses	Xiloglucano
	Variantes de glucuronoarabinoxilano incluem glucuronoxilano e arabinoxilano
	Glucomanano
	Ligação mista de (1,3;1,4)-β-D-glucano
Proteínas não enzimáticas	(Ver Tabela 2.2)
Lignina	(Ver Figura 2.22)

a capacidade da parede de expandir durante o aumento celular. Por outro lado, a estrutura celulose-hemicelulose-lignina das paredes celulares secundárias é densamente comprimida e contém menos água – uma estrutura bem projetada para a força e a resistência à compressão.

A matriz da parede celular também contém proteínas. Algumas dessas proteínas podem catalisar mudanças bioquímicas na estrutura da parede. Nas paredes celulares primárias, 2 a 10% da massa seca consiste em **proteínas não enzimáticas** cujas funções exatas são incertas. Essas proteínas podem estar localizadas nas paredes de tipos celulares específicos ou podem ser mais difundidas (**Tabela 2.2**). Elas geralmente são identificadas por motivos curtos ou sequências repetitivas de aminoácidos, ou por um alto grau de glicosilação. Uma diversidade de funções tem sido sugerida para essas proteínas, incluindo a consolidação da placa celular após a divisão celular e o reforço das paredes dos pelos de raízes em crescimento. As paredes celulares primárias contêm **proteínas arabinogalactano** (**AGPs**, de *arabinogalactan proteins*), as quais normalmente têm menos de 1% da massa seca da parede. Essas proteínas hidrossolúveis são fortemente glicosiladas (**Figura 2.6**). Mais de 90% da massa de AGPs pode ser resíduos de açúcar – principalmente galactose e arabinose (ver Figura 2.5). Formas múltiplas de AGP são encontradas em tecidos vegetais, na parede ou associadas à face externa da membrana plasmática (via âncora de glicosilfosfatidilinosinol); elas exibem padrões de expressão específicos em tecidos e células. As AGPs podem funcionar na adesão celular e na sinalização durante a diferenciação da célula.

Pela massa seca, as paredes celulares primárias, em geral, contêm cerca de 40% de pectinas, 25% de celulose e 20% de hemicelulose, com talvez 5% de proteínas, e o restante composto de diversos outros materiais. Entretanto, grandes desvios desses valores típicos podem ser encontrados ao longo de

Tabela 2.2 Proteínas não enzimáticas da parede celular

Classes de proteínas da parede celular	Porcentagem de carboidratos	Localização principal no tecido
HRGP (glicoproteína rica em hidroxiprolina)	cerca de 55	Câmbio e parênquima vascular
PRP (proteína rica em prolina)	0-20	Xilema, fibras, parênquima cortical, pelos de raízes
GRP (proteína rica em glicina)	0	Xilema primário e floema
AGP (proteína arabinogalactano)	até 90	Expressão celular variada específica

órgãos e espécies vegetais. Por exemplo, as paredes de células de coleóptilos de gramíneas consistem em 60 a 70% de hemicelulose, 20 a 25% de celulose e apenas cerca de 10% de pectina. As paredes celulares do endosperma de cereais podem conter cerca de 2% de celulose, com a hemicelulose compondo a maior parte da parede. As paredes celulares do parênquima do aipo e da beterraba contêm, principalmente, celulose e pectinas, e apenas 4% de hemicelulose. A parede na extremidade de tubos polínicos parece ser constituída principalmente de pectina, com pequenas quantidades de celulose para reforçar a estrutura apical. A composição da parede e das estruturas dos polissacarídeos podem também mudar durante o desenvolvimento, como resultado de padrões alterados da síntese e pela ação de enzimas na parede que podem retirar cadeias laterais ou digerir pectinas e hemiceluloses.

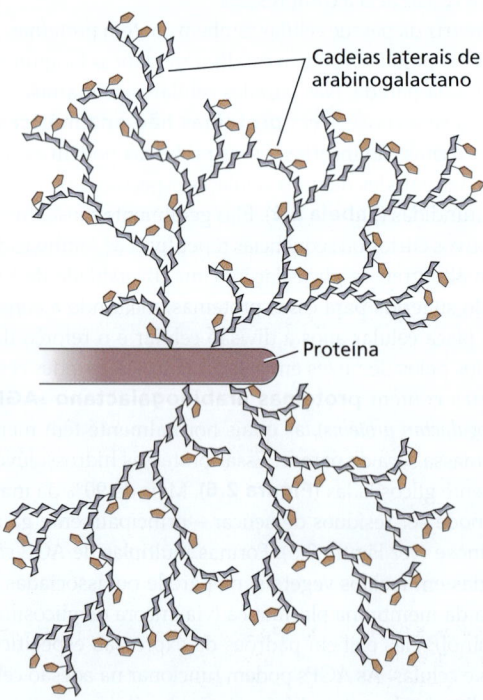

Figura 2.6 Uma molécula de proteína arabinogalactano mostrando cadeias laterais de arabinogalactano altamente ramificadas ligadas à coluna da proteína. As AGPs têm ampla diversidade de estruturas. (Segundo N. C. Carpita and M. C. McCann. 2000. In *Biochemistry and Molecular Biology of Plants*, B. B. Buchanan et al. [eds.], American Society of Plant Biologists, Rockville, MD.)

As microfibrilas de celulose têm uma estrutura organizada e são sintetizadas na membrana plasmática

A celulose é o polissacarídeo mais abundante na Terra. Sua função nas plantas e sua utilidade para humanos é baseada na sua compactação em microfibrilas. As **microfibrilas de celulose** mais simples são estruturas estreitas de cerca de 3 nm de largura (1 nm = 10–9 metros) que fortalecem a parede celular. Algumas vezes, as microfibrilas reforçam mais em uma direção do que em outra, dependendo de como elas são depositadas na parede (i.e., elas dão a direção estrutural; ver Figura 2.3B). Cada microfibrila é constituída de cerca de 18 a 24 (geralmente 18) cadeias paralelas de (1,4)-β-D-glicose fortemente ligadas entre si, para formar um núcleo (*core*) altamente ordenado (cristalino) e com extensivas pontes de hidrogênio dentro das cadeias de glucanos e entre elas (**Figura 2.7**). As cadeias que envolvem o feixe são mais flexíveis, e suas posições são influenciadas pelas interações com a água e pelos polissacarídeos da matriz na superfície. Além disso, há evidência de uma desordem periódica ao longo da microfibrila, isto é, segmentos curtos onde a ordem cristalina é interrompida em intervalos de 150 a 300 nm. Acredita-se que essas áreas de desordem representem locais onde pectinas ou hemiceluloses são inseridas na microfibrila de celulose.

A celulose nativa em plantas pode ser encontrada em duas formas cristalinas variantes, denominadas alomorfos Iα e Iβ, que diferem ligeiramente na maneira como as cadeias paralelas de glucano são compactadas. A celulose Iβ é o alomorfo dominante nas plantas terrestres. Até o momento, o significado biológico dessas duas formas cristalinas não está esclarecido. As microfibrilas têm superfícies hidrofílicas, preenchidas pelos grupos polares –OH que se estendem a partir das laterais das cadeias de glicose empilhadas, e superfícies hidrofóbicas, preenchidas pelos grupos não polares C–H que ocupam o plano dos anéis de açúcar (ver Figura 2.7E). Essas superfícies ligam-se à água e aos polímeros da matriz de modos diferentes e, como resultado, a forma da microfibrila é um fator importante para a construção da parede. Ela é importante também para o ataque enzimático por celulases microbianas, a qual se encaixa na superfície hidrofóbica e remove uma cadeia de glucano de cada vez. Uma barreira importante para o ataque enzimático da celulose é o custo energético de retirar um único glucano dessa microfibrila cristalina.

As microfibrilas de celulose na natureza variam consideravelmente em largura e no grau de organização, dependendo de seus recursos biológicos. Por exemplo, as microfibrilas de

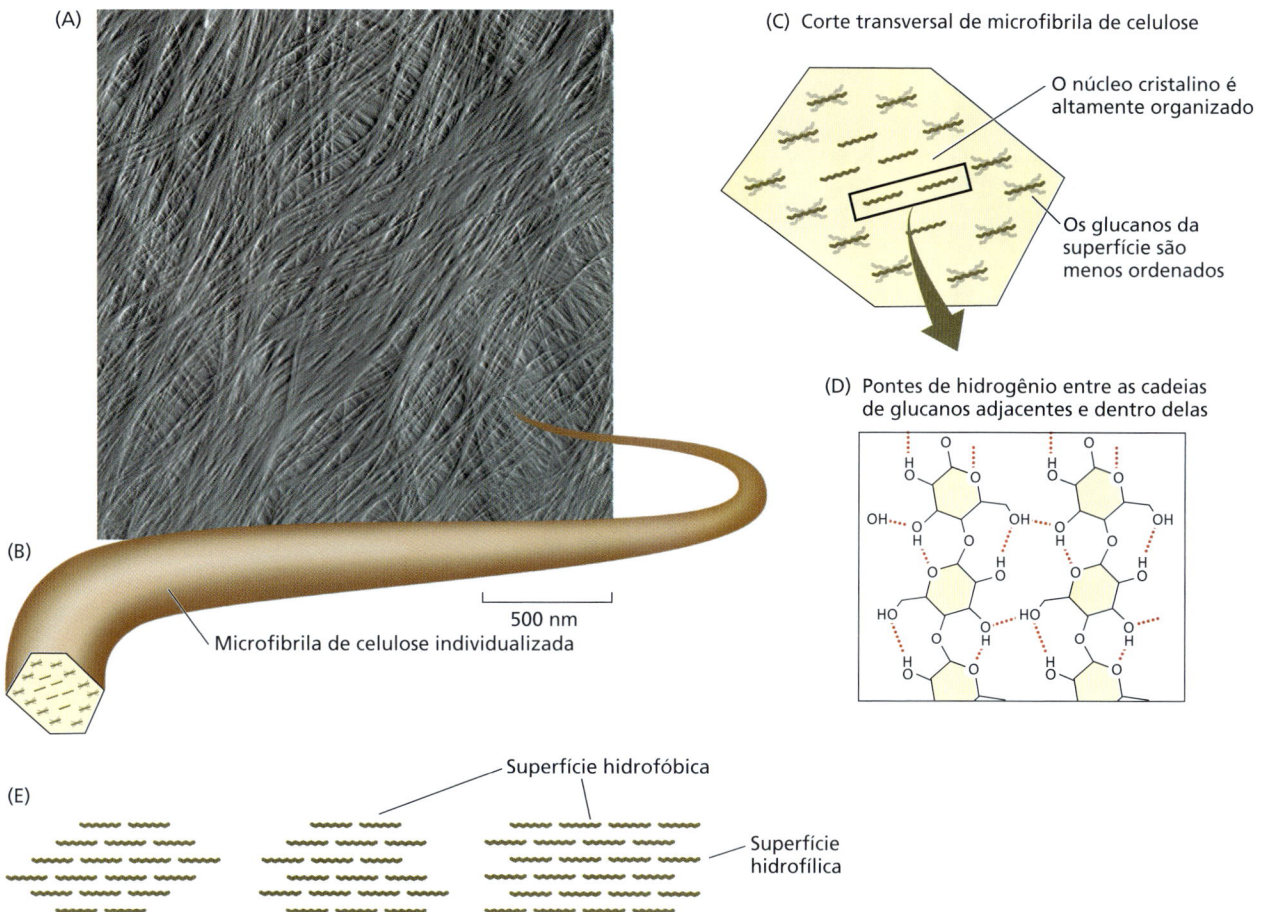

Figura 2.7 Estrutura de uma microfibrila de celulose. (A) Imagem em microscopia de força atômica da parede celular primária de epiderme de uma cebola. Observe sua textura fibrosa, que se origina das camadas de microfibrilas de celulose. (B) Uma microfibrila de celulose individual composta de cadeias de (1,4)-β-D-glucano firmemente ligadas entre si para formar uma microfibrila cristalina. (C) Seção transversal de uma microfibrila de celulose, ilustrando um modelo de estrutura celulósica, com um núcleo cristalino de (1,4)-β-D-glucano altamente ordenado, circundado por uma camada menos organizada. (D) As regiões cristalinas de celulose têm um alinhamento exato de glucanos, com pontes de hidrogênio dentro das camadas de (1,4)-β-D-glucanos, mas não entre elas. (E) Formas potenciais de microfibrilas em seção transversal. Observe que a área de superfície hidrofóbica varia muito com a forma. (B–E segundo Matthews et al. 2006. *Carbohydr. Res.* 341: 138–152.)

celulose nas paredes primárias das plantas terrestres têm cerca de 3 nm de largura, enquanto aquelas formadas por algumas algas verdes podem ter até 20 nm de largura, e podem ser mais altamente ordenadas (mais cristalinas) que as encontradas nas plantas terrestres. Essa variação corresponde ao número de cadeias que compõem a seção transversal de uma microfibrila. As microfibrilas individuais também podem se juntar para formar **macrofibrilas** maiores; isso é mais comum nas paredes celulares de tecidos lenhosos, onde a celulose tem um grau superior de organização (cristalinidade) que nas paredes celulares primárias. O comprimento da cadeia de celulose (ou GP, grau de polimerização) varia de cerca de 2 até mais de 25 mil resíduos de glicose, correspondendo ao comprimento total estendido de 1 a 13 μm. A microfibrila pode ser maior que glucanos individuais por causa da sobreposição e do escalonamento dos glucanos na microfibrila. É muito difícil obter medições exatas do comprimento das microfibrilas na parede celular, mas as melhores estimativas estão na faixa de 1 a 13 μm.

A evidência obtida da microscopia eletrônica indica que as microfibrilas de celulose são sintetizadas por complexos proteicos ordenados e grandes, denominados complexos de celulose sintase, os quais são incorporados na membrana plasmática (**Figura 2.8**). Essas estruturas tipo rosetas são compostas por seis subunidades, as quais se acredita que contenham de 3 a 6 unidades de **celulose sintase**, a enzima que sintetiza individualmente os glucanos que compõem a microfibrila. Os complexos de celulose sintase provavelmente contêm proteínas adicionais, porém elas ainda não foram identificadas.

As sintases de celulose em plantas são **açúcares nucleotídeos polissacarídeos glicosiltransferases** codificadas por uma família multigênica chamada **CESA** (**celulose sintase A**). Essa família está presente em todas as plantas terrestres,

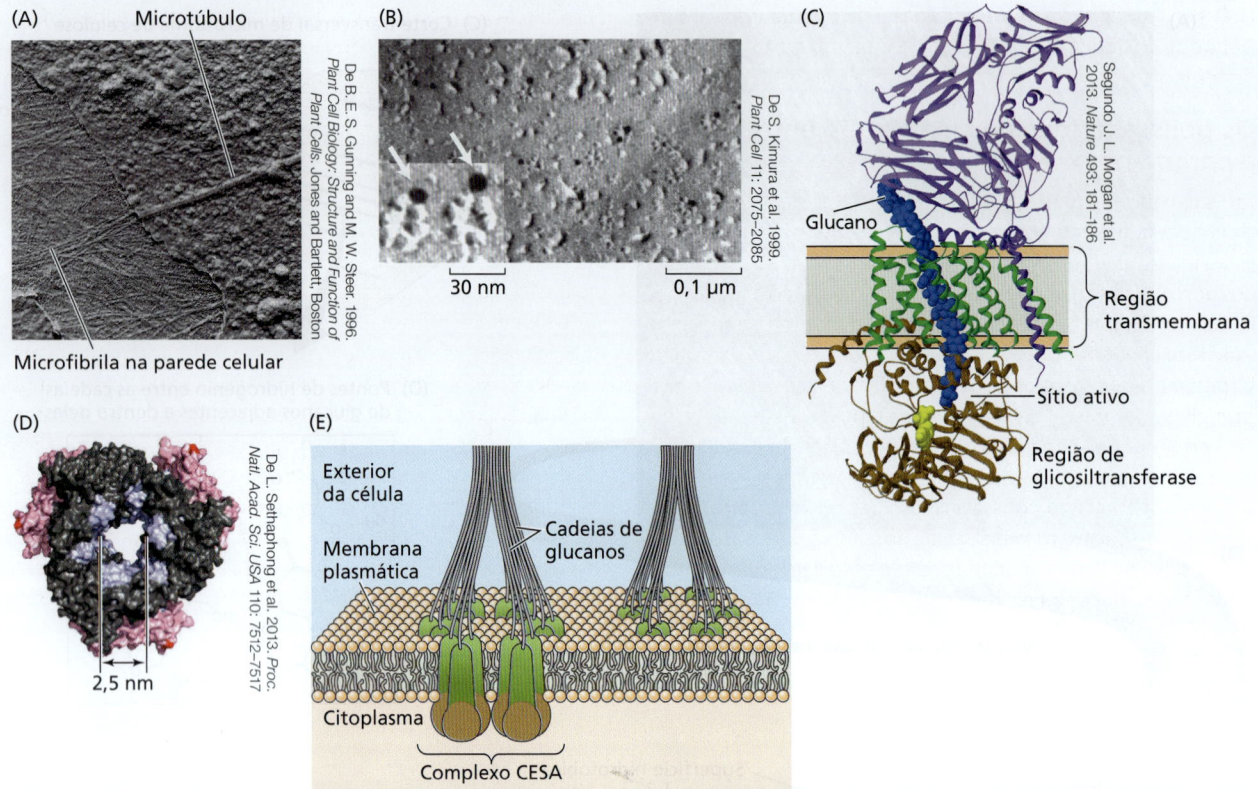

Figura 2.8 As microfibrilas de celulose são sintetizadas na superfície celular por complexos ligados à membrana contendo proteínas celulose sintase (CESA). (A) Micrografia ao microscópio eletrônico mostrando microfibrilas de celulose recém-sintetizadas imediatamente exteriores à membrana plasmática. (B) Réplicas impressas por criofratura mostrando ligações de anticorpos de nanopartícula de ouro contra celulose sintase nas estruturas de rosetas na membrana. O detalhe mostra uma visão ampliada de duas partículas de rosetas selecionadas com marcação de ouro coloidal, indicando que as estruturas das rosetas contêm CESA. As nanopartículas de ouro são os círculos escuros indicados com setas. (C) Estrutura de uma celulose sintase bacteriana. A região marrom indica o domínio catalítico da região de glicosiltransferase, onde o sítio catalítico está localizado; esse é o final da atividade da proteína que transfere a glicose do difosfato de uridina glicose (UDP-glicose) para o glucano (azul). A região verde indica a região transmembrana, que forma um túnel para o glucano atravessar a membrana. A região roxa é um domínio ausente em CESAs vegetais. (D) Uma forma possível oligomérica de CESA, em que três CESAs formam um complexo trimérico correspondente a uma das partículas na estrutura de roseta vista em (B). (E) Modelo computacional de um complexo CESA com extrusão de cadeias de glucano que coalescem para formar uma microfibrila.

mas o número de genes *CESA* varia numa determinada espécie. Evidência genética, na eudicotiledônea modelo *Arabidopsis thaliana*, indica que três diferentes membros da família *CESA* estão envolvidos na síntese de celulose nas paredes primárias, e que um conjunto diferente de três é utilizado para sintetizar celulose nas paredes secundárias de tecidos vasculares. Experimentalmente, unidades *CESA* específicas foram trocadas entre os complexos de celulose sintase das paredes primária e secundária, e os complexos, ainda assim, foram capazes de sintetizar microfibrilas de celulose.

O domínio catalítico da celulose sintase, que é localizado no lado citoplasmático da membrana plasmática, transfere um resíduo de glicose a partir de um doador de um açúcar-nucleotídeo, difosfato de uridina-glicose (UDP-glicose, de *uridine diphosphate glucose*), para o crescimento da cadeia de glucano. Estudos recentes da estrutura de uma celulose sintase bacteriana forneceram novas ideias sobre os detalhes da formação do glucano e seu transporte através da membrana por um túnel sintase (ver Figura 2.8C). A modelagem computacional indica que um mecanismo catalítico similar opera em plantas com CESAs. A modelagem também leva à hipótese de como sintases múltiplas poderiam ser agrupadas dentro do complexo de síntese de celulose para produzir múltiplas cadeias de glucanos paralelas que se unem para formar uma microfibrila imediatamente após a síntese (ver Figura 2.8D e E). Há evidência de que hemiceluloses podem ficar aprisionadas na microfibrila à medida que ela se forma; isso pode criar uma desordem na microfibrila cristalina, além de ancorar a microfibrila à matriz.

Outras proteínas estão envolvidas na formação de microfibrilas de celulose, mas as funções detalhadas e seus papéis ainda não estão direta ou indiretamente determinados. Um grupo maior de proteínas relacionadas codificadas por genes do tipo *CESA* (*CSL*, de *CESA-like*) parece funcionar na síntese de outros tipos específicos de polissacarídeos. Outra classe de

(1,4)-β-D-endoglucanases associadas à membrana parece funcionar na cristalização da celulose, enquanto outros grupos de proteínas funcionam na montagem cristalina da celulose.

Os polissacarídeos da matriz são entregues à parede por meio de vesículas

Em sua concepção mais simples, a matriz de parede pode ser considerada um hidrogel no qual as microfibrilas de celulose estão incorporadas. Os polissacarídeos da matriz são sintetizados por glicosiltransferases ligadas à membrana no complexo de Golgi e entregues à parede celular em pequenas vesículas como exocitose (**Figura 2.9** e **Tópico 2.2 na internet**; ver também Capítulo 1). Alguns membros da família de genes *CSL* codificam glicano sintases, que contribuem para a construção da cadeia principal das hemiceluloses da matriz. Resíduos adicionais de açúcares podem ser adicionados como ramificações a essas cadeias principais de polissacarídeos por outros conjuntos de glicosiltransferases, provavelmente atuando coordenadamente em complexos ligados à membrana. As pectinas também são sintetizadas no complexo de Golgi e entregues via exocitose à parede celular. A pectina comum, homogalacturonano (HG), é sintetizada no complexo de Golgi por uma glicosiltransferase denominada GAUT1, que transfere ácido galacturônico de um doador UDP para um receptor HG. GAUT1 é parte de um complexo proteico que é ancorado na face mais interna da membrana do complexo de Golgi por uma proteína relacionada, porém enzimaticamente inativa, GAUT7. Acredita-se que o complexo de Golgi contenha numerosas outras enzimas que participam da síntese de outros polissacarídeos de parede; entretanto essas enzimas ainda não foram bem caracterizadas.

Diferentemente da celulose, que forma microfibrilas cristalinas, os polissacarídeos da matriz são significativamente menos organizados e, com frequência, são descritos como amorfos. Esse caráter não cristalino é uma consequência da estrutura desses polissacarídeos – sua conformação ramificada e não linear. Mesmo assim, estudos usando várias técnicas físicas, incluindo espectroscopia infravermelha e ressonância magnética nuclear (RMN), indicam uma ordem parcial na orientação de hemiceluloses e pectinas na parede celular, provavelmente como resultado de uma tendência física desses polímeros de

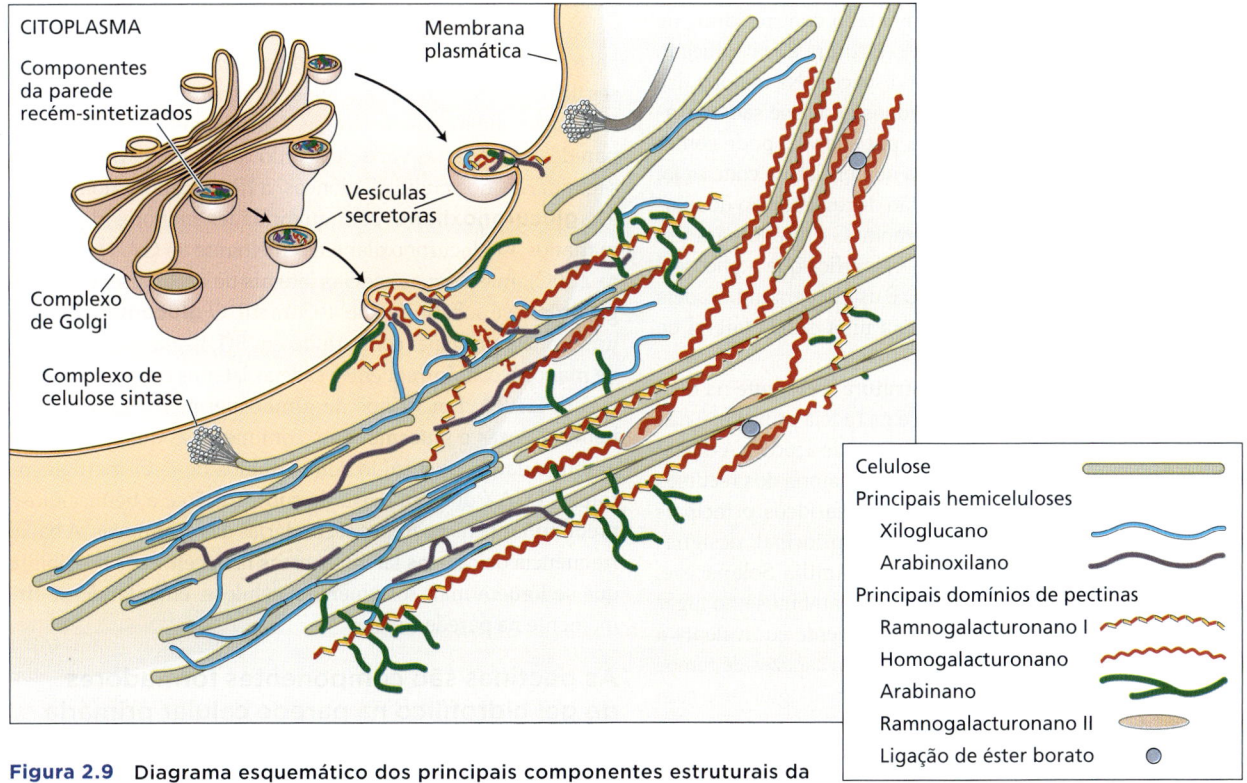

Figura 2.9 Diagrama esquemático dos principais componentes estruturais da parede celular primária e sua provável disposição. As microfibrilas de celulose (bastões cinzas), sintetizadas na superfície celular, são parcialmente revestidas com hemiceluloses (cordões azuis e roxos), que podem separar as microfibrilas umas das outras. As pectinas (cordões vermelhos, amarelos e verdes) formam uma matriz de entrelaçamento que controla o espaçamento das microfibrilas e a porosidade da parede. As pectinas e as hemiceluloses são sintetizadas no complexo de Golgi e entregues à parede via vesículas, que se fundem com a membrana plasmática e, desse modo, depositam esses polímeros na superfície celular. Para maior clareza, a rede de hemicelulose-celulose está destacada à esquerda e a rede de pectina está destacada à direita. (Segundo D. J. Cosgrove. 2005. *Nat. Rev. Mol. Cell Biol.* 6: 580–861.)

se tornarem alinhados ao longo do eixo de fibrilas de celulose, de maneira que altere a cristalinidade celulósica. Tal realinhamento das pectinas, após elas serem depositadas na parede celular, foi visualizado por microscopia confocal combinada com marcações metabólicas a uma molécula de fucose acoplada a um fluorocromo. Além disso, trabalhos recentes mostraram que uma deficiência de boro (um reticulante iônico da pectina) pode alterar o alinhamento das microfibrilas de celulose dentro da parede, após serem depositadas.

As hemiceluloses são polissacarídeos de matriz que se ligam à celulose

As hemiceluloses constituem um grupo heterogêneo de polissacarídeos (**Figura 2.10**) que, geralmente, são firmemente ligados à parede, como recém-introduzido. Elas geralmente apresentam uma pronunciada capacidade de se ligar à celulose *in vitro* e, provavelmente, desempenham um papel importante na montagem de microfibrilas de celulose para formar uma parede celular coerente *in vivo* (p. ex., através disso, alterando a cristalinidade celulósica).

A hemicelulose dominante nas paredes celulares primárias da maioria das plantas terrestres é o xiloglucano, que consiste em um (1,4)-β-D-glucano ornamentado com resíduos de (1,6)-α-D-xilosil (ver Figura 2.10A). A estrutura do xiloglucano mostra alguma variabilidade entre as espécies. Na maioria das eudicotiledôneas, 30 a 40% dos resíduos de xilose são anexados a um resíduo de galactose, que, por sua vez, pode conter um resíduo de fucose terminal. Uma nomenclatura concisa foi desenvolvida para se referir ao padrão de ramificação do xiloglucano (ver Figura 2.10B): por exemplo, G é usado para um resíduo de glicose não substituído; X significa que a glicose é substituída unicamente por xilose; L é usado para uma cadeia lateral de xilose-galactose; e F denota uma cadeia lateral de xilose-galactose-fucose.

Os xiloglucanos têm uma subestrutura recorrente na qual um de cada quatro resíduos de glicose na cadeia principal é não substituído (não contém uma cadeia lateral de açúcar). A digestão de endoglucanase de xiloglucanos da maioria dos recursos de eudicotiledôneas produz três oligossacarídeos principais com quatro resíduos de glicose na cadeia principal, designados XXXG, XXFG e XLFG. Plantas da família Solanaceae, como o tomateiro, utilizam um resíduo de arabinose no lugar de galactose, o qual parece ser funcionalmente equivalente à mecânica da parede celular. Glicosidases são capazes de remover açúcares da cadeia lateral, resultando em xiloglucanos com baixo grau de substituição, os quais se ligam mais firmemente à celulose.

Diferentemente da maioria das plantas terrestres, a hemicelulose dominante na parede celular primária das gramíneas (Poaceae) é o arabinoxilano (também conhecido como glucuronoarabinoxilano ou GAX; ver Figura 2.10C). As pequenas quantidades de xiloglucanos presentes são, principalmente, constituídos de unidades repetidas de XXGG, XXGGG e XXGGGG. As pectinas também estão presentes nas paredes celulares das gramíneas, mas são consideravelmente reduzidas em abundância. GAX tem uma cadeia principal de (1,4)-β-D-xilano substituída com resíduos de (1,3)-α-L-arabinose; cerca de 1 resíduo em 50 é substituído com (1,2)-α-D-ácido glicurônico. O grau de substituição de arabinose varia amplamente, de mais de 80% a menos de 10%. Diferentemente da maioria das hemiceluloses, o GAX altamente substituído não é firmemente ligado à parede celular, não se liga à celulose *in vitro* e é rapidamente solubilizado da parede celular sob condições moderadas usadas para extração de pectinas. Alguns dos resíduos de arabinose contêm grupos de ferulatos anexados por uma ligação de éster. O acoplamento oxidativo de grupos de ferulatos resulta em ligações cruzadas entre GAX; tais interligações reduzem a digestibilidade das gramíneas (i.e., para alimentação de vacas e ovelhas) e podem reduzir a extensibilidade da parede celular. Ferulatos também funcionam como sítios de nucleação para polimerização de ligninas nas paredes de gramíneas.

Além do GAX, as paredes celulares primárias das gramíneas também contêm ligação mista **(1,3;1,4)-β-D-glucano**. Considera-se que o glucano de cadeia mista se ligue firmemente à superfície da celulose, reduzindo as interações celulose-celulose, enquanto o GAX menos substituído possa ter uma função de ligação cruzada.

As **paredes secundárias de tecidos lenhosos** contêm pouco xiloglucano ou pectina; em vez disso, os polissacarídeos da matriz são principalmente xilanos e glucomananos com baixo grau de substituição da cadeia lateral. Essas hemiceluloses ligam-se firmemente à celulose e requerem que um alcalino forte seja solubilizado da parede. A principal hemicelulose das paredes secundárias varia de acordo com a fonte: nas paredes secundárias dos eudicotiledôneas, a hemicelulose dominante é o **glucuronoxilano**, com quantidades menores de glucomananos. O glucuronoxilano é semelhante ao GAX (ver Figura 2.10C), mas sem as cadeias laterais de arabinose, e o ácido glicurônico é substituído no 4-O-metil. O **glucomanano** tem uma cadeia principal consistindo em β(1,4)-glicose e resíduos de manose, com infrequentes cadeias laterais de galactose (ver Figura 2.10D). Em lenhos de gimnospermas, a maioria das hemiceluloses é glucomanano, com menores quantidades de arabinoxilano substituído com resíduos de 4-O-metilglucoronil. O GAX de grau baixo de substituição é a hemicelulose predominante nas paredes secundárias das gramíneas. A baixa frequência de cadeias laterais nessas hemiceluloses possibilita que se liguem mais fortemente à celulose, embalando-se firmemente na parede celular.

As pectinas são componentes formadores de gel hidrofílico na parede celular primária

As pectinas são o componente mais abundante da maior parte das paredes celulares primárias, formando uma fase de gel hidratado, na qual celulose e hemiceluloses são incorporadas. Elas atuam como material de preenchimento hidrofílico que evita a agregação e o colapso da rede de celulose, além de determinarem a porosidade da parede celular a macromoléculas. Elas geralmente são o único componente da lamela média (a parte mais antiga da parede). A liberação de oligossacarídeos das pectinas durante um ataque fúngico aos tecidos vegetais induz uma resposta de defesa que limita a invasão de patógenos (ver Capítulo 24).

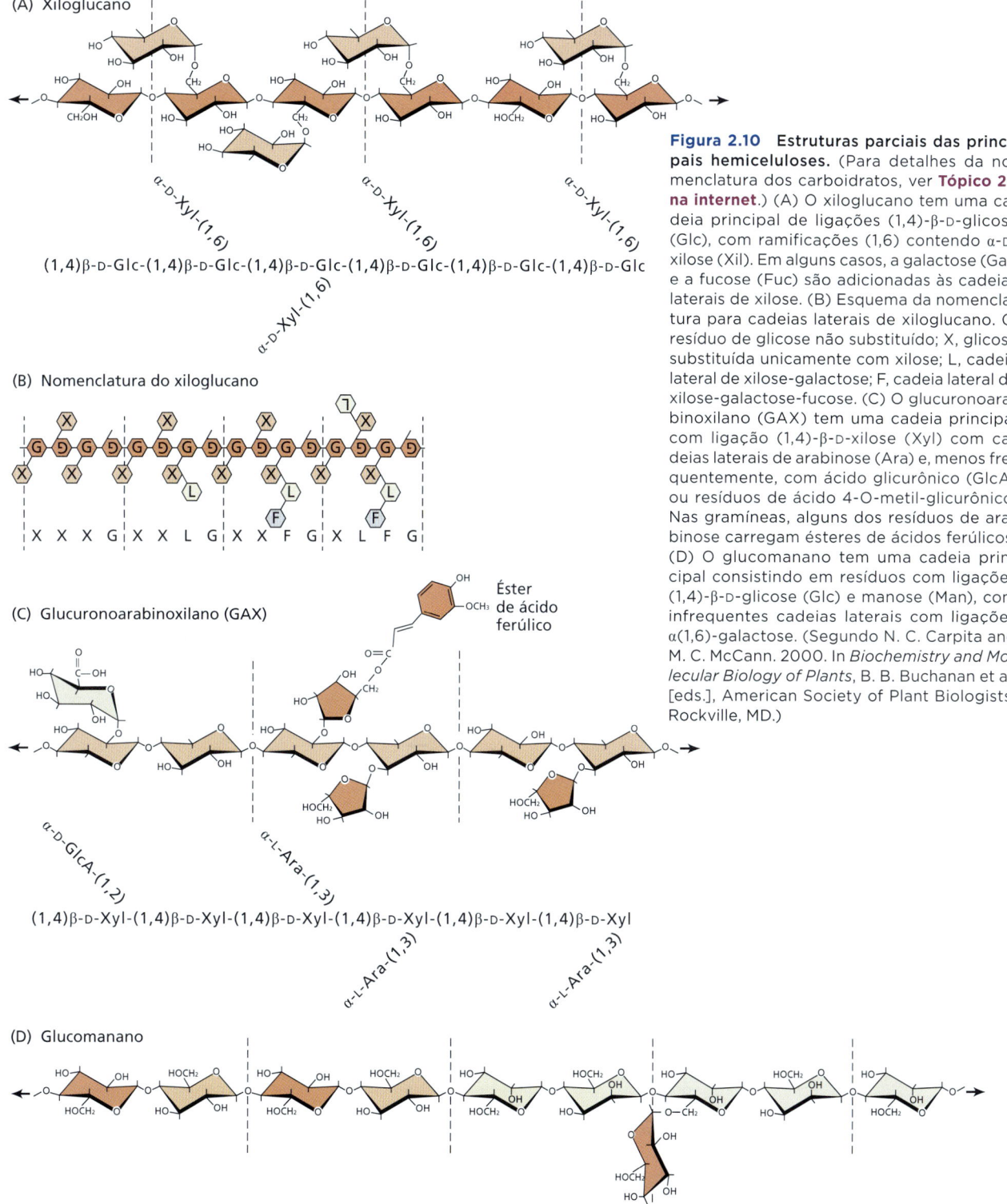

Figura 2.10 Estruturas parciais das principais hemiceluloses. (Para detalhes da nomenclatura dos carboidratos, ver **Tópico 2.1 na internet**.) (A) O xiloglucano tem uma cadeia principal de ligações (1,4)-β-D-glicose (Glc), com ramificações (1,6) contendo α-D-xilose (Xil). Em alguns casos, a galactose (Gal) e a fucose (Fuc) são adicionadas às cadeias laterais de xilose. (B) Esquema da nomenclatura para cadeias laterais de xiloglucano. G, resíduo de glicose não substituído; X, glicose substituída unicamente com xilose; L, cadeia lateral de xilose-galactose; F, cadeia lateral de xilose-galactose-fucose. (C) O glucuronoarabinoxilano (GAX) tem uma cadeia principal com ligação (1,4)-β-D-xilose (Xyl) com cadeias laterais de arabinose (Ara) e, menos frequentemente, com ácido glicurônico (GlcA) ou resíduos de ácido 4-O-metil-glicurônico. Nas gramíneas, alguns dos resíduos de arabinose carregam ésteres de ácidos ferúlicos. (D) O glucomanano tem uma cadeia principal consistindo em resíduos com ligações (1,4)-β-D-glicose (Glc) e manose (Man), com infrequentes cadeias laterais com ligações α(1,6)-galactose. (Segundo N. C. Carpita and M. C. McCann. 2000. In *Biochemistry and Molecular Biology of Plants*, B. B. Buchanan et al. [eds.], American Society of Plant Biologists, Rockville, MD.)

As pectinas constituem um grupo heterogêneo de polissacarídeos, caracteristicamente contendo ácidos galacturônicos e açúcares neutros, como ramnose, galactose e arabinose. Esses diferentes polissacarídeos muitas vezes são covalentemente ligados uns aos outros, formando grandes estruturas macromoleculares (cerca de 10^6 Da). Estudos de RMN indicam que as pectinas fazem contato com as superfícies celulósicas na parede; estudos consistentes mostraram que as cadeias laterais neutras de pectinas podem se ligar às superfícies de celulose, embora mais fracamente do que fazem as hemiceluloses. Os resultados em RMN também indicam que as pectinas fazem contato íntimo com o xiloglucano (composto da hemicelulose). Há também evidências de ligações covalentes entre pectinas e hemiceluloses. Um estudo recente identificou um complexo covalente contendo proteína arabinogalactano, pectina e xilano, mas a extensão e o significado dessa ligação cruzada para a função da parede celular primária ainda são incertos.

Os três principais grupos de polissacarídeos pécticos são **homogalacturonano (HG)**, **ramnogalacturonano I (RG I)** e **ramnogalacturonano II (RG II)** (**Figura 2.11**). O HG é uma cadeia linear de resíduos de (1,4)-β-D-ácido galacturônico, alguns dos quais são metil esterificados. É a pectina mais abundante nas paredes primárias. O RG I tem uma longa cadeia principal de resíduos alternados de ramnose e ácido galacturônico; ele transporta longas cadeias laterais de **arabinanos**, galactanos e **arabinogalactanos do tipo 1**, conhecido coletivamente como polissacarídeos pécticos neutros. O RG II, o menos abundante desses domínios pécticos, contém uma cadeia principal de HG dotada de cadeias laterais com, pelo menos, dez diferentes açúcares em um padrão complexo de ligações.

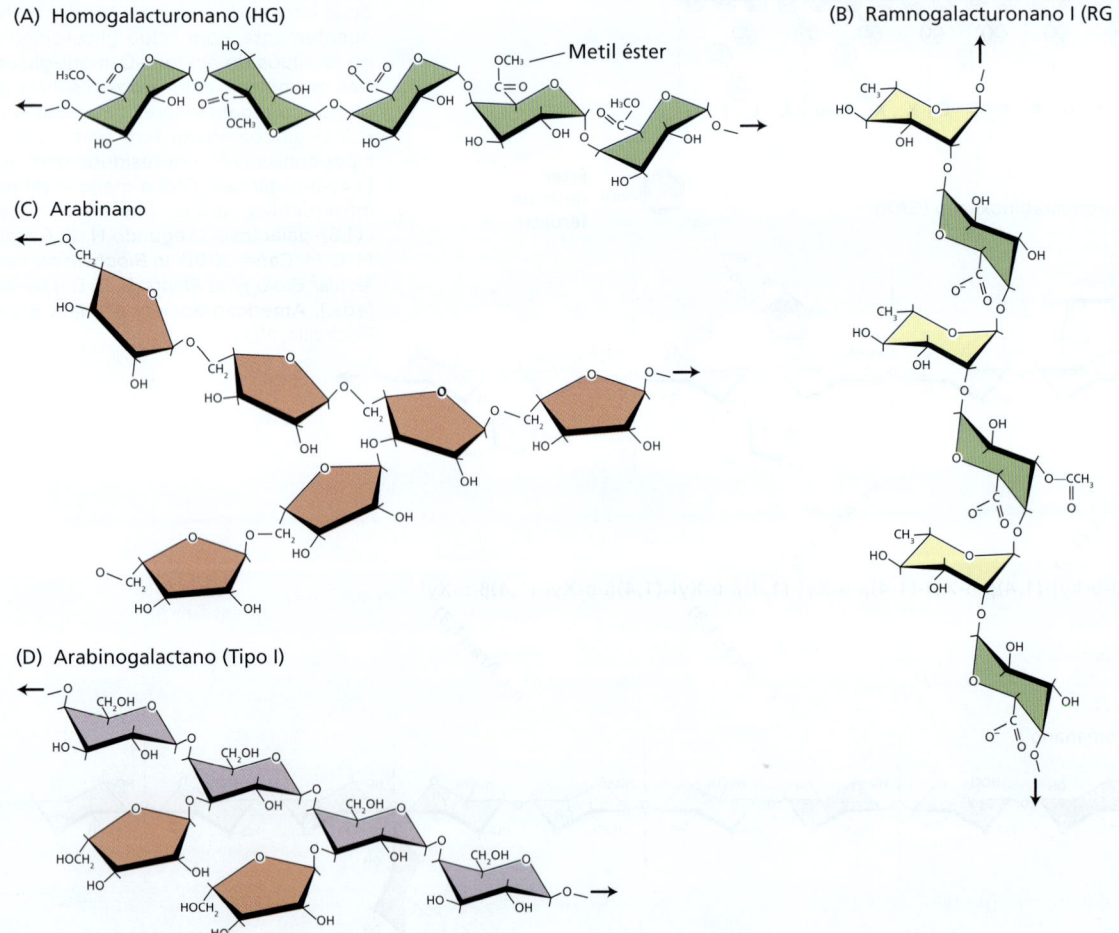

Figura 2.11 Estruturas parciais das pectinas mais comuns. (A) Homogalacturonano, também conhecido como ácido poligalacturônico ou ácido péctico, é constituído de ligações (1,4)-α-D-ácido galacturônico (GalA). Os resíduos de carboxila frequentemente são metil esterificados. (B) Ramnogalacturonano I (RG I) é um domínio péctico muito grande, com uma cadeia principal alternando GalA e (1,2)-α-D-ramnose (Rha). (C, D) As cadeias laterais estão ligadas à ramnose e RG I e são compostas principalmente de arabinanos (C), galactanos e arabinogalactanos (D). Essas cadeias laterais podem ser curtas ou muito longas. Os resíduos de ácido galacturônico frequentemente são metil esterificados. (Segundo N. C. Carpita and M. C. McCann. 2000. In *Biochemistry and Molecular Biology of Plants*, B. B. Buchanan et al. [eds.], American Society of Plant Biologists, Rockville, MD.)

Embora RG I e RG II tenham nomes similares, eles têm estruturas muito diferentes.

Quando o HG é inicialmente sintetizado, muitos grupos carboxila ácidos são metil esterificados, formando um polissacarídeo menos carregado. A remoção subsequente de metil ésteres na parede celular pelas enzimas pectinas metil esterases facilita a ligação cruzada iônica de HG e a formação do gel (**Figura 2.12A**). A desesterificação extensiva em blocos de HG restaura o grupo carboxila carregado e possibilita que íons de cálcio formem pontes iônicas entre cadeias adjacentes, resultando em um gel relativamente consistente. A solubilização das pectinas por quelantes de Ca^{2+} é baseada na remoção dessas pontes de Ca^{2+}. A formação de gel iônico pelo HG é importante para a adesão das células pela lamela média e torna a parede celular primária menos extensível. A desesterificação de HG também tem um papel na iniciação do primórdio foliar no meristema apical caulinar e no crescimento do tubo polínico. Pela criação livre de grupos carboxila, a desesterificação também aumenta a densidade da carga elétrica na parede, o que, por sua vez, pode influenciar a concentração de íons na parede, as atividades de enzimas da parede e, possivelmente, a distribuição de moléculas de sinalização carregadas. Os possíveis papéis da gelificação da pectina na mecânica da parede celular e na expansão celular são discutidos nas Seções 2.2 e 2.3.

A ligação cruzada de polissacarídeos pécticos para formar esse hidrogel é baseada principalmente em ligações cruzadas iônicas formadas por cátions como Ca^{2+}, B^+ e Na^+. A extensão da ligação cruzada está relacionada à rigidez, porosidade e viscosidade do material da parede celular. Foi proposto que os domínios da pectina também estejam covalentemente ligados de ponta a ponta na parede. A **Figura 2.12B** ilustra um esquema hipotético para a ligação de HG, RG I e RG II. Entretanto, nem

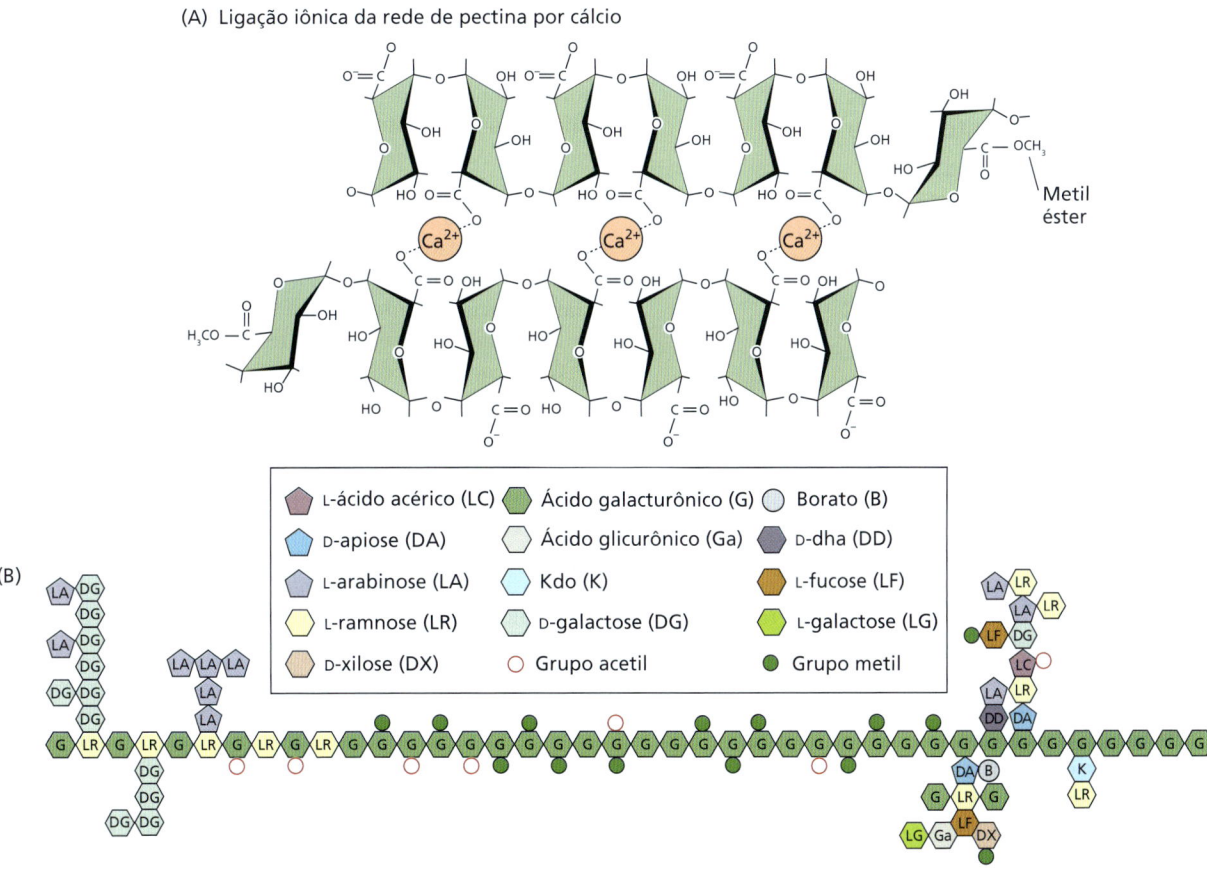

Figura 2.12 Organização de nível superior da pectina dentro da parede celular. (A) A formação de uma rede de pectina envolve pontes iônicas dos grupos carboxila (COO⁻) não esterificados por íons de cálcio. Quando bloqueados por grupos metil esterificados, os grupos carboxila não podem participar desse tipo de formação de rede intercadeia. Da mesma forma, a presença de cadeias laterais na cadeia principal interfere na formação da rede. (B) Modelo esquemático ilustrando a disposição linear dos vários domínios pécticos entre eles, incluindo ramnogalacturonano I (RG I), homogalacturonano (HG) e ramnogalacturonano II (RG II). A estrutura não é quantitativamente precisa: HG deve ser cerca de dez vezes mais abundante e RG I cerca de duas vezes mais abundante. Kdo, 3-desóxi-D-mano-2-ácido octulosônico; D-Dha, diidroxiacetona. (A segundo N. C. Carpita and M. C. McCann. 2000. In *Biochemistry and Molecular Biology of Plants*, B. B. Buchanan et al. [eds.], American Society of Plant Biologists, Rockville, MD; B segundo D. Mohnen. 2008. *Curr. Opin. Plant Biol.* 11: 266–277.)

todos os polissacarídeos pécticos são anexados a essas grandes estruturas. Por exemplo, no cultivo de caules de ervilha, a maioria dos arabinanos e galactanos não estava ligada a polissacarídeos ácidos e, no milho (*Zea mays*), o HG podia ser separado de outros componentes pécticos por métodos moderados e não enzimáticos.

■ 2.2 A parede celular primária dinâmica

No início da vida de uma célula vegetal, sua parede celular primária é extensível e capaz de incorporar novos materiais estruturais à medida que a célula cresce. Conforme discutido na Seção 2.1, a parede celular primária é geralmente simples, compreendendo camadas finas feitas de microfibrilas de celulose longas incorporadas a uma matriz hidratada de polissacarídeos não celulósicos e quantidades pequenas de proteínas (ver Figura 2.3). Essa estrutura confere uma combinação ideal de flexibilidade e resistência à parede celular em crescimento, que deve ser tanto extensível como rígida.

As paredes celulares primárias são continuamente montadas durante o crescimento celular

Conforme mencionado na Seção 2.1, as paredes primárias originam-se de novo durante os estágios finais da divisão celular, quando a placa celular recém-formada separa as duas células-filhas e solidifica em uma parede estável que é capaz de suportar os estresses físicos gerados pela pressão de turgor. É importante lembrar que a lamela média se forma em paralelo com a placa celular (ver Figura 2.2). À medida que cada célula filha cresce, novos componentes são continuamente adicionados à parede celular primária. Assim, a "vida" de um polímero individual que faz parte da parede primária pode ser descrita da seguinte forma:

Síntese → depósito → construção → modificação

A qualquer momento durante a formação ativa da parede, os polímeros de parede estão sendo depositados, montados e modificados. Como resultado, a parede celular recém-formada compreende uma mistura heterogênea de polímeros incorporados e não incorporados. Aqui será considerada a construção do polímero de parede em uma rede coesa; na Seção 2.3, serão consideradas as modificações que afetam a expansão celular.

Após sua secreção para o apoplasto, os polímeros de parede precisam ser reunidos em uma estrutura coesa; isto é, os polímeros individuais devem alcançar a disposição física e as relações de ligação que são características da parede celular primária (em crescimento) e que conferem a ela a resistência à tensão e a extensibilidade. Embora os detalhes da construção da parede não sejam completamente compreendidos, a autoconstrução e a construção mediada por enzimas são fundamentais para esse processo de integração.

AUTOCONSTRUÇÃO A autoconstrução é um conceito atrativo porque seu mecanismo é simples. Muitos polissacarídeos possuem uma nítida tendência de se agregarem espontaneamente em estruturas organizadas. Por exemplo, as hemiceluloses geralmente se agregam, tornando tecnicamente difícil sua separação em polímeros distintos. No entanto, no caso da integração da hemicelulose na parede, é provável que a automontagem por si só seja uma explicação insuficiente: quando as hemiceluloses são ligadas à celulose *in vitro*, sua ligação é muito mais fraca do que nas paredes celulares reais, e esses compostos artificiais apresentam diferente acessibilidade enzimática. Por outro lado, as evidências sugerem que a montagem e desmontagem do gel de pectina podem ser afetadas por forças mecânicas, como a do turgor; para interromper a ligação cruzada iônica dentro dos géis de pectina, essas forças precisam apenas exceder a força de tais ligações. Modelos que levam isso em consideração indicam que a automontagem pode desempenhar um papel na dinâmica estrutural do gel de pectina. Assim, parece provável que a automontagem desempenhe algum papel na integração do polímero da parede celular, mas é improvável que seja o único processo envolvido.

CONSTRUÇÃO MEDIADA POR ENZIMAS As enzimas também podem guiar a montagem da parede, facilitando a quebra e a formação de ligações covalentes. Um participante fundamental da construção da parede mediada por enzimas é a **xiloglucano endotransglicosilase** (**XET**). Essa enzima, que pertence à grande família de enzimas denominadas **xiloglucanos endotransglicosilase/hidrolase** (**XTHs**), tem a capacidade de clivar a cadeia principal de um xiloglucano e juntar uma extremidade do xiloglucano cortado com a extremidade livre de um xiloglucano aceptor (**Figura 2.13**). Essa reação de transferência integra xiloglucanos recém-sintetizados à parede celular, potencialmente dando resistência a ela. Transglicosilases com outras especificidades de substratos têm sido recentemente detectadas nas paredes celulares das plantas; entretanto, suas funções biológicas ainda não foram avaliadas.

Outras enzimas de parede que podem auxiliar na sua montagem incluem glicosidases, pectina metil esterases, pectina aciltransferases e várias oxidases. Algumas glicosidases removem as cadeias laterais das hemiceluloses, aumentando a tendência de aderência entre elas e a superfície das microfibrilas de celulose. Conforme descrito na Seção 2.1, a pectina metilesterase remove ésteres de metil que bloqueiam grupos ácidos de HG, aumentando assim a capacidade do HG de formar uma rede de gel com ponte de Ca^{2+}; neste caso, é provável que haja interação entre a atividade enzimática e a automontagem. As oxidases, tais como peroxidase, catalisam ligações cruzadas entre grupos fenólicos (tirosina, fenilalanina, ácido ferúlico) em proteínas, pectinas e outros polímeros de parede. Tal ligação cruzada oxidativa também é a base de formação da lignina, que será discutida na Seção 2.4.

■ 2.3 Mecanismos de expansão celular

Durante o aumento da célula vegetal, novos polímeros de parede são continuamente sintetizados e secretados, ao mesmo tempo em que a parede preexistente está expandindo. A expansão da parede pode ser altamente localizada (como no caso do **crescimento apical**) ou mais dispersa sobre toda a sua

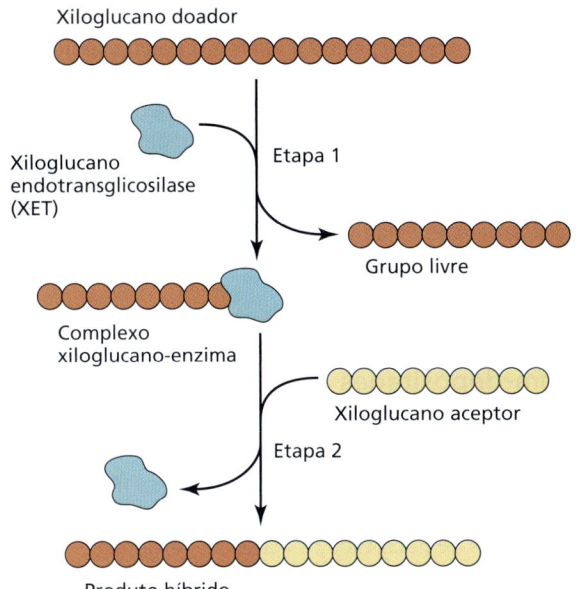

Figura 2.13 Ação da xiloglucano endotransglicosilase (XET), clivando e unindo polímeros de xiloglucano em novas configurações. Etapa 1: A enzima cliva uma molécula de xiloglucano (xiloglucano doador), formando um complexo de longa vida em que o xiloglucano é ligado de forma covalente à enzima. Etapa 2: A seguir, a enzima transfere a cadeia de xiloglucano para a extremidade não reduzida de um segundo xiloglucano (xiloglucano aceptor), resultando em um produto híbrido. (Segundo S. C. Fry. 2004. *New Phytol.* 161: 641–675.)

superfície (**crescimento difuso**) (**Figura 2.14**). O crescimento apical é característico dos pelos de raízes e tubos polínicos; ele é intimamente relacionado aos processos do citoesqueleto, em especial microfilamentos de actina (ver **Ensaio 2.1 na internet**). A maioria das outras células no corpo vegetal exibe o crescimento difuso, que está vinculado aos microtúbulos e aos microfilamentos de actina. Células como as fibras, algumas esclereides e tricomas, crescem segundo um padrão que é intermediário entre o crescimento difuso e o apical.

Entretanto, mesmo em células com crescimento difuso, partes distintas da parede podem expandir-se em diferentes taxas ou direções. Por exemplo, nas células corticais do caule ou nas células epidérmicas do hipocótilo de plântula, as paredes da extremidade crescem muito menos que as laterais. Essa diferença no crescimento entre as faces de uma célula pode ser atribuída a variações estruturais ou enzimáticas em paredes específicas ou a variações nos estresses sofridos por diferentes paredes. Como consequência desses padrões desiguais de expansão de parede, as células vegetais podem assumir formas irregulares, muitas vezes importantes para suas funções.

A orientação das microfibrilas influencia a direção de células com crescimento difuso

Durante o crescimento, a parede celular frouxa é estendida por forças físicas geradas da pressão de turgor da célula. A pressão de turgor cria uma força dirigida para fora, igual em todas as direções. Embora a pressão de turgor não tenha direcionalidade, a parede celular pode ceder mais em uma direção do que em outra devido às suas características estruturais (mais detalhes posteriormente nesta seção). A direcionalidade do crescimento é determinada em grande parte pela orientação das microfibrilas de celulose dentro da parede.

Quando formadas primeiramente nos meristemas, as células são isodiamétricas, isto é, possuem diâmetros iguais em todas as direções. Se a orientação das microfibrilas de celulose na parede celular primária é disposta aleatoriamente, as células crescem isotropicamente (igualmente em todas as direções), expandindo-se radialmente para gerar uma esfera (**Figura 2.15A**). Na maioria das paredes celulares vegetais, entretanto, as microfibrilas de celulose estão alinhadas em uma direção predominante. O alinhamento das fibras de celulose permite que a parede celular retenha mais tensão (gerada pelo turgor) na direção paralela ao alinhamento predominante da fibra e ceda mais na direção perpendicular ao alinhamento da fibra. O resultado é um **crescimento anisotrópico** (como nos caules, onde as células aumentam muito mais em comprimento do que em largura).

Nas paredes laterais de células em alongamento, como as células do parênquima cortical e as células vasculares de alguns caules e raízes, ou de células gigantes de entrenós da alga verde filamentosa *Nitella*, as microfibrilas de celulose são depositadas de maneira circunferencial (transversalmente) em ângulos retos em relação ao eixo longitudinal da célula. O arranjo circunferencial das microfibrilas de celulose restringe o crescimento em circunferência e promove o crescimento em comprimento (**Figura 2.15B**). É importante observar que, em órgãos multicelulares, não é necessário que todas as células exibam esse alinhamento circunferencial nas fibras de celulose; contanto que células suficientes o façam, elas podem levar suas vizinhas para

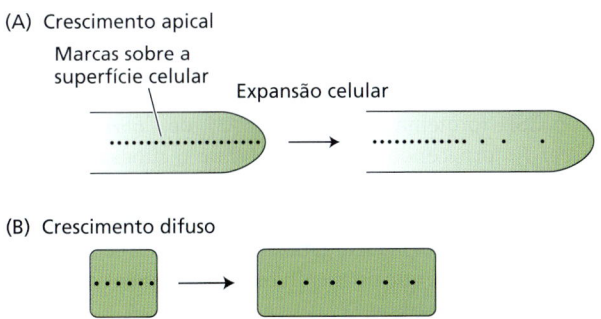

Figura 2.14 A superfície celular expande-se de modo diferente durante os crescimentos apical e difuso. (A) A expansão de uma célula em crescimento apical é restrita ao domo apical na extremidade da célula. Se forem colocadas marcas na superfície da célula e ela tiver possibilidade de continuar a crescer, apenas as marcas que estavam inicialmente no domo apical se tornam afastadas. Os pelos das raízes e os tubos polínicos são exemplos de células vegetais que exibem crescimento apical. (B) Se as marcas forem dispostas sobre a superfície de uma célula em crescimento difuso, a distância entre todas as marcas aumenta à medida que a célula cresce. A maioria das células de plantas multicelulares apresenta crescimento difuso.

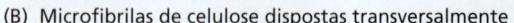

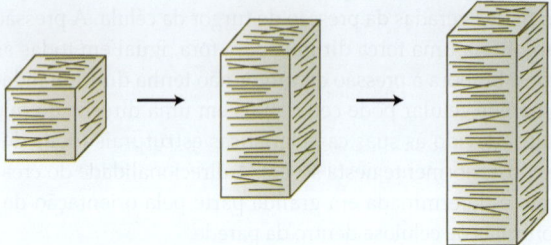

Figura 2.15 A orientação de microfibrilas de celulose recém-depositadas determina a direção da expansão celular. (A) Se a parede celular for reforçada por microfibrilas de celulose orientadas aleatoriamente, a célula irá expandir-se igualmente em todas as direções, formando uma esfera. (B) Quando a maioria das microfibrilas do reforço tem a mesma orientação, a expansão celular ocorre perpendicularmente à orientação dessas microfibrilas e é limitada na direção do reforço. Nesse caso, a orientação da microfibrila é transversal, de modo que a expansão celular é longitudinal.

um crescimento anisotrópico – algo que só é possível por causa da conexão entre células vizinhas que a parede fornece.

A orientação da microfibrila na parede celular multicamada muda com o tempo

Conforme a célula se expande e a construção da parede continua, a parede geralmente assume uma estrutura em camadas na seção transversal. De acordo com a **hipótese de crescimento em multirrede**, cada camada sucessiva de parede é estendida e fica mais fina à medida que a célula cresce, de modo que é esperado que as microfibrilas em camadas de parede celular mais velhas se tornem passivamente reorientadas na direção longitudinal à medida que as células se alongam. As evidências da reorientação passiva têm sido relatadas para células em crescimento de raízes de *Arabidopsis* marcadas com fluorocromo, que possibilita a observação dos feixes de microfibrilas de celulose por microscopia confocal. No entanto, é provável que essa reorientação passiva seja influenciada pelas propriedades da matriz e exija uma remodelação ativa da estrutura da parede celular. Experimentos com paredes isoladas de hipocótilos em crescimento e células epidérmicas do bulbo de cebola indicam que a força sozinha é incapaz de reorientar as fibras, sem a adição de enzimas que atuam nas junções que mantêm as microfibrilas unidas. Esses e outros resultados sugerem que a expansão da parede envolve um afrouxamento seletivo das junções entre as microfibrilas, em vez de um afrouxamento generalizado da matriz. Discutiremos esses "sítios preferenciais" (*"hot spots"*) com mais detalhes posteriormente nesta seção.

Outros experimentos sugerem que as camadas mais velhas da parede celular (i.e., as mais externas) podem ser tão fragmentadas, como resultado da sua história de ampliação, que elas podem contribuir pouco para o controle da expansão celular. Por essa hipótese, um quarto da parede interna domina o controle da expansão celular (ver **Tópico 2.3 na internet**). A modelagem matemática recente também apoia uma diminuição progressiva da influência de camadas de parede mais antigas na direção da expansão celular.

Os microtúbulos corticais influenciam a orientação de microfibrilas recém-depositadas

As microfibrilas de celulose recém-depositadas geralmente estão coalinhadas com conjuntos de microtúbulos dispostos no citoplasma, próximos à membrana plasmática (**Figura 2.16**). Um exemplo notável ocorre nos elementos de vaso (xilema), onde bandas de microtúbulos corticais marcam os locais dos espessamentos da parede secundária e os sítios de localização de CESA. Além disso, rupturas experimentais da organização de microtúbulos com drogas ou por defeitos genéticos muitas vezes provocam a desorganização da estrutura e do crescimento da parede. Por exemplo, várias drogas ligam-se à tubulina, a subunidade proteica de microtúbulos, causando sua despolimerização. Quando raízes em crescimento são tratadas com drogas que despolarizam os microtúbulos, como a orizalina, a região de alongamento expande-se lateralmente, tornando-se bulbosa e semelhante a um tumor (**Figura 2.17A e B**). Esse crescimento desorganizado é devido à expansão isotrópica das células; isto é, elas aumentam como uma esfera, e não de uma maneira direcional. A destruição de microtúbulos, induzida por drogas, nas células em crescimento interfere no depósito transversal de celulose. As microfibrilas de celulose continuam a ser sintetizadas na ausência de microtúbulos, mas elas são depositadas de maneira aleatória e têm cristalinidade alterada; como consequência, as células expandem-se igualmente em todas as direções.

Essas e outras observações têm levado à sugestão de que os microtúbulos servem como caminhos que guiam ou direcionam o movimento de complexos CESA, à medida que sintetizam microfibrilas (ver **Ensaio 2.1 na internet**). O movimento de CESA em células vivas foi visualizado pela expressão da fusão de CESA com um marcador fluorescente de proteína. As unidades marcadas de CESA foram observadas movendo-se dentro da membrana plasmática ao longo de rastros de microtúbulos (**Figura 2.17C**); elas também foram observadas sendo inseridas na membrana plasmática do complexo de Golgi em compartimentos de microtúbulos unidos. Um ligante molecular entre CESA e microtúbulos foi identificado recentemente como CSI1 (proteína interativa CESA 1, de *CESA interactive protein 1*), fornecendo uma relação entre o citoesqueleto e a orientação da celulose. Esses resultados, obtidos por microscopia confocal e genética, revelam novos detalhes de como o citoesqueleto direciona a organização da parede celular e dão peso à hipótese de que os microtúbulos orientam a direção das microfibrilas de celulose.

(A) Microfibrilas de celulose   Microtúbulos

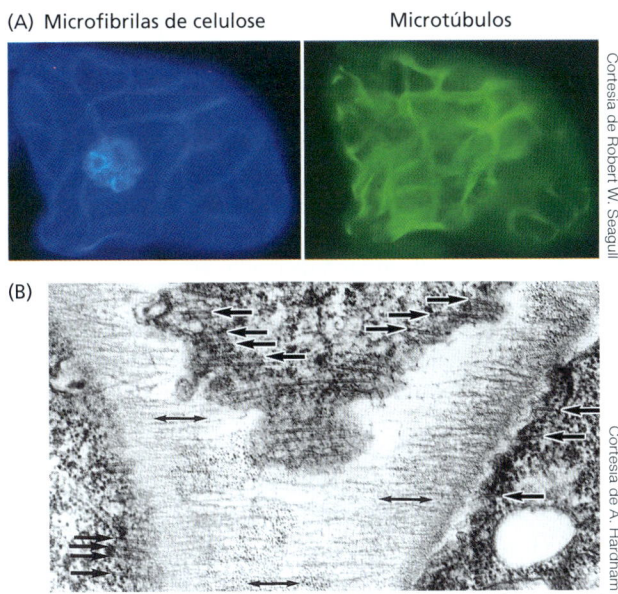

(B)

Cortesia de Robert W. Seagull

Cortesia de A. Hardham

5 µm

Figura 2.16 A orientação de microtúbulos no citoplasma cortical reflete a orientação de microfibrilas de celulose recém-depositadas nas paredes de células que estão em alongamento. (A) A disposição de microtúbulos pode ser revelada com anticorpos marcados para a tubulina (proteína de microtúbulo) sob fluorescência. Nesse elemento traqueal em diferenciação, de uma cultura de células em suspensão de *Zinnia*, o padrão de microtúbulos (verde) reflete a orientação das microfibrilas de celulose na parede, conforme mostrado pela coloração com calcoflúor (azul). (B) O alinhamento de microfibrilas de celulose na parede celular pode, às vezes, ser observado em seções preparadas para microscopia eletrônica, como nesta micrografia de um elemento de tubo crivado em desenvolvimento, em uma raiz de *Azolla* (uma pteridófita aquática). O eixo longitudinal da raiz e o elemento de tubo crivado dispõem-se verticalmente. Tanto as microfibrilas de parede (setas de duas pontas) como os microtúbulos corticais (setas de uma ponta) são alinhados transversalmente.

Figura 2.17 A ruptura de microtúbulos corticais resulta em um aumento drástico na expansão celular radial e um concomitante decréscimo no alongamento. (A) Raiz de plântula de *Arabidopsis* tratada com orizalina, droga despolimerizadora de microtúbulos (1 µ*M*), por dois dias antes de ser feita esta fotomicrografia. A droga alterou a polaridade do crescimento. (B) Os microtúbulos foram visualizados por meio de uma técnica de imunofluorescência indireta e um anticorpo antitubulina. Enquanto os microtúbulos corticais (linhas horizontais brilhantes) no controle estão orientados em ângulos retos em relação à direção do alongamento celular, pouquíssimos microtúbulos permanecem em raízes tratadas com 1 µ*M* de orizalina. (C) Imagens de proteína CESA (painel da esquerda) e de microtúbulos (painel central), marcados por fluorocromos, indicam que os microtúbulos orientam as trajetórias de movimento de CESA na membrana plasmática, guiando, assim, a orientação das microfibrilas de celulose. O painel da direita mostra a sobreposição das duas imagens.

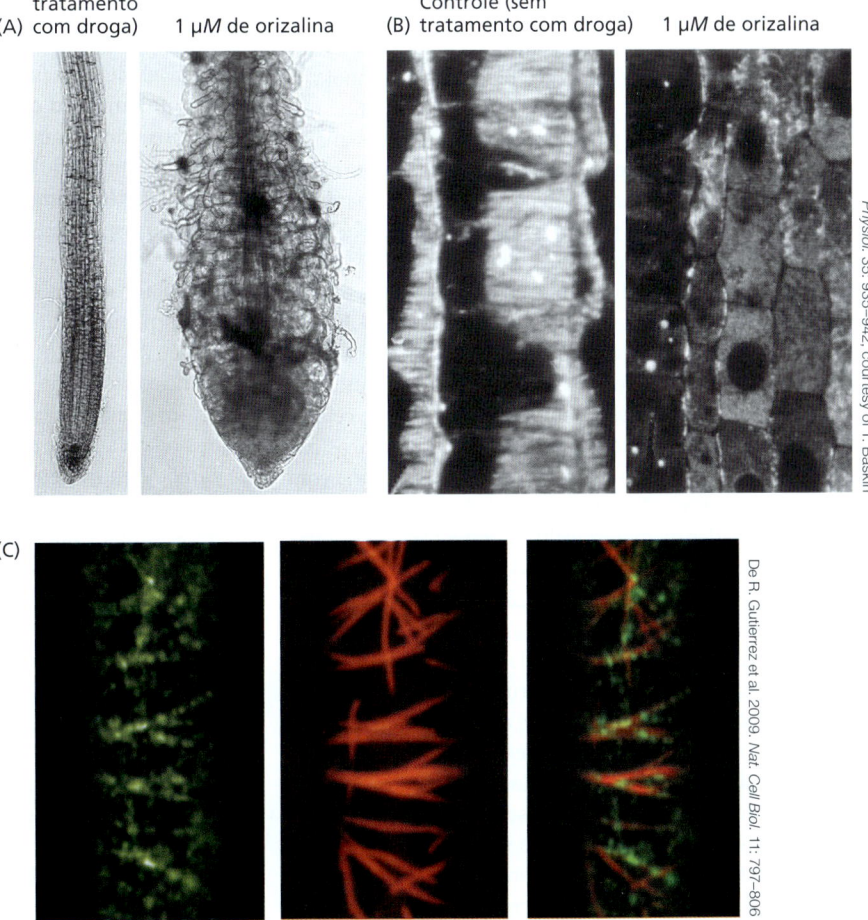

A e B de T. I. Baskin et al. 1994, *Plant Cell Physiol.* 35: 935–942, courtesy of T. Baskin

De R. Gutierrez et al. 2009, *Nat. Cell Biol.* 11: 797–806

Muitos fatores influenciam a extensão e a taxa de crescimento celular

As células vegetais normalmente se expandem de 10 a 1.000 vezes em volume antes de atingirem a maturidade; essa é uma característica importante e distintiva do crescimento vegetal, em que o volume do corpo da planta é construído por aumentos massivos no volume celular e não no número de células. Em casos extremos – por exemplo, elementos de vaso (xilema) – as células podem aumentar mais que 10.000 vezes em volume, comparadas com suas iniciais meristemáticas. A parede celular permite essa expansão massiva sem perder sua integridade mecânica como um todo e sem tornar-se radicalmente mais delgada. Assim, como descrito na Seção 2.1, os polímeros recém-sintetizados são integrados na parede sem desestabilizá-la.

Esse processo de integração pode ser particularmente crítico para células que apresentam expansão extremamente rápida, como no crescimento apical de pelos de raízes e de tubos polínicos. Em células com crescimento apical rápido, a parede crescendo no ápice duplica sua área de superfície e, em minutos, é deslocada para a parte da célula que não está se expandindo. Trata-se de uma taxa de expansão da parede muito maior que a normalmente encontrada em células com crescimento difuso, onde as taxas de crescimento são de cerca de 1 a 10% por hora. Em função dessas taxas de expansão rápidas, as células com crescimento apical são altamente suscetíveis ao adelgaçamento e ao rompimento da parede. Modelos mecânicos e citológicos do crescimento apical em tubos polínicos dão uma ideia sobre como a expansão e a adição dos componentes de parede necessitam ser coordenadas para um crescimento apical estável. Embora os crescimentos difuso e apical pareçam ter padrões distintos, ambos os tipos de expansão de parede devem ter processos análogos, se não idênticos, de integração de polímeros, relaxamento do estresse da parede e deslizamento dos polímeros de parede.

Há indicações de que a matriz da parede celular pode regular as taxas de expansão celular. A alteração transgênica da pectina, para aumentar ou diminuir a metilação de HG, resulta em mudanças concomitantes na taxa de alongamento das células do hipocótilo em *Arabidopsis*. Existem também padrões de metilação de HG, em nível de tecido e célula, que coincidem com variações na taxa de crescimento. Por exemplo, em células epidérmicas de hipocótilo de crescimento anisotrópico, as paredes finais em crescimento mais lento têm mais pectina com ligação cruzada de Ca^{2+}. Ainda não está claro como as mudanças nas propriedades da matriz influenciam a taxa de alongamento celular, mas pode ser por meio de efeitos diretos e indiretos. Diretamente, mudanças na mecânica da matriz, talvez por meio de mudanças na hidratação da matriz, podem afetar a capacidade de movimentação das fibrilas de celulose. Indiretamente, mudanças na metilação da pectina provavelmente alterariam a porosidade da parede celular e a distribuição da carga, o que poderia influenciar a mobilidade de fatores importantes para a modificação das fibrilas de celulose.

Muitos fatores intrínsecos e extrínsecos influenciam a taxa de expansão da parede celular. O tipo e a idade da célula são importantes fatores de desenvolvimento. O mesmo acontece com hormônios como auxina, giberelina e brassinosteroides, que sinalizam quando e onde as células devem crescer.

As condições ambientais, como a luz e a disponibilidade de água, podem, da mesma forma, modular a expansão celular. Esses fatores intrínsecos e extrínsecos provavelmente modificam a expansão celular mediante alteração da maneira como a parede é afrouxada, de modo que ela amolece (estende-se irreversivelmente) de maneira diferente. Nesse contexto, falamos em **propriedades de amolecimento da parede celular**. No entanto, esses fatores também podem alterar a pressão de turgor, o que influenciaria de modo semelhante a taxa de expansão. As propriedades de amolecimento da parede e a pressão de turgor são provavelmente reguladas durante o crescimento, talvez em graus diferentes, dependendo do contexto exato que está sendo considerado.

O relaxamento do estresse da parede celular dirige a captação de água e a expansão da célula

Como a parede celular é a maior barreira mecânica que limita a expansão celular, tem sido dada muita atenção às suas propriedades físicas. Como um material polimérico hidratado, a parede celular vegetal tem propriedades físicas que são intermediárias entre aquelas de um sólido e as de um líquido. Estas são chamadas de **propriedades viscoelásticas** ou **reológicas** (de fluxo). As paredes das células em crescimento geralmente são menos rígidas e exibem menos fluxo que as das células maduras e, sob condições adequadas, apresentam, em longo prazo, um alongamento irreversível, ou **amolecimento**, ausente ou quase ausente em células maduras. Esse alongamento irreversível também pode ser chamado de *deformação plástica*.

O **relaxamento do estresse** é um conceito decisivo para se compreender como as paredes celulares se expandem. O termo *estresse* é utilizado aqui no sentido mecânico, como força por unidade de área. Como sugerido anteriormente, os estresses de parede surgem como uma consequência inevitável do turgor celular. A pressão de turgor nas células vegetais em crescimento é normalmente entre 0,3 e 1,0 megapascais (MPa); por outro lado, um pneu de carro típico é inflado até cerca de 0,2 MPa. A pressão de turgor estende a parede celular e gera nela um estresse físico ou tensão de reequilíbrio. Como as células vegetais encerram grandes volumes pressurizados dentro de paredes celulares relativamente finas, o estresse de tração gerado dentro da parede é equivalente a 10 a 100 MPa, o que é 10 a 100 vezes maior do que o turgor – certamente um estresse muito grande.

Esse simples fato tem consequências importantes para a mecânica do aumento celular. Para mudar de forma, as células vegetais devem controlar a direção e a taxa de expansão da parede. A direcionalidade da expansão da parede é determinada pelo depósito de celulose em uma orientação tendenciosa. A taxa de expansão é determinada pelo afrouxamento controlado das ligações entre microfibrilas e entre outros polissacarídeos da matriz. Esse afrouxamento bioquímico possibilita o movimento ou o deslizamento das microfibrilas de celulose e de seus polissacarídeos da matriz associados, aumentando, desse modo, a área de superfície da parede. Ao mesmo tempo, esse afrouxamento reduz o estresse físico na parede.

A redução do estresse da parede celular por meio do afrouxamento é crucial, pois ela diminui a pressão de turgor e, portanto, o potencial hídrico, permitindo a absorção de água necessária para um crescimento expansivo. Essa água é destinada, principalmente, ao vacúolo, que ocupa uma proporção cada vez maior do volume celular à medida que a célula se expande. O **Ensaio 2.2 na internet** descreve como as células em crescimento regulam a captação de água e como essa captação é coordenada com o amolecimento da parede.

As células epidérmicas fundamentais das folhas fornecem um modelo para a expansão regulada da parede celular

As células epidérmicas fundamentais das folhas têm uma estrutura semelhante a um quebra-cabeça interligado, que fornece um modelo de estudo das interações da expansão (acionada por pressão) modulada por restrições estruturais. As células epidérmicas fundamentais são inicialmente de formato simples, com limites retos ou curvos. À medida que crescem, no entanto, desenvolvem lobos por interdigitação e formas irregulares (ver Figura 1.6). Estudos usando microscopia de força atômica e imagens de estruturas do citoesqueleto demonstram que a formação de lobos ocorre de modo mais proeminente em regiões da célula onde as estruturas de microtúbulos e de microfilamentos (ver Capítulo 1) são heterogêneas. As redes de microfilamentos reguladas pela ROP2 GTPase são particularmente enriquecidas em regiões de formação de lobos, assim como as estruturas da parede celular associadas à plasticidade. A modelagem e as medições diretas demonstram que a pressão de turgor impulsiona a expansão diferencial das paredes celulares nas regiões dos lobos. As dinâmicas da formação de lobos das células fundamentais são semelhantes em várias espécies de plantas. Em plantas transgênicas que superexpressam constitutivamente a ROP2 GTPase, a rede de filamentos de actina das células fundamentais é densa e relativamente homogênea, e a extensibilidade e elasticidade celular são igualmente homogêneas. Consequentemente, a formação de lobos é quase completamente ausente nas linhas de superexpressão de ROP2. A modelagem da formação de lobos requer consideração das forças dentro de cada célula e da resistência diferencial encontrada nas margens das células adjacentes.

O crescimento induzido por acidez e o relaxamento do estresse da parede são mediados por expansinas

Uma característica comum de paredes celulares em crescimento é sua extensão muito mais rápida em pH ácido do que em pH neutro. Esse fenômeno é denominado **crescimento ácido**. Em células vivas, o crescimento ácido fica evidente quando as células em crescimento são tratadas com tampões ácidos ou com a toxina fúngica fusicoccina, que induz a acidificação da solução da parede celular por meio da ativação de uma H^+-ATPase na membrana plasmática. Essas mudanças na acidificação da parede celular podem ser visualizadas diretamente com repórteres de proteínas fluorescentes radiométricas secretadas. Esses repórteres usam uma proteína fluorescente vermelha que é relativamente não afetada pelo pH como um controle normalizador e uma fusão (pHusion) de uma proteína fluorescente amarela, cuja fluorescência é extinta (reduzida) por pH baixo para monitorar mudanças locais no pH.

Um exemplo de crescimento induzido por acidez pode ser encontrado na iniciação do pelo da raiz, em que o pH da parede local cai para um valor de 4,5 no momento em que a célula epidérmica começa a crescer para fora. A acidificação da parede também ocorre durante o crescimento induzido pela auxina, mas provavelmente não é suficiente para explicar todo o crescimento induzido por esse hormônio, e outros processos de afrouxamento da parede também podem estar envolvidos. Contudo, esse mecanismo de extensão da parede dependente do pH parece ser um processo conservado evolutivamente, comum a todas as plantas terrestres, e está envolvido em uma diversidade de processos de crescimento.

O crescimento ácido pode ser observado também em segmentos de paredes celulares isolados, congelados e descongelados ou tratados com aquecimento, que carecem de processos celulares, metabólicos e sintéticos normais. Tal observação implica no uso de um extensômetro para submeter a parede à tensão e para medir a longo prazo a extensão ou o "deslizamento" da parede (**Figura 2.18**). O termo **deslizamento** refere-se a uma extensão irreversível dependente do tempo sob uma força ou carga fixada, normalmente como resultado do escorregamento de polímeros de parede um em relação a outro. Quando as paredes em crescimento são incubadas em tampão neutro (pH 7) e presas em um extensômetro com uma carga fixada (teste de deslizamento), elas se estendem brevemente quando a tensão é aplicada, mas a extensão logo cessa. Quando transferida para um tampão ácido de pH 5 ou menor (0 min na Figura 2.18), a parede começa a estender-se rapidamente e, em algumas ocasiões, continua por muitas horas.

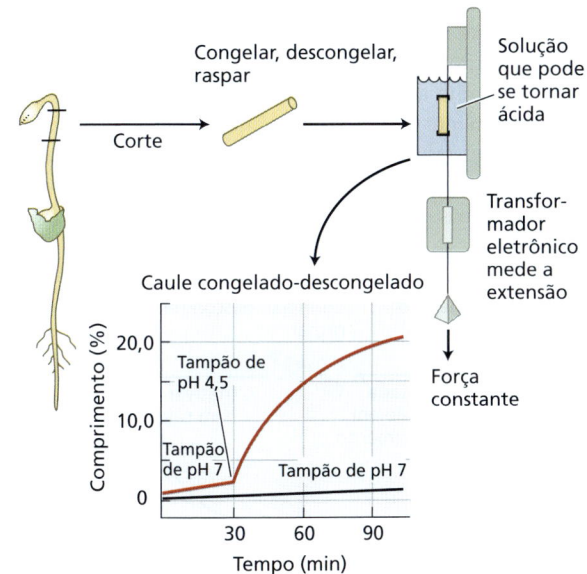

Figura 2.18 Extensão de paredes celulares isoladas induzida por acidez e medida em um extensômetro. A amostra de parede de células mortas é presa e colocada sob tensão em um extensômetro, que mede o comprimento com um transformador eletrônico ligado a um grampo. Quando a solução que circunda a parede é substituída por um tampão ácido (p. ex., pH 4,5), a parede estende-se irreversivelmente de uma maneira dependente do tempo (ela desliza). (Segundo D. J. Cosgrove. 1997. *Annu. Rev. Cell Dev. Biol.* 13: 171–201.)

Esse deslizamento induzido por acidez é característico de paredes de células em crescimento, mas não é observado nas paredes maduras (que não estão em crescimento). Quando pré-tratadas com aquecimento, proteases ou outros agentes que desnaturam proteínas, as paredes perdem sua capacidade de crescimento ácido. Tais resultados indicam que o crescimento ácido não é devido simplesmente às características físicas e químicas da parede (p. ex., um enfraquecimento do gel de pectina), mas catalisado por uma proteína de parede.

A ideia de que proteínas são necessárias para o crescimento ácido foi confirmada em experimentos por reconstituição. Nesses experimentos, paredes inativadas pelo calor foram restauradas, respondendo quase totalmente ao crescimento ácido pela adição de proteínas extraídas de paredes em crescimento (**Figura 2.19**). Nesses experimentos, os componentes ativos provaram ser um grupo de proteínas denominadas **expansinas**. As expansinas catalisam a extensão dependente de pH e o relaxamento do estresse das paredes celulares. Elas são eficazes em quantidades catalíticas (cerca de 1 parte de proteína para 5.000 por peso seco), mas não exibem atividade lítica ou outras atividades enzimáticas. As expansinas exibem semelhanças estruturais com outro grupo de endoglucanases vegetais caracterizadas, mas são classificadas como proteínas modificadoras de parede, pois a atividade enzimática não pode ser demonstrada.

Com o sequenciamento completo dos genomas de várias plantas, sabe-se agora que as expansinas pertencem a uma grande superfamília de proteínas, divididas em duas grandes famílias de expansinas, **α-expansinas (EXPAs)** e **β-expansinas (EXPBs)**, e mais duas famílias menores de função desconhecida. Em ensaios de extensão com paredes celulares isoladas, as EXPAs são mais ativas nas paredes celulares de eudicotiledôneas, enquanto as EXPBs são mais ativas nas paredes de gramíneas. As evidências atuais indicam que os EXPAs afrouxam as junções celulose-celulose contendo xiloglucano, enquanto os EXPBs afrouxam os complexos de parede contendo GAX (glucuronoarabinoxilano); isso faz sentido, dadas as diferenças gerais na composição da hemicelulose entre eudicotiledôneas e gramíneas. As expansinas também foram descobertas em um pequeno grupo de bactérias e fungos, onde facilitam a colonização dos tecidos vegetais. As análises evolutivas indicam que as expansinas bacterianas se originaram, provavelmente, de uma ou mais transferências de genes horizontais de uma planta para uma bactéria. Essas transferências são seguidas por uma transferência adicional de genes horizontais entre várias espécies de bactérias que colonizam o sistema vascular das plantas.

A base molecular da ação da expansina sobre a reologia da parede ainda é incerta, mas a maioria das evidências indica que as expansinas causam deslizamento da parede pelo afrouxamento da adesão não covalente entre seus polissacarídeos. Os estudos estruturais e de ligação sugerem que as expansinas atuam em sítios na parede celular onde as microfibrilas de celulose são aderentes umas às outras. Esses hipotéticos "sítios preferenciais" parecem ser junções curtas e estreitamente conectadas que também podem ser locais de interações de pectina e hemicelulose com a celulose.

Os modelos da parede celular são hipóteses sobre como os componentes moleculares se encaixam para formar uma parede funcional

Para entender como as células vegetais crescem, é essencial compreender como os polímeros da parede celular estão ligados para produzir uma estrutura com resistência à tração suficiente para resistir à pressão de turgor. Ao mesmo tempo, essa estrutura deve ser suficientemente flexível para permitir a expansão irreversível da malha da parede e a incorporação de novos polímeros para reforçá-la. A complexidade da parede celular vegetal torna a elucidação estrutural bastante difícil. Os modelos estruturais das paredes celulares são revisados à medida que novos detalhes estruturais são descobertos.

O modelo molecular mais antigo da arquitetura da parede celular primária foi imaginado como uma matriz covalentemente ligada de hemiceluloses (xiloglucanos), pectinas e proteínas estruturais não covalentemente ligados às microfibrilas de celulose. Esse modelo foi, mais tarde, substituído por um modelo alternativo em que os xiloglucanos revestiam

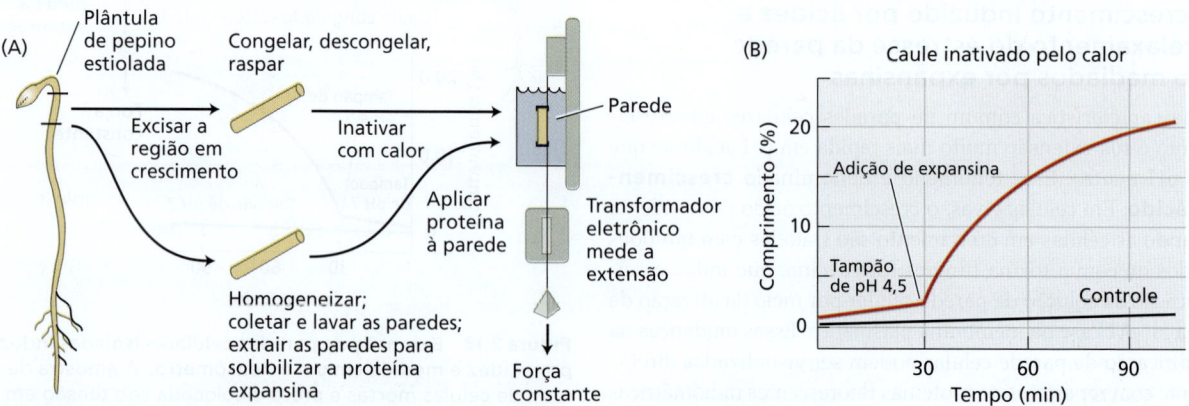

Figura 2.19 Esquema da reconstituição da extensibilidade de paredes celulares isoladas. (A) As paredes celulares são preparadas conforme a Figura 2.18 e brevemente aquecidas para inativar a resposta endógena de extensão ácida. Para recuperar essa resposta, as proteínas são extraídas de paredes em crescimento e adicionadas à solução que circunda a parede. (B) A adição de uma mistura de proteínas contendo expansinas restaura as propriedades de extensão ácida da parede. (Segundo D. J. Cosgrove. 1997. *Annu. Rev. Cell Dev. Biol.* 13: 171–201.)

totalmente as superfícies das microfibrilas de celulose. Esses xiloglucanos ligavam diretamente as microfibrilas em uma rede de suporte de carga, com pectinas e glicoproteínas formando uma matriz de interpenetração independente (**Figura 2.20A**).

Nos últimos anos, o modelo de "rede conectada" passou por uma revisão substancial à medida que novos dados foram coletados. Os dados de RMN indicam que somente cerca de 10% das superfícies de microfibrilas de celulose são revestidos por xiloglucanos e que as pectinas têm contato direto com as superfícies de celulose. Análises bioquímicas das paredes celulares digeridas com endoglucanases substrato-específicas mostram que grande parte dos xiloglucanos não contribui à mecânica da parede e que a celulose não está diretamente ligada aos extensos cordões de xiloglucanos. Em vez disso, os resultados sugerem que o componente quantitativamente menor de xiloglucano se entrelaça com celulose, formando junções estruturalmente importantes que controlam o deslizamento e a extensibilidade mecânica da parede. Além disso, as expansinas têm sido encontradas marcando um sítio com propriedades similares, isto é, sítios contendo xiloglucano e celulose com estrutura cristalina alternada. Por último, foram gerados mutantes de *Arabidopsis* que carecem completamente de xiloglucano, mas apresentam defeitos de crescimento relativamente pequenos. Esse resultado surpreendente demonstra que o xiloglucano não é essencial para o crescimento das plantas, além de ressaltar a impressionante plasticidade e adaptabilidade da composição da parede celular vegetal.

Desses estudos, um novo modelo está emergindo acerca da arquitetura funcional das paredes celulares em crescimento. Essa visão revisada postula uma rede em microescala contendo "sítios preferenciais" ("*hot spots*") biomecânicos, que são junções limitadas de feixes de microfibrilas de celulose em que a extensibilidade e a mecânica da parede são controladas (**Figura 2.20B e C**). Em apoio a essa ideia, um modelo computacional mostra que uma monocamada de xiloglucano encaixada entre microfibrilas de celulose poderia proporcionar considerável resistência mecânica às paredes celulares. Esse modelo de "sítios preferenciais", como os modelos anteriores a ele, deve ser considerado uma hipótese, necessitando de mais testes, validação e com progresso experimental e provável revisão de modelo.

Muitas mudanças estruturais acompanham o cessar da expansão da parede

A cessação do crescimento, que ocorre durante a maturação celular, geralmente é irreversível e tipicamente acompanhada por uma redução da extensibilidade da parede, medida por métodos biofísicos diversos. Essas mudanças físicas na parede podem acontecer por (a) uma redução nos processos de afrouxamento da parede, (b) um aumento de ligações cruzadas de parede ou (c) uma alteração na composição da parede, contribuindo para uma estrutura mais rígida ou menos suscetível ao afrouxamento da parede. Existe alguma evidência que apoia cada uma dessas ideias.

Várias modificações da parede em maturação podem contribuir para torná-la rígida:

- Os polissacarídeos da matriz recém-secretados podem ser alterados na estrutura, de modo a formar complexos mais coesos com celulose ou outros polímeros de parede, ou eles podem ser resistentes a atividades de afrouxamento da parede.
- A remoção de (1,3;1,4)-β-D-glucano em paredes celulares de gramíneas coincide com a cessação do crescimento nessas paredes e pode causar sua rigidez.
- A desesterificação das pectinas, formando géis pécticos mais rígidos, é associada de maneira semelhante à cessação do crescimento em gramíneas e eudicotiledôneas.
- A ligação cruzada de grupos fenólicos na parede (como resíduos de tirosina em glicoproteínas ricas em hidroxiprolina,

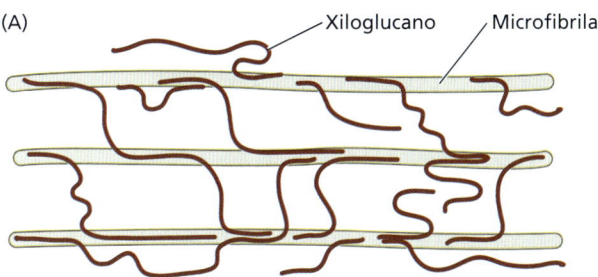
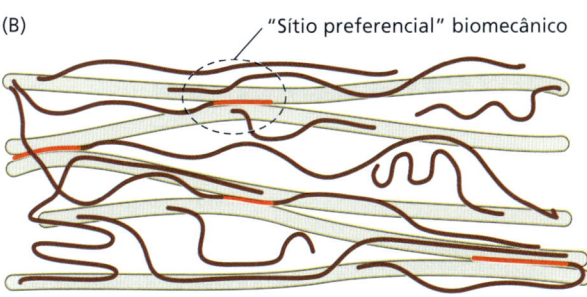
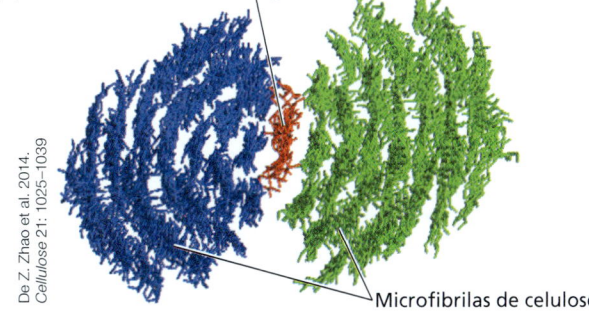

Figura 2.20 Conceitos alternativos da função estrutural do xiloglucano. (A) O modelo de rede entrelaçada propõe que os xiloglucanos se ligam extensivamente às superfícies de celulose e formam pontes cruzadas que unem firmemente as microfibrilas. (B) O modelo biomecânico de "sítios preferenciais" (hot spots) propõe que grande parte do xiloglucano não seja de suporte de carga e que a extensão e a mecânica da parede sejam controladas em regiões limitadas onde as microfibrilas de celulose têm contato próximo, auxiliadas por xiloglucanos aprisionados. (C) Simulação computacional de duas microfibrilas de celulose (azul e verde, mostradas em corte transversal) unidas por uma cadeia de xiloglucano (vermelho). (B segundo Y. B. Park and D. J. Cosgrove. 2012. *Plant Physiol.* 158: 1933–1943.)

resíduos de ácido ferúlico fixados à matriz de polissacarídeos e lignina) geralmente coincide com a maturação da parede e acredita-se que seja mediada por peroxidase, uma provável enzima envolvida na rigidez da parede.
- Microtúbulos e complexos de celulose sintase associados mostram reorientação do alinhamento paralelo ao eixo de crescimento em algumas células que se alongam anisotropicamente, coincidente com a desaceleração do crescimento.

Portanto, muitas mudanças estruturais da parede ocorrem durante e após a cessação do crescimento. Ainda não é possível identificar o significado de processos individuais para o término da expansão da parede.

2.4 Estrutura e função da parede celular secundária

A parede celular secundária (PCS) é uma estrutura hierárquica formada dentro da parede celular primária, após esta ter cessado a sua expansão (**Figura 2.21A e B**). As PCSs mais estudadas são de células altamente lignificadas e mortas na maturidade, como traqueídes, elementos de vaso e fibras em tecidos lenhosos. Porém outros exemplos notáveis incluem fibras do

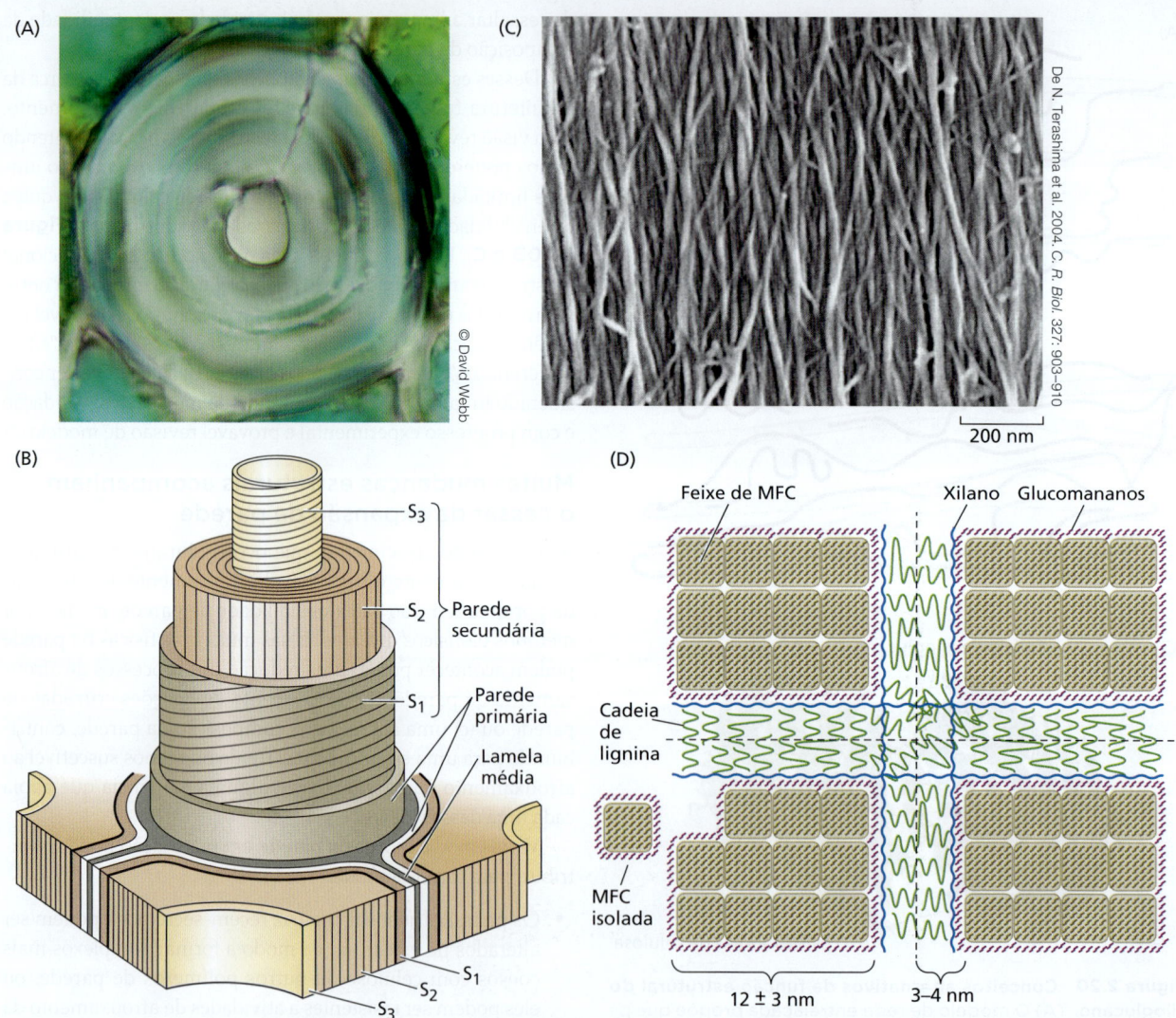

Figura 2.21 Estrutura em multiescalas de paredes celulares secundárias. (A) Corte transversal de uma esclereide de *Podocarpus*, em que são visíveis múltiplas camadas na parede secundária. (B) Diagrama da organização da parede celular frequentemente encontrada em traqueídes e em outras células com paredes secundárias espessas. Três camadas distintas (S_1, S_2 e S_3) são formadas internamente à parede primária. (C) Macrofibrilas visíveis na superfície interna de uma parede celular de traqueíde em *Ginko*, conforme observado em microscopia eletrônica de varredura com emissão de campo. (D) Um modelo da estrutura e da compactação de uma macrofibrila. Aqui quatro macrofibrilas são mostradas, em uma seção transversal, como um conjunto de três por quatro de microfibrilas de celulose (MFCs) elementares, as quais são compactadas e revestidas com glucomananos. Uma camada de lignina-xilano liga as microfibrilas. (D segundo N. Terashima et al. 2009. *J. Wood Sci.* 55: 409–416.)

floema e interfasciculares, células pétreas e células epidérmicas, como as fibras do algodão, que não são lignificadas, mas tornam-se incrivelmente espessas pelo acúmulo de paredes ricas em celulose.

As PCSs geralmente têm um papel estrutural de reforço. Em comparação com as paredes celulares primárias, que podem se estender de forma dinâmica, incorporar novos materiais e resistir à força de tração gerada pelo turgor celular, as PCSs são concebidas estruturalmente para resistir às forças de compressão e de tração geradas pela gravidade, pelas forças externas que causam a flexão do órgão e pelas pressões hidrostáticas negativas surgidas durante a transpiração; elas podem até reprimir o forrageio de herbívoros. As propriedades mecânicas das PCSs são estáveis, resistindo mesmo após a morte celular, e são determinadas pela arquitetura da parede e pelas interações físicas entre os polímeros da parede celular.

Como mencionado na Seção 2.1, a celulose da PCS em tecidos lenhosos é sintetizada por um grupo de três CESAs, diferentes das três CESAs utilizadas para sintetizar celulose da parede celular primária. No momento, a significância desse fato para a estrutura celulósica não está clara, mas possivelmente isso tem um impacto no funcionamento do complexo celulose sintase, separadamente ou em agrupamentos para formar as microfibrilas (montagens de microfibrilas). Uma consequência marcante de defeitos na síntese da celulose em PCS é o colapso dos elementos de vaso (xilema). Outra distinção importante das PCSs é que suas hemiceluloses têm cadeias principais de xilano e (gluco) mananos com grau baixo de substituição (poucas cadeias laterais), ao passo que as hemiceluloses das paredes celulares primárias são altamente substituídas. Essa diferença tem um impacto importante nas propriedades das hemiceluloses, tais como conformação, solubilidade e ligações à celulose, e provavelmente tem um efeito substancial na organização das microfibrilas de celulose na parede celular.

As paredes celulares secundárias são ricas em celulose e hemicelulose e muitas vezes possuem uma organização hierárquica

A história temporal da PCS, refletida em sua estrutura em estratificada, é ainda mais evidente do que a da parede primária. As PCSs mais bem estudadas consistem em camadas concêntricas formadas sequencialmente, denominadas, da mais antiga para a mais jovem, S_1, S_2, S_3 e assim por diante. O número de camadas varia conforme o tipo celular (ver Figura 2.21B). As PCSs com duas ou três camadas são comuns no lenho e nas fibras. A orientação da celulose é diferente para cada camada, com a primeira camada depositada (S_1) orientada em uma hélice pouco profunda, quase transversal, ao passo que a celulose na camada mais espessa S_2 é orientada mais longitudinalmente. Nas células de fibra (ver Capítulo 1), geralmente há um tipo especial de PCS depositada em uma etapa final e formando uma camada "gelatinosa". Esta seção de parede é rica em celulose e pectinas (normalmente ramnogalacturonanos) que a tornam forte, mas também flexível. Essa estrutura permite a contração, quando necessário, para equilibrar forças externas crescentes, como é observado na madeira tensionada.

Há alguma discussão sobre se essa camada gelatinosa deve ser considerada uma parede terciária.

FORMAÇÃO, ESTRUTURA E ADESÃO DA MACROFIBRILA As lamelas da PCS contêm microfibrilas de celulose altamente alinhadas, as quais são firmemente montadas em macrofibrilas compactadas, que, por sua vez, alinham-se entre si e são separadas por hemiceluloses e ligninas (**Figura 2.21C**). O conceito de macrofibrila como um agregado de numerosas microfibrilas individuais é baseado na microscopia eletrônica de alta resolução de paredes celulares deslignificadas e parcialmente desconstruídas. A aparência das macrofibrilas na parede sugere que sua formação seja bem organizada e comece nos primeiros estágios de formação das microfibrilas de celulose. Uma possibilidade é que os agrupamentos dos complexos de síntese da celulose – um para cada microfibrila elementar – produzam coordenadamente microfibrilas que se alinham e coalescem imediatamente para formar uma macrofibrila, com interação de hemicelulose ocorrendo posteriormente. Esse processo pode ser mediado por proteínas auxiliares nas famílias COBRA e KORRIGAN, uma vez que seus fenótipos mutantes incluem uma organização reduzida na parede celular.

Os modelos moleculares de PCSs são muito menos desenvolvidos do que aqueles desenvolvidos para paredes celulares primárias. Um modelo hipotético de Terashima e colaboradores (**Figura 2.21D**) ilustra alguns conceitos básicos da construção de macrofibrilas em nanoescala. O modelo propõe um arranjo estruturado dos polímeros da matriz, com glucomananos revestindo a superfície da macrofibrila, xilanos posicionados na camada seguinte, e ligninas ligando xilanos e preenchendo o espaço entre as macrofibrilas. Outros modelos sugerem que a lignina é intercalada e entrelaçada entre cadeias de hemicelulose. Os detalhes da estrutura da macrofibrila podem diferir entre espécies com diferente composição de hemiceluloses.

Estudos físicos e computacionais indicam que as macrofibrilas são impedidas de se fusionar em um único cristal de celulose maciço pela água presa entre as microfibrilas constituintes. O desalinhamento e a torção de microfibrilas individuais também ajudam a impedir tal cristalização. O diâmetro da macrofibrila também varia com o tipo de célula e a lamela da parede de uma maneira que se correlaciona com o conteúdo de lignina.

A lignificação transforma a parede celular secundária em uma estrutura hidrofóbica, resistente à desconstrução

As paredes celulares secundárias geralmente são lignificadas, um processo que começa após a formação da PCS estar em andamento. A lignificação pode até mesmo continuar após a morte celular de alguns tipos de células, com contribuições metabólicas de células vivas vizinhas. Os principais blocos de construção das ligninas, denominados monolignóis, são álcoois sinapil e coniferil, com quantidades menores de álcool *p*-cumaril (**Figura 2.22A**). Os monolignóis são sintetizados na célula a partir da fenilalanina através da rota fenilpropanoide (ver **Apêndice 4 na internet**).

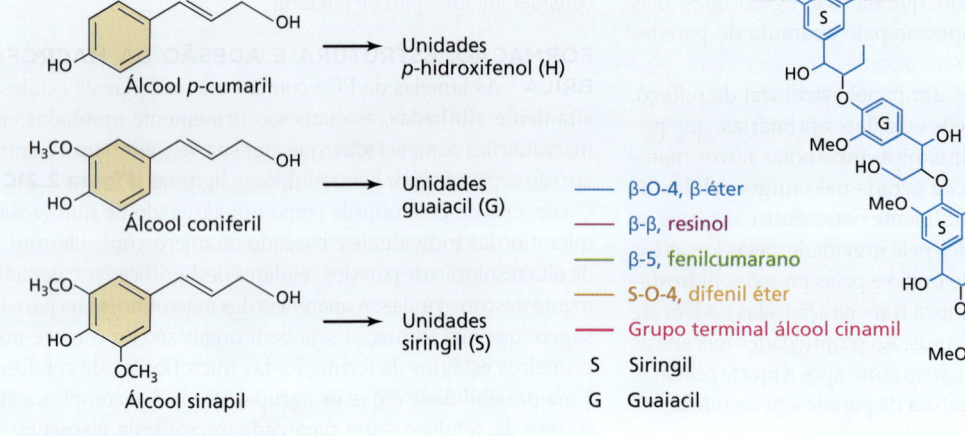

Figura 2.22 Estrutura parcial para ligninas comuns. (A) Os monolignóis, que se tornam as unidades H, G e S do polímero de lignina, diferem no número de substituintes metóxi no anel fenólico. (B) Modelo atual da estrutura da lignina do álamo, composto de unidades de monolignóis S e G, interligadas por radicais livres gerados por peroxidase e lacase. Observe que esse é um dos bilhões de possíveis isômeros. (B segundo J. Ralph et al. 2007. In *eLS*, [ed.]. https://doi.org/10.1002/9780470015902.a0020104)

Os monolignóis são exportados através da membrana plasmática para a parede primária da célula. Embora esse transporte possa ser mediado por transportadores (p. ex., subclasse G do cassete de ligação de ATP, transportadores ABCG), simulações recentes sugerem que os monolignols podem se difundir passivamente através da membrana. Uma vez no espaço da parede celular, os monolignols sofrem acoplamento oxidativo, resultando em unidades de lignina siringil (S), guaiacil (G) e *p*-hidroxifenil (H). A unidade S é não ramificada, ao passo que as unidades G e H são capazes de formar estruturas ramificadas. Na maioria das espécies, a lignina é uma mistura dessas três unidades, porém as proporções podem variar espacialmente e no desenvolvimento, bem como entre as espécies. A lignina de angiospermas é composta principalmente de unidades G e S, ao passo que a lignina de gimnospermas contém, principalmente, unidades G. As gramíneas têm níveis ligeiramente elevados de unidades H. Estudos recentes mostram que a polimerização de lignina é muito flexível e pode incorporar uma diversidade de subunidades fenólicas. Esta é outra demonstração de um tema comum de estrutura de parede, em que existem algumas tendências básicas na composição, mas também na diversidade entre as espécies.

A síntese da lignina envolve o acoplamento oxidativo mediado por radicais de monolignóis na parede, catalisado por peroxidases e lacases para formar um polímero aleatoriamente combinável (**Figura 2.22B**). Trabalhos recentes sobre *Arabidopsis* indicam que a lignificação na raiz depende principalmente das peroxidases. Uma grande quantidade de trabalhos tem caracterizado a estrutura da lignina, a rota de biossíntese dos monolignóis e as estratégias para modificação dessa rota para manipular a lignificação. Em tecidos lenhosos, a polimerização de ligninas geralmente começa nos ângulos celulares, na parede primária e lamela média, e depois se estende progressivamente para as lamelas da PCS. A base para esse padrão de lignificação não é bem compreendida, mas, em geral, especula-se que os sítios de nucleação se encontram na lamela média rica em pectina, onde a lignificação começa, e que as características físicas da matriz da parede podem influenciar na polimerização à base de radicais monolignóis e ter ligação cruzada com polissacarídeos de parede.

Um caso especial de lignificação ocorre em uma região estreita na parede da endoderme da raiz denominada estria de Caspary (ver Capítulo 1), que forma uma barreira hidrofóbica entre o estelo e o córtex. A estria de Caspary contém lignina que é polimerizada em uma parte muito restrita da parede celular. Os fatores-chave que controlam sua síntese abrangem a **CASPARIAN STRIP PROTEIN 1** (**CASP1**), que organiza as proteínas de membrana na estria de Caspary, uma NADPH oxidase, que gera peróxido de hidrogênio, e uma peroxidase, que gera os radicais monolignóis intermediários (**Figura 2.23**). Além disso, a proteína de parede **ENHANCED SUBERIN 1** (**ESB1**) é essencial para a lignificação propriamente dita nessa estreita região da parede celular. A ESB1 é um membro da classe de proteínas conhecidas como **proteínas com domínio dirigente** (*dirigent-domain proteins*; do latim, *dirigere*, "direcionar"), que podem guiar a estereoquímica de um composto sintetizado por outras enzimas. A função exata da ESB1 não é clara, mas ela pode construir um núcleo de formação da lignina especificamente na estria de Caspary da parede celular da endoderme. Uma isoforma de lacase (LACCASE3) parece funcionar a montante de CASP1 no posicionamento da estria de Caspary, apesar de não ter função evidente na formação de lignina.

Embora a lignificação seja associada ao fortalecimento da parede, não é clara a base física para esse efeito. Anteriormente, admitia-se que a lignina formava uma macromolécula volumosa que interpenetrava e tinha ligação cruzada na parede. Porém os resultados mais recentes indicam que a lignina nativa (ou "protolignina") é menor do que se acreditava. Notavelmente, a lignina rica em S do álamo transgênico que superexpressa ferulato 5 hidrolase tem um grau de polimerização de somente 10, ainda que as plantas pareçam fenotipicamente normais. Obstáculos técnicos tornam difícil avaliar a extensão da ligação cruzada de lignina em outras paredes celulares, mas a ligação cruzada extensa não parece ser essencial para a formação de lenho no álamo.

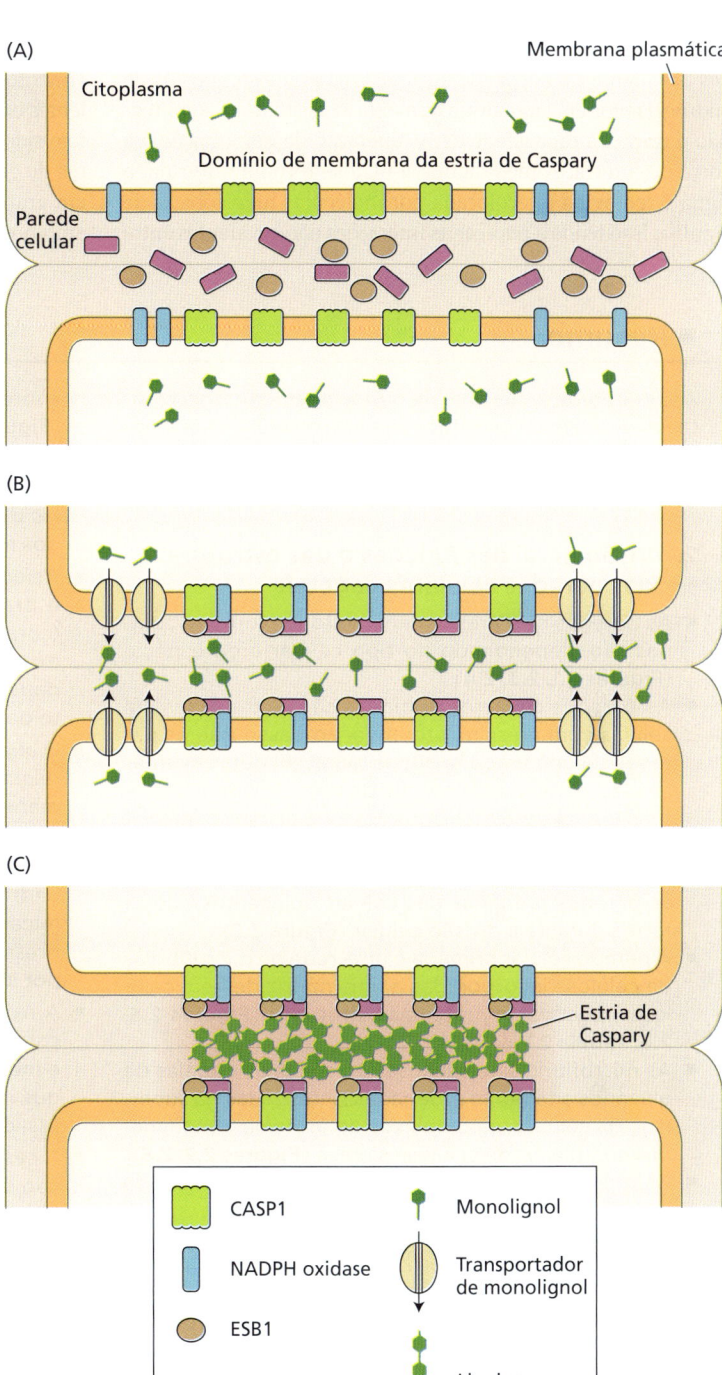

Figura 2.23 Representação esquemática do depósito da estria de Caspary. (A) CASPs são distribuídas inicialmente de maneira uniforme ao redor da membrana plasmática, porém logo se agregam no domínio central, designado como domínio de membrana da estria de Caspary (CSD). (B) NADPH oxidase e peroxidase são requisitadas para o CSD, e os monolignóis são exportados em um processo não direcionado ao apoplasto. (C) A polimerização de lignina ocorre exclusivamente na parede celular adjacente ao CSD, porque as enzimas estão localizadas nesse local. CASP1, CASPARIAN STRIP PROTEIN 1; ESB1, ENHANCED SUBERIN 1. (Segundo D. Roppolo and N. Geldner. 2012. *Curr. Opin. Plant Biol.* 15: 608–617.)

Em apoio à função proposta da lignina nas paredes celulares das plantas, a adição de lignina a materiais compostos de hidrogel feitos em laboratório aumenta a resistência à compressão e tração, a capacidade de recuperação da deformação e a força de fratura. À medida que a PCS se torna lignificada, a água é removida e recolocada por moléculas hidrofóbicas de lignina. Isso tende a reforçar as interações não covalentes entre ligninas e polissacarídeos, talvez considerando algum fortalecimento da parede. Há também evidências de ligações covalentes extensas entre ligninas e polissacarídeos de parede, mas tem sido difícil caracterizá-las em detalhe. Nas paredes celulares de gramíneas, as ligações de lignina-carboidrato ocorrem em grande parte via grupos de ferulato ligados a resíduos de arabinose em GAX (ver Figura 2.10C).

■ Resumo

A arquitetura, a mecânica e o funcionamento das plantas dependem da estrutura da parede celular. A parede é secretada e construída como uma estrutura complexa, que varia em forma e composição à medida que a célula se diferencia.

2.1 Visão geral das funções e das estruturas das paredes celulares vegetais

- As paredes celulares variam muito em forma e composição, dependendo do tipo celular e da espécie (**Figuras 2.1, 2.3, 2.4**).
- As paredes celulares primárias são sintetizadas em células com crescimento ativo, ao passo que as paredes secundárias são depositadas em determinadas células, como os elementos de vaso (xilema) e as fibras (esclerênquima), após cessar a expansão celular (**Figuras 2.2–2.4**).
- A lamela média é uma camada rica em pectina entre as paredes primárias das células adjacentes que se forma durante a divisão celular (**Figura 2.2**).
- A parede celular primária é uma rede de microfibrilas de celulose incorporadas a uma matriz de hemiceluloses, pectinas e proteínas estruturais (**Figuras 2.5, 2.6; Tabela 2.1**).
- As microfibrilas de celulose são séries de cadeias de glucanos altamente ordenadas sintetizadas na superfície da célula por complexos de proteína denominados complexos de celulose sintase (**Figuras 2.7, 2.8**).
- Os polissacarídeos são sintetizados no complexo de Golgi e secretados por vesículas (**Figura 2.9**).
- As hemiceluloses unem as microfibrilas, e as pectinas formam géis hidrofílicos que podem ter ligação cruzada por íons de cálcio (**Figuras 2.10–2.12**).
- As paredes secundárias em tecidos lenhosos, em geral, contêm xilanos e glucomananos, em vez de xiloglucanos e pectinas.

2.2 A parede celular primária dinâmica

- A formação da parede ocorre parcialmente por autoconstrução espontânea, mas também pode ser mediada por enzimas. A xiloglucano endotransglicosilase tem a capacidade de executar reações de transglicosilação, que integram xiloglucanos recém-sintetizados na parede (**Figura 2.13**).

2.3 Mecanismos de expansão celular

- A expansão da parede pode ser altamente localizada (crescimento apical) ou mais dispersa sobre a superfície da parede (crescimento difuso) (**Figura 2.14**).
- Em células com crescimento difuso, o crescimento celular é determinado pela orientação das microfibrilas de celulose, que é determinada pela orientação dos microtúbulos no citoplasma (**Figuras 2.15–2.17**).
- As ações dos hormônios (como auxinas, giberelinas e brassinosteroides) e as condições do ambiente (como a luz e a disponibilidade de água) modulam a expansão celular mediante alteração da extensibilidade da parede ou das propriedades de amolecimento da parede.
- O afrouxamento bioquímico da parede celular leva ao relaxamento do estresse da parede, o que vincula de maneira dinâmica a absorção da água com a expansão da parede celular na célula em crescimento.
- Padrões complexos de crescimento celular, como o padrão de "quebra-cabeça" visto nas células epidérmicas fundamentais da folha, envolvem pontos de pressão localizados gerados pela expansão celular e por interações com elementos do citoesqueleto.
- A extensão da parede celular induzida por acidez é característica em paredes de células em crescimento e mediada pelas proteínas denominadas expansinas, que afrouxam as adesões não covalentes entre os polissacarídeos de parede (**Figuras 2.18, 2.19**).
- A cessação do crescimento celular durante a maturação da célula envolve múltiplos mecanismos de ligação cruzada e enrijecimento da parede celular.

2.4 Estrutura e função da parede celular secundária

- As paredes celulares secundárias tipicamente são camadas espessas depositadas entre a membrana plasmática e a parede celular primária. Elas adicionam resistência à tensão e à compressão nos caules e em outros órgãos.
- As paredes celulares secundárias de tecidos lenhosos compreendem duas ou mais camadas que contêm celulose, hemicelulose e lignina.
- A lignina é formada na parede por acoplamento oxidativo de monolignóis em um polímero aleatório de subunidades fenólicas. Isto resulta em ligação cruzada de lignina, que fixa a parede celular secundária em um material hidrofóbico, que é resistente à desconstrução enzimática (**Figuras 2.21, 2.22**).

Material da internet

- **Tópico 2.1 Terminologia para a química de polissacarídeos** É disponibilizada uma breve revisão dos termos usados para descrever as estruturas, as ligações e os polímeros na química de polissacarídeos.
- **Tópico 2.2 Componentes da matriz da parede celular** A secreção de xiloglucano e proteínas glicosiladas pelo complexo de Golgi pode ser demonstrada em nível ultraestrutural.
- **Tópico 2.3 Propriedades mecânicas das paredes celulares: estudos com *Nitella*** Experimentos têm demonstrado que a parte interna, correspondente a 25% da parede celular, determina a direção da expansão da célula.
- **Ensaio 2.1 Microtúbulos, microfibrilas e anisotropia do crescimento** As orientações dos microtúbulos e das microfibrilas nem sempre estão correlacionadas com a direcionalidade do crescimento.
- **Ensaio 2.2 Coordenação biofísica da absorção de água e do aumento da parede celular** Um modelo físico fornece um arcabouço quantitativo para relacionar a física da absorção de água à extensão da parede e para avaliar os fatores físicos limitantes no crescimento celular.

Para mais recursos de aprendizagem (em inglês), acesse **oup.com/he/taiz7e**.

Leituras sugeridas

Albersheim, P., Darvill, A., Roberts, K., Sederoff, R., and Staehelin, A. (2011) *Plant Cell Walls*. Garland Science, New York.

Baskin, T. I. (2005) Anisotropic expansion of the plant cell wall. *Annu. Rev. Cell Dev. Biol.* 21: 203–222.

Boerjan, W., Ralph, J., and Baucher, M. (2003) Lignin biosynthesis. *Annu. Rev. Plant Biol.* 54: 519–546.

Cosgrove, D. J. (2005) Growth of the plant cell wall. *Nat. Rev. Mol. Cell Biol.* 6: 850–861.

Cosgrove, D. J., and Jarvis, M. C. (2012) Comparative structure and biomechanics of plant primary and secondary cell walls. *Front. Plant Sci.* 3: 204.

Lu, F., and Ralph, J. (2010) Lignin. In *Cereal Straw as a Resource for Sustainable Biomaterials and Biofuels*, R. C. Sun (ed.), Elsevier, Amsterdam, pp. 169–207.

Mohnen, D. (2008) Pectin structure and biosynthesis. *Curr. Opin. Plant Biol.* 11: 266–277.

Niklas, K. (2004) The cell walls that bind the tree of life. *Bioscience* 54: 831–841.

Paredez, A. R., Somerville, C. R., and Ehrhardt, D. W. (2006) Visualization of cellulose synthase demonstrates functional association with microtubules. *Science* 312: 291–295.

Plomion, C., Leprovost, G., and Stokes, A. (2001) Wood formation in trees. *Plant Physiol.* 127: 1513–1523.

Sampedro, J., and Cosgrove, D. J. (2005) The expansin superfamily. *Genome Biol.* 6: 242.

Waldron, K. W., and Brett, C. T. (2007) The role of polymer cross-linking in intercellular adhesion. In *Plant Cell Separation and Adhesion*, J. Roberts and Z. Gonzalez-Carranza (eds.), Blackwell, Oxford, pp. 183–204.

Zhong, R., and Ye, Z. H. (2007) Regulation of cell wall biosynthesis. *Curr. Opin. Plant Biol.* 10: 564–572.

3 Estrutura do genoma e expressão gênica

As características observáveis de uma planta (seu **fenótipo**) são um produto de seu genótipo (todos os genes ou alelos que determinam as características da planta), o padrão de modificações químicas epigenéticas de seu DNA e histonas associadas que alteram a expressão gênica e o ambiente em que vive. No Capítulo 1, foram revisadas a estrutura fundamental e a função do DNA, seu empacotamento dentro de cromossomos e as duas fases principais da expressão gênica: transcrição e tradução. Neste capítulo, discute-se como a composição do genoma, além de seus genes, influencia a fisiologia e a evolução do organismo. Primeiro, examina-se a estrutura e organização do genoma nuclear e dos elementos não gênicos que ele contém e contrasta-se isso aos genomas citoplasmáticos, que estão contidos nas mitocôndrias e nos plastídios. A seguir, discute-se sobre a maquinaria celular necessária para transcrever e traduzir os genes em proteínas funcionais, e observa-se como processos transcricionais e pós-transcricionais se unem para regular a expressão gênica geral. Por fim, são introduzidas algumas das ferramentas utilizadas para estudar a função gênica e finaliza-se com uma discussão do uso da engenharia genética na pesquisa e na agricultura.

■ 3.1 Organização do genoma nuclear

Como discutido no Capítulo 1, o genoma nuclear contém a maioria dos genes necessários para as funções fisiológicas da planta. O primeiro genoma vegetal a ser completamente sequenciado foi o de uma pequena angiosperma eudicotiledônea denominada de *Arabidopsis thaliana* (erva-estrelada). O genoma de *A. thaliana* é composto por cerca de 157 milhões de pares de bases (157 Mpb), que são distribuídos ao longo de cinco cromossomos. Por outro lado, o genoma da monocotiledônea *Paris japonica* (*japanese canopy plant*), com o maior genoma conhecido, contém aproximadamente 150 bilhões de pares de bases (150.000 Mpb). A maioria das angiospermas é hermafrodita, o que significa que elas carregam órgãos sexuais masculinos e femininos na mesma planta e muito frequentemente na mesma flor. Existem algumas plantas superiores e diversas inferiores que encontram-se na forma masculina ou feminina. Essas espécies com indivíduos unissexuais são chamadas de dioicas. Essas espécies dioicas também têm cromossomos sexuais específicos – às vezes diferenciados como cromossomos X e Y – que, assim como nos humanos, carregam informações para a determinação do sexo. Dentro de seu genoma nuclear, *A. thaliana* possui cerca de 27.416 genes codificadores de proteínas e outros 4.827 genes que são ou **pseudogenes** (genes não funcionais) ou partes de transposons (elementos de DNA móveis). O genoma de *A. thaliana* contém também 1.359 genes que produzem RNAs não codificadores de proteínas (ncRNAs). Alguns desses ncRNAs incluem RNAs ribossômicos e de transferência, enquanto outros estão provavelmente envolvidos na regulação gênica. Mais adiante neste capítulo, descrevem-se mais detalhadamente tanto os transposons quanto os ncRNAs.

O genoma vegetal, no entanto, consiste em muito mais do que genes. Nesta seção, são examinadas a organização e a composição química do genoma; em seguida, observa-se como certas regiões do genoma correspondem a funções específicas.

O genoma nuclear é compactado na cromatina

O genoma nuclear consiste em moléculas de DNA que são enroladas em torno de histonas, formando estruturas em forma de contas, chamadas de **nucleossomos** (ver Capítulo 1). DNA e histonas, junto com outras proteínas que se ligam ao DNA, são referidos como **cromatina** (ver Figura 1.15). Dois tipos de cromatina podem ser distinguidos: eucromatina e heterocromatina. Historicamente, esses dois tipos foram distinguidos com base em sua aparência em microscopia de luz, quando corados com corantes específicos. A **heterocromatina**, em geral, é bem mais compactada e, portanto, mostra-se mais escura do que a **eucromatina**, menos condensada. A maioria dos genes que estão transcritos ativamente em uma planta está localizada nas regiões eucromáticas de um cromossomo, enquanto os genes localizados em regiões heterocromáticas são ou inativos ou silenciados, ao menos em muitos tecidos. O silenciamento completo de genes levará finalmente à acumulação de mutações que não implicam custos evolutivos (i.e., a mutação não ajuda nem inviabiliza o indivíduo) e tornam o gene extinto. Tais genes são exemplos de pseudogenes. Em comparação com a eucromatina, a heterocromatina é relativamente pobre em genes. As regiões heterocromáticas incluem os centrômeros, diversas saliências (*knobs*) e as regiões imediatamente adjacentes aos telômeros, ou extremidades dos cromossomos, conhecidas como **regiões subteloméricas**.

As estruturas heterocromáticas frequentemente são formadas por sequências de DNA altamente repetitivas, ou **repetições em série** (*tandem repeats*): blocos de motivos de nucleotídeos, com cerca de 150 a 180 pb, que se repetem várias vezes. Uma segunda classe de repetições é a das **repetições dispersas**. Um tipo de repetição dispersa é conhecido como **sequências simples repetidas (SSR)**, ou **microssatélites**. Essas repetições são compostas por motivos de sequências que têm entre 2 e 6 nucleotídeos de comprimento, que se repetem centenas ou, até mesmo, milhares de vezes. Outro grupo dominante de repetições dispersas encontrado na heterocromatina é o de transposons.

Centrômeros, telômeros e regiões organizadoras do nucléolo contêm sequências repetitivas

Os mais proeminentes marcadores estruturais nos cromossomos são os centrômeros, os telômeros e as regiões organizadoras do nucléolo. Essas regiões contêm sequências repetitivas de DNA que podem ser visíveis por hibridização *in situ* fluorescente (FISH, *fluorescent in situ hybridization*), uma técnica que utiliza sondas moleculares marcadas com fluorescência – normalmente fragmentos de DNA – que se ligam especificamente a uma sequência a ser identificada (**Figura 3.1**). **Centrômeros** são constrições dos cromossomos, onde as fibras do fuso se fixam durante a divisão celular. A fixação das fibras ao centrômero é mediada pelo cinetocoro, um complexo de proteínas que circunda o centrômero (ver Capítulo 1). Centrômeros consistem em regiões de DNA altamente repetitivas, incluindo repetições em série e/ou transposons inativos. Embora essas sequências repetitivas com frequência tenham entre 150 e 180 pb de comprimento, o tamanho dos centrômeros de plantas pode alcançar de centenas de pares de kilobases a muitos pares de megabases de comprimento. Por causa do comprimento e da repetitividade dos centrômeros, tem sido difícil para os cientistas genômicos determinar sua sequência exata, mesmo na era atual dos sequenciamentos completos de genomas. **Telômeros** são sequências localizadas nas extremidades de cada cromossomo. Eles agem como "quepes" (*caps*) nas extremidades do cromossomo, impedindo a perda de DNA durante sua replicação e inibindo a fusão terminal entre cromossomos mediada via mecanismos de reparo por quebra de fita dupla.

As moléculas de RNA que compõem os ribossomos (rRNA) são transcritas a partir de **regiões organizadoras do nucléolo** (**RONs**). Como os ribossomos são compostos

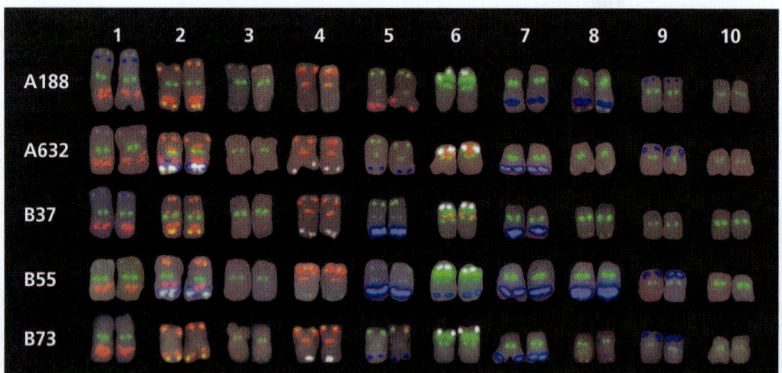

Figura 3.1 Marcadores cromossômicos, incluindo centrômeros, telômeros e regiões organizadoras do nucléolo (RONs), podem ser usados para identificar cromossomos individuais. Cada linha mostra os dez pares de cromossomos de uma linhagem endogâmica de milho diferente (*Zea mays*; cinco linhas comuns são mostradas aqui, de A188 a B73). As sequências de DNA (sondas), complementares para certos marcadores cromossômicos, foram marcadas com fluorocromo e hibridizadas com as preparações cromossômicas. Os centrômeros podem ser vistos como pontos verdes próximos da região mediana dos cromossomos; as regiões organizadoras do nucléolo, como uma área verde maior, sobre o cromossomo 6; e os telômeros, como tênues pontos vermelhos, mais claramente visíveis no topo dos cromossomos 2 a 4. As áreas maiores destacadas em azul são regiões heterocromáticas específicas.

principalmente de rRNA e proteínas, e já que muitos ribossomos são necessários para a tradução, não é surpresa que as RONs contenham centenas de cópias repetidas de cada gene de rRNA. Dependendo da espécie vegetal, uma ou várias RONs estão presentes no genoma (o milho – *Zea mays* – tem uma, no cromossomo 6; ver Figura 3.1). Devido à sua natureza repetitiva e ao seu alto conteúdo GC, as RONs podem ser vistas ao microscópio óptico (após coloração) e, assim, podem servir como marcadores específicos de cromossomos. Marcadores cromossômicos como esses foram utilizados por geneticistas pioneiros para mapear características fenotípicas em regiões cromossômicas específicas. Apesar de sua natureza repetitiva, o rDNA (DNA que codifica rRNA) é ativamente transcrito. A estrutura proeminente denominada nucléolo (ver Figura 1.14) consiste no rDNA de RON, nas proteínas que transcrevem o rDNA e processam transcritos primários do rRNA para a montagem dos ribossomos, e nos ribossomos imaturos recém-montados.

Transposons são sequências móveis dentro do genoma

Um tipo dominante de DNA repetitivo dentro das regiões heterocromáticas do genoma é o transposon. **Transposons**, ou **elementos transponíveis**, são também conhecidos como "*genes saltadores*", porque alguns deles têm a capacidade de inserir uma cópia de si mesmos em um novo local dentro do genoma.

Existem duas grandes classes de transposons: os retroelementos, ou retrotransposons (Classe 1), e os transposons de DNA (Classe 2). Essas duas classes são distinguidas pelo seu modo de replicação e de inserção em um novo local (**Figura 3.2**). Os **retrotransposons** fazem uma cópia de RNA de si mesmos, que é reversamente transcrita em DNA, antes de ser inserida em outras partes do genoma (ver Figura 3.2A). Como normalmente não deixam sua localização original, mas geram cópias adicionais de si mesmos, retrotransposons ativos tendem a se multiplicar dentro do genoma. O conteúdo do genoma derivado de retrotransposons varia consideravelmente entre as espécies. No espruce-da-Noruega (*Picea abies*), os retrotransposons compõem cerca de 58% do genoma, enquanto, na utriculária carnívora (*Utricularia gibba*), os retrotransposons não ocupam mais do que aproximadamente 3,5% do genoma. **Transposons de DNA**, ao contrário, movem-se de uma posição para outra, usando um mecanismo de "corta e cola", catalisado por uma enzima que é codificada dentro da sequência do transposon. Essa enzima, a **transposase**, corta o transposon e o insere em outras partes do genoma, em muitos casos mantendo constante o número total de cópias do transposon (ver Figura 3.2B).

A transposição em um gene pode resultar em mutações. Se um transposon acopla-se dentro de uma região codificadora, o gene pode ser inativado. A inserção de um transposon próximo a um gene também pode alterar o padrão de expressão gênica. Por exemplo, o transposon pode perturbar os elementos reguladores normais do gene, impedindo a transcrição ou, já que os transposons com frequência carregam promotores, aumentando sua transcrição. A capacidade mutagênica dos transposons pode desempenhar um papel importante na evolução do genoma do hospedeiro. Um baixo nível de mutagênese pode levar a novas variações em um indivíduo, que podem

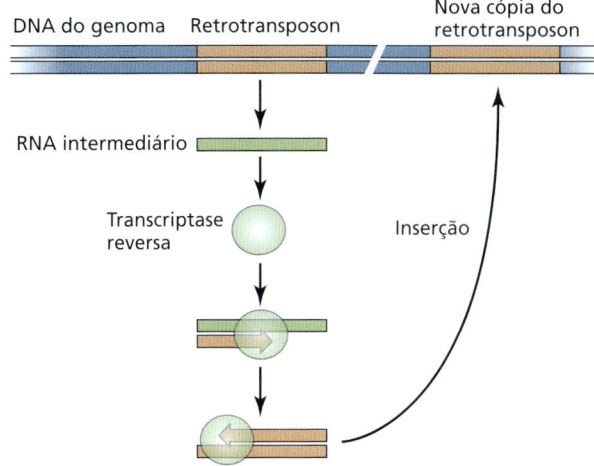

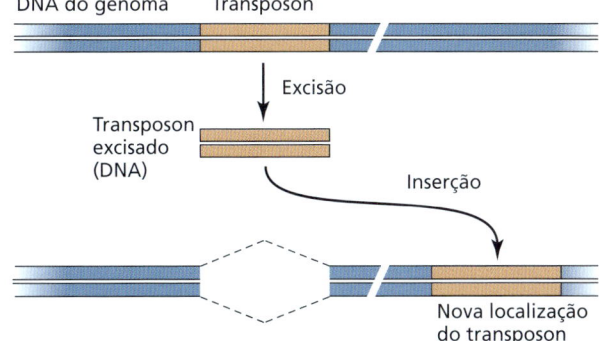

Figura 3.2 As duas classes principais de transposons diferem em seu modo de transposição. (A) Os retrotransposons movem-se por meio de um RNA intermediário. (B) Os transposons de DNA movem-se usando um mecanismo de "corta e cola" (*cut-and-paste*).

ser passadas para a próxima geração. Se a taxa de transposição é alta, entretanto, resultando em indivíduos com muitas mutações, ao menos algumas delas provavelmente serão deletérias e poderão diminuir a aptidão (*fitness*) geral da espécie.

Plantas e outros organismos são capazes de regular a atividade de transposons por meio da metilação do DNA e de histonas. Como será visto mais adiante neste capítulo, esses mesmos processos são usados para reprimir a transcrição em regiões heterocromáticas do genoma. À medida que mais sequências de DNA genômico se tornaram disponíveis, os cientistas têm percebido um grande número de transposons altamente metilados em regiões heterocromáticas. Estudos de mutantes incapazes de manter a metilação do genoma têm mostrado que uma perda lenta da metilação ao longo de gerações pode ativar transposons dormentes e aumentar a frequência de mutações transposicionais (**Figura 3.3**). Essa atividade de transposon pode diminuir consideravelmente a aptidão da prole. Portanto, a metilação e a formação de heterocromatina parecem desempenhar papéis importantes na estabilidade do genoma. Curiosamente, na interminável corrida armamentista evolutiva de dois mecanismos opostos, os cientistas descobriram

Figura 3.3 A perda de metilação pode levar a mutações à medida que os transposons não metilados tornam-se ativos. Uma mutação chamada de *diminuição na metilação do DNA* (*ddm1*) ocasiona hipometilação (metilação decrescida) de transposons endógenos. A mutação *clam*, que surgiu em um mutante *ddm1*, é o resultado da inserção de um transposon no gene *DWARF4* (*DWF4*), que é necessário para a biossíntese do hormônio de crescimento brassinosteroide. (A) Mutante *clam* transposon-induzido (à esquerda) ao lado de *Arabidopsis* do tipo selvagem. (B) Mutante *clam* sem (à esquerda) e com (à direita) um setor que foi revertido para o fenótipo do tipo selvagem, depois que o transposon "saltou para fora" do gene *DWF4*.

transposons cujas regiões promotoras da transposase são praticamente desprovidas de sítios de sequência que uma metilase poderia usar para metilação, evitando assim os mecanismos de silenciamento da planta. Também foi demonstrado que os transposons adquirem motivos de sequência que permitem que sejam regulados pela maquinaria reguladora de genes da planta. Um exemplo é o transposon *ONSEN*, que é ativado por fatores de transcrição de plantas sensíveis ao calor.

A organização cromossômica não é aleatória no núcleo interfásico

Durante a interfase do ciclo celular, os cromossomos descondensam-se. Entretanto, os cromossomos na interfase não estão dispostos ao acaso ou entrelaçados entre eles como um prato de espaguete; ao contrário, cada cromossomo ocupa uma localização discreta no núcleo chamada de **território cromossômico**. Em espécies com genomas maiores, os cromossomos são orientados de tal modo que os centrômeros e os telômeros de cada cromossomo estejam em polos opostos do núcleo, uma conformação conhecida como **configuração de Rabl**, nome em homenagem ao cientista austríaco Carl Rabl, que propôs pela primeira vez tal arranjo em 1885 (**Figura 3.4A**). Entretanto, cromossomos em plantas com genomas menores, como *Arabidopsis*, não adotam a configuração de Rabl, mas parecem agrupar seus telômeros ao redor do nucléolo em uma formação tipo roseta (**Figura 3.4B**). Técnicas que capturam a cromatina em sua conformação nativa estão sendo desenvolvidas atualmente. Uma dessas técnicas é chamada de captura de conformação de cromatina, ou 3C. Com essa técnica, partes do cromossomo adjacentes no arranjo em espiral da molécula têm ligações cruzadas; o DNA é, então, cortado em pequenos pedaços, deixando apenas as partes dessas ligações unidas umas às outras. As regiões com ligações cruzadas são, então, sequenciadas, permitindo ao pesquisador identificar áreas ao longo do cromossomo que estavam adjacentes umas às outras na célula.

A meiose divide o número de cromossomos e permite a recombinação dos alelos

No Capítulo 1, foram discutidos os eventos durante a divisão celular mitótica. Durante a produção de gametas, as células são divididas como durante a mitose, mas com muitas diferenças importantes. Durante a primeira divisão meiótica, o DNA é trocado entre os cromossomos homólogos antes que os cromossomos sejam separados nas células-filhas, resultando na recombinação do material genético (recombinação meiótica) (**Figura 3.5**). A segunda divisão meiótica separa as cromátides-irmãs, resultando em quatro células-filhas por célula original. Como a meiose envolve duas divisões celulares, mas com uma única

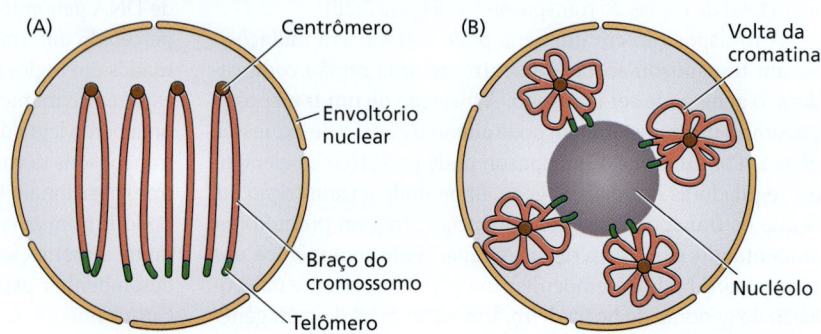

Figura 3.4 Arranjos cromossômicos no núcleo interfásico. (A) Configuração de Rabl dos cromossomos, onde os centrômeros e os telômeros de todos os cromossomos distanciam-se uns dos outros. (B) Configuração dos cromossomos em roseta, onde os telômeros estão orientados diretamente ao nucléolo. (Segundo Tiang et al. 2013. *Plant Physiol.* 158: 26–34.)

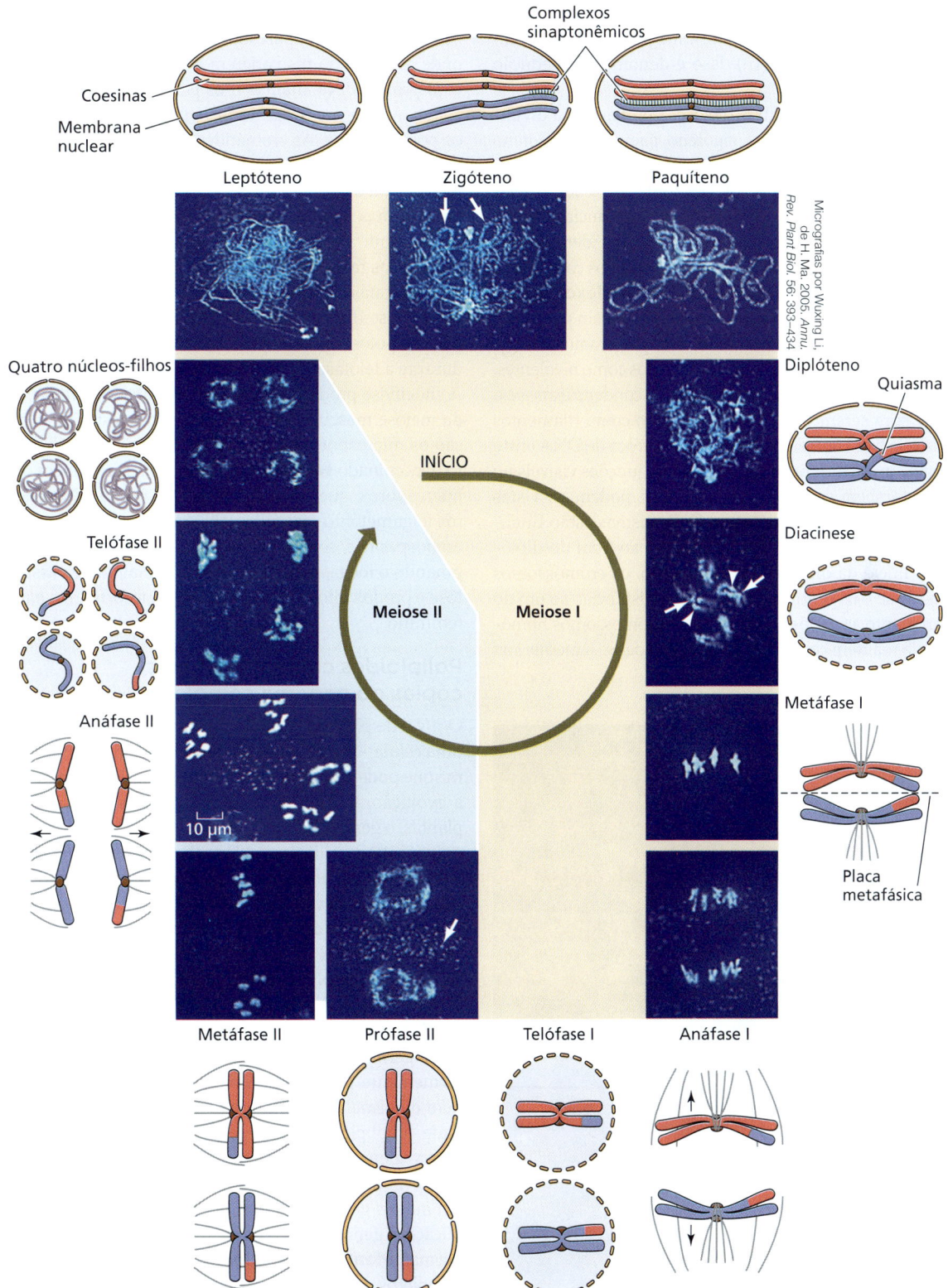

Figura 3.5 Meiose masculina em *Arabidopsis*. A ilustração mostra o estado cromossômico em cada estágio para somente um cromossomo. A prófase 1 inicia no estágio de leptóteno e vai para a diacinese. Ver texto para detalhes. Setas no zigóteno da prófase I indicam áreas visíveis do pareamento cromossômico; na diacinese da prófase I, as setas indicam o quiasma e as pontas de setas indicam os centrômeros. As coesinas são proteínas que mantêm unidas as cromátides-irmãs. Complexos sinaptonêmicos são complexos proteicos que se formam entre os homólogos. O DNA está corado com DAPI. (Segundo L. Grandont et al. 2013. *Citogenet. Genome Res.* 140: 171–184.)

etapa de replicação do DNA, cada célula-filha tem metade do material genético da célula original. Uma planta diploide (2n) produz gametas haploides (1n). Isso é denominado redução meiótica.

A primeira fase principal na meiose, a prófase, está dividida em cinco estágios: leptóteno, zigóteno, paquíteno, diplóteno e diacinese. Durante o leptóteno, as regiões homólogas entre os pares de cromossomos homólogos começam a se associar umas com as outras e a recombinação meiótica é iniciada com o auxílio de muitas proteínas específicas. Uma vez identificadas as regiões homólogas, os cromossomos homólogos começam a se parear durante o zigóteno e formam os **complexos sinaptonêmicos** (**Figura 3.6**), que finalmente aparecem continuamente ao longo do comprimento de cada par cromossômico. Cromossomos pareados também são referidos como bivalentes. Para o final do paquíteno, os cromossomos condensaram-se o suficiente para serem vistos no microscópio como filamentos distinguíveis (ver Figura 3.5). A permuta (a troca de DNA entre homólogos) inicia durante o paquíteno, e as junções visíveis no diplóteno, também denominadas quiasmas, podem ser vistas entre os cromossomos homólogos. Os quiasmas estão finalizados (i.e., a troca de DNA está completa) ao final do diplóteno e no início da diacinese. Nesse ponto, os cromossomos condensam-se e os centrômeros parecem distanciar-se um do outro, enquanto as regiões terminais dos cromossomos homólogos ainda mantêm contato entre os homólogos. A membrana nuclear rompe-se ao final da diacinese. Durante a metáfase I, os homólogos ainda pareados alinham-se na placa metafásica, onde as fibras do fuso aderem a cada centrômero via cinetocoro proteico. Na anáfase I, os pares homólogos separam-se com o auxílio das fibras do fuso, puxando os homólogos para os polos opostos. As cromátides-irmãs permanecem aderidas entre si durante a anáfase I. Durante a telófase I, os cromossomos devem descondensar-se, como no caso de *Arabidopsis*, ou, em algumas plantas, permanecem condensados e movem-se rapidamente no decorrer da prófase II para a metáfase II. Durante essas fases, os cromossomos alinham-se novamente na placa metafásica, e as fibras do fuso fixam-se nos centrômeros. Na anáfase II, as cromátides-irmãs separam-se e são puxadas para os polos. Os cromossomos começam a descondensar-se durante a telófase II, e quatro núcleos haploides são formados. A citocinese produz, então, quatro células separadas. No caso da meiose masculina nas angiospermas, estas quatro células são os micrósporos, que permanecem juntos em um conjunto denominado **tétrade**. Mais tarde, a tétrade libera os quatro micrósporos, que sofrem mitose para produzir polens maduros (o gametófito masculino). No caso da meiose feminina nas angiospermas, somente uma das células-filhas sobrevive, originando o megásporo. O megásporo finalmente passa por mitose e produz oito núcleos haploides, que formam o gametófito feminino.

Poliploides contêm múltiplas cópias do genoma completo

O nível de ploidia – o número de cópias do genoma inteiro de uma célula – é outro aspecto importante da estrutura do genoma que pode ter implicações tanto para a fisiologia quanto para a evolução. Em muitos organismos, mas especialmente em plantas, o genoma diploide inteiro (2n) pode experimentar uma ou mais etapas adicionais de replicação, sem sofrer citocinese (ver Capítulo 1), tornando-se **poliploide**. Se a poliploidia está restrita a órgãos vegetativos, o termo utilizado para descrever esse estado é **endopoliploidia**. Exemplos de poliploidia são as glândulas salivares em *Drosophila* e as células hepáticas em seres humanos. Nas plantas, a endopoliploidia frequentemente ocorre em células foliares completamente diferenciadas.

Se uma duplicação do genoma inteiro é realizada em uma linha germinativa (gametas), pode resultar uma geração uniformemente poliploide. A poliploidia não é um evento raro, nem é normalmente associada a mutação ou doença. Na verdade, a poliploidia é um evento comum que ocorre ao menos uma vez em todas as linhagens de angiospermas. A evidência para eventos múltiplos de poliploidização pode ser encontrada em muitos genomas de plantas, porém é interessante que duplicações genômicas parecem ser menos comuns em gimnospermas. **Plantas autopoliploides** contêm múltiplos genomas completos de uma única espécie, enquanto **plantas alopoliploides** contêm múltiplos genomas completos derivados de duas ou mais espécies distintas.

Ambos os tipos de poliploidias podem resultar da meiose incompleta durante a gametogênese. Durante a meiose normal, os cromossomos de uma célula reprodutiva diploide sofrem

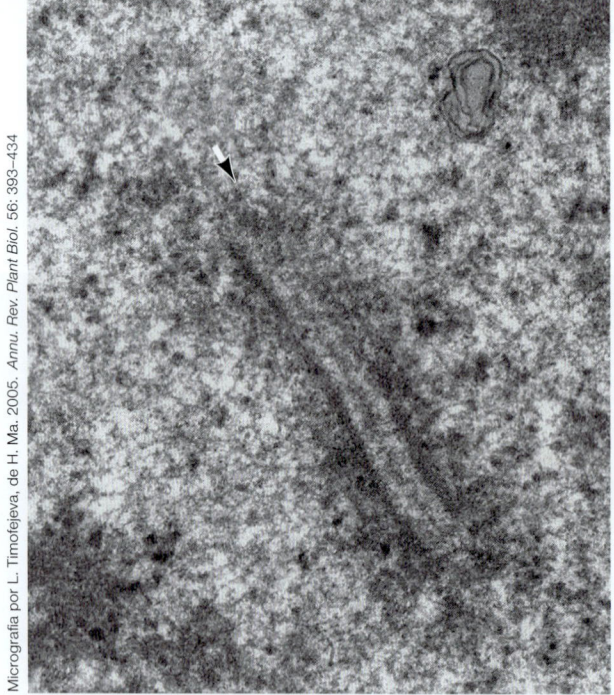

Figura 3.6 Complexo sinaptonêmico em *Arabidopsis*. A seta aponta para um complexo sinaptonêmico parcial durante o paquíteno.

replicação do DNA, seguida de duas etapas de divisão (meiose I e meiose II), produzindo quatro células haploides. Se a duplicação de cromossomos não for seguida de duas etapas de divisão celular durante a meiose, podem ser formados **gametas não reduzidos** diploides (**Figura 3.7**). Em uma espécie ou em um indivíduo formado por autofecundação, se uma oosfera diploide for fecundada por uma célula espermática diploide, o zigoto resultante contém quatro cópias de cada cromossomo e será dito ser *autotetraploide* (ver Figura 3.7). Os alopoliploides são o resultado da formação de um híbrido interespécie e envolvem a duplicação do genoma (ver Figura 3.7). Os híbridos diploides interespécies ocorrem naturalmente, mas normalmente são estéreis.

Um exemplo clássico da natureza em que várias espécies do mesmo gênero produziram proles alopoliploides provém da família Brassicaceae, a família das mostardas (**Figura 3.8**). Diferentemente da ocorrência natural da duplicação genômica, a poliploidia também pode ser induzida artificialmente pelo tratamento com colchicina, que é derivada do açafrão-do-outono (*Colchicum autumnale*). A colchicina inibe a formação de fibras do fuso e impede a divisão celular, mas não interfere na replicação do DNA. O tratamento com colchicina, portanto, resulta em um núcleo indivisível, contendo várias cópias do genoma.

A falta de fertilidade em híbridos interespecíficos diploides está em contraste drástico com o fenômeno conhecido como

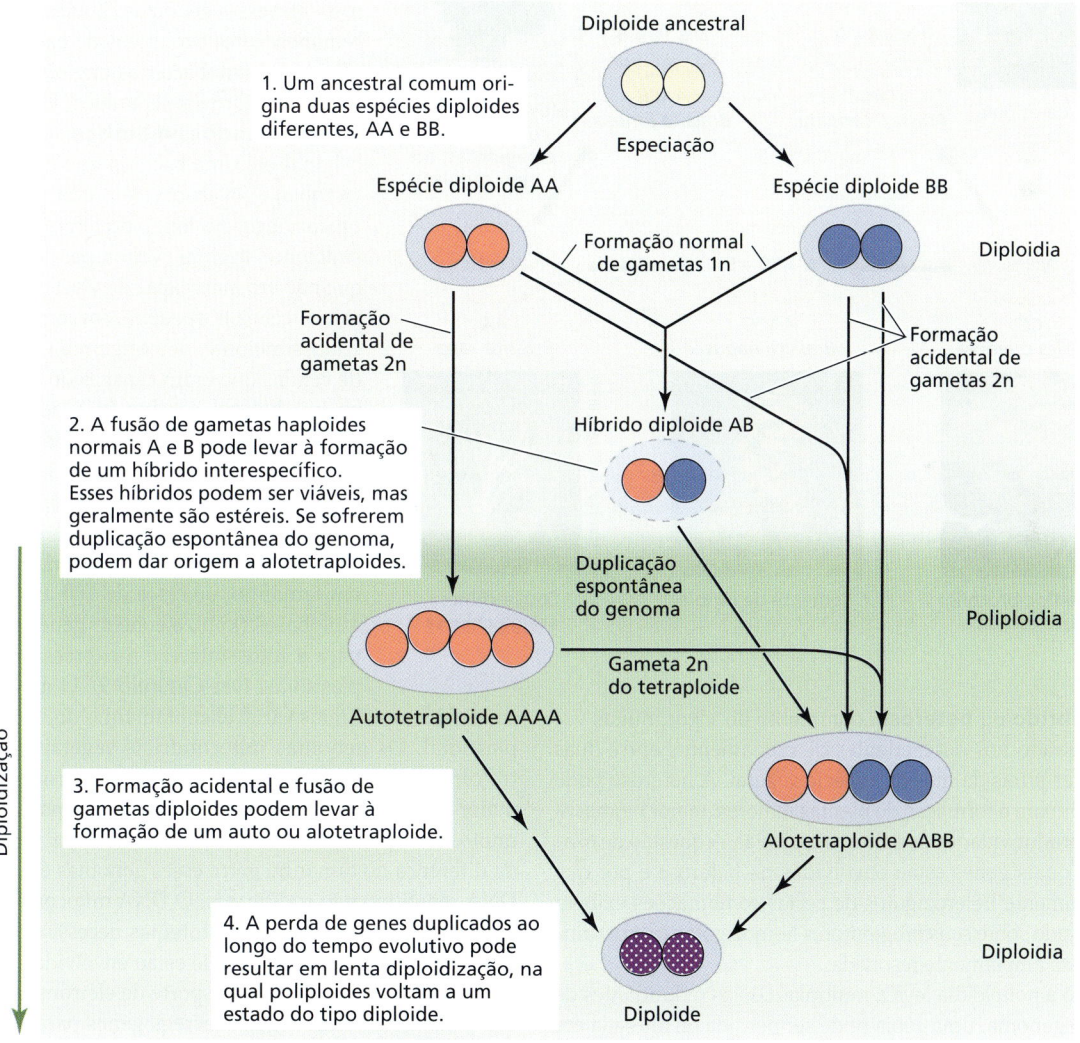

Figura 3.7 *Continuum* **na evolução das espécies poliploides.** Diploides podem dar origem a autopoliploides ou alopoliploides pelos mecanismos descritos na Figura 3.5. Poliploides podem reverter para um estado do tipo diploide pela perda gradual de DNA, incluindo genes duplicados, ao longo da escala evolutiva. A cor lilás, delimitando as elipses, representa os núcleos de uma espécie; os círculos coloridos dentro dos núcleos representam genomas inteiros. (Segundo L. Comai. 2005. *Nat. Rev. Genet.* 6: 836–846.)

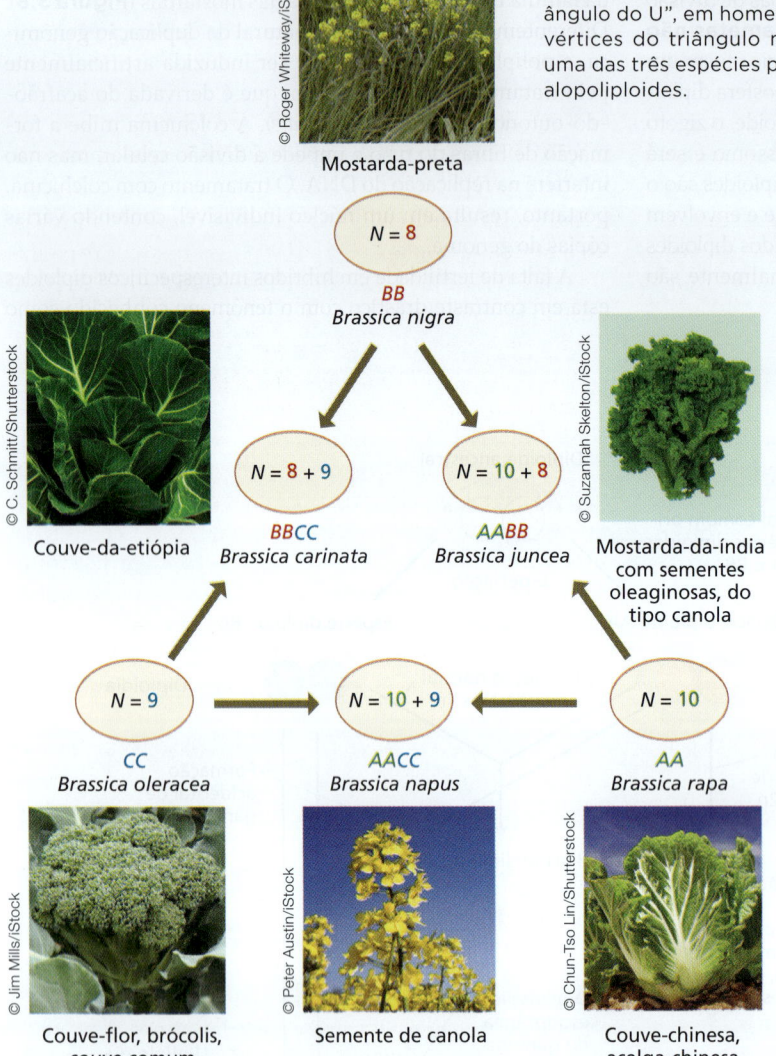

Figura 3.8 Três espécies comuns de plantas na família da mostarda (Brassicaceae) têm cruzado entre si, na natureza, formando novas espécies alotetraploides. Suas relações estão retratadas no chamado "triângulo do U", em homenagem ao cientista coreano Nagaharu U. Os três vértices do triângulo mostram espécies diploides de *Brassica*. Cada uma das três espécies pode cruzar com as outras duas, formando novos alopoliploides.

■ 3.2 Genomas citoplasmáticos em vegetais: mitocôndrias e plastídios

Além do genoma nuclear, as células vegetais contêm dois genomas citoplasmáticos: o genoma mitocondrial e o genoma plastidial. Admite-se que esses genomas citoplasmáticos sejam remanescentes evolutivos de bactérias procarióticas e cianobactérias englobadas em dois eventos evolutivos separados. De acordo com a **teoria endossimbiótica**, a mitocôndria original era uma bactéria que usava oxigênio (aeróbia) e foi absorvida por outro organismo procariótico. Ao longo do tempo, esse endossimbionte original evoluiu para uma organela que não era mais capaz de viver por conta própria. A célula hospedeira, em conjunto com seu endossimbionte, deu origem a uma linhagem de células que eram capazes de usar oxigênio no metabolismo aeróbio. Posteriormente, ocorreu um segundo evento de endossimbiose, no qual uma célula englobou uma cianobactéria fotossintética que, com o tempo, se tornou um plastídio.

Os genomas plastidiais, em geral, variam em tamanho, de cerca de 120 a 160 pares de quilobases (kpb), e contêm genes necessários para a fotossíntese e a expressão dos genes plastidiais (ver Capítulo 9). O genoma mitocondrial é muito mais variável em tamanho do que o genoma plastidial. Os genomas mitocondriais vegetais variam entre cerca de 180 kpb a cerca de 11 Mpb – consideravelmente maior do que o genoma mitocondrial de animais ou fungos, muitos dos quais possuem apenas 15 a 50 kpb. Grande parte da diferença no tamanho entre esses genomas é composto de DNA repetitivo não codificante. O DNA mitocondrial vegetal contém genes que codificam proteínas necessárias na cadeia de transporte de elétrons ou que estão envolvidas no fornecimento de cofatores para o transporte de elétrons. Além disso, o DNA mitocondrial vegetal carrega genes para as proteínas necessárias para a expressão gênica da própria organela, tais como proteínas ribossômicas, tRNAs e rRNAs (ver Capítulo 13). Em ambas as organelas, muitos genes requeridos para a função adequada do plastídio ou da mitocôndria deixam de ser codificados no próprio genoma organelar, mas ao longo do

vigor híbrido ou **heterose**: o aumento do vigor muitas vezes observado nos descendentes de cruzamentos entre duas variedades puras da mesma espécie vegetal. A heterose pode contribuir para a formação de plantas maiores, maior biomassa e maior produtividade nas culturas agrícolas. A questão de exatamente quais genes estão envolvidos na heterose e por que mecanicamente heterozigotos de certas combinações exibem vigor híbrido sobre seus progenitores homozigotos (puros) ainda não está amplamente resolvida.

Como a poliploidia leva a múltiplas cópias redundantes de genes no genoma, uma cópia pode ser perdida ou alterada em função ao longo de várias gerações. Esses tipos de processos são conhecidos como **subfuncionalização**. A análise do genoma mostra que, mesmo em muitas espécies diploides, há clara evidência de duplicação do genoma na história evolutiva da espécie.

tempo evolutivo foram transferidos para o núcleo das plantas atuais. As proteínas codificadas por esses genes são sintetizadas no citoplasma e, em seguida, importadas para as organelas. Para mais informações sobre a estrutura cromossômica dos genomas plastidiais, incluindo uma fotografia, ver **Tópico 3.1 na internet**.

A genética dos genes organelares é regida por dois princípios que a distinguem da genética mendeliana. Em primeiro lugar, tanto mitocôndrias quanto plastídios em geral mostram **herança uniparental**, que significa que a descendência sexual (via pólen e oosferas) somente herdará organelas de um dos progenitores. (Para uma discussão de como a herança uniparental acontece durante o desenvolvimento, ver **Tópico 3.1 na internet**). A segunda principal característica da herança organelar é o fato de plastídios e mitocôndrias poderem exibir **segregação vegetativa**. Isso significa que uma célula vegetativa (em oposição a um gameta), por mitose, pode originar outra célula vegetativa geneticamente diferente. Por exemplo, considere uma célula vegetal que contém uma mistura de dois tipos de plastídios geneticamente distintos. Durante a mitose, os plastídios são distribuídos ao acaso nas células-filhas. Por acaso, uma célula-filha pode receber plastídios com um tipo de genoma, enquanto outras células-filhas podem receber plastídios com informações genéticas diferentes, talvez contendo uma ou mais mutações. A segregação vegetativa, que também é referida como ***sorting-out*** (classificação), pode resultar na formação de setores fenotipicamente diferentes dentro de um tecido. (Para ver uma figura ilustrando o processo de classificação, ver **Tópico 3.1 na internet**). A presença desses setores em folhas pode resultar no que os horticultores muitas vezes se referem como **variegação**. A variegação foliar pode ser causada por mutações nos genes nucleares e mitocondriais.

■ 3.3 Regulação transcricional da expressão gênica nuclear

Uma vez examinada a organização dos genomas nuclear e citoplasmático nas plantas, a atenção será voltada para a estrutura do genoma nuclear e como ela influencia a expressão dos genes que o genoma contém. Primeiramente, os mecanismos básicos da transcrição gênica são analisados e, em seguida, descreve-se a regulação transcricional da expressão gênica.

Como introduzido no Capítulo 1, o caminho entre o gene e a proteína é um processo de várias etapas catalisadas por muitas enzimas (ver Figura 1.16). Cada etapa é objeto de regulação pela planta para controlar a quantidade de proteína que é produzida por cada gene. A regulação da primeira etapa, denominada transcrição, determina quando e se um mRNA será produzido. Esse nível de regulação, que é referido como **regulação transcricional**, inclui o controle do início da transcrição, a manutenção e o término da transcrição. O próximo nível na regulação da expressão gênica é conhecido como **regulação pós-transcricional**. Esse nível, que será abordado na Seção 3.4, inclui o controle da estabilidade do mRNA, eficiência da tradução e degradação. Finalmente, a **estabilidade da proteína** (regulação pós-traducional) desempenha um papel importante na atividade geral de um gene ou seu produto.

A RNA polimerase II liga-se à região promotora da maioria dos genes codificadores de proteínas

A transcrição gênica é facilitada por uma enzima chamada de **RNA polimerase**, que se liga ao DNA a ser transcrito e produz um transcrito de mRNA complementar à sequência de DNA. Existem vários tipos de RNA polimerase. A RNA polimerase II é a polimerase que transcreve a maioria dos genes que codificam proteínas. Um exemplo de um gene eucariótico típico em conjunto com suas sequências reguladoras é mostrado na **Figura 3.9**.

Antes que a transcrição de um gene possa começar, várias etapas têm que ocorrer para permitir que a RNA polimerase tenha acesso à sequência de nucleotídeos do gene. O DNA nuclear é enrolado em torno das histonas, formando estruturas em forma de contas, os nucleossomos. Como será discutido mais detalhadamente na próxima seção, as histonas estão sujeitas a modificações e, somente se essas modificações forem favoráveis à transcrição, a RNA polimerase será capaz de se ligar ao DNA. Para serem funcionais, as RNA polimerases de eucariotos requerem proteínas adicionais chamadas **fatores gerais de transcrição**, para posicionar a polimerase no sítio de início da transcrição. Esses fatores gerais de transcrição, junto com a RNA polimerase, compõem uma grande multissubunidade chamada **complexo de iniciação da transcrição**. A transcrição é iniciada quando o fator de transcrição final, que se liga ao complexo, fosforila a RNA polimerase. A seguir, a RNA polimerase separa-se do complexo de iniciação e prossegue ao longo da fita antisenso de DNA (também referida como fita não codificante, molde, negativa ou de Watson) na direção 3' para 5', enquanto adiciona nucleotídeos à nova fita de mRNA na direção 5' para 3' da fita nascente. A sequência do mRNA assemelha-se ao código da fita oposta de DNA não utilizada como molde pela polimerase, que é referida, então, como fita codificante (ou fita senso, positiva, não molde ou de Crick).

Além da RNA polimerase e dos fatores gerais de transcrição, muitos genes necessitam de fatores de transcrição específicos (também chamados de proteínas reguladoras de genes) para que a RNA polimerase se torne ativa. Essas proteínas reguladoras ligam-se ao DNA, frequentemente em sequências específicas, e tornam-se parte do complexo de iniciação da transcrição.

A região do gene que recruta a maquinaria transcricional, incluindo a RNA polimerase, é chamada de **promotor**. A estrutura do promotor eucariótico pode ser dividida em duas partes: o **promotor central** ou **promotor mínimo**, que consiste na sequência mínima necessária para a expressão gênica, e as **sequências do promotor regulador**, que controlam a

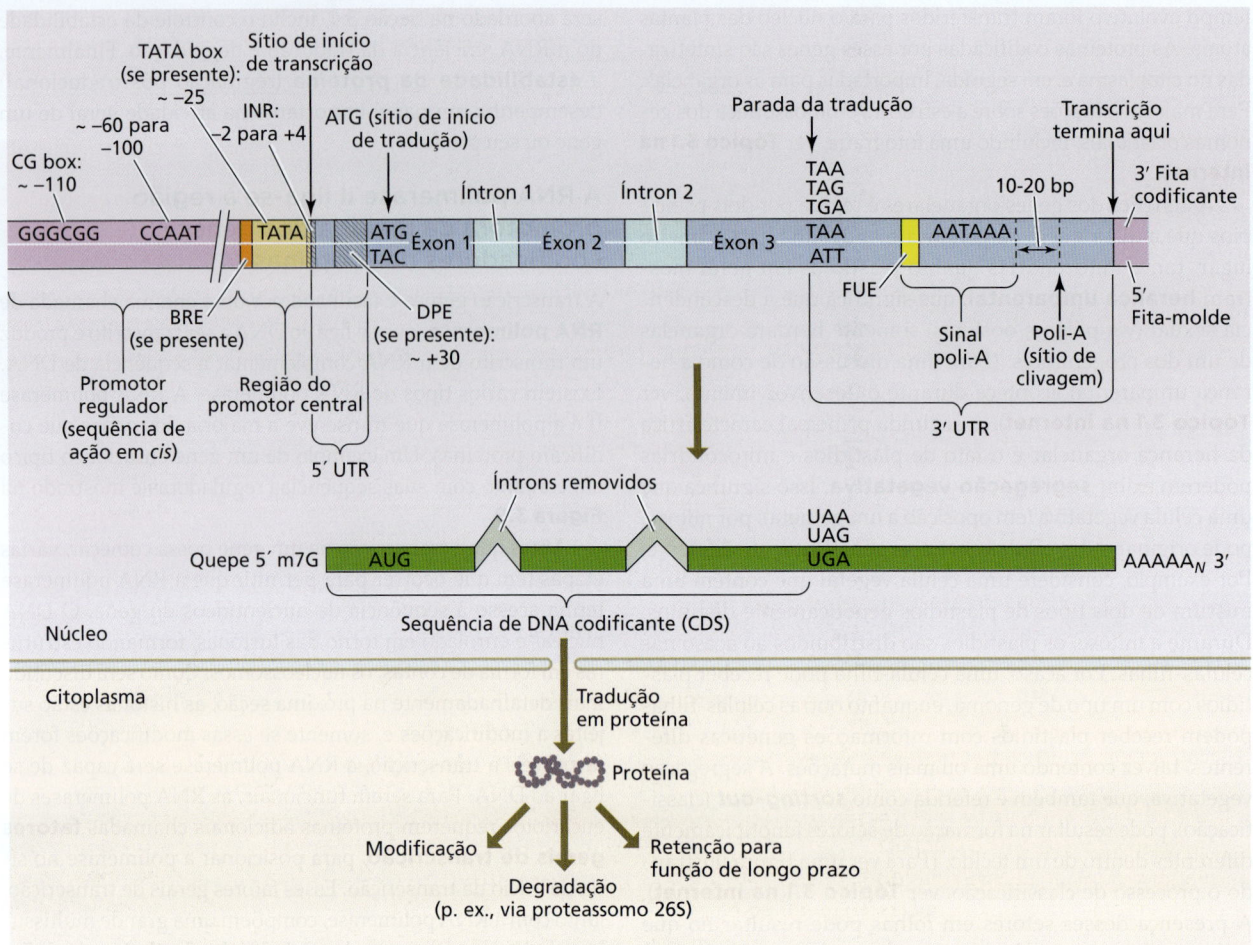

Figura 3.9 Expressão gênica em eucariotos. A RNA polimerase II liga-se aos promotores de genes que codificam proteínas. Ao contrário de genes procarióticos, genes eucarióticos não estão agrupados em óperons, e cada um é dividido em íntrons e éxons. A transcrição a partir da fita-molde prossegue na direção 3´ para 5´ no sítio de partida da transcrição, e a cadeia de RNA crescente estende um nucleotídeo de cada vez na direção 5´ para 3´. A tradução começa com o primeiro AUG codificando metionina, como em procariotos, e termina com um códon de parada. A transcrição do pré-mRNA é primeiro "capeada" (recebe um quepe) pela adição de 7-metilguanilato (m7G) na extremidade 5'. A extremidade 3' é encurtada ligeiramente pela clivagem em um sítio específico e uma cauda poli-A é adicionada. O pré-mRNA com quepe e poliadenilado é, então, processado por um complexo proteico denominado de spliceossomo, e os íntrons são removidos. O mRNA maduro deixa o núcleo através dos poros nucleares e inicia a tradução em ribossomos no citoplasma. À medida que cada ribossomo progride em direção à extremidade 3' do mRNA, novos ribossomos prendem-se na extremidade 5' e iniciam a tradução, o que leva à formação de polissomos. Após a tradução, algumas proteínas são modificadas pela adição de grupos químicos à cadeia. Os polipeptídeos liberados têm meias-vidas características, que são reguladas pela rota da ubiquitina e por um grande complexo proteolítico denominado proteassomo 26S. Genes eucarióticos, em geral, contêm sítios de ligação para a RNA polimerase, tais como o TATA box dentro da região do promotor central, como também sítios para ligação de fatores de transcrição gerais e específicos na região reguladora proximal e distal do promotor. BRE, elemento de reconhecimento TFIIB; DPE, elemento promotor a jusante; FUE, elemento distante a montante; INR, elemento iniciador; UTR, região não traduzida.

atividade do promotor central (**Figura 3.10**). Para os genes codificantes, o promotor central geralmente ocupa cerca de 80 pb no entorno do sítio de início da transcrição.

O promotor central dos genes transcritos pela RNA polimerase II geralmente inclui muitas sequências referidas como **elementos do promotor central**. Essas sequências nucleotídicas curtas são responsáveis pela ligação dos fatores gerais de transcrição e da RNA polimerase e determinam o montante de transcrição de um determinado gene. Muitos genes eucarióticos contêm uma sequência curta de aproximadamente 25 a 30 pb a montante do sítio de início da transcrição denominada **TATA box**, consistindo na sequência TATA(A/T)AA(G/A), onde as posições 5 e 8 são mais variáveis que as outras posições (ver Figura 3.9). Os motivos de sequência, como a TATA box, com frequência encontrados em muitos genes eucarióticos, são referidos como regiões conservadas. A TATA box desempenha um papel fundamental na transcrição porque ela auxilia na montagem do complexo de iniciação da transcrição, previamente discutido. Genes sem TATA box frequentemente contêm um **elemento promotor a jusante** (**DPE**, de *downstream promoter*

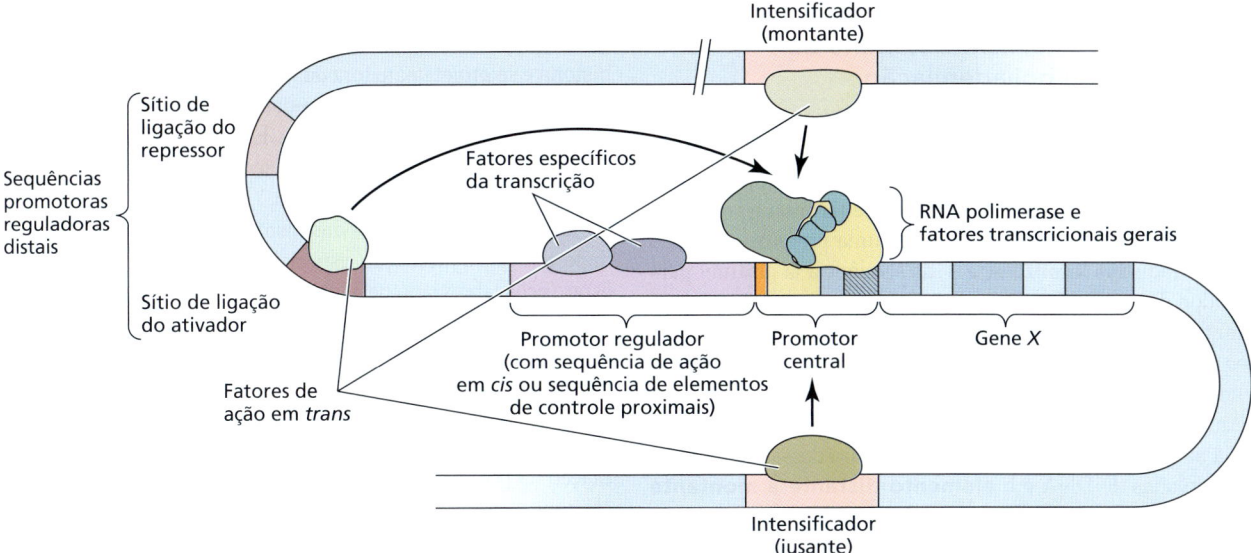

Figura 3.10 Regulação da transcrição por sequências do promotor regulador distal, intensificadores e fatores de ação em *trans*. Os fatores de ação em *trans* podem agir junto com sequências do promotor regulador distal, às quais estão vinculadas, para ativar a transcrição, mediante contato físico direto com o complexo de iniciação da transcrição.

element) com a sequência consenso (A/G)G(A/T)(C/T)(G/A/C), que está localizada nos nucleotídeos 28 a 32 a jusante do sítio de início da transcrição. Uma terceira e importante parte do promotor central é o **elemento iniciador** (**INR**). Essa sequência nucleotídica também se liga a fatores gerais de transcrição e pode ser encontrada em genes que contenham ou não TATA box no entorno do sítio de início da transcrição da posição –2 a +4. O quarto elemento ligante no promotor central é o chamado de **elemento de reconhecimento do TFIIB** (**BRE**, de *TFIIB recognition element*). Essa sequência reconhece um fator geral de transcrição diferente daquele que os outros elementos reconhecem. O BRE está localizado entre os seis nucleotídeos imediatamente adjacentes a montante da TATA box (ver Figura 3.9).

Além da sequência do promotor central a montante, muitos genes eucarióticos também contêm duas sequências conservadas adicionais: a **CCAAT box** e a **GC box** (ver Figura 3.9). A região que contém essas sequências é denominada **promotor regulador** ou **promotor proximal**. Essa parte do promotor não se liga à RNA polimerase e a seus fatores gerais de transcrição, porém liga-se a fatores de transcrição que são gene-específicos. A CCAAT box, se presente, em geral está localizada 60 a 100 pb a montante do sítio de início da transcrição. É importante observar que nem todos os genes contêm todos os elementos conservados. Por exemplo, GC boxes são encontradas mais frequentemente em genes que não contêm uma TATA box, e uma ou mais GC boxes podem estar presentes no promotor. As várias sequências conservadas de DNA descritas até então também são coletivamente chamadas de **elementos de controle de ação *cis***, já que estão adjacentes (*cis*) às unidades transcricionais que estão regulando. Os fatores de transcrição que se ligam aos elementos de controle de ação *cis* são chamados de **fatores de ação *trans***, uma vez que os genes que os codificam estão localizados em outra parte do genoma.

Vários elementos de controle de ação *cis*, localizadas mais a montante das sequências promotoras proximais, podem exercer controle positivo ou negativo sobre promotores eucarióticos. Essas sequências, denominadas **sequências do promotor regulador distal**, geralmente estão localizadas a cerca de 1.000 pb do sítio de início da transcrição (ver Figura 3.10). Os fatores de transcrição de ação positiva que se ligam a esses sítios são chamados de **ativadores**, enquanto aqueles que inibem a transcrição são denominados **repressores**. Além de terem sequências reguladoras dentro do próprio promotor, os genes eucarióticos podem ser regulados por elementos de controle localizados dezenas de milhares de pares de bases de distância do sítio de início da transcrição. Os **intensificadores** (***enhancers***) são um desses tipos de sequência regulatória distal, podendo estar localizados milhares a centenas de milhares de pares de bases a montante ou a jusante do promotor ou, em alguns casos, até mesmo residir dentro da própria unidade de transcrição. Em contraste com a regulação por meio do promotor central, as proteínas que ligam os promotores proximal e distal determinam conjuntamente em quais tipos de células e em que momento um determinado gene é transcrito.

Como todos os fatores de transcrição que se ligam a elementos de controle de ação *cis* regulam a transcrição? Durante a formação do complexo de iniciação, o DNA entre o promotor central e as sequências reguladoras mais distais curva-se de tal forma que permite que todos os fatores de transcrição ligados a esse segmento de DNA façam contato físico com o complexo de iniciação. Por meio desse contato físico, cada fator de transcrição exerce seu controle, positivo ou negativo, sobre a transcrição.

Sequências nucleotídicas conservadas sinalizam o término da transcrição e a poliadenilação

Conforme a RNA polimerase II alcança a região 3' do gene, ela primeiro passa pela sequência de DNA que codifica o códon de parada no mRNA (ver Figura 3.9). O códon de parada é parte do mRNA e indica aos ribossomos onde termina a região do mRNA que deveria ser traduzida em uma proteína. A região 3' não traduzida localiza-se a 3' da sequência (a jusante) para o códon de parada. Os sinais para o término da transcrição em plantas, fungos e animais têm similaridades e diferenças. Antes do término da transcrição, a RNA polimerase II de plantas encontra três sequências conservadas de DNA que apontam o término da transcrição e a adição de uma cauda poli-A, que auxilia na estabilização do mRNA. A primeira dessas sequências conservadas de DNA é o **elemento distante a montante** (**FUE**, de *far upstream element*), que tem seis nucleotídeos de comprimento e é encontrado entre 30 e 170 pb antes do sítio de adição da poli-A. Logo depois do FUE, muitos genes de plantas contêm uma sequência AATAAA conservada. É exatamente essa a sequência que parece ser estritamente necessária à poliadenilação em animais; porém, em plantas, variações dessa sequência com similaridade ao elemento AATAAA são suficientes para a função apropriada. Ambos os sítios FUE e AATAAA também são referidos como sinais poli-A. O sítio de clivagem de poli-A é a sequência de DNA que codifica a região no mRNA onde o mRNA nascente é clivado e a cauda de poli-A é adicionada (ver Figura 3.9). Em conjunto, essas três sequências conservadas na fita de DNA também promovem o término da transcrição pela RNA polimerase II.

Modificações epigenéticas ajudam a determinar a atividade gênica

Como já mencionado, a transcrição pode ser iniciada somente se o DNA estiver acessível à RNA polimerase e a outras proteínas de ligação necessárias. Para que o DNA esteja acessível, seu empacotamento deve ser "afrouxado", um processo mediado por modificações covalentes tanto do DNA como de histonas. Os fatores de transcrição geralmente ativam ou inativam a transcrição gênica recrutando proteínas que modificam as histonas para afrouxar ou manter suas interações com o DNA. Visto que tais modificações podem mudar o comportamento de um gene sem mudar a sequência do DNA do gene em si, essas modificações são referidas como **modificações epigenéticas** (do grego *epi*, que significa "sobre" ou "em cima").

Um tipo comum de modificação do DNA é a **metilação** de resíduos de citosina (**Figura 3.11A**). As sequências de DNA que com frequência são metiladas em plantas são CG, CHG e CHH (onde H pode ser qualquer nucleotídeo, exceto guanina). Por outro lado, a metilação de citosina em mamíferos ocorre principalmente em sequências CG. A metilação de citosina é catalisada por uma das várias metiltransferases, enquanto a desmetilação do DNA é catalisada pelas glicosilases, que substituem metilcitosina por citosina não metilada (ver Figura 3.11A).

Modificações epigenéticas também podem ocorrer em histonas, que, junto com o DNA enrolado em torno delas, compõem os nucleossomos. Cada histona tem uma "cauda", que é composta da primeira parte da cadeia de aminoácidos da histona e se projeta para fora do nucleossomo. As modificações das histonas ocorrem nessas caudas, em geral dentro dos 40 ou mais aminoácidos mais externos. Essas modificações podem influenciar a conformação dos nucleossomos e, assim, a atividade dos genes no DNA associado.

Uma das modificações das histonas que influencia a atividade gênica é a metilação, especialmente em resíduos de lisina específicos (abreviado pela letra K) na cauda da histona do tipo H3. Esses resíduos são K4, K9, K27 e K36, contando a partir do aminoácido mais externo em direção ao centro da histona. Um, dois ou três grupos metila podem ser adicionados a uma única lisina (**Figura 3.11B**). As histonas dimetiladas na posição H3K4, em geral, são associadas a genes ativos, enquanto dimetilação na posição H3K9 é frequentemente associada a genes e elementos inativos, como transposons silenciados. Grupos metila podem ser removidos por histonas desmetilase.

Outra forma de modificação que ocorre na cauda das histonas é a **acetilação**, que é catalisada por enzimas denominadas histonas acetiltransferases (HATs). Em geral, as histonas acetiladas estão associadas a genes que estão ativos transcricionalmente. Histonas desacetilases (HDACs) podem reverter essa ativação por meio da remoção de grupos acetila.

Tanto a metilação como a acetilação mudam a arquitetura do complexo da cromatina, que pode resultar em condensação ou relaxamento da cromatina. Essas mudanças ocorrem quando os complexos multiproteicos de remodelação da cromatina se ligam a histonas modificadas. Usando a energia liberada pela hidrólise de ATP para acionar a reação, esses complexos abrem a cromatina deslocando os nucleossomos na direção 5' ou 3' do complexo de remodelação. O espaço resultante entre os nucleossomos é agora suficientemente largo para que a RNA polimerase possa se ligar e iniciar a transcrição (**Figura 3.11C**). Alternativamente, modificações das histonas podem apresentar novos sítios de ligação para proteínas reguladoras que afetam a atividade gênica. Os cientistas estão apenas começando a compreender os efeitos das modificações químicas específicas sobre cada um dos primeiros 40 ou mais aminoácidos das caudas das histonas. Além da metilação e acetilação, outros tipos de modificações das histonas, incluindo fosforilação e ubiquitinação, podem ocorrer tanto dentro da unidade de transcrição

Figura 3.11 Expressão gênica e remodelação da cromatina. (A) A adição de um grupo metila ao C-5 na citosina está associada à inatividade transcricional. (B) O aminoácido lisina (K), que ocorre em diversas posições nas histonas, pode ser mono, di ou trimetilado pela histona metiltransferase (HMT). (C) Histonas podem ser remodeladas para ativar a transcrição gênica (em cima) ou para reprimi-la (embaixo). Em muitos casos, a ativação está associada a acetilação por histonas acetiltransferase (HATs) e metilação por HMT nos resíduos de lisina H3K4. Essas modificações promovem remodelação da cromatina ATP-dependente e estimulam a transcrição. A repressão da transcrição pode ser alcançada pela metilação de H3K9 e desacetilação por histonas desacetilases.

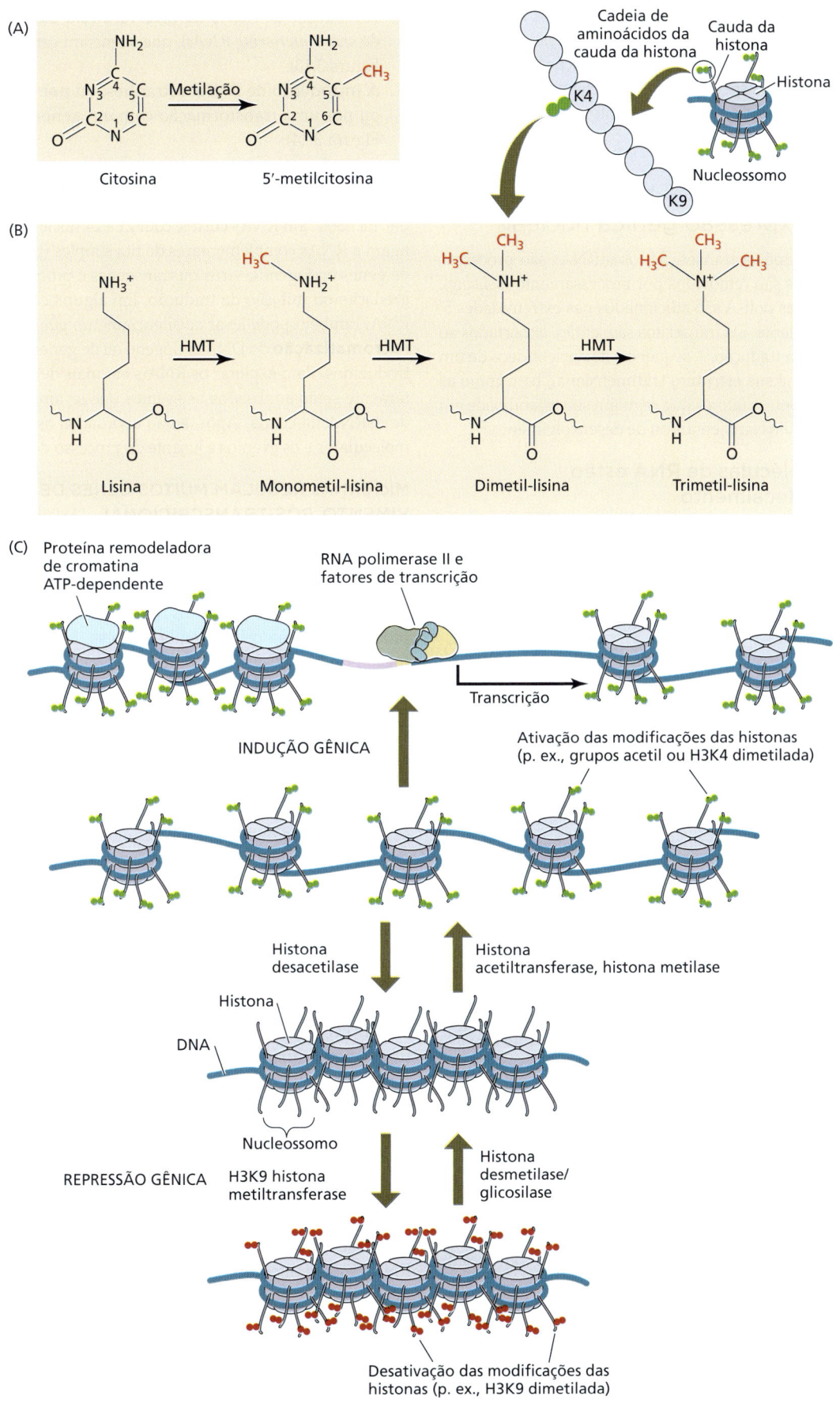

de um gene, nas regiões promotoras, quanto nos intensificadores, e podem influenciar a atividade transcricional de um determinado gene. A totalidade das modificações das histonas em um nucleossomo específico às vezes é chamada de *código de histonas* para enfatizar a forte ligação entre a constituição dos nucleossomos e a atividade gênica.

3.4 Regulação pós-transcricional da expressão gênica nuclear

Imediatamente após a transcrição, os mRNAs são processados: seus íntrons são removidos por processamento (*splicing*), e quepes e caudas poli-A são adicionados nas extremidades 5′ e 3′, respectivamente. Os transcritos são, então, exportados ao citoplasma para a tradução. A sequência de nucleotídeos de um mRNA determina sua estrutura tridimensional, bem como as interações com outros fatores que regulam sua estabilidade em resposta a estímulos ambientais ou de desenvolvimento.

Todas as moléculas de RNA estão sujeitas ao decaimento

As moléculas de mRNA eucariótico podem ser degradadas por exonucleases depois da remoção da cauda poli-A (desadenilação) ou remoção do quepe 5′ (desencapamento). Esses processos são guiados por sinais ambientais e outras rotas celulares. Parte do RNA é entregue em pequenas estruturas de processamento de ribonucleoproteínas citoplasmáticas (corpos P). Um mecanismo pelo qual a estabilidade do mRNA é regulada depende da presença de certas sequências dentro da própria molécula de mRNA, chamadas de **elementos *cis*** – uma escolha infeliz de termo, uma vez que o mesmo termo é usado para as regiões do DNA que influenciam a atividade transcricional. Esses elementos *cis* podem estar ligados a proteínas de ligação a RNA, as quais podem tanto estabilizar o mRNA quanto promover sua degradação por nucleases. Dependendo dos tipos de elementos *cis* presentes, a estabilidade de uma determinada molécula de mRNA pode variar muito.

RNAs não codificantes regulam a atividade de mRNA por meio das rotas do RNA de interferência (RNAi)

Outro mecanismo para a regulação da estabilidade do mRNA é a **rota do RNA de interferência** (**RNAi**). Essa rota envolve vários tipos de pequenas moléculas de RNA que não codificam proteínas e são assim chamadas de **RNAs não codificantes** (**ncRNAs**, de *noncoding RNAs*). A rota do RNAi tem um papel importante na regulação gênica e na defesa do genoma.

A rota do RNAi é um conjunto de reações celulares à presença de moléculas de fitas duplas de RNA (dsRNA, de *double-stranded RNA*). Lembre-se de que o mRNA, em geral, é uma molécula de fita simples (ssRNA, de *single-stranded RNA*). Em células vegetais, dsRNAs geralmente ocorrem como resultado de um destes três tipos de eventos:

1. A presença de **microRNAs** (**miRNAs**), que estão envolvidos nos processos de desenvolvimento normal (ver Figura 3.12).
2. A produção de **RNAs de interferência curtos** (**siRNAs**, de *short interfering RNAs*), que silenciam certos genes (ver Figura 3.13).
3. A introdução de RNAs estranhos, ou por infecção viral ou por uma transformação com um gene estranho (ver Figura 3.14).

Independentemente de como os dsRNAs são produzidos, a célula ajusta a resposta do RNAi. Os dsRNAs são fragmentados ou "picados" em RNAs curtos, com 21 a 24 nucleotídeos, que se ligam a RNAs complementares de fita simples (p. ex., mRNAs) de genes endógenos, vírus ou transgenes e promovem sua degradação ou inibição da tradução. Em alguns casos, a rota do RNAi também pode levar ao silenciamento gênico ou à **heterocromatização** do DNA endógeno ou de genes estranhos introduzidos. Para explorar os RNAis em mais detalhes, primeiramente serão analisados os eventos que levam à acumulação de dsRNA na célula. Após, serão abordados os componentes moleculares e os eventos a jusante do processo de RNAi.

MicroRNAs REGULAM MUITOS GENES DE DESENVOLVIMENTO PÓS-TRANSCRICIONAL As plantas contêm centenas de genes que codificam miRNAs, que agem reprimindo a tradução de mRNAs em proteínas ou direcionando mRNAs específicos para degradação. Os miRNAs estão envolvidos em muitos processos de desenvolvimento, como reprodução, divisão celular, embriogênese, formação de novos órgãos (incluindo folhas e flores) e a transição da fase vegetativa para a reprodutiva. Os miRNAs surgem de transcrição mediada pela RNA polimerase II de um locus específico que codifica os transcritos primários dos miRNAs (pri-miRNAs), que podem variar em comprimento de centenas a milhares de nucleotídeos (**Figura 3.12**). O transcrito primário é capeado na extremidade 5′, poliadenilado na extremidade 3′ e forma uma estrutura de fita dupla, cujos pareamentos de bases possuem uma volta de fita simples na borda. Em seguida, os pri-miRNAs são processados em pré-miRNAs, que podem apresentar até várias centenas de nucleotídeos de comprimento. Nas plantas, os pri-miRNAs são convertidos em miRNAs dentro do núcleo pela ribonuclease **DICER-LIKE1** (**DCL1**) e pela proteína com domínio de ligação a RNA de fita dupla (dsRBP, de *double-stranded RNA-binding domain protein*) HYPONASTIC LEAVES 1 (HYL1); ambas estão envolvidas no processamento dos transcritos primários em duplex de miRNAs maduros. Após o processamento, o miRNA é transportado através dos poros nucleares com o auxílio da proteína de exportação nuclear denominada HASTY. Uma vez no citoplasma, miRNAs maduros estão prontos para serem utilizados no RNAi.

OS RNAs DE INTERFERÊNCIA CURTOS PROVÊM DE DNA REPETIVIVO Os siRNAs maduros são estrutural e funcionalmente similares aos miRNAs e também levam à iniciação do RNAi. No entanto, os siRNAs diferem dos miRNAs na maneira como são gerados. Eles podem surgir a partir da transcrição de promotores opostos que produzem mRNA de fitas opostas de um segmento único de DNA (**Figura 3.13A**). A transcrição simultânea de tais promotores gera duas moléculas de ssRNA,

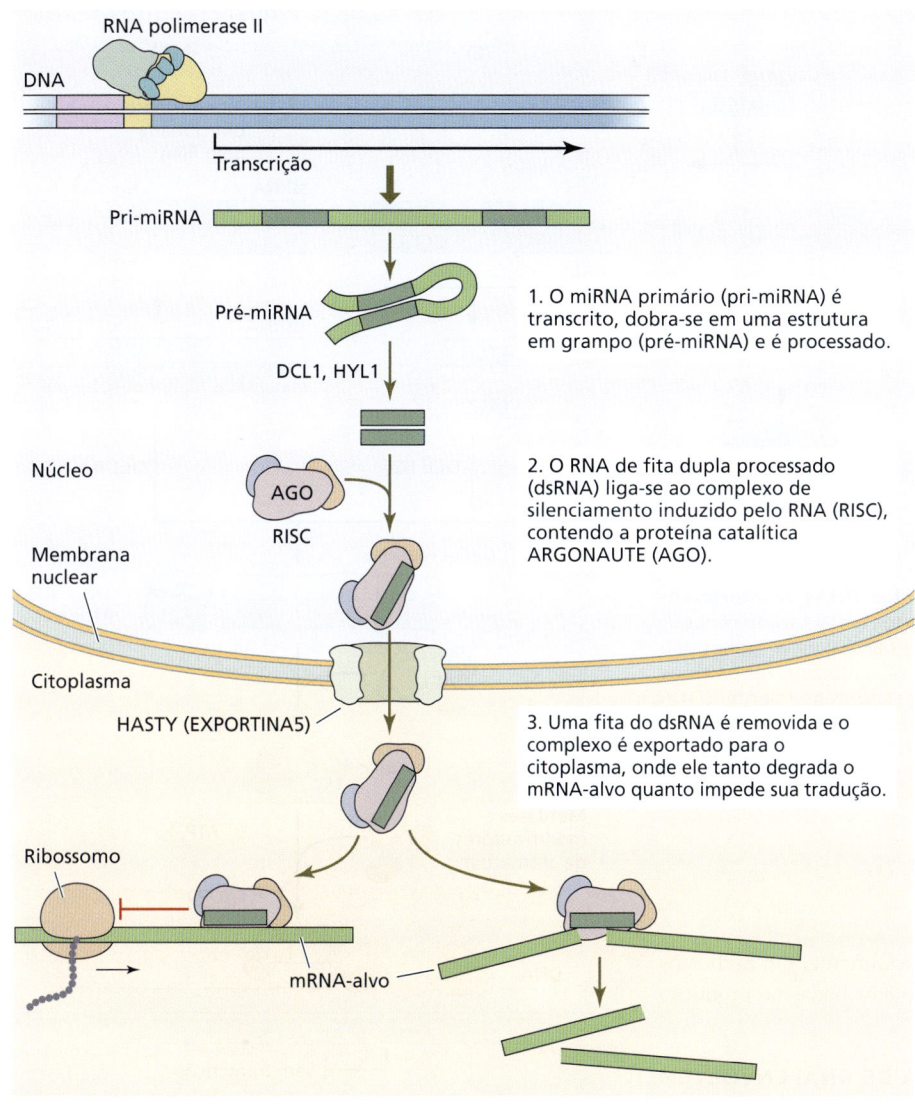

Figura 3.12 A rota do RNAi em plantas: microRNAs. MicroRNAs (miRNAs) são parte das muitas rotas genéticas que estão ativas durante o desenvolvimento vegetal. DCL1, DICER-LIKE1, uma ribonuclease; HYL1, HYPONASTIC LEAVES 1, uma proteína de domínio de ligação ao RNA.

como as RNA polimerases dependentes de RNA reconhecem moléculas de mRNA específicas para serem convertidas em dsRNA ainda é uma questão em aberto. O que se sabe é que alguns dos dsRNAs são posteriormente processados pela enzima DICER-LIKE4 (DCL4) em duplexes de RNA de 21 a 24 nucleotídeos que então regulam mRNAs específicos de forma semelhante aos miRNAs regulam seus alvos de mRNA. Enquanto a maioria dos genes que codificam proteínas e das sequências que codificam miRNAs é transcrita pela RNA polimerase II, a transcrição dos siRNAs, inicialmente gerada pelas RNA polimerases dependentes de RNA, é realizada pelas RNA polimerases IV e V.

Não somente a biogênese dos vários siRNAs há pouco descritos difere daquela dos miRNAs. Diferentemente dos miRNAs, os siRNAs endógenos são transcritos de regiões cromossômicas que, no passado, muitas vezes foram atribuídas como inativas transcricionalmente: DNA repetitivo, transposons e regiões centrométicas. Na verdade, siRNAs que se originam de tais regiões repetitivas são às vezes chamados de **RNAs de silenciamento associados a repetições** (**ra-siRNAs**, de *repeat-associated silencing RNAs*) ou siRNAs heterocromáticos (hc-siRNAs). Esses siRNAs são produzidos pela

total ou parcialmente complementares, que podem posteriormente formar uma molécula de fita dupla. Uma maneira diferente pela qual siRNAs podem ser formados é pela transcrição de uma sequência duplicada em direções opostas (**Figura 3.13B**). Isso gera a fita senso de uma cópia e a fita antissenso da outra cópia. RNAs de interferência curtos também podem ser produzidos de sequências de DNA arranjadas, de tal modo que a transcrição contínua resulta em uma mensagem que contém, ao final de sua sequência, uma imagem-espelho do início de sua sequência (um palíndromo) e, por isso, pode dobrar sobre si mesma para produzir uma molécula de RNA de fita dupla (**Figura 3.13C**). Uma classe especial de **RNA polimerases dependentes de RNA** (**RdRPs**) pode gerar moléculas de dsRNA a partir de mRNAs de fita simples (**Figura 3.13D**). Exatamente

DICER-LIKE3 (DCL3). Como você verá em breve, o fato de os siRNAs serem feitos de regiões do DNA repetitivo pode não ser coincidência: parece que a formação de siRNAs e a indução do RNAi realmente é a causa dessas regiões se tornarem amplamente heterocromáticas e em grande parte transcricionalmente silenciadas. Uma vez que o dsRNA é produzido por transcrição direta ou por conversão de ssRNA em dsRNA por RdRPs, ele é cortado em RNAs duplex de 21 a 24 nucleotídeos por membros da família da proteína DICER-LIKE (DCL) (ver Figura 3.13). Esse processo acontece no núcleo em plantas, porém, em alguns animais, como *Caenorhabditis elegans*, ocorre no citoplasma.

Além desses siRNAs de origem endógena, RNAs exógenos também podem desencadear a formação de siRNAs. As fontes desses RNAs exógenos incluem RNA viral, bem

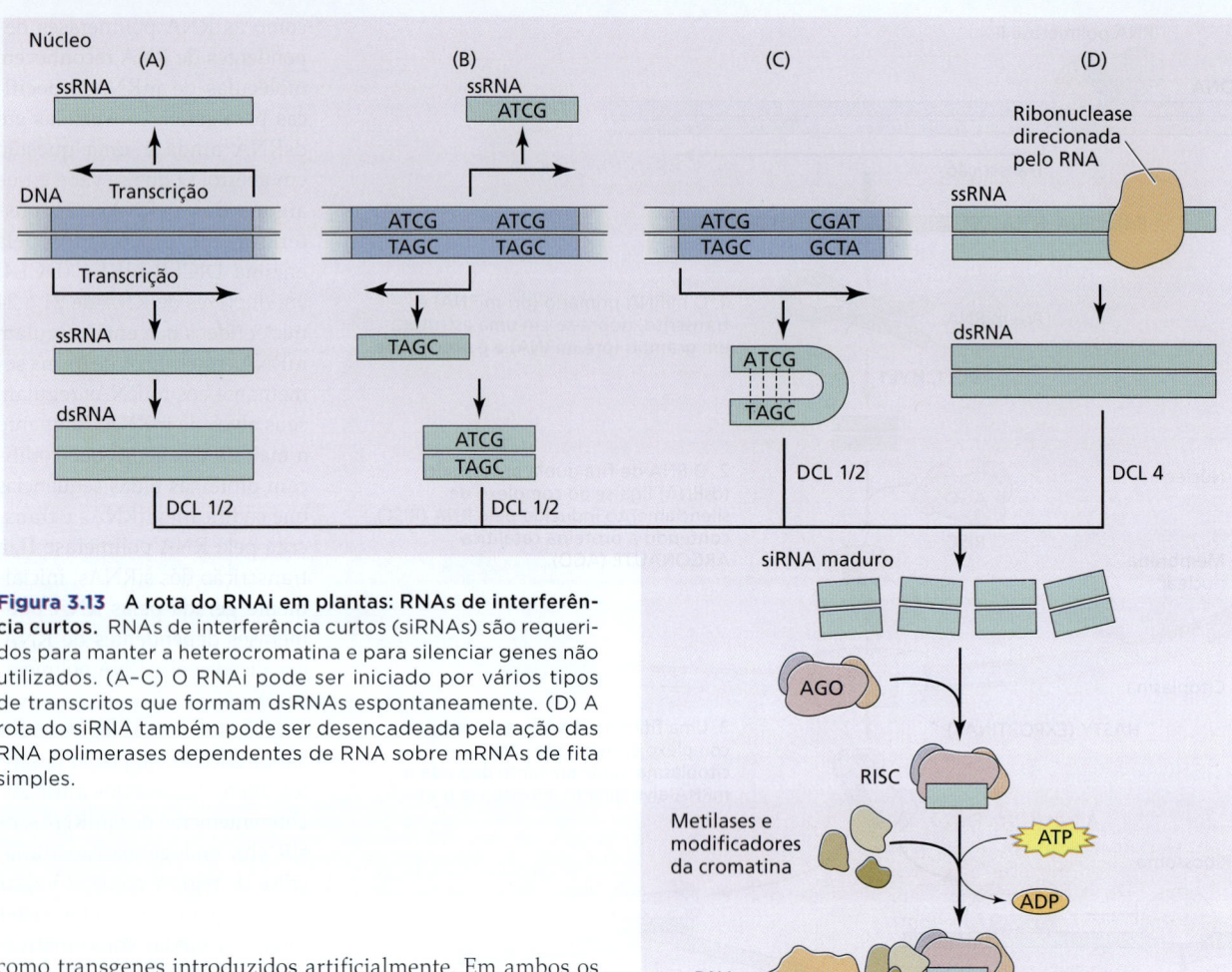

Figura 3.13 A rota do RNAi em plantas: RNAs de interferência curtos. RNAs de interferência curtos (siRNAs) são requeridos para manter a heterocromatina e para silenciar genes não utilizados. (A–C) O RNAi pode ser iniciado por vários tipos de transcritos que formam dsRNAs espontaneamente. (D) A rota do siRNA também pode ser desencadeada pela ação das RNA polimerases dependentes de RNA sobre mRNAs de fita simples.

como transgenes introduzidos artificialmente. Em ambos os casos, proteínas RdRPs e DCL estão envolvidas na produção dos siRNAs maduros (**Figura 3.14**).

EVENTOS A JUSANTE DA ROTA DE RNAi ENVOLVEM A FORMAÇÃO DE UM COMPLEXO DE SILENCIAMENTO INDUZIDO POR RNA Para os miRNAs, os siRNAs e os RNAs de origem exógena, o resultado do processo do RNAi é similar: a inativação ou o silenciamento de seus mRNAs complementares ou sequências de DNA. Depois que os 21 a 24 nucleotídeos de miRNAs ou siRNAs forem formados pelas proteínas DICER-LIKE, uma fita do RNA duplo curto associa-se a um complexo de ribonucleases denominado **complexo de silenciamento induzido por RNA** (**RISC**, de *RNA-induced silencing complex*) (ver Figuras 3.12-3.14). Tanto em animais como em plantas, o RISC contém pelo menos uma proteína catalítica **ARGONAUTE** (**AGO**). Em alguns casos, o RISC pode recrutar proteínas adicionais para o complexo. Em *Arabidopsis*, são conhecidos dez diferentes membros da família de genes AGO. Após o duplex do miRNA ou siRNA ligar-se a AGO, uma das fitas de RNA é removida. Com essa remoção, o RISC é ativado. No caso dos miRNAs, a pequena fita ssRNA que se liga à AGO agora guia o RISC a um mRNA complementar. Após a ligação de RISC e mRNA-alvo, o mRNA-alvo é clivado pela atividade de "fatiamento" da AGO. Os fragmentos resultantes são liberados no citoplasma, onde são posteriormente degradados. Em vez de fatiar o alvo, a associação do RISC com uma molécula de mRNA também pode simplesmente inibir a tradução do mRNA em proteína.

Enquanto os miRNAs ligados ao RISC atingem primeiramente a expressão de genes codificantes de proteínas, os siRNAs ligados ao RISC também facilitam a metilação do DNA e das histonas associadas nas sequências complementares ao siRNA. Isso permite que o organismo silencie permanentemente certos genes e forme heterocromatina predominantemente nas regiões teloméricas e subteloméricas. Embora o mecanismo não seja claro, o RISC, com seu siRNA, de algum modo guia as enzimas modificadoras de DNA para a sequência genômica a ser silenciada. A estrutura da cromatina é, então, "remodelada" em uma reação dependente de ATP e, posteriormente, metilada, resultando em maior condensação e heterocromatização da região do DNA envolvida (ver Figuras 3.11 e 3.13).

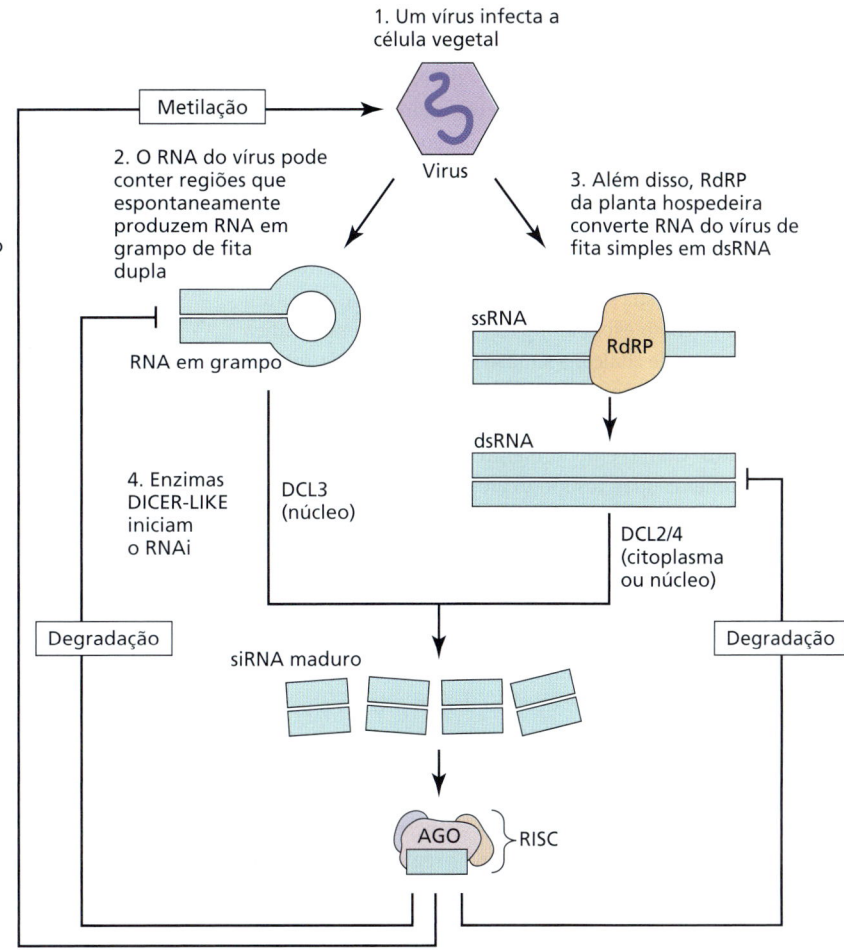

Figura 3.14 A rota do RNAi em plantas: defesa antiviral. As células vegetais podem montar uma resposta de RNAi à infecção por vírus. RdRP, RNA polimerase dependente de RNA.

INTERFERÊNCIA DE RNA AJUDA A REDEFINIR AS MARCAS EPIGENÉTICAS NO GAMETÓFITO As marcas epigenéticas, como DNA ou metilação de histonas, acumuladas por uma planta, costumam ser silenciadas com o tempo. Embora modificações epigenéticas sejam frequentemente necessárias para a sobrevivência, torna-se dispendioso para uma planta gastar energia para transcrever transposons e outros genes heterocromáticos apenas para silenciá-los novamente por meio da rota do siRNA. Não é surpreendente que as plantas frequentemente redefinam as marcas epigenéticas acumuladas por um indivíduo para que não se acumulem em gerações sucessivas. A aparente redefinição epigenética é particularmente evidente em genes que regulam o início da floração (ver Capítulo 20) e no gametófito durante a fecundação (ver Capítulo 21).

PEQUENOS RNAS E RNAi COMBATEM A INFECÇÃO VIRAL Além do processamento dos miRNAs e dos siRNAs endógenos, as plantas também adotaram a rota de RNAi como um tipo de resposta imunológica molecular contra infecção por vírus. (Para outros tipos de defesas contra fitopatógenos, ver Capítulo 24.) As estruturas genômicas dos vírus de plantas são bastante diversificadas. Alguns vírus injetam DNA de fita dupla nas células vegetais, porém a maioria dos vírus que infectam plantas utiliza RNA de fita dupla ou simples. As plantas utilizam a rota do siRNA para produzir moléculas de siRNAs contra o genoma viral. Os cientistas propõem três caminhos possíveis para gerar siRNAs virais: (1) via formação de grampos de fita dupla a partir de ssRNAs virais, (2) via geração de moléculas de RNA viral senso e antissenso pela RNA polimerase do hospedeiro ou do vírus, (3) via uma das RdRPs de planta. Independentemente da sua origem, uma vez que o dsRNA é reconhecido pelas proteínas DCL de plantas, siRNAs são produzidos, carregados na AGO e montados em um RISC (ver Figura 3.14). Os siRNAs derivados de vírus podem então degradar os RNAs virais e metilar o genoma do vírus dentro da célula hospedeira.

No processo de corte do RNA invasor em 21 a 24 nucleotídeos de siRNAs, a planta gera um conjunto de moléculas de "memória" que podem trafegar via plasmodesmos por todo o corpo vegetal, imunizando-o eficazmente antes que o vírus possa se propagar. Para não serem superados pelas defesas das plantas, os vírus desenvolveram uma diversidade de rotas moleculares para evitar o mecanismo de siRNA da planta. Alguns desses mecanismos contrários incluem a inibição da formação do RISC, a degradação de AGO e a desestabilização indireta da molécula de siRNA por si mesma.

COSSUPRESSÃO É UM FENÔMENO DE SILENCIAMENTO GÊNICO MEDIADO PELO RNA Um dos primeiros experimentos que levaram à descoberta do RNAi envolveu uma resposta inesperada à introdução de transgenes. No início da década de 1990, Richard Jorgensen e seus colegas trabalhavam com o gene da petúnia para a chalcona sintase, uma enzima-chave na rota que produz moléculas de pigmento roxo em suas flores. Quando eles inseriram na planta uma cópia altamente ativa do gene, esperavam ver uma intensificação da cor roxa nas flores da prole. Para sua surpresa, as cores das pétalas variaram do roxo escuro (como esperado) para o completamente branco (como se os níveis de chalcona sintase tivessem *baixado*, em vez de aumentar). Esse fenômeno – diminuição na expressão de um gene quando cópias extras são introduzidas – foi denominado **cossupressão**. Com o entendimento atual do RNAi, sabe-se que, em algumas células, a superexpressão de chalcona sintase estimulou uma RNA polimerase dependente de RNA a produzir moléculas de dsRNA, o que iniciou a resposta RNAi. Essa resposta finalmente levou ao silenciamento pós-transcricional e à metilação tanto das cópias de chalcona sintase introduzidas como das endógenas. Curiosamente, o silenciamento pós-transcricional não ocorreu em todas as células. As células em que o silenciamento do gene ocorreu deram origem a setores brancos, explicando por que algumas das plantas transgênicas de petúnia tinham flores variegadas roxas e brancas.

Em resumo, RNAi é um processo em que dsRNA elicita uma resposta pós-transcricional que leva ao silenciamento de transcritos específicos. Os miRNAs auxiliam na regulação pós-transcricional de genes no citoplasma, enquanto os siRNAs agem no núcleo para manter a heterocromatina transcricionalmente inativa ou funcionar como uma resposta imunológica contra vírus.

3.5 Ferramentas para o estudo da função gênica

Os indivíduos que contêm alterações específicas em sua sequência de DNA são denominados **mutantes**. A análise de mutantes é uma ferramenta extremamente poderosa que pode auxiliar os cientistas a inferir a função de um gene ou mapear sua localização nos cromossomos. Nesta seção, é discutido como mutantes são gerados e como eles podem ser utilizados na análise genética. Discutem-se também algumas ferramentas biotecnológicas modernas que permitem aos pesquisadores estudar ou manipular a expressão de genes.

A análise de mutantes pode ajudar a elucidar a função gênica

Ao longo deste livro, são discutidos em detalhes os genes e as rotas genéticas envolvidos em funções fisiológicas, muitas vezes referindo-se a certos tipos de mutantes que permitiram aos pesquisadores entender os genes e as rotas em discussão. Por que um gene mutante é uma ferramenta mais poderosa para a elucidação da função dos genes do que o próprio gene normal, do tipo selvagem?

O uso de mutantes para a identificação de genes depende da capacidade de distinguir um mutante de um indivíduo normal. Portanto, a alteração na sequência de nucleotídeos do mutante deve resultar em seu fenótipo alterado. Se um mutante pode ser restaurado ao fenótipo normal com uma versão do tipo selvagem de um gene candidato, o pesquisador sabe que uma mutação no gene foi responsável, conferindo o fenótipo mutante originalmente observado. Esse método é chamado de **complementação**. Por exemplo, supõe-se que uma planta com uma mutação de um único gene mostre um atraso na produção de flores em comparação com o tipo selvagem. Se a sequência e a localização do gene responsável puderem ser determinadas, provavelmente aprende-se algo sobre os mecanismos envolvidos no desenvolvimento floral. Supõe-se agora que um pesquisador seja capaz de encontrar um gene no genoma mutante que difere do gene do tipo selvagem em sua sequência de DNA. Se o pesquisador puder mostrar que a transferência do gene do tipo selvagem para o mutante restaura o fenótipo normal, pode-se estar razoavelmente certo de que o gene candidato desempenha um papel no início do florescimento.

Na década de 1920, H. J. Muller e L. J. Stadler testaram, independentemente, os efeitos dos raios X sobre a estabilidade de cromossomos em moscas e em cevada, respectivamente. Os dois pesquisadores relataram mudanças hereditárias nos organismos tratados. Nos anos seguintes, foram desenvolvidas outras técnicas para induzir mutações. Essas técnicas incluem o uso de raios ultravioleta ou radiação com nêutrons rápidos e de produtos químicos mutagênicos. Por exemplo, o tratamento com **etilmetanossulfonato** (**EMS**) ocasiona a adição de um grupo etila a um nucleotídeo, geralmente guanina. Guanina etilada pareia com timina, em vez de citosina. A maquinaria de reparação do DNA celular, em seguida, substitui a guanina etilada com adenina, causando uma mutação permanente do par G/C para A/T naquele sítio. A mutagênese com radiação ou produtos químicos induz aleatoriamente alterações nucleotídicas ao longo do genoma.

Existem várias formas de mapear uma mutação de seu cromossomo e, finalmente, clonar o gene afetado. O **Tópico 3.2 na internet** explica um método chamado de **clonagem com base em mapeamento**, que usa cruzamentos entre um mutante e uma planta do tipo selvagem e análise genética da prole para refinar a localização da mutação em um segmento curto do cromossomo, que é, então, sequenciado.

Outro método de mutagênese é a inserção aleatória de transposons em genes. Essa técnica envolve o cruzamento de uma planta de interesse com uma planta carregando um transposon ativo e triagem de sua prole para fenótipos mutantes causados por inserção aleatória do transposon em novos locais. Sendo a sequência do transposon conhecida, essas mutações são "marcadas"; assim, as sequências de DNA adjacentes ao transposon podem ser facilmente encontradas e analisadas para identificar o gene mutado. Essa técnica é chamada de **etiquetagem de transposon** (*transposon tagging*) e é explicada em detalhes no **Tópico 3.3 na internet**. Usando uma técnica muito semelhante à etiquetagem de transposons, genes de plantas também podem ser marcados com sequências conhecidas de bactérias ou vírus específicos. Na Seção 3.6, em um contexto diferente, discute-se o exemplo do *Agrobacterium* mutagênico transmitido pelo solo. Essa bactéria pode transferir uma parte de seu genoma para o genoma de uma planta hospedeira, criando uma mutação e abandonando uma "etiqueta", semelhante à dos transposons. Os marcadores de DNA podem ser usados para associar mutações a fenótipos na reprodução assistida por marcadores.

Embora novas mutações possam ser introduzidas deliberadamente nas plantas para avaliar a função do gene, as mutações também podem ocorrer naturalmente como resultado da exposição aos raios ultravioleta do sol, erros cometidos pela célula durante a replicação do DNA ou modificação química do DNA por toxinas. Tais mutações são uma importante fonte de variação e a base da evolução. Os cultivadores de plantas geralmente identificam características valiosas em parentes selvagens de plantas cultivadas e *introduzem* essas características em variedades agrícolas de elite (**Quadro 3.1**).

Quadro 3.1 Características genéticas de gramíneas silvestres são usadas para tornar as culturas de grãos mais resistentes às mudanças climáticas e às ameaças globais de patógenos

A monocultura das principais culturas agrícolas reduziu sua diversidade genética. Como resultado, a produção de alimentos está cada vez mais sujeita a perdas decorrentes da volatilidade climática, da diminuição dos recursos naturais e das pressões de pragas. Parentes silvestres de plantas cultivadas são considerados uma coleção valiosa de **características** úteis de resistência e resiliência. Ao contrário das variedades das plantas cultivadas modernas, que foram selecionadas para produção em condições agronômicas ideais, seus parentes silvestres mantêm características naturais de sobrevivência e dispersão que são indesejáveis para a produção e consumo de alimentos. Historicamente, o processo de domesticação de plantas cultivadas envolveu a seleção de variantes com desempenho confiável devido à perda de características que fornecem vantagens seletivas na natureza. Os exemplos incluem perda de desmembramento livre (dispersão de sementes após o amadurecimento) em trigo, cevada, arroz e sorgo; dominância apical no milho; e qualidade e debulhamento do trigo (*Triticum aestivum*). Essas características são controladas por um número pequeno de genes e, portanto, eram fáceis de eliminar. As manipulações da reprodução criaram um "gargalo de domesticação", que reduziu a diversidade genética que sustenta características complexas, como resistência a doenças, calor e tolerância ao estresse por déficit hídrico.

A reprodução assistida por marcadores emprega marcadores baseados em DNA, que estão intimamente ligados a características fenotípicas, para auxiliar no processo de seleção visando a fornecer cultivares melhorados.

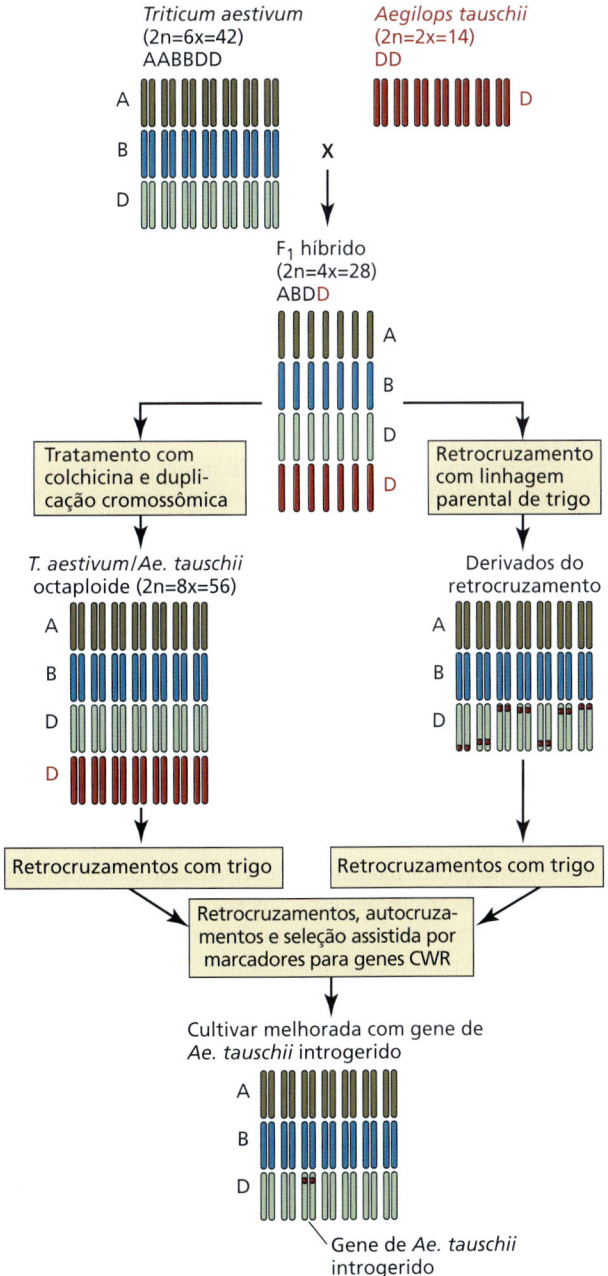

Figura A Esquemas comumente usados para introduzir genes de parentes silvestres em variedades de trigo. Este esquema explica a introgressão de genes no trigo de seu parente silvestre próximo, a espécie *Aegilops tauschii*. O trigo do pão é hexaploide como resultado da hibridização de três genomas distintos (2n=6x=42; AABBDD), enquanto *Ae. tauschii* tem genoma diploide (2n=2x=14; DD). A colchicina é usada por cultivadores para criar poliploides artificiais viáveis de alto nível para cruzamentos introgressivos. Retrocruzamentos de híbridos, mutantes ou linhagens poliploides artificiais são feitos com uma linha parental recorrente (cultivar elite) para reduzir ou eliminar material genético indesejado e características indesejáveis associadas ao CWR. O gene ou os genes associados à característica desejada são, então, "mapeados" e identificados por sequenciamento de DNA de alto rendimento (ver **Tópico 3.4 na internet** para uma discussão sobre a identificação de genes baseada em mapas).

> **Quadro 3.1 Características genéticas de gramíneas silvestres são usadas para tornar as culturas de grãos mais resistentes às mudanças climáticas e às ameaças globais de patógenos**
>
> Os avanços nas tecnologias de sequenciamento e genotipagem de próxima geração revolucionaram o processo de reprodução assistida por marcadores e reduziram o tempo e os custos necessários para transferir genes e alelos úteis de espécies silvestres de plantas cultivadas.
>
> Uma lista de prioridades globais de 1.667 parentes silvestres (CWRs, de *crop wild relatives*) foi criada para coletar, proteger e usar recursos genéticos de plantas para gerar variedades de plantas cultivadas resistentes às mudanças climáticas globais no Crop Wild Relatives Project (www.cwrdiversity.org).
>
> A introgressão de material genético útil de CWRs para variedades cultivadas tem sido tradicionalmente realizada pela introdução direta de pólen silvestre nas flores emasculadas ou femininas de plantações domesticadas. Os esquemas de cruzamento direto têm sido muito eficazes na transferência de genes em plantas cultivadas de seus CWRs próximos (**Figura A**). No entanto, o cruzamento bem-sucedido costuma ser desafiador e demorado devido à incompatibilidade dos cromossomos silvestres ou de outros sistemas nas plantas para manter sua estabilidade genômica (ver Capítulo 21). O cruzamento de "ponte", por meio do qual um gene CWR é introduzido pela primeira vez em uma espécie intermediária que é compatível com ambos os progenitores, às vezes é usado para superar essas barreiras e, por fim, transferir os genes de interesse para a base cultivada desejada.
>
> Em muitos casos, os híbridos interespecíficos não formam sementes viáveis ou embriões saudáveis. Para superar essa barreira, embriões jovens (ver Capítulo 21) são removidos dos óvulos e cultivados em meio artificial, uma técnica conhecida como *resgate de embriões*. Abordagens tecnicamente difíceis, que inserem artificialmente material genético de uma espécie em células de outra, como hibridização somática ou fusão de protoplastos, por vezes são empregadas quando a hibridização sexual não é viável. Às vezes, os cultivadores aumentam os números de ploidia (genoma) para alcançar a estabilidade genética necessária (número de genes necessários para a viabilidade) após a hibridização. A duplicação de cromossomos usando produtos químicos como a colchicina é empregada para esse fim. Linhagens sintéticas de trigo hexaploide foram desenvolvidas usando essa técnica cruzando o trigo tetraploide com um progenitor diploide do trigo hexaploide moderno e, em seguida, dobrando os genomas do híbrido interespecífico triplóide usando colchicina.
>
> A radiação gama (γ) é uma técnica física menos comumente usada para transferir segmentos cromossômicos "alienígenas" para o trigo. Embora úteis para introduzir segmentos cromossômicos mais curtos (quebrados) com o(s) gene(s) de interesse, os segmentos cromossômicos quebrados podem conter cromatina com genes indesejáveis, que também são integrados aleatoriamente em todo o genoma, dificultando a retenção do segmento de interesse e eliminando o DNA indesejável.
>
> A disponibilidade de recursos genômicos e de mapas de alta resolução para seleções assistidas por marcadores, as capacidades de fenotipagem de alto rendimento e a reprodução rápida revolucionaram a descoberta de genes e a transferência precisa de genes úteis de CWRs para plantas cultivadas, e ajudarão a enfrentar os desafios da agricultura do século XXI. ∎

Técnicas moleculares podem medir a atividade dos genes

Uma vez que um gene de interesse tenha sido identificado, os cientistas geralmente estão interessados em saber onde e quando ele é expresso. Por exemplo, um gene pode ser expresso apenas em tecidos reprodutivos ou apenas em vegetativos. Da mesma forma, um gene pode codificar funções celulares em geral (chamadas de funções de manutenção) e ser expresso continuamente, ou pode codificar funções especiais e ser expresso apenas em resposta a certo estímulo, como um hormônio ou um estímulo ambiental. No passado, a análise transcricional (a determinação da quantidade de mRNA produzido a partir de um gene em um determinado momento) era realizada principalmente em genes isolados. As ferramentas desenvolvidas para esse tipo de análise incluem o *Northern blotting* e a hibridização *in situ*. No entanto, a transcrição gênica é avaliada principalmente pela reação em cadeia da polimerase de transcrição reversa quantitativa (qRT-PCR, de *quantitative reverse transcription polymerase chain reaction*), análise de microarranjos e vários tipos de **transcriptômica** de alto rendimento (RNAseq). Metodologias especializadas de RNAseq são usadas para fazer comparações transcricionais, determinar a extensão da modificação epigenética, determinar a expressão em uma única célula e identificar as interações da cromatina. Técnicas **proteômicas** são usadas para identificar e quantificar os produtos proteicos da expressão gênica, bem como modificações proteicas, como fosforilação ou acilação (ver Capítulo 4). A aplicação dessas tecnologias transcriptômicas é discutida extensivamente no **Tópico 3.5 na internet**.

Fusões gênicas podem criar genes repórteres

A identificação de um gene contendo uma mutação fornece informações sobre a localização desse gene no genoma e sobre o efeito de sua função alterada no fenótipo da planta. A partir da sequência de um único gene, os cientistas podem fazer inferências sobre sua função celular, comparando a estrutura gênica com a de outros genes conhecidos. Por exemplo, certas regiões dentro do gene – chamadas de **domínios** – podem ter similaridade com domínios encontrados em certas famílias de genes, como as que codificam quinases, fosfatases ou receptores de membrana. No entanto, informações da sequência por si só não dão evidência direta da função celular do gene, nem indicam onde ou em que condições o gene está ativo na planta.

Uma maneira de descobrir onde e quando determinado gene é expresso em uma planta ou célula é mensurar a abundância de seu mRNA por um dos métodos já descritos na subseção anterior. Outra maneira é fazer uma fusão de genes. Uma **fusão gênica** é uma construção artificial que combina parte do gene de interesse – por exemplo, o promotor – com outro gene, denominado **gene repórter** – que produz uma proteína rapidamente detectável. Um exemplo de gene repórter é o gene da proteína verde fluorescente (GFP, *green fluorescent protein*), que produz uma proteína fluorescente que pode ser observada em uma planta intacta ou na célula, por microscopia de fluorescência (para um exemplo, ver Figura 16.11). Lembre-se de que nem todos os genes são transcritos em todas as células vegetais a todo o momento. A expressão do gene é regulada por fatores de transcrição que fazem um ajuste fino de sua atividade e permitem que ele seja transcrito apenas onde e quando for necessário. Se uma planta porta a fusão de um promotor e de um gene *GFP* em todas as suas células, *GFP* será expresso apenas nas células que normalmente expressam o gene cujo promotor foi fundido com *GFP*. Em outras palavras, a fluorescência verde será visível onde e sempre que o gene sob investigação é expresso. Outro repórter frequentemente usado da atividade gênica é a fusão de uma sequência promotora de gene vegetal com a porção de uma *β-glucuronidase* (*GUS*) bacteriana. A enzima codificada por *GUS* hidrolisa um substrato químico introduzido para produzir um produto de cor azul ou fluorescente nas células onde o promotor de interesse está ativo (p. ex., ver Figura 18.30). Esse processo mata o tecido vegetal, não sendo, portanto, útil para monitorar a atividade do gene ao longo do tempo.

■ 3.6 Modificação genética de plantas

Para transformar plantas com fusões gênicas, como genes repórteres ou aqueles por análise de complementação, os cientistas têm aproveitado o poder de *Agrobacterium tumefaciens*, um patógeno microbiano de plantas. Essa bactéria faz as plantas infectadas produzirem hormônios de crescimento em excesso, os quais induzem a formação de um tumor chamado de **galha da coroa** (ver Figura 4.13). A doença da galha da coroa é um sério problema em determinadas culturas agrícolas, como em árvores frutíferas, uma vez que pode reduzir a produtividade da cultura e diminuir a saúde geral da planta.

Agrobacterium tumefaciens por vezes é referida como engenheiro genético natural, por sua capacidade de transformar células vegetais com um pequeno subconjunto de seus próprios genes. Os genes transferidos para o genoma vegetal são parte de uma peça circular de DNA extracromossômico chamado de plasmídio indutor de tumores (Ti, *tumor-inducing*) (**Figura 3.15**). O plasmídio Ti contém uma série de genes de virulência (*vir*), assim como uma região denominada DNA de transferência (T-DNA). Os genes *vir* são necessários para iniciar e conduzir a transferência do T-DNA para a célula vegetal. Uma vez transferido, o T-DNA insere-se aleatoriamente no genoma nuclear da planta. Ele carrega genes com duas funções gerais: primeiro, a indução da galha da coroa, que irá proporcionar uma habitação para a bactéria; segundo, a produção de aminoácidos não proteicos denominados *opinas*, que são utilizados pela bactéria como fonte de energia metabólica. Uma visão geral das etapas envolvidas na transformação de plantas por *Agrobacterium tumefaciens* é mostrada na **Figura 3.16**.

Considerando que *Agrobacterium tumefaciens*, em geral, é um patógeno de plantas, como pode ser uma ferramenta biotecnológica útil? Já mencionamos na Seção 3.5 que *Agrobacterium tumefaciens* pode ser usada para transferir marcadores ao genoma para interromper aleatoriamente genes para análise de mutantes. Quando *Agrobacterium tumefaciens* é usada no laboratório para modificação de genoma direcionado, os cientistas utilizam uma cepa contendo um plasmídio Ti modificado. Os genes dos hormônios e das opinas são removidos do T-DNA para tornar a bactéria inofensiva às plantas, e um gene de interesse é inserido em seu lugar (ver Figura 3.15). Se o gene se origina de outro organismo, ele é chamado de *transgene*. Com frequência, um gene que confere resistência a um antibiótico é adicionado como um gene marcador selecionável.

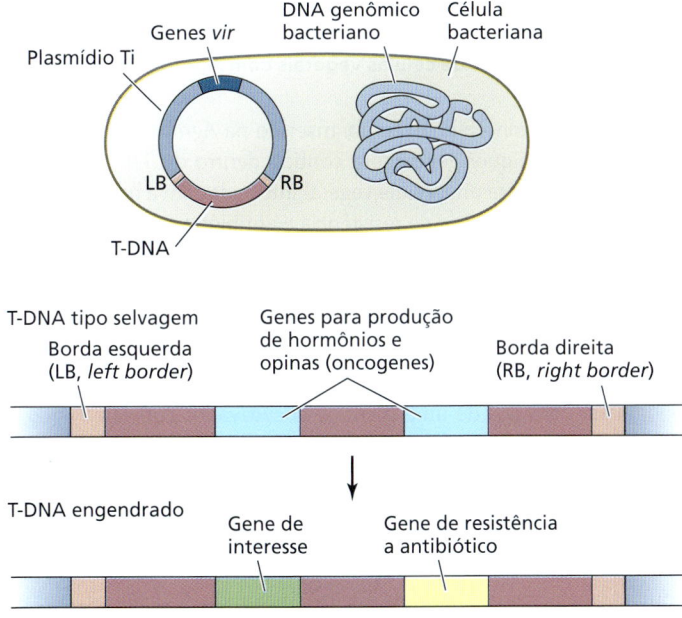

Figura 3.15 Plasmídio indutor de tumores (Ti) da *Agrobacterium*. O plasmídio Ti é uma peça extracromossômica circular de DNA contida no interior da célula bacteriana. Uma porção desse plasmídio, o DNA de transferência (T-DNA), é transferida para a planta infectada, onde é inserida no genoma nuclear da planta. Os genes de virulência (*vir*), localizados em outra parte do plasmídio Ti, são essenciais para o início da transferência de T-DNA. O T-DNA do plasmídio Ti do tipo selvagem contém genes para a produção de fitormônios e aminoácidos não proteicos (opinas). Quando *Agrobacterium tumefaciens* é utilizada para a transformação de plantas, os genes de hormônios e opinas são removidos e substituídos pelo gene de interesse, muitas vezes acoplado a um gene repórter selecionável, como um gene para resistência a antibióticos.

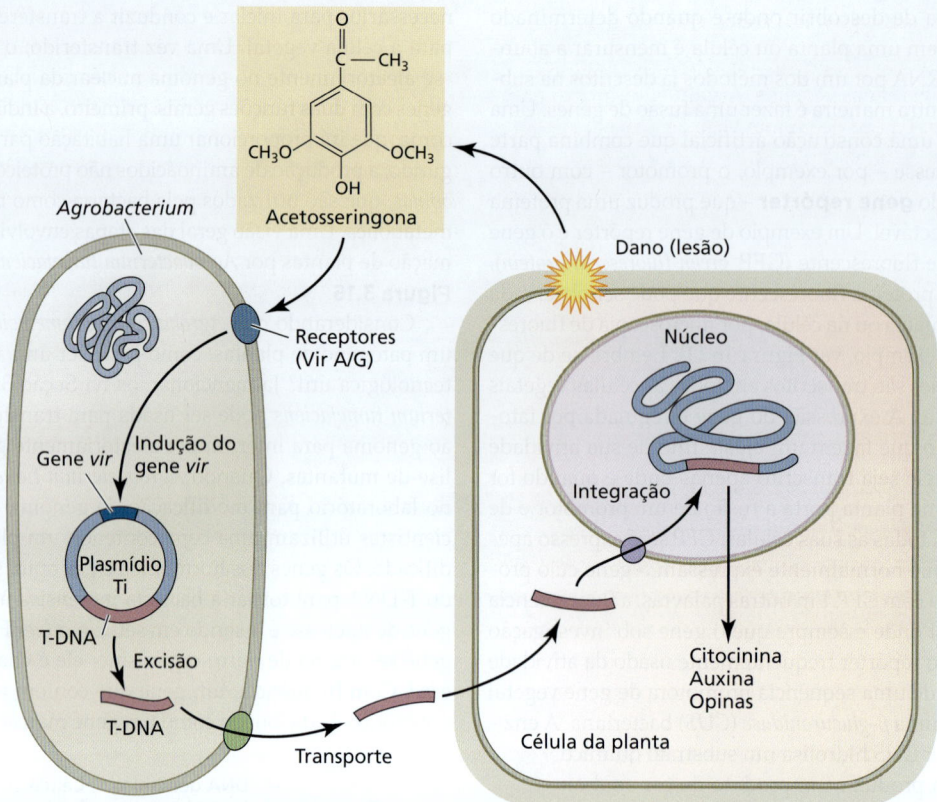

Figura 3.16 Infecção de células vegetais com *Agrobacterium tumefaciens*.

O plasmídio Ti concebido é, então, inserido na *Agrobacterium tumefaciens*. Qualquer gene agora contido dentro do T-DNA será transferido para uma célula vegetal infectada com a bactéria engenheirada. O gene de resistência a antibióticos permite ao pesquisador rastrear facilmente as células transformadas, já que somente as células transformadas sobreviverão quando cultivadas na presença do antibiótico.

As plantas podem ser infectadas com bactérias engenheiradas por diversas maneiras. Pequenos segmentos de folhas podem ser cortados de uma planta e cocultivados com uma solução das bactérias, antes de cultivar as células vegetais purificadas em um meio de cultura de tecidos. A seguir, os hormônios vegetais auxina e citocinina são utilizados para estimular a geração de raízes e partes aéreas a partir do tecido, respectivamente. Essa técnica, em última análise, produz uma planta adulta transformada. Algumas plantas, incluindo *Arabidopsis*, são tão facilmente transformadas que apenas mergulhar as flores em uma suspensão das bactérias é suficiente para resultar em embriões transformados na geração seguinte.

Além de transformação mediada por *A. tumefaciens*, várias outras técnicas têm sido desenvolvidas para incorporar genes estranhos aos genomas vegetais. Uma dessas técnicas é a fusão de duas células vegetais com diferentes informações genômicas, chamada de **fusão de protoplastos**. Outra técnica é a **biolística**, algumas vezes também chamada de técnica **gene gun** (arma de genes), em que pequenas partículas de ouro revestidas com a construção genética de interesse são disparadas em células cultivadas em placas de Petri (**Figura 3.17**). O material genético é incorporado aleatoriamente aos genomas das células. As células podem, então, ser transferidas para um meio de cultura sólido e cultivadas até se tornarem indivíduos transgênicos maduros.

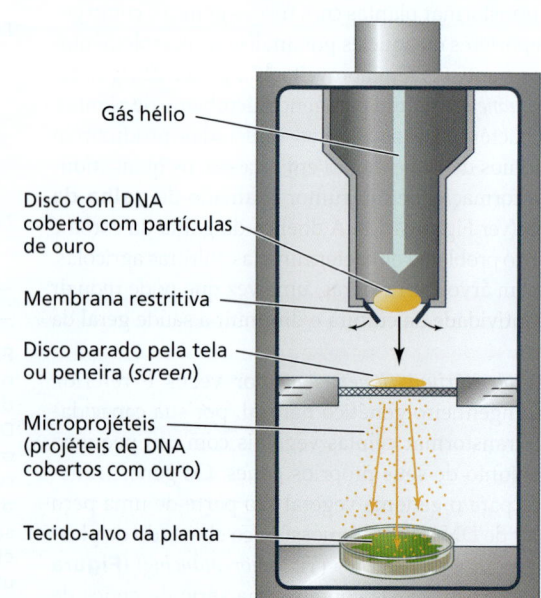

Figura 3.17 O DNA recombinante pode ser inserido em células vegetais usando biolística com um "*gene gun*".

3.7 Editando genomas vegetais

As tecnologias de edição de genoma podem fazer modificações direcionadas nos genomas vegetais. Atualmente, quatro grandes tecnologias de edição de genoma são usadas para pesquisas básicas e translacionais em plantas:

1. Mutagênese direcionada por nucleases específicas de sequência
2. Substituição precisa de genes
3. Edição de base
4. Edição principal

Esta seção descreve essas tecnologias de edição de genoma, que começaram a revolucionar a genética vegetal e o melhoramento de culturas agrícolas do século XXI.

Nucleases específicas de sequência induzem mutações direcionadas

Para introduzir mutações específicas no genoma vegetal, pode-se conceber nucleases de sequência específica (SSNs), que geram quebras de fita dupla na(s) sequência(s) de DNA-alvo.

As primeiras versões dos SSNs incluíam meganucleases modificadas, nucleases de dedo de zinco (ZFNs) e nucleases com efetores do tipo ativador da transcrição (TALENs). O desenvolvimento da tecnologia TALEN foi inspirado pela pesquisa básica sobre interações planta-patógeno (ver Capítulo 24). Os patógenos bacterianos de *Xanthomonas* secretam efetores do tipo ativador da transcrição (TAL) nas células vegetais, para interromper o metabolismo do hospedeiro e causar doenças. Os efetores TAL se ligam aos promotores de alguns genes do hospedeiro e ativam sua expressão, modificando assim os processos do hospedeiro para beneficiar os patógenos bacterianos. A forma como os efetores TAL reconhecem sequências específicas de DNA era desconhecida até 2009, quando dois grupos de pesquisa descodificaram o código de reconhecimento de DNA dos efetores TAL. Esse mecanismo foi posteriormente utilizado para projetar TALENs, uma nova classe de SSN (**Figura 3.18**), fornecendo um ótimo exemplo de como uma descoberta científica básica pode ser rapidamente traduzida em uma poderosa biotecnologia.

As tecnologias SSN mais populares e poderosas são baseadas em sistemas CRISPR (*Clustered Regularly Interspaced Short*

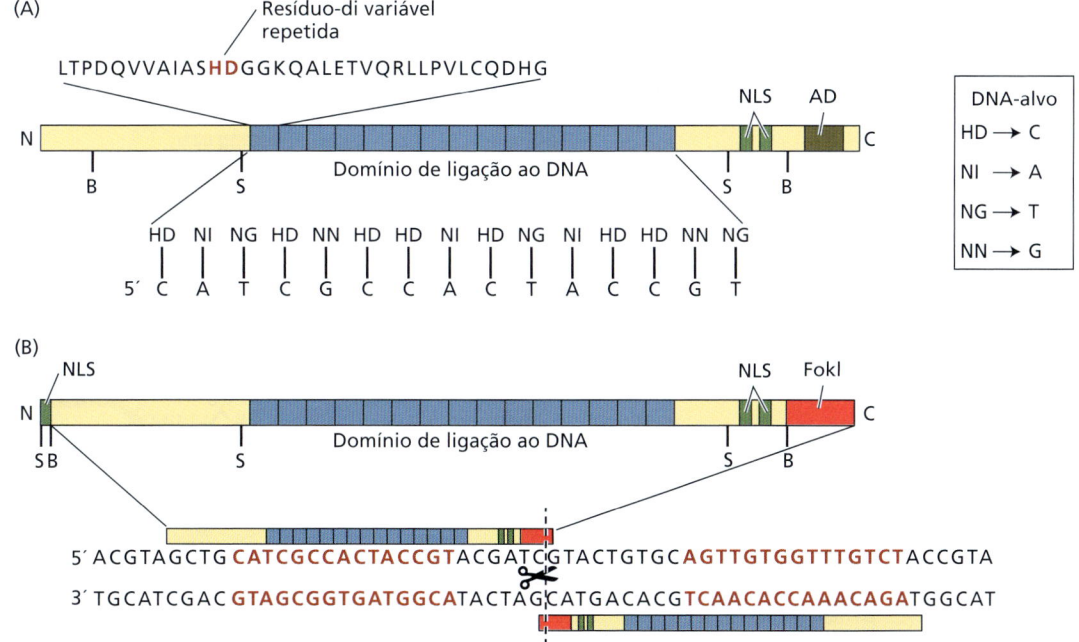

Figura 3.18 Efetores TAL e TALENs. (A) Estrutura de um efetor TAL de ocorrência natural. O domínio de ligação ao DNA é composto por sequências repetidas em série (segmentos azuis), cada uma contendo dois aminoácidos que direcionam a proteína para uma base de DNA específica. Esses aminoácidos são chamados de variáveis repetidas di-residuais (RVDs). Uma dessas sequências de repetição consensual é mostrada acima da estrutura da proteína com seu RVD indicado com fonte vermelha em negrito. A caixa mostra os alvos de DNA associados a cada RVD. Conforme mostrado abaixo da estrutura da proteína, as sequências de RVD variam entre as sequências de repetição consensuais, e o conjunto específico de RVDs no domínio de ligação ao DNA de um efetor TAL determina sua sequência de nucleotídeos-alvo. Os quatro RVDs mais comuns, que são a base de TALENS modificados, são mostrados com seu nucleotídeo mais frequentemente associado (p. ex., a repetição de TAL com o RVD de HD reconhece a citosina (C) no DNA). (B) Estrutura de TALEN. Em TALENs, o domínio de ativação transcricional (AD, *activation domain*) do TAL é substituído pela endonuclease FokI. Dois TALENs monoméricos diferentes, projetados para se ligarem a sequências que flanqueiam o local-alvo (indicados com fonte vermelha em negrito), são necessários para ligar o local-alvo e permitir que o FoKi dimerize e clive o DNA. AD, domínio de ativação transcricional; B, local de restrição (corte) para BamHI; NLS, sinal de localização nuclear; S, local de restrição (corte) para SphI. (Segundo T. Cermak et al. 2011. *Nucleic Acids Res.* 39; e82.)

Palindromic Repeats)-Cas (CRISPR-proteína associada). O sistema CRISPR-Cas9 foi originalmente identificado no sistema imunológico da bactéria *Streptococcus thermophilus*, que é usada na indústria de laticínios para afastar bacteriófagos (vírus que atacam bactérias) que podem prejudicar o processo de fabricação do iogurte. Um sistema CRISPR-Cas9 funcional pode cortar uma parte do genoma de um fago invasor e inseri-lo entre as repetições do CRISPR no genoma bacteriano, criando uma "memória" desse fago. Esse DNA de memória derivado de fago é chamado de protoespaçador e pode ser transcrito para produzir RNA CRISPR (crRNA), que inclui sequências de fago e CRISPR. Um RNA CRISPR transativador (tracrRNA) que pode hibridizar com a sequência CRISPR no crRNA também é exigido pelo sistema. A proteína Cas9 é uma nuclease de DNA não específica que é guiada pelo crRNA-tracrRNA para atingir e clivar o DNA do fago invasor em um local adjacente ao motivo protoespaçador (**Figura 3.19A**). Em 2012, Jennifer Doudna e Emmanuelle Charpentier demonstraram a engenharia de novo de um sistema CRISPR-Cas9 como um SSN guiado por RNA. É importante ressaltar que um RNA-guia (gRNA) foi projetado pela fusão de crRNA e tracrRNA, o que reduziu o sistema CRISPR-Cas9 a dois componentes, Cas9 e gRNA (**Figura 3.19B**). Logo após, CRISPR-Cas9 estava sendo usado para edição do genoma em eucariotos, incluindo plantas.

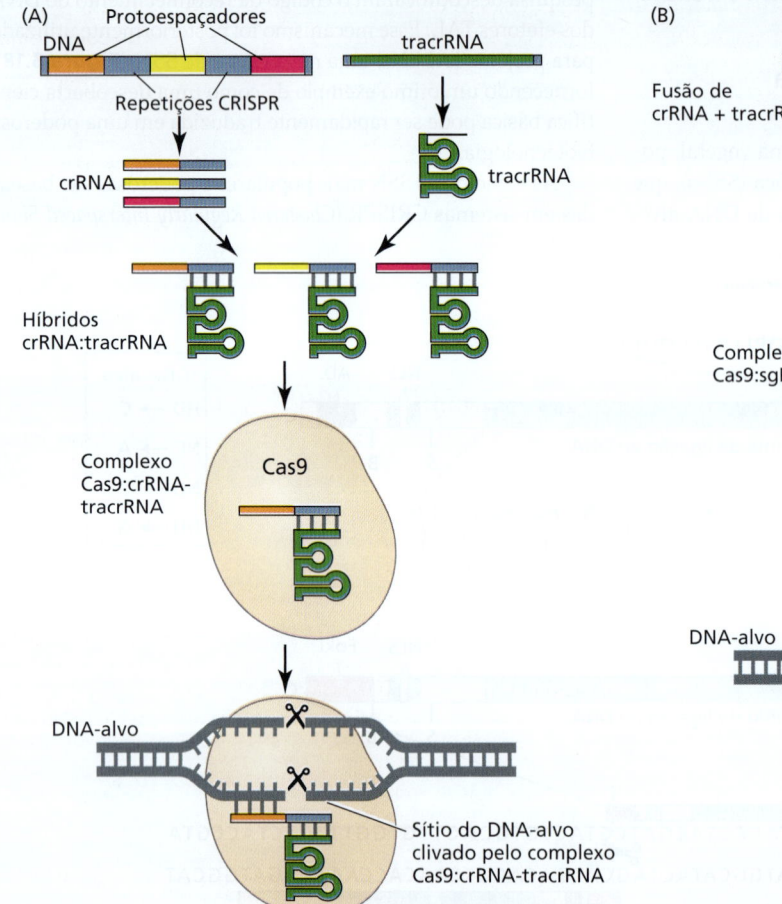

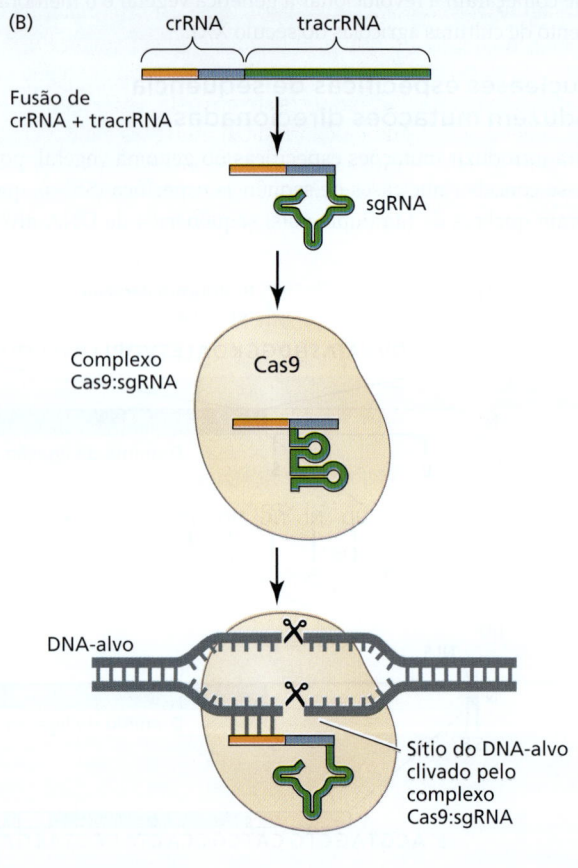

Figura 3.19 Sistema CRISPR-Cas para edição de genes. (A) As regiões CRISPR nos genomas bacterianos contêm fragmentos de DNA (protoespaçadores, descritos como segmentos coloridos) que são remanescentes de DNA invasor de um ataque bacteriano ou viral no passado, que não levou à morte da célula hospedeira. A incorporação desses pedaços estranhos de DNA no genoma bacteriano do hospedeiro cria um banco de memória de sequências de DNA, a serem potencialmente destinadas à destruição no caso de um ataque futuro. Cada fragmento de DNA pode ser transcrito em RNA, chamado de CRISPR-RNA (ou crRNA), cada um dos quais é complementar a uma sequência específica de DNA estranho. O segundo componente principal do sistema CRISPR do hospedeiro é o RNA CRISPR transativador (RNA tracr). crRNA e tracrRNA hibridizam e se ligam à proteína Cas9, também codificada no genoma do hospedeiro. Esse complexo pode então ter como alvo o DNA invasor complementar e clivá-lo usando a função de nuclease da proteína Cas9. Embora o DNA clivado possa ser reparado, tais reparos são imperfeitos e criam mutações no DNA invasor, o que geralmente prejudica sua função. (B) Os sistemas CRISPR projetados para edição de genoma usam uma peça sintética de RNA, chamada de RNA-guia (gRNA), que é uma fusão do tracrRNA e da sequência-alvo. Uma construção sintética, feita em laboratório e que codifica o gRNA, é transformada no hospedeiro-alvo junto com uma cópia do gene Cas9. Dentro da célula-alvo, o complexo Cas9:gRNA pode criar mutações em um gene de interesse, por clivagem via Cas9 seguida por reparo imperfeito do dano pela maquinaria de reparo de DNA da célula hospedeira. (Segundo J. D. Sander and J. K. Joung. 2014. *Nat. Biotechnol.* 32: 347–355.)

Posteriormente, foi demonstrado que componentes Cas adicionais, como Cas12a e Cas12b, funcionam em plantas. Como nucleases guiadas por RNA, os sistemas CRISPR-Cas são fáceis de projetar, permitindo o direcionamento de praticamente qualquer sequência em um genoma de interesse. Por seu trabalho na adaptação do sistema CRISPR em uma ferramenta programável de edição de genes, Doudna e Charpentier receberam o Prêmio Nobel de Química de 2020.

Em células eucarióticas, as quebras de fita dupla geradas por SSN são reparadas por meio da rota de reparo de DNA de **união de extremidades não homóloga** (**NHEJ**, de *non--homologous end-joining*) (**Figura 3.20A**) ou de **recombinação homóloga** (**HR**, de *homologous recombination*) (**Figura 3.20B**). A união de extremidades não homólogas é a rota preferida e está sujeita a erros, o que resulta em pequenas mutações de inserção e exclusão. Este é o mecanismo usual de mutagênese direcionada por SSNs. Com um sistema CRISPR-Cas, um biólogo vegetal pode facilmente introduzir mutações em um gene de interesse, para estudar seu fenótipo de perda de função, o que, por sua vez, ajuda a deduzir a função do gene. Essa tecnologia simples de eliminação de genes impulsionou muito a pesquisa básica em plantas. Além disso, a perda de função ou redução da função de alguns genes pode ter valor agronômico. Dado que múltiplos gRNAs podem ser coexpressos com a Cas nuclease em células vegetais, é possível editar genes para várias características simultaneamente em cultivares de elite para um rápido melhoramento da cultura agrícola.

A edição de genes pode levar à substituição precisa de genes

A substituição precisa de genes por reparo direcionado por homologia é frequentemente considerada o Santo Graal (objetivo final) da edição do genoma vegetal (ver Figura 3.20B). Duas coisas são necessárias para um reparo eficiente direcionado por homologia: (1) indução de quebras de fita dupla de DNA na sequência-alvo por SSNs, como CRISPR-Cas, e (2) um modelo de reparo de doador de DNA de fita dupla ou fita simples que contém as alterações desejadas e a homologia com a sequência--alvo. Em princípio, o reparo direcionado por homologia pode gerar alterações ou exclusões de base, ou mesmo exclusão ou inserção de genes inteiros. Por exemplo, uma característica de resistência a herbicidas foi introduzida no arroz por reparo dirigido por homologia mediado por CRISPR-Cas9 que modificou partes específicas do gene da acetolactato sintase (**Figura 3.21**). No entanto, a eficiência da edição de reparo direcionada por homologia precisa ser drasticamente melhorada antes que essa tecnologia possa ser facilmente aplicada em muitas outras espécies de plantas. O reparo do DNA direcionado por homologia ocorre principalmente nas fases G_2 e S do ciclo celular e é relativamente incomum na grande maioria dos tipos de células vegetais, em comparação com a união de extremidades não homólogas. Também é um desafio com o reparo direcionado por homologia entregar o modelo de reparo nas células vegetais. Dada a promessa de substituição precisa de genes para melhorar a resiliência e o rendimento das culturas agrícolas em

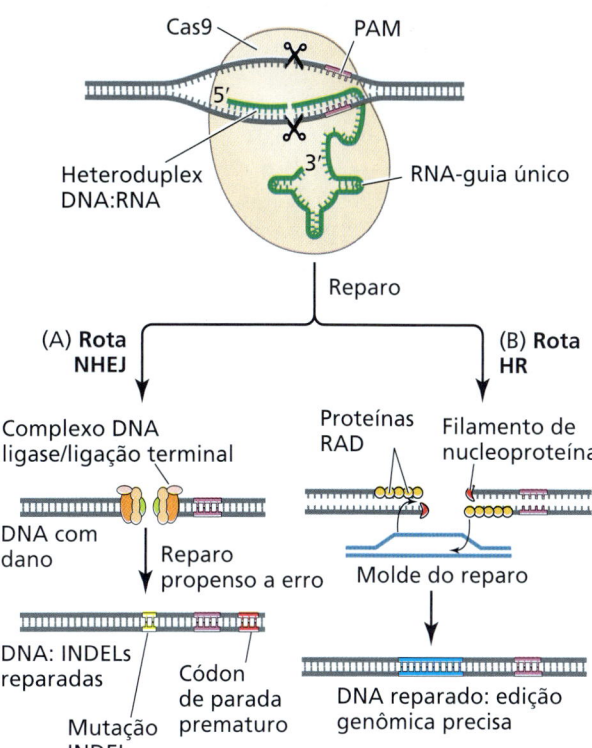

Figura 3.20 Mutagênese direcionada mediada por CRISPR-Cas9 e substituição precisa de genes. Os complexos CRISPR-Cas9 têm como alvo sequências genômicas específicas para criar quebras de fita dupla adjacentes ao local do motivo adjacente do protoespaçador (PAM, *protospacer adjacent motif*). (A) A rota de reparo de DNA de união de extremidades não homólogas (NHEJ) propensa a erros pode ser aproveitada pelo CRISPR-Cas9 para introduzir códons de parada prematuros ou outras mutações na sequência de codificação de um gene. INDELs, pequenas inserções e exclusões. (B) A rota de recombinação homóloga (HR) usa um modelo de DNA para orientar o reparo de quebras de fita dupla. A HR é menos eficiente, mas é útil para edição do genoma, pois ela resulta na substituição precisa das sequências genômicas. (Segundo M. Barresi and S. Gilbert. 2019. *Developmental Biology*, 12th ed. Sinauer Associates/Oxford University Press, Sunderland, MA; J. W. Paul, III and Y. Qi. 2016. *Plant Cell Rep.* 35: 1417–1427.)

condições climáticas subótimas, soluções inovadoras para essas limitações podem ser esperadas.

A edição de base pode ser usada como uma alternativa ao reparo direcionado por homologia

A edição de base é uma alternativa prática ao reparo direcionado por homologia se o objetivo for introduzir mudanças de base no genoma de uma planta. A edição de base é realizada pelos chamados editores de base, derivados dos sistemas CRISPR--Cas9. Os editores de base de citosina podem direcionar substituições de C para T (ou G para A na fita complementar de DNA). Um sistema eficiente de edição de base de citosina geralmente compreende uma "nickase" baseada em Cas9, que

Figura 3.21 Geração de plantas de arroz resistentes a herbicidas por reparo dirigido por homologia mediado por CRISPR-Cas9. As plantas são mostradas 36 dias após serem pulverizadas com 100 μM de bispiribaque-sódico (*bispyribac sodium*) no estágio de cinco folhas. À esquerda está uma linhagem de arroz com o gene editado da acetolactato sintase (*ALS*) envolvido na síntese de aminoácidos ramificados e à direita está uma linhagem de arroz de tipo silvestre (WT). O herbicida bispiribaque-sódico inibe a função da proteína WT ALS, mas não consegue inibir a proteína ALS modificada. Observe que as plantas nativas morreram, enquanto as plantas editadas por genes cresceram normalmente.

de adenina é composto por uma Cas9 nickase e uma adenina desaminase projetada.

Os editores de base podem ser usados para modificar plantas para diferentes propósitos. Primeiro, os editores de base podem alterar os códons de parada. Um editor de base de citosina pode converter um códon de aminoácido em um códon de parada prematuro (TAG, TAA ou TGA) e, assim, eliminar a função de um gene codificador de proteína. Por outro lado, um editor de base de adenina pode causar a reversão de um códon de parada prematuro em um códon para Trp (TGG), Glu (CAA, CAG) ou Arg (CGA). Em segundo lugar, os editores de base podem direcionar sítios de remoção (*splicing*) de RNA para alterá-la. Terceiro, os editores de base podem ser usados para direcionar mudanças específicas de aminoácidos para a engenharia de proteínas, como a edição de genes para resistência a patógenos direcionados. Por último, mas não menos importante, muitas características agronômicas estão associadas a polimorfismos de nucleotídeo único (SNPs) em elementos *cis*-reguladores em genomas de culturas agrícolas. A expectativa é que os editores de base sejam amplamente usados para direcionar SNPs específicos de importância agronômica, para a criação rápida de variedades botânicas de interesse agrícola.

Embora promissores, os editores de base atuais têm algumas limitações. Por exemplo, os editores de base de citosina e adenina estão amplamente limitados a fazer mutações de transição (ou seja, purina para purina e pirimidina para pirimidina). Além disso, os editores de base atuam em todas as bases segmentáveis em uma janela de segmentação e, portanto, não têm precisão suficiente para realizar mudanças de base em sítios específicos. Os sistemas de edição de base derivados do CRISPR continuam melhorando em eficiência e se tornaram ferramentas padrão para biólogos moleculares de plantas e biotecnologistas. Os sistemas de edição de base baseados em efetores TAL são cada vez mais usados para edição de genomas de plastídios e mitocôndrias (ver Figura 3.18), pois os RNAs guia usados para edição de CRISPR não podem entrar efetivamente nessas organelas. A capacidade de editar os genomas de

corta apenas a fita de DNA-alvo em vez de fazer uma quebra de fita dupla; uma citidina desaminase; e uma a algumas cópias do inibidor de uracil glicosilase (**Figura 3.22A**). Editores de base de adenina catalisam mudanças de base de A para G (ou T para C na fita complementar de DNA). Um editor de base

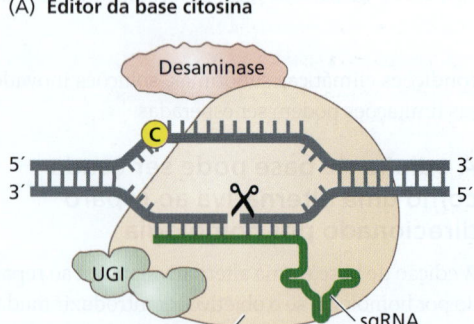

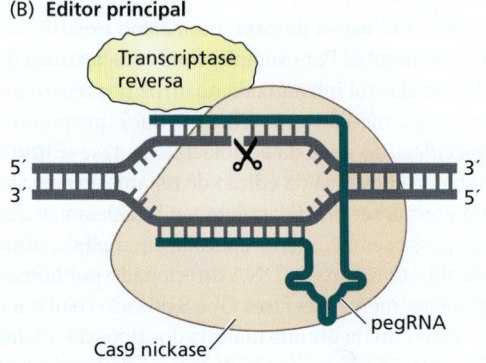

Figura 3.22 Editores básicos e editores principais derivados do CRISPR-Cas9. (A) Um editor de base de citosina vinculado ao seu sítio-alvo, mostrando o entalhe na fita de DNA-alvo onde ocorre o reparo ou a substituição. UGI, inibidor da uracil glicosilase. (B) Um editor principal vinculado ao seu local-alvo, mostrando o entalhe na fita de DNA não direcionada (o complemento da fita-alvo). A transcriptase reversa usa o molde no pegRNA para sintetizar novo DNA para substituir a fita danificada. A vinculação de uma segunda UGI aumenta a eficiência da edição de base. (Segundo A. V. Anzalone et al. 2020. *Nat. Biotechnol.* 38: 824–844.)

cloroplastos e mitocôndrias é um componente importante dos esforços para projetar a atividade fotossintética e a utilização de CO_2 sob mudanças nas condições climáticas.

A edição principal usa um modelo de reparo de RNA e transcrição reversa

A edição principal é a mais nova tecnologia de edição genética que discutimos aqui e é mais versátil e precisa do que a edição básica. Os editores principais são baseados em um sistema CRISPR-Cas9 projetado que contém (1) uma Cas9 nickase que corta o DNA da fita não direcionada, (2) um RNA-guia de edição principal (pegRNA) que carrega uma extensão de 3' com um iniciador (*primer*) de RNA e um modelo de transcrição reversa e (3) uma transcriptase reversa que converte RNA em DNA (**Figura 3.22B**). Na edição principal, as alterações de DNA desejadas são codificadas no modelo de transcrição reversa e incorporadas ao sítio-alvo no genoma da planta. Os editores principais podem introduzir qualquer uma das 12 possíveis mutações de transição e transversão, bem como pequenas inserções e exclusões (INDELS). Atualmente, a edição principal atinge facilmente eficiências de aproximadamente 1% em células vegetais, o que é aproximadamente equivalente à eficiência de edição do reparo direcionado por homologia. Com mais melhorias, os editores principais provavelmente se tornarão ferramentas importantes para gerar mudanças de base precisas e INDels definidos em genomas de culturas agrícolas.

■ 3.8 Engenharia de plantas agrícolas

Há muitos séculos, os seres humanos vêm modificando plantas cultivadas por meio do melhoramento seletivo, produzindo cultivares que têm rendimentos mais elevados, são mais adaptados a climas específicos ou resistentes a fitopatógenos. Por exemplo, os cultivares modernos de milho são os descendentes domesticados de parente silvestre do gênero *Zea*, conhecido como teosinto (**Figura 3.23**). Como é evidente pela figura, o melhoramento e a domesticação modificaram substancialmente essa cultura desde sua forma original. Da mesma maneira, o melhoramento seletivo tem produzido tomates que são muito maiores do que os frutos da espécie progenitora original. O melhoramento tem produzido até espécies totalmente novas, como o trigo do pão comum, *Triticum aestivum*, o qual é alo-hexaploide e surgiu a partir da polinização cruzada de três espécies progenitoras diferentes. Enquanto as técnicas clássicas do melhoramento dependem de recombinação genética aleatória de caracteres em espécies sexualmente compatíveis, a biotecnologia permite a transferência de um número controlado de genes entre espécies que não podem ser cruzadas com sucesso. Aqui, discute-se como a criação usando ferramentas biotecnológicas difere da reprodução clássica.

No melhoramento genético clássico, características desejáveis são introduzidas em linhagens agrícolas de elite mediante polinização cruzada de dois cultivares e seleção dessas características entre os descendentes. Uma desvantagem dessa abordagem é que as contribuições genéticas de ambos os progenitores são embaralhadas na meiose, de modo que características indesejáveis podem ser introduzidas na linhagem receptora, junto com as desejáveis. Os caracteres indesejáveis,

Figura 3.23 Melhoramento clássico e domesticação da gramínea silvestre teosinto (à esquerda) levaram à planta cultivada *Zea mays* (milho; à direita), ao longo de centenas de anos.

então, devem ser extraídos por retrocruzamentos repetidos, frequentemente laboriosos, com a linhagem de elite para manter as características desejáveis. As ferramentas biotecnológicas contornam esse problema introduzindo transgenes, genes vegetais editados ou combinações de RNAs guia e proteínas Cas nas células usando *Agrobacterium*, biolística ou vírus.

Transgenes podem conferir resistência a herbicidas ou a pragas de plantas

Qualquer gene transferido artificialmente para um organismo é geralmente referido como um **transgene**. Mais frequentemente, os transgenes são introduzidos de uma espécie para outra. Entretanto, alguns pesquisadores preferem distinguir a transferência gênica entre espécies sexualmente compatíveis que podem também trocar material genético pelo melhoramento clássico (**cisgenia**) daquela transferência gênica entre espécies que não podem cruzar naturalmente, para as quais esses pesquisadores reservam o termo **transgenia**. Atualmente, dois dos tipos de transgenes mais comumente utilizados em culturas comerciais são genes que permitem que as plantas resistam a aplicações de herbicidas ou ao ataque por determinados insetos. A invasão de plantas indesejáveis e a infestação de insetos são duas das principais causas de reduções na produtividade na agricultura.

Plantas que carregam um transgene para **resistência ao glifosato** sobreviverão, no campo, à aplicação desse herbicida (comercialmente conhecido como Roundup), que mata as ervas indesejáveis, mas não prejudica as culturas agrícolas resistentes. O glifosato inibe a enzima enolpiruvalchiquimato-3--fosfato sintase (EPSPS), que catalisa uma reação-chave na rota do ácido chiquímico, uma rota metabólica específica de plantas, necessária para a produção de muitos compostos secundários, incluindo auxina e aminoácidos aromáticos (ver **Apêndice 4 na internet**). As plantas glifosato-resistentes carregam um gene que codifica uma forma bacteriana do EPSPS, insensível ao herbicida, ou construções de transgenes que fusionam promotores de alta atividade com o tipo selvagem do gene EPSPS, alcançando a resistência a herbicidas por superprodução da enzima.

Outro transgene comumente usado codifica uma toxina inseticida proveniente da bactéria de solo ***Bacillus thuringiensis*** (**Bt**). A toxina Bt interfere em um receptor encontrado apenas no intestino das larvas de certos insetos, finalmente matando-as. As plantas que expressam a toxina Bt são tóxicas a insetos suscetíveis, porém inofensivas à maioria dos organismos, incluindo espécies de insetos não alvo.

Plantas transgênicas com valor nutricional maior também estão sendo desenvolvidas. Todos os anos, segundo a Organização Mundial da Saúde, a deficiência de vitamina A na dieta causa cegueira em pelo menos 500 mil crianças em países em desenvolvimento. Muitas dessas crianças vivem no sudeste da Ásia, onde o arroz é a parte principal da dieta. Embora o arroz sintetize níveis abundantes de β-caroteno (pró-vitamina A) em suas folhas, seu endosperma, que compõe o volume do grão, normalmente não expressa os genes requeridos para as três etapas da rota de biossíntese de β-caroteno. Para superar esse bloqueio, Ingo Potrykus, Peter Beyer e colaboradores desenvolveram novas variedades de arroz que carregam genes de outras espécies que podem completar a rota de biossíntese de β-caroteno (**Figura 3.24**). A variedade mais eficiente utiliza dois transgenes: um gene da fitoeno sintase do milho e um gene bacteriano da caroteno dessaturase. Juntos, esses dois genes permitem que o indivíduo de arroz acumule grandes quantidades de β-caroteno. Enfrentando muitos obstáculos regulatórios e de propriedade intelectual, esse "arroz dourado" foi testado em campo por mais de dez anos e finalmente aprovado para uso nos Estados Unidos em 2018. Essa não foi a primeira vez que o conteúdo de β-caroteno de uma cultura agrícola foi alterado por agropecuaristas. Cenouras, por exemplo, eram vermelhas ou amarelas antes do século XVII, quando um horticultor holandês selecionou as primeiras variedades de cor laranja.

Outros pesquisadores estão desenvolvendo plantas transgênicas que expressam vacinas em seus frutos comestíveis, como uma alternativa mais conveniente de vacinar as pessoas em partes do mundo cujas instalações médicas são insuficientes para a administração de vacinas convencionais.

A engenharia genética de plantas continua controversa

O desenvolvimento de plantas cultivadas geneticamente modificadas não foi saudado com apoio e entusiasmo universal. Apesar do enorme potencial humanitário do melhoramento acelerado de características agrícolas sustentáveis, muitos indivíduos, bem como os governos de alguns países, olham a engenharia genética com desconfiança e preocupação. Em particular, os opositores à introdução de genes de outros organismos em plantas alimentícias citam a possibilidade de produzir inadvertidamente safras que expressam alérgenos introduzidos de outra espécie. Eles também se preocupam com o fato de que o uso excessivo de genes codificando a toxina Bt possa selecionar insetos que desenvolveram resistência à toxina, ou que o pólen levado pelo vento de culturas transgênicas resistentes a herbicidas possa polinizar espécies selvagens próximas, portanto produzindo ervas indesejáveis com resistência a herbicidas ou contaminando culturas orgânicas com transgenes. De acordo com a Organização Mundial da Saúde, contudo, a preocupação que a ingestão de alimentos geneticamente modificados, atualmente cultivados e comercializados, cause riscos para a saúde humana até agora tem sido infundada.

Plantas cultivadas produzidas pela introdução de transgenes ou DNA removido de outros organismos são comumente chamadas de organismos geneticamente modificados (OGM). À medida que a sofisticação das técnicas de edição do genoma vegetal se tornou mais refinada, os biotecnólogos vegetais conseguem evitar a liberação de plantas contendo transgenes no campo. O termo organismos geneticamente desenvolvidos (OGDs). Muitos países adotaram diretrizes que distinguem os cultivos OGM e OGD. Por exemplo, um relatório de 2016 das Academias Nacionais de Ciência, Engenharia e Medicina dos EUA recomendou a diferenciação regulatória das abordagens de OGM e OGD, e o Departamento de Agricultura dos Estados Unidos (USDA) adotou a regra de 2020 Sustentável, Ecológica, Consistente, Uniforme, Responsável e Eficiente (SECURE), que especifica que a maioria das culturas geneticamente

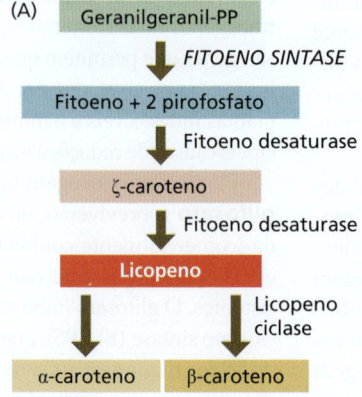

Figura 3.24 O arroz dourado foi produzido pela inserção de um gene que codifica uma fitoeno sintase do milho e outro gene que codifica uma enzima fitoeno dessaturase da bactéria de solo *Erwinia uredevora* para catalisar a síntese de licopeno em grãos de arroz. A licopeno ciclase de arroz converte o licopeno em α e β-caroteno. (A) A rota da biossíntese de β-caroteno no arroz dourado. (B) O arroz branco normal (à esquerda) comparado com o arroz dourado (à direita).

desenvolvidas não serão regulamentadas se não contiverem transgenes.

No geral, a engenharia genética é uma promessa considerável para modernizar com segurança o cultivo agrícola para enfrentar os desafios da mudança climática global. Muitas das mutações direcionadas geradas pelas tecnologias de edição de genes já ocorrem na natureza ou já surgiram durante a mutagênese não direcionada convencional ou a reprodução cruzada. Dadas as contribuições potenciais da edição do genoma para o futuro melhoramento de culturas, prevê-se que essas novas tecnologias sejam amplamente usadas para produzir safras com maiores rendimentos, menor dependência de produtos químicos para evitar perdas por pragas e doenças e mais resiliência ao estresse dependente do clima.

A pesquisa está em andamento para monitorar os efeitos das novas tecnologias na saúde humana e no meio ambiente (ver **Ensaio 3.1 na internet**). Ao final, a controvérsia pode resumir-se a esta pergunta: quanto de risco é aceitável na tentativa de satisfazer as necessidades de alimento, vestimentas e abrigo de uma população mundial em constante crescimento?

■ Resumo

O genótipo de uma planta, as modificações epigenéticas do seu DNA e o ambiente no qual ela vive determinam o seu fenótipo. A compreensão completa da fisiologia de uma planta requer o entendimento de como o genótipo (nuclear, mitocondrial e plastidial) é traduzido em fenótipo.

3.1 Organização do genoma nuclear

- As marcas estruturais mais proeminentes dos cromossomos são os centrômeros, os telômeros e as regiões organizadoras do nucléolo (RONs) (**Figura 3.1**).
- A heterocromatina (sequências de DNA altamente repetitivo) é transcricionalmente menos ativa do que a eucromatina.
- Transposons são sequências de DNA móveis dentro do genoma nuclear. Alguns podem se inserir em novos locais ao longo dos cromossomos (**Figura 3.2**).
- Transposons ativos podem prejudicar de modo significativo seu hospedeiro, mas a maioria dos elementos móveis é inativada por modificações epigenéticas, como a metilação. (**Figura 3.3**).
- A meiose permite a recombinação de alelos e a redução organizada do genoma para metade de seus cromossomos (**Figura 3.5**).
- Todas as linhagens de angiospermas experimentaram a duplicação do genoma ao menos uma vez em suas histórias evolutivas. Muitas espécies vegetais modernas são poliploides, por causa da duplicação genômica dentro de uma espécie (autopoliploidia) ou devido à duplicação genômica em associação com a hibridização de duas ou mais espécies (alopoliploidia) (**Figura 3.7**).
- Poliploides têm múltiplos de genomas completos; esse equilíbrio genômico alterado pode distinguir fenotipicamente os poliploides, em especial os alopoliploides, de seus progenitores e pode levar à especiação.

3.2 Genomas citoplasmáticos em vegetais: mitocôndrias e plastídios

- A genética de organelas não obedece às leis de Mendel, mas geralmente mostra herança uniparental e segregação vegetativa.

3.3 Regulação transcricional da expressão gênica nuclear

- A expressão gênica é regulada em vários níveis: transcricional, pós-transcricional e pós-traducional.
- Para genes que codificam proteínas, a RNA polimerase II liga-se à região promotora e requer fatores de transcrição gerais e outras proteínas reguladoras para iniciar a transcrição gênica (**Figuras 3.9, 3.10**).
- Modificações epigenéticas, como a metilação do DNA e a metilação e a acetilação de proteínas histonas, ajudam a determinar a atividade gênica (**Figura 3.11**).

3.4 Regulação pós-transcricional da expressão gênica nuclear

- Proteínas de ligação ao RNA podem estabilizar o mRNA ou promover sua degradação.
- A rota do RNA de interferência (RNAi) é uma resposta pós-transcricional que leva ao silenciamento de transcritos específicos. Micro RNAs (miRNAs) auxiliam na regulação gênica. RNAs de interferência curtos (siRNAs) ajudam a manter a heterocromatina transcricionalmente inativa ou atuam como um sistema molecular imunológico contra vírus (**Figuras 3.12-3.14**).

3.5 Ferramentas para o estudo da função gênica

- As ferramentas desenvolvidas para a análise transcricional de genes isolados incluem *Northern blotting*, reação em cadeia da polimerase de transcrição reversa quantitativa (qRT-PCR) e hibridização *in situ*.
- As tecnologias de transcriptômica utilizam informação obtida de sequenciamento genômico para análise de alto rendimento da expressão gênica.
- As fusões de genes repórteres contêm parte de um gene de interesse (p. ex., o promotor) fusionada com um gene repórter, que codifica uma proteína que pode ser prontamente detectada quando expressa. Tais construções podem ser usadas para monitorar onde e quando um gene em particular está ativo.

■ Resumo

3.6 Modificação genética de plantas
- *Agrobacterium tumefaciens* pode transformar células vegetais quando os genes-alvo são transferidos do plasmídio bacteriano, chamado de plasmídio de indução tumoral (Ti) (**Figuras 3.15, 3.16**).

3.7 Editando genomas vegetais
- As tecnologias de edição de genoma mediadas por CRISPR-Cas também estão revolucionando o melhoramento de culturas agrícolas. Elas permitem a introdução de mudanças simultâneas em muitos genes ao mesmo tempo, acelerando consideravelmente o melhoramento de culturas agrícolas.

3.8 Engenharia de plantas agrícolas
- Diferentemente do melhoramento seletivo clássico, a bioengenharia permite a transferência de genes específicos, entre espécies que não podem ser cruzadas com sucesso ou entre espécies que se cruzam, como um meio de transferência gênica mais precisa do que é possível pelo melhoramento tradicional.
- Genes transferidos artificialmente podem conferir resistência a herbicidas ou a pragas de plantas, ou promover melhora nutricional.

■ Material da internet

- **Tópico 3.1 Modelos de herança de genomas de plastídios** Genomas de plastídios são herdados em uma forma não mendeliana.
- **Tópico 3.2 Mapeamento por recombinação e clonagem gênica: visão geral** Clonagem com base em mapeamento pode ser usada para identificar gene(s) envolvido(s) em um fenótipo de interesse.
- **Tópico 3.3 Transposon** Marcação por mutagênese utilizando elementos transponíveis é outra abordagem na identificação gênica.
- **Tópico 3.4 Transcriptona e mineração de dados** Avanços no sequenciamento de alto rendimento de DNA, RNA e de proteínas permitem medições em escala de genoma da expressão gênica e de outras características do genoma.
- **Tópico 3.5 A transformação pelo *Agrobacterium*** *Agrobacterium tumefaciens*, um patógeno vegetal que transforma naturalmente sua planta hospedeira, tornou-se a principal ferramenta biotecnológica para inserir DNA recombinante em plantas.
- **Ensaio 3.1 Agricultura, crescimento populacional e o desafio da mudança climática** O consenso científico atual é que melhorar o rendimento de culturas agrícolas mediante plantas geneticamente modificadas, bem como aumentar o sequestro de carbono orgânico do solo, são componentes essenciais de uma solução geral para os problemas de crescimento populacional e mudanças climáticas.

Para mais recursos de aprendizagem (em inglês), acesse oup.com/he/taiz7e.

Leituras sugeridas

Allen, J. F. (2003) The function of genomes in bioenergetic organelles. *Phil. Trans. R. Soc. B.* 358: 19–37.

Bendich, A. (2013) DNA abandonment and the mechanisms of uniparental inheritance of mitochondria and chloroplasts. *Chromosome Res.* 21: 287–296.

Birchler, J. A., Gao, Z., Sharma, A., Presting, G. G., and Han, F. (2011) Epigenetic aspects of centromere function in plants. *Curr. Opin. Plant Biol.* 14: 217–223.

Chen, X. (2012) Small RNAs in development—insights from plants. *Curr. Opin. Genet. Develop.* 22: 361–367.

Chen, Z. J. (2007) Genetic and epigenetic mechanisms for gene expression and phenotypic variation in plant polyploids. *Annu. Rev. Plant Biol. Mol. Biol.* 58: 377–406.

Ghildiyal, M., and Zamore, P. D. (2009) Small silencing RNAs: an expanding universe. *Nat. Rev. Genet.* 10: 94–108.

Gill, N., Hans, C. S., and Jackson, S. (2008) An overview of plant chromosome structure. Cytogenet. *Genome Res.* 120: 194–201.

Grandont, L., Jenczewski, E., and Lloyd, A. (2013) Meiosis and its deviations in polyploid plants. *Cytogenet. Genome Res.* 140:171–84.

Jiao, Y., Wickett, N. J., Ayyampalayam, S., et al. (2011) Ancestral polyploidy in seed plants and angiosperms. *Nature* 473: 97–100.

Leitch, A. R., and Leitch, I. J. (2008) Genomic plasticity and the diversity of polyploid plants. *Science* 320: 481–483.

Liu, C., Lu, F., Cui, X., and Cao, X. (2010) Histone methylation in higher plants. *Annu. Rev. Plant Biol.* 61: 395–420.

Malzahn, A. A., Lowder, L., and Qi, Y. (2017) Plant genome editing with TALEN and CRISPR. *Cell Biosci.* 7: 21.

Madlung, A., and Wendel, J. F. (2013) Genetic and epigenetic aspects of polyploid evolution in plants. *Cytogenet. Genome Res.* 140: 270–285.

Mogensen, L. (1996) The hows and whys of cytoplasmic inheritance in seed plants. *Am. J. Bot.* 83: 383–404.

National Academies of Science, Engineering and Medicine (2016) Genetically Engineered Crops: Experiences and Prospects.

Parisod, C., Alix, K., Just, J., et al. (2010) Impact of transposable elements on the organization and function of allopolyploid genomes. *New Phytol.* 186: 37–45.

Zhang, Y., Malzahn, A. A., Sretenovic, S., and Qi, Y. (2019) The emerging and uncultivated potential of CRISPR technology in plant science. *Nat. Plants* 5: 778–794.

4 Sinais e transdução de sinal

Como organismos sésseis, as plantas fazem ajustes constantes em resposta ao ambiente, seja para tirar proveito de condições favoráveis, seja para sobreviver em situações desfavoráveis. Para facilitar esses ajustes, as plantas desenvolveram sistemas sensoriais sofisticados para otimizar o uso da água e de nutrientes; para monitorar a quantidade, a qualidade e a direcionalidade da luz; e para se defender de ameaças bióticas e abióticas. Charles e Francis Darwin realizaram estudos pioneiros sobre a transdução de sinal durante o crescimento da curvatura de coleóptilos de gramíneas em resposta à luz. Eles constataram que a fonte luminosa unidirecional foi percebida no ápice do coleóptilo, embora a resposta de curvatura tenha ocorrido mais distante, ao longo do caule. Essa constatação os levou a concluir que devia haver um sinal móvel, o qual transferia informação de uma região do tecido do coleóptilo para outra e provocava a resposta de curvatura. O sinal móvel foi mais tarde identificado como auxina, ácido 3-indolacético, a primeiro hormônio vegetal a ser descoberto.

Em geral, um estímulo ambiental que inicia uma ou mais respostas vegetais é referido como um **sinal**; o componente químico que responde bioquimicamente ao sinal é designado como um receptor. Os receptores são proteínas ou, no caso de receptores de luz, proteínas associadas com pigmentos absorventes de luz. Uma vez que sentem seu sinal específico, os receptores precisam fazer a *transdução* dele (i.e., convertê-lo de uma forma em outra), a fim de amplificá-lo e de desencadear a resposta celular. Com frequência, os receptores fazem isso mediante modificação da atividade de outras proteínas ou empregando moléculas de sinalização intracelular denominadas **mensageiros secundários**; essas moléculas, então, alteram processos, como a transcrição gênica. Assim, as rotas de transdução de sinal geralmente envolvem a seguinte cadeia de eventos:

Sinal → receptor → transdução de sinal → resposta

Em muitos casos, a resposta inicial é a produção de **sinais secundários**, como hormônios, que são, então, transportados para o sítio de ação para evocar a resposta fisiológica principal. Muitos dos eventos específicos e das etapas intermediárias envolvidas na transdução de sinal em vegetais têm sido identificados; esses intermediários constituem as **rotas de transdução de sinal**.

Este capítulo inicia com um panorama breve dos tipos de estímulos externos que direcionam o crescimento vegetal. Em seguida, discute-se como as plantas empregam as rotas de transdução de sinal para regular a expressão gênica e as respostas pós-traducionais. Uma descoberta surpreendente é que, na maioria dos casos, as rotas de transdução de sinal em plantas funcionam por inativação, degradação ou realocação de proteínas repressoras que modulam a transcrição. A amplificação do sinal via mensageiros secundários é necessária, assim como mecanismos para que a transmissão do sinal coordene respostas pelo corpo da planta. No final, é examinado como as cascatas individuais de respostas a estímulos muitas vezes são integradas com outras rotas de sinalização, algo denominado *regulação cruzada*, para formar as respostas da planta ao seu ambiente no tempo e no espaço.

4.1 Aspectos temporais e espaciais da sinalização

Os mecanismos de transdução de sinal nas plantas podem ser relativamente rápidos ou extremamente lentos (**Figura 4.1**). Quando algumas plantas carnívoras, mais notavelmente a dioneia (*Dionaea muscipula*), capturam insetos, elas usam pelos foliares modificados que se fecham em milissegundos após a estimulação pelo contato. De maneira semelhante, a sensitiva (*Mimosa pudica*) dobra seus folíolos rapidamente ao ser tocada. Plântulas reorientam-se com relação à gravidade minutos após serem colocadas na posição horizontal. Esses mecanismos de resposta rápida geralmente envolvem a liberação de íons, que foram sequestrados por processos dependentes de energia ao longo do tempo. As respostas ambientais que ocorrem por um longo período geralmente envolvem o rápido influxo

Figura 4.1 A velocidade das respostas vegetais ao ambiente varia de muito rápida até extremamente lenta. (A) Os movimentos do inseto sobre as folhas modificadas de dioneia (*Dionaea muscipula*) ativam o movimento imediato dos pelos, induzindo o fechamento rápido dos lóbulos foliares. (B) As folhas de drósera (*Drosera anglica*) capturam insetos em um fluido pegajoso produzido por glândulas pedunculadas denominadas de tentáculos, enrolam-se para segurar a presa e, após, iniciam a digestão. (C) O pilriteiro (*Crataegus* spp.), submetido a ventos que sopram principalmente para a costa, responde lentamente, crescendo no sentido contrário ao do vento. (D) Troncos e ramos de árvores podem responder lentamente ao estresse mecânico mediante produção de lenho de reação. A árvore, neste caso, é uma angiosperma, que produz *lenho de tensão* na superfície superior. As gimnospermas produzem *lenho de compressão* na superfície inferior. (E) Corte transversal de um ramo de gimnosperma com lenho de compressão, criando uma estrutura anelada assimétrica.

citoplasmático de mensageiros secundários iônicos, seguido por ativação enzimática, respostas hormonais e/ou transcrição gênica e tradução de proteínas. Por outro lado, as plantas atacadas por insetos herbívoros podem emitir voláteis que, em poucas horas, atraem predadores desses animais. Os processos que ocorrem nessa escala de tempo com geralmente envolvem nova transcrição e atividade de tradução (ver Capítulo 3).

As respostas ambientais de prazo mais longo modificam os programas de desenvolvimento para moldar a arquitetura da planta por todo o seu ciclo de vida. Os exemplos de respostas de longo prazo incluem a modulação da ramificação das raízes em resposta à disponibilidade de nutrientes, o crescimento de folhas de sol ou de sombra, para ajustar-se às condições de luz, e a ativação do crescimento de gemas laterais, quando o ápice do caule é danificado por animais pastejadores. As respostas vegetais de longo prazo podem operar por escalas de tempo de meses ou anos. Por exemplo, um período longo de temperatura baixa, denominado *vernalização*, é necessário para que o florescimento ocorra em muitas espécies vegetais (ver Capítulo 20). A remodelação da cromatina muitas vezes está envolvida nessas respostas de longo prazo (ver Capítulo 3).

As respostas das plantas aos sinais ambientais também diferem espacialmente. Em uma **resposta autônoma celular** a um sinal ambiental, tanto a recepção do sinal quanto a resposta a ele ocorrem na mesma célula. Na **resposta autônoma não celular**, ao contrário, a recepção do sinal ocorre em uma célula e a resposta ocorre em células, tecidos ou órgãos distais. Um exemplo de sinalização autônoma celular é a abertura das células-guarda. Neste caso, a luz azul ativa transportadores iônicos de membrana para intumescer as células-guarda via receptores de luz azul denominados fototropinas (ver Capítulos 10 e 16). Um exemplo de sinalização autônoma não celular nos mesmos órgãos seria a formação de estômatos adicionais, quando as folhas maduras estão expostas à intensidade luminosa alta, em um processo que requer transmissão de informação de um órgão para outro (ver Capítulo 18).

■ 4.2 Percepção e amplificação de sinais

Embora sejam altamente variadas em natureza e composição, todas as rotas de transdução de sinal compartilham características comuns: um estímulo inicial é percebido por um receptor e transmitido por meio de processos intermediários para locais onde as respostas fisiológicas são iniciadas (**Figura 4.2**). O estímulo pode derivar da programação do desenvolvimento ou do ambiente externo. Quando o mecanismo de resposta alcança um ponto ótimo, mecanismos de retroalimentação atenuam os processos e reiniciam o mecanismo sensor.

Os receptores localizam-se na célula e são conservados nos reinos

Os receptores podem estar localizados na membrana plasmática, no citosol, no sistema de endomembranas ou no núcleo, conforme exemplificado por hormônios e receptores de contato (**Figura 4.3**). Em alguns casos, os receptores movem-se de um compartimento para outro. Muitos receptores vegetais assemelham-se aos encontrados em sistemas bacterianos. Por exemplo, homólogos do canal iônico mecanossensível bacteriano, **MscS** (**canal mecanossensível de condutância pequena** – *mechanosensitive channel of small conductance*), são encontrados na membrana plasmática e no envoltório (provavelmente a membrana interna) do cloroplasto de células de plantas. Os canais mecanossensíveis atuam como receptores e auxiliam células e plastídios a se ajustarem à intumescência induzida por osmose. Os receptores vegetais que percebem a presença

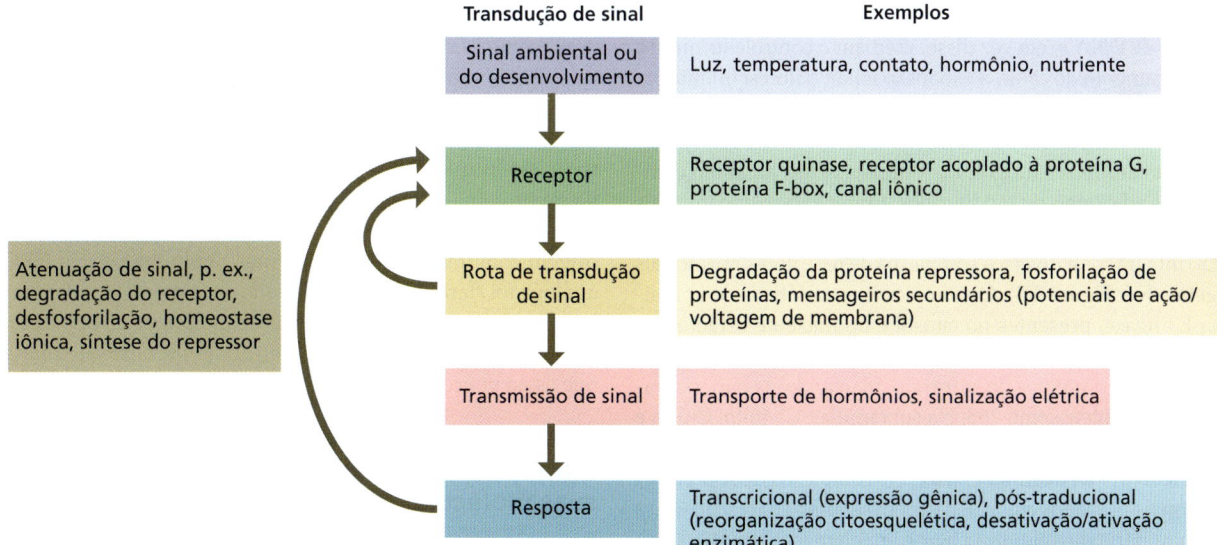

Figura 4.2 Esquema geral da transdução de sinal. Sinais ambientais ou de desenvolvimento são percebidos por receptores especializados. Após, é ativada uma cascata de sinalização, que envolve mensageiros secundários e leva a uma resposta da célula vegetal. Quando uma resposta ótima é alcançada, mecanismos de retroalimentação atenuam o sinal.

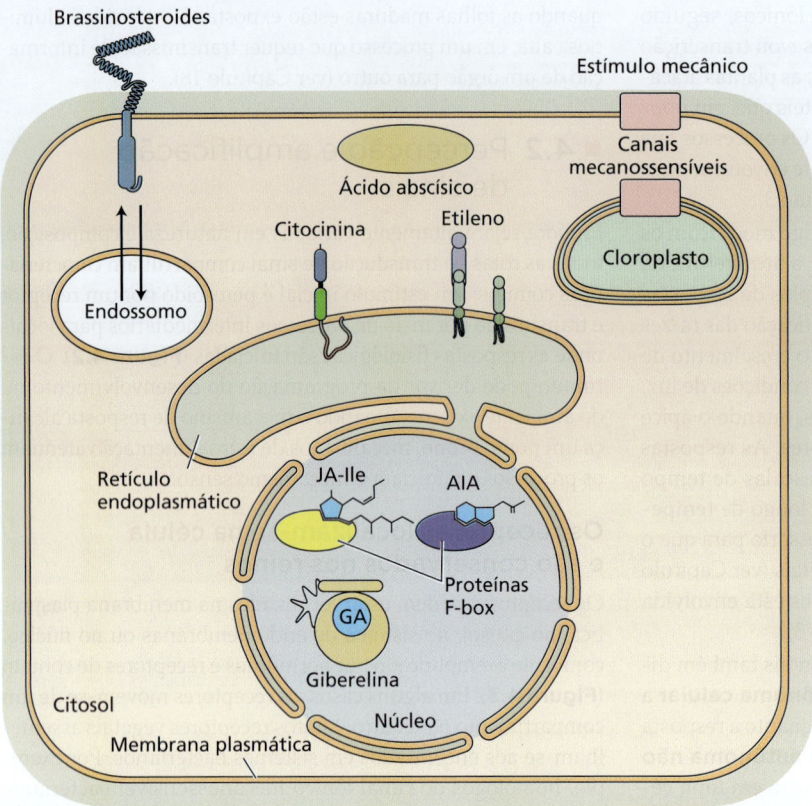

Figura 4.3 Localizações primárias de receptores de fitormônios e receptores mecanossensíveis na célula. Os receptores individuais são discutidos na Seção 4.6. GA, giberelina; AIA, ácido indol-3--acético; AJ-Ile, ácido jasmônico-isoleucina. (Segundo A. Santer and M. Estelle. 2009. *Nature* 459: 1071-1078.)

dos hormônios citocinina e etileno, descritos mais adiante neste capítulo, são derivados de sistemas bacterianos reguladores de "dois componentes". Vários fotorreceptores vegetais divergiram de proteínas similares em bactérias e assumiram novas funções. Por exemplo, os membros bacterianos da superfamília criptocromo/fotoliase são flavoproteínas que reparam dímeros de pirimidina produzidos no DNA pela luz UV. Nos vegetais, os criptocromos carecem de resíduos cruciais necessários para o reparo de DNA e, em vez disso, mediam o controle luminoso do alongamento do caule, a expansão foliar, o florescimento fotoperiódico e o relógio circadiano (ver Capítulo 16).

Outros receptores vegetais assemelham-se mais aos encontrados em animais e fungos, mas, muitas vezes, possuem componentes adicionais ou modificados. Exemplos são encontrados em sistemas vegetais de receptor F-box/ubiquitina ligase, que estão integrados a diversos complexos de receptores hormonais vegetais (ver Figura 4.3). Os complexos eucarióticos de ubiquitina E3 ligase, presentes no citosol e no núcleo e estão associadas com membranas de organelas, fixam covalentemente ubiquitina às proteínas do substrato, marcando-as para degradação pelo proteassomo 26S. Na subfamília SCF (Skp, Cullin e proteína *F*-box) de E3 ligases, o reconhecimento de substratos é mediado por **proteínas F-box**. Os complexos de receptores hormonais baseados em SCF parecem ser uma adaptação única da maquinaria da ubiquitina ligase em plantas.

Um dos mecanismos mais conservados em todos os organismos é a modificação de proteínas, lipídeos ou ácidos nucleicos por **quinases** (enzimas) que adicionam um grupo fosfato do ATP para modificar as propriedades dessas moléculas.

As quinases funcionam na transdução e amplificação de sinais por meio da fosforilação de resíduos de serina, treonina, tirosina ou histidina das proteínas-alvo, para alterar sua atividade biológica ou associação com outras proteínas e lipídeos. Quando uma proteína funciona como um receptor e faz a transdução do sinal fosforilando outra molécula, ela é denominada **receptor quinase**. Embora quase todas as famílias de proteínas quinases sejam conservadas entre animais e plantas, elas geralmente se diversificaram de forma diferente. Por exemplo, os animais contêm muitos receptores acoplados à proteína G (GPCRs, *G protein-coupled receptors*) da membrana plasmática. Eles detectam uma série diversa de sinais extracelulares e os transmitem intracelularmente através de uma grande família de proteínas G heterotriméricas. As plantas possuem um número pequeno de proteínas G heterotriméricas que são de origem comum às dos animais, mas nenhuma função GPCR análoga foi claramente demonstrada até o momento. Por outro lado, as plantas possuem centenas de receptores do tipo serina/treonina quinases (RLKs, *receptor-like serine/threonine kinases*) que estão pouco representados em outros reinos.

Os sinais devem ser amplificados intracelularmente para regular suas moléculas-alvo

Se um receptor for considerado a porta pela qual um sinal entra na rede de sinalização, sua localização até certo ponto determina o comprimento da rota de sinalização subsequente; essas rotas podem consistir em algumas etapas de sinalização ou em uma elaborada cascata de eventos de sinalização. A percepção de sinais na membrana plasmática muitas vezes ativa rotas de transdução com muitos intermediários. No caso de rotas de sinalização que devem finalmente alcançar o núcleo para regular a expressão gênica, a força do sinal dissipa-se ao longo da rota, a menos que ele seja reforçado por eventos de amplificação. Na ausência de amplificação, qualquer intermediário de sinalização ativado, que deve atravessar o citosol para translocar ao núcleo, se tornará diluído devido à sua difusão e mecanismos de desativação (p. ex., por desfosforilação, degradação ou sequestro). Além disso, muitos sinais químicos estão presentes em concentrações muito baixas; os receptores semelhantes também podem ocorrer em densidade muito baixa, de modo que o sinal inicial pode ser bastante fraco. As cascatas de amplificação de sinal servem para manter ou até aumentar a força do sinal por distâncias maiores. Para elevar eventos de sinalização inicial fracos acima do limiar de detecção ou para propagá-los através do citoplasma, as células empregam mecanismos de amplificação como as cascatas de fosforilação e os mensageiros secundários.

As MAP quinases conservadas evolutivamente amplificam os sinais celulares

A fosforilação de proteínas é um mecanismo importante para regular a atividade, localização e abundância de proteínas nas plantas. As plantas têm várias proteínas quinases pertencentes a famílias importantes dessas proteínas. Muitas dessas famílias de proteínas quinases também estão presentes em animais e leveduras, mas sua abundância relativa e papel biológico nas plantas diferem significativamente daqueles encontrados nesses outros sistemas. As quinases podem atuar na superfície celular ou regular os processos intracelulares. Por exemplo, as cascatas de amplificação de sinal da proteína quinase ativada por mitógeno (MAP quinase, *mitogen-activated protein kinase*) funcionam em todos os eucariotos e desempenham um papel importante nas respostas múltiplas das plantas. Conforme mostrado na **Figura 4.4**, os sinais percebidos pelos receptores podem produzir uma fosforilação inicial de uma MAP quinase quinase quinase (abreviada como MAP3K), que por sua vez usa ATP para fosforilar uma MAP quinase quinase (MAP2K). A MAP2K fosforilada, então, amplifica o sinal, fosforilando uma MAP quinase (MAPK). A MAPK, em seguida, amplifica ainda mais o sinal, fosforilando as proteínas-alvo para ativar ou modificar um processo celular. Em poucos minutos após a percepção do sinal, a cascata MAP3K/MAP2K/MAPK pode desencadear um conjunto de respostas a jusante. O grande número de membros das famílias MAP3K, MAP2K e MAPK e a ampla gama de respostas celulares ambientais, de desenvolvimento e reprodutivas, nas quais eles desempenham papéis importantes, sugerem que esse grupo de quinases sofreu diversificação funcional nas plantas. No entanto, a presença de módulos comuns de MAP quinases entre várias respostas demonstra interação combinatória com outros componentes de sinalização.

Quinases conservadas evolutivamente regulam o desenvolvimento programado e plástico das plantas

As proteínas quinases de fosforilação de histidina podem representar o módulo de fosforilação evolutivamente mais

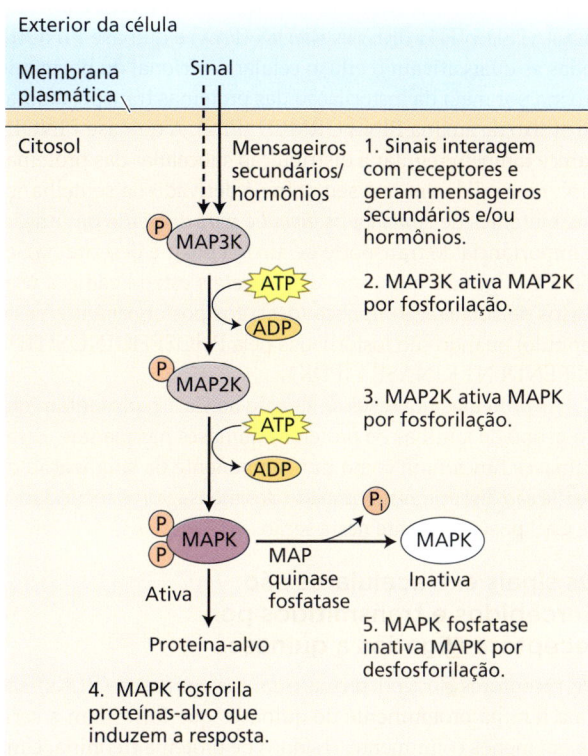

Figura 4.4 As rotas da proteína quinase ativada por mitógeno (MAPK) amplificam sinais para alcançar uma resposta rápida e expressiva a um estímulo ambiental ou de desenvolvimento. As setas contínua e tracejada partindo do sinal indicam ativação direta e ativação indireta, respectivamente.

antigo. As bactérias empregam sistemas receptores de dois componentes compostos por histidina quinases que fosforilam proteínas com atividade transcricional. O mesmo módulo pode ser encontrado na detecção e transdução de sinal do fitormônio citocinina, conforme descrito posteriormente neste capítulo.

A família das proteínas quinases dependentes de ciclina também é encontrada em todos os reinos. Como o próprio nome indica, essas quinases requerem associação com ciclinas para obter funcionalidade. As ciclinas são expressas diferencialmente durante o ciclo celular. A associação de diferentes ciclinas com uma determinada quinase dependente de ciclina regula sua fosforilação de reguladores distintos em cada etapa do ciclo celular. As interações programadas entre o grande número de ciclinas vegetais e as quinases dependentes de ciclina proporcionam controle adaptativo do processo fundamental de divisão celular.

Nas plantas, uma grande família de **quinases AGC** estão evolutivamente relacionadas ao monofosfato de adenosina cíclico animal (classe A), monofosfato de guanosina cíclico (classe G) e proteína dependente de Ca^{2+} (classe C). Apesar de uma aparente ancestralidade comum com seus equivalentes animais, as quinases AGC vegetais são estrutural e funcionalmente divergentes delas. As quinases AGC semelhantes aos receptores de luz azul da fototropina que funcionam no fototropismo, movimento dos cloroplastos e respostas estomáticas à luz azul (ver Capítulo 16) estão presentes em algas e plantas vasculares. Em plantas superiores, a família AGC se expandiu e inclui D6 PROTEIN KINASE (D6PK), PROTEIN KINASE ASSOCIATED WITH BREVIX RADIX (PAX) e quinase PINOID, todas as quais ativam o efluxo celular direcional do hormônio auxina por meio da fosforilação das proteínas transportadoras do efluxo de auxina PIN-FORMED (PIN). A quinase PINOID parece também regular a distribuição subcelular das proteínas PIN, na medida em que seu nome é derivado da semelhança dos mutantes de *Arabidopsis pinoid* e *pin1* de perda de função. A importância do transporte de auxina polar é descrita na Seção 4.4. Algumas quinases AGC vegetais estão ligadas a processos de sinalização lipídica (descritos posteriormente neste capítulo) quando são fosforiladas pela PHOSPHOINOSITIDE DEPENDENT KINASE 1 (PDK1).

As proteínas quinases de ligação ao Ca^{2+} representam outro grupo de famílias de proteínas quinases nas plantas. Essas quinases funcionam como um componente da sinalização de Ca^{2+} e são discutidas no contexto dos mensageiros secundários de Ca^{2+} posteriormente nesta seção.

Os sinais extracelulares são percebidos e transmitidos por receptores ligados a quinases

Os receptores do tipo serina/treonina quinases (RLKs) são uma família proeminente de quinases que fosforilam a serina ou, menos comumente, resíduos de proteína treonina. Uma grande classe de RLKs compreende receptores que abrangem a membrana plasmática com domínios de ligação a ligantes de repetição extracelular rica em leucina (LRR, *leucine rich repeat*) e um domínio intracelular de serina/treonina quinase para transmissão de sinal. A ligação do ligante a um receptor RLK resulta na dimerização com correceptores para iniciar eventos de fosforilação nos domínios da quinase intracelular de ambos os RLKs. Estes, por sua vez, iniciam vários processos de sinalização dependentes da fosforilação. Um exemplo bem estudado de dimerização e ativação de RLKs dependente de ligante é a ligação do receptor FLAGELLIN SENSITIVE 2 da superfície celular ao peptídeo flg22 de bactérias patogênicas que estimula as interações com os correceptores BRI1 ASSOCIATED KINASE (BAK1)/SOMATIC EMBRYOGENESIS RECEPTOR KINASE (SERK) para iniciar respostas imunes (**Figura 4.5**). Uma interação semelhante com o receptor inicia respostas de imunidade à quitina de patógenos fúngicos. Essas respostas são discutidas em detalhes no Capítulo 24.

Os correceptores BAK1/SERK também funcionam na comunicação intercelular que regula o crescimento e o desenvolvimento das plantas. Por exemplo, a ligação dos hormônios peptídicos do EPIDERMAL PATTERNING FACTOR ao seu RLK resulta na heteromerização com BAK1/SERK e os correceptores TOO MANY MOUTHS para regular o padrão epidérmico e o desenvolvimento estomático. Correceptores semelhantes interagem com um receptor BAK1/SERK após a ligação aos hormônios peptídicos que controlam a abscisão floral. O receptor do hormônio RLK mais bem estudado é o BRASSINOSTEROID INSENSITIVE 1 (BRI1), que se heteromeriza com RLKs da família BAK1/SERK após a ligação dos brassinosteroides e regula vários aspectos do crescimento e da identidade floral (ver Figuras 4.5 e 4.34). Em muitos dos eventos de sinalização dependentes de LRR RLK, as quinases citoplasmáticas relacionadas desempenham um papel na sinalização a jusante.

Outro grupo de RLKs desempenha um papel importante no monitoramento e regulação da integridade e expansão da parede celular. Conforme descrito no Capítulo 2, a formação

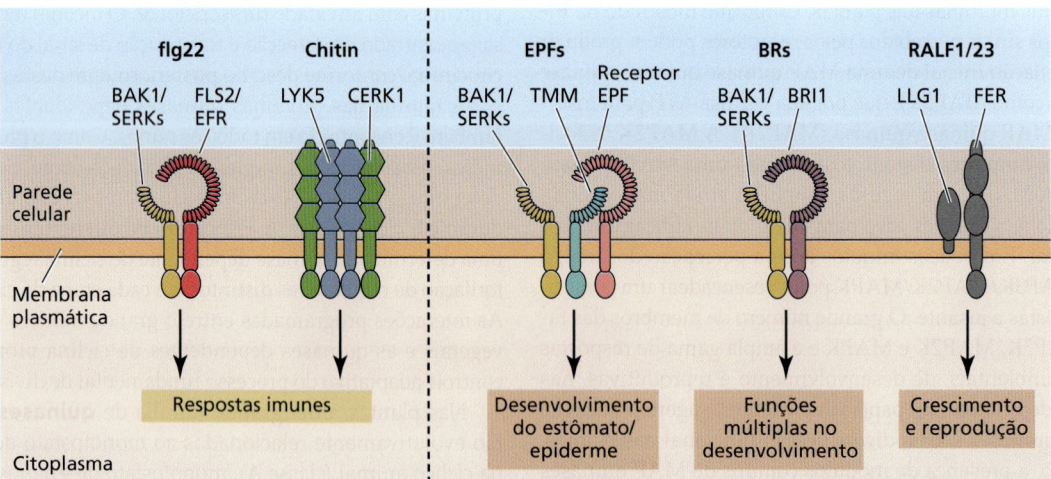

Figura 4.5 As serina/treonina quinases (RLKs) semelhantes a receptores se ligam a ligantes extracelulares e se heteromerizam com correceptores para iniciar a transdução do sinal celular. Os ligantes podem ser derivados de patógenos, como o peptídeo flg22 da flagelina, peptídeos sinais de plantas (p. ex., EPIDERMAL PATTERNING FACTORS [EPFs] e RAPID ALKALINIZATION FACTORS [RALFs]) ou hormônios (brassinosteroides [BRs]). BAK1/SERKS, BRASSINOSTEROID ACTIVATED KINASE 1/SOMATIC EMBRYOGENESIS RECEPTOR KINASES; BRI1, BRASSINOSTEROID INSENSITIVE 1; CERK1, CHITIN RECEPTOR ELICITOR KINASE 1; EPF, EPIDERMAL PATTERNING FACTOR; FER, FERONIA; flg22, fragmento eliciador bacteriano; FLS2, Flagellin Sensitive 2; LLG1, LORELEI 1; LYKK2 5, LYSINE MOTIF RECEPTOR KINASE 5; TMM, TOO MANY MOUTHS. (Segundo X. Liang and J.-M. Zhou. 2018. *Ann. Rev. Plant Biol.* 69: 167–299.)

de novas paredes celulares após a divisão celular e sua manutenção ou reorganização durante o desenvolvimento e o crescimento requerem ajustes finos. As células vegetais precisam sentir a composição de sua parede celular durante o crescimento celular e durante o ataque de patógenos ou herbívoros. Um grupo de RLKs semelhante a uma proteína identificada pela primeira vez em *Catharanthus roseus* (CrRLK1) funciona junto com a família de correceptores LORELEI para monitorar a integridade da parede celular. Isso é obtido por meio de um domínio de malectina de ligação ao GLC2-N-glicano que está associado ao folheto externo da membrana plasmática voltado para a parede celular. O mais bem estudado desses RLKs semelhantes a CRRLK1, FERONIA, liga-se aos peptídeos do RAPID ALKALINIZATION FACTOR (RALF) secretados e estimula um aumento no pH apoplástico por meio de um aumento transitório no Ca^{2+} citosólico e da fosforilação diferencial de muitas proteínas, incluindo a própria FERONIA. Um mecanismo semelhante regula a integridade do tubo polínico durante a fertilização, enquanto a heteromerização dos complexos de quinase do receptor de pólen regula o crescimento do tubo polínico após a ligação dos peptídeos de orientação do pólen LURE.

As fosfatases são o "botão de desligamento" da fosforilação de proteínas

A fosforilação de proteínas pode ter uma infinidade de efeitos na função, localização e abundância das proteínas. Os efeitos da fosforilação podem ser revertidos por **fosfatases** que removem a adição de fosfato das proteínas do substrato. As fosfatases podem ser agrupadas por semelhança estrutural, pelos resíduos específicos de aminoácidos que elas desfosforilam ou por interações moleculares que estimulam sua atividade de desfosforilação. As proteínas fosfatases citosólicas específicas de serina/treonina das subfamílias 2A (PP2A) e 2C (PP2C) são as proteínas fosfatases primárias que funcionam nas plantas. A desfosforilação de proteínas fosforiladas pelas fosfatases costuma fazer parte de um circuito regulador de *feedback* negativo, e muitos dos eventos de fosforilação dependentes da proteína quinase mencionados anteriormente são antagonizados pelas fosfatases.

Outras modificações nas proteínas podem reconfigurar os processos celulares

As interações e a distribuição celular de proteínas podem ser reguladas por modificações além da fosforilação. Como discutido no Capítulo 1, a *glicosilação* de proteínas no aparelho de Golgi e no retículo endoplasmático (RE) pode alterar sua atividade e destino dentro ou mesmo fora da célula. Outras modificações de proteínas modificam interações com outras proteínas, associação com membranas ou até mesmo a atividade da própria proteína. As modificações mais comuns são aquelas que direcionam proteínas citosólicas para complexos de membrana e superfícies. Estas incluem (1) *N-miristoilação*, pela qual um grupo miristoil de 14 carbonos é adicionado ao resíduo de glicina N-terminal de uma proteína; (2) *prenilação*, pela qual uma molécula de fosfato de farnesil ou geranilgeranil derivada da biossíntese de terpenoides (ver **Apêndice 4 na internet**) é anexado a resíduos de cisteína em um motivo contendo cisteína no C-terminal característico; (3) *S-acilação*, um processo reversível que ocorre nas superfícies de membranas, pelo qual uma enzima transferase anexa um ácido graxo C-16 ou C-18 a um resíduo de tiol para estabilizar interações com a membrana; e (4) *nitrosilação* de resíduos de cisteína em proteínas sob condições nas quais óxido nítrico adicionado a resíduos de cisteína impede a formação de ligações de cisteína ou inibe a atividade enzimática. A nitrosilação de proteínas funciona tanto no desenvolvimento programado quanto em respostas ao estresse (ver Capítulo 15).

A atividade proteica também pode ser modificada pela adição de peptídeos evolutivamente conservados que são semelhantes à ubiquitina (ver Capítulo 3), mas não marcam a proteína para degradação. Na maioria dos casos, a adição de peptídeos modificadores ativa ou estabiliza a proteína-alvo. Em alguns casos, modificações de peptídeos alteram a localização nuclear ou citosólica de uma proteína para regular processos transcricionais a jusante.

Ca^{2+} é o mensageiro secundário mais ubíquo em plantas e em outros eucariotos

Os mensageiros secundários representam outra estratégia para aprimorar ou propagar sinais. Essas moléculas pequenas e íons são rapidamente produzidos ou mobilizados em níveis relativamente altos após a percepção do sinal, e que podem modificar a atividade de proteínas de sinalização de alvos. O mensageiro secundário mais ubíquo em todos os eucariotos provavelmente seja o íon cálcio, o cálcio divalente Ca^{2+}, que nos vegetais está envolvido em muitas rotas de sinalização diferentes, incluindo interações simbióticas, respostas de defesa, bem como respostas a diversos hormônios e estresses abióticos. Os níveis de Ca^{2+} citosólico crescem rapidamente quando canais iônicos permeáveis ao Ca^{2+} se abrem. Isso permite a entrada passiva de Ca^{2+} desde suas reservas até o citosol (**Figura 4.6**). A atividade do canal deve ser fortemente regulada para manter o controle preciso do ritmo e da duração da elevação do Ca^{2+} citosólico. Geralmente, os canais iônicos são controlados por portões, significando que seus poros são abertos ou fechados por mudanças no potencial elétrico transmembrana, tensão de membrana, modificação pós-traducional ou ligação de um ligante (ver Capítulo 8). Várias famílias de canais permeáveis ao Ca^{2+} foram identificadas em plantas; elas incluem receptores do tipo glutamato (GLRs, *glutamate-like receptors*) localizados na membrana plasmática e canais com portões de nucleotídeos cíclicos (CNGCs, de *cyclic nucleotide-gated channels*). Evidências eletrofisiológicas, entre outras, sustentam a presença de canais permeáveis ao Ca^{2+} no tonoplasto e no retículo endoplasmático (RE).

Assim que a sinalização mediada pelo receptor ativa canais permeáveis ao Ca^{2+}, as proteínas sensoras desse íon desempenham um papel essencial como intermediários de sinalização, vinculando sinais de Ca^{2+} a mudanças nas atividades celulares. A maioria dos genomas vegetais contém quatro principais famílias multigênicas de sensores de Ca^{2+}: proteínas calmodulina

(CaM) e do tipo calmodulina, proteínas quinase dependentes de Ca^{2+} (CDPKs, *Ca^{2+}-dependent protein kinases*), proteínas quinase dependentes de Ca^{2+}/calmodulina (CCaMKs, *Ca^{2+}/calmodulin-dependent protein kinases*) e proteínas do tipo calcineurina-B (CBLs, *caucineurin-B like proteins*), que atuam combinadas com proteínas quinase de interação com CBL (CIPKs, *CBL-interacting protein kinases*). Os membros dessas famílias de sensores modulam a atividade de proteínas-alvo, seja ligando-se à CaM ou fosforilando a proteína-alvo de uma maneira dependente de Ca^{2+}. As proteínas-alvo incluem fatores de transcrição, diversas proteínas quinase, Ca^{2+}-ATPases, enzimas produtoras de espécies reativas de oxigênio (EROs) e canais iônicos. Por fim, as bombas de Ca^{2+} e os trocadores de Ca^{2+} em organelas e membranas plasmáticas removem ativamente Ca^{2+} do citosol para concluir a sinalização de Ca^{2+} (ver Figura 4.6).

As mudanças no pH citosólico ou no pH da parede celular podem servir como mensageiros secundários para respostas hormonais e a estresses

As células vegetais usam a **força motriz de prótons** (i.e., o gradiente eletroquímico de prótons) através de membranas celulares para acionar a síntese de ATP (ver Capítulos 9 e 13) e

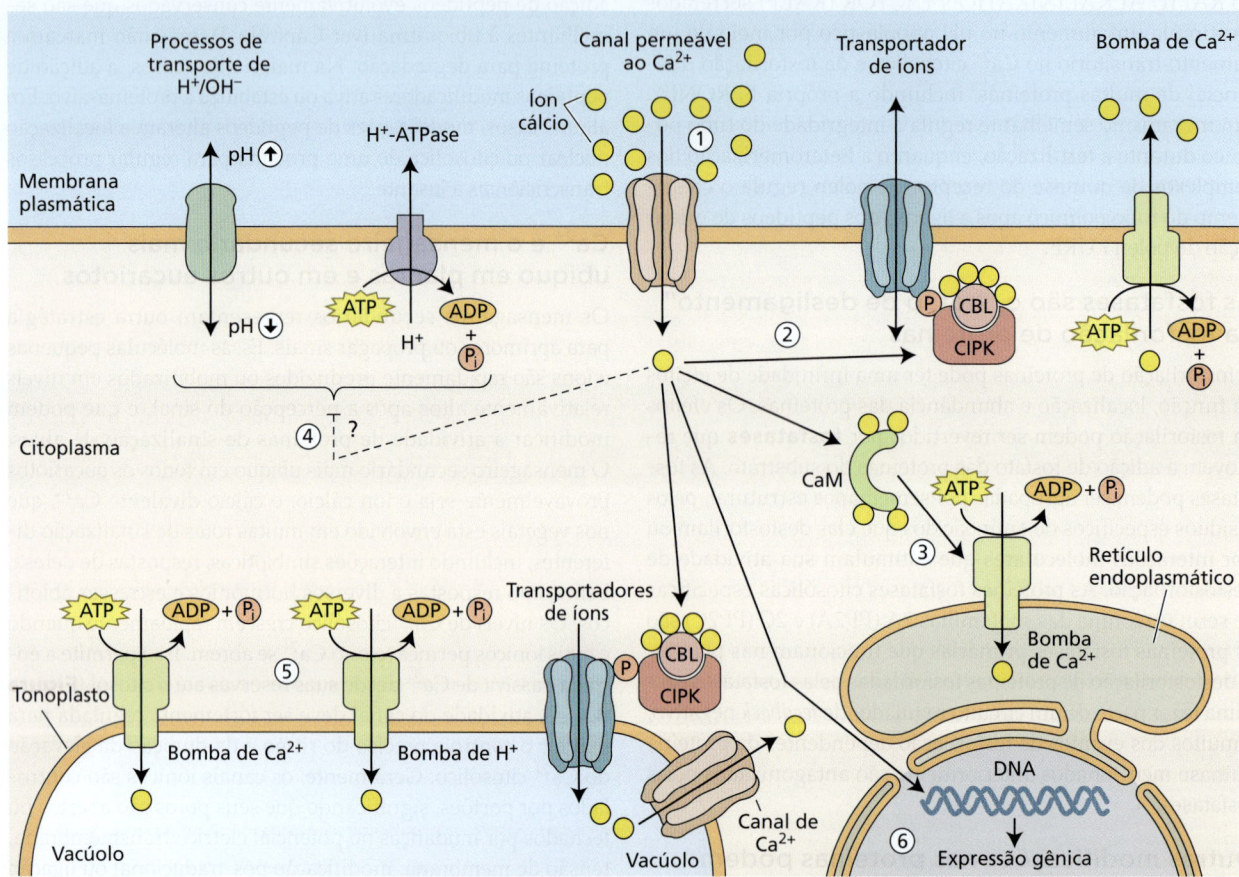

1. A ativação de canais iônicos permeáveis ao cálcio, induzida pelo sinal, leva a um aumento na concentração de Ca^{2+} citosólico livre.

2. Proteínas sensoras de Ca^{2+} CBL/CIPK ativadas interagem com transportadores de íons na membrana plasmática e na membrana vacuolar.

3. Calmodulina (CaM) ativada estimula as bombas de cálcio no RE.

4. A ativação de transportadores de membrana pelo Ca^{2+} desencadeia mudanças no pH intracelular e extracelular.

5. Bombas na membrana vacuolar criam gradientes de H^+ e Ca^{2+} entre o citoplasma e o vacúolo.

6. O aumento de Ca^{2+} no núcleo ativa a transcrição dependente de Ca^{2+}.

Figura 4.6 Íons cálcio, pH e espécies reativas de oxigênio (EROs) funcionam com mensageiros secundários, que amplificam sinais e regulam a atividade de proteínas de sinalização de alvos para desencadear respostas fisiológicas. Um aumento em $[Ca^{2+}]_{cit}$ ativa as proteínas sensoras de Ca^{2+} (calmodulinas [CaMs], proteínas quinase dependentes de Ca^{2+} [CDPKs] e proteínas do tipo calcineurina-B/proteínas quinase de interação com CBL [CBL/CIPKs]), que estão localizadas em diferentes sítios subcelulares. Seis tipos de ativação são mostrados na figura.

para energizar o transporte ativo secundário (ver Capítulo 8). Além de ter essa atividade de "manutenção", os prótons também apresentam atividade de sinalização e funcionam como mensageiros secundários. Em uma célula em repouso, o pH citosólico costuma ser mantido constante em cerca de 7,5, enquanto a parede celular é acidificada a pH de 5,5 ou mais baixo. O pH extracelular pode mudar rapidamente em resposta a uma diversidade de diferentes sinais endógenos e ambientais, ao passo que as mudanças no pH intracelular ocorrem mais lentamente devido à capacidade de tamponamento celular. Em hipocótilos em crescimento, por exemplo, a auxina (um fitormônio) desencadeia a ativação da H⁺-ATPase de membrana plasmática pela fosforilação de sua extremidade C-terminal. Isso torna a parede celular mais ácida, o que se acredita promover a expansão celular pela ativação das enzimas de afrouxamento de parede como as expansinas (ver Capítulo 2). Nas raízes, contudo, a auxina inibe a expansão celular e, ao mesmo tempo, desencadeia a sua rápida alcalinização, um processo que tem sido demonstrado como dependente de Ca^{2+}. Mudanças similares de pH dependentes de Ca^{2+} são observadas em muitas respostas de plantas ao estresse ambiental (ver Capítulo 15).

Ainda não se sabe quais transportadores são ativados ou desativados pelo Ca^{2+} para facilitar mudanças de pH extracelulares e intracelulares; também não se conhece a maior parte dos alvos a jusante dessas mudanças de pH. Certamente, o pH da parede celular afetará o *status* de protonação de moléculas pequenas fracamente ácidas, como os hormônios vegetais e, como consequência, afetará sua capacidade de penetrar nas células por difusão. Desse modo, a regulação do pH da parede celular pode representar um mecanismo de ajuste da absorção e da sinalização de hormônios. Existe também evidência de um processo de abertura ou fechamento (*gating*) de canais de íons potássio e aquaporinas dependente do pH. O que tem dificultado a identificação de alvos de sinalização do pH é que a presença de aminoácidos ácidos e básicos torna todas as proteínas sensíveis ao pH. A relevância fisiológica dessa sensibilidade depende dos valores de pK_a (constantes de dissociação) desses aminoácidos e do quão crítico seu *status* de protonação é para a capacidade de interação dessa proteína com outras proteínas, substratos ou ligantes.

Espécies reativas de oxigênio atuam como mensageiros secundários, mediando sinais ambientais e de desenvolvimento

Nos últimos anos, as **espécies reativas de oxigênio** (**EROs**) têm emergido não apenas como subprodutos citotóxicos de processos metabólicos, como a respiração e a fotossíntese, mas como moléculas de sinalização que regulam respostas vegetais a diversos sinais ambientais e endógenos. As EROs são moléculas reativas geradas pela redução parcial de oxigênio (ver **Ensaio 13.7 na internet**). A maioria das EROs é formada em mitocôndrias e plastídios, nos peroxissomos e na parede celular. No contexto da sinalização celular, as NADPH oxidases localizadas na membrana plasmática compõem a família de enzimas produtoras de EROs mais bem compreendida. As NADPH oxidases (ou homólogas da oxidase de queima respiratória [RBOHs, *respiratory burst oxidase homologs*]) transferem elétrons do NADPH citosólico doador de elétrons através da membrana para reduzir o oxigênio molecular extracelular. A ERO resultante, o superóxido, pode dismutar para peróxido de hidrogênio, uma espécie reativa de oxigênio mais permeável à membrana, que também pode entrar nas células através de aquaporinas específicas.

A atividade da NADPH oxidase é regulada pela fosforilação de seus aminoácidos N-terminais e por ligação direta de Ca^{2+} (ver Figura 4.6). Algumas das quinases responsáveis pela fosforilação dos N-terminais da NADPH oxidase foram identificadas como CDPKs e CIPKs dependentes de CBL. As explosões oxidativas mediadas pela NADPH oxidase, portanto, muitas vezes são encontradas a jusante das rotas de sinalização do Ca^{2+}; por exemplo, na sinalização da defesa, em que mutantes defeituosos na produção de EROs exibem aumento da suscetibilidade a patógenos. No entanto, existem também evidências de que as EROs geradas pela NADPH oxidase possam atuar a montante da sinalização do Ca^{2+}.

Os alvos da sinalização das EROs incluem a cadeia lateral de tiol de resíduos do aminoácido cisteína, que pode ser modificada por oxidação, formando ligações dissulfeto intramoleculares (dentro de polipeptídeo/proteína) ou intermoleculares (ligação cruzada oxidativa de [poli]peptídeos/proteínas diferentes). Essas ligações de dissulfeto geralmente alteram a conformação das proteínas afetadas e, portanto, suas atividades (ver Capítulos 10 e 13). A oxidação de lipídeos por EROs também funciona nas respostas ao estresse (ver Capítulo 15), e foi demonstrado que a regulação redox altera a atividade de ligação ao DNA ou a localização celular de vários fatores de transcrição e ativadores transcricionais. A oxidação de poliaminas secretadas no apoplasto também pode contribuir para a geração de EROs, bem como para a adaptação em níveis mais altos de EROs nas respostas ao estresse. Na parede celular, resíduos de tirosina de proteínas estruturais, conjugados de polissacarídeos de ácido ferúlico e monolignóis apresentam ligação cruzada oxidativamente para modificar a resistência ou as propriedades de barreira da parede celular (ver Capítulo 2).

As moléculas de sinalização de lipídeos atuam como mensageiros secundários que regulam diversos processos celulares

Fosfoglicerolipídeos e esfingolipídeos são componentes lipídicos primários de membranas plasmáticas vegetais e determinantes importantes de suas propriedades físicas (p. ex., carga da superfície da membrana, fluidez, curvatura local da membrana). Várias enzimas fosfolipases hidrolisam ligações específicas de fosfoglicerolipídeos para produzir moléculas de sinalização de lipídeos (Capítulo 13). Por exemplo, **acil hidrolases** removem cadeias de acil graxos, resultando em um **lisofosfolipídeo**. Os lisofosfolipídeos são lipídeos bioativos pequenos caracterizados por uma única cadeia de carbono e um grupo da cabeça polar (**Figura 4.7A**). Eles são mais hidrofílicos do que seus fosfolipídeos correspondentes e têm sido envolvidos na regulação do bombeamento de prótons na membrana plasmática e em outros processos. Os membros da família da

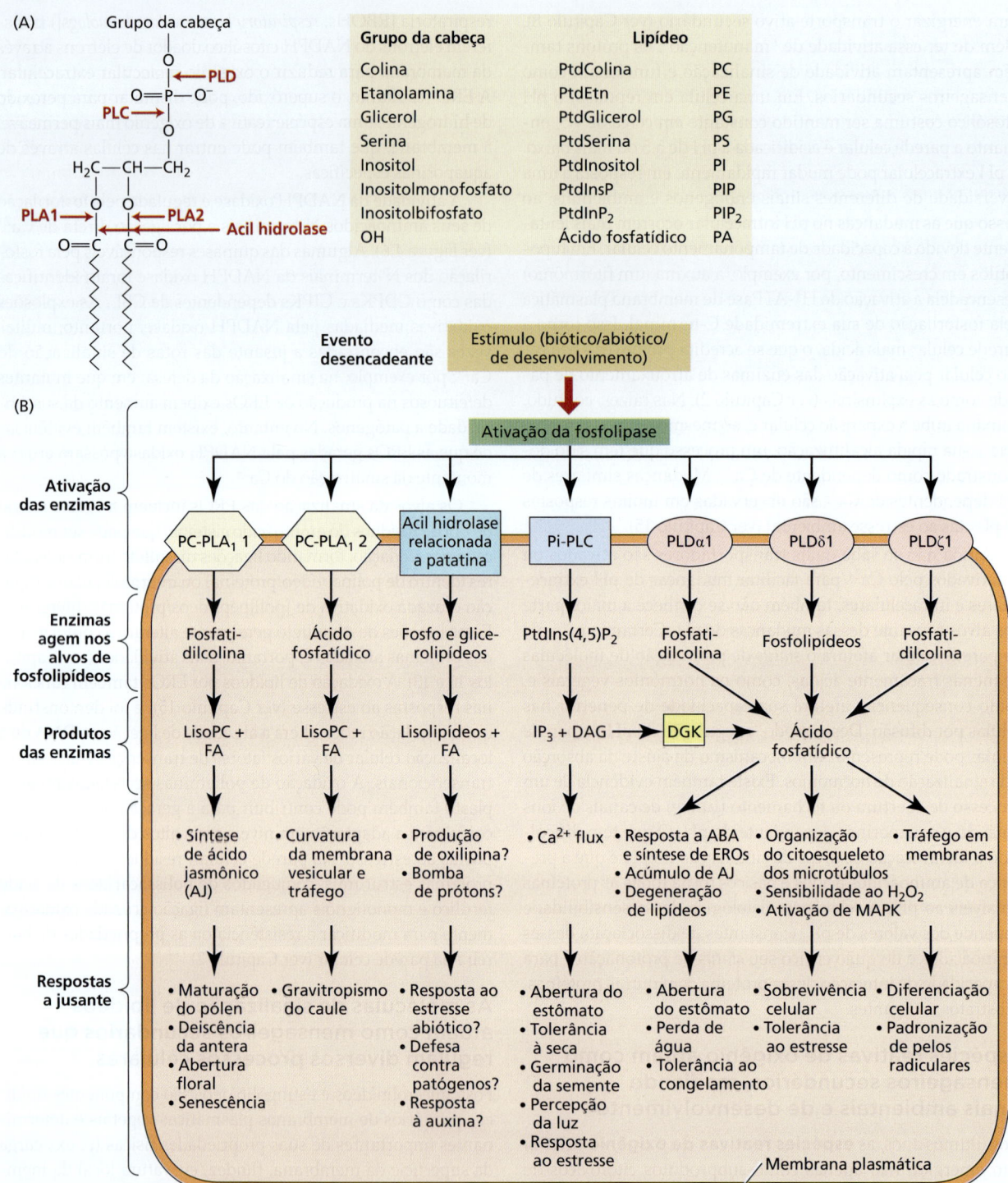

Figura 4.7 Enzimas modificadoras de lipídeos remodelam membranas celulares e produzem moléculas de sinalização de lipídeos. (A) Estrutura, hidrólise, nome e abreviações dos fosfolipídeos comuns. (À esquerda) A estrutura geral de um fosfolipídeo é mostrada, consistindo em duas cadeias acil graxas esterificadas para uma estrutura básica de glicerol, um fosfato (criando a porção "fosfatidil" [Ptd]) e um grupo da cabeça variável. As posições sujeitas à clivagem por diferentes fosfolipases (PLA1, PLA2, PLC e PLD) são indicadas pelas setas vermelhas. (À direita) Uma tabela de possíveis grupos da cabeça com suas abreviações. (B) Substratos de lipídeos de membrana e mensageiros produzidos por diferentes enzimas de hidrólise de fosfolipídeos e galactolipídeos, e seus efeitos fisiológicos e celulares a jusante. DAG, diacilglicerol; DGK, diacilglicerol quinase; FA, ácido graxo; IP_3, inositol 1,4,5-trifosfato. (Segundo X. Wang. 2004. *Curr. Opin. Planta Biol.* 7: 329–336.)

fosfolipase A (**PLA**, *phospholipase A*) clivam uma das ligações ésteres de acil, liberando um ácido graxo e um lisofosfolipídeo. A **fosfolipase C** (**PLC**) hidrolisa a ligação glicerofosfato para produzir **diacilglicerol** (**DAG**) e um grupo da cabeça fosforilado. Muitos PLCs clivam preferencialmente os fosfatidilinositóis, liberando DAG e fosfatos de inositol, como o inositol 1,4,5-trifosfato (IP_3). DAG e IP_3 funcionam como moléculas de sinalização que regulam os fluxos de Ca^{2+} em uma ampla variedade de processos de desenvolvimento e resposta ao estresse (**Figura 4.7B**). O DAG funciona nas respostas ao frio, enquanto o IP_3 funciona nas respostas à deficiência de nitrogênio, temperatura, déficit hídrico e estresse salino.

O DAG também é frequentemente convertido rapidamente pela enzima diacilglicerol quinase em **ácido fosfatídico** (**PA**, *phosphatidic acid*). O PA também pode ser formado quando a **fosfolipase D** (**PLD**) libera o grupo da cabeça de fosfolipídeos da **fosfatidilcolina** (**PC**, *phosphatidylcholine*) e outros fosfolipídeos, para funcionar como um componente de sinalização nas respostas a seca, sal, frio e patógenos. PA é um lipídeo em forma de cone que promove o brotamento, encaixe e fusão das vesículas, presumivelmente aumentando a curvatura negativa local da membrana. O PA também acentua algumas interações de proteínas associadas à membrana, facilitando a inserção de aminoácidos hidrofóbicos na bicamada lipídica. O grupo da cabeça do PA carregado negativamente também estabelece interação eletrostática com bolsas (*pockets*) de ligação carregadas positivamente de proteínas efetoras. Nas células-guarda, o fechamento estomático é promovido quando a ligação do hormônio ácido abscísico (ABA, *abscisic acid*) ao receptor PYL/PYR/RCAR (descrito na Seção 4.5) promove sua interação inibitória com as isoformas da proteína fosfatase 2C, que atuam nos alvos de sinalização a jusante (ver Capítulo 15). Foi demonstrado que aumentos de PA dependentes de ABA promovem a interação de PYR/PYL/RCAR com a proteína fosfatase 2C ABI1 e inibem sua atividade. O PA também modula a dinâmica dos microtúbulos e do citoesqueleto de actina. Ele aumenta a formação de filamentos de actina mediante ligação à atividade da proteína de capeamento de actina e, desse modo, regulando negativamente essa atividade. Essa proteína liga-se de uma maneira independente de Ca^{2+} às extremidades de crescimento de filamentos de actina, bloqueando a troca de subunidades (ver Capítulo 1).

■ **4.3 Hormônios e desenvolvimento vegetal**

A forma e a função dos organismos multicelulares não poderiam ser mantidas sem uma comunicação eficiente entre células, tecidos e órgãos. Nos vegetais superiores, a regulação e a coordenação do metabolismo, o crescimento e a morfogênese muitas vezes dependem de sinais químicos de uma parte da planta para outra. Essa ideia surgiu no século XIX com o botânico alemão Julius von Sachs (1832–1897).

Sachs propôs que mensageiros químicos são os responsáveis pela formação e pelo crescimento de diferentes órgãos vegetais. Ele sugeriu também que os fatores externos, como a gravidade, poderiam afetar a distribuição dessas substâncias na planta. Na verdade, desde então se tornou evidente que a maioria das redes de sinalização que traduz sinais ambientais em respostas de crescimento e desenvolvimento regula o metabolismo ou a redistribuição desses mensageiros químicos endógenos. Embora Sachs não conhecesse a identidade desses mensageiros químicos, suas ideias levaram à descoberta definitiva desses compostos.

Os hormônios são mensageiros químicos, produzidos em uma célula, que modulam os processos celulares em outra célula, interagindo com proteínas específicas que funcionam como receptores ligados a rotas de transdução de sinal. Como no caso dos hormônios animais, a maioria dos fitormônios, em concentrações extremamente baixas, é capaz de ativar respostas em células-alvo. A sinalização hormonal costuma envolver a transmissão do hormônio de seu sítio de síntese para seu sítio de ação. Em geral, os hormônios transportados aos sítios de ação em tecidos distantes de seu sítio de síntese são referidos como hormônios *endócrinos*, enquanto aqueles que atuam em células adjacentes à fonte de síntese são referidos como hormônios *parácrinos* (**Figura 4.8**). Os hormônios também podem funcionar nas mesmas células em que são sintetizados, sendo referidos como *efetores autócrinos*. A maioria dos fitormônios tem atividades parácrinas, pois as plantas carecem dos sistemas circulatórios de movimento rápido encontrados em animais e usados por hormônios endócrinos clássicos. Contudo, o transporte hormonal mais lento, por longa distância, via sistema vascular é uma característica comum em plantas, a despeito da ausência de glândulas secretoras de hormônios como as dos sistemas endócrinos animais.

Embora os detalhes do controle hormonal do desenvolvimento sejam completamente diversos, todas as rotas hormonais básicas compartilham características comuns (**Figura 4.9**). Por exemplo, a percepção de sinais e o programa de desenvolvimento muitas vezes resultam em aumentos ou decréscimos na biossíntese de hormônios. O hormônio é, então, transportado para um sítio de ação. A percepção do hormônio por um receptor resulta em eventos transcricionais ou pós-transcricionais

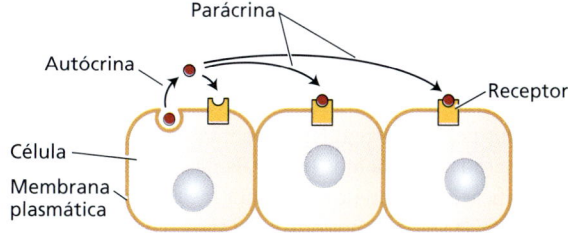

Figura 4.8 Sinalização autócrina *versus* parácrina. Os sinais autócrinos ligam-se a receptores na mesma célula em que são sintetizados. Os sinais parácrinos, ao contrário, ligam-se a receptores em células localizadas a uma pequena distância do sítio de síntese. A sinalização que envolve o transporte por distâncias maiores é denominada sinalização endócrina.

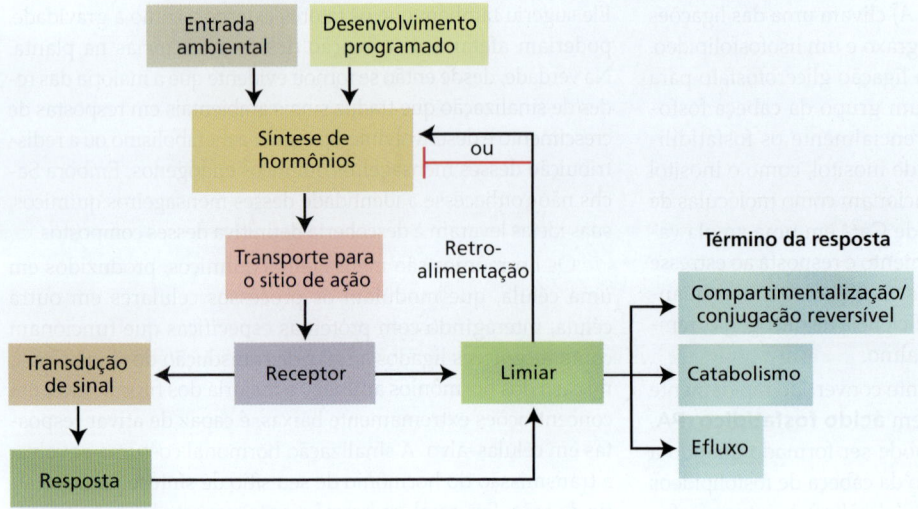

Figura 4.9 Esquema comum da regulação hormonal.

A auxina foi descoberta em estudos iniciais da curvatura do coleóptilo durante o fototropismo

A auxina é essencial ao crescimento vegetal, e a sua sinalização funciona praticamente todos os aspectos do desenvolvimento. Ela foi o primeiro hormônio do crescimento a ser estudado em plantas, sendo descoberta após a predição de sua existência por Charles e Francis Darwin na obra *The Power of Movement in Plants* (1881). Eles estudaram a curvatura de bainhas de folhas jovens (coleóptilos) de plântulas do alpiste (*Phalaris canariensis*)

(p. ex., fosforilação, reciclagem proteica, extrusão iônica) que, por fim, induzem uma resposta fisiológica ou de desenvolvimento. Além disso, a resposta pode ser atenuada por mecanismos de retroalimentação negativa, que reprimem a síntese hormonal, e por catabolismo ou sequestro, que se combinam para causar o retorno da concentração hormonal ativa para os níveis de pré-sinal. Dessa maneira, a planta readquire a capacidade de responder à próxima entrada de sinal.

O desenvolvimento vegetal é regulado por dez hormônios principais: auxinas, giberelinas, citocininas, etileno, ácido abscísico, brassinosteroides, jasmonatos (principalmente ácido jasmônico-isoleucina), ácido salicílico, pipecolatos e estrigolactonas (**Figura 4.10**). Além disso, vários peptídeos desencadeiam respostas em células adjacentes ou distais para regular o crescimento. Até o momento, o alvo do hormônio peptídico mais bem estudado em plantas é o heterodímero do receptor do tipo quinase CLAVATA1/2. O hormônio peptídico CLAVATA3 atua em curtas distâncias para controlar o desenvolvimento do embrião e o padrão do meristema apical por meio de interações com CLAVATA1/2 (ver Capítulos 18 e 22). Outros peptídeos relacionados à região circundante do CLAVATA3/embrião (CLE, *CLAVATA3/embryo surrounding region-related*) funcionam em conjunto com os peptídeos codificados no C-terminal (CEPs, *C-terminally encoded peptides*) na assimilação de nitrogênio e interações com simbiontes rizobianos (ver Capítulo 14). Outros hormônios peptídicos regulam o padrão celular epidérmico, a diferenciação de elementos traqueais nas células do mesófilo e a modificação da parede celular por meio de interações com receptores. Na verdade, nos próximos anos, a lista de moléculas sinalizadoras e de reguladores do crescimento provavelmente continue a se expandir. Aqui, apresentamos brevemente auxinas, giberelinas, citocininas, etileno, ácido abscísico, brassinosteroides e estrigolactonas. Os papéis dos jasmonatos, ácido salicílico e pipecolatos nas interações bióticas serão discutidos no Capítulo 24.

e os hipocótilos de plântulas de outras espécies em resposta à luz unidirecional. Eles concluíram que um sinal produzido no ápice se deslocava para baixo, fazendo as células inferiores crescerem mais rapidamente no lado sombreado do que no lado iluminado. Subsequentemente, foi demonstrado que o sinal era uma substância química que podia se difundir em blocos de gelatina (**Figura 4.11**). Os fisiologistas vegetais chamaram o sinal químico de auxina, originária da palavra grega *auxein*, que significa "aumentar" ou "crescer"; eles identificaram o ácido indol-3-acético (AIA; ver Figura 4.10A) como a auxina vegetal primária. Em algumas espécies, o ácido 4-cloro-indolacético (4-cloro-AIA), o ácido fenilacético e o ácido indol-3--butírico (AIB) atuam como auxinas naturais, mas o AIA é a forma mais abundante e fisiologicamente mais importante. As auxinas também são produzidas por uma diversidade de micróbios que vivem dentro, sobre ou perto das plantas (o fitoboma) e são implantadas para promover o crescimento vegetal que beneficia os micróbios. Como a estrutura do AIA é relativamente simples, não demorou para os pesquisadores conseguirem sintetizar uma ampla série de moléculas com atividade auxínica. Alguns desses compostos, como o ácido 1-naftaleno--acético (ANA), o ácido 2,4-diclorofenoxiacético (2,4-D) e o ácido 2-metóxi-3,6-diclorobenzoico (dicamba), são agora usados amplamente como reguladores do crescimento e herbicidas na horticultura e na agricultura.

As giberelinas promovem o crescimento do caule e foram descobertas em relação à "doença da planta boba" do arroz

Um segundo grupo de hormônios vegetais é o das **giberelinas** (abreviadas como GA e numeradas na sequência cronológica de sua descoberta). Esse grupo compreende um grande número de compostos, todos ácidos tetracíclicos (quatro anéis) diterpenoides, mas apenas alguns deles, principalmente GA_1, GA_3, GA_4 e GA_7, têm atividade biológica intrínseca (ver Figura

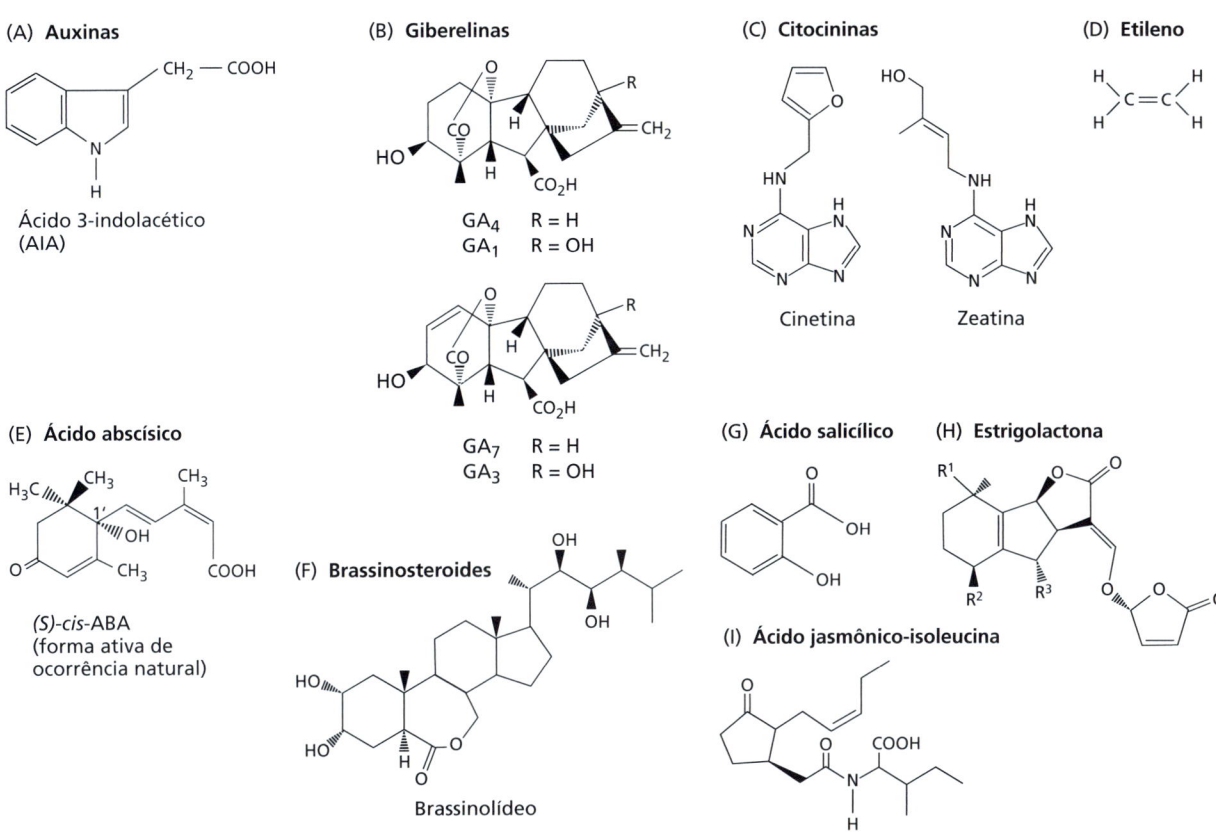

Figura 4.10 Estruturas químicas dos fitormônios.

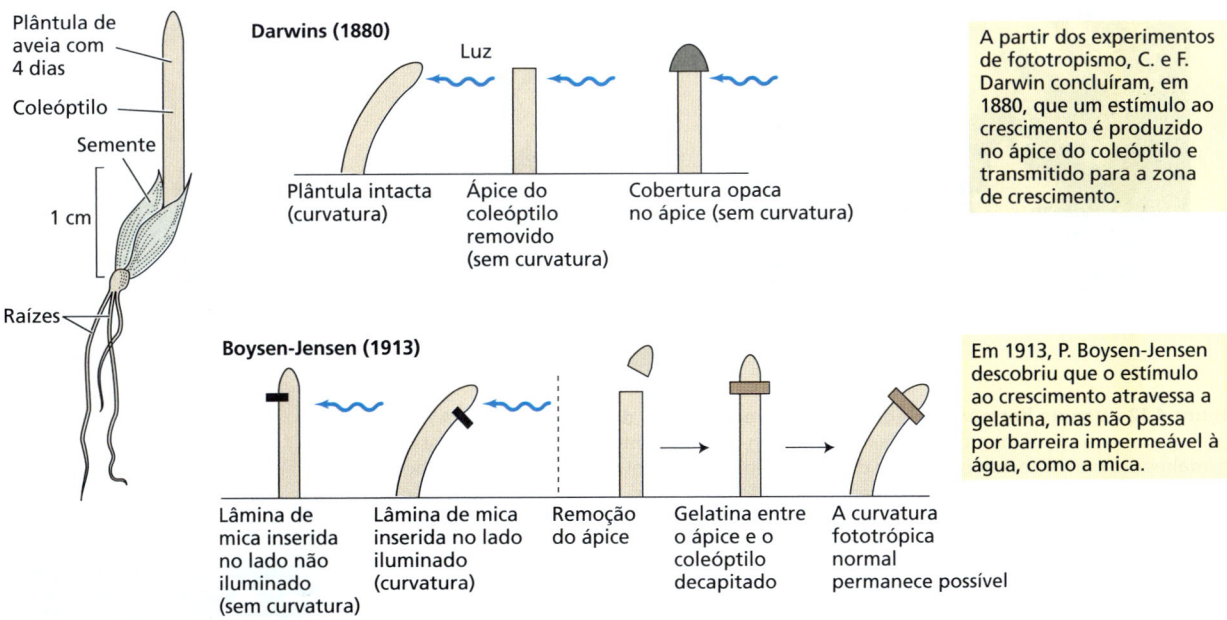

Figura 4.11 Primeiros experimentos sobre a natureza química da auxina.

4.10B). Um dos efeitos mais admiráveis das GAs biologicamente ativas, alcançado por seu papel na promoção do alongamento celular, é a indução do alongamento do entrenó em plântulas anãs. As giberelinas têm outras funções diversas durante o ciclo de vida da planta: por exemplo, elas podem promover a germinação de sementes (ver Capítulo 17), a transição para o florescimento (ver Capítulo 20), o desenvolvimento do pólen e o crescimento do tubo polínico (ver Capítulo 21), além do desenvolvimento do fruto (ver Capítulo 21).

As GAs foram reconhecidas pela primeira vez por Eichi Kurosawa, em 1926, e isoladas por Teijiro Yabuta e Yusuke Sumuki na década de 1930, como produtos naturais no fungo *Gibberella fujikuroi* (chamado atualmente de *Fusarium fujikuroi*), do qual os hormônios derivam seu nome. Os indivíduos de arroz infectados com *F. fujikuroi* tornam-se anormalmente altos, o que os deixa suscetíveis à queda e com produção reduzida; daí o nome *bakanae*, ou "doença da planta boba". Esse crescimento excessivo pode ser reproduzido pela aplicação de GAs em plântulas de arroz não infectadas. *F. fujikuroi* produz várias GAs diferentes; a mais abundante delas é GA_3, também chamada de ácido giberélico, que pode ser obtido comercialmente para uso horticultural e agronômico. Por exemplo, GA_3 é pulverizada sobre videiras para produzir uvas maiores e sem sementes, que rotineiramente são compradas em mercados (**Figura 4.12A**). Respostas impressionantes foram obtidas quanto ao alongamento do caule de plantas anãs ou em rosetas, em especial em ervilhas (*Pisum sativum*) geneticamente anãs, milho anão (*Zea mays*) (**Figura 4.12B**) e muitas plantas em roseta (**Figura 4.12C**).

Logo após a primeira caracterização de giberelinas de *F. fujikuroi*, descobriu-se que as plantas possuem também substâncias do tipo giberelinas, mas em quantidade muito menor do que no fungo. A primeira giberelina vegetal a ser identificada foi GA_1, descoberta em extratos de sementes do feijão escarlate, em 1958. Atualmente, sabe-se que as giberelinas são ubíquas em plantas e também estão presentes em vários fungos, além de *F. fujikuroi*. A maioria das espécies estudadas até agora contém GA_1 e/ou GA_4, de modo que essas são as giberelinas às quais se atribui a função "hormonal". Além de GA_1 e GA_4, as plantas contêm muitas giberelinas inativas que representam os precursores ou os produtos da desativação das giberelinas bioativas.

As citocininas foram descobertas como fatores promotores da divisão celular em experimentos de cultura de tecidos

As citocininas foram descobertas em uma pesquisa sobre fatores que estimulavam a divisão de células vegetais (i.e., passam por citocinese) em combinação com a auxina, outro fitormônio. Foi identificada uma pequena molécula que, na presença de auxina, podia estimular a proliferação do tecido parenquimático medular do tabaco em cultura (**Figura 4.13A**). A molécula indutora da citocinese foi denominada *cinetina*. Embora a cinetina seja uma citocinina sintética, sua estrutura é similar à das citocininas de ocorrência natural, tal como a zeatina (ver Figura 4.10C).

Conforme será visto em outros capítulos, as citocininas têm efeitos em muitos processos fisiológicos e de desenvolvimento,

(A)

(B)

(C)

Figura 4.12 Uso de hormônios vegetais como reguladores de crescimento. (A) A giberelina induz o crescimento em uvas "Thompson sem sementes". Cachos não tratados normalmente permanecem pequenos devido ao aborto natural de sementes. O cacho da esquerda é não tratado. Durante o desenvolvimento dos frutos, o cacho da direita foi pulverizado com GA_3, produzindo frutos maiores e alongamento dos pedicelos (pedúnculos dos frutos). (B) O efeito da GA_1 exógena sobre o milho do tipo selvagem (identificado como "normal" na fotografia) e o mutante anão (*d1*). A giberelina estimula o alongamento expressivo do caule no mutante anão, mas apresenta pouco ou nenhum efeito sobre a planta alta do tipo selvagem. (C) O repolho, uma espécie de dias longos, permanece com pequeno porte em forma de roseta, sob condições de dias curtos, mas pode ser induzido ao *bolting* (com entrenós longos) e à floração por aplicações de GA_3. No caso ilustrado, foram produzidos pedúnculos florais gigantes.

incluindo a senescência foliar (ver Capítulo 23), a dominância apical (ver Capítulo 19), a formação e a atividade dos meristemas apicais (ver Capítulo 18), o desenvolvimento gametofítico (ver Capítulo 21), a promoção da atividade de dreno, o desenvolvimento vascular e a quebra da dormência da gema (ver Capítulo 19). Além disso, as citocininas desempenham papéis importantes na interação das plantas com fatores bióticos e abióticos, incluindo os estresses salino e pela seca, os macronutrientes (incluindo nitrato, fósforo, ferro e sulfato), e relações simbióticas na fixação de nitrogênio com bactérias e fungos micorrízicos arbusculares, bem como as bactérias patogênicas, fungos, nematódeos e vírus (**Figura 4.13B**) (ver também Capítulos 15 e 24).

O etileno é um hormônio gasoso que promove o amadurecimento do fruto e outros processos do desenvolvimento

O etileno é um gás com uma estrutura química simples (ver Figura 4.10D). Ele foi primeiro identificado como um regulador de crescimento vegetal em 1901, por Dimitry Neljubov, quando demonstrou a capacidade de alterar o crescimento de plântulas de ervilha estioladas no laboratório (**Figura 4.14A**). Subsequentemente, o etileno foi identificado como um produto natural sintetizado por tecidos vegetais.

O etileno regula uma ampla gama de respostas em plantas, incluindo a germinação da semente e o crescimento da plântula, a expansão e a diferenciação de células, a senescência e a abscisão de folhas e flores (ver Capítulos 17 e 22), além de respostas aos estresses bióticos e abióticos (ver Capítulos 15 e 24), incluindo a epinastia (**Figura 4.14B**). Foi demonstrado que as bactérias do fitobioma influenciam o crescimento vegetal e as respostas ao estresse ao manipular os níveis de etileno e seus precursores metabólicos.

O ácido abscísico regula a maturação da semente e o fechamento estomático em resposta ao estresse hídrico

O ácido abscísico (ABA) é um hormônio ubíquo em plantas vasculares e tem sido encontrado também em musgos, alguns fungos fitopatogênicos e uma gama ampla de metazoários.

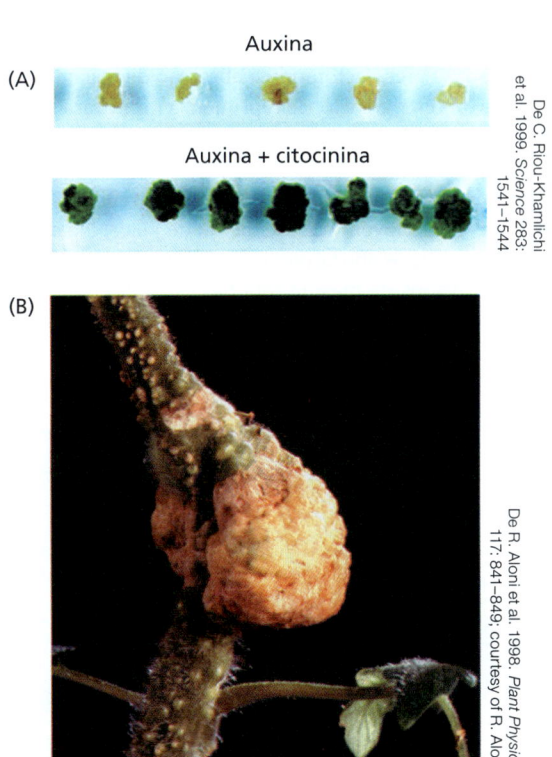

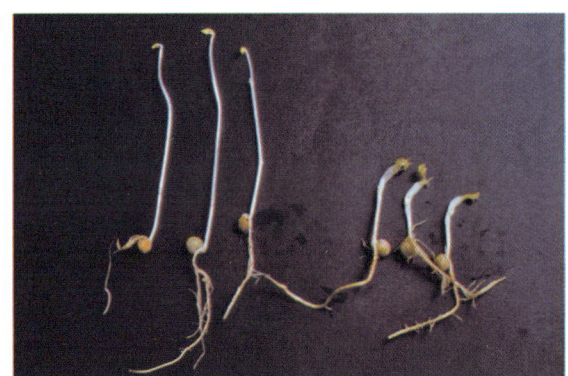

Figura 4.13 A citocinina acentua a divisão celular e o esverdeamento. (A) Explantes foliares de *Arabidopsis* do tipo selvagem foram induzidos a formar calo (conjunto de células não diferenciadas) mediante cultura na presença apenas de auxina (parte superior) ou de auxina mais citocinina (parte inferior). A citocinina foi necessária para o crescimento do calo e o esverdeamento na presença da luz. (B) O tumor formado no caule de um tomateiro expressando níveis elevados de citocinina, após ser infectado com a bactéria da galha da coroa, *Agrobacterium tumefaciens*. Dois meses antes de ser feita esta fotografia, o caule foi ferido e inoculado com uma cepa virulenta da bactéria da galha da coroa.

Figura 4.14 Respostas ao etileno. (A) Resposta tríplice de plântulas de ervilha estioladas. Plântulas de ervilha com seis dias foram cultivadas no escuro, na presença de 10 ppm (partes por milhão) de etileno (à direita) ou deixadas sem tratamento (à esquerda). As plântulas tratadas apresentaram intumescimento radial, inibição do alongamento do epicótilo e crescimento horizontal do epicótilo (diagravitropismo). (B) Epinastia foliar no tomateiro. A epinastia, ou curvatura das folhas para baixo (à direita), é causada pelo tratamento com etileno. Um tomateiro não tratado é mostrado à esquerda. A epinastia ocorre quando as células da face adaxial do pecíolo crescem mais rápido que as da face abaxial.

O ABA é um terpeno com 15 carbonos (ver Figura 4.10E) que foi identificado na década de 1960 como um composto inibidor do crescimento associado ao começo da quebra da dormência e à promoção da abscisão do fruto do algodoeiro. Contudo, trabalhos posteriores demonstraram que o ABA promove a senescência, o processo que precede a abscisão, em vez da própria abscisão. Desde então, verificou-se também que o ABA é um hormônio que regula respostas aos estresses salino, por desidratação e térmico, incluindo o fechamento estomático (**Figura 4.15**) (ver Capítulo 15). O ABA também promove a maturação e a dormência da semente (ver Capítulo 17) e regula o crescimento de raízes e partes aéreas, a heterofilia (produção de tipos foliares diferentes em uma planta individual) e o florescimento, bem como algumas respostas a patógenos (ver Capítulo 24).

Os brassinosteroides regulam a fotomorfogênese, a germinação e outros processos do desenvolvimento

Os **brassinosteroides**, inicialmente denominados brassinas, foram primeiramente descobertos como substâncias promotoras do crescimento, presentes no pólen de *Brassica napus* (canola). Análises posteriores com raios X mostraram que a brassina mais bioativa nas eudicotiledôneas, que era chamada de **brassinolídeo**, é um esteroide poli-hidroxilado similar aos hormônios esteroides animais (ver Figura 4.10F).

Muitos brassinosteroides têm sido identificados, principalmente intermediários das rotas catabólicas ou biossintéticas dos brassinolídeos. Dois brassinosteroides são conhecidos como ativos: o brassinolídeo e seu precursor imediato, castasterona, embora uma forma seja predominante, dependendo da espécie vegetal e do tipo de tecido. Os brassinosteroides são hormônios vegetais ubíquos que, como as auxinas e as GAs, parecem preceder a evolução das plantas terrestres. Nas angiospermas, os brassinosteroides são encontrados em níveis baixos em diversos órgãos (p. ex., flores, folhas, raízes) e em níveis relativamente mais altos no pólen, nas sementes imaturas e nos frutos.

Os brassinosteroides exercem papéis essenciais em uma ampla gama de fenômenos de desenvolvimento vegetal, abrangendo divisão celular, alongamento celular, diferenciação celular, fotomorfogênese, desenvolvimento reprodutivo, germinação, senescência foliar e resposta a estresses. Mutantes deficientes na síntese de brassinosteroides mostram anormalidades de crescimento e desenvolvimento, incluindo nanismo e redução da dominância apical. Mutantes deficientes em brassinosteroides também exibem crescimento com desestiolamento no escuro em *Arabidopsis*, bem como flores masculinas feminizadas e pendões no milho (**Figura 4.16**).

As estrigolactonas reprimem a ramificação e promovem interações na rizosfera

As **estrigolactonas**, que ocorrem em cerca de 80% das espécies vegetais, constituem um grupo de lactonas terpenoides (ver Figura 4.10H). Elas foram originalmente descobertas como estimulantes da germinação derivados do hospedeiro para plantas parasíticas de raízes, como estriga (*Striga* spp.) e orobanques (*Orobanche* e *Phelipanche* spp.) (**Figura 4.17**). Elas também promovem interações simbióticas com fungos micorrízicos arbusculares, facilitando a absorção de fosfato do solo. Além disso, as estrigolactonas reprimem a ramificação das raízes, bem como estimulam a atividade cambial e o crescimento secundário (ver Capítulo 19). Elas têm funções análogas em raízes, onde reduzem a formação de raízes adventícias e de raízes laterais e promovem o crescimento de pelos. No arroz, foi demonstrado que os apocarotenoides zaxinona e β-ciclocítrico, que são derivados da mesma rota das estrigolactonas, modificam o crescimento e a ramificação das raízes. Os karrikins,

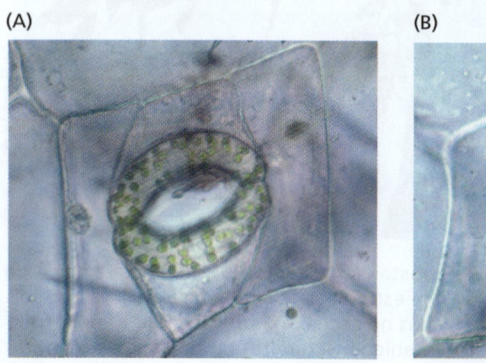
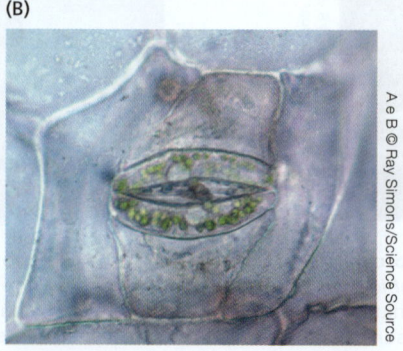

Figura 4.15 Fechamento estomático em resposta ao ABA. (A) Na presença da luz, os estômatos estão abertos para as trocas gasosas com o ambiente. (B) O tratamento com ABA fecha os estômatos na presença da luz. Essa reação reduz a perda de água durante o dia sob condições de estresse pela seca.

Figura 4.16 A perda do brassinosteroide ativo no mutante *nana1* do milho resulta em nanismo e alteração da determinação do sexo floral. O pendão estaminado de tipo selvagem é mostrado à esquerda, e o pendão *nana1* feminizado é mostrado à direita.

Figura 4.17 Indivíduos de arroz colonizados por plantas parasíticas de raiz. (A) Estriga de flores cor-de-rosa (*Striga hermonthica*) parasitando um indivíduo de arroz. (B) Plântula estiolada de *S. hermonthica* invadindo uma raiz de arroz.

encontrados na fumaça de incêndios florestais e chaparrais, são semelhantes às estrigolactonas e estimulam a germinação das sementes (ver Capítulo 17). As comunidades microbianas da rizosfera também produzem carotenoides, que modificam o crescimento das raízes em várias espécies de plantas.

■ 4.4 Metabolismo dos fitormônios e homeostase

Para serem sinais eficazes, as concentrações dos hormônios vegetais devem ser rigorosamente reguladas de uma maneira específica ao tipo de célula e específica ao tecido. Em termos mais simples, a concentração do hormônio em um tecido ou célula é determinada pelo equilíbrio entre a taxa de aumento em sua concentração (p. ex., por síntese local/ativação ou por importação de outra parte da planta) e a taxa de decréscimo em sua concentração (p. ex., por inativação, degradação, sequestro ou efluxo) (**Figura 4.18**). No entanto, a regulação dos níveis hormonais é dificultada por muitos fatores. Primeiro, as rotas biossintéticas primárias dos hormônios podem ser aumentadas por mecanismos biossintéticos secundários. Segundo, talvez ocorram variantes estruturais múltiplas de um hormônio, que podem variar amplamente em sua atividade biológica. Finalmente, conforme será visto mais adiante, pode haver múltiplos mecanismos para remover o hormônio ativo de um sistema.

Nesta seção, discutem-se os mecanismos de modulação das concentrações hormonais localmente (dentro de uma célula ou de um tecido). Na Seção 4.5, aborda-se o transporte de hormônios entre partes diferentes de uma planta.

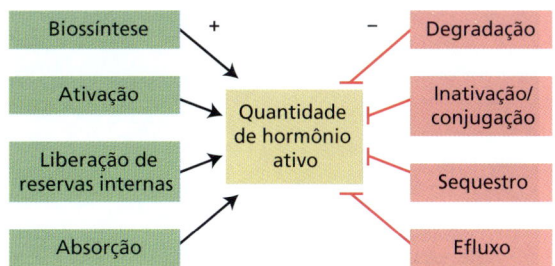

Figura 4.18 Mecanismos reguladores homeostáticos que influenciam a concentração de hormônios. Fatores positivos e negativos trabalham em conjunto para manter a homeostase hormonal.

O indol-3-piruvato é o intermediário principal na biossíntese da auxina

O AIA está relacionado estruturalmente ao aminoácido triptofano e é sintetizado primariamente na superfície do RE em um processo em duas etapas. Na primeira etapa, por uma triptofano aminotransferase (TAA, *tryptophan aminotransferase*), o triptofano é convertido em indol-3-piruvato (IPyA, *indole-3-pyruvate*) como intermediário (**Figura 4.19**). Na segunda etapa da rota biossintética, membros de uma família de flavina monooxigenase conhecida como YUCCAs (YUCs) convertem assim rapidamente IpyA em AIA. As enzimas YUCCA foram assim denominadas devido ao aumento da dominância apical, inflorescências altas e folhas estreitas e epinásticas que são semelhantes aos indivíduos de iúca (gênero *Yucca*) e são encontradas em *Arabidopsis*, quando os genes que codificam as enzimas YUCCA são superexpressos (**Figura 4.20**).

A biossíntese do AIA está associada a tecidos que se dividem e crescem rapidamente, em especial nas raízes. Embora praticamente todos os tecidos vegetais pareçam capazes de produzir níveis baixos de AIA, os meristemas apicais de caules, folhas jovens e frutos jovens são os sítios principais de síntese da auxina. Em plantas que produzem compostos defensivos de indolglicosinolato (ver Capítulo 24), o AIA também pode ser sintetizado a partir do triptofano, por uma rota com indolacetonitrila como intermediário (ver **Apêndice 3 na internet**). Nos grãos do milho, o AIA também parece ser sintetizado por uma rota independente de triptofano.

A auxina é tóxica em concentrações celulares elevadas; sem controles homeostáticos, o hormônio pode facilmente

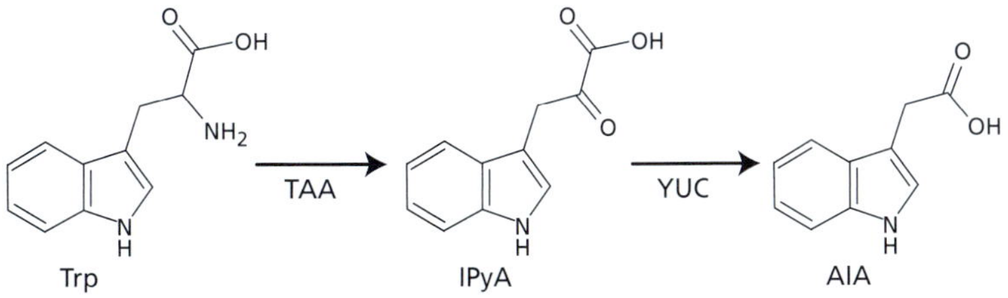

Figura 4.19 Biossíntese da auxina a partir do triptofano (Trp). Na primeira etapa, o Trp é convertido em indol-3-piruvato (IPyA) pela família de triptofanos aminotransferase (TAA). Subsequentemente, o AIA é produzido a partir de IPyA pela família YUC de flavinas monoxigenase.

Figura 4.20 Mutante de *Arabidopsis* superexpressando o gene *YUCCA6* (*YUC6*). O mutante de ativação *yuc6-1D* dominante (à direita) contém níveis elevados de AIA livre em relação ao tipo selvagem (à esquerda), devido à superexpressão de *YUCCA6*. Observe a altura maior e a ramificação reduzida do mutante.

desenvolver níveis tóxicos. A auxina pode ser catabolizada por degradação oxidativa via dioxigenase da auxina (DAO) no citosol e na superfície citosólica das membranas, garantindo a remoção permanente do hormônio ativo quando a concentração excede o nível ideal ou quando a resposta ao hormônio é completa. A família Gretchen Hagen 3 (GH3) de amido sintetases catalisa a conjugação covalente de AIA com aminoácidos no citosol. A conjugação com Glu e Asp por meio dessa rota também pode resultar em redução permanente da atividade de sinalização por meio de oxidação subsequente por DAO. Todavia, a maioria dos conjugados de aminoacil de AIA serve como formas de reserva, da qual o AIA pode ser rapidamente liberado por processos enzimáticos no RE. O AIA também pode ser convertido reversivelmente em metil-AIA via indol-3-acetato O-metiltransferase1 (IAMT1). O ácido indol-3-butírico (AIB) é um composto usado rotineiramente na horticultura para promover o enraizamento de estacas, e é rapidamente convertido em AIA por β-oxidação no peroxissomo. Tanto livre quanto conjugado, o AIB ocorre naturalmente nas plantas e serve como fonte de auxina para processos específicos do desenvolvimento. Em algumas espécies, tem sido demonstrado também que a auxina se conjuga a peptídeos, glicanos complexos (unidades múltiplas de açúcares) ou glicoproteínas, mas ainda não se conhece o papel fisiológico exato desses conjugados. A **Figura 4.21** apresenta um diagrama da armazenagem e dos destinos catabólicos da auxina.

O sequestro de auxina em compartimentos de endomembranas, principalmente o RE, parece também regular os níveis

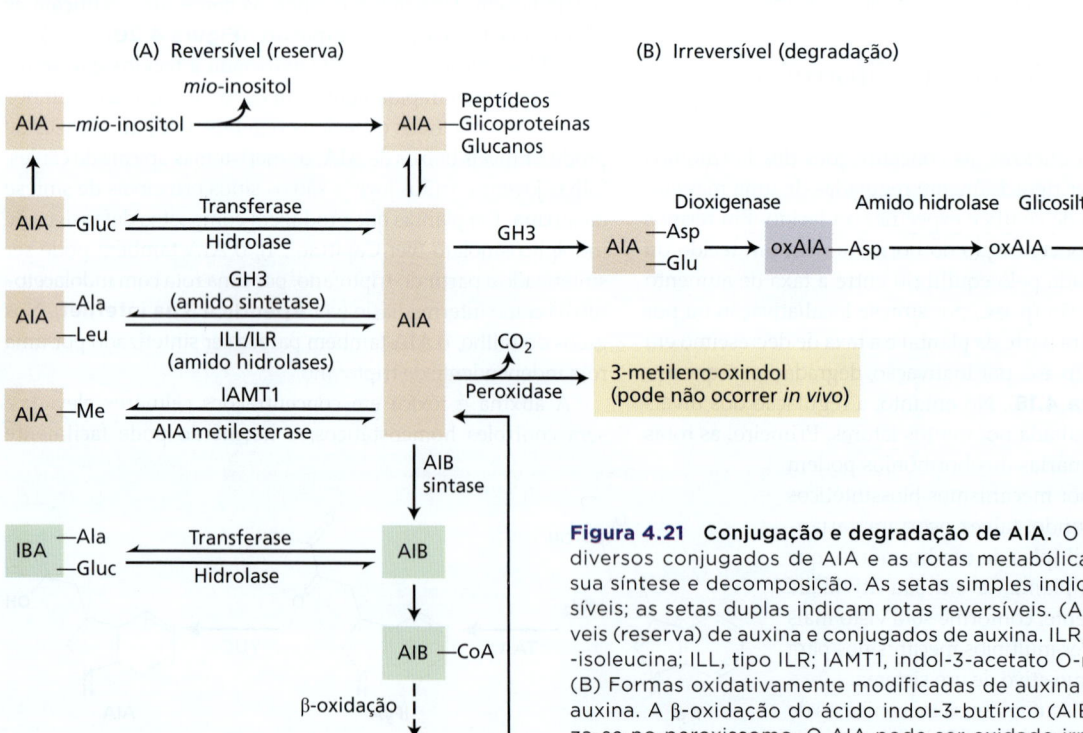

Figura 4.21 Conjugação e degradação de AIA. O diagrama mostra diversos conjugados de AIA e as rotas metabólicas envolvidas em sua síntese e decomposição. As setas simples indicam rotas irreversíveis; as setas duplas indicam rotas reversíveis. (A) Formas reversíveis (reserva) de auxina e conjugados de auxina. ILR, resistente a AIA--isoleucina; ILL, tipo ILR; IAMT1, indol-3-acetato O-metiltransferase1. (B) Formas oxidativamente modificadas de auxina e conjugados de auxina. A β-oxidação do ácido indol-3-butírico (AIB) para AIA realiza-se no peroxissomo. O AIA pode ser oxidado irreversivelmente a ácido oxindol-3-acético (oxAIA), antes ou depois de ser conjugado à glicose (oxAIA-Glc). Em *Arabidopsis*, o conjugado de AIA com Asp é preferencialmente degradado para o conjugado de oxAIA, após o qual as amidohidrolases removem rapidamente o Asp.

desse hormônio disponíveis para sinalização. Um grande estoque da AUXIN-BINDING PROTEIN1 (ABP1) é encontrado principalmente no lume do RE, e transportadores como as proteínas "curtas" PIN-FORMED (PIN) (PIN5, 6 e 8), bem como proteínas PIN-LIKE (PIL), mediam o movimento do AIA através da membrana do RE (**Figura 4.22**). Algumas glutationa S-transferases podem se ligar à auxina e atuar como chaperonas no citosol. Conforme descrito no Capítulo 1, o interior do vacúolo está topologicamente "fora" da célula. Espera-se que parte da auxina que entra no vacúolo ácido se torne protonada (sem carga) e, portanto, facilmente se difunda de volta pelo tonoplasto e para o citoplasma. No entanto, a auxina aniônica é exportada do vacúolo pelo transportador de membrana do tonoplasto WALLS ARE THIN1 (WAT1). Foi demonstrado que outra proteína da membrana do tonoplasto, TRANSPORTER OF IBA1 (TOB1), mobiliza a menor auxina, ácido indolbutírico, para fora do vacúolo.

A bem documentada toxicidade da auxina aplicada exogenamente, em especial em espécies de eudicotiledôneas, estabelece uma base para uma família de auxinas sintéticas, como o ácido 2,4-diclorofenoxiacético (2,4-D), que há muito têm sido usadas como herbicidas. As mutações causadoras da superexpressão da auxina (ver Figura 4.20) tenderiam a ser letais, se não houvesse o controle homeostático dos níveis desse hormônio. As auxinas sintéticas são mais eficazes como herbicidas do que as auxinas naturais, porque elas são muito menos sujeitas ao controle homeostático – degradação, conjugação, transporte e sequestro – do que as naturais.

Hormônios sintéticos são usados como reguladores de crescimento de plantas, para otimizar o rendimento das culturas, ou como herbicidas, para eliminar ervas daninhas. A eficácia dos hormônios artificiais na regulação do crescimento das plantas ou no uso de herbicidas geralmente depende da dosagem e do tempo de aplicação. Por exemplo, auxinas sintéticas são usadas no raleio de frutos em pomares de maçã para garantir que o tamanho dos frutos restantes produza um alto valor de mercado. Frutos maiores são mais desejáveis para a maioria dos consumidores, portanto, um número menor de frutos grandes geralmente é mais lucrativo do que um grande número de frutos pequenos. Por outro lado, auxinas sintéticas como 2,4-D e dicamba são frequentemente usadas em lavouras com cultivo em linha, várias semanas antes da semeadura das sementes. Essa "queima" garante que as sementes de ervas daninhas no solo morram durante a germinação e não compitam com a cultura agrícola por luz, água e nutrientes.

As giberelinas são sintetizadas pela oxidação do diterpeno *ent*-caureno

As GAs são sintetizadas em várias partes de uma planta, incluindo sementes em desenvolvimento, sementes germinando, folhas em desenvolvimento e entrenós em alongamento. A rota biossintética, que começa nos plastídios, leva à produção de uma molécula precursora linear (cadeia reta) contendo 20 átomos de carbono, geranilgeranil difosfato (GGPP, *geranylgeranyl diphosphate*), que é convertido em *ent*-caureno. Esse composto é oxidado sequencialmente por enzimas associadas ao RE, levando à GA_{12}, a primeira giberelina formada em todas as plantas estudadas até agora. Enzimas dioxigenases no citosol são capazes de oxidar GA_{12} em todas as outras giberelinas, em rotas que podem ser interconectadas de tal maneira que formam uma grade metabólica complexa. A **Figura 4.23** apresenta um resumo das rotas sintéticas das giberelinas.

As rotas envolvidas na biossíntese e no catabolismo de giberelinas estão sob forte controle genético. Até agora, vários mecanismos têm sido descritos. Estes incluem a inativação de giberelinas por uma família de enzimas denominadas

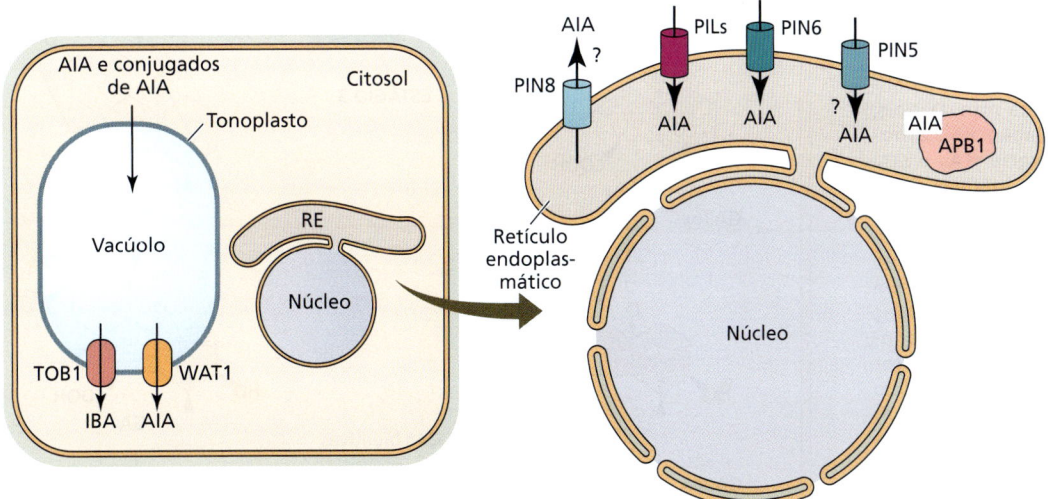

Figura 4.22 A síntese e o metabolismo da auxina requerem transportadores de endomembranas. A auxina é sintetizada na superfície do RE e é encontrada no lume do RE, onde a chaperona molecular AUXIN-BINDING PROTEIN 1 (ABP1) é abundante. As proteínas PIN (PILs) e as proteínas PIN "curtas" mediam o movimento para dentro e para fora do RE. As permeases no tonoplasto mobilizam o ácido indol acético (AIA) e o ácido indol-3-butírico (AIB) do vacúolo de volta ao citosol. TOB1, TRANSPORTER OF IBA; WAT1, transportador AIA WALLS ARE THIN.

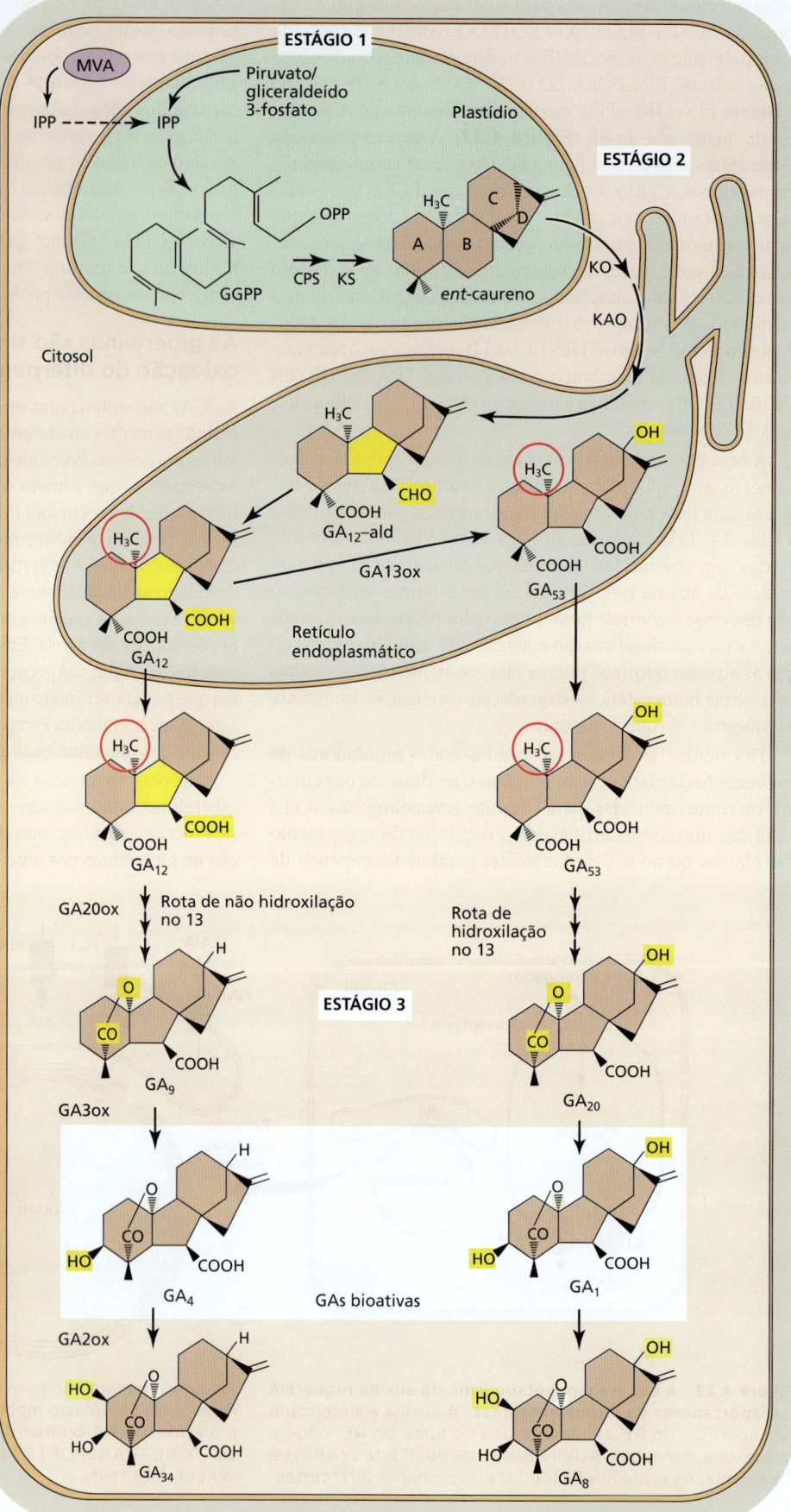

Figura 4.23 Os três estágios da biossíntese de giberelina. Os destaques em amarelo indicam a parte da molécula que foi modificada na reação anterior. No Estágio 1, no plastídio, geranilgeranil difosfato (GGPP) é convertido em *ent*-caureno. No Estágio 2, no retículo endoplasmático, o *ent*-caureno é convertido em GA$_{12}$-aldeído e GA$_{12}$. Por hidroxilação no carbono 13, GA$_{12}$ é convertida em GA$_{13}$. No Estágio 3, no citosol, GA$_{12}$ e GA$_{53}$ são convertidas em outras giberelinas, via rotas paralelas. Essa conversão prossegue com uma série de oxidações no carbono 20 (círculos vermelhos), resultando na perda final do carbono 20 e na formação da maioria das giberelinas biologicamente ativas. A 3-β-hidroxilação, então, produz GA$_4$ e GA$_1$ como as giberelinas bioativas em cada rota. Depois, a hidroxilação no carbono 2 converte GA$_4$ e GA$_1$ nas formas inativas GA$_{34}$ e GA$_8$, respectivamente. Na maioria das espécies, a rota de hidroxilação no 13 predomina, embora em *Arabidopsis* e algumas outras plantas a rota principal seja a da não hidroxilação no 13. MVA, ácido mevalônico; IPP, isopentenil difosfato; CPS, *ent*-copalildifosfato sintase; KS, *ent*-caureno sintase; KO, *ent*-caureno oxidase; KAO, ácido *ent*-caurenoico oxidase; GA20ox, GA 20 oxidase; GA3ox, GA 3 oxidase; GA2ox, GA 2 oxidase; GA13ox, GA 13 oxidase.

GA 2 oxidases, metilação via metiltransferase e conjugação a açúcares. A modulação genética dessas rotas exerce um papel importante no desenvolvimento vegetal. Conforme será visto no Capítulo 18, por exemplo, a expressão do gene *KNOXI* no meristema apical do caule, que é crucial para o funcionamento correto desse tecido, reduz os níveis de giberelina por inibição de sua biossíntese e promoção de sua inativação. A biossíntese da giberelina também é regulada pela inibição por retroalimentação, quando a giberelina celular excede os níveis do limiar. A aplicação de giberelina exógena causa regulação para baixo (*downregulation*) dos genes *GA20ox* e *GA3ox*, cujos produtos catalisam as duas etapas finais na formação de giberelinas bioativas (GA_1 e GA_4).

As giberelinas e os antagonistas da giberelina também são usados como reguladores de crescimento vegetal. Por exemplo, a aplicação de GA às uvas pode aumentar o tamanho de cada fruto (ver Figura 4.12A). Os antagonistas da GA uniconazol e paclobutrazol podem ser usados para inibir a biossíntese de GA. Esses reguladores de crescimento de plantas podem ser usados para diminuir a estatura das plantas, como no milho, para reduzir o acamamento. No trabalho em estufa, eles podem ser utilizados para reduzir o alongamento do internódio e do pecíolo em culturas hortícolas e ornamentais.

As citocininas são derivadas da adenina com cadeias laterais de isopreno

As citocininas são derivadas da adenina. A classe mais comum de citocininas tem cadeias laterais de isoprenoide, incluindo isopenteniladenina (iP), di-hidrozeatina (DHZ) e zeatina, a citocinina mais abundante nas plantas superiores. As citocininas são formadas de ADP/ATP e dimetilalil difosfato (DMAPP, *dimethylallyl diphosphate*), principalmente nos plastídios. Um esquema simplificado da rota biossintética das citocininas é mostrado na **Figura 4.24**.

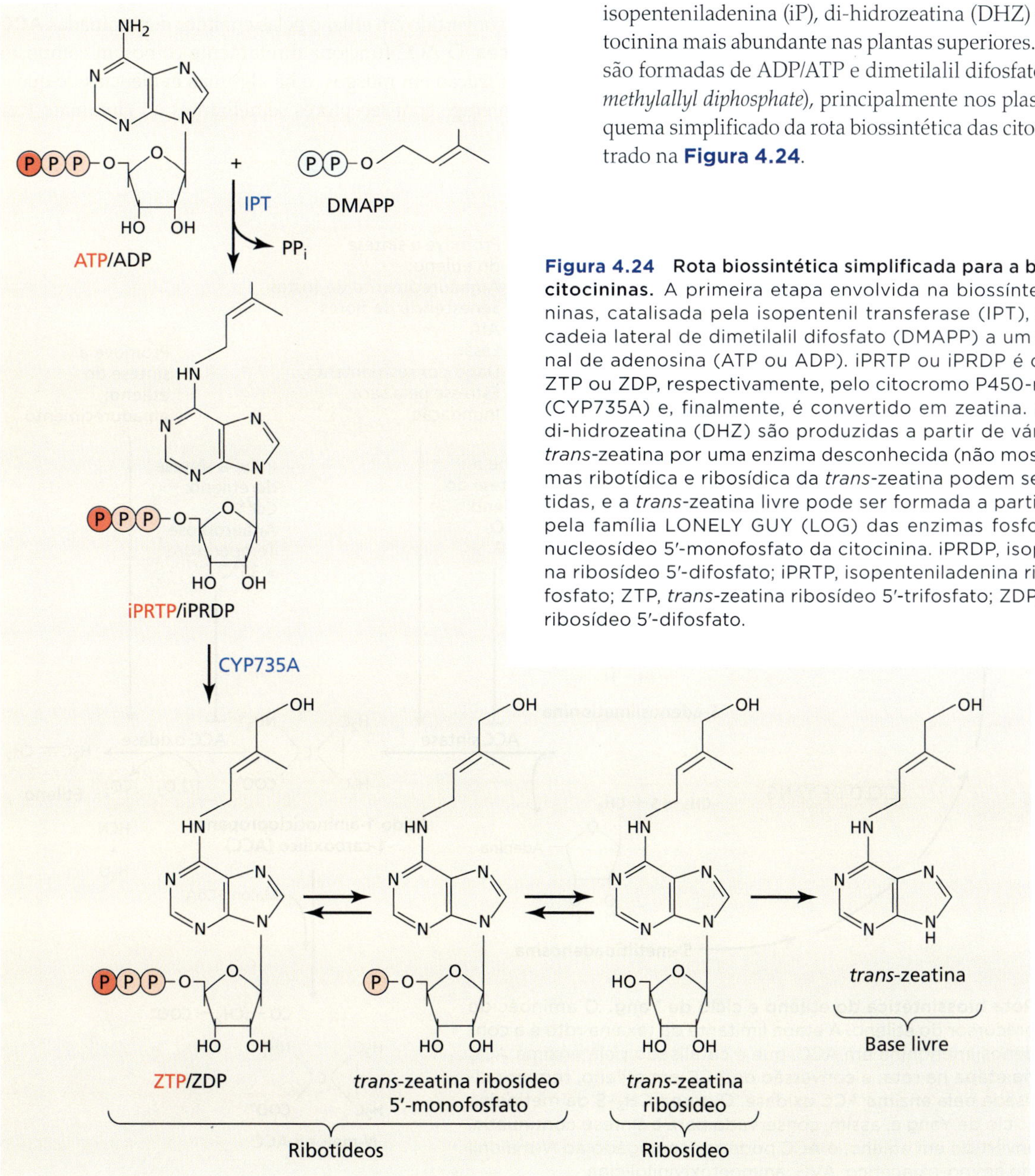

Figura 4.24 Rota biossintética simplificada para a biossíntese das citocininas. A primeira etapa envolvida na biossíntese das citocininas, catalisada pela isopentenil transferase (IPT), é a adição da cadeia lateral de dimetilalil difosfato (DMAPP) a um grupo funcional de adenosina (ATP ou ADP). iPRTP ou iPRDP é convertido em ZTP ou ZDP, respectivamente, pelo citocromo P450-monoxigenase (CYP735A) e, finalmente, é convertido em zeatina. As citocininas di-hidrozeatina (DHZ) são produzidas a partir de várias formas de *trans*-zeatina por uma enzima desconhecida (não mostrada). As formas ribotídica e ribosídica da *trans*-zeatina podem ser interconvertidas, e a *trans*-zeatina livre pode ser formada a partir do ribotídeo pela família LONELY GUY (LOG) das enzimas fosfo hidrolase do nucleosídeo 5'-monofosfato da citocinina. iPRDP, isopenteniladenina ribosídeo 5'-difosfato; iPRTP, isopenteniladenina ribosídeo 5'-trifosfato; ZTP, *trans*-zeatina ribosídeo 5'-trifosfato; ZDP, *trans*-zeatina ribosídeo 5'-difosfato.

Além das bases livres, que são as únicas formas ativas, as citocininas também estão presentes na planta como ribosídeos (nos quais um açúcar ribose é fixado ao nitrogênio 9 do anel), ribotídeos (nos quais a porção de açúcar ribose contém um grupo fosfato) ou **glicosídeos** (em que uma molécula de açúcar está fixada ao nitrogênio 3, 7 ou 9 do anel de purina ou ao oxigênio da zeatina ou da cadeia lateral de di-hidrozeatina). Além dessa inativação mediada por glicosilação, os níveis de citocinina ativa também são diminuídos catabolicamente mediante clivagem irreversível por citocininas oxidase.

Coerente com seu papel na promoção da divisão celular, a citocinina é necessária para o funcionamento correto do meristema apical do caule e, por isso, é perfeitamente regulada (ver Capítulo 18). Enquanto inibe os níveis de giberelina, a expressão do gene *KNOX* aumenta os níveis de citocinina no meristema apical do caule por regulação para cima (*upregulation*) do gene biossintético da citocinina *ISOPENTENIL TRANSFERASE7* (*IPT7*) (ver Figura 4.24).

O etileno é sintetizado da metionina via ácido 1-aminociclopropano-1-carboxílico (ACC) intermediário

O etileno pode ser produzido por quase todas as partes de plantas superiores, embora a taxa de produção dependa do tipo de tecido, do estágio de desenvolvimento e dos aportes ambientais. Por exemplo, certos frutos maduros passam por uma queima respiratória em resposta ao etileno, e os níveis desse hormônio aumentam nesses frutos no período do amadurecimento (ver Capítulo 21). O etileno é derivado do aminoácido metionina e do intermediário S-adenosilmetionina, que é gerado no ciclo de Yang (**Figura 4.25**). A primeira etapa envolvida na biossíntese, e geralmente limitante da taxa, é a conversão de S-adenosilmetionina em ácido 1-aminociclopropano-1-carboxílico (ACC) pela enzima ACC sintase. A seguir, o ACC é convertido em etileno pelas enzimas denominadas **ACC oxidases**. O ACC funciona diretamente como um composto de sinalização em musgos, e há algumas evidências de que o ACC interage com receptores semelhantes ao glutamato (ver

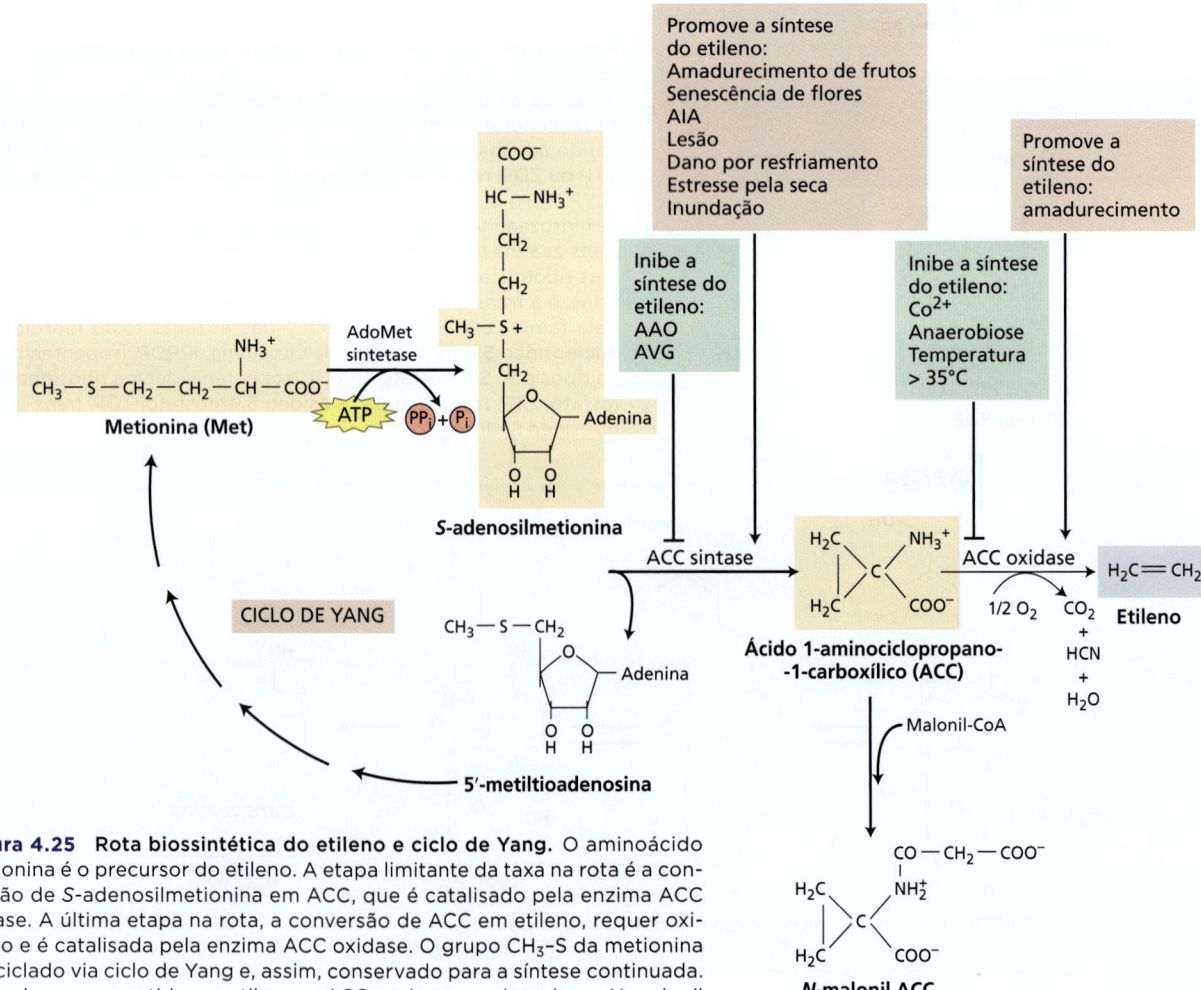

Figura 4.25 Rota biossintética do etileno e ciclo de Yang. O aminoácido metionina é o precursor do etileno. A etapa limitante da taxa na rota é a conversão de *S*-adenosilmetionina em ACC, que é catalisado pela enzima ACC sintase. A última etapa na rota, a conversão de ACC em etileno, requer oxigênio e é catalisada pela enzima ACC oxidase. O grupo CH_3–S da metionina é reciclado via ciclo de Yang e, assim, conservado para a síntese continuada. Além de ser convertido em etileno, o ACC pode ser conjugado ao *N*-malonil ACC. AAO, ácido amino-oxiacético; AVG, aminoetoxivinilglicina.

Capítulo 21) nas angiospermas. Como o etileno é um hormônio gasoso, não há evidências de seu catabolismo em plantas, e ele se difunde rapidamente para fora dos tecidos vegetais quando a biossíntese é farmacologicamente interrompida.

O ácido abscísico é sintetizado de um carotenoide intermediário

O ABA é sintetizado em quase todas as células que contêm cloroplastos ou amiloplastos e tem sido detectado em todos os órgãos e tecidos importantes. O ABA é um terpenoide de 14 carbonos, ou sesquiterpenoide, sintetizado em plantas por uma rota indireta via carotenoides intermediários de 40 carbonos (**Figura 4.26**). As etapas iniciais dessa rota ocorrem nos plastídios. A clivagem do carotenoide pela enzima NCED (9-*cis*-epoxicarotenoide dioxigenase) é uma etapa altamente regulada na síntese do ABA. Essa etapa é limitante da taxa e produz a molécula precursora xantoxina de 14 carbonos, que subsequentemente se move para o citosol, onde uma série de reações oxidativas converte xantoxina em ABA. A seguir, a oxidação por ABA-8'-hidroxilases leva à inativação do ABA. O ABA também pode ser inativado por conjugação, mas esse processo é reversível. Ambos os tipos de inativação são fortemente regulados.

As concentrações de ABA podem flutuar drasticamente em tecidos específicos durante o desenvolvimento ou em resposta

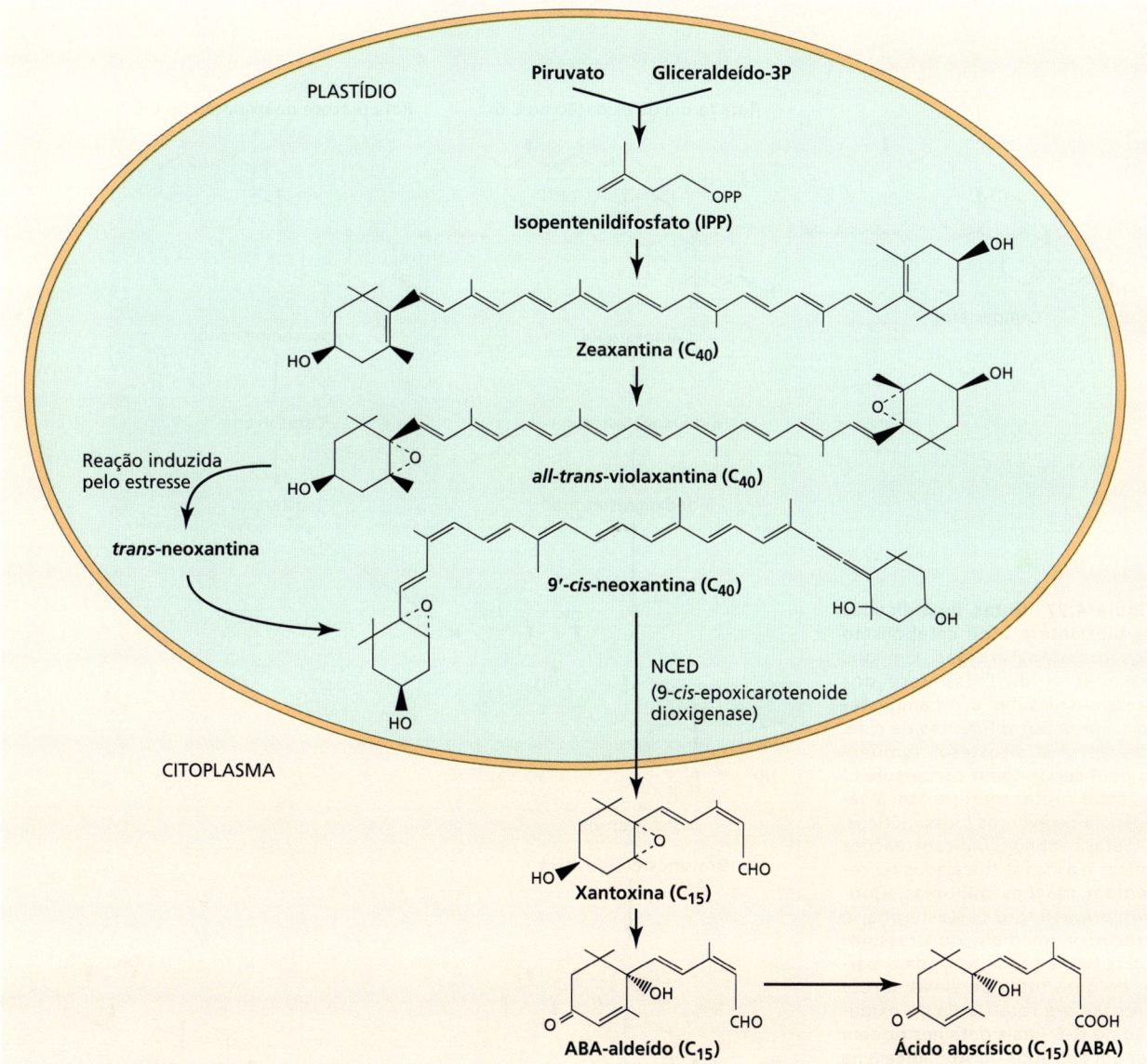

Figura 4.26 Diagrama simplificado da biossíntese do ABA pela rota dos terpenoides. Os estágios iniciais ocorrem nos plastídios, onde o isopentenil difosfato (IPP) é convertido na xantofila zeaxantina C_{40}. Posteriormente, a zeaxantina é modificada para 9-*cis*-neoxantina, que é clivada pela enzima NCED (9-*cis*-epoxicarotenoide dioxigenas) para formar o inibidor C_4, xantoxina. Após, a xantoxina é convertida em ABA no citosol. Mutantes deficientes em ABA, que têm sido úteis na elucidação da rota, estão apresentados no **Apêndice 3 na internet**.

a mudanças nas condições ambientais. Nas sementes em desenvolvimento, por exemplo, os níveis de ABA podem aumentar 100 vezes em poucos dias, chegando a quantidades micromolares, e depois decair a níveis muito baixos à medida que a maturação prossegue (ver Capítulo 21). Sob condições de estresse hídrico (i.e., estresse por desidratação), o ABA nas folhas pode aumentar 50 vezes em 4 a 8 horas (ver Capítulo 15).

Os brassinosteroides são derivados do esterol campesterol

Os brassinosteroides são sintetizados do campesterol, um esterol vegetal, que é estruturalmente similar ao colesterol. Os membros da família enzimática **citocromo P450-monoxigenase** (**CYP**, *cytochrome P450 monooxygenase*), que são associados ao RE, catalisam a maioria das reações na rota biossintética de brassinosteroides (**Figura 4.27**). Os níveis de brassinosteroides bioativos também são modulados por diversas reações de inativação ou catabólicas, incluindo epimerização, oxidação, hidroxilação, sulfonação e conjugação à glicose ou aos lipídeos. No entanto, até agora foram identificadas somente poucas enzimas responsáveis pelo catabolismo ou pela inativação de brassinosteroides.

Os níveis de brassinosteroides ativos também são regulados por mecanismos de retroalimentação negativa dependente de brassinosteroide, em que as concentrações de hormônio acima de um certo limiar provocam um decréscimo em sua biossíntese. Essa atenuação é ocasionada pela regulação descendente de genes da biossíntese de brassinosteroides e pela

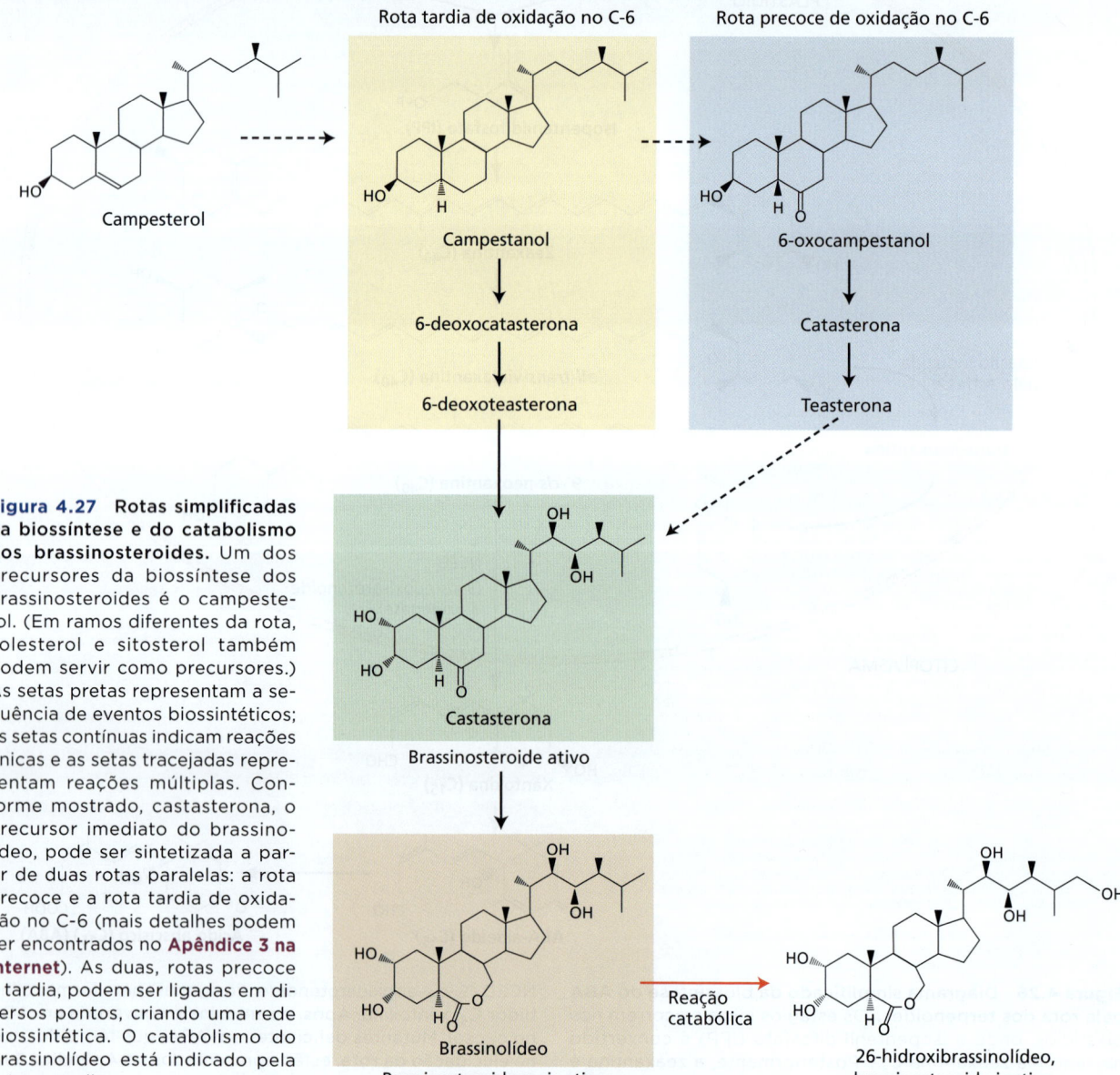

Figura 4.27 Rotas simplificadas da biossíntese e do catabolismo dos brassinosteroides. Um dos precursores da biossíntese dos brassinosteroides é o campesterol. (Em ramos diferentes da rota, colesterol e sitosterol também podem servir como precursores.) As setas pretas representam a sequência de eventos biossintéticos; as setas contínuas indicam reações únicas e as setas tracejadas representam reações múltiplas. Conforme mostrado, castasterona, o precursor imediato do brassinolídeo, pode ser sintetizada a partir de duas rotas paralelas: a rota precoce e a rota tardia de oxidação no C-6 (mais detalhes podem ser encontrados no **Apêndice 3 na internet**). As duas, rotas precoce e tardia, podem ser ligadas em diversos pontos, criando uma rede biossintética. O catabolismo do brassinolídeo está indicado pela seta vermelha.

Figura 4.28 Rota biossintética de estrigolactona e proteínas de sinalização. *All-trans*-β-caroteno é isomerizado em 9-*cis*-β-caroteno por uma β-caroteno isomerase. O 9-*cis*-β-caroteno é clivado (na linha vermelha tracejada) pelas dioxigenases de clivagem de carotenoides, sendo produzida carlactona. Os estágios finais da síntese de estrigolactona e sinalização ocorrem no citosol.

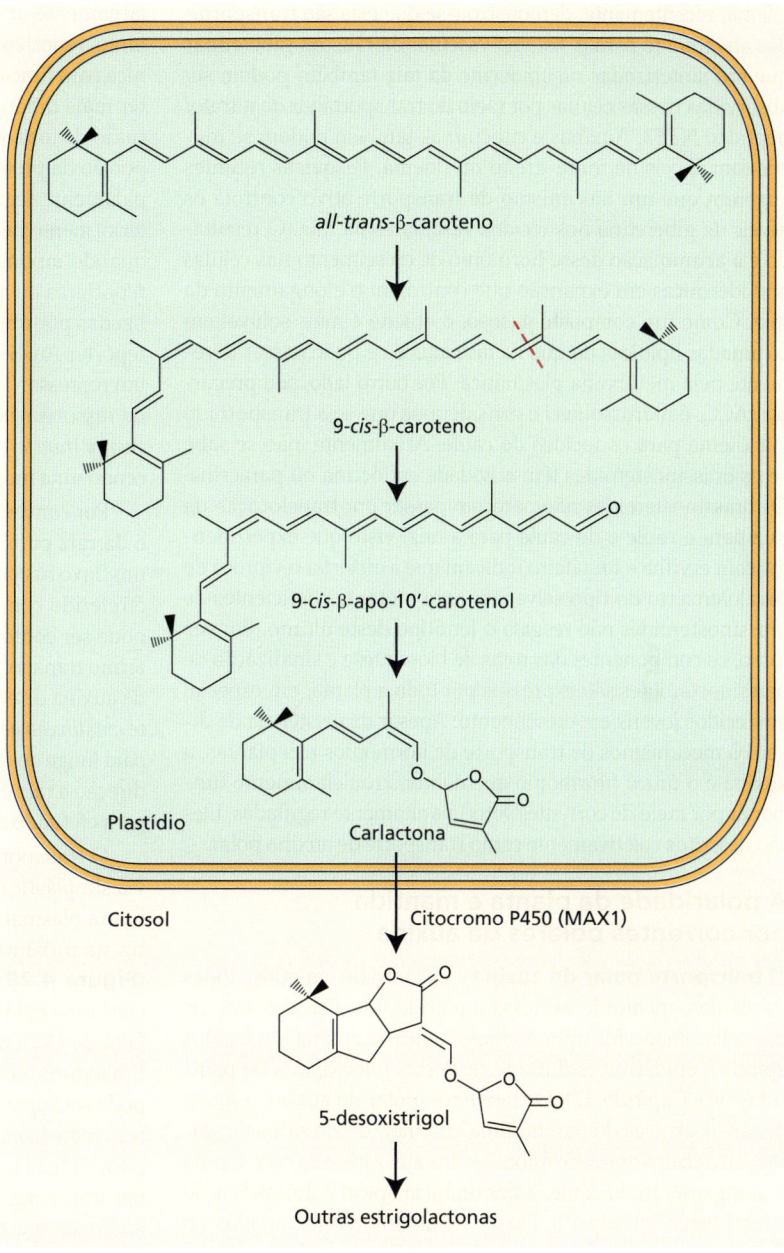

regulação ascendente de genes envolvidos no catabolismo de brassinosteroides. Desse modo, os mutantes prejudicados em sua capacidade de responder ao brassinolídeo acumulam níveis altos dos brassinosteroides ativos, em comparação com as plantas do tipo selvagem.

O propiconazol é um fungicida comumente usado, pois inibe a atividade das enzimas do citocromo P450, que sintetizam o esterol estrutural ergosterol em patógenos fúngicos. Quando usado em concentrações mais altas, esse fungicida reduz o crescimento de gramíneas rastejantes e milho. Essas observações levaram à descoberta de que o milho *nana1*, anão e mutante sexual floral (ver Figura 4.16), é deficiente na biossíntese de brassinosteroides.

As estrigolactonas são sintetizadas a partir do β-caroteno

Como o ABA, as estrigolactonas e outras moléculas sinalizadoras de apocarotenoides são derivadas de precursores de carotenoides em plastídios, em uma rota que é conservada até a síntese da carlactona intermediária. A síntese de moléculas de sinalização, como as estrigolactonas, começa com a clivagem dos precursores dos carotenoides (**Figura 4.28**). Diversas isoformas do citocromo P450 produzem estrigolactonas e moléculas de sinalização semelhantes que variam entre as espécies. A clivagem de carotenoides também pode ocorrer por meio de processos oxidativos não enzimáticos.

A rota de sinalização das estrigolactonas será discutida no Capítulo 19.

■ 4.5 Movimento de hormônios dentro da planta

Os hormônios que fornecem sinais posicionais para regular os padrões de diferenciação celular são denominados **morfógenos**. Por meio de combinações de síntese, transporte e renovação (*turnover*), moléculas morfogênicas atingem uma distribuição gradual dentro dos tecidos, que, por sua vez, provoca uma gama de respostas dependentes da concentração. Até agora, analisamos os mecanismos que controlam a síntese, a renovação e a distribuição intracelular dos hormônios vegetais. Nesta seção, focamos no movimento dos hormônios entre as células, tecidos e órgãos da planta.

Os hormônios lipofílicos, como o ABA e as estrigolactonas, podem se difundir através de membranas, mas em alguns tecidos também são transportados ativamente por transportadores de cassetes de ligação ao ATP da subfamília G (ABCG, *ATP-binding cassette subfamily G*). Por exemplo, uma proteína ABCG transporta estrigolactona do ápice da raiz para seus tecidos radiculares em diferenciação. Citocininas e ABA podem mover-se por longas distâncias na corrente transpiratória do xilema; recentemente, demonstrou-se que elas são transportadas ativamente para o sistema vascular da raiz. As giberelinas que são sintetizadas na epiderme da raiz também podem ser absorvidas nessas células por meio do transportador de nitrato/peptídeo NPF3. Auxinas e citocininas também podem se mover com fluxos de fonte-dreno no floema. Pesquisas recentes sugerem que um mecanismo de transporte ativo controla os níveis de giberelina nos tecidos vasculares da raiz. O resultado é a acumulação desse hormônio de crescimento nas células endodérmicas em expansão que controlam o alongamento da raiz. Como um composto gasoso, o etileno é mais solúvel em bicamadas lipídicas do que na fase aquosa e pode passar livremente pela membrana plasmática. Por outro lado, seu precursor, ACC, é hidrossolúvel e considera-se que seja transportado via xilema para os tecidos do caule. Atualmente, não se sabe se os brassinosteroides têm atividade endócrina ou parácrina. Os brassinosteroides não parecem passar por translocação da raiz para o caule e do caule para a raiz, visto que experimentos com ervilha e tomateiro indicam que a enxertia recíproca de cavalo/enxerto do tipo selvagem para mutantes deficientes de brassinosteroides não resgata o fenótipo deste último. Em vez disso, os componentes das rotas de biossíntese e sinalização de brassinosteroides são expressos por toda a planta, em especial em tecidos jovens em crescimento. Apesar da existência de diversos mecanismos de transporte de hormônios nas plantas, a auxina é o único fitormônio que demonstrou claramente funcionar por meio de correntes vetoriais altamente reguladas. Eles são descritos coletivamente como transporte de auxina polar.

A polaridade da planta é mantida por correntes polares de auxina

O **transporte polar de auxina** é encontrado em quase todas as plantas, incluindo briófitas e pteridófitas. Estudos iniciais desse fenômeno focaram no movimento de auxina em tecidos apicais e epidérmicos durante respostas fototrópicas de plântulas (ver Capítulo 17). O transporte polar de auxina à longa distância através do parênquima vascular, desde sítios de síntese em tecidos apicais e folhas jovens até o ápice da raiz, regula o alongamento do caule, a dominância apical e a ramificação lateral (ver Capítulo 19). Fluxos de auxina redirecionados no ápice da raiz para a epiderme da raiz são necessários para as respostas gravitrópicas desse órgão (ver Capítulo 17).

O transporte polar de auxina foi verificado por ensaios com traçadores radioativos de auxina e análises de espectrometria de massa do conteúdo de auxina em tecidos discretos. Mais recentemente, o uso de repórteres para auxina para registrar as concentrações relativas de auxina em células individuais e tecidos tornou-se o meio preferido de visualização dos níveis desse hormônio em plantas intactas. Os repórteres mais comumente usados têm base em DR5, um promotor artificial responsivo à auxina que é fusionado a um gene repórter (cuja atividade é facilmente visualizada). Fusões de DR5 à β-glucuronidase (GUS), que produz uma cor azul quando incubada com substratos cromogênicos tais como p-nitrofenil-β-D-glucuronídeo (ver Figura 21.10), e a proteína verde fluorescente (GFP, *green fluorescent protein*) ou proteínas fluorescentes similares, são largamente utilizadas (p. ex., ver Figuras 16.11 e 21.10). Entretanto, repórteres com base em DR5 requerem a transcrição gênica para funcionar, o que atrasa a resposta à auxina. Um repórter mais dinâmico de auxina, DII-Venus, tem como base uma fusão de uma variante da proteína amarela fluorescente a uma porção da proteína correceptora de auxina AUX/AIA, que é rapidamente degradada na presença de auxina (ver descrição posteriormente nesta seção). DII-Venus é rapidamente degradado quando auxina está presente. Também foram desenvolvidos repórteres de auxina que contêm duas proteínas fluorescentes ligadas por uma proteína de ligação à auxina. Por exemplo, no repórter AuxSen, a ligação da auxina a um ligante derivado de um repressor Trp bacteriano resulta na transferência de energia de ressonância de fluorescência (FRET, *fluorescence resonance energy transfer*) de uma proteína fluorescente para outra, fornecendo uma indicação raciométrica dos níveis de auxina celular.

Por convenção, o transporte de auxina dos ápices do caule e da raiz para a zona de transição raiz-caule é referido como um fluxo *basípeto*, enquanto o fluxo de auxina para baixo na raiz é referido como transporte *acrópeto*. Como essa terminologia pode ser confusa, uma terminologia mais recente estabelece o termo transporte *em direção à raiz* (*rootward*) para todos os fluxos de auxina direcionados para o ápice da raiz e o termo transporte *em direção ao caule* (*shootward*) para qualquer fluxo direcional para longe do ápice da raiz. Ambos os transportes de auxina, em direção à raiz e em direção ao caule, são mecanismos primários para efetuar o crescimento direcional e plástico programado.

O transporte polar ocorre de célula a célula, em vez de por via simplástica, ou seja, a auxina sai de uma célula pela membrana plasmática, difunde-se através da parede celular e entra na próxima célula através da membrana plasmática dela (**Figura 4.29**). O processo total requer energia metabólica, conforme evidenciado pela sensibilidade do transporte polar à falta de O_2, à depleção de sacarose e a inibidores metabólicos. Em alguns tecidos, a velocidade do transporte polar de auxina pode ser superior a 10 mm h^{-1}, que é mais rápida que a difusão, mas mais lenta que as taxas de translocação no floema (ver Capítulo 12). O transporte polar é específico para todas as auxinas naturais e algumas sintéticas; outros ácidos orgânicos fracos, análogos inativos de auxina e conjugados de AIA são fracamente transportados. Embora gradientes polares de concentração de auxina no embrião pareçam ser inicialmente estabelecidos pela localização da síntese de auxina, eles são amplificados e estendidos por proteínas transportadoras específicas sobre a membrana plasmática. Os processos celulares que usam os gradientes de prótons gerados pelas ATPases da membrana plasmática para gerar fluxos polares de auxina são descritos pelo **modelo quimiosmótico** de transporte de auxina.

ABSORÇÃO DE AUXINA O AIA é um ácido fraco (pK_a = 4,75). No apoplasto, onde H$^+$-ATPases da membrana plasmática normalmente mantêm um pH de 5 a 5,5 na solução da parede celular, 15 a 25% de auxina estão presentes em uma forma lipofílica, indissociada (AIAH), que se difunde passivamente através da membrana plasmática a favor de um gradiente de concentração. Portanto, a auxina pode entrar

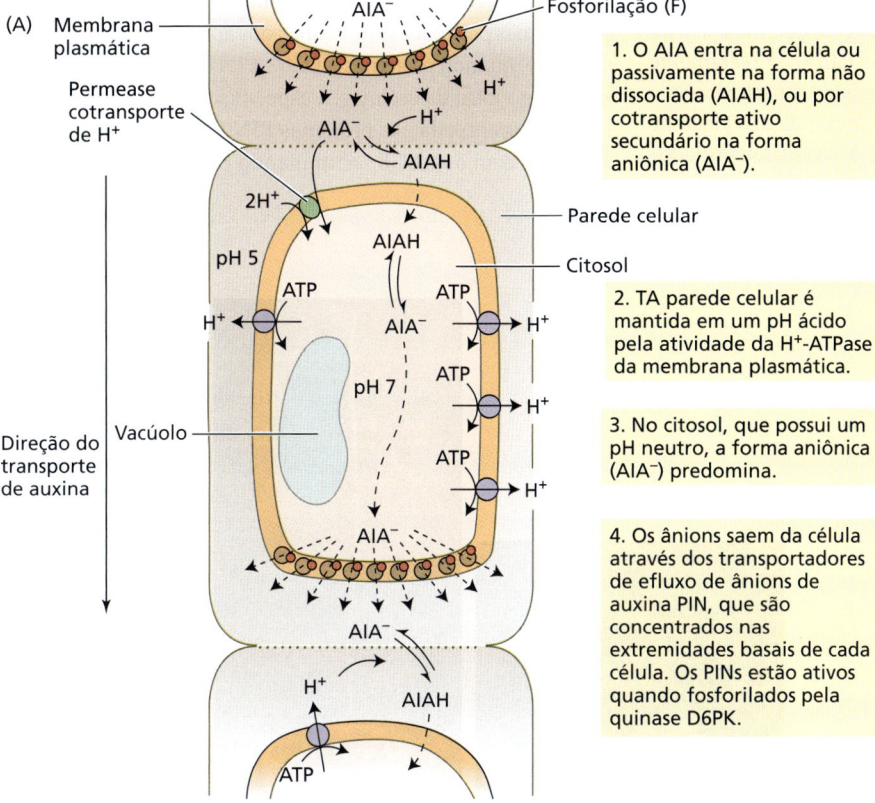

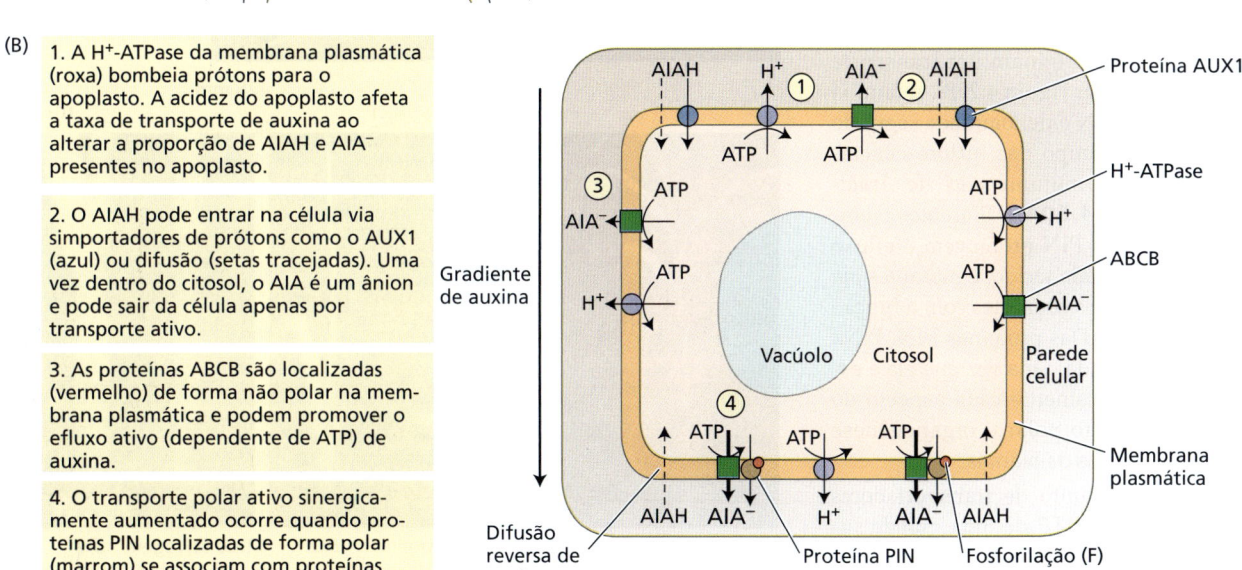

Figura 4.29 A base celular do transporte de auxina polar é descrita por um modelo quimiosmótico bem testado. (A) Modelo quimiosmótico simplificado para o transporte polar de auxina. Aqui é ilustrada uma célula alongada de uma coluna de células transportadoras de auxina. Mecanismos adicionais de exportação contribuem para o transporte, ao impedirem a reabsorção de AIA em sítios de exportação e em fileiras de células adjacentes. Os transportadores de efluxo aniônico PIN são ativos quando fosforilados pela D6 PROTEIN KINASE (D6PK). (B) Modelo para o transporte polar de auxina em pequenas células meristemáticas com expressiva difusão reversa desse hormônio, devido à alta razão superfície-volume. As proteínas ABCB mantêm as correntes polares, impedindo a reabsorção de auxina exportada nos sítios de transporte. Em células maiores, os transportadores ABCB parecem excluir o movimento de auxina de correntes polares para as filas de células adjacentes

na célula de qualquer lado. A absorção de auxina é acelerada pelo transporte ativo secundário do AIA⁻ aniônico, anfipático presente no apoplasto, via transportadores de AUXIN1/LIKE AUXIN1 (AUX1/LAX) que cotransportam dois prótons junto com o ânion auxina. Esse transporte secundário ativo da auxina permite uma acumulação maior desse hormônio do que a simples difusão, pois ele é acionado pela força motriz de prótons através da membrana (i.e., a alta concentração de prótons na solução apoplástica). Embora a localização polarizada de AUX1 sobre a membrana plasmática ocorra em algumas células, como do protofloema, a contribuição mais importante de AUX1 é seu papel na criação de drenos celulares que dirigem as correntes de transporte polar de auxina. Os fluxos em direção ao caule no mutante *aux1* de *Arabidopsis* são completamente desorganizados, resultando em crescimento agravitrópico da raiz, mas a expressão de *AUX1* sob o controle de um promotor associado com a lateral da coifa da raiz restaura completamente o crescimento gravitrópico. O composto ácido 1-naftoxiacético com frequência é utilizado como um inibidor da atividade de influxo de auxina das proteínas AUX1/LAX. Os transportadores de nitrato NRT1.1 e 1.5, que são regulados positivamente em condições de deficiência de nitrogênio, também transportam auxina, aumentando a capacidade de absorção de auxina pelas células radiculares.

EFLUXO DE AUXINA No pH neutro do citosol, a forma aniônica da auxina, AIA⁻, predomina. O transporte de AIA⁻ para fora da célula é acionado pelo potencial de membrana negativo dentro da célula. Entretanto, uma vez que a bicamada lipídica da membrana é impermeável ao ânion, a exportação de auxina para fora da célula deve ocorrer via proteínas de transporte sobre a membrana plasmática. Onde as **proteínas PIN carreadoras de efluxo de auxina** são polarmente localizadas – ou seja, presentes sobre a membrana plasmática somente em uma extremidade de uma célula –, a absorção de auxina para a célula e o subsequente efluxo via PIN originam um transporte polar líquido (ver Figura 4.29B). A família de proteínas PIN é denominada segundo a forma de grampo das inflorescências formadas pelo mutante *pin1* de *Arabidopsis* (**Figura 4.30A**). Diferentes membros da família PIN promovem o efluxo de auxina em cada tecido, e mutantes *pin* exibem fenótipos coerentes com a função nesses tecidos. Das proteínas PIN, PIN1 é a mais estudada, uma vez que ela é essencial a praticamente cada aspecto do desenvolvimento polar e organogênese nas partes aéreas de plantas.

Um subconjunto de transportadores dependentes de ATP de uma grande superfamília de transportadores integrais de membrana do tipo cassete de ligação ao ATP (ABC, *ATP-binding cassete*) amplifica o efluxo e impede a reabsorção da auxina exportada, especialmente em pequenas células onde as concentrações de auxina são altas. Os genes *ABCB* (classe ABC "B") defeituosos em *Arabidopsis*, milho (*Zea mays*) e sorgo resultam em mutantes anões com graus de severidade variados e em gravitropismo alterado e efluxo reduzido de auxina (**Figura 4.30B**). Em geral, as proteínas ABCB apresentam distribuição uniforme, em vez de polar, nas membranas plasmáticas de células dos ápices de caules e raízes. Contudo, quando proteínas ABCB e PIN específicas coocorrem no mesmo local das células, a especificidade do transporte de auxina é acentuada. As proteínas PIN funcionam de maneira sinérgica com as ABCB, estimulando o transporte direcional

Figura 4.30 Fenótipos associados à deleção de proteínas de efluxo de auxina. (A) PIN1 em *Arabidopsis*. (À esquerda) Localização da proteína PIN1 nas extremidades basais de células condutoras de inflorescências de *Arabidopsis*, observada em microscopia de imunofluorescência. (À direita) Mutante *pin1* de *Arabidopsis*. Na Figura 17.1B, pode ser visto um indivíduo do tipo selvagem normal dessa espécie. (B) O gene *BR2 (Brachytic 2)* codifica uma ABCB exigida para o transporte normal de auxina no milho, e mutantes *br2* têm entrenós curtos. O mutante foi produzido por mutagênese de inserção com o transposon Mutator. Os pesquisadores desconheciam que o transposon Mu8 continha um fragmento do gene *BR2*. A expressão do fragmento do gene *BR2* produziu RNA de interferência (RNAi), que silenciou a expressão desse gene (ver Capítulo 3). Os mutantes *br2* têm colmos inferiores compactos (no centro e na direita), mas pendões e espigas normais (na esquerda e no centro).

de auxina (ver Figura 4.29B). O composto ácido N-1-naftilftalâmico (NPA, *N-1-naphthylphthalamic acid*) liga-se às proteínas ABCB de transporte de auxina e seus reguladores e é usado como um inibidor da atividade de efluxo de auxina.

O transporte de auxina é regulado por múltiplos mecanismos

Como seria esperado para uma função tão importante, o transporte de auxina é regulado por mecanismos tanto de transcrição como de pós-transcrição. Genes codificadores de enzimas que funcionam no metabolismo (ver **Apêndice 2 na internet**), na sinalização (ver Capítulo 15) e no transporte de auxina são regulados por programas de desenvolvimento e sinais ambientais. Quase todos os hormônios vegetais conhecidos têm um efeito sobre o transporte de auxina ou a expressão gênica dependente de auxina. A própria auxina regula a expressão dos genes que codificam os transportadores de auxina, a fim de aumentar ou diminuir sua abundância e, assim, regular os seus níveis.

Como é comum com muitas rotas de transdução de sinal, a fosforilação de transportadores de auxina é um mecanismo regulador essencial. Por exemplo, a quinase D6PK ativa a atividade de transporte de auxina de um subconjunto de proteínas PIN, e a fototropina 1 fotorreceptor quinase inativa a atividade de efluxo de ABCB19 em respostas fototrópicas (ver Capítulo 17). A composição da membrana e a estrutura da parede celular também regulam a atividade de transporte, uma vez que a localização de PIN1 e de ABCB19 sobre a membrana plasmática é dependente de esteróis estruturais ou esfingolipídeos, e a localização polar de PIN1 é suprimida em mutantes de *Arabidopsis* deficientes em celulose sintase. Além disso, alguns compostos naturais, principalmente flavonoides, funcionam como inibidores de efluxo de auxina. Flavonoides atuam como inativadores de espécies reativas de oxigênio (EROs) e são inibidores de algumas metaloenzimas, quinases e fosfatases. Seus efeitos sobre o transporte de auxina parecem resultar principalmente dessas atividades.

A regulação do tráfego celular de proteínas de transporte de auxina para a membrana plasmática e a partir dela desempenha um papel particularmente importante no desenvolvimento vegetal. Proteínas chaperonas específicas são exigidas para o direcionamento bem-sucedido de transportadores de auxina para a membrana plasmática. Por exemplo, a proteína AXR4 regula o tráfego de AUX1, e a proteína do tipo imunofilina TWISTED DWARF 1 (denominada para o fenótipo mutante *twd1* em *Arabidopsis*) regula o dobramento e o tráfego para a membrana plasmática dos transportadores múltiplos ABCB de auxina. Contudo, os processos mais importantes de tráfego celular que regulam o transporte polar de auxina no desenvolvimento embrionário são aqueles que direcionam as localizações polares de proteínas PIN1 transportadoras de efluxo.

Repórteres de proteínas fluorescentes, como DR-GFP/RFP e DII-venus, têm sido usados para examinar como os gradientes microscópicos de concentração de auxina são reforçados pela localização vetorial de PIN1 para formar fluxos direcionais de transporte de auxina à medida que o embrião se desenvolve. Em outras palavras, pequenos fluxos direcionais de auxina são amplificados e estabilizados pelo estabelecimento de proteínas de transporte e tecido vascular, em configurações que mantêm os fluxos direcionais para os tecidos em crescimento. Os repórteres de auxina foram amplamente validados por comparações com outros métodos de medição de auxina, conforme resumido na **Tabela 4.1**.

Acredita-se que a localização polar das proteínas de efluxo de auxina PIN envolva quatro processos:

• Tráfego isotrópico inicial (não direcional) para a membrana plasmática. Várias abordagens experimentais mostram que o tráfego de PIN para a membrana plasmática envolve processos secretores conservados (ver Capítulo 1).

Tabela 4.1 Métodos usados para determinar os níveis de auxina em plantas

Método	Sensibilidade	Especificidade	Resolução	Comentários
Espectroscopia de massa	Alto	Alto	Nível de tecido ou órgão	Pode discriminar entre diferentes formas de auxina
Imunodetecção	Média	Média	Celular	Depende da acessibilidade da auxina ao anticorpo e da especificidade desse anticorpo
Repórteres	Alto	Alto	Celular	Indica a localização de respostas dependentes de auxina, mas a atividade repórter pode, em alguns casos, ser limitada por outros fatores; estes podem ser promotores artificiais (DR5, DII-Venus) ou fusões com promotores gênicos responsivos à auxina
Localização de PIN	Média	Média	Celular	Distribuição polarizada de transportadores PIN1 e PIN2 de auxina é utilizada para inferir o fluxo direcional de auxina

- "Transcitose" e concentração em domínios polarizados da membrana plasmática. Esse processo foi observado com PIN2 em células epidérmicas maduras na raiz, mas não está bem caracterizado e não parece ser desencadeado por acumulações de auxina. Entretanto, a localização polar de PIN2 é muito menos dinâmica e sensível à auxina, comparada com PIN1, e acredita-se ser determinada primariamente pelo programa de desenvolvimento. Presume-se que os alinhamentos polares de PIN1 e PIN7 com gradientes de auxina observados durante a embriogênese resultem da transcitose, mas até o momento isso não foi verificado no nível subcelular. A localização polar e a atividade das PINs requerem a atividade das quinases D6PK e PINOID AGC. O nome PINOID deriva da semelhança fenotípica dos mutantes *pinoide* e *pin1* de *Arabidopsis*.
- Estabilização via interações com a parede celular. A ruptura genética ou farmacológica da biossíntese da parede celular resulta em uma completa perda da polaridade de PIN1 em *Arabidopsis*.
- Durante o desenvolvimento, fosforilação combinatória de vários locais em PIN1 por um subconjunto de AGC quinases, que regula e ajusta o efluxo de auxina.

4.6 Rotas de sinalização hormonal

Os sítios de ação de hormonal são células com receptores específicos que podem ligar o hormônio e iniciar uma cascata de transdução de sinal. As plantas empregam muitos receptores quinases e quinases de transdução de sinal para realizar as respostas fisiológicas de células-alvo de hormônios. Nas seções seguintes, serão examinados os tipos de receptores e as rotas de transdução de sinal associados com cada um dos principais fitormônios.

As rotas de transdução de sinal de etileno e de citocinina são derivadas dos sistemas reguladores bacterianos de dois componentes

Em bactérias, os **sistemas reguladores de dois componentes** são importantes sistemas de sinalização que mediam uma ampla gama de respostas aos estímulos ambientais. Os dois componentes desse sistema de sinalização consistem em uma **proteína sensora** histidina quinase ligada à membrana e uma proteína solúvel **reguladora de resposta** (**Figura 4.31A**). As proteínas sensoras recebem o sinal de entrada, sofrem autofosforilação sobre um resíduo de histidina e passam o sinal aos reguladores de resposta mediante transferência do grupo fosforil a um resíduo de aspartato conservado sobre o regulador de resposta. A seguir, os reguladores de resposta ativados por fosforilação, muitos dos quais atuam como fatores de transcrição, executam a resposta celular. As proteínas sensoras têm dois domínios: um domínio de entrada (*input domain*), que recebe o sinal ambiental, e um domínio transmissor (*transmitter domain*), que transmite o sinal para o regulador de resposta.

As proteínas reguladoras de resposta também possuem dois domínios: um domínio receptor (*receiver domain*), que recebe o sinal do domínio transmissor da proteína sensora, e um domínio de saída (*output domain*), que media a resposta.

Nas rotas de transcrição de sinal ativadas pelos hormônios vegetais citocinina e etileno, são encontradas modificações desse sistema bacteriano simples de dois componentes. A sinalização da citocinina é mediada por um sistema de transmissão de fosforilação que consiste em um receptor de citocinina transmembrana, uma proteína de transferência de fosfato e um regulador de resposta nuclear (**Figura 4.31B**). Os receptores de citocinina, designados CRE1, AHK2 e AHK3, estão relacionados na sequência de aminoácidos às histidinas quinase em sistemas de dois componentes. No entanto, esses receptores de citocinina são descritos como *histidinas quinase de sensor híbrido*, pois eles contêm domínios de entrada do sensor bacteriano e de histidinas quinase (transmissor), assim como o domínio receptor de uma proteína reguladora de resposta bacteriana.

Assumiu-se originalmente que os receptores de citocinina estavam localizados na membrana plasmática, o que é refletido no nome do domínio de ligação ao ligante, CYCLASE HISTIDINE KINASE ASSOCIATED SENSORY EXTRACELLULAR (CHASE). No entanto, a maioria dos receptores de citocinina de *Arabidopsis* e milho estão, na verdade, na membrana do RE, com o domínio CHASE no lume do RE e os domínios transmissor e receptor no citosol (**Figura 4.32**). A ligação da citocinina ao domínio CHASE de seu receptor desencadeia a autofosforilação de um resíduo de histidina no domínio transmissor, seguida pela transferência do mesmo fosfato para o resíduo de aspartato no domínio receptor. Após, o fosfato é transferido para as proteínas **ARABIDOPSIS HISTIDINE PHOSPHOTRANSFER** (**AHP**). As AHPs recém-fosforiladas funcionam como intermediários de sinalização, transmitindo sinais de citocinina percebidos na membrana para os reguladores de resposta de localização nuclear (denominados **ARABIDOPSIS RESPONSE REGULATOR** ou **ARR**), mediante transferência do grupo fosfato para um aspartato no domínio receptor do ARR (ver Figura 4.32). Essa fosforilação dos ARRs altera sua atividade, que realiza a resposta celular.

Os reguladores de resposta ARR são codificados por famílias multigênicas. Eles são colocados em duas classes básicas: os genes **ARR do tipo A**, cujos produtos são constituídos unicamente de um domínio de recepção, e os genes **ARR do tipo B**, que também incluem um domínio de saída contendo sítios de ativação da transcrição de ligação ao DNA (ver Figura 4.32). Os ARRs do tipo A regulam negativamente a sinalização da citocinina por interação com outras proteínas de uma maneira dependente do estado de fosforilação do ARR do tipo A. Os ARRs do tipo B são ativados por fosforilação, que os capacita a regular a transcrição de um conjunto de genes-alvo, incluindo aqueles que codificam os ARRs do tipo A, e, portanto, realizam as mudanças celulares envolvidas na resposta à citocinina. A família de proteínas F-box, denominadas proteínas

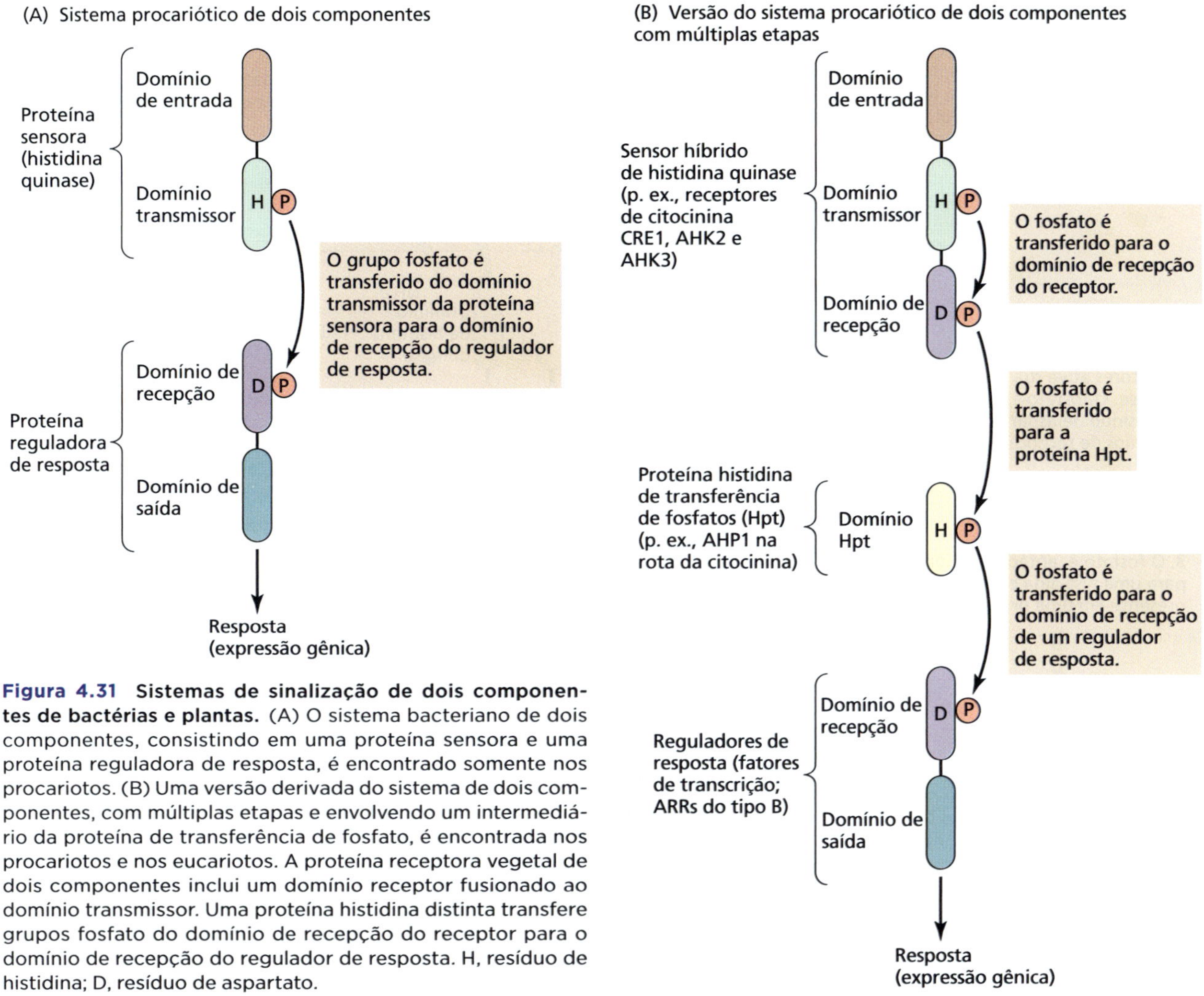

(A) Sistema procariótico de dois componentes

Figura 4.31 Sistemas de sinalização de dois componentes de bactérias e plantas. (A) O sistema bacteriano de dois componentes, consistindo em uma proteína sensora e uma proteína reguladora de resposta, é encontrado somente nos procariotos. (B) Uma versão derivada do sistema de dois componentes, com múltiplas etapas e envolvendo um intermediário da proteína de transferência de fosfato, é encontrada nos procariotos e nos eucariotos. A proteína receptora vegetal de dois componentes inclui um domínio receptor fusionado ao domínio transmissor. Uma proteína histidina distinta transfere grupos fosfato do domínio de recepção do receptor para o domínio de recepção do regulador de resposta. H, resíduo de histidina; D, resíduo de aspartato.

(B) Versão do sistema procariótico de dois componentes com múltiplas etapas

KISS ME DEADLY (KMD), regula negativamente a resposta à citocinina, mediante o direcionamento das proteínas ARR do tipo B para degradação via complexo ubiquitina E3 ligase, SCF^{KMD}.

Os receptores de etileno são codificados por uma família multigênica (em *Arabidopsis*, ETR1, ETR2, ERS1, ERS2 e EIN4) que também é relacionada evolutivamente a histidinas quinase bacterianas de dois componentes. No entanto, apenas dois dos receptores de etileno em *Arabidopsis* (ETR1 e ERS1) têm atividade intrínseca de histidina quinase, e sua atividade não parece desempenhar um papel essencial na sinalização. Ao contrário da sinalização da citocinina, a rota de sinalização do etileno, portanto, não envolve um sistema de transmissão de fosforilação. Os receptores de etileno estão localizados na membrana do RE e interagem com duas proteínas de sinalização a jusante, CONSTITUTIVE TRIPLE RESPONSE (CTR1) e ETHYLENE-INSENSITIVE 2 (EIN2) (**Figura 4.33**). A CTR1 é uma serina/treonina quinase solúvel que está sempre associada fisicamente a receptores de etileno. A EIN2 é uma proteína de RE com um domínio C-terminal citosólico que é um alvo para a atividade da CTR1 quinase. A EIN2 é necessária para estabilizar os fatores de transcrição da família ETHYLENE-INSENSITIVE 3 (EIN3)/(ETHYLENE-INSENSITIVE LIKE (EIL), que ativam a transcrição dos genes de resposta ao etileno.

Os receptores de etileno funcionam como reguladores negativos que reprimem ativamente a resposta ao hormônio na ausência dele. Na ausência do etileno (quando os receptores são ativados), os receptores de etileno ativam a CTR1 quinase, que então fosforila diretamente e, desse modo, inativa a EIN2, que é ubiquitinado e renovado no proteassomo (ver Figura 4.33). Portanto, a CTR1 ativa também é um regulador negativo da rota de resposta ao etileno.

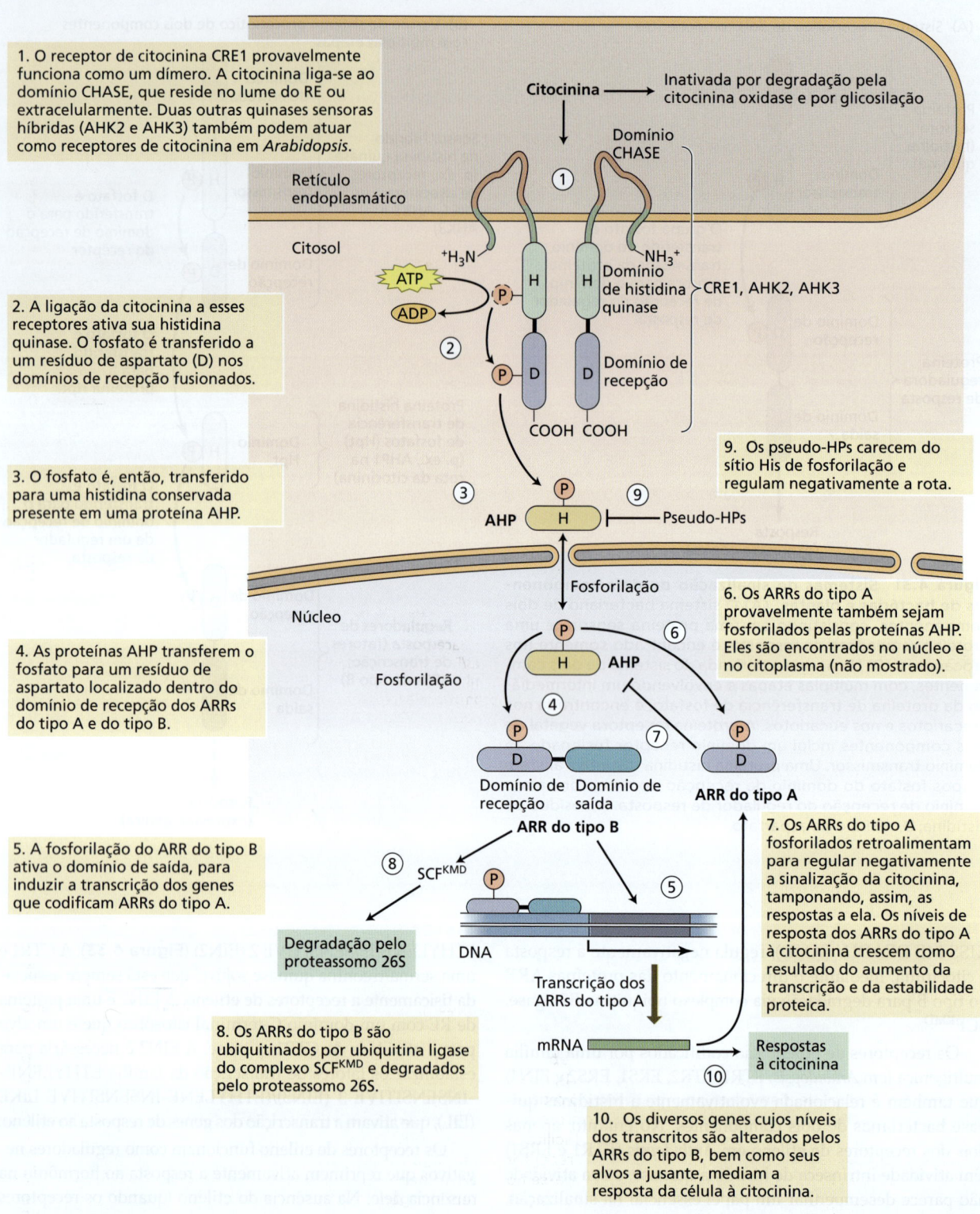

Figura 4.32 Modelo para a rota de transdução de sinal da citocinina. A citocinina liga-se ao receptor CRE1 dimerizado localizado no lado do lume do retículo endoplasmático, o qual inicia a cascata de fosforilação que leva à resposta da citocinina. O pseudo HP inibe a sinalização da citocinina ao competir com o AHP1-5 pela transferência de fosfato. AHP, proteína ARABIDOPSIS HISTIDINE PHOSPHOTRANSFER; ARR, ARABIDOPSIS RESPONSE REGULATOR; KMDs, proteínas KISS ME DEADLY.

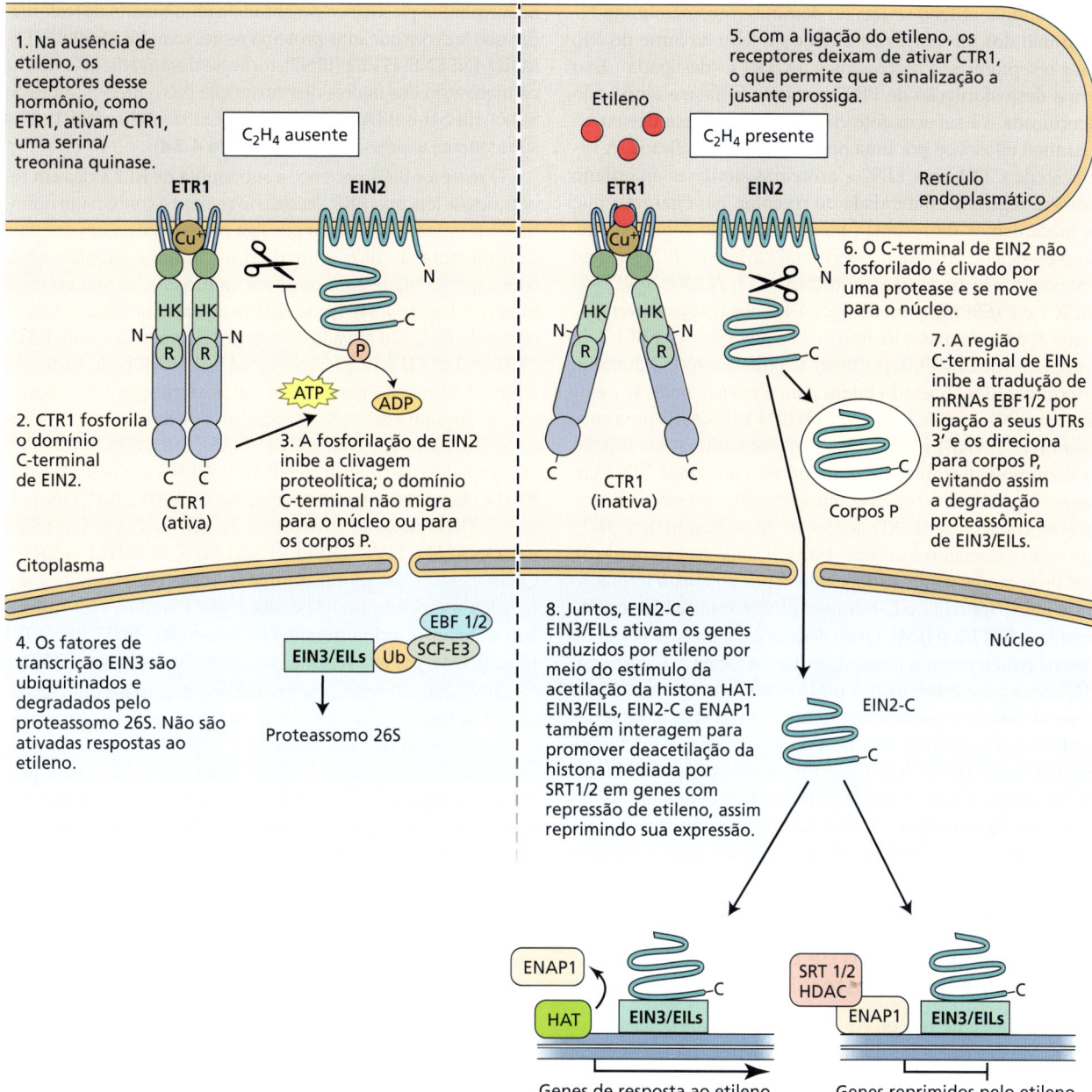

Figura 4.33 Modelo de sinalização do etileno em *Arabidopsis*. O etileno liga-se ao ETHYLENE RECEPTOR (ETR1), que é uma proteína integral de membrana da membrana do retículo endoplasmático (RE). Isoformas múltiplas dos receptores de etileno podem estar presentes em uma célula. Para facilitar a compreensão, aqui está mostrado apenas o ETR1. O receptor é um dímero unido por pontes dissulfeto. O etileno liga-se no lado do lume dentro do domínio transmembrana, mediante um cofator de cobre, que está reunido nos receptores de etileno. Na ausência de etileno, a quinase CONSTITUTIVE TRIPLE RESPONSE 1 (CTR1; ver Capítulo 17) fosforila a ETHYLENE-INSENSITIVE 2 (EIN2) para estabilizá-la e evitar a clivagem do C-terminal de EIN2 (EIN2-C). A ligação do etileno ao receptor inativa o CTR1, evitando a fosforilação da EIN2 e permitindo a clivagem de EIN2-C. EIN2-C inibe a degradação dos fatores de transcrição ETHYLENE-INSENSITIVE 3 (EIN3) e ETHYLENE-INSENSITIVE LIKE (EIL), e se move para o núcleo, onde interage com a EIN2 ASSOCIATED PROTEIN 1 (ENAP1) para ativar genes induzidos por etileno e com ENAP1-SRT1/2 para reprimir genes inativados por etileno. EIN2 também se liga à região não traduzida dos mRNAs *ETHYLENE BINDING FBOX 1* e *2* (*EBF1/2*), e os direciona para corpos P para evitar a degradação proteossômica de EIN3/EILS. (Segundo C. Ju and C. Chang. 2012. *AoB PLANTS* 2012: pls031.)

Quando o etileno se liga ao domínio transmembrana N-terminal dos receptores de etileno no lado do lume do RE, estes receptores são inativados e a CTR1 é "desligada". Isso leva à desfosforilação de EIN2 por uma fosfatase ainda não identificada e à subsequente clivagem proteolítica de seu C-terminal citosólico por uma protease não identificada. A interação de CTR1 com EIN2 e proteínas similares ao etileno também regula a estabilidade do receptor, para garantir que os mecanismos de resposta possam reiniciar rapidamente. Na presença de etileno, o C-terminal clivado de EIN2 se liga à região 3' não traduzida de mRNAs *ETHYLENE BINDING FBOX 1 e 2* (*EBF1/2*) para direcioná-los aos corpos P (ver Capítulo 3) para degradação. Isso evita a ativação por EBF1/2 da degradação de EIN3/EIL por meio do proteossomo. O domínio C-terminal EIN2 liberado migra para o núcleo, onde se associa com EIN2 ASSOCIATED PROTEIN 1 (ENAP1) para coativar EIN3. ENAP1 está associado à cromatina, e sua ligação ao domínio C-terminal EIN2 promove a atividade EIN3 em genes responsivos ao etileno, aumentando o acesso da histona acetiltransferase (HAT) aos locais de acetilação de H3K23 que estão associados à *ativação* transcricional (ver Capítulo 3). Nos promotores de genes reprimidos por etileno, a interação entre ENAP1, EIN3 e o C-terminal EIN2 recruta a histona desacetilase SRT1/2 (HDAC) para desacetilar a posição H3K9 da histona para *reprimir* a transcrição. Dessa forma, o C-terminal EIN2 atua para estabilizar a EIN3 e, também, para ativá-la. Dependendo da sequência do promotor, a transcrição de genes regulados por etileno é induzida ou reprimida por interações com fatores de transcrição EIN3/EIL. A ativação do ETHYLENE RESPONSE FACTOR1 (ERF1) e outros fatores de transcrição regula um segundo nível de respostas de etileno para provocar as inúmeras mudanças na função das células vegetais em resposta ao etileno.

Os receptores do tipo quinase mediam as rotas de sinalização de certas auxinas e de brassinosteroides

A maior classe de receptores quinases vegetais consiste em RLKs. Muitas RLKs localizam-se na membrana plasmática, como proteínas transmembrana que abrigam domínios extracelulares de ligação ao ligante e domínios quinases citoplasmáticos, que transmitem informação ao interior da célula via fosforilação de resíduos de serina ou treonina de proteínas-alvo. Foi demonstrado que algumas RLKs fosforilam também resíduos de tirosina. Os ligantes de várias RLKs têm sido identificados e incluem sinais químicos produzidos por interações bióticas e hormônios vegetais endógenos, como brassinosteroides, auxina e hormônios peptídicos.

A rota de sinalização de brassinosteroides mediada por RLKs combina estratégias de amplificação de sinal e inativação de repressor, visando a transduzir um sinal de hormônio brassinosteroide extracelular em uma resposta transcricional. Em resumo, a ligação do brassinolídeo ao receptor quinase do brassinosteroide BRASSINOSTEROID-INSENSITIVE1 (BRI1) na membrana plasmática desencadeia uma cascata de fosforilação que faz com que uma proteína repressora, BRASSINOSTEROID-INSENSITIVE2 (BIN2), torne-se desativada. Isso resulta na inativação dos fatores de transcrição BRI1-EMS SUPPRESSOR1 (BES1) e BRASSINAZOLE-RESISTANT1 (BZR1) e na subsequente expressão gênica (**Figura 4.34**).

O receptor BRI1 pertence à subfamília de RLKs rica em repetições de leucina (LRR, *leucine rich repeat*) e contém um domínio N-terminal extracelular que liga brassinolídeo, um domínio transmembrana único, e um domínio quinase citoplasmático com especificidade para resíduos de tirosina, serina ou treonina (ver Figura 4.34). Após ligação ao brassinolídeo, homodímeros de BRI1 são ativados e hetero-oligomerizam com BRI1-ASSOCIATED RECEPTOR KINASE1 (BAK1) de RLK (ver Figura 4.34); RLKs passam por autofosforilação e transfosforilação durante a ativação. Na ausência de ligação ao brassinolídeo, BRI1 interage com BRI1-KINASE INHIBITOR (BKI1), o que impede a associação com BAK1. Após a ativação de BRI1, BKI1 é liberado da membrana plasmática, BRI1 e BAK1 dimerizam, e BRI1 fosforila e ativa BR-SIGNALING KINASES (BSKs) e CONSTITUTIVE DIFFERENTIAL GROWTH (CDG1). Quando esses receptores do tipo quinase citoplasmática ancorados na membrana plasmática são ativados, eles fosforilam e ativam a serina/treonina fosfatase BRI1 SUPPRESSOR1 (BSU1). Este, por sua vez, inativa a proteína repressora BIN2.

BIN2 é uma proteína serina/treonina quinase que, na ausência de brassinolídeo e por fosforilação, regula negativamente os fatores de transcrição BES1 e BZR1 estreitamente relacionados. A fosforilação de BES1/BZR1 por BIN2 possui pelo menos dois papéis reguladores. Primeiro, a fosforilação dos fatores de transcrição mediada por BIN2 impede-os de passar para o núcleo e causa sua retenção no citosol. Segundo, a fosforilação impede que BES1/BZR1 se ligue aos promotores-alvo, bloqueando, portanto, sua atividade como reguladores transcricionais.

Na presença de brassinolídeo, a BSU1-fosfatase ativada desfosforila BIN2 e promove sua degradação pelo sistema proteassomo 26S, bloqueando, assim, sua atividade (ver etapas 5 e 6 na Figura 4.34B). BES1 e BZR1 são, então, desfosforilados pela proteína fosfatase 2 A (PP2A), e as formas ativas de BES1 e BZR1 movem-se para o núcleo, onde regulam a expressão dos genes de resposta ao brassinolídeo (ver Figura 4.34B).

Os componentes da sinalização central do ácido abscísico incluem fosfatases e quinases

Além das proteínas quinases, as proteínas fosfatases (enzimas que removem grupos fosfato das proteínas) desempenham papéis importantes nas rotas de transdução de sinal. Um exemplo bem descrito é a rota de transcrição de sinal do hormônio ABA, a qual é dependente de **PYR/PYL/RCAR**. Os membros da superfamília de proteínas do domínio START (STEROIDO-GENIC ACUTE REGULATORY PROTEIN-RELATED LIPID-TRANSFER), que contém uma

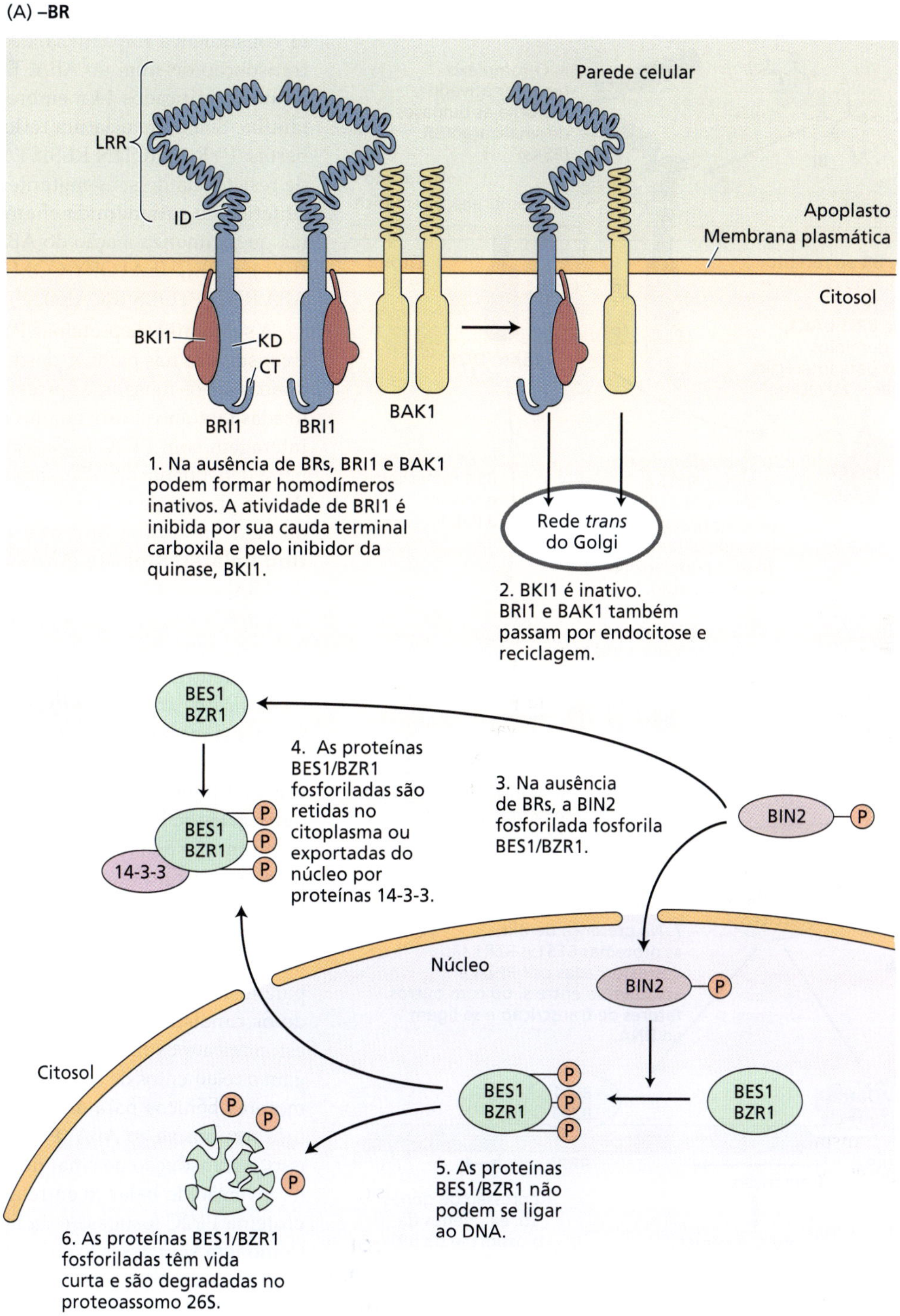

Figura 4.34 Rota de transdução de sinal de brassinosteroide (BR). O receptor BRI1 está localizado na membrana plasmática. A região extracelular consiste em um trecho espiralado de sequências de repetições ricas em leucina (LRRs) contendo um domínio insular (ID), que funciona como parte do sítio de ligação ao brassinolídeo (BL). A porção intracelular contém um domínio quinase (KD) e a cauda C-terminal (CT). (A) Sem BR, BRI1 e BAK1 formam homodímeros inativos ou são endocitados e reciclados. A quinase BRASSINOSTEROID INSENSITIVE 2 (BIN2) é fosforilada na ausência de BR. Ela fosforila tanto o BRI-EMS SUPRESSOR 1 (BES1) quanto o BRASSINOZOLE RESISTANT 1 (BZR1). BES1 e BZR1 fosforilados são excluídos do núcleo pelas proteínas 14-3-3 e assim impedem de ativar a transcrição do gene-alvo. *(Continua)*

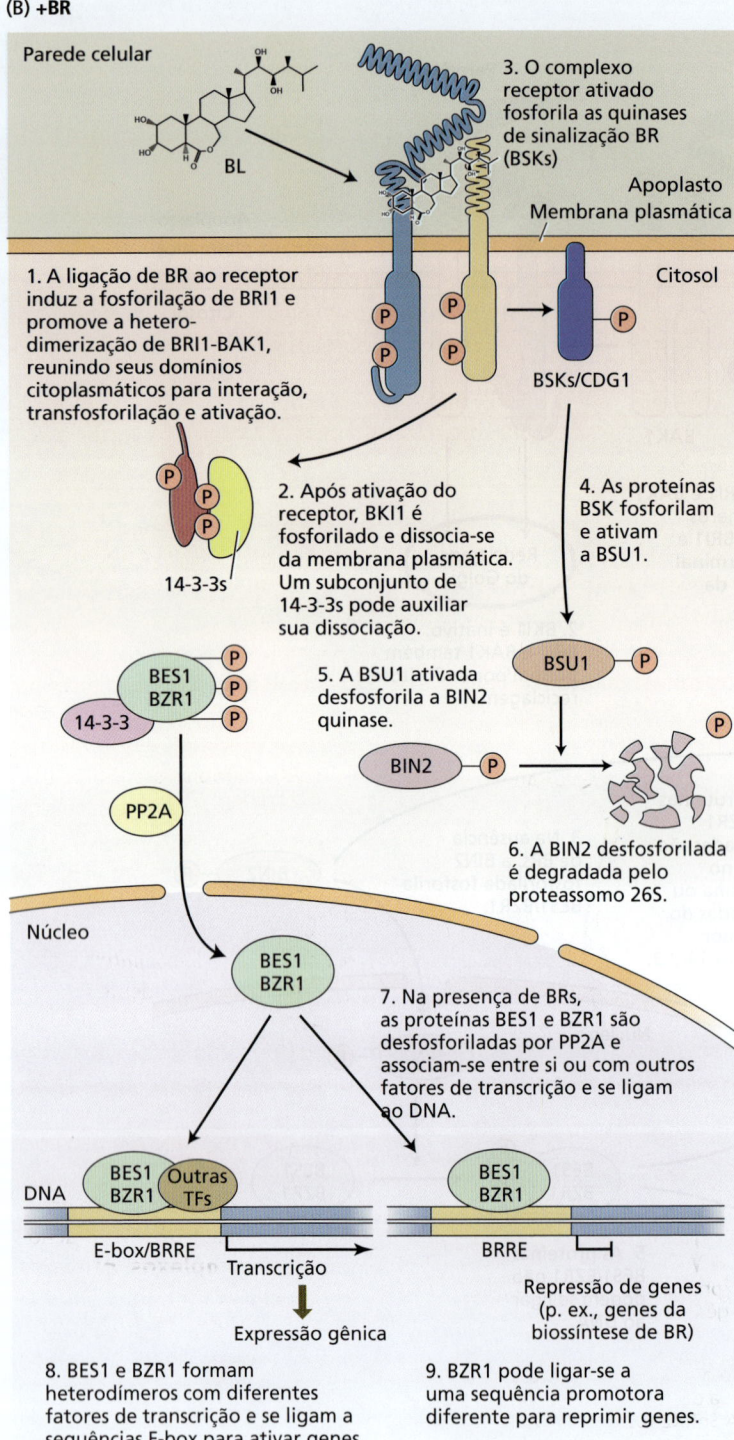

Figura 4.34 (Continuação) (B) Na presença de BR, o BRI1 pode heterodimerizar e fosforilar as quinases de sinalização de BR (BSKs), como CONSTITUTIVE DIFFERENTIAL GROWTH 1. A fosforilação BSK da fosfatase BRI SUPRESSOR 1 inicia a degradação de BIN2, permitindo assim que BES1 e BZR1 ativem ou reprimam a transcrição do gene-alvo, dependendo das interações com outros fatores de transcrição associados aos elementos de resposta aos brassinosteroides (BREEs). (Segundo J. Jiang et al. 2013. *J. Integr. Plant Biol.* 55: 1198–1211.)

prevista bolsa hidrofóbica de ligação ao ligante, constituem a etapa inicial da rota central de transdução de sinal do ABA. Em *Arabidopsis*, foram identificados 14 membros dessa superfamília. Sua nomenclatura reflete suas descobertas: PYRABACTIN RESISTANCE1 (PYR1) de resistência de seus mutantes ao composto sintético de sulfonamida chamado pirabactina, que mimetiza a ação do ABA; PYR1-LIKE (PYL); e REGULATORY COMPONENTS OF ABA RECEPTORS (RCARs).

A subfamília de proteínas PYR/PYL/RCAR é conservada nas plantas, desde as eudicotiledôneas até os musgos; as proteínas estão localizadas tanto no citosol quanto no núcleo. Elas interagem com PP2C fosfatases de uma maneira dependente do ABA para regular a atividade a jusante de proteínas serinas/treoninas quinase da família **Sucrose non-Fermenting Related Kinase2** (**SnRK2**). Na ausência de ABA, essas PP2Cs ligam-se a C-terminais de SnRK2s e bloqueiam a atividade da SnRK2 quinase, removendo grupos fosfato de uma região dentro do domínio quinase denominada *alça de ativação* (**Figura 4.35A**). Uma vez que o mesmo domínio de PP2Cs interage com o receptor ou a quinase, essas interações são mutuamente exclusivas para isoformas individuais de PP2C. A ligação ao ABA muda a conformação dos receptores PYR/PYL/RCAR para permitir ou intensificar a interação com PP2C e, assim, reprimir a atividade da PP2C fosfatase. Isso libera de inibição as SnRK2 quinases. As proteínas SnRK2, então, ficam livres para fosforilar muitas proteínas-alvo, incluindo os canais iônicos que regulam a abertura estomática e os fatores de transcrição que ligam os elementos de resposta ao ABA em promotores gênicos para ativar a expressão gênica responsiva ao ABA (**Figura 4.35B**). Por isso, a transdução de sinal do ABA é baseada na inversão do balanço entre as atividades da proteína PP2C fosfatase e da SnRK2 quinase. Como tem sido descrito para os receptores de auxina, as diferenças na expressão dos receptores e PP2Cs, e suas afinidades por ABA e mutuamente, permitem respostas variadas a uma ampla gama de concentrações de ABA em tipos celulares diferentes.

Essas mesmas PP2Cs interagem com outras proteínas envolvidas em respostas celulares ao ABA, incluindo outras proteínas quinase, proteínas sensoras de Ca^{2+}, fatores de transcrição e canais iônicos, presumivelmente regulando sua atividade mediante desfosforilação de resíduos específicos de serina ou treonina. A rota de sinalização dependente de PYR/PYL/RCAR exerce um papel importante no fechamento estomático em resposta ao ABA, que será discutido no Capítulo 15.

As rotas de sinalização dos hormônios vegetais geralmente empregam regulação negativa

Fundamentalmente, a maioria das rotas de transdução de sinal provoca uma resposta biológica, induzindo mudanças na expressão de genes-alvo selecionados. A maior parte das rotas de transdução de sinal em animais induz uma resposta por meio da ativação de uma cascata de reguladores positivos. Em contraste, *a maioria das rotas de transdução em vegetais induz uma resposta por inativação de proteínas repressoras*. Por exemplo, a ligação do etileno ao ETR1 resulta na dissociação do repressor CTR1 e na ativação do fator de transcrição EIN3 (ver Figura 4.33). De maneira semelhante, a ligação de brassinosteroides ao receptor quinase BRI1 causa a inativação da proteína repressora BIN2, resultando na ativação dos fatores de transcrição BES1 e BZR1 (ver Figura 4.34B).

Por que as células vegetais desenvolveram rotas de sinalização com base na regulação negativa, em vez da regulação positiva observada em células animais? A modelagem matemática das rotas de transdução de sinal que empregam reguladores negativos sugere que esses reguladores resultem na indução mais rápida de genes de resposta a jusante. A velocidade de uma resposta, especialmente a um estresse ambiental, como a seca, pode ser crucial à sobrevivência da planta séssil. Em consequência, a adoção de rotas de sinalização com regulação negativa pelas plantas, na maioria dos casos, provavelmente tenha conferido uma vantagem seletiva durante a evolução.

Vários mecanismos moleculares diferentes foram descritos em células vegetais para inativar proteínas repressoras, incluindo a desfosforilação para modular a atividade repressora, o redirecionamento do repressor para outro compartimento celular e a degradação da proteína repressora. Conforme observado anteriormente, a desfosforilação proteica é empregada pela rota do brassinosteroide para inativar a proteína repressora BIN2 (ver Figura 4.34).

Vários receptores de hormônios vegetais incluem componentes da maquinaria de ubiquitinação e mediam a sinalização via degradação de proteínas

A degradação de proteínas como um mecanismo para inativar repressores de respostas hormonais foi primeiro descrita como parte da rota de sinalização da auxina. Desde então, tem sido mostrado que a **rota ubiquitina-proteassomo** é essencial para a maioria, se não todas, das rotas de sinalização de hormônios. Em resumo, uma pequena proteína chamada ubiquitina é primeiro ativada por uma enzima denominada *enzima de ativação da ubiquitina E1*, de uma maneira dependente de ATP (**Figura 4.36A**; ver também Figura 1.17). A ubiquitina marcada é transferida para uma segunda enzima denominada enzima de conjugação da ubiquitina E2. Essa enzima, então, associa-se a um complexo de uma família de grandes complexos de proteínas denominados **complexos proteína 1 quinase associada a Fase S (Skp1)/ Culina/ F-box (SCF)**, que funcionam como ubiquitina E3 ligase. Um termo sobrescrito é aplicado a um nome de E3 ligase (p. ex., SCF^{TIR1}) para indicar qual é a proteína F-box que o complexo contém. Dentro de um complexo específico de proteínas SCF, os componentes Skp1 e Cullin são abreviados em todas as maiúsculas (p. ex., *Arabidopsis* SKP1 and CULLIN), pois são proteínas codificadas por um gene específico.

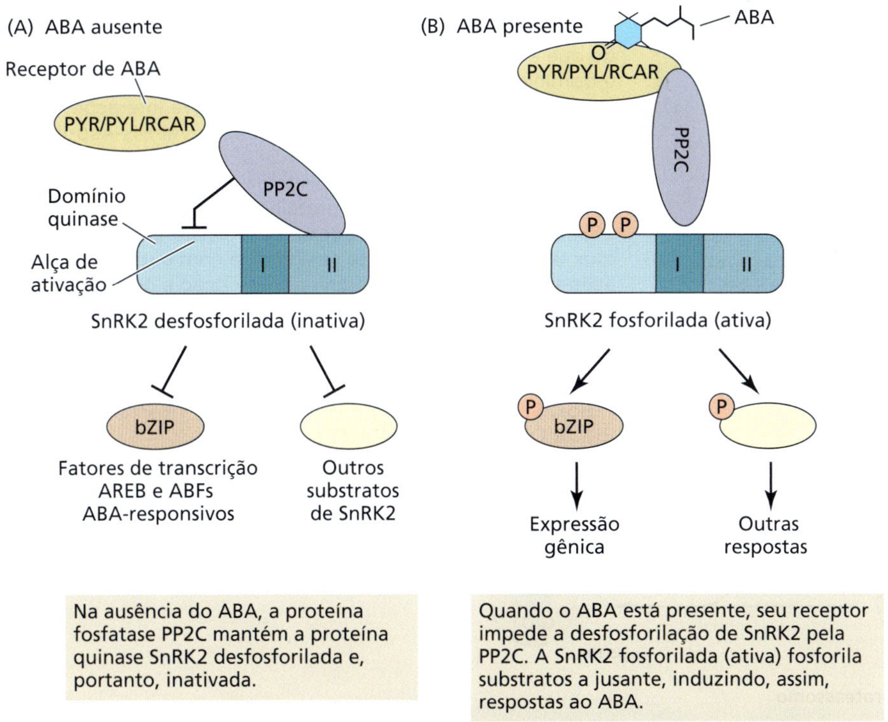

Figura 4.35 A sinalização do ácido abscísico (ABA) envolve atividades de quinases e fosfatases. (A) Na ausência do ABA, a proteína fosfatase PP2C desfosforila e inativa a SnRK2 quinase. (B) Na presença do ABA, PYR/PYL/RCAR – proteína receptora desse ácido – interage com PP2C, bloqueando a ação da fosfatase e liberando SnRK2 da regulação negativa. A SnRK2 ativada fosforila fatores de transcrição ABA-responsivos (bZIP) e outros substratos desconhecidos, para induzir uma resposta ao ABA. AREB, proteína de ligação ao elemento de resposta ao ABA; ABF, fator de ligação do elemento de resposta ao ABA; PP2C, proteína fosfatase 2C; SnRK2, SUCROSE NONFERMENTING RELATED KINASE 2.

(A)

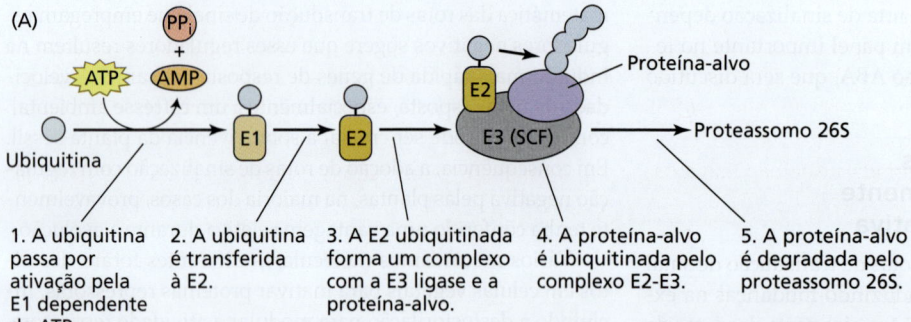

1. A ubiquitina passa por ativação pela E1 dependente de ATP.
2. A ubiquitina é transferida à E2.
3. A E2 ubiquitinada forma um complexo com a E3 ligase e a proteína-alvo.
4. A proteína-alvo é ubiquitinada pelo complexo E2-E3.
5. A proteína-alvo é degradada pelo proteassomo 26S.

(B) Degradação da repressora AUX/AIA pelo proteassomo 26S

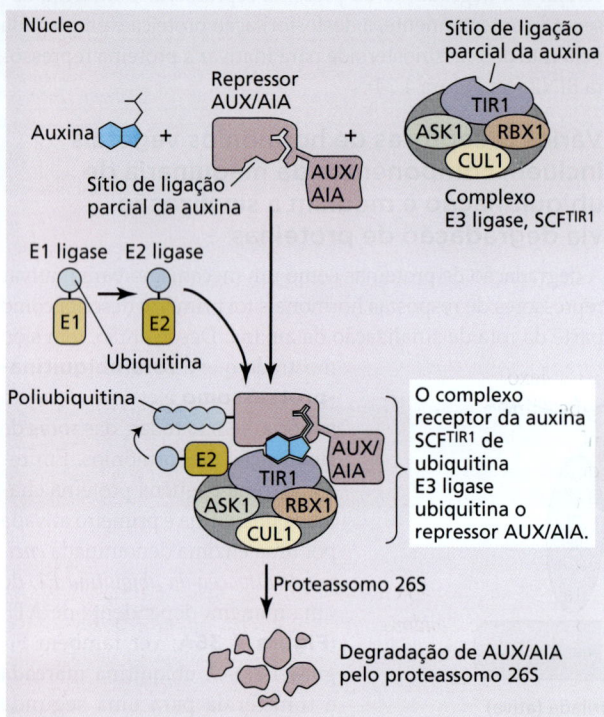

Figura 4.36 As rotas de transdução de sinal em plantas com frequência funcionam por inativação de proteínas repressoras. (A) Diagrama esquemático da rota de degradação ubiquitina-proteassomo, que ocorre no citosol e no núcleo. (B) A ligação da auxina ao seu complexo repressor inicia a degradação dependente de ubiquitina da proteína repressora AUX/AIA pelo proteassomo 26S. O receptor de auxina é composto de duas proteínas: o componente TIR1 do complexo SCF e a proteína repressora AUX/AIA. As partes da ubiquitina são primeiro ativadas pela E1 ligase e adicionadas às proteínas-alvo pela E2 ligase. TIR1 recruta proteínas AUX/AIA para o complexo SCF^{TIR1} de uma maneira dependente de auxina. Uma vez recrutada pela auxina, as proteínas AUX/AIA são ubiquitinadas pela atividade da E3 ligase do complexo SCF^{TIR1}, que marca a proteína para destruição pelo proteassomo 26S. (C) A ligação da giberelina (GA) ao seu receptor leva à degradação da proteína de transativação DELLA pelo proteassomo 26S. (Parte superior) No núcleo, a giberelina liga-se ao receptor GID1 e induz a mudança conformacional no domínio N-terminal do receptor, permitindo que ele interaja com Thr-Val-His-Tyr-Asn-Proline (TVHYNP) e domínios DELLA da proteína DELLA. (Parte inferior) A formação do complexo repressor GID1 promove interações entre a ubiquitina ligase E3 SCF^{SLY} e os motivos Val-His-Asp-Ile-Ile--Asp (VHIID) e LEUCINE HEPTAD REPEAT PROTEIN INTERACTION (LHRII) dentro da proteína DELLA. Isso leva à ubiquitinação e degradação da proteína DELLA pelo proteassoma 26S. Sem a presença de DELLA, a expressão gênica é ativada quando DELLA geralmente se combina com outros fatores de ação transacional para reprimir a transcrição e diminui quando DELLA funciona como um ativador. ASK1, ARABIDOPSIS SKP1--HOMOLOG 1; CUL1, CULLIN1; GID1, GIBBERELIN INSENSITIVE DWARF 1; LHRII, LEUCINE HEPTAD REPEAT PROTEIN INTERACTION; RBX1, RING BOX1; SCF, complexo ligase E3 CULLIN/F-Box, SLY1, proteína SLEEPY1 F-box; TIR1, TRANSPORT INHIBITOR OF AUXIN RESISTANT 1.

(C)
Formação do complexo GA-GID1-DELLA

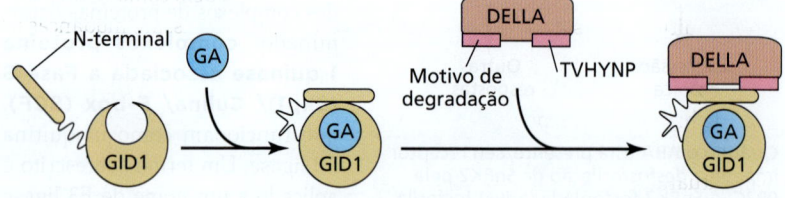

Degradação de DELLAs dependente do proteassomo

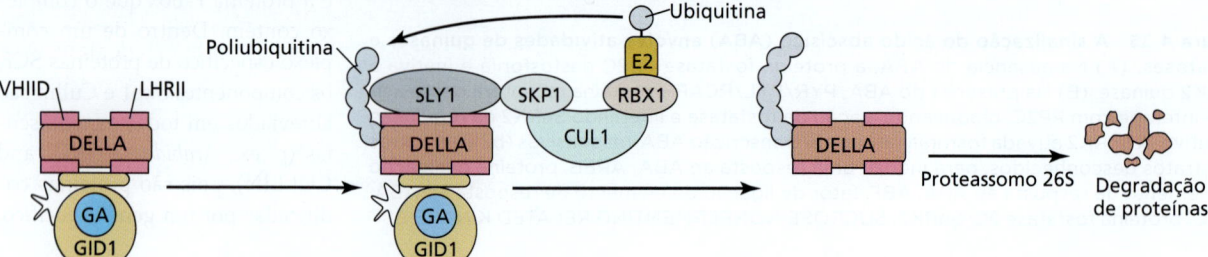

As proteínas F-box geralmente recrutam proteínas-alvo para o complexo SCF, de modo que elas podem ser marcadas com múltiplas cópias de ubiquitina pela E3 ligase (ver Figura 4.36A). Essa poliubiquitinação atua como um marcador, que destina a proteína para degradação pelo proteassomo 26S, um grande complexo multiproteico que degrada proteínas marcadas pela ubiquitina. Em plantas, a família de genes F-box tem sido consideravelmente expandida para centenas de genes, presumivelmente envolvidos na degradação de um número similar de alvos distintos. Por exemplo, as proteínas KMD descritas anteriormente atuam como parte de um complexo ubiquitina E3 ligase de SCF^{KMD} e interagem diretamente com proteínas ARR do tipo B para regular negativamente a rota de sinalização da citocinina (ver Figura 4.32).

Várias dessas proteínas F-box são componentes de complexos de receptores hormonais e, em muitas rotas de sinalização hormonal, as proteínas-alvo de degradação são repressoras transcricionais (**Figura 4.36B e C**). Isso ocorre nas rotas de sinalização de auxina, JA-iles e giberelinas – todos ácidos orgânicos pequenos –, demonstrando a adaptação de um mecanismo comum a sinais específicos.

Na rota de sinalização da auxina, os genes da família de genes receptores da auxina, *TIR1/AFB1-5*, codificam componentes F-box do complexo SCF, que atua na degradação de repressores de **AUXIN/INDOLE-3-ACETIC ACID (AUX/AIA)** da transcrição gênica responsiva à auxina (**Figura 4.37A**). Os genes responsivos à auxina geralmente têm sítios de ligação ao **elemento de resposta à auxina** (**AuxRE**, *auxin response element*) localizados em suas regiões promotoras. Os **fatores de resposta à auxina** (**ARFs**, *auxin response factors*) são fatores de transcrição que se ligam a esses motivos do AuxRE, e reprimem ou ativam a transcrição (ver Figura 4.37A). Quando as concentrações de auxina são baixas, as proteínas repressoras AUX/AIA formam heterodímeros com os ARFs e, assim, reprimem a ativação transcricional. Os complexos AUX/AIA/ARF também recrutam fatores de remodelação da cromatina por meio de uma interação com a proteína TOPLESS (TPL). A TPL recruta a histona desacetilase (HDAC) para manter a cromatina em um estado transcricionalmente inativo. Na presença de auxina, os repressores de AUX/AIA são recrutados para o complexo receptor TIR1/AFB e são marcados com ubiquitina para degradação pelo proteassomo 26S (ver Figura 4.36B). Isso permite que os ARFs dimerizem, ou mesmo oligomerizem, e ativem a transcrição gênica, mediante recrutamento de histona acetiltransferase (HAT). TIR1 e AUX/AIA, portanto, funcionam como correceptores de auxina, com a auxina atuando como uma "cola molecular" para promover a ubiquitinação e degradação do AUX/AIA. Entre os muitos genes-alvo desta rota, estão os que codificam enzimas de metabolização da auxina e repressores AUX/AIA, que, ao fim, servem para reduzir os níveis de auxina ativa e encerrar a sinalização dependente de ARF.

A TPL também pode interagir diretamente com um ARF especializado (ARF3/ETTIN) que não possui um domínio de interação AUX/AIA, mas tem um sítio de ligação de auxina. Quando a auxina se liga ao ARF3/ETTIN, a TPL se dissocia e a transcrição é desreprimida. Este é o único caso conhecido em que a auxina promove a transcrição sem ubiquitinação e degradação de uma proteína repressora AUX/AIA.

Jasmonatos e giberelinas promovem também a interação entre uma proteína F-box de uma ubiquitina E3 ligase de SCF e suas proteínas-alvo repressoras transcricionais (**Figura 4.37B e C**). A proteína F-box CORONATINE-INSENSITIVE1 (COI1) funciona como um receptor de JA-IIe. Como a auxina, JA-IIe promove a interação entre COI1 e repressores da expressão gênica induzida pelo jasmonato, denominados proteínas **JA-ILE ZIM-DOMAIN JAZ** (ver Figura 4.37B), marcando, desse modo, as proteínas JAZ para degradação. Análogas às proteínas AUX/AIA, as proteínas repressoras JAZ suprimem a transcrição de genes responsivos ao jasmonato, mas, neste caso, ligando-se e reprimindo fatores de transcrição MYC do tipo hélice-alça-hélice básica (bHLH, *basic helix-loop-helix*) por meio de interações com TPL e uma nova proteína de interação, NINJA. A degradação das proteínas repressoras JAZ, dependente de ubiquitina induzida por JA-IIe, resulta na liberação e na ativação desses fatores de transcrição, desencadeando a indução da expressão gênica responsiva ao jasmonato.

A sinalização da GA também envolve componentes do complexo SCF (ver Figura 4.37C). No entanto, o receptor da giberelina **GIBBERELLIN INSENSITIVE DWARF 1** (**GID1**) não funciona sozinho como uma proteína F-box. Em vez disso, quando o GID1 se liga à giberelina, o receptor passa por uma mudança conformacional que promove a ligação de proteínas repressoras DELLA (ver Figura 4.36C). Isso, por sua vez, induz uma mudança conformacional na proteína DELLA e facilita a interação da ligação GID1-DELLA ao SCF^{SLY1}, uma ubiquitina E3 ligase em *Arabidopsis* que contém a proteína F-box SLY1 (ver Figura 4.36C). Na prática, a ligação do receptor da GA GID1 às proteínas repressoras DELLA desencadeia a ubiquitinação, via proteína F-box SLY1, e a subsequente degradação das proteínas DELLA pelo proteassomo 26S. A degradação das proteínas DELLA resulta na liberação e na ativação dos fatores de transcrição do **fator de interação do fitocromo** (**PIF**, *phytochrome interaction factor*), tais como PIF3 e PIF4, bem como outros fatores de transcrição bHLH, desencadeando, assim, mudanças na expressão gênica. Em outro exemplo, a degradação de DELLA resulta no aumento da expressão de um ativador transcricional da expressão do gene *α-AMILASE*; a atividade da α-amilase é necessária para a degradação do amido durante a germinação (ver **Tópico 17.6 na internet**).

Conforme a discussão anterior indica, auxina, JA-IIe e giberelinas sinalizam por marcação *direta* a estabilidade de proteínas repressoras de localização nuclear e, portanto, a indução de uma resposta transcricional. Tal rota de transdução de sinal curta fornece os meios para uma mudança muito rápida na expressão gênica nuclear. Contudo, não há oportunidade de amplificação do sinal, no caso de uma rota de sinalização que envolve uma cascata de quinases ou mensageiros

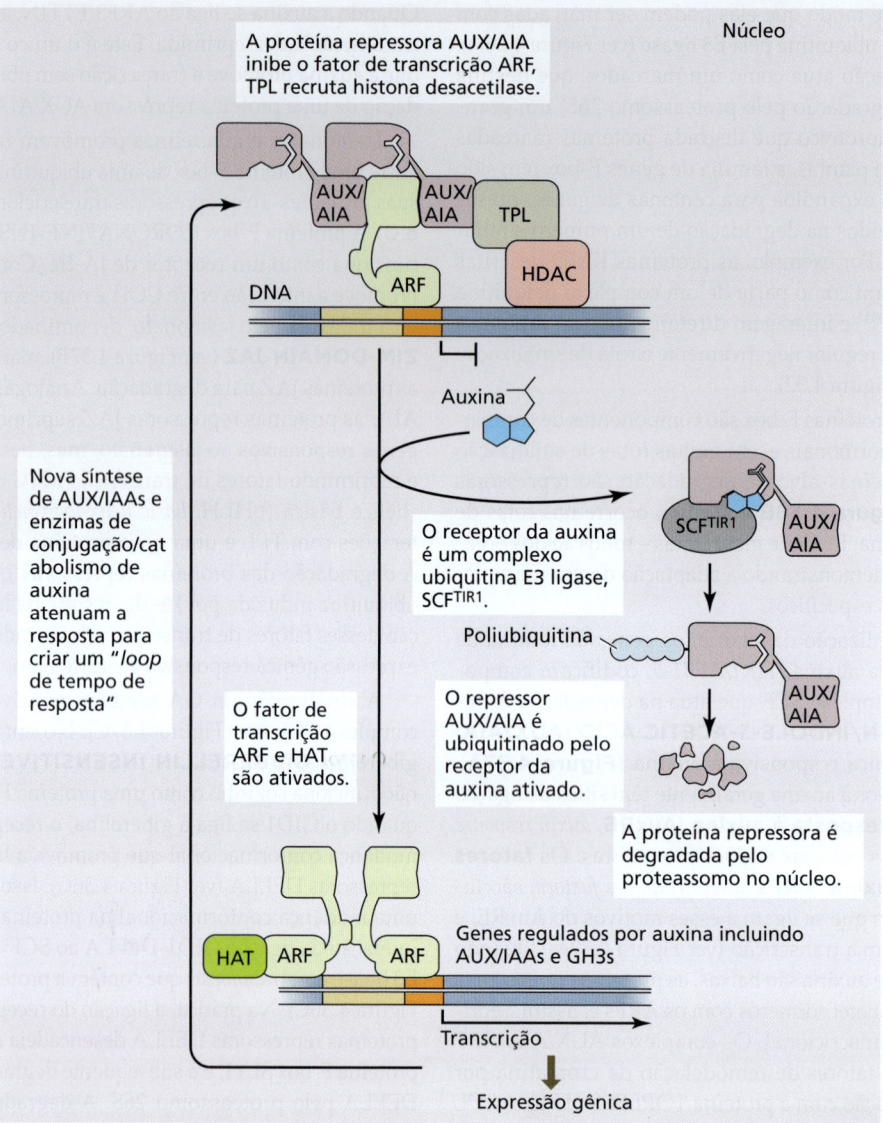

Figura 4.37 Vários receptores de hormônios vegetais fazem parte de complexos de ubiquitinação SCF. Auxina, jasmonato JA-Ile (AJ) e giberelina (GA) sinalizam a promoção da interação entre componentes da maquinaria de ubiquitinação SCF e proteínas repressoras que operam na rota de transdução de sinal de cada hormônio. A auxina (A) e o AJ (B) promovem diretamente a interação entre os complexos SCF^{TIR1} e SCF^{COI1} e os repressores AUX/AIA e JAZ, respectivamente. A proteína TOPLESS (TPL) funciona como um correpressor com AUX/AIAs e JAZ. Na sinalização de JAZ, a TPL funciona como um correpressor após o correcrutamento com o NINJA. A TPL recruta a histona desacetilase (HDAC) para o complexo, para manter a cromatina associada em um estado reprimido. A liberação da repressão de AUX/AIA e JAZ após a ligação hormonal libera TPL e permite a ativação da cromatina via histona acetiltransferase (HAT; ver Capítulo 3). As características estruturais das proteínas ARF e AUX/AIA que atuam na sinalização da auxina são determinadas por cristalografia de raios X e estão refletidas na figura. As características estruturais da proteína repressora JAZ ainda são parcialmente conhecidas. (C) A giberelina, por outro lado, requer adicionalmente uma proteína receptora, GID1, para formar o complexo entre SCF^{SLY1} e proteínas repressoras DELLA. Nos três casos, a adição de ubiquitinas múltiplas (poliubiquitina) marca as proteínas repressoras para a degradação. Isso desencadeia a ativação dos fatores de transcrição ARF, MYC2 e PIF3/4, resultando em mudanças na expressão gênica induzidas por auxina, JA-Ile e giberelina.

secundários. Em vez disso, toda resposta transcricional resultante está diretamente relacionada à abundância da molécula sinalizadora, pois isso determinará o número de moléculas repressoras que são degradadas. Essa característica importante na organização das rotas de transdução de sinal pode ajudar a explicar por que, comparativamente, concentrações altas de sinais como auxina e GA são necessárias para provocar uma resposta biológica.

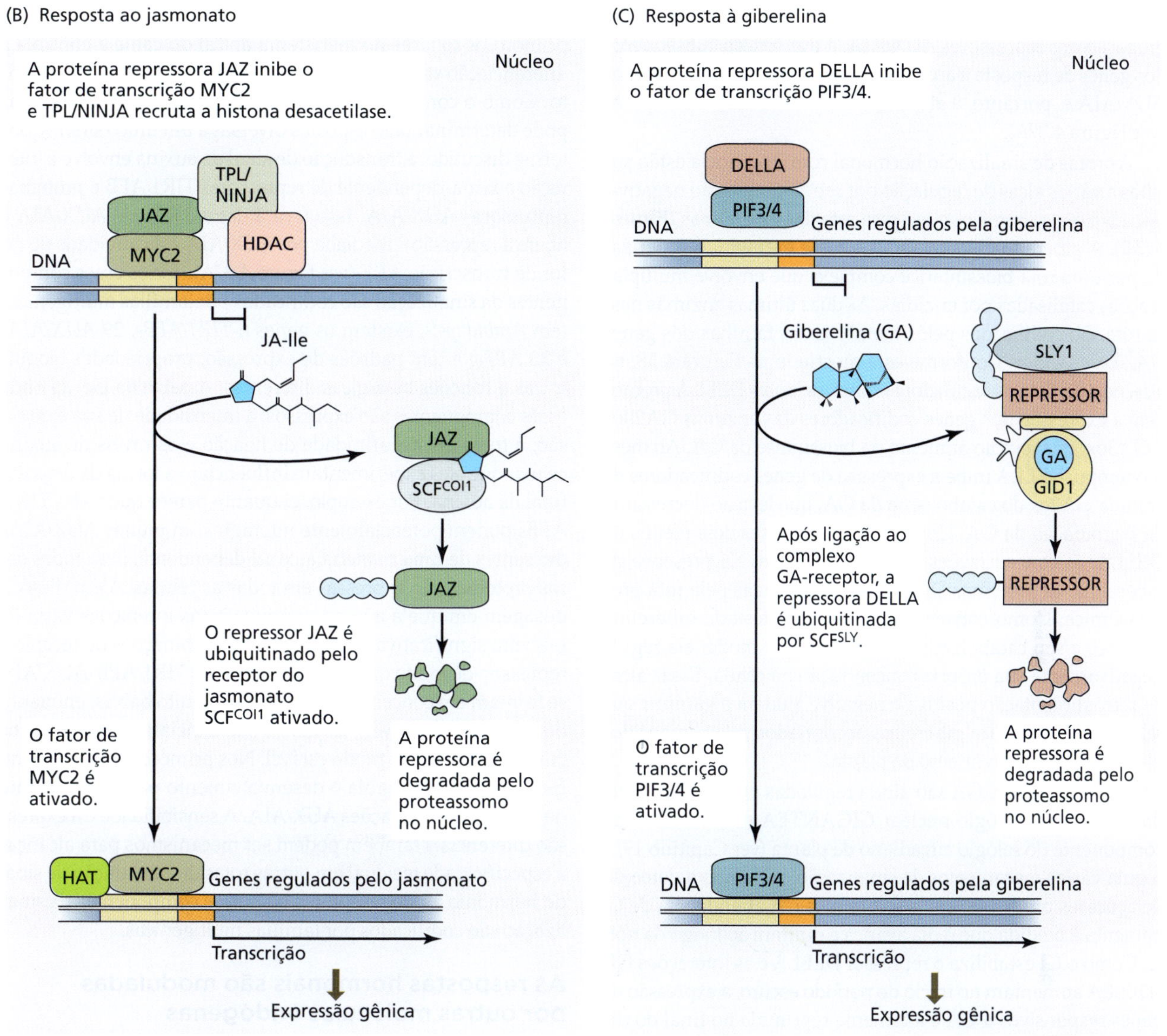
(B) Resposta ao jasmonato
A proteína repressora JAZ inibe o fator de transcrição MYC2 e TPL/NINJA recruta a histona desacetilase.
Núcleo
TPL/ NINJA
JAZ
HDAC
MYC2
DNA
JA-Ile
JAZ
SCF^{COI1}
JAZ
O repressor JAZ é ubiquitinado pelo receptor do jasmonato SCF^{COI1} ativado.
O fator de transcrição MYC2 é ativado.
A proteína repressora é degradada pelo proteassomo no núcleo.
HAT
MYC2
Genes regulados pelo jasmonato
Transcrição
Expressão gênica
(C) Resposta à giberelina
A proteína repressora DELLA inibe o fator de transcrição PIF3/4.
Núcleo
DELLA
PIF3/4
DNA
Genes regulados pela giberelina
Giberelina (GA)
SLY1
REPRESSOR
GA
GID1
Após ligação ao complexo GA-receptor, a repressora DELLA é ubiquitinada por SCF^{SLY}.
REPRESSOR
O fator de transcrição PIF3/4 é ativado.
A proteína repressora é degradada pelo proteassomo no núcleo.
DNA
PIF3/4
Genes regulados pela giberelina
Transcrição
Expressão gênica

Figura 4.37 *(Continuação)*

As plantas desenvolveram mecanismos para desligamento ou atenuação de respostas de sinalização

Sem dúvida, a capacidade de desligar uma resposta a um sinal é tão importante quanto a capacidade de iniciá-la. As plantas concluem a sinalização por meio de vários mecanismos.

Conforme já discutido, sinais químicos, como hormônios vegetais, podem ser degradados ou inativados por oxidação ou conjugação a açúcares ou aminoácidos. Eles podem também ser sequestrados em outros compartimentos celulares para separá-los espacialmente dos receptores.

Os receptores e intermediários da sinalização que são ativados por fosforilação podem ser inativados por desfosforilação mediada por fosfatases. Os componentes ativados da rota das MAP quinases, por exemplo, são inativados pelas MAP quinases-fosfatases, garantindo um rígido controle celular sobre a duração e a intensidade da sinalização mediada pelas MAP quinases (ver Figura 4.4). De maneira similar, os transportadores de íons e inativadores celulares podem rapidamente diminuir as concentrações elevadas de mensageiros secundários para desativar a amplificação do sinal. Conforme foi visto, a degradação de proteínas proporciona outro mecanismo para a célula vegetal regular a abundância de componentes-chave da rota de transdução de sinal, como o receptor ou um fator de transcrição.

A regulação por retroalimentação (*feedback*) representa outro mecanismo-chave empregado para atenuar uma resposta. Por exemplo, os genes *AUX/AIA*, que codificam as proteínas repressoras de auxina AUX/AIA, têm sítios de ligação ao elemento de resposta à auxina localizados em suas regiões promotoras. Desse modo, as proteínas AUX/AIA podem ligar-se aos promotores de seus próprios genes e reprimir sua própria expressão. Quando a sinalização da auxina desencadeia a degradação dos repressores AUX/AIA, a transcrição subsequente dos genes de resposta à auxina leva à substituição das proteínas AUX/AIA e, portanto, à atenuação ou à conclusão da resposta (ver Figura 4.37A).

As rotas de sinalização hormonal com frequência estão sujeitas a várias alças de regulação por retroalimentação negativa. Isso está muito bem ilustrado pela rota das giberelinas (**Figura 4.38**). A giberelina bioativa (GA_4, nesse exemplo) é sintetizada por uma rota biossintética complexa que envolve múltiplas reações catalisadas por enzimas. As duas últimas enzimas nessa rota são codificadas pelos membros das famílias dos genes *GA20ox* e *GA3ox*. Conforme está mostrado na Figura 4.38, na ausência da GA, os reguladores transcricionais DELLA promovem a expressão dos genes codificadores das enzimas GA20ox e GA3ox, que leva ao aumento da biossíntese da GA. Ao mesmo tempo, DELLA inibe a expressão de genes codificadores da enzima GA2ox do catabolismo da GA, que leva ao decréscimo da degradação da GA. Como resultado desses dois efeitos da DELLA, as concentrações da GA aumentam. Na presença da giberelina, as proteínas DELLA são degradadas pela rota proteassômica. Como consequência, a biossíntese da giberelina decresce e seu catabolismo aumenta. Desse modo, ela regula negativamente sua própria concentração na célula. Essas alças de retroalimentação positiva e negativa ajudam a garantir que respostas e níveis de giberelina apropriados sejam mantidos durante o desenvolvimento da planta.

As respostas de GA são ainda reguladas pela luz por meio da proteína do relógio nuclear GIGANTEA (GI). O GI é um componente do relógio circadiano da planta (ver Capítulo 19) e regula vários mecanismos de sinalização, incluindo a detecção de açúcares produzidos pela fotossíntese. A abundância de GI aumenta à medida que o dia avança e diminui ao longo da noite. Como o GI estabiliza o repressor DELLA e as interações GI-DELLA aumentam no início do período escuro, a expressão de genes responsivos a GA é altamente reprimida no final do dia e durante a maior parte da noite. Esse efeito diminui à medida que o início da luz do dia se aproxima. Essa regulação garante que o crescimento do hipocótilo regulado por GA ocorra quando recursos, como o fotossintato, estão disponíveis. O tempo de expressão do GI varia entre os ecótipos de *Arabidopsis* com a latitude em que foram coletados. Isso sugere que o GI funciona para otimizar o crescimento em relação ao comprimento do dia e à estação de crescimento.

A saída (*output*) da resposta celular a um sinal frequentemente é específica do tecido

Muitos sinais ambientais e endógenos podem desencadear várias respostas vegetais altamente diversificadas. Em geral, os tipos de células ou tecidos em particular não expõem a gama completa de respostas potenciais quando expostos a um sinal, mas, pelo contrário, exibem especificidade de resposta distinta. A auxina, por exemplo, promove a expansão celular nos tecidos aéreos em crescimento, ao mesmo tempo em que inibe a expansão celular nas raízes. Ela provoca a iniciação de raízes laterais em um subconjunto de células do periciclo, induz os primórdios foliares no meristema apical do caule e controla a diferenciação vascular nos órgãos vegetais em desenvolvimento. Como o contexto do desenvolvimento de tecidos e células pode determinar tais respostas diversas a um único sinal? Conforme discutido, a transdução de sinal da auxina envolve a interação auxina-dependente de repressores TIR1/AFB e proteínas repressoras AUX/AIA. Isso leva à degradação de AUX/AIA e libera a repressão – mediada por AUX/AIA – da atividade do fator de transcrição ARF (ver Figura 4.37A). Todos esses componentes da sinalização são codificados por famílias multigênicas (em *Arabidopsis*, existem os genes 6 *TIR1/AFBs*, 29 *AUX/AIAs* e 23 *ARFs*) e têm padrões de expressão, propriedades bioquímicas e funções biológicas diferentes. A parte da planta onde esses componentes são expressos, a intensidade de sua expressão, a força de sua afinidade de ligação e os níveis de auxina celular que eles experimentam influenciam a forma da resposta final da auxina. Por exemplo, enquanto parece que todas TIR1/AFBs podem potencialmente interagir com muitas AUX/AIAs diferentes de uma maneira auxina-dependente, nem todas essas proteínas são expressas em todas as células. Além disso, a dosagem em que a auxina promove essas interações varia de maneira significativa com diferentes combinações de receptor/repressor, de modo que alguns complexos TIR1/AFB-AUX/AIA se formam em concentrações de auxina muito baixas, enquanto outros requerem níveis de auxina substancialmente mais altos para interagirem de modo estável. Nos primórdios foliares e no gineceu, o ARF3 regula o desenvolvimento polar dependente de auxina sem interações AUX/AIA. A sensibilidade e a expressão diferenciais também podem ser mecanismos para alcançar a especificidade tecidual em outras rotas de transdução de sinal do hormônio, onde receptores ou outros componentes da sinalização são codificados por famílias multigênicas.

As respostas hormonais são moduladas por outras moléculas endógenas

Muito do que sabemos sobre a sinalização hormonal em plantas vem de experimentos envolvendo mimetizadores e inibidores de hormônios farmacológicos. Em alguns casos, mimetizadores ou inibidores têm sido usados para identificar proteínas de ligação que são potenciais receptores hormonais. Em outros casos, agentes farmacológicos têm sido usados para manipular as rotas de sinalização de forma a facilitar a identificação de enzimas, transportadores e receptores que são essenciais para a ação hormonal. Além dos hormônios primários descritos aqui, existem muitos outros compostos vegetais que funcionam como moduladores dos processos de sinalização. Em alguns casos, moléculas que são estruturalmente semelhantes aos hormônios primários podem atuar em receptores em tipos específicos de células, para produzir ações semelhantes às dos hormônios relacionados. Esse fenômeno é observado com compostos apocarotenoides derivados das mesmas rotas biossintéticas que produzem ácido abscísico e estrigolactonas. Moléculas que são estruturalmente semelhantes aos hormônios também podem competir por transportadores de hormônios

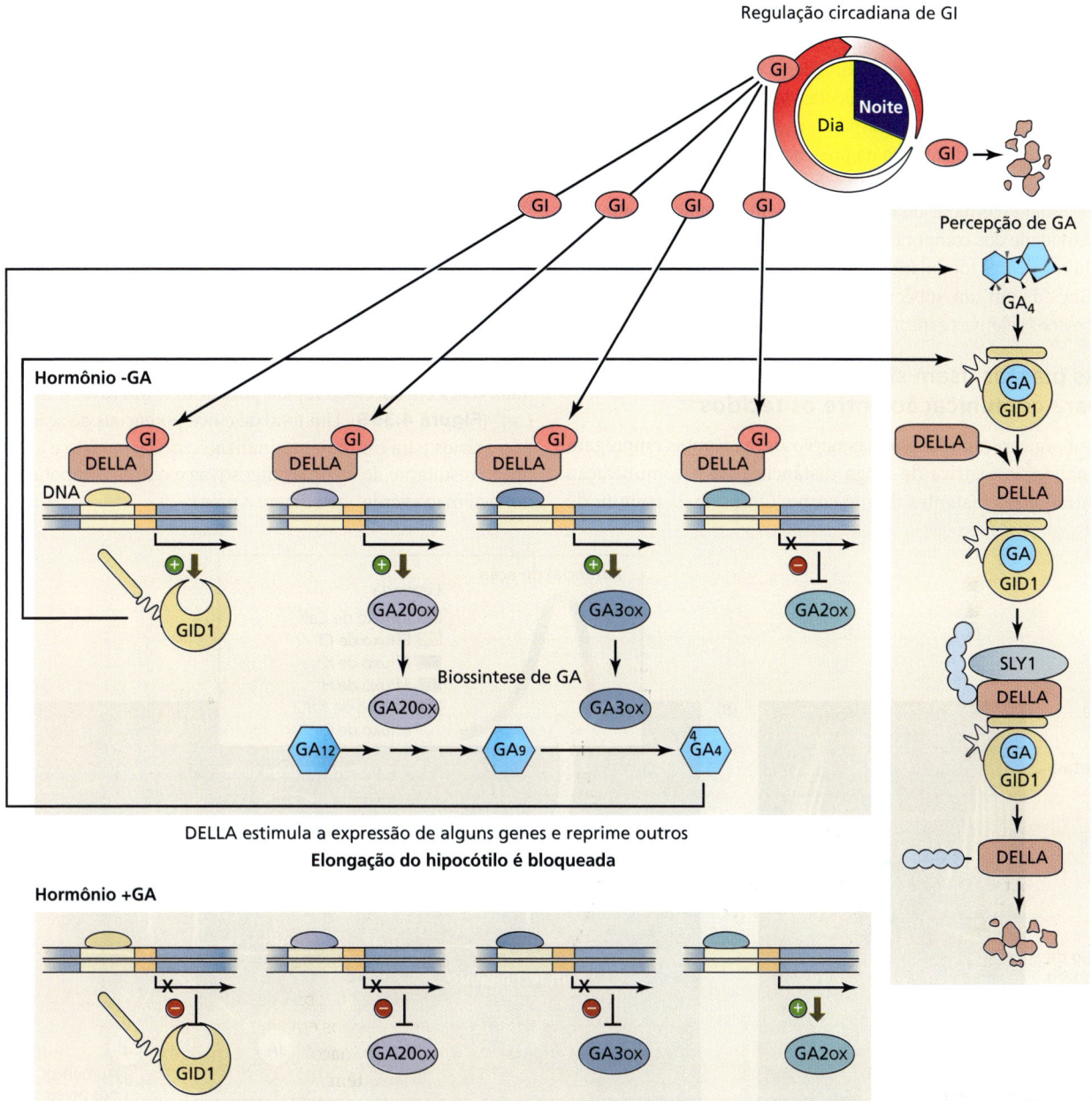

Figura 4.38 A resposta à giberelina (GA) é regulada por uma série de alças de retroalimentação compreendendo a transdução de sinal e a biossíntese da giberelina. O *GID1* codifica o receptor de giberelina, que se liga ao hormônio ativo GA_4, e recruta proteínas transativadoras DELLA para o complexo SCF[SLY1] E3-ubiquitina ligase, para desencadear a degradação de DELLA. Os genes *GA20ox* e *GA3ox* codificam as enzimas que catalisam as últimas etapas da rota biossintética da giberelina, enquanto *GA2ox* codifica uma enzima que cataboliza giberelina bioativa. Na ausência de giberelina, as proteínas DELLA regulam positivamente *GID1*, *GA20ox* e *GA3ox* (sinais de mais) e regulam negativamente *GA2ox* (sinal de menos), enquanto o contrário ocorre na presença de gibelina. As respostas de GA são ainda reguladas pelo relógio circadiano, por meio do qual o fator de transcrição nuclear GIGANTEA (GI) estabiliza DELLA. À medida que a abundância do GI aumenta ao longo do dia, as interações do GI com o DELLA aumentam no final do dia. Isso aumenta a regulação DELLA da expressão gênica responsiva à GA. À medida que os níveis de GI caem durante a noite, a estabilidade do DELLA diminui e a regulação da alça de retroalimentação da expressão gênica responsiva ao GA diminui. Portanto, a giberelina bioativa e o receptor GID1 aumentam a degradação do DELLA durante a noite, enquanto o GA2ox bloqueia a degradação do DELLA durante o dia.

ou locais de ligação. Por exemplo, alguns compostos fenilpropanoides, como o ácido *trans*-cinâmico, parecem moderar o transporte e a resposta da auxina dessa maneira. Outras moléculas podem proteger as moléculas de sinalização da oxidação ou renovação, como é observado com a diminuição da oxidação não enzimática da auxina na presença de flavonóis endógenos e monoglicosídeos de flavonóis. Finalmente, algumas moléculas podem efetuar mudanças no ambiente celular que alteram a atividade dos componentes reguladores das rotas hormonais. Muitos desses moduladores químicos têm atividade mais pronunciada em um subconjunto de plantas como resultado de pressões seletivas específicas dessa linhagem.

As plantas usam sinalização elétrica para comunicação entre os tecidos

Embora careçam de sistemas nervosos, as plantas empregam sinalização elétrica de longa distância para a comunicação entre partes distantes de seu corpo. O tipo mais comum de sinalização elétrica em plantas é o **potencial de ação**, a despolarização transitória da membrana plasmática de uma célula gerada por canais iônicos com portões controlados por voltagem (ver Capítulo 8). Foi demonstrado na sensitiva (*Mimosa pudica*) que os potenciais de ação mediam o fechamento dos folíolos induzido pelo contato, bem como o fechamento rápido (cerca de 0,1 s) da dioneia, que ocorre quando um inseto toca nos pelos sensíveis nos lados superiores dos lobos foliares do tipo armadilha (**Figura 4.39A**). Cada toque de um fio de cabelo é detectado por um receptor mecanossensível, que ativa um influxo inicial de Ca^{2+} e um potencial de ação (sinal elétrico) caracterizado pelo efluxo de K^+. Para evitar o acionamento acidental do fechamento da dioneia, dois pelos devem ser tocados em um intervalo de 20 segundos ou um pelo deve ser tocado duas vezes em sucessão rápida para atingir um nível limite de Ca^{2+} (**Figura 4.39B**). Um total de cinco potenciais de ação são necessários para estimular a sinalização do jasmonato e a produção resultante de enzimas digestivas e outros componentes do "estômago verde" que digere a presa.

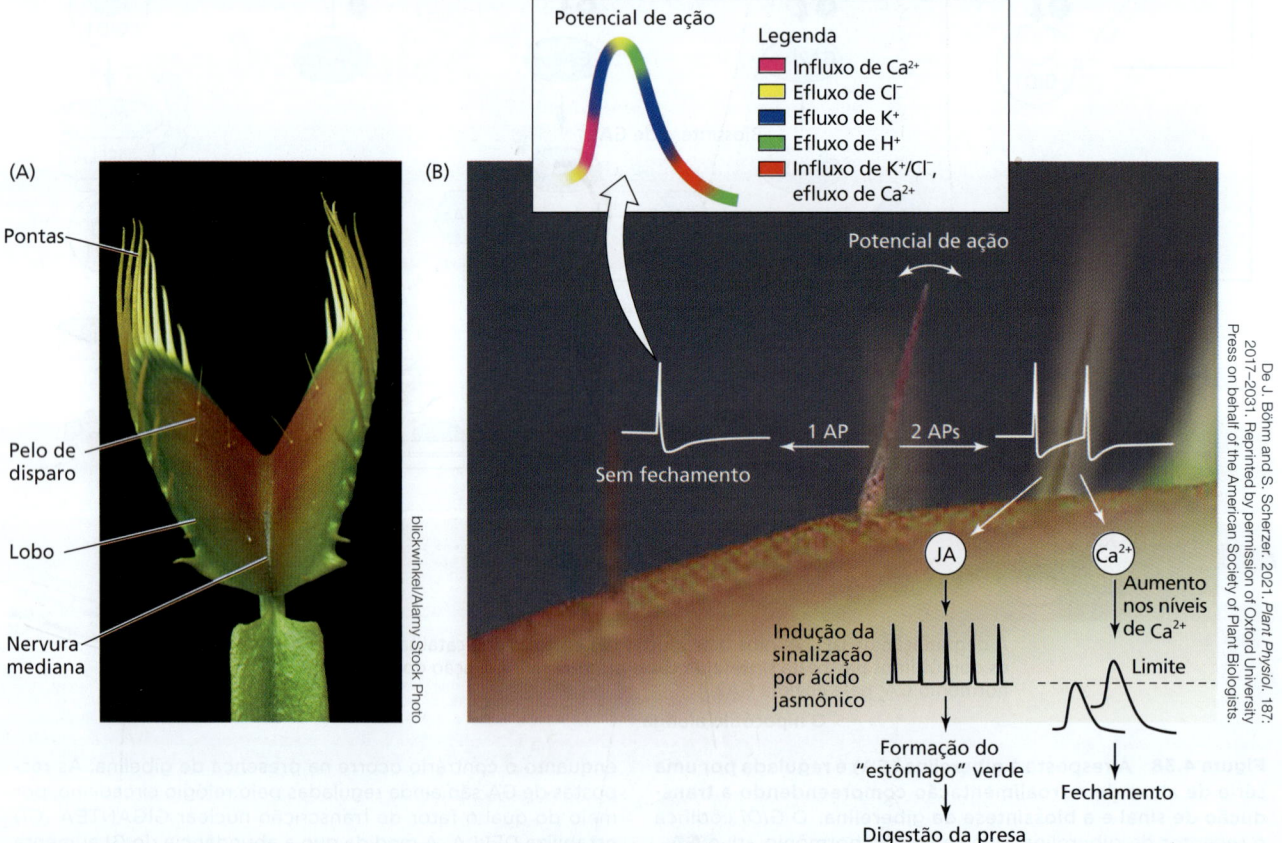

Figura 4.39 Sinalização elétrica na dioneia (*Dionaea muscipula*). (A) Ilustração de folhas em armadilha com pontas semelhantes a agulhas e pelos disparadores sensíveis ao contato. (B) Os potenciais de ação (PAs) associados ao influxo de Ca^{2+} e ao efluxo de K^+ são desencadeados pelo movimento de canais mecanossensíveis nos pelos do gatilho. A estimulação mecânica dos pelos do gatilho duas vezes seguidas por uma presa eleva os níveis de Ca^{2+} a um limite que resulta no fechamento da armadilha. Cinco eventos desencadeantes são suficientes para induzir a sinalização do jasmonato, que estimula a produção de enzimas digestivas, e compostos que criam o "estômago verde", que digere a presa.

Tem sido demonstrado que a sinalização elétrica facilita a comunicação rápida entre partes distantes de plantas em resposta a diversos tipos de estresse. Isso indica que a sinalização elétrica é uma característica fisiológica geral das plantas. Conforme será discutido no Capítulo 24, os sinais elétricos podem ser propagados por toda a planta pelo sistema vascular em resposta ao dano causado pela mastigação de insetos. No entanto, diferentemente dos sistemas nervosos dos animais, as plantas carecem de sinapses que transmitem sinais elétricos de um neurônio para outro via liberação de neurotransmissores, e os sinais deslocam-se muito mais lentamente. O mecanismo da transmissão de sinais elétricos ao longo do sistema vascular das plantas ainda é pouco conhecido.

A regulação cruzada permite a integração das rotas de transdução de sinal

No interior das células vegetais, as rotas de transdução de sinal nunca funcionam isoladamente, mas operam como parte de uma rede complexa de interações da sinalização. Essas interações são responsáveis pelo fato de que os fitormônios muitas vezes exibem interações *agonísticas* (aditivas ou positivas) ou *antagonísticas* (inibidoras ou negativas) com outros sinais. Os exemplos clássicos incluem a interação antagonística entre a GA e o ABA no controle da germinação de sementes (ver Capítulo 17).

A interação entre rotas de sinalização foi denominada **regulação cruzada**, sendo propostas três categorias (**Figura 4.40**):

1. A **regulação cruzada primária** envolve rotas de sinalização distintas regulando um componente de transdução compartilhado, de uma maneira positiva ou negativa.
2. A **regulação cruzada secundária** envolve a saída de uma rota de sinalização regulando a abundância ou a percepção de um segundo sinal.
3. A **regulação cruzada terciária** envolve as saídas de duas rotas distintas com influências recíprocas.

A sinalização vegetal não é baseada em uma simples sequência linear de eventos de transdução, mas envolve regulação cruzada entre muitas rotas. A compreensão de como tais rotas de sinalização complexas operam demandará uma nova abordagem científica. Essa abordagem com frequência é referida como **biologia de sistemas** e emprega modelos matemáticos e computacionais para simular essas redes biológicas não lineares e predizer melhor suas saídas.

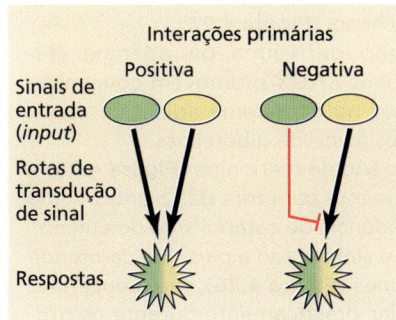
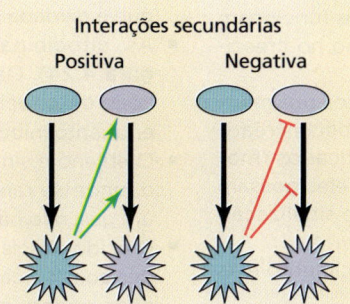

Figura 4.40 As rotas de transdução de sinal operam como parte de uma rede complexa de interações de sinalização. Três tipos de regulação cruzada têm sido propostos: primária, secundária e terciária. Os sinais de entrada são apresentados com a forma oval, as rotas de transdução de sinal são indicadas por setas grossas, e as respostas (saídas da rota) são mostradas como estrelas. As linhas de cores verde (positiva) ou vermelha (negativa) indicam onde uma rota influencia a outra. Os três tipos de regulação cruzada podem ser positivos ou negativos.

Resumo

As respostas fisiológicas de curto e de longo prazo a sinais internos surgem da transformação (transdução) de sinais em rotas mecanísticas. A fim de ativar áreas que podem ser distantes do local inicial da sinalização, intermediários de sinalização são amplificados antes da disseminação (transmissão). Uma vez em atividade, as rotas de sinalização muitas vezes sobrepõem-se em redes complexas, um fenômeno denominado regulação cruzada, para coordenar respostas integradas.

4.1 Aspectos temporais e espaciais da sinalização

- As plantas usam a transdução de sinal para coordenar respostas rápidas e lentas aos estímulos (**Figuras 4.1, 4.2**).

4.2 Percepção e amplificação de sinais

- Os receptores estão presentes em todas as células e são conservados nos reinos de bactérias, plantas, animais e fungos (**Figura 4.3**).
- A sinalização intermediária deve ser amplificada para impedir a diluição da cascata de sinalização; a rota de amplificação da MAPK é conservada nos eucariotos (**Figura 4.4**).
- Famílias diversificadas de serina/treonina quinases (RLKs) semelhantes a receptores vegetais funcionam nas respostas aos patógenos, bem como no crescimento e desenvolvimento (**Figura 4.5**).
- Os sinais podem também ser amplificados por mensageiros secundários como Ca^{2+}, H^+, espécies reativas de oxigênio (EROs) e lipídeos modificados (moléculas lipídicas de sinalização), embora eles possam ser desafiados a distinguir seus alvos de sinalização (**Figura 4.6**).
- Os lipídeos modificados regulam o crescimento e as respostas ao estresse (**Figura 4.7**).

4.3 Hormônios e desenvolvimento vegetal

- Os hormônios podem sinalizar células dentro de seu sítio de síntese, perto dele ou muito distante (**Figura 4.8**).
- Os hormônios são mensageiros químicos conservados que, em concentrações muito baixas, podem transmitir sinais entre células e iniciar respostas fisiológicas (**Figura 4.9**).
- Com exceção do etileno, os fitormônios contêm estruturas em anel (**Figura 4.10**).
- O primeiro hormônio de crescimento a ser identificado foi a auxina, durante estudos da curvatura do coleóptilo devido ao fototropismo (**Figura 4.11**).
- O grupo das giberelinas de hormônios de crescimento pode ser usado como regulador de crescimento (**Figura 4.12**).
- Os experimentos com cultura de tecidos revelaram o papel das citocininas como fatores de promoção de divisões celulares (**Figura 4.13**).
- O etileno é um hormônio gasoso que promove o amadurecimento de frutos e outros processos do desenvolvimento (**Figura 4.14**).
- O ácido abscísico regula a maturação da semente e o fechamento estomático em resposta ao estresse hídrico (**Figura 4.15**).
- Os brassinosteroides são hormônios lipossolúveis que regulam muitos processos, incluindo a fotomorfogênese, a germinação e a identidade sexual floral (**Figura 4.16**).
- As estrigolactonas são derivadas da clivagem enzimática de carotenoides e regulam a ramificação a partir do eixo primário da raiz (**Figura 4.17**)

4.4 Metabolismo dos fitormônios e homeostase

- A concentração dos hormônios é rigorosamente regulada, para que os sinais produzam respostas pontuais sem comprometer o mesmo sinal no futuro (**Figura 4.18**).
- O ácido indol-3-acético, a auxina primária, é sintetizado a partir do triptofano com indol-3-piruvato (iPya) como intermediário (**Figura 4.19**).
- As giberelinas (GAs) são todas derivadas de GA_{12}, que é oxidada no citosol (**Figura 4.23**).
- As citocininas são derivadas da adenina (**Figura 4.24**). Os genes *KNOX* promovem concentrações de citocininas no meristema apical do caule, enquanto inibem os níveis de giberelinas.
- O etileno é sintetizado da metionina (**Figura 4.25**) e difunde-se rapidamente para fora das plantas como um gás; não há evidência de catabolismo do etileno.
- O ácido abscísico é sintetizado a partir de carotenoides com 40 carbonos (**Figura 4.26**); suas concentrações podem oscilar drasticamente durante os processos do desenvolvimento.
- Os brassinosteroides são derivados do campesterol, que é semelhante estruturalmente ao colesterol (**Figura 4.27**).
- As estrigolactonas e outros compostos sinalizadores de apocarotenoides são derivados dos carotenoides, da mesma forma que o ácido abscísico (**Figura 4.28**).

4.5 Movimento de hormônios dentro da planta

- Os gradientes de auxina e o transporte polar são componentes centrais do desenvolvimento programado e plástico.
- O transporte polar de auxina é conduzido por gradientes quimiosmóticos e é regulado principalmente por transportadores de efluxo polarizado (**Figura 4.29**).
- O transporte de auxina polar regula a organogênese e mantém a polaridade da forma vegetal (**Figura 4.30**).

■ Resumo

4.6 Rotas de sinalização hormonal

- As rotas da citocinina e do etileno usam sistemas reguladores de dois componentes derivados, que envolvem proteínas sensoras ligadas à membrana e proteínas solúveis reguladoras de resposta (**Figuras 4.31-4.33**).
- As rotas dos brassinosteroides e de certas auxinas usam receptores do tipo serina/treonina quinases (RLKs) transmembranas para fosforilar regiões de serina ou treonina de proteínas-alvo (**Figura 4.34**).
- As vias do ácido abscísico modulam fosfatases e quinases por meio do receptor PYL/PYR/RCAR (**Figura 4.35**).
- As rotas dos hormônios vegetais geralmente empregam reguladores negativos (inativação dos repressores), permitindo a ativação mais rápida dos genes de resposta a jusante (**Figuras 4.36, 4.37**).
- O desligamento das rotas de sinalização é realizado pela degradação ou pelo sequestro de sinais químicos via mecanismos de retroalimentação (**Figura 4.38**).
- Várias isoformas e moduladores de receptores permitem que os hormônios exibam respostas específicas de tecidos e órgãos.
- As plantas podem também empregar sinalização elétrica de ação rápida e longa distância usando potenciais de ação, embora a transmissão de tais sinais seja pouco conhecida (**Figura 4.39**).
- A integração das rotas de transdução de sinal é realizada por regulação cruzada (**Figura 4.40**).

Leituras sugeridas

Davière, J.-M., and Achard, P. (2013) Gibberellin signaling in plants. *Development* 140: 1147–141.

Hwang, I., Sheen, J., and Müller, B. (2012) Cytokinin signaling networks. *Annu. Rev. Plant Biol.* 63: 353–380.

Jiang, J., Zhang, C., and Wang, X. (2013) Ligand perception, activation, and early signaling of plant steroid receptor brassinosteroid insensitive 1. *J. Integr. Plant Biol.* 55: 1198–1211.

Ju, C., and Chang, C. (2012) Advances in ethylene signalling: Protein complexes at the endoplasmic reticulum membrane. *AoB PLANTS* 2012: pls031.

Santner, A., and Estelle, M. (2009) Recent advances and emerging trends in plant hormone signaling. *Nature (Lond.)* 459: 1071–1078.

Suarez-Rodriguez, M. C., Petersen, M., and Mundy, J. (2010) Mitogen-activated protein kinase signaling in plants. *Annu. Rev. Plant Biol.* 61: 621–649.

Wang, X., Devaiah, S. P., Zhang, W., and Welti, R. (200) Signaling functions of phosphatidic acid. *Prog. Lipid Res.* 45: 250–278.

Testerink, C., and Munnik, T. (2011) Molecular, cellular, and physiological responses to phosphatidic acid formation in plants. *J. Exp. Bot.* 62: 2349–2361.

UNIDADE II

Transporte e translocação de água e solutos

Capítulo 5   **Água e células vegetais**
Capítulo 6   **Balanço hídrico das plantas**
Capítulo 7   **Nutrição mineral**
Capítulo 8   **Transporte de solutos**

5 Água e células vegetais

A água desempenha um papel decisivo na vida da planta. A fotossíntese exige que as plantas retirem dióxido de carbono da atmosfera e, ao mesmo tempo, expõe-nas à perda de água e à ameaça de desidratação. Para impedir a dessecação das folhas, a água deve ser absorvida pelas raízes e transportada ao longo do corpo da planta. Mesmo pequenos desequilíbrios entre a absorção e o transporte de água e a perda desta para a atmosfera podem causar déficits hídricos e o funcionamento ineficiente de inúmeros processos celulares. Portanto, equilibrar a absorção, o transporte e a perda de água representa um importante desafio para as plantas terrestres.

Uma grande diferença entre células animais e vegetais, e que tem um impacto imenso sobre suas respectivas relações hídricas, é que as células vegetais têm paredes celulares. As paredes celulares permitem que as células vegetais desenvolvam uma grande pressão hidrostática interna, denominada **pressão de turgor**. Neste capítulo, considera-se de que forma a água se movimenta para dentro e para fora das células vegetais, enfatizando as suas propriedades moleculares e as forças físicas que influenciam seu movimento em nível celular.

■ 5.1 A água na vida das plantas

De todos os recursos de que as plantas necessitam para crescer e funcionar, a água é o mais abundante e, frequentemente, o mais limitante. A prática da irrigação de culturas reflete o fato de que a água é um recurso-chave que limita a produtividade agrícola (**Figura 5.1**). A disponibilidade de água, da mesma forma, limita a produtividade de ecossistemas naturais (**Figura 5.2**), levando a diferenças marcantes na vegetação ao longo de gradientes de precipitação.

A água com frequência é um recurso limitante para as plantas, embora menos para os animais, porque elas a utilizam em enormes quantidades. A maior parte (cerca de 97%) da água absorvida pelas raízes é transportada pela planta e evaporada pelas superfícies foliares. Essa perda de água denomina-se **transpiração**. Por outro lado, apenas uma pequena quantidade da água absorvida pelas raízes realmente permanece na planta para suprir o crescimento (cerca de 2%) ou para ser consumida nas reações bioquímicas da fotossíntese e em outros processos metabólicos (cerca de 1%).

A perda de água para a atmosfera parece ser uma consequência inevitável da realização da fotossíntese em ambiente terrestre. A absorção de CO_2 está acoplada à perda de água por meio

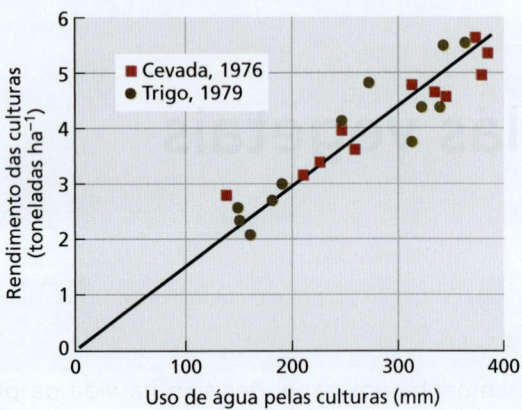

Figura 5.1 Produtividade de grãos em função da água utilizada em uma gama de tratamentos de irrigação para cevada, em 1976, e trigo, em 1979, no sudeste da Inglaterra. O uso da água da cultura é a quantidade total de água usada durante o crescimento da cultura, expressa em relação à área sobre a qual a cultura é cultivada (ou seja, volume de água por área de terra). (Segundo H. Jones. 2013. *Plants and Microclimate: A Quantitative Approach to Environmental Plant Physiology* [3rd ed.]. Cambridge, UK: Cambridge University Press. Dados de W. Day et al. 1978. *J. Agric. Sci.* 91. 599–623; P. Innes and R. D. Blackwell. 1981. *J. Agric. Sci.* 96. 603–610.)

de uma rota difusional comum: à medida que o CO_2 se difunde para dentro das folhas, o vapor de água se difunde para fora. Uma vez que o gradiente motor da perda de água pelas folhas é muito maior que o da absorção de CO_2, cerca de 400 moléculas de água são perdidas para cada molécula de CO_2 obtida. Esse intercâmbio desfavorável teve grande influência na evolução da forma e da função da planta e explica por que a água desempenha um papel-chave na fisiologia vegetal.

Inicialmente, será considerado como a estrutura da água origina algumas de suas propriedades físicas exclusivas. Após, são examinadas as bases físicas do movimento da água, o conceito de potencial hídrico e a aplicação desse conceito às relações hídricas celulares.

5.2 A estrutura e as propriedades da água

A água tem propriedades especiais que lhe permitem atuar como um solvente de amplo espectro e ser prontamente transportada ao longo do corpo da planta. Essas propriedades derivam principalmente da capacidade de formar pontes de hidrogênio e da estrutura polar da molécula de água. Nesta seção, examina-se como a formação de pontes de hidrogênio contribui para o alto calor específico, a tensão superficial e a resistência à tensão da água.

A água é uma molécula polar que forma pontes de hidrogênio

A molécula de água consiste em um átomo de oxigênio covalentemente ligado a dois átomos de hidrogênio (**Figura 5.3A**). Por ser mais **eletronegativo** do que o hidrogênio, o oxigênio tende a atrair os elétrons da ligação covalente. Essa atração resulta em uma carga parcial negativa na extremidade da molécula formada pelo oxigênio e em uma carga parcial positiva em cada hidrogênio, tornando a água uma molécula **polar**. Essas cargas parciais são iguais, de modo que a molécula de água não possui carga *líquida*.

As moléculas de água apresentam forma tetraédrica. Em dois pontos do tetraedro estão os átomos de hidrogênio, cada um com uma carga parcial positiva. Os outros dois pontos do tetraedro contêm pares solitários de elétrons, cada um com uma carga parcial negativa. Portanto, cada molécula de água tem dois polos positivos e dois polos negativos. Essas cargas parciais opostas criam atrações eletrostáticas entre as moléculas de água, conhecidas como **pontes de hidrogênio** (**Figura 5.3B**).

As pontes de hidrogênio recebem esse nome pelo fato de que pontes eletrostáticas efetivas são formadas unicamente quando átomos altamente eletronegativos, como o oxigênio, são ligados covalentemente ao hidrogênio. A razão para isso é que o pequeno tamanho do átomo de hidrogênio permite às cargas parciais positivas serem mais concentradas e, portanto, mais eficazes na atração eletrostática.

As pontes de hidrogênio são responsáveis por muitas das propriedades físicas incomuns da água. A água pode formar até quatro pontes de hidrogênio com as moléculas de água adjacentes, resultando em interações intermoleculares muito fortes. As pontes de hidrogênio também podem se formar entre a água e outras moléculas que contenham átomos eletronegativos (O ou N), em especial quando estes são ligados covalentemente ao H.

A água é um excelente solvente

A água dissolve quantidades maiores de uma variedade mais ampla de substâncias que outros solventes correlatos. Sua versatilidade como solvente se deve, em parte, ao pequeno tamanho da sua molécula. Entretanto, é sua capacidade de formar

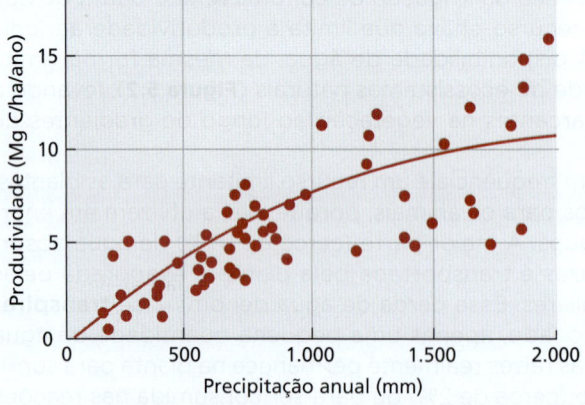

Figura 5.2 Produtividade de vários ecossistemas em função da precipitação anual. Acima de 2.000 a 3.000 mm, a produtividade anual de precipitação realmente começa a diminuir. (Mg = 10^6 g) (Segundo E. A. Schuur. 2003. *Ecology* 84: 1165–1170.)

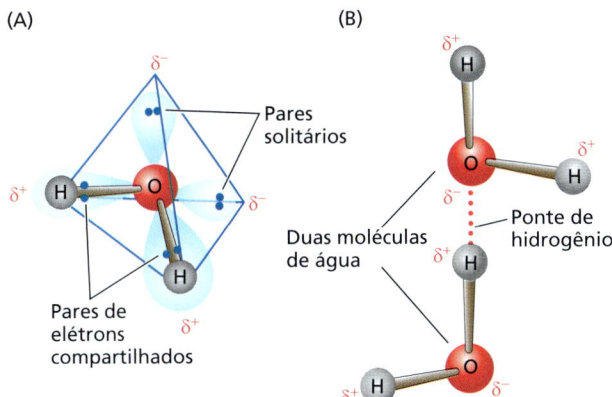

Figura 5.3 Estrutura da molécula de água. O oxigênio tem seis elétrons nos orbitais externos; cada hidrogênio tem um. (A) A forte eletronegatividade do átomo de oxigênio significa que os dois elétrons que formam a ligação covalente com o hidrogênio são compartilhados desigualmente, de modo que cada átomo de hidrogênio tem uma carga parcial positiva. Cada um dos dois pares solitários de elétrons do átomo de oxigênio produz uma carga parcial negativa. (B) As cargas parciais opostas (δ^- e δ^+) na molécula de água levam à formação de pontes de hidrogênio intermoleculares com outras moléculas de água.

pontes de hidrogênio e sua estrutura polar que a tornam um solvente particularmente bom para substâncias iônicas e para moléculas como açúcares e proteínas, que contêm grupos polares –OH ou grupos –NH$_2$.

A ponte de hidrogênio entre moléculas de água e íons, e entre água e solutos polares, reduz a energia livre das moléculas de soluto, o que ajuda a atraí-las para a solução. A ponte de hidrogênio também diminui as interações eletrostáticas entre as moléculas de soluto e, assim, aumenta sua solubilidade.

A água tem propriedades térmicas características em relação a seu tamanho

As numerosas pontes de hidrogênio entre as moléculas de água fazem com que ela tenha um alto calor específico e um alto calor latente de vaporização.

Calor específico é a energia calorífica exigida para aumentar a temperatura de uma substância em uma quantidade definida. Temperatura é uma medida da energia cinética molecular (energia de movimento). Quando a temperatura da água é aumentada, as moléculas vibram mais rapidamente e com maior amplitude. As pontes de hidrogênio agem como tiras de borracha, que absorvem uma parte da energia do calor aplicado, deixando menos energia disponível para aumentar o movimento. Assim, comparada com outros líquidos, a água requer uma adição de calor relativamente grande para aumentar sua temperatura. Isso é importante para as plantas, porque ajuda a estabilizar as flutuações de temperatura.

O **calor latente de vaporização** é a energia necessária para separar as moléculas da fase líquida e movê-las para a fase gasosa, um processo que ocorre durante a transpiração. O termo *calor latente* se refere à energia liberada ou absorvida durante um processo de temperatura constante, neste caso, uma mudança de fase. O calor latente de vaporização diminui à medida que a temperatura aumenta, atingindo seu mínimo no ponto de ebulição (100 °C). Para água a 25 °C, o calor de vaporização é de 44 kJ mol^{-1} – o valor mais alto conhecido para líquidos. A maior parte dessa energia é utilizada para clivar as pontes de hidrogênio entre as moléculas de água.

Como qualquer pessoa que tenha saído de uma piscina pode atestar, a evaporação resfria a superfície da qual o líquido evaporou. A razão para isso é que somente moléculas com energia cinética suficiente para superar as forças intermoleculares da fase líquida são capazes de escapar e entrar na fase gasosa. Isso reduz a energia cinética média e, portanto, a temperatura da fase líquida. Assim, o alto calor latente de vaporização da água serve para moderar a temperatura das folhas transpirantes, a qual, de outra maneira, aumentaria devido ao aporte de energia radiante proveniente do sol.

A água tem uma resistência alta à tensão

As moléculas de água em uma interface ar–água formam menos pontes de hidrogênio do que as moléculas de água no líquido a granel. Como as pontes de hidrogênio ajudam a equilibrar a distribuição da carga polar da água, as moléculas de água na superfície estão em um estado energeticamente desfavorável em comparação com aquelas cercadas por todos os lados por outras moléculas de água. Como consequência, a configuração de menor energia (i.e., a mais estável) é aquela que minimiza a área de superfície da interface ar–água. Para aumentar a área de uma interface ar–água, as moléculas de água devem se mover do líquido a granel para a interface, o que requer uma entrada de energia para compensar a redução no número de pontes de hidrogênio formadas pelas moléculas na superfície. A energia necessária para aumentar a área de superfície de uma interface gás–líquido é conhecida como **tensão superficial**.

A tensão superficial pode ser expressa em unidades de energia por área (J m^{-2}), mas geralmente é expressa nas unidades equivalentes, porém menos intuitivas, de força por comprimento (J m^{-2} = N m^{-1}). Um joule (J) é a unidade de energia do Sistema Internacional (SI), com unidades de força × distância (N m); um newton (N) é a unidade de força do SI, com unidades de massa × aceleração (kg m s^{-2}).

A água tem uma alta tensão superficial, uma das mais altas de qualquer líquido. Como as pontes de hidrogênio são forças atrativas que unem as moléculas de água, uma interface ar–água se comporta como uma membrana elástica esticada. A tensão superficial, portanto, descreve a tendência de contração de uma interface gás–líquido. Se a interface ar–água é curvada, a tensão superficial produz uma força líquida perpendicular à superfície (**Figura 5.4**). Uma consequência importante disso é que uma bolha de ar suspensa na água será comprimida pela tensão superficial da água que a cerca.

A grande formação de pontes de hidrogênio na água também dá origem à propriedade conhecida como **coesão**, a atração mútua entre moléculas. Uma propriedade relacionada, denominada **adesão**, é a atração da água a uma fase sólida, como

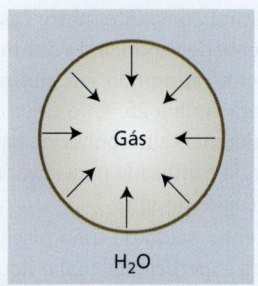

Figura 5.4 Uma bolha de gás suspensa dentro de um líquido assume a forma esférica, de modo que sua área de superfície é minimizada. A magnitude da pressão (força/área) exercida pela interface é igual a $2T/r$, em que T é a tensão superficial do líquido (N/m) e r é o raio da bolha (m). A água tem uma tensão superficial extremamente alta comparada a outros líquidos à mesma temperatura.

uma parede celular ou a superfície de um vidro – mais uma vez, devido, fundamentalmente, à formação de pontes de hidrogênio. O grau de atração da água à fase sólida em comparação com o grau de atração a si mesma pode ser quantificado pela medição do **ângulo de contato** (**Figura 5.5A**). A água tende a se espalhar (pequeno ângulo de contato) em um substrato "molhável" porque pode formar pontes de hidrogênio com o sólido. Em contraste, a água se acumula em um substrato "não molhável" ou hidrofóbico (grande ângulo de contato) porque as moléculas de água têm uma configuração mais estável quando cercadas por outras moléculas de água do que quando adjacentes ao sólido.

Coesão, adesão e tensão superficial originam um fenômeno conhecido como **capilaridade** (**Figura 5.5B**). Considere um tubo capilar de vidro com paredes molháveis, orientado verticalmente (ângulo de contato < 90°). Em equilíbrio, o nível da água no capilar será maior do que aquele do suprimento de água em sua base. A água é puxada para dentro do capilar devido (1) à atração da água para a superfície polar do tubo de vidro (adesão) e (2) à tensão superficial da água. Juntas, adesão e tensão superficial puxam as moléculas de água, fazendo-as subirem pelo tubo até que a força de ascensão seja equilibrada pelo peso da coluna de água. Quanto mais estreito o tubo, mais alto o nível da água em equilíbrio. Para cálculos relacionados à capilaridade, ver **Tópico 5.1 na internet**.

A água tem uma grande resistência à tensão

As pontes de hidrogênio proporcionam à água uma grande **resistência à tensão**, definida como a força máxima por unidade de área que uma coluna de água pode suportar antes de se romper. Geralmente, não se pensa em líquidos como tendo resistência à tensão; entretanto tal propriedade é evidente na elevação de uma coluna de água em um tubo capilar.

Pode-se demonstrar a resistência à tensão da água colocando-a em uma seringa de vidro limpa (**Figura 5.6**). Quando o êmbolo é *empurrado*, a água é comprimida, e desenvolve-se uma **pressão hidrostática** positiva. A pressão é medida em unidades denominadas *pascais* (Pa) ou, mais

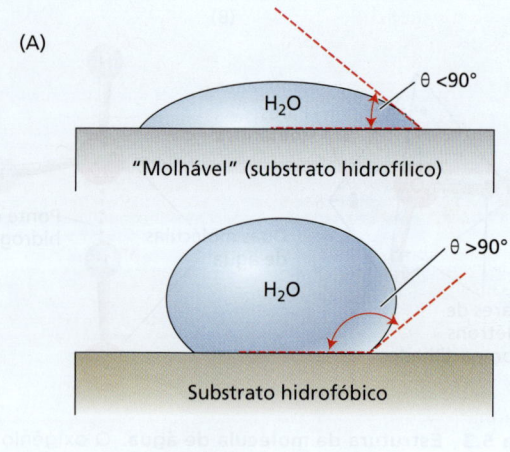

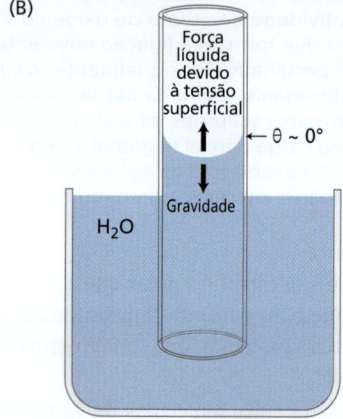

Figura 5.5 A interação da água com as superfícies. (A) A forma de uma gotícula colocada sobre uma superfície sólida reflete a atração relativa do líquido em relação ao sólido e em relação a si mesmo. O ângulo de contato (θ), definido como o ângulo entre a superfície sólida passando pelo líquido e a interface gás-líquido, é usado para descrever essa interação. Superfícies "molháveis" têm ângulos de contato menores que 90°; uma superfície (como água em vidro limpo ou em paredes celulares primárias) altamente "molhável" (i.e., hidrofílica) tem um ângulo de contato próximo a 0°. A água expande-se, formando uma fina película em superfícies altamente molháveis. Em contraste, superfícies "não molháveis" (i.e., hidrofóbicas) têm ângulos de contato maiores que 90°. A água forma gotas nessas superfícies. (B) A capilaridade pode ser observada quando um líquido é fornecido à base de tubos capilares orientados verticalmente. Se as paredes são altamente molháveis (p. ex., água sobre um vidro limpo), a força resultante será para cima. A coluna de água subirá até que a força ascendente seja equilibrada pelo peso da coluna de água.

convenientemente, *megapascais* (MPa). Um MPa equivale a cerca de 9,9 atmosferas. A pressão equivale à força por unidade de área (1 Pa = 1 N m^{-2}) e à energia por unidade de volume (1 Pa = 1 J m^{-3}). A **Tabela 5.1** compara unidades de pressão.

Se, em vez de empurrado, o êmbolo for *puxado*, desenvolve-se uma tensão, ou *pressão hidrostática negativa*, porque as moléculas de água resistem a serem separadas. Pressões negativas desenvolvem-se apenas quando as moléculas são capazes de

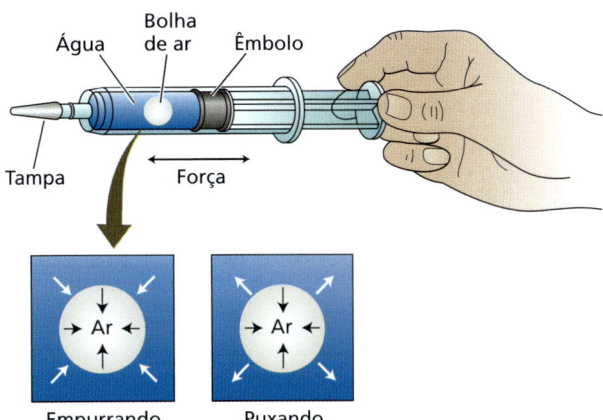

Figura 5.6 Uma seringa lacrada pode ser usada para criar pressões positivas e negativas em fluidos como a água. Empurrar o êmbolo faz com que o fluido desenvolva uma pressão hidrostática positiva (setas brancas), que age na mesma direção que a força para dentro, resultante da tensão superficial da interface gás–líquido (setas pretas). Assim, uma pequena bolha de ar aprisionada dentro da seringa irá encolher à medida que a pressão aumenta. Puxar o êmbolo faz com que o fluido desenvolva uma tensão ou pressão negativa. Bolhas de ar na seringa irão se expandir se a força direcionada para fora exercida pelo fluido sobre a bolha (setas brancas) exceder a força para dentro, resultante da tensão superficial da interface gás–líquido (setas pretas).

tracionar umas às outras. As fortes pontes de hidrogênio entre as moléculas de água permitem que as tensões sejam transmitidas através da água, mesmo ela sendo um líquido. Por outro lado, os gases não podem desenvolver pressões negativas porque as interações entre suas moléculas estão limitadas às colisões elásticas.

Quão forte se deve puxar o êmbolo antes que as moléculas de água se separem umas das outras e a coluna de água se rompa? Estudos meticulosos demonstraram que a água pode resistir a tensões maiores do que 20 MPa. A coluna de água na seringa (ver Figura 5.6), entretanto, não pode suportar grandes tensões devido à presença de bolhas de gás microscópicas. Se a tensão no líquido, que exerce uma força direcionada para fora na interface gás-água, exceder a força direcionada para dentro resultante da tensão superficial, a bolha se expandirá. Uma vez que as bolhas de gás podem se expandir, elas interferem na capacidade da água na seringa de resistir à tração exercida pelo êmbolo. A expansão das bolhas de gás devido à tensão no líquido circundante é conhecida como **cavitação**. Como será visto no Capítulo 6, a cavitação pode ter um efeito devastador sobre o transporte de água ao longo do xilema.

■ 5.3 Difusão e osmose

Os processos celulares dependem do transporte de moléculas tanto para dentro da célula como para fora dela. A **difusão** é o movimento espontâneo de substâncias de regiões de concentração mais alta para regiões de concentração mais baixa. Na escala celular, a difusão é o modo de transporte dominante. **Osmose** é o movimento líquido de um solvente através de uma barreira seletivamente permeável de uma região de menor para maior concentração de soluto. A osmose é um fator importante que rege o movimento da água através das membranas celulares seletivamente permeáveis.

Difusão é o movimento líquido de moléculas por agitação térmica aleatória

As moléculas em uma solução não são estáticas; elas estão em contínuo movimento, colidindo umas com as outras e trocando energia cinética. A trajetória de uma molécula após uma colisão é considerada uma variável aleatória. Contudo, esses movimentos aleatórios podem resultar em um movimento líquido de moléculas.

Considere um plano imaginário dividindo uma solução em dois volumes iguais, A e B. Como todas as moléculas estão sob movimento aleatório, em cada intervalo de tempo há determinada probabilidade de que qualquer molécula de determinado soluto atravesse esse plano imaginário. O número esperado de travessia de A para B em qualquer intervalo determinado de tempo será proporcional ao número no início do intervalo de tempo no lado A, e o número de travessia de B para A será proporcional ao número começando no lado B.

Se a concentração inicial no lado A for maior do que no lado B, será esperado que mais moléculas de soluto atravessem de A para B do que de B para A, e será observado um movimento líquido de solutos de A para B. Assim, a difusão resulta em um movimento líquido de moléculas de regiões de alta concentração para regiões de baixa concentração, mesmo que cada molécula esteja se movendo em uma direção aleatória. O movimento independente de cada molécula explica por que o sistema irá evoluir em direção a um número igual de moléculas em cada lado – A e B (**Figura 5.7**).

Essa tendência de um sistema a evoluir em direção a uma distribuição uniforme de moléculas pode ser entendida como uma consequência da segunda lei da termodinâmica, que afirma que processos espontâneos evoluem na direção do aumento da entropia, ou desordem. Aumentar a entropia é sinônimo de reduzir a energia livre. Assim, a difusão representa a tendência natural dos sistemas a se deslocarem em direção ao mais baixo estado de energia possível.

Tabela 5.1 Comparação de unidades de pressão

1 atmosfera = 14,7 libras por polegada quadrada
= 760 mmHg (ao nível do mar, 45° latitude)
= 1,013 bar
= 0,1013 Mpa
= 1,013 × 10⁵ Pa

Um pneu de carro geralmente é inflado a cerca de 0,2 MPa.
A pressão da água em encanamentos domésticos em geral é de 0,2-0,3 MPa.
A pressão da água a 10 m (cerca de 30 pés) de profundidade é de 0,1 MPa.

Figura 5.7 **O movimento térmico de moléculas leva à difusão — a mistura gradual de moléculas e consequente dissipação de diferenças de concentração.** Inicialmente, dois materiais contendo moléculas diferentes são postos em contato. Esses materiais podem ser sólidos, líquidos ou gasosos. A difusão é mais rápida em gases e mais lenta em líquidos. Com o tempo, a mistura e a aleatorização das moléculas diminuem o movimento líquido. Na situação de equilíbrio, os dois tipos de moléculas estão uniforme e aleatoriamente distribuídos.

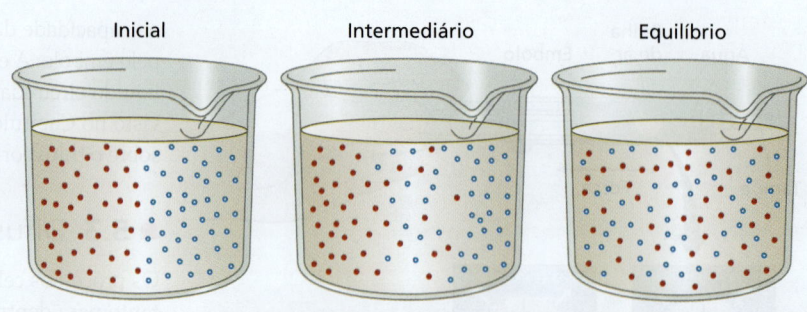

Adolf Fick foi quem primeiro percebeu, na década de 1850, que a taxa de difusão é diretamente proporcional ao gradiente de concentração ($\Delta c_s/\Delta x$) – ou seja, à diferença na concentração da substância s (Δc_s) entre dois pontos separados por uma distância bem pequena Δx. Em símbolos, representamos essa relação como a primeira lei de Fick:

$$J_s = -D_s \frac{\Delta c_s}{\Delta x} \quad (5.1)$$

A taxa de transporte, expressa como **densidade de fluxo** (J_s), é a quantidade da substância s que atravessa uma unidade de área de uma secção transversal por unidade de tempo (p. ex., J_s pode ter unidades de moles por metro quadrado por segundo [mol m^{-2} s^{-1}]). O **coeficiente de difusão** (D_s, unidade de m^2/s) é uma constante de proporcionalidade que mede quão facilmente a substância s se move por determinado meio. O coeficiente de difusão é uma característica da substância (moléculas maiores têm menores coeficientes de difusão) e depende tanto do meio (p. ex., a difusão no ar em geral é 10 mil vezes mais rápida que a difusão em um líquido) como da temperatura (as substâncias difundem-se mais rapidamente em temperaturas mais altas). O sinal negativo na equação indica que o fluxo ocorre a favor do gradiente de concentração.

A primeira lei de Fick diz que uma substância terá difusão mais rápida quando o gradiente de concentração se tornar mais acentuado (Δc_s é grande) ou quando o coeficiente de difusão for aumentado. Observe que essa equação contabiliza apenas o movimento em resposta a um gradiente de concentração, e não movimentos em resposta a outras forças (p. ex., pressão, campos elétricos e assim por diante).

A difusão é mais eficaz para curtas distâncias

Considere uma massa de moléculas de soluto inicialmente concentradas em torno de uma posição $x = 0$ (**Figura 5.8A**). Conforme as moléculas passam por movimento aleatório, a posição média das moléculas de soluto permanece em $x = 0$ por todo o tempo, mas a distribuição se achata, conforme mostrado em dois pontos de tempo posteriores (ver as curvas 2 e 3 na Figura 5.8). Comparando a distribuição dos solutos nos três momentos, vemos que à medida que a substância se difunde para longe do ponto de partida, o gradiente de concentração se torna menos acentuado (Δc_s diminui). Como resultado, a taxa na qual as moléculas de soluto se espalham de $x = 0$ é reduzida.

O tempo médio para uma partícula se difundir a uma distância L aumenta à medida que L^2/D_s. Em outras palavras, o tempo médio requerido para uma substância se difundir a certa distância aumenta com o *quadrado* daquela distância. Essa relação de escala reflete a "caminhada aleatória" da difusão – o fato de que cada molécula tem a mesma probabilidade de se mover em direção a algum ponto quanto a se afastar dele.

O coeficiente de difusão para a glicose em água é de cerca de 10^{-9} m^2 s^{-1}. Assim, o tempo médio necessário para uma molécula de glicose se difundir através de uma célula com diâmetro de 50 μm é de 2,5 s. Entretanto, o tempo médio requerido pela mesma molécula de glicose para se difundir por uma distância de 1 m na água é de cerca de 32 anos. Esses valores

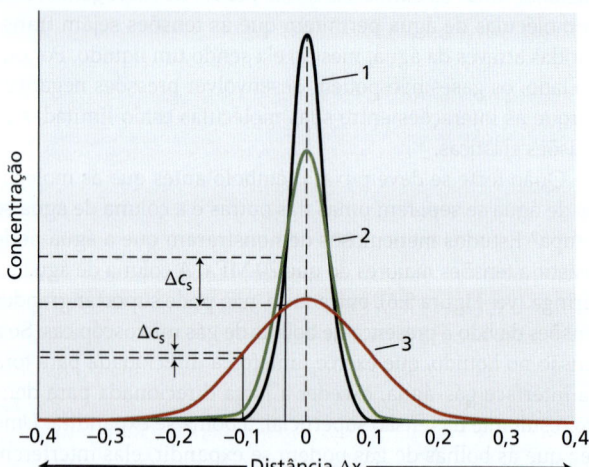

Figura 5.8 **Representação gráfica do gradiente de concentração de um soluto que se difunde de acordo com a primeira lei de Fick.** As moléculas de soluto foram inicialmente colocadas no plano indicado no eixo x ("0"). (A) A curva 1 mostra a distribuição das moléculas de soluto logo após o posicionamento no plano de origem. Observe que a concentração cai abruptamente à medida que a distância da origem, x, aumenta. As curvas 2 e 3 mostram a distribuição do soluto em dois momentos posteriores. A distância média das moléculas em difusão em relação à origem aumentou, e a inclinação do gradiente tornou-se bem menos acentuada. (De Briggs et al. 2014. *J. Rock Mech. Geotech. Eng.* 6: 535–545 © 2014 Institute of Rock and Soil Mechanics, Chinese Academy of Sciences. CC BY-NC-ND 3.0.)

mostram que a difusão em soluções pode ser eficaz dentro de dimensões celulares, mas é demasiado lenta para ter eficácia por longas distâncias. Para cálculos adicionais de tempos de difusão, ver **Tópico 5.2 na internet**.

A osmose descreve o movimento líquido da água através de uma barreira seletivamente permeável

As membranas das células vegetais são **seletivamente permeáveis**, ou seja, elas permitem que a água e outras substâncias pequenas, sem carga, movam-se através delas mais rapidamente que solutos maiores e substâncias com carga. Se a concentração de solutos que não se movem facilmente através da membrana for maior na célula do que na solução ao seu redor, a água se moverá espontaneamente (ou seja, sem uma entrada de energia) para dentro da célula. O movimento resultante da água através de uma barreira seletivamente permeável é denominado *osmose*.

O que faz com que a água se mova através de uma membrana para uma região com maior concentração de soluto? À medida que os solutos "ricocheteiam" na membrana, eles impedem o movimento das moléculas de água em direção à membrana. Isso significa que menos moléculas de água passam pela membrana pelo lado com maior concentração de soluto. No lado da membrana sem solutos, as moléculas de água se movem aleatoriamente em todas as direções, inclusive em direção à membrana. Como resultado, o movimento líquido da água através da membrana é em direção ao lado com maior concentração de soluto.

Também podemos entender a osmose em relação à segunda lei da termodinâmica. Foi visto anteriormente que a tendência de todo o sistema em direção à entropia crescente resulta na dispersão de solutos ao longo do volume completo disponível. Na osmose, o volume disponível ao movimento do soluto é restringido pela membrana, e, portanto, a maximização da entropia é realizada pelo volume do solvente difundindo-se através da membrana para diluir os solutos. De fato, na ausência de qualquer força que contrabalance, *toda* a água disponível irá fluir para o lado da membrana contendo o soluto.

Imagine o que acontece quando se coloca uma célula viva em um béquer com água pura. A presença de uma membrana seletivamente permeável significa que o movimento resultante da água irá continuar até que uma destas duas coisas aconteça: (1) a célula irá se expandir até que a membrana seletivamente permeável se rompa, permitindo que os solutos se difundam livremente, ou (2) a expansão do volume da célula será restringida mecanicamente pela presença de uma parede celular, de modo que a força que governa a entrada da água na célula será contrabalançada pela pressão exercida pela parede celular.

O primeiro cenário descreve o que aconteceria a uma célula animal, à qual falta a parede celular. O segundo cenário é relevante para as células vegetais. A parede celular é muito resistente. A resistência das paredes celulares à deformação origina uma força para dentro que aumenta a pressão hidrostática no interior da célula.

Em breve, será visto como a osmose regula o movimento de água para dentro e para fora das células vegetais. Primeiramente, no entanto, será discutido o conceito de uma força propulsora composta ou total, que representa o gradiente de energia livre da água.

■ 5.4 Medindo o potencial hídrico

Todos os seres vivos, incluindo as plantas, requerem uma adição contínua de energia livre para manterem e repararem suas estruturas altamente organizadas, assim como para crescerem e se reproduzirem. Processos como reações bioquímicas, acúmulo de soluto e transporte de longa distância de água e solutos são todos conduzidos por uma entrada de energia livre. Em termodinâmica, a energia livre representa o potencial para realizar trabalho, incluindo o trabalho associado à água em movimento. (Para uma discussão detalhada do conceito termodinâmico de energia livre, ver **Apêndice 1 na internet**.) Nesta seção, examinaremos como a concentração, a pressão e a gravidade influenciam a energia livre da água e, portanto, afetam o movimento da água nas plantas.

O potencial químico da água representa o *status* de sua energia livre

Potencial químico é uma expressão quantitativa da energia livre associada a uma substância. A unidade do potencial químico é energia por mol da substância (J mol^{-1}). Observe que o potencial químico é uma grandeza relativa: representa a diferença entre o potencial de uma substância em determinado estado e o potencial da mesma substância em um estado-padrão.

Historicamente, os fisiologistas vegetais têm usado um parâmetro relacionado, denominado **potencial hídrico**, definido como o potencial químico da água dividido por seu volume molar parcial (o volume de 1 mol de água): 18×10^{-6} m^3 mol^{-1}. Portanto, o potencial hídrico é uma medida da energia livre da água por unidade de volume (J m^{-3}). Essas unidades são equivalentes a unidades de pressão como o pascal, que é a unidade de medida comum para potencial hídrico.

O potencial hídrico desempenha um papel central na fisiologia vegetal porque descreve a energia potencial que pode fazer com que a água se mova de uma parte da planta para outra. A água flui espontaneamente, ou seja, sem adição de energia, de regiões de maior potencial químico para outras de menor potencial químico. O importante conceito de potencial hídrico será considerado mais detalhadamente a seguir.

Três fatores principais contribuem para o potencial hídrico celular

Os principais fatores que influenciam o potencial hídrico em plantas são *concentração, pressão* e *gravidade*. O potencial hídrico é simbolizado por Ψ (a letra grega psi). O potencial hídrico de soluções pode ser dividido em componentes individuais, sendo normalmente escrito pelo seguinte somatório:

$$\Psi = \Psi_s + \Psi_p + \Psi_g \qquad (5.2)$$

Os termos Ψ_s, Ψ_p e Ψ_g expressam os efeitos de solutos, pressão e gravidade, respectivamente, sobre a energia livre da água. (Convenções alternativas para expressar os componentes do potencial hídrico são discutidas no **Tópico 5.3 na internet**.) Níveis energéticos precisam ser definidos em relação a um referencial, de maneira análoga à forma como as curvas de nível em um mapa especificam a distância acima do nível do mar. O estado de referência mais utilizado para definir potencial hídrico é água pura sob temperatura ambiente e pressão atmosférica padrão. A altura de referência em geral é estabelecida ou na base da planta (para estudos de plantas inteiras), ou no nível do tecido sob exame (para estudos de movimento de água em nível celular). A seguir, são considerados os termos do lado direito da Equação 5.2.

SOLUTOS O termo Ψ_s, denominado **potencial de soluto** ou **potencial osmótico**, representa o efeito de solutos dissolvidos sobre o potencial hídrico. Os solutos reduzem a energia livre da água por diluição desta. Isso é essencialmente um efeito de entropia, ou seja, a mistura de solutos e água aumenta a desordem ou entropia do sistema e, desse modo, reduz a energia livre. Isso significa que *o potencial osmótico é independente da natureza específica do soluto*. Para soluções diluídas de substâncias indissociáveis, como a sacarose, o potencial osmótico pode ser estimado aproximadamente por:

$$\Psi_s = -RTc_s \quad (5.3)$$

em que R é a constante dos gases (8,32 J mol^{-1} K^{-1}), T é a temperatura absoluta (em graus Kelvin, ou K) e c_s é a concentração de solutos da solução, expressa como **osmolaridade** (moles de solutos totais dissolvidos por litro de água [mol L^{-1}]). O sinal negativo indica que os solutos dissolvidos reduzem o potencial hídrico da solução em relação ao estado de referência da água pura.

A Equação 5.3 é válida para soluções "ideais". Soluções reais com frequência se desviam das ideais, em especial em altas concentrações – por exemplo, maiores que 0,1 mol L^{-1}. A temperatura também afeta o potencial hídrico (ver **Tópico 5.4 na internet**). Ao se tratar de potencial hídrico, assume-se que se está lidando com soluções ideais.

PRESSÃO O termo Ψ_p, denominado **potencial de pressão**, representa o efeito da pressão hidrostática sobre a energia livre da água. Pressões positivas aumentam o potencial hídrico; pressões negativas reduzem-no. Tanto pressões positivas como negativas ocorrem em plantas. A pressão hidrostática positiva dentro das células refere-se à *pressão de turgor*. Pressões hidrostáticas negativas, que frequentemente se desenvolvem nos condutos do xilema, são referidas como **tensão**. Conforme será visto, a tensão é importante no movimento de água de longa distância através da planta. A questão referente a se pressões negativas podem ocorrer em células vivas é discutida no **Tópico 5.5 na internet**.

A pressão hidrostática com frequência é medida como o desvio da pressão atmosférica. Lembre-se que a água em seu estado de referência está à pressão atmosférica, de modo que, de acordo com essa definição, $\Psi_p = 0$ MPa para água no estado-padrão. Assim, o valor de Ψ_p para água pura em um béquer aberto é de 0 MPa, embora sua pressão absoluta seja de cerca de 0,1 MPa (1 atmosfera).

GRAVIDADE A gravidade faz a água mover-se para baixo, a não ser que uma força igual e oposta se oponha à força da gravidade. O **potencial gravitacional** (Ψ_g) depende da altura (h) da água acima do estado de referência dela, da densidade da água (ρ_w) e da aceleração da gravidade (g). Em símbolos, escreve-se:

$$\Psi_g = \rho_w g h \quad (5.4)$$

em que $\rho_w g$ tem um valor de 0,01 MPa m^{-1}. Assim, elevar a água a uma altura de 10 m se traduz em um aumento de 0,1 MPa no potencial hídrico.

O componente gravitacional (Ψ_g) costuma ser omitido em considerações do transporte de água ao nível celular, porque diferenças nesse componente entre células vizinhas são desprezíveis se comparadas às diferenças no potencial osmótico e no potencial de pressão. Portanto, nesses casos, a Equação 5.2 pode ser simplificada como segue:

$$\Psi = \Psi_s + \Psi_p \quad (5.5)$$

Potenciais hídricos podem ser medidos

Crescimento celular, fotossíntese e produtividade de culturas vegetais são fortemente influenciados pelo potencial hídrico e seus componentes. Assim, os botânicos têm despendido considerável esforço no desenvolvimento de métodos acurados e confiáveis para a avaliação do *status* hídrico das plantas.

As principais abordagens para determinar o Ψ usam os psicrômetros (os quais são de dois tipos) ou a câmara de pressão. Os psicrômetros tiram proveito do grande calor latente de vaporização da água, o que permite acuradas medições de (1) pressão de vapor da água em equilíbrio com a amostra ou (2) transferência de vapor de água entre a amostra e uma amostra de Ψ_s conhecido. A câmara de pressão mede o Y pela aplicação da pressão externa de um gás em uma folha excisada até que água seja forçada a sair das células vivas.

Em algumas células, é possível medir Ψ_p diretamente inserindo-se um microcapilar preenchido de líquido, que é ligado a um sensor de pressão, dentro da célula. Em outros casos, Ψ_p é estimado pela diferença entre Ψ e Ψ_s. Concentrações de solutos (Ψ_s) podem ser determinadas utilizando-se uma variedade de métodos, incluindo psicrômetros e instrumentos que medem a redução do ponto de congelamento. Uma explicação detalhada dos instrumentos que têm sido usados para medir Ψ, Ψ_s e Ψ_p pode ser encontrada no **Tópico 5.6 na internet**.

Em discussões sobre água em solos secos e tecidos vegetais com teores de água muito baixos, como sementes, muitas vezes se encontra referência ao **potencial mátrico**, Ψ_m. Nessas condições, a água existe como uma camada muito fina, talvez com uma ou duas moléculas de profundidade, ligada a superfícies sólidas por interações eletrostáticas. Essas interações não são facilmente separadas em seus efeitos sobre Ψ_s e Ψ_p, sendo às vezes combinadas em um único termo, Ψ_m. O potencial mátrico é discutido no **Tópico 5.7 na internet**.

5.5 Potencial hídrico das células vegetais

As células vegetais, em geral, têm potenciais hídricos de 0 MPa ou menos. Um valor negativo indica que a energia livre da água dentro da célula é menor do que a da água pura à temperatura ambiente, pressão atmosférica e mesma altura. À medida que o potencial hídrico da solução circundante da célula muda, a água entra na célula ou a deixa por osmose. Como a água flui para baixo em seu gradiente de potencial hídrico (ou seja, do maior para o menor potencial hídrico), se a água entra ou sai da célula depende do potencial hídrico da célula e da solução ao seu redor. Nesta seção, ilustramos o movimento da água para dentro e para fora das células vegetais com alguns exemplos numéricos.

A água entra na célula ao longo de um gradiente de potencial hídrico

Primeiro, imagine um béquer aberto, cheio de água pura a 20 °C (**Figura 5.9A**). Uma vez que a água está em contato com a atmosfera, o potencial de pressão da água é igual à pressão atmosférica ($\Psi_p = 0$ MPa). Não há solutos na água, de modo que $\Psi_s = 0$ MPa. Finalmente, uma vez que o foco aqui são os processos de transporte que ocorrem dentro do béquer, a altura de referência é definida como igual ao nível do béquer e, portanto, $\Psi_g = 0$ MPa. Logo, o potencial hídrico é 0 MPa ($\Psi = \Psi_s + \Psi_p$).

Agora, imagine dissolver sacarose na água até uma concentração de 0,1 M (**Figura 5.9B**). Essa adição diminui o potencial osmótico (Ψ_s) para –0,244 MPa e reduz o potencial hídrico (Ψ) para –0,244 MPa.

Em seguida, considere uma célula vegetal que foi deixada secar até que sua parede celular não esteja mais recuando no citoplasma (ou seja, uma célula sem pressão de turgor). Podemos descrever uma célula com pressão de turgor zero como flácida porque suas paredes celulares não resistem à deformação. Vamos também supor que a célula tenha uma concentração total de soluto interno de 0,3 M (**Figura 5.9C**). Essa concentração de soluto gera um potencial osmótico (Ψ_s) de –0,732 MPa. Uma vez que a célula está flácida, a pressão interna é igual à pressão atmosférica, de modo que o potencial de pressão (Ψ_p) é 0 MPa e o potencial hídrico da célula é –0,732 MPa.

O que acontece se essa célula for colocada em um béquer contendo 0,1 M de sacarose (ver Figura 5.9C)? Por ser o potencial hídrico da solução de sacarose ($\Psi = -0,244$ MPa; ver Figura 5.9B) maior (menos negativo) do que o potencial hídrico da célula ($\Psi = -0,732$ MPa), a água vai mover-se da solução de sacarose para a célula (de um potencial hídrico alto para um baixo).

Quando a água entra na célula, duas coisas acontecem: a concentração de solutos diminui e a parede celular é

(A) Água pura

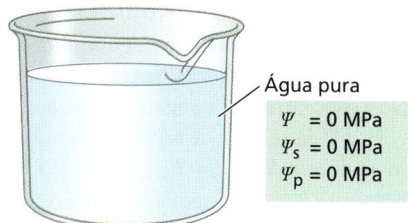

Água pura
$\Psi = 0$ MPa
$\Psi_s = 0$ MPa
$\Psi_p = 0$ MPa

(B) Solução contendo 0,1 M de sacarose

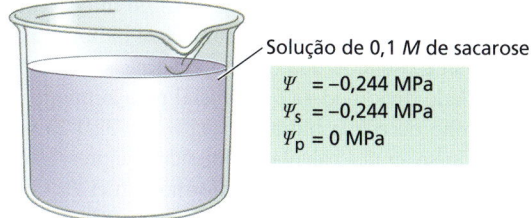

Solução de 0,1 M de sacarose
$\Psi = -0,244$ MPa
$\Psi_s = -0,244$ MPa
$\Psi_p = 0$ MPa

(C) Célula flácida colocada na solução de sacarose

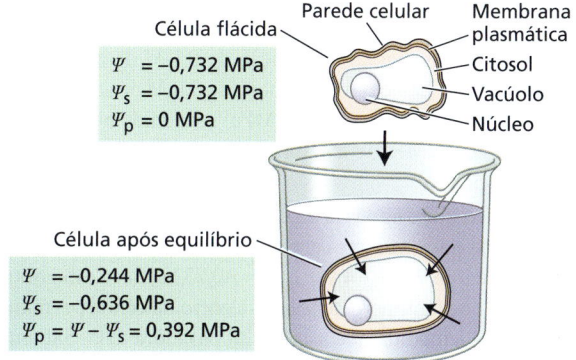

Célula flácida
$\Psi = -0,732$ MPa
$\Psi_s = -0,732$ MPa
$\Psi_p = 0$ MPa

Parede celular
Membrana plasmática
Citosol
Vacúolo
Núcleo

Célula após equilíbrio
$\Psi = -0,244$ MPa
$\Psi_s = -0,636$ MPa
$\Psi_p = \Psi - \Psi_s = 0,392$ MPa

Figura 5.9 Gradientes de potencial hídrico podem causar a entrada de água em uma célula. (A) Água pura. (B) Uma solução contendo 0,1 M de sacarose. (C) Uma célula flácida (em ar) é mergulhada em uma solução de 0,1 M de sacarose. Uma vez que o potencial hídrico inicial da célula é menor do que o potencial hídrico da solução, a célula absorve água. Após o equilíbrio, o potencial hídrico da célula iguala-se ao potencial hídrico da solução, e o resultado é uma célula com uma pressão de turgor positiva.

empurrada para fora. Ambas as ações contribuem para o aumento do potencial hídrico da célula. Uma menor concentração de soluto está associada a uma menor (menos negativa) Ψ_s, enquanto, à medida que a célula aumenta de volume, a parede celular se estende um pouco, mas também resiste à deformação. Isso faz com que a parede empurre de volta o conteúdo da célula, o que aumenta o potencial depressão (Ψ_p) da célula.

Consequentemente, o potencial hídrico da célula (Ψ) aumenta, e a diferença entre os potenciais hídricos interno e externo ($\Delta\Psi$) é reduzida. Por fim, o Ψ da célula alcança o mesmo valor do Ψ da solução de sacarose. Nesse ponto, a célula está em equilíbrio com a solução circundante – $\Psi_{(célula)} = \Psi_{(solução)}$ –, e o transporte líquido de água cessa ($\Delta\Psi = 0$ MPa).

Como o volume do béquer é muito maior que o da célula, a minúscula quantidade de água absorvida pela célula não afeta significativamente a concentração de soluto da solução de sacarose. Por isso, Ψ_s, Ψ_p e Ψ da solução de sacarose não são alterados. Portanto, em equilíbrio, $\Psi_{(célula)} = \Psi_{(solução)} = -0{,}244$ MPa.

O cálculo do Ψ_p e do Ψ_s celular requer o conhecimento da variação no volume celular. Neste exemplo, admite-se que se sabe que o volume celular aumentou em 15%, de tal modo que o volume da célula túrgida é 1,15 vez aquele da célula flácida. Admitindo-se que o número de solutos no interior da célula permanece constante à medida que ela se hidrata, a concentração final de solutos será diluída em 15%. O novo Ψ_s pode ser calculado dividindo-se o Ψ_s inicial pelo aumento relativo no tamanho da célula hidratada: $\Psi_s = -0{,}732/1{,}15 = -0{,}636$ MPa. Pode-se, então, calcular o potencial de pressão da célula rearranjando a Equação 5.5 conforme segue: $\Psi_p = \Psi - \Psi_s = (-0{,}244) - (-0{,}636) = 0{,}392$ MPa (ver Figura 5.9C).

A água também pode sair da célula em resposta a um gradiente de potencial hídrico

Se agora a célula vegetal da solução de 0,1 M de sacarose for removida e colocada em uma solução de 0,3 M de sacarose (**Figura 5.10A**), o $\Psi_{(solução)}$ (–0,732 MPa) será mais negativo que o $\Psi_{(célula)}$ (–0,244 MPa), e a água vai se mover da célula túrgida para a solução.

À medida que a água sai da célula, o volume celular decresce. À medida que o volume celular diminui, Ψ_p e Ψ celulares diminuem até que $\Psi_{(célula)} = \Psi_{(solução)} = -0{,}732$ MPa. Como antes, assume-se que o número de solutos dentro da célula permanece constante à medida que a água flui para fora dela. Sabemos que Ψ_s na célula flácida era –0,732 MPa (ver Figura 5.9C) ou exatamente o mesmo que o novo $\Psi_{(solução)}$. Isso significa que o volume da célula diminuirá de volta ao da célula flácida (de 115 para 100%), em que $\Psi_s = -0{,}732$ MPa. Isso permite que se calcule que o $\Psi_p = 0$ MPa usando a Equação 5.5.

No caso, o protoplasto afasta-se da parede celular (i.e., a célula plasmolisa), pois moléculas de sacarose são capazes de passar pelos poros relativamente grandes das paredes celulares. Quando isso ocorre, a diferença de potencial hídrico entre o citoplasma e a solução ocorre inteiramente ao longo da membrana plasmática, e, assim, o protoplasto contrai-se independentemente da parede celular. Por outro lado, quando uma célula desidrata no ar (p. ex., como a célula flácida na Figura 5.9C), a plasmólise não ocorre. Assim, a célula (citoplasma + parede) contrai-se como um todo, resultando na deformação mecânica da parede à medida que a célula perde volume. O **Tópico 5.8 na internet** discute por que as células desidratadas osmoticamente usando solutos que podem permear a parede celular sofrem plasmólise, enquanto as células secas ao ar sofrem citorrese.

Se, em vez de ser colocada na solução de 0,3 M de sacarose, a célula túrgida for deixada na solução de 0,1 M e for lentamente comprimida entre duas placas (**Figura 5.10B**), o Ψ_p celular será efetivamente aumentado, elevando, assim, o Ψ celular e criando um $\Delta\Psi$, de modo que a água agora flui para *fora* da célula. Isso é análogo ao processo industrial de osmose reversa, no qual uma pressão aplicada externamente é usada para separar a água de solutos dissolvidos, forçando sua passagem por uma barreira semipermeável. Se a compressão continuar até que metade da água da célula seja removida e depois se mantiver a célula nessa condição, ela atingirá um novo equilíbrio. Como no exemplo anterior, em equilíbrio, $\Delta\Psi = 0$ MPa, e a quantidade de água adicionada à solução externa é tão pequena que pode ser ignorada. A célula retornará, então, ao valor de Ψ que tinha antes do procedimento de compressão. No entanto, os componentes do Ψ celular serão bem diferentes.

Uma vez que metade da água celular foi retirada da célula enquanto os solutos permaneceram dentro dela (a membrana plasmática é seletivamente permeável), a concentração da solução celular é duplicada e, assim, o Ψ_s é menor (–0,636 MPa $\times$ 2 = –1,272 MPa). Conhecendo-se os valores finais de Ψ e Ψ_s, pode-se calcular o potencial de pressão, usando a Equação 5.5, uma vez que $\Psi_p = \Psi - \Psi_s = (-0{,}244$ MPa$) - (-1{,}272$ MPa$) = 1{,}028$ MPa.

No exemplo, é usada uma força externa para se alterar o volume celular sem uma mudança no potencial hídrico. Na natureza, em geral, é o potencial hídrico do ambiente celular que se altera, e a célula ganha ou perde água, até que seu Ψ se iguale ao do meio circundante.

Um ponto comum em todos esses exemplos merece ênfase: *o fluxo de água através de membranas é um processo passivo; ou seja, a água move-se em resposta a forças físicas, em direção a regiões de baixo potencial hídrico ou de baixa energia livre*. Não há "bombas" metabólicas conhecidas (p. ex., reações governadas por hidrólise de ATP) que possam ser usadas para direcionar a água através de uma membrana semipermeável contra seu gradiente de energia livre.

A única situação em que se pode dizer que a água se move através de uma membrana semipermeável contra seu gradiente de potencial hídrico é quando ela está acoplada ao movimento de solutos. O transporte de açúcares, de aminoácidos ou de outras moléculas pequenas por intermédio de diversas proteínas de membrana pode "arrastar" até 260 moléculas de água pela membrana por molécula de soluto transportado.

Esse transporte de água pode ocorrer mesmo quando o movimento é contra o gradiente habitual de potencial hídrico (i.e., em direção a um potencial hídrico maior), pois a perda de energia livre pelo soluto mais do que compensa o ganho de energia livre pela água. A mudança líquida na energia livre permanece negativa. A quantidade de água transportada desse modo em geral é muito pequena se comparada com o movimento passivo de água a favor do gradiente de potencial hídrico.

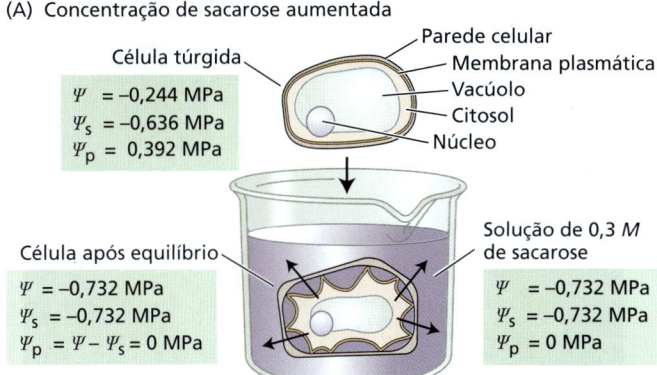
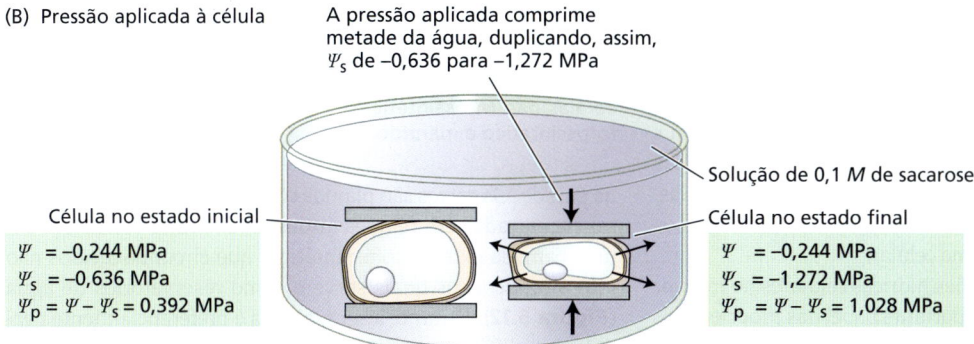

Figura 5.10 Gradientes de potencial hídrico podem causar a saída de água de uma célula. (A) Se movermos a célula túrgida na Figura 5.9C para uma solução com maior concentração de sacarose, a célula perderá água. A concentração de sacarose aumentada baixa o potencial hídrico da solução, retira água da célula, reduzindo, portanto, a pressão de turgor celular. (B) Outra maneira de fazer a célula perder água é comprimi-la lentamente entre duas placas. Nesse caso, metade da água celular é removida, de modo que o potencial osmótico aumenta por um fator de 2.

O potencial hídrico e seus componentes variam com as condições de crescimento e sua localização dentro da planta

Em folhas de plantas bem hidratadas, Ψ varia de –0,2 a cerca de –1,0 MPa em plantas herbáceas e a –2,5 MPa em árvores e arbustos. Folhas de plantas em climas áridos podem ter Ψ muito menores, caindo abaixo de –10 MPa sob as condições mais extremas.

Assim como os valores de Ψ dependem das condições de crescimento e do tipo de planta, também os valores de Ψ_s podem variar consideravelmente. Dentro das células de hortaliças bem hidratadas (exemplos incluem alface, plântulas de pepino e folhas de feijoeiro), o Ψ_s pode ser de até –0,5 MPa (baixa concentração de solutos na célula), embora valores de –0,8 a –1,2 MPa sejam mais típicos. Em plantas lenhosas, o Ψ_s tende a ser mais baixo (concentrações mais altas de solutos na célula), permitindo o Ψ mais negativo ao meio-dia, típico dessas plantas, o qual ocorre sem uma perda na pressão de turgor.

Embora o Ψ_s *dentro* das células possa ser bastante negativo, a solução no apoplasto envolvendo as células – isto é, nas paredes celulares e no xilema – costuma ser bastante diluída. O Ψ_s do apoplasto em geral é de –0,1 a 0 MPa, embora, em certos tecidos (p. ex., frutos em desenvolvimento) e hábitats (p. ex., ambientes altamente salinos), a concentração de solutos no apoplasto possa ser grande.

Valores de Ψ_p dentro de células de plantas bem hidratadas podem variar desde 0,1 até 3 MPa, dependendo do valor de Ψ_s no interior da célula. Uma planta **murcha** quando a pressão de turgor dentro das células desses tecidos cai em direção a zero.

À medida que mais água é perdida pela célula, suas paredes tornam-se mecanicamente deformadas e, como consequência, ela pode ser danificada.

■ 5.6 Propriedades da parede celular e da membrana plasmática

Os elementos estruturais fazem importantes contribuições para as relações hídricas das células vegetais. A elasticidade da parede celular define a relação entre a pressão de turgor e o volume celular, enquanto a permeabilidade à água da membrana plasmática e do tonoplasto influencia a taxa na qual as células trocam água com suas adjacências. Nesta seção, é examinado como a parede celular e as propriedades da membrana influenciam o *status* hídrico das células vegetais.

Pequenas mudanças no volume da célula vegetal causam grandes mudanças na pressão de turgor

As paredes celulares proporcionam às células vegetais um grau substancial de homeostase de volume em relação às grandes mudanças no potencial hídrico que elas sofrem todos os dias como consequência das perdas de água por transpiração associadas à fotossíntese (ver Capítulo 6). Por terem paredes bem rígidas, uma mudança no Ψ celular vegetal em geral é acompanhada por uma grande variação em Ψ_p, com relativamente pouca modificação no volume da célula (protoplasto), visto que Ψ_p é maior do que 0.

Tal fenômeno é ilustrado pela curva *pressão–volume* mostrada na **Figura 5.11**. À medida que Ψ decresce de 0 para cerca de –1,2 MPa, o conteúdo de água percentual ou relativo é reduzido em somente um pouco mais do que 5%. A maior parte desse decréscimo ocorre devido a uma redução em Ψ_p (de cerca de 1,0 MPa); Ψ_s diminui menos do que 0,2 MPa como resultado do aumento da concentração de solutos celulares.

As medições de potencial hídrico celular e de volume celular podem ser usadas para quantificar como as propriedades da parede celular influenciam o *status* hídrico de células vegetais. Na maioria das células, a pressão de turgor aproxima-se de zero à medida que o volume celular decresce em 10 a 15%.

O módulo volumétrico de elasticidade, simbolizado por ε (a letra grega épsilon), pode ser determinado pelo exame da relação entre Ψ_p e o volume celular: ε é a mudança em Ψ_p para uma dada mudança no volume relativo (ε = ΔΨ_p/Δ[volume relativo]). Células com um grande ε têm paredes rígidas e, portanto, exibem variação maiores na pressão de turgor para uma mesma variação no volume celular que uma célula com um ε menor e paredes mais elásticas. As propriedades mecânicas das paredes celulares variam entre espécies e tipos de células, resultando em diferenças significativas na extensão na qual os déficits hídricos afetam o volume celular.

Uma comparação das relações hídricas celulares no interior de caules de cactos ilustra o importante papel das propriedades

Figura 5.12 Corte transversal de um caule de cactos, mostrando uma camada fotossintética externa e um tecido não fotossintético interno, que tem um papel na armazenagem de água. Durante a seca, a água é perdida preferencialmente das células não fotossintéticas; assim, o *status* hídrico do tecido fotossintético é mantido.

da parede. Os cactos são plantas com caules suculentos, em geral encontradas em regiões áridas. Seus caules consistem em uma camada externa fotossintética* que circunda tecidos não fotossintéticos, os quais servem como reservatórios de água (**Figura 5.12**). Durante a seca, a água é preferencialmente perdida dessas células mais internas, apesar de o potencial hídrico dos dois tipos de células permanecer em equilíbrio (ou "muito próximo do equilíbrio"). Como isso acontece?

Estudos detalhados de *Opuntia ficus-indica* demonstram que as células que armazenam água são maiores e têm paredes mais finas do que as células fotossintéticas e, desse modo, são mais flexíveis (têm menor ε). Para determinado decréscimo em potencial hídrico, uma célula que armazena água perderá uma fração maior de seu conteúdo de água do que uma célula fotossintética. Além disso, a concentração de solutos das células de armazenagem de água decresce durante a seca, em parte devido à polimerização de açúcares solúveis em grânulos de amido insolúveis. Uma resposta vegetal mais típica à seca é acumular solutos, em parte para impedir a perda de água pelas células. No entanto, no caso de cactos, a combinação de paredes celulares mais flexíveis e de um decréscimo na concentração de solutos durante a seca permite que a água seja retirada preferencialmente das células de armazenagem de água, assim ajudando a manter a hidratação dos tecidos fotossintéticos.

A taxa na qual as células ganham ou perdem água é influenciada pela condutividade hidráulica da membrana celular

Até agora, foi visto que a água se move para dentro e para fora das células em resposta a um gradiente de potencial hídrico. A direção do fluxo é determinada pela direção do gradiente de Ψ, e a taxa de movimento de água é proporcional à magnitude do gradiente propulsor. Entretanto, para uma célula que é

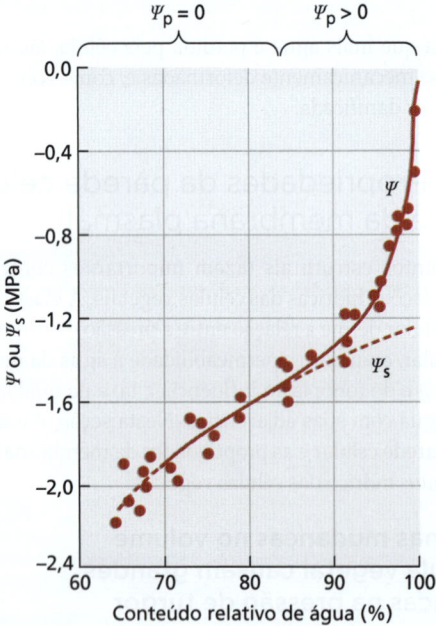

Figura 5.11 Relação entre potencial hídrico (Ψ), potencial de soluto (Ψ_s) e conteúdo relativo de água (ΔV/V) em folhas de algodoeiro (*Gossypium hirsutum*). Observe que o potencial hídrico (Ψ) decresce pronunciadamente com a redução inicial no conteúdo relativo de água. Em comparação, Ψ_s muda pouco. À medida que o volume celular decresce abaixo de 90% neste exemplo, a situação se inverte: a maior parte da alteração no potencial hídrico é devida a uma queda no Ψ_s celular, acompanhada por relativamente pouca alteração na pressão de turgor. (Segundo T. C. Hsiao and L. K. Xu. 2000. *J. Exp. Bot.* 51. 1595–1616.)

---

* N. de R.T. Na verdade, essa "camada fotossintética" é formada por camadas celulares clorofiladas, cujo número é variável.

exposta a uma alteração no potencial hídrico do entorno (p. ex., ver Figuras 5.9 e 5.10), o movimento de água através da membrana celular diminuirá com o tempo, à medida que os potenciais hídricos interno e externo convirjam (**Figura 5.13**). A taxa aproxima-se de zero de maneira exponencial. O tempo que a taxa leva para reduzir pela metade – seu tempo de meia-vida, ou $t_{1/2}$ – é dado pela seguinte equação:

$$t_{1/2} = \left(\frac{0{,}693}{(A)(Lp)}\right)\left(\frac{V}{\varepsilon - \Psi_s}\right) \quad (5.6)$$

em que V e A são, respectivamente, o volume e a superfície da célula, e Lp é a condutividade hidráulica da membrana plasmática. A **condutividade hidráulica** descreve o quão prontamente a água pode se mover através de uma membrana; ela é expressa em termos do volume de água por unidade de área de membrana, por unidade de tempo, por unidade de força motora (i.e., $m^3\ m^{-2}\ s^{-1}\ MPa^{-1}$). Para discussão adicional sobre condutividade hidráulica, ver **Tópico 5.9 na internet**.

Um tempo de meia-vida curto significa equilíbrio rápido. Assim, células com uma grande razão de superfície:volume, alta condutividade hidráulica e paredes celulares rígidas (grande ε) atingirão rapidamente o equilíbrio com o entorno.

Os tempos de meia-vida celulares costumam variar de 1 a 10 s, embora alguns sejam muito mais curtos. Devido a seus tempos de meia-vida curtos, células individuais atingem o equilíbrio de potencial hídrico com seu entorno em menos de 1 min. Para tecidos multicelulares, os tempos de meia-vida podem ser muito mais longos.

Aquaporinas facilitam o movimento de água através das membranas plasmáticas

Por muitos anos, os fisiologistas vegetais estiveram em dúvida sobre como a água se move através de membranas vegetais. Especificamente, havia dúvida sobre se o movimento de água para dentro das células limitava-se à difusão de moléculas de água através da bicamada lipídica da membrana plasmática ou se ele também envolvia difusão por poros proteicos (**Figura 5.14**). Alguns estudos indicaram que a difusão diretamente através da bicamada lipídica não era suficiente para explicar as taxas observadas de movimento de água pelas membranas, mas a evidência em favor de poros microscópicos não era convincente.

Essa incerteza foi desfeita em 1991 com a descoberta das **aquaporinas** (ver Figura 5.14). Aquaporinas são proteínas integrais de membrana que formam canais seletivos à água através da membrana. Como a água se difunde muito mais rapidamente através desses canais do que através de uma bicamada lipídica, as aquaporinas facilitam o movimento de água para dentro das células vegetais.

Embora as aquaporinas possam alterar a *taxa* de movimento da água através da membrana, elas não mudam a *direção de transporte* ou a *força motora* para o movimento da água. No entanto, as aquaporinas podem ser reversivelmente "reguladas"

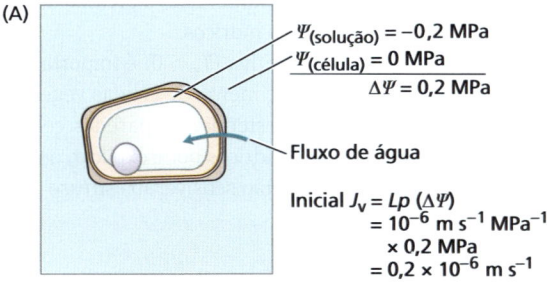

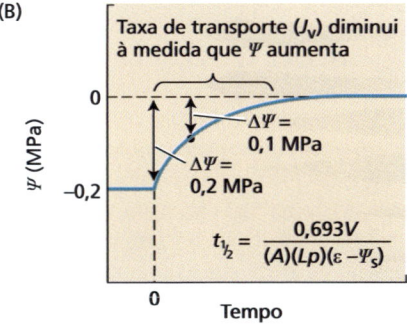

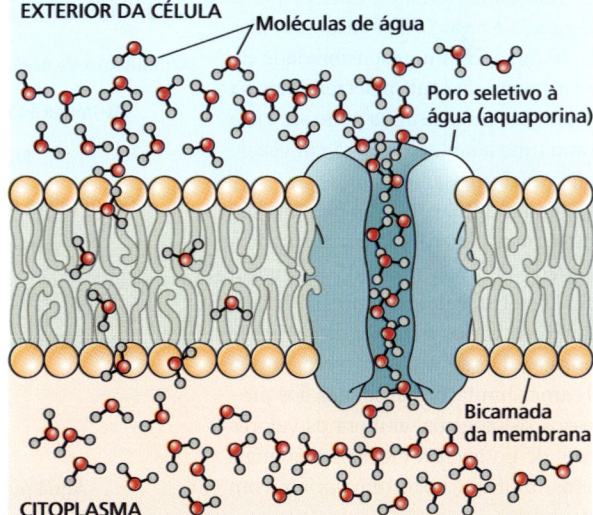

Figura 5.13 A taxa de transporte de água para dentro de uma célula depende da magnitude da diferença de potencial hídrico (ΔΨ) e da condutividade hidráulica da membrana plasmática (*Lp*). (A) Neste exemplo, a magnitude da diferença de potencial hídrico inicial é 0,2 MPa e a *Lp* é $10^{-6}\ m\ s^{-1}\ MPa^{-1}$. Esses valores geram uma taxa de transporte inicial (J_v) de $0{,}2 \times 10^{-6}\ m\ s^{-1}$. (B) À medida que a água é absorvida pela célula, a diferença de potencial hídrico decresce com o tempo, levando a uma redução na taxa de absorção de água. Esse efeito segue um curso temporal de decaimento exponencial com uma meia-vida ($t_{1/2}$) que depende dos seguintes parâmetros celulares: volume (*V*), área de superfície (*A*), condutividade (*Lp*), módulo volumétrico de elasticidade (ε) e potencial osmótico celular (Ψ_s).

Figura 5.14 A água pode atravessar as membranas biológicas por difusão. A água pode atravessar membranas vegetais pela difusão de suas moléculas individuais através da bicamada lipídica da membrana, conforme mostrado à esquerda, e pela difusão linear de moléculas de água através de poros seletivos para a água, formados por proteínas integrais de membrana, como as aquaporinas.

(i.e., oscilar entre um estado aberto e um fechado) em resposta a parâmetros fisiológicos, como níveis intracelulares de pH e Ca^{2+}. Como resultado, as plantas têm a capacidade de regular a permeabilidade à água de suas membranas plasmáticas (ver Capítulo 8).

5.7 O *status* hídrico da planta

O conceito de potencial hídrico tem dois usos principais: primeiro, o potencial hídrico governa o transporte através de membranas plasmáticas, conforme foi descrito. Segundo, ele é comumente utilizado como uma medida do *"status* hídrico" de uma planta. Nesta seção, discute-se como o conceito de potencial hídrico auxilia na avaliação do *status* hídrico de uma planta.

Os processos fisiológicos são afetados pelo *status* hídrico da planta

Devido à perda de água por transpiração para a atmosfera, as plantas raramente estão completamente hidratadas. Durante períodos de seca, elas sofrem déficits hídricos que levam à inibição do crescimento e da fotossíntese. A **Figura 5.15** lista algumas das mudanças fisiológicas que ocorrem quando as plantas ficam submetidas a condições cada vez mais secas.

A sensibilidade de determinado processo fisiológico a déficits hídricos é, em grande parte, um reflexo da estratégia da planta em lidar com a faixa de variação na disponibilidade de água que ela experimenta em seu ambiente. De acordo com a Figura 5.15, o processo que é mais afetado pelo déficit hídrico é o da expansão celular. Em muitas plantas, reduções no suprimento hídrico inibem o crescimento do caule e a expansão foliar, mas *estimulam* o alongamento das raízes. Um aumento relativo nas raízes em relação às folhas é uma resposta adequada a reduções na disponibilidade de água; assim, a sensibilidade do crescimento do caule a decréscimos na disponibilidade de água pode ser vista como uma adaptação à seca em vez de uma restrição fisiológica.

No entanto, o que as plantas não conseguem fazer é alterar a disponibilidade de água no solo* (A Figura 5.15 mostra valores representativos do Ψ em vários estágios de estresse hídrico.) Desse modo, a seca impõe algumas limitações absolutas aos processos fisiológicos, embora os valores reais de potenciais hídricos nos quais essas limitações ocorrem variem com as espécies.

A acumulação de solutos ajuda a manter a pressão de turgor e o volume das células

A capacidade de manter atividade fisiológica à medida que a água se torna menos disponível acarreta alguns custos. A planta pode despender energia para acumular solutos para manter a pressão de turgor, investir no crescimento de órgãos não fotossintéticos, como raízes, para aumentar a capacidade de absorção de água, ou formar vasos (xilema) capazes de suportar altas pressões negativas. Portanto, as respostas fisiológicas à disponibilidade de água refletem um conflito (*trade-off*) entre os benefícios advindos da capacidade de executar processos fisiológicos (p. ex., crescimento) por uma vasta gama de condições ambientais e os custos associados a essa capacidade.

Plantas que crescem em ambientes salinos, denominadas **halófitas**, em geral apresentam valores muito baixos de Ψ_s. Um Ψ_s baixo reduz o Ψ celular o suficiente para permitir às células da raiz extraírem água da água salina sem permitirem que níveis excessivos de sais entrem ao mesmo tempo. As plantas também podem exibir Ψ_s bastante negativos sob condições de seca. O estresse hídrico, em geral, conduz a uma acumulação de solutos no citoplasma e no vacúolo das células vegetais, permitindo, desse modo, que elas mantenham a pressão de turgor a despeito dos baixos potenciais hídricos.

Uma pressão de turgor positiva ($\Psi_p > 0$) é importante por várias razões. Primeiro, o crescimento de células vegetais requer pressão de turgor para estender as paredes celulares. A perda de turgor sob déficits hídricos pode explicar, em parte, por que o crescimento celular é tão sensível ao estresse hídrico,

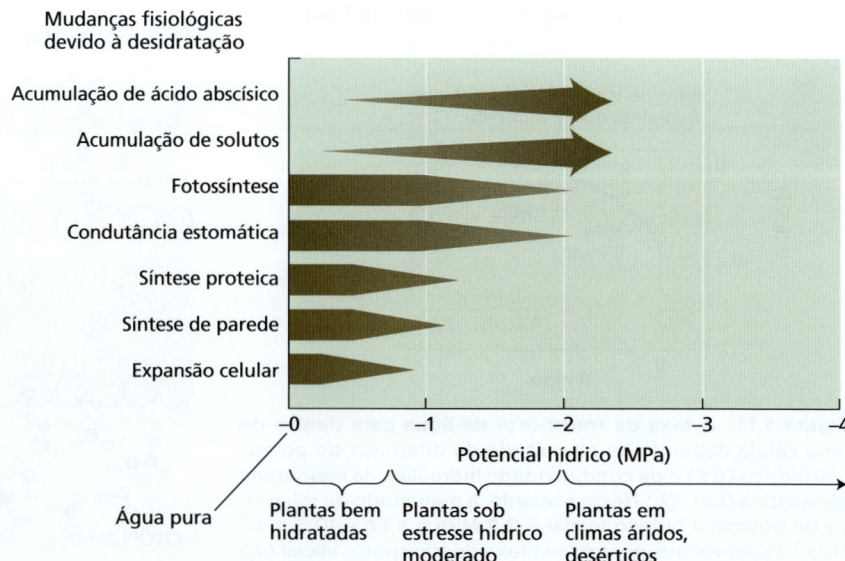

Figura 5.15 **Sensibilidade de diversos processos fisiológicos a alterações no potencial hídrico sob variadas condições de crescimento.** A espessura das setas corresponde à magnitude do processo. Por exemplo, a expansão celular decresce à medida que o potencial hídrico cai (torna-se mais negativo). As setas indicam processos que são ativados por déficits hídricos. O ácido abscísico é um hormônio que induz o fechamento estomático durante o estresse hídrico (ver Capítulo 15). (Segundo T.C. Hsiao. *Annu. Rev. Plant Physiol.* 24. 519–570.)

---

* N. de T. Contudo, as plantas podem, pela redistribuição hidráulica, redistribuir a água ao longo do perfil de solo.

assim como por que essa sensibilidade pode ser modificada pela variação do potencial osmótico celular (ver Capítulo 15). A pressão de turgor também contribui para a rigidez mecânica de células e tecidos não lignificados, permite que os estômatos se abram (Capítulo 6) e impulsiona o movimento dos açúcares através do floema (Capítulo 12).

No entanto, o principal benefício de manter a pressão de turgor positiva pode ser permitir que as grandes flutuações no potencial hídrico que ocorrem a cada dia sejam acomodadas, principalmente por meio de mudanças na pressão de turgor e não no volume celular. Grandes flutuações no volume celular podem prejudicar os processos metabólicos por meio de seu impacto nas concentrações dos principais metabólitos. A existência de moléculas sinalizadoras na membrana plasmática que são ativadas por extensão sugere que as células vegetais podem perceber mudanças em seu *status* hídrico via mudanças no volume, em vez de responderem diretamente à pressão de turgor.

Resumo

5.1 A água na vida das plantas

- A água limita a produtividade tanto de ecossistemas agrícolas como de ecossistemas naturais (**Figuras 5.1, 5.2**).
- Cerca de 97% da água absorvida pelas raízes são conduzidos pela planta e perdidos por transpiração a partir das superfícies foliares.
- A absorção de CO_2 é acoplada à perda de água por meio de uma rota difusional em comum.

5.2 A estrutura e as propriedades da água

- A polaridade e a forma tetraédrica das moléculas de água permitem a elas formar pontes de hidrogênio, que dão à água suas propriedades físicas incomuns; ela é um excelente solvente e tem um alto calor específico, um extraordinariamente alto calor latente de vaporização e uma alta resistência à tensão (**Figuras 5.3, 5.6**).
- A coesão, a adesão e a tensão superficial dão origem à capilaridade (**Figuras 5.4, 5.5**).

5.3 Difusão e osmose

- O movimento térmico aleatório de moléculas resulta em difusão (**Figuras 5.7, 5.8**).
- A difusão é importante por pequenas distâncias. O tempo médio para uma substância difundir-se a uma distância determinada aumenta com o quadrado da distância.
- Osmose é o movimento líquido de água através de uma barreira seletivamente permeável.

5.4 Medindo o potencial hídrico

- O potencial químico da água é uma medida da energia livre da água. É quantificada como a diferença entre a energia livre da água em um determinado estado e a energia livre da água em um estado padrão.
- Concentração, pressão e gravidade contribuem para o potencial hídrico (Ψ) nas plantas.
- Ψ_s, o potencial de soluto ou potencial osmótico, representa a diluição de solutos pela água e a redução da energia livre da água.
- Ψ_p, o potencial de pressão, representa o efeito da pressão hidrostática sobre a energia livre da água. Pressão positiva (pressão de turgor) eleva o potencial hídrico; pressão negativa (tensão) o reduz.
- Ψ_g, o potencial gravitacional, representa o efeito da gravidade sobre a energia livre da água. A gravidade deve ser considerada quando se pensa no movimento da água nas árvores, mas pode ser omitida no cálculo do potencial hídrico da célula.

5.5 Potencial hídrico das células vegetais

- As células vegetais geralmente têm potenciais hídricos negativos.
- A água entra na célula ou sai dela de acordo com o gradiente de potencial hídrico.
- Quando uma célula flácida é colocada em uma solução que tem um potencial hídrico maior (menos negativo) do que o potencial hídrico da célula, a água se moverá da solução para dentro da célula (do potencial hídrico alto para o baixo) (**Figura 5.9**).
- À medida que a água entra, a parede celular resiste sendo estendida e aumentando a pressão de turgor (Ψ_p) da célula.
- Em equilíbrio [$\Psi_{(célula)} = \Psi_{(solução)}$; $\Delta\Psi = 0$], o movimento líquido da água cessa.
- Quando uma célula vegetal túrgida é colocada em uma solução de sacarose que tem um potencial hídrico mais negativo do que o potencial hídrico da célula, a água se moverá da célula túrgida para a solução (**Figura 5.10**).
- Se a célula for comprimida, seu Ψ_p é aumentado, assim como o Ψ celular, resultando em um $\Delta\Psi$, de tal modo que a água flui para fora da célula (**Figura 5.10**).

5.6 Propriedades da parede celular e da membrana plasmática

- A elasticidade da parede celular define a relação entre pressão de turgor e volume celular, enquanto a permeabilidade à água da membrana plasmática e do tonoplasto determina quão rápido as células trocam água com seu entorno.
- Uma vez que as células vegetais têm paredes relativamente rígidas, pequenas alterações no volume delas causam grandes variações na pressão de turgor (**Figura 5.11**).
- Para qualquer $\Delta\Psi$ inicial diferente de zero, o movimento líquido de água através da membrana diminuirá com o tempo à medida que os potenciais hídricos, interno e externo, convergirem (**Figura 5.13**).

Resumo

- Aquaporinas são canais de membrana seletivos à água (**Figura 5.14**).

5.7 O *status* hídrico da planta

- Durante a seca, a fotossíntese e o crescimento são inibidos, enquanto as concentrações de ácido abscísico e de solutos aumentam (**Figura 5.15**).
- Durante a seca, as plantas devem utilizar energia para manter a pressão de turgor por acumulação de solutos, assim como para sustentar o crescimento radicular e vascular.
- Moléculas sinalizadoras ativadas por extensão na membrana plasmática podem permitir às células vegetais perceber mudanças em seu *status* hídrico por meio de alterações no volume.

Material da internet

- **Tópico 5.1 Cálculo do aumento na capilaridade** A quantificação da ascensão capilar permite a avaliação de seu papel funcional no movimento da água nas plantas.
- **Tópico 5.2 Cálculo das meias-vidas de difusão** A avaliação do tempo necessário para uma molécula como a glicose difundir-se por meio de células, tecidos e órgãos mostra que a difusão tem relevância fisiológica apenas em curtas distâncias.
- **Tópico 5.3 Convenções alternativas para os componentes do potencial hídrico** Os fisiologistas vegetais desenvolveram várias convenções para definir o potencial hídrico em plantas. Uma comparação das principais definições em alguns desses sistemas de convenção proporciona um melhor entendimento da literatura de relações hídricas.
- **Tópico 5.4 Potencial térmico e hídrico** A variação na temperatura entre 0 e 30 °C tem um efeito relativamente pequeno no potencial osmótico.
- **Tópico 5.5 Pressões de turgor negativas podem existir em células vivas?** Admite-se que o Ψ_p seja 0 ou maior em células vivas; isso é verdade para células vivas com paredes lignificadas?
- **Tópico 5.6 Mensuração do potencial hídrico** Vários métodos estão disponíveis para medir o potencial hídrico nas células e nos tecidos vegetais.
- **Tópico 5.7 O potencial mátrico** O potencial mátrico é usado para quantificar o potencial químico da água em solos, sementes e paredes celulares.
- **Tópico 5.8 Murchamento e plásmólise** A plasmólise é uma importante mudança estrutural* resultante de uma grande perda de água por osmose.
- **Tópico 5.9 Compreensão da condutividade hidráulica** Condutividade hidráulica, uma medida da permeabilidade da membrana à água, é um dos fatores que determinam a velocidade do movimento da água nas plantas.

Para mais recursos de aprendizagem (em inglês), acesse **oup.com/he/taiz7e**.

*N. de T. Essa mudança estrutural refere-se à célula vegetal.

Leituras sugeridas

Bartlett, M. K., Scoffoni, C., and Sack, L. (2012) The determinants of leaf turgor loss point and prediction of drought tolerance of species and biomes: A global meta-analysis. *Ecol. Lett.* 15: 393–405.

Chaumont, F., and Tyerman, S. D. (2014) Aquaporins: Highly regulated channels controlling plant water relations. *Plant Physiol.* 164: 1600–1618.

Goldstein, G., Ortega, J. K. E., Nerd, A., and Nobel, P. S. (1991) Diel patterns of water potential components for the crassulacean acid metabolism plant *Opuntia ficus-indica* when well-watered or droughted. *Plant Physiol.* 95: 274–280.

Kramer, P. J., and Boyer, J. S. (1995) *Water Relations of Plants and Soils*. Academic Press, San Diego.

Maurel, C., Verdoucq, L., Luu, D.-T., and Santoni, V. (2008) Plant aquaporins: Membrane channels with multiple integrated functions. *Annu. Rev. Plant Biol.* 59: 595–624.

Munns, R. (2002) Comparative physiology of salt and water stress. *Plant Cell Environ.* 25: 239–250.

Nobel, P. S. (1999) *Physicochemical and Environmental Plant Physiology*. 2nd ed. Academic Press, San Diego.

Tardieu, F., Parent, B., Caldeira, C. F., and Welcker, C. (2014) Genetic and physiological controls of growth under water deficit. *Plant Physiol.* 164: 1628–1635.

Wheeler, T. D., and Stroock, A. D. (2008) The transpiration of water at negative pressures in a synthetic tree. *Nature* 455: 208–212.

6 Balanço hídrico das plantas

A vida na atmosfera da Terra apresenta um desafio enorme para as plantas terrestres. Por um lado, a atmosfera é a fonte de dióxido de carbono, necessário para a fotossíntese. Por outro, ela em geral é bastante seca, levando a uma perda líquida de água devido à evaporação. Como as plantas carecem de superfícies que permitam a difusão de CO_2 para seu interior sem impedir a perda de água, a absorção de CO_2 as expõe ao risco de desidratação. Esse problema é agravado porque o gradiente de concentração para a absorção de CO_2 é muito menor do que o gradiente de concentração que regula a perda de água. Para atender as demandas contraditórias de maximizar a absorção de dióxido de carbono enquanto limitam a perda de água, as plantas desenvolveram adaptações que controlam a perda de água pelas folhas e que repõem a água perdida para a atmosfera com água retirada do solo.

Neste capítulo, são examinados os mecanismos e as forças propulsoras que operam no transporte de água dentro da planta e entre a planta e seu ambiente (**Figura 6.1**). Inicialmente, examina-se o transporte de água focando sua presença no solo. Em seguida, considera-se como a água se move do solo para as raízes e destas para outros órgãos, por meio de células de transporte especializadas, até as folhas, onde ela é perdida para a atmosfera. Finaliza-se o capítulo considerando-se as maneiras pelas quais a folha pode controlar a perda de água, bem como a entrada de CO_2, pela regulação da abertura e do fechamento dos estômatos (pequenas aberturas pelas quais ocorre a absorção de CO_2 e a maior parte das perdas de água).

■ 6.1 A água no solo

O conteúdo de água e sua taxa de movimento no solo dependem, em grande parte, do tipo e da estrutura do solo. Em um extremo está a areia, cujas partículas podem medir 1 mm de diâmetro ou mais. Solos arenosos têm uma área de superfície por unidade de grama de solo relativamente pequena e grandes espaços ou canais entre as partículas.

No outro extremo está a argila, cujas partículas têm diâmetros menores que 2 μm. Solos argilosos têm áreas de superfície muito maiores e canais menores entre as partículas. Com o auxílio de substâncias orgânicas como o húmus (matéria orgânica em decomposição), as partículas de argila podem agregar-se em "torrões", possibilitando a formação de grandes canais que ajudam a melhorar a aeração do solo e a infiltração de água.

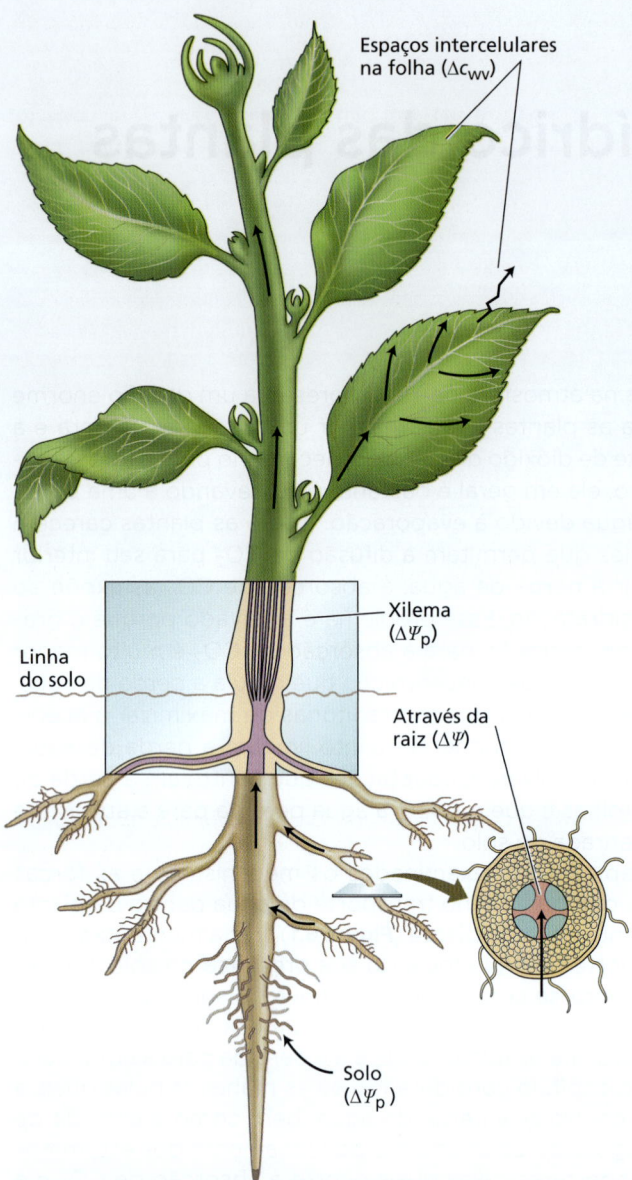

Figura 6.1 Principais forças motrizes do fluxo de água, do solo para a planta e desta para a atmosfera. As diferenças na concentração de vapor de água (Δc_{wv}) entre a folha e o ar são responsáveis pela difusão de vapor de água da folha para o ar; as diferenças no potencial de pressão ($\Delta \Psi_p$) governam o fluxo de massa de água pelos condutos xilemáticos; as diferenças no potencial hídrico ($\Delta \Psi$) são responsáveis pelo movimento de água através de células vivas na raiz.

Quando um solo é fortemente molhado pela chuva ou irrigado (ver **Tópico 6.1 na internet**), a água percorre por gravidade através dos espaços entre as partículas de solo, deslocando parcialmente e, em alguns casos, aprisionando ar nesses canais. Como a água é puxada para dentro dos espaços entre as partículas do solo por capilaridade, os menores canais são preenchidos primeiro. Dependendo da sua quantidade disponível, a água no solo pode existir como uma película aderente à superfície de suas partículas; ela pode preencher os canais menores, mas não os maiores, ou pode preencher todos os espaços entre as partículas.

Em solos arenosos, os espaços entre as partículas são tão grandes que a água tende a drenar a partir deles e permanecer somente sobre as superfícies das partículas e nos espaços onde as partículas entram em contato. Em solos argilosos, os espaços entre as partículas são tão pequenos que muita água é retida contra a força da gravidade. Poucos dias após ser saturado pela chuva, um solo argiloso pode reter 40% da água por unidade de volume. Por outro lado, os solos arenosos em geral retêm somente cerca de 15% de água por volume depois de completamente molhados.

Nesta seção, será examinado como a estrutura física do solo influencia o seu potencial hídrico, como a água se movimenta no solo e como as raízes absorvem a água necessária à planta.

O potencial hídrico do solo é afetado por solutos, tensão superficial e gravidade

Da mesma forma que o potencial hídrico das células vegetais, o potencial hídrico dos solos pode ser dividido em três componentes: o potencial osmótico, o potencial de pressão e o potencial gravitacional. O **potencial osmótico** (Ψ_s; ver Capítulo 5) da água do solo em geral é desprezível, pois, com exceção dos solos salinos, as concentrações de soluto são baixas; um valor típico pode ser –0,02 MPa. Em solos que contêm uma concentração substancial de sais, entretanto, o Ψ_s pode ser bastante negativo, talvez –0,2 MPa ou menor.

O segundo componente do potencial hídrico do solo é o **potencial de pressão** (Ψ_p). Para solos úmidos, o Ψ_p é muito próximo de zero. À medida que o solo seca, o Ψ_p decresce e pode se tornar bastante negativo. De onde vem o potencial de pressão negativa na água do solo e por que o potencial de pressão está relacionado ao conteúdo de água do solo?

Lembrando da discussão sobre capilaridade no Capítulo 5, a água tem uma alta tensão superficial, que tende a minimizar as interfaces ar–água. No entanto, devido às forças de adesão, a água também tende a se prender às superfícies das partículas do solo (**Figura 6.2**). À medida que o conteúdo de água do solo diminui, a água recua para os canais entre as partículas do solo, formando interfaces curvas ar–água. No Capítulo 5, aprendeu-se que a tensão superficial descreve a tendência de contração de uma interface gás–líquido. Se a interface ar–água for curva, a tensão superficial produz uma força resultante perpendicular à superfície que atua para reduzir a área da interface ar–água. Essa força faz com que o potencial de pressão da água no solo diminua de acordo com a equação de Young-Laplace:

$$\Psi_p = \frac{-2T}{r} \qquad (6.1)$$

onde T é a tensão superficial da água ($7{,}28 \times 10^{-2}$ N m^{-1} a 20 °C, equivalente a $7{,}28 \times 10^{-8}$ MPa m), r é o raio de curvatura (em metros) da interface ar–água e o sinal negativo indica que a tensão superficial diminui a pressão na água. Observe que essa é a mesma equação de capilaridade discutida no **Tópico 5.1 na internet** (ver também Figura 5.5), sendo que aqui as partículas

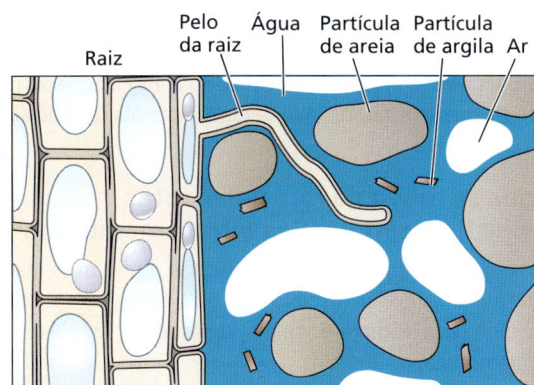

Figura 6.2 Os pelos das raízes fazem um contato íntimo com as partículas do solo e amplificam bastante a área de superfície utilizada para a absorção de água pela planta. O solo é uma mistura de partículas (areia, argila, silte e material orgânico), água, solutos dissolvidos e ar. Quando o solo está úmido, a curvatura das interfaces ar-água é pequena. À medida que a água é absorvida pela planta, a solução do solo recua para pequenos compartimentos, canais e fissuras entre as partículas do solo. Essa recessão faz com que a curvatura das interfaces ar-água no solo aumente, resultando em uma diminuição no potencial de pressão.

de solo são consideradas como completamente hidratáveis (ângulo de contato $\theta = 0$; $\cos \theta = 1$).

À medida que o solo seca, a água é removida primeiro dos espaços maiores entre suas partículas e, então, sucessivamente dos espaços menores entre e dentro das partículas do solo. Nesse processo, o valor de Ψ_p na água do solo pode se tornar bem negativo devido à curvatura crescente das superfícies ar-água em poros de diâmetro sucessivamente menor. Por exemplo, uma curvatura de $r = 1$ μm (aproximadamente do tamanho das maiores partículas de argila) corresponde a um valor de Ψ_p de –0,15 MPa. O valor de Ψ_p pode facilmente alcançar –1 a –2 MPa à medida que a interface ar-água retrocede para dentro dos espaços menores entre as partículas de argila.

O terceiro componente do potencial hídrico do solo é o **potencial gravitacional** (Ψ_g). A gravidade exerce um papel importante na drenagem. O movimento descendente da água deve-se ao fato de que o Ψ_g é proporcional à elevação: maior em elevações maiores e vice-versa. O gradiente em Ψ_g é igual a 0,1 MPa em uma distância de 10 m.

A água move-se pelo solo por fluxo de massa

Massa ou fluxo de massa é o movimento conjunto de moléculas em massa,* na maioria das vezes em resposta à pressão ou gradiente gravitacional. Exemplos comuns de fluxo de massa são a água movendo-se ao longo de uma mangueira de jardim ou rio abaixo. O movimento da água pelos solos é, na maior parte das vezes, por fluxo de massa. Tanto a gravidade quanto a pressão podem impulsionar o fluxo em massa nos solos. No entanto, o movimento da água em direção às raízes é, em grande parte, o resultado de gradientes em Ψ_p ($\Delta\Psi_p$) (ver Figura 6.1).

---
* N. de T. No original, do francês, *en masse*.

A água flui de regiões de maior conteúdo de água no solo, onde os espaços preenchidos com água são maiores e, portanto, o Ψ_p é menos negativo, para regiões de menor conteúdo de água no solo, onde os espaços menores preenchidos com água estão associados a interfaces ar-água mais curvadas e um Ψ_p mais negativo. A difusão do vapor de água das regiões mais úmidas para as mais secas também é responsável por algum movimento da água, embora sua contribuição em relação ao fluxo de líquido seja geralmente insignificante, exceto em solos muito secos.

À medida que absorvem, as plantas esgotam o solo de água junto à superfície das raízes. Esse esgotamento reduz o Ψ_p próximo à superfície da raiz e estabelece um gradiente de pressão em relação às regiões vizinhas do solo que possuem valores mais altos de Ψ_p. Uma vez que os espaços porosos preenchidos com água se interconectam no solo, a água se move obedecendo a um gradiente de pressão em direção à superfície das raízes por fluxo de massa através desses canais.

A taxa de fluxo de água nos solos depende de dois fatores: tamanho do gradiente de pressão pelo solo e condutividade hidráulica do solo. A **condutividade hidráulica do solo** é uma medida da facilidade com que a água se move pelo solo; ela varia com o tipo de solo e com seu conteúdo de água. Solos arenosos, que possuem grandes espaços entre as partículas, têm condutividade hidráulica alta quando saturados, enquanto solos argilosos, com somente espaços mínimos entre suas partículas, têm condutividade hidráulica visivelmente menor.

À medida que o conteúdo de água de um solo decresce, sua condutividade hidráulica diminui drasticamente. Esse decréscimo na condutividade hidráulica do solo deve-se principalmente à substituição da água por ar nos seus espaços. Quando o ar se desloca para dentro de um canal do solo previamente preenchido por água, o movimento de água através daquele canal restringe-se à periferia dele. À medida que mais espaços do solo são preenchidos por ar, o fluxo de água é limitado a menos canais e mais estreitos, e, com isso, a condutividade hidráulica cai. (O **Tópico 6.2 na internet** mostra como a textura do solo influencia tanto a sua capacidade em reter água como sua condutividade hidráulica.)

■ 6.2 Absorção de água pelas raízes

O contato entre a superfície da raiz e o solo é essencial para a absorção efetiva de água. Esse contato proporciona a área de superfície necessária para a absorção de água** e é maximizado pelo crescimento das raízes e dos pelos destas no solo. **Pelos das raízes** são projeções filamentosas das células da epiderme que aumentam significativamente a área de superfície das raízes, proporcionando, assim, maior capacidade para a absorção de íons e água do solo. O exame de indivíduos de trigo de três meses de idade mostrou que os pelos constituíam mais de 60% da área de superfície das raízes (ver Figura 7.7).

A água penetra mais prontamente na raiz próximo ao seu ápice. Regiões maduras da raiz são menos permeáveis à água,

---
** N. de T. Esse contato reduz a chamada resistência da interface solo-raiz à passagem de água e permite melhor absorção de água pela área de superfície das raízes.

porque elas desenvolvem uma camada epidérmica modificada que contém materiais hidrofóbicos em suas paredes. Embora, inicialmente, possa parecer contraintuitivo que qualquer porção do sistema radicular seja impermeável à água, as regiões mais velhas das raízes precisam ser seladas se houver necessidade de absorção de água (e, portanto, fluxo de massa de nutrientes) a partir de regiões do sistema radicular que estão explorando ativamente novas áreas no solo (**Figura 6.3**).

O contato entre o solo e a superfície das raízes é facilmente rompido quando o solo é alterado. Essa é a razão pela qual as plantas e as plântulas recentemente transplantadas precisam ser protegidas da perda de água durante os primeiros dias após o transplante. A partir daí, o novo crescimento das raízes no solo restabelece o contato solo–raiz e a planta pode suportar melhor o estresse hídrico.

A partir de agora, será considerado como a água se move dentro da raiz e os fatores que determinam sua taxa de absorção por esse órgão.

A água se move na raiz pelas rotas apoplástica, simplástica e transmembrana

No solo, a água flui entre suas partículas. Entretanto, da epiderme até a endoderme, existem três rotas pelas quais a água pode fluir (**Figura 6.4**): a apoplástica, a simplástica e a transmembrana.

1. O apoplasto é o sistema contínuo de paredes celulares, espaços intercelulares de aeração e lumes de células não vivas (p. ex., condutos do xilema e fibras). Nessa rota, a água move-se pelas paredes celulares e por espaços extracelulares (sem atravessar qualquer membrana) à medida que se desloca ao longo do parênquima cortical da raiz.
2. O simplasto consiste na rede completa de citoplasmas celulares interconectados por plasmodesmos. Nessa rota, a água desloca-se através do córtex da raiz via plasmodesmos (ver Capítulo 1).
3. A rota transmembrana é a via pela qual a água entra em uma célula por um lado, sai pelo outro lado, entra na próxima célula da série e assim por diante. Nessa rota, a água atravessa a membrana plasmática de cada célula em seu caminho duas vezes (uma na entrada e outra na saída). O transporte através do tonoplasto também pode estar envolvido.

Apesar da importância relativa das rotas apoplástica, simplástica e transmembrana ainda não ter sido completamente estabelecida, experimentos com a técnica da sonda de pressão (ver **Tópico 5.6 na internet**) indicam um papel importante das membranas plasmáticas e, portanto, da rota transmembrana no movimento da água através do córtex da raiz. E, embora se possam definir três rotas, é importante lembrar que a água não se move de acordo com um único trajeto escolhido, mas para onde os gradientes e as resistências a dirijam. Uma determinada molécula de água movendo-se no simplasto pode atravessar a membrana, mover-se no apoplasto por um momento e, após, retornar para o simplasto novamente.

Na endoderme, o movimento da água pelo apoplasto é obstruído pela estria de Caspary (ver Figura 6.4). A **estria de Caspary** é uma banda dentro das paredes celulares radiais da endoderme que é impregnada com **lignina**, um polímero hidrofóbico.* A estria de Caspary quebra a continuidade da rota apoplástica, forçando a água e os solutos a passarem pela membrana, a fim de atravessarem a endoderme. A membrana plasmática pode agir seletivamente quanto a quais solutos ela permite entrar na célula e quais ela exclui. A faixa estria de Caspary permite que a planta controle quais solutos entram no xilema, algo que não seria possível se a água pudesse se mover

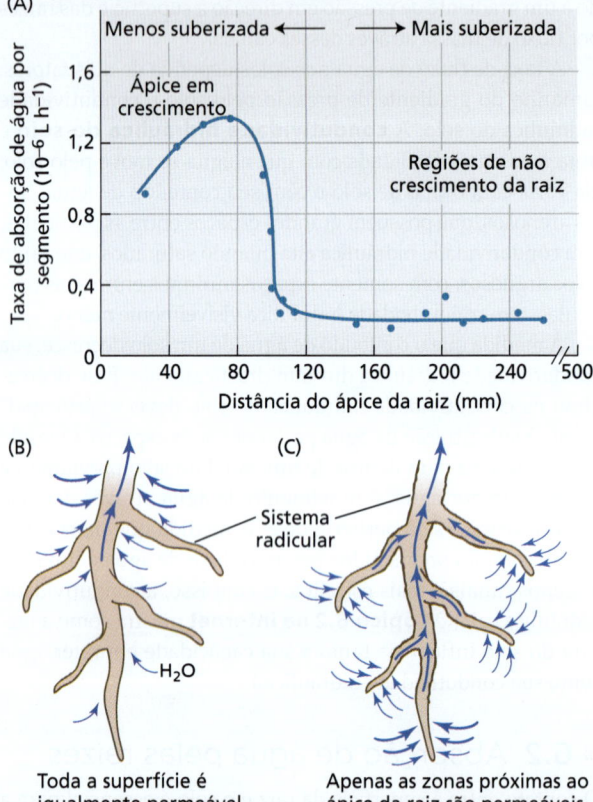

Figura 6.3 Absorção de água pelas raízes. (A) Taxa de absorção de água para segmentos curtos (3-5 mm) em várias posições ao longo de uma raiz intacta de abóbora (*Cucurbita pepo*). (B e C) Diagrama da absorção de água, no qual a superfície total da raiz é igualmente permeável (B) ou é impermeável nas regiões mais velhas devido à deposição de suberina, um polímero hidrofóbico (C). Quando as superfícies das raízes são igualmente permeáveis, a maior parte da água entra próximo ao topo do sistema radicular, com as regiões mais distais sendo hidraulicamente isoladas à medida que a sucção no xilema é atenuada devido ao influxo de água. A diminuição da permeabilidade das regiões mais velhas das raízes permite que as tensões no xilema se estendam além no sistema radicular, possibilitando a absorção de água por suas regiões distais. (A de P. J. Kramer. 1983. Watrr Relations of Plants, p. 132. Academic Press, San Diego, CA; segundo *Agricultural Research Council Letcombe Laboratory Annual Report* [1973, p. 10].)

---

* N. de R.T. Em uma abordagem tridimensional da endoderme, a estria de Caspary encontra-se nas suas paredes radiais (anticlinais) e transversais.

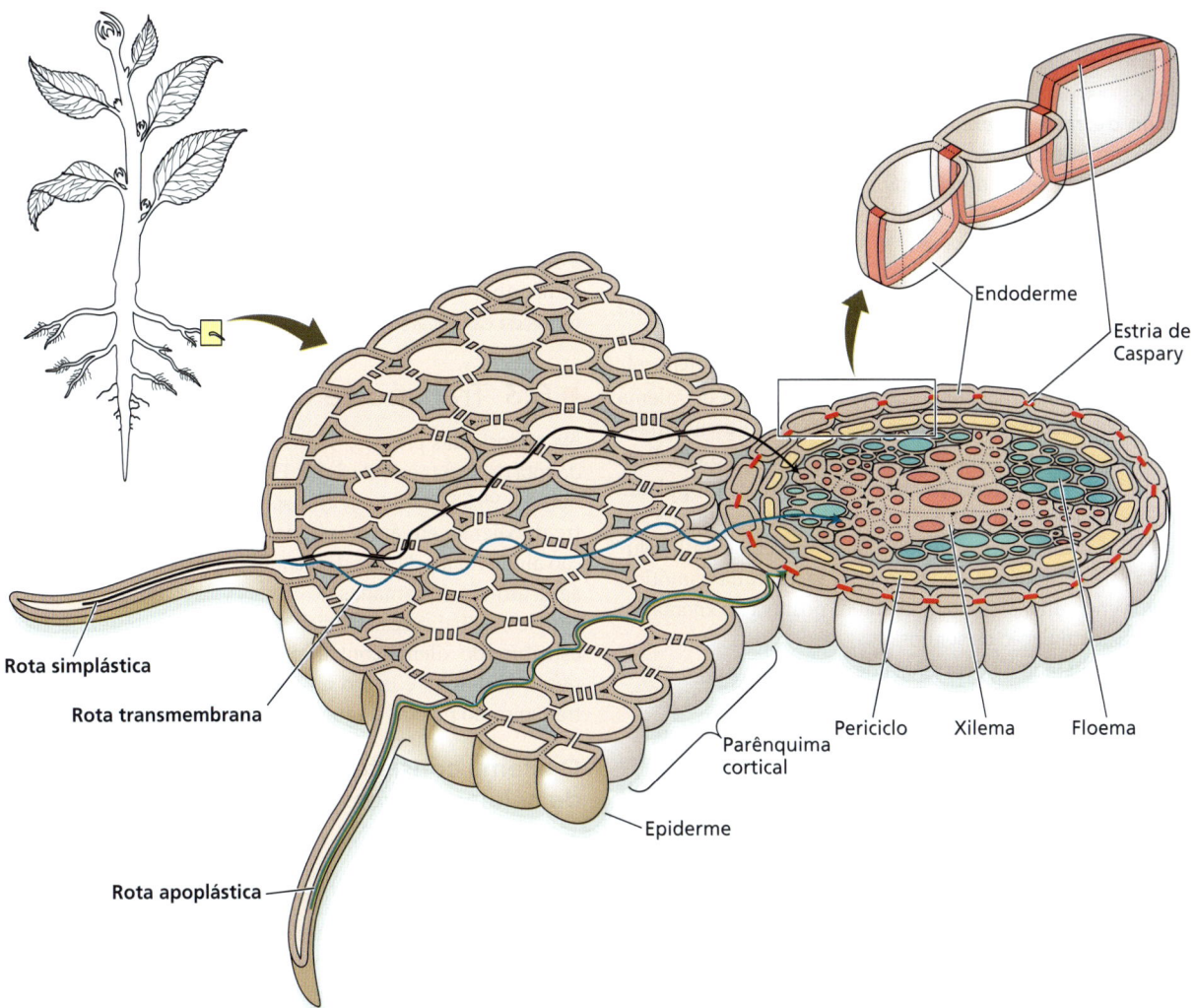

Figura 6.4 Rotas de absorção de água pela raiz. Ao longo do córtex, a água pode se movimentar pelas rotas apoplástica, transmembrana e simplástica. Na rota simplástica (preto), a água flui entre células através dos plasmodesmos, sem atravessar a membrana plasmática. Na rota transmembrana (azul), a água se move através das membranas plasmáticas, com uma permanência curta no espaço da parede celular. Observe que, embora elas sejam representadas como três rotas distintas, as moléculas de água se movem entre o simplasto e o apoplasto direcionadas por gradientes no potencial hídrico e por resistências hidráulicas. Na endoderme, a rota apoplástica é bloqueada pela estria de Caspary. Muitas raízes também desenvolvem uma estria de Caspary na camada celular externa do córtex, formando uma exoderme, na qual o fluxo pela rota apoplástica é bloqueado.

continuamente através do apoplasto, do solo para o xilema. O movimento da água através das membranas plasmáticas explica por que o gradiente propulsor da absorção de água pelas raízes é a diferença no potencial hídrico do solo e do xilema ($\Delta\Psi$) (ver Figura 6.1).

A necessidade da água de se mover simplasticamente através da endoderme ajuda a explicar por que a permeabilidade das raízes à água depende tão fortemente da presença de aquaporinas (ver Capítulos 5 e 8). A repressão (*down-regulation*) da expressão de genes para aquaporinas reduz marcantemente a condutividade hidráulica das raízes e pode resultar em plantas que murcham facilmente ou que compensam pela produção de sistemas radiculares maiores.

A absorção de água decresce quando as raízes são submetidas a temperaturas baixas ou a condições anaeróbias ou quando são tratadas com inibidores respiratórios. A razão para isto é que a permeabilidade de aquaporinas pode ser regulada em resposta ao pH intracelular. Taxas reduzidas de respiração, em resposta à temperatura baixa ou a condições anaeróbias como ocorrem em solos inundados, levam a aumentos no pH intracelular. Por sua vez, esse aumento no pH citosólico altera a condutância das aquaporinas nas células da raiz, resultando em raízes que são acentuadamente menos permeáveis à água. Portanto, a manutenção da permeabilidade à água da membrana requer um gasto de energia pelas células da raiz; essa energia é fornecida pela respiração.

O acúmulo de solutos no xilema pode gerar "pressão de raiz"

Às vezes, as plantas exibem um fenômeno referido como **pressão de raiz**. Por exemplo, se o caule de uma planta em crescimento é seccionado logo acima do solo, o coto normalmente exsudará seiva do xilema cortado por muitas horas. Se um manômetro é selado sobre o coto, pressões positivas que atingem até 0,2 MPa (e às vezes até valores mais altos) podem ser medidas.

Quando a transpiração é baixa ou está ausente, uma pressão hidrostática positiva se estabelece no xilema, porque as raízes continuam a absorver íons do solo e a transportá-los para o xilema. O acúmulo de solutos na seiva do xilema leva a um decréscimo no potencial osmótico (Ψ_s) do xilema e, portanto, a um decréscimo no seu potencial hídrico (Ψ). Essa diminuição do Ψ do xilema proporciona uma força propulsora para a absorção de água, que, por sua vez, leva a uma pressão hidrostática positiva no xilema. De fato, os tecidos multicelulares da raiz comportam-se como uma membrana osmótica, desenvolvendo uma pressão hidrostática positiva no xilema em resposta à acumulação de solutos.

A probabilidade de ocorrência de pressão de raiz é maior quando os potenciais hídricos do solo são altos e as taxas de transpiração são baixas. Quando as taxas de transpiração aumentam, a água é transportada através da planta e perdida para a atmosfera tão rapidamente que uma pressão positiva resultante da absorção de íons nunca se desenvolve no xilema.

As plantas que desenvolvem pressão de raiz frequentemente produzem gotículas líquidas nas margens de suas folhas, fenômeno conhecido como **gutação** (**Figura 6.5**). A pressão positiva no xilema provoca exsudação da seiva do xilema por poros especializados chamados de *hidatódios*, que estão associados às terminações de nervuras na margem da folha. As "gotas de orvalho" que podem ser vistas nos ápices de folhas pela manhã são, na verdade, gotículas de gutação exsudadas dos hidatódios. A gutação é mais evidente quando a transpiração é suprimida e a umidade relativa é alta, como à noite. É possível que a pressão de raiz reflita uma consequência inevitável das altas taxas de acumulação de íons. No entanto, a existência de pressões positivas no xilema à noite pode ajudar a dissolver bolhas de gás anteriormente formadas e, assim, desempenhar uma função importante na reversão de efeitos deletérios da cavitação, descrita na próxima seção.

6.3 Transporte de água pelo xilema

Na maioria das plantas, o xilema constitui a parte mais longa da rota de transporte de água. Em uma planta de 1 m de altura, mais de 99,5% da rota de transporte de água encontra-se dentro do xilema; em árvores altas, o xilema representa uma fração ainda maior da rota. Em comparação com o movimento de água através de camadas de células vivas, o xilema é uma rota simples, de baixa resistência. Nesta seção, examina-se como a estrutura do xilema contribui para o movimento de água das raízes às folhas e como as pressões negativas geradas pela transpiração puxam a água pelo xilema.

O xilema consiste em dois tipos de células de transporte

As células condutoras no xilema têm uma estrutura especializada que lhes permite transportar grandes quantidades de água com muita eficiência. Existem dois tipos principais de células de transporte de água no xilema: traqueídes e elementos de vaso (**Figura 6.6**). Os elementos de vaso são encontrados somente em angiospermas, em um pequeno grupo de gimnospermas chamado de Gnetales e em algumas samambaias. As traqueídes estão presentes tanto em angiospermas quanto em gimnospermas, assim como em samambaias e outros grupos de plantas vasculares.

A maturação tanto de traqueídes quanto de elementos de vaso envolve a produção de paredes celulares secundárias e a subsequente morte da célula: a perda do citoplasma e de todos os seus conteúdos. O que permanece são paredes celulares lignificadas e espessas, que formam tubos ocos pelos quais a água pode fluir com resistência relativamente baixa. No entanto, como a lignina é hidrofóbica, ela torna a parede celular secundária impermeável à água. Por esse motivo, traqueídes e elementos de vasos desenvolvem regiões especializadas, que permitem que a água flua de uma célula transportadora de água para outra.

Traqueídes são células fusiformes alongadas (ver Figura 6.6A) organizadas em filas verticais sobrepostas (**Figura 6.7**). A água flui através do lume da traqueíde aberta e entre as traqueídes, por meio de inúmeras **pontoações** nas paredes laterais dos traqueídeos (ver Figura 6.6B). Pontoações são regiões microscópicas nas quais a parede secundária lignificada inexiste e somente a parede primária está presente (ver Figura 6.6C).

Figura 6.5 Gutação em uma folha de manto-de-senhora (*Alchemilla vulgaris*). De manhã cedo, a planta secreta gotículas de água pelos hidatódios, localizados nas margens de suas folhas.

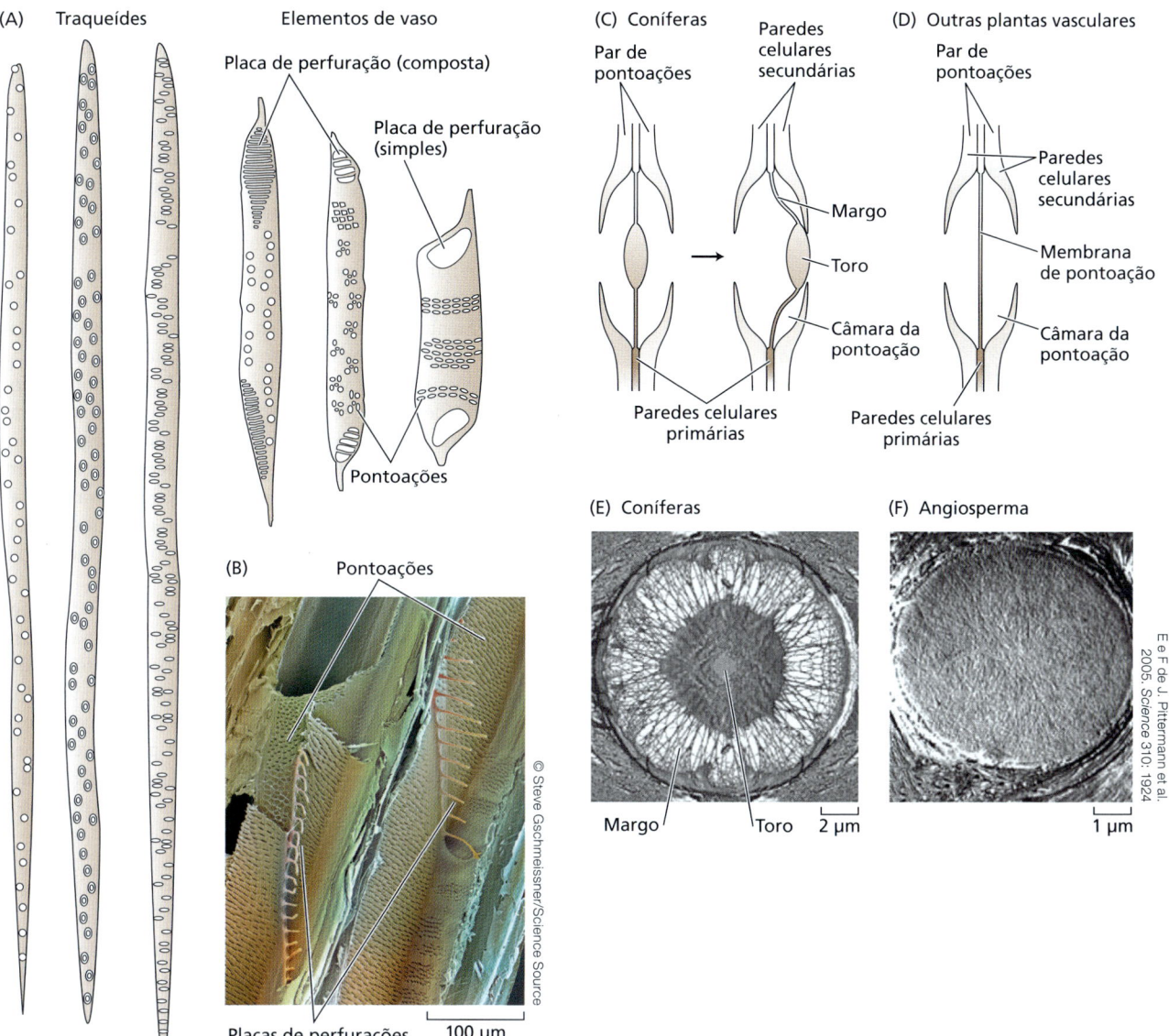

Figura 6.6 Condutos do xilema e suas interconexões. (A) Comparação estrutural de traqueídes e elementos de vaso. Traqueídes são células mortas, ocas e alongadas, com paredes altamente lignificadas. As paredes contêm numerosas pontoações – regiões onde não há parede secundária, mas a parede primária permanece. As formas das pontoações e os padrões delas nas paredes variam com a espécie e o tipo de órgão. As traqueídes estão presentes em todas as plantas vasculares. Os vasos consistem em empilhamento de dois ou mais elementos. Assim como as traqueídes, os elementos de vaso são células mortas conectadas entre si por placas de perfuração – regiões da parede onde poros ou orifícios se desenvolveram. Os vasos são conectados a outros vasos e às traqueídes por pontoações. Eles são encontrados na maioria das angiospermas e não estão presentes na maioria das gimnospermas. (B) Micrografia ao microscópio eletrônico de varredura mostrando dois vasos (dispostos em diagonal do canto inferior esquerdo para o canto superior direito). Pontoações são visíveis nas paredes laterais, assim como as placas de perfuração escalariformes entre os elementos de vaso. (C) Diagrama de um par de pontoação areolada de coníferas, com o toro centrado na câmara da pontoação (esquerda) ou deslocado para um lado da câmara (direita). Quando a diferença de pressão entre duas traqueídes é pequena, a membrana de pontoação vai se alojar perto do centro da pontoação areolada, permitindo que a água flua pela região da margem da membrana de pontoação; quando a diferença de pressão entre duas traqueídes é grande, como acontece quando uma está cavitada e a outra permanece preenchida com água sob tensão, a membrana de pontoação é deslocada, de modo que o toro fica disposto contra as paredes arqueadas sobre ele, impedindo assim que a embolia se propague entre traqueídes. (D) Por outro lado, as membranas de pontoação de angiospermas e de outras plantas vasculares são relativamente homogêneas em sua estrutura. Essas membranas de pontoação têm poros muito pequenos em comparação com os das coníferas, os quais previnem a propagação de embolia, mas também impõem uma resistência hidráulica significativa. (E e F) Imagens ao microscópio eletrônico de varredura de membranas de pontoação com a parede secundária removida: a membrana com toro-margo de uma traqueíde de conífera (E); a membrana de pontoação homogênea de um vaso de angiosperma (F). (C segundo M. H. Zimmerman. 1983. *Xylem Structure and the Ascent of Sap.* Springer, Berlin.)

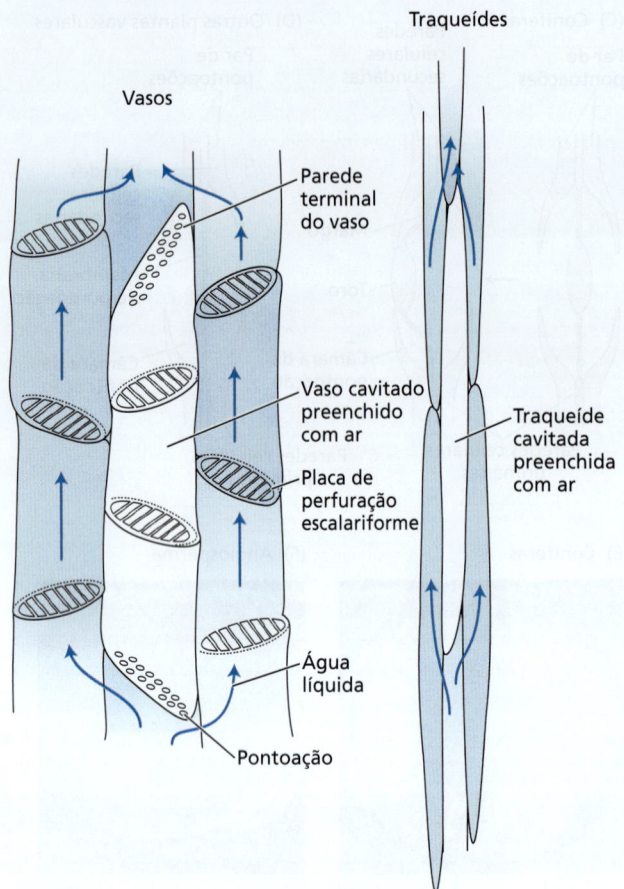

Figura 6.7 Vasos (à esquerda) e traqueídes (à direita) formam uma série de rotas paralelas e interconectadas para o movimento de água. A cavitação bloqueia o movimento de água por causa da formação de condutos cheios de ar (embolizados). Uma vez que os condutos do xilema são interconectados por aberturas ("pontoações areoladas") em suas paredes secundárias espessas, a água pode desviar do vaso bloqueado, movendo-se para condutos adjacentes. As membranas de pontoações ajudam a evitar que embolias se propaguem entre os condutos do xilema. Assim, no diagrama da direita, o gás está contido dentro de uma única traqueíde cavitada. No diagrama da esquerda, o gás preencheu todo o vaso cavitado, mostrado aqui como sendo composto por três elementos de vaso, separados por placas de perfuração escalariformes. Na natureza, os vasos podem ser muito longos (até vários metros de comprimento) e, portanto, compostos por vários elementos de vaso.

As pontoações de uma traqueíde em geral estão localizadas em oposição às pontoações de uma traqueíde adjacente, formando **pares de pontoações**. Os pares de pontoações constituem uma rota de baixa resistência para o movimento de água entre traqueídes. A camada permeável à água entre os pares de pontoações, que consiste em duas paredes primárias e uma lamela média, é denominada **membrana de pontoação**. Em **pontoações areoladas**, a parede secundária se estende parcialmente sobre a membrana da pontoação, criando uma câmara de pontoação que é conectada ao lume do conduto.

Os **elementos do vaso** têm as extremidade das paredes parcial ou totalmente abertas, que permitem que eles sejam empilhados de ponta a ponta, formando um conduto multicelular chamado de **vaso** (ver Figura 6.7). As paredes terminais entre os elementos de vaso adjacentes formam uma estrutura conhecida como **placa de perfuração**. Cada placa de perfuração contém uma ou mais aberturas pelas quais a água pode fluir. As placas de perfuração simples têm apenas uma única abertura e, muitas vezes, a conexão entre os elementos de vaso adjacentes está completamente aberta. As placas de perfuração compostas têm várias aberturas, com a placa geralmente consistindo em barras em forma de escada (placas de perfuração escalariformes).

Os elementos de vaso tendem a ser mais curtos e largos do que as traqueídes, mas os vasos multicelulares formados a partir dos elementos de vaso podem ser muito mais longos do que as traqueídes. Em algumas espécies, elas podem ter até um metro ou mais de comprimento. Como as traqueídes, os elementos de vaso têm cavidades em suas paredes laterais (ver Figura 6.6B), que permitem que a água flua de um vaso para outro. Os elementos de vaso encontrados nos extremos de um vaso possuem paredes terminais cônicas e são conectados aos vasos vizinhos pelas pontoações.

É importante enfatizar que traqueídes e vasos maduros, e transportando água, não retêm qualquer membrana celular. Assim, os interiores preenchidos com água dos condutos do xilema fazem parte do apoplasto. As membranas de pontoação, apesar do nome, não funcionam como as membranas celulares. As membranas de pontoação fazem parte da parede celular e, por serem relativamente porosas, não restringem o movimento dos solutos (ou seja, não são semipermeáveis e, portanto, não podem fazer com que a água flua por osmose).

A água se move através do xilema por fluxo de massa acionado por pressão

O fluxo de massa acionado por pressão da água é responsável pelo transporte de água a longa distância no xilema (ver Figura 6.1). Esse gradiente de pressão deve ser suficientemente grande para superar o gradiente gravitacional, que normalmente se opõe ao movimento da água do solo para as folhas, bem como à energia dissipada pela viscosidade. A viscosidade descreve a resistência de um fluido à deformação; no caso de fluxo laminar através de um tubo, a deformação relevante surge porque a água está estacionária nas paredes do tubo e flui mais rápido em seu centro.

Se for considerado o fluxo de massa por um tubo, a taxa de fluxo depende do raio (r) do tubo, da viscosidade (η) do líquido e do gradiente de pressão ($\Delta \Psi_p/\Delta x$) que impulsiona o fluxo (Δx é uma unidade de distância ao longo do trajeto do fluxo). Jean Léonard Marie Poiseuille (1797–1869) foi um médico e fisiologista francês, e a relação que acabou de ser descrita é dada por um tipo de equação de Poiseuille:

$$\text{Razão do fluxo do volume} = \left(\frac{\pi r^4}{8\eta}\right)\left(\frac{\Delta \Psi_p}{\Delta x}\right) \quad (6.2)$$

expressa em metros cúbicos por segundo ($m^3\ s^{-1}$). Essa equação mostra que o fluxo de massa acionado por pressão é extremamente sensível ao raio do tubo. Se o raio é duplicado, a taxa de fluxo volumétrico aumenta por um fator de 16 (2^4). Elementos de vaso de até 500 μm de diâmetro, praticamente uma ordem de magnitude maior do que as maiores traqueídes, ocorrem em caules de espécies escandentes. Esses vasos de grande diâmetro permitem às lianas transportar grandes quantidades de água a despeito do pequeno diâmetro de seus caules.

A Equação 6.2 descreve o fluxo de água através de um tubo cilíndrico e, portanto, não leva em conta o fato de que os condutos do xilema têm comprimento finito, de maneira que a água tem que atravessar muitas membranas de pontoação à medida que flui do solo até as folhas. Se tudo o mais for mantido constante, as membranas de pontoação deveriam impedir o fluxo de água pelas traqueídes unicelulares (e, portanto, mais curtas) em uma maior extensão do que pelos vasos multicelulares (e, portanto, mais longos). Como, então, é possível que as coníferas estejam entre as árvores mais altas do mundo, já que o xilema dessas plantas é formado inteiramente por traqueídes?

A resposta é que as coníferas (e a gimnosperma *Ginkgo biloba*) têm membranas de pontoação que são muito mais permeáveis à água do que as membranas de pontoação encontradas em outras plantas. Em coníferas, as membranas de pontoação têm um espessamento central denominado **toro**, circundado por uma região porosa e relativamente flexível denominada **margo** (ver Figura 6.6C e E). As aberturas no margo são grandes em relação aos minúsculos poros nas membranas de pontoação de outras plantas vasculares. A forte dependência do fluxo impulsionado pela pressão no raio dos poros (ver Equação 6.2) explica por que a resistência hidráulica ao fluxo através de um poço de coníferas é muito menor do que em plantas que não possuem membranas de pontoação com margo/toro.

Como será visto, o papel principal das membranas de pontoação é impedir a propagação de bolhas de gás, chamadas de *êmbolos*, dentro do xilema. A seca, que resulta em potenciais hídricos mais negativos (ver Capítulo 15), pode fazer com que os condutos do xilema fiquem cheios de ar, uma situação potencialmente desastrosa para uma planta, porque os condutos embolizados não conseguem mais transportar água das raízes para as folhas. A estrutura margo/toro permite que as membranas do pontoação de coníferas funcionem como válvulas: quando eles estão no centro da câmara de pontoação, as pontoações permanecem abertas; quando eles estão alojados nos espessamentos circulares ou ovais de parede que margeiam a pontoação, as pontoações estão fechadas. Essa disposição do toro impede efetivamente que bolhas de ar se expandam nas traqueídes vizinhas (adiante, será discutida brevemente essa formação de bolhas – processo chamado de cavitação). Plantas que não possuem margo/toro nas membranas de pontoação dependem da tensão superficial da água para evitar que bolhas de gás se propaguem de um conduto do xilema para outro. Por esse motivo, suas membranas de pontoação são restritas a ter poros muito menores e, portanto, uma resistência hidráulica muito maior.

O movimento de água através do xilema requer um gradiente de pressão menor que o do movimento através de células vivas

O xilema proporciona uma rota que opõe pouca resistência ao movimento de água. Alguns valores numéricos ajudarão a apreciar a extraordinária eficiência do xilema. Calculemos a força propulsora requerida para mover a água através do xilema em uma velocidade típica e comparemos esta com a força propulsora que seria necessária para mover a água através de uma rota constituída de células vivas na mesma taxa.

Para as finalidades dessa comparação, será usado um valor de 4 mm s^{-1} para a velocidade de transporte no xilema e 40 μm como o raio do vaso. Essa é uma velocidade alta para um vaso tão estreito, de modo que ela tenderá a exagerar o gradiente de pressão requerido para sustentar o fluxo de água no xilema. Utilizando uma versão da equação de Poiseuille (ver Equação 6.2), pode-se calcular o gradiente de pressão necessário para mover a água a uma velocidade de 4 mm s^{-1} através de um tubo *ideal* com um raio interno uniforme de 40 μm. O cálculo resulta em um valor de 0,02 MPa m^{-1}. A elaboração das suposições, as equações e os cálculos podem ser encontrados no **Tópico 6.3 na internet**.

Evidentemente, os condutos *reais* de xilema têm superfícies internas das paredes irregulares, e o fluxo de água através das placas de perfuração e pontoações adiciona resistência ao transporte hídrico. Tais desvios do ideal aumentam o arrasto viscoso: medições evidenciam que a resistência real é maior por um fator de aproximadamente 2.

Agora, compare-se esse valor com a força propulsora que seria necessária para mover a água na mesma velocidade de uma célula para outra, atravessando a membrana plasmática a cada vez. Conforme o cálculo no **Tópico 6.3 na internet**, a força propulsora necessária para mover a água através de uma camada de células a 4 mm s^{-1} é de 2×10^8 MPa m^{-1}. Isso é dez ordens de grandeza maior que a força motriz necessária para mover a água ao longo do vaso de xilema de 40 μm de raio. O cálculo mostra claramente que o fluxo de água pelo xilema é muito mais eficiente do que o fluxo de água através de células vivas. Contudo, o xilema constitui uma contribuição significativa para a resistência total ao fluxo de água pela planta.

Qual é a diferença de pressão necessária para elevar a água 100 m até o topo de uma árvore?

Tendo em mente o exemplo anterior, vejamos qual gradiente de pressão é necessário para mover a água até o topo de uma árvore muito alta. As árvores mais altas do mundo são a sequoia-vermelha (*Sequoia sempervirens*), da América do Norte, e o cinza-da-montanha (*Eucalyptus regnans*), da Austrália. Indivíduos de ambas as espécies podem ter mais de 100 m de altura.

Ao se imaginar o caule de uma árvore como um cano longo, pode-se estimar a diferença de pressão necessária para superar o arrasto viscoso do movimento de água do solo ao topo da árvore multiplicando-se o gradiente de pressão necessário para mover a água pela altura da árvore. Os gradientes de pressão necessários para mover a água pelo xilema de árvores muito altas são da ordem de 0,01 MPa m^{-1}, menores do que no exemplo anterior. Ao se multiplicar esse gradiente de pressão pela altura da árvore (0,01 MPa m^{-1} × 100 m), constata-se que a diferença de pressão total necessária para superar a resistência ao movimento da água pelo caule é igual a 1 MPa.

Além da resistência hidráulica devido à viscosidade, é necessário considerar a gravidade. Como descrito pela Equação 5.4, para uma diferença de altura de 100 m, a diferença no Ψ_g é de cerca de 1 MPa. Isto é, Ψ_g é 1 MPa maior no topo da árvore do que ao nível do solo. Assim, os outros componentes do potencial hídrico devem ser 1 MPa mais negativos no topo da árvore, para compensar os efeitos da gravidade.

Para permitir que a transpiração ocorra, o gradiente de pressão deve ser suficientemente grande para superar os efeitos da gravidade e a resistência ao movimento da água através do xilema. Assim, calcula-se que uma diferença de pressão aproximada de 2 MPa, da base aos ramos apicais, seja necessária para transportar a água para cima nas árvores mais altas.

A teoria da coesão-tensão explica o transporte de água no xilema

Em teoria, o gradiente de pressão necessário para mover a água no xilema poderia resultar da geração de pressões positivas na base da planta. Foi mencionado que algumas raízes podem desenvolver pressões hidrostáticas positivas no xilema. Entretanto, a pressão de raiz em geral é menor do que 0,1 MPa e desaparece com a transpiração ou quando os solos estão secos; desse modo, ela é claramente insuficiente para mover a água até o topo de uma árvore alta. Além disso, como a pressão de raiz é gerada pela acumulação de íons no xilema, contar com ela para transportar água exigiria um mecanismo para lidar com esses solutos quando a água evaporasse das folhas.

Em vez disso, a transpiração faz com que a pressão no xilema diminua. É a redução de pressões no xilema das folhas que cria o gradiente de pressão que faz com que a água flua para cima a partir das raízes. No entanto, como mostram nossos cálculos anteriores, o $\Delta\Psi_p$ necessário para mover a água pelo xilema exige que as pressões caiam para valores muito abaixo de zero. A pressão hidrostática negativa significa que as moléculas de água se atraem entre si (e as paredes do conduto do xilema). As pressões negativas na água costumam ser chamadas de tensão.

No Capítulo 5, foi visto o modo como as muitas pontes de hidrogênio que se formam entre as moléculas de água tornam a água altamente coesa e lhe conferem uma alta resistência à tração. São essas propriedades da água, juntamente com a rigidez das paredes lignificadas do conduto, que permitem que o xilema se desenvolva e sustente grandes pressões negativas. A ideia de que a transpiração leva a uma diminuição na pressão do xilema e que essa tensão puxa a água através do xilema foi proposta pela primeira vez no final do século XIX. Tal ideia é denominada *mecanismo de coesão-tensão de ascensão da seiva*, pois requer as propriedades de coesão da água para suportar grandes tensões nas colunas de água do xilema.

As tensões no xilema necessárias para puxar a água do solo desenvolvem-se nas folhas como uma consequência da transpiração. Como a perda de vapor de água através dos estômatos abertos resulta em um fluxo de água a partir do solo? Quando as folhas abrem seus estômatos para obter CO_2 para a fotossíntese, o vapor de água difunde-se para fora delas. Isso causa a evaporação da água da superfície das paredes celulares dentro das folhas. Por sua vez, a perda de água das paredes celulares faz com que o potencial da água nas paredes diminua à medida que a água é puxada para os interstícios da parede celular, onde forma a curvatura das interfaces ar–água (**Figura 6.8**). Como a água adere às microfibrilas de celulose e a outros componentes hidrofílicos da parede celular, a curvatura dessas interfaces reduz o potencial de pressão, de modo análogo ao que acontece no solo. Isso cria um gradiente no potencial hídrico que gera um fluxo de água em direção aos sítios de evaporação. Uma parte da água que flui em direção aos sítios de evaporação provém do protoplasto de células adjacentes. Contudo, como as folhas são conectadas ao solo via uma rota de baixa resistência – o xilema –, a maior parte do que repõe a água perdida pelas folhas por transpiração vem do solo. A água fluirá do solo quando o potencial hídrico das folhas for baixo o suficiente para sobrepujar o Ψ_p do solo, bem como a resistência associada ao movimento da água pela planta. Observe que, para a água ser puxada do solo, é preciso uma rota contínua preenchida de líquido se estendendo dos sítios de evaporação para baixo, através da planta, e para dentro do solo.

O mecanismo da coesão-tensão explica como o movimento substancial de água pelas plantas pode ocorrer sem o consumo direto de energia metabólica: a energia que impulsiona o movimento de água através das plantas vem do sol, que, por aumentar a temperatura da folha, impulsiona a evaporação da água. Entretanto, o transporte de água através do xilema não é "gratuito". A planta deve elaborar condutos xilemáticos capazes de suportar as enormes tensões necessárias para puxar a água do solo. Além do mais, as plantas devem acumular solutos suficientes em suas células vivas para que elas sejam capazes de permanecer túrgidas mesmo quando os potenciais hídricos diminuem devido à transpiração.

O mecanismo da coesão-tensão tem sido uma matéria controversa há mais de um século e continua a gerar debates acalorados. A principal controvérsia gira em torno da seguinte questão: as colunas de água no xilema podem sustentar as grandes tensões (pressões negativas) necessárias para puxar a água para cima em árvores altas? Recentemente, o transporte de água através de um dispositivo microfluídico, projetado para funcionar como uma "árvore" artificial, demonstrou o fluxo estável de água líquida a pressões mais baixas (mais negativas) do que –7,0 MPa.

O transporte de água no xilema em árvores enfrenta desafios físicos

As grandes tensões que se desenvolvem no xilema de árvores e de outras plantas representam desafios físicos significativos. Primeiro, a água sob tensão transmite uma força interna às paredes do xilema. Se as paredes celulares fossem fracas ou flexíveis, elas entrariam em colapso sob essa tensão – situação análoga ao que pode acontecer com um canudo se você o chupar com muita força. Os espessamentos secundários de parede e a lignificação das traqueídes e dos vasos são adaptações que

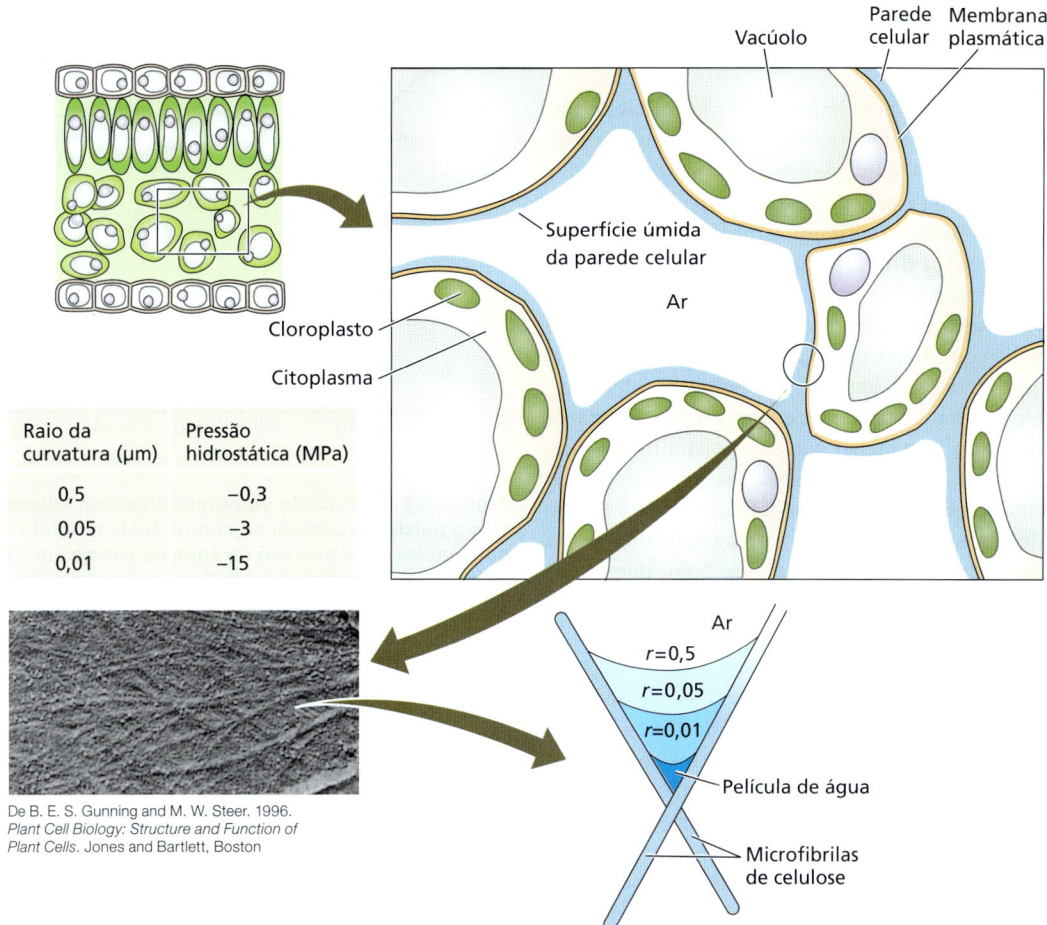

Figura 6.8 A força propulsora do movimento de água nas plantas origina-se nas folhas. Uma hipótese de como isso ocorre é que, à medida que a água evapora das superfícies das células do mesófilo, a água retrai-se mais profundamente nos interstícios da parede celular. Como a celulose é hidrofílica (ângulo de contato = 0°), a força resultante da tensão superficial causa uma pressão negativa na fase líquida. À medida que o raio da curvatura dessas interfaces ar–água decresce, a pressão hidrostática torna-se mais negativa, conforme calculado na Equação 6.1.

se contrapõem a essa tendência ao colapso. Plantas que experimentam grandes tensões no xilema tendem a ter lenho denso, refletindo o estresse mecânico imposto a ele pela água sob tensão.

Um segundo desafio é que a água sob essas tensões está em um *estado fisicamente metaestável*. A água é um líquido estável quando sua pressão hidrostática excede sua pressão de saturação de vapor. Quando a pressão hidrostática na água líquida torna-se igual à sua pressão de saturação de vapor, a água passa por uma mudança de fase. A ideia de evaporar a água aumentando sua temperatura (elevando sua pressão de saturação de vapor) nos é familiar. Menos familiar, mas ainda facilmente observado, é o fato de que a água pode ferver à temperatura ambiente se colocada em uma câmara de vácuo (diminuindo a pressão hidrostática na fase líquida pela redução da pressão da atmosfera).

Em exemplo anterior, foi estimado que seria necessário um gradiente de pressão de 2 MPa para fornecer água às folhas no topo de uma árvore de 100 m de altura. Admitindo-se que o solo que circunda essa árvore está plenamente hidratado e não possui concentrações expressivas de solutos (i.e., $\Psi = 0$), a teoria da coesão–tensão prevê que a pressão hidrostática da água no xilema no topo da árvore será de –2 MPa. Esse valor está substancialmente abaixo da pressão de vapor saturado (pressão absoluta de ~0,002 MPa a 20 °C). O que mantém a coluna de água em estado líquido?

A água no xilema é descrita como estando em um estado metaestável porque, apesar da existência de um estado de energia termodinamicamente mais baixo (o vapor de água), ela permanece como um líquido. Essa situação ocorre porque (1) a coesão e a adesão da água tornam a barreira de energia livre para a mudança de estado líquido para vapor muito alta e (2) a estrutura do xilema minimiza a presença de *sítios de nucleação*, que diminuem a barreira de energia que separa o líquido da fase de vapor.

Os sítios de nucleação mais importantes são bolhas de gás. A razão para isso é que há necessidade de menos energia para expandir a interface gás–líquido de uma bolha existente do que para formar uma bolha (vazio de gás) de novo. Além disso, a curvatura de uma bolha e, portanto, também a força interna resultante da tensão superficial, é uma função de seu tamanho. É por isso que, com a mesma tensão no xilema, bolhas pequenas permanecem estáveis ou até mesmo se contraem, perdendo volume à medida que empurram o gás de volta à solução, enquanto bolhas grandes se expandem. Se a tensão no xilema aumenta a ponto de a força para dentro em uma bolha, resultante da tensão superficial, ser menor que a força para fora devido à pressão negativa na fase líquida, a bolha se expande. E logo que uma bolha começa a se expandir, a força devido à tensão superficial decresce, porque a interface ar–água de uma bolha maior fica com menor curvatura. Assim, uma bolha que excede o tamanho crítico de expansão se dilata até preencher todo o conduto.

A ausência de bolhas de ar de tamanho suficiente para desestabilizar a coluna de água quando sob tensão se deve, em parte, ao fato de que, nas raízes, a água deve atravessar a endoderme para entrar no xilema. A endoderme serve como um filtro, impedindo a entrada de bolhas de gás no xilema. As membranas de pontoação também funcionam como filtros à medida que a água flui de um conduto do xilema para outro. Entretanto, quando expostas ao ar em um lado – por injúria, abscisão foliar ou existência de um conduto vizinho cheio de ar -, as membranas de pontoação podem servir como sítios para entrada de ar. O ar entra quando a diferença de pressão através da membrana de pontoação é suficiente tanto para permitir que ele penetre a matriz de celulose de membranas de pontoação estruturalmente homogêneas (ver Figura 6.6D) quanto para desalojar o toro de membrana de pontoação de uma conífera (ver Figura 6.6C). Esse fenômeno denomina-se *semeadura de ar* (*air seeding*).

Uma segunda maneira pela qual bolhas podem se formar nos condutos do xilema é o congelamento dos tecidos xilemáticos. Como a água no xilema contém gases dissolvidos e a solubilidade de gases no gelo é muito baixa, o congelamento dos condutos do xilema pode levar à formação de bolhas.

Em fisiologia vegetal, o fenômeno de formação de bolhas é denominado *cavitação*, e a lacuna resultante, preenchida de gás, é referida como uma *embolia*. Seu efeito é similar ao de uma obstrução do vapor na linha de combustível de um automóvel ou à embolia de um vaso sanguíneo. A cavitação rompe a continuidade da coluna de água e impede o transporte de água sob tensão.

As *curvas de vulnerabilidade* (**Figura 6.9**) fornecem uma maneira de quantificar a suscetibilidade de uma espécie à cavitação e o impacto desta cavitação no fluxo pelo xilema. Uma curva de vulnerabilidade relaciona a condutividade hidráulica medida (normalmente como uma porcentagem da máxima) de

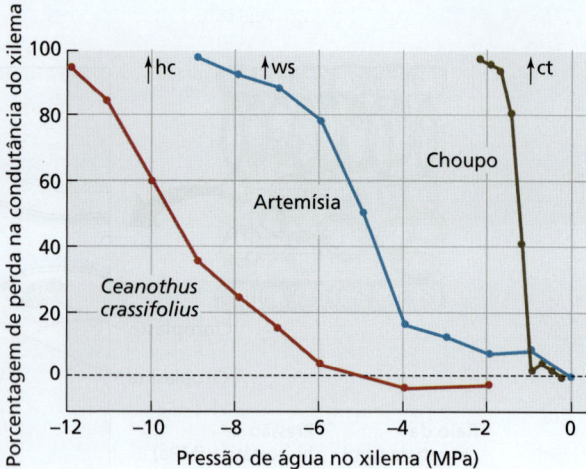

Figura 6.9 Curvas de vulnerabilidade do xilema representam a perda percentual na condutância hidráulica do xilema caulinar *versus* a pressão de água no xilema em três espécies de tolerâncias contrastantes à seca. Os dados foram obtidos de ramos excisados submetidos experimentalmente a níveis crescentes de tensão no xilema, utilizando uma técnica de força centrífuga. As setas no eixo superior indicam a pressão mínima no xilema medida no campo para cada espécie. (Segundo J. S. Sperry. 2000. *Agric. For. Meteorol.* 104. 13–23.)

um ramo, caule ou segmento de raiz aos níveis de tensão de xilema experimentalmente impostos. Devido à cavitação, a condutividade hidráulica do xilema decresce com as tensões crescentes até o fluxo cessar por completo. Contudo, o decréscimo na condutividade hidráulica do xilema ocorre em tensões muito menores em espécies de ambientes úmidos, como o choupo, do que em espécies de regiões mais áridas, como a artemísia.

As plantas têm vários mecanismos para superar as perdas de condutividade do xilema causadas pela embolia

O impacto da cavitação do xilema na planta é minimizado de várias maneiras. As membranas de pontoação podem impedir que uma bolha de gás em expansão se espalhe para um conduto adjacente. Dessa forma, as membranas de pontoação servem para conter a embolia.

A maioria das plantas é capaz de tolerar pequenas quantidades de cavitação. Como as capilaridades no xilema são interconectadas, a água pode desviar do conduto embolizado, trafegando pelos condutos vizinhos preenchidos com água (ver Figura 6.7). Assim, o comprimento finito dos condutos formados por traqueídes e vasos, apesar de resultar em aumento de resistência ao fluxo de água, também proporciona uma maneira de restringir o impacto da cavitação. No entanto, qualquer redução na capacidade hidráulica do xilema tem o potencial de afetar a produtividade se reduzir o suprimento de água para as folhas. A secagem do solo resulta em pressões cada vez mais negativas do xilema e pode levar a quantidades substanciais de embolia. As plantas podem mitigar o impacto da secagem do solo perdendo as folhas ou reduzindo o contato entre as raízes e o solo. Durante a seca prolongada, no entanto, as pressões do xilema acabarão por atingir níveis que induzem a cavitação. Trabalhos recentes mostram que a embolia é um fator importante na mortalidade de árvores induzida pela seca.

A principal maneira pela qual as plantas superam a embolia é produzindo novos condutos de xilema ou desenvolvendo novas partes aéreas. Isso destaca um benefício importante do crescimento secundário (ver Capítulo 19).

Em algumas espécies, o desenvolvimento da pressão de raiz permite que os condutos embolizados sejam reabastecidos. Como já visto, a pressão de raiz resulta no desenvolvimento de pressões hidrostáticas positivas no xilema. Essas pressões positivas na fase líquida são transmitidas para qualquer bolha de gás no xilema. Por sua vez, o aumento da pressão força o gás a se dissolver e, assim, permite que um conduto embolizado seja preenchido com água.

6.4 Movimento da água da folha para a atmosfera

Em sua trajetória da folha para a atmosfera, a água é puxada do xilema para as paredes celulares do mesófilo, de onde evapora para os espaços intercelulares (**Figura 6.10**). O vapor de água sai, então, da folha através da fenda estomática. O movimento da água líquida pelos tecidos vivos da folha é controlado por gradientes no potencial hídrico. Entretanto, o transporte na fase de vapor é por difusão, de modo que a parte final da corrente transpiratória é controlada pelo *gradiente de concentração de vapor de água*.

A cutícula cerosa que cobre a superfície foliar é uma barreira eficaz ao movimento da água. Estima-se que apenas 5% da água perdida pelas folhas saiam através da cutícula. Quase toda a perda de água pelas folhas se dá por difusão de vapor de água pelas diminutas fendas estomáticas. Na maioria das espécies herbáceas, os estômatos estão presentes tanto na face adaxial como na abaxial da epiderme foliar, geralmente sendo mais abundantes na face abaxial. Em muitas espécies arbóreas, os estômatos estão localizados somente na face abaxial da epiderme foliar.

As folhas têm uma grande resistência hidráulica

Embora as distâncias que a água deve atravessar dentro das folhas sejam pequenas em relação a toda a rota solo–atmosfera, a contribuição da folha para a resistência hidráulica total é grande. Em média, as folhas constituem 30% da resistência total da fase líquida e, em algumas plantas, sua contribuição é muito maior. Essa combinação de comprimento curto de percurso e resistência hidráulica grande também ocorre em raízes, refletindo o fato de que, em ambos os órgãos, o transporte de água ocorre através de tecidos vivos altamente resistentes, bem como pelo xilema.

A água entra nas folhas e é distribuída nos condutos de xilema presentes no interior delas. Ela deve sair pelas paredes do xilema e passar por múltiplas camadas de células vivas antes de evaporar. Portanto, a resistência hidráulica foliar reflete o número, a distribuição e o tamanho dos condutos xilemáticos,

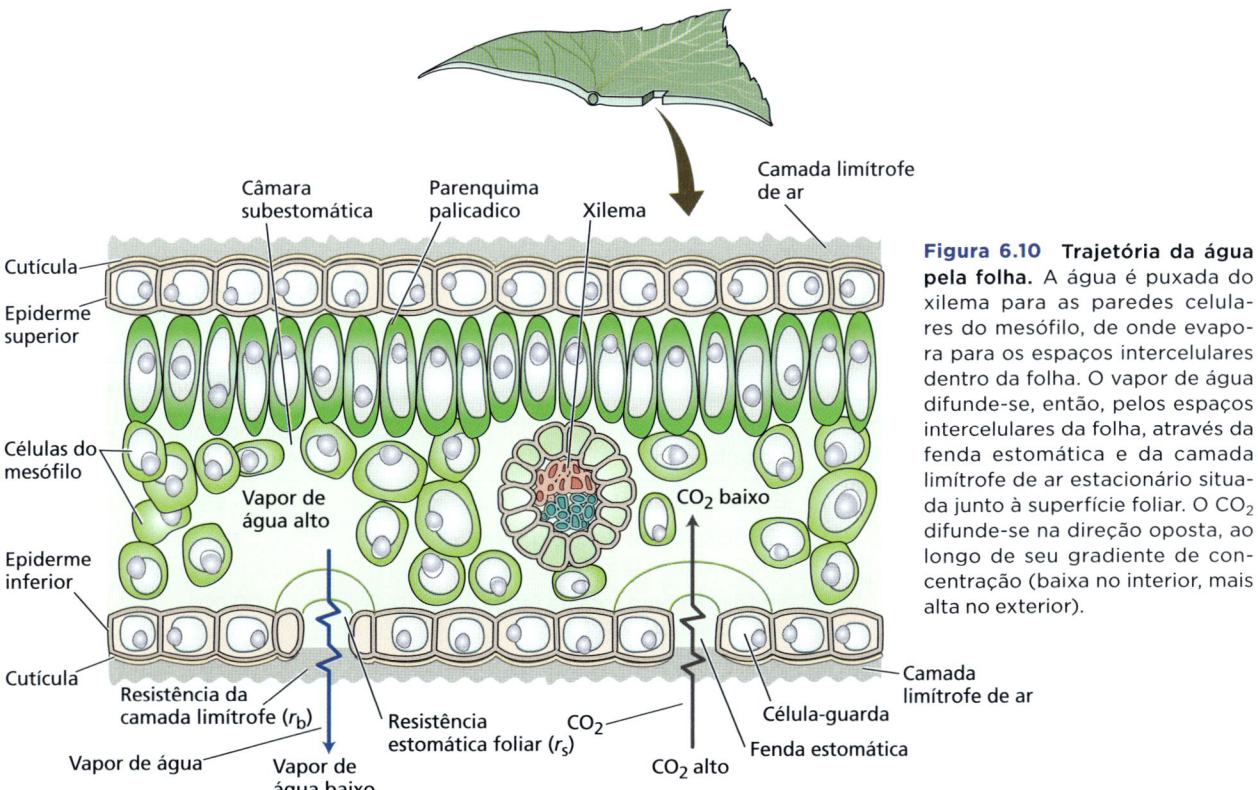

Figura 6.10 Trajetória da água pela folha. A água é puxada do xilema para as paredes celulares do mesófilo, de onde evapora para os espaços intercelulares dentro da folha. O vapor de água difunde-se, então, pelos espaços intercelulares da folha, através da fenda estomática e da camada limítrofe de ar estacionário situada junto à superfície foliar. O CO_2 difunde-se na direção oposta, ao longo de seu gradiente de concentração (baixa no interior, mais alta no exterior).

bem como as propriedades hidráulicas das células do mesófilo. A resistência hidráulica de folhas de arquiteturas de venação diversas varia em cerca de 40 vezes. Uma grande parte dessa variação parece ser devida à densidade das nervuras dentro da folha e à sua distância da superfície evaporativa foliar. Folhas com nervuras muito próximas tendem a ter resistência hidráulica menor e taxas fotossintéticas maiores, sugerindo que a proximidade das nervuras foliares aos sítios de evaporação exerce um impacto significativo nas taxas de trocas gasosas foliares.

A resistência hidráulica de folhas varia em resposta às condições de crescimento e à exposição a baixos potenciais hídricos foliares. Por exemplo, folhas de plantas crescendo em condições de sombreamento exibem maior resistência ao fluxo de água do que folhas de plantas crescendo sob maior luminosidade. A resistência hidráulica foliar também aumenta, em geral, com a idade foliar. Em escalas de tempo mais curtas, decréscimos no potencial hídrico foliar levam a marcantes incrementos na resistência hidráulica. O aumento na resistência hidráulica foliar pode resultar em decréscimos na permeabilidade da membrana de células do mesófilo, cavitação de condutos xilemáticos de nervuras foliares, ou, em alguns casos, colapso físico de condutos do xilema sob tensão.

A força propulsora da transpiração é a diferença na concentração de vapor de água

A transpiração foliar depende de dois fatores principais: (1) a **diferença na concentração de vapor de água** entre os espaços intercelulares das folhas e a massa atmosférica externa (Δc_{wv}) e (2) a **resistência à difusão** (r) dessa rota. A diferença na concentração de vapor de água é expressa como $c_{wv(folha)} - c_{wv(ar)}$. A concentração de vapor de água do ar ($c_{wv[ar]}$) pode ser facilmente medida, mas a da folha ($c_{wv[folha]}$) é mais difícil de ser determinada.

Enquanto o volume dos espaços intercelulares dentro da folha é pequeno, a superfície úmida da qual a água evapora é grande. O volume dos espaços intercelulares é somente 5% do volume total da folha em acículas de pinheiros, 10% em folhas de milho (*Zea mays*), 30% em cevada e 40% em folhas de tabaco. Em comparação com o volume dos espaços intercelulares, a área de superfície interna da qual a água evapora pode ser de 7 a 30 vezes a área foliar externa. Essa alta razão superfície:volume leva a um rápido equilíbrio de vapor no interior da folha. Assim, pode-se assumir que os espaços intercelulares dentro da folha se aproximam do equilíbrio de potencial hídrico com as superfícies das paredes celulares das quais a água líquida está evaporando.

Na faixa de potenciais hídricos experimentados por folhas transpirantes (geralmente mais positivos do que –2,0 MPa), a concentração de equilíbrio de vapor de água está em torno de 2 pontos percentuais da concentração de saturação de vapor de água. Isso permite que se estime a concentração de vapor de água dentro de uma folha a partir de sua temperatura. Visto que o conteúdo de saturação de vapor de água do ar aumenta exponencialmente com a temperatura, a temperatura foliar tem um impacto marcante nas taxas transpiratórias. (O **Tópico 6.4 na internet** mostra como se pode calcular a concentração de vapor de água nos espaços de ar da folha e discute outros aspectos das relações hídricas dentro da folha.)

A concentração de vapor de água, c_{wv}, muda em vários pontos ao longo da rota de transpiração. Vê-se, na **Tabela 6.1**, que c_{wv} decresce em cada etapa da rota que vai da superfície da parede celular até a massa atmosférica fora da folha. Os pontos importantes a serem lembrados são que (1) a força propulsora da perda de água da folha é a diferença na concentração *absoluta* (diferença em c_{wv}, em mol m^{-3}) e (2) essa diferença é fortemente influenciada pela temperatura foliar.

A perda de água também é afetada por resistências da rota

O segundo fator importante a governar a perda de água pelas folhas é a resistência à difusão na rota da transpiração, que consiste em dois componentes variáveis (ver Figura 6.10):

1. A resistência associada à difusão pelas fendas estomáticas, a **resistência estomática** foliar (r_s).
2. A resistência causada pela camada de ar estacionário junto à superfície foliar, por meio da qual o vapor tem de se difundir para alcançar o ar turbulento da atmosfera. Essa segunda resistência, r_b, é chamada de **resistência da camada limítrofe**. Este tipo de resistência será discutido antes de se considerar a resistência estomática.

A espessura da camada limítrofe é determinada principalmente pela velocidade do vento e pelo tamanho da folha. Quando o ar que circunda a folha encontra-se muito parado, a camada de ar estacionário junto à superfície foliar pode ser tão espessa que se torna o principal impedimento à perda de vapor

Tabela 6.1 Valores representativos de umidade relativa, concentração absoluta de vapor de água e potencial hídrico para quatro pontos ao longo da rota de perda de água de uma folha

		Vapor de água	
Localização	Umidade relativa	Concentração (mol m^{-3}) (c_{wv})	Potencial (MPa)[a]
Espaços intercelulares (25 °C)	0,99	1,27	–1,38
Imediatamente dentro da fenda estomática (25 °C)	0,97	1,21	–7,04
Imediatamente fora da fenda estomática (25 °C)	0,47	0,60	–103,7
Massa atmosférica (20 °C)	0,50	0,50	–93,6

Fonte: Adaptada de P. S. Nobel. 1999. *Physicochemical and Environmental Plant Physiology, 2nd ed.* Academic Press, San Diego, CA.
Nota: Ver Figura 6.10.
[a]Calculado usando a Equação 6.6.2 no **Tópico 6.4 na internet**, com valores para $RT/\bar{V}_w$ de 135 MPa a 20 °C e 137,3 MPa a 25 °C.

de água pela folha. Aumentos nas aberturas estomáticas sob tais condições têm pouco efeito na taxa de transpiração (**Figura 6.11**), embora o fechamento completo dos estômatos ainda reduza a transpiração.

Quando a velocidade do vento é alta, o ar em movimento reduz na espessura da camada limítrofe na superfície da folha, diminuindo a resistência dessa camada. Sob essas condições, a resistência estomática controlará em grande parte a perda de água da folha.

Vários aspectos anatômicos e morfológicos da folha podem influenciar na espessura da camada limítrofe. Os tricomas nas superfícies foliares podem servir como quebra-ventos microscópicos. Algumas plantas têm estômatos em cavidade, o que proporciona um abrigo externo à fenda estomática. O tamanho e a forma das folhas e sua orientação em relação à direção do vento também influenciam a maneira como ele sopra ao longo da superfície foliar. A maioria desses fatores, entretanto, não pode ser alterada de uma hora para outra ou mesmo de um dia para outro. Para regulação de curto prazo da transpiração, o controle das aberturas estomáticas pelas células-guarda desempenha um papel fundamental na regulação da transpiração foliar.

Algumas espécies são capazes de mudar a orientação de suas folhas e, desse modo, influenciar suas taxas transpiratórias. Por exemplo, quando as plantas orientam suas folhas paralelamente aos raios solares, a temperatura foliar é reduzida e, com isso, a força propulsora da transpiração, Δc_{wv}. Muitas folhas de gramíneas enrolam-se quando experimentam déficits hídricos, reduzindo, dessa maneira, a intercepção da luz. Mesmo a murcha pode ajudar a melhorar as altas taxas transpiratórias pela redução da quantidade de radiação interceptada, resultando em temperaturas foliares mais baixas e um decréscimo em Δc_{wv}.

O controle estomático liga a transpiração foliar à fotossíntese foliar

Como a cutícula que recobre a folha é quase impermeável à água, a maior parte da transpiração foliar resulta da difusão de vapor de água através dos estômatos (ver Figura 6.10). As fendas estomáticas microscópicas proporcionam uma *rota de resistência variável* para o movimento de difusão de gases através da epiderme e da cutícula. As mudanças na resistência estomática são importantes para a regulação da perda de água pela planta e para o controle da taxa de absorção de CO_2 necessário para a fotossíntese.

Em uma manhã ensolarada, quando o suprimento de água é abundante e a radiação solar incidente nas folhas favorece a atividade fotossintética alta, a demanda por CO_2 dentro da folha é grande, e as fendas estomáticas abrem-se amplamente, diminuindo a resistência estomática à difusão do CO_2. A perda de água por transpiração é substancial sob essas condições; como o suprimento de água do solo é abundante, torna-se vantajoso para a planta assumir uma perda de água para obter mais produtos da fotossíntese, essenciais para o crescimento e a reprodução. Por outro lado, quando a água do solo é menos abundante, os estômatos abrem-se menos ou até permanecem fechados, a despeito da luz solar abundante. À noite, quando não há fotossíntese e, assim, não há qualquer demanda por CO_2 dentro da folha, os estômatos fecham, impedindo perdas desnecessárias de água.

A *regulação temporal* das aberturas estomáticas – abertas durante o dia, fechadas à noite – ocorre na maioria das plantas. Somente as espécies que exibem o metabolismo ácido das crassuláceas (CAM, *crassulacean acid metabolism*), sobre as quais discutirá o Capítulo 10, exibem um padrão invertido, no qual os estômatos se abrem à noite e fecham durante o dia. Essas plantas conservam água capturando e armazenando CO_2 à noite, quando as taxas de transpiração são baixas. Elas então extraem seu CO_2 armazenado durante o dia, o que permite que fotossintetizem apesar dos estômatos fechados.

As paredes celulares das células-guarda têm características especializadas

As plantas regulam a transpiração abrindo e fechando os estômatos. Esse controle biológico é exercido por um par de células

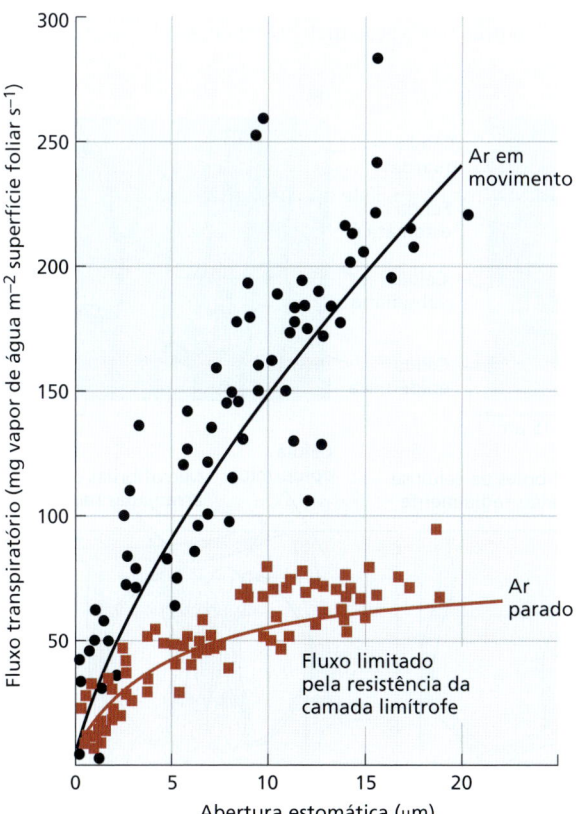

Figura 6.11 Dependência da transpiração em relação à abertura estomática da zebrina (*Zebrina pendula*), sob ar parado e sob ar em movimento. A camada limítrofe é mais espessa e mais limitante em ar parado do que em ar em movimento. Como consequência, a abertura estomática tem menos controle sobre a transpiração no ar parado. (Segundo G. G. J. Bange. 1953. *Acta Bot. Neerl.* 2: 255-296.)

epidérmicas especializadas, as **células-guarda**, que circundam a fenda estomática (**Figuras 6.12 e 6.13**).

As células-guarda apresentam considerável diversidade morfológica, mas pode-se distinguir dois tipos principais: as células-guarda do tipo mais comum têm um contorno elíptico (frequentemente chamado de reniforme), com a fenda em seu centro (ver Figura 4.12A). Em gramíneas (ver Figura 6.12B), as células-guarda têm uma forma característica de halteres, com extremidades bulbosas. A fenda é uma longa abertura localizada entre os dois "cabos" dos halteres. Essas células-guarda são sempre ladeadas por um par de células epidérmicas distintas, denominadas **células subsidiárias**, que auxiliam as células-guarda a controlar a fenda estomática. Células subsidiárias também são encontradas em algumas espécies com estômatos reniformes. As células-guarda, as células subsidiárias e a fenda constituem o chamado **complexo estomático**.

Uma característica peculiar das células-guarda é a estrutura especializada de suas paredes. Porções dessas paredes são substancialmente espessadas (ver Figura 6.13) e podem ter espessura de até 5 µm, em comparação com a espessura de 1 a 2 µm típica de células epidérmicas. Em células-guarda reniformes, um padrão de espessamento diferencial resulta em paredes internas e externas (laterais) muito espessas, uma parede dorsal fina (a parede em contato com células epidérmicas) e uma ventral (fenda) um tanto quanto espessada. As partes da parede externa em contato com a atmosfera geralmente se estendem até saliências bem desenvolvidas.

O alinhamento das **microfibrilas de celulose**, que reforçam todas as paredes celulares vegetais e que são um importante determinante da forma celular (ver Capítulo 2), desempenha um papel essencial na abertura e no fechamento da fenda estomática. Em células de formato cilíndrico, as microfibrilas de celulose estão orientadas transversalmente em relação ao eixo longitudinal da célula. Como consequência, a célula expande-se na direção de seu eixo longitudinal, pois o reforço de celulose oferece menor resistência a ângulos retos em relação à sua orientação.

Nas células-guarda, a organização de microfibrilas é diferente. Células-guarda reniformes têm microfibrilas de celulose projetadas radialmente a partir da fenda (ver Figura 6.12C). Como resultado, a parede voltada para a fenda é muito mais espessa do que a parede em contato as outras células epidérmicas. Assim, à medida que as células-guarda aumentam de volume, o lado voltado para a epiderme se expande mais do que o lado voltado para a fenda. Isso leva as células-guarda a curvarem-se, e a fenda a abrir-se. Em gramíneas, as células-guarda em forma de halteres funcionam como barras com extremidades infláveis. A orientação das microfibrilas de celulose é tal que, à medida que as extremidades bulbosas das células aumentam em volume, as barras afastam-se uma da outra e a fenda entre elas se alarga (ver Figura 6.12C).

Embora a orientação das microfibrilas de celulose seja um dos principais determinantes da expansão das células-guarda durante a abertura estomática, estudos recentes de modelagem computacional e experimentos com mutantes da parede celular mostraram que os polissacarídeos da matriz (ver Capítulo 2) desempenham um papel importante. Nos estágios iniciais da abertura estomática, a orientação das microfibrilas determina o padrão de abertura. À medida que a pressão nas células-guarda aumenta, no entanto, as pectinas da parede celular sofrem enrijecimento induzido por tensão, e essa propriedade parece ser crítica para a abertura adequada dos estômatos.

Mudanças na pressão de turgor das células-guarda fazem com que os estômatos se abram e fechem

Os aspectos iniciais da abertura estomática são a absorção iônica e outras mudanças metabólicas nas células-guarda, que

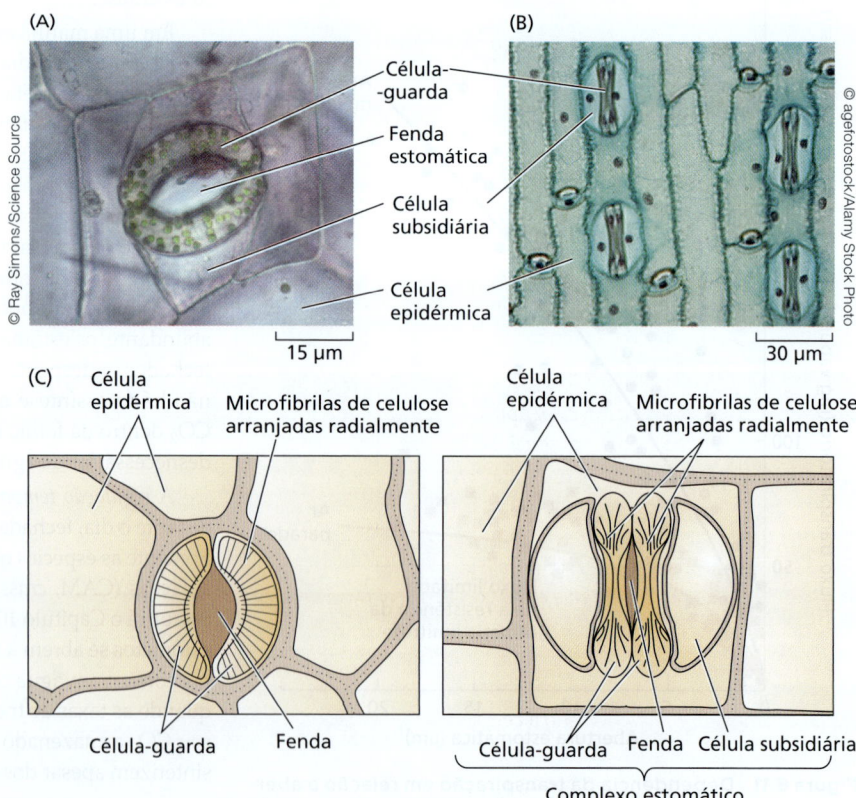

Figura 6.12 Estômato. (A) A maioria das plantas tem células-guarda reniformes, como visto neste estômato aberto de *Tradescantia zebrina*. (B) Estômato de milho (*Zea mays*), mostrando as células-guarda em forma de halteres, típicas de gramíneas. (C) Alinhamento radial das microfibrilas de celulose em células-guarda e células epidérmicas de um estômato reniforme (esquerda) e um estômato do tipo gramínea (direita). (C segundo H. Meidner and D. Mansfield. 1968. *Physiology of Stomata*. McGraw-Hill, London.)

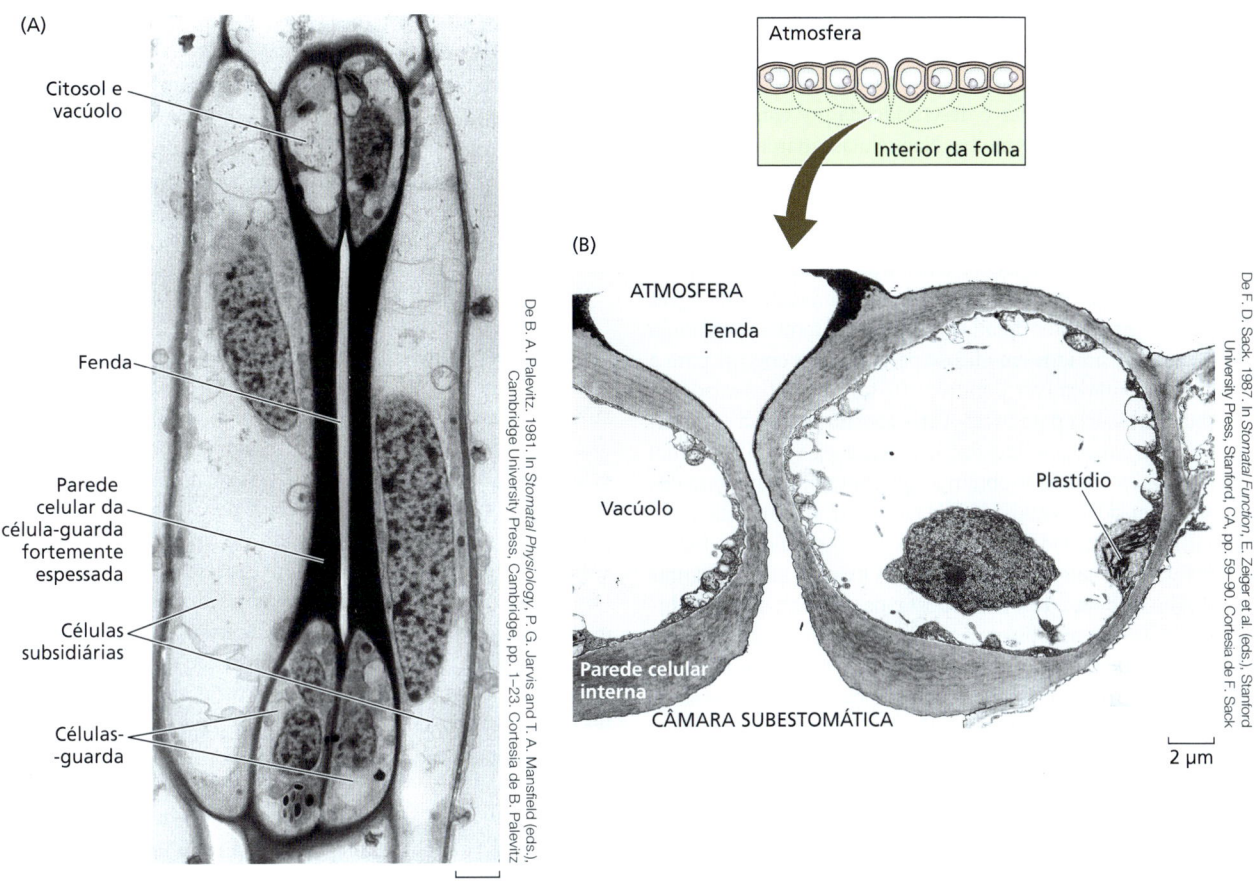

Figura 6.13 Estrutura da parede da célula-guarda. (A) Micrografia ao microscópio eletrônico de um estômato de uma gramínea (*Phleum pratense*). As extremidades bulbosas de cada célula-guarda mostram seus conteúdos citosólicos e são unidas por paredes fortemente espessadas. A fenda estomática separa as duas porções medianas das células-guarda. (B) Micrografia ao microscópio eletrônico exibindo um par de células-guarda de tabaco (*Nicotiana tabacum*). O corte é perpendicular à superfície principal da folha. Em ambas as imagens, a fenda estomática é muito pequena, indicando que os estômatos estão essencialmente fechados. Observe o padrão de espessamento desigual das paredes, o que determina a deformação assimétrica das células-guarda quando seu volume aumenta durante a abertura estomática.

serão discutidas em detalhe no Capítulo 8. Aqui, serão observados o efeito de redução no potencial osmótico (Ψ_s), resultante da absorção iônica e da biossíntese de moléculas orgânicas nas células-guarda. A concentração do íon potássio nas células-guarda aumenta várias vezes quando os estômatos se abrem: de 100 m*M*, quando fechados, para 400 a 800 m*M*, quando abertos, dependendo da espécie e das condições experimentais. Na maioria das espécies, essas grandes mudanças na concentração de K^+ são eletricamente equilibradas por quantidades variáveis de ânions Cl^- e malato^{-2}. No entanto, em algumas espécies do gênero *Allium*, como a cebola (*A. cepa*), o K^+ é equilibrado unicamente por Cl^-.

As relações hídricas nas células-guarda seguem as mesmas regras válidas para outras células. Uma redução no Ψ_s provoca redução no potencial hídrico e, consequentemente, a água se move para dentro das células-guarda. À medida que a água entra na célula, a pressão de turgor aumenta e os estômatos se abrem. O fechamento estomático resulta de uma diminuição na pressão de turgor das células-guarda como resultado do efluxo de solutos e da polimerização e, portanto, é essencialmente a abertura estomática ao contrário.

Em gramíneas, a abertura estomática envolve a transferência de solutos das células subsidiárias para as células-guarda, resultando em um aumento na pressão de turgor das células-guarda e em uma diminuição na pressão de turgor das células subsidiárias. Como resultado, as células-guarda são capazes de se mover lateralmente para o espaço anteriormente ocupado pelas células subsidiárias. Acredita-se que a troca recíproca de solutos entre as células-guarda e as células subsidiárias desempenhe um papel importante ao permitir que os estômatos das gramíneas se abram rapidamente e atinjam grandes aberturas.

Sinais internos e externos regulam o equilíbrio osmótico das células-guarda

As células-guarda funcionam como válvulas hidráulicas multissensoriais. Fatores ambientais, como intensidade e qualidade de luz, temperatura, *status* hídrico foliar e concentração intercelular de CO_2, são percebidos pelas células-guarda, e esses sinais são integrados em respostas estomáticas bem definidas.

A abertura estomática é desencadeada por comprimentos de onda de luz azul e vermelha. Nas células-guarda, a luz azul é percebida pelas fototropinas (fotorreceptores) (ver Capítulo 16), que desencadeiam respostas que impulsionam a absorção de íons (ver Capítulo 8) e diminuem o potencial hídrico das células-guarda. O resultado é a absorção de água e a expansão vacuolar, que produz uma rápida abertura estomática (ver Capítulo 16 para obter detalhes). A luz azul também estimula a conversão de amidos em glicose para fornecer energia para a abertura estomática (ver Capítulo 10). Como a intensidade da luz azul necessária para promover a abertura estomática é extremamente baixa, acredita-se que esta luz seja o principal sinal para que os estômatos se abram ao amanhecer. Na maioria das plantas, intensidades mais altas de radiação fotossinteticamente ativa (RFA) enriquecida com vermelho (ver Capítulo 9) induzem a abertura estomática durante o dia. A exceção são as plantas CAM, que exibem a resposta oposta: os estômatos abrem durante a noite. Em ambos os casos, a regulação da abertura estomática envolve a absorção de íons. As respostas de abertura também se correlacionam com as mudanças nos níveis de sacarose e são integradas com percepção de CO_2 (ver Capítulo 16).

Um sinal potente para o fechamento estomático é o hormônio ácido abscísico, discutido em detalhes no Capítulo 15. O ácido abscísico, produzido pelas células do mesófilo em resposta à diminuição da pressão de turgor das células mesofílicas, é transportado para as células-guarda. Nas células-guarda, o ácido abscísico desencadeia a liberação rápida de solutos e, portanto, uma diminuição na pressão de turgor destas células, que faz com que os estômatos se fechem. O fechamento estomático em resposta ao estresse por déficit hídrico ajuda as plantas a evitar o desenvolvimento de tensões no xilema associadas a uma alta probabilidade de cavitação.

A razão de transpiração mede a relação entre perda de água e ganho de carbono

A eficiência das plantas em moderar a perda de água ao mesmo tempo em que permitem absorção suficiente de CO_2 para a fotossíntese pode ser estimada por um parâmetro denominado **razão de transpiração**. Esse valor é definido como a quantidade de água transpirada pela planta dividida pela quantidade de dióxido de carbono assimilado pela fotossíntese.

Para plantas em que o primeiro produto estável da fixação de carbono é um composto de três carbonos (plantas C_3; ver Capítulo 10), cerca de 400 moléculas de água são perdidas para cada molécula de CO_2 fixada pela fotossíntese, dando uma razão de transpiração de 400. (Algumas vezes, a recíproca da razão de transpiração, chamada de *eficiência no uso da água*, é citada. Plantas com uma razão de transpiração de 400 têm uma eficiência no uso da água de 1/400, ou 0,0025.)

A grande razão entre efluxo de H_2O e influxo de CO_2 resulta de três fatores:

1. O gradiente de concentração que aciona a perda de água é cerca de 100 vezes maior que aquele que aciona o influxo de CO_2. Em grande parte, essa diferença decorre da concentração baixa de CO_2 no ar (cerca de 0,04%) e da concentração relativamente alta de vapor de água dentro da folha.
2. O CO_2 difunde-se na proporção de 1,6 vez mais lentamente pelo ar que a água (a molécula de CO_2 é maior que a de H_2O e tem um coeficiente de difusão menor).
3. O CO_2 precisa atravessar a membrana plasmática, o citoplasma e o envoltório do cloroplasto, antes de ser assimilado no cloroplasto. Essas membranas aumentam a resistência da rota de difusão do CO_2.

Algumas plantas utilizam variações da rota fotossintética habitual para a fixação do dióxido de carbono, que reduzem substancialmente suas razões de transpiração. As plantas nas quais um composto de quatro carbonos é o primeiro produto estável da fotossíntese (plantas C_4; ver Capítulo 10) em geral transpiram menos água por molécula de CO_2 fixado do que as plantas C_3; uma razão de transpiração típica para plantas C_4 é de cerca de 150. Isso acontece em grande parte porque a fotossíntese C_4 resulta em uma concentração menor de CO_2 no espaço intercelular de aeração (ver Capítulo 10). Assim, cria-se uma força propulsora maior para a absorção de CO_2, permitindo que essas plantas atuem com aberturas estomáticas menores e, desse modo, taxas transpiratórias mais baixas.

As plantas adaptadas ao deserto com CAM, nas quais o CO_2 é inicialmente fixado em ácidos orgânicos de quatro carbonos à noite (ver Capítulo 10), têm razões de transpiração ainda menores; valores de cerca de 50 não são incomuns. Isso é possível porque seus estômatos têm um ritmo diurno invertido, abrindo-se à noite e fechando-se durante o dia. A transpiração é muito mais baixa à noite, uma vez que a temperatura foliar amena origina um Δc_{wv} muito pequeno.

■ 6.5 Visão geral: o *continuum* solo–planta–atmosfera

Foi visto que o movimento de água do solo para a atmosfera através da planta envolve diferentes mecanismos de transporte:

- No solo e no xilema, água líquida se move por fluxo de massa em resposta a um gradiente de pressão ($\Delta \Psi_p$).
- Quando a água líquida é transportada para dentro e para fora das células, a força propulsora é a diferença de potencial hídrico através da membrana plasmática.
- Na fase de vapor, a água se move principalmente por difusão, pelo menos até atingir o ar externo, onde a convecção (uma forma de fluxo de massa) torna-se dominante.

No entanto, o elemento-chave no transporte de água do solo às folhas é a geração de pressões negativas dentro do xilema, devido às forças capilares nas paredes celulares das folhas transpirantes. Na outra extremidade da planta, a água do solo também é retida por forças capilares. Isso resulta em um "cabo de guerra" em uma coluna de água entre forças capilares atuando nas duas extremidades. À medida que uma folha perde água devido à transpiração impulsionada pela luz solar, a água se move pelo xilema acionada por forças físicas.

Esse mecanismo simples contribui para uma tremenda eficiência energética, o que é crucial quando cerca de 400 moléculas de água são transportadas para cada molécula de CO_2 que é absorvida em troca. Os elementos cruciais que permitem o funcionamento desse sistema de transporte são: uma baixa resistividade da rota de fluxo no xilema, que é protegida da cavitação; um sistema radicular com área de superfície grande para extrair água do solo; e a capacidade de limitar a perda de água das superfícies foliares quando o solo está seco.

Resumo

Há um conflito inerente entre a necessidade de uma planta absorver CO_2 e sua necessidade de conservar água, resultante da perda de água pelas mesmas fendas que permitem a entrada de CO_2. Para manejar esse conflito, as plantas desenvolveram adaptações que controlam a perda de água das folhas e substituem a água perdida na atmosfera pela água do solo.

6.1 A água no solo

- O conteúdo e a taxa de movimento da água dependem do tipo e da estrutura do solo; essas características influenciam o gradiente de pressão no solo e sua condutividade hidráulica.
- No solo, a água pode ocorrer como uma película superficial sobre as suas partículas ou pode preencher parcial ou completamente os espaços entre as partículas.
- Potencial osmótico, potencial de pressão e potencial gravitacional influenciam o movimento da água do solo através da planta para a atmosfera (**Figura 6.1**).
- O contato íntimo entre os pelos das raízes e as partículas do solo aumenta consideravelmente a área de superfície para a absorção de água (**Figura 6.2**).

6.2 Absorção de água pelas raízes

- A absorção de água é confinada sobretudo às regiões próximas aos ápices das raízes (**Figura 6.3**).
- Na raiz, a água pode se mover via rotas apoplástica, simplástica ou transmembrana (**Figura 6.4**).
- O movimento de água através do apoplasto é obstruído pela estria de Caspary na endoderme, que força a água a se mover via rota simplástica antes de entrar no xilema (**Figura 6.4**).
- Quando a transpiração é baixa ou inexistente, o transporte contínuo de solutos para dentro do fluido xilemático leva a um decréscimo no Ψ_s e no Ψ. Isso proporciona a força para a absorção de água e um Ψ_p positivo, o qual produz uma pressão hidrostática positiva no xilema (**Figura 6.5**).

6.3 Transporte de água pelo xilema

- Os condutos do xilema, que podem ser tanto traqueídes (unicelulares) quanto vasos (multicelulares), proporcionam uma rota de baixa resistência para o transporte de água (**Figura 6.6**).

- Traqueídes fusiformes alongadas e elementos de vaso enfileirados têm pontoações nas paredes laterais (**Figura 6.6**).
- O fluxo de massa impelido pela pressão move a água a longas distâncias pelo xilema.
- A ascensão de água pelas plantas resulta da redução no potencial hídrico nos sítios de evaporação dentro das folhas (**Figura 6.8**).
- A cavitação rompe a continuidade da coluna de água no xilema e impede o transporte de água sob tensão (**Figuras 6.7, 6.9**).

6.4 Movimento da água da folha para a atmosfera

- A água é puxada a partir do xilema para as paredes celulares do mesófilo antes de evaporar para dentro dos espaços intercelulares foliares (**Figura 6.10**).
- A resistência hidráulica das folhas é grande e varia em resposta às condições de crescimento e exposição a baixos potenciais hídricos foliares.
- A transpiração depende da diferença na concentração de vapor de água entre os espaços foliares e o ar externo e da resistência à difusão dessa rota, a qual consiste na resistência dos estômatos foliares e na resistência da camada limítrofe (**Figura 6.11, Tabela 6.1**).
- A abertura e o fechamento da fenda estomática são realizados e controlados pelas células-guarda (**Figuras 6.12, 6.13**).
- Os movimentos estomáticos são impulsionados por mudanças na concentração de soluto (Ψ_s) das células-guarda. Os comprimentos de onda de luz azul e vermelha estimulam o acúmulo de solutos e, portanto, a abertura estomática, enquanto o hormônio ácido abscísico desencadeia as células-guarda para diminuir sua concentração de solutos e, assim, fechar.
- A eficácia das plantas em limitar a perda de água permitindo, ao mesmo tempo, a absorção de CO_2 é dada pela razão de transpiração.

6.5 Visão geral: o *continuum* solo–planta–atmosfera

- Forças físicas, sem o envolvimento de qualquer bomba metabólica, regulam o movimento da água a partir do solo, para a planta e para a atmosfera, sendo o sol a fonte fundamental de energia.

■ Material da internet

- **Tópico 6.1 Irrigação** A irrigação tem um impacto drástico sobre a produtividade de culturas e a salinidade do solo.
- **Tópico 6.2 Propriedades físicas dos solos** A distribuição de tamanho das partículas do solo influencia sua capacidade de manter e conduzir água.
- **Tópico 6.3 Cálculo das velocidades do movimento da água no xilema e nas células vivas** A água flui mais facilmente pelo xilema do que pelas células vivas.
- **Tópico 6.4 Transpiração foliar e gradientes de vapor de água** A transpiração foliar e a condutância estomática afetam as concentrações de vapor de água na folha e no ar.

Para mais recursos de aprendizagem (em inglês), acesse **oup.com/he/taiz7e**.

Leituras sugeridas

Bramley, H., Turner, N. C., Turner, D. W., and Tyerman, S. D. (2009) Roles of morphology, anatomy and aquaporins in determining contrasting hydraulic behavior of roots. *Plant Physiol.* 150: 348–364.

Brodribb, T. J., McAdam, S. A. M., and Carins Murphy, M. R. (2017) Xylem and stomata, coordinated through space and time. *Plant Cell Environ.* 40: 872–880.

Buckley, T. N. (2019) How do stomata respond to water stress? *New Phytol.* 224: 21–36.

Choat, B., Brodribb, T .J., Brodersen, C. R., Duursma, R. A., López, R., and Medlyn, B. E. (2018) Triggers of tree mortality under drought. *Nature* 558: 531–539.

Hacke, U. G., Sperry, J. S., Pockman, W. T., Davis, S. D., and McCulloh, K. (2001) Trends in wood density and structure are linked to prevention of xylem implosion by negative pressure. *Oecologia* 126: 457–461.

Pickard, W. F. (1981) The ascent of sap in plants. *Prog. Biophys. Mol. Biol.* 37: 181–229.

Pittermann, J., Sperry, J. S., Hacke, U. G., Wheeler, J. K., and Sikkema, E. H. (2005) Torus-margo pits help conifers compete with angiosperms. *Science* 310: 1924.

Roelfsema, M. R. G., and Kollist, H. (2013) Tiny pores with a global impact. *New Phytol.* 197: 11–15.

Sack, L., and Scoffoni, C. (2013) Leaf venation: structure, function, development, evolution, ecology and applications in past, present and future. *New Phytol.* 198: 983–1000.

Stroock, A. D., Pagay, V. V., Zwieniecki, M. A., and Holbrook, N. M. (2014). The physicochemical hydrodynamics of vascular plants. *Annu. Rev. Fluid Mech.* 46: 615–642.

7 Nutrição mineral

Nutrientes minerais são elementos como nitrogênio, fósforo e potássio que as plantas obtêm do solo. A maioria dos nutrientes minerais se origina na rocha do substrato e é liberada quando a rocha se decompõe ou é intemperizada. Embora os nutrientes minerais percorram continuamente um ciclo em todos os organismos, eles entram na **biosfera** predominantemente pelos sistemas radiculares; assim, em certo sentido, as plantas agem como "mineradoras" da crosta terrestre. A grande área de superfície das raízes e sua capacidade de absorver nutrientes, de forma elementar ou composta, em baixas concentrações na solução do solo aumentam a eficácia da obtenção mineral pelas plantas. Após serem absorvidos pelas raízes, os elementos minerais ou os compostos que os contêm são translocados para diferentes partes da planta, onde cumprem numerosas funções biológicas. Outros organismos, como fungos micorrízicos e bactérias fixadoras de nitrogênio, frequentemente participam com as raízes na obtenção de nutrientes minerais.

O estudo sobre como as plantas obtêm e utilizam os nutrientes minerais se denomina **nutrição mineral**. Essa área de pesquisa é fundamental para aprimorar as modernas práticas agrícolas e a proteção ambiental, bem como para compreender as interações ecológicas das plantas em ecossistemas naturais. Produtividades agrícolas altas muitas vezes dependem da fertilização com nutrientes minerais. A aplicação de um **nutriente limitante** aumentará o crescimento e a produtividade vegetal, a menos que outro estresse abiótico ou biótico também seja limitante. Para atender à demanda por alimentos pela crescente população mundial (**Quadro 7.1**), o uso anual de fertilizantes no mundo aumentou drasticamente desde 1940. A produção agrícola também está aumentando, em especial a produção de grãos e da pecuária, em parte por causa do uso de fertilizantes, mas também por causa de melhorias na genética das culturas agrícolas.

Mais da metade da energia usada na agricultura é gasta na produção, na distribuição e na aplicação de fertilizantes nitrogenados. Além disso, a produção de fertilizantes fosfatados depende de recursos não renováveis que provavelmente atingirão seu pico de produção durante este século. As culturas vegetais, entretanto, em geral usam menos da metade dos fertilizantes aplicados ao solo em torno delas. Os minerais restantes podem lixiviar nas águas superficiais ou subterrâneas, associar-se a partículas do solo ou contribuir para a poluição atmosférica ou a mudança climática, após conversão a amônia ou óxido nitroso, por exemplo.

Quadro 7.1 Fertilizantes nitrogenados e mudanças climáticas

O uso massivo de fertilizantes sintéticos de nitrogênio (N) a partir do século XX, e hoje totalizando mais de 120 teragramas (Tg; 1 Tg = 1 milhão de toneladas métricas) de N por ano, sustentou a Revolução Verde e garante a segurança alimentar de grande parte da humanidade. No entanto, o uso de fertilizantes nitrogenados também tem consequências desfavoráveis para o mundo, pois as espécies reativas de nitrogênio (ERN) afetam adversamente a qualidade da água e do ar e a saúde humana e do ecossistema, levando-nos para além de um espaço operacional seguro para a humanidade. A intervenção humana no ciclo global do N, principalmente por meio da produção e do uso de fertilizantes nitrogenados, mas também por meio da produção de óxidos de N (NOx) a partir da queima de combustíveis fósseis, dobrou o fluxo de N ao longo do ciclo, com impactos adicionais no clima da Terra. Os compostos de ERN têm muitas influências positivas e negativas no equilíbrio de gases de efeito estufa (GEE), embora o efeito climático líquido possa ser o resfriamento, em parte devido ao aumento da fotossíntese e do sequestro de CO_2 na biosfera. A agricultura é a principal fonte de emissões de amônia, que é a que mais contribui para o efeito de resfriamento de ERN, principalmente por meio da formação de aerossóis e da reflexão da energia solar e deposição de N que estimula o sequestro de carbono. Da mesma forma, a agricultura é a principal fonte do potente gás de efeito estufa N_2O, o principal contribuinte de ERN para o aquecimento global. Os NOx têm muitas interações, levando à produção de ozônio (um GEE) e aerossol, por exemplo, que juntos levam a um pequeno efeito líquido de resfriamento. A produção e o uso de fertilizantes sintéticos tiveram outros efeitos diretos e indiretos no clima, incluindo a liberação de CO_2 dos combustíveis fósseis usados para produzir amônia, que representa cerca de 1% do uso global de energia. A duplicação da população mundial levou a uma triplicação do consumo de combustíveis fósseis e das emissões de CO_2 desde a década de 1960 (ver **Figura A**).

Como resultado, há uma pressão crescente para aumentar a eficiência do uso de N (EUN) na agricultura, por exemplo, por meio de melhores práticas de manejo, que combinam melhor a oferta de fertilizantes com a demanda de N da safra, do melhoramento de plantas para melhorar a absorção e utilização do N do solo e do uso de leguminosas que incorporam di-nitrogênio atmosférico à amônia por meio da fixação simbiótica de nitrogênio (ver Capítulo 14). Globalmente, a EUN, definida como nitrogênio capturado em grãos colhidos dividido pelo total de insumos de N, é de cerca de 40% para os principais cereais (trigo, milho e arroz), enquanto é de 80% para a principal leguminosa, a soja. Assim, um maior uso de leguminosas para a produção de alimentos, ou simplesmente como fonte natural de N fixo para sistemas agrícolas quando usadas como cultura de cobertura em rotações ou consorciadas com uma não leguminosa, poderia aumentar a EUN geral da agricultura e reduzir a necessidade de fertilizantes nitrogenados sintéticos. Isso ajudaria a garantir a segurança alimentar e, ao mesmo tempo, reduzir os impactos ambientais negativos dos fertilizantes nitrogenados. ■

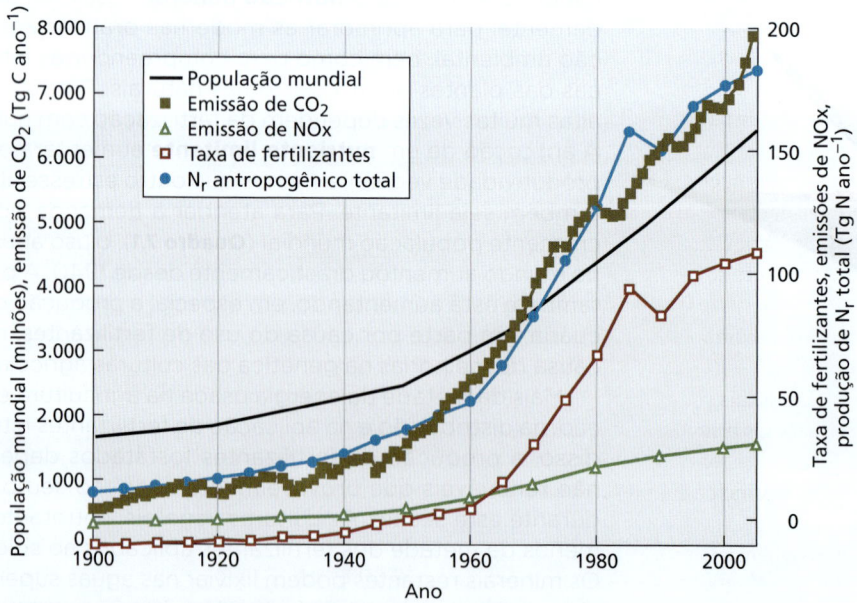

Figura A Tendências mundiais na população humana, consumo de fertilizantes nitrogenados, emissões de óxido de N (NOx) e CO_2 e fixação humana de N (N_r antropogênico total). A taxa de fixação humana de N hoje é cerca de duas vezes maior que a da fixação biológica de N em ecossistemas terrestres. N_r, nitrogênio reativo. (Segundo J. W. Erisman et al. 2011. *Curr. Opin. Environ. Sustain.* 3: 281–290.)

Em consequência da lixiviação de fertilizantes, muitos poços de água nos Estados Unidos atualmente excedem os padrões federais de concentrações para nitrato (NO_3^-) em água potável de 10 mg/L. As crianças têm o maior risco de intoxicação por nitrato (metemoglobinemia). Além do nitrogênio de fertilizantes, o nitrogênio liberado para o ambiente por outras atividades humanas e depositado no solo pela chuva, um processo conhecido como deposição atmosférica de nitrogênio, está alterando ecossistemas em todo o mundo.

Neste capítulo, discutem-se as necessidades nutricionais das plantas, os sintomas de deficiências nutricionais específicas e o uso de fertilizantes para garantir uma nutrição vegetal adequada. A seguir, examina-se como a estrutura do solo (o arranjo dos componentes das fases sólida, líquida e gasosa) e a morfologia das raízes influenciam a transferência de nutrientes do ambiente para a planta. Por fim, introduz-se o tópico sobre associações micorrízicas simbióticas, que desempenham papéis-chave na obtenção de nutrientes na maioria das plantas. Os Capítulos 8 e 14 dedicam-se a aspectos adicionais do transporte de solutos e da assimilação de nutrientes, respectivamente.

7.1 Nutrientes essenciais, deficiências e distúrbios vegetais

Somente alguns elementos são essenciais para as plantas. Um **elemento essencial** é definido como aquele cuja ausência causa anormalidades severas no crescimento, no desenvolvimento ou na reprodução vegetais, e pode impedir uma planta de completar seu ciclo de vida. Os elementos essenciais desempenham inúmeras funções nas plantas. Eles são componentes de paredes celulares, membranas e outros componentes estruturais, proteínas que catalisam o metabolismo, ácidos nucleicos que armazenam e processam informações genéticas, cascatas moleculares envolvidas na transdução de sinal, e são essenciais para a homeostase osmótica e outras funções. Se as plantas recebem esses elementos, assim como água e energia solar, elas podem sintetizar todos os compostos de que necessitam para o crescimento normal. A **Tabela 7.1** apresenta os elementos considerados essenciais para a maioria das plantas vasculares, se não para todas. Os primeiros três elementos – hidrogênio, carbono e oxigênio – não são considerados nutrientes minerais, porque são obtidos principalmente da água ou do dióxido de carbono atmosférico.

Os elementos minerais essenciais em geral são classificados como *macronutrientes* ou *micronutrientes*, de acordo com suas concentrações relativas nas plantas. Em alguns casos, as diferenças na concentração entre macronutrientes e micronutrientes não são tão grandes como aquelas indicadas na Tabela 7.1. Por exemplo, alguns tecidos vegetais, como o mesófilo, contêm quase tanto ferro ou manganês quanto enxofre ou magnésio. Muitas vezes, os elementos estão presentes em concentrações maiores do que as necessidades mínimas da planta, com o excesso sendo armazenado.

A classificação dos nutrientes das plantas em macronutrientes e micronutrientes é uma abordagem tradicional, mas é difícil de justificar fisiologicamente. Muitos cientistas preferem classificar os nutrientes de acordo com seu papel bioquímico e função fisiológica. A **Tabela 7.2** mostra essa classificação, na qual os nutrientes vegetais foram divididos em quatro grupos básicos:

1. Nitrogênio, enxofre e fósforo constituem o primeiro grupo de elementos essenciais. Esses elementos formam ligações covalentes em compostos e macromoléculas contendo carbono (p. ex., ácidos nucleicos, proteínas e lipídeos).

Tabela 7.1 Concentrações nos tecidos de elementos essenciais para a maioria das plantas

Elemento	Símbolo químico	Concentração na matéria seca (mg g^{-1} ou µg g^{-1})[a]	Número relativo de átomos em relação ao molibdênio
Obtido da água ou do dióxido de carbono			
Hidrogênio	H	60	60.000.000
Carbono	C	450	40.000.000
Oxigênio	O	450	30.000.000
Obtido do solo			
Macronutrientes			
Nitrogênio	N	15	1.000.000
Potássio	K	10	250.000
Cálcio	Ca	5	125.000
Magnésio	Mg	2	80.000
Fósforo	P	2	60.000
Enxofre	S	1	30.000
Silício	Si	1	30.000
Micronutrientes			
Cloro	Cl	100	3.000
Ferro	Fe	100	2.000
Boro	B	20	2.000
Manganês	Mn	50	1.000
Sódio	Na	10	400
Zinco	Zn	20	300
Cobre	Cu	6	100
Níquel	Ni	0,1	2
Molibdênio	Mo	0,1	1

Fonte: Segundo E. Epstein. 1972. *Mineral Nutrition of Plants: Principles and Perspectives*. John Wiley and Sons, New York; E. Epstein. 1999. *Annu. Rev. Plant Physiol. Plant Mol. Biol.* 50: 641–664.
[a] Os valores dos elementos não minerais (H, C, O) e dos macronutrientes estão em mg g^{-1}, enquanto os valores dos micronutrientes são expressos em µg g^{-1}.

A abundância dessas moléculas fundamentais explica por que nitrogênio, enxofre e fósforo são macronutrientes essenciais. As plantas assimilam nitrogênio e enxofre por meio de reações bioquímicas envolvendo reações de oxidação e redução para formar ligações covalentes com o carbono (ver Capítulo 14).

2. No segundo grupo, o silício e o boro são importantes para manter a integridade estrutural. O silício é um nutriente benéfico para a maioria das plantas, mas é um nutriente essencial apenas em Equisetaceae. O silício é absorvido como ácido silícico e se acumula nas paredes celulares como sílica amorfa (SiO_2). O boro é um componente estrutural importante da pectina nas paredes celulares (ver Capítulo 2).

3. O terceiro grupo está presente nas plantas como íons livres dissolvidos na água do vegetal ou como íons eletrostaticamente ligados a substâncias como os ácidos pécticos, presentes na parede celular. Os elementos nesse grupo têm papéis importantes como cofatores enzimáticos, na regulação de potenciais osmóticos e no controle da permeabilidade de membranas.

4. O quarto grupo, compreendendo metais como ferro, desempenha papéis importantes em reações envolvendo transferência de elétrons.

Tabela 7.2 Classificação dos nutrientes minerais das plantas de acordo com a função bioquímica

Nutriente mineral	Funções
Grupo 1	**Nutrientes que fazem parte de compostos de carbono**
N	Constituinte de aminoácidos, amidas, proteínas, ácidos nucleicos, nucleotídeos, coenzimas, hexosaminas etc.
S	Componente dos aminoácidos cisteína e metionina. Constituinte de ácido lipoico, coenzima A, tiamina pirofosfato, glutationa, biotina, 5´-adenilil-sulfato e 3´-fosfoadenosina.
P	Componente de açúcares-fosfato, ácidos nucleicos, nucleotídeos, coenzimas, fosfolipídeos, ácido fítico etc. Tem papel central em reações que envolvem ATP.
Grupo 2	**Nutrientes que são importantes para a integridade estrutural**
Si	Depositado como sílica amorfa em paredes celulares. Contribui para as propriedades mecânicas das paredes celulares, incluindo rigidez e elasticidade.
B	Componente estrutural do polissacarídeo péctico RG II (ramnogalacturonano II). Forma complexos com manitol, manano, ácido polimanurônico e outros constituintes das paredes celulares. Envolvido no alongamento celular e no metabolismo de ácidos nucleicos.
Grupo 3	**Nutrientes que permanecem na forma iônica**
K	Requerido como cofator de mais de 40 enzimas. Principal cátion no estabelecimento do turgor celular e na manutenção da eletroneutralidade celular.
Ca	Constituinte da lamela média das paredes celulares. Requerido como cofator por algumas enzimas envolvidas na hidrólise de ATP e de fosfolipídeos. Atua como mensageiro secundário na regulação metabólica.
Mg	Requerido por muitas enzimas envolvidas na transferência de fosfatos. Constituinte da molécula de clorofila.
Cl	Requerido para as reações fotossintéticas envolvidas na evolução de O_2.
Zn	Constituinte de álcool desidrogenase, desidrogenase glutâmica, anidrase carbônica etc.
Na	Envolvido na regeneração do fosfoenolpiruvato em plantas C_4 e CAM. Substitui o potássio em algumas funções.
Grupo 4	**Nutrientes envolvidos em reações redox**
Fe	Constituinte de citocromos e ferro-proteínas não heme envolvidas na fotossíntese, fixação de N_2 e na respiração.
Mn	Requerido para a atividade de algumas desidrogenases, descarboxilases, quinases, oxidases e peroxidases. Envolvido com outras enzimas ativadas por cátions e na evolução fotossintética de O_2.
Cu	Componente de ácido ascórbico oxidase, tirosinase, monoaminoxidase, uricase, citocromo oxidase, fenolase, lacase e plastocianina.
Ni	Constituinte da urease. Em bactérias fixadoras de N_2, constituinte de hidrogenases.
Mo	Constituinte de nitrogenase, nitrato redutase e xantina desidrogenase.

Fonte: Segundo H. J. Evans and G. J. Sorger. 1966. *Annu. Rev. Plant Physiol.* 17: 47–76; K. Mengel and E. A. Kirkby. 2001. *Principles of Plant Nutrition*, 5th ed. Kluwer Academic Publishers, Nordrecht, Netherlands.

Deve-se ter em mente que essa classificação é um tanto arbitrária, pois muitos elementos exercem vários papéis funcionais. Por exemplo, o manganês, listado no grupo 4 como um metal envolvido em várias reações-chave de transferência de elétrons, ainda é um mineral que permanece na forma iônica, o que o colocaria no grupo 3.

Alguns elementos de ocorrência natural, como o alumínio, o selênio e o cobalto, não são elementos essenciais, embora também possam se acumular em plantas. O alumínio, por exemplo, não é considerado um elemento essencial, embora as plantas em geral contenham de 0,1 a 500 µg desse elemento por grama de matéria seca, e a adição de pequenas quantidades dele a uma solução nutritiva pode estimular o crescimento vegetal. Muitas espécies dos gêneros *Astragalus*, *Xylorhiza* e *Stanleya* acumulam selênio, embora não tenham mostrado ter uma necessidade específica desse elemento. O cobalto é parte da cobalamina (vitamina B_{12} e seus derivados), um componente de várias enzimas em microrganismos fixadores de nitrogênio; assim, a deficiência em cobalto bloqueia o desenvolvimento e a função dos nódulos de fixação de nitrogênio, mas as plantas que não fixam nitrogênio não requerem cobalto. As culturas vegetais normalmente contêm apenas quantidades relativamente pequenas desses elementos não essenciais.

As subseções a seguir descrevem os métodos usados para examinar os papeis dos elementos nutrientes nas plantas.

Técnicas especiais são utilizadas em estudos nutricionais

Demonstrar que um elemento é essencial exige que as plantas sejam cultivadas sob condições experimentais, nas quais apenas o elemento sob investigação não está presente. Essas condições são extremamente difíceis de serem alcançadas com plantas cultivadas em um meio complexo como o solo. No século XIX, os cientistas abordaram esse problema cultivando plantas com suas raízes imersas em uma **solução nutritiva** contendo apenas sais inorgânicos. A demonstração desses pesquisadores de que as plantas podiam crescer sem solo ou matéria orgânica provou inequivocamente que elas podem satisfazer todas as suas necessidades a partir de unicamente elementos nutrientes minerais, água, ar (CO_2) e luz solar.

A técnica de crescimento de plantas com suas raízes imersas em uma solução nutritiva sem solo é chamada de **cultivo em solução** ou **hidroponia**. O cultivo hidropônico bem-sucedido (**Figura 7.1A**) exige um grande volume de solução nutritiva ou ajuste frequente dela, para impedir que a absorção de nutrientes pelas raízes produza mudanças radicais nas concentrações dos nutrientes minerais e no pH da solução. Um suprimento suficiente de oxigênio para o sistema radicular também é crucial e pode ser alcançado pelo borbulhamento vigoroso de ar através da solução. A hidroponia é usada na produção comercial de muitas culturas em casa de vegetação ou em interiores, como o tomateiro (*Solanum lycopersicum*), o pepineiro (*Cucumis sativus*) e o cânhamo ou maconha (*Cannabis sativa*). Em uma forma de cultura hidropônica comercial, as plantas são cultivadas em um material de suporte, como areia, brita, vermiculita, lã de rocha (*rockwool*), espuma de poliuretano ou argila expandida. Soluções nutritivas circulam, então, pelo material de suporte, e as soluções velhas são removidas por lixiviação.

Outra técnica, que às vezes é considerada o meio do futuro para investigações científicas, é cultivar as plantas em **aeroponia**. Nesta técnica, as plantas são cultivadas com suas raízes suspensas no ar, enquanto são pulverizadas continuamente com uma solução nutritiva (**Figura 7.1B**). Essa abordagem facilita a manipulação do ambiente gasoso ao redor das raízes, mas requer concentrações mais altas de nutrientes do que a cultura hidropônica para sustentar o rápido crescimento das plantas. A aeroponia é usada na produção comercial de alimentos,

(A) Sistema de cultivo hidropônico

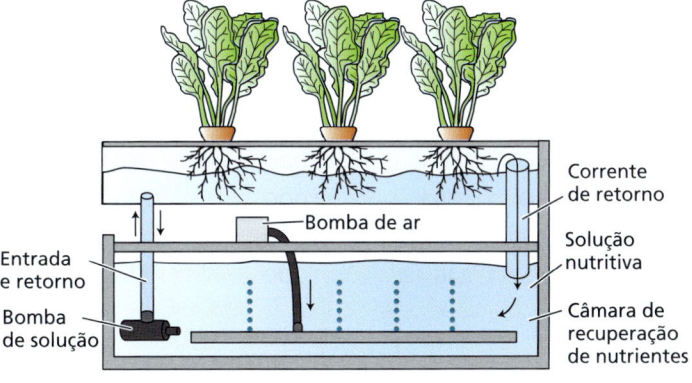

(B) Sistema de cultivo aeropônico

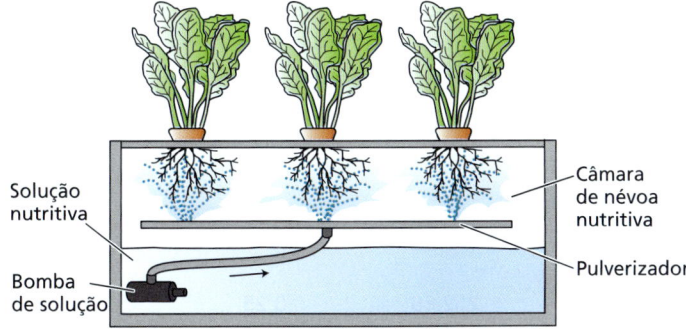

Figura 7.1 Sistemas de cultura em solução. (A) Em um cultivo hidropônico padrão, as plantas são suspensas pela base do caule sobre um tanque contendo uma solução nutritiva. O ar é bombeado através um sólido poroso, que gera uma corrente de pequenas bolhas de ar e mantém a solução completamente saturada com oxigênio. (B) Na aeroponia, uma bomba de alta pressão asperge solução nutritiva nas raízes contidas em um tanque. (Segundo E. Epstein and A. J. Bloom. 2005. *Principles and Perspectives*, 2nd ed. Oxford University Press/Sinauer, Sunderland, MA.)

especialmente em instalações agrícolas verticais internas, onde a temperatura, a umidade, a luz e todos os nutrientes são cuidadosamente controlados.

Soluções nutritivas podem sustentar o rápido crescimento das plantas

Ao longo dos anos, muitas formulações foram usadas para soluções nutritivas. As primeiras formulações desenvolvidas por Wilhelm Knop, na Alemanha, na década de 1860, incluíam apenas KNO_3, $Ca(NO_3)_2$, KH_2PO_4, $MgSO_4$ e um sal de ferro. Na época, acreditava-se que essa solução nutritiva continha todos os minerais exigidos pelas plantas, mas esses experimentos foram realizados com produtos químicos contaminados com outros elementos que hoje são conhecidos como essenciais (como boro e molibdênio). A **Tabela 7.3** mostra uma formulação mais moderna para uma solução nutritiva. Essa formulação é chamada de **solução de Hoagland** modificada, em homenagem a Dennis R. Hoagland, cientista que fez um trabalho pioneiro em hidroponia na década de 1930.

Uma solução de Hoagland modificada contém todos os elementos minerais conhecidos necessários ao rápido crescimento vegetal. As concentrações desses elementos são estabelecidas no nível mais alto possível, sem produzir sintomas de toxicidade ou estresse salino; assim, elas podem ser várias ordens de grandeza mais elevadas do que as encontradas no solo ao redor das raízes. Por exemplo, enquanto o fósforo está presente na solução do solo em concentrações normalmente menores do que 0,06 µg g^{-1} ou 2 µM, na solução de Hoagland modificada, a concentração é de 62 µg g^{-1} ou 2 mM. Esses níveis iniciais altos permitem às plantas crescerem no meio por períodos prolongados sem reposição dos nutrientes, mas podem ser prejudiciais às plantas jovens. Portanto, muitos pesquisadores diluem suas soluções nutritivas várias vezes e as trocam com frequência para minimizar as flutuações da concentração de nutrientes no meio e nos tecidos vegetais.

Tabela 7.3 Composição de uma solução nutritiva de Hoagland modificada para cultivo de plantas

Composto	Peso molecular	Concentração da solução-estoque	Concentração da solução-estoque	Volume da solução-estoque por litro da solução final	Elemento	Concentração final do elemento	
	g mol^{-1}	mM	g L^{-1}	mL		µM	µg g^{-1}
Macronutrientes							
KNO_3	101,10	1.000	101,10	6,0	N	16.000	224
$Ca(NO_3)_2 \cdot 4H_2O$	236,16	1.000	236,16	4,0	K	6.000	235
$NH_4H_2PO_4$	115,08	1.000	115,08	2,0	Ca	4.000	160
$MgSO_4 \cdot 7H_2O$	246,48	1.000	246,49	1,0	P	2.000	62
					S	1.000	32
					Mg	1.000	24
Micronutrientes							
KCl	74,55	25	1,864		Cl	50	1,77
H_3BO_3	61,83	12,5	0,773		B	25	0,27
$MnSO_4 \cdot H_2O$	169,01	1,0	0,169		Mn	2,0	0,11
$ZnSO_4 \cdot 7H_2O$	287,54	1,0	0,288	2,0	Zn	2,0	0,13
$CuSO_4 \cdot 5H_2O$	249,68	0,25	0,062		Cu	0,5	0,03
H_2MoO_4 (85% MoO_3)	161,97	0,25	0,040		Mo	0,5	0,05
NaFeDTPA	468,20	64	30,0	0,3–1,0	Fe	19,2–64,0	1,1–3,6
Opcional[a]							
$NiSO_4 \cdot 6H_2O$	262,86	0,25	0,066	2,0	Ni	0,5	0,03
$Na_2SiO_3 \cdot 9H_2O$	284,20	1.000	284,20	1,0	Si	1.000	28

Fonte: Segundo E. Epstein and A. J. Bloom. 2005. *Mineral Nutrition of Plants: Principles and Perspectives*, 2nd ed. Oxford University Press/Sinauer, Sunderland, MA.*
Nota: Os macronutrientes são adicionados separadamente a partir das soluções-estoque para impedir a precipitação durante o preparo da solução nutritiva. Uma solução-estoque mista é preparada contendo todos os micronutrientes, exceto o ferro. O ferro é adicionado como dietilenotriaminopentacetato férrico de sódio; algumas plantas, como o milho, requerem a concentração mais alta de ferro mostrada na tabela.
[a]O níquel geralmente está presente como um contaminante de outros produtos químicos, de modo que ele não precisa ser aplicado de forma explícita. O silício, se incluído, deve ser adicionado primeiro, e o pH deve ser ajustado com HCl para prevenir a precipitação de outros nutrientes.
*N. de R. T. Para uma certificação das corretas correlações entre as moléculas (substâncias) e suas respectivas concentrações nas soluções nutritivas (especialmente macronutrientes), ver Epstein e Bloom (2005).

Outra propriedade importante da formulação de Hoagland modificada é que o nitrogênio é suprido tanto como amônio (NH_4^+) quanto como nitrato (NO_3^-). O suprimento de nitrogênio em uma mistura balanceada de cátions (íons positivamente carregados) e ânions (íons negativamente carregados) tende a reduzir o rápido aumento no pH do meio, que comumente é observado quando o nitrogênio é fornecido somente como ânion nitrato. Mesmo quando o pH do meio é mantido neutro, a maioria das plantas cresce melhor se tiver acesso tanto ao NH_4^+ quanto ao NO_3^-, pois a absorção e a assimilação das duas formas de nitrogênio inorgânico promovem o equilíbrio cátion-ânion na planta.

Um problema expressivo das soluções nutritivas é a manutenção da disponibilidade de ferro. Quando fornecido como um sal inorgânico, como $FeSO_4$ ou $Fe(NO_3)_2$, o ferro pode precipitar-se da solução como hidróxido de ferro, particularmente sob condições alcalinas. Se sais de fosfato estiverem presentes, fosfato de ferro insolúvel também será formado. A precipitação do ferro na solução torna-o fisicamente indisponível à planta, a não ser que sais de ferro sejam adicionados com frequência. Os primeiros pesquisadores resolveram esse problema adicionando ferro junto com ácido cítrico ou tartárico. Compostos como esses se denominam **quelantes**, pois formam complexos solúveis com cátions, como ferro férrico (Fe^{3+}) e Ca^{2+}, nos quais o cátion é retido por forças iônicas, e não por ligações covalentes. A **Figura 7.2** mostra a estrutura de diferentes espécies de complexos de citrato de Fe^{3+} que são biologicamente relevantes. Na verdade, as plantas produzem e usam quelantes orgânicos, como o citrato, para solubilizar e transportar ferro para dentro e ao redor do organismo. Por exemplo, o ferro é transportado no xilema (tecido vascular) como complexos de citrato de Fe^{3+}.

Soluções nutritivas mais modernas usam os quelantes ácido etilenodiaminotetracético (EDTA, *ethylenediaminetetraacetic acid*), ácido dietilenotriaminopentacético (DTPA, *diethylenetriaminepentaacetic acid*, ou ácido pentético) ou o ácido etilenodiamino-N,N´-bis(o-hidroxifenilacético) (o,oEDDHA, *ethylenediamine-N,N´-bis[o-hydroxyphenylacetic] acid*) para manter o ferro em solução quando ele está disponível para as plantas. Na verdade, as plantas usam mecanismos diferentes para a absorção de ferro (ver Capítulo 8). As eudicotiledôneas usam uma redutase para Fe^{3+} em ferro ferroso (Fe^{2+}) na superfície da raiz e, em seguida, elas absorvem o Fe^{2+}. As monocotiledôneas secretam quelantes chamados de fitossideróforos, que se ligam ao Fe^{3+}, que é então transportado para a planta complexada com o fitossideróforo. Após a absorção pela raiz, o ferro é mantido solúvel por quelação com compostos orgânicos presentes nas células vegetais.

Deficiências minerais perturbam o metabolismo e o funcionamento vegetal

O suprimento inadequado de um elemento essencial provoca um distúrbio nutricional que se manifesta por sintomas de deficiência característicos. Em cultivo hidropônico, a supressão de um elemento essencial pode ser prontamente correlacionada a determinado conjunto de sintomas. Por exemplo, uma deficiência específica pode provocar um padrão específico de

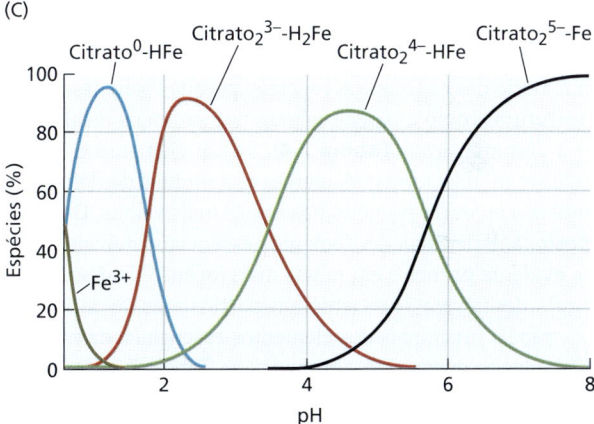

Figura 7.2 Exemplos de complexos de citrato de Fe^{3+} em solução e o efeito do pH. (A) $Citrato^0$-HFe. (B) $Citrato$-Fe_2^{5-} (C) A predominância de diferentes complexos de citrato-Fe^{3+} em solução depende do pH. Por exemplo, o citrato-Fe_2^{5-}, mostrado em (B), predomina em pH neutro. (C segundo P. Vukosav et al. 2012. *Anal. Chim. Acta.* 745: 85–91).

descoloração foliar. O diagnóstico de plantas que crescem no solo pode ser mais complexo pelos seguintes motivos:

- Deficiências de vários elementos podem ocorrer simultaneamente.
- Deficiências ou quantidades excessivas de um elemento podem induzir deficiência ou acúmulo excessivo de outro elemento.
- Algumas doenças virais das plantas podem produzir sintomas similares àqueles das deficiências nutricionais.

Os sintomas de deficiência nutricional em uma planta são a expressão de distúrbios metabólicos, resultantes do suprimento insuficiente de um elemento essencial. Esses problemas estão relacionados aos papéis desempenhados pelos elementos essenciais no metabolismo e no funcionamento normal da planta (descritos na Tabela 7.2).

A maioria dos elementos essenciais tem uma variedade de funções fisiológicas diferentes nas plantas, mas algumas afirmações gerais são possíveis. Os elementos essenciais funcionam principalmente na estrutura da planta, metabolismo, transdução de sinal e osmorregulação celular. A pesquisa continua revelando papéis específicos para esses elementos; por exemplo, os íons de cálcio funcionam estruturalmente na parede celular e, ao mesmo tempo, regulam as principais enzimas, transportadores e canais iônicos na célula.

Um indício importante relacionando um sintoma de deficiência aguda a um elemento essencial em particular é a extensão em que um elemento pode ser reciclado de folhas mais velhas para folhas mais jovens. Alguns elementos, como nitrogênio, fósforo e potássio, podem se mover de folha em folha com facilidade, seja porque estão sempre predominantemente na forma solúvel (p. ex., K^+), seja porque são facilmente liberados das macromoléculas como proteínas, ácidos nucleicos e lipídeos, por meio da ação de proteases, nucleases e lipases, respectivamente (p. ex., NH_4^+ e HPO_4^{2-}) (ver Capítulo 23). Outros elementos, como boro e cálcio, são relativamente imóveis na maioria das espécies de vegetais, porque estão associados a estruturas como a parede celular, que são mais recalcitrantes à decomposição (**Tabela 7.4**). Se um elemento essencial pode ser mobilizado rapidamente, os sintomas de deficiência tendem a aparecer primeiro nas folhas mais velhas. De modo oposto, a deficiência de elementos essenciais imóveis torna-se evidente primeiro em folhas mais jovens. Na discussão a seguir, descrevem-se os sintomas particulares de deficiência e os papéis funcionais dos elementos essenciais, da maneira como eles se encontram agrupados na Tabela 7.2. Tenha em mente que muitos sintomas são altamente dependentes da espécie vegetal.

GRUPO 1: DEFICIÊNCIAS EM NUTRIENTES MINERAIS QUE FAZEM PARTE DOS COMPOSTOS DE CARBONO

Esse primeiro grupo consiste em nitrogênio, fósforo e enxofre. A disponibilidade de nitrogênio e fósforo em solos limita a produtividade vegetal na maioria dos ecossistemas naturais e agrícolas. Em contraste, os solos geralmente contêm enxofre suficiente, embora isso esteja mudando à medida que a deposição de sulfato atmosférico, principalmente o resultado de usinas a carvão, vem diminuindo desde 1980. Os estados de oxidação–redução de nitrogênio e enxofre variam amplamente (ver Capítulo 14); algumas das reações vitais mais intensas energeticamente são necessárias para converter formas inorgânicas altamente oxidadas, como nitrato e sulfato, que as raízes absorvem do solo, em formas altamente reduzidas encontradas em compostos orgânicos, como aminoácidos, dentro das plantas. O fósforo, por outro lado, não é reduzido após ser absorvido pelas plantas como fosfato, que forma ligações covalentes com o carbono via oxigênio em compostos como ATP e outros fosfatos nucleotídicos, ácidos nucleicos, fosfolipídeos, fosfoproteínas e intermediários fosforilados do metabolismo.

NITROGÊNIO O nitrogênio é o elemento mineral que as plantas requerem em maiores quantidades (ver Tabela 7.1). Ele serve como um constituinte de muitos componentes celulares vegetais, incluindo clorofila, proteínas e ácidos nucleicos. Por isso, a deficiência de nitrogênio rapidamente limita o crescimento vegetal. Se tal deficiência persiste, a maioria das espécies mostra **clorose** foliar (amarelecimento das folhas), associada com desconstrução do aparato fotossintético e de macromoléculas, geralmente sobretudo nas folhas mais velhas próximas à base da planta (para fotografias de deficiência de nitrogênio e de outras deficiências minerais descritas neste capítulo, ver **Tópico 7.1 na internet**). Sob severa deficiência de nitrogênio, essas folhas ficam completamente amarelas (ou castanhas) enquanto mobilizam e exportam aminoácidos e nutrientes para outros órgãos e, em seguida, caem da planta. Folhas mais jovens podem não mostrar inicialmente esses sintomas, pois é possível que o nitrogênio seja mobilizado a partir das folhas mais velhas. Portanto, uma planta deficiente em nitrogênio pode ter folhas superiores verde-claras e folhas inferiores amarelas ou castanhas.

Quando o processo de deficiência de nitrogênio é lento, é possível que as plantas tenham caules pronunciadamente delgados e muitas vezes lenhosos. Esse caráter lenhoso pode se dever a um acúmulo dos carboidratos em excesso, que não podem ser usados na síntese de aminoácidos ou de outros compostos nitrogenados. Os carboidratos não utilizados no metabolismo do nitrogênio podem também ser empregados na síntese de antocianina, levando à acumulação desse pigmento. Essa condição revela-se pela coloração púrpura de folhas, pecíolos e caules de plantas deficientes em nitrogênio de algumas espécies como tomateiro e certas variedades de milho (*Zea mays*).

ENXOFRE O enxofre é encontrado em certos aminoácidos (ou seja, cistina, cisteína e metionina) e é um constituinte de várias coenzimas e vitaminas, como coenzima A, *S*-adenosilmetionina, biotina, vitamina B_1 e ácido pantotênico, que são essenciais para o metabolismo.

Muitos dos sintomas da deficiência de enxofre são similares aos da deficiência de nitrogênio, incluindo clorose, redução do

Tabela 7.4 Elementos minerais classificados com base em suas mobilidades dentro da planta e em suas tendências de translocação durante deficiências

Móveis	Intermediários	Imóveis
Nitrogênio	Enxofre	Cálcio
Potássio	Ferro	Boro
Magnésio	Zinco	
Fósforo	Cobre	
Cloro		
Sódio		
Molibdênio		

Nota: Dentro dos grupos, os elementos estão listados na ordem de sua abundância na planta.

crescimento e acumulação de antocianinas. Essa similaridade não surpreende, uma vez que o enxofre e o nitrogênio são constituintes de proteínas. A clorose causada pela deficiência de enxofre, entretanto, em geral aparece inicialmente em folhas jovens e maduras, e não em folhas velhas, como na deficiência de nitrogênio. Isso acontece porque o enxofre, ao contrário do nitrogênio, não é remobilizado com facilidade para as folhas jovens, na maioria das espécies. No entanto, em muitas espécies vegetais, a clorose por falta de enxofre pode ocorrer simultaneamente em todas as folhas, ou mesmo iniciar em folhas mais velhas.

FÓSFORO O fósforo (como fosfato, PO_4^{3-}) é um componente de compostos importantes nas células vegetais, incluindo os açúcares fosfato, intermediários da respiração e da fotossíntese, bem como os fosfolipídeos que compõem a maioria das membranas vegetais (ver Capítulos 10 e 13). O maior contingente de fósforo orgânico nas células está nos nucleotídeos utilizados no metabolismo energético das plantas (como ATP) e no DNA e no RNA. Sintomas característicos da deficiência de fósforo abrangem o crescimento atrofiado da planta inteira e uma coloração verde-escura das folhas, que podem ser malformadas e contêm pequenas áreas de tecido morto denominadas **manchas necróticas** (para uma ilustração, ver **Tópico 7.1 na internet**).

Como na deficiência de nitrogênio, algumas espécies podem produzir excesso de antocianinas sob deficiência de fósforo, dando às folhas uma coloração levemente purpúrea. Diferente da deficiência de nitrogênio, a coloração púrpurea não está associada à clorose. Na verdade, as folhas podem apresentar uma coloração escura, púrpura-esverdeada. Sintomas adicionais da deficiência de fósforo incluem a produção de caules delgados (mas não lenhosos) e a morte das folhas mais velhas. O desenvolvimento da planta, incluindo a floração, também pode ser retardado.

GRUPO 2: DEFICIÊNCIAS EM NUTRIENTES MINERAIS QUE SÃO IMPORTANTES PARA A INTEGRIDADE ESTRUTURAL Esse grupo consiste no macronutriente silício e no micronutriente boro. Esses elementos geralmente estão presentes nas plantas como ligações éster entre o elemento (X) e o átomo de carbono de um composto orgânico (i.e., R-C-O-X).

SILÍCIO Apenas membros da família Equisetaceae – chamados de *juncos de polimento* (*scouring rushes*), porque houve um tempo em que suas cinzas, ricas em sílica granulosa (SiO_2), eram usadas para polir panelas – requerem silício para completar seus ciclos de vida. No entanto, muitas outras espécies acumulam quantidades substanciais de silício e exibem crescimento, fertilidade e resistência ao estresse intensificados quando supridas com quantidades adequadas de silício.

Plantas deficientes em silício são mais suscetíveis ao acamamento (o deslocamento permanente do alinhamento vertical em caules de plantas cultivadas) e à infecção por fungos. O silício é depositado principalmente no retículo endoplasmático, nas paredes celulares e nos espaços intercelulares, como sílica amorfa hidratada ($SiO_2 \cdot nH_2O$). Ele também forma complexos com polifenóis e, assim, serve como alternativa à lignina no reforço das paredes celulares. Além disso, o silício pode aliviar a toxicidade de muitos metais pesados, incluindo alumínio e manganês.

BORO O boro serve como um componente estrutural na parede celular, onde une por ligação cruzada o RG II (ramnogalacturonano II, um pequeno polissacarídeo péctico) (ver Capítulo 2). Também pode ter funções fisiológicas adicionais nas plantas; há evidências do funcionamento do boro no alongamento celular, na síntese de ácidos nucleicos, nas respostas hormonais, na função da membrana e na regulação do ciclo celular. Plantas deficientes em boro podem exibir uma ampla variedade de sintomas, dependendo da espécie e da idade da planta.

Um sintoma característico da deficiência de boro é a necrose preta de folhas jovens e gemas terminais. A necrose das folhas jovens ocorre principalmente na base da lâmina foliar. Os caules podem se apresentar anormalmente rígidos e quebradiços. A dominância apical pode ser perdida, tornando a planta altamente ramificada; entretanto, os ápices terminais dos ramos logo se tornam necróticos devido à inibição da divisão celular. Estruturas como frutos, raízes carnosas e tubérculos podem exibir necrose ou anormalidades relacionadas à desintegração de tecidos internos.

GRUPO 3: DEFICIÊNCIAS EM NUTRIENTES MINERAIS QUE PERMANECEM EM FORMA IÔNICA Este grupo inclui alguns dos elementos minerais mais familiares: os macronutrientes potássio, cálcio e magnésio, e os micronutrientes cloro, zinco e sódio. Esses elementos podem ser encontrados como íons em solução no citosol ou nos vacúolos, ou podem estar ligados eletrostaticamente ou como ligantes a compostos maiores dotados de carbono.

POTÁSSIO O potássio, presente nas plantas como o cátion K^+, desempenha um papel importante na regulação do potencial osmótico das células vegetais (ver Capítulos 5 e 8). Ele também ativa muitas enzimas envolvidas na fotossíntese e na respiração (ver Capítulos 10 e 13).

O primeiro sintoma visível da deficiência de potássio é clorose em manchas ou marginal, que depois evolui para necrose, com maior ocorrência nos ápices foliares, nas margens e entre nervuras. Em monocotiledôneas, essas lesões necróticas podem eventualmente se estender em direção à base da folha. Como o potássio pode ser remobilizado para as folhas mais jovens, esses sintomas aparecem inicialmente nas folhas mais maduras da base da planta. As folhas podem também se enrolar e enrugar. Os caules de plantas deficientes em potássio podem ser delgados e fracos, com entrenós anormalmente curtos. Em milhos deficientes em potássio, as raízes podem ter uma suscetibilidade aumentada a fungos da podridão da raiz presentes no solo; essa suscetibilidade, junto com os efeitos no caule, resulta em uma tendência de tombamento da planta.

CÁLCIO Os íons cálcio (Ca^{2+}) têm dois papéis distintos nas plantas: (1) um papel estrutural/apoplástico, no qual o Ca^{2+} se liga a grupos ácidos de lipídeos da membrana (fosfo e sulfolipídeos) e a ligações cruzadas entre pectinas, em particular na lamela média que separa células recentemente divididas (ver Capítulo 2); e (2) um papel sinalizador, no qual o Ca^{2+} atua como mensageiro secundário que inicia as respostas da planta aos estímulos ambientais (ver Capítulo 4). Em sua função de mensageiro secundário, o Ca^{2+} se liga a proteínas como calmodulina (CaM), proteínas semelhantes à calmodulina (CMLs, *calmodulin-like proteins*) ou proteínas semelhantes à calcineurina B (CBLs, *calcineurin B–like proteins*) no citosol das células vegetais. Essas proteínas de ligação ao Ca^{2+} regulam muitas outras proteínas, como quinases, fosfatases e proteínas do citoesqueleto. Alguns alvos da sinalização de Ca^{2+} se ligam ao Ca^{2+} diretamente por meio de motivos EF-hand, incluindo canais iônicos, quinases, fosfolipases, oxidases NADPH e outros. Assim, o Ca^{2+} regula muitos processos celulares, incluindo crescimento e diferenciação celular e respostas a hormônios e sinais ambientais (ver Capítulo 4). Enquanto a maioria dos nutrientes essenciais é acumulada nas células vegetais, os íons de cálcio são bombeados ativamente para fora do citosol e para o espaço da parede celular e para o vacúolo (ver Capítulo 8), facilitando seu papel como um mensageiro secundário na transdução de sinal.

Os sintomas característicos da deficiência de cálcio incluem a necrose de regiões meristemáticas jovens, como os ápices de raízes ou de folhas jovens, nas quais a divisão celular e a formação de paredes celulares são mais rápidas. A necrose em plantas em lento crescimento pode ser precedida por uma clorose generalizada e um encurvamento para baixo de folhas jovens. As folhas jovens também podem mostrar-se deformadas. O sistema radicular de uma planta deficiente em cálcio pode ser acastanhado, curto e muito ramificado. Pode haver forte redução no crescimento se as regiões meristemáticas da planta morrerem prematuramente.

MAGNÉSIO Em células vegetais, os íons magnésio (Mg^{2+}) têm um papel específico na ativação de enzimas envolvidas na respiração, na fotossíntese e na síntese de DNA e RNA. Mg^{2+} é também parte da estrutura em anel da molécula de clorofila (ver Capítulo 9). Um sintoma característico da deficiência de magnésio é a clorose entre as nervuras foliares, ocorrendo, primeiro, em folhas mais velhas, por causa da mobilidade desse cátion. Esse padrão de clorose ocorre porque a clorofila nos feixes vasculares permanece inalterada em períodos mais longos do que aquela nas células entre os feixes. Se a deficiência for extensa, as folhas podem se tornar amarelas ou brancas. Um sintoma adicional da deficiência de magnésio pode ser a senescência e a abscisão foliar prematura.

CLORO O elemento cloro é encontrado nas plantas como o íon cloreto (Cl^-). Ele é requerido para a reação de clivagem da água na fotossíntese pela qual o oxigênio é produzido (ver Capítulo 9). Além disso, o cloro pode ser requerido para a divisão celular em folhas e raízes. Plantas deficientes em cloro manifestam murcha dos ápices foliares, seguida por clorose e necrose generalizada. As folhas podem também exibir crescimento reduzido. Por fim, as folhas podem assumir uma coloração bronzeada ("bronzeamento"). As raízes de plantas deficientes em cloro podem parecer curtas e grossas junto aos ápices das raízes.

Os íons cloreto são altamente solúveis e, em geral, estão disponíveis nos solos, porque a água do mar é carregada para o ar pelo vento e distribuída sobre o solo quando chove. Por isso, a deficiência de cloro raramente é observada em plantas cultivadas em hábitats nativos ou agrícolas. A maioria das plantas absorve cloro em concentrações muito mais altas que as necessárias ao crescimento e desenvolvimento normais.

ZINCO Muitas enzimas requerem íons zinco (Zn^{2+}) para suas atividades, e o zinco pode ser necessário para a biossíntese da clorofila em algumas plantas. A deficiência de zinco é caracterizada pela redução do crescimento dos entrenós, e, como resultado, as plantas exibem um hábito de crescimento em roseta, no qual as folhas formam um agrupamento circular que se irradia no solo ou junto a ele. As folhas podem ser também pequenas e retorcidas, com margens de aparência enrugada. Esses sintomas podem resultar da perda da capacidade de produzir quantidades suficientes do ácido indol-3-acético (AIA), uma auxina. A deficiência em zinco resulta e um decréscimo na síntese de clorofila e, em algumas espécies (p. ex., milho, sorgo e feijoeiro), as folhas mais velhas podem mostrar clorose entre as nervuras e, depois, desenvolver manchas necróticas brancas.

SÓDIO Espécies que utilizam as rotas C_4 e CAM (metabolismo ácido das crassuláceas) de fixação de carbono (ver Capítulo 10) podem requerer íons sódio (Na^+). Nessas plantas, o Na^+ parece ser imprescindível para a regeneração do fosfoenolpiruvato, o substrato para a primeira carboxilação nas rotas C_4 e CAM. Sob deficiência de sódio, essas plantas exibem clorose e necrose ou até deixam de florescer. Muitas espécies C_3 também se beneficiam da exposição a concentrações baixas de Na^+. Os íons sódio estimulam o crescimento mediante aumento da expansão celular e podem substituir parcialmente os íons potássio como um soluto osmoticamente ativo.

GRUPO 4: DEFICIÊNCIAS EM NUTRIENTES MINERAIS QUE ESTÃO ENVOLVIDOS NAS REAÇÕES REDOX

Esse grupo de cinco micronutrientes consiste nos metais ferro, manganês, cobre, níquel e molibdênio. Como os elementos do grupo 3, esses elementos permanecem na forma iônica. No entanto, todos os elementos do grupo 4 podem sofrer oxidação e redução reversíveis (p. ex., $Fe^{2+} \leftrightarrow Fe^{3+}$), uma propriedade que é essencial para seus papéis na transferência de elétrons e na transformação de energia. Geralmente, eles são encontrados em associação com moléculas maiores, como citocromos, clorofila e proteínas (normalmente enzimas).

FERRO O ferro tem um importante papel como componente de enzimas envolvidas na transferência de elétrons (reações redox), como citocromos (ver Capítulos 9 e 13). Nesse papel, ele é reversivelmente oxidado de Fe^{2+} a Fe^{3+} durante a transferência de elétrons.

Como na deficiência de magnésio, um sintoma característico da deficiência de ferro é a clorose entre as nervuras das folhas. Esse sintoma, contudo, aparece inicialmente nas folhas mais jovens, porque o ferro, ao contrário do magnésio, não pode ser prontamente mobilizado a partir das folhas mais velhas. Sob condições de deficiência extrema ou prolongada, as nervuras podem também se tornar cloróticas, fazendo toda a folha se tornar branca. As folhas se tornam cloróticas porque o ferro é necessário para a síntese de alguns dos complexos constituídos por clorofila e proteína no cloroplasto. A baixa mobilidade do ferro provavelmente é devida à sua precipitação nas folhas mais velhas como óxidos insolúveis ou fosfatos. A precipitação do ferro diminui a subsequente mobilização do metal para dentro do floema, para o transporte de longa distância.

MANGANÊS Os íons manganês (Mn^{2+}) ativam várias enzimas nas células vegetais. Em particular, as descarboxilases e as desidrogenases envolvidas no ciclo do ácido tricarboxílico (ver Capítulo 13) são especificamente ativadas por íons manganês. A função mais bem definida do Mn^{2+} está na reação fotossintética mediante a qual o oxigênio (O_2) é produzido a partir da água (ver Capítulo 9). O sintoma principal da deficiência de manganês é a clorose entre as nervuras das folhas, associada ao desenvolvimento de manchas necróticas pequenas. Essa clorose pode ocorrer em folhas jovens ou mais velhas, dependendo da espécie vegetal e da velocidade de crescimento.

COBRE O cobre está envolvido em reações redox, em que ele é reversivelmente oxidado a partir de Cu^+ a Cu^{2+}. Uma importante proteína contendo cobre é a plastocianina, que funciona como transportadora de elétrons durante as reações de luz da fotossíntese (ver Capítulo 9). O sintoma inicial da deficiência de cobre em muitas espécies de plantas é a produção de folhas verde-escuras, que podem conter manchas necróticas. Essas manchas aparecem em primeiro lugar nos ápices de folhas jovens e depois se estendem em direção à base da folha, ao longo das margens. As folhas podem também ficar retorcidas ou malformadas. Cereais exibem uma clorose foliar esbranquiçada e necrose com pontas enroladas. Sob extrema deficiência de cobre, as folhas podem cair prematuramente e as flores podem ser estéreis.

NÍQUEL O único requisito conhecido de níquel em plantas vasculares é a enzima urease contendo níquel (Ni^{2+}). Além disso, microrganismos fixadores de nitrogênio em nódulos de raízes de leguminosas requerem níquel (Ni^+ a Ni^{4+}) para a enzima que reprocessa parte do gás hidrogênio gerado durante a fixação (hidrogenase de absorção de hidrogênio) (ver Capítulo 14). Plantas deficientes em níquel acumulam ureia em suas folhas e, em consequência, apresentam necrose nos ápices foliares. Como as plantas requerem apenas quantidades minúsculas de níquel (ver Tabela 7.1), a deficiência de níquel no campo foi encontrada em apenas uma planta cultivada, as nogueiras no sudeste dos Estados Unidos.

MOLIBDÊNIO Os íons molibdênio (Mo^{4+} até Mo^{6+}) são componentes de várias enzimas, incluindo nitrato redutase, nitrogenase, xantina desidrogenase, aldeído oxidase e sulfito oxidase. Nitrato redutase catalisa a redução do nitrato a nitrito durante sua assimilação pela célula vegetal; nitrogenase converte o gás nitrogênio em amônia nos microrganismos fixadores de nitrogênio (ver Capítulo 14). Como o molibdênio está envolvido tanto na redução do nitrato quanto na fixação de nitrogênio, a deficiência de molibdênio pode acarretar uma deficiência de nitrogênio, se a fonte desse elemento for principalmente nitrato ou se a planta depender da fixação simbiótica de nitrogênio. Consequentemente, o primeiro indicador de uma deficiência de molibdênio é a clorose generalizada entre as nervuras e a necrose de folhas mais velhas. Em algumas espécies, como couve-flor e brócolis, as folhas podem não ficar necróticas, mas, em vez disso, podem parecer retorcidas e, por conseguinte, morrer (doença do "rabo-de-chicote"). A formação de flores pode ser impedida ou as flores podem cair prematuramente.

Embora as plantas necessitem apenas de quantidades diminutas de molibdênio (ver Tabela 7.1), alguns solos (p. ex., solos ácidos na Austrália) fornecem concentrações inadequadas. Pequenas adições de molibdênio nesses solos podem melhorar substancialmente o crescimento de culturas ou forrageiras a um custo desprezível.

A análise de tecidos vegetais revela deficiências minerais

As exigências de elementos minerais podem variar à medida que uma planta cresce e se desenvolve. Em plantas cultivadas, as concentrações de nutrientes em determinados estágios de crescimento influenciam a produtividade dos órgãos vegetais economicamente importantes (tubérculos, grãos e outros). Para otimizar a produtividade, agricultores usam análises das concentrações de nutrientes no solo e nas plantas, a fim de determinar a programação de fertilizações.

A **análise de solo** é a determinação química do conteúdo de nutrientes em uma amostra de solo da zona das raízes. Conforme discute-se na Seção 7.3, tanto a química quanto a biologia dos solos são complexas. Os resultados das análises de solos variam de acordo com os métodos de amostragem, as condições de armazenagem das amostras e as técnicas de extração dos nutrientes. Talvez mais importante seja que uma determinada análise de solo reflete a quantidade de nutrientes *potencialmente* disponíveis para as raízes das plantas, mas ela não informa quanto, de um determinado mineral, a planta realmente necessita ou é capaz de absorver. Essa informação adicional é mais bem determinada pela análise de tecidos vegetais.

A abordagem tradicional para a **análise de tecidos vegetais** é determinar a quantidade de um nutriente, geralmente em amostras de folhas, e determinar se ele está em uma faixa de concentração adequada para aquela espécie, o órgão amostrado e o estágio de crescimento. Se a concentração de nutrientes estiver abaixo da faixa adequada, ela está na **zona de deficiência**, e a aplicação desse nutriente como fertilizante ou corretivo do solo (p. ex., alterando o pH do solo), que tornaria o nutriente mais disponível para as plantas, poderia melhorar o crescimento e a produtividade. Cientistas que se dedicam ao estudo dos vegetais reconhecem que essa abordagem é excessivamente simplificada e que o diagnóstico de deficiência de nutrientes com base na análise de tecidos vegetais é complexo. Saber a concentração de alguns nutrientes individuais no caule é insuficiente para identificar uma deficiência, porque as plantas controlam rigorosamente a concentração celular de alguns nutrientes. O recente desenvolvimento da ionômica (**Quadro 7.2**) aborda parte dessa complexidade ao considerar todos os nutrientes nas amostras de plantas ao mesmo tempo. Essa abordagem identifica padrões de multielementos, que podem ser usados para diagnosticar, com mais precisão, as deficiências de nutrientes das plantas.

Como os solos agrícolas normalmente são limitados nos elementos nitrogênio, fósforo e potássio (N, P, K), muitos produtores rotineiramente levam em consideração, pelo menos, as respostas de crescimento ou produtividade para esses elementos. Fertilizantes contendo N, P e K são, com frequência, aplicados no plantio ou no início do desenvolvimento da planta, antes que os sintomas de deficiência possam ocorrer. Essas aplicações são baseadas em testes de solo e no conhecimento do agricultor sobre o histórico de cultivo na área explorada. Durante o período de cultivo, se houver suspeita de deficiência de nutrientes (constatada, p. ex., pelo monitoramento agrícola

Quadro 7.2 Ionômica: uma abordagem poderosa para estudar nutrição mineral

Da mesma forma que o genoma é o complemento máximo do material genético em um organismo, o **ionoma** é a composição de todos os elementos inorgânicos, incluindo nutrientes, em um organismo. Ionômica é o estudo da composição elementar dos organismos e das mudanças nessa composição em resposta a estímulos fisiológicos, estado de desenvolvimento e mudanças genéticas. Há muito se sabe que as interações entre os nutrientes afetam todos os aspectos da nutrição das plantas, incluindo a disponibilidade de nutrientes no solo, a absorção pelas raízes e a função na planta. No entanto, foi somente com o desenvolvimento da ionômica, no início dos anos 2000, que os padrões de composição elementar foram tratados como um fenótipo. O desenvolvimento da ionômica tornou-se possível pela convergência de novas tecnologias. A análise elementar de alto rendimento tornou-se possível com a espectrometria de massa de plasma indutivamente acoplada (ICP-MS, *inductively coupled plasma mass spectrometry*), que pode determinar concentrações de 18 a 20 elementos de forma rápida e simultânea. Novos avanços em genética e genômica de plantas, bem como métodos estatísticos para analisar grandes conjuntos de dados, também foram necessários para tornar a ionômica possível.

Muitos avanços foram feitos usando a ionômica. Os genes que afetam o ionoma foram identificados por meio desses métodos de alto rendimento. Por exemplo, fenótipos ionômicos foram identificados em populações de mutantes e genes usando-se microarranjos de DNA e sequenciamento de próxima geração (NGS, *next-generation sequencing*). Alelos de ocorrência natural que afetam o ionoma também foram identificados, e seu papel na adaptação ambiental foi descoberto. A análise elementar dos acessos de *Arabidopsis thaliana*, coletados em diferentes zonas ecológicas, mostrou diferenças em seus ionomas. Os genes subjacentes aos fenótipos ionômicos foram identificados por meio de uma variedade de abordagens genéticas, como análise de *loci* de características quantitativas (QTL, *quantitative trait loci*) ou mapeamento de associação de todo o genoma. Essas variantes genéticas naturais foram então cultivadas no ambiente onde ocorrem naturalmente, a fim de se entender melhor seu papel na adaptação ambiental. Uma descoberta particularmente importante dos estudos ionômicos é que os padrões de vários elementos fornecem uma melhor identificação da deficiência de nutrientes do que a análise elementar simples. Um exemplo notável disso envolve a deficiência de ferro. A concentração de ferro nas plantas é muito estável e quase não fornece informações para determinar se uma planta tem deficiência desse nutriente. A análise ionômica de plantas de *Arabidopsis* com deficiência de ferro identificou o padrão mostrado na **Figura A**. Plantas com deficiência de ferro não apresentam alteração na quantidade de ferro, mas têm níveis elevados de manganês, cobalto, zinco e cádmio e mais baixo teor de molibdênio, e esse padrão é diagnóstico de deficiência de ferro. Outro exemplo é a deficiência de fosfato. A baixa concentração de fósforo é um diagnóstico de deficiência de fosfato. No entanto, incluir concentrações de cobalto, zinco, boro, cobre e arsênico melhora muito a capacidade de diagnosticar a deficiência de fosfato.

A análise ionômica já foi aplicada a muitas espécies de plantas e a animais. Um dos desafios mais importantes é usar a ionômica para identificar genes que as plantas usaram para se adaptar a condições ambientais diferentes, incluindo diversos solos naturais. Esse trabalho identificará alelos que podem ser usados em projetos de melhoramento para produzir plantas agrícolas adaptadas a condições ambientais específicas. ∎

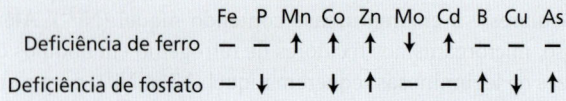

Figura A Os padrões de vários elementos podem fornecer um diagóstico mais preciso das deficiências nutricionais. Os indivíduos de *Arabidopsis* foram cultivados em condições de suficiência nutricional ou de deficiência nutricional. As setas indicam concentrações elementares elevadas ou diminuídas que foram preditivas da deficiência nutricional. Os traços indicam elementos que não foram significativamente diferentes. (Segundo I. R. Baxter et al. 2008. *Proc. Natl. Acad. Sci. USA* 105: 12081–12086 © 2008 National Academy of Sciences.)

por *drones*, usados na agricultura de precisão moderna), são tomadas medidas para corrigir a deficiência antes que ela reduza o crescimento ou a produtividade.

■ 7.2 Tratando deficiências nutricionais

Muitas práticas agrícolas tradicionais e de subsistência promovem a reciclagem de elementos minerais. As plantas cultivadas absorvem nutrientes do solo, os seres humanos e os animais consomem essas plantas localmente, e os resíduos vegetais e os dejetos humanos e de animais devolvem os nutrientes ao solo. As principais perdas de nutrientes de tais sistemas agrícolas resultam da lixiviação, que carrega íons dissolvidos, principalmente nitrato, junto com a água de drenagem. Em solos ácidos (pH abaixo de 7), a lixiviação de outros nutrientes além do nitrato pode ser diminuída pela adição de calcário – uma mistura de CaO, $CaCO_3$ e $Ca(OH)_2$ – para tornar o solo mais alcalino, uma vez que muitos elementos minerais formam compostos menos solúveis quando o pH é superior a 7 (**Figura 7.3**). Essa diminuição na lixiviação, no entanto, pode ser obtida à custa da redução na disponibilidade de alguns nutrientes, em especial o ferro.

Nos sistemas agrícolas de alta produtividade dos países industrializados, uma grande proporção da biomassa da cultura deixa a área de cultivo, e o retorno dos resíduos da cultura à terra onde ela foi produzida torna-se difícil, na melhor das hipóteses. Na maioria das práticas agrícolas correntes, essa remoção unidirecional de nutrientes dos solos torna necessário repor os nutrientes perdidos para esse substrato por meio da adição de fertilizantes.

A produtividade das culturas pode ser melhorada pela adição de fertilizantes

A maioria dos fertilizantes inorgânicos contém sais inorgânicos dos macronutrientes nitrogênio, fósforo e potássio (ver Tabela 7.1). Os fertilizantes que contêm apenas um desses três nutrientes são chamados de *fertilizantes simples*. Alguns exemplos de fertilizantes simples são superfosfato, nitrato de amônio e muriato de potássio (cloreto de potássio). Fertilizantes que contêm dois ou mais nutrientes minerais são chamados de *fertilizantes compostos* ou *fertilizantes mistos*, e os números no rótulo da embalagem, como "10-14-10", referem-se às porcentagens de N, P e K, respectivamente, no fertilizante.

Com a produção agrícola de longo prazo, o consumo de micronutrientes pelas culturas pode atingir um ponto no qual eles também precisam ser adicionados ao solo como fertilizantes. Adicionar micronutrientes ao solo também pode ser necessário para corrigir uma deficiência preexistente. Por exemplo, muitos solos arenosos ácidos em regiões úmidas são deficientes em boro, cobre, zinco, manganês, molibdênio ou ferro e podem se beneficiar da suplementação de nutrientes.

Produtos químicos também podem ser aplicados no solo para modificar seu pH. Conforme mostra a Figura 7.3, o pH do solo afeta a disponibilidade de todos os nutrientes minerais. A adição de calcário, como mencionado anteriormente, pode elevar o pH de solos ácidos; a adição de enxofre elementar pode reduzir o pH de solos alcalinos (pH 7). Nesse último caso, microrganismos absorvem o enxofre e, subsequentemente, liberam sulfato e íons hidrogênio, que acidificam o solo.

Os fertilizantes aprovados para práticas agrícolas orgânicas se originam de depósitos naturais de rochas, como nitrato de sódio e rocha fosfatada (fosforita), ou de resíduos de plantas ou animais. Os depósitos naturais de rochas são quimicamente inorgânicos, mas são considerados aceitáveis para o uso na agricultura orgânica. Os resíduos vegetais e animais contêm muitos nutrientes sob forma de compostos orgânicos. Antes que as plantas cultivadas possam absorver os elementos nutricionais desses resíduos, os compostos orgânicos precisam ser decompostos em compostos orgânicos simples, como aminoácidos, ou compostos inorgânicos, como amônio e nitrato, normalmente pela ação de microrganismos do solo, mediante um processo denominado **mineralização**. A mineralização depende de muitos fatores, incluindo temperatura, disponibilidade de água e oxigênio, pH, além dos tipos e do número

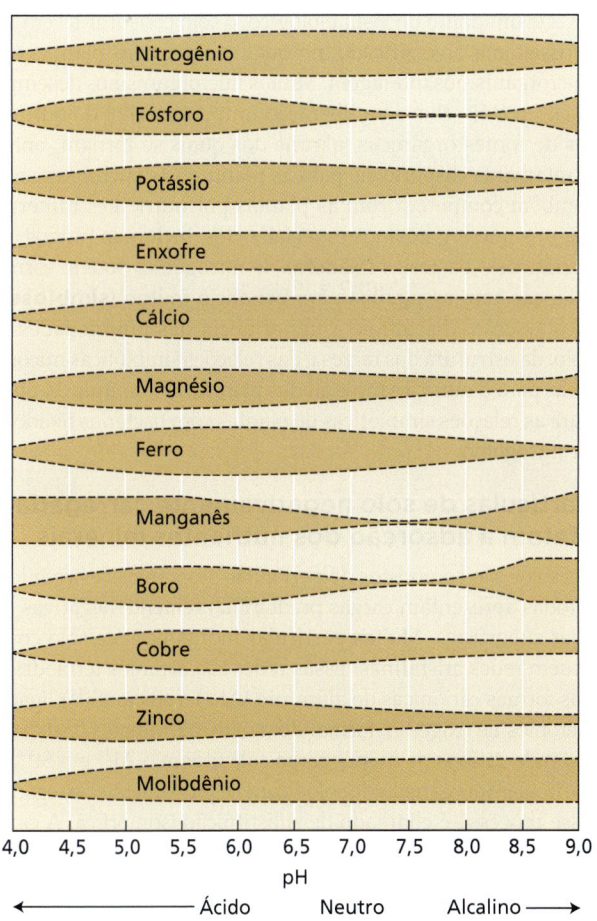

Figura 7.3 Influência do pH do solo na disponibilidade de nutrientes em solos orgânicos. A espessura das barras horizontais indica o grau de disponibilidade do nutriente para as raízes das plantas. Todos esses nutrientes estão disponíveis na faixa de pH de 5,5 a 6,5. (Segundo R. E. Lucas and J. F. Davis. 1961. *Soil Sci.* 92: 177-182.)

de microrganismos presentes no solo. Como consequência, as taxas de mineralização são altamente variáveis, e os nutrientes de resíduos orgânicos tornam-se disponíveis às plantas por períodos que variam de dias a meses ou anos. Como as taxas de mineralização de resíduos orgânicos geralmente são baixas e limitam o crescimento vegetal, às vezes elas podem exceder a demanda da cultura – por exemplo, antes da emergência das plântulas e no início da estação de crescimento, à medida que os solos se aquecem. A assincronia entre o fornecimento de nutrientes minerais e a demanda das plantas é uma das principais causas da perda de nutrientes para o meio ambiente, não apenas nos sistemas de agricultura orgânica, mas também naqueles que usam fertilizantes inorgânicos. Contudo, os resíduos de fertilizantes orgânicos melhoram a estrutura física da maioria dos solos, melhorando a retenção de água durante a seca e aumentando a drenagem em tempo chuvoso. Em alguns países em desenvolvimento, fertilizantes orgânicos são tudo o que está disponível ou acessível.

Alguns nutrientes minerais podem ser absorvidos pelas folhas

Além de absorver nutrientes através de suas raízes, a maioria das plantas consegue absorver nutrientes minerais aplicados às suas folhas por aspersão, em um processo conhecido como **adubação foliar**. Em alguns casos, esse método tem vantagens agronômicas, em comparação à aplicação de nutrientes no solo. A adubação foliar pode reduzir o tempo de retardo entre a aplicação e a absorção pela planta, o que poderia ser importante durante uma fase de crescimento rápido. Ela também pode contornar o problema de restrição de absorção de um nutriente do solo. Por exemplo, a aplicação foliar de nutrientes minerais, como ferro, manganês e cobre, pode ser mais eficiente que a aplicação via solo, onde esses íons são ligados às partículas do solo e, assim, ficam menos disponíveis ao sistema radicular.

A absorção de nutrientes pelas folhas é mais eficaz quando a solução de nutrientes é aplicada à folha como uma película fina. A produção de uma película fina muitas vezes requer que as soluções de nutrientes sejam suplementadas com substâncias surfactantes, como o detergente Tween 80® ou os surfactantes organossiliconados desenvolvidos recentemente, que reduzem a tensão superficial. O movimento dos nutrientes para o interior da planta parece envolver a difusão pela cutícula e a absorção pelas células foliares, embora a absorção através da fenda estomática também possa ocorrer.

Para que a aplicação foliar de nutrientes seja bem-sucedida, os danos às folhas devem ser minimizados. Se a aspersão for aplicada em um dia quente, quando a evaporação é alta, os sais podem se acumular na superfície foliar e provocar queimadura ou ressecamento. A aplicação em dias frescos ou à tardinha ajuda a aliviar esse problema. A aplicação foliar tem se mostrado economicamente bem-sucedida, sobretudo em culturas arbóreas e lianas, como as videiras, mas ela também é usada com cereais. Os nutrientes aplicados às folhas podem salvar um pomar ou um vinhedo, quando os nutrientes aplicados ao solo forem de correção muito lenta. No trigo (*Triticum aestivum*), o nitrogênio aplicado às folhas durante os estágios tardios de crescimento melhora o conteúdo proteico das sementes.

■ 7.3 Solo, raízes e microrganismos

O solo é física, química e biologicamente complexo. Ele é uma mistura heterogênea de substâncias distribuídas em fases sólida, líquida e gasosa (ver Capítulo 6). Todas essas fases interagem com os nutrientes minerais. As partículas inorgânicas da fase sólida fornecem um reservatório de potássio, fósforo, cálcio, magnésio e ferro. Também associados a essa fase sólida estão os compostos orgânicos constituídos de nitrogênio, fósforo e enxofre, entre outros elementos. A fase líquida constitui a solução do solo que é retida em poros entre as suas partículas. Ela contém íons minerais dissolvidos e compostos orgânicos, e serve como meio para o deslocamento dos solutos à superfície da raiz. Gases como oxigênio, dióxido de carbono e nitrogênio estão dissolvidos na solução do solo, mas as raízes fazem as trocas gasosas com o solo predominantemente através dos espaços de ar entre as suas partículas.

De um ponto de vista biológico, o solo constitui-se em um ecossistema diversificado, no qual as raízes das plantas e os microrganismos interagem. Muitos microrganismos desempenham papéis-chave na liberação (mineralização) de nutrientes de fontes orgânicas, alguns dos quais se tornam, então, diretamente disponíveis para as plantas. Os microrganismos também competem com as plantas por nutrientes minerais. Alguns microrganismos especializados, incluindo fungos micorrízicos e bactérias fixadoras de nitrogênio, podem formar alianças com as plantas para benefício mútuo (**simbioses**). Nesta seção, discute-se a importância das propriedades do solo, da estrutura das raízes e das relações simbióticas micorrízicas para a nutrição mineral das plantas. O Capítulo 14 abordará as relações simbióticas de plantas com bactérias fixadoras de nitrogênio.

Partículas de solo negativamente carregadas afetam a adsorção dos nutrientes minerais

Os solos são compostos de partículas inorgânicas e orgânicas, e todas apresentam cargas predominantemente negativas em suas superfícies. Muitas partículas inorgânicas de solo constituem redes cristalinas. Essas redes são arranjos tetraédricos das formas catiônicas de alumínio (Al^{3+}) e silício (Si^{4+}) ligadas a átomos de oxigênio, formando, assim, aluminatos e silicatos. Quando cátions de menor carga substituem o Al^{3+} e o Si^{4+}, as partículas inorgânicas de solo ficam negativamente carregadas. Esse processo é chamado de substituição isomórfica. A carga negativa das partículas inorgânicas do solo é chamada de **carga permanente** e é amplamente independente do pH.

As partículas orgânicas do solo originam-se de plantas mortas, animais e microrganismos que os microrganismos do solo decompuseram em vários graus. As cargas superficiais negativas das partículas orgânicas resultam da dissociação de íons hidrogênio dos grupos carboxílicos e hidroxílicos presentes nesse componente do solo. As cargas negativas nas partículas orgânicas são predominantemente dependentes do pH.

Os solos são classificados pelo tamanho das partículas:

- A brita consiste em partículas maiores que 2 mm.
- A areia grossa consiste em partículas entre 0,2 e 2 mm.
- A areia fina consiste em partículas entre 0,02 e 0,2 mm.
- O silte consiste em partículas entre 0,002 e 0,02 mm.
- A argila consiste em partículas menores do que 0,002 mm (2 μm).

Os materiais argilosos que contêm silicatos são, além disso, divididos em três grandes grupos – caulinita, ilita e montmorilonita –, com base em diferenças em suas propriedades estruturais e físicas (**Tabela 7.5**). O grupo caulinita em geral é encontrado em solos bem intemperizados; os grupos montmorilonita e ilita são encontrados em solos menos intemperizados.

Cátions minerais como amônio (NH_4^+) e potássio (K^+) são adsorvidos às cargas superficiais negativas das partículas inorgânicas e orgânicas ou adsorvidos dentro das redes formadas pelas partículas do solo. Essa adsorção de cátions é um fator importante na fertilidade do solo. Os cátions minerais adsorvidos sobre a superfície das partículas do solo não são facilmente lixiviados quando o solo é infiltrado pela água e, portanto, proporcionam uma reserva de nutrientes disponível para as raízes. Os nutrientes minerais adsorvidos dessa maneira podem ser substituídos por outros cátions em um processo conhecido como **troca catiônica** (**Figura 7.4**). O grau com que um solo pode adsorver ou trocar íons* é denominado *capacidade de troca catiônica* (CTC) e é altamente dependente do tipo de solo. Um solo com CTC mais alta em geral tem uma reserva maior de nutrientes minerais. A capacidade de troca catiônica se deve principalmente às cargas negativas nas partículas de argila e na matéria orgânica. A matéria orgânica tem uma CTC muito maior em peso em comparação com a argila. Portanto, a CTC de um solo depende de seu conteúdo de matéria orgânica. A CTC de partículas inorgânicas, como argila, é amplamente independente do

---

* N. de T. Na verdade, quando se refere à capacidade do solo de trocar íons, como foi descrito no texto, caracteriza-se a capacidade de troca iônica do solo (cátions + ânions). Entretanto, como ocorre uma adsorção muito maior de cátions do que de ânions à superfície das partículas do solo, devido ao predomínio de cargas negativas nessas superfícies, o componente principal dessa capacidade de troca iônica é a capacidade de troca catiônica.

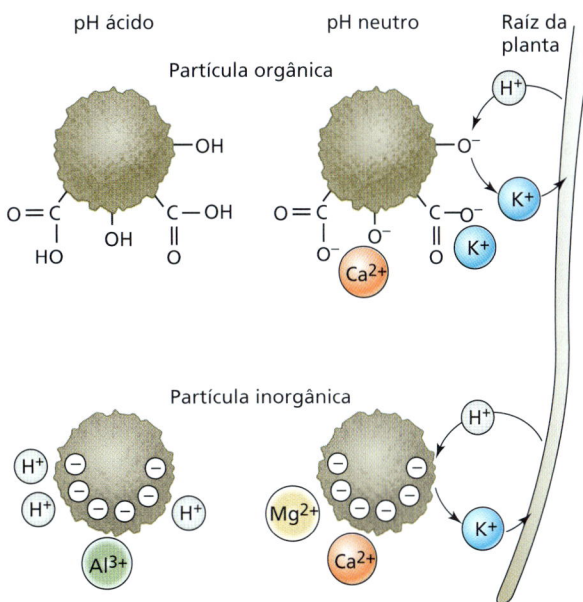

Figura 7.4 Troca catiônica sobre a superfície de partículas de solo. Em pH ácido (lado esquerdo), a capacidade de troca catiônica (CTC) das partículas orgânicas do solo é menor porque os sítios de ácido orgânico (COOH, OH) são protonados. A CTC de partículas inorgânicas é sobretudo independente do pH e, em pH mais baixo, tende a ser ocupada por H^+ e Al^{3+}. Em pH neutro (lado direito), a CTC das partículas orgânicas é maior. Locais carregados negativamente em partículas orgânicas e inorgânicas tendem a ser ocupados por nutrientes catiônicos, como Ca^{2+}, Mg^{2+} e K^+. Conforme as raízes crescem, elas liberam H^+, que pode ser trocado nas partículas do solo e liberar nutrientes catiônicos para absorção pela raiz.

pH. No entanto, a CTC da matéria orgânica é altamente dependente do pH do solo: em pH baixo, grupos de ácidos orgânicos são protonados e sem carga, enquanto, em pH mais alto, eles são desprotonados e carregam uma carga negativa. À medida que as raízes crescem, elas liberam prótons no solo, acidificando-o. Esses prótons podem trocar nutrientes catiônicos das partículas do solo, tornando-os disponíveis para absorção.

Os ânions minerais como nitrato (NO_3^-) e cloreto (Cl^-) tendem a ser repelidos pela carga negativa na superfície das

Tabela 7.5 Comparação das propriedades dos três principais tipos de argilossilicatos encontrados no solo

Propriedade	Tipo de argila		
	Montmorilonita	Ilita	Caulinita
Tamanho (μm)	0,01–1,0	0,1–2,0	0,1–5,0
Forma	Flocos irregulares	Flocos irregulares	Cristais hexagonais
Coesão	Alta	Média	Baixa
Capacidade de embebição	Alta	Média	Baixa
Capacidade de troca catiônica (miliequivalentes 100 g^{-1})	80–100	15–40	3–15

Fonte: Segundo N. C. Brady. 1974. *The Nature and Properties of Soils*, 8th ed. Macmillan, New York.

partículas do solo e permanecem dissolvidos na solução do solo. Assim, a capacidade de troca aniônica da maioria dos solos agrícolas é pequena quando comparada com a capacidade de troca catiônica. O nitrato, em particular, permanece móvel na solução do solo, onde é suscetível à lixiviação pela água que se movimenta pelo solo.

A solubilidade do fosfato no solo geralmente é controlada por sua associação com Ca^{2+}, Fe^{3+} e Al^{3+} para formar compostos inorgânicos insolúveis. Como consequência, o fosfato é mais solúvel em solução de solo em pH levemente ácido (ver Figura 7.3). No entanto, a disponibilidade de fosfato também é controlada por sua associação com partículas do solo. Os íons fosfato ($H_2PO_4^-$ e HPO_4^{2-}) se ligam às bordas das partículas do solo contendo alumínio ou ferro, pois os íons ferro e alumínio carregados positivamente (Fe^{2+}, Fe^{3+} e Al^{3+}) estão associados a grupos de íons hidroxila (OH^-) que se tornam protonados e podem adsorver fosfato. A falta de mobilidade do fosfato ou sua solubilidade baixa podem limitar sua disponibilidade para absorção pelas plantas. A formação de simbioses micorrízicas (discutida posteriormente nesta seção) ajuda a superar essa falta de mobilidade. Além disso, as raízes de algumas plantas, como as do tremoço (*Lupinus albus*) e membros das Proteaceae (p. ex., *Macadamia, Banskia, Protea, Hakea*), secretam grandes quantidades de ácidos orgânicos no solo, que liberam fosfato de ferro, alumínio e fosfatos de cálcio.

O sulfato (SO_4^{2-}) na presença de Ca^{2+} forma o gesso ($CaSO_4$). O gesso é apenas ligeiramente solúvel, mas libera sulfato suficiente para suprir o crescimento vegetal. A maioria dos solos não ácidos contém quantidades substanciais de Ca^{2+}; consequentemente, a mobilidade do sulfato nesses solos é baixa, e o sulfato não é altamente suscetível à lixiviação.

O pH do solo afeta a disponibilidade de nutrientes, os microrganismos do solo e o crescimento das raízes

A concentração de íons hidrogênio (pH) é uma propriedade importante dos solos, porque afeta o crescimento das raízes e os microrganismos neles presentes. O crescimento das raízes geralmente é favorecido em solos levemente ácidos, com valores de pH entre 5,5 e 6,5. Os fungos, em geral, predominam em solos ácidos (pH abaixo de 7); as bactérias tornam-se mais prevalentes em solos alcalinos (pH acima de 7). O pH determina a disponibilidade dos nutrientes do solo (ver Figura 7.3). A acidez promove a intemperismo de rochas, que libera K^+, Mg^{2+}, Ca^{2+} e Mn^{2+} e aumenta a solubilidade de carbonatos, sulfatos e alguns fosfatos. O aumento da solubilidade de nutrientes eleva sua disponibilidade para as raízes à medida que as concentrações aumentam na solução do solo.

Os principais fatores que baixam o pH do solo são a decomposição da matéria orgânica, a assimilação de amônio pelas plantas e pelos microrganismos e a quantidade de chuva. O dióxido de carbono é produzido como resultado da decomposição de matéria orgânica e se equilibra com a água do solo conforme a seguinte reação:

$$CO_2 + H_2O \leftrightarrow H_2CO_3 \leftrightarrow H^+ + HCO_3^-$$

Isso libera íons hidrogênio (H^+), reduzindo o pH do solo. A decomposição microbiana da matéria orgânica também produz amônia/amônio (NH_3/ NH_4^+) e sulfeto de hidrogênio (H_2S), que podem ser oxidados no solo, formando os ácidos fortes ácido nítrico (HNO_3) e ácido sulfúrico (H_2SO_4), respectivamente. À medida que absorvem íons amônio do solo e os assimilam em aminoácidos, as raízes geram íons hidrogênio, que elas excretam no solo circundante (ver Capítulo 13). Os íons hidrogênio também deslocam K^+, Mg^{2+}, Ca^{2+} e Mn^{2+} das superfícies das partículas do solo. A lixiviação pode, então, remover esses íons das camadas superiores do solo, deixando o solo mais ácido. Por outro lado, o intemperismo de rochas em regiões mais áridas libera K^+, Mg^{2+}, Ca^{2+} e Mn^{2+} para o solo, mas, devido à precipitação baixa, esses íons não são lixiviados das camadas superiores do solo, e este permanece alcalino.

O excesso de íons minerais no solo limita o crescimento das plantas

Quando sais de sódio estão presentes em excesso no solo, este é denominado *salino*. Solos desse tipo podem inibir o crescimento vegetal se os íons minerais alcançarem concentrações que limitem a disponibilidade de água ou excedam os níveis adequados para um determinado nutriente (ver Capítulo 14). Cloreto de sódio e sulfato de sódio são os sais mais comuns em solos salinos. O excesso de íons minerais no solo pode ser um fator de grande importância em regiões áridas e semiáridas, pois a precipitação é insuficiente para lixiviá-los das camadas de solo junto à superfície.

A agricultura irrigada promove a salinização dos solos caso a quantidade de água aplicada seja insuficiente para lixiviar o sal abaixo da zona de raízes. A água de irrigação pode conter 100 a 1.000 g de íons minerais por metro cúbico. Uma cultura vegetal requer em média cerca de 10.000 m^3 de água por hectare. Consequentemente, 1.000 a 10.000 kg de íons minerais por hectare podem ser adicionados ao solo por cultura vegetal, e, ao longo de várias estações de crescimento, concentrações elevadas de íons minerais podem se acumular no solo.

Em solos salinos, as plantas enfrentam o **estresse salino**. O estresse salino envolve tanto o estresse por déficit hídrico, pois as células vegetais têm mais dificuldade em extrair água do solo, quanto o estresse iônico, pois os íons (principalmente Na^+ e Cl^-) se acumulam em níveis tóxicos dentro das células. Enquanto muitas plantas são afetadas de maneira adversa pela presença de concentrações relativamente baixas de sal, outras podem sobreviver (**plantas tolerantes ao sal**) ou até mesmo desenvolver-se (**halófitas**) em concentrações elevadas de sal. Os mecanismos pelos quais as plantas toleram a alta salinidade são complexos (ver Capítulo 15), envolvendo a expressão de enzimas, a síntese bioquímica de osmólitos hidrofílicos que promovem a absorção de água pelas células e o transporte pela membrana. As plantas lidam com o excesso de íons minerais de diferentes maneiras, excluindo-os na membrana plasmática, absorvendo-os e excretando-os ou sequestrando-os. Para impedir o acúmulo tóxico de íons minerais no citosol, onde ocorre o metabolismo fundamental, muitas plantas sequestram esses íons no vacúolo. Esforços estão em andamento para conferir tolerância ao sal em espécies de culturas sensíveis a ele, utilizando tanto o melhoramento vegetal clássico de plantas como a biotecnologia, conforme detalhado no Capítulo 15.

Outros íons minerais, incluindo íons metálicos, também podem se acumular em quantidades excessivas no solo e causar toxicidade severa em plantas e humanos (ver **Ensaio 7.1 na internet**). Esses metais incluem zinco, cobre, cobalto, níquel, mercúrio, chumbo, cádmio, prata e cromo.

Algumas plantas desenvolvem sistemas radiculares extensos

A capacidade das plantas de obter água e nutrientes minerais do solo está relacionada à aptidão delas de desenvolver um sistema radicular extenso, além de várias outras características, como o desenvolvimento flexível em resposta ao suprimento e à demanda de nutrientes, o poder de secretar ânions orgânicos e a capacidade de formar simbioses micorrízicas. No final da década de 1930, H. J. Dittmer examinou o sistema radicular de um único indivíduo de centeio depois de 16 semanas de crescimento. Ele estimou que a planta tivesse 13 milhões de eixos de raízes primárias e laterais, estendendo-se mais de 500 km em comprimento e proporcionando uma área de superfície de 200 m^2. Essa planta também tinha mais de 10^{10} pelos nas raízes, proporcionando 300 m^2 adicionais de área de superfície. A área de superfície total de raízes de uma única planta de centeio equivalia àquela de uma quadra de basquetebol profissional. Outras espécies de plantas podem não desenvolver tais sistemas radiculares extensos, o que pode limitar sua capacidade de absorção de nutrientes e aumentar a sua dependência da simbiose micorrízica (discutido a seguir).

No deserto, as raízes da algaroba (gênero *Prosopis*) podem atingir uma profundidade superior a 50 m para alcançar a água subterrânea. Plantas cultivadas anuais têm raízes que normalmente crescem entre 0,1 e 2,0 m em profundidade e se estendem lateralmente a distâncias de 0,3 a 1,0 m. Em pomares, os sistemas radiculares principais de árvores plantadas com espaçamento de 1 m entre si atingem um comprimento total de 12 a 18 km por árvore. A produção anual de raízes em ecossistemas naturais pode facilmente ultrapassar a de partes aéreas, de modo que, em muitos casos, as porções aéreas de uma planta representam apenas "a ponta do *iceberg*". No entanto, realizar observações de sistemas radiculares é difícil e normalmente requer técnicas especiais (ver **Tópico 7.2 na internet**).

As raízes das plantas podem crescer continuamente ao longo do ano se as condições forem favoráveis. Sua proliferação, no entanto, depende da disponibilidade de água e minerais no microambiente imediato que as circunda, a chamada **rizosfera**. Se a rizosfera for pobre em nutrientes ou muito seca, o crescimento das raízes será lento. À medida que as condições na rizosfera melhoram, o crescimento das raízes aumenta. Se a fertilização e a irrigação fornecem nutrientes e água abundantes, as plantas investem menos recursos no crescimento e desenvolvimento das raízes e mais nas partes aéreas, para maximizar a fotossíntese e o crescimento, o que diminui a razão entre raízes e partes aéreas. Sob tais condições fartas, que são raras na natureza, um sistema radicular relativamente pequeno satisfaz as necessidades de nutrientes da planta inteira. A fertilização e a irrigação causam maior alocação de recursos para a parte aérea vegetativa e as estruturas reprodutivas do que para as raízes, e essa mudança no padrão de alocação contribui para um maior rendimento das partes acima do solo.

Os sistemas radiculares diferem entre si na forma, mas se baseiam em estruturas comuns

A *forma* do sistema radicular difere muito entre as espécies vegetais. Em monocotiledôneas, o desenvolvimento das raízes começa com a emergência de três a seis eixos de **raízes primárias** (ou *seminais*) a partir da semente em germinação. À medida que cresce, a planta estende novas raízes adventícias, chamadas de **raízes nodais** ou *raízes-escora*. Com o passar do tempo, os eixos de raízes primárias e nodais crescem e se ramificam extensamente, formando um complexo *sistema radicular fasciculado* (**Figura 7.5**). Nos sistemas fasciculados, todas as raízes tendem a ter o mesmo diâmetro (exceto quando as condições ambientais ou interações com patógenos modificam sua estrutura), de modo que é impossível distinguir um eixo de raiz principal.

Diferentemente das monocotiledôneas, as eudicotiledôneas desenvolvem sistemas radiculares com um eixo principal único, denominado **raiz pivotante**, que pode engrossar como resultado da atividade cambial (crescimento secundário). Desse eixo de raiz principal desenvolvem-se *raízes laterais*, formando um sistema radicular extensamente ramificado. A disponibilidade de nutrientes também influencia o desenvolvimento das raízes, conforme discute-se posteriormente nesta seção. Algumas

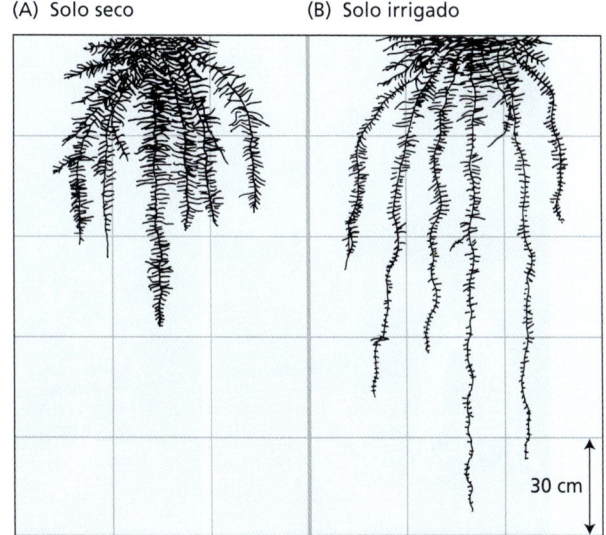

Figura 7.5 Sistemas radicular fasciculado de trigo (uma monocotiledônea). (A) Sistema radicular de uma planta madura (3 meses de idade) de trigo crescendo em solo seco. (B) Sistema radicular de uma planta madura de trigo crescendo em solo irrigado. É visível que a morfologia do sistema radicular é afetada pela quantidade de água presente no solo. Em um sistema radicular fasciculado maduro, os eixos primários são indistinguíveis. (Segundo J. E. Weaver. 1926. *Root Development of Field Crops*. McGraw-Hill, New York.)

plantas, especialmente na família Proteaceae, produzem uma proliferação de raízes laterais denominadas *raízes agrupadas* ou *raízes proteoides* em resposta à deficiência de fosfato. Um exemplo de raízes proteoides de *Hakea prostrata* é mostrado na **Figura 7.6**. As raízes proteoides secretam ácidos orgânicos, como citrato ou malato, que diminuem o pH do solo ao redor da raiz e solubilizam cálcio, alumínio e fosfato de ferro, disponibilizando o fosfato para absorção pela planta. O desenvolvimento do sistema radicular tanto em monocotiledôneas quanto em eudicotiledôneas depende da atividade do meristema apical e da produção de meristemas de raízes laterais (ver Capítulos 18 e 19). A **Figura 7.7** é um diagrama geral da região apical da raiz de uma planta e identifica três zonas de atividade: meristemática, de alongamento e de maturação.

Na **zona meristemática**, as células dividem-se em direção à base da raiz, para formar células que se diferenciam em tecidos da raiz funcional, e em direção ao ápice da raiz, para formar a **coifa**. A coifa protege as delicadas células meristemáticas à medida que a raiz se expande no solo. Ela geralmente secreta um material gelatinoso chamado *mucigel*, que envolve o ápice da raiz. A função precisa do mucigel não é bem conhecida, mas ele pode proporcionar lubrificação, que facilita a penetração da raiz no solo, proteger o ápice da raiz de dessecação, promover a transferência de nutrientes à raiz e afetar interações entre a raiz e os microrganismos do solo. A coifa é essencial para a percepção da gravidade, sinal que direciona o crescimento das raízes para baixo. Esse processo é conhecido como **resposta gravitrópica** (ver Capítulos 4 e 17).

A divisão celular no próprio ápice da raiz é relativamente lenta; assim, essa região é denominada **centro quiescente**. Após algumas gerações de divisões celulares lentas, células da raiz deslocadas cerca de 0,1 mm do ápice começam a se dividir mais rapidamente. A divisão celular novamente vai diminuindo cerca de 0,4 mm do ápice, e as células expandem-se igualmente em todas as direções.

A **zona de alongamento** começa aproximadamente de 0,7 a 1,5 mm do ápice (ver Figura 7.7). Nesta zona, as células se alongam rapidamente. Uma etapa final de divisões da camada mais interna do córtex produz um anel central de células chamado de **endoderme**. As paredes dessa camada de células

Figura 7.6 A *hakea* dura (*Hakea prostrata*) produz raízes agrupadas (proteoides) em condições de deficiência de fosfato. (A) Indivíduos de *Hakea prostrata* foram cultivados sob condições de suficiência de fosfato (à esquerda) ou sem fosfato (à direita). As plantas com deficiência de fosfato, à direita, produziram raízes proteoides. (B) Uma raiz proteoide em desenvolvimento com 7 dias de idade é mostrada à direita, e uma raiz proteoide madura é mostrada à esquerda.

endodérmicas tornam-se espessadas. Suberina é depositada sobre as paredes radiais e transversais das células endodérmicas, formando a **estria de Caspary**, uma estrutura hidrofóbica que impede o movimento apoplástico de água ou solutos através da raiz (ver Figura 6.4). Além de ter uma endoderme, 90% das espécies de angiospermas também têm uma **exoderme**, a camada mais externa do córtex nas raízes. A exoderme também é suberizada, e é uma barreira ao movimento apoplástico da água e dos solutos. A exoderme é ausente em gimnospermas.

A área do interior da raiz até a endoderme é chamada de **estelo**. O estelo contém os sistemas condutores da raiz: o **floema**, que transporta metabólitos da parte aérea para a raiz e para frutos e sementes, e o **xilema**, que transporta água e solutos para a parte aérea (ver Capítulo 1). O floema desenvolve-se mais rápido que o xilema, evidenciando o fato de que a função do floema é crucial junto ao ápice da raiz. Grandes quantidades de carboidratos devem fluir pelo floema em direção às zonas apicais em crescimento para sustentar a divisão e o alongamento celulares. Os carboidratos proporcionam às células em rápido crescimento uma fonte de energia e esqueletos de carbono necessários para a síntese de compostos de carbono. Açúcares de seis carbonos (hexoses) atuam também como solutos osmoticamente ativos na raiz. No ápice da raiz, onde o floema ainda não está desenvolvido, o movimento de carboidratos depende do transporte simplástico, e é relativamente lento.

Os pelos das raízes, com suas grandes áreas de superfície para a absorção de água e solutos e para ancorar a raiz ao solo, aparecem primeiro na **zona de maturação** (ver Figura 7.7), na qual o xilema desenvolve a capacidade de transportar quantidades substanciais de água e solutos para a parte aérea.

As áreas diferentes da raiz absorvem íons minerais de maneiras diferentes

O ponto preciso de entrada dos minerais no sistema radicular tem sido um tópico de considerável interesse. Alguns pesquisadores afirmam que os nutrientes são absorvidos somente nas regiões apicais dos eixos ou ramificações das raízes; outros afirmam que os nutrientes são absorvidos ao longo de toda a superfície da raiz.

A estria de Caspary da endoderme e exoderme nas angiospermas desempenha um papel importante na prevenção da entrada não seletiva de solutos no xilema, onde seriam translocados para o resto da planta. O mecanismo de absorção seletiva de soluto que usa transportadores transmembrana e a estria de Caspary é discutido nos Capítulos 6 e 8. Mas a estria de Caspary não se estende até o ápice da raiz; a endoderme e a exoderme amadurecem e cada uma produz uma estria de Caspary na zona de alongamento tardio ou na zona de maturação precoce. Isso permite um mecanismo de absorção de solutos menos seletivo na ponta da raiz, e alguns solutos podem ser absorvidos predominantemente no ápice da raiz. Por exemplo, a absorção de íons cálcio pela cevada (*Hordeum vulgare*) parece ser restrita à região apical. A extensão em que determinados nutrientes (e outros solutos) são absorvidos no ápice, em comparação com o resto da raiz, depende de muitos fatores, entre

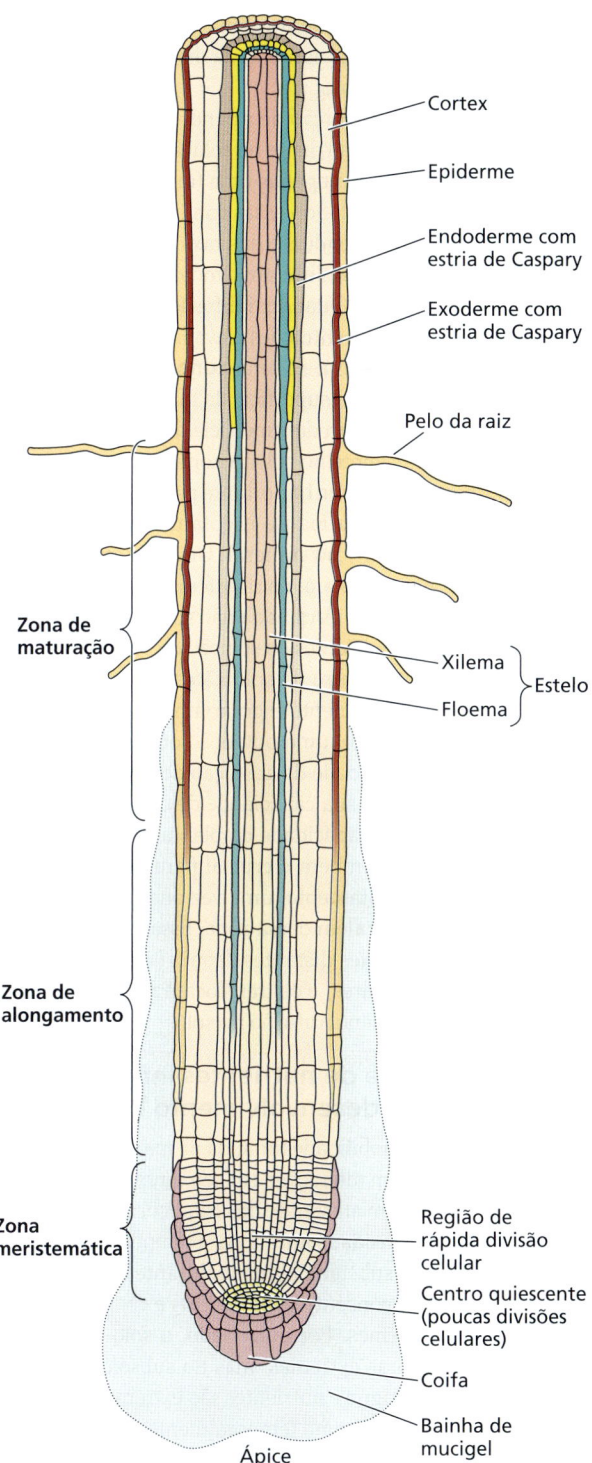

Figura 7.7 Representação diagramática de um corte longitudinal da região apical da raiz. As células meristemáticas estão localizadas próximas ao ápice da raiz. Essas células geram a coifa e os tecidos superiores da raiz. Na zona de alongamento, as células diferenciam-se para produzir xilema, floema e córtex. Os pelos da raiz, formados em células epidérmicas, aparecem primeiro na zona de maturação.

eles a concentração do nutriente na solução do solo, a demanda do nutriente pela planta e a expressão de transportadores de absorção em diferentes partes da raiz, especialmente nos pelos da raiz. Ferro pode ser absorvido tanto na região apical, como em cevada e outras espécies, quanto ao longo de toda a superfície da raiz, como em milho. Íons potássio, nitrato, amônio e fosfato podem ser absorvidos em todos os locais da superfície da raiz, mas no milho a zona de alongamento tem as taxas máximas de acumulação de íons potássio e de absorção de nitrato. Em milho e arroz e em espécies de áreas úmidas, o ápice da raiz absorve amônio mais rapidamente que a zona de alongamento. A absorção de amônio e nitrato por coníferas varia significativamente em diferentes regiões da raiz e pode ser influenciada pelas taxas de crescimento e maturação desse órgão. Em várias espécies, o ápice e os pelos da raiz são os mais ativos na absorção de fosfato. As hifas de fungos micorrízicos arbusculares também desempenham um papel significativo na absorção de fosfato e outros nutrientes, e o desenvolvimento dessa simbiose pode mudar as regiões da raiz envolvidas na absorção.

As taxas altas de absorção de nutrientes nas zonas apicais da raiz resultam também da forte demanda por nutrientes nesses tecidos e da disponibilidade relativamente alta de nutrientes no solo que as circunda. Por exemplo, o alongamento celular depende do acúmulo de nutrientes como íons potássio, cloro e nitrato para aumentar a pressão osmótica dentro das células (ver Capítulo 2). O amônio é a fonte preferencial de nitrogênio para sustentar a divisão celular no meristema, pois os tecidos meristemáticos são, com frequência, limitados na disponibilidade de carboidratos e porque a assimilação de amônio em compostos orgânicos nitrogenados consome menos energia que a assimilação de nitrato (ver Capítulo 14). O ápice e os pelos da raiz crescem em solo inexplorado, onde os nutrientes ainda não foram esgotados.

Dentro do solo, os nutrientes podem se mover para a superfície da raiz, tanto por fluxo de massa quanto por difusão (ver Capítulo 6). No fluxo de massa, os nutrientes são carregados pela água que se desloca no solo em direção às raízes. As quantidades de nutrientes fornecidas à raiz pelo fluxo de massa dependem das concentrações de nutrientes na solução do solo e da taxa de fluxo de água através do solo em direção à planta, que por sua vez depende das taxas de transpiração. Quando tanto a taxa de fluxo de água quanto as concentrações de nutrientes na solução do solo são altas, o fluxo de massa pode desempenhar um papel importante no suprimento de nutrientes. Por isso, nutrientes altamente solúveis como o nitrato são amplamente transportados por fluxo de massa, mas esse processo é menos importante para nutrientes com solubilidade baixa, como íons fosfato e zinco.

Na difusão, os nutrientes minerais movem-se de uma região de maior concentração para um local de menor concentração. A absorção de nutrientes reduz as concentrações de nutrientes na superfície da raiz, gerando gradientes de concentração na solução do solo que a circunda. A difusão, ou mais precisamente o fluxo líquido, de nutrientes a favor de seus gradientes de concentração, junto com o fluxo de massa resultante da transpiração, pode aumentar a disponibilidade de nutrientes na superfície da raiz.

Quando a taxa de absorção de um nutriente pelas raízes é alta e a concentração do nutriente na solução do solo é baixa, o fluxo de massa pode suprir apenas uma fração pequena da necessidade nutricional total. Sob essas condições, a absorção do nutriente torna-se independente das taxas transpiratórias da planta, e as taxas de difusão limitam o movimento do nutriente para a superfície da raiz. Quando a difusão é demasiadamente baixa para manter concentrações elevadas de nutrientes nas proximidades da raiz, forma-se uma **zona de esgotamento de nutrientes** adjacente à superfície da raiz. Essa zona estende-se cerca de 0,2 a 2,0 mm da superfície da raiz, dependendo da mobilidade do nutriente no solo. A zona de esgotamento de nutrientes é particularmente importante para o fosfato.

A formação de uma zona de esgotamento informa algo importante sobre a nutrição mineral. Uma vez que as raízes esgotam o suprimento mineral na rizosfera, sua eficácia em extrair minerais do solo é determinada não só pela taxa pela qual elas podem remover nutrientes da solução do solo, mas por seu contínuo crescimento dentro do solo não esgotado. Sem crescimento, as raízes rapidamente esgotariam o solo adjacente às suas superfícies. Portanto, uma obtenção ótima de nutrientes depende tanto da capacidade de absorção de nutrientes do sistema radicular como de sua capacidade de crescer em direção ao solo inexplorado. A capacidade da planta para formar uma simbiose micorrízica também é crucial para a superação dos efeitos da zona de esgotamento, uma vez que as hifas do simbionte fúngico crescem além dessa zona. Essas estruturas fúngicas absorvem nutrientes distantes da raiz (até 25 cm no caso de micorrizas arbusculares) e os translocam rapidamente para as raízes, superando a lenta difusão no solo.

A disponibilidade de nutrientes influencia o crescimento e o desenvolvimento da raiz

As plantas, que têm mobilidade limitada na maior parte de suas vidas, devem lidar com alterações em seu ambiente local, uma vez que elas não podem afastar-se das condições desfavoráveis. Acima do solo, a intensidade luminosa, a temperatura e a umidade podem flutuar substancialmente durante o dia e através do dossel, porém as concentrações de CO_2 e O_2 permanecem relativamente uniformes. Por outro lado, o solo tampona as raízes de temperaturas extremas, mas no subsolo as concentrações de CO_2 e O_2, água e nutrientes são extremamente heterogêneos, tanto espacial como temporalmente. Por exemplo, as concentrações de nitrogênio inorgânico no solo podem variar 1.000 vezes ao longo de uma distância de centímetros ou no decorrer de horas. Dada essa heterogeneidade, as plantas buscam as condições mais favoráveis ao seu alcance.

As raízes sentem o ambiente subterrâneo e respondem – por meio do gravitropismo, timotropismo, quimiotropismo e hidrotropismo –, crescendo em direção aos recursos do solo. As raízes são capazes de detectar a disponibilidade de nutrientes e crescer em áreas do solo com concentrações mais ideais

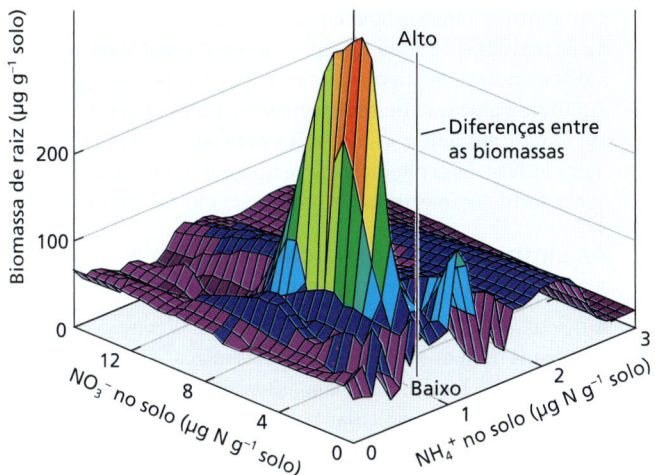

Figura 7.8 Biomassa de raiz como uma função de NH_4^+ e NO_3^- extraíveis no solo. A biomassa de raiz é mostrada (μg massa seca de raiz g^{-1} solo) em relação a NH_4^+ e NO_3^- extraíveis do solo (μg extraível N g^{-1} solo) para tomateiro (*Solanum lycopersicum* cv. T-5) crescendo em um campo irrigado que esteve em pousio nos dois anos anteriores. As cores enfatizam as diferenças entre biomassas, variando de baixas (roxo) a altas (vermelho). (Segundo A. J. Bloom et al., 1993. *Plant Cell Environ*. 16: 199–206.)

(**Figura 7.8**). As raízes também são capazes de alterar seu metabolismo e desenvolvimento para aumentar a absorção de nutrientes em condições de deficiência.

O fosfato geralmente fica preso nos horizontes (camadas) da superfície do solo, sendo fortemente ligado aos óxidos de ferro e alumínio ou mantido como fósforo biológico em microrganismos. A deficiência de fósforo pode desencadear "a alimentação na camada superior do solo" pelas raízes. Alguns genótipos de feijoeiro, por exemplo, respondem à deficiência de fósforo produzindo mais raízes laterais adventícias, diminuindo o ângulo de crescimento dessas raízes (em relação ao caule) – de modo que elas são mais superficiais –, elevando o número de raízes laterais que emergem da raiz pivotante e aumentando a densidade e o comprimento dos pelos (**Figura 7.9**). Essas mudanças na arquitetura do sistema radicular levam a planta a dispor mais raízes na camada superior do solo, onde se encontra a maioria dos resíduos de fosfato. Em algumas plantas, essas mudanças se manifestam como raízes proteoides (ver Figura 7.6). Sob deficiência contínua de fósforo, sinais sistêmicos,

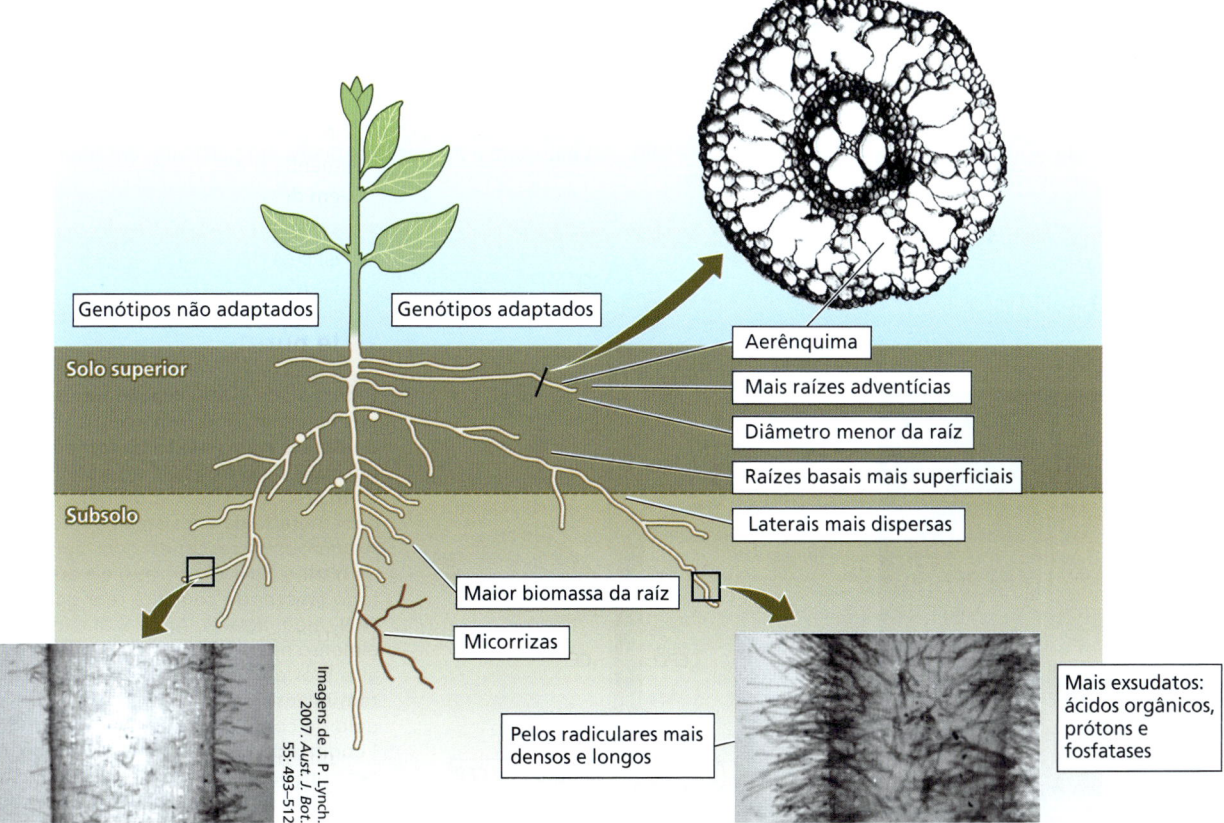

Figura 7.9 Captação de fósforo na camada superior do solo por genótipos do feijoeiro eficientes no uso desse elemento. Em resposta à baixa disponibilidade de fosfato, algumas variedades de feijão, conforme mostrado no lado direito, apresentam arquitetura do sistema radicular modificada, que aumenta a densidade de raízes na camada superficial do solo e apresenta densidade dos pelos da raiz aumentada, metabolismo modificado, que resulta na secreção de prótons e ácidos orgânicos, e capacidade de formar interações micorrízicas. Todas essas adaptações aumentam a absorção de fosfato pela raiz. (Segundo J. P. Lynch. 2007. *Aust. J. Bot*. 55: 493–512.)

incluindo miRNAs (ver Capítulo 4) produzidos no caule, são transduzidos do floema até as raízes, onde induzem alterações na arquitetura delas por meio de auxina e outros mecanismos de sinalização hormonal (ver Capítulo 19).

A deficiência de nitrogênio nas raízes também resulta em respostas locais e sistêmicas. Sob deficiência de nitrogênio, o transportador de nitrato NRT1.1 (ver Capítulos 8 e 14) altera diretamente os níveis de auxina da raiz, reduzindo o crescimento da raiz lateral (ver Capítulo 19). O peptídeo 1 codificado no C-terminal (CEP1) também é produzido e reprime ainda mais o crescimento local da raiz lateral. Em ensaios de raiz dividida em que parte do sistema radicular é exposta ao nitrato enquanto o restante experimenta limitação de nitrato, o crescimento da raiz lateral e a absorção de nitrogênio aumentam preferencialmente no lado com quantidade suficiente de nitrato (**Figura 7.10A**), sugerindo que a sinalização sistêmica também está envolvida. O CEP também é móvel para o xilema e funciona junto com as citocininas (ver Capítulo 4) como um sinal sistêmico de demanda de nitrogênio, que desloca-se até a parte aérea e é detectado no floema pelos receptores CEP 1 e 2. A ativação desses receptores promove a expressão de genes que codificam duas pequenas proteínas não secretadas da família das glutaredoxinas, que deslocam-se no floema até as raízes e promovem a obtenção de nitrogênio em áreas do sistema radicular com maior disponibilidade de nitrato. A **Figura 7.10B** mostra um modelo para a regulação da obtenção de nitrato através da sinalização integrada, local e sistêmica, da demanda de nitrogênio. As respostas locais também modificam o crescimento das raízes em resposta às altas concentrações de nutrientes no solo, pois algumas raízes – apenas 4% do sistema radicular no trigo da primavera e 12% na alface – são suficientes para fornecer todos os nutrientes necessários. As plantas podem, portanto, diminuir a alocação de seus recursos para as raízes e, ao mesmo tempo, aumentar as alocações para o caule e as estruturas reprodutivas. Essa alteração de recursos é um mecanismo pelo qual a fertilização estimula a produtividade das culturas.

As simbioses micorrízicas facilitam a absorção de nutrientes pelas raízes

A discussão até agora tem se centrado na obtenção direta de elementos minerais e compostos pelas raízes, mas esse processo em geral é modificado pela associação de **fungos micorrízicos** ao sistema radicular para formar uma **micorriza** (da palavra grega para "fungo" e "raiz"). A planta hospedeira supre os fungos micorrízicos associados com carboidratos e, em retorno, recebe nutrientes deles. Há indicações de que a tolerância à seca e a doenças também possa ser melhorada na planta hospedeira.

Simbioses micorrízicas de dois tipos principais – **micorrizas arbusculares** e **ectomicorrizas** – estão amplamente distribuídas na natureza, ocorrendo em cerca de 90% das espécies vegetais, incluindo a maioria das principais culturas. Na maioria, talvez 80%, são micorrizas arbusculares, que são simbioses entre um filo de fungos recentemente descrito, Glomeromycota, e uma ampla gama de angiospermas, gimnospermas, pteridófitas e hepáticas. Sua importância para espécies herbáceas e árvores frutíferas torna as micorrizas arbusculares vitais para a produção agrícola, em particular em solos pobres

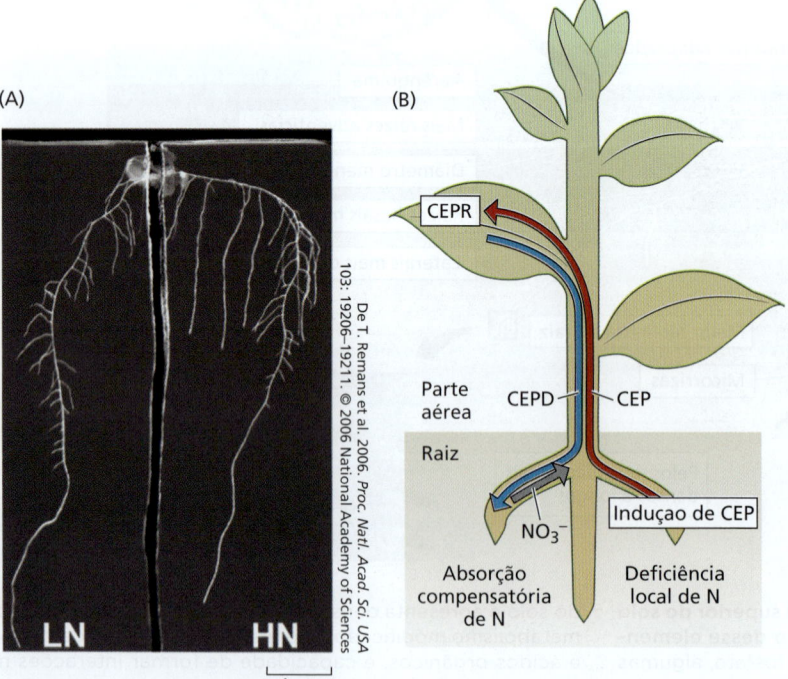

Figura 7.10 A sinalização peptídica da raiz ao caule à raiz influencia a absorção de nitrato no contexto do fornecimento desigual de nitrogênio ao sistema radicular. (A) Experiência de raiz dividida, com metade de um sistema radicular de *Arabidopsis* crescendo com baixo teor de nitrato (LN, *low nitrate*) e a outra metade crescendo com alto teor de nitrato (HN, *high nitrate*). Após 5 dias de crescimento nesta configuração, o lado com alto teor de nitrato do sistema radicular tem raízes laterais mais longas. (B) Modelo de como a sinalização do peptídeo 1 codificado no C-terminal (CEP), de raízes com baixo teor de nitrato, estimula a absorção de nitrato em raízes com alto teor de nitrato via integração de sinais de demanda de nitrogênio no caule. CEPD, CEP a jusante; CEPR, receptor CEP. (B segundo Y. Matsubayashi. 2018. *Proc. Jpn. Acad. Ser. B. Phys. Biol. Sci.* 94: 59–74.)

em nutrientes. Esse é o tipo mais antigo de micorriza, ocorrendo em fósseis das primeiras plantas terrestres. Essa simbiose precedeu a evolução das raízes verdadeiras e, portanto, provavelmente foi fundamental para facilitar o estabelecimento das plantas no ambiente terrestre há mais de 450 milhões de anos.

As simbioses ectomicorrízicas, ao contrário, evoluíram mais recentemente. Elas são formadas por muito menos espécies vegetais, notavelmente em árvores das famílias Pinaceae (pinheiros, lariços, abeto de Douglas), Fagaceae (faia, carvalho, castanheiro), Salicaceae (choupo, álamo), Betulaceae (bétula) e Mirtaceae (*Eucalyptus*). O parceiro fúngico pertence ou a Basidiomycota ou, menos frequentemente, a Ascomycota. Essas simbioses desempenham importantes papéis na nutrição de árvores e, portanto, na produtividade de vastas áreas de floresta boreal.

Algumas espécies de plantas, em particular aquelas nas famílias Salicaceae (*Salix* [salgueiro] e *Populus* [choupo e álamo]) e Mirtaceae (*Eucalyptus*), podem formar tanto simbioses arbusculares como ectomicorrízicas. Outras espécies são incapazes de formar qualquer tipo de micorriza. Elas incluem membros das famílias Brassicaceae, como a couve (*Brassica oleracea*) e a planta-modelo *Arabidopsis thaliana*; Quenopodiaceae, como o espinafre (*Spinacea oleracea*), e Proteaceae, como a nogueira-macadâmia (*Macadamia integrifolia*).

Certas práticas agrícolas podem reduzir ou eliminar a formação de micorrizas em plantas que normalmente as formam. Essas práticas incluem a inundação (o arroz irrigado não forma micorrizas, enquanto o arroz de terras altas – arroz de sequeiro – forma), a perturbação extensiva do solo causada pela aração, a aplicação de altas concentrações de fertilizantes e, evidentemente, a fumigação e a aplicação de alguns fungicidas. Tais práticas podem diminuir a produtividade em culturas como o milho, que são muito dependentes de micorrizas para a absorção de nutrientes. Micorrizas também não se formam em cultivo em solução ou em cultivo hidropônico. Todavia, para a maioria das plantas, a formação de micorrizas é a situação normal, e a condição sem micorrizas é essencialmente um artefato, provocado por determinadas práticas agrícolas.

As micorrizas modificam o sistema radicular da planta e influenciam na obtenção de nutrientes minerais por ela, mas o modo como elas fazem isso varia entre os tipos. Fungos micorrízicos arbusculares desenvolvem um sistema altamente ramificado (micélio) de hifas (estruturas filamentosas finas de 2 a 10 μm de diâmetro), que se estendem no solo para além da raiz de seu hospedeiro (**Figura 7.11**). Diferentes fungos micorrízicos arbusculares variam consideravelmente em sua distância e intensidade de exploração do solo, mas a transferência de fosfato a 25 cm de distância da raiz foi medida. O micélio também auxilia na estabilização de agregados de partículas do solo, melhorando a sua estrutura. As hifas estendem-se no solo bem além da zona de esgotamento que se desenvolve em volta da raiz e, portanto, podem absorver um nutriente imóvel como o fosfato além dessa zona. As hifas também penetram em poros do solo muito mais estreitos do que aqueles disponíveis para as raízes.

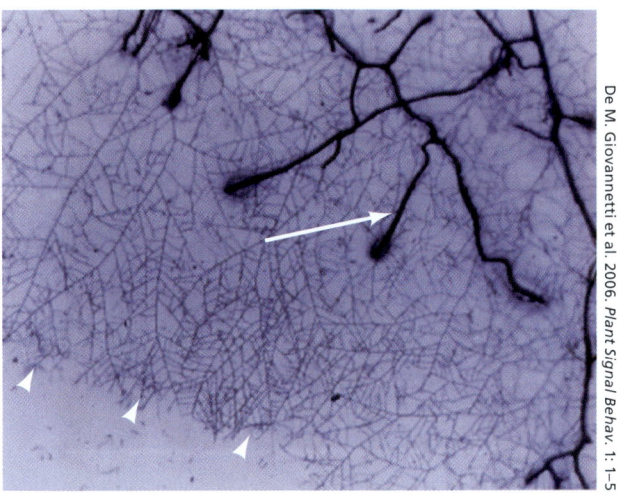

Figura 7.11 Visualização do micélio extrarradical de *Glomus mosseae* expandindo-se a partir de raízes colonizadas do abrunheiro-de-jardim (*Prunus cerasifera*). A frente de avanço do micélio extrarradical é indicada pelas pontas de seta, e as raízes da planta, por uma seta. Observe as diferenças nos comprimentos e nos diâmetros das raízes e das hifas.

A raiz da planta hospedeira de micorrizas arbusculares mostra-se quase igual a uma raiz não micorrízica, e a presença dos fungos somente pode ser detectada por coloração e microscopia. As hifas de fungos micorrízicos arbusculares, que crescem a partir de esporos no solo ou nas raízes da planta hospedeira, penetram na epiderme da raiz e colonizam o seu córtex. Uma exoderme está presente apenas nas angiospermas como a camada celular mais externa do córtex. A maioria das angiospermas tem uma exoderme, e os fungos micorrízicos podem obter acesso ao córtex passando pela exoderme e invadindo as células corticais, para formar estruturas altamente ramificadas chamadas **arbúsculos** (colonização do tipo Arum; **Figura 7.12A**) ou **hifas em espiral** complexas (colonização do tipo Paris; **Figura 7.12B**). Os fungos são restritos ao parênquima cortical e nunca penetram a endoderme ou colonizam o estelo da raiz. Os arbúsculos aumentam a área de contato entre os simbiontes e permanecem rodeados por uma membrana da planta que participa na transferência de nutrientes do fungo para as células vegetais. O processo de penetração é geneticamente controlado por uma rota que, quase 400 milhões de anos mais tarde, foi parcialmente cooptada para a colonização de raízes de leguminosas por bactérias fixadoras de nitrogênio (ver Capítulo 14).

O fosfato é liberado pelos fungos diretamente no córtex da raiz. Depois de exportado dos arbúsculos ou novelos fúngicos, esse fosfato é absorvido pelas células vegetais. Alguns dos conjuntos de **transportadores de fosfato** vegetais (ver Capítulo 8) são específicos ou preferencialmente expressos somente nas membranas vegetais que envolvem os arbúsculos e espirais no córtex da raiz e não são expressos em raízes não micorrízicas. Os transportadores desempenham um papel-chave na transferência de fosfato do fungo para a planta. As plantas regulam o nível de colonização fúngica em resposta ao seu *status* de

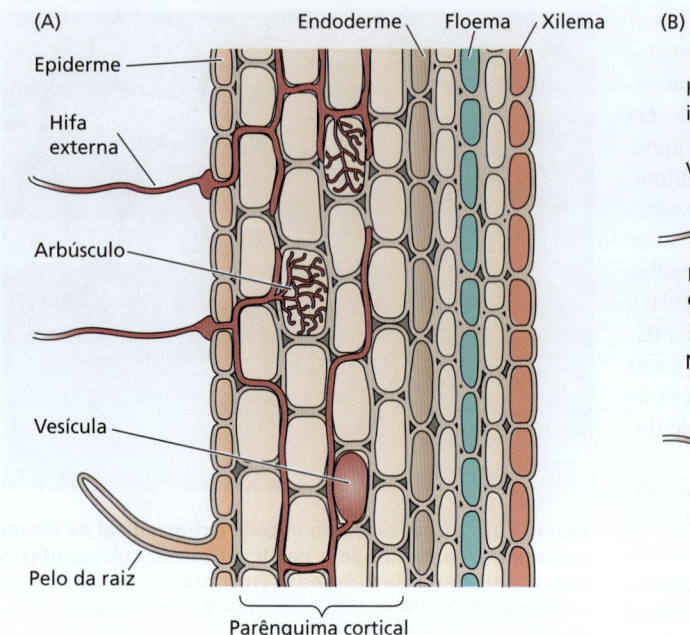
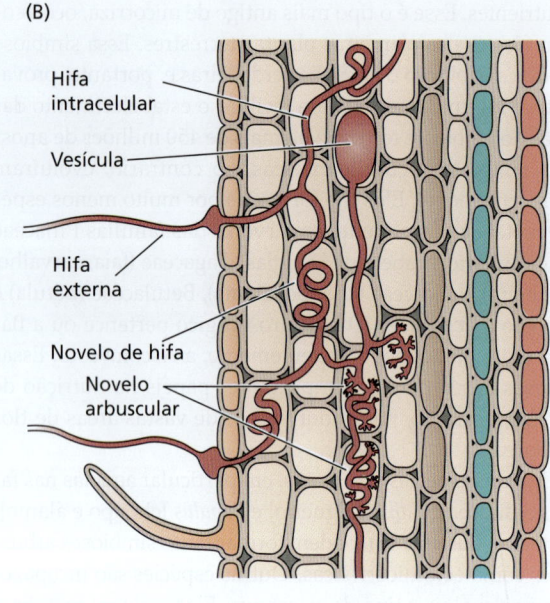

Figura 7.12 Representação diagramática das duas principais formas de colonização micorrízica arbuscular do parênquima cortical. (A) Colonização tipo Arum é caracterizada pela formação de arbúsculos intracelulares, altamente ramificados nas células corticais da raiz. (B) Colonização tipo Paris, caracterizada pela formação de hifas em espiral (novelos) intracelulares nas células corticais da raiz, algumas das quais (chamadas de espirais arbusculares) portam pequenos arbúsculos, semelhantes a ramos.

fosfato, indicando que as plantas controlam a quantidade de carbono fixo entregue ao fungo com base em sua necessidade de fosfato. Precisamos saber mais sobre como os parceiros simbióticos interagem para influenciar a obtenção de nutrientes para que possamos aproveitar a simbiose micorrízica arbuscular para otimizar a nutrição das culturas vegetais. Além de sua importância para a absorção de fosfato, os fungos micorrízicos arbusculares são conhecidos por serem importantes na absorção de nitrogênio e zinco.

Raízes colonizadas por simbiose ectomicorrízica podem ser claramente distinguidas de raízes não micorrízicas; seu crescimento é mais lento e, com frequência, elas parecem mais grossas e são altamente ramificadas. Os fungos tendem a formar uma espessa bainha, ou *manto*, de micélio em volta das raízes, e algumas hifas penetram entre as células epidérmicas e, às vezes (no caso de coníferas), entre as células corticais (**Figura 7.13**). As células das raízes não são penetradas pelas hifas fúngicas, mas, em vez disso, são envolvidas por uma rede de hifas denominada **rede de Hartig**. Essa rede proporciona uma grande área de contato, que está envolvida nas transferências de nutrientes entre os simbiontes. O micélio também se estende no solo além da bainha compacta, onde ele está presente como hifas individuais, massas miceliais achatadas (*mycelial fans*) (**Figura 7.14**) ou cordões miceliais (*mycelial strands*). As massas achatadas de micélio, em particular, desempenham importantes papéis na obtenção de nutrientes do solo, especialmente matéria orgânica.

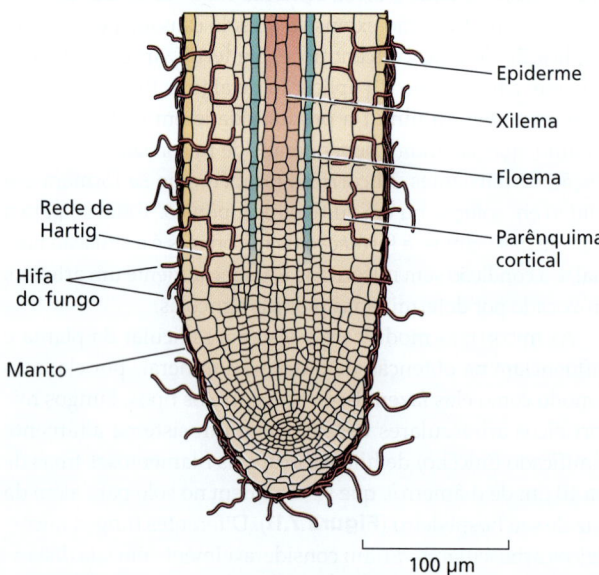

Figura 7.13 Representação diagramática de uma secção longitudinal de uma raiz ectomicorrízica. As hifas fúngicas formam um manto denso sobre a superfície da raiz e penetram entre as células epidérmicas, ou entre as células epidérmicas e corticais, para formar a rede de Hartig. As hifas também crescem extensamente no solo, formando um denso micélio e/ou cordões miceliais. (Segundo Rovira et al. 1983. In *Encyclopedia of Plant Physiology. Vol. 15A: Inorganic Plant Nutrition.* A. Läuchli and R. L. Bieleski [eds.], Springer, Berlin, pp. 61–93.)

Figura 7.14 Plântula de pinheiro (*Pinus*) mostrando pequenas raízes micorrízicas (seta superior) colonizadas por um fungo ectomicorrízico e cultivada em uma câmara de observação em solo florestal. Observe as diferenças entre a fronte micelial de hifas densas avançando em direção ao solo (pontas de seta) e cordões miceliais agregados (seta inferior).

Os fungos ectomicorrízicos formam redes interconectadas entre as árvores e produzem muitos dos cogumelos venenosos, bufas-de-lobo e trufas encontrados nas florestas. Com frequência, a quantidade de micélio é tão excessiva que sua massa total é muito maior do que aquela das raízes propriamente ditas. O arranjo e as atividades bioquímicas das estruturas do fungo em relação aos tecidos da raiz determinam importantes aspectos na obtenção de nutrientes por raízes ectomicorrízicas e na forma na qual os nutrientes passam do fungo para a planta. Além disso, todos os nutrientes do solo devem passar pelo manto que recobre a epiderme da raiz antes de alcançar as células da raiz propriamente ditas, dando ao fungo um importante papel na absorção de todos os nutrientes da solução do solo, incluindo fosfato e formas inorgânicas de nitrogênio (nitrato e amônio). Até que ponto os fungos competem com as raízes quando o nitrogênio é escasso é uma matéria de pesquisa ativa. O micélio que se desenvolve no solo prolifera amplamente em manchas de matéria orgânica (ver Figura 7.14). As hifas têm uma notável capacidade de converter nitrogênio orgânico insolúvel e fósforo em formas solúveis e de passar esses nutrientes para as plantas. Desse modo, os fungos ectomicorrízicos possibilitam que suas plantas hospedeiras acessem fontes orgânicas de nutrientes, evitando a competição com organismos mineralizadores de vida livre, e cresçam em solos florestais com altos teores de matéria orgânica que contêm quantidades muito pequenas de nutrientes inorgânicos.

Os nutrientes movem-se entre os fungos micorrízicos e as células das raízes

O movimento de nutrientes do solo via um fungo micorrízico para as células da raiz envolve complexa integração de estrutura e função tanto no simbionte fúngico como no vegetal. As interfaces em que fungo e planta estão justapostos são zonas cruciais para o transporte e são compostas de membranas plasmáticas dos dois organismos, mais quantidades variáveis de material de parede celular. Portanto, os movimentos de nutrientes do fungo para a planta estão potencialmente sob o controle desses dois tipos de membranas e sujeitos ao processo regulatório de transporte descrito no Capítulo 8. O movimento de nutrientes do solo para a planta via um fungo micorrízico requer (no mínimo) a absorção de um nutriente do solo pelo fungo, a translocação a longa distância do nutriente através das hifas (e cordões miceliais, quando presentes), o efluxo transmembrana do fungo para a zona apoplástica entre as duas membranas de interface e a absorção pela membrana plasmática da planta. Questões importantes a serem resolvidas incluem a forma do nutriente que é transferida e o mecanismo e a quantidade de transferências. Os mecanismos promotores do efluxo do fungo para a zona apoplástica interfacial são pouco conhecidos, ao passo que a absorção na planta tem recebido mais atenção. No caso do fosfato, a etapa de absorção pela planta é um processo ativo que exige energia proporcionada por uma H^+-ATPase, que gera um gradiente de prótons (ver Capítulo 8), e a presença de simporters de fosfato acoplados a prótons na membrana da planta que envolve as estruturas fúngicas intracelulares, as quais são específica ou preferencialmente expressas quando as raízes são micorrízicas.

A transferência de nitrogênio é mais complexa e mais controversa. Em ectomicorrizas, para as quais há muito tempo aceita-se haver um papel importante na nutrição de nitrogênio na planta, o nitrogênio orgânico pode se mover do fungo para a planta, com a forma (glutamina, glutamina e alanina ou glutamato) variando com as espécies fúngicas e a seletividade dos transportadores do efluxo no fungo. Alguma transferência de nitrogênio como amônio ou amônia também pode ocorrer.

As redes micorrízicas também podem transferir nutrientes entre as plantas. A marcação por isótopos estáveis e o sequenciamento de DNA de alto rendimento têm sido usados para demonstrar a distribuição de nutrientes com base nas relações entre fonte e dreno da planta por meio de grupos ectomicorrízicos associados a árvores florestais.

Resumo

As plantas são organismos autotróficos capazes de utilizar a energia do sol para sintetizar todos os seus componentes a partir de dióxido de carbono, água e elementos minerais. Embora os nutrientes minerais apresentem ciclagem contínua por todos os organismos, eles entram na biosfera predominantemente pelos sistemas radiculares das plantas. Depois de terem sido absorvidos pelas raízes, esses elementos são translocados para diversas partes da planta, nas quais atuam em numerosas funções biológicas.

7.1 Nutrientes essenciais, deficiências e distúrbios vegetais

- Estudos de nutrição vegetal mostram que elementos minerais específicos são essenciais para a vida das plantas (**Tabelas 7.1, 7.2**).
- Esses elementos são classificados como macronutrientes ou micronutrientes, dependendo das quantidades relativas encontradas nas plantas (**Tabela 7.1**).
- Os distúrbios nutricionais ocorrem porque os nutrientes têm papéis-chave nas plantas. Eles servem como componentes de compostos orgânicos, no armazenamento de energia, nas estruturas vegetais, como cofatores enzimáticos e nas reações de transferência de elétrons.
- A nutrição mineral pode ser estudada pelo uso de cultivo em solução, o qual permite a caracterização das exigências de nutrientes específicos (**Figura 7.1; Tabela 7.3**).
- Certos sintomas detectados visualmente são diagnósticos para deficiências em nutrientes específicos em plantas vasculares.
- A análise do solo e dos tecidos vegetais pode fornecer informação sobre o *status* nutricional do sistema solo–planta e sugerir ações corretivas para evitar deficiências ou toxicidades.

7.2 Tratando deficiências nutricionais

- Quando as culturas vegetais são cultivadas sob modernas condições de elevada produtividade, quantidades substanciais de nutrientes são removidas do solo.
- Para evitar o desenvolvimento de deficiências, os nutrientes – especialmente nitrogênio, fósforo e potássio – podem ser adicionados de volta ao solo na forma de fertilizantes.
- Fertilizantes que fornecem nutrientes em formas inorgânicas são chamados de fertilizantes inorgânicos; aqueles que derivam de resíduos vegetais ou animais ou de depósitos naturais de rochas são considerados fertilizantes orgânicos. Nos dois casos, as plantas absorvem os nutrientes principalmente como íons inorgânicos. A maior parte dos fertilizantes é aplicada no solo, mas alguns são pulverizados sobre as folhas.

7.3 Solo, raízes e microrganismos

- O solo é um substrato complexo – física, química e biologicamente.
- O pH do solo tem uma grande influência sobre a disponibilidade dos elementos minerais para as plantas (**Figura 7.3**).
- O tamanho das partículas do solo e a sua capacidade de troca catiônica determinam a extensão na qual ele proporciona um reservatório para água e nutrientes (**Tabela 7.5; Figura 7.4**).
- Se elementos minerais, em especial sódio ou metais, estiverem presentes em excesso no solo, o crescimento vegetal pode ser afetado adversamente. Certas plantas são capazes de tolerar elementos minerais em excesso, e umas poucas espécies – por exemplo, halófitas, no caso do sódio – podem prosperar sob essas condições extremas.
- Para obter nutrientes do solo, as plantas desenvolvem sistemas radiculares extensos (**Figuras 7.5, 7.6**), formam simbioses com fungos micorrízicos e produzem ou secretam prótons ou ânions orgânicos no solo.
- As raízes esgotam continuamente os nutrientes do solo em volta delas.
- A disponibilidade de nutrientes influencia no crescimento da raiz (**Figuras 7.8–7.10**).
- A maioria das plantas tem a capacidade de formar simbioses com fungos micorrízicos.
- As finas hifas de fungos micorrízicos estendem o alcance das raízes no solo circundante e facilitam a obtenção de nutrientes (**Figuras 7.11–7.14**). As micorrizas arbusculares aumentam a absorção de nutrientes minerais, em particular fósforo, enquanto as ectomicorrizas desempenham um papel significativo na obtenção de nitrogênio de fontes orgânicas.
- Em contrapartida, as plantas fornecem carboidratos para os fungos micorrízicos.

Material da internet

- **Tópico 7.1 Sintomas de deficiências em minerais essenciais** Os sintomas de deficiência são característicos de cada elemento essencial e podem ser diagnósticos para a deficiência. As fotografias coloridas neste tópico ilustram sintomas de deficiência para cada elemento essencial no tomateiro.

- **Tópico 7.2 Observando raízes no subsolo** O estudo de raízes crescendo sob condições naturais requer um meio de observar as raízes no subsolo. O estado da arte das técnicas é descrito neste tópico.

- **Ensaio 7.1 Das refeições aos metais e de volta** O acúmulo de metais é tóxico para as plantas. A compreensão do processo molecular envolvido na toxicidade está ajudando os pesquisadores a desenvolver culturas vegetais melhores para a fitorremediação.

Para mais recursos de aprendizagem (em inglês), acesse **oup.com/he/taiz7e**

Leituras sugeridas

Armstrong, F. A. (2008) Why did nature choose manganese to make oxygen? *Philos. Trans. R. Soc. Lond., B, Biol. Sci.* 363: 1263–1270.

Baxter, I. R., Vitek, O., Lahner, B., Muthukumar, B., Borghi, M., Morrissey, J., Guerinot, M. L., and Salt, D. E. (2008) The leaf ionome as a multivariable system to detect a plant's physiological status. *Proc. Natl. Acad. Sci. USA* 105: 12081–12086.

Bucher, M. (2007) Functional biology of plant phosphate uptake at root and mycorrhiza interfaces. *New Phytol.* 173: 11–26.

Bücking, H. and Kafle, A. (2015) Role of arbuscular mycorrhizal fungi in the nitrogen uptake of plants: Current knowledge and research gaps. *Agronomy* 5: 587–612.

Burns, I. G. (1991) Short- and long-term effects of a change in the spatial distribution of nitrate in the root zone on N uptake, growth and root development of young lettuce plants. *Plant Cell Environ.* 14: 21–33.

Erisman, J. W., Galloway, J., Seitzinger, S., Bleeker, A., and Butterbach-Bahl, K. (2011) Reactive nitrogen in the environment and its effect on climate change. *Curr. Opin. Environ. Sustain.* 3: 281–290.

Feldman, L. J. (1998) Not so quiet quiescent centers. *Trends Plant Sci.* 3: 80–81.

Godfray, H. C., Beddington, J. R., Crute, I. R., Haddad, L., Lawrence, D., Muir, J. F., Pretty, J., Robinson, S., Thomas, S. M., and Toulmin, C. (2010) Food security: the challenge of feeding 9 billion people. *Science* 327: 812–818.

Hodge, A., and Storer, K.(2015) Arbuscular mycorrhiza and nitrogen: implications for individual plants through to ecosystems. *Plant Soil* 386: 1–19.

Hose, E., Clarkson, D. T., Steudle, E., Schreiber, L., and Hartung, W. (2001) The exodermis: a variable apoplastic barrier. *J. Exp. Bot.* 52: 2245–64.

Huang, X. Y., and Salt, D. E. (2016) Plant ionomics: From elemental profiling to environmental adaptation. *Mol. Plant* 9: 787–797.

Jackson, R. B., Canadell, J., Ehleringer, J. R., Mooney, H. A., Sala, O. A., and Schulze, E.-D. (1996) A global analysis of root distributions for terrestrial biomes. *Oecologia* 108: 389–411.

Jeong, J., and Guerinot, M. L. (2009) Homing in on iron homeostasis in plants. *Trends Plant Sci.* 14: 280–285.

Mengel, K., and Kirkby, E. A. (2001) *Principles of Plant Nutrition*, 5th ed. Kluwer Academic Publishers, Dordrecht, Netherlands.

Péret, B., Desnos, T., Jost, R., Kanno, S., Berkowitz, O., and Nussaume, L. (2014) Root architecture responses: in search of phosphate. *Plant Physiol.* 166: 1713–1723.

Sattelmacher, B. (2001) The apoplast and its significance for plant mineral nutrition. *New Phytol.* 149: 167–192.

Steffen, W., Richardson, K., Rockstrom, J., Cornell, S. E., Fetzer, I., Bennett, E. M., Biggs, R., Carpenter, S. R., de Vries, W., de Wit, C. A., Folke, C., Gerten, D., Heinke, J., Mace, G. M., Persson, L. M., Ramanathan, V., Reyers, B., and Sörlin, S. (2015). Planetary boundaries: Guiding human development on a changing planet. *Science* 347: 1259855.

Vukosav, P., Mlakar, M., and Tomišić, V. (2012) Revision of iron (III)-citrate speciation in aqueous solution. Voltammetric and spectrophotometric studies. *Anal Chim Acta.* 745: 85–91.

Zegada-Lizarazu, W., Matteucci, D., and Monti, A. (2010) Critical review on energy balance of agricultural systems. *Biofuel. Bioprod. Biorefin.* 4: 423–446.

8 Transporte de solutos

O interior de uma célula vegetal é separado do ambiente externo por uma membrana plasmática, que apresenta apenas uma dupla camada de moléculas lipídicas. Essa membrana delgada separa um ambiente interno relativamente constante do entorno variável. Além de formar uma barreira hidrofóbica à difusão, a membrana deve facilitar e regular continuamente o tráfego de íons e moléculas selecionados para dentro e para fora, à medida que a célula absorve nutrientes, exporta resíduos e regula sua pressão de turgor. Funções semelhantes são realizadas por membranas internas que separam os vários compartimentos dentro de cada célula. A membrana plasmática também detecta informações sobre o ambiente, sobre sinais moleculares vindos de outras células e sobre a presença de patógenos invasores. Com frequência, esses sinais são retransmitidos por mudanças no fluxo iônico através da membrana.

O movimento de íons e outros solutos de um local para outro dentro de um organismo é conhecido como **transporte**. O transporte local de solutos para dentro ou dentro de células é regulado principalmente por proteínas de membrana. O transporte, em maior escala, entre os órgãos vegetais ou entre eles e o ambiente também é controlado pelo transporte de membranas em nível celular. Por exemplo, o transporte da sacarose da folha para a raiz pelo floema, denominado **translocação**, é impulsionado e regulado pelo transporte de membrana para dentro das células do floema foliar e deste para as células de armazenagem da raiz (ver Capítulo 12).

Neste capítulo, serão considerados os princípios físicos e químicos que governam o movimento das moléculas em solução e como esses princípios se aplicam às membranas e aos sistemas biológicos. São discutidos os mecanismos moleculares de transporte em células vivas e a grande diversidade de proteínas de transporte de membrana, responsáveis pelas propriedades particulares de transporte das células vegetais. Como exemplo, discutem-se canais, transportadores e bombas das células-guarda e seus papéis na transdução de sinal e no controle de gradientes osmóticos que impulsionam mudanças na abertura estomática. Por fim, são examinadas as rotas que os íons seguem, quando entram na raiz, assim como o mecanismo de carregamento do xilema, o processo pelo qual os íons são liberados dentro dos elementos traqueais do estelo. Uma vez que as substâncias transportadas, incluindo carboidratos, aminoácidos e metais como ferro e zinco, são vitais para a nutrição humana, compreender e manipular o transporte de solutos em plantas pode contribuir com soluções para a produção sustentável de alimentos.

8.1 Transportes passivo e ativo

De acordo com a primeira lei de Fick (ver Equação 5.1), o movimento de moléculas por difusão sempre ocorre espontaneamente, a favor de um gradiente de energia livre ou de potencial químico, até que o equilíbrio seja atingido. O movimento espontâneo descendente (*downhill*) de moléculas é denominado **transporte passivo**. Em equilíbrio, nenhum movimento líquido adicional de solutos pode ocorrer sem a aplicação de uma força propulsora.

O movimento de substâncias contra um gradiente de potencial químico, ou ascendente (*uphill*), é denominado **transporte ativo**. Ele não é espontâneo e requer a realização de trabalho no sistema pela aplicação de energia celular. Uma forma comum (mas não a única) de executar essa tarefa é acoplar o transporte à hidrólise de ATP.

O Capítulo 5 mostrou que é possível calcular a força propulsora para a difusão ou, em vez disso, a adição de energia necessária para movimentar substâncias contra um gradiente medindo-se o gradiente de energia potencial. Para solutos sem carga, esse gradiente com frequência é uma simples função da diferença de concentração. O transporte biológico pode ser impulsionado por quatro forças principais: concentração, pressão hidrostática, gravidade e campos elétricos. (Entretanto, viu-se, no Capítulo 5, que, em sistemas biológicos de pequena escala, a gravidade raramente contribui de maneira substancial para a força que governa o transporte.)

O **potencial químico** para qualquer soluto é definido como a soma dos potenciais de concentração, elétrico e hidrostático (e o potencial químico sob condições-padrão). *A importância do conceito de potencial químico é que ele soma todas as forças que podem agir sobre uma molécula para acionar seu transporte líquido resultante.*

$$\tilde{\mu}_j = \mu_j^* + RT \ln C_j + z_j FE + \bar{V}_j P \quad (8.1)$$

- $\tilde{\mu}_j$: Potencial químico para um dado soluto, j
- μ_j^*: Potencial químico de j sob condições-padrão
- $RT \ln C_j$: Componente concentração (atividade)
- $z_j FE$: Componente potencial eletroquímico
- $\bar{V}_j P$: Componente pressão hidrostática

Aqui, $\tilde{\mu}_j$ é o potencial químico da espécie de soluto j em joules por mol (J mol^{-1}), μ_j^* é seu potencial químico sob condições-padrão (um fator de correção que será cancelado em futuras equações e que, assim, pode ser ignorado), R é a constante universal dos gases, T é a temperatura absoluta e C_j é a concentração (mais precisamente a atividade) de j.

O termo elétrico $z_j FE$ aplica-se somente a íons; z é a carga eletrostática do íon (+1 para cátions monovalentes, –1 para ânions monovalentes, +2 para cátions divalentes e assim por diante), F é a constante de Faraday (96.500 Coulombs, equivalente à carga elétrica em 1 mol de H$^+$) e E é o potencial elétrico geral da solução (com relação ao substrato). O termo final, $\bar{V}_j P$, expressa a contribuição do volume parcial molal de j ($\bar{V}_j$) e da pressão (P) para o potencial químico de j. (O volume parcial molal de j é a mudança em volume por mol de substância j adicionada ao sistema para uma adição infinitesimal.)

Esse termo final, $\bar{V}_j P$, faz uma contribuição muito menor para $\tilde{\mu}_j$ do que os termos concentração e elétrico, exceto no caso muito importante de movimentos osmóticos de água. Conforme discutido no Capítulo 5, quando se considera o movimento de água em escala celular, o potencial químico da água (i.e., o potencial hídrico) depende da concentração de solutos dissolvidos e da pressão hidrostática sobre o sistema.

Em geral, a difusão (transporte passivo) sempre movimenta as moléculas em sentido energeticamente descendente, de áreas de maior potencial químico para áreas de menor potencial químico. O movimento contra um gradiente de potencial químico é indicativo de transporte ativo (**Figura 8.1**).

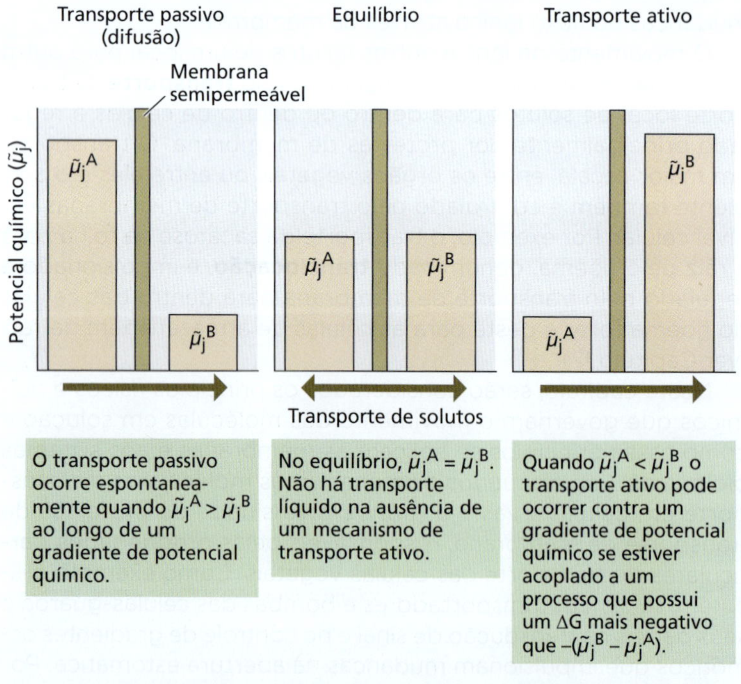

Figura 8.1 Relação entre o potencial químico, $\tilde{\mu}$, e o transporte de moléculas através de uma membrana semipermeável. O movimento líquido resultante das espécies moleculares j entre os compartimentos A e B depende da magnitude relativa do potencial químico de j em cada compartimento, aqui representado pelo tamanho dos retângulos. O movimento a favor de um potencial químico ocorre espontaneamente e é chamado de transporte passivo; o movimento contra um gradiente requer energia e é denominado transporte ativo.

- **Transporte passivo (difusão):** O transporte passivo ocorre espontaneamente quando $\tilde{\mu}_j^A > \tilde{\mu}_j^B$ ao longo de um gradiente de potencial químico.
- **Equilíbrio:** No equilíbrio, $\tilde{\mu}_j^A = \tilde{\mu}_j^B$. Não há transporte líquido na ausência de um mecanismo de transporte ativo.
- **Transporte ativo:** Quando $\tilde{\mu}_j^A < \tilde{\mu}_j^B$, o transporte ativo pode ocorrer contra um gradiente de potencial químico se estiver acoplado a um processo que possui um ΔG mais negativo que $-(\tilde{\mu}_j^B - \tilde{\mu}_j^A)$.

Tomando-se como exemplo a difusão de sacarose através de uma membrana permeável, é possível, de forma acurada, fazer uma aproximação do potencial químico da sacarose em qualquer compartimento usando apenas o termo concentração (a menos que uma solução seja concentrada, causando a elevação da pressão hidrostática dentro da célula vegetal). Partindo da Equação 8.1, o potencial químico da sacarose dentro de uma célula pode ser descrito como segue (nas próximas três equações, o subscrito s refere-se à sacarose, e os sobrescritos i e o significam dentro e fora [in e out], respectivamente):

$$\tilde{\mu}_s^i = \mu_s^* + RT \ln C_s^i \quad (8.2)$$

Potencial químico da solução de sacarose dentro da célula | Potencial químico da solução de sacarose sob condições-padrão | Componente concentração

O potencial químico da sacarose fora da célula é calculado da mesma maneira:

$$\tilde{\mu}_s^o = \mu_s^* + RT \ln C_s^o \quad (8.3)$$

Pode-se calcular a diferença no potencial químico da sacarose entre as soluções dentro e fora da célula, $\Delta\tilde{\mu}_s$, independentemente do mecanismo de transporte. Para acertar os sinais, lembre-se de que, para o transporte para dentro, a sacarose está sendo removida (–) do lado de fora da célula e adicionada (+) ao lado de dentro, de modo que a mudança na energia livre em joules por mol de sacarose transportada será como segue:

$$\Delta\tilde{\mu}_s = \tilde{\mu}_s^i - \tilde{\mu}_s^o \quad (8.4)$$

Substituindo-se os termos das Equações 8.2 e 8.3 na Equação 8.4, tem-se o seguinte:

$$\begin{aligned}\Delta\tilde{\mu}_s &= \left(\mu_s^* + RT \ln C_s^i\right) - \left(\mu_s^* + RT \ln C_s^o\right) \\ &= RT \left(\ln C_s^i - \ln C_s^o\right) \\ &= RT \ln \frac{C_s^i}{C_s^o}\end{aligned} \quad (8.5)$$

Se essa diferença de potencial químico for negativa, a sacarose pode difundir-se para dentro espontaneamente (desde que a membrana seja permeável à sacarose; ver Seção 8.2). Em outras palavras, a força propulsora ($\Delta\tilde{\mu}_s$) para a difusão de soluto está relacionada à magnitude do gradiente de concentração (C_s^i/C_s^o).

Se o soluto possuir uma carga elétrica (como, p. ex., o íon potássio), o componente elétrico do potencial químico também deve ser considerado. Suponha que a membrana seja permeável ao K^+ e ao Cl^- e não à sacarose. Como as espécies iônicas (K^+ e Cl^-) difundem-se independentemente, cada uma tem seu próprio potencial químico. Assim, para a difusão de K^+ para dentro,

$$\Delta\tilde{\mu}_K = \tilde{\mu}_K^i - \tilde{\mu}_K^o \quad (8.6)$$

Substituindo os termos apropriados da Equação 8.1 na Equação 8.6, obtém-se

$$\Delta\tilde{\mu}_s = (RT \ln [K^+]^i + zFE^i) - RT \ln [K^+]^o + zFE^o \quad (8.7)$$

e, porque a carga eletrostática de K^+ é +1, z = +1 e

$$\Delta\tilde{\mu}_K = RT \ln \frac{[K^+]^i}{[K^+]^o} + F(E^i - E^o) \quad (8.8)$$

A magnitude e o sinal dessa expressão indicarão a força propulsora e a direção para a difusão do K^+ através da membrana. Uma expressão similar pode ser escrita para o Cl^- (lembre-se de que, para o Cl^-, z = –1).

A Equação 8.8 mostra que íons, como o K^+, difundem-se em resposta tanto a gradientes de concentração ($[K^+]^i/[K^+]^o$) quanto a qualquer diferença de potencial elétrico entre dois compartimentos ($E^i - E^o$). Uma importante implicação dessa equação é que íons podem ser movidos passivamente contra seus gradientes de concentração se uma voltagem apropriada (campo elétrico) for aplicada entre os dois compartimentos. Devido à importância dos campos elétricos no transporte biológico de qualquer molécula carregada, $\tilde{\mu}$ com frequência é chamado de **potencial eletroquímico**, e $\Delta\tilde{\mu}$ é a diferença de potencial eletroquímico entre dois compartimentos.

■ 8.2 Transporte de íons através de barreiras de membrana

Se duas soluções iônicas são separadas por uma membrana biológica, a difusão é dificultada pelo fato de que os íons devem se mover através da membrana assim como em soluções abertas. A extensão na qual uma membrana permite o movimento de uma substância é denominada **permeabilidade de membrana**. Conforme será discutido na Seção 8.3, a permeabilidade depende da composição da membrana, assim como da natureza química do soluto. Em geral, a permeabilidade pode ser expressa em termos de um coeficiente de difusão para o soluto através da membrana. Entretanto, ela é influenciada por vários fatores adicionais difíceis de serem medidos, como a capacidade de uma substância de penetrar na membrana.

Apesar de sua complexidade teórica, pode-se prontamente medir a permeabilidade, determinando-se a taxa com a qual um soluto passa por uma membrana sob um conjunto específico de condições. Geralmente, a membrana retardará a difusão e, assim, reduzirá a velocidade com a qual o equilíbrio é atingido. Para qualquer soluto em particular, entretanto, a permeabilidade ou a resistência da membrana, por si só, não pode alterar as condições finais de equilíbrio. O equilíbrio ocorre quando $\Delta\tilde{\mu}_j = 0$.

Nesta seção, discutem-se os fatores que influenciam na distribuição de íons através de uma membrana. Esses parâmetros podem ser usados para prever a relação entre o gradiente elétrico e o gradiente de concentração de um íon.

Taxas de difusão diferentes para cátions e ânions produzem potenciais de difusão

Quando sais se difundem através de uma membrana, pode se desenvolver um potencial elétrico de membrana (voltagem). Considere as duas soluções de KCl separadas por uma membrana na **Figura 8.2**. Os íons K^+ e Cl^- vão permear a membrana independentemente, à medida que eles se difundem a favor de seus respectivos gradientes de potencial eletroquímico. A não ser que a membrana seja muito porosa, sua permeabilidade diferirá para os dois íons.

Como consequência dessas permeabilidades diferentes, K^+ e Cl^- irão difundir-se inicialmente pela membrana a taxas diferentes. O resultado é uma leve separação de cargas, que criará de maneira instantânea um potencial elétrico através da membrana. Em sistemas biológicos, as membranas normalmente são mais permeáveis ao K^+ do que ao Cl^-. Consequentemente, K^+ vai difundir-se para fora da célula (ver compartimento A na Figura 8.2) mais rapidamente que Cl^-, fazendo a célula desenvolver uma carga elétrica negativa com relação ao meio extracelular. Um potencial que se desenvolve como resultado da difusão é denominado **potencial de difusão**.

O princípio da neutralidade elétrica deve estar sempre em mente quando o movimento de íons através de membranas é considerado. As soluções de massa sempre contêm números iguais de ânions e cátions. A existência de um potencial de membrana pressupõe que a distribuição de cargas através da membrana seja desigual; entretanto o número real de íons desbalanceados é desprezível em termos químicos. Por exemplo, a geração de um potencial de membrana de –100 milivolts (mV), como aquele encontrado através da membrana plasmática de muitas células vegetais, deve-se ao movimento de íons através da membrana plasmática e resulta na presença de apenas 1 ânion extra entre cada 100 mil presentes no interior da célula – uma diferença de concentração de somente 0,001%! Conforme mostra a Figura 8.2, todos esses ânions extras são encontrados imediatamente adjacentes à superfície da membrana; não existe desequilíbrio de carga por toda a massa da célula.

No exemplo de difusão de KCl através da membrana, a neutralidade elétrica é preservada porque, à medida que o K^+ move-se na frente do Cl^- na membrana, o potencial de difusão resultante retarda o movimento do K^+ e acelera o do Cl^-. Fundamentalmente, ambos os íons se difundem com as mesmas taxas, mas o potencial de difusão persiste e pode ser mensurado. À medida que o sistema se aproxima do equilíbrio e o gradiente de concentração colapsa, o potencial de difusão também colapsa.

Como o potencial de membrana se relaciona à distribuição de um íon?

Uma vez que a membrana, no exemplo anterior, é permeável tanto ao íon K^+ quanto ao íon Cl^-, o equilíbrio não será alcançado para qualquer um dos íons até que os gradientes de concentração decresçam a zero. Entretanto, se a membrana fosse permeável somente para o K^+, a difusão de K^+ transportaria cargas através da membrana até que o potencial dela equilibrasse o gradiente de concentração. Como uma mudança no potencial requer muito poucos íons, esse equilíbrio seria alcançado muito rapidamente. Os íons potássio estariam, então, em equilíbrio, embora a mudança no gradiente de concentração para o K^+ fosse desprezível.

Quando a distribuição de qualquer soluto através da membrana atinge o equilíbrio, o fluxo passivo, J (i.e., a quantidade de solutos atravessando uma unidade de área de membrana por unidade de tempo), é o mesmo nas duas direções – de fora para dentro e de dentro para fora:

$$J_{o \to i} = J_{i \to o}$$

Os fluxos estão relacionados à $\Delta \tilde{\mu}$ (para discussão sobre fluxos e $\Delta \tilde{\mu}$, ver **Apêndice 1 na internet**); assim, em equilíbrio, os potenciais eletroquímicos serão os mesmos, mesmo que as concentrações sejam bem diferentes:

$$\tilde{\mu}_j^o = \tilde{\mu}_j^i$$

e para um determinado íon (o íon é aqui simbolizado pelo subscrito j),

$$\mu_j^* + RT \ln C_j^o + z_j F E^o = \mu_j^* + RT \ln C_j^i + z_j F E^i \quad (8.9)$$

Rearranjando a Equação 8.9, obtém-se a diferença em potencial elétrico entre dois compartimentos em equilíbrio ($E^i - E^o$):

$$E^i - E^o = \frac{RT}{z_j F} \left(\ln \frac{C_j^o}{C_j^i} \right)$$

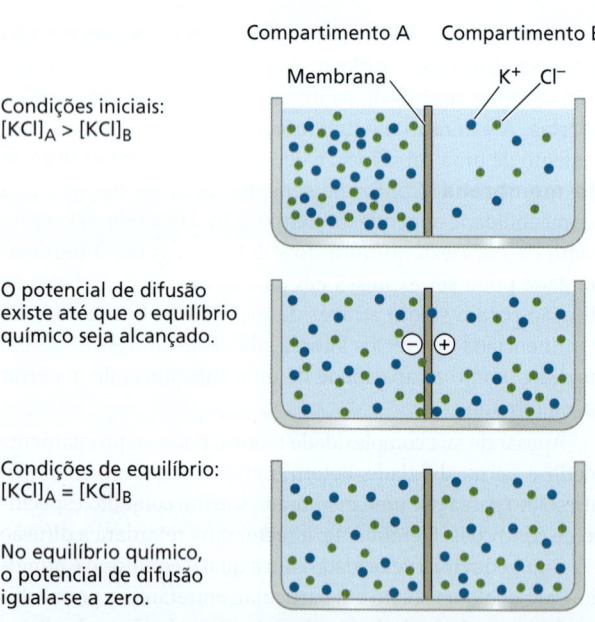

Figura 8.2 Desenvolvimento de um potencial de difusão e de uma separação de cargas entre dois compartimentos separados por uma membrana, que é preferencialmente permeável aos íons potássio. Se a concentração de cloreto de potássio for maior no compartimento A ($[KCl]_A > [KCl]_B$), os íons potássio e cloreto vão se difundir para o compartimento B. Se a membrana for mais permeável ao potássio que ao cloreto, os íons potássio irão se difundir mais rapidamente que os íons cloreto e ocorrerá uma separação de cargas (+ e –), resultando no estabelecimento de um potencial de difusão.

Esta diferença de potencial elétrico é conhecida como o **potencial de Nernst** (ΔE_j) para aquele íon,

$$\Delta E_j = E^i - E^o$$

e

$$\Delta E_j = \frac{RT}{z_j F}\left(\ln \frac{C_j^o}{C_j^i}\right) \qquad (8.10)$$

ou

$$\Delta E_j = \frac{2{,}3RT}{z_j F}\left(\log \frac{C_j^o}{C_j^i}\right)$$

Essa relação, conhecida como *equação de Nernst*, afirma que, em equilíbrio, a diferença na concentração de um íon entre dois compartimentos é balanceada pela diferença de voltagem entre os compartimentos. A equação de Nernst pode ser adicionalmente simplificada para um cátion univalente a 25 °C:

$$\Delta E_j = 59 \text{ mV} \log \frac{C_j^o}{C_j^i} \qquad (8.11)$$

Observe que uma diferença de dez vezes na concentração corresponde a um potencial de Nernst de 59 mV ($C_o/C_i = 10/1$; log 10 = 1). Ou seja, um potencial de membrana de 59 mV manteria um gradiente de concentração de dez vezes de um íon cujo movimento através da membrana é impulsionado pela difusão passiva. Da mesma forma, se existisse um gradiente de concentração de dez vezes de um íon através da membrana, a difusão passiva desse íon em seu gradiente de concentração (se fosse possibilitado que ele chegasse ao equilíbrio) resultaria em uma diferença de 59 mV através da membrana.

Todas as células vivas exibem um potencial de membrana que é devido ao movimento seletivo de íons através da membrana plasmática. Pode-se determinar esses potenciais de membrana inserindo-se um microeletrodo na célula e medindo-se a diferença de voltagem entre o interior da célula e o meio extracelular (**Figura 8.3**).

A equação de Nernst pode ser usada em qualquer ocasião para determinar se um dado íon está em equilíbrio através de uma membrana. Entretanto, uma distinção deve ser feita entre equilíbrio e estado estacionário (*steady state*), que é a condição na qual influxo e efluxo de determinado soluto são iguais e, como consequência, as concentrações iônicas são constantes ao longo do tempo. Estado estacionário não é necessariamente o mesmo que equilíbrio (ver Figura 8.1); no estado estacionário, a existência de transporte ativo através da membrana impede que muitos fluxos por difusão atinjam o equilíbrio.

A equação de Nernst distingue transporte ativo de transporte passivo

A **Tabela 8.1** mostra como medições experimentais de concentrações iônicas no estado estacionário em células de raízes de ervilha se comparam com os valores previstos, calculados a partir da equação de Nernst. Nesse exemplo, a concentração de cada íon na solução externa banhando o tecido e o potencial de membrana medido foram substituídos na equação de Nernst, e a concentração de cada íon foi estimada.

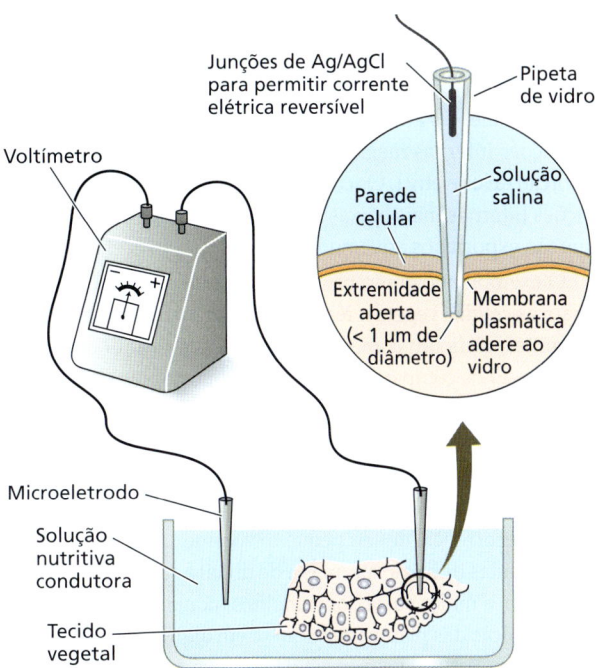

Figura 8.3 Diagrama de um par de microeletrodos usado para medir potenciais de membrana através de membranas celulares. Um dos eletrodos da micropipeta de vidro é inserido no compartimento celular sob estudo (normalmente o vacúolo ou o citoplasma), enquanto o outro é mantido em uma solução eletrolítica que serve como uma referência. Os microeletrodos são conectados a um voltímetro, que registra a diferença de potencial elétrico entre o compartimento celular e a solução. Potenciais de membrana típicos através das membranas plasmáticas vegetais variam de −100 a −200 mV. O detalhe mostra como o contato elétrico do interior da célula é feito por uma extremidade aberta da micropipeta de vidro, que contém uma solução salina eletricamente condutora.

Tabela 8.1 Comparação das concentrações iônicas previstas e observadas em tecidos de raiz de ervilha

Íon	Concentração no meio externo (mmol L⁻¹)	Concentração interna[a] (mmol L⁻¹)	
		Prevista	Observada
K^+	1	74	75
Na^+	1	74	8
Mg^{2+}	0,25	1340	3
Ca^{2+}	1	5360	2
NO_3^-	2	0,0272	28
Cl^-	1	0,0136	7
$H_2PO_4^-$	1	0,0136	21
SO_4^{2-}	0,25	0,00005	19

Fonte: Dados de N. Higinbotham et al. 1967. *Plant Physiol.* 42: 37–46.
Nota: O potencial de membrana foi medido como −110 mV.
[a] Os valores das concentrações internas foram derivados do conteúdo iônico de extratos de água aquecida de segmentos de raiz intacta de 1 a 2 cm.

A predição utilizando a equação de Nernst assume a distribuição iônica passiva, mas percebe-se que, de todos os íons mostrados na Tabela 8.1, somente K⁺ está em equilíbrio ou próximo a ele. Os ânions NO_3^-, Cl^-, $H_2PO_4^-$ e SO_4^{2-} têm concentrações internas mais altas que o previsto, indicando que a absorção deles é ativa. Os cátions Na^+, Mg^{2+} e Ca^{2+} têm concentrações internas mais baixas do que o previsto; portanto, esses íons são exportados ativamente.

O exemplo mostrado na Tabela 8.1 é uma grande simplificação: as células vegetais têm vários compartimentos internos diferentes, cada um com sua composição iônica. O citosol e o vacúolo são os compartimentos mais importantes na determinação das relações iônicas das células vegetais. Na maioria das células vegetais maduras, o vacúolo central ocupa 90% ou mais do volume celular; o citosol está restrito a uma camada fina ao redor da periferia da célula.

Em decorrência de seu pequeno volume, o citosol da maioria das células de angiospermas é de difícil análise química. Por essa razão, a maior parte dos trabalhos pioneiros acerca das relações iônicas das plantas centrou-se em algumas algas verdes, como *Chara* e *Nitella*, cujas células têm vários centímetros de comprimento e podem conter um volume apreciável de citosol. Em resumo:

- Os íons de potássio são acumulados passivamente no citosol. O K⁺ pode ser absorvido ativamente, quando suas concentrações extracelulares forem muito baixas.
- Os íons sódio são bombeados ativamente para fora do citosol, indo para dentro dos espaços intercelulares e do vacúolo.
- Os prótons também são ativamente extrudados do citosol. Esse processo ajuda a manter o pH citosólico perto da neutralidade, enquanto o vacúolo e o meio extracelular em geral são mais ácidos em uma ou duas unidades de pH.
- Os ânions são absorvidos ativamente para dentro do citosol.
- Os íons cálcio são ativamente transportados para fora do citosol tanto pela membrana plasmática como pela membrana vacuolar, a qual é chamada de tonoplasto.

Muitos íons diferentes permeiam simultaneamente as membranas de células vivas, mas K⁺ tem as concentrações mais elevadas em células vegetais, apresentando permeabilidades altas. Uma versão modificada da equação de Nernst, a **equação de Goldman**, inclui todos os íons que permeiam membranas (todos os íons para os quais existem os mecanismos de movimento transmembrana) e, portanto, fornece um valor mais acurado para o potencial de difusão. Quando permeabilidades e gradientes iônicos são conhecidos, pela equação de Goldman é possível calcular um potencial de difusão através de uma membrana biológica. O potencial de difusão calculado por essa equação é denominado *potencial de difusão de Goldman* (para uma discussão detalhada da equação de Goldman, ver **Tópico 8.1 na internet**).

O transporte de prótons é um importante determinante do potencial de membrana

Na maioria das células eucarióticas, o K⁺ tem a maior concentração interna e a mais alta permeabilidade na membrana, de modo que o potencial de difusão pode se aproximar de E_K, o potencial de Nernst para o K⁺. Em algumas células de alguns organismos – especialmente em algumas células como os neurônios, em mamíferos –, seu potencial de repouso normal também pode se aproximar de E_K. Entretanto, esse não é o caso de plantas e fungos, os quais, muitas vezes, mostram valores de potencial de membrana medidos experimentalmente (em geral de –200 a –100 mV) muito mais negativos do que aqueles calculados pela equação de Goldman, que geralmente são de apenas –80 a –50 mV. Assim, além do potencial de difusão, o potencial de membrana deve ter um segundo componente. A voltagem adicional é fornecida pela H⁺-ATPase na membrana plasmática, uma *bomba eletrogênica* que transporta H⁺ para fora das células vegetais sem acompanhamento de uma carga de equilíbrio.

A energia para o transporte ativo pela H⁺-ATPase na membrana plasmática é fornecida pela hidrólise de ATP. Pode-se estudar a dependência do potencial da membrana plasmática com relação ao ATP pela observação do efeito do cianeto (CN⁻) no potencial de membrana (**Figura 8.4**). O cianeto envenena rapidamente as mitocôndrias (ver Capítulo 13), e o ATP é exaurido dentro das células. Como a síntese de ATP é inibida, o potencial de membrana cai para o nível do potencial de difusão de Goldman (ver **Tópico 8.1 na internet**).

Assim, os potenciais de membrana das células vegetais têm dois componentes: um potencial de difusão e um componente resultante do transporte iônico eletrogênico, ativo – o transporte líquido de uma carga através da membrana. Quando o

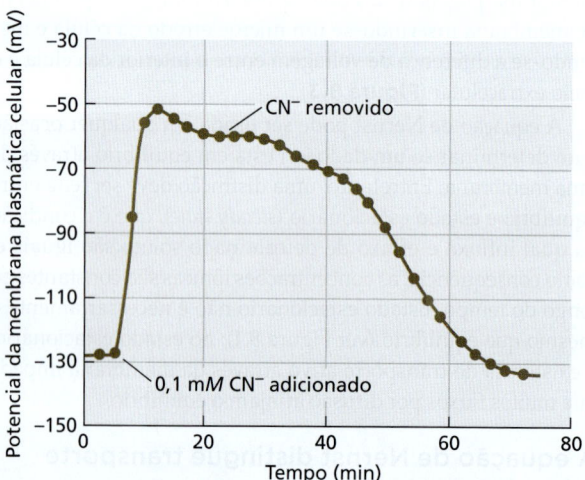

Figura 8.4 O potencial da membrana plasmática de uma célula de ervilha colapsa quando cianeto (CN⁻) é adicionado à solução que a banha. O cianeto bloqueia a síntese de ATP na célula por envenenamento das mitocôndrias. O colapso do potencial de membranas sob adição de cianeto indica que um suprimento de ATP é necessário para a manutenção do potencial. A remoção do cianeto do tecido resulta em uma lenta recuperação da produção de ATP e restauração do potencial de membrana. (Segundo N. Higinbotham et al. 1970. *J. Membr. Biol.* 3: 210–222.)

cianeto inibe o transporte iônico eletrogênico, o pH do meio externo aumenta, enquanto o citosol se torna ácido, coerente com o transporte ativo de prótons fora da célula, que é eletrogênico.

Uma mudança no potencial de membrana causada por uma bomba eletrogênica mudará as forças propulsoras de todos os íons que atravessam a membrana. Por exemplo, o transporte de H^+ para fora pode criar uma força elétrica propulsora para a difusão passiva de K^+ para dentro da célula. Prótons são transportados eletrogenicamente através da membrana plasmática não somente em plantas vasculares, mas também em bactérias, algas, fungos e algumas células animais, como aquelas do epitélio dos rins.

A síntese de ATP nas mitocôndrias e nos cloroplastos também depende de uma H^+-ATPase. Nessas organelas, essa proteína de transporte algumas vezes é chamada de *ATP sintase*, porque ela forma ATP, em vez de hidrolisá-lo (ver Capítulos 9 e 13). Nas Seções 8.3 e 8.4, mais adiante, discutem-se em detalhe a estrutura e a função das proteínas de membrana envolvidas nos transportes ativo e passivo em células vegetais.

8.3 Processos de transporte em membranas

Membranas artificiais compostas puramente de fosfolipídeos têm sido amplamente utilizadas para estudar a permeabilidade. Quando a permeabilidade de bicamadas fosfolipídicas artificiais para íons e moléculas é comparada com a de membranas biológicas, tornam-se evidentes similaridades e diferenças importantes (**Figura 8.5**).

As membranas biológicas e as artificiais têm permeabilidades similares para moléculas não polares e muitas moléculas polares pequenas. No entanto, as membranas biológicas são muito mais permeáveis a íons, a algumas moléculas polares

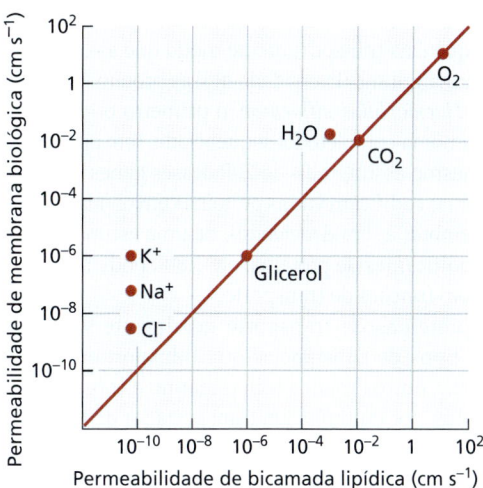

Figura 8.5 Valores típicos para a permeabilidade de uma membrana biológica a substâncias diversas, comparados com os de uma bicamada fosfolipídica artificial. Para moléculas apolares, como O_2 e CO_2, e para algumas moléculas pequenas sem carga, como glicerol, os valores de permeabilidade são similares em ambos os sistemas. Para íons e moléculas polares específicas, incluindo a água, a permeabilidade de membranas biológicas é aumentada em uma ou mais ordens de grandeza, devido à presença de proteínas de transporte. Observe a escala logarítmica.

grandes (como açúcares) e à água do que as bicamadas artificiais. Isso porque as membranas biológicas contêm **proteínas de transporte** que facilitam a passagem de íons selecionados e de outras moléculas. A expressão geral *proteínas de transporte* abrange três categorias principais de proteínas: canais, carregadores e bombas (**Figura 8.6**), cada uma das quais será descrita com mais detalhes posteriormente nesta seção.

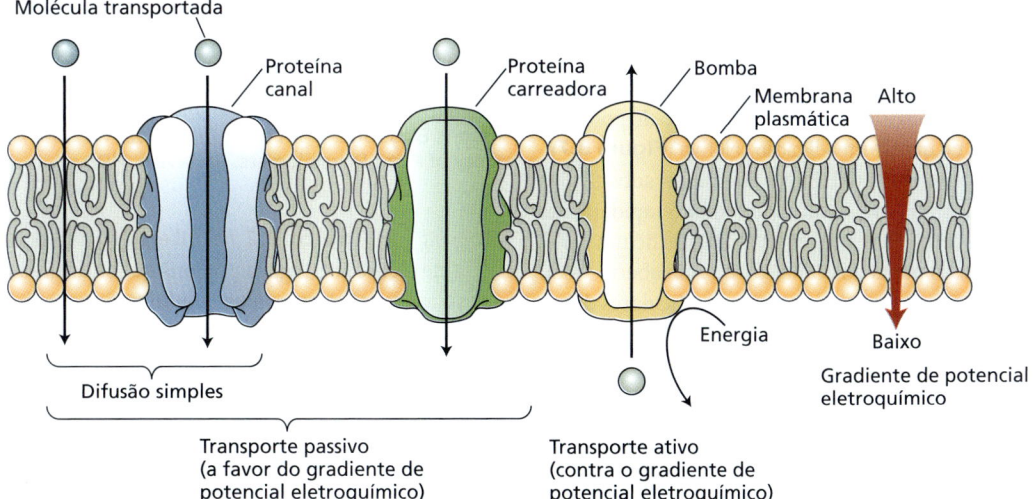

Figura 8.6 Três classes de proteínas de transporte em membranas: canais, carreadores e bombas. Os canais e os carreadores podem promover o transporte passivo de um soluto através de uma membrana a favor do gradiente de potencial eletroquímico do soluto. As proteínas canais atuam como poros de membrana, e sua especificidade é determinada principalmente pelas propriedades biofísicas do canal. As proteínas carreadoras ligam-se à molécula transportada em um lado da membrana e a liberam no outro lado. O transporte ativo primário é executado por bombas que empregam energia diretamente, em geral a partir da hidrólise de ATP, para transportar solutos contra seu gradiente de potencial eletroquímico.

As proteínas de transporte exibem especificidade para os solutos que elas transportam, de modo que as células necessitam de uma grande diversidade dessas proteínas. O procarioto simples *Haemophilus influenzae*, o primeiro organismo para o qual o genoma completo foi sequenciado, tem apenas 1.743 genes e, mesmo assim, mais de 200 desses genes (mais que 10% do genoma) codificam várias proteínas envolvidas no transporte de membrana. Em *Arabidopsis*, de uma estimativa de 33.602 genes codificantes de proteína, até 1.800 podem codificar proteínas com funções de transporte.

As proteínas de transporte geralmente são específicas para os tipos de substâncias que transportam, mas podem transportar outros solutos com tamanho e carga semelhantes. Em plantas, por exemplo, um transportador de K^+ na membrana plasmática pode transportar K^+, Rb^+ e Na^+ com preferências diferentes. Por outro lado, a maioria dos transportadores de K^+ é completamente ineficaz no transporte de ânions, como o Cl^-, ou de solutos sem carga, como a sacarose. Da mesma forma, a maioria dos transportadores de sacarose transporta uma gama de glicosídeos não carregados, mas não outras substâncias.

Nesta seção, consideram-se as estruturas, as funções e os papéis fisiológicos dos vários transportadores de membrana encontrados em células vegetais, especialmente na membrana plasmática e no tonoplasto. Inicialmente, discute-se o papel de certos transportadores (canais e carreadores) em promover a difusão de solutos através das membranas. Em seguida, faz-se a distinção entre o transporte ativo primário e secundário e discutem-se os papéis da H^+-ATPase eletrogênica na condução do transporte ativo secundário acoplado a H^+.

Os canais aumentam a difusão através das membranas

Canais são proteínas transmembrana que funcionam como poros seletivos pelos quais íons e, em alguns casos, moléculas neutras podem difundir-se através da membrana. O tamanho de um poro, a densidade e a natureza das cargas de superfície em seu revestimento interior determinam a especificidade de transporte de um canal. O transporte através de canais é sempre passivo, e a especificidade do transporte depende do tamanho do poro e da carga elétrica mais do que de uma ligação seletiva (**Figura 8.7**).

Desde que o poro do canal esteja aberto, as substâncias que podem penetrar no poro se difundem muito rapidamente através dele: cerca de 10^8 íons por segundo através de um canal iônico. No entanto, os poros dos canais não estão abertos todo o tempo. As proteínas canais contêm regiões particulares denominadas **portões**, que abrem e fecham o poro em resposta a sinais. Os sinais que podem regular a atividade do canal incluem mudanças do potencial de membrana, ligantes, hormônios, luz e modificações pós-traducionais de proteínas, como a fosforilação. Por exemplo, canais com portões controlados por voltagem abrem ou fecham em resposta a mudanças no potencial de membrana (ver Figura 8.7B). Outro sinal regulador intrigante é a força mecânica, que altera a conformação e, portanto, controla o acionamento de canais sensíveis a estímulos mecânicos em plantas e outros organismos.

Os canais iônicos individuais podem ser estudados em detalhe por uma técnica eletrofisiológica chamada de *patch*

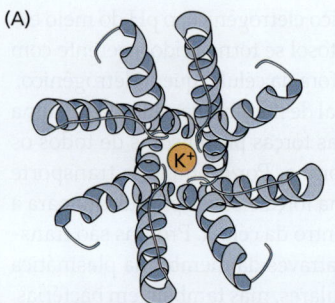

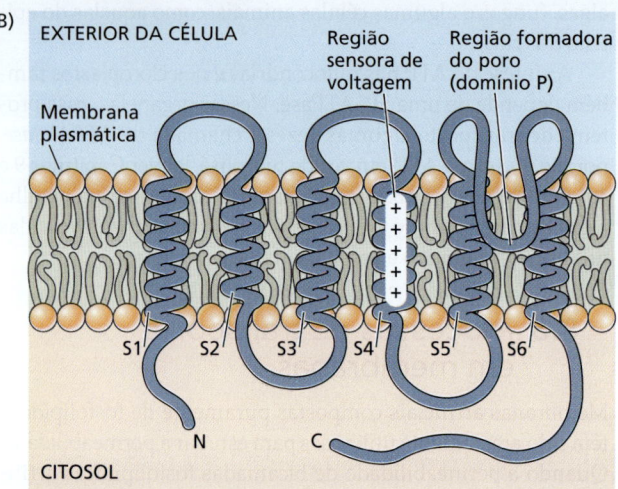

Figura 8.7 Modelos de canais de K^+ em plantas. (A) Visão de cima de um canal, olhando pelo poro da proteína. Hélices transmembrana de quatro subunidades juntam-se em uma forma de oca invertida com o poro no centro. As regiões formadoras do poro das quatro subunidades aprofundam-se na membrana, formando uma região (semelhante a um dedo) seletiva ao K^+ na parte externa do poro. (B) Visão lateral de um canal retificador de entrada de K^+, mostrando a cadeia polipeptídica de uma subunidade, com seis hélices transmembrana (S1–S6). A quarta hélice contém aminoácidos carregados positivamente e atua com um sensor de voltagem. A região formadora do poro (domínio P) é uma alça entre as hélices 5 e 6. (A segundo O, Leng et al. 2002. *Plant Physiol.* 128: 400–410; B segundo D. Sanders and P. Bethke. 2000. In *Biochemistry and Molecular Biology of Plants*, B. B. Buchanan et al. [eds.], pp. 110–158. American Society of Plant Physiologists, Rockville, MD.)

clamping (ver **Tópico 8.2 na internet**), que pode detectar a corrente elétrica carregada por íons que se difundem através de um único canal aberto ou um conjunto de canais. Estudos com *patch clamping* revelam que, para determinado íon, como o K^+, uma membrana tem uma variedade de canais diferentes. Esses canais podem abrir sob diferentes faixas de voltagem ou em resposta a sinais diferentes, que podem incluir concentrações de K^+ ou Ca^{2+}, pH, espécies reativas de oxigênio, e assim por diante. A permeabilidade iônica de uma membrana depende de quais canais estão abertos e da especificidade do substrato desses canais. Isso permite que o transporte iônico seja sintonizado às condições predominantes.

Conforme foi visto no experimento apresentado na Tabela 8.1, a distribuição da maioria dos íons não se aproxima do equilíbrio através da membrana. Por isso, sabe-se que os canais em geral estão fechados para a maioria dos íons. As células vegetais geralmente acumulam mais ânions do que poderia ocorrer por meio de um mecanismo estritamente passivo. Assim, quando canais aniônicos se abrem, os ânions fluem para fora da célula, e mecanismos ativos são necessários para a absorção desses íons. Canais de cálcio são rigidamente regulados e, em essência, abrem somente durante a transdução de sinal. Os canais de cálcio funcionam somente para permitir a liberação de Ca^{2+} para dentro do citosol, devendo o Ca^{2+} ser expelido do citoplasma por transporte ativo. Em comparação, o K^+ pode se difundir tanto para dentro como para fora através de canais, dependendo de o potencial de membrana ser mais negativo ou mais positivo do que E_K, o potencial de equilíbrio para o íon potássio.

Os canais de K^+ que se abrem apenas em potenciais mais negativos que o potencial de Nernst predominante são especializados na difusão de K^+ para dentro e são conhecidos como canais **retificadores de entrada** de K^+, ou simplesmente canais *de entrada* de K^+. Por outro lado, canais de K^+ que se abrem somente em potenciais mais positivos que o potencial de Nernst são canais **retificadores de saída** de K^+, ou canais *de saída* de K^+ (**Figura 8.8**). Os canais de entrada de K^+ funcionam na acumulação de K^+ do apoplasto, como ocorre, por exemplo, durante a absorção de K^+ pelas células-guarda no processo de abertura

Figura 8.8 Relações corrente-tensão. (A) Diagrama mostrando a corrente que resultaria do fluxo de K^+ por meio de um conjunto hipotético de canais de K^+ de membrana plasmática não regulados por voltagem para uma concentração de K^+ no citosol de 100 mM e uma concentração de K^+ extracelular de 10 mM. Observe que a corrente seria linear e que haveria corrente zero no potencial de equilíbrio (Nernst) para o K^+ (E_K). (B) Dados reais de corrente de K^+ no protoplasto de células-guarda de *Arabidopsis*, com as mesmas concentrações de K^+ intracelulares e extracelulares que em (A). Essas correntes resultam das atividades de canais de K^+ regulados por voltagem. Observe que, novamente, há corrente líquida zero no potencial de equilíbrio para K^+. No entanto, também há corrente zero em uma faixa mais ampla de voltagem, porque, nessas condições, os canais estão fechados nessa faixa de voltagem. Quando os canais estão fechados, nenhum K^+ pode fluir através deles, de modo que corrente zero é observada para essa faixa de voltagem. (C) A relação corrente-voltagem, em (B), na verdade, resulta das atividades de dois conjuntos de canais – os canais retificadores de entrada de K^+ e os canais retificadores de saída de K^+ –, que, juntos, produzem a relação corrente-voltagem. (Segundo L. Perfus-Barbeoch e S. M. Assmann, dados não publicados.)

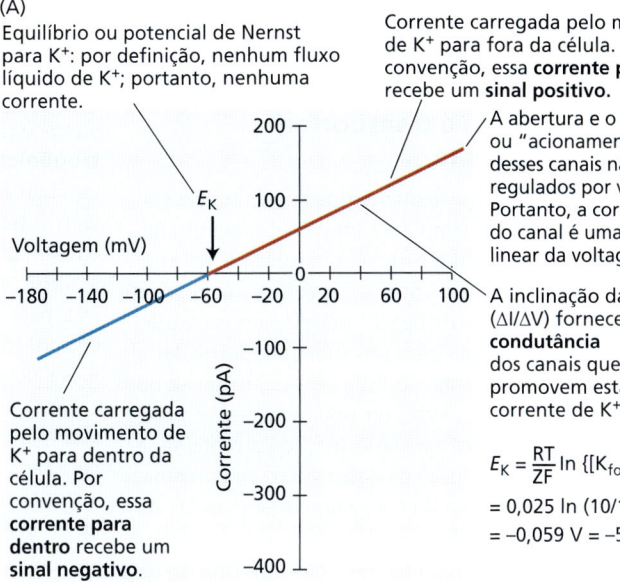

(A) Equilíbrio ou potencial de Nernst para K^+: por definição, nenhum fluxo líquido de K^+; portanto, nenhuma corrente.

Corrente carregada pelo movimento de K^+ para fora da célula. Por convenção, essa **corrente para fora** recebe um **sinal positivo**.

A abertura e o fechamento ou "acionamento" (*gating*) desses canais não são regulados por voltagem. Portanto, a corrente através do canal é uma função linear da voltagem.

Corrente carregada pelo movimento de K^+ para dentro da célula. Por convenção, essa **corrente para dentro** recebe um **sinal negativo**.

A inclinação da reta ($\Delta I/\Delta V$) fornece a **condutância** dos canais que promovem esta corrente de K^+.

$E_K = \frac{RT}{ZF} \ln \{[K_{fora}]/[K_{dentro}]\}$
$= 0,025 \ln (10/100)$ V
$= -0,059$ V $= -59$ mV

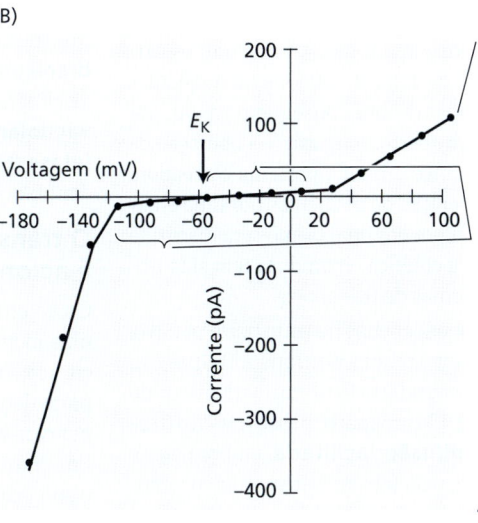

(B) Esta relação corrente–voltagem é produzida pelo movimento de K^+ por canais que são regulados ("acionados") por voltagem. Observe que a relação I/V não é linear.

Pouca ou nenhuma corrente para estas faixas de voltagens, porque os canais são regulados por voltagem e o efeito destas voltagens é manter os canais em um estado fechado.

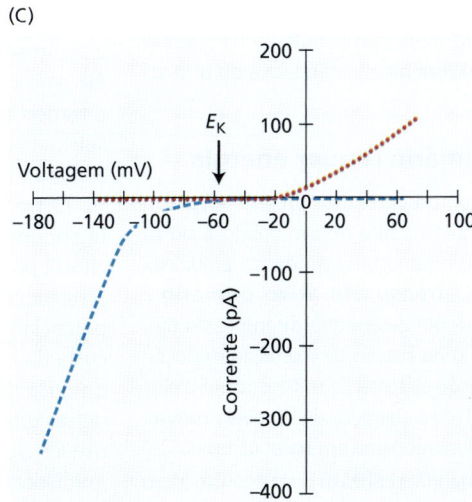

(C) A resposta da corrente ilustrada em (B) é mostrada aqui como surgindo da atividade de dois tipos de canais de K^+ molecularmente distintos. Os canais de saída de K^+ (vermelho) são acionados por voltagem, de modo que se abrem somente em potenciais de membrana $> E_K$; portanto esses canais promovem o efluxo de K^+ da célula. Os canais de entrada de K^+ (azul) são acionados por voltagem, de modo que se abrem apenas em potenciais de membrana $< E_K$; portanto esses canais promovem a absorção de K^+ pela célula.

estomática (ver Figura 8.8). Vários canais externos de K⁺ funcionam no fechamento estomático e na liberação de K⁺ no xilema ou apoplasto (discutido nas Seções 8.5 e 8.6, respectivamente).

Os carreadores ligam e transportam substâncias específicas

Ao contrário dos canais, as proteínas carreadoras não têm poros que se estendem completamente através da membrana. No transporte mediado por um carreador, a substância transportada é inicialmente ligada a um sítio específico na proteína carreadora. Essa necessidade de ligação permite aos carreadores serem altamente seletivos para um substrato particular a ser transportado. **Carreadores**, portanto, especializam-se no transporte de solutos inorgânicos ou orgânicos específicos. A ligação gera uma mudança na conformação da proteína, a qual expõe a substância à solução no outro lado da membrana. O transporte é completo quando a substância se dissocia da proteína de transporte.

Visto que é necessária uma mudança na conformação da proteína para transportar uma molécula ou um íon individual, a taxa de transporte por um carreador é várias ordens de grandeza mais lenta do que através de um canal. Em geral, os carreadores podem transportar de 100 a 1.000 íons ou moléculas por segundo, enquanto milhões de íons conseguem passar, por segundo, por um canal iônico aberto. A ligação e a liberação de moléculas em um sítio específico em uma proteína carreadora são similares à ligação e à liberação de moléculas por uma enzima em uma reação catalisada por enzima. Como será discutido posteriormente nesta seção, a cinética enzimática tem sido utilizada para caracterizar proteínas de transporte.

Embora os canais funcionem apenas no transporte passivo, os carreadores podem funcionar tanto no transporte passivo quanto no transporte ativo secundário (o último será discutido posteriormente nesta seção). O transporte passivo via carreador às vezes é chamado de **difusão facilitada**, embora ele se assemelhe à difusão somente pelo fato de transportar substâncias a favor de seu gradiente de potencial eletroquímico, sem o aporte adicional de energia. (A expressão "difusão facilitada" pode ser aplicada de maneira mais apropriada ao transporte através de canais, mas historicamente ela não tem sido utilizada dessa maneira.)

O transporte ativo primário requer energia

Para realizar transporte ativo, um carreador precisa acoplar o transporte energeticamente ascendente de um soluto a outro evento que libere energia, de modo que a mudança global na energia livre seja negativa. O **transporte ativo primário** é acoplado diretamente a uma fonte de energia diferente do $\Delta\tilde{\mu}_j$, tal como a hidrólise de ATP, uma reação de oxidação–redução (como na cadeia de transporte de elétrons de mitocôndrias e cloroplastos; ver Capítulos 9 e 13), ou a absorção de luz pela proteína carreadora (tal como a bacteriorrodopsina em halobactérias).

As proteínas de membrana que realizam o transporte ativo primário são chamadas de **bombas** (ver Figura 8.6). A maioria das bombas transporta íons inorgânicos, como H⁺ ou Ca²⁺. Entretanto, conforme será visto na Seção 8.4, as bombas que pertencem à família de transportadores de cassete de ligação de ATP (ABC, A*TP-binding cassette*) podem transportar grandes moléculas orgânicas.

As bombas iônicas podem ser ainda caracterizadas como eletrogênicas ou eletroneutras. Em geral, o **transporte eletrogênico** refere-se ao transporte de íons envolvendo o movimento líquido de cargas através da membrana. Por outro lado, o **transporte eletroneutro**, como o nome indica, não envolve qualquer movimento líquido de cargas. Por exemplo, a Na⁺/K⁺-ATPase de células animais bombeia três Na⁺ para fora para cada dois K⁺ bombeados para dentro, resultando em um movimento líquido para fora de uma carga positiva. A Na⁺/K⁺-ATPase é, portanto, uma bomba iônica eletrogênica. Em comparação, a H⁺/K⁺-ATPase da mucosa gástrica animal bombeia um H⁺ para fora da célula e um K⁺ para dentro para cada ATP hidrolisado, de modo que não há qualquer movimento líquido de cargas através da membrana. Portanto, a H⁺/K⁺-ATPase é uma bomba eletroneutra.

Para a membrana plasmática de plantas, fungos e bactérias, assim como para os tonoplastos vegetais e outras endomembranas vegetais e animais, o H⁺ é o principal íon bombeado eletrogenicamente através de membrana. A **H⁺-ATPase da membrana plasmática** gera o gradiente de potencial eletroquímico de H⁺ através da membrana plasmática, enquanto a **H⁺-ATPase vacuolar** (em geral chamada de **V-ATPase**) e a **H⁺-pirofosfatase (H⁺-PPase)** bombeiam prótons eletrogenicamente para dentro do lume do vacúolo e das cisternas do Golgi.

O transporte ativo secundário é acionado por gradientes iônicos

Os solutos são também transportados ativamente através de uma membrana contra seu gradiente de potencial eletroquímico, acoplando o transporte ascendente de um soluto ao transporte descendente do outro. Esse tipo de cotransporte mediado por carreadores é denominado **transporte ativo secundário**. Em plantas e fungos, os transportadores ativos secundários usam principalmente o transporte descendente de H⁺ para impulsionar a absorção de nutrientes como NO_3^-, SO_4^{2-} e $H_2PO_4^-$; a absorção de muitos metabólitos, como aminoácidos, peptídeos e sacarose; e a exportação de Na⁺, que, em concentrações altas, é tóxico para as células vegetais. A **Figura 8.9** mostra como o transporte ativo secundário pode envolver a ligação de um substrato (S) e de um íon (normalmente H⁺) a uma proteína carreadora e uma mudança conformacional dessa proteína.

O transporte ativo secundário é acionado indiretamente por bombas. Em células vegetais, prótons são expelidos do citosol por H⁺-ATPases eletrogênicas operando na membrana plasmática e na membrana vacuolar. Como consequência, um potencial de membrana e um gradiente de pH são criados à custa da hidrólise de ATP. Esse gradiente de potencial eletroquímico de H⁺, referido como $\Delta\tilde{\mu}_{H^+}$, ou (quando expresso em outras unidades) **força motriz de prótons** (PMF, *proton motive force*), representa a energia livre armazenada na forma do gradiente de H⁺ (ver **Tópico 8.3 na internet**).

Existem dois tipos de transporte ativo secundário: simporte (*symport*) e antiporte (*antiport*). O exemplo mostrado na Figura 8.9 e na **Figura 8.10A** é denominado **simporte** (e as proteínas

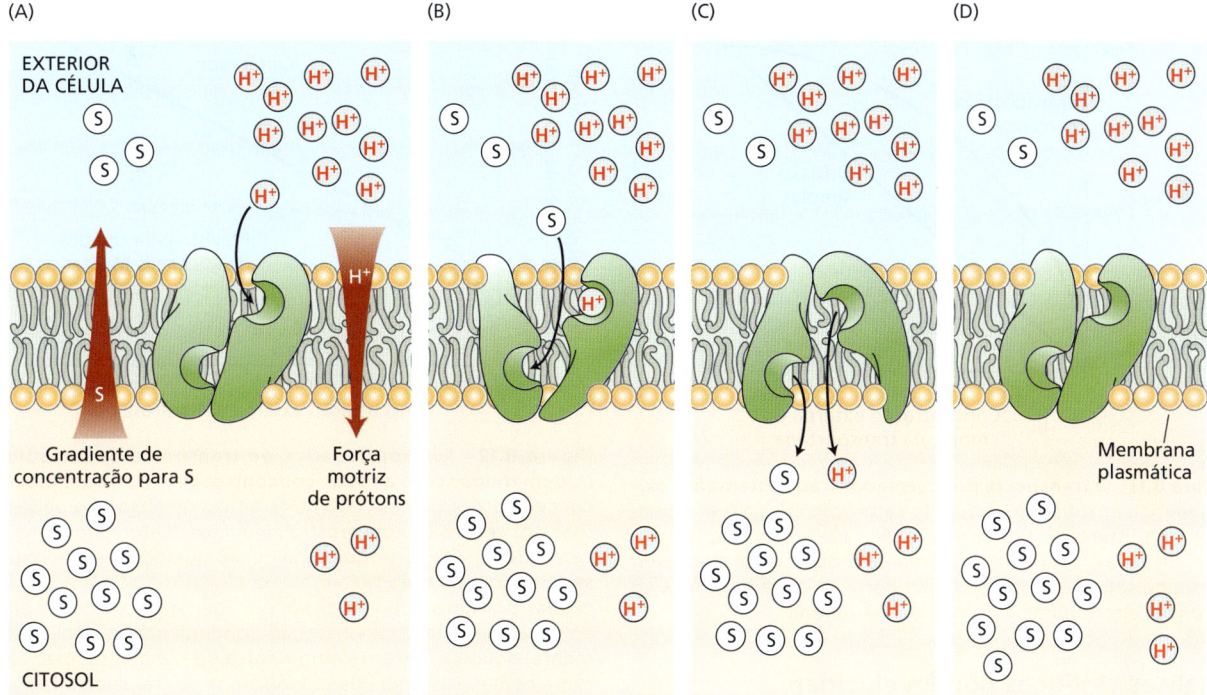

Figura 8.9 Modelo hipotético de transporte ativo secundário. No transporte ativo secundário, o transporte energeticamente ascendente de um soluto é acionado pelo transporte energeticamente descendente de outro soluto. No exemplo ilustrado, a energia que foi armazenada como força motriz de prótons ($\Delta\tilde{\mu}_{H^+}$, simbolizado pela seta vermelha à direita em [A]) está sendo usada para absorver um substrato (S) contra seu gradiente de concentração (seta vermelha à esquerda). (A) Na conformação inicial, os sítios de ligação na proteína estão expostos ao ambiente externo e podem ligar um próton. (B) Essa ligação resulta em uma mudança na conformação que permite a uma molécula de S ser ligada. (C) A ligação de S provoca outra mudança na conformação que expõe os sítios de ligação e seus substratos ao interior da célula. (D) A liberação de um próton e de uma molécula de S para o interior da célula restabelece a conformação original do carreador e permite iniciar um novo ciclo de bombeamento.

envolvidas são denominadas transportadores do *tipo simporte*), pois as duas substâncias se movem na mesma direção através da membrana. **Antiporte** (facilitado por proteínas chamadas de transportadores do *tipo antiporte*) refere-se ao transporte acoplado no qual o movimento energeticamente descendente de um soluto impulsiona o transporte ativo (energeticamente ascendente) de outro soluto na direção oposta (**Figura 8.10B**). Considerando a direção do gradiente de H⁺, transportadores do tipo simporte acoplados a prótons em geral funcionam na captação de substratos para o citosol, enquanto transportadores do tipo antiporte acoplados a prótons funcionam na exportação de substratos para fora do citosol.

Em ambos os tipos de transporte secundário, o íon ou o soluto transportado simultaneamente com os prótons está se movendo contra seu gradiente de potencial eletroquímico, de modo que se trata de transporte ativo. Entretanto, a energia que aciona esse transporte é proporcionada pela PMF, em vez de diretamente pela hidrólise de ATP.

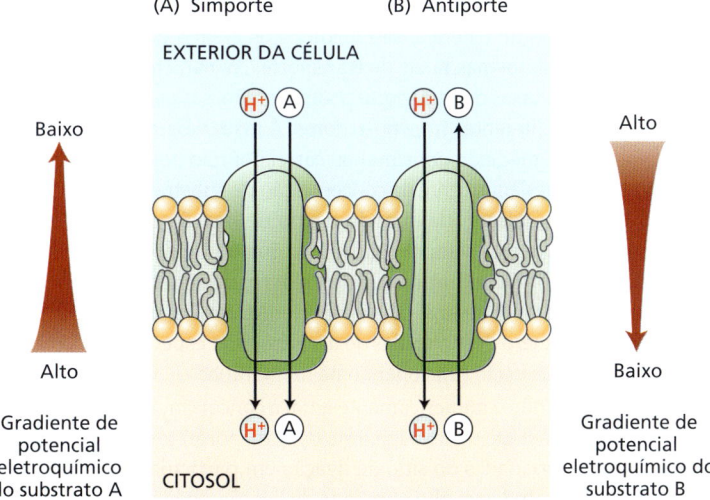

Figura 8.10 Dois exemplos de transporte ativo secundário acoplado a um gradiente primário de prótons. (A) No simporte, a energia dissipada por um próton movendo-se de volta para a célula é acoplada à absorção de uma molécula de um substrato (p. ex., um açúcar) para dentro da célula. (B) No antiporte, a energia dissipada por um próton movendo-se de volta para a célula é acoplada ao transporte ativo de um substrato (p. ex., um íon sódio) para fora da célula. Em ambos os casos, o substrato considerado está se movendo contra seu gradiente de potencial eletroquímico. Tanto substratos neutros quanto com carga podem ser transportados por esses processos de transporte ativo secundário.

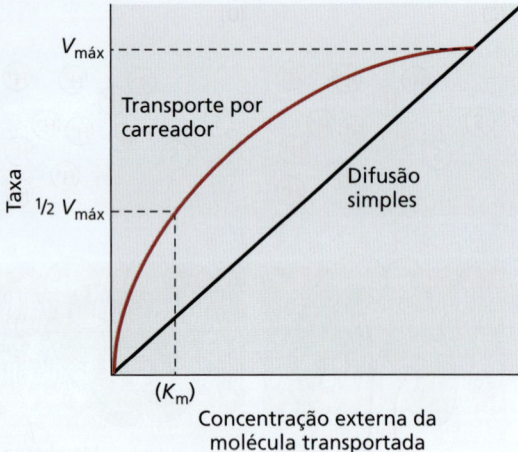

Figura 8.11 O transporte por carreador frequentemente exibe cinética enzimática, incluindo saturação ($V_{máx}$) (ver **Apêndice 1 na internet**). Em comparação, a difusão simples por meio de canais abertos é diretamente proporcional à concentração do soluto transportado, ou, para um íon, à diferença de potencial eletroquímico através da membrana.

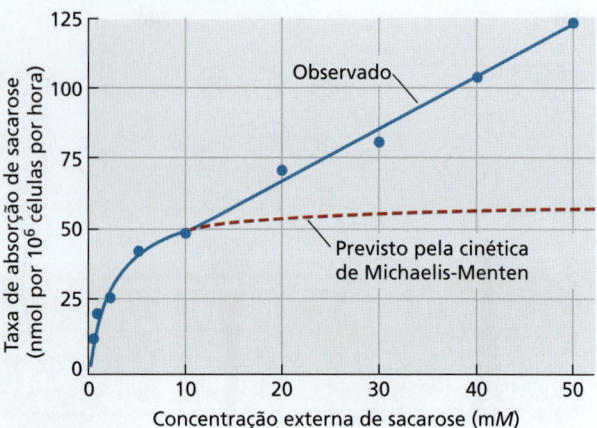

Figura 8.12 As propriedades de transporte de um soluto podem mudar com as suas concentrações. Por exemplo, em concentrações baixas (1–10 mM), a taxa de absorção de sacarose por células de soja mostra cinética de saturação típica de carreadores. Prevê-se que uma curva ajustada a esses dados se aproxime de uma taxa máxima ($V_{máx}$) de 57 nmol por 10^6 células por hora. Em vez disso, em concentrações mais altas de sacarose, a taxa de absorção continua a aumentar linearmente, ao longo de uma ampla faixa de concentrações, coerente com a existência de mecanismos de transporte facilitado para a absorção de sacarose. (Segundo W. Lin et al. 1984. *Plant Physiol*. 75: 936–940.)

Análises cinéticas podem elucidar mecanismos de transporte

Até agora, descreveu-se o transporte em termos de sua energia ou termodinâmica, que determina a direção do transporte. É igualmente importante compreender a cinética, ou taxa, do transporte. As mesmas abordagens usadas para estudar a cinética enzimática são frequentemente usadas para estudar o transporte, porque ambas envolvem a ligação e a dissociação de moléculas em locais de ligação em proteínas (ver **Tópico 8.4 na internet**). Uma distinção da abordagem cinética é que ela fornece novas visões a respeito da regulação do transporte.

Em experimentos de cinética, são medidos os efeitos das concentrações de solutos nas taxas de transporte. As características cinéticas das taxas de transporte podem, então, ser usadas para distinguir diferentes transportadores. A taxa máxima ($V_{máx}$) do transporte mediado por canal ou carreador não pode ser excedida, independentemente da concentração de substrato (**Figura 8.11**). $V_{máx}$ é alcançada quando o sítio de ligação do substrato no carreador está sempre ocupado ou quando o fluxo pelo canal é máximo. A concentração do carreador, e não a do soluto, torna-se limitante da taxa de transporte. Assim, $V_{máx}$ é um indicador do número de moléculas de uma proteína específica de transporte que estão funcionando na membrana.

A constante K_m (que é numericamente igual à concentração de soluto que gera metade da taxa máxima de transporte) tende a refletir as propriedades do sítio de ligação em particular. Valores baixos de K_m indicam alta afinidade de ligação do local de transporte pela substância transportada. Valores mais altos de K_m indicam uma afinidade menor do sítio de transporte pelo soluto. A afinidade pode ser tão baixa que, na prática, $V_{máx}$ nunca é alcançada.

Células ou tecidos com frequência mostram uma cinética complexa para o transporte de um soluto. Cinética complexa em geral indica a presença de mais de um tipo de mecanismo de transporte – por exemplo, tanto transportadores de alta como de baixa afinidade. A **Figura 8.12** mostra a taxa de absorção de sacarose por protoplastos cotiledonares de soja como uma função da concentração externa de sacarose. A absorção aumenta acentuadamente com a concentração e começa a saturar a cerca de 10 mM. Em concentrações acima de 10 mM, a absorção torna-se linear e não saturável dentro da faixa de concentração testada. A inibição da síntese de ATP com venenos metabólicos bloqueia o componente saturável, mas não o linear.

A interpretação do padrão apresentado na Figura 8.12 é que a absorção de sacarose em concentrações baixas é um processo mediado por carreador, dependente de energia (transportador de H^+-sacarose do tipo simporte). Em concentrações mais altas, a sacarose entra na célula por transporte a favor de seu gradiente de concentração, e é, por isso, insensível a intoxicações metabólicas. Coerente com esses dados, tanto transportadores de H^+-sacarose do tipo simporte quanto os facilitadores da sacarose (i.e., proteínas de transporte que promovem o fluxo transmembrana de sacarose a favor de seu gradiente de energia livre) foram identificados em nível molecular.

8.4 Proteínas de transporte em membranas

Numerosas proteínas representativas de transporte, localizadas na membrana plasmática e no tonoplasto, estão ilustradas na **Figura 8.13**. Tipicamente, o transporte através de uma membrana biológica é energizado por um sistema de transporte ativo primário acoplado à hidrólise de ATP. Em plantas e

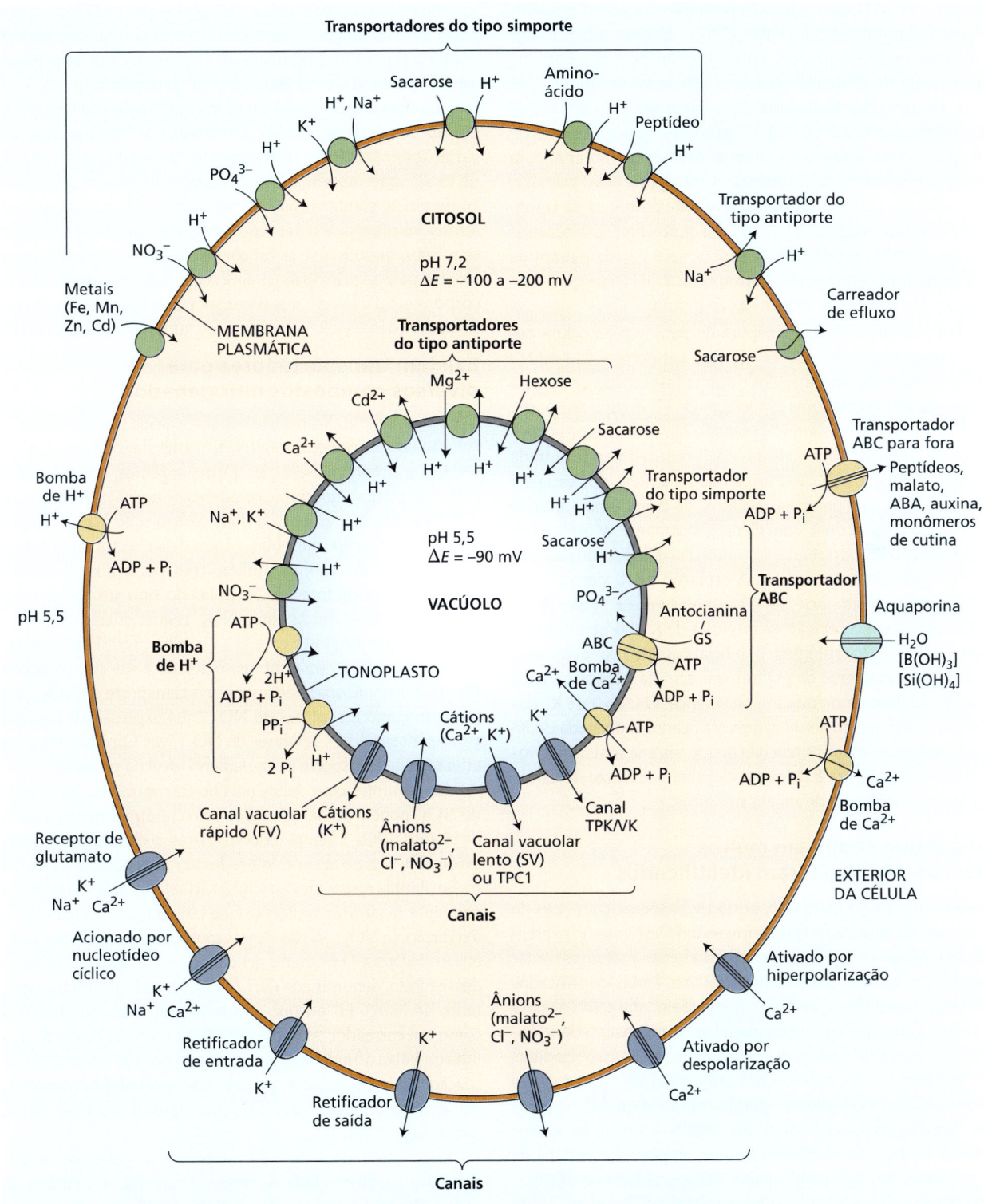

Figura 8.13 Visão geral das diversas proteínas de transporte na membrana plasmática e no tonoplasto de células vegetais. TPC, *two-pore domain channel*.

fungos, a H⁺-ATPase é a bomba primária que gera o gradiente iônico e um potencial eletroquímico. Muitos outros íons e substratos orgânicos podem, então, ser transportados por uma diversidade de proteínas de transporte ativo secundário, as quais energizam o transporte de seus substratos, carregando simultaneamente um ou dois H⁺ a favor de seus gradientes de energia. Assim, prótons circulam através da membrana, para fora, por intermédio das proteínas de transporte ativo primário e de volta para dentro da célula mediante proteínas de transporte ativo secundário. A maioria dos gradientes de íons através das membranas de plantas superiores é gerada e mantida por gradientes de potencial eletroquímico de H⁺, os quais são gerados por bombas eletrogênicas de prótons.

Em plantas, o Na⁺ é transportado para fora da célula por um transportador de Na⁺–H⁺ do tipo antiporte e Cl⁻, NO_3^-, $H_2PO_4^-$, sacarose, aminoácidos e outras substâncias entram na célula via transportadores específicos de H⁺ do tipo simporte. E os íons potássio? Os íons de potássio são retirados principalmente do apoplasto por meio de canais retificadores de entrada de K⁺ (ver Figura 8.8). A absorção de K⁺ através dos canais é impulsionada pelo potencial negativo da membrana. Quando a absorção passiva de K⁺ não é energeticamente favorável, por exemplo, se o K⁺ extracelular for muito baixo, o K⁺ pode ser absorvido por simporte com H⁺. A captação de K⁺ por meio de um mecanismo simporte pode acumular mais K⁺ nas células em relação à concentração extracelular de K⁺, porque o transporte é conduzido tanto pelo potencial negativo da membrana quanto pelo gradiente de pH transmembrana, ambos gerados por H⁺–ATPase na membrana plasmática. O efluxo de K⁺ das células ocorre por meio de canais retificadores de saída de K⁺ e é impulsionado por potenciais de membrana mais positivos do que E_K (ver Figura 8.8), que podem ser por efluxo de Cl⁻ ou outros ânions através de canais aniônicos.

Genes que codificam muitos transportadores foram identificados

A identificação do gene transportador, o sequenciamento do genoma e os ensaios de transporte usando sistemas de expressão heterólogos revolucionaram o estudo das proteínas transportadoras. Muitos genes transportadores foram identificados utilizando-se bibliotecas de DNA complementar (cDNA) para localizar genes que complementam (i.e., compensam) deficiências de transporte em leveduras. Os mutantes transportadores de levedura têm sido essenciais tanto para identificar genes transportadores em plantas quanto como sistemas de expressão heterólogos para estudar a atividade do transportador. Oócitos de *Xenopus* também têm sido um importante sistema de expressão heterólogo para canais e transportadores em plantas. Devido ao seu grande tamanho e geralmente baixa atividade de transporte de fundo, os oócitos de *Xenopus* são convenientes para estudos eletrofisiológicos. A coexpressão em oócitos é relativamente fácil, o que facilitou o estudo das interações de canais ou transportadores com proteínas reguladoras, como as proteínas quinases. À medida que o número de genomas sequenciados aumenta, é cada vez mais comum identificar genes putativos de transportadores por análise filogenética, em que a comparação de sequências com genes que codificam transportadores de funções conhecidas em outro organismo permite prever a função no organismo de interesse. Com base nessas análises, tornou-se evidente que, em genomas vegetais, existem famílias de genes para a maioria das funções de transporte, em vez de genes individuais. Dentro de uma família de genes, variações nas cinéticas de transporte, nos modos de regulação, na localização subcelular e na expressão diferencial dos tecidos conferem às plantas uma notável plasticidade para responder a uma ampla gama de condições ambientais. Nas subseções seguintes, discutem-se as funções e a diversidade de transportadores para as principais categorias de solutos encontrados no corpo vegetal (observe que o transporte de sacarose foi discutido nas Seções 8.1 e 8.3, e é discutido também no Capítulo 12).

Existem transportadores para diversos compostos nitrogenados

O nitrogênio, um dos macronutrientes, pode estar presente na solução do solo como nitrato (NO_3^-), amônia (NH_3) ou amônio (NH_4^+), e em alguns solos em forma orgânica, como aminoácidos. As plantas têm transportadores de amônio eletrogênicos e eletroneutros, e ambos os tipos se ligam ao NH_4^+, desprotonam-no e transportam NH_3. Além disso, os transportadores eletrogênicos de amônio também transportam H⁺ e, portanto, são transportadores de NH_3–H⁺ do tipo simporte. A absorção celular de ânions como NO_3^- requer energia, e NO_3^- é absorvido por simporte com H⁺. Os transportadores vegetais de NO_3^- são de especial interesse devido à sua complexidade. Eles podem funcionar não apenas no transporte de NO_3^-, mas também como receptores de NO_3^-; sua expressão é regulada pelas concentrações celulares de NO_3^- (ver Capítulo 14), e sua atividade de transporte é regulada no nível da proteína.

Os mutantes com deficiência no transporte ou na redução do NO_3^- podem ser selecionados pelo crescimento na presença de clorato (ClO_3^-). Em plantas silvestres, o clorato é um análogo do NO_3^-, que é absorvido e reduzido ao produto tóxico clorito. Se plantas resistentes ao ClO_3^- são selecionadas, elas provavelmente mostrarão mutações que bloqueiam o transporte ou a redução do NO_3^-. Várias dessas mutações foram identificadas em *Arabidopsis*. O primeiro gene de transportador identificado desse modo, denominado *CHL1/NRT1.1*, codifica um transportador de NO_3^-–H⁺ do tipo simporte induzível, que funciona como um carreador de dupla afinidade, com seu modo de ação (alta ou baixa afinidade) sendo alterado por seu *status* de fosforilação. Deve-se destacar que esse transportador também funciona como um sensor de NO_3^-, que regula a expressão gênica induzida por NO_3^-.

Logo que o nitrogênio é incorporado a moléculas orgânicas, há uma diversidade de mecanismos que o distribui por toda a planta. Os transportadores de peptídeos proporcionam tal mecanismo. Eles são importantes para a mobilização das reservas de nitrogênio durante a germinação da semente e a senescência. Em *Nepenthes alata*, uma planta carnívora em forma de jarro, altos níveis de expressão de um transportador de peptídeo são encontrados no jarro, onde o transportador presumivelmente promove a absorção de peptídeos oriundos da digestão de insetos pelos tecidos internos.

Alguns transportadores de peptídeos operam mediante acoplamento com o gradiente eletroquímico de H⁺. Outros transportadores são membros da família ABC de proteínas, que utilizam diretamente a energia da hidrólise de ATP para o transporte; assim, esse transporte não depende de um gradiente eletroquímico primário (ver **Tópico 8.5 na internet**). A família ABC é uma família de proteínas extremamente grande, e seus membros transportam diversos substratos, variando desde pequenos íons inorgânicos até macromoléculas. Por exemplo, metabólitos grandes, como flavonoides, antocianinas e produtos do metabolismo secundário, são sequestrados no vacúolo via ação de transportadores ABC específicos, enquanto outros transportadores ABC promovem o transporte transmembrana do hormônio abscísico.

Os aminoácidos constituem outra importante categoria de compostos nitrogenados. Os transportadores de aminoácidos da membrana plasmática de eucariotos foram divididos em cinco superfamílias, três das quais dependem do gradiente de prótons para a absorção acoplada de aminoácidos e estão presentes em plantas. Em geral, transportadores de aminoácidos podem promover transporte de alta ou baixa afinidade e têm especificidades de substrato que se sobrepõem. Muitos desses transportadores mostram padrões de expressão distintos e específicos para cada tecido, sugerindo funções especializadas em diferentes tipos de células. Os aminoácidos constituem uma forma importante pela qual o nitrogênio é distribuído por longas distâncias nas plantas, de modo que não surpreende que os padrões de expressão de muitos genes de transportadores de aminoácidos incluem expressão em tecidos vasculares.

Transportadores de aminoácidos e de peptídeos têm importantes funções, além de suas funções como distribuidores de recursos nitrogenados. Como os hormônios vegetais com frequência são conjugados com aminoácidos e peptídeos, os transportadores dessas moléculas também podem estar envolvidos na distribuição de conjugados hormonais ao longo da planta. O hormônio auxina é derivado do triptofano, e os genes que codificam os transportadores de auxinas estão relacionados àqueles para alguns transportadores de aminoácidos. Em outro exemplo, a prolina é um aminoácido que se acumula sob estresse salino. Essa acumulação reduz o potencial hídrico da célula, promovendo, assim, a retenção da água celular sob condições de estresse.

Os transportadores de cátions são diversos

Os cátions são transportados por bombas, carreadores e canais. As contribuições relativas de cada tipo de mecanismo de transporte diferem, dependendo da membrana, do tipo de célula e das condições prevalecentes.

CANAIS DE CÁTIONS Cerca de 50 genes no genoma de *Arabidopsis* codificam canais que mediam a absorção de cátions através da membrana plasmática ou das membranas intracelulares como o tonoplasto. Alguns desses canais são altamente seletivos para espécies iônicas específicas, como íons potássio. Outros permitem a passagem de uma diversidade de cátions, às vezes incluindo Na⁺, embora esse íon seja tóxico quando superacumulado. Conforme descrito na **Figura 8.14**, os canais de cátions são classificados em cinco tipos, com base em suas estruturas deduzidas e na seletividade de cátions.

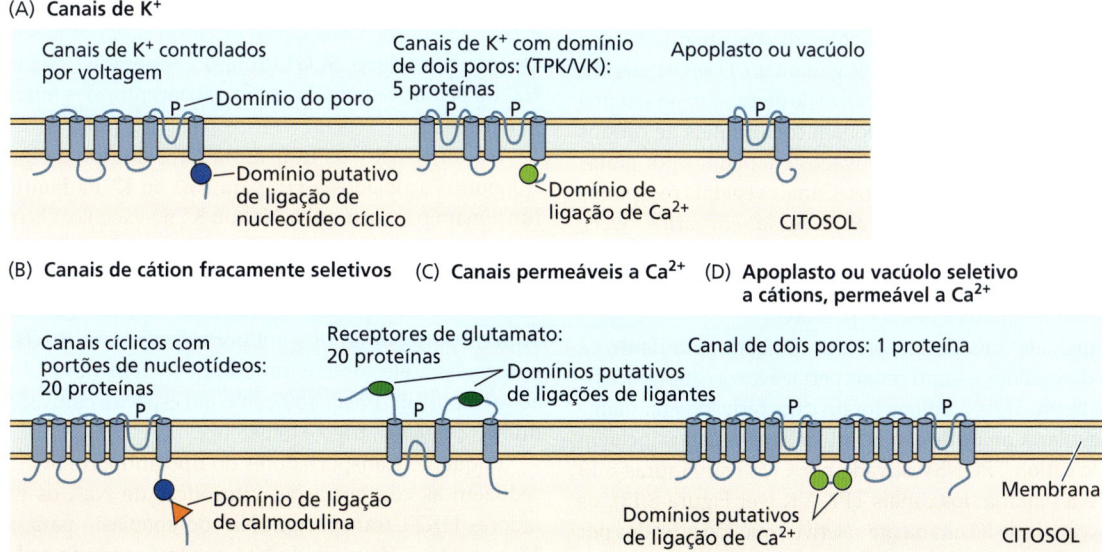

Figura 8.14 Cinco famílias de canais de cátions de *Arabidopsis*. Alguns canais foram identificados unicamente a partir da homologia de sequência com canais de animais, enquanto outros foram verificados experimentalmente. (A) Duas famílias de canais seletivos de K⁺: canais de K⁺ controlados por voltagem e canais de K⁺ com domínio de dois poros. (B) Canais de cátions fracamente seletivos com atividade regulada pela ligação de nucleotídeos cíclicos. (C) Canais de Ca²⁺ receptores de glutamato; esses canais são ativados pelo glutamato extracelular e são permeáveis a Ca²⁺. (D) Canal de dois poros: uma proteína (TPC1/SV) é o único canal de dois poros desse tipo codificado no genoma de *Arabidopsis*. TCP1/SV é permeável a cátions mono e divalentes, incluindo Ca²⁺. (A segundo A. Lebaudy et al. 2007. *FEBS Lett.* 581: 2357-2366; B-D segundo A. A. Very and H. Sentenac. 2002. *Trends Plant Sci.* 7: 168-175.)

Dos cinco tipos de canais de cátions vegetais, os canais de K^+ controlados por voltagem foram os mais minuciosamente caracterizados. Os canais controlados por voltagem, em plantas, são altamente seletivos para K^+ e podem ser retificadores de entrada ou de saída, ou fracamente retificadores (ver Figura 8.8). Alguns membros dessa família podem:

- Promover a absorção ou o efluxo de K^+ através da membrana plasmática das células-guarda.
- Fornecer um conduto importante para a absorção de K^+ do solo.
- Participar da liberação de K^+ para os vasos (xilema) a partir de células vivas do estelo.
- Desempenhar um papel na absorção de K^+ no pólen, um processo que promove o influxo de água e o alongamento do tubo polínico.

Alguns canais regulados por voltagem, como os das raízes, podem mediar a absorção de K^+ de alta afinidade, possibilitando a absorção passiva de K^+ em concentrações externas micromolares desse íon, desde que o potencial de membrana seja suficientemente hiperpolarizado para acionar essa absorção.

Nem todos os canais iônicos são tão fortemente regulados pelo potencial de membrana como a maioria dos canais controlados por voltagem. Por exemplo, canais como o TPK/VK não são regulados por voltagem. Canais de cátions regulados por nucleotídeos cíclicos são um exemplo de um canal regulado por ligante, com atividade promovida pela ligação de nucleotídeos como cGMP. Esses canais exibem fraca seletividade com permeabilidade para K^+, Na^+ e Ca^{2+}. Canais de cátions regulados por nucleotídeos cíclicos estão envolvidos em diversos processos fisiológicos, incluindo resistência a doenças, senescência, percepção de temperatura e crescimento e viabilidade do tubo polínico. Outro conjunto interessante de canais regulados por ligantes são os canais receptores de glutamato. Esses canais são homólogos a uma classe de receptores de glutamato no sistema nervoso de mamíferos que funcionam como canais de cátions regulados por glutamato e são ativados em plantas por glutamato e alguns outros aminoácidos. Canais vegetais receptores de glutamato são permeáveis a Ca^{2+}, K^+ e Na^+ em vários níveis, mas têm sido particularmente envolvidos na absorção de Ca^{2+} e na sinalização na aquisição de nutrientes em raízes e na fisiologia de células-guarda e do tubo polínico.

Os fluxos de íons devem ocorrer também para dentro e para fora do vacúolo, e tanto canais permeáveis a cátions quanto canais permeáveis a ânions foram caracterizados na membrana vacuolar. Canais de cátions vacuolares vegetais incluem o canal de cátion TPC1/SV ativado por Ca^{2+} (ver Figuras 8.13 e 8.14D) e a maioria dos canais TPK/VK (ver Figura 8.13), os quais são canais de K^+ altamente seletivos que são ativados por Ca^{2+}. Além disso, o efluxo de Ca^{2+} dos sítios de armazenamento interno, como o vacúolo, desempenha um importante papel na sinalização. Para uma descrição mais detalhada dessas rotas de transdução de sinal, ver Capítulo 4.

CARREADORES DE CÁTIONS Uma diversidade de carreadores também movimenta cátions para as células vegetais. Uma família de transportadores que se especializa no transporte de K^+ através das membranas vegetais é a família HAK/KT/KUP (que é referida aqui como família HAK). A família HAK contém transportadores de alta e de baixa afinidade, alguns dos quais também mediam o influxo de Na^+ sob altas concentrações externas desse cátion. Acredita-se que transportadores HAK de alta afinidade absorvam K^+ via simporte H^+–K^+, e esses transportadores são particularmente importantes para a absorção do K^+ do solo quando as concentrações desse íon no solo são baixas. Uma segunda família, os transportadores de cátion-H^+ do tipo antiporte (CPAs, *cation-H^+ antiporters*), promove a permuta eletroneutra de H^+ e outros cátions, incluindo K^+ em alguns casos. Uma terceira família consiste em transportadores Trk/HKT (que serão referidos aqui como transportadores HKT), os quais podem operar como transportadores de K^+–H^+ ou K^+–Na^+ do tipo simporte, ou como canais de Na^+ sob altas concentrações externas desse íon. A importância de transportadores HKT para o transporte de K^+ ainda não foi completamente esclarecida, mas, como descrito a seguir, esses transportadores são elementos centrais na tolerância das plantas a condições salinas.

A irrigação aumenta a salinidade do solo, e a salinização de terras cultiváveis é um problema crescente em todo o mundo. Embora plantas halófitas, como aquelas encontradas em marismas, sejam adaptadas a ambientes com alto teor de sal, tais ambientes são deletérios para outras espécies vegetais, glicófitas, incluindo a maioria das espécies cultivadas. As plantas desenvolveram mecanismos para excretar Na^+ através da membrana plasmática, para sequestrar sal no vacúolo e para redistribuir Na^+ dentro do corpo da planta.

Na membrana plasmática, um transportador de Na^+–H^+ do tipo antiporte foi descoberto em uma pesquisa para identificar mutantes de *Arabidopsis* com sensibilidade aumentada ao sal; por isso, esse transportador do tipo antiporte foi denominado extremamente sensível ao sal ou SOS1 (*salt overly sensitive 1*). Os transportadores SOS1 do tipo antiporte na raiz excretam Na^+ da planta, reduzindo assim as concentrações internas desse íon tóxico.

No tonoplasto, os transportadores do tipo antiporte eletroneutros acoplados a H^+, para Na^+ ou K^+ na família NHX, funcionam para acumular Na^+ ou K^+ no vacúolo. Os transportadores NHX são um subconjunto de proteínas CPA, que acoplam o movimento energeticamente descendente de H^+ para o citosol com absorção de Na^+ ou K^+ no vacúolo. Quando o gene do transportador do tipo antiporte *Arabidopsis AtNHX1* é superexpresso, ele confere um grande incremento na tolerância ao sal tanto em *Arabidopsis* como em espécies cultivadas, como milho (*Zea mays*), trigo e tomateiro.

Enquanto transportadores do tipo antiporte SOS1 e NHX reduzem as concentrações citosólicas de Na^+, os transportadores HKT1 transportam Na^+ do apoplasto para o citosol. No entanto, a absorção de Na^+ por transportadores HKT1 na membrana plasmática das células parenquimáticas do xilema da raiz é importante na recuperação de Na^+ a partir da corrente transpiratória, reduzindo, assim, as concentrações de Na^+ e a concomitante toxicidade nos tecidos fotossintéticos. A expressão transgênica de um transportador HKT1 em uma variedade de trigo (*T. durum*) aumentou bastante a produtividade de grãos em trigo cultivado em solos salinos.

(A)
```
COOH              COOH
|                 |
HC—ÖH             HC—ÖH
|       + Cu²⁺ →  |      >Cu²⁺
HC—ÖH             HC—ÖH
|                 |
COOH              COOH
```
Ácido tartárico   Complexo ácido tartárico-cobre

(B) Clorofila a

Figura 8.15 Exemplos de complexos de valência coordenada. Os complexos de valência coordenada são formados quando os átomos de oxigênio ou nitrogênio de um composto de carbono doam pares de elétrons compartilhados (representados por pontos) para formar uma ligação com um cátion. (A) Íons cobre compartilham elétrons com os oxigênios das hidroxilas do ácido tartárico. (B) Íons magnésio compartilham elétrons com os átomos de nitrogênio na clorofila a. As linhas tracejadas representam uma ligação de valência coordenada entre elétrons dos átomos de nitrogênio e do cátion magnésio.

Os íons cálcio são retirados ativamente do citoplasma por Ca^{2+}-ATPases encontradas na membrana plasmática e em algumas endomembranas, como o tonoplasto (ver Figura 8.13) e o retículo endoplasmático. A maioria do Ca^{2+} dentro da célula encontra-se armazenada no vacúolo central, onde ele é sequestrado por Ca^{2+}-ATPases e por transportadores de Ca^{2+}–H^+ do tipo antiporte, que utilizam o potencial eletroquímico do gradiente de prótons para energizar a acumulação vacuolar de Ca^{2+}. Existe um amplo gradiente de energia livre para o Ca^{2+} que favorece sua entrada no citosol, tanto vindo do apoplasto quanto das reservas intracelulares. Essa entrada é mediada pelos canais permeáveis a Ca^{2+}, descritos anteriormente nesta seção. As concentrações de íons cálcio no apoplasto geralmente estão na faixa milimolar; por outro lado, as concentrações de Ca^{2+} citosólico livre são mantidas na faixa de centenas de nanomolares (10^{-9} M) a 1 micromlolar (10^{-6} M).

FUNÇÃO CATIÔNICA NAS CÉLULAS As ligações não covalentes formadas entre cátions e compostos de carbono são de dois tipos: ligações de coordenação e ligações eletrostáticas (para uma discussão sobre ligações não covalentes, ver **Apêndice 1 na internet**). Na formação de um complexo de valência coordenada, vários átomos de oxigênio ou nitrogênio de um composto de carbono doam elétrons não compartilhados para formar uma ligação com o nutriente catiônico. Como consequência, a carga positiva do cátion é neutralizada ou distribuída.

As ligações de valência coordenada em geral formam-se entre cátions polivalentes e compostos de carbono – por exemplo, complexos entre íons cobre e um quelante, como o ácido tartárico (**Figura 8.15A**), ou entre íons magnésio e a clorofila a (**Figura 8.15B**). Os nutrientes que são assimilados como complexo de valência coordenada incluem os íons cobre, zinco, ferro e magnésio. As ligações eletrostáticas são formadas devido à atração de um cátion carregado positivamente por um grupo carregado negativamente, como o carboxilato (—COO^-), em um composto de carbono. Ao contrário da situação das ligações coordenadas, o cátion em uma ligação eletrostática mantém sua carga positiva. Os cátions monovalentes, como os íons potássio, podem formar ligações eletrostáticas com muitos ácidos orgânicos (**Figura 8.16A**). Entretanto, muitos dos íons potássio acumulados pelas células vegetais e que atuam na regulação osmótica e na ativação enzimática permanecem no citosol e nos vacúolos como íons livres. Íons divalentes, como o íon cálcio, formam ligações eletrostáticas com os grupos carboxílicos do ácido poligalacturônico das pectinas na parede celular (**Figura 8.16B**) (ver Capítulo 2).

Transportadores de ânions foram identificados

Nitrato (NO_3^-), cloreto (Cl^-), sulfato (SO_4^{2-}) e fosfato ($H_2PO_4^-$) são os principais íons inorgânicos em células vegetais, e

(A) Cátion monovalente
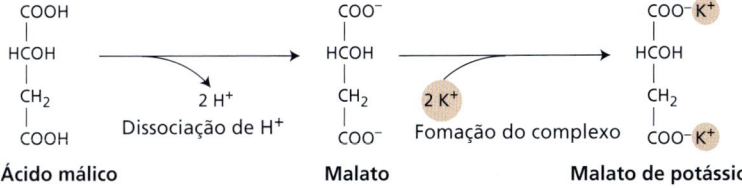

(B) Cátion divalente
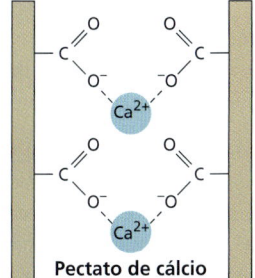
Pectato de cálcio

Figura 8.16 Exemplos de complexos eletrostáticos (iônicos). (A) O cátion monovalente K^+ e o malato formam o complexo malato de potássio. (B) O cátion divalente Ca^{2+} e o pectato formam o complexo pectato de cálcio. Os cátions divalentes podem formar ligações cruzadas entre os cordões paralelos que possuem grupos de ácido carboxílico negativamente carregados. As ligações cruzadas de íons cálcio exercem um papel estrutural nas paredes celulares.

malato^{2-} é um importante ânion orgânico. O gradiente de energia livre para todos esses ânions ocorre na direção do efluxo passivo, o que significa que o efluxo aniônico ocorre quando um canal de ânion se abre e essa energia é necessária para o acúmulo de ânions nas células. Diversos tipos de canais de ânions foram caracterizados por técnicas de eletrofisiologia, e a maioria deles parece ser permeável a uma diversidade de ânions. Em particular, os canais de ânions nas famílias ALMT e SLAC, com diferentes dependências de voltagem e permeabilidades aniônicas, têm se mostrado importantes para o efluxo de ânions de células-guarda, um tópico discutido na Seção 8.5.

Os transportadores de ânion-H$^+$ do tipo simporte mediam o transporte energético ascendente de ânions para as células vegetais e são específicos para certos ânions. As plantas têm transportadores de absorção específicos para nitrato (conforme discutido anteriormente nesta seção), cloreto, fosfato, sulfato e ânions orgânicos, como malato e citrato. Em *Arabidopsis*, uma família de cerca de nove transportadores de fosfato da membrana plasmática, alguns de alta afinidade e alguns de baixa afinidade, promove a absorção de fosfato por simporte com prótons. Esses transportadores são expressos primariamente na epiderme e nos pelos da raiz, e sua expressão é induzida por carência de fosfato. Outros transportadores de fosfato-H$^+$ do tipo simporte foram também identificados em plantas e localizados em membranas de organelas intracelulares, como vacúolos, plastídios e mitocôndrias. Outro grupo de transportadores de fosfato, os translocadores de fosfato, está localizado na membrana interna de plastídios, onde atua na troca de fosfato inorgânico com compostos fosforilados de carbono (ver **Tópico 10.12 na internet**).

Transportadores de íons metálicos e metaloides transportam micronutrientes essenciais

Diversos metais são nutrientes essenciais para as plantas, embora necessários apenas em quantidades-traço (ver Capítulo 7). Mais de 25 transportadores ZIP atuam na absorção de íons ferro, manganês e zinco em plantas, e outras famílias de transportadores que promovem a absorção de íons cobre e molibdênio foram identificadas. Íons metálicos geralmente estão presentes em baixas concentrações na solução do solo, de modo que esses transportadores normalmente apresentam alta afinidade. Para absorver ferro suficiente da solução do solo, as raízes desenvolveram vários mecanismos que aumentam a solubilidade desse elemento químico e, portanto, sua disponibilidade para as plantas (**Figura 8.17**). Esses mecanismos incluem:

- Acidificação do solo, fazendo aumentar a solubilidade do ferro férrico, seguida pela redução do ferro férrico para a forma ferrosa (Fe^{2+}), mais solúvel. Esse mecanismo é usado por eudicotiledôneas e monocotiledôneas não gramináceas.
- Liberação de compostos que formam complexos solúveis e estáveis com o ferro, os chamados sideróforos. Esse mecanismo é usado por monocotiledôneas gramináceas (gramíneas).

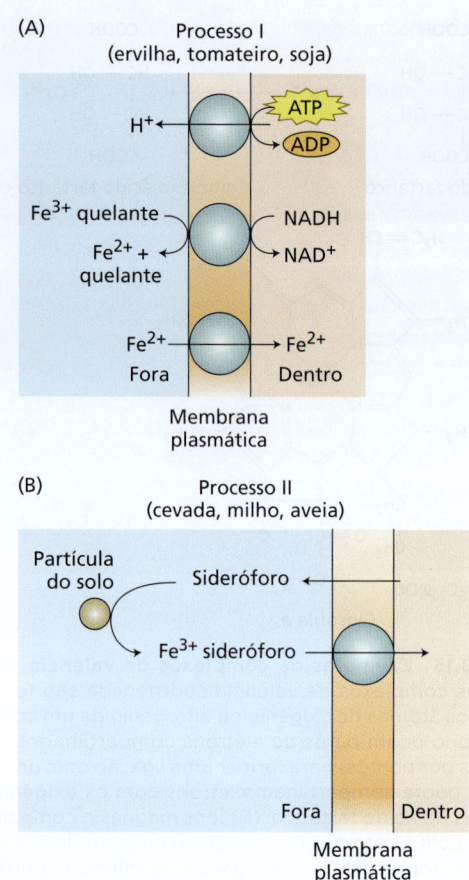

Figura 8.17 Dois mecanismos para a absorção de ferro pelas plantas. (A) Processo empregado pelas eudicotiledôneas, como ervilha, tomateiro e soja. Os quelantes abrangem compostos orgânicos, como ácido málico, ácido cítrico, fenóis e ácido piscídico. (B) Processo usado pelas gramíneas, como cevada, milho e aveia. Depois que a gramínea excreta um sideróforo que remove o ferro das partículas do solo, todo o complexo de quelato de ferro é transportado para as células da raiz. (Segundo M. L. Guerinot and Y. Yi. 1994. *Plant Physiol*. 104: 815–820.)

No solo, o ferro está presente primordialmente como ferro férrico (Fe^{3+}), em óxidos como Fe(OH)$^{2+}$, Fe(OH)$_3$ e Fe(OH)$_4^-$. Em pH neutro, o ferro férrico é altamente insolúvel. Em geral, as raízes acidificam o solo ao redor delas: elas expelem prótons, a respiração nas raízes libera CO$_2$, que forma ácido carbônico no solo, a absorção e assimilação do amônio causam a liberação de prótons em excesso e as raízes secretam ácidos orgânicos, que aumentam a disponibilidade de ferro e fosfato. A deficiência de ferro estimula a exportação de prótons nas raízes. As membranas plasmáticas nas raízes contêm uma enzima, a *ferro quelato redutase*, que reduz o ferro férrico à forma de ferro ferroso, em que o NADH ou o NADPH do citosol servem como doadores de elétrons (ver Figura 8.17A). A atividade dessa enzima aumenta sob deficiência de ferro.

Vários compostos secretados pelas raízes formam quelatos estáveis com o ferro. Os exemplos abrangem o ácido málico, o ácido cítrico (ver Figura 7.2), os fenóis e o ácido piscídico. As gramíneas produzem uma classe especial de quelantes de ferro denominados *sideróforos*. Os sideróforos são constituídos por aminoácidos não encontrados nas proteínas, como o ácido mugineico, e formam complexos estáveis com Fe^{3+}. As membranas plasmáticas das células de raízes de gramíneas têm sistemas de transporte do Fe^{3+}-sideróforo para absorver o ferro quelatado. Sob deficiência de ferro, as raízes de gramíneas liberam mais sideróforos no solo e aumentam a capacidade do sistema de transporte do Fe^{3+}-sideróforo (ver Figura 8.17B). A deficiência de ferro é o distúrbio nutricional humano mais comum no mundo, de modo que uma maior compreensão sobre a acumulação desse elemento também pode beneficiar os esforços no sentido de melhorar o valor nutricional de plantas cultivadas.

Uma vez na planta, os íons metálicos, em geral quelados com outras moléculas, devem ser transportados no xilema para distribuição pelo corpo da planta via corrente transpiratória; os metais devem ser também enviados a seus destinos subcelulares apropriados. O ferro ferroso absorvido pelas raízes é oxidado em ferro férrico no citoplasma. Grande parte do ferro absorvido nas raízes é transportado para as folhas na forma férrica como um complexo com citrato ou nicotianamina. Uma vez nas folhas, o cátion ferro passa por uma importante reação de assimilação, por meio da qual ele é inserido na porfirina, a qual é precursora do grupo heme, encontrados nos citocromos localizados nos cloroplastos e nas mitocôndrias (ver Capítulo 9). Essa reação é catalisada pela enzima ferroquelatase (**Figura 8.18**). A maior parte do ferro presente nos vegetais é encontrada nos grupos heme. Além disso, as proteínas ferro–enxofre da cadeia de transporte de elétrons (ver Capítulos 9 e 13) contêm ferro não heme covalentemente ligado aos átomos de enxofre dos resíduos de cisteína na apoproteína. O ferro é encontrado também nos centros Fe_2S_2, que contêm dois ferros (cada um complexado com os átomos de enxofre dos resíduos de cisteína) e dois sulfetos inorgânicos.

O ferro livre (ferro não complexado com compostos de carbono) pode interagir com o oxigênio para formar radicais hidroxila (OH•) que são altamente danosos. As células vegetais conseguem limitar os danos mediante armazenagem do ferro em um complexo de ferro–proteína denominado ferritina. Mutantes de *Arabidopsis* mostraram que as ferritinas, embora essenciais para a proteção contra dano oxidativo, não servem como um reservatório importante para o desenvolvimento da plântula ou o funcionamento apropriado do aparato fotossintético. A ferritina consiste em uma estrutura proteica com 24 subunidades idênticas formando uma esfera oca que possui uma massa molecular de cerca de 480 kDa. No interior dessa esfera, há um núcleo de 5.400 a 6.200 átomos de ferro presentes como um complexo fosfato–óxido férrico. O mecanismo de liberação de ferro da ferritina é incerto, mas parece envolver a quebra da estrutura proteica. A concentração de ferro livre nas células vegetais regula a biossíntese *de novo* da ferritina. Existe um grande interesse na ferritina, porque o ferro, ligado a proteínas dessa forma, pode ser altamente disponível para seres humanos. Alimentos ricos em ferritina, como a soja, podem auxiliar em dietas para problemas de anemia.

Metaloides são elementos que têm propriedades tanto de metais como de não metais. O boro e o silício são dois metaloides usados pelas plantas. Ambos desempenham importantes papéis na estrutura da parede celular – o boro pela participação em ligações cruzadas de polissacarídeos da parede celular e o silício por aumentar a rigidez estrutural. Tanto o boro (como ácido bórico [$B(OH)_3$, também escrito como H_3BO_3]) quanto o silício (como ácido silícico [$Si(OH)_4$, também escrito como H_4SiO_4]), entram nas células via canais do tipo aquaporinas (ver a próxima subseção) e são exportados via transportadores de efluxo, provavelmente por transporte ativo secundário. Devido a similaridades na estrutura química, arsenito (uma forma de arsênico) também pode ingressar nas raízes das plantas pelo canal de silício e ser exportado para a corrente transpiratória através do transportador de silício. O arroz é particularmente eficiente em absorver arsenito, e, em consequência, o envenenamento por arsênico pelo consumo humano de arroz é um problema significativo em regiões do sudeste da Ásia.

As aquaporinas têm funções diversas

As **aquaporinas** representam uma classe de transportadores que são relativamente abundantes em membranas vegetais e em membranas animais (ver Capítulos 5 e 6). O genoma de *Arabidopsis* codifica cerca de 35 aquaporinas. Como o nome indica, muitas proteínas de aquaporinas funcionam como canais de água. Além disso, algumas proteínas de aquaporinas atuam no influxo de nutrientes minerais (p. ex., ácido bórico e ácido silícico). Há alguma evidência de que as aquaporinas podem atuar como condutos para o movimento de dióxido de carbono, amônia (NH_3) e peróxido de hidrogênio (H_2O_2) através da membrana plasmática e outras membranas vegetais.

Ao nível proteico, a atividade das aquaporinas é regulada por fosforilação, assim como pelo pH, pela concentração de Ca^{2+}, pela heteromerização e por espécies reativas de oxigênio. Essa regulação pode ser responsável pela capacidade das células vegetais de alterar rapidamente sua permeabilidade à água em resposta ao ritmo circadiano e a estresses, como sal, resfriamento, seca e inundação (anoxia). A regulação também ocorre em nível de expressão gênica. Os genes de aquaporinas são altamente expressos em células epidérmicas e endodérmicas e no parênquima do xilema, que podem ser pontos críticos para o controle do movimento de água.

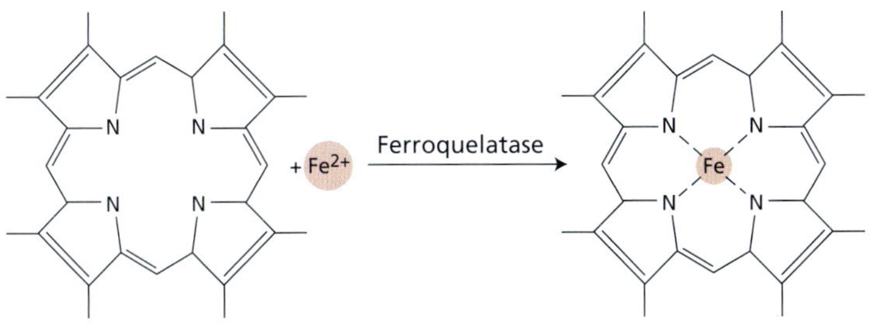

Figura 8.18 Reação da ferroquelatase. A enzima ferroquelatase catalisa a inserção do ferro no anel da porfirina, formando o complexo de valência coordenada. Ver Figura 9.33 para uma ilustração da biossíntese do anel da porfirina.

As H⁺-ATPases da membrana plasmática são ATPases do tipo P altamente reguladas

O transporte ativo de prótons para fora, através da membrana plasmática, gera gradientes de pH e de potencial elétrico que acionam o transporte de muitas outras substâncias (íons e solutos não carregados), mediante diferentes transportadores e canais ativos secundários. A atividade da H⁺-ATPase é importante também para a regulação do pH citoplasmático e para o controle do turgor celular, que governa o movimento de órgãos (folhas e flores), a abertura estomática e o crescimento celular. A **Figura 8.19** ilustra como uma H⁺-ATPase de membrana pode funcionar.

As H⁺-ATPases e Ca²⁺-ATPases da membrana plasmática de plantas e fungos são membros de uma classe conhecida como ATPases do tipo P, que são fosforiladas como parte do ciclo catalítico que hidrolisa ATP. As H⁺-ATPases da membrana plasmática de plantas são codificadas por uma família de cerca de uma dúzia de genes. Os papéis de cada isoforma de H⁺-ATPase estão começando a ser compreendidas com base em padrões de expressão gênica e na análise funcional de indivíduos de *Arabidopsis* contendo mutações nulas em genes individuais de H⁺-ATPases. Algumas H⁺-ATPases exibem padrões de expressão específicos para cada célula. Por exemplo, diversas H⁺-ATPases são expressas em células-guarda, onde elas energizam a membrana plasmática para impulsionar a absorção de solutos durante a abertura estomática (ver Seção 8.5 e, também, Capítulo 6).

Em geral, a expressão de H⁺-ATPases é alta em células com funções-chave no movimento de nutrientes, incluindo células da endoderme da raiz e células envolvidas na absorção de nutrientes do apoplasto que circunda a semente em desenvolvimento. Em células onde H⁺-ATPases múltiplas são coexpressas, elas podem ser reguladas de maneira distinta ou funcionar de modo redundante, talvez proporcionando um "dispositivo de segurança" a essa função de transporte tão importante.

A **Figura 8.20** mostra um modelo dos domínios funcionais da membrana plasmática H⁺-ATPase AtAHA2 de *Arabidopsis thaliana*. A proteína tem 10 domínios que atravessam a membrana, o que a faz dar voltas para um lado e para o outro através da membrana. Alguns dos domínios transmembrana constituem a rota pela qual os prótons são bombeados. O domínio N se liga ao Mg₂ATP, e o domínio P contém o resíduo de ácido aspártico, que se torna fosforilado durante o ciclo catalítico.

Como outras enzimas, a H⁺-ATPase da membrana plasmática é regulada pela concentração de substrato (ATP), pH, temperatura e outros fatores. Além disso, moléculas de H⁺-ATPase podem ser reversivelmente ativadas ou desativadas por sinais específicos, como luz, hormônios ou ataque de patógenos. Esse tipo de regulação é mediado por um domínio autoinibitório especializado na extremidade C-terminal da cadeia polipeptídica, que atua para regular a atividade da H⁺-ATPase. Se o domínio autoinibitório é removido por uma protease, a enzima torna-se irreversivelmente ativada.

O efeito autoinibitório do domínio C-terminal também é regulado por proteínas quinases e fosfatases, que adicionam grupos fosfatos ou os removem de resíduos de serina ou treonina nesse domínio. A fosforilação promove a ligação de proteínas 14-3-3, que são proteínas solúveis que participam de muitas rotas de transdução de sinal e funcionam por meio da interação proteína–proteína; as proteínas 14-3-3 se ligam à região fosforilada da H⁺-ATPase e deslocam o domínio autoinibitório, levando à ativação da H⁺-ATPase. A toxina fúngica **fusicocina**, que é uma forte ativadora da H⁺-ATPase, ativa essa bomba mediante aumento da afinidade de ligação da 14-3-3, mesmo na ausência de fosforilação. O efeito da fusicocina

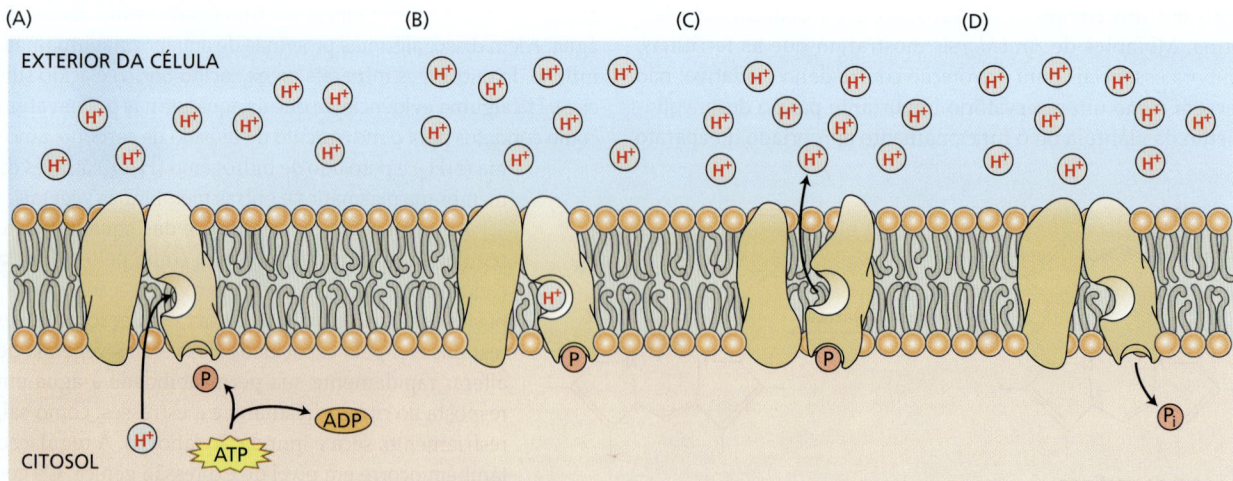

Figura 8.19 Etapas hipotéticas no transporte de um próton contra seu gradiente químico por uma H⁺-ATPase. A bomba, inserida na membrana, (A) liga-se ao próton no lado interno da célula e (B) é fosforilada por ATP. (C) Essa fosforilação conduz a uma mudança de conformação que expõe o próton ao exterior da célula e possibilita sua difusão para longe. (D) A liberação do íon fosfato (P$_i$) da bomba no citosol restaura a configuração da H⁺-ATPase e permite o início de um novo ciclo de bombeamento.

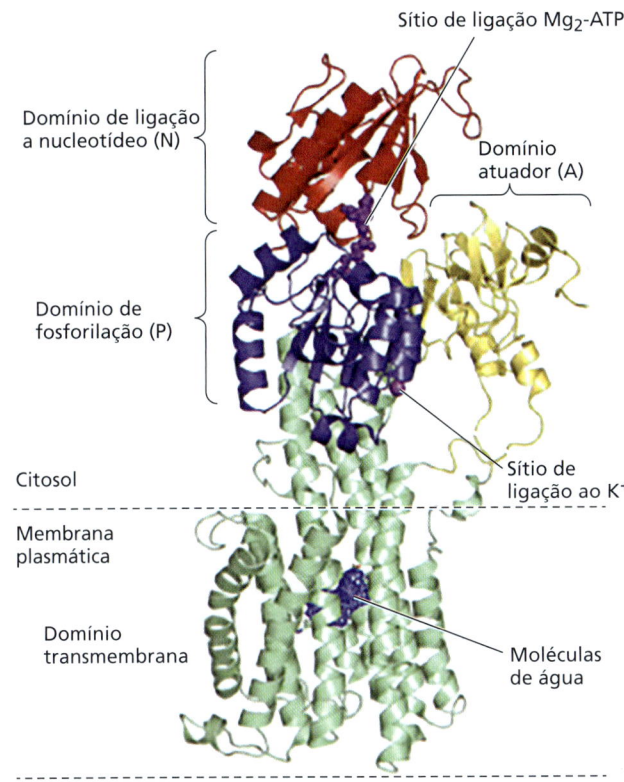

Figura 8.20 Representação tridimensional da membrana plasmática H⁺-ATPase AtAHA2 de *Arabidopsis thaliana*. O domínio de ligação do nucleotídeo (N), o domínio de fosforilação (P), o domínio do atuador (A) e o domínio transmembrana contêm dez extensões transmembrana. A cavidade do solvente dentro do domínio transmembrana contém de oito a dez moléculas de água. Os sítios de ligação de Mg_2-ATP e K^+ estão indicados. Modificações pós-tradução levam ao deslocamento do domínio autoinibitório C-terminal (não mostrado aqui), resultando na ativação da H⁺-ATPase. (Segundo D. Focht et al. 2017. *Front. Physiol.* 8: 202. CC BY 4.0.)

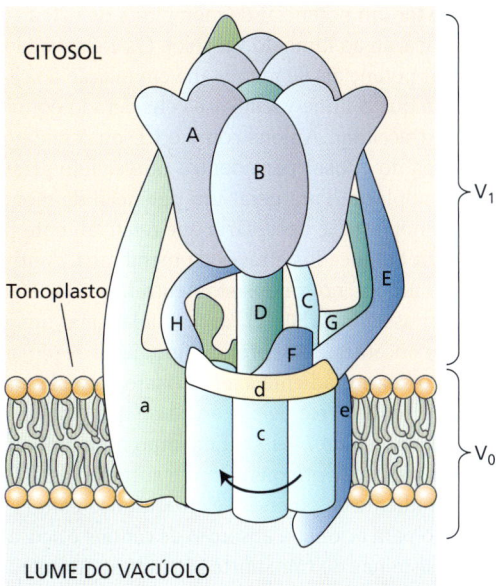

Figura 8.21 Modelo do motor de rotação da V-ATPase. Muitas subunidades de polipeptídeos se unem para formar essa enzima complexa. O complexo catalítico V_1, que é facilmente dissociado da membrana, contém os sítios de ligação de nucleotídeos e catalítico. Os componentes de V_1 são designados por letras maiúsculas. O complexo integral de membrana que intervém no transporte de H⁺ é designado V_0, e suas subunidades são designadas por letras minúsculas. Propõe-se que as reações da ATPase catalisadas por cada uma das subunidades A, atuando em sequência, acionem a rotação do eixo (D) e das seis subunidades c. Acredita-se que a rotação das subunidades c em relação à subunidade a acione o transporte de H⁺ através da membrana. (Segundo C. Kluge et al. 2003. *J. Bioenerg. Biomembr.* 35: 377–388.)

nas H⁺-ATPases das células-guarda é tão forte que pode levar à abertura estomática irreversível, à murcha e mesmo à morte da planta.

A H⁺-ATPase do tonoplasto impulsiona a acumulação de solutos nos vacúolos

As células vegetais aumentam seu tamanho principalmente pela absorção de água em um grande vacúolo central. Por isso, a pressão osmótica do vacúolo precisa ser mantida suficientemente baixa para a entrada de água proveniente do citosol. O tonoplasto regula o tráfego de íons e produtos metabólicos entre o citosol e o vacúolo, da mesma forma que a membrana plasmática regula sua absorção para dentro da célula. O transporte no tonoplasto tornou-se uma área de intensa pesquisa após o desenvolvimento de métodos de isolamento de vacúolos intactos e de vesículas do tonoplasto (ver **Tópico 8.6 na internet**). Esses estudos elucidaram a diversidade de canais de ânions e cátions na membrana do tonoplasto e levaram à descoberta de um novo tipo de ATPase de bombeamento de prótons, a H⁺-ATPase vacuolar, que transporta prótons para dentro do vacúolo (ver Figura 8.13).

A H⁺-ATPase vacuolar difere tanto estrutural como funcionalmente da H⁺-ATPase da membrana plasmática. A ATPase vacuolar está mais relacionada à F-ATPases de mitocôndrias e cloroplastos (ver Capítulo 13), e a ATPase vacuolar, ao contrário das ATPases da membrana plasmática discutidas anteriormente, não envolve a formação de um intermediário fosforilado durante a hidrólise de ATP. As ATPases vacuolares pertencem a uma classe geral de ATPases presentes no sistema de endomembranas de todos os eucariotos. Elas são grandes complexos enzimáticos, cerca de 750 kDa, compostos de múltiplas subunidades. Essas subunidades são organizadas em um complexo periférico, V_1, que é responsável pela hidrólise de ATP, e um complexo canal integral de membrana, V_0, que é responsável pela translocação de H⁺ através da membrana (**Figura 8.21**). Devido as suas similaridades com as F-ATPases, presume-se que as ATPases vacuolares operem como motores giratórios diminutos (ver Capítulos 9 e 13).

As ATPases vacuolares são bombas eletrogênicas que transportam prótons do citoplasma para o vacúolo e geram uma força motriz de prótons através do tonoplasto. O bombeamento eletrogênico de prótons é responsável pelo fato de o tonoplasto ter um potencial de membrana de –20 a –30 mV (citosol em relação ao lume do vacúolo). Os eletrofisiologistas descrevem os potenciais de membrana em relação ao citoplasma, de modo que o lume vacuolar é considerado equivalente ao espaço extracelular. Ânions como o Cl^- ou o $malato^{2-}$ são transportados do citosol para dentro do vacúolo através de canais no tonoplasto. Para gerar um potencial de membrana através do tonoplasto, é necessário que relativamente poucos prótons sejam bombeados através da membrana. A atividade de canais de ânions no tonoplasto neutraliza o potencial de membrana e possibilita à H^+-ATPase vacuolar gerar um grande gradiente de concentração de prótons (gradiente de pH) através do tonoplasto. Esse gradiente explica o fato de o pH vacuolar normalmente ser de cerca de 5,5, ao passo que o pH citoplasmático é tipicamente de 7,0 a 7,5. Enquanto o componente elétrico da força motriz de prótons aciona a absorção de ânions no vacúolo, o gradiente de potencial eletroquímico para H^+ ($\tilde{\mu}_{H^+}$) é direcionado para acionar a absorção de cátions e açúcares no vacúolo via sistemas de transporte secundário (transportador do tipo antiporte) (ver Figura 8.13).

As H^+-pirofosfatases e as H^+-ATPases do tipo P também bombeiam prótons no tonoplasto

Outro tipo de bomba de prótons, uma H^+-pirofosfatase (H^+-PPase), trabalha em paralelo com a ATPase vacuolar para estabelecer um gradiente de prótons através da membrana do tonoplasto (ver Figura 8.13). Essa enzima consiste em um polipeptídeo único que aproveita a energia da hidrólise do pirofosfato inorgânico (PP_i) para acionar o transporte de H^+.

A energia livre liberada pela hidrólise do PP_i é menor do que a oriunda da hidrólise do ATP. No entanto, a H^+-PPase transporta somente um H^+ por molécula de PP_i hidrolisada, enquanto a ATPase vacuolar parece transportar dois íons H^+ por ATP hidrolisado. Assim, a energia disponível por H^+ transportado parece ser aproximadamente a mesma, e as duas enzimas mostram-se capazes de gerar gradientes de prótons comparáveis. É interessante saber que a H^+-PPase vegetal não é encontrada em animais ou em leveduras, embora enzimas similares estejam presentes em bactérias e protistas.

A V-ATPase e a H^+-PPase são encontradas em outros compartimentos do sistema de endomembranas, além do vacúolo. De modo coerente com essa distribuição, há evidências de que essas ATPases do tipo V regulam não somente gradientes de H^+ em si, mas também o movimento de vesículas e a secreção. Além disso, resistência ao estresse salino e hídrico e aumento da biomassa foram observados em muitas plantas diferentes que superexpressam a H^+-PPase. Esses fenótipos podem ter várias causas, incluindo aumento do transporte de H^+ para os vacúolos, localização de H^+-PPase em outras membranas além do tonoplasto, diminuição da concentração de pirofosfato citosólico e regulação positiva das H^+-ATPases da membrana plasmática.

Embora o pH da maioria dos vacúolos vegetais seja moderadamente ácido (cerca de 5,5), o pH do vacúolo de algumas espécies é muito mais baixo – fenômeno chamado de *hiperacidificação*. A hiperacidificação vacuolar é responsável pelo gosto ácido de certos frutos (limões) e verduras (ruibarbo) e pela cor das flores de petúnia. Foi demonstrado que a hiperacidificação dos vacúolos de pétalas de petúnia e frutos cítricos requer a atividade de H^+-ATPases do tipo P no tonplasto. Como as H^+-ATPases do tipo P transportam um H^+ por ATP hidrolisado, elas são capazes de gerar um gradiente de pH maior do que as ATPases do tipo V ou as H^+-PPases.

8.5 Transporte em células-guarda estomatais

As células-guarda estomatais (**Figura 8.22**), encontradas na epiderme das folhas e outros órgãos verdes, controlam as aberturas estomáticas que permitem a troca gasosa entre a planta e a atmosfera – principalmente a absorção de CO_2 pelas folhas e o efluxo de vapor de água na atmosfera. As células-guarda são um modelo importante para estudar processos de transporte por vários motivos: as células-guarda mudam reversivelmente de forma usando um mecanismo osmótico, respondem a muitos estímulos ambientais e internos e são facilmente acessíveis e visíveis na epiderme. Muitos canais iônicos e transportadores foram inicialmente identificados e caracterizados em células-guarda. O mecanismo osmótico que as células-guarda usam para mudar de forma e, assim, regular a abertura estomática

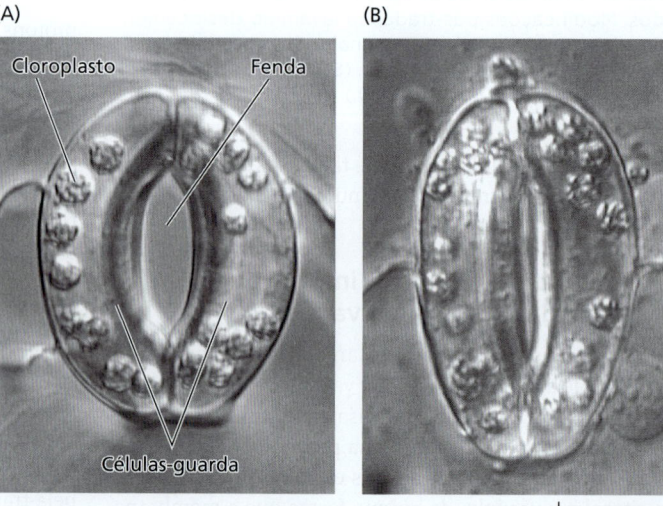

Figura 8.22 Micrografia de uma abertura estomática estimulada pela luz, em epiderme isolada de *Vicia faba*. Um estoma aberto e tratado com luz é mostrado em (A), e um estoma fechado com tratamento escuro é mostrado em (B). A abertura estomática é quantificada pela medição da largura da fenda estomática.

depende de bombas, transportadores e canais na membrana plasmática e na membrana vacuolar das células-guarda.

A luz azul induz a abertura estomática

A abertura da fenda estomática requer que as células-guarda que contornam a fenda aumentem de volume, o que elas fazem ao absorver água do espaço extracelular. O movimento da água através das membranas é impulsionado por uma diferença no **potencial hídrico** (ver Capítulo 5), e as células-guarda geram um potencial hídrico mais negativo ao acumular sais de K^+. Um importante estímulo fisiológico que desencadeia a abertura estomática é a luz azul. Conforme mostrado na **Figura 8.23A**, a luz azul é detectada por **fototropinas** (ver Capítulo 16), proteínas quinases da membrana plasmática que usam um cofator de flavina para absorver a luz azul. A ativação da fototropina inicia uma rota de sinalização que leva à fosforilação e ativação das H^+-ATPases da membrana plasmática. A fototropina não fosforila H^+-ATPases diretamente – essa ação é realizada por

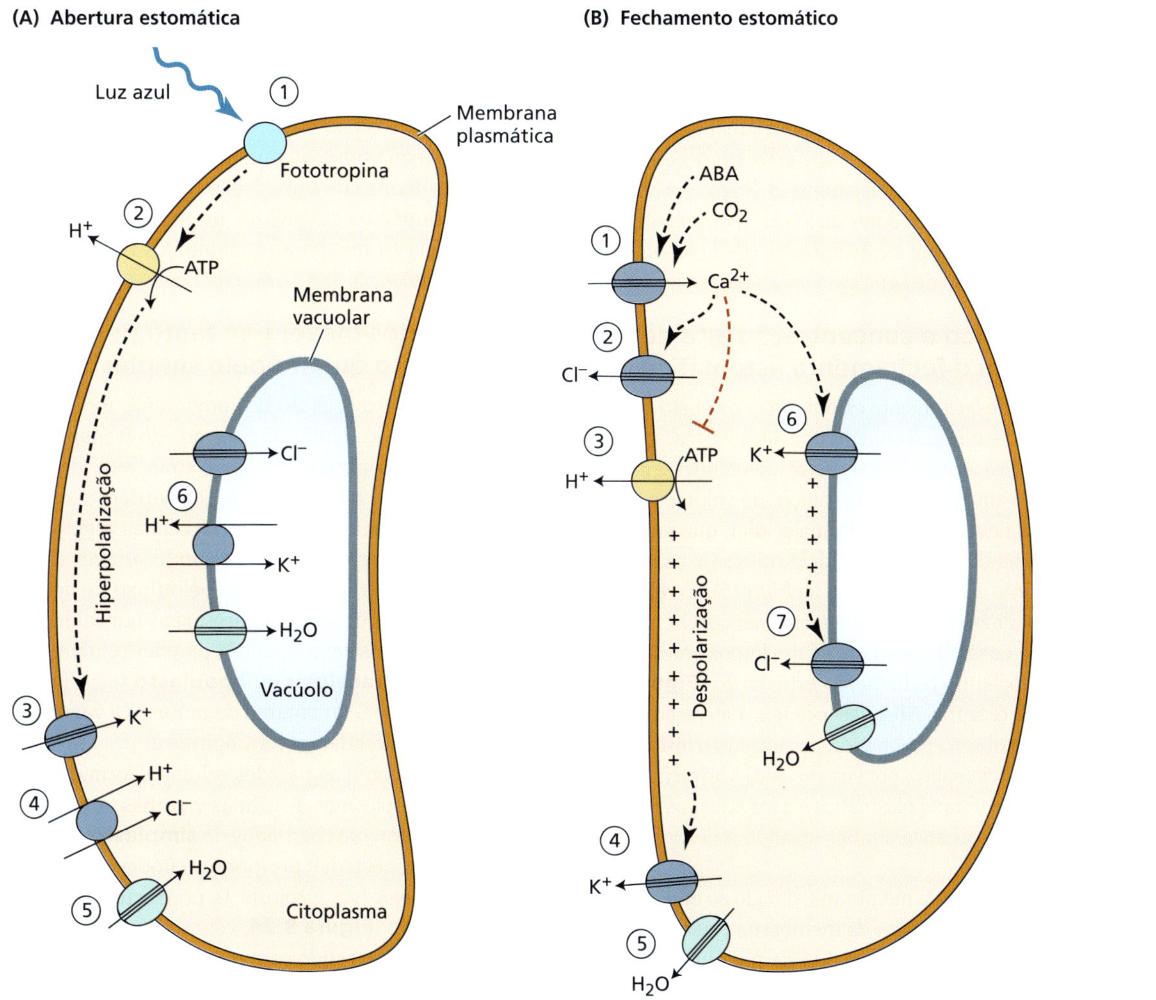

Figura 8.23 Atividades de transporte em células-guarda durante abertura e fechamento estomático. (A) Abertura estomática. ① As fototropinas são receptores de luz azul na membrana plasmática. A sinalização resulta na ativação das H^+-ATPases ② da membrana plasmática, que hiperpolariza o potencial de membrana e aumenta o gradiente de pH transmembrana. Os canais de K^+ retificadores de entrada ③ são ativados por hiperpolarização, e ânions como Cl^- são acumulados por meio de transportadores acoplados a H^+ ④. O acúmulo resultante de sais de K^+ impulsiona a absorção de água via aquaporinas ⑤. O vacúolo também acumula sais K^+, mas esse mecanismo envolve transportadores de K^+–H^+ do tipo antiporte e canais aniônicos ⑥. (B) Fechamento estomático. ABA ou CO_2 elevado leva à ativação dos canais de Ca^{2+} ① e do Ca^{2+} citoplasmático elevado, que é um regulador central para o fechamento estomático. O Ca^{2+} elevado resulta na ativação dos canais de efluxo de ânions ② e na inibição das H^+-ATPases ③ da membrana plasmática. A despolarização da membrana plasmática resultante ativa os canais de K^+ ④ retificadores de saída, permitindo o efluxo de K^+. O efluxo de sais de K^+ impulsiona o efluxo de água das células por meio das aquaporinas ⑤. O Ca^{2+} citoplasmático elevado ativa os canais TPK/VK K^+ no tonoplasto, permitindo o efluxo de K^+ do vacúolo ⑥. A despolarização resultante do tonoplasto conduz o efluxo aniônico do vacúolo via canais de ânions ⑦. As linhas tracejadas indicam etapas de transdução de sinal estimulatória ou inibitória.

outra proteína quinase que ainda não foi identificada. A ativação das H⁺-ATPases da membrana plasmática causa hiperpolarização do potencial de membrana, um regulador-chave das atividades de transporte na célula. A hiperpolarização ativa os canais de K^+ retificadores de entrada, permitindo a absorção de K^+ pelas células-guarda. A absorção de ânions é realizada por transportadores de ânions acoplados a H^+, que são estimulados pelo aumento do gradiente de pH transmembrana causado pela ativação das H^+-ATPases da membrana plasmática. O **potencial osmótico** mais negativo devido à absorção de sais de K^+ impulsiona a absorção de água para as células-guarda por meio de aquaporinas, aumentando assim o volume e o turgor das células-guarda e causando uma mudança na forma das células, causando a abertura da fenda estomática (ver Capítulo 6).

O volume do vacúolo da célula-guarda também aumenta durante a abertura estomática. O bombeamento de prótons da H^+-Pase ou V-ATPase vacuolar não parece ser necessário. A absorção de ânions por meio de canais aniônicos e a absorção de K^+ por meio de transportadores de K^+–H^+ do tipo antiporte (ver Figura 8.13A) aumentam a concentração de sal K^+ no vacúolo e conduzem a absorção de água para o vacúolo via aquaporinas.

Ácido abscísico e concentração alta de CO_2 induzem o fechamento estomático

O mecanismo de fechamento estomático é o oposto da abertura estomática, pois é impulsionado por despolarização na membrana plasmática, efluxo de sais de K^+ das células-guarda, perda de água via aquaporinas, diminuição do volume e turgor das células-guarda e mudança na forma celular, que resulta no fechamento da fenda estomática. O ácido abscísico (ABA), chamado de hormônio do estresse (ver Capítulo 15), e o elevado CO_2 intracelular induzem o fechamento estomático. O Ca^{2+} citoplasmático elevado nas células-guarda é um importante intermediário de sinalização no fechamento estomático (**Figura 8.23B**). A ativação do receptor ABA desencadeia a ativação dos canais de Ca^{2+} na membrana plasmática, permitindo o influxo de Ca^{2+}. O elevado Ca^{2+} citosólico, por sua vez, leva à ativação dos canais aniônicos da membrana plasmática e à inibição das H^+-ATPases da membrana plasmática, ambas levando à despolarização da membrana.

A despolarização da membrana, devido ao efluxo de ânions através dos canais aniônicos da membrana plasmática, ativa os canais de K^+ retificadores de saída na membrana plasmática e impulsiona o efluxo de K^+. Isso resulta no efluxo líquido de sais de K^+ das células-guarda, tornando o potencial osmótico das células menos negativo e conduzindo o efluxo de água via aquaporinas. O volume celular e o turgor diminuem, e a forma das células-guarda se altera para fechar a fenda estomática. Observe que tanto na abertura quanto no fechamento estomático, o movimento do K^+ através da membrana plasmática é impulsionado por mudanças no potencial de membrana.

O volume do vacúolo da célula-guarda também diminui durante o fechamento estomático. Espera-se que o efluxo de K^+ dos vacúolos, bem como de ânions como Cl^-, NO_3^- e malato, seja importante, mas o mecanismo não é totalmente compreendido. O Ca^{2+} citosólico elevado ativa canais TPK/VK altamente seletivos, que podem fornecer uma via para o efluxo de K^+ do vacúolo. Conforme mostrado na Figura 8.23B, a despolarização da membrana vacuolar resultante pode conduzir o efluxo de ânions do vacúolo via canais aniônicos.

8.6 Transporte de íons nas raízes

Os nutrientes minerais absorvidos pelas raízes são carregados para a parte aérea pela corrente de transpiração que se movimenta pelo xilema (ver Capítulo 6). Tanto a absorção inicial de nutrientes e água quanto o movimento subsequente dessas substâncias desde a superfície da raiz, atravessando o córtex e entrando no xilema são processos altamente específicos e bem regulados.

O transporte de íons através da raiz obedece às mesmas leis biofísicas que governam o transporte celular. No entanto, conforme foi visto no caso do movimento da água (ver Capítulo 6), a anatomia da raiz impõe limitações especiais na rota do movimento de íons. Nesta seção, discutem-se as rotas e os mecanismos envolvidos no movimento radial de íons da superfície da raiz para os elementos traqueais (componentes do xilema).

Os solutos movem-se tanto pelo apoplasto quanto pelo simplasto

Até agora, a discussão do movimento iônico celular não incluiu a parede celular. Em termos do transporte de pequenas moléculas, a parede celular é uma rede de polissacarídeos preenchida de fluido, pela qual os nutrientes minerais se difundem prontamente. Por serem as células vegetais separadas por paredes, os íons podem se difundir através de um tecido (ou ser passivamente carregados pelo fluxo de água) inteiramente pelos espaços intercelulares, sem nunca entrarem em uma célula viva. Esse *continuum* de paredes celulares é denominado **espaço extracelular** ou **apoplasto** (ver Figura 6.4). Tipicamente, 5 a 20% do volume de um tecido vegetal são ocupados por paredes celulares (ver Capítulo 2).

Assim como as paredes celulares formam uma fase contínua, os citoplasmas de células vizinhas também o fazem, sendo coletivamente chamados de **simplasto**. As células vegetais são interconectadas por pontes citoplasmáticas chamadas de *plasmodesmos* (ver Capítulo 1), poros cilíndricos de 20 a 60 nm de diâmetro (**Figura 8.24**; ver também Figura 1.4). Cada plasmodesmo é revestido com membrana plasmática e contém um túbulo estreito, o *desmotúbulo*, que é a continuação do retículo endoplasmático.

Em tecidos onde ocorrem quantidades significativas de transporte intercelular, células vizinhas contêm numerosos plasmodesmos, até 15 por micrômetro quadrado de superfície celular. Células secretoras especializadas, como nectários florais e glândulas foliares de sal, têm altas densidades de plasmodesmos.

Pela injeção de corantes ou pela realização de medições de resistência elétrica em células contendo grandes números de plasmodesmos, pesquisadores mostraram que íons inorgânicos, água e pequenas moléculas orgânicas podem mover-se de célula para célula através desses poros. Uma vez que cada plasmodesmo é parcialmente ocluído pelo desmotúbulo e suas

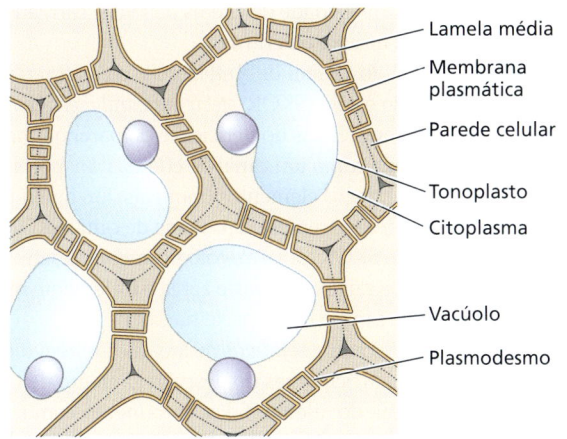

Figura 8.24 Os plasmodesmos conectam o citoplasma de células vizinhas, facilitando, portanto, a comunicação célula a célula.

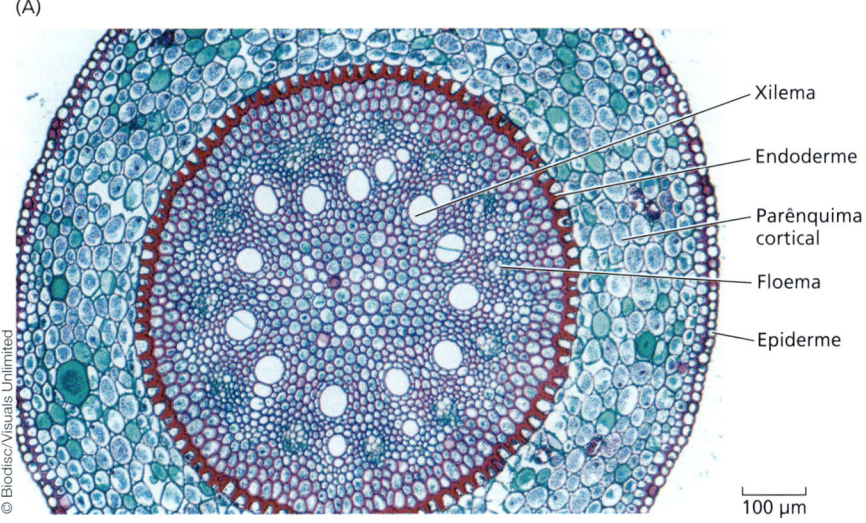

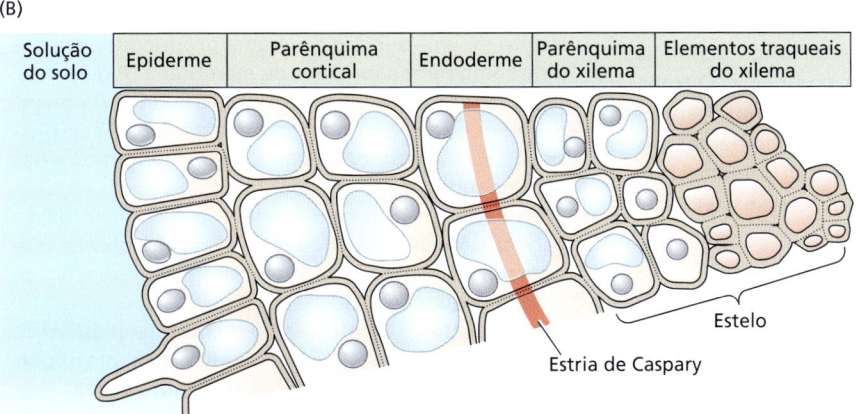

Figura 8.25 Organização de tecidos em raízes. (A) Seção transversal de uma raiz da flor-de-carniça (gênero *Smilax*), uma monocotiledônea, mostrando a epiderme, o parênquima cortical, a endoderme, o xilema e o floema. (B) Diagrama esquemático de uma seção transversal de raiz, ilustrando as camadas de células pelas quais os solutos passam da solução do solo para os elementos traqueais.

proteínas associadas (ver Capítulo 1), o movimento de moléculas grandes, como proteínas, através dos plasmodesmos requer mecanismos especiais. Os íons, por outro lado, parecem se mover na planta de maneira simplástica, por difusão simples através de plasmodesmos (ver Capítulo 6).

Os íons cruzam tanto o simplasto quanto o apoplasto

A absorção da maioria dos íons pela raiz (ver Capítulo 6) é mais pronunciada na zona dos pelos do que nas zonas meristemática e de alongamento. As células na zona dos pelos da raiz completaram seu alongamento, mas ainda não iniciaram o crescimento secundário. Os pelos são, simplesmente, extensões de células epidérmicas específicas que aumentam de maneira significativa a área de superfície disponível para a absorção de íons.

Um íon que penetra em uma raiz pode imediatamente entrar no simplasto atravessando a membrana plasmática de uma célula epidérmica, ou pode penetrar no apoplasto e difundir-se entre as células epidérmicas através das paredes celulares. Do apoplasto do córtex, um íon (ou outro soluto) pode tanto ser transportado através da membrana plasmática de uma célula cortical, assim entrando no simplasto, quanto se difundir radialmente até a endoderme via apoplasto. O apoplasto forma uma fase contínua da superfície da raiz até o parênquima cortical. Entretanto, em todos os casos, os íons precisam ingressar no simplasto antes de entrarem no estelo, devido à presença da estria de Caspary. Como discutido nos Capítulos 1, 2 e 6, a estria de Caspary é uma camada lignificada ou suberizada que forma anéis ao redor de células especializadas da endoderme (**Figura 8.25**) e bloqueia eficazmente a entrada de água e solutos dentro do estelo via apoplasto.

O estelo consiste em elementos traqueais mortos circundados por periciclo e células vivas do parênquima do xilema. Uma vez que um íon tenha entrado no estelo pelas conexões simplásticas através da endoderme, ele continua a se difundir pelas células vivas. Por fim, o íon é liberado no apoplasto e se difunde dentro das células condutoras do xilema – visto que essas células são mortas, seus interiores são contínuos com o apoplasto. A estria de Caspary permite que a absorção de nutrientes seja seletiva; somente íons e solutos que entram no simplasto, geralmente por meio de transportadores, e são exportados para o apoplasto, também por meio de transportadores, chegam ao xilema e são transportados até o caule. A estria de Caspary também impede que os íons se difundam de volta para fora da raiz através do apoplasto. Desse modo, a presença da estria de Caspary permite à planta manter uma concentração de íons mais alta no xilema do que a existente na água do solo que circunda as raízes. As raízes da maioria das eudicotiledôneas têm uma camada celular adicional com uma estria de Caspary chamada de exoderme (ver Figura 7.7). Quando presente, a exoderme é a camada celular mais externa do córtex e tem uma função semelhante à da endoderme.

As células parenquimáticas xilemáticas participam do carregamento do xilema

O processo pelo qual os íons saem do simplasto de uma célula parenquimática do xilema e entram nas células condutoras do xilema, para translocação para a parte aérea, é chamado de **carregamento do xilema**. O carregamento do xilema é um processo altamente regulado. As células parenquimáticas do xilema, como outras células vegetais vivas, mantêm atividades das H^+-ATPases da membrana plasmática e um potencial de membrana negativo. Por estudos eletrofisiológicos e abordagens genéticas, foram identificados transportadores que funcionam especificamente no descarregamento dos solutos para os elementos traqueais. As membranas plasmáticas das células parenquimáticas do xilema contêm bombas de prótons, aquaporinas e uma diversidade de canais de íons e carreadores especializados para influxo ou efluxo.

No parênquima do xilema de *Arabidopsis*, o canal retificador de saída de K^+ do estelo (SKOR, *stelar outwardly rectifying K^+ channel*) é expresso em células do periciclo e do parênquima do xilema, onde funciona como um canal de efluxo, transportando K^+ das células vivas para os elementos traqueais. Em indivíduos mutantes de *Arabidopsis* carentes da proteína de canal SKOR ou em plantas em que o SKOR foi farmacologicamente desativado, o transporte de K^+ da raiz para a parte aérea é fortemente reduzido, confirmando a função dessa proteína canal.

Diversos tipos de canais seletivos de ânions também foram identificados como participantes do descarregamento de Cl^- e NO_3^- do parênquima do xilema. Seca, tratamento com ácido abscísico (ABA) ou elevação das concentrações citosólicas de Ca^{2+} (que comumente ocorre em resposta ao ABA) reduzem a atividade dos canais SKOR e dos canais de ânions do parênquima do xilema da raiz, uma resposta que poderia ajudar a manter a hidratação celular na raiz sob condições de dessecação.

Outros canais de íons menos seletivos encontrados na membrana plasmática de células parenquimáticas do xilema são permeáveis a K^+, Na^+ e ânions. Também foram identificadas outras moléculas de transporte que intervêm no carregamento de boro (como ácido bórico [$B(OH)_3$] ou borato [$B(OH)_4^-$]), Mg^{2+} e $H_2PO_4^{2-}$. Assim, no xilema, o fluxo de íons das células do parênquima para os elementos traqueais está sob rigoroso controle metabólico pela regulação de H^+-ATPases, canais de efluxo de íons e carreadores da membrana plasmática.

■ Resumo

O movimento de íons e outros solutos de um local para outro dentro de um organismo é conhecido como transporte. Os processos de transporte são predominantemente mediados por proteínas de membrana. As plantas trocam solutos com o ambiente local, entre seus tecidos e órgãos e dentro de suas células. As proteínas de transporte controlam tanto o transporte celular quanto os processos de transporte de longa distância, como o transporte de metabólitos no floema. O transporte iônico nas plantas é vital para sua nutrição mineral e tolerância ao estresse; a modulação de componentes e propriedades do transporte tem potencial para melhorar o valor nutritivo, a tolerância ao estresse e a produtividade das culturas vegetais.

8.1 Transportes passivo e ativo

- Gradientes de concentração e gradientes de potencial elétrico, as principais forças que impulsionam o transporte através de membranas biológicas, são integrados por um termo chamado de potencial eletroquímico (**Equação 8.8**).
- O movimento de solutos através de membranas a favor de seus gradientes de energia livre é facilitado por mecanismos de transporte passivo, enquanto o movimento de solutos contra seus gradientes de energia livre é conhecido como transporte ativo e requer o aporte de energia (**Figura 8.1**).

8.2 Transporte de íons através de barreiras de membrana

- A extensão na qual uma membrana permite o movimento de uma substância é uma propriedade conhecida como permeabilidade de membrana (**Figura 8.5**).
- A permeabilidade depende das proteínas da membrana que facilitam o transporte de substâncias específicas, da composição lipídica da membrana e das propriedades químicas dos solutos.
- Para cada íon que se difunde, a distribuição dessa espécie iônica específica através da membrana que ocorreria no equilíbrio é descrita pela equação de Nernst (**Equação 8.10**).
- O transporte de H^+ através da membrana plasmática de plantas por H^+-ATPases é um determinante importante do potencial de membrana (**Figura 8.20**).

8.3 Processos de transporte em membranas

- As membranas biológicas contêm proteínas especializadas — canais, carreadores e bombas — que facilitam o transporte de solutos (**Figura 8.6**).

Resumo

- O resultado líquido dos processos de transporte pela membrana é que a maioria dos íons é mantida em desequilíbrio com seu entorno (**Tabela 8.1**).
- Canais são poros proteicos regulados que, quando abertos, aumentam muito o fluxo de íons e, em alguns casos, moléculas neutras através das membranas (**Figuras 8.6, 8.7**).
- Os organismos têm uma grande diversidade de tipos de canais iônicos. Dependendo do tipo, os canais podem ser não seletivos ou altamente seletivos para somente uma espécie iônica. Os canais podem ser regulados por muitos parâmetros, incluindo voltagem, moléculas sinalizadoras intracelulares, ligantes, hormônios e luz (**Figuras 8.8, 8.13, 8.14**).
- Carreadores ligam-se a substâncias específicas e as transportam em taxas várias ordens de grandeza menores do que os canais (**Figuras 8.6, 8.11**).
- As bombas requerem energia para o transporte. O transporte ativo de H^+ e Ca^{2+} através das membranas plasmáticas de plantas é mediado por bombas (**Figuras 8.13, 8.19–8.21**).
- Os transportadores ativos secundários em plantas aproveitam a energia do movimento de prótons energeticamente descendente para mediar o transporte energeticamente ascendente de outro soluto (**Figura 8.9**).
- No simporte, ambos os solutos transportados se movem na mesma direção através da membrana, ao passo que, no antiporte, os dois solutos movem-se em direções opostas (**Figura 8.10**).

8.4 Proteínas de transporte em membranas

- Muitos canais, carreadores e bombas da membrana plasmática e do tonoplasto de plantas foram identificados ao nível molecular (**Figura 8.13**) e caracterizados usando-se técnicas eletrofisiológicas (**Figuras 8.3, 8.8**) e bioquímicas.
- Existem transportadores para diversos compostos nitrogenados, incluindo amônio, nitrato, aminoácidos e peptídeos.
- As plantas têm uma grande diversidade de canais de cátions, que podem ser classificados de acordo com sua seletividade iônica e seus mecanismos reguladores (**Figura 8.14**).
- Várias classes diferentes de carreadores de cátions intervêm na absorção de K^+ no citosol (**Figura 8.13**).
- Os transportadores de Na^+–H^+ e K^+–H^+ do tipo antiporte no tonoplasto acumulam Na^+ e K^+ no vacúolo (**Figura 8.13**).
- O Ca^{2+} é um importante mensageiro secundário nas cascatas de transdução de sinal, e sua concentração citosólica é fortemente regulada. Ele entra passivamente no citosol, via canais permeáveis ao Ca^{2+}, e é removido ativamente do citosol por bombas de Ca^+ e transportadores de Ca^{2+}–H^+ do tipo antiporte (**Figura 8.13**).
- Os carreadores seletivos, que mediam a absorção de NO_3^-, Cl^-, SO_4^- e $H_2PO_4^-$ no citosol, e os canais aniônicos, que mediam não seletivamente o efluxo de ânions do citosol, regulam as concentrações celulares desses macronutrientes (**Figura 8.13**).
- Tanto os íons de metais essenciais quanto os de metais tóxicos são transportados por proteínas de transporte ZIP de alta afinidade.
- As aquaporinas atuam como canais de água, mediam o influxo de nutrientes minerais (p. ex., boro e ácido silícico) e atuam como condutos para o movimento de CO_2, NH_3 e H_2O_2 através da membrana plasmática e outras membranas vegetais. A regulação das aquaporinas permite que as células vegetais alterem rapidamente sua permeabilidade à água em resposta aos estímulos ambientais.
- H^+-ATPases da membrana plasmática são codificadas por uma família multigênica e sua atividade é reversivelmente controlada por um domínio autoinibitório (**Figura 8.20**).
- Como a membrana plasmática, o tonoplasto contém também ambos os canais de cátions e ânions, bem como uma diversidade de outros transportadores.
- Três tipos de bombas de prótons são encontrados na membrana vacuolar: H^+-ATPases vacuolares (V-ATPases), H^+-pirofosfatases (H^+-PPases) e, em algumas células, H^+-ATPases do tipo P regulam a força motriz do próton através do tonoplasto, que, por sua vez, impulsiona o movimento de outros solutos através desta membrana via mecanismos dos tipos antiporte e simporte (**Figuras 8.13, 8.21**).

8.5 Transporte em células-guarda estomatais

- A abertura estomática envolve a ativação de H^+-ATPases do tipo P na membrana plasmática da célula-guarda. A hiperpolarização da membrana resultante impulsiona a absorção de sais de K^+, um potencial osmótico mais negativo, a absorção celular de água e a abertura estomática (**Figuras 8.22, 8.23**).
- O fechamento estomático é impulsionado pela ativação do canal aniônico, que despolariza a membrana plasmática da célula-guarda. O efluxo de K^+ segue por meio dos canais de saída de K^+. O potencial osmótico se torna menos negativo e o efluxo de água resulta em uma diminuição no volume da célula-guarda e no fechamento estomático (**Figuras 8.22, 8.23**).

8.6 Transporte de íons nas raízes

- Solutos, como nutrientes minerais, movem-se entre células no espaço extracelular (apoplasto) ou de citoplasma para citoplasma (via simplasto). O citoplasma de células adjacentes é conectado por plasmodesmos, que facilitam o transporte simplástico (**Figura 8.24**).
- Quando um soluto entra na raiz, ele pode ser absorvido no citosol de uma célula epidérmica, ou pode difundir-se pelo apoplasto no córtex e, então, entrar no simplasto por uma célula cortical ou endodérmica.

Resumo

- A presença da estria de Caspary impede a difusão apoplástica de solutos no estelo. Os solutos entram no estelo via difusão de células endodérmicas para o periciclo e para células parenquimáticas do xilema.

- Durante o carregamento do xilema, os solutos são liberados das células parenquimáticas do xilema e, então, se movem para a parte aérea na corrente transpiratória (**Figura 8.25**).

Material da internet

- **Tópico 8.1 Relação entre o potencial de membrana e a distribuição de vários íons através da membrana: a equação de Goldman** A equação de Goldman é usada para calcular a permeabilidade da membrana a mais de um íon.

- **Tópico 8.2 Estudos com *patch clamp* em células vegetais** A técnica de *patch clamp* é aplicada a células vegetais para estudos eletrofisiológicos.

- **Tópico 8.3 Quimiosmose em ação** A hipótese quimiosmótica explica como os gradientes elétricos e de concentração são usados para realizar trabalho celular.

- **Tópico 8.4 Análise cinética de sistemas de transportadores múltiplos** A aplicação de princípios de cinética enzimática para os sistemas de transporte proporciona uma maneira eficaz de caracterizar carreadores diferentes.

- **Tópico 8.5 Transportadores ABC em plantas** Os transportadores do tipo cassete de ligação de ATP (ABC) são uma grande família de proteínas de transporte ativo energizadas diretamente por ATP.

- **Tópico 8.6 Estudos de transporte com vacúolos isolados e vesículas de membrana** Certas técnicas experimentais permitem o isolamento de tonoplastos e vesículas de membrana plasmática para estudo.

Para mais recursos de aprendizagem (em inglês), acesse **oup.com/he/taiz7e**.

Leituras sugeridas

Barbier-Brygoo, H., Vinauger, M., Colcombet, J., Ephritikhine, G., Frachisse, J., and Maurel, C. (2000) Anion channels in higher plants: Functional characterization, molecular structure and physiological role. *Biochim. Biophys. Acta* 1465: 199–218.

Brunkard, J. O., Runkel, A. M., and Zambryski, P. C. (2015) The cytosol must flow: Intercellular transport through plasmodesmata. *Curr. Opin. Cell Biol.* 35: 13–20.

Du, M., Spalding, E. P., and Gray, W. M. (2020) Rapid auxin-mediated cell expansion. *Annu. Rev. Plant Biol.* 71: 379–402.

Eisenach, C., and De Angeli, A. (2017) Ion transport at the vacuole during stomatal movements. *Plant Physiol.* 174: 520–530.

Geldner, N. (2013) The endodermis. *Annu. Rev. Plant. Biol.* 64: 531–558.

Harold, F. M. (1986) *The Vital Force: A Study of Bioenergetics*. W. H. Freeman, New York.

Hamamoto, S., Horie, T., Hauser, F., Deinlein, U., Schroeder, J. I., and Uozumi, N. (2015) HKT transporters mediate salt stress resistance in plants: from structure and function to the field. *Curr. Opin. Biotechnol.* 32: 113–120.

Jammes, F., Hu, H. C., Villiers, F., Bouten, R., and Kwak, J. M. (2011) Calcium-permeable channels in plant cells. *FEBS J.* 278: 4262–4276.

Jeong, J., and Guerinot, M. L. (2009) Homing in on iron homeostasis in plants. *Trends Plant Sci.* 14: 280–285.

Li, G., Santoni, V., and Maurel, C. (2013) Plant aquaporins: Roles in plant physiology. *Biochim. Biophys. Acta* 1840: 1574–1582.

Martinoia, E., Meyer, S., De Angeli, A., and Nagy, R. (2012) Vacuolar transporters in their physiological context. *Annu. Rev. Plant Biol.* 63: 183–213.

Palmgren, M. G., and Nissen, P. (2011) P-type ATPases. *Annu. Rev. Biophys.* 40: 243–266.

Schroeder, J. I., Raschke, K., and Neher, E. (1987) Voltage dependence of K channels in guard-cell protoplasts. *Proc. Natl. Acad. Sci. USA* 84: 4108–4112.

Schroeder, J. I., Delhaize, E., Frommer, W. B., Guerinot, M. L., Harrison, M. J., Herrera-Estrella, L., Horie, T., Kochian, L. V., Munns, R., Nishizawa, N. K., et al. (2013) Using membrane transporters to improve crops for sustainable food production. *Nature* 497: 60–66.

Wang, Y., and Wu, W.-H. (2013) Potassium transport and signaling in higher plants. *Annu. Rev. Plant Biol.* 64: 451–476.

Ward, J. M. (1997) Patch-clamping and other molecular approaches for the study of plasma membrane transporters demystified. *Plant Physiol.* 114: 1151–1159.

Ward, J. M., Mäser, P., and Schroeder, J. I. (2009) Plant ion channels: Gene families, physiology, and functional genomics analyses. *Annu. Rev. Physiol.* 71: 59–82.

Yamaguchi, T., Hamamoto, S., and Uozumi, N. (2013) Sodium transport system in plant cells. *Front. Plant Sci.* 4: 410.

Yazaki, K., Shitan, N., Sugiyama, A., and Takanashi, K. (2009) Cell and molecular biology of ATP-binding cassette proteins in plants. *Int. Rev. Cell Mol. Biol.* 276: 263–299.

UNIDADE III

Bioquímica e metabolismo

Capítulo 9   Fotossíntese: reações luminosas

Capítulo 10 Fotossíntese: reações de carboxilação

Capítulo 11 Fotossíntese: considerações fisiológicas e ecológicas

Capítulo 12 Translocação no floema

Capítulo 13 Respiração e metabolismo de lipídeos

Capítulo 14 Assimilação de nutrientes inorgânicos

Capítulo 15 Estresse abiótico

9 Fotossíntese: reações luminosas

A vida na Terra depende, em última análise, da energia derivada do sol. A fotossíntese é o único processo de importância biológica que pode aproveitar essa energia.

Uma grande fração dos recursos energéticos do planeta resulta da atividade fotossintética em épocas recentes ou passadas (combustíveis fósseis). Este capítulo introduz os princípios físicos básicos que fundamentam o armazenamento de energia fotossintética, bem como os conhecimentos recentes sobre a estrutura e a função do aparelho fotossintético.

O termo *fotossíntese* significa "síntese utilizando a luz." Como será visto neste capítulo, os organismos fotossintetizantes oxigênicos (aqueles, como as plantas, que produzem O_2 como um subproduto) utilizam a energia solar para sintetizar compostos carbonados complexos. Mais especificamente, a energia luminosa impulsiona a síntese de carboidratos e a geração de oxigênio a partir de dióxido de carbono e água. A energia armazenada nessas moléculas pode ser utilizada mais tarde para impulsionar processos celulares na planta e servir como fonte de energia para todas as formas de vida.

Este capítulo aborda o papel da luz na fotossíntese, a estrutura do aparelho fotossintético e os processos que iniciam com a excitação da clorofila pela luz e culminam na síntese de ATP e NADPH.

9.1 Fotossíntese em plantas verdes

Os tecidos fotossintéticos mais ativos das plantas vasculares estão no mesófilo (sistema fundamental da folha). As células do mesófilo possuem muitos cloroplastos, os quais contêm os pigmentos verdes especializados na absorção da luz, as **clorofilas**. Durante a fotossíntese, a planta utiliza a energia solar para oxidar a água, liberando oxigênio e, para reduzir o dióxido de carbono, formando grandes compostos carbonados, sobretudo açúcares. A complexa série de reações, que culmina na redução do CO_2, inclui as reações dos tilacoides e as reações de fixação do carbono.

As **reações dos tilacoides** na fotossíntese ocorrem em membranas internas especializadas, encontradas nos cloroplastos e chamadas de tilacoides (ver Capítulo 1). Os produtos finais dessas reações dos tilacoides são os compostos de alta energia ATP e NADPH, utilizados para a síntese de açúcares nas **reações de fixação do carbono**. Esses processos de síntese ocorrem no

Aleksey Sagitov/Shutterstock

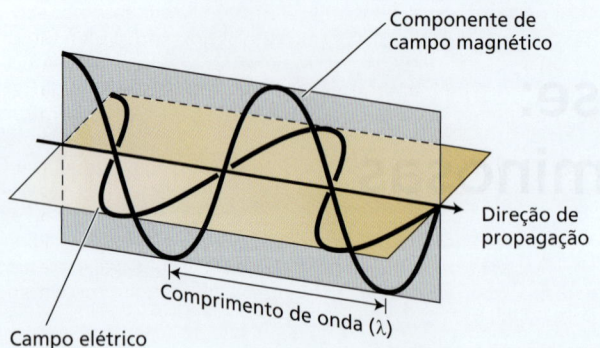

Figura 9.1 Luz é uma onda eletromagnética transversa que consiste em campos oscilantes, elétrico e magnético, perpendiculares um ao outro e à direção de propagação da luz. Ela se move com uma velocidade de $3{,}0 \times 10^8$ m s^{-1}. O comprimento de onda (λ) é a distância entre cristas sucessivas da onda.

A luz consiste em fótons com energias características

A luz possui propriedades tanto de partículas quanto de ondas. Uma onda (**Figura 9.1**) é caracterizada por um **comprimento de onda**, representado pela letra grega lambda (λ), que é a distância entre cristas sucessivas de onda. A **frequência**, representada pela letra grega nu (ν), é o número de cristas de onda que passam por um observador em um tempo determinado. Uma equação simples relaciona o comprimento, a frequência e a velocidade de qualquer onda:

$$c = \lambda \nu \qquad (9.1)$$

onde c é a velocidade da onda – neste caso, a velocidade da luz ($3{,}0 \times 10^8$ m s^{-1}). A onda de luz é uma onda eletromagnética transversa (lado a lado), em que os campos magnético e elétrico oscilam perpendicularmente à direção da propagação da onda e a um ângulo de 90° uma em relação à outra.

A luz também pode ser considerada como partículas, conhecidas como **fótons**. Cada fóton contém uma quantidade de energia que não é contínua, mas é fornecida em níveis discretos, chamados de **quanta**. A energia (E) de um fóton depende da frequência da luz, de acordo com a relação conhecida como lei de Planck:

$$E = h\nu \qquad (9.2)$$

onde h é a constante de Planck ($6{,}626 \times 10^{-34}$ J s). A forma como os fótons interagem com a matéria depende fortemente de sua frequência ou energia, e apenas uma faixa estreita de frequências, no espectro visível, é utilizável na fotossíntese (**Figura 9.2**). Fótons de frequência mais baixa, com energias abaixo da luz vermelha, e fótons de frequência mais alta, com energias acima da luz violeta, não podem impulsionar a fotossíntese.

A absorção da luz fotossinteticamente ativa altera os estados eletrônicos das clorofilas

Para que a energia da luz alimente a fotossíntese, ela deve ser capturada e convertida em formas elétricas ou químicas. A primeira etapa desse processo é a absorção da luz pelos pigmentos associados ao aparato fotossintético. Energias (ou frequências) diferentes da luz interagem com as moléculas de maneiras

estroma do cloroplasto, a região aquosa que circunda os tilacoides. As reações dos tilacoides, também chamadas de "reações luminosas" da fotossíntese, são o assunto deste capítulo; as reações de fixação do carbono serão discutidas no Capítulo 10.

No cloroplasto, a energia luminosa é convertida em energia química por duas unidades funcionais diferentes denominadas *fotossistemas*. A energia absorvida da luz é utilizada para impulsionar a transferência de elétrons por uma série de compostos que atuam como doadores e aceptores desses elétrons. A maior parte dos elétrons é extraída de H_2O, que é oxidada a O_2, e, por fim, reduz $NADP^+$ a $NADPH$. A energia luminosa também é utilizada para gerar a força motriz de prótons (ver Capítulo 8) através da membrana do tilacoide; essa força motriz é utilizada para sintetizar ATP.

■ 9.2 Conceitos gerais

Nesta seção, exploram-se os conceitos essenciais que proporcionam um embasamento para a compreensão da fotossíntese. Esses conceitos incluem a natureza da luz, as propriedades dos pigmentos e os vários papéis desses pigmentos.

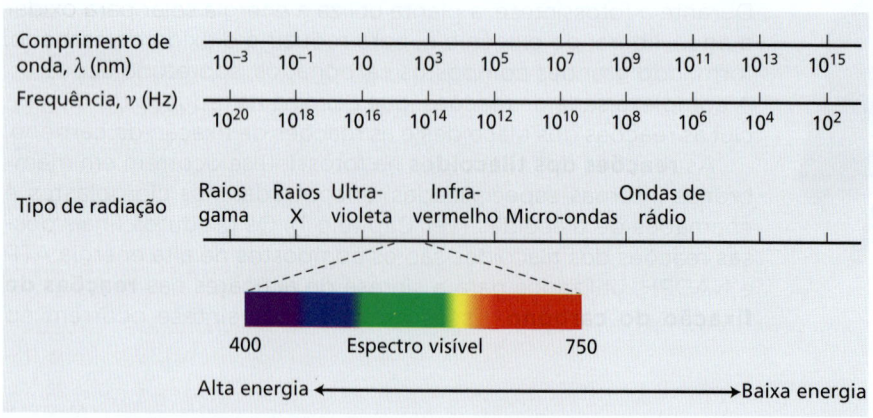

Figura 9.2 Espectro eletromagnético. Comprimento de onda (λ) e frequência (ν) são inversamente relacionados. O olho humano é sensível a apenas uma estreita faixa de comprimentos de onda da radiação, a região visível, que se estende de cerca de 400 nm (violeta) até cerca de 700 nm (vermelho). A luz de comprimentos de onda curtos (alta frequência) possui conteúdo de energia alto; a luz de comprimentos de onda longos (baixa frequência) possui conteúdo de energia baixo.

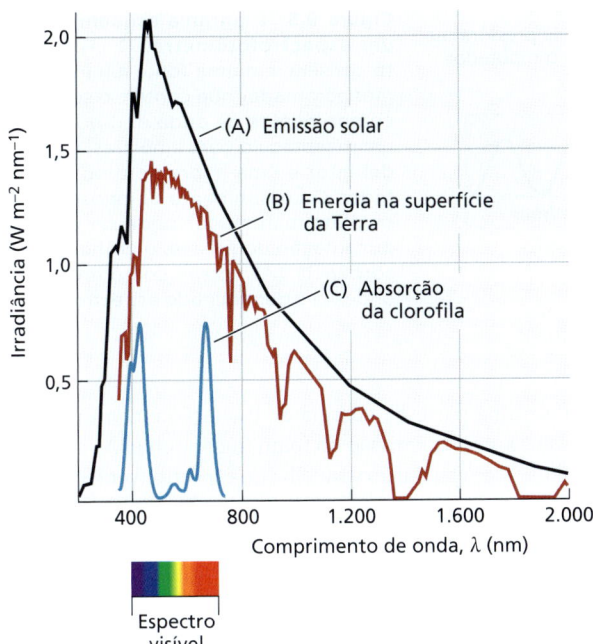

Figura 9.3 O espectro solar e sua relação com o espectro de absorção da clorofila. A curva A representa a emissão de energia pelo sol em função do comprimento de onda. A curva B representa a energia que colide com a superfície da Terra. Os vales íngremes na região do infravermelho, além dos 700 nm, representam a absorção da energia solar pelas moléculas na atmosfera, principalmente vapor de água. A curva C representa o espectro de absorção da clorofila, a qual absorve fortemente nas porções do azul (cerca de 430 nm) e do vermelho (cerca de 660 nm) do espectro. Devido à pouca eficiência na absorção da luz verde na faixa intermediária da região do espectro visível, parte dela é refletida para o olho humano e dá às plantas sua coloração verde característica.

diferentes, induzindo tipos diferentes de transições. Para que a luz seja absorvida, o pigmento absorvente deve ter uma transição de energia (um processo excitável pela luz) que corresponda à energia do fóton. Se a energia do fóton não corresponder exatamente a essa transição (i.e., se for muito baixa ou muito alta), a luz não será absorvida. Assim, embora a luz solar que atinge a superfície da Terra contenha fótons com uma faixa ampla de energias diferentes, conforme mostrado na **Figura 9.3**, apenas uma pequena fração dessa luz pode ser usada para fotossíntese. A fotossíntese vegetal pode usar energia luminosa entre cerca de 400 e 700 nm (variando de violeta a vermelho e vermelho-distante, quase iguais ao espectro visível; ver Figura 9.2).

Essa faixa de energias de fótons pode excitar elétrons em pigmentos vegetais, principalmente clorofilas, de orbitais moleculares de energia baixa a "estados excitados" de energia mais alta (**Figura 9.4**). Esses estados excitados nas moléculas de clorofila são os pontos de partida essenciais para as reações de luz. Por outro lado, a radiação infravermelha de energia mais baixa tende a excitar movimentos vibracionais ou rotações de ligações químicas, cuja energia é rapidamente dissipada como calor e, portanto, não é eficaz para impulsionar a fotossíntese. Fótons com maior energia, incluindo luz ultravioleta mais profunda, tendem a ionizar diretamente as moléculas, essencialmente retirando elétrons das moléculas, gerando assim radicais que podem danificar materiais biológicos.

O **espectro de absorção** de uma clorofila típica encontrada nos cloroplastos é mostrado pela curva azul na Figura 9.3. Um espectro de absorção fornece uma medida da quantidade de **energia luminosa** captada ou absorvida por uma molécula ou substância em função do comprimento de onda da luz. O espectro de absorção de certa substância pode ser determinado com um espectrofotômetro, conforme ilustrado na **Figura 9.5**. A espectrofotometria, técnica utilizada para medir a absorção da luz por uma amostra, é discutida

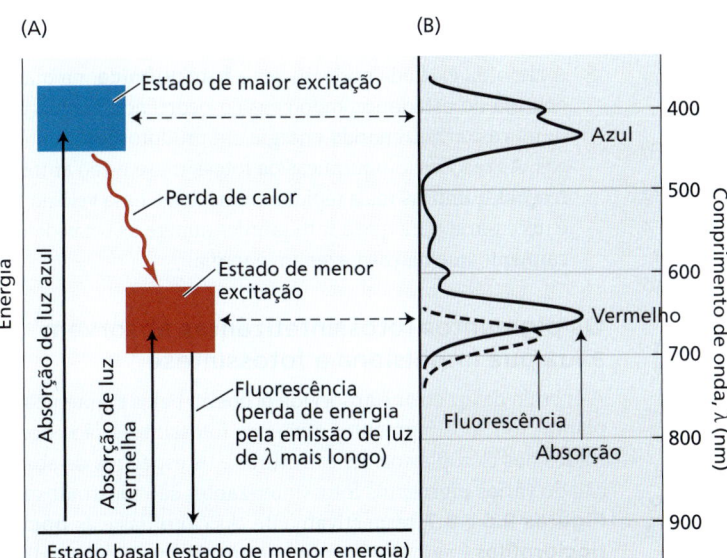

Figura 9.4 Absorção e emissão de luz pela clorofila. (A) Diagrama mostrando o nível energético. A absorção ou emissão de luz é indicada pelas linhas verticais que conectam o estado basal com os estados excitados dos elétrons. As bandas de absorção da clorofila em azul e vermelho (que absorvem fótons azuis e vermelhos, respectivamente) correspondem às setas verticais para cima, significando que a energia absorvida da luz provoca uma alteração na molécula do estado basal para um estado excitado. A seta que aponta para baixo indica fluorescência, em que a molécula vai do estado de menor excitação para o estado basal, reemitindo energia na forma de fótons. (B) Espectros de absorção e fluorescência. A banda de absorção nos comprimentos de onda longos (vermelho) da clorofila corresponde à luz que possui a energia necessária para causar a transição do estado basal para o primeiro estado de excitação. A banda de absorção nos comprimentos de onda curtos (azul) corresponde à transição para o estado de maior excitação.

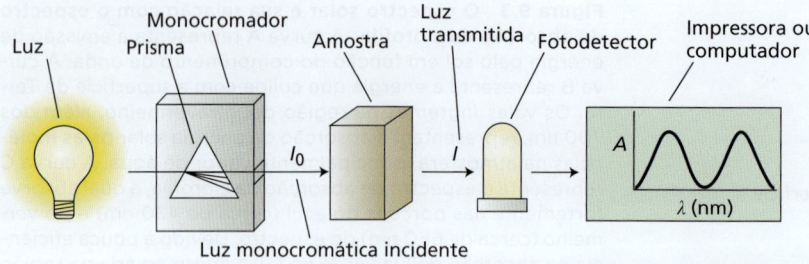

Figura 9.5 Diagrama esquemático de um espectrofotômetro. O instrumento consiste em uma fonte luminosa, um monocromador que contém o seletor de comprimentos de onda do tipo prisma, um receptáculo para amostras, um fotodetector e uma impressora ou computador. O comprimento de onda emitido pelo monocromador pode ser alterado por rotação do prisma; o gráfico de absorbância (A) *versus* comprimento de onda (λ) é denominado espectro.

mais plenamente no **Tópico 9.1 na internet**. Em muitos casos, os espectros de absorção são representados graficamente como a absorção de luz (no eixo y) em função do comprimento de onda da luz (no eixo x). No entanto, também é informativo representar graficamente a absorção em função da frequência, o que, devido à relação descrita pela Equação 9.2, fornece a dependência da absorção da energia dos fótons.

A clorofila parece verde aos olhos humanos porque ela absorve luz principalmente nas porções vermelha e azul do espectro. Desse modo, a luz não absorvida é enriquecida nos comprimentos de onda do verde (cerca de 550 nm) (ver Figuras 9.3 e 9.4). A absorção da luz é representada pela Equação 9.3, na qual a clorofila (Chl, *chlorophyll*) em seu estado mais baixo de energia, ou estado basal, absorve um fóton (representado por $h\nu$) e faz uma transição para um estado de maior energia, ou estado excitado (Chl*):

$$\text{Chl} + h\nu \rightarrow \text{Chl}^* \qquad (9.3)$$

A distribuição de elétrons na molécula excitada é diferente da distribuição na molécula no estado basal. A absorção da luz vermelha excita a clorofila para um "estado excitado" de energia mais alta (o "estado de menor excitação" na Figura 9.4) ao promover um elétron de um orbital de energia baixa para um orbital de energia mais alta. A luz azul também pode ser absorvida pela clorofila, inicialmente produzindo um estado excitado de energia ainda maior (o "estado de maior excitação" na Figura 9.4) do que aquele produzido pela luz vermelha. No entanto, esse estado excitado de energia maior é extremamente instável e decai rapidamente para o **estado de menor excitação**, que é o ponto de partida para as reações que impulsionam a fotossíntese. As reações fotossintéticas iniciais devem ser extremamente rápidas para superar o decaimento do estado de menor excitação; se a energia no estado excitado não for usada por essas reações, ela durará no máximo apenas alguns nanossegundos (1 nanossegundo = 10^{-9} s).

O estado de menor excitação da clorofila pode decair por várias rotas alternativas:

1. A clorofila excitada pode reemitir um fóton e, assim, retornar ao seu estado basal – um processo conhecido como **fluorescência**. Quando isso acontece, o comprimento de onda da fluorescência é levemente mais longo (e com menor energia) do que o comprimento de onda de absorção, pois uma parte da energia de excitação é convertida em calor antes da emissão do fóton fluorescente. As clorofilas fluorescem na região vermelha do espectro (ver Figura 9.4).
2. A clorofila excitada pode retornar ao seu estado basal pela conversão direta de sua energia de excitação em calor, sem emissão de um fóton.
3. A clorofila excitada pode participar na **transferência de energia**, durante a qual a molécula de clorofila transfere sua energia para outra molécula, incluindo outras clorofilas. Dessa forma, centenas de moléculas de clorofila podem transferir energia por distâncias longas de 50 a 100 nm.
4. A clorofila excitada pode formar um estado altamente reativo chamado de clorofila tripleta, que pode reagir com o oxigênio para formar subprodutos tóxicos.
5. A clorofila excitada pode iniciar a **fotoquímica**, na qual a energia do estado excitado causa a ocorrência de reações químicas, armazenando energia em produtos fotossintéticos. As reações fotoquímicas da fotossíntese estão entre as reações químicas mais rápidas conhecidas. Essa velocidade é necessária para que a fotoquímica supere as rotas de decaimento que não armazenam energia.

Os pigmentos fotossintetizantes absorvem a luz que impulsiona a fotossíntese

A energia da luz solar é absorvida primeiro pelos pigmentos da planta. Todos os pigmentos ativos na fotossíntese são encontrados nos cloroplastos. As estruturas e os espectros de absorção de vários pigmentos fotossintetizantes são mostrados nas **Figuras 9.6** e **9.7**, respectivamente. As clorofilas e as **bacterioclorofilas** (pigmento encontrado em algumas bactérias) são pigmentos típicos de organismos fotossintetizantes.

As clorofilas *a* e *b* são abundantes nas plantas verdes, e as clorofilas *c*, *d* e *f* são encontradas em alguns protistas e cianobactérias. Vários tipos diferentes de bacterioclorofilas já foram encontrados; o tipo *a* é o mais amplamente distribuído. O **Tópico 9.2 na internet** mostra a distribuição de pigmentos dos diferentes tipos de organismos fotossintetizantes.

Todas as clorofilas têm uma complexa estrutura em anel, que é quimicamente relacionada aos grupos do tipo porfirina encontrados na hemoglobina e nos citocromos (ver Figura 9.6A). Uma longa cauda de hidrocarbonetos quase sempre está ligada à estrutura do anel. A cauda ancora a clorofila à

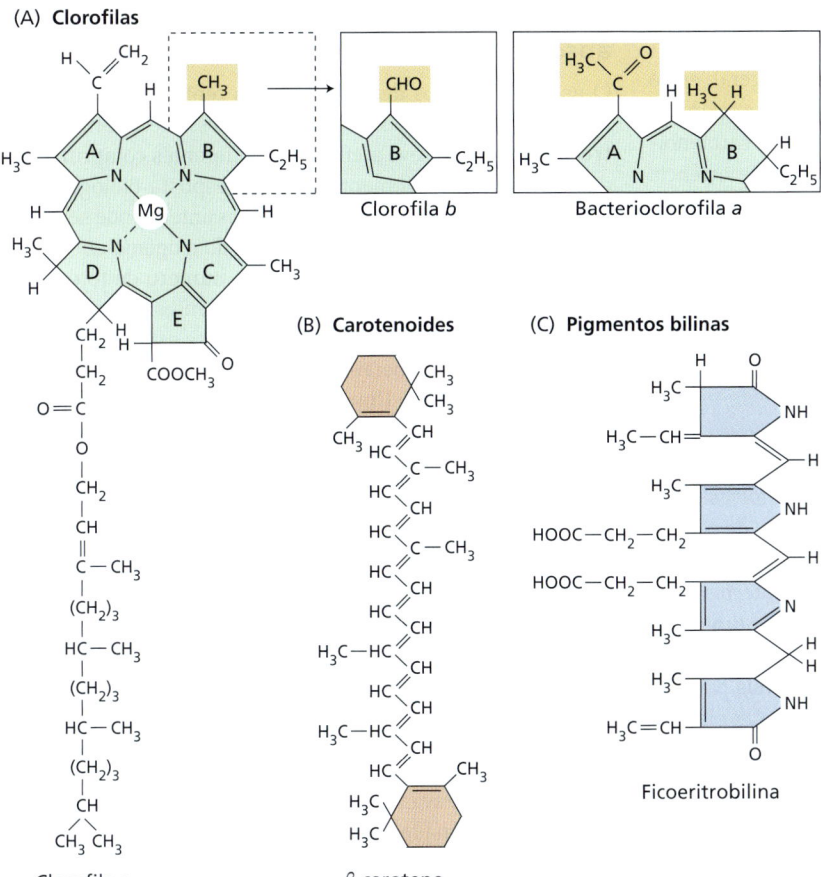

Figura 9.6 Estrutura molecular de alguns pigmentos fotossintetizantes. (A) As clorofilas possuem uma estrutura de anel do tipo porfirina (verde) com um íon magnésio (Mg) coordenado no centro e uma longa cauda de hidrocarbonetos hidrofóbicos que as ancora na membrana fotossintética. O anel do tipo porfirina é o sítio dos rearranjos eletrônicos, que ocorrem quando a clorofila é excitada, e dos elétrons não pareados quando ela é oxidada ou reduzida. As diversas clorofilas diferem principalmente nos substituintes ao redor dos anéis e nos padrões de ligações duplas. (B) Os carotenoides são polienos lineares que servem tanto como pigmentos das antenas quanto como agentes fotoprotetores. (C) Os pigmentos bilinas são tetrapirróis de cadeia aberta encontrados nas antenas e conhecidos como ficobilissomos, que ocorrem nas cianobactérias e nas algas vermelhas.

porção hidrofóbica de seu ambiente. A estrutura em anel contém alguns elétrons frouxamente ligados, e é a parte da molécula envolvida nas transições eletrônicas e nas reações redox (redução–oxidação).

Os diferentes tipos de **carotenoides** encontrados nos organismos fotossintetizantes são moléculas com múltiplas ligações duplas conjugadas (ver Figura 9.6B). As bandas de absorção na região dos 400 a 500 nm dão aos carotenoides sua coloração alaranjada característica. A cor das cenouras, por exemplo, deve-se ao carotenoide β-caroteno, cuja estrutura e espectro de absorção são mostrados nas Figuras 9.6 e 9.7, respectivamente.

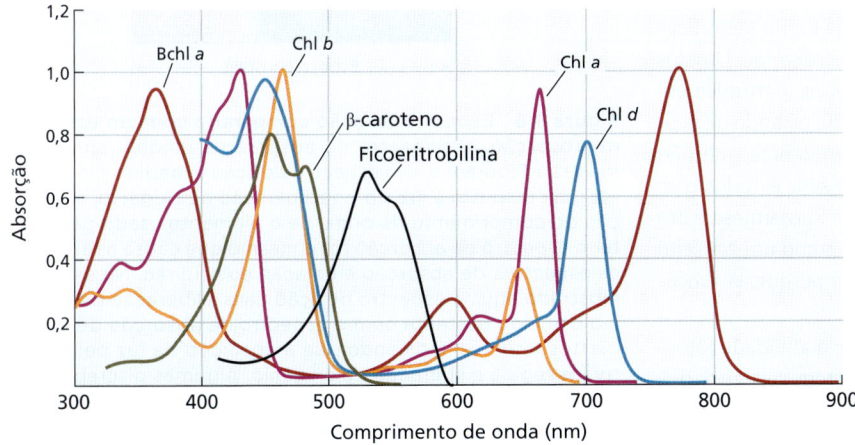

Figura 9.7 Espectros de absorção de alguns dos pigmentos fotossintetizantes, incluindo β-caroteno, clorofila *a* (Chl *a*), clorofila *b* (Chl *b*), bacterioclorofila *a* (Bchl *a*), clorofila *d* (Chl *d*) e ficoeritrobilina. Os espectros de absorção mostrados são para pigmentos puros dissolvidos em solventes não polares, exceto para a ficoeritrina, uma proteína das cianobactérias que contém um cromóforo de ficoeritrobilina covalentemente ligado à cadeia peptídica. Em muitos casos, os espectros dos pigmentos fotossintetizantes *in vivo* são substancialmente afetados pelo ambiente dos pigmentos na membrana fotossintetizante.

Os carotenoides são encontrados em todos os organismos fotossintetizantes naturais conhecidos. Eles são constituintes integrais das membranas dos tilacoides e, em geral, estão intimamente associados às proteínas que formam o aparelho fotossintetizante. A energia da luz absorvida pelos carotenoides é transferida à clorofila para a fotossíntese; em decorrência desse papel, eles são denominados **pigmentos acessórios**. Os carotenoides também ajudam a proteger o organismo dos danos causados pela luz, "extinguindo" (*quenching*) intermediários reativos, como as clorofilas triplas (ver Seção 9.8 e Capítulo 11).

■ 9.3 Experimentos-chave na compreensão da fotossíntese

O estabelecimento da equação química geral da fotossíntese exigiu algumas centenas de anos e a contribuição de muitos cientistas (referências bibliográficas para o desenvolvimento histórico podem ser encontradas na página da internet para este livro). Em 1771, Joseph Priestley observou que um raminho de menta, crescendo no ar onde uma vela havia apagado, regenerou aquele ar no local, de modo que outra vela pudesse ser acesa. Ele descobriu a liberação de oxigênio pelas plantas. O biólogo holandês Jan Ingenhousz documentou o papel essencial da luz na fotossíntese, em 1779.

Outros cientistas estabeleceram os papéis do CO_2 e da H_2O e mostraram que a matéria orgânica, especificamente os carboidratos, é um produto da fotossíntese, junto com o oxigênio. Ao final do século XIX, a reação química geral, em equilíbrio, para a fotossíntese podia ser escrita da seguinte forma:

$$6\,CO_2 + 6\,H_2O \xrightarrow{\text{Luz, planta}} C_6H_{12}O_6 + 6\,O_2 \qquad (9.4)$$

onde $C_6H_{12}O_6$ representa um açúcar simples, como a glicose. Conforme será discutido no Capítulo 10, a glicose não é o produto das reações de carboxilação; assim, esta parte da equação não deve ser considerada literalmente. No entanto, a energia contida na equação real é aproximadamente a mesma da apresentada aqui.

As reações químicas da fotossíntese são complexas. Pelo menos 50 etapas de reações intermediárias já foram identificadas, e etapas adicionais sem dúvida serão descobertas. Um dos primeiros indícios sobre a natureza do processo químico essencial da fotossíntese veio na década de 1920, oriundo de pesquisas realizadas com bactérias fotossintetizantes que não produzem oxigênio como produto final. De seus estudos com essas bactérias, C. B. van Niel concluiu que a fotossíntese é um processo redox. Essa conclusão tem servido como um conceito fundamental, no qual se basearam todas as pesquisas subsequentes sobre fotossíntese.

Agora, esta seção aborda a relação entre a atividade fotossintética e o espectro da luz absorvida. Discutem-se alguns dos experimentos críticos que contribuíram para o conhecimento atual da fotossíntese e consideram-se as equações para as reações químicas essenciais da fotossíntese.

Os espectros de ação relacionam a absorção de luz à atividade fotossintética

O uso de espectros de ação tem sido central ao desenvolvimento da compreensão atual sobre a fotossíntese. Um **espectro de ação** descreve a eficácia de diferentes comprimentos de onda de luz no fomento de uma resposta biológica. Por exemplo, um espectro de ação para fotossíntese pode ser construído medindo-se a taxa de liberação do oxigênio em função do aumento da intensidade da luz (o número de fótons por unidade de área por segundo) em diferentes comprimentos de onda (**Figura 9.8**). (Como a fotossíntese está saturada com muita luz, a taxa de liberação do oxigênio deve ser medida com luz muito baixa ou estimada pelo ponto de meia saturação.) A eficiência com que uma determinada intensidade de comprimento de onda da luz induz a fotossíntese será maior quando ela for absorvida de forma mais eficaz pelos pigmentos fotossintetizantes. Assim, um espectro de ação pode identificar os *cromóforos* (pigmentos) responsáveis por um fenômeno especial induzido pela luz.

Alguns dos primeiros espectros de ação foram medidos por T. W. Engelmann, no final do século XIX (**Figura 9.9**). Engelmann utilizou um prisma para dispersar a luz solar em um arco-íris, a qual incidia sobre um filamento de alga aquático. Uma população de bactérias dependentes de O_2 foi introduzida no sistema. As bactérias congregaram-se nas regiões dos filamentos que liberavam a maior quantidade de O_2. Essas eram as regiões iluminadas por luz azul e vermelha, as quais são

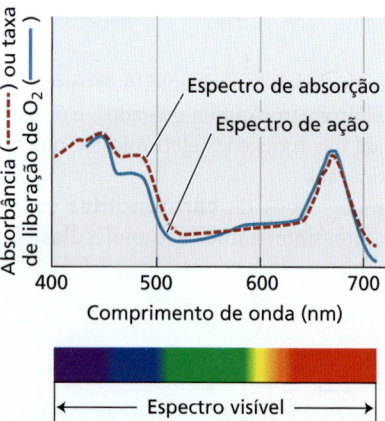

Figura 9.8 Espectro de ação comparado com um espectro de absorção. O espectro de absorção é medido conforme mostra a Figura 9.5. Um espectro de ação é medido plotando-se uma resposta à luz, como a liberação de oxigênio, em função do comprimento de onda. Se o pigmento usado para obter o espectro de absorção for o mesmo que causa a resposta, os espectros de absorção e de ação coincidirão. No exemplo mostrado aqui, o espectro de ação para a liberação de oxigênio coincide bastante com o espectro de absorção de cloroplastos intactos, indicando que a absorção de luz pelas clorofilas regula a liberação de oxigênio. Algumas discrepâncias são encontradas na região de absorção pelos carotenoides, de 450 a 550 nm, indicando que a transferência de energia dos carotenoides para as clorofilas não é tão eficaz quanto a transferência de energia entre as clorofilas.

fortemente absorvidas pelas clorofilas. Hoje, espectros de ação podem ser medidos em espectrógrafos do tamanho de uma sala, onde enormes monocromadores banham as amostras em luz monocromática. A tecnologia é mais sofisticada, porém o princípio é o mesmo dos experimentos de Engelmann.

Uma versão especial do espectro de ação mede a eficácia da luz que é realmente absorvida pela planta, em vez da luz incidente total. Nesse caso, a **produtividade quântica** da fotossíntese – a fração da luz absorvida que é realmente usada para conduzir a fotossíntese produtiva – pode ser calculada. Como será discutido mais adiante nesta seção, a produtividade quântica da fotossíntese sob luz baixa pode ser próxima de 1,0, o que significa que quase todo fóton absorvido é usado para impulsionar a fotossíntese.

Os espectros de ação foram muito importantes na descoberta de dois fotossistemas distintos que operam em organismos fotossintetizantes produtores de O_2. Antes de introduzir os dois fotossistemas, contudo, é preciso descrever as antenas de captação de luz e a necessidade energética da fotossíntese.

A fotossíntese ocorre em complexos contendo antenas de captação de luz e centros fotoquímicos de reação

Uma porção da energia da luz absorvida pelas clorofilas e pelos carotenoides é no final armazenada como energia química via formação de ligações químicas. Essa conversão de energia de uma forma para outra é um processo complexo que depende da cooperação entre muitas moléculas de pigmentos e um grupo de proteínas de transferência de elétrons.

A maior parte dos pigmentos serve como um **complexo antena**, coletando luz e transferindo a energia para o **complexo dos centros de reação**, onde acontecem as reações químicas de oxidação e redução que levam ao armazenamento de energia a longo prazo (**Figura 9.10**). As estruturas moleculares de alguns dos complexos antena e dos centros de reação serão discutidas mais adiante neste capítulo.

Como a planta se beneficia dessa divisão de trabalho entre os pigmentos das antenas e os pigmentos dos centros de reação? Mesmo sob alta radiação solar, uma única molécula de clorofila absorve apenas uns poucos fótons a cada segundo. Se houvesse um centro de reação completo associado a cada molécula de clorofila, as enzimas do centro de reação estariam ociosas na maior parte do tempo, sendo ativadas apenas ocasionalmente pela absorção de um fóton. Entretanto, se um

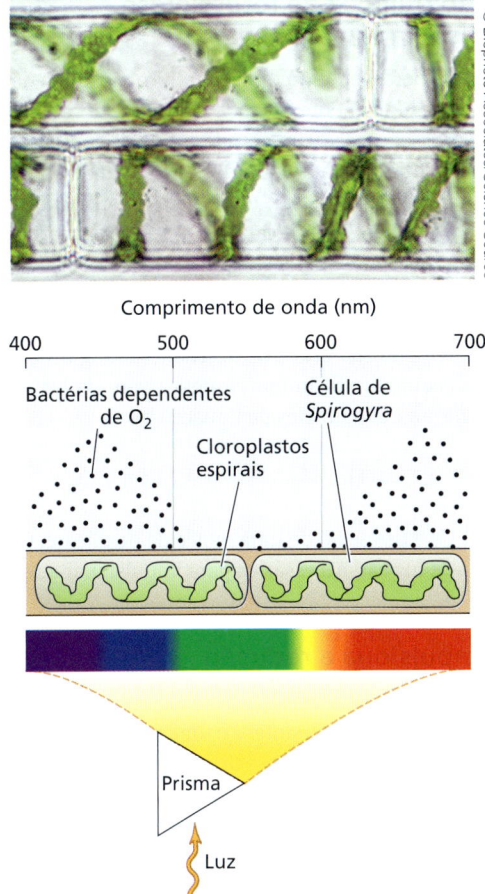

Figura 9.9 Diagrama esquemático das medições do espectro de ação por T. W. Engelmann. Engelmann projetou um espectro de luz sobre os cloroplastos espirais da alga verde filamentosa *Spirogyra* e observou as bactérias dependentes de O_2 introduzidas no sistema se acumulando na região do espectro onde havia absorção pelos pigmentos de clorofila. Esse espectro de ação forneceu as primeiras indicações sobre a eficácia da luz absorvida pelos pigmentos no funcionamento da fotossíntese.

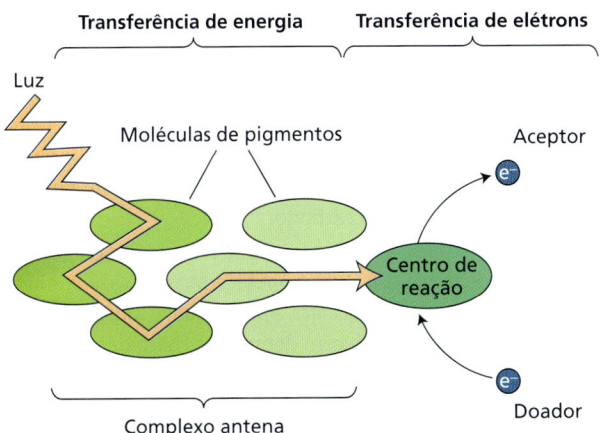

Figura 9.10 Conceito básico da transferência de energia durante a fotossíntese. Muitos pigmentos juntos servem como uma antena, coletando a luz e transferindo sua energia para o centro de reação, onde as reações químicas armazenam parte dessa energia por transferência de elétrons de um pigmento de clorofila para uma molécula aceptora de elétrons. Um doador de elétrons, então, reduz a clorofila novamente. A transferência de energia na antena é um fenômeno puramente físico, e não envolve qualquer alteração química.

centro de reação receber energia de muitos pigmentos de uma só vez, o sistema é mantido ativo por uma grande fração de tempo.

Em 1932, Robert Emerson e William Arnold realizaram um experimento-chave que forneceu a primeira evidência da cooperação de muitas moléculas de clorofila na conversão de energia durante a fotossíntese. Eles forneceram brevíssimos *flashes* (10^{-5} s) de luz a uma suspensão da alga verde *Chlorella pyrenoidosa* e mediram a quantidade de oxigênio produzido. Os *flashes* foram separados por cerca de 0,1 s, intervalo que Emerson e Arnold determinaram em experimentos anteriores como longo o suficiente para que as etapas enzimáticas do processo fossem completadas antes da chegada do *flash* seguinte. Os pesquisadores variaram a energia dos *flashes* e descobriram que, em energias altas, a produção de oxigênio não aumentava quando um *flash* mais intenso era fornecido: o sistema fotossintetizante estava saturado com luz (**Figura 9.11**).

Em suas medições da relação entre a produção de oxigênio e a energia do *flash*, Emerson e Arnold se surpreenderam ao descobrir que, sob condições de saturação luminosa, apenas uma molécula de oxigênio era produzida para cada 2.500 moléculas de clorofila na amostra. Hoje, sabe-se que centenas de pigmentos estão associadas a cada centro de reação e que cada centro de reação necessita operar quatro vezes para produzir uma molécula de oxigênio – por isso, o valor de 2.500 clorofilas por O_2.

Os centros de reação e a maior parte dos complexos antena são componentes integrais da membrana do tilacoide. Nos organismos eucarióticos fotossintetizantes, tais membranas estão localizadas dentro dos cloroplastos; nos procariotos fotossintetizantes, o sítio da fotossíntese é a membrana plasmática ou as membranas dela derivadas.

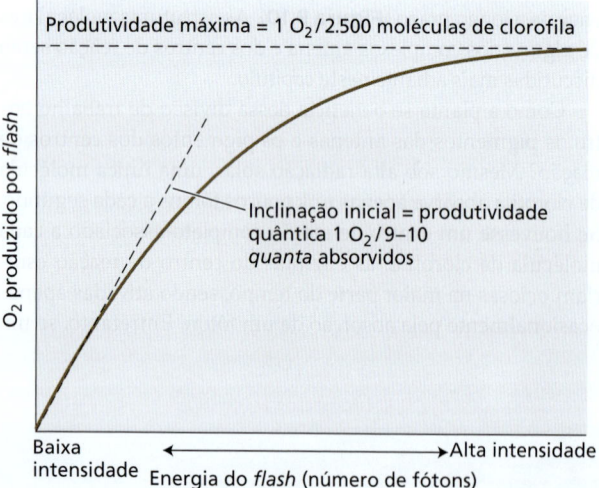

Figura 9.11 **Relação entre a produção de oxigênio e a energia de um *flash*, a primeira evidência da interação entre os pigmentos da antena e o centro de reação.** Em condições de saturação de energia, a quantidade máxima de O_2 produzido é uma molécula para cada 2.500 moléculas de clorofila (ver texto).

A reação química da fotossíntese é impulsionada pela luz

É importante perceber que a reação química mostrada na Equação 9.4 é energeticamente ascendente, o que significa que ela não pode prosseguir sem um grande aporte de energia. A constante de equilíbrio para a Equação 9.4, calculada a partir dos valores tabulados de energia livre para a formação de cada composto envolvido, é de cerca de 10^{-500}. Esse número está tão próximo de zero que se pode ter certeza quase absoluta de que, em toda a história do universo, nenhuma molécula de glicose foi formada espontaneamente da combinação de H_2O e CO_2 sem o provimento de energia externa. A energia necessária para impulsionar a reação fotossintética vem da luz. Aqui se tem uma forma mais simples da Equação 9.4:

$$CO_2 + H_2O \xrightarrow{\text{Luz, planta}} (CH_2O) + O_2 \quad (9.5)$$

onde (CH_2O) é um sexto de uma molécula de glicose. Cerca de dez fótons de luz são necessários para impulsionar a reação da Equação 9.5.

A luz impulsiona a redução de NADP$^+$ e a formação de ATP

O processo global da fotossíntese é uma reação química redox, na qual elétrons são removidos de uma espécie química, oxidando-a, e adicionados a outra espécie, reduzindo-a. Em 1937, Robert Hill descobriu que, na luz, tilacoides de cloroplastos isolados reduzem uma diversidade de compostos, como sais de ferro. Esses compostos servem como oxidantes no lugar do CO_2, conforme mostrado na seguinte equação:

$$4\, Fe^{3+} + 2\, H_2O \rightarrow 4\, Fe^{2+} + O_2 + 4\, H^+ \quad (9.6)$$

Desde então, foi demonstrado que muitos compostos atuam como receptores artificiais de elétrons, o que ficou conhecido como reação de Hill. A utilização de aceptores artificiais de elétrons tem sido valiosa na elucidação das reações que precedem a redução do carbono. A demonstração da liberação do oxigênio ligada à redução de aceptores artificiais de elétrons forneceu as primeiras evidências de que a liberação de oxigênio poderia ocorrer na ausência de dióxido de carbono. Além disso, ela levou à ideia, hoje aceita e comprovada, de que o oxigênio na fotossíntese se origina da água, e não do dióxido de carbono.

Hoje, sabe-se que, durante o funcionamento normal dos sistemas fotossintéticos, a luz reduz o NADP$^+$, que, por sua vez, serve com agente redutor para a fixação do carbono no ciclo de Calvin-Benson (ver Capítulo 10). O ATP também é formado durante o fluxo de elétrons da água ao NADP$^+$, e este também é utilizado na redução do carbono.

As reações químicas em que a água é oxidada a oxigênio, o NADP$^+$ é reduzido a NADPH e o ATP é formado são conhecidas como *reações dos tilacoides*, porque quase todas elas, até a redução do NADP$^+$, acontecem dentro dos tilacoides. A fixação do carbono e as reações de redução são chamadas de *reações do estroma*, porque as reações de redução do carbono acontecem na região aquosa do cloroplasto, o estroma. Embora essa divisão seja arbitrária, ela é conceitualmente relevante.

Os organismos produtores de oxigênio possuem dois fotossistemas que operam em série

As reações de luz da fotossíntese envolvem dois tipos de centros de reação fotoquímica, contidos nos **fotossistemas I** e **II** (**PSI** e **PSII**, *photosystems I and II*), que operam em série para realizar as primeiras reações de armazenamento de energia da fotossíntese. O PSI absorve preferencialmente luz na faixa do vermelho-distante de comprimentos maiores do que 680 nm; o PSII absorve preferencialmente luz vermelha de 680 nm e é excitado fracamente por luz vermelho-distante. Outras diferenças entre os fotossistemas são:

- O PSI produz um redutor forte, capaz de reduzir o $NADP^+$, e um oxidante fraco.
- O PSII produz um oxidante muito forte, capaz de oxidar a água, e um redutor mais fraco do que aquele produzido pelo PSI.

O redutor produzido pelo PSII reduz novamente o oxidante produzido pelo PSI. Essas propriedades dos dois fotossistemas são mostradas esquematicamente na **Figura 9.12** (ver **Tópico 9.4 na internet**).

O esquema da fotossíntese exibido na Figura 9.12, denominado *esquema Z* (de zigue-zague), tornou-se a base para a compreensão dos organismos fotossintetizantes liberadores de O_2 (oxigênicos). Ele é responsável pela operação de dois fotossistemas física e quimicamente distintos (I e II), cada um com seu próprio conjunto de pigmentos antena e centros de reação fotoquímicos. Os dois fotossistemas estão ligados por uma cadeia transportadora de elétrons.

Quase toda a energia para a vida em nosso planeta vem da fotossíntese e, portanto, sua eficiência controla a máxima produtividade geral de nossos ecossistemas. Dois parâmetros distintos determinam a eficiência da fotossíntese: a produtividade quântica e a eficiência de conversão de energia.

O gráfico mostrado na Figura 9.11 permite calcular a produtividade quântica da fotoquímica (Φ), definida da seguinte forma:

$$\Phi = \frac{\text{Número de produtos fotoquímicos}}{\text{Número total de } quanta \text{ absorvidos}} \quad (9.7)$$

Em baixas intensidades de luz, a curva mostra seu aumento mais alto e quase linear na liberação do oxigênio com o aumento da intensidade da luz. Nessa faixa, a produtividade quântica da fotoquímica pode chegar a 0,95, o que significa que 95% dos fótons absorvidos pelas clorofilas são usados na fotoquímica. Como a formação dos produtos fotossintéticos estáveis O_2 e CO_2 fixo (açúcares) requer vários eventos fotoquímicos, ela tem uma produtividade quântica de formação menor do que a produtividade quântica fotoquímica. São necessários cerca de dez fótons para produzir 1 molécula de O_2, assim a produtividade quântica da produção de O_2 é aproximadamente 0,1, embora a produtividade quântica fotoquímica para cada etapa no processo seja próxima de 1,0. Uma discussão mais detalhada da produtividade quântica pode ser encontrada no **Tópico 9.3 na internet**.

Embora a produtividade quântica fotoquímica em condições ideais seja quase 1,0, a fração de energia armazenada pela fotossíntese – ou seja, a **eficiência de conversão de energia** – é muito menor. Uma das principais razões para essa perda de energia é que a energia de um fóton é absorvida pela geração

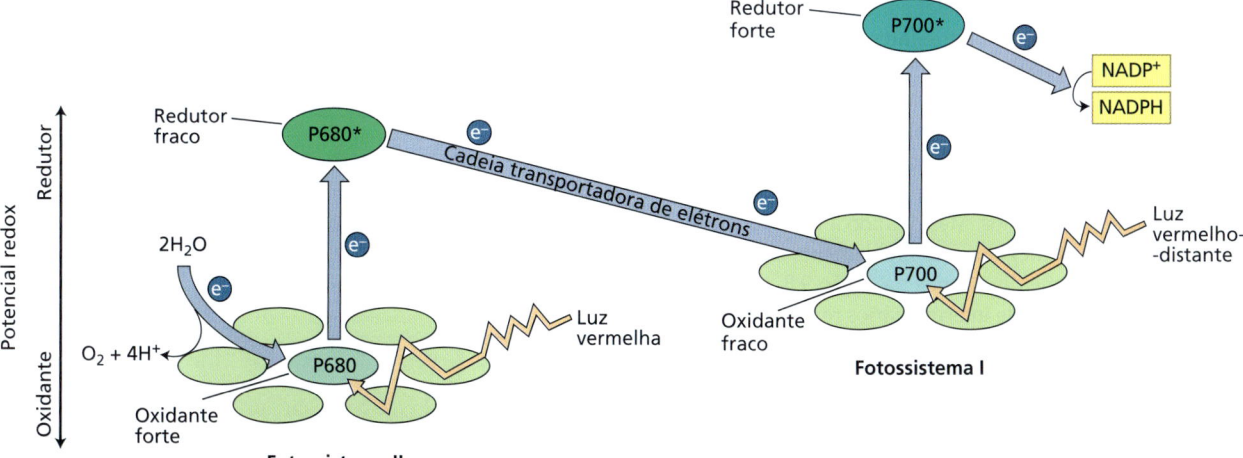

Figura 9.12 Esquema Z da fotossíntese. A luz vermelha absorvida pelo fotossistema II (PSII) produz um oxidante forte e um redutor fraco. A luz vermelho-distante absorvida pelo fotossistema I (PSI) produz um oxidante fraco e um redutor forte. O oxidante forte gerado pelo PSII oxida a água, enquanto o redutor forte produzido pelo PSI reduz o $NADP^+$. Este é um esquema básico para a compreensão do transporte de elétrons da fotossíntese. O P680 e o P700 referem-se ao comprimento de onda de máxima absorção das clorofilas do centro de reação no PSII e no PSI, respectivamente.

de uma série de intermediários nas reações de luz, formando, em última instância, O_2, NADPH e ATP. A constante de equilíbrio para cada etapa desse processo tem uma grande queda na energia livre, o que garante que as reações para frente sejam muito mais rápidas do que as reações reversas. Dessa forma, a energia do fóton fica "presa", o que evita que seja perdida por reações reversas, aumentando assim a produtividade quântica da captura de luz, mas ao custo de uma perda no armazenamento geral de energia.

Quando a luz vermelha de comprimento de onda de 680 nm é absorvida, a entrada total de energia (ver Equação 9.2) é de 1.760 kJ por mol de oxigênio formado. Essa quantidade de energia é mais do que suficiente para impulsionar a reação na Equação 9.5, a qual possui uma energia livre para mudança do estado-padrão de +467 kJ mol^{-1}. Portanto, a máxima eficiência de conversão de energia luminosa de fótons de luz vermelha de 680 nm (o comprimento de onda ideal) em energia química é de cerca de 27%. A luz azul também é fortemente absorvida pelos fotossistemas, com eficiência quântica similar. Os fótons de luz azul têm cerca de 50% a mais de energia do que os fótons de luz vermelha, mas uma vez absorvida, essa energia extra é perdida com extrema rapidez, resultando em uma menor eficiência de conversão de energia para a formação de produtos estáveis. A luz branca do sol é composta por fótons que abrangem a faixa de radiação fotossinteticamente ativa, de cerca de 400 a 700 nm, e a eficiência média de conversão de energia é intermediária entre a dos fótons de luz vermelha e de luz azul.

Em intensidades de luz mais altas, a fotossíntese é limitada por processos posteriores, como a fixação de CO_2, levando a menores eficiências quânticas. A Figura 9.11 mostra que a resposta da fotossíntese à luz satura com luz mais alta. Observe que a Figura 9.11 mostra a curva de saturação de luz para um *flash* de luz curto, mas a forma geral da curva sob luz constante é semelhante. Quanto maior a intensidade da luz, menor a inclinação da resposta da fotossíntese a novos aumentos na intensidade da luz. Esse achatamento da curva significa que a eficiência quântica das reações de luz diminui em intensidades de luz altas, ou seja, uma fração maior da energia dos fótons é perdida na forma de calor. O sistema é "limitado à luz" quando a chegada dos fótons é mais lenta do que as taxas máximas que o sistema pode usá-los. Mas quando a intensidade da luz aumenta, os fótons chegam mais rapidamente do que podem ser usados. Conforme discutimos na Seção 9.8, ter muita luz pode levar ao acúmulo de intermediários reativos, que podem causar fotodanos. Para evitar essas situações, a captura de luz é regulada negativamente pela planta, dissipando mais energia como calor.

A maior parte da energia produzida pelas reações de luz é armazenada na forma de carbono fixo. Uma grande fração desse carbono fixo é posteriormente usada para processos de manutenção celular, com uma fração menor sendo usada para gerar nova biomassa (ver Capítulo 11). Assim, a eficiência geral de conversão de energia para produzir nova matéria vegetal é de apenas alguns por cento, muito abaixo do máximo teórico,

limitando a energia disponível (e a taxa de absorção de CO_2) em nosso ambiente. Diminuir essas grandes perdas de energia é uma meta dos esforços para melhorar a produtividade das culturas, embora não esteja claro até que ponto isso pode ser projetado e, ao mesmo tempo, manter a robustez das plantas em seus ambientes.

■ 9.4 Organização do aparelho fotossintético

Na seção anterior, foram explicados alguns dos princípios físicos subjacentes ao processo de fotossíntese, alguns aspectos da funcionalidade de vários pigmentos e algumas das reações químicas realizadas pelos organismos fotossintetizantes. Agora, a atenção é voltada para a arquitetura do aparelho fotossintético e para a estrutura de seus componentes, visando a compreender como a estrutura molecular do sistema leva às suas características funcionais.

O cloroplasto é onde ocorre a fotossíntese

Nos eucariotos fotossintetizantes, a fotossíntese acontece na organela subcelular conhecida como cloroplasto (ver Capítulo 1). A **Figura 9.13** mostra uma micrografia ao microscópio eletrônico de transmissão de um corte fino de um cloroplasto de ervilha. O aspecto mais marcante da estrutura do cloroplasto é

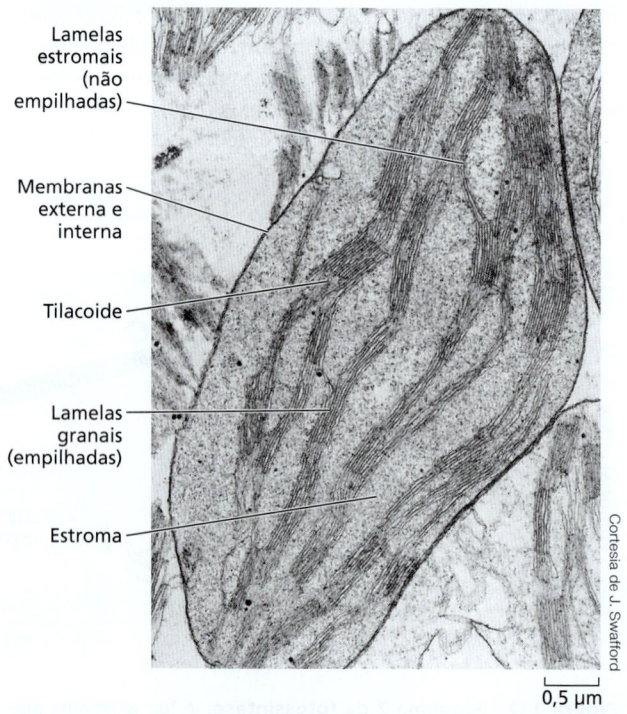

Figura 9.13 Micrografia ao microscópio eletrônico de transmissão de um cloroplasto de ervilha (*Pisum sativum*), fixado em glutaraldeído e OsO_4, incluído em resina plástica e cortado (corte fino) com um ultramicrótomo.

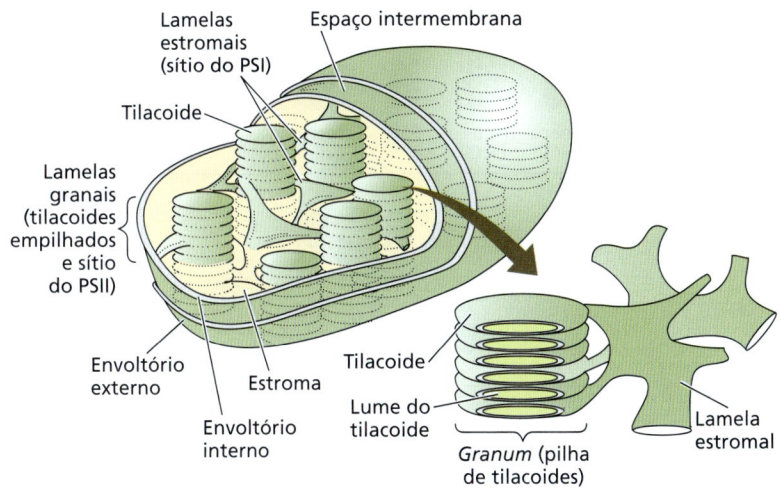

Figura 9.14 Representação esquemática da organização geral das membranas no cloroplasto. O cloroplasto das plantas vasculares está circundado por membranas externa e interna (envoltório). A região do cloroplasto que está dentro da membrana interna e circunda os tilacoides é conhecida como estroma. Ela contém as enzimas que catalisam a fixação do carbono e outras rotas biossintéticas. As membranas dos tilacoides são altamente dobradas e parecem, em muitas imagens, empilhadas como moedas (*granum*), embora, na realidade, formem um ou alguns grandes sistemas de membranas interconectadas, com um interior e um exterior bem definidos em relação ao estroma. (Segundo W. M. Becker. 1986. *The World of the Cell*. Benjamin/Cummings, Menlo Park, CA.)

seu extenso sistema de membranas internas conhecidas como **tilacoides**. Toda a clorofila está contida nesse sistema de membranas, que é o sítio das reações luminosas da fotossíntese.

As reações de redução do carbono, que são catalisadas por enzimas hidrossolúveis, ocorrem no **estroma**, a região do cloroplasto fora dos tilacoides. Em sua maioria, os tilacoides parecem estar intimamente associados entre si. Essas membranas empilhadas são conhecidas como **lamelas granais** (cada pilha individual é chamada de *granum*), e as membranas expostas onde não há empilhamento são conhecidas como **lamelas estromais**.

Duas membranas separadas, cada uma composta de uma bicamada lipídica e juntas conhecidas como **envoltório**, circundam a maioria dos tipos de cloroplastos (**Figura 9.14**). Esse sistema de membranas duplas contém uma diversidade de sistemas de transporte de metabólitos. O cloroplasto também contém seus próprios DNA, RNA e ribossomos. Algumas das proteínas do cloroplasto são produtos da transcrição e da tradução dentro do próprio cloroplasto, enquanto a maioria das outras é codificada por DNA nuclear, sintetizada nos ribossomos citoplasmáticos e, após, importada para o interior dos cloroplastos. Essa notável divisão de trabalho, estendendo-se, em muitos casos, a subunidades diferentes do mesmo complexo enzimático, é discutida em mais detalhe no decorrer deste capítulo. Para algumas estruturas dinâmicas dos cloroplastos, ver **Ensaio 9.1 na internet**.

Os tilacoides contêm proteínas integrais de membrana

Uma grande diversidade de proteínas essenciais à fotossíntese está inserida nas membranas dos tilacoides. Em muitos casos, porções dessas proteínas estendem-se para as regiões aquosas em ambos os lados dos tilacoides. Essas **proteínas integrais de membrana** contêm uma grande proporção de aminoácidos hidrofóbicos e são, portanto, muito mais estáveis em um meio não aquoso, como a porção de hidrocarbonos da membrana (ver Figura 1.13).

Os centros de reação, os complexos pigmento-proteicos das antenas e muitas das proteínas de transporte de elétrons são proteínas integrais de membrana. Em todos os casos conhecidos, as proteínas integrais de membrana dos cloroplastos possuem uma orientação específica dentro da membrana. As proteínas da membrana dos tilacoides possuem uma região apontada para o lado do estroma da membrana e a outra orientada na direção do espaço interno do tilacoide, conhecido como *lume* (ver Figura 9.14).

As clorofilas e carotenoides na membrana tilacoide estão associadas de forma não covalente, mas altamente específica, às proteínas, formando assim complexos pigmento-proteína estruturalmente organizados para otimizar a transferência de energia e a subsequente transferência de elétrons pelos centros de reação.

Os fotossistemas I e II estão separados espacialmente na membrana do tilacoide

O centro de reação do PSII, junto com suas clorofilas da antena e as proteínas de transporte de elétrons associadas, está localizado predominantemente nas lamelas granais (**Figura 9.15A**). O centro de reação PSI, junto com seus pigmentos da antena e proteínas da cadeia de transporte de elétrons, bem como a enzima ATP sintase, que catalisa a formação do ATP, é encontrado quase exclusivamente nas lamelas estromais e nas margens das lamelas granais. O complexo citocromo b_6f da cadeia transportadora de elétrons que conecta os dois fotossistemas é distribuído entre as lamelas estromais e granais. As estruturas de todos esses complexos são mostradas na **Figura 9.15B**.

Assim, os dois eventos fotoquímicos que têm lugar na fotossíntese que libera O_2 estão espacialmente separados. Essa separação exige que os carreadores móveis transportem elétrons entre os dois fotossistemas, da região granal para a região do estroma dos tilacoides. Esses carreadores difusíveis são o cofator redox plastoquinona (PQ) e a proteína de cobre de cor azul plastocianina (PC), que transportam elétrons do PSII para o complexo do citocromo b_6f e do complexo do citocromo

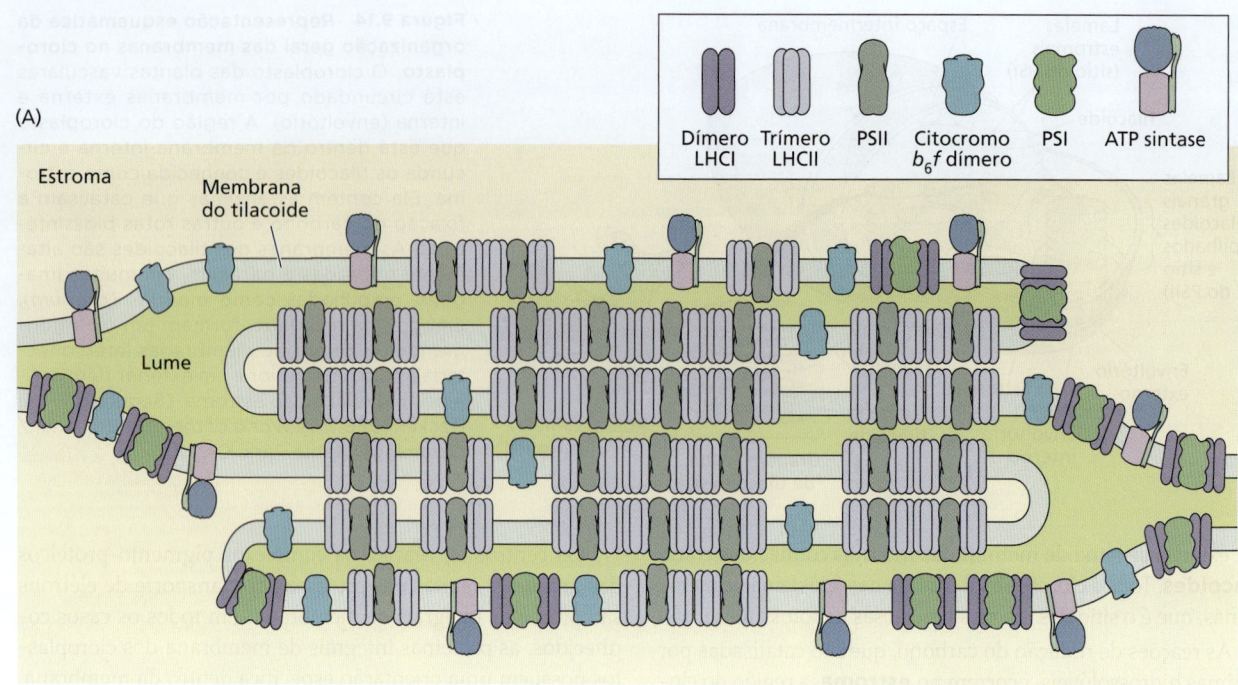

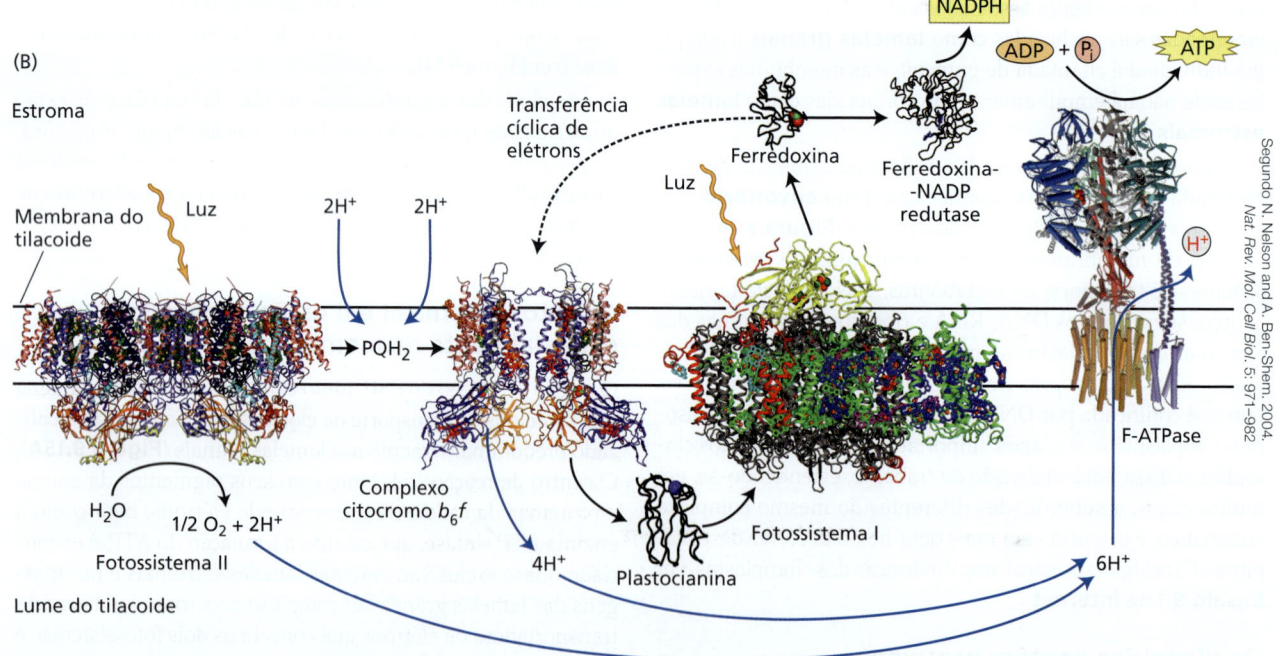

Figura 9.15 Organização e estrutura dos quatro principais complexos proteicos da membrana do tilacoide. (A) O PSII está localizado predominantemente na região empilhada das membranas dos tilacoides; o PSI e a ATP sintase encontram-se na região não empilhada se projetando para o estroma. Os complexos citocromo b_6f estão distribuídos regularmente. Essa separação lateral dos dois fotossistemas exige que os elétrons e os prótons produzidos pelo PSII sejam transportados por uma distância considerável, antes que possam sofrer a ação do PSI e da ATP sintase. (B) Estruturas dos quatro principais complexos proteicos da membrana dos tilacoides. Também são mostrados os três carreadores de elétrons móveis – a plastocianina, a qual é localizada no lume do tilacoide, e a plasto-hidroquinona (PQH$_2$), localizada na membrana. O lume possui uma carga elétrica positiva em relação ao estroma. A estequiometria de bombeamento de prótons mostrada é para dois fótons para cada centro de reação, o que significa 6 H$^+$ por 2e$^-$. Para uma descrição do mecanismo de renovação de PQH$_2$ na transferência de elétrons e prótons, ver Figura 9.25. (Segundo J. F. Allen and J. Forsberg. 2001. *Trends Plant Sci.* 6: 317–326.)

b_6f para PSI, respectivamente, conforme discute-se com mais detalhes na Seção 9.6. Além disso, a oxidação da água pelo PSII libera prótons no lume granal (ver Seção 9.6), que devem se difundir para as lamelas estromais para alcançar a ATP sintase, onde são usados para conduzir a síntese de ATP. O papel funcional dessa grande separação (muitas dezenas de nanômetros) entre PSI e PSII não é claro, mas se acredita que possibilite a auto-organização dos dois sistemas e, assim, melhore a eficiência da distribuição de energia entre eles.

Existem mais moléculas de PQ e PC do que fotocentros nos tilacoides, e esses *"pools"* de carreadores de elétrons podem interagir com vários complexos PSI ou PSII. Isso permite que os fotossistemas atuem cooperativamente sem exigir uma estequiometria individual estrita entre os dois fotossistemas ou sua excitação pela luz. Em vez disso, os centros de reação PSII fornecem equivalentes redutores para um *pool* intermediário comum de carreadores lipossolúveis de elétrons (plastoquinona). O centro de reação PSI remove os equivalentes redutores desse *pool* comum em vez de um complexo dos centros de reação PSII específico. Em algumas espécies, incluindo muitas plantas vasculares, há relativamente mais PSII do que PSI nos tilacoides, mas nas cianobactérias geralmente há uma proporção maior de PSI. As razões para essas diferentes estequiometrias não são totalmente compreendidas, mas acredita-se que ajudem a evitar o acúmulo de intermediários reativos e equilibrem as necessidades relativas de ATP e NADPH, controlando as taxas relativas de fluxo linear e cíclico de elétrons (ver Seção 9.7).

As bactérias anoxigênicas fotossintetizantes possuem um único centro de reação

Organismos não produtores de O_2 (anoxigênicos) contêm somente um fotossistema similar ao PSI ou PSII. Tais organismos mais simples foram muito úteis para estudos estruturais e funcionais detalhados, que contribuíram para uma melhor compreensão da fotossíntese oxigênica. Na maioria dos casos, esses fotossistemas anoxigênicos realizam transferência cíclica de elétrons sem uma rede de redução ou oxidação. Parte da energia do fóton é conservada como uma força motriz de prótons (ver Seção 9.7) e é utilizada para fabricar ATP.

Os centros de reação das bactérias púrpuras fotossintetizantes foram as primeiras proteínas integrais de membrana a ter a estrutura determinada em alta resolução (ver **Tópico 9.5 na internet**). A análise detalhada dessas estruturas, junto com a caracterização de inúmeros mutantes, revelou muitos dos princípios envolvidos nos processos de armazenamento de energia realizados pelos centros de reação.

A estrutura do centro de reação das bactérias púrpuras é similar, sob muitos aspectos, àquela encontrada no PSII de organismos produtores de oxigênio, em especial na porção receptora de elétrons da cadeia. As proteínas que formam o núcleo do centro de reação das bactérias são relativamente similares em sequência às suas contrapartidas no PSII, sugerindo um relacionamento evolutivo. Uma situação similar é encontrada com respeito aos centros de reação das bactérias verdes sulfurosas anoxigênicas e das heliobactérias, em comparação com o PSI. As implicações evolutivas desse padrão são discutidas na Seção 9.9.

■ 9.5 Organização dos sistemas antena de absorção de luz

Os sistemas antena das diferentes classes de organismos fotossintetizantes são extraordinariamente variados, ao contrário dos centros de reação, que parecem ser similares mesmo em organismos remotamente aparentados. A diversidade de complexos antena reflete a adaptação evolutiva aos ambientes diferentes nos quais os organismos vivem, bem como a necessidade, para alguns organismos, de equilibrar a entrada de energia aos dois fotossistemas. Nesta seção, estuda-se como os processos de transferência de energia absorvem luz e distribuem energia para o centro de reação.

O sistema antena contém clorofila e está associado à membrana

Os sistemas antena operam para entregar energia de maneira eficiente aos fotossistemas aos quais estão associados. O tamanho do sistema antena varia consideravelmente em diferentes organismos: de 20 a 30 bacterioclorofilas por centro de reação, em algumas bactérias fotossintetizantes, a 200 a 300 clorofilas por centro de reação, em plantas vasculares, a alguns milhares de pigmentos por centro de reação, em alguns tipos de algas e bactérias. As estruturas moleculares dos pigmentos da antena também são bastante variáveis, embora todas sejam associadas de alguma maneira às membranas fotossintéticas. Em quase todos os casos, os pigmentos da antena estão associados a proteínas, formando complexos pigmento-proteicos.

Acredita-se que o mecanismo físico pelo qual a energia de excitação é conduzida da clorofila que absorve a luz ao centro de reação ocorra predominantemente através da **transferência de energia por ressonância de fluorescência**, frequentemente abreviada como FRET (*fluorescence resonance energy transfer*). Por esse mecanismo, a energia de excitação é transferida de uma molécula para outra por um processo não radioativo.

Uma analogia adequada para a transferência por ressonância é a transferência de energia entre dois diapasões. Ao se bater um diapasão e colocá-lo próximo de outro, o segundo recebe parte da energia do primeiro e começa a vibrar. A eficiência da transferência de energia entre os dois diapasões depende da distância entre eles e de sua orientação relativa, bem como de suas frequências de vibração, ou oscilação. Parâmetros similares afetam a eficiência da transferência de energia nos complexos antena, com a energia substituída por oscilação.

A transferência de energia nos complexos antena costuma ser muito eficiente: cerca de 95 a 99% dos fótons absorvidos pelos pigmentos da antena têm sua energia transferida para o centro de reação, onde ela pode ser utilizada pela fotoquímica. Há uma importante diferença entre a transferência de energia entre os pigmentos da antena e a transferência de elétrons que ocorre no centro de reação: enquanto a transferência de energia é um fenômeno puramente físico, a transferência de elétrons envolve reações químicas (redox).

A antena canaliza energia para o centro de reação

A sequência de pigmentos dentro da antena que canaliza a energia absorvida em direção ao centro de reação possui máximos de absorção, que são progressivamente desviados em direção a comprimentos de onda mais longos no vermelho (**Figura 9.16**). Tal alteração em direção ao vermelho no comprimento de onda de máxima absorção significa que a energia do estado excitado é menor perto do centro de reação do que na periferia do sistema antena. Essa perda de energia ajuda a impulsionar o fluxo da energia restante em direção aos centros de reação, onde pode iniciar as reações fotoquímicas da luz.

Como consequência desse arranjo, quando a excitação é transferida, por exemplo, de uma molécula de clorofila *b* com uma absorção máxima a 650 nm para uma molécula de clorofila *a* com uma absorção máxima a 670 nm, a diferença em energia entre as duas clorofilas excitadas é perdida para o ambiente sob forma de calor.

Para que a excitação seja transferida de volta à clorofila *b*, a energia perdida como calor teria de ser reposta. A probabilidade de transferência reversa é, portanto, menor, simplesmente porque a energia térmica não é suficiente para superar o déficit entre pigmentos de baixa e alta energia. Esse efeito dá ao processo de captação de energia um grau de direcionalidade, ou irreversibilidade, e torna mais eficiente a entrega da excitação ao centro de reação. Em essência, o sistema sacrifica parte da energia de cada *quantum*, de modo que quase todos os *quanta* possam ser apreendidos pelo centro de reação.

Muitos complexos pigmento-proteicos antena possuem um motivo estrutural comum

Em todos os organismos eucarióticos fotossintetizantes que contêm as clorofilas *a* e *b*, as proteínas antena mais abundantes são membros de uma grande família de proteínas estruturalmente relacionadas. Algumas dessas proteínas estão associadas primeiro ao PSII e são chamadas de **proteínas do complexo de captura de luz II** (**LHCII**, *light-harvesting complex II*); outras estão associadas ao PSI e são denominadas **proteínas do complexo de captura de luz I** (**LHCI**). Esses complexos antena também são conhecidos como **proteínas antena clorofilas *a/b***.

A estrutura de uma das proteínas do LHCII já foi determinada (**Figura 9.17**). Essa proteína contém três regiões de α-hélice e liga-se a 14 moléculas de clorofila *a* e *b*, bem como a quatro carotenoides. A estrutura das proteínas do LHCI em geral é similar à das proteínas do LHCII. Todas essas proteínas têm uma similaridade de sequência significativa e quase todas certamente descendem de uma proteína ancestral comum.

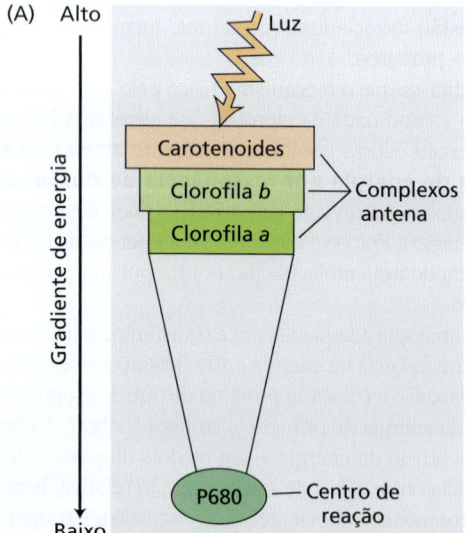
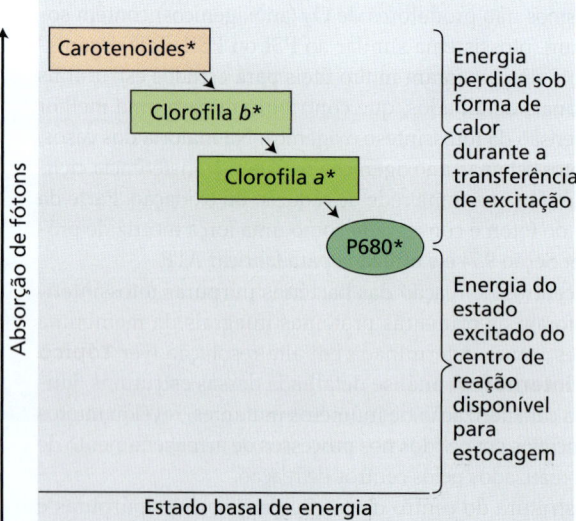
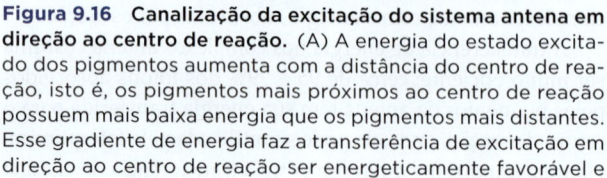

Figura 9.16 Canalização da excitação do sistema antena em direção ao centro de reação. (A) A energia do estado excitado dos pigmentos aumenta com a distância do centro de reação, isto é, os pigmentos mais próximos ao centro de reação possuem mais baixa energia que os pigmentos mais distantes. Esse gradiente de energia faz a transferência de excitação em direção ao centro de reação ser energeticamente favorável e a transferência de excitação de volta para as porções periféricas da antena ser energeticamente desfavorável. (B) Por esse processo, parte da energia é perdida sob forma de calor para o ambiente, mas, sob condições ótimas, a quase totalidade das excitações absorvidas pelos complexos antena pode ser transferida para o centro de reação. Os asteriscos indicam estados excitados.

Capítulo 9 | Fotossíntese: reações luminosas

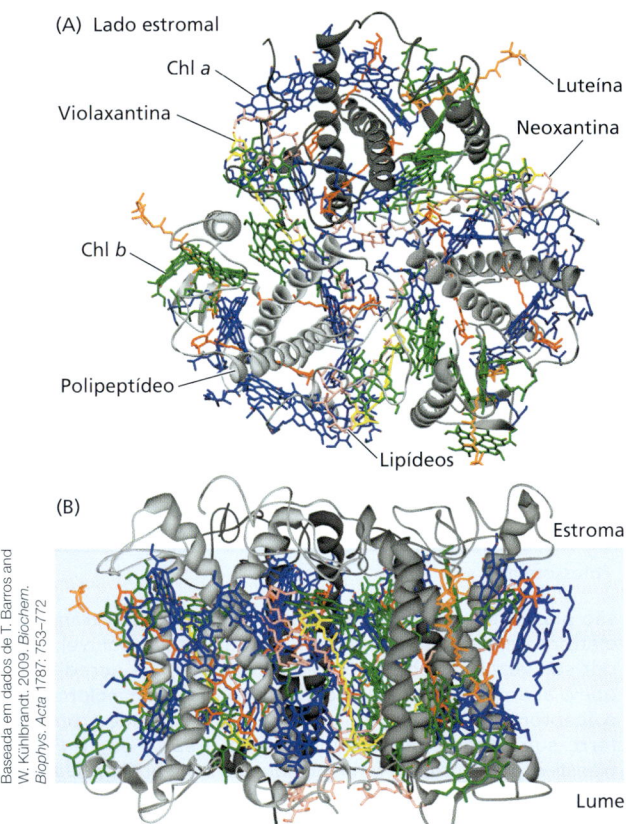

Figura 9.17 Estrutura do complexo antena LHCII trimérico de plantas vasculares. O complexo antena é um pigmento-proteico transmembrana: cada monômero contém três regiões helicoidais que atravessam a porção apolar da membrana. O complexo trimérico é mostrado pelo lado estromal (A) e por dentro da membrana (B). Cinza, polipeptídeo; azul-escuro, Chl *a*; verde, Chl *b*; laranja-escuro, luteína; laranja-claro, neoxantina; amarelo, violaxantina; rosa, lipídeos.

A luz absorvida por carotenoides ou clorofila *b* nas proteínas do LHC é rapidamente transferida para a clorofila *a* e, após, para outros pigmentos antena contendo clorofila, intimamente associados ao centro de reação. O complexo LHCII também está envolvido em processos reguladores, que são discutidos na Seção 9.8.

■ 9.6 Mecanismos de transporte de elétrons

Parte das evidências que levaram à ideia de duas reações fotoquímicas operando em série já foi discutida neste capítulo. Nesta seção, consideram-se mais detalhadamente as reações químicas envolvidas na transferência de elétrons durante a fotossíntese. São discutidas a excitação da clorofila pela luz e a redução do primeiro aceptor de elétrons, o fluxo de elétrons através dos fotossistemas II e I, a oxidação da água como fonte primária de elétrons e a redução do aceptor final de elétrons ($NADP^+$). O mecanismo quimiosmótico que media a síntese de ATP é discutido em detalhes na Seção 9.7.

Elétrons oriundos da clorofila viajam através de carreadores organizados no esquema Z

A **Figura 9.18** mostra uma versão simplificada do esquema Z, no qual todos os carreadores de elétrons, conhecidos por atuar no fluxo de elétrons desde a H_2O até o $NADP^+$, estão organizados verticalmente no ponto médio de seus potenciais redox, que podem ser usados para estimar a energia armazenada nesses estados comparados com estado não excitado (ou basal) (ver **Tópico 9.6 na internet** para mais detalhes). Os componentes que sabidamente reagem entre si estão conectados por setas, de modo que o esquema Z é, na verdade, uma síntese tanto da informação cinética quanto da termodinâmica. As grandes setas verticais representam a entrada de energia luminosa no sistema. Observe que essa visão do "diagrama de energia" do esquema Z não representa mudanças nas posições dos vários estados nem implica que eles se movem fisicamente nessas direções. Uma representação espacial dessas reações é mostrada na **Figura 9.19**, bem como em uma visão molecular mais detalhada é mostrada na Figura 9.15.

Os fótons excitam as clorofilas especializadas dos centros de reação (P680 para o PSII; P700 para o PSI), e um elétron é ejetado. O elétron passa, então, por uma série de carreadores de elétrons e, por fim, reduz o P700 (para os elétrons vindos do PSII) ou o $NADP^+$ (para os elétrons vindos do PSI). Grande parte da discussão a seguir descreve os movimentos desses elétrons e como eles resultam no armazenamento de energia nos produtos finais.

Quase todos os processos químicos que formam as reações da luz são realizados por quatro principais complexos proteicos: o PSII, o complexo citocromo b_6f, o PSI e a ATP sintase. Esses quatro complexos integrais de membrana estão vetorialmente orientados na membrana do tilacoide para funcionar da seguinte forma (ver Figuras 9.15 e 9.19):

- O PSII oxida a água a O_2 no lume do tilacoide e, nesse processo, libera prótons no lume. O produto reduzido do PSII é a plasto-hidroquinona (PQH_2). A reação geral resulta na transferência de elétrons do lume para o lado estromal da membrana do tilacoide, bem como na liberação de prótons no estroma (da oxidação da água) e na absorção de prótons do estroma (por redução de PQ para PQH_2).

- O citocromo b_6f oxida moléculas de PQH_2 que foram reduzidas pelo PSII e entrega elétrons ao PSI por intermédio da proteína cúprica solúvel plastocianina. A oxidação é um processo complexo, chamado *ciclo Q*, que envolve uma série de reações de transferência de elétrons e prótons que não apenas fornecem elétrons para o PSI, mas também contribuem para a força motriz de prótons no tilacoide (ver Figura 9.25). A oxidação envolve a remoção de dois prótons e dois elétrons de PQH_2, formando PQ. Ela ocorre no sítio de oxidação de PQH_2, chamado Q_0, que fica de frente para o lume do tilacoide, de forma que os dois prótons são liberados no

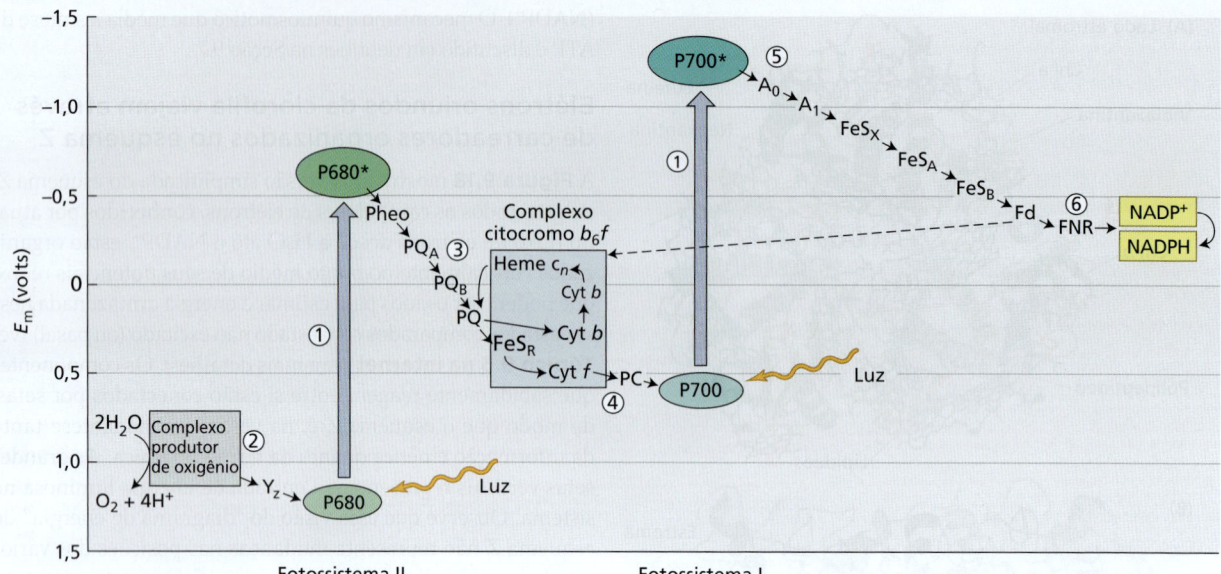

Figura 9.18 Detalhamento do esquema Z para organismos fotossintetizantes produtores de O_2. Os carreadores redox estão posicionados no ponto médio de seu potencial redox (em pH 7). ① As setas verticais representam a absorção de fótons pelas clorofilas do centro de reação: P680 para o fotossistema II (PSII) e P700 para o fotossistema I (PSI). A clorofila do centro de reação PSII excitada, P680*, transfere um elétron para a feofitina (Pheo). ② No lado oxidante do PSII (à esquerda da seta que une o P680 ao P680*), o P680 oxidado pela luz é reduzido novamente pelo Y_Z, o qual recebeu elétrons da oxidação da água. ③ No lado redutor do PSII (à direita da seta que une o P680 ao P680*), a feofitina transfere elétrons para os aceptores PQ_A e PQ_B, que são plastoquinonas. ④ O complexo citocromo b_6f transfere elétrons para a plastocianina (PC), uma proteína solúvel, que, por sua vez, reduz o P700$^+$ (P700 oxidado). ⑤ Acredita-se que o aceptor de elétrons do P700* (A_0) seja uma clorofila e o aceptor seguinte (A_1), uma quinona. Uma série de proteínas ferro-sulfurosas ligadas à membrana (FeS_X, FeS_A e FeS_B) transfere elétrons para uma ferredoxina solúvel (Fd). ⑥ A flavoproteína solúvel ferredoxina-NADP$^+$ redutase (FNR) reduz o NADP$^+$ a NADPH, o qual é utilizado no ciclo de Calvin-Benson para reduzir o CO_2 (ver Capítulo 10). A linha tracejada indica o fluxo cíclico de elétrons ao redor do PSI. (Segundo R. E. Blankenship and R. C. Prince. 1985. *Trends Biochem. Sci.* 10: 382–383.)

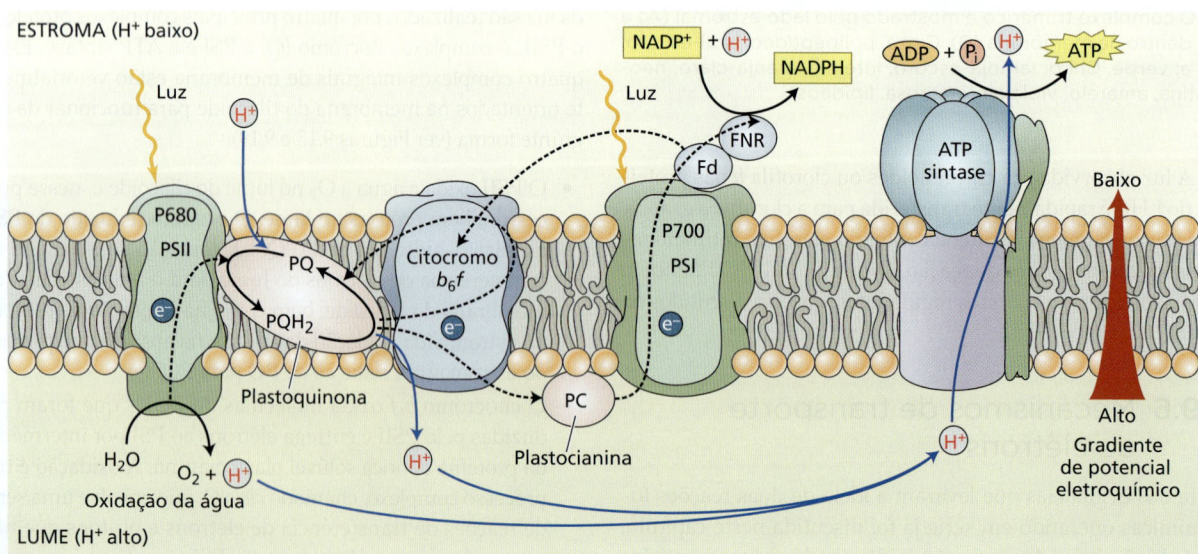

Figura 9.19 A transferência de elétrons e prótons na membrana do tilacoide é realizada vetorialmente por quatro complexos proteicos (ver Figura 9.15B para as estruturas). A água é oxidada e os prótons são liberados no lume pelo PSII. O PSI reduz o NADP$^+$ a NADPH no estroma pela ação da ferredoxina (Fd) e da flavoproteína ferredoxina-NADP$^+$ redutase (FNR). Os prótons também são transportados para o lume por ação do complexo citocromo b_6f e contribuem para o gradiente eletroquímico de prótons. Esses prótons necessitam, então, difundir-se até a enzima ATP sintase, onde sua difusão, por meio do gradiente de potencial eletroquímico, será utilizada para sintetizar ATP no estroma. A plastoquinona reduzida (PQH_2) e a plastocianina transferem elétrons para o citocromo b_6f e para o PSI, respectivamente. As linhas tracejadas representam a transferência de elétrons; as linhas azuis contínuas representam o movimento de prótons.

lume. Um dos elétrons de PQH$_2$ é transferido para o citocromo *f*, depois para a plastocianina e, finalmente, para o PSI. O outro elétron de PQH$_2$ é transferido através de uma cadeia de hemes ao longo da membrana do tilacoide, do lume para o lado estromal da membrana do tilacoide. Essa transferência de elétrons resulta na redução de outra molécula de PQ, que absorve prótons do estroma, bem como na geração de um campo elétrico através da membrana do tilacoide (lado do lume positivo).

- O PSI reduz o NADP$^+$ a NADPH no estroma pela ação da ferredoxina (Fd) e da flavoproteína ferredoxina-NADP$^+$ redutase (FNR). A reação geral resulta na transferência de elétrons do lume para o lado estromal da membrana do tilacoide.
- A ATP sintase sintetiza ATP à partir de ADP e fosfato inorgânico (P$_i$), à medida que prótons se difundem de volta, do lume para o estroma. A reação geral resulta na transferência de prótons do lume para o lado estromal da membrana do tilacoide.

A energia é capturada quando uma clorofila excitada reduz uma molécula aceptora de elétrons

Conforme já discutido na Seção 9.5, a função da luz é excitar uma clorofila especializada no centro de reação, por absorção direta ou, mais frequentemente, via transferência de energia de um pigmento antena. Esse processo de excitação pode ser visualizado como a promoção de um elétron do orbital completo de nível mais elevado de energia da clorofila ao orbital incompleto de menor energia (**Figura 9.20**). O orbital superior tem nível mais elevado de energia livre, com o elétron apenas fracamente ligado à clorofila e facilmente perdido, se uma molécula capaz de aceitá-lo estiver por perto.

Esse processo pode ocorrer devido a uma propriedade crítica da clorofila em estado excitado, que permite que ela atue como um forte doador de elétrons (redutor) e um forte aceptor de elétrons (oxidante). Conforme ilustrado na Figura 9.20, a clorofila do estado basal tem um par de elétrons em um de seus orbitais (indicados pelas setas para cima e para baixo). O fato de o orbital ser ocupado por dois elétrons de diferentes *spins* torna o estado bastante estável, de modo que ele não perde ou ganha elétrons facilmente.

A excitação dessa clorofila promove um dos dois elétrons para um orbital superior; nesse estado, os dois orbitais estão apenas parcialmente preenchidos e, portanto, são instáveis. Se essa clorofila excitada não puder reagir com outras moléculas, ela reformará o estado basal e perderá a energia extra como fluorescência (luz) ou calor. No entanto, se a clorofila excitada puder interagir com moléculas próximas, ela poderá realizar fotoquímica secundária, porque os dois orbitais parcialmente preenchidos são reativos. Um desses orbitais pode facilmente liberar um elétron, tornando-o um forte redutor, enquanto o outro pode aceitar prontamente um elétron, tornando-o um oxidante forte, conforme ilustrado na Figura 9.20.

Nos centros de reação, a primeira reação fotoquímica envolve a transferência de um elétron excitado na clorofila para

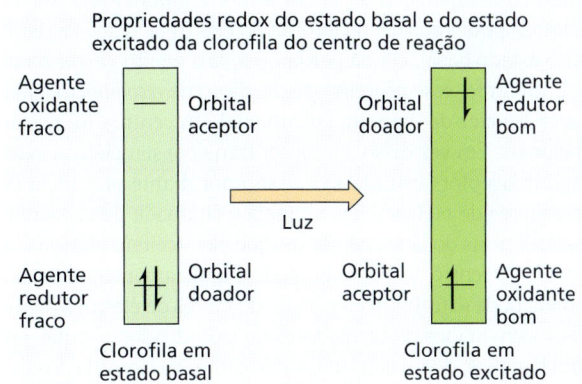

Figura 9.20 Diagrama de ocupação orbital para o estado basal e o estado excitado da clorofila do centro de reação. No estado basal, a molécula é um agente redutor fraco (perde elétrons de um orbital de baixa energia) e um agente oxidante fraco (aceita elétrons somente em orbitais de alta energia). No estado excitado, a situação é bastante diferente, e um elétron pode ser perdido do orbital de alta energia, tornando a molécula um agente redutor muito poderoso. Essa é a razão para o potencial redox extremamente negativo do estado excitado, mostrado pelo P680* e pelo P700* na Figura 9.18. O estado excitado também pode agir como um oxidante forte, aceitando um elétron em um orbital de baixa energia, embora essa rota não seja significativa para os centros de reação. (Segundo R. E. Blankenship and R. C. Prince. 1985. *Trends Biochem. Sci.* 10: 382–383.)

uma molécula aceptora, formando um **estado separado por carga**, no qual o aceptor de elétrons reduzido tem uma carga negativa e a clorofila tem uma carga positiva. (Observe que a carga geral do centro de reação permanece a mesma; ou seja, os elétrons não são "produzidos" pela luz, mas sim rearranjados ou movidos de um estado ou molécula para outros.) Os centros de reação PSI e PSII têm reações específicas diferentes, como será discutido mais adiante nesta seção, mas todos eles envolvem uma série similar de processos de transferência de elétrons.

Conforme mencionado na Seção 9.2, o estado excitado da clorofila decai em alguns nanossegundos, perdendo sua energia na forma de calor ou fluorescência. Para competir com esse decaimento improdutivo, as etapas iniciais da fotossíntese devem ser extremamente rápidas. Em outras palavras, as taxas "futuras" que levam aos produtos da fotossíntese devem ser muito mais rápidas do que o decaimento improdutivo. De fato, a formação do estado inicial separado por carga em PSI e PSII é cerca de 1.000 vezes mais rápida do que o decaimento do estado excitado e ocorre em alguns picossegundos (1 picossegundo = 10^{-12} s). Essas reações de transferência de elétrons extremamente rápidas exigem que as moléculas doadora e aceptora sejam agrupadas de forma muito próxima e tenham níveis de energia otimizados para transferência rápida de elétrons. Esses requisitos são atendidos pelas estruturas específicas dos centros de reação, conforme discutido em breve.

Passar da clorofila excitada para o estado com separação de carga resulta em alguma perda de energia, mas o primeiro estado com separação de carga ainda é altamente instável. O elétron pode retornar à clorofila do centro de reação e reformar o estado basal, com a perda de toda a energia armazenada. Entretanto, esse processo dispendioso de *recombinação* não parece ocorrer de maneira substancial em centros de reação funcionais. Em vez disso, o aceptor transfere seu elétron extra para um aceptor secundário e assim por diante na cadeia de carreadores de elétrons. Essa cadeia é chamada de carreadores de elétrons do lado aceptor porque eles aceitam elétrons da clorofila do centro de reação excitado. Paralelamente, a clorofila oxidada pode extrair um elétron de doadores de elétrons próximos, os chamados de carreadores do lado doador, porque, em última análise, doam elétrons para o cátion de clorofila do centro de reação. As reações do lado doador produzem a clorofila totalmente reduzida, evitando assim o retorno de elétrons dos carreadores do lado aceptor.

Cada uma das etapas de transferência de elétrons (nos lados aceptor e doador) estabiliza progressivamente os estados separados por carga dos centros de reação, evitando a recombinação. No entanto, como a energia é conservada, essa estabilização resulta em uma perda de energia, de modo que quanto mais estável o estado, menos energia ele contém. Essa compensação (*trade-off*) explica parcialmente as diferenças na produtividade quântica e na eficiência de conversão de energia discutidas na Seção 9.3. Como os estados subsequentes separados por carga são progressivamente mais estáveis, as reações diretas seguintes também podem ser mais lentas. Isso é importante porque as reações bioquímicas que, em última análise, são alimentadas pelas reações de luz são muito mais lentas do que a fotoquímica inicial, em uma escala de milissegundos a segundos.

As clorofilas dos centros de reação dos dois fotossistemas absorvem em comprimentos de onda diferentes

Conforme já foi discutido neste capítulo, PSI e PSII possuem características de absorção distintas. Por exemplo, os estados reduzido e oxidado das clorofilas do centro de reação têm espectros de absorção distintos que podem ser sondados usando-se um espectrofotômetro, que mede a quantidade de luz de diferentes comprimentos de onda absorvida por uma amostra (ver Figura 9.5). No estado oxidado, as clorofilas perdem sua característica de forte absorbância de luz na região do vermelho do espectro; elas sofrem **descoloração** (*bleach*). Portanto, é possível monitorar o estado redox dessas clorofilas por medições ópticas de absorbância em tempo real, em que essa descoloração é monitorada diretamente (ver **Tópico 9.1 na internet**).

Utilizando-se essas técnicas, foi descoberto que a clorofila do centro de reação do PSI, em seu estado reduzido (basal), tem absorção máxima no comprimento de onda de 700 nm. Por isso, essa clorofila é denominada **P700** (o P significa *pigmento*). O transiente óptico análogo do PSII está em 680 nm, de modo que a clorofila de seu centro de reação é conhecida como **P680**. A bacterioclorofila do centro de reação da bactéria púrpura fotossintetizante foi similarmente identificada como **P870**.

A estrutura em raio X do centro de reação bacteriano (ver **Tópico 9.5 na internet**) indica claramente que o P870 é um par ou dímero de bacterioclorofilas intimamente ligadas em vez de uma única molécula. Os doadores primários de PSI (P700) e PSII (P680) também são compostos por moléculas de clorofila *a*, embora possam não atuar como dímeros funcionais. No estado oxidado, as clorofilas do centro de reação contêm um elétron não pareado.

O centro de reação do fotossistema II é um complexo pigmento-proteico com múltiplas subunidades

O PSII está contido em um supercomplexo proteico com múltiplas subunidades (**Figura 9.21**). Nas plantas vasculares, esse supercomplexo proteico com múltiplas subunidades possui dois centros de reação completos e alguns complexos antena. O núcleo do centro de reação consiste em duas proteínas de membrana conhecidas como D1 e D2, bem como outras proteínas, como mostrado na **Figura 9.22** e no **Tópico 9.8 na internet**.

Clorofilas doadoras primárias, clorofilas adicionais, carotenoides, feofitinas e plastoquinonas (dois aceptores de elétrons descritos a seguir nesta seção) são ligados às proteínas de membranas D1 e D2. Essas proteínas possuem alguma similaridade de sequência com os peptídeos L e M de bactérias púrpuras. Outras proteínas servem como complexos antena ou estão envolvidas na liberação do oxigênio. Algumas, como o citocromo b_{559}, não têm função conhecida, mas podem estar envolvidas em um ciclo de proteção ao redor do PSII.

A água é oxidada a oxigênio pelo fotossistema II

A água é oxidada de acordo com a seguinte reação química:

$$2\,H_2O \rightarrow O_2 + 4\,H^+ + 4\,e^- \tag{9.8}$$

Essa equação indica que quatro elétrons são removidos de duas moléculas de água, gerando uma molécula de oxigênio e quatro íons hidrogênio (prótons). (Para mais reações de oxidação-redução, ver **Apêndice 1 na internet** e **Tópico 9.6 na internet**.)

A água é uma molécula muito estável. A oxidação da água para formar oxigênio molecular requer a formação de um oxidante extremamente forte. O **complexo fotossintético de liberação de oxigênio** (**OEC**, *oxygen-evolving complex*) é o único sistema bioquímico conhecido que realiza essa reação, e é a fonte de quase todo o oxigênio da atmosfera terrestre.

Muitos estudos já forneceram uma quantidade substancial de informação sobre a liberação de oxigênio (ver **Tópico 9.7 na internet**). Estruturas cristalinas de alta resolução e uma ampla gama de medições biofísicas mostram que o OEC contém um agrupamento catalítico com quatro íons manganês

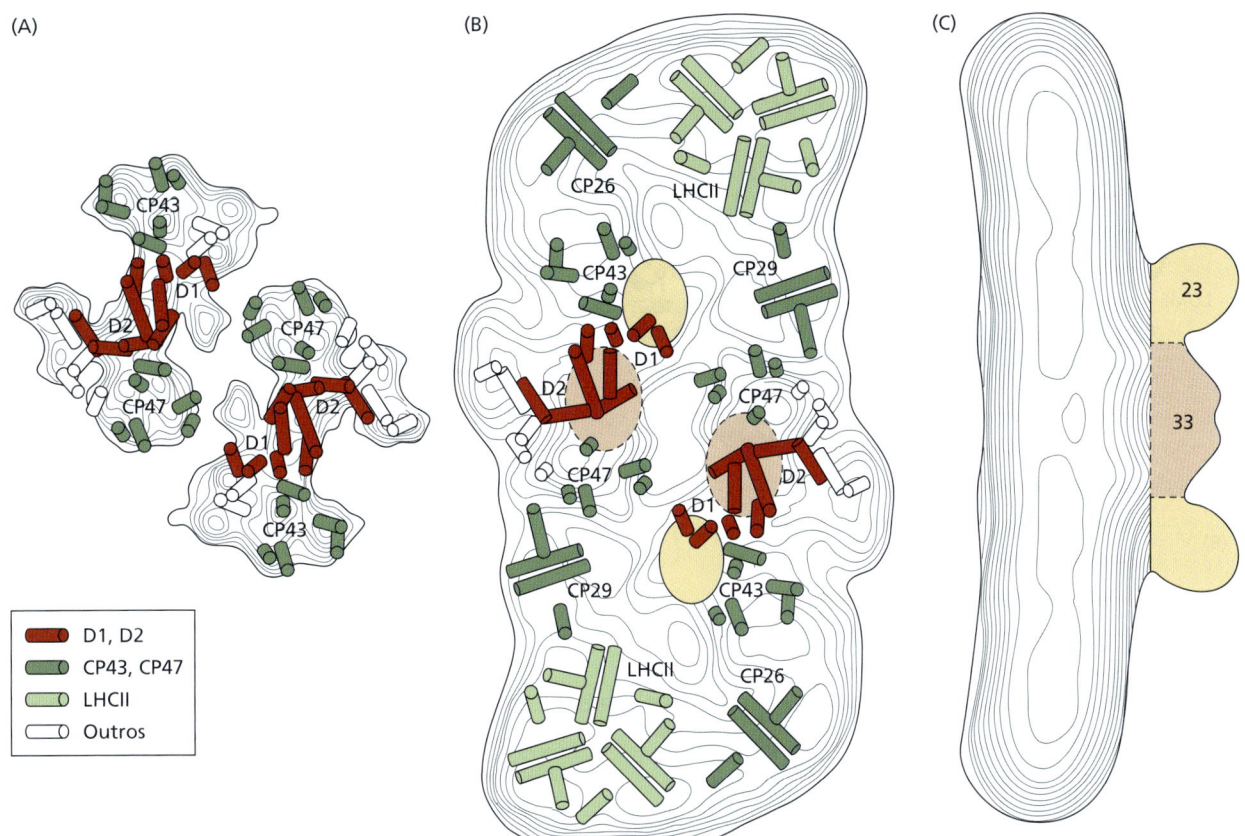

Figura 9.21 Estrutura do supercomplexo proteico dimérico com múltiplas subunidades do PSII das plantas vasculares, determinada por microscopia eletrônica. A figura mostra dois centros de reação completos, sendo cada um deles um complexo dimérico. Os cilindros representam porções helicoidais das proteínas. (A) Arranjo helicoidal das subunidades D1 e D2 (vermelho) e CP43 e CP47 (verde) do núcleo. Outras hélices são mostradas em branco. (B) Visão do lado do lume do supercomplexo, incluindo complexos antena adicionais, LHCII, CP26 e CP29, e de um complexo extrínseco de liberação do oxigênio, representados como formas ovais laranjas e amarelas com contornos contínuos e tracejados. (C) Visão lateral do complexo, ilustrando o arranjo das proteínas extrínsecas do complexo de liberação de oxigênio. (Segundo Barber et al. 1999. *Trends Biochem. Sci.* 24: 43–45.)

(Mn), bem como íons Cl^- e Ca^{2+} (ver **Tópico 9.7 na internet**). A proteína D1 do PSII contém um resíduo especial de tirosina, chamado Y_Z, que atua como o principal doador de elétrons para a clorofila excitada P680 (ver Figura 9.18), formando um resíduo de tirosina oxidado por radicais livres que, por sua vez, extrai elétrons do OEC. Cada excitação sucessiva de PSII resulta em uma excitação adicional do OEC, gerando uma série progressiva de estados de excitação, conhecidos como *estados S* e rotulados como S_0, S_1, S_2, S_3 e S_4 (ver **Tópico 9.7 na internet**).

Quando quatro equivalentes oxidantes se acumulam no OEC, ele extrai quatro elétrons de duas moléculas de H_2O para gerar O_2. A oxidação da água também libera quatro prótons no lume do tilacoide (ver Figura 9.19), e esses prótons são finalmente transferidos do lume para o estroma mediante translocação através da ATP sintase (ver Seção 9.7).

Feofitina e duas quinonas recebem elétrons do fotossistema II

A feofitina, uma clorofila onde o íon magnésio central foi substituído por dois íons hidrogênio, atua como um aceptor inicial no PSII. Essa alteração estrutural confere à feofitina propriedades químicas e espectrais ligeiramente diferentes daquelas das clorofilas que contêm Mg. A feofitina passa elétrons para um complexo formado por duas plastoquinonas intimamente relacionadas a um íon ferro. Os processos assemelham-se muito àqueles encontrados no centro de reação de bactérias púrpuras (para detalhes, ver Figura 9.5.B no **Tópico 9.5 na internet**).

As duas plastoquinonas, PQ_A e PQ_B, estão ligadas ao centro de reação e recebem elétrons da feofitina de uma maneira sequencial. A PQ_A pode aceitar apenas um elétron por vez, então ela atua como um transmissor, transferindo elétrons da feofitina para a PQ_B. A função da PQ_B é mais complexa. Após uma excitação do PSII, a PQ_B pode aceitar um elétron, formando

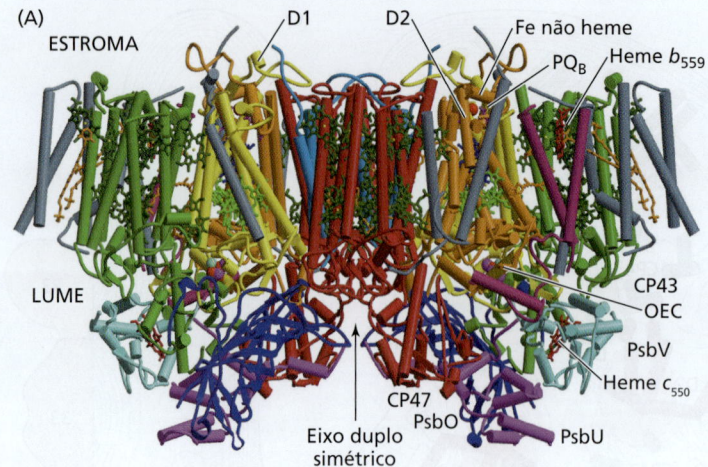

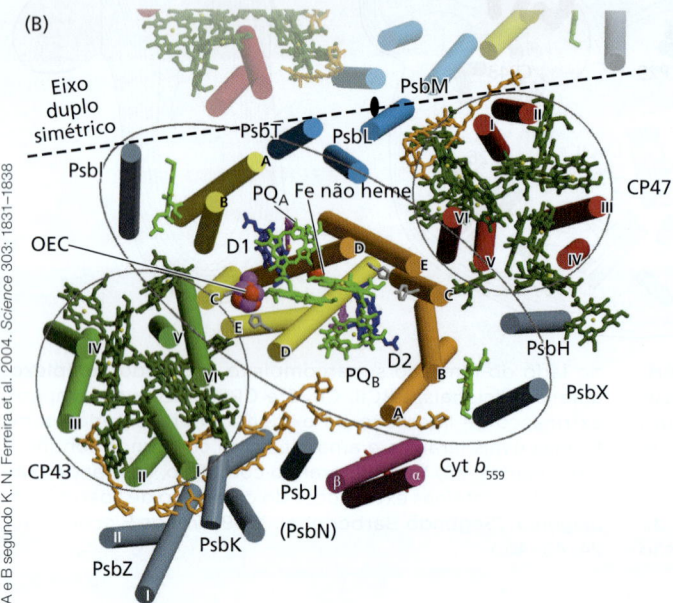

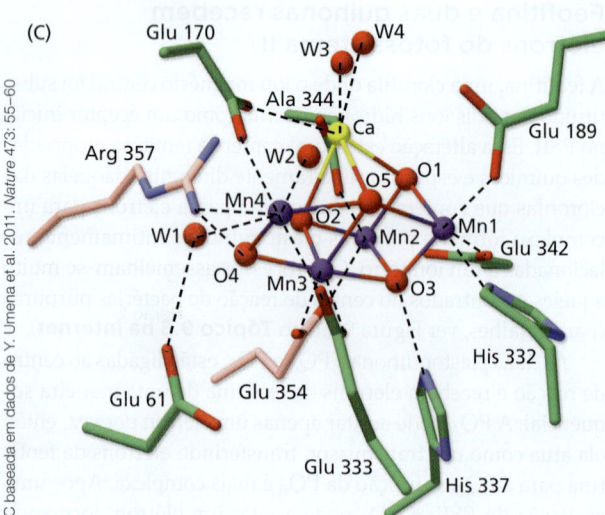

Figura 9.22 **Estrutura do centro de reação do PSII da cianobactéria *Thermosynechococcus elongatus*, em uma resolução de 3,5 Å (0,35 nm).** A estrutura inclui as proteínas do núcleo do centro de reação D1 (amarelo) e D2 (laranja), as proteínas antena CP43 (verde) e CP47 (vermelho), os citocromos b_{559} e c_{550}, a proteína extrínseca de 33 kDa liberadora de oxigênio PsbO (azul-escuro), além dos pigmentos e de outros cofatores. (A) Visão lateral paralela ao plano da membrana. (B) Visão da superfície do lume, perpendicular ao plano da membrana. CP43, CP47 e D1/D2 são circundados separadamente. (C) Detalhe do complexo de decomposição da água contendo Mn. W1 a W4 indicam as posições das moléculas de água ligadas. O1 a O5 indicam a ligação entre átomos de oxigênio no agrupamento (*cluster*) Mn. Ca indica a posição de um Ca^{2+} vinculado.

um intermediário de radical livre estável e fortemente ligado (plastosemiquinona) (**Figura 9.23**). Uma segunda excitação do PSII resulta na absorção de dois prótons do lado do estroma do tilacoide e na formação da **plasto-hidroquinona** protonada totalmente reduzida (**PQH$_2$**). A PQH$_2$, então, dissocia-se do complexo dos centros de reação e entra na porção hidrofóbica da membrana, onde, por sua vez, transfere seus elétrons para o complexo citocromo b_6f. O sítio Q$_B$ vazio no PSII pode ser repovoado com uma PQ oxidada, regenerando a PQ$_B$.

Diferentemente dos grandes complexos proteicos da membrana do tilacoide, a PQH$_2$ é uma molécula pequena, apolar, que se difunde com facilidade no núcleo apolar da bicamada da membrana, tanto na sua forma totalmente oxidada (PQ) quanto na sua forma totalmente reduzida (PQH$_2$). Isso permite que o sistema PQ/PQH$_2$ atue como um transportador transmembrana para elétrons e prótons.

O fluxo de elétrons através do complexo citocromo b_6f também transporta prótons

O **complexo citocromo b_6f** é uma grande subunidade proteica com muitos grupos prostéticos (**Figura 9.24**). O complexo é um dímero funcional e contém dois hemes do tipo b e um heme do tipo c (**citocromo f**). Nos citocromos do tipo c, o heme está ligado ao peptídeo; nos citocromos do tipo b, o grupo proto-heme quimicamente similar não está covalentemente ligado (ver **Tópico 9.8 na internet**). O complexo ainda contém uma **proteína Rieske ferro-sulfurosa** (assim denominada em homenagem ao cientista que a descobriu), na qual dois átomos de ferro estão ligados em uma ponte por dois íons sulfeto. Os papéis funcionais da maioria desses cofatores são semelhantes aos do complexo mitocondrial do citocromo bc_1, que funciona na fosforilação oxidativa (conforme descrito no

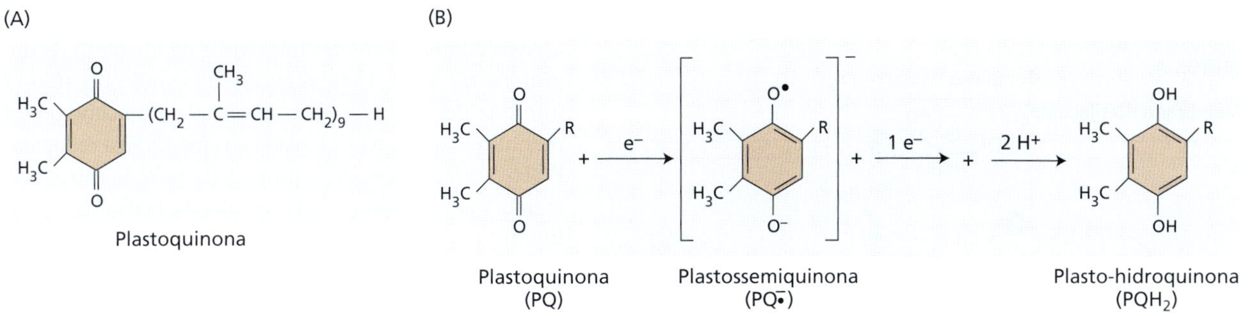

Figura 9.23 Estrutura e reações da plastoquinona que opera no PSII. (A) A plastoquinona consiste em uma cabeça quinoide e uma longa cauda apolar que a ancora na membrana. (B) Reações redox da plastoquinona. Estão representadas as formas da quinona totalmente oxidada (PQ), plastossemiquinona aniônica (PQ•) e plasto-hidroquinona reduzida (PQH_2); R representa a cadeia lateral.

Capítulo 13). Entretanto, o complexo citocromo b_6f também contém cofatores adicionais, incluindo um grupo heme (chamado heme c_n), uma clorofila e um carotenoide, cujas funções ainda não estão estabelecidas.

O complexo citocromo b_6f e o complexo citocromo bc_1 relacionado na cadeia de transporte de elétrons mitocondrial operam por meio de um mecanismo conhecido como **ciclo Q**, que foi proposto pela primeira vez por Peter Mitchell, em 1975, e posteriormente modificado por muitos outros pesquisadores (**Figura 9.25**). Nesse mecanismo, a PQH_2, formada pela excitação luminosa de PSII (ver subseção anterior) ou outros processos (ver próximo parágrafo), liga-se a um sítio chamado Q_o, que fica de frente para o lado do lume do tilacoide. Um dos elétrons da PQH_2 é transferido para o centro ferro-sulfuroso de Rieske, depois para citocromo f, PC e, finalmente, P700 do PSI. A extração de um elétron da PQH_2 ligado a Q_o resulta na formação de plastosemiquinona, que é altamente reativa e entrega um elétron ao heme do tipo b próximo. Esse elétron é então transferido através do tilacoide, por meio dos hemes b e c_n, para um segundo sítio de ligação chamado de Q_i. Observe que a redução dos hemes do tipo b parece, na Figura 9.25, ser ascendente em termos de energia livre, mas é impulsionada por reações subsequentes. A reação geral tem uma energia livre negativa.

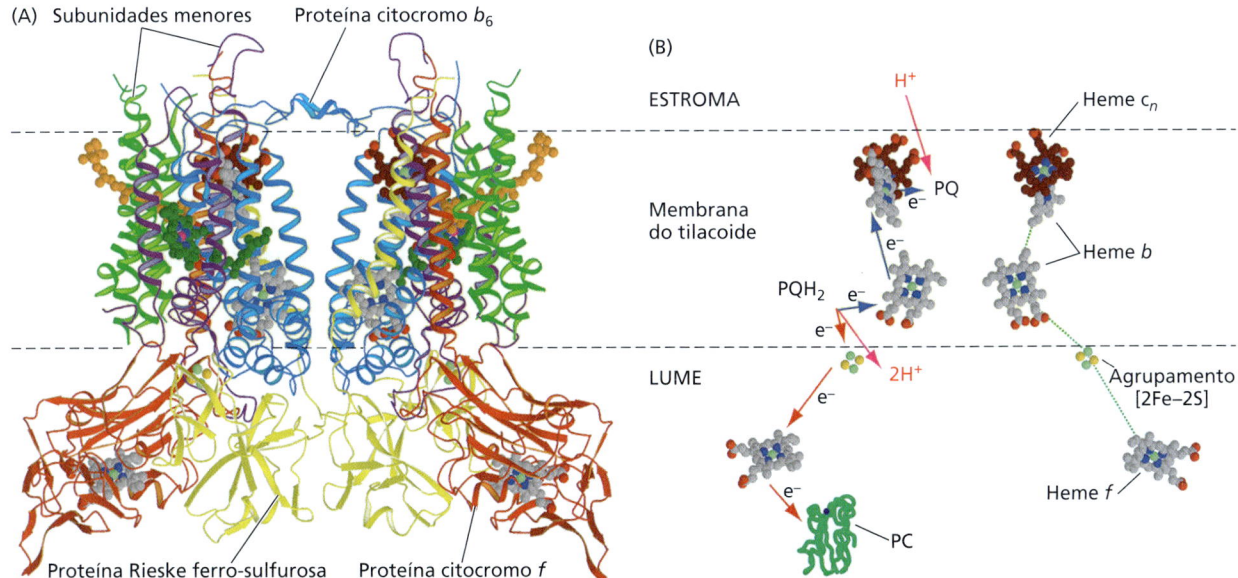

Figura 9.24 Estrutura do complexo citocromo b_6f de cianobactérias. (A) Arranjo das proteínas e cofatores no complexo. A proteína citocromo b_6 é mostrada em azul, a proteína citocromo f, em vermelho, a proteína Rieske ferro-sulfurosa, em amarelo, e outras subunidades menores são mostradas em verde e roxo. (B) Aqui, as proteínas foram omitidas para mostrar com maior clareza as posições dos cofatores. Os movimentos de elétrons e prótons associados à primeira parte do ciclo Q são mostrados à esquerda. Agrupamento [2 Fe–2S], porção da proteína Rieske ferro-sulfurosa; PC, plastocianina; PQ, plastoquinona; PQH_2, plasto-hidroquinona. (Segundo Kurisu et al. 2003. *Science* 302: 1009–1014.)

(A) Primeira QH$_2$ oxidada

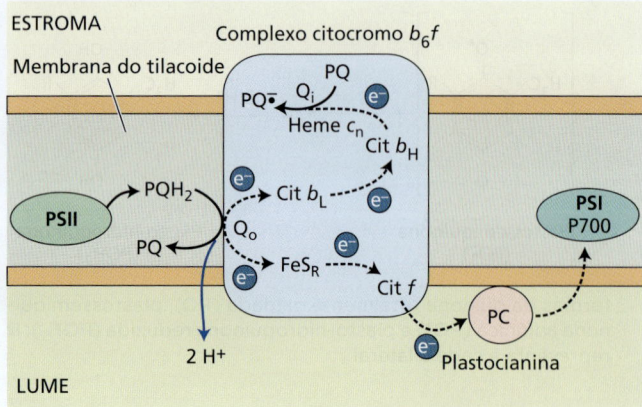

(B) Segunda QH$_2$ oxidada

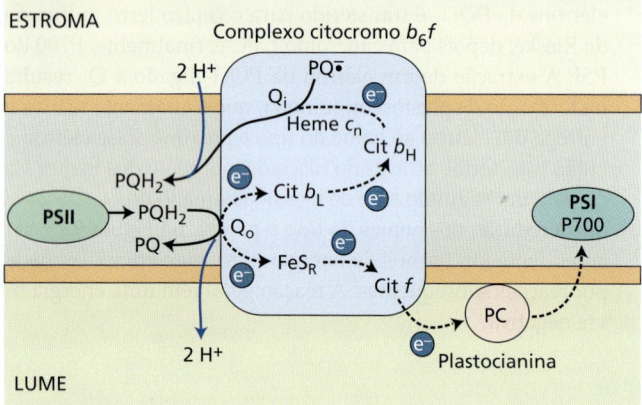

Figura 9.25 Mecanismo de transferência de elétrons e prótons no complexo citocromo b_6f. Esse complexo contém dois citocromos do tipo b (Cit b), um citocromo do tipo c (Cit c, historicamente chamado de citocromo f), uma proteína Rieske Fe-S (FeS$_R$) e dois sítios de oxidação–redução de quinonas. (A) Oxidação da primeira PQH$_2$: uma molécula de plasto-hidroquinona (PQH$_2$) produzida pela ação do PSII (ver Figura 9.23) se liga a um sítio chamado de Q$_O$, próximo ao lado do lume do complexo, e é oxidada em um processo especial, no qual um de seus dois elétrons é transferido para a FeS$_R$ e o outro para o heme b_L (um heme b de baixo potencial ou fortemente redutor). Dois prótons da PQH$_2$ são liberados no lume durante esse processo. O elétron transferido para FeS$_R$ é passado para o citocromo f (Cit f) e daí para a plastocianina (PC), a qual irá reduzir o P700 do PSI. O heme b_L reduzido transfere um elétron para o heme b_H de maior potencial. A PQH$_2$ oxidada, denominada plastoquinona (PQ), é liberada do sítio Q$_O$ para a membrana do tilacoide. (B) A oxidação da segunda PQH$_2$ resulta em processos cíclicos: uma segunda PQH$_2$ é oxidada no sítio Q$_O$, com um elétron indo da FeS$_R$ para a PC e, finalmente, para o P700. O segundo elétron passa pelos dois hemes do tipo b e pelo heme Cit c_i. Os dois elétrons acumulados nos hemes cooperam para reduzir PQ a PQH$_2$ no sítio Q$_i$, que está localizado próximo ao lado do estroma da membrana, absorvendo dois prótons do estroma. A PQH$_2$ liberada de Q$_i$ para a membrana do tilacoide pode ser oxidada no sítio Q$_O$. No geral, para cada elétron que é passado da PQH$_2$ no sítio Q$_O$ para PC, dois prótons são liberados no lume.

Esse processo resulta na transferência de um elétron através da membrana do tilacoide e na liberação de dois prótons no lume. Uma segunda renovação do sítio Q$_O$ introduz um segundo elétron na cadeia do citocromo b, permitindo que uma PQ ligada ao sítio Q$_i$ seja reduzida a PQH$_2$, com a absorção de prótons do lado do estroma da membrana tilacoide. A PQH$_2$ resultante pode então se difundir para Q$_O$, onde será oxidada, entregando os prótons ao lume. No geral, o ciclo Q resulta em dois prótons sendo depositados no lume para cada elétron que é transferido da PQH$_2$ para P700, aumentando o número de prótons disponíveis para a síntese de ATP.

A plastocianina carrega elétrons entre o complexo do citocromo b_6f e o fotossistema I

A localização dos dois fotossistemas em diferentes locais nas membranas do tilacoide (ver Figura 9.15) exige que pelo menos um componente seja capaz de se movimentar ao longo ou no interior da membrana, a fim de entregar os elétrons produzidos pelo PSII ao PSI. O complexo do citocromo b_6f está distribuído igualmente entre as regiões granal e do estroma das membranas, porém seu tamanho grande torna-o pouco provável como carreador móvel de elétrons entre os fotossistemas.

Conforme já descrito, a plastoquinona atua como carreadora móvel de elétrons do PSII para o complexo do citocromo b_6f. Os elétrons são então transferidos entre o complexo do citocromo b_6f e o P700 pela **plastocianina** (**PC**), uma proteína pequena (10,5 kDa), hidrossolúvel e contendo cobre. Essa proteína é encontrada no espaço do lume (ver Figura 9.25). Em certas algas verdes e cianobactérias, um citocromo do tipo c é encontrado, às vezes, no lugar da plastocianina; a síntese dessas duas proteínas depende da quantidade de cobre disponível ao organismo.

O centro de reação PSI oxida a PC e reduz a ferredoxina, que transfere elétrons para o NADP$^+$

O complexo dos centros de reação PSI é um grande complexo proteico com múltiplas subunidades (**Figura 9.26**). Diferentemente do PSII, onde as clorofilas da antena estão associadas ao centro de reação, mas presentes em pigmentos proteicos separados, uma antena-núcleo consistindo em cerca de 100 clorofilas é parte integral do centro de reação PSI. A antena-núcleo e o P700 estão ligados a duas proteínas, PsaA e PsaB, com massas moleculares na faixa de 66 a 70 kDa (ver **Tópico 9.8 na internet**). O complexo dos centros de reação PSI de ervilhas contém quatro complexos LHCI, além de uma estrutura do núcleo similar àquela encontrada em cianobactérias (ver Figura 9.26). O número total de moléculas de clorofila nesse complexo é de aproximadamente 200. A grande maioria dessas clorofilas atua

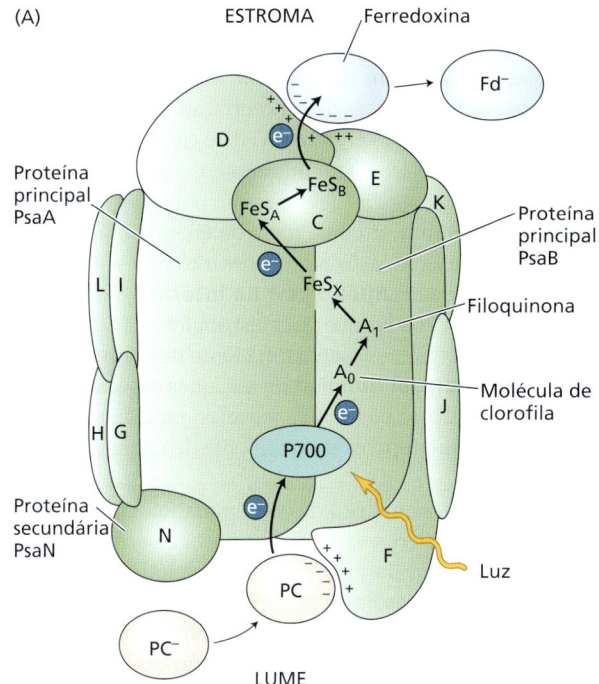

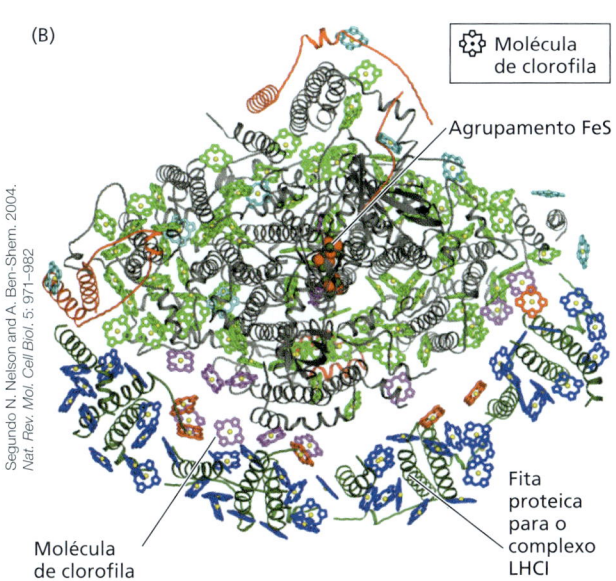

Figura 9.26 Estrutura do PSI. (A) Modelo estrutural do centro de reação do PSI das plantas vasculares. Os componentes do centro de reação do PSI estão organizados ao redor de duas proteínas-núcleo principais, PsaA e PsaB. Proteínas secundárias PsaC a PsaN estão identificadas como C a N. Os elétrons são transferidos da plastocianina (PC) para o P700 (ver Figuras 9.18 e 9.19) e daí para uma molécula de clorofila (A_0), para uma filoquinona (A_1), para os centros Fe-S, FeS_X, FeS_A e FeS_B, e, finalmente, para a proteína ferro-sulfurosa solúvel ferredoxina (Fd). (B) Estrutura do complexo dos centros de reação do PSI de ervilha em uma resolução de 4,4 Å (0,44 nm), incluindo os complexos antena LHCI. Esta é a visão do lado do estroma da membrana. As moléculas de clorofila associadas a diferentes proteínas de subunidades são representadas em cores diferentes. Apenas porções das proteínas (principalmente hélices) são mostradas. (A segundo R. Malkin and K. Niyogi. 2000. In B. B. Buchanan et al. [eds.]. 2000. *Biochemistry and Molecular Biology of Plants.* American Society of Plant Physiologists, Rockville, M.D.)

Aceptores adicionais de elétrons incluem uma série de três proteínas ferro-sulfurosas associadas à membrana, também conhecidas como **centros Fe-S**: **FeS_X, FeS_A e FeS_B** (ver Figura 9.26). O centro Fe-S_X é parte da proteína ligante P700; FeS_A e FeS_B residem em uma proteína de 8 kDa que faz parte do complexo dos centros de reação PSI. Elétrons são transferidos através dos centros FeS_A e FeS_B para a **ferredoxina** (**Fd**), uma pequena proteína ferro-sulfurosa hidrossolúvel (ver Figuras 9.18 e 9.26). A flavoproteína associada à membrana **ferredoxina-NADP⁺ redutase** (**FNR**) oxida a ferredoxina reduzida e reduz $NADP^+$ a NADPH, completando, assim, a sequência do transporte acíclico de elétrons, que inicia com a oxidação da água.

Além da redução do $NADP^+$, a ferredoxina reduzida produzida pelo PSI possui várias outras funções no cloroplasto, como o suprimento de redutores para reduzir o nitrato (ver Capítulo 14) e a regulação de algumas das enzimas da fixação do carbono (ver Capítulo 10).

Alguns herbicidas bloqueiam o fluxo fotossintético de elétrons

O uso de herbicidas para matar plantas indesejáveis é largamente adotado na agricultura moderna. Muitas classes diferentes de herbicidas foram desenvolvidas. Alguns agem bloqueando a biossíntese de aminoácidos, carotenoides ou lipídeos ou perturbando a divisão celular. Outros herbicidas, como diclorofenildimetilureia (DCMU, também conhecido como diuron) e paraquat, bloqueiam o fluxo de elétrons fotossintéticos (**Figura 9.27**).

O DCMU bloqueia o fluxo de elétrons nos aceptores quinona do PSII, competindo pelo sítio de ligação da plastoquinona, que normalmente é ocupado pela PQ_B. O paraquat aceita elétrons dos aceptores primários do PSI e, então, reage com o oxigênio para formar superóxido, $O_2^{\bullet-}$, uma espécie que é muito prejudicial aos componentes do cloroplasto.

como parte de uma antena, canalizando a energia da luz para o núcleo do centro de reação, onde ocorre a fotoquímica.

Os pigmentos da antena-núcleo formam um bojo ao redor dos cofatores de transferência de elétrons, que se encontram no centro do complexo. Na sua forma reduzida, todos os transportadores de elétrons que atuam na região aceptora do PSI são agentes redutores extremamente fortes. Essas espécies reduzidas são muito instáveis e, por isso, de difícil identificação. Um desses aceptores primários é uma molécula de clorofila, e outro é uma espécie de quinona, filoquinona, também conhecida como vitamina K_1.

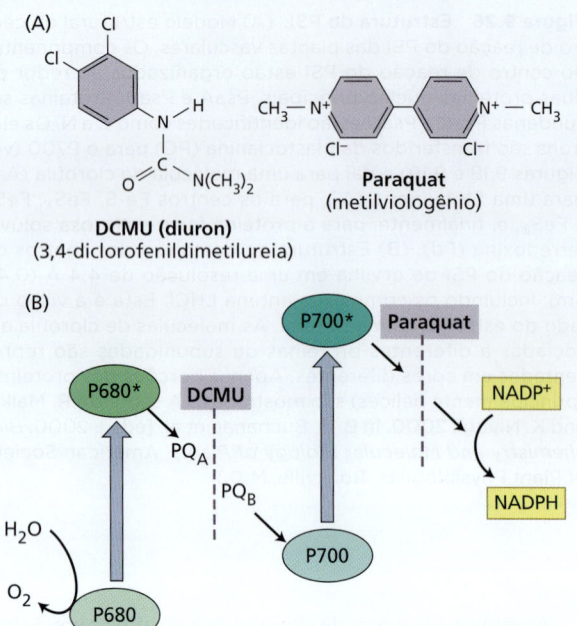

Figura 9.27 Estrutura química e mecanismo de ação de dois importantes herbicidas. (A) Estrutura química de 3,4-dicloro-fenildimetilureia (DCMU) e do metilviologênio (paraquat), dois herbicidas que bloqueiam o fluxo de elétrons fotossintéticos. (B) Sítios de ação dos dois herbicidas. O DCMU bloqueia o fluxo de elétrons nos aceptores de plastoquinona do PSII por competição pelo sítio de ligação da plastoquinona. O paraquat atua recebendo elétrons dos aceptores primários do PSI.

■ 9.7 O transporte de prótons e a síntese de ATP no cloroplasto

As seções anteriores mostraram como a energia capturada da luz é utilizada para reduzir o $NADP^+$ a NADPH. Várias etapas dessa sequência de reações de transferência de elétrons também armazenam energia na forma de um gradiente eletroquímico de prótons que, por sua vez, impulsiona a **fotofosforilação**, a síntese de ATP dependente da luz. Esse processo foi descoberto por Daniel Arnon e colaboradores, na década de 1950. Sob condições celulares normais, a fotofosforilação requer fluxo de elétrons, embora, sob certas condições, o fluxo de elétrons e a fotofosforilação possam ocorrer independentemente. O fluxo de elétrons sem o acompanhamento da fosforilação é dito **desacoplado**.

Hoje é amplamente aceito que a fotofosforilação funciona pelo mecanismo quimiosmótico. Esse mecanismo foi proposto pela primeira vez por Peter Mitchell, na década de 1960. O mesmo mecanismo geral aciona a fosforilação durante a respiração aeróbia em bactérias e mitocôndrias (ver Capítulo 13), bem como a transferência de muitos íons e metabólitos através de membranas (ver Capítulo 8). A quimiosmose parece ser um aspecto unificador dos processos de membrana em todas as formas de vida.

No Capítulo 8, foi discutido o papel das ATPases na quimiosmose e no transporte de íons na membrana plasmática das células. O ATP utilizado pela ATPase da membrana plasmática é sintetizado pela fotofosforilação no cloroplasto e pela fosforilação oxidativa na mitocôndria. Aqui, o interesse é a quimiosmose e as diferenças de concentração transmembrana de prótons utilizados para produzir ATP no cloroplasto.

O princípio básico da quimiosmose é que as diferenças na concentração de íons e as diferenças no potencial elétrico através das membranas são uma fonte de energia livre que pode ser utilizada pela célula. Conforme descrito pela segunda lei da termodinâmica (ver **Apêndice 1 na internet** para uma discussão mais detalhada), qualquer distribuição não uniforme de matéria ou energia representa uma fonte de energia. As diferenças no **potencial químico** de qualquer espécie molecular cujas concentrações não são as mesmas em lados opostos de uma membrana proporcionam tal fonte de energia (ver Capítulo 8).

A natureza assimétrica da membrana fotossintética e dos sistemas de transferência de elétrons leva ao armazenamento de energia em duas formas. Primeiro, os elétrons fluem através dos fotossistemas na membrana tilacoide do lume (onde a água é dividida) até o estroma (onde o NADPH é produzido). Em segundo lugar, os prótons fluem de um lado da membrana para o outro durante o fluxo de elétrons, conforme discutido anteriormente. A direção da translocação de prótons é tal que o estroma se torna mais alcalino (menos íons H^+) e o lume mais ácido (mais íons H^+), como consequência do transporte de elétrons (ver Figuras 9.19 e 9.25).

Algumas das primeiras evidências respaldando o mecanismo quimiosmótico da formação fotossintética de ATP foram fornecidas pelo elegante experimento conduzido por André Jagendorf e colaboradores (**Figura 9.28**). Eles colocaram tilacoides de cloroplastos em uma suspensão-tampão de pH 4, e o tampão difundiu-se através da membrana, causando um equilíbrio nesse pH ácido entre o interior e o exterior do tilacoide. Eles, então, transferiram rapidamente os tilacoides para um tampão de pH 8, criando, assim, uma diferença de pH de 4 unidades através da membrana do tilacoide, com o interior mais ácido em relação ao exterior. Eles constataram que grandes quantidades de ATP eram formadas a partir de ADP e P_i por esse processo, sem a entrada de luz ou o transporte de elétrons. Esse resultado respalda as predições do mecanismo quimiosmótico, descrito nos parágrafos seguintes.

Mitchell propôs que a energia total disponível para a síntese de ATP, a qual chamou de **força motriz de prótons** (Δp), é a soma de um potencial químico de prótons e um potencial elétrico transmembrana. Esses dois componentes da força motriz de prótons do lado de fora da membrana para o interior são dados pela seguinte equação:

$$\Delta p = \Delta E - 59 \text{ mV} \times (pH_i - pH_o) \qquad (9.9)$$

onde ΔE é o potencial elétrico transmembrana e $pH_i - pH_o$ (ou ΔpH) é a diferença de pH através da membrana. A constante de proporcionalidade (a 25 °C) é 59 mV por unidade de pH, de forma que uma diferença transmembrana de 1 unidade de pH é equivalente a um potencial de membrana de 59 mV. Embora

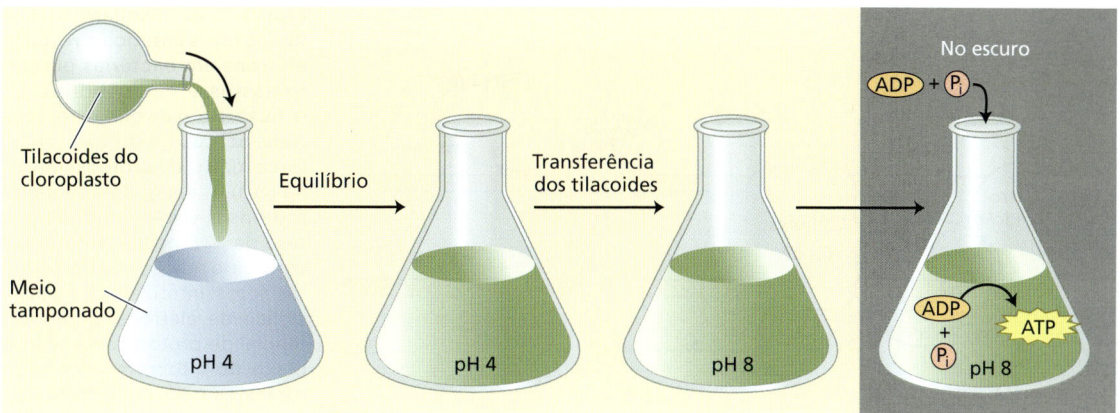

Figura 9.28 Resumo do experimento realizado por Jagendorf e colaboradores. Os tilacoides isolados de cloroplastos e mantidos previamente em pH 8 foram equilibrados em um meio ácido em pH 4. Os tilacoides foram, então, transferidos para um tampão em pH 8 contendo ADP e P_i. O gradiente de prótons gerado por essa manipulação forneceu uma força propulsora para a síntese de ATP na ausência da luz. Esse experimento confirmou as predições do modelo quimiosmótico, segundo o qual um potencial químico através da membrana pode fornecer energia para a síntese de ATP. (Segundo A. T. Jagendorf. 1967. *Fed. Proc., Fed. Am. Soc. Exp. Biol.* 26: 1361-1369.)

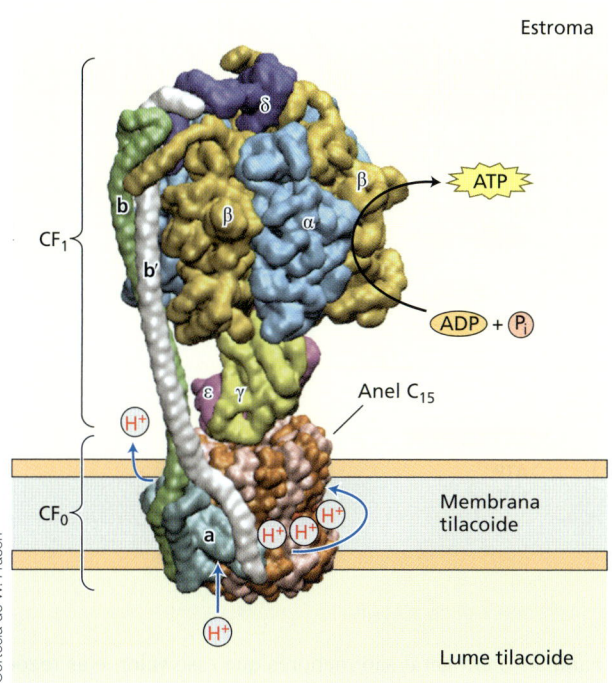

Figura 9.29 Estrutura do cloroplasto F_0F_1-ATP sintase. Essa enzima consiste em um grande complexo com múltiplas subunidades, CF_1, ligado no lado do estroma da membrana a uma porção integral de membrana, conhecida como CF_0. CF_1 consiste em cinco polipeptídeos diferentes, com estequiometria de $\alpha_3 \beta_3 \gamma \delta \varepsilon$. CF_0 provavelmente contém quatro polipeptídeos diferentes, com uma estequiometria de a b b' c_{14}. Prótons provenientes do lume são transportados pelo polipeptídeo giratório c e ejetados no lado do estroma. A estrutura é muito semelhante à da F_0F_1-ATP sintase mitocondrial (ver Capítulos 8 e 13) e da ATPase tipo V vacuolar (ver Capítulo 6).

se pense que as mitocôndrias armazenam Δp quase exclusivamente como potencial elétrico, o cloroplasto também armazena parte dessa energia como um gradiente de pH, o que faz com que o lume do tilacoide se torne mais ácido em relação ao estroma, que, por sua vez, desempenha papéis importantes na regulação da captura de luz e transferência de elétrons, conforme discutido na Seção 9.8.

O ATP é sintetizado por um complexo enzimático (massa de ~400 kDa) conhecido por vários nomes: **ATP sintase**, **ATPase** (pela reação reversa da hidrólise do ATP) e **CF_0-CF_1**. Essa enzima consiste em duas partes: uma porção hidrofóbica ligada à membrana, chamada de CF_0, e uma porção que sai da membrana para dentro do estroma, chamada de CF_1 (**Figura 9.29**). A CF_0 parece formar um canal através da membrana, pelo qual os prótons conseguem passar. A CF_1 é formada por vários peptídeos, incluindo três cópias de cada um dos peptídeos α e β, dispostos alternadamente de forma similar aos gomos de uma laranja. Enquanto os sítios catalíticos estão localizados principalmente nos β-polipeptídeos, acredita-se que muitos dos outros peptídeos tenham funções primordialmente reguladoras. A CF_1 é a porção do complexo onde o ATP é sintetizado.

A estrutura molecular da ATP sintase mitocondrial já foi determinada por métodos de cristalografia de raios X e de criomicroscopia eletrônica. Embora existam diferenças significativas entre as enzimas dos cloroplastos e das mitocôndrias, elas têm a mesma arquitetura geral e, provavelmente, sítios catalíticos quase idênticos. Na verdade, existem similaridades marcantes na forma como o fluxo de elétrons está acoplado à translocação de prótons nos cloroplastos, nas mitocôndrias e nas bactérias púrpuras (**Figura 9.30**). Outro aspecto marcante do mecanismo da ATP sintase é que o ramo interno e

(A) Bactérias púrpuras

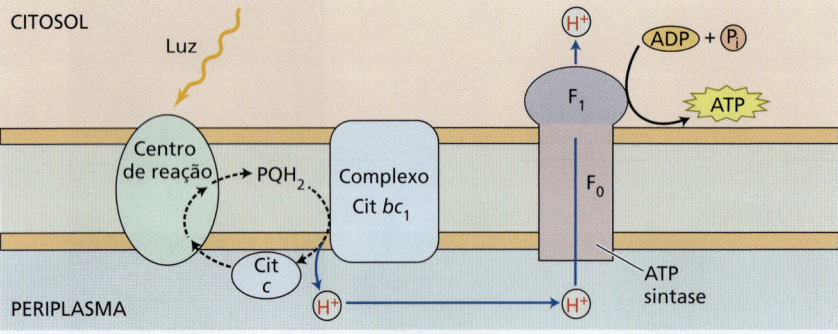

(B) Cloroplastos

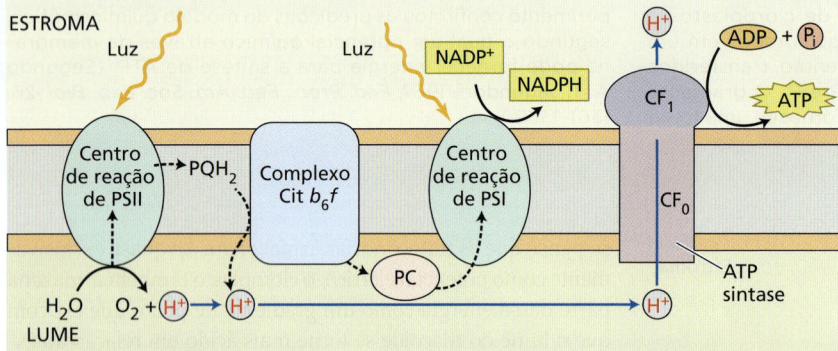

(C) Mitocôndrias

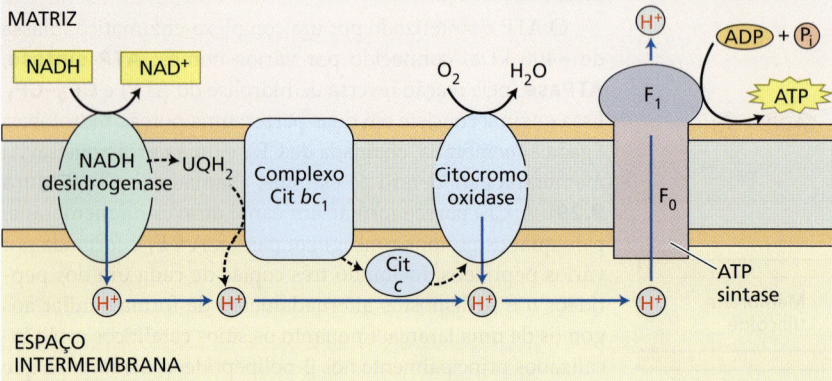

Figura 9.30 Similaridades entre os fluxos fotossintético e respiratório de elétrons em bactérias púrpuras, cloroplastos e mitocôndrias. Nos três, o fluxo de elétrons está acoplado à translocação de prótons, criando uma força motriz de prótons transmembrana (Δp). A energia na força motriz de prótons é, então, utilizada para a síntese de ATP pela ATP sintase. (A) Um centro de reação nas bactérias púrpuras fotossintetizantes realiza o fluxo cíclico de elétrons, gerando um potencial de prótons pela ação do complexo do citocromo bc_1. (B) Os cloroplastos realizam o fluxo acíclico de elétrons, oxidando a água e reduzindo a $NADP^+$. Prótons são produzidos pela oxidação da água e oxidação da PQH_2 pelo complexo do citocromo b_6f. (C) As mitocôndrias oxidam NADPH a NAD^+ e reduzem oxigênio a água. Prótons são bombeados pela enzima NADH desidrogenase, complexo citocromo bc_1 e citocromo oxidase. As ATP sintases nos três sistemas são muito similares em estrutura. UQH_2, ubiquinol

provavelmente muito da porção CF_0 da enzima giram durante a catálise. A enzima é, na realidade, um minúsculo motor molecular (ver **Tópicos 9.9** e **13.4 na internet**). Três moléculas de ATP são sintetizadas em cada rotação da enzima.

A imagem microscópica direta da porção CF_0 da ATP sintase do cloroplasto indica que ela contém 14 cópias (ou 15 cópias em algumas cianobactérias) da subunidade c integral de membrana (ver Figura 9.29). Cada subunidade pode translocar um próton através da membrana em cada rotação do complexo. Isso sugere que a estequiometria de prótons translocados para ATP formados é de 14/3, ou 4,69. Os valores medidos desse parâmetro em geral são menores que esse valor, e as razões para essa discrepância ainda não são compreendidas.

O fluxo cíclico de elétrons aumenta a produção de ATP para equilibrar o orçamento energético do cloroplasto

A rota linear de fluxo de elétrons descrita na Seção 9.6 produz ATP e NADPH, mas em uma razão fixa que é muito baixa para sustentar a fixação de CO_2 e outros processos que requerem ATP. Portanto, sob certas condições, as reações de luz fornecem fontes adicionais de ATP. Uma fonte importante é um processo denominado **fluxo cíclico de elétrons**, no qual os elétrons fluem do lado redutor do PSI de volta para o P700 via plasto-hidroquinona e complexo do citocromo b_6f. Esse fluxo cíclico de elétrons é acoplado ao bombeamento de prótons do estroma para o lume e pode ser usado para síntese de ATP sem oxidação de água ou redução de NADP$^+$ (ver Figura 9.15B). O fluxo cíclico de elétrons é especialmente importante como uma fonte de ATP nos cloroplastos da bainha do feixe vascular de algumas plantas que realizam o tipo C_4 de fixação de carbono (ver Capítulo 10).

■ 9.8 Reparo e regulação da maquinaria fotossintética

Os sistemas fotossintéticos enfrentam um desafio especial. Para funcionar bem com pouca luz, seus complexos antena devem ser grandes para absorver quantidades suficientes de energia luminosa e transformá-la em energia química. Contudo, em nível molecular, a energia presente em um fóton pode ser danosa, especialmente sob condições desfavoráveis. A energia luminosa em excesso pode levar à produção de espécies químicas tóxicas, tais como superóxidos, oxigênio singleto e peróxidos, podendo ocorrer danos se tal energia luminosa não for dissipada com segurança. Os organismos fotossintetizantes, portanto, possuem complexos mecanismos de regulação e reparo para proteger seu aparato fotossintético.

Alguns desses mecanismos regulam o fluxo de energia no sistema de antenas, a fim de evitar excesso de excitação dos centros de reação e garantir que os dois fotossistemas sejam igualmente acionados. Embora muito eficazes, esses processos não são totalmente à prova de falhas e, às vezes, intermediários reativos podem se acumular, levando à produção de **espécies reativas de oxigênio** tóxicas. A **Figura 9.31** oferece uma visão geral dos vários níveis dos sistemas de regulação e reparo que se defrontam com esses problemas. A primeira linha de defesa é a supressão do dano pelo *quenching* do excesso de energia de excitação na forma de calor. As defesas de segunda linha incluem sistemas bioquímicos que eliminam ou desintoxicam espécies reativas de oxigênio uma vez formadas e que reparam danos. A superóxido dismutase e a ascorbato peroxidase consomem superóxido e peróxido de hidrogênio, enquanto os carotenoides e o tocoferol (vitamina E) extinguem (*quench*) $^1O_2$.

Os carotenoides servem como agentes fotoprotetores

Além de sua função como pigmentos acessórios, os carotenoides desempenham um papel essencial na **fotoproteção**. As membranas fotossintéticas podem ser facilmente danificadas pelas grandes quantidades de energia absorvida pelos pigmentos se essa energia não puder ser armazenada pela fotoquímica; essa é a razão da necessidade de um mecanismo de proteção. O mecanismo de fotoproteção pode ser visto como uma válvula de segurança, liberando o excesso de energia antes que possa danificar o organismo. Quando a energia armazenada nas clorofilas em seu estado excitado é rapidamente

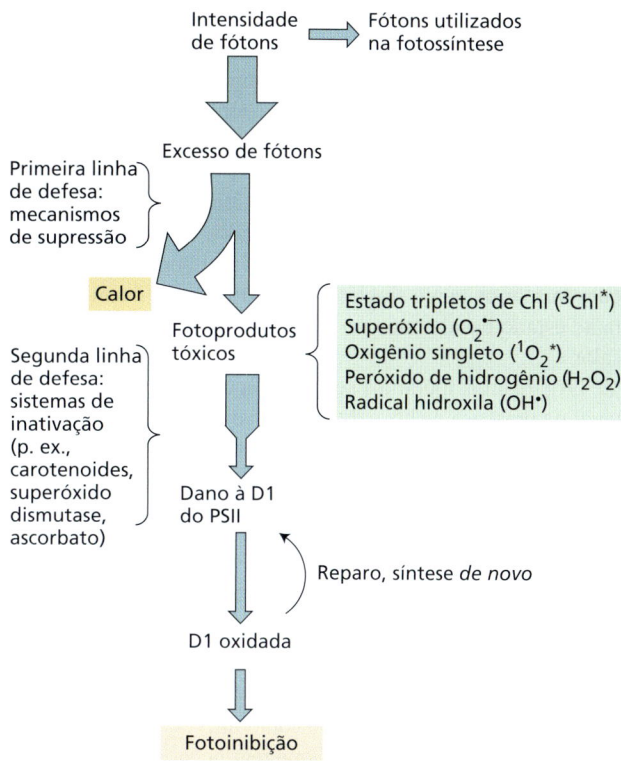

Figura 9.31 Visão geral da regulação da captura de fótons e da proteção e do reparo de dano causado pela luz. A proteção contra danos causados pela luz é um processo com muitos níveis. A primeira linha de defesa é a supressão do dano pelo *quenching* do excesso de excitação na forma de calor. Se essa defesa não for suficiente e se fotoprodutos tóxicos se formarem, uma diversidade de sistemas de inativação elimina os fotoprodutos reativos. Se essa segunda linha de defesa também falhar, os fotoprodutos resultantes do excesso de excitação luminosa podem danificar a proteína D1 do PSII. Esse dano leva à fotoinibição. A proteína D1 é, após, removida do centro de reação PSII e degradada. Uma nova proteína D1 é sintetizada e reinserida no centro de reação PSII para formar uma unidade funcional. (Segundo K. Asada. 1999. *Plant Physiol. Plant Mol. Biol.* 50: 601–639.)

dissipada pela transferência de excitação ou fotoquímica, o estado de excitação é dito **quenched**.

Se o estado excitado da clorofila não é rapidamente *quenched* pela transferência de excitação ou pela fotoquímica, ela pode reagir com o oxigênio molecular para formar um estado excitado do oxigênio conhecido como **oxigênio singleto** ($^1O_2$). O rendimento de $^1O_2^*$ é ainda maior quando estados excitados de clorofila são produzidos durante as reações de recombinação dentro dos fotossistemas. Isso significa que a reversão das reações luminosas (o retorno da clorofila excitada ao seu estado basal) não apenas dissipa energia, mas também pode produzir subprodutos nocivos. Assim, embora a recombinação ocorra apenas para uma pequena fração dos centros de reação excitados, é extremamente importante, porque o oxigênio singleto que ela produz pode reagir e danificar muitos componentes celulares, especialmente lipídeos.

Outra forma de oxigênio reativo, superóxido ($O_2^{\bullet-}$), pode ser formada quando elétrons se acumulam no centro de reação do PSI. O superóxido pode interagir com outros componentes redox para produzir peróxido de hidrogênio (H_2O_2) e o radical hidroxila altamente reativo ($OH^\bullet$) que, como o oxigênio singleto, pode danificar componentes celulares.

Os carotenoides exercem sua ação fotoprotetora por meio do rápido *quenching* dos estados excitados da clorofila. O estado excitado dos carotenoides não possui energia suficiente para formar oxigênio singleto, de modo que ele decai de volta ao estado basal enquanto perde sua energia sob forma de calor.

Organismos mutantes sem carotenoides não conseguem viver na presença de luz e de oxigênio molecular – uma situação difícil para organismos fotossintetizantes produtores de O_2. Mutantes de bactérias fotossintetizantes não produtoras de O_2 carentes de carotenoides podem ser mantidos em condições de laboratório, se o oxigênio for excluído do meio de cultura.

Algumas xantofilas também participam na dissipação da energia

O *quenching* não fotoquímico, um dos principais processos que regulam a distribuição da energia de excitação para os centros de reação, pode ser considerado como um "botão para ajuste de volume", que regula o fluxo de excitações para o centro de reação do PSII em um nível aceitável, dependendo da intensidade luminosa e de outras condições. O processo parece ser uma parte essencial da regulação dos sistemas de antena na maioria das algas e plantas superiores.

O **quenching não fotoquímico** é o *quenching* de estados excitados de clorofila e outros pigmentos antena (ver Figura 9.4) por processos que não produzem produtos fotoquímicos estáveis. Como resultado do *quenching* não fotoquímico, uma grande fração das excitações no sistema antena causadas pela iluminação intensa são dissipadas inofensivamente como calor, evitando o acúmulo de intermediários reativos que, de outra forma, poderiam causar fotodanos.

Existem vários processos distintos de *quenching* não fotoquímico com diferentes mecanismos subjacentes. A resposta mais rápida é desencadeada pela acidificação do lume do tilacoide, que ativa a interconversão de carotenoides especiais chamados **xantofilas** e modula diretamente os complexos antena para formar estados de *quenching* não fotoquímico (**Figura 9.32**). Em condições de luminosidade alta, a violaxantina é convertida em zeaxantina, via intermediário anteraxantina, pela enzima violaxantina de-epoxidase. Essa enzima está localizada no lume e é ativada em pH baixo. Altas concentrações de prótons também modulam diretamente as propriedades de uma proteína associada à antena do PSII, chamada de proteína PsbS em plantas vasculares.

A acidificação do lume pode ocorrer em alta luminosidade, quando o influxo de prótons impulsionado pela luz é maior do que seu efluxo através da ATP sintase. Também ocorre quando as reações metabólicas a jusante são inibidas, por exemplo, sob estresse pela seca (estresse por déficit hídrico), calor ou frio. Essas condições retardam o uso de ATP, esgotando o cloroplasto de ADP ou fosfato inorgânico (P_i), os substratos da ATP sintase e, assim, retardam a liberação de prótons do lume por meio da ATP sintase. Dessa forma, a acidificação do lume pode atuar como um "sinal" regulador central para controlar a fotossíntese, em resposta tanto à entrada de energia pela luz quanto ao seu uso pelo metabolismo.

O centro de reação do fotossistema II é facilmente danificado e rapidamente reparado

Outro efeito que parece ser um fator importante na estabilidade do aparelho fotossintético é a fotoinibição que ocorre quando

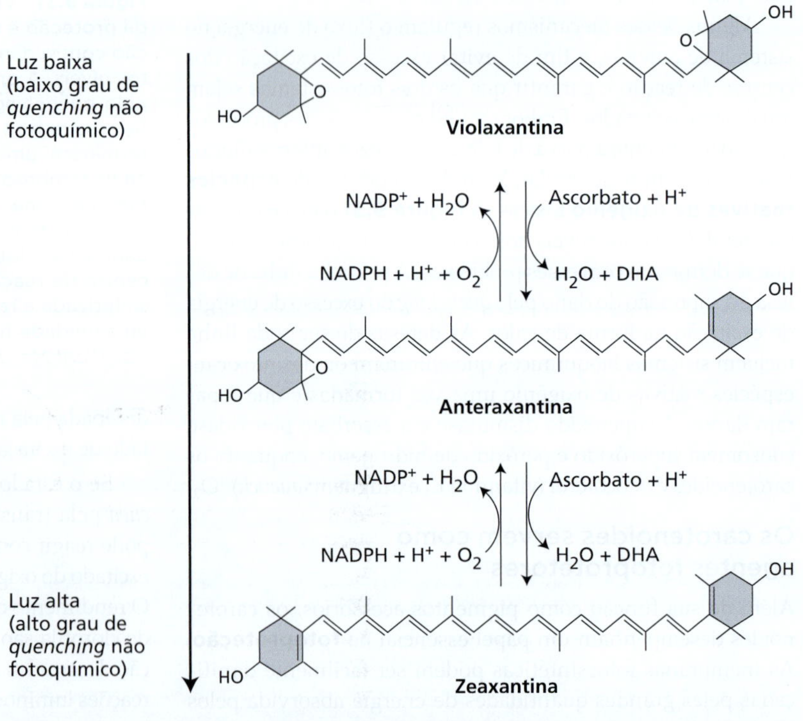

Figura 9.32 Estrutura química da violaxantina, da anteraxantina e da zeaxantina. O estado altamente *quenched* do PSII está associado à zeaxantina; o estado não *quenched*, à violaxantina. Enzimas interconvertem esses dois carotenoides, tendo a anteraxantina como intermediário, em resposta a alterações nas condições ambientais, em especial às condições de intensidade luminosa. A formação da zeaxantina utiliza o ascorbato como cofator, e a formação da violaxantina requer NADPH. DHA, desidroascorbato.

o excesso de excitação que chega ao centro de reação do PSII leva à sua inativação e dano. A **fotoinibição** é um conjunto complexo de processos moleculares, definidos como a inibição da fotossíntese pelo excesso de luz.

Conforme será discutido em detalhes no Capítulo 11, a fotoinibição é reversível nos estágios iniciais. Entretanto, a inibição prolongada resulta em dano ao sistema, de tal modo que o centro de reação do PSII precisa ser desmontado e reparado. O alvo principal desse dano é a proteína D1, que faz parte do complexo dos centros de reação PSII (ver Figura 9.21). Quando é danificada pelo excesso de luz, a proteína D1 necessita ser removida da membrana e substituída por uma molécula recém-sintetizada. Os demais componentes do centro de reação PSII não são danificados pelo excesso de luz, acreditando-se que sejam reciclados, de modo que a proteína D1 é o único componente que precisa ser sintetizado (ver Figura 9.31).

O PSI também é vulnerável a danos causados por espécies reativas de oxigênio sob certas condições, como quando as plantas são expostas a muita luz em temperaturas baixas. O aceptor ferredoxina do PSI é um redutor muito forte, que pode reduzir com facilidade o oxigênio molecular, formando superóxido ($O_2^{\bullet-}$). Essa redução compete com a canalização normal dos elétrons para reduzir o $NADP^+$ e outros processos. O superóxido é um de uma série de espécies reativas de oxigênio que podem ser muito prejudiciais a membranas biológicas, mas que, quando produzidas dessa maneira, são passíveis de eliminação pela ação de uma série de enzimas, incluindo superóxido dismutase e ascorbato peroxidase.

O empilhamento dos tilacoides permite a partição de energia entre os fotossistemas

O fato de a fotossíntese nas plantas vasculares ser impulsionada por dois fotossistemas com diferentes propriedades de absorção de luz constitui um problema especial. Se a taxa de envio da energia ao PSI e ao PSII não é igualada com precisão, e se as condições são tais que a taxa de fotossíntese é limitada pela disponibilidade de luz (intensidade luminosa baixa), a taxa de fluxo de elétrons será limitada pelo fotossistema que recebe a menor quantidade de energia. Na situação mais eficiente, a entrada de energia seria igual para os dois fotossistemas. Contudo, não existe um arranjo único de pigmentos que possa satisfazer essa exigência, pois, em diferentes momentos do dia, a intensidade luminosa e a distribuição espectral tendem a favorecer um ou outro fotossistema. Esse problema pode ser solucionado por um mecanismo que altere a distribuição de energia de um fotossistema para outro, em resposta a condições diferentes. As membranas dos tilacoides contêm uma proteína quinase que pode fosforilar um resíduo específico de treonina na superfície do LHCII, um dos pigmentos proteicos antena ligados à membrana já descritos neste capítulo (ver Figura 9.17). A quinase é ativada quando a plastoquinona, um dos carreadores de elétrons entre PSI e PSII, acumula-se no estado reduzido. A plastoquinona reduzida acumula-se quando o PSII está sendo ativado com maior frequência do que o PSI. O LHCII fosforilado migra, então, das regiões empilhadas da membrana para as regiões não empilhadas (ver Figura 9.15), provavelmente devido a interações repulsivas com as cargas negativas nas membranas adjacentes. O resultado líquido é que, quando o LHCII não está fosforilado, ele envia mais energia ao PSII e, quando está fosforilado, remete mais energia ao PSI.

■ 9.9 Genética, montagem e evolução dos sistemas fotossintéticos

Os cloroplastos possuem seu próprio DNA, mRNA e maquinaria para a síntese de proteínas, mas importam a maior parte de suas proteínas que é codificada por genes nucleares (ver Capítulo 1). Nesta seção, são consideradas a genética, a montagem e a evolução dos componentes principais dos cloroplastos.

Os genes dos cloroplastos exibem padrões de hereditariedade não mendelianos

Os cloroplastos e as mitocôndrias reproduzem-se por divisão, em vez de síntese *de novo*. Essa modalidade de reprodução não é surpreendente, pois essas organelas contêm informação genética que não está presente no núcleo. Durante a divisão celular, os cloroplastos são divididos entre as duas células-filhas. Na maioria das plantas sexuadas, entretanto, apenas a planta-mãe contribui com cloroplastos para o zigoto. Nessas plantas, o padrão normal de herança mendeliana não se aplica aos genes codificados no cloroplasto, porque a prole recebe cloroplastos de apenas um dos progenitores. O resultado é uma **herança não mendeliana** ou **herança materna**. Várias características são herdadas assim; um exemplo é a característica de resistência a herbicidas discutida no **Tópico 9.10 na internet**.

A maioria das proteínas dos cloroplastos é importada do citoplasma

As proteínas do cloroplasto podem ser codificadas ou pelo DNA do cloroplasto ou pelo DNA do núcleo. As proteínas codificadas no cloroplasto são sintetizadas em ribossomos do cloroplasto; as codificadas no núcleo são sintetizadas em ribossomos citoplasmáticos e daí transportadas para os cloroplastos. Os genes necessários para o funcionamento do cloroplasto estão distribuídos entre os genomas nuclear e plastidial sem um padrão evidente, mas ambos os conjuntos são essenciais para a viabilidade do cloroplasto. Por exemplo, a rubisco (ver Capítulo 10), enzima que atua na fixação do carbono, tem dois tipos de subunidades: uma grande, codificada no cloroplasto, e outra pequena, codificada no núcleo, sendo ambas necessárias para a atividade. As subunidades pequenas da rubisco são sintetizadas no citosol e transportadas para o cloroplasto, onde a enzima é montada. Alguns genes do cloroplasto são necessários para outras funções dele, como a síntese dos hemes e de lipídeos. O controle da expressão dos genes nucleares que codificam para as proteínas dos cloroplastos é complexo e dinâmico, envolvendo regulação dependente da luz mediada pelo fitocromo e pela luz azul (ver Capítulo 16), bem como outros fatores.

O transporte das proteínas do cloroplasto sintetizadas no citosol constitui um processo rigidamente regulado. Proteínas de cloroplasto codificadas no núcleo (como a pequena subunidade de rubisco) são sintetizadas como proteínas precursoras contendo uma sequência de aminoácidos N-terminal conhecida como **peptídeo de trânsito**. Essa sequência terminal conduz a proteína precursora até o cloroplasto e facilita sua passagem pelas membranas externa e interna, sendo, então, eliminada. A plastocianina carreadora de elétrons é uma proteína hidrossolúvel codificada no núcleo, mas ela atua no lume do cloroplasto. Ela precisa, portanto, atravessar três membranas para alcançar seu destino no lume. O peptídeo de trânsito da plastocianina é muito grande e seu processamento ocorre em mais de uma etapa, à medida que direciona a proteína por meio de duas translocações sequenciais através da membrana interna do envoltório e da membrana do tilacoide.

A biossíntese e a quebra das clorofilas são rotas complexas

As clorofilas são moléculas complexas especialmente ajustadas para as funções de absorção de luz, transferência de energia e transferência de elétrons, que realizam durante a fotossíntese (ver Figura 9.6). Como todas as outras moléculas biológicas, as clorofilas são construídas por uma rota biossintética em que se empregam moléculas simples para a montagem de moléculas mais complexas. Cada etapa na rota biossintética é catalisada enzimaticamente.

A rota biossintética das clorofilas consiste em mais de uma dezena de etapas (ver **Tópico 9.11 na internet**). O processo pode ser dividido em várias fases (**Figura 9.33**), podendo cada uma ser considerada isoladamente, mas, na célula, são finamente coordenadas e reguladas. Essa regulagem é essencial, pois a clorofila livre e muitos dos intermediários biossintéticos são prejudiciais aos componentes celulares. O dano resulta, em grande parte, do fato de que as clorofilas absorvem a luz de maneira eficiente; porém, na ausência de proteínas acompanhantes, elas carecem de uma rota para liberar a energia, resultando na formação de oxigênio singleto tóxico.

A rota de decomposição das clorofilas em folhas senescentes é bastante diferente da rota biossintética. A primeira etapa é a remoção da cauda de fitol por uma enzima conhecida como clorofilase, seguida pela remoção do magnésio pela enzima magnésio dequelatase. Em seguida, a estrutura de porfirina é aberta por uma enzima oxigenase (dependente de oxigênio), formando um tetrapirrol de cadeia aberta.

O tetrapirrol é, após, modificado para formar produtos hidrossolúveis e incolores. Esses metabólitos incolores são exportados do cloroplasto senescente e transportados para o vacúolo, onde são permanentemente armazenados. As proteínas de ligação à clorofila são subsequentemente recicladas em novas proteínas, o que é importante para a economia de nitrogênio da planta.

Os organismos fotossintetizantes complexos evoluíram a partir de formas mais simples

O complicado aparelho fotossintético encontrado em plantas e algas é o produto final de uma longa sequência evolutiva. Muito pode ser compreendido sobre esse processo evolutivo a partir da análise de organismos fotossintetizantes procarióticos mais simples, incluindo as bactérias anoxigênicas e as cianobactérias.

O cloroplasto constitui-se em uma organela celular semiautônoma, com seu próprio DNA, e um aparelho completo para a síntese de proteínas. Muitas das proteínas que compõem o aparelho fotossintético, além das clorofilas e dos lipídeos, são sintetizadas no próprio cloroplasto. Outras são importadas do citoplasma e codificadas por genes nucleares. Como aconteceu essa curiosa divisão de trabalho? A maioria dos especialistas hoje concorda que o cloroplasto descende de uma relação simbiótica entre uma cianobactéria e uma única célula eucariótica não fotossintetizante. Este tipo de relacionamento é chamado de **endossimbiose**.

Originalmente, a cianobactéria era capaz de viver independentemente, mas, com o passar do tempo, muito de sua informação genética necessária para o funcionamento celular normal perdeu-se, e uma substancial quantidade de informação necessária para sintetizar o aparelho fotossintético foi transferida para o núcleo. Desse modo, a cianobactéria não foi mais capaz de viver fora de seu hospedeiro e, por fim, tornou-se parte integral da célula, conhecida como o cloroplasto.

Em alguns tipos de algas, os cloroplastos surgiram por endossimbiose de organismos eucarióticos fotossintetizantes. Nesses organismos, o cloroplasto é delimitado por três e, em alguns casos, por quatro membranas, que, acredita-se, sejam resquícios das membranas plasmáticas dos organismos precursores. As mitocôndrias são igualmente consideradas como originadas por endossimbiose em um evento separado, muito antes da formação dos cloroplastos.

As respostas para outras questões relacionadas com a evolução da fotossíntese são menos claras. Elas incluem a natureza dos sistemas fotossintéticos ancestrais, o modo como os dois fotossistemas se tornaram ligados e a origem evolutiva do complexo de liberação do oxigênio.

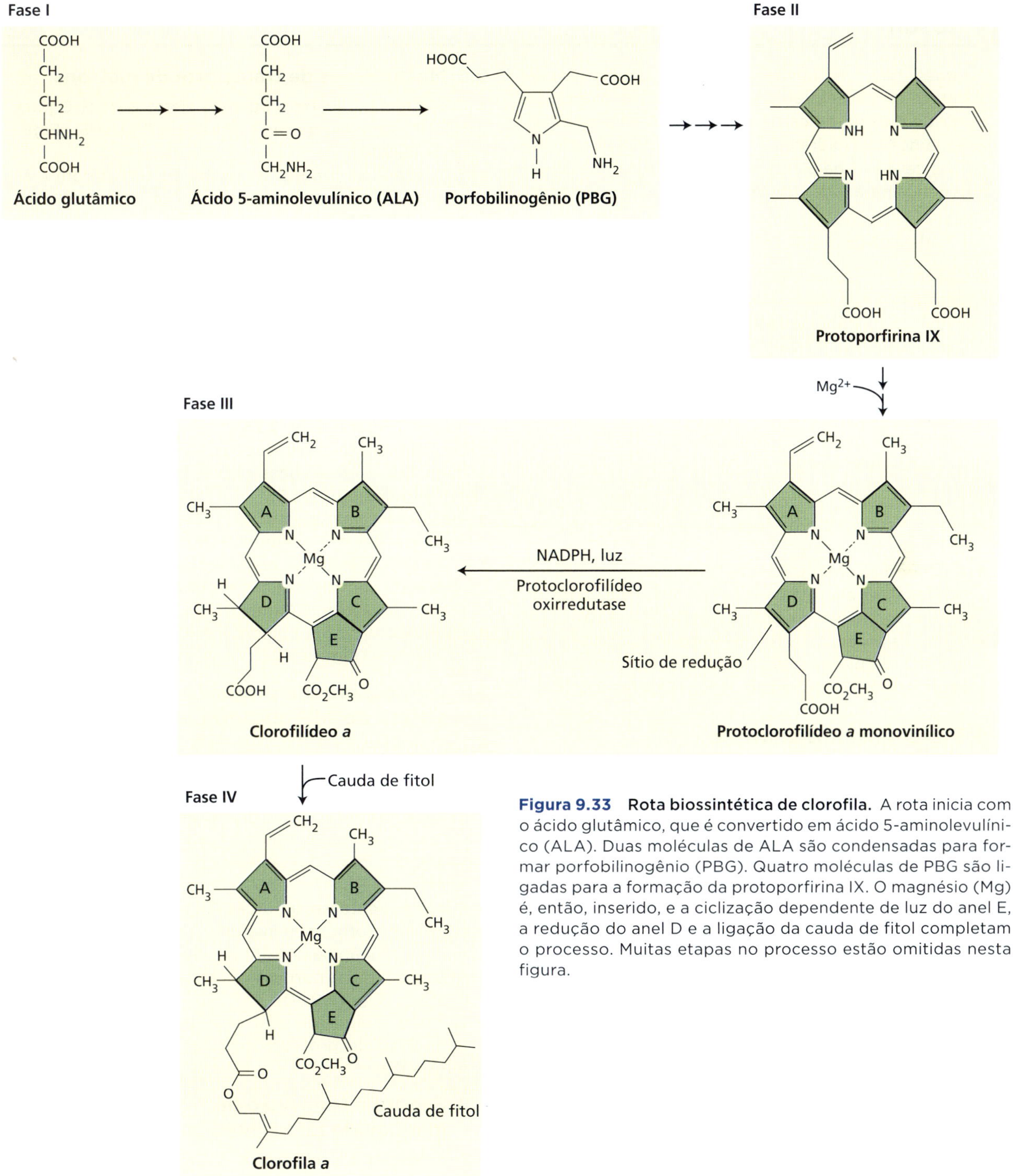

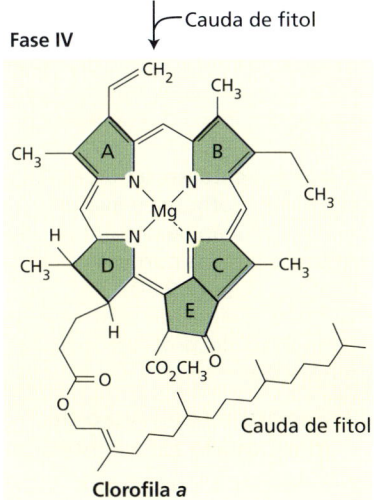

Figura 9.33 Rota biossintética de clorofila. A rota inicia com o ácido glutâmico, que é convertido em ácido 5-aminolevulínico (ALA). Duas moléculas de ALA são condensadas para formar porfobilinogênio (PBG). Quatro moléculas de PBG são ligadas para a formação da protoporfirina IX. O magnésio (Mg) é, então, inserido, e a ciclização dependente de luz do anel E, a redução do anel D e a ligação da cauda de fitol completam o processo. Muitas etapas no processo estão omitidas nesta figura.

Resumo

A fotossíntese nas plantas capta energia luminosa para a síntese de carboidratos e a liberação de oxigênio a partir de dióxido de carbono e água. A energia armazenada nos carboidratos é utilizada para acionar processos celulares na planta e pode servir como recurso energético para todas as formas de vida.

9.1 Fotossíntese em plantas verdes

- Dentro dos cloroplastos, as clorofilas absorvem a energia da luz para a oxidação da água, liberando oxigênio e produzindo NADPH e ATP (reações do tilacoide).
- NADPH e ATP são utilizados na redução do dióxido de carbono para formar açúcares (reações de fixação do carbono, abordadas no **Capítulo 10**).

9.2 Conceitos gerais

- A luz comporta-se como partícula e onda, levando energia sob forma de fótons, alguns dos quais são utilizados pelas plantas (**Figuras 9.1-9.3**).
- As clorofilas energizadas pela luz podem fluorescer ou transferir energia para outras moléculas para impulsionar reações químicas (**Figuras 9.4, 9.10**).
- Todos os organismos fotossintetizantes contêm uma mistura de pigmentos com diferentes estruturas e propriedades de absorção de luz (**Figuras 9.6, 9.7**).

9.3 Experimentos-chave na compreensão da fotossíntese

- Um espectro de ação para a fotossíntese mostra a liberação de oxigênio por algas em certos comprimentos de onda (**Figuras 9.8, 9.9**).
- Complexos antena de pigmentos proteicos coletam energia luminosa e a transferem para os complexos do centro de reação (**Figuras 9.10, 9.16**).
- A luz impulsiona a redução do $NADP^+$ e a formação do ATP. Os organismos produtores de oxigênio possuem dois fotossistemas (PSI e PSII) que operam em série (**Figura 9.12**).

9.4 Organização do aparelho fotossintético

- Dentro do cloroplasto, as membranas do tilacoide possuem os centros de reação, os complexos antena de captação de luz e a maioria das proteínas carreadoras de elétrons. PSI e PSII estão separados espacialmente nos tilacoides (**Figura 9.15**).

9.5 Organização dos sistemas antena de absorção de luz

- O sistema antena canaliza a energia para os centros de reação (**Figura 9.16**).
- As proteínas de captação de luz de ambos os fotossistemas são estruturalmente semelhantes (**Figura 9.17**).

9.6 Mecanismos de transporte de elétrons

- O esquema Z ilustra o fluxo de elétrons de H_2O para $NADP^+$ por meio de carreadores em PSII e PSI (**Figuras 9.12, 9.18**).
- Três grandes complexos proteicos transferem elétrons: PSII, o complexo citocromo $b_6 f$ e PSI (**Figuras 9.15, 9.19**).
- A clorofila do centro de reação do PSI absorve em nível máximo em 700 nm; a clorofila do centro de reação do PSII absorve em nível máximo em 680 nm.
- O centro de reação do PSII é um complexo pigmento-proteico composto por múltiplas subunidades (**Figuras 9.21, 9.22**).
- Íons manganês são necessários para oxidar a água.
- Duas plastoquinonas hidrofóbicas aceitam elétrons do PSII (**Figuras 9.19, 9.23**).
- Os prótons são translocados para o lume do tilacoide quando os elétrons passam pelo complexo citocromo $b_6 f$ (**Figuras 9.19, 9.25**).
- Plastoquinona e plastocianina transportam elétrons entre o PSII e o PSI (**Figura 9.25**).
- O $NADP^+$ é reduzido pelo centro de reação do PSI, utilizando centros de Fe-S e ferredoxina como carreadores de elétrons (**Figura 9.26**).
- Os herbicidas podem bloquear o fluxo fotossintético de elétrons (**Figura 9.27**).

9.7 O transporte de prótons e a síntese de ATP no cloroplasto

- A transferência *in vitro* de tilacoides de cloroplastos equilibrados em pH 4 para um tampão de pH 8 resultou na formação de ATP a partir de ADP e P_i, corroborando com o mecanismo quimiosmótico (**Figura 9.28**).
- Os prótons movimentam-se por meio de um gradiente eletroquímico (força motriz de prótons), passando por uma ATP sintase e formando ATP (**Figura 9.29**).
- Durante a catálise, a porção CF_0 da ATP sintase gira como um motor em miniatura.
- A translocação de prótons em cloroplastos, mitocôndrias e bactérias púrpuras mostra similaridades significativas (**Figura 9.30**).
- O fluxo cíclico de elétrons gera ATP por bombeamento de prótons, mas não gera NADPH (**Figura 9.15**).

9.8 Reparo e regulação da maquinaria fotossintética

- A proteção e o reparo de fotodano consistem em *quenching* e dissipação de calor, neutralizando produtos tóxicos, e em reparo sintético do PSII (**Figura 9.31**).
- As xantofilas (uma classe de carotenoides) participam no *quenching* não fotoquímico (**Figura 9.32**).
- A fosforilação do LHCII mediada por uma quinase causa sua migração para os tilacoides empilhados e a distribuição de energia para o PSI. Após desfosforilação, o LHCII migra para os tilacoides não empilhados e distribui mais energia para o PSII.

■ Resumo

9.9 Genética, montagem e evolução dos sistemas fotossintéticos

- Os cloroplastos possuem seus próprios DNA, mRNA e sistema de síntese de proteínas. Eles importam a maioria das proteínas para dentro do cloroplasto. Essas proteínas são codificadas por genes nucleares e sintetizadas no citosol.
- Os cloroplastos apresentam um padrão de herança não mendeliana ou materna.
- A biossíntese da clorofila pode ser dividida em quatro fases (**Figura 9.33**).
- O cloroplasto é descendente de uma relação simbiótica entre uma cianobactéria e uma única célula eucariótica não fotossintetizante.

■ Material da internet

- **Tópico 9.1 Princípios da espectrofotometria** A espectrofotometria é uma técnica fundamental para o estudo das reações luminosas.
- **Tópico 9.2 A distribuição de clorofilas e outros pigmentos fotossintéticos** O conteúdo de clorofilas e outros pigmentos fotossintéticos varia entre os reinos vegetais.
- **Tópico 9.3 Produtividade quântica** As produtividades quânticas medem o quão eficientemente a luz impulsiona um processo fotobiológico.
- **Tópico 9.4 Os efeitos antagônicos da luz na oxidação do citocromo** Os fotossistemas I e II foram descobertos em alguns experimentos engenhosos.
- **Tópico 9.5 Estruturas de dois centros de reação bacteriana** Os estudos de difração de raios X resolveram a estrutura atômica do centro de reação do PSII.
- **Tópico 9.6 Potenciais de ponto médio e reações redox** A medição dos potenciais de ponto médio é adequada para analisar o fluxo de elétrons através do PSII.
- **Tópico 9.7 Liberação do oxigênio** O mecanismo do estado S é um modelo para a decomposição da água no PSII.
- **Tópico 9.8 Fotossistema I** O PSI é um supercomplexo pigmento-proteico com múltiplas subunidades.
- **Tópico 9.9 ATP sintase** A ATP sintase funciona como um motor molecular.
- **Tópico 9.10 Modo de ação de alguns herbicidas** Alguns herbicidas matam plantas bloqueando o fluxo fotossintético de elétrons.
- **Tópico 9.11 Biossíntese da clorofila** Clorofila e heme partilham as etapas iniciais de suas rotas biossintéticas.
- **Ensaio 9.1 Uma nova visão da estrutura do cloroplasto** Os estrômulos estendem o alcance dos cloroplastos.

Para mais recursos de aprendizagem (em inglês), acesse **oup.com/he/taiz7e**.

Leituras sugeridas

Armbruster, U., Correa Galvis, V., Kunz, H.-H., and Strand, D. D. (2017) The regulation of the chloroplast proton motive force plays a key role for photosynthesis in fluctuating light. *Curr. Opin. Plant Biol.* 37: 56–62.

Blankenship, R. E. (2002) *Molecular Mechanisms of Photosynthesis*. Blackwell Scientific, Oxford.

Croce, R., and van Amerongen, H. (2020) Light harvesting in oxygenic photosynthesis: Structural biology meets spectroscopy. *Science* 369: eaay2058.

Davis, G. A., Rutherford, A. W., and Kramer, D. M. (2017) Hacking the thylakoid proton motive force for improved photosynthesis: Modulating ion flux rates that control proton motive force partitioning into Δψ and ΔpH. *Philos Trans. R. Soc. Lond. B. Biol. Sci.* 372: 20160381.

Hohmann-Marriott, M. F., and Blankenship, R. E. (2011) Evolution of photosynthesis. *Annu. Rev. Plant Biol.* 62: 515–548.

Kaiser, E., Morales, A., and Harbinson, J. (2018) Fluctuating light takes crop photosynthesis on a rollercoaster ride. *Plant Physiol.* 176: 977–989.

Kanazawa, A., Neofotis, P., Davis, G. A., Fisher, N., and Kramer, D. M. (2020) Diversity in photoprotection and energy balancing in terrestrial and aquatic phototrophs. In A. W. D. Larkum, A. R. Grossman, and J. A. Raven, eds., *Photosynthesis in Algae: Biochemical and Physiological Mechanisms*. Springer International Publishing, Cham, Switzerland, pp. 299–327.

Kramer, D. M., Nitschke, W., and Cooley, J. W. (2009) The cytochrome bc1 and related bc complexes: The Rieske/cytochrome b complex as the functional core of a central electron/proton transfer complex. In C. N. Hunter, F. Daldal, M. C. Thurnauer, and J. T. Beatty, eds., *The Purple Phototrophic Bacteria*. Springer Netherlands, Dordrecht, pp. 451–473.

Kromdijk, J., Głowacka, K., Leonelli, L., Gabilly, S. T., Iwai, M., Niyogi, K. K., and Long, S. P. (2016) Improving photosynthesis and crop productivity by accelerating recovery from photoprotection. *Science* 354: 857–861.

Lubitz, W., Chrysina, M., and Cox, N. (2019) Water oxidation in photosystem II. *Photosynth. Res.* 142: 105–125.

10 Fotossíntese: reações de carboxilação

As necessidades das plantas por nutrientes minerais e luz para crescer e completar seu ciclo de vida foram examinadas nos Capítulos 7 e 9, respectivamente. A quantidade de matéria em nosso planeta permanece relativamente constante, e um fluxo contínuo de energia é necessário para transformar, circular e ordenar moléculas por toda a biosfera. Sem esse aporte de energia, a entropia aumentaria, o fluxo de matéria cessaria e a vida deixaria de existir. A fonte inicial de energia para quase toda a vida no nosso planeta provém da energia radiante solar que atinge a superfície da Terra. Os organismos fotossintetizantes, aquáticos e terrestres, capturam aproximadamente 3×10^{21} Joules por ano de energia da luz solar e a utilizam para fixar cerca de 2×10^{11} toneladas de carbono por ano.

Há mais de 1 bilhão de anos, células heterotróficas adquiriram a capacidade de converter a luz solar em energia química mediante endossimbiose primária de uma cianobactéria ancestral fotossintetizante. Análises filogênicas de plastídios, cianobactérias e eucariotos determinaram que o grupo Archaeplastida, os descendentes eucarióticos autotróficos dessa manifestação ancestral endossimbiótica monofilética, compreendem três linhagens principais: Chloroplastidae (Viridiplantae: algas verdes, plantas terrestres), Rhodophyceae (algas vermelhas) e Glaucophytae (algas unicelulares contendo plastídios semelhantes a cianobactérias, chamadas de cianelas). A integração de genes de cianobactérias no genoma do hospedeiro reduziu drasticamente o tamanho do genoma do plastídio (plastoma). Essa transferência de genes exigiu o desenvolvimento de mecanismos de transporte complexos através das membranas externa e interna do plastídio, para direcionar proteínas codificadas no núcleo para o endossimbionte e proteínas codificadas no plastídio para o hospedeiro. Além disso, o evento endossimbiótico exigiu a troca de vários compostos entre o plastídio e o restante da célula. O endossimbionte ancestral transmitia a capacidade tanto de realizar a fotossíntese oxigênica quanto de sintetizar novos compostos, como o *amido*, e hoje é essencial para assimilação de nitrogênio e enxofre, síntese de aminoácidos e ácidos graxos e muitas outras funções especializadas.

No Capítulo 9, mostrou-se como as membranas dos tilacoides utilizam a energia, associada com a oxidação fotoquímica da água a oxigênio molecular, para gerar ATP, ferredoxina reduzida e NADPH. Posteriormente, os produtos dessas reações dependentes

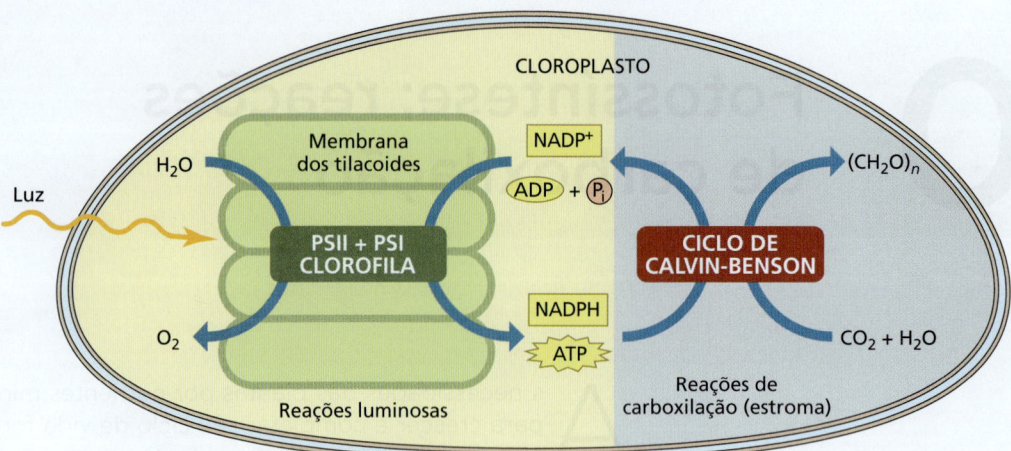

Figura 10.1 Reações luminosas e de carboxilação da fotossíntese em cloroplastos de plantas terrestres. Nas membranas dos tilacoides, a excitação da clorofila no sistema de transporte de elétrons (fotossistema II [PSII] + fotossistema I [PSI]) pela luz provoca a formação de ATP e NADPH (ver Capítulo 7). No estroma, tanto o ATP como o NADPH são consumidos pelo ciclo de Calvin-Benson, em uma série de reações catalisadas por enzimas que reduzem o CO_2 atmosférico a carboidratos (trioses fosfato).

de luz são usados na fase fluida circundante (estroma) para impulsionar a redução, por catálise enzimática, do CO_2 atmosférico em trioses fosfato, levando à síntese de carboidratos e outros componentes celulares (**Figura 10.1**). A redução de CO_2 no estroma dos cloroplastos foi, por muitos anos, chamada de *reações escuras* (*dark reactions*), porque não é impulsionada diretamente pelo processo químico de absorção de luz (fotoquímica). No entanto, essas reações localizadas no estroma hoje são comumente chamadas de *reações de carboxilação da fotossíntese*, porque não apenas os produtos da fotoquímica (p. ex., ATP e NADPH) fornecem a energia para essas reações, mas a luz é necessária para ativar muitas das enzimas necessárias para a assimilação do carbono.

Este capítulo é iniciado pela descrição do ciclo metabólico que incorpora o CO_2 atmosférico em compostos orgânicos: o **ciclo de Calvin-Benson**. Em seguida, considera-se como a reação inevitável de ribulose-1,5-bifosfato carboxilase/oxigenase (rubisco) com oxigênio molecular diminui a eficiência da assimilação fotossintética de CO_2 e como a fotorrespiração libera CO_2, enquanto recicla os subprodutos dessa reação de oxigenação que, do contrário, seriam inutilizáveis pela célula. Examinam-se também dois mecanismos de concentração de CO_2 que as plantas terrestres desenvolveram para minimizar a oxigenação de rubisco e a perda de energia e CO_2 durante a fotorrespiração (ver **Tópico 10.1 na internet**): fotossíntese C_4 e metabolismo ácido das crassuláceas (CAM, *crassulacean acid metabolism*). Finalmente, considera-se a formação dos dois principais produtos da fixação fotossintética de CO_2: **amido**, o polissacarídeo de reserva que se acumula transitoriamente nos cloroplastos; e **sacarose**, o dissacarídeo que é gerado fora do cloroplasto e é exportado das folhas (*fontes*) para os tecidos em desenvolvimento e órgãos de armazenamento (*drenos*) da planta.

10.1 O ciclo de Calvin-Benson

Um requisito para manter a vida na biosfera é a fixação do CO_2 atmosférico em compostos orgânicos, que, em última instância, fornecem os substratos e a energia necessários para o metabolismo celular. Essas transformações endergônicas (que requerem energia) são impulsionadas pela energia proveniente das reações fotoquímicas descritas no Capítulo 9. A rota autotrófica predominante de fixação do CO_2 é o ciclo de Calvin-Benson (ver **Tópico 10.2 na internet**), que é encontrado em muitos procariotos e em todos os eucariotos fotossintetizantes, de algas até a angiospermas. Essa rota diminui o estado de oxidação do carbono a partir do valor mais elevado, encontrado no CO_2 (+4), para níveis encontrados em açúcares (p. ex., +2 em grupos ceto [–CO–] e 0 em alcoóis secundários [–CHOH–]). Em vista de sua notável capacidade de diminuir o estado de oxidação do carbono, o ciclo de Calvin-Benson é também apropriadamente chamado de *ciclo redutor das pentoses fosfato* e de *ciclo de redução fotossintética do carbono*. Nesta seção, examina-se como o CO_2 é fixado via rubisco e assimilado pelo ciclo de Calvin-Benson usando ATP e NADPH gerados pelas reações luminosas (ver Figura 10.1) e como o ciclo é regulado.

O ciclo de Calvin-Benson tem três fases: carboxilação, redução e regeneração

Na década de 1950, uma série de experimentos criativos realizados por M. Calvin, A. Benson, J. A. Bassham e seus colaboradores forneceu evidências convincentes para o ciclo de

Capítulo 10 | Fotossíntese: reações de carboxilação

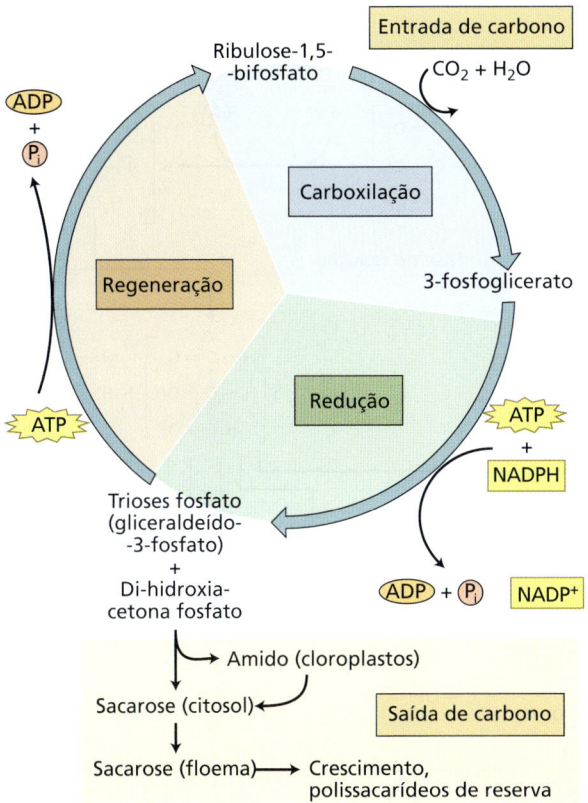

Figura 10.2 O ciclo de Calvin-Benson opera em três fases: (1) *carboxilação*, em que o carbono atmosférico (CO_2) é covalentemente ligado a um esqueleto de carbono; (2) *redução*, que forma um carboidrato (triose fosfato) à custa do ATP gerado fotoquimicamente e de equivalentes redutores na forma de NADPH e (3) *regeneração*, que reconstitui a ribulose-1,5-bifosfato aceptora do CO_2. Em estado de equilíbrio, o aporte de CO_2 iguala-se à saída de trioses fosfato. Essas últimas servem como precursores da biossíntese do amido no cloroplasto ou fluem para o citosol, para a biossíntese de sacarose e outras reações metabólicas. A sacarose é carregada na seiva do floema e utilizada para o crescimento ou a biossíntese de polissacarídeos em outras partes da planta.

Calvin-Benson (ver **Tópico 10.2 na internet**). O ciclo de Calvin-Benson pode ser separado em três fases, que estão altamente coordenadas no cloroplasto (**Figura 10.2**):

1. *Carboxilação* da molécula aceptora de CO_2. Rubisco catalisa a reação de CO_2 e água com uma molécula aceptora de cinco carbonos (ribulose-1,5-bifosfato), gerando duas moléculas de um intermediário do ciclo de Calvin-Benson de três carbonos (3-fosfoglicerato).
2. *Redução* do 3-fosfoglicerato. Duas reações enzimáticas sucessivas fosforilam e reduzem o 3-fosfoglicerato a triose fosfato gliceraldeído 3-fosfato usando ATP e NADPH gerados fotoquimicamente.

3. *Regeneração* do aceptor de CO_2, ribulose-1,5-bifosfato. O ciclo é finalizado pela regeneração da ribulose-1,5-bifosfato através de uma série de dez reações catalisadas por enzimas, consumindo ATP adicional.

A maior parte de triose fosfato gerada no ciclo de Calvin-Benson é usada para regenerar a ribulose-1,5-bifosfato. No entanto, o aporte de CO_2 atmosférico gera trioses fosfato adicionais que podem ser usadas por várias outras rotas metabólicas, inclusive para a geração de compostos de armazenamento de alta energia, como amido, no cloroplasto, ou para exportação para o citosol, para a formação de sacarose, ou para respiração no citosol e mitocôndrias (ver Capítulo 13).

A fixação do CO_2 via carboxilação da ribulose-1,5-bifosfato e redução de 3-fosfoglicerato produzem trioses fosfato

Na etapa de carboxilação do ciclo de Calvin-Benson, uma molécula de CO_2 e uma molécula de H_2O reagem com uma molécula de ribulose-1,5-bifosfato para produzir duas moléculas de 3-fosfoglicerato (**Figura 10.3**, reação 1). Essa reação é catalisada pela enzima do cloroplasto ribulose-1,5-bifosfato carboxilase/oxigenase, referida como **rubisco** (ver **Tópico 10.3 na internet**). Na primeira reação parcial, um H^+ é extraído do carbono 3 da ribulose-1,5-bifosfato para gerar um intermediário enediol (**Figura 10.4**). A adição de CO_2 ao enediol instável ligado à rubisco impulsiona a formação irreversível do intermediário de seis carbonos 2-carbóxi-3-cetoarabinitol-1,5-bifosfato, que é então dividido por hidratação para produzir duas moléculas de 3-fosfoglicerato.

Na fase de redução do ciclo de Calvin-Benson, duas reações sucessivas primeiro fosforilam e depois reduzem o 3-fosfoglicerato produzido pela reação de carboxilação (ver Figura 10.3, reações 2 e 3):

1. Primeiro, o ATP formado pelas reações luminosas é usado para fosforilar o 3-fosfoglicerato no grupo carboxila, produzindo um 1,3-bifosfoglicerato em uma reação catalisada pela 3-fosfoglicerato quinase.
2. Em seguida, NADPH, também gerado pelas reações luminosas, é utilizado para reduzir o 1,3-bifosfoglicerato a gliceraldeído-3-fosfato, em uma reação catalisada pela enzima do cloroplasto NADP-gliceraldeído-3-fosfato desidrogenase.

Quando três moléculas de ribulose-1,5-bifosfato (3 moléculas × 5 carbonos/molécula = 15 carbonos no total) reagem com três moléculas de CO_2 (3 carbonos no total), são produzidas seis moléculas de 3-fosfoglicerato. A carboxilação e a redução dessas seis moléculas de 3-fosfoglicerato produzem seis moléculas de gliceraldeído-3-fosfato (6 moléculas × 3 carbonos/molécula = 18 carbonos no total) (ver Figura 10.3). Uma das moléculas de gliceraldeído-3-fosfato pode ser removida do ciclo para alimentar outra rota metabólica (p. ex., síntese ou decomposição de amido ou sacarose), enquanto

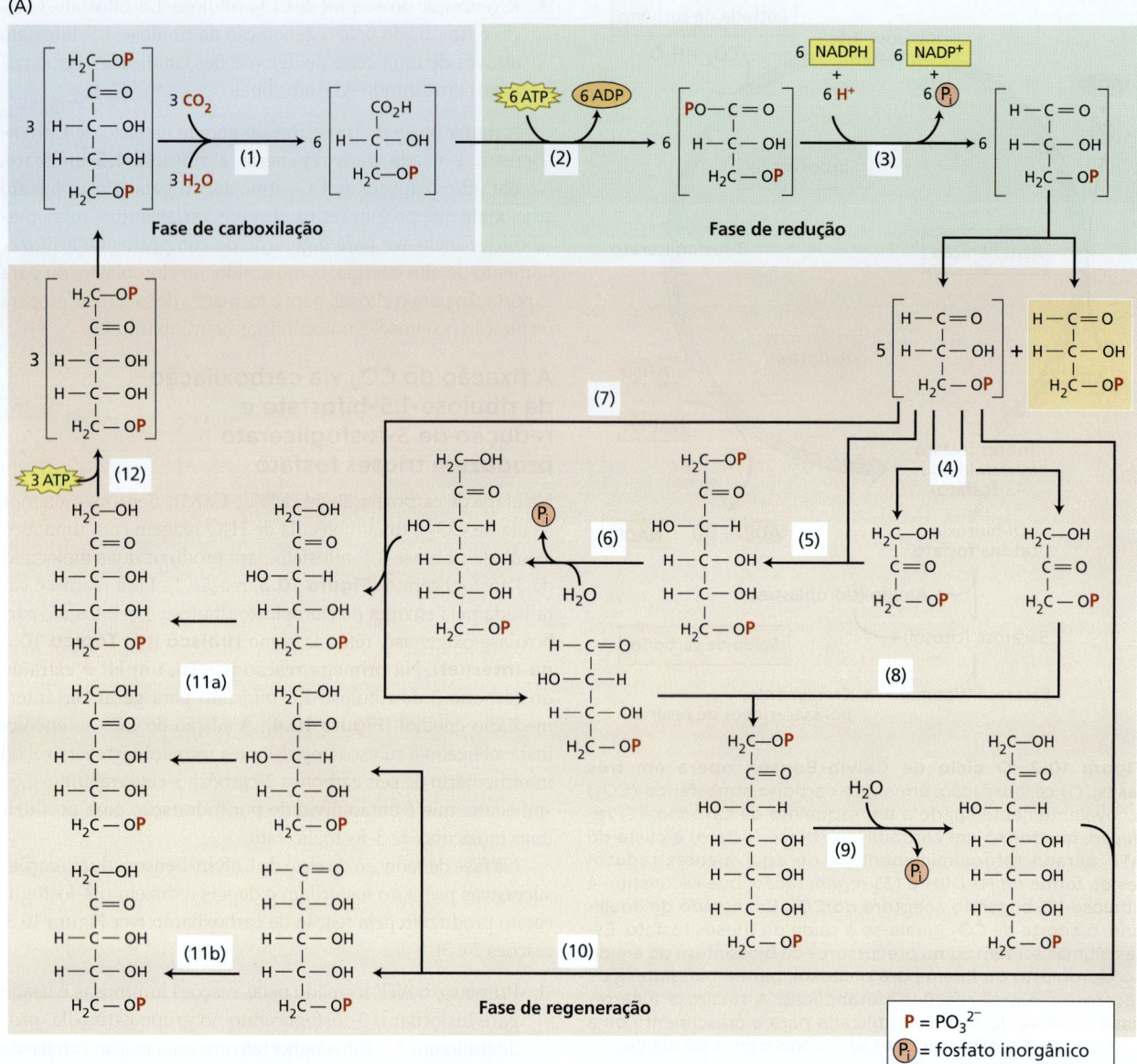

Figura 10.3 Ciclo de Calvin-Benson. (A) A carboxilação de três moléculas de ribulose-1,5-bifosfato produz seis moléculas de 3-fosfoglicerato (fase de carboxilação). Após a fosforilação do grupo carboxila, o 1,3-bifosfoglicerato é reduzido a seis moléculas de gliceraldeído-3-fosfato, com a liberação concomitante de seis moléculas de fosfato inorgânico (fase de redução). Desse total de seis moléculas de gliceraldeído-3-fosfato, uma representa a assimilação líquida das três moléculas de CO_2, enquanto as outras cinco passam por uma série de reações que, ao final, regeneram as três moléculas de ribulose-1,5-bifosfato iniciais (fase de regeneração). (B) Uma descrição das reações numeradas do ciclo de Calvin-Benson mostradas em (A).

as outras cinco são usadas para regenerar três moléculas de ribulose-1,5-bifosfato.

A regeneração da ribulose-1,5-bifosfato assegura a assimilação contínua do CO_2

Na fase de regeneração, o ciclo de Calvin-Benson facilita a absorção contínua do CO_2 atmosférico pelo restabelecimento do aceptor de CO_2 ribulose-1,5-bifosfato. Para tanto, três moléculas de ribulose-1,5-bifosfato (3 moléculas × 5 carbonos/molécula = 15 carbonos no total) são formadas por reações que reposicionam os carbonos de cinco moléculas de gliceraldeído-3-fosfato (5 moléculas × 3 carbonos/molécula = 15 carbonos) (ver Figura 10.3). A sexta molécula de gliceraldeído-3-fosfato (1 molécula × 3 carbonos/molécula = 3 carbonos no total) representa a assimilação líquida de três moléculas de CO_2 e torna-se disponível para o metabolismo

(B)
Reações do ciclo de Calvin-Benson

Enzima	Reação
1. Ribulose-1,5-bifosfato carboxilase/oxigenase (rubisco)	Ribulose-1,5-bifosfato + CO_2 + H_2O → 2 3-fosfoglicerato
2. 3-fosfoglicerato quinase	3-fosfoglicerato + ATP → 1,3-bifosfoglicerato + ADP
3. NADP-gliceraldeído-3-fosfato desidrogenase	1,3-bifosfoglicerato + NADPH + H^+ → gliceraldeído-3-fosfato + $NADP^+$ + P_i
4. Triose fosfato isomerase	Gliceraldeído-3-fosfato → di-hidroxiacetona fosfato
5. Aldolase	Gliceraldeído-3-fosfato + di-hidroxiacetona fosfato → frutose-1,6-bifosfato
6. Frutose-1,6 bifosfatase	Frutose-1,6-bifosfato + H_2O → frutose-6-fosfato + P_i
7. Transcetolase	Frutose-6-fosfato + gliceraldeído-3-fosfato → eritrose-4-fosfato + xilulose-5-fosfato
8. Aldolase	Eritrose-4-fosfato + di-hidroxiacetona fosfato → Sedo-heptulose-1,7-bifosfato
9. Sedo-heptulose-1,7 bifosfatase	Sedo-heptulose-1,7-bifosfato + H_2O → sedo-heptulose-7-fosfato + P_i
10. Transcetolase	Sedo-heptulose-7-fosfato + gliceraldeído-3-fosfato → ribose-5-fosfato + xilulose-5-fosfato
11a. Ribulose-5-fosfato epimerase	Xilulose-5-fosfato → ribulose-5-fosfato
11b. Ribose-5-fosfato isomerase	Ribose-5-fosfato → ribulose-5-fosfato
12. Fosforribuloquinase (ribulose-5-fosfato quinase)	Ribulose-5-fosfato + ATP → ribulose-1,5-bifosfato + ADP + H^+

Nota: P_i simboliza fosfato inorgânico.

Figura 10.3 *(Continuação)*

do carbono pela planta. A reorganização das outras cinco moléculas de gliceraldeído-3-fosfato para produzir três moléculas de ribulose-1,5-bifosfato procede através das reações 4 a 12 na Figura 10.3.

Em resumo, trioses fosfato são formadas nas fases de carboxilação e de redução do ciclo de Calvin-Benson usando energia (ATP) e equivalentes redutores (NADPH) gerados pelos fotossistemas iluminados das membranas dos tilacoides dos cloroplastos:

$$3\ CO_2 + 3\ \text{ribulose-1,5-bifosfato} + 3\ H_2O +\\ 6\ NADPH + 6\ H^+ + 6\ ATP\\ \downarrow\\ 6\ \text{trioses fosfato} + 6\ NADP^+ + 6\ ADP + 6\ P_i$$

Dessas seis trioses fosfato, cinco são usadas na fase de regeneração, que restaura o aceptor de CO_2 (ribulose-1,5-bifosfato) para o funcionamento contínuo do ciclo de Calvin-Benson:

$$5\ \text{trioses fosfato} + 3\ ATP + 2\ H_2O → 3\ \text{ribulose 1,5-bifosfato} + 3\ ADP + 2P_i$$

A sexta triose fosfato representa a síntese líquida de um composto orgânico a partir de CO_2, que é utilizado como um constituinte estrutural para o carbono armazenado ou para outros processos metabólicos. Assim, a fixação de três CO_2 gera uma nova triose fosfato (gliceraldeído-3-fosfato), usando 6 NADPH e 9 ATP:

$$3\ CO_2 + 5\ H_2O + 6\ NADPH + 9\ ATP\\ \downarrow\\ \text{Gliceraldeído-3-fosfato} + 6\ NADP^+\\ + 9\ ADP + 8\ P_i$$

Considerando de outra forma, o ciclo de Calvin-Benson utiliza duas moléculas de NADPH e três moléculas de ATP para assimilar cada molécula de CO_2. Para uma análise mais detalhada da eficiência do ciclo de Calvin-Benson no uso da energia, ver **Tópico 10.4 na internet**.

Um período de indução antecede o estado de equilíbrio da assimilação fotossintética de CO_2

No escuro, tanto a atividade das enzimas fotossintéticas quanto a concentração dos intermediários do ciclo de Calvin-Benson

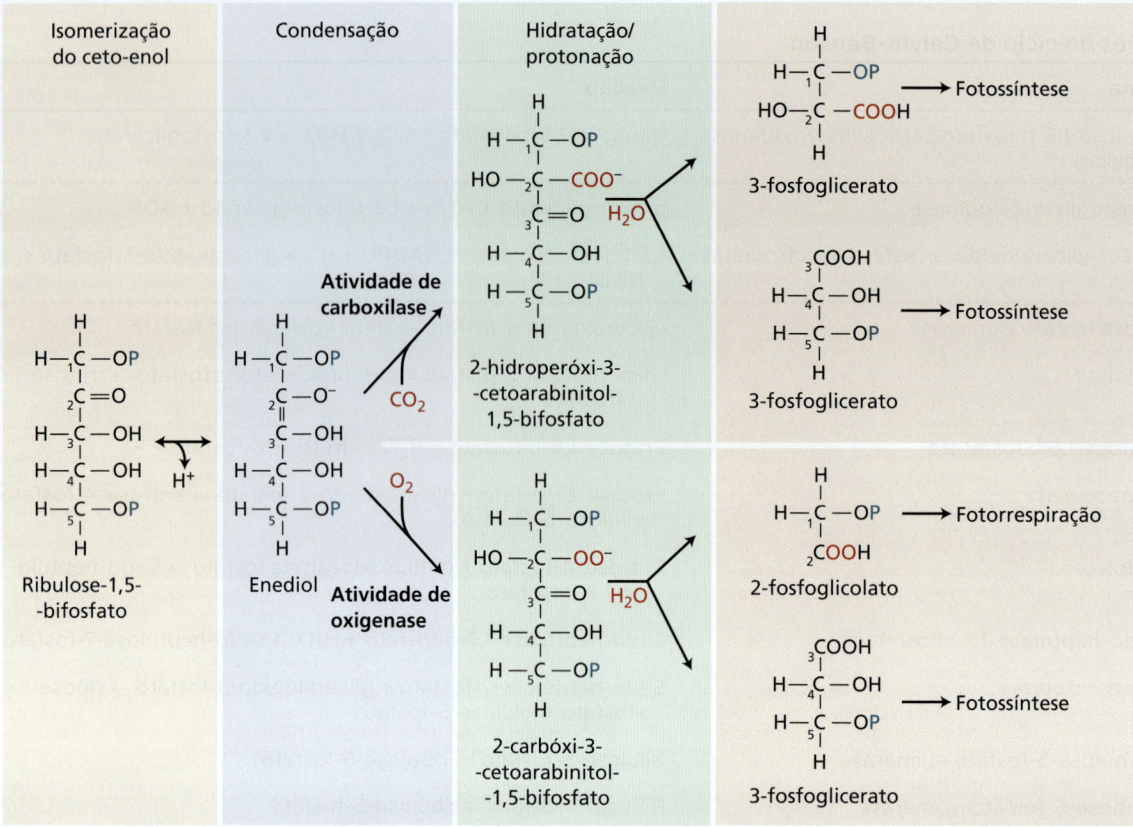

Figura 10.4 Carboxilação e oxigenação da ribulose-1,5--bifosfato catalisadas pela rubisco. A ligação da ribulose-1,5--bifosfato à rubisco facilita a formação de um intermediário enediol ligado à enzima, que pode ser atacado pelo CO_2 ou pelo O_2 no carbono 2. Com CO_2, o produto é um intermediário de seis carbonos (2-carboxil-3-cetoarabinitol-1,5-bifosfato); com O_2, o produto é um intermediário reativo de cinco carbonos (2-hidroperóxi-3-cetoarabinitol-1,5-bifosfato). A hidratação desses intermediários no carbono 3 desencadeia a clivagem da ligação carbono–carbono entre os carbonos 2 e 3, produzindo duas moléculas de 3-fosfoglicerato (atividade de carboxilase) ou uma molécula de 2-fosfoglicolato e uma molécula de 3-fosfoglicerato (atividade de oxigenase). Os efeitos fisiológicos importantes da atividade da oxigenase são descritos na Seção 10.2.

são baixas. Por isso, as enzimas do ciclo de Calvin-Benson e a maior parte das trioses fosfato estão encarregadas de restaurar as concentrações adequadas dos intermediários metabólicos quando as folhas recebem luz. A taxa de fixação de CO_2 aumenta com o tempo, nos primeiros minutos após o início da iluminação – um intervalo chamado de **período de indução**. A aceleração da taxa de fotossíntese é devida tanto à ativação de enzimas pela luz (discutida mais tarde nesta seção) quanto a um aumento na concentração dos intermediários do ciclo de Calvin-Benson. Em suma, as seis trioses fosfato formadas nas fases de carboxilação e redução do ciclo de Calvin-Benson, durante o período de indução, são usadas principalmente para formar os intermediários necessários para regenerar o aceptor de CO_2, a ribulose-1,5-bifosfato.

Quando a fotossíntese atinge um estado de equilíbrio, cinco das seis trioses fosfato formadas continuam a contribuir para a regeneração do aceptor de CO_2 ribulose-1,5-bifosfato, enquanto uma sexta triose fosfato pode ser utilizada no cloroplasto para a formação do amido, no citosol para a síntese de sacarose e outros processos metabólicos (ver Figura 10.2), como a respiração (ver Capítulo 13).

Muitos mecanismos regulam o ciclo de Calvin-Benson

O uso eficiente da energia no ciclo de Calvin-Benson requer a existência de mecanismos reguladores específicos que garantam não só que todos os intermediários do ciclo estejam presentes em concentrações adequadas na luz, mas também que o ciclo esteja desligado no escuro. Para produzir os metabólitos necessários em resposta a estímulos ambientais, os cloroplastos atingem as taxas apropriadas de transformações bioquímicas mediante modificação dos níveis de enzimas (μmoles de enzima/cloroplastos) e atividades catalíticas (moles de substrato convertido/[minuto × mol de enzima]).

A expressão gênica e a biossíntese de proteínas determinam as concentrações de enzimas em compartimentos celulares. As quantidades de enzimas presentes no estroma do cloroplasto são reguladas pela expressão coordenada dos genomas nucleares e plastidiais. Essa coordenação é controlada em parte pelas proteínas de repetição pentatricopeptídica (PPR, *pentatricopeptide repeat proteins*), que são proteínas de ligação ao RNA do cloroplasto codificadas pelo núcleo que ajudam a regular a expressão de genes plastidiais. Enzimas codificadas no núcleo são traduzidas nos ribossomos 80S no citosol e subsequentemente transportadas para o plastídio. Alternativamente, as proteínas codificadas no plastídio são traduzidas no estroma em ribossomos 70S semelhantes a procarióticos.

A luz modula a expressão das enzimas do estroma codificadas pelo genoma nuclear via fotorreceptores específicos (p. ex., fitocromo e receptores de luz azul; ver Capítulos 16 e 17). Entretanto, a expressão dos genes nucleares precisa ser sincronizada com a expressão de outros componentes do aparato fotossintético na organela. A maior parte da sinalização reguladora entre o núcleo e os plastídios é anterógrada, isto é, os produtos dos genes nucleares controlam a transcrição e a tradução dos genes dos plastídios. Esse é o caso, por exemplo, na montagem da rubisco estromal a partir de oito subunidades pequenas codificadas no núcleo (S, de *small*) e oito subunidades grandes codificadas no plastídio (L, de *large*). Contudo, em alguns casos (p. ex., a síntese das proteínas associadas às clorofilas), a regulação pode ser retrógrada – isto é, o sinal flui do plastídio para o núcleo.

Ao contrário das alterações lentas nas taxas catalíticas causadas por variações na concentração de enzimas, modificações na pós-tradução alteram rapidamente a atividade específica das enzimas dos cloroplastos (moles de substrato convertido/[minuto × mol de enzima]). Dois mecanismos gerais realizam a modificação, mediada por luz das propriedades cinéticas das enzimas do estroma:

1. Mudança em ligações covalentes que resultam em uma enzima modificada quimicamente, como a carbamilação de grupos amino [Enz–NH_2 + CO_2 ↔ Enz–NH–CO_2^- + H^+], a redução das ligações dissulfeto [Enz–$(S)_2$ + Prot–$(SH)_2$ ↔ Enz–$(SH)_2$ + Prot–$(S)_2$] e a (des)fosforilação por quinases e fosfatases.
2. Modificação de interações não covalentes causadas por alterações (i) na composição iônica do meio celular (p. ex., pH, Mg^{2+}), (ii) na ligação de efetores da enzima, (iii) na estreita associação com proteínas reguladoras em complexos supramoleculares ou (iv) na interação com as membranas dos tilacoides.

Em uma outra discussão sobre regulação nesta seção, examinam-se os mecanismos dependentes de luz que regulam a atividade específica de cinco enzimas cruciais (ver Figura 10.3) dentro de minutos da transição de luz para escuro:

- Rubisco
- Frutose-1,6 bifosfatase
- Sedo-heptulose-1,7 bifosfatase
- Fosforribuloquinase
- NADP-gliceraldeído-3-fosfato desidrogenase

A rubisco ativase regula a atividade catalítica da rubisco

A maioria das formas de vida na biosfera depende de organismos fotossintetizantes que capturam carbono inorgânico do meio ambiente pelo ciclo de Calvin-Benson. Apesar disso, o número máximo de moléculas de CO_2 que a rubisco converte em produtos por sítio catalítico por segundo (*taxa de renovação*) é baixo (variando de 1–6 CO_2 fixado/s em plantas terrestres a 12 CO_2 fixado/s em algumas cianobactérias e outras bactérias). George Lorimer e colaboradores descobriram que a rubisco deve ser ativada antes mesmo de atuar como um catalisador. Modificações químicas, mutagênese sítio-direcionada, cálculos de dinâmica molecular e estruturas cristalinas de alta resolução mostraram que o CO_2 desempenha um papel duplo na atividade da rubisco: o CO_2 é necessário para transformar a enzima de uma forma inativa para uma forma ativa (*ativação*) e é também o substrato para a reação da carboxilase (*catálise*) (**Figura 10.5**).

As atividades catalíticas da rubisco – carboxilação e oxigenação – requerem a formação de um lisil-carbamato (EC) em um resíduo de lisina conservado por uma molécula de CO_2 chamada *CO_2 ativador* (ver "Ativação da rubisco" na Figura 10.5). A ligação subsequente de Mg^{2+} ao carbamato estabiliza a rubisco carbamilada (ECM) e converte a rubisco em uma enzima cataliticamente competente. Outra molécula de CO_2 – *CO_2 substrato* – pode, então, reagir com o enediol formado a partir da ribulose-1,5-bifosfato no sítio ativo da rubisco (ver "Ciclo catalítico" na Figura 10.5), liberando duas moléculas de 3-fosfoglicerato (o "Produto" no "Ciclo catalítico").

Os fosfatos de açúcar (como xilulose-1,5-bifosfato) e o substrato (ribulose-1,5-bifosfato) podem impedir a ativação e inibir a catálise ao se ligarem fortemente à rubisco não carbamilada. Além disso, o 2-carbóxi-D-arabinitol-1-fosfato (CA1P) pode se ligar à rubisco ativada (ECM) e inativar a enzima. Plantas e algas verdes superam essa inibição com a enzima rubisco ativase, que, em uma reação dependente de ATP, modifica o sítio ativo e libera os fosfatos de açúcar inibitórios da rubisco inativada, reativando assim a rubisco (ver "Rubisco ativase" na Figura 10.5; ver também **Tópico 10.5 na internet**).

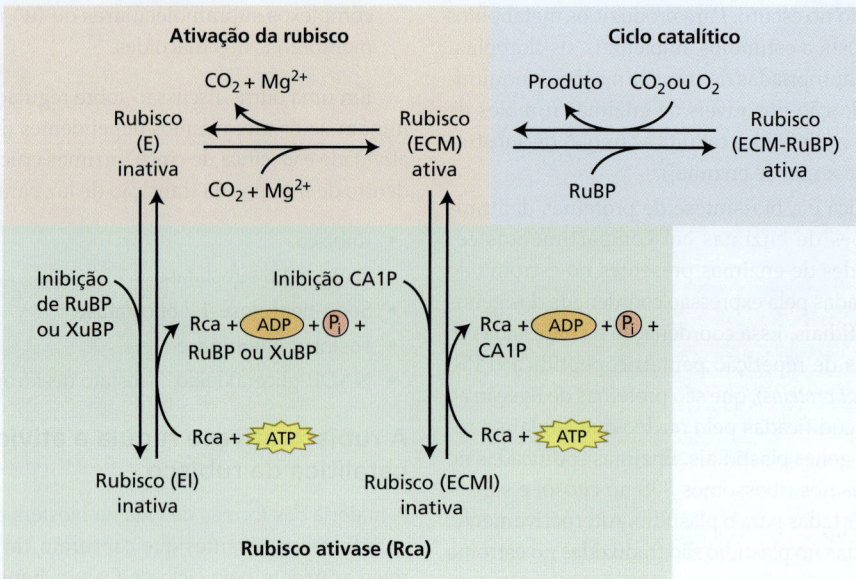

Figura 10.5 O CO_2 funciona tanto como um ativador quanto como um substrato na reação catalisada pela rubisco. *Ativação da rubisco*: a reação do ativador CO_2 com rubisco (E) causa a formação do adutor instável E-carbamato (EC) (não mostrado), que é estabilizado pela reação com Mg^{2+} para produzir o adutor E-carbamato-Mg^{2+} (ECM) no sítio ativo da enzima. No estroma de cloroplastos sob iluminação, o aumento no pH (concentração mais baixa de H^+) e na concentração de Mg^{2+} facilita a formação do complexo ECM, que representa a forma cataliticamente ativa da rubisco. A firme ligação dos açúcares fosfato, como xilulose-1,5-bifosfato (XuBP) ou ribulose-1,5-bifosfato (RuBP) (para dar EI), antes da ativação ou impede a produção do EC ou bloqueia a ligação de substratos à enzima carbamilada. Além disso, o 2-carboxi-D-arabinitol 1-fosfato (CA1P) pode se ligar a ECM, inativando a rubisco (ECMI). *Rubisco ativase*: no ciclo mediado pela rubisco ativase, a hidrólise de ATP pela rubisco ativase (Rca) provoca uma mudança conformacional da rubisco, que reduz sua afinidade de ligação por fosfatos de açúcar e leva à formação da forma ativada por ECM de rubisco. *Ciclo catalítico*: ECM pode então se combinar com ribulose-1,5-bifosfato, formando o enodiol, que é posteriormente atacado por CO_2 ou O_2, iniciando as atividades de carboxilase ou oxigenase, respectivamente (ver Figura 10.4).

RUBISCO ATIVASE Em muitas espécies vegetais, o *splicing* alternativo de um pré-mRNA único produz duas rubiscos ativase idênticas, que diferem apenas na extremidade carboxil: a forma longa α (46 kDa) e a forma curta β (42 kDa). A extremidade C-terminal da forma longa α carrega duas cisteínas, que modulam a sensibilidade da atividade ATPase à razão ATP:ADP pela troca tiol–dissulfeto. Desta maneira, a regulação da rubisco ativase é ligada à luz pelo sistema ferredoxina–tiorredoxina, descrito na próxima seção. No entanto, outros componentes ainda desconhecidos podem estar envolvidos, porque a luz estimula também a atividade da rubisco em espécies que produzem naturalmente apenas a forma curta β, que carece de cisteínas reguladoras (ver **Tópico 10.5 na internet**).

A luz regula o ciclo de Calvin-Benson via sistema ferredoxina–tiorredoxina

A luz regula a atividade catalítica de quatro enzimas do ciclo de Calvin-Benson diretamente pelo **sistema ferredoxina-tiorredoxina**. Esse mecanismo utiliza ferredoxina reduzida pela cadeia de transporte de elétrons da fotossíntese, em conjunto com duas proteínas do cloroplasto (ferredoxina–tiorredoxina redutase e tiorredoxina), para regular frutose-1,6 bifosfatase, sedo-heptulose-1,7 bifosfatase, fosforribuloquinase e NADP-gliceraldeído-3-fosfato desidrogenase (**Figura 10.6**).

A luz transfere elétrons da água para a ferredoxina pelo sistema de transporte de elétrons da fotossíntese (ver Capítulo 9). A ferredoxina reduzida converte a ligação dissulfeto da proteína reguladora tiorredoxina (–S–S–) para o estado reduzido (–SH HS–) com a enzima ferro-sulfurosa ferredoxina–tiorredoxina redutase. Subsequentemente, a tiorredoxina reduzida cliva uma ponte dissulfeto específica (cisteínas oxidadas) da enzima-alvo, formando cisteínas livres (reduzidas). A clivagem das ligações dissulfeto da enzima causa uma mudança conformacional que aumenta a atividade catalítica (ver Figura 10.6). A desativação das enzimas ativadas pela tiorredoxina ocorre quando a escuridão atenua a "pressão eletrônica" do transporte fotossintético de elétrons, mas os detalhes precisos do processo de desativação são desconhecidos.

Estudos de proteômica têm demonstrado que o sistema ferredoxina-tiorredoxina regula o funcionamento de enzimas em

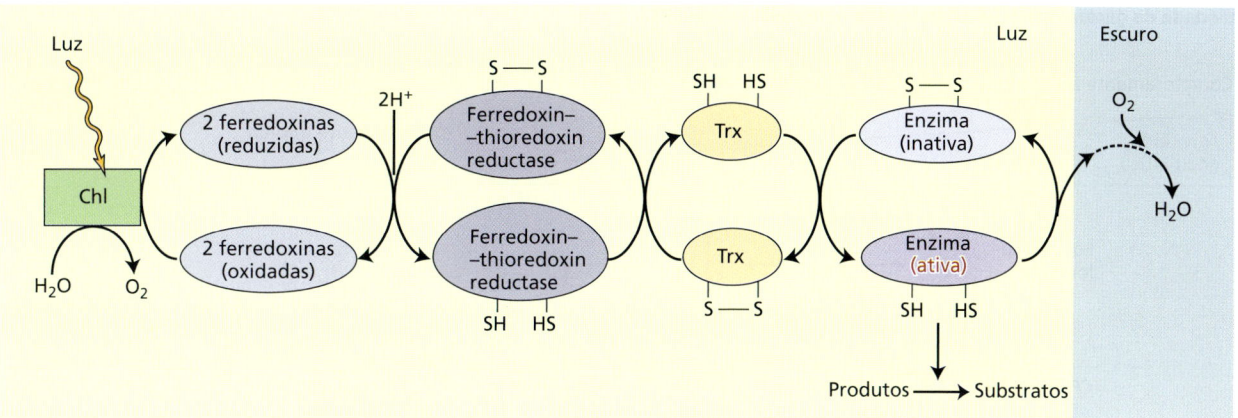

Figura 10.6 Sistema ferredoxina-tiorredoxina. O sistema ferredoxina–tiorredoxina liga o *status* redox das membranas dos tilacoides à atividade de enzimas no estroma do cloroplasto. A ativação das enzimas do ciclo de Calvin-Benson inicia na luz com a redução da ferredoxina pela cadeia transportadora de elétrons (Chl) (ver Capítulo 9). A ferredoxina reduzida, junto com dois prótons, é utilizada para reduzir a ligação dissulfeto cataliticamente ativa (—S—S—) da enzima ferro-sulfurosa ferredoxina-tiorredoxina redutase, que, por sua vez, reduz a ligação dissulfeto única (—S—S—) da proteína reguladora tiorredoxina (Trx). A forma reduzida da tiorredoxina (—SH HS—) reduz, então, a ligação dissulfeto reguladora da enzima-alvo, desencadeando sua conversão para um estado cataliticamente ativo, que catalisa a transformação dos substratos em produtos. O escuro interrompe o fluxo de elétrons da ferredoxina para a enzima, e a tiorredoxina torna-se oxidada através de um mecanismo desconhecido que envolve oxigênio molecular. Em seguida, a ligação dissulfeto única (—S—S—) da tiorredoxina traz a forma reduzida (—SH HS—) da enzima de volta à forma oxidada (—S—S—), com a perda concomitante da capacidade catalítica. Ao contrário das enzimas ativadas pela tiorredoxina, uma enzima do cloroplasto do ciclo oxidativo das pentoses fosfato, glicose-6-fosfato desidrogenase, não opera na luz, mas é funcional no escuro, porque a tiorredoxina reduz o dissulfeto crítico para a atividade da enzima.

vários outros processos do cloroplasto, além da fixação de carbono. Além disso, a tiorredoxina também protege as proteínas contra danos causados por espécies reativas de oxigênio, como o peróxido de hidrogênio (H_2O_2), o ânion superóxido ($O_2^{•-}$) e o radical hidroxila ($OH^•$).

Movimentos iônicos dependentes da luz modulam as enzimas do ciclo de Calvin-Benson

Após a iluminação, a cadeia de transporte de elétrons leva ao fluxo de prótons do estroma para o lume do tilacoide e gera a força motriz de prótons, que leva à liberação de Mg^{2+} do lume do tilacoide para o estroma. Esses fluxos de íons ativados pela luz diminuem a concentração de prótons no estroma (o pH aumenta de 7 para 8) e aumentam a concentração de Mg^{2+} de 2 para 5 mM. O aumento do pH e da concentração de Mg^{2+} mediado pela luz ativa enzimas do ciclo de Calvin-Benson, que requerem Mg^{2+} para a catálise e são mais ativas em pH 8 do que em pH 7: rubisco, frutose-1,6 bifosfatase, sedo-heptulose-1,7 bifosfatase e fosforribuloquinase. As modificações da composição iônica do estroma do cloroplasto são revertidas rapidamente após escurecer.

A luz controla o arranjo das enzimas do cloroplasto em complexos supramoleculares

A formação de complexos supramoleculares com proteínas reguladoras também tem efeitos importantes sobre a atividade catalítica de enzimas do cloroplasto. Por exemplo, a gliceraldeído-3-fosfato desidrogenase liga-se não covalentemente a fosforribuloquinase e CP12 – uma proteína de cerca de 10,5 kDa contendo quatro cisteínas conservadas capazes de formar duas pontes dissulfeto (**Figura 10.7**). As três proteínas formam um complexo ternário (CP12-fosforribuloquinase-gliceraldeído-3-fosfato desidrogenase), em que a gliceraldeído-3-fosfato desidrogenase e a fosforribuloquinase são cataliticamente inativas. A luz regula a estabilidade do complexo ternário através do sistema ferredoxina–tiorredoxina. A tiorredoxina reduzida cliva as pontes dissulfeto da fosforribuloquinase e da

Atividade da gliceraldeído-3-P desidrogenase dependente de CP12

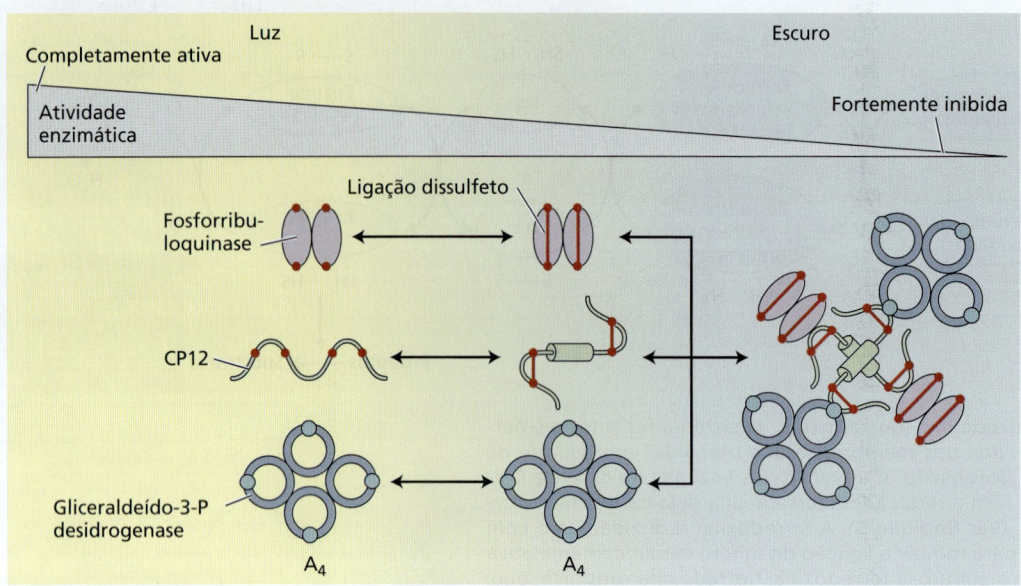

Atividade da gliceraldeído-3-P desidrogenase dependente da extensão do C-terminal

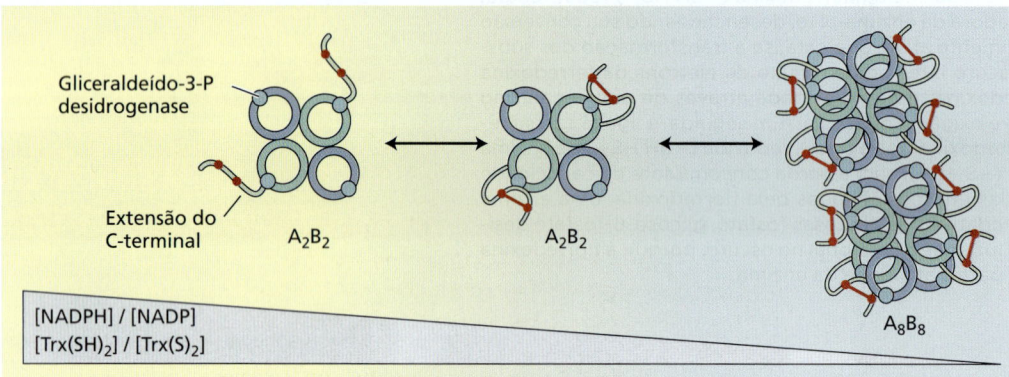

Figura 10.7 Regulação da fosforribuloquinase e da gliceraldeído-3-fosfato desidrogenase do cloroplasto. Os cloroplastos contêm duas isoformas de gliceraldeído-3-fosfato desidrogenases, denominadas A_4 e A_2B_2. Os polipeptídeos A e B da isoforma A_2B_2 são semelhantes, exceto que uma extremidade C-terminal da subunidade B possui duas cisteínas capazes de formar uma ponte dissulfeto. Em "condições de escuro", a interação da fosforribuloquinase oxidada com a A_4-gliceraldeído-3-fosfato desidrogenase e a CP12 oxidada estabiliza o complexo [(A_4-gliceraldeído-3--fosfato desidrogenase)$_2$•(fosforribuloquinase)$_2$•(CP12)$_4$]. Tanto a A_4-gliceraldeído-3-fosfato desidrogenase quanto a fosforribuloquinase são cataliticamente inativas no complexo ternário. A_2B_2 gliceraldeído-3-fosfato desidrogenase também se torna inativa no escuro, formando oligômeros A_8B_8. Em "condições de luz", a tiorredoxina reduzida corta as ligações dissulfeto de CP12 e fosforribuloquinase. A redução da fosforribuloquinase e da CP12 separa os componentes do complexo terciário, liberando a fosforribuloquinase ativa e a A_4-gliceraldeído-3-fosfato desidrogenase ativa. A tiorredoxina reduzida (Trx) também cliva a ligação na subunidade B da A_8B_8-gliceraldeído-3-fosfato desidrogenase. A redução converte o oligômero inativo em A_2B_2-gliceraldeído-3-fosfato desidrogenase ativa.

CP12, liberando a gliceraldeído-3-fosfato desidrogenase e a fosforribuloquinase em suas conformações cataliticamente ativas.

■ 10.2 A reação de oxigenação de rubisco e a fotorrespiração

A rubisco catalisa tanto a carboxilação como a oxigenação da ribulose-1,5-bifosfato (ver Figura 10.4). A carboxilação produz duas moléculas de 3-fosfoglicerato, e a oxigenação produz uma molécula de 3-fosfoglicerato e uma de 2-fosfoglicolato. O 2-fosfoglicolato é um inibidor de duas enzimas do cloroplasto (triose fosfato isomerase e fosfofrutoquinase) e não pode ser processado diretamente pelo ciclo de Calvin-Benson. Para evitar tanto o dreno de carbono do ciclo de Calvin-Benson quanto a inibição de enzimas, o 2-fosfoglicolato é metabolizado pelo ciclo fotossintético oxidativo do carbono. Essa rede de reações enzimáticas coordenadas, também conhecida como **fotorrespiração**, ocorre nos cloroplastos, nos peroxissomos foliares e nas mitocôndrias (**Figura 10.8**) (ver **Tópico 10.6 na internet**).

Estudos recentes mostraram que a fotorrespiração é um componente essencial da fotossíntese, que não apenas recupera parte do carbono assimilado, mas também se liga a outras rotas importantes (p. ex., biossíntese de aminoácidos, assimilação de nitrogênio, metabolismo de 1 carbono) de plantas terrestres contemporâneas. Nesta seção, começamos com as características relevantes da fotorrespiração em plantas terrestres. Em seguida, é descrita a integração da fotorrespiração no metabolismo vegetal e, depois, são mostradas as diferentes abordagens para aumentar o rendimento de biomassa das culturas pela modificação da fotorrespiração da folha.

A oxigenação da ribulose-1,5-bifosfato aciona a fotorrespiração

Em termos evolutivos, a rubisco parece ter evoluído a partir de uma enolase ancestral na rota de preservação da metionina das arqueias. Há bilhões de anos, a oxigenação da ribulose-1,5-bifosfato era insignificante em procariotos não oxigênicos devido à carência de O_2 e aos níveis altos de CO_2 na atmosfera de então. As concentrações altas de O_2 e os níveis baixos de CO_2 na atmosfera atual aumentam a atividade de oxigenase da rubisco, tornando inevitável a formação de 2-fosfoglicolato tóxico. Todas as rubiscos catalisam a incorporação de O_2 na ribulose-1,5--bifosfato. Mesmo homólogos de bactérias autotróficas anaeróbias exibem a atividade de oxigenase, demonstrando que a reação de oxigenase está intrinsecamente ligada ao sítio ativo da rubisco, e não a uma resposta adaptativa ao aparecimento de O_2 na biosfera.

A oxigenação do isômero 2,3-enediol da ribulose-1,5--bifosfato com uma molécula de O_2 produz um intermediário instável, que se divide rapidamente em uma molécula de 3-fosfoglicerato e uma de 2-fosfoglicolato (ver Figura 10.4 e Figura 8.8, reação 1). Nos cloroplastos de plantas terrestres, a 2-fosfoglicolato fosfatase catalisa a hidrólise rápida de 2-fosfoglicolato em glicolato (ver Figura 10.8, reação 2). As transformações subsequentes de glicolato ocorrem nos peroxissomos e nas mitocôndrias (ver Capítulos 1 e 13). O glicolato sai dos cloroplastos por meio de transportadores específicos – seja o transportador plastidial de glicolato/glicerato (PLGG1) ou o transportador de sódio de ácido biliar do tipo simporte, BASS6 – na membrana interna do envelope e se difunde para os peroxissomos (ver Figura 10.8). Nos peroxissomos, a enzima glicolato oxidase catalisa a oxidação do glicolato pelo O_2, produzindo H_2O_2 e glioxilato (ver Figura 10.8, reação 3). A catalase peroxissômica decompõe o H_2O_2, liberando O_2 e H_2O (ver Figura 10.8, reação 4). A glutamato:glioxilato aminotransferase catalisa a transaminação do glioxilato com glutamato, produzindo o aminoácido glicina (ver Figura 10.8, reação 5).

A glicina sai dos peroxissomos e entra nas mitocôndrias, onde um complexo multienzimático de glicina descarboxilase (GDC) e serina hidroximetiltransferase (SHMT) catalisa a conversão de duas moléculas de glicina e uma molécula de NAD^+, cada uma em uma molécula de serina, NADH, NH_4^+ e CO_2 (ver Figura 10.8, reações 6 e 7). A sequência de reações é iniciada por GDC, utilizando uma molécula de NAD^+ para a descarboxilação oxidativa de uma molécula de glicina, produzindo uma molécula de NADH, uma de NH_4^+ e uma de CO_2 e a unidade ativada de um carbono, tetra-hidrofolato de metileno (THF, *tetrahydrofolate*), ligada à GDC (GDC-THF-CH_2):

$$\text{Glicina} + NAD^+ + \text{GDC-THF} \rightarrow NADH + NH_4^+ + CO_2 + \text{GDC-THF-CH}_2$$

Em seguida, a serina hidroximetiltransferase catalisa a adição da unidade de metileno em uma segunda molécula de glicina, formando serina e regenerando GDC-THF:

$$\text{Glicina} + \text{GDC-THF-CH}_2 \rightarrow \text{Serina} + \text{GDC-THF}$$

A oxidação de átomos de carbono (duas moléculas de glicina [estados de oxidação C1: +3; C2: –1] → serina [estados de oxidação C1: +3; C2: 0; C3: –1] e CO_2 [estado de oxidação C: +4]) conduz a redução do nucleotídeo de piridina oxidado:

$$NAD^+ + H^+ + 2\,e^- \rightarrow NADH$$

Os produtos das reações GDC e SHMT são metabolizados em locais diferentes em células foliares. O NADH é oxidado a NAD^+ nas mitocôndrias. O NH_4^+ e o CO_2 se difundem para fora da mitocôndria e podem ser fixados nos cloroplastos, onde são assimilados para formar glutamato e 3-fosfoglicerato, respectivamente.

A serina recém-formada difunde-se a partir das mitocôndrias de volta aos peroxissomos, para a doação de seu grupo amino a 2-oxoglutarato via transaminação catalisada pela serina:2-oxoglutarato aminotransferase, formando glutamato e hidroxipiruvato (ver Figura 10.8, reação 8). A seguir, uma redutase dependente de NADH catalisa a transformação de hidroxipiruvato em glicerato (ver Figura 10.8, reação 9). Finalmente, o glicerato reentra no cloroplasto, onde é fosforilado por glicerato quinase usando ATP, produzindo 3-fosfoglicerato e ADP (ver Figura 10.8, reação 10). Assim, a formação de 2-fosfoglicolato (via rubisco) e a fosforilação do glicerato (via glicerato quinase) ligam metabolicamente o ciclo de Calvin-Benson à fotorrespiração.

O NH_4^+ liberado na oxidação de glicina difunde-se a partir da matriz das mitocôndrias para os cloroplastos (ver Figura 10.8). No estroma do cloroplasto, a glutamina sintetase catalisa a incorporação, dependente de ATP, do NH_4^+ em glutamato, produzindo glutamina, ADP e fosfato inorgânico (ver Figura 10.8, reação 11). Subsequentemente, a glutamina e o 2-oxoglutarato são substratos da glutamato sintase dependente de ferredoxina (GOGAT) para a produção de duas moléculas de glutamato (ver Figura 10.8, reação 12). A reassimilação de NH_4^+, liberado do ciclo fotorrespiratório, restaura o

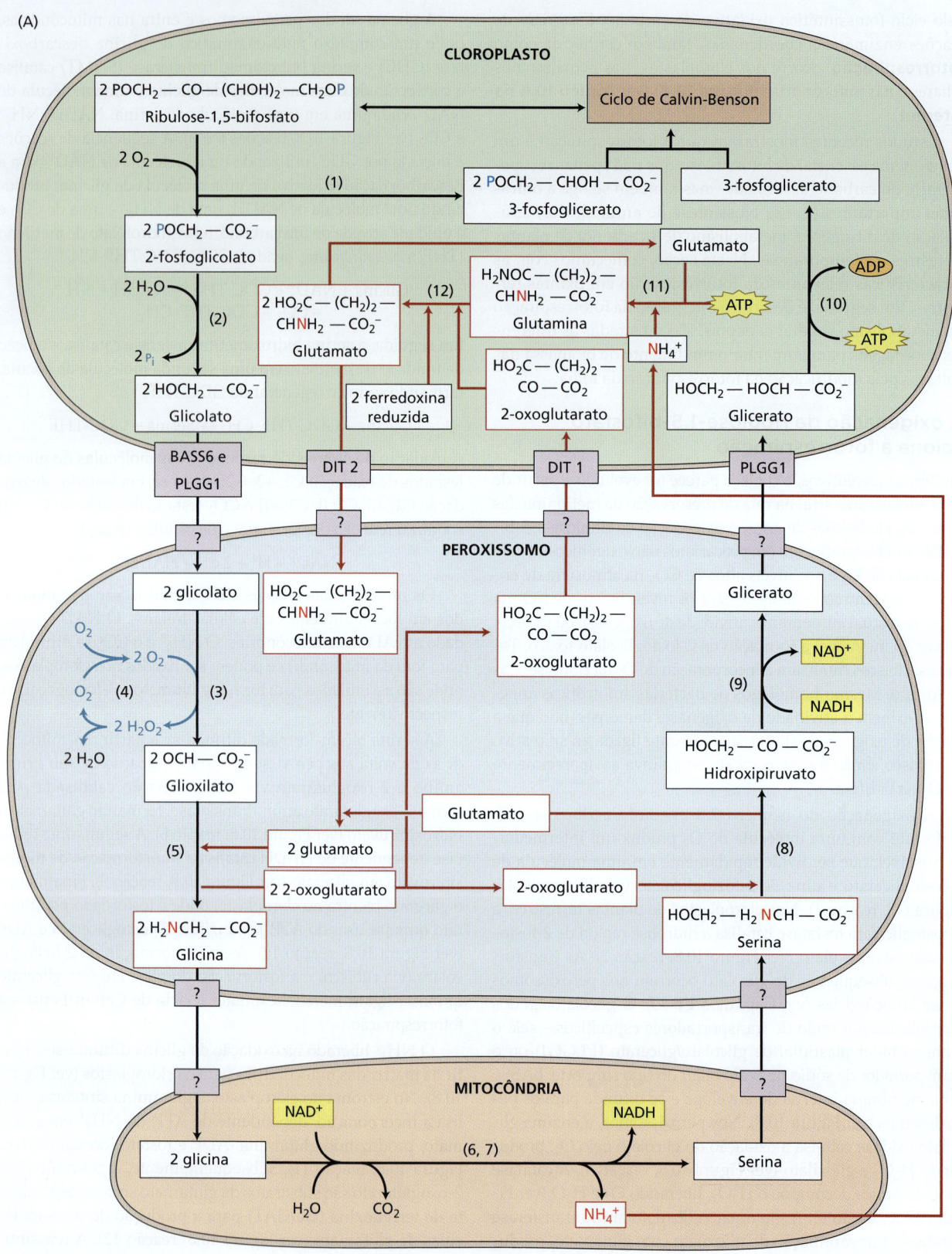

(A)

(B)
Reações da fotorrespiração

Número da reação (ver Figura 10.8A) e nome da enzima	Reação[a]
1. Rubisco	2 ribulose-1,5-bifosfato + 2 O_2 → 2 2-fosfoglicolato + 2 3-fosfoglicerato
2. Fosfoglicolato fosfatase	2 2-fosfoglicolato + 2 H_2O → 2 glicolato + 2 P_i
3. Glicolato oxidase	2 glicolato + 2 O_2 → 2 glioxilato + 2 H_2O_2
4. Catalase	2 H_2O_2 → 2 H_2O + O_2
5. Glutamato:glioxilato aminotransferase	2 glioxilato + 2 glutamato → 2 glicina + 2 2-oxoglutarato
6. Complexo glicina descarboxilase (GDC)	Glicina + NAD^+ + [GDC] → CO_2 + NH_4^+ + NADH + [GDC-THF-CH_2]
7. Serina-hidroximetil transferase	[GDC-THF-CH_2] + glicina + H_2O → serina + [GDC]
8. Serina:2-oxoglutarato aminotransferase	Serina + 2-oxoglutarato → hidroxipiruvato + glutamato
9. Hidroxipiruvato redutase	Hidroxipiruvato + NADH + H^+ → glicerato + NAD^+
10. Glicerato quinase	Glicerato + ATP → 3-fosfoglicerato + ADP
11. Glutamina sintetase	Glutamato + NH_4^+ + ATP → glutamina + ADP + P_i
12. Glutamato sintase dependente de ferredoxina (GOGAT)	2-oxoglutarato + glutamina + 2 Fd_{red} + 2 H^+ → 2 glutamato + 2 Fd_{oxid}

[a]Localizações: cloroplastos, peroxissomos e mitocôndrias. Fd, ferredoxina.

(C) Reações líquidas da fotorrespiração

2 ribulose-1,5-bifosfato + 3 O_2 + H_2O + glutamato
↓ **(reações 1 a 9)**
Glicerato + 2 3-fosfoglicerato + NH_4^+ + CO_2 + 2 P_i + 2-oxoglutarato

Duas reações no cloroplasto regeneram a molécula de glutamato:

2-oxoglutarato + NH_4^+ + [(2 Fd_{red} + 2 H^+), ATP]
↓ **(reações 11 e 12)**
Glutamato + H_2O + [(2 Fd_{oxid}), ADP + P_i]

e a molécula de 3-fosfoglicerato:

Glicerato + ATP
↓ **(reação 10)**
3-fosfoglicerato + ADP

Assim, o consumo de três moléculas de oxigênio atmosférico no ciclo fotossintético oxidativo C_2 do carbono (dois na atividade oxigenase da rubisco e um nas oxidações do peroxissomo) provoca
- a liberação de uma molécula de CO_2 e
- o consumo de duas moléculas de ATP e duas moléculas de equivalentes redutores (2 Fd_{red} + 2 H^+)

para
- a incorporação de um esqueleto de 3 carbonos de volta no ciclo de Calvin-Benson e
- a regeneração do glutamato a partir de NH_4^+ e 2-oxoglutarato.

Figura 10.8 Operação de fotorrespiração. (A) As reações enzimáticas estão distribuídas entre três organelas: cloroplastos, peroxissomos e mitocôndrias. Nos *cloroplastos*, a atividade de oxigenase de rubisco reagindo com duas moléculas de oxigênio produz duas moléculas de 2-fosfoglicolato, que são convertidas em duas moléculas de glicolato. Os glicolatos são transportados do cloroplasto e importados para o peroxissomo, onde são oxidados por O_2 em glicolato. O glioxilato é convertido em glicina, que se move dos peroxissomos para as mitocôndrias. Nas *mitocôndrias*, duas moléculas de glicina (quatro carbonos) produzem uma molécula de serina (três carbonos), com a consequente liberação de CO_2 (um carbono) e NH_4^+. O aminoácido serina é então transportado de volta ao peroxissomo e transformado em glicerato (três carbonos), que retornam aos cloroplastos em um processo que recupera parte do carbono (três carbonos) e todo o nitrogênio liberado pelo ciclo GDC. Para mais detalhes, ver o texto. (B) Uma descrição das reações numeradas da fotorrespiração mostradas em (A). (C) Reação líquida do ciclo fotorrespiratório.

glutamato para a ação da glutamato:glioxilato aminotransferase peroxissômica na conversão de glioxilato em glicina (ver Figura 10.8, reação 5).

Átomos de carbono, nitrogênio e oxigênio circulam pela fotorrespiração (**Figura 10.9**).

- No ciclo do *carbono*, os cloroplastos transferem duas moléculas de glicolato (quatro átomos de carbono) para os peroxissomos e recuperam uma molécula de glicerato (três átomos de carbono). As mitocôndrias liberam uma molécula de CO_2 (um átomo de carbono).
- No ciclo do *nitrogênio*, os cloroplastos transferem uma molécula de glutamato (um átomo de nitrogênio) e recuperam uma molécula de NH_4^+ (um átomo de nitrogênio).
- No ciclo do *oxigênio*, a rubisco e a glicolato oxidase catalisam a incorporação de duas moléculas de O_2 cada (oito átomos de oxigênio), quando duas moléculas de ribulose-1,5-bifosfato entram na fotorrespiração (ver Figura 10.8, reações 1 e 3). No entanto, a catalase libera uma molécula de O_2 a partir de duas moléculas de H_2O_2 (dois átomos de oxigênio) (ver Figura 10.8, reação 4). Assim, três moléculas de O_2 (seis átomos de oxigênio) são reduzidas no ciclo fotorrespiratório.

In vivo, três aspectos regulam a distribuição de metabólitos entre o ciclo de Calvin-Benson e a fotorrespiração: (i) as propriedades cinéticas da rubisco (inerentes à planta), (ii) a disponibilidade de CO_2 e O_2 atmosférico e (iii) a temperatura.

O fator de especificidade ($S_{c/o}$) estima a preferência da rubisco por CO_2 em relação ao O_2:

$$S_{c/o} = [V_C/K_C]/[V_O/K_O] \quad (10.1)$$

onde V_C e V_O são as velocidades máximas de carboxilação e oxigenação, respectivamente, e K_C e K_O são as constantes de Michaelis-Menten para o CO_2 e o O_2, respectivamente. $S_{c/o}$ determina a razão entre a velocidade de carboxilação (v_C) e a velocidade de oxigenação (v_O) em concentrações ambientais de CO_2 e O_2:

$$S_{c/o} = v_C/v_O \times [(O_2)/(CO_2)] \quad (10.2)$$

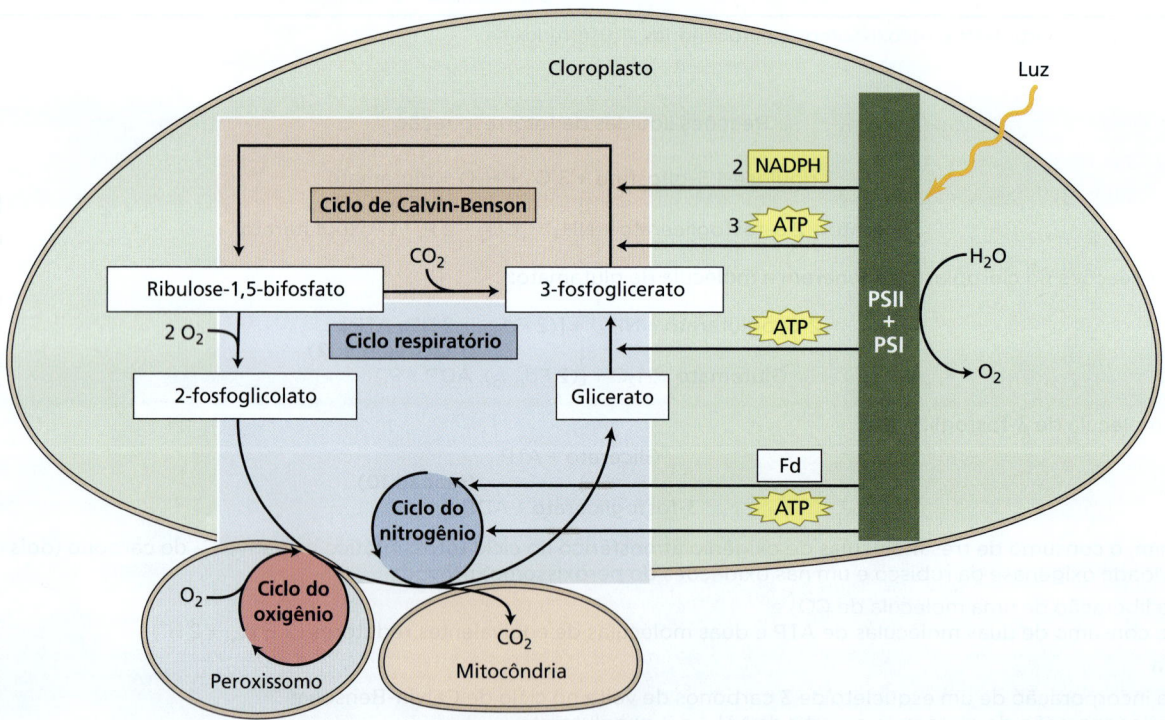

Figura 10.9 Dependência da fotorrespiração no metabolismo do cloroplasto. O fornecimento de ATP e equivalentes redutores a partir das reações luminosas nas membranas tilacoides é necessário para o funcionamento da fotorrespiração em três compartimentos: cloroplastos, mitocôndrias e peroxissomos. O *ciclo do carbono* utiliza (1) NADPH e ATP para manter o nível adequado de ribulose-1,5-bifosfato no ciclo de Calvin-Benson e (2) ATP para converter o glicerato em 3-fosfoglicerato na fotorrespiração. O *ciclo do nitrogênio* emprega ATP e equivalentes redutores para recuperar o glutamato a partir de NH_4^+ e 2-oxoglutarato vindo do ciclo fotorrespiratório. No peroxissomo, o *ciclo do oxigênio* contribui para a remoção do H_2O_2 formado na oxidação do glicolato pelo O_2.

Quando a concentração de CO_2 ao redor do sítio ativo é igual à de O_2 $[(O_2)/(CO_2) = 1]$, $S_{c/o}$ estima a capacidade relativa da rubisco para carboxilação e oxigenação (v_C/v_O). $S_{c/o}$ em uma determinada temperatura geralmente é constante, mas tende a diminuir à medida que a temperatura aumenta. Além disso, o $S_{c/o}$ para rubisco de diferentes organismos varia: o $S_{c/o}$ de rubisco de cianobactérias (~40) é menor do que aquele de plantas C_3 (~82–90) e de espécies C_4 (~70–82) (ver a discussão da fotossíntese de C_3 e C_4 nas Seções 10.3 e 10.4, respectivamente). Geralmente, há uma desvantagem (*trade-off*) na afinidade da rubisco por CO_2 e na velocidade catalítica da reação de carboxilação, de modo que as enzimas que evoluíram em condições de disponibilidade alta de CO_2 tendem a ter um baixo $S_{c/o}$; aquelas que evoluíram sob disponibilidade baixa de CO_2 tendem a ter um alto $S_{c/o}$.

A temperatura ambiente exerce uma influência importante sobre o $S_{c/o}$ e as concentrações de CO_2 e O_2 em torno do sítio ativo da rubisco. Ambientes mais quentes têm o efeito de:

- Aumentar a atividade da oxigenase de rubisco mais do que a atividade da carboxilase, sugerindo que um aumento maior de K_C para CO_2 do que de K_O para O_2 diminui $S_{c/o}$.
- Diminuir a solubilidade do CO_2 em relação à do O_2. O aumento de $[O_2]/[CO_2]$ diminui a razão v_C/v_O; isto é, a atividade de oxigenase da rubisco prevalece sobre a atividade de carboxilase (ver **Tópico 10.8 na internet**).
- Reduzir a abertura estomática para conservar água. O fechamento estomático reduz a absorção de CO_2 atmosférico, diminuindo, assim, o CO_2 no sítio ativo da rubisco (ver Capítulo 6).

Em geral, ambientes mais quentes limitam significativamente a eficiência da assimilação fotossintética do carbono, porque o aumento progressivo da temperatura inclina o equilíbrio para longe da carboxilação (fotossíntese) e em direção à oxigenação (fotorrespiração) (ver Capítulo 11).

A fotorrespiração está ligada ao sistema de transporte de elétrons da fotossíntese

O metabolismo do carbono na fotossíntese em folhas intactas reflete a competição por ribulose-1,5-bifosfato entre dois ciclos mutuamente opostos, o ciclo de Calvin-Benson e a fotorrespiração. Esses ciclos estão interligados com o sistema de transporte de elétrons na fotossíntese para o fornecimento de ATP e equivalentes redutores (ferredoxina reduzida e NADPH) (ver Figura 10.9). Para reabilitar duas moléculas de 2-fosfoglicolato pela conversão em uma molécula de 3-fosfoglicerato, a fotofosforilação fornece uma molécula de ATP necessária para a transformação do glicerato em 3-fosfoglicerato (ver Figura 10.8, reação 10), enquanto o consumo de NADH pela hidroxipiruvato redutase (ver Figura 10.8, reação 9) é contrabalançado por sua produção pela glicina descarboxilase (ver Figura 10.8, reação 6).

Na fotorrespiração, o nitrogênio:

- *entra* no peroxissomo pela etapa de transaminação catalisada pela glutamato:glioxilato aminotransferase (dois átomos de nitrogênio) (ver Figura 10.8, reação 5) e
- *sai* (1) das mitocôndrias como NH_4^+ (um átomo de nitrogênio), na reação catalisada pelo complexo glicina descarboxilase–serina hidroximetiltransferase (ver Figura 10.8, reações 6 e 7), e (2) dos peroxissomos, na etapa de transaminação catalisada pela serina:2-oxoglutarato aminotransferase (um átomo de nitrogênio) (ver Figura 10.8, reação 8).

O sistema fotossintético de transporte de elétrons fornece uma molécula de ATP e duas moléculas de ferredoxina reduzida, necessárias para a recuperação de uma molécula de NH_4^+ por sua incorporação em glutamato via glutamina sintetase (ver Figura 10.8, reação 11) e glutamato sintase dependente de ferredoxina (GOGAT) (ver Figura 10.8, reação 12).

Em resumo, cada reação de oxigenação produz uma molécula de 3-fosfoglicerato e uma de 2-fosfoglicolato, de forma que a reação líquida de duas reações de oxigenação seja:

$$2 \text{ ribulose-1,5-bifosfato} + 3 O_2 + H_2O + ATP +$$
$$[2 \text{ ferredoxina}_{red} + 2 H^+ + ATP]$$
$$\downarrow$$
$$3 \text{ 3-fosfoglicerato} + CO_2 + 2 P_i + ADP +$$
$$[2 \text{ ferredoxina}_{oxid} + ADP + P_i]$$

Devido ao suprimento adicional de ATP e ao poder redutor para a operação do ciclo fotorrespiratório, a necessidade quântica para a fixação de CO_2 em condições de fotorrespiração (alta $[O_2]$ e baixa $[CO_2]$) é maior do que em condições não fotorrespiratórias (baixa $[O_2]$ e alta $[CO_2]$). No **Quadro 10.1** discutem-se desvios fotorrespiratórios geneticamente modificados em plantas terrestres. O requisito quântico para a fixação de CO_2 é discutido mais detalhadamente no Capítulo 11.

As enzimas da fotorrespiração vegetal derivam de diferentes ancestrais

Os genomas completos de diferentes organismos demonstraram que todas as enzimas fotorrespiratórias estão presentes nas plantas e nas algas vermelhas e verdes. Além disso, esses estudos filogenéticos sugerem que a distribuição de enzimas nas plantas se correlaciona com a origem de compartimentos envolvidos na fotorrespiração. As enzimas dos cloroplastos evoluíram de um endossimbionte cianobacteriano, enquanto as enzimas mitocondriais têm um ancestral proteobacteriano. Por exemplo, a glicerato quinase do cloroplasto é de origem cianobacteriana, e a glicina descarboxilase mitocondrial provém de uma proteobactéria ancestral (ver Capítulo 1).

Quadro 10.1 A produção de biomassa pode ser aumentada por fotorrespiração modificada geneticamente

Soluções para a atual escassez de alimentos e energia dependem do grau em que as plantas terrestres podem ser modificadas para uma maior assimilação de CO_2. Quando o O_2 supera o CO_2, a atividade de oxigenase da rubisco reduz a quantidade de carbono que entra no ciclo de Calvin-Benson. Portanto, para entender como manipular células foliares para melhorar a eficiência fotossintética, os cientistas estão abordando vários aspectos da reação de oxigenação da rubisco e fotorrespiração, desde a modificação do sítio ativo da rubisco até desvios, por engenharia genética, das rotas fotorrespiratórias típicas. A modificação genética de rubiscos cataliticamente mais eficientes em plantas tem sido desafiadora, mas o progresso futuro é provável com o rápido desenvolvimento de novas ferramentas genéticas e uma melhor compreensão das restrições cinéticas da rubisco. Uma possibilidade alternativa atraente é incorporar mecanismos mais eficientes para recuperar os átomos de carbono do 2-fosfoglicolato que é gerado pela reação de rubisco com O_2 e pela liberação improdutiva de amônia pela GDC na mitocôndria.

Existem várias abordagens de modificação genética para diminuir o fluxo de metabólitos fotorrespiratórios através dos peroxissomos e das mitocôndrias, liberando o CO_2 fotorrespirado no cloroplasto, onde ele pode ser diretamente refixado. Uma das primeiras abordagens foi introduzir uma rota catabólica bacteriana (*Escherichia coli*) do glicolato nos cloroplastos de uma planta terrestre (*Arabidopsis*) (ver **Tópico 10.8 na internet**). Os cloroplastos dessas plantas transgênicas têm um ciclo fotorrespiratório inteiramente funcional, formado a partir de enzimas bacterianas glicolato desidrogenase, semialdeído tartrônico sintase e semialdeído tartrônico redutase. As plantas modificadas crescem mais rápido, têm a biomassa aumentada e contêm níveis mais elevados de açúcares solúveis sob condições de crescimento de dias curtos.

Uma segunda abordagem foi a superexpressão de três enzimas no estroma do cloroplasto de *Arabidopsis* – glicolato oxidase, catalase e malato sintetase – para liberação de CO_2 a partir do glicolato. Primeiro, a oxidação do glicolato pela nova glicolato oxidase do cloroplasto produz glioxilato e H_2O_2, e a catalase catalisa a decomposição subsequente de H_2O_2 [2 glicolato + 2 $O_2 \rightarrow$ 2 glioxilato + 2 H_2O_2; 2 $H_2O_2 \rightarrow$ 2 $H_2O + O_2$]. Depois, a ação sucessiva de duas enzimas converte duas moléculas de glioxilato (dois átomos de carbono) em piruvato (três átomos de carbono) e CO_2 (um átomo de carbono):

- A malato sintase catalisa a condensação do glioxilato com acetil-CoA [CoA-S-CO-CH_3], produzindo malato [glioxilato + CoA-S-CO-$CH_3 \rightarrow$ malato + CoA-SH].
- A enzima NADP-málico do cloroplasto catalisa a descarboxilação de malato em piruvato, com a formação concomitante de NADPH [malato + $NADP^+ \rightarrow$ piruvato + CO_2 + NADPH + H^+].

Por fim, a piruvato desidrogenase do cloroplasto catalisa a conversão do piruvato em acetil-CoA, produzindo NADH e outra molécula de CO_2 [piruvato + CoA-SH + $NAD^+ \rightarrow$ CoA-S-CO-CH_3 + CO_2 + NADH + H^+]. Como resultado desse ciclo alternativo, uma molécula de glicolato (dois átomos de carbono) é convertida em duas moléculas de CO_2 (dois átomos de carbono). A oxidação de átomos de carbono gera poder redutor na forma de NADPH e NADH. Esses indivíduos de *Arabidopsis* também tiveram maior produção de biomassa em comparação com indivíduos de controle em condições de crescimento de dias curtos.

Essas novas rotas se afastam da fotorrespiração das plantas em evitação das reações mitocondriais e peroxissômicas. Como consequência, a mudança do glicolato da fotorrespiração vegetal para as rotas modificadas libera CO_2 na proximidade imediata da rubisco, permitindo uma rápida refixação de CO_2, e, ao mesmo tempo, evita o uso de energia (ATP e redutor) necessária para recuperar o NH_4^+.

Recentemente, desvios fotorrespiratórios semelhantes foram combinados com a repressão do exportador de glicolato de cloroplastos (PLGG1) (ver Figura 10.8), o que leva a novos aumentos na produtividade de tabaco cultivado em campo. Ainda há perguntas sobre os mecanismos que conferem os benefícios de produtividade desses desvios fotorrespiratórios, mas esses estudos iniciais são encorajadores e há esforços contínuos nessa área de pesquisa (ver https://ripe.illinois.edu). ∎

A fotorrespiração interage com muitas rotas metabólicas

As primeiras pesquisas sugeriam que a fotorrespiração servia para recuperar o carbono desviado pela atividade oxigenase da rubisco e proteger as plantas de condições estressantes, como luz alta, seca (estresse por déficit hídrico) e estresse salino. O impacto negativo da fotorrespiração deficiente na assimilação fotossintética de CO_2 foi primeiro demonstrado em plantas mutantes que não sobrevivem no ar (21% de O_2; 0,04% de CO_2), mas que retomam seu crescimento normal em ambientes com concentração alta de CO_2 (2% de CO_2). Esse *fenótipo fotorrespiratório* serviu para identificar enzimas e reações de fotorrespiração até então desconhecidas. Por exemplo, mutantes de *Arabidopsis* que carecem de glicerato quinase acumulam glicerato e são simultaneamente incapazes de crescer em atmosfera normal, mas são viáveis em atmosferas com níveis elevados de CO_2.

Estudos têm revelado uma conexão estreita entre fotorrespiração e outras rotas do metabolismo vegetal. Por exemplo, as principais etapas da fotorrespiração interagem com:

- *Metabolismo do nitrogênio em múltiplos níveis*: a fotorrespiração reassimila NH_4^+ formado nas mitocôndrias, usa glutamato em transaminações peroxissômicas e produz aminoácidos (serina, glicina) para outras rotas metabólicas.
- *Homeostase redox celular*: o H_2O_2 formado pela glicolato oxidase peroxissômica regula o estado redox de folhas. A formação de H_2O_2 induz programas de suicídio em indivíduos de cevada deficientes em catalase que exibem o fenótipo fotorrespiratório. Embora o H_2O_2 danifique moléculas celulares importantes, tais como DNA e lipídeos, a visão atual reconhece essa espécie reativa de oxigênio como uma molécula sinalizadora ligada a respostas hormonais e de estresse.
- *Metabolismo do C_1*: 5,10-metileno-tetra-hidrofolato é o cofator requerido pela glicina descarboxilase–serina hidroximetiltransferase na conversão de glicina em serina nas mitocôndrias. As reações mediadas por folatos transferem unidades de um carbono na síntese de precursores de proteínas, ácidos nucleicos, lignina e alcaloides.
- *Expressão de fatores de transcrição*: mais de 200 fatores de transcrição são diferencialmente expressos quando as plantas são transferidas de atmosferas com níveis elevados de CO_2 para a atmosfera normal. As condições fotorrespiratórias ([O_2] alto, [CO_2] baixo) aumentam a expressão de genes que codificam os componentes das rotas cíclicas do fluxo de elétrons, compatível com a demanda de energia adicional da rota fotorrespiratória. As condições fotorrespiratórias diminuem a expressão de genes que codificam proteínas envolvidas na síntese de amido e sacarose e no metabolismo do nitrogênio e do enxofre.

10.3 Mecanismos de concentração de carbono inorgânico

Com exceção de algumas bactérias fotossintetizantes, todos os demais organismos fotoautotróficos na biosfera usam o ciclo de Calvin-Benson para assimilar CO_2 atmosférico. A pronunciada redução nos níveis de CO_2 e o aumento dos níveis de O_2, que começaram há, aproximadamente, 350 milhões de anos, desencadearam uma série de adaptações nos organismos fotossintetizantes para suportar um ambiente que promovia a fotorrespiração. Essas adaptações incluem várias estratégias para a captação ativa de CO_2 e HCO_3^- do ambiente e a acumulação de carbono inorgânico próximo da rubisco. A consequência imediata de níveis mais elevados de CO_2 ao redor da rubisco é uma diminuição na reação de oxigenação. As bombas de CO_2 e HCO_3 de membrana plasmática foram estudadas extensivamente em cianobactérias procarióticas, algas eucarióticas e plantas aquáticas (ver **Tópico 10.1 na internet** e **Ensaio 10.2 na internet**), mas não foram identificadas em plantas terrestres.

Em plantas terrestres, a difusão do CO_2 da atmosfera para o cloroplasto desempenha um papel decisivo na fotossíntese líquida. Durante a fotossíntese C_3, tão logo o CO_2 esteja dentro da folha, ele deve cruzar quatro barreiras (parede celular, membrana plasmática, citosol e envelope de cloroplasto) antes de chegar à rubisco. Evidências recentes revelaram que as proteínas de membrana formadoras de poros (aquaporinas) e a anatomia da folha provavelmente influenciam a difusão de CO_2 dentro da folha até o sítio inicial da carboxilação. No entanto, os efeitos combinados da disponibilidade atmosférica relativamente baixa de CO_2 (p. ex., condutância estomática baixa devido à seca) e da resistência ao movimento de CO_2 dentro da folha podem limitar as taxas de fotossíntese C_3 e diminuir a eficiência do uso da água no nível da folha (ver Capítulo 11).

As plantas terrestres desenvolveram dois mecanismos de concentração de carbono para aumentar a concentração de CO_2 no sítio de carboxilação da rubisco:

- Fixação fotossintética do carbono via C_4 (C_4)
- Metabolismo ácido das crassuláceas (CAM)

A absorção de CO_2 atmosférico por esses mecanismos de concentração de carbono precede a assimilação do CO_2 pelo ciclo de Calvin-Benson.

10.4 Mecanismos de concentração de carbono inorgânico: fixação fotossintética de carbono via C_4

A **fotossíntese C_4** evoluiu como um dos principais mecanismos de concentração de carbono utilizados por plantas terrestres para compensar as limitações associadas com a baixa disponibilidade de CO_2 atmosférico. Esse mecanismo de concentração de CO_2 evoluiu em mais de 60 linhagens vegetais, e algumas das culturas mais produtivas do planeta (p. ex., milho [*Zea mays*], cana-de-açúcar, sorgo) usam esse mecanismo para aumentar a capacidade de carboxilação da rubisco. Nesta seção, examinam-se:

- Os atributos bioquímicos e anatômicos da fotossíntese C_4 que minimizam a reação de oxigenação da rubisco, a oxigenação e a taxa de fotorrespiração.
- Os requisitos da separação espacial da bioquímica da via C_4 e a variação na descarboxilação do carbono inorgânico.
- A regulação mediada pela luz de atividades enzimáticas.
- A importância da fotossíntese C_4 para sustentar o crescimento vegetal em muitas áreas tropicais.

Malato e aspartato são os produtos primários da carboxilação no ciclo C_4

No final da década de 1950, H. P. Kortschack e Y. Karpilov observaram, de modo independente, que o marcador ^{14}C apareceu inicialmente nos ácidos de quatro carbonos, malato e aspartato, quando $^{14}CO_2$ foi fornecido às folhas de cana-de-açúcar e milho, na presença da luz. Essa descoberta foi inesperada, porque um ácido com três carbonos, 3-fosfoglicerato, é o primeiro produto marcado no ciclo de Calvin-Benson. Em experimentos subsequentes, M. D. Hatch e C. R. Slack usaram a marcação *"pulse-chase"* com $^{14}CO_2$ para demonstrar a transferência de carbono dos ácidos de quatro carbonos para o ciclo de Calvin-Benson. Eles constataram que (1) malato e aspartato são os primeiros intermediários estáveis da fotossíntese e (2) que o carbono 4 desses ácidos de quatro carbonos subsequentemente se tornou o carbono 1 do 3-fosfoglicerato. Essas transformações ocorrem em dois tipos de células morfologicamente distintas – células do mesófilo e células da bainha do feixe vascular –, que são separadas por suas respectivas paredes e membranas ("Barreira de difusão" na **Figura 10.10**). Essa rota é denominada *ciclo fotossintético C_4 do carbono* (também conhecido como ciclo de Hatch-Slack ou ciclo C_4).

Durante a fotossíntese C_4, a enzima fosfoenolpiruvato carboxilase (PEPCase), em vez da rubisco, catalisa a carboxilação inicial nas células do mesófilo, junto à atmosfera externa (ver Figura 10.10, reação 1) (ver **Ensaio 10.1 na internet**). A carboxilação pela PEPCase usa bicarbonato (HCO_3^-) em vez de CO_2 e, ao contrário da rubisco, essa reação não é inibida pelo O_2. Os ácidos de quatro carbonos formados nas células do mesófilo fluem pela barreira de difusão, via plasmodesmos, para as células da bainha do feixe vascular, onde são descarboxilados, liberando CO_2, que é refixado pela rubisco através do ciclo de Calvin-Benson. Embora todas as plantas C_4 partilhem a carboxilação primária via PEPCase, as outras enzimas usadas para liberar o CO_2 ao redor da rubisco variam entre os diferentes subtipos bioquímicos de C_4 (ver **Tópico 10.9 na internet**).

Desde os estudos pioneiros das décadas de 1950 e 1960, o ciclo C_4 tem sido associado a uma estrutura foliar especial, chamada de **anatomia Kranz** (*Kranz* é a palavra alemã para "grinalda"). A anatomia Kranz típica apresenta um anel interno de células da bainha ao redor de tecidos vasculares e uma camada externa de células do mesófilo (**Figura 10.11A e B**). Essa anatomia foliar específica gera uma barreira de difusão que (1) separa a absorção de carbono atmosférico pela PEPCase, em

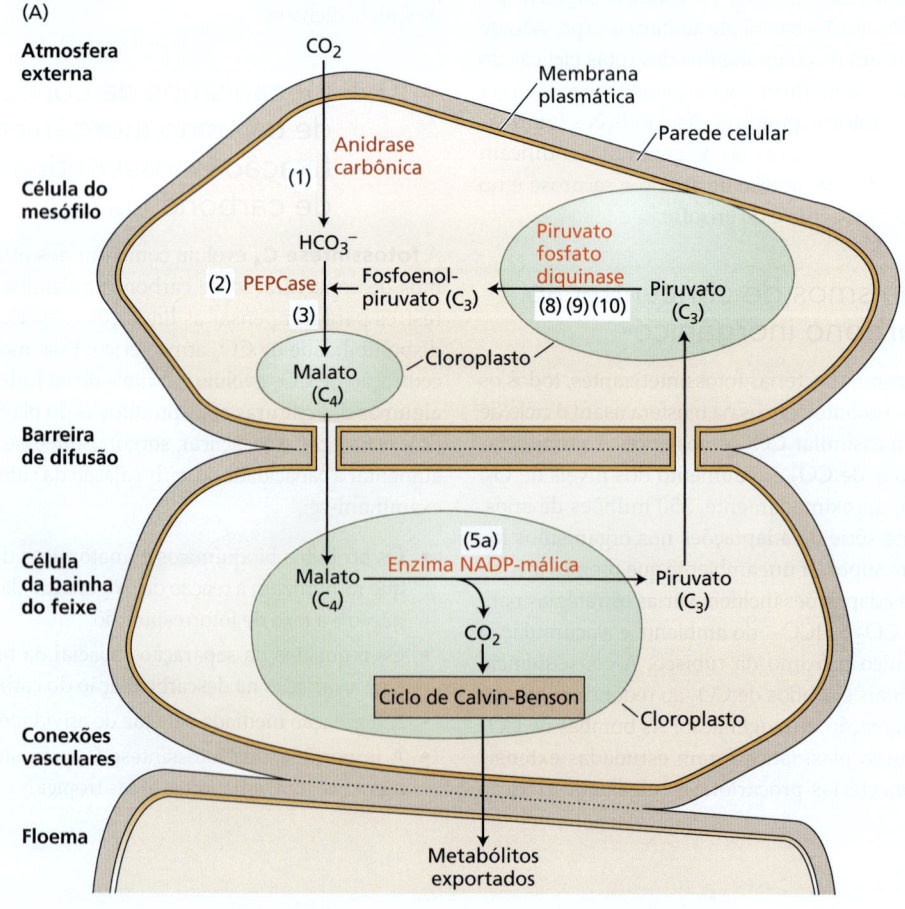

células do mesófilo, da assimilação de CO_2 pela rubisco, em células da bainha do feixe vascular, e (2) limita o vazamento de CO_2 da bainha para as células do mesófilo. No entanto, hoje há exemplos claros de fotossíntese C_4 unicelular em várias algas verdes, diatomáceas e plantas aquáticas e terrestres (tipificadas nas plantas terrestres por *Suaeda aralocaspica* [anteriormente *Borszczowia aralocaspica*] e três espécies de *Bienertia*) (**Figura 10.11C**) (ver **Tópico 10.10 na internet**). Em resumo, um gradiente de difusão é necessário para concentrar CO_2 em torno da rubisco, mas essa barreira pode estar *entre* ou *dentro* das células, desde que a resistência seja suficiente para minimizar o excesso de desperdício de energia e o vazamento de CO_2 da área compartimentada.

As plantas C_4 do tipo Kranz assimilam CO_2 por uma ação combinada de dois tipos diferentes de células

As principais características do ciclo C_4 foram inicialmente descritas em folhas de plantas como o milho, cujos tecidos vasculares são circundados por dois tipos distintos de células fotossintéticas. Nesse contexto anatômico, a assimilação de CO_2 da atmosfera externa nas células da bainha do feixe vascular segue através de cinco estágios sucessivos (ver Figura 10.10):

1. Hidratação de CO_2 por anidrase carbônica, para gerar HCO_3^- que é usado para carboxilar fosfoenolpiruvato pela PEPCase no citosol de célula do mesófilo (ver Figura 10.10, reação 2). O produto da reação, oxalacetato, é subsequentemente reduzido a malato por NADP-malato desidrogenase nos cloroplastos do mesófilo (ver Figura 10.10, reação 3) ou convertido em aspartato por transaminação com o glutamato no citosol, dependendo do subtipo C_4 (ver Figura 10.10, reação 4) (Ver **Tópico 10.9 na internet**).

2. Difusão dos ácidos de quatro carbonos (malato ou aspartato) através dos plasmodesmos para as células da bainha do feixe ao redor dos feixes vasculares.

(B)
Reações da fotossíntese C_4

Enzima	Reação
1. Anidrase carbônica	$CO_2 + H_2O \rightarrow H_2CO_3 \rightarrow H^+ + HCO_3^-$
2. PEPCase	Fosfoenolpiruvato + $HCO_3^- \rightarrow$ oxalacetato + P_i
3. NADP-malato desidrogenase	Oxalacetato + NADPH + $H^+ \rightarrow$ malato + $NADP^+$
4. Aspartato aminotransferase	Oxalacetato + glutamato $\rightarrow$ aspartato + 2-oxoglutarato
Enzimas de descarboxilação	
5a. Enzima NADP-málica	Malato + $NADP^+ \rightarrow$ piruvato + CO_2 + NADPH + H^+
5b. Enzima NAD-málica	Malato + $NAD^+ \rightarrow$ piruvato + CO_2 + NADH + H^+
6. Fosfoenolpiruvato carboxiquinase	Oxalacetato + ATP $\rightarrow$ fosfoenolpiruvato + CO_2 + ADP
7. Alanina aminotransferase	Piruvato + glutamato $\rightarrow$ alanina + 2-oxoglutarato
8. Piruvato fosfato diquinase	Piruvato + P_i + ATP $\rightarrow$ fosfoenolpiruvato + AMP + PP_i
9. Adenilato quinase	AMP + ATP $\rightarrow$ 2 ADP
10. Pirofosfatase	$PP_i + H_2O \rightarrow 2 P_i$

Nota: P_i e PP_i significam fosfato inorgânico e pirofosfato, respectivamente.

Figura 10.10 (A) O ciclo fotossintético C_4 do carbono envolve cinco estágios sucessivos em dois tipos celulares distinto. (1) Nas células do mesófilo, a enzima fosfoenolpiruvato carboxilase (PEPcase) catalisa a reação de HCO_3^-, proporcionada pela absorção de CO_2 atmosférico, com fosfoenolpiruvato, um composto de três carbonos (ver reação 2). O produto da reação, oxalacetato, um composto de quatro carbonos, é ainda transformado em malato pela ação da NADP-malato desidrogenase (ver reação 3). (2) O ácido de quatro carbonos se move para a célula da bainha do feixe, junto às conexões vasculares. (3) A enzima de descarboxilação (aqui, enzima NADP-málica no cloroplasto; ver reação 5a) libera o CO_2 do ácido de quatro carbonos, produzindo um ácido de três carbonos (p. ex., piruvato). O CO_2 liberado nos cloroplastos da bainha do feixe vascular forma um grande excesso de CO_2 em relação ao O_2 ao redor da rubisco, facilitando, assim, a assimilação do CO_2 pelo ciclo de Calvin-Benson. (4) O ácido de três carbonos residual (piruvato) flui de volta à célula do mesófilo. (5) Fechando o ciclo C_4, a enzima piruvato fosfato diquinase catalisa a regeneração do fosfoenolpiruvato, o aceptor de HCO_3^-, para outra volta do ciclo. O consumo de duas moléculas de ATP por molécula de CO_2 fixado (ver reações 8-10) impulsiona o ciclo C_4 na direção das setas, bombeando, assim, CO_2 da atmosfera para o ciclo de Calvin-Benson. O carbono assimilado deixa o cloroplasto e, após transformação em sacarose no citosol, entra no floema para translocação a outras partes da planta. (B) As reações do ciclo fotossintético C_4 do carbono, algumas das quais são mostradas em (A).

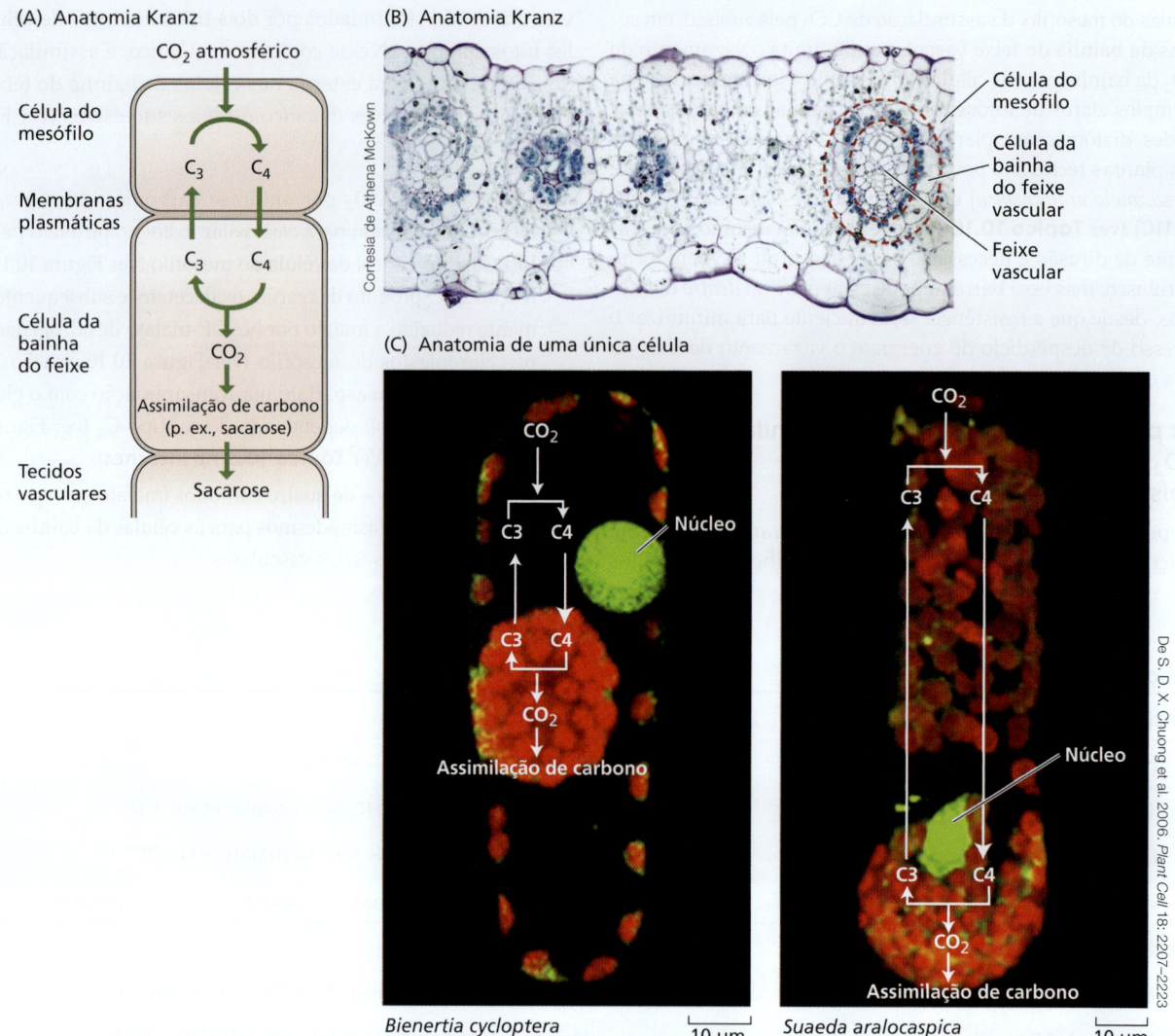

Figura 10.11 Rota fotossintética C_4 em folhas de plantas diferentes. (A e B) Em quase todas as espécies C_4 conhecidas, a assimilação fotossintética de CO_2 requer o desenvolvimento da anatomia Kranz. Essa característica anatômica compartimentaliza as reações fotossintéticas em dois tipos distintos de células, que são organizadas concentricamente ao redor das nervuras: células do mesófilo e células da bainha do feixe vascular. As células da bainha do feixe vascular circundam os tecidos vasculares, enquanto um anel externo de células do mesófilo fica na periferia da bainha e adjacente aos espaços intercelulares. A membrana e as paredes celulares que separam esses dois tipos de células reduzem o vazamento de CO_2 das células da bainha do feixe vascular e são essenciais para a fotossíntese C_4 eficiente em plantas terrestres. (B) Anatomia Kranz. Imagem ao microscópio de luz de uma seção transversal da lâmina foliar de *Flaveria australasica* (tipo de fotossíntese C_4, enzima NAD-málica). (C) A fotossíntese C_4 de uma única célula ocorre em organismos que contêm o equivalente da compartimentação C_4 em uma única célula. Estudos das enzimas-chave dessas plantas também indicam dois cloroplastos dismórficos situados em diferentes locais citoplasmáticos com funções análogas às células do mesófilo e da bainha do feixe vascular em plantas C_4 do tipo Kranz. Aqui, os diagramas do ciclo C_4 estão sobrepostos à coloração fluorescente e à imunofluorescência de *Bienertia cycloptera* (à esquerda) e *Suaeda aralocaspica* (à direita).

3. Descarboxilação dos ácidos de quatro carbonos e geração de CO_2, que é, então, reduzido a triose fosfato pelo ciclo de Calvin-Benson. Antes dessa reação, uma aspartato aminotransferase catalisa a conversão do aspartato de volta a oxalacetato, em algumas plantas C_4 (ver Figura 10.10, reação 4). Diferentes tipos de plantas C_4 fazem uso de diferentes descarboxilases para liberar o CO_2 para a supressão efetiva da reação oxigenase da rubisco (ver Figura 10.10, reações 5a, 5b e 6) (ver **Tópico 10.9 na internet**).

4. Difusão de volta às células do mesófilo da estrutura de três carbonos (piruvato ou alanina), formado pela etapa de descarboxilação.

5. Regeneração do fosfoenolpiruvato, o aceptor de HCO_3^-, que consome ATP e fosfato inorgânico e libera AMP e

pirofosfato. Duas moléculas de ATP são consumidas na conversão de piruvato em fosfoenolpiruvato: uma na reação catalisada pela piruvato fosfato diquinase (ver Figura 10.10, reação 8) e outra na formação de AMP a partir de ADP catalisada pela adenilato quinase (ver Figura 10.10, reação 9). Quando a alanina é o ácido de três carbonos retornado das células da bainha do feixe vascular, a formação de piruvato pela alanina aminotransferase precede a fosforilação pela piruvato fosfato diquinase (ver Figura 10.10, reação 7).

A compartimentalização das enzimas garante que o carbono inorgânico da atmosfera adjacente pode ser assimilado inicialmente pelas células do mesófilo, fixado subsequentemente pelo ciclo de Calvin-Benson das células da bainha e, finalmente, exportado para o floema (ver Figura 10.10 e Capítulo 12).

Os subtipos C_4 utilizam mecanismos diferentes para descarboxilar os ácidos de quatro carbonos transportados para as células da bainha do feixe vascular

Os subtipos bioquímicos C_4 empregam mecanismos diferentes para descarboxilar os ácidos de quatro carbonos nas células da bainha do feixe vascular e transportar diferentes compostos de três carbonos das células da bainha de volta para as células do mesófilo (**Tabela 10.1**). Além disso, o ácido de quatro carbonos transportado para as células da bainha do feixe vascular pode ser malato ou aspartato, produzido nos cloroplastos ou no citosol das células do mesófilo, respectivamente.

No tipo de fotossíntese C_4, o malato entra no cloroplasto das células da bainha do feixe vascular, onde é descarboxilado pela enzima NADP-málica (NADP-ME) (ver Figura 10.10, reação 5a).

Nos tipos de fotossíntese C_4 que utilizam a enzima NAD-málica (NAD-ME, *NAD-malic enzyme*) e PEP carboxiquinase (PEPCK, *PEP carboxykinase*), a aspartato aminotransferase citosólica das células da bainha do feixe vascular catalisa a conversão do aspartato de volta a oxalacetato [aspartato + piruvato → oxalacetato + alanina]. Em plantas NAD-ME tipo C_4, o oxalacetato é reduzido a malato na mitocôndria das células da bainha do feixe via NAD-malato desidrogenase e, posteriormente, descarboxilado por NAD-ME (ver Figura 10.10, reação

5b). Em plantas PEPCK tipo C_4, a maioria do oxalacetato é descarboxilado em fosfoenolpiruvato no citosol das células da bainha do feixe (ver Figura 10.10, reação 6), mas essas plantas também podem usar NAD-ME para descarboxilar o malato fornecido pelas células do mesófilo. O CO_2 liberado se difunde da mitocôndria ou citosol para os cloroplastos das células da bainha do feixe vascular para fixação pela rubisco e redução pelo ciclo de Calvin-Benson.

Nos cloroplastos das células da bainha feixe vascular, o CO_2 liberado pelas três reações de descarboxilação aumenta a concentração de CO_2 em torno do sítio ativo da rubisco, minimizando, assim, a inibição por O_2. Piruvato (do tipo NADP-ME de fotossíntese C_4) e alanina (dos tipos NAD-ME e PEPCK) são transportados das células da bainha do feixe vascular para as células do mesófilo para a regeneração do fosfoenolpiruvato. Embora tradicionalmente as plantas C_4 sejam classificadas como um subtipo ou outro, os dados sugerem que em algumas plantas C_4 há flexibilidade e sobreposição entre essas rotas.

As células da bainha do feixe vascular e as células do mesófilo apresentam diferenças anatômicas e bioquímicas

Originalmente descrito para gramíneas tropicais e *Atriplex*, o ciclo C_4 agora é conhecido por ocorrer em pelo menos 62 linhagens independentes de angiospermas, distribuídas em 21 famílias diferentes. As plantas C_4 evoluíram de ancestrais C_3, há cerca de 30 milhões de anos, em resposta a múltiplos estímulos ambientais, como mudanças atmosféricas (queda de CO_2, aumento de O_2), modificação do clima global, períodos de seca e radiação solar intensa. A transição de plantas C_3 para plantas C_4 requer a modificação coordenada de genes que afetam a anatomia foliar, a ultraestrutura celular, o transporte de metabólitos e a regulação de enzimas metabólicas. As análises de (i) genes específicos e elementos que controlam sua expressão, (ii) mRNAs e as sequências de aminoácidos deduzidas e (iii) genomas e transcriptomas C_3 e C_4 indicam que a evolução convergente fundamenta as origens múltiplas das plantas C_4.

Encontrada em muitas plantas terrestres, excetuando quatro espécies vegetais (ver a próxima subseção), a anatomia

Tabela 10.1 Mecanismos de descarboxilação do ácido C_4 nas células da bainha do feixe vascular

Enzima descarboxilante (localização subcelular)	Ácido C_4 transportado [mesófilo → bainha do feixe vascular] para descarboxilação	Ácido C_3 movido [bainha do feixe vascular → mesófilo] para carboxilação	Planta
Enzima NADP-málica (NADP-ME) (cloroplasto)	Malato	Piruvato	*Sorghum bicolor, Zea mays*
Enzima NAD-málica (NAD-ME) (mitocôndria)	Aspartato	Alanina	*Cleome, Atriplex*
PEP-carboxiquinase (PEPCK) (citosol)	Aspartato	Alanina, piruvato, fosfoenolpiruvato	*Megathyrsus maximus*

Kranz característica aumenta a concentração de CO_2 nas células da bainha do feixe vascular em quase 10 vezes mais do que a atmosfera externa (ver Figura 10.11A e B). A acumulação eficiente de CO_2 na vizinhança da rubisco reduz a taxa de fotorrespiração para 2 a 3% da fotossíntese. As células do mesófilo e da bainha do feixe vascular apresentam grandes diferenças bioquímicas. A PEPCase e a rubisco estão localizadas nas células do mesófilo e nas células da bainha do feixe vascular, respectivamente, enquanto as descarboxilases são encontradas em diferentes compartimentos intracelulares das células da bainha do feixe vascular: NADP-ME nos cloroplastos, NAD-ME nas mitocôndrias e PEPCK no citosol. Além disso, as células do mesófilo contêm cloroplastos dispostos aleatoriamente com tilacoides empilhados, enquanto, em alguns subtipos C_4 (principalmente NADP-ME), os cloroplastos das células da bainha do feixe vascular estão dispostos de forma concêntrica e exibem tilacoides não empilhados. Essas características dos cloroplastos correlacionam-se com necessidades energéticas do tipo de fotossíntese C_4. Por exemplo, as espécies C_4 do subtipo NADP-ME, nas quais o malato é transportado dos cloroplastos do mesófilo para as células da bainha do feixe vascular, exibem fotossistemas funcionais II e I nos cloroplastos do mesófilo, enquanto os cloroplastos da bainha são deficientes ou têm baixos níveis de fotossistemas II e do complexo associado de evolução de oxigênio (i.e., a produção de O_2 do fotossistema II geralmente está baixa nas células da bainha das plantas NADP-ME). Por outro lado, nos subtipos NAD-ME e PEPCK, os cloroplastos da bainha do feixe vascular e os cloroplastos do mesófilo têm níveis semelhantes de fotossistema II.

O ciclo C_4 também concentra CO_2 em células individuais

A descoberta da fotossíntese C_4 em organismos desprovidos de anatomia Kranz desvendou uma diversidade muito maior de modos de fixação C_4 do carbono do que inicialmente se havia pensado existir (ver **Tópico 10.10 na internet**). Quatro espécies vegetais da família Chenopodiaceae que crescem no Oriente Médio e partes da Ásia, *Sueda aralocaspica* (anteriormente *Borszczowia aralocaspica*) e três espécies de *Bienertia* realizam a fotossíntese C_4 completa em células individuais de clorênquima (ver Figura 10.11C). A região externa, próxima à atmosfera circundante, realiza a carboxilação inicial e a regeneração do fosfoenolpiruvato, enquanto a região interna opera na descarboxilação dos ácidos de quatro carbonos e na refixação do CO_2 liberado via rubisco. As células do clorênquima dessas espécies têm cloroplastos dimórficos com diferentes subconjuntos de enzimas, semelhantes aos dois tipos de cloroplastos encontrados nas células do mesófilo *versus* células da bainha do feixe vascular de plantas C_4 do tipo Kranz. Nas plantas C_4 unicelulares, o grande vacúolo que separa os dois tipos de cloroplastos fornece a resistência à difusão que permite que a concentração de CO_2 se acumule em torno da rubisco.

Os organismos fotossintétizantes aquáticos, que respondem por aproximadamente metade da produtividade primária global, também usam um mecanismo de concentração de CO_2 unicelular para suprimir a reação de oxigenação da rubisco. Conforme discutido no **Ensaio 10.2 na internet**, existem algumas semelhanças, mas também diferenças fundamentais, entre os mecanismos de concentração de CO_2 aquático e terrestre.

A luz regula a atividade de enzimas fundamentais do ciclo C_4

Além do fornecimento de ATP e NADPH para o funcionamento do ciclo C_4, a luz é fundamental para a regulação de várias enzimas participantes. Variações na densidade de fluxo de fótons produzem alterações nas atividades da NADP-malato desidrogenase, da PEPCase e da piruvato fosfato diquinase por dois mecanismos diferentes: troca dos grupos tiol-dissulfeto [Enz-$(Cys-S)_2$ ↔ Enz-$(Cys-SH)_2$] e fosforilação–desfosforilação de resíduos de aminoácidos específicos [p. ex., serina, Enz-Ser-OH ↔ Enz-Ser-OP].

A NADP-malato desidrogenase é regulada através do sistema ferredoxina–tiorredoxina como nas plantas C_3 (ver Figura 10.6). A enzima é reduzida (ativada) pela tiorredoxina quando as folhas são iluminadas, mas é oxidada (inativada) no escuro. A fosforilação diurna da PEPCase por uma quinase específica, denominada PEPCase quinase, aumenta a absorção de CO_2 do ambiente, e a desfosforilação noturna pela proteína fosfatase 2A traz a PEPCase de volta à atividade baixa. Uma enzima altamente incomum regula a atividade claro-escuro da piruvato fosfato diquinase. Esta enzima é modificada por uma treonina quinase fosfatase bifuncional, que catalisa tanto a fosforilação dependente de ADP quanto a desfosforilação dependente de P_i da piruvato fosfato diquinase. O escuro promove a fosforilação da piruvato fosfato diquinase (PPDK, *pyruvate-phosphate dikinase*) pela quinase fosfatase reguladora [(PPDK)$_{ativa}$ + ADP → (PPDK-P)$_{inativa}$ + AMP], causando a perda de atividade da enzima. A clivagem fosforolítica do grupo fosforil na luz pela mesma enzima restabelece a capacidade catalítica da PPDK [(PPDK-P)$_{inativa}$ + P_i → (PPDK)$_{ativa}$ + PP_i].

A assimilação fotossintética de CO_2 nas plantas C_4 demanda mais processos de transporte do que nas plantas C_3

Os cloroplastos exportam parte do carbono fixado para o citosol durante a fotossíntese ativa, enquanto importam o fosfato liberado de processos biossintéticos para repor ATP e outros metabólitos fosforilados no estroma. Em plantas C_3, os principais fatores que modulam a partição de carbono assimilado entre o cloroplasto e o citosol são as concentrações relativas de trioses fosfato e fosfato inorgânico. Trioses fosfato isomerases rapidamente interconvertem a di-hidroxiacetona fosfato e o gliceraldeído-3-fosfato no plastídio e no citosol (ver Figura 10.3B, reação 4). O translocador de triose fosfato – um complexo proteico na membrana interna do envoltório do cloroplasto – troca trioses fosfato do cloroplasto por fosfato do citosol. Assim, plantas C_3 necessitam de um processo de transporte através do envoltório do cloroplasto para exportar trioses fosfato (três moléculas de CO_2 assimiladas) dos cloroplastos para o citosol.

Nas plantas C_4, a distribuição da assimilação fotossintética do CO_2 em mais de duas células diferentes acarreta um fluxo expressivo de metabólitos entre as células do mesófilo e as células da bainha do feixe vascular. Além disso, três rotas diferentes executam a assimilação de carbono inorgânico na fotossíntese C_4. Nesse contexto, diferentes metabólitos fluem do citosol de células da folha para os cloroplastos, as mitocôndrias e os tecidos de condução. Portanto, a composição e a função de translocadores em organelas e na membrana plasmática de plantas C_4 dependem da rota utilizada para a assimilação de CO_2. Por exemplo, células do mesófilo da fotossíntese C_4 do tipo NADP-ME utilizam quatro etapas de transporte através do envoltório do cloroplasto, para fixar uma molécula de CO_2 atmosférico: (1) importação de piruvato citosólico (transportador de piruvato dependente de Na^+); (2) exportação de fosfoenolpiruvato do estroma (translocador de fosfoenolpiruvato fosfato); (3) importação de oxalacetato citosólica (transportador de dicarboxilato); e (4) exportação de malato do estroma (transportador de dicarboxilato).

Em climas quentes e secos, o ciclo C_4 reduz a fotorrespiração

Como visto anteriormente na Seção 10.2, temperaturas elevadas limitam a taxa de assimilação fotossintética de CO_2 em plantas C_3, pela redução da solubilidade do CO_2 e da razão entre as reações de carboxilação e oxigenação da rubisco. Devido à diminuição da atividade fotossintética da rubisco, as demandas de energia associadas com a fotorrespiração aumentam nas áreas mais quentes do mundo. Em plantas C_4, duas características contribuem para superar os efeitos deletérios da temperatura alta:

- Em primeiro lugar, o CO_2 atmosférico entra no citoplasma das células do mesófilo, onde a anidrase carbônica converte rápida e reversivelmente CO_2 em bicarbonato [$CO_2 + H_2O \rightarrow HCO_3^- + H^+$] ($K_{eq} = 1,7 \times 10^{-4}$). O equilíbrio entre CO_2 e HCO_3^- é determinado pelo pH do citoplasma, mas a anidrase carbônica acelera o tempo para atingir o equilíbrio. Essa reação pela anidrase carbônica é essencial para manter as taxas altas de fotossíntese C_4, particularmente em climas quentes, que tendem a diminuir os níveis de CO_2 dentro da folha. A PEPCase também tem uma afinidade alta por HCO_3^- e, portanto, afinidade alta mesmo quando o HCO_3^- é baixo. Isso permite às plantas C_4 reduzir sua abertura estomática em temperaturas altas e, assim, conservar água, enquanto fixam CO_2 em taxas iguais ou maiores do que as de plantas C_3.
- Em segundo lugar, a concentração elevada de CO_2 em cloroplastos da bainha do feixe vascular minimiza a reação de oxigenação da rubisco e a operação da fotorrespiração.

A resposta da assimilação líquida de CO_2 à temperatura influencia em parte a distribuição de espécies C_3 e C_4 na Terra. A eficiência fotossintética ótima das espécies C_3 geralmente ocorre em temperaturas inferiores às temperaturas de ocorrência das espécies C_4: cerca de 20 a 25 °C e 25 a 35 °C, respectivamente. Ao permitirem a assimilação mais eficiente de CO_2 em temperaturas mais altas, as espécies C_4 tornam-se mais abundantes nas latitudes tropicais e subtropicais e menos abundantes quando as latitudes são mais distantes da linha do Equador. Embora a fotossíntese C_4 comumente seja dominante em ambientes quentes, um grupo de gramíneas perenes (*Miscanthus*, *Spartina*) é de C_4 tolerantes ao resfriamento, que se desenvolvem bem em áreas onde o clima é moderadamente frio (ver Capítulo 11).

■ 10.5 Mecanismos de concentração de carbono inorgânico: metabolismo ácido das crassuláceas (CAM)

Outro mecanismo para concentrar CO_2 em torno da rubisco está presente em aproximadamente 350 gêneros de 35 famílias de plantas terrestres, que habitam ambientes áridos com disponibilidade sazonal de água, incluindo plantas comercialmente importantes, como o abacaxi (*Ananas comosus*), o agave (*Agave* spp.), os cactos (Cactaceae) e as orquídeas (Orchidaceae). Essa fixação fotossintética do carbono é chamada de **metabolismo ácido das crassuláceas** (**CAM**), para reconhecer sua observação inicial em *Kalanchoe pinnata*, um representante suculenta da família Crassulaceae. Como o mecanismo C_4, o mecanismo CAM parece ter se originado durante os últimos 35 milhões de anos em hábitats onde reduções no CO_2 atmosférico, juntamente com a redução da condutância estomática devido às limitações da água, proporcionaram a pressão seletiva. As folhas das plantas CAM têm características que minimizam a perda de água, como cutículas espessas e estômatos com aberturas pequenas, mas que também minimizam o acesso ao CO_2 atmosférico. O mecanismo de concentração de carbono em plantas CAM é o espaçamento temporal entre as reações diurnas e noturnas (**Figura 10.12**), que difere daquele das plantas C_4, em que o mecanismo de concentração de carbono é a separação física entre o mesófilo e as células da bainha do feixe vascular.

Em todas as plantas CAM, a PEPcase citosólica fixa HCO_3^- do CO_2 atmosférico e respiratório em oxalacetato, usando fosfoenolpiruvato formado pela degradação glicolítica dos carboidratos armazenados (ver Figuras 10.10 e 10.12, reação 2). Uma NADP-malato desidrogenase citosólica converte o oxalacetato em malato (ver Figura 10.10, reação 3), que é armazenado nos vacúolos pelo restante da noite. Durante o dia, o malato armazenado sai do vacúolo para descarboxilação pela NADP-ME citosólica, NAD-ME mitocondrial ou PEPCK citosólica, as mesmas enzimas usadas nos três subtipos bioquímicos C_4 (ver Tabela 10.1). O CO_2 liberado é disponibilizado para os cloroplastos para fixação pela rubisco, enquanto o subproduto ácido de três carbonos é convertido em trioses fosfato e, posteriormente, em amido ou sacarose via gliconeogênese (ver Figura 10.12).

Mudanças na taxa de captura de carbono e na regulação da enzima ao longo do dia criam um ciclo CAM de 24 horas.

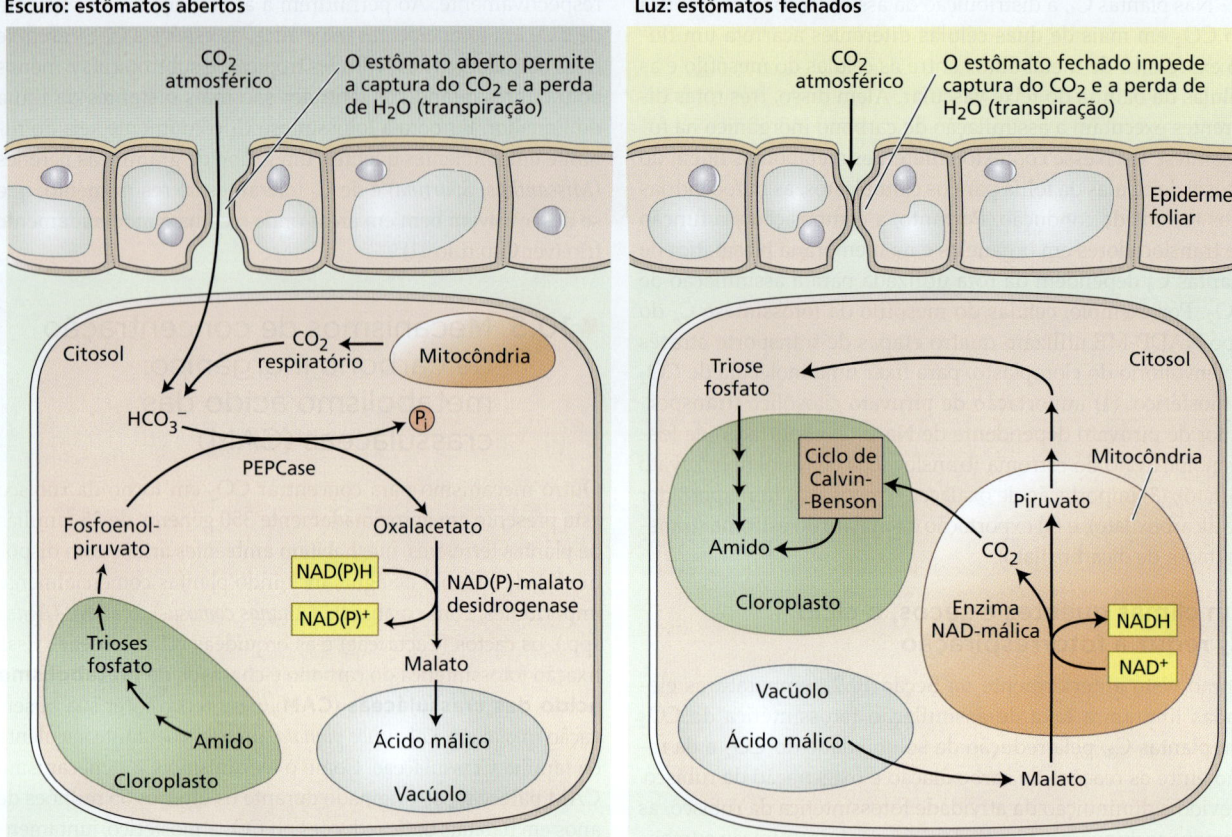

Figura 10.12 Metabolismo ácido das crassuláceas (CAM) em *Kalanchoe*. No mecanismo CAM, a captação de CO_2 está separada temporalmente da refixação através do ciclo de Calvin-Benson. A captação de CO_2 atmosférico ocorre à noite, quando os estômatos estão abertos. Nesse estágio, o CO_2 gasoso no citosol, vindo tanto da atmosfera externa como da respiração mitocondrial, aumenta os níveis de HCO_3^- (CO_2 + H_2O ↔ HCO_3^- + H^+). Então, a PEPCase citosólica catalisa a reação entre HCO_3^- e o fosfoenolpiruvato fornecido pela decomposição noturna de amido do cloroplasto. O ácido de 4 carbonos formado, oxalacetato, é reduzido a malato, que, por sua vez, difunde-se no vacúolo ácido e torna-se protonado em ácido málico. Durante o dia, o ácido málico armazenado no vacúolo flui de volta ao citosol e dissocia-se de volta a malato. A enzima NAD-málica mitocondrial descarboxila o malato, liberando CO_2, o qual é refixado em esqueletos de carbono pelo ciclo de Calvin-Benson. Basicamente, a acumulação diurna do amido no cloroplasto constitui o ganho líquido da captação noturna de carbono inorgânico. A vantagem adaptativa do fechamento estomático durante o dia é que ele evita não apenas a perda de água por transpiração, mas também a difusão de CO_2 interno com a atmosfera externa. Ver Figura 10.10B para a descrição das reações. Observe que diferentes espécies de CAM podem ter contribuições diferentes de NAD–ME, NADP–ME e PEPCK como enzima descarboxilante.

Quatro fases distintas definem o controle temporal das carboxilações C_4 e C_3 dentro do mesmo ambiente celular: fase I (noite), fase II (início da manhã), fase III (durante o dia) e fase IV (final da tarde) (ver **Tópico 10.11 na internet**). Durante a fase I, noturna, quando os estômatos estão abertos, o CO_2 é captado na forma de HCO_3^- pela PEPCase e armazenado como malato no vacúolo. Durante a fase III, diurna, quando os estômatos estão fechados e o ciclo de Calvin-Benson é ativado pela luz, o malato armazenado é descarboxilado e fornece concentrações altas de CO_2 ao redor do sítio ativo de rubisco, minimizando assim a fotorrespiração. As fases transientes II e IV alteram o metabolismo em preparação para as fases III e I, respectivamente. Na fase II, a atividade da rubisco aumenta, mas ela decresce na fase IV. Por outro lado, a atividade da PEPCase aumenta na fase IV e diminui na fase II. A contribuição de cada fase para o equilíbrio global de carbono varia consideravelmente entre diferentes plantas CAM e é sensível às condições ambientais. As plantas CAM constitutivas usam a captação noturna de CO_2 em todos os momentos. As plantas CAM facultativas recorrem à rota CAM somente quando induzidas por estresse de déficit hídrico ou estresse salino; caso contrário, elas operam como plantas C_3

Depende da espécie vegetal se as trioses fosfato produzidas pelo ciclo de Calvin-Benson serão estocadas como amido no cloroplasto ou utilizadas para a síntese de sacarose. Entretanto, esses carboidratos, em última análise, garantem não apenas o crescimento vegetal, mas também o suprimento de substratos para a próxima fase de carboxilação noturna. Para resumir, a separação temporal da carboxilação inicial noturna da descarboxilação diurna aumenta a concentração de CO_2 próximo da rubisco e reduz a fotorrespiração, aumentando assim a eficiência da fotossíntese.

Diferentes mecanismos regulam a PEPCase em C_4 e a PEPCase em CAM

A análise comparativa das PEPCases fotossintéticas fornece um exemplo notável da adaptação da regulação da enzima a metabolismos específicos. A fosforilação de PEPCases vegetais por PEPCase quinase converte a forma não fosforilada inativa em sua contrapartida fosforilada ativa:

$$PEPCase_{inativa} + ATP \rightarrow PEPCase\text{-}P_{ativa} + ADP$$

A desfosforilação da PEPCase pela proteína fosfatase 2A traz a enzima de volta para a forma inativa. A PEPCase em plantas C_4 funciona durante o dia e tem atividade reduzida à noite, enquanto o PEPCase em plantas CAM opera à noite e tem atividade reduzida durante o dia. As respostas contrastantes das PEPCases fotossintéticas à luz são conferidas pelos elementos reguladores que controlam a síntese e a degradação das PEPCase quinases. A síntese de PEPCase quinase é mediada por mecanismos sensíveis à luz nas folhas C_4 e por ritmos circadianos endógenos nas folhas CAM (ver **Ensaio 10.1 na internet**).

O metabolismo ácido das crassuláceas é um mecanismo versátil sensível a estímulos ambientais

A alta eficiência do uso da água nas plantas CAM provavelmente seja responsável por sua ampla diversificação e especiação em ambientes com limitação de água. As plantas CAM que crescem em desertos, como os cactos, abrem seus estômatos durante as noites frias e os fecham durante os dias quentes e secos. A vantagem potencial das plantas CAM terrestres em ambientes áridos é bem ilustrada pela introdução involuntária da pera espinhosa africana (*Opuntia stricta*) no ecossistema australiano. De umas poucas plantas, em 1840, a população de *O. stricta* expandiu-se para ocupar 25 milhões de hectares em menos de um século.

O fechamento dos estômatos durante o dia minimiza a perda de água em plantas CAM, mas, como H_2O e CO_2 compartilham a mesma rota de difusão, o CO_2 deve então ser capturado pelos estômatos abertos à noite (ver Figura 10.12). A disponibilidade de luz mobiliza as reservas de ácido málico vacuolar para a ação de enzimas específicas de descarboxilação – NAD-ME, NADP-ME e PEPCK – e a assimilação do CO_2 resultante pelo ciclo de Calvin-Benson. O CO_2 liberado pela descarboxilação não escapa da folha, porque os estômatos estão fechados durante o dia. Como consequência, o CO_2 gerado internamente é fixado pela rubisco e convertido em carboidratos pelo ciclo de Calvin-Benson. Assim, o fechamento estomático durante o dia não apenas auxilia na conservação da água, mas também ajuda na acumulação da concentração interna aumentada de CO_2, que melhora a carboxilação fotossintética da ribulose-1,5-bifosfato.

Atributos genotípicos e fatores ambientais modulam a extensão na qual as capacidades bioquímicas e fisiológicas das plantas CAM são expressas. Embora muitas espécies na família Crassulaceae (p. ex., *Kalanchoe*) sejam plantas CAM obrigatórias que exibem ritmo circadiano, outras (p. ex., *Clusia*) mostram fotossíntese C_3 e CAM simultaneamente em folhas distintas. A proporção de CO_2 capturada pela PEPCase à noite ou pela rubisco durante o dia (assimilação líquida de CO_2) é ajustada (1) pelo comportamento estomático; (2) pelas flutuações na acumulação de ácidos orgânicos e carboidratos de reserva; (3) pelas atividades das enzimas primária (PEPCase) e secundária (rubisco) de carboxilação; (4) pela atividade das enzimas de descarboxilação; e (5) pelas taxas de síntese e decomposição de esqueletos de três carbonos.

Muitos representantes das plantas CAM são capazes de ajustar seu padrão de captação de CO_2 em resposta a variações de longo prazo das condições ambientais. A erva-de-gelo (*Mesembryanthemum crystallinum* L.), a agave e a *Clusia* estão entre as plantas que utilizam o CAM quando a água é escassa, mas fazem uma transição gradual para C_3 quando a água é suficiente. Outras condições ambientais, como salinidade, temperatura e luz, também contribuem para a extensão na qual o CAM é induzido nessas plantas. Essa forma de regulação requer a expressão de numerosos genes CAM em resposta aos sinais de estresse.

O fechamento dos estômatos para conservação de água em zonas áridas pode não ser a única base da evolução de CAM, porque, paradoxalmente, as espécies CAM também são encontradas entre plantas aquáticas. Talvez esse mecanismo também aumente a obtenção de carbono inorgânico (como HCO_3^-) em hábitats aquáticos, onde a alta resistência à difusão gasosa restringe a disponibilidade do CO_2.

■ 10.6 Acumulação e partição de fotossintatos – amido e sacarose

Metabólitos acumulados na luz – fotossintatos – tornam-se a fonte final de energia para o crescimento, a manutenção e o desenvolvimento da planta. A assimilação fotossintética de CO_2 pela maioria das folhas produz sacarose no citosol e amido nos cloroplastos. Durante o dia, a sacarose flui do citosol foliar para tecidos-dreno heterotróficos, enquanto o amido se acumula como grânulos densos insolúveis nos cloroplastos (**Figura 10.13**) (ver **Tópico 10.12 na internet**). O começo do escurecimento não somente cessa a assimilação de CO_2, mas também dá início à degradação do amido dos cloroplastos. O conteúdo de amido nos cloroplastos cai durante a noite, porque os produtos de degradação fluem para o citosol para sustentar a exportação de sacarose para outros órgãos. A grande flutuação de amido do estroma na luz *versus* no escuro é a razão pela qual o polissacarídeo armazenado nos cloroplastos é chamado de *amido transitório*. O amido transitório funciona como (1) um mecanismo de transbordamento que armazena fotossintato quando a síntese e o transporte de sacarose são limitados durante o dia, e (2) uma reserva de energia para proporcionar uma fonte adequada de carboidratos durante a noite, quando os açúcares não são formados pela fotossíntese. As plantas variam muito na magnitude em que acumulam amido e sacarose

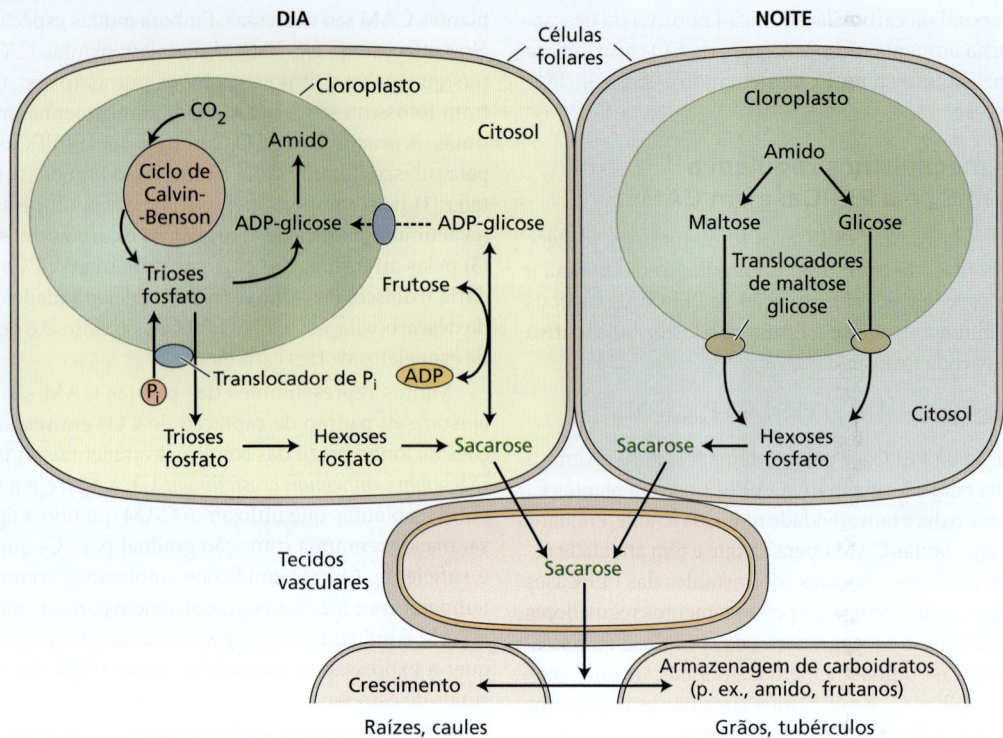

Figura 10.13 Mobilização do carbono em plantas terrestres. Durante o dia, o carbono assimilado fotossinteticamente é utilizado para a formação de amido no cloroplasto ou é exportado para o citosol para a síntese de sacarose. Estímulos externos e internos controlam a partição entre amido e sacarose. Trioses fosfato do ciclo de Calvin-Benson podem ser utilizadas para (1) a síntese de ADP-glicose (o doador de glicosil para a síntese do amido) no cloroplasto ou (2) a translocação para o citosol para a síntese de sacarose. Durante a noite, a clivagem das ligações glicosídicas do amido libera maltose e glicose, que fluem através do envoltório do cloroplasto para suplementar o *pool* de hexoses fosfato e contribuir para a síntese de sacarose. O transporte através do envoltório do cloroplasto, realizado por translocadores para fosfato, maltose e glicose, transmite informações entre os dois compartimentos. Como consequência da síntese diurna e da degradação noturna, os níveis de amido do cloroplasto são máximos durante o dia e mínimos durante a noite. Esse amido de transição serve como a reserva de energia noturna, que proporciona um suprimento adequando de carboidratos para as plantas terrestres, e também como uma válvula de escape diurna, que aceita o excesso de carbono quando a assimilação fotossintética de CO_2 prossegue mais rapidamente do que a síntese de sacarose. Diariamente, a sacarose liga a assimilação de carbono inorgânico (CO_2) nas folhas à utilização de carbono orgânico para o crescimento e a armazenagem em partes não fotossintetizantes da planta.

nas folhas (ver Figura 10.13). Em algumas espécies (p. ex., soja, beterraba, *Arabidopsis*), a razão de amido para sacarose na folha é quase constante ao longo do dia. Em outras (p. ex., espinafre, feijoeiro francês), o amido acumula-se quando a sacarose excede a capacidade de armazenagem da folha ou a demanda dos tecidos-dreno.

O metabolismo de carbono das folhas também responde às necessidades de energia e de crescimento dos tecidos-dreno. Mecanismos de regulação asseguram que os processos fisiológicos no cloroplasto sejam sincronizados, não somente com o citoplasma da célula da folha, mas também com outras partes da planta durante o ciclo dia–noite. Uma abundância de açúcares nas folhas promove o crescimento da planta e a armazenagem de carboidratos em órgãos de reserva, enquanto níveis baixos de açúcares nos tecidos-dreno estimulam a taxa de fotossíntese. O transporte de sacarose liga a disponibilidade de carboidratos nas folhas-fonte ao uso de energia e à formação de polissacarídeos de reserva nos tecidos-dreno (ver Capítulo 12).

10.7 Formação e mobilização do amido do cloroplasto

O amido é o principal carboidrato de reserva em plantas, sendo superado apenas pela celulose como o polissacarídeo mais abundante. Na luz, os cloroplastos armazenam parte do carbono assimilado como grânulos de amido insolúveis, que são degradados durante a noite. O ritmo de 24 horas da reciclagem (*turnover*) de amido ajusta-se à situação do ambiente. Por exemplo, indivíduos de *Arabidopsis* cultivados em dias curtos (dia de 6 h/noite de 18 h) alocam mais fotossintatos em amido do que indivíduos cultivados em dias longos (dia de 18 h/noite de 6 h), mas, em ambos os casos, o amido transitório é consumido ao amanhecer. A colocalização da fotossíntese e do metabolismo do amido no cloroplasto requer uma coordenação eficiente entre essas rotas metabólicas fundamentais. Nesta seção, consideram-se os processos dos cloroplastos associados ao acúmulo diurno e à degradação noturna do amido.

O estroma do cloroplasto acumula amido como grânulos insolúveis durante o dia

O amido, assim como o glicogênio, é um polissacarídeo complexo construído a partir de um único monossacarídeo – glicose – que consiste em dois componentes principais, amilopectina e amilose (**Figura 10.14A**). As unidades α-D-glicosil associam-se em longas cadeias lineares ligadas por ligações glicosídicas α-D-1,4, em que ligações glicosídicas α-D-1,6 são formadas como pontos de ramificação. A contribuição das ligações glicosídicas α-D-1,6 às ligações totais é menor na amilose (menos de 1%) do que na amilopectina (cerca de 5–6%); assim, a primeira é essencialmente linear, e a outra é ramificada. O peso molecular da amilose (500–20.000 unidades de glicose) é menor do que o da amilopectina (cerca de 10^6 unidades

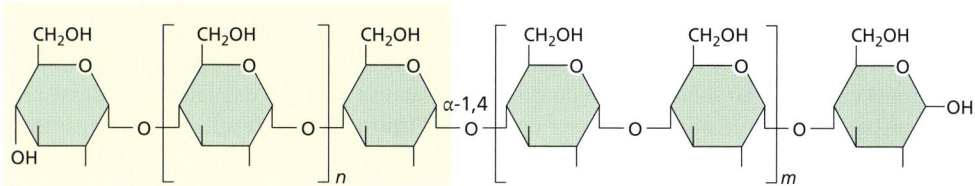

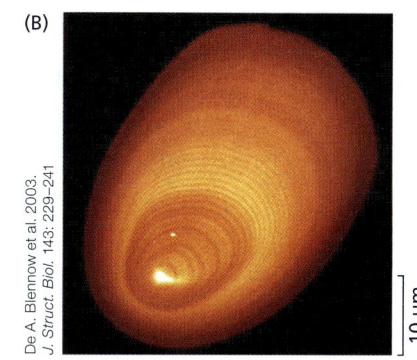

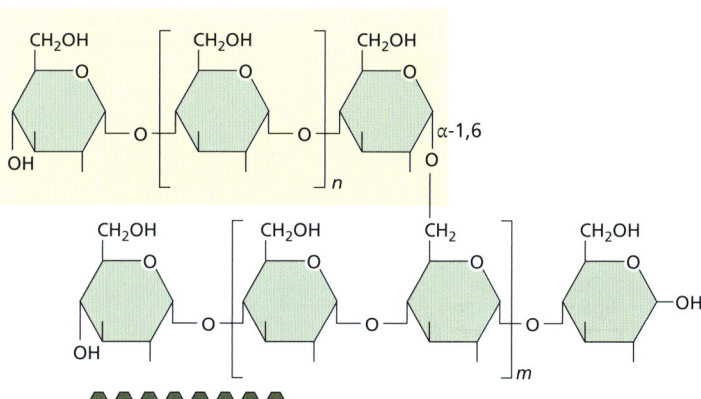

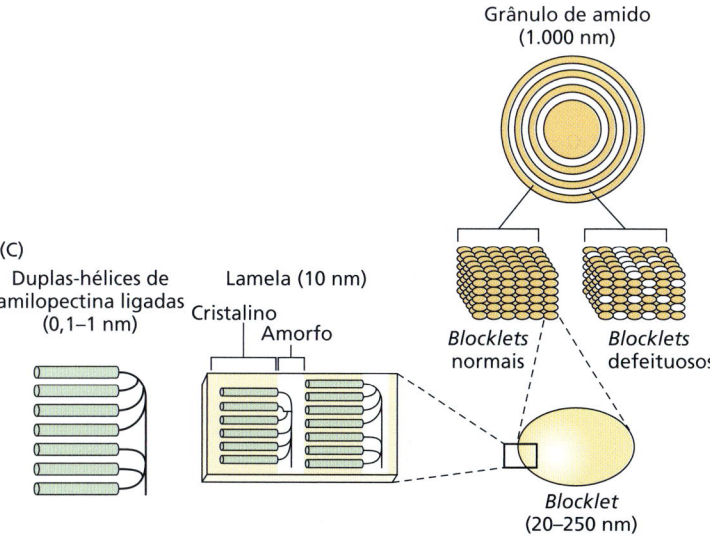

Figura 10.14 Composição e estrutura do grânulo de amido. (A) O amido é composto de amilose e amilopectina. As unidades de glicose estão ligadas quase exclusivamente por ligações glicosídicas α-D-1,4 na amilose. A amilopectina também contém cadeias de glicose ligadas na α-D-1,4 (resíduos de glicose 6 < n, m < 100), mas estas são intercaladas com ligações glicosídicas α-D-1,6 (pontos de ramificação), que dão uma estrutura do tipo árvore à macromolécula. (B) As camadas concêntricas do grânulo de amido são reveladas por microscopia confocal de varredura a *laser*, usando o ácido fluoróforo 8-aminopireno-1,3,6-trissulfônico (APTS) para marcar as extremidades redutoras das moléculas de amido. (C) Quatro níveis de organização compõem o grânulo de amido: as moléculas de amilopectina em duplas-hélices (0,1–1 nm) (cilindros), a lamela (cerca de 10 nm), o *blocklet* (20–250 nm) e o grânulo completo (cerca de 1.000 nm). As moléculas de amilopectina estão intimamente compactadas com outras moléculas de amilopectina, formando aglomerados de duplas-hélices. A lamela cristalina é criada pela associação de duplas-hélices de amilopectina intercaladas com regiões ramificadas amorfas. O *blocklet* é a agregação ordenada de várias lamelas cristalino-amorfas em uma estrutura assimétrica com uma razão axial de 3:1 (chamados *blocklets normais*). Amilose e outros materiais (p. ex., água, lipídeos) perturbam a formação regular de *blocklets*, introduzindo "defeitos" (chamados *blocklets defeituosos*). A agregação ordenada de *blocklets* normais e defeituosos forma os anéis concêntricos de envoltórios duros (cristalinos) e macios (semicristalinos) no grânulo de amido.

de glicose). A estrutura, o tamanho e as proporções da amilose e da amilopectina no grânulo de amido variam entre as espécies de plantas.

Os cloroplastos armazenam grandes quantidades de carbono reduzido sem alterar o equilíbrio osmótico da célula, mediante compactação de amilose e amilopectina em grânulos insolúveis de amido (**Figura 10.14B**) (ver **Tópico 10.12 na internet**). O conteúdo de amilose e a razão entre cadeias ramificadas longas e curtas na amilopectina regulam a estrutura e o tamanho do grânulo de amido. Além disso, a associação dos componentes do estroma (monoésteres de fosfato, lipídeos, fosfolipídeos e proteínas) com o grânulo também controla a arquitetura molecular (**Figura 10.14C**). À medida que a acumulação de grânulos de amido no estroma exerce tensão sobre o envoltório, os canais iônicos percebem os estímulos mecânicos e rapidamente ajustam o volume e a forma dos cloroplastos. A flutuação de amido transitório ajusta-se por mudanças no tamanho de um número fixo de grânulos de amido.

A biossíntese de amilose e amilopectina prossegue por etapas sucessivas: iniciação, alongamento, ramificação e terminação da cadeia de polissacarídeos. Numerosos estudos aumentaram a compreensão do alongamento e da ramificação, mas o conhecimento da iniciação e da terminação permanece limitado.

O açúcar nucleotídeo ADP-glicose proporciona a porção glicosil para a biossíntese das ligações glicosídicas α-D-1,4 de amilose das crescentes cadeias de glucano. Embora fontes diferentes da ADP-glicose do cloroplasto tenham sido propostas, considera-se que a enzima ADP-glicose pirofosforilase (AGPase) do cloroplasto catalise a síntese da maior parte desse precursor do amido (**Figura 10.15A**, reação 1). O alongamento

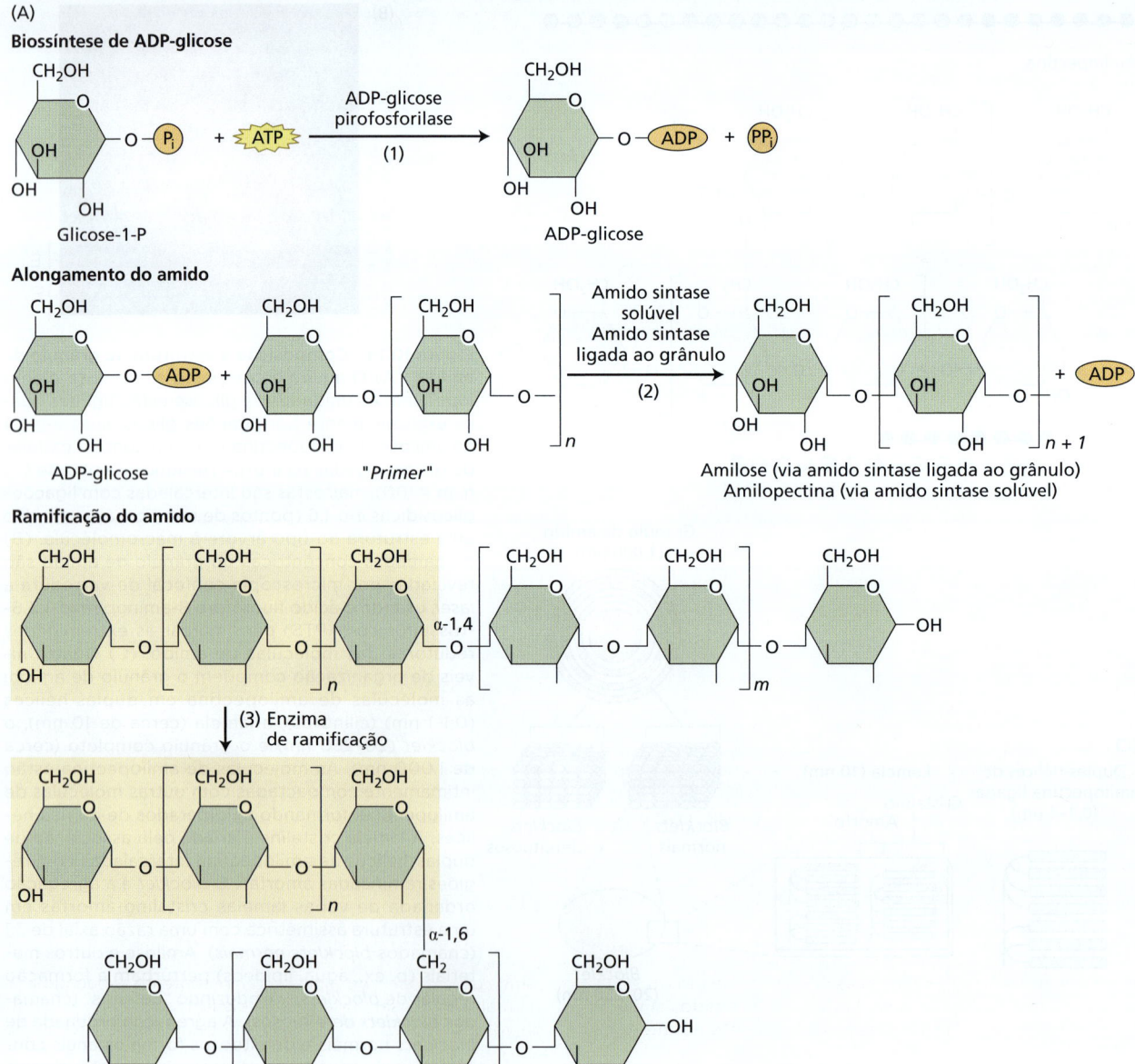

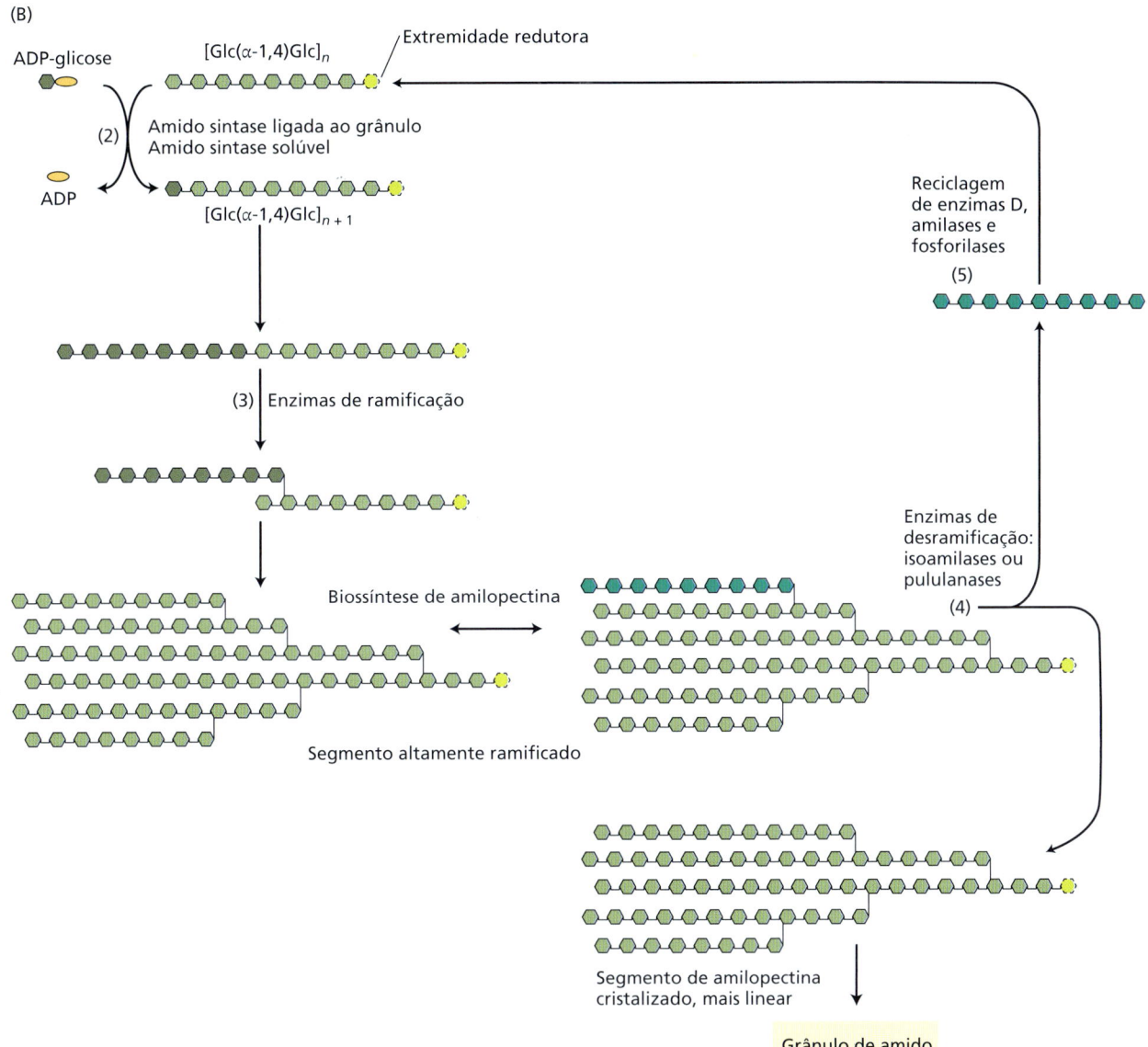

Figura 10.15 Rota de síntese do amido. A biossíntese do amido em plantas é um processo complexo, que abrange a biossíntese do açúcar nucleotídeo ADP-glicose, a formação do *"primer"*, o alongamento do glucano ligado linearmente α-D-1,4 e a ramificação da molécula de amilose para a biossíntese da amilopectina. (A) Alongamento e ramificação do amido. (1) A primeira etapa empenhada na biossíntese do amido é a formação de ADP-glicose. A enzima ADP-glicose pirofosforilase catalisa a formação de ADP-glicose a partir de ATP e glicose-1-fosfato, com a liberação concomitante de pirofosfato. (2) A etapa seguinte na formação do amido é a adição sucessiva de porções glicosil por meio de ligações α-D-1,4, que alongam o polissacarídeo. As sintases de amido transferem a porção glucosil da ADP-glicose para a extremidade não redutora de um *primer* α-D-1,4-glucano preexistente. A rota biossintética de formação do primer permanece indefinível. As múltiplas isoformas da amido sintase encontrada nos tecidos das plantas são as amidos sintase ligadas ao grânulo, localizadas essencialmente no interior da matriz do grânulo, e as amidos sintase solúveis, que estão divididas entre as frações granulares e estromais de acordo com a espécie, os tecidos e os estágios de desenvolvimento. (3) As enzimas de ramificação catalisam a formação de pontos de ramificação dentro das cadeias de glucano por meio da clivagem das ligações α-D-1,4 e da transferência do oligossacarídeo liberado para um glucano linear, formando uma ligação α-D-1,6. (B) Biossíntese de amilopectina. As reações 2 e 3 são como em (A). (4) A unidade amarela ilustra a extremidade redutora do polissacarídeo, isto é, a porção glicose cujos grupos aldeído não formam uma ligação glicosídica. As enzimas de desramificação clivam as ligações α-D-1,6 dos polissacarídeos hidrossolúveis aleatoriamente ramificados, produzindo pequenos glucanos α-D-1,4 lineares (malto-oligossacarídeos). Dependendo de suas necessidades de substrato, essas enzimas são isoamilases ou pululanases. As primeiras são ativas na direção dos ramos de amilopectina distantemente espaçados, enquanto as últimas exibem alta atividade na direção dos ramos do polímero de glucano, estreitamente espaçados. (5) Os malto-oligossacarídeos solúveis liberados são reciclados de volta para a rota biossintética e transferidos para os polissacarídeos de amido, por uma série complexa de reações catalisadas por enzimas D, amilases e fosforilases.

das cadeias de glucano prossegue através das sintases de amido sintase, que catalisam a transferência da porção glicosil da ADP-glicose para a extremidade não redutora de um α-D-1,4-glucano *primer* preexistente. A glicose adicionada à cadeia de glucano retém a configuração α na nova ligação glicosídica (ver Figura 10.15A, reação 2). Várias isoformas da sintase de amido estão localizadas tanto solúveis no estroma quanto em associação com os grânulos de amido não solúveis; essas isoformas diferem em sua especificidade em relação a cadeias de glucano de diferentes comprimentos.

Durante o processo de alongamento, as enzimas de ramificação de amido transferem um segmento de uma cadeia α-D-1,4-glucano para um carbono 6 de uma porção glicosil no mesmo glucano, formando uma nova ligação glicosídica α-D-1,6 (ver Figura 10.15A, reação 3). As enzimas de ramificação de amido também estão presentes em várias isoformas e, de modo semelhante às sintases do amido, essas isoformas diferem no comprimento da cadeia de glucano transferida e no fato de estarem localizadas no estroma ou associadas a grânulos de amido.

A amilopectina ramificada aleatoriamente, produzida pelas enzimas de ramificação de amido, geralmente não se integra aos grânulos de amido. As isoamilases hidrolisam (removem) ramos que impedem a formação das regiões cristalinas da amilopectina por longos segmentos lineares de α-glucano (**Figura 10.15B**, reação 4). O polissacarídeo recortado é então dobrado adequadamente na superfície do grânulo de amido. Os malto-oligossacarídeos liberados pela ação das isoamilases às vezes são reciclados diretamente de volta ao grânulo de amido, possivelmente por transferases, como a chamada enzima dismutadora ou enzima D:

$$(\text{glicose})_m + (\text{glicose})_n \rightarrow (\text{glicose})_{m+n-x} + (\text{glicose})_x$$

onde m e n são ≥ 3 e x é ≤ 4 (ver Figura 10.15B, reação 4). Os produtos dessa reação tornam-se substratos para a ação das amidos sintase e das enzimas de ramificação (ver Figura 10.15B, reações 2 e 3). Outras enzimas, incluindo amilases e fosforilases, também estão envolvidas aqui.

A degradação do amido à noite requer a fosforilação da amilopectina

Fenotipagem de plantas transgênicas, análises bioquímicas e informações de sequências genômicas têm fornecido uma nova imagem da rota envolvida na degradação noturna do amido transitório (**Figura 10.16**). À noite, o amido é fosforilado transitoriamente para romper estericamente as estruturas compactas de glucano no grânulo de amido. Essa fosforilação é catalisada por glucano–água diquinases, que fosforilam grupos no amido transitório. Ao contrário da maioria das quinases, a glucano–água diquinase libera fosfato inorgânico e transfere o β-fosfato do ATP (indicado por um P em negrito na equação a seguir) aos carbonos 3 e 6 das porções glicosil da amilopectina:

$$\text{Adenosina-P-}\mathbf{P}\text{-P (ATP)} + (\text{glucano})\text{–O–H} + H_2O \rightarrow$$
$$\text{Adenosina-P (AMP)} + (\text{glucano})\text{–O–}\mathbf{P} + P_i$$

Embora os grupos fosforil ocorram raramente no amido foliar (1 grupo fosforil para cada 2.000 resíduos de glicosil em *Arabidopsis*), as linhagens transgênicas de *Arabidopsis* com atividade de glucano–água diquinase diminuída (denominada *excesso de amido 1* ou *sex1*) mostram reduzida degradação de amido. Como consequência, o conteúdo de amido em folhas maduras de linhagens *sex1* é até sete vezes maior do que em folhas do tipo silvestre. Processos dependentes de tiorredoxina (ver Figura 10.6) regulam (1) a atividade catalítica de glucano–água diquinases e (2) a distribuição dessas enzimas entre o estroma e o grânulo de amido. A fosforilação do amido afeta a biossíntese e a hidrólise desse carboidrato durante a sua mobilização. Durante a mobilização, o grânulo de amido é extensivamente fosforilado pelas glucano–água diquinases para quebrar os segmentos cristalinos do grânulo, seguido pela desfosforilação do amido pelas glucano fosfatases para permitir a hidrólise completa das cadeias de α-glucano.

A exportação de maltose prevalece na decomposição noturna do amido transitório

Dois mecanismos executam a clivagem da ligação glicosídica α-D-1,4 do amido fosforilado (ver Figura 10.16).

1. Hidrólise catalisada pelas amilases:

$$[\text{Glicose}]_n + H_2O \rightarrow [\text{glicose}]_{n\text{-}m} + [\text{glicose}]_m$$
$$[\alpha\text{-amilase}]$$

$$[\text{Glicose}]_n + H_2O \rightarrow \text{linear } [\text{glicose}]_{n\text{-}2} + \text{maltose}$$
$$[\beta\text{-amilase}]$$

2. Fosforólise, catalisada por α-glucano fosforilases:

$$[\text{Glicose}]_n + P_i \rightarrow [\text{glicose}]_{n\text{-}1} + \text{glicose 1-fosfato}$$

O principal produto da degradação do amido é a maltose, que é exportada do cloroplasto para o citosol à noite. Esse dissacarídeo é formado por β-amilases atuando no grânulo de amido ou nos oligossacarídeos liberados do grânulo pelas α-amilases. No entanto, nem α-amilases, nem β-amilases hidrolisam a ligação glicosídica α-D-1,6, que representa 4 a 5% das ligações glicosídicas na amilopectina (ver Figura 10.16). Duas enzimas de desramificação, pululanase (dextrinase limite) e isoamilase, são essenciais para a decomposição completa dos grânulos de amido em glucanos lineares (ver Figura 10.15, reação 4). Os glucanos lineares produzidos por essas hidrolases são posteriormente degradados à noite pela β-amilase do cloroplasto.

A produção de maltose conduz inevitavelmente à formação de quantidades baixas de maltotriose, pois a ação exaustiva da β-amilase não pode continuar a processar o trissacarídeo (ver Figura 10.16). A enzima D catalisa a formação de maltopentaose e glicose (ver Figura 10.16, reação 4). A glicose é exportada por um transportador de glicose na membrana interna do cloroplasto. Essas reações impedem o acúmulo de maltotriose à medida que o amido é hidrolisado durante a noite.

O destino da maltose no citosol foliar foi delineado por estudos de plantas transgênicas desprovidas de uma transglucosidase citosólica. Essas plantas degradam pouco o amido

(A)

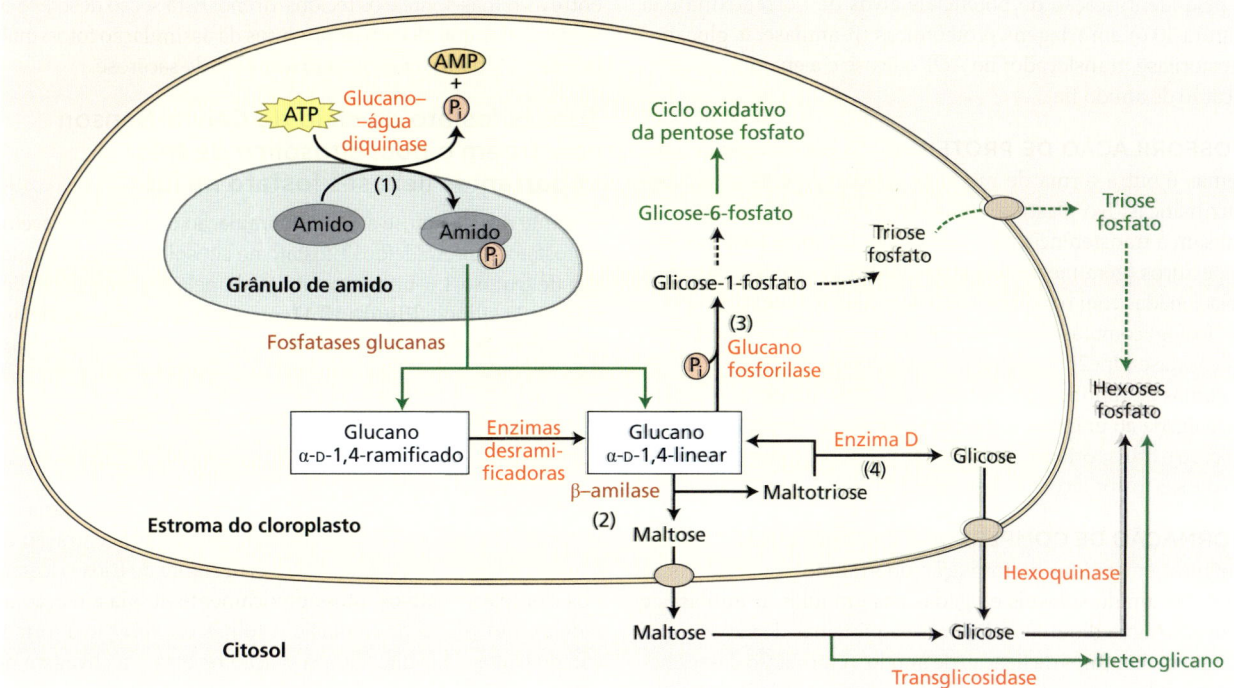

(B)

1. Adenosina-P-P-P (ATP) + [P–glucano]–O–H + H$_2$O → adenosina-P (AMP) + [P–glucano]–O–P + P$_i$

2. [Glicose]$_n$ + H$_2$O → linear [glicose]$_{n-2}$ + maltose

3. [Glicose]$_n$ + P$_i$ → [glicose]$_{n-1}$ + glicose-1-fosfato

4. 2 [Glicose]$_3$ → [glicose]$_5$ + glicose

Figura 10.16 Degradação noturna do amido em folhas de *Arabidopsis*. (A) A liberação de glucanos solúveis do grânulo de amido durante a noite requer a fosforilação *a priori* do polissacarídeo via glucano–água diquinases. Nesse estágio, as enzimas de desramificação transformam o amido ramificado em glucanos lineares, que, por sua vez, podem ser convertidos em maltose via β-amilose catalisada pela β-amilase do cloroplasto. A maltotriose residual é degradada em maltose e glicose para exportação para o citosol por um processo cíclico. Primeiro, duas maltotrioses são convertidas em maltopentaose (e uma glicose é liberada) pela enzima D (reação 4). A maltopentaose é então reciclada através da β-amilase para regenerar a maltotriose, liberando outra maltose. Sob condições de estresse, a clivagem fosforolítica dos glucanos α-D-1,4 catalisados pela glucano fosforilase do cloroplasto produz glicose-1--fosfato, que pode ser clivada à triose fosfato e trocada por fosfato ou incorporada ao ciclo oxidativo das pentoses fosfato. Dois transportadores no envoltório do cloroplasto, um para maltose e outro para glicose, facilitam o fluxo de produtos da degradação do amido para o citosol. A utilização de maltose no citosol da folha prossegue via uma transglicosidase, que transfere uma porção glicosil a um heteroglicano e simultaneamente libera uma molécula de glicose. A glicose citosólica pode ser fosforilada pela hexoquinase a glicose-6-fosfato para incorporação ao *pool* de hexoses fosfato. (B) As reações numeradas mostradas na parte A.

e acumulam maltose em níveis muito mais elevados do que em plantas de tipo silvestre. A reação de transglicosilação, catalisada por essa enzima, transfere uma porção glicosil da maltose para heteroglicanos citosólicos, constituídos de arabinose, galactose e glicose [(heteroglicanos) + maltose → (heteroglicanos)-glicose + glicose]. A fosforilação da glicose restante pela hexoquinase adiciona glicose-6-fosfato ao *pool* de hexose fosfato para a conversão à sacarose.

A síntese e a degradação do grânulo de amido são reguladas por muitos mecanismos

Inúmeros mecanismos regulam a atividade de enzimas envolvidas no metabolismo do amido.

CONTROLE REDOX A importância das condições de redução e oxidação no controle da degradação do amido foi descoberta através de experimentos bioquímicos (AGPase, glucano-água diquinase, fosfoglucano fosfatase e β-amilase 1) e pela identificação de potenciais alvos de tiorredoxina (ver Figura 10.6) em triagens proteômicas (β-amilase, α-glucano--fosforilase, translocador de ADP-glicose e a enzima de ramificação de amido IIa).

FOSFORILAÇÃO DE PROTEÍNAS A fosforilação de proteínas é outra forma de modular rapidamente as atividades enzimáticas. No plastídio, quinases proteicas específicas catalisam a transferência do γ-fosfato do ATP para aminoácidos específicos (geralmente serina, treonina e tirosina) de enzimas relacionadas com o metabolismo do amido (fosfoglicoisomerase, fosfoglicomutase, AGPase, glucano–água diquinase, transglicosidase [dpe2], α-amilase 3, β-amilases, dextrinase limite, enzimas de ramificação de amido, amidos sintase, amido sintase ligada ao grânulo, α-glucano fosforilase, transportador de glicose e transportador de maltose). Contudo, o papel fisiológico dessas fosforilações é desconhecido.

FORMAÇÃO DE COMPLEXOS COM PROTEÍNAS Muitas enzimas envolvidas na formação do grânulos de amido (sintases de amido solúveis e ligadas aos grânulos, α-amilases e glucano–água diquinase) ligam-se a proteínas de suporte que possuem domínios de ligação de amido. A formação desses heterocomplexos modifica acentuadamente a atividade das enzimas. Além disso, algumas das enzimas parcialmente solúveis, incluindo a enzima de ramificação, a amido sintase e a amido fosforilase, formam complexos de uma forma dependente da fosforilação.

EFETORES ALOSTÉRICOS (METABÓLITOS DE PESO MOLECULAR BAIXO) Moléculas pequenas interagem com sítios de enzimas distais ao sítio ativo e, assim, perturbam a atividade catalítica ao longo de uma distância – isto é, têm um efeito alostérico. Assim, metabólitos de peso molecular baixo participam ativamente na síntese de amido. Por exemplo, o dissacarídeo trealose [α-D-Glic-(1→1)-α-D-Glic], em grande parte, não se acumula na ampla maioria das plantas, mas a trealose-6-fosfato aumenta significativamente a ativação redutiva da ADP-glicose pirofosforilase. Essa enzima também é ativada alostericamente pelo produto primário da fotossíntese, o 3-fosfoglicerato, e inibida pelo fosfato livre.

■ 10.8 Biossíntese e sinalização da sacarose

A produção de sacarose no citosol da folha, acoplada ao carregamento e à translocação no floema, assegura um fornecimento adequado de carboidratos para o desenvolvimento ótimo da planta. Além disso, a sacarose participa do *status* de carbono e energia dos tecidos que sustentam a assimilação autotrófica (folhas) para os compartimentos que realizam o consumo heterotrófico (p. ex., raízes, tubérculos e grãos). Assim, a sacarose não só fornece esqueletos de carbono para o crescimento e a biossíntese de polissacarídeos, mas também é uma molécula de sinalização fundamental, que regula a partição de carbonos entre as folhas-fonte e os tecidos-dreno. Esta seção descreve os mecanismos que alocam os produtos da assimilação fotossintética de CO_2 para o citosol, para a síntese de sacarose.

Trioses fosfato do ciclo de Calvin-Benson constroem o *pool* citosólico de três importantes hexoses fosfato na luz

Durante a fotossíntese ativa, a acumulação de di-hidroxiacetona fosfato e gliceraldeído-3-fosfato no citosol aumenta a formação de frutose-1,6-bifosfato catalisada pela aldolase citosólica ($\Delta G^{0\prime} = 24$ kJ/mol) (**Figura 10.17**; reação 3). Dado que a aldolase citosólica catalisa a reação de duas trioses fosfato, o K_{eq} para esta reação é:

$$K_{eq} = [\text{di-hidroxiacetona fosfato}] \times [\text{gliceraldeído-3-fosfato}] / [\text{frutose-1,6-bifosfato}] = [\text{trioses fosfato}]^2 / [\text{frutose-1,6-bifosfato}],$$

sugerindo que a concentração de frutose-1,6-bifosfato varia exponencialmente em resposta a alterações na concentração de trioses fosfato. Assim, uma entrada constante de trioses fosfato dos cloroplastos ativos fotossinteticamente desvia a reação da aldolase no citosol de células das folhas em direção à formação de frutose-1,6-bifosfato. A reação reversa – a clivagem do

Figura 10.17 Interconversão de hexoses fosfato. A frutose 1,6-bifosfato, formada a partir das trioses fosfato pela ação da aldolase, tem um grupo fosfato clivado na posição do carbono 1 pela frutose-1,6-bifosfatase citosólica, que difere estrutural e funcionalmente de seu equivalente do cloroplasto. A frutose-6-fosfato gerada constitui o substrato inicial para três transformações. *Primeiro*, plantas terrestres empregam duas diferentes reações de fosforilação da frutose-6-fosfato na posição do carbono 1 do anel de furanose: a clássica fosfofrutoquinase dependente de ATP (ver glicólise no Capítulo 13) e uma fosfofrutoquinase dependente de pirofosfato, que catalisa a fosforilação prontamente reversível da frutose-6--fosfato, utilizando pirofosfato como substrato. *Segundo*, a frutose-6-fosfato 2-quinase catalisa a fosforilação dependente de ATP de frutose-6-fosfato a frutose-2,6-bifosfato; por sua vez, a frutose-2,6-bifosfato fosfatase catalisa a hidrólise da frutose-2,6-bifosfato, liberando o grupo fosforil e, novamente, produzindo frutose-6-fosfato. *Terceiro*, a hexose fosfato isomerase e a glicose-6-fosfato isomerase, respectivamente, favorecem a isomerização da frutose-6-fosfato a glicose-6--fosfato e da glicose-6-fosfato a glicose-1-fosfato. Coletivamente, frutose-6-fosfato, glicose-6-fosfato e glicose-1-fosfato constituem o *pool* de hexoses fosfato. (B) Uma descrição das reações numeradas na interconversão de fosfatos de hexose mostradas em (A).

(A)

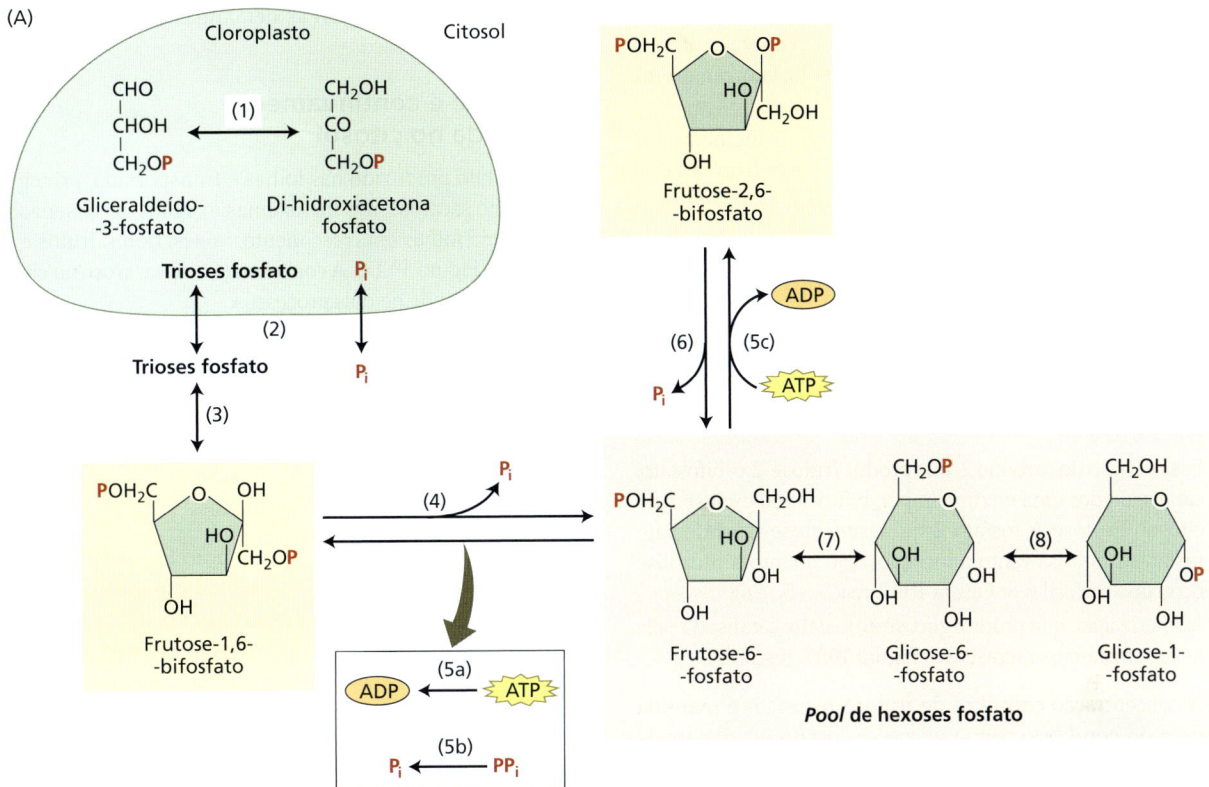

(B)
Reações na conversão de trioses fosfato produzidas fotossinteticamente em sacarose

1. *Triose fosfato isomerase*
   Di-hidroxiacetona fosfato → gliceraldeído-3-fosfato

2. *Transportador fosfato/triose fosfato*
   Triose fosfato (*cloroplasto*) + P_i (*citosol*) → triose fosfato (*citosol*) + P_i (*cloroplasto*)

3. *Frutose-1,6-bifosfato aldolase*
   Di-hidroxiacetona fosfato + gliceraldeído-3-fosfato → frutose-1,6-bifosfato

4. *Frutose-1,6-bifosfatase*
   Frutose-1,6-bifosfato + H_2O → frutose-6-fosfato + P_i

5a. *Frutose-6-fosfato 1-quinase (fosfofrutoquinase)*
   Frutose-6-fosfato + ATP → frutose-1,6-bifosfato + ADP

5b. *Fosfofrutoquinase ligada ao PP_i*
   Frutose-6-fosfato + PP_i → frutose-1,6-bifosfato + P_i

5c. *Frutose-6-fosfato 2-quinase*
   Frutose-6-fosfato + ATP → frutose-2,6-bifosfato + ADP

6. *Frutose-2,6-bifosfatase*
   Frutose-2,6-bifosfato + H_2O → frutose-6-fosfato + P_i

7. *Hexose fosfato isomerase*
   Frutose-6-fosfato → glicose-6-fosfato

8. *Fosfoglicomutase*
   Glicose-6-fosfato → glicose-1-fosfato

Nota: A triose fosfato isomerase (reação 1) catalisa o equilíbrio entre di-hidroxiacetona fosfato e gliceraldeído-3-fosfato no estroma do cloroplasto, enquanto o *translocador de P_i* (reação 2) facilita a troca entre trioses fosfato e P_i através da membrana interna do envoltório do cloroplasto. Todas as outras enzimas catalisam reações no citosol.
P_i e PP_i significam fosfato inorgânico e pirofosfato, respectivamente.

aldol da frutose-1,6-bifosfato para di-hidroxiacetona fosfato e gliceraldeído-3-fosfato – acontece quando a proporção de frutose-1,6-bifosfato é alta em relação às trioses fosfato, por exemplo, na glicólise.

A frutose-1,6-bifosfatase citosólica subsequentemente catalisa a hidrólise de frutose-1,6-bifosfato na posição do carbono 1, produzindo frutose-6-fosfato e fosfato ($\Delta G^{0\prime} = 16,7$ kJ/mol) (ver Figura 10.17, reação 4).

A frutose-6-fosfato citosólica pode avançar para diferentes destinos por meio de:

1. Fosforilação do carbono 1, que restaura a frutose-1,6-bifosfato, catalisada por duas enzimas, fosfofrutoquinase e fosfofrutoquinase dependente de pirofosfato (ver Figura 10.17, reações 5a e b).
2. Fosforilação do carbono 2, que produz frutose-2,6-bifosfato, catalisada por uma enzima ímpar, bifuncional exclusiva do citosol. Frutose-6-fosfato 2-quinase/frutose-2,6-bifosfato fosfatase catalisa tanto a incorporação quanto a hidrólise do grupo fosforil (ver Figura 10.17, reações 5c e 6).
3. Isomerização, que produz glicose-6-fosfato, catalisada pela hexose fosfato isomerase (ver Figura 10.17, reação 7).

A concentração citosólica de frutose-6-fosfato é mantida próxima do equilíbrio com a glicose-6-fosfato e a glicose-1-fosfato, por meio de reações prontamente reversíveis, catalisadas pela hexose fosfato isomerase ($\Delta G^{0\prime} = 1,7$ kJ/mol) e fosfoglicomutase ($\Delta G^{0\prime} = 7,3$ kJ/mol) (ver Figura 10.17, reações 7 e 8). Esses três açúcares fosfato são chamados coletivamente de *hexoses fosfato* (ver Figura 10.17).

A frutose-2,6-bifosfato regula o *pool* de hexose fosfato na luz

O metabólito regulador frutose-2,6-bifosfato citosólica regula a troca de trioses fosfato e fosfato para a formação do *pool* de hexose fosfato. Uma alta razão de trioses fosfato para fosfato no citosol, típica de folhas fotossinteticamente ativas, suprime a formação de frutose-2,6-bifosfato, porque as trioses fosfato inibem fortemente a atividade quinase da enzima bifuncional frutose-6-fosfato 2-quinase/frutose-2,6-bifosfato fosfatase. Por outro lado, uma razão baixa de trioses fosfato para fosfato, indicativa da fotossíntese limitada, promove a síntese de frutose-2,6-bifosfato, porque o fosfato estimula a atividade da frutose-6-fosfato 2-quinase e inibe a atividade da frutose-2,6-bifosfatase. Concentrações mais elevadas de frutose-2,6-bifosfato inibem a atividade da frutose-1,6-bifosfatase citosólica e, ao fazê-lo, esgotam o nível de hexoses fosfato do citosol.

Por sua vez, a frutose-6-fosfato inibe a atividade da bifosfatase e ativa a atividade de quinase da enzima bifuncional frutose-6-fosfato 2-quinase/frutose-2,6-bifosfato fosfatase e, portanto, aumenta a concentração de frutose-2,6-bifosfato. Como a frutose-2,6-bifosfato inibe a frutose-1,6-bifosfatase, a concentração de frutose-6-fosfato diminui. Assim, a frutose-2,6-bifosfato modula o *pool* de hexoses fosfato em resposta não só à fotossíntese, mas também às demandas do próprio *pool* de hexose fosfato citosólico.

A sacarose é continuamente sintetizada no citosol

O fotossintato produzido nas folhas é transportado, principalmente como sacarose, aos meristemas e órgãos em desenvolvimento, como folhas em crescimento, raízes, flores, frutos e sementes (ver Figura 10.13). A concentração de sacarose no citosol das folhas depende de dois processos:

1. Importação de carbono, que conduz trioses fosfato diurnas e maltose noturna do cloroplasto ao citosol das folhas para a síntese de sacarose.
2. Exportação de carbono, que transfere a sacarose do citosol foliar aos outros tecidos, para sustentar as demandas de energia e a síntese de polissacarídeos.

O fracionamento celular, a separação física de organelas para análise de suas atividades enzimáticas intrínsecas, tem mostrado que a sacarose é sintetizada no citosol a partir do *pool* de hexose fosfato, como exibido na **Figura 10.18**, reações 1 a 3.

A conversão de hexose em nucleotídeos de açúcar precede a formação de sacarose. No citosol, glicose-1-fosfato reage com UTP para produzir UDP-glicose e pirofosfato, em uma reação catalisada pela UDP-glicose pirofosforilase (ver Figura 10.18, reação 1). Duas reações consecutivas completam a síntese da sacarose a partir da UDP-glicose. A sacarose-6^F-fosfato sintase (o sobrescrito F indica que a sacarose é fosforilada no carbono 6 da porção de frutose) primeiro catalisa a formação de sacarose 6^F-fosfato a partir de frutose-6-fosfato e UDP-glicose (ver Figura 10.18, reação 2). Subsequentemente, sacarose-6^F-fosfato fosfatase libera fosfato inorgânico a partir de sacarose-6^F-fosfato, produzindo sacarose (ver Figura 10.18, reação 3).

A formação reversível de sacarose-6^F-fosfato ($\Delta G^{0\prime} = -5,7$ kJ/mol), seguida de sua hidrólise ($\Delta G^{0\prime} = -16,5$ kJ/mol), torna a síntese de sacarose essencialmente irreversível *in vivo*. Além disso, a associação dessas enzimas em complexos macromoleculares facilita a transferência direta de sacarose-6^F-fosfato para sacarose-6^F-fosfato fosfatase, sem se misturar com outros metabólitos.

A sacarose-6^F-fosfato sintase é regulada por modificações pós-tradução (fosforilação de proteínas) e metabólitos (controle alostérico) (ver Figura 10.18). No escuro, a fosforilação de sacarose-6^F-fosfato sintase por uma quinase específica reduz sua atividade catalítica. A quinase, SnRK1 (*sucrose non-fermenting-1-related protein kinase*), é um centro dentro de uma rede de rotas de sinalização que fosforila e inativa outras enzimas (nitrato redutase, trealose-fosfato sintetase e frutose-6-fosfato 2-quinase/frutose-2,6-bifosfato fosfatase). Na luz, a sacarose-6^F-fosfato sintase inativa é ativada por desfosforilação através de uma proteína fosfatase. A fosforilação da sacarose-6^F-fosfato sintase também é regulada por metabólitos citosólicos: a glicose-6-fosfato inibe a quinase SnRK1 e o fosfato inibe a fosfatase (**Figura 10.19**). Além de

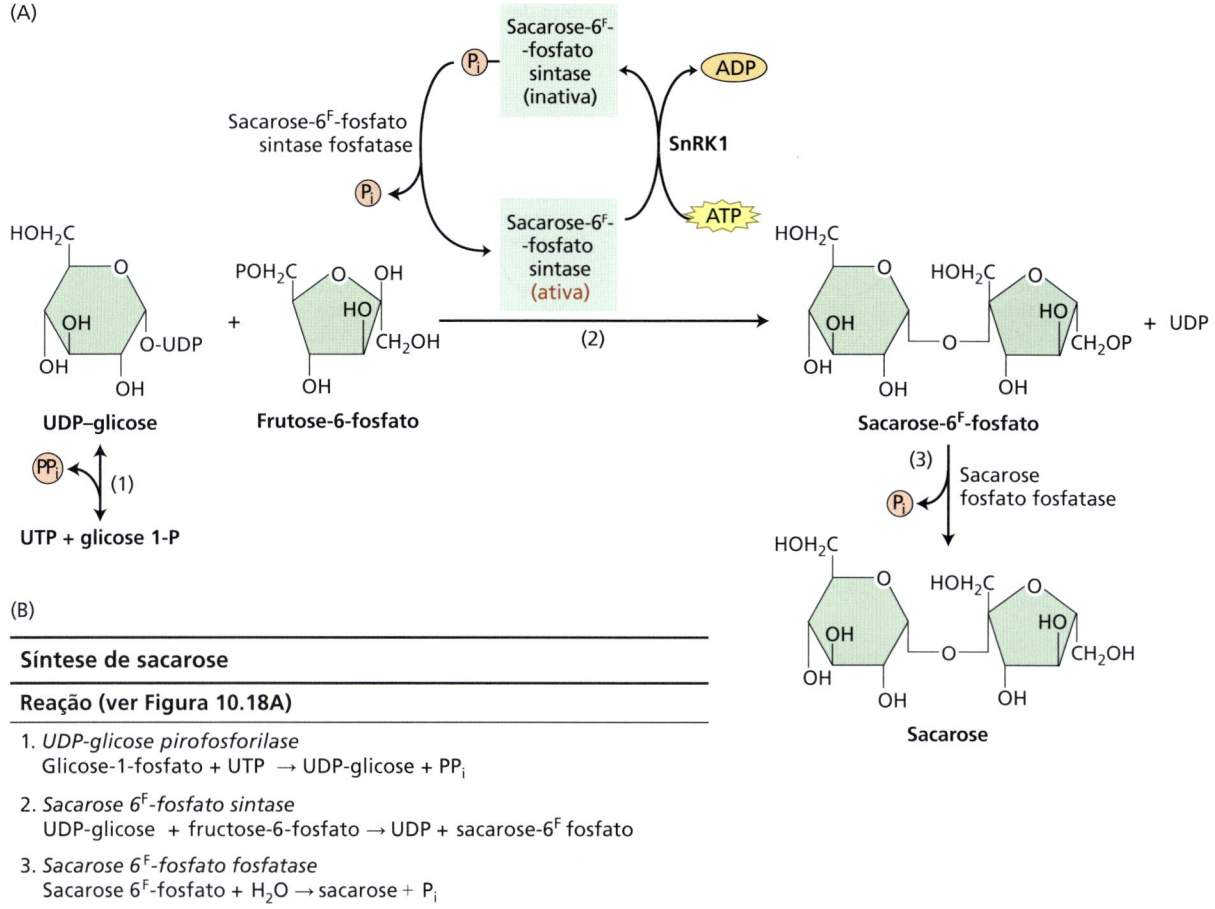

Figura 10.18 Síntese de sacarose. A sacarose-6^F-fosfato sintase catalisa a transferência da porção glicosil da UDP-glicose para frutose-6-fosfato, produzindo sacarose-6^F-fosfato. A desfosforilação da sacarose 6^F-fosfato pela enzima sacarose-6^F-fosfato fosfatase libera o dissacarídeo sacarose. Modificações pós-tradução de ligações covalentes (via fosforilação–desfosforilação) e interações não covalentes (via efetores alostéricos) regulam a atividade da sacarose-6^F-fosfato sintase. A fosforilação de um resíduo de serina específico na enzima pela ação conjunta de ATP e de uma quinase específica, SnRK1, produz uma enzima inativa. A liberação do fosfato da sacarose-6^F-fosfato sintase fosforilada por uma sacarose-6^F-fosfato sintase fosfatase específica recupera a atividade basal. (A notação 6^F na sacarose-6^F-fosfato indica que essa sacarose é fosforilada no carbono 6 da porção frutose.) (B) Uma descrição das reações numeradas na conversão de hexoses fosfato em sacarose mostradas em (A).

sua regulação por fosforilação–desfosforilação, a forma ativa de sacarose-6^F-fosfato sintase é estimulada pela glicose-6--fosfato e inibida pelo fosfato. Assim, os níveis aumentados de hexoses fosfato e os níveis diminuídos de fosfato no citosol, causados por altas taxas de fotossíntese, aumentam a síntese de sacarose. Por outro lado, a sacarose-6^F-fosfato sintase é ineficiente quando os níveis elevados de fosfato no citosol, causados por taxas mais baixas de fotossíntese, diminuem as hexoses fosfato.

A sacarose sintetizada no citosol das células da folha é carregada para o floema, transportada para destinos distantes e descarregada em tecidos como folhas em desenvolvimento, meristemas apicais e diferentes órgãos (caules, tubérculos, grãos). Proteínas de membrana específicas, chamadas de transportadores de sacarose, impulsionam o fluxo de massa de sacarose para partes distantes da planta. O transporte de sacarose atua combinado com outros mecanismos de sinalização – específicos de tecido e célula – como um sinal de longa distância, que promove respostas de desenvolvimento pela regulação das respostas hormonais ao nível de dreno. Assim, o carregamento e o descarregamento dos elementos crivados (do floema) com sacarose transmitem informação bidirecional sobre nutrientes e energia entre as folhas-fonte e os tecidos--dreno (ver Capítulo 12).

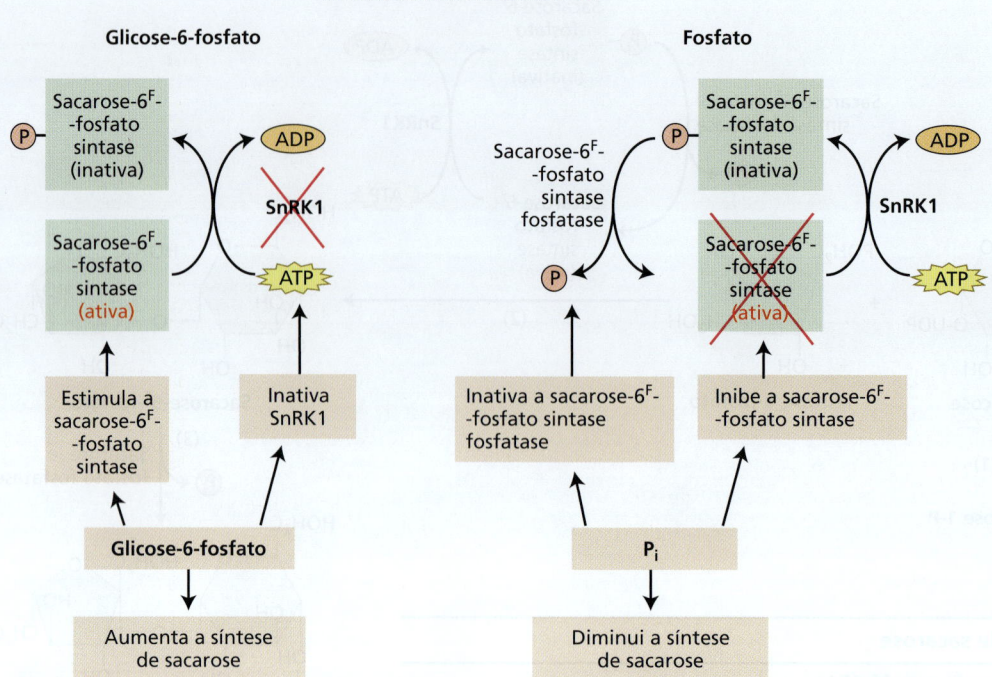

Figura 10.19 Glicose-6-fosfato e fosfato regulam a síntese de sacarose. A glicose-6-fosfato aumenta a síntese de sacarose pela modulação da atividade de duas enzimas associadas. A glicose-6-fosfato intensifica a atividade da própria sacarose-6^F-fosfato sintase e também impede a formação da forma inativa da sacarose-6^F-fosfato sintase mediante inibição da quinase SnRK1, que fosforila e desativa a enzima. O fosfato diminui a síntese de sacarose de uma maneira inversa. Ele inibe a atividade da sacarose-6^F-fosfato sintase e desativa a sacarose-6^F-fosfato sintase fosfatase, a enzima que converte sacarose-6^F-fosfato sintase em sua forma ativa. A transição de folhas do escuro para a luz aumenta a concentração de glicose-6-fosfato e, simultaneamente, diminui a concentração de fosfato no citosol. Assim, o nível mais elevado de glicose-6-fosfato e o nível baixo de fosfato aumentam em conjunto a síntese de sacarose na luz. Os Xs indicam enzimas inativas.

A sacarose desempenha apenas um papel menor na regulação estomática

Historicamente, foi sugerido que a sacarose desempenha um papel osmótico fundamental na regulação da abertura e fechamento estomático. Durante a abertura estomática, a sacarose pode ser decomposta pela invertase no vacúolo para liberar os osmólitos frutose e glicose. Mas estudos recentes sugerem que a sacarose não atua primariamente como osmólito. A sacarose pode ser usada como fonte de carbono para a glicólise e o ciclo do TCA, para fornecer energia para bombear contraíons para o vacúolo e gerar moléculas reguladoras, como o malato, para orientar os canais iônicos do tonoplasto ou para ser usada como contraíons dentro do vacúolo. Também foi demonstrado que a sacarose atua como uma molécula sinalizadora para ajudar a coordenar as taxas de fotossíntese e condutância estomática. Por exemplo, quando a produção fotossintética de sacarose excede a exportação de sacarose pelo floema, a sacarose pode se acumular no apoplasto, onde pode influenciar o fechamento estomático. Além disso, estudos mostraram que os monômeros de hexose produzidos pela degradação da sacarose pela invertase e pela sacarose sintase são detectados pela hexoquinase, desencadeando a sinalização do ácido abscísico (ABA) e o fechamento estomático. Ainda existem inúmeras perguntas sem resposta sobre o papel da sacarose na regulação estomática. Por exemplo, qual é a principal fonte de sacarose encontrada nas células-guarda? Qual é o mecanismo molecular da sinalização da hexoquinase durante o fechamento estomático, e essa rota de sinalização também influencia a abertura estomática? No geral, o acúmulo e a degradação da sacarose parecem influenciar tanto a abertura quanto o fechamento estomático, mas o papel da sacarose pode variar ao longo do período diurno e sob diferentes condições ambientais.

Resumo

A luz solar, em última análise, fornece energia para a assimilação de carbono inorgânico em material orgânico (autotrofia). O ciclo de Calvin-Benson é a rota predominante para essa conversão em muitos procariotos e em todas as plantas.

10.1 O ciclo de Calvin-Benson

- NADPH e ATP gerados pela luz nos tilacoides dos cloroplastos acionam a fixação endergônica de CO_2 atmosférico pelo ciclo de Calvin-Benson no estroma do cloroplasto (**Figura 10.1**).
- O ciclo de Calvin-Benson tem três fases: (1) carboxilação da ribulose-1,5-bifosfato com CO_2 catalisada pela rubisco, produzindo 3-fosfoglicerato; (2) redução do 3-fosfoglicerato a trioses fosfato, usando ATP e NADPH; e (3) regeneração da molécula aceptora do CO_2, ribulose-1,5-bifosfato (**Figuras 10.2, 10.3**).
- CO_2 e O_2 competem nas reações de carboxilação e de oxigenação catalisadas pela rubisco (**Figura 10.4**).
- A rubisco ativase controla a atividade da rubisco, em que o CO_2 funciona como ativador e substrato (**Figura 10.5**).
- A luz regula a atividade da rubisco ativase e quatro enzimas do ciclo de Calvin-Benson via sistema ferredoxina–tiorredoxina e alterações na concentração de Mg^{2+} e pH (**Figuras 10.6, 10.7**).

10.2 A reação de oxigenação de rubisco e a fotorrespiração

- A fotorrespiração minimiza a perda de CO_2 fixo pela atividade da oxigenase da rubisco (**Figura 10.8**).
- Cloroplastos, peroxissomos e mitocôndrias participam no movimento do carbono, do nitrogênio e dos átomos de oxigênio pela fotorrespiração (**Figuras 10.8, 10.9**).
- As propriedades cinéticas da rubisco, a temperatura e as concentrações de CO_2 e O_2 atmosféricos controlam o equilíbrio entre o ciclo de Calvin-Benson e a fotorrespiração.

10.3 Mecanismos de concentração de carbono inorgânico

- As plantas terrestres têm dois mecanismos de concentração de carbono que precedem a assimilação de CO_2 pelo ciclo de Calvin-Benson: a fixação fotossintética do carbono via C_4 (C_4) e o metabolismo ácido das crassuláceas (CAM).

10.4 Mecanismos de concentração de carbono inorgânico: fixação fotossintética de carbono via C_4

- O ciclo fotossintético C_4 do carbono fixa o CO_2 atmosférico via PEPCase em esqueletos de carbono, em um compartimento. Os produtos ácidos de quatro carbonos fluem para outro compartimento, onde o CO_2 é liberado e refixado via rubisco (**Figura 10.10**).
- O ciclo C_4 pode ser impulsionado por gradientes de difusão entre o mesófilo e as células da bainha do feixe vascular (anatomia Kranz), bem como por gradientes dentro de uma única célula (**Figura 10.11; Tabela 10.1**).
- A luz regula a atividade de enzimas-chave do ciclo C_4: NADP-malato desidrogenase, PEPCase e piruvato-fosfato diquinase.
- O mecanismo de concentração de CO_2 em plantas de C_4 reduz a reação de oxigenação da rubisco e a perda de água em climas quentes e secos.

10.5 Mecanismos de concentração de carbono inorgânico: metabolismo ácido das crassuláceas (CAM)

- À noite, o mecanismo CAM captura o CO_2 atmosférico e elimina o CO_2 respiratório mantido internamente, quando os estômatos ficam fechados durante o dia (**Figura 10.12**).
- O mecanismo CAM geralmente está associado a características anatômicas que minimizam a perda de água e é normalmente encontrado em plantas que crescem em ambientes áridos.
- Fatores genéticos e ambientais determinam a expressão CAM.

10.6 Acumulação e partição de fotossintatos – amido e sacarose

- Na maioria das folhas, sacarose no citosol e amido nos cloroplastos são os produtos finais da assimilação fotossintética de CO_2 (**Figura 10.13**).
- Durante o dia, a sacarose flui do citosol das folhas para tecidos-dreno, enquanto o amido se acumula na forma de grânulos nos cloroplastos. À noite, o conteúdo de amido dos cloroplastos cai para fornecer esqueletos de carbono para a síntese de sacarose no citosol, com a finalidade de nutrir os tecidos heterotróficos.

10.7 Formação e mobilização do amido do cloroplasto

- A biossíntese de amido durante o dia prossegue por etapas sucessivas: iniciação, alongamento, ramificação e terminação da cadeia de polissacarídeo (**Figuras 10.14, 10.15**).
- A degradação do amido durante a noite requer primeiro a fosforilação do polissacarídeo. Glucano-água diquinase e fosfoglucano-água diquinase catalisam a transferência do β-fosfato do ATP para o amido. As glucano fosfatases, posteriormente, desfosforilam os fosfomalto-oligossacarídeos liberados (**Figura 10.16**).
- A hidrólise de glucanos lineares por β-amilases dos cloroplastos produz principalmente maltose, que é exportada para o citosol para a síntese de sacarose.

Resumo

10.8 Biossíntese e sinalização da sacarose

- Durante o dia, a razão entre trioses fosfato e fosfato inorgânico modula a partição de carbono entre os cloroplastos e o citosol. A acumulação de trioses fosfato no citosol aumenta o *pool* de hexoses fosfato. As hexoses fosfato são precursoras na síntese citosólica de sacarose catalisada por sacarose-6^F-fosfato sintase e sacarose-6^F-fosfato fosfatase (**Figuras 10.17, 10.18**).
- Fosforilação e interações não covalentes com metabólitos regulam a atividade da sacarose-6^F-fosfato sintase (**Figura 10.19**).
- Além de fornecer carbono para o crescimento e a biossíntese de polissacarídeo, a sacarose atua como um sinal na regulação de genes que codificam enzimas, transportadores e proteínas de armazenamento.
- O acúmulo e a degradação da sacarose parecem influenciar tanto a abertura quanto o fechamento estomático, ajudando assim a coordenar as taxas de fotossíntese e transpiração. O papel da regulação da sacarose nos estômatos pode mudar ao longo do período diurno e sob diferentes condições ambientais.

Material da internet

- **Tópico 10.1 Bombas de CO_2** As cianobactérias contêm complexos proteicos (bombas de CO_2) e complexos supramoleculares para a captação e a fixação de carbono inorgânico.

- **Tópico 10.2 Como o ciclo de Calvin-Benson foi elucidado** Experimentos realizados na década de 1950 levaram à descoberta do caminho da fixação de CO_2.

- **Tópico 10.3 Rubisco: uma enzima-modelo para o estudo da estrutura e da função** Como a enzima mais abundante da Terra, a rubisco foi obtida em quantidades suficientes para elucidar sua estrutura e suas propriedades catalíticas.

- **Tópico 10.4 Demandas de energia para fotossíntese em plantas terrestres** Este tópico avalia a quantidade de NADPH e ATP durante a assimilação de CO_2.

- **Tópico 10.5 Rubisco ativase** A rubisco é a única entre as enzimas do ciclo de Calvin-Benson regulada por uma proteína específica, a rubisco ativase.

- **Tópico 10.6 Operação da rota fotorrespiratória** As enzimas da fotorrespiração estão localizadas em três organelas diferentes.

- **Tópico 10.7 As cianobactérias e a reação de oxigenação da rubisco** As cianobactérias usam uma rota proteobacteriana para trazer átomos de carbono do 2-fosfoglicolato de volta ao ciclo de Calvin-Benson.

- **Tópico 10.8 Dióxido de carbono: algumas propriedades físico-químicas importantes** As plantas adaptaram-se às propriedades do CO_2 mediante alteração das reações que catalisam sua fixação.

- **Tópico 10.9 Três variações do metabolismo C_4** Certas reações da rota fotossintética C_4 diferem entre as espécies vegetais.

- **Tópico 10.10 Fotossíntese C_4 em célula única** Alguns organismos marinhos e plantas terrestres realizam a fotossíntese C_4 em uma única célula.

- **Tópico 10.11 Fotorrespiração em plantas CAM** Durante o dia, o fechamento estomático e a fotossíntese em folhas CAM provocam concentrações intracelulares muito altas de oxigênio e dióxido de carbono. Essas condições incomuns propõem desafios adaptativos interessantes para as folhas CAM.

- **Tópico 10.12 Arquitetura do grânulo de amido** A morfologia e a composição do grânulo de amido influenciam a síntese e a degradação dos polissacarídeos.

- **Ensaio 10.1 Modulação da fosfoenolpiruvato carboxilase em plantas C_4 e CAM** A enzima fixadora de CO_2, fosfoenolpiruvato carboxilase, é regulada de maneiras diferentes nas espécies C_4 e CAM.

- **Ensaio 10.2 Fotossíntese e mecanismos de concentração de CO_2 em plantas marinhas** Este ensaio discute o papel dos organismos marinhos na produtividade primária global.

Para mais recursos de aprendizagem (em inglês), acesse **oup.com/he/taiz7e**.

Leituras sugeridas

Abt, M. R., and Zeeman, S. C. (2020) Evolutionary innovations in starch metabolism. *Curr. Opin. Plant Biol.* 55: 109–117.

Barett, J., Girr, P., and Mackinder, L. C. M. (2021) Pyrenoids: CO_2 fixing phase separated liquid organelles. *Biochim. Biophys. Acta.* 1868: 118949.

Bräutigam, A., Schlüter, U., Eisenhut, M., and Gowik., U. (2017) On the evolution of CAM photosynthesis. *Plant Physiol.* 174: 473–477.

Manavski, N., Schmid, L-M., and Meurer, J. (2018) RNA-stabilization factors in chloroplast of vascular plants. *Essays Biochem.* 62: 51–64.

Christin, P. A., Arakaki, M., Osborne, C. P., Bräutigam, A., Sage, R. F., Hibberd, J. M., Kelly, S., Covshoff, S., Wong, G. S., Hancock, L. et al. (2014) Shared origins of a key enzyme during the evolution of C4 and CAM metabolism. *J. Exp. Bot.* 65: 3609–3621.

Damager, I., Engelsen, S. B., Blennow, A., Møller, B. L., and Motawia, S. M. (2010) First principles insight into starch-like α-glucans: their synthesis, conformation and hydration. *Chem. Rev.* 110: 2049–2080.

Balsera, M., Uberegui, E., Schürmann, P., and Buchanan, B. B. (2014) Evolutionary development of redox regulation in chloroplasts. *Antioxid. Redox Signal.* 21: 1327–1355.

Edwards, E. J. (2014) The inevitability of C_4 photosynthesis. *eLife* 3: e03702.

Furbank, R. T. (2011) Evolution of the C4 photosynthetic mechanism: are there really three C_4 acid decarboxylation types? *J. Exp. Bot.* 62: 3103–3108.

Ermakova, M., Danila, F. R., Furbank, R. T., and von Caemmerer, S. (2020) On the road to C_4 rice: advances and perspectives. *Plant J.* 101: 940–950.

Flamholz, A. I., Prywes, N., Moran, U., Davidi, D., Bar-On, Y. M., Oltroffe, L. M., Alves, R., Savage, D., and Milo R. (2019) Revisiting trade-offs between Rubisco kinetic parameters *Biochemistry* 58: 3365–3376.

Lawson, T., and Matthews, J. (2020) Guard cell metabolism and stomatal function. *Annu. Rev. Plant Biol.* 71: 273–302.

Michelet, L., Zaffagnini, M., Morisse, S., Sparla, F., Pérez-Pérez, M. E., Francia, F., Danon, A., Marchand, C. H., Fermani, S., Trost, P., and Lemaire, S. D. (2013) Redox regulation of the Calvin-Benson cycle: something old, something new. *Front. Plant Sci.* 4: 1–21.

Mueller-Cajar, O. (2017) The Diverse AAA+ machines that repair inhibited rubisco active sites. *Front. Mol. Biol.* 4: 1–31.

Peterhansel, C., and Offermann, S. (2012) Re-engineering of carbon fixation in plants –Challenges for plant biotechnology to improve yields in a high-CO_2 world. *Curr. Opin. Biotechnol.* 23: 204–208.

Sage, R. F., Christin, P. A., and Edwards, E. J. (2011) The C_4 plant lineages of planet Earth. *J. Exp. Bot.* 62: 3155–3169.

Schlüter, U., and Weber, A. P. M. (2020) Regulation and evolution of C_4 photosynthesis. *Annu. Rev. Plant Biol.* 71: 183–215.

Weber, A. P. M., and Bar-Even, A. (2019) Update: Improving the efficiency of photosynthetic carbon reactions. *Plant Physiol.* 179: 803–812.

Zhong, Y., Qu, J. Z., Liu, X., Ding, L., Liu, Y., Bertoft, E., Petersen, B. L. Hamaker, B. R., Hebelstrup, K.H., and Blennow, A. (2022) Different genetic strategies to generate high amylose starch mutants by engineering the starch biosynthetic pathways. *Carbohydr. Polym.* 287: 119327.

11 Fotossíntese: considerações fisiológicas e ecológicas

A conversão da energia solar em energia química de compostos orgânicos é um processo complexo que inclui transporte de elétrons e o metabolismo do carbono fotossintético (ver Capítulos 9 e 10). Este capítulo trata de algumas das respostas fotossintéticas da folha intacta a seu ambiente. As respostas fotossintéticas adicionais aos diferentes tipos de estresse são estudadas no Capítulo 15. Quando for discutida a fotossíntese neste capítulo, será referida a taxa fotossintética líquida, ou seja, a diferença entre a assimilação fotossintética de carbono e a perda de CO_2 via respiração mitocondrial na luz.

O impacto do ambiente sobre a fotossíntese é de interesse amplo, em especial para fisiologistas, ecólogos, biólogos evolucionistas, especialistas em mudanças climáticas e agrônomos. Do ponto de vista fisiológico, busca-se compreender as respostas diretas da fotossíntese a fatores ambientais, como luz, concentrações de CO_2 atmosférico e temperatura, assim como as respostas indiretas (mediadas por efeitos do controle estomático) a fatores como umidade do ar e umidade do solo. A dependência de processos fotossintéticos em relação às condições ambientais é também importante para os agrônomos, pois a produtividade vegetal e, em consequência, a produtividade das culturas agrícolas dependem muito das taxas fotossintéticas prevalecentes em um ambiente dinâmico. Para o ecólogo, a variação fotossintética entre linhagens de plantas em ambientes diferentes é de grande interesse em termos de adaptação e evolução.

No estudo da dependência ambiental surge uma pergunta central: como muitos fatores ambientais podem limitar a fotossíntese em determinado momento? Em 1905, o fisiologista vegetal britânico F. F. Blackman formulou uma hipótese segundo a qual, sob algumas condições especiais, a velocidade da fotossíntese é limitada pela etapa mais lenta no processo, o chamado *fator limitante*. A implicação dessa hipótese é que, em determinado momento, a fotossíntese pode ser limitada pela luz ou pela concentração de CO_2, por exemplo, mas não por ambos os fatores. Essa hipótese tem tido uma influência marcante sobre a abordagem adotada por fisiologistas vegetais no estudo da fotossíntese, que consiste em variar um fator e manter constantes todas as demais condições ambientais. O dispositivo para essa análise foi o desenvolvimento de um modelo bioquímico da fotossíntese C_3 publicado em 1980 por Graham Farquhar, Susanne von Caemmerer e Joe Berry. Esse modelo foi expandido ao longo dos anos para descrever os três principais processos metabólicos que foram identificados como importantes para o desempenho fotossintético:

1. Capacidade da rubisco.
2. Regeneração da ribulose bifosfato (RuBP, de *ribulose bisphosphate*).
3. Metabolismo das trioses fosfato.

Graham Farquhar e Tom Sharkey destacaram que se deve pensar nos controles sobre as velocidades globais da fotossíntese líquida de folhas em termos econômicos, considerando as funções de "suprimento" e "demanda" de dióxido de carbono. Os processos metabólicos principais, já referidos, ocorrem nas células dos parênquimas paliçádico e esponjoso da folha (**Figura 11.1**). Essas atividades bioquímicas descrevem a "demanda" por CO_2 pelo metabolismo fotossintético nas células. Contudo, a velocidade de "suprimento" de CO_2 a essas células é determinada em grande parte pelas limitações da difusão resultantes da condutância da camada limite, da regulação estomática e subsequente resistência no mesófilo (ver também Capítulo 6). As ações coordenadas de "demanda" pelas células fotossintetizantes e "suprimento" de CO_2 atmosférico afetam a velocidade fotossintética foliar de captação líquida de CO_2.

Nas seções seguintes, será evidenciado como a variação de ocorrência natural na luz e na temperatura influencia a fotossíntese nas folhas e como elas, por sua vez, ajustam-se ou aclimatam-se à tal variação. Será analisado também como o CO_2 atmosférico influencia a fotossíntese, uma consideração especialmente importante em um mundo em que as concentrações de CO_2 e a temperatura estão crescendo rapidamente, à medida que os seres humanos continuam a queimar combustíveis fósseis para produção de energia.

■ 11.1 A fotossíntese é influenciada pelas propriedades foliares

A gradação desde o cloroplasto (o ponto central dos Capítulos 9 e 10) até a folha acrescenta novos níveis de complexidade à fotossíntese. Ao mesmo tempo, as propriedades estruturais e funcionais da folha possibilitam outros níveis de regulação à troca de CO_2 e H_2O entre as folhas e a atmosfera.

Inicialmente, é examinada a captura da luz e como a anatomia e a orientação foliares maximizam a captação dela para a fotossíntese. A seguir, é descrito como as folhas se aclimatam a seu ambiente luminoso. Vê-se que a resposta fotossintética de folhas sob diferentes condições de luz reflete a capacidade de uma planta de crescer em ambientes luminosos distintos. Contudo, existem limites dentro dos quais a fotossíntese de uma espécie pode se aclimatar a ambientes luminosos muito diferentes. Por exemplo, em algumas situações, a fotossíntese é limitada por um suprimento inadequado de luz. Em outras situações, a captação de luz em demasia provocaria problemas graves se mecanismos especiais não protegessem o sistema fotossintético do excesso de luminosidade. Embora as plantas possuam níveis múltiplos de controle sobre a fotossíntese, que lhes permitem crescer com êxito nos ambientes em constante mudança, existem limites para que isso seja possível.

Considere as muitas maneiras nas quais as folhas são expostas a espectros (qualidades) e quantidades diferentes de luz. As plantas que crescem ao ar livre são expostas à luz solar e o espectro dessa luz dependerá de onde for realizada a medição, se em plena luz solar ou à sombra de um dossel. As plantas que crescem em ambiente fechado podem receber iluminações incandescente, fluorescente ou LED (diodo emissor de luz), e cada uma delas difere em intensidade e composição espectral da luz solar. Para explicar essas diferenças em qualidade e quantidade espectrais, é necessário definir como medir e expressar a disponibilidade de luz para a fotossíntese.

A luz que chega à planta é um fluxo, que pode ser medido em unidades de energia ou de fótons. **Irradiância** é o montante de energia que incide sobre um sensor plano de área conhecida, por unidade de tempo, e é expressa em watts por metro quadrado (W m^{-2}). Lembre que o tempo (segundos) está contido no termo watt: 1 W = 1 joule (J) s^{-1}. Fluxo quântico, ou densidade de fluxo fotônico (PFD, de *photon flux density*), é o número de **quanta** (*quantum*, no singular) incidentes que atinge a folha, expresso em moles por metro quadrado por segundo (mol $m^{-2} s^{-1}$), onde *moles* se referem ao número de fótons (1 mol de luz = 6,02 × 10^{23} fótons, número de Avogadro). As unidades de quanta e de energia da luz solar podem ser interconvertidas com relativa facilidade, desde que o comprimento de onda da

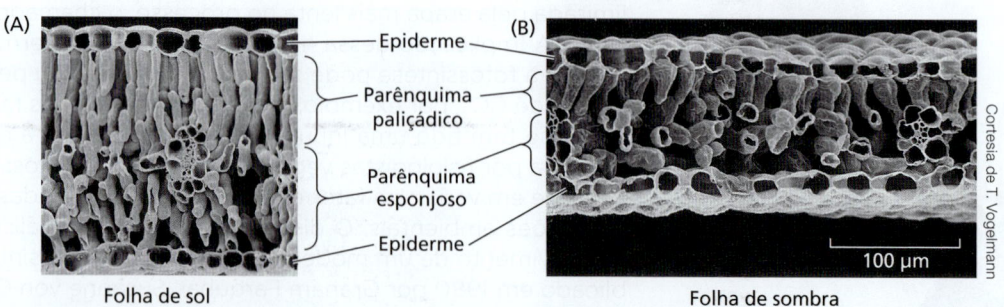

Figura 11.1 Imagem ao microscópio eletrônico de varredura da anatomia foliar de uma leguminosa (*Thermopsis montana*) crescendo sob diferentes ambientes quanto ao fator luz. Observe que a folha de sol (A) é muito mais espessa do que a folha de sombra (B) e que as células do parênquima paliçádico (colunares) são muito mais longas nas folhas expostas à luz solar. As camadas de células do parênquima esponjoso podem ser vistas abaixo do parênquima paliçádico.

luz, λ, seja conhecido. A energia de um fóton está relacionada a seu comprimento de onda, conforme a equação:

$$E = \frac{hc}{\lambda} \quad (11.1)$$

onde c é a velocidade da luz (3×10^8 m s^{-1}), h é a constante de Planck ($6{,}63 \times 10^{-34}$ J s) e λ é o comprimento de onda da luz, em geral expresso em nanômetros (1 nm = 10^{-9} m). A partir da Equação 11.1, é possível calcular que um fóton a 400 nm tem duas vezes mais energia que um fóton a 800 nm (ver **Tópico 11.1 na internet**).

Quando se considera a fotossíntese e a luz, é adequado expressar a luz como densidade de fluxo fotônico fotossintético (PPFD, de *photosynthetic photon flux density*) – o fluxo de luz (em geral expresso como micromoles por metro quadrado por segundo [μmol m^{-2} s^{-1}]) dentro do espectro fotossinteticamente ativo (400–700 nm). Qual é a quantidade de luz em um dia ensolarado? Sob a luz solar direta em um dia claro, a PPFD é de cerca de 2.000 μmol m^{-2} s^{-1} no topo do dossel de uma floresta densa, mas pode ser de apenas 10 μmol m^{-2} s^{-1} no chão da floresta, devido à captação de luz pelas folhas dos estratos superiores.

A anatomia foliar e a estrutura do dossel otimizam a captação da luz

Em média, cerca de 340 W (J s^{-1}) da energia radiante do sol alcançam cada metro quadrado da superfície da Terra. Quando essa luz solar atinge a vegetação, apenas 5% da energia são definitivamente convertidos em carboidratos pela fotossíntese (**Figura 11.2**). A razão desse valor tão baixo é que uma grande parte da percentagem da luz tem um comprimento de onda demasiadamente curto ou longo para ser absorvido pelos pigmentos fotossintéticos (**Figura 11.3**). Além disso, da radiação fotossinteticamente ativa (PAR, *photosynthetically active radiation*) (400–700 nm) que incide sobre uma folha, uma porcentagem pequena é transmitida através da folha e parte também é refletida a partir de sua superfície. Como a clorofila absorve fortemente nas regiões do azul e do vermelho do espectro (ver Figura 9.3), os comprimentos de onda na faixa do verde são principalmente transmitidos e refletidos (ver Figura 11.3) – por isso, a cor verde da vegetação. Por fim, uma porcentagem da radiação fotossinteticamente ativa inicialmente absorvida pela folha é consumida pelo metabolismo e uma quantidade menor é perdida como calor (ver Capítulo 9).

A anatomia da folha é altamente especializada para a captação de luz. A camada celular mais externa, a epiderme, normalmente é transparente à luz visível e suas células com frequência são convexas. As células epidérmicas convexas podem atuar como lentes e concentrar a luz. Assim, a quantidade de luz que atinge alguns dos cloroplastos pode ser maior que a quantidade de luz incidente. A concentração epidérmica de luz, comum em plantas herbáceas, é especialmente proeminente em plantas tropicais que crescem no sub-bosque florestal, onde os níveis de luz incidente são muito baixos.

Sob a epiderme, as camadas de células fotossintetizantes em eudicotiledôneas constituem o **parênquima paliçádico**; elas são semelhantes a pilares dispostos em colunas paralelas

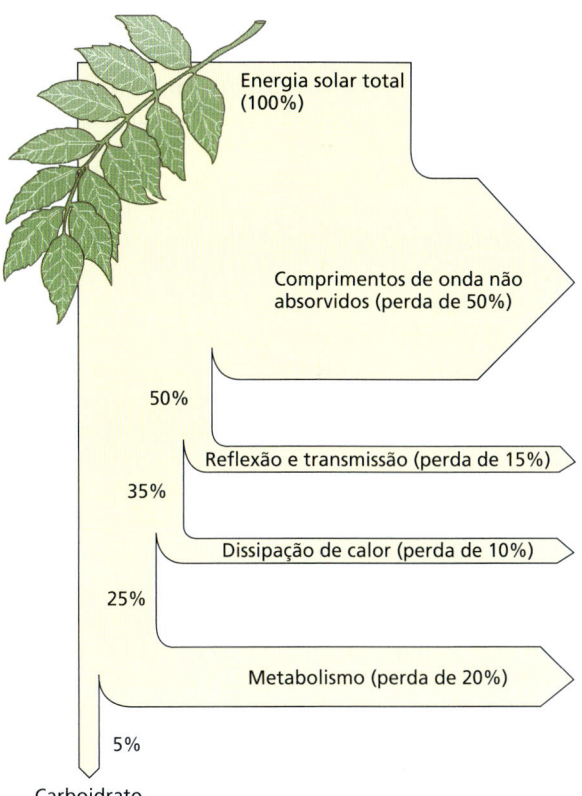

Figura 11.2 Conversão da energia solar em carboidratos por uma folha. Do total de energia incidente, apenas 5% são convertidos em carboidratos.

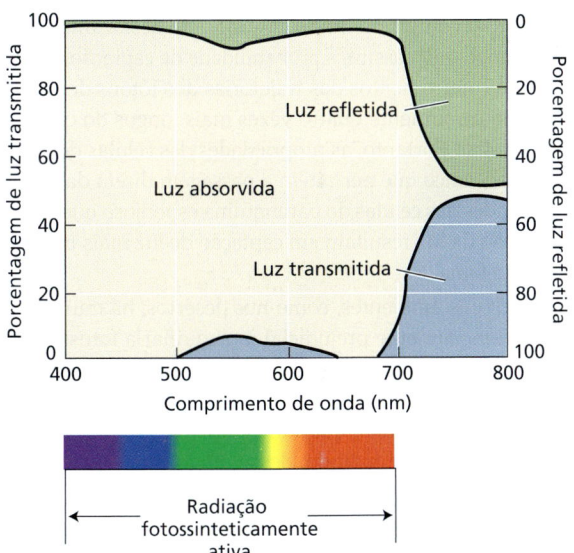

Figura 11.3 Propriedades ópticas de uma folha de feijoeiro. Aqui são mostradas as porcentagens de luz absorvida, refletida e transmitida, em função do comprimento de onda. A luz verde é transmitida e refletida na faixa de 500 a 600 nm, conferindo cor verde às folhas. Observe que a maior parte da luz acima de 700 nm não é absorvida pela folha. (Segundo H. Smith. 1986. In *Photomorphogenesis in Plants*, 1st ed. R. E. Kendrick and G. H. M. Kronenberg [eds.]. Nijhoff, Dordrecht, Netherlands, pp. 187–217.)

de uma a três camadas de profundidade (ver Figura 11.1). Algumas folhas têm várias camadas de células paliçádicas, podendo ser questionado se é eficiente para uma planta investir energia no desenvolvimento de múltiplas camadas celulares, quando o alto conteúdo de clorofila da primeira camada parece permitir pouca transmissão da luz incidente para o interior da folha. De fato, mais luz do que pode ser esperado penetra na primeira camada do tecido paliçádico, devido ao *efeito peneira* e da *canalização da luz*.

O **efeito peneira** ocorre porque a clorofila não está distribuída uniformemente pelas células, mas, sim, confinada aos cloroplastos. Essa disposição da clorofila provoca sombreamento entre suas moléculas e cria lacunas entre os cloroplastos, onde luz é absorvida – por isso, a referência a uma peneira. Devido ao efeito peneira, a captação total de luz por determinada quantidade de clorofila, em uma célula do parênquima paliçádico, é menor que a luz que seria absorvida pela mesma quantidade de clorofila distribuída uniformemente em uma solução.

A **canalização da luz** ocorre quando parte da luz incidente é propagada pelos vacúolos centrais das células paliçádicas e pelos espaços intercelulares, uma disposição que facilita a transmissão da luz para o interior da folha. No interior, abaixo das camadas paliçádicas, localiza-se o **parênquima esponjoso**, cujas células têm formas muito irregulares e são envolvidas por grandes espaços de ar (ver Figura 11.1). Esses espaços geram muitas interfaces entre ar e água, que refletem e refratam a luz, o que torna aleatória sua direção de movimento. Esse fenômeno é denominado **difusão da luz na interface**.

A difusão da luz é especialmente importante nas folhas, pois as reflexões múltiplas entre as interfaces célula-ar aumentam muito o comprimento do caminho de deslocamento dos fótons, ampliando, assim, a probabilidade de captação. Na realidade, os comprimentos das trajetórias dos fótons dentro das folhas são comumente quatro vezes mais longos do que a espessura foliar. Portanto, as propriedades das células do parênquima paliçádico que permitem a passagem direta da luz e as propriedades das células do parênquima esponjoso que servem à dispersão da luz resultam em captação de luz mais uniforme por toda a folha.

Em alguns ambientes, como nos desertos, há muita luz, o que é potencialmente prejudicial à maquinaria fotossintética das folhas. Nesses ambientes, as folhas muitas vezes possuem características anatômicas especiais, como tricomas, glândulas de sal e cera epicuticular, que aumentam a reflexão de luz junto à superfície foliar, reduzindo, desse modo, sua captação. Tais adaptações podem diminuir a captação de luz em 60%, reduzindo, assim, o superaquecimento e outros problemas associados à captação de energia solar em demasia.

Considerando a planta inteira, as folhas dispostas no topo de um dossel absorvem a maior parte da luz solar e reduzem a quantidade de radiação que alcança as folhas inferiores. As folhas sombreadas por outras folhas estão expostas a níveis mais baixos de luz e a uma qualidade de luz diferente em relação às folhas acima delas e têm taxas fotossintéticas muito mais baixas. No entanto, como as camadas de uma folha individual, a estrutura da maioria das plantas, e das árvores especialmente, representa uma adaptação notável para interceptação da luz. A estrutura elaborada de ramificação de árvores aumenta bastante a intercepção da luz solar. Além disso, as folhas em níveis diferentes do dossel exibem morfologia e fisiologia variadas, o que ajuda a melhorar a captura da luz ao longo do dossel. Em consequência disso, pouquíssima PPFD penetra até a parte inferior do dossel; a PPFD é quase toda absorvida pelas folhas antes de alcançar o chão da floresta (**Figura 11.4**).

A sombra profunda no chão de uma floresta, portanto, contribui para um ambiente de crescimento desafiador para as plantas. Em muitos ambientes com sombra, entretanto, as **manchas de sol** constituem uma característica ambiental comum que permite níveis elevados de luz em estratos profundos do dossel. Elas são porções de luz solar que passam por pequenas clareiras no dossel; à medida que o sol se desloca, as manchas de sol se movem pelas folhas normalmente sombreadas. Apesar da natureza curta e efêmera das manchas de sol, seus fótons constituem quase 50% da energia luminosa total disponível durante o dia. Em uma floresta densa, as manchas de sol podem alterar a luz solar que atinge uma folha de sombra em mais de dez vezes por segundo. Essa energia fundamental está disponível por apenas alguns segundos a minutos, em uma porção muito alta. Muitas espécies de sombra profunda submetidas a manchas de sol possuem mecanismos fisiológicos para tirar proveito da ocorrência desse pulso de luz. As manchas de sol também exercem um papel no metabolismo do carbono de

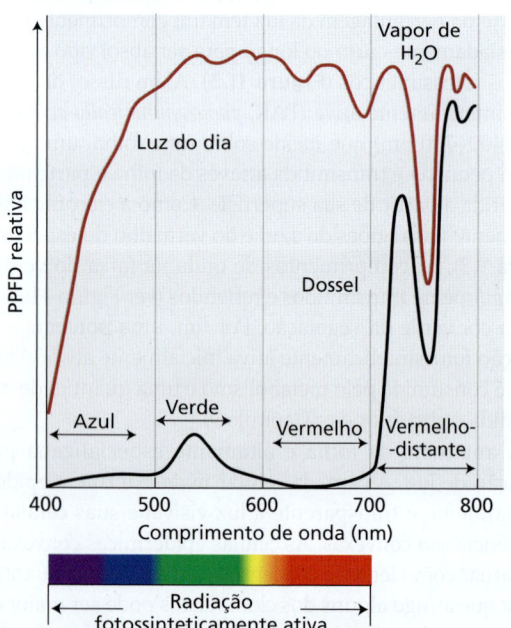

Figura 11.4 Distribuição espectral relativa da luz solar no topo de um dossel e sob ele. A maior parte da radiação fotossinteticamente ativa é absorvida pelas folhas do dossel. (Segundo H. Smith. 1986. In *Photomorphogenesis in Plants*, 2nd ed. R. E. Kendrick and G. H. M. Kronenberg [eds.]. Nijhoff, Dordrecht, Netherlands, pp. 337–416.)

lavouras densamente cultivadas, em que as folhas inferiores são sombreadas pelas folhas superiores das plantas.

O ângulo e o movimento da folha podem controlar a captação da luz

O ângulo da folha em relação ao sol determina a quantidade de luz solar incidente sobre ela. A luz solar incidente pode atingir uma superfície foliar plana em diversos ângulos, dependendo do período do dia e da orientação da folha. A radiação incidente máxima ocorre quando a luz solar atinge uma folha perpendicular à sua superfície. Quando os raios de luz desviam da perpendicular, no entanto, a luz solar incidente sobre uma folha é proporcional ao ângulo em que os raios alcançam a superfície.

Sob condições naturais, as folhas expostas à luz solar plena no topo do dossel tendem a apresentar ângulos íngremes. Desse modo, uma quantidade de luz solar menor que o máximo incide sobre a lâmina foliar; isso permite que mais luz solar penetre no dossel. Por essa razão, é comum constatar que o ângulo das folhas dentro de um dossel decresce (torna-se mais horizontal) com a profundidade crescente no dossel.

Algumas folhas maximizam a captação da luz pelo **acompanhamento do sol**; isto é, elas ajustam continuamente a orientação de suas lâminas, de modo a permanecerem perpendiculares aos raios solares (**Figura 11.5**). Muitas espécies, incluindo alfafa, algodoeiro, soja, feijoeiro e tremoço, possuem folhas capazes de acompanhar a trajetória solar.

As folhas que se posicionam segundo a trajetória solar apresentam uma posição quase vertical ao nascer do sol, voltando-se para o leste. Em seguida, as lâminas foliares individuais começam a acompanhar o nascimento do sol, seguindo seu movimento com uma precisão de ±15°, até o crepúsculo, quando se tornam quase verticais, voltadas para o oeste. Durante a noite, as folhas assumem uma posição horizontal e se reorientam para o horizonte leste, antecipando outro nascer do sol. As folhas acompanham o sol somente em dias claros, interrompendo o movimento quando uma nuvem obscurece o sol. No caso de uma cobertura intermitente de nuvens, algumas folhas conseguem reorientar-se rapidamente em 90° por hora, podendo, assim, ajustar-se à nova posição do sol quando este emerge por trás de uma nuvem.

O ajuste das folhas à trajetória solar é uma resposta à luz azul (ver Capítulo 16), e a sensação desse tipo de luz ocorre em regiões especializadas da folha ou do caule. Em espécies de *Lavatera* (Malvaceae), a região fotossensível está localizada nas nervuras foliares principais ou perto delas. Contudo, em muitas espécies, em especial de Fabaceae, a orientação foliar é controlada por um órgão especializado denominado **pulvino**, encontrado na junção entre a lâmina e o pecíolo. Nos tremoços (*Lupinus*, Fabaceae), por exemplo, as folhas consistem em cinco ou mais folíolos, e a região fotossensível está em um pulvino localizado na parte basal de cada folíolo (ver Figura 11.5). O pulvino contém células motoras que mudam seu potencial osmótico e geram forças mecânicas determinantes da orientação laminar. Em outras plantas, a orientação foliar é controlada por pequenas mudanças mecânicas ao longo do pecíolo e por movimentos das partes mais jovens do caule.

Heliotropismo é outro termo empregado para descrever a orientação foliar pelo acompanhamento do sol. As folhas que maximizam a interceptação da luz mediante acompanhamento do sol são referidas como *dia-heliotrópicas*. Algumas plantas que ajustam sua posição de acordo com o acompanhamento do sol podem também mover suas folhas de modo a *evitar* a exposição total à luz solar, minimizando, assim, o aquecimento e a perda de água. Essas folhas que evitam o sol são chamadas de *para-heliotrópicas*. Algumas espécies vegetais, como a soja, possuem folhas que podem exibir movimentos dia-heliotrópicos, quando bem hidratadas, e movimentos para-heliotrópicos, quando submetidas ao estresse hídrico.

As folhas aclimatam-se a ambientes ensolarados e sombrios

Aclimatação é um processo de desenvolvimento em que as folhas expressam um conjunto de ajustes bioquímicos e morfológicos apropriados ao ambiente particular no qual elas estão expostas. A aclimatação pode ocorrer em folhas maduras e naquelas recém-desenvolvidas. **Plasticidade** é o termo

(A)

(B)

Figura 11.5 Movimento foliar em uma planta que se ajusta à posição do sol. (A) Orientação foliar inicial no tremoço (*Lupinus succulentus*), sem luz solar direta. (B) Orientação foliar 4 horas após a exposição à luz oblíqua. As setas indicam a orientação da fonte luminosa. O movimento é gerado por intumescência assimétrica de um pulvino, encontrado na junção da lâmina com o pecíolo. Em condições naturais, as folhas acompanham a trajetória do sol.

utilizado para definir em que extensão o ajuste pode ocorrer. Muitas plantas têm plasticidade de desenvolvimento suficiente para responder a uma gama de regimes de luz, crescendo como plantas de sol em áreas ensolaradas e como plantas de sombra em hábitats sombrios. A capacidade de aclimatar-se é importante, visto que os hábitats sombrios podem receber menos de 20% da PAR disponível em um ambiente exposto e os hábitats profundamente sombrios recebem menos de 1% da PAR incidente no topo do dossel.

Em algumas espécies vegetais, as folhas individuais que se desenvolvem em ambientes ensolarados ou profundamente sombrios muitas vezes são incapazes de persistir quando transferidas para outro tipo de hábitat. Em tais casos, a folha madura sofrerá abscisão (senesce e cai) e uma folha nova se desenvolverá mais bem ajustada ao novo ambiente. Isso pode ser observado se uma planta desenvolvida em ambiente fechado for transferida para o ar livre; se ela for o tipo apropriado de planta, será desenvolvido um novo conjunto de folhas mais adequadas à luz solar elevada. Contudo, algumas espécies vegetais não são capazes de se aclimatar quando transferidas de um ambiente ensolarado para um sombrio ou vice-versa. A falta de aclimatação indica que essas plantas são especializadas para um ambiente ensolarado ou um ambiente sombreado. Quando plantas adaptadas a situações de sombra profunda são transferidas para um ambiente com luz solar plena, as folhas sofrem de fotoinibição crônica, descoloração e finalmente morrem. Este assunto foi introduzido no Capítulo 9, na Seção 11.2.

As folhas de sol e as folhas de sombra têm características bioquímicas e morfológicas contrastantes:

- As folhas de sombra aumentam a captura de luz por terem mais clorofila total por centro de reação, razão mais alta entre clorofila *b* e clorofila *a* e lâminas geralmente mais finas do que as das folhas de sol.
- As folhas de sol têm menos clorofila total por centro de reação, aumentando a assimilação de CO_2 por terem mais rubisco e conseguirem dissipar o excesso de energia luminosa por possuírem um grande *pool* de componentes do ciclo da xantofila (ver Capítulo 9). Morfologicamente, essas folhas são mais espessas e têm a camada paliçádica mais espessa em relação às folhas de sombra (ver Figura 11.1).

Essas modificações morfológicas e bioquímicas estão associadas a respostas específicas de aclimatação à *quantidade* de luz solar no hábitat da planta, mas a *qualidade* da luz também pode influenciar tais respostas. Por exemplo, a luz vermelho-distante, que é absorvida principalmente pelo fotossistema I (PSI, de *photosystem I*), é em proporção mais abundante nos hábitats sombrios do que nos ensolarados (ver Capítulo 18). Para equilibrar melhor o fluxo de energia através de PSII e PSI, a resposta adaptativa de algumas plantas de sombra é produzir uma razão mais alta entre os centros de reação de PSII e PSI em comparação com a encontrada em plantas de sol. Outras plantas de sombra, em vez de alterar a razão entre os centros de reação de PSII e PSI, adicionam mais clorofila de antenas ao PSII para aumentar a captação por esse fotossistema. Essas mudanças parecem intensificar a captação de luz e otimizar a transferência de energia em ambientes sombreados.

11.2 Efeitos da luz sobre a fotossíntese na folha intacta

A luz é um recurso essencial que limita o crescimento vegetal com frequência, mas às vezes as folhas podem ser expostas à luz em demasia, em vez de à escassez de luz. Nesta seção, são descritas as típicas respostas fotossintéticas à luz, medidas pelas curvas fotossintéticas de resposta à luz. Consideram-se, também, como características de uma curva de resposta à luz podem ajudar a explicar as propriedades fisiológicas contrastantes entre plantas de sol e de sombra, bem como entre espécies C_3 e C_4 (ver Capítulo 10). A seção é concluída com descrições de como as folhas respondem ao excesso de luz.

As curvas fotossintéticas de resposta à luz revelam diferenças nas propriedades foliares

A medição da fixação líquida de CO_2 em folhas intactas, através de níveis variados de PPFD, gera curvas de resposta à luz (**Figura 11.6**). Próximo do escuro, há pouca assimilação de carbono, mas, como a respiração mitocondrial continua, o CO_2 é emitido pela folha (ver Capítulo 13). A captação de CO_2 é negativa nessa parte da curva de resposta à luz. Em níveis mais altos de PPFD, a assimilação fotossintética de CO_2 finalmente alcança um ponto em que a captação de CO_2 são exatamente equilibradas; isso

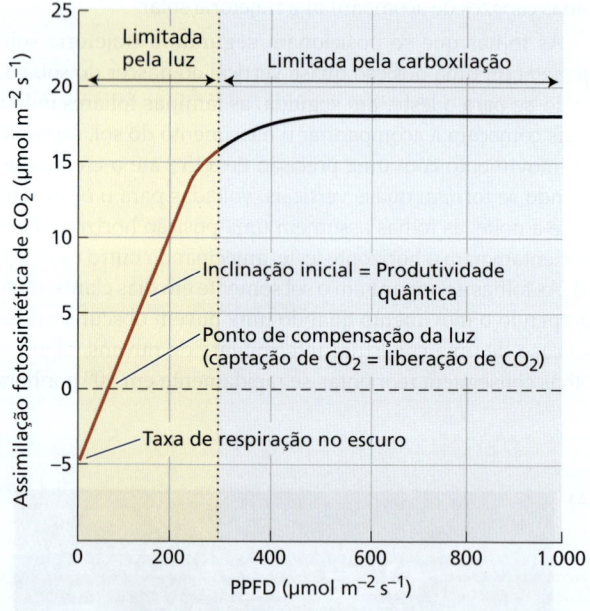

Figura 11.6 Resposta fotossintética à luz em uma espécie C_3. No escuro, a respiração causa um efluxo líquido de CO_2 a partir da planta. O ponto de compensação da luz é alcançado quando a assimilação fotossintética de CO_2 se iguala à quantidade de CO_2 liberada pela respiração. Aumentando a luz acima do ponto de compensação, a fotossíntese eleva-se proporcionalmente, indicando que ela é limitada pela taxa de transporte de elétrons, a qual, por sua vez, é limitada pela quantidade de luz disponível. Essa porção da curva é referida como limitada pela luz. Outros aumentos na fotossíntese são posteriormente limitados pela capacidade de carboxilação da rubisco ou pelo metabolismo das trioses fosfato. Essa parte da curva é referida como limitada pela carboxilação.

é denominado **ponto de compensação de luz**. A PPFD em que diferentes folhas alcançam o ponto de compensação da luz pode variar entre as plantas e com as condições de desenvolvimento. Uma das diferenças mais interessantes é encontrada entre plantas que normalmente crescem sob luz solar plena e aquelas que crescem à sombra (**Figura 11.7**). Os pontos de compensação da luz de plantas de sol variam de 10 a 20 $\mu mol\ m^{-2}\ s^{-1}$ (PPFD), enquanto os valores correspondentes de plantas de sombra são de 1 a 5 $\mu mol\ m^{-2}\ s^{-1}$ (PPFD).

Por que os pontos de compensação da luz são mais baixos para plantas de sombra? Geralmente, isso acontece porque as taxas de respiração são muito baixas em plantas de sombra; portanto apenas pequenas taxas de fotossíntese são necessárias para levar a zero as taxas líquidas de troca de CO_2. As taxas de respiração baixas são uma consequência de taxas de crescimento lentas de plantas de sombra. Elas permitem a essas plantas a sobrevivência em ambientes com limitação de luz, por sua capacidade de alcançar taxas de captação de CO_2 positivas, em valores mais baixos de PPFD do que as plantas de sol.

Uma relação linear entre a PPFD e a taxa fotossintética persiste em níveis luminosos acima do ponto de compensação da luz (ver Figura 11.6). Ao longo dessa porção linear da curva de resposta à luz, a fotossíntese é limitada pela luz; mais luz estimula proporcionalmente mais fotossíntese. Quando corrigida para captação de luz, a inclinação dessa porção linear da curva proporciona a **produtividade quântica máxima** de fotossíntese para a folha. Folhas de plantas de sol e de sombra exibem produtividades quânticas muito similares, a despeito de seus hábitats de crescimento diferentes. Isso acontece porque os processos biofísicos e bioquímicos básicos que determinam a produtividade quântica são os mesmos para esses dois tipos de plantas. Contudo, a produtividade quântica pode variar entre plantas com rotas fotossintéticas distintas (p. ex., entre plantas C_3 e C_4).

A produtividade quântica é a razão entre determinado produto dependente de luz e o número de fótons absorvidos (ver Equação 9.7). A produtividade quântica fotossintética pode ser expressa com base no CO_2 ou no O_2; conforme explicado no Capítulo 9, a produtividade quântica da fotoquímica é de cerca de 0,95. Contudo, a produtividade quântica fotossintética máxima de um processo integrado como a fotossíntese é mais baixa que a produtividade teórica, quando medida em cloroplastos (organelas) ou em folhas inteiras. Com base na bioquímica discutida no Capítulo 10, a produtividade quântica máxima teórica esperada para a fotossíntese de plantas C_3 é de 0,125 (uma molécula de CO_2 fixada por oito fótons absorvidos). Porém, nas condições atmosféricas atuais (417 ppm de CO_2, 21% de O_2), as produtividades quânticas, medidas para CO_2 de folhas C_3 e C_4, variam de 0,04 a 0,07 mol de CO_2 por mol de fótons.

Em plantas C_3, a redução do máximo teórico é causada principalmente pela perda de energia pela fotorrespiração. Nas plantas C_4, a redução é causada pelas demandas adicionais de energia do mecanismo concentrador de CO_2 e pelo custo potencial da refixação de CO_2, que se difundiu para fora a partir do interior das células da bainha do feixe vascular. Se folhas de plantas C_3 forem expostas a concentrações baixas de O_2, a fotorrespiração é minimizada, e a produtividade quântica máxima aumenta em cerca de 0,09 mol de CO_2 por mol de fótons. Por outro lado, se folhas de plantas C_4 forem expostas a concentrações baixas de O_2, as produtividades quânticas para a fixação de CO_2 permanecem constantes em cerca de 0,06 a 0,07 mol de CO_2 por mol de fótons. Isso ocorre porque o mecanismo concentrador de carbono na fotossíntese C_4 elimina quase toda a reação de oxigenação da rubisco e, por conseguinte, o CO_2 é liberado via fotorrespiração.

Em PPFD mais alta ao longo da curva de resposta à luz, a resposta fotossintética à luz começa a estabilizar-se (ver Figuras 11.6 e 11.7) e, por fim, alcança a *saturação*. Além do ponto de saturação da luz, a fotossíntese líquida não aumenta mais, indicando que outros fatores que não a luz incidente, como a taxa de transporte de elétrons, a atividade de rubisco ou o metabolismo das trioses fosfato, limitam a fotossíntese. Os níveis de saturação da luz para plantas de sombra são substancialmente mais baixos do que os níveis para plantas de sol (ver Figura 11.7). Isso vale também para folhas da mesma planta, quando cultivada ao sol *versus* sombra (**Figura 11.8**). Esses níveis em geral refletem a PPFD máxima à qual a folha foi exposta durante o crescimento.

A curva de resposta à luz da maioria das folhas satura entre 500 e 1.000 $\mu mol\ m^{-2}\ s^{-1}$, bem abaixo da luz solar plena (que é de cerca de 2.000 $\mu mol\ m^{-2}\ s^{-1}$). Uma exceção é representada pelas folhas de culturas agrícolas bem fertilizadas, que, muitas vezes, saturam acima de 1.000 $\mu mol\ m^{-2}\ s^{-1}$. Embora as folhas

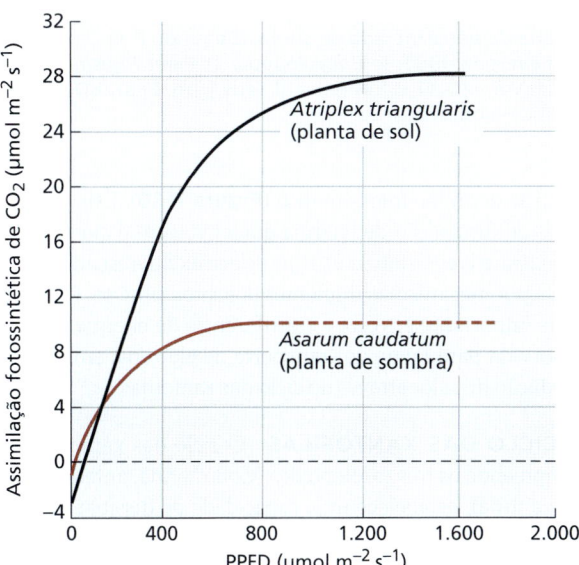

Figura 11.7 Curvas de resposta à luz da fixação fotossintética de carbono em plantas de sol e de sombra. Armole triangular (*Atriplex triangularis*) é uma planta de sol, e o gengibre-selvagem (*Asarum caudatum*) é uma planta de sombra. As plantas de sombra em geral têm ponto de compensação da luz baixo e taxas fotossintéticas máximas mais baixas, quando comparadas às plantas de sol. A linha vermelha tracejada foi extrapolada da parte medida da curva. (Segundo G. W. Harvey. 1979. *Carnegie Inst. Wash. Yb.* 79: 161-164. Cortesia, Carnegie Institution for Science.)

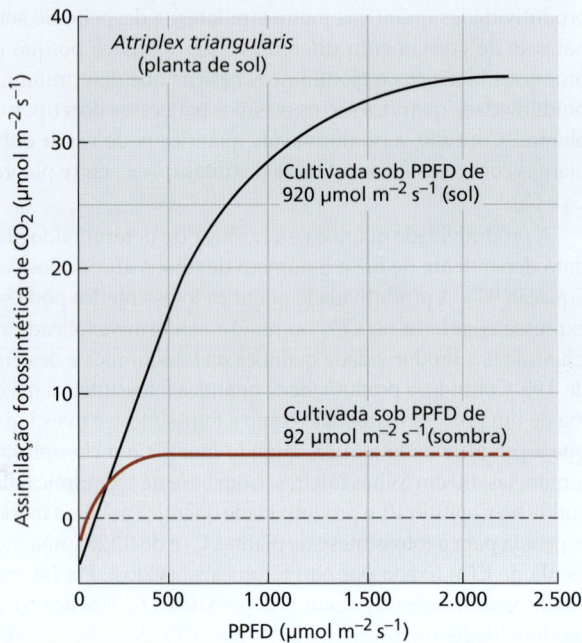

Figura 11.8 Curva de resposta à luz da fotossíntese de uma espécie de sol cultivada sob condições de sol e de sombra. A curva superior representa uma folha de *Atriplex triangularis* cultivada em uma PPFD 10 vezes maior do que a da curva inferior. Na planta sob níveis de luz mais baixos, a fotossíntese satura a uma PPFD substancialmente mais baixa, indicando que as propriedades fotossintéticas de uma folha dependem de suas condições de crescimento. A linha vermelha tracejada foi extrapolada da parte medida da curva. (Segundo O. Björkman. 1981. In *Encyclopedia of Plant Physiology*, New Serie, Vol. 12A. O. L. Lange et al. [eds.], pp. 57–107. Springer, Berlin, Heidelberg.)

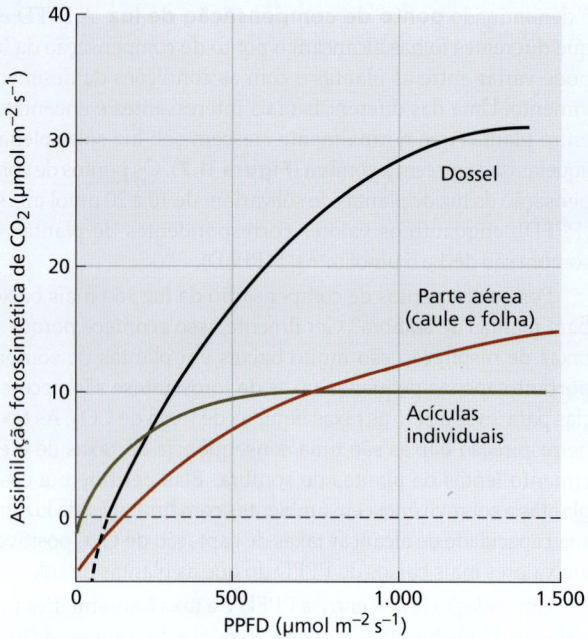

Figura 11.9 Mudanças na fotossíntese (expressas sobre uma base por metro quadrado) em acículas individuais, uma parte aérea (caule e folhas) complexa e um dossel de uma floresta de espruce (*Picea sitchensis*), em função da PPFD. As partes aéreas complexas consistem em agrupamentos de acículas em que muitas vezes uns sombreiam outros, similar à situação em um dossel, onde os ramos frequentemente fazem sombra para outros ramos. Como consequência do sombreamento, são necessários níveis de PPFD muito mais altos para saturar a fotossíntese. A porção tracejada da linha do dossel foi extrapolada da parte medida da curva. (Segundo P. G. Jarvis and J. W. Leverenz. 1983. In *Encyclopedia of Plant Physiology*, New Serie, Vol. 12D. O. L. Lange et al. [eds.], pp. 233–280. Springer, Berlin, Heidelberg.)

individuais raramente sejam capazes de utilizar a luz solar plena, as plantas inteiras em geral consistem em muitas folhas que fazem sombra umas para as outras. Assim, em determinado momento do dia, apenas uma pequena proporção das folhas está exposta ao sol pleno, em especial em plantas com copas densas. O restante das folhas recebe fluxos fotônicos subsaturantes oriundos de manchas solares que passam através de clareiras no dossel, luz difusa e luz transmitida por outras folhas.

Uma vez que a resposta fotossintética da planta intacta é a soma da atividade fotossintética de todas as folhas, raramente a fotossíntese é saturada de luz em nível da planta inteira (**Figura 11.9**). Por essa razão, a produtividade de uma lavoura em geral está relacionada à quantidade total de luz recebida durante a estação de crescimento, e não à capacidade fotossintética de uma única folha. Com água e nutrientes suficientes, quanto mais luz a lavoura receber, mais alta é a biomassa produzida.

As folhas precisam dissipar o excesso de energia luminosa como calor

Quando expostas ao excesso de luz, as folhas precisam dissipar o excedente de energia luminosa absorvido, para impedir dano ao aparelho fotossintético (**Figura 11.10**). Existem várias rotas de dissipação de energia que envolvem o *quenching não fotoquímico* (ver Capítulo 9), o *quenching* da fluorescência da clorofila por mecanismos diferentes dos fotoquímicos. O exemplo mais importante envolve a transferência de energia luminosa absorvida para longe do transporte de elétrons, em direção à produção de calor através do ciclo das xantofilas.

O CICLO DAS XANTOFILAS O ciclo das xantofilas, que compreende os três carotenoides (violaxantina, anteraxantina e zeaxantina), estabelece uma capacidade de dissipar o excesso de energia luminosa na folha (ver Figura 9.31). Sob luminosidade alta, a violaxantina é convertida em anteraxantina e depois em zeaxantina. Os dois anéis aromáticos de violaxantina têm um átomo de oxigênio ligado. Na anteraxantina, apenas um dos dois anéis tem um oxigênio ligado, e na zeaxantina, nenhum dos dois. Das três xantofilas, a zeaxantina é a mais eficaz na dissipação do calor, e a anteraxantina apresenta apenas a metade da eficácia. Enquanto os níveis de anteraxantina permanecem relativamente constantes durante o dia, o conteúdo de zeaxantina aumenta sob PPFD alta e diminui sob PPFD baixa.

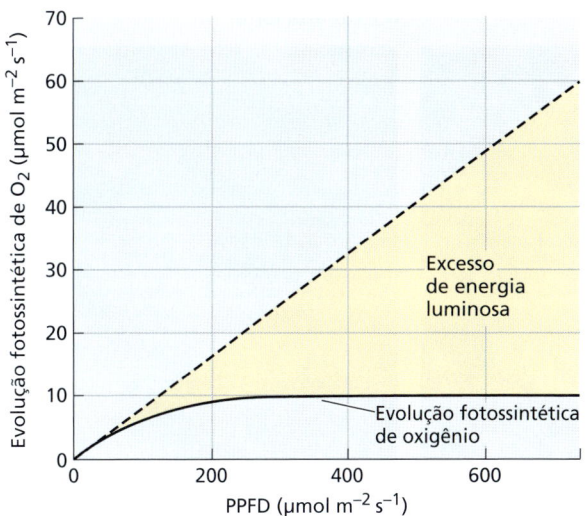

Figura 11.10 Excesso de energia luminosa em relação a uma curva de evolução fotossintética de oxigênio em resposta à luz, em uma folha de sombra. A linha tracejada mostra a evolução teórica de oxigênio na ausência de qualquer forma de limitação à fotossíntese. Em níveis de PPFD de até 150 µmol m^{-2} s^{-1}, uma planta de sombra é capaz de utilizar a luz absorvida. Acima de 150 µmol m^{-2} s^{-1}, no entanto, a fotossíntese satura e uma quantidade cada vez maior de energia luminosa absorvida precisa ser dissipada. Em níveis de PPFD mais altos, existe uma grande diferença entre a fração de luz usada pela fotossíntese em relação à que precisa ser dissipada (excesso de energia luminosa). As diferenças são muito maiores em uma planta de sombra do que em uma planta de sol. (Segundo C. B. Osmond. 1994. Em *Photoinhibition of Photosynthesis: From Molecular Mechanisms to the Field*. N. Baker and J. R. Bowyer [eds.]. BIOS Scientific, Oxford, pp. 1-24.)

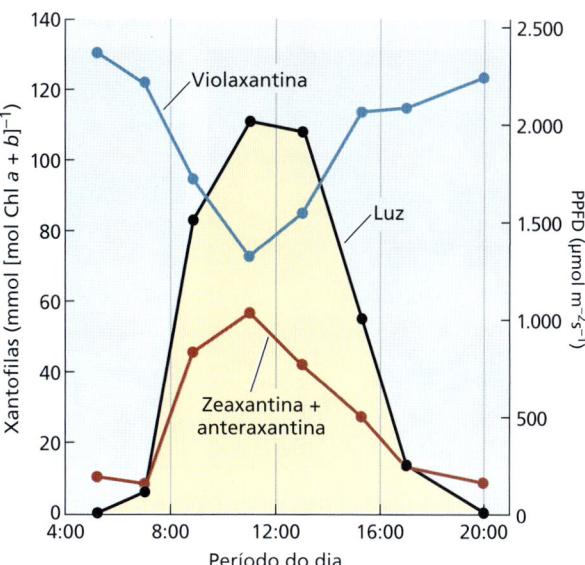

Figura 11.11 Mudanças diurnas no teor de xantofila no girassol (*Helianthus annuus*) em função da PPFD. À medida que aumenta a quantidade de luz incidente sobre uma folha, uma proporção maior de violaxantina é convertida em anteraxantina e zeaxantina, dissipando, assim, o excesso de energia de excitação e protegendo o aparelho fotossintético. (Segundo W. W. Adams and B. Demmig-Adams. 1992. *Planta* 186: 390-398.)

Em folhas que crescem sob luz solar plena, a zeaxantina e a anteraxantina representam até 40% do *pool* total do ciclo da xantofila, em níveis máximos de PPFD alcançados ao meio-dia (**Figura 11.11**). Nessas condições, uma quantidade substancial do excesso de energia luminosa absorvida pelos tilacoides pode ser dissipada como calor, evitando, assim, dano à maquinaria fotossintética do cloroplasto (ver Capítulo 9). As folhas expostas à luz solar plena contêm um *pool* de xantofilas substancialmente maior do que as folhas de sombra, de modo que elas podem dissipar quantidades mais altas do excesso de energia luminosa. Todavia, o ciclo das xantofilas também opera em plantas que crescem com pouca luz no interior da floresta, onde ocasionalmente são expostas a manchas de sol. A exposição a uma mancha de sol resulta na conversão de grande quantidade da violaxantina presente na folha em zeaxantina.

O ciclo das xantofilas também é importante em espécies que permanecem verdes durante o inverno, quando as taxas fotossintéticas são baixas, ainda que a captação de luz permaneça elevada. Diferentemente da ciclagem diurna do *pool* de xantofilas observada no verão, os níveis de zeaxantina permanecem altos o dia inteiro durante o inverno. Esse mecanismo maximiza a dissipação da energia luminosa, protegendo, assim, as folhas contra a foto-oxidação quando o frio do inverno impede a assimilação de carbono.

MOVIMENTOS DOS CLOROPLASTOS Um modo alternativo de reduzir o excesso de energia luminosa é mover os cloroplastos dentro da célula, de maneira que eles não sejam expostos à luz elevada. O movimento de cloroplastos é comum em algas, musgos e folhas de plantas superiores. Se a orientação e a posição dos cloroplastos forem controladas, as folhas podem regular o quanto de luz incidente é absorvido. Com pouca luz (**Figura 11.12A e B**), os cloroplastos acumulam-se nas superfícies celulares paralelamente ao plano da folha, de modo a ficarem alinhados perpendicularmente à luz incidente – uma posição que maximiza a captação de luz.

Sob luz intensa (**Figura 11.12C**), os cloroplastos deslocam-se para as superfícies celulares paralelas à luz incidente, minimizando, assim, a captação de luz. Tal reordenação dos cloroplastos pode diminuir a quantidade de luz absorvida pela folha em cerca de 15%. O movimento de cloroplastos em folhas é uma resposta típica à luz azul (ver Capítulo 16). A luz azul também controla a orientação dos cloroplastos em muitas plantas inferiores, mas, em algumas algas, o movimento dos cloroplastos é controlado por fitocromo. Nas folhas, o deslocamento dos cloroplastos ocorre ao longo de microfilamentos de actina no citoplasma, e os íons cálcio regulam seu movimento.

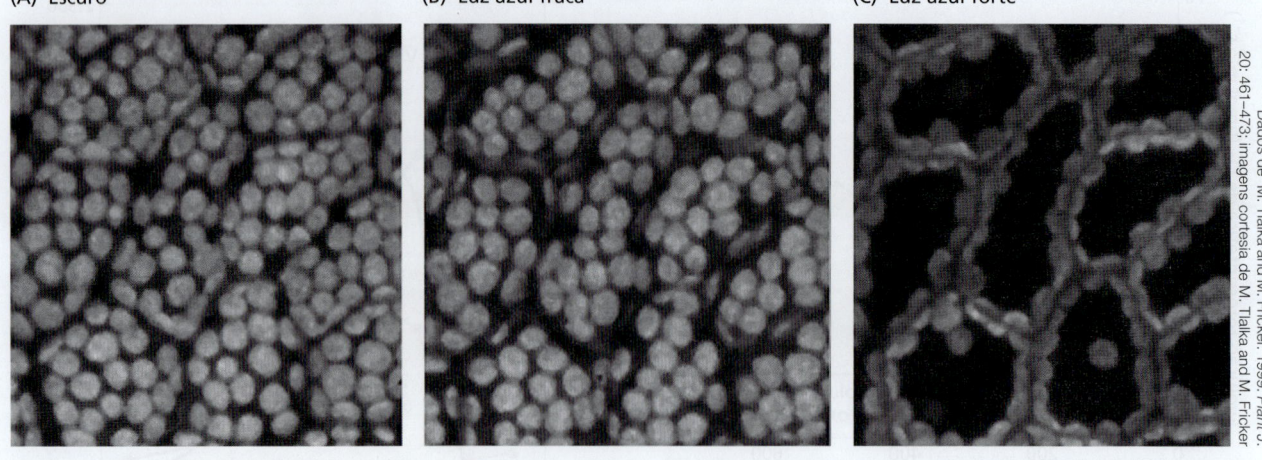

Figura 11.12 Distribuição de cloroplastos em células fotossintetizantes da lentilha-d'água (*Lemna*). Estas vistas frontais mostram as mesmas células sob três condições: (A) escuro, (B) luz azul fraca e (C) luz azul forte. Em A e B, os cloroplastos estão posicionados nas proximidades da superfície superior das células, onde podem absorver quantidades máximas de luz. Quando as células são irradiadas com luz azul forte (C), os cloroplastos deslocam-se para as paredes laterais, onde eles sombreiam uns aos outros, minimizando, portanto, a captação do excesso de luz.

MOVIMENTOS FOLIARES As plantas desenvolveram também respostas que reduzem o excesso da carga de radiação sobre as folhas inteiras durante períodos de luz solar intensa, em especial quando a transpiração e seus efeitos refrescantes são reduzidos devido ao estresse hídrico. Essas respostas muitas vezes abrangem mudanças na orientação foliar em relação à incidência de luz solar. Por exemplo, as folhas heliotrópicas da alfafa e do tremoço ajustam-se à trajetória do sol, mas, ao mesmo tempo, podem reduzir os níveis de luz incidente mediante aproximação de seus folíolos, de modo que as lâminas foliares se tornam quase paralelas aos raios solares (para-heliotrópicas), como discutido anteriormente. Outra resposta comum é a murcha moderada ao sol do meio-dia, como se observa no girassol, em que a folha fica pendente em uma orientação vertical, reduzindo também a carga de calor incidente e diminuindo a transpiração e os níveis de luz incidente. Muitas gramíneas são efetivamente capazes de "se enrolar" mediante perda de turgor nas células buliformes, resultando na redução da PPFD incidente.

A captação de luz em demasia pode levar à fotoinibição

Quando as folhas são expostas a uma quantidade de luz maior do que podem usar (ver Figura 11.10), o centro de reação do PSII é inativado e frequentemente danificado, em um fenômeno denominado **fotoinibição** (ver Capítulo 9). As características da fotoinibição na folha intacta dependem da quantidade de luz à qual a planta está exposta. Os dois tipos de fotoinibição são fotoinibição dinâmica e crônica.

Sob excesso moderado de luz, observa-se a **fotoinibição dinâmica**. A produtividade quântica diminui, mas a taxa fotossintética máxima permanece inalterada. A fotoinibição dinâmica é causada pelo desvio da energia luminosa absorvida para a dissipação de calor – por isso, o decréscimo na produtividade quântica. Com frequência, esse decréscimo é temporário, e a produtividade quântica pode retornar a seu valor inicial mais alto quando a PPFD diminui abaixo dos níveis de saturação. A **Figura 11.13** mostra como os fótons da luz solar são alocados para reações fotossintéticas e para serem dissipados termicamente como excesso de energia durante o dia sob condições ambientais favoráveis e de estresse.

A **fotoinibição crônica** resulta da exposição a níveis mais altos de excesso de luz, que danificam o sistema fotossintético e diminuem a produtividade quântica imediata e a taxa fotossintética máxima. Isso aconteceria se a condição de estresse na Figura 11.13B persistisse porque a fotoproteção não foi possível. Em comparação aos efeitos da fotoinibição dinâmica, os efeitos da fotoinibição crônica são de duração relativamente longa, persistindo por semanas ou meses.

Os primeiros pesquisadores da fotoinibição interpretaram todos os decréscimos na produtividade quântica como dano ao aparelho fotossintético. Hoje, reconhece-se que os decréscimos de curto prazo na produtividade quântica refletem mecanismos protetores (ver Capítulo 9), enquanto a fotoinibição crônica representa dano real ao cloroplasto, resultante de luz excessiva ou de falha dos mecanismos protetores.

Quão significativa é a fotoinibição na natureza? A fotoinibição dinâmica parece ocorrer diariamente, quando as folhas são expostas a quantidades máximas de luz e ocorre uma redução correspondente na fixação de carbono. A fotoinibição é mais pronunciada em temperaturas baixas e torna-se crônica sob condições climáticas mais extremas.

11.3 Efeitos da temperatura sobre a fotossíntese na folha intacta

A fotossíntese (captação de CO_2) e a transpiração (perda de H_2O) apresentam uma rota comum. Ou seja, o CO_2 difunde-se para o interior da folha e a H_2O difunde-se para fora através

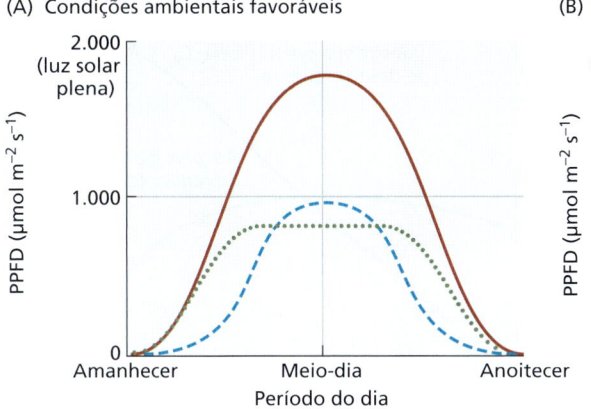
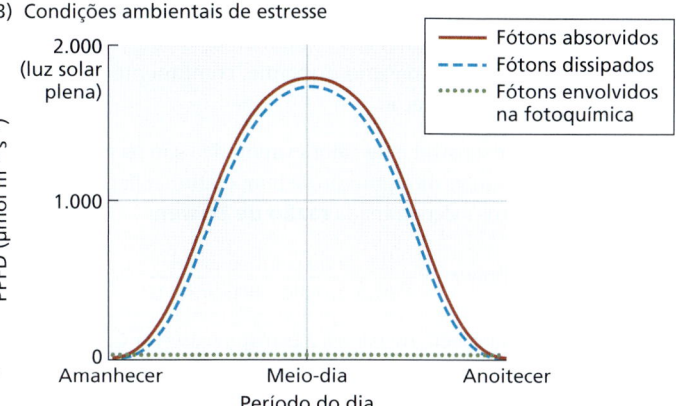

Figura 11.13 Mudanças durante um dia na alocação de fótons absorvidos pela luz solar. É apresentada uma comparação de como os fótons incidentes sobre uma folha são envolvidos na fotoquímica ou dissipados termicamente como excesso de energia em folhas sob condições favoráveis (A) e de estresse (B). (Segundo B. Demmig-Adams and W. W. Adams. 2000. *Nature* 403: 371–372.)

da abertura estomática regulada pelas células-guarda (ver Capítulo 6). Ao mesmo tempo em que esses processos são independentes, grandes quantidades de água são perdidas durante os períodos fotossintéticos, com a razão molar da perda de H_2O em relação à captação de CO_2 muitas vezes excedendo 250. Essa taxa elevada de perda de água também remove calor das folhas mediante esfriamento evaporativo. Isso mantém as folhas relativamente frias mesmo sob condições de luz solar plena. Assim, além de permitir a captação de CO_2 para a fotossíntese, a transpiração ajuda a evitar o superaquecimento das folhas (p. ex., estresse por temperatura alta), mas essa perda de água tem um custo, especialmente em ecossistemas áridos e semiáridos.

As folhas precisam dissipar grandes quantidades de calor

O calor acumulado sobre uma folha exposta à luz solar plena é muito alto. De fato, sob condições luminosas normais com temperatura do ar moderada, uma folha atingiria uma temperatura perigosamente alta caso a energia solar fosse absorvida e não houvesse dissipação de calor. Entretanto, isso não ocorre, pois as folhas absorvem apenas cerca de 50% da energia solar total (300–3.000 nm), com a maior parte da captação ocorrendo na porção visível do espectro (ver Figuras 11.2 e 11.3). Essa quantidade de captação de energia ainda é grande, e uma folha normalmente pode dissipar essa carga de calor por meio de três processos (**Figura 11.14**):

1. Perda de calor radioativo: todos os objetos emitem radiação (a cerca de 10.000 nm) em proporção à quarta potência de sua temperatura (equação de Stephan Boltzman). Contudo, o comprimento de onda máximo emitido é inversamente proporcional à temperatura foliar, e as temperaturas foliares são suficientemente baixas para que os comprimentos de onda emitidos não sejam visíveis ao olho humano.

2. Perda de calor sensível: se a temperatura da folha for mais alta do que a do ar circulante ao seu redor, haverá convecção de calor (transferência) da folha para o ar. O tamanho e a forma de uma folha influenciam a quantidade de perda de calor sensível, com folhas menores sendo mais eficientes na perda de calor do que folhas maiores.

3. Perda de calor latente: uma vez que a evaporação da água requer energia, quando ela evapora de uma folha

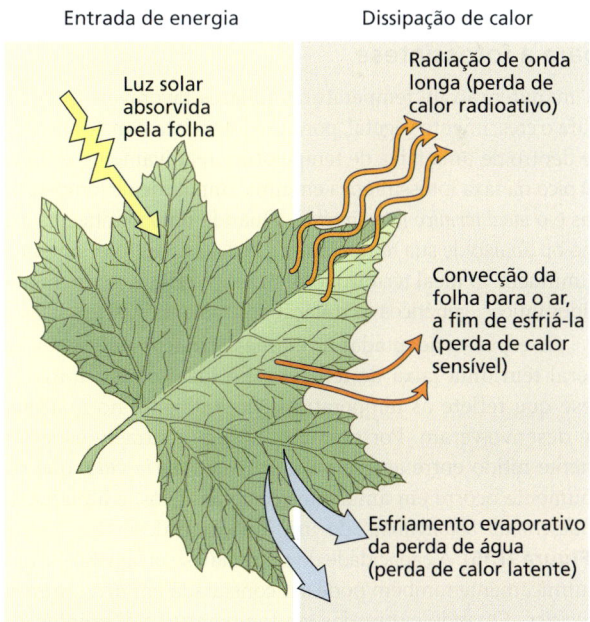

Figura 11.14 Captação e dissipação de energia da luz solar pela folha. A carga de calor imposta deve ser dissipada, a fim de evitar dano à folha. A carga de calor é dissipada pela emissão de radiação de ondas longas, pela perda de calor sensível para o ar que circunda a folha e pelo esfriamento evaporativo causado pela transpiração.

(transpiração), ocorre remoção de grandes quantidades de calor desta e, portanto, seu esfriamento. O corpo humano é esfriado pelo mesmo princípio, comumente conhecido como perspiração.

As perdas de calor sensível e de calor evaporativo são os processos mais importantes na regulação da temperatura foliar, e a razão dos dois fluxos é denominada **razão de Bowen**:

$$\text{Razão de Bowen} = \frac{\text{Perda de calor sensível}}{\text{Perda de calor evaporativo}} \quad (11.2)$$

Em culturas agrícolas bem irrigadas, a transpiração (ver Capítulo 6), e, portanto, a evaporação de água da folha, é alta, de modo que a razão de Bowen é baixa (ver **Tópico 11.2 na internet**). Inversamente, quando o esfriamento evaporativo é limitado, a razão de Bowen é elevada. Em uma lavoura sob estresse hídrico, por exemplo, o fechamento estomático parcial reduz o esfriamento evaporativo e a razão de Bowen é aumentada. A quantidade de perda de calor evaporativo (e, portanto, a razão de Bowen) é influenciada pelo grau em que os estômatos permanecem abertos.

As plantas com razões de Bowen muito altas conservam água, mas consequentemente podem também ficar submetidas a temperaturas foliares muito altas. Entretanto, a diferença de temperatura entre a folha e o ar aumenta a quantidade de perda de calor sensível. O crescimento reduzido em geral está correlacionado com razões de Bowen altas, pois uma razão de Bowen alta indica, pelo menos, o fechamento parcial dos estômatos e disponibilidade reduzida de CO_2 para a fotossíntese.

Existe uma temperatura ideal para a fotossíntese

A manutenção de temperaturas foliares favoráveis é crucial para o crescimento vegetal, porque a fotossíntese máxima ocorre dentro de uma faixa de temperatura relativamente estreita. O pico da taxa fotossintética em uma amplitude de temperaturas é o *ideal térmico fotossintético*. Quando uma planta está acima ou abaixo de sua temperatura ideal, as taxas fotossintéticas diminuem. O ideal térmico fotossintético reflete componentes bioquímicos, genéticos (adaptação) e ambientais (aclimatação).

As espécies adaptadas a regimes térmicos diferentes em geral têm uma faixa de temperatura ideal para a fotossíntese que reflete as temperaturas do ambiente no qual elas se desenvolveram. Por exemplo, há um contraste especialmente nítido entre a planta C_3 *Atriplex glabriuscula*, que comumente ocorre em ambientes costeiros frios, e a planta C_4 *Tidestromia oblongifolia*, de um ambiente desértico quente (**Figura 11.15**). A capacidade de aclimatar-se ou ajustar-se bioquimicamente também pode ser constatada em nível intraespecífico. Quando cultivadas em temperaturas diferentes e, a seguir, testadas quanto à sua resposta fotossintética, as plantas da mesma espécie mostram ideais térmicos fotossintéticos que se correlacionam com as temperaturas em que foram cultivadas. Em outras palavras, os indivíduos da mesma espécie cultivados em temperaturas baixas têm taxas fotossintéticas

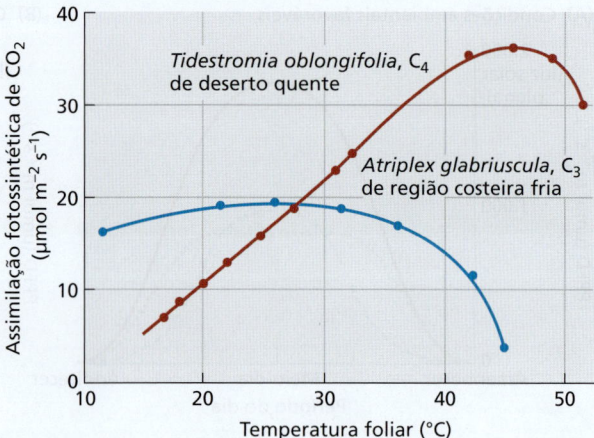

Figura 11.15 Fotossíntese como uma função da temperatura foliar, em concentrações normais de CO_2 atmosférico, para uma planta C_3, crescendo, seu hábitat natural e frio e uma planta C_4, crescendo em seu hábitat natural quente. (Segundo O. Björkman et al. 1975. *Carnegie Inst. Wash Yb*. 74: 743-748. Cortesia, Carnegie Institution for Science.)

mais altas em temperaturas baixas, enquanto esses mesmos indivíduos cultivados em temperaturas altas têm taxas fotossintéticas mais altas em temperaturas altas. As plantas com uma plasticidade térmica elevada são capazes de crescer em uma ampla faixa de temperaturas.

As mudanças nas taxas fotossintéticas em resposta à temperatura exercem um papel importante nas adaptações das plantas e contribuem para que elas sejam produtivas, mesmo em alguns dos hábitats termicamente mais extremos. Na faixa de temperatura mais baixa, as plantas que crescem nas áreas alpinas do Colorado e nas regiões árticas do Alasca são capazes de captar CO_2 em temperaturas próximas a 0 °C. No outro extremo, as plantas que vivem no Vale da Morte, Califórnia, um dos lugares mais quentes da Terra, podem atingir taxas fotossintéticas positivas em temperaturas próximas a 50 °C (ver Figura 11.15).

A fotossíntese é sensível às temperaturas altas e baixas

Quando as taxas fotossintéticas são plotadas em função da temperatura, a curva de resposta à temperatura tem uma forma assimétrica de sino (ver Figura 11.15). A despeito de algumas diferenças na forma, a curva de resposta à temperatura da fotossíntese interespecífica e intraespecífica tem muitas características em comum. A porção ascendente da curva representa uma estimulação de atividades enzimáticas dependentes da temperatura; o topo plano é a temperatura ideal para a fotossíntese, e a porção descendente da curva está associada aos efeitos deletérios sensíveis à temperatura, alguns dos quais são reversíveis e outros não.

Que fatores estão associados ao declínio da fotossíntese acima do ótimo de temperatura fotossintética? A temperatura afeta todas as reações bioquímicas da fotossíntese, bem como a integridade de membranas em cloroplastos, não surpreendendo que as respostas à temperatura sejam complexas. As taxas de respiração celular também aumentam em função da temperatura, mas isso não é a razão primordial para o decréscimo pronunciado na fotossíntese líquida em temperaturas elevadas. Um impacto importante da temperatura alta é sobre os processos de transporte de elétrons ligados à membrana, que podem se tornar desacoplados ou instáveis em temperaturas altas. Isso interrompe o suprimento do poder redutor e ATP necessários para abastecer a fotossíntese líquida e provoca um decréscimo geral acentuado na fotossíntese.

Sob concentrações de CO_2 existentes no ambiente e com condições favoráveis de luz e umidade do solo, o ideal térmico fotossintético com frequência é limitado pela atividade da rubisco. Nas folhas de plantas C_3, a resposta ao aumento da temperatura reflete processos conflitantes: um aumento na taxa de carboxilação e uma diminuição na afinidade de rubisco pelo CO_2 com um aumento correspondente na taxa de oxigenação e fotorrespiração (ver Capítulo 10). Há evidência de que a atividade da rubisco diminui devido aos efeitos negativos do calor sobre a rubisco-ativase submetida a temperaturas mais altas (> 35 °C) (ver Capítulo 10). A redução na afinidade por CO_2 e o aumento na fotorrespiração atenuam a resposta potencial à temperatura da fotossíntese sob as concentrações de CO_2 existentes no ambiente. Em comparação, em plantas com fotossíntese C_4, o interior da folha é saturado de CO_2 ou quase assim (como discutido no Capítulo 10), e não se manifesta o efeito negativo da temperatura alta sobre a afinidade da rubisco por CO_2. Essa é uma razão pela qual as folhas de plantas C_4 tendem a ter um ideal de temperatura fotossintética mais alto do que as folhas de plantas C_3 (ver Figura 11.15).

Em temperaturas baixas, a taxa de oxigenação catalisada pela rubisco diminui, mas a fotossíntese C_3 pode ficar limitada por fatores como a disponibilidade de fosfato no cloroplasto. Quando trioses fosfato são exportadas do cloroplasto para o citosol, uma quantidade equimolar de fosfato inorgânico é absorvida via translocadores na membrana dos cloroplastos. Se a taxa de uso de trioses fosfato no citosol diminuir, o ingresso de fosfatos no citosol é inibido e a fotossíntese torna-se limitada por eles. As sínteses de amido e sacarose diminuem rapidamente com o decréscimo da temperatura conforme a demanda por tecidos-dreno diminui, reduzindo o consumo de trioses fosfato e causando a limitação de fosfatos observada em temperaturas baixas. As plantas C_4 em geral são adaptadas ao calor e suas taxas fotossintéticas diminuem drasticamente em temperaturas baixas. No entanto, algumas espécies de C_4, como *Miscanthus*, parecem ser menos sensíveis ao frio do que outras, como o milho (*Zea mays*) adaptado ao calor.

A eficiência fotossintética é sensível à temperatura

A fotorrespiração (ver Capítulo 10) e a produtividade quântica (eficiência no uso da luz) diferem entre os tipos fotossintéticos C_3 e C_4, com mudanças especialmente notáveis à medida que a temperatura varia. A **Figura 11.16** ilustra a produtividade quântica para a fotossíntese, em função da temperatura foliar de plantas C_3 e C_4 na atmosfera atual de 417 ppm de CO_2. Nas plantas C_4, a produtividade quântica permanece constante com a temperatura, refletindo taxas baixas de fotorrespiração. Nas plantas C_3, a produtividade quântica diminui com a temperatura, refletindo uma estimulação da fotorrespiração pela temperatura e um subsequente custo energético mais alto para a fixação líquida de CO_2.

A redução da produtividade quântica devido ao aumento da fotorrespiração leva a diferenças esperadas nas capacidades fotossintéticas de plantas C_3 e C_4 em hábitats com temperaturas diferentes. A **Figura 11.17** mostra as taxas relativas de produtividade primária previstas para gramíneas C_3 e C_4 ao longo de um gradiente latitudinal nas Grandes Planícies da América do Norte, desde o sul do Texas nos EUA até Manitoba no Canadá. O declínio, na produtividade de planta C_4 em relação à produtividade de C_3 no deslocamento para o norte, estabelece um paralelo estreito de mudança na abundância das plantas com essas rotas nas Grandes Planícies: as espécies C_4 são mais comuns abaixo de 40 °N, e as espécies C_3 dominam acima de 45 °N (ver **Tópico 11.3 na internet**).

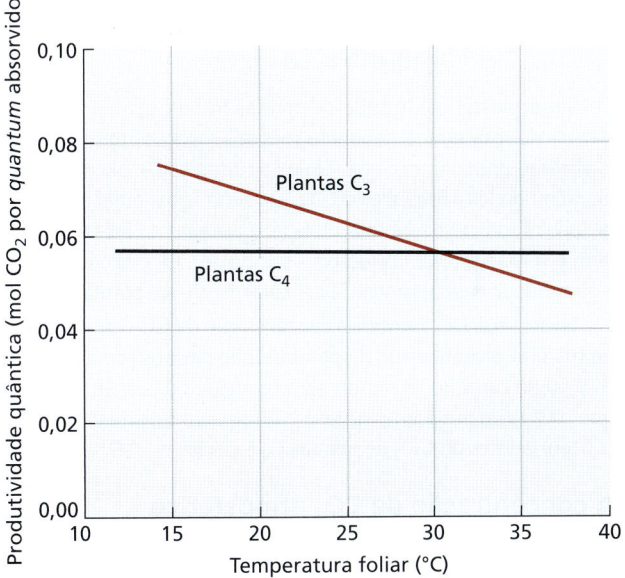

Figura 11.16 Produtividade quântica da fixação fotossintética de carbono em plantas C_3 e C_4, como uma função da temperatura foliar. A fotorrespiração aumenta com a temperatura em plantas C_3 e o custo energético da fixação líquida de CO_2 aumenta de acordo. Esse custo energético mais alto é expresso em produtividades quânticas mais baixas sob temperaturas mais elevadas. Por outro lado, a fotorrespiração é muito baixa em plantas C_4 e a produtividade quântica não mostra uma dependência da temperatura. Observe que, em temperaturas mais baixas, a produtividade quântica de plantas C_3 é mais alta do que a de plantas C_4, indicando que a fotossíntese C_3 é mais eficiente em temperaturas mais baixas. (Segundo Ehleringer et al. 1997. *Oecologia* 112: 285-299.)

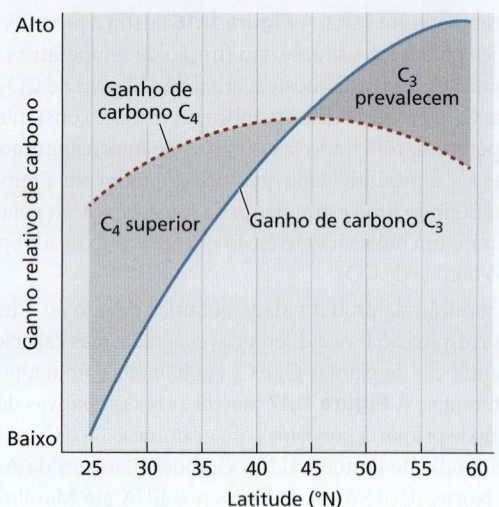

Figura 11.17 Taxas relativas de ganho de carbono fotossintético, previstas para gramíneas C_3 e C_4 de estratos idênticos, como uma função da latitude ao longo das Grandes Planícies da América do Norte. (Segundo J. R. Ehleringer. 1978. *Oecologia* 31: 255–267.)

■ 11.4 Efeitos do dióxido de carbono sobre a fotossíntese na folha intacta

O CO_2 atmosférico difunde-se para as folhas: primeiramente através dos estômatos, depois através dos espaços intercelulares e, por fim, para o interior de células e cloroplastos. Na presença de quantidades adequadas de luz, concentrações mais elevadas de CO_2 mantêm taxas fotossintéticas mais altas. O inverso também é verdadeiro: Concentrações baixas de CO_2 podem limitar a quantidade de fotossíntese, particularmente em plantas de C_3.

Nesta seção, é discutida a concentração de CO_2 atmosférico na história recente e sua disponibilidade para os processos de fixação do carbono. A seguir, serão considerados as limitações que o CO_2 impõe à fotossíntese e o impacto dos mecanismos concentradores de CO_2 de plantas C_4 e CAM.

A concentração de CO_2 atmosférico continua subindo

Atualmente, o dióxido de carbono é responsável por cerca de 0,0417% ou 417 ppm do ar atmosférico. A pressão parcial de CO_2 do ambiente (c_a) varia com a pressão atmosférica e é de cerca de 40 pascais (Pa) ao nível do mar (ver **Tópico 11.4 na internet**). O vapor de água em geral fica acima de 2% da atmosfera e o O_2 é responsável por cerca de 21%. O maior constituinte na atmosfera é o nitrogênio diatômico, representando cerca de 78%.

Hoje, a concentração atmosférica de CO_2 é quase o dobro da que prevalecia nos últimos 400 mil anos, conforme medições de bolhas de ar apreendidas no gelo glacial da Antártica (**Figura 11.18A e B**) (ver também **Tópico 11.5 na internet**), e é mais elevada que aquela ocorrida na Terra nos últimos 2 milhões de anos. Por isso, considera-se que a maioria dos táxons vegetais existentes evoluiu em um mundo com baixa concentração de CO_2 (cerca de 180–280 ppm de CO_2). Somente quando se olha para trás, há mais de 35 milhões de anos, encontram-se concentrações de CO_2 muito maiores (> 1.000 ppm). Assim, a tendência geológica durante esses muitos milhões de anos foi de concentrações decrescentes de CO_2 atmosférico.

Atualmente, a concentração de CO_2 da atmosfera está crescendo cerca de 1 a 3 ppm por ano, principalmente devido à queima de combustíveis fósseis (p. ex., carvão, petróleo e gás natural) e ao desmatamento (**Figura 11.18C**). Desde 1958, quando C. David Keeling começou as medições sistemáticas de CO_2 no ar puro de Mauna Loa, Havaí, as concentrações de CO_2 atmosférico têm aumentado mais de 30%. Por volta de 2100, a concentração de CO_2 atmosférico poderá alcançar 600 a 750 ppm, a menos que as emissões de combustíveis fósseis e o desmatamento diminuam (ver **Tópico 11.6 na internet**).

A difusão de CO_2 até o cloroplasto é essencial para a fotossíntese

Para a ocorrência da fotossíntese em plantas C_3, o CO_2 necessita difundir-se da atmosfera para o interior da folha e para o sítio de carboxilação da rubisco. A taxa de difusão depende do gradiente de concentração de CO_2 na folha (ver Capítulos 6 e 10) e das resistências ao longo da rota de difusão, que compreende as rotas (fases) gasosa e líquida. A cutícula que cobre a folha é quase impermeável ao CO_2, de modo que a principal porta de entrada desse gás na folha é a fenda estomática. (O mesmo trajeto é percorrido pela H_2O, no sentido inverso.) Pela fenda estomática, o CO_2 difunde-se para a câmara subestomática e daí para os espaços de ar entre as células do mesófilo. Essa parte do trajeto de difusão de CO_2 é uma fase gasosa. O restante do trajeto de difusão para o cloroplasto é uma fase líquida, a qual inicia na camada de água que umedece as paredes das células do mesófilo e continua pela membrana plasmática, pelo citosol e pelo cloroplasto. (Para examinar as propriedades do CO_2 em solução, ver **Tópico 10.9 na internet**.)

O compartilhamento da rota de entrada estomática pelo CO_2 e por H_2O submete a planta a um dilema funcional. No ar com umidade relativa alta, o gradiente de difusão que impulsiona a perda de água é cerca de 50 vezes maior do que o gradiente que impulsiona a captação de CO_2. No ar mais seco, essa diferença pode ser muito maior. Por isso, um decréscimo na resistência do estômato através da abertura estomática facilita a maior captação de CO_2, mas ela é inevitavelmente acompanhada por substancial perda de água. Não surpreende que muitas características adaptativas ajudem a neutralizar essa perda de água em plantas de regiões áridas e semiáridas do mundo.

Cada porção dessa rota de difusão impõe uma resistência à difusão de CO_2, de modo que o suprimento de CO_2 para a fotossíntese enfrenta uma série de diferentes pontos de resistência. A fase gasosa da difusão de CO_2 para a folha pode ser dividida em três componentes – a camada limítrofe, o estômato e os espaços intercelulares da folha – cada uma impondo uma

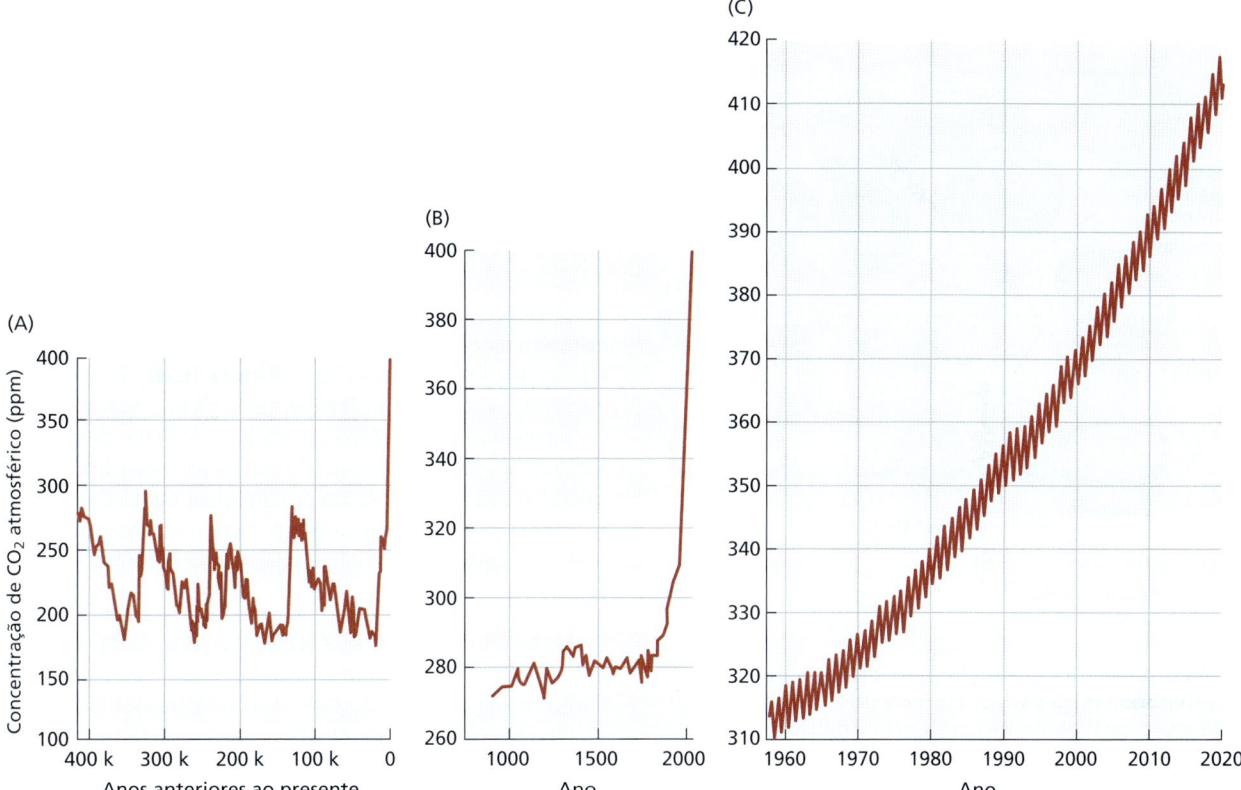

Figura 11.18 Concentração de CO$_2$ atmosférico desde 420 mil anos até os dias atuais. (A) As concentrações de CO$_2$ atmosférico no passado, determinadas a partir de bolhas apreendidas no gelo glacial da Antártica, eram muito mais baixas do que os níveis atuais. (B) Nos últimos 1.000 anos, a elevação na concentração de CO$_2$ atmosférico coincide com a Revolução Industrial e com o aumento da queima de combustíveis fósseis. (C) As concentrações atuais de CO$_2$ atmosférico, medidas em Mauna Loa, Havaí, continuam a aumentar. A natureza ondulada no traço é causada pela alteração nas concentrações de CO$_2$ atmosférico, associada a mudanças sazonais no equilíbrio relativo entre taxas de fotossíntese e respiração. A cada ano, a concentração mais elevada de CO$_2$ é observada em maio, exatamente antes da estação de crescimento no hemisfério norte, e a concentração mais baixa é observada em outubro. (A segundo Barnola et al. 2003; B segundo D. M. Etheridge et al. 1998. In *Trends: A Compendium of Data on Global Change*, Boden et al. [eds.], Oak Ridge, TN: Carbon Dioxide Informative Analysis Center, Oak Ridge Natl Lab, USDOE; C segundo C. D. Keeling and T. P. Whorf. 1994. In *Trends '93: A Compendium of Data on Global Change*; atualizado usando dados de www.esrl.noaa.gov/gmd/ccgg/trends/ and https://scrippsco2.ucsd.edu/.)

resistência à difusão de CO$_2$ (**Figura 11.19**). Uma avaliação da magnitude de cada ponto de resistência ajuda a entender as limitações do CO$_2$ para a fotossíntese.

A camada limítrofe é constituída de ar relativamente parado junto à superfície foliar, e sua resistência à difusão é denominada **resistência da camada limítrofe**. Essa resistência afeta todos os processos de difusão, incluindo a difusão de água e de CO$_2$, assim como a perda de calor sensível, discutida anteriormente. A resistência da camada limítrofe decresce com o menor tamanho foliar e a maior velocidade do vento. As folhas menores, portanto, têm uma resistência menor à difusão de CO$_2$ e de água, e tendem a ter maior perda de calor sensível. As folhas de plantas de deserto em geral são pequenas, facilitando a perda de calor sensível. As folhas grandes, por outro lado, com frequência são encontradas nos trópicos úmidos, em especial na sombra. Essas folhas têm grandes resistências da camada limítrofe, mas elas podem dissipar o acúmulo de calor da radiação por esfriamento evaporativo, possibilitado pelo suprimento abundante de água nesses hábitats.

Após difundir-se através da camada limítrofe, o CO$_2$ penetra na folha pelas fendas estomáticas, que impõem o próximo tipo de resistência na rota da difusão, a **resistência estomática**. Na maioria das condições naturais, em que o ar ao redor da folha raras vezes está completamente parado, a resistência da camada limítrofe é muito menor que a resistência estomática. Portanto, a principal limitação à difusão de CO$_2$ para o interior da folha é imposta pela resistência estomática.

Existem duas resistências adicionais no interior da folha. A primeira é a resistência à difusão de CO$_2$ nos espaços de ar que separam a câmara subestomática das paredes das células do mesófilo. Isso é chamado de **resistência nos espaços intercelulares**. A segunda é a **resistência do mesófilo**, que é a resistência à difusão de CO$_2$ na fase líquida. Nas plantas C$_3$, a localização dos cloroplastos perto da periferia celular minimiza

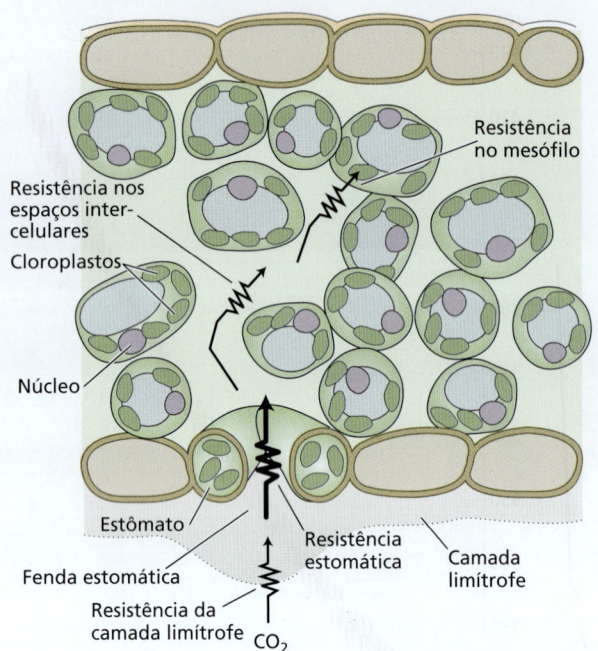

Figura 11.19 Pontos de resistência à difusão e fixação de CO_2 do exterior da folha para os cloroplastos. A fenda estomática* é o principal ponto de resistência à difusão de CO_2 para dentro da folha. Em alguns casos, os núcleos e os cloroplastos são representados em frente do vacúolo, não dentro dele (ver Figura 11.12).

a distância que o CO_2 deve percorrer ao longo do líquido para alcançar os sítios de carboxilação dentro do cloroplasto. A resistência do mesófilo à difusão de CO_2 pode ter uma limitação à fotossíntese similar à resistência estomática. Como as células-guarda podem impor uma resistência variável e potencialmente grande ao influxo de CO_2 e à perda de água na rota de difusão, a regulação da abertura estomática proporciona à planta uma maneira eficaz de controle das trocas gasosas entre a folha e a atmosfera (ver **Tópico 11.4 na internet**). Alternativamente, diminuir a resistência do mesófilo pode aumentar a disponibilidade de CO_2 para a fotossíntese sem afetar negativamente a perda de água da folha, porque não se considera que a resistência do mesófilo influencie o movimento da água para fora da folha. Características como a espessura das paredes celulares do mesófilo e a área da superfície celular do mesófilo exposta aos espaços intercelulares podem influenciar a resistência do mesófilo. É possível que essas características tenham implicações consideráveis para o aumento da eficiência fotossintética do uso da água em plantas agronomicamente importantes, sobretudo quando a disponibilidade de água no solo é baixa.

O suprimento de CO_2 impõe limitações à fotossíntese

Para plantas C_3 cultivadas em condições adequadas de luz, água e nutrientes, o enriquecimento do CO_2 acima das concentrações atmosféricas naturais resulta em aumento da fotossíntese e incremento da produtividade. A expressão da taxa fotossintética, como uma função da pressão parcial de CO_2 nos espaços intercelulares (c_i) dentro da folha (ver **Tópico 11.4 na internet**), possibilita avaliar as limitações à fotossíntese impostas pelo suprimento de CO_2. Em concentrações baixas de c_i, a fotossíntese é fortemente limitada pelo baixo suprimento de CO_2. Na ausência de fotossíntese, as folhas liberam CO_2 devido à respiração mitocondrial (ver Capítulo 13).

O aumento de c_i até a concentração em que a fotossíntese e a respiração se equilibram mutuamente define o **ponto de compensação do CO_2**. Esse é o ponto em que a assimilação líquida de CO_2 pela folha é zero (**Figura 11.20**). Esse conceito é análogo ao do ponto de compensação da luz, discutido anteriormente na Seção 11.2 (ver Figura 11.6). O ponto de compensação do CO_2 reflete o equilíbrio entre a captação de CO_2 pela fotossíntese e o CO_2 liberado pela fotorrespiração e respiração sob PPFD constante, enquanto o ponto de compensação da luz reflete o equilíbrio como uma função da PPFD sob concentração de CO_2 constante.

PLANTAS C_3 VERSUS PLANTAS C_4 Em plantas C_3, o aumento de c_i acima do ponto de compensação aumenta a fotossíntese em uma faixa ampla de concentrações (ver Figura 11.20). Em concentrações de CO_2 baixas até intermediárias, a fotossíntese é limitada pela capacidade de carboxilação da rubisco. Em concentrações de c_i mais altas, a fotossíntese começa a saturar à medida que a taxa fotossintética líquida se torna limitada por outro fator (lembre-se do conceito de Blackman de fatores limitantes). Nessas concentrações mais altas de c_i,

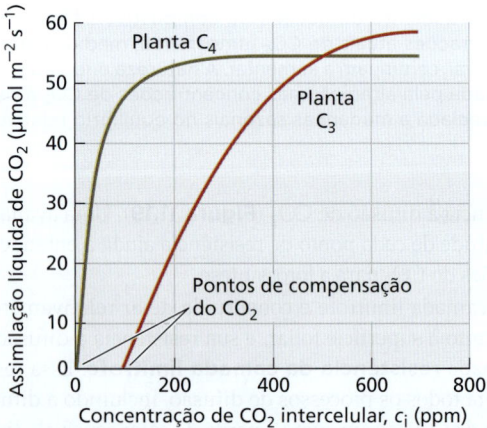

Figura 11.20 Mudanças na fotossíntese como uma função das concentrações intercelulares de CO_2 em "Arizona honeysweet" (*Tidestromia oblongifolia*), uma planta C_4, e arbusto-de-creosoto (*Larrea tridentata*), uma planta C_3. A taxa fotossintética está relacionada à concentração de CO_2 intercelular, calculada no interior da folha (ver Equação 5 em **Tópico 11.4 na internet**). A concentração de CO_2 intercelular, na qual a assimilação líquida de CO_2 é zero, define o ponto de compensação desse gás. (Segundo J. A. Berry and J. S. Downton. 1982. In *Photosynthesis*: *Development, Carbon Metabolism and Plant Productivity*, Vol. 2. Govindjee [ed.]. Academic Press, New York.)

---

* N. de R. T. De acordo com a terminologia adotada na língua portuguesa, a maior resistência à difusão de CO_2 ocorre na fenda estomática ou ostíolo, cujo tamanho é regulado por alterações nas células-guarda.

a fotossíntese líquida torna-se limitada pela capacidade das reações luminosas de gerar NADPH e ATP suficientes para regenerar a molécula aceptora ribulose 1,5-bifosfato. A maioria das folhas parece regular seus valores de c_i mediante controle da abertura estomática, de modo que c_i permanece em uma concentração subambiente intermediária entre os limites impostos pela capacidade de carboxilação e a capacidade de regenerar ribulose 1,5-bifosfato. Dessa maneira, as reações luminosas e no escuro da fotossíntese são colimitantes. Uma representação gráfica da assimilação líquida de CO_2 como uma função de c_i ilustra como a fotossíntese é regulada pelo CO_2, independentemente do funcionamento dos estômatos (ver Figura 11.20).

A comparação da representação gráfica de plantas C_3 e C_4 revela diferenças interessantes entre as duas rotas do metabolismo do carbono:

- Em plantas C_4, as taxas fotossintéticas saturam em concentrações de CO_2 nos espaços intercelulares (c_i) de cerca de 100 a 200 ppm, refletindo os eficientes mecanismos concentradores de CO_2 que operam nessas plantas (ver Capítulo 10).
- Em plantas C_3, o aumento das concentrações em c_i continua a estimular a fotossíntese em uma faixa de CO_2 muito mais ampla do que em plantas C_4.
- Em plantas C_4, o ponto de compensação do CO_2 é zero ou próximo de zero, refletindo seus níveis de fotorrespiração muito baixos (ver Capítulo 10).
- Em plantas C_3, o ponto de compensação do CO_2 é de cerca de 50 a 100 ppm a 25 °C, refletindo a produção de CO_2 pela fotorrespiração (ver Capítulo 10).

Essas respostas revelam que as plantas C_3 têm mais probabilidade do que as plantas C_4 de se beneficiar dos aumentos nas concentrações atuais de CO_2 atmosférico (ver Figura 11.20). As plantas C_4 não se beneficiam muito dos aumentos nas concentrações de CO_2 atmosférico, porque sua fotossíntese é saturada em concentrações baixas de CO_2. No entanto, como discutiremos posteriormente nesta seção, a resposta da fotossíntese em plantas C_3 e C_4 às mudanças nas concentrações de CO_2 é fortemente influenciada pela temperatura da folha e pela disponibilidade de água no solo, que também devem mudar à medida que as concentrações atmosféricas de CO_2 aumentam.

De uma perspectiva evolutiva, a rota fotossintética ancestral é a fotossíntese C_3, sendo a fotossíntese C_4 uma rota derivada. Durante períodos geológicos pretéritos (há mais de 35 milhões de anos), quando as concentrações de CO_2 atmosférico eram muito mais elevadas do que as atuais, a difusão de CO_2 através dos estômatos para dentro das folhas teria resultado em valores de c_i mais altos e, por isso, em taxas fotossintéticas mais elevadas e fotorrespiração reduzida em plantas C_3. No entanto, as menores concentrações de CO_2 na atmosfera que ocorreram mais recentemente teriam levado a taxas fotossintéticas reduzidas e maior fotorrespiração. A evolução da fotossíntese C_4 é uma adaptação bioquímica a uma atmosfera com limitação de CO_2. O entendimento atual é que as primeiras plantas C_4 evoluíram recentemente em termos geológicos, aproximadamente há 25 a 30 milhões de anos, quando o CO_2 atmosférico era relativamente baixo.

A fotossíntese C_4 tornou-se pela primeira vez um componente proeminente dos ecossistemas terrestres nas regiões mais quentes da Terra, quando as concentrações globais de CO_2 diminuíram abaixo de um limite crítico (**Figura 11.21**) e a condutância estomática era baixa, devido à aridez do solo e umidade relativa baixa na atmosfera. Os impactos negativos da fotorrespiração alta e da limitação do CO_2 sobre a fotossíntese C_3 seriam mais altos sob essas condições de crescimento quentes, secas e com concentração baixa de CO_2 atmosférico. Essas condições foram provavelmente fatores-chave que favoreceram a evolução e, por fim, a expansão geográfica das plantas C_4.

Devido aos mecanismos concentradores de CO_2 em espécies C_4, a concentração desse gás no sítio de carboxilação da rubisco em cloroplastos C_4 está, em geral, próxima à saturação da atividade de carboxilação da rubisco. Como consequência, as plantas com metabolismo C_4 requerem menos rubisco que as plantas C_3, para alcançar uma determinada taxa de fotossíntese, e, portanto, utilizam menos nitrogênio para crescer. Além disso, o mecanismo concentrador de CO_2 permite à folha manter taxas fotossintéticas altas com valores de c_i mais baixos. Isso permite que os estômatos permaneçam relativamente fechados, resultando em menos perda de água para determinada taxa de fotossíntese. Assim, o mecanismo concentrador de CO_2 ajuda as plantas C_4 a utilizar água e nitrogênio com mais eficiência do que as plantas C_3. Contudo, o custo energético adicional exigido pelo mecanismo concentrador de CO_2 (ver Capítulo 10) reduz a eficiência do uso da luz na fotossíntese C_4. Esta é provavelmente uma das razões pelas quais a maioria das plantas adaptadas à sombra

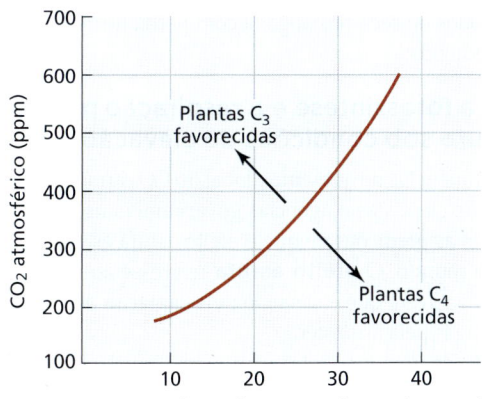

Figura 11.21 Combinação dos níveis globais de CO_2 atmosférico e temperaturas diárias da estação de crescimento, que previsivelmente favorecem gramíneas C_3 *versus* gramíneas C_4. Em determinado momento, a Terra apresenta uma única concentração de CO_2 atmosférico, resultando na expectativa de que as plantas C_4 seriam mais comuns nos hábitats com as estações de crescimento mais quentes. (Segundo Ehleringer et al. 1997. *Oecologia* 112: 285-299.)

em regiões temperadas não são plantas C_4. As C_4 geralmente são encontradas em hábitats abertos com muita luz.

PLANTAS CAM Plantas CAM As plantas com metabolismo ácido das crassuláceas (CAM, de *crassulacean acid metabolism*), incluindo muitos cactos, orquídeas, bromeliáceas e outras suculentas, têm padrões de atividade estomática que diferem daqueles encontrados em plantas C_3 e C_4. As plantas CAM abrem seus estômatos à noite e os fecham durante o dia, exatamente o oposto do padrão observado em folhas de plantas C_3 e C_4 (**Figura 11.22**). À noite, o CO_2 atmosférico difunde-se para dentro das plantas CAM, onde é combinado com fosfoenolpiruvato e fixado em oxaloacetato, que é reduzido a malato (ver Capítulo 10). Então, durante o dia, o CO_2 é liberado do malato e absorvido pela rubisco enquanto os estômatos estão fechados. Como os estômatos ficam abertos principalmente à noite, quando as temperaturas mais baixas e a umidade mais alta reduzem a demanda transpiratória, a razão da perda de água para a captação de CO_2 é muito mais baixa em plantas CAM do que em plantas C_3 ou C_4.

A principal restrição fotossintética ao metabolismo CAM é que a capacidade de armazenagem do ácido málico (malato) é limitada. Essa limitação restringe a quantidade total de captação de CO_2. No entanto, o ciclo diário de metabolismo CAM pode ser muito flexível. Algumas plantas CAM são capazes de incrementar a fotossíntese total durante condições úmidas fixando diretamente o CO_2 atmosférico por meio do ciclo de Calvin-Benson no início e no final do dia, quando os gradientes de temperatura são menos extremos. Outras plantas podem usar a estratégia CAM como um mecanismo de sobrevivência durante limitações severas de água. Por exemplo, os cladódios (caules achatados) conseguem sobreviver por vários meses sem água após a separação da planta-mãe. Seus estômatos permanecem fechados durante todo o tempo, e o CO_2 liberado pela respiração é fixado novamente em malato. Tal processo, que tem sido denominado *CAM ocioso*, permite à planta sobreviver por períodos de seca prolongada com perda de água extremamente reduzida.

Como a fotossíntese e a respiração mudarão no futuro sob condições de elevação do CO_2?

As consequências do aumento global do CO_2 atmosférico estão na mira de cientistas e agências governamentais, em particular devido às predições de que o efeito estufa está alterando o clima do mundo. O **efeito estufa** refere-se ao aquecimento do clima da Terra que é causado pela captação de radiação de ondas longas pela atmosfera.

O teto de uma estufa transmite luz visível, que é absorvida por plantas e outras superfícies no interior dessa estrutura. Uma porção da energia da luz absorvida é convertida em calor, e parte deste é reemitida como radiação de ondas longas. Como o vidro transmite pouquíssima radiação de ondas longas, tal radiação não consegue sair pelo teto de vidro da estufa, e, com isso, ela esquenta. Certos gases na atmosfera, em particular CO_2 e metano, desempenham um papel similar ao do teto de vidro em uma estufa. O aumento da concentração de CO_2 e a

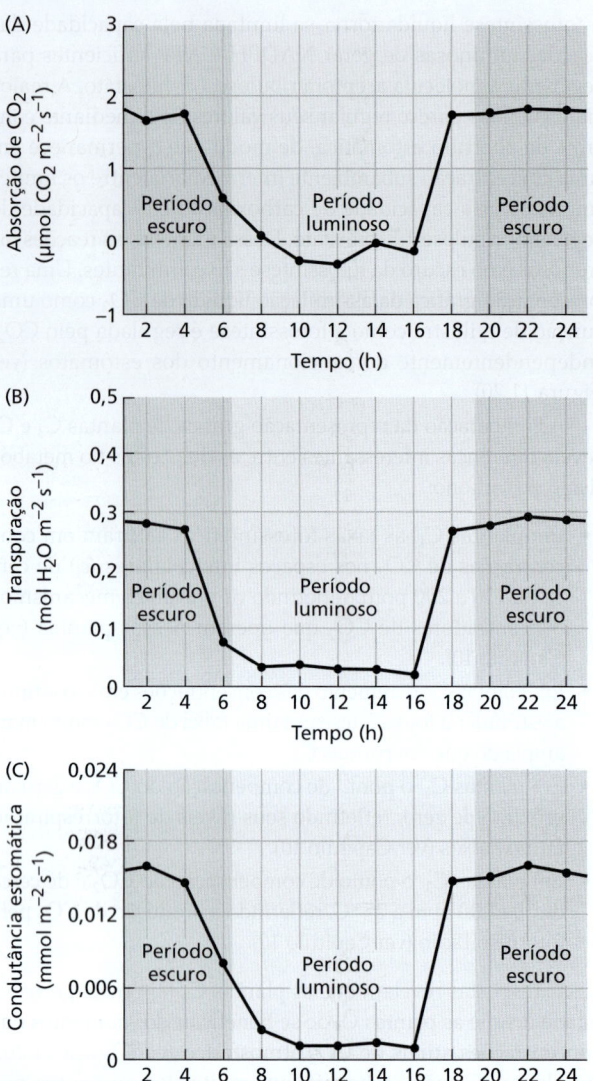

Figura 11.22 Captação fotossintética líquida de CO_2, transpiração de H_2O e condutância estomática de uma espécie CAM, a orquídea *Doritaenopsis*, durante um período de 24 horas. Plantas inteiras foram mantidas em uma câmara de medição de trocas gasosas, instalada no laboratório. O período escuro é indicado por áreas sombreadas. Durante o período de estudo, foram medidos três parâmetros: (A) taxa fotossintética, (B) perda de água e (C) condutância estomática. Ao contrário das plantas com metabolismo C_3 ou C_4, as plantas CAM abrem seus estômatos e fixam CO_2 à noite. (Segundo M.-W. Jeon et al. 2006. *Environ. Exp. Bot.* 55: 183–194.)

elevação da temperatura, associados com o efeito estufa, têm múltiplas influências sobre a fotossíntese e o crescimento vegetal. Nas concentrações atuais do CO_2 atmosférico, a fotossíntese de plantas C_3 é limitada pelo CO_2, mas essa situação mudará à medida que as concentrações desse gás continuem a crescer. No entanto, conforme discutido em breve, a resposta às mudanças nas concentrações de CO_2 também será influenciada por mudanças concomitantes nas temperaturas de crescimento, padrões de precipitação e disponibilidade de nutrientes, de modo que a estimulação potencial da fotossíntese pelo aumento das concentrações de CO_2 pode ser compensada pelo aumento da temperatura das folhas e diminuição da condutância estomática.

Atualmente, uma pergunta central na fisiologia vegetal é: quanto a fotossíntese e a respiração diferirão em torno de 2100, quando os níveis globais de CO_2 alcançarem 600 ppm, 700 ppm ou mesmo valores mais elevados? Essa pergunta é especialmente relevante, à medida que as pessoas continuam a adicionar à atmosfera terrestre o CO_2 derivado da queima de combustíveis fósseis. Sendo bem hidratada e altamente fertilizada em condições de laboratório, a maioria das plantas C_3 cresce cerca de 30% mais rápido quando a concentração de CO_2 alcança 600 a 750 ppm do que na concentração atual; acima dessa concentração de CO_2 atmosférico, a taxa de crescimento torna-se mais limitada pela disponibilidade de nutrientes para a planta. Para estudar essa questão no campo, os cientistas precisam ser capazes de criar simulações realistas de ambientes futuros. Uma abordagem promissora para o estudo de fisiologia e ecologia vegetais em ambientes com concentrações elevadas de CO_2 tem sido o emprego de experimentos de enriquecimento de CO_2 ao ar livre (FACE, de *Free Air CO2 Enrichment*).

Para realizar experimentos de FACE, campos inteiros de plantas ou ecossistemas naturais são cercados por emissores, os quais adicionam CO_2 ao ar a fim de criar o ambiente com concentração alta desse gás, o que se pode esperar para os próximos 25 a 30 anos. A **Figura 11.23** mostra experimentos de FACE em uma floresta decidual e no estrato superior de uma cultura agrícola.

Os experimentos de FACE têm proporcionado novas percepções fundamentais sobre como as plantas e os ecossistemas responderão às concentrações de CO_2 esperadas no futuro. Uma observação-chave é que as plantas com rota fotossintética C_3 são muito mais responsivas do que as plantas C_4 sob condições bem hidratadas, com a taxa fotossintética líquida aumentando 20% ou mais em plantas C_3 e nem tanto em plantas C_4. A fotossíntese aumenta nas plantas C_3 porque as concentrações de c_i crescem (ver Figura 11.20). Ao mesmo tempo, há uma regulação para baixo da capacidade fotossintética, manifestada pela atividade reduzida das enzimas associadas às reações enzimáticas da fotossíntese. Os experimentos do FACE também demonstraram que em condições de campo, que podem ter muitas limitações adicionais ao crescimento das plantas, a estimulação da produtividade da cultura agrícola é geralmente menor do que seria previsto em experimentos conduzidos em estufas ou câmaras de crescimento, que, via de regra, minimizam a influência desses outros fatores limitantes.

As concentrações aumentadas de CO_2 afetarão muitos processos vegetais. Por exemplo, as folhas tendem a manter seus estômatos mais fechados sob concentrações elevadas de CO_2. Como uma consequência direta da redução da transpiração, as temperaturas foliares ficam mais altas (ver Figura 11.23C), o que pode retroalimentar a fotossíntese, conforme discutido

(A)

(B)

(C)

Figura 11.23 Experimentos de enriquecimento de CO_2 ao ar livre (FACE) são utilizados para estudar como plantas e ecossistemas responderão às concentrações futuras de CO_2. Aqui são apresentados experimentos de FACE em uma floresta decidual (A) e no estrato superior de uma lavoura (B). (C) Sob concentrações aumentadas de CO_2, os estômatos são mais fechados, acarretando temperaturas foliares mais altas, conforme mostrado pela imagem por infravermelho do estrato superior de uma lavoura.

anteriormente, e a respiração mitocondrial. A partir de estudos de FACE, tornou-se progressivamente claro que um processo de aclimatação ocorre sob concentrações mais altas CO_2, em que as taxas de fotossíntese e respiração são diferentes daquelas sob condições atmosféricas atuais, mas não tão altas quanto teriam sido previstas sem a resposta de aclimatação por regulação descendente.

Ao mesmo tempo em que o CO_2 certamente é importante para a fotossíntese e a respiração, outros fatores são cruciais para o crescimento sob concentrações elevadas desse gás. Por exemplo, uma observação comum de FACE é que o crescimento vegetal sob concentrações elevadas de CO_2 rapidamente se torna limitado pela disponibilidade de nutrientes (lembrar da regra de Blackman de fatores limitantes). Uma segunda observação é que a presença de gases-traço poluentes, como o ozônio, pode reduzir a resposta fotossintética líquida abaixo dos valores máximos previstos de estudos iniciais de FACE e daqueles realizados em estufa há uma década.

Como consequência de concentrações elevadas do CO_2 atmosférico, prevê-se a ocorrência de condições mais quentes e mais secas, no futuro próximo, que já estamos começando a ver. Foi demonstrado que a interação de CO_2, temperatura e disponibilidade de água têm implicações importantes na previsão da produtividade vegetal atual e futura, tanto em ecossistemas manejados quanto naturais. De particular importância é que a estimulação da fotossíntese e da produtividade por meio de aumentos nas concentrações atmosféricas de CO_2 é muitas vezes parcialmente reduzida por aumentos na temperatura e condutância estomática restrita sob condições de seca. Avanços importantes estão sendo feitos pelo estudo de como o crescimento de culturas agrícolas irrigadas e fertilizadas se compara com o de plantas em ecossistemas naturais, em um mundo com aumento de CO_2. A compreensão dessas respostas é crucial, à medida que a sociedade busca aumentar a produção agrícola visando sustentar as populações humanas crescentes e fornecer matéria-prima para os biocombustíveis, minimizando necessitar de aportes de recursos.

11.5 Propriedades fotossintéticas pelo registro de isótopos estáveis

É possível conhecer mais sobre as diferentes rotas fotossintéticas em plantas pela medição das abundâncias relativas de seus isótopos estáveis. Em especial, os isótopos de átomos de carbono em uma folha contêm informação útil sobre a fotossíntese.

Lembre que isótopos são simplesmente formas diferentes de um elemento. Nos diferentes isótopos de um elemento, o número de prótons permanece constante, já que ele define o elemento, mas o número de nêutrons varia. Os isótopos radioativos de um elemento apresentam decaimento, formando elementos diferentes ao longo do tempo. Por outro lado, os isótopos estáveis de um elemento permanecem constantes e inalterados ao longo do tempo. Os dois isótopos estáveis de carbono são ^{12}C e ^{13}C, que diferem em composição apenas pelo acréscimo de um nêutron adicional em ^{13}C. Em experimentos biológicos com traçadores, com frequência são usados os isótopos radioativos de carbono ^{11}C e ^{14}C.

Como são medidos os isótopos estáveis de carbono de plantas?

O CO_2 atmosférico contém os isótopos de carbono estáveis ^{12}C e ^{13}C, que ocorrem naturalmente nas proporções de 98,9% e 1,1%, respectivamente. As propriedades químicas do $^{13}CO_2$ são idênticas às do $^{12}CO_2$, mas as plantas assimilam menos $^{13}CO_2$ do que $^{12}CO_2$. Em outras palavras, as folhas discriminam contra os isótopos de carbono mais pesados durante a fotossíntese e, por isso, têm razões $^{13}C/^{12}C$ menores que as encontradas no CO_2 atmosférico.

A composição de isótopos $^{13}C/^{12}C$ é medida com o uso de um espectrômetro de massa, que fornece a seguinte razão:

$$R = \frac{^{13}C}{^{12}C} \quad (11.3)$$

A **razão entre isótopos de carbono** de plantas, $\delta^{13}C$, é quantificada sobre uma base de partes por mil (‰):

$$\delta^{13}C \,\%_{00} = \left(\frac{R_{amostra}}{R_{padrão}} - 1\right) \times 1.000 \quad (11.4)$$

em que o padrão representa os isótopos de carbono contidos em uma belemnite fóssil da formação calcária Pee Dee da Carolina do Sul. O $\delta^{13}C$ do CO_2 atmosférico tem um valor de $-8‰$, significando que existe menos ^{13}C no CO_2 atmosférico do que é encontrado no carbonato da belemnite-padrão.

Quais são alguns valores típicos das razões entre isótopos de carbono de plantas? As plantas C_3 e C_4 têm menos ^{13}C do que o CO_2 na atmosfera, significando que os tecidos foliares discriminam contra ^{13}C durante o processo fotossintético. Thure Cerling e colaboradores obtiveram dados de $\delta^{13}C$ para um grande número de plantas C_3 e C_4 ao redor do mundo (**Figura 11.24**). O que se torna evidente examinando a Figura 11.24 é que há uma ampla dispersão de valores de $\delta^{13}C$ em plantas C_3 e C_4, com médias de $-28‰$ e $-14‰$, respectivamente. Essas variações de $\delta^{13}C$ na verdade refletem as consequências de pequenas variações na fisiologia, associadas a mudanças na condutância estomática em condições ambientais diferentes. Portanto, os valores de $\delta^{13}C$ podem ser usados para fazer a distinção entre fotossínteses C_3 e C_4 e, adicionalmente, revelar detalhes sobre as condições estomáticas de plantas crescendo em ambientes diferentes, como plantas C_3 nos trópicos, comparadas com as de desertos.

As diferenças na razão entre isótopos de carbono são facilmente detectáveis com espectrômetros de massa, que permitem medições precisas da abundância de ^{12}C e ^{13}C. Muitos de nossos alimentos cultivados em climas temperados, como o trigo (*Triticum aestivum*), o arroz (*Oryza sativa*), a batata (*Solanum tuberosum*) e espécies de feijoeiro (*Phaseolus* spp.), são produtos de plantas C_3. No entanto, muitas de nossas lavouras mais produtivas, em especial as cultivadas sob condições de verão quente, são de plantas C_4, como o milho (*Zea mays*), a cana-de-açúcar (*Saccharum officinarum*) e o sorgo (*Sorghum bicolor*). É possível que os amidos e os açúcares extraídos de todos esses alimentos sejam quimicamente idênticos, mas esses carboidratos podem ser relacionados com sua planta-fonte C_3 ou C_4 com

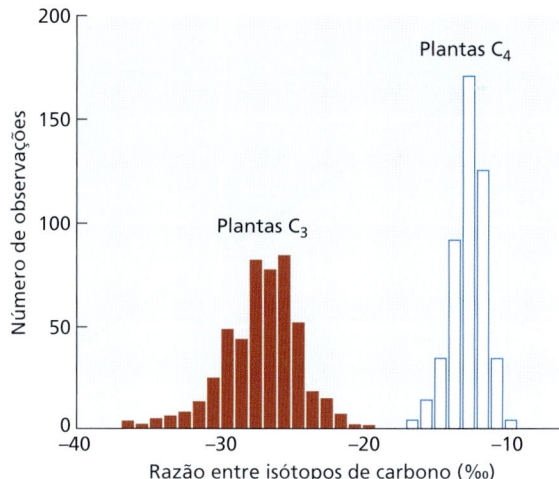

Figura 11.24 Histograma de frequência de razões entre isótopos de carbono, observadas em táxons vegetais C_3 e C_4 que ocorrem ao redor do mundo. (Segundo T. E. Cerling et al. 1997. *Nature* 389: 153-158.)

base em seus valores de $\delta^{13}C$. Por exemplo, a medição dos valores de $\delta^{13}C$ do açúcar de mesa (sacarose) possibilita determinar se a sacarose provém do açúcar da beterraba (*Beta vulgaris*; uma espécie C_3) ou da cana-de-açúcar (uma espécie C_4) (ver **Tópico 11.7 na internet**).

Por que a razão entre isótopos de carbono varia em plantas?

Qual a base fisiológica para o esgotamento de ^{13}C em plantas em relação ao CO_2 na atmosfera? Verifica-se que a difusão do CO_2 para o interior da folha e a seletividade de carboxilação do $^{12}CO_2$ desempenham um papel.

É possível predizer a razão entre isótopos de carbono de uma folha C_3 como

$$\delta^{13}C_L = \delta^{13}C_A - a - (b-a)(c_i/c_a) \quad (11.5)$$

em que $\delta^{13}C_L$ e $\delta^{13}C_A$ são as razões entre isótopos de carbono da folha e do ambiente, respectivamente; a é a fração de difusão; b é a fração da carboxilase líquida na folha; c_i/c_a é a razão entre a concentrações de CO_2 intercelular e de CO_2 no ambiente.

Em plantas C_3 e C_4, o CO_2 difunde-se do ar externo da planta para os sítios de carboxilação no interior das folhas. Essa difusão é expressa utilizando-se o termo a. Por ser mais leve que o $^{13}CO_2$, o $^{12}CO_2$ difunde-se ligeiramente mais rápido para o sítio de carboxilação, criando um fator eficaz de fracionamento de difusão de 4,4‰. Portanto, poderia ser esperado que as folhas tivessem um valor de $\delta^{13}C$ mais negativo, simplesmente devido a esse efeito da difusão. Mesmo assim, esse fator sozinho não é suficiente para explicar os valores de $\delta^{13}C$ de plantas C_3 apresentados na Figura 11.24.

O evento inicial de carboxilação é um fator determinante na razão entre isótopos de carbono de plantas. A rubisco representa a única reação de carboxilação na fotossíntese C_3 e tem um valor de discriminação intrínseco contra ^{13}C de 30‰,

com alguma variação entre as espécies. Em comparação, a PEP-carboxilase, a enzima principal da fixação de CO_2 de plantas C_4, tem um efeito de discriminação de isótopos muito diferente – cerca de 2‰. Desse modo, a diferença inerente entre as duas enzimas de carboxilação contribui para as razões entre isótopos diferentes observadas em plantas C_3 e C_4. Emprega-se b para descrever o efeito da carboxilação líquida. As plantas C_4 também usam rubisco, que tem uma discriminação intrínseca semelhante à das plantas C_3, mas por que existe uma diferença de isótopos tão grande entre as plantas C_3 e C_4? Isso está relacionado principalmente ao fato de que quase todo o CO_2 fornecido pelo mecanismo de concentração de CO_2 é consumido pela rubisco. No entanto, se o vazamento de CO_2 das células da bainha do feixe vascular for alto, a rubisco discrimina o CO_2 mais pesado, causando um $\delta^{13}C$ mais negativo em plantas C_4. Na maioria das condições naturais de crescimento, o mecanismo de concentração de CO_2 em C_4 é eficiente e geralmente há menos variação em $\delta^{13}C$ em plantas C_4 do que em plantas C_3.

Outras características fisiológicas das plantas afetam sua razão entre isótopos de carbono. Um fator primordial é a pressão parcial de CO_2 nos espaços intercelulares das folhas (c_i). Em plantas C_3, a discriminação isotópica potencial de –30‰, pela rubisco, não é totalmente expressa durante a fotossíntese, pois a disponibilidade de CO_2 no sítio de carboxilação torna-se um fator limitante que restringe a discriminação por essa enzima. Ocorre uma discriminação maior contra $^{13}CO_2$ quando c_i é alto, como quando os estômatos estão abertos. No entanto, a abertura estomática também facilita a perda de água. Assim, as razões mais baixas entre fotossíntese e transpiração são correlacionadas com discriminação maior contra ^{13}C. Quando as folhas são expostas à perda de água, os estômatos tendem a fechar-se, reduzindo os valores de c_i. Como consequência, as plantas C_3 submetidas a condições de estresse hídrico tendem a ter razões mais altas entre isótopos de carbono (i.e., menos discriminação contra ^{13}C). Por outro lado, em plantas C_4, o menor c_i devido ao estresse hídrico e aos estômatos fechados tende a aumentar a discriminação contra ^{13}C, e as folhas C_4 expostas ao estresse hídrico tendem a ter uma menor razão de isótopos de carbono.

A aplicação de razões entre isótopos de carbono em vegetais tornou-se muito produtiva, já que a Equação 11.5 proporciona um forte vínculo entre a medição da razão entre isótopos de carbono e o valor de CO_2 intercelular em uma folha. As concentrações de CO_2 intercelular são, então, diretamente ligadas a aspectos da fotossíntese e limitações estomáticas. À medida que os estômatos fecham em plantas C_3 ou o estresse hídrico aumenta, constata-se que a razão entre isótopos de carbono na folha aumenta. A medição da razão entre isótopos de carbono torna-se, então, um indicador para estimar vários aspectos do estresse hídrico de curto prazo. Essas aplicações abrangem o emprego de isótopos de carbono para medir o desempenho vegetal em pesquisas agrícolas e ecológicas.

Um padrão ambiental emergente é que, em média, os valores foliares da razão entre isótopos de carbono decrescem à medida que a precipitação aumenta sob condições naturais. A **Figura 11.25** ilustra esse padrão de um gradiente na Austrália. Nesse exemplo, verifica-se que os valores de $\delta^{13}C$ são mais altos nas regiões áridas da Austrália e se tornam progressivamente mais baixos ao longo de um gradiente de precipitação de ecossistemas de deserto para os de floresta pluvial tropical. Aplicando a Equação 11.5 para interpretar esses dados de $\delta^{13}C$, conclui-se que as concentrações de CO_2 intercelular de folhas de plantas de deserto são mais baixas do que normalmente se observa em folhas de plantas de floresta pluvial. Devido à natureza sequencial da formação de anéis de crescimento (ver Capítulo 19), as observações de $\delta^{13}C$ em anéis de árvores podem auxiliar na identificação dos efeitos de longo prazo da disponibilidade reduzida de água nas plantas (p. ex., hábitats de deserto *versus* hábitats de florestas pluviais), comparados com os efeitos de curto prazo que seriam registrados em folhas (p. ex., ciclos de secas sazonais).

Atualmente, as análises da razão entre isótopos de carbono costumam ser utilizadas para determinar os padrões de dieta de seres humanos e de outros animais. A proporção entre alimentos C_3 e C_4 em uma dieta animal é registrada em seus tecidos – dentes, ossos, músculos e pelos. Thure Cerling e colaboradores descreveram uma aplicação interessante da análise da razão entre isótopos de carbono aos hábitos alimentares de uma família de elefantes africanos selvagens. Eles examinaram valores sequenciais de $\delta^{13}C$ em segmentos de pelos da cauda, a fim de reconstruir as dietas diárias de cada animal. Eles constataram mudanças sazonais previsíveis entre árvores (C_3) e gramíneas (C_4), à medida que a disponibilidade de recursos se alterava devido aos padrões de chuva. As análises da razão entre isótopos de carbono podem ser ampliadas, incluindo consideração sobre dietas humanas. Uma observação em escala mais ampla mostra que as razões entre isótopos de carbono de norte-americanos são mais altas do que as constatadas em europeus, indicando que o milho (uma planta C_4) exerce um papel destacado nas dietas dos primeiros. Mais uma aplicação é a medição de $\delta^{13}C$ em fósseis, solos com carbonatos e dentes fósseis. A partir dessas observações, é possível reconstruir as rotas fotossintéticas da vegetação prevalecente no passado remoto. Essas abordagens têm sido usadas para demonstrar que

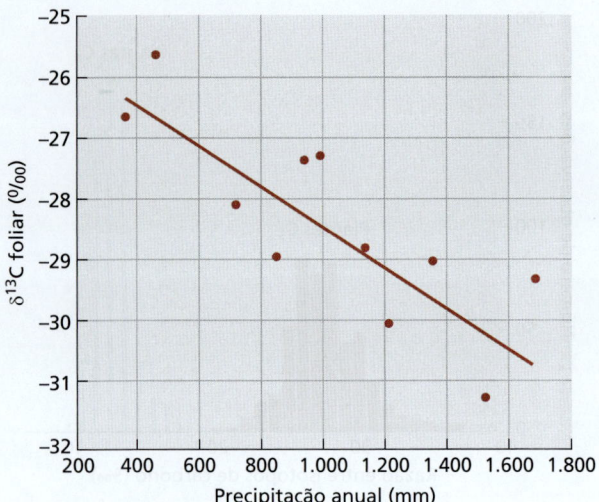

Figura 11.25 **Mudanças na vegetação ocorrem ao longo de gradientes de precipitação no sul de Queensland, Austrália.** As alterações nas razões entre isótopos de carbono parecem ser fortemente relacionadas aos volumes de precipitações em uma região. Isso sugere que a diminuição dos níveis de umidade influencia os valores de c_i e, portanto, as razões entre isótopos de carbono em espécies C_3 ao longo de um gradiente geográfico em táxons australianos. (Segundo Stewart et al. 1995. *Aust. J. Plant Physiol.* 22: 51–55.)

as plantas C_4 se tornaram predominantes nos campos entre 6 e 10 milhões de anos atrás. Elas ajudaram também a reconstruir as dietas de animais ancestrais e atuais (ver **Tópico 11.8 na internet**).

As plantas CAM podem ter valores de $\delta^{13}C$ muito próximos aos de plantas C_4. Em plantas CAM, que fixam CO_2 à noite via PEP-carboxilase, é esperado que o $\delta^{13}C$ seja semelhante ao de plantas C_4. Entretanto, quando algumas plantas CAM são bem hidratadas, elas podem ativar o modo C_3, abrindo seus estômatos e fixando CO_2 durante o dia via rubisco. Sob essas condições, a composição de isótopos desloca-se para a direção das plantas C_3. Portanto, os valores de $\delta^{13}C$ de plantas CAM refletem o quanto de carbono é fixado via rota C_3 *versus* rota C_4.

■ Resumo

Considerando o desempenho fotossintético, a hipótese do fator limitante e uma "perspectiva econômica" enfatizando o "suprimento" e a "demanda" de CO_2 têm orientado as pesquisas.

11.1 A fotossíntese é influenciada pelas propriedades foliares

- A anatomia foliar é altamente especializada para a captação de luz (**Figura 11.1**).
- Cerca de 5% da energia solar que atinge a Terra são convertidos em carboidratos pela fotossíntese. Grande parte da luz absorvida é perdida por reflexão e transmissão, no metabolismo e como calor (**Figuras 11.2, 11.3**).
- Em florestas densas, quase toda a radiação fotossinteticamente ativa é absorvida pelas folhas (**Figura 11.4**).
- As folhas de algumas plantas maximizam a captação da luz pelo acompanhamento do sol (**Figura 11.5**).
- Algumas plantas vegetais respondem a uma gama de regimes de luz. No entanto, as folhas de sol e de sombra têm características morfológicas e bioquímicas contrastantes.

Resumo

- Para aumentar a captação da luz, algumas plantas de sombra produzem uma razão mais alta entre os centros de reação de PSII e PSI, enquanto outras adicionam clorofila antena ao PSII.

11.2 Efeitos da luz sobre a fotossíntese na folha intacta

- As curvas de resposta à luz mostram a PPFD onde a fotossíntese é limitada pela luz ou pela capacidade de carboxilação. A inclinação da porção linear da curva de resposta à luz mede a produtividade quântica máxima (**Figura 11.6**).
- Os pontos de compensação da luz de plantas de sombra são mais baixos do que os de plantas de sol, porque as taxas de respiração são baixas em plantas de sombra (**Figuras 11.7, 11.8**).
- Além do ponto de saturação, outros fatores que não a luz incidente (como transporte de elétrons, atividade da rubisco ou metabolismo de trioses fosfato) limitam a fotossíntese. Raramente uma planta inteira é saturada de luz (**Figura 11.9**).
- O ciclo das xantofilas dissipa o excesso de energia luminosa absorvida, para evitar dano ao aparelho fotossintético (**Figuras 11.10, 11.11**). Os movimentos dos cloroplastos também limitam o excesso de captação de luz (**Figura 11.12**).
- A fotoinibição dinâmica deriva temporariamente o excesso de captação de luz para o calor, mas mantém a taxa fotossintética máxima (**Figura 11.13**). A fotoinibição crônica é irreversível.

11.3 Efeitos da temperatura sobre a fotossíntese na folha intacta

- A captação foliar de energia luminosa gera uma carga de calor, que deve ser dissipada (**Figura 11.14**).
- As plantas são notavelmente plásticas em suas adaptações à temperatura. As temperaturas fotossintéticas ideais têm fortes componentes bioquímicos, genéticos (adaptação) e ambientais (aclimatação).
- As curvas de resposta à temperatura identificam (a) uma faixa de temperatura em que os eventos enzimáticos são estimulados, (b) uma faixa para fotossíntese ideal e (c) uma faixa em que ocorrem eventos deletérios (**Figura 11.15**).
- Abaixo de 30 °C, a produtividade quântica de plantas C_3 é mais alta do que a de plantas C_4; acima de 30 °C, a situação é invertida (**Figura 11.16**). Devido à fotorrespiração, a produtividade quântica é profundamente dependente da temperatura em plantas C_3, mas é quase independente desse fator em plantas C_4.
- A redução da produtividade quântica devido à fotorrespiração leva a diferenças nas capacidades fotossintéticas de plantas C_3 e C_4 e resulta em uma alteração na dominância das plantas em um gradiente de latitudes diferentes (**Figura 11.17**).

11.4 Efeitos do dióxido de carbono sobre a fotossíntese na folha intacta

- As concentrações de CO_2 atmosférico estão aumentando desde a Revolução Industrial, por causa do uso humano de combustíveis fósseis e do desmatamento (**Figura 11.18**).
- Os gradientes de concentração impulsionam a difusão de CO_2 da atmosfera para o sítio de carboxilação na folha, usando rotas gasosas e líquidas. Existem múltiplas resistências ao longo da rota de difusão de CO_2, mas, na maioria das condições, a resistência estomática tem o maior efeito na difusão de CO_2 para dentro da folha (**Figura 11.19**).
- O enriquecimento de CO_2 acima das concentrações atmosféricas naturais resulta em aumento da fotossíntese e da produtividade (**Figura 11.20**), mas isso pode ser atenuado pelo aumento da temperatura foliar e pela redução da condutância estomática.
- A fotossíntese C_4 pode ter se tornado proeminente devido às taxas elevadas de fotorrespiração nas regiões mais quentes e mais secas da Terra, quando as concentrações globais do CO_2 atmosférico decresceram abaixo de um valor limiar (**Figura 11.21**).
- Pela abertura à noite e o fechamento durante o dia, a atividade estomática de plantas CAM contrasta com as encontradas em plantas C_3 e C_4 (**Figura 11.22**).
- Experimentos de enriquecimento de CO_2 ao ar livre (FACE) (**Figura 11.23**) mostram que as plantas de C_3 respondem mais ao CO_2 elevado do que as plantas de C_4; no entanto, a resposta das plantas de C_3 em condições de FACE é geralmente menor do que a prevista nas condições de estufas e câmaras de cultura, pois outros fatores podem limitar o crescimento da planta em condições de campo.

11.5 Propriedades fotossintéticas pelo registro de isótopos estáveis

- As razões entre isótopos de carbono de folhas podem ser usadas para distinguir diferenças nas rotas fotossintéticas entre espécies vegetais distintas.
- As plantas C_3 e C_4 têm menos ^{13}C do que o CO_2 na atmosfera, indicando que os tecidos foliares discriminam contra ^{13}C durante a fotossíntese. No entanto, as plantas C_3 discriminam ^{13}C mais do que as plantas C_4 (**Figura 11.24**).
- As condições que provocam o fechamento dos estômatos em plantas C_3, como o estresse hídrico, causam o aumento da razão entre isótopos de carbono na folha. Desse modo, a razão entre isótopos de carbono de uma folha pode ser usada como uma estimativa direta de respostas fisiológicas ao ambiente (p. ex., estresse hídrico de curto prazo) (**Figura 11.25**).

■ Material da internet

- **Tópico 11.1 Trabalhando com a luz** Quantidade, direção e qualidade espectral são parâmetros importantes para a medição da luz.
- **Tópico 11.2 Dissipação de calor das folhas: a Razão de Bowen** A perda de calor sensível e a perda de calor evaporativo são os processos mais importantes na regulação da temperatura foliar.
- **Tópico 11.3 As distribuições geográficas das plantas C_3 e C_4** As distribuições geográficas das plantas C_3 e C_4 correspondem estreitamente às temperaturas da estação de crescimento no mundo atual.
- **Tópico 11.4 Calculando parâmetros importantes na troca gasosa foliar** Os métodos de troca gasosa permitem medir a fotossíntese e a condutância estomática na folha intacta.
- **Tópico 11.5 Mudanças pré-históricas no CO_2 atmosférico** Nos últimos 800 mil anos, a concentração de CO_2 atmosférico mudou entre 180 ppm (períodos glaciais) e 280 ppm (períodos interglaciais), à medida que a Terra se movimentou entre períodos glaciais.
- **Tópico 11.6 Aumentos futuros previstos no CO_2 atmosférico** O CO_2 atmosférico atingiu 417 ppm em 2021 e deve alcançar entre 600 e 750 ppm até o final deste século, a menos que as emissões de combustíveis fósseis e o desmatamento diminuam.
- **Tópico 11.7 Usando isótopos de carbono para detectar adulteração em alimento** Os isótopos de carbono com frequência são usados para detectar a substituição de açúcares C_4 em produtos alimentícios C_3, como a introdução do açúcar da cana no mel para aumentar o rendimento.
- **Tópico 11.8 Reconstrução da expansão de táxons C_4** O $\delta^{13}C$ de dentes de animais registra fielmente as razões entre isótopos de carbono de recursos alimentares e pode ser usado para reconstruir as quantidades de plantas C_3 e C_4 ingeridas por pastejadores mamíferos.

Para mais recursos de aprendizagem (em inglês), acesse **oup.com/he/taiz7e**.

Leituras sugeridas

Ainsworth, E. A., and Long, S. P. (2005) What have we learned from 15 years of free-air CO_2 enrichment (FACE)? A meta-analytic review of the responses of photosynthesis, canopy properties and plant production to rising CO_2. *New Phytol.* 165: 351–372.

Blankenship, R. E. (2014) *Molecular Mechanisms of Photosynthesis*, 2nd ed. Blackwell Science Ltd, Oxford.

Demmig-Adams, B. and Adams, W. W. (2006) Photoprotection in an ecological context: the remarkable complexity of thermal energy dissipation. *New Phytol.* 172: 11–21.

Dodd, A. N., Borland A. M., Haslam R. P., et al. (2002) Crassulacean acid metabolism: Plastic, fantastic. *J. Exp. Bot.* 53: 569–580.

Ehleringer, J. R., Cerling, T. E., and Helliker, B. R. (1997) C_4 photosynthesis, atmospheric CO_2, and climate. *Oecologia* 112: 285–299.

Evans, J. R. (2020) Mesophyll conductance: walls, membranes and spatial complexity. *New Phytol.* 229: 1864–1876.

Falkowski, P., and Raven, J. (2007) *Aquatic Photosynthesis*, 2nd ed. Princeton University Press, Princeton.

Farquhar, G. D., Ehleringer, J. R., and Hubick, K. T. (1989) Carbon isotope discrimination and photosynthesis. *Annu. Rev. Plant Physiol. Plant Mol. Biol.* 40: 503–537.

Koller, D. (2000) Plants in search of sunlight. *Adv. Bot. Res.* 33: 35–131.

Laisk, A., and Oja, V. (1998) *Dynamics of leaf photosynthesis*. CSIRO, Melbourne.

Long, S. P., Ainsworth, E. A., Leakey, A. D., et al. (2006) Food for thought: Lower-than-expected crop stimulation with rising CO_2 concentrations. *Science* 312: 1918–1921.

Murchie, E. H., and Niyogi, K. K. (2011) Manipulation of photoprotection to improve plant photosynthesis. *Plant Physiol.* 155: 86–92.

Osborne, C. P., and Sack, L. (2012) Evolution of C_4 plants: A new hypothesis for an interaction of CO_2 and water relations mediated by plant hydraulics. *Philos. Trans. R. Soc. Lond. B. Biol. Sci.* 367: 583–600.

Seibt, U., Rajabi, A., Griffiths, H., and Berry, J. A. (2008) Carbon isotopes and water use efficiency: Sense and sensitivity. *Oecologia* 155: 441–454.

Sharkey, T. D., and Monson, R. K. (2017) Isoprene research – 60 years later, the biology is still enigmatic. *Plant Cell Environ.* 40: 1671–1678.

Terashima, I., Hanba, Y. T., Tholen, D., and Niinemets, Ü. (2011) Leaf functional anatomy in relation to photosynthesis. *Plant Physiol.* 155: 108–116.

Terashima, I., and Hikosaka, K. (1995) Comparative ecophysiology of leaf and canopy photosynthesis. *Plant Cell Environ.* 18: 1111–1128.

Vogelmann, T. C., and Evans, J. R. (2002) Profiles of light absorption and chlorophyll within spinach leaves from chlorophyll fluorescence. *Plant Cell Environ.* 25: 1313–1323.

von Caemmerer, S. (2000) *Biochemical models of leaf photosynthesis*. CSIRO, Melbourne.

Wada, M., Kagawa, T., and Sato, Y. (2003) Chloroplast movement. *Annu. Rev. Plant Biol.* 54: 455–468.

Zhu, X. G., Long, S. P., and Ort, D. R. (2010) Improving photosynthetic efficiency for greater yield. *Annu. Rev. Plant Biol.* 61: 235–261.

12 Translocação no floema

A sobrevivência no ambiente terrestre impôs alguns desafios sérios às plantas; mais importante entre esses desafios é a necessidade de obter e de reter a água. Em resposta a essas pressões ambientais, as plantas desenvolveram raízes e folhas. As raízes fixam as plantas e absorvem água e nutrientes; as folhas absorvem luz e realizam as trocas gasosas. À medida que as plantas crescem, as raízes e as folhas tornam-se gradativamente separadas no espaço. Assim, os sistemas evoluíram de forma a permitir o transporte de longa distância e a tornar eficiente a troca dos produtos da absorção e da assimilação entre o caule e as raízes.

Os Capítulos 6 e 8 mostraram que, no xilema, ocorre o transporte de água e sais minerais desde o sistema radicular até as partes aéreas das plantas. O **floema** é o sistema que transporta (*transloca*) os produtos da fotossíntese – particularmente os açúcares – das folhas maduras para as áreas de crescimento e armazenamento, incluindo as raízes.

Junto com os açúcares, o floema também transmite sinais na forma de moléculas reguladoras, e redistribui água e vários compostos em todo o corpo da planta. Todas essas moléculas parecem se mover com os açúcares transportados. Os compostos a serem redistribuídos, alguns dos quais inicialmente chegam às folhas maduras por meio do xilema, podem ser transferidos das folhas sem modificações ou ser metabolizados antes da redistribuição. O fluido transportado no floema – a água mais todos os seus solutos – é chamado de *seiva do floema*. (*Seiva* é um termo genérico utilizado para fazer referência aos conteúdos do fluido das células vegetais.)

Neste capítulo, são examinados primeiramente os padrões e a rota de translocação, enfatizando o carregamento de açúcares em folhas maduras. Em seguida, acompanha-se o deslocamento do açúcar no floema, da fonte até o dreno, e discute-se o mecanismo de transporte no floema, incluindo a taxa de movimento, magnitude dos gradientes de pressão entre fontes e drenos, materiais translocados e sua resposta a lesões. O destino da jornada com as moléculas de açúcar pela planta é seu descarregamento nos órgãos do dreno e o posterior consumo e armazenamento. Finalmente, explora-se o papel do floema na coordenação do crescimento vegetal por meio da alocação e partição de produtos fotossintéticos e pela oferta de uma rota rápida de sinalização.

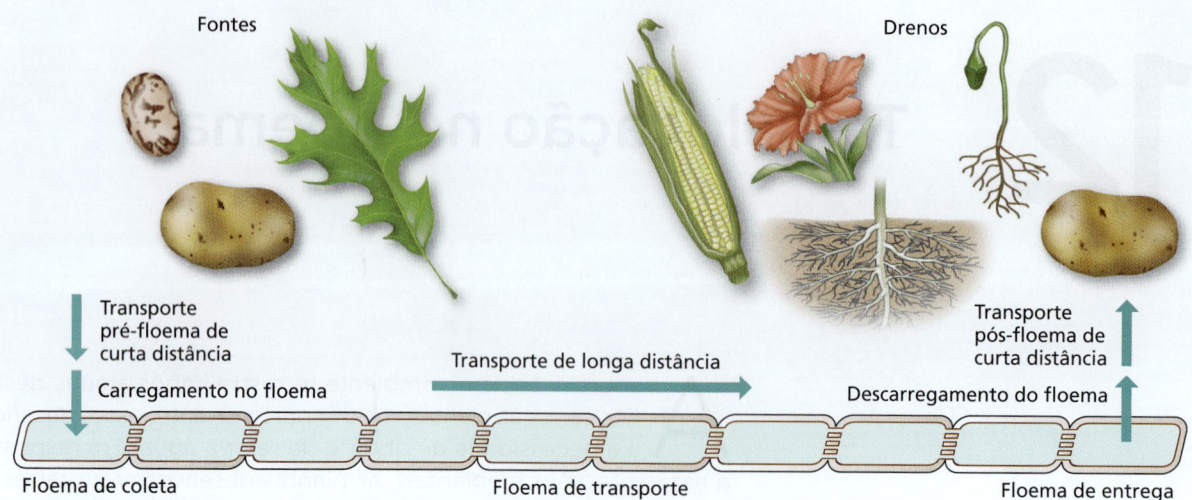

Figura 12.1 O floema transloca materiais das fontes para os drenos.

12.1 Padrões de translocação: fonte ao dreno

As duas rotas de transporte de longa distância – o floema e o xilema – estendem-se por toda a planta. Ao contrário do xilema, o floema não transloca materiais exclusivamente na direção ascendente ou descendente. Mais exatamente, a seiva é translocada das áreas de suprimento, denominadas **fontes**, para as áreas de metabolismo ou armazenamento, chamadas **drenos** (**Figura 12.1**). Os termos **floema de coleta**, **floema de transporte** e **floema de entrega** são frequentemente usados para caracterizar as funções predominantes do floema em fontes, rotas de conexão e drenos, respectivamente.

As *fontes* incluem órgãos exportadores, geralmente folhas maduras que produzem fotossintatos além de suas próprias necessidades. O termo **fotossintato** refere-se aos produtos da fotossíntese (ver Capítulo 10). Outro tipo de fonte é um órgão de reserva que exporta durante determinada fase de seu desenvolvimento. Por exemplo, a raiz de reserva da beterraba silvestre bianual (*Beta maritima*) é um dreno durante a estação de crescimento do primeiro ano, quando ela acumula açúcares provenientes das folhas-fonte. Durante a segunda estação de crescimento, a mesma raiz torna-se uma fonte; os açúcares são remobilizados e utilizados para produzir um novo caule, que, por fim, torna-se reprodutivo.

Os *drenos* incluem órgãos não fotossintéticos dos vegetais e órgãos que não produzem fotossintatos em quantidade suficiente para suas próprias necessidades de crescimento ou de reserva. As raízes, os tubérculos, os frutos em desenvolvimento e as folhas imaturas, que devem importar carboidratos para seu desenvolvimento normal, são exemplos de tecidos-dreno. Os estudos de marcação dão suporte ao padrão de translocação fonte-dreno no floema (**Figura 12.2A**).

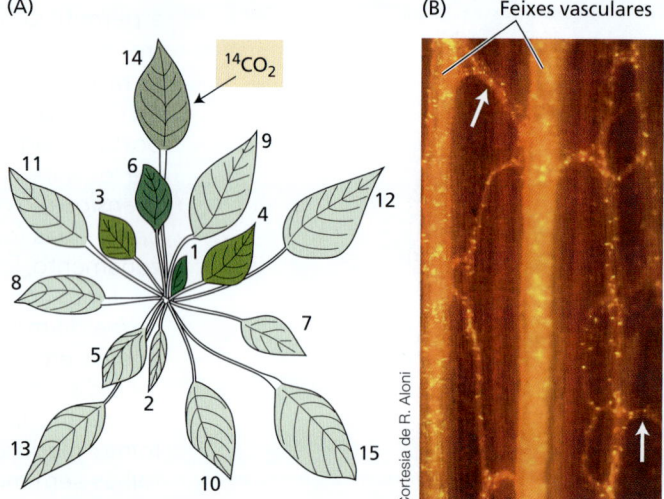

Figura 12.2 Padrões de translocação fonte-dreno no floema. (A) Distribuição de radioatividade de uma única folha-fonte marcada radioativamente em uma planta intacta. A distribuição de radioatividade nas folhas da beterraba (*Beta vulgaris*) foi determinada uma semana após a aplicação de $^{14}CO_2$ por quatro horas a uma única folha-fonte (folha 14, seta). O grau de marcação radioativa está indicado pela intensidade de sombreamento das folhas. As folhas estão numeradas de acordo com a idade; a mais jovem, recentemente desenvolvida, é designada 1. A identificação ^{14}C foi translocada principalmente para as folhas-dreno diretamente acima da folha-fonte (ou seja, folhas-dreno com a conexão vascular mais direta para a fonte; por exemplo, as folhas 1 e 6 são folhas-dreno diretamente acima da folha-fonte 14). (B) Visão longitudinal da estrutura tridimensional típica do floema em uma secção espessa (de um entrenó de dália [*Dahlia pinnata*]), após clareamento, coloração com azul de anilina (que se liga à calose e adquire fluorescência amarela) e observação sob microscópio de epifluorescência. As placas crivadas dos elementos condutores do floema (ver Figura 12.7) são vistas como vários pequenos pontos devido ao seu conteúdo de calose. Dois grandes feixes vasculares são proeminentes. Essa coloração revela os delicados tubos crivados formando a rede do floema; duas anastomoses do floema (interconexões vasculares) estão indicadas com setas. (A segundo K. W. Joy. 1964. *J. Exp. Bot.* 15: 485–494.)

Embora o padrão geral de transporte no floema possa ser dito simplesmente como um movimento fonte-dreno, as rotas específicas envolvidas são frequentemente mais complexas, dependendo da proximidade, do desenvolvimento, das interconexões vasculares (**Figura 12.2B**) e da modificação das rotas de translocação. Nem todas as fontes suprem todos os drenos em uma planta; mais exatamente, certas fontes suprem preferencialmente drenos específicos (ver Seção 12.7).

12.2 Rotas de translocação

O floema geralmente é encontrado no lado externo dos sistemas vasculares primário e secundário (**Figuras 12.3** e **12.4**). Nas plantas com crescimento secundário, o floema constitui a casca viva. Embora seja normalmente encontrado no lado externo ao xilema, em muitas famílias de eudicotiledôneas o floema também é encontrado no lado interno. Nessas famílias, o floema nessas duas posições é denominado floema externo e interno, respectivamente.

As pequenas nervuras das folhas, os feixes vasculares primários dos caules e o estelo da raiz são separados do parênquima fundamental por uma camada de células dispostas de forma compacta, chamada bainha do feixe (ver Figura 12.3), bainha amilífera e endoderme, respectivamente. (Lembre-se das células da bainha do feixe vascular implicadas no metabolismo C_4 e apresentadas no Capítulo 10.) No sistema vascular das folhas, a bainha do feixe circunda as nervuras menores em toda sua extensão até suas extremidades, isolando essas nervuras dos espaços aeríferos intercelulares da folha.

A discussão sobre as rotas de translocação é iniciada com a evidência experimental que demonstra que os *elementos crivados* são as células condutoras do floema. Em seguida, serão examinadas sua estrutura e fisiologia.

O açúcar é translocado nos elementos crivados

Experimentos iniciais sobre o transporte no floema datam do século XIX, indicando a importância do transporte de longa distância nas plantas (ver **Tópico 12.1 na internet**). Esses experimentos clássicos demonstraram que a retirada de um anel da casca ao redor do tronco de uma árvore, que remove o floema secundário (ver Figura 12.4), interrompe efetivamente o transporte de açúcar das folhas para as raízes, sem alterar o transporte de água pelo xilema. Quando os compostos radioativamente marcados tornaram-se disponíveis, o $^{14}CO_2$ foi utilizado para demonstrar que os açúcares produzidos no processo fotossintético são translocados pelos elementos crivados (ver **Tópico 12.1 na internet**).

Os elementos crivados maduros são células vivas especializadas para translocação

As células do floema que conduzem açúcares e outros compostos orgânicos pela planta são chamadas de **elementos crivados**. Elemento crivado é uma expressão abrangente que inclui tanto os **elementos de tubo crivado** típicos das angiospermas quanto as **células crivadas** de gimnospermas. Além dos

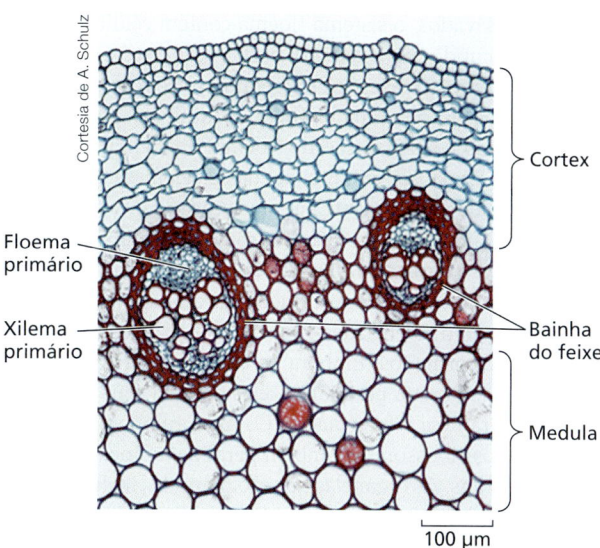

Figura 12.3 Secção transversal de um feixe vascular de botão-de-ouro (*Ranunculus repens*). O floema primário aparece em direção à superfície externa do caule. O floema e o xilema primários são circundados por uma bainha do feixe formada de células de esclerênquima com paredes espessas, que isolam o sistema vascular do tecido fundamental. As fibras e os vasos (células de xilema) estão corados em vermelho.

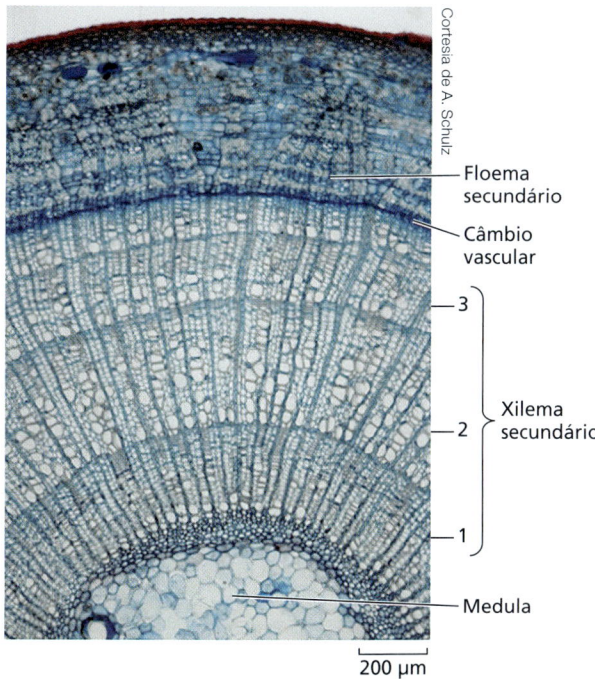

Figura 12.4 Secção transversal de um caule de quatro anos de um indivíduo de tília (*Tilia* sp.). Os números 1, 2 e 3 indicam os anéis de crescimento do xilema secundário. O floema secundário antigo (externo) foi pressionado para fora pela expansão do xilema. Somente a camada mais recente (mais interna) do floema secundário é funcional.

elementos crivados, o sistema floema contém células companheiras (discutidas mais adiante nesta seção) e células parenquimáticas (que armazenam e liberam moléculas nutritivas). Em alguns casos, o floema também inclui fibras e esclereides (para proteção e sustentação do floema) e laticíferos (células que contêm látex). No entanto, apenas os elementos crivados estão envolvidos diretamente na translocação.

Os elementos crivados maduros são únicos entre as células vegetais vivas (**Figuras 12.5** e **12.6**). Eles carecem de muitas estruturas normalmente encontradas nas células vivas, mesmo em células não diferenciadas, a partir das quais os elementos crivados são formados. Embora os elementos crivados retenham sua membrana plasmática, eles perdem seus núcleos e vacúolos durante a diferenciação. Os microtúbulos, os corpos de Golgi e os ribossomos também geralmente inexistem nas células maduras. As organelas que são mantidas incluem algumas mitocôndrias modificadas, plastídios e retículo endoplasmático liso. As paredes não são lignificadas, embora haja um espessamento secundário em alguns casos.

Os elementos crivados da maioria das angiospermas, mas não de gimnospermas, são ricos em proteínas estruturais específicas chamadas proteínas P (ver Figuras 12.5B e 12.6C). A proteína P ocorre em várias formas diferentes (tubular, fibrilar, granular e cristalina), dependendo da espécie e maturidade da célula, e está envolvida na vedação de tubos crivados danificados (ver *Elementos crivados danificados são lacrados*, na Seção 12.5).

Em resumo, a estrutura celular dos elementos crivados difere daquela dos elementos traqueais (do xilema), os quais não apresentam uma membrana plasmática, possuem paredes secundárias lignificadas e são mortos na maturidade (ver Capítulo 6). Conforme será visto, a persistência da membrana plasmática do elemento crivado é crucial para o mecanismo de translocação no floema.

Grandes poros nas paredes celulares caracterizam os elementos crivados

Os elementos crivados (células crivadas e elementos de tubo crivado) apresentam áreas crivadas características em suas paredes, nas quais poros interconectam as células condutoras (**Figura 12.7**). Os poros da área crivada variam em diâmetro de menos de 1 µm até aproximadamente 10 µm e se desenvolvem de plasmodesmos. Diferentemente das áreas crivadas de gimnospermas, as áreas crivadas de angiospermas podem se diferenciar em **placas crivadas** (ver Figura 12.7 e Tabela 12.1). As placas crivadas apresentam poros maiores do que outras áreas crivadas na célula e em geral são encontradas nas paredes terminais dos elementos de tubo crivado, onde as células individuais são unidas para formar uma série longitudinal denominada **tubo crivado** (ver Figura 12.5).

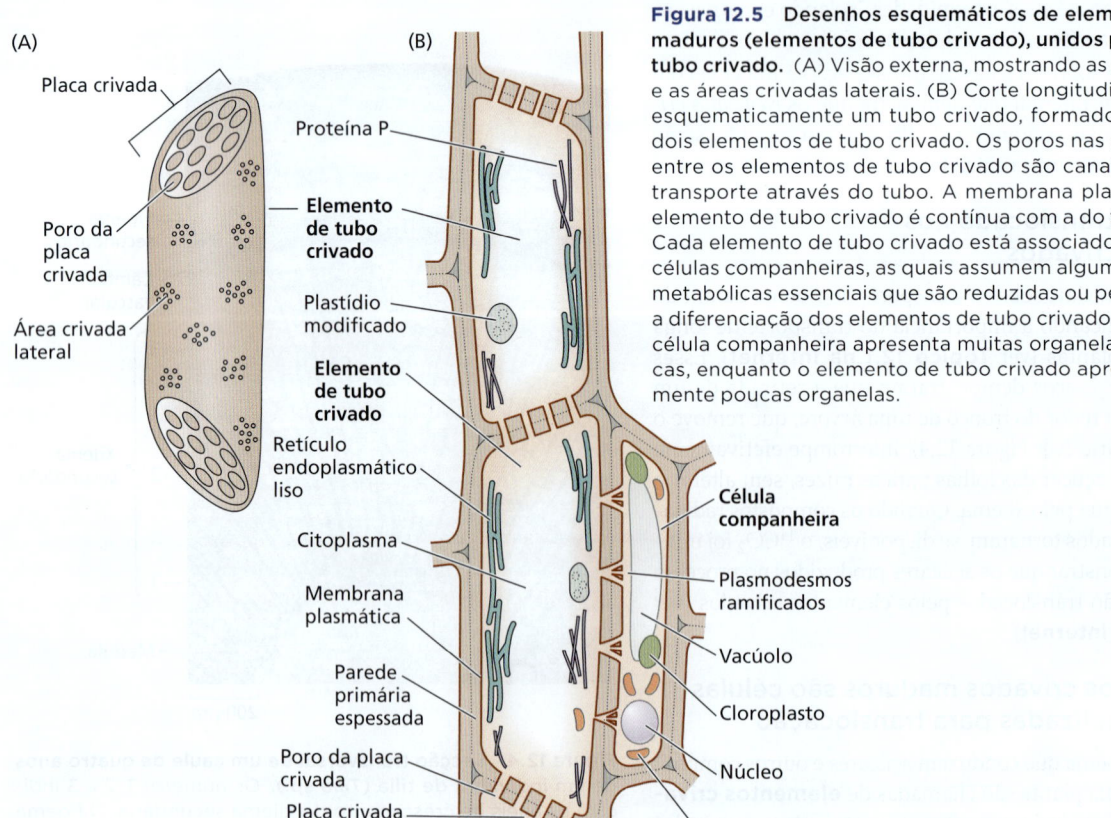

Figura 12.5 Desenhos esquemáticos de elementos crivados maduros (elementos de tubo crivado), unidos para formar um tubo crivado. (A) Visão externa, mostrando as placas crivadas e as áreas crivadas laterais. (B) Corte longitudinal, mostrando esquematicamente um tubo crivado, formado pela união de dois elementos de tubo crivado. Os poros nas placas crivadas entre os elementos de tubo crivado são canais abertos para transporte através do tubo. A membrana plasmática de um elemento de tubo crivado é contínua com a do tubo adjacente. Cada elemento de tubo crivado está associado a uma ou mais células companheiras, as quais assumem algumas das funções metabólicas essenciais que são reduzidas ou perdidas durante a diferenciação dos elementos de tubo crivado. Observe que a célula companheira apresenta muitas organelas citoplasmáticas, enquanto o elemento de tubo crivado apresenta relativamente poucas organelas.

Capítulo 12 | Translocação no floema 349

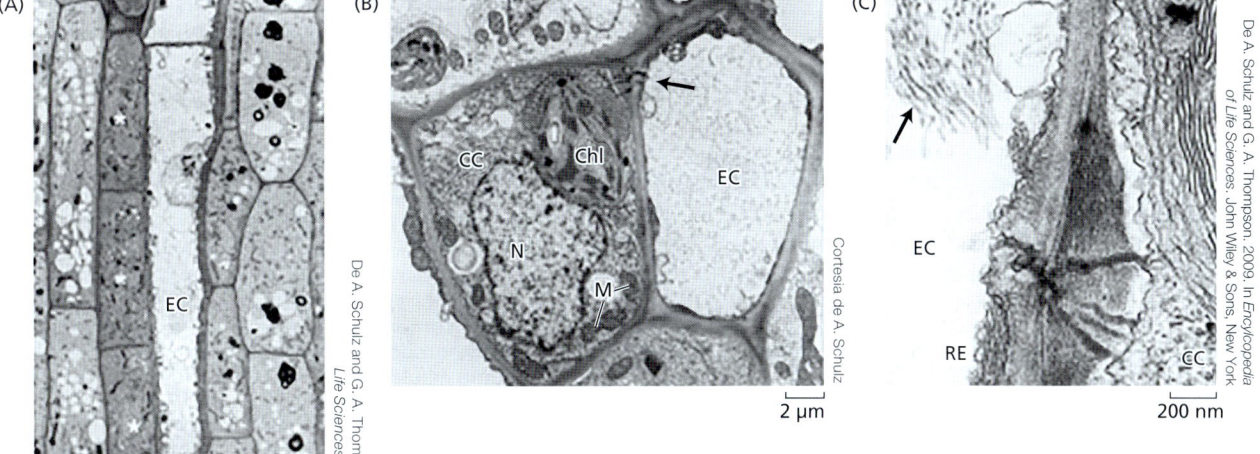

Figura 12.6 Micrografias eletrônicas de elementos crivados, bem como células companheiras e seus contatos poro-plasmodesmo. As células companheiras têm citoplasma denso, enquanto os elementos crivados parecem mais brilhantes por causa de seu lume eletrotranslucente. Os componentes celulares são distribuídos ao longo das paredes dos elementos de tubo crivado. (A) Elemento crivado (EC) de um hipocótilo de mamona (*Ricinus communis*) associado a um cordão de células companheiras consistindo de quatro células. (B) Complexo elemento crivado-célula companheira de uma nervura menor de batata. Na célula companheira (CC), o núcleo (N) está embutido em um citoplasma denso com cloroplasto (Chl) e mitocôndrias (M). Um contato poro-plasmodesmo é destacado pela seta. (C) Os contatos poro-plasmodesmo unem-se pelo simplasto a um elemento crivado (contendo proteína P tubular, seta) e sua célula companheira, em uma folha de batata. Observe que a membrana plasmática do elemento crivado é revestida com cisternas de RE liso (RE).

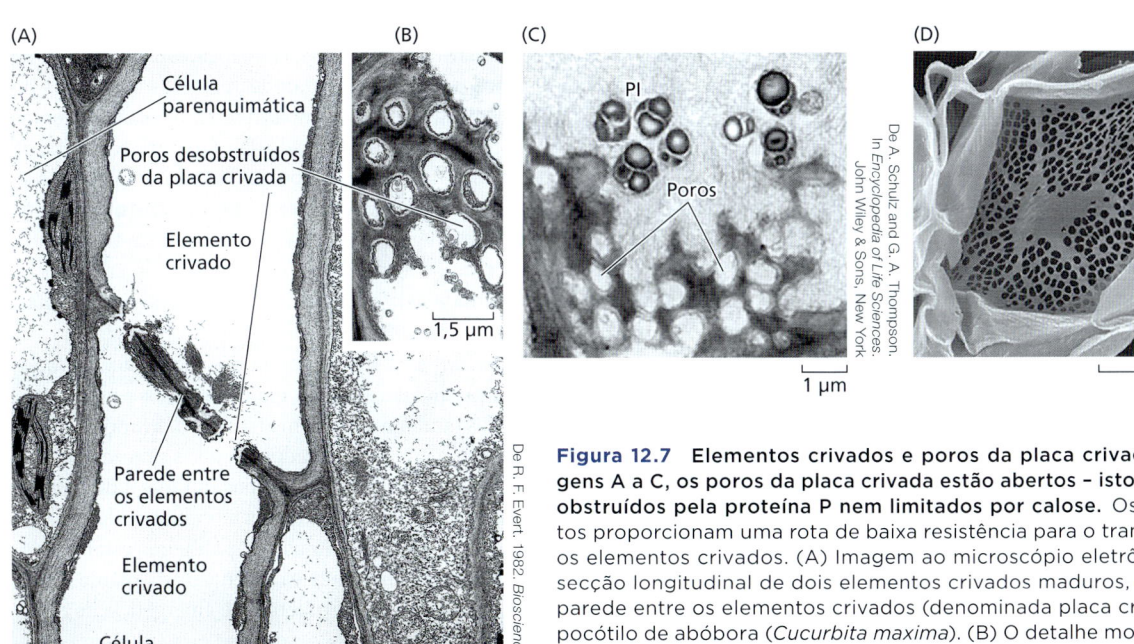

Figura 12.7 Elementos crivados e poros da placa crivada. Nas imagens A a C, os poros da placa crivada estão abertos – isto é, não estão obstruídos pela proteína P nem limitados por calose. Os poros abertos proporcionam uma rota de baixa resistência para o transporte entre os elementos crivados. (A) Imagem ao microscópio eletrônico de uma secção longitudinal de dois elementos crivados maduros, mostrando a parede entre os elementos crivados (denominada placa crivada) no hipocótilo de abóbora (*Cucurbita maxima*). (B) O detalhe mostra os poros de uma placa crivada em vista frontal. (C) Uma secção inclinada através de uma placa crivada em um cotilédone em desenvolvimento de mamona (*Ricinus communis*), com grandes poros crivados e plastídios (Pl) no elemento crivado. A proteína P filamentosa está dispersa por todo o citoplasma. (D) Imagem ao microscópio eletrônico de varredura de uma placa crivada de mamona, que foi tratada com protease para remover todos os componentes celulares.

A distribuição dos conteúdos do tubo crivado na placa crivada funcional é uma questão crítica quando se considera o mecanismo de transporte do floema. As primeiras micrografias mostravam poros bloqueados ou obstruídos, o que se acreditava ser consequência de danos causados durante a preparação dos tecidos para a observação. O floema menos invasivamente preparado exibe os poros da placa crivada como canais abertos que parecem permitir o transporte livre (ver Figura 12.7A–C). "Os poros funcionais da placa crivada parecem ser canais abertos", na Seção 12.4, discutirá em mais detalhes a distribuição dos conteúdos do elemento crivado dentro das células e dos poros da placa crivada.

Ao contrário dos poros em elementos de tubos crivados de angiospermas, áreas crivadas em gimnospermas não parecem ser canais abertos. Todas as áreas crivadas nas gimnospermas, como coníferas, são estruturalmente similares, embora possam ser mais numerosas nas paredes terminais sobrepostas das células crivadas. Os poros das áreas crivadas de gimnospermas reúnem-se em grandes cavidades medianas no meio da parede celular. O retículo endoplasmático liso (REL) recobre as áreas crivadas (**Figura 12.8**) e é contínuo através dos poros crivados e da cavidade mediana, conforme indicado pela coloração específica de retículo endoplasmático (RE). A observação do material vivo, com microscopia a *laser* confocal, confirma que a distribuição observada do REL não é um artefato da fixação.

A **Tabela 12.1** lista as características dos elementos de tubo crivado e das células crivadas.

Tabela 12.1 Características de dois tipos de elementos crivados em espermatófitas

Elementos de tubo crivado encontrados em angiospermas

1. Algumas áreas crivadas são diferenciadas em placas crivadas; elementos de tubo crivado individuais são unidos em um tubo crivado.
2. Os poros da placa crivada são canais abertos.
3. A proteína P está presente em todas as eudicotiledôneas e em muitas monocotiledôneas.
4. As células companheiras são fontes de ATP e talvez de outros compostos. Em algumas espécies, elas servem como células de transferência ou intermediárias

Elementos de tubo crivado encontrados em gimnospermas

1. Não há placas crivadas; todas as áreas crivadas são similares.
2. Os poros nas áreas crivadas parecem bloqueados com membranas.
3. Não há proteína P.
4. As células albuminosas têm funções similares às das células companheiras.

As células companheiras dão suporte aos elementos crivados altamente especializados

Cada elemento de tubo crivado está geralmente associado a uma ou mais **células companheiras** (ver Figura 12.6). Em regra, a divisão de uma única célula-mãe forma o elemento de tubo crivado e a célula companheira, no metafloema e no floema secundário. Numerosas conexões especializadas de plasmodesmos penetram nas paredes entre os elementos do tubo crivado e suas células companheiras; os plasmodesmos são complexos e ramificados no lado da célula companheira, ao mesmo tempo que formam um poro no lado do elemento crivado (ver Figura 12.6B e C). A presença desses **contatos poro-plasmodesmo** sugere uma relação funcional estreita entre o elemento crivado e sua célula companheira, uma associação que é demonstrada pela rápida troca de corantes fluorescentes, e até proteínas, entre as duas células.

As células companheiras diferem dos elementos crivados por terem citoplasma denso e rico em ribossomos e muitas mitocôndrias. Elas também assumem algumas das funções metabólicas críticas de elementos crivados, como as sínteses proteica e lipídica, que são reduzidas ou perdidas durante a diferenciação dos elementos crivados. Além das atividades relacionadas aos elementos crivados, as células companheiras estão envolvidas na coordenação das funções essenciais da planta, como floração, desenvolvimento de tubérculo e emergência de raízes laterais (ver Seção 12.8).

As células companheiras exercem um papel no carregamento do floema, em que elas estão envolvidas na última etapa do transporte de produtos fotossintéticos, desde as células produtoras nas folhas maduras até os elementos crivados nas nervuras foliares menores. A evolução de diferentes estratégias

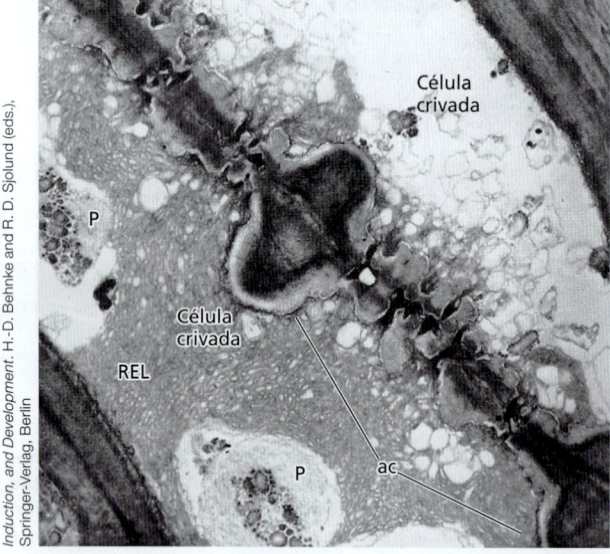

Figura 12.8 Imagens ao microscópio eletrônico, ilustrando uma área crivada (ac) ligando duas células crivadas no floema secundário de uma conífera (*Pinus resinosa*). O retículo endoplasmático liso (REL) recobre a área crivada em ambos os lados e é também encontrado nos poros e na cavidade mediana estendida. Esses poros obstruídos resultam na alta resistência ao fluxo de massa entre as células crivadas. P, plastídio.

de carregamento do floema nas espermatófitas é refletida pela existência de pelo menos três tipos diferentes de células companheiras nas nervuras menores das folhas maduras exportadoras: Células companheiras "comuns" que são indistinguíveis daquelas do transporte floemático, células de transferência e células intermediárias (discutidas na Seção 12.3).

As células crivadas das gimnospermas também estão fortemente acopladas aos contatos poro-plasmodesmo com células especializadas com citoplasma denso e mitocôndrias abundantes. Em comparação com as células companheiras, essas *células albuminosas* não são ontogeneticamente relacionadas (não são células irmãs) aos elementos crivados. Como as células companheiras, elas estão envolvidas no carregamento do floema.

A associação de elementos crivados com células especializadas que assumiram funções vitais é um avanço evolutivo das espermatófitas (ver **Tópico 12.2 na internet**).

12.3 Carregamento do floema

Aqui, discute-se a rota que os fotossintatos seguem desde sua origem nas células do mesófilo até as nervuras menores, onde eles são carregados nos elementos crivados. O carregamento de moléculas de açúcar no floema – geralmente sacarose – fornece a força motriz para o transporte de longa distância (ver Seção 12.4).

Várias etapas estão envolvidas no transporte de fotossintatos desde os cloroplastos do mesófilo até os elementos crivados das folhas maduras:

1. A triose fosfato formada pela fotossíntese durante o dia (ver Capítulo 10) é transportada do cloroplasto para o citosol, onde é convertida em sacarose. Durante a noite, o carbono do amido armazenado deixa o cloroplasto, primariamente na forma de maltose, sendo convertido em sacarose.
2. A sacarose move-se desde as células produtoras do mesófilo até as células vizinhas dos elementos crivados nas nervuras menores da folha (**Figura 12.9**). Esse **transporte pré-floema** normalmente cobre uma distância de apenas os diâmetros de algumas células.
3. Em um processo denominado **carregamento do floema**, os açúcares são transportados para os elementos crivados e as células companheiras. Observe que os elementos crivados e as células companheiras muitas vezes são consideradas uma unidade funcional, denominada *complexo elemento crivado-célula companheira*. Uma vez dentro dos elementos crivados, a sacarose e outros solutos são translocados para longe da fonte, um processo conhecido como **exportação**. A translocação ao longo do sistema vascular para um dreno é referida como **transporte de longa distância**.

O carregamento do floema pode ocorrer via apoplasto ou via simplasto

Os fotossintatos nas folhas-fonte devem se deslocar das células fotossintetizantes no mesófilo para os elementos crivados. Estudos usando traçadores fluorescentes do tamanho

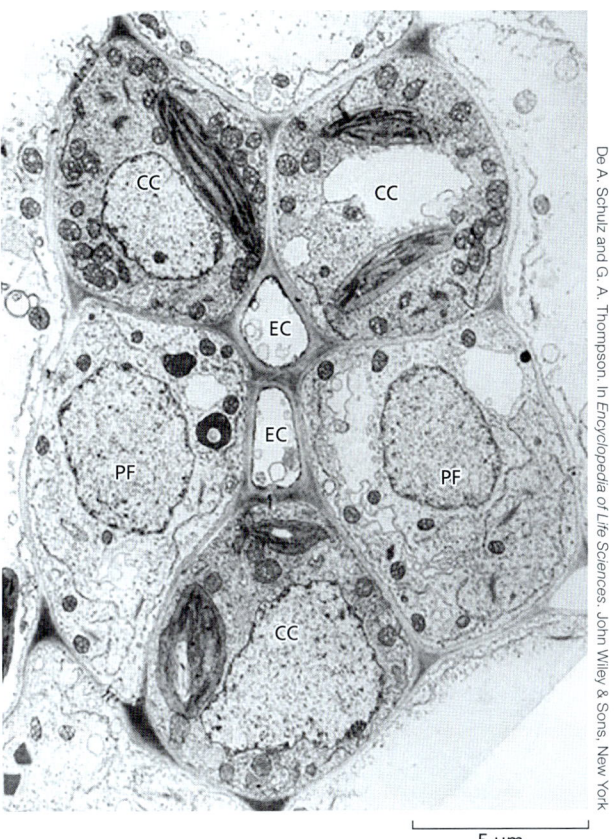

Figura 12.9 Imagem ao microscópio eletrônico mostrando as relações entre os tipos de células do floema de uma nervura de menor porte em uma folha-fonte de batata. A imagem mostra dois elementos crivados (EC), três células companheiras (CC) grandes e duas células de parênquima do floema (PF), todas rodeadas pela bainha do feixe vascular. Os fotossintatos do mesófilo são carregados da bainha do feixe vascular ou do parênquima do floema para o elemento crivado – complexos de células companheiras.

molecular da sacarose sugerem que a rota inicial do pré-floema é simplástica e segue o gradiente de concentração de açúcar (**Figura 12.10**). No entanto, os açúcares podem passar por uma etapa apoplástica, antes do carregamento do floema (ver Figura 12.10A), ou podem se mover inteiramente através do simplasma até os elementos crivados via plasmodesmos (ver Figura 12.10B). (Ver Figura 6.4, para uma descrição geral do simplasto e do apoplasto.) Um dos dois trajetos, apoplástico ou simplástico, é predominante em uma determinada espécie vegetal; muitas espécies, contudo, mostram evidências de serem capazes de utilizar mais do que um mecanismo de carregamento. Três mecanismos distintos para o carregamento do floema são presentemente reconhecidos: carregamento apoplástico, carregamento simplástico com aprisionamento de oligômeros e carregamento simplástico passivo. Para simplificar, inicialmente serão considerados os trajetos separadamente, para depois retornar ao tema da diversidade de carregamentos.

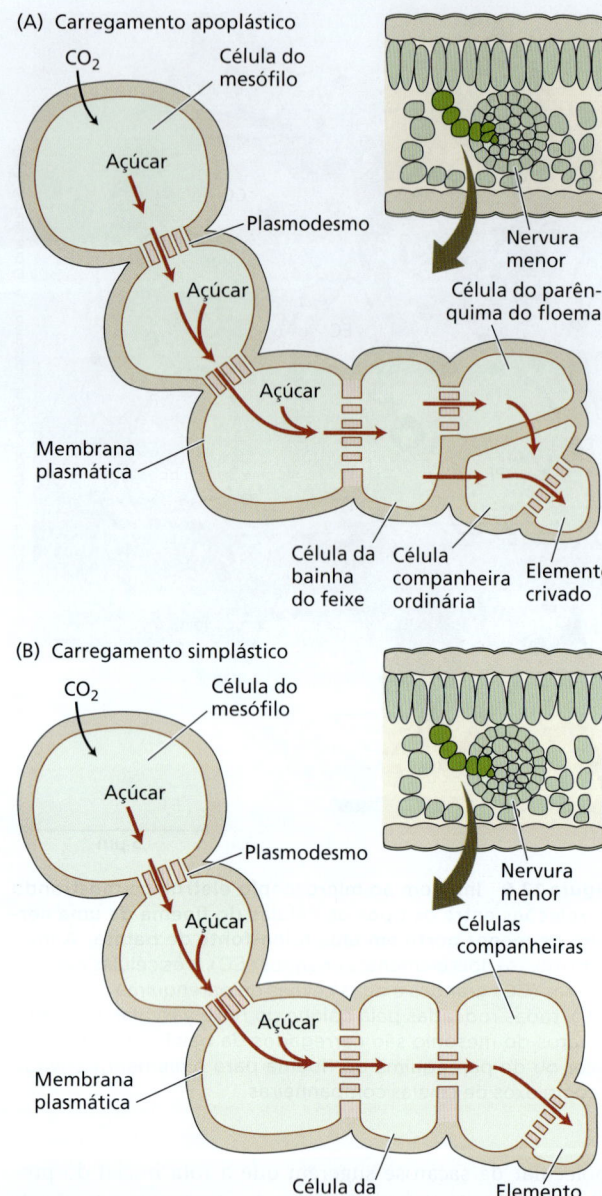

Figura 12.10 Esquema das rotas de carregamento do floema nas folhas-fonte. (A) Na rota parcialmente apoplástica, os açúcares deslocam-se inicialmente pelo simplasto, mas entram no apoplasto antes do carregamento nas células companheiras e nos elementos crivados. Os açúcares carregados nas células companheiras parecem se mover para os elementos crivados através dos plasmodesmos. (B) Na rota inteiramente simplástica, os açúcares deslocam-se de uma célula para outra pelos plasmodesmos, no trajeto todo desde o mesófilo até os elementos crivados. Observe que as plantas com carregamento simplástico tipicamente não contêm células parenquimáticas no floema.

Inicialmente, será discutido o carregamento apoplástico e, em seguida, serão introduzidos os dois tipos de carregamento simplástico (aprisionamento de oligômeros e carregamento passivo), na ordem em que sua importância foi reconhecida.

A carga apoplástica é característica de muitas espécies herbáceas

No caso do carregamento apoplástico, os açúcares penetram no apoplasto adjacente ao complexo elemento crivado-célula companheira. Os transportadores de sacarose que mediam o efluxo deste açúcar, muito provavelmente do parênquima floemático para o apoplasto próximo aos complexos elemento crivado-célula companheira, foram recentemente identificados – primeiramente em *Arabidopsis* e arroz – como uma subfamília de transportadores SWEET. Os açúcares são, então, ativamente transportados do apoplasto para o complexo elemento crivado-células companheiras por um transportador seletivo, localizado nas membranas plasmáticas dessas células.

O modelo apoplástico de carregamento do floema leva a três predições básicas:

1. Os açúcares transportados deveriam ser encontrados no apoplasto.
2. Em experimentos nos quais os açúcares são aplicados ao apoplasto, os açúcares exógenos fornecidos deveriam se acumular nos elementos crivados e nas células companheiras.
3. A inibição do efluxo do açúcar do parênquima do floema ou a absorção a partir do apoplasto deveria resultar na inibição da exportação pela folha.

Muitos estudos dedicados a testar essas predições têm fornecido evidências consistentes para o carregamento apoplástico em várias espécies.

O carregamento de sacarose na rota apoplástica requer energia metabólica

Em muitas das espécies estudadas, os açúcares estão mais concentrados nos elementos crivados e nas células companheiras do que no mesófilo. Essa diferença na concentração do soluto pode ser demonstrada por medições do potencial osmótico (Ψ_s) de vários tipos celulares da folha (ver Capítulo 6).

Na beterraba, o potencial osmótico do mesófilo é de cerca de –1,3 MPa, e o potencial osmótico dos elementos crivados e das células companheiras é de cerca de –3,0 MPa. Considera-se que a maior parte dessa diferença no potencial osmótico resulte do açúcar acumulado, especificamente sacarose, que é o principal açúcar transportado nessa espécie. Os estudos experimentais também têm demonstrado que tanto a sacarose fornecida externamente quanto a sacarose derivada de fotossintatos que se acumulam no floema das nervuras menores das folhas-fonte de beterraba (**Figura 12.11**).

O fato de a sacarose estar em concentração mais alta no complexo elemento crivado-célula companheira do que nas células adjacentes indica que esse açúcar é ativamente transportado contra seu gradiente de potencial químico. A dependência do acúmulo de sacarose pelo transporte ativo é apoiada pelo fato de que o tratamento do tecido-fonte com inibidores respiratórios tanto decresce a concentração de ATP quanto inibe o carregamento do açúcar exógeno.

Os vegetais que carregam açúcares pela rota apoplástica para o floema podem também carregar ativamente aminoácidos e açúcares-alcoóis (sorbitol e manitol). Por outro lado,

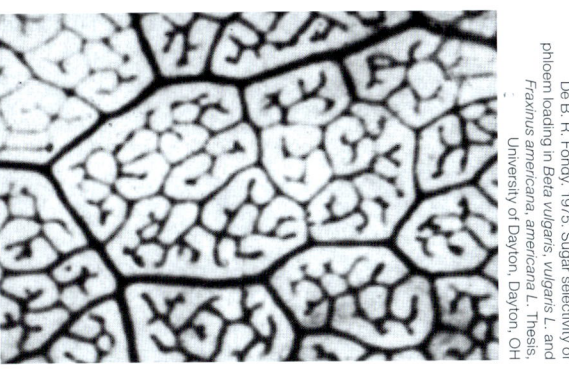

Figura 12.11 Autorradiografia mostrando que o açúcar marcado se move contra seu gradiente de concentração, do apoplasto para os elementos crivados e as células companheiras de uma folha-fonte de beterraba. Uma solução de sacarose marcada com ^{14}C foi aplicada por 30 min na superfície adaxial de uma folha de beterraba, que havia sido previamente mantida no escuro por três horas. A cutícula da folha foi removida para permitir a penetração da solução no interior da folha. Os elementos crivados e as células companheiras da folha-fonte contêm concentrações altas de açúcar marcado, demonstradas pelos acúmulos pretos, indicando que a sacarose é ativamente transportada contra seu gradiente de concentração.

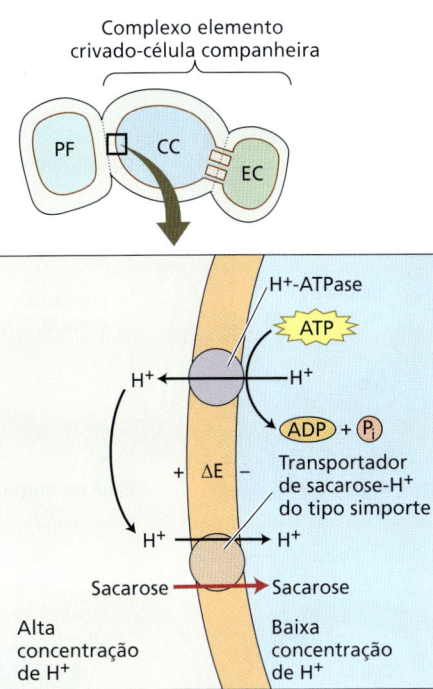

Figura 12.12 Transporte de sacarose ATP-dependente no carregamento apoplástico do elemento crivado. No modelo do cotransporte do carregamento de sacarose para o simplasto do complexo elemento crivado-célula companheira, a ATPase da membrana plasmática bombeia prótons para fora da célula até o apoplasto. Isso estabelece uma concentração mais alta de prótons no apoplasto e um potencial de membrana de aproximadamente –120 mV (ΔE). A energia nesse gradiente eletroquímico de prótons é, então, utilizada para impulsionar o transporte de sacarose até o simplasto do complexo elemento crivado-célula companheira, por meio do transportador de sacarose-H^+ do tipo simporte. CC, célula companheira; PF, célula do parênquima do floema; EC, elemento crivado.

outros metabólitos, como ácidos orgânicos e hormônios, podem entrar passivamente nos elementos crivados. (Ver **Tópico 12.3 na internet** para uma discussão desses temas.)

O carregamento do floema na rota apoplástica envolve um transportador de sacarose-H^+ do tipo simporte

Considera-se que um transportador de sacarose-H^+ do tipo simporte media o transporte de sacarose do apoplasto para o complexo elemento crivado-célula companheira. Lembre-se, do Capítulo 8, de que o simporte é um processo de transporte secundário que utiliza a energia gerada pela bomba de prótons (ver Figuras 8.9 e 8.10A), nesse caso, uma isoforma específica de célula companheira. A energia dissipada pelos prótons no movimento de retorno para a célula é acoplada para a absorção de um substrato, nesse caso a sacarose (**Figura 12.12**). O simportador seleciona entre os vários açúcares presentes no apoplasto a única espécie de açúcar que é transportada por longa distância no floema, nesse caso a sacarose.

Muitos transportadores de sacarose-H^+ do tipo simporte foram clonados e localizados no floema. SUT1 e SUC2 e seus homólogos parecem ser os principais transportadores de sacarose no carregamento do floema. Eles estão localizados na membrana plasmática das células companheiras ou dos elementos crivados. (Ver **Tópico 12.3 na internet**.)

As células de transferência são células companheiras especializadas no transporte de membranas

Algumas espécies vegetais com carregamento apoplástico, como a fava (*Vicia faba*), têm células de transferência nas veias menores. As células companheiras tipo células de transferência são semelhantes às células companheiras tipo células intermediárias, com exceção do desenvolvimento de invaginações da parede do tipo interdigitações, em particular nas paredes celulares que ficam afastadas do elemento crivado-fonte (**Figura 12.13**). Essas invaginações da parede aumentam a área de superfície da membrana plasmática, tornando maior o potencial de transferência de soluto através da membrana. Relativamente poucos plasmodesmos conectam esse tipo de célula a qualquer uma das células adjacentes, exceto seu próprio elemento crivado. As células parenquimáticas do xilema também podem ser modificadas como células de transferência, servindo, provavelmente, para recuperar e redirecionar os solutos em movimento no xilema, o qual também faz parte do apoplasto. As células de transferência são mais frequentes nas dicotomias no transporte floemático, bem como no floema-fonte e nas rotas de descarregamento pós-elemento crivado.

A escassez ou ausência virtual de plasmodesmos entre o complexo elemento peneiro-célula companheira e as células vizinhas (bainha do feixe ou parênquima do floema) parece estar correlacionada com o carregamento apoplástico. A função dos plasmodesmos remanescentes não é conhecida. O fato de estarem presentes indica que eles devem ter uma função

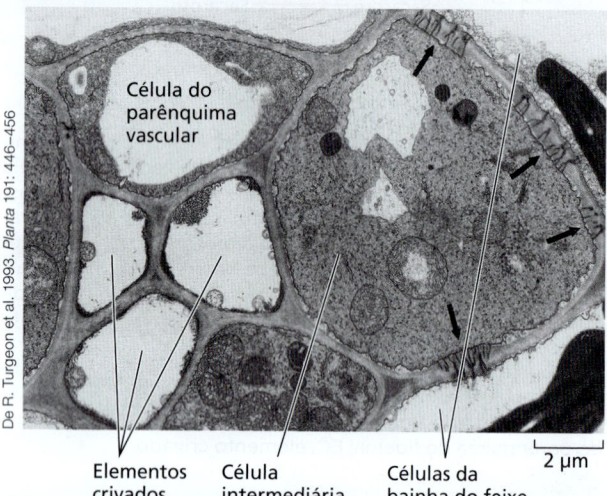

Figura 12.13 Imagens ao microscópio eletrônico de células companheiras especializadas nas nervuras menores de folhas maduras. (A) Um elemento crivado adjacente a uma célula companheira tipo célula de transferência com numerosas invaginações da parede, em ervilha (*Pisum sativum*). (B) Uma célula companheira tipo célula intermediária no floema de nervuras menores da flor-máscara (*Alonsoa warscewiczii*), com numerosos campos de plasmodesmos (setas) conectando-a às células vizinhas da bainha do feixe vascular. Esses plasmodesmos são ramificados em ambos os lados, mas as ramificações são mais longas e mais estreitas no lado da célula intermediária.

importante, pois o custo de possuí-los é alto. Eles são as vias pelas quais os vírus se propagam sistemicamente em uma planta.

O carregamento do floema é simplástico em algumas espécies

O carregamento apoplástico do floema é prevalente em algumas espécies que transportam apenas sacarose e tem poucos plasmodesmos que chegam até o floema das nervuras menores. Entretanto, muitas outras espécies apresentam numerosos plasmodesmos na interface entre o complexo elemento crivado-célula companheira e as células adjacentes (ver Figura 12.13B). A operação de uma rota simplasmática que requer a presença de plasmodesmos abertos está implícita nessas espécies, uma vez que o isolamento do floema parece ser essencial para o carregamento apoplástico.

O modelo de aprisionamento de oligômeros explica o carregamento simplástico em plantas com células companheiras tipo células intermediárias

Uma rota simplástica tornou-se evidente em espécies que transportam, no floema, a rafinose (trissacarídeo) e a estaquiose (tetrassacarídeo), além da sacarose (dissacarídeo). Essas espécies têm células intermediárias nas nervuras menores e abundante plasmodesmos que chegam a essas nervuras. Alguns exemplos dessas espécies incluem coleus (*Coleus blumei*), abóbora e abobrinha (*Cucurbita pepo*) e melão (*Cucumis melo*). As células intermediárias são células companheiras que têm numerosos plasmodesmos conectando-as às células da bainha do feixe vascular (ver Figura 12.13B). Embora a presença de muitas conexões por plasmodesmos às células adjacentes seja o atributo mais característico das células intermediárias, elas também se distinguem por possuírem numerosos vacúolos pequenos, bem como tilacoides pouco desenvolvidos e ausência de grãos de amido nos cloroplastos.

Duas perguntas principais emergem em relação ao carregamento simplástico:

1. Como a rafinose e a estaquiose são selecionadas para transporte no floema? No carregamento apoplástico do floema, o envolvimento de simportadores fornece um mecanismo claro para seletividade, pois esses transportadores são específicos para certas moléculas de açúcares. O carregamento simplástico, por outro lado, depende da difusão de açúcares a partir do mesófilo para os elementos crivados via plasmodesmos. Como a difusão através dos plasmodesmos, durante o carregamento simplástico, pode ser seletiva para certos açúcares?

2. Os dados de várias espécies exibindo carregamento simplástico indicam que os elementos crivados e as células companheiras têm conteúdo osmótico mais elevado (potencial osmótico mais negativo) que o mesófilo. Como o carregamento simplástico dependente da difusão pode ser responsável pela seletividade observada nas moléculas transportadas e pelo acúmulo de açúcares contra um gradiente de concentração?

O **modelo de aprisionamento de oligômeros**[1] (**Figura 12.14**) aborda essas perguntas. O modelo postula que a sacarose sintetizada no mesófilo se difunde das células da bainha do feixe para as células intermediárias, pelos abundantes

---
[1] Este livro usa o termo *aprisionamento de oligômeros* em vez de *aprisionamento de polímeros* (termo usado no original), porque os açúcares envolvidos (até a verbascose) são oligossacarídeos, não polissacarídeos.

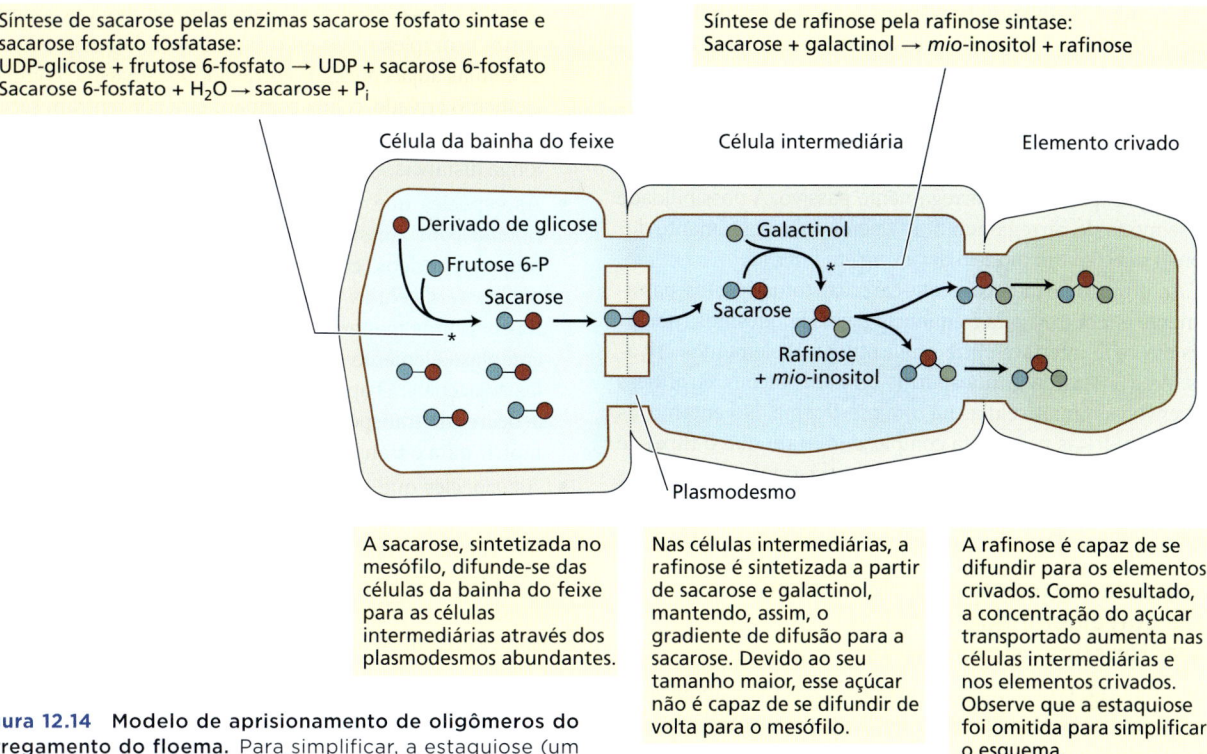

Figura 12.14 Modelo de aprisionamento de oligômeros do carregamento do floema. Para simplificar, a estaquiose (um tetrassacarídeo) foi omitida. (Segundo A. J. E. van Bel. 1992. *Acta Bot. Neerl.* 41: 121–141.)

plasmodesmos que conectam esses dois tipos celulares. Nas células intermediárias, a rafinose e a estaquiose (oligômeros formados por três e quatro hexoses, respectivamente) são sintetizadas a partir da sacarose transportada e do galactinol (um metabólito da galactose). Devido ao seu tamanho relativamente grande, a rafinose e a estaquiose não podem se difundir de volta para as células da bainha do feixe vascular, mas podem mover-se para os elementos crivados. As concentrações de açúcar nos elementos crivados dessas plantas podem atingir valores equivalentes àqueles nas plantas que realizam carregamento apoplástico. A sacarose pode continuar a difundir-se para as células intermediárias, pois sua síntese no mesófilo e seu uso nas células intermediárias mantém o gradiente de concentração (ver Figura 12.14). Assim como o carregamento apoplástico, o aprisionamento de oligômeros também requer energia metabólica nas células companheiras – não para o transporte de membrana, mas para a síntese de trissacarídeos e tetrassacarídeos.

O modelo de aprisionamento de oligômeros apresenta três predições:

1. A sacarose deveria estar mais concentrada no mesófilo do que nas células intermediárias.
2. As enzimas para a síntese de rafinose e estaquiose deveriam estar preferencialmente localizadas nas células intermediárias.
3. Os plasmodesmos que ligam as células da bainha do feixe e as células intermediárias deveriam excluir moléculas maiores do que a sacarose.

Vários estudos comprovam as predições e sustentam o modelo de aprisionamento de oligômeros de carregamento simplástico em algumas espécies. No entanto, resultados de modelagem recentes sugerem que a difusão de oligossacarídeos, como rafinose e estaquiose, de volta ao mesófilo é evitada não apenas pelo tamanho físico dos plasmodesmos, mas também pelo início do fluxo de massa oposto da bainha do feixe vascular. (Ver **Tópico 12.3 na internet** para uma discussão desses temas.)

O carregamento do floema é passivo em diversas espécies arbóreas

O carregamento passivo simplástico do floema é generalizado entre as espécies de árvores. Mesmo que os dados que dão suporte a esse mecanismo sejam recentes, o carregamento simplástico passivo foi, na realidade, uma parte da concepção original de Münch sobre o fluxo de pressão (ver Seção 12.4).

Tornou-se aparente que várias espécies arbóreas possuem numerosos plasmodesmos entre o complexo elemento crivado-célula companheira e as células adjacentes, mas não possuem células companheiras tipo células intermediárias e não transportam rafinose e estaquiose. Árvores como salgueiro (*Salix babylonica*) e macieira (*Malus domestica*) estão entre as espécies que se enquadram nessa categoria. Essas plantas não apresentam a etapa de concentração na rota a partir do mesófilo para o complexo elemento crivado-célula companheira. Como o gradiente de concentração do mesófilo ao floema aciona a difusão ao longo da rota pré-floema, as concentrações absolutas de açúcares nas folhas-fonte dessas espécies devem ser altas, para manter a exigência de pressões de turgor altas nos elementos crivados. Embora haja ampla variação e uma sobreposição considerável entre os grupos de plantas com diferentes mecanismos de carregamento, as concentrações de açúcares nas folhas-fonte são geralmente mais elevadas nas espécies arbóreas que apresentam carregamento passivo. A possibilidade desse modo de carregamento do floema foi recentemente demonstrada com um modelo de árvore em um *chip*.

As gimnospermas parecem carregar fotossintatos passivamente e têm uma alta frequência de plasmodesmos funcionais em cada interface entre o mesófilo e os elementos crivados. As acículas de gimnosperma têm adaptações xerofíticas que envolvem mais células na rota pré-floema. No entanto, as relações hídricas nessa rota complexa indicam que o fluxo de massa começa dentro da bainha do feixe vascular e aciona os fotossintatos, por meio de várias células parenquimáticas e células albuminosas, para os elementos crivados.

O tipo de carregamento do floema está correlacionado a muitas características significativas

Conforme já discutido, o funcionamento das rotas apoplástica ou simplástica de carregamento do floema está correlacionado com diversas características específicas, listadas na **Tabela 12.2**.

- As espécies que têm carregamento apoplástico do floema como estratégia dominante translocam quase exclusivamente sacarose e possuem células companheiras tipo células intermediárias ou células de transferência nas nervuras menores. Essas espécies geralmente têm poucas conexões entre o complexo elemento crivado-célula companheira e as células adjacentes. Os carregadores ativos no complexo elemento crivado-célula companheira concentram sacarose nas células e geram a força motriz para o transporte de longa distância.

- As espécies que utilizam carregamento simplástico do floema com aprisionamento de oligômeros translocam oligossacarídeos, como rafinose, além da sacarose. Elas apresentam células companheiras do tipo intermediárias nas nervuras menores, com conexões abundantes entre o complexo elemento crivado-célula companheira e as células adjacentes. O aprisionamento de oligômeros concentra açúcares de transporte nas células do floema e gera a força motriz para o transporte de longa distância.

- As espécies que utilizam carregamento simplástico passivo do floema translocam sacarose e açúcares-alcoóis e têm células companheiras ordinárias nas nervuras menores. Essas espécies também possuem conexões abundantes desde o mesófilo até o complexo elemento crivado-célula companheira. As espécies com carregamento simplástico passivo são caracterizadas por alta concentração total de açúcares nas folhas-fonte, que mantém um gradiente de concentração entre o mesófilo e o complexo elemento crivado-célula companheira. As altas concentrações de açúcar na rota pré-floema já podem – antes do complexo elemento crivado-célula companheira – gerar a força motriz para o transporte de longa distância. Muitas das espécies com carregamento simplástico passivo são árvores.

Tabela 12.2 Padrões de carregamento apoplástico e simplástico

Característica	Carregamento apoplástico	Aprisionamento simplástico de oligômeros	Carregamento passivo simplástico
Açúcar de transporte	Sacarose	Rafinose e estaquiose, além da sacarose	Sacarose e açúcares-alcoóis
Células companheiras características	Células companheiras ordinárias ou células de transferência	Células intermediárias	Células companheiras ordinárias
Quantidade e condutividade de plasmodesmos conectando o complexo EC-CC às células adjacentes	Baixo	Alto	Alto
Dependência de carregadores ativos no complexo EC-CC	Dependente de transportadores	Independente de transportadores	Independente de transportadores
Concentração total de açúcares transportados em folhas-fonte	Baixo	Baixo	Alto
Tipo de célula na qual a força motriz para o transporte de longa distância é gerada	Complexo elemento crivado-célula companheira	Células intermediárias	Mesófilo
Hábito de crescimento	Principalmente herbáceo	Herbáceo e espécies lenhosas	Principalmente arbóreo

Fontes: Y. V. Gamalei. 1985. *Fiziologiya Rasenii* (Moscow) 32: 886–875; A. J. E. van Bel et al. 1992. *Acta Bot. Neerl.* 41: 121–141; E. A. Rennie and R. Turgeon. 2009. *Proc. Natl. Acad. Sci. USA* 106: 14163–14167
Nota: As plantas que utilizam os três mecanismos de carregamento do floema podem, também, transportar açúcares-alcoóis. Além disso, algumas espécies podem fazer o carregamento tanto pela rota apoplástica quanto pela rota simplástica, já que tipos diferentes de células companheiras podem ser encontrados nas nervuras de uma mesma espécie. Complexo EC-CC, complexo elemento crivado-célula companheira.

Nossa discussão até agora considerou o carregamento apoplástico, o carregamento simplástico com aprisionamento de oligômeros e o carregamento passivo separadamente. No entanto, evidência crescente mostra que muitas, se não todas, plantas são capazes de utilizar mais de um mecanismo de carregamento. Por exemplo, dados estruturais e fisiológicos indicam que algumas plantas que apresentam aprisionamento de oligômeros também são capazes de carregamento apoplástico (ver **Tópico 12.3 na internet**).

As frequências de plasmodesmos sugerem que a estratégia de carregamento passivo é ancestral nas angiospermas, enquanto o carregamento apoplástico e o aprisionamento de oligômeros evoluíram mais tarde. No entanto, a capacidade de carregamento por múltiplos mecanismos pode ter estado presente mesmo nas primeiras angiospermas. Mecanismos múltiplos de carregamento podem permitir a rápida adaptação das plantas a estresses abióticos, como a baixas temperaturas. Com certeza, a evolução dos diferentes tipos de carregamento e as pressões ambientais relacionadas à sua evolução continuarão sendo importantes áreas de pesquisa, à medida que as rotas de carregamento são esclarecidas em um número maior de espécies.

■ 12.4 Transporte de longa distância: um mecanismo acionado por pressão

Esta seção discute as taxas de movimento no floema intacto e o mecanismo de transporte do floema. Uma vez que o principal açúcar de transporte é carregado nos elementos crivados das nervuras menores, ele segue a rota contínua de baixa resistência do floema de transporte até os órgãos que o consomem (ver Figura 12.1). O floema de transporte pode abranger distâncias longas: nas sequoias gigantes (*Sequoiadendrum giganteum*), atinge mais de 100 m, desde as acículas no topo da árvore até suas raízes mais finas. Essa rota de longa distância é contínua e compreende: primeiro, o floema primário de lâminas foliares, pecíolos e caules primários; depois, o floema secundário na casca interna do caule e da raiz; e, finalmente, o floema primário do delicado sistema radicular. Independentemente de serem originados no procâmbio ou no câmbio, todos os elementos crivados têm a mesma ultraestrutura (ver Seção 12.2), embora a largura da célula e o tamanho dos poros da placa crivada sejam geralmente maiores no floema secundário.

Um aspecto importante, mas muitas vezes negligenciado, do floema de transporte é a descarga e recarga de fotossintatos ao longo da rota. A recuperação de fotossintatos pode ser apenas para compensar o vazamento de fotossintatos causado pelo acentuado gradiente de açúcar entre os elementos crivados e o apoplasto. Nas árvores, entretanto, o descarregamento e o recarregamento ocorrem regularmente entre o floema de transporte e o tecido circundante, como para o armazenamento de proteínas e amido no parênquima radial. A remobilização desses compostos armazenados supre os drenos axiais durante a primavera. As células companheiras (e as células albuminosas nas gimnospermas) no floema de transporte são fundamentais para esses processos.

A transferência de massa é muito mais rápida que a difusão

A taxa de movimento de materiais nos elementos crivados pode ser expressa de duas maneiras: como **velocidade**, a distância linear percorrida por unidade de tempo, ou como **taxa de transferência de massa**, a quantidade de material que passa por determinada secção transversal do floema ou dos elementos crivados por unidade de tempo. Tem sido dada preferência às taxas de transferência de massa com base na área de secção transversal dos elementos crivados, pois eles são as células condutoras do floema. Os valores das taxas de transferência de massa variam entre 1 a 15 $g\,h^{-1}\,cm^{-2}$ de elementos crivados (em unidades SI, 2,8–41,7 $\mu g\,s^{-1}\,mm^{-2}$).

Tanto as velocidades quanto as taxas de transferência de massa podem ser medidas com marcadores radioativos (os métodos de medida de taxas de transferência de massa estão descritos no **Tópico 12.4 na internet**). No tipo mais simples de experimento para medição de velocidade, o CO_2 marcado com ^{11}C ou ^{14}C é aplicado por um breve período à folha-fonte (pulso de marcação), e a chegada da marca radioativa ao tecido-dreno ou a um ponto especial ao longo da rota é monitorada com um detector apropriado.

Em geral, as velocidades medidas por uma variedade de técnicas atingem, em média, 1 $m\,h^{-1}$ (0,28 $mm\,s^{-1}$), variando de 0,3 a 1,5 $m\,h^{-1}$ (em unidades SI, 0,08–0,42 $mm\,s^{-1}$). Os valores de transporte excedem a taxa de difusão em várias ordens de grandeza. Qualquer mecanismo proposto para translocação no floema deve levar em conta essas altas velocidades.

O modelo de fluxo de pressão é um mecanismo passivo para o transporte no floema

O mecanismo mais amplamente aceito de translocação no floema de angiospermas é o modelo de fluxo de pressão. Esse modelo explica a translocação no floema como um fluxo de solução (fluxo de massa) governado por um gradiente de pressão gerado osmoticamente entre a fonte e o dreno. No restante desta seção, descreve-se o modelo de fluxo de pressão, as previsões decorrentes do fluxo de massa e os dados (tanto de apoio quanto desafiadores) e, em seguida, explora-se brevemente se o modelo pode ser aplicado às gimnospermas.

A pressão é gerada osmoticamente

A difusão é um processo muito lento para ser responsável pelas velocidades de movimento de solutos observadas no floema. As velocidades de translocação são, em média, de 1 $m\,h^{-1}$; a taxa de difusão seria de 1 m em 62 anos para sacarose a 25 °C! (Ver Capítulo 5 para a discussão sobre as velocidades de difusão e as distâncias nas quais a difusão representa um mecanismo efetivo de transporte.)

O **modelo de fluxo de pressão**, inicialmente proposto por Ernst Münch, em 1930, defende que um fluxo de solução nos elementos crivados é acionado por um *gradiente de pressão* gerado osmoticamente entre a fonte e o dreno. O carregamento do floema na fonte e o descarregamento no dreno estabelecem o gradiente de pressão.

Como discutimos anteriormente (ver Seção 12.3), três mecanismos diferentes são reconhecidos por gerar altas concentrações de açúcares nos elementos crivados da fonte: transporte ativo de membrana, aprisionamento de oligômeros e transporte simplástico passivo. Lembre-se do Capítulo 5 (ver Equação 5.5) que $\Psi = \Psi_s + \Psi_p$; isto é, $\Psi_p = \Psi - \Psi_s$. Nos tecidos-fonte, o acúmulo de açúcares nos elementos crivados gera um potencial de soluto baixo (negativo) (Ψ_s) e causa uma queda acentuada no potencial hídrico (Ψ). Em resposta ao gradiente de potencial hídrico, a água entra nos elementos crivados e causa o aumento da pressão de turgor (Ψ_p). A água entra nos elementos crivados através de canais de água, chamados **aquaporinas**.

Na extremidade receptora da rota de translocação, o **descarregamento do floema** leva a uma menor concentração de açúcar nos elementos crivados, gerando um potencial de soluto mais alto (menos positivo) dos elementos crivados dos tecidos-dreno. À medida que o potencial hídrico do floema aumenta acima daquele do xilema, a água tende a deixar o floema em resposta ao gradiente de potencial hídrico, provocando um decréscimo na pressão de turgor nos elementos crivados do dreno. A **Figura 12.15** ilustra a hipótese do fluxo de pressão; a figura mostra especificamente o caso do carregamento apoplástico do floema.

A seiva do floema move-se mais por fluxo de massa a favor de um gradiente de pressão. O fluxo de massa (mais precisamente fluxo *advectivo*) significa que os solutos se movem na mesma taxa que as moléculas de água e é possível quando nenhuma membrana é cruzada durante o transporte intercelular. Já que este é o caso entre os elementos de tubo crivado, o fluxo de massa pode ocorrer de um órgão-fonte com um potencial hídrico mais baixo para um órgão-dreno com potencial hídrico mais alto, ou vice-versa, dependendo das identidades do órgão-fonte e do órgão-dreno. De fato, a Figura 12.15 ilustra um exemplo no qual o fluxo ocorre contra o gradiente de potencial hídrico. Tal movimento da água não descumpre as leis da termodinâmica, pois o fluxo de massa é acionado por um gradiente de pressão, ao contrário da osmose, que é acionada por um gradiente de potencial hídrico.

De acordo com o modelo de fluxo de pressão, o movimento na rota de translocação é acionado pelo transporte de solutos e água *para dentro* dos elementos crivados da fonte e *para fora* dos elementos crivados do dreno. A translocação passiva impulsionada por pressão e em longas distâncias nos tubos crivados depende, em última instância, dos mecanismos envolvidos no carregamento e no descarregamento do floema. Esses mecanismos são responsáveis pelo estabelecimento do gradiente de pressão.

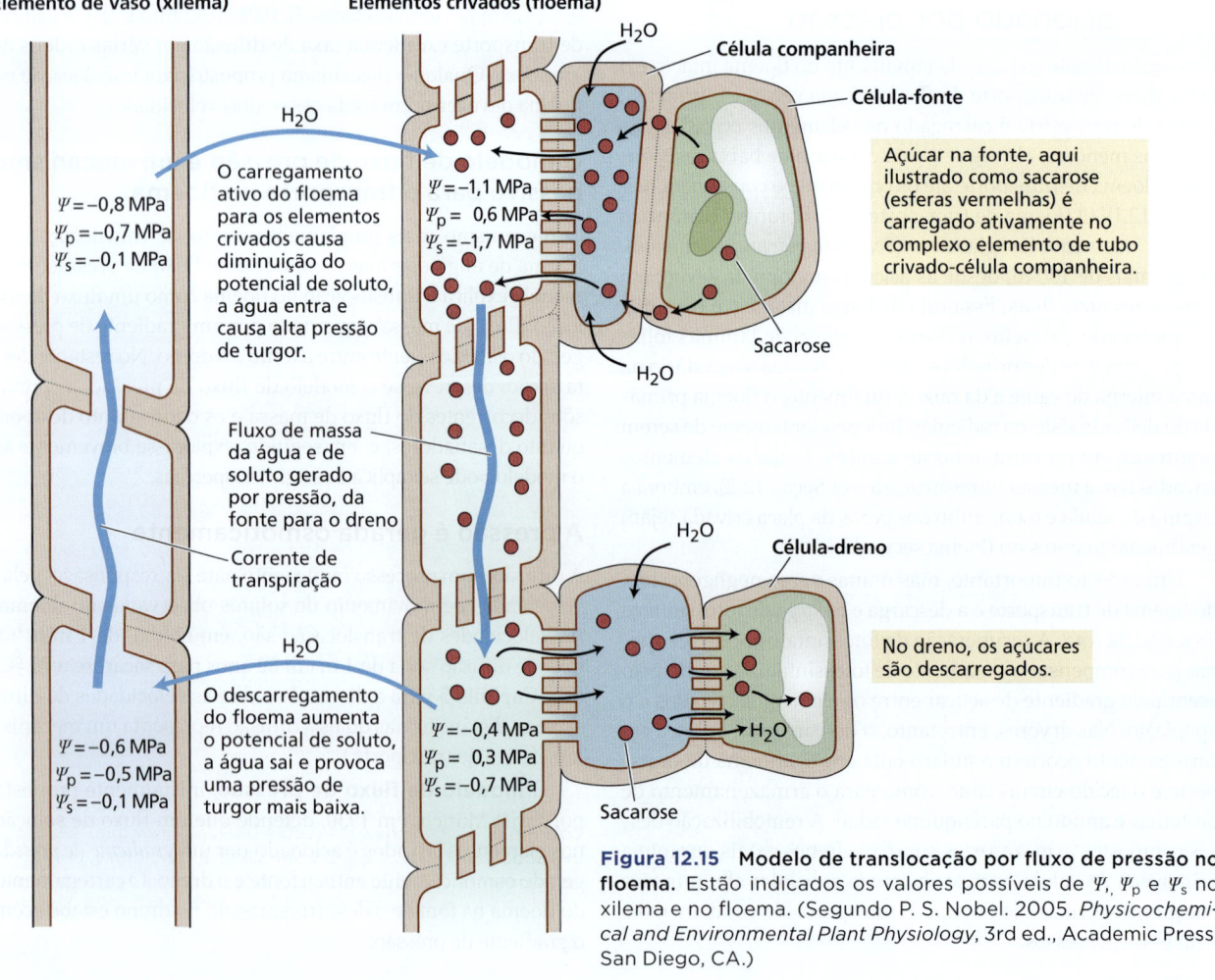

Figura 12.15 Modelo de translocação por fluxo de pressão no floema. Estão indicados os valores possíveis de Ψ, Ψ_p e Ψ_s no xilema e no floema. (Segundo P. S. Nobel. 2005. *Physicochemical and Environmental Plant Physiology*, 3rd ed., Academic Press, San Diego, CA.)

Algumas previsões do modelo de fluxo de pressão têm sido confirmadas, enquanto outras necessitam de experimentos adicionais

Algumas previsões importantes surgem a partir do modelo de translocação no floema já descrito:

- Nenhum transporte bidirecional real (i.e., o transporte simultâneo em ambas as direções) pode ocorrer em um único tubo crivado. Um fluxo de massa de solução impede esse movimento bidirecional, pois uma solução pode fluir apenas em uma direção em um tubo, em determinado tempo. Além disso, a água e os solutos devem se mover na mesma velocidade em uma solução de fluxo.
- Não são necessários grandes dispêndios de energia para impulsionar a translocação nos tecidos ao longo do trajeto. Portanto, tratamentos que restringem o suprimento de ATP no trajeto, como baixa temperatura, anoxia e inibidores metabólicos, não deveriam parar a translocação. Contudo, o lume do tubo crivado e os poros da placa crivada devem estar amplamente desobstruídos. Se a proteína P ou outros materiais obstruíssem os poros, a resistência ao fluxo da seiva do elemento crivado poderia ser demasiadamente grande.
- A hipótese de fluxo de pressão demanda a presença de um gradiente de pressão positivo, com a pressão de turgor mais alta nos elementos crivados das fontes que nos elementos dos drenos.
- A diferença de pressão deve ser grande o suficiente para superar a resistência da rota e manter o fluxo nas velocidades observadas. Assim, os gradientes de pressão devem ser maiores nas rotas de transporte de longa distância, como em árvores, do que nas rotas de transporte de curta distância, como em plantas herbáceas.

As evidências disponíveis que testam as duas primeiras previsões são tratadas no **Tópico 12.5 na internet**. Em seguida, são evidenciadas as duas últimas predições.

Os poros funcionais da placa crivada parecem ser canais abertos

Os estudos ultraestruturais dos elementos crivados são desafiadores devido à alta pressão interna dessas células. Quando o floema é cortado ou morto lentamente com fixadores químicos, a pressão de turgor nos elementos crivados é diminuída. Os conteúdos celulares movem-se em direção ao ponto de menor pressão e, no caso dos elementos de tubo crivado, acumulam-se nas placas crivadas. Essa acumulação é provavelmente a razão pela qual muitas das imagens mais antigas ao microscópio eletrônico mostram placas obstruídas, especialmente com proteína P ou organelas.

Mais recentemente, técnicas de congelamento rápido e técnicas de fixação fornecem imagens confiáveis de elementos crivados inalterados e confirmadas em microscopia de material vivo. Quando plantas jovens de *Arabidopsis* são rapidamente congeladas em nitrogênio líquido e então fixadas, os poros das placas crivadas muitas vezes não aparecem obstruídos (**Figura 12.16A**). Os poros das placas crivadas de elementos crivados

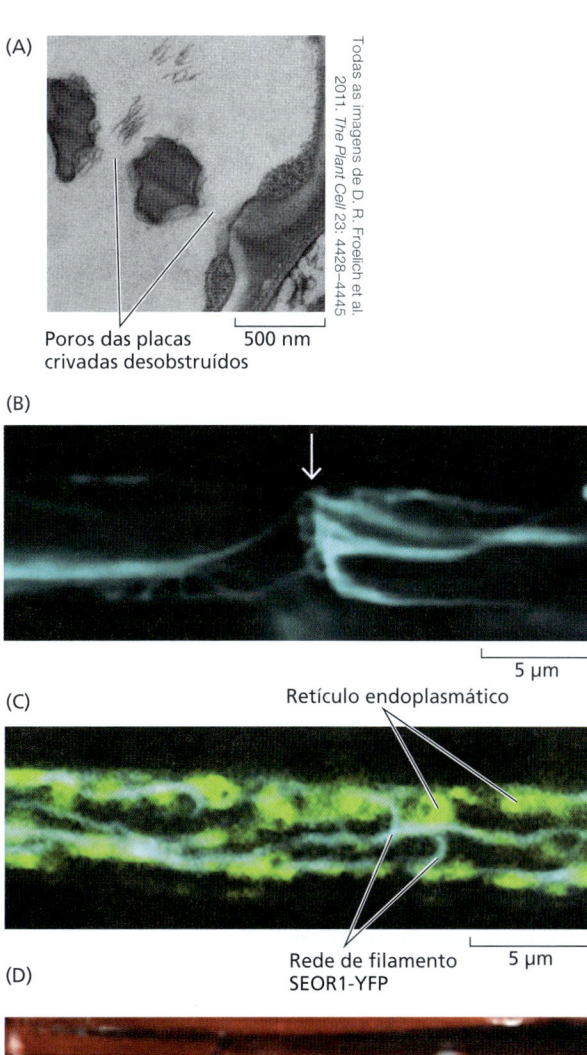

Figura 12.16 Poros da placa crivada e tubos crivados em *Arabidopis*. (A) Em tecidos congelados e fixados, os poros das placas crivadas estão frequentemente desobstruídos e não contêm calose. (B) Tubos crivados de raiz viva observados com microscopia confocal mostram uma proteína relacionada à oclusão do elemento crivado (SEOR1) fundida à proteína fluorescente amarela (YFP) em ciano. Os filamentos de SEOR1-YFP cobrem ou atravessam uma placa crivada (seta), delineando os poros da placa crivada. (C) O retículo endoplasmático (verde) é circundado por uma fina malha de filamentos de SEOR1-YFP (ciano). (D) Massas ou aglomerados das proteínas SEOR1-YFP às vezes preenchem parte ou todo o lume do tubo crivado em imagens confocais (seta em negrito e setas tracejadas, respectivamente), mas não necessariamente cobrem as placas crivadas (setas finas e contínuas). Os tubos crivados nas imagens B a D eram vivos e funcionais, conforme visto pelo marcador vermelho de transporte de floema, diacetato de carboxifluoresceína em D. A fluorescência da YFP é cor falsa como ciano em B e C e branca em D.

vivos e funcionais de muitas eudicotiledôneas também foram observados na sua maioria abertos. A microscopia ao vivo, bem como a preparação cuidadosa para a microscopia eletrônica, observou as organelas do elemento crivado (mitocôndrias, plastídios e RE) normalmente na periferia do elemento crivado. As organelas parecem estar presas umas às outras ou à membrana plasmática do elemento crivado por "grampos" de proteínas muito pequenas. Os poros abertos e a prevenção de organelas surgindo em relação às placas crivadas que são vistas em muitas espécies (ver também Figuras 12.6 e 12.7) são consistentes com o fluxo de massa.

E sobre a distribuição da proteína P no lume do elemento de tubo crivado? Imagens ao microscópio eletrônico de membros de tubo crivado, preparadas por congelamento rápido e fixação com frequência, têm mostrado muitas vezes a proteína P ao longo da periferia dos tubos crivados ou uniformemente distribuída no lume da célula. Além disso, os poros da placa crivada muitas vezes contêm proteína P em posições semelhantes, revestindo o poro ou em uma rede frouxa (ver Figuras 12.6C e 12.7C).

Quando uma proteína relacionada à oclusão do elemento crivado (SEOR1 em *Arabidopsis*) foi fusionada à proteína fluorescente amarela (YFP, *yellow fluorescent protein*) e observada em microscopia confocal, surgiu, no entanto, uma imagem um pouco diferente. Enquanto uma malha de filamentos proteicos frequentemente atravessava as placas crivadas ou se estendia por todo o lume (**Figura 12.16B e C**), massas ou aglomerados de proteínas preenchiam grandes porções do lume do tubo crivado, na placa crivada ou próximo a ela. A estrutura dessas massas era altamente variável, mas, muitas vezes, múltiplas massas grandes preenchiam todo o lume do tubo crivado (**Figura 12.16D**). Essas estruturas foram observadas em elementos crivados vivos, intactos com translocação. Os pesquisadores concluíram que o fluxo de massa ainda é possível em *Arabidopsis*. Entretanto, o conhecimento da porosidade das massas proteicas, bem como o grau de interação da proteína com moléculas de água circundante, será necessário para avaliar completamente o impacto de SEOR1 em *Arabidopsis*.

Os gradientes de pressão nos elementos crivados são suficientes para impulsionar o transporte no floema das árvores?

O fluxo de pressão ou fluxo de massa é o movimento combinado de todas as moléculas de uma solução, acionado por um gradiente de pressão. Quais são os valores de pressão nos elementos crivados e como eles podem ser determinados? Será que existe um gradiente de pressão entre fontes e drenos, e, se assim for, o gradiente é modesto ou substancial? As plantas de grande porte, como árvores, têm pressões proporcionalmente mais elevadas no floema do que espécies pequenas, herbáceas?

A pressão de turgor em elementos crivados pode ser calculada a partir do potencial hídrico e do potencial osmótico ($\Psi_p = \Psi - \Psi_s$) ou medida diretamente. Uma técnica mais efetiva usa pulgões sugadores (afídeos) de floema. Os afídeos são pequenos insetos que se alimentam inserindo suas peças bucais, constituídas de quatro estiletes tubulares, em um único elemento crivado de uma folha ou caule. A seiva pode ser coletada dos estiletes cortados do corpo do inseto, normalmente com um *laser*, depois de o afídeo ter sido anestesiado com CO_2. Após o corte dos estiletes, micromanômetros ou transdutores de pressão são vedados sobre os estiletes em exsudação (ver **Tópico 12.6 na internet**). Os dados obtidos são precisos, pois os afídeos perfuram um único elemento crivado, e a membrana plasmática aparentemente veda ao redor do estilete do inseto. As pressões medidas usando a técnica de estilete de afídeos variaram de 0,7 a 1,5 MPa, tanto em plantas herbáceas quanto em árvores pequenas. Esses valores se encaixam bem com medições diretas das pressões de turgor em tubos crivados funcionais de ipomeia (*Ipomoea nil*); em um caule de 7 m desta videira, a pressão de turgor foi em média de 1,1 MPa.

Este estudo de *Ipomoea* avaliou todos os fatores necessários para testar a viabilidade do fluxo de pressão através de microtubos passivos (= tubos de crivados), conforme descrito pela equação de Poiseuille (ver Capítulo 6):

$$Velocidade = \frac{k \cdot \Delta \Psi_p}{\eta \cdot \Delta x} \quad (12.1)$$

em que k é a condutividade do tubo (m^2), $\Delta \Psi_p$ é o diferencial de pressão (Pa), η é a viscosidade da seiva (Pa s) e Δx é o comprimento do tubo (m).

A condutividade específica dos tubos crivados foi derivada da geometria dos elementos crivados e das dimensões dos poros crivados ao longo do floema de transporte. O estudo concluiu que uma pressão de 0,21 MPa é suficiente para conduzir o transporte através de 1 m do floema primário de *Ipomoea*. O floema foi capaz de se ajustar ao aumento das distâncias de transporte: A pressão do floema aumentou para 2,3 MPa nos pecíolos das folhas restantes quando os caules basais de 10 m foram desfolhados. Nessas plantas desbastadas, um aumento na pressão do floema foi acompanhado por um aumento de cinco vezes na condutividade do tubo crivado e uma duplicação da área do floema, o que permitiu à planta compensar a perda de folhas ao longo do trajeto.

Este estudo confirmou estudos anteriores, derivando as pressões de turgor das concentrações de seiva do floema e calculando que os gradientes de pressão detectados são suficientes para impulsionar o fluxo de massa. Em árvores, entretanto, faltam estudos sistemáticos de gradientes de turgor em tubos crivados. Os dados são cruciais para qualquer avaliação da hipótese de fluxo de pressão.

No entanto, uma observação é indiscutível, ou seja, as pressões de turgor em árvores não são proporcionalmente maiores do que aquelas em plantas herbáceas. Um estudo comparou as pressões de turgor calculadas (técnica usada frequentemente em árvores) e as pressões medidas usando estiletes de afídeos em pequenas mudas de salgueiro. As duas técnicas produziram valores comparáveis, com média de 0,6 MPa para as pressões calculadas e 0,8 MPa para as pressões medidas. As pressões calculadas foram tão elevadas como 2,0 MPa em indivíduos grandes de freixos. Esses valores não são substancialmente diferentes daqueles medidos em plantas herbáceas, conforme anteriormente registrado. (Plantas herbáceas e árvores muitas vezes diferem em suas estratégias de carregamento do floema, de certa forma coerente com as pressões relativamente baixas em árvores; ver *O carregamento do floema é passivo em várias espécies de árvores* na Seção 12.3.)

Modelos modificados para translocação por fluxo de massa foram sugeridos

Embora o modelo de fluxo de pressão seja geralmente aceito e sua viabilidade tenha sido testada de forma experimental em ervas e videiras, surgiram dúvidas sobre se esse modelo também é válido para árvores, onde a distância entre a fonte e o dreno pode chegar a 50 m ou até 100 m. Distribuído por essa distância, o gradiente de pressão no sistema do floema é muito menor do que em plantas com rotas de transporte curtas. Duas modificações do modelo de fluxo de pressão levam esse problema em consideração: o modelo de coletor de alta pressão e o modelo de transmissão.

As principais diferenças no modelo de coletor de alta pressão, em comparação com o modelo de fluxo de pressão, incluem que a pressão no sistema de tubo crivado é alta em toda a planta e que a maior resistência ao fluxo de massa ocorre não nos tubos crivados ou placas crivadas do trajeto, mas nos plasmodesmos entre o complexo elemento crivado-células companheiras e tecidos do dreno, especialmente células do parênquima vascular. Uma vez que a maior resistência ocorre nos plasmodesmos, pequenos gradientes de pressão ocorreriam entre os elementos crivados de fonte e de dreno, mas as diferenças de pressão entre os elementos crivados de dreno e as células do parênquima do floema seriam grandes. O sistema resultante poderia, de forma eficiente e rápida, transmitir informação sobre as mudanças na pressão ou na concentração de seiva em distâncias longas.

O modelo de transmissão propõe que o floema consiste em unidades funcionais unidas em série e que solutos são transportados ativamente de uma unidade para a seguinte, aumentando a pressão disponível para acionar o transporte em distâncias longas, como as que existem nas árvores. Enquanto ambos os modelos são responsáveis por algumas das observações, registradas anteriormente, sobre pressões de turgor nos tubos crivados, o modelo de transmissão também requer gasto de energia ao longo do trajeto, pelo menos em árvores. Não se sabe se a necessidade de energia ao longo do trajeto é pequena em árvores, como parece ser em plantas herbáceas. Como as árvores decíduas têm locais de armazenamento axial que são preenchidos no outono e remobilizados na primavera, o floema de transporte das árvores não é apenas uma rota de translocação passiva, mas é ativo na troca de fotossintatos durante esses períodos.

O que se pode concluir dos experimentos e resultados descritos aqui? Algumas observações são compatíveis com a operação por fluxo de massa e especificamente o mecanismo de fluxo de pressão no floema de angiospermas: o movimento de solutos e água na mesma velocidade; a ausência de necessidade energética na rota de plantas herbáceas; a presença de poros não obstruídos nas placas crivadas e a ausência de transporte bidirecional. A importância de outras observações sobre o fluxo de pressão é mais problemática; em especial, as pressões semelhantes nos elementos crivados de plantas herbáceas e árvores são intrigantes e mostram que ainda não há uma visão completa.

A translocação em gimnospermas envolve um mecanismo diferente?

Embora o modelo de fluxo de pressão explique a translocação em angiospermas, ele pode não ser adequado para gimnospermas. Pouquíssima informação fisiológica sobre o floema da gimnosperma está disponível (ver O *carregamento do floema é passivo em várias espécies de árvores*, Seção 12.3). Na árvore inteira, a relação de escala entre os parâmetros estruturais de transporte do floema, comprimento da folha, comprimento do caule e raio do elemento crivado foi considerada a mesma nas gimnospermas e nas angiospermas, apoiando a universalidade do fluxo de massa também em espécies arbóreas. Recentemente, o floema linear – e relativamente simples – em acículas de diferentes espécies de gimnospermas tem sido objeto de modelagem. As acículas podem atingir 400 mm de comprimento em representantes da família dos pinheiros. Curiosamente, a exportação do floema das regiões apicais de acículas longas é incompatível com modelos de escala simples que atribuem uma função uniforme a todos os elementos crivados da acícula. Parece que os modelos carecem de dados sobre a distribuição do carregamento e transporte do floema ao longo da acícula para permitir o fluxo de massa.

Embora os modelos atuais possam ser aprimorados, a ultraestrutura do floema levanta dúvidas sobre o fluxo de massa nessas espécies. Conforme já discutido, as células crivadas das gimnospermas são, em muitos aspectos, similares aos elementos de tubo crivado das angiospermas, mas parecem conectadas por poros abertos (ver Figura 12.8). Os poros das gimnospermas são preenchidos com numerosas membranas do retículo endoplasmático liso. Como a microscopia confocal viva confirma a localização do retículo endoplasmático, essas micrografias eletrônicas não podem ser rejeitadas como meros artefatos. Tais poros parecem ser incompatíveis com as exigências da rota de baixa resistência. O impacto dessas membranas na translocação do floema requer uma investigação mais aprofundada.

■ 12.5 Materiais translocados no floema

A água é a substância mais abundante no floema. Dissolvidos na água estão os solutos translocados, incluindo carboidratos, aminoácidos, hormônios, alguns íons inorgânicos, proteínas e RNA, além de alguns metabólitos especializados envolvidos na defesa e na proteção. Os carboidratos são os solutos mais importantes e mais concentrados na seiva do floema (**Tabela 12.3**), sendo a sacarose o açúcar mais comumente transportado nos elementos crivados. Sempre há um pouco de sacarose na seiva do elemento crivado e ela pode atingir concentrações de 0,3 a 0,9 M. Açúcares, íons potássio e aminoácidos e suas amidas são as principais moléculas que contribuem para o potencial osmótico do floema.

Tabela 12.3 A composição da seiva do floema, coletada como um exsudato de cortes no floema

Componente	mg mL⁻¹ [mM]		mM	
	Ricinus (Hall & Baker, 1972)	*Ricinus* (Peuke, 2010)	*Lupinus* solo com baixa salinidade (Pate, 1989)	*Lupinus* solo com alta salinidade (Pate, 1989)
Açúcares	80,0-106,0 [234-309]	433	652	600
Aminoácidos	5,2 [28]	67,5	41	110
Ácidos orgânicos	2,0-3,2	8,02[a]	60	56
Proteína	1,45-2,20	–	–	–
K^+	2,3-4,4 [59-112]	67,1	66,9	52,6
Na^+	–	6,96	8,1	92,6
Cl^-	0,355-0,675 [10-19]	12	7,9	68
SO_4^{2-}	–	1,29	4,3	5,5
PO_4^{3-}	0,350-0,550 [3,7-5,8]	6,56	10	12,6
NO_3^-	–	0,59	–	–
Mg^{2+}	0,109-0,122 [4,5-5,0]	3,71	3,4	2,7
Ca^{2+}	–	1,21	1,5	0,91

Fontes: S. M. Hall and D. A. Baker. 1972. *Planta* 106: 131-140; J. S. Pate. 1989. In *Transport of Photoassimilates*, D. A. Baker and J. A. Milburn (eds.). Longman Scientific & Technical, Harlow, UK. pp. 138-166; A. D. Peuke. 2010. *J. Exp. Bot.* 61: 635-655
[a]Apenas malato.

A identificação completa de solutos móveis no floema e que têm uma função significativa tem se mostrado difícil; nenhum método de amostragem da seiva do floema é completamente livre de artefatos ou fornece um quadro completo de solutos móveis. A coleta da seiva do floema é um desafio experimental devido à pressão de turgor alta nos elementos crivados e nas reações às lesões descritas mais adiante nesta seção (e no **Tópico 12.6 na internet**). Devido aos processos que obstruem os poros da placa crivada, apenas algumas espécies exsudam seiva do floema dos ferimentos que danificam elementos crivados.

A abordagem preferível para coleta da seiva exsudada é o uso do estilete de afídeo como uma "seringa natural", conforme já descrito A pressão de turgor alta no elemento crivado força os conteúdos celulares pelo estilete até a extremidade cortada, onde podem ser coletados. No entanto, as quantidades de seiva coletadas são pequenas, e o método é tecnicamente difícil. No entanto, acredita-se que esse método produza seiva relativamente pura dos elementos crivados e das células companheiras e fornece uma visão razoavelmente acurada sobre a composição da seiva do floema.

Os açúcares são translocados na forma não redutora

Os resultados de muitas análises da seiva coletada indicam que os carboidratos translocados são açúcares não redutores. Açúcares redutores, como as hexoses glicose e frutose, contêm um grupo aldeído ou cetona exposto (**Figura 12.17A**). Em um açúcar não redutor, como a sacarose, o grupo cetona ou aldeído é reduzido a um álcool ou combinado com um grupo semelhante em outro açúcar. Os açúcares-alcoóis translocados incluem manitol e sorbitol (**Figura 12.17B**).

A maioria dos pesquisadores acredita que os açúcares não redutores são os principais compostos translocados no floema, pois eles são menos reativos do que seus equivalentes redutores. Na verdade, açúcares redutores, como hexoses, são bastante reativos e podem representar uma ameaça, como as espécies reativas de oxigênio e nitrogênio. Os animais podem tolerar o transporte de glicose, pois ela está presente em concentrações bastante baixas no sangue, mas hexoses não podem ser toleradas no floema, onde concentrações muito elevadas de açúcar são mantidas.

A sacarose é o açúcar mais comumente translocado; muitos dos outros carboidratos móveis contêm sacarose ligada a um número variado de moléculas de galactose. A rafinose consiste em sacarose e uma molécula de galactose a estaquiose consiste em sacarose e duas moléculas de galactose e a verbascose consiste em sacarose e três moléculas de galactose (ver Figura 12.17B). As plantas que translocam açúcares da família da rafinose geralmente usam o aprisionamento de oligômeros como estratégia de carregamento (ver Seção 12.3).

Outros solutos orgânicos pequenos são translocados no floema

O nitrogênio é encontrado no floema principalmente na forma de aminoácidos – em especial glutamato e aspartato – e suas respectivas amidas, glutamina e asparagina. As concentrações registradas de aminoácidos e ácidos orgânicos variam muito, até na mesma espécie, mas elas geralmente são baixas quando comparadas com as concentrações de carboidratos (ver Tabela 12.3). Como os açúcares, os aminoácidos móveis do floema são ativamente carregados, conforme confirmado pela localização de transportadores de aminoácidos na membrana plasmática das células companheiras.

(A) Açúcares reduzidos, que normalmente não são translocados no floema

Os grupos redutores são os grupos aldeídos (glicose e manose) e os grupos cetona (frutose).

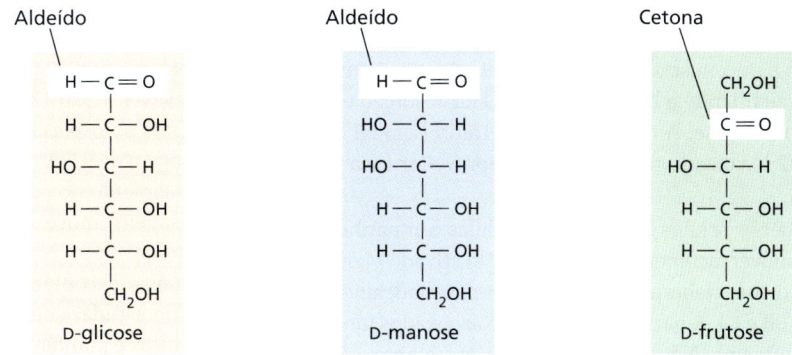

(B) Compostos normalmente translocados no floema

A sacarose é o dissacarídeo formado a partir de uma molécula de glicose e uma de frutose. A rafinose, a estaquiose e a verbascose contêm sacarose ligada a uma, duas ou três moléculas de galactose, respectivamente.

O manitol é um açúcar-álcool formado da redução de um grupo aldeído da manose.

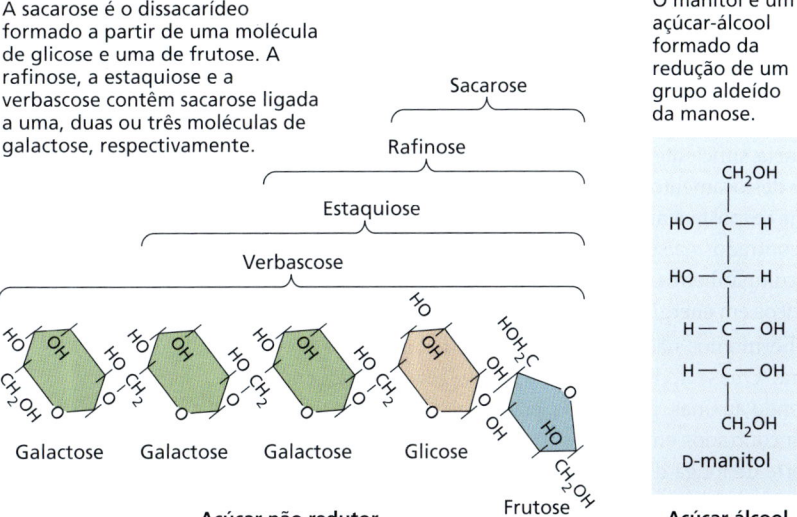

O ácido glutâmico, um aminoácido, e a glutamina, sua amida, são compostos nitrogenados importantes no floema, além do aspartato e da asparagina.

Ácido glutâmico — **Aminoácido**

Glutamina — **Amida**

Espécies com nódulos fixadores de nitrogênio também utilizam ureides como formas de transporte de nitrogênio.

Ácido alantoico | Alantoína | Citrulina

Ureides

Figura 12.17 Estrutura dos (A) compostos que normalmente não são translocados no floema e (B) daqueles normalmente translocados.

Alguns íons inorgânicos também são translocados no floema, incluindo K$^+$, NO$_3^-$, Mg^{2+}, PO$_4^{3-}$ e Cl$^-$. Por outro lado, Ca^{2+} e SO$_4^{2-}$ são relativamente imóveis no floema. Os íons potássio parecem servir como uma fonte de energia móvel no floema, auxiliando a bomba de prótons na absorção e recuperação da sacarose. A modificação pós-transcricional do canal K$^+$ AKT2 localizado no floema pode aproveitar essa fonte de energia.

Pequenos solutos citosólicos em células companheiras podem se mover facilmente para o elemento crivado vizinho, que está bem conectado por contatos poro-plasmodesmo (ver Figura 12.6B e C). A partir daqui, eles são arrastados junto com a seiva do floema. Não está estabelecido, entretanto, se os contatos poro-plasmodesmo têm um mecanismo para reter solutos relevantes nas células companheiras. O tamanho não parece ser crítico; a passagem de macromoléculas de até 70 kDa foi relatada usando proteínas marcadas com GFP como traçadores. Por outro lado, é difícil testar a passagem de íons e pequenas moléculas orgânicas. A simples ocorrência no floema não é evidência suficiente, pois a coleta da seiva do floema pode levar ao deslocamento do soluto em questão. No que pode ter sido uma resposta à amostragem, fosfatos de nucleotídeos foram encontrados na seiva do floema. É difícil imaginar que as células companheiras eliminem constitutivamente esses compostos ricos em energia.

Os hormônios não parecem estar retidos na célula companheira. Quase todos os hormônios vegetais endógenos, abrangendo auxinas, giberelinas, citocininas e ácido abscísico, foram encontrados em elementos crivados. Acredita-se que o transporte de longa distância de hormônios, especialmente a auxina, ocorra, pelo menos em parte, nos elementos crivados. De fato, os hormônios podem entrar nos tubos crivados através dos contatos poro-plasmodesmo, como foi demonstrado para a auxina.

As macromoléculas móveis do floema muitas vezes se originam em células companheiras

As macromoléculas encontradas na seiva do floema incluem as proteínas P estruturais, como a PP1 e a PP2 (envolvidas na obstrução dos elementos crivados danificados em espécies de cucurbitáceas), assim como várias proteínas hidrossolúveis e RNAs. A função de muitas dessas proteínas comumente encontradas na seiva do floema está relacionada ao estresse e às reações de defesa (ver tabela no **Tópico 12.7 na internet**). Os possíveis papeis dos RNAs e das proteínas como moléculas de sinalização são discutidas mais adiante na Seção 12.8.

A presença de macromoléculas na seiva não prova necessariamente que elas se movem com o fluxo do floema. O padrão de excelência para testar a mobilidade do floema é o enxertia. Realizada a enxertia, são necessários 4 a 7 dias para que o floema (e o xilema) dos parceiros se conectem na interface do enxerto. A mobilidade do floema só pode ser testada se as macromoléculas dos parceiros da enxertia forem suficientemente diferentes para serem discriminadas das homólogas nos parceiros da enxertia.

Por esse método, foram obtidas evidências da mobilidade de várias macromoléculas sintetizadas por células companheiras, incluindo a proteína indutora de flores *FLOWERING LOCUS T* e um grande número de moléculas de mRNA diferentes (ver Seção 12.8). Recentemente, foi demonstrado que os contatos poro-plasmodesmo são de fato capazes de controlar a passagem de RNAs para os elementos crivados e, portanto, seu aparecimento no parceiro da enxertia. As sequências de RNA mensageiro móvel do floema parecem ter uma estrutura de haste-alça tipo RNA de transferência que permeia o transporte através de contatos poro-plasmodesmo. Ainda é um grande desafio estudar como esses contatos classificam as moléculas orgânicas e mantêm algumas nas células companheiras e selecionam outras para transporte de longa distância.

Elementos de tubo crivado danificados são vedados

Conforme detalhado anteriormente nessa seção, a seiva do elemento crivado é rica em açúcares e outras moléculas orgânicas. Essas moléculas representam um investimento energético para a planta, e sua perda deve ser impedida quando os elementos de tubo crivado são danificados. Os mecanismos de vedação de curto prazo abrangem proteínas da seiva (proteínas P), enquanto o principal mecanismo de longo prazo para evitar a perda de seiva envolve o fechamento dos poros da placa crivada com calose, um polímero de glicose.

Quando um tubo crivado é cortado ou perfurado, a diminuição da pressão provoca o deslocamento do conteúdo dos elementos crivados em direção à extremidade cortada, podendo levar a planta a perder muita seiva do floema, rica em açúcar, se não houvesse um mecanismo de vedação. Entretanto, quando esse deslocamento ocorre, a proteína P fica presa nos poros da placa crivada, auxiliando na vedação do elemento crivado e na prevenção da perda adicional de seiva (**Figura 12.18A**). O suporte científico para a função de vedação da proteína P foi encontrado em tabaco e *Arabidopsis*, nos quais mutantes carentes de proteína P perdem significativamente mais açúcar transportado por exsudação da seiva após um ferimento do que as plantas selvagens. Não foram observadas diferenças fenotípicas visíveis entre as plantas mutantes e de tipo selvagem.

Outro mecanismo para bloquear os tubos crivados danificados ocorre em plantas na família das leguminosas (Fabaceae). Essas plantas contêm proteína P cristaloides grandes que não se dispersam durante o desenvolvimento. Contudo, após um dano ou choque osmótico, a proteína P se dispersa rapidamente e bloqueia o tubo crivado. O processo é reversível e controlado por íons cálcio. Essas proteínas P, conhecidas como **forissomos**, ocorrem em certas leguminosas e são codificadas por membros da família de genes de oclusão do elemento crivado (SEO, *sieve element occlusion*).

Membros homólogos dessa família gênica codificam proteínas P convencionais em outras espécies, sendo denominados genes SEOR (genes relacionados à oclusão de tubo crivado, de *sieve element occlusion related*). Assim, o termo *proteína P* inclui moléculas similares que estão envolvidas no bloqueio de elementos crivados danificados em todas as

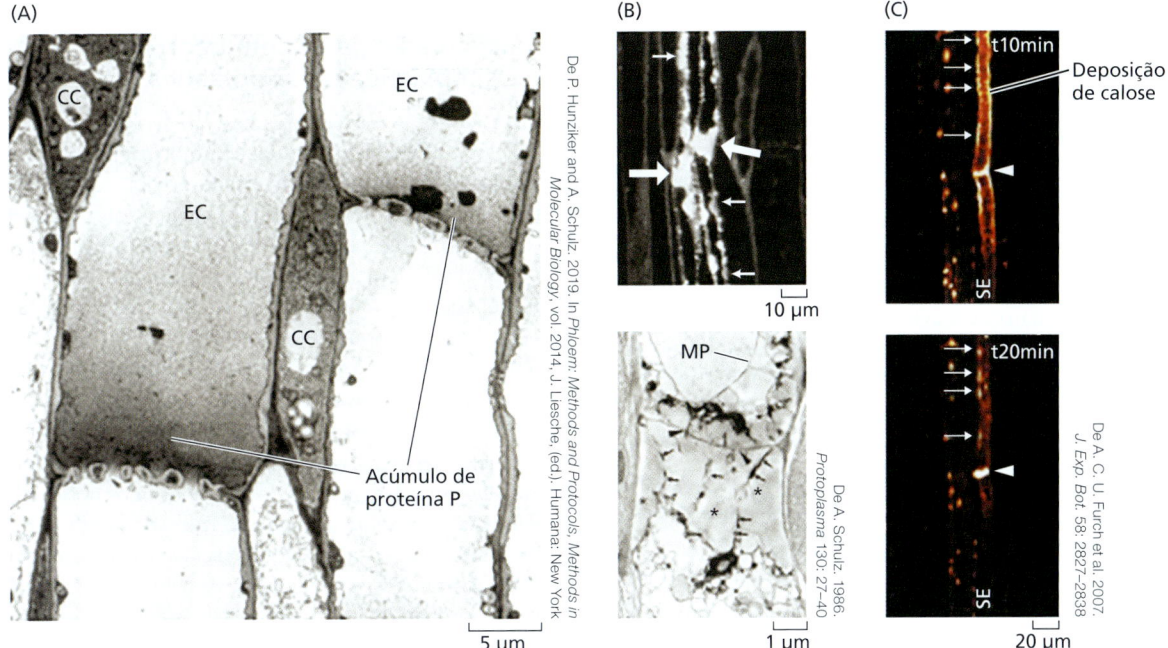

Figura 12.18 Vedação de elementos crivados pela proteína P e calose. (A) Os filamentos de proteína P afluem em direção a um corte do floema (cerca de 0,1 mm abaixo desta imagem) e vedam as placas crivadas da abóbora (*Cucurbita pepo*). (B) A calose cobre as placas crivadas e as paredes laterais do floema da raiz da ervilha (*Pisum satium*) 48 h após o corte do estelo, conforme visto por fluorescência brilhante (setas grossas e finas na imagem superior, respectivamente) e microscopia eletrônica de transmissão (imagem inferior). Os compostos citoplasmáticos (setas) que inicialmente obstruem os poros crivados (pontas de seta) são posteriormente envolvidos por calose (asteriscos na imagem inferior). (C) A deposição de calose (amarela) no floema foliar é induzida pelo aquecimento da extremidade da folha a 30 mm de distância nas placas crivadas (ponta da seta) e nos poros crivados laterais (setas). A calose é degradada com o tempo. Imagem superior, 10 minutos após o aquecimento. Imagem inferior, 20 minutos após o aquecimento. CC, célula companheira; MP, membrana plasmática; EC, elemento crivado.

angiospermas eudicotiledôneas, bem como proteínas P especiais, como os forissomos PP1 e PP2, encontrados em espécies de cucurbitáceas.

Uma solução de longo prazo para o dano no tubo crivado é a produção de **calose** nos poros crivados (**Figura 12.18B**). A calose, um β-1,3-glucano, é sintetizada por uma enzima na membrana plasmática (calose sintase) e fica depositada entre a membrana e a parede celular. A calose é sintetizada em um elemento crivado funcional em resposta à lesão e a outros estresses, como estímulo mecânico e altas temperaturas, ou em preparação para os eventos normais do desenvolvimento, como a dormência. O depósito de **calose de lesão** nos poros da placa crivada isola de maneira eficiente os elementos crivados danificados do tecido intacto adjacente, com oclusão completa ocorrendo cerca de 10 minutos após o ferimento (**Figura 12.18C**). Em todos os casos, à medida que os elementos crivados se recuperam das lesões ou quebram a dormência, a calose desaparece dos poros; sua dissolução é mediada por uma enzima que hidrolisa a calose (ver Figura 12.18C). Ainda que os mutantes de *Arabidopsis* e mutantes de tabaco sem proteína P não mostrem mudanças fenotípicas visíveis, os mutantes de *Arabidopsis* sem uma calose sintase específica mostram falta de calose induzida por lesão nas placas crivadas e perturbação do desenvolvimento dos poros.

A deposição da calose é induzida, e os genes para calose sintase apresentam regulação ascendente (*up-regulation*) em indivíduos do arroz (*Oryza sativa*) atacados por insetos sugadores de floema (gafanhoto castanho, *Nilaparvata lugens*); isso ocorre tanto nas plantas resistentes quanto nas plantas suscetíveis ao inseto. No entanto, nas plantas suscetíveis, a alimentação dos insetos também ativa a enzima de hidrólise da calose. Isso desobstrui os poros, permitindo a alimentação contínua e resultando na diminuição dos níveis de sacarose e amido na bainha da folha atacada. Dessa forma, a vedação de elementos crivados que tenham sido penetrados pelas peças bucais de insetos pode ter papel importante na resistência a herbívoros.

12.6 Descarregamento do floema e transição dreno-fonte

Agora, chega-se ao destino da jornada da fonte ao dreno. A força motriz para a translocação do floema é o carregamento de açúcares nas folhas-fonte, levando à pressão osmótica no floema-fonte. O floema de transporte forma uma rota contínua para os órgãos que consomem ou armazenam os fotossintatos. A planta garante a integridade dessa rota por meio de respostas de lesões que obstruem os poros da placa crivada e os vedam com calose. Nos drenos, os açúcares são liberados do floema, reduzindo assim sua pressão osmótica. Sem a liberação de açúcar, o transporte seria interrompido, pois o diferencial de pressão entre a fonte e o dreno se equilibraria (ver Figura 12.15). Assim, a taxa de transporte no floema não depende apenas da taxa de carregamento nas folhas-fonte, mas também da taxa de consumo e remoção de açúcar nos órgãos-dreno. Estudos com inibidores demonstraram que a importação para os tecidos-dreno é dependente de energia. Consequentemente, a descarregamento do floema é acoplado à **atividade do dreno**.

É importante examinar mais de perto a **importação** nos drenos, tais como raízes em desenvolvimento, tubérculos e estruturas reprodutivas. De muitas maneiras, os eventos nos tecidos-dreno são simplesmente o inverso dos eventos que ocorrem nos tecidos-fonte. As etapas seguintes estão envolvidas na importação de açúcares pelas células-dreno.

1. *Descarregamento do floema*. Esse é o processo pelo qual os açúcares importados deixam os elementos crivados dos tecidos-dreno.
2. *Transporte no pós-floema*. Após o descarregamento dos elementos crivados, os açúcares são transportados para as células no dreno por meio de uma rota de transporte de curta distância.
3. *Armazenamento e metabolismo*. Na etapa final, os açúcares são armazenados e metabolizados nas células-dreno.

Nesta seção, são discutidas as seguintes perguntas: o descarregamento do floema e o transporte de curta distância são simplásticos ou apoplásticos? A sacarose é hidrolisada durante o processo? O descarregamento do floema e as etapas subsequentes requerem energia? Por último, examina-se o processo pelo qual uma folha importadora jovem se torna uma folha-fonte exportadora.

O descarregamento do floema e o transporte de curta distância podem ocorrer por rotas simplástica ou apoplástica

Nos órgãos-dreno, os açúcares movem-se dos elementos crivados para as células que armazenam ou metabolizam essas moléculas. Os drenos variam desde órgãos vegetativos em crescimento (ápices de raízes e folhas jovens) até órgãos de reserva (raízes e caules) e órgãos de reprodução e dispersão (frutos e sementes). Como os drenos variam bastante em estrutura e função, não há um esquema único para o descarregamento do floema e para o transporte de curta distância. Nesta seção, são enfatizadas as diferenças nas rotas de importação devido a distinções nos tipos de dreno; no entanto, muitas vezes, as rotas igualmente mudam durante o desenvolvimento do dreno.

Como nas fontes, os açúcares podem se mover completamente pelo simplasto através de plasmodesmos nos drenos ou podem entrar no apoplasto em determinado ponto. A **Figura 12.19** ilustra as várias rotas possíveis nos drenos. Tanto a rota de descarregamento quanto o transporte de curta distância parecem ser completamente simplásticos em regiões meristemáticas e de alongamento de extremidades de raízes primárias e em algumas folhas jovens de eudicotiledôneas, como a beterraba e o tabaco (ver Figura 12.19A). As estratégias de carregamento e descarregamento parecem ser independentes; espécies vegetais que carregam açúcares apoplasticamente os liberam simplasticamente nos ápices das raízes.

O descarregamento simplasmático supre drenos vegetativos em crescimento

As regiões meristemáticas e de alongamento dos órgãos vegetais são heterotróficas, ou seja, dependem da importação do floema,

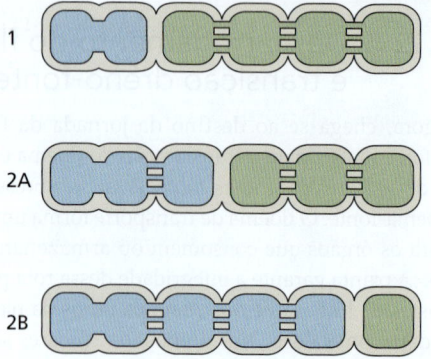

Figura 12.19 Rotas de descarregamento do floema e transporte de curta distância. O complexo elemento crivado-célula companheira (EC/CC) é considerado uma unidade funcional isolada. É assumido que a presença de plasmodesmos proporciona uma continuidade simplástica funcional. A ausência de plasmodesmos entre as células indica a etapa de transporte apoplástico. (A) Descarregamento simplástico do floema e transporte de curta distância. Todas as etapas são simplásticas. (B) Descarregamento apoplástico do floema e transporte de curta distância. (Segundo K. J. Oparka and A. J. E. van Bel. 1992. In *Carbon Partitioning within and between Organisms*. C. J. Pollock et al., [eds.]. BIOS Scientific, Oxford.)

Tipo 1: Esta rota de curta distância é designada apoplástica, pois uma etapa, a de descarregamento do floema do complexo elemento crivado-célula companheira, ocorre no apoplasto. Uma vez que os açúcares estejam de volta ao simplasto das células contíguas, o transporte é simplástico.

Tipo 2: Estas rotas também apresentam uma etapa apoplástica. No entanto, o descarregamento do floema a partir do complexo elemento crivado-célula companheira é simplástico. A etapa apoplástica ocorre mais adiante nas rotas. A figura superior (2A) ilustra uma etapa apoplástica próxima do complexo elemento crivado-célula companheira; a figura inferior (2B) mostra uma etapa apoplástica que é posteriormente removida.

pois não conseguem satisfazer suas necessidades energéticas por meio da fotossíntese. Esse também é o caso das folhas jovens quando a fotossíntese ainda não está satisfazendo as suas necessidades energéticas (discutidas mais adiante nesta seção).

As raízes crescem por divisão celular e alongamento celular nas suas extremidades. Assim, a extremidade da raiz fica cada vez mais distante do caule. O desenvolvimento acompanha esse processo, estendendo de forma contínua o sistema do floema até a extremidade da raiz, com os elementos crivados do protofloema chegando quase ao centro quiescente. Sua maturação envolve a desintegração do núcleo ao mesmo tempo em que começam a se translocar, como visto com a esculina como traçadora (**Figura 12.20A e B**). Em muitas eudicotiledôneas (p. ex., ervilha de jardim), os elementos crivados do protofloema não estão associados a células companheiras. Eles vivem apenas pouco tempo antes de serem substituídos por elementos crivados de metafloema.

Os elementos crivados no floema de coleta e de transporte são isolados de todas as células vizinhas, exceto de suas células companheiras. No entanto, pesquisas recentes indicam que os elementos crivados do protofloema nas raízes de *Arabidopsis* estão bem conectados às células do periciclo. O açúcar é descarregado dos elementos crivados para as células do periciclo por meio de plasmodesmos específicos em forma de funil, e o processo envolve tanto a difusão quanto o fluxo em massa, conforme sugerido pela modelagem das taxas de fluxo por plasmodesmo nesta interface. As macromoléculas móveis do floema parecem ser separadas na próxima interface pós-floema, a interface periciclo-endoderme, através da qual pequenos solutos e proteínas de até 27 kDa passam facilmente, mas não as moléculas maiores. O descarregamento diferencial de pequenos solutos e macromoléculas móveis do floema sugere que o periciclo do floema pode ter uma função nova, ainda desconhecida, na degradação de macromoléculas importadas que, de outra forma, se acumulariam nos tubos crivados (**Figura 12.20C e D**).

Parece que o parênquima do periciclo-floema é tão importante para selecionar quais dos solutos móveis do floema podem se deslocar via endoderme até o córtex da raiz quanto o parênquima do periciclo-xilema é para o carregamento de nutrientes selecionados pelo xilema (ver Capítulo 6).

O descarregamento simplástico é passivo, mas depende do consumo de energia no dreno

No descarregamento simplástico, nenhuma membrana é cruzada durante a absorção de açúcares nas células do dreno, e o transporte é passivo: os açúcares de transporte passam de uma concentração alta nos elementos crivados para uma concentração baixa nas células do dreno. Os açúcares de transporte são usados como substratos para a respiração e metabolizados em polímeros de reserva e em compostos necessários para o crescimento. A energia metabólica é necessária nesses órgãos-dreno, principalmente para respiração e para reações biossintéticas. O metabolismo da sacarose, portanto, resulta em uma concentração baixa de sacarose nas células do dreno, estendendo o gradiente de açúcar da fonte ao dreno no floema, por meio da rota pós-floema até as células do dreno.

A importação para sementes, frutos e órgãos de armazenamento muitas vezes envolve uma etapa apoplástica

Enquanto o descarregamento simplástico predomina na maioria dos tecidos-dreno, parte da rota de curta distância é apoplástica em certos órgãos-dreno em alguns estágios do desenvolvimento – por exemplo, em frutos, sementes e outros órgãos de armazenamento que acumulam concentrações altas de açúcares. Os açúcares saem dos elementos crivados (descarregamento do floema) por meio da rota simplástica e são transferidos do simplasto para o apoplasto em um ponto removido do complexo elemento crivado–célula companheira (tipo 2 na Figura 12.19B).

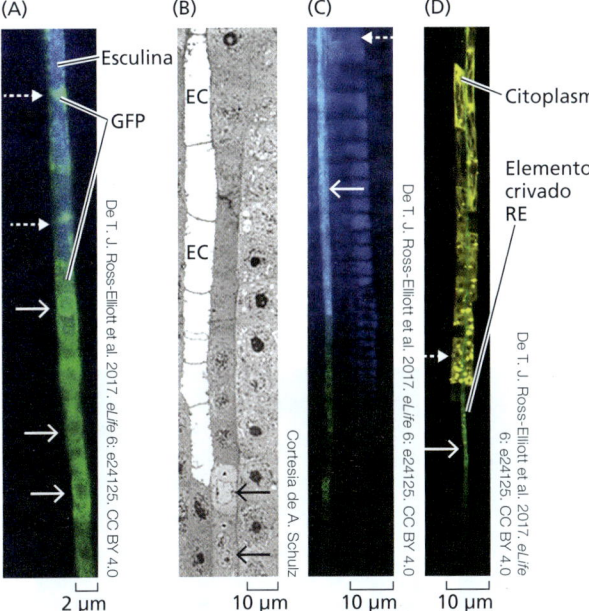

Figura 12.20 Imagem ao vivo da translocação e descarga dos tubos crivados do protofloema da raiz. (A) O GFP (verde) direcionado ao retículo endoplasmático (RE) do tubo crivado do protofloema marca os elementos crivados em diferenciação (setas contínuas) em *Arabidopsis*. A esculina (azul) entra a partir de elementos crivados maduros (setas tracejadas) no arquivo celular diferenciador. (B) Micrografia eletrônica da extremidade apical de um tubo crivado de protofloema de uma plântula de ervilha. Seis elementos crivados maduros (EC) e dois diferenciadores (setas) estão embutidos no denso tecido do estelo. Elementos crivados maduros são translúcidos em micrografias eletrônicas. (C e D) A descarga simplástica de tubos crivados do protofloema nas raízes discrimina pequenos solutos e proteínas. (C) A pequena molécula móvel do floema esculina (fluorescência azul) é descarregada de um tubo crivado do protofloema (seta contínua) e se propaga para as células vizinhas (seta tracejada). (D) Tubo crivado de uma linhagem transgênica de *Arabidopsis* expressando a proteína SEOR-YFP (112 kDa) direcionada ao citoplasma (amarelo) e GFP no RE do elemento crivado (verde), ambos sob controle de um promotor específico do elemento crivado. Enquanto a GFP está restrita ao RE do elemento crivado do protofloema (seta contínua), a SEOR-YFP citoplasmática escapa para dois arquivos celulares vizinhos que consistem em células do periciclo do floema (seta tracejada).

A rota pode alternar entre simplástica e apoplástica nesses drenos, com uma etapa apoplástica sendo necessária quando as concentrações de açúcares no dreno são elevadas. A etapa apoplástica pode estar localizada no próprio sítio de descarregamento (tipo 1 na Figura 12.19B) ou estar mais distante dos elementos crivados (tipo 2). A disposição do tipo 2, típica de sementes em desenvolvimento, parece ser mais comum nas rotas apoplásticas. No início do desenvolvimento do óvulo, a extremidade do floema na calaza (ver Capítulo 21) é isolada simplasticamente e o descarregamento é apoplásico, mas o descarregamento muda para uma rota simplástica no momento da fecundação (**Figura 12.21**). No desenvolvimento de sementes, é necessária uma etapa apoplástica mais distante do floema porque não há conexões simplásticas entre os tecidos maternos e o embrião. A etapa apoplástica permite o controle da membrana sobre as substâncias que ingressam no embrião, porque duas membranas devem ser atravessadas nesse processo.

Quando ocorre uma etapa apoplástica na rota de importação, o açúcar de transporte pode ser parcialmente metabolizado no apoplasto ou pode atravessar o apoplasto sem modificações (ver **Tópico 12.8 na internet**). Por exemplo, a sacarose pode ser hidrolisada à glicose e à frutose no apoplasto pela invertase, uma enzima de clivagem da sacarose, e a glicose e/ou frutose poderiam, então, entrar nas células-dreno. A divisão da sacarose dobra a osmolaridade (mais Ψs negativos) e arrasta a água para fora da *célula liberadora* de sacarose. Assim, as enzimas de clivagem de sacarose exercem um papel no controle de transporte do floema pelos tecidos-dreno.

A importação apoplástica é ativa e requer energia metabólica

Na importação apoplástica, os açúcares devem atravessar, pelo menos, duas membranas: a membrana plasmática da célula que está liberando o açúcar e a membrana plasmática da célula-dreno. Quando os açúcares são transportados para o vacúolo da célula-dreno, eles devem também atravessar o tonoplasto. Conforme discutido anteriormente, o transporte através de membranas em uma rota apoplástica pode depender de energia. Apesar de algumas evidências indicarem que tanto o efluxo quanto a absorção de sacarose podem ser processos ativos (ver **Tópico 12.8 na internet**), os transportadores já foram completamente caracterizados.

Uma vez demonstrado, em alguns estudos, que os transportadores são bidirecionais, alguns dos mesmos transportadores de sacarose descritos anteriormente para o carregamento de sacarose poderiam também estar envolvidos no

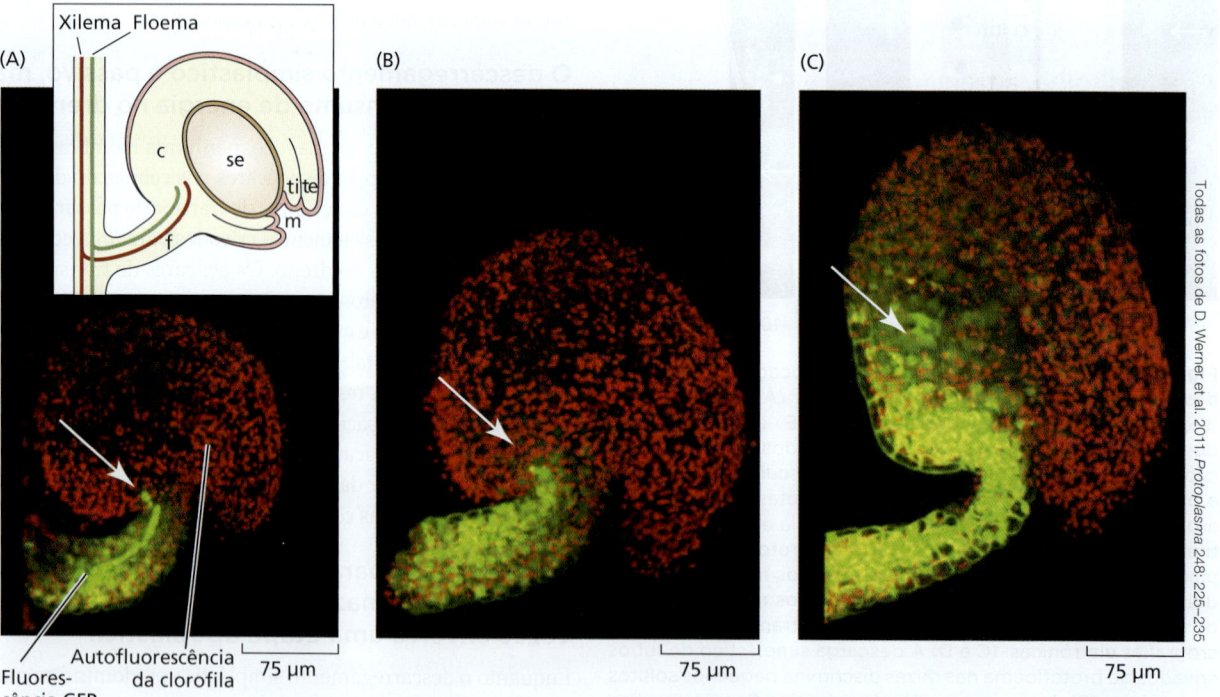

Figura 12.21 A rota de descarregamento pode mudar de uma rota apoplástica para uma rota simplástica. O descarregamento da GFP marca a mudança do descarregamento apoplástico para o simplástico nas sementes em desenvolvimento. A fluorescência GFP é mostrada em verde, a autofluorescência da clorofila é mostrada em vermelho. (A) Desenvolvimento do óvulo de uma flor fechada. A GFP (seta) está confinada ao floema porque não há plasmodesmos funcionais conectando as extremidades dos tubos crivados às células circundantes (o descarregamento é apoplástico). O destaque mostra o desenho de um óvulo neste estágio. Linha vermelha = xilema, linha verde = floema. c, calaza; se, saco embrionário; f, funículo; ti, tegumento interno; m, micrópila; te, tegumento externo. (B) Óvulo maduro de uma flor que está prestes a se abrir. A GFP ainda não está sendo descarregado nos tegumentos (seta). (C) Óvulo de uma flor fecundada. A seta marca a GFP que se moveu para os tegumentos por meio do simplasto. (Destaque segundo D. Werner et al. 2011. *Protoplasma* 248: 225–235.)

Figura 12.22 Autorradiografias de uma folha de abobrinha (*Cucurbita pepo*), ilustrando a transição da folha do *status* de dreno para o *status* de fonte. Em cada caso, a folha importou o ^{14}C da folha-fonte na planta por 2 horas. O carbono marcado é visível como acúmulos pretos. (A) A folha inteira como um dreno, importando açúcar da folha-fonte. (B-D) A base ainda é dreno. À medida que a extremidade da folha perde a capacidade de descarregar e deixa de importar açúcar (conforme mostrado pela perda dos acúmulos pretos), ela adquire a capacidade de carregar e exportar açúcar.

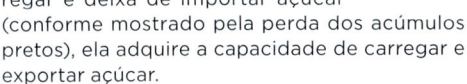
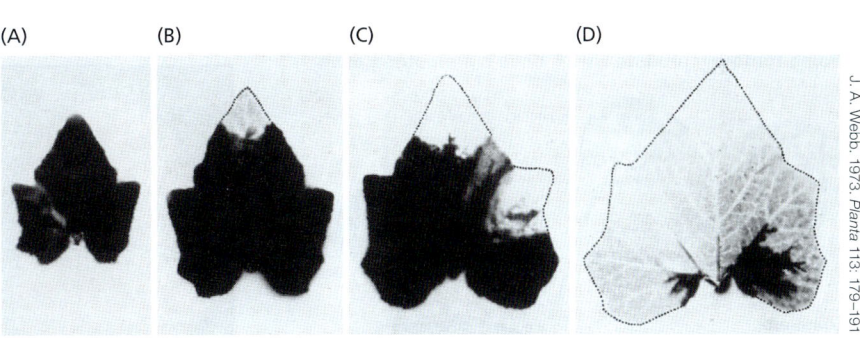

descarregamento desse carboidrato; a direção do transporte dependeria do gradiente da sacarose, do gradiente de pH e do potencial de membrana. Além disso, os transportadores do tipo simporte, importantes no carregamento do floema, foram encontrados em alguns tecidos-dreno, como o SUT1 em tubérculos de batata. O transportador do tipo simporte pode atuar na recuperação da sacarose do apoplasto, na importação para as células-dreno ou em ambos. Os transportadores de monossacarídeos devem estar envolvidos na captação para as células-dreno quando a sacarose é hidrolisada no apoplasto pelas invertases da parede celular.

Em uma folha, a transição de dreno para fonte é gradual

Folhas de eudicotiledôneas, como as do tomateiro ou do feijoeiro, começam seu desenvolvimento como órgãos-dreno. Uma transição do *status* de dreno para o *status* de fonte ocorre mais tarde no desenvolvimento, quando a folha está cerca de 25% expandida e, normalmente, completa-se quando a folha está de 40 a 50% expandida. A exportação a partir da folha inicia na extremidade ou no ápice da lâmina foliar e progride em direção à base, até que toda a folha se torne exportadora de açúcar. Durante o período de transição, a extremidade exporta açúcar, enquanto a base ainda o importa de outras folhas-fonte (**Figura 12.22**).

A maturação das folhas é acompanhada por mudanças funcionais e anatômicas, resultando na reversão da direção do transporte de importação para exportação. Em geral, o encerramento da importação e o início da exportação são eventos independentes. Em folhas albinas de tabaco, que não apresentam clorofila e são, portanto, incapazes de realizar fotossíntese, a importação é interrompida no mesmo estágio de desenvolvimento das folhas verdes, embora a exportação não seja possível. Portanto, uma mudança de desenvolvimento além da iniciação da exportação deve ocorrer nas folhas de tabaco em desenvolvimento, para que elas cessem a importação de açúcares.

Em tabaco, os açúcares são descarregados e carregados quase inteiramente por nervuras diferentes (**Figura 12.23**), contribuindo para a conclusão de que o encerramento da importação e o início da exportação são eventos separados.

Figura 12.23 A divisão de trabalho nas nervuras de uma folha de tabaco. (A) Quando a folha está imatura e ainda na fase de dreno, o fotossintato é importado das folhas maduras e distribuído (setas) por toda a lâmina foliar pelas nervuras principais maiores (linhas espessas). As nervuras maiores estão numeradas, sendo a nervura central a de primeira ordem. O fotossintato importado é descarregado das mesmas nervuras principais no mesófilo. As nervuras menores são encontradas nas áreas delimitadas por nervuras de terceira ordem e não atuam na importação e no descarregamento, pois estão imaturas. A figura é representada em escala a partir de uma autorradiografia. (B) Em uma folha-fonte madura, a importação é cessada e a exportação inicia. Os fotossintatos são carregados nas nervuras menores, enquanto as nervuras maiores atuam somente na exportação. Elas não podem mais realizar o descarregamento. A figura não está representada em escala ou em proporções corretas, uma vez que a lâmina cresce consideravelmente à medida que a folha amadurece. (Segundo R. Turgeon. 2006. *Bioscience* 56: 15–24.)

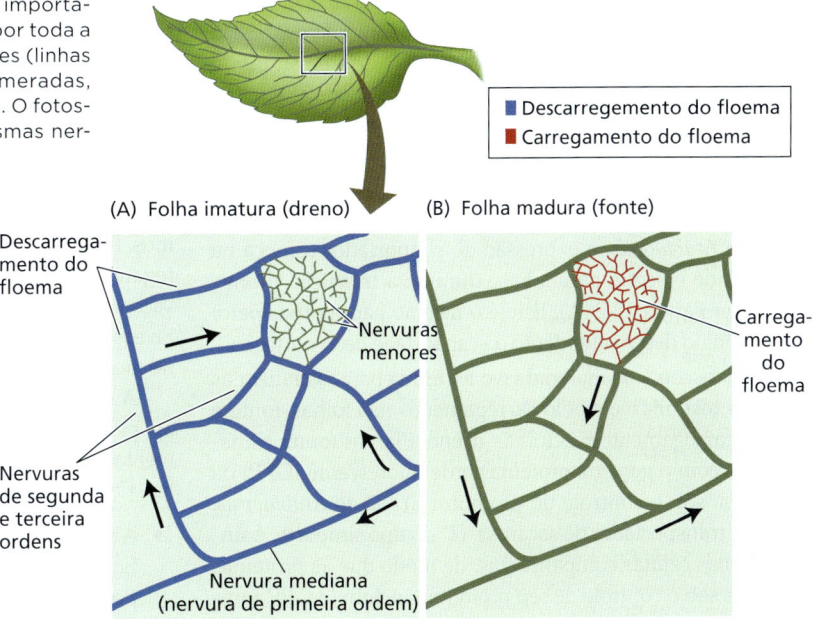

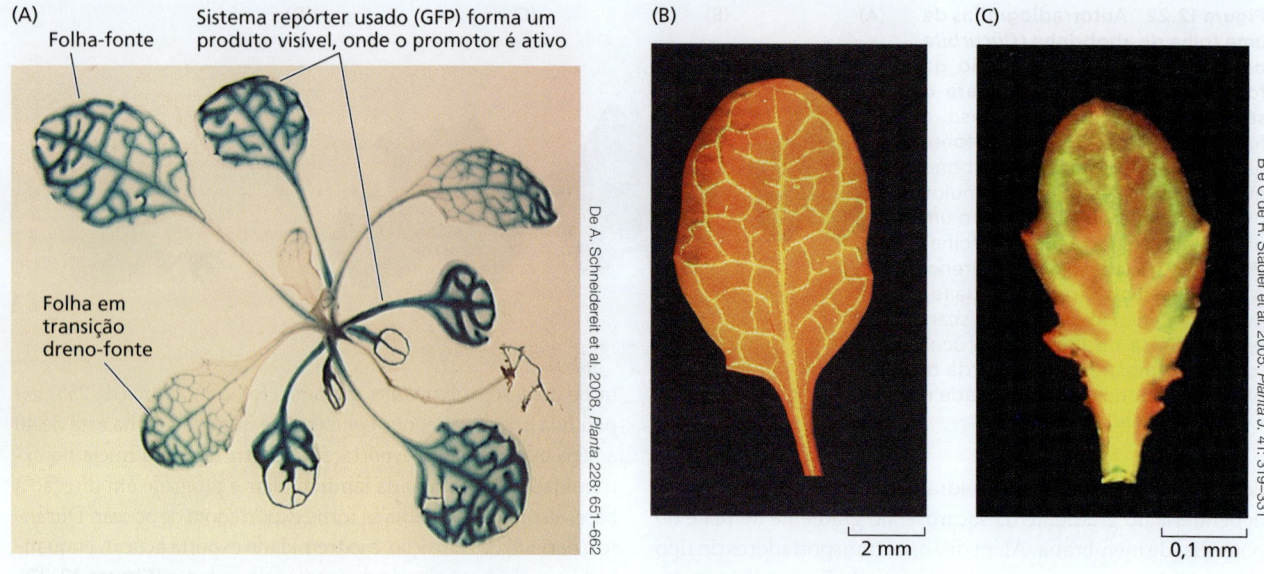

Figura 12.24 A exportação a partir do tecido-fonte depende do local e da atividade dos transportadores ativos de sacarose. (A) Roseta de *Arabidopsis* transformada com uma construção consistindo em um gene repórter sob controle do promotor *AtSUC2*. O SUC2, um transportador de sacarose–H^+ do tipo simporte, é um dos principais transportadores de sacarose no carregamento do floema. O sistema repórter GUS forma um produto azul visível onde o promotor está ativo. A coloração é visível somente no tecido vascular das folhas-fonte e nos ápices das folhas que estão em transição dreno-fonte. (B,C) A fluorescência da GFP em folha-fonte e folha-dreno de indivíduos transgênicos de *Arabidopsis* expressando a GFP sob controle do promotor *SUC2* indica que ela se move pelos plasmodesmos a partir das células companheiras para os elementos crivados das folhas-fonte e a partir dos elementos crivados para o mesófilo adjacente das folhas-dreno. (B) A GFP é sintetizada nas células companheiras e se desloca para os elementos crivados da fonte, conforme indicado pela fluorescência brilhante nas nervuras. (C) A GFP livre é importada pela folha-dreno e se desloca para o mesófilo adjacente. Uma vez que a GFP se desloca para os tecidos circundantes, as nervuras não ficam nitidamente delineadas, e a fluorescência (da GFP) é mais difusa. Observe que as escalas em (B) e (C) são diferentes; embora a folha-fonte em (B) pareça ter o mesmo tamanho da folha-dreno em (C), a folha-fonte é, de fato, muito maior.

As nervuras de menor porte são, em última análise, responsáveis pela maioria do carregamento no tabaco e em outras espécies de *Nicotiana*, não amadurecem até o momento de parada da importação, com foi demonstrado com a captação de sacarose marcada radioativamente. A direção da translocação do floema também foi estudada seguindo o padrão de expressão do SUC2, um transportador de sacarose–H^+ do tipo simporte (**Figura 12.24**). A capacidade de acumular sacarose exógena no complexo elemento crivado-célula companheira é adquirida à medida que as folhas entram na transição dreno-fonte, sugerindo que o transportador do tipo simporte, necessário para o carregamento, tornou-se funcional. No desenvolvimento de folhas de *Arabidopsis*, a expressão do simportador começa na extremidade e segue para a base durante a transição dreno-fonte (ver Figura 12.24A). Este é o mesmo padrão (basípeto) que é visto no desenvolvimento da capacidade de exportação.

A microscopia de material vivo foi usada para visualizar as nervuras responsáveis pelo carregamento nas folhas-fonte e pelo descarregamento nas folhas-dreno. Plantas foram transformadas com o gene da proteína verde fluorescente (GFP) da água-viva, sob o controle do promotor SUC2 de *Arabidopsis*. O SUC2, transportador de sacarose-H^+ do tipo simporte, é sintetizado nas células companheiras, de modo que as proteínas expressas sob o controle de seu promotor, incluindo GFP, também são sintetizadas nas células companheiras. A GFP, que é localizada por sua fluorescência após a excitação com a luz azul, move-se pelos plasmodesmos das células companheiras para os elementos crivados de folhas-fonte (Figura 12.23B) e migra pelo floema até os tecidos-dreno. Nas folhas jovens, a GFP é importada através das nervuras maiores, de onde se propaga para o mesófilo (ver Figura 12.24C).

A mudança que interrompe a importação durante a transição dreno-fonte deve envolver o bloqueio do descarregamento das nervuras maiores em determinado ponto do desenvolvimento das folhas maduras. Os fatores que poderiam ser responsáveis por essa interrupção no descarregamento incluem o fechamento dos plasmodesmos e o decréscimo na frequência de plasmodesmos. Recentemente, foi demonstrado que a cessação do descarregamento do floema das nervuras maiores é iniciada pela ativação do complexo regulador TOR (*TARGET OF RAPAMYCIN*). Se esse complexo metabólico for inibido, a propagação da GFP no mesófilo continua além da transição dreno-fonte.

A exportação de açúcares começa quando o carregamento apoplástico é ativado e se acumula fotossintato suficiente nos elementos crivados, para impulsionar a translocação para fora da folha. Os seguintes eventos precedem a exportação de fotossintato:

- A folha está sintetizando fotossintatos em quantidade suficiente, de modo que um pouco fica disponível para exportação. Os genes para a síntese de sacarose estão sendo expressos.

- As nervuras de menor porte, responsáveis pelo carregamento, atingem a maturação. Um elemento regulador (*enhancer*) foi identificado no DNA de *Arabidopsis* e atua como parte de uma cascata de eventos que levam à maturação das nervuras de menor porte. O elemento regulador pode ativar um gene repórter fusionado a um promotor específico de célula companheira e o faz no padrão ápice-base como na transição do dreno para a fonte.
- O transportador de sacarose-H^+ do tipo simporte é expresso e está localizado na membrana plasmática do complexo elemento crivado-célula companheira. Os sítios de ligação para fatores de transcrição foram identificados no promotor do *SUC2*, que permeia a expressão gênica específica para a fonte e para a célula companheira.

12.7 Distribuição dos fotossintatos: alocação e partição

A taxa fotossintética determina a quantidade total de carbono fixado disponível para a folha. Entretanto, a quantidade de carbono fixado disponível para translocação depende dos eventos metabólicos subsequentes. Neste capítulo, a regulação da distribuição do carbono fixado em várias rotas metabólicas é denominada **alocação** (**Figura 12.25**).

Os feixes vasculares de uma planta formam um sistema de "tubos" que podem direcionar o fluxo dos fotossintatos para vários tecidos-dreno: folhas jovens, caules, raízes, frutos ou sementes. No entanto, o sistema vascular com frequência é altamente interconectado, formando uma rede aberta que permite a comunicação entre as folhas-fonte e os múltiplos drenos. Sob essas condições, o que determina o volume de fluxo para determinado dreno? Neste capítulo, a distribuição diferencial dos fotossintatos dentro da planta é chamada de **partição** (ver Figura 12.25). (Os termos *alocação* e *partição* algumas vezes são usados indistintamente nas publicações atuais.)

Após uma visão geral sobre alocação e partição, esta seção examina a coordenação da síntese de amido e de sacarose. Ela conclui discutindo como os drenos competem, como a demanda do dreno pode regular a taxa fotossintética na folha-fonte e como as fontes e os drenos se comunicam entre si.

A alocação inclui armazenamento, utilização e transporte

O carbono fixado em uma célula-fonte pode ser usado para armazenamento, metabolismo e transporte:

- *Síntese dos compostos de reserva*. O amido é sintetizado e armazenado nos cloroplastos e, na maioria das espécies, é a principal forma de reserva que é mobilizada para translocação durante a noite. As plantas que armazenam carbono, principalmente em forma de amido, são denominadas *armazenadoras de amido*.
- *Utilização metabólica*. O carbono fixado pode ser utilizado em vários compartimentos da célula fotossintetizante, para satisfazer as demandas energéticas da célula ou disponibilizar esqueletos de carbono para a síntese de outros compostos requeridos pela célula (ver Capítulo 13).
- *Síntese dos compostos transportados*. O carbono fixado pode ser incorporado em açúcares de transporte para exportação a diferentes tecidos-dreno. Uma parte do açúcar de transporte pode também ser estocada temporariamente no vacúolo.

A alocação é também um processo-chave nos tecidos-dreno. Uma vez descarregados nas células-dreno, os açúcares de transporte podem permanecer como tal ou podem ser transformados em vários outros compostos. Nos drenos de reserva, o carbono fixado pode ser acumulado como sacarose ou hexose nos vacúolos ou como amido nos amiloplastos. Nos drenos em crescimento, os açúcares podem ser utilizados para a respiração e para a síntese de outras moléculas necessárias ao crescimento.

As folhas-fonte regulam a alocação

Os aumentos na taxa de fotossíntese nas folhas-fonte geralmente resultam em aumento na taxa de translocação a partir da fonte. Os pontos de controle para alocação de fotossintato incluem a distribuição de trioses fosfato para os seguintes processos:

- Regeneração de intermediários do ciclo fotossintético C_3 de redução do carbono (o ciclo de Calvin-Benson; ver Capítulo 10).
- Síntese de amido.
- Síntese de sacarose, bem como distribuição da sacarose entre os *pools* de transporte e de armazenamento temporário.

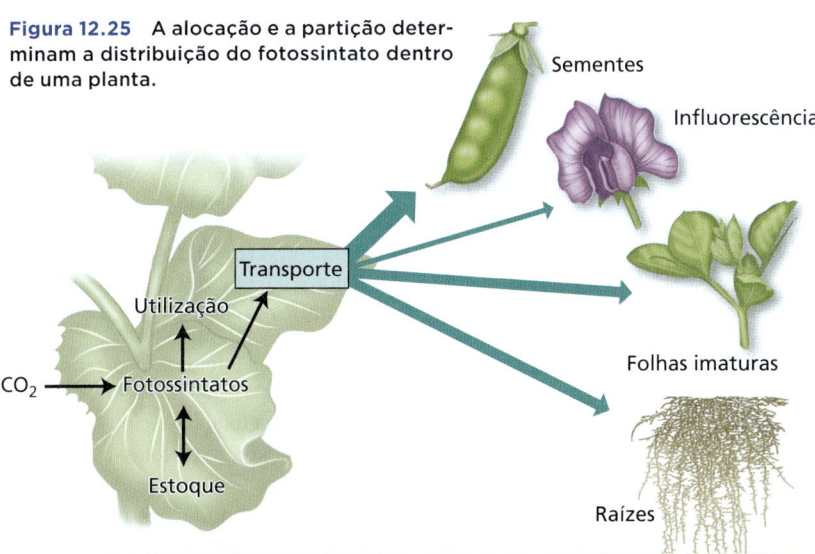

Figura 12.25 A alocação e a partição determinam a distribuição do fotossintato dentro de uma planta.

Alocação – O equilíbrio entre processos metabólicos dentro das células-fonte determina quanto fotossintato está disponível para exportar para outras partes da plantas.

Partição – Os drenos de uma planta competem por uma parte dos fotossintatos disponíveis. A alocação dentro das células-dreno pode influenciar a força do dreno.

Várias enzimas operam nas rotas que processam o fotossintato. Durante o dia, a taxa de síntese de amido nos cloroplastos deve ser coordenada com a síntese de sacarose no citosol. As trioses fosfato produzidas no cloroplasto pelo ciclo de Calvin-Benson podem ser usadas tanto na síntese de amido ou de sacarose quanto na respiração. A síntese de sacarose no citoplasma desvia a triose fosfato da síntese e da reserva do amido. O controle dessas etapas é complexo e pode ser diferente em plantas com diferentes estratégias de carregamento.

A complexidade é exemplificada aqui com espécies que carregam sacarose ativamente do apoplasto. Na soja, quando a demanda de sacarose por outras partes da planta é alta, menos carbono é armazenado como amido pelas folhas-fonte. As enzimas-chave envolvidas na regulação da síntese de sacarose no citosol e da síntese de amido no cloroplasto são a sacarose fosfato sintase e a frutose 1,6-bifosfatase no citosol e a ADP-glicose pirofosforilase no cloroplasto (ver Capítulo 10). Estudos adicionais serão necessários para aumentar nosso conhecimento em plantas que utilizam outras estratégias de carregamento, bem como na regulação da alocação nessas espécies.

Entretanto, há um limite na quantidade de carbono que em geral pode ser desviada da síntese de amido em espécies que estocam o carbono, principalmente na forma desse polissacarídeo. Os estudos sobre alocação do amido e da sacarose sob diferentes condições sugerem que uma taxa relativamente estável de translocação durante um período de 24 horas é prioridade da maioria das plantas.

Partição dos açúcares de transporte entre vários drenos

Os drenos competem pelos fotossintatos que estão sendo exportados pelas fontes. Essa competição determina a distribuição de açúcares de transporte entre os vários tecidos-dreno da planta (partição), pelo menos em curto prazo. A alocação de açúcar no dreno (armazenamento ou metabolismo) afeta sua capacidade de competir pelos açúcares disponíveis. Dessa maneira, há interação entre os processos de partição e de alocação.

Evidentemente, os eventos nas fontes e nos drenos devem ser sincronizados. O processo de partição determina os padrões de crescimento, e o crescimento deve ser equilibrado entre a parte aérea (produtividade fotossintética) e a raiz (absorção de água e minerais), de tal modo que a planta pode responder aos desafios de um ambiente variável. A meta *não* é uma razão constante raiz-parte aérea, mas uma razão que assegure um suprimento de carbono e nutrientes minerais apropriado para as necessidades da planta. Desse modo, um nível adicional de controle reside na interação entre as áreas de suprimento e de demanda.

Os tecidos-dreno competem pelos fotossintatos translocados disponíveis

A translocação para os tecidos-dreno depende da posição do dreno em relação à fonte e das conexões vasculares entre a fonte e o dreno. Outro fator determinante do padrão de transporte é a competição entre os drenos, como entre os drenos terminais ou entre estes e os drenos axiais ao longo da rota de transporte. Folhas jovens, por exemplo, podem competir com raízes pelos fotossintatos na corrente da translocação. Essa competição tem sido demonstrada em numerosos experimentos em que a remoção de um tecido-dreno de uma planta geralmente resulta em aumento da translocação para drenos alternativos e, por conseguinte, competitivos. Inversamente, o tamanho aumentado do dreno, como, por exemplo, o carregamento aumentado para o fruto, diminui a translocação para outros drenos, especialmente as raízes. A poda da videira ou de árvores frutíferas usa o conhecimento tradicional dos jardineiros sobre esses processos.

Em um tipo inverso de experimento, o suprimento das fontes pode ser alterado enquanto os tecidos-dreno permanecem intactos. Quando o suprimento de fotossintatos das fontes para drenos competidores é repentino e drasticamente reduzido por sombreamento de todas as folhas, com exceção de uma, os tecidos-dreno tornam-se dependentes de uma única fonte. Na beterraba e no feijoeiro, as taxas de fotossíntese e de exportação a partir de uma única folha-fonte remanescente não sofrem alterações em curto prazo (cerca de 8 horas). Entretanto, as raízes recebem menos açúcar de uma única fonte, enquanto as folhas jovens recebem relativamente mais. Presume-se que as folhas jovens podem exaurir o conteúdo de açúcar dos elementos crivados de modo mais rápido e, assim, aumentar o gradiente de pressão e a taxa de translocação em sua própria direção.

Os tratamentos que tornam o potencial hídrico do dreno mais negativo aumentam o gradiente de pressão e promovem o transporte para o dreno. O tratamento de extremidades de raízes de plântulas de ervilha (*Pisum sativum*) com soluções de manitol aumentou, em pouco tempo, a importação de sacarose em mais de 300%, possivelmente devido ao decréscimo de turgor nas células-dreno. Experimentos de longo prazo mostraram a mesma tendência. O estresse hídrico moderado nas raízes, induzido pelo tratamento das raízes com polietilenoglicol, aumentou a proporção de fotossintatos transportados para as raízes de macieiras por um período de 15 dias. No entanto, houve uma diminuição na proporção transportada para o ápice caulinar. Isso contrasta com os tratamentos com sombreamento há pouco discutidos, no qual a limitação da fonte desvia mais açúcar para as folhas jovens.

A força do dreno depende de seu tamanho e atividade

A capacidade do dreno de mobilizar fotossintatos em sua direção frequentemente é descrita como **força do dreno**. A força do dreno depende de dois fatores – o tamanho e a atividade do dreno – como indicado a seguir:

$$\text{Força do dreno} = \text{tamanho do dreno} \times \text{atividade do dreno}$$

O **tamanho do dreno** é a biomassa total do tecido-dreno e a **atividade do dreno** é a taxa de absorção de fotossintatos por unidade de biomassa do tecido-dreno. A alteração do tamanho ou da atividade do dreno resulta em mudanças nos padrões de translocação. Por exemplo, a capacidade de uma vagem de ervilha de importar carbono depende da massa seca daquela vagem como uma proporção do número total de vagens.

As mudanças na atividade do dreno dependem de um equilíbrio entre processos, como o descarregamento dos elementos crivados, o metabolismo na parede celular, a absorção do apoplasto e a utilização do fotossintato para crescimento ou armazenamento.

Os tratamentos experimentais para manipular a força do dreno, como o resfriamento do tecido-dreno, inibem todas as atividades que necessitam de energia metabólica e em geral resultam na diminuição da velocidade do transporte em direção ao dreno. Mais específicos são os experimentos que se beneficiam da capacidade humana de superexprimir ou subexpressar enzimas, como as envolvidas no metabolismo da sacarose. As duas enzimas principais que dividem a sacarose são a invertase e a sacarose sintase, ambas com capacidade de catalisar a primeira etapa da utilização de sacarose.

A fonte ajusta-se às alterações de longo prazo na razão fonte-dreno

Se em uma planta de soja, onde as folhas foram sombreadas, uma única folha permanecer descoberta por um longo período (p. ex., oito dias), muitas mudanças ocorrerão na folha-fonte remanescente. Essas mudanças incluem o decréscimo na concentração de amido e o aumento na taxa fotossintética, na atividade da rubisco, na concentração de sacarose, no transporte a partir da fonte e na concentração de ortofosfato. Assim, as mudanças de curto prazo observadas na distribuição do fotossintato entre os diferentes drenos são seguidas, a longo prazo, por ajustes no metabolismo da folha-fonte.

A taxa fotossintética (a quantidade líquida de carbono fixado por unidade de área foliar por unidade de tempo) muitas vezes aumenta por vários dias, quando aumenta a demanda do tecido-dreno, e decresce, quando diminui a demanda desse tecido. Uma acumulação de fotossintatos (sacarose ou hexoses) na folha-fonte pode ser responsável pela ligação entre a demanda do dreno e a taxa fotossintética nas plantas com armazenamento de amido (ver **Tópico 12.9 na internet**). Os açúcares agem como moléculas sinalizadoras que regulam muitos processos metabólicos e de desenvolvimento nos vegetais.

Em geral, a depleção de carboidratos aumenta a expressão de genes para fotossíntese, mobilização de reservas e processos de exportação, enquanto o suprimento abundante de carbono promove a expressão de genes de armazenamento e utilização.

A sacarose ou as hexoses, que seriam acumuladas como um resultado do decréscimo da demanda dos drenos, reprimem a expressão dos genes fotossintéticos. Curiosamente, os genes que codificam a invertase e a sacarose sintase, que podem catalisar a primeira etapa na utilização da sacarose, e os genes para os transportadores de sacarose-H$^+$ do tipo simporte, que desempenham um papel-chave no carregamento apoplástico, também estão entre aqueles regulados pelo suprimento de carboidratos.

■ 12.8 Transporte de moléculas sinalizadoras

Além de possuir como função principal o transporte de fotossintatos em longas distâncias, o floema é uma das vias de transporte para moléculas sinalizadoras de uma parte para outra do vegetal. Tais sinais de longa distância coordenam as atividades de fontes e de drenos e regulam o crescimento e o desenvolvimento vegetal (ver Capítulo 4). Como indicado anteriormente, os sinais entre as fontes e os drenos podem ser físicos ou químicos. Os sinais físicos, como a mudança de turgor, são transmitidos rapidamente por meio do sistema interconectado dos elementos crivados. Os tubos crivados podem propagar sinais elétricos como os neurônios dos animais. A despolarização do potencial negativo da membrana dos elementos crivados é capaz de desencadear a deposição de calose e, assim, a obstrução dos poros (ver Seção 12.5). Recentemente, foi demonstrado que proteínas de receptor tipo glutamato na membrana plasmática do elemento crivado iniciam uma onda de íons de cálcio que leva a uma resposta sistêmica da lesão, como após um ataque de lagarta (**Figura 12.26**; ver Capítulo 24). Moléculas tradicionalmente consideradas sinais químicos, tais como proteínas e fitormônios, são encontradas na seiva do floema, assim como

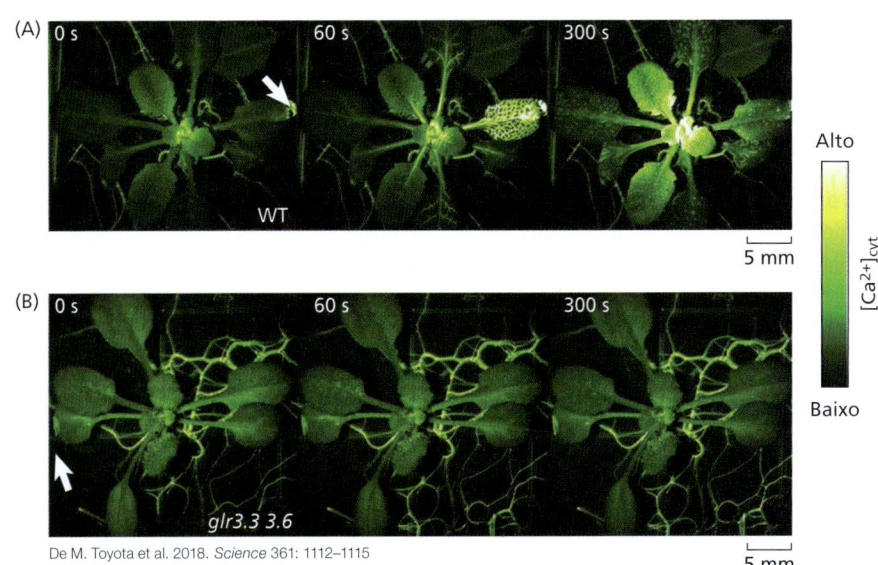

Figura 12.26 O glutamato, liberado do tecido danificado, desencadeia a sinalização de defesa baseada em Ca^{2+} de longa distância no floema. (A) A aplicação de uma gota de 100 mM de Glu (seta) em um indivíduo de *Arabidopsis* do tipo silvestre desencadeia a propagação de uma onda de Ca^{2+}, vista como um aumento na fluorescência do sensor de Ca^{2+} em quase todas as folhas da planta. (B) O glutamato imita a resposta da planta a lagartas ou lesões mecânicas e depende dos receptores vasculares de glutamato, como visto quando uma gota de 100 mM de Glu (seta) é aplicada a um indivíduo mutante de *Arabidopsis* que não contém receptores de glutamato no tecido vascular e não tem propagação de sinal de longa distância.

De M. Toyota et al. 2018. *Science* 361: 1112–1115

RNAs mensageiros e pequenos RNAs não codificantes. Os carboidratos translocados também podem atuar como sinais.

A pressão de turgor e os sinais químicos coordenam as atividades das fontes e dos drenos

A pressão de turgor pode exercer um papel na coordenação das atividades das fontes e dos drenos. O aumento do descarregamento do floema devido à rápida utilização do açúcar no dreno leva à redução das pressões de turgor no floema de entrega a serem transmitidas às fontes. Se o turgor do elemento crivado estivesse envolvido no controle do carregamento, este seria aumentado pelo sinal dos drenos. A resposta contrária seria observada quando o descarregamento fosse lento nos drenos. O carregamento de açúcares do armazenamento ao longo da rota axial, como do parênquima radial nas árvores, também responde às mudanças na demanda de soluto. Alguns dados sugerem que o turgor celular pode modificar a atividade da ATPase bombeadora de prótons na membrana plasmática e, portanto, alterar as taxas de carregamento de sacarose.

As partes aéreas produzem reguladores de crescimento como auxina, a qual pode ser rapidamente transportada para as raízes pelo floema; as raízes, por sua vez, produzem citocininas, que se movem para a parte aérea através do xilema. As giberelinas (GAs) e o ácido abscísico (ABA) também são transportados por toda a planta no sistema vascular. Os fitormônios desempenham um papel importante na regulação das relações fonte-dreno. Eles afetam a partição dos fotossintatos ao controlarem o crescimento do dreno, a senescência foliar e outros processos do desenvolvimento. As respostas de defesa das plantas contra herbívoros e patógenos também podem alterar a alocação e a partição de fotoassimilados, com hormônios de defesa vegetal como o ácido jasmônico mediando as respostas.

O carregamento de sacarose demonstrou ser estimulado por auxina exógena, mas inibido pelo ABA em alguns tecidos-fonte, enquanto o ABA exógeno intensifica, e a auxina inibe, a absorção de sacarose por alguns tecidos-dreno. Os hormônios poderiam regular o carregamento e o descarregamento apoplástico ao influenciar a quantidade de transportadores ativos na membrana plasmática. Outros sítios potenciais da regulação hormonal do descarregamento incluem os transportadores do tonoplasto, as enzimas para o metabolismo da sacarose absorvida, a extensibilidade da parede celular e a permeabilidade dos plasmodesmos no caso do descarregamento simplástico, fazendo o tecido alvo acessível para RNAs e proteínas móveis.

Como indicado anteriormente, os níveis de carboidratos podem influenciar a expressão de genes que codificam componentes da fotossíntese, assim como genes envolvidos na hidrólise da sacarose. Muitos genes têm sido caracterizados como apresentando resposta à depleção e à abundância de açúcar. Portanto, a sacarose não é apenas transportada no floema; esse carboidrato ou seus metabólitos podem atuar como sinais que modificam as atividades das fontes e dos drenos. Por exemplo, o mRNA do transportador de sacarose-H^+ do tipo simporte decresce nas folhas-fonte de beterraba supridas com sacarose exógena pelo xilema. O declínio do mRNA do transportador é acompanhado por uma perda da atividade do transportador nas vesículas da membrana plasmática isoladas das folhas. Um modelo funcional inclui as seguintes etapas:

1. A diminuição da demanda do dreno leva a altos níveis de sacarose no sistema vascular.
2. Níveis altos de sacarose levam a uma diminuição do transportador na fonte.
3. A diminuição do carregamento resulta em aumento da concentração de sacarose na fonte.

Este modelo é apoiado pela observação de que a regulação negativa da carga de sacarose pela inibição antisense do transportador SUT1 de sacarose-H^+ do tipo simporte leva ao aumento das concentrações de sacarose e ao acúmulo de amido, e a uma taxa fotossintética reduzida nas folhas-fonte, em comparação com o tipo silvestre (ver **Tópico 12.9 na internet**).

Em resumo, foi demonstrado que os açúcares e outros metabólitos interagem com sinais hormonais para controlar e a integrar muitos processos vegetais. A expressão gênica em alguns sistemas fonte-dreno responde tanto a sinais hormonais quanto a açúcares.

RNAs móveis atuam como moléculas sinalizadoras no floema para regular o crescimento e o desenvolvimento

Sabe-se, há muito tempo, que os vírus podem se mover no floema, deslocando-se como complexos de proteínas e ácidos nucleicos ou como partículas virais intactas. Recentemente, moléculas endógenas de RNA e proteínas foram encontradas na seiva do floema, e algumas delas podem atuar como moléculas sinalizadoras ou gerar sinais móveis no floema. Como ácidos nucléicos virais, as moléculas de RNA endógeno viajam como complexos com proteínas específicas (ribonucleoproteínas [RNPs]) na seiva do floema. As análises dos exsudatos do floema e da transmissão do enxerto sugerem que todas as classes de moléculas de RNA – siRNA, miRNA, tRNA, rRNA e mRNA (ver Capítulo 3) – movem-se com a seiva do floema para tecidos distantes. Parece que a maioria deles é produzida em células companheiras. Depois de serem descarregados nos tecidos-dreno, eles são capazes de modificar a função de células específicas. Por exemplo, foi demonstrado por enxertia que o silenciamento se propaga sistemicamente no floema para folhas jovens, flores e raízes primárias e segue a mesma rota de descarga simplástica que os fotossintatos (ver Seção 12.6). Os miRNAs estão envolvidos na coordenação do crescimento e desenvolvimento, como a resposta à insuficiência de nutrientes ou tuberização da batata. Fragmentos de rRNA e tRNA na seiva do floema não fazem parte da maquinaria funcional de biossíntese de proteínas nos elementos crivados, como se supunha anteriormente, mas são capazes de inibir a tradução. Por exemplo, o mRNA para um regulador das respostas ao ácido giberélico (denominado GAI) foi localizado nos elementos crivados e nas células companheiras de abóbora (*Curcubita pepo*) e foi encontrado na seiva do floema dessa espécie. Indivíduos transgênicos de tabaco, expressando uma versão mutante do gene regulador, apresentaram fenótipo anão e coloração verde-escura. O mRNA para o regulador mutante foi localizado nos elementos crivados e foi capaz de mover-se pelas junções do porta-enxerto até o enxerto tipo silvestre, sendo descarregado nos tecidos apicais. Como consequência, o fenótipo do mutante desenvolveu novo crescimento do enxerto do tipo selvagem.

Motivos nas sequências codificadoras e nas regiões não traduzidas do RNA desempenham função importante no movimento de longa distância do RNA para GAI. Resultados semelhantes foram obtidos para mRNA do fator de transcrição BEL5 em batata (*Solanum tuberosum*). Os transcritos *BEL5* formados nas folhas movem-se no floema através das junções do porta-enxerto aos ápices dos estolões, no local da indução do tubérculo, e o movimento está relacionado ao aumento da produção de tubérculos. O acúmulo preferencial de mRNA ocorre quando, além das regiões codificadoras, estão presentes regiões não traduzidas.

Proteínas móveis também atuam como moléculas sinalizadoras para regular o crescimento e o desenvolvimento

Um exemplo clássico de sinalização do floema é a proteína *FLOWERING LOCUS T* (FT), que é um componente relevante no estímulo floral que se move da folha-fonte para o ápice e que induz o florescimento em resposta a condições indutivas (ver Capítulo 20). Foi demonstrado que a proteína FT se move das células companheiras das folhas-fonte, onde é expressada, para os elementos crivados, auxiliada por uma proteína de interação que é necessária para o processo de passagem dos contatos poros-plasmodesmos. O transporte de longa distância da proteína FT para os tecidos apicais é facilitado por outra proteína e leva cerca de 8 h, conforme foi demonstrado usando a expressão de FT induzida por choque térmico. O descarregamento do floema e o transporte para o meristema apical do caule, onde o FT promove a floração, levam mais quatro horas. A análise do mutante FT indica que ambos os processos, o carregamento e o descarregamento do floema, são regulados ativamente.

Durante o crescimento vegetativo, recentemente foi demonstrado que fatores de transcrição móveis do floema e hormônios peptídicos integram o crescimento vegetal e realizam o ajuste fino da obtenção de nitrogênio. Um fator de transcrição responsivo à luz de 18 kDa se move do caule para a raiz através do floema, para coordenar o crescimento do caule e da raiz com a assimilação de carbono e a obtenção de nitrogênio. Tanto a obtenção de nitrogênio quanto o transporte de nitrato são ajustados por três hormônios peptídicos complementares, móveis do floema, que atuam a jusante dos receptores quinases localizados na folha, que respondem a pequenos peptídeos do xilema que se movem da raiz ao caule.

Ver **Tópico 12.7 na internet** para discussão adicional sobre esses tópicos.

Plasmodesmos atuam na sinalização do floema

Os plasmodesmos estão envolvidos em praticamente cada aspecto da translocação no floema, do carregamento ao transporte de longa distância (os poros nas áreas crivadas e nas placas crivadas são plasmodesmos modificados) à alocação e à partição. Que função os plasmodesmos exercem na sinalização macromolecular no floema?

O mecanismo de transporte pelos plasmodesmos (denominado tráfego) pode ser passivo (sem destino) ou seletivo e regulado. Quando uma molécula se move passivamente, seu tamanho deve ser menor que o **limite de exclusão por tamanho** (**SEL**, *size exclusion limit*) do plasmodesmo. Os plasmodesmos do floema geralmente têm um SEL mais amplo do que aqueles dos tecidos não vasculares. Conforme indicado anteriormente, a GFP (27 kDa) move-se passivamente pelos plasmodesmos no floema. Quando expressa nas células companheiras, ela passa pelos contatos poros-plasmodesmos e é arrastada junto com a seiva do floema (ver Figura 12.24C). Por outro lado, a proteína FT (20 kDa) não entra na corrente do floema na ausência da proteína de interação FT. Geralmente, quando uma molécula se move de uma maneira seletiva, ela deve possuir um sinal de tráfego ou interagir de alguma outra forma com os plasmodesmos. O transporte de alguns fatores de transcrição e de proteínas de movimento viral parece ocorrer por meio de mecanismos seletivos. As proteínas de movimento viral interagem diretamente com os plasmodesmos para permitir a passagem dos ácidos nucleicos virais entre as células. Uma vez nos plasmodesmos, as proteínas de movimento atuam para aumentar o SEL dos plasmodesmos, permitindo a passagem do genoma viral entre as células. Acredita-se que as proteínas endógenas desempenhem funções similares às macromoléculas como a proteína FT e algumas proteínas P (ver **Tópico 12.7 na internet**). Também é necessária a interação com os componentes junto aos ou dentro dos plasmodesmos, como as chaperonas.

É adequado finalizar este capítulo com tópicos de pesquisas que continuarão a desafiar fisiologistas vegetais no futuro: a regulação do crescimento e do desenvolvimento pelo transporte de RNA endógeno e sinais proteicos, a natureza das proteínas que facilitam o transporte dos sinais pelos plasmodesmos e a possibilidade de direcionar os sinais para drenos específicos em contraste com o fluxo de massa. Muitas outras áreas potenciais de investigação foram indicadas neste capítulo, como o mecanismo de transporte no floema de gimnospermas, a natureza e o papel de proteínas no lume dos elementos crivados e a magnitude dos gradientes de pressão nos elementos crivados, especialmente em árvores. Como sempre ocorre na ciência, a resposta a uma pergunta gera muitas outras perguntas!

De um ângulo mais aplicado, há muitas possibilidades de usar o conhecimento científico sobre a translocação do floema para a melhoria da produtividade de culturas vegetais e da resistência a fatores de estresse abiótico e biótico (**Quadro 12.1**).

Quadro 12.1 Relevância da translocação e sinalização do floema para mudanças climáticas e biotecnologia

A translocação e a sinalização do floema respondem rapidamente às alterações abióticas e bióticas do ambiente. Essas alterações incluem mudanças na concentração de CO_2, temperatura e produção de EROs induzida pela luz, bem como ataques de lagartas, fungos e bactérias. A rede de sinalização que liga a translocação no floema à atividade nos tecidos vizinhos é, portanto, de considerável importância agrícola básica. O entendimento meticuloso dos mecanismos de translocação na regulação de fotossintatos e sinalização do floema deveria fornecer as bases da tecnologia utilizada para intensificar a produtividade de plantas cultivadas, pelo aumento do acúmulo de fotossintatos nos tecidos-dreno comestíveis, como os grãos dos cereais.

A indução de flores é um exemplo da complexidade da sinalização do floema. Nas células adjacentes ao floema das folhas maduras, a proteína específica indutora de flores *FLOWERING LOCUS T* (FT) é expressa quando a duração do dia é apropriada. A transmissão da FT para o meristema apical é regulada por vários pontos de checagem subsequentes: ela pode entrar na corrente do floema somente na presença de uma proteína de interação, pode viajar tão rapidamente como a seiva do floema e sua saída do floema deve ser assumida pelos contatos celulares na rota de descarregamento do meristema apical do caule. Todos esses postos de checagem são alvos interessantes para abordagens biotecnológicas e de reprodução para controlar a floração, a formação de frutos e o enchimento de sementes.

Além disso, os níveis de açúcar nos órgãos-fonte e órgãos-dreno estão envolvidos na coordenação da fisiologia da planta inteira: a sacarose ou as hexoses que se acumulariam devido ao decréscimo da demanda dos drenos são bem conhecidas por reprimirem genes fotossintéticos. Entre os genes regulados pelo suprimento de carboidratos estão aqueles para invertase e sacarose sintase, que podem catalisar a primeira etapa na utilização da sacarose, bem como os genes para transportadores de sacarose-H^+ do tipo simporte, que desempenham um papel-chave no carregamento apoplástico. A regulação da fotossíntese pela demanda do dreno sugere que aumentos sustentados na fotossíntese em resposta a concentrações elevadas de CO_2 na atmosfera podem depender do aumento na força do dreno. A pesquisa deve ter como objetivo aumentar a resistência dos drenos existentes ou desenvolver novos drenos.

A obtenção de produtividades mais altas de plantas cultivadas é uma meta da pesquisa de alocação e partição dos fotossintatos. Enquanto os grãos e os frutos são exemplos de produção comestível, a produção total inclui partes não comestíveis da parte aérea. O índice de colheita, a razão entre o rendimento econômico (grão comestível) a biomassa total acima do solo, tem aumentado ao longo dos anos, em grande parte devido aos esforços dos responsáveis pelo melhoramento vegetal. Um dos objetivos da fisiologia vegetal moderna é aumentar ainda mais a produtividade com base em uma compreensão fundamental do metabolismo, do desenvolvimento e, no presente contexto, da partição.

Contudo, os processos de alocação e de partição na planta devem ser coordenados integralmente, de tal modo que o aumento do transporte para os tecidos comestíveis não ocorra à custa de outros processos e estruturas essenciais. A produtividade de plantas cultivadas também pode ser aumentada se os fotossintatos normalmente "perdidos" pela planta forem mantidos. Por exemplo, as perdas decorrentes da respiração não essencial ou da exsudação pelas raízes poderiam ser reduzidas. Nesse último caso, deve-se tomar cuidado para não interromper processos essenciais externos à planta, como o crescimento de espécies microbianas benéficas na região adjacente à raiz, as quais obtêm nutrientes a partir dos exsudados da raiz.

Os reguladores do desenvolvimento mostram mecanismos de retroalimentação (*feedback*) entre a atividade dos meristemas e a chegada de hormônios e carboidratos pelo floema. Ao mesmo tempo, os elementos do floema acompanham o ritmo de crescimento dos órgãos (ver **Tópico 11.9 na internet**). Se quisermos melhorar as plantas cultivadas para enfrentar os crescentes níveis de ameaça, como seca, inundação, calor e pragas, e para aumentar a produtividade, precisamos entender e manipular essa interação reguladora. ■

■ Resumo

A translocação no floema move os produtos da fotossíntese de folhas maduras para as áreas de crescimento e armazenagem. O floema também transporta sinais químicos e redistribui íons e outras substâncias pelo corpo da planta.

12.1 Padrões de translocação: fonte ao dreno

- O floema não transloca materiais exclusivamente na direção ascendente ou descendente. A seiva é translocada das fontes para os drenos, e as rotas envolvidas muitas vezes são complexas (**Figuras 12.1, 12.2**).

12.2 Rotas de translocação

- Os elementos crivados (floema) conduzem açúcares e outros compostos orgânicos em toda a planta (**Figuras 12.3–12.5**).
- Durante o desenvolvimento, os elementos crivados retêm sua membrana plasmática, mas perdem muitas organelas, mantendo somente mitocôndrias e

Resumo

plastídios modificados, além do retículo endoplasmático liso (**Figuras 12.5, 12.6**).
- Os elementos crivados são interconectados pelos poros presentes em suas paredes (**Figura 12.7**).
- As células companheiras auxiliam no transporte dos produtos fotossintéticos para os elementos crivados. Elas também fornecem proteínas aos elementos crivados (**Figuras 12.5, 12.6**).
- Em gimnospermas, o REL recobre as áreas crivadas e é contínuo através dos poros crivados e a cavidade mediana (**Figura 12.8; Tabela 12.1**).

12.3 Carregamento do floema
- A exportação de açúcares a partir das fontes envolve alocação de fotossintatos para o transporte de açúcares, transporte do pré-floema e carregamento de floema nas nervuras menores (**Figura 12.9**).
- O carregamento do floema pode ocorrer pelo caminho do simplasto ou do apoplasto (**Figura 12.10**).
- A sacarose é ativamente transportada para o complexo elemento crivado-célula companheira na rota apoplástica (**Figuras 12.11, 12.12**).
- O modelo de aprisionamento de oligômeros mantém os oligômeros que são sintetizados a partir da sacarose nas células intermediárias; os oligossacarídeos maiores podem difundir-se somente para os elementos crivados (**Figura 12.13B, 12.14**).
- As rotas apoplástica e simplástica de carregamento do floema apresentam características determinantes (**Tabela 12.2**).

12.4 Transporte de longa distância: um mecanismo acionado por pressão
- O floema de transporte forma uma rota passiva de resistência baixa, mas está ativamente envolvido no descarregamento e recarregamento de açúcares para os drenos axiais.
- As velocidades de transporte no floema são elevadas e excedem, em muitas ordens de grandeza, a taxa de difusão em distâncias longas.
- O modelo de fluxo de pressão explica a translocação no floema como um fluxo de massa de solução, acionado por um gradiente de pressão gerado osmoticamente entre a fonte e o dreno (**Figura 12.15**).
- O carregamento do floema na fonte e o descarregamento do floema no dreno estabelecem o gradiente de pressão para o fluxo de massa passivo e de distância longa.
- Os gradientes de pressão nos elementos crivados podem ser moderados; as pressões em plantas herbáceas e árvores parecem ser semelhantes. Modelos alternativos para translocação por fluxo de massa estão sendo desenvolvidos.

12.5 Materiais translocados no floema
- A composição da seiva foi determinada; os açúcares não redutores são as principais moléculas transportadas (**Tabela 12.3; Figura 12.17**).
- A seiva inclui proteínas, muitas das quais podem ter funções relacionadas com reações ao estresse e de defesa.
- As proteínas P e a calose vedam o floema danificado para limitar a perda de seiva (**Figura 12.18**).

12.6 Descarregamento do floema e transição dreno-fonte
- A importação de açúcares nas células-dreno envolve descarregamento do floema, transporte de curta distância e armazenamento/metabolismo.
- O descarregamento do floema e o transporte de distância curta podem operar pelas rotas simplástica ou apoplástica em drenos diferentes (**Figura 12.19**).
- O transporte para os tecidos-dreno depende de energia.
- A interrupção da importação e o início da exportação são eventos separados e há uma transição gradual de dreno para fonte (**Figuras 12.22, 12.23**).
- A transição de dreno para fonte requer diversas mudanças, incluindo a expressão e a localização do transportador de sacarose-H^+ do tipo simporte (**Figura 12.24**).

12.7 Distribuição dos fotossintatos: alocação e partição
- A alocação nas folhas-fonte inclui a síntese de compostos de armazenamento, a utilização metabólica e a síntese de compostos para transporte (**Figura 12.25**).
- A regulação da alocação deve, assim, controlar a distribuição de carbono fixado para o ciclo de Calvin-Benson, a síntese de amido, a síntese de sacarose e a respiração.
- Diversos sinais químicos e físicos estão envolvidos na partição de recursos entre os vários drenos.
- Na competição por fotossintatos, a força do dreno depende do seu tamanho e da sua atividade.
- Em resposta a condições alteradas, mudanças de curto prazo alteram a distribuição de fotossintatos entre diferentes drenos, enquanto mudanças de longo prazo ocorrem no metabolismo da fonte e alteram a quantidade de fotossintatos disponíveis para transporte.

12.8 Transporte de moléculas sinalizadoras
- A sinalização de defesa vegetal envolve ondas de íons de cálcio desencadeadas pelo receptor de glutamato, expandindo-se no floema (**Figura 12.26**).
- A pressão de turgor, as citocininas, as giberelinas e o ácido abscísico têm funções sinalizadoras na coordenação das atividades das fontes e dos drenos.
- Alguns peptídeos hormonais, fatores de transcrição e outras proteínas podem mover-se da parte aérea para as células companheiras da raiz, para sincronizar a aquisição de carbono e nitrato com o crescimento.
- As proteínas e os RNAs transportados no floema podem alterar as funções celulares.
- A interação entre moléculas móveis e contatos poros-plasmodesmos pode controlar o que passa pelos plasmodesmos.

Material da internet

- **Tópico 12.1 Elementos crivados como as células de transporte entre fontes e drenos** Vários métodos demonstram que o açúcar é transportado nos elementos crivados (floema); fatores anatômicos e de desenvolvimento afetam o padrão básico de transporte fonte-dreno.

- **Tópico 12.2 Evolução da relação entre os elementos crivados e as células vizinhas** A comparação do floema de plantas vasculares indica um aumento nos contatos íntimos e na divisão de funções entre os elementos crivados e suas células parenquimáticas vizinhas.

- **Tópico 12.3 Experimentos sobre carregamento do floema** Existem evidências para o carregamento apoplástico dos elementos crivados em algumas espécies e para o carregamento simplástico (aprisionamento de oligômeros) em outras. Enquanto carreadores ativos foram identificados e caracterizados para algumas substâncias que entram no floema, outras substâncias podem entrar passivamente nos elementos crivados.

- **Tópico 12.4 Monitoramento do trânsito na "autoestrada" de açúcar: taxas de transporte de açúcar no floema** Várias técnicas medem a taxa de transferência de massa no floema, a massa seca em movimento por uma secção transversal do elemento crivado por unidade de tempo.

- **Tópico 12.5 Evidências de fluxo de massa** Não há transporte bidirecional em um tubo crivado e nenhum dispêndio de energia na rota de transporte.

- **Tópico 12.6 Amostragem da seiva do floema** Exsudação a partir de lesões e de estiletes excisados de afídeos fornece seiva do floema suficiente para análise.

- **Tópico 12.7 Proteínas e RNAs: moléculas sinalizadoras no floema** Algumas proteínas e RNAs são transportados entre células companheiras e elementos crivados, deslocam-se pelos elementos crivados entre as fontes e os drenos e podem modificar funções celulares nos drenos. Existe pequena evidência sobre o movimento de proteínas no exterior das células companheiras.

- **Tópico 12.8 Experimentos sobre o descarregamento do floema** O descarregamento apoplástico varia em suas necessidades energéticas e no papel da invertase da parede celular.

- **Tópico 12.9 Possíveis mecanismos que ligam a demanda do dreno e a taxa fotossintética em armazenadores de amido** A acumulação de fotossintato diminui a taxa fotossintética.

Para mais recursos de aprendizagem (em inglês), acesse **oup.com/he/taiz7e**.

Leituras sugeridas

Andriunas, F. A., Zhang, H.-M., Xia, X., Patrick, J. W., and Offler, C. E. (2013) Intersection of transfer cells with phloem biology— Broad evolutionary trends, function, and induction. *Front. Plant Sci.* 4: 221.

Comtet, J., Turgeon, R., and Stroock, A. (2017) Phloem loading through plasmodesmata: A biophysical analysis. *Plant Physiol.* 175: 904–915.

Endo, M., Yoshida, M., Sasaki, Y., Negishi, K., Horikawa, K., Daimon, Y., Kurotani, K. I., Notaguchi, M., Abe, M., and Araki, T. (2018) Re-evaluation of florigen transport kinetics with separation of functions by mutations that uncouple flowering initiation and long-distance transport. *Plant Cell Physiol.* 59: 1621–1629.

Jensen, K. H., Berg-Sørensen, K., Bruus, H., Holbrook, N. M., Liesche, J., Schulz, A., Zwieniecki, M. A., and Bohr, T. (2016) Sap flow and sugar transport in plants. *Rev. Mod. Phys.* 88: 1–63.

Kehr, J., and Kragler, F. (2018) Long distance RNA movement. *New Phytol.* 218: 29–40.

Knoblauch, M., Knoblauch, J., Mullendore, D. L., Savage, J. A., Babst, B. A., Beecher, S. D., Dodgen, A. C., Jensen, K. H., and Holbrook, N. M. (2016) Testing the Munch hypothesis of long distance phloem transport in plants. *eLife* 5: e15341.

Liesche, J., and Schulz, A. (2018) Phloem transport in gymnosperms: a question of pressure and resistance. *Curr. Opin. Plant Biol.* 43: 36–42.

Otero, S., and Helariutta, Y. (2017) Companion cells: a diamond in the rough. *J. Exp. Bot.* 68: 71–78.

Patrick, J. W. (2013) Does Don Fisher's high-pressure manifold model account for phloem transport and resource partitioning? *Front. Plant Sci.* 4: 184.

Ross-Elliott, T. J., Jensen, K. H., Haaning, K. S., Wagner, B. M., Knoblauch, J., Howell, A. H., Mullendore, D. L., Monteith, A. G., Paultre, D., Yan, D. W., Otero, S., Bourdon, M., Sager, R., Lee, J. Y., Helariutta, Y., Knoblauch, M., and Oparka, K. J. (2017) Phloem unloading in Arabidopsis roots is convective and regulated by the phloem pole pericycle. *eLife* 6: e15341.

Schulz, A. (2015) Diffusion or bulk flow: how plasmodesmata facilitate pre-phloem transport of assimilates. *J. Plant Res.* 128: 49–61.

Slewinski, T. L., Zhang, C., and Turgeon, R. (2013) Structural and functional heterogeneity in phloem loading and transport. *Front. Plant Sci.* 4: 244.

Thompson, G. A., and van Bel, A. J. E., (eds.). (2013) *Phloem: Molecular Cell Biology, Systemic Communication, Biotic Interactions.* Wiley-Blackwell, Ames, IA.

13 Respiração e metabolismo de lipídeos

A fotossíntese fornece as unidades estruturais orgânicas das quais as plantas (e quase todos os outros organismos) dependem. Com seu metabolismo de carbono associado, a respiração libera a energia armazenada nos compostos de carbono para o uso celular. Ao mesmo tempo, a respiração gera muitos precursores de carbono para a biossíntese.

Este capítulo inicia revisando a respiração em seu contexto metabólico, enfatizando as conexões entre as rotas envolvidas e as características especiais que são peculiares às plantas. A respiração é também relacionada à compreensão da bioquímica e da biologia molecular das mitocôndrias vegetais e dos fluxos respiratórios em tecidos de plantas intactas. Em seguida, são descritas as rotas da síntese de lipídeos que levam ao acúmulo de gorduras e óleos, os quais as plantas utilizam para a armazenagem de energia e carbono, e como um componente central das membranas celulares. Finalmente, são discutidas as rotas catabólicas envolvidas na degradação de lipídeos e na conversão de seus produtos da degradação em açúcares, que ocorre durante a germinação de sementes que armazenam gordura.

■ 13.1 Visão geral da respiração vegetal

A respiração aeróbia (que exige oxigênio) é comum à maioria dos organismos eucarióticos, e, em linhas gerais, o processo respiratório em plantas é similar ao encontrado em outros eucariotos aeróbios. No entanto, alguns aspectos específicos da respiração vegetal a distinguem, especialmente de seu correspondente animal. A **respiração aeróbia** é um processo biológico pelo qual os compostos orgânicos reduzidos são oxidados em uma forma controlada. Durante a respiração, a energia é liberada e armazenada transitoriamente em um composto, **trifosfato de adenosina** (**ATP**, de *adenosine triphosphate*), que é usado pelas reações celulares para manutenção e desenvolvimento. A respiração também desempenha um papel crucial na geração de ácidos orgânicos, ou seus ânions, que são usados para biossíntese, assimilação de nitrogênio e secreção. O papel anabólico da respiração é particularmente importante no crescimento ativo de tecidos.

A glicose e os ácidos graxos são geralmente citados como substratos para a respiração. Nas células vegetais, contudo, os substratos (carbono reduzido) são principalmente derivados de fontes como a sacarose (dissacarídeo), outros açúcares, ácidos orgânicos, trioses fosfato da fotossíntese e, até certo ponto, os produtos da degradação lipídica e proteica (**Figura 13.1**).

Figura 13.1 Visão geral da respiração. Os substratos para a respiração são gerados por outros processos celulares e entram nas rotas respiratórias. A rota da glicólise e a rota oxidativa das pentoses fosfato no citosol e nos plastídios convertem açúcares em ácidos orgânicos como o piruvato, via hexoses fosfato e trioses fosfato, gerando NADH ou NADPH e ATP. Os ácidos orgânicos são oxidados no ciclo mitocondrial do ácido tricarboxílico (TCA); o NADH e o FADH$_2$ produzidos fornecem a energia para a síntese de ATP pela cadeia de transporte de elétrons e ATP sintase na fosforilação oxidativa. Na gliconeogênese, o carbono, oriundo da decomposição de lipídeos nos glioxissomos, é metabolizado no TCA e, após, utilizado para sintetizar açúcares no citosol por glicólise reversa.

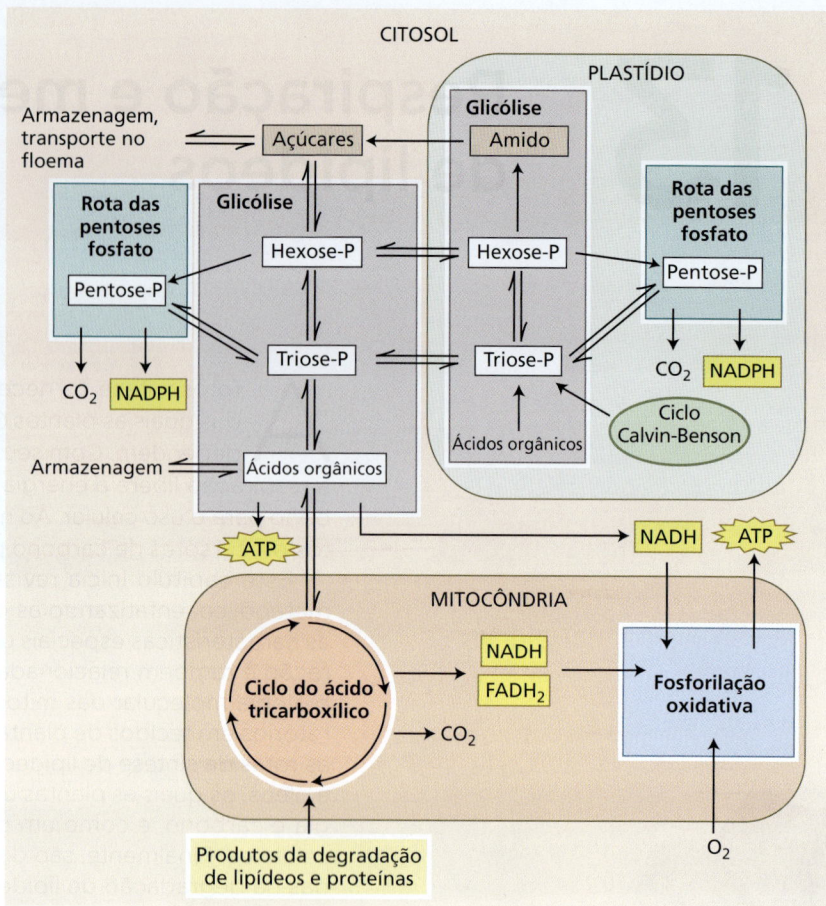

Do ponto de vista químico, a respiração vegetal pode ser expressa como a oxidação da molécula de 12 carbonos (sacarose) e a redução de 12 moléculas de O$_2$:

$$C_{12}H_{22}O_{11} + 13\ H_2O \rightarrow 12\ CO_2 + 48\ H^+ + 48\ e^- \quad (13.1)$$

$$12\ O_2 + 48\ H^+ + 48\ e^- \rightarrow 24\ H_2O \quad (13.2)$$

resultando na seguinte reação líquida:

$$C_{12}H_{22}O_{11} + 12\ O_2 \rightarrow 12\ CO_2 + 11\ H_2O \quad (13.3)$$

Essa reação é o inverso do processo fotossintético; ela representa uma reação redox acoplada, na qual a sacarose é completamente oxidada a CO$_2$, enquanto o oxigênio serve como aceptor final de elétrons, sendo reduzido à água no processo. A variação na **energia livre de Gibbs** ($\Delta G^{0\prime}$) padrão para a reação líquida é –5.760 kJ por mol (342 g) de sacarose oxidada. Esse grande valor negativo significa que o ponto de equilíbrio é fortemente deslocado para a direita e muita energia é, portanto, liberada pela degradação da sacarose. A liberação controlada dessa energia livre, em conjunto com seu acoplamento à síntese de ATP, é a principal função do metabolismo respiratório, embora, de maneira alguma, a única.

Para extrair energia, a célula oxida a sacarose em uma série de reações passo a passo, em que as etapas com maior liberação de energia são acopladas à conservação de energia. Essas reações podem ser agrupadas em quatro processos principais: a glicólise, a rota oxidativa das pentoses fosfato, o ciclo do ácido tricarboxílico (TCA) e a fosforilação oxidativa. Essas rotas não funcionam isoladamente, mas, mais exatamente, trocam metabólitos em vários níveis. Os substratos para a respiração entram no processo respiratório em diferentes pontos das rotas, conforme resumido na Figura 13.1.

- A **glicólise** envolve uma série de reações catalisadas por enzimas localizadas no citosol e nos plastídios. Um açúcar – por exemplo, a sacarose – é parcialmente oxidado via açúcares fosfato de seis carbonos (hexoses fosfato) e açúcares fosfato de três carbonos (trioses fosfato) para produzir um ácido orgânico – por exemplo, piruvato. O processo rende uma pequena quantidade de energia como ATP e exerce poder redutor sob a forma do nucleotídeo nicotinamida reduzido, NADH.
- Na **rota oxidativa das pentoses fosfato**, também localizada tanto no citosol quanto nos plastídios, a glicose-6-fosfato de seis carbonos é inicialmente oxidada a ribulose-5-fosfato de cinco carbonos. O carbono é perdido como CO$_2$, e o poder redutor é conservado na forma de outro nucleotídeo nicotinamida reduzido, NADPH. Nas reações

subsequentes próximas ao equilíbrio da rota das pentoses fosfato, a ribulose-5-fosfato é convertida em açúcares fosfato contendo 3 a 7 carbonos. Esses intermediários podem ser usados em rotas biossintéticas ou reentrar na glicólise.
- As reações combinadas da piruvato desidrogenase e do **ciclo do ácido tricarboxílico** (**TCA**, *tricarboxylic acid*) oxidam completamente o piruvato a 3 CO_2, por meio de oxidações graduais de ácidos orgânicos no compartimento mais interno da mitocôndria – a matriz. Esse processo mobiliza a maior quantidade de poder redutor (16 NADH + 4 $FADH_2$ por sacarose) e uma pequena quantidade de energia (ATP) a partir da decomposição da sacarose.
- Na **fosforilação oxidativa**, os elétrons são transferidos ao longo de uma cadeia de transporte de elétrons, que consiste em uma série de complexos proteicos inseridos na mais interna das duas membranas mitocondriais. Esse sistema transfere elétrons do NADH (e espécies relacionadas) – produzidos por glicólise, rota oxidativa das pentoses fosfato e ciclo do TCA – ao oxigênio. Essa transferência de elétrons desprende uma grande quantidade de energia livre, da qual boa parte é conservada por meio da síntese de ATP a partir de ADP e Pi (fosfato inorgânico) e catalisada pela enzima ATP sintase. Coletivamente, as reações redox da cadeia de transporte de elétrons e a síntese de ATP são chamadas de fosforilação oxidativa.

Nicotinamida adenina dinucleotídeo (NAD^+/NADH) é um cofator orgânico solúvel (coenzima) associado a muitas enzimas que catalisam reações redox celulares. NAD^+ é a forma oxidada, que passa por uma redução reversível envolvendo dois elétrons para produzir NADH (**Figura 13.2**). O potencial de redução-padrão para o par redox NAD^+/NADH é cerca de –320 mV. Isso indica que o NADH é um redutor relativamente forte (i.e., doador de elétrons), que pode conservar a energia livre carregada pelos elétrons liberados durante as oxidações gradativas da glicólise e do ciclo do TCA. Um composto

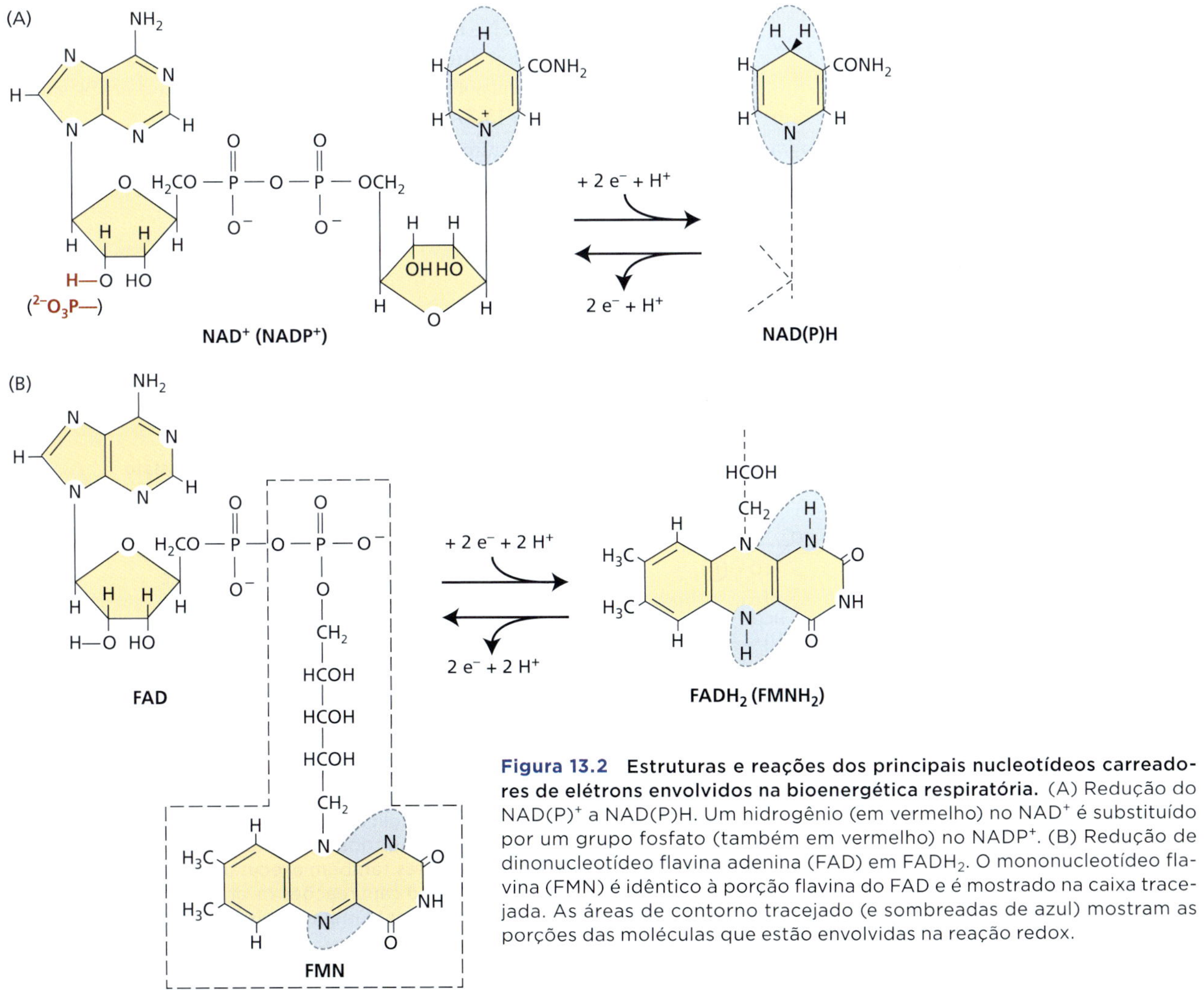

Figura 13.2 Estruturas e reações dos principais nucleotídeos carreadores de elétrons envolvidos na bioenergética respiratória. (A) Redução do $NAD(P)^+$ a NAD(P)H. Um hidrogênio (em vermelho) no NAD^+ é substituído por um grupo fosfato (também em vermelho) no $NADP^+$. (B) Redução de dinonucleotídeo flavina adenina (FAD) em $FADH_2$. O mononucleotídeo flavina (FMN) é idêntico à porção flavina do FAD e é mostrado na caixa tracejada. As áreas de contorno tracejado (e sombreadas de azul) mostram as porções das moléculas que estão envolvidas na reação redox.

solúvel relacionado, nicotinamida adenina dinucleotídeo fosfato ($NADP^+/NADPH$), tem uma função similar na fotossíntese (ver Capítulos 9 e 10) e na rota oxidativa das pentoses fosfato, bem como participa do metabolismo mitocondrial. Da mesma forma, os pares redox $FAD/FADH_2$ e $FMN/FMNH_2$ (ver Figura 13.2), na maioria das vezes fortemente ligados, desempenham papéis importantes na respiração e na fotossíntese, conforme discutido nas Seções 13.4 e 13.5, respectivamente.

A oxidação do NADH pelo oxigênio via cadeia de transporte de elétrons libera energia livre (220 kJ mol^{-1}), que impulsiona a síntese de cerca de 60 ATP por sacarose (como será visto na Seção 13.5). Pode-se elaborar um quadro mais complexo da respiração, relacionado ao seu papel no metabolismo energético celular, acoplando-se as duas reações que seguem:

$$C_{12}H_{22}O_{11} + 12\,O_2 \rightarrow 12\,CO_2 + 11\,H_2O \quad (13.3)$$

$$60\,ADP + 60\,P_i \rightarrow 60\,ATP + 60\,H_2O \quad (13.4)$$

Lembre-se que nem todo carbono que entra na rota respiratória é totalmente oxidado a CO_2. Muitos intermediários de carbono respiratórios são os pontos de partida para rotas que sintetizam aminoácidos, nucleotídeos, lipídeos e numerosos outros compostos.

■ 13.2 Glicólise

Nas etapas iniciais da glicólise (das palavras gregas *glykos*, "açúcar", e *lysis*, "quebra"), carboidratos são convertidos em hexoses fosfato, cada uma das quais é então decomposta em duas trioses fosfato. Em uma fase subsequente, conservadora de energia, cada triose fosfato é oxidada e rearranjada, produzindo uma molécula de piruvato, um ácido orgânico. Além de preparar o substrato para a oxidação no ciclo do TCA, a glicólise produz uma quantidade pequena de energia química nas formas de ATP e NADH.

Quando o oxigênio molecular não está disponível – por exemplo, em raízes em solos alagados –, a glicólise pode ser a fonte principal de energia para as células. Para essa tarefa, as *rotas fermentativas*, realizadas no citosol, devem reduzir o piruvato para reciclar o NADH produzido na glicólise. Nesta seção, descrevem-se as rotas glicolíticas e fermentativas básicas, enfatizando-se as características que são específicas das células vegetais.

A glicólise metaboliza carboidratos de várias fontes

A glicólise ocorre no citosol de todos os organismos (procariotos e eucariotos). As principais reações associadas à rota glicolítica clássica em plantas são quase idênticas àquelas em células animais. No entanto, a glicólise em plantas tem características reguladoras únicas, rotas enzimáticas alternativas para várias etapas citosólicas e uma rota glicolítica paralela em plastídios (**Figura 13.3**) (ver **Ensaio 13.1 na internet**).

Em animais, o substrato para a glicólise é a glicose, e o produto final é o piruvato. Visto que, na maioria das plantas,

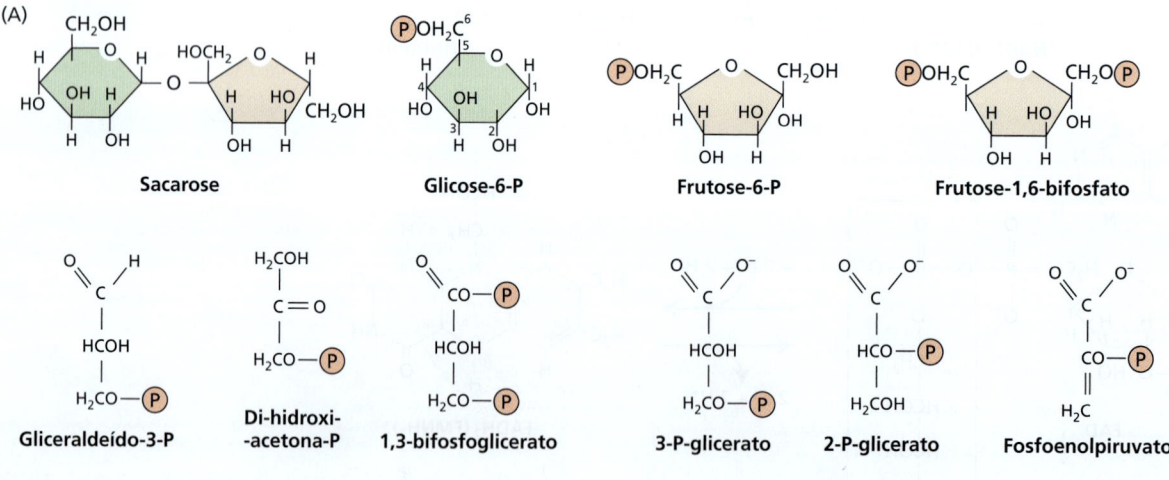

Figura 13.3 Reações da glicólise e da fermentação vegetais. (A) Estruturas dos intermediários de carbono. P, grupo fosfato. (B) Na rota glicolítica principal, a sacarose é oxidada, via hexoses fosfato e trioses fosfato, ao ácido orgânico piruvato, mas as plantas também executam reações alternativas. As setas duplas indicam reações reversíveis; as setas simples, reações essencialmente irreversíveis.

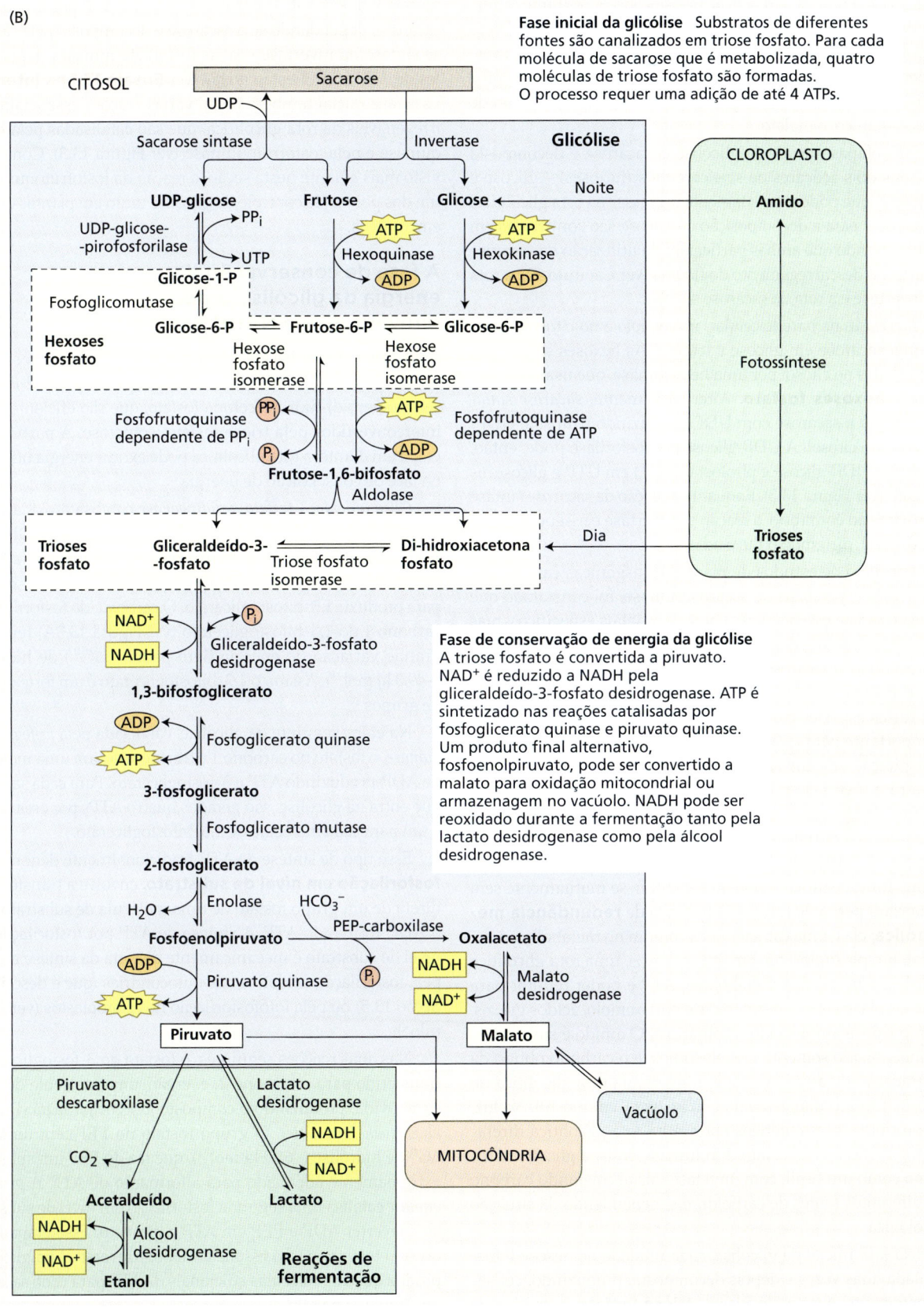

Fase inicial da glicólise Substratos de diferentes fontes são canalizados em triose fosfato. Para cada molécula de sacarose que é metabolizada, quatro moléculas de triose fosfato são formadas. O processo requer uma adição de até 4 ATPs.

Fase de conservação de energia da glicólise A triose fosfato é convertida a piruvato. NAD^+ é reduzido a NADH pela gliceraldeído-3-fosfato desidrogenase. ATP é sintetizado nas reações catalisadas por fosfoglicerato quinase e piruvato quinase. Um produto final alternativo, fosfoenolpiruvato, pode ser convertido a malato para oxidação mitocondrial ou armazenagem no vacúolo. NADH pode ser reoxidado durante a fermentação tanto pela lactato desidrogenase como pela álcool desidrogenase.

a sacarose é o principal açúcar translocado e, portanto, a forma de carbono que a maioria dos tecidos não fotossintéticos importa, ela (e não a glicose) pode ser considerada como o verdadeiro substrato de açúcar para a respiração vegetal. Os produtos finais da glicólise vegetal são piruvato e outro ânion de ácido orgânico, o malato.

Nas etapas iniciais da glicólise, a sacarose é decomposta em seus dois açúcares de seis carbonos (hexoses) – glicose e frutose –, que podem prontamente ingressar na rota glicolítica. Duas rotas para a decomposição da glicose são conhecidas em plantas, sendo que ambas participam na utilização da sacarose a partir do descarregamento do floema (ver Capítulo 12): a rota da invertase e a rota da sacarose sintase.

Invertases na parede celular, no vacúolo e no citosol hidrolisam a sacarose em glicose e frutose. As hexoses são, então, fosforiladas no citosol por uma hexoquinase, que usa ATP para formar **hexoses fosfato**. Alternativamente, *sacarose sintase* combina a sacarose com UDP, produzindo frutose e UDP--glicose no citosol. A UDP-glicose pirofosforilase pode, então, converter UDP-glicose e pirofostafo (PP_i) em UTP e glicose-6--fosfato (ver Figura 13.3). Enquanto a reação da sacarose sintase é próxima ao equilíbrio, a reação da invertase é essencialmente irreversível, dirigindo o fluxo adiante.

Por meio de estudos de plantas transgênicas carentes de invertases específicas ou sacarose sintase, foi constatado que cada enzima é essencial para processos vitais específicos, mas diferenças são observadas entre tecidos e espécies vegetais. Por exemplo, a sacarose sintase e a invertase da parede celular são especialmente envolvidas no desenvolvimento de frutos em várias espécies cultivadas, enquanto a invertase citosólica é importante para crescimento, integridade da parede celular e respiração em *Arabidopsis thaliana*. Tanto a sacarose sintase quanto a invertase podem degradar sacarose na glicólise e, se uma das enzimas não está presente, por exemplo, em um mutante, a(s) outra(s) enzima(s) pode(m) ainda manter a respiração. A existência de várias enzimas ou rotas que servem a uma função similar e podem substituir-se mutuamente sem uma clara perda de função é chamada de **redundância metabólica**; ela é uma característica comum no metabolismo vegetal. Em plastídios, há, em muitos casos, uma rota glicolítica paralela, que produz metabólitos, ATP e poder redutor para reações plastidiais que sintetizam, por exemplo, ácidos graxos, tetrapirróis e aminoácidos aromáticos. O amido é sintetizado e catabolizado somente nos plastídios, e o carbono obtido da degradação do amido (à noite) ingressa na rota glicolítica no citosol, primariamente como glicose (ver Capítulo 10). Na luz, os produtos fotossintéticos entram na rota glicolítica diretamente como triose fosfato. Em linhas gerais, a glicólise funciona como um funil, com uma fase inicial coletando carbono de diferentes fontes de carboidratos, dependendo da situação fisiológica.

Na fase inicial da glicólise, cada unidade de hexose é fosforilada duas vezes e depois decomposta, produzindo, consequentemente, duas moléculas de **triose fosfato**. Essa série de reações consome até quatro moléculas de ATP por unidade de sacarose, dependendo se a sacarose é decomposta pela sacarose sintase ou invertase e se as fosfofrutoquinases dependentes de ATP ou PPI estão ativas (ver **Ensaio 13.1 na internet**). Essa fase inicial também inclui várias reações essencialmente irreversíveis da rota glicolítica, que são catalisadas pela hexoquinase e pela fosfofrutoquinase (ver Figura 13.3). Como será visto mais adiante nesta seção, a reação da fosfofrutoquinase é um dos pontos de controle da glicólise tanto em plantas quanto em animais.

A fase de conservação de energia da glicólise produz piruvato, ATP e NADH

As reações discutidas até agora convertem carbono dos vários *pools* de substratos em fosfatos de triose, *gliceraldeído-3-fosfato* e seu isômero di-hidroxiacetona fosfato, que são eficientemente interconvertidos pela triose fosfato isomerase. A partir dessa etapa em diante, a rota glicolítica pode extrair energia utilizável na fase de conservação de energia.

Gliceraldeído-3-fosfato desidrogenase catalisa a oxidação de aldeído a um ácido carboxílico, reduzindo NAD^+ a NADH. Essa reação desprende energia livre suficiente, permitindo a fosforilação (usando fosfato inorgânico) do gliceraldeído-3-fosfato, para produzir 1,3-bifosfoglicerato. O carboxilado fosforilado no carbono 1 do 1,3-bifosfoglicerato (ver Figura 13.3A) tem uma grande variação de energia livre padrão ($\Delta G^{0'}$) de hidrólise ($-49,3$ kJ mol^{-1}). Assim, o 1,3-bifosfoglicerato é um forte doador de grupos P_i.

Na etapa seguinte da glicólise, catalisada pela *fosfoglicerato quinase*, o fosfato no carbono 1 é transferido para uma molécula de ADP, produzindo ATP e 3-fosfoglicerato. Para cada sacarose que entra na glicólise, são gerados quatro ATPs por essa reação – um para cada molécula de 1,3-bifosfoglicerato.

Esse tipo de síntese de ATP, tradicionalmente denominada **fosforilação em nível de substrato**, envolve a transferência direta de um grupo fosfato de uma molécula de substrato para o ADP, formando ATP. A síntese de ATP por fosforilação em nível de substrato é mecanicamente distinta da síntese de ATP pela fosforilação oxidativa nas mitocôndrias (que é descrita na Seção 13.5) ou pela fotofosforilação nos cloroplastos (ver Capítulo 9).

Nas duas reações seguintes, o fosfato do 3-fosfoglicerato é transferido para o carbono 2, e, então, uma molécula de água é removida, produzindo o composto *fosfoenolpiruvato* (PEP, de *phosphoenolpyruvate*). O grupo fosfato no PEP tem uma alta $\Delta G^{0'}$ de hidrólise ($-61,9$ kJ mol^{-1}), que faz do PEP um substrato extremamente adequado para a formação de ATP. A *piruvato quinase* catalisa uma segunda fosforilação em nível de substrato ao converter ADP e PEP em ATP e piruvato. Essa etapa final, que é o terceiro passo essencialmente irreversível na glicólise, produz quatro moléculas adicionais de ATP para cada sacarose que ingressa na rota.

As plantas têm reações glicolíticas alternativas

Na glicólise, os açúcares são degradados em ácido orgânico piruvato, mas muitos organismos podem operar também uma rota similar na direção oposta. Esse processo, para sintetizar açúcares a partir de ácidos orgânicos, é conhecido como **gliconeogênese**.

A gliconeogênese é particularmente importante em plantas (como a mamona *Ricinus communis* e o girassol) que armazenam carbono na forma de óleos (triacilgliceróis) nas sementes. As plantas não conseguem transportar lipídeos, então, quando uma semente germina, o óleo é convertido pela gliconeogênese em sacarose, que é transportada para as células em crescimento na plântula para satisfazer suas necessidades energéticas. Na fase inicial da glicólise, a gliconeogênese sobrepõe-se à rota de síntese da sacarose, a partir da triose-fosfato fotossintética descrita no Capítulo 10, que é típica de células foliares.

Uma vez que a reação glicolítica catalisada pela *fosfofrutoquinase dependente de ATP* é essencialmente irreversível (ver Figura 13.3), uma enzima adicional, a *frutose-1,6 bifosfatase*, converte a frutose-1,6-bifosfato de modo irreversível em frutose-6-fosfato e P_i durante a gliconeogênese. A fosfofrutoquinase dependente de ATP e a frutose-1,6-bifosfato fosfatase representam importantes pontos de controle do fluxo de carbono mediante as rotas glicolítica e gliconeogênica de plantas e de animais, assim como na síntese de sacarose em plantas (ver Capítulo 10).

Em plantas, a interconversão da frutose-6-fosfato e da frutose-1,6-bifosfato torna-se mais complexa pela presença de uma enzima (citosólica) adicional, uma *fosfofrutoquinase dependente de* PP_i (pirofosfato:frutose-6-fosfato-1 fosfotransferase), que catalisa a seguinte reação reversível (ver Figura 13.3):

$$\text{Frutose-6-P} + PP_i \rightarrow \text{frutose-1,6-bifosfato} + P_i \quad (13.5)$$

em que -P representa fosfato ligado. A fosfofrutoquinase dependente de PP_i é encontrada no citosol da maioria dos tecidos vegetais, em atividades que podem ser mais altas do que aquelas da fosfofrutoquinase dependente de ATP. A reação catalisada pela fosfofrutoquinase dependente de PP_i é prontamente reversível, mas é improvável que ela opere na síntese de sacarose. A supressão da fosfofrutoquinase dependente de PP_i em plantas transgênicas mostrou que ela contribui para o fluxo glicolítico, mas que não é essencial para a sobrevivência da planta. As três enzimas que interconvertem frutose-6-fosfato e frutose-1,6-bifosfato são reguladas para corresponder às exigências da planta tanto pela respiração como pela síntese de sacarose e polissacarídeos. Como consequência, a operação de rota glicolítica em plantas tem várias características singulares (ver **Ensaio 13.1 na internet**).

No final do processo glicolítico, as plantas exibem rotas alternativas para metabolizar o PEP. Em uma rota, o PEP é carboxilado pela enzima citosólica ubíqua **PEP carboxilase**, para formar o ânion ácido orgânico oxalacetato. (A mesma reação é responsável pela fixação inicial de CO_2 em plantas CAM; ver Capítulo 10.) O oxalacetato é, então, reduzido a malato pela ação da *malato desidrogenase*, que usa NADH como uma fonte de elétrons (ver Figura 13.3). O malato resultante pode ser exportado para o vacúolo, para armazenamento, ou para a mitocôndria, para degradação no ciclo do TCA (discutido na Seção 13.4). Assim, a ação da piruvato quinase e da PEP carboxilase pode produzir piruvato ou malato para a respiração mitocondrial, embora o piruvato predomine na maioria dos tecidos.

Na ausência de oxigênio, a fermentação regenera o NAD^+ necessário para a produção glicolítica de ATP

A fosforilação oxidativa não funciona na ausência de oxigênio. A glicólise, então, não pode continuar, porque o suprimento celular limitado de NAD^+ torna-se preso no estado reduzido (NADH), e a gliceraldeído-3-fosfato desidrogenase chega a um impasse. Para superar essa limitação, as plantas e outros organismos podem prosseguir na metabolização do piruvato, realizando uma ou mais formas de **fermentação** (ver Figura 13.3).

A fermentação alcoólica (amplamente conhecida a partir da levedura de cerveja) é comum nas plantas. A piruvato descarboxilase oxida o piruvato em CO_2 e acetaldeído, e a álcool desidrogenase reduz o último a etanol ao oxidar o NADH. Na fermentação do ácido láctico (comum em músculo de mamíferos, mas também em plantas), a enzima lactato desidrogenase utiliza NADH para reduzir piruvato a lactato, regenerando, assim, NAD^+.

Os tecidos vegetais podem ser submetidos a ambientes com concentrações baixas (hipóxicas) ou zero (anóxicas) de oxigênio. Partes vegetais compactas e altamente ativas, como tubérculos, sementes e meristemas apicais, podem ter interiores altamente hipóxicos, mas o exemplo mais bem estudado envolve solos alagados, nos quais a difusão de oxigênio é reduzida e as raízes se tornam hipóxicas, forçando os tecidos a realizar metabolismo fermentativo. No milho (*Zea mays*), a resposta metabólica inicial às baixas concentrações de oxigênio é a fermentação do ácido láctico, mas a resposta subsequente é a fermentação alcoólica. Acredita-se que o etanol seja um produto final menos tóxico da fermentação, pois ele pode se difundir para fora da célula, enquanto o lactato se acumula e promove a acidificação prejudicial do citosol.

É importante considerar a eficiência da fermentação. *Eficiência* é definida aqui como a energia conservada sob forma de ATP, em relação à energia potencialmente disponível em uma molécula de sacarose. A variação na energia livre padrão ($\Delta G^{0\prime}$) para a síntese de ATP é de 32 kJ mol^{-1}. No entanto, sob as condições não padronizadas que normalmente ocorrem em células tanto de mamíferos quanto de vegetais, a síntese de ATP requer um acréscimo de energia livre de cerca de 50 kJ mol^{-1}. A $\Delta G^{0\prime}$ para a completa oxidação da sacarose a CO_2 é de -5.760 kJ mol^{-1}. A glicólise normal leva à síntese líquida de quatro moléculas de ATP (custo $\sim$ 200 kJ mol^{-1}) para cada molécula de sacarose que é convertida em piruvato. A eficiência da fermentação é, portanto, de apenas 4%, porque a maior parte da energia disponível na sacarose permanece no etanol ou no lactato. Por outro lado, o piruvato produzido pela glicólise durante a respiração aeróbia é completamente oxidado em CO_2 pelas mitocôndrias, resultando em uma utilização muito mais eficiente da energia livre disponível na sacarose.

Alterações na rota glicolítica sob deficiência de oxigênio podem aumentar a produção de ATP da fermentação. Um exemplo disso é quando a sacarose é degradada via sacarose sintase, e não via invertase, evitando o consumo de ATP pela hexoquinase ou engajando a fosfofrutoquinase dependente de PP_i. Essas modificações enfatizam a importância da eficiência energética para a sobrevivência das plantas na ausência de oxigênio (ver **Ensaio 13.1 na internet**).

Devido à baixa recuperação de energia da fermentação, é requerido um aumento da taxa de fluxo glicolítico para sustentar a produção de ATP necessária para a sobrevivência celular. O aumento da taxa glicolítica na ausência de O_2 é chamado de *efeito Pasteur*, em homenagem ao microbiólogo francês Louis Pasteur, que o notou pela primeira vez em leveduras. A glicólise é regulada positivamente por mudanças nos níveis de metabólitos e pela síntese induzida das enzimas glicolíticas e de fermentação em resposta a níveis mais baixos de O_2 e energia, conforme discutido na Seção 13.6.

Recentemente, foi descoberto que o acetato, que é formado por aldeído desidrogenases a partir do acetaldeído, induz alterações epigenéticas que afetam a expressão de uma série de genes. Isso induz resistência ao estresse por seca (déficit de água), mas os detalhes ainda não são conhecidos (ver Capítulo 15). O conhecimento dos complexos processos metabólicos, com a glicólise, requer o estudo das alterações temporais nos níveis de metabólitos. A extração, a separação e a análise rápidas de vários metabólitos podem ser alcançadas por uma abordagem denominada *perfil metabólico* (ver **Ensaio 13.2 na internet**).

13.3 Rota oxidativa das pentoses fosfato

A rota glicolítica não é a única disponível para a oxidação de açúcares em células vegetais. A rota oxidativa das pentoses fosfato também pode realizar essa tarefa (**Figura 13.4**). As reações são realizadas por enzimas solúveis presentes no citosol e em plastídios. Sob a maioria das situações, a rota nos plastídios predomina em relação à rota citosólica.

As duas primeiras reações dessa rota envolvem os eventos oxidativos que convertem a molécula de seis carbonos, glicose-6-fosfato, em uma unidade de cinco carbonos, a **ribulose-5-fosfato**, com a perda de uma molécula de CO_2 e a geração de duas moléculas de NADPH (não de NADH). As reações restantes da rota convertem ribulose-5-fosfato nos intermediários glicolíticos, gliceraldeído-3-fosfato e frutose-6-fosfato. Esses produtos podem ser depois metabolizados pela glicólise para produzir piruvato. Alternativamente, glicose-6-fosfato pode ser regenerada a partir do gliceraldeído-3-fosfato e da frutose-6-fosfato por enzimas glicolíticas. Para seis voltas do ciclo, pode-se escrever a reação da seguinte forma:

$$6 \text{ glicose-6-P} + 12 \text{ NADP}^+ + 7 \text{ H}_2\text{O} \rightarrow 5 \text{ glicose-6-P} + 6 \text{ CO}_2 + \text{P}_i + 12 \text{ NADPH} + 12 \text{ H}^+ \quad (13.6)$$

O resultado líquido é a completa oxidação de uma molécula de glicose-6-fosfato a CO_2 (cinco moléculas são regeneradas) com a síntese concomitante de 12 moléculas de NADPH.

Estudos de liberação de CO_2 de glicose marcada isotopicamente indicam que a rota das pentoses fosfato contribui com 10 a 25% da degradação da glicose, com o resto ocorrendo principalmente via glicólise. Contudo, a contribuição da rota das pentoses fosfato se altera durante o desenvolvimento e com as alterações nas condições de crescimento, à medida que variam as exigências da planta por produtos específicos.

A rota oxidativa das pentoses fosfato produz NADPH e intermediários biossintéticos

A rota oxidativa das pentoses fosfato desempenha diversos papéis no metabolismo vegetal:

- *Suprimento de NADPH no citosol*. O produto das duas etapas oxidativas é NADPH. Esse NADPH dirige as etapas redutoras associadas com reações biossintéticas e defesa ao estresse, além de ser um substrato para reações que removem espécies reativas de oxigênio (ERO). Como as mitocôndrias vegetais possuem uma NADPH desidrogenase localizada sobre a superfície externa da membrana interna, o poder redutor gerado pela rota das pentoses fosfato pode ser equilibrado pela oxidação do NADPH mitocondrial. A rota das pentoses fosfato pode, portanto, contribuir também para o metabolismo energético celular; isto é, elétrons do NADPH podem terminar reduzindo O_2 e gerando ATP por meio da fosforilação oxidativa. Para outras fontes citosólicas de NADPH, ver **Ensaio 13.1 na internet**.

- *Suprimento de NADPH nos plastídios*. Em plastídios não verdes, como os amiloplastos nas raízes, e em cloroplastos que funcionam no escuro, a rota das pentoses fosfato é a principal fornecedora de NADPH. O NADPH é usado para reações biossintéticas, como a biossíntese de lipídeos e a assimilação de nitrogênio. A formação de NADPH pela oxidação da glicose-6-fosfato em amiloplastos pode também sinalizar o *status* de açúcares ao sistema tiorredoxina para o controle da síntese de amido.

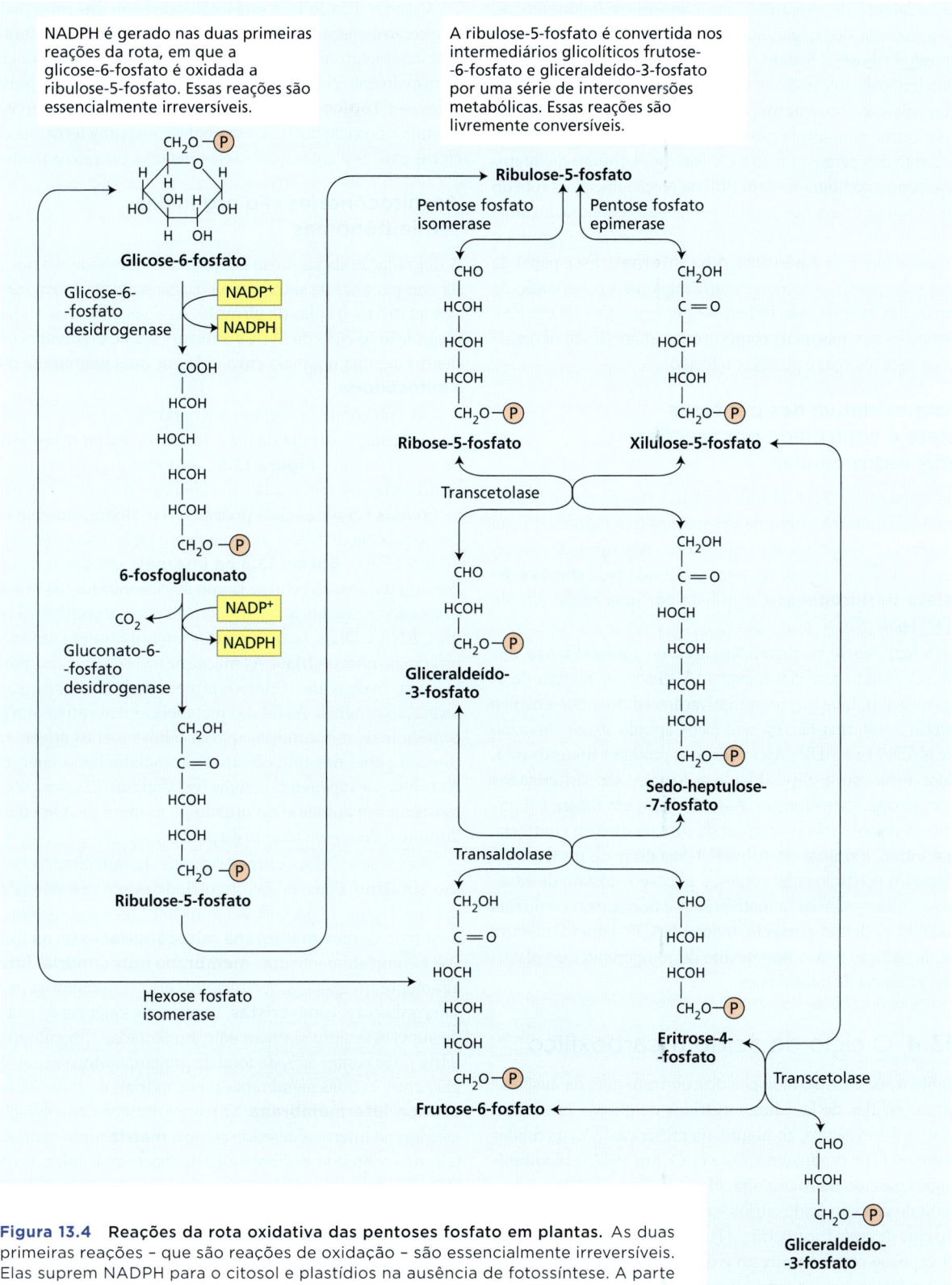

Figura 13.4 Reações da rota oxidativa das pentoses fosfato em plantas. As duas primeiras reações – que são reações de oxidação – são essencialmente irreversíveis. Elas suprem NADPH para o citosol e plastídios na ausência de fotossíntese. A parte posterior (a jusante) da rota é reversível (como indicado pelas setas duplas), de modo que ela pode suprir substratos de cinco carbonos para a biossíntese, mesmo quando as reações de oxidação são inibidas, como, por exemplo, nos cloroplastos na luz.

- *Suprimento de substratos para processos biossintéticos.* Na maioria dos organismos, a rota das pentoses fosfato produz ribose-5-fosfato, um precursor da ribose e da desoxirribose, necessárias na síntese de ácidos nucleicos. Em plantas, no entanto, a ribose parece ser sintetizada por outra rota, ainda desconhecida. Outro intermediário na rota das pentoses fosfato, a eritrose-4-fosfato de quatro carbonos, combina-se com PEP na reação inicial da rota do ácido chiquímico, que produz compostos fenólicos, incluindo aminoácidos aromáticos e os precursores de lignina e flavonoides (ver **Apêndice 4 na internet**). Esse papel da rota das pentoses fosfato é confirmado pela observação de que suas enzimas são induzidas por condições de estresse como lesões, nas quais compostos aromáticos são necessários para reforçar e proteger o tecido.

A rota oxidativa das pentoses fosfato é controlada por reações *status* redox celular

Cada etapa enzimática na rota oxidativa das pentoses fosfato é catalisada por um grupo de isoenzimas que variam em sua abundância e propriedades reguladoras nos tipos de células vegetais. A reação inicial da rota, catalisada pela **glicose-6-fosfato desidrogenase**, é inibida por uma razão alta de NADPH para $NADP^+$.

Na luz, ocorre pequena operação da rota oxidativa das pentoses fosfato nos cloroplastos. A glicose-6-fosfato desidrogenase é inibida por uma inativação redutora que envolve o *sistema ferredoxina-tiorredoxina* (ver Capítulo 10) e pela razão entre NADPH e $NADP^+$. Além disso, os produtos finais da rota, frutose-6-fosfato e gliceraldeído-3-fosfato, são sintetizados pelo ciclo de Calvin-Benson. Assim, a ação em massa vai governar as reações não oxidativas da rota na direção contrária. Desse modo, a síntese de eritrose-4-fosfato pode ser mantida na luz. Nos plastídios não verdes, a glicose-6-fosfato desidrogenase é menos sensível à inativação por tiorredoxina reduzida e NADPH, podendo, portanto, reduzir $NADP^+$ para manter um nível de redução relativamente alto de componentes do plastídio na ausência de fotossíntese.

■ 13.4 O ciclo do ácido tricarboxílico

Durante o século XIX, biólogos descobriram que, na ausência de ar, as células de leveduras nutridas de glicose produzem etanol ou ácido láctico, enquanto, na presença de ar, as células consomem O_2 e produzem CO_2 e H_2O. Em 1937, o bioquímico inglês nascido na Alemanha, Hans A. Krebs, relatou a descoberta do ciclo do ácido cítrico – mais comumente conhecido como *ciclo do ácido tricarboxílico* (*TCA*). A elucidação do ciclo do TCA explicou como o piruvato é degradado em CO_2 e H_2O, e também destacou o conceito-chave de ciclos em rotas metabólicas. Por essa descoberta, em 1953 Hans Krebs foi agraciado com o Prêmio Nobel de fisiologia ou medicina.

Como o ciclo do TCA está localizado na matriz mitocondrial, esta seção começa fazendo uma descrição geral da estrutura e do funcionamento mitocondriais, conhecimentos básicos obtidos principalmente por meio de experimentos com mitocôndrias isoladas (ver **Tópico 13.1 na internet**). Em seguida, são revisadas as etapas do ciclo do TCA, com ênfase nas características específicas para as plantas e como elas afetam a função respiratória.

As mitocôndrias são organelas semiautônomas

A degradação da sacarose em piruvato libera menos que 25% da energia total da sacarose; a energia restante é armazenada nas quatro moléculas de piruvato. As duas próximas etapas da respiração (o ciclo do TCA e a fosforilação oxidativa) ocorrem dentro de uma organela envolvida por uma membrana dupla, a **mitocôndria**.

As mitocôndrias vegetais em geral são esféricas ou em forma de bastão e variam de 0,5 a 1,0 µm de diâmetro e até 3 µm de comprimento (**Figura 13.5**), mas elas podem ser também ramificadas ou reticuladas. O número e os tamanhos de mitocôndrias em uma célula podem variar dinamicamente como consequência de fissão, fusão e degradação mitocondrial (ver Figura 13.5C e **Ensaio 13.3 na internet**), enquanto mantêm-se fora da divisão celular. Como os cloroplastos, as mitocôndrias são organelas semiautônomas, porque contêm ribossomos, RNA e DNA, os quais codificam um número limitado de proteínas mitocondriais. As mitocôndrias vegetais são, portanto, capazes de realizar síntese proteica e de transmitir sua informação genética. As células metabolicamente ativas em geral contêm mais mitocôndrias que as células menos ativas, refletindo o papel das mitocôndrias no metabolismo energético. As células de tapeto nas anteras (ver Capítulo 21), por exemplo, mostram um aumento acentuado no número de mitocôndrias durante o desenvolvimento do pólen.

As características ultraestruturais da mitocôndria vegetal são similares àquelas das mitocôndrias em outros eucariotos (ver Figura 13.5A e B). As mitocôndrias vegetais têm duas membranas: uma **membrana mitocondrial externa** lisa envolve completamente uma **membrana mitocondrial interna** altamente invaginada. As invaginações da membrana interna são conhecidas como **cristas**. Como consequência de sua área de superfície significativamente aumentada, a membrana interna pode conter 50% do total de proteína mitocondrial. A região entre as duas membranas mitocondriais é conhecida como **espaço intermembrana**. O compartimento envolvido pela membrana interna é referido como a **matriz** mitocondrial. Ela tem um conteúdo bastante alto de macromoléculas, cerca de 50% em massa. Como há pouca água na matriz, a mobilidade é restringida, e é provável que as proteínas da matriz estejam organizadas em complexos multienzimáticos para facilitar a canalização de substratos.

As mitocôndrias intactas são osmoticamente ativas, isto é, elas absorvem água e intumescem quando colocadas em um meio hiposmótico. Íons e moléculas polares em geral são

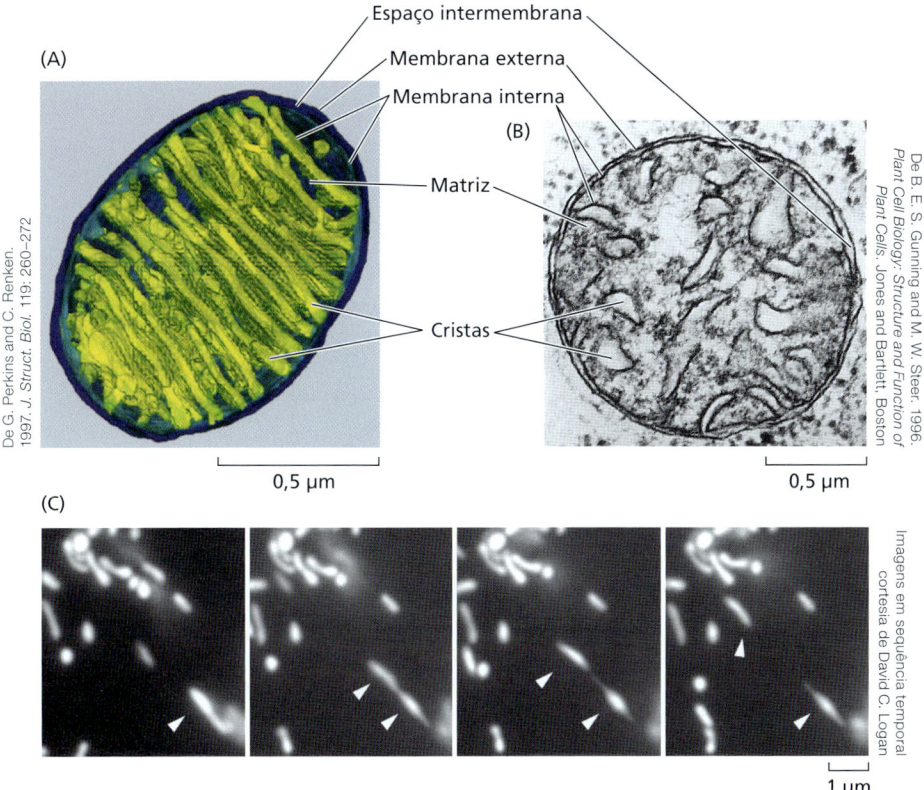

Figura 13.5 Estrutura das mitocôndrias de animais e plantas. (A) Imagem de tomografia tridimensional de uma mitocôndria do cérebro de frango, mostrando as invaginações da membrana interna, denominadas cristas, bem como as localizações da matriz e do espaço intermembrana (ver também Figura 13.10). (B) Micrografia ao microscópio eletrônico de uma mitocôndria em uma célula do mesófilo de fava (*Vicia faba*). (C) Imagens em sequência temporal mostrando uma mitocôndria dividindo-se em uma célula epidérmica de *Arabidopsis* (pontas de setas). Todas as organelas visíveis são mitocôndrias marcadas com proteína fluorescente verde. As imagens exibidas foram tomadas em intervalos de 2 s. Ver **Ensaio 13.3 na internet** para o vídeo completo.

incapazes de se difundir livremente através da membrana interna, que funciona como a barreira osmótica. A membrana externa é permeável a solutos que têm massa molecular menor do que cerca de 6.000 Da – isto é, a maioria dos metabólitos celulares e íons, mas não proteínas. A fração lipídica de ambas as membranas é principalmente formada por fosfolipídeos, 80% dos quais são ou fosfatidilcolina ou fosfatidiletanolamina. Cerca de 15% dos lipídeos da membrana mitocondrial interna são difosfatidilglicerol (também chamado de cardiolipina), que ocorre somente nessa membrana.

O piruvato entra na mitocôndria e é oxidado pelo ciclo do TCA

O ciclo do TCA recebeu esse nome devido à importância dos ácidos tricarboxílicos – ácido cítrico (citrato) e ácido isocítrico (isocitrato) – como intermediários (**Figura 13.6**). Esse ciclo constitui o segundo estágio da respiração e ocorre na matriz mitocondrial. Sua operação requer que o piruvato gerado no citosol durante a glicólise seja transportado através da barreira da membrana mitocondrial interna via uma proteína de transporte específica (como descrito na Seção 13.5).

Uma vez dentro da matriz mitocondrial, o piruvato é descarboxilado, em uma reação de oxidação catalisada pela **piruvato desidrogenase**, um grande complexo que consiste em diversas enzimas. Os produtos são NADH, CO_2 e acetil-CoA, em que o grupo acetil derivado do piruvato é ligado por uma ligação tioéster a um cofator solúvel, a coenzima A (CoA) (ver Figura 13.6).

Na próxima reação, a citrato sintase, formalmente a primeira enzima no ciclo do TCA, combina o grupo acetil da acetil-CoA com um ácido dicarboxílico de quatro carbonos (*oxalacetato*) para gerar um ácido tricarboxílico de seis carbonos (citrato). O citrato é, então, isomerizado a isocitrato pela enzima aconitase.

As duas reações seguintes são descarboxilações oxidativas sucessivas. Cada uma delas produz um NADH e libera uma molécula de CO_2, gerando um produto de quatro carbonos ligado à CoA, succinil-CoA. Nesse ponto, todos os três carbonos que entraram na mitocôndria como piruvato são oxidados a CO_2.

No restante do ciclo do TCA, a succinil-CoA é oxidada a oxalacetato, permitindo a operação continuada do ciclo. Inicialmente, a grande quantidade de energia livre disponível na ligação tioéster da succinil-CoA é conservada pela síntese de ATP a partir de ADP e P_i via uma fosforilação em nível de substrato catalisada pela *succinil-CoA sintetase*. O succinato resultante é oxidado a fumarato pela *succinato desidrogenase*, que é a única enzima do ciclo do TCA associada a membranas e também parte da cadeia de transporte de elétrons.

390 Unidade III | Bioquímica e metabolismo

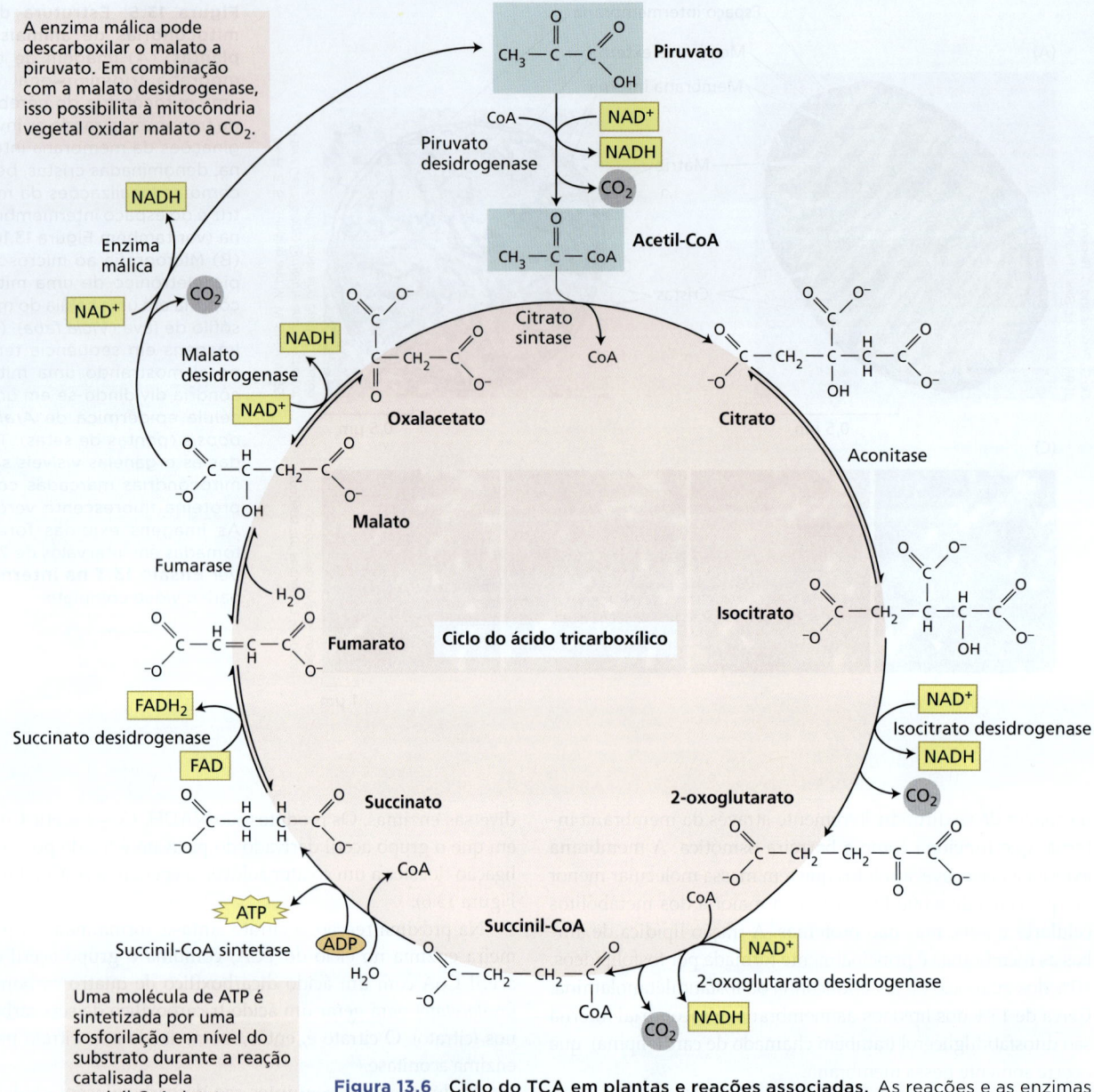

Figura 13.6 Ciclo do TCA em plantas e reações associadas. As reações e as enzimas do ciclo do TCA são exibidas, junto com as reações associadas da piruvato desidrogenase e da enzima málica. O piruvato é completamente oxidado a três moléculas de CO_2, e a enzima málica possibilita às mitocôndrias vegetais oxidar completamente o malato. Os elétrons liberados durante essas oxidações são utilizados para reduzir quatro moléculas de NAD^+ a NADH e uma molécula de FAD a $FADH_2$.

Os elétrons e os prótons removidos do succinato não terminam no NAD^+, mas em outro cofator envolvido em reações redox: **flavina adenina dinucleotídeo** (**FAD**). O FAD é ligado covalentemente ao sítio ativo da succinato desidrogenase e sofre uma redução reversível com dois elétrons para produzir $FADH_2$ (ver Figura 13.2B).

Nas duas reações finais do ciclo do TCA, o fumarato é hidratado para produzir malato, que é subsequentemente oxidado pela *malato desidrogenase*, para regenerar oxalacetato e produzir outra molécula de NADH. O oxalacetato produzido é agora capaz de reagir com outra acetil-CoA e continuar o ciclo.

No total, a oxidação em etapas de uma molécula de piruvato (3C) na mitocôndria dá origem a três moléculas de CO_2, sendo que grande parte da energia livre liberada durante essas oxidações é conservada na forma de quatro NADH e um

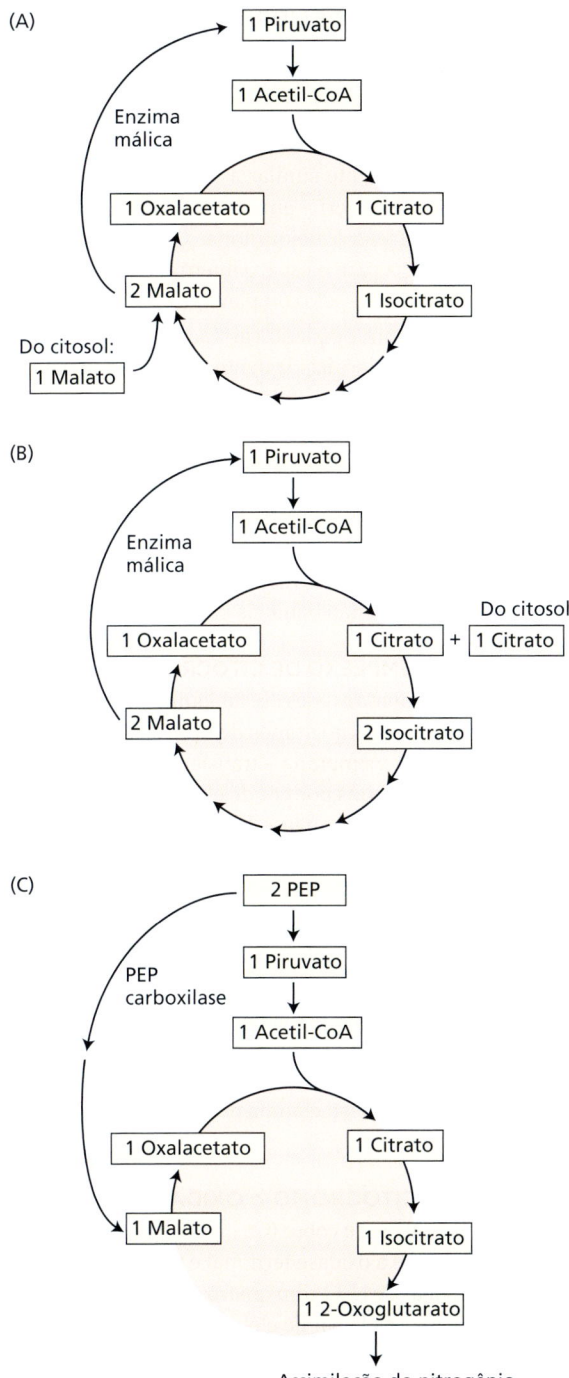

Figura 13.7 A enzima málica e a PEP carboxilase conferem às plantas flexibilidade metabólica para o metabolismo do PEP e do piruvato. (A e B) A enzima málica converte malato em piruvato e, assim, possibilita às mitocôndrias vegetais oxidar tanto malato (A) como citrato (B) a CO_2, sem envolver o piruvato disponibilizado pela glicólise. (C) Com a ação adicional da PEP-carboxilase à rota-padrão, o PEP glicolítico é convertido em 2-oxoglutarato, que é usado para a assimilação de nitrogênio.

$FADH_2$. Além disso, uma molécula de ATP é produzida por uma fosforilação em nível de substrato.

O ciclo do TCA em plantas tem características únicas

As reações do ciclo do TCA, referidas na Figura 13.6, não são todas idênticas àquelas realizadas pelas mitocôndrias animais. Por exemplo, a etapa catalisada pela succinil-CoA sintetase produz GTP ou ATP em animais, mas exclusivamente ATP em plantas. Esses nucleotídeos são equivalentes energeticamente.

Uma característica especial do ciclo do TCA vegetal é a presença de grandes quantidades de **enzima málica** na matriz mitocondrial das plantas. Essa enzima catalisa a descarboxilação oxidativa do malato:

$$\text{Malato} + \text{NAD}^+ \rightarrow \text{piruvato} + CO_2 + \text{NADH} \quad (13.7)$$

A atividade da enzima málica permite às mitocôndrias vegetais operarem rotas alternativas para o metabolismo do PEP derivado da glicólise (ver **Ensaio 13.1 na internet**). Conforme já descrito, o malato pode ser sintetizado a partir do PEP no citosol, via enzimas PEP carboxilase e malato desidrogenase (ver Figura 13.3). Para a degradação, o malato é transportado para a matriz mitocondrial, onde a enzima málica pode oxidá-lo a piruvato. Essa reação possibilita a oxidação de intermediários do ciclo do TCA, como malato (**Figura 13.7A**) ou citrato (**Figura 13.7B**), a CO_2. Muitos tecidos vegetais, não somente aqueles que realizam o metabolismo ácido das crassuláceas (ver Capítulo 10), armazenam nos seus vacúolos quantidades significativas de malato e de outros ácidos orgânicos. A degradação do malato via enzima málica mitocondrial é importante para regular os níveis de ácidos orgânicos nas células – por exemplo, durante a maturação de frutos.

Em vez de ser degradado, o malato produzido via PEP carboxilase pode repor os intermediários do ciclo do TCA, utilizados na biossíntese. Por exemplo, a exportação de 2-oxoglutarato para a assimilação de nitrogênio no cloroplasto leva a uma escassez de oxalacetato para a reação da citrato sintase. Esse malato pode ser reposto pela rota da PEP carboxilase (**Figura 13.7C**). As reações que repõem intermediários em um ciclo metabólico são conhecidas como *anaperóticas*.

O ácido gama-aminobutírico (GABA, *gamma-aminobutyric acid*) é um aminoácido que se acumula sob várias condições de estresse nas plantas e que pode ter um papel como sinal. O GABA é sintetizado a partir do 2-oxoglutarato e degradado em succinato pelo chamado **desvio de GABA**, que ignora as enzimas do ciclo do TCA que podem ser inibidas sob estresse vegetal (ver **Ensaio 13.1 na internet**).

13.5 Fosforilação oxidativa

O ATP é o transmissor de energia utilizado pelas células para impulsionar os processos vitais; assim, a energia química conservada durante o ciclo do TCA na forma de NADH e $FADH_2$ deve ser convertida em ATP para realizar trabalho relevante dentro da célula. Esse processo dependente de O_2, denominado fosforilação oxidativa, ocorre na membrana mitocondrial interna.

Nesta seção, será descrito o processo pelo qual o nível de energia dos elétrons de NADH e FADH$_2$ é reduzido de maneira gradual e conservado na forma de um gradiente eletroquímico de prótons através da membrana mitocondrial interna. A fosforilação oxidativa é fundamentalmente semelhante em todas as células aeróbias, mas a cadeia de transporte de elétrons mitocondrial de animais vertebrados e artrópodes carece de NAD(P)H desidrogenases que não conservam energia e oxidase alternativa que estão presentes na maioria dos eucariotos e que são especialmente ricas em variantes nas plantas.

É examinada também a enzima que utiliza a energia do gradiente eletroquímico de prótons para sintetizar ATP: a F_oF_1-ATP sintase. Depois de examinar os diversos estágios na produção de ATP, são resumidas as etapas de conservação de energia em cada estágio, bem como os mecanismos reguladores que coordenam as diferentes rotas.

A cadeia de transporte de elétrons catalisa o fluxo de elétrons do NADH ao O_2

Para cada molécula de sacarose oxidada pela glicólise e pelo ciclo do TCA, 4 moléculas de NADH são geradas no citosol e 16 moléculas de NADH mais 4 moléculas de FADH$_2$ (associadas à succinato desidrogenase) são geradas na matriz mitocondrial. Esses compostos reduzidos precisam ser reoxidados ou todo o processo respiratório rapidamente irá parar.

A cadeia de transporte de elétrons catalisa uma transferência de dois elétrons do NADH (ou FADH$_2$) ao oxigênio, o aceptor final de elétrons do processo respiratório. Para a oxidação do NADH, a reação pode ser escrita como

$$\text{NADH} + \text{H}^+ + \tfrac{1}{2}\text{O}_2 \rightarrow \text{NAD}^+ + \text{H}_2\text{O} \qquad (13.8)$$

A partir dos potenciais de redução para o par NADH-NAD$^+$ (–320 mV) e o par H$_2$O-½ O$_2$ (+810 mV), pode ser calculado que a energia livre padrão liberada durante essa reação global ($-nF\Delta E^{0'}$) é de cerca de 220 kJ por mol de NADH. Uma vez que o potencial de redução do succinato fumarato é mais alto (+30 mV), apenas 152 kJ por mol de succinato são liberados. O papel da cadeia de transporte de elétrons é realizar a oxidação do NADH (e FADH$_2$) e, no processo, utilizar parte da energia livre liberada para gerar um gradiente eletroquímico de prótons, $\Delta\tilde{\mu}_{H^+}$, através da membrana mitocondrial interna.

A cadeia de transporte de elétrons de plantas contém o mesmo conjunto de carreadores de elétrons encontrados em mitocôndrias de outros organismos (**Figura 13.8**). As proteínas individuais de transporte de elétrons estão organizadas em quatro complexos transmembrana multiproteicos (identificados pelos numerais romanos de I a IV), todos localizados na membrana mitocondrial interna. Três desses complexos (I, III e IV) estão envolvidos no bombeamento de prótons.

COMPLEXO I (NADH DESIDROGENASE) Elétrons do NADH gerados pelo ciclo do ácido cítrico na matriz mitocondrial são oxidados pelo complexo I (uma **NADH desidrogenase**). Os carreadores de elétrons no complexo I incluem um cofator fortemente ligado (**flavina mononucleotídeo**, ou **FMN**, que é quimicamente similar a FAD; ver Figura 13.2B), além de vários centros ferro-enxofre. O complexo I, então, transfere esses elétrons à ubiquinona. Quatro prótons são bombeados da matriz para o espaço intermembrana para cada par de elétrons que passa pelo complexo.

A **ubiquinona**, um pequeno carreador de prótons e elétrons lipossolúvel, está localizada dentro da membrana interna. Ela não está fortemente associada a qualquer proteína e pode se difundir no interior hidrofóbico da bicamada da membrana.

COMPLEXO II (SUCCINATO DESIDROGENASE) A oxidação do succinato no ciclo do TCA é catalisada por esse complexo, sendo os equivalentes redutores transferidos, via cofatores, FADH$_2$ e vários centros ferro-sulfurosos, para a ubiquinona. O complexo II não bombeia prótons.

COMPLEXO III (COMPLEXO DE CITOCROMO bc_1) O complexo III oxida ubiquinona reduzida (ubiquinol) e – via um centro ferro-sulfuroso, dois citocromos do tipo b (b_{565} e b_{560}) e um citocromo c_1 ligado à membrana – transfere elétrons para o citocromo c. Quatro prótons por par de elétrons são bombeados para fora da matriz pelo complexo III, usando um mecanismo denominado **ciclo Q** (ver **Tópico 13.2 na internet**). Tanto estrutural quanto funcionalmente, a ubiquinona e o complexo de citocromos bc_1 são muito similares à plastoquinona e ao complexo de citocromos b_6f, respectivamente, na cadeia fotossintética de transporte de elétrons (ver Capítulo 9).

O **citocromo c** é uma pequena proteína fracamente presa à superfície externa da membrana interna e serve como um carreador móvel, que transfere elétrons entre os complexos III e IV, similar ao papel da plastocianina no transporte fotossintético de elétrons (ver Capítulo 9).

COMPLEXO IV (CITOCROMO c OXIDASE) O complexo IV contém dois centros de cobre (Cu$_A$ e Cu$_B$) e os citocromos a e a_3. Esse complexo é a oxidase terminal e realiza a redução do O$_2$ a duas moléculas de H$_2$O com quatro elétrons. Dois prótons são bombeados para cada par de elétrons (ver Figura 13.8).

A cadeia de transporte de elétrons pode ser mais complexa do que a descrição anterior sugere. Os complexos respiratórios vegetais contêm várias subunidades específicas às plantas, cujas funções são ainda desconhecidas. Muitos dos complexos contêm subunidades que participam em outras funções que não o transporte de elétrons, como a importação de proteínas. Por fim, observou-se que os complexos de bombeamento de prótons formam um único supercomplexo (chamado respirossomo), ao contrário de ser individualmente móvel na membrana. No entanto, o significado funcional dos supercomplexos ainda não está claro.

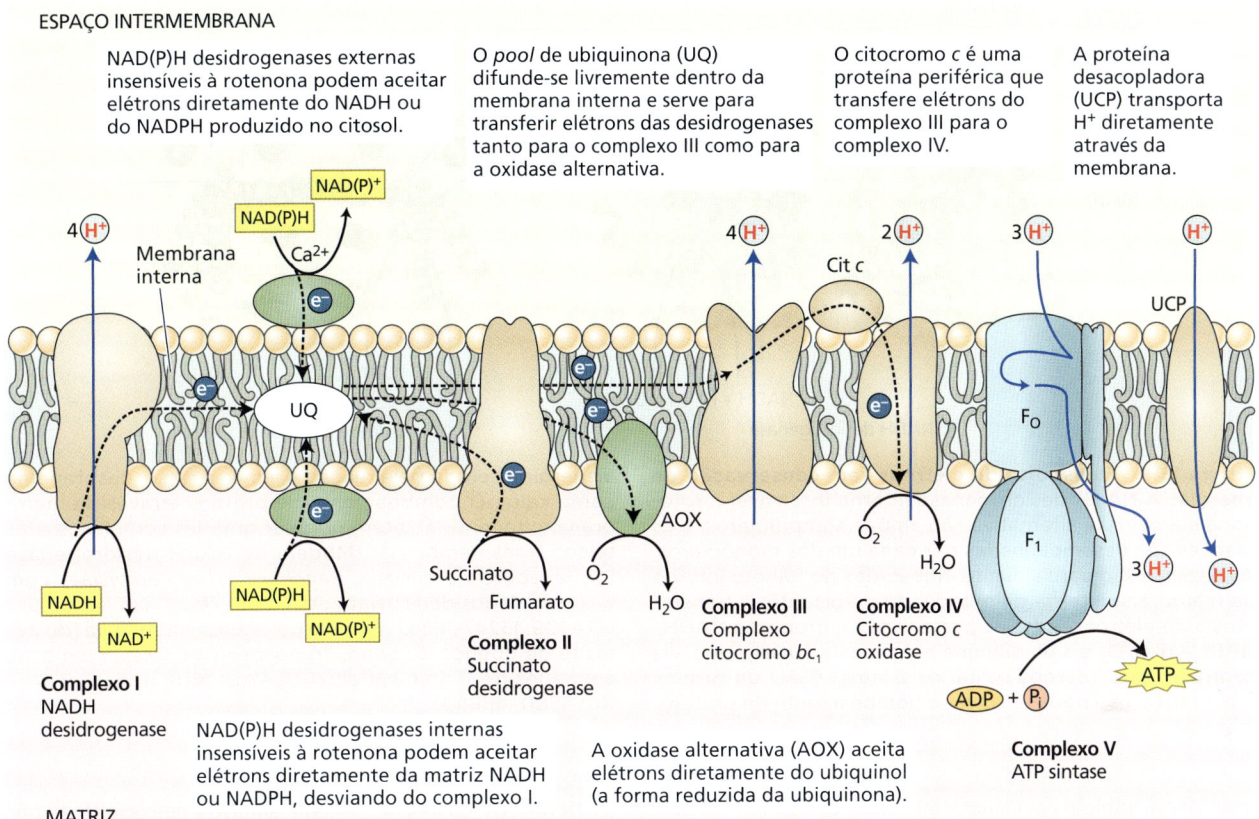

Figura 13.8 Organização da cadeia de transporte de elétrons e síntese de ATP na membrana interna da mitocôndria vegetal. As mitocôndrias de quase todos os eucariotos contêm os quatro complexos proteicos padrão: I, II, III e IV. As estruturas de todos os complexos foram determinadas, mas eles são mostrados aqui como formas simplificadas. A cadeia de transporte de elétrons da mitocôndria vegetal contém enzimas adicionais que não bombeiam prótons, NAD(P)H desidrogenases externas e internas insensíveis à rotenona e a oxidase alternativa. Adicionalmente, proteínas desacopladoras desviam diretamente da ATP sintase, ao permitir o influxo passivo de prótons. Essa multiplicidade de desvios dá uma maior flexibilidade ao acoplamento energético em plantas; os animais vertebrados, por sua vez, possuem apenas a enzima desacopladora.

A cadeia de transporte de elétrons tem ramificações suplementares

Além do conjunto de complexos proteicos já descrito, a cadeia de transporte de elétrons das plantas contém componentes não encontrados em mitocôndrias de mamíferos (ver Figura 13.8 e **Tópico 13.3 na internet**). Especialmente, **NAD(P)H desidrogenases** adicionais, não conservadoras de energia, e uma **oxidase alternativa** são ligadas à membrana interna (**Figura 13.9**). Ao contrário dos complexos de bombeamento de prótons I, III e IV, essas enzimas não bombeiam prótons, de modo que a energia liberada pela oxidação do NADH não é conservada como ATP, mas sim transformada em calor.

As mitocôndrias vegetais têm duas rotas de oxidação do NADH matricial. O fluxo de elétrons através do complexo I, descrito na subseção anterior, é sensível à inibição por vários compostos, incluindo a rotenona e a piericidina. Além disso, as mitocôndrias vegetais possuem uma desidrogenase insensível à rotenona, $ND_{in}(NADH)$, sobre a superfície voltada para a matriz da membrana mitocondrial interna. Essa enzima oxida NADH derivado do ciclo do TCA e pode também ser um desvio utilizado quando o complexo I está sobrecarregado, como será visto mais adiante nesta seção. Uma NADPH desidrogenase, $ND_{in}(NADPH)$, também está presente sobre a superfície matricial, mas muito pouco é conhecido sobre essa enzima.

As NAD(P)H desidrogenases insensíveis à rotenona, a maior parte dependente de Ca^{2+}, também estão aderidas à superfície externa da membrana interna voltada para o espaço intermembrana. Elas oxidam tanto NADH como NADPH do citosol. Os elétrons dessas NAD(P)H desidrogenases externas – $ND_{ex}(NADH)$ e $ND_{ex}(NADPH)$ – entram na cadeia de transporte de elétrons principal ao nível do *pool* de ubiquinona.

As plantas têm uma rota respiratória adicional para a oxidação do ubiquinol e a redução de oxigênio. Essa rota envolve a oxidase alternativa, que, ao contrário da citocromo *c* oxidase, é

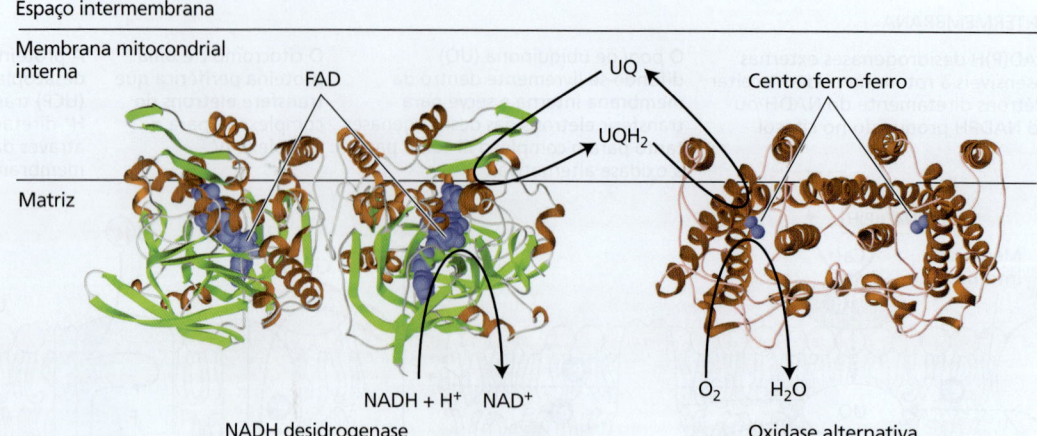

Figura 13.9 Transporte de elétrons sem conservação de energia. A NADH desidrogenase interna insensível à rotenona e a oxidase alternativa são ambas homodímeros, e as reações são desempenhadas por cada um dos monômeros. As enzimas são parcialmente embebidas no folheto interno da membrana interna da mitocôndria. Portanto, a transferência de elétrons entre os pares redox hidrofílicos NADH/NAD$^+$ e H_2O/O_2 e a ubiquinona hidrofóbica (UQH_2/UQ), via centros redox internos solitários (*single*) (FAD ou grupos ferro-ferro), não pode envolver o bombeamento de prótons; a energia liberada pela reação é, em vez disso, desprendida como calor. O bombeamento de prótons através da membrana mitocondrial interna requer grandes complexos proteicos transmembrana. (Modelo de NADH desidrogenase [de levedura de cerveja, *Saccharomyces cerevisiae*] com base em dados de M. Iwata et al. 2012. *Proc. Natl. Acad. Sci. USA* 109: 15247–15252; modelo da oxidase alternativa [do parasita da doença do sono, *Trypanosoma brucei*] com base em dados de T. Shiba et al. 2013. *Proc. Natl. Acad. Sci. USA* 110: 4580–4585.)

insensível à inibição por cianeto, monóxido de carbono e a molécula sinalizadora óxido nítrico (ver **Tópico 13.3 na internet** e **Ensaio 13.4 na internet**).

O significado fisiológico dessas enzimas suplementares do transporte de elétrons será considerado de modo mais completo posteriormente nesta seção.

Algumas desidrogenases adicionais da cadeia de transporte de elétrons presentes na mitocôndria vegetal realizam diretamente importantes conversões de carbono. A *prolina desidrogenase* oxida o aminoácido prolina. A prolina acumula-se durante o estresse pela seca ou estresse salino (ver Capítulo 15), e é degradada por essa rota mitocondrial quando o *status* hídrico retorna ao normal. Uma flavoproteína:quinona oxirredutase de transferência de elétrons media a degradação de vários aminoácidos que são usados pelas plantas como uma reserva, sob condições de fome de carbono induzida pela falta de luz. Um terceiro exemplo é uma galactono-gama-lactona desidrogenase, específica de plantas, que realiza a última etapa na principal rota para a síntese do antioxidante *ácido ascórbico* (também conhecido como vitamina C). A enzima usa o citocromo *c* como seu aceptor de elétrons, em competição com a respiração normal.

A síntese de trifosfato de adenosina na mitocôndria está acoplada ao transporte de elétrons

Na fosforilação oxidativa, a transferência de elétrons para o oxigênio via os complexos I, III e IV é acoplada à síntese de ATP a partir de ADP e P_i via a F_oF_1-ATP sintase (complexo V). O número de ATPs sintetizados depende do doador de elétrons.

Em experimentos conduzidos em mitocôndrias isoladas, elétrons doados para o complexo I (p. ex., gerados pela oxidação do malato) geram razões ADP:O (o número de ATPs sintetizados por dois elétrons transferidos para o oxigênio) de 2,4 a 2,7 (**Tabela 13.1**). Elétrons doados para o complexo II (do succinato) e para a NADH desidrogenase externa geram valores na faixa de 1,6 a 1,8, enquanto elétrons doados diretamente à citocromo *c* oxidase (complexo IV) via carreadores artificiais de elétrons geram valores de 0,8 a 0,9. Resultados como esses levaram ao conceito geral de que existem três locais de conservação de energia ao longo da cadeia de transporte de elétrons, nos complexos I, III e IV.

As razões ADP:O experimentais aproximam-se bastante dos valores calculados com base no número de H$^+$ bombeados pelos complexos I, III e IV e no custo de 4 H$^+$ para sintetizar 1 ATP (ver próxima seção e Tabela 13.1). Por exemplo, os elétrons de NADH externo passam apenas pelos complexos III e IV, de modo que um total de 6 H$^+$ é bombeado, gerando 1,5 ATP (quando não é usada a rota alternativa de oxidase).

O mecanismo da síntese mitocondrial de ATP tem como base o **mecanismo quimiosmótico**, descrito no Capítulo 9, que foi inicialmente proposto em 1961 pelo ganhador do prêmio Nobel Peter Mitchell como um mecanismo geral de conservação de energia através de membranas biológicas. De acordo com o mecanismo quimiosmótico, a orientação dos carreadores de elétrons dentro da membrana mitocondrial interna permite

Tabela 13.1 Razões ADP:O teóricas e experimentais em mitocôndrias vegetais isoladas

Elétrons alimentando	Razão ADP:O	
	Teórica[a]	Experimental
Complexo I	2,5	2,4-2,7
Complexo II	1,5	1,6-1,8
NADH desidrogenase externa	1,5	1,6-1,8
Complexo IV	1,0[b]	0,8-0,9

[a]Admite-se que os complexos I, III e IV bombeiam 4, 4 e 2 H$^+$ por 2 elétrons, respectivamente; que o custo de sintetizar 1 ATP e exportá-lo para o citosol é 4 H$^+$; e que as rotas sem conservação de energia não estão ativas.
[b]A citocromo c oxidase (complexo IV) bombeia somente dois prótons. Entretanto, dois elétrons movem-se da superfície externa da membrana interna (onde os elétrons são doados) através da membrana interna para o lado de dentro, o lado matricial. Como resultado, 2 H$^+$ são consumidos no lado da matriz. Isso significa que o movimento líquido de H$^+$ e cargas é equivalente ao movimento de um total de 4 H$^+$, resultando em uma razão ADP:O de 1,0.

a transferência de prótons através da membrana interna durante o fluxo de elétrons (ver Figura 13.8).

Como a membrana mitocondrial interna é altamente impermeável a prótons, um **gradiente eletroquímico de prótons** pode se estabelecer. A diferença de energia livre associada ao gradiente eletroquímico de prótons, $\Delta\tilde{\mu}_{H^+}$ (expressa em kJ mol^{-1}), também é chamada de *força motriz do próton*, Δp, quando expressa em unidades de volts. A transferência de um H$^+$ do espaço intermembrana para a matriz liberará energia devido ao Δp, que é a soma de um componente potencial elétrico transmembrana (ΔE) e um componente de potencial químico (ΔpH), de acordo com a equação aproximada:

$$\Delta p = \Delta E - 59 \text{ mV} \times \Delta\text{pH (a 25 °C)} \quad (13.9)$$

em que

$$\Delta E = E_{\text{dentro}} - E_{\text{fora}} \quad (13.10)$$

e

$$\Delta\text{pH} = \text{pH}_{\text{dentro}} - \text{pH}_{\text{fora}} \quad (13.11)$$

ΔE resulta da distribuição assimétrica de uma espécie carregada (H$^+$ e outros íons) através da membrana, e ΔpH é devido à diferença na concentração de H$^+$ através da membrana. Como os prótons são translocados da matriz mitocondrial para o espaço intermembrana, o ΔE resultante através da membrana mitocondrial interna tem um valor negativo. Em condições normais, o ΔpH é aproximadamente 0,5 e o ΔE aproximadamente 200 mV. Como a membrana tem apenas 7 a 8 nm de espessura, esse ΔE corresponde a um campo elétrico de pelo menos 25 milhões de V/m (ou 10 vezes o campo que gera um relâmpago durante uma tempestade), enfatizando as enormes forças envolvidas no transporte de elétrons.

Como a Equação 13.9 mostra, tanto ΔE quanto ΔpH contribuem para a força motriz de prótons nas mitocôndrias vegetais, embora o ΔpH constitua a menor parte, provavelmente devido à grande capacidade de tamponamento do citosol e da matriz, que impede grandes variações de pH. Essa situação contrasta com aquela no cloroplasto, onde quase toda a força motriz de prótons na membrana tilacoide é devida ao ΔpH (ver Capítulo 9).

O aporte de energia livre requerido para gerar $\Delta\tilde{\mu}_{H^+}$ provém da energia livre liberada durante o transporte de elétrons. Isso é feito por absorção assimétrica e liberação de H$^+$ das reações (ver **Tópico 13.2 na internet**) ou via canais de H$^+$ controlados por redox. Devido à baixa permeabilidade (condutância) da membrana interna a prótons, seu gradiente eletroquímico pode ser gasto para realizar trabalho químico (síntese de ATP). O $\Delta\tilde{\mu}_{H^+}$ está acoplado à síntese de ATP por um complexo proteico adicional associado com a membrana interna, a F$_o$F$_1$-ATP sintase.

A **F$_o$F$_1$-ATP sintase** (também chamada de *complexo V*) consiste em dois componentes principais, F$_o$ e F$_1$ (ver Figura 13.8). **F$_o$** (o subscrito "o" indica sensível à oligomicina) é um complexo proteico integral de membrana que contém pelo menos três polipeptídeos diferentes. Eles formam o canal pelo qual os prótons atravessam a membrana interna. O outro componente, **F$_1$**, é um complexo proteico periférico de membrana, composto de pelo menos cinco subunidades diferentes, que contém sítios catalíticos para conversão de ADP e P$_i$ em ATP. Esse complexo é ligado ao lado matricial de F$_o$.

A passagem de prótons através do canal é acoplada ao ciclo catalítico do componente F$_1$ da ATP sintase, permitindo a síntese continuada de ATP e o uso simultâneo do $\Delta\tilde{\mu}_{H^+}$. Um ATP é sintetizado para cada 3 H$^+$ que passam pelo componente F$_o$, vindos do espaço intermembrana para a matriz, ao longo de um gradiente eletroquímico de prótons.

Uma estrutura de alta resolução para o componente F$_1$ da ATP sintase de mamíferos forneceu evidência para um modelo em que uma parte de F$_o$ gira em relação a F$_1$ para acoplar o transporte de H$^+$ para a síntese de ATP (ver **Tópico 13.4 na internet**). A estrutura e a função da CF$_o$CF$_1$-ATP sintase em cloroplastos são similares àquelas da ATP sintase mitocondrial (ver Capítulo 9).

O funcionamento do mecanismo quimiosmótico da síntese de ATP tem várias implicações. Primeiro, o verdadeiro sítio de formação do ATP sobre a membrana mitocondrial interna é a ATP sintase, e não os complexos I, III ou IV. Esses complexos servem como sítios de conservação de energia, enquanto o transporte de elétrons está acoplado à geração de um $\Delta\tilde{\mu}_{H^+}$. A síntese de ATP diminui o $\Delta\tilde{\mu}_{H^+}$ e, em consequência, sua restrição sobre os complexos de transporte de elétrons. O transporte de elétrons é, portanto, estimulado por um grande suprimento de ADP.

O mecanismo quimiosmótico também explica o mecanismo de ação dos **desacopladores**. Estes constituem uma ampla gama de compostos químicos artificiais, não relacionados (incluindo 2,4-dinitrofenol e *p*-trifluorometoxicarbonilcianeto-

-fenilidrazona [FCCP, *p-trifluoromethoxycarbonylcyanide phenylhydrazone*]), que diminuem a síntese mitocondrial de ATP, mas normalmente estimulam a taxa de transporte de elétrons (ver **Tópico 13.5 na internet**). Todos esses compostos desacopladores tornam a membrana interna permeável a prótons e impedem o acúmulo de um $\Delta\tilde{\mu}_{H^+}$ suficientemente grande para gerar síntese de ATP ou restringir o transporte de elétrons. A membrana interna das mitocôndrias vegetais, como a dos mamíferos, tem uma proteína desacopladora natural que pode reduzir diretamente o $\Delta\tilde{\mu}_{H^+}$ em resposta a sinais regulatórios (ver Figura 13.8).

Os transportadores trocam substratos e produtos

O gradiente eletroquímico de prótons também desempenha um papel no movimento dos ácidos orgânicos do ciclo do TCA e dos substratos e produtos da síntese de ATP, para dentro e para fora das mitocôndrias (**Figura 13.10**). Embora o ATP seja sintetizado na matriz mitocondrial, grande parte dele é utilizada fora da mitocôndria, de modo que é necessário um mecanismo eficiente para mover ADP (e P_i) para dentro e ATP para fora da organela.

O transportador ADP/ATP (adenina nucleotídeo) realiza a permuta ativa de ADP e ATP através da membrana interna. O movimento do ATP^{4-} mais negativamente carregado para fora da mitocôndria em troca de ADP^{3-} – ou seja, uma carga negativa líquida para fora – é impulsionado pelo gradiente de potencial elétrico (ΔE, positivo do lado de fora) gerado pelo bombeamento de prótons.

A absorção de fosfato inorgânico (P_i) envolve uma proteína de transporte ativo de fosfato, que usa o componente de potencial químico (ΔpH) da força motriz de prótons para acionar a permuta eletroneutra de P_i^- (para dentro) por OH^- (para fora). Desde que um ΔpH seja mantido através da membrana interna, o conteúdo de P_i dentro da matriz permanece alto. Raciocínio similar aplica-se à absorção de piruvato, que é acionada pela troca eletroneutra de piruvato por OH^-, levando à absorção eficiente de piruvato do citosol (ver Figura 13.10).

O custo energético total de absorção de um P_i e de um ADP para a matriz e de exportação de um ATP é equivalente ao movimento de um H^+ do espaço intermembrana para a matriz:

- Mover um OH^- para fora em troca de P_i^- é equivalente a um H^+ para dentro, de modo que essa permuta eletroneutra consome o ΔpH, mas não o ΔE.
- Mover uma carga negativa para fora (ADP^{3-} entrando na matriz em troca de ATP^{4-} saindo) é o mesmo que mover uma carga positiva para dentro, de modo que esse transporte reduz apenas o ΔE.

Esse próton, que aciona a troca de ATP por ADP e P_i, deveria ser também incluído no cálculo do custo de síntese de um ATP. Assim, o custo total é de três H^+ usados pela ATP sintase mais um H^+ para a troca através da membrana, ou um total de quatro H^+.

A membrana interna também contém transportadores para ácidos dicarboxílicos (malato ou succinato) trocados por P_i^{2-} e para ácidos tricarboxílicos (citrato, aconitato ou isocitrato) trocados por ácidos dicarboxílicos (ver Figura 13.10 e **Tópico 13.5 na internet**).

A respiração aeróbia gera cerca de 60 moléculas de trifosfato de adenosina por molécula de sacarose

A oxidação completa de uma molécula de sacarose leva à formação líquida de:

- Oito moléculas de ATP por fosforilação em nível de substrato (quatro a partir da glicólise e quatro a partir do ciclo do TCA).
- Quatro moléculas de NADH no citosol.
- Dezesseis moléculas de NADH mais quatro moléculas de $FADH_2$ (via succinato desidrogenase) na matriz mitocondrial.

Com base nos valores teóricos de ADP:O (ver Tabela 13.1), pode-se estimar que a fosforilação oxidativa gerará 52 moléculas de ATP por molécula de sacarose. A oxidação aeróbia completa da sacarose (incluindo a fosforilação em nível de substrato) resulta em um volume aproximado de 60 ATPs sintetizados por molécula de sacarose (**Tabela 13.2**).

Usando 50 kJ mol^{-1} como a energia livre real de formação de ATP *in vivo*, verifica-se que cerca de 3.010 kJ mol^{-1} de energia livre são conservados na forma de ATP por mol de sacarose oxidada durante a respiração aeróbia. Essa quantidade representa em torno de 52% da energia livre padrão disponível para a oxidação completa da sacarose; o resto é perdido como calor. Ela representa também uma enorme melhoria em relação ao metabolismo fermentativo, no qual apenas 4% de energia disponível na sacarose são convertidos em ATP.

Diversas subunidades dos complexos respiratórios são codificadas pelo genoma mitocondrial

O sistema genético das mitocôndrias vegetais difere não somente daquele do núcleo e do cloroplasto, mas também daquele encontrado nas mitocôndrias de animais, protistas ou fungos. Em especial, os processos envolvendo RNA diferem entre as plantas e a maioria dos demais organismos (ver **Tópico 13.6 na internet**). As principais diferenças são encontradas nas plantas:

- Processamento (*splicing*) do RNA (p. ex., íntrons especiais estão presentes)
- Edição de RNA (na qual a sequência de nucleotídeos é alterada)
- Sinais que regulam a estabilidade de RNA
- Tradução (as mitocôndrias vegetais usam o código genético universal, enquanto as mitocôndrias em muitos outros eucariotos têm códons variantes)

O tamanho do genoma mitocondrial vegetal varia substancialmente, de 180 a 11 mil pares de quilobases (kbp, de *kilobase pairs*), mesmo entre espécies intimamente relacionadas, sendo sempre maior que o genoma compacto e uniforme de 16 kbp encontrado nas mitocôndrias de mamíferos. As diferenças de

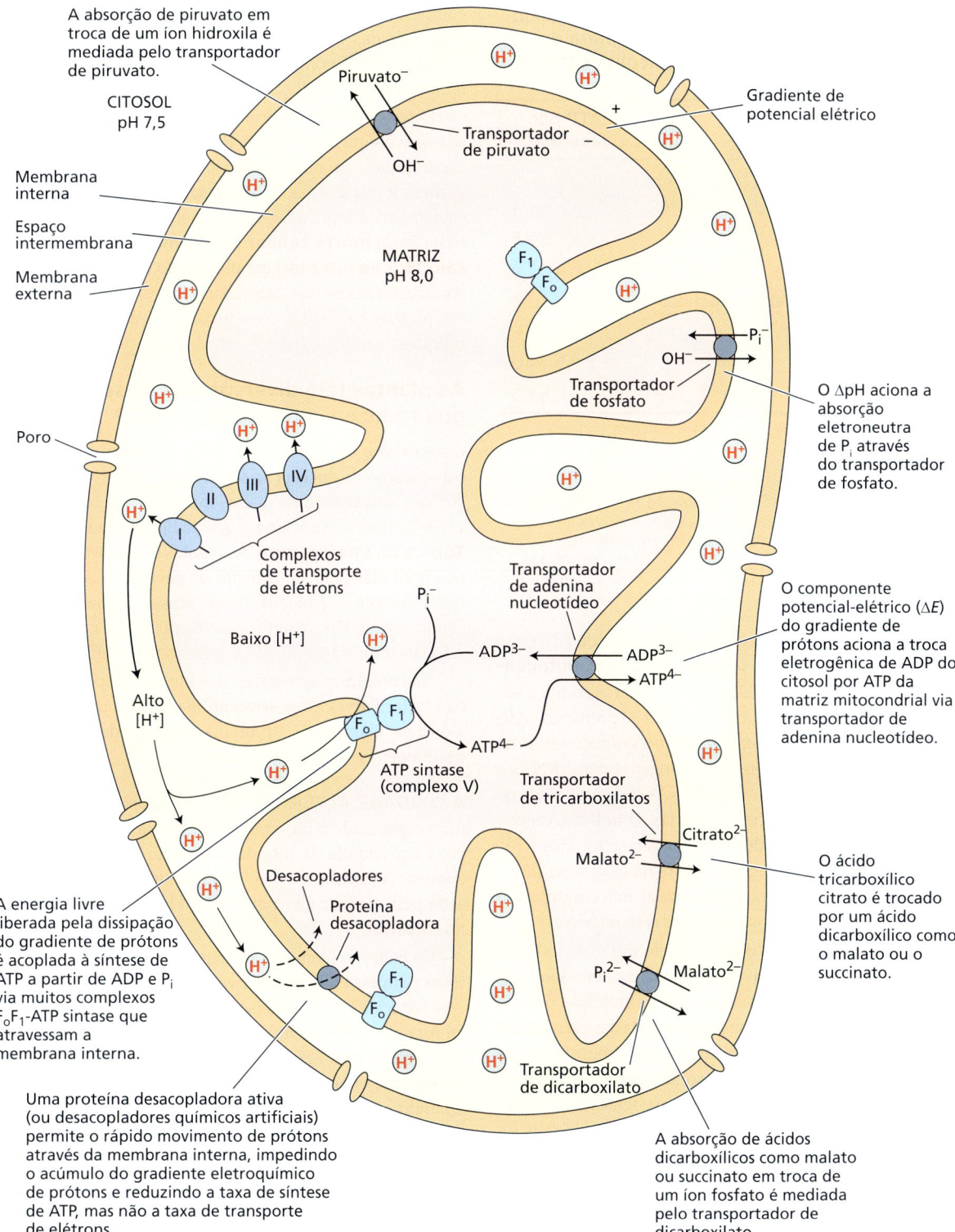

Figura 13.10 Transporte transmembrana em mitocôndrias vegetais. Um gradiente eletroquímico de prótons, $\Delta\tilde{\mu}_{H^+}$, consistindo em um componente potencial-elétrico (ΔE, –200 mV, negativo dentro) e um componente potencial-químico (ΔpH, alcalino dentro), é estabelecido através da membrana mitocondrial interna durante o transporte de elétrons. O $\Delta\tilde{\mu}_{H^+}$ é usado por transportadores específicos, que movem metabólitos através da membrana interna.

Tabela 13.2 Produção máxima de ATP citosólico a partir da oxidação completa de sacarose a CO_2 via glicólise aeróbia e ciclo do TCA

Reação parcial	ATP por sacarose[a]
Glicólise	
4 fosforilações em nível de substrato	4
4 NADH	4 × 1,5 = 6
Ciclo do TCA	
4 fosforilações em nível de substrato	4
4 $FADH_2$	4 × 1,5 = 6
16 NADH	16 × 2,5 = 40
Total	**60**

Fonte: Adaptada de M. D. Brand. 1994. Biochem. (Lond.) 16: 20-24
Nota: Presume-se aqui que a glicólise usa invertase e ATP fosfofrutoquinases, mas o rendimento de ATP pode ser maior se outras enzimas estiverem ativas (ver **Ensaio 13.1 na internet**). Admite-se que o NADH citosólico é oxidado pela NADH desidrogenase externa. Admite-se que outras rotas não fosforilativas (p. ex., a oxidase alternativa) não estão comprometidas.
[a]Calculado usando os valores teóricos de ADP:O da Tabela 13.1.

tamanho são devidas, principalmente, à presença de DNA não codificante, incluindo numerosos íntrons, no **DNA mitocondrial** (**mtDNA**) vegetal. O mtDNA de mamíferos codifica somente 13 proteínas, em comparação com as 33 proteínas codificadas pelo mtDNA de *Arabidopsis*. Tanto as mitocôndrias de plantas quanto as de mamíferos contêm genes para rRNAs e tRNAs, mas nas plantas alguns dos tRNAs são produzidos no núcleo e importados para as mitocôndrias. O mtDNA vegetal codifica várias subunidades dos complexos respiratórios I a V, bem como as proteínas que tomam parte na biogênese de citocromos. As subunidades codificadas pelas mitocôndrias são essenciais para a atividade dos complexos respiratórios.

Exceto pelas proteínas codificadas pelo mtDNA, todas as proteínas mitocondriais (provavelmente mais de 2 mil) são codificadas pelo DNA nuclear, incluindo todas as proteínas do ciclo do TCA. Essas proteínas mitocondriais codificadas pelo núcleo são sintetizadas por ribossomas citosólicos e importadas via translocadores das membranas mitocondriais externas e internas. Portanto, a fosforilação oxidativa é dependente da expressão de genes localizados em dois genomas separados, que devem ser coordenados para permitir a síntese de complexos respiratórios.

Enquanto a expressão de genes nucleares para proteínas mitocondriais é regulada da mesma maneira que outros genes nucleares, pouco se conhece sobre a regulação de genes mitocondriais. Os genes podem ter regulação negativa (*down-regulated*) por uma redução no número de cópias para o segmento de mtDNA que contém o gene. Além disso, os promotores gênicos no mtDNA são de vários tipos e mostram diferentes atividades de transcrição. Entretanto, a biogênese de complexos respiratórios parece ser controlada por mudanças na expressão das subunidades codificadas pelo núcleo; a coordenação com o genoma mitocondrial se realiza principalmente em nível de pós-tradução.

O genoma mitocondrial é especialmente importante para o desenvolvimento polínico. Rearranjos de genes que ocorrem naturalmente no mtDNA levam à chamada esterilidade masculina citoplasmática (CMS, *cytoplasmic male sterility*). Essa característica leva ao desenvolvimento anormal do pólen pela indução da **morte celular programada** prematura (ver **Ensaio 13.5 na internet**) em plantas do contrário não afetadas. As características da CMS são usadas na reprodução de diversas plantas cultivadas para produzir linhagens de sementes híbridas.

As plantas têm diversos mecanismos que reduzem a produção de ATP

Como visto, uma complexa maquinaria é necessária para a conservação da energia na fosforilação oxidativa. Por isso, talvez seja surpreendente que as mitocôndrias vegetais tenham várias proteínas funcionais que reduzem essa eficiência (ver **Tópico 13.3 na internet**). As plantas são, provavelmente, menos limitadas pelo suprimento de energia (luz solar) que por outros fatores no ambiente (p. ex., acesso à água e a nutrientes). Como consequência, para elas a flexibilidade metabólica pode ser mais importante do que a eficiência energética.

Nas próximas subseções, discute-se o papel das três rotas não fosforilativas e a possível utilidade delas na vida da planta: a oxidase alternativa, a proteína desacopladora e a NAD(P)H desidrogenase insensível à rotenona.

A OXIDASE ALTERNATIVA A maioria das plantas exibe uma capacidade para *respiração resistente ao cianeto* comparável à capacidade da rota da citocromo *c* oxidase sensível ao cianeto. A captura de oxigênio resistente ao cianeto é catalisada pela oxidase alternativa (ver Figura 13.9 e **Tópico 13.3 na internet**).

Os elétrons saem da cadeia principal de transporte de elétrons para essa rota alternativa no nível do *pool* de ubiquinona (ver Figura 13.8). A oxidase alternativa, o único componente da rota alternativa, catalisa uma redução com quatro elétrons de oxigênio para água e é inibida especificamente por vários compostos, em especial o ácido salicil-hidroxâmico (SHAM). Quando os elétrons passam à rota alternativa a partir do *pool* de ubiquinona, dois locais de bombeamento de prótons (nos complexos III e IV) são deixados de lado. Como não existe um local de conservação de energia na rota alternativa entre a ubiquinona e o oxigênio, a energia livre que normalmente seria conservada como ATP é perdida como calor, quando os elétrons são desviados por essa rota.

Como um processo que aparentemente desperdiça tanta energia, como a rota alternativa, pode contribuir para o metabolismo vegetal? Um exemplo da utilidade funcional da oxidase alternativa é sua atividade nas chamadas flores termogênicas de várias famílias de plantas – por exemplo, o lírio vodu (*Sauromatum guttatum*). Nessas flores, uma combinação de frequência respiratória muito alta e atividade de oxidase alternativa muito alta leva à produção massiva de calor, que é importante para a polinização (ver **Ensaio 13.6 da internet**).

Na maioria das plantas, contudo, as taxas respiratórias são muito baixas para gerar calor suficiente para aumentar significativamente a temperatura. Quais outros papéis são desempenhados pela rota alternativa? Para responder a essa pergunta, deve-se considerar a regulação da oxidase alternativa. Sua transcrição normalmente é induzida de forma específica, por exemplo, por vários tipos de estresses abióticos e bióticos. A atividade da oxidase alternativa, que funciona como um dímero, é regulada pela oxidação-redução reversível de uma ponte dissulfeto intermolecular, pelo nível de redução do *pool* de ubiquinona e pelo piruvato. Os dois primeiros fatores asseguram que a enzima seja mais ativa sob condições redutoras, enquanto o último fator assegura que a enzima tenha elevada atividade quando houver abundância de substrato para o ciclo do TCA (ver **Tópico 13.3 da internet**).

Se uma célula consome relativamente pouco ATP, os níveis de ADP serão baixos e de $\Delta\tilde{\mu}_{H^+}$ será alto. Isso restringirá a taxa de respiração, e o nível de redução na cadeia de transporte de elétrons mitocondrial aumentará e ativará a oxidase alternativa presente. O aumento do nível de redução também levará ao aumento da formação de espécies reativas de oxigênio (ERO), que podem causar danos, mas que também atuam como um sinal para a ativação da expressão alternativa da oxidase (ver **Ensaio 13.7 na internet**). O aumento da quantidade de oxidase alternativa pode evitar a redução excessiva ao drenar elétrons do *pool* de ubiquinona (ver Figura 13.8), limitando assim a produção de ERO e atuando como controle de danos. Deste modo, a oxidase alternativa possibilita à mitocôndria ajustar suas taxas relativas de produção de ATP e síntese de esqueletos de carbono para uso em reações biossintéticas.

Uma função intimamente relacionada da rota alternativa está na resposta das plantas a uma diversidade de estresses (p. ex., deficiência de fosfato, frio, seca, estresse osmótico), muitos dos quais podem inibir a respiração mitocondrial (ver Capítulo 15). Essa inibição leva à mesma indução da oxidase alternativa descrita anteriormente. A regulação positiva da expressão alternativa da oxidase é um exemplo de *regulação retrógrada*, na qual a expressão do gene nuclear responde às mudanças no estado organelar pela ação de vários fatores de transcrição associados ao estresse (**Figura 13.11**) (ver **Ensaio 13.8 na internet**).

A PROTEÍNA DESACOPLADORA Uma proteína encontrada na membrana interna das mitocôndrias de mamíferos, a **proteína desacopladora**, pode aumentar drasticamente a permeabilidade da membrana a prótons e, assim, atuar como um desacoplador. Como resultado, são gerados menos ATP e mais calor. A produção de calor parece ser uma das principais funções da proteína desacopladora em células de mamíferos.

Por muito tempo se pensou que a oxidase alternativa em plantas e a proteína desacopladora em mamíferos fossem simplesmente duas maneiras diferentes de atingir o mesmo objetivo. Houve surpresa, portanto, quando uma proteína similar à proteína desacopladora foi descoberta em mitocôndrias de plantas. Essa proteína é induzida por estresse e estimulada por

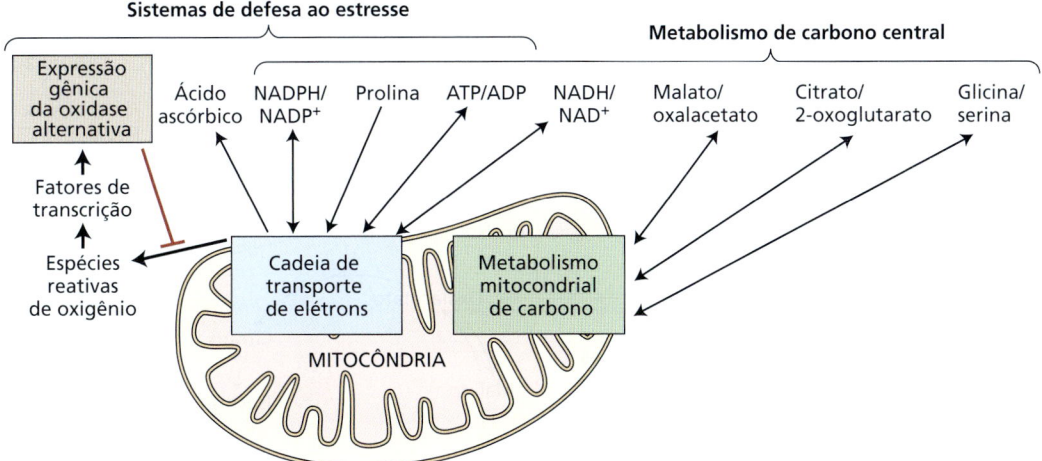

Figura 13.11 Interações metabólicas entre a mitocôndria e o citosol. A atividade mitocondrial pode influenciar os níveis citosólicos de moléculas redox e energéticas envolvidas na defesa ao estresse e no metabolismo central de carbono (como os processos de crescimento e fotossíntese). Uma distinção exata entre a defesa ao estresse e o metabolismo de carbono não pode ser feita, pois eles têm componentes em comum. As setas indicam influências causadas por mudanças na síntese mitocondrial (p. ex., espécies reativas de oxigênio [ERO], ATP, ou ácido ascórbico) ou degradação (p. ex., NAD[P]H, prolina, ou glicina). A ativação da expressão de genes nucleares, mediada por ERO, para a oxidase alternativa é um exemplo de regulação retrógrada (ver **Ensaio 13.8 na internet**).

ERO. Em mutantes silenciados (*knockout*), a assimilação fotossintética de carbono e o crescimento foram reduzidos de modo coerente com a interpretação de que a proteína desacopladora, assim como a oxidase alternativa, funciona para impedir a super-redução da cadeia de transporte de elétrons e a formação de ERO (ver **Tópico 13.3 na internet** e **Ensaio 13.7 na internet**).

NAD(P)H DESIDROGENASES INSENSÍVEIS À ROTENONA

Múltiplas desidrogenases insensíveis à rotenona oxidando NADH ou NADPH são encontradas em mitocôndrias de plantas (ver Figura 13.8 e **Tópico 13.3 na internet**). A NADH desidrogenase interna insensível à rotenona (ND$_{in}$[NADH]) pode trabalhar como um desvio não bombeador de prótons quando o complexo I está sobrecarregado. O complexo I tem uma afinidade mais alta por NADH (K_m dez vezes menor) do que ND$_{in}$(NADH). Em níveis mais baixos de NADH na matriz, normalmente quando ADP está disponível, o complexo I domina, enquanto, quando o ADP está limitando o processo, os níveis de NADH aumentam e a ND$_{in}$(NADH) é mais ativa. A ND$_{in}$(NADH) e a oxidase alternativa provavelmente reciclam o NADH em NAD$^+$ para manter a atividade da rota. Uma vez que o poder redutor pode ser transferido da matriz para o citosol pela troca de diferentes ácidos orgânicos, as NADH desidrogenases externas podem ter funções de desvio semelhantes àquelas da ND$_{in}$(NADH). Tomadas em conjunto, essas NADH desidrogenases e as NADPH desidrogenases provavelmente tornam a respiração das plantas mais flexível e permitem o controle da homeostase redox específica de NADH e NADPH nas mitocôndrias e no citosol (ver Figura 13.11).

A respiração é parte de uma rede redox e de biossíntese

Além do fornecimento de 2-oxoglutarato para assimilação de nitrogênio mencionado na Seção 13.4 (ver Figura 13.7C), a glicólise, a via oxidativa da pentose fosfato e o ciclo do TCA produzem os blocos de construção para a síntese de muitos metabólitos vegetais centrais, incluindo aminoácidos, lipídeos, nucleotídeos e hormônios e muitos compostos relacionados (**Figura 13.12**). Estes, por sua vez, estão ligados a vias de síntese de metabólitos secundários (ver **Apêndice 4 na internet**). De fato, boa parte do carbono reduzido que é metabolizado na glicólise e no ciclo do TCA é desviada para fins biossintéticos, e não oxidada a CO_2.

As mitocôndrias são também uma parte da rede redox celular. Variações no consumo ou na produção de compostos redox

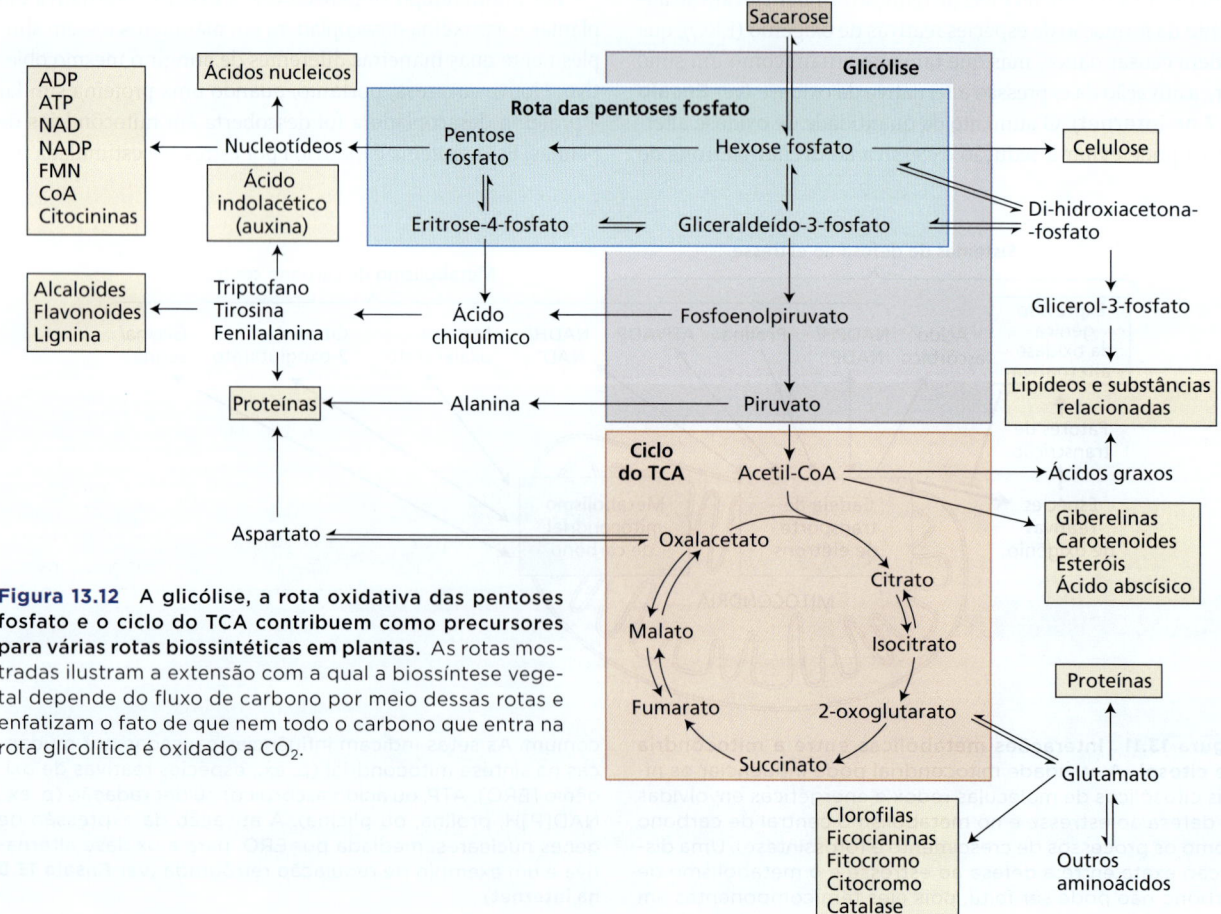

Figura 13.12 A glicólise, a rota oxidativa das pentoses fosfato e o ciclo do TCA contribuem como precursores para várias rotas biossintéticas em plantas. As rotas mostradas ilustram a extensão com a qual a biossíntese vegetal depende do fluxo de carbono por meio dessas rotas e enfatizam o fato de que nem todo o carbono que entra na rota glicolítica é oxidado a CO_2.

ou transportadores de energia como NAD(P)H e ácidos orgânicos afetam rotas metabólicas no citosol e nos plastídios. De importância especial é a síntese do ácido ascórbico, uma molécula central do equilíbrio redox e da defesa ao estresse em plantas, pela cadeia de transporte de elétrons (ver Figura 13.7 e **Ensaio 13.7 na internet**). As mitocôndrias também realizam etapas na biossíntese de coenzimas necessárias para muitas enzimas metabólicas ao longo da célula.

A respiração é controlada em vários níveis

A expressão gênica estabelece os níveis de proteína para as enzimas respiratórias. Os níveis mudam durante o desenvolvimento e para algumas enzimas, como a oxidase alternativa e as NAD(P)H desidrogenases, também em resposta a fatores externos, como estresse, luz e suprimento de nitrogênio. No entanto, a maioria das proteínas respiratórias está presente em maior abundância do que a taxa básica de respiração exige. Portanto, suas atividades podem ser reguladas para cima ou para baixo em resposta a alterações de metabólitos ou redox por modificação de proteínas ou ligação dinâmica de moléculas, e a respiração pode ser rapidamente controlada pela demanda por seus produtos. Foi demonstrado que plantas de sombra com limitação de energia, por exemplo, minimizam sua frequência respiratória ao minimizar o consumo de ATP. Como forma de conseguir isso, a frequência respiratória da planta está sob controle "de baixo para cima" ("*bottom-up*") (**Figura 13.13**). Os substratos da síntese de ATP – ADP e P_i – são os principais reguladores de curto prazo das taxas de fosforilação oxidativa e, portanto, por meio de uma série gradual de efeitos, também do ciclo do TCA e da glicólise. Existem vários pontos de controle nos três processos; aqui, fornecemos uma breve visão geral de algumas das principais características do controle dinâmico da respiração. Ao contrário das células vegetais, as células animais regulam a respiração de "cima para baixo" (*top-down*), com a ativação primária ocorrendo na fosfofrutoquinase e a ativação secundária na piruvato quinase.

Se a demanda da célula vegetal por ATP no citosol diminuir em relação ao suprimento, menos ADP torna-se disponível para a síntese de ATP nas mitocôndrias, e a cadeia de transporte de elétrons operará em uma taxa reduzida (ver Figura 13.13). Essa desaceleração leva a um aumento no NADH da matriz, que inibe a atividade da piruvato desidrogenase e de várias desidrogenases do ciclo do TCA, e no NADPH da matriz, que é necessário para a função da tiorredoxina. Como na fixação fotossintética de carbono (ver Capítulo 10), os níveis redox controlam as enzimas do ciclo do TCA via remoção, mediada pela tiorredoxina, de dímeros de resíduos de cisteína. Assim, a inibição do ciclo do TCA resulta no acúmulo de intermediários do ciclo do TCA e seus derivados, que regulam para baixo, direta ou indiretamente, a ação das etapas anteriores (*upstream*), como a piruvato quinase citosólica e a PEP carboxilase. Isso aumenta a concentração citosólica de PEP, que por sua vez reduz a taxa de conversão da frutose-6-fosfato em frutose-1,6-bifosfato, inibindo assim a glicólise (ver Figura 13.13). O efeito inibidor de baixo para cima do PEP sobre a atividade da fosfofrutoquinase,

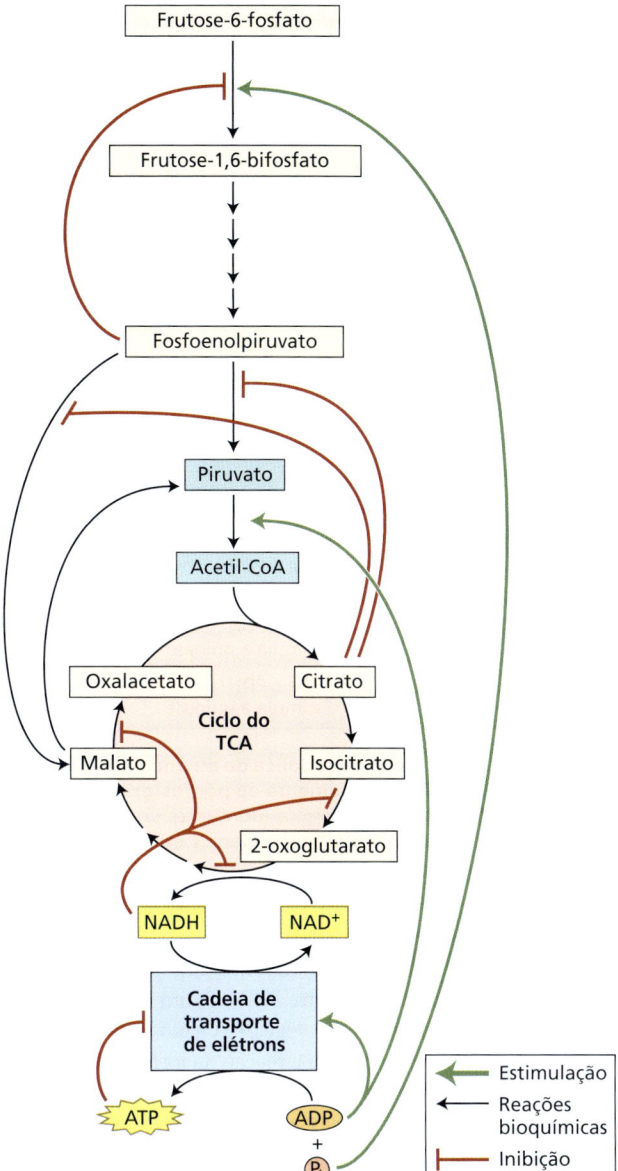

Figura 13.13 Modelo de regulação "de baixo para cima" (*bottom-up*) da respiração vegetal. Direta ou indiretamente, vários substratos para a respiração (p. ex., ADP) estimulam, enquanto os produtos da respiração (p. ex., ATP) inibem as reações a montante de forma gradual. A imagem mostra um conjunto selecionado de efeitos que ilustra o princípio gradual de baixo para cima. Por exemplo, o ATP inibe a cadeia de transporte de elétrons, levando a uma acumulação de NADH. O NADH inibe as enzimas do ciclo do TCA, como a isocitrato desidrogenase e a 2-oxoglutarato desidrogenase. Os intermediários do ciclo do TCA, como o citrato, inibem enzimas metabolizadoras do PEP no citosol. Por fim, o PEP inibe a conversão de frutose-6-fosfato em frutose-1,6-bifosfato e restringe o fluxo de carbono para a glicólise. Desse modo, a respiração pode ser regulada para cima (*up*) ou para baixo (*down*) em resposta a variações nas demandas por qualquer de seus produtos: ATP, ácidos orgânicos e intermediários glicolíticos.

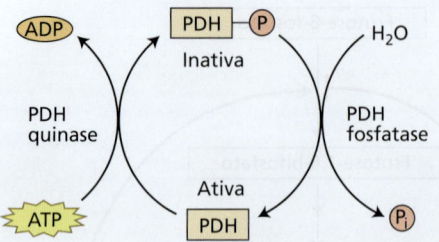

Piruvato + CoA + NAD⁺ ⟶ Acetil-CoA + CO_2 + NADH + H⁺

Efeito sobre a atividade da PDH	Mecanismo
Ativação	
Piruvato	Inibe a quinase
ADP	Inibe a quinase
Mg^{2+} (ou Mn^{2+})	Estimula a fosfatase
Inativação	
NADH	Inibe a PDH Estimula a quinase
Acetil-CoA	Inibe a PDH Estimula a quinase
NH_4^+	Inibe a PDH Estimula a quinase

Figura 13.14 Regulação metabólica da atividade da piruvato desidrogenase (PDH), diretamente ou por fosforilação reversível. Os metabólitos do início (a montante, *upstream*) e do final (a jusante, *downstream*) controlam a atividade da PDH por ações diretas sobre a própria enzima ou por regulação de sua proteína quinase ou proteína fosfatase.

dependente de ATP, é fortemente diminuído pelo ativado P_i, tornando a razão citosólica entre PEP e P_i um fator crítico no controle da atividade glicolítica vegetal. A frutose-2,6-bifosfato (ver Capítulo 10) também afeta a reação da fosfofrutoquinase, mas ao contrário da PEP, ela estimula a reação na direção direta ao ativar a *fosfofrutoquinase dependente de PP_i* e suprime a direção reversa ao inibir a *frutose-1,6-bifosfato fosfatase*. Dessa forma, a frutose-2,6-bifosfato afeta a partição do carbono fixo em direção à respiração ou à síntese de açúcar.

Um benefício do controle de "baixo para cima" é que ele permite às plantas regularem o fluxo glicolítico líquido para o piruvato no citosol, independentemente de processos como a interconversão fotossintética sacarose-triose fosfato-amido. Outro benefício é que a glicólise pode se ajustar às demandas de ATP e precursores biossintéticos do ciclo do TCA, como o 2-oxoglutarato necessário para a assimilação do nitrogênio (ver Capítulo 14). As duas enzimas glicolíticas que metabolizam a PEP nas células vegetais – piruvato quinase e PEP carboxilase – são reguladas por metabólitos semelhantes, o que significa que sua ação conjunta necessária para a biossíntese de aminoácidos pode ser controlada de forma coordenada.

Uma consequência do controle "de baixo para cima" da glicólise é que sua taxa pode influenciar as concentrações celulares de açúcares, em combinação com processos fornecedores de açúcares, como o transporte no floema. A glicose e a sacarose são moléculas sinalizadoras potentes, que induzem a planta a ajustar seu crescimento e desenvolvimento ao seu *status* de carboidratos. Por exemplo, a hexoquinase não funciona somente como uma enzima glicolítica, mas também como um receptor de glicose no núcleo. Isso induz a expressão gênica dependente de açúcar e funciona em combinação especialmente com a sinalização dependente de SnRK1 e de trealose-6-fosfato (ver Capítulo 10) para ajustar o crescimento e o metabolismo da planta ao *status* de carboidratos.

A piruvato desidrogenase é um importante ponto de controle, especialmente para reduzir a atividade do ciclo do TCA durante a fotossíntese. Esta enzima é fosforilada pós-tradução por uma *proteína quinase reguladora* e desfosforilada por uma *proteína fosfatase*. A piruvato desidrogenase encontra-se inativa no estado fosforilado, já a proteína quinase reguladora é inibida pelo piruvato, estimulando a atividade da piruvato desidrogenase, quando seu substrato está disponível. Em combinação com vários outros afetores (**Figura 13.14**), essa regulação ajusta a entrada do substrato no ciclo do TCA à demanda celular.

▪ 13.6 Respiração em plantas intactas e em tecidos

Muitos estudos enriquecedores sobre a respiração vegetal e sua regulação foram desenvolvidos em organelas isoladas de tecidos vegetais. Mas como esse conhecimento se relaciona à função da planta como um todo, em condições naturais ou agrícolas?

Nesta seção, são examinadas a respiração e a função mitocondrial no contexto da planta inteira em uma diversidade de condições. Inicialmente, explora-se o que acontece quando órgãos verdes são expostos à luz: respiração e fotossíntese operam de maneira simultânea e são funcionalmente integradas na célula. Em seguida, discutem-se as taxas de respiração em diferentes tecidos, que podem estar sob controle do desenvolvimento. Por fim, considera-se a influência de vários fatores ambientais sobre as taxas de respiração.

As plantas respiram aproximadamente metade da produção fotossintética diária

Muitos fatores podem afetar a taxa de respiração de plantas intactas ou de seus órgãos. Entre os fatores relevantes estão a espécie e o hábito de crescimento da planta, o tipo e a idade do órgão específico e variáveis ambientais, como luz, concentração externa de O_2 e CO_2, temperatura e suprimento de nutrientes e água (ver Capítulo 15). Pela medição de diferentes isótopos de oxigênio, é possível medir *in vivo* as atividades da oxidase alternativa e da citocromo *c* oxidase simultaneamente. Portanto, sabe-se que uma parte significativa da respiração na maioria dos tecidos se realiza pela rota alternativa "desperdiçadora de energia" (ver **Ensaio 13.9 na internet**).

As taxas respiratórias da planta inteira, em particular quando consideradas com base na matéria fresca, em geral são menores do que as taxas respiratórias encontradas em tecidos animais. Essa diferença é devida, essencialmente, à presença, nas células vegetais, de um grande vacúolo e uma parede celular, nenhum dos quais contém mitocôndrias. Entretanto, as taxas respiratórias em alguns tecidos vegetais são tão altas como aquelas observadas em tecidos animais respirando ativamente, de modo que o processo respiratório em plantas não é naturalmente mais lento do que em animais (ver **Ensaio 13.6 na internet**). Na verdade, mitocôndrias vegetais isoladas respiram tão ou mais rapidamente que mitocôndrias de mamíferos.

O efeito da respiração para a economia geral de carbono da planta pode ser substancial. Enquanto apenas tecidos verdes fotossintetizam, todos os tecidos respiram e assim procedem durante 24 horas por dia. Mesmo em tecidos fotossinteticamente ativos, a respiração, se calculada ao longo do dia, utiliza uma fração substancial da fotossíntese bruta. Um levantamento de várias espécies herbáceas indicou que 30 a 60% do ganho diário de carbono na fotossíntese são perdidos para a respiração, embora esses valores tendam a diminuir em plantas mais velhas. As árvores respiram uma fração similar de sua produção fotossintética, mas suas perdas respiratórias aumentam com a idade e com a redução da razão entre tecidos fotossintéticos e não fotossintéticos. Em geral, condições de crescimento desfavoráveis aumentarão a respiração em relação à fotossíntese e, assim, reduzirão o rendimento geral de carbono para o crescimento.

Os processos respiratórios operam durante a fotossíntese

As mitocôndrias estão envolvidas no metabolismo de folhas fotossintetizantes de várias maneiras. As mitocôndrias são os principais fornecedores de ATP para o citosol na luz (p. ex., para conduzir rotas biossintéticas), especialmente em condições em que o ATP produzido fotossinteticamente é usado nos cloroplastos para fixação de carbono. Além disso, a glicina gerada pela fotorrespiração é oxidada a serina na mitocôndria, em uma reação que envolve consumo de oxigênio mitocondrial (ver Capítulo 10). Considerando que as taxas de fotorrespiração geralmente podem alcançar de 20 a 40% da taxa fotossintética bruta, a fotorrespiração é o maior provedor diurno de NADH para a fosforilação oxidativa mitocondrial. Em comparação, as mitocôndrias no tecido fotossintetizante operam alguma respiração por meio do ciclo do TCA, mas muito mais lentamente do que a taxa fotossintética bruta, geralmente por um fator de 6 a 20 vezes. A atividade da piruvato desidrogenase, uma das portas de entrada no ciclo do TCA, decresce na luz a 25% de sua atividade no escuro. Um fluxo basal através das rotas respiratórias, contudo, é necessário durante a fotossíntese para suprir precursores para as reações biossintéticas, como o 2-oxoglutarato necessário à assimilação de nitrogênio (ver Figuras 13.7C e 13.12).

Evidência adicional do envolvimento da respiração mitocondrial na fotossíntese foi obtida em estudos com mutantes mitocondriais, deficientes nos complexos respiratórios. Comparadas com o tipo silvestre, essas plantas têm desenvolvimento foliar e fotossíntese perturbados, pois mudanças nos níveis de metabólitos com atividade redox são transmitidas entre mitocôndrias e cloroplastos, afetando negativamente a função fotossintética.

Tecidos e órgãos diferentes respiram com taxas diferentes

Considera-se com frequência que a respiração tem dois componentes de magnitude comparável. A **respiração de manutenção** é necessária para sustentar o funcionamento e a reposição dos tecidos já presentes. A **respiração de crescimento** fornece a energia necessária para conversão de açúcares em unidades estruturais que compõem os novos tecidos. Uma regra geral útil é que, quanto maior a atividade metabólica geral de determinado tecido, mais alta é sua taxa respiratória. Gemas em desenvolvimento normalmente mostram taxas de respiração muito altas, e as taxas de respiração de órgãos vegetativos normalmente decrescem a partir do ponto de crescimento (p. ex., o ápice foliar em dicotiledôneas e a base foliar em monocotiledôneas) em direção a regiões mais diferenciadas. Um exemplo bem estudado é a folha de cevada em crescimento.

Em órgãos vegetativos maduros, os caules em geral têm as menores taxas de respiração, enquanto a respiração de folhas e raízes varia com a espécie vegetal e com as condições sob as quais as plantas estão se desenvolvendo. Uma baixa disponibilidade de nutrientes, por exemplo, aumenta a demanda de produção de ATP respiratório na raiz. Esse crescimento reflete o aumento dos custos energéticos para a absorção ativa de íons e o crescimento da raiz em busca de nutrientes O **Quadro 13.1** e o **Tópico 13.7 na internet** discutem como o rendimento da cultura agrícola é afetado pelas mudanças nas taxas de respiração.

Quando um órgão vegetal atinge a maturidade, sua taxa respiratória ou permanece mais ou menos constante ou diminui lentamente à medida que o tecido envelhece e finalmente senesce. Uma exceção a esse padrão é um acentuado aumento na respiração, conhecido como *climatérico*, que acompanha o início do amadurecimento em muitos frutos (abacate, maçã, banana) e a senescência em folhas e flores desprendidas. Durante o amadurecimento de frutos, ocorre a conversão massiva de, por exemplo, amido (banana) ou ácidos orgânicos (tomate e maçã) em açúcares, acompanhada por um aumento do hormônio etileno (ver Capítulo 21) e da atividade da rota da oxidase alternativa.

Tecidos diferentes podem utilizar diferentes substratos para a respiração. Os açúcares dominam em geral, mas os ácidos orgânicos contribuem com o amadurecimento de maçãs e limões, os aminoácidos com as folhas durante a ausência de luz e o redutor (NADH) gerado pela fotorrespiração com as folhas iluminadas e com a degradação de lipídeos, na germinação de sementes contendo lipídeos (ver Seção 13.7 e Capítulo 10). Esses compostos têm diferentes proporções de átomos de carbono para oxigênio, então a proporção entre a liberação de CO_2 e o

Quadro 13.1 Modificando a respiração para necessidades futuras

Para acompanhar o crescimento da população humana, é necessário aumentar a produção de alimentos agrícolas em 70% até o ano 2060. Isso deve ocorrer sem um aumento na área cultivada, com recursos hídricos limitados em muitos lugares e, de preferência, usando menos agroquímicos. Portanto, é preciso desenvolver plantas que proporcionem um maior rendimento líquido de carbono, crescendo com mais eficiência em condições climáticas futuras.

Nas plantas, uma grande parte (30–60%) do ganho de carbono fotossintético é perdido por processos respiratórios, e vários estudos mostraram que a respiração pode limitar a taxa de crescimento das plantas (ver **Tópico 13.7 na internet**). A respiração vegetal é, portanto, um alvo relevante de modificação para aumentar a produtividade vegetal.

Uma abordagem simplista seria remover genes que codificam para as enzimas não conservadoras de energia NAD(P)H desidrogenases ou oxidase alternativa na cadeia de transporte de elétrons mitocondrial. Os elétrons que passam por essas enzimas produzem de 30 a 100% menos ATP, de modo que a eficiência poderia potencialmente ser obtida impedindo sua atividade. Infelizmente, a supressão das desidrogenases que oxidam o NADH interno ou o NADPH externo em *Arabidopsis* ou a supressão da oxidase alternativa na soja reduziram o crescimento em condições padrão de estufa. Isso mostra que essas enzimas têm funções importantes e não redundantes no crescimento vegetal normal.

J. S. Amthor e colaboradores identificaram várias estratégias para diminuir especificamente a perda respiratória de carbono com a diminuição da demanda celular por ATP. Eis alguns exemplos:

- Nas células vegetais, ocorrem vários ciclos metabólicos que consomem ATP, os chamados ciclos fúteis, como a síntese e a degradação simultâneas de sacarose e frutose-1,6-bifosfato na glicólise. Em ambos os casos, há uma enzima de síntese usando ATP e outra enzima que realiza a reação reversa, mas sem recuperação de ATP (ver Figura 13.3). Essas reações ocorrem simultaneamente, consumindo ATP sem função aparente. Se as enzimas pudessem ser modificadas, sem criar efeitos colaterais, para evitar a ciclagem, o ATP poderia ser economizado e menos respiração seria necessária.
- Reprogramação da expressão da oxidase alternativa para que ela fique ativa somente durante o dia, quando sua atividade é necessária para equilibrar a dissipação do excesso de energia redutora gerada pela fotossíntese.
- Realocação da assimilação de nitrato da raiz à parte aérea para que a assimilação do nitrato no citosol e nos cloroplastos possa usar o excesso de poder redutor gerado pela fotossíntese de uma forma mais produtiva, em vez de "queimá-lo" por meio da oxidase alternativa.

Para estimar a melhoria no rendimento líquido de carbono que pode ser alcançada, Amthor e colaboradores calcularam que, se todos os ciclos inúteis pudessem ser eliminados (o que é bastante irreal), isso poderia resultar em uma redução na respiração de manutenção de 15%, o que resultaria em um ganho de biomassa de cerca de 5%. Isso pode não parecer muito, mas os efeitos das várias estratégias devem ser aditivos.

Uma questão importante é criar plantas que sejam adaptadas para uma função ideal em maiores concentrações atmosféricas de CO_2 no futuro, associadas a temperaturas mais altas e secas. A liberação de CO_2 pela respiração das plantas é aproximadamente seis vezes maior que a liberação antropogênica. No entanto, tem sido difícil prever o impacto das mudanças atmosféricas na respiração, porque ela interage fortemente com a fotossíntese, a fotorrespiração e a assimilação de nitrogênio. Portanto, os componentes respiratórios dos modelos de previsão para o crescimento futuro das plantas e o impacto das plantas na atmosfera futura são menos certos.

Outro fator respiratório importante para o aquecimento global é o aerênquima em plantas inundadas (ver Seção 13.6 e Capítulo 15). Essa estrutura forma a rota dominante para a emissão de metano, o segundo gás de efeito estufa mais importante, de solos inundados, especialmente de arrozais. ■

---

consumo de O_2, chamada de **quociente respiratório** ou **QR**, varia com o substrato oxidado. Como o QR pode ser determinado no campo, ele é um importante parâmetro nas análises do metabolismo de carbono em grande escala. A fermentação alcoólica libera CO_2 sem consumir O_2, de modo que um QR alto é também um indicador de fermentação.

Os fatores ambientais alteram as taxas respiratórias

Diversos fatores ambientais podem alterar a operação de rotas metabólicas e mudar as taxas respiratórias. Condições de crescimento desvantajosas geralmente aumentam a respiração para fornecer energia para reações de proteção. No entanto, oxigênio ambiental (O_2), temperatura e dióxido de carbono (CO_2) podem estimular ou suprimir a respiração.

OXIGÊNIO A respiração vegetal pode ser limitada pelo suprimento de oxigênio, o substrato terminal no processo respiratório geral. As taxas respiratórias tipicamente decrescem se a concentração de O_2 atmosférico ficar abaixo de 5% para órgãos inteiros ou abaixo de 2 a 3% para partes de tecidos. Muitas espécies de plantas, como o tomateiro e o corniso (*Cornus florida*), só podem sobreviver em solos bem drenados e arejados, devido à necessidade de suprimento constante de oxigênio do solo para suas raízes. O oxigênio se difunde lentamente em soluções aquosas, tanto dentro quanto fora das células. Órgãos compactos, como sementes e tubérculos de batata, têm um gradiente significativo de concentração de O_2 da superfície para o centro, que pode restringir a transpiração e, portanto, a razão ATP:ADP. Limitação à difusão é mais significativa em semente com uma casca espessa ou em órgãos vegetais submersos em água. O problema do suprimento de oxigênio é particularmente importante em plantas crescendo em solos muito úmidos ou em solos recorrentemente inundados, em que a limitação no suprimento de oxigênio para as raízes pode ser severa (ver Capítulo 15). Tais raízes precisam sobreviver com metabolismo anaeróbio (fermentativo) (ver Figura 13.3) ou desenvolver estruturas que podem fornecer oxigênio para elas.

Os espaços aéreos intercelulares (chamados de **aerênquima**) formam passagens gasosas contínuas das folhas às raízes para fornecer oxigênio, evitando a restrição da respiração e a possível morte da planta. O aerênquima pode ser permanente, como no arroz e nos nenúfares, ou ser induzido por hipóxia, como no milho, que pode sobreviver a inundações temporárias. Exemplos extremos de estruturas permanentes de fornecimento de oxigênio são projeções de raízes, denominadas *pneumatóforos*, que se projetam para fora da água e proporcionam uma rota gasosa para a difusão de oxigênio para as células das raízes. Os pneumatóforos são encontrados em *Avicennia* e *Rhizophora*, representantes arbóreas que crescem em manguezais sob condições de inundação contínua.

TEMPERATURA A respiração opera em uma ampla faixa de temperaturas (ver **Ensaios 13.4**, **13.6** e **13.9 na internet**). Em um curto período de tempo, ela normalmente aumenta com as temperaturas entre 0 e 30 °C e atinge um platô entre 40 e 50 °C. Em temperaturas maiores, ela diminui novamente devido à inativação da maquinaria respiratória. O aumento na taxa respiratória para cada aumento de 10 °C na temperatura é chamado de **coeficiente de temperatura**, Q_{10}. Essa proporção varia com o desenvolvimento da planta e fatores externos. Em uma escala de tempo mais longa, as plantas aclimatam-se às temperaturas baixas pelo aumento de sua capacidade respiratória, de modo que a produção de ATP possa ser mantida.

As temperaturas baixas são utilizadas para retardar a respiração pós-colheita durante a estocagem de frutos e verduras, mas essas temperaturas devem ser ajustadas com cuidado. Por exemplo, quando tubérculos de batata são armazenados a temperaturas superiores a 10 °C, a respiração e as atividades metabólicas acessórias são suficientes para permitir a brotação. No entanto, abaixo de 5 °C, o amido armazenado é convertido em sacarose (que protege contra danos causados pelo gelo), conferindo uma doçura indesejada aos tubérculos. Por isso, batatas são mais bem armazenadas entre 7 e 9 °C, o que impede a decomposição do amido enquanto minimiza a respiração e a germinação* (ver **Ensaio 13.4 na internet**).

DIÓXIDO DE CARBONO Na prática comercial, é comum o armazenamento de frutas em baixas temperaturas sob 2 a 3% de O_2. A temperatura reduzida baixa a taxa respiratória, da mesma maneira que o nível reduzido de O_2. Níveis baixos de oxigênio, em vez de condições anóxicas, são usados para evitar o metabolismo fermentativo. Além disso, uma concentração artificialmente elevada de CO_2 (3–5%) é usada porque tem um efeito inibitório direto na respiração.

A concentração atmosférica de CO_2 atualmente (2020) é de cerca de 415 ppm, mas, devido às atividades humanas, prevê-se que ela atinja cerca de 700 ppm antes do ano 2100 (ver Capítulo 11). A absorção de CO_2 pela fotossíntese e a liberação pela respiração vegetal são processos muito maiores do que a liberação de CO_2 causada pela queima de combustíveis fósseis. Portanto, pequenos efeitos de concentrações elevadas de CO_2 na respiração vegetal influenciarão fortemente as futuras mudanças climáticas globais.

Dentro da faixa relevante para as mudanças atmosféricas, não há efeito direto da concentração de CO_2 na respiração vegetal. Com o passar do tempo, as mudanças na disponibilidade, alocação e partição do substrato de carbono (ver Capítulo 12) e na expressão gênica afetarão a respiração vegetal, mas isso é altamente variável entre as espécies de plantas, dificultando as previsões globais. Espera-se que o aumento da temperatura induzido por CO_2 (aquecimento global) gere um aumento na respiração que é, no entanto, menor do que o aumento na fotossíntese. Não há consenso atual de que as elevações no CO_2 atmosférico seriam atenuadas por uma retroinibição da respiração.

13.7 Metabolismo de lipídeos

Os lipídeos são essenciais para a vida por causa de seus papéis na estrutura e função da membrana, bem como no armazenamento de energia e carbono. Todas as membranas celulares vegetais têm composições lipídicas distintas, como a membrana interna da mitocôndria, na qual a cardiolipina contribui para a arquitetura das cristas e interage com os componentes da cadeia de transferência de elétrons. Gorduras e óleos são formas importantes de armazenagem de carbono reduzido em muitas sementes, incluindo aquelas de espécies agronomicamente importantes, como soja, girassol, canola, amendoim e algodão. Alguns frutos, como abacates e azeitonas, também armazenam gorduras e óleos.

Na parte final deste capítulo, é descrita a biossíntese de dois tipos de glicerolipídeos: os *triacilgliceróis* (as gorduras e os óleos estocados em sementes) e os *glicerolipídeos polares* (que formam as bicamadas lipídicas das membranas celulares) (**Figura 13.15**). Será visto que a biossíntese de triacilgliceróis e de glicerolipídeos polares requer a cooperação de duas organelas: os plastídios e o retículo endoplasmático. Examina-se também o processo complexo pelo qual as sementes em germinação obtêm esqueletos de carbono e energia metabólica da oxidação de gorduras e óleos.

Gorduras e óleos armazenam grandes quantidades de energia

As gorduras e os óleos pertencem à classe geral dos *lipídeos*, um grupo estruturalmente diverso de compostos hidrofóbicos, solúveis em solventes orgânicos e altamente insolúveis em água.

---

*N. de T. Os autores referem-se novamente à brotação dos tubérculos.

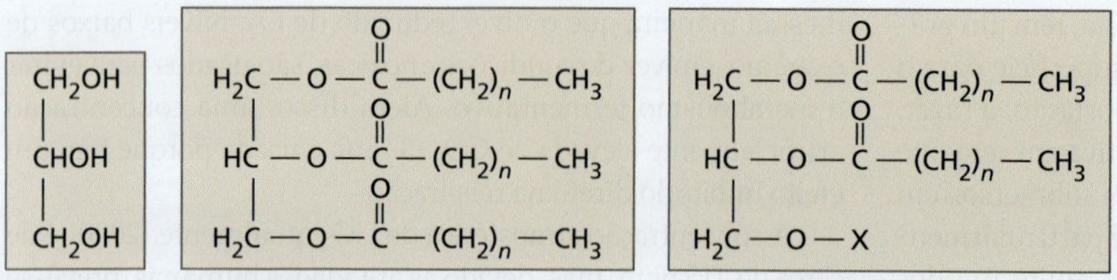

Figura 13.15 Características estruturais de triacilgliceróis e glicerolipídeos polares em vegetais superiores. Os comprimentos das cadeias de carbono dos ácidos graxos, que sempre têm um número par de carbonos, variam de 12 a 30, mas são tipicamente de 16 ou 18. Assim, o valor de n normalmente é 14 ou 16.

Glicerol

Triacilglicerol (o principal lipídeo armazenado)

Glicerolipídeo polar

- X = H — Diacilglicerol (DAG)
- X = HPO_3^- — Ácido fosfatídico
- X = PO_3^- —CH_2—CH_2—$N^+(CH_3)_3$ — Fosfatidilcolina
- X = PO_3^- —CH_2—CH_2—NH_2 — Fosfatidiletanolamina
- X = galactose — Galactolipídeos

Os lipídeos representam uma forma de carbono mais reduzida que os carboidratos, de modo que a oxidação completa de 1 g de gordura ou óleo (que contém cerca de 40 kJ de energia) pode produzir consideravelmente mais ATP que a oxidação de 1 g de amido (cerca de 15,9 kJ). Por outro lado, a biossíntese de lipídeos requer um investimento correspondentemente grande de energia metabólica.

Outros lipídeos são importantes para a estrutura e o funcionamento das plantas, mas não são utilizados para armazenagem de energia. Esses lipídeos abrangem os fosfolipídeos e os galactolipídeos, que constituem as membranas vegetais, bem como os esfingolipídeos, que são também importantes componentes das membranas; cutina e ceras, que compõem a cutícula protetora que reduz a perda de água de tecidos vegetais expostos; e os terpenoides (também conhecidos como isoprenoides), que incluem os carotenoides envolvidos na fotossíntese e os esteróis presentes em muitas membranas vegetais.

Os triacilgliceróis são armazenados em corpos lipídicos

As gorduras e os óleos existem principalmente na forma de **triacilgliceróis** (*acil* refere-se à porção de ácido graxo), nos quais as moléculas de ácidos graxos são unidas por ligações ésteres aos três grupos hidroxila do glicerol (ver Figura 13.15).

Os ácidos graxos em plantas normalmente são ácidos carboxílicos de cadeia reta com um número par de átomos de carbono. As cadeias de carbono podem ser curtas (8 unidades) ou longas (30 ou mais), porém mais comumente têm 16 ou 18 carbonos de extensão. Os ácidos graxos são frequentemente indicados por uma abreviatura numérica que contém seu número de carbonos e o número de ligações duplas, separados por dois-pontos (p. ex., 16:0, 18:1). Os *óleos* são líquidos à temperatura ambiente, principalmente devido à presença de ligações duplas carbono-carbono (insaturação) em seus ácidos graxos componentes; as *gorduras*, que têm uma maior proporção de ácidos graxos saturados, são sólidas à temperatura ambiente. Os principais ácidos graxos nos lipídeos vegetais são mostrados na **Tabela 13.3**. No entanto, várias espécies de plantas sintetizam ácidos graxos incomuns, industrialmente úteis em seus óleos de sementes (ver **Ensaio 13.10 na internet**). O **Quadro 13.2** discute por que os lipídeos vegetais são um foco da biotecnologia.

As proporções de ácidos graxos nos lipídeos vegetais variam com as espécies vegetais. Por exemplo, o óleo de amendoim é 9% ácido palmítico, 59% ácido oleico e 21% ácido linoleico, enquanto o óleo de soja é 13% ácido palmítico, 7% ácido oleico, 51% ácido linoleico e 23% ácido linolênico. A biossíntese desses ácidos graxos será discutida posteriormente nesta seção.

Tabela 13.3 Ácidos graxos comuns em tecidos de vegetais superiores

Nome[a]	Estrutura
Ácidos graxos saturados	
Ácido láurico (12:0)	$CH_3(CH_2)_{10}CO_2H$
Ácido mirístico (14:0)	$CH_3(CH_2)_{12}CO_2H$
Ácido palmítico (16:0)	$CH_3(CH_2)_{14}CO_2H$
Ácido esteárico (18:0)	$CH_3(CH_2)_{16}CO_2H$
Ácidos graxos insaturados	
Ácido oleico (18:1)	$CH_3(CH_2)_7CH=CH(CH_2)_7CO_2H$
Ácido linoleico (18:2)	$CH_3(CH_2)_4CH=CH-CH_2-CH=CH(CH_2)_7CO_2H$
Ácido linolênico (18:3)	$CH_3CH_2CH=CH-CH_2-CH=CH-CH_2-CH=CH-(CH_2)_7CO_2H$

[a]Cada ácido graxo tem uma abreviatura numérica. O número antes de dois-pontos representa o número total de carbonos; o número depois de dois-pontos é o número de ligações duplas.

> **Quadro 13.2 Biotecnologia de lipídeos em um mundo em mudança**
>
> Os glicerolipídeos nas membranas celulares são parte das respostas de temperatura das plantas. À medida que a transição climática ocorre, nosso conhecimento de como a bioquímica e a fisiologia da membrana dos lipídeos afetam as respostas de temperatura da fotossíntese, respiração e outros processos será usado para fortalecer a adaptabilidade das culturas agrícolas e outras plantas aos ambientes alterados nos quais elas serão cultivadas.
>
> Os lipídeos vegetais, especialmente os óleos vegetais produzidos por soja, canola, dendê e outras culturas agrícolas, são foco da biotecnologia há várias décadas. O uso mais bem-sucedido da biotecnologia tem sido a produção de variedades de soja (Qualisoy) e canola com alto teor oleico, que permitiram a eliminação de gorduras *trans* não saudáveis dos alimentos. Os pesquisadores também estão explorando possibilidades de produzir óleo nas folhas de plantas cultivadas para fornecer biocombustíveis densos em energia. Por fim, a transferência das rotas de síntese de ácidos graxos incomuns encontrados em algumas espécies de plantas silvestres para plantas cultivadas fornecerá matérias-primas químicas para a síntese de plásticos, resinas e outros produtos para a sociedade. ■

Na maioria das sementes, os triacilgliceróis são armazenados no citoplasma das células do cotilédone ou endosperma, em organelas conhecidas como **corpos lipídicos** (também denominadas *oleossomos*) (ver Capítulo 1). A membrana dos corpos lipídicos é uma camada única de fosfolipídeos (i.e., uma meia bicamada) com as extremidades hidrofílicas dos fosfolipídeos expostas ao citosol e as cadeias hidrofóbicas de hidrocarbonetos acil voltadas para o interior de triacilglicerol (ver Capítulo 1). O corpo lipídico é estabilizado pela presença de proteínas específicas, denominadas oleosinas, que cobrem sua superfície externa e impedem que os fosfolipídeos de corpos lipídicos adjacentes entrem em contato e se fusionem.

A estrutura singular da membrana de corpos lipídicos resulta do padrão de biossíntese dos triacilgliceróis. A biossíntese de triacilgliceróis é completada por enzimas localizadas nas membranas do retículo endoplasmático (RE), e as gorduras resultantes acumulam-se entre duas monocamadas da bicamada da membrana do RE. A bicamada intumesce e separa-se à medida que mais gorduras são adicionadas à estrutura em crescimento, enquanto oleosinas são sintetizadas por ribossomos ligados ao RE e, por fim, um corpo lipídico maduro coberto com oleosinas brota do RE.

Os glicerolipídeos polares são os principais lipídeos estruturais nas membranas

Conforme descrito no Capítulo 1, cada membrana na célula é uma bicamada de moléculas lipídicas *anfipáticas* (i.e., tendo tanto regiões hidrofílicas quanto hidrofóbicas), nas quais um grupo da cabeça polar interage com o ambiente aquoso, enquanto as cadeias hidrofóbicas de ácidos graxos formam o núcleo da membrana. Esse núcleo hidrofóbico impede a difusão desregulada de solutos entre os compartimentos celulares e, desse modo, permite que o metabolismo da célula seja organizado.

Os principais lipídeos estruturais nas membranas são os **glicerolipídeos polares** (ver Figura 13.15), em que a porção hidrofóbica consiste em duas cadeias de ácidos graxos de 16 ou 18 carbonos esterificadas nas posições 1 e 2 de uma estrutura de glicerol. O grupo terminal polar está ligado à posição 3 do glicerol. Existem duas categorias de glicerolipídeos polares:

1. **Gliceroglicolipídeos**, nos quais os açúcares formam o grupo da cabeça (**Figura 13.16A**).
2. **Glicerofosfolipídeos**, nos quais o grupo da cabeça contém fosfato (**Figura 13.16B**).

As membranas vegetais têm lipídeos estruturais adicionais, incluindo esfingolipídeos e esteróis, que são componentes estruturais e funcionais da membrana plasmática (ver Capítulos 1 e 4). Outros lipídeos desempenham papéis específicos na fotossíntese e em outros processos. Nesse grupo, incluem-se clorofilas, plastoquinona, ubiquinona, carotenoides e tocoferóis, que juntos contabilizam um terço dos lipídeos das folhas.

A Figura 13.16 mostra as nove classes principais de glicerolipídeos nas plantas, cada uma delas associada a várias combinações diferentes de ácidos graxos. As estruturas mostradas na Figura 13.16 ilustram algumas das espécies moleculares mais comuns.

As membranas dos cloroplastos, que representam 70% dos lipídeos de membrana em tecidos fotossintéticos, são dominadas por gliceroglicolipídeos; outras membranas da célula contêm glicerofosfolipídeos (**Tabela 13.4**). Em tecidos não fotossintéticos, os glicerofosfolipídeos são os principais glicerolipídeos de membrana. Curiosamente, sob a insuficiência de fosfato, muitas espécies de plantas substituem parcialmente os glicerofosfolipídeos por gliceroglicolipídeos, para permitir alguma recuperação de fosfato para a síntese de RNA e outros compostos ricos em fósforo.

A biossíntese de ácidos graxos consiste em ciclos de adição de dois carbonos

A biossíntese de ácidos graxos envolve a condensação cíclica de unidades de dois carbonos derivadas da acetil-CoA. Em plantas, os ácidos graxos são sintetizados principalmente nos plastídios, enquanto, em animais, eles são sintetizados principalmente no citosol.

Acredita-se que as enzimas da rota biossintética são mantidas juntas em um complexo que é coletivamente conhecido como *ácido graxo sintase*. O complexo provavelmente permite que a série de reações ocorra de maneira mais eficiente do que ocorreria se as enzimas fossem fisicamente separadas entre si. Além disso, as cadeias acil em crescimento são ligadas de maneira covalente a uma proteína acídica de baixo peso molecular, denominada **proteína carreadora de acil** (**ACP**, *acyl carrier protein*). Quando conjugada à proteína carreadora de acil, uma cadeia acil é chamada de **acil-ACP**.

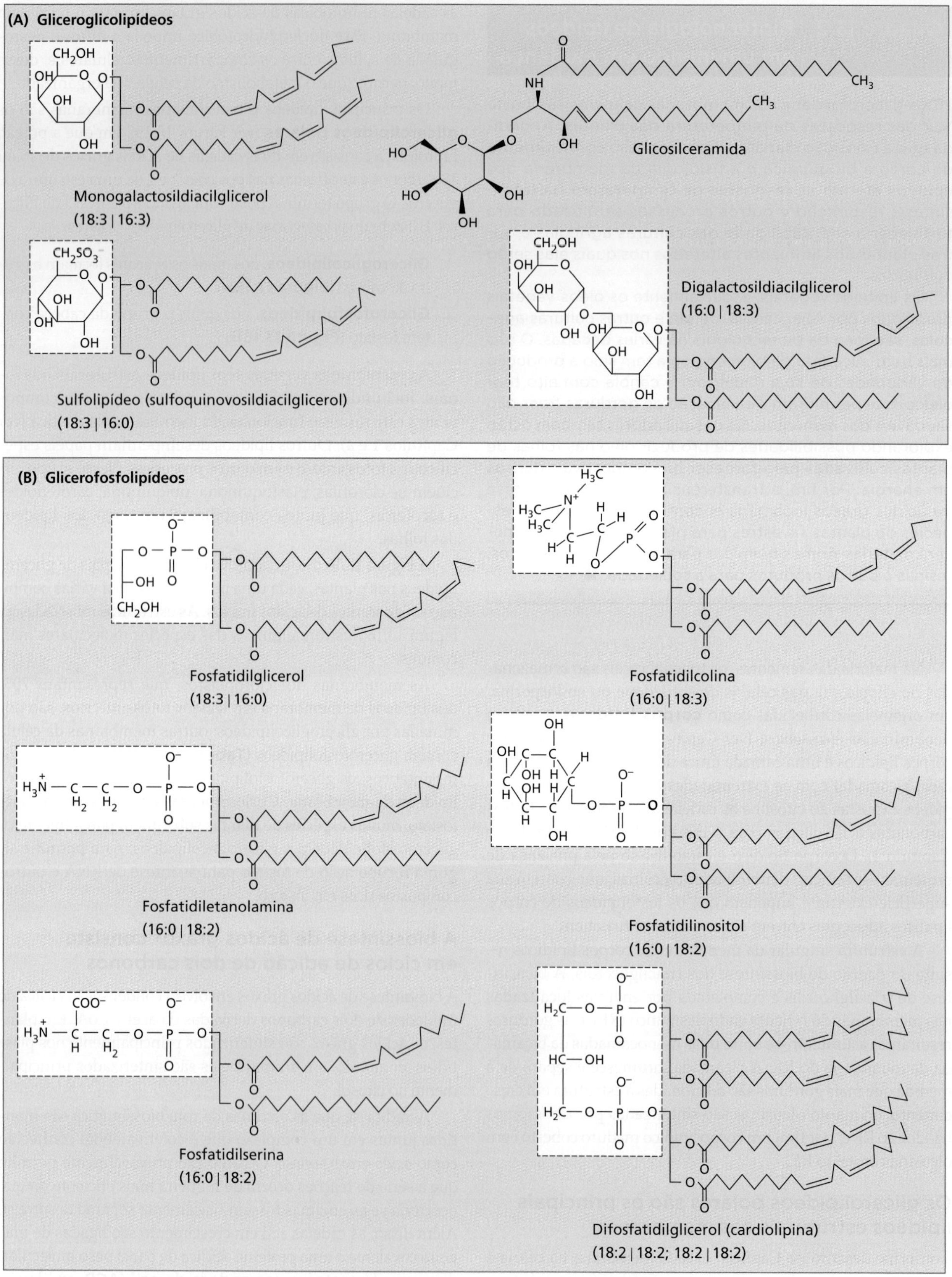

408 Unidade III | Bioquímica e metabolismo

(A) Gliceroglicolipídeos

Monogalactosildiacilglicerol
(18:3 | 16:3)

Glicosilceramida

Sulfolipídeo (sulfoquinovosildiacilglicerol)
(18:3 | 16:0)

Digalactosildiacilglicerol
(16:0 | 18:3)

(B) Glicerofosfolipídeos

Fosfatidilglicerol
(18:3 | 16:0)

Fosfatidilcolina
(16:0 | 18:3)

Fosfatidiletanolamina
(16:0 | 18:2)

Fosfatidilinositol
(16:0 | 18:2)

Fosfatidilserina
(16:0 | 18:2)

Difosfatidilglicerol (cardiolipina)
(18:2 | 18:2; 18:2 | 18:2)

◀ **Figura 13.16** Principais classes de glicerolipídeos polares encontrados em membranas vegetais: (A) Gliceroglicolipídeos e um esfingolipídeo e (B) glicerofosfolipídeos. Dois de pelo menos seis ácidos graxos diferentes podem ser ligados à estrutura básica de glicerol. Uma das espécies moleculares mais comuns é mostrada para cada classe de lipídeos. Os números abaixo de cada nome se referem ao número de carbonos (número antes de dois-pontos) e ao número de ligações duplas (número após dois-pontos).

A primeira etapa comprometida com a rota (i.e., a primeira etapa específica à síntese de ácidos graxos) é a síntese de malonil-CoA a partir de acetil-CoA e CO_2 pela enzima *acetil--CoA-carboxilase* (**Figura 13.17**). A regulação fina da acetil-CoA carboxilase parece controlar a taxa global de síntese de ácidos graxos. O malonil-CoA reage com o ACP para produzir malonil-ACP, então a síntese de ácidos graxos prossegue por meio de ciclos repetidos das quatro etapas a seguir:

1. No primeiro ciclo da síntese de ácidos graxos, o grupo acetato da acetil-CoA é transferido para uma cisteína específica da enzima condensadora (3-cetoacil-ACP sintase) e, depois, combinado com malonil-ACP para formar acetoacetil-ACP, com perda de CO_2.

2. A seguir, o grupo ceto no carbono 3 é removido (reduzido, usando NADPH) pela ação de três enzimas, para formar uma nova cadeia acil (butiril-ACP), que tem agora quatro carbonos de comprimento (ver Figura 13.17).

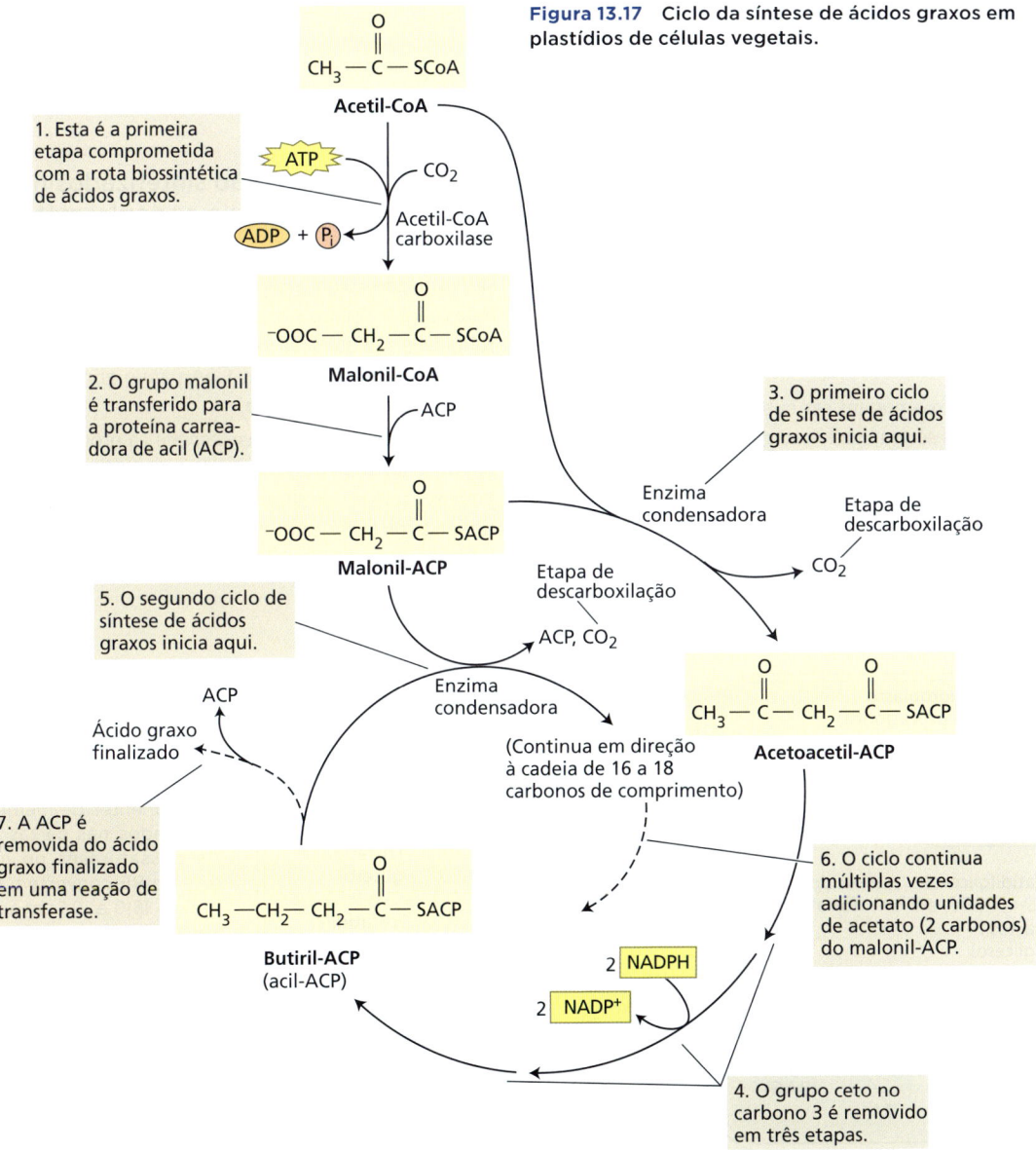

Figura 13.17 Ciclo da síntese de ácidos graxos em plastídios de células vegetais.

Tabela 13.4 Componentes glicerolipídicos das membranas celulares

Lipídeo	Composição lipídica (porcentagens molares do total)		
	Cloroplasto	Retículo endoplasmático	Mitocôndria
Fosfatidilcolina	4	47	43
Fosfatidiletanolamina	-	34	35
Fosfatidilinositol	1	17	6
Fosfatidilglicerol	7	2	3
Difosfatidilglicerol (cardiolipina)	-	-	13
Monogalactosildiacilglicerol	55	-	-
Digalactosildiacilglicerol	24	-	-
Sulfolipídeo	8	-	-

3. O ácido graxo de quatro carbonos e outra molécula de malonil-ACP se tornam, então, os novos substratos para a enzima condensadora, resultando na adição de outra unidade de dois carbonos à cadeia em crescimento. O ciclo continua até que 16 ou 18 carbonos tenham sido adicionados.

4. Alguns 16:0-ACP são liberados da maquinaria da ácido graxo sintase, mas a maioria das moléculas que são alongadas para 18:0-ACP é, de maneira eficiente, convertida em 18:1-ACP por uma enzima dessaturase. Portanto, 16:0-ACP e 18:0-ACP são os principais produtos da síntese de ácidos graxos em plastídios (**Figura 13.18**).

Os ácidos graxos podem ser submetidos a modificações subsequentes após serem ligados ao glicerol para formar glicerolipídeos. Ligações duplas adicionais são inseridas nos ácidos graxos 16:0 e 18:1 por uma série de isoenzimas dessaturases. *Isozimas dessaturases* são proteínas integrais de membrana encontradas em cloroplastos e no RE. Cada dessaturase insere uma ligação dupla em uma posição específica na cadeia de ácido graxo, e as enzimas atuam sequencialmente para formar os produtos finais 18:3 e 16:3.

Os glicerolipídeos são sintetizados nos plastídios e no retículo endoplasmático

Na sequência, os ácidos graxos sintetizados nos cloroplastos são utilizados para compor os glicerolipídeos das membranas e dos corpos lipídicos. As primeiras etapas na síntese de glicerolipídeos são duas reações de acilação, que transferem ácidos graxos da acil-ACP ou acil-CoA para o glicerol-3-fosfato, formando **ácido fosfatídico**.

A ação de uma fosfatase específica produz **diacilglicerol** (**DAG**) a partir do ácido fosfatídico. O ácido fosfatídico também pode ser convertido diretamente em fosfatidilinositol ou fosfatidilglicerol; DAG pode originar fosfatidiletanolamina ou fosfatidilcolina (ver Figura 13.18).

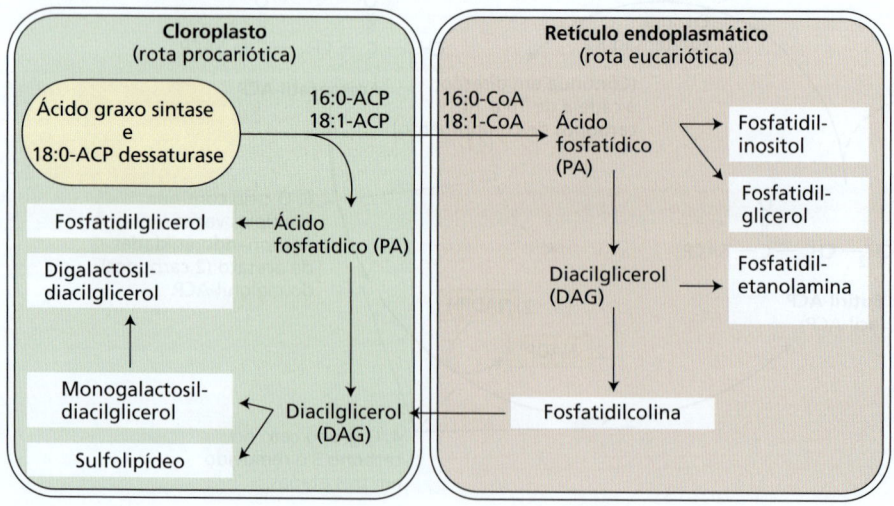

Figura 13.18 As duas rotas de síntese de glicerolipídeos no cloroplasto e no retículo endoplasmático de células foliares de *Arabidopsis*. Os principais componentes de membrana são mostrados nas caixas de texto. As dessaturases no cloroplasto e no RE convertem os ácidos graxos 16:0 e 18:1 em ácidos graxos mais altamente insaturados, mostrados na Figura 13.16.

A localização das enzimas de síntese de glicerolipídeos revela uma interação complexa e altamente regulada entre o cloroplasto, onde os ácidos graxos são sintetizados, e outros sistemas de membranas da célula. Em termos simples, a bioquímica abrange duas rotas conhecidas como rota procariótica (ou no cloroplasto) e rota eucariótica (ou de RE):

1. Nos cloroplastos, a **rota procariótica** utiliza os produtos 16:0-ACP e 18:1-ACP da síntese de ácidos graxos no cloroplasto para sintetizar ácido fosfatídico e seus derivados. Alternativamente, os ácidos graxos podem ser exportados ao citoplasma como ésteres de CoA.
2. No citoplasma, a **rota eucariótica** utiliza um conjunto separado de aciltransferases no RE, para incorporar os ácidos graxos no ácido fosfatídico e seus derivados. Os ácidos graxos também são incorporados diretamente na fosfatidilcolina (PC, *phosphatidylcholine*) por uma reação de troca. Uma grande proporção do PC sintetizado é entregue para devolver moléculas lipídicas ao cloroplasto.

Uma versão simplificada desse modelo de duas rotas está representada na Figura 13.18.

Em algumas plantas superiores, incluindo *Arabidopsis* e espinafre, as duas rotas contribuem quase igualmente para a síntese de lipídeos dos cloroplastos. Em muitas outras angiospermas, no entanto, o fosfatidilglicerol é o único produto da rota procariótica, e os demais lipídeos do cloroplasto são sintetizados inteiramente pela rota eucariótica.

A bioquímica da síntese de triacilglicerol em sementes oleaginosas em geral é a mesma descrita para glicerolipídeos: 16:0-ACP e 18:1-ACP são sintetizados nos plastídios da célula e exportados como tioésteres de CoA, para incorporação de DAG e PC no RE (ver Figura 13.18).

As enzimas-chave no metabolismo de sementes oleaginosas (não mostradas na Figura 13.18) são *PC:DAG colinafosfotransferase*, que interconverte fosfatidilcolina e diacilglicerol, e *acil-CoA:DAG aciltransferase* e *PC:DAG aciltransferase*, que catalizam a síntese de triacilglicerol. Conforme observado anteriormente, moléculas de triacilglicerol acumulam-se em estruturas subcelulares especializadas – os corpos lipídicos –, a partir das quais elas podem ser mobilizadas durante a germinação e convertidas em açúcares.

A composição lipídica influencia a função da membrana

Uma questão central na biologia de membranas é a razão funcional por trás da diversidade de lipídeos. Cada sistema de membranas da célula tem um complemento característico e distinto de tipos de lipídeo; dentro de uma única membrana, cada classe de lipídeo tem uma composição distinta de ácidos graxos (ver Tabela 13.4). Por que é necessária a diversidade de lipídeos?

Um aspecto da biologia de membranas que pode responder essa pergunta central é a relação entre a composição lipídica e a capacidade dos organismos de se ajustarem às mudanças de temperatura. Por exemplo, plantas sensíveis ao frio experimentam reduções bruscas na taxa de crescimento e no desenvolvimento a temperaturas entre 0 e 12 °C (ver Capítulo 15). Muitas culturas economicamente importantes, como algodão, soja, milho, arroz e inúmeras frutíferas tropicais e subtropicais, são classificadas como sensíveis ao frio. Por outro lado, a maioria das plantas oriundas de regiões temperadas é capaz de crescer e se desenvolver em temperaturas baixas, e elas são classificadas como resistentes ao frio.

Devido ao decréscimo na fluidez lipídica em temperaturas mais baixas, tem sido sugerido que o evento primário de dano por resfriamento é *uma transição de uma fase líquido-cristalina para uma fase de gel* nas membranas celulares. De acordo com essa hipótese, essa transição resulta em alterações no metabolismo de células resfriadas e levaria ao dano e à morte das plantas sensíveis ao frio. Várias linhas de evidência indicam que níveis altos de ácidos graxos saturados no fosfatidilglicerol estão especificamente associados à sensibilidade ao resfriamento.

Pesquisa recente, no entanto, sugere que a relação entre insaturação de membrana e as respostas das plantas à temperatura é mais sutil e complexa (ver **Tópico 13.8 na internet**). As respostas de mutantes de *Arabidopsis* com saturação aumentada dos ácidos graxos a baixas temperaturas não são como o previsto pela hipótese de sensibilidade ao frio, sugerindo que danos normais causados pelo frio podem não ser estritamente relacionados ao nível de insaturação dos lipídeos das membranas.

Essas conclusões deixam claro que tanto a extensão da insaturação das membranas como a presença de lipídeos específicos, como o fosfatidilglicerol insaturado, podem afetar as respostas das plantas a baixas temperaturas. Conforme discutido no **Tópico 13.8 na internet**, mais estudos são necessários para se entender completamente a relação entre composição lipídica e função das membranas.

Os lipídeos de membranas são importantes precursores de compostos sinalizadores

Plantas, animais e microrganismos utilizam os lipídeos de membrana como precursores de compostos utilizados para sinalização intracelular ou de longo alcance. Por exemplo, o hormônio jasmonato – derivado do ácido linolênico (18:3) – ativa as defesas das plantas contra insetos e muitos fungos patogênicos (ver Capítulos 4 e 24). Além disso, o jasmonato regula outros aspectos do crescimento vegetal, incluindo o desenvolvimento de flores e de sementes.

Fosfatidilinositol-4,5-bifosfato (PIP$_2$, *phosphatidylinositol 4,5-bisphosphate*) é o mais importante de vários derivados fosforilados de fosfatidilinositol, conhecidos como *fosfoinositídeos*. Em animais, a ativação mediada por receptores da fosfolipase C leva à hidrólise do PIP$_2$ em inositol trifosfato (InsP$_3$, *inositol trisphosphate*) e diacilglicerol, ambos atuando como mensageiros secundários intracelulares.

A ação do InsP$_3$ na liberação do Ca^{2+} no citoplasma (por meio de canais sensíveis ao Ca^{2+} no tonoplasto e em outras

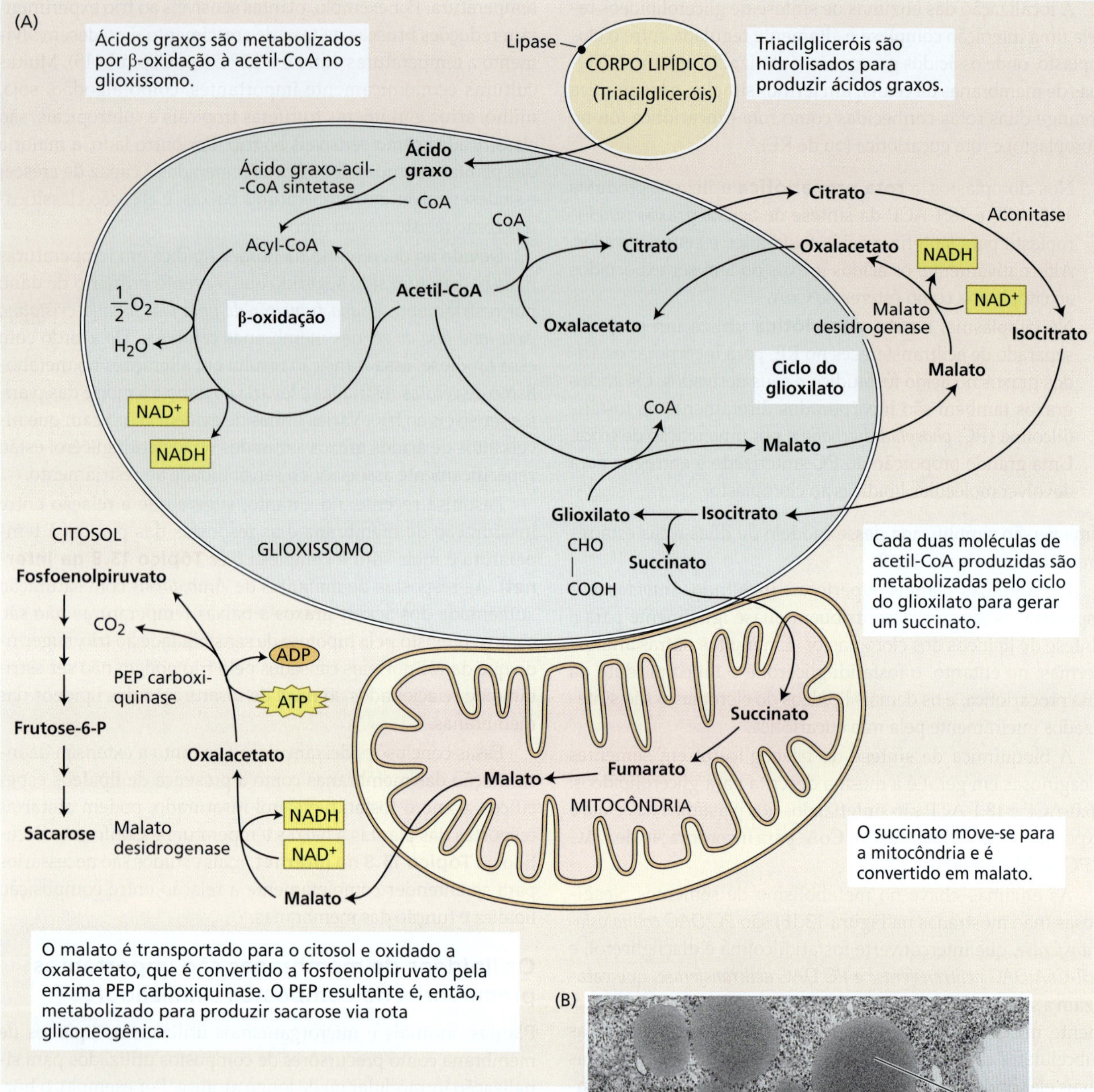

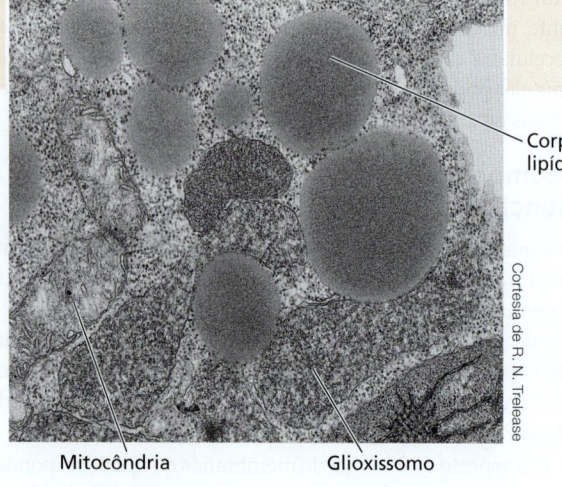

Figura 13.19 Conversão de gorduras em açúcares durante a germinação de sementes oleaginosas. (A) Fluxo de carbono durante a degradação de ácidos graxos e gliconeogênese (ver Figuras 13.2, 13.3 e 13.6 para estruturas químicas). (B) Micrografia ao microscópio eletrônico de uma célula do cotilédone armazenador de óleos de uma plântula de pepino, mostrando glioxissomos, mitocôndrias e corpos lipídicos.

membranas) e, portanto, na regulação dos processos celulares tem sido demonstrada em vários sistemas vegetais, incluindo as células-guarda. Informações sobre outros tipos de sinalização por lipídeos em plantas estão se tornando disponíveis mediante estudos bioquímicos e de genética molecular das fosfolipases e de outras enzimas envolvidas na geração desses sinais.

Os lipídeos de reserva são convertidos em carboidratos em sementes em germinação

Depois de germinarem, as sementes oleaginosas metabolizam os triacilgliceróis convertendo-os em sacarose. As plantas não são capazes de transportar gorduras dos cotilédones para outros tecidos da plântula em desenvolvimento, de modo que elas precisam converter os lipídeos armazenados em uma forma mais móvel de carbono, em geral sacarose. Esse processo envolve diversas etapas, as quais estão localizadas em diferentes compartimentos celulares: corpos lipídicos, glioxissomos, mitocôndrias e citosol.

VISÃO GERAL: LIPÍDEOS PARA SACAROSE Em sementes oleaginosas, a conversão de lipídeos em sacarose é desencadeada pela germinação. Ela começa com a hidrólise dos triacilgliceróis armazenados em corpos lipídicos a ácidos graxos livres, seguida da oxidação desses ácidos graxos em glioxissomos para produzir acetil-CoA (**Figura 13.19**). Na maioria das sementes oleaginosas, cerca de 30% da acetil-CoA são usados para a produção de energia via respiração, e o resto é convertido em sacarose através do ciclo do glioxilato e gliconeogênese.

HIDRÓLISE MEDIADA POR LIPASE A etapa inicial na conversão de lipídeos em carboidratos é a degradação dos triglicerídeos armazenados em corpos lipídicos pela lipase, que hidrolisa triacilgliceróis em três moléculas de ácidos graxos e uma molécula de glicerol. Durante a degradação dos lipídeos, os corpos lipídicos e os glioxissomos estão geralmente em íntima associação física (ver Figura 13.19B).

β-OXIDAÇÃO DE ÁCIDOS GRAXOS As moléculas de ácidos graxos entram no glioxissomo, onde são ativadas pela conversão em ácido graxo-acil-CoA pela *ácido graxo-acil-CoA sintetase*. A ácido graxo-acil-CoA é o substrato inicial para a série de reações da **β-oxidação**, nas quais ácidos graxos C_n (ácidos graxos compostos de n carbonos) são sequencialmente decompostos em $n/2$ moléculas de acetil-CoA (ver Figura 13.19A). Essa sequência de reações envolve a redução de ½ O_2 a H_2O e a formação de um NADH para cada ciclo da β-oxidação.

Em tecidos de mamíferos, as quatro enzimas associadas à β-oxidação estão presentes na mitocôndria. Em tecidos de reserva de sementes, elas estão localizadas exclusivamente nos glioxissomos, ou na organela equivalente em tecidos vegetativos, o peroxissomo (ver Capítulo 1).

O CICLO DO GLIOXILATO A função do **ciclo do glioxilato** é converter duas moléculas de acetil-CoA em succinato. A acetil-CoA produzida por β-oxidação é metabolizada no glioxissomo, mediante uma série de reações que compõem o ciclo do glioxilato (ver Figura 13.19A). Inicialmente, a acetil-CoA reage com oxalacetato, gerando citrato, que é, então, transferido ao citoplasma para isomerização a isocitrato pela aconitase. O isocitrato é reimportado para o glioxissomo e convertido em malato por duas reações, que são exclusivas da rota do glioxilato:

1. Primeiramente, o isocitrato (C_6) é clivado pela enzima isocitrato liase, produzindo succinato (C_4) e glioxilato (C_2). O succinato é exportado para as mitocôndrias.

2. Em seguida, a malato sintase combina uma segunda molécula de acetil-CoA com glioxilato, produzindo malato (C_4).

O malato é, então, transferido para o citoplasma e convertido em oxalacetato pela isozima citoplasmática da malato desidrogenase. O oxalacetato é reimportado para o glioxissomo e se combina com outra acetil-CoA para continuar o ciclo (ver Figura 13.19A). O glioxilato produzido mantém o ciclo operando, mas o succinato é exportado às mitocôndrias para posterior processamento.

O PAPEL MITOCONDRIAL Ao se mover dos glioxissomos para as mitocôndrias, o succinato é convertido em malato pelas duas reações correspondentes do TCA. O malato resultante pode ser exportado das mitocôndrias em troca de succinato, mediante o transportador de dicarboxilato localizado na membrana mitocondrial interna. O malato é, então, oxidado a oxalacetato pela malato desidrogenase no citosol, enquanto o oxalacetato resultante é convertido em carboidratos pela inversão da glicólise (gliconeogênese). Essa conversão exige que a irreversibilidade da reação da PEP carboxilase seja contornada (ver Figura 13.3) e é facilitada pela PEP carboxiquinase, que utiliza ATP como um doador de grupo fosfato para converter oxalacetato em PEP e CO_2 (ver Figura 13.19A).

A partir do PEP, a gliconeogênese pode prosseguir com a produção de glicose, conforme descrito na Seção 13.2. A sacarose é o produto final desse processo, é a forma primária de carbono reduzido translocado do endosperma ou dos cotilédones para os tecidos das plântulas em crescimento. Nem todas as sementes convertem quantitativamente a gordura em açúcar.

Resumo

Utilizando os constituintes estruturais proporcionados pela fotossíntese, a respiração libera a energia armazenada em compostos de carbono de uma maneira controlada para o uso celular. Ao mesmo tempo, a respiração gera muitos precursores de carbono para a biossíntese.

13.1 Visão geral da respiração vegetal

- Na respiração vegetal, o carbono celular reduzido gerado pela fotossíntese é oxidado a CO_2 e água, e essa oxidação é acoplada à síntese de ATP.
- A respiração ocorre via quatro processos principais: a glicólise, a rota oxidativa das pentoses fosfato, o ciclo do TCA e a fosforilação oxidativa (a cadeia de transporte de elétrons e a síntese de ATP) (**Figura 13.1**).

13.2 Glicólise

- Na glicólise, os carboidratos são convertidos em piruvato no citosol, e uma pequena quantidade de ATP é sintetizada via fosforilação em nível de substrato. O NADH também é produzido (**Figura 13.3**).
- A glicólise vegetal tem enzimas alternativas para várias etapas. Isso permite diferenças nos substratos utilizados, nos produtos gerados e na direção da rota.
- Quando O_2 insuficiente está disponível, a fermentação regenera NAD^+ para a glicólise. Apenas uma pequena fração da energia disponível em açúcares é conservada pela fermentação (**Figura 13.3**).
- A glicólise vegetal é regulada de "baixo para cima" por seus produtos (**Figura 13.13**).

13.3 Rota oxidativa das pentoses fosfato

- Os carboidratos podem ser oxidados via rota oxidativa das pentoses fosfato, que fornece constituintes estruturais para biossíntese e poder redutor na forma de NADPH (**Figura 13.4**).

13.4 O ciclo do ácido tricarboxílico

- Na matriz mitocondrial, o piruvato é oxidado em CO_2 por meio do ciclo do TCA, gerando um grande número de equivalentes redutores na forma de NADH e $FADH_2$ (**Figuras 13.5, 13.6**).
- Em plantas, o ciclo do TCA é envolvido em rotas alternativas, que permitem a oxidação de malato ou citrato e a exportação de intermediários para biossíntese (**Figuras 13.6, 13.7**).

13.5 Fosforilação oxidativa

- O transporte de elétrons de NADH e $FADH_2$ para o oxigênio é acoplado por complexos enzimáticos ao transporte de prótons através da membrana mitocondrial interna. Isso gera um gradiente eletroquímico de prótons usado para alimentar a síntese e a exportação de ATP (**Figuras 13.8-13.10**).
- Durante a respiração aeróbia, até 60 moléculas de ATP são produzidas por molécula de sacarose (**Tabela 13.2**).

- Típica da respiração vegetal é a presença de várias proteínas (oxidase alternativa, NAD[P]H desidrogenases e proteína desacopladora), que diminuem a recuperação de energia, mas também aumentam a flexibilidade metabólica (**Figuras 13.8, 13.9**).
- Os principais produtos do processo respiratório são ATP e intermediários metabólicos utilizados na biossíntese. A demanda celular por esses compostos regula a respiração por meio de pontos de controle na cadeia transportadora de elétrons, no ciclo do TCA e na glicólise (**Figuras 13.11-13.14**).

13.6 Respiração em plantas intactas e em tecidos

- Mais de 50% do carbono fixado fotossinteticamente por dia podem ser respirados por uma planta.
- Muitos fatores podem afetar a taxa respiratória observada ao nível da planta inteira. Esses fatores abrangem a natureza e a idade do tecido vegetal, assim como fatores ambientais, como a luz, a temperatura, o suprimento de nutrientes e de água e as concentrações de O_2 e CO_2.

13.7 Metabolismo de lipídeos

- Triacilgliceróis (gorduras e óleos) são uma forma eficiente para armazenagem de carbono reduzido, particularmente em sementes. Os glicerolipídeos polares são os componentes estruturais primários de membranas (**Figuras 13.15, 13.16; Tabelas 13.3, 13.4**).
- Triacilgliceróis são sintetizados no RE e acumulam-se dentro da bicamada fosfolipídica, formando corpos lipídicos.
- Os ácidos graxos são sintetizados nos plastídios, utilizando acetil-CoA, em ciclos de adição de dois carbonos. Os ácidos graxos dos plastídios podem ser transportados para o RE, onde são modificados (**Figuras 13.17, 13.18**).
- A função de uma membrana pode ser influenciada pela sua composição lipídica. O grau de insaturação dos ácidos graxos influencia a sensibilidade das plantas ao frio, mas não parece estar envolvido nos típicos danos pelo resfriamento.
- Alguns derivados lipídicos, como jasmonato, são importantes hormônios de plantas.
- Durante a germinação de sementes oleaginosas, os lipídeos armazenados são metabolizados a carboidratos em uma série de reações, que incluem o ciclo do glioxilato. O ciclo do glioxilato tem lugar nos glioxissomos, e as etapas subsequentes ocorrem nas mitocôndrias (**Figura 13.19**).
- O acetil-CoA, gerado durante a degradação lipídica nos glioxissomos, é usado pela respiração ou convertido em carboidratos no citosol pela gliconeogênese (**Figura 13.19**).

Material da internet

- **Tópico 13.1 Isolamento de mitocôndrias** Mitocôndrias intactas e funcionais podem ser purificadas para análise *in vitro*.
- **Tópico 13.2 O ciclo Q explica como o complexo III bombeia prótons para o interior da membrana mitocondrial** Um processo cíclico permite uma maior estequiometria próton-elétron.
- **Tópico 13.3 Desvios de conservação de energia na fosforilação oxidativa de mitocôndrias vegetais** As enigmáticas rotas não conservadoras de energia da respiração são importantes para a flexibilidade metabólica.
- **Tópico 13.4 F_oF_1-ATP sintases: os menores motores rotatórios do mundo** A rotação da subunidade γ provoca as mudanças conformacionais que acoplam o fluxo de prótons à síntese de ATP.
- **Tópico 13.5 Transporte para dentro e para fora das mitocôndrias vegetais** As mitocôndrias vegetais transportam metabólitos, coenzimas e macromoléculas.
- **Tópico 13.6 O sistema genético nas mitocôndrias vegetais tem várias características especiais** O genoma mitocondrial codifica cerca de 40 proteínas mitocondriais.
- **Tópico 13.7 A respiração reduz o rendimento das culturas agrícolas?** A produtividade de culturas está correlacionada com as baixas taxas respiratórias de uma maneira não totalmente compreendida.
- **Tópico 13.8 A composição lipídica das membranas afeta a biologia celular e a fisiologia das plantas** Os mutantes lipídicos estão ampliando nossa compreensão sobre a capacidade dos organismos de se adaptarem às mudanças de temperatura.
- **Ensaio 13.1 A flexibilidade metabólica ajuda as plantas a sobreviverem ao estresse** A capacidade das plantas de realizar uma etapa metabólica de diferentes maneiras aumenta a sobrevivência vegetal sob estresse.
- **Ensaio 13.2 Perfil metabólico de células vegetais** O perfil metabólico complementa a genômica e a proteômica.
- **Ensaio 13.3 Dinâmica mitocondrial: quando a forma atende à função** A microscopia de fluorescência tem mostrado que as mitocôndrias alteram dinamicamente a forma, o tamanho, o número e a distribuição *in vivo*.
- **Ensaio 13.4 Mitocôndrias em sementes e a tolerância ao estresse** As sementes sofrem uma ampla gama de estresses e dependem da respiração para germinar.
- **Ensaio 13.5 Balanço de vida e morte: o papel da mitocôndria na morte celular programada** A morte celular programada é uma parte integral do ciclo de vida das plantas, com frequência envolvendo diretamente as mitocôndrias.
- **Ensaio 13.6 Respiração por flores termogênicas** A temperatura de flores termogênicas, como nos lírios do gênero *Arum*, pode aumentar até 35 °C acima do seu entorno.
- **Ensaio 13.7 Espécies reativas de oxigênio (ERO) e respiração vegetal** A produção de espécies reativas de oxigênio é uma consequência inevitável da respiração aeróbia.
- **Ensaio 13.8 Regulação transcricional da respiração/regulação retrógrada** A regulação retrógrada permite que os genes nucleares respondam às mudanças na função mitocondrial.
- **Ensaio 13.9 Medição *in vivo* da respiração vegetal** As atividades da oxidase alternativa e da citocromo *c* oxidase podem ser medidas simultaneamente.
- **Ensaio 13.10 Diversidade extrema de estruturas de triacilglicerol e ácidos graxos em óleos vegetais usados para alimentos, biocombustíveis e produtos químicos** Óleos vegetais especiais têm aplicações industriais.

Para mais recursos de aprendizagem (em inglês), acesse **oup.com/he/taiz7e**.

Leituras sugeridas

Amthor, J. S., Bar-Even, A., Hanson, A. D., Millar, A. H., Stitt, M., Sweetlove, L. J., and Tyerman, S. D. (2019) Engineering strategies to boost crop productivity by cutting respiratory carbon loss. *Plant Cell* 31: 297–314.

Atkin, O. K., Meir, P., and Turnbull, M. H. (2014) Improving representation of leaf respiration in large-scale predictive climate-vegetation models. *New Phytol.* 202: 743–748.

Bates, P. D., Stymne, S., and Ohlrogge, J. (2013) Biochemical pathways in seed oil synthesis. *Curr. Opin. Plant Biol.* 16: 358–364.

Dusenge, M. E., Duarte, A. G., and Way, D. A. (2019) Plant carbon metabolism and climate change: elevated CO_2 and temperature impacts on photosynthesis, photorespiration and respiration. *New Phytol.* 221: 32–49.

Holzl, G., and Doermann, P. (2019) Chloroplast lipids and their biosynthesis. *Annu. Rev. Plant Biol.* 70: 51–81.

Markham, J. E., Lynch, D. V., Napier, J. A., Dunn, T. M., and Cahoon, E. B. (2013) Plant sphingolipids: function follows form. *Curr. Opin. Plant Biol.* 16: 350–357.

Millar, A. H., Whelan, J., Soole, K. L. and Day, D. A. (2011) Organization and regulation of mitochondrial respiration in plants. *Annu. Rev. Plant Biol.* 62: 79–104.

Millar, A. H., Siedow, J. N., and Day, D. A. (2015) Respiration and photorespiration. In: Buchanan, B. B., Gruissem, W., and Jones, R. L. (eds.), *Biochemistry and Molecular Biology of Plants*, 2nd ed., pp. 610–655. Somerset, NJ: Wiley.

Møller, I. M., Jensen, P. E., and Hansson, A. (2007) Oxidative modifications to cellular components in plants. *Annu. Rev. Plant Biol.* 58: 459–481.

Møller, I. M., Igamberdiev, A. U., Bykova, N. V., Finkemeier, I., Rasmusson, A. G., and Schwarzländer, M. (2020) Matrix redox physiology governs the regulation of plant mitochondrial metabolism through post-translational protein modifications. *Plant Cell* 32: 573–594.

Møller, I. M., Rasmusson, A. G., and Van Aken, O. (2021) Plant mitochondria: Past, present and future. *Plant J.* 108: 912–959.

Mower, J. P. (2020) Variation in protein gene and intron content among land plant mitogenomes. *Mitochondrion* 53: 203–213.

Nakamura, Y. (2017) Plant phospholipid diversity: Emerging functions in metabolism and protein–lipid interactions. *Trends Plant Sci.* 22: 1027–1040.

Nicholls, D. G., and Ferguson, S. J. (2013) *Bioenergetics*, 4th ed. Academic Press, San Diego, CA.

O'Leary, B. M., and Plaxton, W. C. (2016) Plant Respiration. In ELS, John Wiley & Sons, Ltd (Ed.). doi.org/10.1002/9780470015902.a0001301.pub3.

Rasmusson, A. G., Geisler, D. A., and Møller, I. M. (2008) The multiplicity of dehydrogenases in the electron transport chain of plant mitochondria. *Mitochondrion* 8: 47–60.

Sweetlove, L. J., Beard, K. F. M., Nunes-Nesi, A., Fernie, A. R., and Ratcliffe, R. G. (2010) Not just a circle: Flux modes in the plant TCA cycle. *Trends Plant Sci.* 15: 462–470.

van Dongen, J. T., and Licausi, F. (2015) Oxygen sensing and signaling. *Annu. Rev. Plant Biol.* 66: 345–367.

Vanlerberghe, G. C. (2013) Alternative oxidase: A mitochondrial respiratory pathway to maintain metabolic and signaling homeostasis during abiotic and biotic stress in plants. *Int. J. Mol. Sci.* 14: 6805–6847.

Wallis, J. G., and Browse, J. (2010) Lipid biochemists salute the genome. *Plant J.* 61: 1092–1106.

14 Assimilação de nutrientes inorgânicos

As plantas superiores são organismos autotróficos que podem sintetizar todos os seus componentes moleculares orgânicos de nutrientes inorgânicos obtidos do seu entorno. Para muitos nutrientes minerais, o processo envolve a absorção de compostos do solo pelas raízes (ver Capítulo 8) e a incorporação em compostos orgânicos, essenciais ao crescimento e ao desenvolvimento. Essa incorporação dos nutrientes inorgânicos em substâncias orgânicas, como pigmentos, cofatores enzimáticos, lipídeos, ácidos nucleicos e aminoácidos, é denominada **assimilação de nutrientes**.

A assimilação de alguns nutrientes — especialmente nitrogênio e enxofre — envolve uma série complexa de reações bioquímicas que estão entre as reações de maior consumo energético nos organismos vivos:

- Na assimilação do nitrato (NO_3^-), o nitrogênio do NO_3^- é convertido em uma forma mais energética (mais reduzida), o nitrito (NO_2^-), e, depois, em uma forma ainda mais energética (mais reduzida ainda), o amônio (NH_4^+), e finalmente em nitrogênio amida do aminoácido glutamina. Esse processo consome o equivalente a 12 ATPs para cada nitrogênio amida.

- Plantas como as leguminosas estabelecem relações simbióticas com bactérias fixadoras de nitrogênio, para converter o nitrogênio molecular (N_2) em amônia (NH_3). A amônia (NH_3) é o primeiro produto estável da fixação natural; entretanto, em pH fisiológico, a amônia é protonada para formar o íon amônio (NH_4^+). O processo de fixação biológica do nitrogênio, junto com a subsequente assimilação de NH_3 em um aminoácido, consome o equivalente a cerca de 16 ATPs por nitrogênio amida.

- A assimilação de sulfato (SO_4^{2-}) no aminoácido cisteína, por meio de duas rotas encontradas nas plantas, consome cerca de 14 ATPs.

- Para se ter uma ideia da enorme quantidade de energia envolvida, deve-se considerar que, se ocorressem rapidamente no sentido oposto — por exemplo, de NH_4NO_3 (nitrato de amônio) para N_2 –, essas reações se tornariam explosivas, liberando grandes quantidades de energia como movimento, calor e luz. Praticamente todos os explosivos, incluindo a nitroglicerina, o trinitrotolueno (TNT) e a pólvora, são baseados na rápida oxidação de compostos de nitrogênio ou de enxofre.

A assimilação de outros nutrientes, especialmente os macronutrientes e os micronutrientes catiônicos (ver Capítulo 7), envolve a formação de complexos com compostos orgânicos.

Por exemplo, o Mg^{2+} associa-se aos pigmentos clorofilas, o Ca^{2+} associa-se a pectatos na parede celular, e o Mo^{6+} associa-se a enzimas como a nitrato redutase e a nitrogenase. Tais complexos são altamente estáveis, sendo que a remoção do nutriente do complexo pode resultar na perda total de função.

Este capítulo resume as reações primárias pelas quais os principais nutrientes (nitrogênio, enxofre e fosfato) são assimilados e discute os produtos orgânicos dessas reações. São enfatizadas as implicações fisiológicas dos gastos energéticos requeridos e introduz-se o tópico da fixação simbiótica do nitrogênio. As plantas servem como o principal conduto por meio do qual os nutrientes passam de domínios geofísicos mais lentos para ambientes biológicos mais rápidos; este capítulo, portanto, destaca o papel vital da assimilação dos nutrientes vegetais na dieta humana.

14.1 Nitrogênio no meio ambiente

Muitos compostos bioquímicos importantes das células vegetais possuem nitrogênio (ver Capítulo 7). Por exemplo, o nitrogênio é encontrado nos nucleotídeos e nos aminoácidos que formam a estrutura dos ácidos nucleicos e das proteínas, respectivamente. Nas plantas, apenas elementos como o oxigênio, o carbono e o hidrogênio são mais abundantes que o nitrogênio. A maioria dos ecossistemas naturais e agrários apresenta um expressivo ganho na produtividade após serem fertilizados com nitrogênio inorgânico, atestando a importância desse elemento e o fato de ele estar presente em quantidades abaixo do ideal.

Nesta seção, são discutidos o ciclo biogeoquímico do nitrogênio, o papel crucial da fixação de nitrogênio na conversão de nitrogênio molecular para amônio e nitrato, além do destino do amônio e do nitrato nos tecidos vegetais.

O nitrogênio passa por diferentes formas no ciclo biogeoquímico

O nitrogênio está presente em muitas formas na biosfera. A atmosfera contém uma vasta quantidade (cerca de 78% por volume) de nitrogênio molecular (N_2) (ver Capítulo 7). Na maior parte, esse grande reservatório de nitrogênio não está diretamente disponível para os organismos vivos. A obtenção de nitrogênio da atmosfera requer a quebra de uma ligação tripla covalente de excepcional estabilidade entre os dois átomos de nitrogênio (N≡N), para produzir amônia (NH_3) ou nitrato (NO_3^-). Tais reações, conhecidas como **fixação de nitrogênio**, ocorrem por processos industriais e naturais.

Os processos industriais usam temperatura elevada (cerca de 200 °C), alta pressão (cerca de 200 atmosferas ou 20 MPa) e um catalisador de metal (geralmente ferro), para combinar N_2 com hidrogênio e formar amônia. Essas condições extremas são necessárias para superar a energia de ativação alta da reação. Essa reação de fixação de nitrogênio, chamada de *processo Haber-Bosch*, é um ponto de partida para a fabricação de fertilizantes nitrogenados, que globalmente excede 110 milhões de toneladas métricas por ano (110 Mt y^{-1} ou 110×10^{12} g y^{-1}). Estima-se que metade do nitrogênio no corpo humano vem desse processo.

Tabela 14.1 Principais processos do ciclo biogeoquímico do nitrogênio

Processo	Definição	Taxa (Mt y^{-1}, 10^{12}g y^{-1})[a]
Fixação industrial	Conversão industrial do nitrogênio molecular em amônia	110-120
Fixação atmosférica	Conversão fotoquímica e pelos relâmpagos do nitrogênio molecular em nitrato	2-10
Fixação biológica	Conversão do nitrogênio molecular em amônia pelos procariotos	150-380
Obtenção pelos vegetais	Absorção e assimilação do amônio ou do nitrato pelos vegetais	1.000-1.200
Imobilização	Absorção e assimilação do amônio ou do nitrato por microrganismos	N/C
Amonificação	Catabolismo, por bactérias e fungos, da matéria orgânica do solo em amônio	N/C
Anamox	Oxidação anaeróbia do amônio: conversão bacteriana do amônio e do nitrito em nitrogênio molecular	N/C
Nitrificação	Oxidação bacteriana (*Nitrosomonas* sp.) do amônio em nitrito e posterior oxidação bacteriana (*Nitrobacter* sp.) do nitrito em nitrato	N/C
Mineralização	Ação das bactérias e dos fungos no catabolismo da matéria orgânica do solo em nitrogênio mineral, mediante amonificação ou nitrificação	N/C
Volatilização	Perda física do gás amônia para a atmosfera	60-80
Fixação do amônio	Ligação física do amônio nas partículas do solo	10
Desnitrificação	Conversão bacteriana do nitrato em óxido nitroso e nitrogênio molecular	100-280
Lixiviação do nitrato	Escoamento físico do nitrato dissolvido na água subterrânea, deixando as camadas superiores do solo e, finalmente, chegando aos oceanos	40-70

[a]N/C, não calculado.
Fonte: W. H. Schlesinger. 1997. *Biogechemistry: An Analysis of Global Change*, 2nd ed., Academic Press, San Diego, CA.

Os seguintes processos naturais fixam cerca de 260 Mt y^{-1} (± 100 Mt y^{-1}) de nitrogênio (**Tabela 14.1**):

- *Relâmpagos.* Os relâmpagos são responsáveis por cerca de 2% do nitrogênio fixado pelos processos naturais. Eles convertem o vapor de água e o oxigênio em radicais hidroxilas livres altamente reativos, em átomos de hidrogênio livre e em átomos de oxigênio livre, que atacam o nitrogênio molecular (N_2), formando o ácido nítrico (HNO_3). Posteriormente, esse ácido nítrico precipita-se sobre a Terra com a chuva.
- *Fixação biológica de nitrogênio.* Os 98% restantes resultam da fixação biológica de nitrogênio, em que bactérias ou cianobactérias (algas azuis) fixam o N_2 em amônia (NH_3). Essa amônia dissolve-se na água e forma o amônio NH_4^+):

$$NH_3 + H_2O \rightarrow NH_4^+ + OH^- \quad (14.1)$$

O alto custo dos fertilizantes, especialmente para agricultores pobres, combinado com o impacto negativo dos fertilizantes no meio ambiente, resultou em esforços intensos para melhor compreender e implementar a fixação biológica de nitrogênio, bem como para melhorar a eficiência do uso de nitrogênio nas lavouras.

Uma vez fixado em amônia ou nitrato, o nitrogênio entra no ciclo biogeoquímico, passando por várias formas orgânicas ou inorgânicas antes de finalmente retornar à forma de nitrogênio molecular (**Figura 14.1**; ver também Tabela 14.1). Os íons amônio (NH_4^+) e nitrato (NO_3^-) da solução do solo, gerados pela fixação ou liberados pela decomposição da matéria orgânica do solo, tornam-se alvos de intensa competição entre plantas e microrganismos. Para serem competitivos, os vegetais desenvolveram mecanismos para capturar rapidamente esses íons da solução do solo (ver Capítulo 8). Quando em concentrações elevadas no solo, o que ocorre após a fertilização, a absorção do amônio e do nitrato pelas raízes pode exceder a capacidade de uma planta de assimilar esses íons, levando à sua acumulação nos tecidos vegetais.

Amônio ou nitrato não assimilados podem ser perigosos

O amônio, se acumulado em concentrações elevadas nos tecidos vivos, é tóxico tanto para plantas quanto para animais. O amônio dissipa os gradientes de prótons transmembrana (**Figura 14.2**) necessários para o transporte de elétrons na fotossíntese e na cadeia respiratória (ver Capítulos 9 e 13), bem como para o sequestro de metabólitos nos vacúolos (ver Capítulo 8) e para o transporte de nutrientes através das membranas biológicas (ver Capítulo 8). Uma vez que as concentrações elevadas de amônio são perigosas, os animais desenvolveram uma forte aversão ao seu odor. Como exemplo, podem ser citados os sais-de-cheiro, compostos por carbonato de amônio, um vapor medicinal liberado sob o nariz para animar pessoas desfalecidas. Para evitar os efeitos tóxicos do amônio, as plantas suprimem a absorção de amônio por um mecanismo de retroalimentação (*feedback*) alostérico dependente da fosforilação envolvendo o transportador de amônio AMT1; elas assimilam

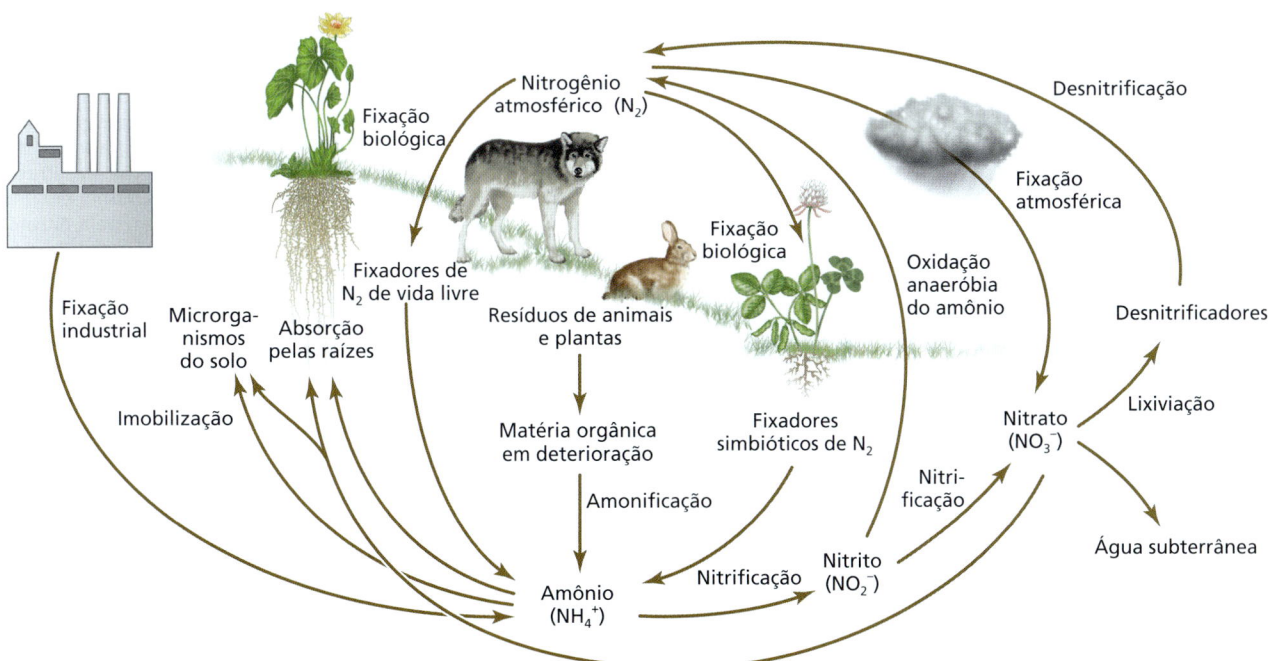

Figura 14.1 O nitrogênio apresenta um ciclo na atmosfera, mudando da forma gasosa à de íons reduzidos solúveis, antes de ser incorporado a compostos orgânicos nos organismos vivos. São apresentadas algumas das etapas envolvidas no ciclo do nitrogênio.

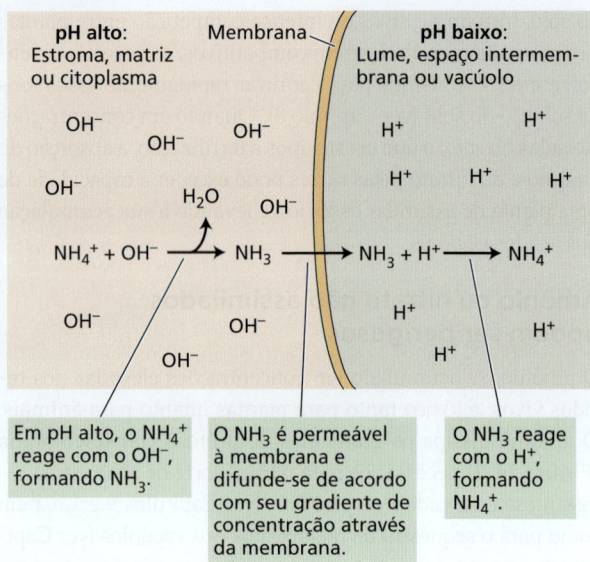

Figura 14.2 A toxicidade do NH_4^+ resulta da dissipação dos gradientes de pH. O lado esquerdo representa o estroma, a matriz ou o citoplasma, onde o pH é alto. O lado direito representa o lume, o espaço intermembrana ou o vacúolo, onde o pH é baixo. A membrana representa o tilacoide do cloroplasto, a membrana interna mitocondrial ou o tonoplasto do vacúolo de uma célula da raiz. O resultado líquido da reação mostra que as concentrações de OH^- do lado esquerdo e de H^+ do lado direito diminuíram, isto é, o gradiente de pH foi dissipado. O movimento da amônia através das membranas pode ocorrer por meio das aquaporinas (ver Capítulo 8). (Segundo A. J. Bloom. 1997. Em *Ecology in Agriculture*, L. E. Jackson [ed.], pp. 145-172, Academic Press, San Diego, CA.)

o amônio próximo ao local de absorção ou geração e armazenam rapidamente qualquer excesso em seus vacúolos.

Ao contrário do que acontece com o amônio, as plantas podem armazenar concentrações altas de nitrato e translocá-lo de tecido para tecido sem efeitos deletérios. Entretanto, se animais ou seres humanos consumirem material vegetal com níveis altos de nitrato, eles podem sofrer de metemoglobinemia, uma doença em que o fígado reduz o nitrato a nitrito, o qual se combina com a hemoglobina, tornando-a incapaz de combinar-se com o oxigênio. Seres humanos e os outros animais são capazes também de converter nitrato em nitrosaminas, as quais são potentes carcinogênicos, ou em óxido nítrico, uma potente molécula de sinalização envolvida em muitos processos fisiológicos, como a dilatação de vasos sanguíneos. Em função disso, alguns países impõem limites nos níveis de nitrato nos vegetais que são consumidos pelo homem.

Nas próximas três seções, serão discutidos os processos pelos quais as plantas assimilam o nitrato em compostos orgânicos via redução enzimática do nitrato primeiro em nitrito, em seguida em amônio e, após, em aminoácidos.

14.2 Assimilação do nitrato

As raízes dos vegetais absorvem ativamente o nitrato da solução do solo mediante vários cotransportadores de nitrato-prótons de baixa e de alta afinidade, das famílias NRT1 e NRT2 (ver Capítulo 8). Os vegetais, por fim, assimilam a maior parte do nitrato em compostos orgânicos. A primeira etapa do processo é a conversão do nitrato em nitrito no citosol, uma

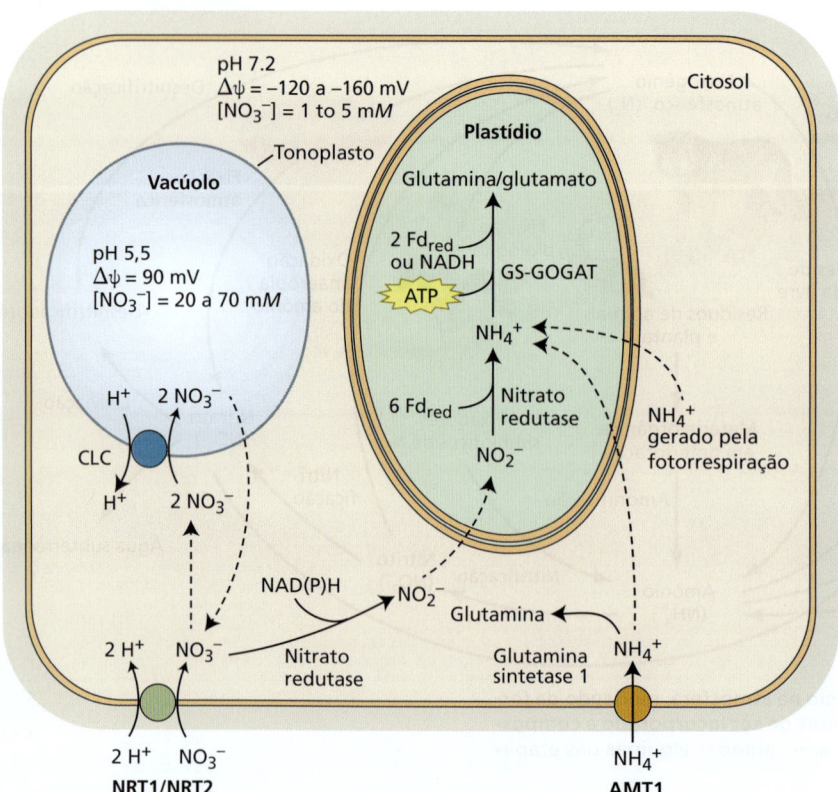

Figura 14.3 Visão geral da assimilação de nitrogênio em células vegetais. O nitrato é absorvido através da membrana plasmática pelos simportadores acoplados a prótons das família NRT1 ou NRT2, usando o gradiente de prótons como força motriz. O nitrato é então convertido em amônio em um processo de duas etapas, pela nitrato redutase no citosol e pela nitrito redutase nos plastídios. O nitrato pode ser transportado através do tonoplasto pelo antiporter de nitrato de prótons CLC e armazenado no vacúolo até uma concentração de 70 mM. O amônio, absorvido pelos transportadores AMT1 ou produzido intracelularmente por assimilação de nitrato ou fotorrespiração, pode ser assimilado em glutamina e glutamato pela glutamina sintetase (GS) e glutamato sintase, que tem o nome sistemático glutamina:2-oxoglutarato aminotransferase (GOGAT). $\Delta\psi$, potencial de membrana.

reação de redução (ver Capítulo 13, para propriedades redox) que envolve a transferência de dois elétrons (**Figura 14.3**). A enzima **nitrato redutase** (**Figura 14.4**) catalisa essa reação:

$$NO_3^- + NAD(P)H + H^+ \rightarrow NO_2^- + NAD(P)^+ + H_2O \quad (14.2)$$

onde NAD(P)H indica o NADH ou o NADPH. A forma mais comum da enzima nitrato redutase utiliza somente o NADH como doador de elétrons; outra forma da enzima, encontrada predominantemente em tecidos não clorofilados, como raízes, pode usar tanto o NADH quanto o NADPH.

As nitrato redutases de plantas superiores são formadas por duas subunidades idênticas com três grupos prostéticos cada: flavina adenina dinucleotídeo (FAD), heme e um complexo formado pelo íon molibdênio e uma molécula orgânica denominada *pterina*.

Uma pterina (completamente oxidada)

A nitrato redutase é a principal proteína contendo molibdênio nos tecidos vegetativos; um dos sintomas da deficiência do molibdênio é a acumulação de nitrato, resultante da diminuição da atividade da nitrato redutase.

A utilização de cristalografia de raio X e a comparação de sequências de aminoácidos da nitrato redutase de diversas espécies com aquelas de outras proteínas já caracterizadas que se ligam ao FAD, ao heme ou íons molibdênio resultaram em um modelo multidomínios para a nitrato redutase; um modelo simplificado de três domínios é apresentado na Figura 14.4. O domínio de ligação do FAD aceita dois elétrons do NADH ou do NADPH. Os elétrons são, então, deslocados pelo domínio heme para o complexo molibdênio, onde são transferidos para o nitrato.

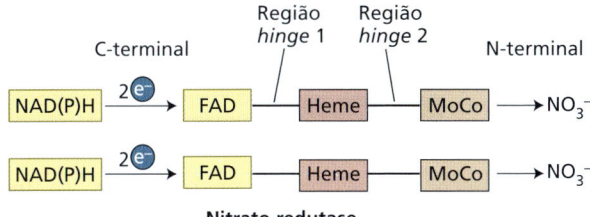

Figura 14.4 Modelo do dímero da nitrato redutase, ilustrando os três domínios de ligação cujas sequências de polipeptídeos são similares em eucariotos: FAD, heme e complexo de molibdênio (MoCo). O NAD(P)H liga-se ao domínio de ligação do FAD de cada subunidade e inicia a transferência de dois elétrons a partir do grupo carboxila terminal (C), através de cada um dos componentes de transferência de elétrons, até o grupo amino terminal (N). O nitrato é reduzido no complexo molibdênio próximo à região amino terminal. As sequências dos polipeptídeos nas regiões hinge são altamente variáveis entre as espécies.

Muitos fatores regulam a nitrato redutase

Nitrato, luz e carboidratos influenciam a abundância e a atividade da nitrato redutase nos níveis de transcrição, de tradução e pós-tradução. O mRNA da nitrato redutase nas raízes é induzido muito rapidamente após a adição de nitrato, e os níveis máximos podem ser alcançados em 30 min. Em contraste com a rápida acumulação de mRNA, há um aumento linear gradual na atividade da nitrato redutase após a adição de nitrato, refletindo que a síntese da proteína nitrato redutase requer a presença de mRNA da nitrato redutase.

A modificação pós-tradução da proteína (envolvendo uma fosforilação reversível) é análoga à regulação da sacarose fosfato sintase (ver Capítulos 10 e 13). As concentrações de carboidratos, a luz e outros fatores ambientais estimulam a proteína fosfatase, que desfosforila um resíduo de serina chave na região da articulação (*hinge*) 1 da nitrato redutase (entre o complexo molibdênio e os domínios de ligação heme; ver Figura 14.4) e, portanto, ativa a enzima. Agindo na direção inversa, o escuro e o Mg^{2+} estimulam a proteína quinase, a qual fosforila os mesmos resíduos de serina, que depois interagem com a proteína inibidora 14-3-3 e, assim, inativam a nitrato redutase. *A regulação da atividade da nitrato redutase por meio da fosforilação e da desfosforilação proporciona um controle mais rápido do que o obtido pela síntese ou degradação da enzima* (*minutos* versus *horas*).

A nitrito redutase converte o nitrito em amônio

O nitrito (NO_2^-) é um íon altamente reativo e potencialmente tóxico. As células vegetais transportam imediatamente o nitrito gerado pela redução do nitrato (ver Reação 14.2) do citosol para o plastídio, onde o nitrito é rapidamente convertido em amônio pela enzima nitrito redutase. A redução do nitrito envolve a transferência de seis elétrons, de acordo com a seguinte reação geral:

$$NO_2^- + 6\,Fd_{red} + 8\,H^+ \rightarrow NH_4^+ + 6\,Fd_{ox} + 2\,H_2O \quad (14.3)$$

onde o Fd é a ferredoxina e os subscritos *red* e *ox* representam formas *reduzida* e *oxidada*, respectivamente. A ferredoxina reduzida deriva do transporte fotossintético de elétrons nos cloroplastos (ver Capítulo 9) e do NADPH gerado pela rota oxidativa das pentoses fosfato nos plastídios de tecidos não verdes (ver Capítulo 13).

Em algumas espécies, os cloroplastos e os plastídios das raízes contêm diferentes formas de nitrito redutase, mas as formas consistem em um único polipeptídeo contendo dois grupos prostéticos: um grupo ferro-enxofre (Fe_4S_4) e um heme especializado. Tais grupos atuam conjuntamente ligando-se ao nitrito e reduzindo-o diretamente a amônio. Embora nenhum composto nitrogenado seja acumulado no estado redox intermediário, uma porcentagem pequena (0,02–0,2%) do nitrito reduzido é liberada como óxido nitroso (N_2O), um gás do efeito estufa. O fluxo de elétrons por ferredoxina, Fe_4S_4 e heme pode ser representado conforme a **Figura 14.5**.

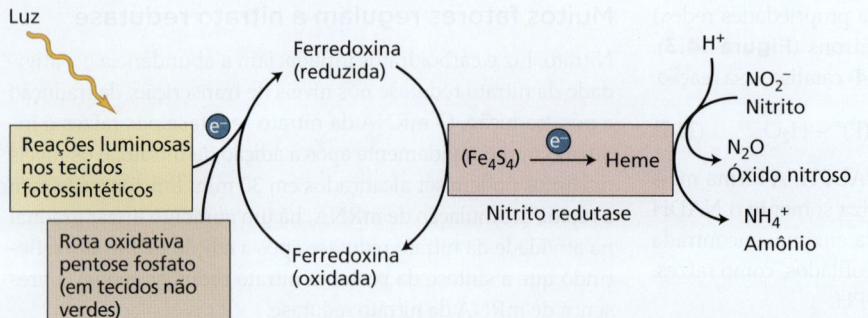

Figura 14.5 Modelo do acoplamento do fluxo de elétrons da fotossíntese, via ferredoxina, com a redução do nitrito pela nitrito redutase. A enzima contém dois grupos prostéticos, um grupo ferro-enxofre (Fe_4S_4) e heme, que participam na redução do nitrito a amônio.

A nitrito redutase é codificada no núcleo e sintetizada no citoplasma, apresentando um peptídeo de trânsito no N-terminal que a direciona para os plastídios. Concentrações elevadas de NO_3^- ou a exposição à luz induzem a transcrição do mRNA da nitrito redutase. A acumulação dos produtos finais desse processo – asparagina e glutamina – reprime essa indução.

Raízes e partes aéreas assimilam nitrato

Em muitas plantas, quando as raízes recebem quantidades pequenas de nitrato, este é reduzido, principalmente nesses órgãos. À medida que o suprimento de nitrato aumenta, uma proporção maior do nitrato absorvido é translocada via xilema para as partes aéreas, onde será assimilada. Mesmo sob condições similares de suprimento do nitrato, o equilíbrio do metabolismo desse nutriente entre a raiz e o caule – conforme indicado pela proporção da atividade da nitrato redutase em cada um dos dois órgãos ou pelas concentrações relativas do nitrato e do nitrogênio reduzido na seiva do xilema – varia entre as espécies.

Em espécies como o cardo (*Xanthium strumarium*), o metabolismo do nitrato é restrito às partes aéreas; em outras espécies, como o tremoço-branco (*Lupinus albus*), a maior parte do nitrato é metabolizada nas raízes (**Figura 14.6**). Em geral, as espécies nativas de regiões temperadas dependem mais intensamente da assimilação do nitrato pelas raízes do que espécies de regiões tropicais e subtropicais. Além das diferenças baseadas nas espécies, a partição da assimilação de nitrato entre a raiz e a parte aérea também é afetada por condições ambientais, como estresse salino e elevado CO_2, entre outras.

O nitrato pode ser transportado tanto no xilema quanto no floema

A partição adequada da assimilação de nitrato entre vários tecidos é importante para maximizar a eficiência do uso de nitrogênio e otimizar o crescimento vegetal. O transporte de nitrato da raiz para a parte aérea, um fator-chave na determinação da partição da assimilação do nitrato entre essas partes da planta, ocorre por meio do xilema, usando a transpiração como força motriz.

O transporte de nitrato da raiz para a parte aérea é controlado principalmente na etapa de carregamento do xilema.

Em *Arabidopsis*, o transportador de nitrato 1.5 (NRT1.5), expresso no periciclo oposto aos polos de xilema, é responsável por carregar nitrato no xilema. Além do transporte do xilema, o transporte de nitrato do floema, impulsionado por gradientes osmóticos e dos tecidos-fonte aos tecidos-dreno, é responsável pela redistribuição do nitrato para tecidos que demandam nitrogênio. O nitrato pode ser armazenado em grandes quantidades no vacúolo, até uma concentração de 70 mM (ver Figura 14.3), da qual pode ser recuperado quando necessário. A capacidade de armazenamento de nitrato e a eficiência de recuperação estão bem correlacionadas com o rendimento nas

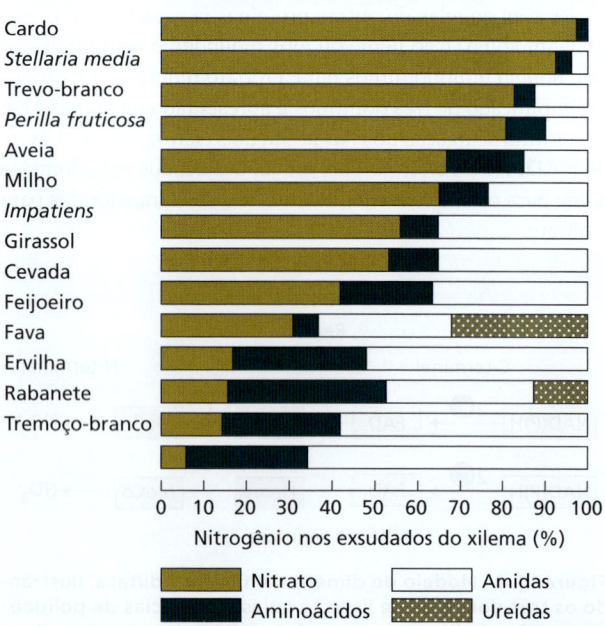

Figura 14.6 Quantidades relativas de nitrato e outros compostos nitrogenados de exsudados do xilema de várias espécies vegetais. As plantas foram cultivadas com suas raízes expostas a soluções de nitrato, e a seiva do xilema foi coletada por rompimento do caule. Observe a presença de ureídas em feijoeiro e ervilha; somente leguminosas de origem tropical exportam nitrogênio em tais compostos. (Segundo J. S. Pate. 1973. *Soil Biol. Biochem.* 5: 109–119.)

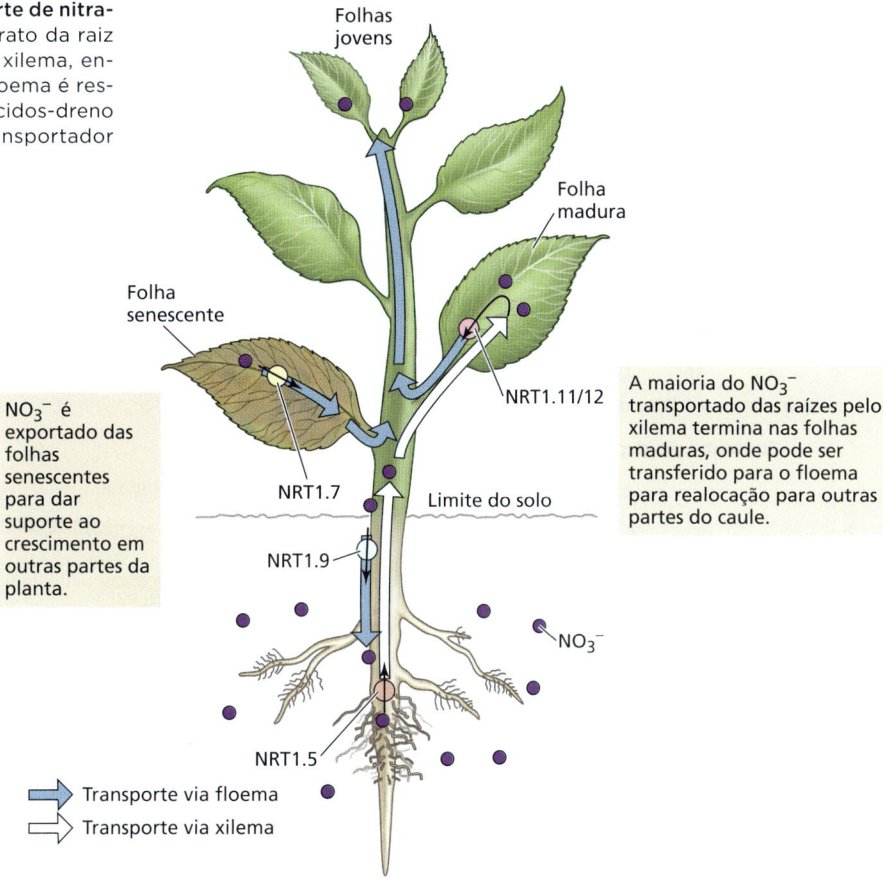

Figura 14.7 Visão geral do transporte de nitrato nas plantas. O transporte de nitrato da raiz para a parte aérea é mediado pelo xilema, enquanto o transporte de nitrato no floema é responsável pela sua distribuição em tecidos-dreno que demandam nitrogênio. NRT, transportador de nitrato.

lavouras de grãos. Quando o suprimento externo de nitrato é baixo, o nitrato armazenado nas folhas velhas é recuperado e carregado no floema pelo transportador de nitrato NRT1.7 para nutrir tecidos em crescimento, como em folhas jovens e em sementes (**Figura 14.7**). Essa remobilização mediada pelo floema pode ajudar as plantas a sustentar o crescimento sob deficiência de nitrogênio. Por outro lado, quando o suprimento de nitrato no solo é alto, o nitrato das raízes é direcionado através do fluxo do xilema para as folhas maduras, onde a transpiração é maior. Nesse caso, o nitrato carregado no xilema pode ser transferido para o floema pelos transportadores de nitrato NRT1.11 e NRT1.12 na nervura principal das folhas maduras, para satisfazer a alta demanda de nitrogênio das folhas jovens. As plantas dependem do transporte de nitrato do floema para realocar nitrato carregado no xilema e nitrato armazenado sob condições de suficiência e deficiência de nitrogênio, respectivamente, para nutrir os tecidos em crescimento. Semelhante ao NRT1.11 e ao NRT1.12, o NRT1.9 expresso na raiz também media a transferência de nitrato do xilema para o floema, servindo como um módulo regulatório negativo para o transporte de nitrato da raiz à parte aérea. Dependendo do *status* externo e interno do nitrogênio, o transporte do xilema e o do nitrato do floema trabalham em conjunto para garantir que o nitrato seja distribuído e assimilado adequadamente em vários tecidos.

O transceptor contribui para a sinalização de nitrato

O CHL1/NRT1.1 é um transportador de nitrato de dupla afinidade envolvido na absorção de nitrato (ver Capítulo 8) e também funciona como um transceptor de nitrato (transportador com função receptora). O nitrato induz rapidamente a expressão de aproximadamente 500 genes relacionados ao nitrato, incluindo aqueles que codificam nitrato redutase, nitrito redutase e transportadores de nitrato, em uma maneira coordenada. Essa resposta transcricional rápida é denominada resposta primária ao nitrato e prepara as plantas para obter e assimilar nitrato quando o nitrato externo está disponível. Os níveis de expressão de genes relacionados ao nitrato são rigorosamente regulados de acordo com a concentração externa de nitrato e exibem um padrão de saturação bifásico (**Figura 14.8A**). Como parte da resposta primária ao nitrato, as plantas usam ligação de dupla afinidade e fosforilação alterada do transceptor CHL1/NRT1.1 para detectar amplas variações dos níveis externos de nitrato e, em seguida, usam o fator de transcrição NLP7 para se ligar aos promotores dos genes nitrato redutase e nitrito redutase (**Figura 14.8B**). A fim de garantir que a obtenção de nitrato seja bem coordenada com a assimilação de C e o *status* interno de N, o gene transportador de nitrato NRT2.1 também é ajustado pela sinalização sistêmica de demanda de nitrogênio mediada por CEP1 (ver Capítulo 7) e pelo fator de transcrição HY5 de 18 kDa responsivo à luz (ver Capítulo 12).

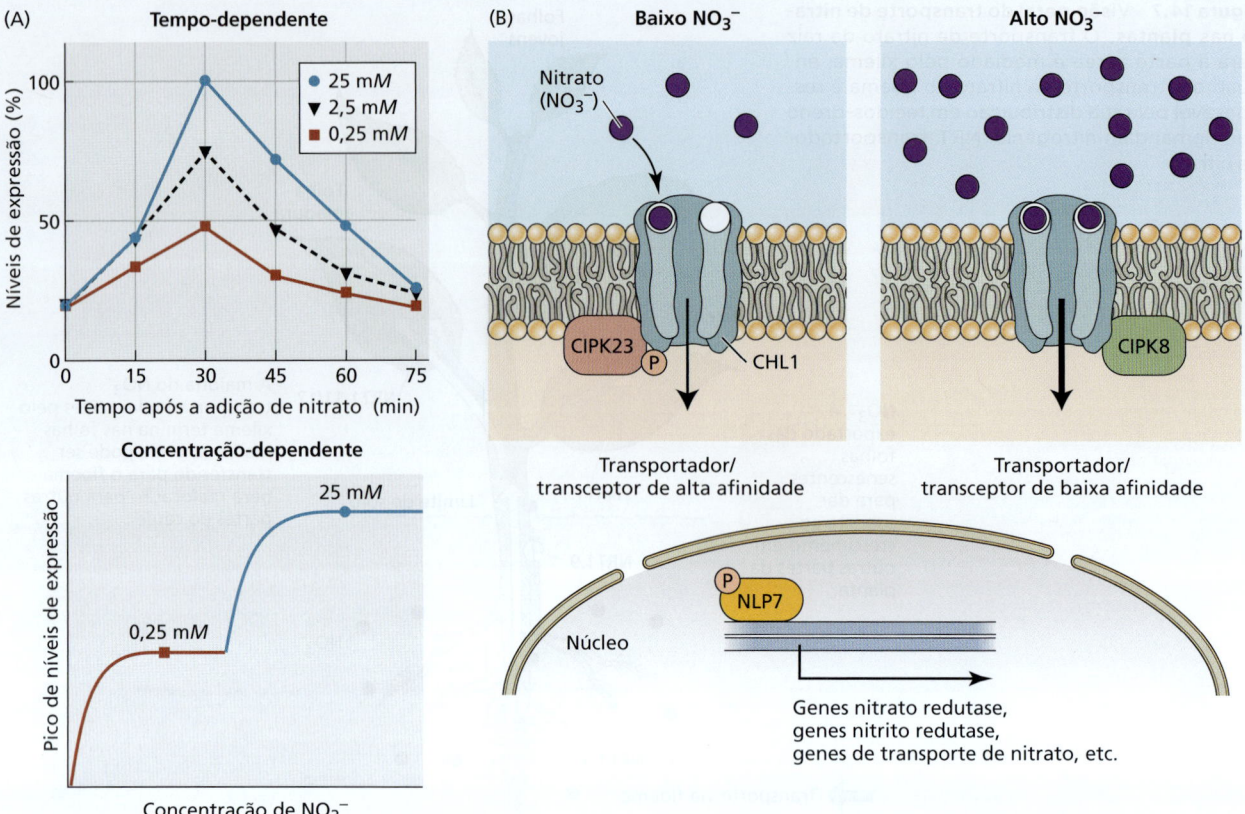

Figura 14.8 A resposta primária ao nitrato. (A) Padrões de expressão dependentes do tempo (parte superior) e da concentração (parte inferior) dos genes relacionados ao nitrato, incluindo nitrato redutase. (B) O transceptor CHL1 usa ligação de dupla afinidade para detectar uma ampla gama de mudanças na concentração de nitrato no solo, com a ajuda de duas proteínas quinases, CIPK23 e CIPK8 (ver Capítulo 4), que operam nas fases de alta e baixa afinidade, respectivamente. O fator de transcrição NLP7 pode, então, se ligar aos promotores de genes relacionados ao nitrato para induzir sua expressão.

14.3 Assimilação do amônio

As células vegetais evitam a toxicidade do amônio pela rápida conversão do amônio – gerado a partir da assimilação do nitrato ou da fotorrespiração (ver Capítulo 10) – em aminoácidos. A rota primária para essa conversão envolve as ações sequenciais da glutamina sintetase (GS) e da glutamato sintase, que tem o nome sistemático glutamina:2-oxoglutarato aminotransferase (GOGAT). Nesta seção, são discutidos os processos enzimáticos que mediam a assimilação do amônio em aminoácidos essenciais, além do papel de amidas na regulação do metabolismo do nitrogênio e metabolismo do carbono.

A conversão do amônio em aminoácidos requer duas enzimas

A **glutamina sintetase (GS)** combina o amônio com o glutamato para formar a glutamina (**Figura 14.9A**):

$$\text{Glutamato} + NH_4^+ + ATP \rightarrow \text{glutamina} + ADP + P_i \quad (14.4)$$

Essa reação necessita da hidrólise de uma molécula de ATP e envolve um cátion bivalente, como Mg^{2+}, Mn^{2+} ou Co^{2+}, como cofator. As plantas têm duas classes de GS: GS1 no citosol e GS2 nos cloroplastos/plastídios.

As isoenzimas GS1 citosólicas, expressadas especificamente no floema e predominantemente nos feixes vasculares das raízes, funcionam na assimilação primária da amônia e produzem glutamina para o transporte de nitrogênio de longa distância. A GS2 nos plastídios de raízes gera nitrogênio amídico para consumo local, enquanto a GS2 nos cloroplastos das células do mesófilo está envolvida tanto na assimilação primária do amônio quanto na reassimilação do NH_4^+ fotorrespiratório. Mutantes *gs2* com perda de função morrem em condições fotorrespiratórias devido ao acúmulo de concentrações tóxicas de NH_4^+, mas os mutantes *gs1* não exibem esse fenótipo. Tanto os níveis de carboidratos quanto os de luz alteram a expressão das formas da enzima GS2 localizadas nos plastídios, mas apresentam pouco efeito nas formas GS1 localizadas no citosol.

Os níveis elevados de glutamina nos plastídios estimulam a atividade da **glutamato sintase** (conhecida como

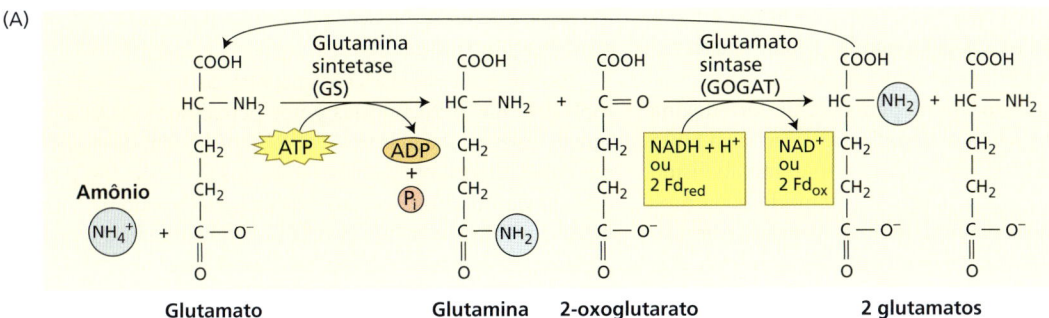

Figura 14.9 Estrutura e rotas de síntese de compostos envolvidos no metabolismo do amônio. O amônio pode ser assimilado por um de vários processos. (A) Rota GS-GOGAT que forma a glutamina e o glutamato. É necessário um cofator reduzido para a reação: a ferredoxina (Fd) nas folhas verdes e o NADH nos tecidos não fotossintetizantes. (B) Rota da GDH que forma o glutamato, utilizando o NADH ou o NADPH como agente redutor. (C) Transferência do grupo amino do glutamato para o oxalacetato para formar o aspartato (catalisado pela enzima aspartato aminotransferase). (D) Síntese da asparagina pela transferência de um grupo aminoácido da glutamina para o aspartato (catalisado pela enzima asparagina sintetase).

glutamina:2-oxoglutarato aminotransferase, ou **GOGAT**). Essa enzima transfere o grupo amida da glutamina para o 2-oxoglutarato, produzindo duas moléculas de glutamato (ver Figura 14.9A). As plantas possuem dois tipos de GOGAT: um recebe elétrons do NADH, e o outro, elétrons da ferredoxina (Fd):

$$\text{Glutamina} + \text{2-oxoglutarato} + \text{NADH} + \text{H}^+$$
$$\rightarrow \text{2 glutamato} + \text{NAD}^+ \quad (14.5)$$

$$\text{Glutamina} + \text{2-oxoglutarato} + 2\,\text{Fd}_{red}$$
$$\rightarrow \text{2 glutamato} + 2\,\text{Fd}_{ox} \quad (14.6)$$

A enzima do tipo NADH (NADH-GOGAT) está localizada nos plastídios de tecidos não fotossintetizantes, como raízes ou feixes vasculares de folhas em desenvolvimento. Nas raízes, a NADH-GOGAT está envolvida na assimilação de NH_4^+ absorvido da rizosfera (porção do solo localizada próximo à superfície das raízes); nos feixes vasculares de folhas em desenvolvimento, a NADH-GOGAT assimila a glutamina translocada das raízes ou de folhas em senescência.

A glutamato sintase do tipo dependente de ferredoxina (Fd-GOGAT) é encontrada nos cloroplastos e participa tanto na assimilação primária do amônio quanto no metabolismo fotorrespiratório do nitrogênio. Tanto a quantidade da proteína quanto sua atividade aumentam com os níveis de luz. As raízes, especialmente aquelas com nutrição de nitrato, têm Fd-GOGAT nos plastídios. Provavelmente, a finalidade da Fd-GOGAT das raízes seja incorporar a glutamina gerada durante a assimilação do nitrato. Os elétrons para reduzir Fd nas raízes são gerados pela via oxidativa da pentose fosfato (ver Capítulo 13).

O amônio pode ser assimilado por uma rota alternativa

A **glutamato desidrogenase** (**GDH**) catalisa uma reação reversível que sintetiza ou desamina o glutamato (**Figura 14.9B**):

$$\text{2-oxoglutarato} + NH_4^+ + NAD(P)H \rightarrow$$
$$\text{glutamato} + H_2O + NAD(P)^+ \quad (14.7)$$

Uma forma da GDH dependente de NADH é encontrada nas mitocôndrias, e uma forma dependente de NADPH ocorre nos cloroplastos de órgãos fotossintetizantes. Embora ambas as formas sejam relativamente abundantes, elas não podem substituir a rota GS–GOGAT para assimilar amônio. A GDH tem uma afinidade muito baixa pelo amônio (K_m de 10–80 mM), que é muito maior do que a concentração de amônio normalmente encontrada no tecido vegetal (0,2–1,0 mM). Portanto, a função principal da GDH é desaminar o glutamato e, assim, fornecer esqueletos de cinco carbonos (2-oxoglutarato) às plantas no escuro ou às sementes em germinação (ver Figura 14.9B).

As reações de transaminação transferem o nitrogênio

Uma vez assimilado em glutamina e glutamato, o nitrogênio pode ser adicionalmente incorporado a outros aminoácidos por meio de reações de transaminação. As enzimas que catalisam tais reações são conhecidas como aminotransferases. Um exemplo é a **aspartato aminotransferase** (**Asp-AT**), que catalisa a seguinte reação (**Figura 14.9C**):

$$\text{Glutamato} + \text{oxalacetato} \rightarrow$$
$$\text{2-oxoglutarato} + \text{aspartato} \quad (14.8)$$

em que o grupo amino do glutamato é transferido para o grupo carboxila do oxalacetato, a fim de produzir aspartato. O aspartato é um aminoácido metabolicamente reativo que atua como um doador de nitrogênio em várias reações de aminotransferase para produzir lisina, treonina e metionina. O aspartato também participa do transporte malato-aspartato para transferir equivalentes redutores da mitocôndria e do cloroplasto ao citosol em plantas C_3, bem como do transporte do carbono do mesófilo para a bainha do feixe vascular, no processo de fixação do carbono C_4 em algumas plantas C_4 (ver Capítulo 10). Todas as reações de transaminação requerem o piridoxal fosfato (vitamina B_6) como um cofator.

As aminotransferases são encontradas no citosol, nos cloroplastos, nas mitocôndrias e nos peroxissomos. As aminotransferases localizadas nos cloroplastos podem desempenhar um papel importante na biossíntese dos aminoácidos, pois folhas ou cloroplastos isolados expostos ao dióxido de carbono marcado radioativamente incorporam rapidamente a marca em glutamato, aspartato, alanina, serina e glicina.

A asparagina e a glutamina unem o metabolismo do carbono e do nitrogênio

A asparagina, isolada pela primeira vez do aspargo em 1806, foi a primeira amida identificada. Esse aminoácido não atua apenas como um componente de proteínas, mas como um elemento-chave no transporte e no armazenamento do nitrogênio, devido à sua estabilidade e à alta razão nitrogênio:carbono (2 N para 4 C da asparagina, contra 2 N para 5 C da glutamina e 1 N para 5 C do glutamato).

A principal rota para a síntese da asparagina envolve a transferência do nitrogênio da amida da glutamina para o aspartato (**Figura 14.9D**):

$$\text{Glutamina} + \text{aspartato} + \text{ATP} \rightarrow$$
$$\text{glutamato} + \text{asparagina} + \text{AMP} + PP_i \quad (14.9)$$

A **asparagina sintetase** (**AS**), enzima que catalisa essa reação, é encontrada no citosol de folhas e de raízes, bem como nos nódulos que fixam o nitrogênio (ver Seção 14.5). Em raízes de milho (*Zea mays*), em especial aquelas sob concentrações potencialmente tóxicas de amônia, o amônio pode substituir a glutamina como fonte do grupo amida.

Níveis altos de luz e de carboidratos – condições que estimulam a GS2 (ver Reação 14.4) e a Fd-GOGAT (ver Reações 14.5 e 14.6) dos plastídios – inibem a expressão dos genes que codificam a AS e a atividade da enzima. Assim, favorecem a assimilação de nitrogênio em glutamina e glutamato, compostos ricos em carbono e que participam da síntese de novos materiais vegetais.

Por outro lado, condições limitadas de energia inibem a GS e a GOGAT e estimulam a AS, favorecendo, portanto, a assimilação de nitrogênio em asparagina, um composto rico em nitrogênio e suficientemente estável para o transporte de longa distância ou para a armazenagem por bastante tempo.

■ 14.4 Biossíntese de aminoácidos

Os humanos e a maioria dos animais são heterotróficos em termos de nitrogênio, dependendo do nitrogênio orgânico nos alimentos que consomem. Além disso, eles não conseguem sintetizar certos aminoácidos – como histidina, isoleucina, leucina, lisina, metionina, fenilalanina, treonina, triptofano, valina e, no caso de seres humanos jovens, a arginina (os adultos conseguem sintetizar a arginina) – e, assim, precisam obter esses aminoácidos, denominados essenciais, a partir da sua dieta. Por outro lado, as plantas obtêm

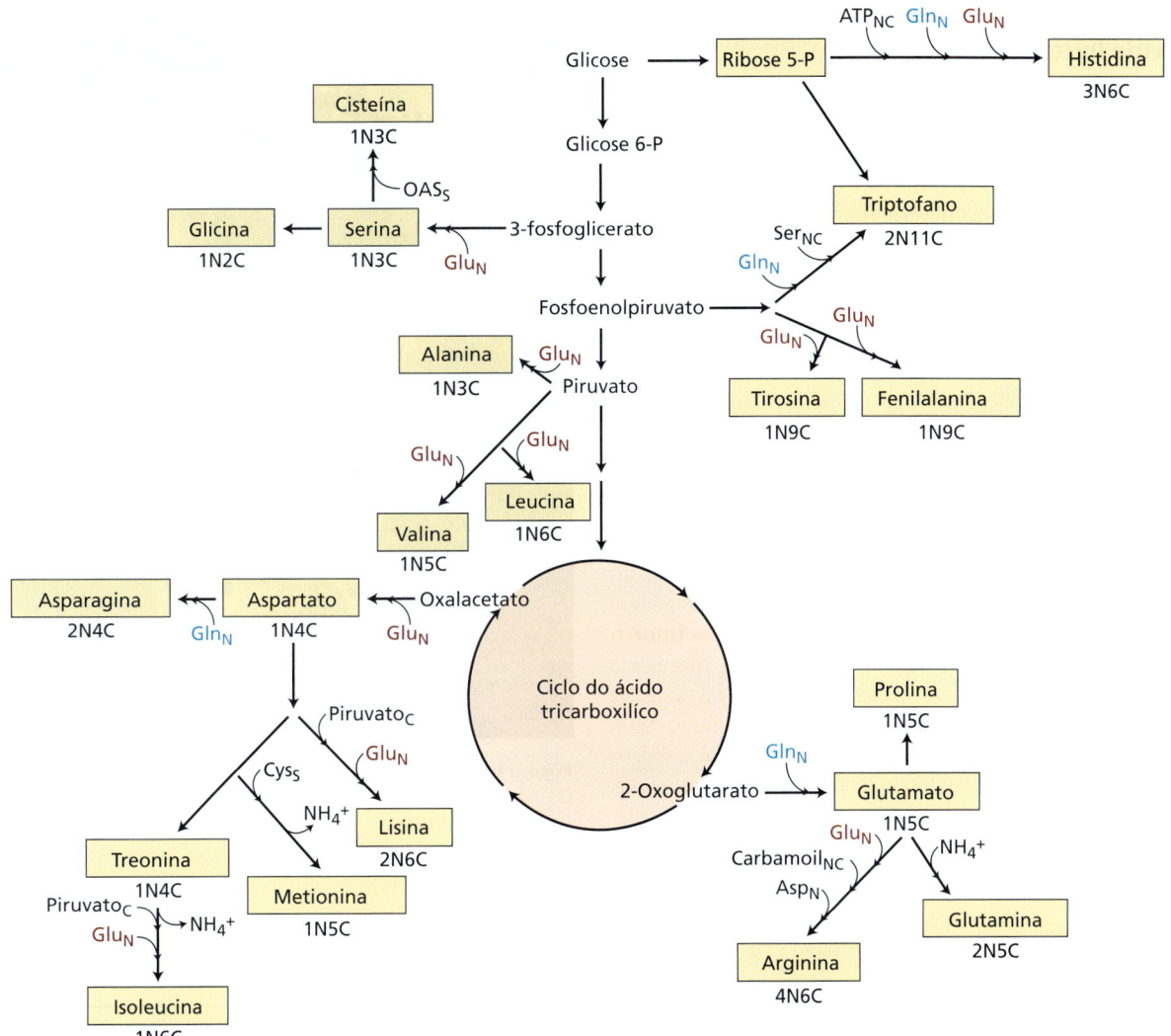

Figura 14.10 Rotas biossintéticas dos esqueletos de carbono dos 20 aminoácidos-padrão. Fontes de N, fontes de S e fontes adicionais de C nas rotas biossintéticas também são indicadas. Asp_N, aspartato (fonte N); ATP_{NC}, ATP (fonte N e C); $carbamoil_{NC}$, carbamoil (fonte N e C); Cys_S, cisteína (fonte S); Gln_N (azul), glutamina (fonte N); Glu_N (vermelho), glutamato (fonte N); OAS_S, O-acetil-serina (fonte S); Pyr_C, piruvato (fonte C); Ser_{NC}, serina (fonte N e C).

nitrogênio inorgânico do solo e podem sintetizar todos os 20 aminoácidos que são comuns nas proteínas. O grupo amino (contendo o nitrogênio), conforme discutido na Seção 14.3, é derivado de reações de transaminações com glutamina ou glutamato. O esqueleto de carbono dos aminoácidos é derivado do 3-fosfoglicerato, do fosfoenolpiruvato ou do piruvato gerados durante a glicólise, ou ainda do 2-oxoglutarato ou do oxalacetato formados no ciclo do ácido tricarboxílico (**Figura 14.10**). Partes dessas rotas necessárias para a síntese dos aminoácidos essenciais são alvos apropriados de herbicidas (como o Roundup®, ver Capítulo 3), pois elas não estão presentes nos animais. Assim, substâncias que bloqueiam essas rotas são letais para as plantas, mas, em concentrações baixas, não causam danos aos animais.

14.5 Fixação biológica de nitrogênio

A fixação biológica de nitrogênio representa a maior parte da conversão de N_2 atmosférico em amônio. Desse modo, ela atua como ponto-chave do ingresso do nitrogênio molecular no ciclo biogeoquímico desse elemento (ver Figura 14.1). Nesta seção, são abordadas as relações simbióticas e associativas entre organismos fixadores de nitrogênio e plantas superiores; os nódulos, estruturas especializadas produzidas pelas plantas infectadas por bactérias fixadoras de nitrogênio; as interações genéticas e sinalizadoras que regulam a fixação do nitrogênio pelos procariotos simbióticos e por seus hospedeiros; e as propriedades das enzimas nitrogenases que fixam nitrogênio.

Bactérias fixadoras de nitrogênio de vida livre e simbióticas

Conforme já mencionado, algumas bactérias podem converter o nitrogênio atmosférico em amônio (**Tabela 14.2**). A maior parte desses procariotos fixadores de nitrogênio, também conhecidos como diazotrofos, vive no solo, geralmente de forma independente de outros organismos. Vários formam associações simbióticas com plantas superiores, nas quais o procarioto fornece nitrogênio fixado diretamente para a planta hospedeira em troca de outros nutrientes e de carboidratos (ver parte superior da Tabela 14.2). Tais simbioses ocorrem nos nódulos formados nas raízes ou, às vezes, nos caules e contêm as bactérias fixadoras de nirogênio.

O tipo mais comum de simbiose ocorre entre espécies da família Fabaceae (leguminosas) e as bactérias do solo dos gêneros *Azorhizobium*, *Bradyrhizobium*, *Mesorhizobium*, *Rhizobium* e *Sinorhizobium* (coletivamente chamadas de **rizóbios** (**Figura 14.11** e **Tabela 14.3**; ver também Tabela 14.2). Outro tipo comum de simbiose ocorre entre várias espécies de plantas lenhosas, como o amieiro (*Alnus*), e bactérias do solo do gênero *Frankia*; essas espécies são conhecidas como plantas **actinorrízicas**. Ainda outros tipos de simbioses fixadoras de nitrogênio envolvem a planta herbácea *Gunnera*, originária da América do Sul, e a diminuta pteridófita aquática *Azolla*, que formam associações com as cianobactérias *Nostoc* e *Anabaena*, respectivamente (**Figura 14.12**; ver também Tabela 14.2). Finalmente, vários tipos de bactérias fixadoras de nitrogênio estão associados com gramíneas ou cereais.

Figura 14.11 Nódulos em raiz de feijoeiro (*Phaseolus vulgaris*). Os nódulos, estruturas esféricas, são o resultado da infecção por *Rhizobium* sp.

Tabela 14.2 Exemplos de organismos que podem realizar a fixação do nitrogênio

FIXAÇÃO SIMBIÓTICA DE NITROGÊNIO	
Planta hospedeira	Simbiontes fixadores de N
Leguminosas, *Parasponia* (não leguminosas)	*Azorhizobium, Bradyrhizobium, Mesorhizobium, Rhizobium, Sinorhizobium*
Actinorrízicas: amieiro (árvore), *Ceanothus* (arbusto), *Casuarina* (árvore), *Datisca* (arbusto)	*Frankia*
Gunnera	*Nostoc*
Azolla (pteridófita aquática)	*Anabaena*
Cana-de-açúcar	*Acetobacter*
Miscanthus	*Azospirillum*
FIXAÇÃO DE NITROGÊNIO EM VIDA LIVRE	
Tipo	Gêneros fixadores de N
Cianobactérias (algas azuis)	*Anabaena, Calothrix, Nostoc*
Outras bactérias	
Aeróbias	*Azospirillum, Azotobacter, Beijerinckia, Derxia, Gloeothece*
Facultativas	*Bacillus, Klebsiella*
Anaeróbias	
Não fotossintetizantes	*Clostridium, Methanococcus* (arqueobactéria)
Fotossintetizantes	*Chromatium, Rhodospirillum*

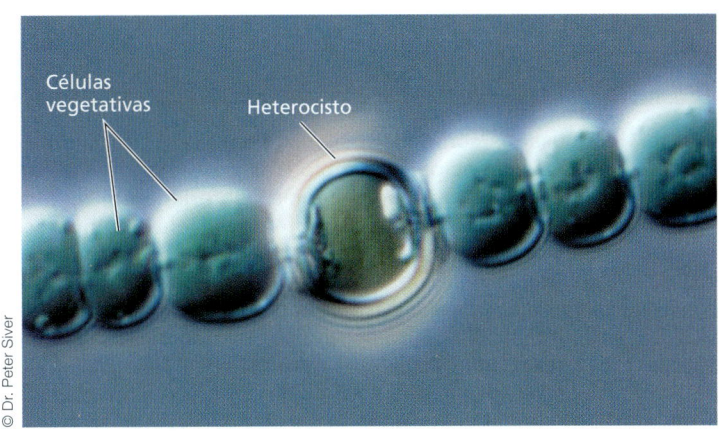

Figura 14.12 Um heterocisto presente em um filamento da cianobactéria *Anabaena*, fixadora de nitrogênio, que forma associações com *Azolla*, uma pteridófita aquática. Os heterocistos com paredes espessas, intercalados entre as células vegetativas, têm um ambiente interno anaeróbio que permite à cianobactéria fixar nitrogênio em condições aeróbias.

A fixação do nitrogênio necessita de condições microanaeróbias e anaeróbias

Como a fixação do nitrogênio envolve o consumo de grandes quantidades de energia, as enzimas nitrogenases, que catalisam essas reações, têm sítios que facilitam as trocas de alta energia dos elétrons. O oxigênio, sendo um forte aceptor de elétrons, pode danificar esses sítios e inativar irreversivelmente a nitrogenase. Assim, o nitrogênio deve ser fixado sob condições anaeróbias. Cada organismo fixador de nitrogênio listado na Tabela 14.2 funciona sob condições naturais anaeróbias ou cria um ambiente anaeróbio interno (microanaeróbio), separado do oxigênio na atmosfera que o circunda.

Em cianobactérias filamentosas, a fixação de nitrogênio ocorre em células especializadas chamadas *heterocistos* (ver Figura 14.12). A baixa concentração de oxigênio nos heterocistos é alcançada pela eliminação da atividade do fotossistema II produtor de oxigênio (ver Capítulo 9), pelo aumento da taxa de respiração e pela síntese de uma camada de peptidoglicano específica do heterocisto que espessa a parede celular. Os heterocistos se diferenciam das células vegetativas quando as cianobactérias são privadas de NH_4^+. Como consequência da privação de nitrogênio, o 2-oxoglutarato se acumula nas células vegetativas, induzindo a síntese dos fatores de transcrição do gene de controle de nitrogênio (NtcA) e do regulador mestre de diferenciação de heterocistos (HetR), que atuam como um regulador global de nitrogênio e um regulador mestre específico, respectivamente, levando à diferenciação de heterocistos. O HetR interage com a proteína de incumbência (*commitment*) de heterocisto (HetP), uma proteína que não contém nenhum domínio de função conhecida, para incumbir a célula a se diferenciar irreversivelmente em um heterocisto. O número de heterocistos nos filamentos depende das condições ambientais. Normalmente, um heterocisto está presente para cada dez células vegetativas, permitindo um uso eficiente dos recursos energéticos para o metabolismo de carbono e nitrogênio nos dois tipos de células.

As cianobactérias conseguem fixar o nitrogênio em condições de anaerobiose, como aquelas encontradas em campos alagados. Nos países asiáticos, ambos os tipos de cianobactérias fixadoras de nitrogênio, com ou sem os heterocistos, representam o principal modo de manutenção de um suprimento adequado de nitrogênio nos solos de cultivo de arroz. Esses microrganismos fixam o nitrogênio quando os campos estão alagados e morrem à medida que os campos secam, liberando o nitrogênio fixado para o solo. Outra fonte importante de nitrogênio disponível em arrozais inundados é a associação *Azolla-Anabaena*. Essa associação pode fixar 0,5 kg de nitrogênio atmosférico por hectare/dia, uma taxa de fertilização suficiente para manter produções moderadas de arroz. O **Quadro 14.1** discute como as plantas podem obter nitrogênio fixado na agricultura futura.

Tabela 14.3 Associações entre plantas hospedeiras e rizóbios

Planta hospedeira	Rizóbios simbiontes
Parasponia (uma não leguminosa)	*Bradyrhyzobium* spp.
Soja (*Glycine max*)	*Bradyrhyzobium japonicum* (tipo com crescimento lento); *Sinorhizobium fredii* (tipo com crescimento rápido)
Alfafa (*Medicago sativa*)	*Sinorhizobium meliloti*
Sesbania (aquática)	*Azorhizobium* (forma nódulos nas raízes e no caule; no caule desenvolvem-se raízes adventícias)
Feijoeiro (*Phaseolus*)	*Rhizobium leguminosarum* bv. *phaseoli*; *R. tropicii*; *R. etli*
Trevo (*Trifolium*)	*Rhizobium leguminosarum* bv. *trifolii*
Ervilha (*Pisum sativum*)	*Rhizobium leguminosarum* bv. *viciae*
Aeschynomene (aquática)	Clado *Bradyrhyzobium* fotossintetizante (rizóbios fotossinteticamente ativos, que formam nódulos no caule, provavelmente associados a raízes adventícias)

Quadro 14.1 Desafios e soluções para resolver a deficiência de nitrogênio na agricultura futura

A obtenção de nutrientes, especialmente de fósforo e nitrogênio, é crucial para equilibrar o crescimento e a reprodução das plantas. A revolução agrícola levou ao desenvolvimento de tecnologias e práticas necessárias para sustentar uma população crescente. Nas próximas décadas, o desafio será atender às demandas futuras de alimentos e, ao mesmo tempo, enfrentar a necessidade de reduzir o impacto ambiental da agricultura intensiva, que atualmente se baseia em um alto aporte de fertilizantes industriais. A obtenção de nutrientes por meio de associações benéficas entre plantas e microrganismos é reconhecida como uma solução sustentável para esse desafio. Identificar microrganismos que possam proporcionar eficientemente esses nutrientes às plantas hospedeiras em troca de recursos de carbono, sem induzir um efeito patogênico, é agora o principal alvo da pesquisa.

Na simbiose leguminosa-*Rhizobium*, as bactérias fixadoras de nitrogênio têm a capacidade de fornecer a maior parte do nitrogênio exigido pela planta hospedeira. Consequentemente, as áreas cultivadas com leguminosas estão aumentando para atender às demandas da sociedade pela produção de proteína de maneira sustentável. Cepas de rizóbio fixadoras de nitrogênio de elite são usadas como inóculo, mas para aproveitar ao máximo suas capacidades simbióticas, é necessário entender como aumentar a persistência bacteriana em diversos solos e garantir sua seleção efetiva pelas leguminosas hospedeiras. As gramíneas não têm essa capacidade endossimbiótica e, portanto, dependem de fertilizantes nitrogenados, mas a pesquisa atual visa a mudar essa alta dependência usando estratégias diferentes. A identificação de raízes-diazotrofos associativos é uma delas. Isso pode se tornar eficiente se for possível compreender como manipular e adaptar os diazotrofos aos ambientes agrícolas. O genótipo da planta, o extrato e o ambiente têm um efeito importante no estabelecimento de associações entre raízes e diazotrofos, bem como na quantidade de nitrogênio fixado recebida pelo hospedeiro. Esforços paralelos baseados em abordagens biotecnológicas visam à engenharia genética de gramíneas pela expressão do complexo nitrogenase nos cloroplastos e nas mitocôndrias das células vegetais, ou pela transferência da capacidade de reconhecer e dispor as bactérias fixadoras de nitrogênio por meio de associação simbiótica. Uma vez bem-sucedidas, essas abordagens biotecnológicas terão o potencial de criar uma nova revolução agrícola. ∎

As bactérias de vida livre, capazes de fixar nitrogênio, podem ser aeróbias, facultativas ou anaeróbias (ver Tabela 14.2, parte inferior).

- Bactérias *aeróbias* fixadoras de nitrogênio, como *Azotobacter*, mantêm concentração baixa de oxigênio (condições microaeróbias) por meio de seus altos níveis de respiração. Outras, como *Gloeothece*, liberam o O_2 fotossinteticamente durante o dia e fixam o nitrogênio durante a noite, quando a respiração diminui as concentrações de oxigênio.
- Organismos *facultativos* são capazes de crescer sob condições aeróbias e anaeróbias, geralmente fixando o nitrogênio somente sob condições anaeróbias.
- As bactérias fixadoras de nitrogênio *anaeróbias* obrigatórias que crescem em ambiente sem oxigênio podem ser fotossintetizantes (p. ex., *Rhodospirillum*) ou não fotossintetizantes (p. ex., *Clostridium*).

As gramíneas podem desenvolver relações associativas com bactérias fixadoras de nitrogênio, mas, nessas associações, não são produzidos nódulos. Em vez disso, as bactérias fixadoras de nitrogênio ancoram-se nas superfícies das raízes, principalmente nas proximidades da zona de alongamento e nos pelos, ou vivem como endófitas, colonizando o espaço apoplástico de tecidos vegetais sem causar doença. Por exemplo, *Acetobacter diazotrophicus* e *Herbaspirillum* spp. vivem no apoplasto de tecidos do caule de cana-de-açúcar e podem suprir seu hospedeiro com cerca de 30% do seu nitrogênio. Estudos recentes de cultivares indígenas de milho plantados em ambientes pobres em nitrogênio e com bastante umidade dos planaltos do México mostraram que suas raízes aéreas secretam mucilagem rica em carboidratos e se associam a bactérias fixadoras de nitrogênio. Nessas condições, a fixação do nitrogênio atmosférico contribuiu com 29 a 82% da nutrição nitrogenada desses genótipos de milho. Tem sido explorado o potencial das bactérias fixadoras de nitrogênio associadas e endofíticas para suplementar a nutrição nitrogenada de gramíneas. No entanto, a grande diversidade de espécies bacterianas e a variedade de respostas vegetais a essas bactérias têm impedido o progresso.

A fixação simbiótica do nitrogênio ocorre em estruturas especializadas

Alguns procariotos simbióticos fixadores de nitrogênio vivem no interior de **nódulos**, órgãos especiais da planta hospedeira que circundam as bactérias fixadoras de nitrogênio (ver Figura 14.11). No caso do gênero *Gunnera*, esses órgãos são glândulas preexistentes no caule, que se desenvolvem independentemente do simbionte. No caso das leguminosas e das plantas actinorrízicas, as bactérias induzem a planta a formar nódulos.

Leguminosas e plantas actinorrízicas regulam a permeabilidade aos gases em seus nódulos, mantendo concentrações de oxigênio entre 20 e 40 nanomolares (nM) no interior do nódulo (cerca de 10 mil vezes menos do que as concentrações de equilíbrio na água). Essas concentrações podem sustentar a respiração, mas são suficientemente baixas para evitar a inativação da nitrogenase. A permeabilidade aos gases aumenta na luz e decresce sob condições de seca (estresse hídrico) ou sob exposição ao nitrato. O mecanismo que regula a permeabilidade aos gases ainda não é conhecido, mas pode envolver o influxo e o efluxo de íons potássio na célula infectada.

Os nódulos contêm proteínas heme de ligação ao oxigênio, denominadas **leg-hemoglobinas**, que possuem alta afinidade pelo oxigênio (um K_m de aproximadamente 10 nM), cerca de 10 vezes maior que a cadeia β da hemoglobina humana. As leg-hemoglobinas são as proteínas mais abundantes nos nódulos, conferindo a eles uma cor rosada. Essas proteínas são cruciais para a fixação biológica do nitrogênio.

As leg-hemoglobinas aumentam a taxa de transporte do oxigênio para a respiração das bactérias simbióticas, reduzindo substancialmente a concentração estável de oxigênio nas células infectadas. Para manter a respiração aeróbia sob essas condições, o bacteroide utiliza uma cadeia especializada de transporte de elétrons (ver Capítulos 9 e 13), na qual a oxidase terminal tem uma afinidade ainda mais alta pelo oxigênio do que a das leg-hemoglobinas (um K_m de aproximadamente 7 nM).

O estabelecimento da simbiose requer uma troca de sinais

A simbiose entre as leguminosas e os rizóbios não é obrigatória. As plântulas de leguminosas desenvolvem-se sem qualquer associação com rizóbios e podem permanecer nessa condição durante todo o seu ciclo de vida. Os rizóbios também ocorrem como organismos de vida livre no solo. Entretanto, sob condições limitantes de nitrogênio, os simbiontes procuram uns aos outros, por meio de uma elaborada troca de sinais. A sinalização, o processo de infecção e o desenvolvimento de nódulos fixadores de nitrogênio envolvem genes específicos, tanto da planta hospedeira quanto dos simbiontes.

Os genes vegetais com regulação ascendente durante a simbiose de nódulos de raízes foram genericamente chamados de **genes de nodulina**. Um conjunto de genes de rizóbios chamados **genes de nodulação** (**nod**) é responsável pela biossíntese e secreção de moléculas sinalizadoras específicas, os fatores Nod. Os genes *nod* são classificados como *nod* gerais ou genes *nod* hospedeiro-específicos. Os genes *nod* gerais – *nodA*, *nodB* e *nodC* – são encontrados em todas as cepas de rizóbios, enquanto os genes *nod* hospedeiro-específicos – como *nodP*, *nodQ* e *nodH*, ou *nodF*, *nodE* e *nodL* – podem estar presentes ou não em diferentes espécies de rizóbios e determinam a amplitude de hospedeiros (as plantas que podem ser infectadas). Somente um dos genes *nod*, o gene regulador *nodD*, é constitutivamente expresso, e, como será explicado em detalhe, seu produto proteico (NodD) regula a transcrição de outros genes *nod*.

O primeiro estágio no estabelecimento da relação simbiótica entre a bactéria fixadora de nitrogênio e seu hospedeiro é a migração da bactéria em direção às raízes da planta hospedeira.

Essa migração é uma resposta quimiotática, mediada por atrativos químicos, em especial (iso)flavonoides e betaínas, secretados pelas raízes. Tais atrativos ativam a proteína NodD do rizóbio, que, então, induz a transcrição de outros genes *nod*. A região promotora de todos os operons *nod*, exceto a do *nodD*, contém uma sequência altamente conservada chamada de *nod box*. A ligação da NodD ativada à sequência *nod box* induz a transcrição de outros genes *nod*.

Os fatores Nod produzidos por bactérias atuam como sinalizadores para a simbiose

Os **fatores Nod** são moléculas sinalizadoras de oligossacarídeos de lipoquitina, que apresentam um esqueleto de quitina *N*-acetil-D-glucosamina com ligações β-1,4 (variando em comprimento de três a seis unidades de açúcar) e uma cadeia de ácido graxo na posição C-2 do açúcar não redutor (**Figura 14.13**).

Três dos genes *nod* (*nodA*, *nodB* e *nodC*) codificam as enzimas (NodA, NodB e NodC, respectivamente) necessárias à síntese da estrutura lipoquitinosa básica:

1. A NodA é uma *N*-aciltransferase que catalisa a adição de uma cadeia acil graxa.
2. A NodB é uma quitina oligossacarídeo desacetilase que remove o grupo acetil de um açúcar terminal não redutor.
3. A NodC é uma quitina oligossacarídeo sintase que liga os monômeros de *N*-acetil-D-glucosamina.

As proteínas NOD, cuja presença varia entre as espécies de rizóbios, estão principalmente envolvidas na modificação da cadeia acil graxa ou na adição de grupos importantes na determinação da especificidade do hospedeiro:

- NodE e NodF determinam o comprimento e o grau de saturação da cadeia de acil graxa; aquelas de *Rhizobium leguminosarum* bv. *viciae* e *R. meliloti* resultam na síntese de um

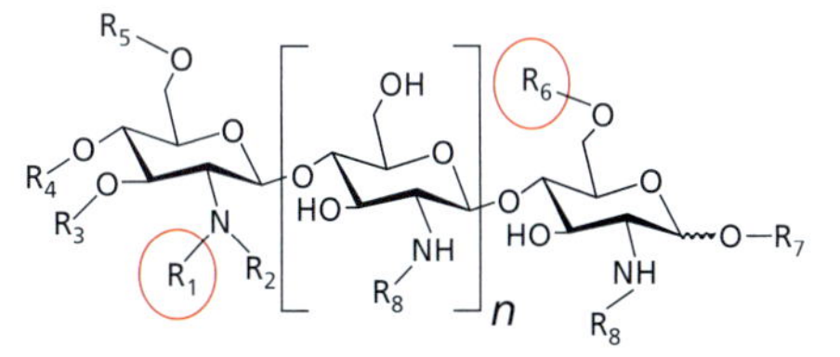

R1: ácido graxo: C18:0; C18:1, C16:0; C16:1
R2: metil, hidrogênio
R3: hidrogênio, carbomil
R4: hidrogênio, carbomil
R5: hidrogênio, carbomil, acetil
R6: hidrogênio, fucose, sulfato, acetil, 4-*O*-acetil fucose, 2-*O*-metil fucose
R7: hidrogênio, glicerol, manosil
R8: acetil
n=1, 2, 3

Figura 14.13 Os fatores Nod são oligossacarídeos de lipoquitina. A cadeia de ácido graxo apresenta normalmente de 16 a 18 carbonos. O número de seções intermediárias repetidas (*n*) em geral é dois ou três. (Segundo Stokkermans et al. 1995. *Plant Physiol*. 108: 1587–1595.)

grupo acil graxo 18:4 e 16:2, respectivamente. (Lembre-se do Capítulo 13; o número antes dos dois pontos indica o número total de carbonos da cadeia acil graxa, e o número após os dois pontos indica o número de ligações duplas.)
- Outras enzimas, como NodS, NodH e NodZ, contribuem para a especificidade do hospedeiro de fatores Nod por meio da adição de substituintes específicas nas porções dos açúcares redutores ou não redutores.

Os hospedeiros de leguminosas usam receptores do fator Nod (NFRs) para reconhecer e responder a fatores Nod específicos (**Figura 14.14**). Esses receptores têm regiões extracelulares com três domínios LySM de ligação ao açúcar (para motivo de lisina, um generalizado módulo de proteína originalmente identificado em enzimas que degradam as paredes celulares bacterianas, mas também presente em muitas outras proteínas), um domínio transmembrana de passagem única e um domínio de proteína quinase intracelular. A ligação dos fatores Nod aos domínios extracelulares do NFR ativa o domínio intracelular da proteína quinase, que então inicia uma cascata de sinalização. Alguns componentes dessa cascata de sinalização, como a receptor do tipo quinase de simbiose (SYMRK), nucleoporinas, canais catiônicos e canais dependentes de nucleotídeos cíclicos, também são cruciais para a simbiose vegetal com fungos micorrízicos arbusculares (Ver Capítulos 7, 19 e 24) e são necessários para a ativação de oscilações na concentração de Ca^{2+} nos núcleos das células epidérmicas da raiz (ver Figura 14.14). As oscilações nucleares de Ca^{2+} são interpretadas por uma proteína quinase dependente de Ca^{2+}/calmodulina (CCaMK) que se associa ao CYCLOPS, um ativador transcricional. O CYCLOPS, junto com fatores de transcrição específicos, ativa a expressão dos genes iniciais da nodulina, levando à formação de nódulos de raízes e à infecção bacteriana. Entre esses genes iniciais da nodulina, o NIN surgiu como um local central que controla a nodulação e a infecção.

A formação do nódulo envolve fitormônios

A infecção e a organogênese do nódulo ocorrem simultaneamente durante a simbiose do nódulo da raiz. Os rizóbios produtores do fator Nod se fixam nos pelos da raiz em desenvolvimento, que então reorientam o crescimento da extremidade e se enrolam ao redor da bactéria (**Figura 14.15A e B**). Os rizóbios encerrados no enovelamento se multiplicam e formam uma microcolônia. A parede celular do pelo radical enrolado sofre uma grande reestruturação em resposta aos fatores Nod, e uma câmara de infecção apoplástica é formada. A próxima etapa é a formação de um **canal de infecção** (**Figura 14.15C**), uma extensão tubular interna da membrana plasmática, que é produzida pela fusão de vesículas derivadas do Golgi no local da infecção. O canal cresce em seu ápice pela fusão de vesículas secretoras na extremidade do tubo. Paralelamente à formação do canal de infecção nos pelos da raiz, as células mais profundas do córtex da raiz se desdiferenciam e começam a se dividir, formando uma área distinta chamada de *primórdio nodular*, a partir da qual o nódulo se desenvolverá. Os primórdios

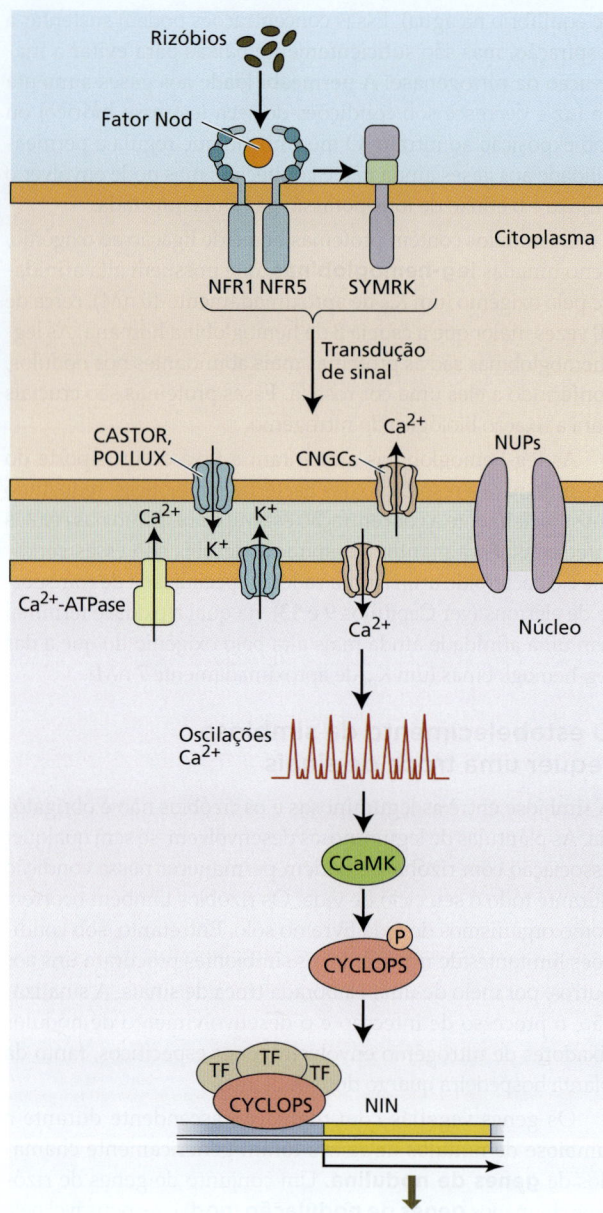

Figura 14.14 Cascata de sinalização intracelular simplificada iniciada pelos receptores do fator Nod (NFR1 e NFR5) após a ligação de fatores Nod compatíveis. CASTOR/POLLUX, canais catiônicos; CNGCs, canais cíclicos com portões de nucleotídeos; NIN, proteína de início de nódulo; NUPs, nucleoporinas; SYMRK, receptor quinase simbiótico; TF, fator de transcrição.

nodulares são formados em posição oposta aos polos do protoxilema do sistema vascular da raiz (ver **Tópico 14.1 na internet**).

Compostos de sinalização diferentes, atuando positiva ou negativamente, controlam o desenvolvimento dos primórdios modulares. Os fatores Nod ativam a sinalização localizada da citocinina no córtex e periciclo da raiz, levando à supressão

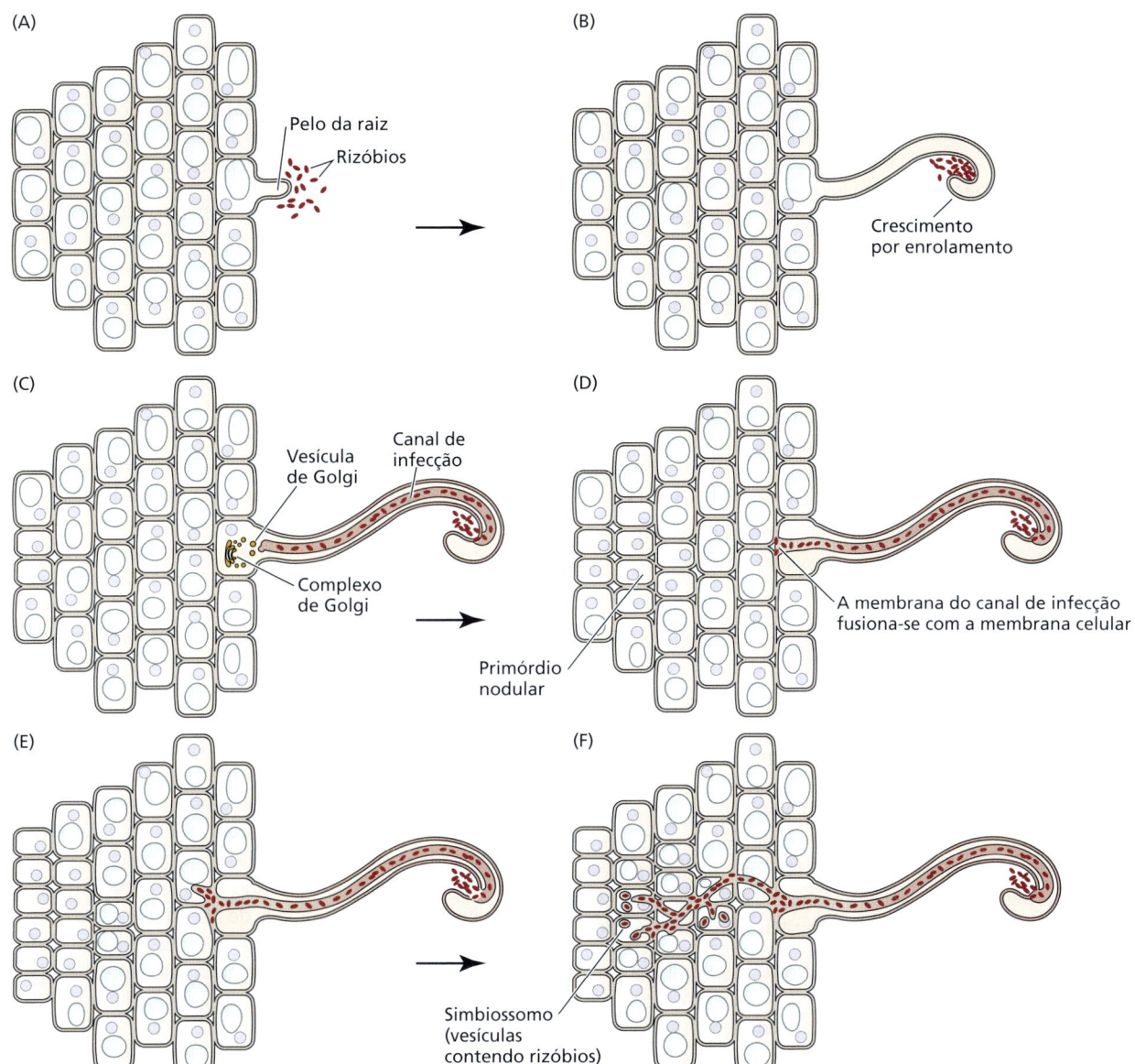

Figura 14.15 Processo de infecção durante a organogênese do nódulo. (A) Os rizóbios ligam-se a um pelo emergente da raiz, em resposta a atrativos químicos liberados pela planta. (B) Em resposta aos fatores produzidos pelas bactérias, o pelo da raiz exibe um enrolamento anormal, e as células dos rizóbios crescem dentro dos enrolamentos. (C) A degradação localizada da parede celular do pelo da raiz leva à infecção e à formação do canal de infecção a partir das vesículas secretoras do Golgi das células da raiz. (D) O canal de infecção atinge a extremidade da célula, e sua membrana fusiona-se com a membrana plasmática da célula do tricoma da raiz. (E) Os rizóbios são liberados no apoplasto e penetram no complexo da lamela média para a membrana plasmática da célula subepidérmica, iniciando um novo canal de infecção, que forma um canal aberto com o primeiro. (F) O canal de infecção estende-se e ramifica-se até atingir as células-alvo, onde as vesículas (simbiossomos) compostas de membranas vegetais que envolvem as células bacterianas são liberadas no citosol.

localizada do transporte polar de auxina, induzindo a divisão celular localizada. O etileno é sintetizado na região do periciclo, difunde-se para o córtex e bloqueia a divisão celular em posição oposta aos polos de floema da raiz.

O canal de infecção, preenchido pelos rizóbios em proliferação, alonga-se através do pelo da raiz e das camadas celulares corticais, em direção ao primórdio nodular, onde se ramifica, levando ao aumento do acesso para múltiplas células vegetais. Quando o canal de infecção atinge as células do primórdio nodular, sua extremidade se funde com a membrana plasmática de uma célula hospedeira (**Figura 14.15D**) e as células bacterianas circundadas pela membrana derivada do hospedeiro são liberadas no citoplasma, formando os *simbiossomos* (**Figura 14.15E e F**).

Inicialmente, as bactérias no interior dos simbiossomos continuam a se dividir, e a membrana que as envolve (também denominada *membrana peribacterioide*) aumenta em área de superfície para ajustar esse crescimento por meio de fusão com vesículas menores. Logo depois, a partir de um sinal indeterminado da planta, as bactérias param de se dividir e começam a se diferenciar em **bacterioides** fixadores de nitrogênio.

O nódulo maduro desenvolve um sistema vascular (que facilita a troca de nitrogênio fixado produzido pelos bacterioides por nutrientes disponibilizados pela planta) e uma camada de células para limitar a difusão de O_2 ao interior do nódulo da raiz. Em algumas leguminosas de clima temperado (p. ex., ervilhas), os nódulos são alongados e cilíndricos devido à presença de um *meristema nodular* no seu ápice. Os nódulos de leguminosas tropicais, como soja e amendoim, não apresentam um meristema persistente, além de serem esféricos.

O complexo da enzima nitrogenase fixa o N_2

A fixação biológica do nitrogênio, semelhante à fixação industrial do nitrogênio, produz amônia a partir do nitrogênio molecular. A reação geral é:

$$N_2 + 8\,e^- + 8\,H^+ + 16\,ATP \rightarrow 2\,NH_3 + H_2 + 16\,ADP + 16\,P_i \quad (14.10)$$

Observe que a redução do N_2 a dois NH_3, uma transferência de seis elétrons, está acoplada à redução de dois prótons para formar H_2. O **complexo da enzima nitrogenase** catalisa essa reação.

O complexo da enzima nitrogenase tem dois componentes – a Fe-proteína e a MoFe-proteína –, nenhum dos quais tem atividade catalítica própria (**Figura 14.16**). Para que uma molécula de dinitrogênio seja reduzida a duas moléculas de amônia, a Fe-proteína e a MoFe-proteína precisam interagir oito vezes:

- A Fe-proteína, conhecida como redutase, participa das reações redox que convertem N_2 em NH_3. Ela é uma proteína homodimérica com dois grupos de ferro-enxofre (quatro Fe^{2+}/Fe^{3+} e quatro S^{2-}) e dois sítios de ligação de ATP. A Fe-proteína é irreversivelmente inativada por O_2 com uma meia-vida típica de 30 a 45 segundos.
- A MoFe-proteína tem quatro subunidades, cada uma com dois grupos Mo-Fe-S. A MoFe-proteína é também inativada pelo O_2, com uma meia-vida de 10 minutos no ar.

Na reação geral de redução do nitrogênio (ver Figura 14.16), a ferredoxina atua como um doador de elétrons para a Fe-proteína, que, por sua vez, hidrolisa ATP e reduz a MoFe-proteína. A MoFe-proteína pode, então, reduzir inúmeros substratos (**Tabela 14.4**), embora, sob condições naturais, ela reaja somente com N_2 e H^+. Uma das reações catalisadas pela nitrogenase, a redução de acetileno a etileno, é usada para estimar a atividade da nitrogenase (ver **Tópico 14.2 na internet**).

O balanço energético da fixação do nitrogênio é complexo. A produção de NH_3 a partir de N_2 e H_2 é uma reação exergônica (ver **Apêndice 1 na internet**, para uma discussão das reações exergônicas), com um ΔG^0 (mudança na energia livre) de -27 kJ mol^{-1}. No entanto, a produção industrial de NH_3 a partir de N_2 e H_2 é *endergônica*, demandando um aporte energético muito grande devido à energia de ativação necessária para romper a ligação tripla em N_2. Pela mesma razão, a redução enzimática de N_2 pela nitrogenase também requer um grande investimento de energia (ver Reação 14.10), embora as mudanças exatas na energia livre ainda sejam desconhecidas. Cálculos baseados no metabolismo de carboidrato de leguminosas mostram que a planta respira 7 a 12 moles de CO_2 por mol de N_2 fixado. Com base na Reação 14.10, o $\Delta G^{0'}$ para a reação geral da fixação biológica de nitrogênio é de cerca de -200 kJ mol^{-1}. Para compensar a reação exergônica, a produção de amônio é limitada pela operação lenta (o número de moléculas de N_2 reduzido por unidade de tempo é de cerca de 5 s^{-1}) do complexo nitrogenase. Para compensar essa velocidade lenta de reciclagem, o bacterioide sintetiza grandes quantidades de nitrogenase (representando até 20% do total das proteínas na célula).

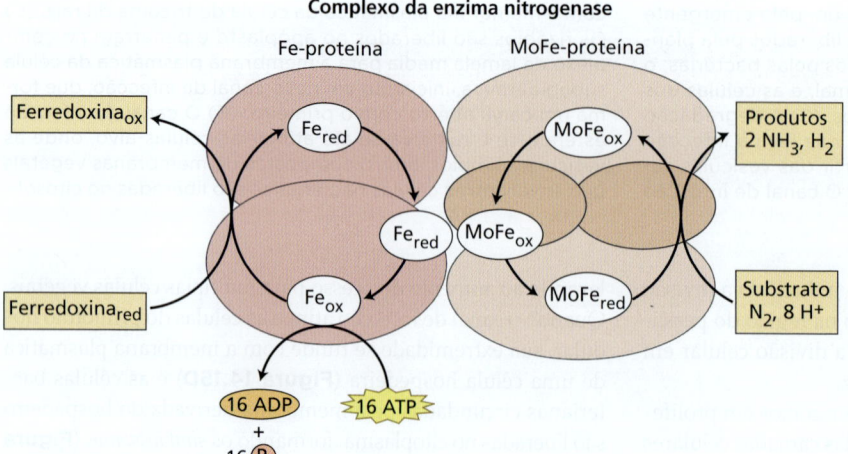

Figura 14.16 Reação catalisada pela nitrogenase. A ferredoxina reduz a Fe-proteína. Acredita-se que a ligação e a hidrólise do ATP à Fe-proteína provoquem uma mudança na conformação dessa proteína, o que facilita as reações redox. A Fe-proteína reduz a MoFe-proteína, e esta última reduz o N_2. (Segundo R. O. D. Dixon and C. T. Wheeler. 1986. *Nitrogen Fixation in Plants*. Chapman and Hall, New York; B. Buchanan et al. 2000. *Biochemistry and Molecular Biology of Plants*. American Society of Plant Physiologists, Rockville, MD.)

Tabela 14.4 Reações catalisadas pela nitrogenase

$N_2 \rightarrow NH_3$	Fixação do nitrogênio molecular
$N_2O \rightarrow N_2 + H_2O$	Redução do óxido nitroso
$N_3^- \rightarrow N_2 + NH_3$	Redução da azida
$C_2H_2 \rightarrow C_2H_4$	Redução do acetileno
$2H^+ \rightarrow H_2$	Produção de H_2
$ATP \rightarrow ADP + P_i$	Atividade hidrolítica do ATP

Fonte: R. H. Burris. 1976. Fixação de nitrogênio Em *Plant Biochemistry*, 3rd ed., J. Bonner and J. Varner, eds., Academic Press, NY, pp. 887–908.

Sob condições naturais, quantidades substanciais de H^+ são reduzidas ao gás H_2. Esse processo pode competir com a redução do N_2 pelos elétrons da nitrogenase. Nos rizóbios, 30 a 60% da energia fornecida para a nitrogenase podem ser perdidos como H_2, diminuindo a eficiência da fixação de nitrogênio. Alguns rizóbios, entretanto, contêm hidrogenase, uma enzima que pode clivar o H_2 formado e gerar elétrons para a redução do N_2, melhorando, assim, a eficiência da fixação de nitrogênio.

Amidas e ureídas são formas de transporte do nitrogênio

Os procariotos simbióticos fixadores de nitrogênio liberam amônia, que, para evitar a toxicidade, deve ser rapidamente convertida em formas orgânicas nos nódulos da raiz, antes de ser transportada via xilema para a parte aérea. As leguminosas fixadoras de nitrogênio podem ser classificadas como exportadoras de amidas ou exportadoras de ureídas, dependendo da composição da seiva do xilema. As amidas (principalmente os aminoácidos asparagina ou glutamina) são exportadas por leguminosas de regiões temperadas, como ervilha (*Pisum*), trevo (*Trifolium*), fava (*Vicia*) e lentilha (*Lens*) (ver Figura 14.6).

As ureídas são exportadas por leguminosas de origem tropical, como a soja (*Glycine*), o feijoeiro (*Phaseolus*), o amendoim (*Arachis*) e a ervilha-do-sul (*Vigna*) (ver Figura 14.6). As três ureídas principais são alantoína, ácido alantoico e citrulina (**Figura 14.17**). A alantoína é sintetizada nos peroxissomos a partir do ácido úrico, enquanto o ácido alantoico é sintetizado no retículo endoplasmático a partir da alantoína. O local de síntese da citrulina a partir do aminoácido ornitina ainda não foi determinado. Os três compostos são, por fim, liberados no xilema e transportados para a parte aérea, onde são rapidamente catabolizados a amônio. Esse amônio entra na rota de assimilação já descrita.

14.6 Assimilação do enxofre

O enxofre está entre os elementos mais versáteis dos organismos vivos. As pontes dissulfeto nas proteínas possuem funções estruturais e reguladoras (ver Capítulo 10). O enxofre participa do transporte de elétrons pelos grupos ferro-enxofre (ver Capítulos 9 e 13). Os sítios catalíticos de várias enzimas e coenzimas, como urease e coenzima A, contêm enxofre. Os metabólitos secundários (compostos que não estão envolvidos nas rotas primárias de crescimento e de desenvolvimento) que contêm enxofre variam desde os fatores Nod dos rizóbios, discutidos na Seção 14.5, ao antisséptico aliina encontrado no alho e ao sulforafano anticarcinogênico, presente no brócolis.

A versatilidade do enxofre deriva, em parte, da propriedade que ele compartilha com o nitrogênio: *múltiplos estados de oxidação estáveis*. Nesta seção, são discutidas as etapas enzimáticas que mediam a assimilação de enxofre e as reações bioquímicas que catalisam a redução do sulfato em dois aminoácidos contendo enxofre, cisteína e metionina.

O sulfato é a forma do enxofre transportado nos vegetais

A maior parte do enxofre nas células de plantas superiores deriva do sulfato (SO_4^{2-}) transportado via um transportador de H^+-SO_4^{2-} do tipo simporte (ver Capítulo 8), a partir da solução do solo. O sulfato no solo é predominantemente oriundo do intemperismo da rocha matriz. No entanto, a industrialização acrescenta uma fonte adicional de sulfato: a poluição atmosférica. A queima de combustíveis fósseis libera várias formas de enxofre gasoso, incluindo dióxido de enxofre (SO_2) e sulfeto de hidrogênio (H_2S), os quais são levados para o solo pela chuva.

Na fase gasosa, o dióxido de enxofre reage com o radical hidroxila e o oxigênio para formar trióxido de enxofre (SO_3). O SO_3 dissolve-se na água e torna-se ácido sulfúrico (H_2SO_4), um ácido forte, que é a principal razão de chuva ácida. As plantas conseguem metabolizar o dióxido de enxofre, que é absorvido na forma gasosa pelos estômatos. Mesmo assim, exposição prolongada (mais de 8 horas) às altas concentrações atmosféricas do SO_2 (superiores a 0,3 ppm) causa extensos danos aos tecidos vegetais, devido à formação do ácido sulfúrico dentro da folha.

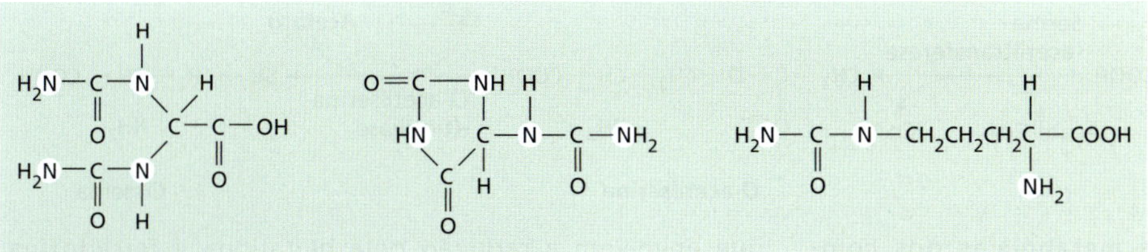

Figura 14.17 Principais ureídas utilizadas para transportar nitrogênio a partir dos locais de fixação para os locais onde será desaminado, fornecendo nitrogênio para a síntese de aminoácidos e nucleosídeos.

Ácido alantoico — Alantoína — Citrulina

A assimilação do sulfato requer a redução do sulfato à cisteína

A síntese de compostos orgânicos contendo enxofre a partir do sulfato inorgânico ocorre em plastídios, mitocôndrias e no citosol.

ATIVAÇÃO DO SULFATO A primeira etapa na síntese de compostos orgânicos contendo enxofre é a ativação do sulfato inorgânico (**Figura 14.18**). O sulfato é muito estável e, portanto, necessita ser ativado antes que quaisquer reações subsequentes possam ocorrer. A ativação inicia com a reação entre o sulfato e o ATP para formar adenosina-5'-fosfossulfato (APS) e pirofosfato (PP_i) (ver Figura 14.18):

$$SO_4^{2-} + ATP \rightarrow APS + PP_i \quad (14.11)$$

Existem duas formas da enzima, a ATP sulfurilase, que catalisa essa reação. A forma principal é encontrada em plastídios e é responsável por 90 a 95% da atividade total da ATP sulfurilase, e uma forma menor é encontrada no citosol (**Figura 14.19**). Algumas espécies de plantas, incluindo *Arabidopsis*, não têm ATP sulfurilase citosólica. A expressão do gene *ATPS* que codifica a ATP sulfurilase e a respectiva atividade proteica podem ser reguladas positivamente (*up-regulated*) pela insuficiência de enxofre ou reprimida por um produto final da rota, como cisteína ou glutationa.

A reação de ativação do sulfato é energeticamente desfavorável. Para levar essa reação adiante, os produtos APS e PP_i devem ser convertidos de imediato em outros compostos. O PP_i, doador de fosfato e fonte de energia, é hidrolisado a fosfato inorgânico (P_i) pela pirofosfatase inorgânica, de acordo com a seguinte reação:

$$PP_i + H_2O \rightarrow 2\, P_i \quad (14.12)$$

As plantas contêm dois tipos de pirofosfatase: Uma é a pirofosfatase solúvel e a outra é H^+-pirofosfatase vacuolar. O outro produto da Reação 14.11, APS, é rapidamente reduzido ou fosforilado, sendo a redução a rota dominante.

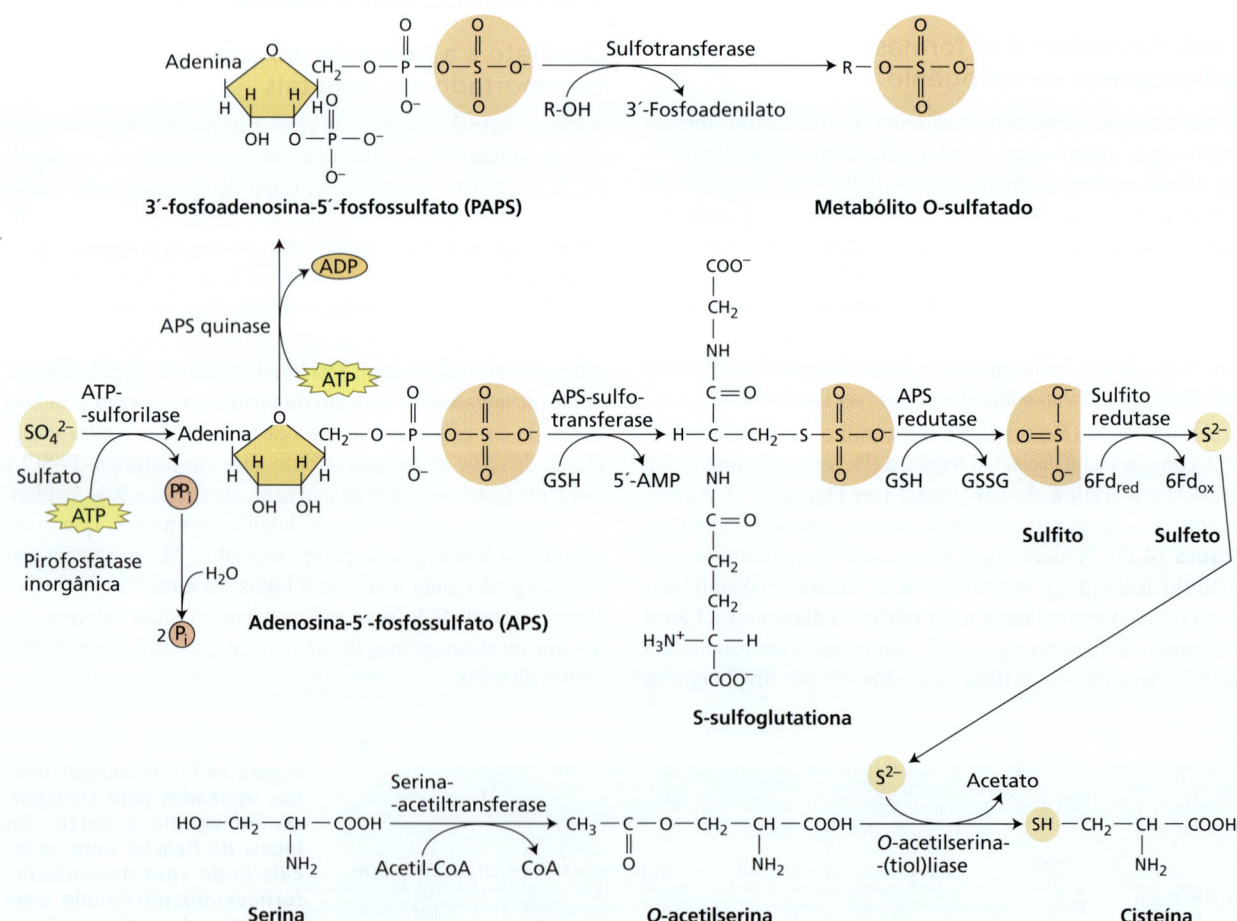

Figura 14.18 Estrutura e rotas metabólicas dos compostos envolvidos na assimilação do enxofre. A enzima ATP-sulfurilase cliva o pirofosfato do ATP e o substitui pelo sulfato. O sulfeto é produzido a partir do APS por reações que envolvem a redução pela glutationa e ferredoxina. O sulfeto reage com a *O*-acetilserina para formar cisteína. Fd, ferredoxina; GSH, glutationa reduzida; GSSG, glutationa oxidada.

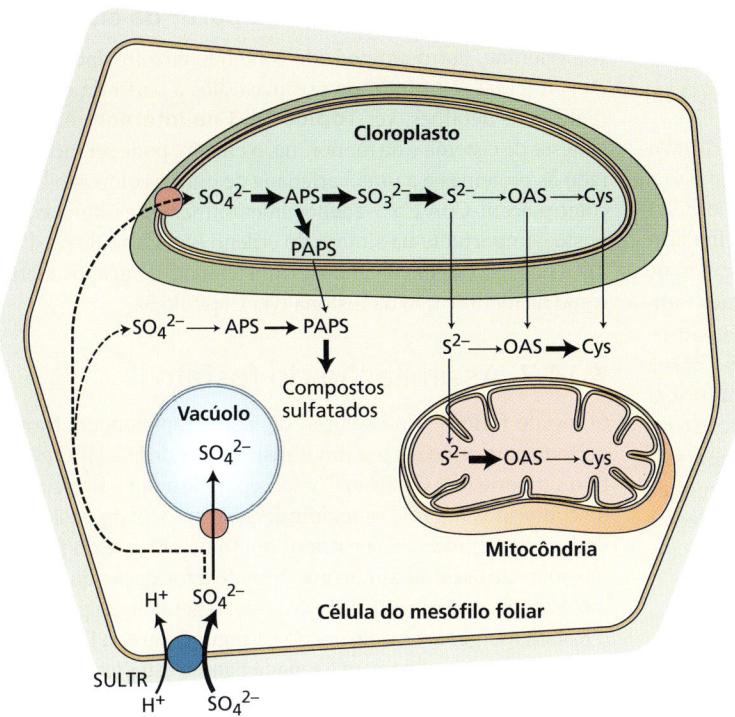

Figura 14.19 Visão geral da assimilação de enxofre em células vegetais. O sulfato é absorvido através da membrana plasmática pelos transportadores SULTRs acoplados a prótons. O sulfato pode ser armazenado em vacúolos ou processado posteriormente em outras partes da célula. A redução do sulfato em sulfeto ocorre nos cloroplastos/plastídios. A incorporação de sulfeto na cisteína ocorre no citosol, cloroplastos/plastídios e mitocôndrias. A síntese de compostos sulfatados ocorre no citosol. A espessura das setas mostra a importância relativa das reações.

A redução de APS é um processo de múltiplas etapas que ocorre exclusivamente nos plastídios (ver Figuras 14.18 e 14.19). De início, a APS redutase transfere dois elétrons, aparentemente da glutationa reduzida (GSH), para produzir sulfito (SO_3^{2-}):

$$APS + 2\,GSH \rightarrow SO_3^{2-} + 2\,H^+ \,GSSG + AMP + H_2O \quad (14.13)$$

onde GSSG representa a glutationa oxidada. (*SH* na GSH e *SS* na GSSG representam as pontes S–H e S–S, respectivamente.)

O N-terminal da proteína APS redutase é um domínio de redutase contendo um grupo ferro-enxofre (Fe-S), enquanto seu C-terminal é um domínio semelhante à glutarredoxina (Grx). A APS redutase forma um dímero, e, durante a reação, pontes de dissulfeto podem ser formadas alternativamente entre as duas subunidades enzimáticas ou entre os domínios N-terminal de Fe-S e C-terminal de Grx. Como é semelhante à ATP sulfurilase, a atividade da APS redutase e a expressão do gene codificador *APR* também são reguladas positivamente pela insuficiência de enxofre e reprimidas pelas formas reduzidas de enxofre.

A seguir, a sulfito redutase transfere seis elétrons da ferredoxina (Fd_{red}), produzindo sulfeto (S^{2-}):

$$SO_3^{2-} + 6\,Fd_{red} \rightarrow S^{2-} + 6\,Fd_{ox} + 3\,H_2O \quad (14.14)$$

A redução do sulfato em sulfeto é um processo energético intensivo que consome mais energia do que a assimilação de nitrato ou assimilação de CO_2. Como o sulfito é um ânion tóxico, a atividade da sulfito redutase é mantida em excesso e, ao contrário da ATP sulfurilase e da APS redutase, nem sua expressão nem sua atividade são reguladas pela nutrição com enxofre.

INCORPORAÇÃO DE SULFETO EM CISTEÍNA O sulfeto resultante, então, reage com *O*-acetilserina (OAS) para formar cisteína e acetato. A *O*-acetilserina, que reage com o S^{2-}, é formada por uma reação catalisada pela serina acetiltransferase:

$$\text{Serina} + \text{acetil-CoA} \rightarrow \text{OAS} + \text{CoA} \quad (14.15)$$

OAS e sulfeto, então, reagem para formar cisteína por meio de uma reação catalisada pela OAS (tiol)-liase:

$$OAS + S^{2-} \rightarrow \text{cisteína} + \text{acetato} \quad (14.16)$$

A serina acetiltransferase e a OAS (tiol)-liase são codificadas por pequenas famílias multigênicas chamadas *SERAT* e *BSAS*, respectivamente. Os níveis de expressão de *SERAT* e *BSAS* não são regulados pela insuficiência de sulfato. A serina acetiltransferase e a OAS (tiol)-liase podem ser encontradas no citosol, plastídios e mitocôndrias. A análise de mutantes indicou que o principal local de síntese de OAS é a mitocôndria, enquanto o principal local de síntese de cisteína é o citosol. Essas duas enzimas podem operar separadamente ou formar um complexo multienzimático. A montagem do complexo é regulada negativamente pela OAS, mas positivamente pelo sulfeto. A formação do complexo atua no ajuste fino da regulação da assimilação de sulfato, pois as interações proteína-proteína no complexo aumentam a atividade da serina acetiltransferase, mas reprimem a da OAS (tiol)-liase.

FOSFORILAÇÃO DE APS A fosforilação de APS opera na interface entre o metabolismo primário e o secundário do enxofre (ver Figuras 14.18 e 14.19). Para ser incorporado em compostos sulfatados, o APS é fosforilado pela APS quinase em plastídios e citosol para formar 3'-fosfoadenosina-5'-fosfossulfato (PAPS):

$$APS + ATP \rightarrow PAPS + ADP \quad (14.17)$$

As sulfotransferases no citosol podem, então, transferir o grupo sulfato de PAPS para vários compostos (R-OH na Figura 14.18), incluindo colina, brassinosteroides, flavonol, ácido gálico glicosídeo, glicosinolatos, peptídeos e polissacarídeos.

A assimilação do sulfato ocorre principalmente nas folhas

A redução do sulfato à cisteína altera o número de oxidação do enxofre de +6 para –2, envolvendo, assim, a transferência de oito elétrons. A glutationa, a ferredoxina, o NAD(P)H ou a *O*-acetilserina podem atuar como doadores de elétrons em várias etapas da rota (ver Figura 14.18). Em *Arabidopsis*, todas as enzimas envolvidas na assimilação do sulfato – com exceção da sulfito redutase e das enzimas que catalisam a síntese da glutationa reduzida – são codificadas por pequenas famílias multigênicas.

As folhas são geralmente muito mais ativas do que as raízes na assimilação do enxofre, presumivelmente porque a fotossíntese fornece a ferredoxina reduzida e a fotorrespiração gera a serina (ver Capítulo 10), que pode estimular a produção da *O*-acetilserina. O enxofre assimilado nas folhas é exportado via floema para os órgãos-dreno (ápices de caules e de raízes e frutos). A absorção de sulfato nas raízes, o transporte de sulfato das raízes para as partes aéreas e várias etapas da assimilação de sulfato são regulados pelas demandas de assimilação de enxofre por meio de um mecanismo de retroalimentação (*feedback*).

A metionina é sintetizada a partir da cisteína

A metionina, outro aminoácido contendo enxofre encontrado nas proteínas, é sintetizada nos plastídios a partir da cisteína (para mais detalhes, ver **Tópico 14.3 na internet**). Após as sínteses da cisteína e da metionina, o enxofre pode ser incorporado às proteínas e a uma variedade de outros compostos, tais como a acetil-CoA e a *S*-adenosilmetionina. Esse último composto é importante na síntese do etileno (ver Capítulos 4, 15 e 21) e nas reações envolvendo a transferência de grupos metil, como na modificação da histona (ver Capítulo 3).

14.7 Assimilação do fosfato

O fosfato (HPO_4^{2-}) na solução do solo é rapidamente transportado para as raízes por um transportador de H^+–HPO_4^{2-} do tipo simporte (ver Capítulo 8) e incorporado a uma diversidade de compostos orgânicos, incluindo açúcares fosfato, fosfolipídeos e nucleotídeos. O principal ponto de entrada do fosfato nas rotas de assimilação ocorre durante a formação do ATP, a molécula de energia da célula. Na reação geral desse processo, o fosfato inorgânico é adicionado ao segundo grupo fosfato do difosfato de adenosina para formar a ligação éster fosfato.

Nas mitocôndrias, a energia para a síntese do ATP é proveniente da oxidação do NADH ou do succinato pela fosforilação oxidativa (ver Capítulo 13). A síntese do ATP também é acionada pela fosforilação dependente da luz ocorrendo nos cloroplastos (ver Capítulo 9). Além dessas reações que ocorrem nas mitocôndrias e nos cloroplastos, aquelas que acontecem no citosol, como a glicólise, também assimilam fosfato.

A glicólise incorpora o fosfato inorgânico no ácido 1,3-difosfoglicérico, formando um grupo acil fosfato de alta energia. Esse fosfato pode ser doado ao ADP para formar o ATP, em uma reação de fosforilação em nível de substrato (ver Capítulo 13). Uma vez incorporado ao ATP, o grupo fosfato pode ser transferido mediante muitas reações diferentes, formando vários compostos fosforilados encontrados nas células das plantas superiores.

Os miRNAs contribuem para a sinalização de fosfato e sulfato

Mediada pelo fator de transcrição PHR1, a deficiência de fosfato induz rapidamente a expressão de miR399 nas partes aéreas e, posteriormente, nas raízes. O miR399 derivado do broto é transportado por meio do transporte do floema para as raízes (ver Capítulo 12), onde facilita a clivagem do mRNA do *PHOSPHATE 2 (PHO2)* que codifica uma enzima E2 conjugadora de ubiquitina. Essa ação atenua a degradação do PHO1 e do PHOSPHATO PHOSPHATE TRANSPORTER 1 (PHT1) a aumentar a translocação de fosfato da raiz para a parte aérea e a absorção de fosfato, respectivamente, sob condições de deficiência de fosfato.

Em um processo similar, mediado pelo fator de transcrição SULFUR LIMITATION 1 (SLIM1), a deficiência de sulfato induz um acúmulo de miR395 no floema, limitando, assim, a expressão de seu alvo *SULFATE TRANSPORTER 2;1 (SULTR2;1)* no parênquima do xilema para melhorar o transporte de sulfato da raiz ao caule. Alvos adicionais de miR395 incluem três isoformas de ATP sulfurilase (*ATPS1*, *ATPS3* e *ATPS4*), com esse circuito regulatório modulando não apenas o fluxo de assimilação de sulfato, mas também a translocação de sulfato.

■ 14.8 Assimilação do oxigênio

A respiração é responsável por cerca de 90% do volume de O_2 assimilado pelas células vegetais (ver Capítulo 13). Outra rota importante para a assimilação de O_2 em compostos orgânicos envolve a incorporação de O_2 da água (p. ex., ver reação 1 da Figura 10.3). Uma proporção pequena de oxigênio pode ser diretamente assimilada em compostos orgânicos no processo de *fixação de oxigênio*, por meio de enzimas conhecidas como *oxigenases*. A oxigenase mais relevante nos vegetais é a ribulose 1,5-bifosfato carboxilase/oxigenase (rubisco), que, durante a fotorrespiração, incorpora o oxigênio em um composto orgânico e libera energia (ver Capítulo 10).

■ 14.9 O balanço energético da assimilação de nutrientes

A assimilação de nutrientes geralmente necessita de grandes quantidades de energia para converter compostos inorgânicos estáveis de baixa energia em compostos orgânicos de alta energia, altamente reduzidos. Por exemplo, a redução do nitrato a nitrito e deste em amônio requer a transferência de aproximadamente oito elétrons e representa cerca de 25% do total de energia consumida pelas raízes e partes aéreas. Por conseguinte, o vegetal pode utilizar um quarto de sua energia para assimilar o nitrogênio, um constituinte que representa menos de 2% da massa seca total da planta.

Muitas dessas reações de assimilação ocorrem no estroma do cloroplasto, onde elas têm acesso imediato a poderosos agentes redutores, como o NADPH, a tiorredoxina e a ferredoxina gerados durante o transporte de elétrons da fotossíntese. Esse processo – acoplando a assimilação de nutrientes ao transporte fotossintético de elétrons – é denominado **fotoassimilação** (**Figura 14.20**).

A fotoassimilação e o ciclo C_3 de fixação de carbono ocorrem no mesmo compartimento. Contudo, a fotoassimilação prossegue somente quando o transporte fotossintético de elétrons gera agentes redutores acima das necessidades do ciclo C_3 de fixação de carbono – por exemplo, sob condições de alta luminosidade e baixo CO_2. As concentrações altas de CO_2 inibem a assimilação de nitrato nas partes aéreas de plantas C_3 (**Figura 14.21A**).

Um mecanismo fisiológico responsável por esse fenômeno envolve a fotorrespiração (ver Capítulo 10). A fotorrespiração foi erroneamente descrita como um processo inútil. Na verdade, a fotorrespiração exerce um papel positivo na relação carbono-nitrogênio da planta. Ela estimula a exportação do malato dos cloroplastos, e esse malato no citoplasma gera NADH. Esse NADH impulsiona a primeira etapa da assimilação de NO_3^-, a redução do NO_3^- a NO_2^-. O enriquecimento com dióxido de carbono reduz a fotorrespiração, diminuindo a quantidade de NADH disponível para a redução de NO_3^-.

Diferentemente da rota C_3 de fixação de carbono, a primeira reação de carboxilação na rota C_4 de fixação de carbono gera grandes quantidades de malato e NADH no citoplasma

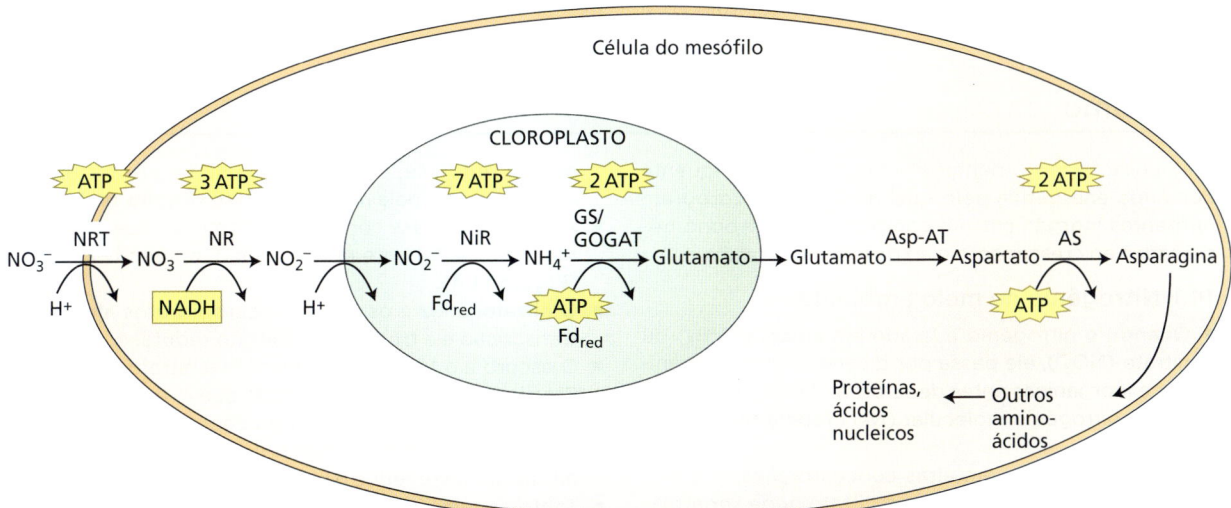

Figura 14.20 Resumo dos processos envolvidos na assimilação de nitrogênio mineral na folha. O nitrato translocado das raízes pelo xilema é absorvido por uma célula do mesófilo por um transportador de nitrato (NRT) para o citoplasma. O nitrato é, então, reduzido a nitrito via nitrato redutase (NR). O nitrito é translocado para o estroma do cloroplasto junto com um próton. No estroma, o nitrito é reduzido a amônio via nitrito redutase (NiR), e esse amônio é convertido em glutamato pela ação sequencial da glutamina sintetase (GS) e da glutamato sintase (GOGAT). Novamente no citoplasma, o glutamato é transaminado a aspartato, via aspartato aminotransferase (Asp-AT). Finalmente, a asparagina sintetase (AS) converte o aspartato em asparagina. As quantidades aproximadas de ATP equivalente para cada reação estão indicadas acima de cada reação.

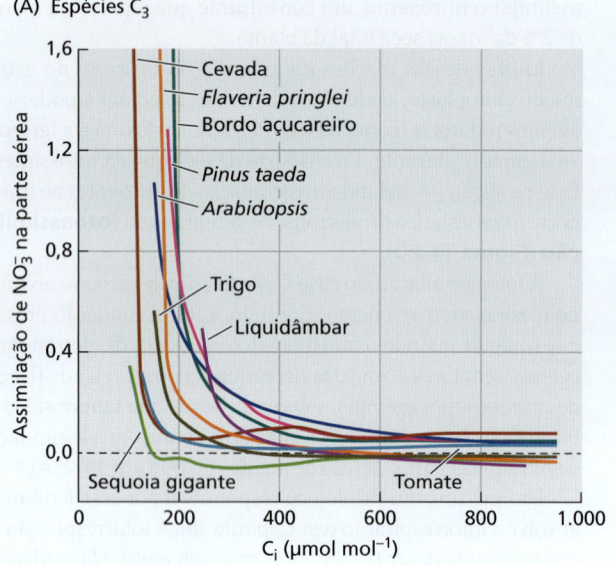

Figura 14.21 A assimilação de NO_3^- em função da concentração interna (C_i) de CO_2 na parte aérea de nove espécies C_3 (A) e três espécies C_4 (B). A assimilação de NO_3^- na parte aérea está apresentada como ΔAQ (diminuição na razão entre consumo e produção de O_2 na parte aérea, como uma mudança nutricional de NH_4^+ pra NO_3^-). (Modificada de A. J. Bloom et al. 2012. *Ecology* 93: 355-367 com dados de P. S. Searles and A. J. Bloom. 2003. *Plant Cell Environ*. 26: 1247-1255.)

das células do mesófilo. Isso explica por que, nas plantas C_4, a assimilação de NO_3^- na parte aérea é independente do CO_2 (**Figura 14.21B**). Da mesma forma, o catabolismo rápido do malato e a elevada concentração de CO_2 nas células da bainha do feixe vascular explicam por que as plantas C_4 assimilam o NO_3^- exclusivamente nas células do mesófilo.

Se, como esperado, os níveis de CO_2 atmosférico aumentem cerca de 700 ppm durante este século (ver Capítulo 11), a inibição do CO_2 da assimilação de nitrato na parte aérea afetará cada vez mais as relações planta-nutriente. A qualidade do alimento produzido por culturas C_3, como o trigo, já tem sofrido perdas e reduzirá ainda mais durante as próximas décadas. O melhoramento de culturas para o aumento da assimilação do nitrato e do amônio tem potencial para mitigar essas perdas de qualidade, contudo essa abordagem ainda é inexplorada.

■ Resumo

A assimilação de nutrientes é um processo de frequente demanda energética pelo qual as plantas incorporam nutrientes inorgânicos em compostos de carbono necessários ao crescimento e ao desenvolvimento.

14.1 Nitrogênio no meio ambiente

- Quando o nitrogênio é fixado em amônia (NH_3) ou nitrato (NO_3^-), ele passa por diversas formas orgânicas e inorgânicas antes de retornar, finalmente, à forma de nitrogênio molecular (N_2) (**Tabela 14.1; Figura 14.1**).
- O amônio (NH_4^+), em altas concentrações, é tóxico aos tecidos vivos. Contudo, o nitrato pode ser armazenado e transportado nos tecidos vegetais de forma segura (**Figuras 14.2, 14.3**).

14.2 Assimilação do nitrato

- As raízes das plantas absorvem ativamente o nitrato, depois o reduzem a nitrito (NO_2^-) no citosol, pela nitrato redutase, e o reduzem ainda mais a amônio nos plastídios, pela nitrito redutase (**Figura 14.3**).
- A nitrato redutase contém três domínios que se ligam aos íons FAD, heme e molibdênio, respectivamente (**Figura 14.4**).
- O nitrato, a luz e os níveis de carboidratos afetam a transcrição e a tradução da nitrato redutase.
- O escuro e o Mg^{2+} podem inativar a nitrato redutase. Essa inativação é mais rápida do que a regulação pela redução da síntese ou da degradação da enzima.
- Nos cloroplastos e nos plastídios de raízes, a enzima nitrito redutase reduz o nitrito a amônio (**Figura 14.5**).
- Tanto as raízes quanto as partes aéreas assimilam o nitrato (**Figuras 14.6, 14.7**).
- O nitrato pode ser transportado tanto no xilema quanto no floema (**Figura 14.7**).
- O transceptor de nitrato (transportador com função receptora) CHL1 não apenas ajuda a planta a adquirir nitrato do solo, mas também detecta diferenças de

Resumo

concentração de nitrato no solo e induz diferentes níveis de expressão gênica (**Figura 14.8**).

14.3 Assimilação do amônio
- As células vegetais evitam a toxicidade do amônio pela rápida conversão de amônio em aminoácidos (**Figura 14.9**).
- O nitrogênio é incorporado em outros aminoácidos por reações de transaminação envolvendo a glutamina e o glutamato.
- O aminoácido asparagina é um componente-chave para o transporte e o armazenamento do nitrogênio.

14.4 Biossíntese de aminoácidos
- Os esqueletos de carbono dos aminoácidos derivam de intermediários da glicólise e do ciclo do ácido tricarboxílico (**Figura 14.10**).

14.5 Fixação biológica de nitrogênio
- A fixação biológica do nitrogênio é responsável pela maior parte da amônia formada a partir do N_2 atmosférico (**Figura 14.1; Tabela 14.1**).
- Vários tipos de bactérias fixadoras de nitrogênio formam associações simbióticas com plantas superiores (**Figuras 14.11, 14.12; Tabelas 14.2, 14.3**).
- A fixação do nitrogênio necessita de condições anaeróbias ou microanaeróbias.
- Os procariotos simbióticos fixadores de nitrogênio funcionam no interior de nódulos, estruturas especializadas formadas pela planta hospedeira (**Figura 14.11**).
- A relação simbiótica inicia pela migração das bactérias fixadoras de nitrogênio na direção da raiz da planta hospedeira, a qual é mediada por atrativos químicos secretados pelas raízes.
- Os compostos atrativos ativam a proteína NodD dos rizóbios, a qual, então, induz a biossíntese de fatores Nod que atuam como sinais para a simbiose (**Figuras 14.13, 14.14**).
- Os fatores Nod induzem enrolamento dos pelos da raiz, sequestro dos rizóbios, degradação das paredes celulares e acesso bacteriano à membrana celular do pelo da raiz, do qual se forma o canal de infecção (**Figura 14.15**).
- Preenchido de rizóbios em proliferação, o canal de infecção alonga-se através dos tecidos da raiz no sentido do nódulo em desenvolvimento, o qual surge a partir das células corticais (**Figura 14.15**).
- Em resposta a um sinal do vegetal, as bactérias do nódulo param de se dividir e se diferenciam em bacterioides fixadores de nitrogênio.
- A redução de N_2 em NH_3 é catalisada pelo complexo da enzima nitrogenase (**Figura 14.16**).
- O nitrogênio fixado é transportado como amidas ou ureídas (**Figuras 14.6, 14.17**).

14.6 Assimilação do enxofre
- A maior parte do enxofre assimilado deriva do sulfato (SO_4^{2-}) absorvido da solução do solo, mas as plantas podem também metabolizar dióxido de enxofre gasoso (SO_2) que entra pelos estômatos.
- A síntese de compostos orgânicos contendo enxofre inicia com a redução de sulfato a aminoácido cisteína (**Figura 14.18**).
- O sulfato é assimilado principalmente nas folhas, envolvendo três compartimentos subcelulares de citosol, cloroplasto e mitocôndrias (**Figura 14.19**).

14.7 Assimilação do fosfato
- As raízes absorvem o fosfato (HPO_4^{2-}) da solução do solo, e sua assimilação ocorre com a formação do ATP.
- A partir do ATP, o grupo fosfato pode ser transferido para muitos compostos de carbono diferentes nas células vegetais.

14.8 Assimilação do oxigênio
- A respiração e a atividade oxigenase da rubisco são responsáveis pela maior parte da assimilação de O_2 pelas células vegetais. Contudo, a fixação direta de oxigênio também é catalisada por outras oxigenases.

14.9 O balanço energético da assimilação de nutrientes
- A assimilação de nutrientes que requer energia está acoplada ao transporte fotossintético de elétrons, que gera agentes redutores potentes (**Figura 14.20**).
- A fotoassimilação opera somente quando o transporte de elétrons da fotossíntese gera redutores acima das necessidades do ciclo C_3 de fixação de carbono.
- O aumento dos níveis atmosféricos de CO_2 inibe a assimilação de nitrato nas partes aéreas de plantas C_3 (**Figura 14.21**).

Material da internet

- **Tópico 14.1 Desenvolvimento de um nódulo de raiz** Os primórdios do nódulo se formam opostos aos polos do protoxilema dos feixes vasculares da raiz.
- **Tópico 14.2 Medição da fixação de nitrogênio** A redução do acetileno é usada como uma medida indireta da redução de nitrogênio.
- **Tópico 14.3 A síntese de metionina** A metionina é sintetizada em plastídios a partir da cisteína.

Para mais recursos de aprendizagem (em inglês), acesse **oup.com/he/taiz7e**

Leituras sugeridas

Chiou, T.-J., and Lin, S.-I. (2011) Signaling network in sensing phosphate availability in plants. *Annu. Rev. Plant Physiol.* 62: 185–206.

Crawford, N. M., and Forde, B. J. (2002) Molecular and developmental biology of inorganic nitrogen nutrition. In: *The Arabidopsis Book*, C. Somerville and E. Meyerowitz (eds.), American Society of Plant Physiologists, Rockville, MD.

Fowler, D., Coyle, M., Skiba, U., Sutton, M. A., Cape, J. N., Reis, S., Sheppard, L. J., Jenkins, A., Grizzetti, B., Galloway, J. N., Vitousek, P., Leach, A., Bouwman, A. F., Butterbach-Bahl, K., Dentener, F., Stevenson, D., Amann, M., and Voss, M. (2013) The global nitrogen cycle in the twenty-first century. *Philos. Trans. R Soc. Lond B Biol. Sci.* 368: 20130164.

Geurts, R., Lillo, A., and Bisseling, T. (2012) Exploiting an ancient signalling machinery to enjoy a nitrogen fixing symbiosis. *Curr. Opin. Plant Biol.* 15: 438–443.

Herridge, D. F., Peoples, M. B., and Boddey, R. M. (2008) Global inputs of biological nitrogen fixation in agricultural systems. *Plant Soil* 311: 1–18.

Ho, C.-H., Lin, S.-H., Hu, H.-C., and Tsay, Y.-F. (2009) CHL1 functions as a nitrate sensor in plants. *Cell* 138: 1184–1194.

Maillet, F., Poinsot, V., Andre, O., Puech-Pages, V., Haouy, A., Gueunier, M., Cromer, L., Giraudet, D., Formey, D., Niebel, A., et al. (2011) Fungal lipochitooligosaccharide symbiotic signals in arbuscular mycorrhiza. *Nature* 469: 58–63.

Marschner, H., and Marschner, P. (2012) *Marschner's Mineral Nutrition of Higher Plants*, 3rd ed. Elsevier/Academic Press, London; Waltham, MA.

Oldroyd, G. E., Murray, J. D., Poole, P. S., and Downie, J. A. (2011) The rules of engagement in the legume-rhizobial symbiosis. *Annu. Rev. Gen.* 45: 119–144.

Santi, C., Bogusz, D., and Franche, C. (2013) Biological nitrogen fixation in non-legume plants. *Ann. Bot.* 111: 743–767.

Schroeder, J. I., Delhaize, E., Frommer, W. B., Guerinot, M. L., Harrison, M. J., Herrera-Estrella, L., Horie, T., Kochian, L. V., Munns, R., Nishizawa, N. K., Tsay, Y. F., and Sanders, D. (2013) Using membrane transporters to improve crops for sustainable food production. *Nature* 497: 60–66.

Takahashi, H., Kopriva, S., Giordano, M., Saito, K., and Hell, R. (2011) Sulfur Assimilation in Photosynthetic Organisms: Molecular Functions and Regulations of Transporters and Assimilatory Enzymes. *Annu. Rev. Plant Biol.* 62: 157–184.

Wang, Y.-Y., Cheng, Y.-H., Chen, K.-E., and Tsay, Y. F. (2018) Nitrate transport, signaling, and use efficiency. *Annu. Rev. Plant Biol.* 69: 85–122.

15 Estresse abiótico

As plantas crescem e se reproduzem em ambientes que contêm uma multiplicidade de fatores abióticos (não vivos) químicos e físicos, os quais variam conforme o tempo e a localização geográfica. Os parâmetros ambientais abióticos primários que afetam o crescimento vegetal são luz (intensidade, qualidade e duração), água (disponibilidade no solo e umidade), dióxido de carbono, oxigênio, conteúdo e disponibilidade de nutrientes no solo, temperatura e toxinas (i.e., metais pesados e salinidade). As flutuações desses fatores ambientais fora de seus limites normais em geral têm consequências bioquímicas e fisiológicas negativas para as plantas. Por serem sésseis, as plantas são incapazes de evitar o estresse abiótico simplesmente pelo deslocamento para um ambiente mais favorável. Como alternativa, elas desenvolveram a capacidade de compensar as condições estressantes, mediante alteração dos processos fisiológicos e de desenvolvimento para manter o crescimento e a reprodução.

Nas últimas décadas, a introdução de gases de efeito estufa na atmosfera resultou em um aquecimento cumulativo do ar, da terra e do oceano (aquecimento global). Esse aquecimento se tornou um dos principais contribuintes para as mudanças no clima, causando um aumento na frequência e intensidade de eventos climáticos que sujeitam as plantas a condições de estresse abiótico, como secas prolongadas, ondas de calor, inundações e salinidade (**Tópico 15.1 na internet**). Conforme descrito neste capítulo, essas condições podem ter um impacto negativo no crescimento e na produção das plantas, ameaçando o suprimento de alimentos para a população humana e destacando a importância de estudar as respostas ao estresse abiótico em diferentes culturas agrícolas, plantas herbáceas e árvores.

Neste capítulo, é disponibilizada uma visão integrada de como as plantas se adaptam e respondem aos estresses abióticos no ambiente. Como todos os organismos vivos, as plantas são sistemas biológicos complexos contendo milhares de diferentes genes, proteínas, moléculas reguladoras, agentes de sinalização e compostos químicos, que estabelecem centenas de rotas e redes interligadas. Sob condições normais de crescimento, as diferentes rotas bioquímicas e redes de sinalização atuam de uma maneira coordenada, para equilibrar os aportes (*inputs*) ambientais com o imperativo genético da planta de crescer e se reproduzir. Quando exposto a condições ambientais desfavoráveis, esse sistema interativo complexo ajusta-se homeostaticamente para minimizar os impactos negativos do estresse e manter o equilíbrio metabólico (**Figura 15.1**).

444 Unidade III | Bioquímica e metabolismo

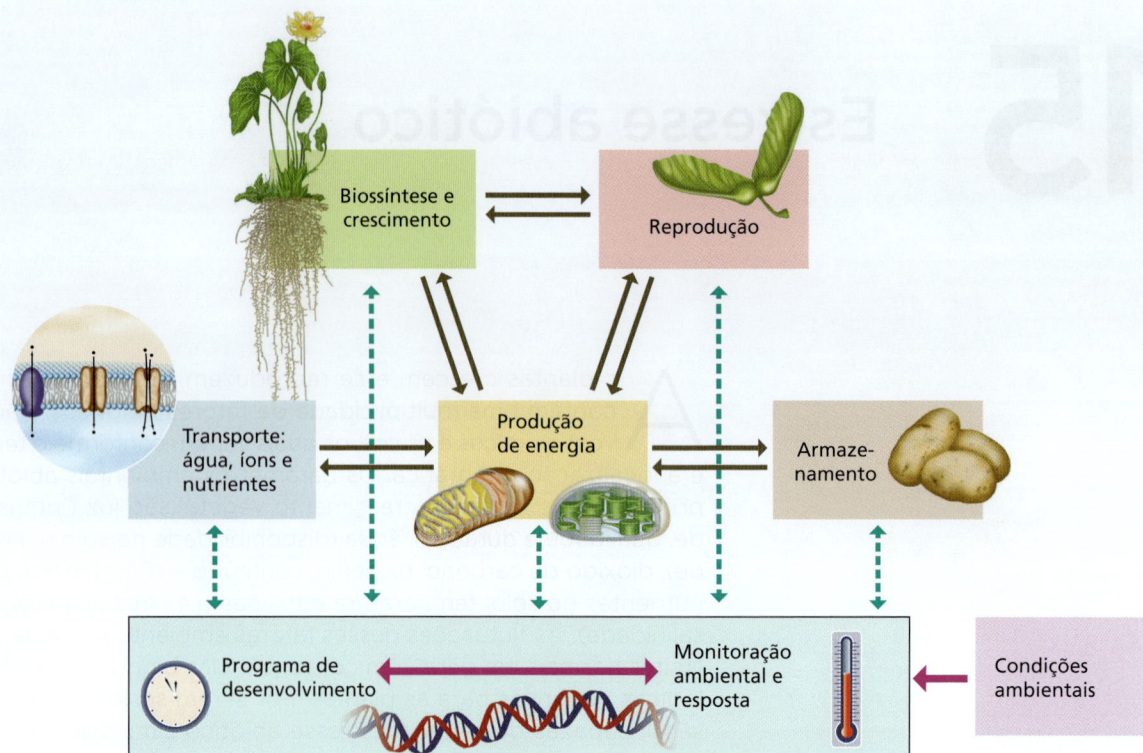

Figura 15.1 Interações entre condições ambientais e os seguintes processos vegetais: desenvolvimento, crescimento, produção de energia, equilíbrio de íons e nutrientes e armazenagem. O equilíbrio entre esses processos é controlado pelo genoma vegetal (caixa na parte inferior), o qual codifica sensores e rotas de transdução de sinal que monitoram e ajustam estímulos ambientais e internos (setas abertas e tracejadas). Com base nos diferentes sinais de estresses ambientais, o genoma vegetal pode, portanto, direcionar o fluxo de energia entre os diferentes processos (setas contínuas) para estabelecer um novo estado homeostático correspondente às condições específicas de estresse.

O capítulo inicia com a distinção entre adaptação e aclimatação em relação ao estresse abiótico. A seguir, descrevem-se os vários fatores abióticos no ambiente que podem afetar negativamente o crescimento e o desenvolvimento vegetal. No restante do capítulo, discutem-se os mecanismos vegetais de detecção de estresse e os processos que transformam os sinais sensoriais em respostas fisiológicas, bem como descrevem-se as mudanças metabólicas, fisiológicas e anatômicas específicas que resultam dessas rotas de sinalização e permitem que as plantas se adaptem ou se aclimatem ao estresse abiótico. Finalmente, examina-se como os esforços para aumentar a tolerância ao estresse abiótico das plantas podem melhorar o rendimento agrícola e como os diferentes processos fisiológicos afetados nas plantas durante o estresse abiótico podem ser usados para monitoramento e tratamento de plantas no campo, usando práticas de agricultura de precisão (**Tópico 15.2 na internet**).

■ 15.1 Definição de estresse vegetal

As condições ideais de crescimento para determinada planta podem ser definidas como as que permitem que ela alcance o crescimento máximo e o potencial reprodutivo, medidos pela massa, pela altura e pelo número de sementes, que, em conjunto, constituem a *biomassa total* da planta. **Estresse** pode ser definido como qualquer condição ambiental que impeça a planta de alcançar seu potencial genético pleno. Por exemplo, um decréscimo na intensidade luminosa causaria uma redução na atividade fotossintética, com uma diminuição concomitante no suprimento de energia para a planta. Sob essas condições, a planta poderia compensar de duas maneiras: ao diminuir a velocidade da biossíntese, reduzindo, assim, sua taxa de crescimento ou rendimento, ou ao recorrer às suas reservas alimentares armazenadas na forma de amido ou óleo (ver Figura 15.1).

Do mesmo modo, um decréscimo na disponibilidade de água também teria um efeito deletério no crescimento. Uma maneira de compensar o decréscimo no potencial hídrico é pelo fechamento dos estômatos, que reduz a perda de água por transpiração. No entanto, o fechamento estomático também diminui a absorção de CO_2 pela folha, reduzindo, assim, a fotossíntese e suprimindo o crescimento. Além de suprimir o crescimento, os estresses abióticos podem reduzir a produção de sementes, devido aos recursos fotossintéticos limitados e outros efeitos deletérios do estresse nos processos reprodutivos. Por exemplo, tratamentos com déficit hídrico inibem o crescimento das plantas de arroz, e a salinidade diminui o tamanho da espiga e do grão no milho (*Zea mays*) (**Figura 15.2**).

Figura 15.2 Impacto do estresse abiótico no crescimento e na reprodução das plantas. (A) Enquanto o estresse moderado por déficit hídrico não tem um efeito significativo no crescimento dos indivíduos do arroz, o estresse severo por déficit hídrico reduz o crescimento. (B) Efeito do estresse salino no tamanho da espiga de milho. (C) Efeito do estresse salino no tamanho do grão de milho.

O ajuste fisiológico ao estresse abiótico envolve conflitos (*trade-offs*) entre os desenvolvimentos vegetativo e reprodutivo

Como as mudanças nas condições ambientais afetam a produção de sementes? Sob condições ideais de crescimento, a competição por recursos entre os diferentes órgãos vegetais ou fases de desenvolvimento é mínima. A transição para o crescimento reprodutivo ocorre somente depois que a fase adulta vegetativa completa seu programa de desenvolvimento determinado geneticamente (ver Capítulo 20). Sob condições de estresse abiótico, no entanto, o programa de crescimento vegetativo pode terminar de maneira prematura, e a planta pode começar imediatamente a fase reprodutiva. Nesse caso, a planta passa por uma transição ao florescimento, à fecundação e à produção de sementes antes de alcançar seu tamanho pleno, resultando em um indivíduo menor (ver Figura 24.2A). Com menos folhas para proporcionar fotossintatos, as plantas que crescem em condições subótimas podem também produzir sementes em menor quantidade e menores (ver Figura 15.2B e C).

A rota de desenvolvimento específica utilizada para maximizar o potencial reprodutivo sob estresse abiótico depende em grande parte do ciclo de vida da planta. Por exemplo, as *plantas anuais* completam seu ciclo de vida em um único período do ano. Portanto, para elas, é vantajoso ajustar seus programas de metabolismo e desenvolvimento a fim de produzir o número máximo de sementes viáveis sob quaisquer que sejam as condições ambientais encontradas no período. Por outro lado, as *plantas perenes*, que têm múltiplos períodos para produzir sementes, tendem a ajustar seus programas de metabolismo e desenvolvimento para garantir a armazenagem ideal de recursos alimentares que as capacita a sobreviver ao próximo período, mesmo às expensas da produção de sementes. Plantas perenes que enfrentam um período severo de estresse abiótico podem, portanto, abortar completamente a floração e entrar em dormência, até que as condições melhorem.

15.2 Aclimatação e adaptação

As plantas individualmente respondem a mudanças no ambiente mediante alterações fisiológicas ou morfológicas para melhorar sua sobrevivência e a reprodução. Tais respostas não requerem novas modificações genéticas. Se a resposta da planta individual melhora com a exposição repetida ao estresse ambiental, então ela é chamada de **aclimatação**. A aclimatação representa uma mudança não permanente na fisiologia ou morfologia do indivíduo, podendo ser revertida se as condições ambientais prevalentes se alterarem. Os mecanismos epigenéticos que alteram a expressão de genes, sem mudar o código genético de um organismo, podem estender a duração das respostas de aclimatação e torná-las herdáveis. Quando as mudanças genéticas em uma população vegetal inteira foram fixadas ao longo de muitas gerações por pressão ambiental seletiva, elas são referidas como **adaptação**.

A adaptação ao estresse envolve modificação genética durante muitas gerações

Um exemplo notável de adaptação a um ambiente abiótico extremo é o crescimento de plantas em solos serpentinos. Os solos serpentinos são caracterizados por pouca umidade, concentrações baixas de macronutrientes e níveis elevados de metais pesados. Essas condições resultariam em estresse ambiental severo para a maioria das plantas. Contudo, não é incomum encontrar populações de plantas geneticamente adaptadas a solos serpentinos crescendo não distantes de plantas estritamente aparentadas e não adaptadas crescendo em solos "normais". Experimentos simples de transplante têm demonstrado que somente as populações adaptadas conseguem crescer e se reproduzir em solo serpentino, e cruzamentos genéticos revelam a base genética estável dessa adaptação.

A evolução de mecanismos adaptativos em plantas a um determinado conjunto de condições ambientais em geral envolve processos que permitem a *evitação* dos efeitos potencialmente danosos dessas condições. Por exemplo, populações do capim-lanudo (*Holcus lanatus*, Poaceae) que estão adaptadas a crescer em locais de mineração contaminados com arsênico, no sudoeste da Inglaterra, contêm uma modificação genética específica que reduz a absorção de arseniato; isso permite que as plantas evitem a toxicidade do arsênico e se desenvolvam em locais contaminados. As populações que crescem em solos não contaminados, ao contrário, têm menos probabilidade de conter essa modificação genética.

A aclimatação permite que as plantas respondam às flutuações ambientais

Além das modificações genéticas em populações inteiras, as plantas individualmente podem aclimatar-se às mudanças periódicas no ambiente, por alteração direta de sua morfologia ou fisiologia. As mudanças fisiológicas associadas com a aclimatação não requerem modificações genéticas, e muitas são reversíveis. Um exemplo de aclimatação oriundo da jardinagem é um processo conhecido como *rustificação* (*hardening off*). Para acelerar o crescimento de plantas, os jardineiros muitas vezes começam cultivando-as dentro de locais protegidos, em vasos sob condições de crescimento ideais. Após, as plantas são colocadas no lado de fora durante parte do dia, por um período suficiente para aclimatá-las (ou "fortalecê-las") ao clima ao ar livre, antes de serem deixadas permanentemente no ambiente externo.

A adaptação genética e a aclimatação contribuem para a tolerância geral das plantas a extremos em seu ambiente abiótico. No exemplo discutido a seguir, a adaptação genética na população de capim-lanudo tolerante ao arsênico apenas *reduz* a absorção de arseniato – ela não a interrompe. Para mitigar os efeitos tóxicos de arseniato acumulado, as plantas adaptadas adotam o mesmo mecanismo bioquímico que as plantas não adaptadas usam para responder aos efeitos tóxicos da acumulação de arseniato nos tecidos. Esse mecanismo envolve a biossíntese de moléculas de baixo peso molecular com ligação a metais, denominadas *fitoquelatinas* (discutidas com mais detalhes na Seção 15.6), que reduzem a toxicidade do arsênico. Portanto, a capacidade do capim-lanudo de desenvolver-se em resíduos de minas, contaminados com arsênico, depende de uma adaptação genética específica para a população tolerante (exclusão do arseniato; ver *Mecanismos de exclusão e de tolerância interna permitem que as plantas suportem íons tóxicos*, na Seção 15.6) e da aclimatação, que é comum a todas as plantas que respondem ao arsênico mediante produção de fitoquelatinas.

Outro exemplo de aclimatação é a resposta de plantas sensíveis ao sal, ou plantas *glicofíticas*. Embora não sejam geneticamente adaptadas a crescer em ambientes salinos, quando expostas à salinidade elevada, as plantas glicofíticas podem ativar várias respostas ao estresse, que lhes permitem enfrentar perturbações fisiológicas impostas pela salinidade elevada em seu ambiente. Por exemplo, a rota SOS (uma rota de sinalização em mutantes *salt overly sensitive*) leva ao aumento do efluxo de Na^+ proveniente das células e a uma redução na toxicidade induzida pela salinidade.

■ 15.3 Fatores ambientais e seus impactos biológicos nas plantas

Nesta seção, descrevem-se brevemente as maneiras pelas quais diferentes estresses ambientais podem impactar o metabolismo vegetal. Como em cada sistema biológico, a sobrevivência e o crescimento das plantas dependem de redes complexas de rotas anabólicas e catabólicas acopladas, que direcionam o fluxo de energia e recursos dentro das células e entre elas. A desagregação dessas redes por meio de fatores ambientais pode provocar o desacoplamento dessas rotas. Por exemplo, as enzimas metabólicas muitas vezes têm ótimos de temperatura diferentes. Aumentos ou diminuições na temperatura podem inibir um subconjunto de enzimas, sem afetar outras enzimas na mesma rota ou em rotas conectadas. Tal desacoplamento funcional de rotas metabólicas pode resultar no acúmulo de compostos intermediários que podem ser convertidos em subprodutos tóxicos.

Em anos recentes, os cientistas começaram a usar ferramentas avançadas, como a transcriptômica, a proteômica e a metabolômica, para estudar simultaneamente milhares de transcritos, proteínas e compostos químicos alterados nas plantas em resposta ao estresse abiótico. Essas análises genômicas em grande escala permitiram aos pesquisadores identificar importantes rotas de resposta ao estresse e redes envolvidas na aclimatação das plantas.

Um grupo muito comum entre os intermediários tóxicos produzidos por estresse é o das **espécies reativas de oxigênio** (**EROs**), que são formas de oxigênio altamente reativas contendo ao menos um elétron não pareado em suas orbitais. As EROs são capazes de rapidamente reagir com, e oxidar, uma ampla diversidade de constituintes celulares, incluindo proteínas, DNA, RNA e lipídeos (ver **Ensaio 13.7 na internet**). As formas mais comuns de EROs em células vegetais são superóxido ($O_2^{\bullet-}$), oxigênio singleto ($^1O_2$), peróxido de hidrogênio (H_2O_2) e radicais hidroxila ($OH^{\bullet}$) (**Figura 15.3**). As EROs podem também desencadear um processo autocatalítico de oxidação de membranas, resultando na degradação de organelas e da membrana plasmática, bem como na morte celular. Apesar de suas diferenças mecanísticas, a maioria dos

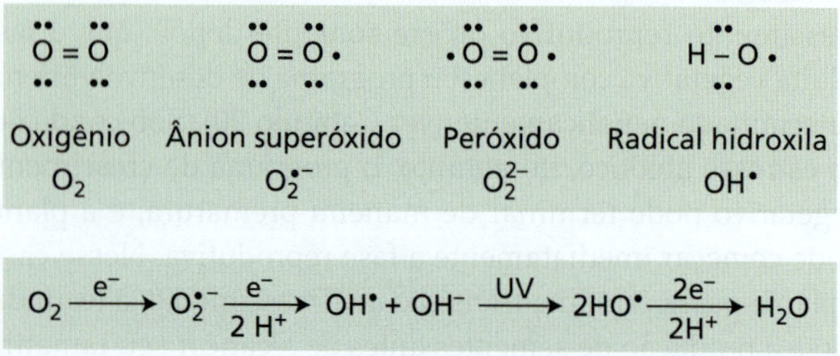

Oxigênio O_2	Ânion superóxido $O_2^{\bullet-}$	Peróxido O_2^{2-}	Radical hidroxila $OH^{\bullet}$
Ö=Ö	Ö=Ö⁻	⁻Ö=Ö⁻	H–Ö

$$O_2 \xrightarrow{e^-} O_2^{\bullet-} \xrightarrow[2H^+]{e^-} OH^{\bullet} + OH^- \xrightarrow{UV} 2HO^{\bullet} \xrightarrow[2H^+]{2e^-} H_2O$$

Figura 15.3 Química de espécies reativas de oxigênio (EROs). O oxigênio molecular não tem elétrons não pareados disponíveis em seus orbitais, mas diferentes formas de EROs têm pelo menos um elétron não pareado. Vários metabólitos celulares podem, portanto, transferir um elétron para as EROs e ser oxidados no processo.

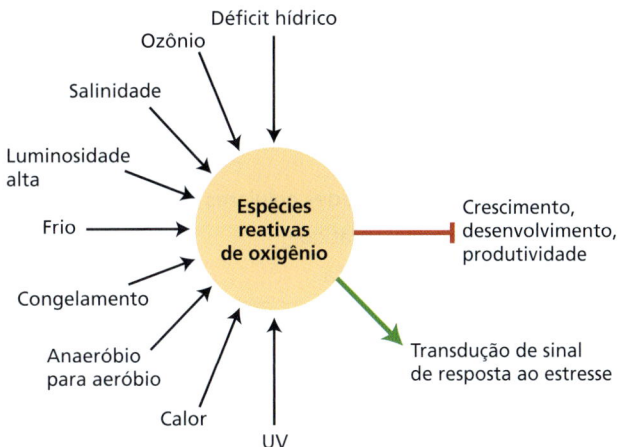

Figura 15.4 Papel duplo de espécies reativas de oxigênio (EROs) durante o estresse abiótico. Uma diversidade de estresses abióticos resulta na acumulação de EROs nas células. De um lado, as EROs têm um efeito negativo no crescimento, no desenvolvimento e na produtividade de vegetais. Por outro lado, a acumulação das EROs tem um efeito positivo nas células, pela ativação das rotas de transdução de sinal que induzem os mecanismos de aclimatação. Estes, por sua vez, neutralizam os efeitos negativos do estresse (incluindo a acumulação de EROs).

estresses abióticos resulta na produção de EROs (**Figura 15.4**), e as EROs são usadas pelas plantas como moléculas de transdução de sinal para detecção de estresse (discutido com mais detalhes na Seção 15.5).

Os estresses ambientais podem também desorganizar a compartimentalização de processos metabólicos que os isola de outros componentes celulares. Os mesmos extremos de temperatura que podem inibir a atividade enzimática também podem afetar a fluidez da membrana: a temperatura elevada causa aumento da fluidez e a temperatura baixa causa diminuição. Mudanças na fluidez da membrana podem desarticular o acoplamento entre diferentes complexos proteicos no cloroplasto ou nas membranas mitocondriais, resultando na transferência descontrolada de elétrons para o oxigênio e na formação de EROs.

O déficit hídrico diminui a pressão de turgor, aumenta a toxicidade iônica e inibe a fotossíntese

Como na maioria dos outros organismos, a água representa a maior proporção do volume celular nas plantas e é o recurso mais limitante. Cerca de 97% da água captada pelas plantas são perdidos para a atmosfera (principalmente pela transpiração). Cerca de 2% são utilizados para aumento de volume ou expansão celular, e 1% é usado para processos metabólicos, principalmente a fotossíntese (ver Capítulos 5 e 6). O déficit de água (disponibilidade hídrica insuficiente) ocorre na maioria dos hábitats naturais ou agrícolas e é causado principalmente por períodos intermitentes até contínuos sem precipitação. *Seca* é o termo meteorológico para um período de precipitação

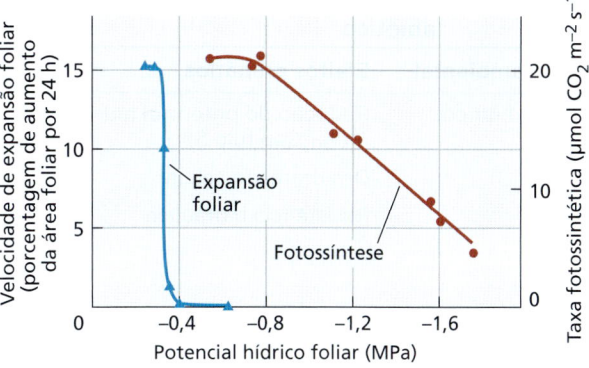

Figura 15.5 Efeitos do estresse hídrico na fotossíntese e na expansão foliar do girassol (*Helianthus annuus*). Nessa espécie, a expansão foliar é completamente inibida sob níveis moderados de estresse, que afetam de maneira grave as taxas fotossintéticas. (Segundo J. S. Boyer. 1970. *Plant Physiol.* 46: 233–235.)

insuficiente que enfim resulta em déficit hídrico para a planta. Neste capítulo, usa-se a expressão *estresse por déficit hídrico*, pois a quantidade de estresse que uma planta experimenta em condições de seca depende da capacidade de reter água do solo e da profundidade do lençol freático.

O déficit hídrico pode afetar diferentemente as plantas durante os crescimentos vegetativo e reprodutivo. Quando as células vegetais ficam submetidas ao déficit hídrico, ocorre desidratação celular. A desidratação celular afeta adversamente muitos processos fisiológicos básicos (**Tabela 15.1**). Por exemplo, durante o déficit hídrico, o potencial hídrico (Ψ) do apoplasto torna-se mais negativo do que o do simplasto, causando reduções no potencial de pressão (turgor) (Ψ_P) e no volume (ver Capítulo 5). Um efeito secundário da desidratação celular é que os íons ficam mais concentrados, podendo tornar-se citotóxicos. O déficit hídrico também induz a acumulação de ácido abscísico (ABA), que promove o fechamento estomático, reduzindo as trocas gasosas e inibindo a fotossíntese (**Figura 15.5**). Como resultado do desacoplamento dos fotossistemas induzido pela desidratação, os elétrons livres produzidos pelos centros de reação não são transferidos para NADP$^+$, levando à geração de EROs que podem causar dano celular, se não forem removidas.

O estresse térmico afeta um amplo espectro de processos fisiológicos

O estresse térmico prejudica o metabolismo vegetal devido a seu efeito diferencial sobre a estabilidade proteica e as reações enzimáticas. Isso provoca o desacoplamento de diferentes reações e a acumulação de intermediários tóxicos e EROs. Conforme mencionado anteriormente, o estresse pelo calor aumenta a fluidez das membranas, enquanto o estresse pelo frio a diminui, provocando o desacoplamento de diferentes complexos multiproteicos, a disrupção do fluxo de elétrons e das reações energéticas, além da desarticulação da homeostase e da regulação iônica. O estresse térmico também pode desestabilizar (derreter) as estruturas secundárias do RNA

Tabela 15.1 Transtornos fisiológicos e bioquímicos em plantas causados por flutuações no ambiente abiótico

Fator ambiental	Efeitos primários	Efeitos secundários
Déficit hídrico	Redução do potencial hídrico (Ψ) (ver Capítulo 5)	Redução da expansão celular/foliar
	Desidratação celular	Redução das atividades celulares e metabólicas
	Resistência hidráulica	Fechamento estomático
		Inibição fotossintética
		Abscisão foliar
		Alteração na partição do carbono
		Danos na parede celular
		Cavitação
		Desestabilização de membranas e de proteínas
		Produção de EROs
		Citotoxicidade iônica
		Morte celular
Salinidade	Redução do potencial hídrico (Ψ) (ver Capítulo 5)	O mesmo que para o déficit hídrico (ver acima)
	Desidratação celular	
	Citotoxicidade iônica	
Inundação e compactação do solo	Hipóxia (ver Capítulo 13)	Redução da respiração
	Anóxia	Metabolismo fermentativo
		Produção de ATP inadequada
		Produção de toxinas por micróbios anaeróbios
		Produção de EROs
		Fechamento estomático
Temperatura elevada	Desestabilização de membranas e de proteínas	Inibição fotossintética e respiratória
		Produção de EROs
		Morte celular
Resfriamento	Desestabilização de membranas	Disfunção de membranas
Congelamento	Redução do potencial hídrico (Ψ)	O mesmo que para o déficit hídrico (ver acima)
	Desidratação celular	Destruição física
	Formação simplástica de cristal de gelo	
Toxicidade por elementos-traço	Distúrbio do cofator de ligação a proteínas e DNA	Transtorno do metabolismo
	Produção de EROs	
Intensidade luminosa alta	Fotoinibição (ver Capítulos 9 e 11)	Inibição do reparo do PSII
	Produção de EROs	Fixação de CO_2 reduzida

e do DNA, e o estresse pelo frio pode superestabilizá-las (endurecê-las), interrompendo a transcrição, a tradução e o processamento e renovação do RNA. Além disso, o estresse térmico pode afetar a estrutura das proteínas e bloquear sua degradação, causando o fortalecimento de agregados proteicos. Essas massas proteicas podem transtornar as funções celulares normais por interferência no funcionamento do citoesqueleto e de organelas associadas. Sabe-se também que o estresse térmico afeta negativamente a reprodução vegetal, causando diminuição da viabilidade do pólen, da fecundação e do enchimento de sementes, bem como aumento do aborto de flores e frutos. Devido aos efeitos do estresse térmico nos processos reprodutivos das plantas, espera-se que o aquecimento global (ver **Tópico 15.1 na internet**) cause uma diminuição geral no rendimento das principais safras de grãos, como trigo, milho e arroz.

A inundação resulta em estresse anaeróbio à raiz

Quando um campo é inundado, os níveis de O_2 na superfície das raízes decrescem drasticamente porque grande parte do ar no solo é deslocada pela água, e a concentração de O_2 da água é expressivamente mais baixa do que a do ar: a atmosfera contém cerca de 20% de O_2, ou 200.000 ppm, em comparação com menos de 10 ppm de O_2 dissolvido em solo inundado. Nessas condições, a respiração nas raízes é suprimida, e a fermentação é aumentada. Essa mudança metabólica pode provocar esgotamento de energia, acidificação do citosol e toxicidade pela acumulação de etanol. Como consequência do esgotamento de energia, muitos processos, como a síntese de proteínas, são suprimidos. O estresse anaeróbio pode causar morte celular em horas ou dias, dependendo do grau de adaptação genética da espécie. Mesmo se a planta privada de O_2 retornar aos níveis normais desse gás, o processo de recuperação por si só pode constituir um risco. Enquanto as raízes estiverem sob estresse anaeróbio, a ausência de O_2 impede a formação de EROs. No entanto, se o nível de O_2 no solo aumentar rapidamente, grande parte dele é utilizada para formar EROs, causando dano oxidativo às células da raiz.

O estresse salino tem efeitos osmóticos e citotóxicos

O excesso de salinidade no solo, produzido por uma combinação de irrigação excessiva e drenagem insuficiente, afeta grandes áreas da massa terrestre do mundo e tem um impacto severo na agricultura. Cerca de 20% de todas as terras cultiváveis, alimentando cerca de 2,4 bilhões de pessoas, estão atualmente sob irrigação, e cerca de 20% de todas as terras irrigadas são afetadas pelo estresse salino. É provável que a porcentagem de terras irrigadas aumente significativamente nas áreas mais afetadas pelo aquecimento global.

O estresse salino tem dois componentes: **estresse osmótico** não específico, que causa déficits de água, e efeitos iônicos específicos resultantes da acumulação de íons tóxicos, que interferem na absorção de nutrientes e provocam citotoxicidade. As plantas tolerantes ao sal, geneticamente adaptadas à salinidade, são denominadas **halófitas** (do grego, *halo* = "salgado"), ao passo que as plantas menos tolerantes ao sal, não adaptadas à salinidade, são chamadas de **glicófitas** (do grego, *glyco* = "doce"). Sob condições não salinas, o citosol de células de plantas superiores contém cerca de 100 mM de K$^+$ e menos de 10 mM de Na$^+$, um ambiente iônico no qual as enzimas têm funcionamento ideal. Em ambientes salinos, o Na$^+$ e o Cl$^-$ citosólicos superam 100 mM, e esses íons se tornam citotóxicos. Uma razão pela qual o Na$^+$ é tóxico em concentrações altas é que ele assemelha-se quimicamente ao K$^+$ e pode inibir competitivamente os processos celulares dependentes de K$^+$. Várias enzimas, incluindo piruvato quinase, nitrato redutase, rubisco, amido sintase, sacarose fosfato sintase, β-amilase, invertase e fosfofrutoquinase (ver Capítulos 10, 13 e 14), requerem K$^+$ para sua função e podem ser inibidas na presença de altos níveis de Na$^+$ citosólico. Em concentrações elevadas, o Na$^+$ apoplástico também compete por sítios no transporte de proteínas que são necessárias para a absorção de K$^+$ de alta afinidade (ver Capítulo 8), um macronutriente essencial (ver Capítulo 7).

Os efeitos da salinidade alta nas plantas ocorrem por um processo de duas fases: uma resposta rápida à elevada pressão osmótica na interface raiz-solo e uma resposta mais lenta causada pela acumulação de Na$^+$ (e Cl$^-$) nas folhas. Na fase osmótica, há uma diminuição no crescimento da parte aérea, com redução da expansão foliar e inibição da formação de gemas laterais. A segunda fase inicia com a acumulação de quantidades tóxicas de Na$^+$ nas folhas, levando à inibição da fotossíntese e outros processos biossintéticos. Embora na maioria das espécies o Na$^+$ atinja concentrações tóxicas antes do Cl$^-$, algumas espécies, como as cítricas, a videira e a soja, são altamente sensíveis ao excesso de Cl$^-$.

Durante o estresse por congelamento, a formação de cristal de gelo extracelular provoca desidratação celular

As plantas sujeitas a temperaturas de congelamento devem enfrentar a formação de cristais de gelo, tanto no âmbito extracelular quanto no intracelular. A formação de cristal de gelo intracelular quase sempre se mostra letal à célula. No entanto, a água no apoplasto é relativamente diluída e, portanto, tem um ponto de congelamento maior do que a do simplasto mais concentrado. Como consequência, cristais de gelo tendem a se formar no apoplasto e em traqueídes e vasos, ao longo dos quais o gelo pode se propagar rapidamente. A formação de cristal de gelo diminui o potencial hídrico (Ψ) do apoplasto, que se torna mais negativo que o do simplasto. Água não congelada dentro da célula se move para baixo nesse gradiente, em direção aos cristais de gelo nos espaços intercelulares. À medida que a água deixa a célula, a membrana plasmática contrai-se e afasta-se da parede celular. Durante esse processo, a membrana plasmática, enrijecida pela temperatura baixa, pode ficar danificada. Quanto mais baixa for a temperatura, mais água se desloca para baixo no gradiente em direção à água congelada. Por exemplo, a –10 °C, o simplasto perde para o apoplasto cerca de 90% de sua água osmoticamente ativa. A esse respeito, o estresse pelo congelamento tem muito mais em comum com o estresse pelo déficit de água. Tal como no estresse pelo déficit de água, as células que já estão desidratadas, como nas sementes e nos grãos de pólen, são menos prováveis de passarem por outra desidratação pela formação de cristais de gelo extracelulares e, portanto, menos prováveis de serem danificadas.

Os metais pesados podem imitar nutrientes minerais essenciais e gerar espécies reativas de oxigênio

A absorção de metais pesados, como Cd^{2+}, pelas células vegetais pode levar a acumulação de EROs, inibição da fotossíntese, desorganização da estrutura de membrana e homeostase iônica, inibição de reações enzimáticas e ativação da morte celular programada (MCP) (ver Capítulo 23). Uma das razões pelas quais os metais pesados são tão tóxicos é que eles podem imitar outros metais essenciais (p. ex., Cd^{2+} pode imitar Zn^{2+}), assumir seus lugares em reações essenciais e romper essas reações. A imitação de elementos essenciais pode também explicar o ingresso de Cd^{2+} e outros íons de metais pesados nas células via canais que se desenvolveram para transportar elementos essenciais. O Cd^{2+} também pode inibir a absorção de Zn^{2+}, Fe^{2+} e Mn^{2+} competindo com esses íons pelos mesmos sistemas de transporte. (Observe que o Fe^{+3} é transportado por um mecanismo diferente, conforme discutido no Capítulo 8). Além de ter esses efeitos tóxicos, os metais pesados podem interagir diretamente com o oxigênio para formar EROs.

O ozônio e a luz ultravioleta geram espécies reativas de oxigênio que causam lesões e induzem a morte celular programada

O ozônio penetra na planta pelos estômatos abertos e é convertido em diferentes formas de EROs. Essas EROs causam peroxidação lipídica e oxidação de proteínas, RNA e DNA. Esses efeitos tóxicos induzem a formação de lesões em folhas, as quais são características da ativação da MCP. Em geral, o tipo de lesões (clorose de folhas e necrose de tecidos) e sua gravidade dependem do grau de exposição ao ozônio e podem variar nas diferentes espécies vegetais. A diminuição da espessura da camada de ozônio na atmosfera superior da Terra reduz a filtragem da radiação ultravioleta (UV), resultando em aumento nessa radiação que atinge a superfície da Terra. Além de seus efeitos na fotossíntese, a radiação UV também induz a formação de EROs que podem provocar mutações durante a replicação do DNA. A acumulação de EROs induzida pela UV impele a MCP e a formação de lesões. O estresse pelo ozônio e pela UV causa supressão do crescimento vegetal e redução dos rendimentos agronômicos.

Combinações de estresses abióticos podem induzir rotas de sinalização e metabólicas exclusivas

No campo, as plantas são muitas vezes sujeitas simultaneamente a uma combinação de estresses abióticos distintos. Os estresses pelo déficit de água e pelo calor são exemplos de dois tipos de estresses abióticos que quase sempre ocorrem juntos no ambiente, com resultados devastadores. Entre 1980 e 2012, nos Estados Unidos, o custo dos danos às plantações devido às secas combinadas com ondas de calor foi quatro vezes maior do que o devido apenas às secas (**Figura 15.6A**), e prevê-se que esses eventos climáticos extremos aumentem em frequência e intensidade devido às mudanças climáticas globais causadas pelo aquecimento global (ver **Tópico 15.1 na internet**).

As plantas respondem de maneira diferente a diferentes estresses abióticos, mas as respostas fisiológicas aos diferentes estresses não são aditivas quando ocorrem em combinação. A **Figura 15.6B** mostra os efeitos do calor e do déficit de água, aplicados separadamente, sobre quatro parâmetros fisiológicos de *Arabidopsis*: fotossíntese, respiração, condutância estomática e temperatura foliar. Os perfis fisiológicos sob os dois estresses aplicados individualmente são muito diferentes. Por exemplo,

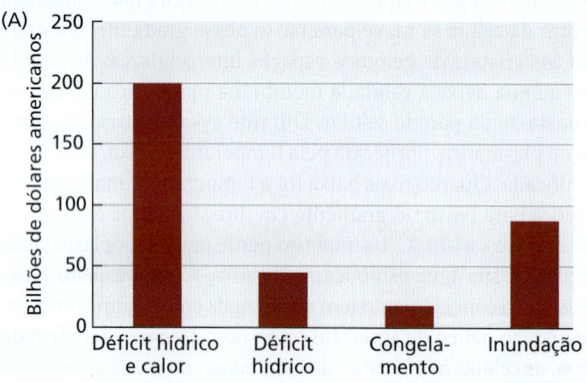

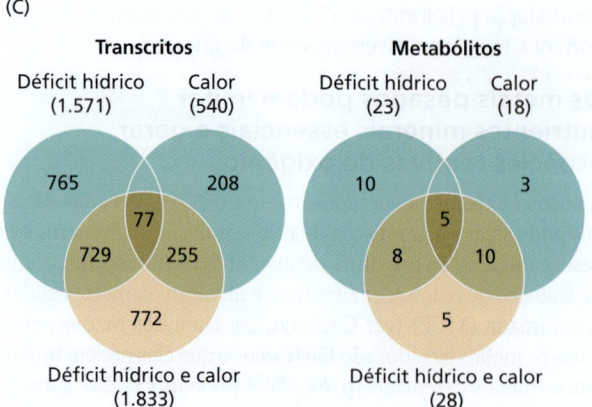

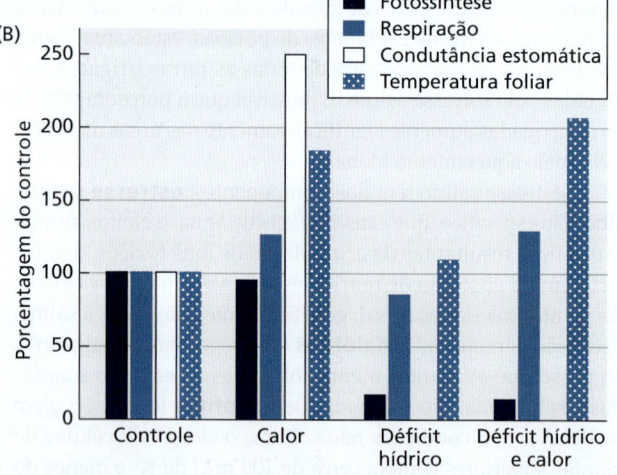

Figura 15.6 Efeito da combinação de estresses abióticos na produtividade, na fisiologia e nas respostas moleculares de plantas. (A) Entre 1980 e 2012, as perdas na agricultura dos Estados Unidos resultantes da combinação de estresse pelo déficit de água e pelo calor foram muito maiores do que as perdas causadas pelo déficit de água, pelo congelamento ou pela inundação individualmente. (B) Efeito da combinação de estresse pelo déficit de água e estresse pelo calor na fisiologia vegetal. Observe o fechamento completo dos estômatos, que resulta em uma temperatura foliar mais elevada. (C) Diagramas de Venn mostrando o efeito da combinação do estresse pelo déficit de água e estresse pelo calor sobre o transcriptoma (à esquerda) e o metaboloma (à direita) de plantas. (A segundo Shropshire et al. 2014. *New Phytol.* 203: 32-43; B e C segundo R. Mittler. 2006. *Trends Plant Sci.* 11: 15-19.)

durante o estresse pelo calor, as plantas *aumentam* sua condutância estomática, que esfria suas folhas pela transpiração. No entanto, se o estresse pelo calor for combinado com o estresse pelo déficit de água, os estômatos fecham para conservar água, fazendo a temperatura foliar subir de 2 a 5 °C. Em outras palavras, o estresse pelo déficit de água exacerba os efeitos do estresse pelo calor na temperatura foliar, e a combinação pode ser letal.

A combinação de estresse pelo calor mais estresse pelo déficit de água também induz padrões de expressão gênica e renovação (*turnover*) de metabólitos diferentes mais do que um dos estresses isolado. Conforme mostra a **Figura 15.6C**, déficit de água mais calor causaram a acumulação de 772 transcritos únicos e 5 metabólitos únicos. Isso demonstra que a aclimatação de plantas à combinação desses estresses é diferente em muitos aspectos da aclimatação de plantas ao estresse pelo déficit de água ou ao estresse pelo calor aplicados individualmente. As diferenças em parâmetros fisiológicos, acumulação de transcritos e metabólitos poderiam ser uma consequência de respostas fisiológicas conflitantes aos dois estresses. Como é provável que o aquecimento global seja acompanhado por secas mais frequentes em muitas regiões do mundo, é possível que tanto a agricultura quanto os ecossistemas naturais sejam afetados negativamente (ver **Tópico 15.1 na internet**).

Um problema semelhante pode surgir quando o estresse pelo calor ocorre em combinação com a salinidade ou o estresse por metais pesados, porque o aumento da transpiração pode levar a uma maior absorção de sal ou metais pesados. Por outro lado, algumas combinações de estresses podem ter efeitos benéficos em plantas, em comparação aos estresses individuais aplicados separadamente. Por exemplo, o estresse pelo déficit de água, que causa fechamento estomático, pode potencialmente acentuar a tolerância ao ozônio. A "matriz de estresses" mostrada na **Figura 15.7** resume as combinações diferentes de condições ambientais que podem ter um impacto significante na produção agrícola. Entre várias interações de estresses que podem ter um efeito deletério na produtividade agrícola estão déficit de água e calor, salinidade e calor, estresse por deficiência de nutrientes e déficit de água, bem como deficiência de nutrientes e salinidade. As interações que podem ter um impacto benéfico abrangem déficit de água e ozônio, ozônio e UV, assim como concentração alta de CO_2 combinada com déficit de água, ozônio ou luminosidade alta.

As interações ocorrem entre estresses abióticos e bióticos

Algumas das interações de estresses mais estudadas talvez sejam aquelas de diferentes estresses abióticos com estresses bióticos, como as pragas ou os patógenos. Em geral, a exposição prolongada aos estresses abióticos, como calor ou déficit de água, resulta no enfraquecimento das defesas vegetais e no aumento da suscetibilidade a pragas ou aos patógenos. As interações de plantas com diferentes patógenos (abordadas no Capítulo 24) dependem, em muitos casos, de receptores imunes inatos expressos nas células vegetais. Esses receptores reconhecem sinais de invasão gerados por patógenos e ativam diferentes

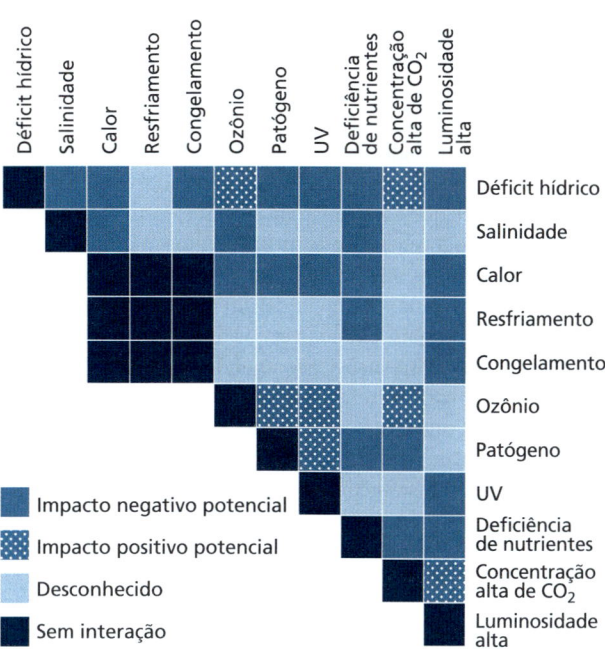

Figura 15.7 Matriz de estresses. Diferentes combinações de estresses ambientais potenciais podem ter efeitos distintos em lavouras. A matriz é codificada com cores para indicar as combinações que foram estudadas com diferentes culturas agrícolas e seu efeito geral no crescimento e na produtividade. (Segundo R. Mittler and E. Blumwald. 2010. *Annu. Rev. Plant Biol.* 61: 443–462.)

defesas da planta, incluindo imunidade desencadeada por PRR (PTI) e/ou imunidade desencadeada por efetores (ETI). Em anos recentes, várias conexões foram identificadas entre genes de imunidade inata e estresses abióticos. Essas descobertas estão começando a desvendar os mecanismos moleculares que equilibram as respostas aos estresses bióticos *versus* abióticos.

A exposição sequencial a estresses abióticos diferentes às vezes confere proteção cruzada

Vários estudos têm registrado que a aplicação de uma determinada condição de estresse abiótico pode aumentar a tolerância de plantas a uma exposição subsequente a um tipo diferente de estresse abiótico. Esse fenômeno é denominado **proteção cruzada**. Isso ocorre porque muitos estresses resultam na acumulação de proteínas e metabólitos gerais de resposta ao estresse – por exemplo, enzimas inativadoras de EROs, chaperonas moleculares e osmoprotetores –, que persistem nas plantas por algum tempo, mesmo após as condições de estresse terem abrandado. A aplicação de um segundo estresse às mesmas plantas submetidas ao estresse inicial pode ter, por isso, um efeito reduzido, pois elas já estão preparadas e prontas para enfrentar vários aspectos diferentes das novas condições de estresse. Na Seção 15.6, discute-se o exemplo de proteínas de choque térmico.

Micróbios benéficos podem melhorar a tolerância das plantas ao estresse abiótico

Na natureza, as plantas são expostas a diversas microbiotas de raízes e folhas, com as quais interagem de maneiras complexas (ver Capítulos 7, 14 e 24). Essas interações podem levar a vários resultados benéficos, incluindo melhor aquisição de nutrientes, crescimento acelerado, resistência a patógenos e maior tolerância a diferentes condições de estresse abiótico, como calor, déficit de água e salinidade. Esses efeitos benéficos dependem dos tipos e da abundância de bactérias e fungos no solo e na planta e das interações que esses micróbios estabelecem com a planta. O microbioma vegetal pode incluir muitos microrganismos benéficos diferentes que modulam e melhoram a resiliência e o crescimento vegetal por meio de diferentes interações moleculares e hormonais. Por sua vez, os diferentes micróbios se beneficiam dessas interações absorvendo nutrientes, açúcares e outros metabólitos secretados pela planta. Embora os estudos do microbioma vegetal e de seus efeitos na tolerância ao estresse abiótico estejam na fase inicial, o potencial de melhorar a tolerância das culturas vegetais ao estresse abiótico pelo controle de seu microbioma é significativo e promissor.

■ 15.4 Mecanismos sensores de estresse em plantas

As plantas usam diversos mecanismos sensores de estresse abiótico. Conforme discutido anteriormente, o estresse ambiental rompe ou altera muitos processos fisiológicos vegetais, afetando a estabilidade de proteínas ou do RNA, o transporte iônico, o acoplamento de reações ou outras funções celulares. Algumas dessas perturbações primárias podem sinalizar à planta que ocorreu uma mudança nas condições ambientais, sendo o momento de responder alterando rotas existentes ou ativando rotas de resposta ao estresse. Pelo menos cinco tipos diferentes de mecanismos sensores de estresse podem ser distinguidos:

1. *Sensor físico* refere-se aos efeitos mecânicos de estresse sobre a planta ou sobre a estrutura celular, como, por exemplo, o encolhimento da membrana plasmática em relação à parede celular durante o estresse pela deficiência de água.
2. *Sensor biofísico* pode envolver mudanças na estrutura proteica ou na atividade enzimática, como a inibição de diferentes enzimas durante o estresse pelo calor.
3. *Sensor metabólico* em geral resulta da detecção de subprodutos que se acumulam nas células devido ao desacoplamento de reações enzimáticas ou de transferência de elétrons, como a acumulação de EROs durante o estresse causado pela luminosidade excessiva.
4. *Sensor bioquímico*, muitas vezes, envolve a presença de proteínas especializadas que foram selecionadas durante a evolução por sua capacidade de perceber um determinado estresse – por exemplo, canais de Ca^{2+} que podem sentir alterações no estresse osmótico e alterar a homeostase deste íon.
5. *Sensor epigenético* refere-se às modificações da estrutura do DNA ou do RNA que não alteram sequências genéticas, como as alterações na estrutura da cromatina que ocorrem durante o estresse térmico.

Cada um desses mecanismos sensores de estresse pode atuar individualmente ou em combinação para ativar rotas de transdução de sinal a jusante.

Sensores de ação precoce fornecem o sinal inicial para a resposta ao estresse

Os reguladores transcricionais, ou fatores de transcrição, são proteínas que ligam sequências específicas de DNA e ativam ou suprimem a expressão de genes diferentes. Um fator de transcrição específico pode ligar-se aos promotores de centenas de genes diferentes e afetar simultaneamente sua expressão. Um fator de transcrição pode também se ligar ao promotor de um gene que codifica outro fator de transcrição e, desse modo, ativa ou suprime sua expressão. Assim, pode ocorrer uma cascata de regulação transcricional de expressão gênica. Um diagrama dos possíveis eventos iniciais no mecanismo sensor de estresse abiótico e das rotas de transdução de sinal e de aclimatação ativadas por esses eventos é apresentado na **Figura 15.8**. Até agora, foram identificados vários mecanismos sensores de estresse que atuam inicialmente na rota, incluindo os seguintes exemplos representativos:

- Uma quinase (quinase 1 relacionada a SNF1) que percebe o esgotamento de energia durante o estresse (por meio de modificações pós-traducionais dependentes e energia celular) e ativa centenas de transcritos de resposta ao estresse.

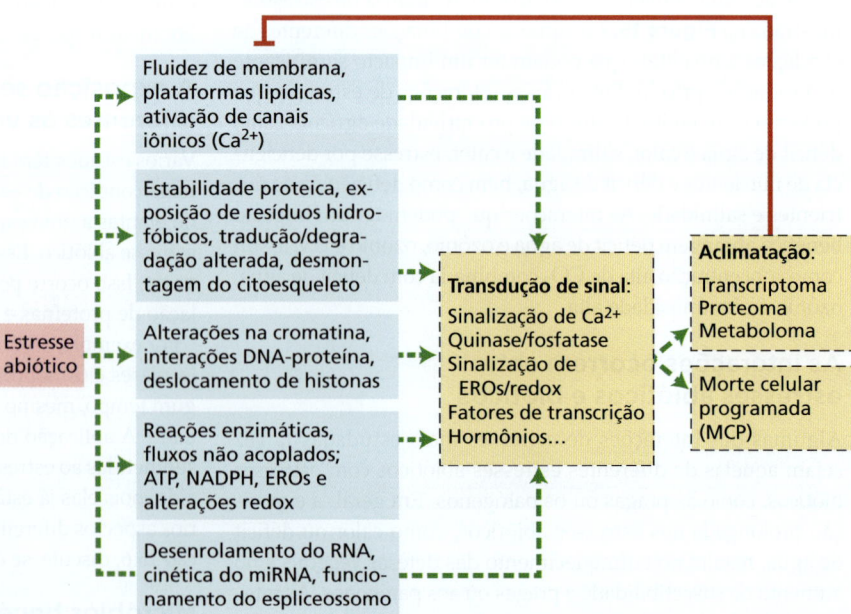

Figura 15.8 Eventos iniciais na percepção de estresse abiótico por plantas (caixas azuis) e nas rotas de transdução de sinal e de aclimatação ativadas por esses eventos (caixas com contornos tracejados). (Segundo R. Mittler et al. 2012. *Trends Biochem. Sci.* 37: 118–125.)

- Canais permeáveis ao Ca^{2+}, como o canal permeável ao Ca^{2+} controlado por hiperosmolalidade e o canal mecanossensível semelhante ao 10, que, junto com a histidina quinase 1 e as pequenas proteínas GTPase, detectam os efeitos do estresse osmótico nas membranas e ativam respostas dependentes e independentes de ABA.
- Fatores de transcrição de choque térmico que são liberados de sua associação com proteínas de choque térmico (que, em vez disso, se ligam às proteínas desnaturadas induzidas pelo estresse térmico) e ativam a transcrição do gene de resposta ao calor.
- Fatores de transcrição do grupo VII do fator de resposta ao etileno que perdem o *status* de oxidação de seu N-terminal durante condições de baixo oxigênio e regulam a expressão de transcritos induzidos por hipóxia.
- Canais permeáveis ao Ca^{2+}, como anexinas e canais cíclicos com portões de nucleotídeos, que detectam os efeitos do estresse térmico sobre membranas e desencadeiam mecanismos de resposta ao estresse térmico.
- Open Stomata 1 (OST1), uma quinase que sofre miristoilação induzida pelo frio e fosforila o fator de transcrição indutor do fator de ligação com repetição C 1, que ativa as respostas ao frio.

Na próxima seção, discutem-se algumas das principais rotas de sinalização utilizadas pelas plantas para transduzir sinais específicos de estresse e aclimatar-se às condições de estresse recém-surgidas.

15.5 Rotas de sinalização ativadas em resposta ao estresse abiótico

Os mecanismos iniciais sensores de estresse descritos na Seção 15.4 desencadeiam uma resposta a jusante que compreende múltiplas rotas de transdução de sinal. Essas rotas envolvem Ca^{2+}, proteínas quinases, proteínas fosfatases, sinalização de EROs, ativação de reguladores transcricionais, acumulação de hormônios vegetais e assim por diante. Os sinais específicos de estresse que emergem dessas rotas, por sua vez, ativam ou suprimem várias redes que desencadeiam diferentes mecanismos de aclimatação, para permitir que a planta sobreviva ao estresse. As plantas aclimatadas podem continuar a crescer e se reproduzir sob condições de estresse ou podem suprimir esses processos até que retornem às condições mais favoráveis. Nesta seção, são consideradas, com mais detalhes, as rotas de sinalização de estresse e suas interações.

Os intermediários da sinalização de muitas rotas de resposta ao estresse podem interagir

As oscilações induzidas pelo estresse nas concentrações de Ca^{2+} citosólico e EROs são importantes eventos de sinalização inicial em muitas rotas de aclimatação. Os níveis de Ca^{2+} celular são controlados por canais de Ca^{2+}, transportadores de Ca^{2+}-H^+ do tipo antiporte e Ca^{2+}-ATPases, que mediam o transporte de Ca^{2+} dos compartimentos de armazenagem como os vacúolos, o retículo endoplasmático e a parede celular (ver Capítulo 8). O Ca^{2+} regula os fatores de transcrição por meio de

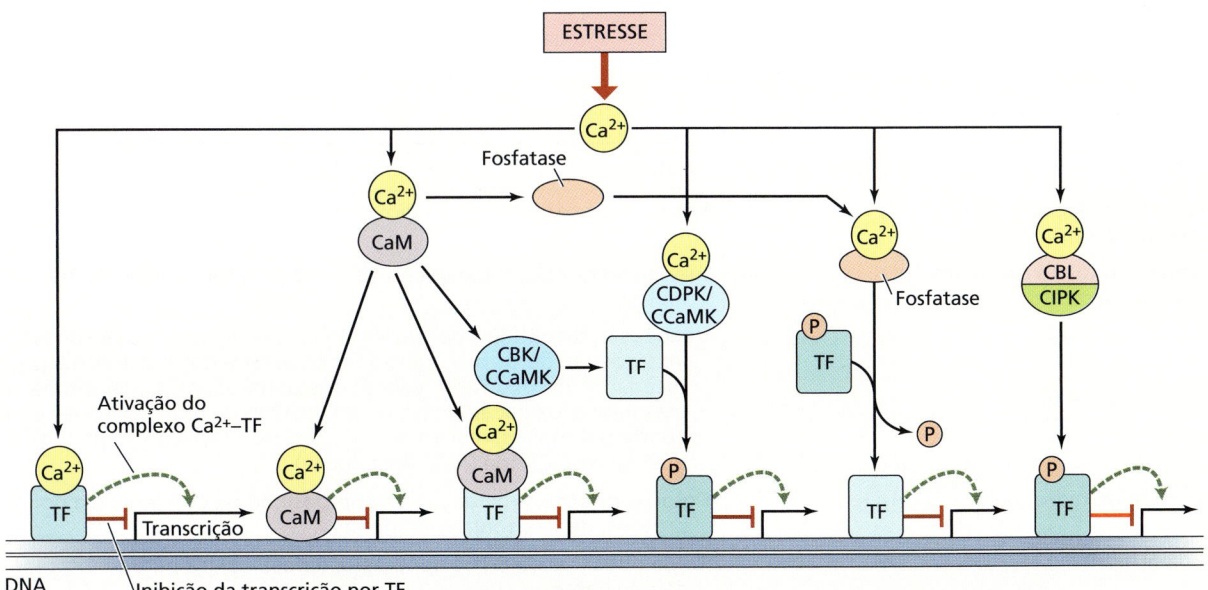

Figura 15.9 A elevação de Ca^{2+} celular induzida pelo estresse pode regular a transcrição mediante vários mecanismos. O aumento dos níveis de Ca^{2+} pode resultar na ligação Ca^{2+} a diferentes proteínas, incluindo fatores de transcrição (TF), várias calmodulinas (CaM), quinases (p. ex., proteínas quinases dependentes de Ca^{2+} [CDPKs]) ou proteínas de ligação a quinases (p. ex., CBLs [proteínas calcineurinas do tipo B] que ligam proteínas quinases de interação com CBL [CIPKs]) e fosfatases que direta ou indiretamente ativam ou suprimem a transcrição, causando a ativação de rotas de aclimatação. CBK, proteína quinase de ligação à calmodulina; CCaMK, proteína quinase dependente de Ca^{2+}/calmodulina. (Segundo A. S. Reddy et al. 2011. *Plant Cell* 23: 2010–2032. CC BY)

uma diversidade de mecanismos. Conforme mostrado na **Figura 15.9**, o Ca^{2+} pode ativar a expressão gênica mediante ligação direta a certos fatores de transcrição. Alternativamente, o Ca^{2+} forma complexos de Ca^{2+}-CaM, que podem ativar a transcrição direta ou indiretamente, mediante ligação a um fator de transcrição. O Ca^{2+} ativa também diversas proteínas quinases e fosfatases que regulam a expressão gênica, por fatores de transcrição tanto fosforilantes (ativadores) quanto desfosforilantes (inibidores). As vastas redes celulares de proteínas quinases e fosfatases, portanto, exercem um papel essencial na integração de diferentes rotas de resposta ao estresse.

O nível de estado estacionário de EROs na célula é governado pelo balanço entre reações de geração e reações de inativação de EROs (**Figura 15.10**). A geração de EROs ocorre em vários compartimentos celulares e como resultado das atividades de oxidases especializadas, como NADPH oxidases, aminoxidases e peroxidases ligadas à parede celular (**Tabela 15.2**). A inativação de EROs é realizada por moléculas antioxidantes, como ascorbato, glutationa, vitamina E e carotenoides, e por enzimas antioxidantes, como superóxido dismutase, ascorbato peroxidase e catalase. Muitos tipos de estresses bióticos e abióticos desencadeiam a produção de EROs (ver Figura 15.4). Como as EROs podem desencadear a abertura de canais de Ca^{2+}, e aumentos nas concentrações de Ca^{2+} citosólico podem ativar proteínas quinases dependentes de Ca^{2+} (CDPKs, *calcium-dependent protein kinases*) que ativam a NADPH oxidase, as rotas de Ca^{2+} e EROs interagem em um ciclo de retroalimentação positiva (**Figura 15.11**). A elevação dos níveis de Ca^{2+} e EROs durante os estágios iniciais da resposta ao estresse ativa proteínas quinases e fosfatases que fosforilam e desfosforilam diferentes

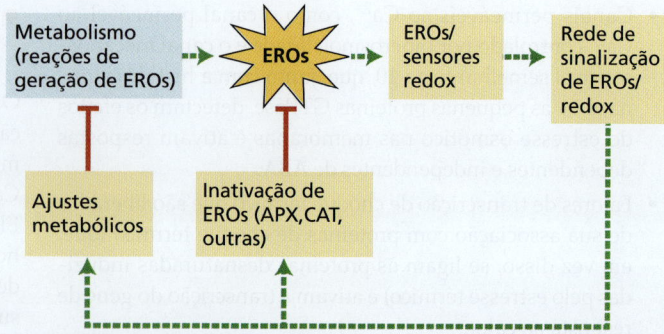

Figura 15.10 Ciclo básico de EROs. Reações metabólicas celulares típicas, como fotossíntese, respiração, fotorrespiração e oxidação lipídica, geram EROs. Diversos sensores monitoram os níveis de EROs nas células; um aumento nas EROs ativa uma rede de transdução de sinal que, por sua vez, ativa mecanismos de inativação de EROs, como ascorbato peroxidase (APX), catalase (CAT) e superóxido dismutase (SOD). A rede de sinalização também modula diversas reações metabólicas e, quando necessário, suprime algumas das rotas de produção de EROs. O resultado geral do ciclo é a manutenção controlada dos níveis de EROs nas células.

fatores de transcrição (ver Figura 15.9). Ativação ou inibição de fatores de transcrição durante o estresse abiótico podem também resultar de mudanças no *status redox* da célula que são sentidas diretamente por certos reguladores transcricionais.

Quando as plantas são submetidas a múltiplos estresses, pode ocorrer interferência entre hormônios, mensageiros secundários e proteínas quinases ou fosfatases envolvidas em cada uma das rotas de estresse (ver Capítulo 4). Por exemplo, as proteínas quinases ativadas por mitógeno (MAPKs) existem em todas as células eucarióticas e estão envolvidas em praticamente

Tabela 15.2 Espécies reativas de oxigênio

Molécula	Abreviatura(s)	Fontes
Oxigênio molecular (estado basal tripleto)	O_2; $^3\Sigma$	Forma mais comum do gás dioxigênio
Oxigênio singleto (primeiro estado excitado singleto)	$^1O_2$; $^1\Delta$	Irradiação por UV, fotoinibição, reações de transferência de elétrons no PSII
Ânion superóxido	$O_2^{\bullet-}$	Reações mitocondriais de transferência de elétrons, reação de Mehler (redução de O_2 pelo centro ferro-enxofre do PSI), fotorrespiração nos glioxissomos, reações nos peroxissomos, membrana plasmática, oxidação do paraquat, fixação de nitrogênio, defesa contra patógenos, reação de O_3 e OH^- no apoplasto, homóloga da queima respiratória (NADPH oxidase)
Peróxido de hidrogênio	H_2O_2	Fotorrespiração, β-oxidação, decomposição de $O_2^{\bullet-}$ induzida por prótons, defesa contra patógenos
Radical hidroxila	$OH^{\bullet-}$	Decomposição de O_3 no apoplasto, defesa contra patógenos, reação de Fenton
Radical peridroxila	$OH_2^{\bullet-}$	Reação de O_3 e OH^- no apoplasto
Ozônio	O_3	Descarga elétrica ou irradiação UV na estratosfera, irradiação UV de produtos da combustão na troposfera
Óxido nítrico	NO	Nitrato redutase, redução de nitrito pela cadeia mitocondrial de transporte de elétrons

Fonte: Segundo Jones et al. 2013. *The Molecular Life of Plants*. Wiley-Blackwell, Chichester, West Sussex, UK, p. 567.

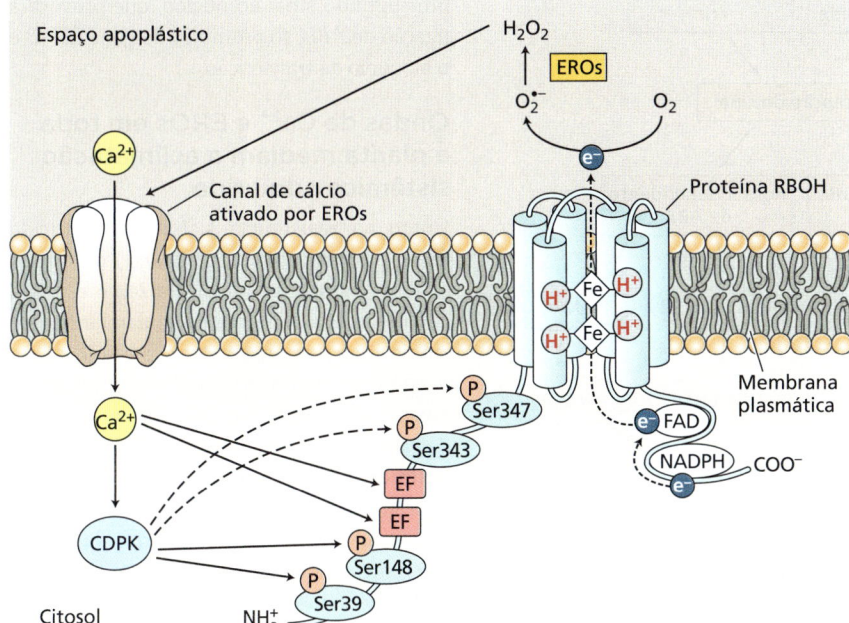

Figura 15.11 Interação entre EROs e sinalização de Ca^{2+} mediada por proteínas homólogas da oxidase de explosão respiratória (RBOH) (NADPH oxidases), proteínas quinases dependentes de Ca^{2+} (CDPKs) e canais de Ca^{2+} ativados por EROs. As EROs são mostradas ativando canais de Ca^{2+} na membrana plasmática (à esquerda). Os níveis elevados de Ca^{2+} no citosol, então, ativam as CDPKs (parte inferior) que fosforilam e ativam as proteínas RBOH (à direita), as quais geram mais EROs. As proteínas RBOH têm seis domínios transmembrana. O domínio citoplasmático aminoterminal de proteínas RBOH contém quatro serinas (Ser) que podem ser fosforiladas por CDPKs e dois EF-hands de ligação ao Ca^{2+} que podem se ligar diretamente ao Ca^{2+}. Canais de Ca^{2+} similares ativados por EROs são encontrados na membrana do vacúolo (não mostrados).

todos os aspectos importantes da vida vegetal. Os MAPKs participam das cascatas de transdução de sinal MAP3K/MAP2K/MAPK, conhecidas coletivamente como **módulos MAPK**, que afetam uma diversidade de alvos a jusante. Conforme mostrado na **Figura 15.12**, os módulos MAPK podem ter como alvo enzimas metabólicas, outras quinases ou fatores de transcrição. Dessa forma, os mesmos módulos básicos MAPK podem regular as respostas aos estresses de temperatura, oxidativos, salinidade, osmóticos e de déficit de água. Essas diferentes respostas ao estresse também compartilham intermediários de sinalização a montante, como Ca^{2+}, ácido fosfatídico e EROs. Portanto, mudanças no nível de intermediários de sinalização, causadas por qualquer uma dessas respostas ao estresse, podem afetar as outras rotas de resposta ao estresse.

A aclimatação ao estresse envolve redes reguladoras transcricionais denominadas *regulons*

As combinações de fatores de transcrição diferentes podem gerar uma rede gênica que responde a um estímulo abiótico específico, com alguns genes sendo ativados e alguns suprimidos. Tais redes reguladoras transcricionais que respondem ao estresse abiótico têm sido chamadas de **regulons de resposta ao estresse**. Um exemplo de um *regulon* de resposta ao estresse é mostrado na **Figura 15.13**. A vantagem do uso de *regulons* para controlar a resposta de plantas a determinado estresse abiótico é que eles ativam rotas específicas de resposta ao estresse, ao mesmo tempo em que suprimem outras rotas desnecessárias ou que poderiam até danificar a planta durante o estresse. Por exemplo, em resposta a condições luminosas altas, pode ser necessário suprimir certos genes que codificam proteínas antena fotossintéticas, enquanto pode ser necessário ativar outros genes codificadores da inativação de EROs.

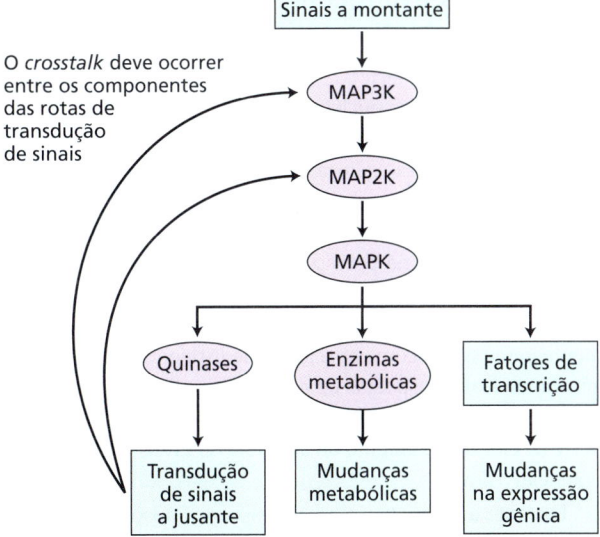

Figura 15.12 Diagrama esquemático das cascatas da proteína quinase ativada por mitógeno (MAPK) envolvidas na transdução de sinal da planta durante as respostas ao estresse abiótico. Os sinais a montante ativam uma MAPK quinase quinase (MAP3K), que fosforila e ativa uma MAPK quinase (MAP2K). A MAP2K então fosforila e ativa uma MAPK, que pode fosforilar uma ampla diversidade de alvos a jusante, incluindo outras quinases, enzimas metabólicas ou fatores de transcrição. Observe que a interferência também pode ocorrer entre os componentes das rotas de transdução de sinal de diferentes respostas ao estresse, permitindo a integração das respostas a vários tipos de estresse. (Segundo B. Buchman et al. 2015. *Biochemistry and Molecular Biology of Plants*, 2nd ed. Wiley-Blackwell, New York.)

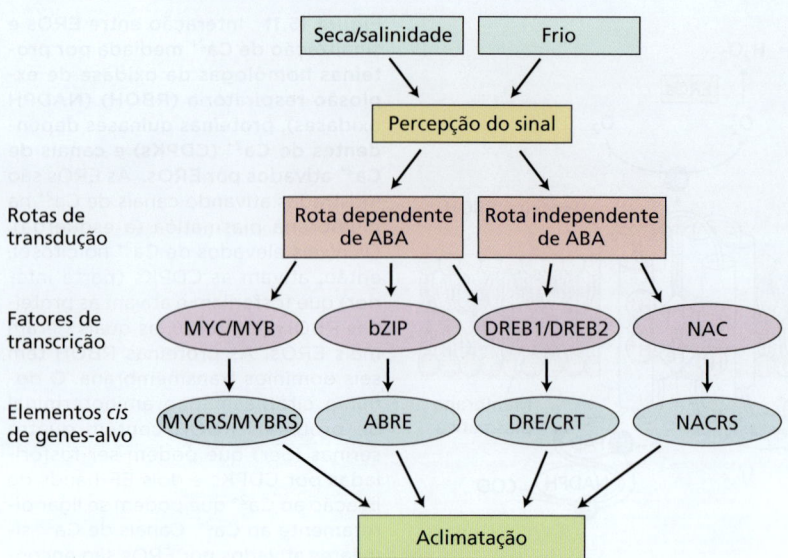

Figura 15.13 Exemplo de duas rotas de transdução de sinal ativadas por estresse abiótico, que usam quatro tipos diferentes de *regulons* (redes de fatores de transcrição) para ativar mecanismos de aclimatação. Os *regulons* mostrados pertencem às famílias MYC/MYB, bZIP, DREB e NAC. Para cada *regulon*, é apresentado o nome do elemento *cis* do DNA ligado pelos fatores de transcrição. (Segundo C. Lata and M. Prasad. 2011. *J. Exp. Bot.* 62: 4731–4748.)

Cloroplastos e mitocôndrias respondem ao estresse abiótico emitindo sinais de estresse ao núcleo

Em geral, pensa-se no núcleo como a organela principal da célula, que controla as atividades das outras organelas mediante regulação da expressão gênica nuclear. No entanto, foi demonstrado que a sinalização retrógrada ou reversa do cloroplasto ou da mitocôndria para o núcleo também pode desempenhar um papel fundamental na percepção do estresse abiótico. Muitas condições de estresse abiótico afetam os cloroplastos e as mitocôndrias, de maneira direta ou indireta, e podem potencialmente gerar sinais com capacidade de influenciar a expressão gênica nuclear e respostas de aclimatação. Por exemplo, o estresse luminoso pode causar super-redução da cadeia de transporte de elétrons, aumento do acúmulo de EROs e alteração do potencial *redox*.

Durante a aclimatação ao estresse luminoso, os níveis do complexo de captura de luz II (LHCII, *light-harvesting complex II*) declinam devido à regulação para baixo (*down-regulation*) do gene *LHCB*, que codifica a apoproteína do complexo LHCII (ver Capítulo 9). Como o *LHCB* é um gene nuclear, o cloroplasto emite para o núcleo um sinal de estresse que regula para baixo a expressão desse gene. O gene nuclear *ABI4* codifica um fator de transcrição que suprime a expressão de genes *LHCB*. Em *Arabidopsis*, há evidência de que o gene *GUN1* do cloroplasto atue a montante de *ABI4* durante a aclimatação ao estresse luminoso. Em outras palavras, a proteína GUN1 percebe o sinal de estresse original no cloroplasto e gera ou transmite um segundo sinal ao núcleo, que provoca a ligação de *ABI4* ao promotor do gene *LHCB* e o bloqueio da transcrição.

Ondas de Ca^{2+} e EROs em toda a planta mediam a aclimatação sistêmica adquirida

Como na resistência sistêmica adquirida (SAR, *systemic acquired resistance*) durante o estresse biótico (ver Capítulo 24), o estresse abiótico aplicado a uma parte da planta gera sinais que podem ser transportados para o resto da planta, iniciando a aclimatação mesmo em partes que não foram submetidas ao estresse. Esse processo é chamado de **aclimatação sistêmica adquirida** (**SAA**, *systemic acquired acclimation*). Tem sido demonstrado que respostas rápidas da SAA a diferentes condições de estresses abióticos, incluindo calor, frio, salinidade e intensidade luminosa alta, são mediadas por ondas sistêmicas, em toda a planta, de produção de EROs e sinalização de Ca^{2+}, que se deslocam com velocidades de 1 a 4 cm min^{-1} e são dependentes da presença de NADPH oxidases específicas, como a **homóloga D da oxidase de queima respiratória** e de vários canais de Ca^{2+}, tais como os receptores do tipo glutamato (**Figura 15.14**). O rápido movimento dos sinais de EROs e Ca^{2+} desencadeados pelo estresse abiótico através da planta sugere que muitas respostas ao estresse abiótico podem ocorrer muito mais rapidamente do que se pensava anteriormente. Na verdade, estudos de transcriptômica e metabolômica demonstraram recentemente que mudanças em milhares de transcrições e dezenas a centenas de metabólitos podem ocorrer minutos após a aplicação do estresse abiótico.

Mecanismos epigenéticos, retrotransposons e pequenos RNAs fornecem proteção adicional contra o estresse

Até agora, discutiram-se as respostas ao estresse abiótico em termos de cascatas de sinalização e expressão gênica alterada – processos de aclimatação que podem ser revertidos quando surgem condições mais favoráveis. Recentemente, a atenção tem focado nas mudanças epigenéticas, que potencialmente podem proporcionar adaptações de longo prazo ao estresse abiótico. Uma vez que algumas modificações da cromatina são herdáveis por mitose e meiose, as mudanças epigenéticas induzidas pelo estresse podem ter implicações evolutivas. A imunoprecipitação de cromatina de DNA com ligação cruzada a histonas modificadas, acoplada a modernas tecnologias de sequenciamento, abriu as portas às análises pangenômicas de mudanças no **epigenoma**. Metilação estável ou herdável do DNA e modificações das histonas atualmente têm sido vinculadas a estresses abióticos específicos (**Figura 15.15**).

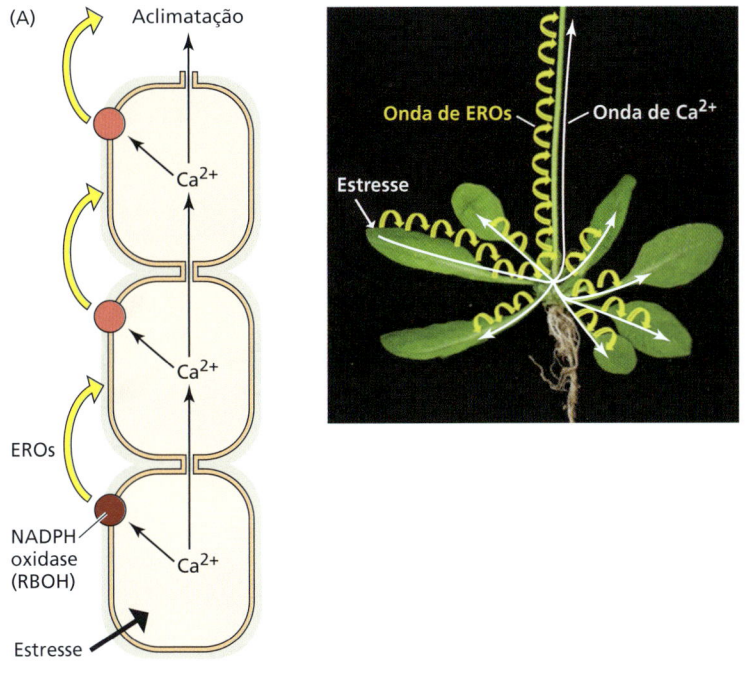

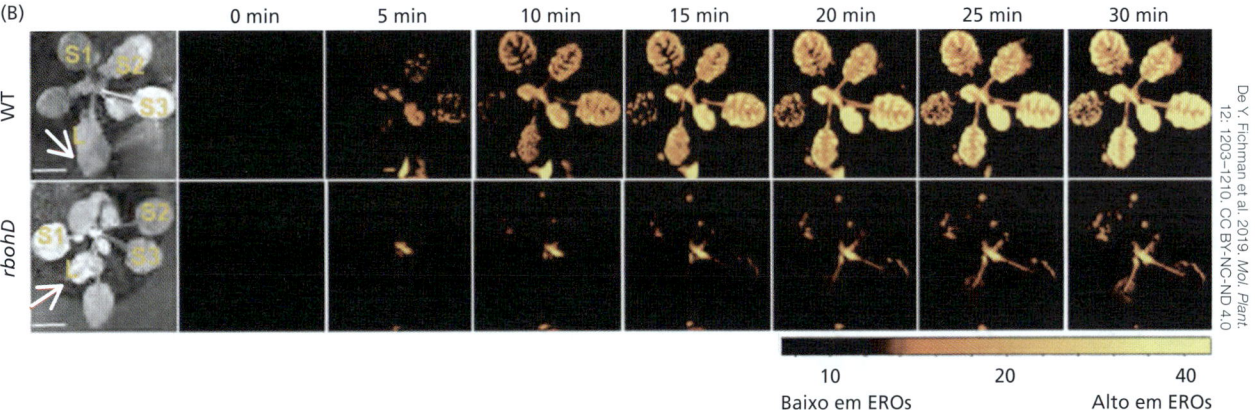

Figura 15.14 Sinalização sistêmica rápida em resposta à percepção local de estresse abiótico. (A) Modelo esquemático das ondas de EROs e Ca^{2+} que são necessárias para mediar a sinalização sistêmica rápida em resposta ao estresse abiótico. A onda de EROs é gerada por uma ativa e autopropagante onda de produção de EROs, que parte do tecido inicial sujeito ao estresse e se propaga para toda a planta. Conforme mostrado na representação à esquerda, cada célula ao longo do trajeto do sinal ativa suas proteínas RBOH (NADPH oxidase) e gera EROs. A onda de EROs é acompanhada por uma onda de Ca^{2+} que requer vários canais de Ca^{2+} (p. ex., receptores tipo glutamato), bem como quinases dependentes de Ca^{2+} (p. ex., CDPKs), e as duas ondas são coordenadas. À medida que as ondas de EROs e Ca^{2+} se propagam sistemicamente pela planta, elas ativam mecanismos de aclimatação nos tecidos distais (representação à direita). (B) Imagens do lapso de tempo da detecção de EROs de plantas inteiras vivas de indivíduos de *Arabidopsis*, submetidos a um tratamento localizado de estresse luminoso excessivo em uma única folha (setas). Antes do tratamento de estresse, as plantas foram fumigadas com um corante fluorescente permeante que detecta EROs. Posteriormente, imagens de luz visível e fluorescência foram capturadas a cada 30 s por 30 min. Foi demonstrado que o tratamento com luz localizada desencadeia a onda de EROs em plantas do tipo silvestre (WT), mas não em um mutante deficiente na NADPH oxidase RBOHD (*rbohD*). L, folha tratada; S1, S2 e S3, folhas sistêmicas não tratadas. (A segundo S. I. Zandalinas and R. Mittler. 2018. *Free Radic. Biol. Med.* 122: 21–27.)

O papel da regulação epigenética do período de floração tem sido estudado em *Arabidopsis*, em relação aos genes conhecidos por seu envolvimento no estresse abiótico. Mutações em alguns desses genes resultam em mudanças nos períodos de floração. Por exemplo, revelou-se que a floração tardia do mutante *hos15* sensível ao congelamento resulta da desacetilação dos genes da floração *SOC* e *FT* (ver Capítulo 20). Normalmente, o repressor da floração FLC (uma proteína MADS-box) é epigeneticamente reprimido durante a vernalização, permitindo o desenvolvimento da competência para florescer após exposição a temperaturas baixas prolongadas. Foi demonstrado que esse processo envolve várias proteínas diferentes que podem alterar a remodelação da cromatina.

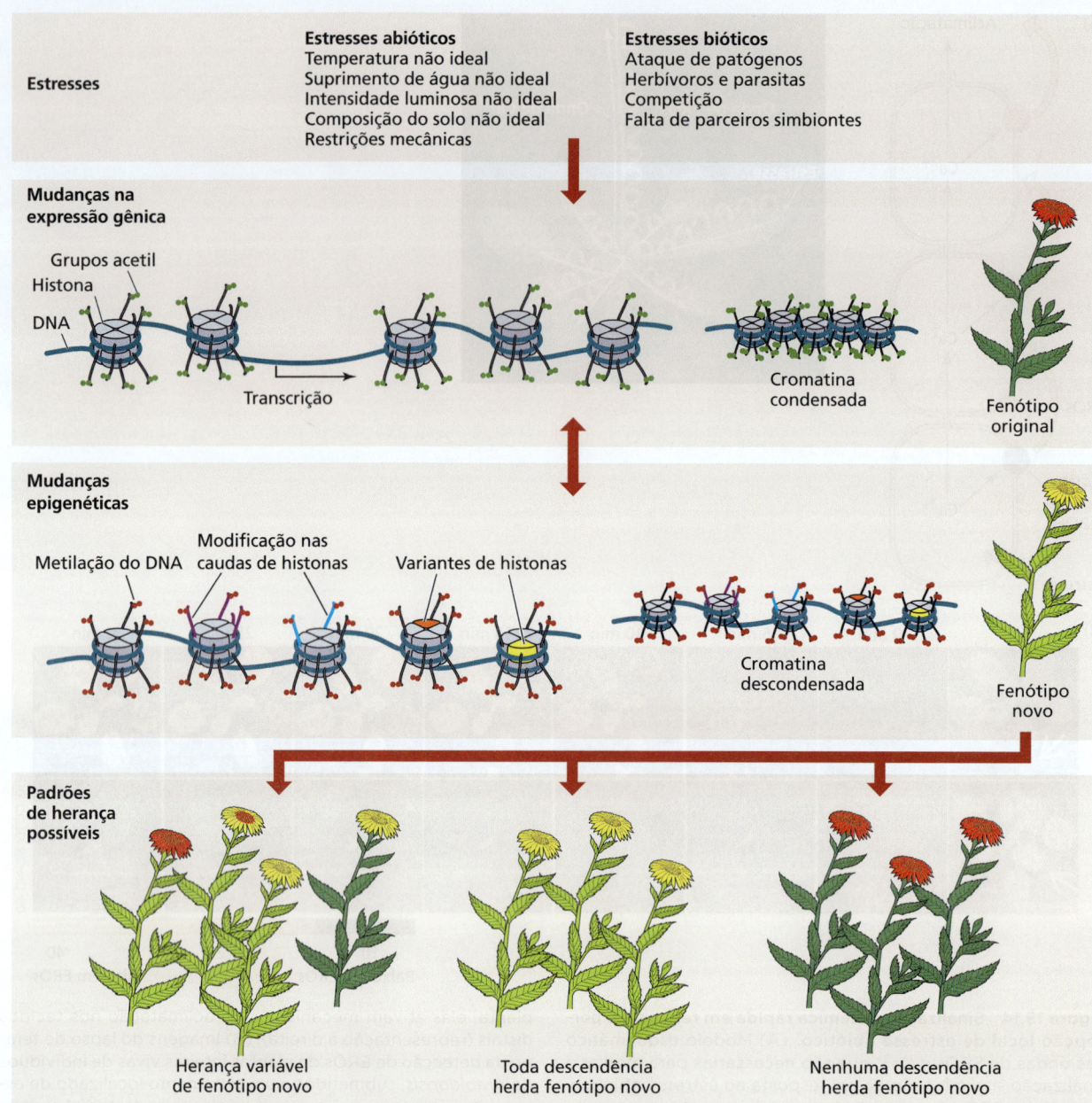

Figura 15.15 Mudanças na expressão gênica induzidas por estresse podem ser mediadas por modificação de proteínas, lipídeos ou ácidos nucleicos, mensageiros secundários ou hormônios (p. ex., ácido abscísico, ácido salicílico, ácido jasmônico e etileno). As mudanças na transcrição ou os fatores de estresse podem afetar a cromatina via metilação do DNA, modificações nas caudas de histonas, substituições de variantes de histonas ou perda de nucleossomo e descondensação da cromatina. Essas mudanças são reversíveis e podem modificar o metabolismo ou a morfologia da planta sob condições de estresse. Geralmente, os novos genótipos não são transmitidos à progênie; no entanto, mudanças associadas à cromatina têm o potencial de serem herdáveis, o que pode resultar na manutenção de novas características e diversidade epigenética na próxima geração. (Segundo Gutzat and O. Mittelsten-Scheid. 2012. *Curr. Opini. Plant Biol.* 15: 568–573.)

Maior atenção também tem sido dada nos anos recentes ao envolvimento de pequenos RNAs nas respostas ao estresse abiótico. Os pequenos RNAs pertencem a pelo menos dois grupos diferentes: micro-RNAs (miRNAs) e pequenos RNAs de interferência endógenos (siRNAs). Os miRNAs e os siRNAs podem causar silenciamento gênico pós-transcricional via degradação de mRNA no citosol mediada pelo RISC (complexo de silenciamento induzido por RNA) (ver Capítulo 2). Além disso, siRNA pode suprimir a expressão gênica mediante alteração das propriedades da cromatina nos núcleos via **silenciamento transcricional induzido por RNA** (**RITS**). Também foi proposto que pequenos RNAs podem estar envolvidos na supressão da tradução de proteínas durante o estresse. Foi demonstrado que miRNAs e siRNAs controlam a expressão gênica durante vários estresses abióticos, incluindo frio, calor, deficiência de nutrientes, desidratação, salinidade e estresses oxidativos.

Outro mecanismo epigenético interessante descoberto nos últimos anos é o da ativação de transposons em resposta ao estresse. Por exemplo, o estresse térmico faz com que o retrotransposon *ONSEN* (japonês para "fonte termal") entre nos promotores de genes próximos, tornando esses promotores (e os genes que eles controlam) responsivos ao calor.

As interações hormonais regulam respostas ao estresse abiótico

Os hormônios vegetais mediam uma gama de respostas adaptativas e são essenciais para a capacidade de adaptação das plantas aos estresses abióticos. A biossíntese de ABA está entre as mais rápidas respostas de plantas ao estresse abiótico. As concentrações de ABA nas folhas podem aumentar até 50 vezes sob condições de déficit de água – a mudança de concentração mais drástica relatada para qualquer hormônio em resposta a um sinal ambiental. O acúmulo de ABA em folhas estressadas, via redistribuição ou biossíntese, é muito eficaz na provocação do fechamento estomático e desempenha um papel importante na redução da perda de água pela transpiração em condições de estresse hídrico (ver Seção 15.6). As elevações na umidade reduzem os níveis de ABA pelo aumento da decomposição desse hormônio, permitindo, assim, a reabertura estomática. Mutantes na biossíntese de ABA ou mutantes de resposta são incapazes de fechar seus estômatos em condições de déficit de água, sendo denominados mutantes *wilty*. Muitos genes associados à biossíntese de ABA, assim como genes codificadores de receptores de ABA e componentes de sinalização a jusante, têm sido identificados (ver Capítulo 4 e **Apêndice 3 na internet**). O ABA também desempenha papéis importantes na adaptação de plantas às temperaturas baixas e ao estresse salino. O estresse pelo frio induz a síntese de ABA, e a aplicação exógena desse hormônio melhora a tolerância das plantas ao frio.

Outro hormônio vegetal que exerce um papel fundamental na aclimatação a diversos estresses abióticos é a citocinina. A citocinina e o ABA têm efeitos antagônicos na abertura estomática, na transpiração e na fotossíntese. O déficit de água resulta na diminuição dos níveis de citocinina e no aumento dos níveis de ABA. Embora o ABA seja normalmente requerido para o fechamento estomático, impedindo a perda excessiva de água, as condições de estresse por déficit de água podem também inibir a fotossíntese e causar senescência foliar prematura. As citocininas revelam-se capazes de atenuar os efeitos do déficit de água. Conforme mostrado na **Figura 15.16**, plantas transgênicas que expressam *IPT* (o gene que codifica a isopentenil transferase, a enzima que catalisa a etapa limitante da taxa na síntese de citocininas) sob o controle de um promotor específico de déficit de água exibem maior tolerância ao déficit hídrico em comparação com plantas de tipo silvestre. Portanto, as citocininas são capazes de proteger os processos bioquímicos associados à fotossíntese e retardar a senescência durante o estresse pelo déficit de água.

Além do ABA e da citocinina, outros hormônios desempenham papéis importantes na resposta das plantas ao estresse abiótico, abrangendo ácido giberélico, auxina, ácido salicílico, etileno, ácido jasmônico, estrigolactonas, brassinosteroides e vários hormônios peptídicos vegetais recém-identificados.

(A) Tipo selvagem

(B) P_{SARK}::*IPT*

Figura 15.16 Efeitos do déficit de água em indivíduos de tabaco, transgênicos e do tipo silvestre, expressando isopentenil transferase (uma enzima-chave na produção de citocinina) sob o controle de P_{SARK} (região promotora do receptor de quinase associada à senescência), um promotor da maturação e induzido pelo estresse. São apresentadas plantas do tipo silvestre (A) e transgênicas (B), após 15 dias de déficit de água, seguidos de 7 dias de reidratação.

A extensa sobreposição entre os diferentes conjuntos de genes controlados por esses hormônios implica a existência de redes regulatórias complexas com interferência significativa entre as diferentes rotas de sinalização hormonal. Os hormônios podem atuar sinergicamente ou antagonicamente durante o estresse, e a regulação coordenada das rotas biossintéticas dos hormônios é de grande importância para a capacidade das plantas de aclimatar-se às condições de estresse abiótico.

A auxina fornece um exemplo de quão complexa pode ser a interferência entre os hormônios. As interações entre auxina e outros hormônios pode exercer papéis cruciais na aclimatação de plantas às condições de déficit de água. A expressão de *TLD1*,* que codifica uma ácido indol-3-acético (AIA)-amido sintetase, induz a expressão de genes codificadores das proteínas (LEA, *late embryogenesis abundant*), que se acumulam durante a maturação de sementes de uma maneira dependente de ABA e são também correlacionados com o aumento da tolerância ao déficit de água no arroz. O etileno regula a expressão de vários genes vinculados com a síntese de auxina, transportadores de auxina (*PIN1, PIN2, PIN4, AUX1*) e fatores de transcrição responsivos à auxina (*ARF2, ARF19*). Inversamente, os níveis celulares de auxina influenciam de maneira considerável a biossíntese do etileno. Vários genes codificadores de ACC (ácido 1-aminociclopropano-1-carboxílico)-sintetase, a etapa limitante da taxa da biossíntese do etileno, são regulados pela auxina.

■ 15.6 Mecanismos fisiológicos e do desenvolvimento que protegem as plantas contra o estresse abiótico

Até agora, neste capítulo, foram discutidos os diversos tipos de estresse abiótico, os mecanismos pelos quais as plantas são sensíveis ao estresse abiótico, as rotas de transdução de sinais que convertem sinais de estresse em expressão gênica alterada e o papel das interações hormonais nas redes de rotas genéticas resultantes. Presentemente, discutem-se os resultados dos trabalhos de todas essas redes genéticas – as alterações metabólicas, fisiológicas e anatômicas que são desencadeadas para se opor aos efeitos do estresse abiótico. A emergência das plantas no ambiente terrestre ocorreu há mais de 500 milhões de anos. Assim, elas tiveram um amplo período para desenvolver mecanismos de enfrentamento aos diversos tipos de estresse abiótico. Esses mecanismos abrangem as capacidades de acumular metabólitos e proteínas de proteção, bem como de regular crescimento, morfogênese, fotossíntese, transporte de membrana, aberturas estomáticas e alocação de recursos. Os efeitos dessas e de outras mudanças servem para atingir a homeostase celular, de modo que o ciclo de vida da planta possa ser completado sob o novo regime ambiental. Nesta seção, discutem-se alguns dos principais mecanismos fisiológicos de aclimatação. No **Tópico 15.1 na internet**, descrevem-se os esforços contínuos para desenvolver culturas vegetais com maior tolerância ao estresse abiótico.

Por acúmulo de solutos, as plantas ajustam-se osmoticamente aos solos secos

A água pode mover-se através do *continuum* solo-planta-atmosfera somente se o potencial hídrico decrescer ao longo desse trajeto (ver Capítulos 5 e 6). Lembre-se do Capítulo 5 que $\Psi = \Psi_S + \Psi_P$, onde Ψ = potencial hídrico, Ψ_S = potencial osmótico e Ψ_P = potencial de pressão (turgor). Quando o potencial hídrico da rizosfera (o microambiente que envolve as raízes) decresce devido ao déficit de água ou à salinidade, as plantas continuam a absorver água desde que o Ψ seja mais baixo (mais negativo) na planta do que na água do solo. **Ajuste osmótico** é a capacidade das células vegetais de acumular solutos e usá-los para baixar o Ψ durante períodos de estresse osmótico. O ajuste envolve um aumento líquido do conteúdo de solutos por célula, que independe das mudanças de volume resultantes da perda de água. O decréscimo no Ψ_S é, em geral, limitado a cerca de 0,2 a 0,8 MPa, exceto em plantas adaptadas a condições extremamente secas.

Existem duas maneiras principais pelas quais o ajuste osmótico pode ocorrer, uma envolvendo o vacúolo e a outra o citosol. Uma planta pode absorver íons do solo ou transportar íons de outros órgãos da planta para a raiz, de modo que a concentração de solutos das células desse órgão aumenta. Por exemplo, o aumento da absorção e do acúmulo de K^+ levará a decréscimos no Ψ_S, devido ao efeito do K^+ na pressão osmótica dentro da célula. Essa resposta é comum em plantas que crescem em solos salinos, onde íons como K^+ e Ca^{2+} estão prontamente disponíveis para a planta. A absorção de K^+ e outros cátions deve ser eletricamente equilibrada pela absorção de ânions inorgânicos, como Cl^-, ou pela produção e acúmulo vacuolar de ácidos orgânicos, como o malato ou o citrato.

No entanto, existe um problema potencial, quando íons são utilizados para diminuir o Ψ_S. Alguns íons, como Na^+ ou Cl^-, são essenciais ao crescimento vegetal em concentrações baixas, mas em concentrações mais altas podem ter um efeito prejudicial ao metabolismo celular. Outros íons, como K^+, são necessários em quantidades maiores, mas em concentrações altas podem ter um efeito prejudicial à planta, em geral pela ruptura de membranas plasmáticas ou de proteínas. O acúmulo de íons durante o ajuste osmótico é predominantemente restrito aos vacúolos, onde eles são impedidos de contato com enzimas citosólicas ou organelas. Por exemplo, muitas halófitas (plantas adaptadas à salinidade) usam a compartimentalização de Na^+ e Cl^- para facilitar o ajuste osmótico que sustenta ou melhora o crescimento em ambientes salinos.

Quando a concentração iônica aumenta no vacúolo, outros solutos devem se acumular no citosol, a fim de manter o equilíbrio do potencial hídrico entre os dois compartimentos. Esses solutos são denominados solutos compatíveis (osmólitos compatíveis). **Solutos compatíveis** são compostos orgânicos osmoticamente ativos nas células, mas em concentrações altas não desestabilizam a membrana nem interferem no funcionamento enzimático, como o fazem os íons. As células vegetais toleram concentrações altas desses compostos, sem efeitos prejudiciais ao metabolismo. Os solutos compatíveis comuns

---

* O gene do arroz *TLD1* recebe esse nome devido ao aumento do número de perfilhos, ângulos de folha aumentados e nanismo no mutante *tld1*.

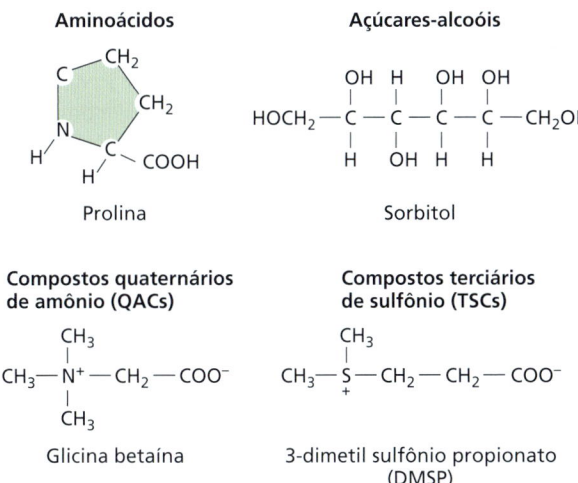

Figura 15.17 Quatro grupos de moléculas frequentemente servem como solutos compatíveis: aminoácidos, açúcares-alcoóis, compostos quaternários de amônio e compostos terciários de sulfônio. Observe que esses compostos são pequenos e não têm carga líquida.

incluem aminoácidos como a **prolina**, açúcares-alcoóis como o **sorbitol** e compostos quaternários de amônio como a **glicina betaína** (**Figura 15.17**). Alguns desses solutos, como a prolina, também parecem ter uma função osmoprotetora, em que protegem as plantas de subprodutos tóxicos formados durante períodos de escassez de água e proporcionam uma fonte de carbono e nitrogênio para a célula quando as condições retornam ao normal. Cada família vegetal tende a usar um ou dois solutos compatíveis preferencialmente a outros. A síntese de solutos compatíveis necessita de energia, pois é um processo metabólico ativo. A quantidade de carbono utilizada para a síntese desses solutos orgânicos pode ser um tanto grande, razão pela qual tal síntese tende a reduzir a produtividade da cultura.

Os órgãos submersos desenvolvem um aerênquima em resposta à hipoxia

Agora, retorna-se aos mecanismos usados pelas plantas para suportar água em demasia. Na maioria das plantas de zonas úmidas (*wetland*), exemplificadas pelo arroz, e em muitas plantas bem aclimatadas às condições úmidas, o caule e as raízes desenvolvem canais interconectados longitudinalmente, preenchidos de gases, que proporcionam uma rota de baixa resistência ao movimento do O_2 e de outros gases. Os gases (ar) penetram pelos estômatos ou pelas lenticelas (regiões abertas da periderme que permitem o intercâmbio gasoso) localizadas em caules e raízes lenhosos; eles se deslocam por difusão molecular ou por convecção impulsionada por pequenos gradientes de pressão. Em muitas plantas adaptadas a zonas úmidas, as células das raízes são separadas por espaços proeminentes preenchidos de gases, que formam um tecido denominado aerênquima. Essas células se desenvolvem nas raízes de plantas de terras úmidas, independentemente de estímulos ambientais. Em algumas monocotiledôneas e eudicotiledôneas não ocorrentes em terras úmidas, no entanto, a deficiência de O_2 induz a formação de aerênquima na base do caule e em raízes em desenvolvimento recente.

Um exemplo de aerênquima induzido encontra-se no milho (*Zea mays*) (**Figura 15.18**). A hipoxia estimula a atividade de ACC sintase e ACC oxidase nos ápices de raízes do milho e provoca aceleração na produção de ACC e etileno. O etileno desencadeia a MCP e a desintegração de células no córtex da raiz. Os espaços anteriormente ocupados por essas células propiciam os vazios preenchidos de gases que facilitam o movimento de O_2. A morte celular desencadeada pelo etileno é altamente seletiva; apenas algumas células têm o potencial de iniciar o programa de desenvolvimento que gera o aerênquima.

Quando a formação de aerênquima é induzida, uma elevação na concentração citosólica de Ca^{2+} é considerada parte da rota de transdução de sinal do etileno que leva à morte celular.

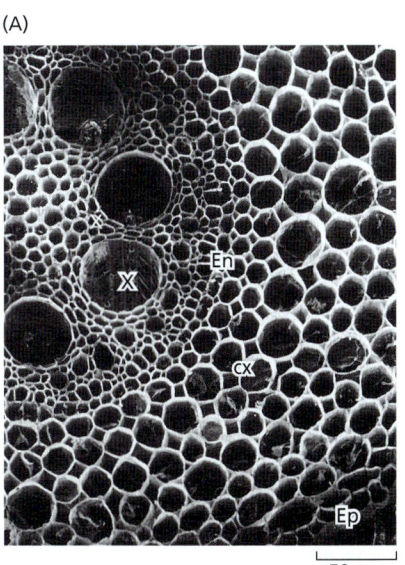
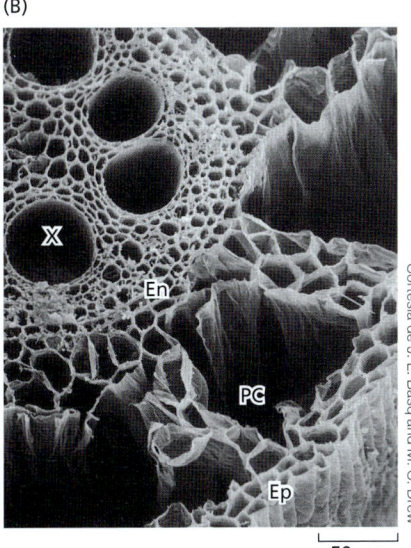

Figura 15.18 Imagens de seções transversais de raízes de milho ao microscópio eletrônico de varredura, mostrando mudanças na estrutura com o fornecimento de O_2. (A) Raiz-controle, suprida de ar, com células corticais intactas. (B) Raiz deficiente de O_2, crescendo em uma solução nutritiva não aerada. Observe os espaços proeminentes preenchidos de gases (gs, *gas-filled spaces*) no parênquima cortical (PC), formados pela degeneração de células. O estelo (todas as células internas à endoderme, En) e a epiderme (Ep) permanecem intactos. X, xilema.

Os sinais que elevam a concentração citosólica de Ca^{2+} podem promover morte celular na ausência de hipoxia. Inversamente, os sinais que diminuem a concentração citosólica de Ca^{2+} bloqueiam a morte celular em raízes hipóxicas que normalmente formariam aerênquima.

Em raízes de arroz e de outras plantas típicas de zonas úmidas, as barreiras estruturais compostas de paredes celulares suberizadas e lignificadas impedem a difusão do O_2 para fora, em direção ao solo. Assim, o O_2 retido supre o meristema apical e permite que o crescimento se estenda por 50 cm ou mais em direção ao solo anaeróbio. Por outro lado, as raízes de espécies de ambientes não úmidos, como o milho, vazam O_2. O O_2 interno torna-se insuficiente para a respiração aeróbia nos ápices das raízes dessas plantas, e essa carência de O_2 limita substancialmente a profundidade que esses órgãos podem alcançar no solo anaeróbio.

Antioxidantes e rotas de inativação de espécies reativas de oxigênio protegem as células do estresse oxidativo

As EROs acumulam-se nas células durante muitos tipos diferentes de estresses ambientais. Elas são detoxificadas por enzimas especializadas e antioxidantes, um processo referido como **inativação de EROs**. Os antioxidantes biológicos são compostos orgânicos pequenos ou peptídeos pequenos que podem aceitar elétrons de EROs como superóxido ou H_2O_2 e neutralizá-los. Os antioxidantes comuns em plantas abrangem o ascorbato hidrossolúvel (vitamina C) e o tripeptídeo glutationa reduzida (GSH na forma reduzida, GSSG na forma oxidada), e α-tocoferol (vitamina E) lipossolúvel e β-caroteno (vitamina A). Para manter um fornecimento adequado desses compostos no estado reduzido, as células dependem de diversas redutases, como glutationa redutase, desidroascorbato redutase e monodesidroascorbato redutase, que usam o poder redutor de NADPH ou NADH produzidos pela respiração ou fotossíntese.

Algumas EROs podem reagir de maneira espontânea com antioxidantes celulares, e algumas são instáveis e apresentam decaimento antes de causar dano celular. Contudo, as plantas desenvolveram várias **enzimas antioxidativas** diferentes que aumentam drasticamente a eficiência desses processos (ver **Ensaio 13.7 na internet**). Por exemplo, a **superóxido dismutase** é uma enzima que simultaneamente oxida e reduz o ânion superóxido para produzir peróxido de hidrogênio e oxigênio, de acordo com a reação: $2 O_2^- + 2 H^+ \rightarrow O_2 + H_2O_2$. Variantes da superóxido dismutase são encontradas em cloroplastos, peroxissomos, mitocôndrias, no citosol e no apoplasto. Formas diferentes de **ascorbato peroxidase** estão presentes nos mesmos compartimentos celulares como superóxido dismutase. A ascorbato peroxidase catalisa a destruição de peróxido de hidrogênio, usando ácido ascórbico como um agente redutor na seguinte reação: 2 L-ascorbato + H_2O_2 + $2 H^+ \rightarrow$ 2 monodesidroascorbato + $2 H_2O$. A **catalase** catalisa a desintoxicação do peróxido de hidrogênio nos peroxissomos, convertendo-o em água e oxigênio, de acordo com a reação: $2 H_2O_2 \rightarrow 2 H_2O + O_2$. Formas reduzidas de **peroxirredoxinas** (**Prx**) reduzem peróxido de hidrogênio e são, elas próprias, rerreduzidas por tiorredoxina (Trx), de acordo com as reações acopladas: Prx(reduzida) + $H_2O_2 \rightarrow$ Prx(oxidada) + $2 H_2O$ e Prx(oxidada) + Trx(reduzida) $\rightarrow$ Prx(reduzida) + Trx(oxidada). Por fim, a **glutationa peroxidase** catalisa a detoxificação de peróxido de hidrogênio, usando glutationa reduzida (GSH) como um agente redutor: $H_2O_2 + 2 GSH \rightarrow GSSG + 2 H_2O$.

As enzimas e os antioxidantes de detoxificação de EROs funcionam nas células como uma rede sustentada por diversos sistemas de reciclagem de antioxidantes que reabastecem o nível de antioxidantes reduzidos (**Figura 15.19**) (ver também **Ensaio 13.7 na internet**). Essa rede de inativação de EROs mantém níveis baixos e seguros de EROs nas células, permitindo, ao mesmo tempo, que as células usem as EROs para reações de transdução de sinal.

Chaperonas moleculares e protetores moleculares protegem proteínas e membranas durante o estresse abiótico

A estrutura proteica é sensível ao distúrbio por mudanças na temperatura, no pH ou na força iônica associadas com diferentes tipos de estresses abióticos. As plantas possuem vários mecanismos para limitar ou evitar esses problemas, incluindo ajuste osmótico para a manutenção da hidratação, bombas de prótons para manter a homeostase do pH e **proteínas chaperonas moleculares**. Estas interagem fisicamente com outras proteínas para facilitar o dobramento proteico, reduzir o dobramento errôneo, estabilizar a estrutura terciária e impedir a agregação ou a desagregação. Um conjunto único de chaperonas, chamadas de **proteínas de choque térmico** (**HSPs**, *heat shock proteins*), é sintetizado em resposta a diversos estresses ambientais. As células que sintetizam HSPs em resposta ao estresse pelo calor exibem melhora da tolerância térmica e podem tolerar exposições subsequentes a temperaturas mais altas que, de outro modo, seriam letais. As HSPs são induzidas por condições ambientais muito diferentes, abrangendo déficit hídrico, lesão, temperatura baixa e salinidade. Dessa maneira, as células que sofreram um estresse podem adquirir proteção cruzada contra outro estresse.

As HSPs foram descobertas na mosca-das-frutas (*Drosophila melanogaster*) e parecem ser ubíquas em plantas, animais, fungos e microrganismos. A resposta ao choque térmico parece ser mediada por uma ou mais rotas de transdução de sinal, uma das quais envolve um conjunto específico de fatores de transcrição, denominados **fatores de choque térmico**, que regulam a transcrição de mRNAs de HSP. Existem várias classes diferentes de HSPs, incluindo as HSP70s que se ligam a proteínas com dobramento errôneo e as liberam, as HSP60s que produzem complexos enormes em forma de barril, que são usados como câmaras para dobramento proteico, as HSP101s que mediam a desagregação de agregados proteicos, além das sHSPs e outras HSPs que ligam e estabilizam diferentes complexos e membranas. Essas diferentes classes de HSPs funcionam juntas como uma rede molecular para aliviar o impacto do estresse térmico (**Figura 15.20**).

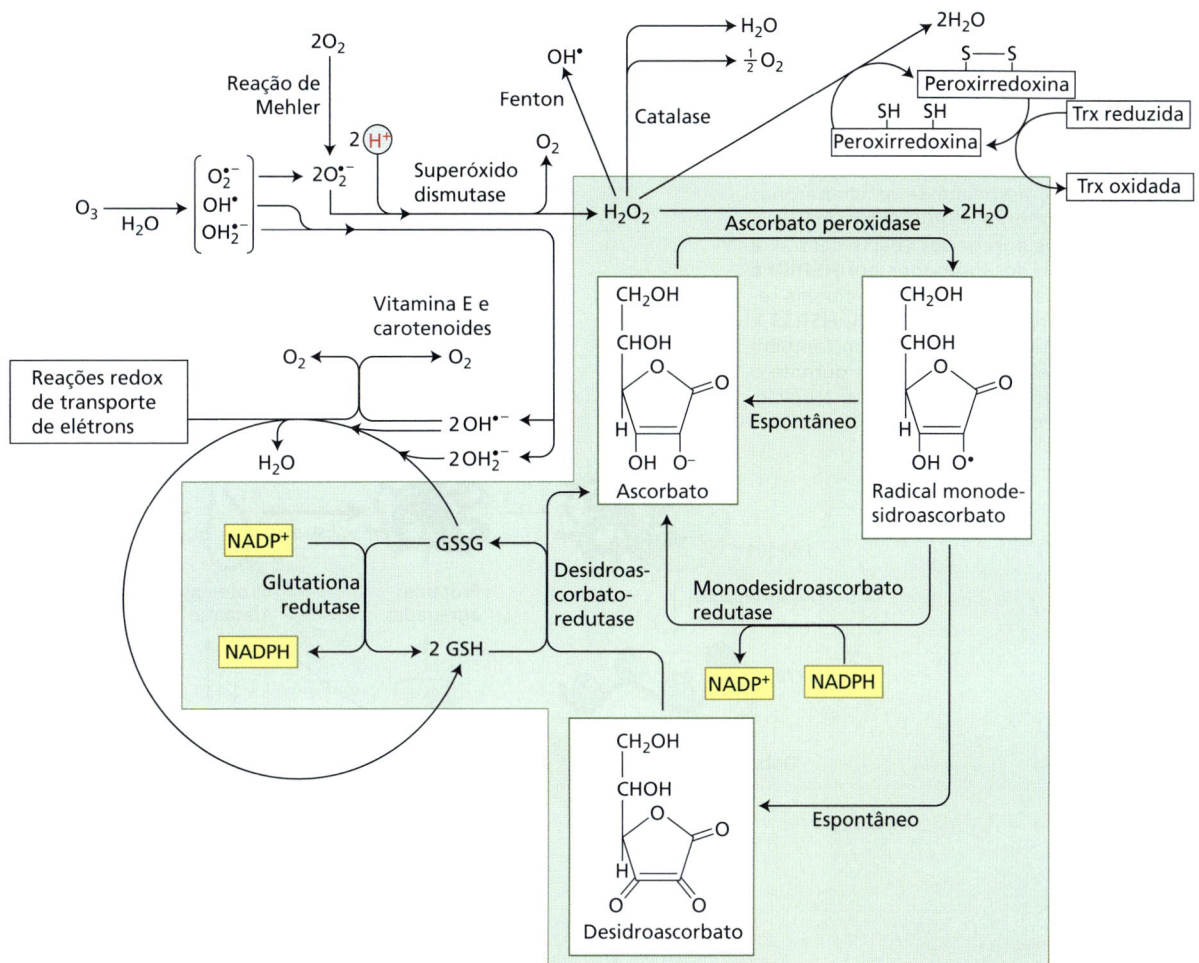

Figura 15.19 Rotas biossintéticas antioxidantes que regulam os níveis de espécies reativas de oxigênio (EROs) na célula. A superóxido dismutase converte radicais superóxido em peróxido de hidrogênio (H_2O_2), que é decomposto em H_2O e O_2 pela catalase. H_2O_2 também pode ser reduzido a água pela ascorbato peroxidase; o íon hidroxila e o oxigênio singleto podem ser consumidos pela rota da glutationa, indicada pelo fundo colorido. Trx, tiorredoxina. (Segundo R. Jones et al. 2013. *The Molecular Life of plants.* Wiley-Blackwell, Chichester, West Sussex, UK, p. 568.)

Várias outras proteínas que atuam de maneira semelhante na estabilização de proteínas e membranas durante a desidratação, os extremos de temperatura e o desequilíbrio iônico têm sido identificadas. Essas incluem a **família de proteínas LEA/DHN/RAB**. As proteínas LEA (*late embriogenesis abundant*) acumulam-se em resposta à desidratação durante os estágios tardios da maturação das sementes (ver Capítulo 21). A maioria das proteínas LEA pertence a um grupo mais propagado de proteínas denominadas **hidrofilinas**. As hidrofilinas têm uma forte atração por água, dobram-se em α-hélices sob dessecação e possuem a capacidade de reduzir a agregação de proteínas sensíveis à desidratação, uma propriedade chamada de **proteção molecular** (*molecular shielding*). As DHNs (deidrinas, *dehydrins*) acumulam-se nos tecidos vegetais em resposta a uma diversidade de estresses abióticos, incluindo salinidade, desidratação, frio e estresse por congelamento. As DHNs, como as proteínas LEA, são proteínas altamente hidrofílicas e intrinsecamente desordenadas. Sua capacidade de servir como protetores moleculares e como criptoprotetores tem sido atribuída à sua flexibilidade e à estrutura secundária mínima. Por serem com frequência induzidas pelo ABA, LEAs e DHNs são às vezes referidas como RABs (responsivas ao ABA).

As plantas podem alterar seus lipídeos de membrana em resposta à temperatura e a outros estresses abióticos

À medida que as temperaturas caem, as membranas podem passar por uma fase de transição de uma estrutura flexível líquida-cristalina para uma estrutura sólida de gel. A temperatura da fase de transição varia em função da composição lipídica das membranas. Em geral, os ácidos graxos que não têm ligações duplas solidificam em temperaturas mais baixas do que os lipídeos que contêm ácidos graxos poli-insaturados, porque os últimos têm dobras em suas cadeias de hidrocarbonetos e não

Figura 15.20 Rede de chaperonas moleculares nas células. As proteínas nascentes que requerem a assistência de chaperonas moleculares para atingir a conformação própria estão associadas às chaperonas HSP70 (parte superior). As proteínas nativas que passam por desnaturação durante o estresse (proteínas desnaturadas, parte central) associam-se às chaperonas HSP70 (parte superior) e HSP60 (parte inferior). Se forem formados agregados (parte central, à esquerda), eles são desagregados por HSP101 e HSP70 (à esquerda). Chaperonas adicionais relacionadas ao estresse, como HSP31, HSP33 e sHSPs (parte inferior central), podem também se associar a proteínas desnaturadas durante o estresse. (Segundo F. Baneyx and M. Mujacic. 2004. *Nat. Biotechnol.* 22: 1399-1408.)

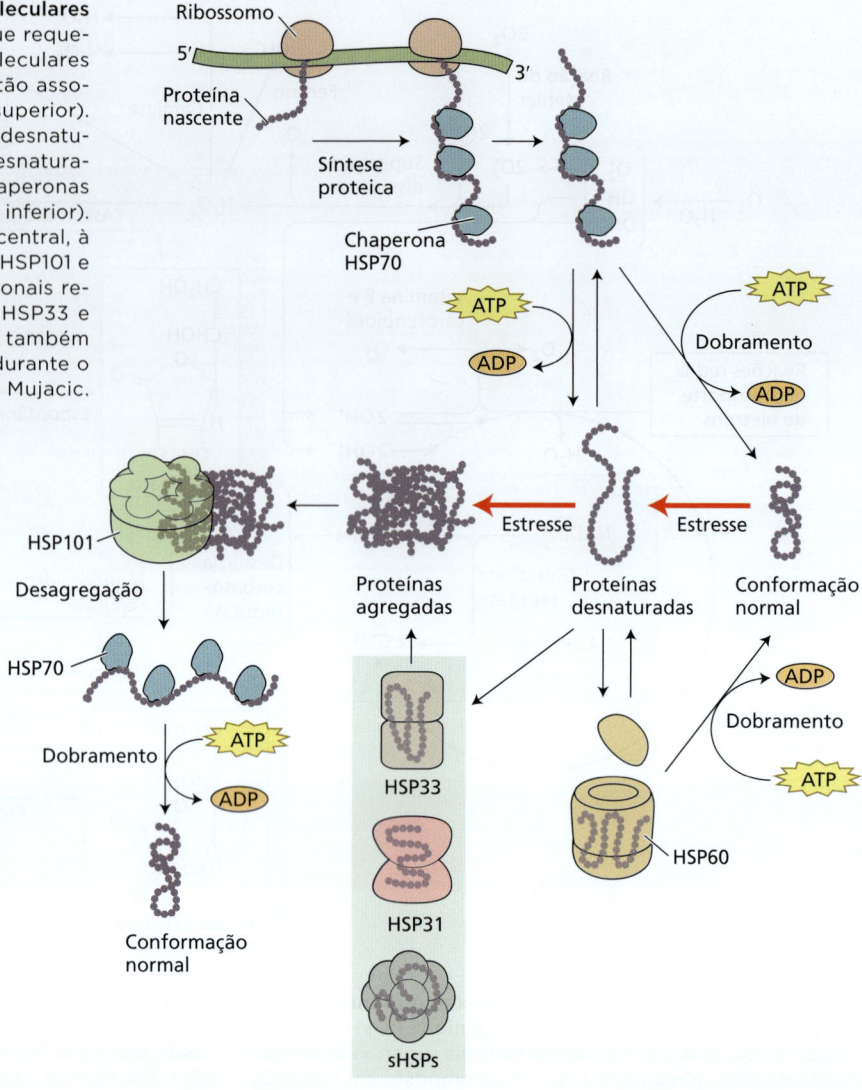

se dispõem tão compactamente como os ácidos graxos saturados. As plantas resistentes ao resfriamento tendem a ter membranas com mais ácidos graxos insaturados que aumentam sua fluidez, ao passo que as sensíveis ao resfriamento possuem uma porcentagem alta de cadeias de ácidos graxos saturados que tendem a solidificar em temperaturas baixas (**Tabela 15.3**; ver também Capítulo 1).

A exposição prolongada a temperaturas extremas pode alterar a composição de lipídeos de membrana, o que é uma forma de aclimatação. Certas enzimas transmembrana podem alterar a saturação lipídica, mediante introdução de uma ou mais ligações duplas nos ácidos graxos. Por exemplo, durante a aclimatação ao frio, as atividades de **enzimas dessaturases** aumentam e a proporção de lipídeos insaturados sobe. Essa modificação abaixa a temperatura na qual os lipídeos de membrana começam uma mudança gradual de fase, passando de uma forma fluida para uma semicristalina. Isso permite que as membranas continuem fluidas sob temperaturas mais baixas, protegendo, assim, a planta contra danos do resfriamento.

Inversamente, um grau maior de saturação dos ácidos graxos nos lipídeos de membrana torna as membranas menos fluidas. Certos mutantes de *Arabidopsis* têm atividade reduzida das ácidos graxos ômega-3 dessaturases. Esses mutantes mostram elevação da tolerância da fotossíntese em temperaturas altas, presumivelmente porque o grau de saturação dos lipídeos dos cloroplastos é aumentado.

Mecanismos de exclusão e de tolerância interna permitem que as plantas suportem íons tóxicos

Dois mecanismos básicos são empregados pelas plantas para tolerar a presença de altas concentrações de íons tóxicos no ambiente, incluindo Na^+, AsO_4^{3-}, Cd^{2+}, Cu^{2+}, Ni^{2+}, Zn^{2+} e selênio (Se^{2-}, SeO_3^{2-} ou SeO_4^{2-}): exclusão e tolerância interna. A **exclusão** refere-se à capacidade de bloquear o ingresso de íons tóxicos na célula ou de secretá-los ativamente, impedindo, assim, que suas concentrações alcancem um nível de limiar tóxico. A **tolerância interna** em geral envolve adaptações bioquímicas

Tabela 15.3 Composição dos ácidos graxos de mitocôndrias isoladas de espécies resistentes e de espécies sensíveis ao resfriamento

	Peso percentual do conteúdo total de ácidos graxos					
	Espécies resistentes ao resfriamento			Espécies sensíveis ao resfriamento		
Principais ácidos graxos[a]	Gema da couve-flor	Raiz do nabo	Parte aérea da ervilha	Parte aérea do feijoeiro	Batata-doce	Parte aérea do milho
Palmítico (16:0)	21,3	19,0	17,8	24,0	24,9	28,3
Esteárico (18:0)	1,9	1,1	2,9	2,2	2,6	1,6
Oleico (18:1)	7,0	12,2	3,1	3,8	0,6	4,6
Linoleico (18:2)	16,1	20,6	61,9	43,6	50,8	54,6
Linolênico (18:3)	49,4	44,9	13,2	24,3	10,6	6,8
Razão entre ácidos graxos insaturados e saturados	3,2	3,9	3,8	2,8	1,7	2,1

Fonte: Segundo J. M. Lyons et al. 1964. *Plant Physiol.* 39: 262–268.
[a] Entre parênteses, são mostrados o número de átomos de carbono na cadeia de ácidos graxos e o número de ligações duplas.

que capacitam a planta a tolerar, compartimentalizar ou quelar concentrações elevadas de íons potencialmente tóxicos.

As glicófitas (plantas sensíveis ao sal) geralmente dependem de mecanismos de exclusão para se proteger de níveis moderados de salinidade no solo. Elas são capazes de tolerar níveis moderados de salinidade devido aos mecanismos na raiz que reduzem a absorção de íons potencialmente prejudiciais ou bombeiam de maneira ativa esses íons de volta ao solo. O Ca^{2+} exerce um papel-chave na minimização da absorção de Na^+ do meio externo. Como um íon carregado, Na^+ tem uma permeabilidade muito baixa através da bicamada lipídica, mas pode atravessar a membrana plasmática por ambos os sistemas de transporte (de afinidade baixa e afinidade alta), muitos dos quais em geral transportam K^+ para dentro das células da raiz. O Ca^{2+} externo em concentrações milimolares (concentração fisiológica normal de Ca^{2+} no apoplasto) aumenta a seletividade dos transportadores de K^+ e minimiza a absorção de Na^+. Diferentes transportadores de Na^+-H^+ do tipo antiporte na membrana plasmática e no tonoplasto podem também reduzir o nível citosólico de Na^+, bombeando-o ativamente de volta ao apoplasto ou para dentro do vacúolo. A energia usada para impulsionar esses processos é fornecida por diferentes ATPases de bombeamento de H^+ localizadas nessas membranas (ver Capítulo 8).

Ao contrário das glicófitas, as halófitas podem tolerar níveis elevados de Na^+ na parte aérea, pois elas têm uma capacidade maior de sequestro vacuolar de íons em suas células foliares. Além disso, as halófitas parecem ter uma capacidade maior de restringir o ingresso líquido de Na^+ nas células foliares. Como consequência desse aumento da compartimentalização vacuolar e da redução da absorção celular de Na^+ nas partes aéreas, as halófitas têm aumento de sua capacidade de sustentar um crescimento do fluxo de Na^+ das raízes para a corrente transpiratória.

Um exemplo extremo de tolerância interna a íons tóxicos é a **hiperacumulação** de certos elementos-traço, que se verifica em um número limitado de espécies. As plantas hiperacumuladoras podem tolerar concentrações foliares de diversos elementos-traço – como arsênico, cádmio, níquel, zinco e selênio – de até 1% da massa seca de sua parte aérea (10 mg por grama de massa seca). A hiperacumulação é uma adaptação vegetal relativamente rara a íons potencialmente tóxicos. Essa adaptação requer mudanças genéticas herdáveis que melhoram a expressão dos transportadores de íons envolvidos na absorção e na compartimentalização vacuolar desses íons.

As fitoquelatinas e outros queladores contribuem para a tolerância interna de íons de metais tóxicos

Quelação é a ligação de um íon dotado de pelo menos dois átomos ligantes com uma molécula quelante. As moléculas quelantes podem ter diferentes átomos disponíveis para ligação, como enxofre (S), nitrogênio (N) ou oxigênio (O), os quais têm afinidades distintas para os íons que quelam (ver Capítulos 7 e 8). Por envolvimento ao redor do íon que ela liga para formar um complexo, a molécula quelante cede o íon menos ativo quimicamente, reduzindo, assim, sua toxicidade potencial. O complexo é, então, geralmente translocado para outras partes da planta ou armazenado afastado do citoplasma (comumente no vacúolo). O transporte por longa distância de íons quelados – das raízes para as partes aéreas – é também um processo crucial para a hiperacumulação de metais em tecidos da parte aérea. Tanto a nicotianamina (quelador de ferro) quanto a histidina livre (aminoácido) têm sido envolvidas na quelação de metais durante esse processo de transporte. Além disso, as plantas sintetizam também outros ligantes para a quelação de íons, como as fitoquelatinas.

As **fitoquelatinas** são tióis de baixo peso molecular que consistem nos aminoácidos glutamato, cisteína e glicina, com a forma geral de $(\gamma\text{-Glu-Cys})_n\text{Gly}$. Elas são sintetizadas pela enzima fitoquelatina sintase. Os grupos tiol de cisteína atuam como ligantes para íons de elementos-traço, como cádmio e

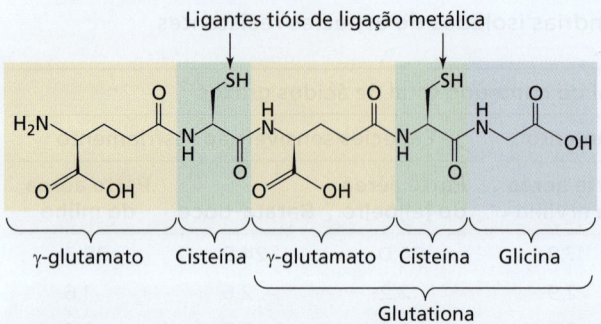

Figura 15.21 Estrutura molecular da fitoquelatina, quelato de metais. A fitoquelatina usa os grupos sulfidrila na cisteína para ligar-se a metais como cádmio, zinco e arsênico.

arsênio (**Figura 15.21**). Uma vez formado, o complexo fitoquelatina-metal é transportado ao interior do vacúolo, para armazenamento. A síntese de fitoquelatinas tem sido demonstrada como necessária para a resistência ao Cd^{2+}. Além da quelação, o transporte ativo de íons metálicos para dentro do vacúolo e para fora da célula também contribui para a tolerância interna ao metal.

As plantas usam moléculas crioprotetoras e proteínas anticongelamento para impedir a formação de cristais de gelo

Durante o congelamento rápido, o protoplasto, incluindo o vacúolo, pode **super-resfriar**; isso significa que a água celular pode permanecer líquida mesmo em temperaturas vários graus abaixo de seu ponto de congelamento teórico. O super-resfriamento é comum em muitas espécies das florestas de angiospermas arbóreas do sudeste do Canadá e do leste dos Estados Unidos. As células podem super-resfriar somente até cerca de –40 °C, temperatura na qual o gelo se forma espontaneamente. A formação espontânea de gelo estabelece o *limite de temperatura baixa*, no qual muitas espécies alpinas e subárticas passam por super-resfriamento profundo para poder sobreviver. Isso pode explicar também por que a altitude da linha das árvores nas cadeias de montanhas está em torno da isoterma mínima de –40 °C.

Várias proteínas vegetais especializadas, denominadas **proteínas anticongelamento**, limitam o crescimento de cristais de gelo, por meio de um mecanismo independente do abaixamento do ponto de congelamento da água. A síntese dessas proteínas é induzida pelas temperaturas baixas. As proteínas ligam-se às superfícies de cristais de gelo para impedir ou retardar o crescimento deles. Açúcares, polissacarídeos, solutos osmoprotetores, deidrinas e outras proteínas induzidas pelo frio também têm efeitos crioprotetores.

A sinalização do ABA durante o estresse hídrico causa o grande efluxo de K^+ e ânions provenientes das células-guarda

Os hormônios desempenham um papel importante na sinalização em várias respostas de plantas ao estresse. Durante o estresse hídrico, o ABA aumenta de maneira acentuada nas

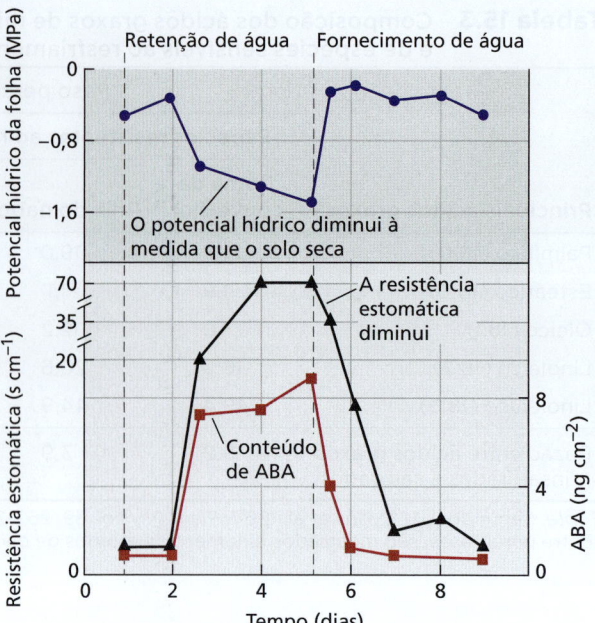

Figura 15.22 Alterações no potencial hídrico, na resistência estomática (o inverso da condutância estomática) e no conteúdo de ABA na folha do milho, em resposta ao estresse hídrico. À medida que o solo seca, o potencial hídrico da folha diminui, e o conteúdo de ABA e a resistência estomática aumentam. A reidratação reverte o processo. (Segundo M. F. Beardsell and D. Cohen. 1975. *Plant Physiol.* 56: 207–212.)

folhas, o que leva ao fechamento estomático (**Figura 15.22**). Fisiologicamente, o fechamento estomático é efetuado por uma redução na pressão de turgor que segue o grande efluxo de K^+ e ânions provenientes das células-guarda. A ativação de canais especializados de efluxo iônico na membrana plasmática é necessária para a ocorrência dessa perda de K^+ e ânions em grande escala a partir das células-guarda. Como o ABA realiza isso?

Os canais de efluxo de K^+ na membrana plasmática possuem portões *controlados por voltagem* (ver Capítulo 8); ou seja, eles abrem somente se a membrana plasmática se tornar **despolarizada**. O ABA causa despolarização por elevação do Ca^{2+} citosólico de duas maneiras: (1) pelo desencadeamento de uma entrada transitória de íons Ca^{2+} e (2) pela promoção da liberação de Ca^{2+} das reservas internas, como o retículo endoplasmático e o vacúolo. Como consequência, a concentração do Ca^{2+} citosólico sobe de 50 a 350 nM para 1.100 nM (1,1 μM) (**Figura 15.23**). Esse aumento no Ca^{2+} citosólico abre os canais de ânions ativados pelo Ca^{2+} na membrana plasmática.

A abertura prolongada de canais de ânions permite que escapem da célula quantidades grandes de Cl^- e malato^{2-}, deslocando para baixo seus gradientes eletroquímicos. Esse fluxo para fora de íons Cl^- e malato^{2-} despolariza a membrana, desencadeando a abertura dos canais de efluxo de K^+ com portões controlados por voltagem. Os níveis elevados de Ca^{2+} citosólico também causam o fechamento dos canais de entrada de K^+, reforçando o efeito da despolarização.

Além do aumento do Ca^{2+} citosólico, o ABA causa a alcalinização do citosol de pH 7,7 para pH 7,9. Tem sido demonstrado

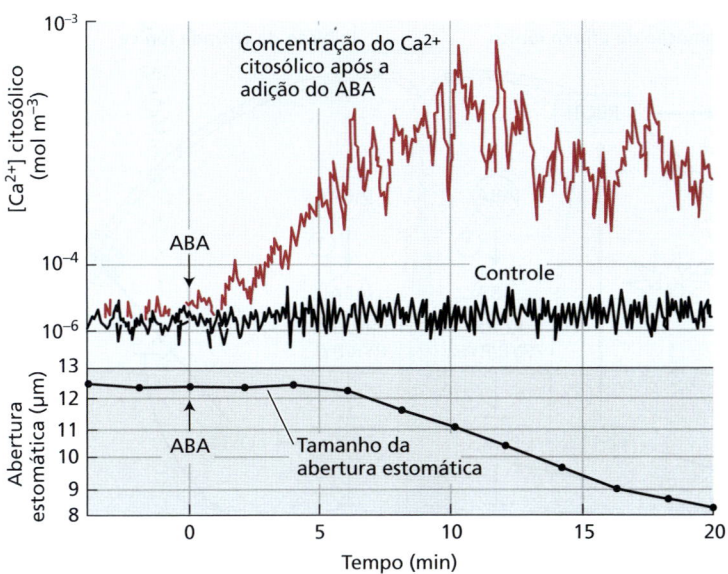

Figura 15.23 Acompanhamento temporal do aumento da concentração do Ca²⁺ citosólico induzido pelo ABA nas células-guarda (painel superior) e da abertura estomática induzida pelo ABA (representação inferior). O aumento do Ca²⁺ começa cerca de 3 minutos após a adição de ABA, seguido por um decréscimo constante no tamanho da abertura estomática nos 5 minutos adicionais. (Segundo M. R. McAInshnet al. 1990. *Nature* 343: 186–188.)

As plantas podem alterar sua morfologia em resposta ao estresse abiótico

Em resposta ao estresse abiótico, as plantas podem ativar programas de desenvolvimento que alteram seu fenótipo, um fenômeno conhecido como **plasticidade fenotípica**. Essa plasticidade pode resultar em mudanças anatômicas adaptativas que capacitam as plantas a evitar alguns dos efeitos prejudiciais do estresse abiótico.

Um exemplo importante de plasticidade fenotípica é a capacidade de alterar a forma foliar. Como painéis solares biológicos, as folhas devem ser expostas à luz solar e ao ar, o que as torna vulneráveis aos extremos ambientais. Assim, as plantas desenvolveram a capacidade de modificar a morfologia foliar de modo a permitir-lhes evitar ou mitigar os efeitos de extremos abióticos. Tais mecanismos incluem mudanças na área foliar, orientação foliar, enrolamento foliar, tricomas e cutículas cerosas, conforme o resumo aqui apresentado.

ÁREA FOLIAR As folhas grandes e planas proporcionam superfícies ótimas para a produção de fotossintatos. No entanto, elas podem ser prejudiciais ao crescimento e à sobrevivência de culturas agrícolas em condições estressantes, pois proporcionam uma ampla área de superfície para a evaporação de água, que pode levar ao rápido esgotamento da água do solo, ou absorção excessiva e danosa de energia solar. As plantas podem reduzir sua área foliar por diminuição da divisão e expansão das células foliares, alteração das formas foliares (**Figura 15.25A**) e iniciação da senescência e abscisão das folhas (**Figura 15.25B**). Esse fenômeno pode conduzir a certos tipos de heterofilia, como em plantas aquáticas (**Ensaio 15.1 na internet**).

ORIENTAÇÃO FOLIAR Para proteção contra o superaquecimento durante o déficit de água, as folhas de algumas espécies podem se orientar afastando-se do sol; tais folhas são denominadas **para-heliotrópicas**. As folhas que obtêm energia se orientando perpendicularmente à luz solar são referidas como **dia-heliotrópicas**. Outro fator morfológico que pode alterar a interceptação da radiação é o enrolamento das folhas, que minimiza o perfil do tecido exposto ao sol (**Figura 15.25C**) (ver Capítulo 11). A murcha foliar, embora não seja um exemplo de plasticidade fenotípica, pode alterar o ângulo da folha e, assim, reduzir a quantidade de luz solar absorvida.

TRICOMAS Muitas folhas e caules possuem células epidérmicas semelhantes a pelos, chamadas de tricomas. Tricomas densamente compactados na superfície folar mantêm as folhas mais frias ao refletir a radiação e também podem impedir mecanicamente a infestação de insetos (ver Capítulo 23). Tanto a estrutura quanto os constituintes químicos dos tricomas podem mudar em resposta a luz, herbivoria, estresse hídrico, salinidade ou presença de metais pesados. Por exemplo, as folhas da flor-amarela-de-macaco (*yellow monkey flower*)

que a elevação do pH citosólico adicionalmente estimula a abertura dos canais de efluxo de K⁺. O ABA também inibe a atividade da H⁺-ATPase na membrana plasmática, resultando em adicional despolarização da membrana. A inibição pelo ABA da bomba de prótons na membrana plasmática aparentemente é causada pela combinação da concentração elevada do Ca²⁺ citosólico e da alcalinização do citosol.

Durante o fechamento estomático, a área de superfície da membrana plasmática das células-guarda pode contrair-se em 50%. Para onde vai a membrana extra? Presume-se que ela seja absorvida como pequenas vesículas por endocitose – um processo que também envolve a reorganização do citoesqueleto de actina induzida pelo ABA e mediada por uma família de Rho GTPases vegetais, ou ROPs (de *Rho* GTPases em plantas) (ver Capítulo 1).

A transdução de sinal nas células-guarda, com seus múltiplos estímulos sensoriais, envolve proteínas quinases e fosfatases. Por exemplo, as atividades das H⁺-ATPases que impulsionam o potencial de membrana das células-guarda são reduzidas por diversas proteínas quinases. As proteínas fosfatases têm sido também envolvidas na modificação de atividades específicas das H⁺-ATPases, provocando mudanças nas atividades de canais de ânions. Em vista desses resultados, parece que a fosforilação e a desfosforilação de proteínas desempenham um importante papel na rota de transdução de sinal do ABA nas células-guarda. Um modelo geral e simplificado da ação do ABA nas células-guarda é apresentado na **Figura 15.24**. Para uma discussão com mais detalhes, ver **Tópico 15.3 na internet**.

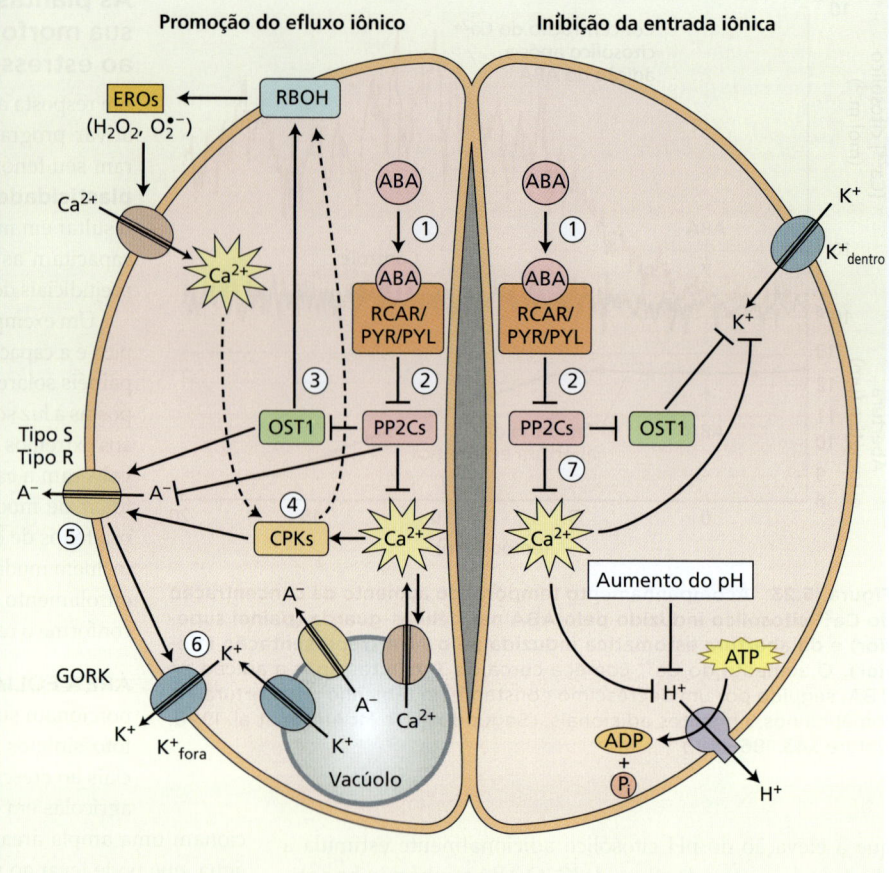

1. O ácido abscísico (ABA) liga-se a seus receptores citosólicos (RCAR/PYR/PYL) (ver Capítulo 4).

2. Os receptores ligados ao ABA formam um complexo com proteínas fosfatase do tipo 2C (PP2Cs), inibindo sua atividade. As PP2Cs representam um regulador negativo importante no interior da rede de sinalização.

3. A inibição da atividade das PP2Cs libera da inibição a quinase reguladora negativa OST1, resultando na fosforilação e na ativação de NADPH oxidases (RBOHs). As RBOHs catalisam a formação de espécies reativas de oxigênio (EROs) apoplásticas como H_2O_2 e $O_2^{\bullet-}$, que desencadeiam a abertura dos canais iônicos da membrana plasmática permeáveis ao Ca^{2+}. O Ca^{2+} penetra na célula.

4. A elevação do Ca^{2+} citosólico resultante, aumentada pela liberação de Ca^{2+} armazenado em organelas, incluindo o vacúolo, leva à ativação de proteínas quinases dependentes de cálcio (CPKs). As CPKs também ativam as proteínas RBOH, promovendo, além disso, o entrada de Ca^{2+} no citosol.

5. OST1 e CPKs fosforilam e, desse modo, ativam os canais de ânions na membrana plasmática, levando ao efluxo de ânions (A^-). Na ausência de ABA, esse processo pode ser inibido diretamente pelas PP2Cs. Dois tipos de canais de ânions são ativados: lento (tipo S; S de *slow*) e rápido (tipo R; R de *rapid*).

6. O efluxo de ânions leva à despolarização da membrana plasmática, que aciona o efluxo de K^+ via canais retificadores de saída de potássio (K^+_{fora})(GORK). A maior parte de A^- e K^+ em uma célula vegetal é depositada no vacúolo e liberada para o citosol via canais de K^+ ativados por Ca^{2+} e transportadores da liberação de ânions presentes no tonoplasto. O efluxo de íons (A^- e K^+) reduz a pressão de turgor das células-guarda, resultando no fechamento estomático.

7. A inibição da PP2C por ABA e RCAR/PYR/PYL também leva à inibição de canais da membrana plasmática que mediam a acumulação de íons durante a abertura estomática, como H^+-ATPases e canais retificadores de entrada de K^+ (K^+_{dentro}). Do contrário, esses canais neutralizariam os efeitos do efluxo de íons que promove o fechamento.

Figura 15.24 Modelo simplificado da sinalização do ABA em células-guarda. O efeito líquido é a perda de potássio (K^+) e seu ânion (Cl^- ou malato^{2-}) da célula. CPK, proteína quinase dependente de Ca^{2+}; GORK, K^+- canal retificador de saída; OST1, proteína quinase de OPEN STOMATA 1; PP2C, proteína fosfatase 2C; RBOH, homólogo da oxidase de explosão respiratória, uma NADPH oxidase; EROs, espécies reativas de oxigênio. (Segundo B. Brandt and J. Schroeder, não publicado.)

(*Mimulus guttatus*) geralmente produzem tricomas glandulares que podem servir como um impedimento químico da herbivoria. Quando as folhas precoces de *Mimulus* são danificadas experimentalmente para simular a herbivoria, isso causa um aumento na produção de tricomas glandulares nas folhas posteriores, uma resposta plástica que provavelmente seja adaptativa.

CUTÍCULA A cutícula é uma estrutura multiestratificada de ceras e hidrocarbonetos relacionados, depositados nas paredes celulares externas da epiderme foliar. Como os tricomas, a cutícula pode refletir luz, reduzindo, assim, a quantidade de calor.

A cutícula parece também restringir a difusão de água e gases, bem como a penetração de patógenos. Uma resposta do desenvolvimento ao déficit de água em algumas plantas é a produção de uma cutícula espessa, que diminui a transpiração.

RAZÃO ENTRE RAIZ E PARTE AÉREA A **razão entre raiz e parte aérea** é outro exemplo importante de plasticidade fenotípica. A razão entre raiz e parte aérea parece ser governada por um equilíbrio funcional entre a absorção de água pela raiz e a fotossíntese pela parte aérea. No conjunto de limites estabelecidos pelo potencial genético da planta, uma parte aérea tende a crescer até que a captação de água pelas raízes se

(C) Bem hidratada | Estresse hídrico moderado | Estresse hídrico severo

Figura 15.25 Alterações morfológicas em resposta ao estresse abiótico. (A) A alteração da forma da folha pode ocorrer em resposta a mudanças ambientais. A folha de carvalho (*Quercus* sp.) à esquerda provém da parte externa do dossel, onde as temperaturas são mais altas do que no interior do dossel. A folha à direita provém do interior do dossel. A forma profundamente lobada à esquerda resulta em uma camada limítrofe mais delgada, que permite um melhor resfriamento evaporativo. (B) As folhas do algodoeiro (*Gossypium hirsutum*) jovem caem em resposta ao estresse hídrico. As plantas à esquerda (controle) foram hidratadas durante todo o experimento; as folhas do centro e à direita foram submetidas a estresses hídricos moderado e severo, respectivamente, antes de serem novamente hidratadas. Apenas um tufo de folhas é mantido nos topos dos caules das plantas severamente estressadas. As barras –5, –12 e –24 = –0,5, –1,2 e –2,4 MPa, respectivamente. (C) Movimentos foliares na soja, em resposta ao estresse osmótico. Orientação dos folíolos de indivíduos da soja (*Glycine max*) em situação bem hidratada (não estressada), durante estresse hídrico moderado e durante estresse hídrico severo. Os movimentos foliares amplos induzidos pelo estresse moderado são completamente diferentes da murcha, que ocorre durante o estresse severo. Observe que, durante o estresse moderado, o folíolo terminal ficou erguido, ao passo que os laterais se orientam para baixo; a folha fica quase vertical.

torne limitante ao crescimento; inversamente, as raízes tendem a crescer até que sua demanda por fotossintatos oriundos da parte aérea exceda o fornecimento. Esse equilíbrio funcional é deslocado se o fornecimento de água diminuir. Quando a água para a parte aérea se torna limitante, a expansão foliar é reduzida antes que a atividade fotossintética seja afetada (ver Figura 15.5). A inibição da expansão foliar reduz o consumo de carbono e energia, e uma maior proporção dos assimilados da planta pode ser alocada para o sistema vascular, onde podem sustentar a continuidade do crescimento das raízes. No entanto, o crescimento das raízes também é sensível ao estado hídrico do microambiente do solo; os ápices das raízes perdem o turgor em solo seco, enquanto as raízes em solos úmidos continuam a crescer (**Figura 15.26**).

O ABA desempenha um papel importante na regulação da raiz:proporção de parte aérea durante o estresse por déficit de água. Como mostra a **Figura 15.27**, em condições de estresse por déficit de água, a razão entre as biomassas da raiz e da parte aérea aumenta, permitindo que as raízes cresçam às expensas das folhas. Os mutantes deficientes de ABA, no entanto, são incapazes de alterar sua razão entre raiz e parte aérea em resposta ao estresse por déficit de água. Portanto, o ABA é necessário para a mudança na razão entre raiz e parte aérea.

O processo de recuperação do estresse pode ser perigoso para a planta e requer um ajuste coordenado de metabolismo e fisiologia vegetais

Uma vez aclimatada a um conjunto de condições ambientais de estresse, uma planta alcança um estado de homeostase metabólica que lhe permite crescer otimamente sob essas condições. Contudo, quando o estresse é retirado, por exemplo, por reidratação no caso de uma planta estressada pelo déficit de água, ela deve alterar seu metabolismo de volta ao seu estado anterior, a fim de se aclimatar ao novo conjunto de condições sem estresse. Em algumas ocasiões, quando, por exemplo, a planta

Figura 15.26 Efeito das condições de déficit de água no crescimento da raiz e da parte aérea de plântulas de painço (*Panicum italicum* L.). A umidade do solo foi mantida em 80 a 90% da capacidade do campo em condições bem irrigadas (controle) e em 50% em condições de déficit de água. Os potes foram pesados diariamente para registrar a massa de perda de água por evapotranspiração, e a quantidade de água necessária para levar cada vaso à capacidade de campo apropriada foi adicionada a cada vaso. O crescimento da raiz e da parte aérea foi inibido.

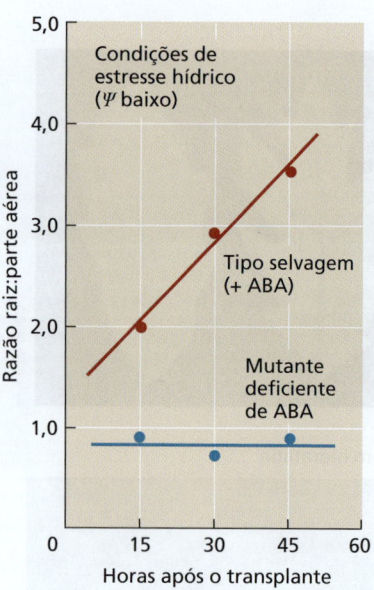

Figura 15.27 Em condições de estresse hídrico (Ψ baixo, definido diferentemente para parte aérea e raiz), a razão entre o crescimento da raiz e o da parte aérea é muito mais alta quando o ABA está presente (i.e., no tipo selvagem) do que quando inexiste ABA (no mutante). (Segundo I. N. Saab et. al. 1990. *Plant Physiol.* 93: 1329–1336.)

necessita mudar de um ambiente anaeróbio altamente reduzido para condições aeróbias oxidadas durante a atenuação do estresse por inundação, a mudança metabólica pode ser altamente perigosa para ela, pois níveis elevados de EROs podem danificar as células.

O processo de recuperação do estresse, portanto, é tão sincronizado quanto a aclimatação ao estresse. A planta deve remover e reciclar todos os mRNAs, proteínas, substâncias químicas protetoras e compostos desnecessários que se acumularam nas células durante o processo de aclimatação e pelo período de estresse. Além disso, a planta precisa modificar seu fluxo energético metabólico para se preparar, e se ajustar, às novas condições. A reativação de certas atividades, como fotossíntese, respiração e biossíntese de lipídeos, pode exigir um processo delicado e sincronizado, porque essas rotas podem produzir níveis elevados de EROs, e as vias de inativação de EROs que protegem a planta devem estar a postos antes que as rotas estejam funcionando plenamente. Embora do ponto de vista energético seja melhor remover e reciclar todos os mecanismos de resposta quando o estresse abranda, algumas espécies mantêm uma "prontidão" para opor-se à recorrência do estresse; essas espécies preservam ativos certos mecanismos reguladores de resposta, hormônios ou modificações epigenéticas, mesmo após o abrandamento do estresse. Esse processo com frequência é referido metaforicamente como *memória*, pois a planta parece "lembrar" do estresse, mesmo muito depois que ele tenha terminado; a planta responderá muito mais rápido à recorrência do estresse, em comparação com a primeira vez que o enfrentou.

Resumo

As plantas detectam mudanças em seu ambiente e respondem a elas por meio de rotas dedicadas às respostas aos estresses. Essas rotas abrangem redes gênicas, proteínas reguladoras e intermediários de sinalização, bem como proteínas, enzimas e moléculas que atuam para proteger as células dos efeitos prejudiciais do estresse abiótico. Juntos, esses mecanismos antiestresse capacitam as plantas a aclimatarem-se ou adaptarem-se a estresses como déficit de água, calor, frio, salinidade e suas combinações possíveis. Uma meta importante da pesquisa é utilizar alguns desses mecanismos de aclimatação ou adaptação para proteger culturas agrícolas das condições climáticas adversas que são esperadas resultar do aquecimento global (**Tópico 15.1 na internet**).

15.1 Definição de estresse vegetal

- O estresse pode ser definido geralmente como qualquer condição ambiental que impede a planta de atingir seu potencial genético pleno sob condições de crescimento ideais (**Figuras 15.1, 15.2**).
- As respostas vegetais ao estresse abiótico envolvem conflitos (*trade-offs*) entre os crescimentos vegetativo e reprodutivo, que podem diferir dependendo de a planta ser anual ou perene.

15.2 Aclimatação e adaptação

- A adaptação é caracterizada por mudanças genéticas em uma população inteira que foram fixadas por seleção natural durante muitas gerações.
- A aclimatação é o processo pelo qual as plantas individuais respondem a mudanças periódicas no ambiente mediante alteração direta de sua morfologia ou fisiologia. As mudanças fisiológicas associadas com a aclimatação não requerem modificações genéticas, e muitas são reversíveis.

15.3 Fatores ambientais e seus impactos biológicos nas plantas

- Os estresses ambientais podem causar transtornos ao metabolismo vegetal por meio de diversos mecanismos, a maioria dos quais resulta na acumulação de espécies reativas de oxigênio (EROs) (**Figuras 15.3, 15.4**).
- A desidratação celular leva a decréscimo da pressão de turgor, aumento da toxicidade iônica e inibição da fotossíntese (**Figura 15.5; Tabela 15.1**).
- O estresse térmico afeta a estabilidade proteica, as reações enzimáticas, a fluidez das membranas e as estruturas secundárias de RNA e DNA (**Tabela 15.1**).
- O solo inundado sofre esgotamento de oxigênio, levando ao estresse anaeróbio para a raiz (**Tabela 15.1**).
- O estresse salino causa desidratação celular associada à inibição da atividade enzimática devido à toxicidade iônica, reduzindo assim o crescimento das plantas acima do solo e inibindo a fotossíntese (**Tabela 15.1**).
- O estresse por congelamento, como o estresse por déficit de água, causa desidratação celular, mas também pode interromper a integridade celular devido a danos na membrana (**Tabela 15.1**).
- Os metais pesados podem substituir outros metais essenciais e romper reações fundamentais (**Tabela 15.1**).
- O ozônio e a luz ultravioleta induzem a formação de EROs, que, por sua vez, induzem a produção de lesões foliares e a morte celular programada.
- Combinações de estresses abióticos podem ter efeitos na fisiologia e na produtividade das plantas que são diferentes dos efeitos dos estresses individuais (**Figuras 15.6, 15.7**).
- As plantas podem obter proteção cruzada quando estão expostas sequencialmente a diferentes estresses abióticos.

15.4 Mecanismos sensores de estresse em plantas

- As plantas utilizam mecanismos físicos, biofísicos, metabólicos, bioquímicos e epigenéticos para detectar estresses e ativar rotas de resposta (**Figura 15.8**).

15.5 Rotas de sinalização ativadas em resposta ao estresse abiótico

- Muitas rotas de resposta ao estresse compartilham intermediários de sinalização, permitindo que essas rotas sejam integradas (**Figuras 15.9–15.12**).
- Os *regulons* ativam simultaneamente rotas específicas de resposta ao estresse e suprimem outras rotas que são desnecessárias ou poderiam mesmo danificar a planta durante o estresse (**Figura 15.13**).
- Os cloroplastos e as mitocôndrias podem emitir sinais de perigo para o núcleo.
- Uma onda autopropagante sistêmica de produção de EROs e sinalização de Ca^{2+} alerta partes da planta até então não estressadas da necessidade de uma resposta (**Figura 15.14**).
- Mecanismos de resposta ao estresse epigenético podem conduzir à proteção herdável (**Figura 15.15**).
- Os hormônios atuam separadamente e em conjunto para regular as respostas ao estresse abiótico.

15.6 Mecanismos fisiológicos e do desenvolvimento que protegem as plantas contra o estresse abiótico

- A expectativa é que o aquecimento global e as mudanças climáticas tenham impactos complexos e potencialmente severos no crescimento e na produção de muitas plantas agrícolas, em muitas áreas diferentes do nosso planeta (**Tópico 15.1 na internet**).
- Os pesquisadores na área agrícola estudam como as plantas percebem e se aclimatam a condições estressantes e, depois, tentam desenvolver culturas vegetais com tolerância reforçada (**Tópico 15.1 na internet**).
- A agricultura de precisão é uma abordagem moderna para o gerenciamento de fazendas que usa imagens avançadas, inteligência artificial e robótica para garantir que as plantações e os solos de qualquer área agrícola recebam exatamente o que precisam para o

■ Resumo

crescimento, a saúde e a produtividade ideais (**Tópico 15.2 na internet**).
- As plantas reduzem o Ψ da raiz para continuar a absorver água no solo em dessecação.
- O aerênquima é um tecido que permite a difusão de O_2 em direção aos órgãos submersos (**Figura 15.18**).
- As EROs podem ser detoxificadas por meio de rotas de inativação que reduzem o estresse oxidativo (**Figura 15.19**).
- As proteínas chaperonas protegem proteínas sensíveis e membranas durante o estresse abiótico (**Figura 15.20**).
- A exposição prolongada a temperaturas extremas pode alterar a composição de lipídeos de membrana, portanto permitindo às plantas manter a fluidez de membranas (**Tabela 15.3**).
- As plantas enfrentam os íons tóxicos mediante mecanismos de exclusão e de tolerância interna (**Figura 15.21**).
- As plantas geram proteínas anticongelamento para impedir a formação de cristais de gelo.
- O fechamento estomático é motivado pelo efluxo de K^+ e ânions das células-guarda induzido pelo ABA (**Figuras 15.22-15.24**).
- As plantas podem alterar sua morfologia foliar e a razão entre a biomassas da raiz e a da parte aérea para evitar ou mitigar o estresse abiótico (**Figuras 15.25-15.27**).
- A inversão das rotas de resposta ao estresse deve ocorrer de uma maneira sincronizada, para evitar a produção de EROs.

■ Material da internet

- **Tópico 15.1 Mudança climática, aquecimento global e estresse abiótico** O aquecimento global se tornou um dos principais contribuintes para as mudanças no clima, causando um aumento na frequência e intensidade dos eventos climáticos que sujeitam as plantas a condições de estresse abiótico, como secas prolongadas, ondas de calor, inundações e salinidade.
- **Tópico 15.2 Estresse abiótico e agricultura de precisão** Diferentes processos fisiológicos em plantas são afetados durante o estresse abiótico, que pode ser monitorado e tratado com eficiência no campo usando práticas de agricultura de precisão.
- **Tópico 15.3 Uma análise mais detalhada da sinalização do ABA em células-guarda** Estudos recentes ajudaram a elucidar as interações complexas durante o fechamento estomático induzido pelo ABA.
- **Ensaio 15.1 Heterofilia em plantas aquáticas** O ácido abscísico induz a morfologia foliar do tipo aéreo em muitas plantas aquáticas.

Para mais recursos de aprendizagem (em inglês), acesse **oup.com/he/taiz7e**.

Leituras sugeridas

Bailey-Serres, J., Parker, J. E., Ainsworth, E. A., Oldroyd, G. E. D., and Schroeder, J. I. (2019) Genetic strategies for improving crop yields. *Nature* 575: 109–115.

Cheung, A. Y., Qu, L. J., Russinova, E., Zhao, Y., and Zipfel, C. (2020) Update on receptors and signaling. *Plant Physiol.* 182: 1527–1530.

Kollist, H., Zandalinas, S. I., Sengupta, S., Nuhkat, M., Kangasjärvi, J., and Mittler, R. (2019) Rapid responses to abiotic stress: Priming the landscape for the signal transduction network. *Trends Plant Sci.* 24: 25–37.

Lamers, J., van der Meer, T., and Testerink, C. (2020) How plants sense and respond to stressful environments. *Plant Physiol.* 182: 1624–1635.

Lobell, D. B., Schlenker, W., and Costa-Roberts, J. (2011) Climate trends and global crop production since 1980. *Science* 333: 616–620.

Mhamdi, A., and Van Breusegem, F. (2018) Reactive oxygen species in plant development. *Development* 145: dev164376.

Mittler, R. (2017) ROS are good. *Trends Plant Sci.* 22: 11–19.

Ohama, N., Sato, H., Shinozaki, K., and Yamaguchi-Shinozaki, K. (2017) Transcriptional regulatory network of plant heat stress response. *Trends Plant Sci.* 22: 53–65.

Rodriguez, P. A., Rothballer, M., Chowdhury, S. P., Nussbaumer, T., Gutjahr, C., and Falter-Braun, P. (2019) Systems biology of plant-microbiome interactions. *Mol. Plant.* 12: 804–821.

Saijo, Y., and Loo, E. P. (2020) Plant immunity in signal integration between biotic and abiotic stress responses. *New Phytol.* 225: 87–104.

Yeung, E., Bailey-Serres, J., and Sasidharan, R. (2019) After the deluge: Plant revival post-flooding. *Trends Plant Sci.* 24: 443–454.

Zandalinas, S. I., Fichman, Y., Devireddy, A. R., Sengupta, S., Azad, R. K., and Mittler, R. (2020) Systemic signaling during abiotic stress combination in plants. *Proc. Natl. Acad. Sci. USA* 117: 13810–13820.

Zandalinas, S. I, Fritschi, F. B., Mittler, R. (2021) Global warming, Climate change, and environmental pollution: Recipe for a multifactorial stress combination disaster. *Trends Plant Sci.* 26: 588–599.

Zhu, J. K. (2016) Abiotic stress signaling and responses in plants. *Cell* 167: 313–324.

UNIDADE IV

Crescimento e desenvolvimento

Capítulo 16   Sinais da luz solar

Capítulo 17   Dormência e germinação da semente e estabelecimento da plântula

Capítulo 18   Crescimento vegetativo e organogênese: crescimento primário do eixo da planta

Capítulo 19   Crescimento vegetativo e organogênese: ramificação e crescimento secundário

Capítulo 20   O controle do florescimento e o desenvolvimento floral

Capítulo 21   Reprodução sexual: de gametas a frutas

Capítulo 22   Embriogênese: a origem da arquitetura vegetal

Capítulo 23   Senescência vegetal e morte celular

Capítulo 24   Interações bióticas

16 Sinais da luz solar

A luz solar serve não só como uma fonte de energia para a fotossíntese, mas também como um sinal que regula diversos processos de desenvolvimento, desde a germinação da semente ao desenvolvimento do fruto e à senescência (**Figura 16.1**). Ela também fornece pistas direcionais para o crescimento das plantas, bem como sinais não direcionais para os seus movimentos. Já foram abordados diversos mecanismos de detecção de luz em capítulos anteriores. No Capítulo 11, foi visto que os cloroplastos se movem dentro das células do tecido paliçádico foliar, para orientar ou sua face ou sua borda em direção ao sol (ver Figura 11.12). As folhas de muitas espécies são capazes de alterar sua posição para acompanhar o movimento do sol no céu, um fenômeno conhecido como **acompanhamento do sol (*solar tracking*)** (ver Figura 11.5). A faixa de intensidade e qualidade da luz sob uma variedade de condições é mostrada na **Tabela 16.1**.

Nos próximos capítulos, serão encontrados exemplos de desenvolvimento vegetal regulado pela luz. Por exemplo, muitas sementes necessitam de luz para germinar, um processo chamado de **fotoblastia**. A luz solar inibe o crescimento do caule e estimula a expansão foliar durante o crescimento das plântulas, duas das várias mudanças fenotípicas induzidas pela luz, coletivamente referidas como **fotomorfogênese** (**Figura 16.2**; ver também Capítulo 17). É comum que ramos de plantas colocadas junto à janela cresçam em direção à fonte de luz. Esse fenômeno, chamado de **fototropismo**, é um exemplo de como as plantas alteram seus padrões de crescimento em resposta à direção da radiação incidente (**Figura 16.3**; ver também Capítulo 17). Em algumas espécies, as folhas dobram à noite (**nictinastia**) e abrem ao amanhecer (**fotonastia**). Movimentos fotonásticos são reações das plantas em resposta à luz não direcional. Como será discutido no Capítulo 20, muitas plantas florescem em épocas específicas do ano em resposta a mudanças no comprimento do dia, um fenômeno chamado de **fotoperiodismo**.

Além da luz visível (**Figura 16.4**), a luz solar também contém a radiação ultravioleta (UV), que pode danificar membranas, DNA e proteínas (ver Capítulo 15). Muitas plantas podem detectar a presença da radiação UV e proteger-se contra danos celulares mediante síntese de compostos fenólicos simples e flavonoides que atuam como filtros solares e removem oxidantes nocivos e radicais livres induzidos pelos fótons de alta energia da luz UV.

Figura 16.1 A luz solar exerce múltiplas influências sobre as plantas. As plantas expõem suas folhas à luz solar para transformar a energia solar em energia química. As plantas também usam a luz solar para uma gama de sinais de desenvolvimento que otimizam a fotossíntese e detectam mudanças sazonais.

Neste capítulo, são discutidos os mecanismos de sinalização envolvidos no crescimento e no desenvolvimento regulados pela luz, focalizando principalmente nos receptores de luz vermelha (600–700 nm), luz vermelho-distante (700–750 nm), luz azul (400–500 nm) e radiação UV-B (290–320 nm).

16.1 Fotorreceptores vegetais

Pigmentos, como clorofila e os pigmentos acessórios da fotossíntese, são moléculas que absorvem a luz visível em comprimentos de onda específicos e refletem ou transmitem os comprimentos de onda não absorvidos, que são percebidos como cores. Ao contrário dos pigmentos fotossintetizantes, os fotorreceptores absorvem um fóton de determinado comprimento de onda e usam essa energia como um sinal para iniciar uma fotorresposta. Com a exceção de UVR8 (discutido no final deste capítulo), todos os fotorreceptores conhecidos consistem em uma proteína mais um grupo prostético de absorção de luz (uma molécula não proteica ligada à proteína fotorreceptora) chamado de **cromóforo**. Como será visto mais tarde, as estruturas das proteínas dos diferentes fotorreceptores variam. Outros aspectos comuns dos fotorreceptores incluem sensibilidade à quantidade de luz (número de fótons), à qualidade da luz (dependência do comprimento

Todas as respostas à luz (fotorrespostas) mencionadas anteriormente, incluindo as respostas à radiação UV, envolvem receptores que detectam comprimentos de onda da luz específicos e induzem alterações de desenvolvimento ou fisiológicas. Como visto no Capítulo 4, transdução de sinal hormonal envolve uma cadeia de reações que começa com um receptor hormonal e termina com uma resposta fisiológica. As moléculas receptoras que as plantas utilizam para detectar luz solar são denominadas **fotorreceptores**. Como receptores hormonais, os fotorreceptores respondem a um sinal, nesse caso a luz, dando início a reações de sinalização que geralmente envolvem um mensageiro secundário e cascatas de fosforilação (ver Figura 4.4).

Tabela 16.1 Parâmetros de luz ecologicamente importantes

	Taxa de fluência (µmol m^{-2} s^{-1})	R:FR[a]
Luz do dia	1.900	1,19
Crepúsculo	26,5	0,96
Luar	0,005	0,94
Dossel de hera	17,7	0,13
Solo, a uma profundidade de 5 mm	8,6	0,88

Fonte: H. Smith. 1982. *Annu. Rev. Plant Physiol.* 33: 481-518
Nota: O fator de intensidade de luz (400–800 nm) é dado pela densidade de fluxo de fótons, e a luz ativa no fitocromo é dada pela razão R:FR.
[a]Valores absolutos obtidos de varreduras do espectrorradiômetro; os valores devem indicar as relações entre as várias condições naturais, não sendo médias ambientais de fato.

Figura 16.2 Comparação de plântulas cultivadas na luz e plântulas cultivadas no escuro. (À esquerda) Plântulas de agrião cultivadas na luz. (À direita) Plântulas de agrião cultivadas no escuro. As plântulas cultivadas no escuro exibem estiolamento, caracterizado por hipocótilos alongados e falta de clorofila.

Figura 16.3 Fotografia em sequência temporal (*time lapse*) de um coleóptilo de milho (*Zea mays*) crescendo em direção a uma fonte unilateral de luz azul aplicada do lado direito. O coleóptilo tem cerca de 3 cm de comprimento. As exposições consecutivas foram feitas com intervalos de 30 minutos. Observe o ângulo crescente de curvatura à medida que o coleóptilo dobra.

de onda), à intensidade da luz e à duração da exposição à luz. Em cada caso, a percepção da luz por fotorreceptores específicos dá início a sinais celulares que, em última instância, regulam fotorrespostas específicas.

Entre os fotorreceptores capazes de promover fotomorfogênese em plantas, os mais importantes são aqueles que absorvem as luzes vermelha e azul. **Fitocromos** são fotorreceptores que absorvem as luzes vermelha e vermelho-distante mais fortemente (600–750 nm), mas também absorvem a luz azul (400–500 nm) e a radiação UV-A (320–400 nm). Os fitocromos mediam muitos aspectos do desenvolvimento vegetativo e reprodutivo, conforme serão descritos nos capítulos subsequentes. Três classes principais de fotorreceptores mediam os efeitos da luz UV-A/azul: os criptocromos, as fototropinas e a família

ZEITLUPE (**ZTL**; do alemão, "câmera lenta"). Os criptocromos, como os fitocromos, desempenham um papel importante na fotomorfogênese vegetal, ao passo que as **fototropinas** regulam principalmente o fototropismo, os movimentos dos cloroplastos e a abertura estomática. A família ZTL de fotorreceptores desempenha papéis na percepção do comprimento do dia e nos ritmos circadianos. Tal como no caso da sinalização hormonal, a sinalização luminosa em geral envolve interações entre múltiplos fotorreceptores e seus intermediários de sinalização.

Por convenção, os fotorreceptores vegetais são designados por letras minúsculas (p. ex., phy, cry, phot), quando a holoproteína (proteína mais o cromóforo) é descrita, e por letras maiúsculas (PHY, CRY, PHOT), quando a apoproteína (proteína menos o cromóforo) é descrita. Para ser coerente com as convenções da genética, serão utilizadas maiúsculas em itálico (*PHY*, *CRY*, *PHOT*) para os genes que codificam as apoproteínas dos fotorreceptores.

Um sistema único de fotorreceptores foi isolado em *Arabidopsis*, que é específico para a percepção de radiação ultravioleta (**UV RESISTANCE LOCUS 8**, ou **UVR8**) e responsável por várias respostas fotomorfogênicas induzidas por UV-B. O UVR8 é discutido no final do capítulo.

As fotorrespostas são acionadas pela qualidade da luz ou pelas propriedades espectrais da energia absorvida

Como no caso dos receptores hormonais (ver Capítulo 4), os diferentes sistemas de fotorreceptores das plantas são capazes de interagir uns com os outros, podendo ser difícil separar suas respostas específicas dentro do espectro solar completo, uma vez que muitos fotorreceptores podem estar absorvendo energia ao mesmo tempo. Por exemplo, o processo de **desestiolamento**, caracterizado pela produção de clorofila em plântulas cultivadas no escuro (estioladas; do francês *étiolier*, "apresentar-se pálido") quando expostas à luz, resulta da ação conjunta de fitocromo e protoclorofilida (ver Capítulo 9), que absorvem luz vermelha, e do criptocromo que absorve a luz azul da luz solar. Como, então, podem ser distinguidas funcionalmente as respostas intrínsecas aos fotorreceptores individuais? Em muitos

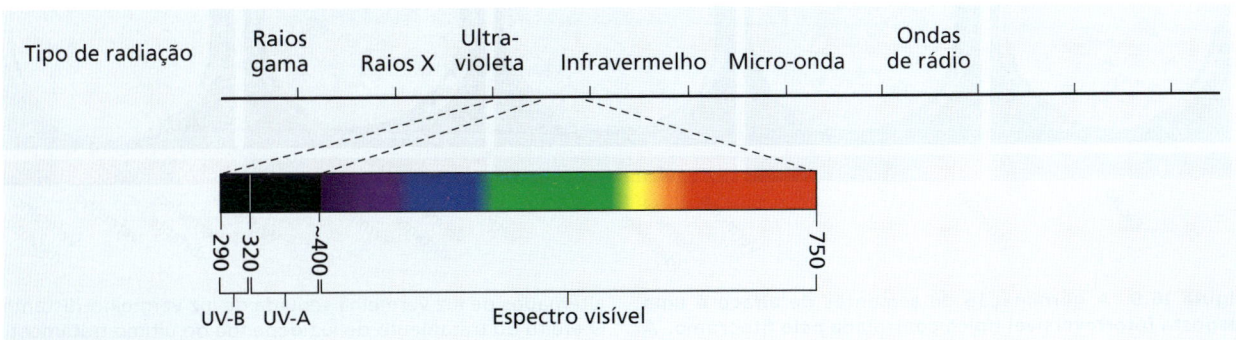

Figura 16.4 As plantas podem usar luz visível e radiações UV-A e UV-B como sinais de desenvolvimento (todos os comprimentos de onda em nm).

casos, uma contribuição da fotossíntese não pode ser excluída, uma vez que os pigmentos fotossintéticos também absorvem a luz vermelha e a luz azul.

Para determinar quais comprimentos de onda de luz são necessários à produção de uma resposta da planta em particular, fotobiologistas (pesquisadores que estudam as respostas dos organismos à luz) normalmente produzem o que é conhecido como um espectro de ação. Os espectros de ação descrevem a especificidade do comprimento de onda de uma resposta biológica à luz solar. Cada fotorreceptor difere em sua composição e arranjo atômicos e, portanto, apresenta diferentes características de absorção. Conforme visto no Capítulo 9, um espectro de ação da fotossíntese é um gráfico que traça a magnitude de uma resposta à luz (fotossíntese) como uma função do comprimento de onda (ver **Tópico 8.1 na internet** para uma discussão detalhada da espectroscopia e dos espectros de ação). O espectro de ação da resposta pode ser comparado aos espectros de absorção dos possíveis fotorreceptores.

Abordagens semelhantes foram utilizadas para identificar os fotorreceptores envolvidos nas rotas de sinalização. Por exemplo, a luz vermelha estimula a germinação de sementes de alface, e a luz vermelho-distante a inibe (**Figura 16.5**). Os espectros de ação para esses dois efeitos antagonistas da luz sobre a germinação de sementes de *Arabidopsis* são mostrados na **Figura 16.6A**. A estimulação mostra um pico na região do vermelho (660 nm), enquanto a inibição tem um pico na região do vermelho-distante (720 nm). Quando os espectros de absorção de cada uma das duas formas do fitocromo (Pr e Pfr) são medidos separadamente em um espectrofotômetro concebido para estudar moléculas fotorreversíveis, eles correspondem estreitamente ao espectro de ação para o estímulo e a inibição da germinação de sementes, respectivamente (**Figura 16.6B**). Conforme discute-se na Seção 16.2, a estreita correspondência entre os espectros de ação e absorção do fitocromo não só confirmou sua identidade como o fotorreceptor envolvido na regulação da germinação de sementes, mas também comprovou que a reversibilidade vermelho/vermelho-distante de germinação de sementes é devida à fotorreversibilidade do próprio fitocromo.

Do mesmo modo, os espectros de ação para o fototropismo estimulado por luz azul, os movimentos estomáticos e outras respostas-chave de luz azul exibem um pico na região da UV-A (370 nm) e um pico na região do azul (cerca de 410-500 nm) que tem uma estrutura fina característica de "três dedos" (**Figura 16.7A**), sugerindo um fotorreceptor comum. O espectro de absorção para o domínio LIGHT-OXYGEN--VOLTAGE 2 (LOV2) da fototropina, que contém o cromóforo flavina mononucleotídeo (FMN), é idêntico ao espectro de ação para o fototropismo (**Figura 16.7B**), coerente com a atuação da fototropina como o fotorreceptor para essas respostas. O mecanismo de ação da fototropina é discutido mais adiante no capítulo.

As respostas das plantas à luz podem ser distinguidas pela quantidade de luz requerida

As respostas à luz também podem ser distinguidas pela quantidade de luz necessária para induzi-las. A quantidade de luz é referida como **fluência**, definida como o número de fótons incidindo sobre uma unidade de área de superfície. Fluência total = taxa de fluência × intervalo de tempo (duração) da irradiação. Observe que essa fórmula envolve dois componentes: o número de fótons incidentes em qualquer momento e a duração da exposição. As unidades-padrão para fluência são micromoles de quanta (fótons) por metro quadrado ($\mu mol\ m^{-2}$). Algumas respostas são sensíveis não só à fluência total, mas também à **irradiância** (taxa de fluência) da luz. As unidades de irradiância são micromoles de quanta por metro quadrado por segundo ($\mu mol\ m^{-2}\ s^{-1}$). (Para definições deste e de outros termos usados na medição da luz, ver Capítulo 9 e **Tópico 9.1 na internet**.)

Uma vez que respostas fotoquímicas são estimuladas apenas quando um fóton é absorvido por seu fotorreceptor, pode haver uma diferença entre a irradiação incidente e a absorção.

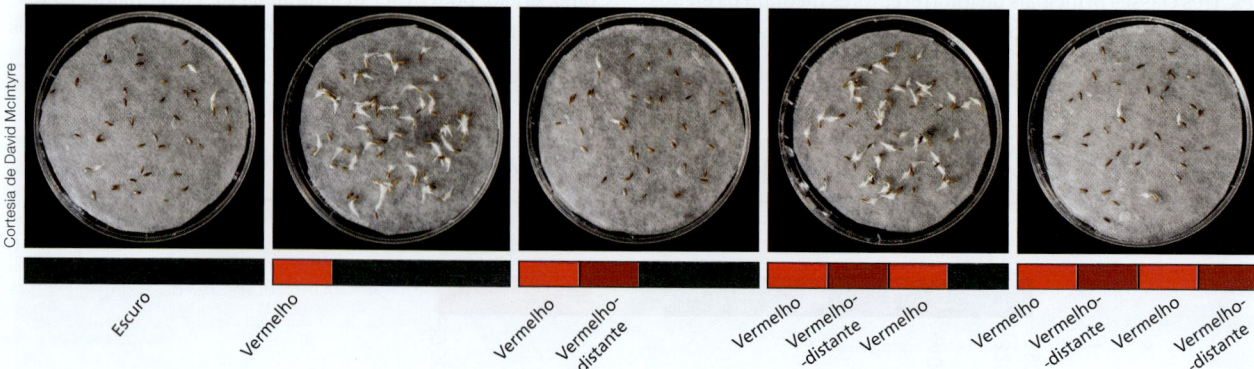

Figura 16.5 A germinação de sementes de alface é uma resposta fotorreversível típica controlada pelo fitocromo. A luz vermelha promove a germinação das sementes, porém seu efeito é revertido pela luz vermelho-distante. Sementes embebidas (umedecidas) foram submetidas a tratamentos alternados de luz vermelha seguida de luz vermelho-distante. O efeito do tratamento de luz depende do último tratamento aplicado. Pouquíssimas sementes germinaram após o último tratamento com luz vermelho-distante.

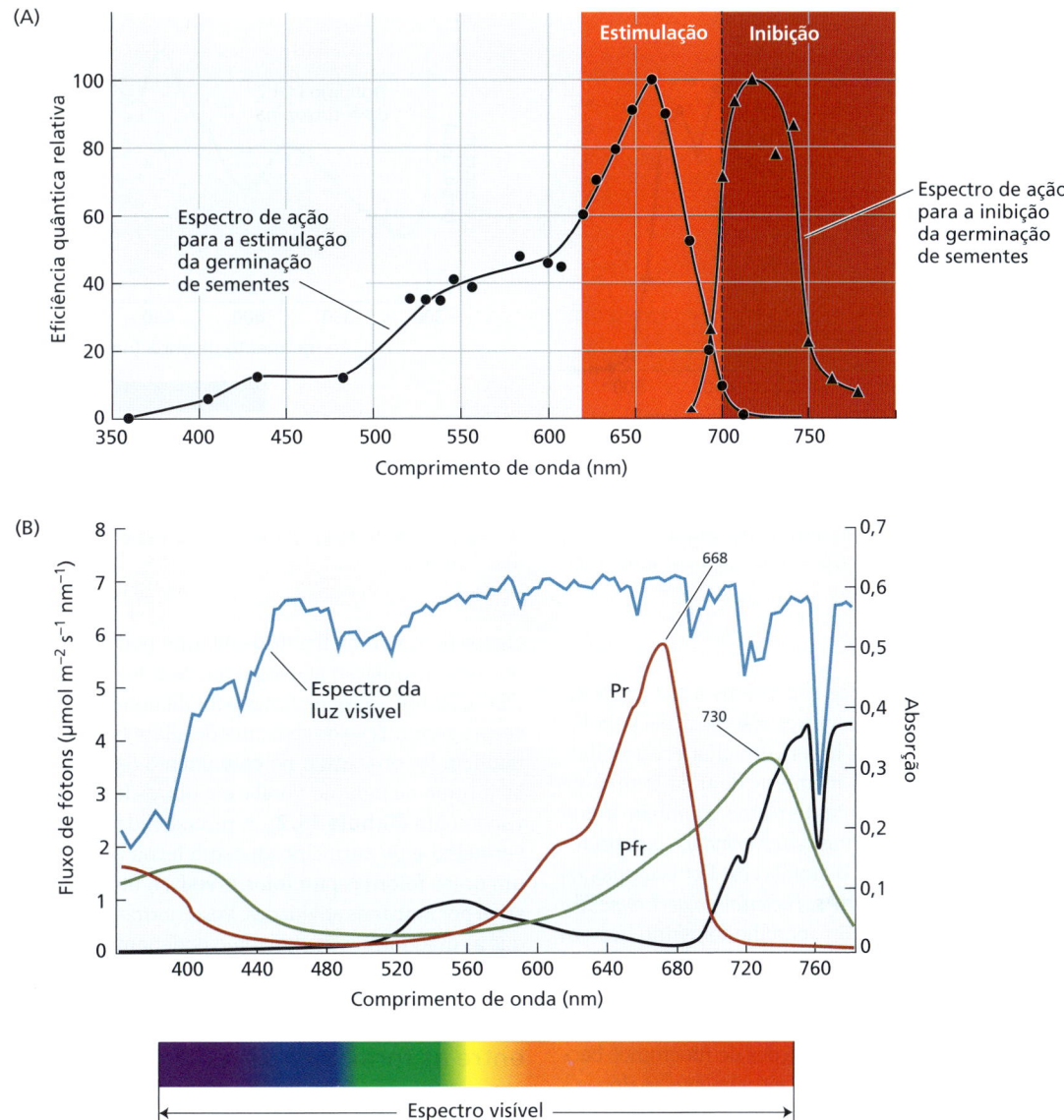

Figura 16.6 O espectro de ação do funcionamento do fitocromo iguala-se a seu espectro de absorção. (A) Espectros de ação para a estimulação e a inibição fotorreversível da germinação de sementes em *Arabidopsis*. (B) Os espectros de absorção de fitocromos purificados de aveia, nas formas Pr (linha vermelha) e Pfr (linha verde), sobrepõem-se. No topo do dossel, há uma distribuição relativamente uniforme de luz no espectro visível (linha azul), porém, sob um dossel denso, a maior parte da luz vermelha é absorvida pelos pigmentos das plantas, resultando em uma transmitância de luz vermelho-distante na maior parte. A linha preta mostra as propriedades espectrais da luz que é filtrada pelas folhas. Assim, as proporções relativas de Pr e Pfr são determinadas pelo grau de sombreamento vegetativo no dossel. (A segundo W. Shropshire et al. 1961. *Plant Cell Physiol.* 2: 63–69; B segundo J. M. Kelly and J. C. Lagarias. 1985. *Biochemistry* 24: 6003–3010, cortesia de Patrice Dubois.)

Por exemplo, na fotossíntese, a eficiência quântica aparente é avaliada como a taxa de transporte de elétrons ou assimilação total de carbono em função da densidade de fluxo fotônico fotossintético (PPFD, *photosynthetic photon flux density*) incidente. Entretanto, essa medida subestima a eficiência quântica *real*, porque nem todos os fótons incidentes são absorvidos. Essa advertência também é importante na avaliação da dose-resposta das respostas fotomorfogênicas das plantas à luz vermelha ou azul, porque grande parte da luz é absorvida pela clorofila. O mesmo princípio se aplica às respostas à radiação UV, uma vez que a epiderme pode absorver pouco menos de 100% da radiação UV incidente. Assim, a quantidade de radiação necessária para induzir uma fotorresposta pode ser muito elevada com base na quantidade de radiação incidente necessária, ou muito baixa com base na absorção real de fótons pelo fotorreceptor.

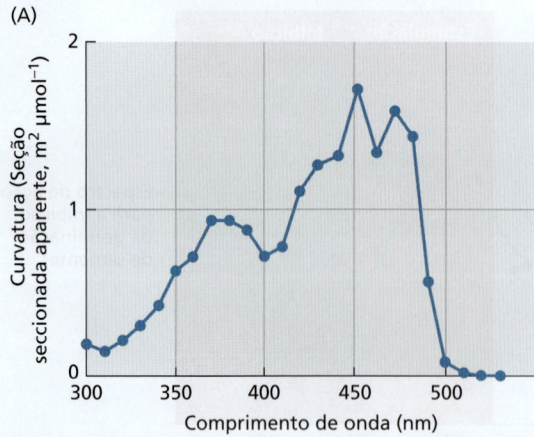
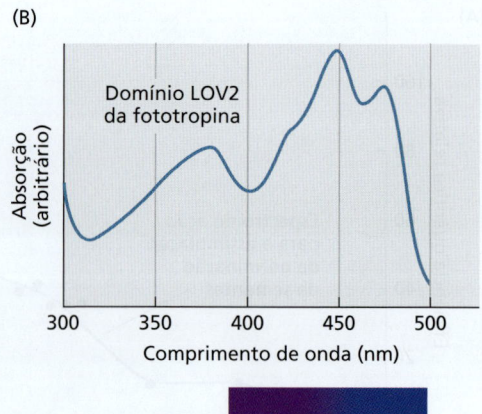

Figura 16.7 O espectro de ação do fototropismo iguala-se ao espectro de absorção do domínio da fototropina de percepção de luz. (A) Espectro de ação para o fototropismo estimulado pela luz azul em coleóptilos de alfafa. O padrão de "três dedos" na região dos 400 a 500 nm é característico de muitas respostas à luz azul. (B) Espectro de absorção do domínio da fototropina de percepção de luz (A segundo T.I. Baskin and M. Iino. 1987. *Photochem. Photobiol.* 46: 127–136; B segundo W. R. Briggs and J. M. Christie. 2002. *Trends Plant Sci.* 7: 204–210.)

■ 16.2 Fitocromos

Os fitocromos foram identificados pela primeira vez em plantas superiores como os fotorreceptores responsáveis pela fotomorfogênese em resposta às luzes vermelha e vermelho-distante. No entanto, eles são membros de uma família de genes presentes em todas as plantas terrestres e também foram encontrados em algas estreptófitas (*streptophyta*), cianobactérias, outras bactérias, fungos e diatomáceas. Por exemplo, os **fitocromos bacterianos** (**BphPs**, *bacterial phytochrome-like proteins*) regulam a biossíntese do aparelho fotossintético em *Rhodopseudomonas palustris* e de pigmentos em *Deinococcus radiodurans* e *Rhodospirillum centenum*. O fitocromo do fungo filamentoso *Aspergillus nidulans* parece desempenhar um papel no desenvolvimento sexual. Essas funções de fitocromos bacterianos e fúngicos são, portanto, conceitualmente análogas à fotomorfogênese nas plantas floríferas.

Visto que nem a luz vermelha nem a luz vermelho-distante penetram a profundidades superiores do que alguns metros na água, o fitocromo poderia ser menos útil como um fotorreceptor para os organismos aquáticos. No entanto, estudos recentes têm mostrado que diferentes fitocromos de algas podem perceber a luz laranja, a luz verde ou até mesmo a luz azul. Isso sugere que fitocromos têm o potencial de serem espectralmente afinados durante a seleção natural para absorver diferentes comprimentos de onda.

O fitocromo é o fotorreceptor primário para as luzes vermelha e vermelho-distante

O fitocromo é uma proteína ciano-azul (entre verde e azul) ou ciano-verde com uma massa molecular da subunidade de cerca de 125 quilodáltons (kDa). Muitas das propriedades biológicas do fitocromo foram estabelecidas na década de 1930 por meio de estudos de respostas morfogênicas induzidas pela luz vermelha, em especial a germinação de sementes. Um avanço-chave na história do fitocromo foi a descoberta de que os efeitos da luz vermelha (620–700 nm) poderiam ser revertidos por uma irradiação subsequente com luz vermelho-distante (700–750 nm). Esse fenômeno foi demonstrado pela primeira vez na germinação de sementes de alface (ver Figura 16.5), mas também foi observado no crescimento da haste e das folhas, bem como na indução floral e em outros fenômenos de desenvolvimento (**Tabela 16.2**). A reversibilidade das respostas do vermelho e do vermelho-distante levou à descoberta de que um único fotorreceptor fotorreversível, fitocromo, é o responsável por ambas as atividades. Posteriormente, foi demonstrado que as duas formas do fitocromo poderiam ser distinguidas espectroscopicamente (ver Figura 16.6B).

O fitocromo pode se interconverter entre as formas Pr e Pfr

Em plântulas cultivadas no escuro ou estioladas, o fitocromo está presente na forma que absorve a luz vermelha, sendo referido como **Pr**. Essa forma inativa de coloração ciano-azul é convertida pela luz vermelha em uma forma que absorve luz vermelho-distante chamada de **Pfr**, que é de cor ciano-verde pálido e considerada a forma ativa do fitocromo. Pfr pode voltar à forma inativa Pr no escuro, mas esse processo é relativamente lento. No entanto, Pfr pode ser rapidamente convertido em Pr por irradiação com luz vermelho-distante. Essa propriedade de conversão e reconversão, denominada **fotorreversibilidade** (também referida como *fotocromismo*), é a característica mais marcante do fitocromo e pode ser medida *in vivo* ou *in vitro* com resultados quase idênticos. Com frequência, isso é esquematizado da seguinte forma:

$$\text{Pr} \underset{\text{Luz vermelho-distante}}{\overset{\text{Luz vermelha}}{\rightleftarrows}} \text{Pfr} \qquad \text{Equação 1}$$

A fotorreversibilidade é, portanto, uma característica definidora dos fitocromos. Mesmo fitocromos de algas com picos de absorção nas regiões de laranja, verde ou azul do espectro

Tabela 16.2 Respostas fotorreversíveis típicas induzidas pelo fitocromo em várias plantas superiores e inferiores

Grupo	Gênero	Estágio de desenvolvimento	Efeito da luz vermelha
Angiospermas	*Lactuca* (alface)	Semente	Promove a germinação
	Avena (aveia)	Plântula (estiolada)	Promove o desestiolamento (p. ex., o desenrolamento foliar)
	Sinapis (mostarda)	Plântula	Promove a formação de primórdios foliares, o desenvolvimento de folhas primárias e a produção de antocianinas
	Pisum (ervilha)	Adulto	Inibe o alongamento de entrenó
	Xanthium (carrapicho)	Adulto	Inibe o florescimento (resposta fotoperiódica)
Gimnospermas	*Pinus* (pinheiro)	Plântula	Aumenta a taxa de acúmulo de clorofila
Pteridófitas	*Onoclea* (samambaia sensitiva)	Gametófito jovem	Promove o crescimento
Briófitas	*Polytrichum* (musgo)	Protonema	Promove a replicação dos plastídios
Clorófitas	*Mougeotia* (alga)	Gametófito maduro	Promove a orientação dos cloroplastos para a luz fraca direcional

exibem fotorreversibilidade em um comprimento de onda diferente.

É importante observar que o *pool* de fitocromo nunca está totalmente convertido às formas Pfr ou Pr após irradiação com luz vermelha ou vermelho-distante, porque os espectros de absorção dessas formas se sobrepõem. Assim, quando as moléculas do Pr são expostas à luz vermelha, a maior parte delas absorve os fótons e é convertida em Pfr, porém parte do Pfr produzido também absorve a luz vermelha e é convertida de volta a Pr (ver Figura 16.6B). A proporção de fitocromo na forma Pfr, após saturação com luz vermelha, é de aproximadamente 88%. De modo similar, a pouquíssima quantidade de luz vermelho-distante absorvida pelo Pr torna impossível a conversão completa do Pfr em Pr pela luz vermelho-distante de espectro amplo. Em vez disso, é atingido um equilíbrio de 98% de Pr e de 2% de Pfr. Esse equilíbrio é denominado **estado fotoestacionário**. O Pfr também voltará para Pr na ausência de luz vermelha. Esse processo, conhecido como *reversão térmica*, contribui para o estado fotoestacionário e é sensível às mudanças de temperatura, que podem afetar o desempenho do fitocromo, levando à proposta de que o fitocromo também possa funcionar como um sensor de temperatura.

O Pfr é a forma fisiologicamente ativa do fitocromo

Como as respostas do fitocromo são induzidas pela luz vermelha, elas poderiam, em teoria, resultar do aparecimento da forma Pfr ou do desaparecimento da forma Pr. Na maioria dos casos estudados, há uma relação quantitativa entre a magnitude da resposta fisiológica e a quantidade de Pfr gerado pela luz, porém não existe essa relação entre a resposta fisiológica e a perda de Pr. Evidências desse tipo levaram à conclusão de que o Pfr é a forma fisiologicamente ativa do fitocromo.

O uso de luz vermelha (R) e vermelho-distante (FR) de bandas de comprimento de onda estreitas foi o ponto central para a descoberta e o isolamento definitivo do fitocromo. Entretanto, diferente das plantas utilizadas em experimentos de fotobiologia em laboratório, uma planta que cresce no ambiente externo nunca estará exposta à luz puramente "vermelha" ou "vermelho-distante". Na natureza, as plantas estão expostas a um espectro de luz muito mais abrangente, e é sob essas condições que o fitocromo necessita operar para regular as respostas de desenvolvimento a alterações no ambiente de luz. Com efeito, como mostrado na Figura 16.6B, o dossel em si pode ter um efeito dramático sobre a quantidade e a qualidade da luz incidente que atinge plantas individuais. De importância especial é a razão entre luz vermelha e luz vermelho-distante (R:FR), que é fortemente afetada pela presença de um dossel, porque a clorofila absorve a luz vermelha, mas não a luz vermelho-distante (ver Tabela 16.1). Assim, como será discutido no Capítulo 18, as plantas que crescem debaixo de um dossel usam o fitocromo para perceber a razão R:FR na regulação de processos como evitamento da sombra, interações competitivas e germinação das sementes.

Tanto o cromóforo como a proteína do fitocromo sofrem mudanças conformacionais em resposta à luz vermelha

O fitocromo na forma dimérica funcionalmente ativa é uma proteína solúvel com uma massa molecular de cerca de 250 kDa. A origem evolutiva do fitocromo é remota, precedendo ao aparecimento dos eucariotos. Fitocromos bacterianos são histidinas quinases dependentes da luz que funcionam como **proteínas sensoriais** que fosforilam proteínas **reguladoras de resposta** correspondentes (ver Capítulo 4). No entanto, conforme discutido brevemente, os fitocromos retêm um domínio relacionado à histidina quinase, que é característico de sistemas bacterianos de dois componentes.

Nas plantas superiores, o cromóforo do fitocromo é um tetrapirrol linear denominado **fitocromobilina** (**Figura 16.8**). A fitocromobilina é sintetizada no interior de plastídios e

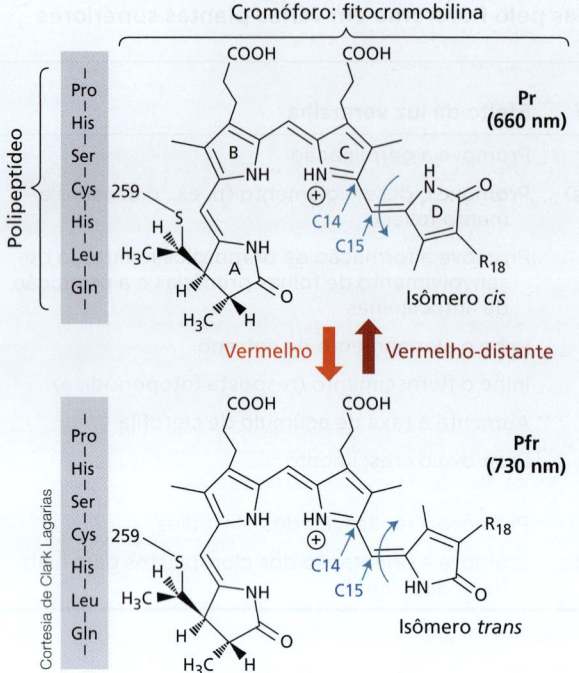

Figura 16.8 Estrutura das formas Pr e Pfr do cromóforo tetrapirrol (A–D) (fitocromobilina) e a região do peptídeo ligada ao cromóforo por meio de uma ligação tioéter. O cromóforo é submetido a uma isomerização *cis-trans* no carbono 15 em resposta às luzes vermelha e vermelho-distante. (Segundo F. Andel et al. 1996. *Biochemistry* 35/50 15997–16008, cortesia de Clark Lagarias.)

derivada do heme por uma rota que se ramifica a partir da rota de biossintética da clorofila. Ela é exportada do plastídio para o citosol, onde autocataliticamente se liga à apoproteína PHY por uma ligação tioéter a um resíduo de cisteína. (Ligações tioéter são éteres em que o oxigênio está substituído por um átomo de enxofre: $R^1–S–R^2$.) Existem três isoformas de fitocromo na maioria das angiospermas (phyA–C), embora muitas espécies vegetais latifoliadas contenham até cinco (phyA–E). Cada isoforma phy é codificada por um gene separado e cada uma desempenha um papel único no desenvolvimento.

A **Figura 16.9A** ilustra vários dos domínios estruturais no fitocromo. A metade N-terminal do fitocromo contém domínios **PAS** e **GAF** que se ligam covalentemente ao cromóforo e conferem atividade da bilina-liase. O N-terminal também inclui o domínio **PHY**, que estabiliza o fitocromo na forma Pfr. Os domínios **PAS-GAF-PHY** compreendem a região de ligação ao cromóforo, fotossensora do fitocromo. Uma região "dobradiça" separa as metades N-terminal e C-terminal da molécula. A estrutura cristalina da metade N-terminal de detecção de luz do phyB de *Arabidopsis* é mostrada na **Figura 16.9B**.

A jusante das regiões de articulação (*hinge*), existem duas repetições do **domínio relacionado ao PAS** (**PRD**, de *PAS-related domain*) que mediam a dimerização do fitocromo. O domínio PRD tem sido envolvido em direcionar a forma Pfr do phyB para o núcleo, embora careça de um sinal de localização nuclear (NLS, *nuclear localization signal*) canônico. A região C-terminal dos fitocromos vegetais contém um domínio relacionado à histidina quinase de ligação ao ATP (HKRD) que não tem como alvo os resíduos de histidina para fosforilação.

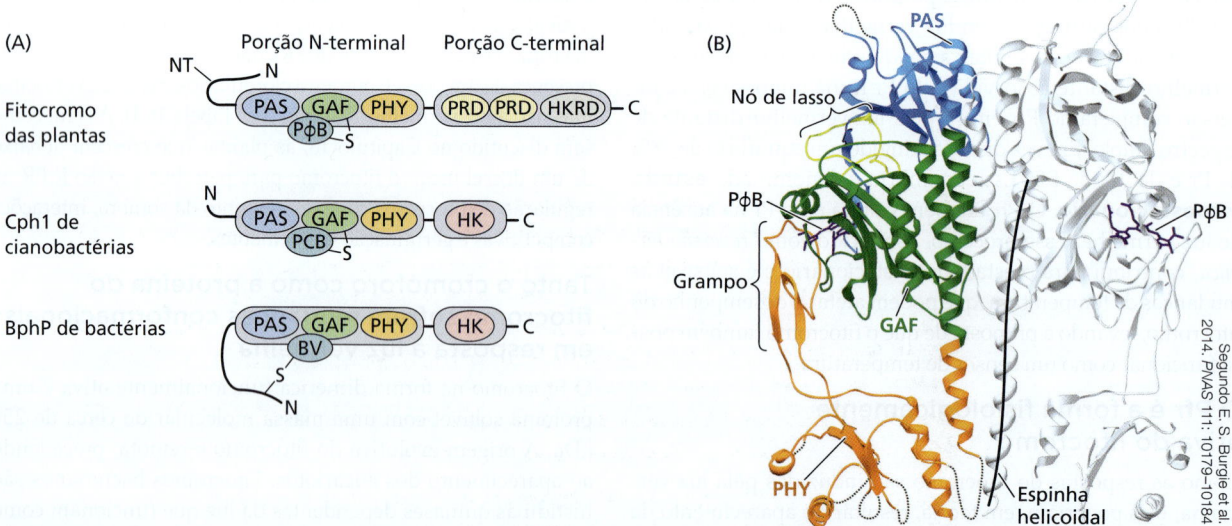

Figura 16.9 Domínios do fitocromo e suas funções. (A) Representação esquemática de um fitocromo de planta (PHY), procariótico Cph1 (fitocromo de cianobactéria 1) e BphP (proteína bacteriana semelhante ao fitocromo). O cromóforo é ligado a resíduos de cisteína nas proteínas por uma ligação tioéter (–S–). Observe que o resíduo de cisteína que forma a ligação se situa no domínio de GAF em fitocromos canônicos como PHY e Cph1, enquanto está localizado no prolongamento N-terminal em fitocromos bacterianos tipo BphP. BV, biliverdina; HK, domínio da histidina quinase; HKRD, domínio relacionado à histidina quinase; NT, extensão N-terminal; PφB, fitocromobilina; PRD, domínio relacionado ao PAS. (B) Estrutura da fita do N-terminal, metade de detecção da luz da forma Pr do dímero PhyB de *Arabidopsis*. Os três domínios são coloridos como segue: PAS, azul; GAF, verde; PHY, laranja. A fitocromobilina cromófora (PφB) é indicada em roxo.

Uma comparação das estruturas do domínio do fitocromo das plantas com os fitocromos procarióticos Cph1 (fitocromo de cianobactéria 1) e BphPs (proteínas bacterianas semelhantes ao fitocromo) realça várias diferenças entre fitocromos de plantas e procarióticos, incluindo a ausência dos dois domínios PRD em procariotos e a substituição do domínio de histidina quinase procariótico pelo HKRD em plantas (ver Figura 16.9A). Embora todos os fitocromos contenham cromóforos de tetrapirrol, a fitocromobilina difere dos cromóforos encontrados nos fitocromos procarióticos.

A exposição da forma Pr do fitocromo à luz vermelha causa mudanças estruturais em escala atômica na fitocromobilina do cromóforo: o cromóforo Pr sofre uma isomerização *cis-trans* entre os carbonos 15 e 16 e rotação da ligação simples C14–C15 (ver Figura 16.8). A mudança no cromóforo leva ao rearranjo de elementos cruciais da estrutura secundária na proteína.

O Pfr está particionado entre o citosol e o núcleo

A etapa principal na sinalização do fitocromo é quando o fotorreceptor migra do citoplasma para o núcleo, o que parece ser uma característica conservada encontrada em todos os fitocromos, das algas às plantas. No citosol, as holoproteínas do fitocromo dimerizam no estado inativo Pr (**Figura 16.10**). A conversão de Pr em Pfr por luz vermelha está associada a uma alteração conformacional no dímero que ainda está por ser resolvida. Tanto phyA quanto phyB movimentam-se do citosol para o núcleo de uma forma dependente da luz (**Figura 16.11**), mas o fazem por mecanismos diferentes. Nem o phyA nem o phyB contêm um NLS canônico. O domínio PRD do phyB pode potencialmente servir como um NLS, mas parece mascarado sob a forma Pr. A conversão de Pr em Pfr pela luz vermelha pode expor o NLS funcional do PRD do phyB, facilitando a importação do phyB para o núcleo. Por outro lado, o domínio PRD do phyA não pode funcionar como um NLS, sendo, portanto, dependente de outras proteínas, como **FAR-RED ELONGATED HYPOCOTYL1** (**FHY1**) e seu homólogo FHY1-LIKE (FHL), para transportá-lo para dentro do núcleo (ver Figura 16.10).

Uma vez no núcleo, os fitocromos interagem com os reguladores transcricionais para mediar as mudanças na transcrição gênica. Portanto, uma função importante do fitocromo é servir como um interruptor ativado pela luz, para realizar alterações globais na transcrição gênica.

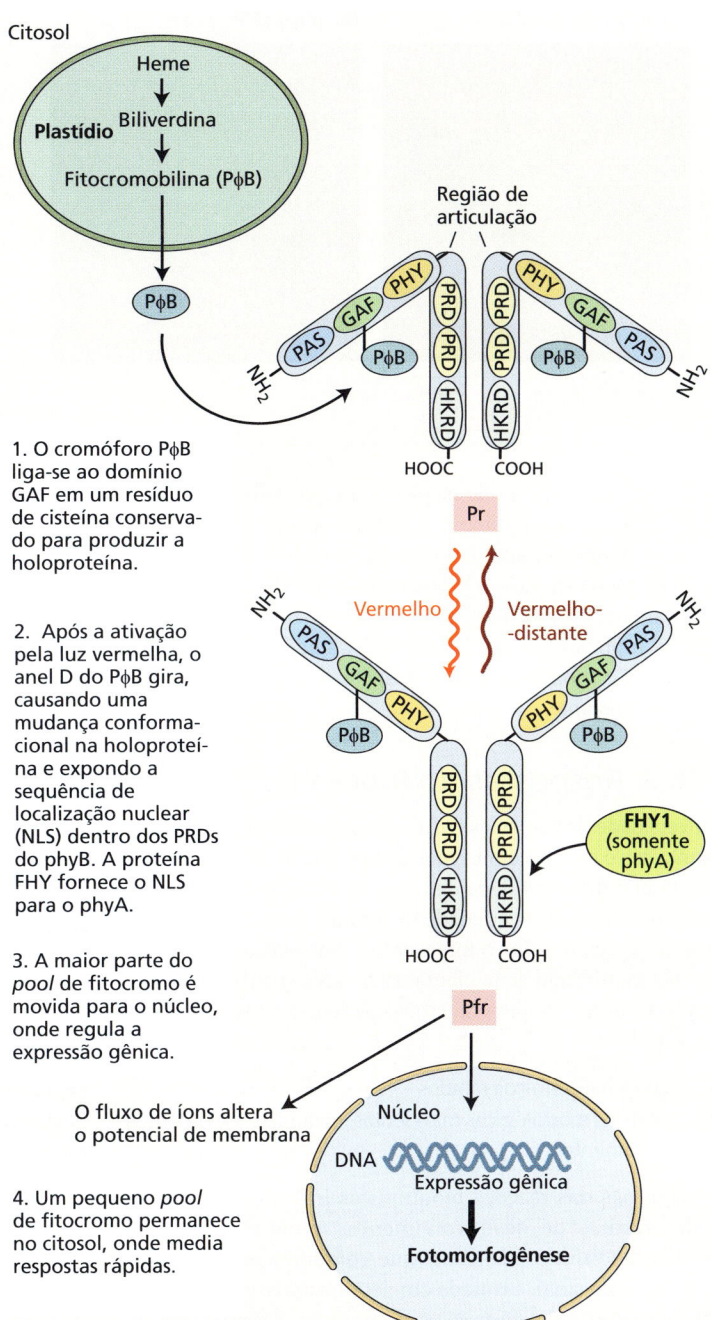

Figura 16.10 Etapas na ativação do fitocromo e transdução de sinal na fotomorfogênese. Após a síntese da fitocromobilina no plastídio e a montagem com a apoproteína (1), o fitocromo é ativado pela luz vermelha (2) e migra para o núcleo (3) para modular a expressão gênica. Um pequeno *pool* de fitocromo permanece no citosol, onde pode regular alterações bioquímicas rápidas (4). Enquanto o phyB tem seu próprio sinal de localização nuclear, o phyA necessita da proteína FHY1 para entrar no núcleo. Vários domínios conservados dentro do fitocromo são apresentados: PAS, GAF (contém o domínio bilina liase), PHY, PRD (domínio relacionado ao PAS) e HKRD (domínio relacionado à histidina quinase). PφB, fitocromobilina.

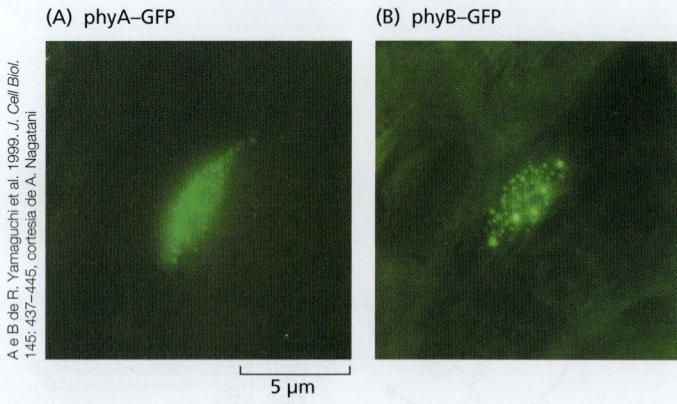

Figura 16.11 Localização nuclear das proteínas de fusão phy-GFP, em células epidérmicas de hipocótilos de *Arabidopsis*. Células de plantas transgênicas de *Arabidopsis* expressando phyA-GFP (A) ou phyB-GFP (B) foram expostas à luz vermelho-distante contínua (A) ou luz branca ou vermelha contínua (B) e observadas sob um microscópio de fluorescência. Somente os núcleos são visíveis, demonstrando que os tratamentos de luz induzem o acúmulo nuclear das proteínas de fusão phy-GFP. No escuro, o phy está ausente do núcleo. Esses resultados indicam um papel para a partição nuclear/citoplasmática no controle da sinalização pelo fitocromo. Os menores pontos verdes brilhantes dentro do núcleo em B são chamados de *speckles* (pontinhos). O número e o tamanho desses *speckles* têm sido correlacionados com a responsividade à luz.

Entretanto, como discutido na próxima seção, várias respostas do fitocromo, como a inibição do alongamento do caule, ocorrem extremamente rápido, dentro de minutos ou mesmo segundos após a exposição à luz vermelha ou vermelho-distante. Desse modo, os fitocromos também podem desempenhar papéis importantes no citosol, regulando potenciais de membrana e fluxos iônicos em resposta às luzes vermelha e vermelho-distante.

16.3 Respostas do fitocromo

A diversidade de respostas induzidas pelo fitocromo em plantas intactas é extensa em termos de tipos de respostas (ver Tabela 16.2) e de quantidade de luz necessária para induzi-las. Um panorama dessa variedade mostrará o quão diversamente os efeitos de um único fotoevento – a absorção da luz pelo Pr – são manifestados na planta. Para facilitar a discussão, as respostas induzidas pelo fitocromo podem ser agrupadas em dois tipos:

- Eventos bioquímicos rápidos
- Mudanças morfológicas mais lentas, incluindo movimentos e crescimento

Algumas das reações bioquímicas iniciais afetam respostas tardias de desenvolvimento. A natureza desses eventos bioquímicos iniciais, que compreendem rotas de transdução de sinal, é tratada em detalhe mais adiante neste capítulo. Aqui, focalizam-se os efeitos do fitocromo sobre as respostas da planta inteira. Conforme será visto, essas respostas podem ser classificadas em vários tipos, dependendo da quantidade e da duração da luz exigida e de seus espectros de ação.

As respostas do fitocromo variam em período de atraso (*lag time*) e tempo de escape

Respostas morfológicas à fotoativação do fitocromo com frequência são observadas visualmente após um *período de atraso* (*lag time*) – o tempo entre a estimulação e a observação da resposta. Esse tempo pode ser muito breve, apenas alguns minutos, ou durar várias semanas. Essas diferenças no tempo de resposta resultam de múltiplas rotas de transdução de sinal que operam a jusante (*downstream*) da sinalização do fitocromo, bem como de interações com outros mecanismos de desenvolvimento. As respostas mais rápidas em geral são os movimentos reversíveis das organelas (ver **Tópico 16.1 na internet**) ou as alterações reversíveis de volume nas células (expansão ou encolhimento), mas mesmo algumas respostas de crescimento são extraordinariamente rápidas. Por exemplo, a inibição da taxa de alongamento do caule pela luz vermelha na ansarina-branca (*Chenopodium album*) e em *Arabidopsis* é observada dentro de minutos após o aumento da proporção de Pfr para Pr no caule. Entretanto, períodos de atraso de várias semanas para a indução do florescimento são observados em *Arabidopsis* e outras espécies.

A diversidade nas respostas do fitocromo também pode ser vista no fenômeno chamado de **escape da fotorreversibilidade**. Os eventos induzidos pela luz vermelha são reversíveis pela luz vermelho-distante apenas por um período limitado, após o qual se diz que a resposta "escapou" do controle da reversão pela luz. Esse fenômeno de escape pode ser explicado por um modelo com base na suposição de que respostas morfológicas controladas pelo fitocromo resultam de uma sequência de múltiplas etapas de reações bioquímicas nas células atingidas. Os estágios iniciais nessa sequência podem ser completamente reversíveis pela remoção do Pfr, mas, em algum local na sequência, é atingido um ponto em que não há retorno (*point of no return*), além do qual as reações prosseguem irreversivelmente em direção à resposta. Por isso, o tempo de escape representa a quantidade de tempo existente antes que a sequência total de reações se torne irreversível; essencialmente, o tempo que leva para o Pfr completar sua ação primária. O tempo de escape para diferentes respostas varia muito, de menos de 1 minuto até horas.

As respostas do fitocromo são classificadas em três categorias principais com base na quantidade de luz requerida

Conforme mostra a **Figura 16.12**, as respostas do fitocromo caem em três categorias principais com base na quantidade de luz que elas exigem: respostas à fluência muito baixa (VLFRs, *very low fluence responses*), respostas à baixa fluência (LFRs,

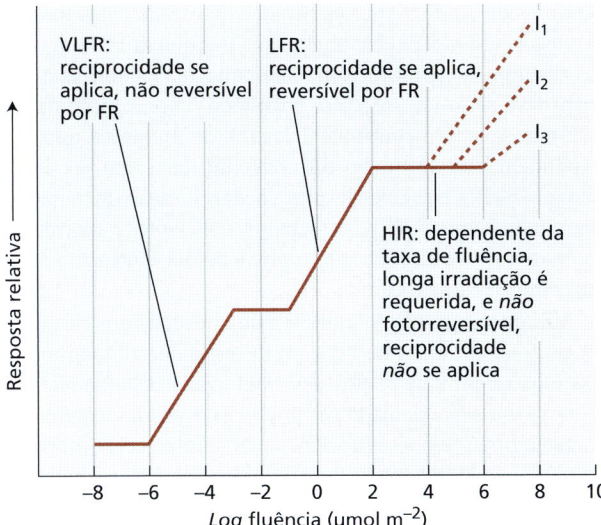

Figura 16.12 Três tipos de respostas do fitocromo, com base em sua sensibilidade à fluência. As magnitudes relativas das respostas representativas estão plotadas no gráfico em relação às fluências crescentes de luz vermelha. Pulsos de luz curtos ativam respostas à fluência muito baixa (VLFRs) e respostas à baixa fluência (LFRs). A fluência na qual os LFRs são iniciados varia com a espécie. Visto que as respostas à alta irradiância (HIRs) são proporcionais à irradiância, bem como à fluência, os efeitos de três irradiâncias diferentes fornecidas continuamente são ilustrados ($I_1 > I_2 > I_3$). (Segundo W. R. Briggs et al. 1984. In *Sensory Perceptionand Transduction in Aneural Orgsanisms*, G. Columbetti et al. [eds.], Plenum, New York, pp. 265–280.)

low-fluence responses) e respostas à alta irradiância (HIRs, *high-irradiance responses*). VLFRs e LFRs possuem uma faixa característica de fluências de luz, dentro da qual a magnitude da resposta é proporcional à fluência. HIRs, contudo, são proporcionais à irradiância.

RESPOSTAS À FLUÊNCIA MUITO BAIXA (VLFRS)

Algumas respostas do fitocromo podem ser iniciadas por fluências baixas de até 0,0001 µmol m^{-2} (alguns segundos sob o brilho das estrelas ou um décimo da quantidade de luz emitida por um vagalume em um único *flash*) e tornam-se saturadas (i.e., atingem um máximo) por volta de 0,05 µmol m^{-2}. Por exemplo, as sementes de *Arabidopsis* podem ser induzidas a germinar com luz vermelha na faixa de 0,001 a 0,1 µmol m^{-2}. Em plântulas de aveia (*Avena* spp.) cultivadas no escuro, a luz vermelha pode estimular o crescimento do coleóptilo e inibir o crescimento do mesocótilo (o eixo alongado entre o coleóptilo e a raiz), sob fluências baixas semelhantes.

As VLFRs não são fotorreversíveis. A pouquíssima quantidade de luz necessária para induzir as VLFRs converte menos de 0,02% do fitocromo total em Pfr. Como a luz vermelho-distante, que normalmente inverteria um efeito de luz vermelha, converte apenas 98% do Pfr em Pr (como discutido anteriormente), cerca de 2% do fitocromo permanecem como Pfr – significativamente mais do que o 0,02% necessário para induzir as VLFRs. Em outras palavras, a luz vermelho-distante não pode reduzir a concentração de Pfr abaixo de 0,02%, de modo que ela é incapaz de inibir as VLFRs. Embora as VLFRs não sejam fotorreversíveis, o espectro de ação para as VLFRs (p. ex., a germinação de sementes) é semelhante aos das LFRs (discutidos a seguir), sustentando a visão de que o fitocromo é o fotorreceptor envolvido em VLFRs. Essa hipótese foi confirmada usando mutantes com deficiência de fitocromo, conforme descrito posteriormente neste capítulo.

RESPOSTAS À BAIXA FLUÊNCIA (LFRS)

Outro conjunto de respostas do fitocromo não pode ser iniciado antes de a fluência atingir 1,0 µmol m^{-2} e elas são saturadas por volta de 1.000 µmol m^{-2}. Estas respostas de baixa fluência (LFRs) incluem processos como a promoção da germinação de sementes de alface, a inibição do alongamento do hipocótilo e a regulação dos movimentos foliares (ver Tabela 16.2). Como visto na Figura 16.6, o espectro de ação da LFR para a germinação das sementes de *Arabidopsis* inclui um pico principal para a estimulação na região do vermelho (660 nm) e um pico maior de inibição na região do vermelho-distante (720 nm).

Tanto as VLFRs quanto as LFRs podem ser induzidas por breves pulsos de luz, uma vez que a quantidade total de energia luminosa atinja o total de fluência requerido pela resposta. A fluência total é uma função de dois fatores: a taxa de fluência (µmol m^{-2} s^{-1}) e o tempo de irradiação. Assim, um breve pulso de luz vermelha induzirá uma resposta, desde que a luz seja intensa o suficiente; por outro lado, uma luz muito fraca irá funcionar se o tempo de irradiação for suficientemente longo. Essa relação recíproca entre a taxa de fluência e o tempo é conhecida como **lei da reciprocidade**. Tanto as VLFRs quanto as LFRs obedecem a essa lei, isto é, a magnitude da resposta (p. ex., o percentual de germinação ou o grau de inibição do alongamento do hipocótilo) depende do produto da taxa de fluência e do tempo de irradiação.

No entanto, a reciprocidade é válida apenas quando a absorção de fótons pelo fotorreceptor estudado é a etapa limitante da velocidade na resposta a ser estudada. A reciprocidade é confundida quando qualquer etapa entre a ativação do fotorreceptor e a resposta medida (p. ex., o alongamento do hipocótilo) torna-se limitante. Assim, o conceito de reciprocidade é difícil de demonstrar para muitas respostas.

RESPOSTAS À ALTA IRRADIÂNCIA (HIRS)

O terceiro tipo de resposta do fitocromo é denominado respostas à alta irradiância (HIRs), várias delas listadas na **Tabela 16.3**. As HIRs requerem uma exposição prolongada ou contínua à luz de irradiância relativamente alta. A resposta é proporcional à irradiância, até que a resposta sature e a luz adicional não tenha mais efeito (ver **Tópico 16.2 na internet**). A razão pela qual essas respostas são chamadas de respostas à alta irradiância em vez de respostas à alta fluência é que elas são proporcionais à taxa de fluência – o número de fótons atingindo o tecido vegetal por segundo – em vez de serem proporcionais à fluência – o número total de fótons que atinge a planta em um dado período

Tabela 16.3 Algumas das respostas fotomorfogênicas das plantas induzidas pela alta irradiância

Síntese de flavonoides, incluindo as antocianinas, em várias plântulas de dicotiledôneas e em segmentos da casca de maçã
Inibição do alongamento do hipocótilo em plântulas de mostarda, alface e petúnia
Indução do florescimento no meimendro-negro (*Hyoscyamus*)
Abertura do gancho plumular na alface
Crescimento dos cotilédones na mostarda
Produção de etileno no sorgo

de iluminação. As HIRs saturam em fluências muito mais altas do que as LFRs – pelo menos cem vezes maior. Como nem a exposição contínua à luz fraca nem a exposição transiente à luz brilhante podem induzir as HIRs, essas respostas não obedecem à lei da reciprocidade.

Muitas das LFRs listadas na Tabela 16.2, em particular as envolvidas no desestiolamento, também se qualificam como HIRs. Por exemplo, em fluências baixas, o espectro de ação para a produção de antocianina em plântulas de mostarda-branca (*Sinapis alba*) é indicativo de fitocromo e apresenta um único pico na região vermelha do espectro. O efeito é reversível com a luz vermelho-distante (uma propriedade fotoquímica única dos fitocromos), e a resposta obedece à lei da reciprocidade. Todavia, se as plântulas cultivadas no escuro são expostas à luz de alta irradiância por várias horas, o espectro de ação agora incluirá picos nas regiões do vermelho-distante e do azul, o efeito deixa de ser fotorreversível e a resposta torna-se proporcional à irradiância. Assim, o mesmo efeito pode ser tanto uma LFR quanto uma HIR, dependendo da história de uma exposição da plântula à luz. Como será discutido no restante desta seção, diferentes moléculas de fitocromo são responsáveis por esses vários tipos de respostas.

O fitocromo A media respostas à luz vermelho-distante contínua

Arabidopsis contém cinco genes que codificam fitocromos, *PHYA-PHYE*. Quatro dos cinco fitocromos, phyB a phyE, parecem ser, em sua maioria, estáveis à luz na planta e funcionam principalmente na regulação das LFRs tal como evitação de sombra envolvendo mudanças na razão R:FR. Por outro lado, o phyA é rapidamente degradado como Pfr e controla as VLFRs das plantas e as HIRs vermelho-distante. Estudos recentes sugerem que o phyB também é degradado no núcleo, junto com seus alvos do fator de interação do fitocromo (PIF) durante a sinalização. Assim, a reciclagem (*turnover*) do Pfr parece ser uma propriedade conservada dos fitocromos das plantas.

Nos estudos iniciais de *Arabidopsis*, mutações em phyB foram identificadas em mutantes com alongamento do hipocótilo alterado sob luz branca contínua, coletivamente denominados mutantes *hy*. A luz branca contínua é detectada pelos fitocromos estáveis à luz, phyB a phyE. Uma vez que as HIRs vermelho-distante exigem fitocromo lábil à luz, suspeitou-se que o phyA deve ser o fotorreceptor envolvido na percepção da luz vermelho-distante contínua. Triagens de mutantes que não respondem à luz vermelho-distante contínua e, em vez disso, tornam-se altos e esguios levaram à identificação de mutantes phyA, bem como mutantes adicionais deficientes na formação do cromóforo, indicando que o phyA media a resposta à luz vermelho-distante contínua.

Mutantes sem phyA também não conseguiram germinar em resposta a pulsos de luz com duração de milissegundos, mas mostraram uma resposta normal à luz vermelha na faixa de baixa fluência (mediada por phyB). Esse resultado demonstra que o phyA também funciona como o fotorreceptor primário para essa VLFR. Quando cultivados sob luz vermelha de alta fluência (> 100 µmol m^{-2} s^{-1}), os mutantes duplos *phyA/phyB* são ainda mais alongados do que o mutante simples *phyB*. Também foi demonstrado que o phyA atua no controle do fotoperíodo para o florescimento em *Arabidopsis* e arroz.

O fitocromo B media as respostas às luzes vermelha ou branca contínua

A caracterização do mutante *hy3* revelou um papel importante para o phyB no desestiolamento, uma vez que plântulas mutantes cultivadas em luz branca contínua apresentavam hipocótilos longos. O mutante *phyB* é deficiente em clorofila e em alguns mRNAs que codificam proteínas do cloroplasto, e tem pouca capacidade de responder aos hormônios vegetais.

Além de regular as HIRs mediadas pelas luzes branca e vermelha, o phyB parece também regular LFRs, como a germinação fotorreversível de sementes, o fenômeno que levou, originalmente, à descoberta do fitocromo. As sementes do tipo selvagem de *Arabidopsis* requerem luz para germinação, e a resposta revela reversibilidade vermelho/vermelho-distante na faixa de baixa fluência (ver Figura 16.6A). Mutantes que não possuem o phyA respondem normalmente à luz vermelha, enquanto mutantes deficientes em phyB não são capazes de responder à luz vermelha de baixa fluência. Essa evidência experimental sugere fortemente que o phyB media a germinação fotorreversível de sementes.

O phyB tem também um papel importante na regulação das respostas das plantas a tratamentos de sombra. Plantas deficientes em phyB com frequência se parecem com plantas do tipo selvagem que cresceram sob dossel denso. Na verdade, a mediação das respostas à sombra vegetativa, como a floração acelerada e o aumento do alongamento, pode ser um dos papéis ecológicos mais importantes do fitocromo (ver Capítulo 18).

Os papéis dos fitocromos C, D e E estão emergindo

Embora phyA e phyB sejam as formas predominantes do fitocromo em *Arabidopsis*, phyC, phyD e phyE têm papéis específicos na regulação das respostas às luzes vermelha e vermelho-distante. A criação dos mutantes duplos e triplos tornou possível avaliar o papel relativo de cada fitocromo em uma dada resposta. Os phyD e phyE são estruturalmente similares ao phyB, mas não são redundantes funcionalmente. As respostas mediadas por phyD e phyE incluem o alongamento dos pecíolos e dos entrenós (ver Capítulo 18) e o controle do período de florescimento (ver Capítulo 20). A caracterização de mutantes *phyC* em *Arabidopsis* sugere uma interação complexa entre as rotas de resposta de phyC, phyA e phyB. Essa especialização na função dos genes do fitocromo provavelmente é importante na sintonia fina das respostas do fitocromo às alterações diárias e sazonais nos regimes de luz. Sabe-se que os fitocromos estáveis à luz se heterodimerizam. Assim, sua expressão relativa determinará a capacidade de resposta à luz. De fato, sua expressão relativa pode variar entre as espécies de vegetais, o que explica as diferenças na capacidade de resposta à luz.

16.4 Rotas de sinalização do fitocromo

Todas as mudanças nas plantas reguladas por fitocromos iniciam com a absorção da luz pelo fotorreceptor. Após a absorção da luz, as propriedades moleculares do fitocromo são alteradas, afetando a interação da proteína do fitocromo com outros componentes celulares, o que, em última análise, provoca as mudanças no crescimento, no desenvolvimento ou na posição de um órgão (ver Tabelas 16.2 e 16.3).

Técnicas moleculares e bioquímicas estão ajudando a desvendar as etapas iniciais na ação do fitocromo e nas rotas de transdução de sinais que levam a respostas fisiológicas ou de desenvolvimento. Tais respostas enquadram-se em duas categorias gerais:

- Fluxo de íons, que causa respostas de turgor relativamente rápidas.
- Expressão gênica alterada, que resulta em respostas mais lentas e de longo prazo.

Nesta seção, examinam-se os efeitos do fitocromo tanto na permeabilidade de membrana quanto na expressão gênica, bem como a possível cadeia de eventos constituintes das rotas de transdução de sinal que provocam esses efeitos.

O fitocromo regula os potenciais de membrana e os fluxos de íons

O fitocromo pode alterar rapidamente a composição do fosfoinositol em células isoladas do pulvino que exibem mudanças rápidas de turgor, dentro de segundos, de um pulso de luz. Essa modulação rápida da membrana tem sido inferida a partir dos efeitos das luzes vermelha e vermelho-distante sobre o potencial da superfície de raízes e coleóptilos, em que o tempo de atraso entre a produção de Pfr e a instalação de hiperpolarização mensurável (mudanças no potencial de membrana) é breve. As alterações no potencial elétrico de células envolvem mudanças no fluxo de íons através da membrana plasmática e sugerem que algumas das respostas citosólicas do fitocromo são iniciadas na membrana plasmática ou próximo a ela.

Um enigma que perdura é como a alga verde filamentosa *Mougeotia* usa a luz vermelha para estimular o movimento rápido dos cloroplastos (ver **Tópico 16.1 na internet**). Em muitas espécies, inclusive em *Arabidopsis*, os movimentos dos cloroplastos são mediados pela luz azul mediante a ação das proteínas fotorreceptoras fototropinas. Em *Mougeotia*, o fotorreceptor que regula os movimentos dos cloroplastos consiste em uma fusão entre o fitocromo e uma fototropina, conhecida como **neocromo**, e mostra ligação bilina, bem como a reversibilidade vermelho/vermelho-distante. Assim, *Mougeotia* parece ter desenvolvido a capacidade de explorar a luz vermelha como um sinal para induzir a resposta (movimento dos cloroplastos) que em geral é mediada pela luz azul.

O fitocromo regula a expressão gênica

Como sugere o termo *fotomorfogênese*, o desenvolvimento vegetal é profundamente influenciado pela luz. Caules alongados, cotilédones dobrados e a ausência de clorofila caracterizam o desenvolvimento de plântulas estioladas cultivadas no escuro. A inversão completa desses sintomas pela luz envolve grandes alterações de longo prazo no metabolismo que só podem ser provocadas por mudanças na expressão gênica. Os promotores vegetais regulados pela luz são semelhantes aos de outros genes eucarióticos: uma coleção de elementos modulares, o número, a posição, as sequências de flanqueamento e as atividades de ligação que podem levar a uma gama de padrões de transcrição. Não existe uma única sequência de DNA ou proteína de ligação que seja comum a todos os genes regulados pelo fitocromo.

Em princípio, pode parecer paradoxal que os genes regulados pela luz tenham essa gama de elementos reguladores, qualquer combinação dos quais pode conferir a expressão regulada pela luz. Entretanto, conforme discutido no Capítulo 3, tais elementos promotores complexos permitem a regulação diferencial de muitos genes, específica à luz e ao tecido, pela ação de fotorreceptores múltiplos.

A estimulação e a repressão da transcrição pela luz podem ser muito rápidas, com períodos de atraso tão curtos quanto 5 minutos. Utilizando análise de microarranjos de DNA, podem ser monitorados os padrões globais de expressão gênica em resposta a mudanças na iluminação. (Para uma discussão sobre os métodos de análise transcricional, ver **Tópico 3.4 na internet.**) Esses estudos indicam que a importação pelo núcleo desencadeia uma cascata transcricional envolvendo milhares de genes que estão envolvidos no desenvolvimento fotomorfogênico. Por meio do monitoramento desses perfis de expressão gênica ao longo do tempo, após a mudança das plantas do escuro para a luz, foram identificados os alvos tanto precoces como tardios da ação dos genes *PHY*.

A importação nuclear de phyA e phyB é altamente correlacionada com a qualidade da luz que estimula suas atividades. Assim, a importação nuclear do phyA é ativada tanto pela luz vermelha ou vermelho-distante quanto pela luz de amplo espectro de baixa fluência, enquanto a importação do phyB é induzida pela exposição à luz vermelha e é reversível pela luz vermelho-distante. A importação nuclear das proteínas do fitocromo representa um dos principais pontos de controle na sinalização do fitocromo.

Alguns desses produtos gênicos precoces, rapidamente regulados para cima (*up-regulated*) após uma mudança do escuro para a luz, são fatores de transcrição que ativam a expressão de outros genes. Os genes que codificam essas proteínas rapidamente reguladas para cima são chamados de **genes de resposta primária**. A expressão dos genes de resposta primária depende de rotas de transdução de sinal (discutidas a seguir) e é independente da síntese proteica. Por outro lado, a expressão dos genes tardios, ou **genes de resposta secundária**, requer a síntese de novas proteínas.

Os fatores de interação do fitocromo (PIFs) atuam precocemente na sinalização

Os **fatores de interação do fitocromo** (**PIFs**, *phytochrome interacting factors*) são uma família de fatores básicos de transcrição em hélice-alfa-hélice (bHLH) que regulam vários aspectos da atividade mediada pelo fitocromo, incluindo fotomorfogênese, germinação de sementes, biossíntese de clorofila, evitação de sombra e alongamento de hipocótilo. Os PIFs promovem o desenvolvimento estiolado no escuro (**escotomorfogênese**) principalmente por servirem como ativadores da transcrição de genes induzidos pelo escuro (**Figura 16.13A**), e também pela repressão de alguns genes induzidos pela luz (**Figura 16.13B**). Os PIFs que interagem *ou* com phyA *ou* com phyB definem pontos de ramificação nas redes de sinalização phy, enquanto as proteínas que interagem com *ambos* phyA e phyB provavelmente representam pontos de convergência. Um dos fatores mais amplamente caracterizados é o **PIF3**, que interage com ambos: phyA *e* phyB. O PIF3 e vários PIFs relacionados, ou **proteínas do tipo PIF** (**PILs**, *PIF-like proteins*) são particularmente notáveis, pois ao menos cinco membros dessa família de genes interagem seletivamente com fitocromos em sua conformação ativa Pfr. O fato de essas proteínas estarem localizadas no núcleo e poderem se ligar ao DNA sugere uma associação íntima entre o fitocromo e a transcrição gênica.

Sob raios R:FR altos, a formação do Pfr inicia a degradação de proteínas PIF pela fosforilação, seguida pela degradação por meio do proteossomo (ver Capítulos 1 e 4). A rápida degradação dos PIFs pode proporcionar um mecanismo de modulação das respostas à luz que é rigidamente acoplado às atividades das proteínas phy. Por exemplo, sob razões R:FR baixas que induzem a evitação à sombra (ver Capítulo 18), o PIF7 é desfosforilado e se liga ao DNA nos promotores de genes-alvo. As interações do PIF7 com uma subunidade de um complexo conservado de remodelação da cromatina conhecido como INO80 resultam na deposição de uma subunidade especializada da histona 2A (ver Capítulo 3) conhecida como H2A.Z que normalmente se liga fortemente ao DNA para evitar a transcrição. A deposição de H2A.Z resulta em aumento da transcrição. A fosforilação de PIF7 sob luz branca ou razões de R:FR altas, como na emergência da sombra, redefine o sistema e reprime a transcrição.

A sinalização pelo fitocromo envolve a fosforilação e a desfosforilação de proteínas

A fosforilação reversível desempenha um papel importante na regulação da sinalização do fitocromo. Os próprios fitocromos são fosforilados, e essa modificação pós-traducional pode modular sua taxa de reversão térmica e afetar sua fotossensibilidade em *Arabidopsis*. O conhecimento das quinases e fosfatases responsáveis pelo controle da fosforilação do fitocromo é limitado. Embora evidências recentes contribuam para um debate contínuo sobre se o próprio fitocromo possui atividade de fosfotransferência, sabe-se que o fitocromo controla

Figura 16.13 Os fatores de interação do fitocromo (PIFs) atuam como reguladores negativos de fotomorfogênese. (A) Em sua maioria, os PIFs são ativadores constitutivos de genes expressos no escuro ou em resposta à sombra. Na presença da luz, o Pfr promove a degradação dos PIFs, bloqueando a transcrição de genes da escotomorfogênese. (B) Durante o desestiolamento, os PIFs também podem atuar como repressores constitutivos de alguns genes induzidos pela luz ligando-se a motivos G-Box (CACGTG) ou a elementos de ligação PIF (CACATG) que são coletivamente chamados de caixas G/PBE. O Pfr causa a reciclagem (*turnover*) desses PIFs, permitindo a expressão de genes da fotomorfogênese. (Segundo P. Leivar and E. Monte. 2014. *Plant Cell* 26: 56–78.)

(A) PIFs como ativadores transcricionais constitutivos no escuro

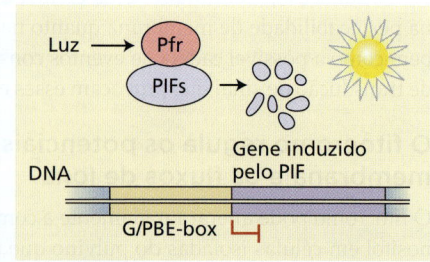

(B) PIFs como repressores transcricionais constitutivos no escuro

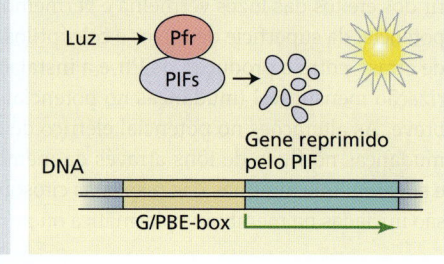

o estado de fosforilação de parceiros de sinalização, como o PIF3, por meio da ação de quinases fotorreguladoras. Um grupo de proteínas dos **substratos da quinase do fitocromo** (**PKS**, *phytochrome kinase substrate*) associadas à membrana parece modificar a atividade do fitocromo via fosforilação, seja diretamente ou por interações com outras quinases. PKS1 interage com phyA e phyB, tanto na forma ativa Pfr como na forma inativa Pr. Análises moleculares e genéticas sugerem que essas proteínas atuam seletivamente, promovendo a VLFR mediada por phyA. Tem sido demonstrado também que várias fosfatases interagem com phy e regulam seu estado de fosforilação.

A fotomorfogênese induzida pelo fitocromo envolve degradação de proteínas

Conforme discutido no Capítulo 4, as rotas de transdução de sinal das plantas podem envolver a inativação, a degradação ou a remoção de proteínas repressoras. A rota de sinalização do fitocromo pode trambém seguir esse princípio geral. Por exemplo, phyA é rapidamente degradado após sua ativação pela luz. Assim, a degradação de proteínas, além da fosforilação, está emergindo como um mecanismo ubíquo que regula muitos processos celulares, incluindo as sinalizações luminosa e hormonal, os ritmos circadianos e a época de florescimento (para exemplos, ver Capítulos 15 e 4).

Os rastreamentos genéticos para mutantes de *Arabidopsis* que exibem fotomorfogênese parcial no escuro levaram à descoberta de proteínas repressoras que regulam a estabilidade dependente da luz do fitocromo e fatores de transcrição que ativam a expressão gênica associada à fotomorfogênese. No escuro, o componente E3 ligase **FOTOMORFOGÊNESE CONSTITUTIVA 1 (COP1)** é recrutado no citoplasma por um complexo proteico conhecido como COP 9 SIGNALOSOME (CSN) e movido para o núcleo. A COP1 interage com a proteína quinase SUPPRESSOR OF PHYTOCHROME A1 (**SPA1**) para fosforilar, ubiquitinar e direcionar fatores de transcrição fotomorfogênica de degradação, incluindo PIF1 (**Figura 16.14**). O resultado é que os genes fotomorfogênicos não são expressos no escuro.

Na presença da luz, a atividade da COP1 é reprimida pela ação de fotorreceptores, embora o mecanismo completo que fundamenta a inativação da COP1 na luz seja desconhecido. A exportação, dependente da luz, da COP1 para o citoplasma é um processo lento (ver Figura 16.14), exige um tempo longo de exposição à luz (mais de 24 h) e provavelmente é um

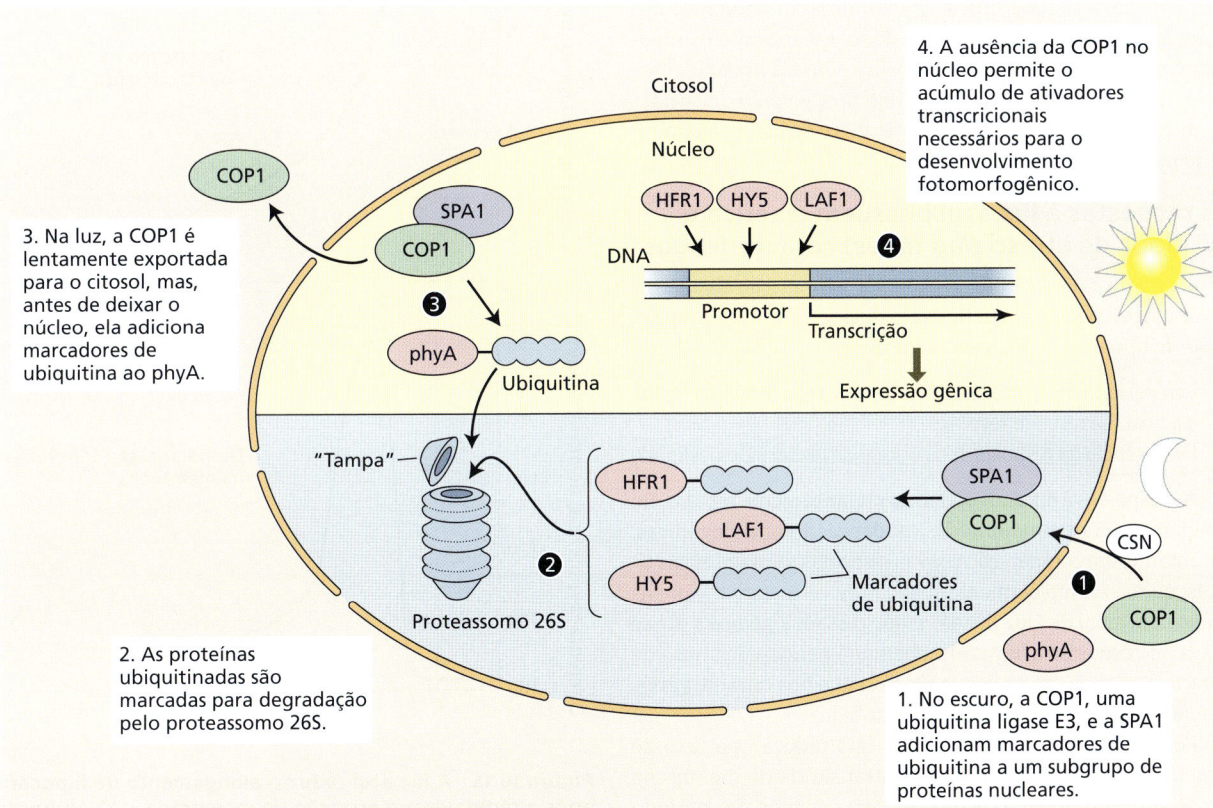

Figura 16.14 As proteínas COP regulam a regeneração de proteínas necessárias para o desenvolvimento fotomorfogênico. Durante a noite, a COP1 entra no núcleo com o auxílio do complexo COP9 sinalossomo (CSN). A COP1 forma um complexo com o SUPRESSOR OF PHYTOCHROME A1 (SPA1), e o complexo COP1-SPA1 adiciona ubiquitina a um subconjunto de fatores de transcrição responsivos ao fitocromo (aqui abreviado como PRTF) que promovem a fotomorfogênese. Os fatores de transcrição são, então, degradados pelo complexo proteassomo. Durante o dia, a COP1 sai do núcleo, permitindo o acúmulo dos ativadores transcricionais.

mecanismo para suprimir a ativação da COP1 sob condições estendidas de luz. Juntos, a repressão da atividade da COP1 e a exportação para o citoplasma permitem que fatores de transcrição se liguem a elementos promotores em genes que mediam o desenvolvimento fotomorfogênico.

Como será discutido no Capítulo 20, a COP1 também é necessária para a degradação dos reguladores de florescimento CONSTANS (CO) e GIGANTEA (GI).

■ 16.5 Respostas à luz azul e fotorreceptores

As respostas à luz azul já foram descritas em plantas superiores, algas, pteridófitas, fungos e procariontes. Além do fototropismo, essas respostas abrangem a captação de ânions em algas, a inibição do alongamento do hipocótilo (caule) em plântulas, a estimulação da síntese de clorofilas e carotenoides, a ativação da expressão gênica e o aumento da respiração. Entre os organismos unicelulares móveis, como certas algas e bactérias, a luz azul media a *fototaxia*, o movimento de organismos unicelulares em direção à luz ou para longe dela. A luz azul também estimula o processo de infecção em bactérias, como o patógeno animal *Brucella abortus*. No Capítulo 11, foram introduzidas algumas respostas à luz azul em relação à fotossíntese, incluindo os movimentos dos cloroplastos, o acompanhamento do sol e a abertura estomática. No Capítulo 17, várias respostas-chave à luz azul – fotoblastia, fototropismo e fotomorfogênese – serão discutidas no contexto da germinação de sementes e do estabelecimento de plântulas.

As respostas à luz azul possuem cinética e períodos de atraso (*lag times*) característicos

A inibição do alongamento do caule e a estimulação da abertura estomática pela luz azul ilustram duas importantes propriedades temporais das respostas à luz azul:

1. Um período de atraso significativo que separa o sinal de luz e a taxa máxima de resposta
2. Persistência da resposta após o sinal de luz ter sido desligado

As respostas à luz azul podem ser relativamente rápidas em comparação com a maioria das mudanças fotomorfogênicas. No entanto, em comparação com as respostas fotossintéticas típicas, que são completamente ativadas quase instantaneamente após um sinal de "luz ligada" e que cessam logo que a luz se apaga, as respostas à luz azul exibem um período de atraso de duração variável e prosseguem em taxa máxima durante vários minutos após a aplicação de um pulso de luz.

Por exemplo, a luz azul induz uma redução na taxa de crescimento e uma despolarização transitória da membrana em plântulas de pepino estioladas apenas após um período de atraso de cerca de 25 segundos (**Figura 16.15**). A persistência de respostas à luz azul na ausência de luz azul tem sido estudada usando pulsos de luz azul. Por exemplo, a ativação induzida pela luz azul da H$^+$-ATPase nas células-guarda decai

após um pulso de luz azul, mas apenas depois de decorridos vários minutos. Essa persistência da resposta à luz azul após o pulso pode ser explicada por um ciclo fotoquímico no qual a forma fisiologicamente ativa do fotorreceptor, a qual foi convertida da forma inativa pela luz azul, reverte-se lentamente para a forma inativa após essa luz ser desligada. Como será discutido na Seção 16.8, no caso de fototropinas, esse ciclo parece envolver quatro processos principais: a desfosforilação do receptor por uma fosfatase proteica, a quebra da ligação covalente carbono-enxofre com a cadeia lateral da cisteína na apoproteína (ver Figura 16.9), a dissociação do receptor de suas moléculas-alvo e a reversão no escuro de mudanças conformacionais induzidas pela luz. A velocidade de decaimento da resposta a um pulso de luz azul, assim, depende do curso de tempo da reversão da forma ativa do fotorreceptor de volta para a forma inativa.

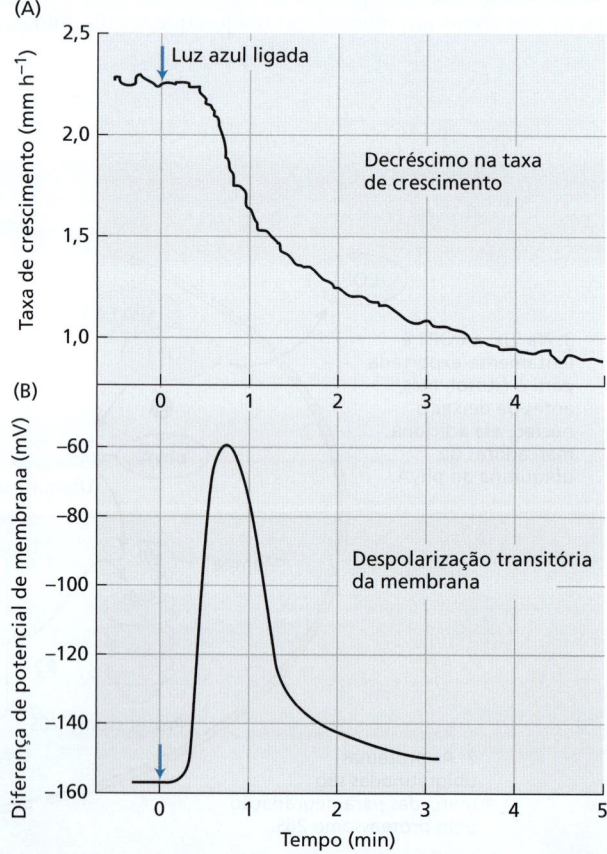

Figura 16.15 A luz azul reduz o alongamento do hipocótilo após a rápida despolarização da membrana. (A) Alterações induzidas pela luz azul ns taxas de alongamento de hipocótilos estiolados de pepino. (B) Despolarização transitória induzida pela luz azul na membrana das células do hipocótilo. (Segundo E. P. Spalding and D. J. Cosgrove. 1989. *Planta* 178: 407–410.)

16.6 Criptocromos

Criptocromos são fotorreceptores de luz azul que mediam várias respostas a esse tipo de luz, incluindo a supressão do alongamento do hipocótilo, a promoção da expansão de cotilédones, a despolarização de membrana, a inibição do alongamento do pecíolo, a produção de antocianinas e o ajuste do relógio circadiano. O **CRIPTOCROMO 1** (**CRY1**) foi originalmente identificado em triagens em que os hipocótilos mutantes de *Arabidopsis* eram alongados quando cultivados em luz branca, mas ainda eram inibidos pelo vermelho, indicando assim um defeito em uma rota de sinalização de luz distinta da do fitocromo. Como será discutido mais adiante neste capítulo, os criptocromos a longo prazo são responsáveis pela inibição do alongamento do hipocótilo induzida pela luz, enquanto as fototropinas mediam a resposta inibidora rápida.

As três isoformas de criptocromos em *Arabidopsis* (cry1, 2 e 3) são proteínas com significativa homologia de sequência com a **fotoliase** microbiana, uma enzima ativada por luz azul que repara os dímeros de pirimidina no DNA causados por exposição à radiação ultravioleta. No entanto, os criptocromos mostram nenhuma atividade de fotoliase. As proteínas do criptocromo foram mais tarde descobertas em muitos organismos, incluindo cianobactérias, pteridófitas, algas, moscas-da-fruta, camundongos e seres humanos.

O cromóforo FAD ativado do criptocromo causa uma mudança conformacional na proteína

A estrutura do domínio de criptocromos de *Arabidopsis* é mostrada na **Figura 16.16A**. Semelhante a uma importante classe de fotoliases, os criptocromos ligam um **flavina adenina**

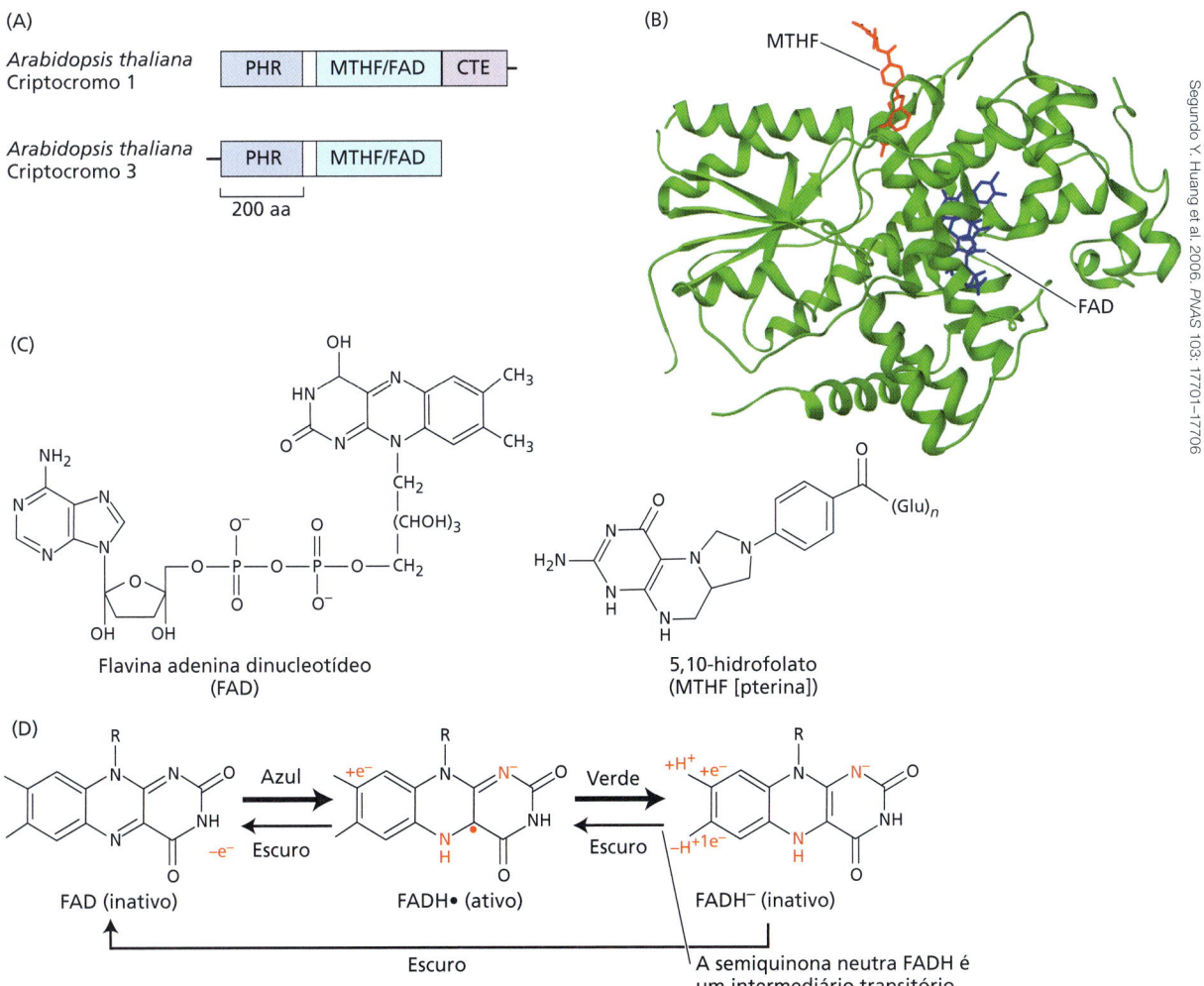

Figura 16.16 Domínio do criptocromo e estrutura do cromóforo. (A) O alinhamento de dois criptocromos de *Arabidopsis* mostrando a região homóloga à fotoliase (PHR) com o domínio de ligação ao FAD e o domínio C-terminal do criptocromo (CCT). (B) O criptocromo é um dímero, mas o monômero é mostrado neste diagrama de fita. O cofator de captura de luz 5,10-metiltetra-hidrofolato (MTHF) e o cofator catalítico flavina adenina dinucleotídeo (FAD) estão ligados não covalentemente à proteína, conforme indicado. (C) Estruturas de FAD e MTHF. (D) Fotociclo FAD do criptocromo.

dinucleotídeo (**FAD**) e a pterina 5,10-metiltetra-hidrofolato (MTHF) como cromóforos (**Figura 16.16B e C**). Pterinas são derivadas de pteridina que absorvem luz, com frequência encontradas em células pigmentadas de insetos, peixes e aves. Nas fotoliases, a luz azul é absorvida pela pterina, e a energia de excitação é, então, transferida para o FAD. Um mecanismo semelhante pode operar no criptocromo, mas ainda falta evidência definitiva. No entanto, é evidente que o FAD é o principal cromóforo que regula a atividade do criptocromo.

A absorção de luz azul altera o *status redox* do cromóforo FAD ligado, e é esse evento primário que desencadeia a ativação dos fotorreceptores (**Figura 16.16D**). Os criptocromos se ligam ao FAD totalmente oxidado no estado inativo ou em repouso. A luz azul resulta na formação de um radical FAD neutro semirreduzido (semiquinona) (FADH•). O FADH• é gerado por fotorredução e protonação subsequente do cromóforo FAD. A geração de FADH• impulsionada pela luz ocorre em microssegundos (e considera-se que ela representa o estado de sinalização que desencadeia a ativação do fotorreceptor). Na ausência de luz azul, o FADH• volta para FAD. Efeitos inibitórios da luz verde foram observados na função do criptocromo, presumivelmente pela antagonização da formação de FADH•, que absorve nessa região espectral. Conforme ocorre em fitocromos e fototropinas, o mecanismo de ativação de absorção de luz azul promove mudanças conformacionais de proteína. No caso dos criptocromos, considera-se que a absorção de luz pela região N-terminal homóloga à fotoliase altere a conformação de uma extensão C-terminal (CTE), que é necessária para a sinalização. Essa extensão C-terminal está ausente em enzimas fotoliases, mas é claramente essencial para a sinalização pelos criptocromos. Podemos, portanto, ver o criptocromo vegetal como um interruptor de luz molecular em que a absorção de fótons azuis na PHR resulta em mudanças conformacionais da proteína no C-terminal para iniciar a ligação a proteínas parceiras específicas e, então, iniciar a transcrição do gene via fatores de ação *trans*, como ELONGATED HYPOCOCTYL 5 (HY5). Como nos fitocromos, a dimerização dos criptocromos, mediada pela PHR, pode ser importante para sua sinalização. De fato, a homodimerização do criptocromo contribui para controlar a fotossensibilidade do criptocromo mediante regulação de um equilíbrio apropriado de moléculas receptoras ativas/inativas. Isso é facilitado pela ligação de BLUE-LIGHT INHIBITORS OF CRYPTOCHROMES (BICs) que podem suprimir a fotoativação do criptocromo ao inibir sua homodimerização.

cry1 e cry2 têm efeitos diferentes sobre o desenvolvimento

A superexpressão da apoproteína CRY1 em indivíduos transgênicos de tabaco ou *Arabidopsis* resulta em inibição mais forte do alongamento do hipocótilo estimulada pela luz azul, bem como em aumento na produção de antocianina (**Figura 16.17**). Um segundo criptocromo, denominado cry2, foi subsequentemente isolado de *Arabidopsis*. Tanto cry1 quanto cry2 parecem ser onipresentes em todo o reino vegetal. Uma diferença

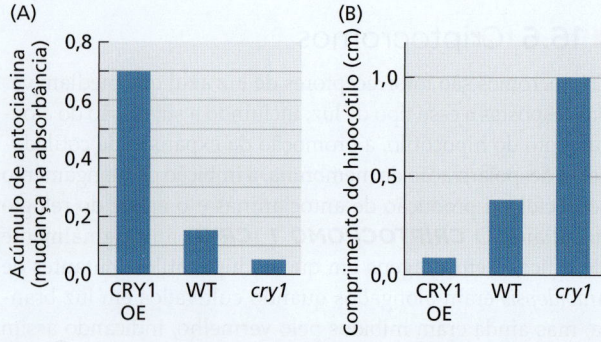

Figura 16.17 A luz azul estimula o acúmulo de antocianina (A) e a inibição do alongamento do caule (B) em plântulas transgênicas e mutantes de *Arabidopsis*. Os gráficos de barra mostram os fenótipos de uma planta transgênica superexpressando o gene que codifica a CRY1 (CRY1 OE), o tipo silvestre (WT) e os mutantes *cry1* com perda de função. A resposta melhorada à luz azul da planta superexpressando CRY1 demonstra o importante papel deste produto gênico na estimulação da biossíntese de antocianina e na inibição do alongamento do caule. (Segundo M. Ahmad et al. 1998. *Nature* 392: 720–723.)

importante entre eles é que a proteína cry2 é preferencialmente degradada sob luz azul, enquanto cry1 é muito mais estável. As plantas transgênicas que superexpressam o gene *CRY2* mostram apenas um aumento pequeno da inibição do alongamento do hipocótilo encontrado no tipo silvestre, indicando que, diferentemente de cry1, cry2 não tem um papel importante na inibição do alongamento do caule. No entanto, as plantas transgênicas que superexpressam *CRY2* mostram um grande aumento na expansão do cotilédone, estimulada por luz azul. Além disso, cry1, e, em menor extensão, cry2, está envolvido na regulação do relógio circadiano em *Arabidopsis*, ao passo que cry2 desempenha um papel importante na indução do florescimento (ver Capítulo 20). Os homólogos dos criptocromos também têm sido verificados atuando na regulação do relógio circadiano em moscas, ratos e seres humanos.

Também é interessante notar que, em *Arabidopsis*, foi demonstrado que os *pools* nucleares e citoplasmáticos de cry1 têm funções biológicas distintas. Contrariamente às expectativas, moléculas de cry1 nucleares, em vez de citoplasmáticas, foram identificadas intervindo em alterações mediadas pela luz azul na despolarização da membrana. Essa resposta, que transcorre em vários segundos, é uma das mais rápidas respostas à luz azul mediadas pelo cry1. O mecanismo envolvido nessa ativação dos canais aniônicos dependente da luz azul ainda não é conhecido.

Enquanto cry1 e cry2 em geral são encontrados no núcleo, cry3 está localizado nos cloroplastos e nas mitocôndrias. A função de cry3 ainda não é conhecida, embora tenha sido demonstrado que possua atividade de fotoliase específica para lesões em DNA de cadeia simples. Além disso, o mecanismo de sinalização do cry3 é obviamente diferente do mecanismo de cry1 e cry2, uma vez que não tem uma extensão C-terminal de destaque.

Criptocromos nucleares inibem a degradação de proteínas induzida pelo COP1

Tanto cry1 como cry2 estão presentes no núcleo e no citoplasma, e não há evidências de que o criptocromo se mova para o núcleo em resposta à luz. A **Figura 16.18** mostra que, no escuro, a COP1, junto com SPA1 e outros fatores, atua para degradar fatores de transcrição que induzem a expressão de genes necessários para a fotomorfogênese (ver também Figura 16.14). Após a ativação pela luz azul, cry1 forma no núcleo um complexo com SPA1 e COP1 que o impede de atuar, impossibilitando, desse modo, a degradação de fatores de transcrição que promovem a fotomorfogênese. Como no caso da sinalização pelo fitocromo, a abundância de fatores de transcrição aumentados promove o desenvolvimento fotomorfogênico.

É o C-terminal do criptocromo que se liga a SPA1 e impede a ação do SPA1/COP1. Indivíduos de *Arabidopsis* que superexpressam apenas a extensão C-terminal do criptocromo (CTE) mostram fenótipos semelhantes aos mutantes *cop*, que se assemelham a plântulas cultivadas na luz quando cultivados no escuro. O modelo mostrado na Figura 16.18 pode explicar o fenótipo de plantas que superexpressam CTE. Sem a PHR, a CTE pode adotar uma conformação ativa que sequestra a atividade de COP1 e SPA1, mesmo na ausência da luz, promovendo, desse modo, um aumento na transcrição de genes fotomorfogênicos chave.

A fosforilação do criptocromo induzida pela luz azul parece também ser importante na modulação de sua atividade e, no caso de cry2, na promoção de sua degradação. As quinases fotorreguladoras estão envolvidas na fosforilação dos criptocromos, e esse processo parece ser importante para manter seu C-terminal em uma conformação ativa (ver Figura 16.18).

O criptocromo também pode se ligar diretamente aos reguladores de transcrição

Além de controlar os níveis de fatores de transcrição, o criptocromo também pode se ligar diretamente e regular a atividade de proteínas específicas de ligação ao DNA. No caso do florescimento, o cry2 tem mostrado se ligar diretamente a fatores de transcrição bHLH, como Cry-interatuante bHLH1 (CIB1). O CIB1 regula a iniciação floral ao ligar-se ao promotor do *FLOWERING LOCUS T* (*FT*). O FT é o regulador de transcrição celular que migra das folhas para o meristema apical e ativa a transcrição de genes de identidade do meristema floral (ver Capítulo 20). As plantas com superexpressão do CIB1 florescem mais cedo do que as plantas

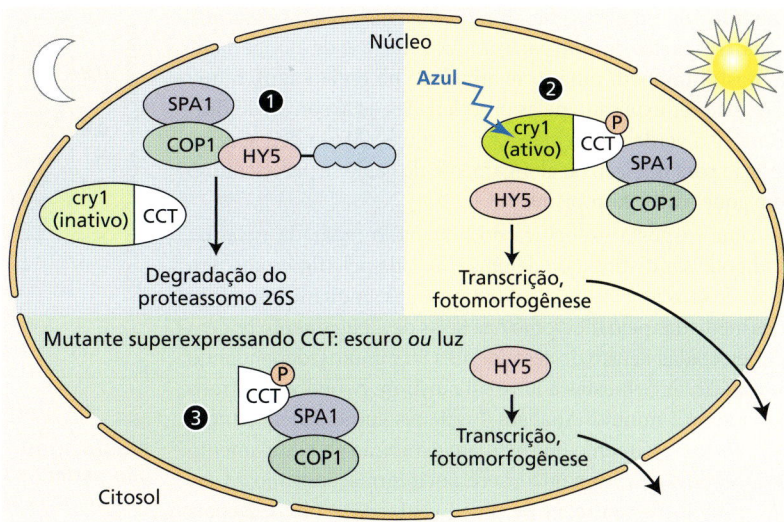

Figura 16.18 Modelo de interações de cry1 com COP1/SPA1 na regulação da fotomorfogênese. (1) No escuro, COP1/SPA1 atua para degradar o fator de transcrição HY5 responsivo ao fitocromo, que é necessário para a fotomorfogênese. (2) Na luz, cry1 é ativado diretamente pela luz azul e indiretamente pela fosforilação induzida pela luz azul. O cry1 ativado forma um complexo com COP1 e SPA1 pelo domínio C-terminal, impedindo-os de degradar proteínas-alvo como a HY5. (3) Na ausência do fotossensor N-terminal, como no mutante de truncagem diagramado na parte inferior, a região da CTE pode adotar uma conformação ativa que sequestra o COP1/SPA1 na ausência da luz, promovendo, desse modo, um aumento dos níveis da proteína HY5 e da transcrição de genes morfogênicos chave.

de tipo selvagem. Da mesma forma, foi demonstrado que o cry1 regula a produção dependente da luz de outros fatores móveis nos caules de soja. Esses fatores móveis se deslocam através do sistema vascular até as raízes, onde estimulam a nodulação (ver Capítulo 14).

16.7 Interações de criptocromos com outros fotorreceptores

A ação conjunta entre o criptocromo e o fitocromo foi suposta por muito tempo, pois se sabia que vários processos de desenvolvimento, como fotomorfogênese e florescimento, estavam sob controle do fitocromo, porém mutações no gene *CRY2* levavam a alterações nessas respostas. Agora, entende-se que existe uma ação conjunta entre vários dos fotorreceptores vegetais. Muitos dos processos de desenvolvimento afetados por essas interações podem ser agrupados em três categorias gerais: alongamento do caule ou do hipocótilo, florescimento e regulação dos ritmos circadianos.

O alongamento do caule é inibido por fotorreceptores vermelho e azul

Como observado anteriormente, os caules de plântulas cultivadas no escuro alongam-se muito rapidamente, e a inibição do alongamento do caule pela luz é uma resposta fotomorfogênica-chave da plântula emergindo da superfície do solo (ver

Capítulo 18). Embora o fitocromo esteja envolvido nessa resposta, o espectro de ação para a redução da taxa de alongamento mostra também uma forte atividade na região azul, o que não pode ser explicado pelas propriedades de absorção do fitocromo. Na verdade, a região azul de 400 a 500 nm do espectro de ação para inibição do alongamento do caule se parece muito com aquela do fototropismo.

Uma resposta específica do hipocótilo mediada pela luz azul pode ser distinguida de uma mediada pelo fitocromo, em razão de seus tempos de ação contrastantes. Enquanto as alterações mediadas pelo fitocromo nas taxas de alongamento podem ser detectadas dentro de cerca de 10 a 90 minutos, dependendo da espécie, as respostas à luz azul mostram períodos de atraso inferiores a 1 minuto. Análises de alta resolução das mudanças na taxa de crescimento que mediam a inibição do alongamento do hipocótilo pela luz azul forneceram informações valiosas sobre as interações entre fototropinas, cry1, cry2 e phyA. Depois de um atraso de 30 segundos, plântulas do tipo selvagem de *Arabidopsis*, tratadas com luz azul, apresentam uma diminuição rápida na taxa de alongamento durante os primeiros 30 minutos e depois crescem lentamente durante vários dias.

Outra resposta rápida estimulada pela luz azul é a despolarização da membrana das células do hipocótilo, que precede a inibição da taxa de crescimento (ver Figura 16.15B). Essa despolarização da membrana é causada pela ativação de canais aniônicos (ver Capítulo 8), o que facilita o efluxo de ânions como cloreto, por exemplo. A aplicação de um bloqueador de canal iônico, NPPB (5-nitro-2-[-2,3-fenilbutilamino]-benzoato), impede a despolarização da membrana dependente da luz azul e diminui o efeito inibidor da luz azul no alongamento do hipocótilo.

A análise da mesma resposta em mutantes *cry1*, *cry2* e *phyA* mostrou que a supressão do alongamento do caule pela luz azul durante o desestiolamento de plântulas é iniciada por phot1, com cry1, e, de modo limitado, cry2, modulando a resposta após 30 minutos (**Figura 16.19**). Taxa lenta de crescimento dos caules em plântulas tratadas com luz azul é principalmente um resultado da ação persistente de cry1, razão pela qual os mutantes *cry1* de *Arabidopsis* apresentam um hipocótilo longo, em comparação ao hipocótilo curto do tipo silvestre. O phyA parece exercer um papel, ao menos nos estágios iniciais do crescimento regulado pela luz azul, porque a inibição do crescimento não progride normalmente em mutantes *phyA*.

O fitocromo interage com o criptocromo para regular o florescimento

Em *Arabidopsis*, a luz azul ou vermelho-distante contínua promove o florescimento, e a luz vermelha o inibe. A luz vermelho-distante atua por meio do phyA, e o efeito antagônico da luz vermelha dá-se pela ação do phyB. Poderia ser esperado que o mutante *cry2* tivesse o florescimento atrasado, pois a luz azul promove o florescimento. Entretanto, os mutantes *cry2* florescem ao mesmo tempo que o tipo silvestre mantido sob luz azul contínua ou sob luz vermelha contínua. Um atraso só é observado se tanto a luz azul quanto a luz vermelha são aplicadas em conjunto. Portanto, o cry2 provavelmente promove o florescimento na luz azul pela repressão do funcionamento do

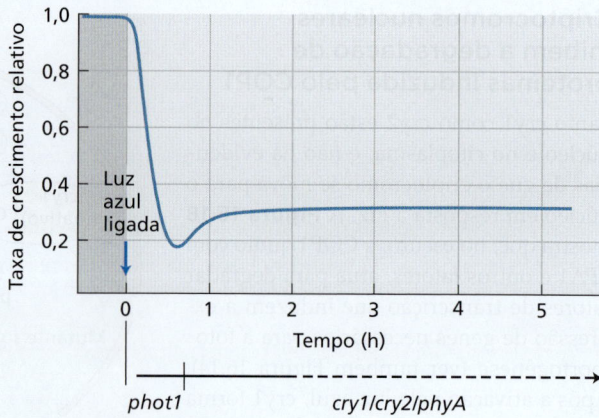

Figura 16.19 Processo de transdução sensorial da inibição estimulada por luz azul do alongamento do caule em *Arabidopsis* selvagem. As taxas de alongamento no escuro (0,25 mm h^{-1}) foram normalizadas para 1. Dentro de 30 segundos após o início da irradiação com luz azul, as taxas de crescimento diminuíram; elas se aproximaram de zero dentro de 30 minutos e, em seguida, continuaram a taxas muito reduzidas por vários dias. Se a luz azul fosse aplicada a um mutante *phot1*, as taxas de crescimento no escuro permaneceriam inalteradas pelos primeiros 30 minutos, indicando que a inibição do alongamento nos primeiros 30 minutos está sob controle da fototropina. Experimentos semelhantes com mutantes *cry1*, *cry2* e *phyA* indicaram que os respectivos produtos gênicos controlam as taxas de alongamento em momentos posteriores, consistentes com a regulação da expressão gênica (representada pela linha pontilhada no eixo x). (Segundo B. M. Parks et al. 2001. Curr. Opin. Plant Biol. 4: 436–440.)

phyB. O cry2 aparentemente inibe o funcionamento do phyB pela supressão da atividade de EARLY FLOWERING 3 (elf3), que interage com o fitocromo, o que indica que essas vias de sinalização convergem.

O relógio circadiano é regulado por múltiplos aspectos da luz

Como visto neste capítulo, vários processos vegetais mostram oscilações de atividade que correspondem aproximadamente a um ciclo de 24 horas, ou circadiano. Esse ritmo endógeno usa um oscilador que deve ser **sincronizado** (*entrained*) para os ciclos diários de claro-escuro do ambiente externo. Em experimentos delineados para caracterizar a função de fotorreceptores nesse processo, os mutantes deficientes em fitocromo foram cruzados com linhas que transportam o gene repórter da luciferase que é regulado pelo relógio circadiano. O ritmo do oscilador foi retardado (i.e., o comprimento do período aumentou) quando mutantes *phyA* foram cultivados sob luz vermelha de fraca intensidade, mas não sob luz vermelha de alta irradiância. No entanto, mutantes *phyB* mostraram defeitos de sincronização somente sob luz vermelha de alta irradiância. Os criptocromos cry1 e cry2 foram necessários para a sincronização do relógio circadiano mediado pela luz azul. Esses estudos indicaram que fitocromos e criptocromos sincronizam o relógio circadiano em *Arabidopsis*. Essa entrada de luz parece ser modulada pelos genes *EARLY FLOWERING 3* (*elf3*) e *TIME FOR COFFEE* (*TIC*). As mutações no *elf3* cessam as oscilações do relógio ao entardecer, enquanto as mutações no *TIC* param o relógio ao amanhecer. O duplo mutante *elf3/tic* é completamente arrítmico, sugerindo que *TIC* e *ELF* interagem com componentes diferentes do relógio em fases diferentes no ritmo.

16.8 Fototropinas

As primeiras tentativas de identificar fotorreceptores mutantes para luz azul em *Arabidopsis* com respostas fototrópicas defeituosas foram posteriormente estendidas por Winslow Briggs e colaboradores e resultaram no isolamento de vários mutantes de hipocótilo não fototrópico (*nph*, *non-phototropic hypocotyl*), que mostraram respostas fototrópicas danificadas em luz azul de intensidade baixa. A clonagem subsequente do *locus NPH1* resultou na identificação do fotorreceptor para fototropismo. A proteína codificada foi denominada fototropina por seu papel na mediação de respostas fototrópicas, mas esses receptores também controlam várias respostas à luz azul que funcionam coletivamente para otimizar a eficiência fotossintética e promover o crescimento das plantas, em especial em condições de baixa luminosidade.

As angiospermas contêm dois genes de fototropina, *PHOT1* e *PHOT2*. O *PHOT1* é o receptor fototrópico primário em *Arabidopsis* e media o fototropismo em resposta a taxas de fluência baixas e altas de luz azul. O phot2 media o fototropismo em resposta a altas intensidades de luz. Sobreposições semelhantes nas funções dos fotorreceptores phot1 e phot2 são observadas para outras respostas à luz azul em *Arabidopsis*, incluindo movimentos dos cloroplastos, abertura estomática, movimentos foliares e expansão foliar. Junto com o fototropismo, esses processos integram a eficiente captura de luz e a captação de CO_2 para a fotossíntese. Como consequência, o crescimento de mutantes deficientes de fototropina está severamente comprometido, em particular sob intensidades fracas de luz.

A luz azul induz mudanças nos máximos de absorção do FMN associadas a mudanças de conformação

Em comparação com os criptocromos, que estão predominantemente localizados no núcleo, os receptores fototropina estão associados à membrana plasmática, onde funcionam como serinas/treoninas quinases ativadas por luz. A **Figura 16.20A**

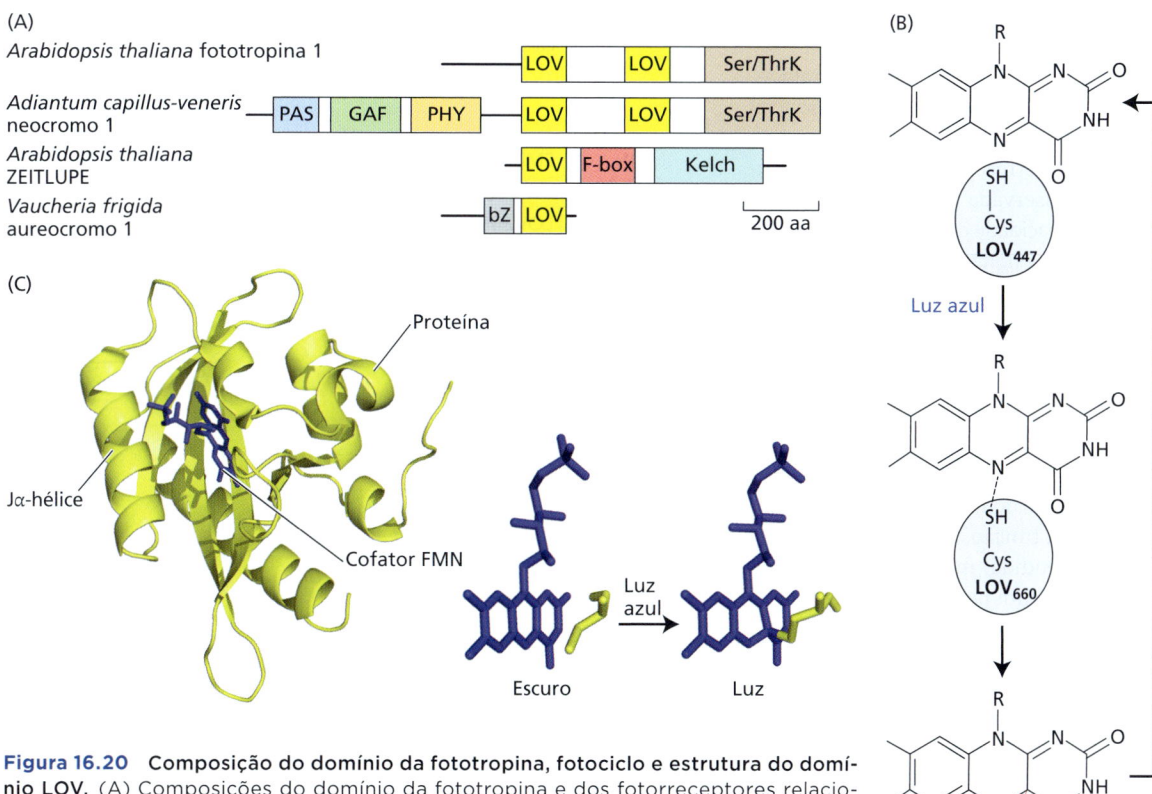

Figura 16.20 Composição do domínio da fototropina, fotociclo e estrutura do domínio LOV. (A) Composições do domínio da fototropina e dos fotorreceptores relacionados ao domínio LOV. Os domínios Kelch e básico de leucina zíper (bZ) mediam as interações entre proteínas e proteínas. (B) Fotociclo FMN da fototropina. No escuro, o máximo de absorção do cromóforo FMN é aproximadamente 450 nm. A luz azul induz a formação de uma ligação covalente entre o FMN e um resíduo de cisteína, deslocando o máximo de absorção para 390 nm por meio de uma forma do LOV_{660}. A reação é reversível no escuro. (C) Estrutura cristalina do domínio LOV2 de aveia phot1 no escuro (a fototropina intacta ainda não foi cristalizada). A proteína está em amarelo e o cofator FMN está em azul. A Jα-hélice está ao lado esquerdo do núcleo LOV2. Os dois diagramas abaixo mostram apenas a flavina e a formação do adutor de cisteína após a irradiação com luz azul. (Segundo J. M. Christie; 2007. *Annu. Rev. Plant Biol.* 58: 21–45.)

ilustra a estrutura do domínio da fototropina 1 de *Arabidopsis*, junto com três fotorreceptores de luz azul relacionados, encontrados em plantas ou algas: neocromo, ZEITLUPE e aureocromo. A fototropina contém dois domínios fotossensíveis **LUZ-OXIGÊNIO-VOLTAGEM** (**LOV**), LOV1 e LOV2, cada um ligando um cromóforo mononucleotídeo de flavina (FMN, *flavin mononucleotide*). Estudos espectroscópicos mostraram que, no escuro, uma molécula de FMN está ligada não covalentemente a cada domínio LOV. Após a iluminação com luz azul, a molécula de FMN torna-se covalentemente ligada a um resíduo de cisteína na molécula de fototropina, formando um aduto covalente de cisteína-flavina (**Figura 16.20B**). Conforme discute-se brevemente, essa reação induz uma importante mudança conformacional da proteína, que pode ser revertida por um tratamento de escuro. A estrutura tridimensional do domínio LOV2 se assemelha a uma mão molecular fechada que prende o FMN firmemente por interações não covalentes dentro de seu núcleo (**Figura 16.20C**). A Figura 16.20 mostra também a formação da ligação covalente entre o cofator flavina e um resíduo de cisteína em resposta à luz azul.

O domínio LOV2 é principalmente responsável pela ativação da quinase em resposta à luz azul

Como demonstrado em experimentos de mutagênese, o domínio LOV2, em particular, é essencial para a ativação da quinase induzida por luz azul e a autofosforilação do fotorreceptor fototropina. A mutação da cisteína conservada no domínio LOV1 do phot1 não afeta a capacidade da resposta fototrópica (**Figura 16.21A e B**), enquanto a mutação equivalente em LOV2 suprime a resposta (**Figura 16.21C**). Esses e outros estudos demonstraram a importância do LOV2 no controle da função da fototropina. Isso é devido, em parte, à posição do LOV2 dentro da molécula de fototropina, onde é acoplado a uma região da proteína conhecida como Jα-hélice, que é importante para a propagação das mudanças impulsionadas pela luz dentro do LOV2 para o domínio de quinase. A função do LOV1 ainda não é totalmente compreendida, mas acredita-se que o domínio desempenhe um papel na dimerização do receptor.

A luz azul induz uma mudança conformacional que "libera" o domínio de quinase da fototropina e leva à autofosforilação

Embora uma estrutura tridimensional de toda a molécula de fototropina ainda esteja faltando, muitos estudos genéticos, bioquímicos e biofísicos têm proporcionado uma boa compreensão de como o "interruptor de luz" de fototropina funciona. Tal como acontece com o criptocromo e o fitocromo, a região N-terminal fotossensora das fototropinas controla a atividade da metade C-terminal da proteína, que contém um domínio de serina/treonina quinase (ver Figura 16.21A). No escuro, a região N-terminal, incluindo os domínios LOV, "prende" e inibe a atividade do domínio de quinase (**Figura 16.22**). A absorção de fótons azuis pelos domínios LOV resulta em mudanças fotoquímicas primárias que levam à liberação do domínio de quinase e à sua ativação pelo desdobramento da Jα-hélice. A ativação do domínio de quinase C-terminal, em seguida, leva à autofosforilação do receptor em múltiplos resíduos de serina. A autofosforilação do domínio de quinase é necessária para todas as respostas mediadas pela fototropina em *Arabidopsis*. Uma fosfatase proteica tipo 2A media a desfosforilação e a inativação da fototropina no escuro (ver Figura 16.22).

As fototropinas desencadeiam movimentos na planta que melhoram o uso da luz

A ativação das fototropinas quinases desencadeia eventos de transdução de sinal que alteram a orientação dos órgãos ou organelas para melhorar o uso da luz fotossintética. Uma dessas respostas é o fototropismo, ou inclinação em direção à luz, conforme descrição no Capítulo 17. A distribuição intracelular dos cloroplastos nas folhas também pode mudar em resposta às condições de luz. Como discutido no Capítulo 11, essa característica é adaptativa, pois a redistribuição dos cloroplastos nas

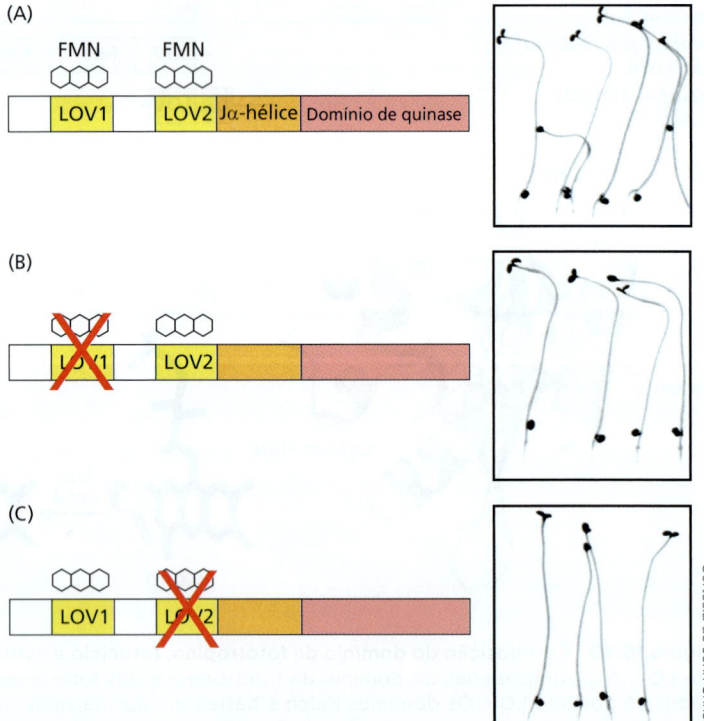

Figura 16.21 O fototropismo em plântulas de *Arabidopsis* pode ser usado como o bioensaio para a atividade da fototropina. (A) Tipo silvestre, com os dois domínios LOV1 e LOV2. (B) Mutação da cisteína no domínio LOV1 do phot1 não afeta a capacidade de resposta fototrópica (as plântulas curvam-se em direção à luz azul). (C) A mutação equivalente no domínio LOV2 suprime a resposta, demonstrando que apenas o domínio LOV2 é necessário para o fototropismo.

Figura 16.22 Modelo para autofosforilação da fototropina induzida pela luz azul. A fototropina tem dois domínios LOV (amarelo) e um domínio de quinase (vermelho), separados por uma região de α-hélice (Jα). Na ausência de luz, a região N-terminal, incluindo os domínios LOV, "prende" e reprime a atividade do domínio de quinase. A absorção de fótons azuis pelos domínios LOV resulta em alterações fotoquímicas primárias que levam à soltura do domínio de quinase e à sua ativação. Embora não ilustrada no diagrama, a Jα-hélice perde completamente sua estrutura helicoidal. A fotoexcitação dos domínios LOV resulta na ativação do domínio de quinase C-terminal, que leva à autofosforilação do receptor em múltiplos resíduos de serina. A autofosforilação dentro do domínio de quinase é essencial para iniciar todas as respostas mediadas pela fototropina em *Arabidopsis*. A desfosforilação resultando na inativação ocorre no escuro. PP2A, proteína fosfatase 2a. (Segundo S.-I. Inoue et al. 2010. *Curr. Opin. Plant Biol.* 13: 587–593.)

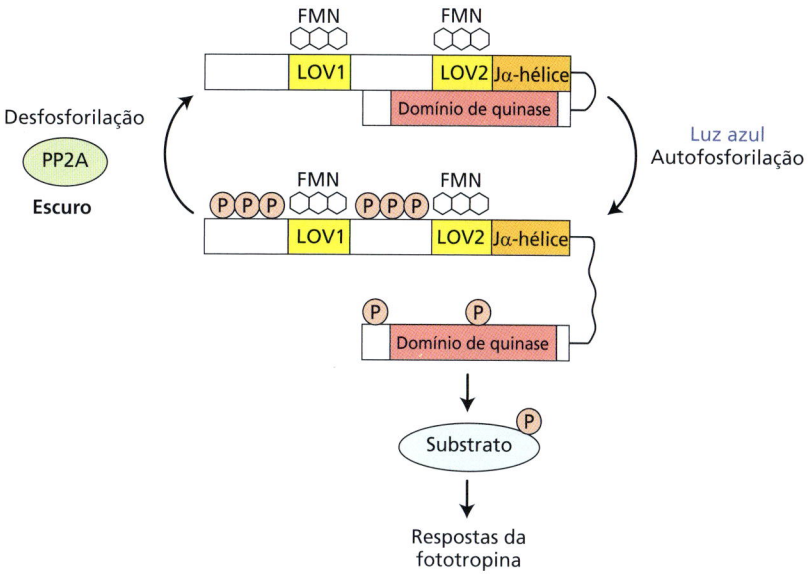

células modula a absorção de luz e impede o dano por excesso de luz (ver Figura 11.12). Sob iluminação fraca, os cloroplastos acumulam-se perto das paredes superiores e inferiores das células do parênquima paliçádico das folhas, para maximizar a absorção de luz (**Figura 16.23**). Sob iluminação forte, os cloroplastos movem-se para as paredes laterais que são paralelas à luz incidente, a fim de evitar o excesso de absorção de luz e o fotodano. No escuro, os cloroplastos movem-se para a parte inferior da célula, embora a função fisiológica dessa posição não seja clara. O espectro de ação para a resposta de redistribuição mostra a estrutura fina de três dedos característica, típica de respostas específicas à luz azul (ver Figura 16.7).

Mutantes *phot1* de *Arabidopsis* têm uma resposta normal de evitação e uma resposta pobre de acúmulo. Os mutantes *phot2*, ao contrário, não possuem a resposta de evitação, mas retêm uma resposta adequadamente normal de acúmulo. As células do mutante duplo *phot1/phot2* carecem de respostas de evitação e de acúmulo. Esses resultados indicam que o phot2 desempenha um papel-chave na resposta de evitação e que ambos, phot1 e phot2, contribuem para a resposta de acúmulo. Estudos têm demonstrado que os mutantes phot2, na verdade, não sobrevivem no campo em condições de luz solar total devido ao dano foto-oxidativo.

O isolamento de mutantes de *Arabidopsis* deficientes na resposta de evitamento dos cloroplastos levou à identificação de uma nova proteína de ligação actina F, CHLOROPLAST UNUSUAL POSITIONING1 (CHUP1), coerente com trabalhos anteriores que mostram que os movimentos de cloroplastos ocorrem por meio de mudanças no citoesqueleto. CHUP1 localiza-se no envoltório do cloroplasto e atua no posicionamento e no movimento do dele. Um modelo de movimento dos cloroplastos em *Arabidopsis* é mostrado na **Figura 16.24**. Ambos phot1 e phot2 mediam a resposta de acúmulo e estão localizados na membrana plasmática. O phot2, que media a resposta de evitamento, também está localizado no envoltório do cloroplasto. Na presença de luz solar total, CHUP1, que parece ancorar na membrana plasmática por meio de interações entre proteínas, liga-se ao envoltório do cloroplasto. Essa proteína recruta actina G e proteínas de polimerização de actina para estender um filamento de actina F existente (ver Figura 1.32). A CHUP1 e o cloroplasto são então empurrados pela actina G inserida, gerando a força motriz para o movimento dos cloroplastos.

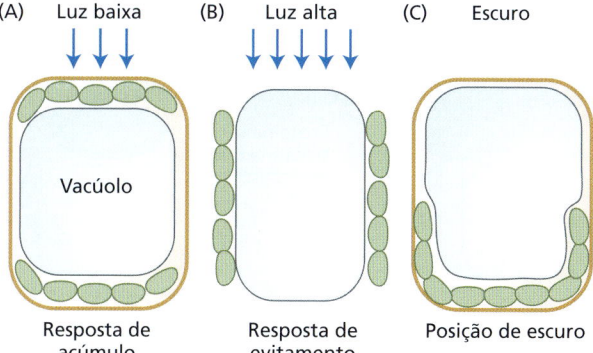

Figura 16.23 Diagrama esquemático de padrões de distribuição dos cloroplastos em células do parênquima paliçádico de *Arabidopsis* em resposta a diferentes intensidades de luz. (A) Em condições de pouca luminosidade, os cloroplastos otimizam a absorção de luz, acumulando-se nas faces superior e inferior de células do parênquima paliçádico. (B) Em condições de luz alta, os cloroplastos evitam a luz solar, migrando para as paredes laterais de células do parênquima paliçádico. (C) Os cloroplastos movem-se para a parte inferior da célula no escuro. (Segundo M. Wada. 2013. *Plant Sci.* 210: 177–182.)

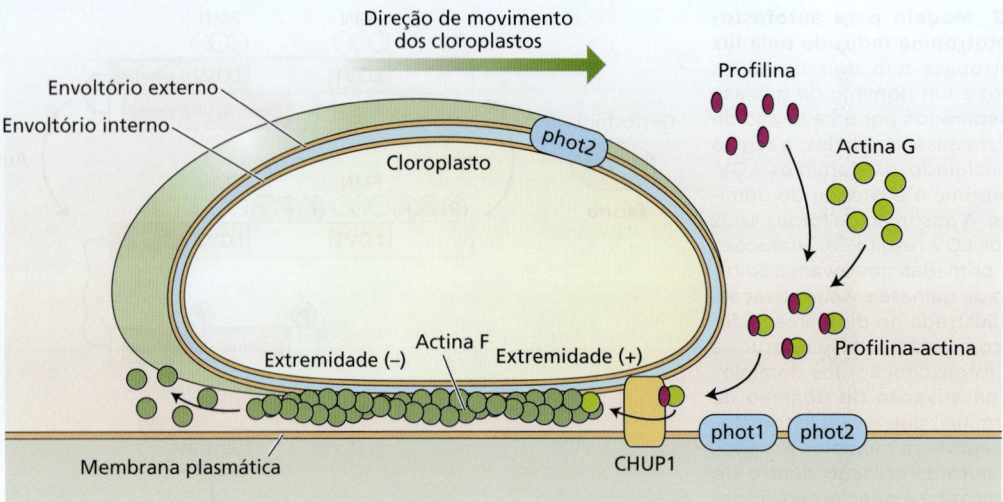

Figura 16.24 Modelo para o movimento dos cloroplastos mediado pela fototropina em *Arabidopsis thaliana*. Ambos, phot1 e phot2, mediam a resposta de acúmulo e estão localizados na membrana plasmática. O phot2 também está localizado no envoltório do cloroplasto e provavelmente media a resposta de evitamento. A CHUP1 liga-se ao envoltório do cloroplasto por seu N-terminal e pode também ser fixado à membrana plasmática. A CHUP1 inicia a polimerização de actina mediada pela profilina (ver Capítulo 1) para estender um filamento de actina F existente que está associado ao cloroplasto. Como resultado, o filamento de actina se alonga, e a CHUP1 e o cloroplasto são empurrados na direção do alongamento do filamento. Os filamentos de actina são despolimerizados em suas extremidades negativas. A seta verde mostra a direção do movimento do cloroplasto. (Segundo M. Wada. 2013. *Plant Sci.* 210: 177–182.)

A luz azul inicia a abertura estomática por meio da ativação da H⁺-ATPase na membrana plasmática

A fotofisiologia estomática e a transdução sensorial em relação à água e à fotossíntese foram introduzidas nos Capítulos 6 e 8, e foram discutidas novamente nas respostas ao estresse descritas no Capítulo 15. Estudos com mutantes duplos *phot1/phot2* mostraram que as fototropinas são os principais fotorreceptores de luz azul para a abertura estomática. Várias etapas-chave no processo de transdução sensorial da abertura estomática estimulada pela fototropina foram identificadas. Em especial, a H⁺-ATPase de bombeamento de prótons das células-guarda desempenha um papel central na regulação dos movimentos estomáticos (**Figura 16.25**). A H⁺-ATPase ativada transporta H⁺ através da membrana e aumenta o potencial elétrico negativo no interior, impulsionando a absorção do K⁺ por meio dos canais retificadores de entrada de K⁺ controlados por voltagem. O acúmulo de K⁺ facilita o influxo de água para as células-guarda, levando a um aumento na pressão de turgor e na abertura estomática. O C-terminal da H⁺-ATPase tem um domínio autoinibidor que regula a atividade da enzima. Se esse domínio autoinibidor for removido experimentalmente por uma protease, a H⁺-ATPase torna-se irreversivelmente ativada. Acredita-se que o domínio autoinibidor do C-terminal reduza a atividade da enzima mediante bloqueio de seu sítio catalítico. Por outro lado, a toxina fúngica fusicoccina parece ativar a enzima pelo deslocamento do domínio autoinibidor para longe do sítio catalítico.

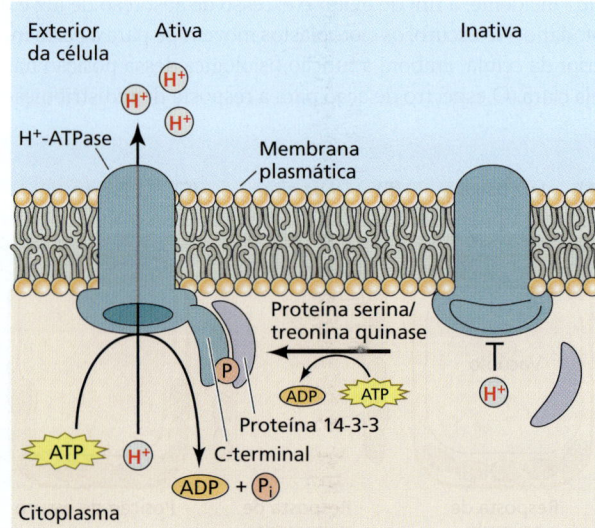

Figura 16.25 O papel da ATPase bombeadora de prótons na regulação do movimento estomático. A luz azul ativa a H⁺-ATPase. A ativação da enzima envolve a fosforilação de resíduos de serina e treonina de seu domínio C-terminal. Uma proteína reguladora chamada proteína 14-3-3 liga-se ao C-terminal fosforilado da H⁺-ATPase da célula-guarda, mas não ao C-terminal não fosforilado. O bombeamento de prótons para fora das células aumenta a entrada de K⁺ para equilibrar a carga.

Sob irradiação com luz azul, a H^+-ATPase mostra um K_m mais baixo para ATP e uma $V_{máx}$ mais alta, indicando que a luz azul ativa a H^+-ATPase. A ativação da enzima envolve a fosforilação de resíduos de serina e de treonina na região C-terminal da H^+-ATPase. Inibidores de proteínas quinases, que podem bloquear a fosforilação da H^+-ATPase, evitam o bombeamento de prótons estimulado pela luz azul e a abertura estomática. Assim como com a fusicoccina, a fosforilação do C-terminal também parece deslocar o domínio autoinibidor do sítio catalítico da enzima.

Uma proteína 14-3-3 reguladora (ver Capítulo 8) liga-se ao C-terminal fosforilado da H^+-ATPase das células-guarda, mas não àquele não fosforilado (ver Figura 16.25). A mesma isoforma da 14-3-3 liga-se à H^+-ATPase das células-guarda, em resposta tanto à fusicoccina quanto aos tratamentos de luz azul. A proteína 14-3-3 dissocia-se da H^+-ATPase, após a desfosforilação do domínio C-terminal.

Contudo, as fototropinas não fosforilam a H^+-ATPase diretamente. A quinase envolvida na fosforilação da H^+-ATPase ainda não foi identificada. No entanto, eventos precoces de transdução de sinal, após a excitação da fototropina na membrana plasmática de células-guarda, foram identificados e estão ilustrados na **Figura 16.26**. A proteína quinase específica de células-guarda e associada à membrana, denominada BLUE LIGHT SIGNALING 1 (BLUS1), é fosforilada por phot1 e phot2 de maneira redundante. Mutantes de *Arabidopsis* deficientes em BLUS1 não apresentam abertura estomática induzida pela luz azul, mas não são prejudicados em outras respostas da

1. A luz azul ativa quinases fotorreceptoras de fototropina que, por sua vez, ativam as quinases CONVERGENCE OF BLUE LIGHT AND CO_2 (CBC). CBCs ativadas inibem o transporte de Cl^- para fora da célula, o que aumenta a importação de Cl^- para o vacúolo.

2. A fosforilação de um complexo de quinase BLUE LIGHT SIGNALING 1 (BLUS1) ativa etapas sequenciais de fosforilação proteica que ativam as H^+-ATPases da membrana plasmática pela liberação de proteínas inibitórias 14-3-3.

3. A ativação das H^+-ATPases hiperpolariza a membrana plasmática, o que aumenta o movimento de K^+ para dentro da célula-guarda. A captação de K^+ pelo vacúolo é coordenada com a de Cl^- e malato^{2-}. Esses movimentos iônicos diminuem o potencial hídrico do vacúolo e impulsionam a captação de água, a expansão vacuolar e a abertura estomática impulsionada pelo turgor.

4. A radiação fotossinteticamente ativa aumenta a produção de ATP pelos cloroplastos, aumentando os níveis de ATP no citosol e levando a taxas aumentadas de atividade da ATPase citosólica. A radiação fotossinteticamente ativa também aumenta a produção de carotenoides, que protegem as membranas contra danos foto-oxidativos e são precursores para a síntese do hormônio de fechamento estomático, ácido abscísico.

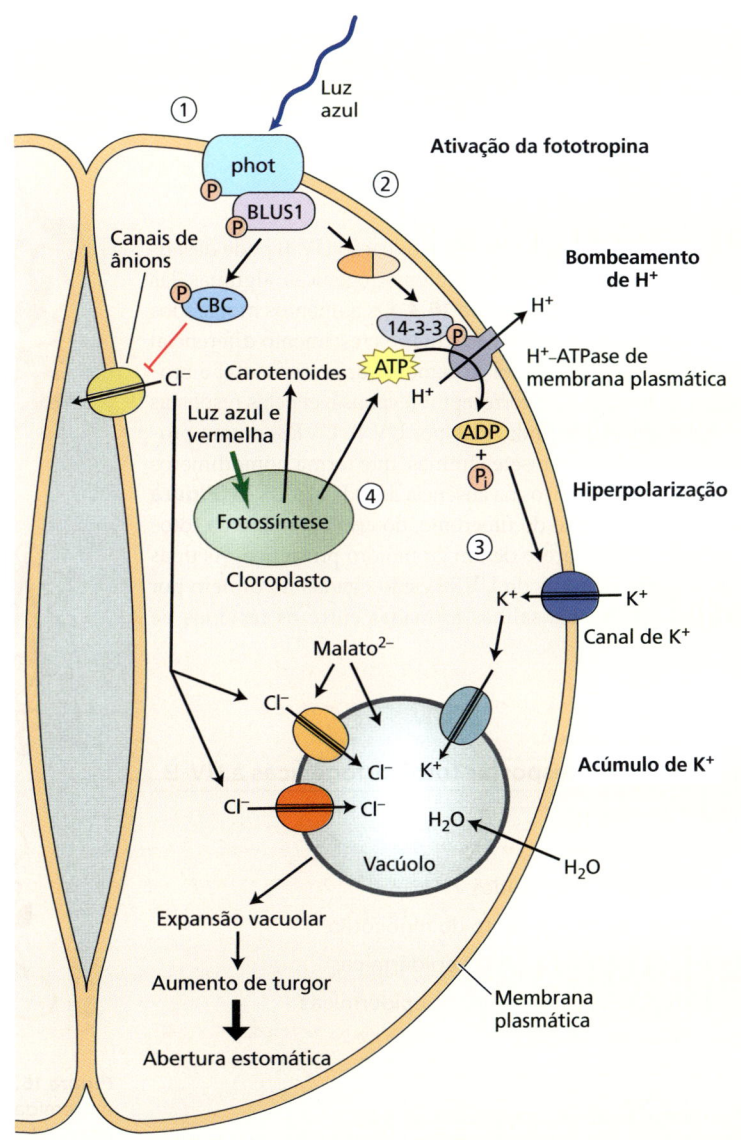

Figura 16.26 Transdução de sinal pela fototropina levando à abertura estomática. (Segundo Inoue and T. Kinoshita. 2017. *Plant Physiol.* 174: 531–538 CC BY 4.0)

fototropina, incluindo o fototropismo e a realocação dos cloroplastos. Esse evento de fosforilação é essencial para começar os eventos de transdução iniciais que, por fim, conduzem à fosforilação e à ativação da H^+-ATPase.

Os sinais de BLUS1 convergem no complexo PROTEIN PHOSPHATASE 1 (PP1), que regula a ativação da H^+-ATPase. A PP1 é uma fosfatase proteica de serina/treonina composta por uma subunidade 1c catalítica e uma subunidade reguladora, PRSL1 (PP1 REGULATORY SUBUNIT2-LIKE PROTEIN1), que modula a atividade catalítica, a localização subcelular e a especificidade do substrato. A PP1 regula positivamente a abertura estomática por meio da sinalização de luz azul entre as fototropinas e a H^+-ATPase da membrana plasmática.

A proteína quinase CONVERGENCE OF BLUE LIGHT AND CO_2 1 (CBC1) também é ativada pela fosforilação foto-mediada. A fosforilação de CBC1 e seu parálogo CBC2 em resposta à luz azul promove a abertura estomática por meio da inibição dos canais aniônicos do tipo S. Como os CBCs também promovem a abertura estomática quando são fosforilados sob concentrações baixas de CO_2, eles são considerados integradores das respostas de luz e CO_2 nas células-guarda.

16.9 Respostas à radiação ultravioleta

Além de seus efeitos citotóxicos, a radiação UV-B pode desencadear uma gama de respostas fotomorfogênicas, algumas das quais estão listadas na **Tabela 16.4**. Os aumentos moderados nos níveis de UV-B podem acentuar o crescimento diferencial de plantas "amantes do sol" e demonstraram aumentar a brotação em choupos. O fotorreceptor responsável pelas respostas de desenvolvimento induzidas por UV-B, UVR8, é uma proteína em β-hélice com sete lâminas, que forma homodímeros funcionalmente inativos na ausência de radiação UV-B (**Figura 16.27**). Ao contrário do fitocromo, do criptocromo e da fototropina, o UVR8 carece de um cromóforo prostético. As duas subunidades idênticas do UVR8 estão ligadas no dímero por uma rede de pontes salinas formadas entre os resíduos de triptofano, que servem como os sensores primários de UV-B e resíduos de arginina próximos.

Ao absorverem fótons de UV-B, os resíduos de triptofano sofrem alterações estruturais que quebram as pontes salinas, o que leva à dissociação dos dois monômeros funcionalmente ativos. Os monômeros, então, interagem com os complexos COP1-SPA para ativar a expressão gênica, conforme ilustrado na **Figura 16.28**. Assim, embora atue como regulador negativo que objetiva fatores de transcrição para a degradação durante as respostas do fitocromo e do criptocromo (ver Figuras 16.14 e 16.18), o COP1-SPA atua como um regulador positivo durante a sinalização de UV-B mediante interação com a região C-terminal do UVR8 no núcleo. O complexo UVR8-COP1-SPA, então, ativa a transcrição de fatores de transcrição fotomorfogênicos, para controlar a expressão de muitos dos genes induzidos pelo UV-B. Estes incluem proteínas REPRESSOR OF UVR8 que mediam a reassociação de dímeros UVR8 inativos para reinicializar o sistema.

(A)

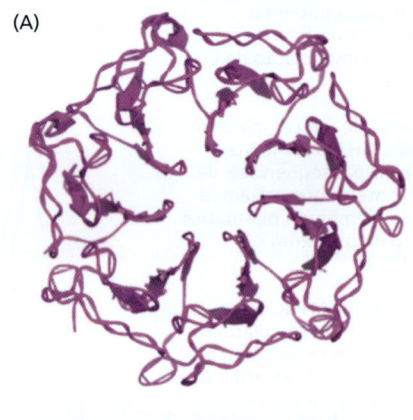

Estrutura em β-hélice com sete lâminas do monômero UVR8.

(B)

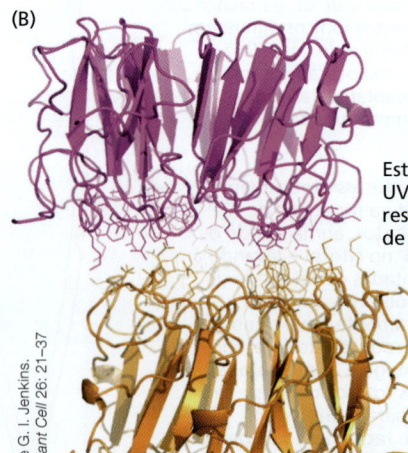

Estrutura do dímero UVR8 mostrando os resíduos na superfície de interação do dímero.

Figura 16.27 Estrutura do UVR8 e dimerização. (A) Vista da extremidade mostrando as sete lâminas da β-hélice. (B) Vista lateral do dímero UVR8 mostrando os resíduos de aminoácidos na superfície de interação.

Tabela 16.4 Respostas fotomorfogênicas à UV-B

Regulação gênica
Tolerância à UV-B
Biossíntese de flavonoides
Supressão do crescimento do hipocótilo
Expansão de folhas/células epidérmicas
Endorreduplicação em células epidérmicas
Densidade estomática
Sincronização do relógio circadiano
Aumento da eficiência fotossintética

Fonte: G. I. Jenkins. 2014. *Plant Cell* 26: 21–37.

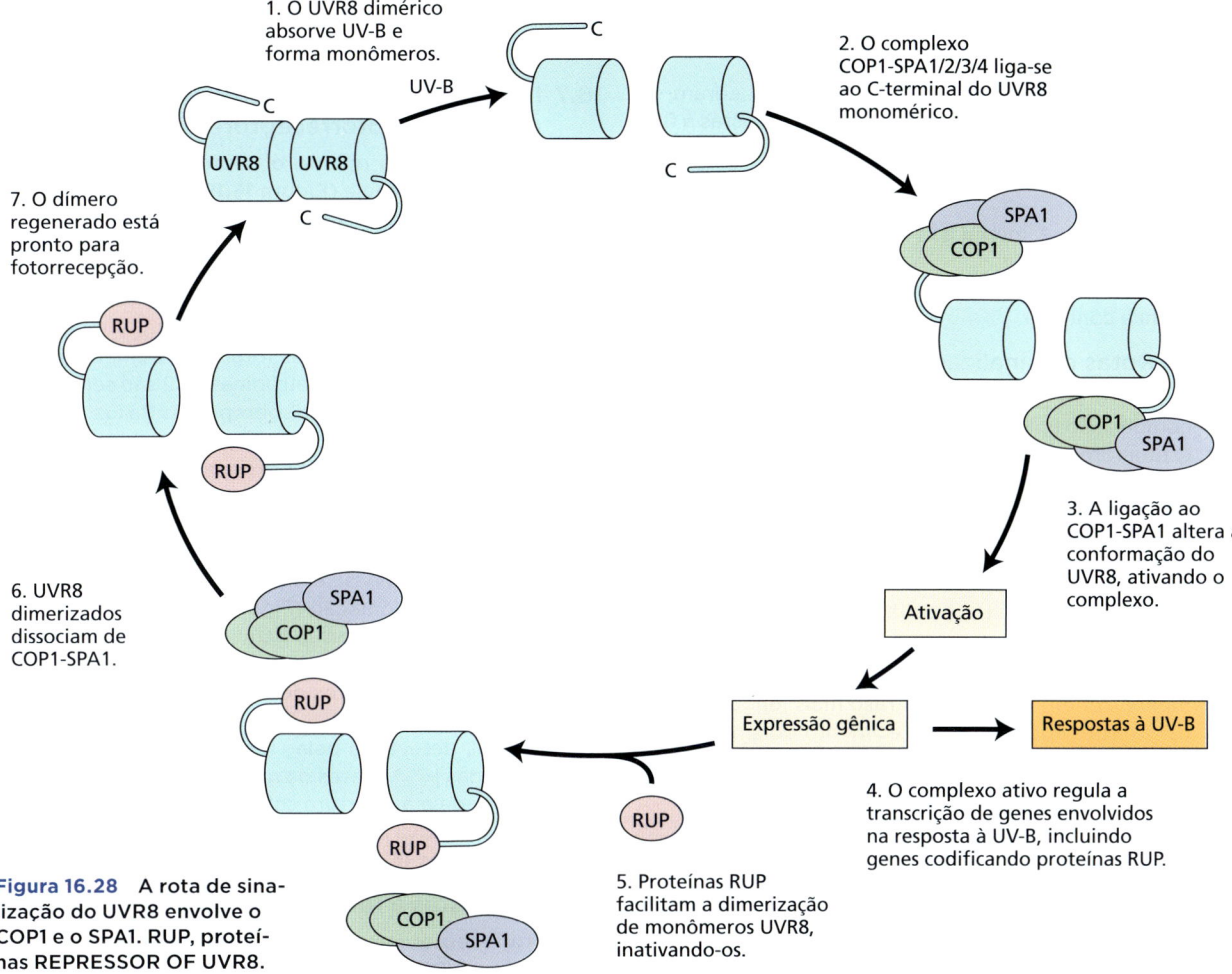

Figura 16.28 A rota de sinalização do UVR8 envolve o COP1 e o SPA1. RUP, proteínas REPRESSOR OF UVR8.

■ Resumo

Fotorreceptores, incluindo fitocromos, criptocromos e fototropinas, ajudam as plantas a regular os processos de desenvolvimento durante suas vidas, sensibilizando-as à luz incidente. Eles também iniciam processos de proteção em resposta à radiação nociva.

16.1 Fotorreceptores vegetais

- A luz solar regula os processos de desenvolvimento ao longo da vida da planta e fornece pistas direcionais e não direcionais para crescimento e movimento. A luz solar também contém radiação UV que pode danificar tecidos vegetais (**Figuras 16.1–16.4**).
- Os fitocromos (que absorvem as luzes vermelha e vermelho-distante), as fototropinas e os criptocromos (que absorvem a luz azul e a UV-A) são fotorreceptores sensíveis à quantidade, à qualidade e à duração da luz.
- Os espectros de ação e os espectros de absorção ajudam os pesquisadores a determinar quais comprimentos de onda da luz levam a fotorrespostas específicas (**Figuras 16.6, 16.7**).

- A fluência de luz e a irradiância também determinam se uma fotorresposta vai ocorrer.

16.2 Fitocromos

- O fitocromo é geralmente sensível às luzes vermelha e vermelho-distante, e exibe a capacidade de sofrer interconversão entre as formas Pr e Pfr.
- A forma fisiologicamente ativa do fitocromo é Pfr.
- A luz vermelha desencadeia mudanças conformacionais, tanto no cromóforo do fitocromo quanto na proteína (**Figuras 16.8–16.10**).
- O movimento do Pfr do citosol para o núcleo permite a transcrição regulada pelo fitocromo no núcleo (**Figuras 16.10, 16.11**).

16.3 Respostas do fitocromo

- As fotorrespostas exibem vários períodos de atraso (*lag times*, entre a exposição à luz e a resposta subsequente) e períodos de escape (*escape times*, em que a resposta só é reversível por determinado tempo).

Resumo

- As respostas iniciadas pelo fitocromo enquadram-se em uma de três categorias principais: respostas à fluência muito baixa (VLFRs), respostas à baixa fluência (LFRs) ou respostas à alta irradiância (HIRs) (**Figura 16.12**).
- O fitocromo A media as respostas à luz vermelho--distante contínua.
- O fitocromo B media as respostas à luz vermelha ou branca contínua.

16.4 Rotas de sinalização do fitocromo

- O fitocromo pode estar associado a mudanças na composição lipídica e nos potenciais de membrana.
- O fitocromo regula a expressão gênica por uma vasta gama de elementos modulares.
- O fitocromo em si pode ser fosforilado e desfosforilado.
- A fotomorfogênese induzida pelo fitocromo envolve degradação proteica (**Figuras 16.13, 16.14**).

16.5 Respostas à luz azul e fotorreceptores

- Em comparação com as respostas às luzes vermelha e vermelho-distante, as respostas à luz azul geralmente exibem tempos de atraso mais longos e mais persistente após o desaparecimento do sinal de luz (**Figuras 16.15, 16.19**).

16.6 Criptocromos

- A ativação do cromóforo flavina adenina dinucleotídeo (FAD) causa uma mudança conformacional no criptocromo, permitindo que ele se ligue a outros parceiros proteicos (**Figura 16.16**).
- O acúmulo de antocianina dependente de luz é regulado por cry1 em *Arabidopsis* (**Figura 16.17**).
- Homólogos do criptocromo 1, 2 e 3 têm efeitos diferentes de desenvolvimento e estão localizados de forma diferente do que os fitocromos.
- A ativação de fitocromos e de criptocromos pode inativar a COP1, para inibir a degradação da proteína e promover o acúmulo de fatores que levam à fotomorfogênese (compare as **Figuras 16.14, 16.18**).

16.7 Interações de criptocromos com outros fotorreceptores

- Tanto o fitocromo quanto o criptocromo inibem o alongamento do caule (**Figura 16.19**).
- O fitocromo interage com o criptocromo para regular o florescimento, e ambos os tipos de fotorreceptores são necessários para manter os ciclos circadianos.

16.8 Fototropinas

- Similar aos criptocromos, as fototropinas mediam as respostas à luz azul; as fototropinas 1 e 2 são sensíveis a intensidades diferentes e sobrepostas da luz azul.
- As fototropinas estão localizadas na membrana plasmática, e cada uma tem dois cromóforos mononucleotídeo de flavina (FMN) que podem induzir mudanças conformacionais (**Figuras 16.20, 16.21**).
- Quando as fototropinas são ativadas pela luz azul, seu domínio de quinase é "libertado" (*uncaged*), provocando autofosforilação (**Figura 16.22**).
- As fototropinas mediam o acúmulo de cloroplastos e as respostas de evitamento à luz fraca e forte via montagem de filamentos de actina F (**Figuras 16.23, 16.24**).
- A luz azul, detectada pelas fototropinas, provoca a ativação das H^+-ATPases da membrana plasmática e, por fim, regula a abertura estomática. No entanto, a quinase que ativa as H^+-ATPases ainda não foi identificada (**Figuras 16.25, 16.26**).

16.9 Respostas à radiação ultravioleta

- O fotorreceptor envolvido nas respostas à irradiação UV-B é o UVR8 (**Figura 16.27**).
- Ao contrário de outros fitocromos, criptocromos e fototropinas, o UVR8 carece de um cromóforo prostético e é ativado pela absorção de UV de resíduos discretos de triptofano.
- O UVR8 interage com o complexo COP1–SPA1 para ativar a transcrição de genes induzidos pela UV-B (**Figura 16.28**).

Material da internet

- **Tópico 16.1** *Mougeotia*: Um cloroplasto com um giro Experimentos com irradiação por microfeixes foram utilizados para localizar o fitocromo nessa alga verde filamentosa.
- **Tópico 16.2** Respostas de fitocromo e alta irradiância Experimentos de comprimento de onda duplo ajudaram a demonstrar o papel do fitocromo em HIRs.

Para mais recursos de aprendizagem (em inglês), acesse **oup.com/he/taiz7e**.

Leituras sugeridas

Burgie, E. S., Bussell, A. N., Walker, J. M., Dubiel, K., and Vierstra, R. D. (2014) Crystal structure of the photosensing module from a red/far-red light-absorbing plant phytochrome. *Proc. Natl. Acad. Sci. USA* 111: 10179–10184.

Christie, J. M., and Murphy, A. S. (2013) Shoot phototropism in higher plants: New light through old concepts. *Am. J. Bot.* 100: 35–46.

Christie, J. M., Kaiserli, E., and Sullivan, S. (2011) Light sensing at the plasma membrane. In *Plant Cell Monographs*, Vol. 19: *The Plant Plasma Membrane*, A. S. Murphy, W. Peer, and B. Schulz, eds., Springer-Verlag, Berlin, Heidelberg, pp. 423–443.

Hiyama, A., Takemiya, A., Munemasa S., Okuma, E., Sugiyama, N., Tada, Y., Murata, Y., and Shimazaki, K.-I. (2017) Blue light and CO2 signals converge to regulate light-induced stomatal opening. *Nat. Comm.* 8: 1284.

Inoue, S.-I., Takemiya, A., and Shimazaki, K.-I. (2010) Phototropin signaling and stomatal opening as a model case. *Curr. Opin. Plant Biol.* 13: 587–593.

Leivar, P., and Monte, E. (2014) PIFs: Systems integrators in plant development. *Plant Cell* 26: 56–78.

Liscum, E., Askinosie, S. K., Leuchtman, D. L., Morrow, J., Willenburg, K. T., and Coats, D. R. (2014) Phototropism: Growing towards an understanding of plant movement. *Plant Cell* 26: 38–55.

Rizzini, L., Favory, J.-J., Cloix, C., Faggionato, D., O'Hara, A., Kaiserli, E., Baumeister, R., Schäfer, E., Nagy, F., Jenkins, G. I., et al. (2011) Perception of UV-B by the *Arabidopsis* UVR8 protein. *Science* 332: 103–106.

Rockwell, R. C., Duanmu, D., Martin, S. S., Bachy, C., Price, D. C., Bhattachary, D., Worden, A. Z., and Lagarias, J. C. (2014) Eukaryotic algal phytochromes span the visible spectrum. *Proc. Natl. Acad. Sci. USA* 111: 3871–3876.

Swartz, T. E., Corchnoy, S. B., Christie, J. M., Lewis, J. W., Szundi, I., Briggs, W. R. and Bogomolni, R. A. (2001) The photocycle of a flavin-binding domain of the blue light photoreceptor phototropin. *J. Biol. Chem.* 276: 36493–36500.

Takala, H., Bjorling, A., Berntsson, O., Lehtivuori1, H., Niebling, S., Hoernke, M., Kosheleva, I., Henning, R., Menzel, A., Janne, A., et al. (2014) Signal amplification and transduction in phytochrome photosensors. *Nature* 509: 245–249.

Takemiya, A., Sugiyama, N., Fujimoto, H., Tsutsumi, T., Yamauchi, S., Hiyama, A., Tadao, Y., Christie, J. M., and Shimazaki, K.-I. (2013) Phosphorylation of BLUS1 kinase by phototropins is a primary step in stomatal opening. *Nat. Commun.* 4: 2094. doi: 10.1038/ncomms3094

Takemiya, A., Yamauchi, S., Yano, T., Ariyoshi, C., and Shimazaki, K.-I. (2013) Identification of a regulatory subunit of protein phosphatase 1, which mediates blue light signaling for stomatal opening. *Plant Cell Physiol.* 54: 24–35.

Wada, M. (2013) Chloroplast movement. *Plant Sci.* 210: 177–182.

Wang, Q., Zuo, Z. C., Wang, X., Gu, L. F., Yoshizumi, T., Yang, Z. H., Yang, L., Liu, Q., Liu, W., Han, Y. J., et al. (2016) Photoactivation and inactivation of Arabidopsis cryptochrome 2. *Science* 354: 343–347.

17 Dormência e germinação da semente e estabelecimento da plântula

As sementes são estruturas vegetais especializadas adaptadas para a dispersão da próxima geração esporofítica. As sementes são exclusivas das espermatófitas (plantas com sementes), que incluem as angiospermas e as gimnospermas. As sementes se desenvolvem a partir de óvulos, que antes da fecundação contêm os gametófitos femininos e onde, após a fecundação, ocorre a embriogênese (ver Capítulos 21 e 22). Os tecidos da semente ao redor do embrião fornecem alimentos armazenados durante a embriogênese e o desenvolvimento inicial da plântula. A semente também protege o embrião do meio ambiente depois que ela é liberada da planta-mãe. A compactação em embrião no interior da semente foi uma das muitas adaptações que liberaram a reprodução vegetal da dependência da água. Por isso, a evolução das plantas com sementes representa um importante acontecimento na adaptação das plantas à terra firme.

Este capítulo é iniciado com a descrição da estrutura e da composição de vários tipos de sementes. Neste capítulo, é feita a descrição dos processos de germinação da semente e estabelecimento da plântula – pela qual passa a produção das primeiras folhas fotossintetizantes e de um sistema radicular mínimo. Entre a embriogênese e a germinação, normalmente há um período de *maturação da semente* que culmina na *quiescência*, um estado não germinativo caracterizado por uma taxa metabólica reduzida, após a qual a semente é liberada da planta-mãe. A quiescência garante que a germinação seja retardada até que a semente chegue ao solo, onde pode receber a água e o oxigênio necessários para o crescimento da plântula. Embora algumas sementes tenham a capacidade de germinar assim que amadurecem, outras permanecem em um estado conhecido como *dormência* e requerem um tratamento adicional ou desencadeador, como luz, resfriamento ou abrasão física, antes de poderem germinar. Para muitas culturas agrícolas, isso não é um problema, porque a seleção humana visando à germinação rápida das sementes resultou na perda gradual de genes indutores de dormência.

Quando uma semente começa a germinar, suas reservas de alimentos são mobilizadas para sustentar o crescimento da plântula emergente. É produzida uma ampla variedade de enzimas que degradam as proteínas, os lipídeos e o amido armazenados na semente. Os hormônios desempenham um papel importante na coordenação dos processos de germinação e mobilização de alimentos.

Posteriormente neste capítulo, são analisados os processos envolvidos no crescimento contínuo da planta. Isso inclui a fotomorfogênese (desenvolvimento induzido pela luz), o desenvolvimento de um sistema vascular em funcionamento e os mecanismos que regulam a taxa de crescimento. Finalmente, discutimos as respostas diferenciais de crescimento que permitem à planta atuar em seu ambiente, incluindo gravitropismo e fototropismo, os processos pelos quais as plantas se orientam à gravidade e à luz.

■ 17.1 Estrutura da semente

Embora este capítulo focalize as sementes de angiospermas em razão de sua extraordinária diversidade e da relevância para a agricultura, é importante apreciar as diferenças entre as sementes de angiospermas e gimnospermas, que são discutidas no **Tópico 17.1 na internet**. Todas as sementes contêm três características estruturais básicas: um embrião, o tecido de armazenamento de alimentos e uma camada externa protetora de células mortas chamada **casca da semente** (ou **testa**).

O embrião consiste em eixo embrionário, que é composto por **radícula** ou raiz embrionária; **hipocótilo**, ao qual um ou dois **cotilédones** são aderidos; e **ápice caulinar**, que sustenta a **plúmula**, ou primeiro primórdio foliar. Nas angiospermas, o tecido de armazenamento de nutrientes que alimenta o embrião em crescimento é o endosperma triploide que resulta da fecundação dupla (ver Capítulo 21). Em algumas espécies de angiospermas, a casca da semente é fundida à parede do fruto, ou **pericarpo**, que é derivado da parede do ovário. Nos cereais, os pericarpos se unem à casca da semente, tecnicamente produzindo esses frutos "sementes", que serão chamados de sementes ao longo do livro. A **Figura 17.1** mostra uma diversidade de sementes bem conhecidas, além de frutos com aparência de semente.

A anatomia da semente varia amplamente entre diferentes grupos de plantas

Apesar de suas características comuns, as sementes variam muito em tamanho, desde as de dimensões minúsculas

Figura 17.1 Sementes e frutos semelhantes a sementes. (A–D) Sementes verdadeiras. (A) Colza (*Brassica napus*). (B) Castanha-do-pará (*Bertholletia excelsa*). (C) Grão de café (*Coffea* sp.). (D) Coco (*Cocos nucifera*). (E–I) Frutos indeiscentes secos simples. (E) Sâmara, um aquênio alado, de ácer (*Acer* sp.). (F) Achene de morango (*Fragaria* sp.). (G) Cariopses, de trigo e outros cereais (p. ex., *Triticum* spp.). (H) Bolota, fruto do carvalho (*Quercus* sp.). (I) Cipsela, um aquênio com 2 carpelos, de girassol e outras Asteraceae (p. ex., *Helianthus* spp.). As cariopses (de monocotiledôneas) e as cipselas (de Asteraceae) são rotineiramente chamadas de sementes.

encontradas em orquídeas, pesando 1 μg, até as enormes sementes do coco-do-mar (*Lodoicea maldivica*), que podem atingir 30 cm de comprimento e pesar 20 kg. Apesar da simplicidade do embrião e do número limitado de tecidos que o circundam, a anatomia da semente exibe uma considerável diversidade entre os diferentes grupos de plantas.

As sementes podem ser categorizadas amplamente como endospérmicas e não endospérmicas, dependendo da presença ou ausência de um endosperma triploide bem formado na maturidade. A **Figura 17.2** mostra exemplos representativos de ambas as categorias. Por exemplo, sementes de beterraba são não endospérmicas, pois o endosperma triploide é bastante utilizado durante o desenvolvimento do embrião. Ao contrário, o perisperma e os cotilédones de reserva servem como fontes fundamentais de nutrientes durante a germinação. O **perisperma** é derivado do nucelo, o tecido materno que origina o rudimento seminal (ver Capítulo 21). Em geral, sementes de feijoeiro (*Phaseolus vulgaris*) e sementes de outras leguminosas também são não endospérmicas, dependendo da reserva de seus cotilédones, que constituem a maior parte da semente,

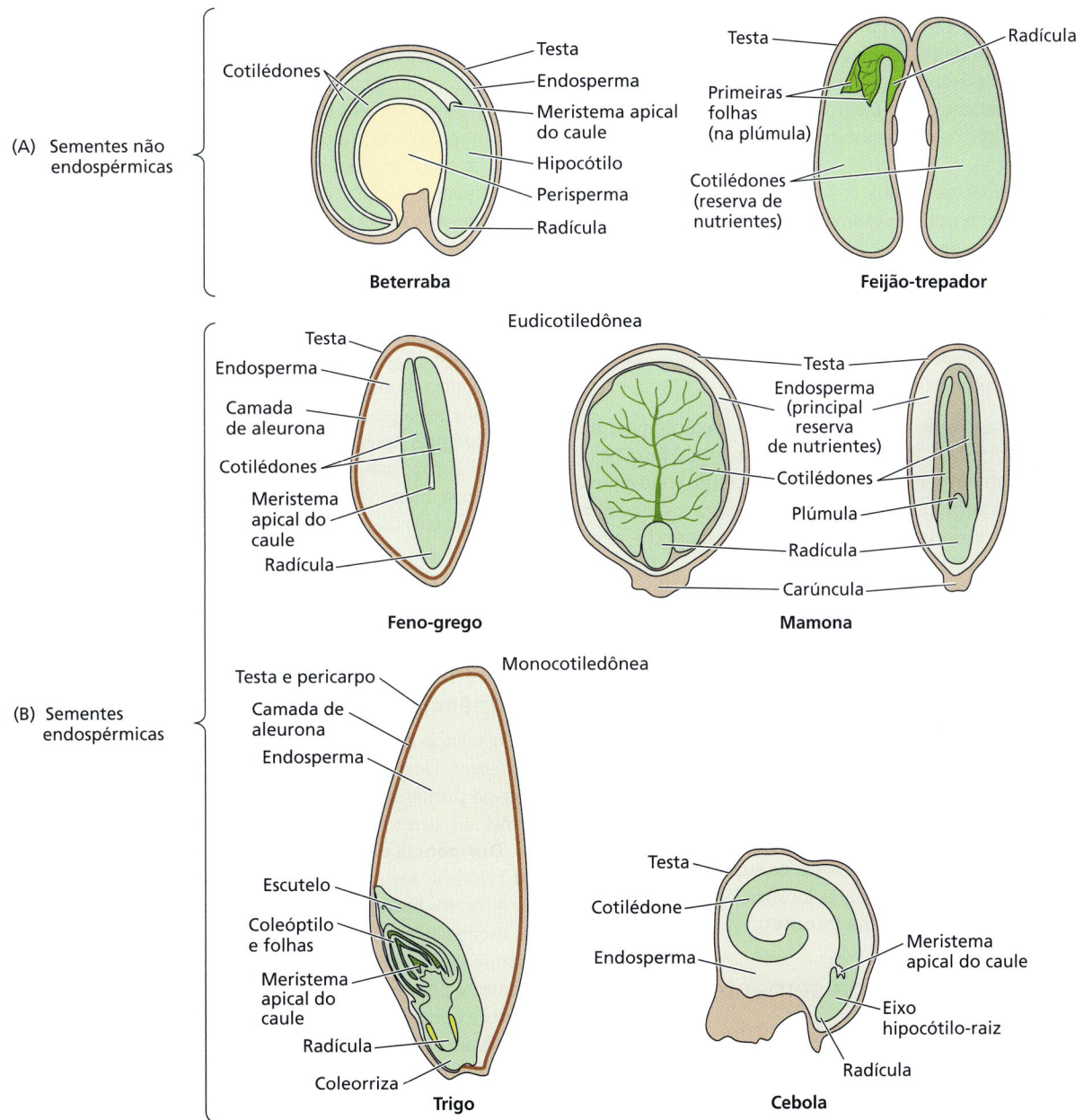

Figura 17.2 Estruturas de sementes. Estrutura de sementes não endospérmicas (A) e sementes endospérmicas (B).

para suas reservas de nutrientes. Por outro lado, as sementes de mamona (*Ricinus communis*), cebola (*Allium cepa*), trigo (*Triticum* spp.) e milho (*Zea mays*) são todas endospérmicas.

Mantendo seu papel como um tecido de reserva de nutrientes, o endosperma é rico em amido, lipídeos e proteínas. Alguns tecidos do endosperma têm paredes celulares espessas que se rompem durante a germinação, liberando uma diversidade de açúcares. A camada mais externa do endosperma em algumas espécies diferencia-se em um tecido secretor especializado com paredes primárias espessas denominado *camada de aleurona*, chamado assim porque é composto de células preenchidas com **vacúolos com reserva de proteína** (**PSVs**, *protein storage vacuoles*), originalmente denominados *grãos de aleurona* (ver Figura 1.23). Como será visto na Seção 17.5, a camada de aleurona tem um papel importante na regulação da dormência em certas sementes de eudicotiledôneas. Em sementes de trigo e de outros representantes de Poaceae (família das gramíneas), as camadas secretoras de aleurona são também responsáveis pela mobilização de reservas nutricionais armazenadas durante a germinação.

Os embriões dos grãos dos cereais são altamente especializados e merecem um exame mais cuidadoso em razão de sua importância agrícola e porque têm sido utilizados como sistemas-modelo para estudar a regulação hormonal da mobilização de reservas durante a germinação. Estruturas embrionárias especializadas são encontradas em sementes da família das gramíneas e são discutidas no Capítulo 22. Isso inclui as seguintes estruturas (ver Figura 17.2B):

- O cotilédone único foi modificado por evolução para formar um órgão de absorção, o **escutelo**, o qual forma a interface entre o embrião e o tecido amiláceo do endosperma. Durante a germinação, os açúcares mobilizados do endosperma são absorvidos pelo escutelo e transportados para o embrião propriamente dito.
- A bainha basal do escutelo alongou-se para formar o **coleóptilo**, que cobre e protege as primeiras folhas enquanto a parte aérea está crescendo no solo.
- A base do hipocótilo alongou-se para formar uma bainha protetora denominada **coleorriza**, situada ao redor da radícula.
- Em alguns membros da família das gramíneas, como o milho, o hipocótilo superior foi modificado para formar um **mesocótilo** (não mostrado na Figura 17.2B). Durante o desenvolvimento da plântula, o crescimento do mesocótilo auxilia a elevação da parte aérea na superfície do solo, em especial no caso de sementes localizadas mais profundamente (ver **Tópico 17.2 na internet**).

■ 17.2 Dormência da semente

Durante a germinação da semente, o embrião desidrata e entra em uma fase quiescente. A germinação da semente requer reidratação e pode ser definida como a retomada do crescimento do embrião na semente madura. O processo de germinação abrange todos os eventos que acontecem entre o início da *embebição* (umedecimento) da semente seca (discutida na Seção 17.4, no contexto da germinação da semente) e a *emergência* do embrião, em geral começando com a radícula, a partir das estruturas que o circundam. A conclusão bem-sucedida da germinação depende das mesmas condições ambientais do crescimento vegetativo (ver Capítulo 18): água e oxigênio devem estar disponíveis e a temperatura deve estar na *faixa fisiológica* (ou seja, na faixa que não inibe os processos fisiológicos). Contudo, uma semente viável (vivente) pode não germinar mesmo se as condições ambientais forem satisfeitas, um fenômeno conhecido como **dormência da semente**. A dormência de sementes é um bloqueio temporal intrínseco ao início da germinação que fornece tempo adicional para a dispersão delas em distâncias maiores. Isso também maximiza a sobrevivência da plântula por meio da inibição da germinação sob condições desfavoráveis. *Os bancos de sementes* são repositórios onde as sementes são armazenadas em condições que mantêm a dormência e a viabilidade. Um banco de sementes pode compreender um repositório natural (como o solo) ou um repositório artificial construído pelos seres humanos.

Sementes maduras em geral têm menos de 0,1 g de água g^{-1} massa seca no momento da queda. Como uma consequência da desidratação, o metabolismo quase cessa e a semente entra em um estado de quiescência ("repouso"). Em alguns casos, a semente torna-se dormente também. Ao contrário da **quiescência da semente**, definida como a falha em germinar devido à falta de água, O_2 ou temperatura adequada para o crescimento, a dormência da semente requer tratamentos ou sinais adicionais para que a germinação ocorra.

Diferentes tipos de dormência da semente podem ser distinguidos com base na época do desenvolvimento em que a dormência inicia. Sementes maduras recém-dispersas que não germinam em condições favoráveis exibem **dormência primária**. Assim que a dormência primária foi perdida, sementes não dormentes podem adquirir **dormência secundária**, se expostas a condições desfavoráveis que inibem a germinação por um período de tempo prolongado (ver **Tópico 17.3 na internet**).

Existem dois tipos básicos de mecanismos de dormência de sementes: exógeno e endógeno

A dormência das sementes pode ter mecanismos físicos e fisiológicos. De acordo com um esquema de classificação, a dormência primária da semente pode ser dividida em dois tipos principais, *dormência exógena* e *dormência endógena*.

Dormência exógena, ou **dormência imposta pela casca**, refere-se aos efeitos inibitórios físicos da casca da semente ou de outros tecidos envolventes, como endosperma, pericarpo ou órgãos extraflorais, no crescimento do embrião durante a germinação. Os embriões de tais sementes germinam prontamente na presença de água e oxigênio assim que a casca da semente e outros tecidos circundantes tenham sido removidos ou danificados. Existem diversas maneiras pelas quais as cascas das sementes podem impor dormência ao embrião:

- *Impermeável à água.* Esse tipo de dormência imposta pela casca é comum em plantas encontradas em regiões áridas e semiáridas, em especial entre as leguminosas, como trevo (*Trifolium* spp.) e alfafa (*Medicago* spp.). O exemplo clássico é a semente da flor-de-lótus (*Nelumbo nucifera*), que sobreviveu até 1.200 anos por causa da impermeabilidade de suas cascas. Cutículas cerosas, camadas suberizadas e paredes celulares de camadas paliçádicas consistindo em escleréides lignificadas combinam-se para restringir a penetração da água na semente. Esse tipo de dormência pode ser quebrado por escarificação mecânica ou química. No ambiente selvagem, a passagem pelo trato digestório dos animais pode causar escarificação química.

- *Interferência na troca de gás*. A dormência em algumas sementes pode ser superada por atmosferas ricas em oxigênio, sugerindo que a casca da semente e outros tecidos circundantes limitam o suprimento de oxigênio ao embrião. Na mostarda silvestre (*Sinapis arvensis*), a permeabilidade da casca da semente ao oxigênio é menor do que a permeabilidade à água em um fator de 10^4. Em outras sementes, reações oxidativas envolvendo compostos fenólicos na casca da semente podem consumir grandes quantidades de oxigênio, reduzindo a disponibilidade desse gás ao embrião.

- *Limitação mecânica*. O primeiro sinal visível da germinação em geral é a radícula (raiz embrionária) transpondo suas estruturas circundantes, como o endosperma, se presente, e a casca da semente. Em alguns casos, entretanto, o endosperma com parede espessa pode ser demasiadamente rígido para a raiz penetrar, como em *Arabidopsis*, tomateiro, cafeeiro e tabaco. Para tais sementes completarem a germinação, as paredes celulares do endosperma devem ser enfraquecidas pela produção de enzimas que as degradam, em especial onde a radícula emerge.

- *Retenção de inibidores*. Sementes dormentes com frequência contêm metabólitos secundários, incluindo ácidos fenólicos, taninos e cumarinas; lavagens repetidas com água de tais sementes com frequência promovem a germinação. A casca da semente pode impor dormência impedindo o escape de inibidores da própria semente, ou a casca da semente pode produzir inibidores que se difundem no embrião.

A **dormência endógena**, também conhecida como **dormência do embrião**, refere-se à dormência que é intrínseca à semente e não se deve a qualquer influência física ou química da sua casca ou de outros tecidos circundantes. A dormência endógena é regulada pela razão entre os hormônios ácido abscísico (ABA) e giberelina (GA) (discutida no final desta seção) e pode ser devida à interrupção da embriogênese, resultando em embriões pequenos e imaturos (ver **Tópico 17.4 na internet**) ou à falta de disponibilidade de sacarose no eixo embrionário, como na maçã (*Malus domestica*). A dormência endógena é normalmente induzida pelo ABA no final da embriogênese. Sementes totalmente maduras requerem ABA endógeno para a regulação e manutenção da dormência primária após a embebição da semente seca. Por exemplo, em sementes de *Arabidopsis*, alface, cevada e tabaco, o grau de dormência se correlaciona com a concentração de ABA endógeno em sementes embebidas, em vez de em sementes secas. Depois que a dormência foi quebrada, a semente é capaz de germinar sob uma gama de condições permissíveis para um genótipo em particular.

Sementes não dormentes podem exibir viviparidade e germinação precoce

Em algumas espécies, as sementes maduras não somente carecem de dormência, mas também germinam enquanto ainda estão na planta-mãe, um fenômeno conhecido como **viviparidade**. A viviparidade é extremamente rara em angiospermas e é bastante restrita aos mangues e a outras plantas crescendo em ecossistemas estuarinos ou ripários nos trópicos e subtrópicos. Um exemplo bem conhecido de uma espécie vivípara é o mangue-vermelho (*Rhizophora mangle*) (**Figura 17.3**). As sementes dessas espécies germinam enquanto dentro do fruto e produzem um propágulo semelhante a um dardo que pode cair da árvore e se enraizar na lama circundante.

A germinação das sementes maduras fisiologicamente na planta-mãe é conhecida como **germinação pré-colheita** e é característica de algumas plantas produtoras de grãos quando amadurecem sob clima úmido (**Figura 17.4A**). A germinação pré-colheita nos cereais (p. ex., trigo, cevada, arroz e sorgo) reduz a qualidade do grão e causa sérias perdas econômicas. No milho, mutantes *vivíparos* (*vp*) têm sido selecionados para a

Figura 17.3 Viviparidade em uma planta de manguezal. Sementes vivíparas do mangue-vermelho (*Rhizophora mangle*).

(A)  (B)

Figura 17.4 Viviparidade em plantas cultivadas. Germinação pré-colheita em trigo (*Triticum aestivum*) (A) e milho (*Zea mays*) (B). Para ambas as espécies, espiguetas e espigas que não germinam, respectivamente, são mostradas à direita para comparação.

germinação dos embriões diretamente na espiga enquanto aderidos à planta-mãe (**Figura 17.4B**). Vários desses mutantes são deficientes em ABA e um é insensível ao ABA, impossibilitando a dormência normal mediada pelo ABA. A viviparidade nos mutantes deficientes em ABA pode ser parcialmente inibida pelo tratamento exógeno com ABA. A viviparidade no milho também requer a biossíntese de GA precocemente na embriogênese, como um sinal positivo para induzir a germinação; mutantes duplos deficientes em GA e ABA não exibem viviparidade. Isso mostra que a germinação é regulada pela razão ABA:GA, não pela quantidade real de ABA.

A razão ABA:GA é o primeiro determinante da dormência embrionária da semente

Há muito tempo se sabe que o ABA exerce um efeito inibitório sobre a germinação da semente, enquanto a GA exerce um efeito positivo. De acordo com a **teoria do balanço hormonal**, a razão desses dois hormônios serve como um determinante primário da dormência e da germinação da semente. As atividades hormonais relativas de ABA e GA na semente dependem de dois fatores principais: as quantidades de cada hormônio presente nos tecidos-alvo e a capacidade dos tecidos-alvo para detectar e responder a cada um dos hormônios. A sensibilidade hormonal, por sua vez, é determinada pelas rotas de sinalização hormonal nos tecidos-alvo (**Figura 17.5**).

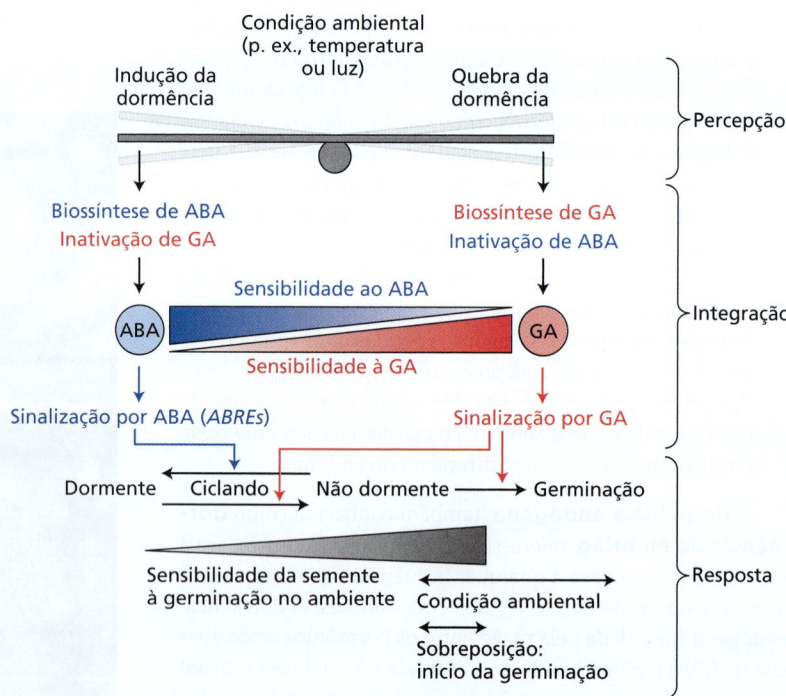

Figura 17.5 Modelo para regulação por ABA e giberelina (GA) da dormência e da germinação em resposta aos fatores ambientais. Os fatores ambientais, como a temperatura, afetam as razões ABA:GA e a capacidade de resposta do embrião a esses hormônios. Na dormência, a GA é inativada e a biossíntese e a sinalização de ABA predominam. Na transição para germinação, o ABA é inativado e a biossíntese e a sinalização de GA predominam. A interação complexa entre o metabolismo e a sensibilidade ao ABA e à GA em resposta às condições ambientais pode resultar na ciclização entre estados dormentes e não dormentes (ciclização da dormência). A germinação pode avançar para conclusão quando as condições ambientais favoráveis e a não dormência coincidem. (Segundo W. E. Finch-Savage and Leubner-Metzger. 2006. *New Phytol.* 171: 501–523.)

As quantidades de ABA e GA são determinadas por suas taxas relativas de biossíntese *versus* inativação (ver Capítulo 4 e **Apêndice 3 na internet**). O equilíbrio entre as rotas de biossíntese e inativação é regulado pela ação de fatores de transcrição. Conforme discutido na Seção 17.3, certos fatores ambientais podem alterar o equilíbrio ABA:GA nas sementes e, assim, estimular a germinação. Certos tratamentos, como a *pós-maturação*, podem promover a germinação reduzindo as concentrações de ABA, enquanto outros tratamentos, como o resfriamento (ou *estratificação*), podem promover a germinação pelo aumento da biossíntese de GA (ver Figura 17.5). A pós-maturação e a estratificação são discutidas com mais detalhes posteriormente na Seção 17.3.

Outro fator que parece regular a dormência da semente é a sensibilidade relativa do embrião ao ABA e à GA. De acordo com um modelo recente, a sensibilidade hormonal do embrião está sob controle ambiental e de desenvolvimento (ver Figura 17.5). Durante os estágios iniciais de desenvolvimento da semente, a sensibilidade ao ABA é alta e a sensibilidade à GA é baixa, o que favorece a dormência em relação à germinação. Mais tarde no desenvolvimento da semente, a sensibilidade ao ABA declina e a sensibilidade à GA aumenta, o que favorece a germinação. Ao mesmo tempo, a semente torna-se progressivamente mais sensível aos estímulos ambientais, como temperatura e luz, que podem tanto estimular quanto inibir a germinação.

O ABA e a GA não são os únicos hormônios que regulam a dormência da semente. O etileno e os brassinosteroides reduzem a capacidade do ABA de inibir a germinação, aparentemente pela rota de transdução de sinal do ABA. O ABA também inibe a biossíntese de etileno, enquanto os brassinosteroides a aumentam. Por isso, as redes hormonais provavelmente estão envolvidas na regulação da dormência da semente, como estão na regulação da maioria dos outros fenômenos do desenvolvimento.

■ 17.3 Liberação da dormência

A quebra da dormência envolve uma mudança no estado metabólico da semente que possibilita ao embrião reiniciar o crescimento. Como a germinação é um processo irreversível que leva a semente a crescer em uma plântula, muitas espécies desenvolveram mecanismos sofisticados para perceber as melhores condições para que isso ocorra. Muitas vezes, existem componentes sazonais para a "decisão" final de uma semente germinar, como nos exemplos de dormência secundária observados anteriormente no **Tópico 17.3 na internet**. Nesta seção, são discutidos alguns dos estímulos ambientais que provocam a liberação da dormência. Embora cada sinal externo seja discutido em separado, as sementes na natureza necessitam integrar suas respostas aos múltiplos fatores ambientais, percebidos simultaneamente ou em sucessão.

Como a razão ABA:GA exerce um papel tão decisivo na manutenção da dormência da semente, acredita-se que as condições ambientais que quebram a dormência fundamentalmente ativam redes genéticas que afetam o equilíbrio entre as respostas ao ABA e à GA. Essa hipótese é coerente com o fato de que o tratamento de sementes com GA muitas vezes pode substituir um sinal ambiental positivo na quebra da dormência.

A luz é um sinal importante que quebra a dormência nas sementes pequenas

Muitas sementes têm uma necessidade de luz para a germinação (denominada *fotoblastia*) que pode envolver apenas uma exposição breve, como no caso do cultivar "Grand Rapids" de alface (*Lactuca sativa*); um tratamento intermitente (p. ex., suculentas do gênero *Kalanchoe*); ou mesmo um fotoperíodo específico envolvendo dias longos e curtos. Por exemplo, sementes de bétula (*Betula* spp.) necessitam de dias longos (16 h de luz) para germinar, enquanto sementes de cicuta oriental (*Tsuga canadensis*, uma conífera) requerem dias curtos. O fitocromo, que percebe comprimentos de onda do vermelho (R) e vermelho-distante (FR) (ver Capítulo 16), é o sensor primário para a germinação regulada por luz. Todas as sementes que necessitam de luz exibem dormência imposta pela casca, e a remoção da casca e do endosperma permite o alongamento da radícula (raiz embrionária) na ausência de luz. O efeito que a luz tem no embrião é, portanto, permitir à radícula penetrar no endosperma, um processo facilitado em algumas espécies pelo enfraquecimento enzimático das paredes celulares na região micropilar, adjacente à radícula.

A luz é necessária para a germinação de sementes pequenas de numerosas espécies herbáceas e campestres, muitas das quais permanecem dormentes se estiverem enterradas abaixo da profundidade na qual a luz penetra no solo. Mesmo quando tais sementes estão na superfície do solo ou próximas a ela, a quantidade de sombra do dossel da vegetação (i.e., a razão R:FR que a semente recebe) provavelmente afeta a germinação. No Capítulo 19, são abordados os efeitos da razão R:FR em relação ao fenômeno de evitação da sombra.

Algumas sementes requerem ou resfriamento ou pós-maturação para quebrar a dormência

Muitas sementes necessitam de um período de temperatura baixa (1–10 °C) para germinar. Em espécies adaptadas a climas temperados, essa demanda tem um valor de sobrevivência óbvio, pois tais sementes não germinarão no outono, mas na primavera subsequente. O resfriamento de sementes para quebrar sua dormência é denominado **estratificação**, nome dado à prática agrícola de hibernar sementes dormentes em montes estratificados de solo ou areia úmida. Hoje, as sementes são simplesmente estocadas úmidas em um refrigerador. A estratificação adicionou o benefício de sincronizar a germinação, assegurando que as plantas amadurecerão ao mesmo tempo. A **Figura 17.6A** demonstra o efeito do resfriamento sobre a germinação da semente. Sementes intactas necessitam de 80 dias de resfriamento para germinação máxima, ao passo que embriões isolados exibem germinação máxima após aproximadamente 50 dias. Por isso, a presença dos tecidos envolventes (casca e endosperma) aumenta a necessidade de resfriamento do embrião em cerca de 30 dias.

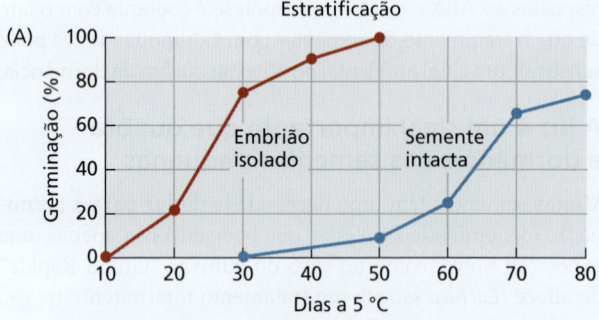

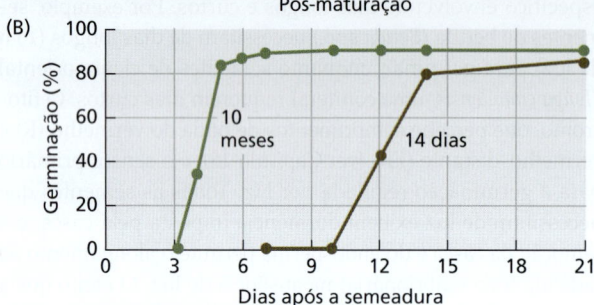

Figura 17.6 A dormência da semente pode ser superada pela estratificação ou pós-maturação. (A) Liberação de sementes de maçã pela estratificação ou pelo resfriamento úmido. Sementes embebidas foram armazenadas a 5 °C e removidas periodicamente para testar as sementes ou os embriões isolados para germinação. A germinação de sementes intactas (definida como emergência da radícula) foi significativamente retardada, em comparação com a de embriões isolados (definida como alongamento da radícula). (B) Efeito da pós-maturação na germinação de sementes de *Nicotiana plumbaginifolia*. A pós-maturação por 10 meses ou mais acelerou consideravelmente a germinação, em comparação com a pós-maturação por somente 14 dias. (Segundo J. D. Bewley et al. 2013. In *Seeds: Physiology of Development, Germination, and Dormancy*, 3rd edition. Springer, New York.; B segundo P. Grappin et al. 2000. *Planta* 2010: 279–285.)

Algumas sementes necessitam de um período **pós-maturação**, ou seja, uma estocagem seca à temperatura ambiente, antes que possam germinar. A duração da necessidade da pós-maturação pode ser tão curta quanto algumas semanas (p. ex., cevada, *Hordeum vulgare*) ou tão longa quanto cinco anos (p. ex., labaça-crespa, *Rumex crispus*). No campo, a pós-maturação deve ocorrer nas plantas de inverno em que a dormência é quebrada pelas altas temperaturas de verão, permitindo às sementes germinarem no outono. Ao contrário, o resfriamento úmido durante os meses frios do inverno é eficaz em muitas plantas de verão. A pós-maturação de sementes de culturas hortícolas e agrícolas geralmente é realizada em fornos especiais para secagem que mantêm a temperatura e a aeração apropriadas e fornecem condições de umidade baixa.

O efeito da duração da pós-maturação sobre a germinação das sementes de *Nicotiana plumbaginifolia* é mostrado na **Figura 17.6B**. Sementes pós-maturadas por somente 14 dias iniciaram a germinação depois de cerca de 10 dias de umedecimento, enquanto a pós-maturação de sementes por 10 meses iniciou a germinação depois de três dias apenas. As sementes são consideradas "secas" quando seu conteúdo de água cai para menos de 20%. Entretanto, se as sementes tornam-se muito secas (5% de água ou menos), a eficácia da pós-maturação é diminuída. Em muitas espécies, as concentrações de ABA diminuem durante a pós-maturação, e mesmo um pequeno declínio pode ser suficiente para quebrar a dormência. Por exemplo, em sementes de *N. plumbaginifolia*, a concentração de ABA decresce em cerca de 40% durante a pós-maturação. Em geral, a pós-maturação promove uma diminuição na concentração e sensibilidade de ABA e um aumento na concentração e sensibilidade de GA.

A dormência da semente pode ser quebrada por diversos compostos químicos

Numerosas substâncias químicas, como inibidores respiratórios, compostos sulfídricos, oxidantes e compostos nitrogenados, têm sido relatadas por quebrar a dormência em determinadas espécies. Entretanto, somente algumas dessas substâncias químicas ocorrem naturalmente no ambiente. Dessas moléculas, o nitrato, com frequência em combinação com a luz, provavelmente é a mais importante. Algumas plantas, como a erva-rinchão (*Sysymbrium officinale*), têm uma exigência absoluta de nitrato e luz para a germinação da semente. Outro agente químico que pode quebrar a dormência é o óxido nítrico (NO), uma molécula sinalizadora que também funciona em múltiplas respostas ao estresse (ver Capítulo 15). Mutantes incapazes de sintetizar NO exibem germinação reduzida, e o efeito pode ser revertido pelo tratamento das sementes com NO exógeno. Outro forte estimulante químico da germinação da semente em muitas espécies sob condições naturais é a fumaça, que é produzida durante as queimadas das florestas. Provavelmente, a fumaça contém múltiplos estimulantes da germinação; um dos mais ativos é a **carriquinolida**, um membro da classe carriquina de moléculas, que se assemelha estruturalmente às estrigolactonas, hormônios vegetais (ver Capítulo 4).

Nos três exemplos, os estimulantes químicos parecem quebrar a dormência pelo mesmo mecanismo básico: por regulação negativa da biossíntese ou a sinalização por ABA, e por regulação positiva da síntese ou a sinalização por GA, alterando, portanto, a razão ABA:GA.

■ 17.4 Germinação da semente

A **germinação** é o processo que inicia com a absorção de água pela semente seca e termina com a emergência do eixo embrionário, em geral a radícula, a partir de seus tecidos circundantes. Estritamente falando, a germinação termina com a emergência da radícula e não inclui o crescimento subsequente da plântula. A rápida mobilização das reservas de nutrientes que estimula o crescimento inicial da plântula é iniciada durante a germinação.

A germinação requer quantidades adequadas de água, temperatura, oxigênio e, com frequência, luz e nitrato. Desses, a água é o fator mais essencial. O conteúdo de água de sementes secas e maduras está entre 5 e 15%, bem abaixo do limiar necessário para o metabolismo completamente ativo. Além disso,

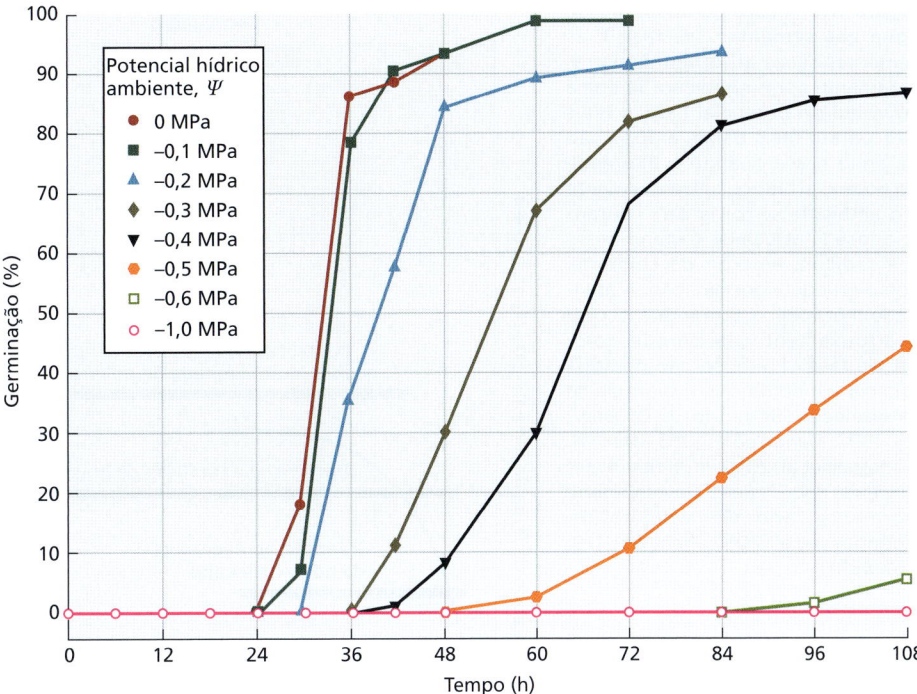

Figura 17.7 Curso do processo da germinação de sementes do tomate em diferentes potenciais hídricos ambientais. (Segundo G. Leubner [seedbiology.de] and A. Liptay and P. Schopfer. 1983. *Plant Physiol.* 73: 935-938.)

a absorção de água é necessária para gerar a pressão de turgor que potencializa a expansão celular, a base do crescimento e do desenvolvimento vegetativo. Como foi discutido no Capítulo 6, a absorção de água é impulsionada pelo gradiente no potencial hídrico (Ψ) do solo para a semente. Por exemplo, a incubação de sementes de tomate em um alto potencial hídrico no ambiente ($\Psi = 0$ MPa) permite 100% de germinação, ao passo que a incubação em um baixo potencial hídrico no ambiente ($\Psi = -1,0$ MPa), que anula o gradiente no potencial hídrico, suprime completamente a germinação (**Figura 17.7**).

A germinação e a pós-germinação podem ser divididas em três fases correspondentes às fases de absorção da água

Sob condições normais, a absorção de água pela semente é trifásica (**Figura 17.8**):

- *Fase I.* As sementes secas absorvem água rapidamente pelo processo de embebição.
- *Fase II.* A absorção de água pela embebição declina e os processos metabólicos, incluindo a transcrição e a tradução, são reiniciados. O embrião expande, e a radícula emerge da casca da semente.
- *Fase III.* A absorção de água recomeça devido a um decréscimo no Ψ à medida que a plântula cresce, e as reservas de nutrientes das sementes são completamente mobilizadas.

A absorção inicial rápida de água pela semente seca durante a fase I é referida como **embebição**, para distinguir da absorção de água durante a fase III. Embora o gradiente de potencial hídrico impulsione a absorção de água em ambos os casos, as causas dos gradientes são diferentes. Na semente seca, o **potencial matricial** (Ψ_m) componente da equação do potencial hídrico baixa o Ψ e cria o gradiente. O potencial matricial surge da ligação da água a superfícies sólidas, como os microcapilares das paredes celulares e superfícies de proteínas e outras macromoléculas (ver Capítulo 5). A reidratação das macromoléculas celulares ativa os processos metabólicos basais, incluindo a respiração, a transcrição e a tradução.

A embebição cessa quando todos os sítios de ligação potenciais da água se tornarem saturados, e o Ψ_m torna-se menos negativo. Durante a fase II, a taxa de absorção de água diminui até que o gradiente de potencial hídrico seja restabelecido. A fase II pode, assim, ser imaginada como uma fase preparatória que precede o crescimento, durante a qual o potencial do soluto (Ψ_s) do embrião torna-se gradualmente mais negativo devido à decomposição das reservas nutricionais estocadas e à liberação de solutos ativos osmoticamente. O volume da semente pode aumentar, rompendo sua casca. Ao mesmo tempo, funções metabólicas adicionais iniciam, como a reestruturação do citoesqueleto e a ativação de mecanismos de reparo do DNA.

A emergência da radícula através da casca da semente na fase II marca o final do processo de germinação. As paredes celulares da radícula são afrouxadas e se estendem em resposta ao aumento da pressão de turgor que acompanha a absorção de água, o que causa o alongamento celular. No entanto, em muitas sementes, a radícula deve primeiro romper a barreira imposta pelo endosperma, pela casca da semente ou pelo pericarpo circundante antes de emergir da semente. O surgimento da radícula pode ser um processo de uma ou duas etapas. No processo de uma única etapa, ou os tecidos circundantes ficam fisicamente enfraquecidos durante a embebição, permitindo que a radícula surja sem impedimentos, ou a radícula se expande o suficiente durante a embebição para romper os tecidos circundantes. No processo de duas etapas, os tecidos

Figura 17.8 Fases da absorção de água nas sementes. Na fase I, as sementes secas absorvem água rapidamente por embebição. Já que a água flui do potencial hídrico mais alto para o mais baixo, a absorção de água cessa quando a diferença no potencial hídrico entre a semente e o ambiente se torna zero. Durante a fase II, as células expandem-se e a radícula emerge da semente, completando a germinação. A atividade metabólica aumenta e ocorre o afrouxamento da parede celular. Na fase III, a absorção de água reinicia à medida que a plântula se estabelece. (Segundo J. D. Bewley. 1997. *Plant Cell* 9: 1055–1066; H. Nonogaki et al. 2007. In *Annual Plant Reviews, Vol. 27: Seed Development, Dormancy, and Germination*; H. Nonogaki et al. 2010. *Plant Sci.* 179: 574–581.)

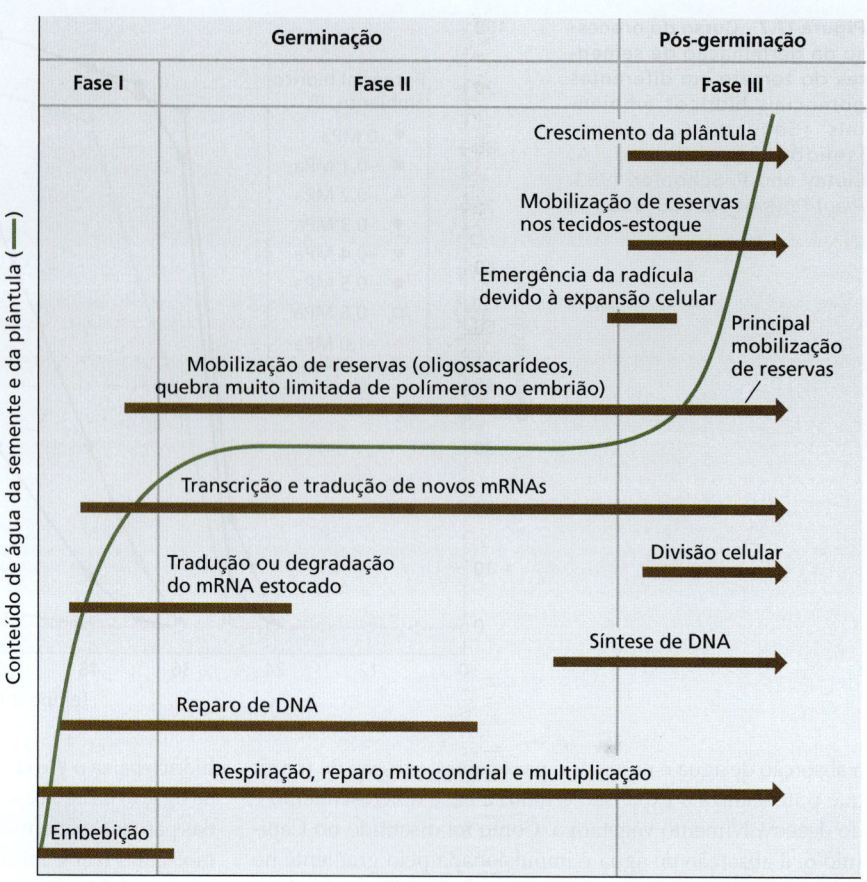

circundantes devem primeiro sofrer um enfraquecimento metabólico antes que a radícula possa emergir da semente (ver **Tópico 17.5 na internet**).

Durante a fase III, a taxa de absorção de água aumenta rapidamente devido ao início do afrouxamento da parede celular e à expansão celular, à medida que começa o crescimento da plântula. Portanto, o gradiente de potencial hídrico nos embriões da fase III é mantido pelo relaxamento da parede celular e pelo acúmulo de solutos.

17.5 Mobilização das reservas armazenadas

As principais reservas de nutrientes das sementes das angiospermas em geral são armazenadas nos cotilédones e no endosperma. Proteínas, lipídeos e carboidratos (amido) são armazenados em estruturas especializadas dentro desses tecidos. O amido é armazenado em **amiloplastos**, que são plastídios especializados (ver Capítulo 1); as proteínas são armazenadas em vacúolos de armazenamento de proteínas (PSVs); e os lipídeos são armazenados em **corpos lipídicos** ou gotículas de lipídeos. Todas as plantas têm esses três tipos de estruturas especializadas de armazenamento de alimentos, embora em muitas plantas um tipo predomine. Após a germinação, há uma mobilização massiva de reservas para fornecer nutrientes, carbono, nitrogênio, minerais e assim por diante para o crescimento da plântula, até que ela se torne autotrófica.

O amido é uma forma importante de carbono armazenado e é a principal reserva alimentar nos cereais. O endosperma é o principal tecido que armazena amido nos cereais, embora ele também possa se acumular no embrião. A degradação do amido é iniciada pelas enzimas α-amilase e β-amilase. A α-amilase hidrolisa as cadeias de amido internamente para produzir oligossacarídeos que consistem em resíduos de glicose ligados a α(1,4). A β-amilase degrada esses oligossacarídeos das extremidades para produzir o dissacarídeo maltose, que é então convertido em glicose pela maltase. A mobilização das reservas de nutrientes armazenados é importante industrialmente para a produção de grãos maltados para o pão, bebidas e outros produtos.

Os vacúolos de armazenamento de proteínas (PSVs, *protein storage vacuoles*) são as fontes primárias de nitrogênio e aminoácidos para nova síntese de proteínas na plântula. (Ver Figura 1.23 para obter uma micrografia dos PSVs.) As proteínas armazenadas são hidrolisadas por proteases. Além disso, os PSVs contêm também fitina, sais de K^+, Mg^{2+} ou Ca^{2+} do ácido fítico (*mio*-inositol-hexafosfato, um açúcar-álcool), uma forma principal de estoque de fosfato em sementes. Durante a mobilização de reservas nas sementes, a enzima fitase hidrolisa a fitina, liberando fosfato e outros íons para utilização pela plântula em crescimento. As leguminosas são um exemplo de plantas que armazenam uma grande quantidade de proteína em suas sementes.

Os corpos lipídicos contêm lipídeos, que são fontes de carbono altamente energéticas e são convertidos em sacarose durante a germinação. (Ver Figura 1.25 e Figura 13.19 para micrografias eletrônicas de corpos lipídicos.) Além de armazenar triacilglicerídeos e fosfolipídeos, os corpos lipídicos também armazenam proteínas, como oleosinas, caleosinas e esteroleosinas, com predominância de oleosinas. Os corpos lipídicos são predominantes em plantas oleaginosas, como colza, mostarda, semente de algodão, linho, milho, amendoim, gergelim, copra, palmiste, soja e semente de girassol. Nas plantas oleaginosas, os corpos lipídicos são sintetizados no embrião. Conforme discutido no Capítulo 13, os lipídeos são catabolizados durante a germinação das sementes por meio da atividade das lipases, da β-oxidação e do ciclo do glioxilato.

Sementes de cereais são um modelo para entender a mobilização de amido

Os cereais apresentam um mecanismo especializado de mobilização de amido que tem sido extensivamente estudado como um modelo de como o ABA e a GA funcionam durante a germinação e o estabelecimento das plântulas. Os grãos dos cereais contêm três partes: o embrião, o endosperma e a fusão casca-pericarpo (**Figura 17.9**). O embrião, que crescerá em uma nova plântula, tem um órgão de absorção especializado, o escutelo. O endosperma triploide é composto de dois tecidos: o **endosperma amiláceo** centralmente localizado e, circundando-o, uma **camada de aleurona** periférica. A camada de aleurona é um tecido digestivo especializado; o endosperma amiláceo consiste em células de paredes finas com amiloplastos preenchidos com grãos de amido. As células vivas da camada de aleurona sintetizam e liberam α-amilase e

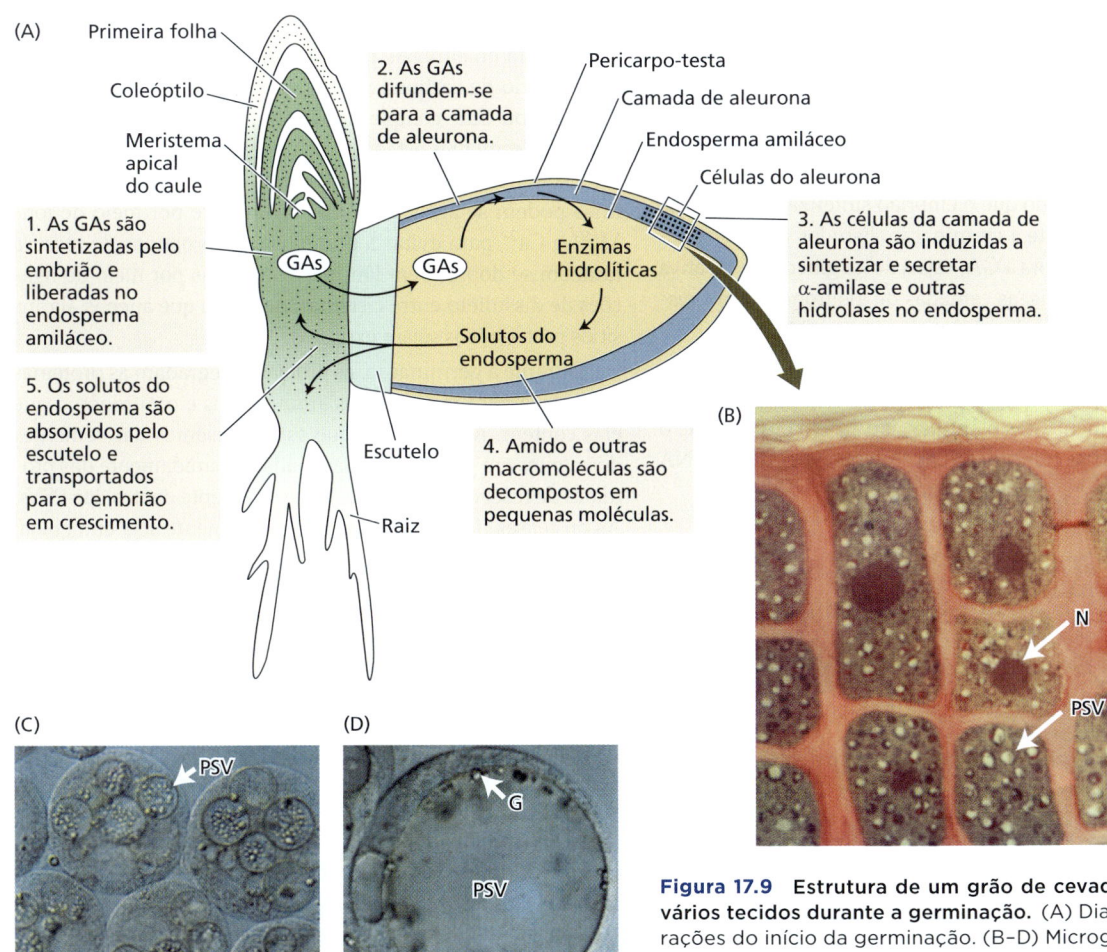

Figura 17.9 Estrutura de um grão de cevada e funções de vários tecidos durante a germinação. (A) Diagrama das interações do início da germinação. (B–D) Micrografias da camada de aleurona de cevada (B) e protoplastos da aleurona de cevada em um estágio precoce (C) e tardio (D) de produção de amilase. Múltiplas vesículas de reserva de proteínas em (C) coalescem para formar uma vesícula grande (PSV) em (D), que disponibilizará aminoácidos para a síntese de α-amilase. G, fitina globoide que sequestra minerais; N, núcleo.

outras enzimas hidrolíticas no endosperma amiláceo durante a germinação. Como consequência, as reservas de nutrientes do endosperma são decompostas, e os açúcares solubilizados, os aminoácidos e outros produtos são transportados para o embrião em crescimento via escutelo.

Conforme mostrado na Figura 17.9, a GA é liberada do embrião durante a germinação e estimula a produção e a liberação de α-amilase pela camada de aleurona das sementes de cereais. Uma vez dentro das células de aleurona, a GA se liga ao seu receptor e inicia uma rota de transdução de sinal, conforme descrito no Capítulo 4. (Ver **Tópico 17.6 na internet** para uma discussão da sinalização de GA durante a germinação.) A sinalização de GA resulta no aumento da expressão de um ativador transcricional, *GA-MYB*, que por sua vez induz a expressão do gene da α-amilase na camada de aleurona (**Figura 17.10**), levando à produção e secreção de α-amilase no endosperma. A GA também promove a morte celular programada da camada de aleurona após a germinação. Durante a dormência da semente, esse processo é inibido pelo ABA, garantindo que a camada de aleurona não sofra morte celular programada antes da germinação. Experimentos realizados na década de 1960 confirmaram observações anteriores de que a secreção de enzimas que degradam amido pelas camadas de aleurona de cevada depende da presença do embrião. Logo se descobriu que a GA_3 poderia substituir o embrião no estímulo da degradação do amido. A relevância do efeito da GA tornou-se clara quando foi demonstrado que o embrião sintetiza e libera GAs no endosperma durante a germinação. Estudos genéticos demonstraram que, embora a GA_1 seja a única giberelina bioativa produzida pelos cereais, as camadas de aleurona podem responder a qualquer giberelina bioativa, como a GA_3.

O ABA inibe a síntese induzida por GA de enzimas hidrolíticas que são essenciais para a decomposição das reservas durante o crescimento das plântulas. No caso da α-amilase, o ABA atua inibindo a transcrição dependente de GA do mRNA da *α-amilase*.

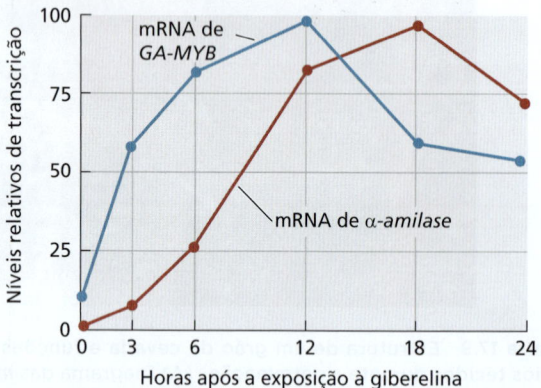

Figura 17.10 Curso do processo para a indução do fator de transcrição responsivo à GA (*GA-MYB*) e o mRNA da α-amilase por GA_3. A expressão de *GA-MYB* precede a da α-amilase em cerca de 3 h. Na ausência de giberelina, as concentrações dos mRNAs de *GA-MYB* e *α-amilase* são insignificantes. (Segundo F. Gubler et al. 1995. *Plant Cell* 7: 1879–1891.)

Sementes de leguminosas são um modelo para entender a mobilização de proteínas

Além de serem reservas nutricionais para a plântula em desenvolvimento, as proteínas armazenadas também podem aumentar a tolerância à dessecação e às espécies reativas de oxigênio (EROs), além de ajudar a estabilizar as membranas. As proteínas de reserva nas sementes podem se acumular no embrião e no endosperma, bem como na camada de aleurona dos cereais, e diferentes proteínas podem ser armazenadas em diferentes tipos de tecidos. Exemplos de proteínas de reserva nas sementes são apresentados na **Tabela 17.1**. Isso inclui globulinas insolúveis em água (p. ex., leguminas e vicilinas em leguminosas), prolaminas solúveis em álcool e glutelinas solúveis em álcalis (em cereais) e albuminas hidrossolúveis (em muitas espécies vegetais). Algumas proteínas de reserva são semelhantes às amilases, mas não têm atividade hidrolítica, indicando que essas proteínas foram reutilizadas especificamente para reserva. Em comparação com outras proteínas, as proteínas de reserva em sementes geralmente contêm uma porcentagem maior de aminoácidos ricos em nitrogênio, como lisina, arginina, glutamina e asparagina, bem como o aminoácido cisteína que contém enxofre. As proteínas de reserva também são um reservatório de carbono reduzido, bem como minerais como K^+, Mg^{2+} ou Ca^{2+} complexados com fitina ou globulinas. Enquanto as sementes estão dormentes, suas proteínas de reserva são estabilizadas de várias maneiras. Por exemplo, as globulinas podem se agregar eletrostaticamente por meio de íons Mg^{2+} e Ca^{2+} para evitar a proteólise. As proteínas de reserva também se dobram em lâminas compactas por meio de ligações de dissulfeto entre cisteínas, de forma que apenas alguns sítios proteolíticos sejam expostos.

Durante a germinação, as proteases degradam as proteínas de reserva para mobilizar os aminoácidos e o nitrogênio que elas contêm. As proteases que estão presentes nas sementes dormentes em geral são armazenadas separadamente das proteínas de reserva dentro da célula e raramente dentro dos PSVs. As proteases ficam inativas até que a semente seja embebida; as sementes muitas vezes contêm inibidores de protease que devem ser degradados, antes que as proteases possam hidrolisar as proteínas armazenadas. Após a embebição e a ativação, as proteases são movidas para os PSVs, por meio do tráfego das proteases ou pela fusão dos compartimentos. Tão logo o pH e o equilíbrio redox se tornam adequados para a atividade enzimática, as proteínas de reserva são clivadas por proteases de serina, proteases aspárticas, metaloproteases e endo- e exopeptidases a fim de fornecer as matérias-primas para sintetizar novos aminoácidos e proteínas à medida que o embrião germina e a plântula se estabelece. Em cereais, a GA aumenta a expressão de proteases de cisteína na camada de aleurona necessária para a mobilização das proteínas de reserva das sementes. As proteases semelhantes também funcionam na remobilização sazonal de proteínas de reserva na casca (de árvores) e nas raízes de plantas perenes lenhosas e nas raízes de gramíneas perenes. O **Tópico 17.7 na internet** discute a mobilização de proteínas durante as fases I e II da germinação.

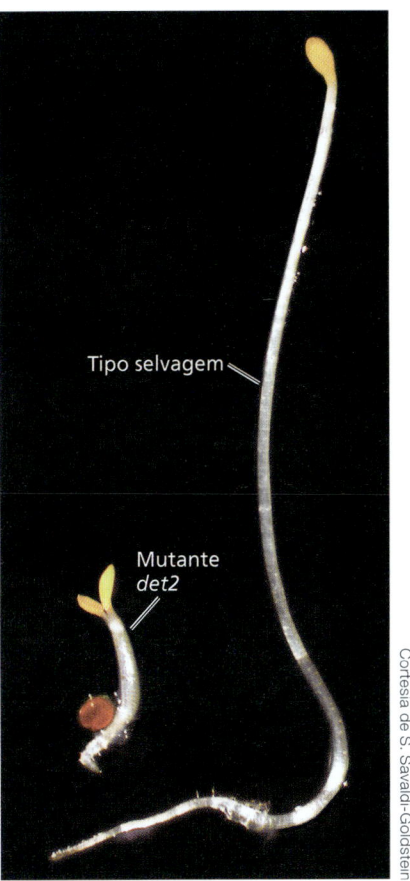

Figura 17.12 A plântula mutante (*det2*) de *Arabidopsis* deficiente em brassinosteroide, cultivada no escuro, à esquerda, tem um hipocótilo curto e espesso e cotilédones abertos. O tipo silvestre cultivado no escuro está à direita.

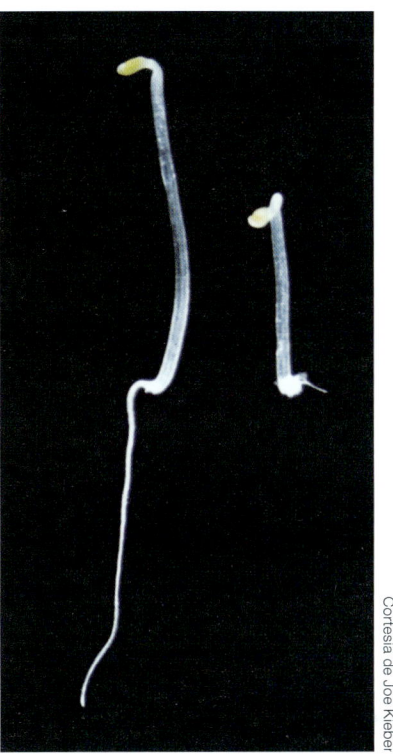

Figura 17.13 Efeitos do etileno sobre o crescimento em plântulas de *Arabidopsis*. Plântulas de 3 dias de idade cultivadas na presença de luz (direita) ou na ausência de luz (esquerda) em 10 ppm de etileno. O hipocótilo encurtado, o alongamento reduzido da raiz e o aumento da curvatura do gancho apical resultam da presença do etileno e são coletivamente conhecidos como resposta tríplice.

A abertura do gancho é regulada por fitocromo, auxina e etileno

Durante a embriogênese, uma única célula sofre divisão, expansão e diferenciação para formar todos os diferentes tipos de células e órgãos do embrião, incluindo os meristemas apicais da raiz e do caule (ver Capítulo 22). Depois que o embrião germina, as células da plântula sofrem divisão, expansão e posterior diferenciação. A influência da luz e dos hormônios nesse crescimento pode ser observada à medida que o gancho apical se abre, o sistema vascular e os pelos das raízes são formados e, finalmente, as raízes laterais e as folhas verdadeiras se desenvolvem (ver Capítulo 18).

Conforme mencionado anteriormente, as plântulas de eudicotiledôneas estioladas geralmente formam um gancho apical situado logo atrás do ápice caulinar e que protege o meristema apical do caule. A formação do gancho e sua manutenção no escuro resultam do crescimento assimétrico induzido por etileno (**Figura 17.13**). Em solos compactados, o hormônio gasoso etileno não consegue se difundir e se acumula ao redor da plântula germinada. Isso resulta na resposta tripla, na qual o gancho apical é mais estreito, o hipocótilo é mais curto e mais grosso e a raiz é muito curta. Essa mudança na morfologia ajuda as plântulas à medida que elas atravessam solos compactados e contornam pequenos obstáculos, como pedras, para alcançar a superfície do solo. Os mutantes insensíveis à auxina não desenvolvem um gancho apical; o tratamento de plântulas silvestres de *Arabidopsis* com NPA (ácido N-1-naftilftalâmico), um inibidor do transporte polar de auxina, também bloqueia a formação do gancho apical. A forma fechada do gancho é uma consequência do alongamento mais rápido do lado externo do hipocótilo, em comparação com o lado interno, e da inibição pela auxina no alongamento celular no lado interno. Portanto, a auxina e o etileno funcionam sinergicamente na formação do gancho apical. O crescimento mais rápido dos tecidos externos em relação aos internos poderia refletir uma redistribuição lateral de auxina dependente de etileno, análogo ao observado durante a curvatura fototrópica, discutida na Seção 17.8.

Após a exposição à luz, a taxa de alongamento do lado interno do gancho apical aumenta, igualando as taxas de crescimento em ambos os lados e fazendo o gancho se abrir (ver **Apêndice 2 na internet**). A luz vermelha induz a abertura do gancho, e esse efeito é revertido pela luz vermelho-distante, indicando que o fitocromo é o fotorreceptor envolvido nesse

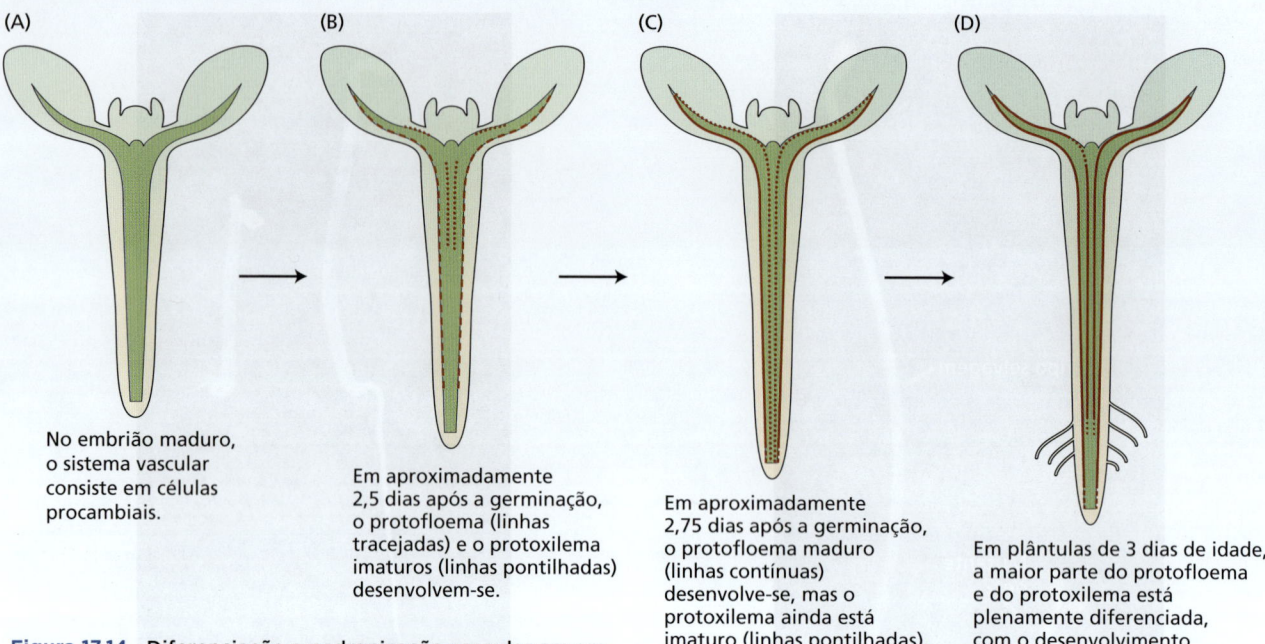

Figura 17.14 Diferenciação e padronização vascular em embriões e plântulas de *Arabidopsis*. (Segundo J. S. Busse and R. F. Evert. 1999. *Int. J. Plant Sci.* 160: 1–13.)

(A) No embrião maduro, o sistema vascular consiste em células procambiais.

(B) Em aproximadamente 2,5 dias após a germinação, o protofloema (linhas tracejadas) e o protoxilema imaturos (linhas pontilhadas) desenvolvem-se.

(C) Em aproximadamente 2,75 dias após a germinação, o protofloema maduro (linhas contínuas) desenvolve-se, mas o protoxilema ainda está imaturo (linhas pontilhadas).

(D) Em plântulas de 3 dias de idade, a maior parte do protofloema e do protoxilema está plenamente diferenciada, com o desenvolvimento seguindo em direção à raiz.

processo. Uma interação próxima entre o fitocromo e o etileno controla a abertura do gancho. Ao mesmo tempo que o etileno é produzido pelo tecido do gancho no escuro, o alongamento das células do lado interno é inibido. A luz vermelha inibe a formação do etileno, promovendo o crescimento do lado interno, causando, assim, a abertura do gancho.

A diferenciação vascular começa durante a emergência da plântula

Durante a embriogênese dentro da semente, os transportes simplástico e apoplástico são suficientes para distribuir água, nutrientes e sinais ao longo do embrião pelo processo de difusão. Após a germinação, entretanto, a plântula emergente requer um sistema vascular contínuo para distribuir materiais rapidamente e de maneira eficiente através da planta. O sistema vascular do embrião consiste somente em cordões procambiais – sistema vascular imaturo.

Durante a emergência da plântula, aparecem as primeiras células do protoxilema e do protofloema, seguidas de células maiores do metaxilema e do metafloema (**Figura 17.14**). À medida que o protofloema e o protoxilema se diferenciam e amadurecem, o sistema vascular se torna contínuo entre a raiz e o hipocótilo, que é semelhante a uma raiz na organização de seu sistema vascular. O padrão de diferenciação e maturação é diferente em uma plântula em germinação em comparação com uma planta madura (ver Capítulo 19). O protofloema amadurece mais cedo do que o protoxilema na radícula emergente e durante o crescimento primário: o desenvolvimento do tubo crivado (floema) ocorre quase simultaneamente no hipocótilo e na raiz, enquanto a diferenciação do xilema ocorre de forma acropétala nas raízes.

A extremidade da raiz tem células especializadas

A **coifa** ocupa a parte mais distal da raiz e é composta por células da columela e células que formam a coifa lateral (**Figura 17.15**). Ela representa um conjunto único de células que estão situadas abaixo da zona meristemática e cobrem o meristema

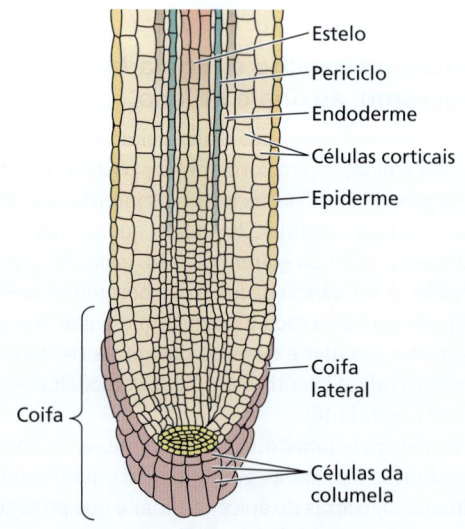

Figura 17.15 Tipos de células da raiz. A coifa compreende as células da columela e as células que formam a coifa lateral. As células epidérmicas são expostas à rizosfera acima da coifa lateral. Movendo-se em direção ao centro da raiz, as camadas de tecidos são o córtex, a endoderme, o periciclo e o estelo. O estelo é composto por xilema, floema e suas células parenquimáticas companheiras e de suporte.

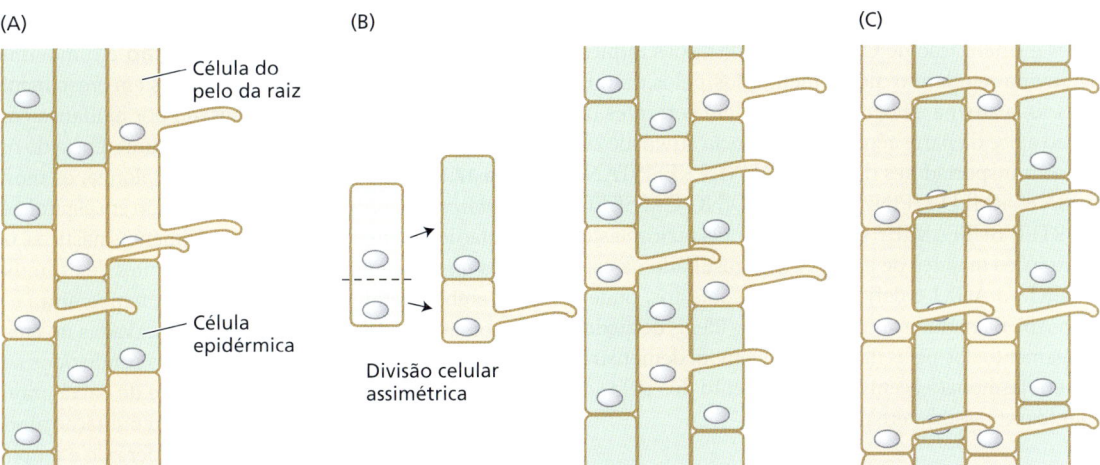

Figura 17.16 Três padrões da diferenciação do tricoblasto. (A) Em algumas plantas, todas as células epidérmicas da raiz têm o potencial de se tornarem tricoblastos e o padrão é especificado por sinais de desenvolvimento. (B) Em plantas vasculares basais e em algumas monocotiledôneas, o tricoblasto resulta de uma divisão celular assimétrica. (C) Nas Brassicaceae, os tricoblastos e os atricoblastos ocorrem em fileiras celulares alternadas. (Segundo T. Bibikova and S. Gilroy. 2003. *J. Plant Growth Regul.* 21: 383–415.)

apical (ver Capítulo 18) e o protegem de lesões mecânicas quando a ponta da raiz avança no solo. A primeira camada de células da coifa de radículas emergentes modificou as paredes celulares com uma cutícula que protege o ápice da raiz emergente do estresse abiótico. Outras funções da coifa incluem a percepção da gravidade pelas células da columela durante o gravitropismo e a secreção de compostos, como a mucilagem, os quais auxiliam a raiz a penetrar no solo e a mobilizar nutrientes minerais. As células da coifa são constantemente renovadas pelas células meristemáticas e sofrem morte celular programada pelo desenvolvimento que influencia a arquitetura futura da raiz. As células epidérmicas ficam abaixo da coifa e tornam-se expostas à rizosfera acima da coifa lateral.

O etileno e outros hormônios regulam o desenvolvimento dos pelos da raiz

Os pelos das raízes são extensões de células epidérmicas que aumentam a área de superfície da raiz para absorção de água e minerais e também desempenham um papel mecânico ao auxiliar na fixação das plantas ao solo. Os ápices das raízes também são um exemplo de crescimento apical. Embora todas as células epidérmicas tenham o potencial de se diferenciar em um pelo de raiz (tricoblasto) ou não (atricoblasto), os sinais de desenvolvimento especificam o padrão de tricoblastos e atricoblastos (**Figura 17.16A**). Sinais específicos da espécie e comunicação célula a célula determinam o padrão básico da posição dos pelos da raiz. Nas plantas vasculares primitivas, como *Lycopodium, Selaginella* e *Equisetum*, a família das angiospermas basais, Nymphaeaceae (ninfeias), e algumas monocotiledôneas, os pelos emergem das células menores produzidas por uma divisão celular assimétrica no meristema da raiz (**Figura 17.16B**). Em *Arabidopsis*, por exemplo, a epiderme da raiz consiste na alternância de filleiras de células que são tricoblastos ou atricoblastos (**Figura 17.16C**). A diferenciação dos tricoblastos é regulada pela expressão gênica (ver **Tópico 17.9 na internet**).

O etileno é um regulador positivo do desenvolvimento dos pelos da raiz; as raízes tratadas com etileno produzem pelos extras em locais anormais (**Figura 17.17**). Por outro lado, menos pelos se formam em mutantes insensíveis ao etileno ou em tipos silvestres tratados com inibidores da biossíntese de etileno. Essas observações sugerem que o etileno atua como um regulador positivo na diferenciação de pelos de raízes.

Os pelos da raiz se alongam pelo crescimento da ponta (ver Capítulos 2 e 21) que respondem ao estado nutricional e hídrico

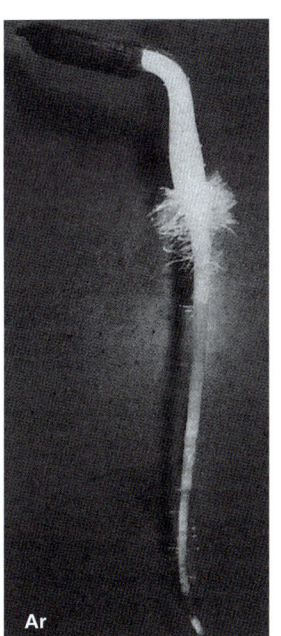 

Figura 17.17 Promoção da formação de pelos da raiz pelo etileno em plântulas de alface. Plântulas de 2 dias de idade foram tratadas com ar (à esquerda) ou 10 ppm de etileno (à direita) por 24 horas antes do registro da foto. Nota-se a profusão dos pelos nas raízes de plântulas tratadas com etileno.

por meio de uma combinação de auxina, metil jasmonato, brassinosteroides e sinalização de Ca^{2+}. As concentrações intracelulares de auxina regulam o alongamento dos pelos da raiz. Em *Arabidopsis*, a auxina é liberada do ápice em correntes direcionadas ao ápice da parte aérea mantidas pela atividade coordenada dos transportadores de auxina AUXIN RESISTANT 1 (AUX1), PINFORMED 2 (PIN2) e ATP BINDING CASSETTE TRANSPORTER SUBFAMILY B 4 (ABCB4). Os atricoblastos têm concentrações maiores de auxina como resultado da captação de AUX1. O AUX1 é deficiente em tricoblastos, onde a atividade do ABCB4 mantém as concentrações ideais de auxina para o alongamento dos pelos da raiz. Também foi demonstrado que o metil jasmonato acentua o crescimento dos pelos da raiz, enquanto os brassinosteroides o inibem.

■ 17.7 O crescimento diferencial permite o estabelecimento bem-sucedido de plântulas

Para sobreviver, as plântulas necessitam de interface raiz-solo funcional, troca gasosa adequada e fixação fotossintética funcional de carbono. As plântulas empregam respostas programadas e ambientais envolvendo o alongamento celular preferencial para atingir o estabelecimento. Conforme descrito no Capítulo 4, os experimentos de Charles e Francis Darwin detalhados em *Power of Movement in Plants* (*Poder do Movimento nas Plantas*, 1881) registraram curvatura e rotação de órgãos durante o crescimento em várias espécies. Esse movimento é chamado de **nutação**. A **circunutação** é o movimento circular ou elíptico dos ápices dos órgãos em crescimento, como raízes, hipocótilos e caules, causado por mudanças oscilantes na taxa de crescimento ao redor da circunferência do órgão (**Figura 17.18**). À medida que o órgão se alonga, os movimentos circulares de seu ápice traçam um padrão em espiral no espaço. A nutação e a circunutação são movimentos násticos, o que significa que são autônomos e independentes de estímulos externos, embora fatores externos como luz, temperatura e gravidade possam modificar as oscilações observadas no crescimento em espiral. Por exemplo, experimentos conduzidos sob gravidade alterada, como na órbita terrestre de baixa gravidade ou em um clinostato, mostraram que a circunutação ainda ocorre perto da gravidade zero, mas que seu período e amplitude são afetados. Evidências genéticas também sugerem que a gravidade influencia a circunutação nas partes aéreas.

A mecânica desses movimentos násticos pode ser modelada ao incluir mudanças observadas no turgor e no volume celular. Quando os hipocótilos ou epicótilos das plântulas se alongam, as células epidérmicas muitas vezes se alongam mais em um lado do órgão do que no outro e mais do que as células corticais adjacentes a elas. Em seguida, as células epidérmicas do outro lado "se recuperam" e se superam, mantendo assim o crescimento diferencial. Isso resulta em torção no caule ou nas raízes que pode produzir nutação. Além disso, o crescimento diferencial pode resultar em uma curva que oscila,

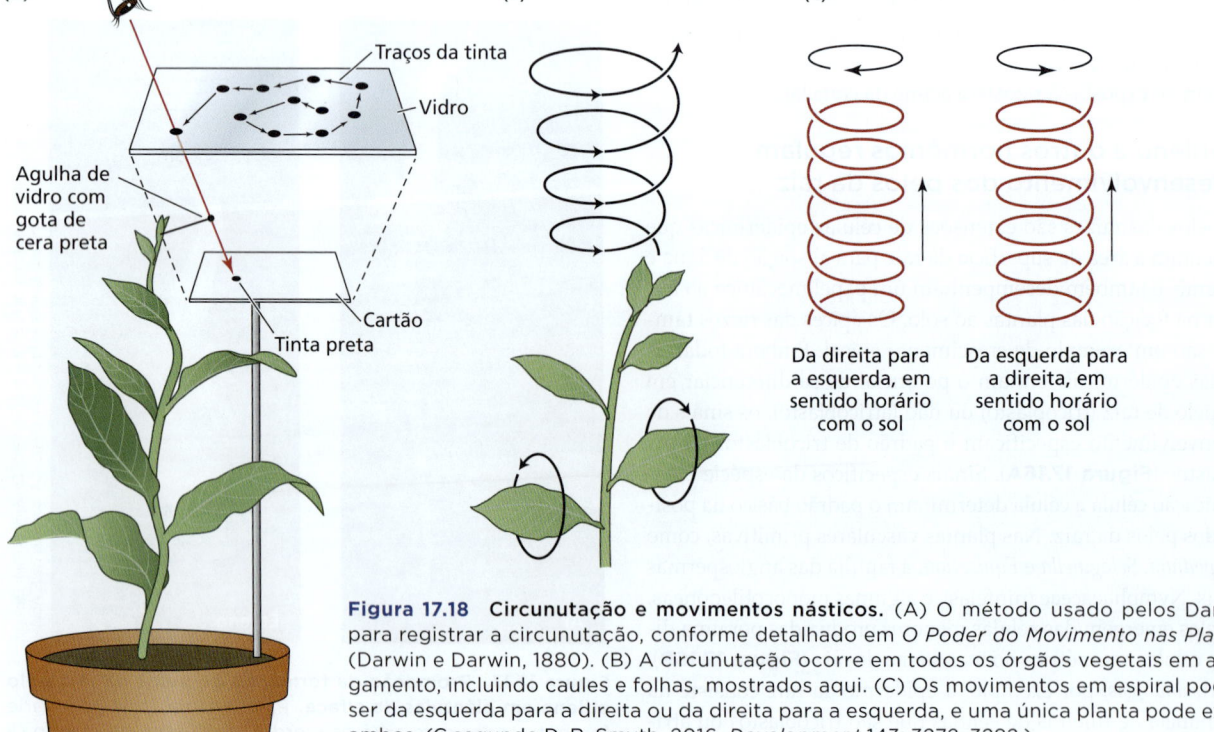

Figura 17.18 Circunutação e movimentos násticos. (A) O método usado pelos Darwin para registrar a circunutação, conforme detalhado em *O Poder do Movimento nas Plantas* (Darwin e Darwin, 1880). (B) A circunutação ocorre em todos os órgãos vegetais em alongamento, incluindo caules e folhas, mostrados aqui. (C) Os movimentos em espiral podem ser da esquerda para a direita ou da direita para a esquerda, e uma única planta pode exibir ambos. (C segundo D. R. Smyth. 2016. *Development* 143: 3272–3282.)

o que também produzirá torção, resultando em circunutação (ver Figura 17.18B). O grau de curvatura afeta a amplitude da circunutação. A espiral é predominantemente no sentido anti-horário em muitas espécies, mas é no sentido horário em algumas, como no lúpulo. A lateralidade parece estar relacionada à orientação dos microtúbulos nas células em crescimento, uma observação que também aponta para a natureza intrínseca da nutação.

É provável que a comunicação célula a célula por meio de plasmodesmos ou hormônios transportados esteja envolvida no alongamento local das células. À medida que as células se expandem, as conexões dos plasmodesmos são interrompidas com a remodelação celular, e isso pode afetar localmente o crescimento. Portanto, a comunicação local, bem como o alongamento celular, são temporariamente interrompidos até que os plasmodesmos sejam reparados, o que pode levar de 10 minutos a várias horas, dependendo da espécie. Vários métodos detectaram acumulações transitórias de auxina e GA no lado inferior dos hipocótilos em circunutação, mas, como será visto mais adiante na Seção 17.8, isso pode refletir respostas gravitacionais transitórias. Além disso, a auxina parece manter, mas não iniciar, a nutação. No mutante anão torcido de *Arabidopsis*, no qual o efluxo de auxina no hipocótilo e nas raízes é interrompido pela perda dos transportadores de auxina ABCB na membrana plasmática, tanto as raízes quanto os hipocótilos exibem hipernutação exagerada. O crescimento ácido oscilante em células diferentes pode desempenhar um papel na circunutação, mas as oscilações de pH medidas são mais rápidas do que as oscilações observadas no crescimento.

O crescimento nutacional nas raízes das plântulas também se baseia no alongamento diferencial das células corticais e epidérmicas e é importante para a penetração nas camadas do solo. A nutação da raiz é regulada pelo etileno e é altamente dependente da recaptação de auxina em fluxos dirigidos ao ápice mediados pelo transportador de captação de auxina AUX1.

O etileno afeta a orientação dos microtúbulos e induz a expansão celular lateral

Em concentrações acima de 0,1 μL L^{-1}, o etileno pode reduzir a taxa de alongamento e aumentar a expansão lateral, provocando um intumescimento do hipocótilo ou do epicótilo. O direcionamento da expansão da célula vegetal é determinado pela orientação das suas microfibrilas de celulose na parede celular. As microfibrilas transversais reforçam a parede celular na direção lateral, de modo que a pressão de turgor fica canalizada para o alongamento celular. A orientação das microfibrilas é, por sua vez, determinada pela orientação da série cortical dos microtúbulos no citoplasma cortical (periférico). Nas células vegetais em alongamento típico, os microtúbulos corticais estão dispostos transversalmente, originando microfibrilas de celulose organizadas transversalmente.

Quando plântulas estioladas são tratadas com etileno (ver Figura 17.13), o alinhamento dos microtúbulos nas células do hipocótilo muda de uma orientação transversal para uma diagonal ou longitudinal (**Figura 17.19**). Essa alteração

(A) Não tratada

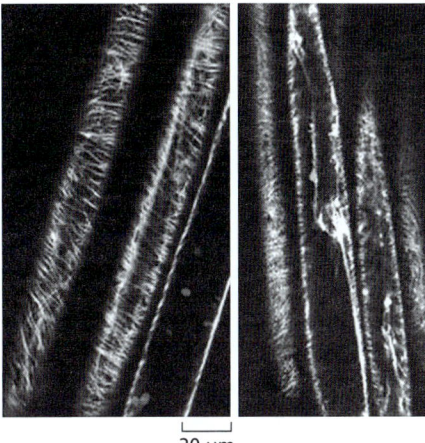

(B) ACC-tratada

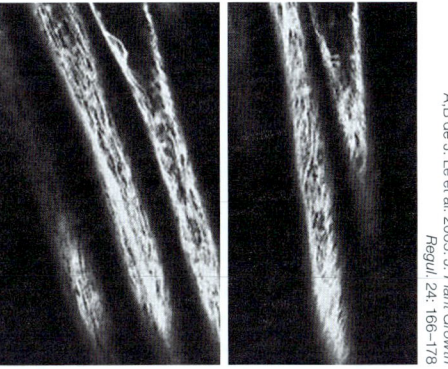

Figura 17.19 O etileno afeta a orientação dos microtúbulos. (A) A orientação dos microtúbulos é transversal nos hipocótilos de plântulas-controle transgênicas de *Arabidopsis*, cultivadas no escuro, expressando um gene de tubulina marcado com uma proteína fluorescente verde. (B) A orientação dos microtúbulos é longitudinal e diagonal em células de hipocótilo de plântulas tratadas com ácido 1-aminociclopropano-1--carboxílico (ACC), precursor do etileno, que aumenta a produção de etileno.

de aproximadamente 90 graus na orientação dos microtúbulos leva à mudança paralela na deposição das microfibrilas de celulose. A parede recém-depositada é reforçada na direção longitudinal e não na direção transversal, que promove a expansão lateral em vez de o alongamento. O etileno exógeno inibe o alongamento e promove a expansão lateral dentro de 10 minutos após a aplicação (**Figura 17.20A**). Quando o etileno é removido (substituído por ar), o alongamento celular é retomado (ver Figura 17.20A). Se o etileno não for removido, o crescimento no alongamento permanece inibido (**Figura 17.20B**). Este experimento pode ser repetido examinando os efeitos na ausência de diferentes componentes que regulem a resposta ao etileno. Na ausência de um dos componentes de transdução de sinal de etileno que interage com o receptor de etileno (p. ex., *ein2*; ver Capítulo 4), nenhuma resposta ao etileno pode ser

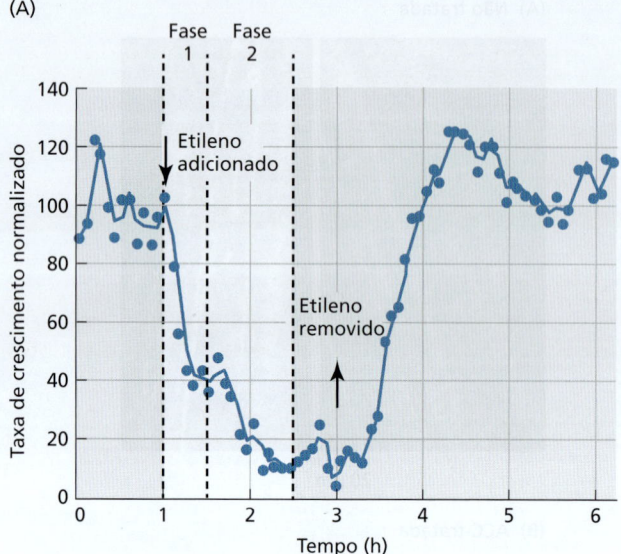

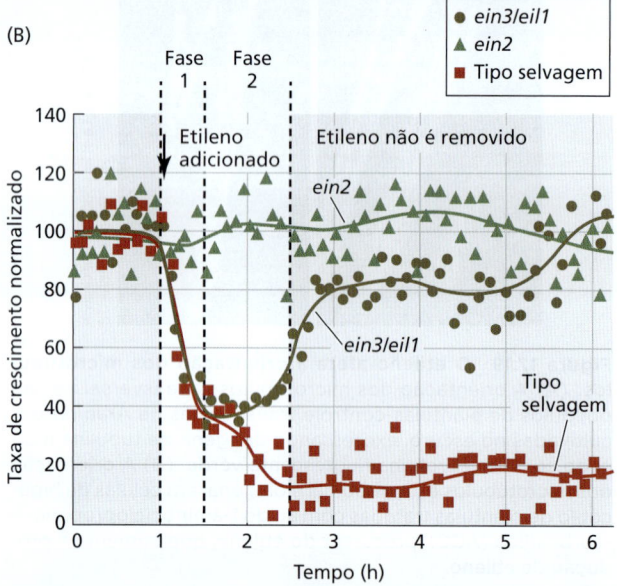

Figura 17.20 Cinética dos efeitos do etileno sobre o alongamento do hipocótilo em plântulas de *Arabidopsis* cultivadas no escuro. (A) Taxa de crescimento de plântulas de *Arabidopsis* tipo selvagem estioladas após exposição ao etileno e subsequente remoção do etileno nos tempos indicados pelas setas. Observe que a redução na taxa de crescimento seguida de exposição ao etileno corre em duas fases distintas. A inibição do crescimento é transitória na fase 1 e sustentada na fase 2. (B) Taxa de crescimento de plântulas do tipo silvestre estioladas e plântulas mutantes *ETHYLENE INSENSITIVE 2* e *3* e *ETHYLENE INSENSITIVE 3-LIKE 1* (*ein2* e *ein3/eil1*) seguida de exposição ao etileno no momento indicado pela seta. A resposta de fase 1 das plântulas mutantes *ein3/eil1* com uma rota de sinalização de etileno defeituosa (ver Capítulo 4) é idêntica àquela do tipo silvestre, mas a resposta de fase 2 é ausente, enquanto a taxa de crescimento de *ein2* é insensível ao etileno. (Segundo B.M. Binder et al. 2004a. *Plant Physiol.* 136: 2913-2920; B. M. Binder et al. 2004b. *Plant Physiol.* 136: 2921-2927.)

medida (ver Figura 17.20B). Por outro lado, se a ativação transcricional a jusante estiver ausente (p. ex., *ein3/eil1*), então a rápida diminuição no crescimento correspondente à reorganização dos microtúbulos é observada; no entanto, a taxa de crescimento é retomada na presença de etileno (ver Figura 17.20B), como se o etileno tivesse sido removido (ver Figura 17.20A).

A auxina promove o crescimento nos caules e coleóptilos, enquanto inibe o crescimento nas raízes

As observações de Charles e Francis Darwin finalmente levaram à identificação da auxina como o hormônio transportado que regula principalmente a curvatura diferencial de órgãos nas plântulas. A auxina sintetizada no ápice caulinar é transportada em direção aos tecidos abaixo do ápice. O suprimento constante de auxina que chega à região subapical de um caule ou coleóptilo é necessário para o alongamento continuado de suas células. Como a concentração de auxina endógena na região de alongamento de uma planta normal e saudável está perto do ideal para o crescimento, pulverizar a planta com auxina endógena causa somente um modesto e curto estímulo ao crescimento. Tal procedimento deve até mesmo ser inibitório no caso de plântulas cultivadas no escuro, as quais são mais sensíveis a concentrações supraideais de auxina do que as plantas cultivadas na luz.

Entretanto, quando a fonte endógena de auxina é removida por excisão do caule ou secções do coleóptilo contendo a zona de alongamento, a taxa de crescimento cai rapidamente a um nível basal. Tais secções excisadas muitas vezes respondem à auxina exógena aumentando rapidamente sua taxa de crescimento de volta para a concentração da planta intacta (**Figura 17.21A e B**). A maior parte do alongamento ocorre nos tecidos externos e não é apenas uma questão de penetração tecidual da auxina. Quando as seções são divididas longitudinalmente, elas se curvam para dentro à medida que se alongam, demonstrando assim um maior alongamento responsivo à auxina pelas camadas externas de células.

O controle do alongamento da raiz tem sido mais difícil de demonstrar, talvez porque a auxina induz a produção de etileno, o qual inibe o crescimento da raiz. O alongamento das células das raízes também requer a biossíntese de GA nas células epidérmicas. Esses três hormônios interagem diferencialmente no tecido da raiz para controlar o crescimento. A GA parece ser necessária para o crescimento basal. Entretanto, mesmo se a biossíntese do etileno é especificamente bloqueada, concentrações baixas (10^{-10} a 10^{-9} M) de auxina promovem o crescimento de raízes intactas, ao passo que concentrações mais altas (10^{-6} M) inibem o crescimento. Por isso, enquanto as raízes podem necessitar de uma concentração mínima de auxina para crescer, o crescimento desses órgãos é fortemente inibido pelas concentrações de auxina que promovem o alongamento nos caules e nos coleóptilos. Quando as raízes crescem em solo bem drenado ou arenoso, o etileno produzido por elas pode se difundir livremente no solo, e o seu alongamento é observado. No entanto, em solos compactados, o etileno não pode se difundir para longe da raiz, e a raiz cessa o alongamento e aumenta em circunferência.

Essas raízes se assemelham ao fenótipo radicular das plântulas estioladas tratadas com etileno (ver Figura 17.13).

O tempo de adaptação mínimo para o alongamento induzido por auxina é de 10 minutos

Quando uma porção do caule ou do coleóptilo é excisada e colocada em um equipamento sensível à medição do crescimento, o tempo de adaptação para a resposta à auxina pode ser monitorado com grande precisão. Por exemplo, a adição de auxina estimula marcadamente as taxas de crescimento das porções de coleóptilo de aveia (*Avena sativa*) e hipocótilo de soja (*Glycine max*) após um período de adaptação de apenas 10 a 12 min. A taxa máxima de crescimento, que representa um aumento de cinco a dez vezes em relação à taxa basal, é alcançada após 30 a 60 min de tratamento com auxina. Como está mostrado na **Figura 17.21C**, o alongamento dependente de auxina, ou seja, um limiar de concentração de auxina, deve ser alcançado para iniciar essa resposta. Acima da concentração ideal, a auxina torna-se inibidora. A estimulação do crescimento pela auxina requer energia, e inibidores metabólicos inibem a resposta dentro de minutos. O crescimento induzido por auxina também é sensível a inibidores da síntese de proteínas como a ciclo-heximida, sugerindo que a síntese de proteínas é necessária para a resposta.

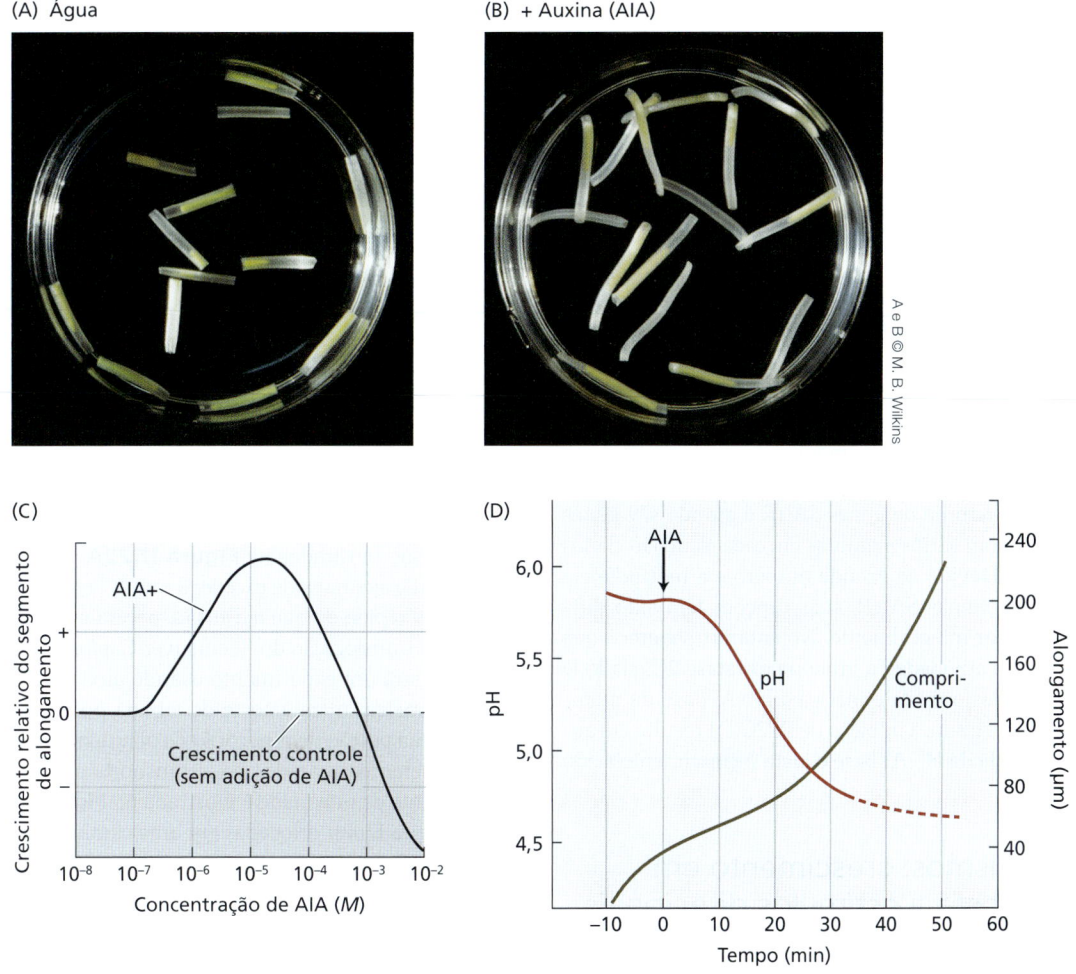

Figura 17.21 A auxina estimula o alongamento. Essas secções do coleóptilo exauridas de auxina endógena foram incubadas por 18 horas em água (A) ou auxina (AIA) (B). O material amarelo dentro do coleóptilo translúcido é o tecido foliar primário. (C) Curva típica de dose-resposta para o crescimento induzido por AIA em caules de ervilha ou secções do coleóptilo de aveia. O crescimento em alongamento de secções excisadas dos coleóptilos ou caules jovens está plotado *versus* concentrações crescentes de AIA exógeno. Em concentrações acima de 10^{-5} M, o AIA torna-se cada vez menos eficaz. Acima de aproximadamente 10^{-4} M ele torna-se inibitório, como demonstrado pelo fato de que a estimulação decresce e a curva finalmente cai abaixo da linha tracejada, o que representa crescimento na ausência de AIA adicionado. (D) Cinética do alongamento induzido pela auxina e acidificação da parede celular em coleóptilos de milho. O pH da parede celular foi medido com um microeletrodo de pH. Observe os tempos de atraso semelhantes (10–15 min) tanto para a acidificação da parede celular quanto para o aumento na taxa de alongamento, embora a mudança de pH seja um pouco mais lenta, pois é mediada pela ativação transcricional dependente de auxina. (D segundo M. Jacobs and P. M. Ray. 1976. *Plant Physiol.* 58: 203–209.)

Inibidores da síntese de RNA também inibem o crescimento induzido por auxina por um período um pouco mais longo.

A extrusão de prótons induzida por auxina afrouxa a parede celular

A auxina induz a acidificação do apoplasto aumentando a atividade das H⁺-ATPases da membrana plasmática. A acidificação da parede celular ocorre 10 a 15 minutos após a exposição à auxina, coerente com a cinética de crescimento, conforme mostrado na **Figura 17.21D**. Conforme discutido no Capítulo 2, as proteínas da parede celular chamadas expansinas mediam o afrouxamento da parede em pH ácido. Tão logo a parede celular é suficientemente afrouxada pela atividade das expansinas, a pressão de turgor inicia a expansão celular.

Em *Arabidopsis*, a auxina é detectada na superfície das células do hipocótilo e resulta na fosforilação das H⁺-ATPases da membrana plasmática pela KINASE TRANSMEMBRANE 1 (TMK1). Isso ativa a acidificação apoplástica localizada e resulta no alongamento celular. A ligação da auxina à TMK1 ou a uma proteína associada na superfície celular também estabiliza as proteínas nucleares AUX/AIA no gancho apical (ver Capítulo 4), que reprime a sinalização da auxina. Nas raízes, a percepção das concentrações inibitórias de auxina é mediada por TMK1 e envolve respostas de auxina nuclear que, por sua vez, regulam a sinalização do ABA via fatores de transcrição ABA INSENSITIVE 1 e 2 (ver Capítulo 4).

Outros processos bioquímicos, como a biossíntese da nova parede celular, são necessários para sustentar a expansão celular a longo prazo. A auxina aumenta a transcrição de *Small Auxin Up RNAs* (*SAURs*), um grupo de genes de resposta precoce à auxina. A família de genes *SAUR* é grande (79 genes em *Arabidopsis*), com vários membros em cada clado (10 clados em *Arabidopsis*). Devido ao grande número e à redundância funcional das proteínas SAUR, suas funções têm sido difíceis de caracterizar integralmente. No entanto, sabemos que a SAUR19 inibe a atividade da proteína fosfatase 2C, clado D (PP2C.D1), que desfosforila e inativa a H⁺-ATPase da membrana plasmática. Assim, a inibição de PP2C.D1 resulta em aumento da atividade da H⁺-ATPase e afeta o crescimento ácido (ver Capítulo 2).

■ 17.8 Tropismos: crescimento em resposta a estímulos direcionais

Como organismos sésseis, as plantas precisam contar com as respostas de crescimento para competir pela luz solar e buscar água e nutrientes no solo. As plantas respondem aos estímulos externos por meio de alterações de seus padrões de crescimento e desenvolvimento. Durante o estabelecimento da plântula, fatores abióticos como gravidade, toque e luz influenciam o hábito de crescimento inicial da planta jovem. Os **tropismos** são respostas de crescimento direcional em relação aos estímulos ambientais causados pelo crescimento assimétrico do eixo vegetal (caule ou raiz) e pelo crescimento celular anisotrópico. Os tropismos devem ser positivos (crescimento direcionado para o estímulo) ou negativos (crescimento para longe do estímulo).

Uma das primeiras forças que as plântulas emergentes encontram é a gravidade. O **gravitropismo**, crescimento em resposta à gravidade, possibilita que os caules cresçam em direção à luz solar para fotossintetizar e que as raízes cresçam para dentro do solo em busca de água e nutrientes. Tão logo o ápice do caule emerge da superfície do solo, ele encontra a luz solar. O **fototropismo** permite que as partes aéreas folhosas cresçam em direção à luz solar, maximizando, assim, a fotossíntese, enquanto algumas raízes crescem afastando-se da luz solar. O **tigmotropismo** é um crescimento diferencial em resposta ao toque e ao sensoriamento mecânico. Ele ajuda as raízes a crescerem ao redor de obstáculos e as folhas da dioneia a se aproximarem da presa. O **hidrotropismo** é o crescimento direcional em resposta à água ou a um gradiente de vapor de água e permite que as raízes cresçam em direção a uma fonte de água.

O gravitropismo envolve a redistribuição lateral de auxina

Quando plântulas de *Avena* cultivadas no escuro estão orientadas horizontalmente, os coleóptilos curvam-se para cima em resposta à gravidade. De acordo com um modelo proposto independentemente por Went e Cholodny no início do século vinte, a auxina no ápice do coleóptilo orientado horizontalmente é transportada lateralmente para o lado inferior, fazendo esse lado do coleóptilo crescer mais rápido do que o lado superior (ver a próxima subseção). Posteriormente, foi demonstrado que esse **modelo geral de Cholodny–Went** se aplica ao fototropismo. Duas características principais que contribuem para o modelo Cholodny–Went são a polaridade e a independência da gravidade do transporte de auxina de longa distância. Os fluxos primários de auxina polar *em direção ao ápice da raiz* e *em direção ao ápice do caule* mantidos pela exportação polar de auxina são mostrados na **Figura 17.22A**. A velocidade do transporte de auxina pode exceder 3 mm h⁻¹ em alguns tecidos, sendo mais rápida do que a difusão, porém mais lenta do que as taxas de translocação do floema (ver Capítulo 11). A **Figura 17.22B** ilustra um experimento usando auxina radiomarcada para demonstrar o transporte de auxina polar em direção à raiz, em uma porção de hipocótilo de plântula.

Uma demonstração de que o transporte polar de auxina é independente da gravidade é mostrada na **Figura 17.23**. Estacas de videira foram colocadas em uma câmara úmida, levando à formação de raízes adventícias nas extremidades basais das estacas e à emergência de gemas nas extremidades apicais. Quando as estacas foram invertidas, a polaridade da formação de raiz e de caule foi preservada. As raízes se formaram na extremidade basal (agora apontando para cima) porque a diferenciação das raízes foi estimulada pela auxina que se acumulou ali devido ao transporte polar basípeto (em direção ao ápice da raiz). Os caules tendiam a se formar na extremidade apical, onde a concentração de auxina era mais baixa, independentemente da orientação da estaca em relação à gravidade.

O estímulo gravitrópico perturba os movimentos simétricos de auxina

Em uma plântula jovem, a maior parte da auxina na raiz é derivada da parte aérea. O AIA é levado ao ápice da raiz por uma

(A)

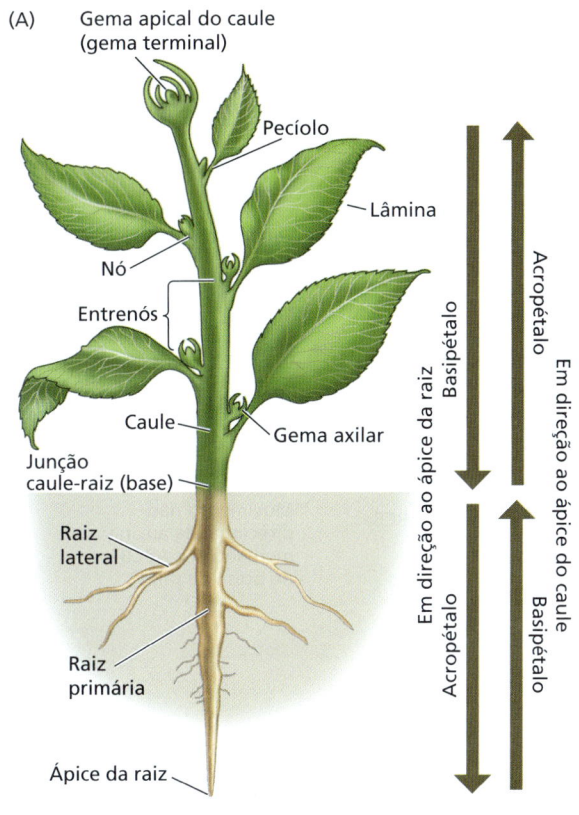

(B)

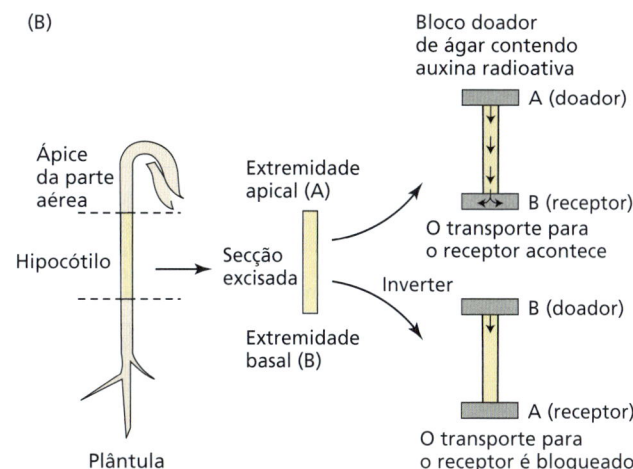

Figura 17.22 Transporte polar de auxina. (A) O transporte polar de auxina é descrito em termos da direção de seu movimento em relação à base da planta (a junção caule-raiz). A auxina que se movimenta para baixo a partir do caule se move no sentido *basípetalo* (para a base), até que atinja a junção caule-raiz. Daquele ponto, o movimento para baixo é descrito como *acropétalo* (em direção ao ápice). O movimento da auxina a partir do ápice da raiz em direção à junção caule-raiz também é descrito como *basípeto* (para a base). Alternativamente, o transporte polar da ponta do caule até a ponta da raiz é denominado *em direção ao ápice de raiz* (*rootward*), e o transporte polar na direção oposta é denominado *em direção ao ápice do caule* (*shootward*). (B) Método do bloco de ágar receptor-doador para medir o transporte polar de auxina. Um bloco de ágar doador, contendo auxina radioativa, é colocado em uma extremidade de uma porção de hipocótilo e um bloco de ágar receptor é colocado na outra extremidade. A quantidade de auxina radioativa que se acumula no bloco receptor é uma medida da quantidade de auxina transportada pela porção de hipocótilo. Quando o hipocótilo é invertido, nenhuma auxina radiomarcada é transportada do bloco doador para o receptor.

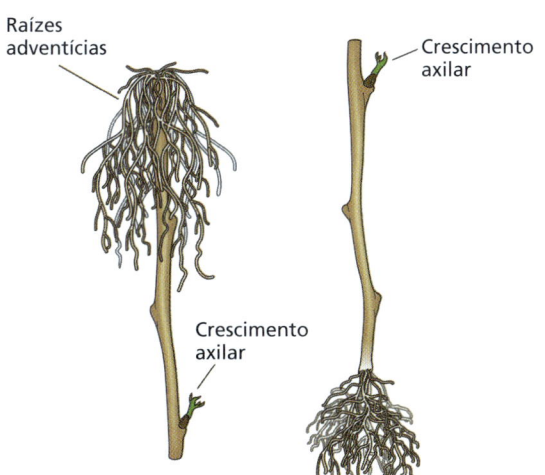

Figura 17.23 O crescimento das raízes adventícias é polar. As raízes adventícias crescem das extremidades basais das estacas de videira e a emergência axilar ocorre na extremidade apical, se as estacas são mantidas na orientação invertida (a estaca à esquerda) ou na orientação correta (a estaca à direita). A auxina se acumula na extremidade basal e é exaurida na extremidade apical devido ao transporte polar que é independente da gravidade. (Segundo H. T. Hartmann and D. E. Kester. 1983. *Plant Propagation: Principles and Practices*, 4th ed. Prentice-Hall, Inc., NJ.)

corrente direcional guiada pelo transportador de efluxo PIN1 e mantida pela atividade dependente de ATP de um grupo de transportadores ABCB, melhor representado por *Arabidopsis* ABCB19 (ver Capítulo 4). Conforme mostrado na **Figura 17.24**, as proteínas PIN no meristema apical do caule são responsáveis por direcionar o movimento de auxina, primeiro em direção ao ápice, depois para baixo no caule e até a raiz. Na raiz, as proteínas PIN nas células do cilindro vascular transportam auxina para a região da columela (central) da coifa. Em plantas mais velhas, o AIA também é sintetizado no meristema da raiz. Os transportadores de efluxo PIN3 movem a auxina para fora da columela; eles fornecem o vetor direcional do movimento de auxina para fora da columela em respostas trópicas na raiz. A auxina é absorvida pelas células adjacentes da coifa lateral por meio da permease AUX1 e, em seguida, se move para uma correntes epidérmica em direção ao caule impulsionada pela atividade combinada de efluxo de PIN e ABCB. Essa corrente epidérmica em direção ao caule é determinada principalmente pela PIN2 e mantida pela ABCB4 (ver Figura 17.24). A PIN2 está localizada na parte superior das células epidérmicas da raiz, conduzindo a auxina para longe da coifa lateral em direção à zona de alongamento, onde esse hormônio atua estimulando

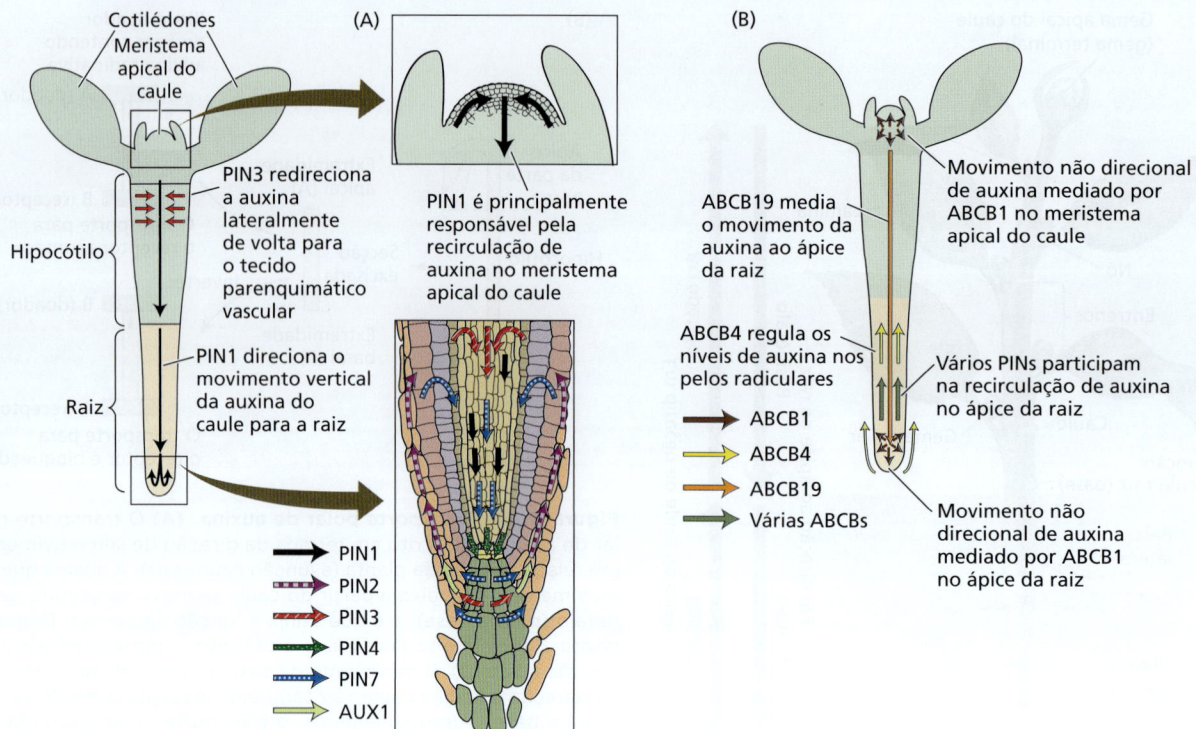

Figura 17.24 Transporte polar de auxina em plântulas de *Arabidopsis*. (A) As proteínas transportadoras PIN no tecido vascular direcionam a auxina para a raiz (ver texto para discussão). As proteínas PIN no cilindro vascular da raiz transportam então a auxina para a columela da coifa. A auxina então se move para as células da coifa lateral; ela é redirecionada pela captação combinada via AUX1 na coifa lateral e exportada pelas proteínas PIN na epiderme. As proteínas PIN também estão envolvidas no redirecionamento da auxina em direção à zona de alongamento, após o que parte da auxina volta para o cilindro vascular. A denominação *modelo em chafariz* foi sugerida pelo fato de que a corrente de auxina proveniente do caule inverte a direção após atingir a coifa. As duas inserções mostram o movimento de auxina mediado por PIN1 no meristema apical do caule (destaque superior) e a circulação de auxina regulada por PIN no ápice da raiz (destaque inferior). (B) Fluxo de auxina associado a proteínas ABCB de transporte dependente de ATP. As setas multidirecionais nos ápices do caule e da raiz indicam o transporte de auxina não direcional. Entretanto, quando combinado com proteínas PIN polarmente localizadas, ocorre o transporte direcional. Várias ABCBs atuam na mobilização de auxina em tecidos corticais e epidérmicos para as zonas de alongamento e de diferenciação. ABCB4 regula as concentrações de auxina no alongamento dos pelos das raízes. (Segundo Mason et al. 2005. *Nature* 433: 39–44.)

o alongamento celular. Ao atingir a zona de alongamento, a auxina é transportada lateralmente de volta para o cilindro vascular, aparentemente via PIN2 localizada no lado interno das células corticais. Essa recirculação de auxina da coifa para a zona de alongamento e vice-versa é chamada de *modelo em chafariz*.

Os primeiros estudos experimentais estabeleceram que os ápices dos coleóptilos são o sítio de percepção da curvatura fototrópica induzida pela luz azul e que o movimento lateral da auxina para o lado sombreado está envolvido na resposta (ver Capítulos 4 e 16). Os ápices dos coleóptilos também são capazes de detectar a gravidade e redistribuir a auxina para a região inferior. Por exemplo, se o ápice excisado de um coleóptilo é disposto sobre blocos de ágar e orientado horizontalmente, uma quantidade maior de auxina difunde-se no bloco de ágar a partir da metade inferior do ápice do que a partir da metade superior, como demonstrado por um bioensaio (**Figura 17.25**).

O gravitropismo nas raízes também depende da redistribuição de auxina. O sítio de percepção da gravidade nas raízes

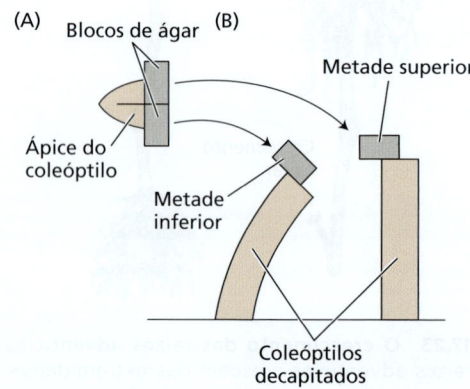

Figura 17.25 A auxina é transportada para o lado inferior de um ápice de coleóptilo de aveia orientado horizontalmente. (A) A auxina das metades superior e inferior de um ápice horizontal difunde-se em dois blocos de ágar. (B) O bloco de ágar da metade inferior (à esquerda) induz uma curvatura maior em um coleóptilo decapitado do que no bloco de ágar da metade superior (à direita).

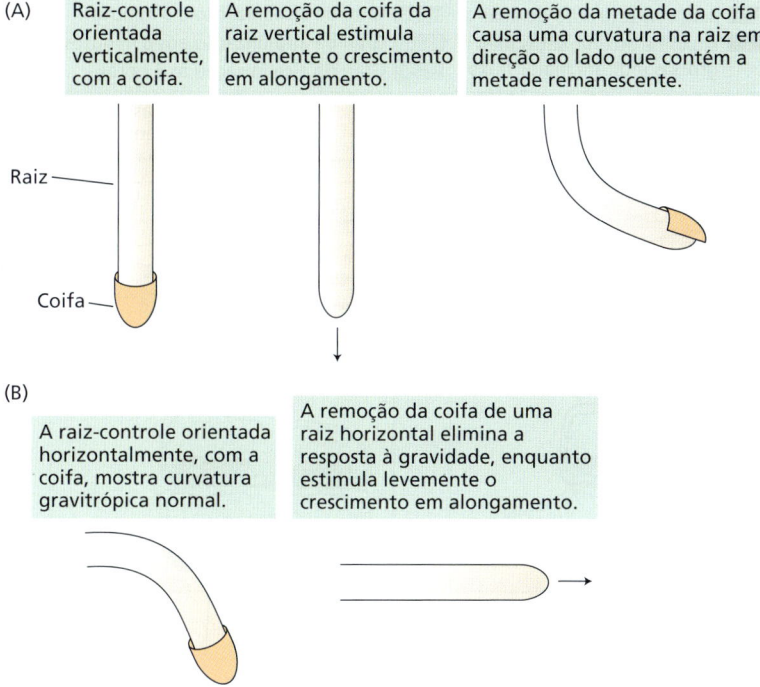

Figura 17.26 Efeitos da microcirurgia na direção do crescimento da raiz. Experimentos microcirúrgicos demonstram que a coifa é necessária para o redirecionamento da auxina e a subsequente inibição diferencial do alongamento na curvatura gravitrópica na raiz. (A) Raiz crescendo verticalmente. (B) Raiz crescendo horizontalmente. (Segundo S. Shaw and M. B. Wilkins. 1973. *Planta* 109: 11–26.)

é a coifa. Quando a coifa é removida de uma raiz em crescimento, a raiz não se curva mais para baixo em resposta à gravidade (**Figura 17.26**). Na verdade, a taxa de crescimento da raiz aumenta ligeiramente, sugerindo que a coifa fornece um inibidor que modula o crescimento na zona de alongamento. Experimentos microcirúrgicos, em que metade da coifa foi removida, demonstraram que ela transporta um inibidor de crescimento, mais tarde identificado como auxina, para a região inferior da raiz durante a curvatura gravitrópica. Experimentos com inibidores de transporte de auxina e mutantes transportadores de auxina mostraram que o transporte direto de auxina da coifa para a zona de alongamento é necessário para o crescimento gravitrópico.

De acordo com o modelo atual do gravitropismo da raiz, o transporte de auxina em direção ao caule em uma raiz orientada verticalmente é igual em todos os lados. Quando a raiz é orientada horizontalmente, entretanto, os sinais da coifa redirecionam a maior parte da auxina para a região inferior, inibindo, portanto, o crescimento dessa região (**Figura 17.27**). Coerente com esse modelo, o AIA se acumula rapidamente na região inferior de uma raiz orientada horizontalmente e se concentra nas células epidérmicas da zona de alongamento. O movimento de auxina ao longo de uma coifa orientada horizontalmente foi confirmado utilizando-se a construção gênica repórter, DR5:*GFP*, consistindo na proteína verde fluorescente (GFP, *green fluorescent protein*) sob o controle do promotor DR5 sensível à auxina. Além disso, as SAURs são observadas na região superior das raízes estimuladas gravitropicamente (ver mais adiante nesta seção).

A percepção da gravidade é desencadeada pela sedimentação dos amiloplastos

O mecanismo primário pelo qual a gravidade pode ser detectada pelas células é via movimento de um corpo intracelular caindo ou em sedimentação. As células da columela da coifa contêm amiloplastos grandes e densos (plastídios contendo amido) chamados de **estatólitos**. Esses estatólitos se sedimentam facilmente na parte inferior da célula para se alinhar com o vetor de gravidade em 60 s (ver Figura 17.27). Como foi visto, a remoção da coifa de raízes intactas evita o gravitropismo da raiz sem inibir o crescimento, sugerindo que as células columelas funcionam como células sensíveis à gravidade, ou **estatócitos**. Admite-se que a percepção do estímulo (deslocamento do estatólito por gravidade) ocorra por meio de receptores de membrana e/ou interações citoesqueléticas. Uma vez que os mutantes sem amido mostram uma resposta reduzida à gravidade, sinais adicionais devem estar envolvidos na percepção da gravidade.

Em uma raiz orientada verticalmente, PIN3 está uniformemente distribuída em torno das células da columela, mas, quando a raiz é colocada a seu favor, PIN3 é preferencialmente destinada para a região inferior dessas células em 6 min (ver Figura 17.27). Essa redistribuição da PIN3 ocorre após a sedimentação dos estatólitos e antes que a raiz comece a se curvar, e admite-se que acelere o transporte de auxina para a região inferior da raiz. Como consequência, a auxina é transportada da columela para a região inferior da coifa. De lá, ela é transportada de volta para a zona de alongamento por meio das células epidérmicas. Entretanto, como os mutantes *pin3* não são completamente agravitrópicos, outros eventos assimétricos devem atuar em conjunto com a localização da PIN3 para alterar os fluxos de auxina. O evento mais provável seria uma mudança assimétrica na acidificação apoplástica, que imporia um potencial quimiosmótico assimétrico para redirecionar o fluxo de auxina. Isso causaria a redistribuição de PIN3, com amplificação do fluxo de auxina na nova direção (canalização; ver Capítulo 18). As atividades de AUX1 e PIN2 em seus respectivos domínios de expressão também são necessárias para respostas gravitrópicas, pois seus mutantes de perda de função são agravitrópicos.

Em caules de eudicotiledôneas e em órgãos similares a caules, os estatólitos envolvidos na percepção da gravidade estão localizados na **bainha amilífera**, a camada mais interna de células corticais que circunda o anel de feixes vasculares do caule (**Figura 17.28**). A bainha amilífera é contínua com a endoderme da raiz, e os amiloplastos são redistribuídos quando

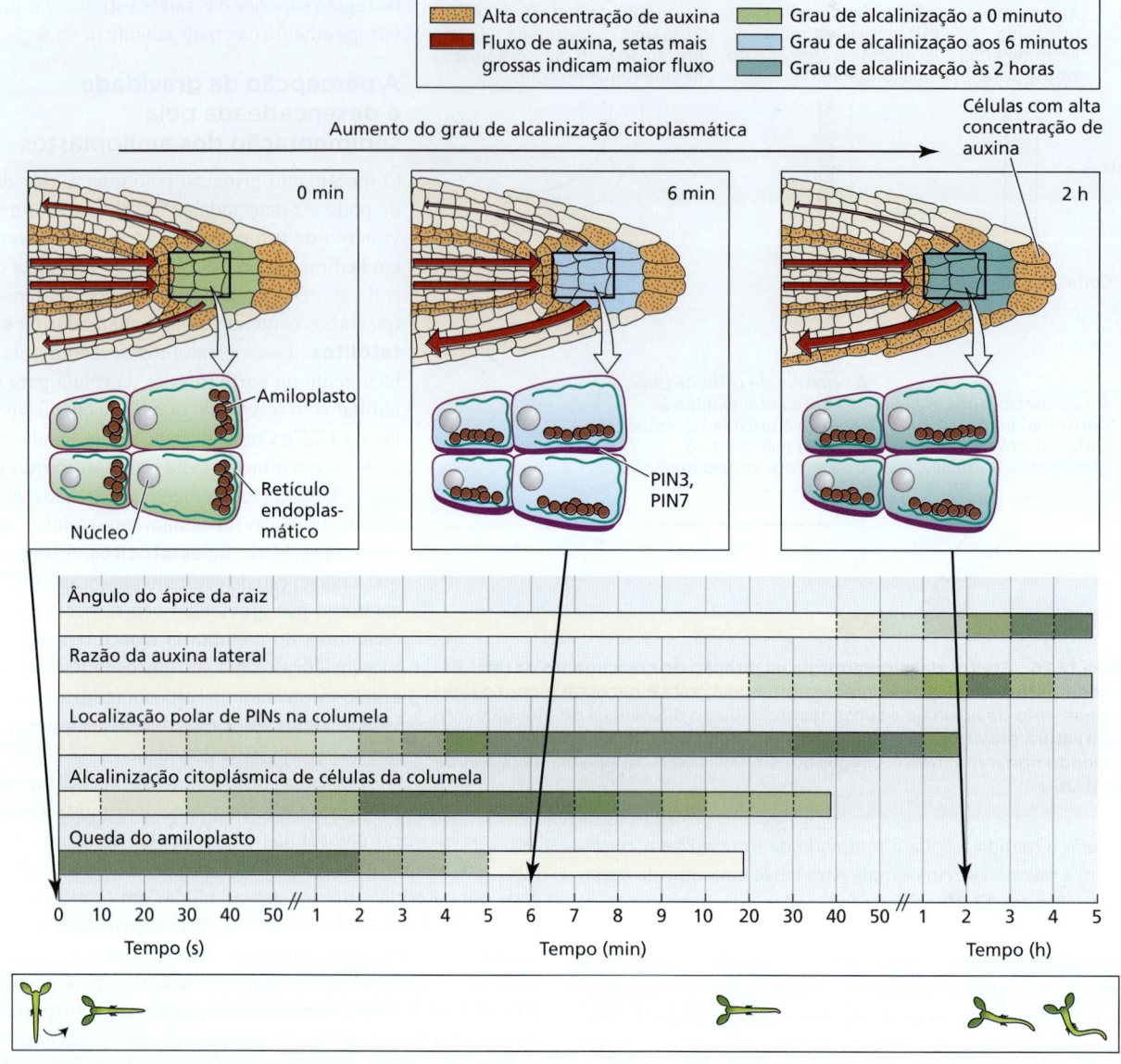

Figura 17.27 Sequência de eventos seguindo a graviestimulação de uma raiz de *Arabidopsis*. A escala de tempo na parte inferior é não linear. O crescimento diferencial da parte aérea e das raízes da plântula em diferentes estágios da resposta está ilustrado abaixo da escala de tempo. Três estágios da sedimentação dos estatólitos são mostrados no topo. A representação à esquerda mostra o tempo zero, quando a plântula está rotacionada primeiro a 90°. O segundo e o terceiro estágios mostrados estão a cerca de 6 minutos e 2 horas após a rotação. A seta vermelha indica o fluxo de auxina, com as setas mais grossas indicando um fluxo maior. Células com concentração de auxina relativamente alta são mostradas em laranja. As células da columela da coifa são mostradas em verde no tempo zero; a cor muda para o azul e, após, para o verde-azulado em 2 horas, indicando o grau de alcalinização do citoplasma (ver Figura 15.33). A distribuição das proteínas PIN3 está diagramada como um traçado roxo sobre a membrana plasmática das células da columela. (Segundo K. I. Baldwin et al. 2013. *Am. J. Bot.* 100: 126–142.)

o vetor da gravidade é modificado. As células da bainha amilífera contêm ABCB19 e PIN3, que funcionam coordenadamente para restringir as correntes de auxina ao sistema vascular (**Figura 17.29**). A regulação seletiva da corrente descendente do transporte de auxina, conduzida por PIN1 dentro do cilindro vascular, e a restrição seletiva do movimento lateral de auxina nas células da bainha amilífera por ABCB19 e PIN3 parecem ter um papel fundamental na curvatura trópica. Em resposta a uma mudança no vetor de gravidade, como ocorre quando uma planta é submetida a fortes chuvas, os amiloplastos se reorientam para a parte inferior das células da bainha amilífera e o hipocótilo se curva para cima em menos de 1 h. A sequência exata dos eventos subsequentes permanece sem solução, mas os sinais PIN3 estão ausentes na região inferior da curva nas células da bainha amilífera do hipocótilo 4 h após a estimulação gravitrópica. Estudos genéticos confirmaram o papel da

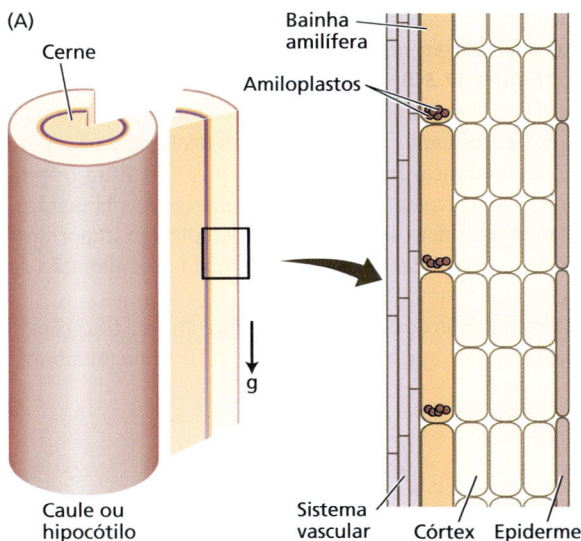

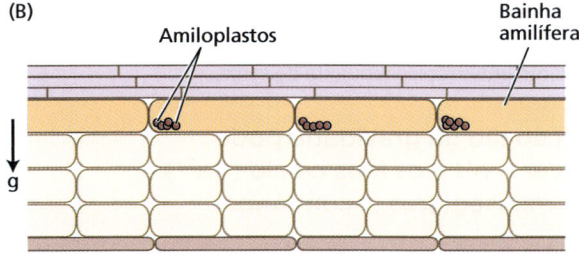

Figura 17.28 Percepção de gravidade na bainha amilífera de brotos. (A) Diagrama da bainha amilífera localizada fora do anel de sistema vascular em um hipocótilo. O corte à direita mostra os amiloplastos na parte inferior das células. (B) Os amiloplastos nas células da bainha amilífera se relocalizam após um estímulo gravitrópico. (Segundo M. Palmieri and J. Z. Kiss. 2007. In R. R. Wise and J. K. Hoober [Eds.], *The Structure and Function of Plastids. Advances in Photosynthesis and Respiration*, vol. 23. Springer, Dordrecht, pp. 507–525.)

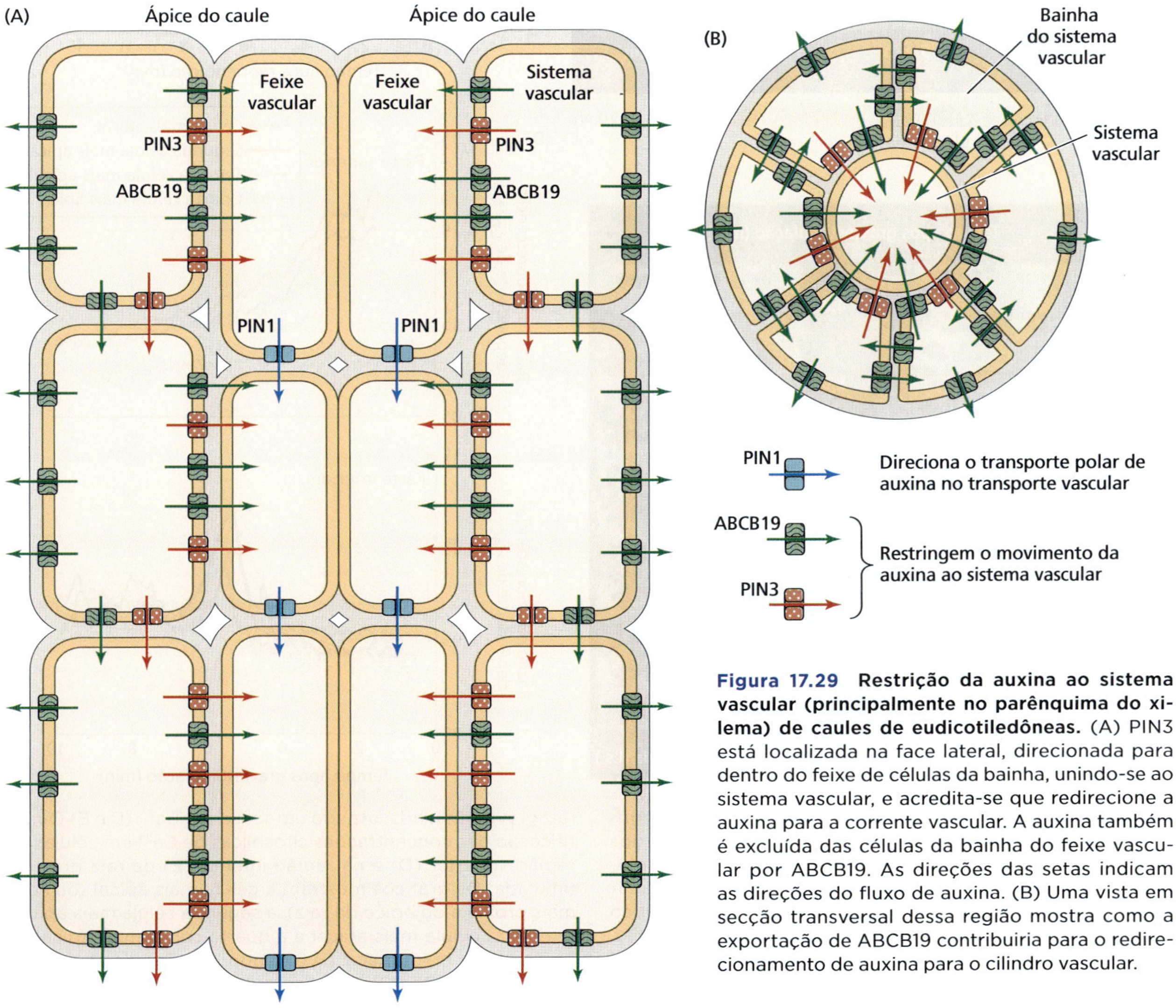

Figura 17.29 Restrição da auxina ao sistema vascular (principalmente no parênquima do xilema) de caules de eudicotiledôneas. (A) PIN3 está localizada na face lateral, direcionada para dentro do feixe de células da bainha, unindo-se ao sistema vascular, e acredita-se que redirecione a auxina para a corrente vascular. A auxina também é excluída das células da bainha do feixe vascular por ABCB19. As direções das setas indicam as direções do fluxo de auxina. (B) Uma vista em secção transversal dessa região mostra como a exportação de ABCB19 contribuiria para o redirecionamento de auxina para o cilindro vascular.

bainha amilífera no gravitropismo do caule; mutantes de *Arabidopsis* e tomate sem amiloplastos na bainha amilífera exibem crescimento gravitrópico reduzido do caule.

A percepção da gravidade pode envolver o pH e os íons cálcio (Ca^{2+}) como mensageiros secundários

Uma diversidade de experimentos sugere que mudanças localizadas nos gradientes de pH e Ca^{2+} são parte da sinalização que ocorre durante o gravitropismo. Quando corantes sensíveis ao pH foram utilizados para monitorar o pH intra e extracelular nas raízes de *Arabidopsis*, foram observadas mudanças rápidas após as raízes terem sido direcionadas para uma posição horizontal (**Figura 17.30**). Dentro de 2 minutos de graviestimulação, o pH do citoplasma das células da columela aumentou de 7,2 para 7,5, enquanto o pH apoplástico declinou de 5,5 para 4,5. Essas mudanças precederam qualquer curvatura trópica detectável em cerca de 10 minutos. Mudanças no pH extracelular também podem ser elemento de sinalização importante que poderiam modular as respostas da auxina por alteração do gradiente quimiosmótico de prótons.

A alcalinização do citosol, combinada com a acidificação do apoplasto, sugere que a ativação da H^+-ATPase da membrana

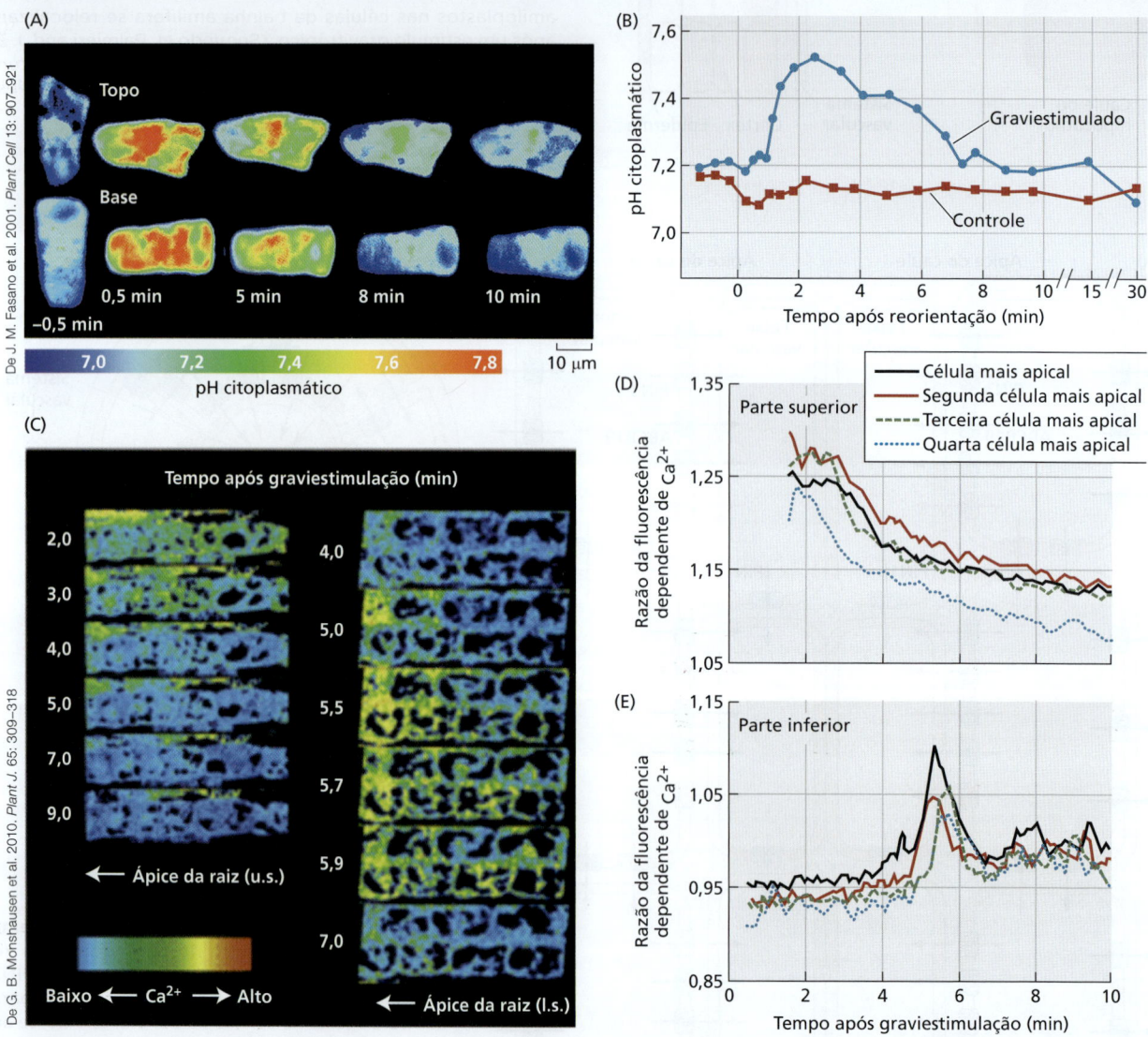

Figura 17.30 As mudanças gravitrópicas do pH são reguladas por uma rota dependente de Ca^{2+}. (A) Imagem dos corantes sensíveis ao pH na resposta das células da columela ao estímulo gravitrópico. A escala de cores foi utilizada para gerar os dados em (B). (B) O pH citoplasmático aumenta em menos de 2 minutos após a graviestimulação. (C) Visualização das concentrações citosólicas de Ca^{2+} em células epidérmicas da zona de alongamento apical no lado superior (u.s., à esquerda) e no lado inferior (l.s., à direita) da raiz graviestimulada, usando um sensor de Ca^{2+}. (D e E) Quantificação das concentrações citosólicas de Ca^{2+} em células na região superior (D) e na região inferior (E) da raiz graviestimulada. Os gráficos mostram a célula mais apical (ou seja, mais próxima do ápice da raiz), a segunda célula mais apical, a terceira célula mais apical e a quarta célula mais apical na fileira celular epidérmica. (B segundo J. M. Fasano et al. 2001. *Plant Cell* 13: 907-921; D, E segundo G. B. Monshausen et al. 2010. *Plant J.* 65: 309-318.)

plasmática é um dos eventos iniciais que media a percepção da gravidade ou a transdução de sinal da raiz. O modelo quimiosmótico do transporte polar de auxina (descrito no Capítulo 4) prediz que a acidificação diferencial do apoplasto e a alcalinização do citosol resultariam no aumento da absorção direcional e no efluxo de AIA das células afetadas.

Estudos fisiológicos iniciais sugeriram que a liberação de Ca^{2+} de compartimentos de reserva pode estar envolvida na transdução de sinal gravitrópica da raiz. Por exemplo, o tratamento de raízes de milho com EGTA [etilenoglicol-bis(b-aminoetiléter)--N,N,N',N'-ácido tetra-acético] – um composto que pode quelar (formar um complexo com) Ca^{2+}– impede a absorção de Ca^{2+} pelas células e inibe o gravitropismo da raiz. Como no caso de [^{3}H] AIA, $^{45}Ca^{2+}$ é transportado para a metade inferior da coifa que é estimulada por gravidade. Assim, o Ca^{2+} e a sinalização por pH parecem regular a curvatura gravitrópica da raiz por meio da propagação da rota de sinalização dependente de Ca^{2+}.

O tigmotropismo envolve a sinalização por Ca^{2+}, pH e espécies reativas de oxigênio

Quando a radícula emerge da casca da semente, a gravidade não é a única força que ela encontra; a radícula também se depara imediatamente com as forças impostas pelo solo. Dependendo para onde a semente vai, o solo pode ser predominantemente areia, barro, argila ou alguma outra composição. A planta responde a obstáculos no solo, como rochas, redirecionando o crescimento ao redor deles (tigmotropismo) até que possa retomar o crescimento em alinhamento com o vetor gravitacional. Na natureza, as raízes integram estímulos gravitrópicos e tigmotrópicos para controlar sua resposta de crescimento.

A auxina media o crescimento diferencial do alongamento celular durante o tigmotropismo. Nas raízes, as células columelares são o sítio de percepção do estímulo tátil, e a transdução de sinal ocorre dentro das células columelares (**Figura 17.31**). O estímulo mecânico induz mudanças nas concentrações dos mensageiros secundários Ca^{2+}, pH e espécies reativas de oxigênio. Após a resposta ao toque, a concentração de Ca^{2+} citosólico aumenta nas células epidérmicas na região da raiz distal ao estímulo de toque (**Figura 17.32A**). Isso desencadeia um aumento nas espécies reativas de oxigênio no apoplasto, bem como a acidificação do citosol e a alcalinização do apoplasto na região intocada da raiz (**Figura 17.32B e C**). O crescimento assimétrico da raiz é mediado pela redistribuição de auxina que se acumula na parte inferior da raiz, conforme observado na resposta gravitrópica. A evitação de obstáculos tem dois estágios. As raízes primeiro contornam o obstáculo (tigmotropismo) e continuam a crescer paralelamente a ele. Quando o obstáculo não é mais percebido por meio do sensor de toque, as raízes se curvam

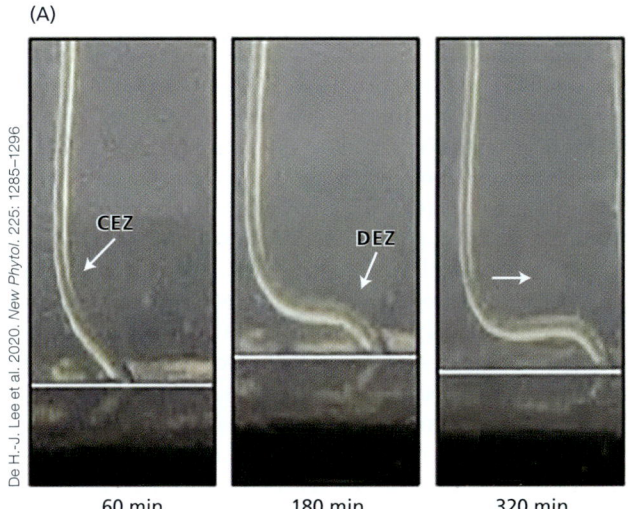

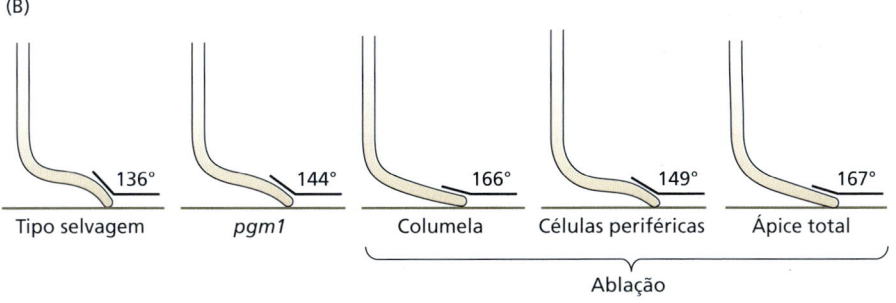

Figura 17.31 O sensor de toque interage com a percepção da gravidade para regular o crescimento das raízes primárias da *Arabidopsis*. (A) A raiz primária muda sua direção de crescimento quando encontra uma barreira para o crescimento descendente. As raízes foram cultivadas verticalmente e, em seguida, entraram em contato com uma barreira de vidro horizontal (em 0 min). As setas brancas em 60 min e 180 min indicam o ponto de flexão das raízes na zona de alongamento central (CEZ) e na zona de alongamento distal (DEZ). A seta branca em 320 min indica o crescimento das raízes paralelamente à barreira. (B) O ângulo do ápice da raiz, em raízes primárias que crescem ao redor de uma barreira, é uma resposta integrada à gravidade e ao toque. Em circunstâncias normais, uma raiz que encontra uma barreira horizontal mantém um ângulo de 136° no seu ápice, até atingir o limite da barreira. A ablação a *laser* foi usada para remover diferentes tipos de células no ápice primário da raiz, para interferir na resposta gravitrópica. A remoção de toda a coifa ou das células periféricas ou das células da columela alterou o ângulo do ápice da raiz, em raízes interagindo com uma barreira de vidro horizontal, indicando que a manutenção do ângulo típico de 136° depende do gravitropismo. Da mesma forma, os mutantes *pgm1* que não acumulam amido nas células da columela têm ângulos alterados no ápice da raiz. (B segundo G. D. Massa and S. Gilroy. 2003. *Plant J.* 33: 435–445.)

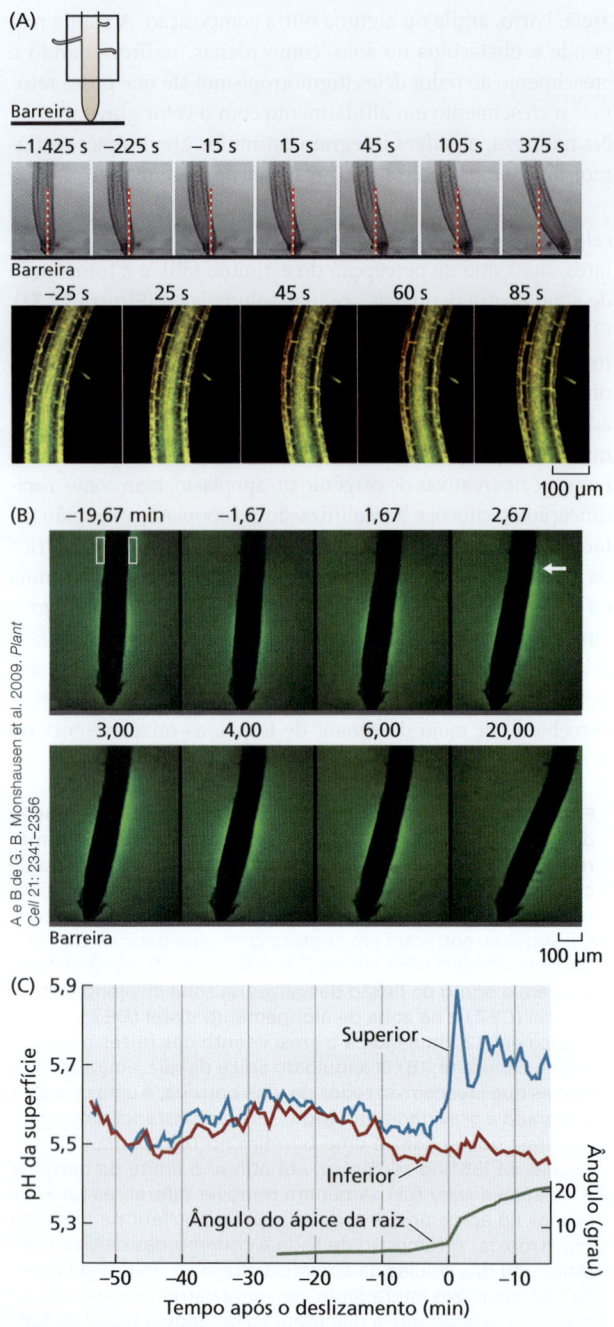

Figura 17.32 Mudanças de Ca^{2+} e pH ocorrem durante o tigmotropismo. (A) O Ca^{2+} citosólico aumenta transitoriamente quando o ápice de uma raiz que cresce verticalmente toca uma barreira de vidro horizontal (ver o desenho no topo da figura). Representações superiores: Quando a raiz encontra a barreira (na posição marcada pela linha vermelha), ela primeiro pressiona o obstáculo e, finalmente, desliza para o lado, alongando as células na parte superior da curva em desenvolvimento. Os números indicam o tempo após o início do deslizamento, nesse caso 25 minutos após o primeiro contato com a barreira. Representações inferiores: Imagens de fluorescência citosólica de Ca^{2+} de uma raiz após ela ter encontrado uma barreira. A região da raiz corresponde à área em caixa no desenho e os números indicam a hora após o início do deslizamento. Observe que a concentração de Ca^{2+} (sinal vermelho) aumenta na epiderme e no córtex da parte superior da curva. (B) Imagens de uma raiz primária crescendo por meio de agarose e contendo um corante indicador de pH fluorescente (fluorescência verde), antes e depois de encontrar uma barreira horizontal. Os números indicam o tempo após o início do deslizamento. Quando a raiz está crescendo verticalmente, o pH apoplástico é relativamente simétrico em ambos os lados da raiz. Quando a raiz encontra uma barreira e, posteriormente, desliza para o lado, o pH apoplástico aumenta rapidamente na parte superior da raiz, onde a curvatura se forma. As caixas indicam as regiões de interesse para a medição do pH. A seta indica a posição em que a raiz se dobra. (C) As mudanças de pH foram medidas ao longo dos lados superior (azul) e inferior (vermelho) da raiz em (B). A linha verde indica o ângulo no ápice da raiz. Barra = 100 μm. (Segundo G. B. Monshausen et al. 2009. *Plant Cell* 21: 2341-2356).

O hidrotropismo envolve sinalização do ABA e respostas assimétricas de citocinina

Hidrotropismo é o crescimento da raiz em resposta ao potencial hídrico assimétrico do solo (**Figura 17.33**). A resposta adaptativa do crescimento das raízes que utilizam água em áreas de potencial hídrico alto é essencial para a sobrevivência das plantas em solos onde a água é limitante. Em *Arabidopsis*, ervilha, arroz e pepino, o hidrotropismo ainda ocorre quando a coifa é removida por meio de ablação a *laser*, indicando que a coifa não é o local da percepção. Em vez disso, os gradientes de água parecem ser detectados pelas células corticais na zona de alongamento da raiz, onde a sinalização do ABA é desencadeada em resposta a um gradiente hídrico. As respostas do hidrotropismo dependem da sinalização por ABA, pois a resposta não é observada em mutantes que são insensíveis ao ABA, e os mutantes hiper-responsivos ao ABA mostram hidrotropismo rápido. O ABA induz a expressão e o acúmulo de MIZU-KUSSEI 1 (MIZ1), nomeado por duas palavras japonesas que significam "água" e "tropismo". MIZ1 regula negativamente a atividade da Ca^{2+}-ATPase 1 (ECA1) do retículo endoplasmático (RE). Como resultado, um gradiente assimétrico de Ca^{2+} é formado no floema; o Ca^{2+} se difunde nesse gradiente até as células corticais na zona de alongamento da raiz, no lado do potencial hídrico baixo.

A sinalização da citocinina também está envolvida no hidrotropismo, pois o comportamento é reduzido na biossíntese de citocininas ou nos mutantes de resposta. A biossíntese assimétrica e o acúmulo de citocininas na zona meristemática também dependem da atividade de MIZ1. Os reguladores de

novamente para alinhar seu crescimento com a gravidade (gravitropismo). Portanto, o sensor de toque modula a percepção da gravidade até que o sinal de toque não seja mais percebido.

As respostas ao toque também são acionadas quando uma raiz em crescimento encontra um solo mais denso, resultando em inclinação ou ondulação da raiz. Essa resposta envolve a integração de gravitropismo, tigmotropismo e circunutação. Para uma discussão sobre como o gravitropismo da raiz interage com a circunutação e o tigmotropismo, ver **Tópico 17.10 na internet**.

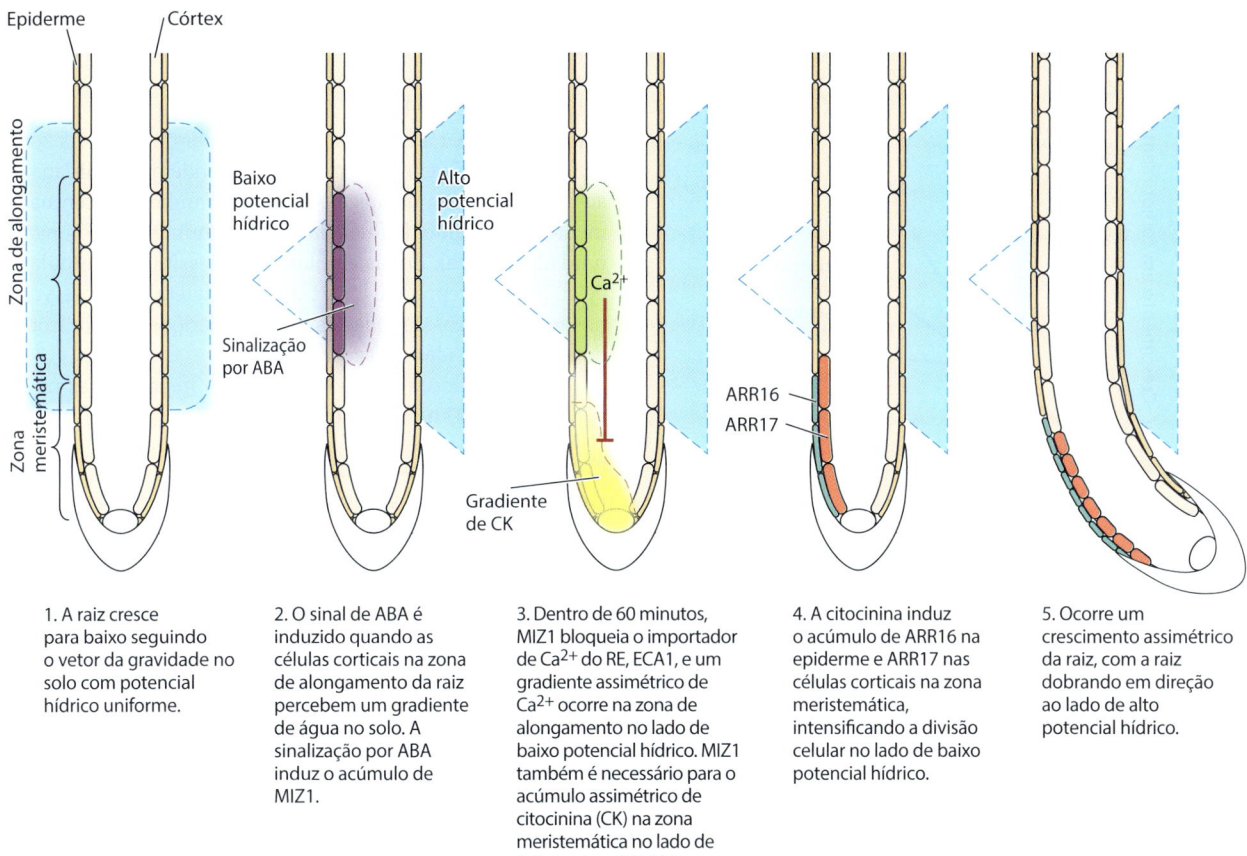

Figura 17.33 Crescimento hidrotrópico de raízes em direção a um potencial hídrico alto. As raízes respondem aos gradientes de água por uma via que envolve eventos de sinalização de Ca^{2+} e ABA. O ABA estimula a expressão de MIZ1, que regula negativamente a Ca^{2+}-ATPase do RE, resultando em maiores concentrações de Ca^{2+} no lado da raiz em contato com solo de potencial hídrico baixo. A citocinina induz a divisão celular no lado com potencial hídrico baixo via ARR16 e 17, resultando em crescimento assimétrico e flexão da raiz em direção ao lado de potencial hídrico alto.

resposta à citocinina ARR16 e ARR17 do tipo A, nas células epidérmicas e corticais, respectivamente, são regulados positivamente, resultando em mais células disponíveis para alongamento no lado de potencial hídrico baixo. Enquanto o alongamento celular deva ocorrer para que a raiz se curve em direção a uma umidade mais alta, o papel da auxina nas respostas hidrotrópicas é específico da espécie. A sinalização da auxina ou o transporte polar de auxina, resultando na redistribuição lateral da auxina, é necessária para o hidrotropismo em arroz e ervilha, mas não em *Arabidopsis* ou lótus.

As fototropinas são os receptores de luz envolvidos no fototropismo

Uma plântula emergente é capaz de se curvar em qualquer sentido em direção à luz solar para otimizar a absorção da luz. Esse fenômeno é conhecido como fototropismo. Como visto no Capítulo 16, a luz azul é particularmente eficaz na indução do fototropismo, e duas flavoproteínas, **fototropina 1** e **fototropina 2**, são os fotorreceptores para a curvatura fototrópica. O fototropismo resulta de eventos de sinalização rápida que são iniciados por fototropinas ativadas por luz no lado iluminado dos órgãos vegetais e que resultam em crescimento diferencial de alongamento. Como no caso do gravitropismo, a resposta da curvatura em direção à luz azul pode ser explicada pelo modelo de Cholodny–Went de redistribuição lateral de auxina.

O fototropismo é mediado pela redistribuição lateral de auxina

Charles e Francis Darwin proporcionaram a primeira evidência sobre o mecanismo do fototropismo ao demonstrarem que, enquanto a luz branca é percebida no ápice de coleóptilos, a curvatura ocorre na região subapical. Eles propuseram que alguma "influência" era transportada do ápice para a região de crescimento, causando, assim, a assimetria observada em resposta ao crescimento. Mais tarde, demonstrou-se que essa influência era a auxina.

Quando um caule está crescendo verticalmente, a auxina é transportada polarmente do ápice em crescimento para a zona de alongamento. Entretanto, a auxina também pode ser transportada lateralmente, e esse desvio lateral da auxina baseia-se

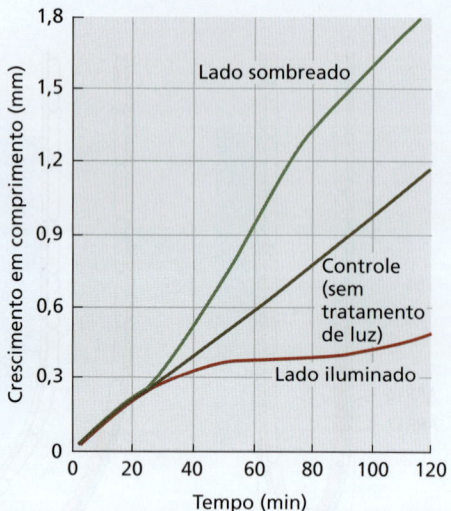

Figura 17.34 Curso temporal de crescimento nos lados irradiado e sombreado de um coleóptilo respondendo a um pulso de 30 segundos de luz azul unidirecional em zero minuto. Os coleóptilos-controle não foram tratados com luz. (Segundo M. Iino and W. R. Briggs. 1984. *Plant Cell Environ.* 7: 97–104.)

Embora os mecanismos fototrópicos pareçam ser altamente conservados nas espécies vegetais, tem sido difícil determinar os locais precisos da produção de auxina, da percepção da luz e do transporte lateral. Em coleóptilos de milho, a auxina acumula-se em 1 a 2 mm da parte superior do ápice. As zonas de fotopercepção e transporte lateral estendem-se mais abaixo, ao longo de 5 mm do ápice. A resposta também é acentuadamente dependente da fluência da luz (o número de fótons por unidade de área). Zonas similares de biossíntese/acumulação de auxina, percepção de luz e transporte lateral são observadas nos caules típicos de todas as monocotiledôneas e eudicotiledôneas examinadas até agora.

Para uma descrição do fototropismo negativo nas raízes, ver **Tópico 17.11 na internet**.

O fototropismo da parte aérea ocorre em uma série de etapas

Como mencionado anteriormente, os eventos da curvatura fototrópica ocorrem de forma rápida. O fototropismo pode ser dividido em uma série de quatro etapas: percepção e eventos iniciais de amplificação do sinal, curvatura fototrópica rápida, atenuação e alongamento no novo ângulo (**Figura 17.36**). A percepção e os eventos iniciais do fototropismo, como fosforilação e desfosforilação, ocorrem dentro de 1 s a 30 min após a irradiação de luz azul. A curvatura fototrópica rápida ocorre cerca de 30 min a 150 min após a percepção de um sinal de luz azul. O sinal é então atenuado de cerca de 150 min para 220 min, e, finalmente, o alongamento começa cerca de 220 min após a percepção do sinal inicial de luz azul.

no âmago do modelo de Cholodny–Went para os tropismos. Na curvatura fototrópica, a auxina do ápice caulinar é redirecionada lateralmente para o lado sombreado do caule e estimula o alongamento celular. O crescimento diferencial resultante faz com que o caule se curve em direção à luz (**Figuras 17.34 e 17.35**).

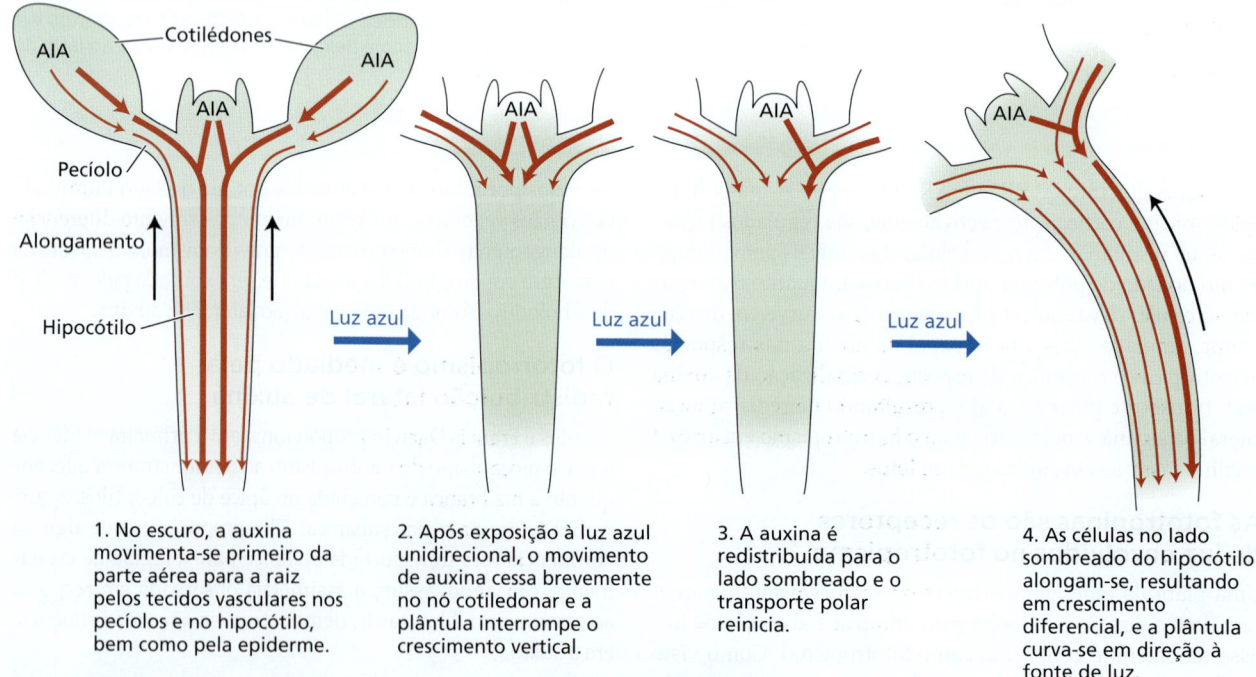

Figura 17.35 Modelo de movimento basípeto de auxina (linhas vermelhas dentro das plântulas) associado ao fototropismo dependente da fototropina 1 em plântulas de *Arabidopsis* aclimatadas ao escuro. (Segundo J. M. Christie et al. 2011. *PLOS Biol.* 9; e1001076; CC BY.)

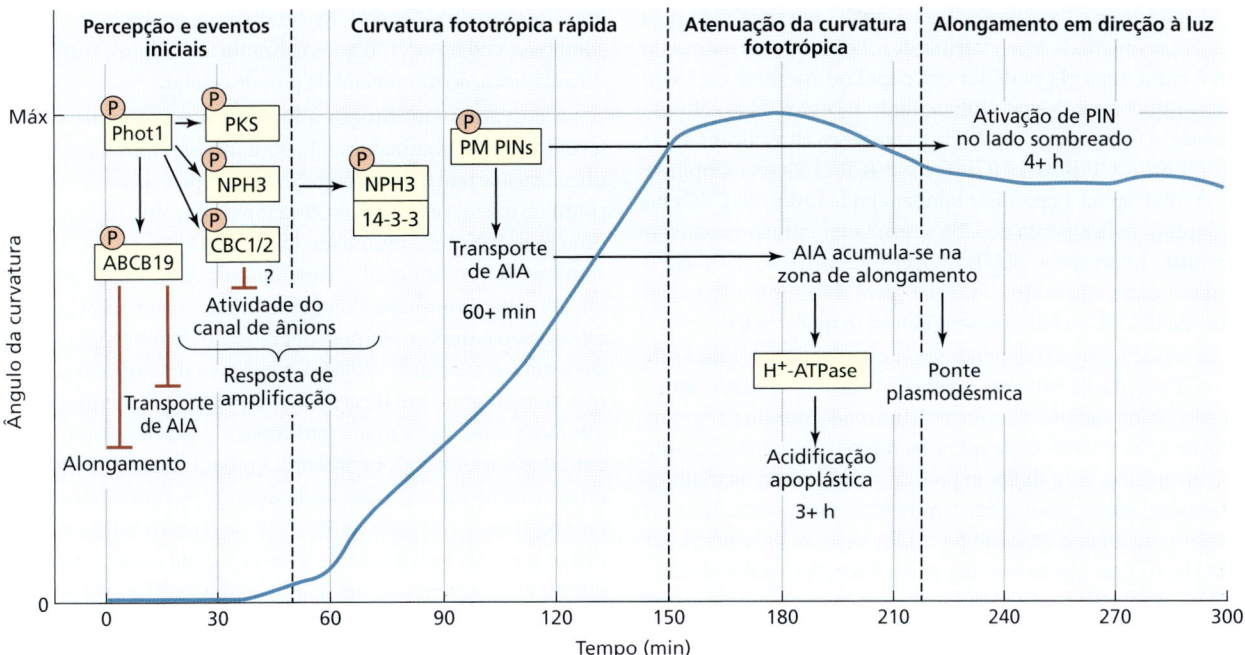

Figura 17.36 Resumo dos eventos durante estágios sucessivos do fototropismo. Durante a percepção e os primeiros eventos do fototropismo (1–50 min), a fototropina 1 (phot1) percebe o sinal e se autofosforila, tornando-se ativada. A phot1 ativada fosforila diretamente o transportador de auxina ABCB19 para bloquear o transporte de auxina, e o alongamento do hipocótilo é interrompido. A phot1 ativada também fosforila outras proteínas — NPH3, PKS, CBC1 e CBC2 — para amplificar o sinal fototrópico. As CBCs estão presentes no hipocótilo, mas não se sabe se elas mediam a atividade do canal aniônico durante o fototropsimo. A ordem exata dessas etapas não é conhecida. Durante a curvatura fototrópica rápida (50–150 min), as proteínas PIN de efluxo de auxina, localizadas na membrana plasmática, são ativadas via fosforilação no lado sombreado, para promover o alongamento em direção à fonte de luz. Durante a fase de atenuação (150–220 min), a auxina se acumula no lado recém-sombreado da zona de alongamento do hipocótilo. A acidificação da parede celular na fase de atenuação é essencial para o alongamento celular e prepara o hipocótilo para a fase de alongamento pós-fototrópico. Na fase de alongamento no eixo fototrópico, ocorre o acionamento pelos plasmodesmos, e a localização assimétrica da PIN é observada 4 h após a percepção da luz azul. (Cortesia de Candace Pritchard and Wendy Peer.)

Embora as fototropinas sejam proteínas hidrofílicas, elas estão associadas principalmente à membrana plasmática. A luz azul de fluência baixa é percebida pelas células no lado irradiado do hipocótilo, e uma série de eventos de transdução de sinal é iniciada. Durante o primeiro minuto após a irradiação, a membrana plasmática é despolarizada transitoriamente e o citoesqueleto é reorientado; os microtúbulos existentes são degradados e são formados novos microtúbulos orientados longitudinalmente (ver **Tópico 17.12 na internet**).

Após aproximadamente 3 min de irradiação unilateral de luz azul, a fototropina 1 (phot1) sofre autofosforilação. Em seguida, a phot1 ativada fosforila o transportador de auxina ABCB19. Como consequência da inibição da ABCB19, a auxina acumula-se acima do nó cotiledonar e menos auxina é liberada na zona de alongamento, causando rápida parada no alongamento e circunutação do hipocótilo. Após essa pausa no alongamento, a auxina agrupada é desviada lateralmente para o lado sombreado do hipocótilo por meio de um processo pouco compreendido. O acúmulo de auxina no lado sombreado do hipocótilo superior pode ser detectado após cerca de 15 minutos de exposição à luz azul unilateral. A auxina desviada é então transportada para a zona de alongamento do hipocótilo nos tecidos vasculares e na epiderme.

Conforme a percepção da luz azul continua, a amplificação do sinal fototrópico ocorre via fototropina 1 ativada, atuando em substratos adicionais. Outro substrato primário para a fototropina 1 ativada é NONPHOTOTROPIC HYPOCOTYL 3 (NPH3), originalmente identificada a partir do mutante *nph3* que não exibia curvatura do hipocótilo em *resposta* à luz azul de fluência baixa. Junto com a ROOT PHOTOTROPISM 2 (RPT2), a NPH3 é membro de um grupo de proteínas NPH3/RPT2 LIKE (NRL) que contêm um sítio de fosforilação C-terminal conservado. A fosforilação de NPH3 permite que ela se ligue às proteínas de ligação ao fosfo 14-3-3 que regulam várias funções celulares, incluindo o bombeamento de prótons por H$^+$-ATPSes da membrana plasmática (ver Capítulo 8), atividades do canal de membrana e função de receptor. A fosforilação de NPH3 pela fototropina 1 estabelece um gradiente de proteínas 14-3-3 do lado iluminado para o sombreado da plântula com o objetivo de modular as funções de transporte de auxina que iniciam a curvatura diferencial. As proteínas PHYTOCHROME KINASE SUBSTRATE (PKS) localizadas na membrana plasmática também são diretamente fosforiladas pela fototropina 1 ativada. A PKS4 também interage com a NPH3 e pode funcionar em uma alça de retroalimentação (*feedback*) negativa que regula o fototropismo.

A fototropina 1 autofosforilada é, então, internalizada pela endocitose mediada pela clatrina. A função da internalização não é clara, mas ela pode ter um papel ou na sinalização da fototropina ou na dessensibilização do receptor. Nas células-guarda, a fototropina 1 fosforila as quinases citosólicas CONVERGENCE OF BLUE LIGHT 1 e 2 (CBC1/2) (ver Capítulo 16). A fototropina 1 citosólica também pode fosforilar CBCs no hipocótilo, pois a perda de CBCs resulta em atraso parcial na curvatura fototrópica. BLUE LIGHT SIGNALING 1 (BLUS1) também é um substrato conhecido para fototropina 1, mas o papel da BLUS1 no fototropismo não foi demonstrado.

A ativação rápida dependente de auxina da atividade da H^+-ATPase da membrana plasmática ocorre no lado sombreado do hipocótilo. Conforme observado durante o gravitropismo, os *SAURs* são expressos diferencialmente durante o fototropismo, com maior expressão no lado com as maiores concentrações de auxina em 1 h de tratamento com luz azul e, assim, mediam a ativação da acidificação da parede celular pela H^+-ATPase da membrana plasmática. As TRANSMEMBRANE KINASE 1 e 4 (TMK1 e 4) também regulam positivamente a H^+-ATPase da membrana plasmática de uma forma dependente de auxina. A acidificação do apoplasto parece ter um papel no crescimento fototrópico: o pH apoplástico no lado sombreado de caules ou coleóptilos fototropicamente curvados é mais ácido do que no lado iluminado. Seria esperado que a diminuição do pH aumentasse o alongamento celular e amplificasse o movimento da auxina de célula para célula. Seria esperado que ambos os processos contribuíssem para a curvatura em direção à luz. Os SAURs também se acumulam no lado sombreado do hipocótilo após estímulo fototrópico, sustentando a acidificação diferencial da parede celular.

A curvatura em direção à fonte de luz azul pode ser detectada após aproximadamente 30 minutos. Após a percepção inicial da luz azul e dos eventos iniciais, a percepção da luz azul continua e a curvatura fototrópica rápida envolve a ativação das proteínas PIN pelas quinases AGCVIII D6PK e PAX no lado sombreado do hipocótilo, funcionando assim com ABCB19 em curvatura fototrópica rápida. Durante a atenuação, o sinal fototrópico é diminuído pela degradação da fototropina 1, e a curvatura é concluída. Após a conclusão da curvatura, ocorre o alongamento em direção à fonte de luz. A circunutação é retomada quando os sinais fototrópicos e gravitrópicos são integrados durante o alongamento. Embora nenhuma alteração diferencial de pH seja observada durante os primeiros eventos fototrópicos, a atividade da H^+-ATPase da membrana plasmática é essencial para a acidificação da parede celular, para permitir o alongamento do hipocótilo após a abertura fototrópica. O bloqueio dos plasmodesmos (ver Capítulo 1) também tem um papel nas fases de atenuação e alongamento do fototropismo, uma vez que as deposições de calose são observadas 4 h após o estímulo fototrópico inicial. A localização assimétrica da PIN também é observada 4 h após a percepção da luz azul.

Embora as fototropinas sejam os fotorreceptores primários para o fototropismo, fitocromos e criptocromos também podem contribuir para a resposta (ver **Tópico 17.13 na internet**).

■ Resumo

As sementes necessitam de reidratação e algumas vezes de tratamentos adicionais para germinar. Durante a germinação e o estabelecimento, as reservas nutricionais mantêm a plântula até que ela seja autotrófica. Após a emergência, a parte aérea responde a sinais não direcionais da luz solar para entrar em fotomorfogênese. Ao mesmo tempo, as partes aéreas também respondem aos sinais direcionais para se orientar em relação à luz solar (fototropismo), à gravidade (gravitropismo) e a uma fonte de água (hidrotropismo). A raiz se estende para baixo no solo, ajustando seu crescimento para evitar obstáculos (tigmotropismo). O sistema vascular se diferencia para facilitar o movimento de água, nutrientes minerais e açúcares de reservas das sementes e do meio ambiente para todas as partes da plântula. Os hormônios desempenham papéis centrais como agentes sinalizadores em todas as rotas de desenvolvimento associadas ao estabelecimento das plântulas.

17.1 Estrutura da semente
- As sementes são circundadas por uma casca (testa), enquanto os frutos são envolvidos pelo pericarpo (**Figura 17.1**).
- A anatomia da semente varia amplamente nos tipos e nas distribuições de recursos nutricionais armazenados e na natureza da sua casca (**Figura 17.2**).

17.2 Dormência da semente
- A dormência da semente pode ser exógena (imposta pelos tecidos circundantes) ou endógena (decorrente do próprio embrião).
- A dormência endógena pode ser devida às concentrações altas de ABA:GA ou à interrupção da embriogênese.
- Sementes que não se tornam dormentes podem exibir germinação precoce e vivípara (**Figuras 17.3, 17.4**).
- Os hormônios primários que regulam a dormência da semente são o ácido abscísico (ABA) e as giberelinas (GAs) (**Figura 17.5**).

17.3 Liberação da dormência
- A luz, especialmente a vermelha, quebra a dormência em muitas sementes pequenas, um fenômeno mediado pelo fitocromo.
- Algumas sementes necessitam de frio ou pós-maturação para quebrar a dormência (**Figura 17.6**).
- ABA e GA não são as únicas substâncias químicas que regulam a dormência da semente. Algumas sementes, o nitrato, o óxido nítrico (NO) e substâncias químicas existentes na fumaça podem quebrar a dormência.

Resumo

17.4 Germinação da semente
- A germinação e a pós-germinação acontecem em três fases relacionadas com a absorção de água (**Figuras 17.7, 17.8**).

17.5 Mobilização das reservas armazenadas
- A camada de aleurona dos cereais responde às giberelinas secretando enzimas hidrolíticas (incluindo a α-amilase) para o endosperma circundante, tornando os produtos da decomposição do amido disponíveis para o embrião (**Figura 17.9**).
- As giberelinas são secretadas pelo embrião e promovem a transcrição e a produção de α-amilase (**Figura 17.10**).
- O ABA inibe a transcrição da α-amilase.
- Os vacúolos de armazenamento de proteínas (PSVs) contêm fitina, sais de K^+, Mg^{2+} e Ca^{2+} do ácido fítico (*mio*-inositol-hexafosfato, um açúcar-álcool), uma importante forma de armazenamento de fosfato em sementes. A fitase libera o fosfato e outros cátions durante a germinação.
- As proteínas armazenadas protegem a semente contra dessecação e espécies reativas de oxigênio.
- As proteases são armazenadas em um compartimento separado na célula e raramente são compactadas no vacúolo de reserva de proteínas da semente.
- Os corpos lipídicos armazenam triacilglicerídeos e fosfolipídeos.
- Os corpos lipídicos também armazenam oleosinas, caleosinas e esteroleosinas, proteínas incorporadas à monocamada lipídica que estabilizam o corpo lipídico durante a dormência, regulam o tamanho do corpo lipídico e emulsificam os corpos lipídicos durante a germinação.
- Os corpos lipídicos são decompostos por proteases, lipases e β-oxidação dos ácidos graxos liberados durante a germinação e o estabelecimento das plântulas. A decomposição dos corpos lipídicos por proteases e lipases e a β-oxidação dos ácidos graxos liberados fornecem energia e matérias-primas para a germinação e o estabelecimento das plântulas (ver Capítulo 13).

17.6 Crescimento e estabelecimento da plântula
- As plântulas passam da escotomorfogênese (desenvolvimento no escuro; i.e., subterrâneo) para a fotomorfogênese (desenvolvimento na presença de luz) no primeiro momento da luz (**Figura 17.11**).
- Em partes aéreas estioladas, as giberelinas e os brassinosteroides inibem a fotomorfogênese (**Figura 17.12**).
- Fitocromo, auxina e etileno regulam a abertura do gancho (**Figura 17.13**).
- A diferenciação vascular começa durante a emergência da plântula (**Figura 17.14**).
- A coifa cobre o meristema apical da raiz e o protege quando a raiz penetra no solo (**Figura 17.15**).
- Os pelos da raiz são células epidérmicas especializadas que aumentam a área de superfície da raiz para absorção de água e nutrientes minerais, e ajudam a ancorar a planta no solo.
- A formação de pelos da raiz é regulada pelo etileno (**Figura 17.17**).

17.7 O crescimento diferencial permite o estabelecimento bem-sucedido de plântulas
- A nutação é a rotação do órgão durante o crescimento. Circunutação é o crescimento em espiral observado nas extremidades dos órgãos, como raízes, hipocótilos e caules, em padrões oscilantes circulares ou elípticos (**Figura 17.18**).
- Nutação e circunutação são movimentos násticos, o que significa que são autônomos e independentes de estímulos externos.
- O etileno causa a reorientação dos microtúbulos e induz a expansão celular lateral (**Figuras 17.19, 17.20**).
- Em concentrações ideais, a auxina promove o crescimento do caule e do coleóptilo e inibe o crescimento da raiz. Entretanto, as concentrações mais altas de auxina podem inibir o crescimento do caule e do coleóptilo (**Figura 17.21**).

17.8 Tropismos: crescimento em resposta a estímulos direcionais
- O crescimento polarizado das plântulas é direcionado por correntes polares de auxina (**Figuras 17.22, 17.23**).
- A maior parte da auxina, que é redirecionada para o caule no ápice das raízes jovens das plântulas, é derivada do caule (**Figura 17.24**).
- A redistribuição lateral da auxina nos ápices dos coleóptilos facilita o gravitropismo nos coleóptilos (**Figura 17.25**).
- Uma raiz orientada horizontalmente redireciona a auxina para o lado inferior, inibindo o crescimento na zona de alongamento, uma atividade que é mediada pela coifa (**Figuras 17.26, 17.27**).
- Os estatólitos nas células da columela da coifa servem como sensores de gravidade (**Figura 17.27**).
- Os estatólitos que regulam o gravitropismo em caules e hipocótilos de eudicotiledôneas estão localizados na bainha amilífera (**Figura 17.28**).
- A auxina está restrita ao sistema vascular em caules de eudicotiledôneas (**Figura 17.29**).
- O pH e o Ca^{2+} atuam como mensageiros secundários na sinalização que ocorre durante o gravitropismo (**Figura 17.30**).
- O pH, o Ca^{2+} e espécies reativas de oxigênio atuam como mensageiros secundários na sinalização que ocorre durante o tigmotropismo (**Figuras 17.31, 17.32**).
- A redistribuição da auxina ocorre durante o tigmotropismo.

Resumo

- As células corticais na zona de alongamento da raiz são o sítio de percepção do potencial hídrico do solo (**Figura 17.33**).
- O lado sombreado do hipocótilo se alonga durante a curvatura fototrópica (**Figura 17.34**).
- Como no gravitropismo e tigmotropismo, o fototropismo envolve a redistribuição lateral de auxina (**Figura 17.35**).
- O fototropismo em hipocótilos começa segundos após a irradiação, e, em minutos, a fototropina 1 se autofosforila e, em seguida, bloqueia temporariamente o transporte de auxina e inicia a amplificação do sinal (**Figura 17.36**).
- A curvatura pode ser observada em 30 min, e a curvatura rápida começa em 50 min e continua até que o sinal seja atenuado.
- Depois de completa a curvatura fototrópica, o sinal fototrópico é atenuado.
- A etapa final do fototropismo é o alongamento do hipocótilo em direção à luz.

Material da internet

- **Tópico 17.1 A evolução das sementes** Quando e como as sementes evoluíram?
- **Tópico 17.2 O crescimento da plântula pode ser dividido em dois tipos: epígeo e hipógeo** Alguns cotilédones se elevam acima da superfície do solo e outros permanecem sob o solo.
- **Tópico 17.3 Sementes exibem dormências primária e secundária** A dormência secundária pode ser difícil de quebrar.
- **Tópico 17.4 Um caso especial de dormência endógena** A embriogênese interrompida em cenoura é um exemplo de dormência endógena.
- **Tópico 17.5 A fase II da germinação pode ser um processo de uma ou duas etapas** A presença ou ausência de um endosperma na germinação determina o processo de fase II.
- **Tópico 17.6 Um experimento clássico – sementes de cereais divididas** Uma metade tem apenas endosperma, a outra metade tem endosperma e o embrião. Qual metade pode degradar o amido?
- **Tópico 17.7 Mobilização de proteínas de armazenamento de sementes durante a germinação** As proteínas de armazenamento de sementes são hidrolisadas em pequenos peptídeos e aminoácidos que podem ser transportados e sintetizados em novas proteínas e peptídeos.
- **Tópico 17.8 Organização e função do corpo lipídico durante a germinação** As proteínas na superfície do corpo lipídico evitam a fusão desse corpo e controlam o seu tamanho.
- **Tópico 17.9 Identidade de tricoblastos em *Arabidopsis*** Fatores de transcrição móvel controlam a formação de pelos das raízes.
- **Tópico 17.10 Tigmotropismo, gravitropismo e circunutação são sinais integrados** As plantas percebem vários sinais simultaneamente e precisam integrá-los.
- **Tópico 17.11 Raízes são fototrópicas** As raízes exibem fototropismo negativo.
- **Tópico 17.12 Orientação dos microtúbulos e luz azul** A luz azul faz com que os microtúbulos corticais se reorientem na direção longitudinal.
- **Tópico 17.13 Cromóforos e fototropismo** Os fitocromos e os criptocromos contribuem para o fototropismo.

Para mais recursos de aprendizagem (em inglês), acesse **oup.com/he/taiz7e**.

Leituras sugeridas

Bewley, J. D., Bradford, K. J., Hilhorst, H. W. M., and Nonogaki, H. (2013) *Seeds: Physiology of Development, Germination and Dormancy*, 3rd ed. Springer, New York.

Chang, J., Li, X., Fu, W., Wang, J., Yong, Y., Shi, H., Ding, Z., Kui, H., Gou, X., He, K., and Li, J. (2019) Asymmetric distribution of cytokinins determines root hydrotropism in *Arabidopsis thaliana*. *Cell Res.* 29: 984–993.

Christie, J. M., and H. Yang et al. (2011) phot1 inhibition of ABCB19 primes lateral auxin fluxes in the shoot apex required for phototropism. *PLOS Biol.* 9: e1001076.

Dietrich, D., Pang, L., Kobayashi, A., Fozard, J. A., Boudolf, V., Bhosale, R., Antoni, R., et al. (2017) Root hydrotropism is controlled via a cortex-specific growth mechanism. *Nat. Plants* 3: 17057.

Migliaccio, F., Tassone, P., and Fortunati, A. (2013) Circumnutation as an autonomous root movement in plants. *Am. J. Bot.* 100: 4–13.

Shkolnik, D., Nuriel, R., Bonza, M. C., Costa, A., and Fromm, H. (2018) MIZ1 regulates ECA1 to generate a slow, long-distance phloem-transmitted Ca^{2+} signal essential for root water tracking in Arabidopsis. *Proc. Natl. Acad. Sci. USA* 115: 8031–8036.

Shao, Q., Liu, X., Su, T., Ma, C., and Wang, P. New insights into the role of seed oil body proteins in metabolism and plant development. *Front. Plant Sci.* 10: 1568.

Wang, X., Yu, R., Wang, J., Lin, Z., Han, X., Deng, Z., Fan, L., He, H., Deng, X. W., and Chen, H. (2020) The asymmetric expression of SAUR genes mediated by ARF7/19 promotes the gravitropism and phototropism of plant hypocotyls. *Cell Rep.* 31: 107529.

18 Crescimento vegetativo e organogênese: crescimento primário do eixo da planta

Conforme discutido no Capítulo 17, a programação de desenvolvimento na plântula garante o estabelecimento funcional de uma planta fotossintetizante capaz de absorver nutrientes e água do solo. Na próxima fase de crescimento, células indiferenciadas em plantas juvenis adotam novos destinos para gerar tipos de células ou órgãos especializados que aumentam a competição por recursos em condições ambientais variáveis. O padrão de diferenciação e crescimento resulta em uma enorme diversidade de formas e funções dos órgãos.

Neste capítulo, discutem-se os processos de desenvolvimento pelos quais as plantas fazem a transição do estado de plântula, se expandem em seu eixo primário e iniciam a produção de determinados órgãos laterais, como folhas. Inicialmente, consideram-se as características básicas da divisão celular e iniciação de processos que levam à diferenciação nos meristemas apicais da raiz e do caule e, em seguida, discute-se o desenvolvimento foliar. É examinada a formação da lâmina foliar de folhas simples, que envolve a expansão marginal de tecidos foliares, a diferenciação em domínios adaxial e abaxial, bem como a morfogênese ao longo do eixo proximal-distal. Discute-se também como as folhas compostas são produzidas por variações dessas rotas de desenvolvimento. Finalmente, discutem-se as redes gênicas e os sinais hormonais que controlam o desenvolvimento das células especializadas da epiderme e do sistema vascular.

A formação e o crescimento regulados de sistemas de ramos indeterminados, bem como o crescimento secundário em plantas perenes, serão discutidos no Capítulo 19.

■ 18.1 Tecidos meristemáticos: fundamentos para o crescimento indeterminado

O desenvolvimento da planta apresenta um grau notável de plasticidade, que pode ser amplamente atribuído a tecidos especializados chamados **meristemas**. Um meristema pode ser amplamente definido como uma região contendo células que se dividem a fim de se replicar e produzir células derivadas para o corpo diferenciado da planta. Vários tipos de meristemas contribuem para o desenvolvimento vegetativo das plantas.

O **meristema apical da raiz** (**MAR**) e o **meristema apical do caule** (**MAC**) são encontrados nas extremidades da raiz e do caule, respectivamente. **Meristemas intercalares**, como o **câmbio vascular** e os tecidos do caule dos quais emergem as folhas da gramínea representam tecidos proliferativos que são acompanhados de tecidos diferenciados. Pequenos agrupamentos (*clusters*) superficiais de células, conhecidos como **meristemoides**, dão origem a estruturas como tricomas ou estômatos (ver **Ensaio 18.1 na internet** para um resumo histórico dos meristemas vegetais).

Os meristemas apicais de raiz e de caule utilizam estratégias similares para possibilitar o crescimento indeterminado

Embora possa ser difícil imaginar duas partes de uma planta mais diferentes do que um caule e uma raiz, o MAR e o MAC funcionam de maneiras semelhantes. Ambos contêm um grupo espacialmente definido de células, denominadas **iniciais**, que são distinguidas por sua taxa lenta de divisão e seu destino indeterminado. À medida que os padrões polarizados de divisão celular deslocam algumas iniciais para o limite do meristema, elas assumem vários destinos diferenciados que contribuem para a organização radial e longitudinal da raiz ou do caule e para o desenvolvimento de órgãos laterais.

Tanto o MAR quanto o MAC devem equilibrar a produção de novas células com o recrutamento contínuo de células em tecidos diferenciados para manter um tamanho constante. É possível que os aspectos comuns do comportamento de MAR e de MAC possam ser atribuídos a mecanismos subjacentes similares? Como esses mecanismos são regulados para manter as organizações características do caule e da raiz e possibilitar respostas adaptativas de crescimento a uma gama de ambientes diferentes? Os distintos padrões de crescimento e organogênese na raiz e no caule impõem necessidades especiais para a função de MAR e de MAC? Para responder a essas perguntas, nas Seções 18.2 e 18.3 discutem-se as características básicas do MAR e do MAC, bem como exemplos de rotas de sinalização geneticamente definidas que contribuem para seu estabelecimento e manutenção.

■ 18.2 O meristema apical da raiz

Muitos aspectos do crescimento da raiz refletem adaptações às exigências do ambiente. As raízes, que fixam a planta e absorvem água e nutrientes minerais do solo, exibem padrões complexos de crescimento e tropismos que as permitem explorar e tirar proveito de um ambiente heterogêneo cheio de obstáculos. Apesar de as células produzidas pelo MAR se dividirem, se diferenciarem e se alongarem, à medida que se distanciam do ápice, as emergências laterais como pelos (ver Capítulo 17) e ramificações laterais (ver Capítulo 19) se formam mais distantes da ponta da raiz, em regiões onde o alongamento celular está completo. Essa separação espacial, que auxilia a evitar dano a órgãos laterais a partir de forças de cisalhamento, proporciona uma boa oportunidade para focalizar apenas processos na ponta da raiz que servem para manter um conjunto de iniciais e para regular sua atividade de divisão. Nesta seção, será considerada mais detalhadamente a geração da organização da raiz no ápice, discutindo as diferenças regionais no comportamento celular que contribuem para o crescimento e a funcionalidade da raiz. Então, é examinada a evidência experimental sugerindo que o crescimento coordenado da raiz precisa de uma combinação de programas de atividade gênica dependentes de auxina e de citocinina, que são coordenados por classes específicas de fatores de transcrição e reguladores de resposta.

A extremidade da raiz possui quatro zonas de desenvolvimento

Os atributos básicos do desenvolvimento da raiz podem ser mais bem descritos pelas suas primeiras zonas distinguidas dentro da raiz com comportamentos celulares característicos. Embora seja impossível definir seus limites com precisão absoluta, a divisão da raiz nas seguintes zonas proporciona uma estrutura espacial utilizável que é relevante para a discussão dos mecanismos subjacentes (**Figura 18.1**).

- A **coifa** ocupa a parte mais distal da raiz. Ela representa um conjunto único de derivadas de iniciais que são deslocadas distalmente para longe da zona meristemática. Os produtos diferenciados dessas divisões recobrem o meristema apical e o protegem de lesão mecânica à medida que o ápice é empurrado através do solo. Outras funções da coifa incluem a percepção da gravidade, para possibilitar o gravitropismo (ver Capítulo 17), e a secreção de compostos que auxiliam a raiz a penetrar no solo e a mobilizar nutrientes minerais.

- A **zona meristemática** situa-se logo abaixo da coifa. Ela contém um grupo de células que atuam como iniciais, dividindo-se com polaridades características para produzir células que posteriormente se dividem e se diferenciam nos vários tecidos maduros que constituem a raiz. As células ao redor dessas iniciais têm pequenos vacúolos, expandem-se e se dividem rapidamente.

- A **zona de alongamento** é o local de alongamento celular rápido e extenso. Embora algumas células continuem a se dividir enquanto se alongam dentro dessa zona, a taxa de divisão diminui progressivamente até zero com o aumento da distância em relação ao meristema.

- A **zona de maturação** é a região em que as células adquirem suas características diferenciadas. As células entram na zona de maturação após a divisão e o alongamento terem cessado; nessa região, as emergências celulares denominadas pelos e os órgãos laterais como as raízes laterais podem começar a se formar. A diferenciação pode começar muito mais cedo, mas as células não adquirem o estado maduro até alcançarem essa zona. O desenvolvimento lateral da raiz é descrito em detalhes no Capítulo 19.

Dependendo da espécie, essas quatro zonas de desenvolvimento podem ocupar pouco mais do que o primeiro milímetro da raiz ou se estender por uma porção maior das regiões distais da raiz.

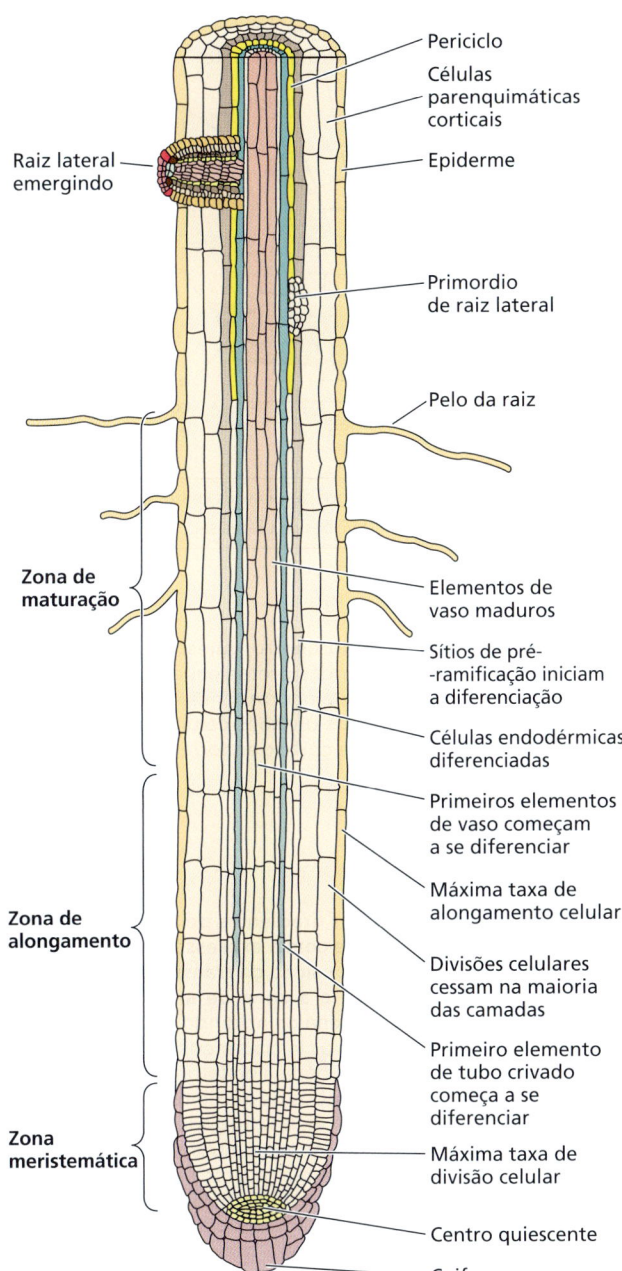

Figura 18.1 Diagrama simplificado de uma raiz primária mostrando a coifa, a zona meristemática, a zona de alongamento e a zona de maturação.

A origem dos diferentes tecidos da raiz pode ser rastreada a partir de células iniciais específicas

Dado o desenvolvimento progressivo e linear dos tecidos que constituem a raiz, é relativamente simples rastrear sua origem a partir de células iniciais específicas na região subapical. Na maioria das raízes, um corte longitudinal mediano (**Figura 18.2A**) revela longas fileiras celulares que convergem perto do ápice no **centro quiescente** (**CQ**), caracterizado por sua taxa relativamente baixa de divisões celulares, em comparação com as dos tecidos circundantes. O CQ pode consistir em apenas uma ou até centenas de células e geralmente é difícil de distinguir das células iniciais adjacentes. Na pteridófita aquática *Azolla*, uma única célula apical, centralmente posicionada, parece preencher os papéis tanto do CQ como das iniciais, pela retenção de atividade mitótica baixa, mas constante ao longo de todo o desenvolvimento vegetativo (ver **Tópico 18.1 na internet**). Para a discussão aqui, usa-se como modelo a raiz de *Arabidopsis*, bem definida e relativamente simples.

O CQ de *Arabidopsis* consiste em somente quatro células e, como a divisão dessas células durante o desenvolvimento pós-embrionário é rara, a ablação mecânica ou genética do CQ ou de iniciais circundantes produz mudanças visíveis no crescimento. Em *Arabidopsis*, quatro conjuntos distintos de iniciais, os quais são todos adjacentes ao CQ, podem ser definidos em termos de sua posição e dos tecidos que eles produzem (**Figura 18.2B**):

- *Iniciais da columela*. Localizadas diretamente abaixo do CQ (distal a ele), essas iniciais originam a porção central (columela) da coifa.
- *Iniciais da coifa lateral e da epiderme*. Localizadas ao lado do CQ, essas iniciais primeiro dividem-se anticlinalmente para produzir células-filhas, que, então, dividem-se periclinalmente, formando duas fileiras de células que se diferenciam em coifa lateral e epiderme.
- *Iniciais corticais-endodérmicas*. Localizadas internamente e adjacentes às iniciais epidérmico-laterais da coifa, as iniciais corticais dividem-se anticlinalmente para produzir células-filhas, que, então, dividem-se periclinalmente para formar as camadas celulares do parênquima cortical e endoderme.
- *Iniciais do estelo*. Localizadas diretamente acima do CQ (proximal a ele), essas células iniciais originam o sistema vascular, incluindo o periciclo.

A auxina e a citocinina contribuem para a manutenção e a função do MAR

A auxina e a citocinina desempenham papéis na manutenção do MAR. A auxina é inicialmente fornecida ao ápice da raiz primária pelo transporte basípeto a partir do caule, mas é substituída pela auxina produzida dentro ou ao redor do CQ à medida que a raiz primária se alonga e se ramifica. Um conjunto discreto de AUXIN RESPONSE FACTORS (ARFs) e ARABIDOPSIS RESPONSE REGULATORS (ARRs) responsivos à citocinina (ver Capítulo 4) é necessário para o crescimento da raiz. O acúmulo e a síntese de auxina no CQ e nas células circundantes mantêm a expressão de genes que codificam um grupo de fatores de transcrição que funcionam na organização do MAR (**Figura 18.3**). Dois fatores de transcrição conhecidos como PLETHORA 1 e 2, bem como membros da família de fatores de transcrição WOX (para WUSCHEL *homeobox*), são abundantes nessas células e são necessários para o funcionamento normal do MAR. Em particular, o WOX5 é expresso em um pequeno grupo de células no ápice da raiz que inclui o CQ e

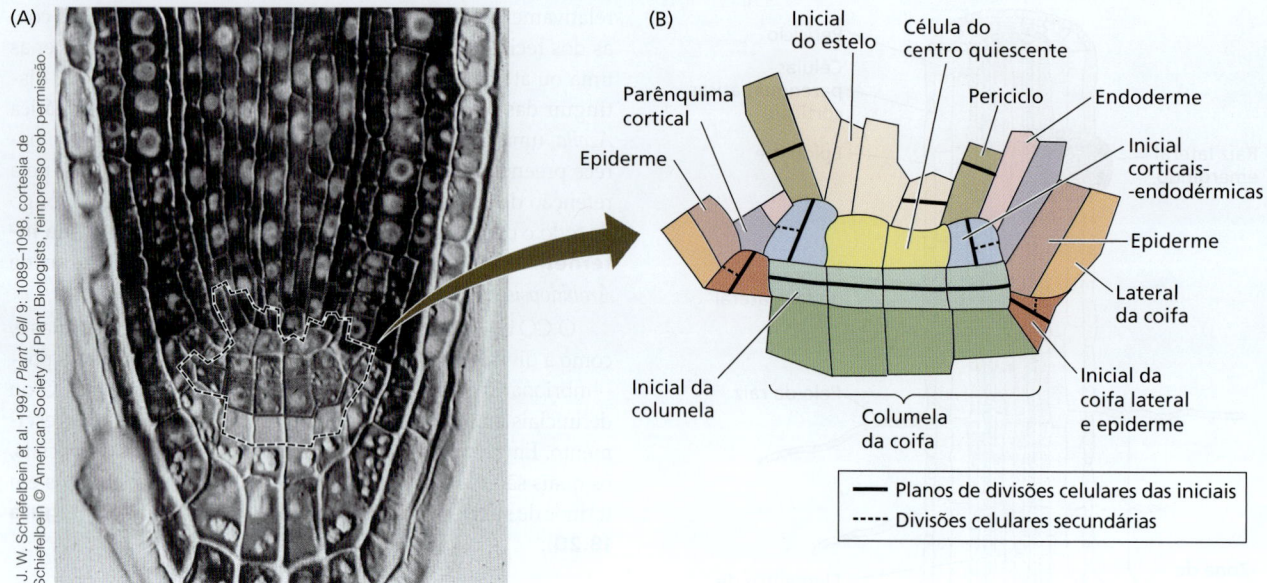

Figura 18.2 Todos os tecidos na raiz de *Arabidopsis* são derivados de um pequeno número de células iniciais no meristema apical da raiz. (A) Corte longitudinal através do centro de uma raiz. O meristema contendo as iniciais que originam todos os tecidos da raiz está contornado com uma linha tracejada. (B) Diagrama da região delineada em (A). Apenas duas das quatro células do centro quiescente são representadas neste corte. As linhas pretas espessas indicam os planos de divisão celular que ocorrem nas iniciais. As linhas pretas tracejadas indicam as divisões celulares secundárias que ocorrem nas iniciais de córtex-endoderme e epiderme-coifa lateral.

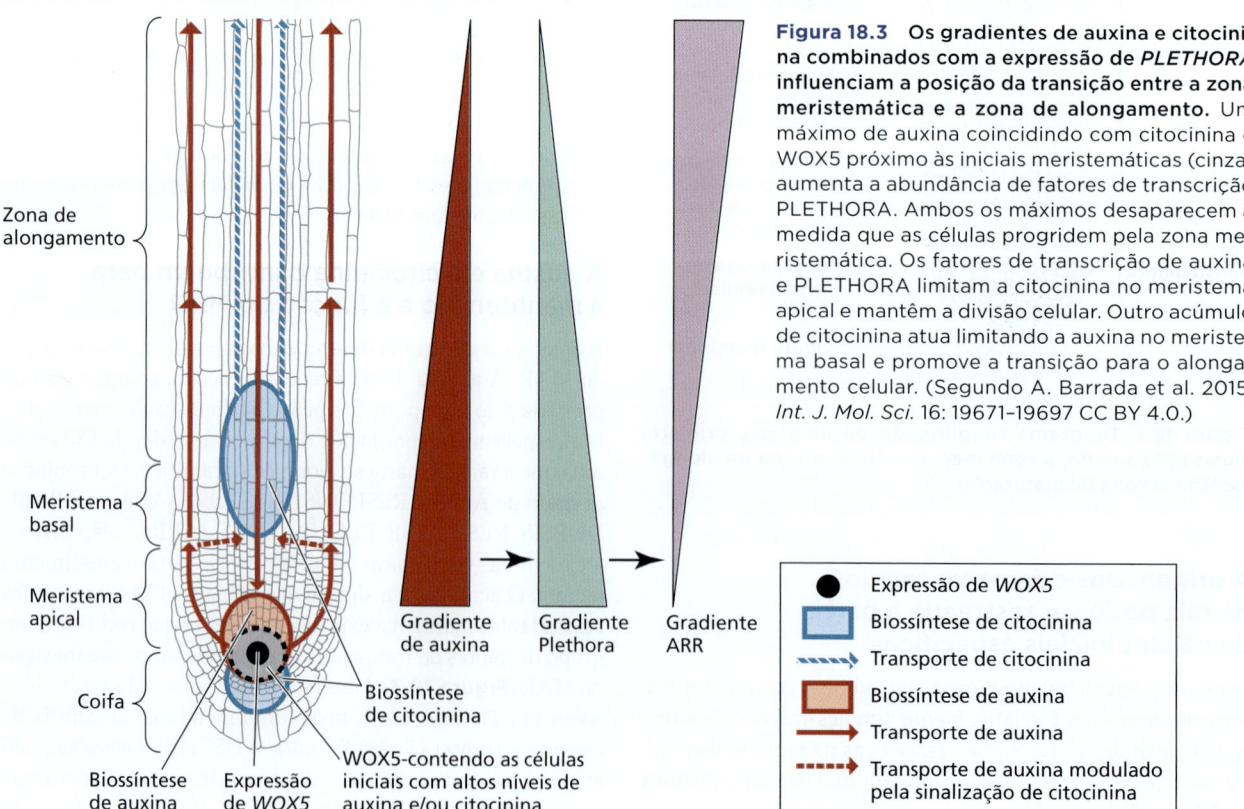

Figura 18.3 Os gradientes de auxina e citocinina combinados com a expressão de *PLETHORA* influenciam a posição da transição entre a zona meristemática e a zona de alongamento. Um máximo de auxina coincidindo com citocinina e WOX5 próximo às iniciais meristemáticas (cinza) aumenta a abundância de fatores de transcrição PLETHORA. Ambos os máximos desaparecem à medida que as células progridem pela zona meristemática. Os fatores de transcrição de auxina e PLETHORA limitam a citocinina no meristema apical e mantêm a divisão celular. Outro acúmulo de citocinina atua limitando a auxina no meristema basal e promove a transição para o alongamento celular. (Segundo A. Barrada et al. 2015. *Int. J. Mol. Sci.* 16: 19671–19697 CC BY 4.0.)

as iniciais circundantes e é importante para manter seu estado indiferenciado.

A manutenção do meristema dependente de auxina na raiz também envolve citocinina. Quando as células em maturação se afastam do CQ na zona meristemática, também conhecida como zona de divisão, da raiz, a alta expressão de auxina e PLETHORA na ausência de WOX5 promove a divisão celular e reprime os genes ARR que ativam as respostas de citocinina. À medida que as divisões celulares progressivas diminuem gradualmente os níveis de PLETHORA via diluição, o aumento da expressão do gene ARR e a sinalização de citocinina diminuem as concentrações de auxina, inibem a divisão celular e promovem a transição para o alongamento celular (ver Figura 18.3). Esse antagonismo entre as respostas de auxina e citocinina é semelhante ao observado em culturas de calos indiferenciados, onde alterações nas razões auxina-citocinina podem ser usadas para iniciar seletivamente o desenvolvimento de caules ou raízes. A excisão do ápice radicular, a aplicação de auxina e citocinina e a superexpressão dos genes *PLETHORA* e *WOX* podem ser usadas para alterar o tamanho e a posição do meristema na raiz.

18.3 O meristema apical do caule

Como o meristema apical da raiz, o meristema apical do caule (MAC) se forma pela primeira vez durante a embriogênese e mantém um grupo de células indeterminadas. Entretanto, há diferenças significativas entre os dois tipos de meristema sobre como as descendentes dessas células se tornam incorporadas em órgãos. Enquanto a iniciação das raízes laterais ocorre bem atrás do ápice da raiz (ver Capítulo 19), as folhas e os ramos axilares associados formam-se próximo das iniciais apicais no caule. No lugar da coifa que protege as iniciais apicais da raiz, os primórdios foliares jovens sobrepõem-se e envolvem a extremidade do caule (**Figura 18.4**).

A denominação *meristema apical do caule* refere-se especificamente às células iniciais e suas derivadas indiferenciadas, mas exclui regiões adjacentes que contêm células completamente comprometidas com destinos específicos de desenvolvimento.*
O termo mais inclusivo **ápice caulinar** se refere ao meristema apical acrescido dos primórdios foliares formados mais recentemente. O tamanho, a forma e a organização do MAC variam de acordo com a espécie vegetal, o estágio de desenvolvimento e as condições de crescimento. As cicas** têm o maior MAC entre as plantas vasculares, com mais de 3 mm de diâmetro; no

---

* Os termos *células iniciais* e *células-tronco* costumam ser utilizados como sinônimos por biólogos do desenvolvimento. Para evitar confusão com o termo aplicado ao eixo primário da planta, utilizamos os termos *células indiferenciadas*, *células iniciais* ou apenas *iniciais* ao longo de todo o livro.

** N. de T. Designação comum às plantas do gênero *Cycas* (Gimnospermae). Dentro de uma dada espécie, variações significativas no tamanho do MAC também podem ocorrer ao longo do tempo, e a forma do MAC pode variar desde plana até abaulada. Algumas dessas variações são relacionadas à disponibilidade de nutrientes ou a diferenças sazonais na taxa de crescimento, incluindo o começo da dormência ou do florescimento.

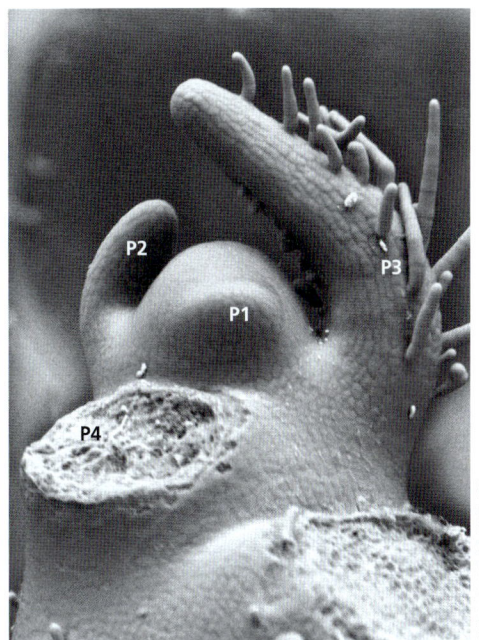

Figura 18.4 Ápice do caule de tomateiro. Esta micrografia obtida por MEV mostra as características básicas de ápice caulinar, incluindo uma região central em forma de domo, que mantém iniciais indiferenciadas (iniciais não direcionadas) e uma série de primórdios foliares (P1, P2, P3), que emergiram sucessivamente em posições laterais nos flancos do ápice caulinar. P4 indica a base de um primórdio foliar mais velho que foi removido para expor os primórdios mais jovens.

outro extremo, o MAC de *Arabidopsis* é menor do que 50 μm de diâmetro e contém somente algumas dúzias de células.

Nesta seção, considera-se inicialmente a organização básica do MAC, discutindo as diferenças regionais no comportamento celular que contribuem para sua função. Após, são discutidas as evidências que sugerem que, assim como o MAR, o MAC depende de diferenças localizadas em hormônios, peptídeos e atividades de fatores de transcrição para sua formação e manutenção.

O meristema apical do caule tem zonas e camadas distintas

No centro de um MAC ativo localiza-se a **zona central** (**ZC**), contendo um grupo de células iniciais de divisão pouco frequente que podem ser comparadas às células similares que constituem o CQ das raízes (**Figura 18.5A**). A **zona periférica** (**ZP**) flanqueia a ZC e consiste em células com citoplasma denso que se dividem mais frequentemente, produzindo células que depois serão incorporadas aos órgãos laterais como folhas. A **zona medular** (**ZM**) é proximal à ZC e contém células em divisão que produzem os tecidos internos do caule.

Sobrepostos a essas diferenças regionais na frequência da divisão, estão padrões distintos nos planos de divisão celular. Na maioria dos meristemas de angiospermas, as duas camadas celulares mais externas se dividem anticlinalmente e mantêm as camadas **L1** (epidérmica) e **L2** (**Figura 18.5B**), cada uma com a

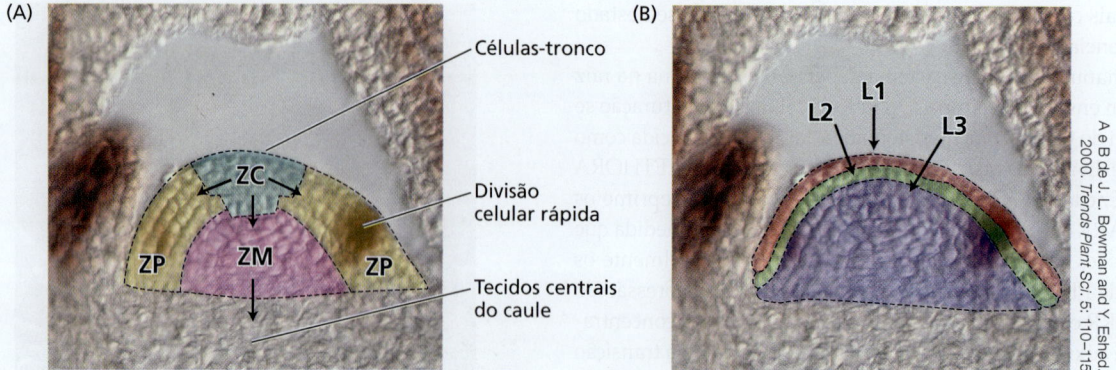

Figura 18.5 O meristema apical do caule de *Arabidopsis* pode ser analisado em termos de zonas citológicas ou camadas celulares. (A) O meristema apical do caule possui zonas citológicas que representam regiões com identidades e funções diferentes. A zona central (ZC) contém células meristemáticas que se dividem lentamente, mas constituem a fonte definitiva dos tecidos que formam o corpo da planta. A zona periférica (ZP), em que as células se dividem rapidamente, circunda a zona central e produz os primórdios foliares. Uma zona medular (ZM) localiza-se no interior da zona central e gera os tecidos centrais do caule. (B) O meristema apical do caule também possui camadas celulares que contribuem para tecidos específicos do caule. A maioria das divisões celulares é anticlinal nas camadas externas L1 e L2; os planos de divisão celular são orientados mais aleatoriamente na camada L3. A camada mais externa (L1) gera a epiderme do caule; as camadas L2 e L3 geram tecidos internos.

espessura de uma única célula. L1 e L2 às vezes são chamadas coletivamente de túnica. As células situadas no interior da túnica, conhecidas como **L3** ou corpo, exibem planos de divisão mais variáveis, o que aumenta o número de células em três dimensões e o volume do tecido. Essas diferenças nos planos de divisão foram descobertas por experimentos elegantes que rastreiam padrões de divisão celular no MAC (ver **Tópico 18.2 na internet**).

Uma combinação de interações positivas e negativas determina o tamanho do meristema apical

Ao longo do desenvolvimento, o MAC mantém seu tamanho equilibrando a perda de células por diferenciação na zona periférica com a produção de mais células por divisão das iniciais na zona central. A lógica do mecanismo de controle do tamanho do centro é simples: os reguladores positivos são produzidos proximais às iniciais na zona central e aumentam o número de células meristemáticas, e os reguladores negativos são produzidos nas iniciais e suprimem o regulador positivo. Meristemas maiores têm mais células iniciais e produzem uma dose maior de regulador negativo, limitando naturalmente o tamanho do meristema; e meristemas menores produzem menos regulador negativo, permitindo que um regulador mais positivo aumente o tamanho do meristema. Eventualmente, esses dois fatores de interação alcançam um equilíbrio e mantêm o tamanho constante do meristema.

O principal regulador positivo do tamanho do meristema é o fator de transcrição do homeodomínio WUSCHEL (WUS). *WUSCHEL* foi o primeiro gene *WOX* caracterizado e recebeu esse nome devido à aparência irregular em forma de "esfregão" do ápice do caule no mutante *Arabidopsis wuschel* (ver Capítulo 22, para uma descrição dos genes *homeobox*). O WUS, como o WOX5 na raiz, é essencial para manter a identidade das iniciais apicais. Opondo-se à atividade do WUS estão os principais reguladores negativos do tamanho do meristema que são codificados pelos genes *CLAVATA* (*CLV*) (do latim "em forma de taco", para descrever o MAC aumentado dos mutantes *clv* de *Arabidopsis*). Análises moleculares e bioquímicas têm mostrado que as proteínas CLV interagem fisicamente entre si para funcionar como um transmissor de sinalização tipo proteína quinase, cujos resultados atuam para limitar o tamanho do meristema. CLV1 é um receptor do tipo quinase de repetição

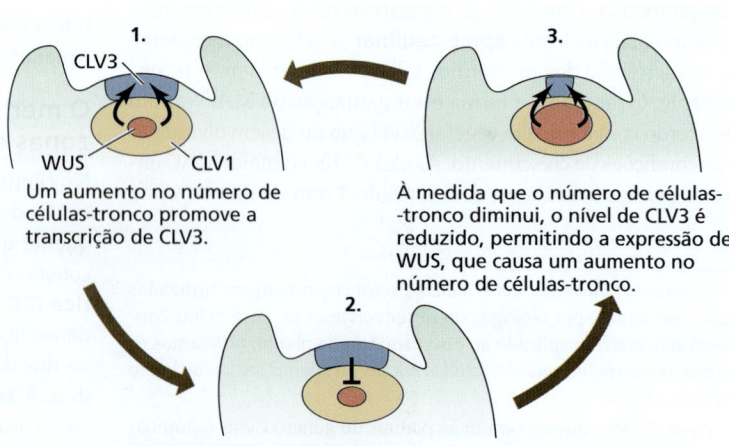

Figura 18.6 Modelo do circuito de realimentação que mantém células iniciais no MAC.

rico em leucina (LRR) (RLK), com um domínio de ligação ao ligante extracelular e um domínio de sinalização de quinase intracelular (ver Capítulo 4). CLV2 é muito similar a CLV1, mas não possui o domínio quinase intracelular e, assim, parece depender da interação com outras proteínas intracelulares para suas saídas de sinalização. CLV3 é um pequeno membro de 13 aminoácidos da família de peptídeos de sinalização CLAVATA3/Embrion Region-Related (CLE) que é expresso em células indiferenciadas (**Figura 18.6**) e se liga a CLV1 e CLV2 para iniciar processos de sinalização que reprimem a expressão de WUS. O WUS é necessário para manter a indeterminação e os números das células iniciais. Isso, por sua vez, resulta na diminuição da produção de CLV3 e consequente desrepressão da produção de células indiferenciadas dependente de WUS. Essa alça de retroalimentação (*feedback loop*) fornece um *pool* estável de células iniciais no MAC durante o crescimento.

Os fatores de transcrição do homeodomínio da classe KNOX ajudam a manter a capacidade proliferativa do MAC pela regulação das concentrações de citocinina e GA

Foram discutidos os mecanismos de manutenção no MAC que são semelhantes aos do MAR, mas alguns mecanismos exclusivos estão presentes no MAC. Por exemplo, a produção de órgãos laterais próximo das células mais pluripotentes do meristema parece requerer um nível adicional de regulação, o qual é mediado por membros da família KNOX (KNOTTED 1 *homeobox*) de fatores de transcrição. O nome KNOTTED é derivado das protuberâncias semelhantes a nós observadas no milho (*Zea mays*) com mutações nos genes que codificam esses fatores de transcrição. Posteriormente, estudos do mutante *shoot meristemless (stm)* de *Arabidopsis* mostraram que a mutação resultou da perda de um fator de transcrição KNOX necessário para a formação e manutenção do MAC. STM está presente em quase todo o corpo do meristema, mas não em grupos de células em posições nos flancos, encarregadas de se tornarem primórdios foliares (P0 na Figura 18.7).

As proteínas KNOX funcionam em parte modulando as concentrações dos hormônios vegetais citocinina e giberelina (GA) (**Figura 18.7**). A aplicação de citocinina no meristema recupera o colapso do meristema em mutantes *stm*, e a expressão de *STM* no MAC ativa a transcrição de genes que codificam isopentenil transferases que estão envolvidos na biossíntese da citocinina. Essas observações apoiam a ideia de que STM regula positivamente a estabilização dos meristemas mediada por citocinina.

Além de regular positivamente a síntese de citocininas, os genes *KNOX* também estabilizam o meristema por supressão do acúmulo de GA no MAC. Experimentos genéticos mostraram que a ativação artificial da sinalização de GA no MAC desestabiliza o meristema. Em uma diversidade de espécies, a expressão do gene *KNOX* reprime diretamente a transcrição de *GA 20-OXIDASE1*, uma enzima que catalisa a etapa limitante da velocidade de biossíntese da forma ativa de GA (ver Capítulo 4).

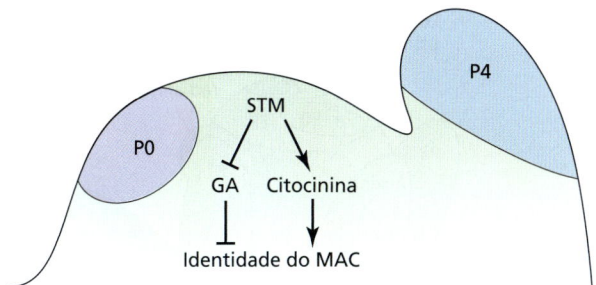

Figura 18.7 Modelo de como a expressão do fator de transcrição KNOX STM eleva as concentrações de citocinina, enquanto reprime GA no MAC. P4 é uma folha em desenvolvimento, e P0 é o local onde o próximo primórdio foliar será formado. (Segundo A. Hudson. 2005. *Curr. Biol.* 15: R803–805.)

O acúmulo localizado de auxina promove a iniciação foliar

O arranjo das folhas no caule, ou **filotaxia**, geralmente é característico de uma espécie e pode ser classificado em três padrões básicos: alternado, decussado (oposto) e espiral (**Figura 18.8**). Os padrões filotáticos estão diretamente ligados ao padrão de iniciação dos primórdios foliares no meristema apical do caule (**Figura 18.9A**), mas podem ser alterados por condições ambientais, por mutações que afetam o tamanho do meristema ou pela ablação de conjuntos discretos de células apicais.

A interrupção do transporte de auxina polar em microescala no ápice caulinar pelo uso do inibidor de efluxo de auxina *N*-1-naftilftalâmico (NPA) ou pela mutação do transportador de efluxo de auxina PIN-FORMED 1 (PIN1) (ver Capítulo 4) resulta em posicionamento alterado ou eliminação completa dos primórdios foliares (**Figura 18.9B**). No tomateiro e em *Arabidopsis*, a iniciação foliar também diminui ou cessa no escuro à medida que as concentrações de auxina diminuem. A colocação de uma microgotícula de auxina no ápice caulinar de um mutante *pin1* de *Arabidopsis* resulta na iniciação ectópica da folha (**Figura 18.9C**). Os fluxos e acúmulos de auxina no ápice caulinar também podem ser inferidos pela observação microscópica de repórteres de auxina fluorescentes e PIN1-GFP (ver Capítulo 4). A coordenação da assimetria de PIN em várias células

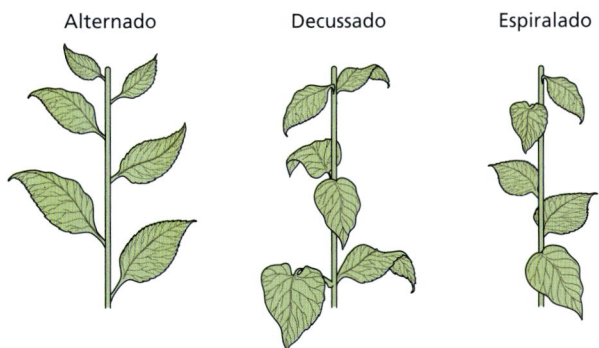

Figura 18.8 Três tipos de arranjos foliares (padrões filotáxicos) ao longo do eixo caulinar. Os mesmos termos são usados também para inflorescências e flores.

amplifica o fluxo direcional de auxina derivado das camadas de células basais através do ápice do caule. Esses resultados demonstram um papel da auxina na iniciação foliar, embora um papel adicional da citocinina também seja provável.

O estresse mecânico e as interações físicas das células em expansão também podem regular o desenvolvimento do meristema. Algumas dessas interações e os métodos usados para estudá-las estão descritos no **Tópico 18.3 na internet**.

Meristemas axilares se formam nas axilas dos primórdios foliares

Os meristemas axilares estão localizados onde a superfície adaxial (superior) da folha encontra o caule. Eles se formam ao mesmo tempo que os primórdios foliares e permanecem dormentes até crescerem mais tarde no desenvolvimento para formar ramos. A supressão inicial dos meristemas axilares não apenas permite que as plantas padronizem os ramos em resposta ao ambiente, mas também reduz o acúmulo de mutações devidas à replicação do DNA. Isso pode permitir que plantas perenes de grande porte, como árvores, vivam por muitos anos sem acumular mutações deletérias.

A iniciação dos meristemas axilares envolve três etapas principais: posicionamento correto das células iniciais, delineamento dos limites dos meristemas e estabelecimento do meristema apropriado. Muitos dos mesmos genes que controlam a iniciação da folha e o crescimento da lâmina também regulam a iniciação do meristema axilar. A biossíntese, o transporte e a sinalização da auxina são necessários para a iniciação dos meristemas axilares, e os mutantes defeituosos nessas rotas não conseguem formar novos meristemas axilares.

Outros reguladores são exclusivos dos ramos axilares: mutações do gene que codifica o fator de transcrição LATERAL SUPRESSOR do tomateiro (**Figura 18.10**), arroz e *Arabidopsis* não afetam o desenvolvimento da folha, mas causam um bloqueio completo na formação da gema axilar durante a

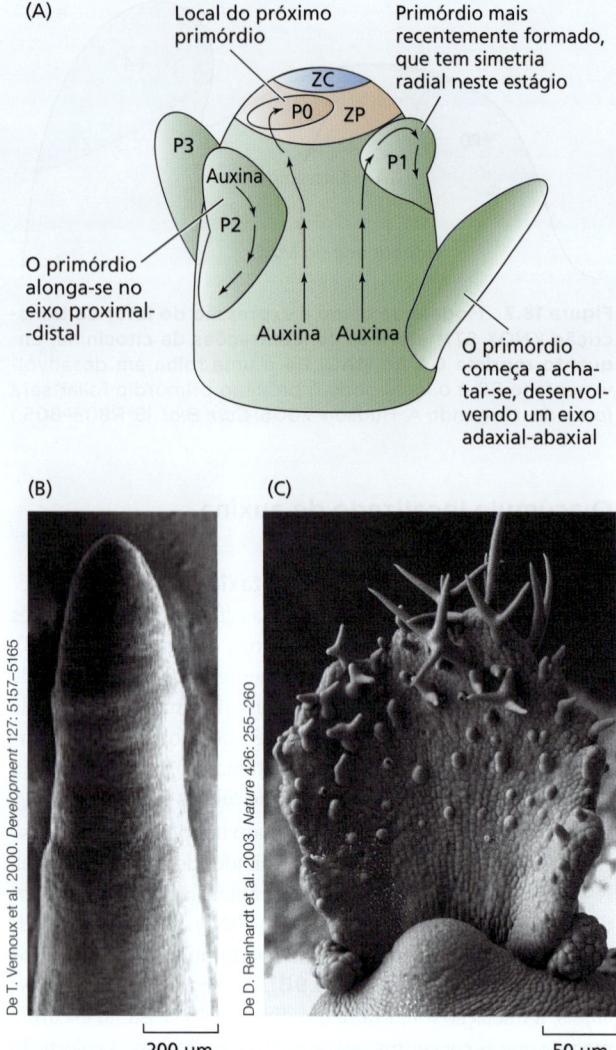

Figura 18.9 Os máximos locais de auxina determinam a posição dos primórdios foliares. (A) Os sítios de formação de folhas estão relacionados a padrões de transporte polar de auxina. Os padrões de movimento de auxina (setas) podem ser inferidos a partir da localização assimétrica das proteínas PIN. P0, P1, P2 e P3 referem-se às idades dos primórdios foliares; P0 corresponde ao estágio em que a folha começa a evidenciar seu desenvolvimento, e P1, P2 e P3 representam folhas progressivamente mais velhas. Os primórdios foliares são iniciados onde a auxina se acumula. O movimento acrópeto (em direção à ponta) de auxina é bloqueado na fronteira que separa as zonas central e periférica (ZC e ZP, respectivamente), levando a um aumento das concentrações de auxina nesta posição e à iniciação de uma folha (P0). O primórdio foliar formado recentemente (P1) age como um dreno de auxina, evitando assim a iniciação de novas folhas diretamente acima dele. O deslocamento de uma folha mais madura (P2) para longe da ZP permite que os movimentos acrópetos de auxina se restabeleçam, possibilitando, assim, a iniciação de outra folha. (B) Micrografia eletrônica de varredura de um meristema de inflorescência *pin1* que não consegue produzir primórdios foliares. Ver Figura 4.30 para uma foto de uma planta mutante *pin1*. (C) Primórdio foliar induzido no meristema da inflorescência de um mutante *pin1*, pela aplicação de uma microgota de AIA em pasta de lanolina no lado do meristema. (A segundo D. Reinhardt et al. 2003. *Nature* 426: 255–260.)

Figura 18.10 O mutante do tomateiro *lateral suppressor* (*ls*) mostra defeitos na formação das gemas axilares. (A) Raiz do tipo silvestre. (B) O mutante *ls*, em que as gemas axilares não se formam na maioria das axilas foliares.

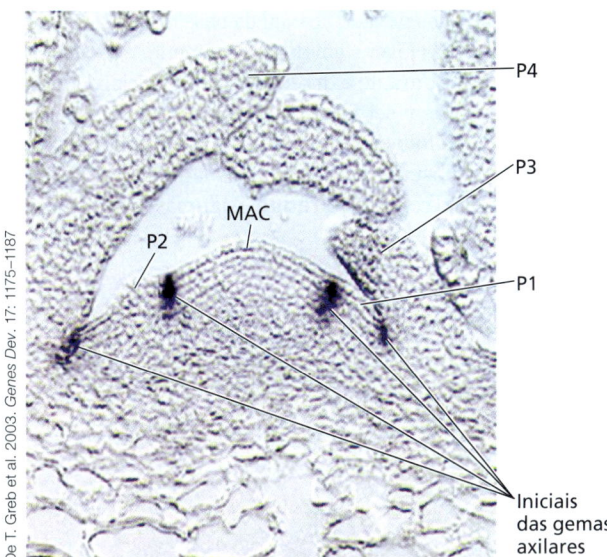

Figura 18.11 Acumulação do mRNA do *LATERAL SUPPRESSOR* indicada por hibridação *in situ* nas regiões das gemas axilares de um ápice caulinar de *Arabidopsis*. P1-P4 são primórdios foliares.

fase vegetativa do desenvolvimento. O mRNA do *LATERAL SUPRESSOR* se acumula nas axilas dos primórdios foliares, onde novos meristemas axilares se desenvolvem (**Figura 18.11**).

18.4 Desenvolvimento da folha

Morfologicamente, a folha é o mais variável de todos os órgãos vegetais. **Filoma** é o termo coletivo para todo tipo de folha em uma planta, incluindo estruturas que se desenvolveram a partir de folhas. Os filomas abrangem as **folhas vegetativas** fotossintéticas (o que em geral se entende por "folhas"), as **escamas protetoras de gemas**, as **brácteas** (folhas associadas a inflorescências ou flores) e os **órgãos florais**. Em angiospermas, a parte principal da folha vegetativa é expandida em uma estrutura plana, o **limbo** ou **lâmina** (**Figura 18.12**). O aparecimento de uma lâmina plana nas espermatófitas, da metade para o final do Devoniano, foi um evento-chave na evolução foliar, pois ela maximiza a captura da luz. A formação da lâmina também cria dois domínios foliares distintos: **adaxial** (superfície superior) e **abaxial** (superfície inferior). Vários tipos de folhas desenvolveram-se com base em sua estrutura foliar adaxial-abaxial (ver **Tópico 18.4 na internet**).

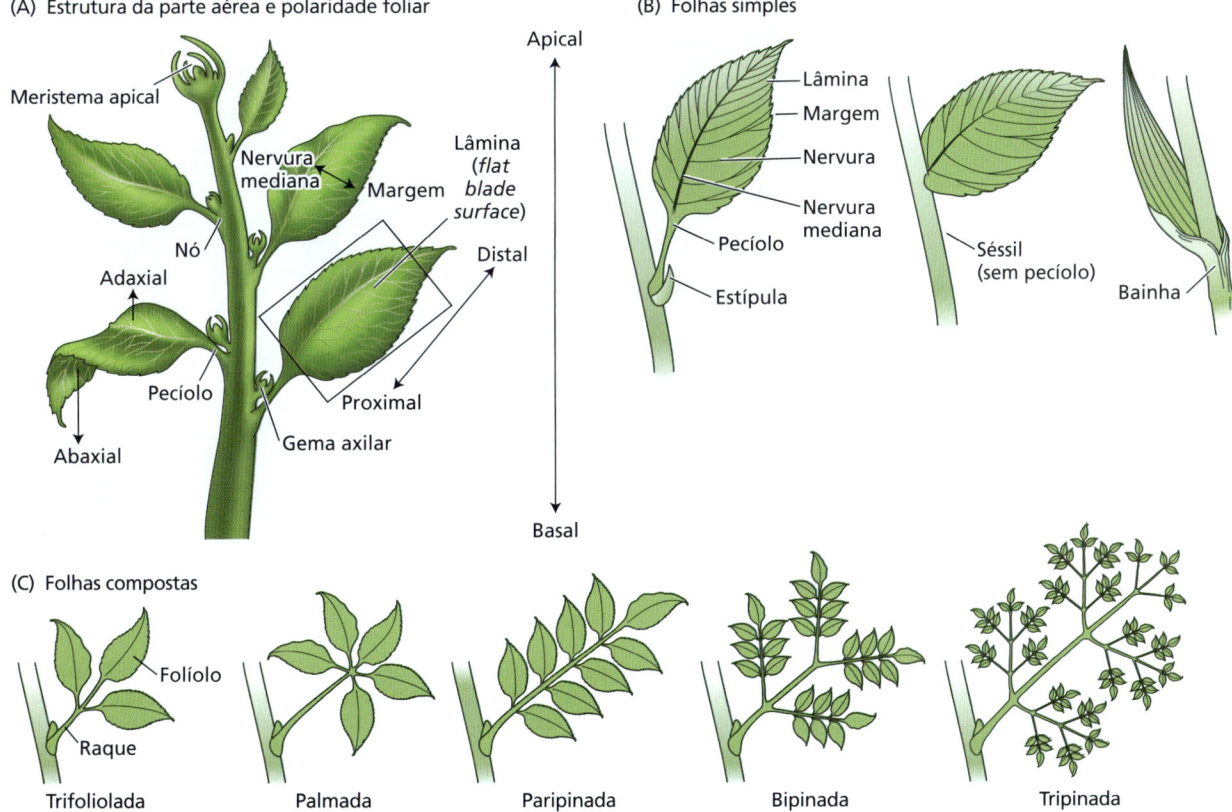

Figura 18.12 Visão geral da estrutura foliar. (A) Estrutura da parte aérea, mostrando três tipos de polaridade foliar: adaxial-abaxial, distal-proximal e nervura mediana-margem. (B) Exemplos de folhas simples. As variações na estrutura de hipofilos incluem a presença ou a ausência de estípulas e pecíolos, e bainhas foliares. (C) Exemplos de folhas compostas.

Na maioria das folhas, a lâmina foliar está fixada ao caule por um pedúnculo denominado **pecíolo**. No entanto, algumas espécies possuem **folhas sésseis**, com a lâmina foliar fixada diretamente ao caule (ver Figura 18.12B). Na maioria das monocotiledôneas e em certas eudicotiledôneas, a base da folha é expandida em uma bainha ao redor do caule. Muitas eudicotiledôneas têm **estípulas**, pequenas emergências dos primórdios foliares, localizadas no lado abaxial da base foliar. As estípulas protegem as folhas jovens em desenvolvimento e são sítios de síntese de auxina durante o desenvolvimento inicial da folha.

As folhas podem ser **simples** ou **compostas** (ver Figura 18.12B e C). Uma folha simples tem uma lâmina, ao passo que uma folha composta tem duas ou mais lâminas, os **folíolos**, fixados a um eixo comum ou **raque**. Algumas folhas, como as

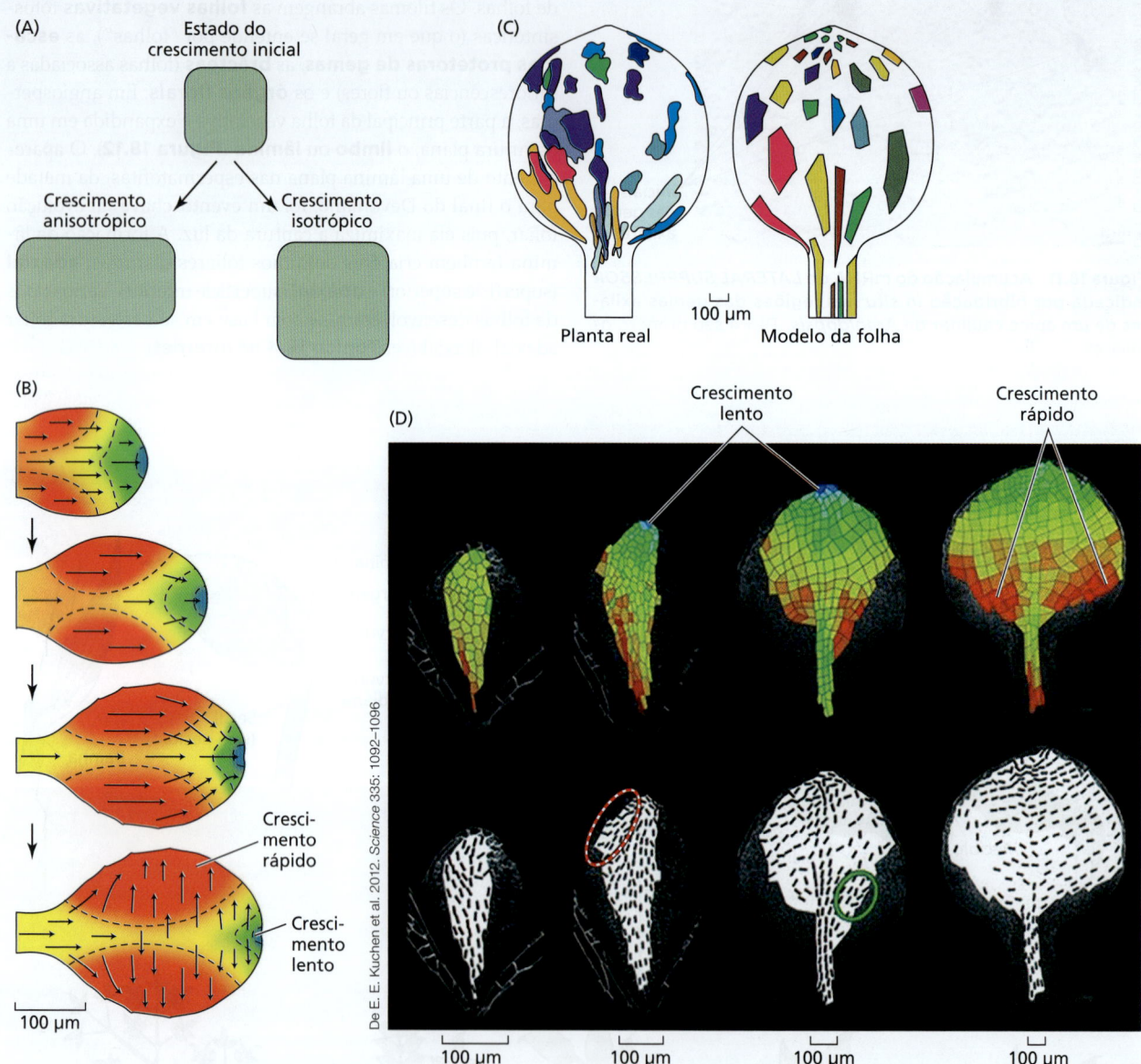

Figura 18.13 Os padrões de crescimento determinam a forma do órgão. (A) O crescimento isotrópico aumenta o tamanho sem mudança na forma, enquanto o crescimento anisotrópico aumenta preferencialmente um eixo. Aqui, as duas formas finais dobraram em área. (B) Modelo computacional do desenvolvimento foliar de *Arabidopsis*, codificado por cores para representar a taxa de crescimento (vermelho rápido, verde lento) e com setas nas folhas representando as principais orientações de crescimento. (C) Comparação de setores previstos de um modelo foliar (à direita) com setores de uma planta real (à esquerda). (D) Rastreamento ao vivo do crescimento foliar de *Arabidopsis*, codificado por cores para representar a taxa de crescimento (linha superior; vermelho rápido, azul lento) e com linhas representando as principais orientações de crescimento (linha inferior). O círculo sólido destaca uma região de ponta de crescimento lento e o círculo tracejado destaca uma região lateral de crescimento mais rápido. (B, C e D segundo E. E. Kuchen et al. 2012. *Science* 335: 1092–1096.)

folhas adultas de algumas espécies de *Acacia*, carecem de uma lâmina e, em seu lugar, possuem um pecíolo achatado simulando uma lâmina, o **filódio**. Em algumas plantas, os próprios caules apresentam-se achatados como lâminas e são chamados de **cladódios**, como em *Opuntia* (Cactaceae).

O crescimento determina a forma foliar

Apesar das muitas formas diferentes, todas as folhas começam como primórdios em forma de cúpula nos flancos do MAC (ver Figura 18.9A). No Capítulo 17, discutiu-se o crescimento anisotrópico (direcional) de hipocótilos e raízes de plântulas no crescimento nutacional e em suas respostas aos estímulos ambientais. O crescimento nutacional resulta de diferentes taxas de expansão anisotrópica entre fileiras celulares restritas por interações de paredes celulares, conforme descrito no Capítulo 2. Os tropismos dos hipocótilos também são baseados no alongamento celular anisotrópico. As respostas trópicas na raiz envolvem o crescimento anisotrópico do órgão, mas também envolvem a inibição do crescimento anisotrópico para realizar a curvatura do órgão. Combinações mais complexas de crescimento isotrópico e anisotrópico regulado determinam a forma das folhas (**Figura 18.13**).

Os padrões de crescimento diferencial nas folhas são determinados por regiões de expressão gênica associadas a uma identidade específica – por exemplo, a face adaxial e abaxial das folhas ou zonas diferentes do meristema. Alterações locais da parede celular nessas regiões podem, então, alterar as taxas ou direções de crescimento e criar novas formas por meio do desenvolvimento. A complexidade das restrições mecânicas na expansão celular programada na folha pode ser mais elaborada pela diferenciação funcional de células para especialização metabólica ou reprodutiva e interações ambientais.

A visualização dinâmica das folhas durante o desenvolvimento fornece a base para modelos detalhados das contribuições das células em domínios específicos para a forma e o crescimento das folhas (ver Figura 18.13B). Setores de folhas que estão associados à expressão de genes específicos ou grupos de genes podem, então, ser medidos a fim de determinar suas contribuições para a forma da folha e as taxas de crescimento durante um determinado intervalo (ver Figura 18.13C e D). As comparações de medições reais com modelos computacionais são usadas para refinar os modelos de crescimento. Eles são então comparados às observações do crescimento em mutantes sem genes regulatórios fundamentais, bem como à visualização de padrões de expressão gênica usando repórteres (ver Capítulo 3), para entender a função gênica em alta resolução. Essa abordagem se tornou a norma para estudar o crescimento de todos os órgãos da planta.

▪ 18.5 Estabelecimento da polaridade foliar

As folhas são padronizadas ao longo de três eixos: da base ao ápice (proximal-distal), da linha média à margem (medial-lateral) e de cima para baixo (adaxial-abaxial) (ver Figura 18.12). A quantidade de crescimento ao longo de cada um desses eixos determina a forma final da folha. Por exemplo, folhas planas crescem preferencialmente ao longo dos eixos medial-lateral e proximal-distal. Os tipos de células formam padrões ao longo desses eixos: as folhas relativamente simples em *Arabidopsis* contêm uma face adaxial da epiderme, uma única camada de células mesofílicas (parênquima paliçádico), três camadas de células mesofílicas (parênquima esponjoso) e uma face abaxial da epiderme. Mas como esses padrões são configurados e mantidos durante o desenvolvimento? Como será visto, a padronização desses eixos está interligada e envolve reguladores moleculares compartilhados.

Um sinal do meristema apical do caule inicia a polaridade adaxial-abaxial

Como os primórdios foliares se desenvolvem a partir de um grupo de células nos flancos do MAC, as folhas possuem relações posicionais inerentes ao MAC: a face adaxial de um primórdio foliar é derivada de células adjacentes ao MAC, enquanto a face abaxial é derivada de células mais distantes. Estudos microcirúrgicos realizados na década de 1950 demonstraram que a comunicação entre o MAC e o primórdio foliar é necessária para o estabelecimento da polaridade adaxial-abaxial na folha. Por exemplo, uma incisão transversal isolando o MAC da inicial do primórdio (I) fez a inicial se desenvolver radialmente, sem formar qualquer tecido adaxial (**Figura 18.14A**). A "folha" resultante era cilíndrica e continha apenas tecidos abaxiais (ela foi *abaxializada*). Contudo, duas incisões marginais que não desobstruíram a comunicação entre o MAC e a inicial do primórdio não romperam a simetria adaxial-abaxial normal (**Figura 18.14B**).

Refinamentos desses experimentos cirúrgicos, usando técnica de ablação a *laser* e microdissecção, produziram resultados similares, sugerindo que um sinal entre o MAC e a folha

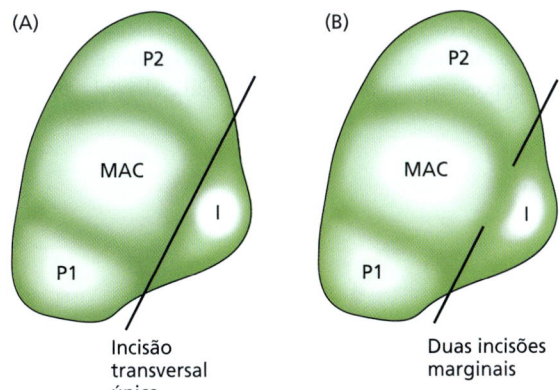

Figura 18.14 Diagrama da técnica microcirúrgica usada nos primeiros experimentos em batata (*Solanum tuberosum*) para determinar a influência do MAC no desenvolvimento do primórdio foliar (P). (A) Uma inicial do primórdio (I) isolada do MAC por uma incisão transversal em seguida cresce radialmente e contém apenas tecidos abaxiais. (B) Uma inicial do primórdio (I) que é isolada apenas parcialmente do MAC a seguir mostra simetria adaxial-abaxial normal. (Segundo I. M. Sussex. 1951. *Nature* 167: 651–652.)

é necessário para a especificação ou a manutenção da identidade adaxial. Tradicionalmente, esse sinal tem sido interpretado como sendo um sinal do meristema para a folha, mas trabalhos recentes levantaram a possibilidade de que o sinal possa deslocar-se da folha para o meristema, e experimentos sugerem que a remoção de auxina da face adaxial das folhas pode ser necessária para a especificação adaxial. No entanto, não está claro se a remoção da auxina da folha é o sinal em si ou uma consequência dele a jusante, e a natureza desse sinal permanece um mistério. Esses resultados também destacam outra característica fundamental do desenvolvimento foliar: o padrão adaxial-abaxial é necessário para o crescimento ao longo do eixo medial-lateral. Examina-se isso com mais detalhes posteriormente nesta seção.

O antagonismo entre conjuntos de fatores de transcrição determina a polaridade adaxial-abaxial da folha

As primeiras ideias sobre a base molecular da identidade adaxial e abaxial vieram da análise do mutante *phantastica* (*phan*) com perda de função na boca-de-leão (*Antirrhinum majus*) (**Figura 18.15A**). Os mutantes *phan* produzem folhas com simetria adaxial-abaxial alterada, variando de folhas semelhantes a acículas com estrutura abaxial, que não produzem lâmina, até folhas com lâminas com um mosaico de caracteres adaxiais e abaxiais (**Figura 18.15B**). Experimentos com genética molecular em *Arabidopsis* e outras espécies, usando mutantes como o *phan,* elucidaram os mecanismos que regulam a polaridade adaxial-abaxial.

Uma rede complexa de expressão gênica especifica o destino adaxial e abaxial e mantém essas duas identidades espacialmente separadas (**Figura 18.16**). Nosso entendimento atual é que os genes que especificam o destino adaxial reprimem os genes que especificam o destino abaxial e vice-versa, produzindo domínios mutuamente exclusivos em cada face da folha. A expressão de *KNOX1* nos primórdios foliares é inicialmente induzida pela auxina e impede a diferenciação precoce das folhas, mas é depois reprimida nas zonas adaxial e abaxial na maioria

das espécies vegetais. Estudos detalhados de expressão gênica sugerem que, juntamente com um sinal entre a folha e o MAC, a padronização adaxial e abaxial da folha é herdada do MAC, onde os genes do *Homeodomain-Leucina Zipper de Classe III (HD-ZIP III)* são expressos no centro, e os genes que codificam os fatores de transcrição KANADI (malaiala para "espelho") são expressos no perímetro. Os primórdios foliares se formam no limite entre os dois e herdam o padrão.

Fatores de transcrição MYB, proteínas HD-ZIP III e repressão de *KNOX1* promovem identidade adaxial

O gene *PHAN* na boca-de-leão codifica o fator de transcrição MYB (**Mielobastose**), e os genes *ASYMMETRIC LEAVES 1* e *2* (*AS1* e *AS2*) em *Arabidopsis* codificam proteínas similares. *Arabidopsis* AS1 e AS2 reprimem os genes *KNOX1* no lado adaxial da folha indiretamente, ativando genes que codificam os fatores de transcrição HD-ZIP III para, por sua vez, ativar a repressão WOX3 de *KNOX1* (ver Figura 18.16A). Os fatores de transcrição HD-ZIP III derivam seu nome de uma estrutura característica: um homeodomínio de ligação ao DNA, um domínio de ligação ao esterol e um domínio de dimerização da proteína com zíper de leucina. A expressão dos genes HD-ZIP III da identidade adaxial normalmente é limitada aos domínios adaxiais dos primórdios foliares (ver Figura 18.16A). Quando esses genes são mutados ou inativados, os caracteres adaxiais são perdidos. Quando os genes HD-ZIP III tem expressão ectópica em toda a folha, os tecidos abaxiais assumem características adaxiais, como a produção de gemas axilares. A importância do HD-ZIP III para a identidade adaxial é demonstrada por um nível adicional de regulação por interferência de microRNA (ver Capítulo 3). A expressão de miR166 na região abaxial visa a múltiplos mRNAs *HD-ZIP III* (ver Figura 18.16B).

A identidade abaxial é determinada por auxina, KANADI e YABBY

A auxina desempenha um papel importante no desenvolvimento abaxial da folha. ARF3 e ARF4 são fatores de resposta de auxina exclusivos que são ativados diretamente pela ligação de auxina (ver Capítulo 4) e aumentam a expressão abaxial de *YABBY* e a identidade abaxial (ver Figura 18.16). A identidade abaxial também depende da presença de fatores de transcrição KANADI que suprimem a expressão do gene *AS1/2* e ativam a transcrição dos genes *YABBY* em tecidos abaxiais. YABBYs são fatores de transcrição hélice-alça-hélice em dedo de zinco que são nomeados pela semelhança das folhas de alguns mutantes da família *yabby* com as garras do lagostim australiano (*yabbies*). A perda quase completa da identidade abaxial é observada quando as mutações *yabby* e *kanadi* são combinadas. Inversamente, a formação ectópica de tecidos abaxiais é observada quando os genes KANADI são

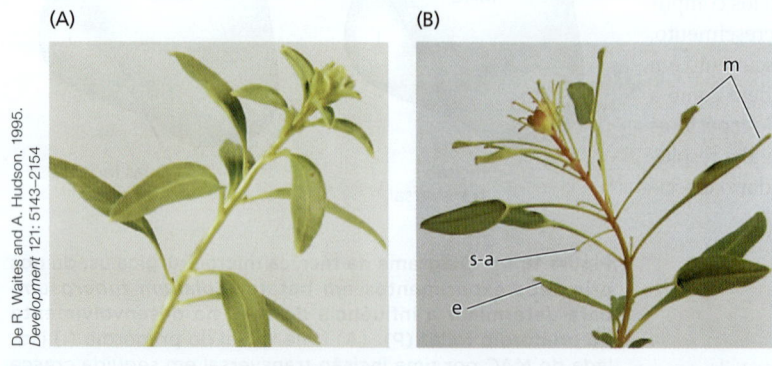

Figura 18.15 Efeitos de mutantes *phan* na morfologia foliar em *Antirrhinum majus*. (A) Parte aérea vegetativa de uma planta do tipo selvagem com folhas normais. (B) Parte aérea vegetativa de um mutante *phan* mostra simetria adaxial-abaxial alterada, com folhas estreitas (e), semelhantes a acículas (s-a) e em mosaico (m).

(A) Polaridade foliar

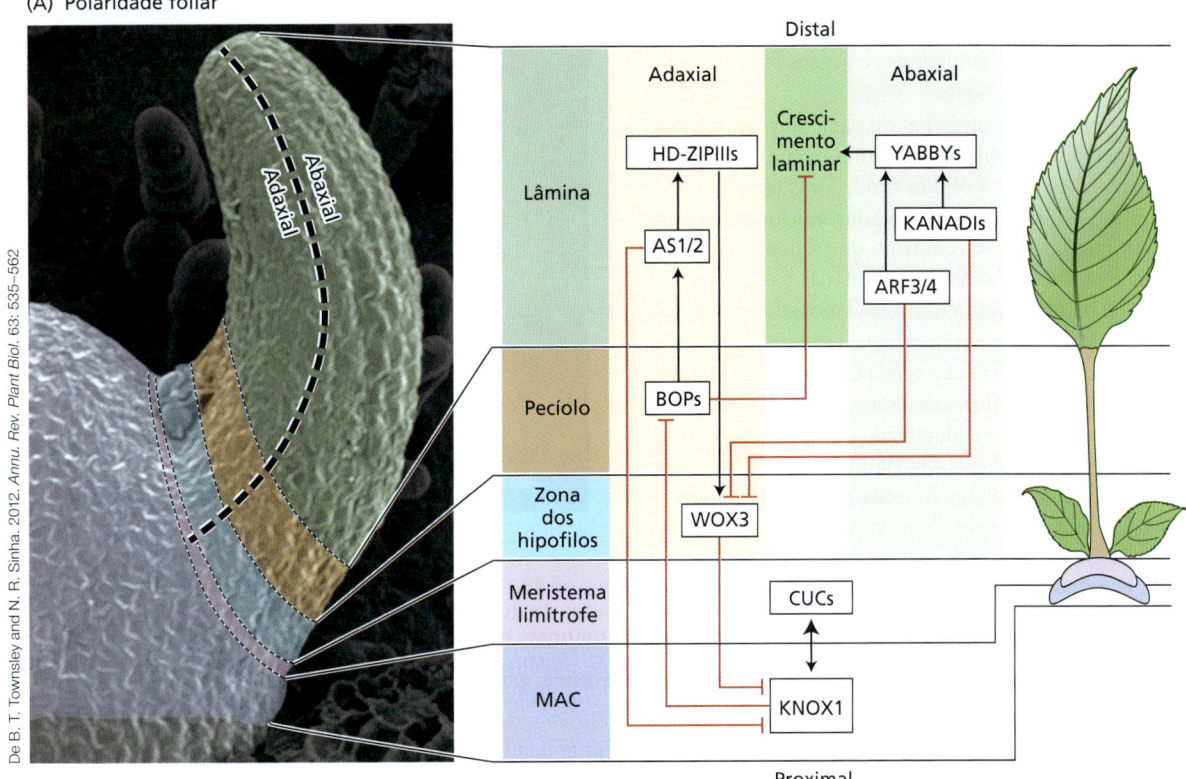

(B) Crescimento da margem foliar

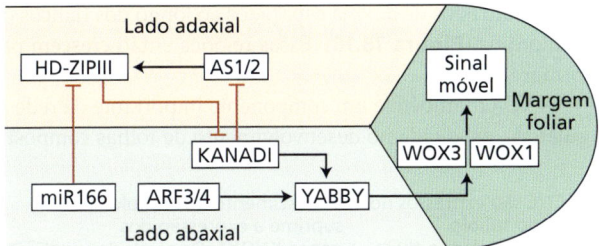

Figura 18.16 Uma rede de fatores de transcrição regula a polaridade foliar. (A) Regulação da polaridade proximal--distal. Diversos genes envolvidos na padronização proximal-distal interagem com genes específicos na rede gênica abaxial-adaxial. (B) Redes de genes envolvidos no crescimento da margem foliar e na polaridade adaxial-abaxial (ver texto para discussão). (A segundo B. T. Townsley and N. R. Sinha. 2012. *Annu. Rev. Plant Biol.* 63: 535–562; B segundo K. Fukushima and H. Hasebe. 2013. *Genesis* 52: 1–18.)

superexpressos. Ainda não está claro como os fatores de transcrição KANADI promovem a identidade abaxial.

A emergência da lâmina é dependente da auxina e regulada pelos genes YABBY e WOX

Além de contribuir para a polaridade adaxial-abaxial, os genes *YABBY* também promovem a emergência da lâmina. Na ausência de atividade dos genes *YABBY*, os primórdios foliares retêm um valor pequeno de polaridade adaxial-abaxial, mas não conseguem iniciar a emergência da lâmina. Durante o crescimento da lâmina, os YABBYs regulam positivamente a expressão de *WOX1* e *WOX3* na interface de domínio adaxial-abaxial, onde são necessários para a emergência da lâmina e da margem (ver Figura 18.16B). Conforme mostrado na Figura 18.16B, WOX1 e WOX3 ativam a expressão do gene codificador da citocromo p450 monoxigenase que produz um sinal móvel desconhecido, o qual promove a atividade de divisão celular em órgãos aéreos, incluindo folhas. A auxina parece ser outro sinal atuando na formação da lâmina, já que mutantes de ordem superior com biossíntese ou distribuição reduzida de auxina têm folhas menores e mais estreitas.

A polaridade proximal-distal da folha também depende de expressão gênica específica

O desenvolvimento foliar também exibe polaridade ao longo de seu comprimento, denominada **polaridade proximal-distal**. Os primórdios foliares em desenvolvimento podem ser divididos longitudinalmente em quatro zonas principais que se estendem a partir do meristema: meristema limítrofe, zona dos hipofilos, pecíolo e lâmina (ver Figura 18.16A).

A polaridade proximal-distal torna-se evidente à medida que o primórdio começa a crescer para fora e para longe do MAC. O limite entre o MAC e os primórdios forma uma zona de baixa divisão e expansão celular que separa esses dois grupos de células e permite que a folha cresça fisicamente separada do meristema. Os fatores de transcrição CUP-SHAPED

COTYLEDON (CUC) 1 e 2 são os principais reguladores desse processo e, como o próprio nome indica, os mutantes duplos *cuc1/cuc2* exibem fusões de cotilédones e órgãos foliares, bem como interrupção do crescimento.

A zona do hipófilo desempenha um papel importante nas folhas que desenvolvem estípulas ou formam bainhas (ver Figura 18.12). Nesses casos, as células fundadoras (que dão origem ao primórdio foliar) recrutam células adicionais para o primórdio por meio de um mecanismo que é dependente da expressão do gene *WOX*. As células recrutadas para se tornarem estípulas ou bainha originam-se nos flancos do primórdio.

A região do primórdio foliar destinada a se tornar o pecíolo é caracterizada pela expressão dos genes *Blade on Petiole* (*BOP*), que codificam ativadores transcricionais com dedo de zinco necessários para estabelecer a identidade do pecíolo na porção proximal da folha em *Arabidopsis* (ver Figura 18.16A). O mutante duplo *bop1/bop2* carece de distinção exata entre lâmina foliar e pecíolo, e os dois mutantes individuais formam lâminas foliares no que normalmente seria o pecíolo. Os genes *BOP1* e *BOP2* são expressos no domínio adaxial, onde atuam de forma redundante para suprimir a emergência laminar na região do pecíolo.

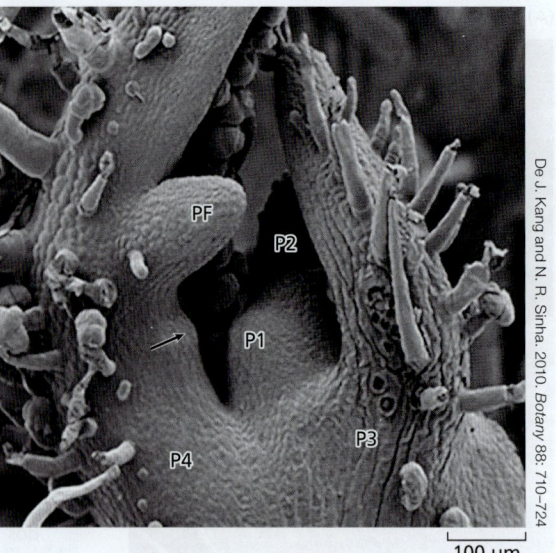

Figura 18.17 Imagem, ao microscópio eletrônico de varredura, do ápice caulinar do tomateiro, mostrando uma folha composta em desenvolvimento. Os primórdios 1 até 4 (P1–P4) são mostrados. O primeiro e o segundo (seta) pares de folíolos (PF) são visíveis em P4.

Nas folhas compostas, a desrepressão do gene *KNOX1* promove a formação dos folíolos

As folhas compostas evoluíram independentemente muitas vezes a partir de formas foliares simples. A despeito das variações amplas na forma e na complexidade de folhas compostas, os mecanismos de desenvolvimento que levam à sua formação são notavelmente similares. Mediante retardo na diferenciação, os primórdios foliares individuais podem redistribuir as redes de regulação gênica, usadas pelo MAC durante a iniciação foliar, para formar os primórdios dos folíolos e produzir folhas compostas (**Figura 18.17**). De modo semelhante ao que acontece durante a iniciação de primórdios foliares no MAC, as proteínas PIN1 focalizam o fluxo de auxina, formando máximos localizados de auxina espaçados ao longo dos flancos dos primórdios (**Figura 18.18**). Essas regiões então crescem para formar folíolos.

KNOX1 também é um componente importante da rede regulatória envolvida no desenvolvimento de folhas compostas,

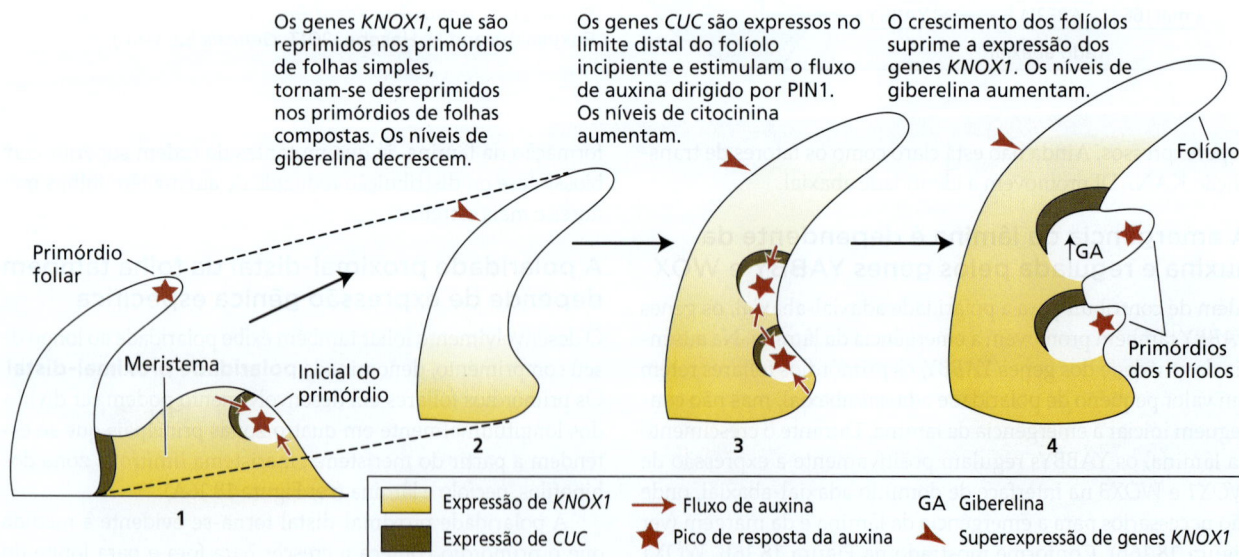

Figura 18.18 Desenvolvimento de folhas compostas. Os estágios iniciais de desenvolvimento de folhas simples e compostas são similares. Os genes *KNOX1* são reprimidos no primórdio inicial (1) e subsequentemente reativados (2), mantendo, assim, o primórdio em um estado indiferenciado. A seguir, os primórdios dos folíolos são iniciados em um processo que se assemelha à iniciação dos primórdios foliares envolvendo o fluxo de auxina (3 e 4) mediado por PIN1. (Segundo A. Mason et al. 2010. *C. R. Biol.* 333: 350–360.)

pois inibe a diferenciação da folha e permite a formação de folíolos (ver Figura 18.18). As citocininas atuam a jusante das proteínas KNOX na promoção do desenvolvimento dos folíolos. Por exemplo, a superexpressão de um gene fundamental na biossíntese de citocininas nos primórdios foliares do tomateiro provoca um aumento no número de folíolos. Inversamente, a superexpressão do gene da degradação de citocininas resulta em um decréscimo no número de folíolos. Rotas compartilhadas controlam a formação de folhas serradas e folíolos em diferentes espécies, conforme discutido no **Tópico 18.5 na internet**.

■ 18.6 Diferenciação de tipos celulares epidérmicos

A epiderme é a camada mais externa de células do corpo primário da planta, incluindo as estruturas vegetativa e reprodutiva. A epiderme geralmente consiste em uma única camada de células, derivada da camada L1, ou **protoderme**. Em algumas plantas, como certas espécies de Moraceae, Begoniaceae e Piperaceae, a epiderme tem de duas até várias camadas celulares, derivadas de divisões periclinais da protoderme.

Existem três tipos principais de células epidérmicas encontradas em todas as angiospermas: células fundamentais (*pavement cells*), tricomas e células-guarda. As **células fundamentais**, células epidérmicas relativamente não especializadas, podem ser consideradas como o destino do desenvolvimento-padrão da protoderme (ver Capítulo 22). Os **tricomas** são extensões unicelulares ou multicelulares da epiderme da parte aérea, que têm formas, estruturas e funções distintas, incluindo a proteção contra o ataque de insetos e patógenos, a redução da perda de água e o aumento da tolerância a condições de estresse abiótico. O desenvolvimento e a função dos tricomas são discutidos no **Tópico 18.6 na internet**. As **células-guarda** são pares de células do **estômato** e circundam o ostíolo; elas estão presentes nas estruturas fotossintetizantes da parte aérea. As células-guarda regulam as trocas gasosas entre a folha e a atmosfera, mediante mudanças de turgor fortemente reguladas em resposta à luz e a outros fatores (ver Capítulos 6, 8 e 16). Aqui, descrevemos o desenvolvimento dos estômatos como um sistema modelo para formação de padrões e citodiferenciação.

A identidade das células-guarda é determinada por uma linhagem epidérmica especializada

Os estômatos são encontrados em quase todas as plantas terrestres. O desenvolvimento estomático depende de as células adotarem sequencialmente uma série de identidades diferentes. Nossa compreensão do desenvolvimento estomático é derivada do rastreamento de linhagens celulares, mas realmente começou a avançar após a identificação de mutantes de *Arabidopsis* com mais estômatos, menos estômatos ou estômatos distorcidos (**Figura 18.19**). Os nomes de muitos desses mutantes fazem alusão à forma de boca dos estômatos.

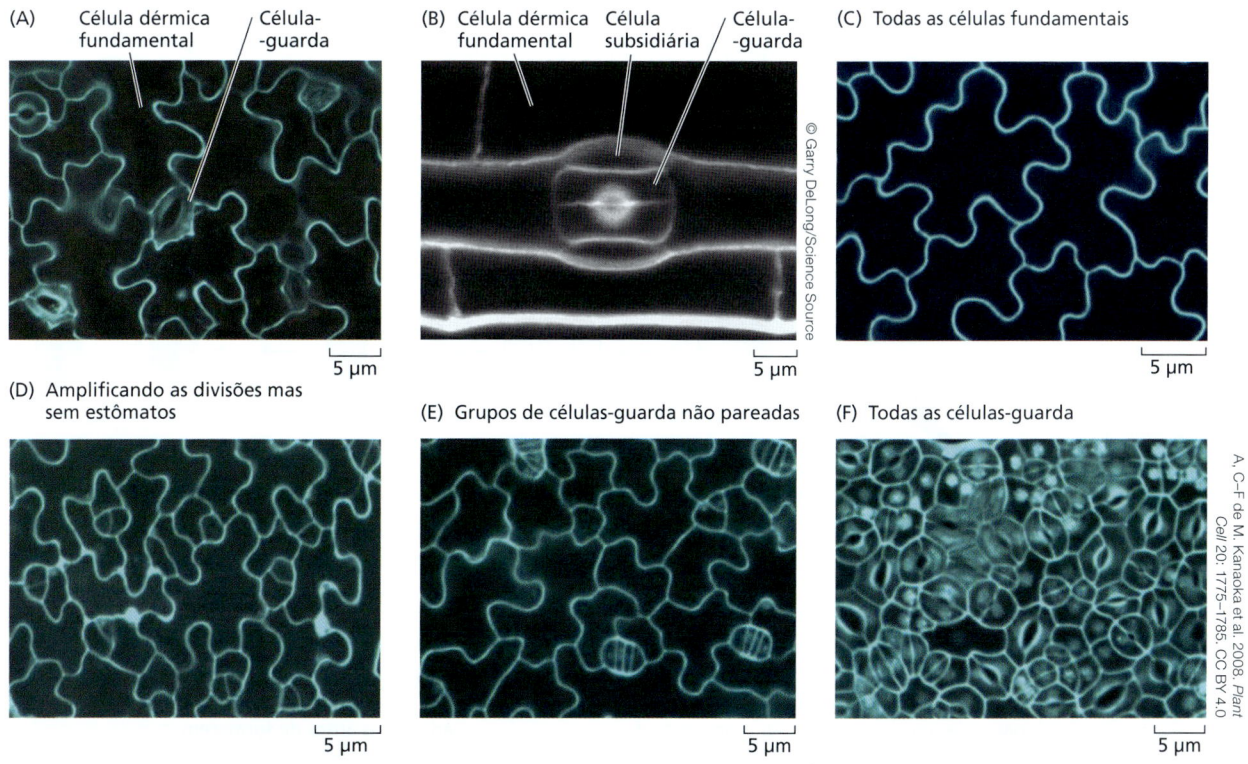

Figura 18.19 Desenvolvimento estomático em mutantes. (A) *Arabidopsis* do tipo selvagem. (B) Folha de gramínea do tipo selvagem. (C) Mutante *spch* no qual nenhuma célula entra na linhagem estomática. (D) Mutante *mute* no qual ocorrem divisões celulares amplificadoras, mas nenhum estômato maduro se forma. (E) Mutante *fama* no qual grupos de células-guarda não pareadas são visíveis. (F) Mutante *scrm* em que todas as células se tornam células-guarda.

Em eudicotiledôneas, como *Arabidopsis*, uma população de **células-mãe de meristemoides (CMMs)** é estabelecida na protoderme em desenvolvimento (que dará origem à epiderme foliar). Cada CMM divide-se assimetricamente para originar duas células-filhas morfologicamente distintas – uma **célula fundamental da linhagem estomática (CFLE)** maior e um meristemoide menor (**Figura 18.20**). O meristemoide pode passar por um número variável de divisões amplificadoras assimétricas, originando até três CFLEs, com o meristemoide finalmente diferenciando-se em uma **célula-mãe de células-guarda (CMCG)**, que é reconhecível por sua forma arredondada. A seguir, a CMCG entra em divisão simétrica, formando um par de células-guarda que circundam o ostíolo. Após as divisões de amplificação do meristemoide, as CFLEs resultantes podem diferenciar-se em células fundamentais, que constituem o tipo celular mais abundante na epiderme de uma folha madura, ou elas podem se dividir assimetricamente (**divisões de espaçamento**) para originar um meristemoide secundário. Embora essa linhagem seja chamada de *linhagem estomática*, a capacidade dos meristemoides e das CFLEs de passar por divisões repetidas significa que ela é de fato responsável pela geração da maioria das células epidérmicas nas folhas.

Dois grupos de fatores de transcrição bHLH governam as transições de identidade celular estomática

Na linhagem estomática de *Arabidopsis*, a transição de uma identidade celular para outra está associada com, e requer a expressão específica de, um dos três fatores de transcrição hélice-alça-hélice básicos (bHLH, *basic helix-loop-helix*): SPEECHLESS (SPCH), MUTE e FAMA (denominado segundo a deusa romana do rumor) (ver Figuras 18.20 e 18.21). A atividade transcricional regulada pelo SPCH impulsiona a formação de CMM e leva à entrada em divisão assimétrica dessas células. O SPCH também regula as divisões amplificadoras assimétricas subsequentes e divisões de espaçamento. O MUTE promove a diferenciação de meristemoides em CMCGs e promove a divisão celular terminal da CMCG. Paralelamente, o MUTE induz o FAMA, que promove a diferenciação das células-guarda e interrompe novas divisões. Os mutantes *mute* de *Arabidopsis* têm divisões amplificadoras, mas não têm estômatos, enquanto os mutantes *fama* formam grupos de células-guarda finas e não pareadas. Além disso, duas proteínas relacionadas a bHLH zíper de leucina (bHLH-LZ, *bHLH leucine zipper*), SCREAM (SCRM) E SCRM2, têm sido identificadas como parceiras de SPCH, MUTE e FAMA. Nos mutantes *scrm*, toda a epiderme se transforma em estômatos.

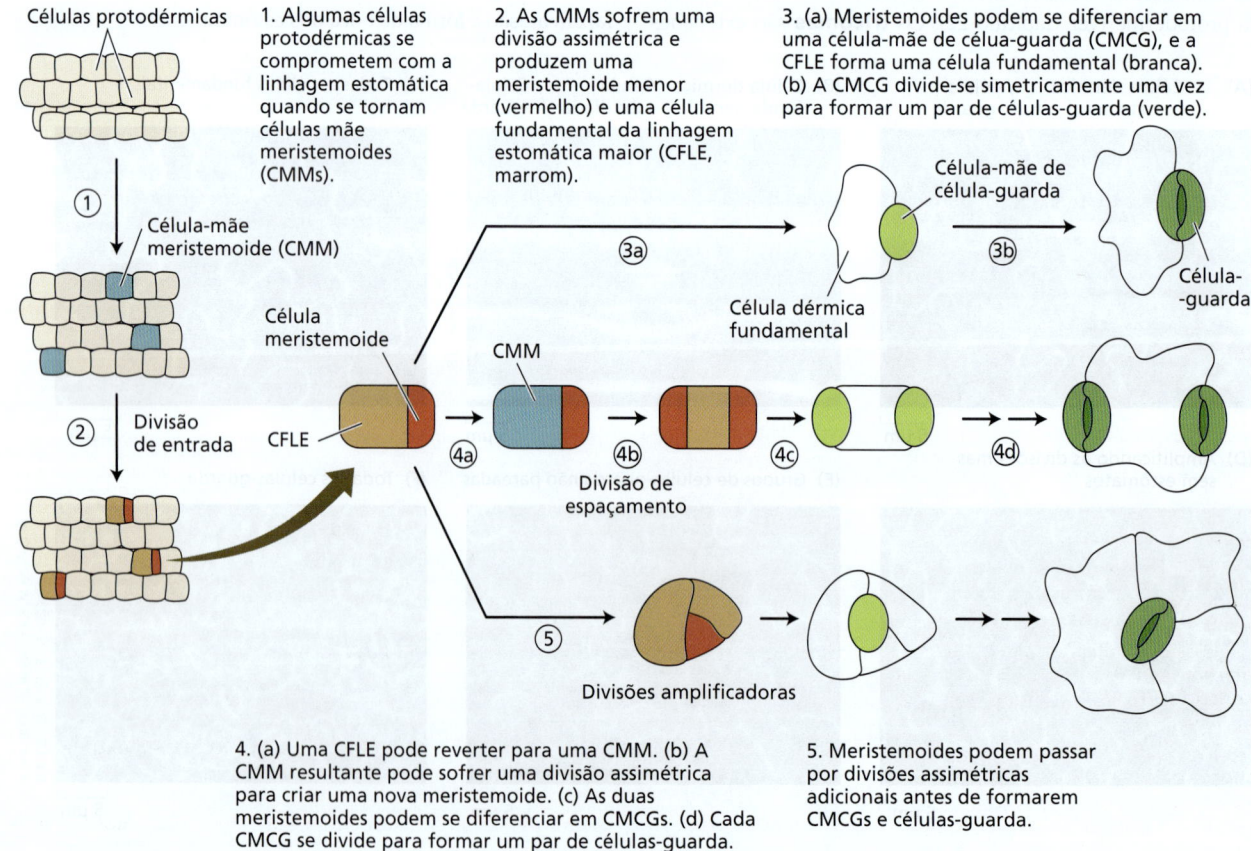

Figura 18.20 Desenvolvimento estomático em *Arabidopsis*. A rota de espaçamento é mostrada na Figura 18.21. (Segundo S. Lau and D. C. Bergmann. 2012. *Development* 139: 3683–3692.)

Sinais de peptídeos célula a célula regulam a padronização estomática

Os estômatos são espaçados por pelo menos um comprimento de célula para maximizar as trocas gasosas entre a folha e a atmosfera. O espaçamento é regulado pela comunicação célula a célula e por fatores intrínsecos que orientam as divisões celulares (**Figura 18.21A**). Os peptídeos secretados da família do EPIDERMAL PATTERNING FACTOR (EPF) são expressos por células da linhagem estomática. O EPF2 é expresso por CMMs e meristemoides iniciais, enquanto o EPF1 é expresso por meristemoides tardios, CMCGs e células-guarda jovens. A ligação de peptídeos de EPF ao heterodímero de quinase semelhante a um receptor (RLK) formado por ERECTA (ou uma proteína semelhante a ERECTA) e TOO MANY MOUTHS resulta no recrutamento de um componente BAK1/SERKS para ativar a atividade da quinase (ver Capítulo 4). O EPF2 é detectado por receptores em células protodérmicas, enquanto o EPF1 é detectado em CFLEs e em CMCGs. O EPF1 evita que os estômatos se formem em grupos ou pares, fornecendo informações posicionais. O EPF2 inibe a entrada de células adjacentes na linhagem estomática e promove a formação de células fundamentais. Mutações nessas rotas resultam em mudanças na densidade estomática ou no agrupamento de estômatos. O mesófilo também contribui para a padronização estomática. Um dos peptídeos semelhantes a EPF, EPFL9, um regulador positivo da densidade estomática, é produzido pelo mesófilo subjacente e liberado para a epiderme, onde se liga ao complexo RLK. Experimentos têm mostrado que a depleção de EPFL9 resulta em um decréscimo do número de estômatos, indicando que seu funcionamento é importante para o desenvolvimento estomático normal.

A polaridade intrínseca na linhagem estomática auxilia no espaçamento estomático

A orientação de algumas divisões-chave durante o desenvolvimento estomático ajuda a manter a "regra de espaçamento de uma célula". Diz-se que a divisão da CMM e dos meristemoides é assimétrica porque as duas células-filhas têm destinos diferentes; neste caso, as filhas também são fisicamente diferentes, pois a CFLE é maior do que o meristemoide. Logo após a divisão, ambas as filhas expressam a proteína SPCH, mas ela é regulada negativamente na maior das duas células. A polaridade desempenha um papel importante na orientação das divisões

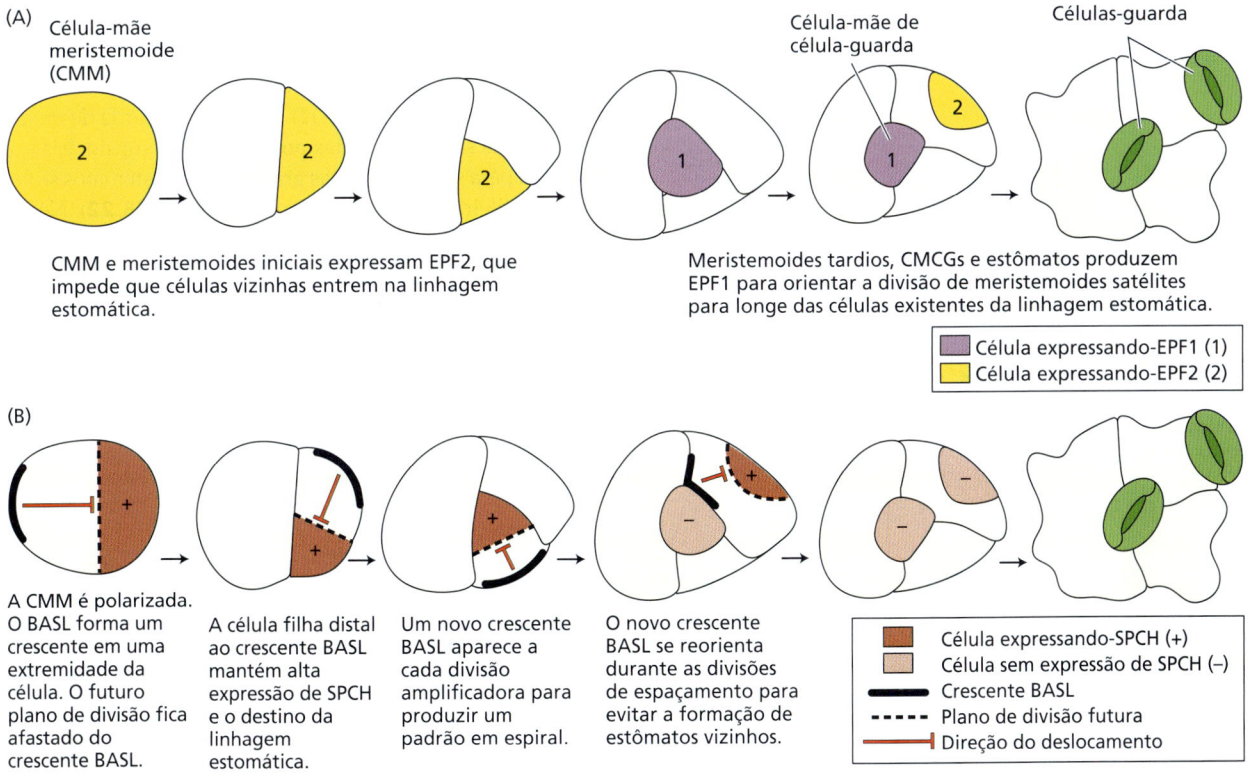

Figura 18.21 A divisão celular polarizada e a sinalização peptídica regulam o espaçamento estomático. Os três fatores de transcrição relacionados — SPCH, MUTE e FAMA — formam heterodímeros com SCRM e são necessários para a produção de meristemoides, CMCGs e células-guarda. (A) Peptídeos de EPF1 e EPF2 regulam negativamente a densidade e a padronização estomática. O EPF2 é sintetizado e secretado por células-mães de meristemoides (CMMs) e meristemoides iniciais. A presença de EPF2 extracelular é detectada por um complexo RLK que ativa a sinalização intracelular que reprime a produção de novos meristemoides. O EPF1 é sintetizado em meristemoides tardios, CMCGs e estômatos. Ele impede a formação de estômatos vizinhos. (B) A BASL polariza as células da linhagem estomática para orientar a divisão assimétrica sucessiva e orientar as divisões de espaçamento.

assimétricas. A polaridade é controlada por proteínas de polaridade que marcam uma extremidade da CMM. A divisão é então orientada de forma que as proteínas da polaridade estejam em apenas uma das células-filhas (**Figura 18.21B**). Uma dessas proteínas identificadas em *Arabidopsis* é a BREAKING OF ASYMMETRY IN THE STOMATAL LINEAGE (BASL). A BASL regula vários aspectos das divisões celulares epidérmicas assimétricas e é independente da linhagem estomática, mas está presente como um crescente na membrana das células epidérmicas, incluindo a CMM e as células meristemoides antes da divisão, e permanece na CFLE após a divisão (ver Figura 18.21B).

Fatores ambientais também regulam a densidade estomática

A densidade e a abertura estomática são sensíveis ao meio ambiente. Fatores como déficit hídrico, luz e concentração de CO_2 causam uma alteração na densidade estomática a fim de equilibrar a absorção de CO_2 com a limitação da perda de água. Por exemplo, o déficit hídrico induz o ácido abscísico (ABA), e descobriu-se que isso ativa a cascata de sinalização da MAP quinase que regula negativamente o SPCH. A temperatura elevada diminui a densidade estomática via phyB e o fator de transcrição bHLH PHYTOCHROME INTERACTING FACTOR 4 (PIF4), que coordena as respostas de luz e temperatura com o crescimento (ver Capítulos 4 e 16). Temperaturas elevadas reprimem a atividade de phyB, e tanto phyB quanto PIF4 então se acumulam nos precursores da linhagem estomática e suprimem a expressão de SPCH. Por outro lado, a alta ativação de luz de phyB reprime os níveis de PIF4 e aumenta a expressão de SPCH, com o resultado de que a densidade estomática aumenta. A formação estomática é reprimida no escuro por meio da repressão de EPFL9 e CONSTITUTIVE PHOTOMORPHOGENIC 1 (COP1), visando à degradação do SCRM (ver Capítulo 16 para discussão da função da COP1 nas respostas à luz). Em concentrações altas de CO_2, a densidade estomática é reduzida. Isso ocorre por meio de uma ativação do EPF2 extracelular pela RESPONSE SECRETED PROTEASE tripeptidil peptidase CO_2 e da expressão induzida de EPF2 em resposta ao alto CO_2.

O desenvolvimento de estômatos em monocotiledôneas envolve alguns genes que são ortólogos aos de *Arabidopsis*

As células-guarda nas gramíneas são em forma de haltere em vez de rim, como nas eudicotiledôneas e algumas outras monocotiledôneas (ver Figura 6.12). As células-guarda de monocotiledôneas são flanqueadas por uma célula subsidiária que contribui para sua função. Nas gramíneas, os estômatos se formam em fileiras de células discretas (**Figura 18.22**). Nessas fileiras, uma célula indiferenciada se divide assimetricamente para produzir uma célula menor e outra maior. A célula menor

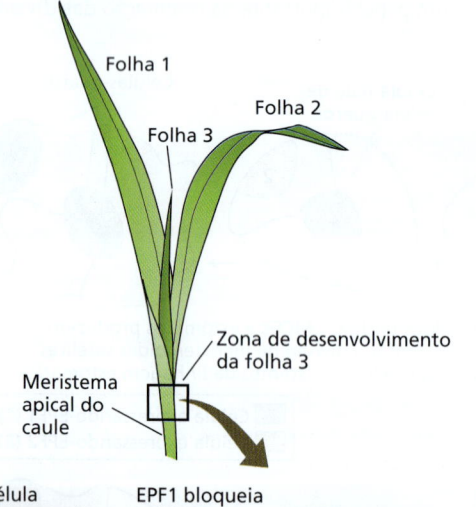

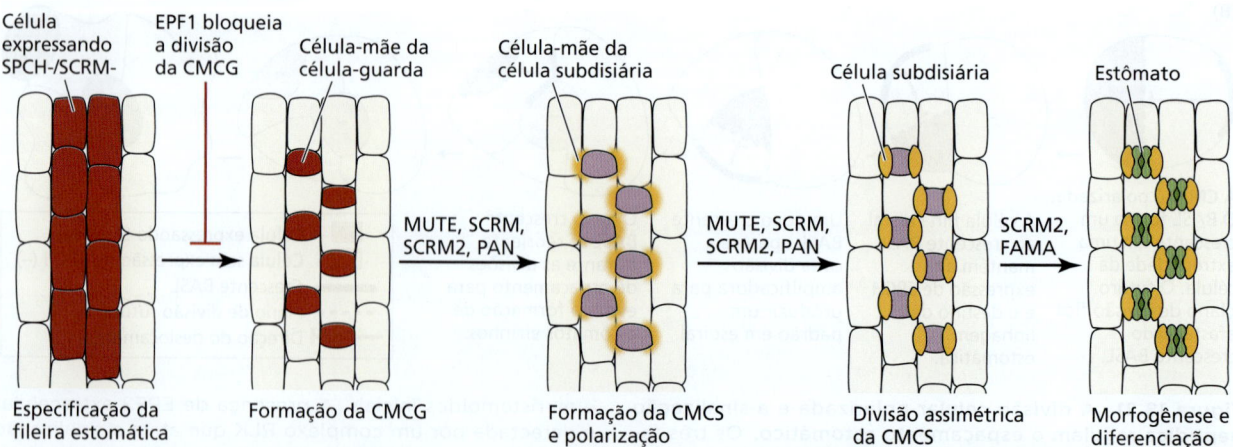

Figura 18.22 O desenvolvimento estomático em gramíneas envolve ortólogos de muitos dos genes envolvidos no desenvolvimento estomático em eudicotiledôneas. No entanto, os papéis são diferentes. O SCRM e o SPCH especificam a divisão assimétrica inicial. As células então progridem para se tornarem células-mãe de células-guarda e, finalmente, estômatos sem divisões amplificadoras. Em vez disso, uma divisão assimétrica polarizada produz células subsidiárias que circundam os estômatos. CMCS, célula-mãe de célula subsidiária. (Segundo T. D. G. Nunes et al. 2019. *Plant J.* 101: 780–799. CC BY 4.0)

Figura 18.23 Dois padrões básicos de venação foliar em angiospermas. (A) Venação reticulada em *Prunus serotina*, uma eudicotiledônea. (B) Venação paralela em *Iris sibirica*, uma monocotiledônea.

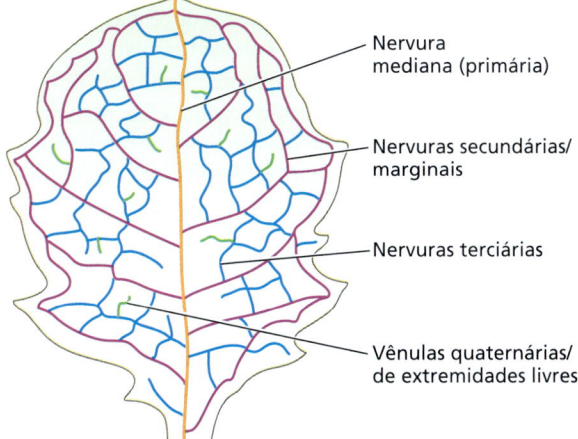

Figura 18.24 Hierarquia da venação na folha madura de *Arabidopsis*, com base no diâmetro das nervuras no local de fixação à nervura precedente. (Segundo W. J. Lucas et al. 2013. *J. Integr. Plant Biol.* 55: 294–388.)

se torna uma célula-mãe de célula-guarda, que se dividirá simetricamente para formar as duas células-guarda que circundam o ostíolo. As células próximas à CMCG se dividem assimetricamente para formar duas células subsidiárias, uma em cada lado das células-guarda, o que aumenta sua eficiência de abertura. Os ortólogos dos principais bHLHs são encontrados em gramíneas, mas têm papéis ligeiramente diferentes dos de *Arabidopsis*. Na gramínea modelo *Brachypodium*, o SPCH foi duplicado e é parcialmente redundante, e o SCRM1 controla as primeiras divisões assimétricas, enquanto o SCRM2 atua posteriormente na diferenciação da CMCG. O ortólogo MUTE move-se da CMCG para especificar a identidade celular subsidiária. Ortólogos de TOO MANY MOUTHS, EPF1 e ERECTA também são encontrados em gramíneas e musgos, sugerindo a conservação de sua função. No entanto, ortólogos de BASL não foram identificados em gramíneas, sugerindo que outras proteínas desempenham funções semelhantes à de BASL. Por exemplo, a divisão assimétrica orientada que forma a célula subsidiária no milho é realizada cooperativamente por *PANGLOSS1* (PAN1) e PAN2. As PANs são quinases semelhantes a receptores de repetição ricas em leucina que se localizam na célula-mãe de célula subsidiária, nos locais de contato com a CMCG para induzir a divisão celular polarizada. Elas provavelmente são reguladas positivamente pelo ortólogo MUTE do milho.

18.7 Padrões de venação nas folhas

O sistema vascular da folha é uma rede complexa de nervuras interconectadas. As nervuras consistem em dois tipos de tecidos condutores principais, xilema e floema, bem como em elementos não condutores, como as células de parênquima e de esclerênquima. A organização espacial do sistema vascular da folha – seu **padrão de venação** – é específica para a espécie e para o órgão. Os padrões de venação enquadram-se em duas categorias gerais: *venação reticulada*, encontrada na maioria das eudicotiledôneas, e *venação paralela*, típica de muitas monocotiledôneas (**Figura 18.23**).

A despeito da diversidade dos padrões de venação, todos compartilham uma organização hierárquica. As nervuras são organizadas em classes de tamanho distintas – primária, secundária, terciária e assim por diante – com base em sua largura no ponto de fixação à nervura de origem (**Figura 18.24**). As menores nervuras (vênulas) terminam cegamente no mesófilo. A estrutura hierárquica do sistema vascular da folha reflete as funções hierárquicas das nervuras de tamanhos diferentes, com as de diâmetro maior funcionando no **transporte de massa** de água, nutrientes minerais, açúcares e outros metabólitos; as nervuras de diâmetro menor atuam no **carregamento do floema** (ver Capítulo 11).

A questão sobre como os padrões de venação foliar se desenvolvem há muito tempo tem intrigado os botânicos. Para que o sistema vascular foliar realize eficazmente suas funções de transporte por longas distâncias, seus muitos tipos de células devem estar dispostos adequadamente dentro das dimensões longitudinais e radiais do feixe vascular. Não surpreende, portanto, que a diferenciação dos tecidos vasculares esteja sob rígido controle do desenvolvimento. Nesta seção, primeiro descreve-se o desenvolvimento de uma conexão vascular da folha com o restante da planta. A seguir, discute-se como o padrão de venação de ordem superior é estabelecido.

A nervura foliar primária é iniciada descontinuamente a partir do sistema vascular preexistente

Em meados do século XIX, o anatomista vegetal Carl Wilhelm von Nägeli fez uma descoberta surpreendente enquanto rastreava a fonte dos feixes vasculares na parte aérea primária. Na parte madura do caule de espermatófitas, os feixes vasculares longitudinais formam um sistema condutor contínuo que começa na junção raiz–parte aérea e termina perto dos ápices de crescimento. Nägeli assumiu que o sistema vascular devia crescer para cima (crescimento acrópeto), a partir do sistema vascular preexistente para os ápices em crescimento da parte aérea. Alternativamente, ele descobriu que os feixes vasculares foliares, surgindo de células precursoras vasculares denominadas **procâmbio**, eram iniciados descontinuamente em associação com os primórdios foliares emergentes no MAC (**Figura 18.25**). A partir desse local, os feixes vasculares apresentam diferenciação descendente (basípeta), em direção ao nó diretamente abaixo da folha e formado pela conexão com o feixe vascular mais antigo. A porção do feixe vascular que penetra na folha foi mais tarde chamada de **traço foliar** (ver Figura 18.25).

O que Nägeli descobriu foi que os feixes vasculares longitudinais contínuos no caule são, na verdade, compostos de traços foliares individuais. As espécies podem diferir no curso exato de desenvolvimento dos traços foliares, mas a interpretação básica do sistema vascular primário da parte aérea das espermatófitas como um simpódio de traços foliares parece ser universal.

A canalização da auxina inicia o desenvolvimento do traço foliar

Várias linhas de evidências indicam que a auxina estimula a formação de tecidos vasculares. Um exemplo é o papel da auxina na regeneração do sistema vascular após uma lesão (**Figura 18.26A**). O sistema vascular é impedido de regenerar pela remoção da folha e da parte aérea acima da lesão, mas pode ser restaurado mediante aplicação de auxina no pecíolo cortado acima da lesão, sugerindo que auxina proveniente da folha é requerida para a regeneração vascular. Conforme mostrado na **Figura 18.26B**, as fileiras de elementos de xilema regenerante originam-se na fonte de auxina junto à extremidade superior de corte do feixe vascular e avançam no sentido basípeto até se conectarem com a extremidade de corte do feixe vascular abaixo, correspondendo à direção presumida do fluxo de auxina. A extremidade superior do corte do feixe vascular, portanto, atua como **fonte de auxina**, enquanto a extremidade inferior do corte atua como **dreno de auxina**.

Essas descobertas e observações similares em outros sistemas, tal como a enxertia de gemas, levaram à hipótese de que,

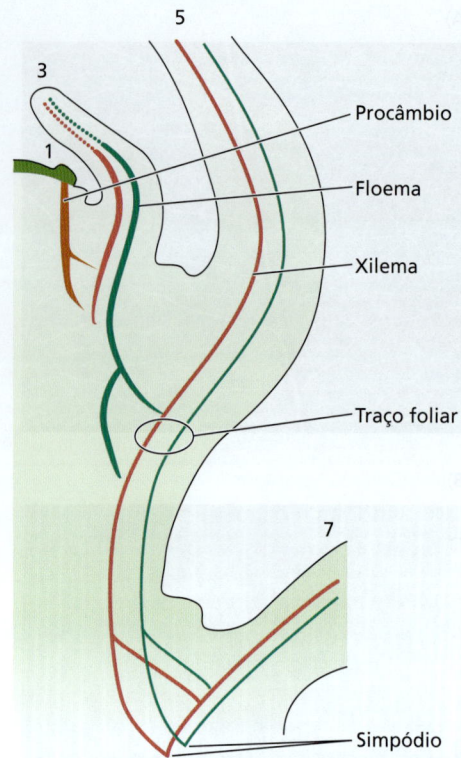

Figura 18.25 Desenvolvimento vascular inicial de uma parte aérea com filotaxia decussada. O MAC e um primórdio foliar jovem são indicados em verde com cordões procambiais de um traço foliar que se estende a partir deste primórdio em laranja. Os traços foliares apresentam desenvolvimento basípeto em relação ao sistema vascular maduro e unem-se para formar um simpódio. Os números correspondem à ordem das folhas, começando com os primórdios (nem todas as folhas são mostradas). (Segundo K. Esaú. 1953. *Plant Anatomy*. Wiley, New York.)

à medida que flui pelos tecidos, a auxina estimula e polariza seu próprio transporte. Esse transporte gradualmente torna-se canalizado para fileiras de células que assumem a condução a partir das fontes de auxina; essas fileiras de células podem, então, diferenciar-se para formar o sistema vascular.

Coerente com essa ideia, a aplicação localizada de auxina (como nos experimentos com lesão vegetal já descritos) induz a diferenciação vascular em cordões estreitos que conduzem para longe do sítio de aplicação, em vez de em áreas amplas de células. A nova estrutura vascular em geral desenvolve-se em direção aos cordões vasculares e une-se com eles, resultando em uma rede vascular conectada. Por essa razão, é possível prever que um traço foliar em desenvolvimento atue como uma fonte de auxina e que a estrutura vascular do caule atue como um dreno de auxina. Estudos recentes sobre venação têm apoiado esse modelo fonte–dreno, ou **modelo da canalização**, para o fluxo de auxina em nível molecular. Neste modelo, a auxina sintetizada em uma ou mais células é exportada e um fluxo direcional é criado pela absorção em células adjacentes. Esse gradiente é então amplificado por mecanismos de exportação direcional para *canalizar* o vetor de transporte.

Capítulo 18 | Crescimento vegetativo e organogênese: crescimento primário do eixo da planta   **561**

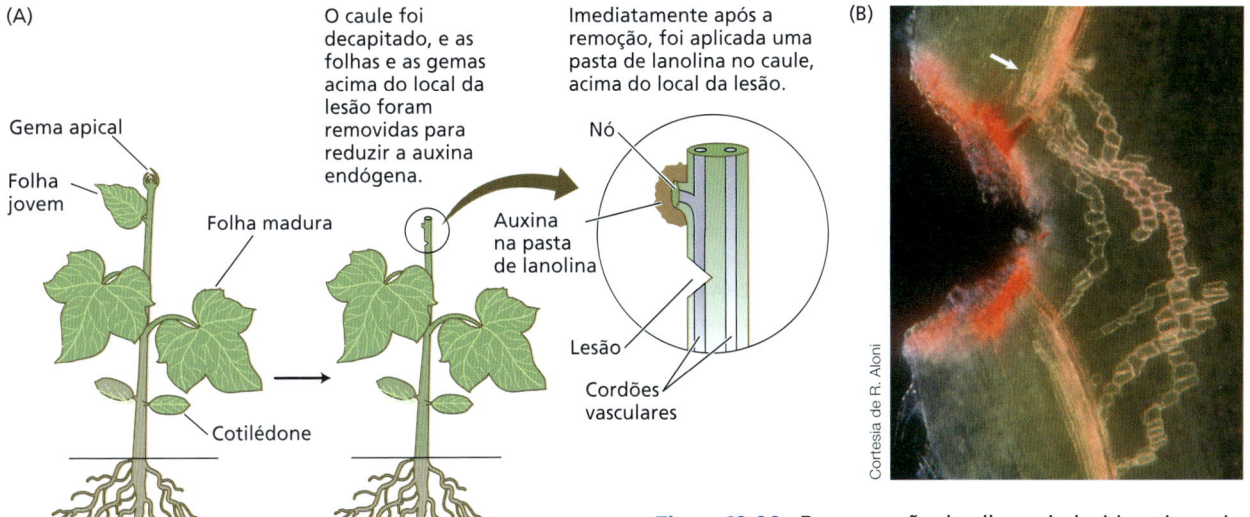

Figura 18.26 Regeneração do xilema, induzida pela auxina, em torno de uma lesão no tecido caulinar de pepino (*Cucumis sativus*). (A) Método para realizar o experimento de regeneração de áreas lesionadas. (B) Micrografia de fluorescência apresentando o tecido vascular em regeneração em torno da lesão. A seta indica o local da lesão, onde a auxina se acumula e começa a diferenciação do xilema.

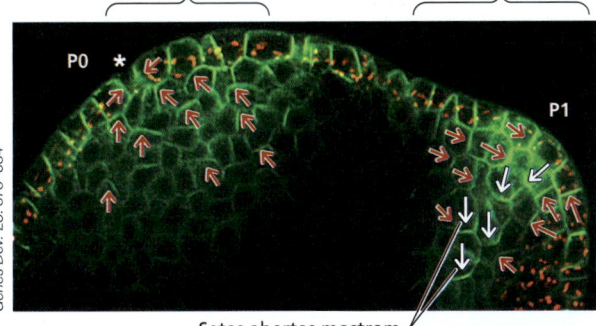

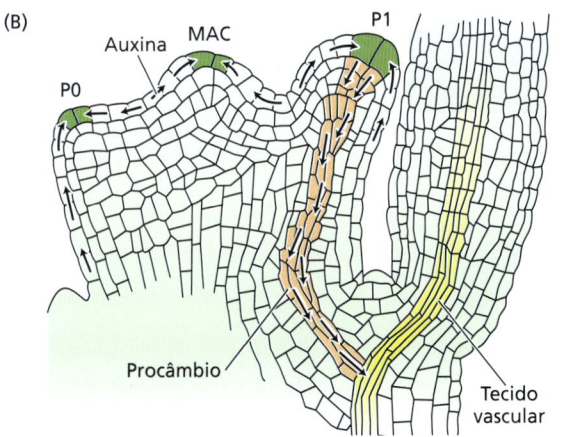

O transporte basípeto de auxina a partir da camada L1 do primórdio foliar inicia o desenvolvimento do procâmbio do traço foliar

A canalização da auxina é acompanhada pela redistribuição dos transportadores de efluxo de auxina PIN1, na medida em que a distribuição da PIN1 pode ser usada para prever a direção do fluxo de auxina dentro de um tecido. A **Figura 18.27A** mostra o MAC de um tomateiro expressando a proteína PIN1 de *Arabidopsis* fusionada à proteína verde fluorescente (GFP, *green fluorescent protein*). Com base na localização das proteínas PIN1, a auxina é direcionada para um ponto de convergência na camada L1 da inicial do primórdio foliar (P0). Por outro lado, a auxina é direcionada no sentido basípeto na iniciação da nervura mediana (traço foliar) do primórdio foliar (P1) emergente.

A **Figura 18.27B** mostra um modelo para a formação da nervura mediana em *Arabidopsis*. A canalização de auxina em direção ao ápice do primórdio foliar (P1) na camada L1, via transportadores PIN1, provoca um acúmulo desse hormônio

Figura 18.27 Fluxo de auxina mediado por PIN1 durante a formação da nervura mediana. (A) Corte longitudinal de um meristema vegetativo de tomateiro expressando AtPIN1:GFP (verde). As setas vermelhas à esquerda indicam a direção do movimento de auxina em direção ao sítio da inicial do primórdio foliar (P0, estrela branca). As setas vermelhas à direita indicam o fluxo de auxina em direção ao primórdio foliar emergente (P1). As setas brancas mostram o movimento basípeto de auxina, que inicia a diferenciação da nervura mediana. (B) Diagrama esquemático do fluxo de auxina pelas camadas L1, L2 e L3 do tecido e da diferenciação da nervura mediana durante a formação dos primórdios foliares. Inicial do primórdio (P0), primórdio (P1).

no ápice. O efluxo de auxina a partir dessa região de alta concentração desse hormônio torna-se canalizado via proteínas PIN1 no sentido basípeto em direção ao traço foliar mais antigo diretamente abaixo dela.

A estrutura vascular existente orienta o crescimento do traço foliar

Experimentos microcirúrgicos têm mostrado que o feixe vascular existente no caule é necessário para o desenvolvimento direcional do procâmbio do traço foliar. A **Figura 18.28A** mostra a distribuição de PIN1 no ápice de um tomateiro expressando a PIN1 de *Arabidopsis* fusionada à GFP. O traço foliar que emerge da inicial do primórdio foliar (P0) conectou-se ao traço foliar existente no primórdio foliar abaixo dele (P3), conforme representação diagramática na **Figura 18.28B**. No entanto, se o P3 for removido cirurgicamente, o traço foliar do P0 conecta-se, em vez disso, ao feixe vascular do primórdio foliar no outro lado do caule (P2) (**Figura 18.28C e D**). Esses resultados sugerem que ou o feixe vascular existente está servindo como um dreno de auxina e, portanto, facilitando a canalização desse hormônio, ou ele está produzindo um sinal diferente que orienta o desenvolvimento do traço foliar.

O desenvolvimento vascular processa-se a partir da diferenciação do procâmbio

Durante a formação das nervuras, as células do meristema fundamental diferenciam-se em células do pré-procâmbio – um estado intermediário estável, entre células fundamentais e células do procâmbio. As células do pré-procâmbio são isodiamétricas na forma (aproximadamente cúbicas) e estruturalmente não se distinguem das células do meristema fundamental.

As divisões celulares do pré-procâmbio são paralelas à direção de crescimento do cordão vascular, resultando nas células alongadas características do procâmbio (**Figura 18.29A**). A diferenciação do procâmbio processa-se na direção basípeta.

Protofloema é o primeiro tecido vascular a formar-se a partir das células do procâmbio; sua diferenciação começa no feixe vascular abaixo e prossegue no sentido acrópeto para o primórdio foliar. Por outro lado, a diferenciação do xilema primário ocorre após a do floema primário, é descontínua e prossegue no sentido acrópeto para o primórdio foliar e basípeto em direção ao feixe vascular abaixo.

As nervuras foliares hierarquicamente superiores diferenciam-se em uma ordem previsível

A ordem hierárquica da vascularização foliar tem sido mais bem estudada em *Arabidopsis*. Em geral, o desenvolvimento e a padronização das nervuras avançam no sentido basípeto (**Figura 18.29B**). Em outras palavras, a venação costuma estar em um estágio mais avançado de desenvolvimento no ápice de uma folha em formação do que em sua base.

O padrão de formação das nervuras segue um curso estereotípico em *Arabidopsis*. O primeiro procâmbio que se forma no primórdio foliar – o traço foliar – representa a futura **nervura primária**, ou **nervura mediana**. Conforme a folha cresce, o pré-procâmbio secundário do primeiro par de nervuras secundárias (setas cor de laranja na Figura 18.29B) se desenvolve a partir da nervura central e, em seguida, se curva no sentido acrópeto em direção à nervura mediana na extremidade foliar. O pré-procâmbio das nervuras terciárias progride para fora das nervuras secundárias e se reconecta com outros cordões

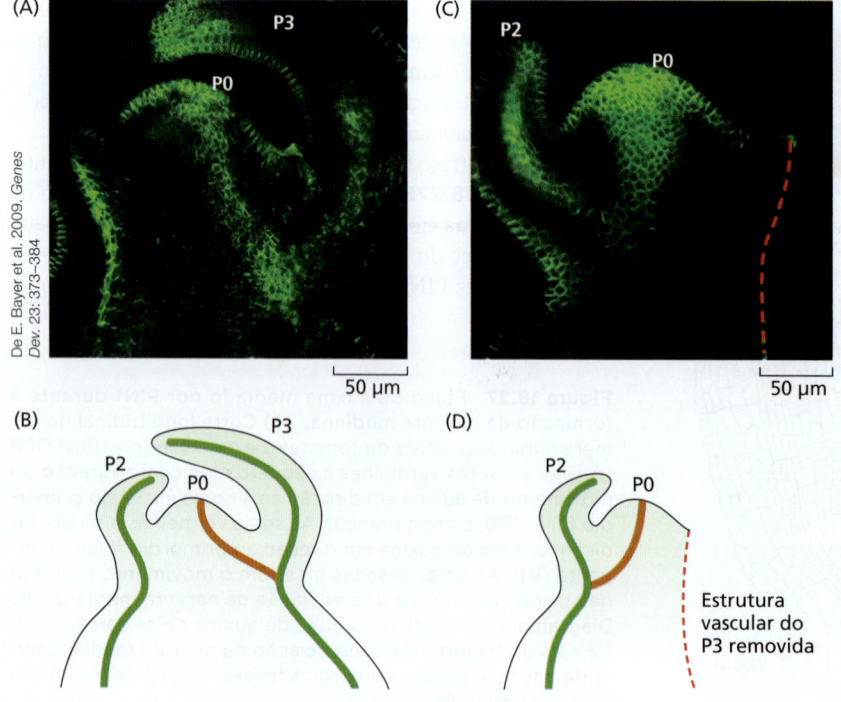

Figura 18.28 O feixe vascular preexistente orienta o desenvolvimento basípeto do traço foliar. (A e B) No controle, meristema de *Arabidopsis* expressando AtPIN1:GFP (verde), o traço foliar do P0, recém-iniciado, cresce em direção ao traço foliar do P3, diretamente abaixo, e com ele se conecta. (C e D) Quando a estrutura vascular do P3 é removida cirurgicamente (linha vermelha tracejada), o traço foliar do P0 conecta-se, em vez disso, ao traço foliar do P2, no outro lado do caule. (B e D segundo E. Bayer et al. 2009. *Genes Dev.* 23: 373–384.)

que se estendem ou termina no mesófilo (setas cor de laranja na Figura 18.29B). O procâmbio diferencia-se a partir do pré--procâmbio simultaneamente ao longo do cordão procambial (linhas verdes na Figura 18.29B). A diferenciação do xilema ocorre cerca de quatro dias mais tarde e pode desenvolver-se continuamente ou como ilhas descontínuas, ao longo do cordão vascular (setas de cor violeta-purpúrea na Figura 18.29B).

A diferenciação exata dos tecidos vasculares dentro das nervuras depende da polaridade adaxial-abaxial normal da folha. Os quatro círculos mostrados na **Figura 18.29C** representam a diferenciação vascular na presença e na ausência de polaridade adaxial-abaxial. O círculo verde à esquerda representa o cordão procambial indiferenciado. Sob condições de polaridade adaxial-abaxial normal, o xilema desenvolve-se no lado adaxial, e o floema, no lado abaxial. Todavia, se a folha tiver apenas face adaxial, como nos mutantes *phan*, as células do xilema circundam o floema, enquanto nos mutantes com folha dotada só de face abaxial, como os da família de genes *KANADI*, as células do floema circundam as células do xilema.

A auxina regula a formação e a padronização de nervuras de ordem superior

Assim como é para o desenvolvimento de traços foliares, a distribuição da auxina é fundamental para direcionar o desenvolvimento de nervuras foliares de ordem superior. Nas margens das folhas, a interface adaxial-abaxial desencadeia a expressão dos genes biossintéticos da auxina. Acredita-se que o acúmulo de auxina resultante nas margens das folhas estimule a expansão da lâmina, e esse acúmulo é mais forte nas regiões onde as estruturas serradas são formadas (**Figura 18.30**). Os máximos de auxina ao longo das margens das folhas também correspondem a poros especializados associados a terminações nervosas na margem da folha, chamados

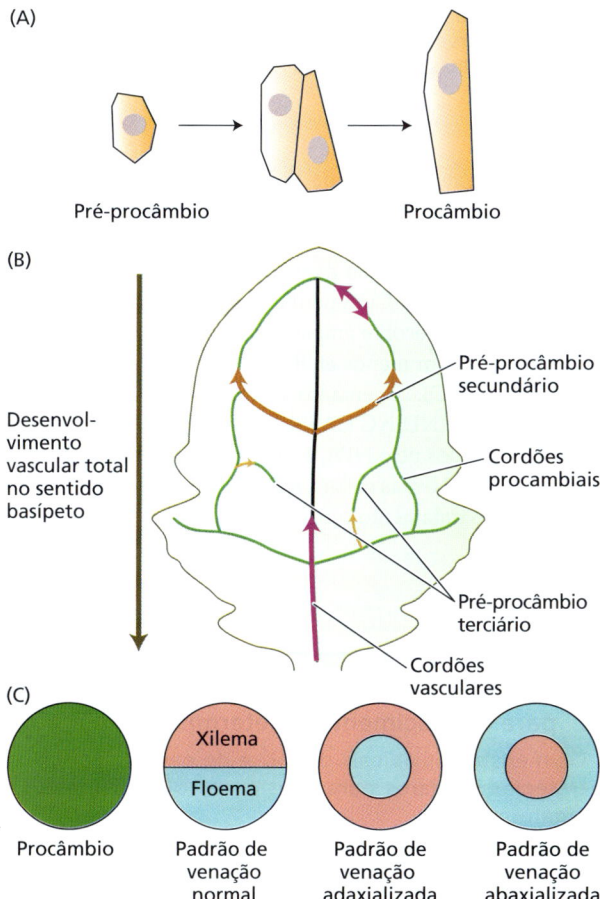

Figura 18.29 Padronização da formação das nervuras foliares. (A) Formação de células do procâmbio a partir de uma célula do pré-procâmbio. Quando uma célula do pré-procâmbio se divide, ambas as células-filhas podem se tornar células do procâmbio ou uma célula pode reter a identidade do pré--procâmbio (não mostrada). (B) Desenvolvimento do padrão de venação em folhas jovens. (C) Padrão de venação radial em folhas. Da esquerda para a direita: cordão procambial; padrão de venação normal; padrão de venação em mutantes adaxializados; padrão de venação em mutantes abaxializados. (Segundo W. J. Lucas et al. 2013. *J. Integr. Plant Biol.* 55: 294–388.)

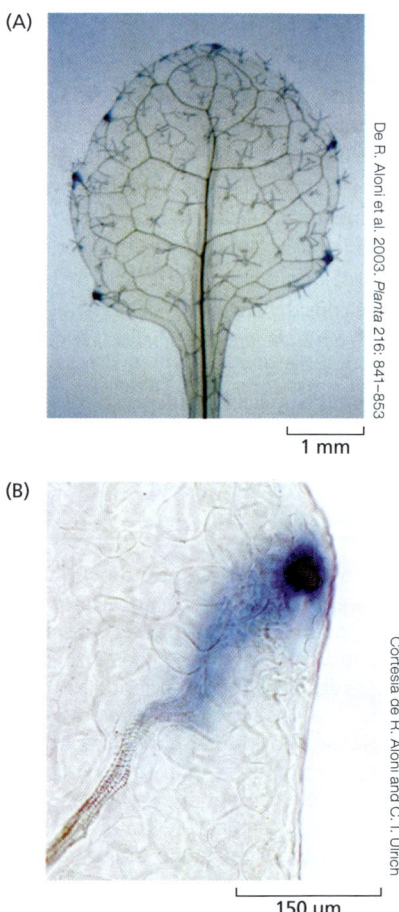

Figura 18.30 Biossíntese de auxina em hidatódios de folhas de *Arabidopsis*, indicada pela expressão do gene repórter *GUS* impulsionado pelo promotor DR5 responsivo à auxina. (A) Uma folha de *Arabidopsis* que foi clareada para revelar o corante azul. (B) Fluxo e canalização de auxina, a partir do hidatódio em direção à nervura foliar em desenvolvimento.

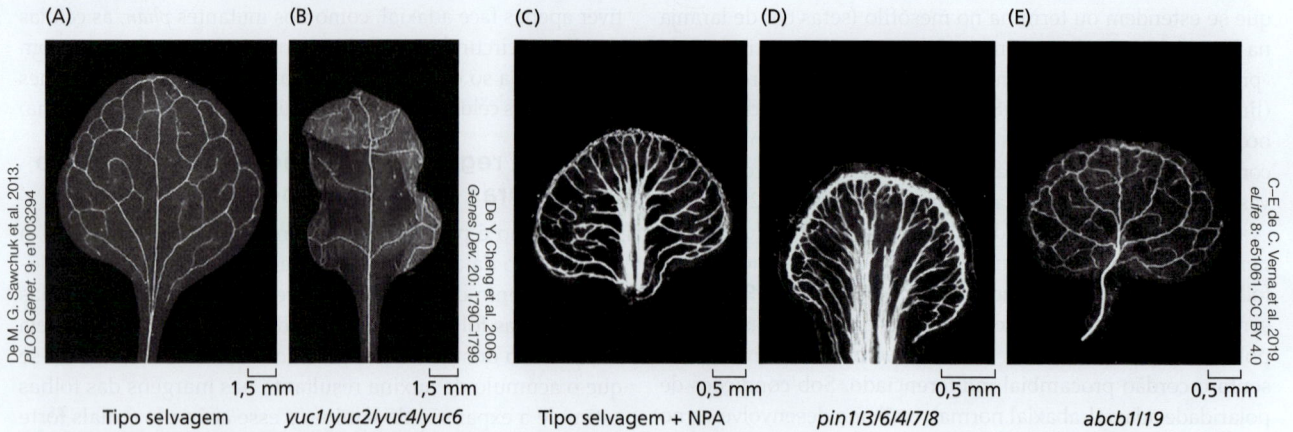

Figura 18.31 As mutações que afetam o transporte ou a biossíntese de auxina alteram os padrões de venação foliar em folhas em roseta de *Arabidopsis* jovem. (A) Folha do tipo selvagem. (B) Mutante quádruplo *yuc1/yuc2/yuc4/yuc6*. Na ausência de biossíntese significativa de auxina, o padrão de venação é altamente reduzido. (C) Folha de tipo selvagem tratada com o inibidor de efluxo de auxina NPA, que inibe a atividade de efluxo PIN e ABCB. A venação e a expansão são reduzidas. (D) Folha de um mutante sem seis genes *PIN* mostrando venação reduzida e tamanho intermediário. (E) Um mutante *abcb1/19* exibe expansão reduzida, semelhante ao que é observado com tratamento com NPA. As imagens de todas as folhas foram obtidas por microscopia de campo escuro.

hidatódios (ver Capítulo 6). A auxina se afasta de seus máximos em direção à nervura primária e inicia a diferenciação do pré-procâmbio para, por fim, formar uma nervura foliar secundária. A Figura 18.30B ilustra a canalização da auxina de seu sítio de síntese na região do hidátodo para uma nervura em desenvolvimento que se forma a partir da nervura mediana no centro da folha.

A importância da síntese e do transporte de auxina para a venação foliar é consideravelmente demonstrada pelos fenótipos de mutantes de *Arabidopsis* deficientes na síntese de auxina ou transporte polar (**Figura 18.31**). O padrão normal de venação é quase totalmente eliminado em mutantes quádruplos *yuc1/yuc2/yuc4/yuc6* (ver Figura 18.31B), nos quais a biossíntese de auxina é substancialmente reduzida. O bloqueio farmacológico do efluxo celular de auxina pelo ácido *N*-1-naftilftalâmico (NPA) reduz a ramificação da venação e a expansão geral da folha (ver Figura 18.31C). A perda da atividade de PIN em um mutante sêxtuplo recobre amplamente o efeito do NPA na ramificação, mas tem menos efeito no tamanho geral da folha (ver Figura 18.31D). No entanto, os transportadores de efluxo de auxina ATP-BINDING CASSETTE B (ABCB) também se ligam e são inibidos pelo NPA, e um mutante *abcb* duplo retém a atividade de PIN, mas exibe a redução na expansão foliar observada com o tratamento com NPA (ver Figura 18.31E).

■ Resumo

Este capítulo ilustrou que a grande variedade de tipos de células vegetais e formas de órgãos é controlada por motivos comuns. Sinais móveis, como auxina e hormônios peptídicos, integram sinais ambientais e espaciais para padronizar o crescimento e a diferenciação. As rotas de sinalização interligadas envolvendo fatores de transcrição, peptídeos de sinalização e hormônios equilibram os aportes ambientais para manter caracteres como tamanho do meristema e espaçamento celular epidérmico. Como será visto no próximo capítulo, essa integração da sinalização de longa distância com rotas de sinalização locais conservadas permite que as plantas tomem decisões descentralizadas que conservam a arquitetura básica da planta e, ao mesmo tempo, aumentam as probabilidades de sobrevivência e reprodução.

18.1 Tecidos meristemáticos: fundamentos para o crescimento indeterminado

- Os meristemas apicais de raiz e de caule usam estratégias similares para possibilitar o crescimento indeterminado.

18.2 O meristema apical da raiz

- A origem de diferentes tecidos da raiz pode ser rastreada pelos distintos tipos de células iniciais que circundam o centro quiescente (**Figuras 18.1, 18.2**).
- Os gradientes de auxina, de citocinina e de fatores de transcrição influenciam as transições de desenvolvimento no ápice da raiz (**Figura 18.3**).

18.3 O meristema apical do caule

- O meristema apical do caule tem uma estrutura distinta do meristema apical da raiz (**Figura 18.4**).

Resumo

- Os tecidos do caule são derivados de diversos conjuntos distintos de iniciais apicais (**Figura 18.5**).
- A alça de retroalimentação (*feedback*) CLV-WUS mantém o tamanho do meristema (**Figura 18.6**).
- A expressão dos fatores de transcrição KNOX promove a produção de citocinina no MAC, embora suprime a acumulação de GA (**Figura 18.7**).
- Os padrões filotácticos são diretamente ligados ao padrão de desenvolvimento foliar (**Figura 18.8**).
- A iniciação foliar ocorre em sítios de acumulação localizada de auxina (**Figura 18.9**).
- A formação da gema axilar começa no ápice do caule (**Figuras 18.10, 18.11**).

18.4 Desenvolvimento da folha

- As folhas planas se diversificaram em uma enorme gama de formas foliares (**Figura 18.12**).
- O crescimento diferencial controla a forma foliar (**Figura 18.13**).

18.5 Estabelecimento da polaridade foliar

- A polaridade adaxial-abaxial em um primórdio foliar é estabelecida por um sinal procedente do MAC (**Figura 18.14**).
- As identidades adaxial e abaxial são especificadas por interações hormonais e uma rede de genes (**Figuras 18.15, 18.16**).
- Os primórdios foliares também exibem diferenciação proximal-distal, em um meristema limítrofe, zona de hipófilo, pecíolo e lâmina (**Figura 18.16**).

18.6 Diferenciação de tipos celulares epidérmicos

- A epiderme é derivada da protoderme (L1) e tem três tipos principais de células: células fundamentais (*pavement cells*), tricomas e células-guarda (dos estômatos), bem como outros tipos de células.
- Os estudos mecanísticos do desenvolvimento de células-guarda começaram com estudos de mutantes em *Arabidopsis* (**Figura 18.19**).
- Não apenas as células-guarda, mas a maioria das células epidérmicas da folha surge de células-mãe meristemoides (CMMs), células fundamentais de linhagem estomática (CFLEs), meristemoides e células-mãe de células-guarda (CMCGs) (**Figura 18.20**).
- O espaçamento estomático é regulado por peptídeos móveis e fatores de polaridade (**Figura 18.21**).
- O desenvolvimento estomático de monocotiledôneas é regulado por fatores de transcrição conservados que funcionam em um contexto espacial modificado (**Figura 18.22**).

18.7 Padrões de venação nas folhas

- Os padrões de venação foliar indicam a organização espacial da estrutura vascular (**Figuras 18.23, 18.24**).
- Desencadeadas pela auxina que é transportada para baixo, as nervuras foliares são iniciadas separadamente da estrutura vascular estabelecida e crescem *para baixo* para reencontrá-la, direcionadas pelo sistema vascular no caule (**Figuras 18.25–18.27**).
- Do modo semelhante ao desenvolvimento inicial das nervuras, o desenvolvimento das nervuras de ordem superior se processa do ápice para a base e é regulado pela canalização de auxina (**Figuras 18.28, 18.29**).
- A biossíntese localizada de auxina permite o desenvolvimento das nervuras de ordem superior; os transportadores de auxina contribuem para a especificação apropriada do espaçamento e a padronização das nervuras (**Figuras 18.30, 18.31**).

Material da internet

- **Tópico 18.1 Desenvolvimento da raiz de *Azolla*** Estudos anatômicos da raiz da pteridófita aquática *Azolla* proporcionaram ideias sobre o destino celular durante o desenvolvimento da raiz.
- **Tópico 18.2 Os tecidos caulinares são derivados de vários conjuntos discretos de iniciais apicais** A análise clonal, usando tratamento com colchicina para produzir células poliploides maiores, foi utilizada para determinar as linhagens celulares no meristema.
- **Tópico 18.3 Sinalização mecânica no meristema** As divisões celulares no meristema exercem pressões mecânicas que contribuem para as conformações das células e dos órgãos.
- **Tópico 18.4 Folhas bifaciais, unifaciais e equifaciais** As folhas bifaciais, unifaciais e equifaciais podem ser distinguidas com base em suas diferenças anatômicas e morfológicas.
- **Tópico 18.5 Desenvolvimento de folhas serradas e compostas** Embora as margens serradas sejam modificadas por muitos genes, os principais componentes são a auxina e os genes CUP-SHAPED COTYLEDON.
- **Tópico 18.6 Os tricomas são células especializadas na epiderme foliar** Em *Arabidopsis*, os tricomas se desenvolvem a partir de células protodérmicas únicas.
- **Ensaio 18.1 Meristemas vegetais: uma visão geral histórica** Os cientistas usaram muitas abordagens para desvendar os segredos dos meristemas vegetais.

Para mais recursos de aprendizagem (em inglês), acesse **oup.com/he/taiz7e**.

Leituras sugeridas

Caño-Delgado, A., Lee, J. Y., and Demura, T. (2010) Regulatory mechanisms for specification and patterning of plant vascular tissues. *Annu. Rev. Cell Dev. Biol.* 26: 605–637.

Heisler, M. G., Hamant, O., Krupinski, P., Uyttewaal, M., Ohno, C., Jönsson, H., Traas, J., and Meyerowitz, E. M. (2010) Alignment between PIN1 polarity and microtubule orientation in the shoot apical meristem reveals a tight coupling between morphogenesis and auxin transport. *PLOS Biol.* 8: e1000516.

Kuchen, E. E., Fox, S., Barbier de Reuille, P., Kennaway, R., Bensmihen, S., Avondo, J., Calder, G. M., Southam, P., Robinson, S., Bangham, A., and Coen, E. (2012) Generation of leaf shape through early patterns of growth and tissue polarity. *Science* 335: 1092–1096.

Kierzkowski, D., Runions, A., Vuolo, F., Strauss, S., Lymbouridou, R., Routier-Kierzkowska, A.-L., Wilson-Sánchez, D., Jenke, H., Galinha, C., Mosca, G., Zhang, Z., Canales, C., Dello Ioio, R., Huijser, P., Smith, R. S., and Tsiantis, M. (2019) A growth-based framework for leaf shape development and diversity. *Cell* 177: 1405–1418.

Mazur, E., Kulik, I., Hajný, J., and Friml, J. (2020) Auxin canalization and vascular tissue formation by TIR1/AFB-mediated auxin signaling in Arabidopsis. *New Phytol.* 226: 1375–1383.

Nunes, T. D. G., Zhang, D., and Raissig, M. T. (2020) Form, development and function of grass stomata. *Plant J.* 101: 780–799.

Robinson, S., Barbier de Reuille, P., Chan, J., Bergmann, D., Prusinkiewicz, P., and Coen, E. (2011) Generation of spatial patterns through cell polarity switching. *Science* 333: 1436–40.

Steeves, T. A., and Sussex, I. M. (1989) *Patterns in Plant Development.* Cambridge University Press, Cambridge, UK.

Verna, C., Ravichandran, S. J., Sawchuk, M. G., Linh, N. M., and Scarpella, E. (2019) Coordination of tissue cell polarity by auxin transport and signaling. *eLife* 8: e51061.

19 Crescimento vegetativo e organogênese: ramificação e crescimento secundário

Mudas e plantas juvenis tendem a alocar mais fotossintatos para o crescimento vertical do que para o crescimento lateral, porque isso as ajuda a competir de forma mais eficaz pela luz solar acima do solo e pela água no subsolo. À medida que a planta aumenta sua biomassa, o crescimento indeterminado é sustentado pelo surgimento de eixos adicionais da parte aérea e da raiz, um processo chamado *ramificação*. Nos caules, os ramos surgem superficialmente de gemas localizadas nas axilas das folhas (*gemas axilares*), enquanto nas raízes os ramos (*raízes laterais*) são iniciados internamente em uma camada de células chamada *periciclo*, localizada no lado interno da endoderme (ver Capítulo 1).

Variações nos arranjos espaciais, ângulos e morfologias dos ramos geram a *arquitetura* dos sistemas de caules e raízes. A arquitetura do caule é um atributo adaptativo complexo que depende da produção regulada de órgãos laterais determinados, como folhas, bem como da formação regulada e emergência de sistemas de ramos indeterminados. A "Revolução Verde" de meados do século XX, um período de dramáticos aumentos de produtividade na agricultura global devido à introdução de variedades de alto rendimento, foi provocada em parte por modificações intencionais na arquitetura caulinar das principais culturas de cereais (ver **Tópico 19.1 na internet**). A arquitetura da raiz tem níveis comparáveis de complexidade que surgem da formação regulada e da emergência de raízes laterais indeterminadas. Isso inclui raízes laterais que se ramificam a partir de raízes primárias, bem como raízes laterais que se ramificam de raízes laterais formadas anteriormente. Alguns sistemas radiculares também incluem *raízes adventícias*, que se formam em estruturas diferentes das raízes – por exemplo, a partir dos nódulos inferiores do caule subterrâneo em monocotiledôneas e eudicotiledôneas, e de caules ou ramos acima do solo no caso de epífitas.

Uma característica definidora do crescimento primário é a quase ausência de paredes celulares lignificadas nos tecidos primários, exceto os elementos condutores do xilema. A relativa falta de lignina nas plantas herbáceas limita sua capacidade de crescer muito alto ou de sustentar ramos grandes. Para plantas herbáceas anuais, bianuais e até mesmo algumas plantas perenes de pequeno porte ou trepadeiras que dependem de outras plantas para se sustentar, a fase de crescimento vegetativo do desenvolvimento consiste inteiramente no crescimento primário.

Em plantas perenes (árvores e arbustos), entretanto, o crescimento primário é rapidamente seguido pelo *crescimento secundário* – crescimento em circunferência. O crescimento secundário surge das atividades de duas camadas cambiais: o *câmbio vascular*, que produz xilema e floema secundários, e o *felogênio*, que produz a *periderme*, uma camada de cortiça que substitui a epiderme como camada protetora externa nos caules e raízes (ver Capítulo 1). Outro tipo de crescimento secundário é encontrado em monocotiledôneas arborescentes, como as palmeiras. Em vez de um anel de xilema (ou seja, madeira) e floema secundários produzidos por um câmbio vascular, as palmeiras têm células iniciais especializadas no córtex que dão origem aos feixes vasculares secundários. Esses feixes vasculares adicionais, que contêm xilema lignificado, fornecem reforço estrutural suficiente para permitir que as palmeiras atinjam grandes alturas.

Neste capítulo, continua-se o estudo do crescimento vegetativo iniciado no Capítulo 18, examinando os mecanismos de ramificação e crescimento secundário. Embora os ramos dos caules e das raízes se originem de estruturas muito diferentes (gemas axilares *versus* periciclo, respectivamente), as duas rotas de desenvolvimento convergem em um ponto final comum: a produção de novos meristemas apicais, que aumentam consideravelmente a taxa de aumento da biomassa vegetal. Conforme será visto, as duas rotas também compartilham semelhanças fundamentais em suas respostas hormonais e mecanismos de controle genético.

A discussão sobre o crescimento vegetativo é concluída com uma descrição de algumas das rotas regulatórias subjacentes à produção de xilema e floema secundários. O crescimento secundário permite aumentos adicionais na biomassa vegetal ao estender consideravelmente os limites de altura. Mesmo após o limite de altura de uma espécie ter sido atingido, a biomassa arbórea continua a aumentar na direção lateral devido à atividade do câmbio vascular, que persiste até a morte da árvore (ver Capítulo 23).

19.1 Ramificação e arquitetura do caule

A arquitetura do caule e da inflorescência das plantas floríferas é determinada em grande parte pelos padrões de ramificação estabelecidos durante o desenvolvimento pós-embrionário. O tipo mais primitivo de ramificação é a **ramificação dicotômica**, que normalmente está presente apenas em plantas avasculares e sem sementes, mas também ocorre em vários táxons de plantas com sementes, como cactos. Durante a ramificação dicotômica, o meristema apical do caule (MAC) aumenta e se divide, produzindo dois caules iguais (ver **Tópico 19.2 na internet**).

A arquitetura do caule das espermatófitas, ao contrário, é caracterizada por repetições múltiplas de um módulo básico denominado **fitômero**,* que consiste em um entrenó, um nó, uma folha e uma gema axilar (**Figura 19.1**). As modificações de posição, tamanho e forma do fitômero individual, bem como variações no padrão da emergência da gema axilar, explicam a

---
* Alguns autores usam o termo alternativo *metâmero*.

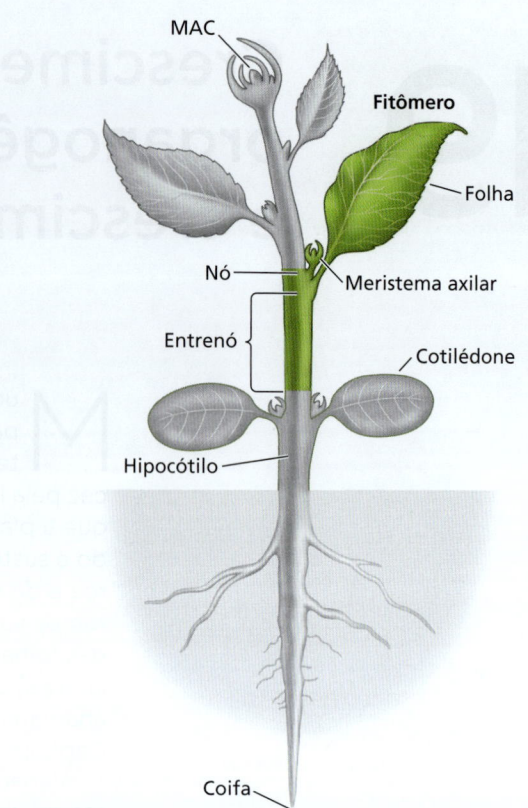

Figura 19.1 Representação esquemática de um fitômero, o módulo básico da organização da parte aérea nas espermatófitas.

notável diversidade de arquitetura do caule nas espermatófitas. Ramos vegetativos e da inflorescência, assim como os primórdios florais produzidos pelas inflorescências, são derivados dos meristemas axilares iniciados nas axilas das folhas. Durante o desenvolvimento vegetativo, os meristemas axilares, da mesma forma que o meristema apical, iniciam a formação dos primórdios foliares, resultando nas gemas axilares (ver Capítulo 18). Essas gemas ou tornam-se dormentes ou desenvolvem-se em ramos laterais, dependendo de sua posição ao longo do eixo do caule, do estágio de desenvolvimento da planta e de fatores ambientais. Durante o desenvolvimento reprodutivo, os meristemas axilares iniciam a formação dos ramos da inflorescência e das flores. Por isso, a arquitetura do caule depende não apenas dos padrões de formação dos meristemas axilares, mas também da identidade do meristema e de subsequentes características de crescimento. Uma característica importante de crescimento dos caules (e raízes, conforme discutido na Seção 19.2) é o **ângulo do valor-alvo gravitrópico**, o ângulo no qual os órgãos gravitrópicos são mantidos em relação à gravidade. A variação no ângulo do valor-alvo gravitrópico dos ramos pode levar a uma ampla variedade de arquiteturas de caules (**Figura 19.2**). Conforme discutido na Seção 19.2, o ângulo de crescimento dos ramos é determinado por fatores genéticos e ambientais.

Figura 19.2 O ângulo do valor-alvo gravitrópico dos ramos das árvores cria padrões diferentes de arquitetura arbórea.

Auxina, citocininas e estrigolactonas regulam a emergência das gemas axilares

Uma vez formados, os meristemas axilares podem entrar em uma fase de crescimento altamente restrito (dormência) ou podem ser liberados para formar ramos axilares. A decisão de "ir ou não ir" é determinada pela programação do desenvolvimento e por respostas ambientais mediadas por fitormônios que atuam como sinais locais e de longa distância. As interações das rotas de sinalização hormonal coordenam as taxas de crescimento relativo de diferentes ramos e o ápice do caule, determinando, por fim, a arquitetura da parte aérea. Os principais hormônios envolvidos são auxina, citocininas e estrigolactonas (ver Capítulo 15). Todos os três tipos de hormônios são produzidos em quantidades variáveis na raiz e na parte aérea, mas sua translocação permite que eles exerçam efeitos longe de seu sítio de síntese (**Figura 19.3**).

A auxina é sintetizada predominantemente em folhas jovens e no ápice do caule; ela é transportada em direção à raiz, em uma corrente especializada de transporte polar via proteínas ABCB e PIN no cilindro vascular e na bainha amilífera ou endoderme (ver Capítulos 4, 17 e 18). A auxina pode também ser transportada no floema, onde se move pelo fluxo de massa da fonte para o dreno (ver Capítulo 11).

As estrigolactonas são transportadas para fora dos sítios de síntese via transportadores ABC de membrana plasmática; foi demonstrado que elas se movem via xilema da raiz para a parte aérea. As citocininas, igualmente, são transportadas dos sítios de síntese para o xilema por um transportador ABC e também podem mover-se no floema. Por consequência, existe um considerável campo de ação para comunicação de longa distância através desses hormônios.

A auxina da extremidade do caule mantém a dominância apical

O papel da auxina na regulação do crescimento das gemas axilares é demonstrado mais facilmente em experimentos sobre **dominância apical**, que é o controle exercido pelo ápice do caule sobre as gemas axilares e os ramos abaixo. As plantas com forte dominância apical em geral são fracamente ramificadas e mostram uma acentuada resposta de ramificação à

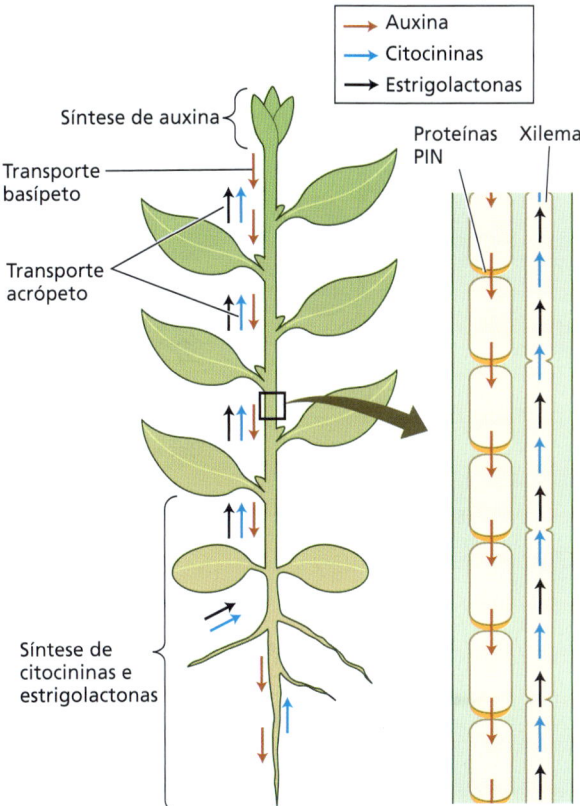

Figura 19.3 Transporte de longa distância de três hormônios que regulam a ramificação do caule: auxinas, citocininas e estrigolactonas. A auxina é produzida principalmente nas folhas jovens em expansão e é transportada no sentido basípeto por transporte polar de auxina mediado por PIN1. As estrigolactonas e as citocininas são sintetizadas principalmente na raiz e podem apresentar translocação acrópeta para a parte aérea via xilema. Esses dois hormônios podem também ser sintetizados em tecidos da parte aérea adjacentes às gemas axilares. (Segundo M. A. Domagalska and O. Leyser. 2011. *Nat. Rev. Mol. Cell Biol.* 12: 211–221.)

decapitação (remoção das folhas em crescimento ou expansão e do ápice do caule). As plantas com fraca dominância apical em geral são bastante ramificadas e mostram uma pequena, quando muito, resposta à decapitação.

Mais de um século de evidências experimentais sugerem que, em plantas com forte dominância apical, a auxina produzida no ápice do caule inibe a emergência das gemas axilares. Em tais plantas, os mutantes com diminuição do transporte de auxina em direção à raiz exibem aumento da ramificação; o tratamento do ápice do caule com inibidores do transporte de auxina resulta em aumento da ramificação. A adição de auxina ao caule no ponto de excisão apical inibe a emergência, ao passo que a aplicação de inibidores do transporte de auxina ao caule libera as gemas axilares abaixo da dominância apical (**Figura 19.4A**). Os floricultores tiram proveito desse fenômeno, quando "beliscam" crisântemos com dominância apical forte para produzir densas moitas cupuliformes de inflorescências.

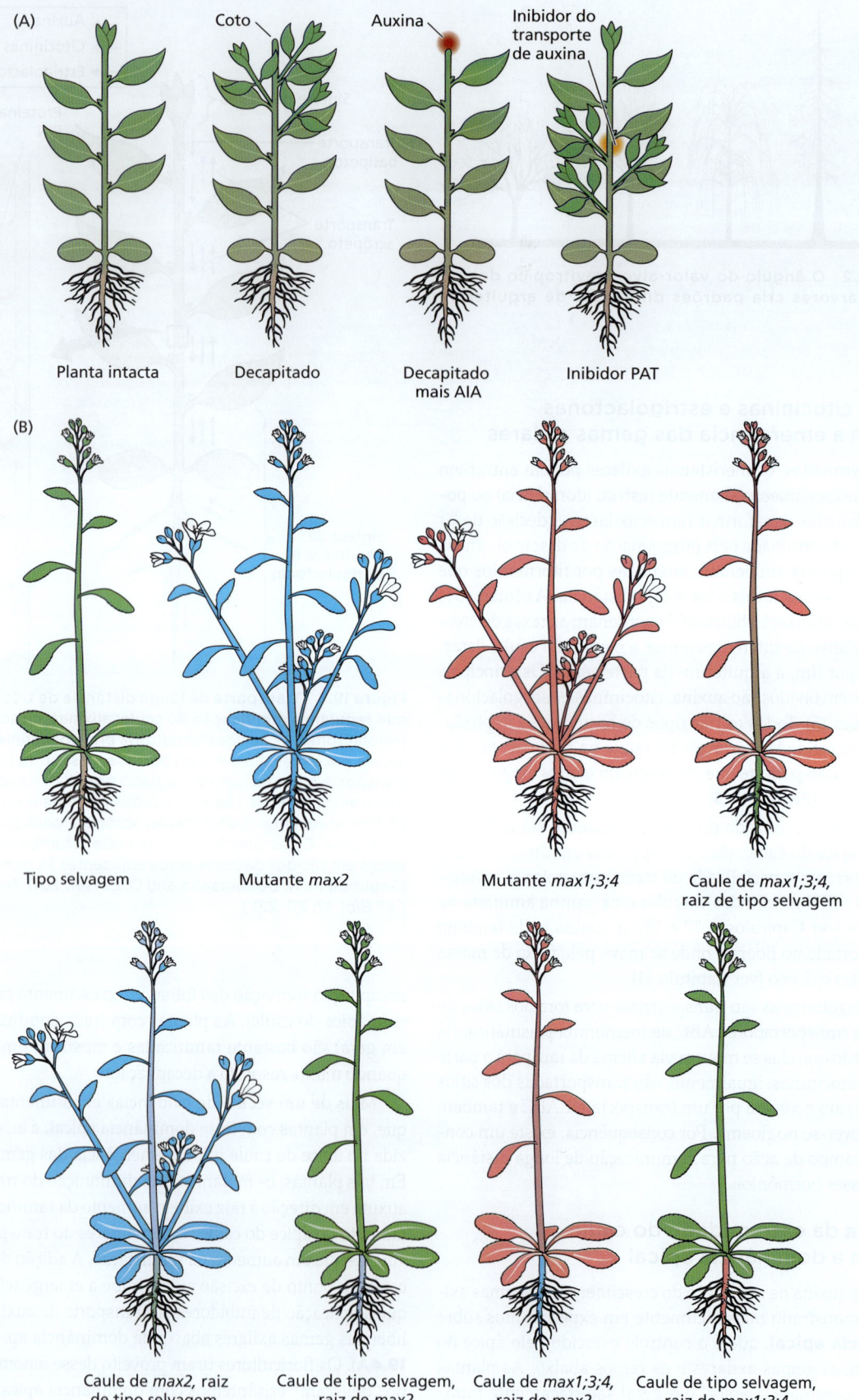

Figura 19.4 O crescimento das gemas axilares é inibido por auxina e estrigolactonas. (A) Experimento fisiológico clássico demonstrando o papel da auxina na dominância apical. Em caules decapitados, as gemas axilares são liberadas da dominância apical. Substituir a ausência do ápice do caule com auxina (ácido indol-3-acético, ou AIA) evita a emergência da gema axilar. A aplicação de um inibidor do transporte polar de auxina (PAT, *polar auxin transport*) no caule provoca a emergência de gemas abaixo do local da aplicação. (B) Experimentos de enxertia realizados com mutantes defeituosos na biossíntese de estrigolactonas ou na sinalização que aumentaram a ramificação. A enxertia de caules dos mutantes da biossíntese de estrigolactonas (*max1*, *max3* ou *max4*) sobre as raízes do tipo selvagem restaurou a ramificação do caule dos níveis dos mutantes para os do tipo selvagem. A enxertia de raízes do mutante de sinalização de estrigolactonas *max2* sobre os caules do tipo selvagem e mutantes de síntese *max1*, *max3* ou *max4* também impediu a emergência de gemas, demonstrando que *max2* pode produzir o sinal nas raízes, embora elas não possam responder a ele. O hormônio inibidor de ramificação pode também ser produzido no caule, pois a enxertia do caule do tipo selvagem sobre as raízes deficientes de estrigolactonas (*max1*, *max3* ou *max4*) não aumenta o número de ramos. (Segundo M. A. Domagalska and O. Leyser. 2011. *Nat. Rev. Mol. Cell Biol.* 12: 211–221.)

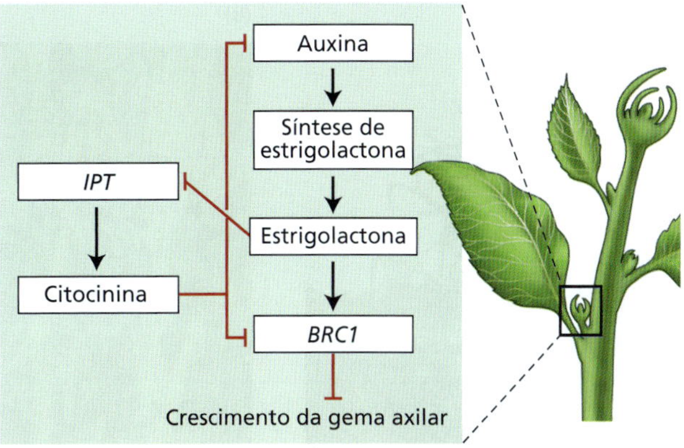

Figura 19.5 Rede hormonal de regulação da dominância apical. A auxina do ápice do caule promove a síntese de estrigolactona na área nodal por meio do gene *max4*. Em eudicotiledôneas, a auxina exerce regulação ascendente do gene *BRANCHED 1* (*BRC1*) e regulação descendente dos genes *IPT*. BRC1 inibe o crescimento das gemas axilares. A estrigolactona também inibe a biossíntese de citocinina, que, do contrário, impediria a produção de BRC1. (Segundo S. El-Showk et al. 2013. *Development* 140: 1373–1383.)

Uma exigência-chave na ativação de um ramo lateral é sua conexão com a estrutura vascular existente. O crescimento do ramo requer a exportação de auxina a partir das folhas em desenvolvimento na gema. A gema em crescimento, portanto, atua como uma fonte de auxina, exportando-a para a corrente de transporte desse hormônio do caule principal, ele próprio um sumidouro de auxina devido à sua capacidade de transportá-la. Um modelo teórico foi proposto para descrever o papel da auxina na regulação da emergência de gemas (ver **Tópico 19.3 na internet**). Também há evidências do papel da sacarose nesse processo.

As estrigolactonas atuam localmente para reprimir o crescimento das gemas axilares

Admite-se que as estrigolactonas atuem em combinação com a auxina durante a dominância apical. Mutantes de *Arabidopsis* com defeito na biossíntese (*max1* [*more axillary growth 1*], *max3* ou *max4*) ou na sinalização de estrigolactonas (*max2*) mostram aumento da ramificação sem decapitação (**Figura 19.4B**). A enxertia de um caule de um mutante com defeito na biossíntese sobre uma raiz do tipo selvagem restaura a dominância apical, indicando que as estrigolactonas podem se mover da raiz para a parte aérea. No entanto, as estrigolactonas derivadas da raiz não são requeridas para a repressão das gemas, pois os caules do tipo selvagem enxertados sobre raízes deficientes de estrigolactona têm dominância apical normal.

As citocininas antagonizam os efeitos das estrigolactonas

A aplicação direta de citocinina nas gemas axilares estimula seu crescimento, sugerindo que as citocininas estão envolvidas na quebra da dormência apical. Coerente com essa hipótese, a expressão de dois genes da biossíntese da citocinina (*ISOPENTENYL TRANSFERASE 1* e *2* [*IPT1* e *IPT2*]) aumenta no segundo caule nodal de ervilhas após a decapitação, sugerindo que a auxina do ápice do caule normalmente reprime esses genes. Isso foi confirmado pela incubação de segmentos de caule com e sem auxina; a expressão de *IPT1* e *IPT2* persistiu somente em segmentos incubados sem auxina. Além disso, a aplicação do ácido 2,3,5-tri-iodobenzoico (TIBA), inibidor do transporte de auxina, ao redor do entrenó provocou o aumento da expressão de *IPT1* e *IPT2* abaixo do sítio de aplicação, demonstrando que esses genes normalmente são reprimidos pela auxina transportada para baixo a partir do ápice do caule. Desse modo, parece que as citocininas envolvidas na quebra da dominância apical são sintetizadas localmente no nó.

A **Figura 19.5** apresenta um modelo simplificado para as interações antagônicas entre citocinina e estrigolactona. A auxina mantém a dominância apical por estímulo da síntese de estrigolactonas. Em eudicotiledôneas, as estrigolactonas então ativam o gene para BRANCHED 1 (BRC1), um fator de transcrição que suprime o crescimento das gemas axilares. Além da ativação de *BCR1*, as estrigolactonas também inibem a biossíntese da citocinina mediante regulação negativa dos genes *IPT*. A citocinina, ao contrário, inibe a ação de BRC1 e impede a biossíntese de estrigolactonas induzida pela auxina. O homólogo de *BRC1* no arroz, *FINE CULM 1* (*FC1*), e no milho (*Zea mays*), *TEOSINTE BRANCHED 1* (*TB1*), são os genes primários que regulam a ramificação nessas culturas agrícolas. *TB1* é responsável também por uma característica importante envolvida na domesticação do milho, transformando o teosinto, progenitor do milho altamente ramificado, em um fenótipo moderno, com uma desejável ramificação mais reduzida (**Figura 19.6**).

Figura 19.6 Comparação de teosinto (*Zea mays* ssp. *parviglumis*) e milho moderno (*Zea mays* ssp. *mays*).

A integração de sinais ambientais e hormonais de ramificação é necessária para a eficácia biológica (*fitness*) das plantas

Em alguns casos, a planta pode ajustar seu padrão de ramificação do caule em resposta às condições ambientais. Dois exemplos clássicos são a resposta de evitação à sombra e a resposta à deficiência de nutrientes. Ambas as respostas envolvem as rotas reguladoras anteriormente descritas.

As plantas evitam a sombra intensificando o alongamento do caule e suprimindo a ramificação. A evitação da sombra envolve a sinalização do fitocromo B, em resposta ao decréscimo da razão das luzes R:FR que resulta quando a luz solar é filtrada pelas folhas verdes contendo clorofila. Estudos genéticos em *Arabidopsis* têm mostrado que o fitocromo B requer rotas de sinalização de auxina e de estrigolactona, bem como genes *BRC1* e *BRC2* específicos de gemas, para inibir a emergência de gemas axilares sob condições de sombreamento.

A resposta à deficiência de nutrientes é mediada por estrigolactonas. As plantas bem nutridas são bastante ramificadas, ao passo que as plantas que crescem sob condições nutricionais pobres tendem a ser fracamente ramificadas. O envolvimento das estrigolactonas nessa resposta de ramificação presumivelmente relaciona-se, do ponto de vista evolutivo, ao papel desses hormônios no aumento da obtenção de nutrientes. As espécies vegetais micorrízicas secretam estrigolactonas para a rizosfera, a fim de promover a simbiose e, portanto, melhorar a captação de nutrientes. Os detalhes variam nas diferentes espécies vegetais, mas, mesmo nas não micorrízicas, as concentrações de estrigolactonas na parte aérea são elevadas sob condições nutricionais pobres. O aumento na concentração de estrigolactonas suprime a emergência das gemas axilares. A ramificação reduzida em resposta à deficiência nutricional é adaptativa, pois a planta é capaz de concentrar seus recursos no desenvolvimento do caule principal e dos ramos existentes, em vez de promover o crescimento de ramos adicionais que não podem ser sustentados pelo suprimento de nutrientes. Em condições de alto teor de nitrogênio, que promovem a ramificação, a síntese de citocinina na raiz tem regulação ascendente. Plantas nas quais múltiplos genes de biossíntese de citocininas sofrem mutação são incapazes de aumentar a ramificação em resposta ao alto teor de nitrogênio, sugerindo uma conexão funcional.

A dormência das gemas axilares é afetada por fatores como a estação do ano, a posição e a idade

Muitas plantas lenhosas perenes em regiões temperadas param de crescer durante o inverno e produzem

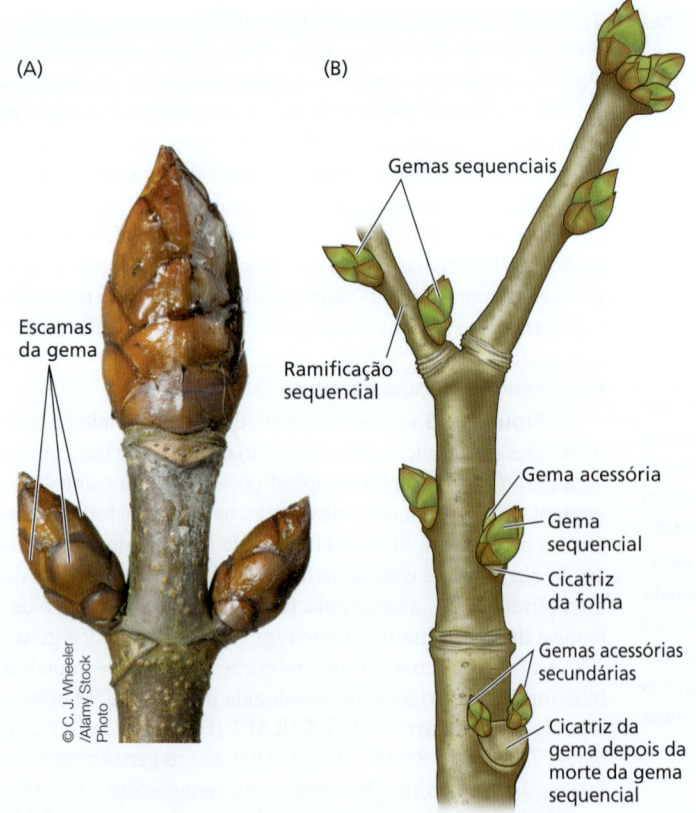

Figura 19.7 Tipos de gemas dormentes. (A) Gemas axilares dormentes da castanha-da-índia (*Aesculus hippocastanum*) circundadas por escamas. (B) Diagrama de gemas axilares sequenciais, gemas acessórias e gemas acessórias secundárias.

gemas terminais e axilares dormentes que são protegidas por escamas grossas e coriáceas (**Figura 19.7A**). Frequentemente, essas gemas permanecem dormentes durante o inverno. Os principais fatores ambientais que influenciam a dormência das gemas abrangem temperatura, luz, fotoperíodo, água e nutrientes. A posição da gema e a idade da planta também são fatores importantes. Os genes do relógio circadiano e os genes do florescimento (ver Capítulo 20), juntos com o fitocromo A, estão envolvidos no controle da dormência em árvores decíduas, em relação ao fotoperíodo e à temperatura. Em indivíduos do álamo, por exemplo, esse sistema regula o ciclo celular em gemas. Mesmo em plantas herbáceas, as rotas que regulam o florescimento em resposta ao fotoperíodo interagem com rotas que regulam o crescimento das gemas axilares. Por exemplo, mutantes da ervilha-de-jardim (*Pisum sativum*), com ramificação relacionada a estrigolactonas, mostram alterações drásticas na posição e no número de ramos axilares, quando cultivadas sob fotoperíodos diferentes; e os genes do florescimento afetam a ramificação em nós caulinares de *Arabidopsis*.

Além das gemas terminais e das gemas axilares (também chamadas de *gemas sequenciais*) formadas pelo meristema apical do caule, muitas árvores produzem **gemas acessórias**, definidas como gemas que se formam próximas e além das gemas axilares normais (ou seja, *sequenciais*) (**Figura 19.7B**). As gemas acessórias podem se formar nas cicatrizes das gemas axilares sequenciais ou nas axilas das escamas das gemas. Tanto as gemas axilares quanto as acessórias dormentes podem ficar cobertas sob a casca após o início do crescimento secundário. Conforme discussão na Seção 19.3, essas gemas dormentes encobertas podem ser ativadas em resposta ao fogo e outros estímulos.

■ 19.2 Ramificação e arquitetura da raiz

A maioria das espécies vasculares contemporâneas tem sistemas radiculares que as ancoram no solo e absorvem a água e os nutrientes necessários para o crescimento. Por meio da seleção natural, os sistemas radiculares desenvolveram a capacidade de se adaptar às variações na composição do solo, à competição com outros sistemas radiculares, ao estresse abiótico e às interações bióticas na rizosfera. A diversidade e a plasticidade fenotípica são, portanto, características-chave da arquitetura das raízes e são essenciais para a sobrevivência da planta. Pesquisas recentes sobre a estrutura dos sistemas radiculares têm sido conduzidas por avanços na fenotipagem do sistema radicular (ver **Tópico 19.4 na internet**). Esses e outros estudos mostraram que as plantas desenvolveram complexos mecanismos de controle que regulam a arquitetura dos sistemas radiculares. A **arquitetura do sistema radicular** é a configuração espacial do conjunto de raízes no solo. Mais especificamente, a arquitetura do sistema radicular refere-se à disposição geométrica das raízes individuais dentro do sistema nas três dimensões do solo. Os sistemas radiculares são compostos por diferentes tipos de raízes, e diferentes espécies de plantas são capazes de controlar os tipos de raízes que produzem, bem como suas taxas de crescimento, grau de ramificação e ângulos de crescimento.

As raízes pós-embrionárias que surgem de raízes existentes são denominadas **raízes laterais ou ramificadas**, enquanto as raízes que surgem a partir de outros órgãos são denominadas **raízes adventícias**. Em geral, as monocotiledôneas, como as gramíneas, têm sistemas radiculares fibrosos consistindo principalmente em raízes adventícias que, por sua vez, produzem raízes laterais abundantes. Por outro lado, as eudicotiledôneas como *Arabidopsis* normalmente produzem uma única raiz primária dominante, ou raiz pivotante, que dá origem a todas as raízes laterais e suas ramificações.

Nos caules, os primórdios das folhas e das gemas axilares são iniciados periodicamente nos flancos dos meristemas apicais em arranjos espirais ou outros padrões exatos – um fenômeno conhecido como *filotaxia* (ver Capítulo 18). Os primórdios das raízes laterais são iniciados na zona de diferenciação da raiz em crescimento (ver Capítulo 18). O arranjo das raízes laterais ao longo da superfície de uma raiz é denominado **rizotaxia** e é determinado por uma combinação de fatores endógenos e ambientais.

Durante o crescimento da raiz, as zonas de desenvolvimento (meristemática [de divisão celular], de alongamento e de maturação [de diferenciação]) se movem acropetalmente pela adição de novas células na extremidade de crescimento (ver Figura 19.9A). Como resultado, as raízes laterais em desenvolvimento são deslocadas na direção do caule através da zona de maturação no sentido da região totalmente madura da raiz. (Observe que as raízes laterais em desenvolvimento não mudam de posição em relação à base da raiz.) Esse processo gera um gradiente de desenvolvimento entre os primórdios da raiz lateral mais jovem perto da extremidade em crescimento e as raízes laterais mais antigas próximas à base da raiz.

Os primórdios da raiz lateral surgem das células do periciclo do polo do xilema

Na maioria das plantas, incluindo *Arabidopsis*, as raízes laterais são iniciadas exclusivamente no periciclo, o tecido localizado logo abaixo da endoderme (ver Capítulo 1). O arranjo do tecido vascular na raiz é caracterizado como diarca (como em *Arabidopsis*), triarca, tetrarca e assim por diante, dependendo do número de polos de protoxilema (**Figura 19.8**). As células do **periciclo do polo do floema** são as células do periciclo localizadas adjacentes aos cordões de floema, enquanto as células do **periciclo do polo do xilema** são adjacentes às pontas dos arcos de xilema. Em *Arabidopsis* e na maioria das outras eudicotiledôneas e monocotiledôneas não gramíneas, a iniciação lateral da raiz ocorre exclusivamente nas células do periciclo adjacentes ao polo de xilema, enquanto nas gramíneas (p. ex., milho e cevada) a iniciação da raiz lateral é restrita às células do periciclo voltadas para o polo de floema. Essa diferença levanta a importante questão de como as células do periciclo adjacentes ao polo de xilema (no caso da maioria das angiospermas) ou ao polo de floema (no caso de algumas monocotiledôneas) tornam-se especificadas de outras células do periciclo. Como a maioria das pesquisas nessa área foi conduzida em *Arabidopsis*, o enfoque será no desenvolvimento de raízes laterais a partir de células do periciclo adjacentes ao polo de xilema.

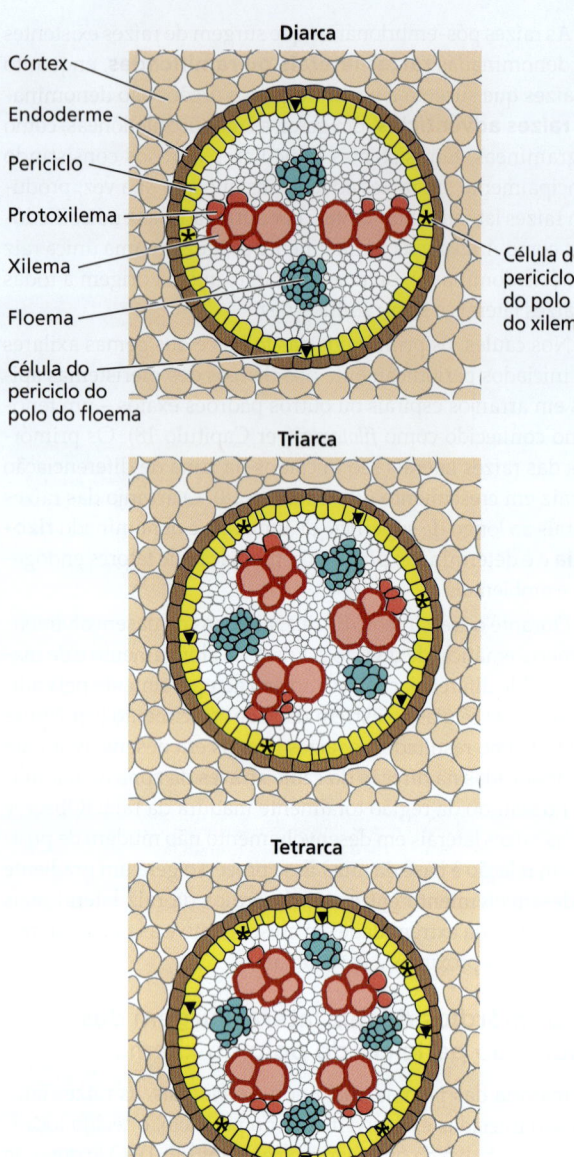

Figura 19.8 Exemplos de diferentes arranjos de protoxilema e protofloema em raízes de eudicotiledôneas. (Segundo M. Megías et al. 2019. *Atlas of Plant and Animal Histology*. Dept. Func. Biol. Hlth. Sci., Univesity of Vigo, Spain. https://mmegias.webs.uvigo.es/02-english/2-organos-v/guiada_o_v_rprimario.php.)

A formação lateral da raiz pode ser dividida em quatro estágios distintos

Os primórdios da raiz lateral surgem no periciclo a partir das **células fundadoras da raiz lateral**, um subconjunto de células do periciclo adjacentes ao polo de xilema. Antes da especificação das células fundadoras, o desenvolvimento lateral da raiz envolve mudanças celulares em grande parte invisíveis que preparam o periciclo adjacente ao polo de xilema para se tornar células fundadoras. Essas mudanças invisíveis podem ocorrer em estágios à medida que as células passam da zona meristemática para a zona de alongamento. Por exemplo, há evidências de que os padrões de expressão gênica das células do periciclo adjacentes ao polo de xilema e das células do periciclo adjacentes ao polo de floema começam a se assemelhar aos de seus respectivos tecidos vasculares enquanto ainda estão na zona meristemática na extremidade da raiz. No entanto, quaisquer que sejam as mudanças que ocorram na zona meristemática, as células do periciclo adjacentes ao polo do xilema não atingem total competência para se diferenciar em células fundadoras da raiz lateral até atingirem a zona de alongamento.

A localização na raiz onde as células do periciclo adjacentes ao polo do xilema ficam totalmente capazes de se tornarem células fundadoras é chamada de **sítio de pré-ramificação**, que corresponde aproximadamente ao início da zona de maturação (**Figura 19.9A**). É aqui que algumas células do periciclo adjacentes ao polo de xilema (**Figura 19.9B**) passam por **iniciação** (*priming*), o que as condiciona a se tornarem células fundadoras da raiz lateral (**Figura 19.9C**). Enquanto o novo primórdio radicular lateral está sendo iniciado no sítio de pré-ramificação, ele está sendo deslocado na direção do caule. Periodicamente, novas células fundadoras da raiz lateral se diferenciam para formar um novo sítio de pré-ramificação, e o processo se repete enquanto o crescimento da raiz primária prossegue.

A formação lateral da raiz pode ser dividida em quatro estágios distintos:

I. *Diferenciação das células fundadoras da raiz lateral*, que especificam a localização dos sítios de pré-ramificação ao longo da raiz.
II. *Iniciação da raiz lateral*, que envolve migração nuclear e divisões assimétricas e anticlinais das células fundadoras da raiz lateral.
III. *Formação do primórdio da raiz lateral*, que produz um novo meristema apical da raiz perpendicular à raiz parental.
IV. *Emergência lateral da raiz*, que envolve interações entre o primórdio da raiz lateral e os tecidos circundantes, permitindo assim a passagem pelas camadas celulares sobrepostas e o surgimento de uma nova raiz lateral.

Dada sua importância para a arquitetura do sistema radicular, os mecanismos envolvidos na criação dos sítios de pré-ramificação têm recebido considerável atenção. Por exemplo, agora há evidências abundantes sugerindo que a especificação de sítios de pré-ramificação requer auxina e ocorre sobretudo na zona de oscilação. Um **modelo de relógio de auxina** foi proposto para explicar o espaçamento dos sítios de pré-ramificação. Resumidamente, o modelo propõe que o espaçamento dos sítios de pré-ramificação é regulado por oscilações periódicas da atividade de auxina ou das concentrações de auxina na zona de oscilação, que se estende aproximadamente da metade da zona meristemática até o início da zona de maturação (**Figura 19.10**). De acordo com o modelo, somente as células expostas a um máximo de auxina (atividade

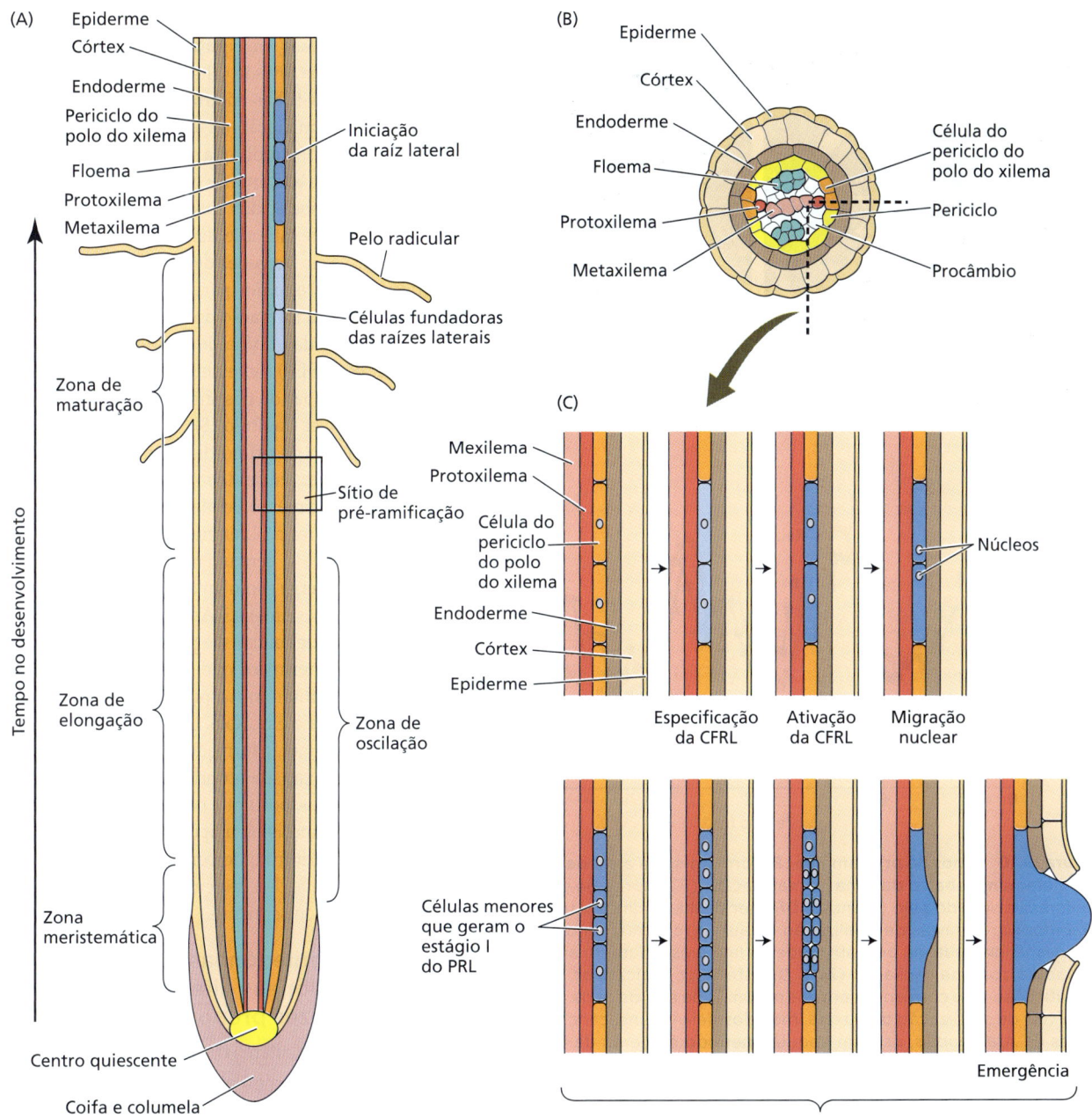

Figura 19.9 Desenvolvimento da raiz lateral em *Arabidopsis*. (A) Corte longitudinal da raiz primária mostrando suas zonas de desenvolvimento. O sítio de pré-ramificação, onde uma raiz ramificada se formará se receber os sinais apropriados, se forma após uma fase oscilatória da expressão gênica responsiva à auxina dentro da zona de oscilação. A zona de oscilação confere competência às células do periciclo adjacentes ao polo de xilema para se diferenciarem em células fundadoras da raiz lateral (azul-claro). (B) Corte transversal da raiz primária. As respostas oscilantes da auxina ocorrem no protoxilema (vermelho); no entanto, como a iniciação da raiz lateral ocorre nas células do periciclo adjacentes ao polo de xilema (laranja), a sinalização entre esses dois tipos de células pode ser necessária para a especificação das células fundadoras da raiz lateral. (C) Cortes longitudinais de uma pequena porção da raiz, mostrando o início e o desenvolvimento de uma raiz lateral. Determinadas células do periciclo adjacentes ao polo de xilema (laranja) são especificadas como células fundadoras da raiz lateral (CFRL; azul-claro) e, em seguida, são ativadas para sofrer divisão celular (azul-escuro). A ativação causa a migração dos núcleos de um par de CFRLs dispostas verticalmente em direção à parede celular que eles compartilham. Essas células então sofrem divisões anticlinais assimétricas, dando origem a várias células menores (azul-escuro). As divisões anticlinais e periclinais contínuas geram um primórdio da raiz lateral PRL. O PRL cresce através das camadas celulares externas da raiz primária até emergir da epiderme. (Desenho sem escala.) (Segundo J. M. Van Norman et al. 2013. *Development* 140: 4301–4310.)

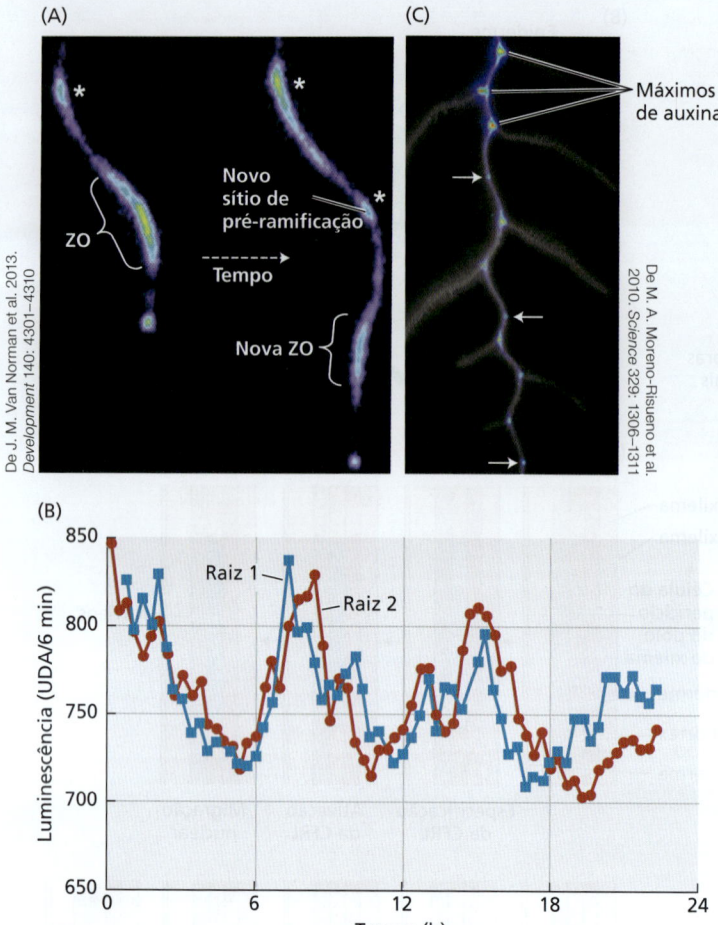

Figura 19.10 Sítios de pré-ramificação formam-se na zona de oscilação, imediatamente abaixo da zona de maturação. (A) Expressão do gene da luciferase acionado pelo promotor DR5 sensível à auxina em uma raiz de *Arabidopsis*. Os níveis de sinalização de auxina, conforme indicado pela luminescência causada pela atividade da luciferase, flutuam ao longo do tempo na zona de oscilação (ZO). Os asteriscos indicam sítios de pré-ramificação, que correspondem aos máximos de atividade da auxina. (B) Os níveis de sinalização de auxina, medidos pela luminescência em duas raízes de *Arabidopsis*, oscilam com um período de cerca de 6 horas na zona de oscilação. UDA, unidades digitais análogas. (C) Os máximos de auxina ao longo da raiz (áreas em azul-claro) correspondem aos locais de curvatura, formação da raiz lateral e emergência da raiz lateral. Os locais de formação de raízes laterais estão indicados pelas setas. (B segundo M. A. Moreno-Risueno et al. 2010. *Science* 329: 1306-1311.)

ou concentração) são capazes de formar um sítio de pré-ramificação (ver **Tópico 19.5 na internet**).

As células fundadoras da raiz lateral sofrem divisões celulares assimétricas para iniciar a formação dos primórdios da raiz lateral

Em *Arabidopsis*, várias fileiras verticais de células fundadoras participam do estágio de iniciação do crescimento lateral da raiz. O primeiro sinal visível da ativação das células fundadoras da raiz lateral é a migração nuclear em direção à parede celular entre duas células fundadoras da raiz lateral vizinhas em uma fileira, seguida por divisões celulares *formativas* em ambas as células (ver Figura 19.9C). Uma divisão formativa é uma divisão celular assimétrica na qual as duas células-filhas adquirem destinos celulares diferentes. A iniciação da raiz lateral é definida como sendo concluída quando as primeiras divisões formativas terminam e os destinos das células-filhas são estabelecidos. Esse estágio de desenvolvimento da raiz lateral é denominado estágio II e inclui a ativação de genes de fatores de transcrição específicos, necessários para a coordenação de vários estágios na formação do primórdio. Por exemplo, membros da família de fatores de transcrição PLETHORA (PLT) são essenciais para a regulação de todas as etapas de pós-iniciação da formação lateral da raiz (ver Capítulo 18).

A formação do primórdio da raiz lateral marca o início da emergência da raiz lateral. Uma combinação de crescimento celular e várias rodadas de divisões celulares proliferativas (anticlinais, periclinais e tangenciais) gera um primórdio em forma de cúpula que emerge como uma raiz lateral no estágio final do seu crescimento. As enzimas do amolecimento da parede celular são produzidas nos tecidos corticais e epidérmicos que recobrem o primórdio emergente, facilitando sua progressão em direção à superfície da raiz e no solo. Quando o novo meristema está totalmente formado, ele adquire a capacidade de sintetizar sua própria auxina. As raízes laterais emergidas, portanto, possuem um meristema apical (MAR, meristema apical de raiz) funcional, incluindo um centro quiescente e as células iniciais circundantes que dão origem a todos os tecidos da raiz lateral em crescimento.

As monocotiledôneas e as eudicotiledôneas diferem em seus tipos de raízes predominantes

Os sistemas radiculares de monocotiledôneas e de eudicotiledôneas são mais ou menos similares em estrutura, consistindo em uma raiz primária de origem embrionária (a radícula), raízes laterais e raízes adventícias derivadas de nós caulinares. Contudo, existem também diferenças significativas em seus sistemas radiculares. Os sistemas radiculares de monocotiledôneas, sobretudo os dos cereais, são geralmente mais complexos do que os sistemas radiculares de eudicotiledôneas. Por exemplo, o sistema radicular da plântula de milho consiste em uma **raiz primária** que se desenvolve a partir da radícula, **raízes seminais** que se ramificam a partir do nó escutelar e **raízes coronais**, de origem pós-embrionária, que se ramificam a partir de nós inferiores do caule e também são referidas como raízes adventícias (**Figura 19.11**). As raízes primárias e raízes seminais formam sistemas fibrosos, altamente ramificados com muitas raízes laterais finas. As raízes coronais são relativamente sem importância nas plântulas, mas ao contrário da

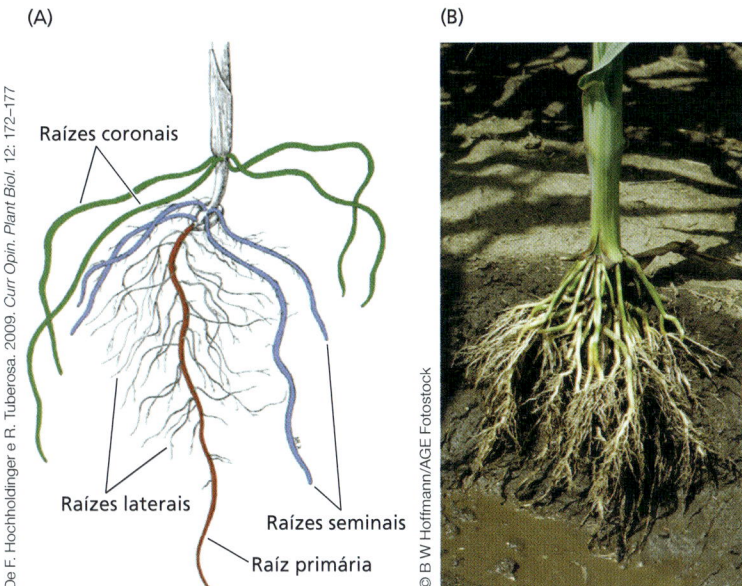

Figura 19.11 Sistemas radiculares de monocotiledôneas. (A) Sistema radicular de uma plântula de milho com 14 dias composto de raiz primária derivada da radícula (embrionária), raízes seminais derivadas do nó escutelar, raízes coronais de origem pós-embrionária que surgem nos nós acima do mesocótilo e raízes laterais. (B) Sistema radicular de milho maduro.

sistema radicular nos indivíduos adultos do milho (ver Figura 19.11B).

O sistema radicular de uma eudicotiledônea jovem consiste na raiz primária (ou raiz pivotante) e em suas raízes em ramificação. Conforme o sistema radicular amadurece, as raízes basais surgem da parte mais antiga da raiz pivotante, perto da junção com o caule. Além disso, raízes adventícias podem surgir de caules subterrâneos ou do hipocótilo; essas raízes são livremente análogas às raízes coronais adventícias de cereais. O sistema radicular da soja, como uma eudicotiledônea representativa, está exibido na **Figura 19.12**, onde as raízes pivotante, ramificadas, basais e adventícias podem ser vistas.

Os fatores de transcrição regulam os ângulos do valor-alvo gravitrópico das raízes laterais e caules

Conforme mencionado na Seção 19.1, os vários componentes dos sistemas de caules e raízes tendem a crescer em ângulos do valor-alvo gravitrópico característicos. Por convenção, uma raiz primária crescendo verticalmente para baixo tem um ângulo do valor-alvo gravitrópico de 0 grau, enquanto o da raiz primária crescendo verticalmente para cima é de 180 graus. Os caules e raízes laterais tendem a ter ângulos pontuais que se desviam da vertical.

raiz primária e das raízes seminais, elas continuam a se formar, se desenvolver e se ramificar durante o crescimento vegetativo. Mais tarde no desenvolvimento, um tipo especializado de raízes coronais, as raízes-escora, emergem dos nós acima da superfície do solo. As raízes-escora têm uma morfologia distinta e acredita-se que forneçam suporte estrutural para plantas maiores. O sistema radicular coronais constitui a grande maioria do

Imediatamente após a emergência, as raízes laterais ainda não desenvolveram uma zona de alongamento, o que significa que são incapazes de curvatura gravitrópica. Como consequência, as raízes laterais recém-emergidas inicialmente crescem para longe do eixo primário em um ângulo perpendicular à gravidade. Esse crescimento horizontal ajuda a expandir o sistema radicular na direção radial, aumentando o acesso aos nutrientes e estabilizando a planta. Depois que as raízes laterais formam zonas de alongamento, elas se curvam em seus ângulos do valor-alvo gravitrópico predeterminados e continuam crescendo nesse mesmo ângulo por um período variável de tempo chamado *fase de platô*. Em geral, as raízes laterais iniciais têm fases de platô mais longas do que as raízes laterais posteriores. Eventualmente, outra resposta gravitrópica entra em ação, o que causa uma segunda curvatura com crescimento para baixo mais pronunciado, resultando em um ângulo entre 0 e 30 graus.

Em geral, se uma ramificação responsiva à gravidade (raiz ou caule) é mecanicamente deslocada, para cima ou para baixo de seu ângulo gravitrópico, ela terá crescimento trópico para mudar de volta àquele ângulo no valor-alvo gravitrópico. Isso significa que raízes laterais com ângulos no valor-alvo não gravitrópico podem ser negativamente gravitrópicas – isto é, crescer contra o vetor da gravidade. Por outro lado, os ramos caulinares não verticais podem ser positivamente gravitrópicos e crescer para baixo. Essa observação fornece uma demonstração simples de que a base mecanística para a manutenção do crescimento não vertical responsivo à gravidade não pode basear-se somente em diferenças na competência gravitrópica

Figura 19.12 Sistema radicular da soja, mostrando a raiz primária (raiz pivotante), as raízes em ramificação, as raízes basais e as raízes adventícias.

entre órgãos primários e laterais. Deve haver outro mecanismo não identificado que pode impulsionar o crescimento para cima nas raízes laterais e o crescimento para baixo nas partes aéreas laterais.

Vários fatores de transcrição foram identificados que influenciam o ângulo do valor-alvo gravitrópico dos órgãos laterais nos brotos e nas raízes e em diversos filos de plantas. Esses fatores de transcrição pertencem à família IGT, nomeada em homenagem a um motivo de aminoácidos IGT altamente conservado. Essa família tem três clados distintos, LAZY, DEEPER ROOTING (DRO) e TILLER ANGLE CONTROL (TAC), que aumentam ou diminuem variavelmente os ângulos de crescimento de raízes e caules laterais (**Figura 19.13**). Decifrar as funções desses fatores de transcrição deve ajudar a revelar os mecanismos que controlam o ângulo do valor-alvo gravitrópico. A manipulação desses mecanismos pode ser valiosa para aumentar a produtividade e a resiliência de culturas agrícolas. Por exemplo, no arroz, variações genéticas em vários *loci* do fator de transcrição IGT foram vinculadas a características agronômicas importantes: *DRO1* para enraizamento mais profundo, que melhora a tolerância à seca; *DRO1-LIKE 1* para enraizamento acentuado na superfície do solo, que melhora a tolerância a solos salinos e alagados; e *TAC1* para o ângulo ideal de ramos caulinares, que promove fotossíntese eficiente em campos densamente cultivados.

As plantas podem modificar a arquitetura de seus sistemas radiculares para otimizar a absorção de água e nutrientes

A arquitetura do sistema radicular é altamente plástica dentro das espécies, pois as plantas podem modular o desenvolvimento das raízes para otimizar a absorção de água e nutrientes (ver Capítulo 7). Por exemplo, a heterogeneidade hídrica em solos pode ser causada por bolhas de ar ou variações no potencial hídrico do solo, como ocorre durante a secagem parcial ou em resposta a gradientes de salinidade. Essa heterogeneidade pode estimular o crescimento direcional de raízes em áreas de maior umidade ou disponibilidade de água, um comportamento chamado *hidrotropismo* (ver Capítulo 17). Conforme discutido no Capítulo 7, as raízes das plantas normalmente formam associações micorrízicas que podem aumentar a absorção de nutrientes, particularmente no caso de íons fosfato. Essas associações com frequência envolvem mudanças anatômicas e morfológicas que facilitam a troca de nutrientes entre a raiz e seu simbionte fúngico. As raízes das plantas também podem formar associações simbióticas com bactérias fixadoras de nitrogênio, conforme descrito no Capítulo 14.

■ 19.3 Crescimento secundário

Todas as gimnospermas e a maioria das eudicotiledôneas – incluindo arbustos lenhosos e árvores, assim como espécies herbáceas grandes – desenvolvem meristemas laterais responsáveis pelo crescimento radial (crescimento em largura) de caules e raízes. O crescimento em circunferência resultante dos meristemas laterais é chamado de **crescimento secundário** (**Figura 19.14**) e contribui para o alargamento contínuo das plantas lenhosas, permitindo que elas se tornem mais espessas e robustas. Estima-se que a madeira compõe mais da metade da biomassa mundial, e os biomas florestais abrigam cerca de 80% da biodiversidade mundial.

O desenvolvimento de um câmbio vascular responsável pelo crescimento secundário ocorreu repetidamente durante a evolução das plantas vasculares (ver **Tópico 19.6 na internet**). A madeira é composta por tecidos secundários do xilema com paredes celulares secundárias espessadas, e sua formação é dinâmica e contínua. Fisiologicamente, a madeira serve às funções de transporte, armazenamento e mecânica, e a resposta da madeira a vários fatores ambientais reflete mudanças que facilitam essas funções. (Para uma discussão sobre as respostas adaptativas do crescimento secundário aos estresses ambientais, ver **Tópico 19.7 na internet**.)

Dois tipos de meristemas laterais estão envolvidos no crescimento secundário

O crescimento secundário é gerado pelas atividades de dois tipos de meristemas laterais: o **câmbio vascular**, que produz

Figura 19.13 Regulação dos ângulos do valor-alvo gravitrópico do caule por fatores de transcrição IGT. (A) Os ângulos de ramificação de um mutante *Arabidopsis tac1* são mais verticais do que os do tipo selvagem (WT), enquanto um mutante duplo *lazy1/dro1* tem mais ângulos de caule horizontais. (B) No arroz, os ângulos de crescimento do caule e da raiz são mais horizontais nos superexpressores *TAC1*.

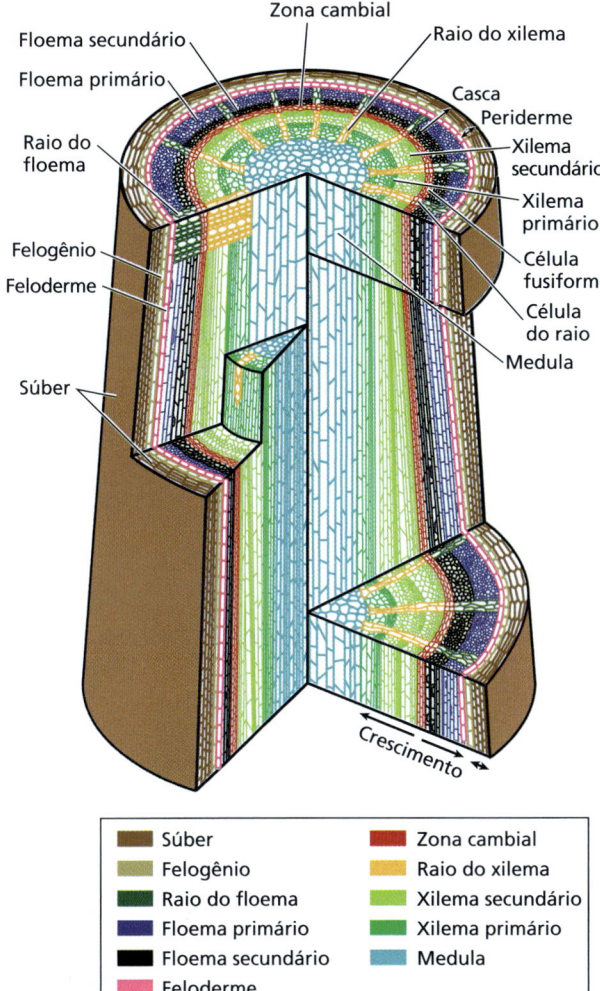

Figura 19.14 Anatomia de um caule lenhoso. O câmbio vascular (região vermelha) consiste em uma única camada de células iniciais e suas derivadas imediatas em cada lado; ele é circundado por uma camada externa de células do floema secundário (preto) e uma camada interna de células do xilema secundário (verde-claro). O floema primário (azul-escuro), o xilema primário (verde-escuro) e a medula (azul-claro) são também mostrados. A periderme inclui o felogênio (camada celular castanha), a feloderme (cor-de-rosa) e o felema (células suberosas, em marrom). A camada da casca inclui todos os tecidos externos ao câmbio vascular, incluindo o floema primário e secundário. A maioria das espécies arbóreas de gimnospermas e angiospermas contém fileiras de células radiais que exercem um papel no transporte e na armazenagem de nutrientes. (Segundo J. P. M. Risopatron et al. 2010. *Protoplasma* 247: 145–161.)

o sistema vascular secundário, e o **câmbio suberoso** ou **felogênio**, que produz a **periderme**, o conjunto de camadas protetoras externas do corpo secundário da planta (**Figura 19.15A**). O câmbio vascular e o felogênio são normalmente organizados em cilindros concêntricos. No entanto, evoluíram outros tipos de crescimento lenhoso secundário que produzem várias outras formas que provavelmente são de natureza adaptativa, como ocorre nas lianas (ver **Tópico 19.8 na internet**).

O xilema secundário e o floema, produzidos a partir do câmbio vascular, permitem que a planta module as capacidades de transporte de longa distância e se adapte a diferentes nichos ecológicos e às mudanças ambientais. A periderme, produzida a partir do felogênio, é mais superficial e protege a planta dos estresses bióticos e abióticos e evita a perda de água. Ambos os sistemas aumentam o suporte mecânico e são considerados uma inovação anatômica fundamental para a evolução de plantas de grande porte e vigorosas. Essas plantas podem viver mais e ter a opção de se reproduzir com menos frequência, fazendo isso somente quando as condições forem ideais.

A transição do crescimento primário para o secundário em gimnospermas e eudicotiledôneas é facilmente visível ao longo do eixo caulinar. No choupo (*Populus* spp.), por exemplo, o crescimento primário ocorre nos oito entrenós superiores, a aproximadamente 15 cm a partir do meristema apical do caule (MAC). Em seguida, o crescimento primário dá lugar ao crescimento secundário (lenhoso) que produz xilema e floema secundários (ver Figura 19.15A). As zonas de crescimento primário e secundário, separadas espacial e temporalmente, são facilmente discerníveis e desenvolvem-se depressa (em 1–2 meses) em espécies de crescimento rápido como o choupo.

O câmbio vascular produz xilema e floema secundários

Em comparação ao MAC e ao MAR posicionados terminalmente, o câmbio vascular apresenta uma organização meristemática muito distinta, que se estende por quase todo o comprimento do eixo apical-basal da planta e que atua para produzir os tecidos vasculares ao longo do eixo radial. O câmbio vascular consiste em células meristemáticas (iniciais cambiais) organizadas em fileiras radiais que formam um cilindro contínuo situado abaixo do sistema de revestimento do caule. As iniciais cambiais se dividem para produzir células-mãe para xilema, floema e raios (discutidas em breve), que por sua vez passam por várias etapas de divisão para formar a faixa cambial, uma zona de células relativamente indiferenciadas com números variáveis de células por fileira celular radial. Essas células então se diferenciam em vários tipos de células distintas à medida que progridem para fora da faixa cambial.

O câmbio vascular exibe dois padrões principais de divisão: anticlinal (perpendicular à superfície do caule) e periclinal (paralelo à superfície do caule) (ver Figura 19.15B). As divisões anticlinais adicionam mais células ao câmbio para acomodar a circunferência crescente do caule e são consideradas indicadoras da posição das iniciais cambiais, que, de resto, não se distinguem morfologicamente das outras células da zona cambial. O pico da divisão anticlinal costuma ser na primeira ou na segunda fileira de células proximal ao floema e, geralmente, é empregado para identificar a posição aproximada do câmbio vascular. Enquanto outros meristemas produzem células apenas em um lado, ambos os meristemas laterais envolvidos no crescimento secundário são bifaciais, formando novas células

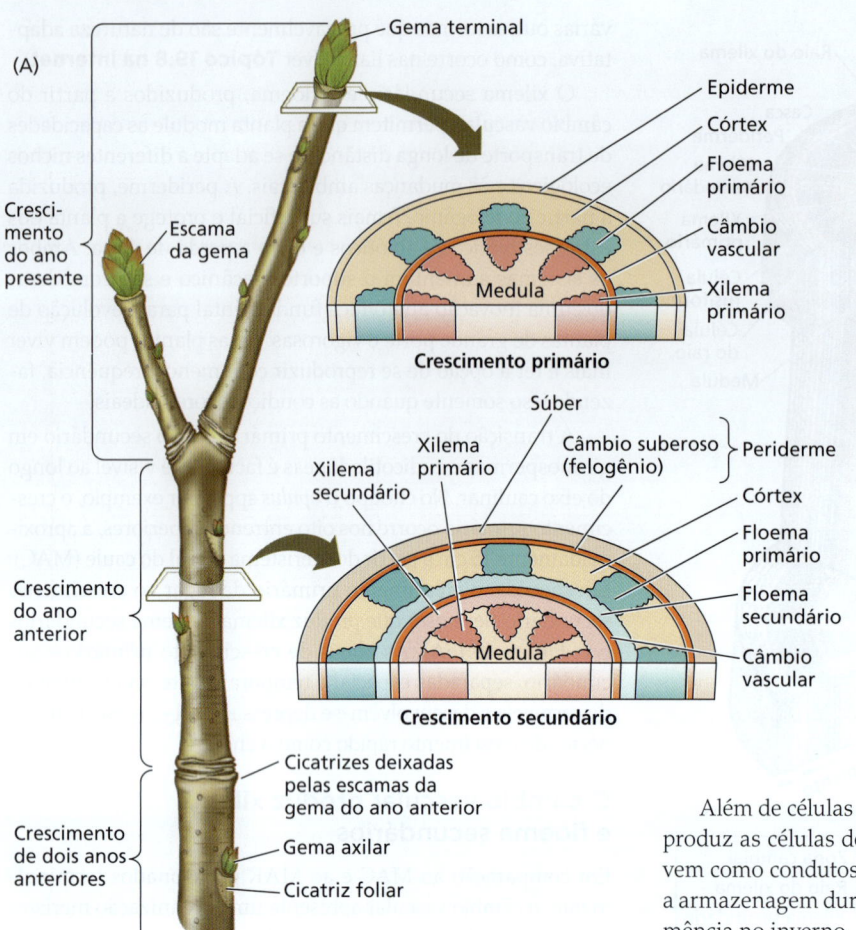

Figura 19.15 Desenvolvimento do sistema vascular secundário. (A) O crescimento primário em caules lenhosos ocorre na primavera, seguido pelo crescimento secundário. (B) As orientações dos planos de divisão celular na zona cambial mantêm o balanço apropriado entre crescimento em diâmetro *versus* circunferência. As células cambiais dividem-se inicialmente no sentido anticlinal, produzindo novas iniciais e aumentando a circunferência do câmbio. As mesmas iniciais dividem-se também no sentido periclinal, produzindo células-mãe de xilema e floema, sempre deixando outra inicial. (B segundo R. Spicer and A. Groover. 2010. *New Phytol.* 186: 577–592.)

em ambos os lados. O câmbio vascular produz xilema para dentro e floema para fora (ver Figura 1.5), enquanto, como discute-se mais adiante nesta seção, o felogênio produz o felema para fora e a feloderma para dentro.

Além de células de floema e de xilema, o câmbio vascular produz as células dos raios, células de parênquima que servem como condutos para o transporte lateral no caule e para a armazenagem durante condições desfavoráveis como a dormência no inverno. As células dos raios podem estar dispostas em uma (unisseriada) ou múltiplas (multisseriada) fileiras, formando tecidos conhecidos como *raios* que atravessam o floema, o câmbio e o xilema (ver Figura 19.14).

Um desafio único que as árvores enfrentam é a sazonalidade do clima, que representa riscos à sua sobrevivência durante condições prolongadas (sazonais) desfavoráveis ou potencialmente letais, como as encontradas nos meses de inverno nas regiões temperadas e boreais. Para suportar o estresse por desidratação e congelamento durante o inverno, as árvores entram em período de dormência. A alternância anual do câmbio vascular entre o crescimento ativo e a dormência resulta na formação de anéis que registram o nível de crescimento lateral da árvore a cada ano. Os mecanismos moleculares que controlam o crescimento do câmbio vascular durante os ciclos de crescimento-dormência são mal compreendidos, embora se acredite que fitormônios como auxina e giberelinas desempenhem papéis importantes.

Fatores de transcrição móveis pré-padronizam o câmbio vascular

Embora o câmbio vascular seja responsável por padrões de crescimento perenes em espécies lenhosas, muitas espécies herbáceas também têm um câmbio vascular, embora sua formação seja geralmente condicional (p. ex., resposta ao estresse) ou tenha vida muito curta. *Arabidopsis*, apesar de ser pequena e herbácea, apresenta notável desenvolvimento secundário em vários órgãos e tem se mostrado muito adequada para estudar a base molecular do desenvolvimento cambial e da formação lenhosa.

Bem antes do início do desenvolvimento secundário, as raízes jovens de *Arabidopsis* têm células precursoras cambiais (o *procâmbio*) que estão situadas entre o protofloema e o protoxilema (**Figura 19.16A**). As divisões que geram células procambiais são direcionadas por proteínas móveis do PHLOEM EARLY DOF (PEAR) – fatores de transcrição que são expressos nas células *precursoras do elemento crivado do protofloema* após a indução de citocinina (**Figura 19.16C**). As proteínas PEAR então se movem para as células ao redor do precursor do elemento crivado, ativando seu potencial de divisão e, assim, gerando células procambiais no cilindro vascular interno. A auxina e os fatores

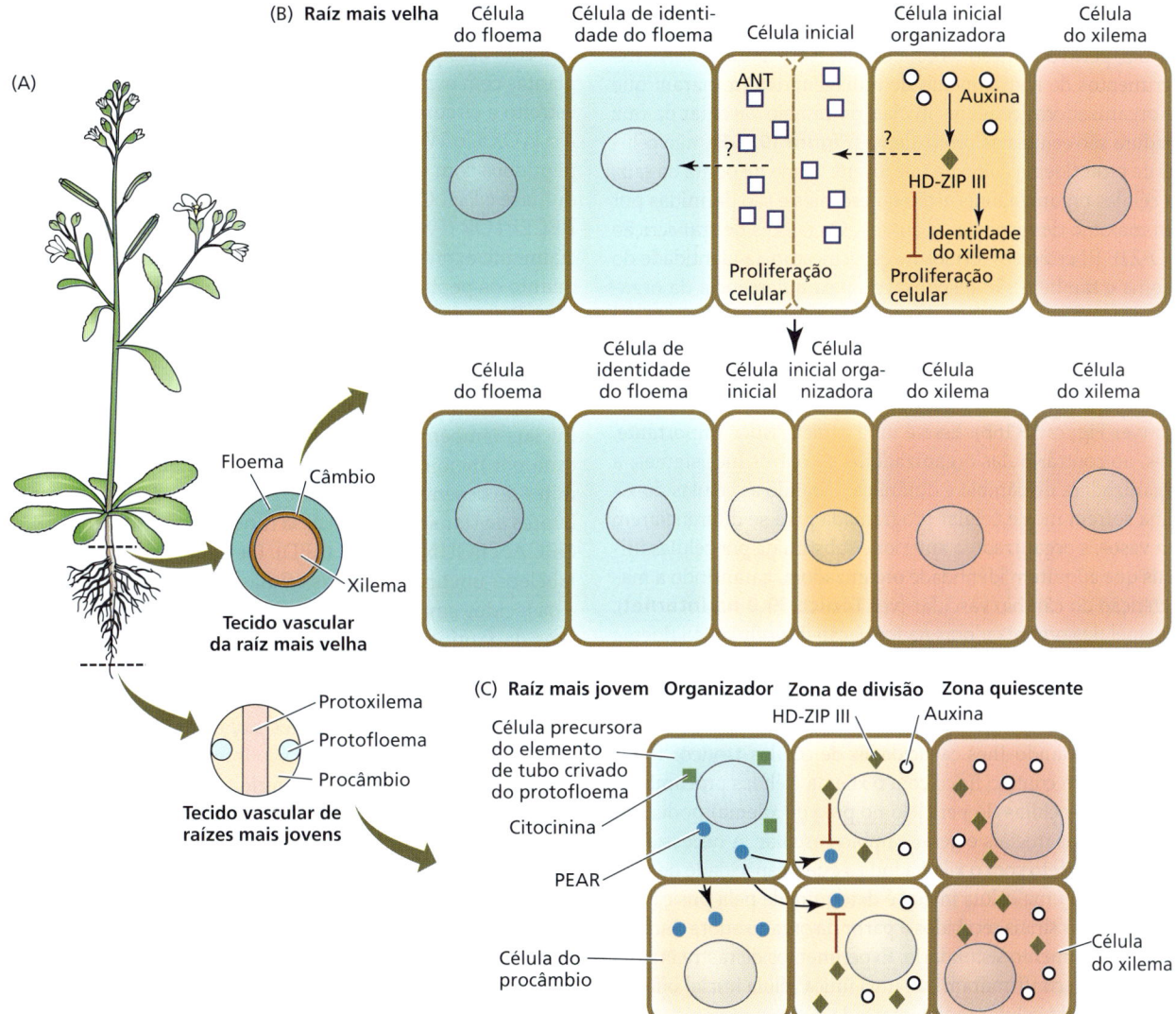

Figura 19.16 Desenvolvimento do tecido cambial nas raízes. (A) Nas raízes jovens, as células procambiais separam o protofloema e o protoxilema, formando o cilindro vascular. Nas raízes mais velhas, o câmbio vascular é ativado para produzir novos floema e xilema. (B) Em raízes mais velhas, as células do xilema com concentrações altas de auxina atuam como organizadoras do câmbio vascular, com as proteínas HD-ZIP III mantendo-as quiescentes. Sinais desconhecidos deslocam-se da organizadora celular inicial para células adjacentes a fim de especificá-las como células iniciais, que expressam ANT e se dividem para produzir xilema no lado interno e floema no lado externo. Somente os eventos que levam à produção de xilema são retratados no modelo: o mecanismo de produção do floema a partir da célula-tronco bifacial é desconhecido e, portanto, não é mostrado no esquema. (C) Na raiz mais jovem, os fatores de transcrição da PEAR deslocam-se da célula precursora do elemento crivado do protofloema, que tem concentrações altas de citocinina, para as células vizinhas, onde a PEAR promove divisões celulares que formarão células procambiais e resultarão em crescimento radial. A concentração alta de auxina nas células mais centrais do cilindro vascular em desenvolvimento e a presença de proteínas PEAR ativam a transcrição dos fatores de transcrição HD-ZIP III, que bloqueiam o movimento da PEAR para as células adjacentes, restringindo a zona de divisão. (A e C segundo S. Wolf and J. U. Lohmann. 2019. *Nature* 565: 433–435; B segundo O. Smetana et al. 2019. *Nature* 565: 485–489.)

de transcrição do zíper do homedomínio-leucina de classe III (HD-ZIPs) nas células procambiais evitam o movimento adicional das PEARs, criando uma zona quiescente com menos divisões celulares que corresponde ao protoxilema. As células precursoras do elemento crivado do protofloema na extremidade da raiz servem, portanto, como *organizadoras* do meristema lateral que gera células procambiais por meio de divisões celulares periclinais, pré-padronizando o crescimento radial antes que o crescimento secundário seja ativado.

O crescimento secundário ocorre em partes mais maduras da raiz, perto da junção raiz-hipocótilo (ver Figura 19.16A). Experimentos de rastreamento de linhagem determinaram que as organizadoras celulares iniciais do câmbio vascular da raiz madura são células de protoxilema (**Figura 19.16B**), não células de protofloema como na raiz jovem. Como na ponta da raiz, as células organizadoras estão quiescentes e são definidas por um máximo de resposta de auxina. Os fatores de transcrição HD-ZIP III estão envolvidos na especificação da identidade do xilema e também são responsáveis pela quiescência da organizadora, mas a presença desses fatores de transcrição não é suficiente para estabelecer o câmbio por si só. Por outro lado, um pico local na sinalização de auxina nos tecidos vasculares é suficiente para reespecificar uma nova organizadora de câmbio (ver Figura 19.16B). Essa é uma característica importante, pois, ao contrário das organizadoras de outros meristemas, a organizadora do câmbio é dinâmica. Quando as células do xilema sofrem morte celular programada para se diferenciarem em vasos, a organizadora anterior é substituída por células iniciais que adquirem identidade organizadora, garantindo a manutenção do câmbio vascular (ver **Tópico 19.9 na internet**). O papel das organizadoras na formação das células do floema ainda é pouco compreendido.

As células do xilema atuando como organizadoras enviam sinais móveis (ver Figura 19.16B, seta tracejada) para as células adjacentes, dando-lhes capacidades de células-tronco. Todas as células em contato físico com o xilema (células procambiais do xilema e células do periciclo no polo de xilema) podem se tornar células iniciais e gerar câmbio vascular. A necessidade de contato direto com o xilema indica que a capacidade de funcionar como uma célula inicial é determinada pela posição da célula e pelos sinais recebidos a partir da organizadora durante o desenvolvimento secundário. Experimentos de rastreamento de linhagem confirmaram que uma única célula inicial bifacial em cada fileira celular radial, marcada pela expressão do fator de transcrição *AINTEGUMENTA* (*ANT*), é capaz de se dividir, produzindo alternadamente precursoras de floema e de xilema.

As redes de genes que controlam os meristemas secundários compartilham semelhanças e diferenças com aquelas que controlam os meristemas apicais

Os padrões de crescimento e desenvolvimento durante o crescimento secundário são governados por processos e genes semelhantes aos que regulam o desenvolvimento do MAC e MAR (ver Capítulo 18). Essa semelhança tem ajudado na análise molecular dos mecanismos de controle do crescimento secundário.

Como visto no Capítulo 18, as atividades das iniciais tanto no MAC como no MAR dependem da atividade de WOXs: *WUSCHEL* (*WUS*) promove a atividade das iniciais no MAC (**Figura 19.17A**), enquanto *WOX5* contribui para a função das iniciais no MAR (**Figura 19.17B**). O câmbio vascular parece depender de um mecanismo semelhante, em que a manutenção do câmbio depende da atividade do *WOX4* (**Figura 19.17C**). A ativação do *WOX4* promove divisões celulares procambiais e cambiais e é necessária para a atividade meristemática cambial (**Figura 19.18A**). Em espécies com crescimento secundário extenso, como o choupos, plantas com expressão deficiente de *WOX4* têm câmbio mais estreito e circunferência do caule diminuída. Como o *WUS* e o *WOX5*, o *WOX4* é regulado pela interação de pequenos peptídeos com um receptor quinase. Neste caso, o receptor quinase é PHLOEM INTERCALATED WITH XYLEM/TDIF RECEPTOR (PXY/TDR) (ver Figura 19.18A), que é preferencialmente expresso no procâmbio e no câmbio vascular, enquanto os peptídeos CLAVATA3/Embryo Surrounding Region-Related (CLE) são expressos no floema. No entanto, ao contrário dos meristemas apicais, a expressão dos peptídeos CLE promove a atividade do *WOX4* em vez de inibi-la.

A manutenção, proliferação e diferenciação das células iniciais também requerem separação espacial, que é alcançada por meio de fatores de transcrição que definem os limites do desenvolvimento. No MAC, uma dessas classes de fatores de transcrição com essa função é a família LATERAL ORGAN BOUNDARIES (LBD). Os genes *LBD* ajudam a estabelecer um limite entre as células indiferenciadas no MAC e os tecidos em diferenciação do primórdio foliar. Os membros da família LBD desempenham um papel semelhante no crescimento secundário mediante a separação da zona cambial do floema e do xilema secundários em diferenciação. Um fenótipo dos mutantes *pxy* é aquele em que as camadas do floema e do xilema são intercaladas (ou seja, uma camada de floema pode ser inserida entre duas camadas do xilema e vice-versa). Um dos genes regulados pelo PXY é *LBD4*, que também é controlado por WOX14 e TARGET OF MONOPTEROS 6 (TMO6) e promove a formação de floema (ver Figura 19.18A). Expresso no limite floema-procâmbio, é provável que LBD4 esteja envolvido na definição desse limite. Da mesma forma, constatou-se que LBD1, que é expresso principalmente no floema e no câmbio, promove a formação de floema secundário em *Populus*.

Vários fatores de transcrição, incluindo WOX4, SHORT VEGETATIVE PHASE (SVP) e PETAL LOSS (PTL), têm funções duplas na regulação da proliferação celular cambial e da diferenciação do xilema. Quando a superexpressão do ativador cambial WOX4 foi combinada com a remoção do inibidor cambial PTL, o mutante duplo resultante mostrou um crescimento radial acentuado (**Figura 19.18B**).

Apesar das amplas semelhanças entre os meristemas apicais e cambiais, também existem diferenças significativas. Por exemplo, as duas famílias de receptores de quinase PXY e ERECTA interagem geneticamente para orientar o desenvolvimento vascular secundário. No entanto, as interações entre

Capítulo 19 | Crescimento vegetativo e organogênese: ramificação e crescimento secundário **583**

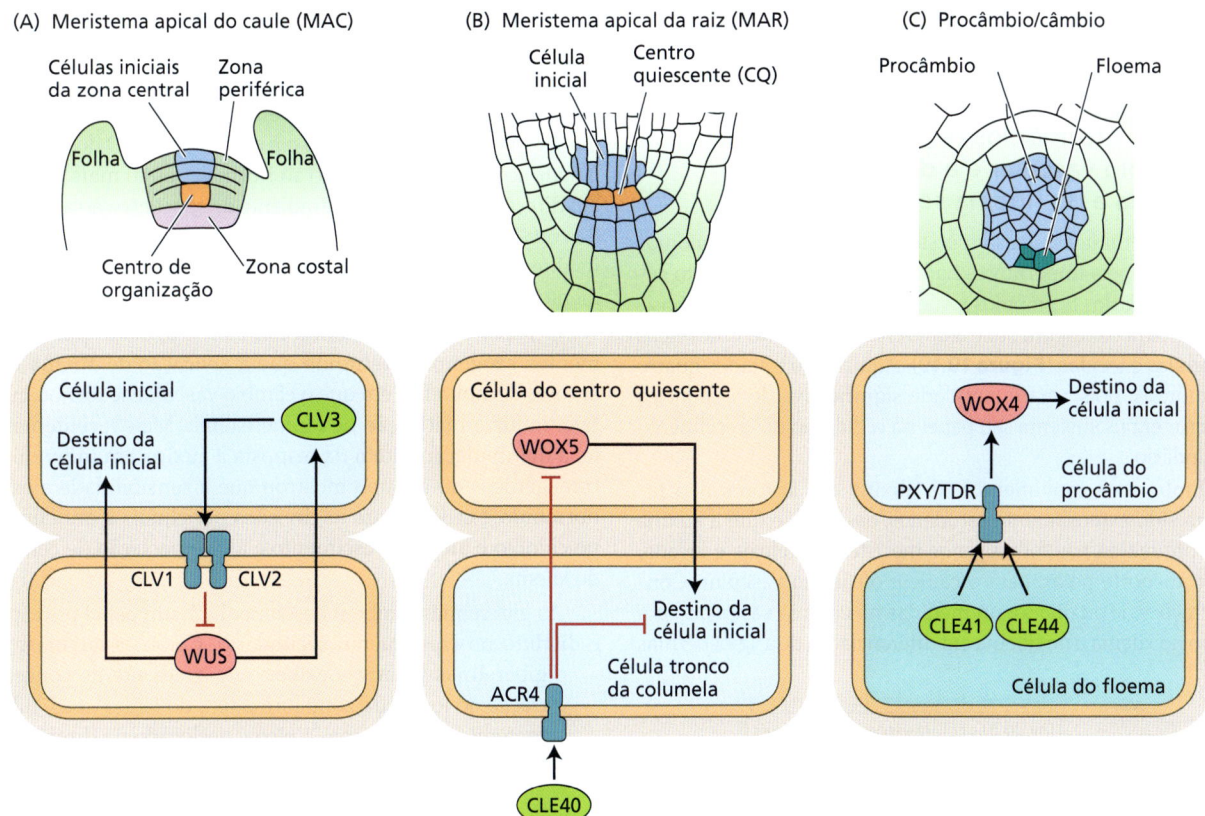

Figura 19.17 Comparação de três processos de padronização distintos que exploram as interações reguladoras entre pequenos peptídeos e fatores de transcrição da classe WOX. (A) Promoção WUS das iniciais apicais em MAC. (B) Promoção WOX5 de iniciais em MAR. (C) Promoção WOX4 de iniciais no câmbio vascular. (Segundo S. Miyashima et al. 2013. *EMBO J.* 32: 178–193.)

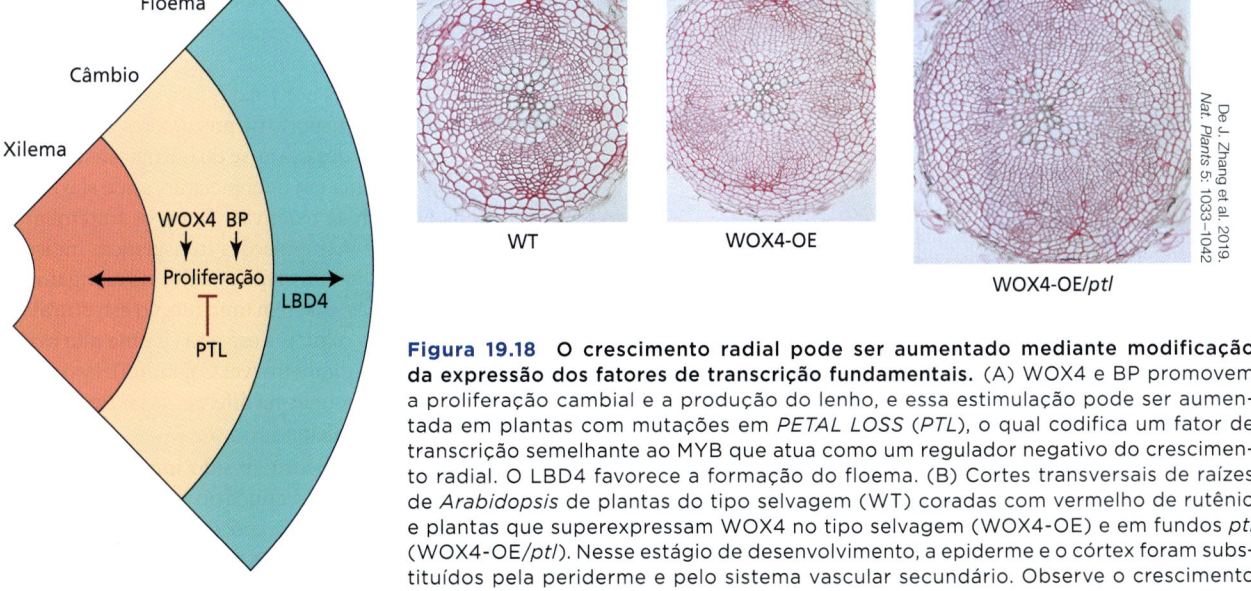

Figura 19.18 O crescimento radial pode ser aumentado mediante modificação da expressão dos fatores de transcrição fundamentais. (A) WOX4 e BP promovem a proliferação cambial e a produção do lenho, e essa estimulação pode ser aumentada em plantas com mutações em *PETAL LOSS* (*PTL*), o qual codifica um fator de transcrição semelhante ao MYB que atua como um regulador negativo do crescimento radial. O LBD4 favorece a formação do floema. (B) Cortes transversais de raízes de *Arabidopsis* de plantas do tipo selvagem (WT) coradas com vermelho de rutênio e plantas que superexpressam WOX4 no tipo selvagem (WOX4-OE) e em fundos *ptl* (WOX4-OE/*ptl*). Nesse estágio de desenvolvimento, a epiderme e o córtex foram substituídos pela periderme e pelo sistema vascular secundário. Observe o crescimento radial muito maior da raiz WOX4-OE/*ptl*.

essas duas famílias de genes são conectadas de forma diferente em caules e hipocótilos, levando a fenótipos distintos em cada órgão.

Diversos fitormônios regulam a atividade do câmbio vascular e a diferenciação do xilema e do floema secundários

Como com muitos outros processos em plantas, os hormônios exercem papéis importantes na regulação do crescimento secundário. Vários hormônios fornecem indicações e sinais posicionais para o crescimento e a diferenciação de diferentes tipos de células e tecidos (**Figura 19.19**). Aqui, serão tratados quatro hormônios, pois uma quantidade significativa de evidências experimentais sustenta seu papel na regulação do crescimento secundário.

Embora os movimentos da auxina em árvores não tenham sido extensamente estudados, assume-se que a auxina seja produzida nas folhas e nos meristemas apicais e levada, via transporte polar, para o caule e o câmbio vascular. Concentrações de auxina foram medidas no câmbio vascular, bem como no xilema e no floema em diferenciação de angiospermas e gimnospermas arbóreas. Semelhante ao máximo de resposta de auxina recentemente identificado que especifica a organização do câmbio em *Arabidopsis*, o pico de concentração de auxina em árvores ocorre na face xilemática do câmbio e diminui em direção ao xilema e floema em diferenciação. O decréscimo é mais acentuado em direção ao floema e muito mais gradual em direção ao xilema. Esse gradiente de concentração ao longo da zona cambial levou à especulação de que o papel da auxina na diferenciação do xilema e do floema é baseado em um gradiente morfogênico radial.

O papel crucial da auxina também é apoiado por tratamentos exógenos mostrando que a aplicação de auxina em árvores decapitadas, em que o câmbio vascular se tornou inativo, induz a reativação desse meristema. Mais recentemente, a manipulação direta da resposta à auxina em indivíduos transgênicos do choupo mostrou que a sensibilidade a esse hormônio é crucial para as divisões periclinais e anticlinais no câmbio e afeta o crescimento e a diferenciação de células do xilema.

As giberelinas também desempenham um papel principal e distinto no crescimento secundário. Como as auxinas, as giberelinas bioativas exibem um gradiente de concentração ao longo da zona formadora do lenho, mas, diferentemente da auxina, o pico é deslocado na direção do xilema em desenvolvimento. O tratamento exógeno, com giberelinas, de plântulas decapitadas carentes de auxina resultou na ativação das divisões das células cambiais. Contudo, as células em divisão perdem sua forma típica e deixam de se diferenciar em xilema. A aplicação simultânea de auxina e giberelinas impediu as anormalidades constatadas no tratamento apenas com giberelina. Além disso, essa aplicação simultânea estimulou a divisão cambial em uma extensão não observada nos tratamentos com giberelina e auxina isoladamente, sugerindo que os dois hormônios atuam sinergicamente (ver Figura 19.19).

O perfil metabólico e a expressão de vários genes da rota biossintética das giberelinas indicam que o metabolismo desses hormônios nos tecidos formadores do lenho também envolve o transporte de precursores de giberelina. Esses precursores deslocam-se do floema lateralmente pelos raios até o xilema em diferenciação, onde são então convertidos em formas bioativas. Tanto os tratamentos exógenos quanto as manipulações transgênicas indicam que as giberelinas têm um efeito positivo no alongamento das células fibrosas, que têm uma função estrutural na planta, com paredes celulares espessas e uma alta razão entre comprimento e diâmetro (ver Capítulo 1). Isso sugere um papel das giberelinas na diferenciação e no crescimento das células do xilema.

As citocininas também têm sido implicadas na regulação do crescimento secundário (ver Figura 19.19). Um decréscimo específico na concentração da citocinina na zona cambial de indivíduos transgênicos do choupo prejudica expressivamente o crescimento radial e a divisão celular no câmbio. Esse resultado foi correlacionado com o pico de concentrações de citocinina e com a

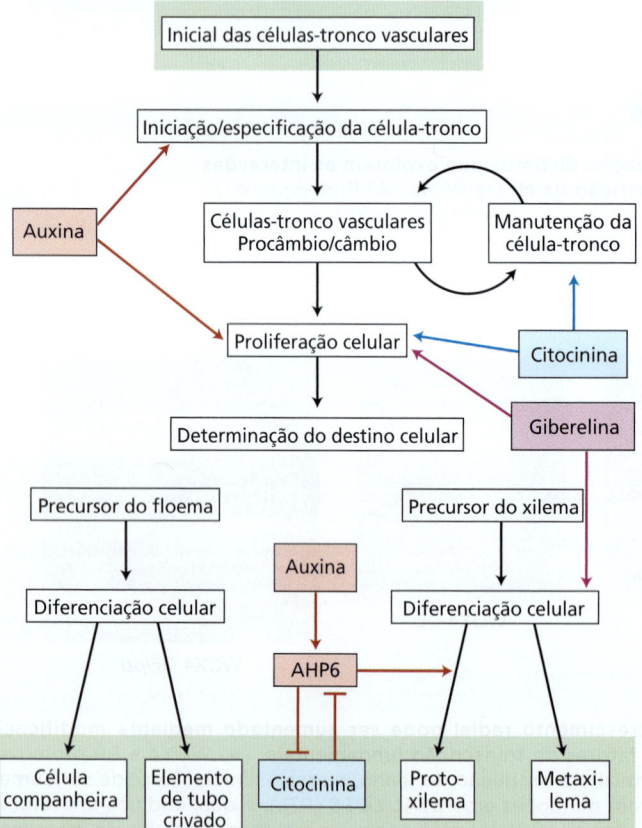

Figura 19.19 Hormônios estão envolvidos na regulação de estágios fundamentais do desenvolvimento do sistema vascular secundário. A proteína ARABIDOPSIS HISTIDINE PHOSPHOTRANSFER PROTEIN (AHP6) atua como um inibidor da sinalização de citocinina que restringe o domínio de atividade desse hormônio, permitindo, assim, a diferenciação do protoxilema em uma maneira espacialmente específica.

expressão na zona cambial de um gene que codifica o receptor da citocinina e o regulador de resposta primária envolvido na sinalização desse hormônio. Isso sugere que a citocinina é um regulador importante da proliferação de células no câmbio.

O etileno é mais um hormônio que tem sido fortemente implicado como um regulador de crescimento secundário. Foi constatado que a concentração do precursor do etileno, ácido 1-aminopropano-1-carboxílico (ACC), é alta na zona do câmbio, mas, ao contrário do que ocorre com a auxina e a giberelina, nenhum gradiente foi detectado. Tratamento com etileno e experimentos de enriquecimento com ACC demonstraram que o etileno é um regulador positivo da atividade cambial, do crescimento radial e da formação do xilema secundário. Esses resultados também são coerentes com os resultados da manipulação transgênica da biossíntese de etileno e ação no choupo. O etileno exerce um papel importante na formação do **lenho de tensão**, um tipo especializado de lenho de reação em angiospermas, formado em tecidos que enfrentam tensão causada pela curvatura ou inclinação do caule (ver **Tópico 19.7 na internet**). A expressão dos genes de biossíntese e de sinalização do etileno é elevada na zona formadora do lenho de tensão; indivíduos transgênicos de choupo insensíveis ao etileno são incapazes de produzir lenho de tensão.

O felogênio dá origem à camada externa de cortiça chamada periderme

A maioria das eudicotiledôneas e gimnospermas lenhosas desenvolve um câmbio conhecido como felogênio, que dá origem à periderme. A periderme substitui as funções protetoras da epiderme durante o crescimento secundário. Coletivamente, a periderme consiste em felogênio, felema e feloderme (**Figura 19.20A**). O **felema**, ou **súber**, é um tecido protetor multiestratificado de células mortas com paredes suberizadas, que é

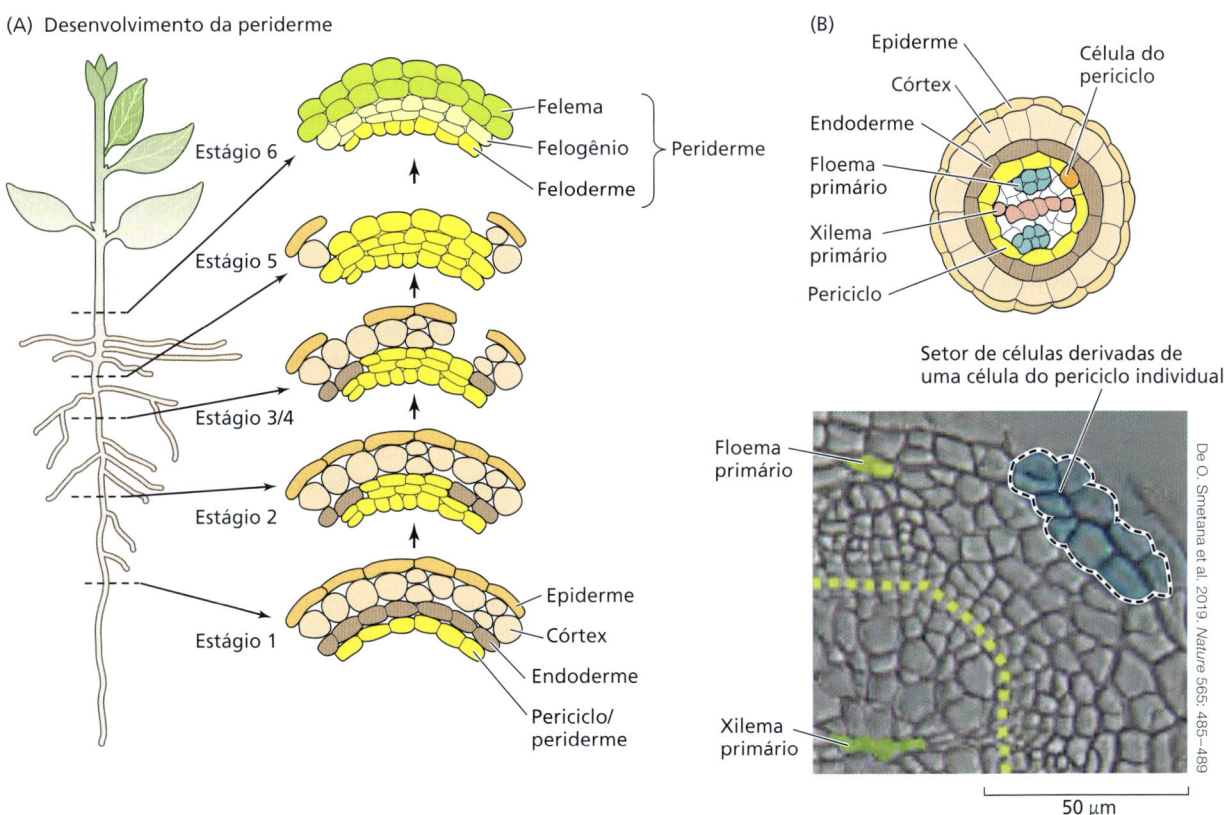

Figura 19.20 Formação de periderme nas raízes de *Arabidopsis*. (A) O felogênio é um meristema bifacial que produz felema na parte externa e feloderma na parte interna. A periderme é formada a partir do periciclo, a camada externa do cilindro vascular (estelo). No estágio 2, a endoderme sofre morte celular programada e, no estágio 4, desaparece. O córtex e a epiderme se desprendem no estágio 3/4 enquanto os tecidos ainda estão vivos. O estágio 5 é definido por um anel completo de células suberizadas e, no estágio 6, a periderme está totalmente formada e desprovida de quaisquer células epidérmicas ou corticais. (B) Um esquema de um corte transversal da raiz destaca a célula inicial do periciclo seguida pelo rastreamento da linhagem na micrografia abaixo. Experimentos de rastreamento de linhagem mostram que qualquer célula do periciclo pode formar felogênio. Nesse caso, o felema contém um setor de células (azul) derivado de uma única célula de periciclo (laranja no diagrama superior). A linha tracejada amarela marca o câmbio, enquanto o floema primário e o xilema primário são coloridos em amarelo e verde, respectivamente. (Segundo A. Campilho et al. 2020. *Curr. Opin. Plant Biol.* 53: 10–14.)

formado externamente pelo felogênio. A **feloderme** é um tecido parenquimático vivo formado para o interior.

O volume de felema produzido pelo felogênio varia entre as espécies arbóreas, com o sobreiro (*Quercus suber*) representando um exemplo extremo que contém uma camada permanente de felogênio produzindo súber ou felema de maneira indefinida. A camada resultante suberosa e espessa provavelmente protege o tronco principal da desidratação no clima mediterrâneo quente e seco. Também é um excelente isolante, com baixa densidade e permeabilidade, e é usado na construção, no vestuário e na preservação de vinhos. As rolhas de cortiça evitam a contaminação do vinho e permitem a penetração de uma pequena quantidade de oxigênio, apenas o suficiente para manter o desenvolvimento do vinho e evitar a oxidação. A periderme também protege contra a penetração de patógenos, seja simplesmente espessando a barreira superficial com camadas adicionais ou aumentando a suberização (como no caso da estria de Caspary; ver Capítulo 4) ou o conteúdo de outros metabólitos ativos.

Embora a periderme se origine diretamente sob a epiderme nos caules, nas raízes ela tem uma origem mais profunda, surgindo a partir do periciclo, que é circundado por três camadas de tecido concêntrico (endoderme, córtex e epiderme). Por meio de experimentos de rastreamento de linhagem, foi possível confirmar que todas as células do periciclo contribuem para a linhagem do felogênio (**Figura 19.20B**), o que significa que as células do periciclo opostas ao polo de xilema atuam como células iniciais tanto para o câmbio vascular quanto para o felogênio. A plasticidade das células do periciclo opostas ao polo de xilema é notável, pois além de contribuir para os dois meristemas secundários, elas também dão origem a calos regenerados na cultura de tecidos vegetais e iniciam raízes laterais em algumas espécies (embora as raízes laterais às vezes possam derivar de outras células do periciclo).

Quando as células do periciclo opostas ao polo de xilema na raiz se dividem periclinalmente, aumentando o número de camadas radialmente, as células endodérmicas começam a se achatar (ver Figura 19.20A, estágio 1). No lado do periciclo oposto ao polo de floema, as células endodérmicas iniciam a morte celular programada no estágio 2 e depois morrem gradualmente à medida que o novo meristema progride. Em áreas onde a endoderme já desapareceu e há um felema suberizado (diferenciado), as células corticais e epidérmicas começam a se desprender, provavelmente por abscisão, uma vez que essas células ainda estão vivas (estágios 3 e 4), resultando em eliminação gradual das camadas protetoras anteriores. O estágio 5 culmina em um anel completo de cortiça diferenciada e ausência completa de epiderme, enquanto qualquer córtex e endoderme restantes são eliminados no estágio 6. Curiosamente, a emergência de raízes laterais também envolve uma combinação de morte celular programada e abscisão (ver Capítulo 18). As redes regulatórias subjacentes à formação da periderme estão agora sendo reveladas, o que mostrará se os mecanismos moleculares também estão conservados.

A casca tem diversas funções de proteção e armazenamento

A camada protetora externa das árvores é comumente chamada de **casca**. Este termo, com frequência aplicado incorretamente à periderme isoladamente, consiste, na verdade, em todos os tecidos externos ao câmbio vascular, incluindo o floema secundário funcional, o floema secundário não funcional comprimido, o floema primário comprimido e a periderme. Portanto, a casca se origina de dois meristemas diferentes, o felogênio e o câmbio vascular. A casca tende a desprender-se facilmente de uma árvore porque o câmbio vascular, com suas camadas celulares em divisão, é muito mais frágil do que os tecidos secundários de cada lado. Apesar da importância desse conjunto de tecidos para preservar o floema e proteger as plantas lenhosas das ameaças bióticas e abióticas, a composição da casca e as genéticas que controlam sua formação não são bem compreendidas, principalmente porque ela é altamente diversa entre as diferentes espécies. Por exemplo, em algumas árvores, como carvalhos, a casca é grossa e rachada, enquanto em outras, como cerejeiras e bétulas, ela é lisa. A casca também pode ter cores diferentes, mesmo entre espécies arbóreas estreitamente relacionadas.

A casca também varia nos tipos e quantidades de metabólitos secundários que contém. Embora muitos deles sejam produzidos pela planta como mecanismo de defesa, os humanos também descobriram sua utilidade. Exemplos clássicos de medicamentos derivados da casca são o ácido salicílico antisséptico e anti-inflamatório (do salgueiro), a quinina antimalárica (da cinchona) e o medicamento quimioterápico paclitaxel (do teixo-do-pacífico). Um estudo recente analisou a expressão gênica e os metabólitos nas cascas de diferentes espécies da família Betulaceae e descobriu que a betulina, o triterpeno responsável pela cor branca da bétula prateada, era muito menos abundante em outras espécies da família, como o amieiro-preto. O estudo também destacou a importância do felema na produção de metabólitos secundários para a defesa da planta, uma vez que muitas das rotas metabólicas relevantes atuam na formação desse tecido.

A casca também pode funcionar como uma estrutura de armazenamento. A sazonalidade de crescimento impõe um desafio significativo às plantas perenes, quanto ao uso, à armazenagem e à reciclagem de nutrientes. Embora todas as espécies vegetais tenham mecanismos para reciclar, armazenar e remobilizar nutrientes durante a estação de crescimento, a ciclagem sazonal de nitrogênio, o macronutriente mais importante, é uma marca distintiva do hábito de vida perene. Por exemplo, o nitrogênio das folhas senescentes é armazenado na forma de **proteínas de reserva da casca** (**BSPs**, *bark storage proteins*) em vacúolos pequenos do parênquima do floema (casca interna). Essas proteínas são sintetizadas no início do outono, mas são rapidamente mobilizadas durante a primavera à medida que o crescimento é reiniciado.

Gemas epicórmicas cobertas por casca podem crescer após incêndios florestais

Na Seção 19.2, foi feita a distinção entre raízes em ramificação, que surgem internamente no periciclo, e brotos em ramificação,

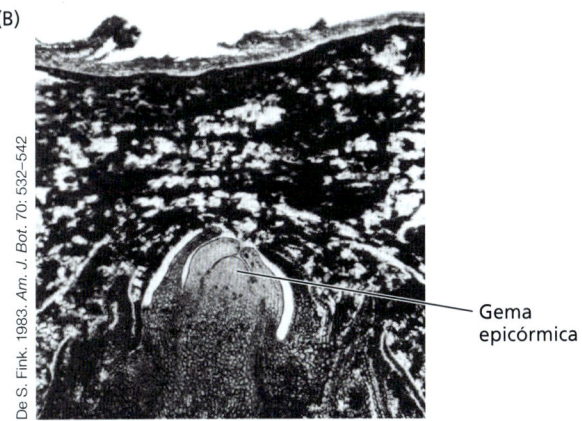

Figura 19.21 Ramos e gema epicórmicos. (A) Árvore de eucalipto dois anos após os incêndios florestais alpinos de Eastern Victoria, em 2003, na Austrália. (B) Gema epicórmica de *Tilia platyphyllos*, coberta por casca.

que surgem de gemas externas nas axilas das folhas. No entanto, existem alguns tipos de brotos em ramificação, que podem surgir internamente a partir de **gemas epicórmicas** localizadas abaixo da casca dos troncos das árvores. Eles são chamados de ramos *epicórmicos*, das palavras gregas para "no tronco". O surgimento de ramos epicórmicos e "brotos fecais", caules laterais produzidos na ausência de uma gema terminal, nos troncos e tocos de árvores antigas é comum entre angiospermas e coníferas e desempenha um papel importante na formação da arquitetura das árvores. Isso é especialmente verdadeiro para árvores adaptadas a ecossistemas propensos ao fogo, como eucaliptos que crescem em campos e florestas da Austrália. Os eucaliptos têm a capacidade de produzir numerosas gemas epicórmicas que brotam após um incêndio severo (**Figura 19.21A**). Ao contrário das gemas axilares, as gemas epicórmicas geralmente sobrevivem a esses incêndios porque são isoladas do calor intenso pela espessa camada de casca da árvore (**Figura 19.21B**).

Os ramos epicórmicos podem surgir de dois tipos de gemas epicórmicas: **gemas preventivas**, as gemas axilares que permaneceram dormentes durante o crescimento secundário e ficaram cobertas pela casca, e **gemas adventícias**, que diferenciam *de novo* de tecido maduro do caule ou de tecido de calo nos sítios de lesões. Um exemplo disso são as saliências da sequoia-vermelha que se formam nas partes aéreas do tronco em resposta a lesões. Em contraste, as saliências da sequoia-vermelha que se formam na base da árvore surgem de grandes aglomerados de gemas axilares que começam a se formar nas axilas cotiledonares e depois se espalham para as axilas das folhas acima. Isso induz intumescimento e crescimento secundário, resultando em uma saliência basal. Essas saliências basais estão cheias de grupos de gemas epicórmicas preventivas, que podem regenerar novas árvores após um incêndio ou após a remoção do tronco principal.

■ Resumo

Grande parte da diversidade das formas das plantas vem de sua capacidade de iniciar e padronizar novos órgãos, como ramos ou raízes laterais, ao longo de sua vida. Os órgãos são iniciados a partir de meristemas que são estabelecidos e mantidos de forma semelhante aos associados ao desenvolvimento primário, vistos no Capítulo 18. O desencadeador para produzir um novo órgão requer a integração de sinais ambientais e internos por meio da ação de sinais móveis de uma forma comparável aos mecanismos que padronizam os tipos de células, tecidos e formas dos órgãos durante o desenvolvimento primário. Rotas de sinalização específicas também foram reutilizadas repetidamente ao longo da evolução para controlar diferentes aspectos do desenvolvimento. Por exemplo, os tecidos meristemáticos na raiz e no caule e o câmbio vascular usam alças de retroalimentação do receptor do tipo quinase-WOX para regular o número e a posição iniciais das células, e o hormônio auxina padroniza a estrutura vascular, posiciona os órgãos laterais e regula o crescimento dos ramos, entre muitas outras funções. No geral, essa integração de moléculas de sinalização móveis com rotas de sinalização locais conservadas permite que as plantas apresentem decisões de desenvolvimento descentralizadas e ajustem seu desenvolvimento rapidamente a um ambiente em mudança, mantendo também formas vigorosas de órgãos e padrões de tecidos.

19.1 Ramificação e arquitetura do caule

- Nas espermatófitas, a arquitetura do caule é baseada em unidades repetidas chamadas fitômeros, consistindo em um entrenó, um nódulo, uma folha e uma gema axilar (**Figura 19.1**).
- Existem fortes evidências experimentais de que a auxina do ápice do caule e as estrigolactonas da raiz mantêm a dominância apical (**Figuras 19.3–19.5**).
- As citocininas quebram a dominância apical e promovem a dominância axilar (**Figura 19.5**).
- Os sinais ambientais podem anular sinais hormonais padrão para dar forma à arquitetura vegetativa. Por exemplo, o *status* do nitrogênio da planta altera a ramificação.

Resumo

19.2 Ramificação e arquitetura da raiz

- Existem dois tipos de raízes pós-embrionárias: laterais ou ramificadas, que surgem de raízes existentes, e adventícias, que se originam de tecidos de órgãos diferentes de raízes.
- Os primórdios da raiz lateral surgem das células do periciclo opostas ao polo de xilema (**Figuras 19.8, 19.9**).
- Um relógio de auxina na zona de oscilação prepara as células do periciclo opostas ao polo de xilema para se tornarem células fundadoras da raiz lateral (**Figura 19.10**).
- Os sistemas de caules e de raízes exibem arquiteturas diferentes com base em padrões de ramificação e ângulos do valor-alvo gravitrópico, que variam com a espécie e o ambiente.
- Os sistemas radiculares das monocotiledôneas são compostos em grande parte de raízes seminais e raízes coronais, ao passo que os sistemas radiculares das eudicotiledôneas são derivados em grande parte da raiz primária (pivotante) (**Figuras 19.11, 19.12**).
- Os ângulos do valor-alvo gravitrópico são fundamentais para a arquitetura da planta e são controlados por fatores de transcrição IGT (**Figura 19.13**).
- A arquitetura do sistema radicular é altamente sensível à heterogeneidade no ambiente aquoso.
- As relações micorrízicas entre os sistemas radiculares são onipresentes e envolvem o transporte de nutrientes ao longo dos gradientes fonte-dreno.

19.3 Crescimento secundário

- O crescimento em diâmetro é realizado pelo câmbio vascular e pelo felogênio, que são meristemas secundários bifaciais que originam o sistema vascular secundário e a periderme, respectivamente. (**Figuras 19.14, 19.15**).
- Os fatores de transcrição móveis estabelecem o pré-padrão do câmbio vascular (**Figura 19.16**).
- As células precursoras dos elementos crivados do protofloema são as organizadoras de um meristema lateral dentro do ápice da raiz, que gera células procambiais por meio de divisões celulares periclinais, pré-padronizando assim o crescimento secundário (**Figura 19.16**).
- Em raízes mais maduras, a organizadora celular inicial cambial tem identidade de xilema e é caracterizada por quiescência e um máximo de auxina (**Figura 19.16**).
- Qualquer tipo de célula na proximidade imediata do xilema pode se tornar uma célula cambial inicial, enquanto a periderme se origina no periciclo (**Figuras 19.16, 19.20**).
- Fatores de transcrição WOX e pequenos módulos de sinalização de peptídeos são usados em vários contextos para promover a identidade celular inicial no MAC e no MAR, bem como a manutenção do câmbio vascular (**Figura 19.17**).
- O crescimento radial e a formação do lenho podem ser manipulados alterando a expressão de vários fatores de transcrição fundamentais (**Figura 19.18**).
- Auxina, giberelinas, citocininas e etileno regulam a atividade do câmbio vascular e a diferenciação dos tecidos do sistema vascular secundário (**Figura 19.19**).
- O periderme origina-se a partir do periciclo. No processo, a endoderme sofre morte celular programada, e o córtex e a epiderme se rompem (**Figura 19.20**).
- A arquitetura das árvores pode ser regenerada após incêndios florestais pela ativação de gemas epicórmicas há muito dormentes (**Figura 19.21**).
- A atividade do câmbio vascular é sensível aos estímulos (p. ex., gravidade, peso) que, em última análise, influenciam as propriedades do lenho.

Material da internet

- **Tópico 19.1 Arquitetura vegetal, produções agrícolas e sustentabilidade ambiental** As principais bases genéticas da Revolução Verde foram os mutantes semianões em culturas de cereais, que alteraram a arquitetura das aéreas, seja como resultado da redução das concentrações do hormônio giberelina ou da sinalização.
- **Tópico 19.2 Ramificação dicotômica** O tipo mais antigo de ramificação em plantas vasculares foi a ramificação dicotômica, característica das primeiras plantas vasculares e de algumas angiospermas atuais.
- **Tópico 19.3 Modelo de ramificação regulada por auxina** Um modelo que descreve as relações entre o fluxo de auxina, a concentração de proteínas PIN e a ativação das gemas laterais pode explicar as observações experimentais.
- **Tópico 19.4 Avanços na fenotipagem dos sistemas radiculares** Os métodos modernos de captura de imagens dos sistemas radiculares incluem técnicas bidimensionais (2D) e tridimensionais (3D).
- **Tópico 19.5 Um modelo de relógio de auxina para o espaçamento de sítios pré-ramificação** De acordo com o modelo do relógio de auxina, as células que migram pela zona de oscilação da raiz são expostas a níveis flutuantes de atividade de auxina ou concentração de auxina.
- **Tópico 19.6 Evolução do crescimento secundário** A julgar pelo registro fóssil, o crescimento secundário surgiu de forma independente várias vezes em muitas linhagens, antecedendo as espermatófitas atuais.

Resumo

- **Tópico 19.7 Lenho de reação** As árvores podem formar um tipo especializado de lenho chamado "lenho de reação" em resposta ao estresse gravitacional ou hídrico.

- **Tópico 19.8 Crescimento secundário em lianas** Padrões de crescimento secundário variantes surgiram em lianas, como adaptações para escalar árvores altas.

- **Tópico 19.9 Organizadores do câmbio vascular de raízes** As células organizadoras próximas à extremidade da raiz promovem divisões celulares em células adjacentes. Nesse caso, as organizadoras são células de xilema que induzem as células iniciais vizinhas a gerar células-filhas de xilema em direção ao interior e à periferia da raiz.

Para mais recursos de aprendizagem (em inglês), acesse **oup.com/he/taiz7e**.

Leituras sugeridas

Aloni, R. (2021) *Vascular Differentiation and Plant Hormones.* Springer Nature, Switzerland.

Alonso-Serra, J., Shi, X., Peaucelle, A., Rastas, P., Bourdon, M., Immanen, J., Takahashi, J., Koivula, H., Eswaran, G., Muranen, S., Help, H., Smolander, O.-P., Su, C., Safronov, O., Gerber, L., Salojärvi, J., Hagqvist, R., Mähönen, A. P., Helariutta, Y., and Nieminen, K. (2020) ELIMÄKI Locus is required for vertical proprioceptive response in birch trees. *Curr. Biol.* 30: 589–599.

Bao, Y., Aggarwal, P., Robbins, N. E., Sturrock, C. J., Thompson, M. C., Tan, H. Q., Tham, C., Duan, L., Rodriguez, P. L., Vernoux, T., Mooney, S. J., Bennett, M. J., and Dinneny, J. R. (2014) Plant roots use a patterning mechanism to position lateral root branches toward available water. *Proc. Natl. Acad. Sci. USA* 111: 9319–9324.

Barlow, P. W. (1994) Evolution of structural initial cells in apical meristems of plants. *J. Theor. Biol.* 169: 163–177.

Campilho, A., Nieminen, K., and Ragni, L. (2020) The development of the periderm: the final frontier between a plant and its environment. *Curr. Opin. Plant Biol. Growth Dev.* 53: 10–14.

Chery, J. G., Pace, M. R., Acevedo-Rodríguez, P., Specht, C. D., and Rothfels, C. J. (2020) Modifications during early plant development promote the evolution of nature's most complex woods. *Curr. Biol.* 30: 237–244.

Di Mambro, R., De Ruvo, M., Pacifici, E., Salvi, E., Sozzani, R., Benfey, P. N., Busch, W., Novak, O., Ljung, K., Di Paola, L., Marée, A. F. M., Costantino, P., Grieneisen, V. A., and Sabatini, S. (2017) Auxin minimum triggers the developmental switch from cell division to cell differentiation in the Arabidopsis root. *Proc. Natl. Acad. Sci. USA* 114: E7641–E7649.

Hirakawa, Y., Kondo, Y., and Fukuda, H. (2010) TDIF Peptide signaling regulates vascular initial cell proliferation via the WOX4 Homeobox gene in Arabidopsis. *Plant Cell* 22: 2618–2629.

Miyashima, S., Roszak, P., Sevilem, I., Toyokura, K., Blob, B., Heo, J., Mellor, N., Help-Rinta-Rahko, H., Otero, S., Smet, W., Boekschoten, M., Hooiveld, G., Hashimoto, K., Smetana, O., Siligato, R., Wallner, E.-S., Mähönen, A. P., Kondo, Y., Melnyk, C. W., Greb, T., Nakajima, K., Sozzani, R., Bishopp, A.,

De Rybel, B., and Helariutta, Y. (2019) Mobile PEAR transcription factors integrate positional cues to prime cambial growth. *Nature* 565: 490–494.

Prusinkiewicz, P., Crawford, S., Smith, R. S., Ljung, K., Bennett, T., Ongaro, V., and Leyser, O. (2009) Control of bud activation by an auxin transport switch. *Proc. Natl. Acad. Sci. USA* 106: 17431–17436.

Risopatron, J. P. M., Sun, Y., and Jones, B. J. (2012) The vascular cambium: Molecular control of cellular structure. *Protoplasma* 247: 145–161.

Smetana, O., Mäkilä, R., Lyu, M., Amiryousefi, A., Sánchez Rodríguez, F., Wu, M.-F., Solé-Gil, A., Leal Gavarrón, M., Siligato, R., Miyashima, S., Roszak, P., Blomster, T., Reed, J. W., Broholm, S., and Mähönen, A. P. (2019) High levels of auxin signaling define the stem-cell organizer of the vascular cambium. *Nature* 565: 485–489.

Uga, Y., Sugimoto, K., Ogawa, S., Rane, J., Ishitani, M., Hara, N., Kitomi, Y., Inukai, Y., Ono, K., Kanno, N., Inoue, H., Takehisa, H., Motoyama, R., Nagamura, Y., Wu, J., Matsumoto, T., Takai, T., Okuno, K., and Yano, M. (2013) Control of root system architecture by DEEPER ROOTING 1 increases rice yield under drought conditions. *Nat. Genet.* 45: 1097–102.

Verna, C., Ravichandran, S. J., Sawchuk, M. G., Linh, N. M., and Scarpella, E. (2019) Coordination of tissue cell polarity by auxin transport and signaling. *eLife* 8: 51061.

Wu, K., Wang, S., Song, W., Zhang, J., Wang, Y., Liu, Q., Yu, J., Ye, Y., Li, S., Chen, J., Zhao, Y., Wang, J., Wu, X., Wang, M., Zhang, Y., Liu, B., Wu, Y., Harberd, N. P., and Fu, X. (2020) Enhanced sustainable green revolution yield via nitrogen-responsive chromatin modulation in rice. *Science* 367: eaaz2046.

Zhang, J., Eswaran, G., Alonso-Serra, J., Kucukoglu, M., Xiang, J., Yang, W., Elo, A., Nieminen, K., Damén, T., Joung, J.-G., Yun, J.-Y., Lee, J.-H., Ragni, L., Barbier de Reuille, P., Ahnert, S. E., Lee, J.-Y., Mähönen, A. P., and Helariutta, Y. (2019) Transcriptional regulatory framework for vascular cambium development in Arabidopsis roots. *Nat. Plants* 5: 1033–1042.

20 O controle do florescimento e o desenvolvimento floral

A maioria das pessoas aguarda ansiosamente a estação da primavera e a profusão de flores que ela traz. Alguns planejam cuidadosamente suas férias de forma a coincidir com estações específicas de florescimento: *Citrus* ao longo da Blossom Trail no sul da Califórnia, tulipas na Holanda. Em Washington, D.C., e no Japão, as florações das cerejeiras são festejadas com animadas cerimônias. Com a progressão da primavera para o verão, do verão para o outono e do outono para o inverno, as plantas nativas florescem em seu devido tempo. O florescimento na época correta do ano é crucial para o sucesso reprodutivo da planta; plantas de polinização cruzada devem florescer em sincronia com outros indivíduos de suas espécies, e também com seus polinizadores, em uma época do ano ideal para o desenvolvimento da semente.

Embora a forte correlação entre o florescimento e as estações seja de conhecimento comum, o fenômeno abrange questões fundamentais que serão consideradas neste capítulo:

- Como as plantas acompanham o curso das estações do ano e das horas do dia?
- Que sinais ambientais influenciam o florescimento e como eles são percebidos?
- Como os sinais ambientais são transduzidos para efetuar as alterações de desenvolvimento associadas ao florescimento?

No Capítulo 19, foi discutido o papel dos meristemas apicais da raiz e do caule no crescimento e no desenvolvimento vegetativo. A transição para o florescimento envolve grandes alterações no padrão de morfogênese e diferenciação celular no meristema apical do caule. Por fim, como será visto, esse processo leva à produção dos órgãos florais — sépalas, pétalas, estames e carpelos.

20.1 Evocação floral: integração de estímulos ambientais

Uma decisão particularmente importante no desenvolvimento, durante o ciclo de vida vegetal, é quando a planta irá florescer. O processo pelo qual o meristema apical do caule se torna incumbido da formação de flores é denominado **evocação floral**. O atraso nessa incumbência de florescer aumentará as reservas de carboidratos que estarão disponíveis para mobilização, gerando mais e melhores sementes para a maturação. Atraso no florescimento, entretanto, também aumenta potencialmente o risco de a planta ser predada, morta por estresse abiótico ou superada

por outras plantas antes que se reproduza. Nesse sentido, as plantas desenvolveram uma gama extraordinária de adaptações reprodutivas – por exemplo, ciclos de vida anuais *versus* perenes.

Plantas anuais como a tasneira (*Senecio vulgaris*) podem florescer poucas semanas após a germinação. Contudo, árvores podem crescer por 20 anos ou mais antes de começarem a produzir flores. Ao longo do reino vegetal, diferentes espécies florescem em um espectro amplo de idades, indicando que a idade, ou talvez o tamanho da planta, seja um fator interno que controla a passagem para o desenvolvimento reprodutivo.

O caso no qual o florescimento ocorre estritamente em resposta a fatores de desenvolvimento internos e não depende de qualquer condição ambiental particular é referido como *regulação autônoma*. Em espécies que exibem uma exigência absoluta de um conjunto específico de estímulos ambientais para florescer, o florescimento é considerado uma resposta *obrigatória* ou *qualitativa*. Se for promovido por certos estímulos ambientais, mas também puder ocorrer na ausência deles, a resposta ao florescimento é *facultativa* ou *quantitativa*. Uma espécie com uma resposta facultativa, como *Arabidopsis*, depende de sinais tanto ambientais como autônomos para promover o crescimento reprodutivo.

O fotoperiodismo e a vernalização são dois dos mais importantes mecanismos subjacentes às respostas sazonais. O fotoperiodismo (ver Capítulo 16) é uma resposta ao comprimento do dia ou da noite; a vernalização é a promoção do florescimento pelo frio prolongado. Outros sinais, como qualidade da luz, temperatura do ambiente e estresse abiótico, também são estímulos externos importantes para o desenvolvimento vegetal.

A evolução dos sistemas de controle interno (autônomo) e externo (percepção ambiental) possibilita à planta regular o florescimento de forma precisa, de modo a ocorrer no momento certo para o sucesso reprodutivo. Por exemplo, em muitas populações de uma determinada espécie, o florescimento é sincronizado, o que favorece a polinização cruzada. O florescimento em resposta a estímulos ambientais assegura que as sementes sejam produzidas sob condições favoráveis, particularmente em resposta à água e à temperatura. Entretanto, isso torna as plantas muito vulneráveis a mudanças climáticas rápidas, como o aquecimento global, que podem alterar as redes regulatórias que governam a época do florescimento (ver **Tópico 20.1 na internet**).

20.2 O ápice caulinar e as mudanças de fase

Todos os organismos multicelulares passam por uma série de estágios de desenvolvimento mais ou menos definidos, cada um com suas características próprias. Nos seres humanos, a fase de recém-nascido, a infância, a adolescência e a idade adulta representam quatro estágios gerais de desenvolvimento, sendo a puberdade a linha divisória entre as fases não reprodutiva e reprodutiva. De forma similar, as plantas passam por distintas fases de desenvolvimento. Entretanto, ao contrário dos animais, as plantas produzem continuamente novos órgãos a partir do meristema apical. Essa capacidade permite que as plantas sincronizem seu desenvolvimento com um ambiente em mudança, controlando o tempo das transições de fase. Soma-se a isso o fato de que as plantas devem integrar a informação do ambiente, bem como os sinais autônomos, para maximizar o seu sucesso reprodutivo. Esta seção descreve as principais rotas que controlam essas decisões.

As plantas progridem em três fases de desenvolvimento

O desenvolvimento pós-embrionário nas plantas pode ser dividido em três fases:

1. Fase juvenil
2. Fase adulta vegetativa
3. Fase adulta reprodutiva

A transição de uma fase para a outra é denominada **mudança de fase**.

A principal distinção entre as fases juvenil e adulta é que esta última possui a capacidade de formar estruturas reprodutivas: flores nas angiospermas e cones nas gimnospermas. Entretanto, o florescimento, que representa a expressão da competência reprodutiva da fase adulta, com frequência depende de sinais do desenvolvimento e ambientais específicos. Portanto, a ausência do florescimento não é um indicador confiável da juvenilidade.

A transição da fase juvenil para a fase adulta com frequência é acompanhada por mudanças nas características vegetativas, como morfologia foliar, filotaxia (o arranjo das folhas no caule), quantidade de espinhos, capacidade de enraizamento e retenção das folhas em espécies decíduas, como a hera (*Hedera helix*) (**Figura 20.1**; ver também **Tópico 20.2 na internet**). Essas mudanças são mais evidentes em perenes lenhosas, mas também são aparentes em muitas espécies herbáceas. Diferente da transição abrupta da fase vegetativa adulta para a fase reprodutiva, a transição da fase juvenil para a adulta vegetativa em geral é gradual, envolvendo formas intermediárias.

Os tecidos juvenis são produzidos primeiro e estão localizados na base do caule

A sequência cronológica das três fases de desenvolvimento resulta em um gradiente espacial de juvenilidade ao longo do eixo do caule. Uma vez que o crescimento em altura é restrito ao meristema apical, os tecidos e os órgãos juvenis, que são formados primeiro, localizam-se na base do caule. Nas espécies herbáceas de florescimento rápido, a fase juvenil pode durar apenas poucos dias, sendo produzidas poucas estruturas juvenis. As espécies lenhosas, por outro lado, possuem uma fase juvenil mais prolongada, em alguns casos durando 30 a 40 anos (**Tabela 20.1**). Nesses casos, as estruturas juvenis podem compor uma parte expressiva da planta madura.

Uma vez que o meristema tenha mudado para a fase adulta, somente estruturas vegetativas adultas são produzidas, culminando no florescimento. As fases adulta e reprodutiva são, por consequência, localizadas nas regiões superior e periférica do caule.

Figura 20.1 Formas juvenil e adulta da hera (*Hedera helix*). A forma juvenil possui folhas palmadas lobadas em uma disposição alternada, tem hábito de crescimento trepador e não apresenta flores. A forma adulta possui folhas inteiras ovaladas dispostas em espiral, crescimento para cima e flores que se desenvolvem em frutos.

A obtenção de um tamanho suficientemente grande parece ser mais importante do que a idade cronológica da planta na determinação da transição para a fase adulta. Condições que retardam o crescimento, como deficiências minerais, intensidade luminosa baixa, estresse hídrico, desfolhamento e temperatura baixa, tendem a prolongar a fase juvenil ou mesmo causar

Tabela 20.1 Duração do período juvenil em algumas plantas lenhosas

Espécie	Duração do período juvenil
Rosa (*Rosa* [chá híbrido])	20-30 dias
Videira (*Vitis* spp.)	1 ano
Macieira (*Malus* spp.)	4-8 anos
Citrus spp.	5-8 anos
Hera (*Hedera helix*)	5-10 anos
Sequoia-vermelha (*Sequoia sempervirens*)	5-15 anos
Sicômoro (*Acer pseudoplatanus*)	15-20 anos
Carvalho (*Quercus robur*)	25-30 anos
Faia-europeia (*Fagus sylvatica*)	30-40 anos

Fonte: Segundo J. R. Clark. 1983. *J. Arboriculture* 9: 201-205

reversão para juvenilidade de caules adultos. Por outro lado, condições que promovam o crescimento vigoroso aceleram a transição para a fase adulta. Quando o crescimento é acelerado, a exposição ao tratamento correto indutor de flores pode resultar em florescimento.

Embora o tamanho da planta pareça ser o fator mais importante, nem sempre fica claro qual componente específico associado ao tamanho é crítico. Em algumas espécies de *Nicotiana*, parece que as plantas necessitam produzir um certo número de folhas para transmitir a quantidade suficiente de estímulo floral ao ápice.

Uma vez alcançada a fase adulta, ela é relativamente estável, mantendo-se durante a propagação vegetativa ou enxertia. Por exemplo, estacas retiradas da região basal de indivíduos maduros de hera (*H. helix*) desenvolvem-se em plantas juvenis, enquanto aquelas retiradas do ápice se desenvolvem em plantas adultas. Quando ramos foram retirados da base de uma bétula-prateada (*Betula verrucosa*) e enxertados em porta-enxertos de plântulas, não apareceram flores nos enxertos nos primeiros dois anos. Por outro lado, enxertos retirados do topo da árvore adulta floresceram sem restrição.

O termo *juvenilidade* tem significados diferentes para espécies herbáceas e lenhosas. Os meristemas herbáceos juvenis florescem prontamente quando enxertados em plantas adultas florescentes (ver **Tópico 20.3 na internet**), enquanto os meristemas lenhosos juvenis geralmente não. Por isso, é dito que os meristemas lenhosos juvenis carecem de competência para florescer (ver **Tópico 20.4 na internet**).

As mudanças de fases podem ser influenciadas por nutrientes, giberelinas e outros sinais

A transição no ápice do caule da fase juvenil para a fase adulta pode ser afetada por fatores transmissíveis oriundos do restante da planta. Em muitas plantas, a exposição a condições de intensidade luminosa baixa prolonga a juvenilidade ou provoca uma volta a ela. Uma consequência importante de um regime de luminosidade baixa é uma redução no suprimento de carboidratos ao ápice; assim, o suprimento de carboidratos, especialmente sacarose, pode desempenhar um papel na transição entre a juvenilidade e a maturidade. O suprimento de carboidratos como fonte de energia e matéria-prima pode afetar o tamanho do ápice. Por exemplo, no crisântemo (*Chrysanthemum morifolium*), os primórdios florais não são iniciados até que um tamanho mínimo do ápice seja atingido. Em *Arabidopsis*, o suprimento de carboidratos na planta é transmitido pela pequena molécula sinalizadora trealose-6-fosfato, um dissacarídeo. Plantas que carecem de trealose-6-fosfato florescem muito tardiamente, mesmo sob condições indutivas, e a trealose-6-fosfato ativa as rotas de florescimento nas folhas e no ápice caulinar.

O ápice recebe do resto da planta uma diversidade de fatores hormonais, entre outros, além de carboidratos e demais nutrientes. Evidências experimentais mostram que a aplicação de giberelinas (GAs) leva à formação de estruturas reprodutivas em plantas jovens de várias famílias de coníferas.

O envolvimento das GAs endógenas no controle da reprodução também é indicado pelo fato de que outros tratamentos que aceleram a produção de cones em pinheiros (p. ex., remoção de raízes, estresse hídrico e carência de nitrogênio) muitas vezes também resultam em um armazenamento de GAs na planta.

Uma classe importante de moléculas conservadas que controla as transições de fases em plantas é a dos micro RNAs. Os micro RNAs são pequenas moléculas de RNAs não codificantes que têm como alvo transcritos de mRNAs de outros genes pela homologia de sequências com pequenas regiões, interferindo assim em sua função (ver Capítulo 3). Em *Arabidopsis* e muitas outras plantas, incluindo árvores, o micro RNA miR156 é a chave para controlar a transição da fase juvenil para a adulta (**Figura 20.2**). Alguns dos genes-alvo do miR156 promovem a transição para o florescimento. O nível do miR156 decresce ao longo do tempo, e, quando ele cai abaixo de um certo limiar, os genes-alvo são expressos e a mudança de fase torna-se possível. A superexpressão do micro RNA é suficiente para atrasar a mudança de fase em *Arabidopsis* e no poplar.

Além do miR156, o micro RNA miR172 tem sido implicado em transições de fases em *Arabidopsis* (ver Figura 20.2). Os níveis do miR172 aumentam durante o desenvolvimento, enquanto os níveis do miR156 decaem. Ao contrário do miR156, cuja abundância é controlada pela idade da planta, a expressão do miR172 parece estar sob controle fotoperiódico (discutido na Seção 20.4). Os alvos do miR172 incluem vários transcritos que codificam fatores de transcrição envolvidos na repressão do florescimento. Desse modo, o miR172 promove a mudança de fases do crescimento vegetativo adulto para o reprodutivo.

20.3 Ritmos circadianos: o relógio interno

Os organismos normalmente estão sujeitos a ciclos diários de luz e escuro, e tanto plantas quanto animais em geral exibem um comportamento rítmo associado a essas alterações. Um ritmo de 24 horas que consiste em um período de luz seguido por um período escuro é chamado de **ritmo diel**. Exemplos desses ritmos incluem o movimento das folhas e pétalas (posições de dia e noite), a abertura e o fechamento dos estômatos, os padrões de crescimento e esporulação em fungos (p. ex., *Pilobolus* e *Neurospora*), a hora do dia para emergência de pupas (a mosca-da-fruta, *Drosophila*) e os ciclos de atividade de roedores, assim como mudanças diárias nas taxas de processos metabólicos, como a fotossíntese e a respiração.

Quando os organismos são transferidos de ciclos diários de luz-escuro para escuridão ou luz contínua, muitos desses ritmos continuam a ser expressos, ao menos, por vários dias. Sob tais condições uniformes, o período do ritmo fica próximo das 24 horas, e consequentemente o termo *ritmo circadiano* (do latim *circa*, "cerca de", e *diem*, "dia") se aplica a tais circunstâncias (ver Capítulo 4). Como os organismos continuam em um ambiente claro ou escuro constante, esses ritmos circadianos não podem ser respostas diretas à presença ou à ausência de luz, mas devem ser baseados em um marca-passo interno, com frequência denominado oscilador endógeno.

Um único mecanismo oscilador pode ser vinculado a vários processos posteriores em momentos diferentes. Acredita-se que os osciladores endógenos sejam regulados pelas interações de quatro conjuntos de genes expressos nas horas do amanhecer, da manhã, da tarde e da noite. A luz pode aumentar a amplitude da oscilação ativando os genes da manhã e da noite (**Figura 20.3**).

O oscilador endógeno está acoplado a uma diversidade de processos fisiológicos, como mo-

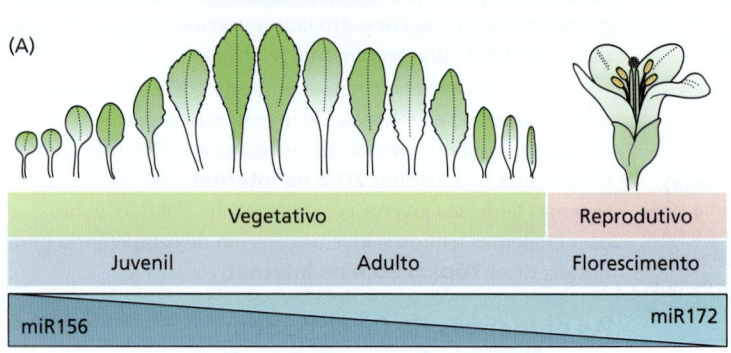

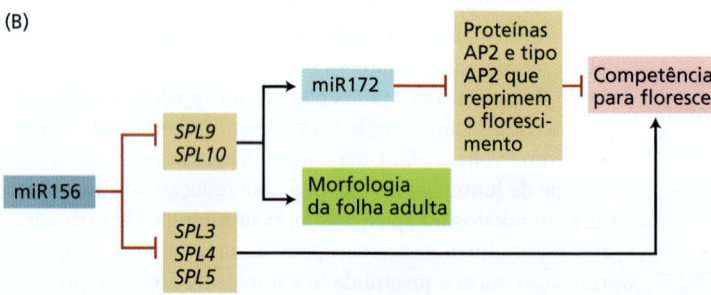

Figura 20.2 Regulação da mudança de fase em *Arabidopsis* pelos micro RNAs. (A) Durante os estágios mais precoces de desenvolvimento, o nível do miR156 é muito alto e o nível do miR172 é muito baixo, promovendo a fase de crescimento vegetativo juvenil. As folhas juvenis são pequenas e arredondadas e exibem tricomas somente no lado adaxial. Ao longo do tempo, o nível do miR156 cai, e o nível do miR172 aumenta, promovendo a transição para a fase vegetativa adulta. As folhas adultas vegetativas são maiores e mais alongadas, com tricomas abaxiais. (B) O declínio no nível do miR156 permite a expressão dos genes *SQUAMOSA PROMOTER BINDING PROTEIN-LIKE SPL 9* e *SPL10*, os quais regulam para cima a expressão do miR172. O miR172 regula para baixo seis fatores de transcrição do tipo AP2 que reprimem o florescimento. A liberação da repressão, combinada com a regulação positiva dos genes promotores de floração *SPL3-5*, torna a planta competente para florescer, permitindo a transição para o florescimento. O declínio no tamanho das folhas adultas reflete uma mudança gradual na alocação de açúcares das folhas para as estruturas reprodutivas em desenvolvimento.

(A)
Inibição mútua dos genes do Amanhecer e da Tarde. Este motivo é conhecido como um "interruptor liga-desliga". Quando um do par está em alta, o outro está em baixa. Este motivo, por si só, não oscila.

(B)
O interruptor está localizado dentro de um anel de quatro membros, no qual cada conjunto de genes desliga o conjunto expresso anteriormente. Em estado estacionário, o anel por si só também não oscila: pares opostos na diagonal estão ligados ou desligados. Esse resultado é impedido por (A).

(C)
Os genes da Noite desligam todos os genes exceto os genes do Amanhecer no início da noite, "limpando o caminho" antes que a expressão dos genes do Amanhecer comece novamente no meio para o final da noite.

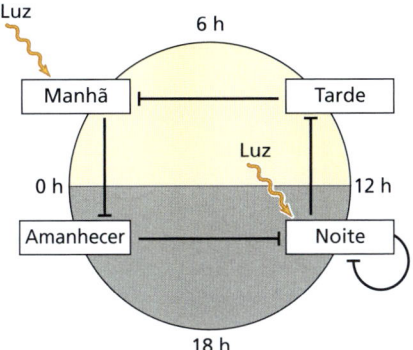
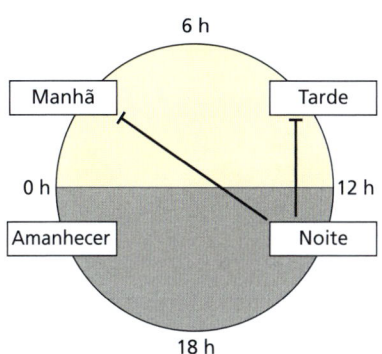

(D) O ciclo diário, passo a passo

1. A expressão dos genes do Amanhecer começa no meio para o final da noite continuando a repressão dos genes da Tarde (A).

2. A luz ativa a expressão dos genes da Manhã e da Noite. Os genes da Noite são reprimidos pelos genes do Amanhecer (B), então apenas os genes da Manhã são expressos.

3. Os genes da Manhã desligam os genes do Amanhecer (B), permitindo a expressão dos genes da Tarde (A) e dos genes da Noite (B). A ativação contínua pela luz dos genes da Noite também ajuda.

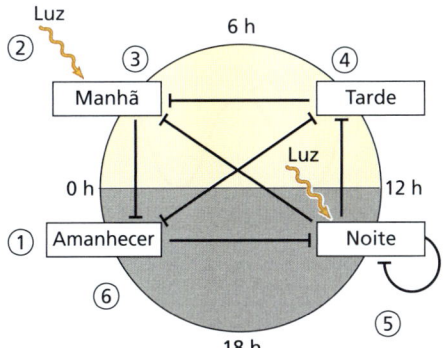

4. Os genes da Tarde desligam os genes da Manhã (B) e também mantêm desligados os genes do Amanhecer (A).

5. Os genes da Noite desligam todos os genes exceto os genes do Amanhecer (C).

6. Os genes do Amanhecer são expressos novamente no final da noite.

Figura 20.3 Modelo para o oscilador circadiano endógeno. Os círculos representam um ciclo de 24 horas, marcado em intervalos de 6 horas (0 h, 6 h, 12 h e 18 h); a luz do dia é de 0 h a 12 h. (Baseada em O. Purcell et al. 2010. *J. R. Soc. Interface* 7: 1503–1524; e Andrew Millar, comunicação pessoal.)

vimentos foliares ou fotossíntese, e mantém o ritmo. Por isso, ele pode ser considerado o mecanismo do relógio, e as funções fisiológicas que estão sendo reguladas, como os movimentos foliares ou a fotossíntese, são, às vezes, denominadas ponteiros do relógio.

Os ritmos circadianos exibem características marcantes

Os ritmos circadianos surgem de fenômenos cíclicos que são definidos por três parâmetros:

1. **Período** é o tempo entre pontos comparáveis dentro do ciclo. Geralmente, o período é medido como o tempo entre máximos (picos) ou mínimos (vales) consecutivos (**Figura 20.4A**).

2. **Fase** é qualquer ponto do ciclo que é reconhecível por sua relação com o resto do ciclo. Os pontos de fase mais óbvios são as posições de picos e vales.

3. **Amplitude** é geralmente considerada como a distância entre pico e vale. A amplitude de um ritmo biológico com frequência pode variar, enquanto o período permanece constante (p. ex., na **Figura 20.4B**).

Em condições de constante luminosidade ou escuro, os ritmos desviam de um período exato de 24 horas. Os ritmos, então, são desviados em relação ao horário solar, seja ganhando ou perdendo tempo, dependendo de o período ser mais curto ou mais longo do que 24 horas. Sob condições naturais, o oscilador endógeno é **controlado** (sincronizado) por um período verdadeiro de 24 horas por estímulos ambientais, sendo os

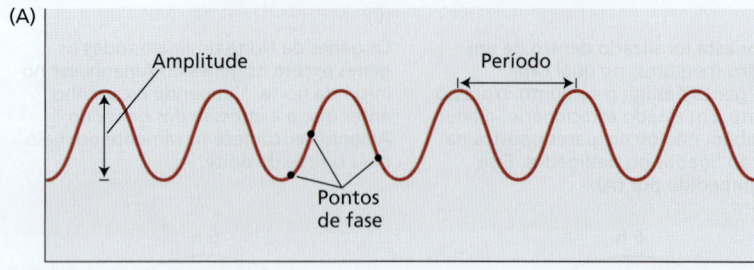

Um ritmo circadiano típico. O período é o tempo entre pontos comparáveis no ciclo repetitivo; a fase é qualquer ponto no ciclo reconhecível por seu relacionamento com o resto do ciclo; a amplitude é a distância entre um pico e um vale.

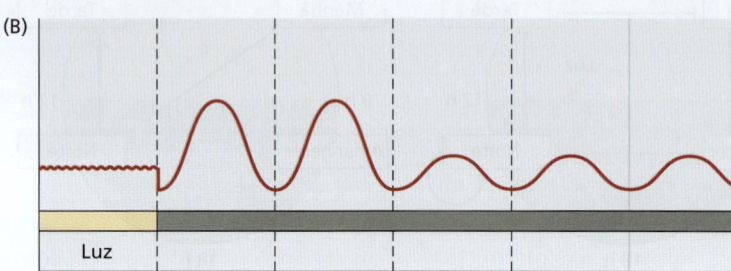

Suspensão de um ritmo circadiano em luz intensa contínua e a liberação ou o reinício do ritmo após a transferência para o escuro.

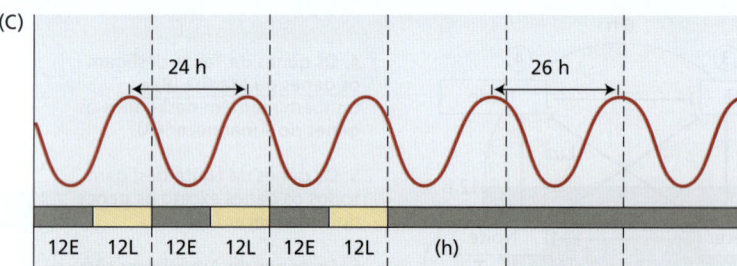

Um ritmo circadiano sincronizado a um ciclo de 24 horas de luz-escuro (L–E) e sua reversão para o período de curso livre (26 horas neste exemplo), após a transferência para o escuro contínuo.

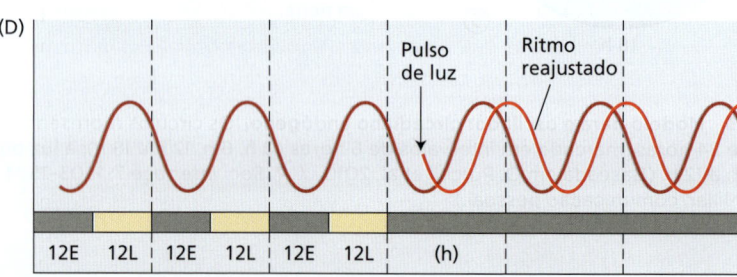

Típica mudança de fases em resposta a um pulso de luz aplicado logo após a transferência para o escuro. O ritmo tem sua fase alterada (atrasado), sem alteração no período.

Figura 20.4 Algumas características dos ritmos circadianos.

mais importantes deles as transições luz-escuro, ao entardecer, e escuro-luz, ao amanhecer (**Figura 20.4C**).

Esses sinais ambientais são denominados **zeitgebers** (termo alemão para "fornecedores do tempo"). Quando eles são removidos – p. ex., por transferência ao escuro contínuo –, o ritmo é considerado de **curso livre** e reverte ao período circadiano característico do organismo específico (ver Figura 20.4C).

Embora sejam gerados internamente, os ritmos normalmente necessitam de um sinal ambiental para iniciarem sua expressão. Além disso, muitos ritmos ficam amortecidos (i.e., a amplitude diminui) quando o organismo está sujeito a um ambiente constante por vários ciclos. Quando isso ocorre, um *zeitgeber* ambiental, como uma transferência da luz para o escuro ou uma mudança na temperatura, é necessário para reiniciar o ritmo (ver Figura 20.4B).

O relógio circadiano não teria valor para o organismo se não pudesse manter uma contagem acurada de tempo sob as temperaturas flutuantes experimentadas em condições naturais. Na verdade, a temperatura tem pouco ou nenhum efeito sobre o período do ritmo de curso livre. A característica que permite ao relógio manter o tempo em diferentes temperaturas é chamada de **compensação de temperatura**.

A mudança de fase ajusta os ritmos circadianos aos diferentes ciclos dia-noite

Nos ritmos circadianos, as respostas fisiológicas estão acopladas a um ponto específico no tempo do oscilador endógeno, de modo que a resposta ocorre em um momento em particular do dia. Um único oscilador pode estar acoplado a múltiplos ritmos circadianos, que podem até mesmo estar fora de fase uns com os outros.

Como essas respostas permanecem no tempo quando as durações diárias dos períodos de luz e escuro mudam com as estações? Os pesquisadores normalmente testam a resposta do oscilador endógeno colocando um organismo em escuro contínuo e examinando a resposta aos curtos pulsos de luz (em geral, menos do que 1 hora), aplicados em diferentes pontos de fase durante o ritmo de curso livre. Quando um organismo está sincronizado a um ciclo de 12 horas de luz e 12 horas de escuro e, após, lhe é permitido ter curso livre sob luz ou escuro, a fase do ritmo que coincide com o período de luz do ciclo sincronizado anterior é chamada de **dia subjetivo**, e a fase que coincide com o período de escuro é denominada **noite subjetiva**.

Se um pulso de luz é aplicado durante as primeiras horas da noite subjetiva, o ritmo é atrasado; o organismo interpreta o pulso de luz como o final do dia anterior (**Figura 20.4D**). Em contraste, um pulso de luz emitido no final da noite subjetiva avança a fase do ritmo. Em outras palavras, o organismo interpreta o pulso de luz como o início do dia seguinte.

Essa é precisamente a resposta que seria esperada se o pulso de luz permitisse que o ritmo permanecesse no tempo local mesmo quando as estações mudassem. Essas respostas de mudança de fase possibilitam ao ritmo ser sincronizado a ciclos de aproximadamente 24 horas com diferentes durações de luz e escuro, e elas demonstram que o ritmo pode ser ajustado às variações sazonais no comprimento do dia.

Fitocromos e criptocromos sincronizam o relógio

O mecanismo molecular pelo qual um sinal luminoso provoca uma mudança de fase ainda não é conhecido, porém estudos em *Arabidopsis* identificaram alguns dos elementos-chave do oscilador circadiano e suas entradas (*inputs*) e saídas (*outputs*) (ver Capítulo 16). Os níveis baixos e os comprimentos de onda específicos de luz que podem induzir a mudança de fase indicam que a resposta à luz deve ser mediada por fotorreceptores específicos e não pela taxa fotossintética. Por exemplo, a sincronização pela luz vermelha dos movimentos foliares rítmicos de dia/noite em *Samanea*, uma leguminosa arbórea subtropical, é uma resposta de baixa fluência mediada por fitocromo (ver Capítulo 16).

Cada fitocromo atua como um fotorreceptor específico para luz vermelha, vermelho-distante ou luz azul. As plantas também percebem a luz por meio de criptocromos (CRY), e as proteínas CRY1 e CRY2 participam na sincronização do relógio pela luz azul, como o fazem em insetos (ver Capítulo 16). Em contraste, os CRYs em mamíferos não parecem funcionar como fotorreceptores circadianos. De modo surpreendente, as proteínas CRY também parecem ser necessárias para a sincronização normal pela luz vermelha. Uma vez que essas proteínas não absorvem a luz vermelha, essa exigência sugere que CRY1 e CRY2 podem atuar como intermediárias na sinalização pelo fitocromo durante a sincronização do relógio.

Na *Drosophila*, as proteínas CRY interagem fisicamente com os componentes do relógio e, assim, constituem parte do mecanismo oscilador. Contudo, esse não parece ser o caso em *Arabidopsis*, em que os mutantes duplos *cry1/cry2* são deficientes em sincronização, mas apresentam ritmos circadianos normais. Em plantas, a CRY2 é fotoativada e ativa o florescimento em resposta à luz azul, diretamente pela expressão aumentada de um gene-chave no florescimento, o *FLOWERING LOCUS T* (*FT*) (que será discutido em detalhe na Seção 20.6).

■ 20.4 Fotoperiodismo: monitoramento do comprimento do dia

Como foi visto, o relógio circadiano possibilita aos organismos repetir certos eventos moleculares ou bioquímicos em determinadas horas do dia ou da noite. O **fotoperiodismo**, ou a capacidade de um organismo de perceber o comprimento do dia, torna possível para um evento ocorrer em determinado momento do ano, permitindo, desse modo, uma resposta sazonal. Os ritmos circadianos e o fotoperiodismo têm a propriedade comum de responder a ciclos de luz e escuro.

Precisamente na linha do Equador, os comprimentos do dia e da noite são iguais e constantes durante o ano todo. À medida que se dá o deslocamento da linha do Equador para os polos, os dias tornam-se mais longos no verão e mais curtos no inverno (**Figura 20.5**). As espécies vegetais desenvolveram a capacidade de perceber essas mudanças sazonais no comprimento do dia, e suas respostas fotoperiódicas específicas são fortemente influenciadas pela latitude de origem.

Os fenômenos fotoperiódicos são observados tanto em animais quanto em plantas. No reino animal, o comprimento do dia controla atividades sazonais como hibernação, desenvolvimento de revestimentos de verão e inverno e atividade reprodutiva. As respostas das plantas controladas pelo comprimento do dia são numerosas; elas incluem o início do florescimento, a reprodução assexual, a formação de órgãos de reserva e a indução de dormência.

As plantas podem ser classificadas por suas respostas fotoperiódicas

Várias espécies vegetais florescem durante os dias longos de verão. Por muitos anos, os fisiologistas vegetais acreditaram que a correlação entre os dias longos e o florescimento era uma consequência da acumulação de produtos da fotossíntese sintetizados durante aqueles dias.

O trabalho de Wightman Garner e Henry Allard, conduzido na década de 1920, nos laboratórios do Departamento de Agricultura dos EUA (USDA), em Beltsville, Maryland, mostrou que essa hipótese estava incorreta. Garner e Allard constataram que uma variedade mutante de tabaco, "Maryland Mammoth", crescia bastante até cerca de 5 m de altura, porém

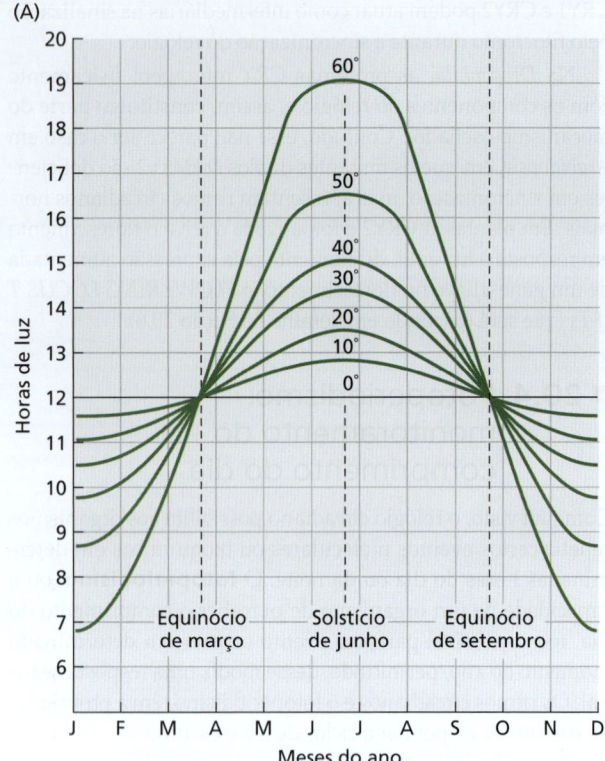

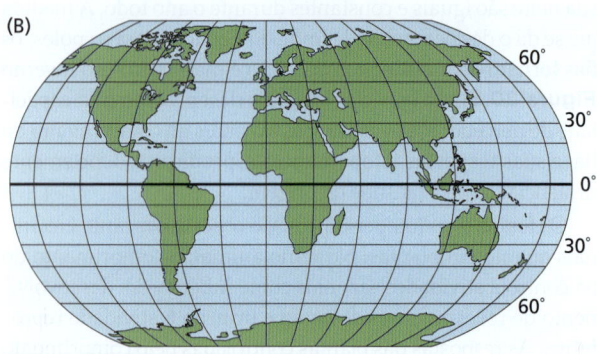

Figura 20.5 Correlação entre as estações e o comprimento do dia de acordo com a latitude. (A) Efeito da latitude sobre o comprimento do dia, em diferentes épocas do ano, no Hemisfério Norte. O comprimento do dia foi medido no dia 20 de cada mês. (B) Mapa-múndi mostrando longitudes e latitudes.

não florescia nas condições predominantes do verão (**Figura 20.6**). Entretanto, as plantas floresceram em casa de vegetação durante o inverno sob condições naturais de luz.

Esses resultados acabaram levando Garner e Allard a testar o efeito de dias artificialmente encurtados, cobrindo as plantas cultivadas durante os dias longos do verão com uma tenda à prova de luz, do final da tarde até a manhã seguinte. Esses dias curtos artificiais provocaram o florescimento das plantas. Garner e Allard concluíram que o comprimento do dia, em vez do acúmulo de produtos da fotossíntese, é o fator determinante do florescimento. Eles puderam confirmar sua hipótese em

Figura 20.6 Mutante de tabaco "Maryland Mammoth" (à direita), comparado com tabaco do tipo selvagem (à esquerda). Ambas as plantas foram cultivadas durante o verão em casa de vegetação. (Estudantes da University of Wisconsin utilizados como escala.)

muitas espécies e condições diferentes. Esse trabalho lançou as bases para a subsequente e extensa pesquisa sobre as respostas fotoperiódicas.

Embora muitos outros aspectos do desenvolvimento das plantas também possam ser afetados pelo comprimento do dia, o florescimento é a resposta que tem sido mais estudada. Espécies em florescimento tendem a se enquadrar em uma das duas principais categorias de respostas fotoperiódicas: plantas de dias curtos e plantas de dias longos.

- **Plantas de dias curtos** (SDPs, *short day plants*) florescem apenas em dias curtos (SDPs *qualitativas*) ou têm florescimento acelerado por dias curtos (SDPs *quantitativas*).
- **Plantas de dias longos** (LDPs, *long day plants*) florescem somente em dias longos (LDPs *qualitativas*) ou têm florescimento acelerado por dias longos (LDPs *quantitativas*).

A distinção essencial entre LDPs e SDPs é que o florescimento nas LDPs é estimulado somente quando o comprimento do dia *excede* uma certa duração, chamado de **comprimento crítico do dia**, em cada ciclo de 24 horas, enquanto o estímulo do florescimento nas SDPs requer um comprimento do dia *menor que* essa duração. O valor absoluto do comprimento crítico do dia varia amplamente entre as espécies, e uma classificação fotoperiódica correta só pode ser feita quando o florescimento é examinado para uma gama de comprimentos do dia (**Figura 20.7**).

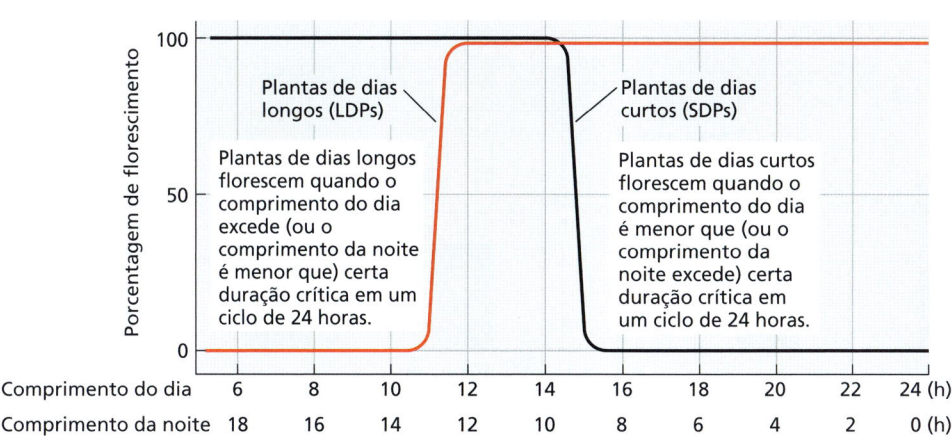

Figura 20.7 Resposta fotoperiódica em plantas de dias longos e plantas de dias curtos. A duração crítica varia conforme a espécie. Neste exemplo, as SDPs e as LDPs floresceriam em fotoperíodos entre 12 e 14 horas.

As LDPs podem medir efetivamente o aumento da duração dos dias da primavera ou o início do verão e retardar o florescimento até que o comprimento crítico do dia seja atingido. Muitas variedades de trigo (*Triticum aestivum*) comportam-se dessa maneira. As SDPs em geral florescem no outono, quando os dias encurtam abaixo de um comprimento crítico do dia, como ocorre em muitas variedades de *C. morifolium*. Contudo, o comprimento do dia isoladamente é um sinal ambíguo, pois não pode distinguir entre primavera e outono.

As plantas exibem várias adaptações para evitar a ambiguidade do sinal do comprimento do dia. Uma delas é a presença de uma fase juvenil que impede que a planta responda ao comprimento do dia durante a primavera. Outro mecanismo para evitar a ambiguidade do comprimento do dia é a ligação da exigência de temperatura a uma resposta fotoperiódica. Certas espécies de plantas, como o trigo de inverno, não respondem ao fotoperíodo até que tenha ocorrido um período de frio (vernalização ou hibernação). (Discutimos a vernalização na Seção 20.7.)

Outras plantas evitam a ambiguidade sazonal pela distinção entre dias em *curtos* e *longos*. Essas plantas com "dualidade de comprimento do dia" se enquadram em duas categorias:

- **Plantas de dias longos-curtos** (LSDPs, *long-short-day plants*) florescem somente após uma sequência de dias longos seguida por dias curtos. As LSDPs, como *Bryophyllum*, *Kalanchoe* e jasmim-da-noite (*Cestrum nocturnum*), florescem no final do verão e no outono, quando os dias estão encurtando.
- **Plantas de dias curtos-longos** (SLDPs, *short-long-day plants*) florescem apenas após uma sequência de dias curtos seguida por dias longos. As SLDPs, como trevo-branco (*Trifolium repens*), campainha (*Campanula medium*) e echevéria (*Echeveria harmsii*), florescem no início da primavera em resposta ao aumento do comprimento dos dias.

Por fim, espécies que florescem em qualquer condição de fotoperíodo são referidas como **plantas de dias neutros** (DNPs, *day-neutral plants*). Elas são insensíveis ao comprimento do dia. O florescimento em DNPs em geral está sob regulação autônoma, isto é, controle do desenvolvimento interno. Algumas espécies de dias neutros, como o feijoeiro (*Phaseolus vulgaris*), evoluíram próximo à linha do Equador, onde o comprimento do dia é constante ao longo do ano. Muitas plantas anuais de deserto, como pincel-do-deserto (*Castilleja chromosa*) e verbena-do-deserto-arenoso (*Abronia villosa*), germinam, crescem e florescem rapidamente sempre que existe disponibilidade suficiente de água. Elas também são DNPs.

A folha é o sítio de percepção do sinal fotoperiódico

O estímulo fotoperiódico em LDPs e SDPs é percebido pelas folhas. Por exemplo, o tratamento de uma única folha de *Xanthium* (SDP) com curtos fotoperíodos é suficiente para causar a formação de flores, mesmo quando o resto da planta está exposto a dias longos. Assim, em resposta ao fotoperíodo, a folha transmite um sinal que regula a transição para o florescimento no ápice do caule. Os processos regulados pelo fotoperíodo que ocorrem nas folhas, resultando na transmissão do estímulo floral para o ápice do caule, são referidos coletivamente como **indução fotoperiódica**.

A indução fotoperiódica pode ocorrer em uma folha que tenha sido separada da planta. Por exemplo, na SDP *Perilla crispa* (um membro da família das mentas), uma folha excisada exposta a dias curtos pode causar florescimento quando enxertada a uma planta não induzida mantida sob dias longos. Esse resultado indica que a indução fotoperiódica depende de eventos que ocorrem exclusivamente na folha.

O comprimento da noite é importante para a indução floral

Sob condições naturais, os comprimentos do dia e da noite configuram um ciclo de 24 horas de luz e escuro. Em princípio, uma planta poderia perceber um comprimento crítico do dia pela medição da duração tanto da luz quanto do escuro. Grande parte do trabalho experimental nos primeiros estudos sobre o fotoperiodismo foi dedicada a estabelecer qual parte do ciclo de luz-escuro é o fator de controle do florescimento. Os resultados

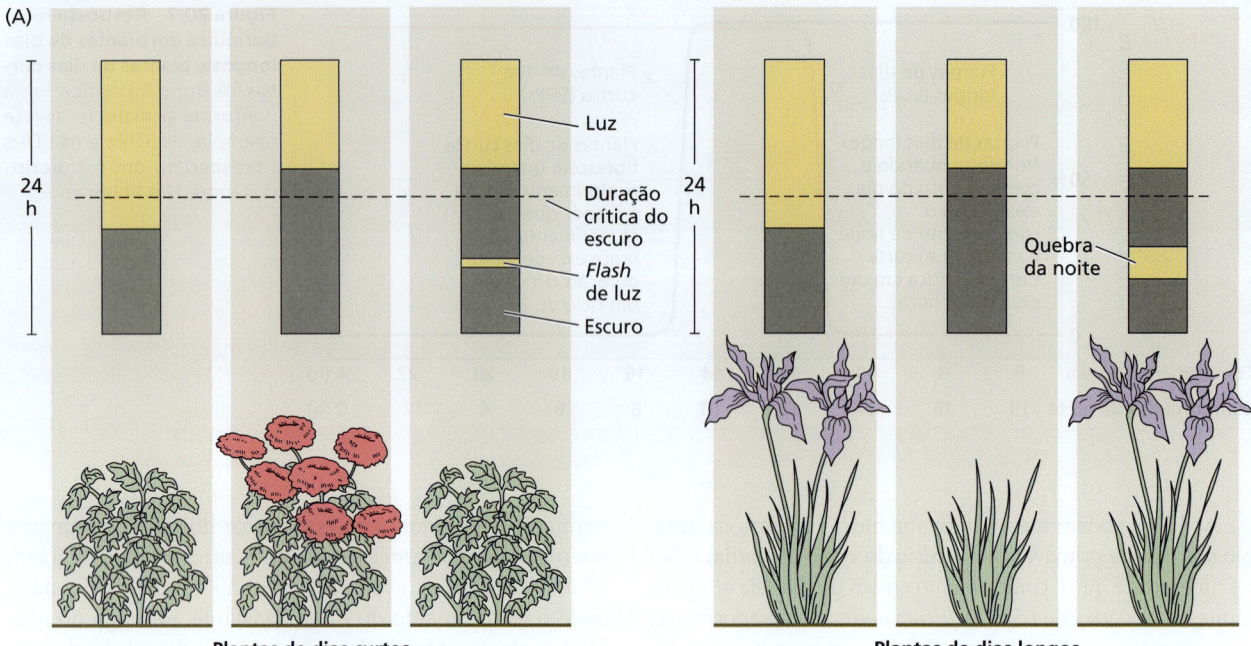

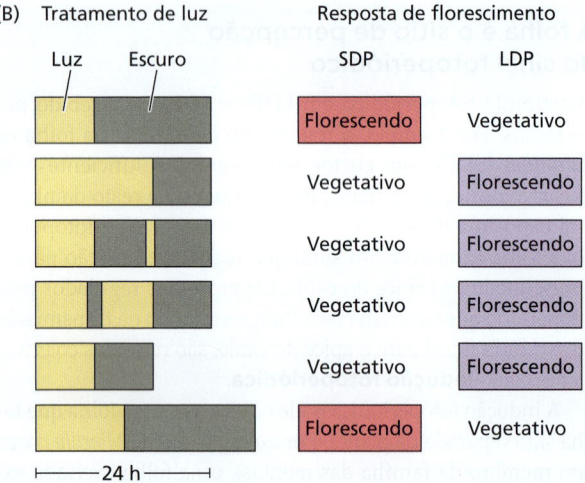

Figura 20.8 Regulação fotoperiódica do florescimento. (A) Efeitos sobre SDPs e LDPs. (B) Efeitos da duração do período de escuro sobre o florescimento. O tratamento de SDPs e LDPs com fotoperíodos diferentes mostra claramente que a variável crítica é a duração do período de escuro.

A duração do escuro também se mostrou importante nas LDPs (ver Figura 20.8). Essas plantas floresciam em dias curtos, desde que o comprimento da noite também fosse curto; contudo, um regime de dias longos seguidos por noites longas não surtia efeito.

Quebras da noite podem cancelar o efeito do período de escuro

Uma característica que subestima a importância do período de escuro é que ele pode se tornar ineficaz pela interrupção com uma curta exposição à luz, chamada de **quebra da noite** (ver Figura 20.8A). Por outro lado, a interrupção de um dia longo com um breve período de escuro não cancela o efeito do dia longo (ver Figura 20.8B). Tratamentos de quebra da noite, de apenas poucos minutos, são eficazes para *impedir* o florescimento de muitas SDPs, incluindo *Xanthium* e *Pharbitis*, mas exposições muito mais longas são necessárias para *promover* o florescimento em LDPs.

Além disso, o efeito de uma quebra da noite varia bastante de acordo com a hora em que é aplicado. Tanto para LDPs quanto para SDPs, uma quebra da noite mostrou-se mais eficaz quando aplicada próxima à metade de um período de escuro de 16 horas (**Figura 20.9**). A descoberta do efeito da quebra da noite levou ao desenvolvimento de métodos comerciais

mostraram que o florescimento das SDPs é determinado primordialmente pela duração do escuro (**Figura 20.8A**). Foi possível induzir o florescimento em SDPs com períodos de luz mais longos que o valor crítico, desde que fossem seguidos por noites suficientemente longas (**Figura 20.8B**). Da mesma forma, as SDPs não floresciam quando dias curtos eram seguidos por noites curtas.

Experimentos mais detalhados demonstraram que a contagem do tempo do fotoperíodo nas SDPs é uma questão de medição da duração do escuro. Por exemplo, o florescimento ocorreu somente quando o período de escuro excedeu 8,5 horas no cardo (*Xanthium strumarium*) ou 10 horas na soja (*Glycine max*).

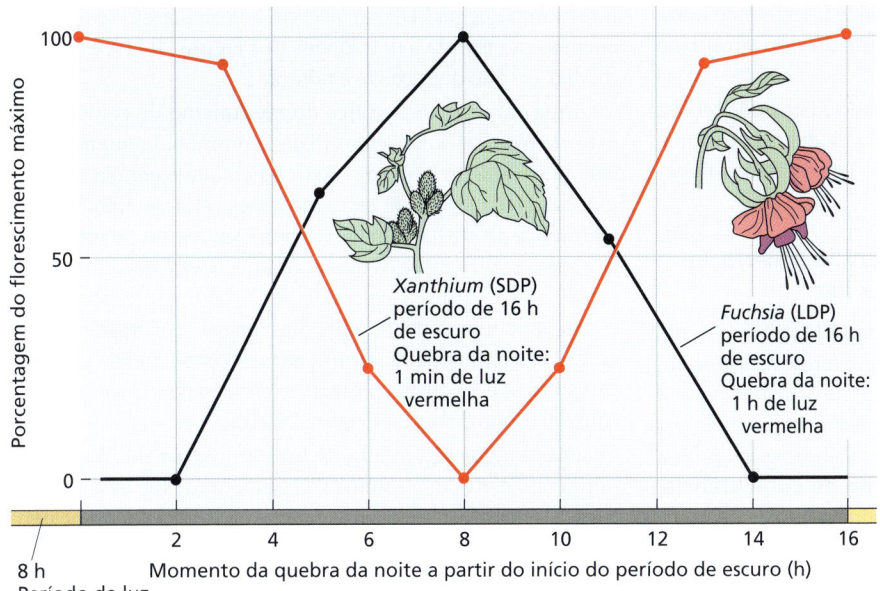

Figura 20.9 O momento no qual uma quebra da noite é aplicada determina a resposta do florescimento. Quando aplicada durante um período longo de escuro, uma quebra da noite promove o florescimento em LDPs e o inibe em SDPs. Em ambos os casos, o maior efeito sobre o florescimento ocorre quando a quebra da noite é aplicada próxima à metade do período de 16 horas de escuro. À LDP *Fuchsia*, foi aplicada uma hora de exposição à luz vermelha em um período de 16 horas de escuro. *Xanthium*, SDP, foi exposto à luz vermelha por 1 minuto em um período de 16 horas de escuro. (Dados para *Fuchsia* de D. Vince-Prue. 1975. *Fotoperiodismo em plantas*. Londres: McGraw-Hill; dados para *Xanthium* de F. B. Salisbury. 1963. *Planta* 49: 518–524; H. D. Papenfuss and F. B. Salisbury. 1967. *Plant Physiol.* 42: 1562–1568.)

para regular o momento do florescimento em espécies hortícolas, como *Kalanchoe*, crisântemo e poinsétia (*Euphorbia pulcherrima*).

A cronometragem fotoperiódica durante a noite depende do relógio circadiano

O efeito decisivo do comprimento da noite no florescimento indica que a medição da passagem do tempo no escuro é importante na cronometragem fotoperiódica. A maioria das evidências disponíveis é favorável ao mecanismo com base em um ritmo circadiano. De acordo com a **hipótese do relógio**, a cronometragem fotoperiódica depende de um oscilador circadiano endógeno do tipo descrito na Seção 20.3 (ver também Figura 20.3; Capítulo 16). O oscilador central está acoplado a vários processos fisiológicos que envolvem expressão gênica, incluindo o florescimento em espécies fotoperiódicas.

As medições do efeito de uma quebra da noite no florescimento podem ser usadas para investigar o papel dos ritmos circadianos na cronometragem fotoperiódica. Por exemplo, quando plantas de soja, que são SDPs, são transferidas de um período de 8 horas de luz para um período estendido de escuro de 64 horas, a resposta de florescimento a quebras da noite mostra um ritmo circadiano (**Figura 20.10**).

Esse tipo de experimento fornece suporte consistente para a hipótese do relógio. Se essas SDPs estivessem simplesmente medindo o comprimento da noite pelo acúmulo de um intermediário em particular durante o período de escuro, qualquer período de escuro maior do que o comprimento crítico da noite deveria causar florescimento. Contudo, longos períodos de escuro não são indutivos para o florescimento se a quebra da noite for aplicada em um momento que não coincida propriamente com certa fase do oscilador circadiano endógeno. Essa descoberta demonstra que o florescimento em SDPs requer um

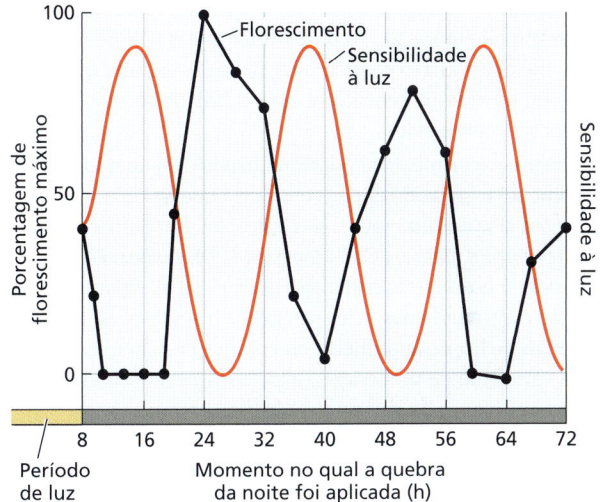

Figura 20.10 Florescimento rítmico em resposta a quebras da noite. Nesse experimento, a soja (*Glycine max*), uma SDP, recebeu ciclos de 8 horas de luz seguidos de períodos de 64 horas de escuro. Uma quebra da noite de 4 horas foi aplicada em vários momentos durante o longo período de escuro indutivo. A resposta do florescimento, plotada como uma porcentagem do máximo, foi, então, plotada para cada quebra da noite aplicada. Observe que uma quebra da noite aplicada a 26 horas induziu o florescimento máximo, enquanto não houve florescimento observado quando a quebra da noite foi aplicada a 40 horas. Além disso, esse experimento demonstra que a sensibilidade ao efeito de uma quebra da noite apresenta um ritmo circadiano. Esses dados sustentam um modelo no qual o florescimento em SDPs é induzido somente quando o amanhecer (ou uma quebra da noite) ocorre após completada a fase sensível à luz. Nas LDPs, a quebra de luz deve coincidir com a fase sensível à luz para que ocorra o florescimento. (Dados de M. W. Coulter and K. C. Hamner. 1964. *Plant Physiol.* 39: 848–856.)

período de escuro com duração suficiente e um sinal de amanhecer em um momento apropriado dentro do ciclo circadiano (ver Figura 20.3).

A observação de que a resposta fotoperiódica pode ter sua fase alterada por tratamentos de luz é a evidência adicional para o papel de um oscilador circadiano na medição do fotoperíodo (ver **Tópico 20.5 na internet**).

O modelo externo de coincidência baseia-se na oscilação da sensibilidade à luz

Como uma oscilação com um período de 24 horas mede uma duração crítica de escuro de 8 a 9 horas, conforme acontece em *Xanthium*, uma SDP? Erwin Bünning propôs, em 1936, que o controle do florescimento pelo fotoperiodismo é alcançado por uma oscilação de fases com diferentes sensibilidades à luz. Essa proposta evoluiu para o **modelo externo de coincidência**, no qual o oscilador circadiano controla o momento de ocorrência das fases sensível e insensível à luz.

A capacidade da luz de promover ou inibir o florescimento depende da fase na qual ela é aplicada. Quando um sinal luminoso é aplicado durante a fase do ritmo sensível à luz, o efeito é de *promover* o florescimento nas LDPs ou de *evitar* o florescimento nas SDPs. Como na Figura 20.10, as fases de sensibilidade e insensibilidade à luz continuam a oscilar no escuro. Como mostrado na Figura 20.9, o florescimento nas SDPs é induzido somente quando a exposição à luz, a partir de uma quebra da noite ou do amanhecer, ocorre após a fase do ritmo sensível à luz ter sido completada.

Se um experimento similar é realizado com uma LDP, o florescimento é induzido apenas quando a quebra da noite ocorre *durante* a fase do ritmo que é sensível à luz. Em outras palavras, *o florescimento tanto em SDPs como em LDPs é induzido quando a exposição à luz coincide com a fase apropriada do ritmo*. Essa oscilação continuada das fases sensível e insensível na ausência de sinais de luz de amanhecer ou entardecer é característica de uma variedade de processos controlados pelo oscilador circadiano (ver Figura 20.3).

A coincidência da expressão de CONSTANS e luz promove o florescimento em LDPs

A duração da luz do dia por si só serve como um forte estímulo externo que ajuda as plantas a sentir quando as estações estão mudando e quando é a hora certa de florescer. De acordo com o modelo externo de coincidência, as respostas do florescimento das plantas são sensíveis à luz apenas em certos momentos do ciclo dia-noite. Um componente-chave de uma rota reguladora que promove o florescimento de *Arabidopsis* em dias longos é um gene chamado **CONSTANS** (**CO**), que codifica uma proteína dedo-de-zinco. *CO* foi inicialmente identificado em um mutante de *Arabidopsis*, *co*, que era incapaz de exibir uma resposta fotoperiódica ao florescimento. A expressão de *CO* é controlada pelo relógio circadiano, conforme mostrado pelas oscilações diárias na abundância de mRNA (**Figura 20.11A e B**, curva superior). No entanto, estudos genéticos e moleculares mostraram que na LDP *Arabidopsis*, a proteína CO se acumula apenas em resposta a dias longos (ver Figura 20.11A e B, curva média), e é isso que acelera a floração.

Uma característica crítica do mecanismo de coincidência externa é que a floração em LDPs é promovida quando uma fase sensível à luz do ritmo de *CO* diel, que é gerada na folha (o local de percepção do estímulo fotoperiódico), coincide com a presença de luz (um sinal externo). O aumento no mRNA de *CO* que ocorre durante os dias curtos não leva a um aumento na proteína CO, porque a expressão de *CO* ocorre inteiramente no escuro. Por outro lado, durante dias longos, a expressão gênica de *CO* é acompanhada por um aumento no nível da proteína CO, porque pelo menos parte da expressão de *CO* sobrepõe-se com o período de luz (ver Figura 20.11B).

Dias longos são indutivos para a floração de *Arabidopsis* porque os níveis de proteína CO aumentam sob essas condições, e uma característica importante do modelo de coincidência externa é que a luz pode permitir que a proteína CO ativa se acumule até um nível que promove a floração. A oscilação circadiana do mRNA de *CO* fornece uma explicação para a ligação entre a percepção fotoperiódica e o relógio circadiano, permitindo às plantas medir as mudanças do comprimento do dia. No entanto, como a luz do dia leva à acumulação da proteína CO?

Uma pista para a função da luz foi fornecida pela evidência de que a abundância da proteína CO flutua ao longo do ciclo dia-noite em condições de dia longo, com dois picos de indução durante o período de luz. Um pico ocorre pouco antes do amanhecer e o outro no final do dia (ver Figura 20.11B). O mecanismo pós-transcricional é baseado, em parte, em diferenças nas taxas de degradação de CO na luz *versus* no escuro. Durante o escuro, CO é marcada com ubiquitina e rapidamente degradada pelo proteassomo 26S (ver Capítulo 4). A luz parece aumentar a estabilidade da proteína CO, permitindo que ela se acumule durante o dia. Isso explica por que *CO* promove o florescimento apenas quando a expressão de seu mRNA coincide com o período de luz.

No entanto, a situação é mais complicada do que um simples interruptor luz-escuro regulando a reciclagem de CO. O efeito da luz na estabilidade de CO depende da função de diferentes fotorreceptores. De manhã, quando o CO está em seu pico antes do amanhecer, o fitocromo B (PhyB) e o ZEITLUPE (ZTL), este último um fotorreceptor de luz azul de domínio voltate, oxigênio ou voltagem (LOV) (ver Capítulo 16), parecem promover a degradação de CO induzida por luz, reduzindo drasticamente seus níveis por mecanismos desconhecidos. No início da noite, em contraste, criptocromos, phyA e FLAVIN-BINDING KELCH REPEAT, F-BOX 1 (FKF1), um fotorreceptor de luz azul homólogo ZTL, antagonizam essa degradação e permitem que a proteína CO se acumule (ver Figura 20.11B; ver também **Tópico 20.6 na internet**). A regulação da expressão de *CO* dependente do comprimento do dia e do acúmulo de CO é o mecanismo central que permite à *Arabidopsis* medir as mudanças no comprimento do dia.

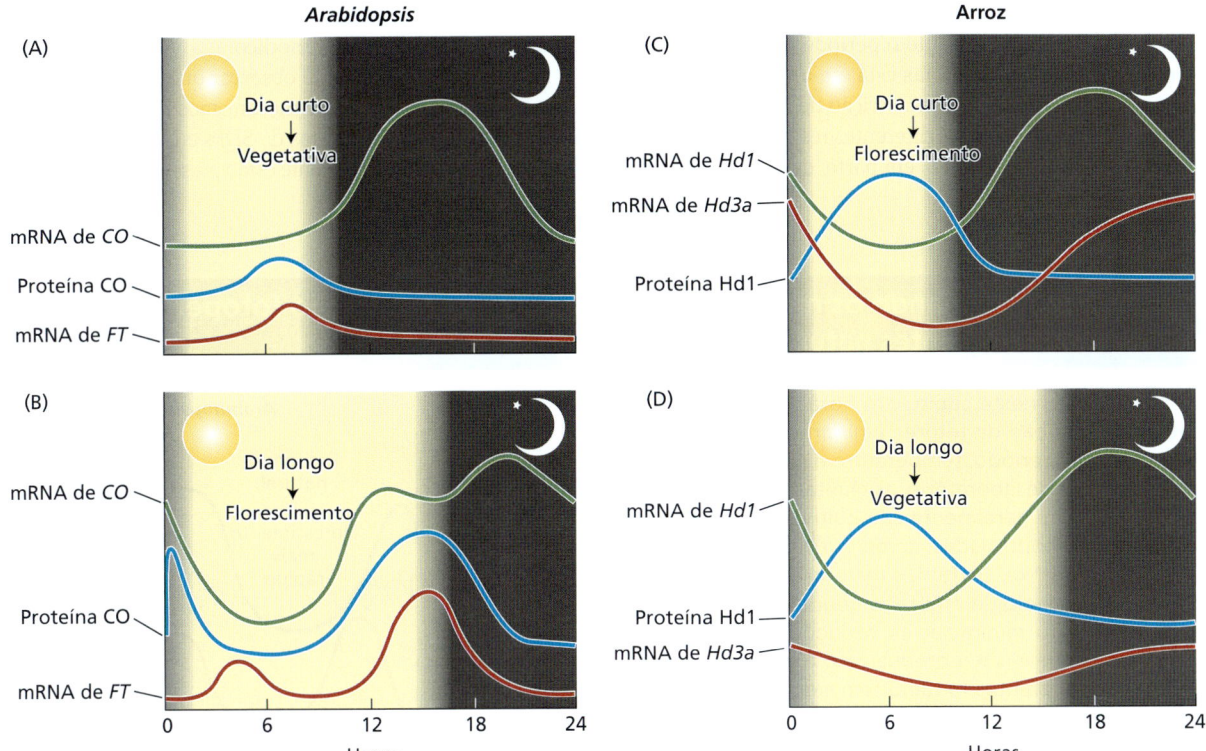

Figura 20.11 Base molecular do modelo externo de coincidência em *Arabidopsis* (A e B) e no arroz (C e D). (A) Em *Arabidopsis*, em dias curtos, há pouca sobreposição entre a expressão do mRNA de *CO* e a luz do dia. A proteína CO não se acumula em níveis suficientes no floema para promover a expressão do estímulo floral transmissível, proteína FT, e a planta permanece vegetativa. (B) Em dias longos, o pico da abundância de mRNA de *CO* se sobrepõe à luz do dia (no início do dia e no final da tarde), permitindo que a proteína CO acumule. (O aumento acentuado da proteína CO no início da manhã é causado por um aumento transitório da proteína após a exposição à luz ao amanhecer.) CO ativa a expressão do *mRNA de FT* no floema, o que causa o florescimento quando a proteína FT é translocada até o meristema apical. (C) No arroz, sob dias curtos, a falta de coincidência entre a expressão do *mRNA de Hd1* e a luz do dia estimula a expressão do gene que codifica o estímulo floral transmissível em arroz e do gene FT relativo, Hd3a. Nessa condição, o Hd1 atua como um ativador do *Hd3a*, permitindo o acúmulo da proteína HD3a (não mostrado), que é translocada para o meristema apical, onde causa o florescimento. (Observe que há um intervalo de tempo antes da ativação da expressão de *Hd3a* por Hd1.) (D) Em dias longos, a coincidência da expressão *de mRNA de Hd1* com a luz do dia inibe a expressão de *Hd3a*. Em resposta a longos dias, a função de Hd1 é convertida em um repressor da expressão de *Hd3a*. Como resultado, o *mRNA de Hd3a* não acumula e a planta permanece vegetativa. (A e B segundo Y.H. Song et al. 2015. *Ann. Rev. Plant Biol.* 66: 441–464 e Y. H. Song et al. 2018. *Nat. Plantas* 4: 824–835; C e D segundo H. Wei et al. 2020. *eBIOTECH* 1: 219–232.)

SDPs usam um mecanismo de coincidência para inibir o florescimento em dias longos

Estudos de florescimento no arroz, SDP, mostraram que o mecanismo básico de coincidência externa para a percepção do fotoperíodo é conservado nesta espécie e em *Arabidopsis*. Os genes do arroz **Heading-date1** (**Hd1**) e **Heading-date3a** (**Hd3a**) codificam proteínas homólogas a CO e FT, respectivamente, de *Arabidopsis*. Em plantas transgênicas, a superexpressão de *FT* em *Arabidopsis* e de *Hd3a* no arroz resulta em rápido florescimento, independentemente do fotoperíodo, demonstrando que tanto *FT* quanto *Hd3a* são fortes promotores do florescimento. Além disso, a expressão de ambos os genes selvagens *FT* e *Hd3a* é substancialmente elevada durante fotoperíodos indutivos (dias longos em *Arabidopsis* e dias curtos no arroz) (**Figura 20.11C**). Também, *Hd1* do arroz e *CO* de *Arabidopsis* exibem padrões similares de acumulação circadiana de mRNA. A diferença entre arroz e *Arabidopsis* é que no arroz SDP, Hd1 atua como um *repressor* da expressão de *Hd3a* em dias longos (**Figura 20.11D**) e como um *ativador* de sua expressão em dias curtos (ver Figura 20.11C).

Ao contrário do que acontece em *Arabidopsis,* no arroz a coincidência da expressão de *Hd1* e da luz em dias longos suprime a floração ao inibir a expressão de *Hd3a*. Assim, o florescimento no arroz SDP ocorre apenas quando *Hd1* é expresso exclusivamente no escuro. Além disso, o efeito de Hd1 na expressão de *Hd3a* (inibição *versus* indução) parece ser regulado de forma diferente de acordo com o comprimento do dia. Hd1 se acumula durante o período de luz, independentemente do fotoperíodo, mas está em um estado bioquimicamente ativo que inicia a transcrição de Hd3a apenas em dias curtos. Notavelmente, as diferentes respostas ao fotoperíodo de SDPs *versus* LDPs são, em parte, devidas aos efeitos opostos do comprimento do dia na atividade de CO/Hd1 no sistema de percepção fotoperiódico.

No entanto, é importante observar que o fotoperiodismo é altamente complexo, e outros mecanismos reguladores, que fazem o ajuste fino das respostas de SDPs e LDPs a mudanças no comprimento do dia, certamente estão presentes (**Quadro 20.1**).

Quadro 20.1 Refinando os mecanismos moleculares da floração fotoperiódica que acontece em ambientes naturais

Conforme visto neste capítulo, a floração é controlada pela combinação de fatores ambientais, como qualidade da luz, fotoperíodo, temperatura e assim por diante. Como os animais de laboratório, as plantas usadas em pesquisas fisiológicas geralmente são cultivadas sob condições ambientais controladas, como um ciclo claro-escuro com temperatura fixa. De fato, a maioria dos laboratórios de pesquisa em biologia emprega condições ambientais simplificadas para minimizar as variações ambientais e obter dados confiáveis e reprodutíveis. A aplicação dessa abordagem com plantas modelo tem sido extremamente bem-sucedida na elucidação de uma gama de processos fisiológicos fundamentais.

No entanto, como no caso dos animais, as plantas geralmente exibem respostas diferentes em ambientes laboratoriais e naturais nos níveis fisiológico e molecular. Por exemplo, pesquisas recentes revelaram que o LDP *Arabidopsis* floresceu mais cedo em dias longos naturais do que em dias longos sob condições controladas. Além disso, surpreendentemente, a abundância de transcrições do *FT* atingiu o pico pela manhã e ao entardecer ao ar livre (**Figura A**). O alto acúmulo de *mRNA de FT* no início do dia normalmente não é observado em condições de laboratório (ver Figura 20.11 no texto principal). As discrepâncias no tempo de floração e no perfil de expressão de *FT* entre as condições laboratoriais e externas foram causadas por uma combinação de mudanças na relação vermelho:vermelho-distante (R:FR) e na temperatura diária. A relação R:FR na luz solar é quase 1,0, mas é superior a 2,0 em fontes de luz normalmente usadas em laboratórios, indicando que as condições de crescimento do laboratório usadas nos estudos são enriquecidas com luz vermelha. Isso pode explicar em parte o atraso na floração de *Arabidopsis* em condições de laboratório em comparação com o exterior, porque a luz vermelha inibe a floração ao desestabilizar a proteína CO. Além disso, a taxa de degradação da proteína CO pela manhã em ambientes naturais foi diminuída, sugerindo uma correlação entre o aumento da estabilidade de CO e a indução de *FT* nessa condição (ver Figura A). Além disso, a flutuação da temperatura ao longo do dia afetou fortemente o padrão de expressão do *FT*. Ao ajustar as configurações da relação R:FR e do ciclo diário de temperatura próximo das condições naturais, é possível reproduzir a resposta de floração observada ao ar livre sob condições controladas de laboratório.

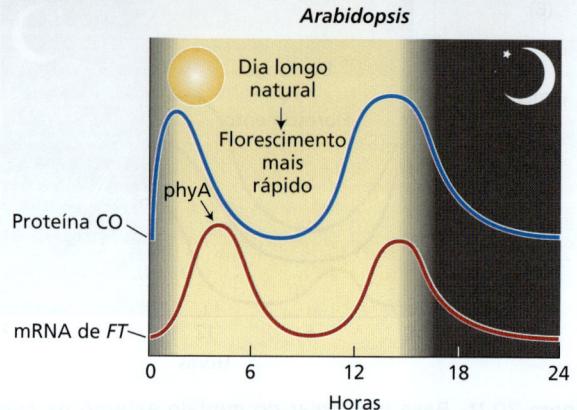

Figura A Perfil de expressão de *FT* em dias longos naturais. A abundância de *mRNA* do *FT* atinge o pico pela manhã e ao entardecer ao ar livre. Comparado com o padrão de expressão de *FT* em condições convencionais de laboratório de dias longos, o pico matinal adicional de *FT* ao ar livre acelera a floração em *Arabidopsis*. Em dias longos naturais, a taxa de degradação da proteína CO pela manhã diminui, sugerindo que a indução do pico de *FT* nessa condição se deve ao aumento na estabilidade do CO. Além disso, o phyA, o principal fotorreceptor que absorve a luz vermelho-distante, parece contribuir para a geração do pico matinal do *FT* em resposta à relação R:FR de 1,0 e ao ciclo diário de temperatura ao ar livre. (De Y. H. Song et al. 2018. *Nat. Plantas* 4: 824-835.)

PhyA é o principal fotorreceptor responsável pela absorção da luz vermelha distante e provavelmente também está envolvido na percepção de temperatura. Em *Arabidopsis*, os alelos de perda de função no gene *PHYA* exibem uma floração ligeiramente atrasada em dias longos em uma câmara de crescimento. Do contrário, o atraso no florescimento do mutante *phyA* no campo é mais acentuado. Além disso, os níveis de transcrições de *FT* pela manhã em condições naturais são bastante reduzidos pela mutação *phyA*, sugerindo o papel crucial do phyA na regulação da floração, que tem sido subestimado em condições de laboratório.

Claramente, estudar plantas em condições naturais é essencial para melhorar nossa compreensão da biologia e fisiologia vegetal e nos ajudará a preparar cenários futuros para a segurança alimentar em face das mudanças climáticas. ■

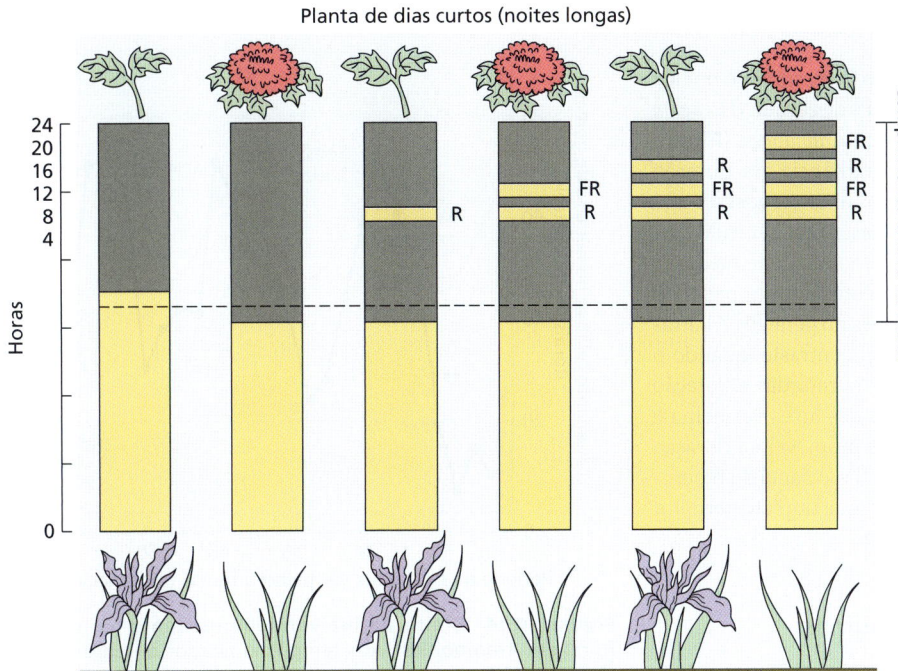

Figura 20.12 Controle do florescimento por fitocromo pelas luzes vermelha (R, *red*) e vermelho-distante (FR, *far-red*). Um *flash* de luz vermelha durante o período de escuro induz o florescimento em uma LDP, sendo o efeito revertido por um *flash* de luz vermelho-distante. Essa resposta indica o envolvimento do fitocromo. Em SDPs, um *flash* de luz vermelha impede o florescimento, sendo o efeito revertido por um *flash* de luz vermelho-distante.

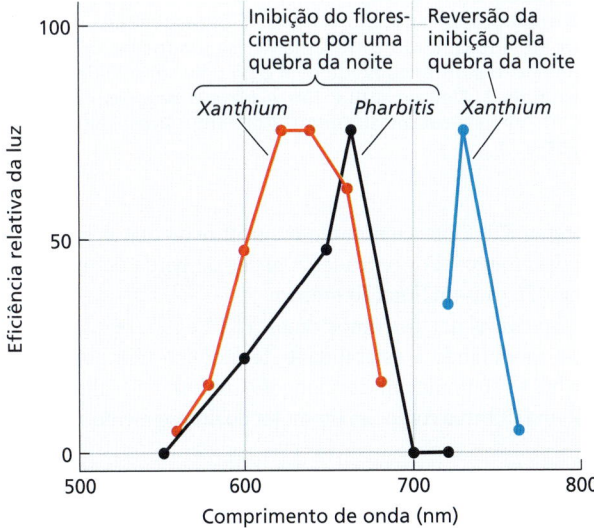

Figura 20.13 O espectro de ação para o controle do florescimento por quebras da noite mostra o envolvimento do fitocromo. O florescimento nas SDPs é inibido por um curto tratamento de luz (quebra da noite) aplicado em um período que, em outras circunstâncias, seria indutivo. Na SDP *Xanthium strumarium*, quebras da noite por luz vermelha de 620 a 640 nm são as mais eficazes. A reversão do efeito da luz vermelha é máxima a 725 nm. Na SDP *Pharbitis nil*, cultivada no escuro, a qual é destituída de clorofila e de sua interferência com a absorção da luz, quebras da noite de 660 nm são as mais eficazes. Esse máximo de 660 nm coincide com o máximo de absorção do fitocromo. (Dados para o *Xanthium* de S. B. Hendricks and H. W. Siegelman. 1967. *Comp. Biochem.* 27: 211-235; dados para *Pharbitis* de H. Saji et al. 1983. *Plant Cell Physiol.* 24: 1183-1189.)

O fitocromo é o fotorreceptor primário no fotoperiodismo

Experimentos de quebra da noite são adequados para o estudo da natureza dos fotorreceptores (ver Capítulo 16) envolvidos na recepção dos sinais de luz durante a resposta fotoperiódica. A inibição do florescimento em SDPs por quebras da noite foi um dos primeiros processos fisiológicos que mostraram estar sob controle do fitocromo (**Figura 20.12**).

Em muitas SDPs, uma quebra da noite torna-se eficaz somente quando a dose de luz aplicada for suficiente para saturar a fotoconversão de **Pr** (fitocromo que absorve a luz vermelha) em **Pfr** (fitocromo que absorve a luz vermelho-distante) (ver Capítulo 16). Uma exposição subsequente à luz vermelho-distante, que fotoconverte o pigmento de volta para a forma fisiologicamente inativa Pr, restaura a resposta de florescimento.

Os espectros de ação para a inibição e a restauração da resposta de florescimento em SDPs são mostrados na **Figura 20.13**. Um pico de 660 nm, ponto de máxima absorção do Pr, é obtido quando plântulas de *Pharbitis*, cultivadas no escuro, são utilizadas para evitar a interferência da clorofila. Por outro lado, os espectros para *Xanthium* dão um exemplo da resposta em plantas verdes, nas quais a presença da clorofila pode causar alguma discrepância entre o espectro de ação e o espectro de absorção de Pr. Esses espectros de ação e a reversibilidade vermelho/vermelho-distante das respostas às quebras da noite confirmam o papel do fitocromo como o fotorreceptor que está envolvido na medição do fotoperíodo nas SDPs. Experimentos com quebras da noite em LDPs também mostraram o envolvimento do fitocromo. Assim, em algumas LDPs, uma quebra da noite com luz vermelha promove o florescimento, e uma exposição subsequente à luz vermelho-distante impede essa resposta.

Um ritmo circadiano na promoção do florescimento por luz vermelho-distante foi observado em LDPs de cevada (*Hordeum vulgare*), no joio (*Lolium temulentum*) e em *Arabidopsis* (**Figura 20.14**). A resposta é proporcional à irradiância e à duração da luz vermelho-distante e é, portanto, uma resposta à alta irradiância (HIR, *high-irradiance response*; ver Capítulo 16). Como em outras HIRs, phyA é o fitocromo capaz de mediar a resposta à luz vermelho-distante. Coerente com um papel do phyA no florescimento de LDPs, mutações no gene *PHYA* atrasam o florescimento em *Arabidopsis*. Em contraste, quando o phyB absorve a luz vermelha, ele age para retardar a floração e, de acordo com os efeitos antagônicos das luzes vermelha e vermelho-distante, as mutações do *phyB* promovem a floração em *Arabidopsis*. Contudo, em algumas LDPs, o papel do fitocromo é mais complexo do que em SDPs, porque um fotorreceptor de luz azul também participa da resposta.

Um fotorreceptor de luz azul regula o florescimento em algumas plantas de dias longos

Em algumas LDPs, como *Arabidopsis*, a luz azul pode promover o florescimento. Isso sugere a possível participação de um fotorreceptor de luz azul no controle do florescimento. Conforme foi discutido no Capítulo 16, os criptocromos, codificados pelos genes *CRY1* e *CRY2*, são fotorreceptores de luz azul que controlam o crescimento de plântulas de *Arabidopsis*. Como observado na Seção 20.3, a proteína CRY também foi implicada na sincronização do oscilador circadiano. O papel da luz azul no florescimento e sua relação com os ritmos circadianos foram investigados pelo uso de uma construção gênica, empregando o gene da luciferase como repórter, mencionado no **Tópico 20.7 na internet**.

A regulação por luz azul da ritmicidade circadiana e da floração também é apoiada por estudos com um mutante do período de floração de *Arabidopsis*, *ztl* (ver **Tópicos 20.7 e 20.8 na internet**). Vários fotorreceptores de luz azul estão envolvidos na percepção de fotoperíodos induzidos em *Arabidopsis*. Mutações em um dos genes do criptocromo, *CRY2* (ver Capítulo 18), causaram atraso na floração em dias longos. Além disso, os mutantes duplos *cry1/cry2* floresceram um pouco mais tarde do que *cry2* em dias longos, indicando alguma redundância funcional de CRY1 e CRY2 na promoção do tempo de florescimento em *Arabidopsis*.

Outro tipo de fotorreceptor de luz azul desempenha um papel crucial na floração fotoperiódica em *Arabidopsis*. O FKF1 funciona para alinhar a indução da expressão de *CO* com o período de luz em dias longos, mas não em dias curtos, permitindo que *Arabidopsis* diferencie as estações. Em dias longos, os mutantes *fkf1* com perda de função têm florescimento muito retardado e incapacidade de perceber fotoperíodos indutivos. Em contraste, a superprodução da proteína FKF1 promove a floração em dias longos. Além disso, o ZTL, um homólogo do FKF1, parece antagonizar o FKF1 na regulação da floração. Como os mutantes *fkf1*, as plantas com níveis elevados de

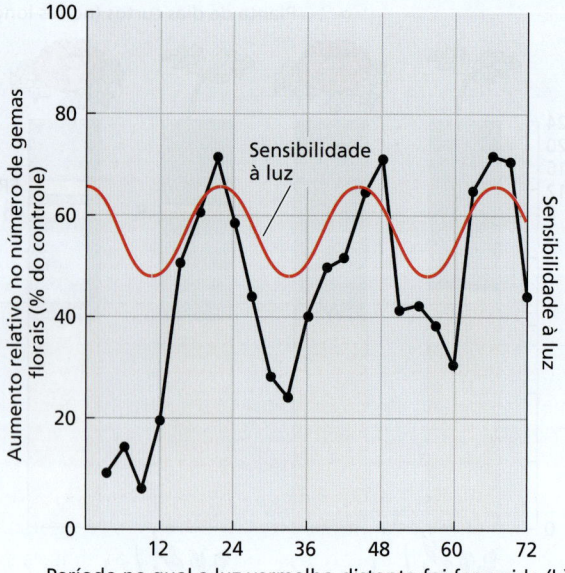

Figura 20.14 Efeito da luz vermelho-distante na indução floral em *Arabidopsis*. Aos tempos indicados durante um período de 72 horas contínuas de luz do dia foram adicionadas 4 horas de luz vermelho-distante. Os pontos no gráfico estão plotados nos centros dos tratamentos de 4 horas. Os dados mostram um ritmo circadiano de sensibilidade à promoção do florescimento pela luz vermelho-distante (linha vermelha). Isso sustenta um modelo no qual o florescimento em LDPs é promovido quando o tratamento de luz (nesse caso, a luz vermelho-distante) coincide com o pico de sensibilidade à luz. (Segundo G. Deitzer. 1984. Em *A luz e o processo de floração*, D. Vince-Prue et al. [eds.], Academic Press, Nova York, pp. 51–63.)

proteína ZTL florescem muito mais tarde do que as selvagens em dias longos. Por outro lado, alelos de perda de função do gene *ZTL* causam floração precoce.

É provável que os criptocromos, FKF1 e ZTL regulem a floração modulando a estabilidade da proteína CO, permitindo que ela se acumule em dias longos. Conforme já salientado, a proteína CO atua como um promotor do florescimento em LDPs.

■ 20.5 Sinalização de longa distância envolvida no florescimento

Embora a evocação floral ocorra nos meristemas apicais de caules, em plantas fotoperiódicas os fotoperíodos indutivos são percebidos pelas folhas. Isso sugere que um sinal de longo alcance deve ser transmitido a partir das folhas para o ápice, o que tem sido demonstrado por múltiplos experimentos de enxertia em muitas espécies diferentes de plantas. A natureza bioquímica desse sinal confundiu por muito tempo os fisiologistas. O problema foi finalmente resolvido utilizando-se abordagens de genética molecular, e o estímulo floral foi identificado como uma proteína. Nesta seção, são revisados os antecedentes para a descoberta do estímulo floral, conhecido como **florígeno**, que serve como um sinal de longa distância durante o florescimento.

Os estudos de enxertia geraram a primeira evidência de um estímulo floral transmissível

A produção, em folhas induzidas fotoperiodicamente, de um sinal bioquímico transportado para um tecido-alvo distante (o ápice caulinar), onde estimula uma resposta (florescimento), satisfaz um importante critério para um efeito hormonal. Na década de 1930, Mikhail Chailakhyan postulou a existência de um hormônio universal de florescimento, que ele denominou florígeno.

A evidência que apoia o florígeno vem, principalmente, de experimentos nos quais plantas receptoras não induzidas foram estimuladas a florescer ao receberem uma folha ou um caule de uma planta doadora, fotoperiodicamente induzida, enxertado nelas. Por exemplo, em *Perilla crispa*, SDP, a enxertia de uma folha de uma planta cultivada sob dias curtos indutivos em uma planta cultivada sob dias longos não indutivos provoca o florescimento nesta última (**Figura 20.15A**). Além disso, o estímulo floral parece ser o mesmo em plantas com diferentes exigências fotoperiódicas. Assim, a enxertia de um caule induzido de *Nicotiana sylvestris*, LDP, cultivado sob dias longos, no tabaco "Maryland Mammoth", SDP, fez o último florescer sob condições não indutivas (dias longos).

As folhas de DNPs também produziram um estímulo floral transmissível por enxertia (**Tabela 20.2**). Por exemplo, a enxertia de uma única folha de um cultivar de dias neutros de soja, "Agate", no cultivar de dias curtos, "Biloxi", causou florescimento em "Biloxi", mesmo quando o último foi mantido sob dias longos não indutivos. Da mesma forma, o caule de um cultivar de dias neutros de tabaco (*Nicotiana tabacum* cv. Trapezond) enxertado em *Nicotiana sylvestris*, LDP, induziu a última a florescer sob dias curtos não indutivos.

Estudos de enxertia também mostraram que, em algumas espécies, como *Xanthium*, SDP, *Bryophyllum*, SLDP, e *Silene*, LDP, não somente o florescimento pode ser induzido por enxertia, como o estado induzido em si parece ser autopropagável (ver **Tópico 20.9 na internet**). Em poucos casos, o florescimento foi induzido por enxertos entre gêneros diferentes. *Xanthium strumarium*, SDP, floresceu sob condições de dias longos, quando um porta-enxerto vegetativo de *Xanthium* foi enxertado com ramos em flor de *Calendula officinalis*. Do mesmo modo, a enxertia de um ramo de *Petunia hybrida*, LDP, em

Figura 20.15 Dois experimentos de enxerto demonstrando a translocação de um estímulo floral gerado pela folha. (À esquerda) O enxerto de uma folha induzida de uma planta cultivada sob dias curtos em um ramo não induzido fez os ramos axilares produzirem flores. A folha doadora foi aparada para facilitar a enxertia, e as folhas superiores do porta-enxerto foram removidas para promover a translocação no floema do enxerto para os ramos receptores. (À direita) A enxertia de uma folha não induzida de uma planta cultivada sob dias longos resultou na formação de ramos apenas vegetativos. (B) Este experimento de enxerto demonstra a transferência do estímulo floral entre diferentes gêneros. O porta-enxerto (ramo esquerdo) é meimendro não vernalizado (*Hyoscyamus niger*), que requer tratamento a frio para florescer. O enxerto (ramo direito) é a LDP *Petunia hybrida*. A manutenção da combinação de enxertos por longos dias em temperatura ambiente resultou no movimento do estímulo floral do enxerto para o porta-enxerto.

um porta-enxerto do meimendro-negro (*Hyoscyamus niger*) bianual, que requer frio, fez a última florescer sob dias longos, embora ela não tivesse sido vernalizada (**Figura 20.15B**).

Em *Perilla crispa* (ver Figura 20.15A), o movimento do estímulo floral de uma folha doadora ao porta-enxerto, através da união da enxertia, correlacionou-se fortemente com a

TABELA 20.2 A transmissão do sinal de floração ocorre pela junção na enxertia

Plantas doadoras mantidas sob condições indutoras do florescimento	Tipo de fotoperíodo[a, b]	Planta receptora vegetativa induzida a florescer	Tipo de fotoperíodo[a, b]
Helianthus annus	DNP em LD	*H. tuberosus*	SDP em LD
Nicotiana tabacum "Delcrest"	DNP em SD	*N. sylvestris*	LDP em SD
Nicotiana sylvestris	LDP em LD	*N. tabacum* "Maryland Mammoth"	SDP em LD
Nicotiana tabacum "Maryland Mammoth"	SDP em SD	*N. sylvestris*	LDP em SD

Nota: A transferência bem-sucedida de um sinal indutor de florescimento pela enxertia entre plantas de grupos de respostas fotoperiódicas diferentes demonstra a existência da eficiência de um hormônio floral transmissível.
[a] LDPs, plantas de dias longos; SDPs, plantas de dias curtos; DNPs, plantas de dias neutros.
[b] LD, dias longos (*long days*); SD, dias curtos (*short days*).

translocação de assimilados marcados com ^{14}C do doador; esse movimento dependeu do estabelecimento da continuidade vascular por meio da união da enxertia. Esses resultados confirmaram estudos anteriores de anelamento, mostrando que o estímulo floral é translocado junto com fotoassimilados no floema.

O florígeno é translocado no floema

O estímulo floral fotoperiódico derivado das folhas é translocado via floema para o meristema apical do caule, onde promove a evocação floral. Tratamentos que bloqueiam o transporte no floema, como o anelamento ou a morte localizada pelo calor, bloqueiam o florescimento, pois impedem o movimento do estímulo foral para fora da folha.

É possível medir as taxas de movimento do florígeno, por meio da remoção da folha em momentos diferentes, após a indução, e pela comparação do tempo necessário para o sinal atingir duas gemas localizadas em distâncias diferentes da folha induzida. O raciocínio para esse tipo de medição é que uma quantidade mínima do composto de sinalização alcança a gema quando o florescimento ocorre, a despeito da remoção da folha. Desse modo, o tempo para que uma quantidade suficiente de sinal deixe a folha pode ser determinado. Além disso, a comparação dos tempos de indução para duas gemas diferentemente posicionadas fornece uma medida da taxa do movimento do sinal ao longo do caule.

Estudos utilizando esse método demonstraram que a velocidade de movimento do sinal de florescimento é comparável ou pouco mais lenta do que a velocidade de translocação de açúcares no floema (ver Capítulo 11). Por exemplo, a exportação do estímulo floral de folhas adultas de *Chenopodium*, SDP, é completada em 22,5 horas a partir do início do período de noite longa. Em *Sinapis*, LDP, o movimento do estímulo floral exportado da folha já está completo 16 horas após o início do período de dia longo.

Por ser translocado junto com os açúcares no floema, o estímulo floral está sujeito às relações de fonte-dreno. Uma folha induzida posicionada próxima ao ápice do caule tem maior probabilidade de causar florescimento do que uma folha induzida na base do caule, que normalmente nutre as raízes. Da mesma forma, as folhas não induzidas posicionadas entre folhas induzidas e a gema apical tendem a inibir o florescimento por servirem de fontes preferidas para as gemas, impedindo, assim, o estímulo floral da folha induzida mais distal de atingir seu alvo.

■ 20.6 A identificação do florígeno

Experimentos pioneiros de enxertia, do tipo descrito na Seção 20.5, estabeleceram a importância de um sinal de longo alcance, da folha ao meristema apical, para estimular o florescimento. Desde a década de 1930, houve muitas tentativas malsucedidas no sentido de isolar e caracterizar o florígeno. Um avanço importante foi a identificação do *FLOWERING LOCUS T* em *Arabidopsis*, por meio de triagens genéticas.

A proteína de *Arabidopsis* FLOWERING LOCUS T (FT) é um florígeno

De acordo com o modelo de coincidência externo, o florescimento em LDPs, como *Arabidopsis*, ocorre quando o gene *CONSTANS* é expresso durante o período de luz. A expressão do gene *CO* parece atingir o nível mais alto nas células companheiras do floema de folhas e caules. Um conjunto de experimentos mostrou que o florescimento insensível ao fotoperíodo de mutantes *co* poderia ser resgatado pela expressão de *CO* especificamente no floema das nervuras menores das folhas maduras. Em contraste, expressar *CO* nos meristemas apicais de mutantes *co* não restaurou o fenótipo de floração, apoiando a noção de que o *CO* atua especificamente no floema das folhas para estimular a floração em resposta a dias longos. Outro trabalho mostrou que quando brotos transgênicos expressando *CO* em seu floema foliar foram enxertados no mutante *co*, a floração foi induzida em todos os brotos, não apenas naqueles que expressam *CO*. Essa observação sugere que a expressão de *CO* origina um estímulo floral transmissível via enxertia que pode provocar o florescimento no meristema apical.

A sinalização proveniente da atividade de CO é mediada diretamente pela expressão de *FT*, que também é observada exclusivamente nas células companheiras. Em *Arabidopsis*, a expressão de *CO* durante dias longos resulta em aumento do mRNA de *FT* (ver Figura 20.11) No entanto, ao contrário de *CO*, *FT* estimula o florescimento quando expresso nas células companheiras ou no meristema apical. A expressão do gene *FT* (ou dos seus similares, como *Hd3a* no arroz, discutido anteriormente) é induzida em uma gama de espécies durante seus fotoperíodos indutivos de florescimento. Quando o gene *FT* é introduzido em uma gama de espécies vegetais cujo florescimento não é influenciado pelo fotoperíodo, ele acelera o florescimento. Além disso, a proteína FT pode mover-se das folhas para o meristema apical e, então, exibir todas as propriedades esperadas do florígeno.

De acordo com o modelo atual, a proteína FT move-se via floema, da folha ao meristema, sob fotoperíodos indutivos. Há duas etapas críticas nesse processo: a exportação da FT das células companheiras aos elementos de tubo crivado e a ativação dos genes-alvo FT no ápice caulinar, que desencadeia o desenvolvimento floral. O retículo endoplasmático (RE) é uma das rotas principais para o transporte de proteínas das células companheiras aos elementos de tubo crivado. A proteína localizada no RE, FT INTERACTING PROTEIN1 (FTIP1), é necessária para o movimento da FT na corrente de translocação do floema, que a leva para o meristema (**Figura 20.16**). Uma vez no meristema floral, a proteína FT entra no núcleo e forma um complexo com **FLOWERING D (FD)**, um fator de transcrição do tipo zíper de leucina (bZIP), expresso no meristema. O complexo de FT e FD, então, ativa os genes de identidade floral, como o *APETALA1* (*AP1*).

Em *Arabidopsis*, esses eventos colocam em movimento circuitos de retroalimentação positiva que mantêm o meristema em estado de florescimento. Após ser ativada pela

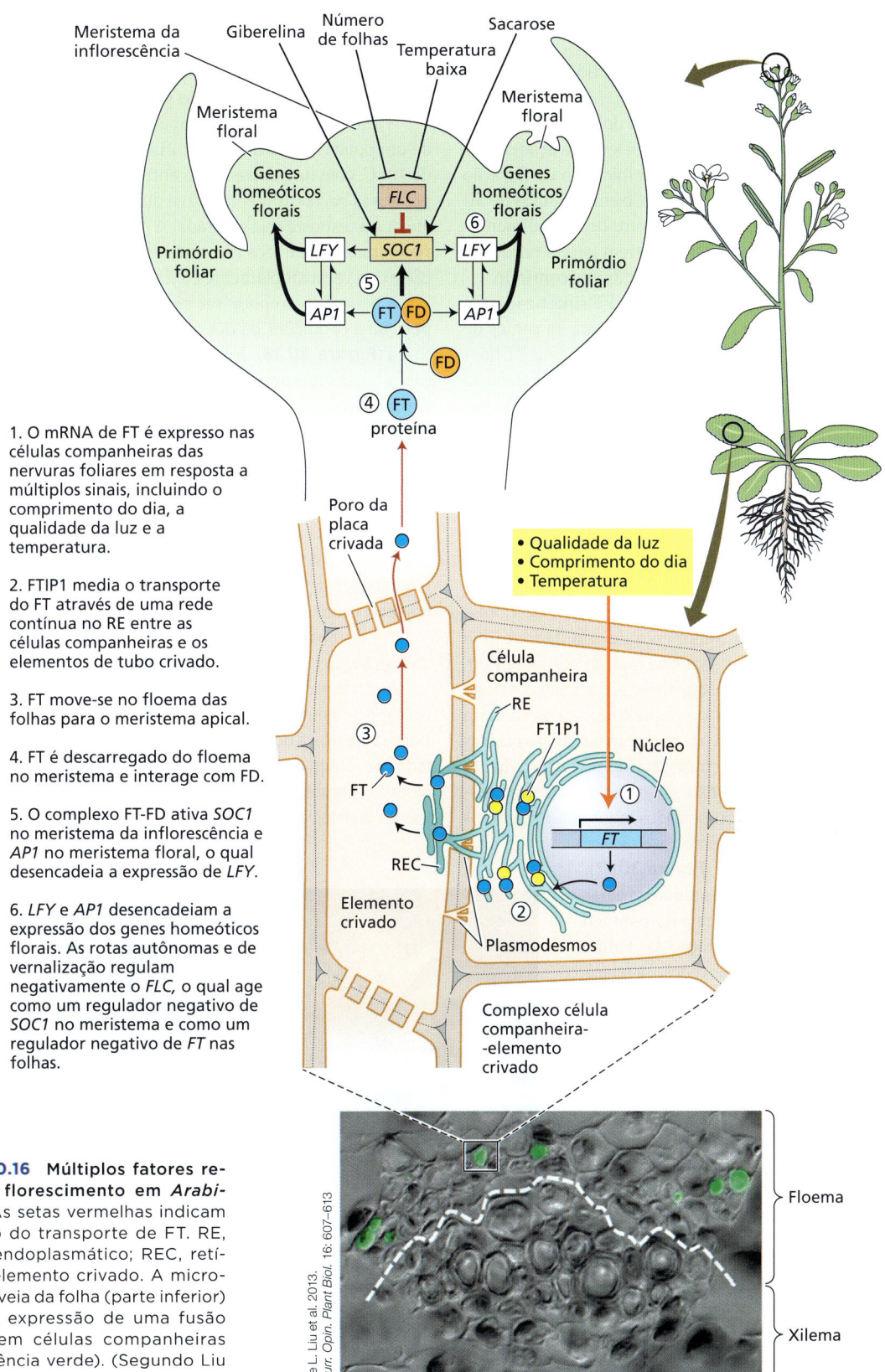

Figura 20.16 Múltiplos fatores regulam o florescimento em *Arabidopsis*. As setas vermelhas indicam a direção do transporte de FT. RE, retículo endoplasmático; REC, retículo do elemento crivado. A micrografia da veia da folha (parte inferior) mostra a expressão de uma fusão FT-GFP em células companheiras (fluorescência verde). (Segundo Liu et al. 2013. *Curr. Opin. Plant Biol.* 16: 607–613.)

proteína FT, a FD desencadeia a expressão do *SUPRESSOR OF OVEREXPRESSION OF CONSTANS1* (*SOC1* e *AP1*). Ambos os genes-alvo ativam *LEAFY* (*LFY*; gene de identidade floral que será discutido mais adiante neste capítulo); *LFY* ativa diretamente a expressão de *AP1* e *FD*, formando dois circuitos de retroalimentação positiva (ver Figura 20.16). Devido à ação desses circuitos de retroalimentação positiva, a iniciação da floração em *Arabidopsis* é irreversível. No entanto, os meristemas de algumas espécies não possuem esses circuitos de retroalimentação positiva e, como consequência, revertem para a produção de folhas na ausência de um fotoperíodo indutivo contínuo.

Além disso, é provável que a proteína FT sintetizada em uma planta hospedeira seja capaz de viajar para os caules de plantas parasitas ligadas a ela. Uma vez lá, a proteína FT hospedeira desencadeia a ativação de genes relacionados à floração ao interagir fisicamente com a proteína FD produzida pelo parasita. Ao usar um sinal móvel entre plantas – a proteína FT –, as plantas parasitas podem sincronizar sua floração com a da planta hospedeira e otimizar sua habilidade reprodutiva.

20.7 Vernalização: promoção do florescimento com o frio

A **vernalização** é o processo pelo qual a repressão do florescimento é atenuada por um tratamento de frio dado a uma semente hidratada (i.e., uma semente que foi embebida em água) ou a uma planta em crescimento (sementes secas não respondem ao tratamento de frio porque a vernalização é um processo metabólico ativo). Sem o tratamento de frio, as plantas que exigem a vernalização mostram retardo no florescimento ou permanecem vegetativas e não são competentes para responder a sinais florais como fotoperíodos indutivos. Em muitos casos, essas plantas crescem como rosetas, sem qualquer alongamento caulinar (**Figura 20.17**).

Nesta seção, são examinadas algumas características da exigência de frio para o florescimento, incluindo a amplitude e a duração das temperaturas indutivas, os sítios de percepção, a relação com o fotoperiodismo e um possível mecanismo molecular.

A vernalização resulta em competência para o florescimento no meristema apical do caule

As plantas diferem consideravelmente quanto à idade em que se tornam sensíveis à vernalização. As anuais de inverno, como as formas de inverno dos cereais (que são semeadas no outono e florescem no verão seguinte), respondem a baixas temperaturas bastante cedo em seus ciclos de vida. Na verdade, muitas anuais de inverno podem ser vernalizadas antes da germinação (i.e., emergência da radícula a partir da semente) se as sementes tiverem sido embebidas em água e se tornado metabolicamente ativas. Outras plantas, incluindo a maioria das bianuais (que crescem como rosetas durante a primeira estação após a semeadura e florescem no verão seguinte), precisam atingir um tamanho mínimo antes de se tornarem sensíveis a baixas temperaturas para a vernalização.

A amplitude efetiva de temperatura para a vernalização vai de um pouco abaixo da temperatura de congelamento até cerca de 10 °C, com uma faixa ótima entre 1 e 7 °C. O efeito das temperaturas baixas aumenta com a duração do tratamento de frio até que a resposta seja saturada. A resposta em geral requer várias semanas de exposição a temperaturas baixas, mas a duração exata varia amplamente conforme a espécie e a variedade.

A vernalização pode ser perdida em consequência da exposição a condições de desvernalização, como altas temperaturas (**Figura 20.18**). No entanto, quanto maior for a exposição a baixas temperaturas, mais permanente será o efeito da vernalização.

A vernalização parece ocorrer primariamente no meristema apical do caule. O resfriamento localizado causa o florescimento quando apenas o ápice caulinar é resfriado, e esse efeito parece ser bastante independente da temperatura experimentada pelo resto da planta. Ápices caulinares excisados foram vernalizados com sucesso e, onde a vernalização da semente é possível, fragmentos de embrião consistindo essencialmente no ápice caulinar são sensíveis a baixas temperaturas.

Em termos de desenvolvimento, a vernalização resulta na aquisição da competência do meristema para submeter-se à transição floral. No entanto, conforme o que já foi discutido no capítulo, a competência para florescer não assegura que o florescimento vá ocorrer. Uma exigência de vernalização é atrelada com frequência a uma exigência de um fotoperíodo específico. A combinação mais comum é uma exigência de tratamento de frio, *seguida* por uma exigência de dias longos – uma

Arabidopsis anual de inverno, sem vernalização

Arabidopsis anual de inverno, com vernalização

Figura 20.17 A vernalização induz o florescimento nos tipos anuais de inverno de *Arabidopsis thaliana*. A planta à esquerda é uma anual de inverno que não foi exposta ao frio. A planta à direita é uma anual de inverno, geneticamente idêntica, que foi exposta, na fase de plântula, a 40 dias de temperaturas um pouco acima do congelamento (4 °C). Ela floresceu três semanas após o término do período de frio, com cerca de nove folhas no caule primário.

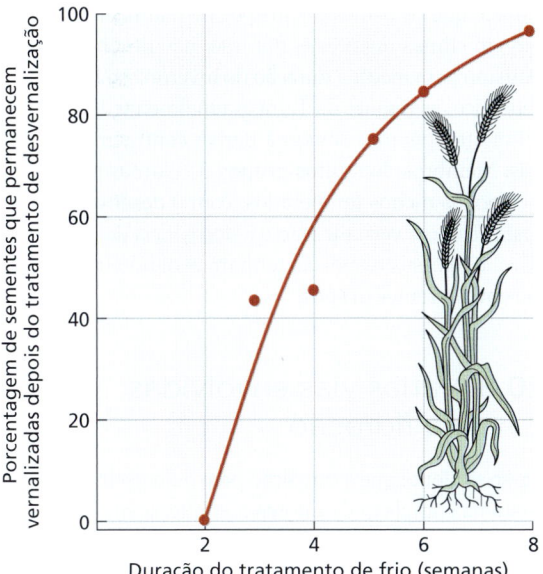

Figura 20.18 A duração da exposição a baixas temperaturas aumenta a estabilidade do efeito da vernalização. Quanto mais tempo o centeio de inverno (*Secale cereale*) é exposto a um tratamento de frio, maior é o número de plantas que permanecem vernalizadas quando o tratamento de frio é seguido por um tratamento de desvernalização. Neste experimento, as sementes de centeio, embebidas em água, foram expostas a 5 °C por diferentes períodos e, após, imediatamente submetidas a um tratamento de desvernalização por três dias a 35 °C. (Dados de Purvis and Gregory. 1952. *Ann. Bot.* 1: 569–592.)

A vernalização pode envolver mudanças epigenéticas na expressão gênica

Para a vernalização ocorrer, é necessário metabolismo ativo durante o tratamento de frio. Fontes de energia (açúcares) e oxigênio são requeridos; temperaturas abaixo do congelamento que suprimem a atividade metabólica não são eficazes para a vernalização. Além disso, a divisão celular e a replicação do DNA também parecem ser necessárias. Em algumas espécies de plantas, a vernalização provoca uma mudança estável na competência do meristema para formar uma inflorescência.

Uma explicação de como a vernalização afeta estavelmente a competência é que ocorrem mudanças no padrão de expressão gênica no meristema, após o tratamento de frio, que persistem na primavera e durante o resto do ciclo de vida. As mudanças estáveis na expressão gênica que não envolvam alterações na sequência de DNA e que possam ser passadas para as células descendentes por mitose ou meiose são conhecidas como mudanças epigenéticas. Como tal, as mudanças epigenéticas na expressão gênica são estáveis, mesmo depois de o sinal (nesse caso, o frio) que as induziu não estar mais presente. Mudanças epigenéticas da expressão gênica ocorrem em muitos organismos, de leveduras a mamíferos, e com frequência exigem divisão celular e duplicação de DNA, como é o caso da vernalização.

O envolvimento da regulação epigenética de um gene-alvo específico no processo de vernalização foi confirmado em *Arabidopsis*, LDP. Em tipos anuais de inverno de *Arabidopsis*, que requerem tanto vernalização quanto dias longos para que o florescimento seja acelerado, um gene que atua como repressor do florescimento foi identificado: *FLOWERING LOCUS C* (*FLC*). O *FLC* é fortemente expresso em regiões apicais do caule não vernalizados. Após a vernalização, esse gene é desligado epigeneticamente, pelo resto do ciclo de vida da planta, permitindo que ocorra o florescimento em resposta a dias longos (**Figura 20.19**). Na próxima geração, no entanto, o

combinação que leva ao florescimento no começo do verão, em altas latitudes (ver **Tópico 20.10 na internet**). Em algumas variedades de trigo e cevada, dias curtos podem substituir a vernalização mediada pelo frio, um processo chamado vernalização SD em cereais.

Figura 20.19 As plantas com uma exigência de vernalização são bastante atrasadas no florescimento ou não florescem, a menos que passem por um período de frio prolongado. (À esquerda) A vernalização bloqueia a expressão do gene *FLOWERING LOCUS C* (*FLC*) em ecótipos anuais de inverno de *Arabidopsis* que requerem frio. (À direita) Uma planta anual de inverno com uma mutação de inibição em *FLC* exibe florescimento rápido sem tratamento de frio.

gene é novamente ligado, restaurando a exigência de frio. Desse modo, em *Arabidopsis*, o estado de expressão do gene *FLC* representa um determinante principal da competência dos meristemas. Em *Arabidopsis*, tem sido mostrado que FLC atua reprimindo diretamente a expressão do sinal floral chave *FT* nas folhas, assim como os fatores de transcrição *SOC1* e *FD* no meristema apical caulinar (Figura 20.16).

A regulação epigenética de *FLC* envolve mudanças estáveis na estrutura da cromatina resultante da **remodelação da cromatina** (ver Capítulo 3). A vernalização faz a cromatina do gene *FLC* perder as modificações características da histona da eucromatina (DNA ativo transcricionalmente) e adquirir modificações, como metilação de resíduos específicos de lisina, características da heterocromatina (DNA inativo transcricionalmente). A conversão do *FLC* induzida pelo frio, de eucromatina em heterocromatina, silencia o gene efetivamente.

Uma faixa de rotas de vernalização pode ter evoluído

Muitas plantas que requerem vernalização germinam no outono, tirando proveito das condições frescas e úmidas, ótimas para seu crescimento. A necessidade de vernalização dessas plantas assegura que o florescimento não ocorra até a primavera, permitindo que elas sobrevivam vegetativamente no inverno (flores são especialmente sensíveis à geada). Uma planta vernalizando deve não apenas perceber a exposição ao frio, mas também dispor de um mecanismo que mensure a duração dessa exposição. Por exemplo, se uma planta é exposta a um curto período de frio no início do outono, seguido de um retorno a temperaturas mais quentes, é importante que ela não perceba a breve exposição ao frio como inverno e o subsequente clima quente como primavera. Dessa forma, a vernalização ocorre apenas após a exposição a uma duração de frio suficiente para indicar que uma estação completa de inverno passou.

Um sistema similar de medir a duração do frio, antes que as gemas sejam liberadas da dormência, opera em muitas plantas perenes que crescem em climas temperados. O mecanismo que as plantas desenvolveram para medir a duração do frio não é conhecido, mas em *Arabidopsis* há genes que são induzidos apenas após a exposição a um longo período de frio, os quais são cruciais ao processo de vernalização.

Essa rota de vernalização aparenta não ser conservada em todas as plantas floríferas. Conforme já discutido, *FLC* é o repressor do florescimento responsável pela necessidade de vernalização em *Arabidopsis*. O *FLC* codifica uma proteína MADS box que é relacionada a proteínas reguladoras discutidas mais adiante no capítulo, como DEFICIENS e AGAMOUS, que estão envolvidas no desenvolvimento floral. Em cereais, um gene que codifica um tipo diferente de proteína, uma proteína dedos-de-zinco, chamada de VRN2 (*vernalização 2*), atua como repressor do florescimento que cria uma necessidade de vernalização.

Parece que os principais grupos de plantas floríferas evoluíram em climas quentes e, por isso, não desenvolveram um mecanismo para medir a duração do inverno. Ao longo do tempo geológico, as regiões da Terra gradualmente desenvolveram um clima temperado, devido à deriva continental e a outros fatores. Membros de muitos grupos de plantas adaptaram-se a esses novos nichos temperados, com o desenvolvimento de respostas como a vernalização e a dormência de gemas, sendo provável que essas respostas tenham evoluído independentemente em diferentes grupos.

■ 20.8 Várias vias envolvidas na floração

Torna-se evidente que a transição para o florescimento envolve um sistema complexo de fatores que interagem. São necessários sinais transmissíveis gerados na folha, incluindo hormônios, para a determinação do ápice caulinar, tanto em espécies reguladas autonomamente quanto nas fotoperiódicas.

Giberelinas .e etileno podem induzir o florescimento

Entre os hormônios de crescimento que ocorrem naturalmente, as giberelinas (GAs) (ver Capítulo 15) podem ter uma forte influência no florescimento (ver **Tópico 20.11 na internet**). A GA exógena pode evocar o florescimento quando aplicada nas rosetas de LDPs, como *Arabidopsis*, ou em plantas de duração de dia duplo, como *Bryophyllum*, quando cultivadas sob dias curtos.

A giberelina parece promover o florescimento de *Arabidopsis* fracamente em dias longos e fortemente em dias curtos. Os repressores centrais da sinalização da giberelina, as proteínas DELLA, regulam negativamente a expressão dos genes *FT*, *LFY* e *SOC1*. As proteínas DELLA também interagem com reguladores transcricionais de *FT*, como CO, FLC e PHYTOCHROME INTERACTING FACTOR4 (PIF4) (ver Capítulo 4). A giberelina estimula a degradação proteassomal de DELLA, resultando na regulação positiva de *FT*, *LFY* e *SOC1*, que promove a floração (ver Figura 20.16).

GAs aplicadas exogenamente também podem evocar o florescimento em algumas SDPs sob condições não indutivas e em plantas que exigem frio e que não foram vernalizadas. Como pontuado na discussão sobre mudança de fase na Seção 20.2, a formação de cones também pode ser promovida em plantas juvenis de várias famílias de gimnospermas pela adição de giberelinas. Desse modo, em algumas plantas, GAs exógenas podem substituir o gatilho da idade no florescimento autônomo, assim como os sinais ambientais primários de comprimento do dia e temperatura. Conforme discussão no Capítulo 4, as plantas contêm muitos compostos do tipo GA. Esses compostos, na maioria, são precursores ou metabólitos inativos de formas ativas de GA.

Nas plantas, o metabolismo de GA é fortemente afetado pelo comprimento do dia. Por exemplo, no espinafre (*Spinacia oleracea*, LDP), os níveis de GAs são relativamente baixos sob dias curtos, e as plantas mantêm a forma de roseta. Depois que as plantas são transferidas para dias longos, os níveis de todas as GAs da rota 13-hidroxilada ($GA_{53} \rightarrow GA_{44} \rightarrow GA_{19} \rightarrow GA_{20} \rightarrow GA_1$; ver **Apêndice 3 na internet**) aumentam. No entanto, o aumento de cinco vezes na GA fisiologicamente ativa, GA_1, é que causa o alongamento pronunciado do caule que acompanha o florescimento.

Além das GAs, outros hormônios de crescimento podem inibir ou promover o florescimento. Um exemplo comercialmente importante é a notável promoção do florescimento no abacaxi (*Ananas comosus*) pelo etileno ou compostos liberadores de etileno – uma resposta que parece ser restrita a membros da família do abacaxi (Bromeliaceae).

A transição para o florescimento envolve múltiplos fatores e rotas

Estudos genéticos estabeleceram que há quatro rotas de desenvolvimento distintas que controlam o florescimento em *Arabidopsis*, LDP, (ver Figura 20.16):

- A *rota fotoperiódica* começa na folha e envolve vários fotorreceptores. Em LDPs em condições de dias longos, as relações complexas entre esses fotorreceptores resultam no acúmulo de proteína CO nas células companheiras do floema da folha. CO ativa a expressão de seu gene-alvo a jusante, *FT*, no floema. A proteína FT ("florígeno") move-se nos elementos de tubo crivado e é translocada para o meristema apical, onde estimula o florescimento. Conforme mostrado na ampliação do meristema na Figura 20.16, a proteína FT forma um complexo com o fator de transcrição FD. O complexo FD-FT, então, ativa genes-alvo a jusante, como *SOC1*, *AP1* e *LFY*, os quais ligam genes homeóticos florais nos flancos do meristema da inflorescência.
- Nas *rotas autônoma* e de *vernalização*, o florescimento ocorre em resposta a sinais internos – a produção de um número fixo de folhas – ou a baixas temperaturas prolongadas. Na rota autônoma de *Arabidopsis*, todos os genes associados à rota são expressos no meristema. A rota autônoma atua reduzindo a expressão do gene repressor do florescimento *FLOWERING LOCUS C* (*FLC*), um inibidor da expressão de *SOC1*. A vernalização também reprime o *FLC*, mas talvez por um mecanismo diferente (um interruptor epigenético). Como o gene *FLC* é um alvo em comum, as rotas autônoma e de vernalização são agrupadas.
- A *via da giberelina* é necessária para a floração principalmente em dias curtos não indutivos e marginalmente em dias longos. As giberelinas exógenas podem promover a floração sob essas condições não indutivas, promovendo a expressão de *FT*, *SOC1* e *LFY*.

Todas as quatro vias convergem principalmente para a expressão do regulador floral chave, *FT*, na vasculatura. A proteína FT provoca sinais indutíveis para a expressão de *SOC1*, *LFY* e *AP1* no meristema (ver a Figura 20.16), que por sua vez ativa genes a jusante necessários para o desenvolvimento do órgão floral como *AP3*, *PISTILLATA* (PI) e *AGAMOUS* (*AG*), como veremos na próxima seção.

■ 20.9 Meristemas florais e desenvolvimento de órgãos florais

Uma vez que tenha acontecido a evocação floral, o trabalho de construir flores inicia. As formas das flores são extremamente diversas, refletindo adaptações para proteger gametófitos em desenvolvimento, atrair polinizadores, promover autopolinização ou polinização cruzada e produzir e dispersar frutos e sementes. Apesar dessa diversidade, estudos moleculares e genéticos identificaram uma rede de genes que controlam a morfogênese floral em flores tão diferentes quanto as *Arabidopsis* e boca-de-leão (*Antirrhinum majus*). Variações nessa rede reguladora também parecem ser responsáveis pela morfogênese floral em outras espécies.

Nesta seção, é abordado o desenvolvimento floral em *Arabidopsis*, que tem sido estudado amplamente. De início, são delineadas as alterações morfológicas básicas que ocorrem durante a transição da fase vegetativa para a reprodutiva. Em seguida, será considerado o arranjo dos órgãos florais em quatro verticilos no meristema, assim como os tipos de genes que governam o padrão normal de desenvolvimento floral.

Em *Arabidopsis*, o meristema apical do caule muda com o desenvolvimento

Os meristemas florais geralmente podem ser distinguidos dos meristemas vegetativos por seus tamanhos maiores. No meristema vegetativo, as células da zona central completam seus ciclos de divisão lentamente. A transição do desenvolvimento vegetativo para o reprodutivo é marcada por um aumento na frequência de divisões celulares dentro da zona central do meristema apical do caule (ver Capítulo 18). O aumento do tamanho do meristema é consideravelmente um resultado do aumento da taxa de divisões dessas células centrais.

Durante a fase de crescimento vegetativo, o meristema apical de *Arabidopsis* produz folhas em nós muito próximos (entrenós são muito curtos), resultando em uma roseta de folhas basais (**Figura 20.20**). Quando o desenvolvimento reprodutivo é iniciado, o meristema vegetativo é transformado em meristema primário da inflorescência, o **meristema primário da inflorescência**, que produz uma inflorescência alongada gerando dois tipos de órgãos laterais: folhas e flores derivadas do caule. As gemas axilares das folhas desenvolvem-se em **meristemas secundários da inflorescência**, e sua atividade repete o padrão de desenvolvimento do

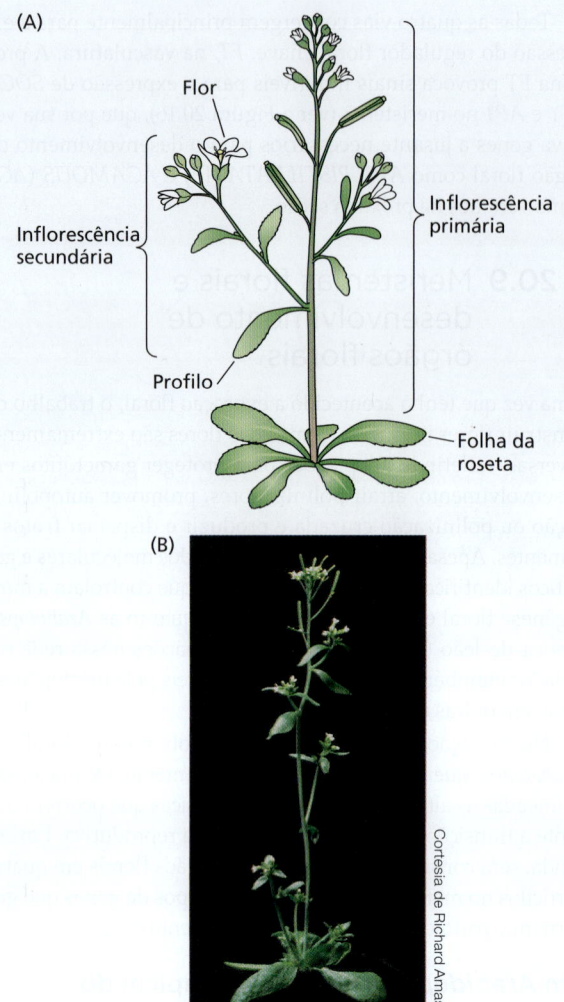

Figura 20.20 Arquitetura da inflorescência em *Arabidopsis*. (A) O meristema apical caulinar em *Arabidopsis thaliana* gera diferentes órgãos em diferentes estágios de desenvolvimento. No começo do desenvolvimento, o meristema apical do caule forma uma roseta de folhas basais. Quando a planta faz a transição para o florescimento, o meristema apical do caule é transformado em um meristema da inflorescência primária que, essencialmente, produz um caule alongado contendo flores. Os primórdios foliares, iniciados antes da transição floral, desenvolvem-se sobre o caule (folhas caulinares), e inflorescências secundárias desenvolvem-se nas axilas dessas folhas emitidas pelo caule. (B) Fotografia de uma planta florescida de *Arabidopsis*.

meristema primário da inflorescência. O meristema da inflorescência de *Arabidopsis* tem o potencial para crescer indefinidamente e, portanto, exibe crescimento *indeterminado*. As flores surgem a partir dos **meristemas florais** que se formam nos flancos do meristema da inflorescência (**Figura 20.21**). Ao contrário do meristema da inflorescência, o meristema floral é determinado.

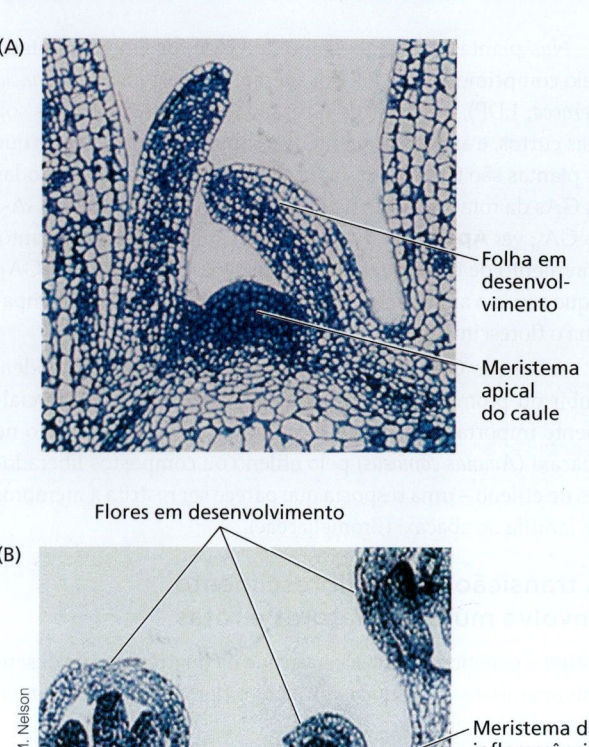

Figura 20.21 Cortes longitudinais da região apical vegetativa (A) e reprodutiva (B) do caule de *Arabidopsis*.

Os quatro tipos diferentes de órgãos florais são iniciados como verticilos separados

Os meristemas florais iniciam quatro tipos diferentes de órgãos florais: sépalas, pétalas, estames e carpelos. Esses conjuntos de órgãos são iniciados em anéis concêntricos denominados **verticilos**, ao redor dos flancos do meristema (**Figura 20.22**). O início dos órgãos mais internos, os carpelos, consome todas as células meristemáticas no domo apical, sendo que apenas os primórdios dos órgãos florais (regiões localizadas de células em divisão) estão presentes à medida que a gema floral se desenvolve. Em *Arabidopsis*, os verticilos estão organizados como a seguir:

- O primeiro verticilo (mais externo) consiste em quatro sépalas, que são verdes quando maduras.
- O segundo é composto de quatro pétalas, que são brancas quando maduras.

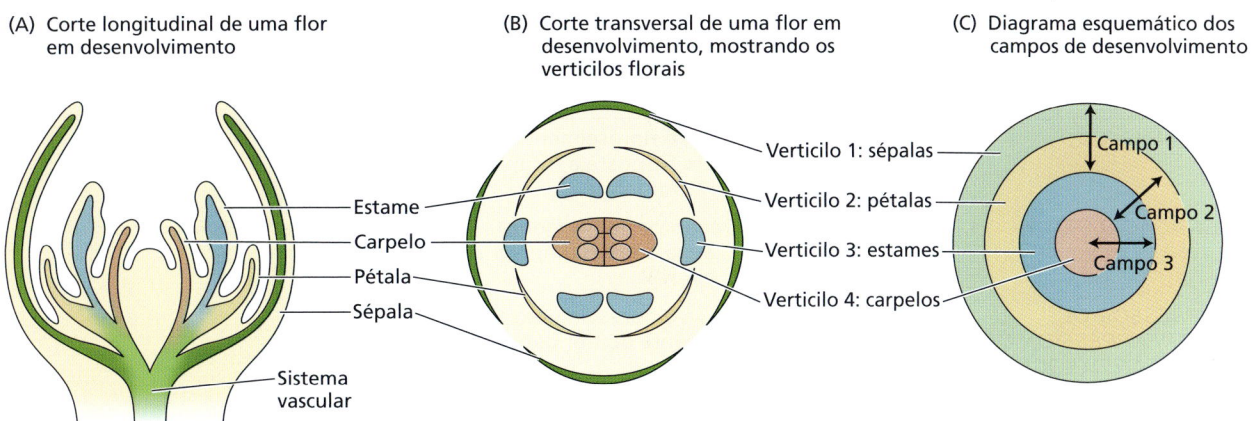

Figura 20.22 Órgãos florais são iniciados sequencialmente pelo meristema floral de *Arabidopsis*. (A e B) Os órgãos florais são produzidos como verticilos sucessivos (círculos concêntricos), começando pelas sépalas e progredindo para dentro. (C) De acordo com o modelo combinatório, as funções de cada verticilo são determinadas por três campos de desenvolvimento sobrepostos. Esses campos correspondem aos padrões de expressão de genes específicos de identidade dos órgãos florais. (Segundo J. D. Bewley et al. 2000. In *Biochemistry and Molecular Biology of Plants*, B. B. Buchanan et al. [eds.], Rockville, MD: American Society of Plant Biologists.)

- O terceiro contém seis estames (as estruturas reprodutivas masculinas), dois dos quais são mais curtos do que os outros quatro.
- O quarto verticilo (mais interno) é um único órgão complexo, o gineceu ou pistilo (a estrutura reprodutiva feminina), que é composto de um ovário com dois carpelos fusionados, cada um contendo numerosos rudimentos seminais (óvulos), e um estilete curto terminando no estigma.

Duas categorias principais de genes regulam o desenvolvimento floral

Os estudos de mutações possibilitaram a identificação de duas classes principais de genes que regulam o desenvolvimento floral: genes de identidade de meristemas e genes de identidade de órgãos florais.

1. Genes de identidade de meristema florais codificam fatores transcricionais que são necessários para o início da indução dos genes de identidade de órgãos florais. Eles são os reguladores positivos da identidade de órgãos florais no meristema floral em desenvolvimento.
2. **Genes de identidade de órgãos florais** controlam diretamente a identidade de órgãos florais. As proteínas codificadas por esses genes são fatores transcricionais que interagem com outros cofatores proteicos, a fim de controlar a expressão de genes a jusante, cujos produtos estão envolvidos na formação ou na função de órgãos florais.

Enquanto certos genes se ajustam claramente dentro dessas categorias, é importante ter em mente que o desenvolvimento floral envolve redes de genes complexas e não lineares. Nessas redes, frequentemente, genes individuais desempenham muitos papéis. Por exemplo, a evolução recrutou o mesmo fator de transcrição, APETALA2, para regular primeiro a identidade do meristema floral e, após, a identidade do órgão floral (**Tabela 20.3**).

Genes de identidade de meristemas florais regulam a função do meristema

Genes de identidade de meristemas florais devem estar ativos para que os primórdios imaturos formados nos flancos do meristema apical caulinar ou meristema da inflorescência se tornem meristemas florais. (Lembre-se de que um meristema apical que está formando meristemas em seus flancos é conhecido como meristema da inflorescência; ver Figura 20.21.) Por exemplo, mutantes de boca-de-leão (*Antirrhinum*) que têm um defeito no gene de identidade de meristema floral *FLORICAULA* (*FLO*) desenvolvem uma inflorescência que não produz flores. Em vez do desenvolvimento de meristemas florais nas axilas das brácteas, os mutantes *flo* desenvolvem nesses locais meristemas de inflorescência adicionais. Desse modo, o gene tipo selvagem *FLO* controla a etapa que determina o estabelecimento da identidade do meristema floral.

Em *Arabidopsis*, *LEAFY* (*LFY*), *FLOWERING D* (*FD*), *SUPPRESSOR OF OVEREXPRESSION OF CONSTANS1* (*SOC1*) e *APETALA 1* (*AP1*) estão entre os genes críticos na rota genética que deve ser ativada para estabelecer a identidade do meristema floral (ver Tabela 20.3). O *LFY* é, em *Arabidopsis*, a versão do gene *FLO* de *Antirrhinum*. Como vimos na Figura 20.16, *LFY*, *FD* e *SOC1* desempenham papéis centrais na evocação floral ao integrar sinais de várias vias diferentes envolvendo sinais ambientais e internos. Os mutantes duplos *lfy* e *fd* falham em formar flores, destacando os papéis de *LFY* e *FD* como genes de identidade do meristema floral que servem como reguladores principais para o início do desenvolvimento floral.

TABELA 20.3 Genes que regulam a floração

Gene	Família de fatores de transcrição	Funções	Domínios de expressão	Ortólogos
CONSTANS (CO)	Dedos-de-zinco	Ativa o florescimento em resposta a fotoperíodos longos	Nas folhas sob fotoperíodos longos	AtCO (batata); Hd1 (arroz)
FLORAÇÃO D (FD)	bZip	Receptor do florígeno, ativa o florescimento via AP1	No ápice caulinar	OsFD1 (arroz)
SUPPRESSOR OF OVEREXPRESSION OF CONSTANS1 (SOC1)	MADS	Ativa o florescimento a jusante do florígeno	Folhas e ápice	–
PHYTOCHROME INTERACTING FACTOR4 (PIF4)	bHLH	Ativa o florígeno em resposta a altas temperaturas	Folhas e ápice	–
FLOWERING LOCUS C (FLC)	MADS	Repressor floral	Folhas e ápice	–
FASE VEGETATIVA CURTA (SVP)	MADS	Reprime o florescimento sob baixas temperaturas	Folhas e ápice	–
LOCUS DE FLORAÇÃO M (FLM)	MADS	Reprime o florescimento	Folhas e ápice	–
LEAFY (LFY)	LFY	Gene de identidade do meristema floral	Ápice caulinar	RLF (arroz); FLORICAULA (Antirrhinum)
APETALA 1 (AP1)	MADS	Gene homeótico da Classe A, identidade do meristema	Meristemas florais, verticilo 1	SQUAMOSA (Antirrhinum); ZAP1, GLOSSY15 (milho [Zea mays])
APETALA 2 (AP2)	AP2/EREBP	Gene homeótico da Classe A, identidade do meristema	Meristemas florais, verticilo 1	BRANCHED FLORETLESS1 (milho)
PISTILLATA (PI)	MADS	Gene homeótico da Classe B	Verticilos 2 e 3	GLOBOSA (Antirrhinum)
AGAMOUS (AG)	MADS	Gene homeótico da Classe C	Verticilos 3 e 4	PLENA e FARINELLI (Antirrhinum); ZAG1 e ZMM2 (milho)
SEPALLATA (SEP 1, 2, 3, 4 DE SETEMBRO)	MADS	Gene homeótico da Classe E	Verticilos 1 a 4	DEFH49, DEFH200, DEFH72, AMSEP3b (Antirrinum); ZMM3, 8, 14 (milho)
COUVE-FLOR (CAL)	MADS	Identidade do meristema	Meristema floral	–
FRUTÍFERO (FUL)	MADS	Identidade do meristema floral	Meristema floral e folhas caulinares	–

As mutações homeóticas levaram à identificação dos genes de identidade de órgãos florais

Os genes que determinam a identidade dos órgãos florais foram descobertos como mutantes homeóticos florais. Mutações na mosca-da-fruta (*Drosophila*) levaram à identificação de um conjunto de genes homeóticos codificadores de fatores de transcrição, que determinam os locais em que estruturas específicas se desenvolvem. Genes homeóticos atuam como importantes controladores do desenvolvimento, que ativam todo o programa genético para determinada estrutura. Assim, a expressão dos genes homeóticos confere identidade aos órgãos.

Os genes de identidade de órgãos florais foram identificados pela primeira vez como mutações homeóticas em genes únicos que alteravam a identidade do órgão floral, causando o aparecimento de alguns órgãos florais em locais errados. Inicialmente, foram identificados cinco genes-chave em *Arabidopsis* que especificam a identidade de órgãos florais: *APETALA1* (*AP1*),

Figura 20.23 As mutações nos genes de identidade de órgãos florais alteram drasticamente a estrutura da flor. (A) O tipo selvagem de *Arabidopsis* mostra uma estrutura normal em todos os quatro componentes florais. (B) Mutantes *apetala2-2* não possuem sépalas e pétalas. (C) Mutantes *pistillata2* não possuem pétalas e estames. (D) Mutantes *agamous1* não possuem estames e carpelos. (Segundo Bewley et al. 2000. Em: *Biochemistry and Molecular Biology of Plants*, B.B. Buchanan et al. [eds.], Rockville, MD: American Society of Plant Biologists.)

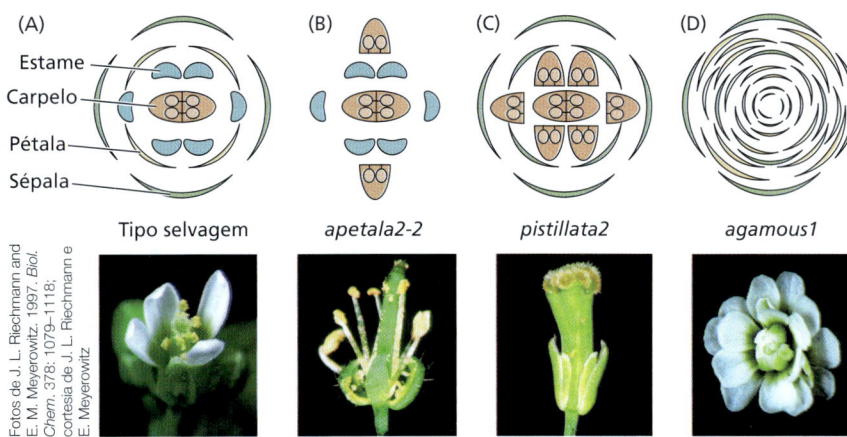

APETALA2 (*AP2*), *APETALA3* (*AP3*), *PISTILLATA* (*PI*), e *AGAMOUS* (*AG*). Mutações nesses genes alteraram bastante a estrutura e, portanto, a identidade dos órgãos florais produzidos em dois verticilos adjacentes (**Figura 20.23**). Por exemplo, plantas com a mutação *ap2* não tinham sépalas e pétalas (ver Figura 20.23B). Plantas com a mutação *ap3* ou *pi* produziam sépalas em vez de pétalas no segundo verticilo, e carpelos em vez de estames no terceiro verticilo (ver Figura 20.23C). As plantas homozigotas para a mutação *ag* não possuíam estames e carpelos (ver Figura 20.23D). Uma vez que mutações nesses genes mudam a identidade dos órgãos florais sem afetar a iniciação das flores, eles são, por definição, genes homeóticos.

O papel dos genes de identidade de órgãos no desenvolvimento floral é ilustrado de forma marcante por experimentos nos quais duas ou três atividades são eliminadas por mutações de perda de função. Em mutantes quádruplos de *Arabidopsis* (*ap1*, *ap2*, *ap3/pi* e *ag*), os meristemas florais não produzem mais órgãos florais, porém produzem estruturas similares a folhas; esses órgãos similares a folhas são produzidos com uma filotaxia verticilada típica de flores normais (**Figura 20.24**). Esse resultado experimental demonstra que as folhas são "o estado basal" dos órgãos produzidos pelos meristemas caulinares, e que as atividades de outros genes tais como *AP1* e *AP2* são requeridas para converter os órgãos do "estado basal" similares a folhas em pétalas, sépalas, estames e pistilos. Esse experimento sustenta a ideia do poeta e naturalista alemão Johann Wolfgang von Goethe (1749–1832), que especulou que os órgãos florais são folhas altamente modificadas.

O modelo ABC explica parcialmente a determinação da identidade do órgão floral

Os cinco genes de identidade dos órgãos florais descritos anteriormente enquadram-se em três classes – A, B e C –, definindo três diferentes tipos de atividades codificadas por três tipos distintos de genes (**Figura 20.25**):

- A atividade da Classe A, codificada por *AP1* e *AP2*, controla a identidade dos órgãos no primeiro e no segundo verticilos. A perda da atividade da Classe A resulta na formação de carpelos, em vez de sépalas, no primeiro verticilo, e de estames, em vez de pétalas, no segundo.
- A atividade da Classe B, codificada por *AP3* e *PI*, controla a determinação dos órgãos no segundo e no terceiro verticilo. A perda da atividade da Classe B resulta na formação de sépalas, em vez de pétalas, no segundo verticilo, e de carpelos, em vez de estames, no terceiro.
- A atividade da Classe C, codificada pelo *AG*, controla eventos no terceiro e no quarto verticilos. A perda da atividade da Classe C resulta na formação de pétalas, em vez de estames, no terceiro verticilo. Além disso, na ausência da atividade da Classe C, o quarto verticilo (normalmente um carpelo) é substituído por uma *nova flor*. Como consequência, o quarto verticilo de uma flor mutante *ag* é ocupado por sépalas. O meristema floral não é mais determinado. Flores continuam a se formar *dentro* de flores, e o padrão dos órgãos (de fora para dentro) é: sépala, pétala, pétala; sépala, pétala, pétala; e assim por diante.

O **modelo ABC** explica muitas observações em duas espécies de eudicotiledôneas distantemente relacionadas (boca-de-leão e *Arabidopsis*) e promove uma compreensão de como relativamente poucos reguladores-chave podem, de modo combinado, gerar um resultado complexo. O modelo ABC postula que a identidade dos órgãos em cada um dos verticilos é determinada

Figura 20.24 Um mutante quádruplo de *Arabidopsis* (*ap1*, *ap2*, *ap3/pi*, *ag*) produz estruturas similares a folhas no lugar dos órgãos florais.

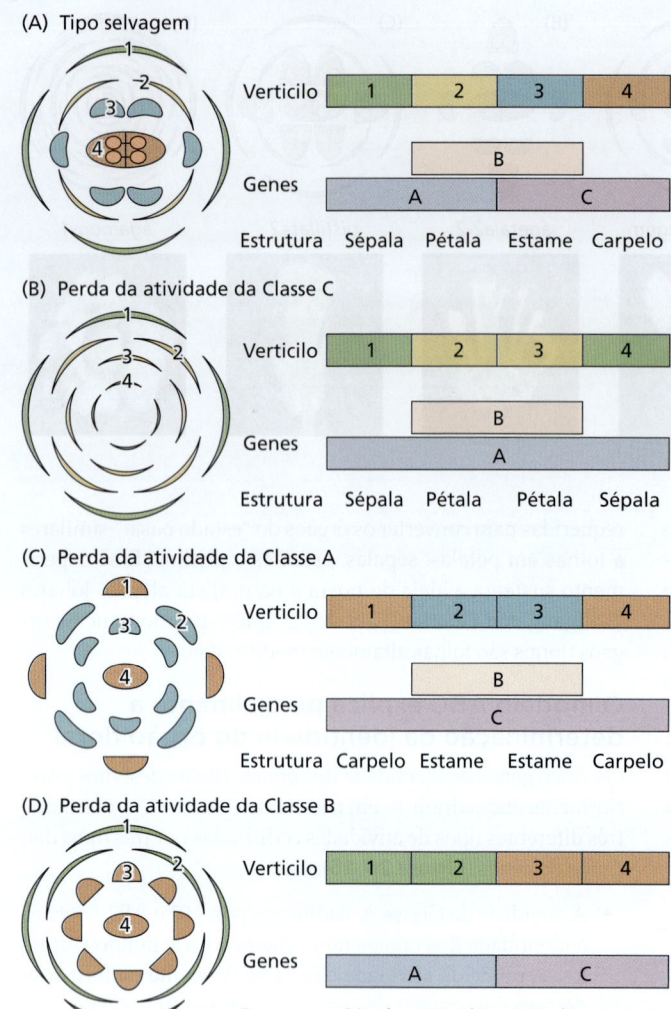

Figura 20.25 Interpretação dos fenótipos de mutantes florais homeóticos com base no modelo ABC. (A) Todas as três classes de atividade são funcionais no tipo selvagem. (B) A perda da atividade da Classe C resulta na expansão da atividade da Classe A ao longo do meristema floral. (C) A perda da atividade da Classe A resulta na expansão da atividade da Classe C ao longo do meristema. (D) A perda da atividade da Classe B resulta na expressão das atividades das Classes A e C somente. (Segundo Bewley et al. 2000. In *Biochemistry and Molecular Biology of Plants*, B.B. Buchanan et al. [eds.], Rockville, MD: American Society of Plant Biologists.)

por uma combinação única das atividades dos três genes de identidade de órgãos (ver Figura 20.25):

- A atividade da Classe A isoladamente determina sépalas.
- As atividades das Classes A e B são necessárias para a formação de pétalas.
- As atividades das Classes B e C formam estames.
- A atividade da Classe C isoladamente determina carpelos.

O modelo a seguir propõe que as atividades das Classes A e C reprimem uma a outra; isto é, ambas as classes de genes A e C se excluem mutuamente de seus domínios de expressão, em adição às suas funções na determinação da identidade do órgão.

Embora os padrões da formação do órgão em flores do tipo selvagem e na maioria dos mutantes sejam preditos por esse modelo, nem todas as observações podem ser explicadas pelos genes ABC sozinhos. Por exemplo, a expressão dos genes ABC pela planta não transforma folhas vegetativas em órgãos florais. Assim, os genes ABC, ainda que necessários, não são suficientes para impor a identidade do órgão floral sobre o programa de desenvolvimento da folha. Como será discutido a seguir, fatores de transcrição codificados pelos genes de identidade de meristemas são também necessários para a formação de pétalas, estames e carpelos.

Os genes da Classe E de *Arabidopsis* são necessários para as atividades dos genes A, B e C

Depois que os genes A, B e C foram identificados, outra classe de genes homeóticos, a Classe E, foi descoberta. Mutações em três dos outros genes identificados na triagem de mutantes para mutantes homeóticos florais, *AGAMOUS-LIKE1-3 (AGL1-3)*, produziram somente fenótipos aberrantes, quando eles foram mutados individualmente. Entretanto, as flores dos mutantes triplos *agl1/agl2/agl3* consistiam em estruturas semelhantes a sépalas somente, sugerindo que os fenótipos aberrantes observados anteriormente nos três genes *AGL* mutados individualmente eram devidos à redundância funcional. Em razão do fenótipo rico em sépalas do mutante triplo, os três genes

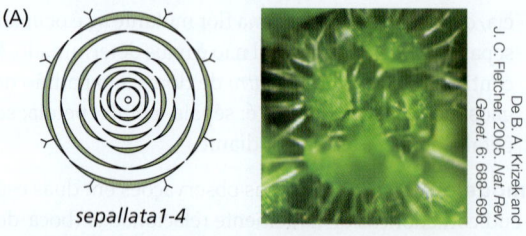

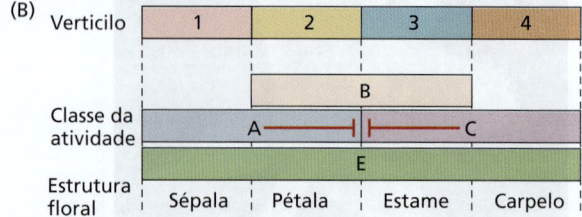

Figura 20.26 Modelo ABCE para o desenvolvimento floral. (A) Nos mutantes *sepallata1-4*, todos os órgãos florais assemelham-se a folhas vegetativas, sugerindo que os genes *SEP* são necessários para a identidade do meristema floral. (B) Modelo ABCE para a determinação do órgão floral em que *SEPs* atuam como genes da Classe E necessários para a identidade dos órgãos florais. (De B. A. Krizek and J. C. Fletcher. 2005. *Nat. Rev. Genet.* 6: 688–698.)

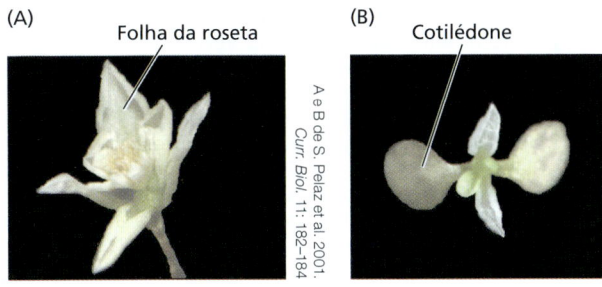

Figura 20.27 Conversão de cotilédones e folhas vegetativas em pétalas pela expressão ectópica de genes da Classe E, combinados com os genes das Classes A e B. Plantas de *Arabidopsis* superexpressando transgenes *SEP3/AP1/AP3/PI* (A) ou *AP1/AP3/PI/SEP2/SEP3* (B).

AGL foram renomeados para *SEPALLATA1-3 (SEP1-3)* e foram adicionados ao modelo ABC como genes da Classe E (**Figura 20.26**). (Os genes da Classe D são necessários para a formação do óvulo e são descritos mais adiante neste capítulo.)

Outro gene *SEPALLATA, SEP4*, é necessário redundantemente com os outros três genes *SEP* para conferir identidade sépala e contribui para o desenvolvimento dos outros três tipos de órgãos. Mutantes quádruplos *sep* mostram uma conversão de todos os quatro tipos de órgãos florais em estruturas semelhantes a folhas, de forma similar aos mutantes quádruplos *ap1, ap2, ap3/pi* e *ag* (ver Figuras 20.24 e 20.26). Notavelmente, expressando-se os genes da Classe E em combinação com os genes das Classes A e B, é possível converter folhas cotiledonares e vegetativas em pétalas (**Figura 20.27**).

O modelo ABCE foi formulado com base em experimentos genéticos em *Arabidopsis* e *Antirrhinum*. Flores de diferentes espécies desenvolveram estruturas diversas modificando as redes reguladoras descritas pelo modelo ABCE (ver **Tópico 20.12 na internet**).

De acordo com o Modelo Quaternário, a identidade do órgão floral é regulada por complexos tetraméricos das proteínas ABCE

Todos os genes homeóticos identificados até então, em plantas e animais, codificam fatores de transcrição. Entretanto, ao contrário dos genes homeóticos em animais, que contêm sequências *homeobox*, a maioria dos genes homeóticos em plantas pertence a uma classe de sequências relacionadas conhecidas como **genes MADS box**. A sigla MADS é baseada nos quatro membros fundadores *(MINICHROMOSOME MAINTENANCE1 [MCM1], AGAMOUS, DEFICIENS* e *SERUM RESPONSE FACTOR [SRF])* de uma grande família de genes.

Muitos dos genes que determinam a identidade de órgãos florais são genes MADS box, incluindo o gene *DEFICIENS* de boca-de-leão e os genes *AGAMOUS (AG), PISTILLATA (PI)* e *APETALA3 (AP3)* de *Arabidopsis* (ver Tabela 20.3). Os genes MADS box compartilham uma sequência nucleotídica característica e conservada, conhecida como MADS box, que codifica uma estrutura proteica conhecida como domínio MADS (**Figura 20.28A**). Adjacente ao domínio MADS está uma região intermediária seguida por um domínio K, que é uma região

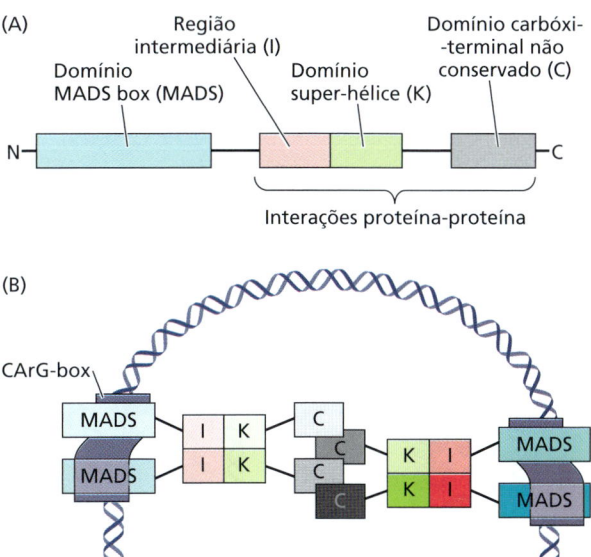

Figura 20.28 Modelo da interação dos domínios MADS box com os genes-alvo. (A) Estrutura dos domínios dos fatores de transcrição MADS box. (B) Tetrâmeros dos fatores de transcrição MADS box ligam-se a um par de motivos CArG-box nas regiões reguladoras de seus genes-alvo, ocasionando encurvamento do DNA, o qual pode tanto ativar quanto reprimir os genes-alvo.

supertorcida primariamente envolvida em interações proteína-proteína. Os fatores de transcrição MADS box formam tetrâmeros que se ligam a sequências CC(A/T)$_6$GG-box, os chamados motivos CArG-box, nas regiões reguladoras de seus genes-alvo. Quando os tetrâmeros se ligam a dois motivos CArG-box diferentes no mesmo gene-alvo, os motivos são aproximados, causando uma curvatura no DNA (**Figura 20.28B**).

Nem todos os genes homeóticos são genes MADS box, e nem todos os genes contendo os domínios MADS box são genes homeóticos. Por exemplo, o gene homeótico *AP2* é um membro da família *AP2/ERF* (fator de ligação ao elemento responsivo ao etileno) de fatores de transcrição, e o gene de identidade do meristema floral *SOC1* é um gene MADS box.

Para uma compreensão mais mecanística do modelo ABCE, um modelo de interação bioquímica, denominado **Modelo Quaternário**, foi proposto (**Figura 20.29**). No Modelo Quaternário, tetrâmeros de combinações das proteínas ABCE ligam-se diretamente ao DNA e determinam órgãos florais. O modelo baseia-se na observação de que as proteínas MADS box dimerizam, e dois dímeros unem-se formando um tetrâmero. Existe a hipótese de que esses tetrâmeros se liguem aos motivos CArG-box nos genes-alvo e modifiquem sua expressão (ver Figura 20.28B). Embora todas as proteínas MADS box possam formar complexos de ordem maior, nem todas elas são capazes de se ligar ao DNA. Por exemplo, fatores da Classe B (AP3 e PI) ligam-se ao DNA somente como heterodímeros, ao passo que ambos homodímeros e heterodímeros das Classes A, C e E podem se ligar ao DNA. De acordo com o modelo, tetrâmeros compostos de diferentes homodímeros e heterodímeros de proteínas com domínio MADS podem exercer

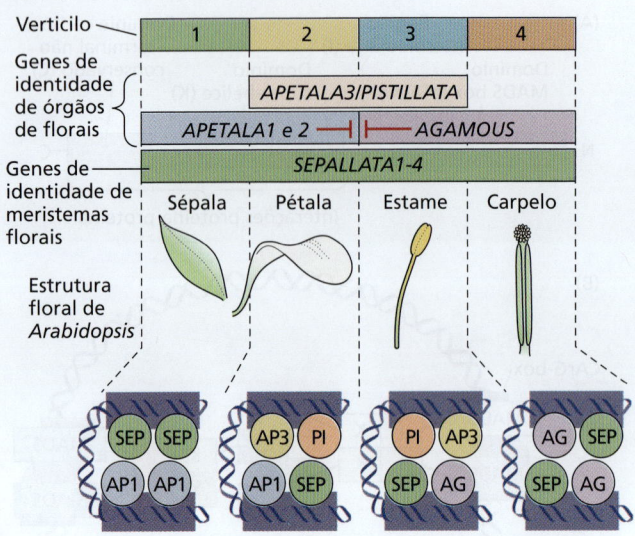

Figura 20.29 Modelo Quaternário da especificação do órgão floral em *Arabidopsis*. No verticilo 1, a expressão dos genes das Classes A (*AP1* e *AP2*) e E (*SEP*) resulta na formação de sépalas. No verticilo 2, a expressão dos genes das Classes A (*AP1, AP2*), B (*AP3, PI*) e E (*SEP*) resulta na formação de pétalas. No verticilo 3, a expressão dos genes das Classes B (*AP3, PI*), C (*AG*) e E (*SEP*) causa a formação de estames. No verticilo 4, os genes das Classes C (*AG*) e E (*SEP*) especificam carpelos. Além disso, a atividade da Classe A (*AP1* e *AP2*) reprime a atividade da Classe C (*AG*) nos verticilos 1 e 2, enquanto a atividade da Classe C reprime a atividade da Classe A nos verticilos 3 e 4. De acordo com o Modelo Quaternário, a identidade de cada um dos órgãos florais é determinada por quatro combinações das proteínas homeóticas florais conhecidas como proteínas MADS box. Dois dímeros de cada tetrâmero reconhecem dois sítios diferentes no DNA (denominados CArG-boxes, mostrados aqui em violeta) na mesma fita do DNA, os quais são levados à proximidade pela curvatura do DNA. Observe que as proteínas SEPALLATA estão presentes nos quatro complexos, servindo para recrutar as outras proteínas ao complexo. As estruturas exatas dos complexos multiméricos são hipotéticas.

controle combinatório sobre a identidade do órgão floral. Por exemplo, o heterodímero AP3-PI interage *diretamente* com AP1 e SEP3, para promover a formação da pétala, e *indiretamente* com AG com o auxílio de SEP3 atuando como um arcabouço. Em geral, as proteínas SEP parecem atuar como cofatores que promovem a atividade específica de florescimento dos genes ABC por meio de complexos com seus produtos e parecem ser necessárias para ativar a expressão dos genes ABC.

Os genes da Classe D são necessários para a formação do óvulo

De acordo com o modelo ABCE, a formação do carpelo necessita das atividades dos genes das Classes C e E. Entretanto, parece que um terceiro grupo de genes MADS box intimamente relacionados aos genes da Classe C é necessário para a formação do óvulo. Esses genes específicos do óvulo foram denominados genes da Classe D. Já que o rudimento seminal é uma estrutura dentro do carpelo, os genes da Classe D não são, estritamente falando, "genes de identidade de órgãos", embora funcionem do mesmo modo na determinação dos rudimentos seminais. As atividades da Classe D foram descobertas pela primeira vez em petúnia. O silenciamento de dois genes MADS box conhecidos por estarem envolvidos no desenvolvimento floral em petúnia, *FLORAL-BINDING PROTEIN7/11* (*FBP7/11*), resultou no crescimento de estiletes e estigmas nos locais normalmente ocupados por óvulos. Quando o *FBP11* foi superexpresso em petúnia, o primórdio do óvulo formou-se sobre as sépalas e as pétalas.

Em *Arabidopsis*, a expressão ectópica de *SHATTERPROOF1* ou *SHATTERPROOF2* (*SHP1, SHP2*) ou *SEEDSTICK* (*STK*) é suficiente para induzir a transformação de sépalas em órgãos carpeloides portadores de óvulos. Além disso, mutantes triplos *stk/shp1/shp2* não têm rudimentos seminais normais. Por isso, somado aos genes das Classes C e E, os genes da Classe D são necessários para o desenvolvimento normal do rudimento seminal.

A assimetria floral nas flores é regulada pela expressão gênica

Enquanto muitas flores, como as de *Arabidopsis*, são radialmente simétricas, muitas plantas desenvolveram flores com simetria bilateral, que permitiram a elas formar estruturas especializadas para atrair polinizadores. Por exemplo, flores de *Antirrhinum* têm diferenças nítidas nas formas das pétalas superiores (dorsais) em comparação com as pétalas inferiores (ventrais) (**Figura 20.30**). Como isso ocorreu? Novamente, como no modelo ABCE, a genética forneceu a resposta. Mutações que desequilibram o desenvolvimento de flores zigomórficas são conhecidas desde o século XVIII. Carl Linnaeus foi o primeiro a descrever uma mutação de ocorrência natural em linária (*Linaria vulgaris*) que converteu a flor bilateralmente simétrica em uma forma radialmente simétrica (**Figura 20.31**). As flores do gênero *Linaria* normalmente têm corolas com quatro estames e um único nectário. A espécie bizarra descrita por Linnaeus tinha cinco estames e cinco nectários. Esse estado anormal, radialmente simétrico, foi chamado de *peloria* por Linnaeus, da palavra grega "monstro".

Mais recentemente, mutantes análogos ("pelóricos") em *Antirrhinum majus* permitiram uma dissecação genética dos mecanismos moleculares da especificação da simetria floral. A clonagem do gene mutado *RADIALIS* (*RAD*) revelou um mecanismo regulador pelo qual *RAD* controla a assimetria floral (ver Figura 20.30). *RAD* codifica um fator de transcrição da família MYB que reprime outro gene-chave denominado *DIVARICATA* (*DIV*). Quando *DIV* está mutado, todas as pétalas da flor se parecem com as pétalas superiores (dorsais).

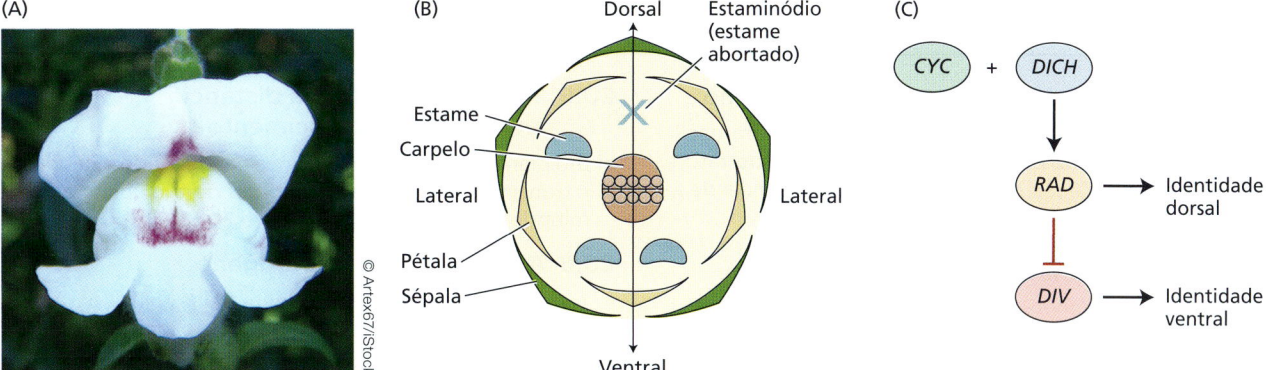

Figura 20.30 Assimetria floral em *Antirrhinum*. (A, B) As flores de *Antirrhinum* exibem simetria bilateral. (C) O gene *DIVARICATA* (*DIV*) codifica o fator transcricional MYB que promove a identidade abaxial ao longo da flor. *CYCLOIDEA* (*CYC*) e *DICHOTOMA* (*DICH*) codificam fatores transcricionais relacionados que ativam o gene *RADIALIS* (*RAD*). A proteína RAD inibe a DIV na parte adaxial da flor e limita sua atividade aos domínios abaxiais e lateral. (B e C segundo B. A. Krizek and J. C. Fletcher. 2005. *Nat. Rev. Genet.* 6: 688–698.)

DIV, portanto, especifica a identidade floral inferior (ventral) na flor. A análise de outros mutantes indicou que *RAD* determina a identidade das pétalas superiores (dorsais). O fator de transcrição RAD é ativado por outros dois genes, *CYCLOIDEA* e *DICHOTOMA*, que são expressos nas pétalas dorsais. A expressão de *RAD* permite que *DIV* seja reprimido na parte dorsal da flor. Quando *RAD* não é expresso na base da flor, *DIV* é expresso e especifica o destino ventral.

Por enquanto, nossa compreensão do desenvolvimento floral tem como base, em primeiro lugar, três espécies-modelo, *Arabidopsis*, *Antirrhinum* e arroz. Um dos desafios do futuro será explorar as variações nas redes de genes que regulam o desenvolvimento floral ao longo de um amplo espectro de plantas floríferas. Um segundo desafio será tentar compreender como as rotas de desenvolvimento floral evoluíram de ancestrais sem flores. Tais estudos devem, um dia, conduzir à solução do "mistério abominável" de Darwin – a evolução das angiospermas.

Figura 20.31 Mutante *pelórico* de linária (*Linaria vulgaris*). A flor normal de *Linaria* com a simetria bilateral é mostrada à esquerda, e o mutante *pelórico* radialmente simétrico é mostrado à direita. Agora sabe-se que a flor pelórica de linária é causada pela inativação do gene *CYCLOIDEA* por meio da metilação no DNA.

■ Resumo

A formação dos órgãos florais (sépalas, pétalas, estames e carpelos) ocorre no meristema apical caulinar e está relacionada aos sinais interno (autônomo) e externo (ambiental). Uma rede de genes que controla a morfogênese floral tem sido identificada em muitas espécies.

20.1 Evocação floral: integração de estímulos ambientais

- Para o sucesso reprodutivo, sistemas de controle interno (autônomo) e externo (sensível ao ambiente) capacitam as plantas a regular e a cronometrar, com precisão, o florescimento.

- Duas das respostas sazonais mais importantes que afetam o desenvolvimento floral são o fotoperiodismo (resposta às mudanças no comprimento do dia) e a vernalização (resposta ao frio prolongado).
- O florescimento sincronizado favorece a fecundação cruzada e auxilia a assegurar a produção de sementes sob condições favoráveis.

20.2 O ápice caulinar e as mudanças de fase

- Nas plantas, a transição da fase juvenil para a adulta em geral está acompanhada por mudanças nas características vegetativas (**Figura 20.1**).

Resumo

20.3 Ritmos circadianos: o relógio interno
- Os ritmos circadianos são baseados em um oscilador endógeno que consiste na interação de fatores de transcrição, e não na presença ou ausência de luz (**Figura 20.3**).
- Os ritmos circadianos são definidos por três parâmetros: período, fase e amplitude (**Figura 20.4A**).
- A compensação de temperatura previne que as mudanças térmicas afetem o período do relógio circadiano.
- Os fitocromos e os criptocromos sincronizam o relógio circadiano.

20.4 Fotoperiodismo: monitoramento do comprimento do dia
- As plantas podem detectar mudanças sazonais no comprimento do dia em latitudes distantes da linha do Equador (**Figura 20.5**).
- O florescimento nas LDPs necessita que um comprimento do dia exceda certa duração, denominada comprimento crítico do dia. O florescimento nas SDPs requer um comprimento do dia que é menor do que o comprimento crítico do dia (**Figura 20.7**).
- As folhas percebem o estímulo fotoperiódico em LDPs e SDPs.
- A medição do comprimento da noite é importante para monitorar as mudanças no comprimento do dia; a floração em SDPs e LDPs pode ser determinada pela duração da escuridão (**Figura 20.8**).
- Em LDPs e SDPs, o período de escuro pode ser ineficaz se interrompido por uma breve exposição à luz (uma quebra da noite) (**Figura 20.9**).
- A resposta do florescimento às quebras da noite mostra um ritmo circadiano, sustentando a hipótese do relógio (**Figura 20.10**).
- No modelo de coincidência externa, o florescimento é induzido, tanto nas SDPs como nas LDPs, quando a exposição à luz é coincidente com a fase apropriada do oscilador.
- CO (em *Arabidopsis*) e Hd1 (em arroz) regulam o florescimento mediante controle da transcrição de genes de estímulo florais (**Figura 20.11**).
- A proteína CO é degradada em taxas diferentes na luz *versus* no escuro. A luz aumenta a estabilidade de CO, permitindo que ela se acumule durante o dia; no escuro, ela é rapidamente degradada.
- Os efeitos de quebras noturnas pelas luzes vermelha e vermelho-distante implicam o controle pelos fitocromos do florescimento nas SDPs e nas LDPs (**Figuras 20.12, 20.13**).
- O florescimento em LDPs é promovido quando o tratamento com luz indutiva coincide com um pico na sensibilidade à luz, que segue um ritmo circadiano (**Figura 20.14**).

20.5 Sinalização de longa distância envolvida no florescimento
- Em plantas fotoperiódicas, um sinal de longo alcance é transmitido no floema das folhas para o ápice, permitindo a evocação floral (**Figura 20.15**).

20.6 A identificação do florígeno
- A proteína FT move-se via floema, das folhas para o meristema apical do caule, sob fotoperíodos indutivos. No meristema, FT forma um complexo com o fator de transcrição FD para ativar os genes de identidade florais (**Figura 20.16**).

20.7 Vernalização: promoção do florescimento com o frio
- Nas plantas sensíveis, um tratamento de frio é necessário para elas responderem aos sinais florais como fotoperíodos indutivos (**Figuras 20.17, 20.18**).
- Para a vernalização ocorrer, é necessário metabolismo ativo durante o tratamento de frio.
- Após a vernalização, o gene *FLC* está epigeneticamente desligado durante o resto do ciclo de vida da planta, permitindo que o florescimento, em resposta a dias longos, ocorra em *Arabidopsis* (**Figura 20.19**).
- A regulação epigenética de *FLC* envolve mudanças estáveis na estrutura da cromatina.
- Várias rotas de vernalização evoluíram nas plantas floríferas.

20.8 Várias vias envolvidas na floração
- As quatro rotas distintas que controlam o florescimento convergem para o aumento da expressão de reguladores florais chave: *FT* nos tecidos vasculares e *SOC1*, *LFY* e *AP1* no meristema (**Figura 20.16**).

20.9 Meristemas florais e desenvolvimento de órgãos florais
- Os quatro tipos diferentes de órgãos florais são iniciados sequencialmente em verticilos concêntricos e separados (**Figura 20.22**).
- As mutações em genes homeóticos de identidade florais alteram os tipos de órgãos produzidos em cada um dos verticilos (**Figuras 20.23, 20.24**).
- O modelo ABC sugere que a identidade de órgãos, em cada verticilo, é determinada pela atividade combinada de três genes de identidade de órgãos (**Figura 20.25**).
- A expressão dos genes da Classe E de identidade do meristema floral (p. ex., *SEPALLATA*) é necessária para a expressão dos genes das Classes A, B e C (**Figura 20.26**).
- Muitos genes de identidade dos órgãos florais codificam fatores transcricionais contendo os domínios MADS que funcionam como heterotetrâmeros

Resumo

(**Figura 20.28; Tabela 20.3**). O Modelo Quaternário descreve como esses fatores transcricionais devem atuar em conjunto para especificar os órgãos florais (**Figura 20.29**).

- Variações no modelo ABCE conseguem explicar a diversidade de estruturas florais nas angiospermas (**Figuras 20.30, 20.31**).

Material da internet

- **Tópico 20.1 A mudança climática causou mudanças mensuráveis no tempo de floração de plantas silvestres** As plantas são capazes de sentir uma diferença de temperatura de apenas 1 °C, e o aumento da temperatura ambiente acelera a floração em muitas espécies.

- **Tópico 20.2 Contrastando as características das fases juvenil e adulta da hera inglesa (*Hedera helix*) e do milho (*Zea mays*)** Uma tabela de características morfológicas juvenis *versus* adultas é apresentada.

- **Tópico 20.3 Floração de meristemas juvenis enxertados em plantas adultas** A competência dos meristemas juvenis em florescer pode ser testada em experimentos de enxertia.

- **Tópico 20.4 Competência e determinação são dois estágios na evocação floral** Experimentos foram realizados para definir competência e determinação durante a evocação floral.

- **Tópico 20.5 Características da resposta de mudança de fase em ritmos circadianos** Os movimentos das pétalas em *Kalanchoe* têm sido usados para estudar ritmos circadianos.

- **Tópico 20.6 Os efeitos contrastantes dos fitocromos A e B na floração** PhyA e phyB afetam a floração em *Arabidopsis* e outras espécies.

- **Tópico 20.7 Suporte ao papel da regulação da luz azul dos ritmos circadianos** O ELF3 desempenha um papel na mediação dos efeitos da luz azul na época de floração.

- **Tópico 20.8 Genes que controlam o tempo de floração** Uma discussão sobre genes que controlam diferentes aspectos da época de floração é apresentada.

- **Tópico 20.9 A natureza autopropagadora do estímulo floral** Em certas espécies, o estado induzido pode ser transferido por enxerto quase indefinidamente.

- **Tópico 20.10 Regulação da floração em Sinos de Canterbury por fotoperíodo e vernalização** Dias curtos agindo na folha podem substituir a vernalização no ápice do caule nos Sinos de Canterbury.

- **Tópico 20.11 Exemplos de indução floral por giberelinas em plantas com diferentes requisitos ambientais para floração** Uma tabela dos efeitos das giberelinas em plantas com diferentes requisitos fotoperiódicos é apresentada.

- **Tópico 20.12 Genes de identidade de órgãos florais em plantas monocotiledôneas** Variações no modelo ABCE estão associadas a morfologia floral contrastante em diferentes monocotiledôneas e eudicotiledôneas.

Para mais recursos de aprendizagem (em inglês), acesse **oup.com/he/taiz7e**.

Leituras sugeridas

Ali, Z., Raza, Q., Atif, R. M., Aslam, U., Ajmal, M., and Chung, G. (2019) Genetic and molecular control of floral organ identity in cereals. *Int. J. Mol. Sci.* 20: 2743.

Amasino, R. (2010) Seasonal and developmental timing of flowering. *Plant J.* 61: 1001–1013.

Andrés, F., and Coupland, G. (2012) The genetic basis of flowering responses to seasonal cues. *Nat. Rev. Genet.* 13: 627–639.

Busch, A., and Zachgo, S. (2009) Flower symmetry evolution: Towards understanding the abominable mystery of angiosperm radiation. *BioEssays* 31: 1181–1190.

Causiera, B., Schwarz-Sommerb, Z., and Davies, B. (2010) Floral organ identity: 20 years of ABCs. *Semin. Cell Dev. Biol.* 21: 73–79.

Huijser, P., and Schmid, M. (2011) The control of developmental phase transitions in plants. *Development* 138: 4117–4129.

Jaeger, E., Pullen, N., Lamzin, S., Morris, R. J., and Wigge, P. A. (2013) Interlocking feedback loops govern the dynamic behavior of the floral transition in Arabidopsis. *Plant Cell* 25: 820–833.

Krizek, B. A., and Fletcher, J. C. (2005) Molecular mechanisms of flower development: An armchair guide. *Nat. Rev. Genet.* 6: 688–698.

Lee, J., and Lee, I. (2010) Regulation and function of SOC1, a flowering pathway integrator. *J. Exp. Bot.* 61: 2247–2254.

Liu, L., Liu, C., Hou, X., Xi, W., Shen, L., Tao, Z., Wang, Y., and Yu, H. (2012) FTIP1 is an essential regulator required for florigen transport. *PLOS Biol.* 10(4): e1001313.

Liu, L., Zhu, Y., Shen, L., and Yu, H. (2013) Emerging insights into florigen transport. *Curr. Opin. Plant Biol.* 16: 607–613.

Rijpkemaa, A. S., Vandenbusscheb, M., Koesc, R., Heijmansd, K., and Gerats, T. (2010) Variations on a theme: Changes in the floral ABCs in angiosperms. *Semin. Cell Dev. Biol.* 21: 100–107.

Song, Y. H., Shim, J. S., Kinmonth-Schultz, H. A., and Imaizumi, T. (2015) Photoperiodic flowering: time measurement mechanisms in leaves. *Annu. Rev. Plant Biol.* 66: 441–464.

Song, Y. H., Kubota, A., Kwon, M. S., Covington, M. F., Lee, N., Taagen, E. R., Cintrón, D. L., Hwang, D. W., Akiyama, R., Hodge, S. K., Huang, H., Nguyen, N. H., Nusinow, D. A., Millar, A. J., Shimizu, K. K., and Imaizumi, T. (2018) Molecular basis of flowering under natural long-day conditions in Arabidopsis. *Nat. Plants* 4: 824–835.

Taoka, K.-I., Ohki, I., Tsuji, H., Kojima, C., and Shimamoto, K. (2013) Structure and function of florigen and the receptor complex. *Trends Plant Sci.* 18: 287–294.

21 Reprodução sexual: de gametas a frutas

Antes da descoberta da reprodução sexuada em plantas no final do século XVII, as sementes eram consideradas produtos de um processo assexuado e vegetativo similar à formação de gemas. Em meados do século XVIII, o papel do pólen na fecundação foi demonstrado experimentalmente, e, no final do século XIX, as características principais do ciclo de vida vegetal começaram a ser reconhecidas. A diferença mais profunda entre a reprodução sexuada em plantas e animais é a presença, no ciclo de vida vegetal, de dois indivíduos haploides inteiramente separados, chamados gametófitos masculino e feminino. Especificamente falando, os estames e carpelos das flores são estruturas produtoras de esporos em vez de estruturas sexuais. Os esporos produzidos nas flores se desenvolvem nos gametófitos masculino e feminino, as verdadeiras fases sexuais do ciclo de vida da planta (ver Capítulo 1).

Inicia-se a discussão com o desenvolvimento dos gametófitos masculino e feminino, os quais produzem os gametas. Como organismos sésseis, as plantas dependem de vetores como o vento ou os insetos para realizar a polinização e a fertilização. Como será visto, as plantas não são totalmente passivas nesse processo: elas desenvolveram mecanismos complexos, tanto anatômicos quanto bioquímicos, que garantem o cruzamento. Como no caso dos animais, a evolução darwiniana envolve tanto a seleção natural quanto a seleção sexual. A seleção sexual em plantas ocorre não por meio de exibições visuais de machos, como em animais, mas pela competição entre gametófitos masculinos para alcançar o gametófito feminino e fertilizar o óvulo dentro da estrutura feminina. A etapa final do processo é o desenvolvimento da semente e do fruto — as estruturas que protegem e nutrem o embrião, a fim de que, em um substrato apropriado, ocorram a germinação e o estabelecimento de uma plântula.

■ 21.1 Desenvolvimento das gerações gametofíticas masculina e feminina

O ciclo de vida vegetal difere fundamentalmente do ciclo de vida dos animais por abranger duas gerações multicelulares separadas: uma *geração esporofítica* diploide (2N) e uma *geração gametofítica* haploide (1N) (ver Capítulo 1; para uma discussão sobre a evolução de plantas diploides, ver **Tópico 21.1 na internet**). A presença de dois estágios multicelulares geneticamente distintos no ciclo de vida vegetal é denominada *alternância de gerações*. A alternância de gerações acontece em dois locais de reprodução na flor – nos estames (*androceu* ou "casa masculina") e nos carpelos (*gineceu* ou "casa feminina").

Devido à alternância de gerações, existe uma diferença fundamental entre os ciclos de vida animal e vegetal quanto aos produtos da meiose. Nos animais, as células haploides produzidas por meiose diferenciam-se diretamente em gametas – espermatozoide ou óvulo. As células haploides produzidas por meiose nas plantas, por outro lado, diferenciam-se em esporos – micrósporos (masculino) e megásporos (feminino) (**Figura 21.1**) (ver Capítulo 3 para uma revisão da meiose). Os esporos são células formadas pela meiose que se desenvolvem em uma geração multicelular separada chamada de geração do gametófito, em vez de se diferenciarem diretamente em gametas, como nos animais. Especificamente, os micrósporos e megásporos passam por divisões mitóticas para produzir indivíduos haploides chamados *gametófitos masculinos* (ou *micro*) e *gametófitos femininos* (ou *mega*), respectivamente. Os gametófitos masculinos se formam na antera do estame, enquanto o gametófito feminino se desenvolve dentro do óvulo, ou semente imatura, que está contida na base oca do *carpelo*, chamada *ovário* (ver Figura 21.1). A presença da geração multicelular gametofítica haploide no ciclo de vida vegetal significa que os gametas nas plantas são produzidos por mitose, e não por meiose. Na maturidade, células especializadas dentro dos gametófitos masculino e feminino dividem-se mitoticamente, originando os gametas *1N* – espermatozoide e oosfera. Os gametas masculino e feminino eventualmente participam da *singamia*, na qual um espermatozoide se funde com um óvulo. Ao ser fertilizado pelo espermatozoide, o óvulo é transformado no *zigoto 2N*, a primeira célula do futuro embrião (ver Figura 21.1 e Capítulo 22).

Além da singamia entre os gametas masculino e feminino, um tipo único de fusão celular gametofítica ocorre dentro dos sacos embrionários das angiospermas: uma segunda célula espermática se funde com a *célula central* diploide do gametófito feminino (ela própria o resultado da fusão de dois núcleos polares haploides) para produzir a *célula triploide do endosperma primário*, que passa a formar o tecido nutritivo do endosperma da semente. A participação das duas células espermáticas durante a fertilização, exclusiva das plantas floríferas, é denominada *fertilização dupla*. Esses dois processos de fusão celular só são possíveis porque as células envolvidas (espermatozoide, óvulo e célula central), ao contrário de todas as outras células do corpo da planta, não possuem paredes celulares verdadeiras, o que impediria a fusão da membrana.

Além de contribuir para o sucesso evolutivo das angiospermas, a fertilização dupla em certas plantas cultivadas, especialmente nos cereais com sementes grandes desenvolvidos no Crescente Fértil do Oriente Médio, desempenhou um papel fundamental no surgimento inicial da civilização humana. As sementes das primeiras variedades de trigo eram apreciadas

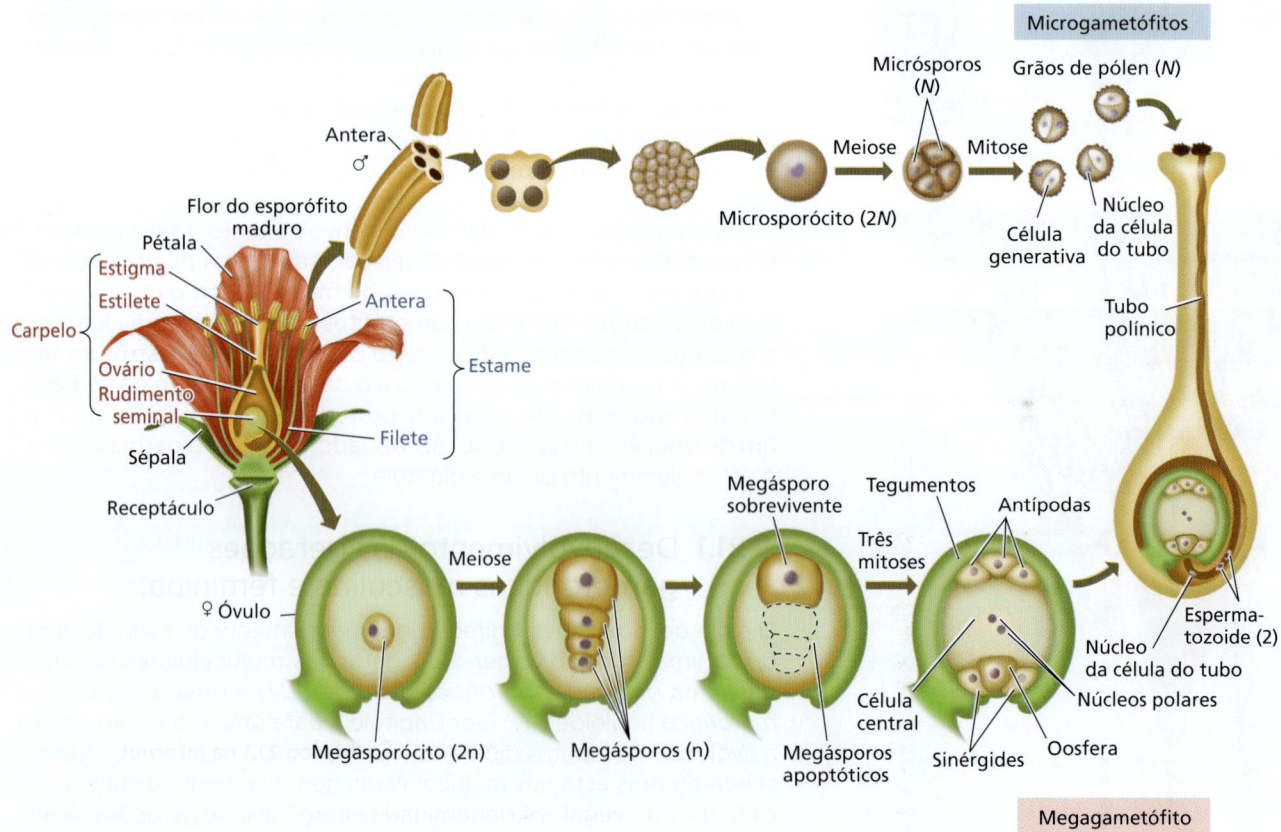

Figura 21.1 Ciclo de vida das angiospermas.

pelos caçadores-coletores por causa da abundância de tecido do endosperma rico em carboidratos. O plantio de sementes de trigo no Oriente Médio acabou levando à mudança importante da caça e coleta para a agricultura.

21.2 Formação de gametófitos masculinos no estame

O gametófito masculino é formado no estame da flor. Em geral, o estame é constituído de um filamento delicado fixado a uma antera composta de quatro microsporângios (ou *sacos polínicos*) posicionados em pares opostos (**Figura 21.2A**). Os pares de microsporângios são separados entre si por uma região central de tecido estéril que circunda um feixe vascular.

A sequência exata do desenvolvimento do microsporângio varia de espécie para espécie. Em *Arabidopsis*, a antera madura contém **células-mãe de pólen**, as células que sofrem meiose, cercadas por quatro camadas somáticas: epiderme, endotécio, camada média e tapete, um tecido de transferência de nutrientes que apoia o desenvolvimento do tecido esporogênico. Originalmente, essas camadas são derivadas das três camadas do meristema floral (L1, L2 e L3) (ver Capítulo 20). A camada L1 torna-se a epiderme, e a camada L2 origina as células arqueosporiais, bem como as camadas circundantes internas, conforme mostrado na **Figura 21.2B**. A região central que contém as células arqueosporiais é denominada **lóculo**.

A formação do grão de pólen ocorre em dois estágios sucessivos

O grão de pólen é o gametófito masculino das plantas com flores. Seu desenvolvimento é dividido temporalmente em duas fases sequenciais: microsporogênese e microgametogênese. Durante a **microsporogênese**, as células esporógenas dentro dos lóculos da antera se diferenciam em células-mãe do pólen (também chamadas de **microsporócitos**), que são as células diploides que sofrem meiose para produzir os micrósporos (**Figura 21.3A**). Os microsporócitos passam por meiose, resultando em uma tétrade de **micrósporos** haploides unidos por suas paredes, que são compostos em grande parte do polissacarídeo calose, um (1,3)-β-glucano (ver Capítulo 2). O **tapete**, uma camada de células secretoras circundando o lóculo, secreta a enzima hidrolítica *calase* e outras enzimas degradadoras de paredes celulares para dentro do lóculo; que digere parcialmente as paredes celulares e separa as tétrades em micrósporos

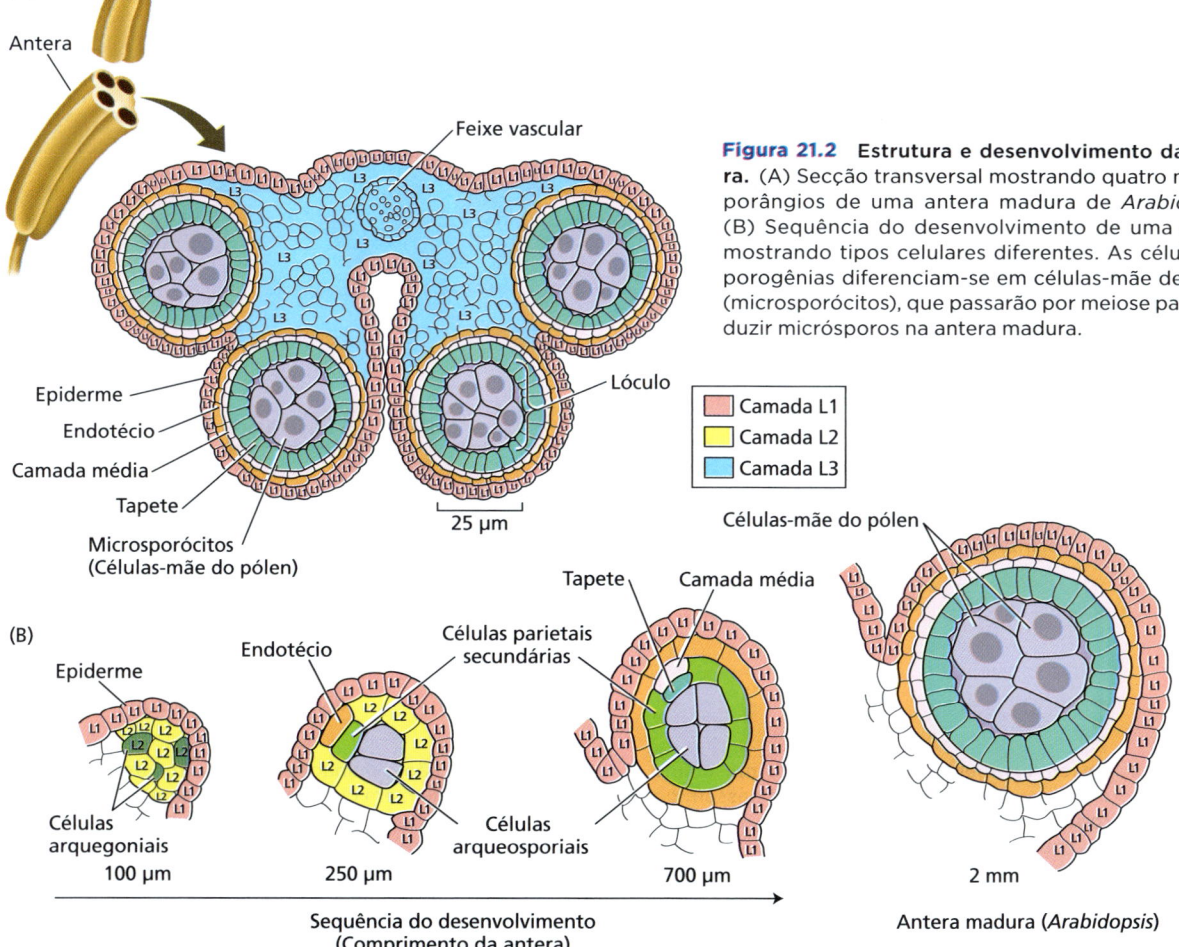

Figura 21.2 Estrutura e desenvolvimento da antera. (A) Secção transversal mostrando quatro microsporângios de uma antera madura de *Arabidopsis*. (B) Sequência do desenvolvimento de uma antera mostrando tipos celulares diferentes. As células esporogênias diferenciam-se em células-mãe de pólen (microsporócitos), que passarão por meiose para produzir micrósporos na antera madura.

individuais (ver Figura 21.3A). Em algumas espécies polinizadas por insetos, o pólen normalmente é liberado em forma de **tétrades**, como na urze comum (*Calluna vulgaris*), em assembleias maiores denominadas **póliades**, ou até mesmo em **massulaes** e **polínias** maiores, que agregam todo o pólen em uma antera, como em muitas espécies de orquídeas (ver **Tópico 21.2 na internet**). Uma vez formados os micrósporos no interior dos lóculos da antera, a fase de microsporogênese de desenvolvimento do microgametófito é concluída.

O segundo estágio é a **microgametogênese**, a formação de gametas masculinos. Durante a microgametogênese, o micrósporo haploide desenvolve-se mitoticamente no gametófito masculino, composto da **célula vegetativa** (ou **tubo**) e de duas **células espermáticas** (**Figura 21.3B**). Antes da primeira divisão mitótica, o micrósporo expande-se substancialmente, um processo associado à formação de um vacúolo grande. Paralelamente, o núcleo do micrósporo migra do vacúolo para o outro lado da célula, resultando em um *micrósporo polarizado*. O micrósporo polarizado sofre uma divisão celular altamente assimétrica (mitose I do pólen), originando uma célula vegetativa grande e uma **célula generativa** pequena (ou célula germinativa masculina). Em muitas espécies, essa mitose assimétrica leva a uma divisão dramática do citoplasma, excluindo todos os plastídios da célula geradora. Como consequência, o genoma do plastídio geralmente é herdado pela linhagem materna.

Observe que a membrana plasmática celular generativa no lado voltado para a parede celular é compartilhada com a membrana externa do microgametófito. No início, a célula generativa permanece fixada à parede celular do micrósporo e é circundada por uma parede semi-hemisférica de calose, que separa a célula generativa da célula vegetativa. Eventualmente, entretanto, a camada de calose se rompe e a célula geradora se solta da membrana plasmática externa do microgametófito. A célula generativa então migra para o centro do grão de pólen, resultando em uma estrutura anatômica única: uma célula dentro de uma célula (estágio bicelular).

Durante a maturação, os grãos de pólen acumulam reservas de carboidratos ou lipídeos, para sustentar o metabolismo ativo necessário aos processos rápidos de germinação e crescimento do tubo polínico. Nesse estágio, o desenvolvimento do pólen pode seguir uma de duas rotas. Muitas famílias de angiospermas (p. ex., Solanaceae, Orchidaceae, Rosaceae) liberam pólen bicelular: o pólen se desidrata no estágio bicelular e é liberado da antera pela deiscência (abertura) da parede da antera. Após

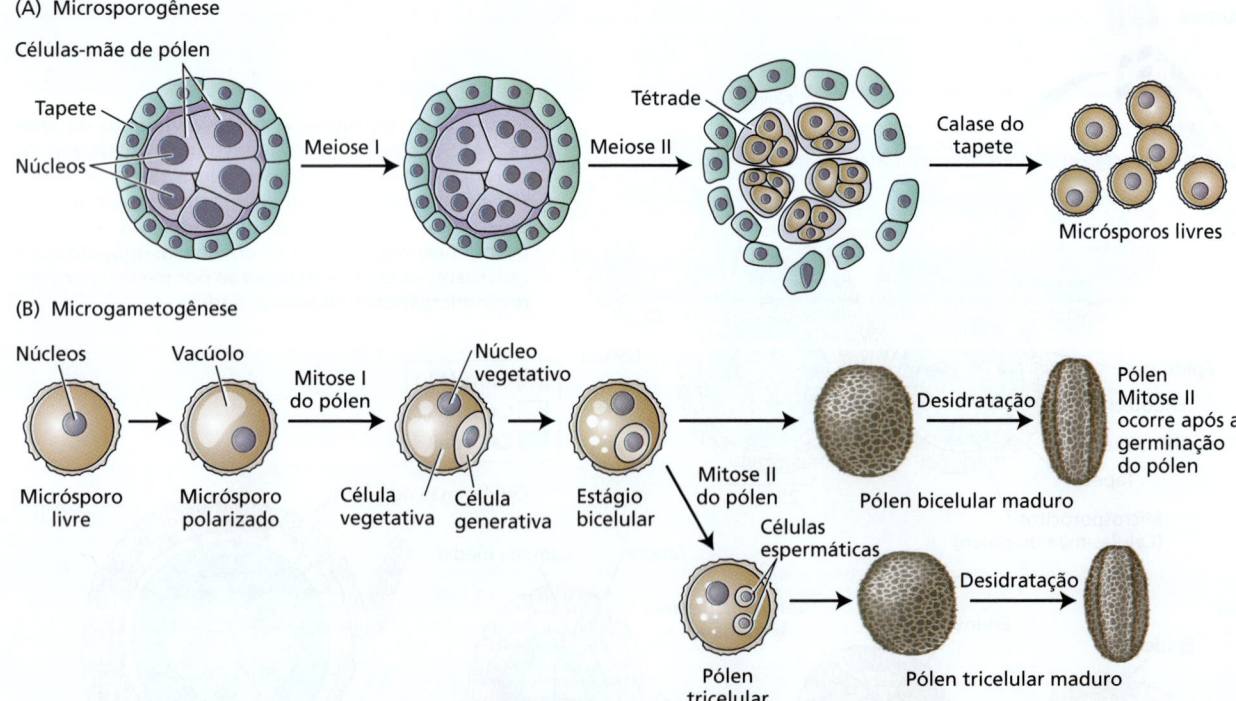

Figura 21.3 Desenvolvimento do gametófito masculino. (A) Microsporogênese. As células-mãe de pólen passam por meiose para produzir uma tétrade de micrósporos. (B) Microgametogênese. O núcleo haploide divide-se mitoticamente, produzindo a célula célula vegetativa (tubo) e a célula generativa (estágio bicelular). Depois que a célula geradora é engolfada pela célula vegetativa, os grãos de pólen podem seguir dois tipos de desenvolvimento: ou eles se movem para a dessecação e são eliminados para a atmosfera (espécies com pólen bicelular, em cima), ou se dividem mitoticamente para produzir dois espermatozoides, dessecam e são lançados na atmosfera (espécies com pólen tricelular, embaixo). Em espécies com pólen bicelular, a segunda divisão mitótica ocorre após a germinação do grão de pólen. À medida que amadurece, o grão de pólen forma uma parede celular especializada.

a polinização e germinação do grão de pólen, a célula generativa então se divide para produzir os dois espermatozoides (mitose polínica II) dentro do tubo polínico em crescimento. Em outras famílias (p. ex., Brassicaceae, Poaceae), a célula generativa sofre mitose II no de pólen enquanto ainda está dentro da antera, e o pólen tricelular é liberado. Em ambos os casos, a produção das duas células espermáticas sinaliza o final da microgametogênese. Como a célula generativa, as duas células espermáticas estão encerradas na célula vegetativa ou do tubo polínico e não têm uma parede celular adequada, permitindo que se fundam com o óvulo ou com a célula central durante a fertilização dupla.

Dependendo da espécie, as células do tapete podem permanecer na periferia do lóculo (como em *Arabidopsis*) ou tornar-se ameboides e migrar para dentro do lóculo, misturando-se com os micrósporos em desenvolvimento. Em ambos os casos, as células do tapete desempenham uma função secretora e, eventualmente, sofrem morte celular programada (ver Capítulo 23), liberando seus conteúdos para dentro do lóculo. Devido ao papel essencial das células do tapete no suprimento de enzimas, nutrientes e constituintes de paredes celulares para os grãos de pólen em desenvolvimento, os defeitos no tapete geralmente causam desenvolvimento anormal do pólen e decréscimo da fertilidade. Embora a esterilidade masculina geralmente seja uma característica prejudicial na natureza, a capacidade de gerar plantas estéreis masculinas expressando proteínas citotóxicas no tapete é extremamente útil na agricultura para a produção de sementes híbridas, como na canola.

A parede celular multiestratificada do pólen é surpreendentemente complexa

As superfícies externas das paredes celulares do grão de pólen exibem uma diversidade notável de características esculturais que exercem papéis ecológicos importantes na transferência do pólen de flor para flor (**Figura 21.4A**). Igualmente complexas, no entanto, são as múltiplas camadas subsuperficiais de parede que estabelecem um labirinto de espaços internos, onde os lipídeos e as proteínas podem ser depositados (**Figura 21.4B**).

O início da formação da parede celular do pólen acontece nos micrósporos, imediatamente após a meiose. Uma parede de calose efêmera é a primeira de várias camadas a serem depositadas pelo micrósporo sobre a superfície celular. Ela é seguida pela *primexina* (uma precursora da *sexina*), pela *nexina* e, por fim, pela *intina*. (Observe que, pelo fato de o micrósporo ser a fonte dessas camadas, a camada mais interna é a última a ser depositada.)

A primexina, composta em grande parte de polissacarídeos, atua como um molde que orienta o acúmulo de *esporopolenina*, o principal componente estrutural da *exina*, ou camada externa, que inclui a nexina e a sexina. Enquanto os micrósporos ainda estão em uma tétrade, a exina inicial é formada a partir de precursores da esporopolenina sintetizados e secretados pelos próprios micrósporos. No entanto, logo que as paredes mais externas, de calose, são dissolvidas e os micrósporos liberam-se da tétrade, a maioria dos precursores de esporopolenina é fornecida pelo tapete. A intina, ou camada interna, consiste principalmente em celulose e pectinas.

Estudos recentes em *Arabidopsis* sugerem que o polímero esporopolenina possui constituintes derivados de ácidos graxos e fenólicos que estão ligados covalentemente, de forma similar à lignina e à suberina. Além disso, a maior parte das paredes do grão de pólen inclui zonas onde a exina é ausente (**Figura 21.5A e B**). Essas lacunas na exina onde a parede do pólen está enfraquecida, chamadas de *aberturas* ou *poros*, permitem que o tubo polínico emerja do grão de pólen quando germina em um estigma compatível. Em vez de exina, essas aberturas são preenchidas com pectinas na forma de um hidrogel, o que parece facilitar

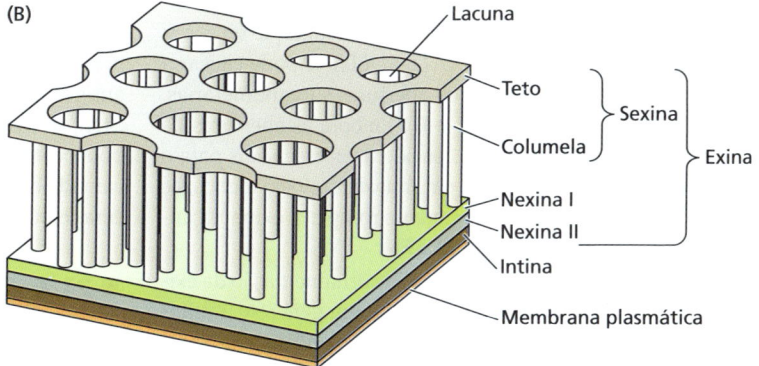

Figura 21.4 Estrutura da parede celular do grão de pólen. (A) Imagem de grãos de pólen de espécies diferentes ao microscópio eletrônico de varredura, exibindo ornamentação distinta. (B) Arquitetura de uma parede celular típica do pólen, mostrando as camadas interna e externa e elementos da ornamentação. A sexina pode ser tectada (com um teto), semitectada (com um teto parcial) ou intectada (sem um teto). O diagrama mostra uma parede do pólen com um teto, que cria uma superfície lisa.

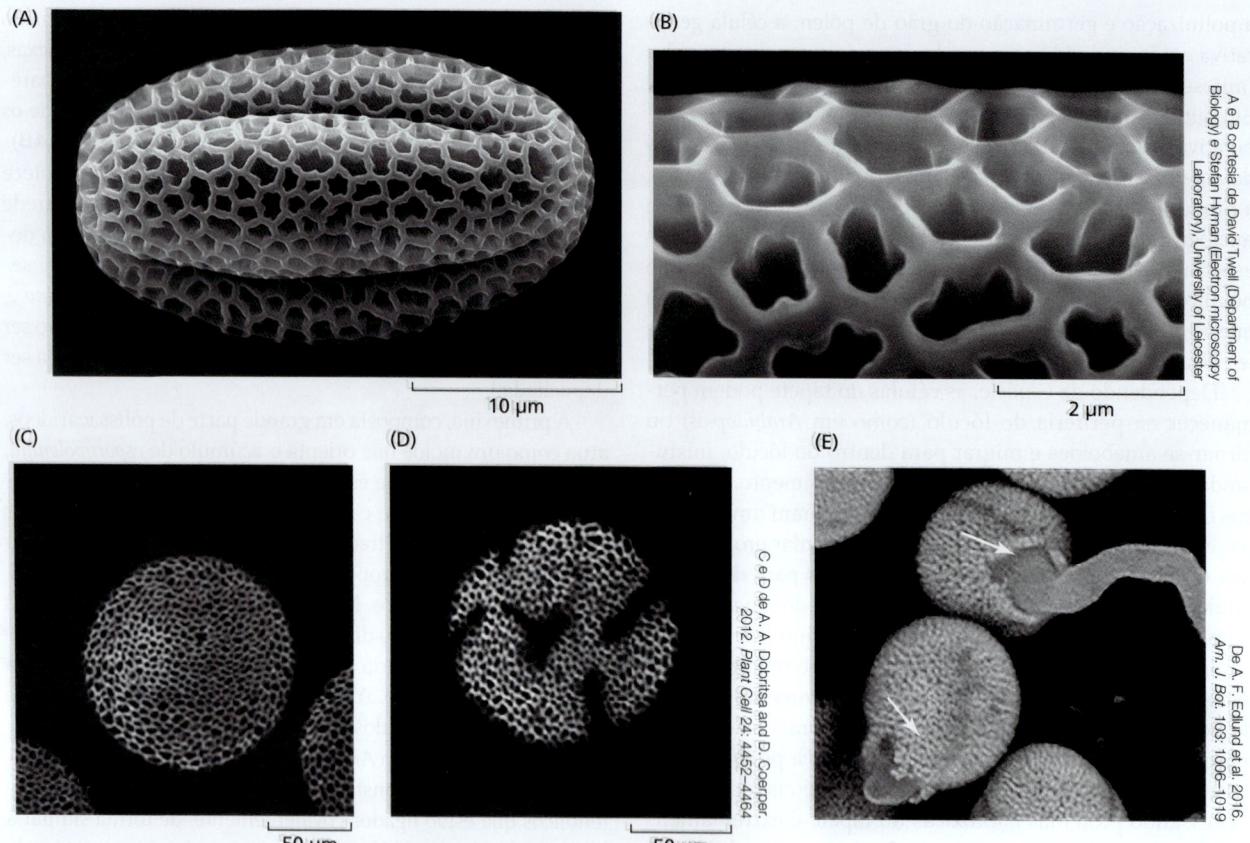

Figura 21.5 Grão de pólen de *Arabidopsis*. (A) Imagem de microscopia eletrônica de varredura mostrando duas das três aberturas em *Arabidopsis*, que são sulcos alongados onde a parede é mais fraca e mais fina. (B) Imagem SEM de maior ampliação da exina tectática de um grão de pólen de *Arabidopsis*. (C e D) O gene *INAPERTURATE POLLEN1* controla o número e o tamanho das aberturas do pólen de *Arabidopsis*, que estão ausentes quando o gene sofre mutação (C) ou supranumerárias quando o gene é superexpresso (D). (E) Emergência do tubo polínico por ruptura (setas) da parede celular polínica, fora da abertura em *Arabidopsis*.

o surgimento do tubo polínico. O número e a distribuição dessas aberturas variam entre as diferentes espécies e estão sob controle genético. Em *Arabidopsis*, por exemplo, a mutação ou superexpressão do gene *INAPERTURATE POLLEN1* pode causar a ausência completa de aberturas ou aberturas supranumerárias, respectivamente (**Figura 21.5C e D**). Embora as aberturas da parede do pólen já tenham sido consideradas essenciais para o surgimento dos tubos polínicos, em *Arabidopsis*, pelo menos, os tubos polínicos podem ocasionalmente romper a exina na ausência de uma abertura (**Figura 21.5E**).

O número de aberturas e o padrão de ornamentação da exina são características de uma família, de um gênero e, muitas vezes, de uma espécie de angiospermas. Pólen liso está associado à polinização pelo vento, como nos carvalhos (*Quercus*) e nas gramíneas (milho [*Zea mays*]), ao passo que as espécies polinizadas por insetos, aves e mamíferos tendem a ter padrões altamente ornamentados, consistindo em espinhos, ganchos ou projeções filamentosas pegajosas, que capacitam o pólen a aderir aos polinizadores em forrageio. Uma vez que a esporopolenina é resistente à decomposição, o pólen está bem representado no registro fóssil; os padrões distintivos da exina são importantes para a identificação de quais espécies estavam presentes, assim como sugerem as condições de climas mais antigos. Em espécies com estigmas secos (discutidas na Seção 21.4), como *Arabidopsis*, o tapete também reveste os grãos de pólen com **trifina**, uma camada adesiva e pegajosa que cobre a camada de exina. A trifina é rica em proteínas, ácidos graxos, ceras e outros hidrocarbonetos.

21.3 Desenvolvimento do gametófito feminino no óvulo

Nas angiospermas, os rudimentos seminais (*óvulos*) estão localizados no interior do *ovário* do *gineceu*, o termo coletivo para os carpelos. Os rudimentos seminais são os locais da megasporogênese e da megagametogênese. Após a fecundação do gameta feminino (célula-ovo), por uma célula espermática, a embriogênese é iniciada e o rudimento seminal desenvolve-se em uma semente. Simultaneamente, o ovário amplia-se e torna-se um fruto. A fecundação e o desenvolvimento de frutos serão discutidos mais adiante neste capítulo.

Os primórdios do rudimento seminal surgem em um tecido especializado do ovário denominado *placenta*. As localizações do tecido placentário variam entre os diferentes grupos vegetais e abrangem os seguintes tipos de placentação: marginal, parietal, axial, basal e central-livre (ver **Tópico 21.3 na internet**). O tipo de placentação dentro do ovário determina as posições e a disposição das sementes dentro do fruto.

O gineceu de *Arabidopsis* é um sistema-modelo importante para o estudo do desenvolvimento do rudimento seminal

O gineceu de *Arabidopsis*, como em muitos membros das Brassicaceae (família da mostarda), consiste em dois carpelos fusionados, referidos como *valvas*, separados por uma partição mediana denominada *septo* (**Figura 21.6**). As margens das valvas e o septo são unidos em uma faixa de tecido denominada *replo*, que exerce um papel importante na deiscência (separação) do fruto seco, permitindo que as sementes se dispersem. Em cada carpelo, existem duas faixas de tecido placentário em cada lado do septo.

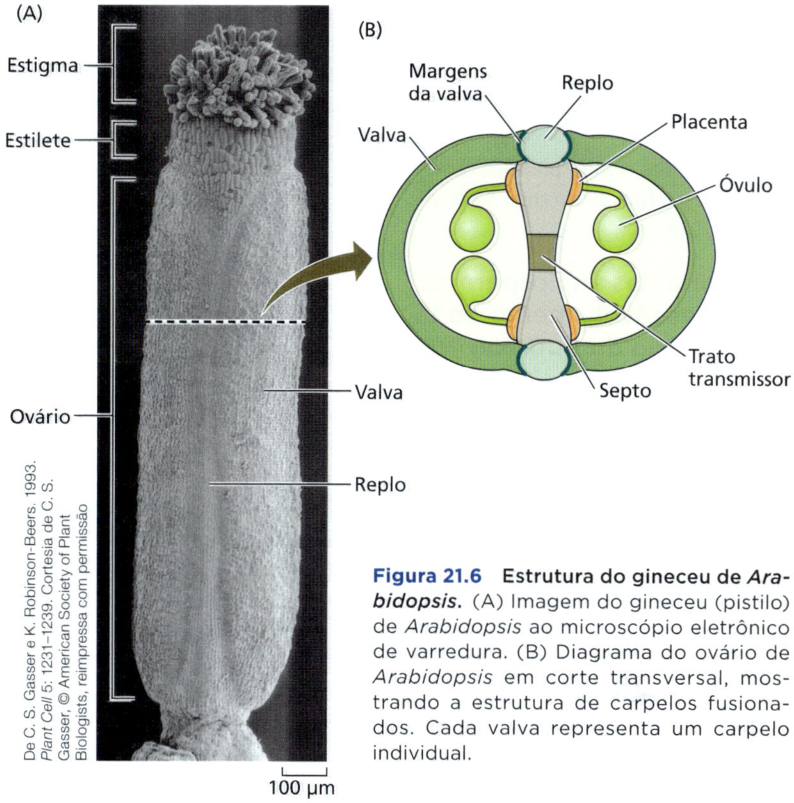

Os primórdios do óvulo aparecem primeiro ao longo da placenta como projeções cônicas com ápices arredondados (**Figura 21.7**). Três zonas já podem ser distinguidas no estágio inicial de desenvolvimento do primórdio: a região proximal na base, que origina o *funículo* peduncular (azul na Figura 21.7); a região distal ou *micropilar* no ápice, que produz o *nucelo*, onde ocorre a meiose (rosa na Figura 21.7); e a região central, denominada *calaza*, que origina os *tegumentos*, as camadas externas do óvulo (amarelo na Figura 21.7). A célula que irá se diferenciar na *célula-mãe de megásporo* é claramente visível no nucelo primordial devido a seus tamanho grande, núcleo grande e citoplasma denso.

Em geral, existem duas camadas de tegumento: interna e externa. O tegumento interno forma uma saliência a certa distância do ápice do nucelo, seguida pela camada externa do tegumento (ver Figura 21.7). As duas camadas de tegumento

Figura 21.6 Estrutura do gineceu de *Arabidopsis*. (A) Imagem do gineceu (pistilo) de *Arabidopsis* ao microscópio eletrônico de varredura. (B) Diagrama do ovário de *Arabidopsis* em corte transversal, mostrando a estrutura de carpelos fusionados. Cada valva representa um carpelo individual.

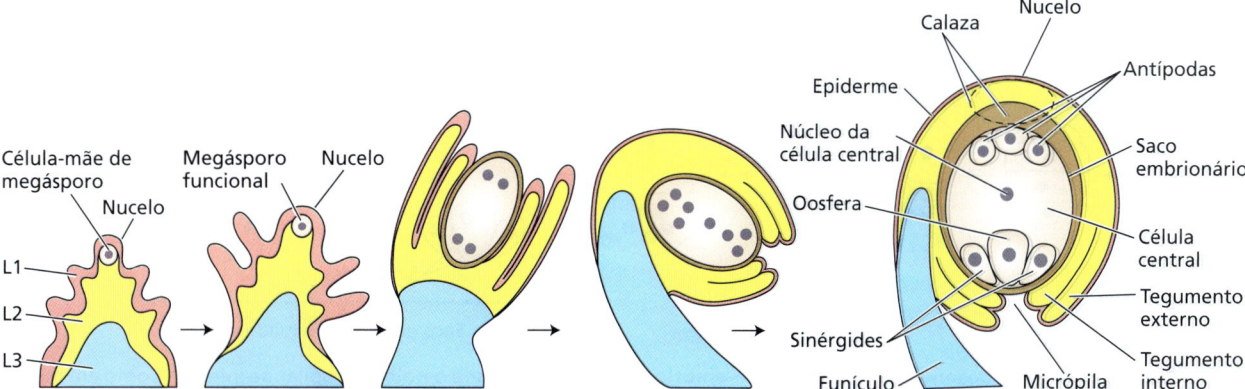

Figura 21.7 Morfogênese do óvulo em *Arabidopsis* mostrando vários estágios de desenvolvimento e tipos de tecidos. A camada L1 (rosa) origina a epiderme, a camada L2 (amarela) origina a maior parte dos tegumentos e calaza, e a camada L3 (azul) origina o funículo. O núcleo central da célula é formado pela fusão dos dois núcleos polares (ver Figura 21.8) e é o único núcleo diploide (2N) no saco embrionário.

continuam a crescer sobre o nucelo, eventualmente formando um poro em torna da micrópila. Ao mesmo tempo, o funículo curva-se levemente, fazendo o óvulo se inclinar para dentro em direção ao septo. Dessa maneira, a micrópila é aproximada do *trato transmissor*, uma região especializada dentro do septo, através da qual o tubo polínico cresce durante a polinização. Discutimos a função do trato transmissor com mais detalhes na Seção 21.4.

A maioria das angiospermas exibe desenvolvimento do saco embrionário do tipo *Polygonum*

O desenvolvimento do gametófito feminino, ou *saco embrionário*, é mais complexo e mais diverso do que o do gametófito masculino. De acordo com um esquema de classificação, existem mais de 15 padrões diferentes de desenvolvimento do saco embrionário nas angiospermas, com sacos embrionários maduros que têm de 4 a mais de 12 células. O padrão mais comum foi descrito pela primeira vez no gênero *Polygonum* (*knotweed*), razão pela qual o saco embrionário é denominado do tipo *Polygonum*. Os sacos embrionários do tipo *Polygonum* têm 8 células na maturidade (às vezes chamadas de 3+2+3). Aqui, será discutido o desenvolvimento desse tipo de saco embrionário; divergências do desenvolvimento do tipo *Polygonum* são descritas no **Tópico 21.4 na internet**.

Megásporos funcionais sofrem uma série de divisões mitóticas nucleares livres seguidas por celularização

O nucelo dá origem à **célula-mãe do megásporo**, a célula que sofre meiose para produzir os megásporos. No saco embrionário do tipo *Polygonum*, a meiose da célula-mãe de megásporo diploide produz quatro megásporos haploides (**Figura 21.8**). Três megásporos, geralmente os localizados na extremidade micropilar do nucelo, sofrem morte celular programada na sequência, deixando apenas um megásporo funcional. O megásporo funcional passa por três ciclos de divisões mitóticas nucleares livres (mitoses sem citocinese), produzindo um *sincício* – célula multinucleada formada por divisões nucleares. O resultado é um saco embrionário imaturo, com oito núcleos. Após, quatro núcleos migram para o polo calazal e os outros quatro migram para o polo micropilar. Três dos núcleos em cada polo sofrem celularização sem a formação de uma parede celular. As três células no polo da calaza denominam-se **células antipodais**, enquanto as três células na parte terminal da micrópila do saco embrionário são denominadas **aparelho oosférico**, composto de uma **oosfera** (o gameta feminino que combina com a célula espermática para formar o zigoto) ao meio, flanqueada por duas **células sinérgides**. Os dois núcleos remanescentes, denominados **núcleos polares**, migram em direção à região central do saco embrionário, que também contém um vacúolo grande. O citoplasma e os dois núcleos polares geram uma membrana plasmática em volta deles, originando uma **célula central** binucleada grande. Observe que os dois núcleos polares podem permanecer separados até a descarga dos gametas masculinos no saco embrionário ou podem se fundir antes da fertilização para formar um **núcleo secundário** diploide (2*N*). O saco embrionário totalmente celularizado, composto por sete células e sete ou oito núcleos, representa o gametófito feminino maduro ou saco embrionário.

Existem muitas variações no saco embrionário do tipo *Polygonum*. Por exemplo, as antípodas não estão presentes na ordem Nymphaeales, que inclui as ninfeias, bem como nos membros da família da enotera (Onagraceae). Como consequência, esses dois grupos de plantas possuem sacos embrionários maduros com apenas quatro núcleos. Em muitas outras espécies, incluindo *Arabidopsis*, as células antípodas degeneram antes da fertilização, enquanto em membros da família das gramíneas (Poaceae) as células antípodas podem proliferar. Dada a presença variável de células antípodas em sacos embrionários maduros, suas funções durante o desenvolvimento do saco embrionário permanecem indeterminadas.

O aparelho oosférico inclui uma estrutura chamada **aparelho filiforme** na extremidade micropilar de cada sinérgide (**Figura 21.9**). O aparelho filiforme consiste em uma parede celular espessada e convoluta que aumenta a área de superfície da membrana plasmática. Conforme discutido na Seção 21.4, as células sinérgides são envolvidas nos estágios finais de atração

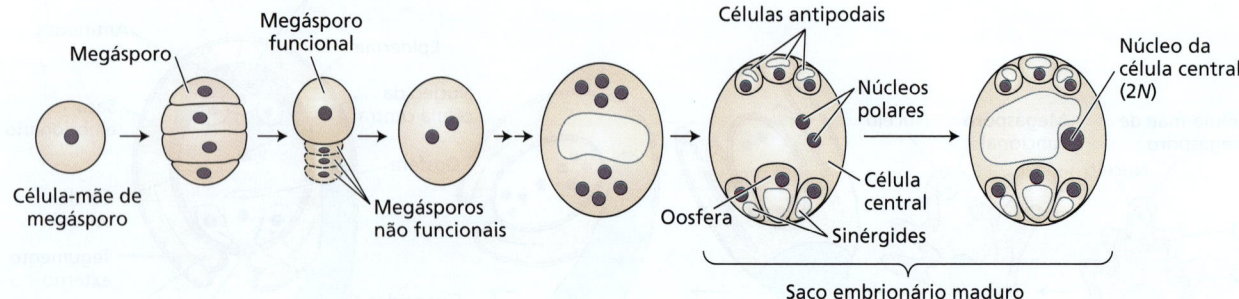

Figura 21.8 Estágios de desenvolvimento do saco embrionário – do tipo *Polygonum* – de *Arabidopsis*. Os estágios são descritos no texto. As áreas de cor bege representam citoplasma, as áreas brancas representam vacúolos, e os círculos de cor marrom representam os núcleos. O polo calazal está na parte superior e o polo micropilar na inferior. Como em muitas outras espécies, as células antípodas degeneram antes da fertilização. O núcleo da célula central é formado pela fusão dos núcleos polares e torna-se diploide (2*N*).

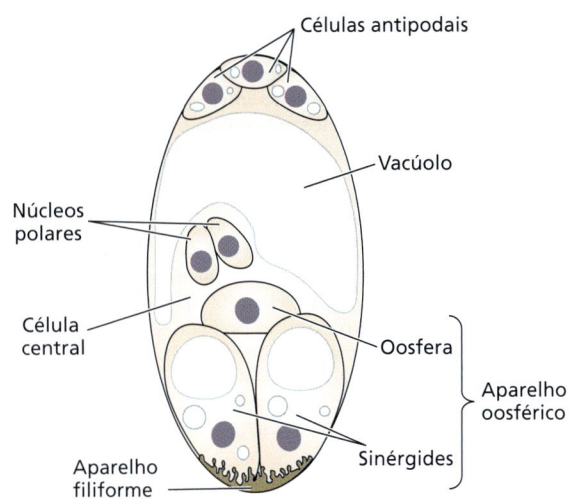

Figura 21.9 Diagrama do aparelho oosférico e aparelho filiforme do saco embrionário do tipo *Polygonum* em *Arabidopsis*.

do tubo polínico, na descarga dos conteúdos do tubo para dentro do saco embrionário e na fusão dos gametas. Sacos embrionários dos gêneros *Plumbago* e *Plumbagella* são exceções a esse princípio, pois não possuem células sinérgides na maturidade.

Durante a fertilização dupla, o óvulo se funde com uma das células espermáticas liberadas pelo tubo polínico, enquanto a célula central se funde com a outra célula espermática. Embora o termo *fertilização dupla* implique que tanto a célula-ovo quanto a célula central funcionem como gametas femininos, apenas o óvulo fertilizado se desenvolve em um embrião. Por esse motivo, a célula central não é considerada um gameta verdadeiro. Em *Arabidopsis*, os dois núcleos polares da célula central fusionam-se, formando um núcleo diploide antes da fusão com a célula espermática (Figura 21.8). Dependendo do tipo de saco embrionário, o número de núcleos polares pode variar de um, em *Oenothera*, a oito ou mais, em *Peperomia*. Durante a fecundação dupla no saco embrionário do tipo *Polygonum*, uma célula espermática fusiona-se com a oosfera para produzir o zigoto 2N, enquanto a outra se fusiona com a célula central para produzir a célula triploide (3N) do endosperma primário, que se divide mitoticamente e origina o endosperma nutritivo da semente. Uma vez que tipos diferentes de sacos embrionários contêm números distintos de núcleos polares, o nível de ploidia do endosperma varia de 2N em *Oenothera* até 15N em *Peperomia*.

■ 21.4 Polinização e fertilização em plantas com flores

A polinização em angiospermas é o processo de transferência de grãos de pólen da antera do estame (a estrutura de produção do micrósporo da flor), para o estigma do carpelo (a estrutura de produção do megásporo da flor) (ver Figura 21.1) Em algumas espécies, como *Arabidopsis thaliana* e arroz, a reprodução em geral ocorre por autopolinização – isto é, o pólen e o estigma surgem do mesmo indivíduo. Em outras espécies,

a **polinização cruzada** (*cross-pollination*), ou **fecundação entre plantas diferentes** (*outcrossing*), é a regra – os progenitores masculino e feminino são indivíduos esporófitos separados. Muitas espécies podem reproduzir-se por autopolinização ou por polinização cruzada; outras espécies (discutido mais adiante) possuem diversos mecanismos para promover a polinização cruzada e podem mesmo ser incapazes de reprodução por autopolinização.

No caso da polinização cruzada, o pólen pode percorrer grandes distâncias antes de chegar a um estigma receptivo. Normalmente produzidos em grande excesso, os grãos de pólen são dispersos por vento, insetos, pássaros e mamíferos. A evolução dos grãos de pólen como veículos de transporte de espermatozoides tornou a reprodução das plantas com sementes (gimnospermas e angiospermas) independente do meio aquático. Como a polinização beneficia tanto as plantas quanto seus polinizadores, muitos animais coevoluíram com as plantas para facilitar o processo.

A polinização bem-sucedida depende de vários fatores, incluindo a temperatura ambiental, a sincronia e a receptividade do estigma de uma flor compatível. Muitos grãos de pólen podem tolerar a dessecação e temperaturas altas durante sua trajetória para o estigma. Contudo, alguns grãos de pólen, como os do tomateiro, são danificados pelo calor. Compreender como alguns grãos de pólen toleram períodos de temperaturas altas ajudará a assegurar nossa oferta de alimento à medida que o clima global muda.

A fase progâmica inclui tudo, desde a aterrissagem do pólen e o crescimento do tubo até a fusão do gameta masculino e do óvulo

Os gametas femininos são bem protegidos do ambiente pelos tecidos do ovário. Consequentemente, para alcançar uma oosfera não fertilizada, as células espermáticas devem ser deslocadas por um tubo polínico que cresce do estigma para o óvulo. O estágio de desenvolvimento, desde a deposição de pólen no estigma até a entrega dos gametas masculinos ao saco embrionário, é chamado de **fase progâmica** da reprodução. No pistilo de *Arabidopsis* (ou gineceu), que é semelhante ao de outras angiospermas, esse processo foi dividido em seis fases (**Figura 21.10**).

Observe que em *Arabidopsis*, como em muitas angiospermas, o estilete é sólido e os tubos polínicos crescem de forma intrusiva através do apoplasto do tecido transmissor. Flores com estiletes ocos (p. ex., *Lilium longiflorum, Medicago sativa*, orquídeas) têm o que é chamado de *canais estilares*. Nessas espécies, o tecido transmissor reveste a superfície interna do canal estilar e os tubos polínicos crescem ao longo da superfície do canal até o ovário.

Depois que as espermátides são liberadas do tubo polínico, ocorre a fertilização dupla: uma espermátide une-se à oosfera para produzir o zigoto, e a segunda espermátide fusiona-se com a célula central para formar a célula triploide do endosperma primário. Conforme será discutido a seguir, a passagem bem-sucedida das duas células espermáticas para os dois

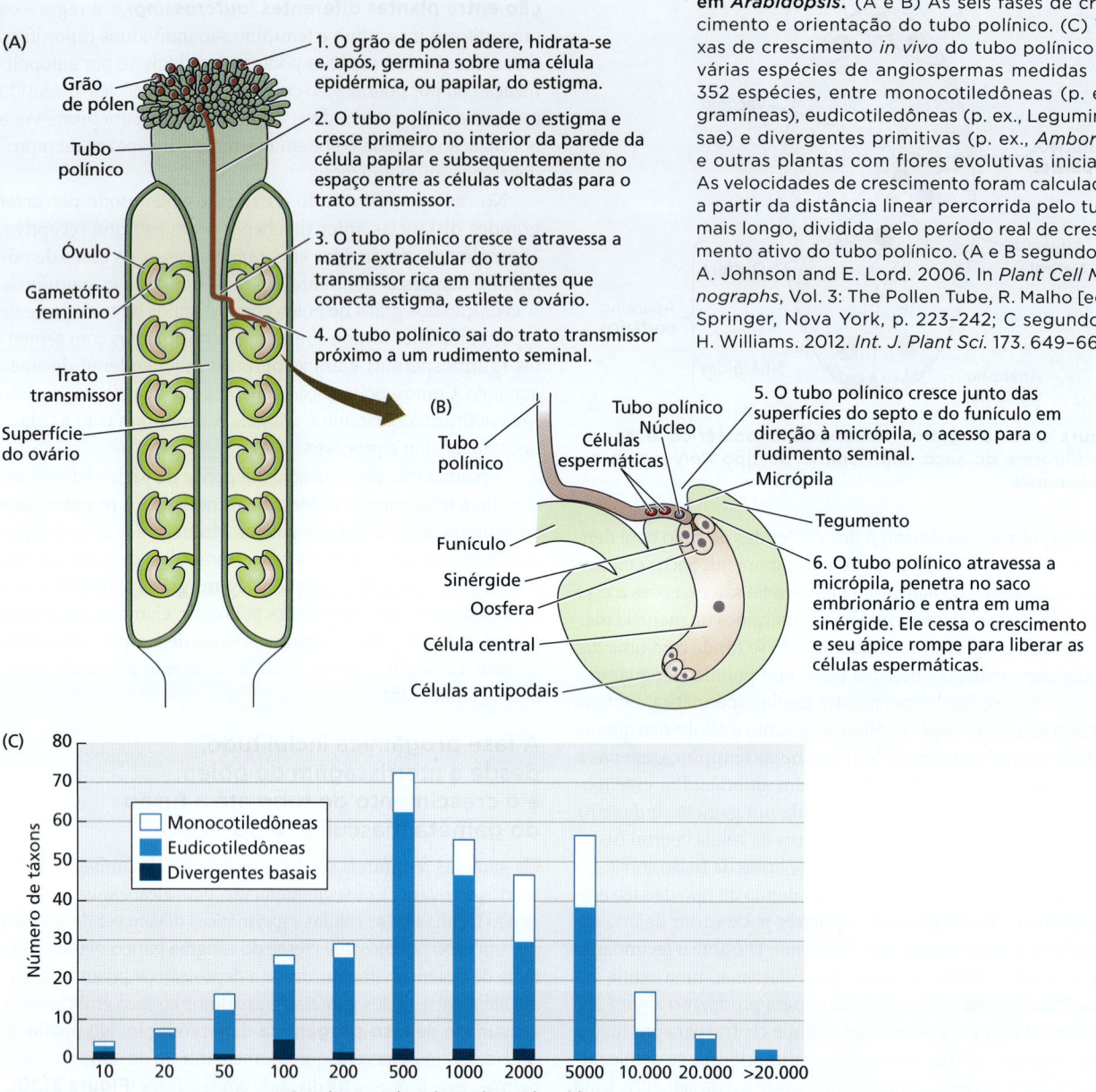

Figura 21.10 Fase progâmica da reprodução em *Arabidopsis*. (A e B) As seis fases de crescimento e orientação do tubo polínico. (C) Taxas de crescimento *in vivo* do tubo polínico de várias espécies de angiospermas medidas em 352 espécies, entre monocotiledôneas (p. ex., gramíneas), eudicotiledôneas (p. ex., Leguminosae) e divergentes primitivas (p. ex., *Amborela* e outras plantas com flores evolutivas iniciais). As velocidades de crescimento foram calculadas a partir da distância linear percorrida pelo tubo mais longo, dividida pelo período real de crescimento ativo do tubo polínico. (A e B segundo M. A. Johnson and E. Lord. 2006. In *Plant Cell Monographs*, Vol. 3: The Pollen Tube, R. Malho [ed.], Springer, Nova York, p. 223–242; C segundo J. H. Williams. 2012. *Int. J. Plant Sci*. 173. 649–661.)

gametas femininos (oosfera e célula central) pelas seis fases do processo depende de extensas interações e da comunicação entre o tubo polínico, o pistilo e o gametófito feminino. Como mostra a Figura 21.10C, a velocidade de crescimento do tubo polínico de angiospermas varia de cerca de 10 μm por hora até mais de 20.000 μm (20 mm) por hora, cerca de 100 vezes mais rápido que a velocidade de crescimento dos tubos polínicos de gimnospermas. Os grãos de pólen de uma planta individual podem ter taxas variáveis de crescimento do tubo polínico, um fenômeno que se acredita constituir competição masculina (p. ex., nas espécies de *Hibiscus* e *Quercus* e em *Arabidopsis*) e, portanto, deve ser considerado como o equivalente vegetal da seleção sexual darwiniana.

A aderência e a hidratação de um grão de pólen sobre uma flor compatível dependem do reconhecimento entre as superfícies do pólen e do estigma

A reprodução das angiospermas é altamente seletiva. Os tecidos femininos são capazes de distinguir entre grãos de pólen diversos, aceitando aqueles de espécies apropriadas e rejeitando outros de espécies não aparentadas. Quando chegam a um estigma compatível, os grãos de pólen aderem fisicamente às suas células, denominadas papilares, provavelmente devido a interações biofísicas e químicas entre proteínas do pólen e lipídeos e proteínas da superfície do estigma. Em geral, os grãos de

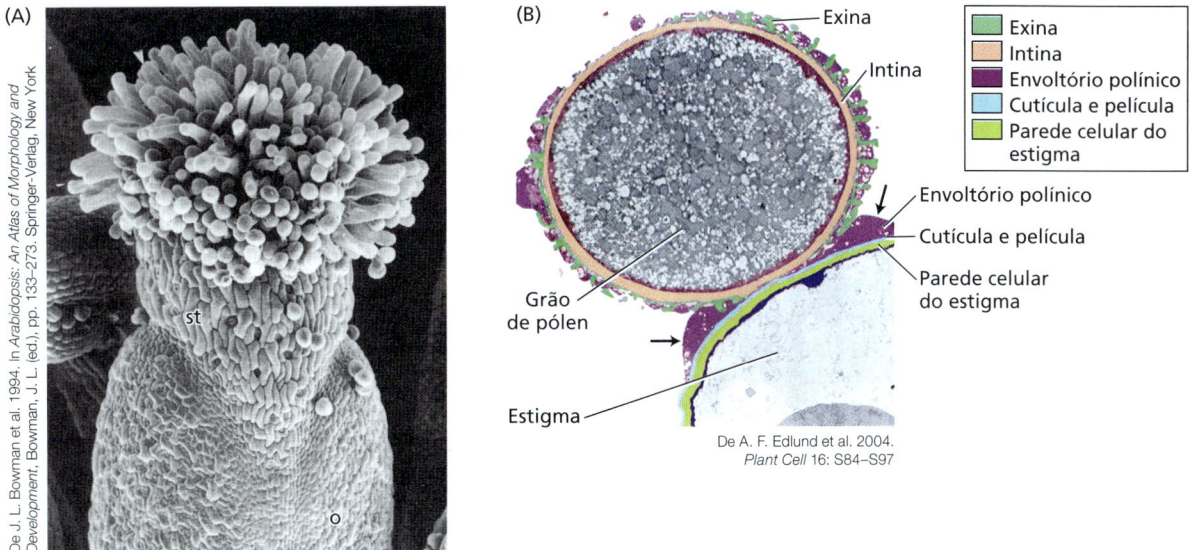

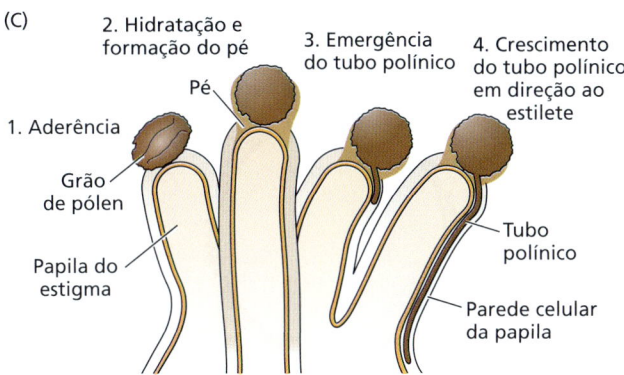

Figura 21.11 Aderência e hidratação de grãos de pólen sobre os estigmas de flores de *Arabidopsis*. (A) Imagem de papilas estigmáticas ao microscópio eletrônico de varredura. (B) Imagem ao microscópio eletrônico de transmissão, mostrando o contato entre um grão de pólen e uma célula do estigma. Um "registro" de material rico em lipídeos (setas) une as duas superfícies. (C) Os quatro estágios do tubo polínico: aderência, hidratação e formação do registro, emergência e crescimento através da parede celular papilar em direção ao estilete. (Segundo A.F. Edlund et al. 2004. *Plant Cell* 16: S84–S97.

pólen aderem de modo menos efetivo aos estigmas de plantas de outras famílias.

As flores têm estigmas úmidos ou secos. As células da superfície de estigmas úmidos liberam uma mistura viscosa de água, proteínas, lipídeos e polissacarídeos; as células da superfície de estigmas secos, como os encontrados nas Brassicaceae, são cobertas por uma parede, cutícula e película proteica (**Figura 21.11**). Os grãos de pólen ficam hidratados por padrão nos estigmas úmidos pela absorção da água secretada (p. ex., no tabaco e nas orquídeas). Por outro lado, o processo de hidratação em estigmas secos é altamente regulamentado. Após chegarem a um estigma, lipídeos e proteínas da casca do pólen escoam sobre ele e se misturam com materiais das células papilares para formar o "pé", uma estrutura que fixa o grão de pólen firmemente ao ápice da célula papilar (ver Figura 21.11B e C). Durante esse processo, considera-se que os lipídeos no pé se reorganizam, criando um sistema capilar pelo qual água e íons podem fluir do estigma para o grão de pólen. Aparentemente, esse mecanismo permite que o grão de pólen desempenhe a façanha paradoxal de se tornar hidratado sobre um estigma seco. Surpreendentemente, os pistilos de plantas de tabaco cujos estigmas foram geneticamente ablacionados ainda podiam apoiar a germinação e fertilização do pólen, desde que lipídeos exógenos (incluindo azeite de oliva) fossem fornecidos. Esses experimentos indicam que as interfaces lipídicas são cruciais para as etapas iniciais da germinação *in vivo* do pólen.

Em apoio ao papel dos lipídeos na hidratação do pólen, mutantes de *Arabidopsis* com defeitos no metabolismo de lipídeos de cadeia longa produziram grãos de pólen sem revestimento, que não conseguiram se hidratar sobre o estigma. Esse defeito pode ser corrigido por umidade alta ou aplicação de lipídeos ao estigma; ambos os procedimentos permitiriam que o grão de pólen se hidratasse e formasse tubo polínico.

A polarização do grão de pólen desencadeada pelo Ca^{2+} precede a formação do tubo

Durante a hidratação, o grão de pólen torna-se fisiologicamente ativado. O influxo do íon cálcio para dentro da célula vegetativa desencadeia a reorganização do citoesqueleto e induz a célula a tornar-se fisiológica e estruturalmente polarizada. Imagens ao vivo do Ca^{2+} livre em grãos de pólen de *Arabidopsis* mostraram que, logo após a hidratação, a concentração de Ca^{2+} citosólico aumenta no local da futura germinação e permanece elevada até a emergência do tubo. Tanto os microfilamentos de actina quanto as vesículas secretoras se acumulam abaixo do poro ou abertura da germinação, enquanto o núcleo vegetativo e as células espermáticas migram para o tubo polínico germinativo. Além da água e do Ca^{2+}, o ácido bórico também é necessário para a germinação do pólen *in vitro*. Conforme discutido no Capítulo 7, o ácido bórico é um micronutriente essencial nas plantas. Uma de suas principais funções é fazer uma ligação cruzada do pequeno polissacarídeo péctico ramnogalacturonano II na parede celular (ver Capítulo 2). Consistente com seu papel na montagem da parede, o boro é exigido tanto pelo tapete, que secreta polissacarídeos e outros materiais para a montagem adequada das paredes celulares dos micrósporos, quanto pelo grão de pólen para a germinação. O estigma também é conhecido por fornecer uma variedade de fatores que promovem a germinação do pólen, mas eles parecem ser específicos da espécie.

Os tubos polínicos crescem por crescimento apical

Seguindo-se a germinação no estigma, os tubos polínicos de *Arabidopsis* penetram através de espaços na cutícula cerosa da célula papilar e entram na parede celular da célula papilar (ver Figura 21.11C). Ao longo de seu trânsito até os óvulos, os tubos polínicos de todas as espécies crescem por meio do crescimento apical, facilitado pela exocitose dos precursores da parede celular exclusivamente na região apical (ver Capítulo 1). Conforme observado anteriormente (ver Figura 21.10C), a taxa de crescimento dos tubos polínicos em algumas plantas com flores (p. ex., *Tradescantia*, lírio-de-um-dia, milho) é extremamente rápida, atingindo taxas de cerca de 6 μm por segundo *in vivo*. (Para comparação, o crescimento da ponta nos pelos da raiz é de apenas 10–40 nm por segundo.) Essas taxas fazem dos tubos polínicos uma das células que crescem mais rápido na natureza. Surpreendentemente, um tubo individual pode atingir até 40 cm de comprimento, como ocorre quando um tubo polínico de milho cresce através de um fio de seda, que é o estilete dos carpelos de milho. Essas taxas rápidas de crescimento do tubo polínico são ainda mais impressionantes, considerando que muitas angiospermas têm estiletes sólidos e que o crescimento do tubo polínico ocorre pela ruptura invasiva da parede celular dentro do trato transmissor (ver Figura 21.6).

Os tubos polínicos em crescimento restringem o citoplasma, os dois núcleos espermáticos e o núcleo vegetativo à região localizada a poucos micrômetros atrás da região apical em crescimento, mediante a formação de vacúolos grandes e tabiques de calose para isolar a porção basal do tubo que eventualmente morre (**Figura 21.12**). Na extremidade apical do tubo polínico há uma área conhecida como *zona clara*, da qual a maioria das organelas grandes, como amiloplastos, núcleos e a maioria dos retículos endoplasmáticos e mitocôndrias, é excluída (**Figura 21.13A**). Na região mais próxima da ponta, esse fenômeno de exclusão de tamanho é ainda mais rigoroso, e somente pequenas vesículas secretoras que carregam os precursores da parede celular estão presentes. Essas vesículas se acumulam logo abaixo da ponta, onde ocorrem a exo e a endocitose, e são frequentemente organizadas em forma de cone invertido ou triângulo quando vistas na seção (**Figura 21.13B**).

A base molecular para a formação da zona clara é desconhecida, mas foi associada à ruptura ou reorganização dos cabos de actina na ponta. A dinâmica do microfilamento de actina (ver Capítulo 1) impulsiona o fluxo citoplasmático seguindo um fluxo de "fonte reversa" (**Figura 21.13C**). As organelas se movem ao longo das fibras de actina que correm pela haste do tubo polínico, mas essas fibras se dividem em pequenos filamentos de vida curta na zona clara. Consequentemente, o fluxo é interrompido na zona clara, e os movimentos das vesículas secretoras e pequenas organelas nessa região se assemelham a movimentos desorganizados do tipo browniano.

A forma como os tubos polínicos e outras células com crescimento apical matêm a sua polaridade é uma questão fundamental no desenvolvimento vegetal. A grande maioria das evidências sugere que gradientes de íons no ápice em crescimento estão envolvidos. Por exemplo, o ápice de um tubo polínico em crescimento é polarizado devido a gradientes locais de Ca^{2+} e gradientes de pH, como também gradientes invertidos de cloreto (Cl^-) (**Figura 21.14**). Esses gradientes citosólicos podem atingir quase uma ordem de magnitude na concentração em uma distância de apenas 10 a 20 μm (p. ex., o Ca^{2+} vai de > 3 μM no

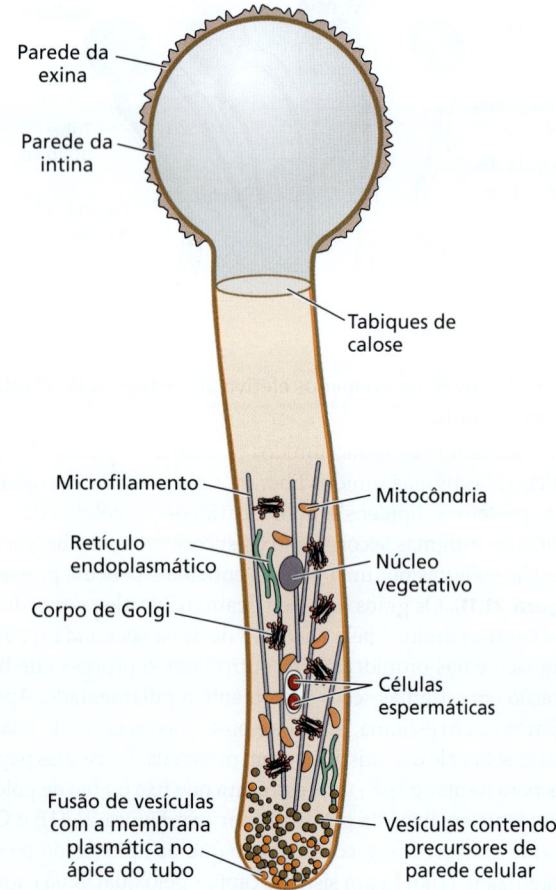

Figura 21.12 Alongamento do tubo polínico por crescimento apical. O citoplasma está concentrado na região de crescimento do tubo por vacúolos grandes e tabiques de calose. (Segundo Jones et al. 2013. *The molecular life of plants*. Nova York: Wiley-Blackwell.)

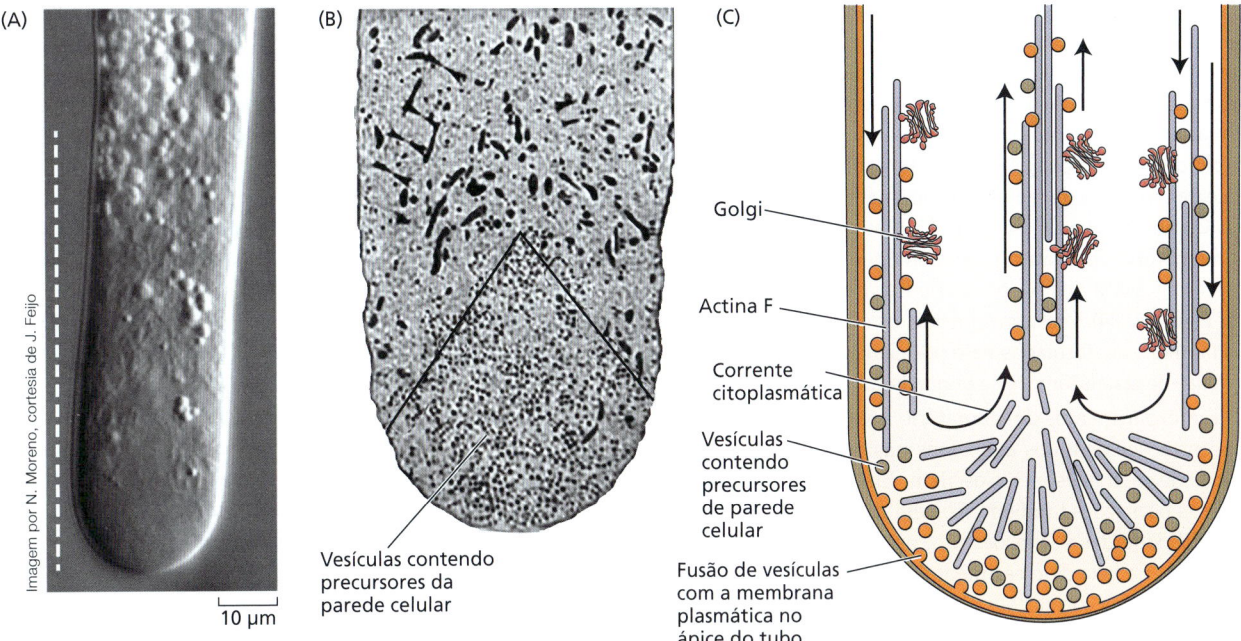

Figura 21.13 Zona clara de um tubo polínico em crescimento. (A) Micrografia da zona clara (linha branca tracejada) do pólen do lírio em alongamento. (B) Micrografia eletrônica da zona clara do pólen de lírio, mostrando o cone de várias pequenas vesículas (dentro das duas linhas) na extremidade da ponta. (C) Diagrama de componentes ultraestruturais da zona clara. Conforme indicado na ilustração, a "zona clara" não é realmente clara, mas contém corpos de Golgi, filamentos de actina F e numerosas vesículas pequenas. As setas indicam a circularidade da corrente citoplasmática de cada lado do eixo central. (B de Huang et al., 2006.) 1997. *Protoplasma* 196: 21–33; C de A. Y. Cheung et al. 2010. *Proc. Natl. Acad. Sci. USA* 107: 16390–16395.)

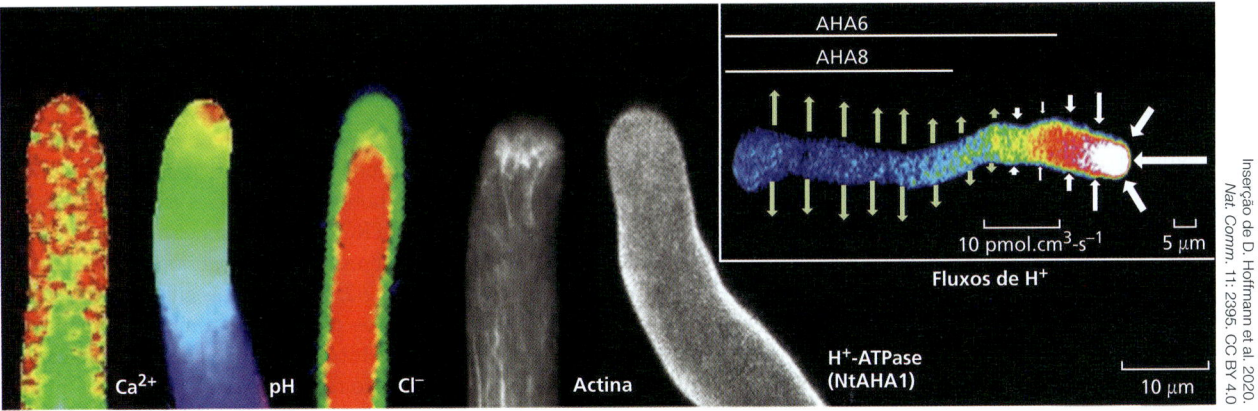

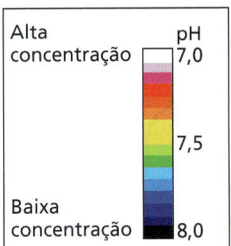

Figura 21.14 Tubos de pólen de tabaco mostrando gradientes de concentração citosólica para Ca^{2+}, pH/H^+, Cl^-, filamentos curtos de actina fotografados com uma sonda fluorescente e a H^+-ATPase na membrana plasmática NTaHa1. Os gradientes de concentração são codificados por cores, do vermelho (alto) ao azul (baixo). A ponta ácida corresponde à região das vesículas secretoras e a zona clara corresponde ao Ca^{2+} e aos gradientes ácidos. Filamentos longos de actina que suportam o fluxo de organelas começam nas bordas basais desses gradientes de íons. O padrão dos fluxos extracelulares de H^+ na ponta está correlacionado com a ausência da H^+-ATPase de membrana plasmática NTaHA1. A inserção mostra um padrão semelhante de pH/H^+ em um tubo polínico de *Arabidopsis*. A imagem mostra o gradiente citosólico de pH, fluxos extracelulares de H^+ e localização das bombas de prótons mais expressas (AHA6 e AHA8) nos tubos polínicos de *Arabidopsis*. Não apenas a localização dessas bombas se correlaciona com os fluxos extracelulares (presença = efluxos, ausência = influxos) e o consequente pH dentro do tubo polínico (efluxos = pH mais alto, influxos = pH mais baixo), mas no duplo mutante *aha6/aha8* o tubo polínico está comprometido e a formação de sementes é altamente reduzida. (De E. Michard et al. 2017. *Plant Physiol.* 173. 91–111, parcialmente baseado em T. Gutermuth et al. 2013. *Plant Cell* 25: 4525–4543 e E. Michard et al. 2008. *Sex. Plant Reprod.* 21. 169–181.)

ápice a cerca de 0,25 μM logo abaixo do ápice). O gradiente de Ca^{2+} se correlaciona estreitamente com a distribuição dos microfilamentos de actina e a classificação das organelas no ápice (ver Figura 21.13C). Acredita-se que o mecanismo molecular de formação do gradiente de pH (normalmente 0,5–1,0 unidade de pH dentro do ápice) envolva o mecanismo de exclusão do ápice das ATPases da membrana plasmática que bombeiam H^+ (ver Capítulo 8) (ver Figura 21.14). A ausência de H^+-ATPase na membrana plasmática nesta zona permite que um influxo de prótons acidifique o citosol imediatamente abaixo do ápice (ver Figura 21.14). Presumivelmente, os outros gradientes iônicos também são formados pelo posicionamento diferencial ou exclusão de canais iônicos na ponta do tubo polínico.

Em experimentos de laboratório, foi demonstrado que as concentrações de todos esses íons nas pontas dos tubos polínicos de muitas espécies oscilam. Embora não esteja claro se essas oscilações também ocorrem na natureza, o fato de a periodicidade das oscilações iônicas se correlacionar com as oscilações na taxa de crescimento do tubo polínico é uma reminiscência das correlações observadas entre as oscilações de íons nas pontas dos pelos radiculares e o crescimento dos pelos radiculares. As oscilações de Ca^{2+} também foram associadas à interação entre tubos polínicos e células sinérgides que precede a fertilização. Mudanças elétricas e químicas associadas às mudanças nas concentrações, particularmente de Ca^{2+}, H^+ e Cl^-, desempenham papéis na sinalização celular, na dinâmica do citoesqueleto, no tráfego ao nível de membrana e na exocitose, estando todos envolvidos na manutenção da polaridade do tubo polínico.

Receptores do tipo quinase regulam a troca da ROP1 GTPase, um regulador fundamental do crescimento apical

Para regular o crescimento apical em uma variedade de células, as plantas usam um mecanismo altamente conservado baseado na localização polar de pequenas GTPases (enzimas que hidrolisam GTP em GDP). Essas GTPases reguladoras são comutadores moleculares que podem apresentar um ciclo entre uma forma ativa, ligada à GTP, e uma forma inativa, ligada à GDP (**Figura 21.15**). Quando está em sua forma ativa, uma GTPase reguladora desencadeia rotas de transdução de sinal a jusante

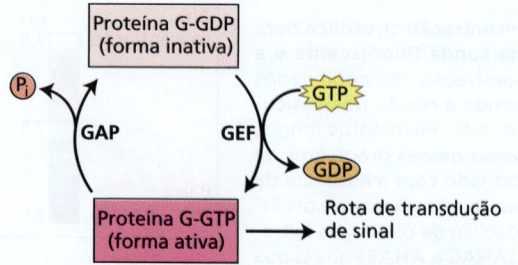

Figura 21.15 Diagrama da ativação do GEF de uma GTPase. Fatores de troca de guanina nucleotídeo (GEFs) e proteínas de ativação de GTPase (GAPs) regulam as atividades de pequenas GTPases (ROPs), que atuam como comutadores moleculares nos tubos polínicos.

(ver Capítulo 4). A conversão da forma ativa de volta para a forma inativa é catalisada pela própria GTPase, que hidrolisa o GTP ligado a GDP. A troca da GTPase é operada por outras proteínas que afetam a velocidade da hidrólise de GTP ou liberação de GDP-GTP. Os **fatores de troca de guanina nucleotídeo** (**GEFs**, de *guanine nucleotide exchange factors*) ativam GTPases inativas por substituição de GDP por GTP, enquanto as **proteínas de ativação de GTPases** (**GAPs**, de *GTPase-activating proteins*) inativam GTPases promovendo a hidrólise de GTP.

Nas plantas, o crescimento apical e a expansão celular polar são regulados por uma família exclusiva de pequenas GTPases denominada ROPs (de *Rho-like*) GTPase. *Arabidopsis* tem 11 genes *ROP* diferentes, sete dos quais são expressos no pólen. Uma delas produz a proteína ROP1 GTPase, localizada sobre a membrana plasmática nos ápices de tubos polínicos em crescimento e reguladora do crescimento apical. A atividade da ROP1 pode ser ativada e desativada por GEFs e GAPs, respectivamente, mas os mecanismos pelos quais a ROP1 ajuda a restringir o crescimento do tubo polínico até a ponta não são completamente compreendidos. A sinalização de Ca^{2+} e a reorganização do citoesqueleto de actina são reguladas pela ROP1, porém, outras proteínas que interagem especificamente com a ROP1 podem desempenhar papéis importantes. É o caso de um grupo de proteínas chamado de **RICs** (**proteínas contendo motivos CRIB interagindo com ROPs**). Quando superexpressas em *Arabidopsis*, RIC3 e RIC4 alteram a polaridade do tubo polínico e a exocitose. Estudos posteriores demonstraram que RIC4 promove a formação dos filamentos de actina e induz o acúmulo de vesículas exocíticas no ápice. Há também evidências em estudos do desenvolvimento dos pêlos radiculares de que os próprios GEFs são ativados por um mecanismo de sinalização envolvendo receptores do tipo quinase (RLKs, de *receptor-like kinases*), que são codificados por uma grande família de genes no genoma de *Arabidopsis*. Uma subfamília RLK compreende os CrRLK1s (*Catharanthus roseus Receptor-Like Kinase 1*), também conhecidos como RLKs semelhantes a FERONIA. (FERONIA foi o primeiro membro clonado em *Arabidopsis* e é expresso no saco embrionário.) Duas dessas quinases, ANXUR 1 e 2, são expressas em pólen e, quando sofrem mutação, os tubos polínicos se rompem espontaneamente (**Tópico 21.5 na internet**) e não conseguem alcançar os óvulos. Esses RLKs são regulados por uma grande família de peptídeos chamados RALFs (RAPID ALKALINIZATION FACTORs). RALFs específicos se ligam a RLKs específicos, desencadeando mecanismos a jusante (incluindo interações com a via de sinalização ROP1) de maneiras que se acredita regularem o crescimento apical.

O crescimento apical do tubo polínico no pistilo é orientado por estímulos físicos e químicos

Para que ocorra fertilização bem-sucedida, o tubo polínico deve encontrar seu caminho para a micrópila do óvulo. Na verdade, muitas vezes existe competição entre os tubos polínicos para chegar primeiro na micrópila e, desse modo, conseguir fecundar a oosfera. Em muitas espécies, o número de tubos polínicos que chegam ao ovário supera os óvulos disponíveis, reforçando a ideia de que taxas de crescimento mais rápidas do tubo polínico devem aumentar a aptidão reprodutiva masculina e, portanto, estar sujeitas a uma forma de seleção sexual definida por Darwin. A análise genética dessa competição masculina em várias espécies forneceu evidências de que a seleção sexual ocorre.

Em algumas espécies, como os carvalhos, o ovário do pistilo contém vários óvulos, mas apenas um deles é fertilizado para produzir uma semente. Isso ocorre porque apenas um tubo polínico consegue atingir o ovário. Em outras espécies, como *Arabidopsis*, o diâmetro estreito do trato transmissor (discutido adiante) fornece uma barreira física que restringe o número total de tubos polínicos que podem acessar o ovário.

Dois modelos principais foram propostos para explicar o crescimento de tubos polínicos em direção ao óvulo: a hipótese mecânica e a hipótese quimiotrópica. Na **hipótese mecânica**, a arquitetura do pistilo dita o trajeto do tubo, que segue um estreito **trato transmissor** conduzindo ao óvulo (ver Figura 21.10A). O trato transmissor do estigma e do estilete restringe espacialmente o crescimento do tubo polínico ao caminho correto e, no caso da *Arabidopsis*, limita o número de tubos polínicos que podem seguir esse caminho.

Restrições espaciais desse tipo também podem ser mediadas por moléculas secretadas. Por exemplo, durante o crescimento em direção ao óvulo, os tubos polínicos estão em contato íntimo com os componentes da matriz extracelular do trato transmissor (ou no caso de espécies com estiletes ocos, como lírio e orquídeas, com secreções emanando das células do tecido transmissor). A matriz extracelular fornece não apenas nutrientes que podem apoiar a atividade metabólica do tubo, mas também outras moléculas que, acredita-se, tenham propriedades adesivas que ajudam a definir as restrições espaciais para o crescimento do tubo polínico. No lírio, uma pequena proteína – **adesina rica em cisteína no estigma/estilete** (**SCA**, de *stigma/style cysteine-rich adhesin*), uma proteína de transferência de lipídeos – é secretada pela epiderme do trato transmissor que forra o estilete oco e está envolvida no crescimento e na aderência do tubo ao longo do trato. Embora a evidência experimental favoreça a hipótese mecânica como explicação para os movimentos do tubo polínico na maior parte do estilete, ela não explica as curvas bruscas que os tubos polínicos devem fazer para se aproximar e entrar na micrópila.

De acordo com a **hipótese quimiotrópica**, os tubos polínicos são guiados em direção ao óvulo seguindo um gradiente de sinais moleculares chamados *quimioatraentes*. Em todas as espécies de animais e nas primeiras plantas terrestres (p. ex., musgos), as células espermáticas nadam em direção ao óvulo por meio de um processo chamado **quimiotaxia**: as células espermáticas são capazes de decodificar um gradiente de concentração de um quimioatraente e segui-lo até sua fonte mais concentrada. Por exemplo, acredita-se que as células espermáticas das samambaias sejam atraídas pela arquegônia contendo óvulos por um gradiente de concentração de malato. Sabe-se que um mecanismo semelhante orienta o crescimento do tubo polínico, mas como os tubos polínicos *crescem em vez de nadar*, o processo é conhecido como **quimiotropismo**, um fenômeno também observado nas hifas fúngicas e no crescimento neuronal. Foram identificados vários tipos de moléculas que funcionam na orientação do tubo polínico, principalmente a partir de ensaios *in vitro* e *semi-in vivo* (consulte a próxima subseção).

É importante observar que os mecanismos mecânicos quimiotrópicos não são mutuamente exclusivos e podem funcionar por complementaridade, na qual o quimiotropismo está envolvido apenas em regiões ao longo do caminho onde o mecanismo mecânico está ausente, ou por redundância, na qual os dois mecanismos funcionam em conjunto para garantir o sucesso da fertilização. Além disso, enquanto os estágios iniciais do crescimento do tubo polínico são regulados pelas células esporofíticas no trato transmissor, análises genéticas de *Arabidopsis* e experimentos sobre orientação *in vivo* em *Torenia fournieri* (discutido na próxima subseção) apoiam a ideia de que sinais químicos oriundos do gametófito feminino também desempenham papéis durante os estágios finais do crescimento dos tubos polínicos na direção da micrópila.

O tecido do estilete pode condicionar os tubos polínicos a crescerem em direção ao saco embrionário

Para ir do estigma até o ovário, o tubo polínico passa pelo estilete. Várias abordagens experimentais foram desenvolvidas para determinar os mecanismos que guiam os tubos polínicos em direção ao óvulo. Por exemplo, pesquisas iniciais mostraram que óvulos dissecados e não fertilizados de *Gasteria verrucosa* são capazes de atrair tubos polínicos *in vitro*. Mais recentemente, as características anatômicas únicas de *Torenia fournieri* (um membro da ordem Lamiales, que inclui lavanda e lilás) o tornaram o sistema modelo preferido para estudar a resposta dos tubos polínicos aos atrativos produzidos pelo gametófito feminino (**Figura 21.16A**).

Nas plantas com sementes, o óvulo é encerrado por uma ou mais camadas de tecido esporofítico chamadas de tegumentos, que representam o futuro tegumento da semente. As sementes de gimnospermas são normalmente encerradas em um tegumento de camada única, enquanto os óvulos de angiospermas são mais comumente cercados por um tegumento de camada dupla. Os tegumentos da maioria das angiospermas não podem ser facilmente removidos para obter acesso ao saco embrionário, mas em *T. fournieri* e algumas outras espécies, o saco embrionário se projeta naturalmente da micrópila, fazendo com que o óvulo, as duas células sinérgides e aproximadamente metade da célula central estejam localizados fora do óvulo, onde podem ser observados sob um microscópio óptico (**Figura 21.16B e C**).

Quando os rudimentos seminais de *T. fournieri* são excisados da placenta, os sacos embrionários nus ficam diretamente expostos ao meio. Experimentos demonstraram que, quando óvulos de *T. fournieri* excisados são cocultivados com tubos polínicos germinados em um meio nutritivo, os tubos são fracamente atraídos para o óvulo. No entanto, se os tubos polínicos de *T. fournieri* primeiro germinarem sobre um estigma vivo e puderem emergir da extremidade cortada do estilete para um meio nutriente, a tendência de crescimento dos tubos polínicos em direção à extremidade micropilar do saco embrionário é aumentada (**Figura 21.16D–F**). Este sistema para estudar a atração do tubo polínico também foi adaptado para uso em *Arabidopsis*. Experimentos em *Torenia* e *Arabidopsis* levaram à hipótese de que a interação entre o tubo polínico e o estilete condiciona o tubo polínico (ou seja, o torna competente) a responder aos sinais do saco embrionário e crescer em direção à micrópila.

No entanto, esse princípio não parece se aplicar a todas as plantas. Em algumas espécies (p. ex., *Lilium, Gasteria*), a capacidade dos tubos polínicos de serem atraídos para o óvulo pode se desenvolver de forma autônoma, e não por meio da interação com o estigma. Os tubos polínicos sofrem grandes mudanças na expressão gênica durante a germinação ou durante a passagem do estigma para o ovário. Em *Lilium* e *Gasteria*, essas mudanças no desenvolvimento podem desempenhar um papel no estabelecimento dos mecanismos de detecção e transdução necessários para detectar os mecanismos de orientação do pistilo.

As células sinérgides liberam quimioatraentes que orientam o crescimento do tubo polínico até a micrópila

A fonte celular da substância atraente do tubo polínico em *T. fournieri* foi identificada por dissecação a *laser* de células específicas do saco embrionário. Os tubos polínicos não conseguiam crescer em direção ao rudimento seminal somente se as sinérgides – mas não a oosfera ou a célula central – fossem mortas. Esses quimioatraentes do tubo polínico já foram identificados como polipeptídeos ricos em cisteína, apropriadamente chamados de **LUREs**, e podem atrair tubos polínicos que crescem *in vitro*. Os LUREs estão relacionados às **defensinas**, um grupo de proteínas antimicrobianas encontrado em animais e plantas. Os diversos LUREs de *Torenia* aparentemente atuam de uma maneira espécie-específica. Proteínas tipo LUREs também foram identificadas em *Arabidopsis*; óvulos de *T. fournieri*

Figura 21.16 Uso de óvulos de *Torenia fournieri* excisados para estudar a influência do estilete no crescimento direcionado do tubo polínico. (A) Flor de *T. fournieri*. (B) Saco embrionário (SE) de *T. fournieri* estendendo-se desde a região micropilar do óvulo (OV) excisado. (C) Vista ampliada do saco embrionário nu, mostrando a célula central (CC), a oosfera (O) e uma das duas sinérgides (SI) com seu aparelho filiforme (AF). (D) Rudimentos seminais colocados perto do estilete polinizado. (E) Imagem em campo escuro mostrando o crescimento de tubos polínicos em direção aos rudimentos seminais. (F) Micrografia de um tubo polínico (TP) que alcançou a extremidade micropilar de um saco embrionário nu em um óvulo (OV).

expressando proteínas LURE de *Arabidopsis* atraem preferencialmente tubos polínicos de *Arabidopsis* e vice-versa.

Foi demonstrado que as proteínas LUREs se ligam a dois receptores específicos, o receptor quinase PRK6 e as quinases semelhantes a receptores MDIS1-MIK1 e MDIS1-MIK2. No entanto, a mutação de todos os sete genes LURE em *Arabidopsis* não teve impacto na fertilidade, e a mutação de seus dois receptores conhecidos teve apenas um efeito marginal. Assim, os LUREs não parecem ser estritamente necessários para o quimiotropismo do pólen *in vivo*, sugerindo que existem outros mecanismos redundantes. Isso levou à descoberta de uma segunda classe de polipeptídeos ricos em cisteína, chamada **XIUQIU** (pronuncia-se "*shiy-chou*") em homenagem a uma tradicional bola de seda bordada chinesa usada como símbolo de amor durante os festivais de dança. Os polipeptídeos XIUQIU atraem tubos polínicos *in vitro* quase tão fortemente quanto as LUREs, mas, como no caso das LUREs, os mutantes nulos do XIUQIU retêm sua fertilidade. Dado o papel crítico da fertilização no ciclo de vida da planta, não é surpreendente que muita redundância pareça ter sido incorporada ao sistema. No entanto, as funções de LUREs e XIUQUIs não parecem ser as mesmas. A análise detalhada de experimentos de competição de tubos polínicos, nos quais as plantas foram polinizadas com uma mistura de pólen de *Arabidopsis thaliana* e um parente próximo, *A. lyrate*, mostrou que os XIUQIUs são inespecíficos em relação às espécies, enquanto os LUREs podem promover a polinização específica da espécie. Esse fenômeno, chamado de **incongruência**, foi caracterizado em detalhes por Charles Darwin e impõe o isolamento das espécies, mesmo quando os tubos polínicos de uma espécie intimamente relacionada podem germinar e crescer em direção ao óvulo.

Para uma breve visão geral de outros potenciais agentes de sinalização que orientam o crescimento do tubo polínico, ver **Tópico 21.6 na internet**.

A fertilização dupla ocorre em três estágios distintos

O tubo polínico, quando sensível às substâncias químicas atraentes secretadas pelas sinérgides, cresce através da micrópila, penetra no saco embrionário e entra em uma das sinérgides. Em *Arabidopsis*, a extremidade micropilar da oosfera é bloqueada pelas paredes espessadas do aparelho filiforme, que forma uma barreira à penetração do tubo polínico. Os tubos de pólen de *Arabidopsis*, portanto, não entram na sinérgide na micrópila, mas crescem lentamente por uma hora nas proximidades das células sinérgides até que um local de penetração adequado seja localizado. Uma vez no interior da sinérgide, o tubo polínico cessa o crescimento e o ápice rompe-se bruscamente, liberando as duas células espermáticas, e a célula sinérgide degenera.

Estudos de tubos polínicos e células sinérgides marcadas com repórteres para a concentração citosólica de Ca^{2+} mostraram que, à medida que o tubo polínico se aproxima da célula sinérgide receptiva, ambos passam por uma série de pulsos de Ca^{2+}. Isso sugere que as oscilações de Ca^{2+} fazem parte do mecanismo de sinalização entre o tubo polínico e a sinérgide que leva à penetração da sinérgide receptiva e ao rompimento do tubo polínico. O receptor do tipo quinase de FERONIA provavelmente está envolvido nesse processo, uma vez que em plantas mutantes de *feronia* os sacos embrionários mostram padrões de oscilação de Ca^{2+} alterados e que, após a entrada do tubo polínico na sinérgide de um saco embrionário mutante de *feronia*, a ponta do tubo polínico não apenas falha em estourar, mas continua a crescer dentro do saco embrionário, enrolando e ocasionalmente saindo do óvulo.

O comportamento das células espermáticas em *Arabidopsis*, com base em imagem ao vivo de células marcadas com fluorescência, pode ser dividido em três estágios (**Figura 21.17**). Primeiro, o tubo polínico rompe bruscamente alguns segundos após entrar na sinérgide, iniciando a desintegração da célula sinérgide receptora. Segundo, as duas células espermáticas permanecem estacionárias na região limítrofe entre a oosfera e a célula central por cerca de sete minutos. Terceiro, as duas células espermáticas começam a mover-se ao longo do saco embrionário, uma célula espermática fusiona-se com a oosfera e a outra com a célula central, completando a dupla fertilização. Experimentos usando marcadores celulares de cores diferentes mostraram que as duas células espermáticas isomórficas (morfologicamente idênticas) de *Arabidopsis* fertilizam aleatoriamente o óvulo ou a célula central. Embora as células

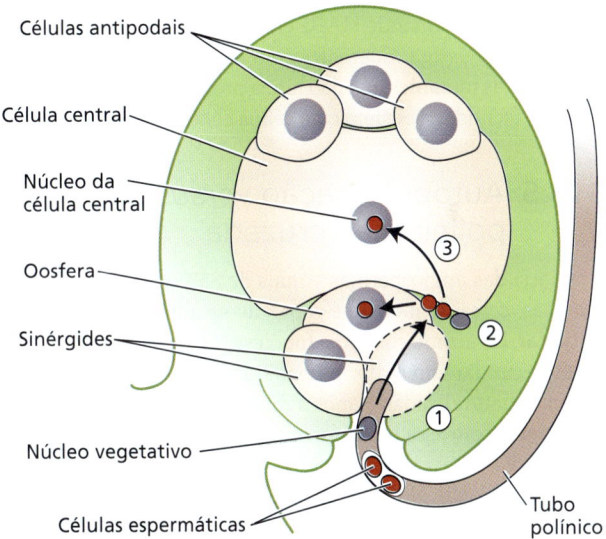

1. O tubo polínico rompe-se e descarrega. As células espermáticas são transportadas rapidamente do tubo polínico para dentro do gametófito feminino. A sinérgide receptiva provavelmente se desintegre logo após o início da descarga do tubo polínico.

2. Duas células espermáticas permanecem por vários minutos na região limítrofe entre a oosfera e a célula central.

3. Uma célula espermática fusiona-se com a oosfera, e a outra, com a célula central, e seus núcleos movem-se em direção aos núcleos-alvo.

Figura 21.17 O comportamento da célula espermática durante a fertilização dupla em *Arabidopsis* pode ser dividido em três estágios.

espermáticas das angiospermas sejam tipicamente isomórficas, algumas espécies são dimórficas, com as células espermáticas com duas morfologias diferentes que determinam com qual célula do gametófito feminino a célula espermática se fundirá. Por exemplo, em *Plumbago zeylanica*, a célula espermática maior, contendo numerosas mitocôndrias, se funde preferencialmente com a célula central, enquanto a célula espermática menor, que é enriquecido com plastídios, se funde com a oosfera. Vários mecanismos à prova de falhas evoluíram durante as etapas finais da fertilização para garantir que a fusão adequada dos gametas ocorra (ver **Tópico 21.7 na internet**).

Há evidências de que as células espermáticas liberadas trocam sinais adicionais com a oosfera e as células centrais que os preparam para a fusão. A fusão de gametas em si parece ser mediada principalmente pela proteína de fusão específica HAPLESS2 (HAP2), uma proteína antiga que foi originalmente descoberta em plantas, mas posteriormente se mostrou essencial para a fusão de gametas na maioria dos organismos, com exceção de fungos e vertebrados. O HAP2 também foi cooptado por muitos patógenos – entre eles o *Plasmodium* (malária), o *Toxoplasma* e os vírus (p. ex., rubéola, dengue) – para promover a fusão com as células-alvo. Em *Arabidopsis*, o HAP2 é expresso nas células espermáticas e é necessário para a fusão com o óvulo, em um processo que também envolve a proteína EC1, rica em cisteína. Quando uma célula espermática chega ao óvulo, o óvulo libera EC1. A célula espermática então responde ao EC1 secretando HAP2 em sua superfície, permitindo que a fusão prossiga. Coerentes com esse mecanismo, células espermáticas mutantes que não têm a proteína HAP2 são incapazes de fecundar a oosfera ou a célula central.

■ 21.5 Autopolinização *versus* polinização cruzada

A maioria das angiospermas – mais de 85% – é hermafrodita e, dessas, cerca de metade é capaz de se autofertilizar ou **se fertilizar**. De acordo com uma hipótese, as espécies capazes de se autofecundar têm maior probabilidade de se estabelecerem (ou seja, "naturalizadas") após a dispersão de longa distância. Consistente com essa regra, foi encontrada uma correlação positiva entre a capacidade de autofecundação e a extensão da naturalização global. No entanto, a autofecundação também está associada à depressão por endogamia, o que é a provável explicação por que tantas plantas com flores desenvolveram mecanismos que promovem o cruzamento. O cruzamento aumenta a diversidade genética e, portanto, a capacidade de adaptação a diferentes condições ambientais. O mecanismo básico adotado pelas angiospermas para impedir a autopolinização é a *autoincompatibilidade polínica*, que será discutida mais adiante nesta seção. Certas características da morfologia floral ou da sincronia no desenvolvimento também promovem a polinização cruzada, como quando os estames e os pistilos de uma flor bissexual ou plantas monoicas amadurecem em momentos diferentes. Por fim, a produção de indivíduos com esterilidade masculina (funcionalmente femininos) impede a autopolinização e promove a polinização cruzada.

Espécies hermafroditas e monoicas desenvolveram características florais para assegurar a polinização cruzada

Depois que o sexo nas plantas foi descoberto, os botânicos inicialmente presumiram que todas as flores hermafroditas deveriam ser autopolinizadoras. Portanto, foi uma surpresa quando, no final do século XVIII, foi demonstrado que, na maioria do casos, a morfologia floral era otimizada para atrair insetos polinizadores, e que esses polinizadores facilitaram a polinização cruzada em vez da autopolinização. Foram identificados atributos temporais e espaciais da morfologia floral que impediam a autopolinização tanto em espécies hermafroditas quanto em monoicas. Na **dicogamia**, os estames e os pistilos amadurecem em momentos diferentes. Existem dois tipos de dicogamia: *protandria* e *protoginia*. Nas flores protândricas, os estames amadurecem antes dos pistilos, ao passo que, nas flores protogínicas, os pistilos amadurecem antes dos estames (**Figura 21.18A**). Uma flor protândrica, portanto, funciona como uma "flor masculina" no início de seu desenvolvimento e como uma "flor feminina" mais tarde no desenvolvimento; em uma flor protogínica, o padrão é invertido. Como os indivíduos de uma população selvagem se encontram em diferentes estágios de desenvolvimento em determinado momento, sempre haverá pólen disponível para cada pistilo e vice-versa.

Outra característica floral que promove a polinização cruzada é a **heterostilia**. Em espécies heterostílicas, existem dois ou três tipos morfológicos de flores, chamados de *morfos*, na mesma população. Os morfos florais diferem nos comprimentos do pistilo e dos estames. Em um morfo, os estames são curtos e o pistilo é longo, enquanto, no segundo morfo, ocorre o inverso (**Figura 21.18B**). Os comprimentos dos estames e dos pistilos nos dois morfos são adaptados à polinização por polinizadores diferentes ou por partes diferentes do corpo do mesmo polinizador, promovendo, assim, a polinização cruzada. O fenótipo morfo também está geneticamente ligado a um tipo único de autoincompatibilidade, de forma que o pólen de um morfo não pode fertilizar outra flor no mesmo morfo.

Esterilidade masculina citoplasmática ocorre na natureza e é de grande utilidade na agricultura

A esterilidade masculina – incapacidade de produzir pólen funcional – é comum nas plantas e impede efetivamente a autopolinização. A esterilidade masculina com frequência tem herança maternal, causada por mutações de ganho de função do genoma mitocondrial, sendo, por isso, denominada *esterilidade masculina citoplasmática* (CMS, de *cytoplasmic male sterility*). A CMS tem sido muito estudada em uma ampla diversidade de culturas agrícolas, visando à sua exploração em programas de melhoramento.

A maioria dos tipos de mutações de CMS é causada por rearranjos cromossômicos mitocondriais que produzem genes quiméricos com novas funções. Os genomas mitocondriais vegetais são grandes, variáveis em tamanho e tendem a sofrer recombinação em regiões específicas (ver Capítulos 3 e 13). Os rearranjos do genoma mitocondrial podem resultar em fusões

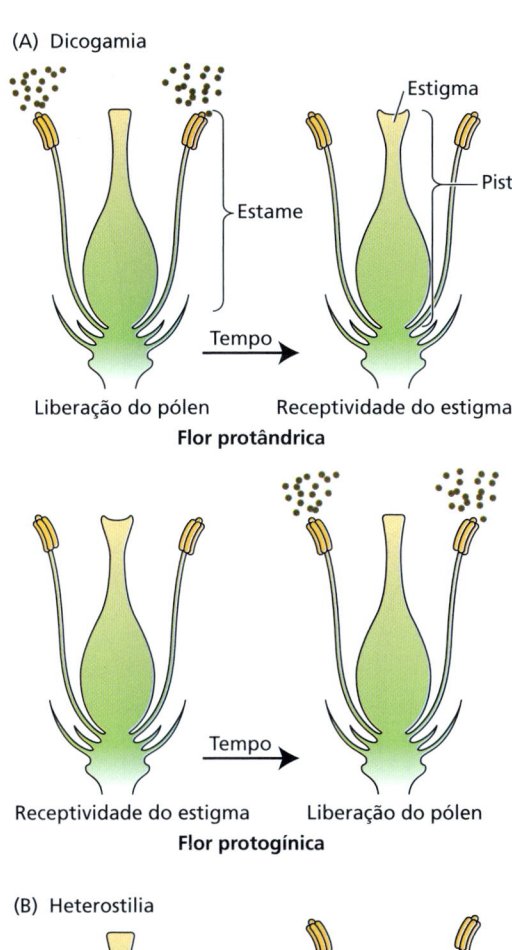

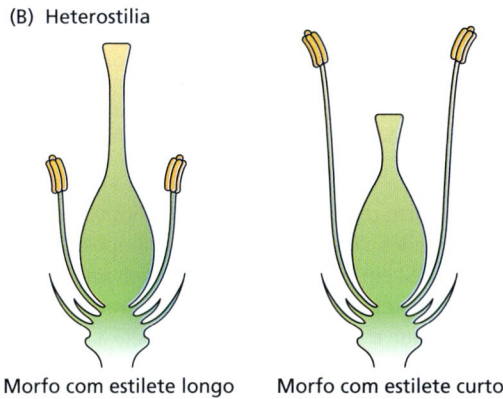

Figura 21.18 Adaptações morfológicas em flores que promovem a polinização cruzada. (A) Dicogamia. Nas flores protândricas, a liberação dos grãos de pólen das anteras ocorre antes da receptividade do estigma (indicada pelo estigma aberto). Nas flores protogínicas, a receptividade do estigma precede a liberação do pólen. (B) Heterostilia. Dois tipos de flores morfologicamente diferentes são produzidos: morfos com estilete longo e morfos com estilete curto. Devido às reações de incompatibilidade, os dois tipos podem polinizar-se mutuamente, mas não ocorre autopolinização.

entre sequências mitocondriais distintas, produzindo, às vezes, um gene novo, funcional. Embora até agora não tenham sido isoladas duas mutações de CMS iguais, todas parecem inibir a função mitocondrial quando expressas na antera, resultando na produção de EROs e na morte celular programada mediada pelas EROs. Para uma discussão sobre o mecanismo molecular da CMS no arroz e sua inversão, ver **Tópico 21.8 na internet**.

A esterilidade masculina é uma das características mais procuradas em plantas cultivadas nas quais o vigor híbrido, ou **heterose**, é de suma importância para a produção (p. ex., milho e canola) (ver Capítulo 3). Sementes híbridas que apresentam heterose devem ser produzidas novamente a cada temporada a partir de um cruzamento entre duas linhagens consanguíneas geneticamente distintas. O principal problema prático na produção de sementes híbridas é impedir a autopolinização, o que resultaria em sementes não híbridas. Sem esterilidade masculina, o receptor de pólen precisa ser emasculado manualmente para evitar a autopolinização, um procedimento trabalhoso. A ablação celular tem sido amplamente usada para gerar variedades masculinas estéreis de várias culturas (p. ex., canola). Nessa técnica, promotores de genes específicos para anteras ou tecidos dos quais o pólen depende para se desenvolver (p. ex., *tapetum*) são usados para impulsionar a expressão de proteínas citotóxicas, como RNases. Essas proteínas citotóxicas matam especificamente as células ou tecidos-alvo, tornando as plantas adultas macho-estéreis. Semeadas em linhas alternadas com plantas produtoras de pólen, essas variedades geram sementes híbridas com o fenótipo desejado.

A autoincompatibilidade é o mecanismo básico que impõe a polinização cruzada em angiospermas

A morfologia floral e a esterilidade citoplasmática masculina promovem o cruzamento em algumas espécies. No entanto, na maioria das espécies de autopolinização nas quais a autofecundação nunca ocorre, o cruzamento é estritamente imposto por um mecanismo de autorreconhecimento denominado **autoincompatibilidade** (**SI**). Os sistemas de SI evoluíram diversas vezes nas plantas floríferas, levando a uma série diferente de mecanismos. O SI cria uma barreira bioquímica que impede a autopolinização, geralmente matando grãos ou tubos de pólen gerados pelo mesmo indivíduo, enquanto permite a polinização por outro indivíduo da mesma espécie.

A capacidade de distinguir entre próprio e não próprio é uma função ubíqua e essencial de espécies tanto multicelulares quanto microbianas. Em vertebrados, por exemplo, o reconhecimento de não próprio é uma função principal do sistema imune, que depende de um grupo de genes denominados complexo principal de histocompatibilidade (MHC, de *major histocompatibility complex*), no qual a variabilidade alélica, ou polimorfismo, nos *loci* do MHC, facilita a discriminação de próprio/não próprio. Nas plantas, o reconhecimento de próprio/não próprio durante a reprodução sexuada é mediado pelo *locus* da autoincompatibilidade, *S*, que direciona o reconhecimento e a rejeição de pólen próprio (*self-pollen*). Essa analogia funcional entre o MHC e o *locus S* na determinação da discriminação do eu do não eu há muito tempo inspira postulados sobre homologias evolutivas entre animais e plantas. No entanto, a descoberta dos primeiros mecanismos moleculares de autoincompatibilidade em plantas mostrou que eles são completamente diferentes em todos os aspectos dos animais. O *locus S* é um complexo de genes expressos na antera e no grão de pólen (masculino) ou no pistilo (feminino). Os genes determinantes femininos e masculinos são herdados como uma unidade segregante única e possuem muitos alelos. As variantes alélicas do complexo gênico são chamadas de **haplótipos S**. Um haplótipo é qualquer combinação de alelos em *loci* adjacentes em um cromossomo que são herdados juntos.

Dois mecanismos genéticos distintos governam a autoincompatibilidade

Durante a polinização do estigma e o crescimento do tubo polínico no estilete e no ovário, as proteínas expressas pelos alelos dos genes SI determinam se o pólen ou o tubo polínico serão percebidos como próprios ou não próprios pelas células do pistilo. Se as células do grão de pólen (ou tubo) carregam os *mesmos* alelos do haplótipo S do pistilo, o pólen é percebido como próprio e ocorre uma reação incompatível que aborta o desenvolvimento do tubo. Se, no entanto, o grão (ou tubo) de pólen expressar alelos do haplótipo S que são *diferentes* dos do pistilo, o pólen é percebido como não próprio, permitindo que a polinização, o crescimento do tubo e a fertilização prossigam.

A microscopia dos processos de SI em muitas espécies levou a um agrupamento inicial dos mecanismos de SI em dois tipos principais, com base no estágio em que a fertilização é interrompida. Em um conjunto de famílias (p. ex., Brassicaceae, Poaceae), os grãos de pólen são bloqueados em um estágio muito inicial, às vezes até antes da hidratação, e não germinam. No segundo conjunto de famílias (p. ex., Solanaceae, Rosaceae), os grãos de pólen germinam normalmente no estigma, mas os tubos polínicos morrem a caminho do óvulo. Esses dois tipos de SI refletem dois mecanismos genéticos muito diferentes (**Figura 21.19**).

Na **autoincompatibilidade esporofítica** (SSI, de *sporophytic self-incompatibility*), o fenótipo da incompatibilidade do grão de pólen é determinado pelo genoma diploide do progenitor do pólen, ou, mais especificamente, o tecido esporofítico que suporta a formação do pólen – o tapete da antera. O tapete diploide deposita proteínas produzidas por ambas as cópias de seus haplótipos S na superfície do pólen das espécies SSI. Consequentemente, embora cada grão de pólen haploide carregue apenas um haplótipo S em seu genoma, seu fenótipo de incompatibilidade reflete os dois haplótipos S transportados por seu progenitor. O estigma também é esporofítico e, portanto, diploide, e também contém proteínas de dois haplótipos S diferentes. Se qualquer um dos haplótipos S do genitor do pólen corresponder a qualquer um dos haplótipos S no estigma da planta receptora, então ocorrerá *rejeição*. Como as proteínas SSI reagem imediatamente após o contato com o estigma, as reações SSI normalmente bloqueiam os grãos de pólen antes da hidratação ou germinação. Todavia, se o pólen de SSI não germinado for removido do estigma incompatível e colocado sobre um estigma compatível, ele se recuperará.

Na **autoincompatibilidade gametofítica** (**GSI**, de *gametophytic self-incompatibility*), o fenótipo da incompatibilidade do pólen é determinado pelo genótipo do próprio pólen (haploide).

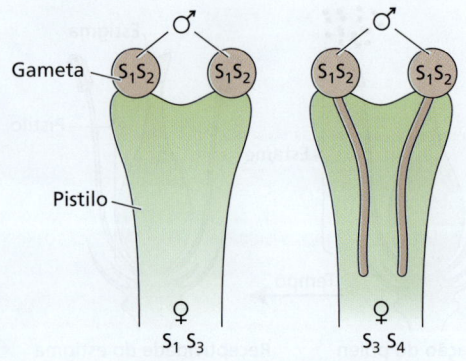

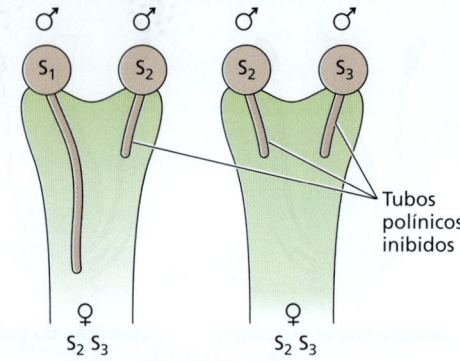

Figura 21.19 Comparação de autoincompatibilidade esporofítica e gametofítica. (A) Autoincompatibilidade esporofítica (SSI). O crescimento do tubo polínico prossegue somente se o genótipo diploide do progenitor não corresponder ao progenitor feminino. (B) Autoincompatibilidade gametofítica (GSI). O crescimento do tubo polínico prossegue somente se o genótipo haploide não corresponder ao *locus S* feminino.

Nesse caso, ocorre rejeição se o único haplótipo S do grão de pólen corresponder a qualquer um dos haplótipos S no pistilo. As reações de GSI em geral cessam o desenvolvimento do tubo polínico após ele ter crescido parcialmente através do estilete. Isso ocorre porque a proteína que desencadeia a reação de incompatibilidade no pistilo ainda não está presente na parede celular do pólen, como está no SSI. Em vez disso, a proteína deve primeiro ser sintetizada pelo genoma haploide do grão de pólen e, em seguida, deve se acumular em quantidades suficientes para induzir GSI dentro do estilo. Em contraste com o SSI, que normalmente interrompe a germinação do pólen, o GSI age mais tarde, resultando na morte do tubo polínico.

Foi demonstrado que o tipo de reação de autoincompatibilidade presente em uma determinada espécie se correlaciona com outros aspectos do desenvolvimento reprodutivo. Por exemplo, a SSI é muitas vezes associada a estigma seco, ao passo que a GSI é mais comum em espécies com estigma úmido. Portanto, o pólen com SSI deve obter água do estigma antes que o tubo polínico possa emergir; já o pólen com GSI fica hidratado e metabolicamente ativo tão logo chegue ao estigma. Apesar dessas diferenças, a germinação de pólen compatível é igualmente rápida em ambos os tipos de SI. No entanto, a correlação entre essas características anatômicas e o tipo de SI pode indicar que os dois principais tipos de SI divergiram precocemente durante a evolução das angiospermas.

O sistema SI esporofítico de Brassicaceae é mediado por receptores e ligantes codificados pelo *locus S*

O único sistema de SSI esporofítica que foi caracterizado ao nível molecular até então é o das Brassicaceae. Nas Brassicaceae, dois genes do *locus S* altamente polimórficos (genes com muitos alelos diferentes) estão envolvidos na resposta à SI (**Figura 21.20**). Os determinantes *S* masculinos são proteínas ricas em cisteína localizada no revestimento do pólen e denominada **proteína rica em cisteína do *locus S*** (**SCR**, de *S-locus cysteine-rich protein*). Embora as SCRs sejam expressas no tapete diploide e no grão de pólen haploide, somente as SCRs produzidas pelo tapete são essenciais para a reação de autoincompatibilidade. Como o tapete é um tecido esporofítico, o sistema SI em Brassicaceae é considerado esporofítico. O determinante *S* feminino é um receptor quinase com serina/treonina, denominado **receptor quinase do *locus S*** (**SRK**, de *S-locus receptor kinase*), localizado na membrana plasmática de células do estigma. SRKs são altamente variáveis entre haplótipos *S* diferentes, conforme se espera de uma proteína envolvida no autorreconhecimento.

Durante a microgametogênese, o tapete diploide libera diversas proteínas, incluindo dois tipos de SCRs – uma de cada haplótipo *S* –, que são incorporadas à camada externa de exina da parede celular do grão de pólen. Após a polinização, as SCRs difundem-se para a superfície do estigma e penetram na parede da célula papilar até alcançar a membrana plasmática. Como o estigma é diploide, a membrana plasmática da célula papilar contém dois tipos de SRKs, um para cada haplótipo *S*. Cada SRK reconhece e liga-se apenas à sua SCR cognata codificada pelo mesmo haplótipo do *locus S*. Quando isso acontece, a ligação da SCR à SRK causa autofosforilação do receptor. A fosforilação do receptor SRK inicia uma cascata de sinalização que rapidamente inibe funções que normalmente facilitariam a hidratação e a germinação do pólen. Por exemplo, compostos de ativação de pólen ou proteínas necessárias para a secreção podem ser alvo de degradação. A reação de SSI ocorre mesmo se apenas um dos dois haplótipos *S* representados no revestimento do pólen (como SCRs) estiver presente no genoma do estigma.

S-RNases citotóxicas e proteínas F-box determinam a autoincompatibilidade gametofítica

A autoincompatibilidade gametofítica (GSI) é a forma mais prevalente de autoincompatibilidade entre plantas com flores e acredita-se que tenha evoluído antes do SSI. Como a SSI, a GSI é controlada por um único *locus* multialélico (*locus S*) contendo dois genes ligados proximamente, um codificando o determinante masculino expresso no pólen e o outro codificando o determinante feminino expresso no pistilo. Nas famílias

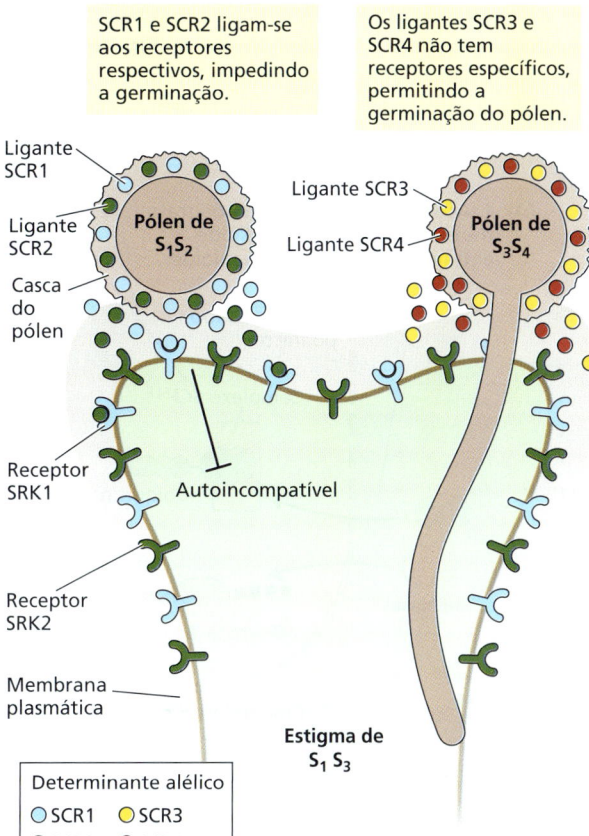

Figura 21.20 Sistema SI esporofítico em Brassicaceae envolvendo interações receptor-ligante e reconhecimento de pólen "próprio" na superfície epidérmica do estigma. No sistema SI esporofítico, o fenótipo SI do pólen é determinado pelo fenótipo SI da antera na qual foi formado. O pólen e o pistilo, portanto, expressam os produtos gênicos de dois alelos SI diferentes (pontos na parede do pólen). O diagrama mostra dois grãos de pólen com haplótipos diferentes (S_2 e S_1 e S_3S_4) sobre o estigma de um heterozigoto S_1S_3 autoincompatível. Os ligantes da proteína rica em cisteína do *locus S* (SCR) de cada grão de pólen estão localizados na exina do pólen ou no envoltório polínico e são transportados para a superfície epidérmica quando o grão chega ao estigma. As células da papila do estigma no diagrama expressam os receptores SRK1 e SRK2. Ambos os ligantes S_1 e S_2 do grão de pólen ligam-se e ativam os seus respectivos receptores na superfície da célula S_1S_2, iniciando uma cascata de sinalização que conduz a inibição da hidratação, germinação e crescimento do tubo polínico. Em contraste, os ligantes S_3 e S_4 de um grão de pólen derivado de uma planta que não expressa o haplótipo S_3 ou S_4 falham em se ligar e ativar os receptores SRK, permitindo que o crescimento do tubo polínico prossiga.

Solanaceae, Scrophulariaceae e Rosaceae, o determinante no pólen é especificado por um gene que codifica uma proteína F-box, SLF/SFB (SLF e SFB denotam a mesma proteína identificada em diferentes espécies), que está envolvida na marcação de proteínas para degradação via rota de ubiquitinação (ver Capítulo 4). O determinante no pistilo é especificado por um gene da S-ribonuclease (S-RNase) citotóxica, que é especificamente expresso no trato transmissor do estilete e secretado nos espaços extracelulares onde o tubo polínico cresce (**Figura 21.21A**). A rejeição do tubo polínico ocorre sempre que houver uma correspondência entre o determinante S do pólen haploide e um dos dois determinantes S expressos no estilete diploide.

Um avanço fundamental na compreensão do mecanismo GSI foi a descoberta de que as S-RNases produzidas no trato transmissor podem ser captadas para dentro do citosol do tubo polínico, independentemente se o determinante no pólen é compatível com os determinantes do pistilo. Em outras

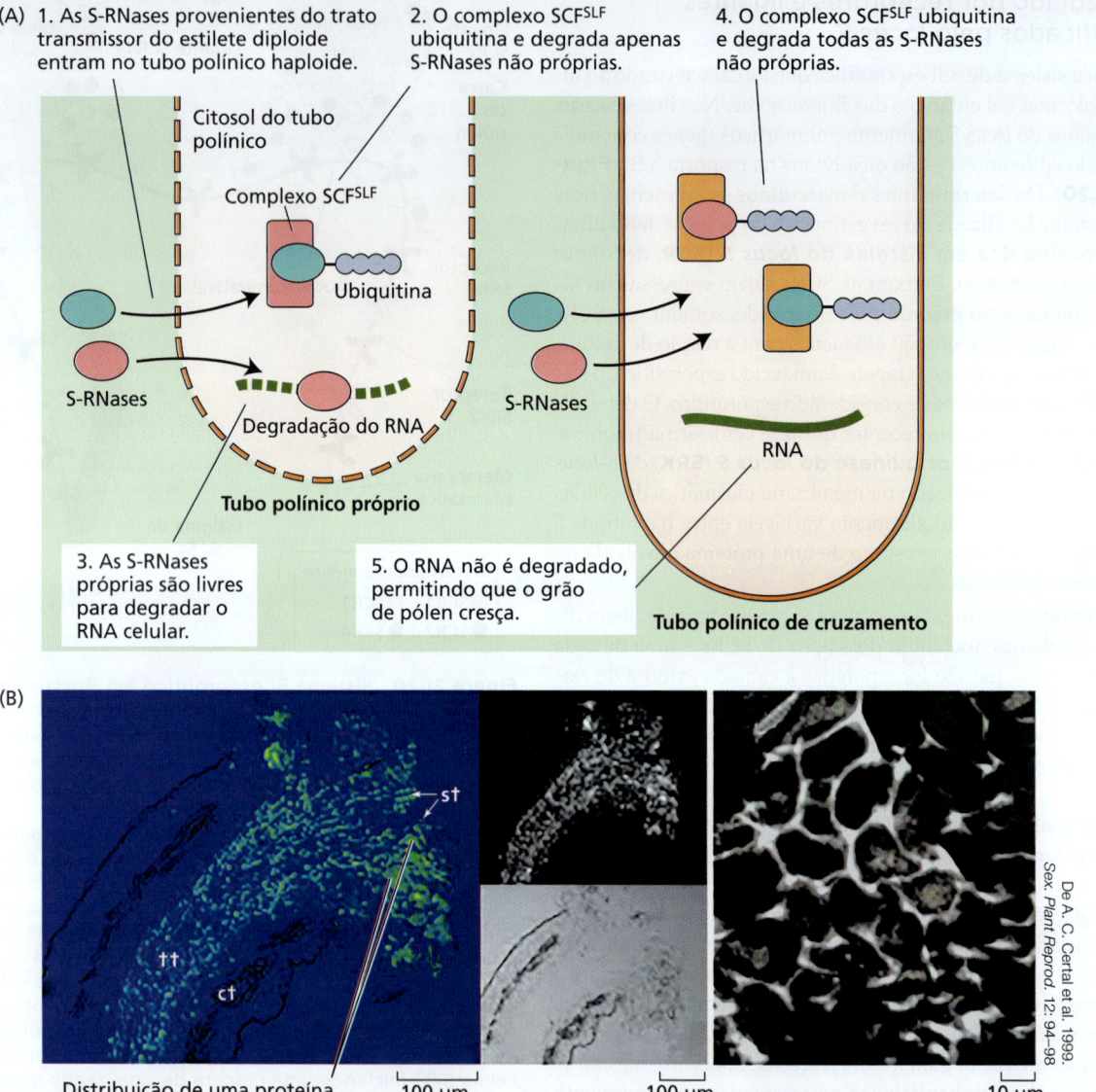

Figura 21.21 Modelo de degradação das RNases para a autoincompatibilidade gametofítica (GSI). (A) (À esquerda) Tubo polínico próprio. Como o pólen é haploide, seu complexo SCF^{SLF} reconhece e degrada apenas S-RNase não própria produzida pelo trato transmissor diploide. Como consequência, a S-RNase própria remanescente é livre para degradar o RNA celular. (À direita) Tubo polínico de cruzamento. Durante a polinização cruzada, o complexo SCF^{SLF} do tubo polínico reconhece e degrada ambas as S-RNases não próprias, o que elimina a toxicidade e permite que o crescimento do tubo polínico prossiga. (B) Imunomarcação de SI-RNases no estilete de *Malus domestica* (maçã), membro da família Rosaceae. O painel esquerdo mostra uma seção microscópica de um pistilo de maçã. A imagem em cores falsas foi produzida pela fusão de uma imagem de fluorescência (centro superior), obtida usando anticorpos marcados com fluorescência, e uma imagem de microscopia de campo amplo (centro inferior). O verde indica a distribuição de uma proteína SI-RNAase específica da maçã. As proteínas SI se acumulam onde o pólen e os tubos polínicos crescerão, desde as células externas do estigma (st) até o tecido transmissor (tt), enquanto nenhuma é vista no tecido cortical (ct) e na epiderme. O painel direito mostra o acúmulo de proteínas SI nas paredes celulares e nos espaços intercelulares. Os tubos de pólen absorvem essas proteínas por dentro enquanto crescem nos espaços intercelulares.

palavras, o reconhecimento entre a S-RNase do pistilo e o determinante S do pólen ocorre no interior do tubo polínico e resulta somente em S-RNases próprias citotóxicas. Esta observação é consistente com o determinante de pólen SLF/SFB sendo uma proteína intracelular. Como uma proteína F-box, a SLF/SFB é um componente do complexo de ligase E3 SCF, que está envolvido na degradação de proteínas por meio da via dependente do proteassoma ubiquitina-26S. A função de SLF/SFB sugere um modelo em que o reconhecimento da S-RNase não própria pelo SCF^{SLF} do tubo polínico leva à ubiquitinação e à degradação das S-RNases não próprias no tubo polínico (**Figura 21.21B**). A degradação da S-RNase não próprias pelo SCF^{SLF} impediria a citotoxicidade da RNase e permitiria que o tubo polínico continuasse crescendo. No caso de pólen próprio, entretanto, o complexo proteico SCF^{SLF} não consegue se ligar à S-RNase captada do trato transmissor. Como consequência, a S-RNase não é degradada e digere o RNA da célula vegetativa do tubo polínico, levando à morte celular. Esse modelo contabiliza alguns aspectos da GSI, mas não esclarece todos. Por exemplo, o sequestro de S-RNase no vacúolo da célula do tubo parece desempenhar um papel importante na proteção contra a citotoxicidade. Durante reações incompatíveis, a desintegração da membrana vacuolar pode desencadear morte celular programada da célula do tubo.

Um mecanismo molecular mais simples de GSI foi descrito em papoula (*Papaver rhoeas*) (ver **Tópico 21.9 na internet**).

■ 21.6 Apomixia: reprodução assexuada por semente

Em algumas espécies, o embrião é produzido como resultado não de meiose e fertilização, mas de uma célula somática diploide no óvulo, a qual se diferencia diretamente em um zigoto e, por essa razão, é geneticamente idêntica ao progenitor feminino. Esse tipo de reprodução assexuada ou clonal, por semente, é conhecido como *apomixia*, e as plantas produzidas dessa maneira são *apomíticas*. A apomixia é encontrada em cerca de 0,1% das angiospermas, incluindo as monocotiledôneas e as eudicotiledôneas em mais de 40 famílias de angiospermas. Os exemplos comuns incluem as espécies cítricas, manga, dente-de-leão, amora-preta, maçã silvestre e gramíneas forrageiras do gênero *Panicum*. Os diversos tipos de apomixia são descritos no **Tópico 21.10 na internet**.

A apomixia não é um "beco sem saída" evolutivo

Em razão de sua natureza clonal, a apomixia já foi considerada um beco sem saída evolutivo, geneticamente distinta da reprodução sexuada. Essa hipótese foi baseada na suposição de que a apomixia representava um ponto irreversível do ramo filogenético que inevitavelmente levaria à extinção da linhagem. Essa visão está agora superada por análises filogenéticas mostrando que a apomixia não só é amplamente distribuída em linhagens de ramos iniciais e tardios, mas ela é igualmente reversível. Ou seja, linhagens que foram uma vez apomíticas às vezes voltam à reprodução sexuada obrigatória. Em alguns casos, foi demonstrado que o estresse ambiental induz uma mudança da reprodução sexuada para a apomixia.

O controle genético da apomixia tem como base a alteração da expressão dos mesmos genes que controlam o desenvolvimento normal do nucelo e do megagametófito. Uma vez que a maioria dos genótipos apomíticos é poliploide, sugeriu-se que a evolução da apomixia pode ter contribuído para o valor adaptativo (*fitness*) de espécies poliploides.

A elucidação do mecanismo da apomixia pode potencialmente fornecer aos melhoristas vegetais uma importante nova ferramenta para beneficiar culturas agrícolas. Muitas de nossas culturas mais produtivas, como o milho, são híbridos que foram desenvolvidos para tirar proveito do fenômeno da heterose. Conforme observado anteriormente, as plantas híbridas não se reproduzem de forma verdadeira e não podem ser propagadas por sementes. Portanto, sementes híbridas devem ser geradas a cada temporada, repetindo o cruzamento original. No entanto, se a apomixia fosse introduzida no híbrido F_1, este seria capaz de produzir sementes por clonagem, evitando, portanto, o problema da perda de heterose na geração F_2. O desenvolvimento de métodos para induzir apomixia em híbridos F_1, transformando-os com os genes apropriados, oferece a possibilidade interessante de acelerar consideravelmente o progresso no melhoramento de safras no futuro.

■ 21.7 Desenvolvimento do endosperma

Partindo-se de uma perspectiva ecológica e agrícola, o ciclo de vida vegetal começa e termina com uma semente. Agora, retoma-se a trajetória do rudimento seminal das angiospermas imediatamente após a fecundação dupla e acompanha-se sua transformação em uma semente madura.

O endosperma desenvolve-se a partir das divisões mitóticas do núcleo do endosperma primário resultante da fecundação dupla. Em angiospermas, existem três tipos de desenvolvimento do endosperma: *nuclear, celular e helobial*. Desses, o tipo nuclear é o mais comum e tem sido amplamente estudado em sementes de cereais e de *Arabidopsis*, conforme será discutido nas seções seguintes. (Ver **Tópico 21.11 na internet** para uma descrição dos outros tipos de endosperma.)

Durante a morfogênese da semente, o endosperma fornece nutrientes para o embrião em desenvolvimento. Em algumas espécies, existe endosperma remanescente, que é suficiente para nutrir também a plântula. Em *Arabidopsis* e em muitas outras espécies, o endosperma é quase completamente reabsorvido (solubilizado e absorvido) durante a embriogênese; as reservas que sustentarão o crescimento inicial da plântula são armazenadas nos cotilédones (**Figura 21.22**). Os cotilédones carnosos de leguminosas são altamente especializados na armazenagem de alimento (ver Capítulo 17). Em cereais e em outras gramíneas, o endosperma persiste durante o desenvolvimento da semente e passa a ser o local principal para a armazenagem de amido e proteína

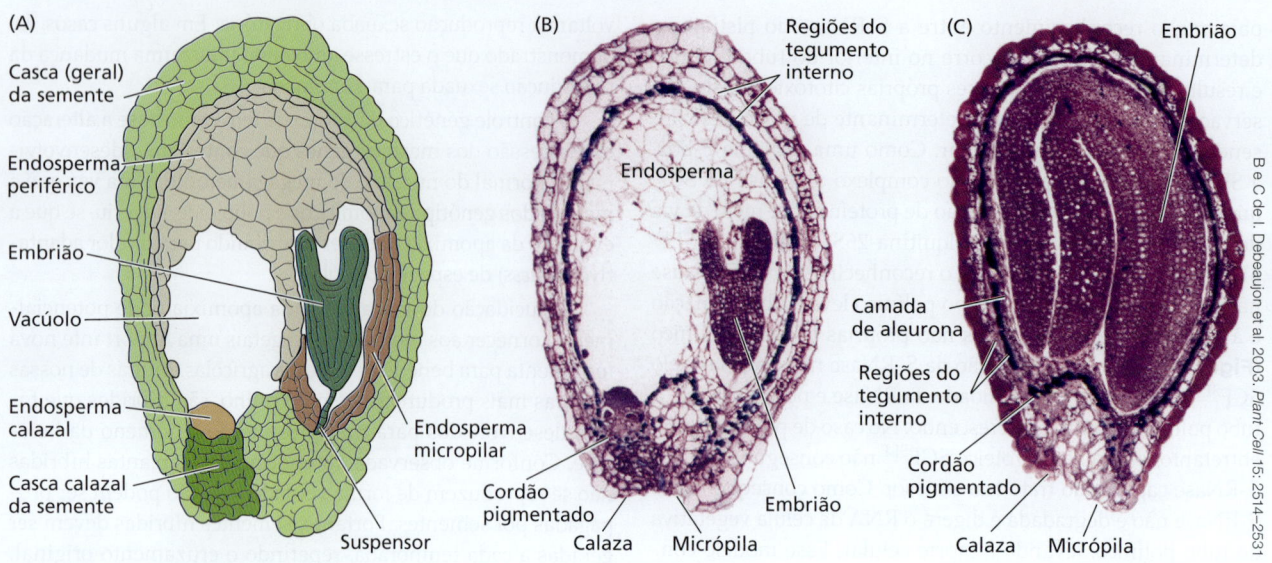

Figura 21.22 Estrutura da semente de *Arabidopsis*. (A) Diagrama de uma semente de *Arabidopsis* com o embrião no estágio de desenvolvimento em torpedo. (B) Fotomicrografia de um corte corado de uma semente de *Arabidopsis* no mesmo estágio de (A). O embrião está embebido no tecido endospérmico maduro. A semente é coberta por uma casca derivada dos tecidos dos tegumentos interno e externo do óvulo. (C) Semente madura. O endosperma foi em grande parte reabsorvido, e o embrião preenche a semente. Os cotilédones contêm reservas armazenadas que sustentarão o crescimento inicial da plântula após a germinação. (A) Segundo I. Debeaujon et al. 2003. *Plant Cell* 15: 2514-2531.)

(**Figura 21.23**). A mobilização dessas reservas para o transporte ao embrião é a função final do endosperma, antes que ele passe por morte celular programada à medida que a plântula se torna estabelecida.

Em sementes com um endosperma do tipo nuclear, o desenvolvimento se processa em duas fases: uma *fase cenocítica* e uma *fase celular*. Logo após a fecundação dupla, o núcleo do endosperma submete-se a vários ciclos de mitose sem citocineses, formando um cenócito (massa multinucleada). Em determinado momento, que varia com a espécie, à medida que passa por celularização, o cenócito deposita parede celular ao redor de cada núcleo.

A celularização do endosperma cenocítico em *Arabidopsis* avança da região micropilar para a calazal

A **Figura 21.24** ilustra vários estágios no desenvolvimento do cenócito do endosperma de *Arabidopsis*. O núcleo do endosperma primário que resulta da fusão da célula central com uma das células espermáticas passa por uma série de oito divisões mitóticas sem citocinese, levando à produção de cerca de 200 núcleos, localizados principalmente na periferia da grande célula central. No estágio de embrião globular, o cenócito do endosperma de *Arabidopsis* tem três regiões que se tornam distintas à medida que a semente cresce: o **endosperma micropilar** que circunda o embrião, o endosperma periférico na câmara central e o endosperma da calaza.

A celularização do endosperma cenocítico em *Arabidopsis* começa na região do endosperma micropilar e avança para a região calazal (ver Figura 21.24E e F). O processo é iniciado durante o estágio globular da embriogênese, quando o cenócito

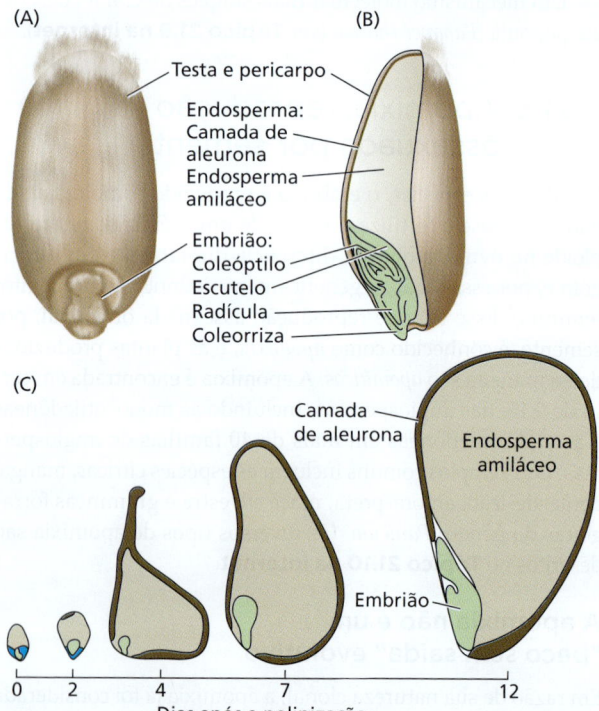

Figura 21.23 Estrutura da semente de cereal, tendo como exemplo o trigo (*Triticum aestivum*). (A) Vista superficial da semente, mostrando a localização do embrião em relação ao endosperma. (B) Corte longitudinal de um extremo ao outro da semente. (C) Desenvolvimento do embrião. (A e B segundo W. Troll. 1937. *Vergleichende Morphologie der hoheren Pflanzen*, Gebruder Borntrager, Berlin; C segundo M. Cosségal et al. 2007. In *Endosperma*: *Plant Cell Monographs*, vol 8. Olsen, O.-A. [ed.], pp. 57-71. Springer: Berlim, Heidelberg.)

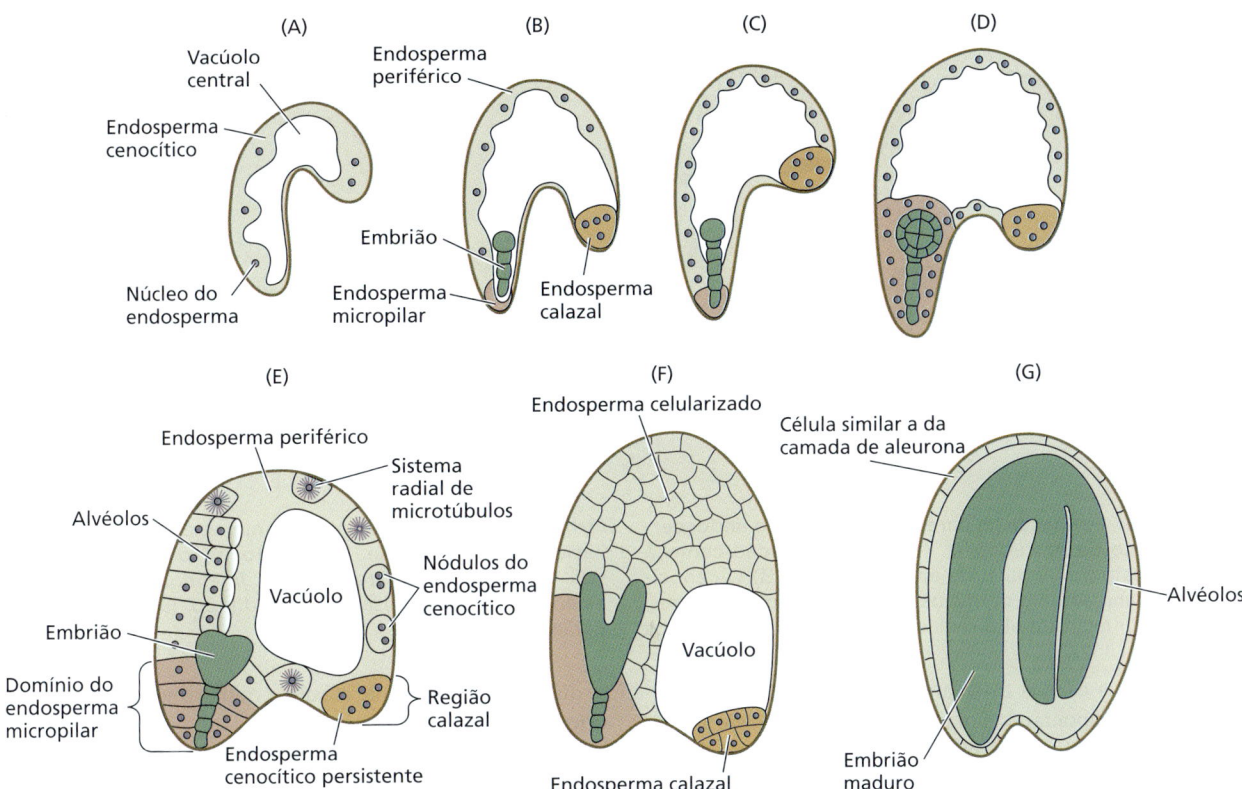

Figura 21.24 Desenvolvimento do cenócito do endosperma de *Arabidopsis*. (A-D) O núcleo do endosperma primário passa por divisões nucleares livres, e os núcleos resultantes migram para a periferia da célula cenocítica central. (E-G) A celularização do cenócito do endosperma começa na região do endosperma micropilar e avança para a região calazal. Quase toda a fina camada de endosperma na periferia (camada de aleurona) é reabsorvida pelo embrião em crescimento durante o desenvolvimento. (Segundo O.-A. Olsen. 2004. *Plant Cell* 16: S214-S227.)

está organizado em domínios nucleares uniformemente espaçados, definidos por sistemas radiais de microtúbulos (**Figura 21.25A e B**). Os mini fragmoplastos (ver Capítulo 1) se agrupam equidistantes dos núcleos adjacentes e, posteriormente, dão origem a uma placa celular pela fusão de membranas tubulares em folhas porosas (**Figura 21.25C**). O último estágio é a fusão de um lado da placa celular com a membrana plasmática parental (**Figura 21.25D**). As paredes se formam entre os domínios citoplasmáticos nucleares vizinhos, mas não entre os domínios e a cavidade central do saco embrionário, resultando em células abertas chamadas de **células alveolares** devido à sua natureza tubular. As divisões subsequentes das células alveolares para dentro levam à formação de parede cruzada nas camadas celulares periféricas, deslocando a camada interna dos alvéolos, junto com uma camada sobrejacente de citoplasma cenocítico residual, para dentro em direção à cavidade central, até que finalmente o vacúolo central desapareça e todo o endosperma seja celularizado (ver Figura 21.24E e F).

Ao contrário dos cereais, nos quais a maior parte do endosperma permanece na semente madura,[1] em *Arabidopsis* o endosperma celular é amplamente consumido à medida que o embrião cresce. Na maturidade, o embrião preenche a semente e apenas uma única camada de endosperma permanece na semente madura (ver Figuras 21.22C e 21.24G). Conforme discutido no Capítulo 17, a camada persistente de endosperma, às vezes referida como *camada de aleurona* por analogia aos grãos de cereais, contribui para a dormência imposta pela casca em *Arabidopsis* e em outras espécies com sementes pequenas, e a desintegração de sua parede celular é necessária para a conclusão da germinação.

A celularização do endosperma cenocítico de cereais avança centripetamente

Em cereais, o endosperma não é consumido durante a embriogênese e, como consequência, ele ocupa um volume muito maior da semente madura (ver Figura 21.23).

Durante o desenvolvimento do endosperma do cereal, o núcleo do endosperma primário triploide passa por uma série de divisões mitóticas sem citocinese, e os núcleos migram para a periferia da célula central, que igualmente contém um grande vacúolo central (**Figura 21.26A-D**). Como no cenócito de *Arabidopsis*, cada um dos núcleos é circundado por microtúbulos dispostos radialmente (**Figura 21.26E**). Paredes anticlinais formam-se inicialmente entre núcleos adjacentes,

---

[1] Os grãos de cereais são tecnicamente frutas em vez de sementes porque são envoltos por um *testa-pericarpo* fusionado, que inclui o tegumento da semente e a parede do fruto (ver Capítulo 17).

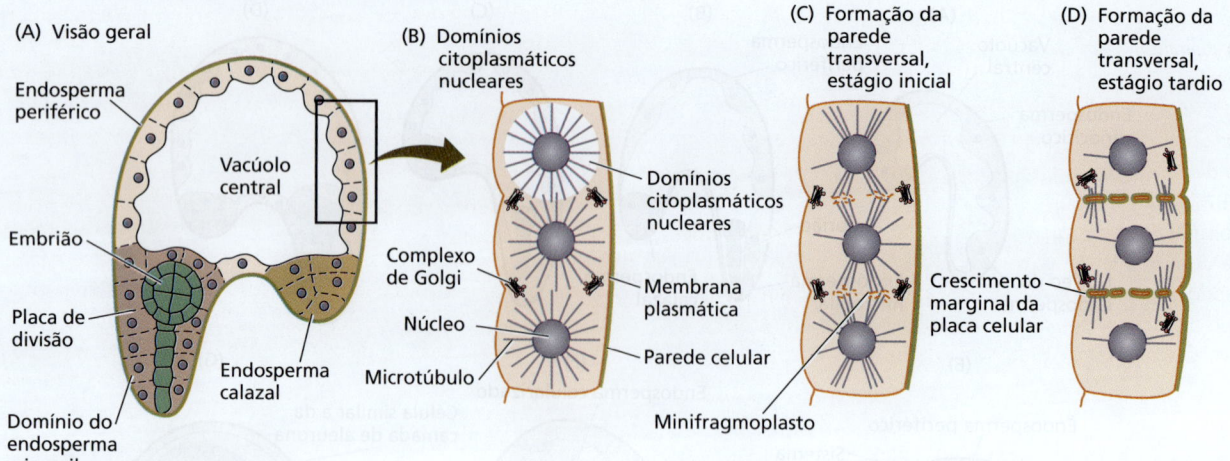

Figura 21.25 Formação da parede transversal no endosperma periférico de *Arabidopsis*. (A) A celularização começa durante o estágio globular da embriogênese. (B) O cenócito está organizado em domínios citoplasmáticos nucleares, definidos por microtúbulos radiais. (C) Os minifragmoplastos formam-se nos limites entre domínios adjacentes. (D) As vesículas fusionam-se, formando as paredes transversais. (Segundo M. S. Otegui. 2007. *In endosperm: Plant Cell Monographs*, vol 8. Olsen, O.-A. [ed.], pp. 159-178. Springer: Berlim, Heidelberg.)

resultando nas células alveolares tubiformes, com a extremidade aberta apontando em direção ao vacúolo central (ver **Figura 21.26F**). A seguir, os núcleos alveolares passam por uma ou mais divisões mitóticas periclinais seguidas por citocinese, produzindo células-filhas. A camada mais interna das células-filhas permanece com estrutura alveolar e continua a se dividir periclinalmente até que a celularização seja completa (**Figura 21.26G e H**).

Os precursores mais importantes do tecido endospérmico amiláceo são as células internas das fileiras celulares, presentes na conclusão da celularização do endosperma (ver Figura 21.26H). Logo após este estágio, ocorrem novas divisões celulares, com os planos de divisão agora orientados aleatoriamente, de modo que o padrão de fileiras celulares é em seguida perdido. A segunda fonte de células endospérmicas amiláceas é representada pelas células-filhas internas produzidas por divisões periclinais da camada de aleurona. Essas células rediferenciam-se, tornando-se as camadas externas do endosperma amiláceo.

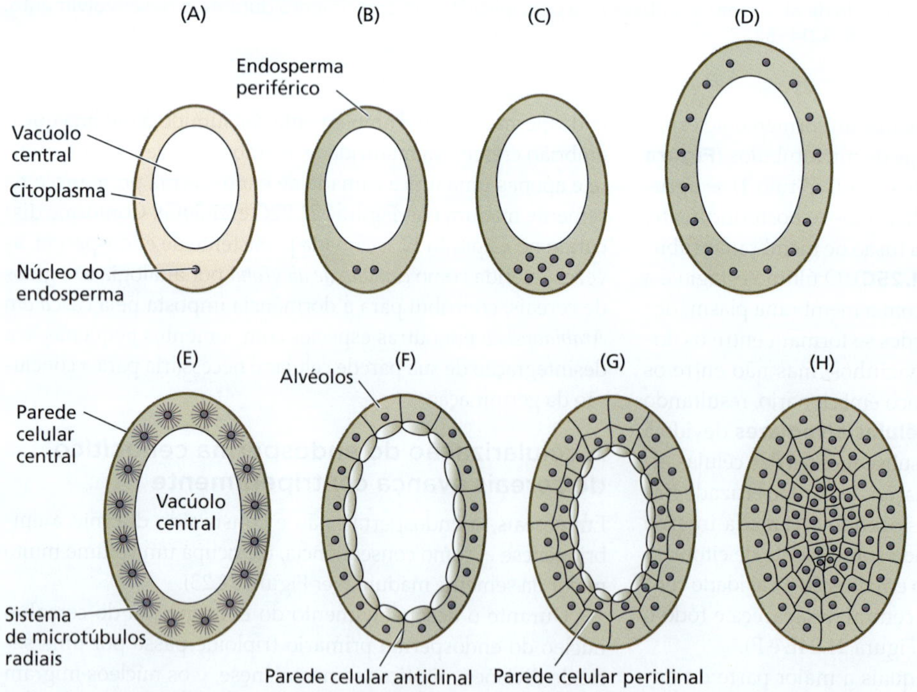

Figura 21.26 Desenvolvimento do cenócito endospérmico de cereais. (A–D) O núcleo endospérmico triploide está localizado no citoplasma basal da célula central. Após uma série de divisões nucleares livres, os núcleos migram para a periferia da grande célula cenocítica. (E–H) Celularização do endosperma cenocítico de cereais. (Segundo O.-A. Olsen. 2004. *Plant Cell* 16: S214–S227.

O desenvolvimento do endosperma e a embriogênese podem ocorrer autonomamente

Embora a embriogênese e a formação do endosperma ocorram de modo simultâneo e em íntima proximidade nas sementes, essses dois processos não são obrigatoriamente acoplados. Por exemplo, a embriogênese pode ocorrer em tecido vegetativo sem desenvolvimento do endosperma durante a **embriogênese somática** em *Bryophyllum* e *Kalanchoe*, que podem se reproduzir assexuadamente produzindo plântulas nas margens das folhas (**Figura 21.27A**). Embriões somáticos também podem ser gerados experimentalmente por meio de cultura de tecidos, um procedimento de rotina em muitos laboratórios de biotecnologia (**Figura 21.27B**). Uma vez iniciados, os embriões somáticos produzidos por meio da cultura de tecidos passam pelos mesmos estágios de desenvolvimento dos embriões normais (ver Capítulo 22) e podem se transformar em plantas normais, demonstrando que um meio nutriente pode substituir o endosperma nutritivo durante a embriogênese *in vitro*. Apesar dessa aparente recapitulação morfológica da embriogênese zigótica, os embriões somáticos são formados por meio de diferentes processos. Por exemplo, em vez de se desenvolverem a partir de um zigoto unicelular, eles se desenvolvem a partir de pequenos grupos de células, e os embriões somáticos são normalmente maiores do que os embriões zigóticos.

O endosperma também pode se desenvolver independentemente do embrião. O desenvolvimento autônomo do endosperma na semente parece estar sob controle genético parcial. Em *Arabidopsis*, mutações em qualquer um dos três genes *FERTILIZATION-INDEPENDENT SEED* (*FIS*) (*FIS1*, *FIS2* e *FIS3*) desencadeiam o desenvolvimento autônomo do endosperma na ausência da fertilização dupla e da formação de embrião.[2] No entanto, o endosperma mutante nunca se celulariza, seja por ser diploide em vez de triploide ou por outras causas. Já que a casca da semente (testa) e o fruto (síliqua) são formados nos mutantes *fis*, o desenvolvimento de endosperma, testa e parede do ovário parece ser coordenado.

Muitos dos genes que controlam o desenvolvimento do endosperma são expressos diferencialmente no lado materno e paterno

Há milhares de anos, os criadores de animais conhecem os efeitos do progenitor de origem. Por exemplo, o cruzamento de jumentos com cavalos produz bartodos (bardoto, masculino; bartoda, feminino) quando o progenitor masculino é o cavalo, e muares (mula e burro), quando o progenitor feminino é a égua. Os **efeitos do progenitor de origem** são definidos como fenótipos que dependem do sexo do progenitor do qual a característica foi herdada.

Um subconjunto dos efeitos do progenitor de origem é causado pela **expressão gênica impressa**. Essa impressão genética pode ter evoluído em resposta à pressão seletiva em plantas e animais (ver **Tópico 21.12 na internet**). Entre as primeiras demonstrações da impressão de genes individuais estava um estudo da herança da coloração do grão de milho. Foi demonstrado que o fato de um grão de milho ter ou não uma cor sólida ou apresentar manchas roxas dependia de os alelos *R* que controlam a mancha serem de origem materna ou paterna. Esses estudos subsequentes demonstraram que os dois conjuntos de cromossomos de pais femininos e masculinos, embora contenham os mesmos genes, diferiam em seus efeitos de desenvolvimento. A impressão genética é, portanto, o processo pelo qual os alelos nos cromossomos materno e paterno se tornam diferencialmente "marcados" para garantir a expressão específica do parental de origem após a fertilização.

Agora sabe-se que a impressão genômica envolve a transmissão de gametas para descendentes de informações

Figura 21.27 Exemplos de embriogênese assexuada. (A) Em *Kalanchoe*, embriões pequenos, às vezes chamados de propágulos, se diferenciam da borda das folhas. Eles eventualmente caem da folha e começam a crescer como uma semente germinada no chão. (B) Embriões somáticos podem ser gerados na cultura de tecidos de muitas espécies, usando tecido jovem ou anteras. Esses explantes são primeiro submetidos a um forte choque osmótico, hormonal ou de temperatura e, posteriormente, cultivados em um meio de recuperação como calos ou células em suspensão. Alguns grupos de células então assumem um destino "semelhante ao de um ovo" e começam a recapitular todas as etapas morfogenéticas da embriogênese zigótica. Aqui, um embrião em estágio de coração é visto emanando de um calo de células indiferenciadas.

---

[2] O gene *FIS1* foi originalmente descoberto devido a um efeito materno em uma planta mutante de *Arabidopsis*, sendo chamado de *medea*. *FIS1* codifica para uma proteína idêntica à do gene *MEDEA*. As proteínas FIS1, FIS2 e FIS3 são proteínas do grupo Polycomb que atuam na metilação de histonas (ver Seção 21.7). O gene *FIS3* também é conhecido como *FERTILIZATION INDEPENDENT ENDOSPERM 1* (*FIE1*).

epigenéticas ("marcas") na forma de modificação química do DNA ou de suas proteínas associadas (p. ex., histonas) por metilação ou acetilação (ver Capítulo 3). Como resultado, um pequeno subconjunto de genes, denominado genes imprintados, é expresso a partir de apenas um dos dois cromossomos nas células diploides. Em contraste, a maioria dos genes do genoma não são imprintados, o que significa que os alelos de ambos os pais são expressos igualmente.

Os genes expressos maternamente e silenciados paternalmente são referidos com **genes expressos maternalmente** (**MEGs**, de *maternally expressed genes*); os que são expressos paternalmente e silenciados maternalmente se chamam **genes expressos paternalmente** (**PEGs**, de *paternally expressed genes*). Estudos em *Arabidopsis* e outras espécies (incluindo monocotiledôneas) mostraram que, em plantas com flores, a expressão gênica sexualmente impressa está quase inteiramente confinada ao tecido do endosperma. A maioria dos genes expressos diferencialmente é de genes expressos pela mãe (um estudo encontrou 100–165 MEGs *versus* 10–43 PEGs). A importância evolutiva do papel dos MEGs no endosperma é que o progenitor feminino controla a nutrição do embrião da planta em desenvolvimento. Embora a impressão afete principalmente o desenvolvimento do endosperma, o embrião também expressa alguns genes impressos. Nossa compreensão da impressão parental em plantas depende do estudo de um número limitado de mutações genéticas, a saber, os *loci FIS1, FIS2* e *FLOWERING WAGENIGEN (FWA)* expressos pela mãe e o gene *PHERES1 (PHE1)* expresso paternalmente. Um possível esquema para a regulação genética do desenvolvimento do endosperma e da proliferação celular é apresentado no **Tópico 21.13 na internet**.

As células do endosperma amiláceo e da camada de aleurona seguem rotas de desenvolvimento divergentes

Enquanto as sementes de muitas espécies armazenam proteínas e óleos, o endosperma de cereais armazena grandes quantidades de amido. O **endosperma amiláceo** é um tecido único, representando a maior parte do endosperma em grãos de cereais (ver Figura 21.23). O endosperma amiláceo de cereais contém também proteínas de reserva, que são depositadas em vacúolos de armazenamento de proteínas.

A endorreduplicação, ou seja, a replicação cromossômica sem mitose, resultando em alto conteúdo de DNA e poliploidia (ver Capítulo 1), parece desempenhar um papel importante no desenvolvimento do endosperma rico em amido. No milho, por exemplo, até cinco rodadas de endorreduplicação podem levar a um conteúdo de DNA por núcleo de 96C, ou seja, 96 vezes a quantidade (conteúdo) presente no núcleo haploide. A endorreduplicação começa durante o depósito da reserva, e a acumulação de DNA impede a subsequente divisão nuclear ou celular. O tamanho típico das células parece ser limitado pela quantidade de DNA no núcleo. Portanto, a endorreduplicação permite que certas células de plantas e outros organismos se expandam para volumes maiores do que o normal, maximizando sua capacidade de armazenar reservas de alimentos (p. ex., endosperma, até 96C) ou compostos secretores (p. ex., tricomas foliares, até 16C).

O endosperma amiláceo dos cereais é morto na maturidade devido à morte celular programada, um evento vinculado à rota de sinalização do etileno. No mutante do milho *shrunken2*, que apresenta superprodução de etileno, a morte celular endospérmica é acelerada.

Conforme discutido no Capítulo 17, a camada de aleurona (a[s] camada[s] mais externa[s] do endosperma) atua durante o início do crescimento da plântula, mobilizando reservas de amido e de proteínas no endosperma amiláceo mediante produção de uma α-amilase, protease e outras hidrolases, em resposta às giberelinas produzidas pelo embrião. O milho e o trigo têm uma camada de células de aleurona, o arroz possui de uma a várias camadas, e a cevada tem três camadas. Nos grãos de cereais, a camada de aleurona é apenas uma parte do endosperma que pode se tornar pigmentada. Estudos genéticos identificaram dois genes que desempenham um papel central na regulação da diferenciação da camada de aleurona (ver **Tópico 21.14 na internet**).

21.8 Desenvolvimento da casca da semente

Ao servir como camada protetora externa da semente, o tegumento da semente é a primeira linha de defesa da planta embrionária contra fatores ambientais adversos, tanto abióticos quanto bióticos. No entanto, conforme discutido no Capítulo 17, os tegumentos das sementes também podem regular a dormência, garantindo que as condições externas sejam favoráveis ao crescimento antes do início da germinação. Em resposta à fertilização, em 2 a 3 semanas a casca da semente de *Arabidopsis* se diferencia das células dos tegumentos do rudimento seminal derivadas maternalmente (**Figura 21.28**). As células de ambas as camadas do tegumento externo e as três camadas do tegumento interno entram em um período drástico de crescimento nos primeiros dias após a fertilização por meio de divisão e expansão celulares. As cinco camadas celulares resultantes passam por um dos quatro destinos distintos. As células da camada mais interna, derivadas do **endotélio** do rudimento seminal, sintetizam **pró-antocianidinas**, compostos de flavonoides, também conhecidos como **taninos condensados** (ver **Apêndice 4 na internet**), os quais acumulam-se no vacúolo central das células endoteliais durante a primeira semana após a fertilização e, mais tarde, tornam-se oxidados, conferindo uma cor marrom às células diferenciadas (cujo conjunto é conhecido como camada celular pigmentada) e à casca da semente como um todo. As células das outras duas camadas do tegumento interno, ao contrário, não exibem diferenciação, cedo sofrem morte celular programada e são comprimidas à medida que a semente se desenvolve (ver Figura 21.28C).

O desenvolvimento da casca da semente parece ser regulado pelo endosperma

O tegumento da semente é derivado dos tegumentos do óvulo e, portanto, é tecido esporofítico materno. O crescimento e a diferenciação da casca da semente são iniciados na fertilização e normalmente prosseguem de maneira coordenada com

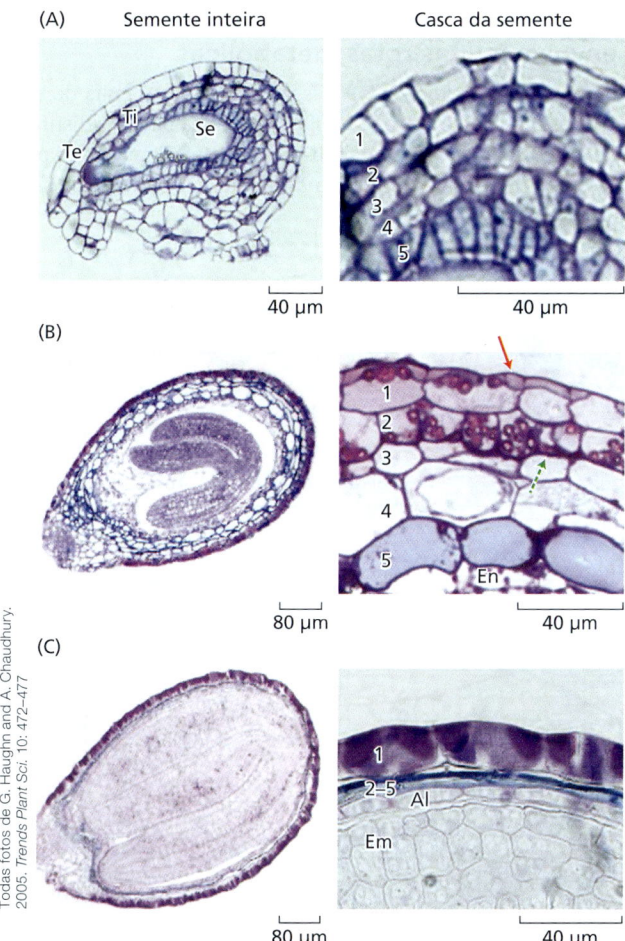

Figura 21.28 Desenvolvimento dos tegumentos do rudimento seminal para dentro da casca da semente de *Arabidopsis*, sucedendo a fertilização. São mostrados vários estágios (A-E) do desenvolvimento da semente inteira (esquerda) e detalhe da casca em desenvolvimento (direita). (A) Antes da fertilização. (B) Dez dias após a fertilização. As células das camadas individuais quase completaram a diferenciação em tipos celulares especializados, incluindo endotélio (5), paliçada (2) e epiderme (1). A seta sólida indica mucilagem no apoplasto. As setas indicam a parede celular secundária da paliçada. (C) Quinze dias (maturidade da semente). As células de todas as cinco camadas estão mortas e foram comprimidas, com exceção da epiderme, cuja forma é mantida pela parede celular secundária espessa, rica em celulose denominada columela. Al, aleurona do endosperma; Em, embrião; En, endosperma; Se, saco embrionário; Ti, tegumento interno; Te, tegumento externo. 1 e 2 indicam as duas camadas celulares do tegumento externo; 3 a 5 são as três camadas celulares do tegumento interno.

o desenvolvimento do embrião em crescimento e do endosperma da semente, que representa a próxima geração esporofítica. Uma vez que a casca envolve a semente, seu crescimento em área de superfície deve ser coordenado com o crescimento do embrião e do endosperma, para que a semente alcance seu tamanho maduro. O tamanho da semente será reduzido se a sua casca não conseguir se expandir.

O desenvolvimento da casca da semente parece ser regulado pelo endosperma. Em cruzamentos entre *Arabidopsis* de tipo selvagem e mutantes que produziam apenas uma célula espermática (e que, portanto, eram capazes de se fundir com apenas um dos gametas femininos), sementes nas quais apenas a célula central foi fertilizada produziram tegumentos normais, enquanto sementes nas quais apenas o óvulo foi fertilizado não, sugerindo que o desenvolvimento do tegumento depende do desenvolvimento do endosperma e não do desenvolvimento do embrião. A razão pela qual o endosperma é necessário para o desenvolvimento do tegumento da semente é que, após a fertilização, o endosperma, que sintetiza vários hormônios, fornece auxina aos tecidos externos do óvulo, o que serve como um gatilho para o desenvolvimento do tegumento da semente. Antes da fertilização, os genes de desenvolvimento do tegumento da semente parecem ser reprimidos epigeneticamente pela trimetilação de histona mediada pelo POLYCOMB REPRESSIVE COMPLEX 2– (PRC2-) (ver nota de rodapé 2 na Seção 2.7), e a auxina produzida pelo endosperma remove essa inibição.

O gene *TRANSPARENT TESTA GLABRA2* (*TTG2*) fornece um exemplo de como o tegumento da semente pode regular o tamanho da semente. O *TTG2* regula positivamente a biossíntese da proantocianidina, um composto de defesa vegetal produzido na casca da semente, e a expansão do tegumento da semente. Como consequência, os mutantes *ttg2* de perda de função têm sementes menores, presumivelmente porque o embrião e o endosperma são comprimidos mecanicamente pela casca da semente durante o desenvolvimento.

Inversamente, mutações no gene *HAIKU* resultam no crescimento limitado do endosperma cenocítico. Esse defeito no crescimento do endosperma também afeta o crescimento da casca da semente em desenvolvimento, de forma que o alongamento celular na casca da semente em expansão é restrito. Isso sugere que o endosperma em crescimento regule a extensão do alongamento das células do tegumento do rudimento seminal após o início do desenvolvimento da casca da semente.

■ 21.9 Maturação da semente e tolerância à dessecação

A etapa final do desenvolvimento da semente, denominada **maturação**, envolve a perda evaporativa de água para a produção de uma semente seca, um pré-requisito para o estado quiescente que precede a germinação em muitas espécies vegetais. Para muitas espécies, a maturação também abrange a aquisição de **tolerância à dessecação**. A tolerância à dessecação também é correlacionada com a **longevidade da semente**, ou seja, a habilidade da semente de permanecer viável no estado seco por longos períodos.

A denominação **semente ortodoxa** tem sido usada para designar as sementes que podem tolerar a dessecação até 5% de umidade, e são armazenáveis no estado seco por períodos variáveis, dependendo da espécie. Exemplos de sementes ortodoxas conhecidas incluem cereais, leguminosas e *Arabidopsis*. A semente ortodoxa campeã mundial é a da tamareira (*Phoenix dactylifera*), com 2 mil anos, que apresentou germinação bem-sucedida em 2005. As **sementes recalcitrantes**, ao contrário, são aquelas liberadas pela planta com um conteúdo de água relativamente alto e metabolismo ativo. Diferente das sementes ortodoxas, as sementes recalcitrantes deterioram na desidratação e não sobrevivem à armazenagem. A mangueira e o abacateiro são exemplos de plantas com sementes recalcitrantes.

As fases de enchimento e tolerância à dessecação da semente sobrepõem-se em muitas espécies

A duração do desenvolvimento da tolerância à dessecação e da longevidade da semente, em relação à conquista de seu tamanho maduro e à dispersão da semente, varia conforme a espécie. Para a maioria das espécies, a aquisição da tolerância à dessecação ocorre durante o enchimento. Subsequentemente, durante o final da maturação, as sementes de maneira progressiva adquirem longevidade, que é a capacidade de permanecerem vivas no estado seco por períodos prolongados.

Por exemplo, quatro estágios de crescimento e desenvolvimento da semente (embriogênese, enchimento, final da maturação e abscisão [quando se desprende da vagem]) de *Medicago truncatula* são apresentados na **Figura 21.29A**. A embriogênese prossegue durante os 10 primeiros dias após a polinização, e a partir daí começa o enchimento da semente, conforme indicado pelo aumento em sua massa seca. Simultaneamente, o conteúdo de água da semente declina (**Figura 21.29B**). A aquisição da tolerância à dessecação inicia cerca de 24 dias após a polinização e sobrepõe-se ao estágio de enchimento e às fases de desidratação da semente. A partir de 28 dias após a polinização, as sementes adquirem gradualmente a longevidade (**Figura 21.29C**). As sementes recém-colhidas adquirem a capacidade de germinar cerca de 16 dias após a polinização. Entre 22 e 32 dias após a polinização, a capacidade de completar a germinação aumenta em 50%; depois disso, a germinação diminui em 10% devido ao início da dormência (**Figura 21.29D**) (a dormência da semente é discutida no Capítulo 17). Contudo, essa dormência pode ser quebrada pela armazenagem seca por seis meses (após o amadurecimento), após o que as sementes completamente maduras germinam em 24 horas.

A conquista da tolerância à dessecação envolve muitas rotas metabólicas

Nas sementes ortodoxas, a dessecação envolve mais do que apenas o processo físico. Ela está associada a padrões distintos de expressão gênica e metabolismo que afetam múltiplos processos fisiológicos, incluindo a dormência, a pós-maturação e

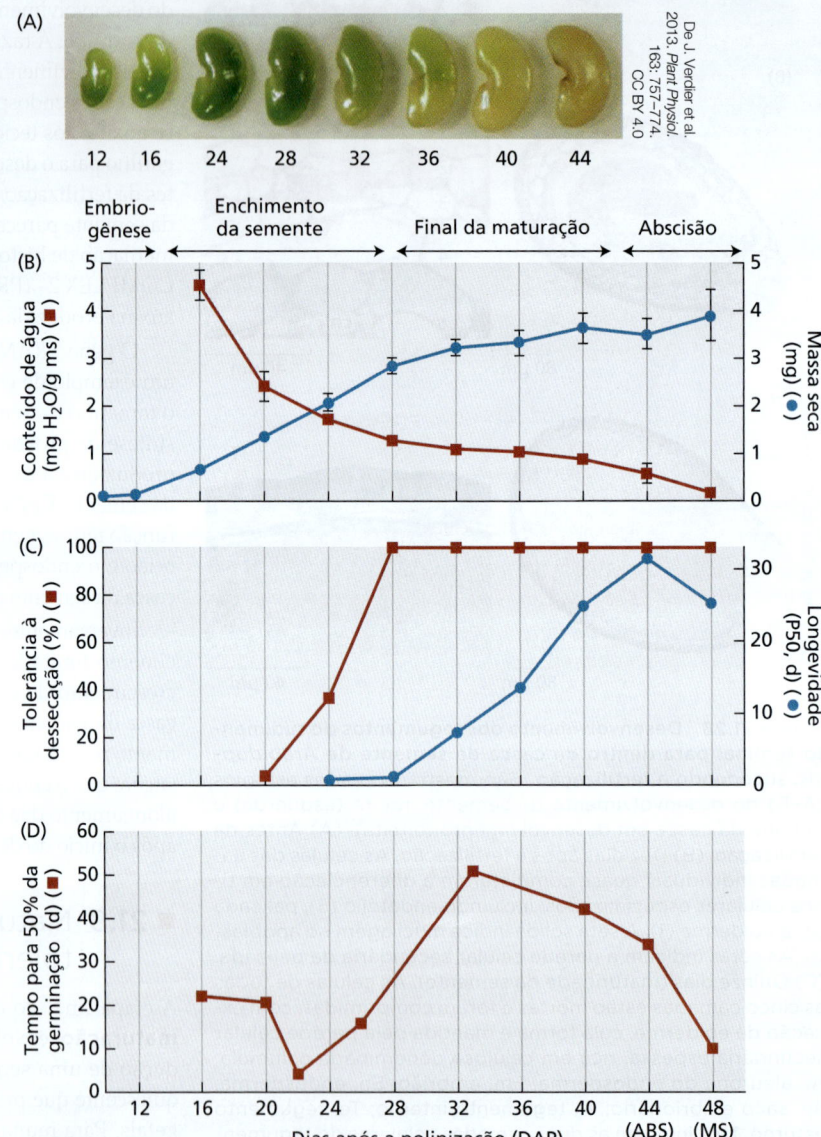

Figura 21.29 Alterações metabólicas e físiológicas durante a maturação da semente de *Medicago truncatula*. O desenvolvimento da semente é dividido em quatro fases principais: embriogênese, enchimento, final da maturação e abscisão. (A) Acompanhamento temporal do desenvolvimento da semente. (B) Mudanças no conteúdo de água e massa seca (ms). As barras de erro representam ± erro padrão da média. (C) Aquisição de tolerância à dessecação, medida como a porcentagem de germinação após uma rápida secagem até a umidade relativa de 43%, e longevidade, determinada como o tempo para reduzir a viabilidade a 50% sob condições de armazenagem a 75% de umidade relativa e 35 °C. (D) Alterações na velocidade de germinação ou dormência, determinada como o tempo necessário para que 50% das sementes completem a germinação a 20 °C. ABS, abscisão; SM, semente matura. (De Verdier et al. 2013. *Plant Physiol.* 163. 757–774 CC POR 4.0)

a germinação. Durante a metade até o final da embriogênese de sementes ortodoxas, quando seu conteúdo de ácido abscísico (ABA) é mais alto (ver Capítulo 18), são ativados múltiplos processos metabólicos que contribuem para a conquista de tolerância à dessecação. Em *Arabidopsis*, os padrões de expressão de mais de 6.900 genes, cerca de um terço do genoma, modificam-se durante esse período. Essas mudanças incluem processos metabólicos (p. ex., acúmulo de dissacarídeos e oligossacarídeos, síntese de proteínas de armazenamento e proteínas abundantes na embriogênese tardia [LEA]), ativação de mecanismos de defesa do estresse (p. ex., síntese de pequenas proteínas de choque térmico [SMHSPs], ativação de defesas antioxidantes) e alterações na estrutura física e na densidade das células.

Durante a conquista da tolerância à dessecação, as células do embrião adquirem um estado vítreo

A dessecação pode danificar fortemente as membranas e outros constituintes celulares (ver Capítulo 24). As sementes maduras têm 0,1 g de água por g^{-1} de massa seca, com potenciais hídricos entre −350 e −50 MPa. À medida que as sementes começam a desidratar, os embriões acumulam açúcares e um conjunto específico de proteínas. Acredita-se que esses grupos de moléculas interajam, produzindo um *estado vítreo*. Em geral, um vidro é definido como um estado amorfo e metastável que lembra um material sólido, quebradiço, mas retém a desordem e as propriedades físicas do estado líquido. Os vidros biológicos são líquidos altamente viscosos com velocidades de difusão molecular muito baixas, razão pela qual podem participar apenas de reações químicas limitadas. Uma vez que os açúcares redutores como a sacarose, a rafinose e a estaquiose acumulam-se durante os estágios finais da germinação da semente, inicialmente assumiu-se que eles eram os responsáveis principais pela formação do vidro celular. No entanto, as propriedades físicas dos açúcares do vidro são significativamente diferentes das encontradas em embriões dessecados, levando a hipótese de que proteínas, especificamente proteínas LEA, são necessárias para a formação do vidro nas sementes.

Proteínas abundantes na embriogênese tardia e açúcares não redutores têm sido implicados na tolerância à dessecação das sementes

As **proteínas abundantes na embriogênese tardia (LEA)** são proteínas pequenas, hidrofílicas, amplamente desordenadas e termoestáveis, sintetizadas em sementes ortodoxas durante a metade para o final da maturação e em tecidos vegetativos em resposta ao estresse osmótico. Acredita-se que elas tenham uma gama de funções protetoras contra dessecação com eficiências diferentes, incluindo ligação iônica, atividade antioxidante, tamponamento da hidratação, além de estabilização proteica e de membranas. Desde que as proteínas LEA foram descritas pela primeira vez no início da década de 1980, em sementes do algodoeiro, proteínas aparentadas têm sido identificadas em sementes e grãos de pólen de outras espécies vegetais, assim como em bactérias, cianobactérias e alguns invertebrados; em levedura transgênica, demonstrou-se que as proteínas LEA aumentam a osmotolerância. A capacidade de "plantas da ressurreição" (p. ex., *Craterostigma plantagineum*) de sobreviver à dessecação extrema tem sido vinculada à acumulação de proteínas LEA nos órgão vegetativos. Além disso, as proteínas LEA podem exercer um papel na resposta ao estresse pelo congelamento e pela salinidade, os quais envolvem desidratação celular (ver Capítulo 15).

As proteínas LEA, na maioria, mostram um viés em sua composição de aminoácidos – resultando em hidrofilicidade elevada – e são relacionadas a um grupo de proteínas denominadas **deidrinas**. Uma característica-chave das proteínas LEA é sua capacidade de formar pontes de hidrogênio com sacarose. Uma vez que os açúcares se acumulam durante a maturação da semente, acredita-se que as proteínas LEA interajam com a sacarose e outros dissacarídeos e oligossacarídeos para formar um estado vítreo requerido para a tolerância à dessecação (ver **Tópico 21.15 na internet**).

O ácido abscísico exerce um papel-chave na maturação da semente

Sementes mutantes de *M. truncatula* insensíveis ao ABA não conseguem desenvolver tolerância à dessecação e, portanto, são recalcitrantes. A síntese de proteínas LEA, proteínas de reserva e lipídeos é promovida pelo ABA, conforme demonstrado por estudos fisiológicos e genéticos em embriões cultivados pertencentes a muitas espécies. Os mutantes deficientes em ABA não conseguem acumular essas proteínas. Além disso, a síntese de algumas proteínas LEA, ou de membros da família aparentados, pode ser induzida em tecidos vegetativos por tratamento com ABA. Esses resultados sugerem que a síntese de muitas proteínas LEA está sob controle do ABA durante a germinação da semente.

Conforme discutido no Capítulo 4, o ABA induz mudanças no metabolismo celular por ativação, direta ou indireta, de uma rede de fatores de transcrição. Em especial, ABSCISIC ACID INSENSITIVE3 (ABI3) induz a síntese de proteínas de reserva e proteínas LEA, mediante interações com fatores de transcrição bZIP, como ABI5. Uma análise da rede reguladora de genes em sementes de *M. truncatula* demonstrou que os genes *ABI5* ocupam uma posição central na rede reguladora e estão altamente conectados aos genes *LEA* e de tolerância à dessecação. Portanto, *ABI3* e *ABI5*, em conjunto com vários outros genes, são os componentes centrais da rota de sinalização do ABA específico de sementes que regula a sobrevivência no estado seco.

A dormência imposta pela casca está correlacionada com a viabilidade a longo prazo da semente

As sementes de muitas ervas e vegetais de jardim, como cebola, quiabo e soja, permanecem viáveis se armazenadas por apenas 1 a 2 anos. Outras, como o pepino e o aipo, permanecem viáveis por até cinco anos. Em 1879, W. J. Beal iniciou o experimento de maior duração sobre a longevidade da semente, enterrando sementes de 20 espécies diferentes em frascos destampados, no topo de uma colina arenosa nas proximidades do Michigan Agricultural College em East Lansing.

Após 120 anos (no ano 2000), apenas uma espécie, o verbasco (*Verbascum blattaria*), permanecia viável, com metade das 50 sementes da garrada germinando. Em 2021, outra garrafa foi desenterrada e as sementes testadas quanto à viabilidade; até o momento em que este capítulo foi escrito, em 2021, apenas 11 sementes germinaram. Todavia, 142 anos é a longevidade máxima de sementes. Por exemplo, as sementes de cana-flor-de-lírio (*Canna compacta*) aparentemente podem viver por pelo menos 600 anos, enquanto as sementes sobreviventes autenticadas mais antigas são as do lótus sagrado, indiano ou asiático (*Nelumbo nucifera*), com cerca de 1.300 anos, e as da tamareira (*Phoenix dactylifera*), encontradas enterradas em Masada, Israel, com marcantes 2 mil anos. Essas duas espécies têm tegumentos de sementes altamente impermeáveis, sugerindo que a dormência imposta pelo revestimento está associada à viabilidade de longo prazo. Contudo, muitas sementes ortodoxas de longevidade menor podem ser armazenadas por um tempo longo sob condições de banco de sementes em temperatura baixa.

■ 21.10 Desenvolvimento e amadurecimento do fruto

Os frutos verdadeiros são encontrados somente nas plantas com flores. Na realidade, os frutos são uma característica definidora das angiospermas, pois *angio* significa "vaso" ou "recipiente" em grego, e *sperma* significa "semente". Tipos de frutos diversos estão representados em fósseis do início do Cretáceo, incluindo nozes e frutos carnosos (drupas e bagas). Os frutos são normalmente derivados de uma semente contendo ovário maduro; os frutos derivados do ovário são frequentemente chamados de *frutos botânicos*. Exemplos de frutas botânicas são pêssegos, tomates e síliquas de *Arabidopsis*. No entanto, os frutos também podem se desenvolver a partir de uma variedade de tecidos não ovários e, nesses casos, são chamados de *frutas acessórias* (ou *frutas falsas*). O morango é um exemplo de fruta acessória. A parte carnosa do morango é, de fato, o receptáculo subtendendo o ovário, ao passo que os frutos verdadeiros são os aquênios (secos) embebidos nesse tecido.

Os **frutos** são as unidades de dispersão das sementes e podem ser agrupados de acordo com diversas características (ver **Tópico 21.16 na internet**). Com base em sua composição e seu conteúdo de umidade, eles podem ser secos ou carnosos. Algumas frutas secas, como vagens de soja, se partem para liberar as sementes e, portanto, são **deiscentes**. Outros frutos secos, como as sementes aladas (sâmaras) do ácer e as cípselas do dente-de-leão, não passam por esse processo e são **indeiscentes**. Os frutos carnosos, com os quais as pessoas estão mais familiarizadas, são indeiscentes e ocorrem em diversas formas. Tomates, bananas e uvas são definidos botanicamente como **bagas**, nas quais as sementes estão embebidas em uma massa carnosa; pêssegos, ameixas, damascos e amêndoas são classificados como **drupas**, nas quais as sementes são envolvidas por um endocarpo duro. Maçãs e peras são **pomóideas**, nas quais o tecido comestível é derivado de uma estrutura acessória chamada *hipântio*, as bases fundidas das sépalas, pétalas e, às vezes, estames. Os frutos podem ser também definidos como *simples*, com um ovário maduro único ou composto, como em avelãs, *Arabidopsis* e tomates. Alternativamente, podem ser *agregados*, em que as flores têm carpelos múltiplos que não são unidos, como na framboesa. Por fim, eles podem ser *múltiplos*, em que o fruto é formado de um agrupamento de flores e cada uma delas produz um fruto, como no abacaxi. A **Figura 21.30** apresenta alguns exemplos de tipos de frutos carnosos e secos. É interessante notar que mesmo dentro de uma única família de plantas, uma grande variedade de tipos de frutas pode ser encontrada, incluindo frutas carnudas, como bagas, pomes e drupas, e frutas secas, como aquênios, cápsulas e folículos. Essa plasticidade de desenvolvimento no tipo de fruto provavelmente reflete a rápida adaptação evolutiva nos modos de proteção e dispersão de sementes.

Os fito-hormônios auxina e ácido giberélico (GA) regulam a frutificação e a partenocarpia

Na maioria das angiospermas, os órgãos florais senescem e morrem se não forem fecundados. A mudança no desenvolvimento que transforma o tecido floral no fruto em crescimento depende da fecundação dos rudimentos seminais. Essa mudança de desenvolvimento também é chamada de **aparecimento**

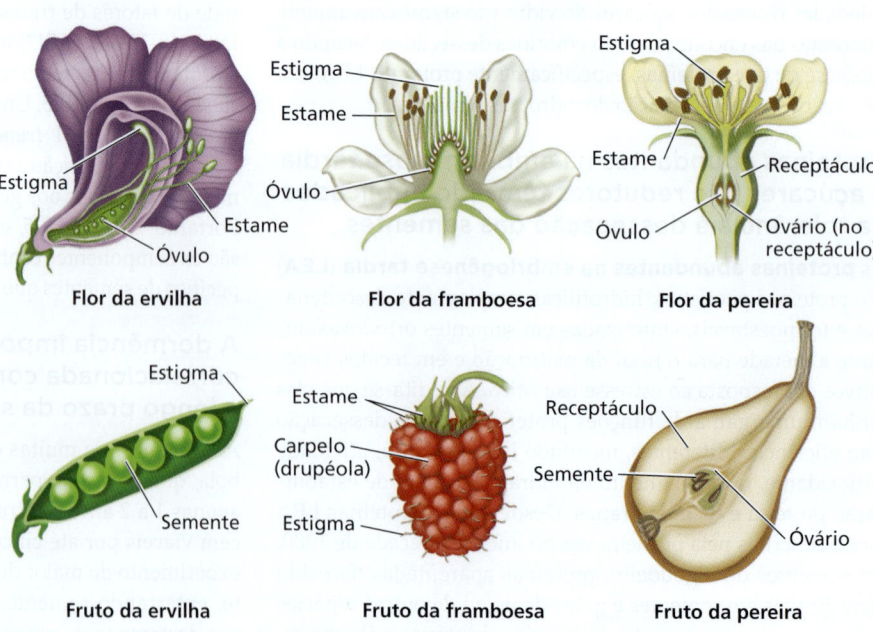

Figura 21.30 Três tipos de frutos e suas flores: ervilha, framboesa e pera.

Figura 21.31 O experimento de Nitsch de 1950 sobre o desenvolvimento de frutos de morango. (A) Da esquerda para a direita: uma pequena polpa de fruta induzida pela remoção de todos os aquênios, exceto um único; uma fruta totalmente fertilizada e aumentada; uma fruta que não desenvolveu qualquer polpa de fruta devido à remoção de todos os aquênios; e uma fruta sem aquênios que ainda se expandiu para formar polpa de fruta devido à aplicação exógena de auxina. (B) A remoção seletiva da maioria dos ovários fertilizados em uma flor de morango resultou no desenvolvimento de duas "frutas vermelhas carnudas" em miniatura separadas induzidas pelos dois aquênios restantes (pontas de seta pretas). (C) Agregação de cinco "pequenos frutos vermelhos" separados que se desenvolveram abaixo de um aquênio indutor (pontas de seta brancas e pretas).

do fruto. Os mecanismos subjacentes a essa indução da frutificação são conservados evolutivamente e foram estudados em *Arabidopsis*, tomate, morango e outras angiospermas. Historicamente, o morango tem sido um modelo para o estudo da frutificação. Um morango consiste em um receptáculo pontilhado com cerca de 200 ovários contendo sementes (aquênios) em sua superfície, o que torna os aquênios (os frutos verdadeiros) facilmente acessíveis para manipulação experimental. Em 1950, Nitsch mostrou que a remoção dos aquênios impediu o desenvolvimento do receptáculo em uma fruta. No entanto, a aplicação de auxina ao receptáculo pode substituir os aquênios e estimular o aumento do receptáculo (**Figura 21.31**). Esse experimento simples sugeriu que os aquênios eram a fonte de auxina que estimulou o desenvolvimento do receptáculo. Este e experimentos posteriores mostraram que os fito-hormônios auxina e GA são produzidos pela semente após a fertilização bem-sucedida e que a produção ou aplicação exógena desses fito-hormônios é necessária para promover a frutificação e o subsequente aumento dos frutos.

Os mecanismos moleculares que regulam a frutificação foram investigados principalmente em *Arabidopsis* e tomate, que possuem ferramentas genéticas moleculares abundantes. Em tomate e berinjela, a superexpressão do gene de biossíntese de auxina *iaaM* ou do gene do receptor de auxina *Transport Inibitor of Auxin Resistant 1 (TIR1)* em plantas transgênicas foi suficiente para induzir o desenvolvimento de frutos sem sementes. Esses frutos independentes da fertilização são denominados *frutos partenocárpicos* (**Figura 21.32**). Mutações em genes que codificam repressores de respostas de auxina – por exemplo, fatores de resposta à auxina (ARFs) – também levam à partenocarpia. Por exemplo, os mutantes de *Arabidopsis arf8* podem desenvolver síliques alongadas sem fertilização. No tomate, os *knockdowns* transgênicos de *ARF7, ARF8* ou *IAA9* causam partenocarpia (ver Figura 21.32), indicando que esses três genes normalmente podem reprimir a frutificação quando a auxina

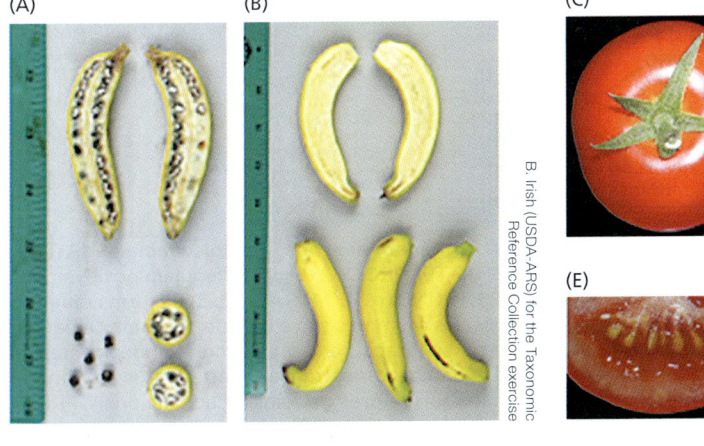
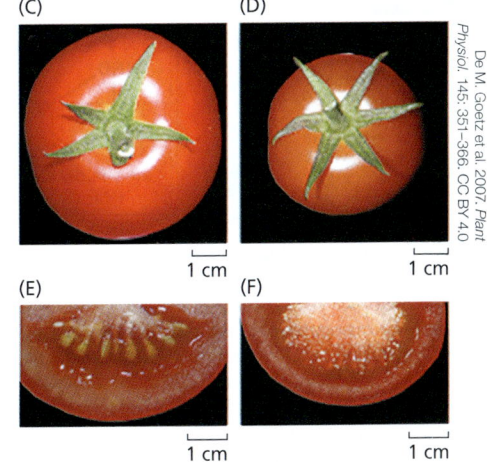

Figura 21.32 Frutos partenocárpicos em comparação com frutos fertilizados. (A) Frutos de banana selvagem com sementes (*Musa acuminata banksia*). (B) Frutos de banana partenocárpicos domesticados. (C) Frutos de tomate de tipo selvagem induzidos à fertilização da variedade 'Monalbo'. (D) Fruta partenocárpica 'Monalbo' contendo o transgene mutante *arf8* anormal. (E) O fruto do tipo selvagem 'Monalbo' cortado ao meio; o lóculo é preenchido com polpa e sementes. (F) O fruto partenocárpico 'Monalbo' cortado ao meio para mostrar o endocarpo sem sementes.

não é produzida. Da mesma forma, as proteínas DELLA reprimem as respostas GA. Quando o GA é produzido, o complexo receptor GA-GID1 (GIBBERELLIN INSENSITIVE DWARF 1) tem como alvo as proteínas DELLA para degradação mediada por proteassoma para ativar processos a jusante, incluindo a frutificação. Em *Arabidopsis*, o mutante quíntuplo *della* mostra uma partenocarpia bem pronunciada. O mutante *procera* do tomate, que carrega uma mutação pontual *DELLA*, e os tomateiros transgênicos com *DELLA* silenciado também desenvolvem frutos partenocárpicos.

A fertilização ou polinização eficiente geralmente é crítica para o desenvolvimento dos frutos. A indução da partenocarpia tem o potencial de aumentar a produção de frutos, especialmente quando a polinização e a fertilização são afetadas negativamente por condições ambientais adversas ou pela falta de polinizadores. A partenocarpia também pode melhorar a qualidade dos frutos ao produzir frutos sem sementes para consumo humano. Pesquisas sobre os mecanismos genéticos moleculares da partenocarpia estão revelando genes-alvo candidatos à edição e à engenharia de genes para produzir frutos partenocárpicos sem aplicação de hormônios.

Fatores de transcrição específicos regulam o desenvolvimento da zona de deiscência

Após a maturação, os frutos deiscentes se abrem espontaneamente para liberar suas sementes. Os frutos secos e deiscentes de *Arabidopsis* servem como modelo para o estudo da deiscência dos frutos. Em *Arabidopsis*, o gineceu surge da fusão de dois carpelos, referidos coletivamente como pistilo, no centro da flor. O gineceu de *Arabidopsis* consiste em duas paredes de ovário ou pericarpos (também conhecidos como válvulas), um replo central, um septo e margens da válvula (**Figura 21.33A**). Após a fertilização, as margens da válvula se diferenciam em uma zona de deiscência que consiste em uma camada lignificada e uma

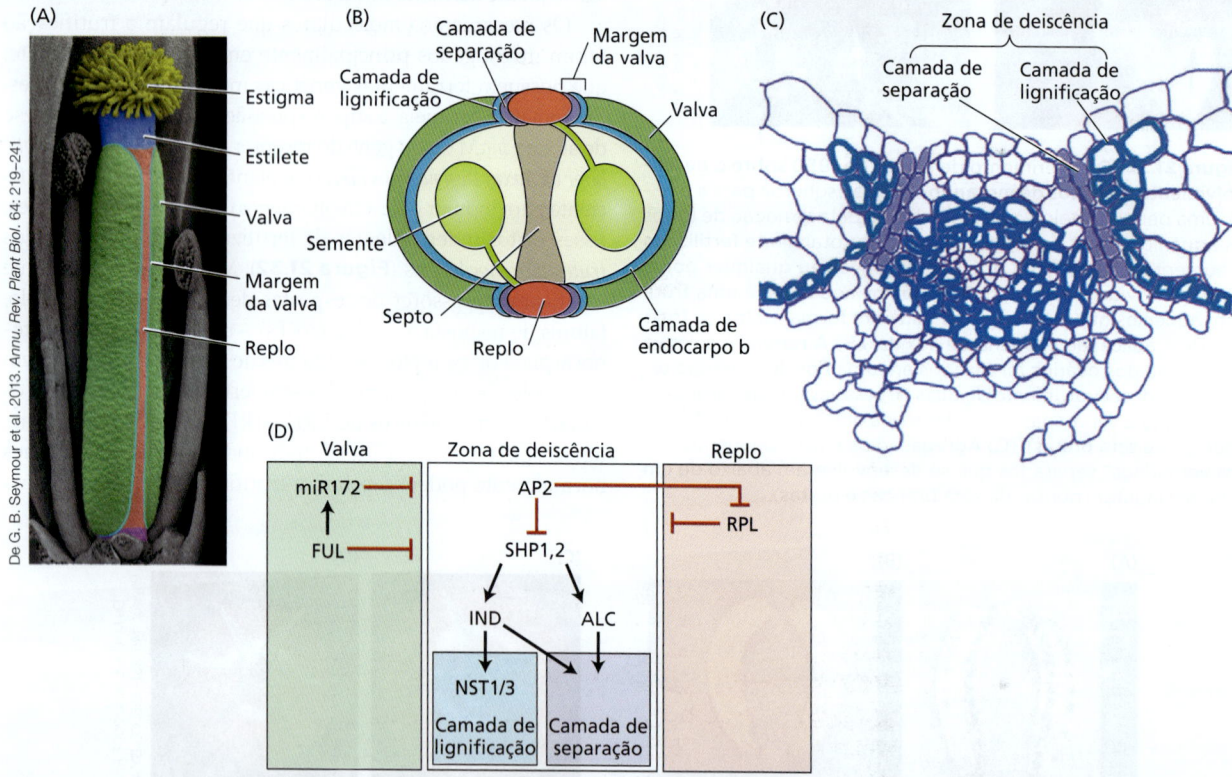

Figura 21.33 A estrutura e regulação da zona de deiscência. (A) Micrografia eletrônica de varredura em cores falsas do gineceu de *Arabidopsis* mostrando o estigma, o estilo, as válvulas, o replo e as margens da válvula. (B) Diagrama de uma secção transversal da região do ovário do gineceu, mostrando o septo e as sementes e as duas camadas da zona de deiscência. A camada de endocarpo b, que fica no interior da camada epidérmica na superfície interna, é lignificada e contribui para o mecanismo de tensão do estilhaçamento da vagem. (C) Desenho de uma secção transversal através da zona de deiscência (DZ) em *Arabidopsis*. As camadas de separação e lignificação são indicadas por cores diferentes. (D) Resumo da rede de fatores de transcrição que regulam a formação da zona de deiscência. Quatro fatores principais de transcrição são expressos na margem da válvula e direcionam a formação da zona de deiscência. SHATTERPROOF1 e SHATTERPROOF2 (SHP1,2) regulam positivamente INDEHISCENT (IND) e ALCATRAZ (ALC) de forma redundante. Os frutos dos mutantes *shp* e *ind* não possuem camadas lignificadas e de separação e são totalmente indeiscentes, enquanto os mutantes *alc* mostram apenas defeitos na camada de separação. Dois fatores de transcrição adicionais, FRUITFULL (FUL) e REPLUMLESS (RPL), atuam nas válvulas e no replo, respectivamente, para limitar a expressão dos genes da zona de deiscência à margem da válvula. Além disso, o FUL (nas válvulas) ativa o miR172, um repressor de APETALA2 (AP2), que inibe a SHP na zona de deiscência. (B) Segundo J. R. Dinneny and M. F. Yanofsky. 2004. *BioEssays* 27:42–49; C e D segundo P. Ballester and C. Ferrándiz. 2017. *Curr. Opinion Plant Biol.* 35. 68–75.)

camada de separação (**Figura 21.33B e C**). A camada de separação contém pequenas células mantidas juntas fracamente pela matriz extracelular; na maturidade, a tensão em forma de mola na camada lignificada e nos tecidos adjacentes divide a fruta ao longo da camada de separação, fazendo com que a válvula se solte da réplica durante a quebra da vagem.

Em *Arabidopsis*, a morfogênese e a diferenciação da zona de deiscência são reguladas por quatro fatores de transcrição expressos nas margens da válvula (**Figura 21.33D**). Dois genes *MADS BOX, SHATTERPROOF1* (*SHP1*) e *SHP2* agem redundantemente para ativar dois fatores de transcrição do tipo hélice-alça-hélice básicos, os genes *INDEHISCENT* (*IND*) e *ALCATRAZ* (*ALC*). *IND* e *ALC* promovem a formação da camada lignificada e da camada de separação, respectivamente. A expressão desses quatro genes é restrita à zona de deiscência devido às atividades de *FRUITFULL* (*FUL*) e *REPLUMLESS* (*RPL*) nas válvulas e replo, respectivamente (ver Figura 21.33D). O gene homeótico floral *APETALA2* (*AP2*) também desempenha um papel ao reprimir os fatores de transcrição da zona de deiscência SHP e IND e o fator replo RPL para restringir a expansão da zona de deiscência e replo. Ao mesmo tempo, o FUL impede a expressão de *AP2* nas válvulas ao ativar o miR172, que regula negativamente o *AP2* pós-transcricionalmente. O NAC SECONDARY WALL THICKENING PROMOTING FACTOR1 (NST1) e o NST3, ambos fatores de transcrição do NAC, atuam a jusante do *IND* para regular os genes de síntese de lignina e celulose.

Em culturas com sementes, como leguminosas (p. ex., soja) e canola (colza), a perda da deiscência dos frutos (resistência à quebra da vagem) é uma característica agronômica chave selecionada para evitar perda significativa de rendimento. Métodos em genética quantitativa e a caracterização morfológica da resistência à quebra foram conduzidos em variedades de soja e colza. Na soja, um fator de transcrição NAC, SHATTERING1-5 (SHAT1-5), aumenta a resistência à quebra ao promover a lignificação excessiva das células da capa de fibra localizadas nas margens da válvula próximas à sutura, o que evita que a vagem se parta.

O tomate é um sistema modelo importante para estudar o desenvolvimento de frutos carnudos

O pericarpo dos frutos carnudos é normalmente dividido em três camadas: exocarpo (casca), mesocarpo (camada intermediária) e endocarpo (camada mais interna) (**Figura 21.34**). A parte macia comestível da fruta geralmente é o mesocarpo. Em pêssego, pistache e outras frutas drupas, o endocarpo endurecido é conhecido como **pedra** ou **caroço**. O caroço fornece uma barreira física ao redor da semente para protegê-la de patógenos e herbívoros. Análises da expressão gênica durante o desenvolvimento do caroço revelaram que genes reguladores semelhantes são induzidos durante a lignificação do caroço no pêssego e do pericarpo em *Arabidopsis*.

Muito do que se conhece sobre frutos carnosos provém de trabalhos sobre o tomateiro (*Solanum lycopersicum*), um membro da família Solanaceae (**Figura 21.35A**). No tomateiro, como em *Arabidopsis*, o fruto é derivado da fusão de carpelos e as sementes estão aderidas à placenta. Entretanto, diferentemente dos frutos de *Arabidopsis*, os frutos do tomateiro são indeiscentes e os carpelos permanecem completamente fusionados. Nos frutos carnosos, a divisão celular geralmente é seguida por expressiva expansão celular (**Figura 21.35B**). Em algumas variedades de tomateiro, os diâmetros das células do pericarpo podem alcançar 0,5 mm. Foi demonstrado que cerca de 30 *loci* genéticos de caracteres quantitativos (QTLs, de *quantitative trait loci*), controlam o tamanho do fruto do tomateiro, e vários genes que compõem esses QTLs foram clonados. Um *locus* (*Fw2*) codifica uma proteína específica da planta e específica do fruto que regula a divisão celular no fruto e, portanto, afeta seu tamanho. Dois outros *loci*, *FASCIATED* e *LOCULE NUMBER*, homólogos de tomateiro nos genes *CLV3* e *WUS*, respectivamente, controlam o número de lóculos e o tamanho do fruto.

A domesticação do tomate moderno envolveu mudanças dramáticas no peso, na forma e na cor dos frutos, bem como

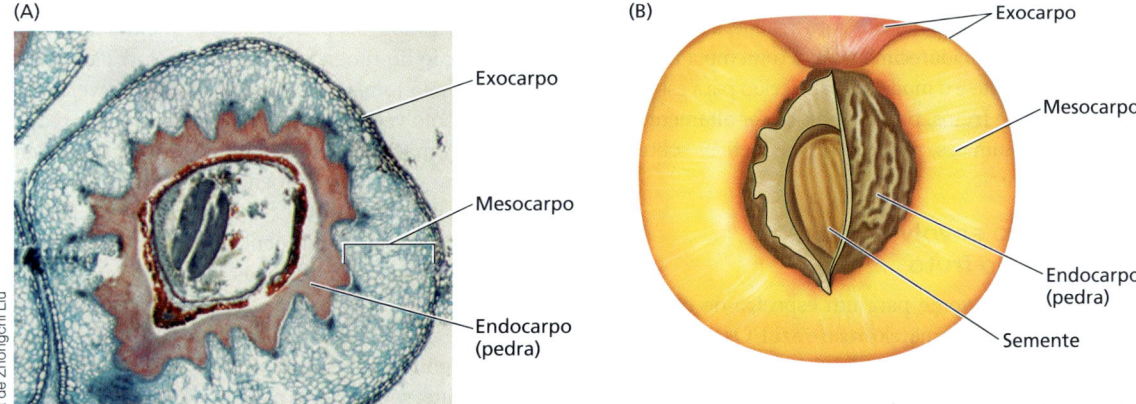

Figura 21.34 Exemplos de diferenciação de tecidos em frutas carnudas. (A) Secção transversal de uma drupeleta de framboesa em desenvolvimento. A lignina no endocarpo espessante (caroço) está manchada de vermelho. (B) Desenho de um fruto de pêssego ilustrando as três camadas de tecido e uma semente dentro do endocarpo. (B segundo desenho de Zhongchi Liu.)

na arquitetura da planta. A identificação de genes que controlam essas características, combinada com o advento da tecnologia CRISPR-Cas9, tornou possível criar a "domesticação" do tomate diretamente de seu parente selvagem *Solanum pimpinellifolium*. Quatro a seis *loci* em *S. pimpinellifolium*, incluindo *SELF-PRUNING*, *FASCIATED*, *Fw2.2* e *OVATE* foram editados simultaneamente para melhorar o tempo de floração, aumentar o tamanho e a forma dos frutos, otimizar a arquitetura do caule e aumentar o acúmulo de licopeno nos frutos, preservando ao mesmo tempo a resistência poligênica a doenças e as características de tolerância ao sal da espécie selvagem. Essa rápida melhoria de características de parentes silvestres baseada em CRISPR-Cas9 prenuncia as frutas de *design* que podem em breve aparecer em nossas cestas de frutas.

Os frutos carnosos passam por amadurecimento

O **amadurecimento** de frutos carnosos refere-se às mudanças que os tornam atraentes (para seres humanos e outros animais) e prontos para o consumo. Em geral, essas mudanças abrangem desenvolvimento da cor, amolecimento, hidrólise do amido, acumulação de açúcares, produção de compostos do aroma e desaparecimento de ácidos orgânicos e compostos fenólicos, incluindo os taninos. Os frutos secos não passam por um verdadeiro processo de amadurecimento; muitas das mesmas famílias de genes que controlam a deiscência em frutos secos parecem ter sido recrutadas para novas funções no amadurecimento; de frutos carnosos. Devido à importância dos frutos na agricultura e aos seus benefícios para a saúde, a imensa maioria dos estudos sobre amadurecimento tem contemplado os frutos comestíveis. O tomate é o modelo estabelecido para estudar o amadurecimento de frutos, pois ele provou ser altamente receptivo a estudos bioquímicos, moleculares e genéticos sobre o mecanismo desse processo.

O amadurecimento envolve mudanças na cor do fruto

Os frutos amadurecem do verde para um espectro de cores, abrangendo vermelho, laranja, amarelo, roxo e azul. Os pigmentos envolvidos não apenas afetam o apelo visual do fruto, mas também o sabor e o aroma, e são conhecidos pelos benefícios à saúde humana. Os frutos geralmente contêm uma mistura de pigmentos: verde, nas clorofilas; amarelo, laranja e vermelho, nos carotenoides; vermelho, azul e violeta, nas antocianinas; amarelo, nos flavonoides. A perda do pigmento verde no

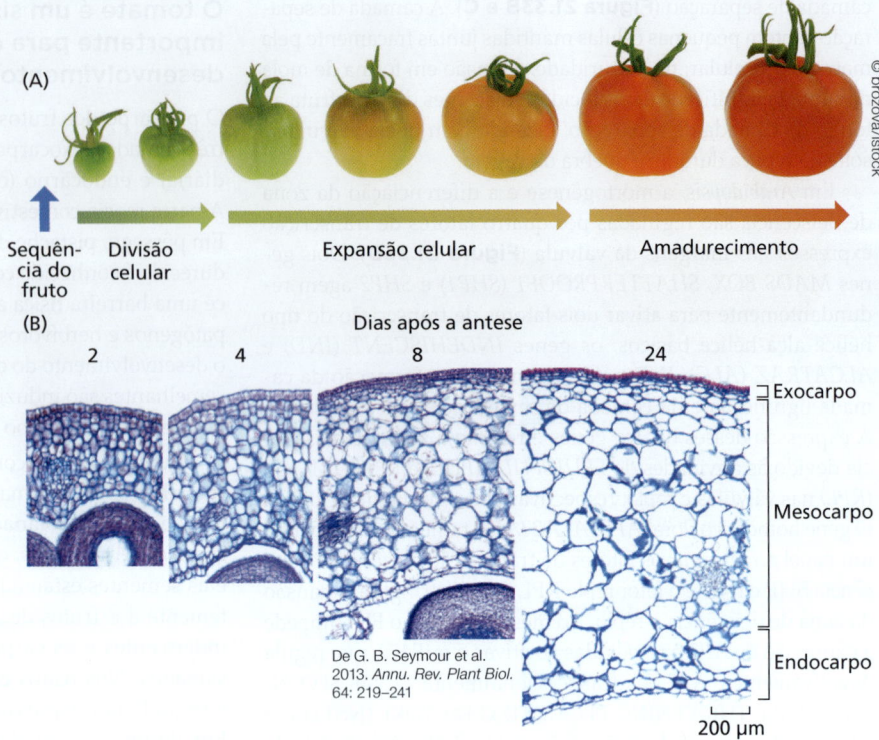

Figura 21.35 Crescimento do fruto do tomateiro. (A) Fotografias de estágios do desenvolvimento de uma miniatura de tomate. (B) Fotomicrografias de cortes transversais do pericarpo do tomate aos 2, 4, 8 e 24 dias após a abertura (antese) da flor.

início do amadurecimento é causada pela degradação da clorofila e pela conversão de cloroplastos em cromoplastos, que atuam como sítio para a acumulação de carotenoides (ver Capítulo 1).

Os carotenoides são responsáveis pela cor vermelha dos frutos do tomateiro. Durante o amadurecimento do tomate, a concentração de carotenoides aumenta entre 10 e 14 vezes, principalmente devido à acumulação de licopeno, um pigmento vermelho intenso. O amadurecimento do fruto envolve a biossíntese ativa de carotenoides, os precursores químicos dos quais são sintetizados nos plastídios. A primeira etapa envolvida é a formação do fitoeno (molécula incolor) pela enzima fitoeno sintase. No tomate, o fitoeno é, então, convertido em licopeno, pigmento vermelho, por uma série de novas reações. Experimentos com tomates transgênicos demonstraram que o silenciamento do gene para a fitoeno sintase impede a formação de licopeno (**Figura 21.36**).

As antocianinas são os pigmentos responsáveis pelas cores azul e púrpura de algumas bagas e vermelho no morango (**Figura 21.37**). As antocianinas são formadas pela rota dos fenilpropanoides; ou seja, elas são derivadas do aminoácido fenilalanina. Os fenilpropanoides constituem alguns dos conjuntos de metabólitos secundários mais importantes em plantas. Eles contribuem não apenas para a cor e o sabor típicos dos frutos, mas também para as características desfavoráveis, como o acastanhamento de tecidos do fruto via oxidação enzimática de compostos fenólicos por polifenóis oxidase.

Figura 21.36 A fitoeno sintase exerce um papel na produção de licopeno no pericarpo do tomate. O tomate à esquerda é um tipo selvagem, fruto maduro vermelho. O tomate à direita tem níveis reduzidos de expressão do gene para fitoeno sintase, razão pela qual não consegue acumular o pigmento vermelho licopeno.

O amolecimento do fruto envolve a ação coordenada de muitas enzimas de degradação da parede celular

O amolecimento do fruto envolve mudanças em suas paredes celulares. Na maioria dos frutos carnosos, as paredes celulares consistem em um composto semirrígido de microfibrilas de celulose – ligadas por uma rede de xiloglicanos – que é embebida em uma matriz péctica do tipo gel. No tomate, mais de 50 genes relacionados à estrutura da parede celular exibem mudanças na expressão durante o amadurecimento, indicando um conjunto altamente complexo de eventos conectados com a remodelação da parede celular durante o processo de amadurecimento.

Experimentos em plantas transgênicas demonstraram que uma só enzima de degradação de parede celular não pode ser responsável por todos os aspectos do amolecimento no tomate ou em outros frutos. Parece que as mudanças de textura resultam da ação sinérgica de uma gama de enzimas de degradação de parede e que conjuntos de genes relacionados à textura conferem aos diferentes frutos suas exclusivas texturas pastosas, quebradiças ou farináceas. Contudo, mesmo no tomate, a contribuição exata de cada tipo de enzima para sua textura ainda é pouco conhecida. As alterações na cutícula que interferem na perda de água também afetam a textura e a durabilidade do fruto.

Paladar e sabor refletem mudanças nos compostos de ácidos, açúcares, aroma e outros compostos

A maioria dos frutos carnosos consumidos pelos seres humanos passa por alterações que os tornam especialmente palatáveis para o consumo quando estão maduros. Essas mudanças químicas incluem alterações nos açúcares e ácidos, a liberação de compostos aromáticos e a redução de metabólitos não palatáveis.

Um exemplo de seleção humana para frutas mais saborosas é a seleção contra o amargor do pepino. Os pepinos selvagens produzem cucurbitacinas, triterpenoides que conferem um sabor amargo que repele os herbívoros. Dois fatores de transcrição bHLH, BL (FOLHA AMARGA) e BT (FRUTA AMARGA), promovem a biossíntese de cucurbitacina C (CuC) em folhas e frutos, respectivamente; eles regulam a expressão de *Bitter* (*Bi*), que codifica a cucurbitadienol sintase, a primeira etapa na biossíntese de CuC. Descobriu-se que variedades cultivadas de pepino não amargo possuem mutações em *Bi* ou *Bt*. A perda de *Bi* leva à ausência de amargor de toda a planta, enquanto as variantes de DNA que reduzem a expressão de *Bt* removem o amargor apenas nas frutas. As variantes de DNA encontradas em *Bi* e *Bt* em pepinos não amargos revelam seleções humanas impostas a esses genes durante a domesticação.

Em muitos frutos, no início do amadurecimento, o amido é convertido em glicose e frutose, sendo os ácidos cítrico e málico também abundantes. No entanto, embora os açúcares e os ácidos sejam vitais para o paladar, os voláteis são os que realmente determinam o sabor exclusivo de frutos. Os voláteis do sabor surgem de uma gama de compostos. Alguns dos estudos mais detalhados têm sido realizados no tomate. Eles mostram que, dos cerca de 400 voláteis produzidos pelo tomate, apenas um número pequeno tem um efeito positivo sobre o sabor. Os voláteis do sabor mais importantes no tomate são derivados do catabolismo de ácidos graxos como o ácido linoleico (hexanal) e o ácido linolênico (*cis*-3-hexenal, *cis*-3-hexenol, *trans*-2-hexenal) via atividade da lipoxigenase. Outros voláteis importantes, incluindo 2- e 3-metilbutanal, 3-metilbutanol, fenilacetaldeído, 2-feniletanol e metil salicilato, são derivados dos aminoácidos essenciais leucina, isoleucina e fenilalanina. A terceira classe de voláteis são os apocarotenoides, derivados via clivagem oxidativa de carotenoides. Os apocarotenoides, como as β-damascenonas, são importantes no tomate, na maçã e na uva.

A produção de voláteis está intimamente vinculadas ao processo de amadurecimento,

Figura 21.37 Exemplos de formação de pigmentos durante o amadurecimento dos frutos. (A) Os frutos do mirtilo acumulam mais de uma dúzia de antocianinas diferentes durante o amadurecimento, incluindo glicosídeos de malvidina, delfinidina, petunidina, cianidina e peonidina, que lhes conferem uma cor purpúrea intensa. (B) Uma antocianina à base de pelargonidina contribui para a cor vermelha do morango.

mas a regulação desses eventos não é bem conhecida. Provavelmente, ela é controlada por alguns dos fatores de transcrição que mostram expressão alterada durante o amadurecimento.

O vínculo causal entre etileno e amadurecimento foi demonstrado em tomates transgênicos e mutantes

Há tempos, o etileno tem sido reconhecido como o hormônio que pode acelerar o amadurecimento de muitos frutos comestíveis. Todavia, a demonstração definitiva de que o etileno é necessário para o amadurecimento de frutos foi proporcionada por experimentos em que sua biossíntese era bloqueada pela inibição da expressão da ACC sintase (ACS) ou da ACC oxidase (ACO). Na síntese do etileno, a ACS é a enzima que participa da segunda até a última etapa, e a ACO participa das últimas etapas (ver Capítulo 4). Normalmente, duas dessas etapas na rota são rigorosamente reguladas. O silenciamento dos genes que codificam qualquer uma dessas enzimas usando construções de RNA antissenso inibe o amadurecimento em tomates transgênicos (**Figura 21.38**). O etileno exógeno restaura o amadurecimento normal nos frutos de tomateiros transgênicos.

Outras demonstrações da necessidade do etileno para o amadurecimento de frutos vêm da análise da mutação *Never--ripe* (nunca maduro) no tomate. Conforme o nome indica, essa mutação bloqueia completamente o amadurecimento dos frutos do tomateiro. A análise molecular revelou que o fenótipo *Never-ripe* é causado por uma mutação em um receptor do etileno que o torna incapaz de se ligar a esse hormônio. Esses resultados, em conjunto com a demonstração de que a inibição da biossíntese do etileno bloqueia o amadurecimento, forneceram uma prova inequívoca do papel do etileno no amadurecimento do fruto.

A não ser o etileno, o papel dos hormônios vegetais no controle do amadurecimento é muito menos compreendido, embora auxina, ABA e giberelinas sejam conhecidas por seu efeito sobre esse importante processo do desenvolvimento.

Os frutos climatéricos e não climatéricos diferem em suas respostas ao etileno

Tradicionalmente, os frutos carnosos têm sido colocados em dois grupos, definidos pela presença ou ausência de um aumento respiratório característico, denominado **climatérico**, no início do amadurecimento. Os frutos climatéricos mostram esse aumento respiratório e também um crescimento vertiginoso da produção de etileno imediatamente antes da elevação respiratória ou coincidente com ela (**Figura 21.39**). Maçã, banana, abacate e tomate são exemplos de frutos climatéricos. Frutos como os cítricos, morango e uva, ao contrário, não exibem essas mudanças grandes na respiração e na produção de etileno, sendo chamados de frutos **não climatéricos**.

Figura 21.38 O silenciamento antissenso de ACC sintase (A) e ACC oxidase (B) inibe o amadurecimento e a senescência (C). (A) Fruto expressando um gene antissenso ACS2 (*ACC SYNTHASE2*), em conjunto com controles (tipo selvagem). Observe que ao ar o fruto antissenso não amadurece, mas chega à senescência após 70 dias (amarelo); o amadurecimento pode ser restaurado adicionando-se etileno (C_2H_4). (B) O gene antissenso *ACO1* (*ACC OXIDASE*) inibiu apenas a síntese de etileno em aproximadamente 95%: os frutos amadureceram, mas o amadurecimento excessivo e a deterioração foram bastante reduzidos. (C) Além disso, a senescência foliar foi retardada na planta antissenso *ACO1* (direita) quando comparada com a planta não transgênica (à esquerda).

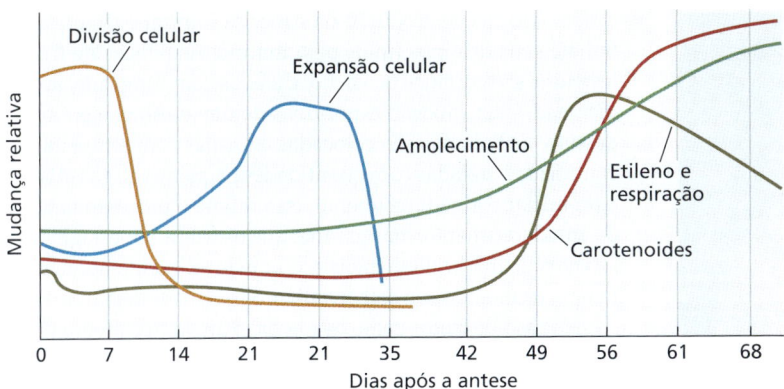

Figura 21.39 Crescimento e desenvolvimento de frutos do tomateiro em relação aos efeitos do etileno e do amadurecimento. Os frutos do climatério mostram um aumento característico na respiração e na produção de etileno, o que sinaliza o início do amadurecimento. (Segundo J. J. Giovannoni. 2004. *Plant Cell* 16: S170–S180.)

Em plantas com frutos climatéricos, operam dois sistemas de produção de etileno, dependendo do estágio de desenvolvimento:

- No Sistema 1, que atua no fruto climatérico imaturo, o etileno inibe sua própria biossíntese por retroalimentação negativa.
- No Sistema 2, que ocorre no fruto climatérico maduro e em pétalas senescentes de algumas espécies, o etileno estimula sua própria biossíntese.

A alça de retroalimentação positiva para a biossíntese de etileno no Sistema 2 garante que o fruto inteiro amadureça de modo uniforme uma vez começado o amadurecimento.

Quando os frutos climatéricos maduros são tratados com etileno, o início do aumento climatérico e as mudanças associadas ao amadurecimento são acelerados. Por outro lado, quando frutos climatéricos imaturos são tratados com etileno, a velocidade da respiração aumenta gradualmente em função da concentração desse hormônio, mas o tratamento não desencadeia a produção de etileno endógeno ou induz o amadurecimento. O tratamento com etileno de frutos não climatéricos, como cítricos, morango e uva, não causa um aumento na respiração e não é necessário para o amadurecimento. No entanto, ele pode alterar as características do amadurecimento em algumas espécies, como a intensificação da cor dos frutos cítricos.

Embora a distinção entre frutos climatéricos e não climatéricos seja uma generalização útil, alguns frutos não climatéricos também podem responder ao etileno; por exemplo, nos frutos cítricos, a cor verde é removida em resposta ao etileno exógeno. Na verdade, a distinção entre frutos climatéricos e não climatéricos pode ser menos drástica do que anteriormente se pensava, com algumas espécies exibindo comportamento contrastante dependendo do cultivar. Por exemplo, o melão (*Cucumis melo*) pode ser climatérico ou não climatérico, dependendo da variedade.

Muito menos se sabe sobre o controle molecular do processo de amadurecimento em frutos não climatéricos. O morango é usado há muito tempo como um sistema modelo para estudar o amadurecimento de frutas não climatéricas. O acúmulo de evidências sugere que o fito-hormônio ácido abscísico e a sacarose agem cooperativamente para promover o amadurecimento dos frutos do morango. A auxina, por outro lado, inibe o amadurecimento dos frutos do morango, embora, como vimos anteriormente, ela seja inicialmente necessária para a frutificação e o aumento dos frutos.

O processo de amadurecimento é regulado transcricionalmente

Vários mutantes monogenéticos do tomate, espontâneos e raros, mostram amadurecimento anormal ou a extinção completa desse processo. Eles incluem o *inibidor de amadurecimento* (*rin*), *de não amadurecimento* (*nor*) (não mostrado), e *de não amadurecimento incolor* (*Cnr*) (**Figura 21.40**). O *locus rin* codifica um fator de transcrição de MADS box da classe SEPALLATA denominado MADS-RIN, que é induzido no início do amadurecimento. O *locus nor* codifica um fator de transcrição NAC, NAC-RON, e o *locus Cnr* codifica uma família de fatores de transcrição semelhante à proteína de ligação ao promotor SQUAMOSA (SPL), SPL-CNR. A falta de amadurecimento nesses três mutantes sugere o papel importante que esses genes desempenham no controle do amadurecimento do tomate.

MADS-RIN interage com os promotores dos genes da ACC sintase, sugerindo que ele regula a biossíntese de etileno (ver Capítulo 20). MADS-RIN também se liga às regiões reguladoras de inúmeros genes relacionados ao amadurecimento para controlar diretamente sua expressão (**Figura 21.41**). Isso inclui genes envolvidos no metabolismo da parede celular, na formação de carotenoides e na biossíntese de compostos aromáticos.

A mutação *rin*, descoberta há meio século, é causada por uma deleção entre *MADS-RIN* e seu gene vizinho

Figura 21.40 Nos mutantes do tomateiro, inibidor de amadurecimento (rin) e de não amadurecimento incolor (Cnr), a mutação impede o amadurecimento normal.

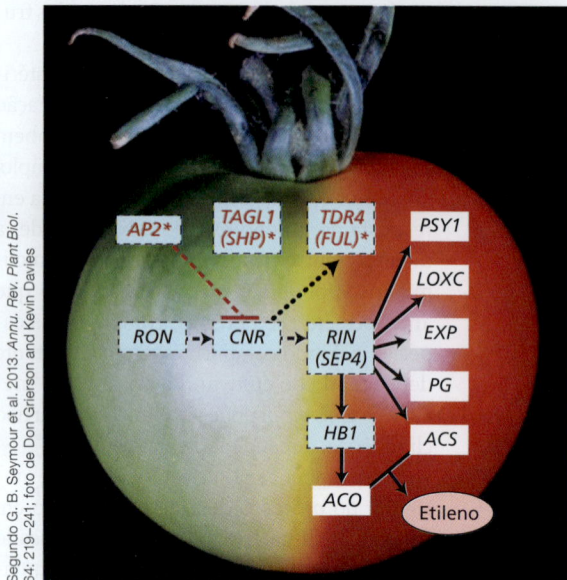

Figura 21.41 Principais reguladores conhecidos no amadurecimento do tomate. Os retângulos azuis com linhas externas tracejadas são fatores de transcrição; as indicações em vermelho são de genes onde os ortólogos são também encontrados em frutos secos deiscentes. Os efetores a jusante são mostrados em retângulos brancos. As linhas contínuas entre *RIN* e outros genes indicam ativação, enquanto as linhas tracejadas indicam possível ativação. A linha vermelha tracejada entre *AP2* e *CNR* indica repressão. (Segundo G. B. Seymour et al. 2003. *Annu. Rev. Plant Biol.* 64. 219–241.)

desde os locais de produção na América Central e América do Sul até seus destinos finais pelo mundo. As pencas de frutos imaturos são cortadas do cacho, tratadas com fungicida, acondicionadas em caixas e exportadas de navio. Ao chegar a seu destino, as bananas são colocadas em salas com temperatura controlada e tratadas com quantidades pequenas de gás etileno para iniciar o amadurecimento. Isso reflete o processo natural de amadurecimento, mas garante que os frutos em estágios diferentes de maturidade iniciem o amadurecimento ao mesmo tempo, facilitando sua comercialização.

No caso de frutos como as maçãs, o amadurecimento pode ser retardado usando o armazenamento em atmosfera controlada (2,5% de oxigênio e 2,5% de dióxido de carbono) e refrigeração, estendendo, assim, o período comercializável do produto. Em variedades de elite do tomate, a mutação *rin* é amplamente utilizada na forma heterozigota, para desacelerar a velocidade do amadurecimento e estender a durabilidade na prateleira. Uma desvantagem importante do uso de mutantes "*rin*" é que ele retarda aspectos do amadurecimento, de modo que os frutos muitas vezes têm níveis inferiores de sabor, aroma e outros componentes associados à qualidade. Uma abordagem mais eficaz seria direcionar processos individuais de amadurecimento, por um lado retardando o amolecimento para estender a durabilidade na prateleira, sem efeitos significativos na cor e no sabor. Esse objetivo está se tornando realidade, pois o acesso à sequência do genoma do tomateiro está facilitando a identificação dos genes subjacentes às características complexas que controlam aspectos individuais da qualidade dos frutos.

É possível também manipular a qualidade do fruto. Antocianinas, como carotenoides, por exemplo, são consideradas protetoras contra doença cardíaca e certos tipos de câncer, pois elas são antioxidantes poderosos que podem inativar os danosos radicais livres em excesso. Os níveis de antocianinas nos frutos podem ser manipulados por abordagens transgênicas, até mesmo a ponto de introduzir níveis elevados desses compostos na polpa do tomate, onde eles normalmente não ocorrem (**Figura 21.42**). A compreensão maior dos determinantes moleculares de outros aspectos do desenvolvimento do fruto, tais como a produção de voláteis, presumivelmente oferecerá outras oportunidades de melhorar a qualidade do fruto.

MACROCALYX (*MC*), também um gene MADS box. Recentemente, foi demonstrado que a proteína de fusão resultante é uma proteína repressora de ganho de função, em vez de uma proteína ativadora defeituosa, como se pensava anteriormente. O CRISPR-CAS9 foi empregado para gerar verdadeiros nocautes de *RIN*. Surpreendentemente, o mutante *RIN-KO* resultante ainda exibe, embora em um nível reduzido, processos associados ao amadurecimento, desde a produção de etileno até o acúmulo de licopeno. Esse resultado indica que o papel do *RIN* no amadurecimento do tomate pode precisar ser reavaliado.

Desde a clonagem dos genes que fundamentam as mutações *rin* e *Cnr*, tem sido descrito um grande número de outros genes codificadores de fatores de transcrição requeridos para o amadurecimento. Esses genes reguladores do amadurecimento são envolvidos em uma rede com efetores a jusante para promover a biossíntese de etileno e as mudanças bioquímicas associadas ao amadurecimento (ver Figura 21.41).

O estudo do mecanismo molecular de amadurecimento pode ter aplicações comerciais

A explicação do papel do etileno endógeno no amadurecimento de frutos climatéricos resultou em muitas aplicações práticas que visam uniformizar ou retardar o amadurecimento. Por exemplo, os cachos de banana são colhidos quando ainda estão verdes e duros, o que ajuda a mantê-los vivos durante a viagem

Figura 21.42 A produção de antocianinas pode ser induzida no tomate pela superexpressão de fatores de transcrição que controlam a biossíntese desses compostos na boca-de-leão (*Antirrhinum*).

Resumo

As plantas exibem alternância de gerações, em que os diploides tendem a dominar, mas os haploides produzem os gametas. A diversidade genética é estimulada pela polinização cruzada, que é possibilitada por vetores como o vento ou os insetos, ao passo que o endocruzamento é minimizado por mecanismos impeditivos ativos na planta. A nova geração diploide desenvolve-se na semente ou no fruto, que amadurece e se torna atrativo aos vetores que dispersam as sementes.

21.1 Desenvolvimento das gerações gametofíticas masculina e feminina

- As plantas passam por uma geração diploide e uma haploide, a fim de formar gametas e reproduzir (**Figura 21.1**).
- A diploidia permite que os indivíduos mascarem alelos recessivos deletérios e que as populações exibam maior diversidade genética.

21.2 Formação de gametófitos masculinos no estame

- O grão de pólen forma-se em dois estágios: primeiro a microsporogênese e, após, a microgametogênese (**Figura 21.3**).
- No lóculo, as células-mãe diploides do pólen se dividem meioticamente para produzir os micrósporos, cercadas por um tapete nutritivo (**Figuras 21.2, 21.3**).
- As paredes celulares do pólen são complexas, com múltiplas camadas para armazenagem de nutrientes e para sua dispersão (**Figuras 21.4, 21.5**).

21.3 Desenvolvimento do gametófito feminino no óvulo

- As oosferas são formadas no gametófito feminino (saco embrionário), primeiro por megasporogênese e, após, por megagametogênese (**Figuras 21.7, 21.8**).
- A maioria das angiospermas exibe desenvolvimento do megagametófito do tipo *Polygonum*, em que a meiose de uma célula-mãe diploide produz quatro megagametófitos haploides imaturos, sendo que apenas um deles passa por megagametogênese.
- A megagametogênese inicia com três divisões mitóticas sem citocinese, seguidas por celularização (**Figura 21.9**).

21.4 Polinização e fertilização em plantas com flores

- Assim que o pólen é transportado para o estigma, as células espermáticas deslocam-se para o gametófito feminino por um tubo polínico recém-formado (**Figuras 20.10, 21.11**).
- O tubo polínico forma-se somente se houver reconhecimento entre o pólen e o estigma (**Figura 21.11**).
- Os tubos polínicos crescem por crescimento apical (**Figuras 21.12–21.14**).
- Gradientes de concentração de íons focados no ápice e uma mudança na GTPase são essenciais para controlar a polaridade da expansão celular do tubo polínico (**Figura 21.15**).
- O caminho do crescimento do tubo polínico é determinado por estímulos físicos e químicos do pistilo e do megagametófito.
- Assim que o tubo polínico alcança o óvulo, duas células espermáticas são liberadas para fecundar a oosfera e a célula central (**Figura 21.17**).

21.5 Autopolinização *versus* polinização cruzada

- A polinização cruzada é assegurada em espécies bissexuais e monoicas por dicogamia e heterostilia (**Figura 21.18**).
- A autopolinização é reduzida pela esterilidade masculina citoplasmática.
- A autoincompatibilidade (SI) impede bioquimicamente a autopolinização em angiospermas (**Figura 21.19**).
- As reações da SI esporofítica requerem a expressão de dois genes de *locus S* altamente variáveis, enquanto a autoincompatibilidade gametofítica é mediada por S-RNases citotóxicas e proteínas F-box (**Figuras 21.20, 21.21**).

21.6 Apomixia: reprodução assexuada por semente

- A apomixia, ou reprodução clonal por uma célula diploide, pode contribuir para a eficácia biológica de espécies poliploides.
- A capacidade de induzir a apomixia reduziria a perda de vigor híbrido nas culturas agrícolas.

21.7 Desenvolvimento do endosperma

- Após a fecundação, o endosperma diploide, que fornecerá nutrição ao embrião, torna-se multinucleado (um cenócito) (**Figuras 21.24, 21.25**).
- A celularização do endosperma cenocítico em *Arabidopsis* prossegue desde a região micropilar até a calazal, ao passo que a celularização de endospermas de cereais se processa centripetamente (**Figuras 21.25, 21.26**).
- O desenvolvimento do endosperma é controlado em especial por genes expressos maternalmente (MEGs), não pelo embrião.

21.8 Desenvolvimento da casca da semente

- A casca da semente surge dos tegumentos maternos, mas seu desenvolvimento é regulado pelo endosperma (**Figura 21.28**).

21.9 Maturação da semente e tolerância à dessecação

- O enchimento da semente e a conquista de tolerância à dessecação sobrepõem-se em muitas espécies (**Figura 21.29**).
- A conquista de tolerância à dessecação é auxiliada por proteínas LEA, que formam ligações de hidrogênio com açúcares não redutores, permitindo que as células do embrião adquiram o estado vítreo que as

Resumo

torna mais estáveis do que as células que são simplesmente desidratadas.
- A síntese de proteínas LEA é controlada pelo ácido abscísico.
- Cascas impermeáveis e temperaturas baixas podem aumentar a longevidade das sementes, que, de resto, é altamente variável entre as espécies.

21.10 Desenvolvimento e amadurecimento do fruto

- Os frutos são unidades de dispersão de sementes que surgem do pistilo e contêm a(s) semente(s) ou são derivadas de tecidos florais acessórios (**Figura 21.30**).
- A iniciação dos frutos é desencadeada pela fertilização dos óvulos e pela polinização do estigma. Essa mudança de desenvolvimento, também chamada de *frutificação*, pode ser induzida por auxina e GA (**Figura 21.31**).
- A indução da partenocarpia – o desenvolvimento da fruta sem fertilização – pode melhorar a qualidade e a produção da fruta (**Figura 21.32**).
- Frutos deiscentes liberam suas sementes por meio do rompimento da vagem. A morfogênese e diferenciação adequadas da zona de deiscência dependem de uma rede de fatores de transcrição e miRNAs (**Figura 21.33**).
- Os frutos carnosos passam por amadurecimento, que envolve mudanças de cor, amolecimento altamente coordenado e outras mudanças (**Figuras 21.34–21.37**).
- Ácidos, açúcares e voláteis determinam o sabor de frutos carnosos maduros e imaturos.
- O etileno acelera o amadurecimento, especialmente em frutos climatéricos (**Figuras 21.38, 21.39**).
- Uma compreensão mecanística do processo de amadurecimento tem aplicações comerciais (**Figura 21.42**).

Material da internet

- **Tópico 21.1 A evolução favoreceu a diploidia nos ciclos de vida das plantas** As possíveis vantagens seletivas da diploidia sobre a haploidia são discutidas.
- **Tópico 21.2 Orquídeas, campeãs da decepção da polinização** As flores de várias espécies de orquídeas evoluíram para imitar vespas fêmeas, estimulando a pseudocópula por vespas machos.
- **Tópico 21.3 Tipos de placentação em frutas** Um diagrama dos vários tipos de placentação em frutas é apresentado.
- **Tópico 21.4 Variações no desenvolvimento de gametófitos: desvios do desenvolvimento placentário do tipo polígono** Características de sacos embrionários monospóricos, bispóricos e tetraspóricos são descritas.
- **Tópico 21.5 ANXUR 1 e 2 são os RLKs semelhantes a FERONIA necessários para o crescimento do ápice** Grãos de pólen com genes Anxur 1 e 2 defeituosos explodem imediatamente após a germinação.
- **Tópico 21.6 Outras moléculas de sinalização envolvidas na orientação do tubo polínico** Os óvulos de mutantes de *Arabidopsis* com defeito na síntese de ACC são incapazes de atrair tubos polínicos.
- **Tópico 21.7 Mecanismos à prova de falhas garantem que a fertilização adequada ocorra** Vários mecanismos evoluíram para garantir a robustez da fertilização com angiospermas.
- **Tópico 21.8 O mecanismo molecular da esterilidade masculina citoplasmática** O mecanismo da esterilidade masculina citoplasmática (CMS, *cytoplasmic male steriliy*) foi elucidado no "abortivo selvagem" ou sistema da CMS-WA no arroz.
- **Tópico 21.9 O mecanismo molecular do GSI na papoula (*Papaver rhoeas*)** Embora mais simples do que o mecanismo GSI nas Solanaceae, Scrophulariaceae e Rosaceae, quando transferido para *Arabidopsis*, o mecanismo GSI da papoula conferiu autoincompatibilidade em *Arabidopsis*.
- **Tópico 21.10 Vários tipos de apomixia** Os mecanismos das apomixias esporofíticas *versus* gametofíticas são descritos.
- **Tópico 21.11 Três tipos de desenvolvimento de endosperma** O desenvolvimento do endosperma se enquadra em três categorias básicas: nuclear, celular e helobial.
- **Tópico 21.12 Evolução da impressão epigenética** A impressão epigenética pode ter evoluído em resposta a pressões seletivas semelhantes em plantas e animais.
- **Tópico 21.13 O desenvolvimento de proteínas FIS e endosperma** O desenvolvimento do endosperma é reprimido até depois da fertilização pelas proteínas FIS, que metilam e desmetilam o DNA e as histonas no endosperma.
- **Tópico 21.14 Os genes que regulam a diferenciação da camada de aleurona** Dois genes, *DEK1* e *CR4*, foram relacionados na diferenciação da camada de aleurona de cereais.
- **Tópico 21.15 O papel das proteínas LEA na tolerância à dessecação** Um subconjunto das proteínas LEA foi correlacionado com a tolerância à dessecação em *Medicago*.
- **Tópico 21.16 Tipos e exemplos de frutas** Uma tabela dos tipos e exemplos de frutas comumente encontrados é apresentada.

Para mais recursos de aprendizagem (em inglês), acesse **oup.com/he/taiz7e**.

Leituras sugeridas

Angelovici, R., Galili, G., Fernie, A. R., and Fait, A. (2010) Seed desiccation: a bridge between maturation and germination. *Trends Plant Sci.* 15: 201–208.

Batista, R., and Köhler, C. (2020) Genomic imprinting in plants-revisiting existing models. *Genes Dev.* 34: 24–36.

Dinneny, J. R., and Yanofsky, M. F. (2005) Drawing lines and borders: How the dehiscent fruit of Arabidopsis is patterned. *BioEssays* 27: 42–49.

Doucet, J., Lee, H. K., and Goring, D. R. (2016) Pollen Acceptance or Rejection: A tale of two pathways. *Trends Plant Sci.* 20: 1058–1067.

Gehring, M. (2013) Genomic imprinting: Insights from plants. *Annu. Rev. Genet.* 47: 187–208.

Hater, F., Nakel, T., and Groß-Hardt, R. (2020) Reproductive Multitasking: The female gametophyte. *Annu. Rev. Plant Biol.* 71: 517–546.

Higashiyama, T., and Takeuchi, H. (2015) The mechanism and key molecules involved in pollen tube guidance. *Annu. Rev. Plant Biol.* 66: 393–413.

Johnson, M. A., Harper, J. F., and Palanivelu, R. (2019) A fruitful journey: pollen tube navigation from germination to fertilization. *Annu. Rev. Plant Biol.* 70: 809–837.

Klee, H. J., and Giovannoni, J. J. (2011) Genetics and control of tomato fruit ripening and quality attributes. *Annu. Rev Genet.* 45: 41–59.

Knapp, S. (2002) Tobacco to tomatoes: A phylogenetic perspective on fruit diversity in the Solanaceae. *J. Exp. Bot.* 53: 2001–2022.

Knapp, S., and Litt, A. (2013) Fruit—An angiosperm innovation. In *The Molecular Biology and Biochemistry of Fruit Ripening*, G. B. Seymour, G. A. Tucker, M. Poole, and J. J. Giovannoni, eds., Wiley-Blackwell, Oxford, UK, p. 206.

Li, J., and Berger, F. (2012) Endosperm: Food for humankind and fodder for scientific discoveries. *New Phytol.* 195: 290–305.

Li, J., Cocker, J. M., Wright, J., Webster, M. A., McMullan, M., Dyer, S., Swarbreck, D., Caccamo, M., van Oosterhout, C., and Gilmartin, P. M. (2016) Genetic architecture and evolution of the S locus supergene in *Primula vulgaris*. *Nat. Plants* 2: 16188.

Li, N., Xu, R., and Li, Y. (2019) Molecular networks of seed size control in plants. *Annu. Rev. Plant Biol.* 70: 435–463.

Manning, K., Tor, M., Poole, M., Hong, Y., Thompson, A. J., King, G. J., Giovannoni, J. J., and Seymour, G. B. (2006) A naturally occurring epigenetic mutation in a gene encoding an SBP-box transcription factor inhibits tomato fruit ripening. *Nat. Genet.* 38: 948–952.

McCann, M., and Rose, J. (2010) Blueprints for building plant cell walls. *Plant Physiol.* 153: 365.

Michard, E., Simon, A. A., Tavares, B., Wudick, M. M., and Feijó, J.A. (2016) Signaling with ions: the keystone for apical cell growth and morphogenesis in pollen tubes. *Plant Physiol.* 173: 91–111.

Nasrallah, J. B. (2011) Self-incompatibility in the Brassicaceae. In *Plant Genetics and Genomics: Crops and Models*, Vol. 9: *Genetics and Genomics of the Brassicaceae*, R. Schmidt, and I. Bancroft, eds., Springer, Berlin, pp. 389–412.

Rodrigues, J. C. M., Luo, M., Berger, F., and Koltunow, A. M. G. (2010) Polycomb group gene function in sexual and asexual seed development in angiosperms. *Sex. Plant Reprod.* 23: 123–133.

Rudall, P. J. (2021) Evolution and patterning of the ovule in seed plants. *Biol. Rev.* 96: 943-960.

Seymour, G. B., Østergaard, L., Chapman, N. H., Knapp, S., and Martin, C. (2013) Fruit development and ripening. *Annu. Rev. Plant Biol.* 64: 209–241.

Tomato Genome Consortium. (2012) The tomato genome sequence provides insights into fleshy fruit evolution. *Nature* 485: 635–641.

Tonnabel, J., David, P., Janicke, T., Lehner, A., Mollet, J.-C., Pannell, J. R., and Dufay, M. (2021) The scope for post-mating sexual selection in plants. *Trends Ecol.Evol.* 36: 556–567.

Twell, D. (2010) Male gametophyte development. In: *Plant Developmental Biology—Biotechnological Perspectives*, Vol. 1, E. C. Pua and M. R. Davey, eds., Springer-Verlag, Berlin, pp. 225–244.

Vrebalov, J., Ruezinsky, D., Padmanabhan, V., White, R., Medrano, D., Drake, R., Schuch, W., and Giovannoni, J. (2002) A MADS-box gene necessary for fruit ripening at the tomato ripening-inhibitor (rin) locus. *Science* 296: 343–346.

Wilkinson, J. Q., Lanahan, M. B., Yen, H.-C., Giovannoni, J. J., and Klee, H. J. (1995) An ethylene-inducible component of signal transduction encoded by Never-ripe. *Science* 270: 1807–1809.

Yang, W.-C., Shi, D.-Q., and Chen, Y.-H. (2010) Female gametophyte development in flowering plants *Annu. Rev. Plant Biol.* 61: 89–108.

Zhong, S., Fei, Z., Chen, Y.-R., Zheng, Y., Huang, M., Vrebalov, J., McQuinn, R., Gapper, N., Liu, B., Xiang, J., et al. (2013) Single-base resolution methylomes of tomato fruit development reveal epigenome modifications associated with ripening. *Nat. Biotechnol.* 31: 154–159.

Zhong, S., Liu, M., Wang, Z., Huang, Q., Hou, S., Xu, Y., Ge, Z., Song, Z., Huang, J., Qiu, X., Shi, Y., Xiao, J., Liu, P., Guo, Y. L., Dong, J., Dresselhaus, T., Gu, H., and Qu, L. J. (2019) Cysteine-rich peptides promote interspecific genetic isolation in Arabidopsis. *Science* 364: eaau9564.

22 Embriogênese: a origem da arquitetura vegetal

As plantas terrestres compõem um grupo monofilético das embriófitas — plantas que desenvolvem embriões. O que as diferencia de suas irmãs algas aquáticas é a capacidade de desenvolver um esporófito multicelular, após a fecundação do rudimento seminal pela célula espermática. O destino do zigoto (o rudimento seminal fecundado) difere muito entre os grupos de plantas. Por exemplo, em plantas terrestres avasculares (briófitas), como musgos, o zigoto sofre divisões mitóticas para produzir um esporófito diploide multicelular que depende do gametófito (ao qual está ligado) para grande parte de sua nutrição (ver Capítulo 1 para uma visão geral). As células do esporófito de musgo sofrem diferenciação e desenvolvimento mínimos, produzindo um pedúnculo relativamente simples e uma cápsula que carecem de tecido vascular verdadeiro. Em plantas vasculares (traqueófitas), por outro lado, o zigoto se divide para produzir um esporófito diploide que vive independentemente dos gametófitos que o produziram. Além disso, as células dos esporófitos de plantas vasculares se diferenciam em três tipos principais de tecido — tecidos dérmicos, fundamentais e vasculares — que se tornam ainda mais especializados em uma ampla diversidade de tipos de células e tecidos que compreendem os principais sistemas orgânicos das estruturas vegetativas e reprodutivas. Em plantas com sementes (espermatófitas, que incluem gimnospermas e angiospermas), a embriogênese termina com a formação de uma semente dormente (ou quiescente). O estágio de repouso análogo de briófitas e plantas sem sementes é o esporo haploide, que representa o início da fase gametófita do ciclo de vida. Dado o foco principal da pesquisa em plantas com flores e a enorme importância das espermatófitas para a produção de alimento, sabemos muito mais sobre embriogênese em plantas com sementes do que em plantas sem sementes. Assim, este capítulo enfoca a embriogênese de espermatófitas, com ênfase nas angiospermas. No entanto, deve-se ter em mente que a embriogênese de espermatófitas, que evoluiu há cerca de 320 milhões de anos, é derivada de um processo muito mais antigo que definiu as plantas terrestres desde sua origem, há cerca de 450 milhões de anos.

Nas espermatófitas, a embriogênese transforma o zigoto unicelular em um indivíduo multicelular complexo contido em uma semente madura. Desse modo, a embriogênese fornece muitos exemplos de processos de desenvolvimento pelos quais a arquitetura básica da planta é estabelecida, abrangendo a elaboração de formas (**morfogênese**), a formação associada de estruturas funcionalmente organizadas (**organogênese**) e a **diferenciação** de células para produzir tecidos anatômica e funcionalmente distintos (**histogênese**). Uma característica essencial da arquitetura da planta é a presença de meristemas apicais nas extremidades dos eixos de caules e raízes, que são fundamentais para sustentar os padrões indeterminados de crescimento vegetativo (ver Capítulo 18). O desenvolvimento do embrião retrata também mudanças complexas na fisiologia que lhe permitem enfrentar períodos prolongados de atividade metabólica reduzida (**dormência**) e reconhecer e responder a estímulos ambientais que sinalizam à planta para a retomada do crescimento (**germinação**) (ver Capítulo 17). Aqui, o foco é a embriogênese nas angiospermas, o grupo mais importante de plantas com sementes em termos de agricultura e dominância ecológica.

22.1 Embriogênese em monocotiledôneas e eudicotiledôneas

Inicialmente, compara-se a embriogênese nos dois principais grupos de angiospermas, as monocotiledôneas e as eudicotiledôneas, representadas pelo milho (*Zea mays*) e por *Arabidopsis*, respectivamente. A seguir, consideram-se os sinais que guiam complexos padrões de crescimento e diferenciação no embrião, incluindo a importância de sinais dependentes da posição. Conclui-se a pesquisa sobre embriogênese vegetal com uma discussão sobre os mecanismos moleculares e genéticos que traduzem sinais dependentes da posição em padrões organizados de crescimento. Uma visão geral da história da embriogênese vegetal pode ser encontrada no **Ensaio 18.1 na internet**.

A embriogênese difere entre monocotiledôneas e eudicotiledôneas, mas também compartilha características comuns

Comparações anatômicas revelaram diferenças nos padrões de embriogênese entre diferentes grupos de espermatófitas, como aquelas entre monocotiledôneas e eudicotiledôneas e aquelas entre gimnospermas sem flores e angiospermas com flores. A embriogênese da angiosperma tende a ser mais previsível em espécies de eudicotiledôneas (com dois cotilédones, folhas embrionárias), do que em espécies de monocotiledôneas (com um cotilédone). A embriogênese em gimnospermas é mais imprevisível do que em eudicotiledôneas ou monocotiledôneas, com embriões da mesma espécie de gimnospermas capazes de exibir uma gama de números de cotilédones. É importante ressaltar, porém, que os elementos centrais da embriogênese são comuns entre quase todas as espécies de espermatófitas, provavelmente refletindo processos de desenvolvimento compartilhados.

Entre as plantas com flores, *Arabidopsis* (uma eudicotiledônea) e o arroz (uma monocotiledônea) fornecem dois exemplos de embriogênese que diferem em detalhes, mas que compartilham certas características fundamentais, em relação ao estabelecimento dos principais eixos de crescimento. Em ambas as espécies, os eventos fisiológicos e de desenvolvimento seguem a mesma sequência. Em ambos, tecidos e órgãos são estabelecidos em disposições semelhantes. No entanto, também existem grandes diferenças entre a embriogênese de monocotiledôneas e eudicotiledôneas. Por exemplo, o meristema apical do caule é inativo durante a embriogênese em *Arabidopsis*, enquanto várias folhas pequenas são formadas durante a embriogênese no milho. Além disso, enquanto *Arabidopsis* representa um grupo de plantas nas quais as divisões celulares embrionárias parecem ser estritamente controladas e são quase invariáveis entre os indivíduos, o milho exibe um padrão superficialmente menos ordenado de divisões celulares. Milho e *Arabidopsis* representam, portanto, extremos opostos de um espectro no desenvolvimento embriológico, do relativamente complexo e menos previsível ao relativamente simples e mais previsível.

Aqui, são descritas resumidamente a embriogênese do milho e a embriogênese de *Arabidopsis*, sobre a qual se sabe mais, em detalhes.

EMBRIOGÊNESE DO MILHO A grande e quase onipresente família de gramíneas (Poaceae), da qual o milho é membro, representa um grupo especializado de monocotiledôneas, em que o cotilédone único parece ter se dividido funcionalmente em duas estruturas, o **escutelo** e o **coleóptilo**. O escutelo serve como um órgão que absorve açúcares do endosperma durante a germinação, enquanto o coleóptilo forma uma bainha tubular que protege as folhas primárias emergentes dos danos mecânicos do solo. Os padrões de divisão celular que dão origem a essas estruturas especializadas de monocotiledôneas são necessariamente mais complexos, porém previsíveis, do que aqueles necessários para formar os dois cotilédones da maioria dos eudicotiledôneas. No entanto, apesar da falta de regularidade evidente nos padrões de divisão celular, é possível descrever a embriogênese no milho em termos de seis estágios de desenvolvimento morfologicamente definidos (**Figura 22.1**):

1. **Estágio zigótico.** Este estágio começa com a fusão do rudimento seminal haploide e da célula espermática para formar o zigoto (não mostrado na Figura 22.1) (ver Capítulo 21). O zigoto passa por crescimento polarizado, seguido por divisões transversais assimétricas, dá origem a uma pequena célula apical e a uma célula basal alongada (ver Figura 22.1A).

2. **Estágio globular.** Após o estabelecimento das células apical e basal, uma série de divisões celulares variáveis produz um embrião globular de várias camadas que consiste no embrião próprio e no suspensor multicelular maior (ver Figura 22.1B).

3. **Estágio de transição.** Durante o estágio inicial de transição, o escutelo aparece no lado interno do embrião (em relação à futura casca da semente). No estágio de transição tardia, o futuro meristema apical do caule é evidente no lado externo do embrião, em relação à futura casca da semente. (O estágio de transição não é mostrado na Figura 22.1).

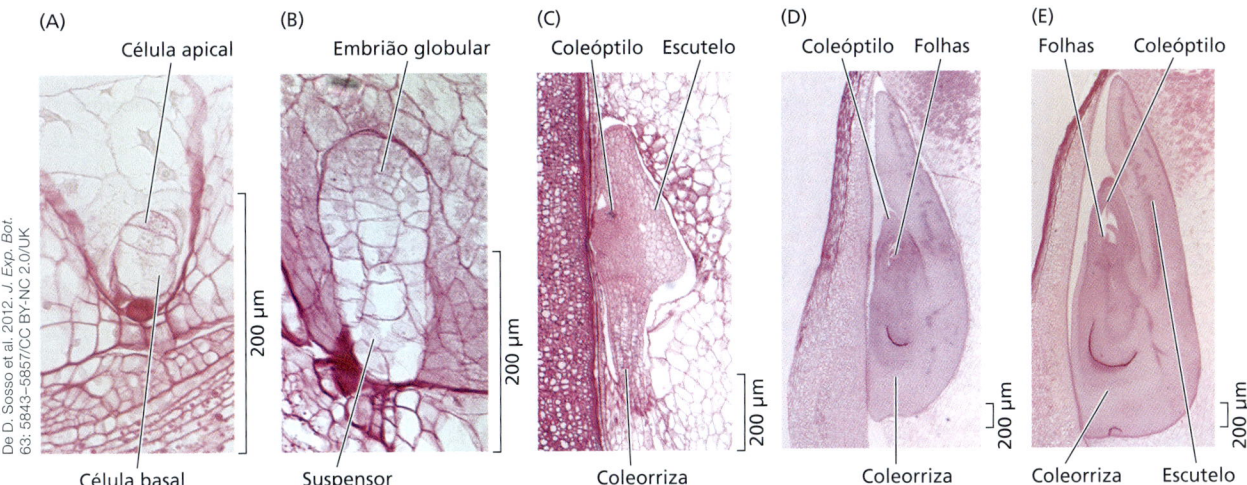

Figura 22.1 Estágios da embriogênese do milho. (A) Estágio zigótico. (B) Estágio globular. (C) Estágio do coleóptilo. (D) Estágio dos primórdios foliares. (E) Estágio de maturação. (O estágio de transição, entre os estágios globular e do coleóptilo, não é mostrado.) Cortes longitudinais de embriões de milho são coradas com ácido periódico de Schiff.

4. **Estágio do coleóptilo.** Este estágio é marcado pela formação de um coleóptilo distinto, escutelo, meristema apical do caule, meristema apical da raiz, **radícula** (raiz embrionária) e **coleorriza**, uma bainha protetora que cobre o ápice da raiz embrionária (ver Figura 22.1C).
5. **Estágio dos primórdios foliares.** O meristema apical do caule inicia várias folhas dentro do coleóptilo (ver Figura 22.1D).
6. **Estágio de maturação.** Durante o estágio final da embriogênese (ver Figura 22.1E), a expressão de genes relacionados à maturação precede o início da dormência.

EMBRIOGÊNESE DE *ARABIDOPSIS* O embrião de *Arabidopsis* é relativamente pequeno e consiste em um número mínimo de células, uma característica comum entre as Brassicaceae (família do repolho), à qual pertence *Arabidopsis*. Talvez como uma consequência desse estilo "minimalista" de embriogênese, haja muito pouca variação entre os indivíduos no padrão e no ritmo das divisões celulares. Esse padrão ordenado de divisões celulares permitiu a investigação detalhada dos eventos que ocorrem durante a embriogênese e sua regulação. A embriogênese em *Arabidopsis* ocorre em cinco estágios principais, cada um dos quais está ligado à forma do embrião:

1. **Estágio zigótico.** O primeiro estágio do ciclo de vida diploide começa com a fusão da oosfera e do gameta masculino para formar um zigoto unicelular. Como no milho, o crescimento polarizado dessa célula, seguido por uma divisão transversal assimétrica, dá origem a uma pequena célula apical e a uma célula basal alongada (**Figura 22.2A**).
2. **Estágio globular.** A célula apical passa por uma série de divisões (**Figura 22.2B-D**), gerando um embrião globular esférico de oito células (**octante**) que exibe simetria radial (ver Figura 22.2C). Divisões celulares adicionais aumentam o número de células no embrião globular (ver Figura 22.2D) e criam a camada externa, a *protoderme*, que mais tarde se tornará a epiderme. Em um próximo ciclo de divisão celular, as células internas se dividem mais uma vez para gerar os precursores vasculares internos e externos do tecido fundamental, o que completa o estabelecimento do padrão radial das camadas celulares. Conforme o embrião globular cresce, os meristemas do caule e da raiz são iniciados em cada extremidade.
3. **Estágio de coração.** Enquanto o embrião cresce, uma divisão celular concentrada em duas regiões ocorre de cada lado do futuro meristema apical do caule para formar os dois cotilédones, dando a simetria bilateral do embrião (**Figura 22.2E e F**).
4. **Estágio de torpedo.** Os processos de alongamento e diferenciação celular ocorrem ao longo do eixo embrionário. Distinções visíveis entre os tecidos adaxiais e abaxiais dos cotilédones tornam-se aparentes (**Figura 22.2G**). No final desse estágio, o embrião se curva para preencher a cavidade da semente.
5. **Estágio maduro.** Ao final da embriogênese, o embrião e a semente perdem água e tornam-se metabolicamente inativos, à medida que entram em dormência (discutido no Capítulo 17). Compostos de reserva acumulam-se nas células no estágio maduro (**Figura 22.2H**).

Uma comparação da embriogênese em *Arabidopsis* e milho ilustra as diferenças no tamanho, forma, número de células e padrões de divisão do embrião. Apesar dessas diferenças, emergem muitas características em comum, que podem ser generalizadas para todas as espermatófitas. Talvez a mais fundamental dessas características relacione-se à **polaridade**. Iniciando com um zigoto unicelular, os embriões tornam-se progressivamente

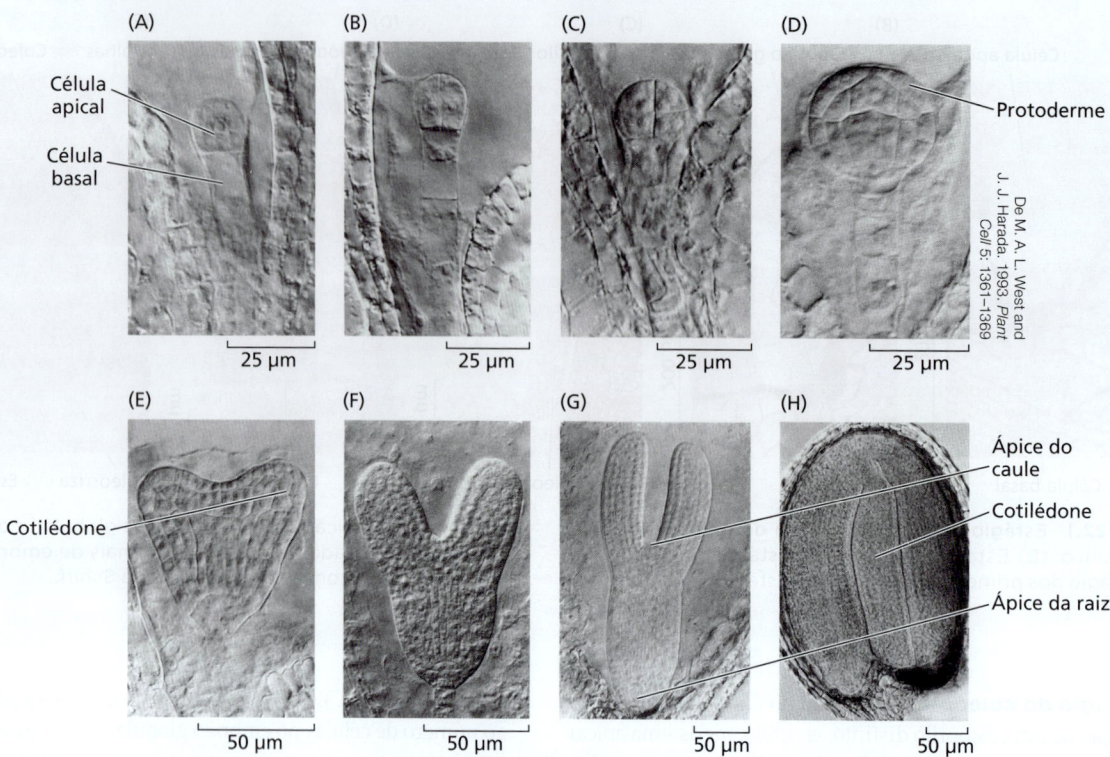

Figura 22.2 Os estágios da embriogênese de *Arabidopsis* são caracterizados por padrões exatos de divisões celulares. (A) Embrião unicelular após a primeira divisão do zigoto, que forma as células apical e basal. (B) Embrião bicelular. (C) Embrião de oito células. (D) Embrião no estágio meio-globular, que desenvolveu uma protoderme distinta (camada superficial). (E) Embrião no estágio de coração inicial. (F) Embrião no estágio de coração tardio. (G) Embrião no estágio de torpedo. (H) Embrião maduro.

mais polarizados pelo seu desenvolvimento ao longo de dois eixos: um **eixo apical-basal**, que vai da extremidade do caule até a extremidade da raiz, e um **eixo radial**, perpendicular ao eixo apical-basal, o qual se estende do centro da planta para fora (**Figura 22.3**). Nas seções seguintes, será considerado como esses eixos são estabelecidos e discutido como os processos moleculares específicos conduzem seu desenvolvimento.

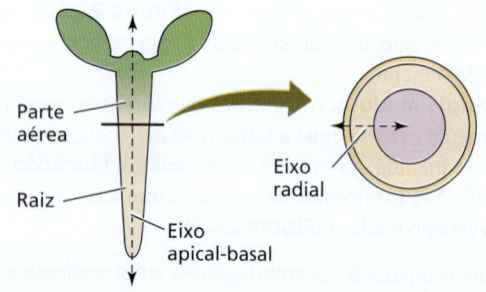

Figura 22.3 A plântula é organizada ao longo de dois eixos. Em um corte longitudinal (à esquerda), o eixo apical-basal estende-se entre as extremidades da raiz e do caule embrionários. Em um corte transversal (à direita), o eixo radial estende-se do centro à superfície através dos tecidos vascular, fundamental e epidérmico.

22.2 Estabelecimento da polaridade apical-basal

Grande parte da discussão focaliza a polaridade apical-basal em *Arabidopsis*, que não é somente um poderoso modelo para estudos moleculares e genéticos, mas também exibe divisões celulares simples e altamente estereotipadas durante os estágios iniciais de seu desenvolvimento embrionário. Pela observação das alterações nesse padrão simples, pode-se reconhecer mais facilmente tanto os fatores fisiológicos como os genéticos que influenciam o desenvolvimento do embrião. Uma representação gráfica das primeiras divisões celulares em *Arabidopsis*, disponibilizada na **Figura 22.4**, oferece uma orientação adequada para a discussão a seguir. (Para uma discussão do estabelecimento da polaridade em um zigoto de alga, mais simples, ver **Tópico 22.1 na internet**.)

A polaridade apical-basal é estabelecida no início da embriogênese

A polaridade é uma característica típica das espermatófitas, em que os tecidos e os órgãos estão dispostos em uma ordem altamente conservada ao longo de um eixo que se estende do meristema apical do caule ao meristema apical da raiz. Uma

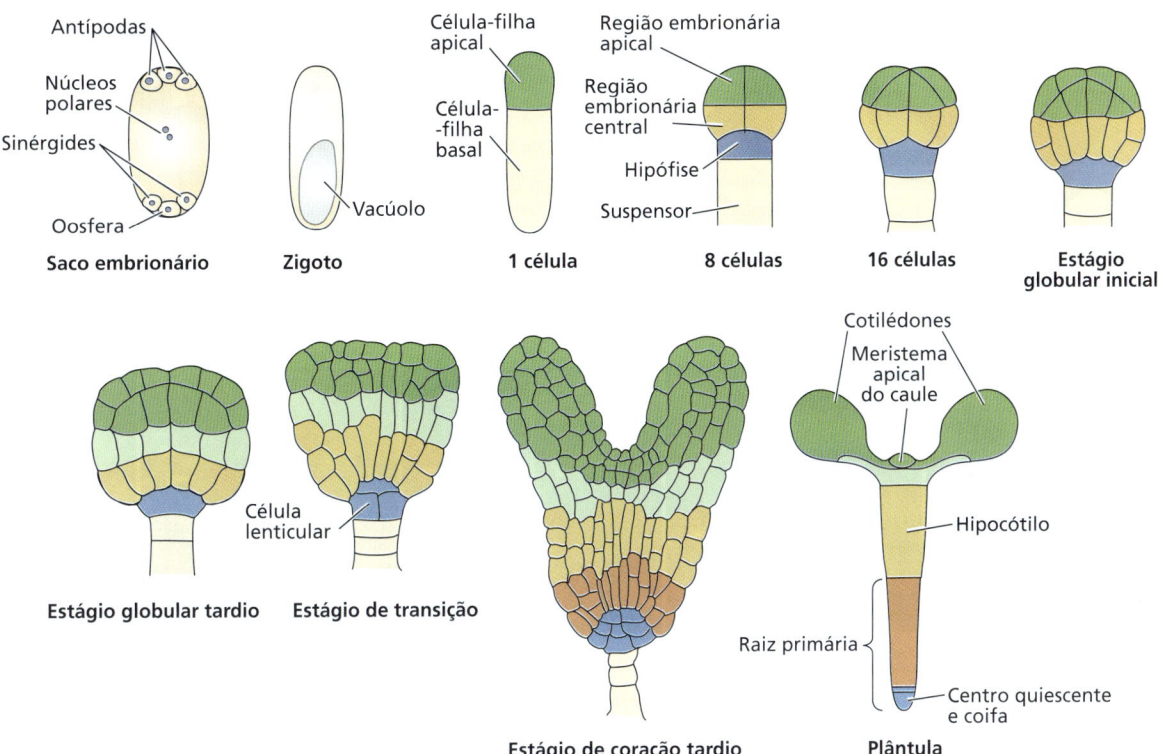

Figura 22.4 Padrão de formação durante a embriogênese de *Arabidopsis*. Uma série de estágios sucessivos é mostrada para ilustrar como células específicas no embrião jovem contribuem para a formação de atributos específicos anatomicamente definidos da plântula. Os grupos de células clonais (células que podem ser rastreadas até sua origem a partir de uma progenitora comum) são indicados por cores distintas. Seguindo a divisão assimétrica do zigoto, a célula-filha apical menor divide-se e forma um embrião de oito células, consistindo em duas fileiras de quatro células cada uma. A fileira superior origina o meristema apical do caule e a maior parte dos primórdios cotiledonares. A fileira inferior produz o hipocótilo e parte dos cotilédones, a raiz embrionária e as células superiores do meristema apical da raiz. A célula-filha basal produz uma série única de células que constitui o suspensor. A célula superior do suspensor torna-se a hipófise, que é parte do embrião. A hipófise divide-se para compor o centro quiescente e as células iniciais, que formam a coifa. (Segundo T. Laux et al. 2004. *Plant Cell* 16: 190–S202.)

manifestação precoce desse eixo apical-basal é vista no próprio zigoto, o qual se alonga cerca de três vezes mais e se torna polarizado em relação a sua composição intracelular. A extremidade apical do zigoto é densamente citoplasmática, em oposição à extremidade basal, que contém um grande vacúolo central. Essas diferenças na densidade citoplasmática são estabelecidas quando o zigoto se divide assimetricamente, dando origem a uma pequena **célula apical** densamente citoplasmática e a uma **célula basal** vacuolada maior (ver Figuras 22.1A e 22.4).

Essa primeira divisão celular é uma etapa crítica na embriogênese porque define o eixo polar da planta. Uma divisão assimétrica semelhante é observada em muitas angiospermas. Em *Arabidopsis*, a polaridade do zigoto, com seu núcleo apical e vacúolo basal, reflete a polaridade do rudimento seminal antes da fecundação. Intuitivamente, pode-se concluir que a polaridade do embrião é herdada diretamente do rudimento seminal não fecundado, mas não é isso que acontece. Em vez disso, a polaridade do rudimento seminal se decompõe após a fecundação pela célula espermática e é posteriormente restabelecida.

A polarização do zigoto pode ser estudada usando imagens ao vivo

O processo de polarização do zigoto foi investigado por imagens ao vivo de linhagens transgênicas de *Arabidopsis* nas quais certas estruturas celulares foram marcadas com fluorescência (**Figura 22.5**). A polarização pode ser observada logo após a fecundação, está fortemente acoplada ao alongamento do zigoto e envolve a partição distinta do citoesqueleto, do núcleo e dos vacúolos em cada extremidade da célula.

As duas células produzidas pela divisão do zigoto diferem não apenas em tamanho, mas também em seus destinos de desenvolvimento subsequentes. Aproximadamente todo o embrião, e por fim a planta madura, é derivado da célula apical menor, que primeiro sofre duas divisões longitudinais, depois um conjunto de divisões transversais (produzindo novas

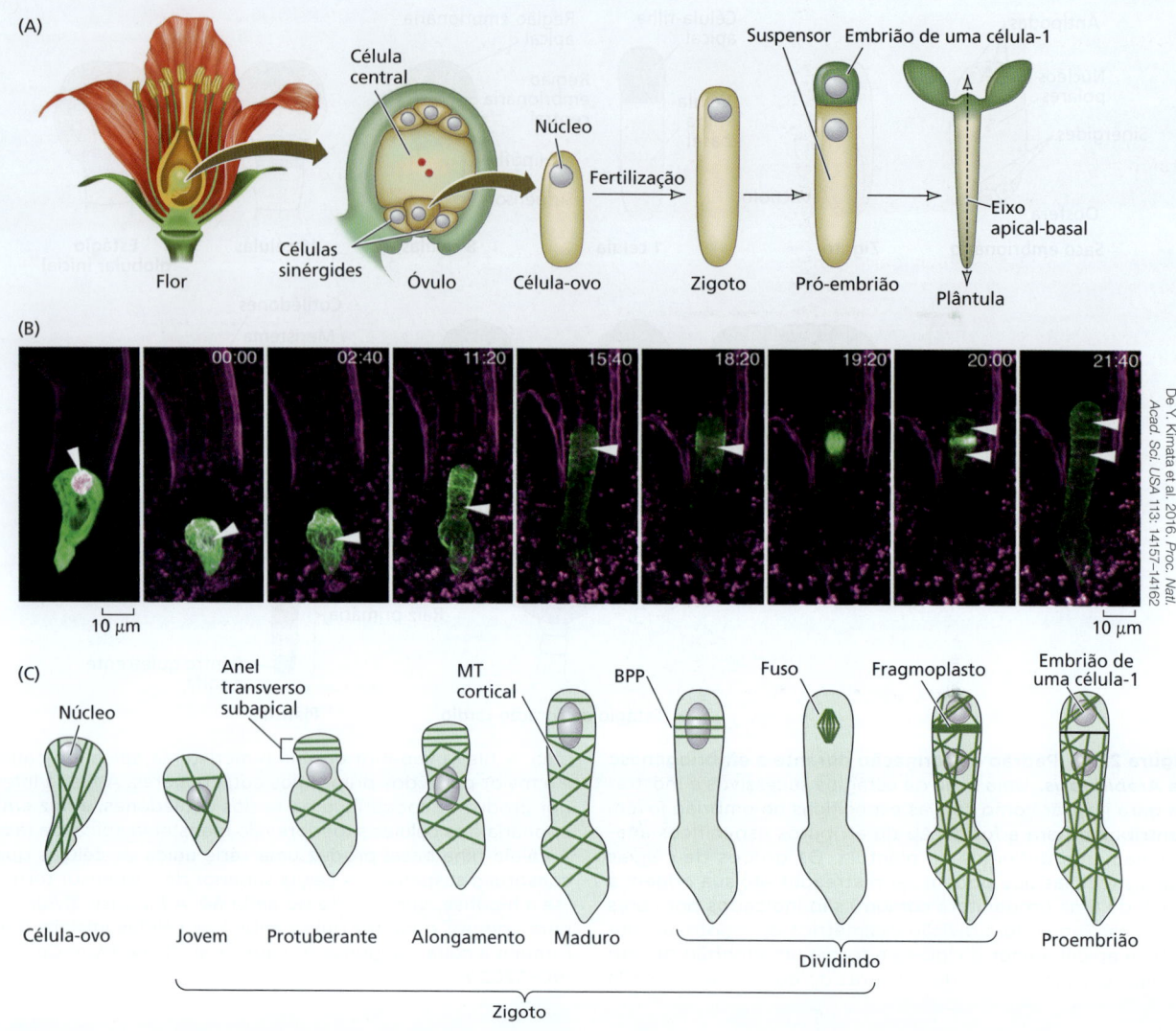

Figura 22.5 Imagem de células vivas da dinâmica do citoesqueleto durante o desenvolvimento inicial do embrião de *Arabidopsis*. (A) Diagrama esquemático do desenvolvimento do zigoto de *Arabidopsis* no ovário da flor. (B) Série de imagens de microscopia de fluorescência do lapso de tempo de uma oosfera (imagem mais à esquerda), um zigoto logo após a fecundação (horário 00:00) e estágios sucessivos do desenvolvimento do zigoto até a primeira divisão. Os microtúbulos são marcados pela fluorescência verde, e as células que circundam o rudimento seminal são marcadas pela autofluorescência magenta. Os números indicam a hora (horas:minutos) do primeiro quadro. Após a fecundação, o zigoto encolhe e os microtúbulos corticais se tornam orientados isotropicamente (ou seja, aleatoriamente). O zigoto então se projeta em sua extremidade apical, onde se forma um anel de microtúbulos orientados transversalmente. Essa protuberância então cresce até que o zigoto atinja seu tamanho máximo. Uma banda pré-profásica (BPP) de microtúbulos (ver Capítulo 1) se forma na posição do núcleo (pontas de seta brancas) e ocorre a mitose. (C) As ilustrações resumem os respectivos estágios em (B). MT, microtúbulo; BPP, banda pré-profásica. (Segundo Y. Kimata et al. 2016. *Proc. Natl. Acad. Sci. USA* 113: 14157–14162.)

paredes celulares em ângulos retos com o eixo apical-basal), para gerar o embrião globular de oito células (octante) (ver Figuras 22.1B, 22.2C e 22.4).

A célula basal tem um potencial de desenvolvimento mais limitado. Uma série de divisões transversais produz o **suspensor** filamentoso, o qual conecta o embrião ao sistema vascular da planta-mãe. Apenas a parte superior dos produtos da divisão, conhecida como **hipófise**, torna-se incorporada ao embrião maduro. Por meio de divisões celulares posteriores, a hipófise contribui para partes essenciais do meristema apical da raiz, incluindo a columela, os tecidos associados à coifa e o centro quiescente (ver Figura 22.4), que foi discutido no Capítulo 18.

Nas células que constituem o embrião globular octante, há pouco, além da posição, para distinguir a aparência das fileiras de células superiores e inferiores. Todas as oito células, a seguir, dividem-se periclinalmente (as novas paredes celulares formam-se paralelamente à superfície do tecido) (**Figura 22.6**)

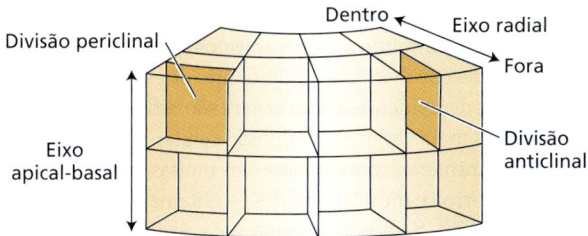

Figura 22.6 Divisão celular periclinal e anticlinal. As divisões periclinais produzem novas paredes celulares paralelas à superfície do tecido e, assim, contribuem para o estabelecimento de uma nova camada. As divisões anticlinais produzem novas paredes celulares perpendiculares à superfície do tecido e, assim, aumentam o número de células dentro de uma camada.

para formar uma nova camada de células denominada **protoderme**, que por fim forma a epiderme. À medida que o embrião aumenta em volume, as células da protoderme dividem-se anticlinalmente (as novas paredes celulares formam-se perpendicularmente à superfície do tecido) para aumentar a área desse tecido de uma camada celular de espessura. No início do estágio globular, grandes diferenças entre os destinos das células dos níveis superior e inferior começam a emergir (ver Figura 22.4):

- A região apical, derivada do quarteto de células apicais, origina os cotilédones e o meristema apical do caule.
- A região mediana, derivada do quarteto de células basais, origina o hipocótilo (caule embrionário), a raiz e as regiões apicais do meristema da raiz.
- A hipófise, derivada da célula superior do suspensor, origina o restante do meristema da raiz.

A sequência ordenada de eventos que provoca a progressão de uma única célula apical para um embrião globular jovem com várias camadas de tecido requer várias divisões celulares orientadas. Quais são as "regras" que governam esses planos de divisão celular e quais são os mecanismos celulares que os sustentam?

As análises das formas e dos planos de divisão nos primeiros embriões de *Arabidopsis* levaram à hipótese de que as células se dividem no plano que minimiza a área de superfície da nova parede cruzada que separa as duas células-filhas. Essa hipótese foi testada usando imagens microscópicas tridimensionais e análise computacional, que demonstraram que a regra da área de superfície mínima realmente parece se aplicar durante as três primeiras rodadas de divisão (1 → 2, 2 → 4 e 4 → 8 células) (**Figura 22.7**). Na quarta etapa de divisão (8 → 16 células), entretanto, o padrão muda abruptamente. A imagem superior na Figura 22.7 mostra quatro células de um embrião de *Arabidopsis* de oito células. Se as células se dividissem de acordo com a regra da área de superfície mínima, elas estabeleceriam novas paredes cruzadas no plano anticlinal no centro de cada célula, gerando assim duas células-filhas de volume igual. O embrião globular hipotético resultante (lado inferior

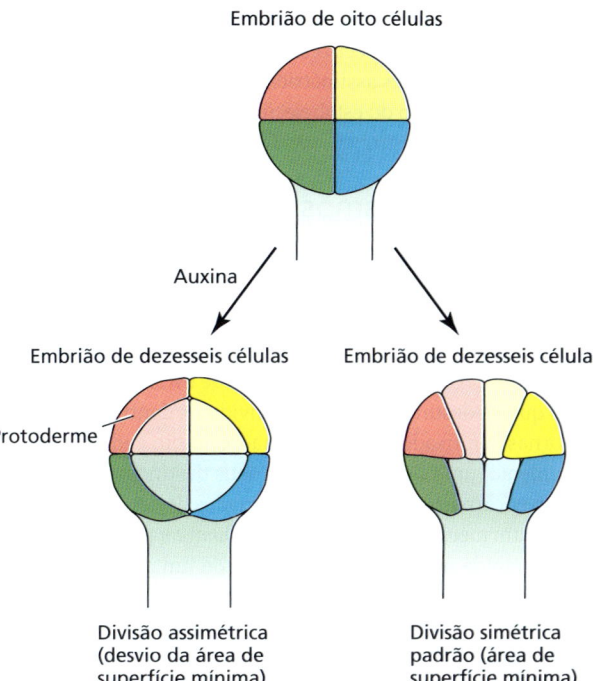

Figura 22.7 Orientação das divisões celulares no embrião de *Arabidopsis*. Na parte superior são mostradas quatro células de um embrião de oito células. Cada célula pode se dividir simetricamente pelo centro da célula (anticlinalmente), seguindo a regra da área de superfície mínima e gerando duas células com o mesmo volume (canto inferior direito). Alternativamente, sob a influência da regulação, como pela auxina, cada célula pode se dividir assimetricamente (periclinalmente), desviando-se da regra de área de superfície mínima e gerando camadas celulares externas e internas (canto inferior esquerdo). (Segundo S. Yoshida et al. 2014. *Dev. Cell* 29: 75–87.)

direito na Figura 22.7) consistiria em apenas uma camada de células embrionárias dispostas radialmente de volume aproximadamente igual. No entanto, não é assim que se parece um embrião normal de *Arabidopsis* de 16 células.

Em vez disso, as células do embrião de oito células formam paredes cruzadas de forma *assimétrica* (ou seja, fora do centro) na orientação periclinal, gerando assim um embrião de 16 células consistindo em duas camadas celulares distintas. Observe que, nesse caso, os volumes das duas células-filhas diferem e a regra de área de superfície mínima para a parede transversal é descumprida. As células-filhas produzidas por divisões assimétricas normalmente têm destinos de desenvolvimento diferentes na planta madura. Nesse caso, a camada celular externa, ou protoderme, se desenvolve na epiderme, enquanto as células internas dão origem aos tecidos fundamental e vascular.

O padrão simétrico das três primeiras etapas de divisão celular embrionária, que obedecem à regra da área de superfície mínima, pode ser considerado o caminho predefinido. Isso levanta a questão de por que o embrião se desvia desse caminho na quarta etapa de divisões. Presumivelmente, algum mecanismo geneticamente determinado intervém para alterar o padrão. Como será visto mais adiante neste capítulo, a auxina funciona como uma molécula sinalizadora, durante a mudança para divisões celulares assimétricas no início da embriogênese. (Para uma discussão do estabelecimento da polaridade em um zigoto de alga, mais simples, ver **Tópico 22.1 na internet**.)

■ 22.3 Mecanismos que orientam a embriogênese

Os padrões reproduzíveis de divisão celular durante o início da embriogênese em *Arabidopsis* podem sugerir que uma sequência fixa de divisão celular é essencial a essa fase de desenvolvimento. A absoluta consistência nos padrões de divisão celular implicaria que os destinos de células individuais dentro do embrião se tornassem fixados ou determinados muito cedo no desenvolvimento; uma vez estabelecidos seus destinos, essas células seriam encarregadas de programas fixos de desenvolvimento. Assim, um mecanismo *dependente da linhagem* pode ser ligado à montagem de uma estrutura, a partir de um conjunto-padrão de partes de acordo com instruções autocontidas.

Embora muitos exemplos de mecanismos dependentes da linhagem tenham sido documentados no desenvolvimento animal, esse tipo de modelo isoladamente não explica claramente várias características gerais da embriogênese vegetal. Primeiro, assumindo que mecanismos similares operem no controle do desenvolvimento embrionário de espécies vegetais, mecanismos dependentes da linhagem são difíceis de conciliar com padrões mais variáveis de divisão celular tipicamente observados durante a embriogênese em muitas outras plantas, incluindo o arroz e mesmo espécies estreitamente aparentadas com *Arabidopsis*. Segundo, mesmo para *Arabidopsis*, alguma variação limitada no comportamento da divisão celular durante a embriogênese normal, particularmente durante estágios posteriores, pode ser vista mediante acompanhamento dos destinos de células individuais usando técnicas sensíveis ao mapeamento do destino (**Figura 22.8**). Por fim, podem-se considerar os exemplos extremos fornecidos por certos mutantes de *Arabidopsis* que têm padrões de divisão celular nitidamente diferentes, mas ainda retêm a capacidade de formar as estruturas embrionárias básicas (**Figura 22.9**). Parece haver uma certa solidez no programa de desenvolvimento da planta em relação às variações nos padrões de divisão celular. Dessa perspectiva,

Figura 22.8 Os destinos de células embrionárias específicas não são rigidamente determinados. Esta análise rastreia os destinos de células individuais presentes em embriões jovens. O diagrama superior mostra um gene artificial que expressaria constitutivamente um repórter GUS, mas é bloqueado pela presença de um transposon. A excisão aleatória do transposon ativa a expressão do gene *GUS* em uma célula individual, proporcionando um marcador herdável para aquela célula e suas descendentes. Os embriões nos quais esses eventos de excisão ocorrem dão origem a plântulas com setores expressando *GUS*. No diagrama inferior, as plântulas de um desses experimentos são classificadas em categorias (indicadas por A-F), de acordo com as posições e as extensões de seus setores expressando *GUS*. Esses setores, cada qual proveniente de uma célula individual no embrião jovem, são mostrados alinhados com um diagrama de uma plântula à esquerda. Embora setores dentro de certas categorias, como E e F, sejam similares e provavelmente derivados de células em posição similar no embrião, há variação em seus terminais. Por exemplo, as extremidades superiores dos setores na categoria E coincidem em parte com as extremidades inferiores de alguns setores na categoria D. Variabilidade similar pode ser vista em pontos terminais de outras classes de setores. Essa variabilidade é incompatível com um mecanismo estritamente dependente da linhagem para a determinação do destino celular, mas é mais facilmente explicada por mecanismos que respondem à retroalimentação a partir de sinais dependentes da posição. (Segundo B. Scheres et al. 1994. *Development* 120: 2475-2487.)

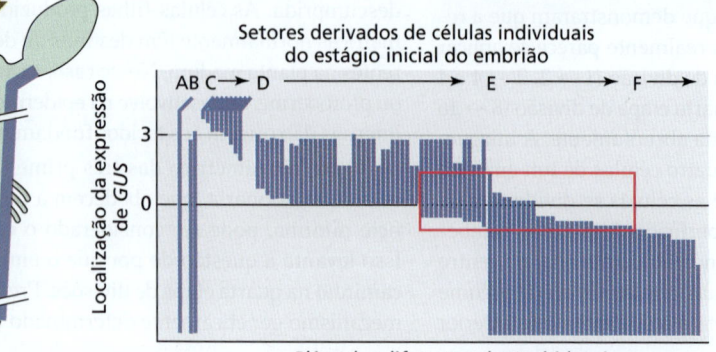

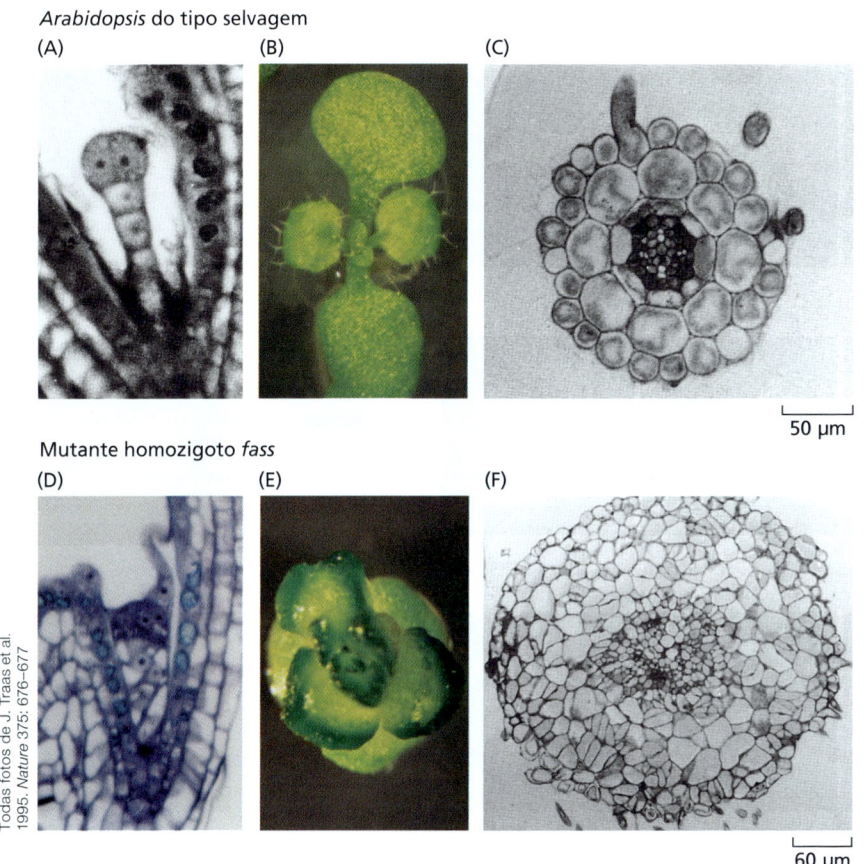

Figura 22.9 Divisões celulares adicionais não impedem o estabelecimento dos elementos do padrão radial básico. Indivíduos de *Arabidopsis* com mutações no gene *FASS* são incapazes de formar uma banda pré-profásica de microtúbulos em células de qualquer estágio de divisão. Plantas carregando essa mutação são altamente irregulares em suas divisões celulares e seus planos de expansão, e como consequência são severamente deformadas. Entretanto, elas continuam a produzir tecidos reconhecíveis e órgãos em suas posições corretas. Embora os órgãos e os tecidos produzidos por essas plantas mutantes sejam altamente anormais, um padrão de tecidos radialmente orientados ainda é evidente. (Parte superior) *Arabidopsis* tipo selvagem: (A) embrião no estágio globular inicial; (B) plântula vista de cima; (C) corte transversal de uma raiz. (Parte inferior) Estágios comparáveis *de Arabidopsis* homozigoto para a mutação *fass*: (D) embriogênese inicial; (E) plântula mutante vista de cima; (F) corte transversal de uma raiz mutante, mostrando a orientação aleatória das células, mas com uma ordem aproximada do tecido tipo selvagem: Uma camada epidérmica externa cobre um córtex multicelular, que por sua vez circunda o cilindro vascular.

o padrão mais ou menos previsível de divisão celular visto em *Arabidopsis* pode simplesmente refletir o pequeno tamanho de seu embrião, que estabelece limites físicos sobre a polaridade e as posições prováveis das divisões celulares iniciais. Portanto, a embriogênese vegetal parece envolver uma diversidade de mecanismos, incluindo aqueles que não se baseiam somente em uma sequência fixa de divisões celulares.

Processos de sinalização intercelular desempenham papéis-chave no direcionamento do desenvolvimento dependente da posição

Visto que a morfogênese do embrião pode acomodar padrões variáveis de divisão celular, os processos de desenvolvimento que precisam dos mecanismos **dependentes da posição** determinantes do destino da célula parecem desempenhar papéis significativos. Tais mecanismos operariam pela modulação do comportamento das células de uma maneira que reflete sua posição no embrião em desenvolvimento, em vez de sua linhagem (ancestralidade). Esse tipo de mecanismo explicaria como formas equivalentes podem surgir mediante padrões diferentes de divisão celular. De tal processo de determinação dependente da posição se poderiam esperar três tipos gerais de elementos funcionais:

1. Deve haver sinais que signifiquem posições singulares dentro da estrutura em desenvolvimento.
2. Células individuais devem possuir os meios de estimar sua localização em relação às indicações da posição.
3. As células devem ter a capacidade de responder de um modo apropriado às indicações da posição.

Essas exigências básicas focalizam a atenção sobre o contexto celular no qual os processos de sinalização operam. Como a propagação dos sinais através do espaço e do tempo é afetada pela constituição física da célula e sua relação com o tecido circundante? As características físicas, como membranas e paredes celulares, representam meramente obstáculos à comunicação intercelular ou são parte integrante dos mecanismos que possibilitam às saídas de sinalização ser reguladas em resposta a entradas adicionais? Nas subseções seguintes, são considerados vários exemplos que ilustram como processos de sinalização geneticamente definidos contribuem para o desenvolvimento do embrião.

A comunicação célula-célula durante o desenvolvimento inicial do embrião pode ser regulada por plasmodesmos

Talvez de uma maneira análoga a indivíduos dentro de um grupo social, células individuais dentro de um embrião em desenvolvimento exibem uma gama de recursos que podem servir para possibilitar, limitar e transformar a informação durante a comunicação. Um aspecto notável de embriões em estágio inicial é o efeito relativamente pequeno que

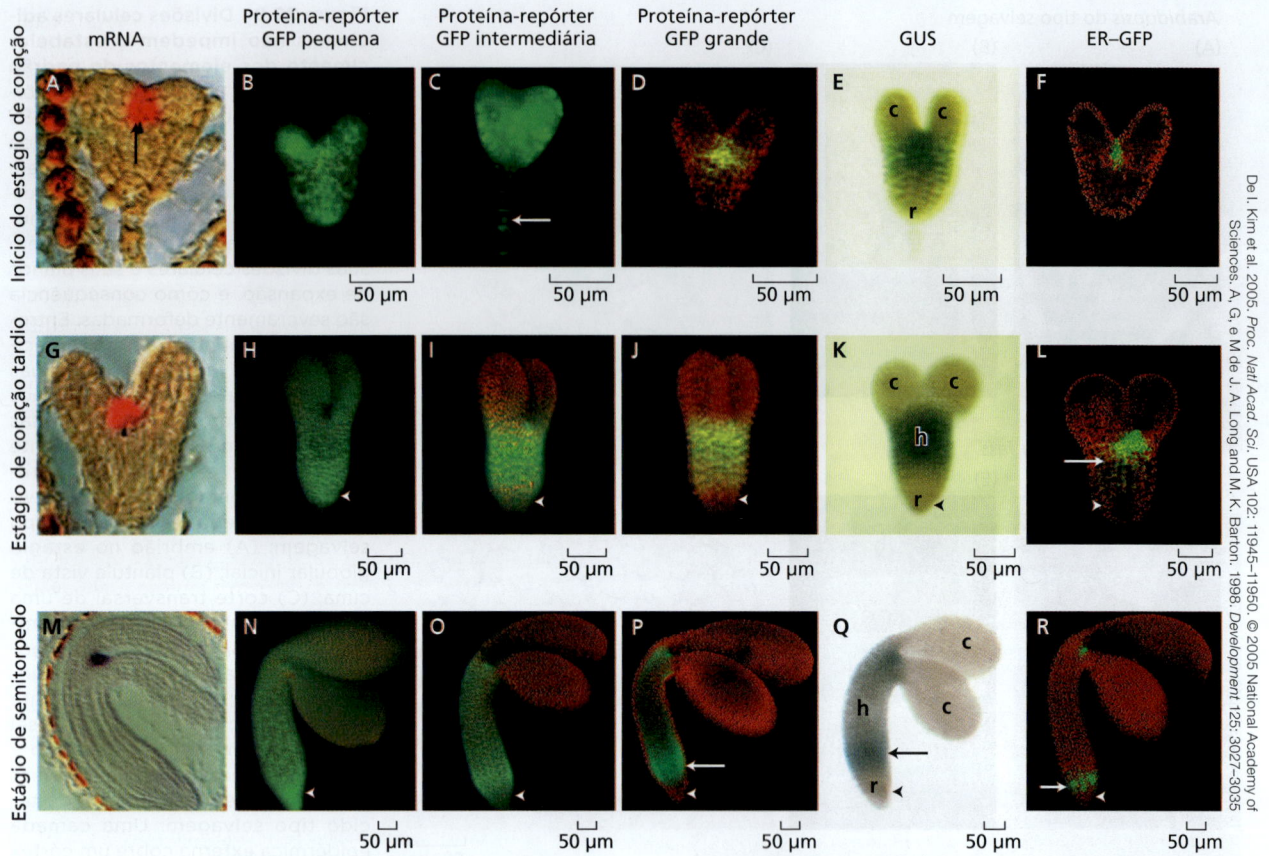

Figura 22.10 **O potencial de movimento intercelular de proteínas muda durante o desenvolvimento.** As figuras mostram a distribuição de proteínas-repórter GFP pequenas (B, H, N), intermediárias (C, I, O) e grandes (D, J, P) em embriões de idades diferentes (estágios de coração inicial, A–F; de coração tardio, G–L, e de semitorpedo, M–R). Todos os constructos (*constructs*) são transcritos a partir de um promotor *STM*, que produz transcritos em regiões relativamente pequenas dos embriões, como mostrado pela hibridização *in situ* (A, G, M) ou por fusão a GUS (E, K, Q) não difusíveis ou a repórteres ER-GFP (F, L, R). As proteínas pequenas parecem mover-se rapidamente em todos os estágios da embriogênese (B, H e N), mas a mobilidade de proteínas maiores é menor, tornando-se mais restrita em embriões mais velhos (C e D, I e J, O e P). As setas indicam o núcleo em células do suspensor (C) e a expressão ectópica do promotor *STM* em hipocótilos (L e P–R). As pontas de setas indicam a raiz. Abreviações: c, cotilédones; h, hipocótilo; r, raiz.

as paredes celulares têm sobre o movimento intercelular de certas classes de moléculas grandes. Estudos em plantas intactas mostram que moléculas proteicas grandes, marcadas com corantes artificiais e fluorescentes, podem se mover de célula para célula ao longo do embrião (**Figura 22.10**), provavelmente via pontes citoplasmáticas proporcionadas pelos plasmodesmos. À medida que o desenvolvimento progride, o movimento dessas moléculas torna-se mais restringido pelo tamanho e limitado espacialmente, sugerindo que o fluxo de informação regulado pelos plasmodesmos se torna mais importante para os estágios tardios de desenvolvimento, talvez para possibilitar padrões regionalizados de histogênese. Paradoxalmente, durante esses mesmos estágios precoces de desenvolvimento, o movimento de certas classes de moléculas relativamente pequenas, incluindo o hormônio vegetal auxina de largo espectro, parece mais restrito. Como será visto, esse movimento intercelular regulado de moléculas desempenha um papel essencial em uma diversidade de processos de desenvolvimento, incluindo o estabelecimento da arquitetura axial do embrião.

As análises de mutantes identificaram genes para processos de sinalização essenciais para a organização do embrião

Vários tipos de mutantes têm sido analisados para obter ideias sobre os processos que auxiliam a estabelecer a polaridade básica do embrião. Muitos desses processos afetam proteínas que provavelmente contribuem para alguns aspectos da transdução de sinal. Análises genéticas de mutantes de *Arabidopsis* identificaram genes que são necessários para o desenvolvimento de um embrião viável. Todos os embriões mostrados na **Figura 22.11** foram bloqueados e abortarão no estágio mostrado na

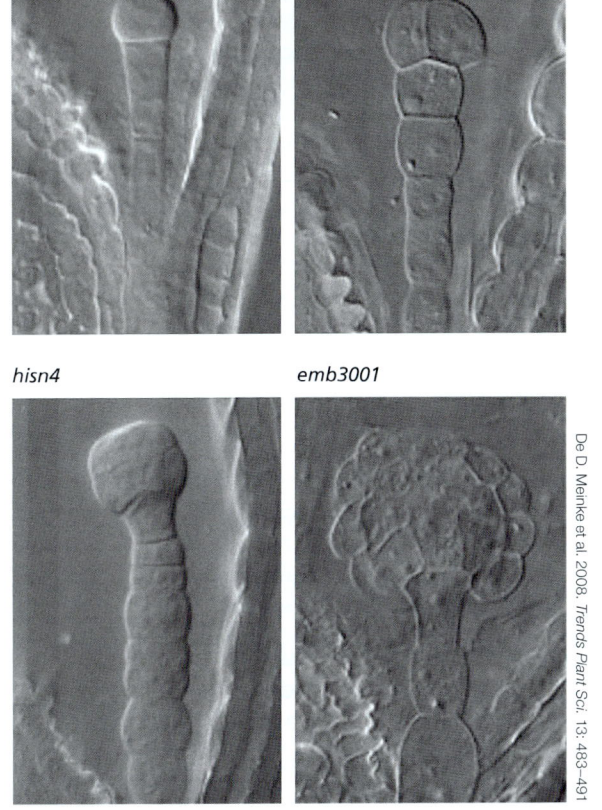

Figura 22.11 Mutantes representativos de *Arabidopsis* letais em embriões. Cada representação mostra o estágio interrompido do embrião letal mutante indicado no canto superior esquerdo. O HSN4 está envolvido na biossíntese da histidina. O TTN10 está envolvido na iniciação da replicação do DNA mitótico. O EMB3001 contribui para uma rota de proteólise.

figura, bem antes do estágio de coração. Embora os defeitos observados nesses mutantes *letais em embriões* indiquem que o gene mutado é necessário para a viabilidade ou progressão da embriogênese, não se pode concluir que o gene esteja diretamente envolvido na regulação do processo de desenvolvimento. De fato, muitas mutações que afetam o desenvolvimento o fazem indiretamente, seja alterando a estrutura celular ou modificando a expressão de genes necessários para funções metabólicas básicas.

Vários genes que funcionam na padronização embrionária foram isolados por meio da triagem de plântulas defeituosas. Ao contrário dos mutantes letais de embriões, os mutantes *de plântulas defeituosos* são capazes de desenvolver sementes maduras que germinam, indicando que a atividade metabólica básica está relativamente intacta. No entanto, essa classe de mutantes apresenta uma organização anormal quando germinada e examinada no estágio de plântula. Entre esses mutantes estão aqueles em que a padronização apical-basal normal é rompida, de modo que ou o meristema apical do caule ou o meristema apical da raiz, ou ambos, são ausentes. A natureza dos defeitos vistos nesses mutantes sugere que os genes correspondentes são necessários para o estabelecimento da polaridade apical-basal normal (**Figura 22.12**). A clonagem de vários desses genes tem levado a algumas ideias sobre suas funções moleculares, que são resumidas a seguir. Como nossa discussão aqui está focada nas morfologias dos mutantes, identificamos cada gene usando o nome de seu mutante homônimo (ver a discussão sobre nomes de genes e sistemas de nomenclatura no Capítulo 3).

- **GURKE** (**GK**) (ver Figura 22.12C), denominado pela forma semelhante ao pepino do mutante, em que os cotilédones e o meristema apical do caule são reduzidos ou perdidos, codifica uma acetil-CoA-carboxilase. Uma vez que a acetil-CoA-carboxilase é necessária para a síntese exata de ácidos graxos de cadeia muito longa (VLCFAs, *very-long-chain fatty acids*) e esfingolipídeos, essas moléculas ou seus derivativos parecem ser cruciais para a padronização exata da porção apical do embrião.
- **MONOPTEROS** (**MP**) (ver Figura 22.12B), necessário para a formação de elementos basais como a raiz e o hipocótilo, bem como o tecido vascular, codifica um fator de resposta à auxina (ARF, *auxin response transcription factor*). Os ARFs regulam a expressão gênica em resposta à auxina, e os defeitos do mutante podem ser considerados decorrentes de uma falha em responder adequadamente à auxina.
- **FACKEL** (**FK**) (ver Figura 22.12C) foi originalmente interpretado como necessário para a formação do hipocótilo. Os mutantes exibem defeitos na formação de padrões complexos que abrangem cotilédones malformados, hipocótilo e raiz pequenos, e com frequência múltiplos meristemas de caule e raiz. *FK* codifica uma C-14 esterol redutase, sugerindo que esteróis são cruciais para o padrão de formação durante a embriogênese.
- **GNOM** (**GN**) (ver Figura 22.12C) codifica um fator de troca de guanina nucleotídeo (GEF) que atua no tráfego de endomembrana. GEF é necessário para o transporte direcional de auxina, pois ele contribui para a distribuição polar de proteínas de efluxo de aunina PIN nas membranas. Os efeitos da mutação no desenvolvimento do embrião são, portanto, em parte devidos a uma falha na distribuição adequada da auxina.

Essa pequena coleção de mutantes realça o significado potencial de processos específicos de sinalização para a embriogênese. Embora não seja bem compreendido como as mutações *GK* e *FK* levam a defeitos de padrões de características embrionárias, as atividades bioquímicas previstas das proteínas codificadas por ambos os genes são coerentes com a ruptura de alguma forma de sinalização mediada por lipídeos. De modo semelhante, *GN* e *MP* podem ser ligados a processos

(A) Tipo selvagem vs. mutante *gnom*

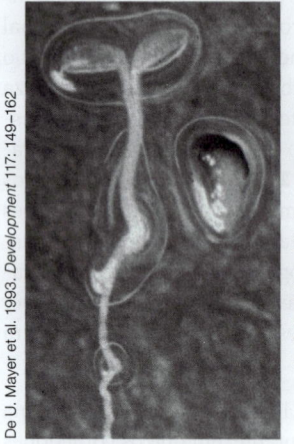

Os genes *GNOM* controlam a polaridade apical-basal

(B) Tipo selvagem vs. mutante *monopteros*

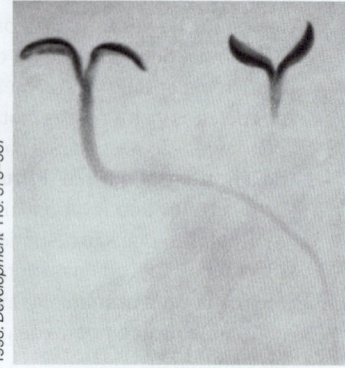

Os genes *MONOPTEROS* controlam a formação da raiz primária

(C) Diagrama esquemático dos tipos de mutantes

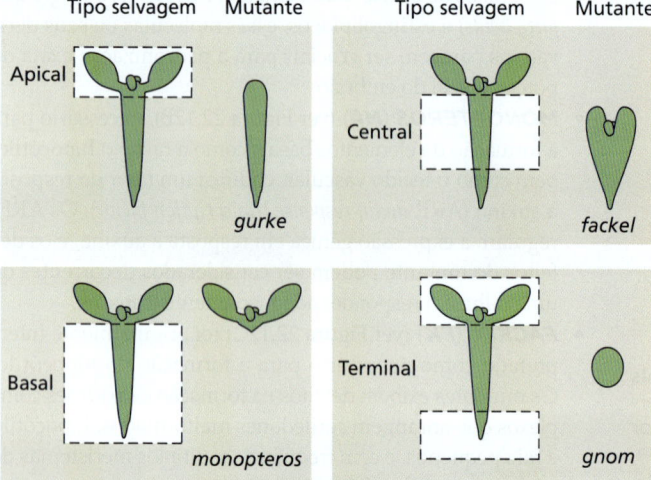

Figura 22.12 Os genes essenciais para a embriogênese de *Arabidopsis* foram identificados a partir de seus fenótipos de plântulas mutantes defeituosas. O desenvolvimento de plântulas mutantes é comparado aqui com o do tipo selvagem no mesmo estágio de desenvolvimento. (A) O gene *GNOM* ajuda a estabelecer a polaridade apical-basal. Uma planta homozigota para a mutação *gnom* é mostrada à direita. (B) O gene *MONOPTEROS* é necessário para a padronização basal e a formação da raiz primária. Uma planta homozigota para a mutação *monopteros* (à direita) possui um hipocótilo, um meristema apical do caule normal e cotilédones, mas não tem raiz primária. (C) Esquema de quatro tipos de mutantes com deleção. Em cada par, a região destacada da planta do tipo selvagem à esquerda está ausente na mutante à direita. (C segundo U. Mayer et al. 1991. *Nature* 353: 402–407.)

22.4 Sinalização de auxina durante a embriogênese

Conforme descrito nos Capítulos 4 e 18, o hormônio auxina organiza muitos processos de crescimento e desenvolvimento nas plantas e tem efeitos profundos durante a embriogênese. A distribuição de auxina e a atividade de sinalização de auxina foram mapeadas usando constructos de repórter fluorescente que podem relatar presença de auxina ativa (repórteres baseados no domínio DII, p. ex., DII-VENUS) ou ativação transcricional em resposta à auxina (repórteres baseados no promotor DR5). Usando essas ferramentas, fica claro que, ao longo da embriogênese, as células exibem padrões dinâmicos de acúmulo e resposta de auxina (**Figura 22.13**). No estágio de duas células, a célula apical mostra uma resposta de auxina mais ativa do que a célula basal, enquanto no estágio globular a hipófise e as células no domínio inferior do embrião propriamente dito exibem níveis mais altos de atividade de auxina. De fato, muitos estágios da embriogênese, como a formação da radícula (raiz embrionária), o início dos cotilédones e a diferenciação do sistema vascular, estão intimamente ligados a um aumento na atividade local das auxinas.

Os padrões espaciais de acumulação de auxina regulam eventos fundamentais de desenvolvimento

Estudos genéticos confirmaram que os aumentos no acúmulo local de auxina são causalmente relacionados aos eventos de desenvolvimento aos quais estão associados. Mutações genéticas que inibem a biossíntese de auxina (devido a genes defeituosos envolvidos na biossíntese) ou a resposta da auxina (devido a receptores defeituosos, repressores Aux/AIA não degradáveis ou ARFs defeituosos) bloqueiam especificamente os estágios do desenvolvimento embrionário que estão associados a aumentos na atividade local da auxina. Os fenótipos desses mutantes incluem a incapacidade de iniciar raízes ou cotilédones e a incapacidade de especificar adequadamente o tecido vascular e básico. Se o padrão espacial de acúmulo de auxina fornece o modelo para a padronização no embrião, quais processos determinam onde a auxina se acumula?

O padrão espacial de acúmulo de auxina surge de uma combinação de biossíntese e transporte locais. Os genes responsáveis pela biossíntese de auxinas são expressos em células específicas, que se tornam fontes de auxina. Essas células, no entanto, não são as únicas que apresentam atividade de sinalização de auxina, e essa discrepância pode ser explicada pelo transporte polar de auxina dentro do embrião. Por exemplo, mutantes *pin1* de *Arabidopsis*, que são defeituosos no transporte polar de auxina, geralmente exibem anormalidades no desenvolvimento do embrião, como cotilédones fusionados (**Figura 22.14**), coerentes com um papel no transporte de auxina durante o desenvolvimento do embrião. As proteínas PIN, que funcionam

de sinalização, ambos dos quais incluem a auxina. Devido à riqueza de informação básica sobre as respostas dependentes de auxina, são considerados a seguir a importância da auxina e os papéis específicos de *GN* e *MP* em mais detalhe, incluindo como eles contribuem para o estabelecimento, dependente de auxina, do eixo apical-basal do embrião em desenvolvimento.

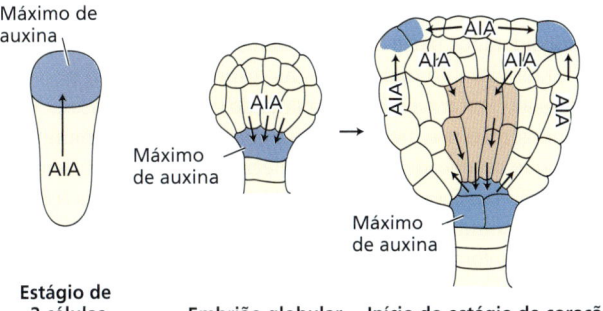

Figura 22.13 Movimento de auxina (AIA) dependente de PIN1 durante estágios iniciais da embriogênese. O movimento de auxina, como inferido da distribuição assimétrica da proteína PIN1 e da atividade de um repórter DR5 responsivo à auxina, é indicado pela seta. As áreas azuis indicam células com concentrações máximas de auxina; o sombreado marrom indica o cilindro vascular. Os máximos de auxina resultantes da síntese do hormônio criam gradientes que são, então, reforçados pela orientação polar de PIN1.

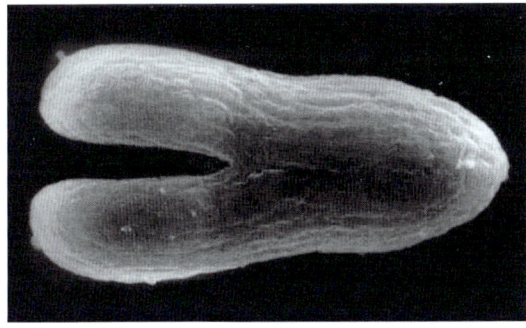

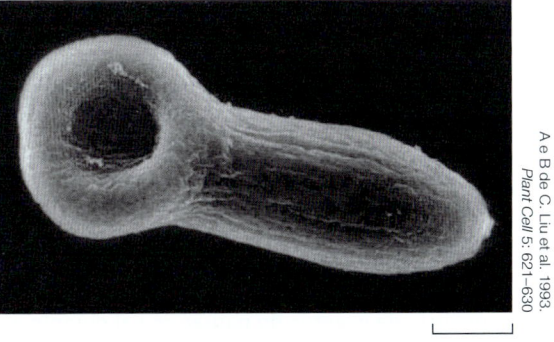

Figura 22.14 Evidência do papel da auxina no desenvolvimento embrionário. (A) Embrião de *Arabidopsis* do tipo selvagem. (B) Um embrião mutante *pin1-1* de *Arabidopsis*. Observe a incapacidade similar na separação dos cotilédones, causada pela inibição química do transporte de auxina *in vitro* e pela ruptura do transporte de auxina por mutações no gene *PIN*.

como transportadoras de efluxo de auxina (ver Capítulo 4), são expressas de forma proeminente no embrião de *Arabidopsis*. Sua localização nas membranas plasmáticas nas extremidades basais das células transportadoras (compatível com o modelo quimiosmótico de transporte de auxina) sugere um caminho bem definido de transporte de auxina, dos sítios de biossíntese aos sítios de ação. Assim, a auxina atua como um sinal móvel de célula a célula que controla a morfogênese no embrião. Observe que as respostas de auxina das células-alvo diferem acentuadamente, dependendo da posição das células dentro do embrião. Assim, as células no domínio apical do embrião respondem à auxina iniciando os cotilédones, enquanto as células no domínio basal respondem formando a radícula.

A proteína GNOM estabelece uma distribuição polar de proteínas de efluxo de auxina PIN

As proteínas PIN são proteínas de transporte de auxina que limitam a taxa; seu direcionamento assimétrico para domínios de membrana polarizados define o caminho do transporte de auxina. Central para a natureza dinâmica da localização das proteínas PIN é seu tráfego via vesículas através de um compartimento de endomembranas caracterizado pela presença da proteína GNOM. A proteína GNOM estabelece uma distribuição polar de proteínas de efluxo de auxina e, não surpreendentemente, os mutantes *gnom* têm defeitos de desenvolvimento severos (ver Figura 22.12A e C). Muitos aspectos do fenótipo do mutante *gnom* podem ser mimetizados, ou **fenocopiados**, pela aplicação de inibidores de transporte de auxina, compatíveis com a ideia de que o GNOM é necessário para o transporte normal de auxina.

Quando o gene *GNOM* foi sequenciado, constatou-se que sua proteína prevista era semelhante aos fatores de troca de guanina nucleotídeo (GEFs). GEFs promovem o movimento intracelular de vesículas que disponibilizam proteínas específicas para sítios-alvo dentro da célula. Uma explicação de como GNOM facilita o transporte polar de auxina surgiu de experimentos demonstrando que a atividade de GEF de GNOM é exigida para a localização polarizada de proteínas PIN. A mutação do *GNOM* interrompe a distribuição polarizada normal das proteínas PIN. A desorganização da localização de PIN é observada em células tratadas com brefeldina A, um inibidor da atividade de GEF, mas não em células que contêm uma forma alterada de GNOM à qual a brefeldina A é incapaz de se ligar. A noção de que o padrão alterado de desenvolvimento embrionário em mutantes *gnom* reflete uma interrupção da atividade de PIN é apoiada pelos defeitos de desenvolvimento similares que resultam diretamente de genes rompidos que codificam proteínas PIN.

MONOPTEROS codifica um fator de transcrição que é ativado por auxina

A clonagem do gene *MONOPTEROS* (ver Figura 22.12B e C) revelou que ele codifica um membro de uma família de proteínas chamadas de **fatores de resposta à auxina** (**ARFs**), implicando-o em processos dependentes de auxina. Na presença de auxina, os ARFs regulam a transcrição de genes específicos envolvidos na resposta a esse hormônio. Na ausência de auxina, a atividade dessas proteínas é inibida por causa da sua associação física com repressores específicos, denominados proteínas Aux/AIA. As respostas dependentes de auxina ocorrem quando ela desencadeia a degradação direcionada desses repressores, possibilitando aos ARFs controlar seus genes-alvo (ver Capítulo 4).

Várias linhas de evidência apoiam a visão de que o *MONOPTEROS* media pelo menos um subconjunto das respostas de auxina. Embriões mutantes *monopteros* não só carecem de hipocótilos e radículas (ver Figura 22.12B e C), mas também têm defeitos na padronização vascular, semelhantes aos observados quando os níveis ou movimentos de auxina são artificialmente perturbados, sugerindo que MONOPTEROS provavelmente regula genes que orientam o desenvolvimento vascular dependente de auxina. Estudos genéticos separados confirmaram que a atividade de MONOPTEROS é regulada por auxina. Esses estudos focalizam um mutante *bodenlos* (*bdl*), o qual, como os mutantes *monopteros*, carece da região basal do embrião. Essa similaridade sugeriu que os dois genes podem ser funcionalmente relacionados. A clonagem molecular de *BDL* mostrou que ele codifica uma de várias proteínas repressoras Aux/AIA. A forma normal de BDL associa-se com MONOPTEROS para reprimir a atividade de MONOPTEROS, mas essa repressão pode ser atenuada pela degradação de BDL induzida por auxina. Estudos bioquímicos demonstraram que a forma mutante de BDL é resistente à degradação induzida por auxina e, desse modo, permaneceria ligada ao MONOPTEROS, reprimindo sua atividade e produzindo um fenótipo similar ao de *monopteros*.

Tomados em conjunto, GNOM e MONOPTEROS podem ser considerados parte de um mecanismo mais complexo, pelo qual o movimento da auxina e as respostas que isso provoca ajudam a orientar o estabelecimento do eixo apical-basal. O resultado geral desse mecanismo é a ativação de um conjunto de genes que desencadeiam o estabelecimento de vários elementos padrão ou tipos de células. Estudos de genética molecular usando mutantes, combinados com análises transcricionais do genoma completo, identificaram vários desses genes-alvo. Dada a dependência da posição da ação da auxina, é de se esperar que os genes que são ativados por essa rota variem dependendo do contexto da célula. Esses genes abrangem uma diversidade de funções, incluindo um fator de transcrição, TARGET OF MONOPTEROS 7 (TMO7), que pode se mover de uma célula para outra e contribuir para a formação de raízes, bem como um regulador da formação de sistema vascular, TMO5, que é discutido posteriormente neste capítulo.

22.5 Padronização radial durante a embriogênese

Além das distinções entre células e tecidos posicionados ao longo do eixo apical-basal do embrião em desenvolvimento, diferenças também podem ser observadas ao longo de um eixo radial. Esse eixo, perpendicular ao eixo apical-basal, estende-se do interior à superfície. Em *Arabidopsis*, a diferenciação de tecidos ao longo do eixo radial é observada primeiro no embrião globular (**Figura 22.15**), onde divisões periclinais separam o embrião em três regiões definidas radialmente. As células mais externas formam uma camada de uma célula de espessura

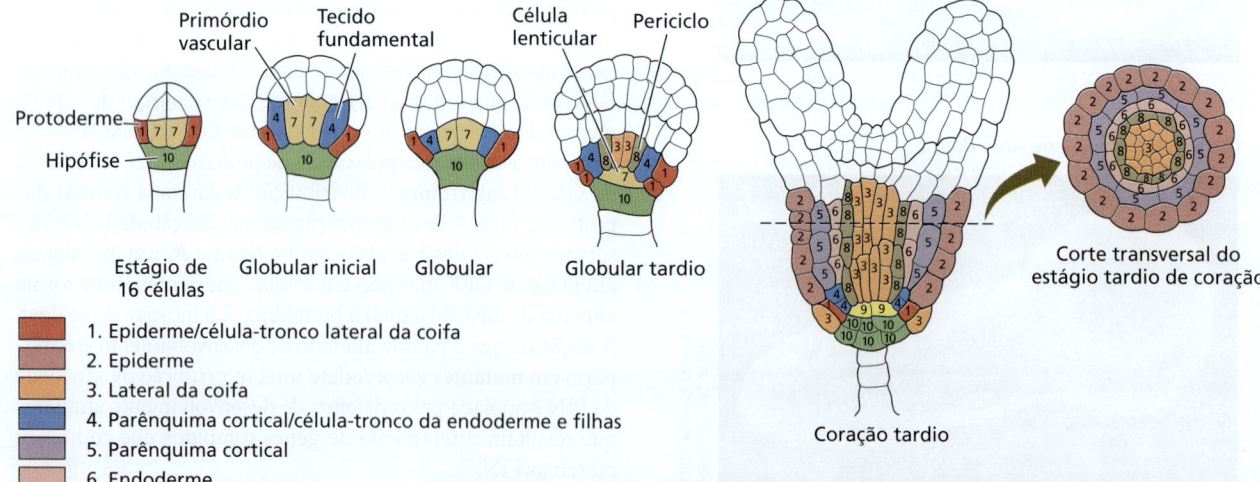

Figura 22.15 Um resumo da sequência de eventos do padrão radial durante a embriogênese de *Arabidopsis*. Os cinco estágios embrionários sucessivos, mostrados em corte longitudinal, ilustram a origem de tecidos distintos, iniciando com o delineamento da protoderme (à esquerda) e terminando com a formação dos tecidos vasculares (à direita). Observe como o número de tecidos aumenta devido à atividade de células-tronco. Uma vista em corte transversal da porção basal do embrião em estágio de coração tardio é mostrada bem à direita (o nível do corte transversal é mostrado pela linha no corte longitudinal à sua esquerda). (Segundo T. Laux et al. 2004. *Plant Cell* 16: 190–202.)

denominada protoderme, que posteriormente se diferencia na epiderme. Abaixo dessa camada se estendem células que, mais tarde, constituirão o **tecido fundamental**, que, por sua vez, dá origem ao parênquima cortical (região situada entre o sistema vascular e a epiderme) e, na raiz e no hipocótilo, à endoderme (camada de células suberizadas que restringe os movimentos de água e de íons para dentro e para fora do estelo via apoplasto; ver Capítulo 6). No domínio mais central encontra-se o **procâmbio**, que gera os tecidos vasculares, incluindo o periciclo da raiz.

Como foi visto para a padronização apical-basal do embrião, uma sequência precisamente definida de divisões celulares não parece essencial para a padronização radial básica. Variabilidade significativa nos padrões de divisões celulares associadas à formação de padrões radiais pode ser vista entre espécies relacionadas, e elementos básicos do padrão podem ser ainda estabelecidos em mutantes com padrões perturbados de divisão celular, sugerindo um papel proeminente nos mecanismos dependentes de posição. Nas subseções seguintes, são discutidos experimentos que enfocam a natureza desses mecanismos, proporcionando outros exemplos da utilidade de análises genéticas moleculares. Discussão adicional dos aspectos físicos da divisão celular pode ser encontrada no **Ensaio 18.1 na internet**. A epiderme fornece uma interface e uma fronteira no limite do padrão radial

Um aspecto óbvio e singular do eixo radial do embrião é proporcionado pela protoderme. Esse tecido pode ser definido unicamente por sua posição superficial e que posteriormente produz a epiderme, um tecido crítico que media a comunicação entre a planta e o mundo exterior. Com origem precoce na embriogênese, as células protodérmicas têm um conjunto de paredes expostas, que, teoricamente, poderiam facilitar a troca de sinais com o ambiente externo, ou, como alternativa, atuar como um limite quando sinais se movem de célula para célula dentro do embrião. Em ambos os casos, a protoderme exibiria propriedades únicas distinguindo-a das camadas celulares internas, e assim forneceria sinais potenciais para a padronização radial. Por exemplo, estudos em *Citrus* têm evidenciado a presença de uma camada de cutícula sobre a superfície do embrião, desde os estágios zigóticos iniciais até a maturidade,

sugerindo que as paredes das células protodérmicas formam um limite de comunicação (*communication boundary*). Alguns estudos também sugerem que a epiderme pode atuar como uma limitação física ao crescimento de camadas mais internas.

Estudos genéticos têm nos ajudado a compreender os processos que contribuem para o caráter único da epiderme. Por exemplo, dois genes, *ARABIDOPSIS MERISTEM LAYER 1* (*ATML1*) e *PROTODERMAL FACTOR 2* (*PDF2*), foram identificados como tendo papéis essenciais na promoção da identidade epidérmica de células posicionadas superficialmente. Os dois genes codificam fatores de transcrição de homeodomínio e são expressos a partir de estágios iniciais da embriogênese nas células externas do embrião. Essa expressão parece necessária para o estabelecimento da identidade epidérmica normal, uma vez que plantas mutantes com perda de função possuem uma epiderme anormal, cujas células exibem características normalmente associadas com células do mesófilo (**Figura 22.16**). Por outro lado, a expressão **ectópica** (na posição errada) de *ATML1* em tecidos internos mostrou induzir características epidérmicas anormais. Juntos, esses resultados sugerem que o *ATML1* e o *PDF2* relacionado provavelmente funcionem na promoção da atividade de genes a jusante (*downstream*) que mediam o desenvolvimento de características epidérmicas.

Precursores procambiais para o estelo vascular encontram-se no centro do eixo radial

É fácil imaginar que as propriedades geométricas únicas no centro do embrião em desenvolvimento proporcionariam mais sinais potenciais de posicionamento para a padronização de tecidos ao longo do eixo radial, com tecidos vasculares do estelo finalmente ocupando as posições mais centrais. Análises genéticas e de desenvolvimento sugerem que esse processo é progressivo, com divisões periclinais produzindo primeiro camadas adicionais de células ao longo do eixo radial, que então se torna padronizado para destinos particulares pela atividade de redes de genes específicos. Por exemplo, mutantes de *Arabidopsis* que são deficientes para o gene *WOODEN LEG* (*WOL*) não conseguem passar por uma etapa crítica de divisões celulares que normalmente produz precursores para o xilema e o floema

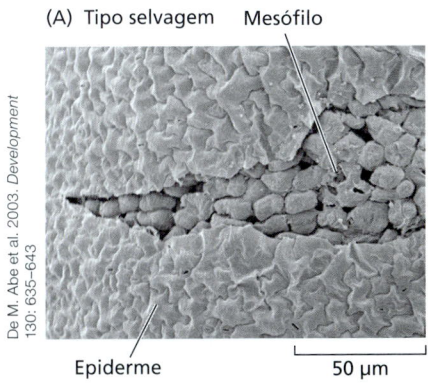
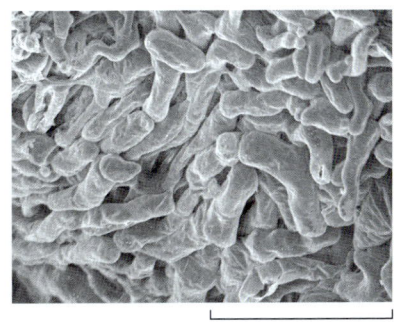

Figura 22.16 Os genes *ATML1* e *PDF2* são necessários para o estabelecimento de uma epiderme normal. A comparação de uma planta do tipo selvagem (A) e um mutante duplo *atml1/pdf2* (B) mostra semelhança entre as camadas superficiais do mutante e o mesófilo da planta do tipo selvagem (parcialmente exposto em A).

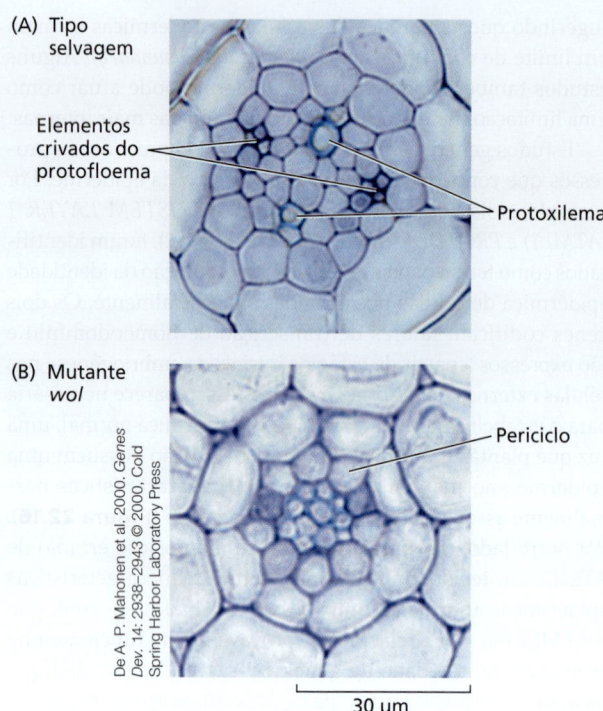

Figura 22.17 O receptor de citocinina, codificado pelo gene *WOODEN LEG* (*WOL*) de *Arabidopsis*, é necessário para o desenvolvimento normal do floema. A comparação de (A) tipo selvagem e (B) raízes do mutante *wol* evidencia uma ausência de elementos do floema em *wol* que é acompanhada por uma aparente redução no número de camadas celulares.

(**Figura 22.17**). Esse defeito leva ao desenvolvimento de um sistema vascular que contém xilema, mas não floema. O gene *WOL* (também conhecido como *CYTOKININ RESPONSE 1* [*CRE1*]) codifica um dos diversos receptores relacionados para citocinina, sugerindo o papel desse hormônio no estabelecimento de elementos do padrão radial (ver Capítulo 4). Entretanto, esses defeitos podem ser **reparados** (revertendo um fenótipo pela alteração de um segundo fator) pelo *fass* (i.e., fazendo um mutante duplo *wol*/*fass*), que ocasiona etapas adicionais de divisões celulares. Assim, parece que a ausência de floema em *wol* pode refletir simplesmente a ausência de uma camada de células precursoras apropriadamente posicionadas, em vez da incapacidade de especificar a identidade da célula do floema.

Uma compreensão dos papéis críticos da divisão celular e de um número adequado de células para a padronização dos tecidos vasculares também provém de estudos do gene *TARGET OF MONOPTEROS 5* (*TMO5*). Esse gene é ativado por MONOPTEROS, o fator de transcrição dependente de auxina discutido anteriormente, e, portanto, representa uma resposta local de auxina. O *TMO5* é expresso apenas nas células precursoras vasculares no centro do embrião globular e codifica um fator de transcrição. O TMO5 forma um heterodímero com um segundo fator de transcrição, LONESOME HIGHWAY (LHW). A superexpressão desses dois fatores de transcrição juntos induz divisões periclinais adicionais, e a mutação de qualquer um dos fatores resulta em menos divisões periclinais, indicando que esses fatores são os principais reguladores da divisão celular no tecido vascular (**Figura 22.18**). Pela titulação dos níveis de TMO5 e LHW, os pesquisadores podem controlar o número de camadas celulares no tecido vascular, o que levou à descoberta de que o número de elementos vasculares (xilema e floema) aumenta com o número total de células no tecido. Por exemplo, mutantes com apenas metade do número normal de fileiras celulares (produzidos tanto anticlinalmente quanto periclinalmente) formam apenas um polo do floema em vez de dois. Quando um mutante tem fileiras celulares em excesso, vários (mais de dois) polos do floema são produzidos. Uma vez que o TMO5 e o LHW são ativados pela auxina, eles agem promovendo localmente a síntese de um segundo hormônio vegetal, a citocinina. Assim, a interação entre esses dois hormônios vegetais define o tamanho do sistema vascular e, portanto, sua composição e estrutura.

A diferenciação de células corticais e endodérmicas envolve o movimento intracelular de um fator de transcrição

O desenvolvimento de tecidos corticais (da endoderme e do parênquima cortical) proporciona um exemplo clássico de como o processo de padronização radial pode ser regulado pela atividade gênica comunicada entre camadas adjacentes. Dois genes de *Arabidopsis*, *SCARECROW* (*SCR*) e *SHORT-ROOT* (*SHR*), são essenciais para a formação normal de camadas de células corticais e endodérmicas. As sequências similares de proteínas codificadas por esses dois genes os colocam na família *GRAS* de fatores de transcrição, cujo nome deriva dos primeiros membros conhecidos, *GIBBERELLIN-INSENSITIVE* (*GAI*), *REPRESSOR OF GA1-3* (*RGA*) e *SCR*.

Mutantes em que a atividade ou de *SCR* ou de *SHR* é reduzida não conseguem passar pela etapa de divisão celular produtora das duas camadas que depois se diferenciam como parênquima cortical e endoderme separados. Mutações nos dois genes bloqueiam a etapa de divisão celular que cria essas camadas separadas (**Figura 22.19**). Nos mutantes *scr*, a única camada remanescente exibe características tanto de endoderme como de parênquima cortical, sugerindo que o mutante ainda é capaz de expressar essas características, mas é incapaz de separá-las em camadas distintas. Essa interpretação é apoiada pela capacidade de *fass* de restabelecer padrões de crescimento mais normais. Assim como resgata *wol*, *fass* parece compensar o defeito de divisão de *scr* e, assim, fornece camadas separadas nas quais podem ser expressas características distintas de endoderme e parênquima cortical.

O mutante *shr* não somente exibe um defeito na divisão celular similar ao de *scr*, mas é também incapaz de elaborar características celulares típicas da endoderme. Na camada única não dividida do *shr*, faltam características da endoderme, como a estria de Caspary, e, em vez disso, exibe atividades gênicas que normalmente são restritas ao parênquima cortical. Essa aparente exigência da atividade do gene *SHR* para especificar características endodérmicas é confusa, uma vez que a

Capítulo 22 | Embriogênese: a origem da arquitetura vegetal

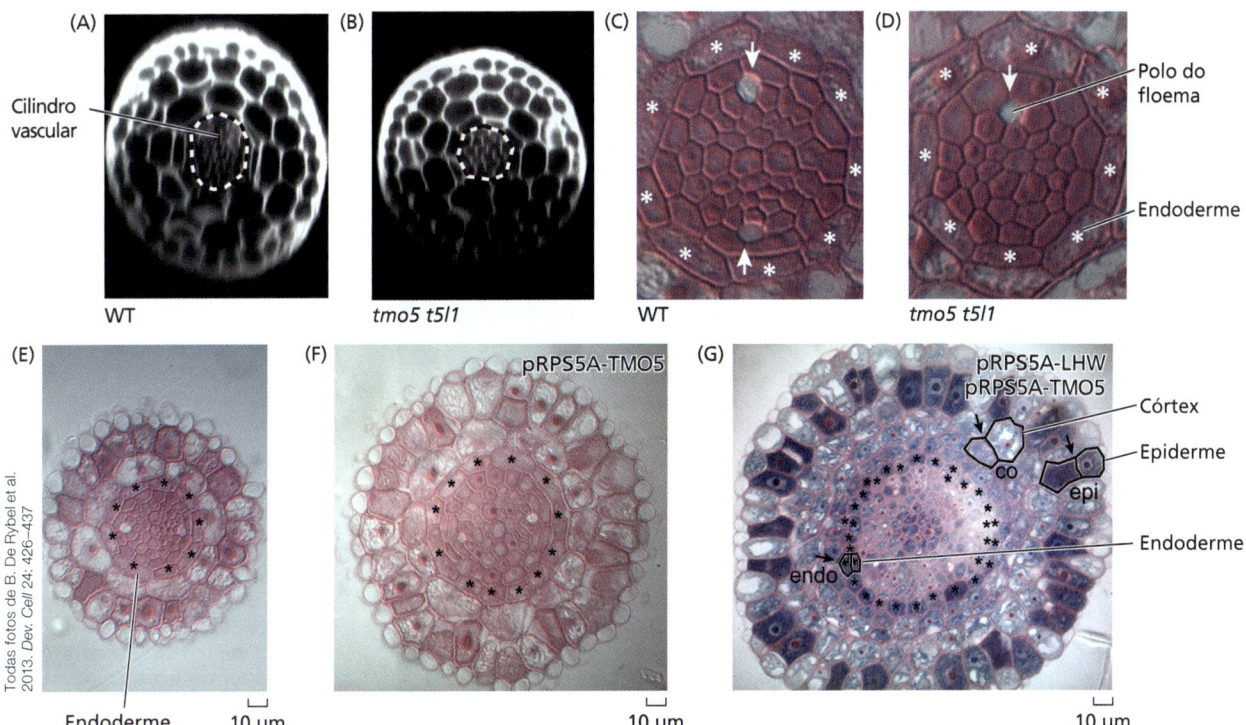

Figura 22.18 *TMO5* e *LHW* controlam o número de fileiras de células do xilema e do floema em todas as dimensões na raiz de *Arabidopsis*. (A e B) Secções transversais de embriões maduros do tipo selvagem (A) e do mutante duplo *tmo5 tmo5-like1 (t5l1)* (B). A área dentro da linha tracejada é o tecido vascular, que é menor no mutante. (C e D) Secções transversais dos meristemas radiculares pós-embrionários do tipo selvagem (C) e do mutante *tmo5/t5l1* (D) mostram que o último tem menos células vasculares (as células da endoderme circundante estão marcadas com asteriscos) e polos do floema (setas). (E–G) Secções transversais de meristemas radiculares do tipo selvagem (E), PrPS5a-TMO5, uma linha superexpressando TMO5 (F) e PrPS5a-LHW, PrPS5a-TMO5, uma linha que superexpressa LHW e TMO5 (G). Em comparação com o tipo selvagem, a linha de superexpressão dupla tem mais fileiras celulares e divisões periclinais. Exemplos de pares de células produzidos por uma divisão periclinal são indicados com contornos e setas. As células endodérmicas são marcadas com asteriscos.

expressão do mRNA de *SHR* normalmente é restrita a tecidos pró-vasculares mais internos.

Análises mais detalhadas envolvendo o uso de proteínas marcadas por fluorescência têm focado nesse paradoxo, mostrando que, embora o mRNA de *SHR* seja confinado ao cilindro vascular, seu produto de tradução não é. A proteína SHR é capaz de mover-se para a camada mais externa adjacente via plasmodesmos, onde ela tem várias atividades, incluindo a promoção aumentada da transcrição de *SCR*. Após a tradução do mRNA de *SCR*, SHR forma um heterodímero com a proteína

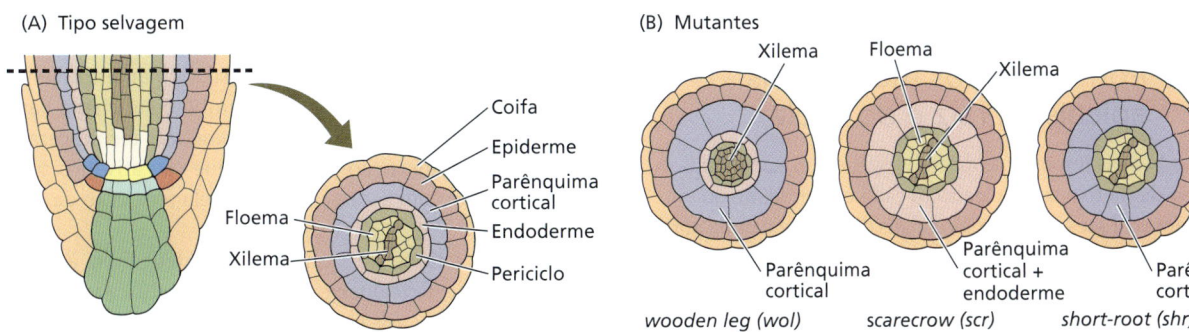

Figura 22.19 Comparação de padrões radiais de raízes normais e mutantes mostra as funções espacialmente definidas de genes específicos. (A) Raiz do tipo selvagem. (B) Padrões radiais de raízes defeituosas de três mutantes de *Arabidopsis*: *wooden leg (wol)*, *scarecrow (scr)* e *short root (shr)*. (Segundo K. Nakajima and P. N. Benfey. 2002. *Plant Cell* 14: 265–276.

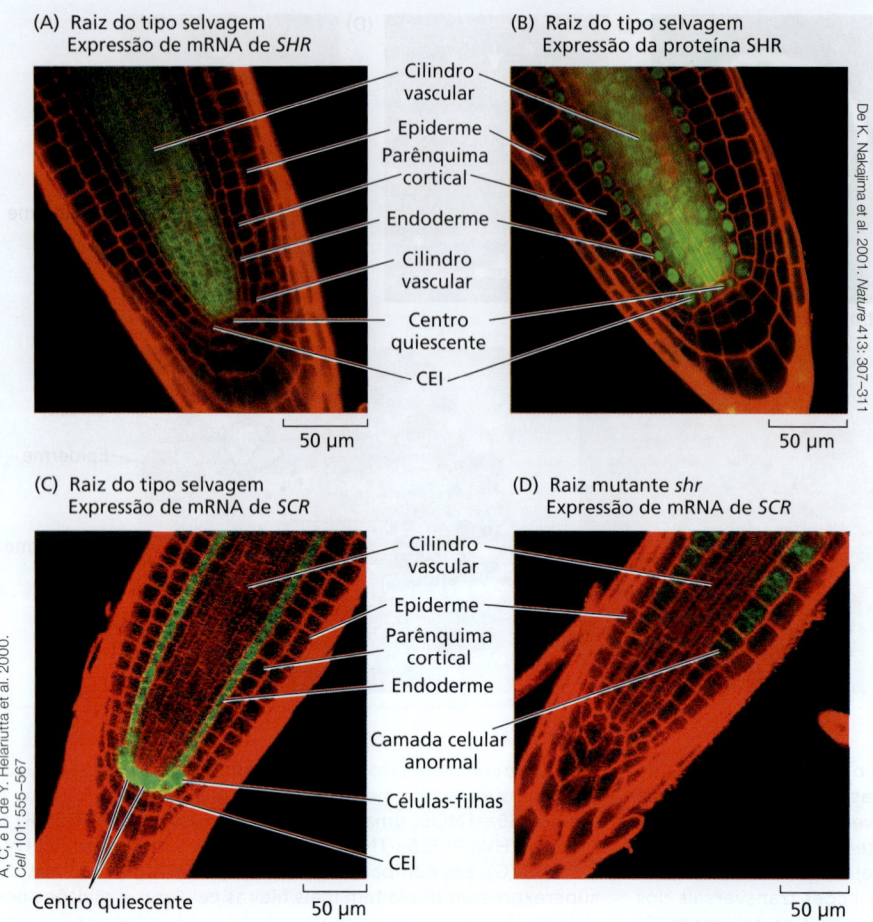

Figura 22.20 Os genes *SHORT-ROOT* (*SHR*) e *SCARECROW* (*SCR*) de *Arabidopsis* controlam a padronização de tecidos durante o desenvolvimento da raiz. Aqui, mRNAs ou proteínas para *SHR* e *SCR* foram localizados por microscopia confocal de varredura a laser. (A e B) Expressão de *SHR*. (A) Durante o desenvolvimento inicial da raiz, a atividade do promotor *SHR* é restrita ao estelo (conforme visualização usando uma fusão promotor *SHR*-proteína verde fluorescente [GFP]). (B) A proteína SHR mostra um padrão de localização distinto, que inclui o estelo central e também os núcleos da endoderme adjacente (conforme visualização usando uma fusão promotor *SHR* + região codificante + GFP). (C e D) Expressão de *SCR* (monitorado usando uma fusão promotor *SCR*-GFP). (C) Em raízes do tipo selvagem, o *SCR* é transcrito no centro quiescente (CQ), na endoderme e na célula inicial de parênquima cortical-endodérmicas (CEI). Não está presente no parênquima cortical, no cilindro vascular ou na epiderme. (D) A expressão de *SCR* é marcadamente reduzida na raiz do mutante *shr*, e aparece apenas em uma camada celular anormal que possui características tanto de endoderme como de parênquima cortical.

SCR para aumentar a transcrição de genes associados com os programas de desenvolvimento da endoderme (**Figura 22.20**). A contribuição da proteína SHR para a diferenciação das células do parênquima cortical e da endoderme fornece um exemplo claro de como as funções de fatores de transcrição específicos podem depender de seu movimento entre as camadas de células.

22.6 Formação dos meristemas apicais da raiz e do caule

O resultado mais importante da embriogênese é, sem dúvida, a formação de meristemas apicais em cada extremidade do embrião maduro. Esses meristemas apicais do caule e da raiz abrigam as células iniciais que sustentam o crescimento vegetativo do caule e dos sistemas radiculares. A incapacidade de iniciar qualquer um dos dois meristemas apicais leva ao bloqueio do crescimento das plântulas, indicativo da importância crítica dessa etapa no desenvolvimento da planta.

A formação de raízes envolve *MONOPTEROS* e outros fatores de transcrição regulados por auxina

Como foi visto no início do capítulo, mutantes sem uma raiz embrionária (p. ex., *monopteros* [*mp*] e *bodenlos* [*bdl*]) ajudaram a elucidar o papel de especificação da raiz desempenhado pela auxina. As análises dos genes regulados pelo MONOPTEROS levaram à descoberta do fator de transcrição móvel TMO7 e do regulador de tecido vascular TMO5 (discutido anteriormente neste capítulo), mas nenhum deles sozinho é suficiente para especificar uma raiz. De fato, análises genéticas identificaram dois fatores de transcrição adicionais que são ativados pela auxina e que parecem ser responsáveis pela formação da raiz embrionária.

Esses dois fatores de transcrição, pertencendo à classe AP2/Ethylene Responsive Factor, são codificados pelos genes *PLETHORA 1* (*PLT1*) e *PLETHORA 2* (*PLT2*). Ambos são ativados no embrião, na metade inferior do embrião globular (**Figura 22.21**). Mutantes em que os genes *PLT* foram

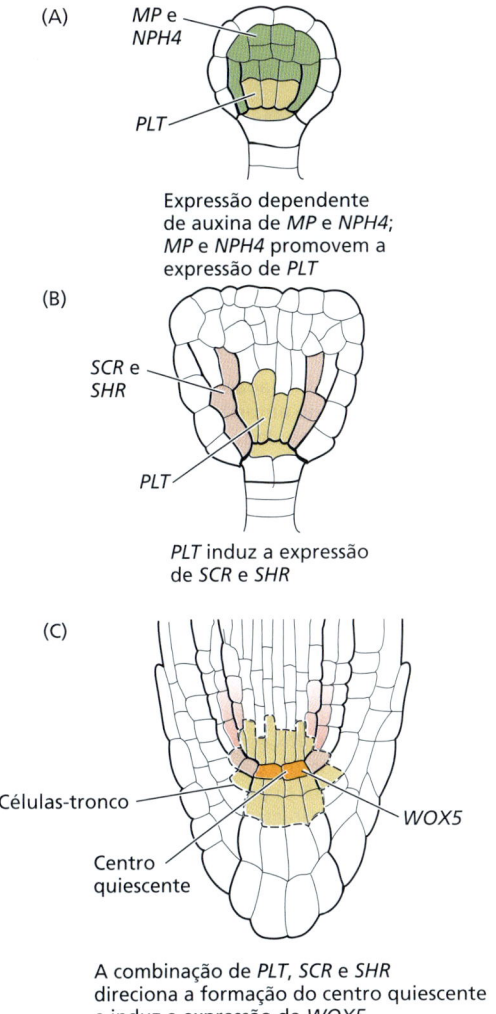

Figura 22.21 Modelo para a especificação da identidade celular na raiz. (A) Expressão inicial dos genes *MONOPTEROS* (*MP*) e *NONPHOTOTROPIC HYPOCOTYL 4* (*NPH4*) dependentes de auxina. *MONOPTEROS* e *NPH4* promovem a expressão de *PLETHORA* (*PLT*) em um domínio basal. (B) *PLT* promove a expressão de *SCARECROW* (*SCR*) e *SHORT ROOT* (*SHR*). (C) A combinação da expressão gênica de *PLT*, *SCR* e *SHR* direciona células posicionadas centralmente a se tornarem o centro quiescente, induzindo também a expressão de *WOX5*, que contribui para a manutenção das células iniciais circundantes. A área indicada por uma linha tracejada contém células iniciais. (Segundo M. Aida et al. 2004. *Cell* 119: 109–120.)

perturbados são incapazes de formar uma raiz embrionária. Por outro lado, a expressão ectópica de *PLT* na metade superior do embrião globular (ou em outros tecidos pós-embrionários) é suficiente para formar uma nova raiz nesses locais. Juntos, esses experimentos apoiam um modelo no qual a auxina ativa um conjunto de genes na metade inferior do embrião (incluindo genes *PLT*) que encarregam essas células de adotarem uma identidade de raiz.

A formação de caules requer HD-ZIP III e os genes *SHOOT MERISTEMLESS* e *WUSCHEL*

Outro conjunto de fatores de transcrição é ativado na metade superior do embrião globular e parece mediar o estabelecimento de todo o domínio do caule ou do meristema apical do caule. Por exemplo, membros de uma pequena família de fatores de transcrição relacionados pertencentes à classe HD-ZIP III são expressos especificamente na metade superior do embrião globular. A expressão desses genes HD-ZIP III na metade superior do embrião é necessária para a formação do meristema apical do caule no embrião, bem como para a polaridade adaxial-abaxial das folhas durante o crescimento vegetativo (ver Capítulo 18). Quando expresso ectopicamente na metade inferior do embrião, um desses fatores, PHABULOSA (PHB), é capaz de desencadear a formação de um segundo domínio do caule (**Figura 22.22C**). Isso é o oposto do que acontece quando a proteína PLT é expressa artificialmente na metade superior do embrião (**Figura 22.22B**), sugerindo que os fatores de transcrição HD-ZIP III e PLT agem de forma antagônica. De fato, outros experimentos mostraram que os fatores HD-ZIP III inibem a expressão dos genes *PLT* (**Figura 22.22A**).

Mutações nos genes *SHOOT MERISTEMLESS* (*STM*) ou *WUSCHEL* (*WUS*), que codificam fatores de transcrição, causam a perda do meristema apical do caule embrionário. Embora nenhum desses dois fatores de transcrição por si só possa desencadear a formação de novos meristemas apicais do caule quando expressos ectopicamente em outros tecidos, em combinação eles podem. *STM* e *WUS* são expressos no domínio apical de embriões jovens, e parece que ambos são necessários para a formação do meristema. Em razão dessa interação, a posição do meristema apical do caule embrionário pode ser definida com precisão pelo domínio em que a expressão dos dois genes se sobrepõe.

As plantas podem iniciar a embriogênese em múltiplos tipos de células

Neste capítulo, foi discutida a embriogênese com ênfase no contexto conhecido do desenvolvimento de sementes. No entanto, conforme indicado na introdução, o processo de embriogênese é evolutivamente mais antigo do que o desenvolvimento da semente, pois também ocorre nas plantas vasculares sem sementes, como samambaias e cavalinhas. Mesmo nas espermatófitas, uma diversidade de outras células, além dos zigotos, é capaz de sofrer embriogênese (**Figura 22.23**). Esses processos incluem formas naturais de embriogênese assexuada, como apomixia (embriogênese assexuada de células dentro de um óvulo, ou seja, uma semente imatura), bem como embriogênese somática da margem da folha (p. ex., em *Kalanchoe*) (ver Capítulo 21). Em ambos os casos, outras células além do zigoto são geneticamente programadas para sofrer embriogênese e podem formar um embrião que muitas vezes é morfologicamente (quase) indistinguível dos embriões sexuais derivados do zigoto. A embriogênese também pode ser induzida artificialmente. Por exemplo, a embriogênese somática artificial,

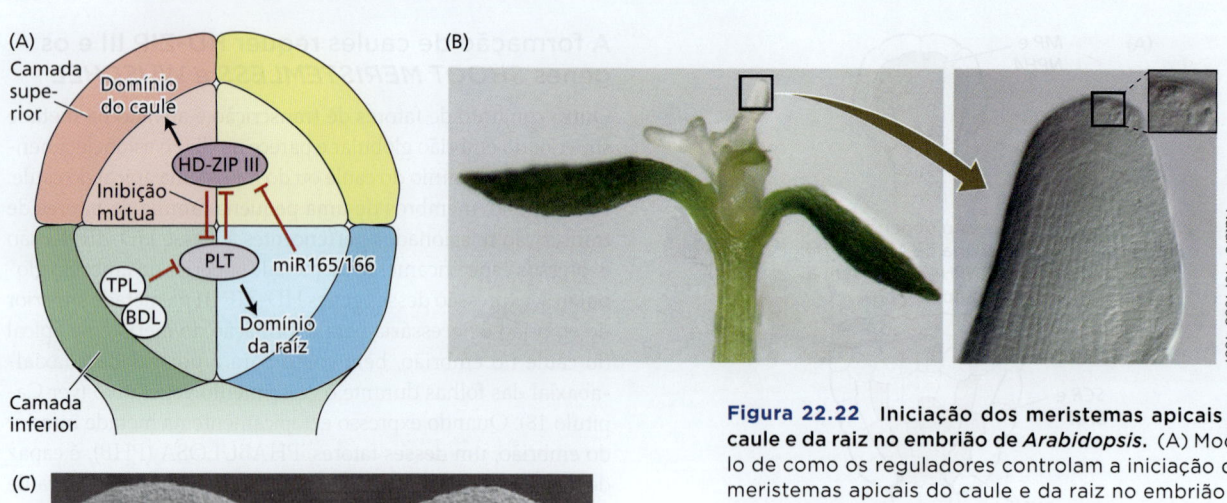

Figura 22.22 Iniciação dos meristemas apicais do caule e da raiz no embrião de *Arabidopsis*. (A) Modelo de como os reguladores controlam a iniciação dos meristemas apicais do caule e da raiz no embrião de 16 células de *Arabidopsis*. Um corte transversal tridimensional de um embrião é mostrado em que cada tipo de célula é marcado em uma cor diferente. A camada superior do embrião dá origem ao domínio do caule, e a camada inferior dá origem ao domínio da raiz. No centro do modelo está uma interação mutuamente inibitória dos fatores de transcrição HD-Zip III (camada superior) e PLT (camada inferior), que inibem a expressão um do outro. Além disso, a expressão de PLT é controlada por BODENLOS [BDL] e TOPLESS [TPL], e o microRNA miR165/166 da camada inferior restringe o acúmulo de mRNA *HD-Zip III* à camada superior. O HD-ZIP III promove a iniciação do caule e o PLT promove a iniciação da raiz. (B) Esquerda: Uma plântula que superexpressa a proteína PLT no caule desenvolve meristemas de raiz, em vez de um meristema do caule. Direita: A maior ampliação da área da caixa na representação esquerda mostra a presença de estatólitos, uma característica típica de raiz. (C) Uma plântula superexpressando HD-Zip III na camada inferior do embrião desenvolve um segundo domínio de caule. (A segundo J. Palovaara et al. 2016. *Annu. Rev. Cell Dev. Biol.* 32: 47–75.)

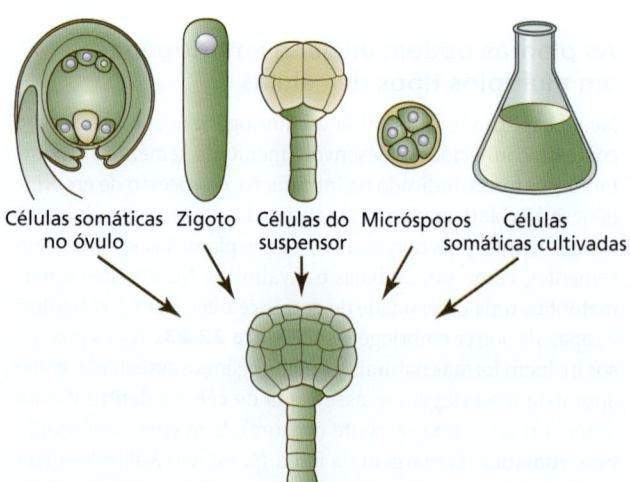

Figura 22.23 Fontes diversas de embriões vegetais. Além do zigoto, muitas células diferentes podem dar origem a embriões vegetais. Os exemplos mostrados aqui são células somáticas no óvulo, células do suspensor, micrósporos e células somáticas cultivadas. (Segundo T. Radoeva and D. Weijers. 2014. *Trends Plant Sci.* 19: 709–716.)

em que embriões são induzidos a se formar a partir de tecido do calo após tratamentos hormonais, é frequentemente usada para propagação de plantas. Da mesma forma, a exposição de micrósporos a um estresse, como o calor, pode fazer com que certas espécies vegetais formem embriões. Finalmente, a embriogênese alternativa pode ocorrer dentro das sementes. As células do suspensor, descendentes da célula basal produzida pela primeira divisão celular do zigoto, normalmente ficam quiescentes após algumas etapas de divisão celular. Se o embrião for danificado, contudo, as células do suspensor podem retomar a divisão e formar um segundo embrião. Assim, dados os acionadores adequados, células vegetais de vários tipos podem formar embriões, atestando o tremendo potencial de desenvolvimento das células vegetais.

■ Resumo

A geração esporofítica das plantas começa com os eventos de fecundação que iniciam a embriogênese. Divisões celulares reguladas produzem o eixo polar e a simetria bilateral do embrião. Tanto sinais móveis como posicionais funcionam como reguladores morfogênicos. Um conjunto extenso desses mecanismos reguladores funciona na elaboração posterior de órgãos vegetais durante o crescimento pós-embrionário. As plantas pós-embrionárias retêm meristemas (nichos de células iniciais, que são sítios de divisão celular indiferenciada para proporcionar o crescimento plástico ou adaptativo.

22.1 Embriogênese em monocotiledôneas e eudicotiledôneas

- A embriogênese difere entre monocotiledôneas e eudicotiledôneas, mas também compartilha características comuns.
- O milho (uma monocotiledônea) e a *Arabidopsis* (uma eudicotiledônea) representam extremos opostos de um espectro no desenvolvimento embriológico, do relativamente complexo e menos previsível ao relativamente simples e mais previsível.

22.2 Estabelecimento da polaridade apical-basal

- Entre as espermatófitas, a polaridade apical-basal é estabelecida no começo da embriogênese (**Figuras 22.1–22.5**).

22.3 Mecanismos que orientam a embriogênese

- Mecanismos dependentes de posição para a determinação do destino celular orientam a embriogênese (**Figura 22.8**).

- Mutantes de *Arabidopsis* demonstram que outro processo diferente de uma sequência fixa de divisão celular deve guiar a formação do padrão radial (**Figura 22.9**).
- O potencial para o movimento intercelular de proteínas se altera durante o desenvolvimento (**Figura 22.10**).
- Triagens de letalidade do embrião e de plântulas mutantes defeituosas revelam genes que são essenciais para a embriogênese normal de *Arabidopsis* (**Figuras 22.11, 22.12**).

22.4 Sinalização de auxina durante a embriogênese

- A auxina pode funcionar como um sinal químico móvel durante a embriogênese (**Figuras 22.13, 22.14**).

22.5 Padronização radial durante a embriogênese

- A padronização radial guia a formação de camadas de tecidos (**Figura 22.15**).
- Dois genes de *Arabidopsis* estabelecem a identidade epidérmica normal (**Figura 22.16**).
- Genes diferentes estabelecem tecidos internos, incluindo a estrutura vascular e o córtex (**Figuras 22.17–22.20**).

22.6 Formação dos meristemas apicais da raiz e do caule

- Durante a embriogênese, a iniciação dos meristemas apicais do caule e da raiz é controlada por uma interação mutuamente inibitória dos fatores de transcrição HD-Zip III e PLT (**Figuras 22.21, 22.22**).
- Os embriões vegetais podem ser derivados de vários tipos de células (**Figura 22.23**).

■ Material da internet

- **Tópico 22.1 Polaridade dos zigotos de *Fucus*** Uma ampla variedade de gradientes externos pode polarizar o crescimento de células que são inicialmente apolares.

Para mais recursos de aprendizagem (em inglês), acesse **oup.com/he/taiz7e**.

Leituras sugeridas

Aichinger, E., Kornet, N., Friedrich, T. and Laux, T. (2012) Plant stem cell niches. *Annu. Rev. Plant Biol.* 63: 615–636.

Barlow, P. W. (1994) Evolution of structural initial cells in apical meristems of plants. *J. Theor. Biol.* 169: 163–217.

Dresselhaus, T., and Jürgens G. (2021) Comparative embryogenesis in angiosperms: Activation and patterning of embryonic cell lineages. *Annu. Rev. Plant Biol.* 72: 641–676.

Esau, K. (1965) *Plant Anatomy*, 2nd ed. Wiley, New York.

Hudson, A. (2005) Plant meristems: Mobile mediators of cell fate. *Curr. Biol.* 15: R803–R805.

Jenik, P. D., and Barton, M. K. (2005) Surge and destroy: The role of auxin in plant embryogenesis. *Development* 132: 3577–3585.

Laux, T., Wurschum, T., and Breuninger, H. (2004) Genetic regulation of embryonic pattern formation. *Plant Cell* 16 (Suppl): S190–S202.

Maule, A. J., Benitez-Alfonso, Y., and Faulkner, C. (2011) Plasmodesmata - Membrane tunnels with attitude. *Curr. Opin. Plant Biol.* 14: 683–690.

Miyashima, S., Sebastian, J., Lee, J.-Y. and Helariutta, Y. (2013) Stem cell function during plant vascular development. *EMBO J.* 32: 218–193.

Palovaara, J., de Zeeuw, T., and Weijers, D. (2016) Tissue and organ initiation in the plant embryo: A first time for everything. *Annu. Rev. Cell Dev. Biol.* 32: 47–75.

Poethig, R. S. (1997) Leaf morphogenesis in flowering plants. *Plant Cell* 9: 1077–1087.

Radoeva, T., Vaddepalli, P., Zhang, Z., and Weijers, D. (2019) Evolution, initiation and diversity in early plant embryogenesis. *Dev. Cell* 50: 533–543.

Raghavan, V. (1986) *Embryogenesis in Angiosperms*. Cambridge University Press, Cambridge, UK.

Sachs, T. (1991) Cell polarity and tissue patterning in plants. *Development* 113 (Supplement 1): 83–93.

Scheres, B., Wolkenfelt, H., Willemsen, V., Terlouw, M., Lawson, E., Dean, C., and Weisbeek, P. (1994) Embryonic origin of the Arabidopsis primary root and root meristem initials. *Development* 120: 2475–2487.

Scheres, B. (2013) Rooting plant development. *Development* 140: 939–941.

Silk, W. K. (1984) Quantitative descriptions of development. *Annu. Rev. Plant Physiol.* 35: 479–518.

Sparks, E., Wachsman, G., and Benfey, P. N. (2013) Spatiotemporal signalling in plant development. *Nat. Rev. Genet.* 14: 631–644.

Steeves, T. A., and Sussex, I. M. (1989) *Patterns in Plant Development*. Cambridge University Press, Cambridge, UK.

23 Senescência vegetal e morte celular

A cada outono, as pessoas que vivem em climas temperados desfrutam as espetaculares mudanças de cores que podem preceder a perda de folhas de árvores decíduas. Folhas de outono tornam-se amarelas, alaranjadas ou vermelhas e caem de seus ramos em resposta a comprimentos de dia mais curtos e temperaturas mais baixas, que desencadeiam dois processos do desenvolvimento relacionados: senescência e abscisão (**Figura 23.1**). A senescência é o último estágio de desenvolvimento, levando à morte dos tecidos-alvo, e pode ser distinguida do termo relacionado *necrose* de várias maneiras. **Senescência** é um processo de desacoplamento dependente da idade e um processo de degeneração de células, órgãos ou organismos que é controlado pela interação de fatores ambientais com programas de desenvolvimento geneticamente controlados. A **necrose**, apesar de ter alguma sobreposição com a senescência, geralmente é definida como morte celular não programada causada diretamente por danos físicos, venenos (como herbicidas ou toxinas liberadas por patógenos) ou condições não fisiológicas, como temperatura ou anóxia. A **abscisão** refere-se à separação de camadas de células que ocorre nas bases de folhas, partes florais e frutos, a qual permite que se desprendam facilmente sem danificar a planta.

Nas plantas, a senescência no nível celular envolve suicídio celular geneticamente codificado e ativamente controlado, também conhecido como **morte celular programada** (**MCP**). A MCP é induzida como uma parte intrínseca do desenvolvimento em tipos de células ou tecidos específicos e também pode ser desencadeada por estresses abióticos e bióticos (**Figura 23.2**). Diferentes formas de MCP desempenham papéis cruciais no desenvolvimento, na imunidade e em resposta ao meio ambiente.

A **senescência de órgãos** (a senescência de folhas inteiras, ramos, órgãos de flores ou de frutos) ocorre em vários estágios do desenvolvimento vegetativo e reprodutivo e geralmente inclui a abscisão do órgão senescente. A importância da senescência de órgãos para o desempenho das plantas é facilmente observada na senescência foliar. Em plantas anuais, a senescência foliar serve como um meio de desmontar e liberar os nutrientes acumulados durante a fase de crescimento e realocá-los para sementes em desenvolvimento para a próxima geração. Nas árvores, os nutrientes desmontados durante a senescência das folhas são realocados e armazenados nos caules ou raízes em preparação para a próxima safra. A senescência em outros órgãos (p. ex., pétalas) é descrita no **Tópico 23.1 na internet**.

Figura 23.1 Cores de outono ao longo da rodovia Blue Ridge na Virgínia. A combinação de várias espécies de árvores decíduas (p. ex., *dogwood*, bordo vermelho, ácer açucareiro e azeda) produz uma ampla variedade de tons.

A **senescência da planta inteira**, quando a planta inteira senesce e morre, difere do envelhecimento dos animais e é muito mais variável. Por exemplo, a duração de vida de uma planta individual pode variar desde umas poucas semanas, para algumas plantas anuais de deserto, até 4.600 anos, para pinheiros "*bristlecone*". Plantas perenes clonais podem ser até mais longevas. Devido à presença de meristemas apicais dividindo-se continuamente, as plantas potencialmente poderiam viver para sempre, ainda que todos os meristemas eventualmente falhem e a planta morra.

Começamos este capítulo com uma breve visão geral das características e dos mecanismos responsáveis pela morte celular nas plantas. Em seguida, são introduzidas as várias formas de MCP, incluindo a morte celular associada à senescência, e discutimos como um processo-chave, a autofagia, está envolvido na morte celular vegetal. Em seguida, nos voltamos para a senescência no nível do órgão, com foco na senescência e abscisão foliar; descrevemos o mecanismo de degeneração ordenada durante a senescência foliar e sua regulação por sinais ambientais e de desenvolvimento. Por fim, são discutidos os fatores que governam os dois tipos diferentes de senescências da planta inteira: senescências monocárpica e policárpica.

23.1 Morte celular programada

Todos os organismos eucarióticos desenvolveram mecanismos de MCP. Em plantas e animais multicelulares, a destruição organizada de células é exigida para o crescimento e o desenvolvimento normais e para a remoção de células indesejadas, danificadas ou infectadas. A MCP pode ser iniciada por sinais do desenvolvimento específicos ou por eventos potencialmente letais, como ataque de patógenos ou erros na replicação do DNA durante a divisão celular. Ela envolve a expressão de um conjunto característico de genes que organiza o desmonte de componentes celulares, causando, ao final, a morte celular.

A MCP, às vezes chamada de **apoptose** (grego para "queda") ou **autólise**, envolve as atividades controladas de endonucleases, ribonucleases, nucleases bifuncionais e proteases na célula em processo. As endonucleases digerem os cromossomos, produzindo fragmentos que formam uma "escada" quando o DNA é separado por tamanho por eletroforese

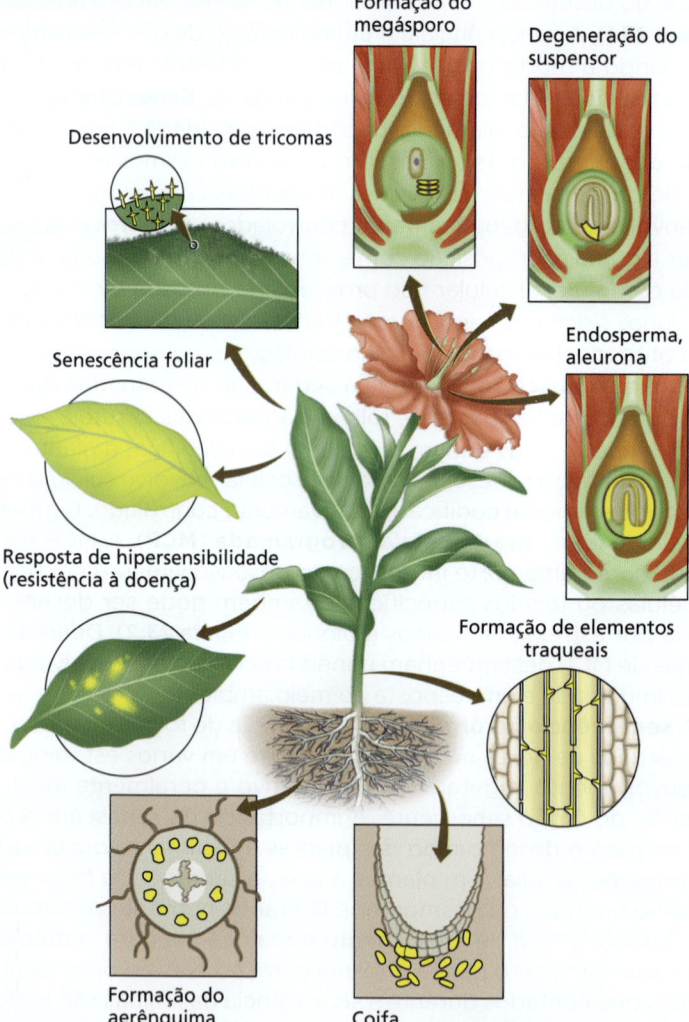

Figura 23.2 A **morte celular programada (MCP)** é uma parte normal do ciclo de vida da planta que ocorre em uma gama de processos de desenvolvimento e respostas a sinais ambientais e patógenos. Células e tecidos que sofrem MCP são destacados em amarelo aqui.

em gel. Uma grande variedade de proteases, incluindo endopeptidases de cisteína semelhantes à caspase, proteases de serina, proteases aspartilproteases de fitepsina, metaloproteases e o complexo ubiquitina-proteassoma, degrada as proteínas celulares e acelera suas taxas de renovação.

Tipos distintos de MCP ocorrem nas plantas

Foi demonstrado que várias formas de MCP são uma parte intrínseca do desenvolvimento normal da planta, bem como das respostas aos estresses bióticos e abióticos. A MCP de desenvolvimento funciona para eliminar células senescentes ou que não são mais necessárias, ou para gerar tecidos compostos por "cadáveres" celulares modificados que retêm funções estruturais ou de armazenamento quando mortos. Esse processo ocorre durante a maturação dos gametófitos, degeneração das células suspensoras do embrião, formação de elementos traqueais do xilema, desenvolvimento radicular e senescência (ver Figura 23.2). Embora a **morte celular associada à senescência** seja uma forma de MCP no desenvolvimento, ela tem muitas características distintas. Durante a senescência, a MCP ocorre em amplas áreas dos órgãos da planta e em uma taxa relativamente lenta, enquanto outros tipos de MCP no desenvolvimento envolvem morte celular rápida e localizada. A lenta progressão da MCP em células foliares senescentes parece ser necessária para permitir tempo suficiente para a remobilização dos nutrientes e sua translocação a outras partes da planta. A realocação ideal dos nutrientes acumulados durante a estação de crescimento é fundamental para o desempenho da planta e requer um controle preciso da morte celular associada à senescência.

A resposta hipersensível e outras formas de MCP desencadeada por patógenos desempenham papéis proeminentes nas respostas de defesa biótica de plantas e são distintas da MCP no desenvolvimento. Os tipos de MCP envolvidos nas respostas aos estresses abióticos e bióticos são discutidos em detalhes nos Capítulos 15 e 24, respectivamente.

A MCP no desenvolvimento e a MCP desencadeada por patógenos envolvem processos distintos

Os dois tipos amplos de MCP em plantas diferem não apenas na função, mas nos processos moleculares e citológicos associados. As plantas diferem fundamentalmente das células animais por serem envolvidas por paredes celulares rígidas. Devido à presença da parede celular e à ausência de fagócitos (p. ex., células animais especializadas por engolir e digerir células marcadas para a destruição), os tipos de alterações que ocorrem durante a apoptose em animais raramente ocorrem em plantas. Em vez disso, estudos ultraestruturais levaram à identificação de duas vias citológicas de MCP específicas para plantas: o tipo vacuolar associado à MCP no desenvolvimento e o tipo de resposta hipersensível associado à MCP desencadeada por patógeno (**Figura 23.3**).

A **MCP do tipo vacuolar** ocorre durante o desenvolvimento normal e reflete o fato de que o vacúolo central é o principal repositório de proteases, nucleases e outras enzimas líticas. As alterações citológicas associadas à diferenciação do elemento traqueal, durante as quais as células sofrem MCP do tipo vacuolar, são ilustradas na Figura 23.3A. Antes do início da MCP, entretanto, hormônios como metil jasmonato (MeJA), etileno, auxina e estrigolactonas ajudam a preparar as células para a MCP. A sinalização hormonal direciona a reprogramação transcricional, levando à ativação de genes de desenvolvimento para MCP (p. ex., genes que codificam proteases e nucleases). Por exemplo, em *Arabidopsis*, um membro da família de fatores de transcrição NAC (TF), um regulador da senescência foliar, induz a enzima BIFUNCTIONAL NUCLEASE 1 (BFN1), que degrada o DNA e o RNA. Durante o desenvolvimento da MCP, a membrana vacuolar, ou tonoplasto, se rompe e libera o conteúdo vacuolar, incluindo várias proteases. Por exemplo, foi demonstrado que as proteases de cisteína de *Arabidopsis* XYLEM CYSTEINE PEPTIDASE 1 (XCP1), XCP2 e METACASPASE 9 (MC9) promovem a depuração citoplasmática na diferenciação de elementos traqueais.

Depois que os hormônios preparam as células para o desenvolvimento da MCP, o processo pode ser iniciado por vários segundos mensageiros, incluindo um aumento na concentração de Ca^{2+}, o acúmulo de espécies reativas de oxigênio (EROs) ou uma queda no pH intracelular. Durante a MCP do tipo vacuolar, o vacúolo dilata-se e torna-se permeável ou rompe-se, liberando hidrolases dentro do citosol e causando degradação em grande escala. O citosol e todas as suas organelas, incluindo a membrana plasmática, são completamente decompostos e, em muitos casos, a parede celular é parcial ou completamente digerida, assim como no tecido do endosperma. A degradação da parede celular não ocorre em células que adquiriram paredes celulares lignificadas durante o processo, tais como elementos traqueais e fibras. (A morte celular associada à senescência envolvendo MCP do tipo vacuolar é descrita no **Tópico 23.2 na internet**.)

A **MCP do tipo resposta de hipersensibilidade** é induzida por uma série de estresses abióticos ou pela detecção de um patógeno durante a resposta de hipersensibilidade (ver Capítulo 24). As marcas citológicas que distinguem a MCP do tipo resposta de hipersensibilidade da MCP do tipo vacuolar incluem perda de água vacuolar e encolhimento celular (ver Figura 23.3B). Como o conteúdo dos vacúolos não é liberado no citoplasma durante esse tipo de MCP, os cadáveres das células necróticas permanecem praticamente não processados. A MCP do tipo de resposta hipersensível será discutida com mais detalhes no Capítulo 24.

A rota de autofagia captura e degrada constituintes celulares dentro de compartimentos líticos

As células, à semelhança de máquinas complexas, experimentam desgaste ao longo do tempo, e partes necessitam ser substituídas continuamente para estender a duração de suas vidas. A **autofagia** (do grego, "comer a si próprio") foi inicialmente caracterizada em células animais como o mecanismo catabólico que fornece componentes celulares para lisossomos, onde eles são degradados. Ela protege a célula de efeitos prejudiciais ou letais de proteínas e organelas danificadas ou desnecessárias.

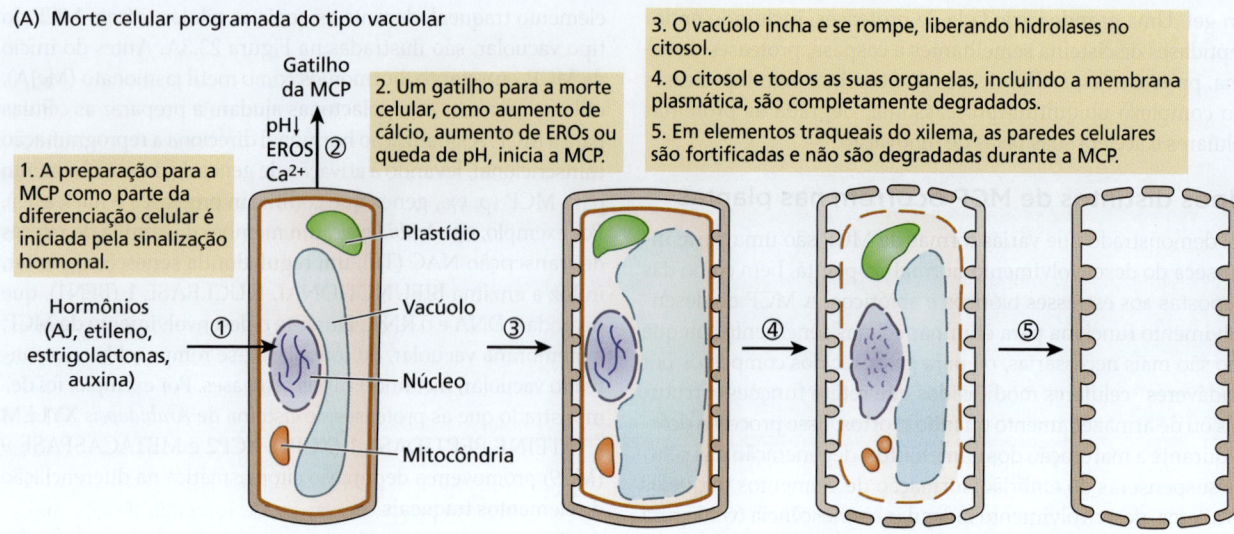

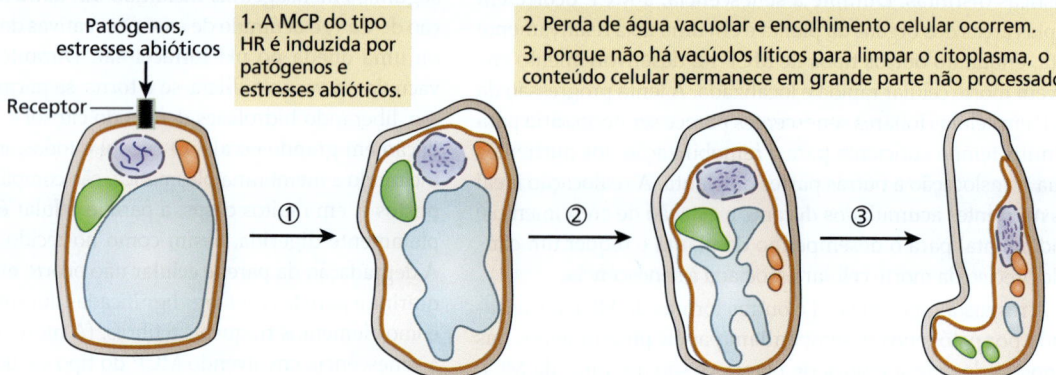

Figura 23.3 Dois tipos de morte celular programada em plantas. (A) A MCP do tipo vacuolar, também referida como MCP do desenvolvimento, é exemplificada aqui pela diferenciação dos elementos traqueais do xilema. A preparação para a MCP como parte da diferenciação celular é mediada pela sinalização hormonal. No entanto, a MCP é executada apenas em resposta a um gatilho de morte celular, como um aumento na concentração de Ca^{2+} ou de espécies reativas de oxigênio (EROs) ou uma diminuição no pH. Nos elementos traqueais do xilema, os estágios iniciais da MCP envolvem a deposição simultânea da parede celular secundária e o inchaço do vacúolo. Conforme a MCP progride, o tonoplasto se decompõe, liberando hidrolases que digerem o conteúdo celular. (B) A MCP do tipo resposta de hipersensibilidade ocorre em folhas em resposta ao ataque microbiano ou ao estresse abiótico. O vacúolo perde água, resultando em acentuado encolhimento celular, contração da parede celular e degradação do DNA nuclear. A contínua perda de água do citosol leva ao rompimento da membrana plasmática e à liberação dos conteúdos celulares residuais no apoplasto. MeJa, metil jasmonato.

Durante a inanição, a decomposição autofágica e a reciclagem de componentes celulares também asseguram a sobrevivência celular pela manutenção dos níveis de energia celular.

Na autofagia, o retículo endoplasmático (RE) inicialmente dá origem a uma cisterna membranosa em forma de taça chamada de **fagóforo** (**Figura 23.4**). Em animais, foi demonstrado que o fagóforo se forma em um sítio especializado sobre o RE. O fagóforo jovem adquire, então, membranas lipídicas adicionais, expande-se e desprende-se do RE. A expansão e a fusão do fagóforo lhe permitem engolfar componentes citoplasmáticos marcados para a destruição, incluindo proteínas mal dobradas, ribossomos, RE e mitocôndrias. O fagóforo torna-se esférico, e as bicamadas fosfolipídicas interna e externa fundem-se para formar o **autofagossomo** completo, circundado por uma membrana dupla. Em plantas, a membrana externa do autofagossomo fusiona-se com o tonoplasto. No processo, uma vesícula com uma única membrana, chamada de **corpo autofágico**, entra no vacúolo e é degradada (ver Figura 23.4). Os monômeros (aminoácidos, açúcares, nucleosídeos, etc.) gerados pela decomposição hidrolítica do corpo autofágico são devolvidos ao citosol para reutilização, ou como uma fonte de energia ou como unidades de construção de novas estruturas celulares.

A autofagia desempenha um papel duplo na regulação da MCP da planta

Embora tenham sido estudadas há muito tempo como processos separados, a autofagia e a MCP desempenham papéis

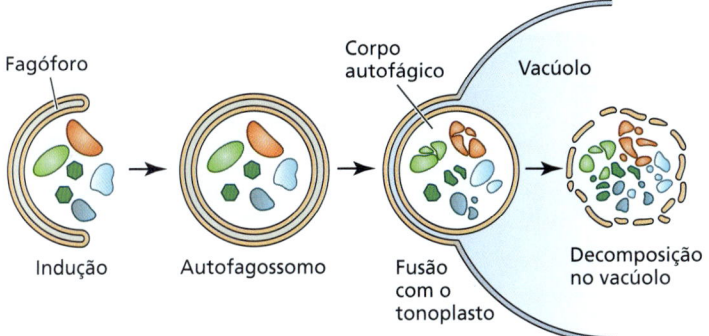

Figura 23.4 Formação do autofagossomo em eucariotos. A biogênese do autofagossomo começa com a formação de uma estrutura de membrana dupla em forma de taça chamada de fagóforo. As bordas do fagóforo crescem e engolfam o cargo (macromoléculas e organelas). As bordas então se fusionam, formando uma vesícula de membrana dupla chamada de autofagossomo. Alguma digestão ocorre dentro do autofagossomo durante seu trânsito em direção ao vacúolo. Após alcançar o vacúolo, a membrana externa do autofagossomo fusiona-se com o tonoplasto, e o cargo restante entra no vacúolo dentro de uma vesícula de membrana única (corpo autofágico), que pode, então, ser degradada por enzimas líticas.

centrais na imunidade e no desenvolvimento das plantas. Estudos genéticos e bioquímicos indicaram que a autofagia é um regulador crucial da MCP.

Inicialmente, pensava-se que a autofagia era um mecanismo para a sobrevivência celular durante as respostas imunes das plantas (ver Capítulo 24). Uma resposta hipersensível típica produz uma pequena região de tecido morto no local da infecção pelo patógeno (**Figura 23.5**). No entanto, mutações de genes relacionados à autofagia (ATG) fizeram com que os sintomas de morte celular se espalhassem muito além do local da infecção após uma incubação de 14 dias com uma cepa avirulenta do patógeno bacteriano *Pseudomonas syringae*. Esse fenótipo sugere que a autofagia ajuda a suprimir a disseminação da MCP do tipo resposta de hipersensibilidade.

Contraintuitivamente, outro aspecto do fenótipo mutante *atg* suporta uma função pró-morte para autofagia. Apesar de haver necrose mais extensa nos mutantes de *atg*, eles tinham áreas menores de MCP do tipo resposta de hipersensibilidade nos locais de infecção primária (ver Figura 23.5). Evidências adicionais da função pró-morte da autofagia vêm da análise de linhas transgênicas de *Arabidopsis* que exibem atividade autofágica aumentada devido à superexpressão da pequena proteína de ligação ao GTP Rabg3b, um componente que funciona na formação do autofagossomo. Quando plantas com superexpressão de RabG3B foram inoculadas com a bactéria avirulenta, a MCP foi significativamente acelerada nos locais de infecção primária em comparação com o tipo selvagem e se expandiu rapidamente para o tecido não infectado circundante em 2 dias (MCP do tipo resposta de hipersensibilidade irrestrita). A rápida disseminação da MCP nas linhas de superexpressão de RabG3b foi bem diferente da morte celular de progressão lenta

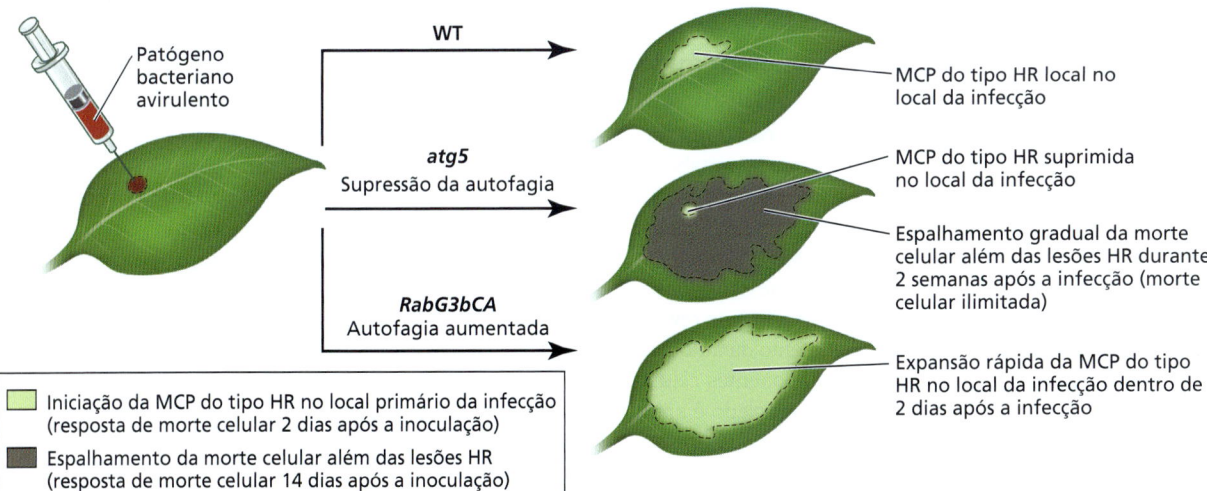

Figura 23.5 A autofagia desempenha um papel duplo na regulação da MCP da planta. Em plantas de tipo selvagem (WT), a inoculação com um patógeno avirulento (*Pseudomonas syringae* DC3000, *AvrRPM1*) induziu MCP do tipo resposta de hipersensibilidade (tipo HR) no local da folha infectada. Em comparação com o WT, o mutante *atg5* deficiente em autofagia mostrou MCP do tipo HR suprimido, e plantas com superexpressão de Rabg3b (Rabg3bCA), que aumentaram a autofagia, tiveram lesões de HR bastante expandidas que se desenvolveram dentro de dois dias após a inoculação. Esses fenótipos apoiam um papel pró-morte na autofagia na MCP induzida por patógenos. No entanto, ao longo de duas semanas após a inoculação, o mutante *atg5* desenvolveu gradualmente a morte celular clorótica em locais não infectados, sugerindo um papel distinto de sobrevivência para a autofagia. (Segundo S. I. Kwon et al. 2013. *Plant Physiol*. 161. 1722-1736

observada nas folhas de mutantes *atg* (ver Figura 23.5). Em conjunto, as evidências deixam claro que a autofagia desempenha um papel duplo na MCP desencadeada por patógenos: Ela atua como um mecanismo pró-morte ao iniciar a resposta de hipersensibilidade no local primário da infecção e desempenha um papel pró-sobrevivência ao suprimir a propagação da morte celular para além das lesões localizadas de resposta hipersensível.

Durante a embriogênese, a autofagia pode ser necessária para a diferenciação normal de alguns tipos de células. O papel da autofagia no desenvolvimento da MCP foi estudado em embriões somáticos de abeto da Noruega. A supressão de ATG5 ou ATG6 não inibiu a morte celular, mas prejudicou a formação de um suspensor morfologicamente normal. O fenótipo suspensor comprometido é causado por uma alteração na forma como as células morrem, causando uma mudança da morte celular vacuolar, que está associada à eliminação celular gradual, mas completa, para a morte celular rápida com sinais típicos de necrose. As mudanças no modo de morte celular em mutantes *atg* implicam que a autofagia desempenha um papel contínuo na MCP do desenvolvimento, em vez de simplesmente atuar como um iniciador. A desmontagem celular durante a MCP vacuolar é altamente ordenada e regulada, o que requer a manutenção da atividade celular para evitar necrose. É provável que a autofagia esteja envolvida ao permitir o crescimento do vacúolo, bem como ao fornecer às células terminalmente diferenciadas substratos para o metabolismo energético durante a MCP no desenvolvimento. Isso explicaria o fato de que a supressão da autofagia durante o desenvolvimento somático do embrião leva à necrose.

A autofagia é necessária para a reciclagem de nutrientes durante a senescência da planta

Em células não senescentes, a autofagia serve como um mecanismo homeostático que mantém a integridade metabólica e estrutural da célula. O papel inibitório da autofagia na senescência das plantas foi demonstrado por meio de análise genética. Conforme mostrado na **Figura 23.6**, mutantes de *Arabidopsis* com autofagia defeituosa exibem senescência foliar acelerada. Outros estudos moleculares e bioquímicos revelaram que, durante a senescência foliar, o aumento da autofagia facilita a degradação e a eliminação de componentes celulares tóxicos e danificados. O material celular reciclado é então usado para remobilizar nutrientes por toda a planta. Portanto, como em outros tipos de MCP, a autofagia parece desempenhar papéis pró-morte e pró-sobrevivência durante a senescência da planta. Esses papéis antagônicos sustentam a vida das células senescentes, mantendo os níveis de energia celular e promovendo a degradação controlada dos constituintes celulares. O equilíbrio estreito entre esses dois efeitos permite a reciclagem e a remobilização eficientes de nutrientes pelo maior tempo possível antes da morte celular.

Figura 23.6 Fenótipo de *Arabidopsis* de tipo selvagem e do mutante defeituoso de autofagia *atg4a4b-1*. (A) Folhas em roseta do tipo selvagem. (B) Folhas em roseta do mutante com autofagia defeituosa exibindo senescência acelerada.

■ 23.2 A síndrome da senescência foliar

Todas as folhas, incluindo aquelas perenes, sofrem senescência – em resposta a fatores dependentes da idade, a sinais ambientais, a estresses bióticos ou abióticos. Na natureza, a síndrome da senescência foliar é normalmente observada nas folhas de outono, passando de verde para amarelo, laranja ou vermelho em árvores e outras plantas perenes. Plantas anuais, como plantações de grãos, também sofrem senescência foliar como parte da senescência em nível de planta inteira no estágio de preenchimento de grãos.

A senescência em células animais se refere principalmente à senescência mitótica (ou replicativa), ou seja, perda da capacidade de divisão celular adicional com o envelhecimento. Em contraste, a senescência foliar é a senescência pós-mitótica, na qual um processo degenerativo ocorre após a maturação ou diferenciação celular e leva à morte celular. A senescência foliar é uma forma especializada de MCP que permite a remobilização eficiente de nutrientes a partir de folhas-fonte para os drenos do crescimento vegetativo ou reprodutivo via floema. Como é o caso para outros exemplos de MCP mostrados na Figura 23.2, a senescência foliar é um processo selecionado evolutivamente que contribui para o desempenho (*fitness*) global da planta.

Entretanto, a senescência foliar ocorre mesmo sob condições ideais de crescimento e é, portanto, parte do programa de desenvolvimento normal da planta. No entanto, pode ser induzida prematuramente por condições ambientais adversas, como estresses abióticos e bióticos (ver Capítulos 15 e 24), que podem encurtar a vida útil de toda a planta ou de seus órgãos individuais. Em condições desfavoráveis, a senescência foliar também pode servir como mecanismo de sobrevivência. Por exemplo, uma folha doente pode envelhecer, morrer e cair da planta, ajudando assim a prevenir a propagação de doenças. Da mesma forma, deficiência de nitrogênio, limitação de luz e estresse por déficit hídrico podem induzir o início da senescência, o que pode resultar no desenvolvimento precoce das sementes e na redução da vida útil da planta. Portanto, é óbvio que existem vários caminhos que respondem a fatores ambientais e estão interconectados com programas de desenvolvimento endógeno. Em eudicotiledôneas, a senescência geralmente é seguida pela abscisão, o processo que permite às plantas desprender folhas senescentes. Juntos, os programas de senescência e abscisão foliar ajudam a otimizar a eficiência fotossintética e nutricional da planta.

A senescência foliar pode ser sequencial, sazonal ou induzida por estresse

A senescência foliar sob condições normais de crescimento é governada pela idade de desenvolvimento da folha, que é uma função de hormônios e outros fatores reguladores. Sob essas circunstâncias, geralmente existe um gradiente de senescência a partir das folhas mais jovens, localizadas próximo às extremidades em crescimento, até as folhas mais velhas, localizadas próximo à base do caule – um padrão conhecido como **senescência foliar sequencial** (**Figura 23.7**). Em eudicotiledôneas, esses gradientes de idade também podem ser vistos em folhas individuais. As células na ponta da folha emergem mais cedo do primórdio da folha e, portanto, são mais velhas em comparação com as células da base da folha. Em muitas monocotiledôneas, particularmente gramíneas, o meristema intercalar continua a produzir novo tecido foliar totalmente diferenciado na base da folha até que a folha atinja seu tamanho total.

Figura 23.7 Senescência foliar sequencial de hastes de trigo mostrando um gradiente de senescência desde as folhas mais velhas na base a folhas mais jovens próximas ao ápice.

As folhas de árvores decíduas em climas temperados, ao contrário, senescem todas ao mesmo tempo em resposta a dias mais curtos e às temperaturas mais baixas do outono, um padrão conhecido como **senescência foliar sazonal** (**Figura 23.8**). As senescências foliares sequencial e sazonal são variações da senescência do desenvolvimento, uma vez que elas ocorrem sob condições normais de crescimento.

As alterações morfológicas associadas à senescência foliar induzida por estresse diferem daquelas da senescência foliar no desenvolvimento. Em folhas senescendo em consequência do desenvolvimento, a senescência é coordenada ao nível da folha inteira, começando nos ápices ou nas margens das folhas e estendendo-se em direção à sua base (Figura 23.7). O estresse ambiental, ao contrário, pode ocorrer em locais específicos em uma folha. Quando ocorre estresse localizado, o tecido estressado senesce antes do tecido não estressado. O estresse por nutrientes minerais também pode alterar a senescência foliar sequencial (ver Capítulo 7).

(A) 8 de setembro (B) 13 de setembro (C) 18 de setembro

(D) 25 de setembro (E) 3 de outubro (F) 8 de outubro

Figura 23.8 Senescência foliar sazonal em um indivíduo de choupo (*Populus tremula*). Todas as folhas começam a senescer no final de setembro e sofrem abscisão no início de outubro.

As folhas sofrem grandes mudanças estruturais e bioquímicas durante a senescência foliar

Durante a senescência, as células foliares estão sujeitas a uma transição dramática no metabolismo celular e a uma degradação ordenada das estruturas celulares. Os cloroplastos são as primeiras organelas a serem alvo de degradação (**Figura 23.9**). A degeneração do cloroplasto começa com a degradação da clorofila, o primeiro sintoma visível da senescência. A degradação de proteínas e RNA é paralela à perda da atividade fotossintética, liberando nutrientes, como nitrogênio, fósforo, íons metálicos e minerais, que são transferidos para fora da folha.

Nas folhas senescentes, as atividades anabólicas, como a síntese de proteínas, geralmente diminuem, o que pode ser observado como um declínio no número de polissomos e ribossomos durante os estágios iniciais da senescência foliar. Consistente com a diminuição na síntese de proteínas, a síntese de rRNAs e tRNAs também diminui durante a senescência foliar. Simultaneamente, as atividades catabólicas aumentam, incluindo a hidrólise de macromoléculas, como proteínas, lipídeos, ácidos nucleicos e pigmentos. Os cloroplastos contêm cerca de 70% do total de proteína foliar, a maioria consistindo em Rubisco localizada no estroma e na proteína do complexo de captação de luz II (LHCP II, *light-harvesting chlorophyll-binding protein II*) associada às membranas tilacoides (ver Capítulos 9 e 10). As proteases estromais e vacuolares associadas à senescência desempenham papéis importantes na degradação da proteína do cloroplasto. O catabolismo e a remobilização das proteínas do cloroplasto são, portanto, a principal fonte de aminoácidos e nitrogênio para os órgãos de drenagem. Uma variedade de enzimas que degradam lipídeos, incluindo fosfolipase D, fosfatase ácida fosfatídica e lipoxigenase, estão envolvidas na hidrólise e no metabolismo dos lipídeos da membrana. O aumento da atividade das RNases durante a senescência foliar combinado com o declínio na biossíntese de RNA resulta em diminuição maciça nos níveis totais de RNA.

Como os cloroplastos, outras organelas, como o peroxissomo, também sofrem alterações bioquímicas à medida que a senescência avança. Em contraste, o núcleo e as mitocôndrias permanecem intactos até os estágios posteriores da senescência. Isso reflete a necessidade de as células foliares manterem a expressão gênica e a produção de energia para concluir adequadamente o programa de senescência. No entanto, a condensação da cromatina e o escalonamento do DNA, sintomas típicos da MCP, são eventualmente observados em folhas senescentes. As células foliares finalmente sofrem desintegração do plasma e das membranas vacuolares, levando à interrupção da homeostase celular e à morte.

A autólise das proteínas do cloroplasto ocorre em múltiplos compartimentos

A degradação das proteínas cloroplastídicas durante a senescência envolve tanto enzimas localizadas nos plastídios, incluindo proteases, como outros sistemas proteolíticos fora dos cloroplastos. Por exemplo, a decomposição da Rubisco e de

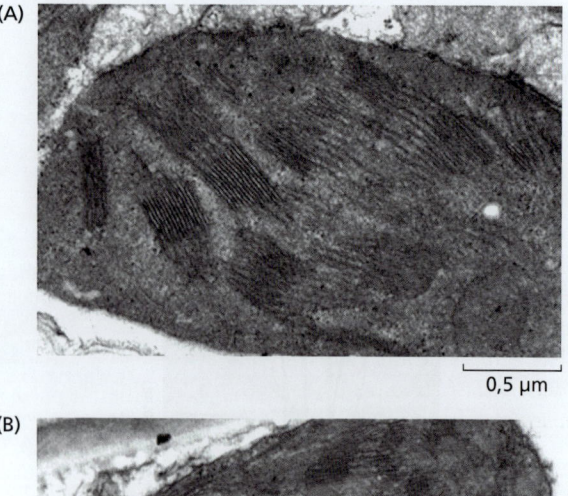

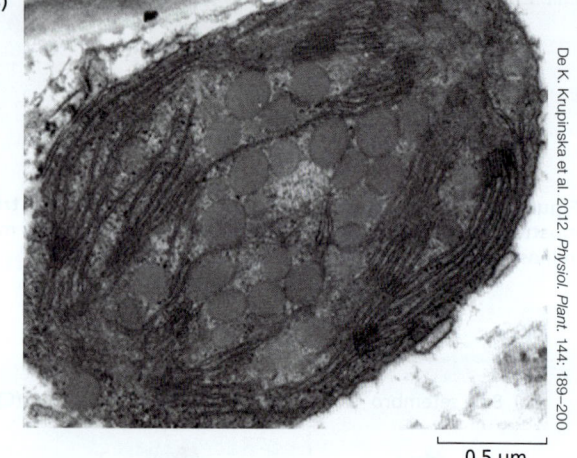

Figura 23.9 **Ultraestrutura de cloroplastos e gerontoplastos em células do mesófilo de folha de cevada.** Cloroplastos antes da senescência e (A) gerontoplastos de folhas nas quais cerca de 50% da clorofila foram perdidos. Durante a senescência foliar, os cloroplastos são transformados em gerontoplastos, mostrando o desempilhamento progressivo da grana e a perda das membranas tilacóides. A desmontagem estrutural da grana nos gerontoplastos é acompanhada por um declínio nas reações fotoquímicas primárias e na eficiência das enzimas do ciclo de Calvin-Benson.

outras proteínas do estroma ocorre principalmente fora do cloroplasto mediante dois tipos de estruturas autofágicas, os **corpos contendo Rubisco** (**RCB**) e os **vacúolos associados à senescência** (**SAVs**) (**Figura 23.10**). Uma diferença importante entre essas duas estruturas é que os RCBs usam a maquinaria autofágica, enquanto os SAVs não utilizam. Os RCBs são circundados por uma dupla membrana e acredita-se que sejam formados quando vesículas brotam do cloroplasto senescente, encolhendo, assim, seu tamanho. Os RBCs recém-formados, que contêm somente Rubisco e outras enzimas do estroma, são envolvidos por autofagossomos que liberam seus conteúdos ao vacúolo para subsequente degradação. Ao contrário, SAVs são pequenos vacúolos, ricos em proteínas e ácidos que aumentam em quantidade durante a senescência no mesófilo e nas células-guarda, mas não nas células epidérmicas aclorofiladas.

Assim como os RCBs, os SAVs contêm rubisco e outras enzimas do estroma e são capazes de degradá-las diretamente, embora também possam se fundir com o vacúolo central. Os RCBs e os SAVs reduzem o tamanho do cloroplasto senescente e degradam proteínas do estroma, mas não estão envolvidos na decomposição das membranas dos cloroplastos. Os cloroplastos residuais são transportados para o vacúolo central por meio de um processo dependente de ATG4.

É provável que os estágios iniciais da autólise das proteínas cloroplastídicas ocorram dentro do cloroplasto. Cloroplastos contêm numerosas proteases dependentes de ATP das famílias gênicas de *Clp* (protease caseinolítica, de *Caseinolytic protease*) e *FtsH* (filamentação sensitiva à temperatura H, de *Filamentation temperature-sensitive H*), que são requeridas para o desenvolvimento do cloroplasto. Algumas dessas proteases são reguladas positivamente especificamente durante a senescência foliar, embora seus papéis precisos na senescência permaneçam desconhecidos. Além disso, cloroplastos isolados podem degradar parcialmente o Rubisco *in vitro*, sugerindo que as proteases do cloroplasto participam dos estágios iniciais da senescência foliar.

A proteína STAY-GREEN (SGR) é exigida tanto para a reciclagem da proteína LHCP II como para o catabolismo da clorofila

Como discutido no Capítulo 9, a clorofila é firmemente ligada em complexos com proteínas. Durante a senescência, esses complexos clorofila-proteína devem ser desmontados para

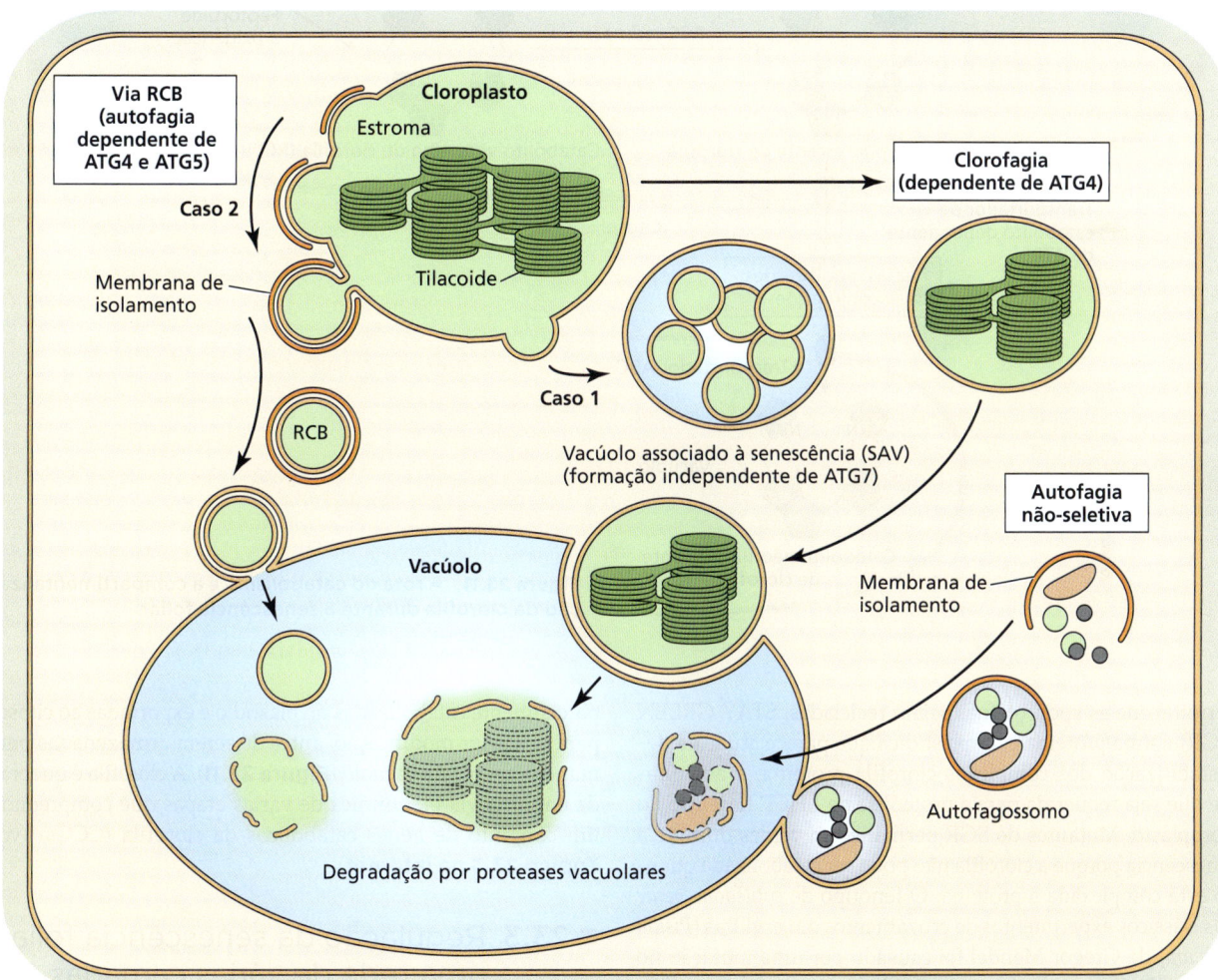

Figura 23.10 Vias para a degradação vacuolar dos cloroplastos e suas proteínas. Os cloroplastos podem ser degradados seletivamente por meio de vias diferentes. Na via do corpo contendo Rubisco (RCB), uma protrusão de cloroplasto é sequestrada por uma membrana de isolamento para formar um autofagossomo contendo especificamente proteínas estromais envoltas por um envelope de cloroplasto. O RCB resultante é transportado para o vacúolo central por autofagia dependente de ATG4 e ATG5 e degradado por proteases vacuolares. Alternativamente, as proteínas estromais podem ser transportadas por meio de vesículas para um vacúolo associado à senescência (SAV) (Caso 1) ou entrar em um SAV por sequestro de uma parte do cloroplasto (Caso 2). O cloroplasto restante, encolhido pela produção de RCBs e SAVs, é então transportado para o vacúolo central por meio de uma via dependente de ATG4 (clorofagia). (De H. Ishida et al. 2014. *Biochim. Biophys. Acta. Bioenerg.* 1837. 512–521

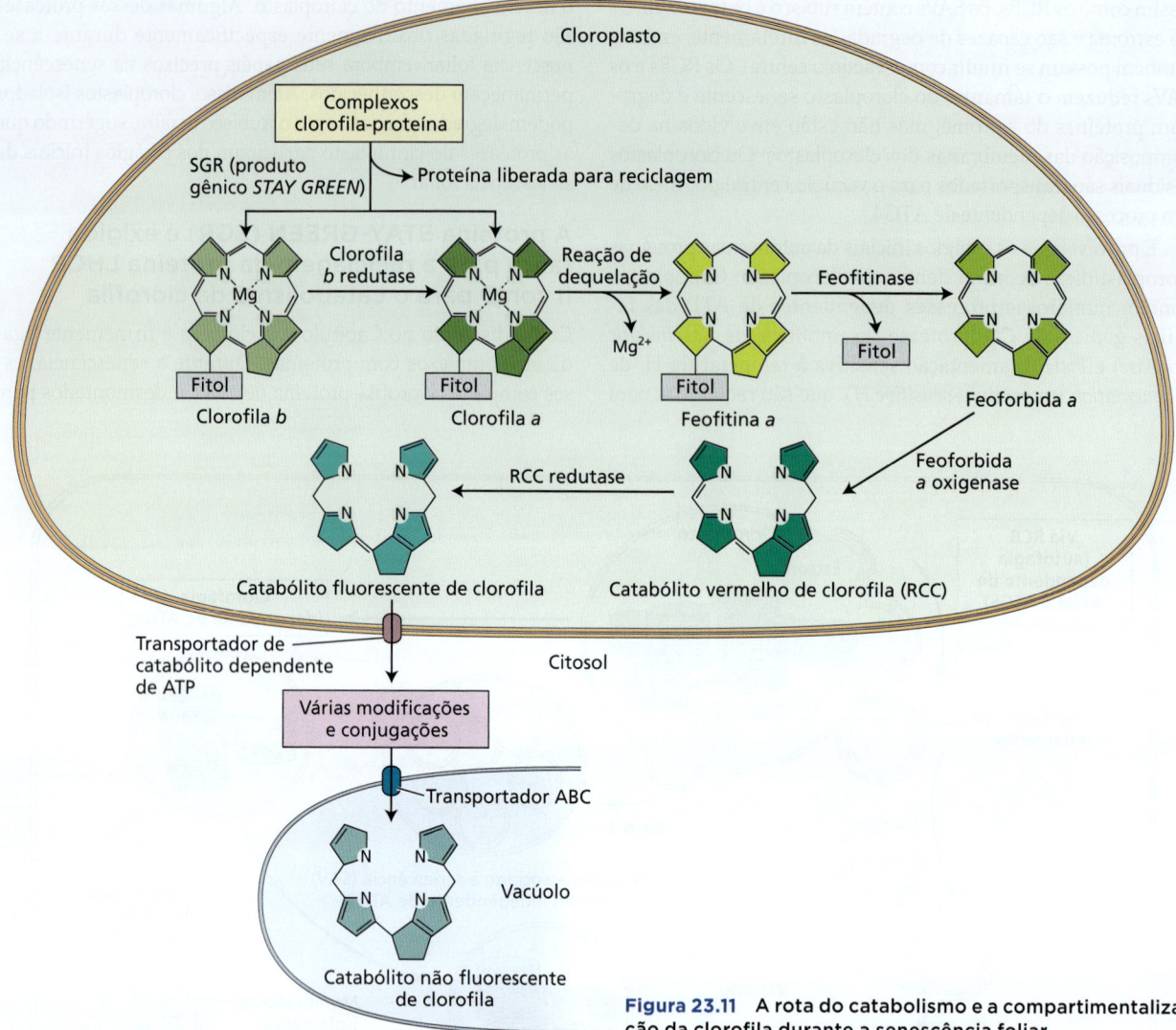

Figura 23.11 A rota do catabolismo e a compartimentalização da clorofila durante a senescência foliar.

permitir que as apoproteínas sejam recicladas. STAY-GREEN (SGR) é uma proteína cloroplastídica que parece atuar na desestabilização dos complexos clorofila-proteína, e acredita-se que seja requerida para a proteólise de LHCP II dentro do cloroplasto. Mutantes de SGR permanecem verdes durante a senescência porque a clorofila não pode ser catabolizada quando está complexada à proteína. O fenótipo de *cotilédone verde* nos clássicos experimentos de cruzamento com ervilhas (*Pisum sativum*) de Gregor Mendel foi causado por uma mutação no gene *SGR*. A despeito de sua capacidade de reter sua clorofila, os mutantes *sgr* exibem o mesmo declínio na eficiência fotossintética durante a senescência como as plantas do tipo selvagem, uma vez que a reciclagem (*turnover*) de proteínas solúveis do estroma não é afetada pela mutação. A desestabilização dos complexos clorofila-proteína por SGR, talvez auxiliada pela clivagem proteolítica parcial, libera as proteínas LHCP II para autólise. As moléculas de clorofila liberadas são, então, parcialmente catabolizadas no plastídio e exportadas ao citosol para posterior modificação, antes de serem armazenadas permanentemente no vacúolo (**Figura 23.11**). A clorofila é quebrada em uma via bioquímica de várias etapas que compreende um conjunto de genes catabólicos da clorofila (CCGs) (ver **Tópico 23.3 na internet**).

23.3 Regulação da senescência foliar: uma rede de várias camadas

A transição de uma folha madura, fotossinteticamente ativa, para uma folha senescente é uma fase importante de mudança que requer expressiva reprogramação da expressão gênica. Uma análise global da expressão gênica em *Arabidopsis* identificou milhares de genes cujos níveis de transcritos são aumentados durante a senescência foliar. Os genes regulados positivamente são denominados **genes associados à senescência** (**SAGs**, *senescence-associated genes*), e entre os primeiros a serem regulados positivamente estão aqueles que codificam TFs necessários para a expressão de outros SAGs. Genes cuja expressão é reprimida pela senescência são chamados de **genes de senescência regulados negativamente** (**SDGs**, *senescence down-regulated genes*). Uma comparação das rotas metabólicas que são ou estimuladas (por SAGs) ou reprimidas (por SDGs) durante a senescência foliar sequencial em *Arabidopsis* é mostrada na **Figura 23.12**. SAGs incluem muitos genes associados com estresse abiótico e biótico, como autofagia, resposta a espécies reativas de oxigênio (EROs), ligação a íons metálicos, pectinesterase (decomposição da parede celular), decomposição lipídica e genes envolvidos na sinalização hormonal do ácido abscísico, do ácido jasmônico e do etileno (ver Capítulo 4).

Uma vez que a senescência pode ter causas tanto internas como externas, surge a questão se a senescência foliar relacionada ao estresse envolve as mesmas rotas metabólicas e programas genéticos que a senescência foliar do desenvolvimento. Comparações foram feitas entre os padrões de expressão gênica de folhas de *Arabidopsis* tratadas com uma diversidade de estresses abióticos e aqueles de folhas naturalmente senescentes. Nos primeiros estágios do tratamento, os padrões de expressão gênica de folhas estressadas foram distintos daqueles de folhas naturalmente senescentes. Entretanto, no momento em que as folhas começaram a amarelar, os dois conjuntos de dados convergiram. Essas descobertas sugerem que o estresse abiótico inicialmente envolve rotas específicas de transdução de sinal relacionadas ao estresse; contudo, as rotas induzidas por estresse coincidem em parte com as rotas de senescência do desenvolvimento uma vez que a MCP inicia.

A senescência foliar depende da regulação abrangente das vias que respondem a fatores endógenos e ambientais

Estudos extensivos de genética molecular identificaram muitas moléculas regulatórias e vias de sinalização relevantes que desempenham papéis importantes na senescência foliar, incluindo reguladores de transcrição, receptores e componentes de sinalização para hormônios e respostas ao estresse e reguladores do metabolismo. Uma visão geral das rotas de sinalização e das redes regulatórias envolvidas na regulação da senescência foliar é mostrada na **Figura 23.13.** Mais recentemente, dados de análises ômicas e sistêmicas da senescência foliar expandiram significativamente nosso conhecimento dos mecanismos regulatórios altamente complexos subjacentes à senescência foliar e como eles são ajustados nos níveis regulatório de cromatina, transcricional, pós-transcricional, traducional e pós-traducional.

REGULAÇÃO DA TRANSCRIÇÃO A senescência foliar é acompanhada por uma extensa reprogramação da expressão gênica em todo o genoma, e a ativação e/ou desativação dinâmica dos TFs é crítica para esse processo. Por consequência, a expressão de aproximadamente 20% dos genes de TF em *Arabidopsis* é alterada durante a senescência foliar. Alguns desses TFs foram identificados como reguladores principais do programa de senescência foliar. Esforços adicionais para identificar redes regulatórias envolvendo esses TFs fornecerão uma compreensão mais profunda do complexo processo de senescência foliar, por exemplo, como o programa de desenvolvimento é integrado aos sinais ambientais durante a senescência.

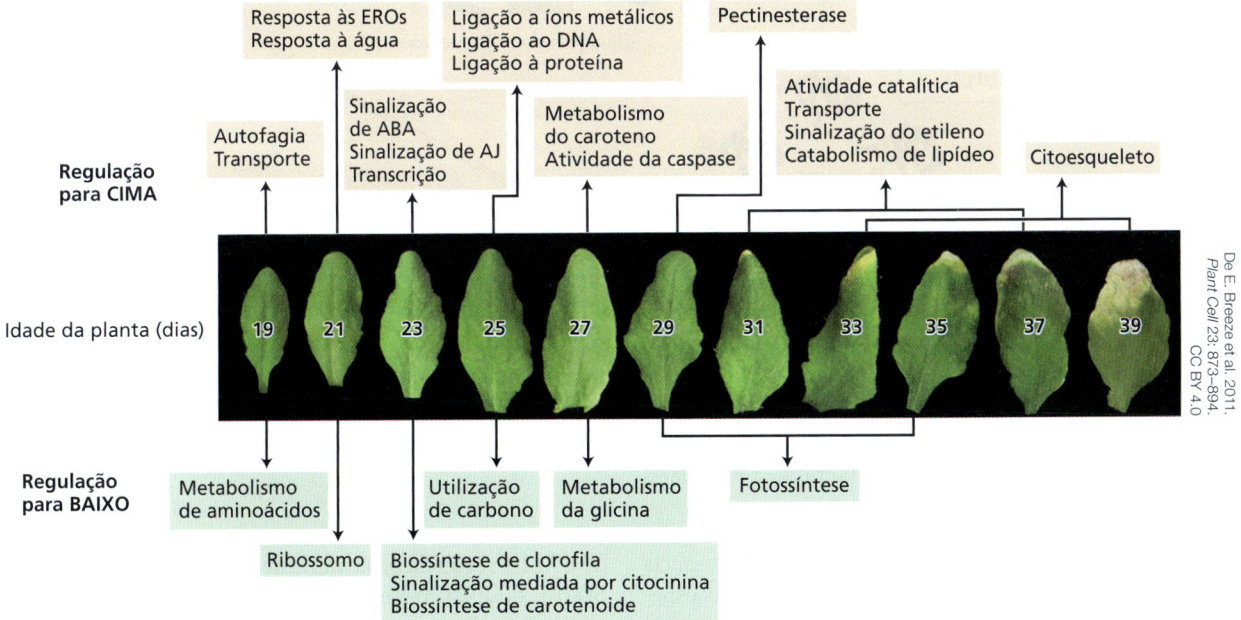

Figura 23.12 Rotas metabólicas que são reguladas positivamente (*up-regulated*) ou reguladas negativamente (*down-regulated*) durante a senescência em *Arabidopsis*. ABA, ácido abscísico; AJ, ácido jasmônico; MeJA, metil jasmonato.

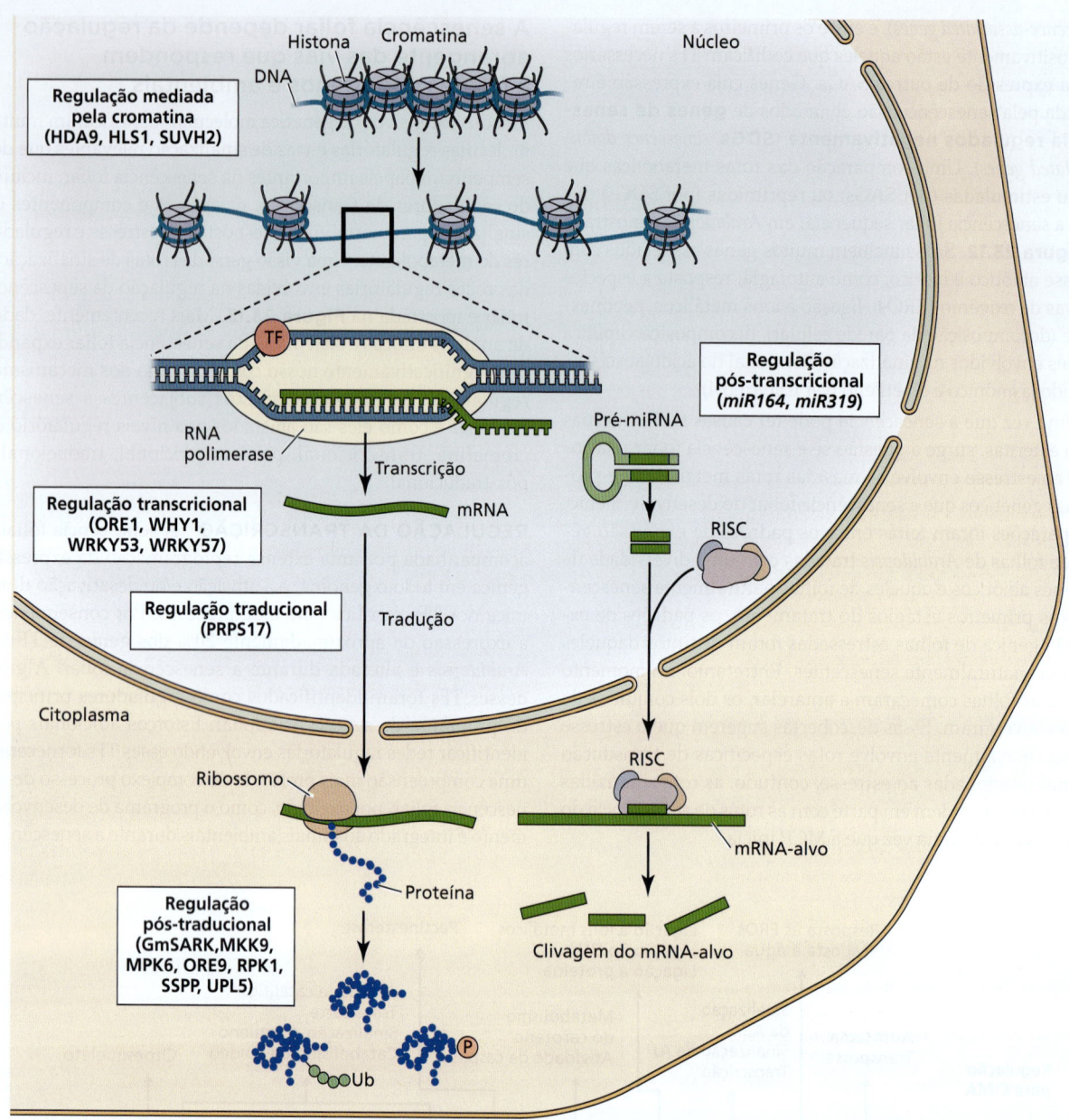

Figura 23.13 Visão geral das vias de sinalização e redes regulatórias envolvidas na senescência foliar. A senescência foliar é finamente regulada no nível da cromatina, transcrição, pós-transcrição, tradução e pós-tradução. O controle da estrutura da cromatina por meio de modificadores de histonas, como HDA9, HLS1 e SUVH2, é um mecanismo-chave da senescência foliar. A regulação dinâmica de fatores de transcrição (TFs), como ORE1 e WRKY53, é importante para modular a senescência foliar. Além disso, miRNAs, incluindo *miR164*, desempenham um papel no controle da senescência foliar. Modificações pós-traducionais, como fosforilação e ubiquitinação, fornecem uma camada adicional de regulação. Pré-miRNA, microRNA prematuro; RISC, complexo de silenciamento induzido por RNA; Ub, ubiquitina. (Segundo H. R. Woo et al. 2013. *J. Cell Sci.* 126. 4823–4833)

O envolvimento dos TFs da família NAC na senescência foliar tem sido intensamente caracterizado em diversas espécies de plantas. Um desses TFs, ORESARA 1 (ORE1), regula positivamente a senescência foliar em *Arabidopsis*. A expressão de *ORE1* é regulada positivamente pelo ETHYLENE-INSENSITIVE 2 (EIN2), mas em folhas jovens isso é neutralizado pela regulação negativa por *miRNA164* (*miR164*). A expressão do *miR164* diminui gradualmente com a idade da folha por meio

Os TFs vegetais WRKY (pronunciado *"worky"*) são reguladores importantes da senescência, bem como das interações planta-patógeno. Como as proteínas NAC, os TFs WRKY promovem a senescência foliar. O WRKY53 regula positivamente a senescência foliar modulando a expressão de vários SAGs relacionados a patógenos e estresse e, portanto, é considerado um nó de convergência entre a senescência e as vias bióticas e abióticas de resposta ao estresse. A rede regulatória WRKY53 que controla a senescência foliar envolve vários níveis e mecanismos de regulação (**Figura 23.15**). Durante a senescência foliar, a transcrição de *WRKY53* é diretamente suprimida pelo WHIRLY 1 (WHY1) TF (ver Figura 23.15, 4) e posteriormente regulada pela modificação de histona mediada pelo SUPPRESSOR OF VARIEGATION 3-9 HOMOLOG 2 (SUVH2) (ver Figura 23.15, 1). A modificação pós-tradução de WRKY53 por ubiquitinação e fosforilação altera sua estabilidade e afinidade de ligação ao alvo, respectivamente (ver Figura 23.15, 5 e 6). A atividade do WRKY53 é ainda mais modulada pela interação com o EPI-THIOSPECIFYING SENESCENCE REGULATOR (ESR), que inibe diretamente a atividade do WRKY53, ou com o complexo HISTONE DEACETYLASE 9 (HDA9)–POWERDRESS (PWR) (ver Figura 23.15, 2 e 3), que leva à repressão dos genes-alvo do WRKY53 (p. ex., *WRKY57*). Esta regulação multicamada do WRKY53 ilustra como é importante para as células ajustarem a atividade desse TF e controlarem com precisão a expressão gênica durante a senescência foliar.

REGULAÇÃO MEDIADA PELA CROMATINA A alteração da conformação da cromatina por meio da modificação das histonas e enzimas de remodelação da cromatina (ver Capítulo 3) é um mecanismo-chave para regular a senescência foliar. A análise de todo o genoma das modificações das histonas durante a senescência foliar de *Arabidopsis* revelou uma forte correlação entre a trimetilação da histona H3 lisina 4 (H3K4me3) e a transcrição de um subconjunto de genes cuja expressão é alterada durante a senescência foliar. A acetilação das histonas também é importante para modular a expressão gênica global durante a senescência foliar. Por exemplo, o HDA9 é um regulador positivo da senescência foliar que se liga aos promotores de genes que codificam os principais reguladores negativos da senescência e suprimem sua expressão. Por outro lado, um gene da histona acetiltransferase de *Arabidopsis*, *HOOKLESS 1* (*HLS1*), desempenha um papel negativo na senescência foliar. Outras evidências do envolvimento de modificações dinâmicas da cromatina no controle da senescência foliar vêm de mutantes com defeitos nos genes que codificam proteínas de remodelação da cromatina semelhantes a SWICH 2/Sacarose Non--Fermentable 2 (SWI2/SNF2).

REGULAÇÃO PÓS-TRANSCRICIONAL A senescência foliar é regulada pós-transcricionalmente por microRNAs. Centenas de miRNAs são expressos diferencialmente durante a senescência foliar e formam redes regulatórias mediadas por miRNA envolvidas em uma variedade de processos biológicos associados à senescência, incluindo regulação transcricional,

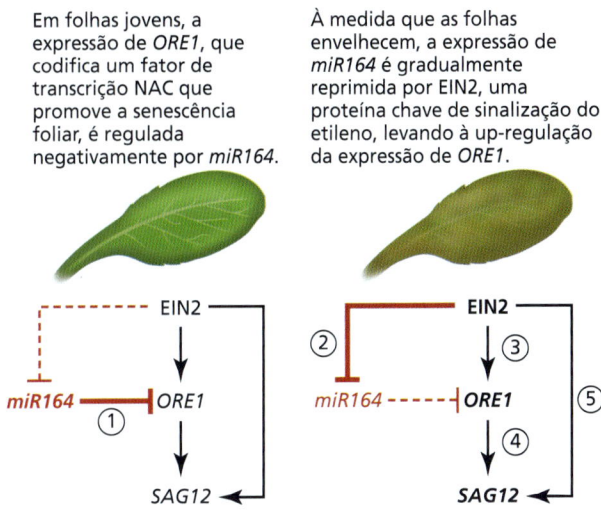

Em folhas jovens, a expressão de *ORE1*, que codifica um fator de transcrição NAC que promove a senescência foliar, é regulada negativamente por *miR164*.

À medida que as folhas envelhecem, a expressão de *miR164* é gradualmente reprimida por EIN2, uma proteína chave de sinalização do etileno, levando à up-regulação da expressão de *ORE1*.

① *miR164* suprime a expressão de *ORE1* ao clivar o mRNA de *ORE1*.

② EIN2 reprime a expressão de *miR164*, levando ao aumento da acumulação de transcritos de *ORE1*.

③ EIN2 também induz a transcrição de *ORE1*.

④ *ORE1* regula a expressão de diversos SAGs, incluindo *SAG12*.

⑤ EIN2 também induz a expressão de diversos SAGs por meio de uma via independente de ORE1.

Figura 23.14 Regulação da senescência foliar em *Arabidopsis* por uma via de alimentação trifurcada envolvendo EIN2, *miR164* e *ORE1*. *ORE1* promove a senescência foliar e sua expressão é induzida de forma dependente da idade pelo EIN2. *ORE1* é regulado negativamente no nível pós-transcricional por *miR164* em estágios iniciais da vida foliar; essa repressão é aliviada em estágios posteriores devido à regulação negativa dependente da idade da expressão de *miR164* por *EIN2*. (Segundo H. R. Woo et al. 2013. *J. Cell Sci*. 126. 4823–4833, com base em J. H. Kim et al. *Science* 323: 1053–1057)

da regulação negativa por EIN2, levando à regulação positiva da expressão de *ORE1* (**Figura 23.14**). Esses e outros resultados levaram a um modelo de via trifurcada para a regulação da morte celular associada à senescência à medida que as folhas envelhecem. O EIN2 também funciona em outras vias, incluindo sinalização de etileno e respostas ao estresse, e o ORE1 também é induzido pelo estresse salino. Portanto, a via trifurcada dependente da idade envolvendo ORE1 está provavelmente interligada com outros sinais ambientais e de desenvolvimento para ajustar a senescência foliar e os processos de morte celular. Outra rede regulatória envolvendo ORE1 liga a sinalização de luz ao programa de senescência foliar (discutido posteriormente) e à degradação da clorofila mediada por etileno durante a senescência foliar.

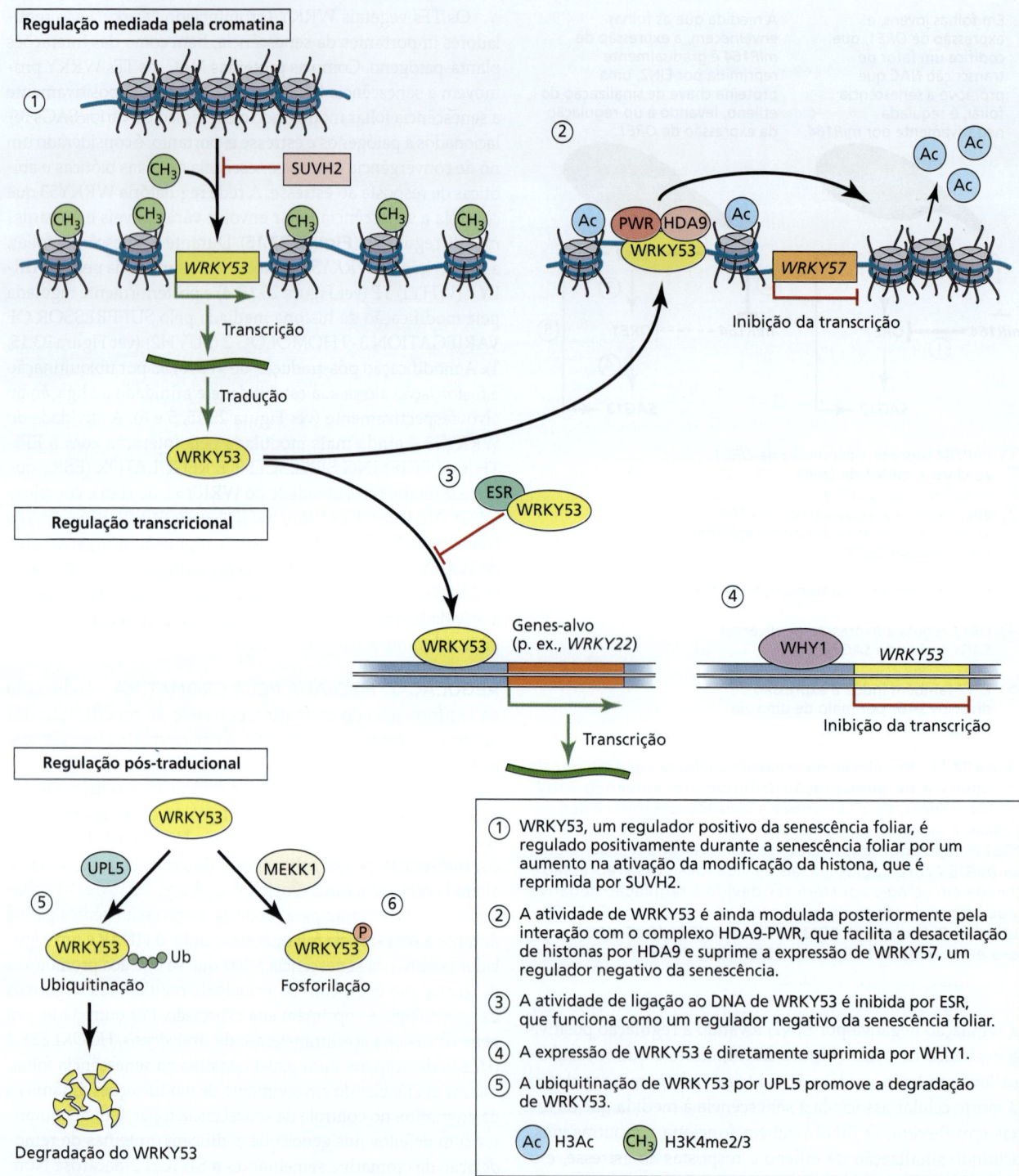

Figura 23.15 Regulação multicamada da senescência foliar por WRKY53. A regulação positiva da expressão de *WRKY53* durante a senescência foliar é parcialmente regulada pela metilação da histona mediada por SUVH2. O WRKY53 recruta HDA9 e PWR para seus locais-alvo, o que facilita a desacetilação das histonas pelo HDA9 e suprime a expressão dos genes associados, incluindo o *WRKY57*. A expressão de *WRKY53* é suprimida diretamente por WHY1. A atividade de ligação do WRKY53 aos seus genes-alvo pode ser inibida pela interação com ESR. A UBIQUITIN PROTEIN LIGASE 5 (UPL5) ubiquitina o WRKY53, causando sua degradação, e a MITOGEN-ACTIVATED PROTEIN KINASE KINASE KINASE 1 (MEKK1) fosforila WRKY53, o que aumenta sua ligação aos genes-alvo. (Segundo H. R. Woo et al. 2019. *Annu. Rev. Plant Biol.* 70. 15.1–15.30)

respostas hormonais, mobilização de nutrientes e integridade estrutural celular. Além do *miR164*, que, conforme discutido anteriormente, tem como alvo o ORE1 (ver Figura 23.14), o *miR319* controla a senescência foliar visando TEOSINTE BRANCHED/CYCLOIDEA/PCF (TCP).

REGULAÇÃO TRADUCIONAL Durante a senescência foliar, a síntese das subunidades grandes e pequenas de Rubisco é controlada no nível traducional. As subunidades grandes e pequenas são codificadas nos genomas plastídico e nuclear, respectivamente. As subunidades são montadas estequiometricamente para formar a holoenzima Rubisco e, portanto, sua expressão precisa ser bem coordenada. No entanto, os níveis de mRNA para a subunidade pequena diminuem mais rapidamente durante a senescência foliar do que aqueles para a subunidade grande, criando um desequilíbrio. Surpreendentemente, essa diferença nos níveis de mRNA é compensada por alterações em suas taxas de tradução. Uma mutação de *knock-down* no gene de Arabidopsis *PLASTID RIBOSOMAL SMALL SUBUNIT PROTEIN 17 (PRPS17)* leva a quantidades reduzidas da proteína PRPS17 e fenótipos de senescência foliar retardados, consistentes com um papel regulador para a regulação traducional de genes de plastídios na senescência foliar.

REGULAÇÃO PÓS-TRADUCIONAL As modificações pós-traducionais, como fosforilação, ubiquitinação, metilação e acetilação, compreendem outra camada importante de regulação subjacente à senescência foliar (ver Figura 23.15). A expressão de várias proteínas quinases e fosfatases é alterada durante a senescência foliar. As cascatas de sinalização da proteína quinase ativada por mitógeno (MAPK) desempenham um papel importante na modulação da senescência foliar desencadeada por diversos hormônios vegetais (ver Capítulo 4). Por exemplo, a cascata de sinalização MAPK envolvendo MKK9-MAPK6 (MPK6) tem relação com a senescência foliar induzida por ácido salicílico (SA). MPK6 aumenta indiretamente a expressão de NONEXPRESSER OF PR GENES 1 (NPR1) ao regular positivamente a expressão de *WRKY6* desencadeada por SA e também facilita a localização nuclear de NPR1.

As quinases semelhantes a receptores também estão envolvidas na regulação da senescência foliar. Mutações da *RECEPTOR PROTEIN KINASE 1 (RPK1)* em Arabidopsis e da *SENESCENCE-ASSOCIATED RECEPTOR-LIKE KINASE (GmSARK)* na soja causam fenótipos de senescência alterados, o que demonstra o papel regulatório dessas quinases na senescência foliar. O papel da fosforilação reversível de proteínas na senescência foliar é demonstrado pelo gene da *SENESCENCE-SUPPRESSED PROTEIN PHOSPHATASE (SSPP)* de Arabidopsis. O SSPP desfosforila e desativa o SARK, um regulador positivo da senescência foliar, inibindo assim a senescência foliar.

A importância da degradação da proteína dependente de ubiquitina na senescência foliar foi demonstrada pela primeira vez pela identificação de ORE9, uma proteína F-box, e UPL5, uma ubiquitina-proteína ligase E3 de domínio HECT, como reguladores positivos da senescência foliar. (Para uma discussão sobre os componentes moleculares da via de ubiquitinação, ver Capítulo 4.) As ligases de ubiquitina do tipo Plant U-box (PUB) E3 e Ring também estão envolvidas na regulação da senescência foliar.

SINALIZAÇÃO DE LUZ A privação de luz pode induzir a senescência prematura das folhas nas plantas. Em *Arabidopsis*, uma alta proporção de luz vermelha:vermelho-distante (alto R:FR) inibe a senescência foliar, enquanto uma razão baixa R:FR a promove, sugerindo que a regulação da luz da senescência foliar é mediada por um dos fitocromos (ver Capítulo 16). O fitocromo B (PhyB) foi proposto como o principal fotorreceptor responsável pelo alto retardo da senescência mediado por R:FR. Os fitocromos que absorveram a luz vermelha inativam os TFs (PIFs) básicos hélice-alça-hélice que interagem com o fitocromo, que inibem as respostas de luz no escuro. PIF4 e PIF5 são os principais PIFs envolvidos na promoção da senescência foliar. Mutações em PIF4 e PIF5 retardam a senescência foliar na escuridão prolongada, bem como em condições naturais de baixo R:FR, como na sombra de outras plantas. Em condições de alto R:FR, phyB causa degradação de PIF4/5, inibindo assim a senescência (**Figura 23.16**). Em condições de baixo R:FR, PIF4 e PIF5 interagem com as vias de sinalização de dois hormônios promotores da senescência, etileno e ABA, ativando diretamente a expressão dos TFs EIN3, *ABSCISIC ACID INSENSITIVE 5* (ABI5) e *ENHANCED EM LEVEL* (EEL). Esses TFs (PIF4, PIF5, EIN3, ABI5 e EEL), por sua vez, ativam a expressão do principal NAC TF ORE1 que promove a senescência, que regula centenas de SAGs. Assim, o ORE1 provavelmente funciona para integrar a sinalização de luz mediada por PHYB a fim de promover a senescência foliar em condições de pouca luz. Além disso, o PIF4 reprime diretamente a expressão de TFs *GOLDEN2-LIKE* (GLK) que são importantes para manter a atividade do cloroplasto. Juntas, essas evidências mostram que as proteínas PIF são componentes centrais de uma via que transmite informações de luz mediadas por fotorreceptores aos principais reguladores da senescência foliar.

RITMOS CIRCADIANOS Fazer transições de desenvolvimento na sequência correta e nos momentos certos é fundamental para o desempenho de uma planta. Recentemente, há evidências crescentes de que o relógio circadiano interage com o programa de desenvolvimento da senescência foliar (para uma discussão sobre o mecanismo do relógio circadiano, ver Capítulo 20). A primeira pista foi dada pela constatação de que o ritmo circadiano varia com a idade das folhas. O período circadiano dos genes regulados pelo relógio e dos genes do relógio central encurta de 24 h nas folhas jovens para 22 a 23 h nas folhas mais velhas. Essa mudança parece ser regulada pelo

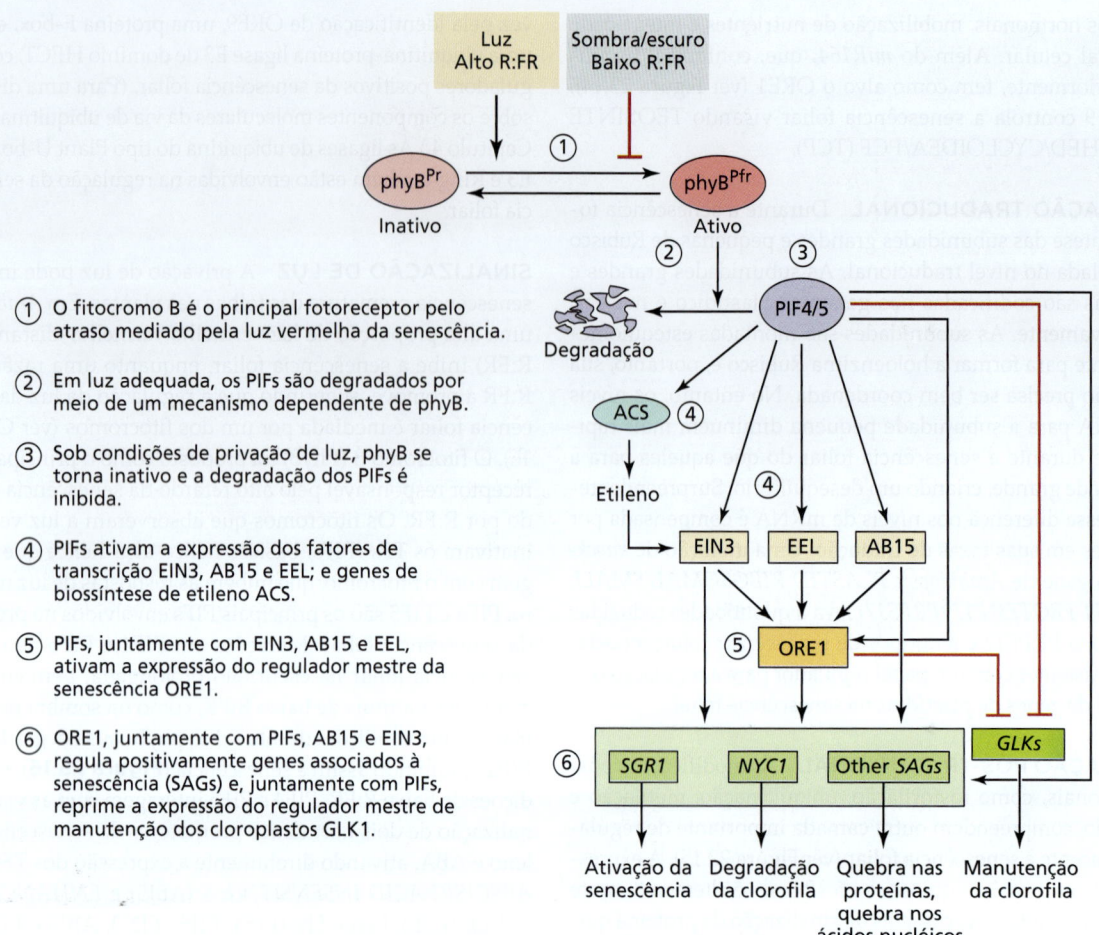

Figura 23.16 A rede regulatória que induz a senescência foliar em resposta à escuridão prolongada. Em luz suficiente (alto R:FR), os PIFs são degradados por meio de um mecanismo dependente do fitocromo B (PhyB), suprimindo assim a ativação da senescência dependente de PIF. Em sombra profunda e escuridão (baixo R:FR), a degradação de PIF mediada por PhyB é inibida. Os PIFs podem ativar a expressão dos TFs EIN3, ABI5 e EEL. Além disso, os PIFs ativam a biossíntese de etileno (regulando positivamente a ACC sintase [ACS]), e o etileno acumulado estabiliza o EIN3. PIFs, junto com EIN3, ABI5 e EEL, ativam a expressão de ORE1. Finalmente, ORE1, junto com PIFs, ABI5 e EIN3, regula positivamente os genes necessários para a degradação da clorofila e, junto com os PIFs, regula negativamente o regulador mestre de manutenção do cloroplasto GLKs. O ORE1 também ativa outros SAGs necessários para processos de senescência a jusante. NYC1, NON-YELLOW COLORING 1; SGR1, STAY GREEN 1. (Segundo D. Liebsch and O. Keech. 2016. *New Phytol*. 212. 563–570)

oscilador do relógio circadiano TIMING OF CAB EXPRESSION 1 (TOC1) (**Figura 23.17A**). Como nos sistemas de envelhecimento animal, a interrupção do relógio circadiano leva à alteração da expectativa de vida das plantas. Por exemplo, a mutação do CIRCADIAN CLOCK–ASSOCIATED 1 (CCA1), um dos principais componentes do relógio, acelera a senescência foliar. No estágio juvenil, o CCA1 reprime o regulador positivo da senescência ORE1 e ativa o gene de manutenção do cloroplasto GLK2 ligando-se diretamente aos promotores de ambos os genes. No entanto, a quantidade de CCA1 diminui com a idade, atenuando a inibição da senescência foliar (**Figura 23.17B**). Notavelmente, ORE1 está sob regulação circadiana. Assim, é provável que o ORE1 seja um integrador da senescência dependente da idade e do relógio circadiano.

Hormônios vegetais e outros agentes sinalizadores podem atuar como reguladores positivos ou negativos da senescência foliar

A senescência foliar de plantas superiores envolve processos regulados geneticamente e ambientalmente. Todavia, tanto o ritmo como a progressão da senescência são flexíveis, e hormônios são sinais-chave do desenvolvimento que aceleram ou retardam o ritmo da senescência foliar. A análise global da expressão gênica e a caracterização de mutantes genéticos revelaram que alguns hormônios atuam como reguladores positivos da senescência, enquanto outros agem como reguladores negativos. Entretanto, o mesmo hormônio pode atuar como um regulador positivo ou negativo do processo de senescência

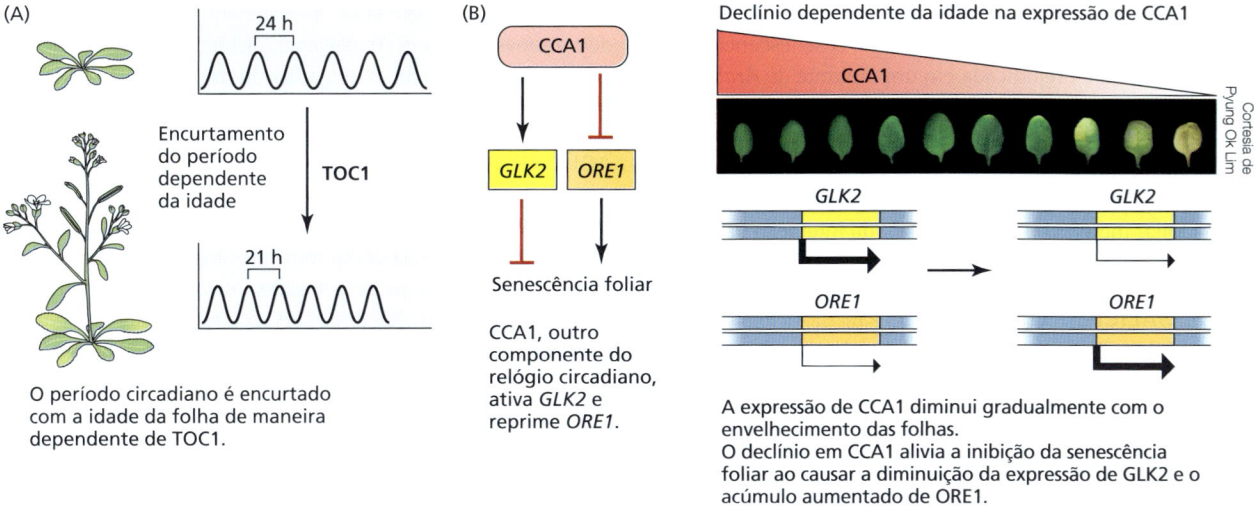

Figura 23.17 Interação entre o relógio circadiano e o envelhecimento em *Arabidopsis*. (A) O sinal de senescência é integrado ao relógio circadiano por meio do TOC1, um dos osciladores centrais, resultando no encurtamento do período circadiano com a idade da folha. (B) A expressão de CCA1, outro componente do relógio circadiano, diminui gradualmente com o envelhecimento. A diminuição na abundância de CCA1 causa diminuição da expressão de *GLK2* e aumento da expressão de *ORE1*, promovendo a transição do crescimento para a senescência.

dependendo da idade da folha. Hormônios também promovem as respostas a sinais ambientais, possibilitando à planta maximizar a remobilização sob diferentes condições ambientais. Recentemente, vários TFs, proteínas quinases e outras moléculas reguladoras associadas à sinalização hormonal foram identificadas como reguladores-chave da senescência foliar. Nas subseções que se seguem, os hormônios serão discutidos individualmente, mas é importante ter em mente que as rotas hormonais se sobrepõem e interagem de maneira tanto cooperativa quanto antagonística na regulação da senescência foliar, coerente com um mecanismo de controle em rede.

Reguladores positivos da senescência

ETILENO Etileno é um hormônio promotor da senescência amplamente reconhecido porque o tratamento com etileno exógeno acelera a senescência das folhas e flores. Os genes biossintéticos do etileno são regulados positivamente nas folhas senescentes e os níveis de etileno aumentam durante a senescência foliar. O significado da sinalização do etileno durante a senescência foi inicialmente inferido da senescência retardada do fenótipo de mutantes insensíveis ao etileno em *Arabidopsis*, como o *resistente ao etileno (etr1-1)*. Sabe-se que a estabilidade das proteínas-chave nas vias de sinalização do etileno ajusta o programa de senescência foliar. Por exemplo, o acúmulo de 1-AMINO-CYCLOPROPANE-1--CARBOXYLATE SYNTHASE 7 (ACS7), uma enzima biossintética de etileno, causa senescência foliar precoce. A degradação do ACS7 é inibida pela sinalização da senescência foliar, um mecanismo que ajusta os níveis de etileno conforme apropriado para o desenvolvimento foliar.

ÁCIDO ABSCÍSICO (ABA) Os níveis de ABA de ÁCIDO ABSCÍSICO (ABA) aumentam nas folhas senescentes, e a aplicação exógena de ABA induz rapidamente a expressão de vários SAGs e promove a senescência foliar. Durante a senescência foliar, os genes associados com a síntese e a sinalização de ABA são regulados positivamente. Os níveis de ABA também são significativamente elevados sob condições de estresse ambiental, que, com frequência, induzem a senescência foliar (ver Capítulo 15). Sabe-se que três componentes essenciais da via de sinalização ABA – PYRABACTIN RESISTANT 1 (PYR1)/PYR1-LIKE (PYL)/REGULATORY COMPONENTS OF ABA RECEPTOR (RCAR), PROTEIN PHOSPHATASE 2Cs (PP2Cs), e SNF1-RELATED PROTEIN KINASE 2s (SnRK2s) (ver Capítulo 4) – são conhecidos por mediar a senescência foliar promovida pelo ABA. Os NAC TFs, como *Arabidopsis thaliana* NAC-LIKE, ACTIVATED BY AP3/PI (*AtNAP*) e *Oryza sativa* NAC2 (*OsNAC2*), regulam positivamente os níveis de ABA e induzem a expressão de genes de degradação da clorofila. Portanto, há uma estreita interação entre a sinalização de estresse induzida por ABA e as rotas de sinalização da senescência foliar.

ÁCIDO JASMÔNICO (AJ) A aplicação exógena de AJ estimula a senescência foliar e influencia a expressão de vários genes relacionados à senescência. O conteúdo de AJ também aumenta em folhas à medida que elas senescem pelo desenvolvimento: folhas de 10 semanas de idade de *Arabidopsis* apresentaram 50 vezes mais AJ do que folhas de 6 semanas de idade. Consistente com o aumento do AJ endógeno durante a senescência foliar, a abundância de transcritos dos genes da biossíntese de AJ, como *LIPOXYGENASE 1 (LOX1), ALLENE*

OXIDE SYNTHASE (AOS) e *ALLENE OXIDE CYCLASE 1 (AOC1)*, aumenta nas folhas senescentes. A senescência foliar induzida por AJ é prejudicada em um mutante de *Arabidopsis* do receptor AJ insensível à coronatina 1 (COI1), demonstrando a importância da via de sinalização por AJ. Além disso, descobriu-se que os principais repressores na via de sinalização AJ, como JAZ4 e JAZ8, regulam negativamente a senescência foliar induzida por AJ por meio da interação física com WRKY57.

ÁCIDO SALICÍLICO (AS) O ácido salicílico regula muitos aspectos do crescimento e do desenvolvimento vegetal e as respostas a estresses bióticos e abióticos. Ele também regula positivamente a senescência foliar do desenvolvimento. Por exemplo, mutantes de *Arabidopsis* defeituosos na biossíntese ou na sinalização do AS exibem atraso na senescência em comparação com plantas do tipo selvagem. Além disso, o conteúdo de AS aumenta gradualmente à medida que a folha envelhece, o que induz a expressão de vários SAGs. A análise de transcriptoma confirmou que muitos dos genes envolvidos na biossíntese de AS são regulados para cima em folhas senescentes; cerca de 20% de SAGs são regulados positivamente (*up-regulated*) pela rota de sinalização de AS. O tratamento com AS induz a expressão de muitos SAGs, incluindo *WRKY53*, que (como já discutido) atua como um controle-mestre regulando outros genes *WRKY* associados com a senescência foliar (ver Figura 23.15). Além disso, descobriu-se que os TFs WRKY46 e WKRY75 promovem diretamente a transcrição de *SALICYLIC ACID INDUCTION–DEFICIENT 2 (SID2)* e, assim, induzem a produção de *AS*. É notável que a interferência entre as respostas AS e EROs é importante para manter os níveis de antioxidantes suficientemente baixos a fim de proteger as células foliares senescentes da morte prematura, o que garante a degeneração lenta e controlada das células durante a senescência foliar.

ESPÉCIES REATIVAS DE OXIGÊNIO Há uma crescente evidência de que EROs, especialmente H_2O_2, desempenham papéis importantes como sinais durante a senescência foliar. EROs são compostos químicos tóxicos que causam dano oxidativo a DNA, proteínas e lipídeos de membrana (ver **Tópico 13.7 na Internet** e Capítulo 15). Elas são produzidas principalmente como subprodutos dos processos metabólicos normais, como a respiração e a fotossíntese, em cloroplastos, mitocôndrias e peroxissomos. Elas também podem ser produzidas sobre a membrana plasmática. Entretanto, as EROs não desencadeiam senescência por causarem danos físico-químicos às células, mas, mais propriamente, atuam como sinais que ativam rotas de expressão gênica geneticamente programadas que conduzem a eventos regulados de morte celular.

Em *Arabidopsis*, a expressão do gene *WRKY53* aumenta em folhas durante o período de *bolting* (rápido alongamento do caule associado com o florescimento e com a senescência foliar). Os níveis foliares de H_2O_2 também aumentam durante o período de *bolting*. Demonstrou-se que o tratamento com H_2O_2 induz a expressão de *WRKY53*. Portanto, há boa evidência circunstancial de que o H_2O_2 atua como um sinal que desencadeia a senescência em *Arabidopsis*. A sinalização por EROs durante a senescência foliar é ligada à atividade da rota de transdução de sinal MAPK.

AÇÚCARES Além de servirem como fonte de energia e como constituintes estruturais para macromoléculas, os açúcares também podem atuar como moléculas sinalizadoras, regulando rotas metabólicas, bem como eventos do desenvolvimento. Por exemplo, a trealose-6-fosfato, que estimula a síntese de amido (ver Capítulo 10), pode servir como um sinal que liga a biossíntese de amido ao *status* de carbono do citosol nas folhas. Estudos mostraram que altas concentrações de açúcares diminuem a atividade fotossintética e podem mesmo desencadear a senescência foliar quando a concentração de açúcares excedem determinado limiar. A senescência induzida por açúcar é especialmente importante sob condições de disponibilidade baixa de nitrogênio. Recentemente, foi demonstrado que tanto a trealose 6-fosfato quanto os açúcares acumulam nas folhas senescentes de *Arabidopsis*. Isso sugere que a trealose 6-fosfato pode desempenhar um papel no início da senescência foliar em condições de alta disponibilidade de carbono.

Reguladores negativos da senescência

CITOCININA O papel repressor da senescência exercido pelas citocininas parece ser universal em plantas e foi demonstrado em muitos tipos de estudos. A aplicação exógena de citocininas ativas e um aumento no conteúdo de citocininas endógenas podem retardar a senescência. Para testar o papel da citocinina na regulação do início da senescência foliar, plantas de tabaco foram transformadas com um gene quimérico, no qual um promotor SAG-específico foi usado para direcionar a expressão do gene *isopentenil transferase (ipt)* de *Agrobacterium tumefaciens*, que codifica a enzima que sintetiza citocinina (ver **Apêndice 3 na internet**). As plantas transformadas tinham níveis de citocininas comparáveis aos do tipo selvagem e se desenvolveram normalmente até o início da senescência foliar. Entretanto, à medida que as folhas envelheceram, o promotor específico da senescência foi ativado, desencadeando a expressão do gene *ipt* nas células da folha, assim que o processo de senescência tenha sido iniciado (**Figura 23.18A**). Os altos níveis de citocininas resultantes não só bloquearam a senescência, mas também limitaram a expressão posterior do gene *ipt*, impedindo a superprodução de citocinina (**Figura 23.18B**).

O mecanismo molecular da ação da citocinina no retardamento da senescência foliar depende do sistema canônico de sinalização de citocinina de dois componentes (ver Capítulo 4). O receptor ARABIDOPSIS HISTIDINE KINASE 3 (AHK3) parece ser o receptor primário de citocinina que regula a senescência foliar em *Arabidopsis*. O aumento da função do AHK3 resulta em um significativo atraso na senescência foliar. De modo inverso, a interrupção de *AHK3*, e não de outros genes receptores de citocinina, resulta em senescência foliar prematura. Os fatores de resposta à citocinina (CRFs), que fazem

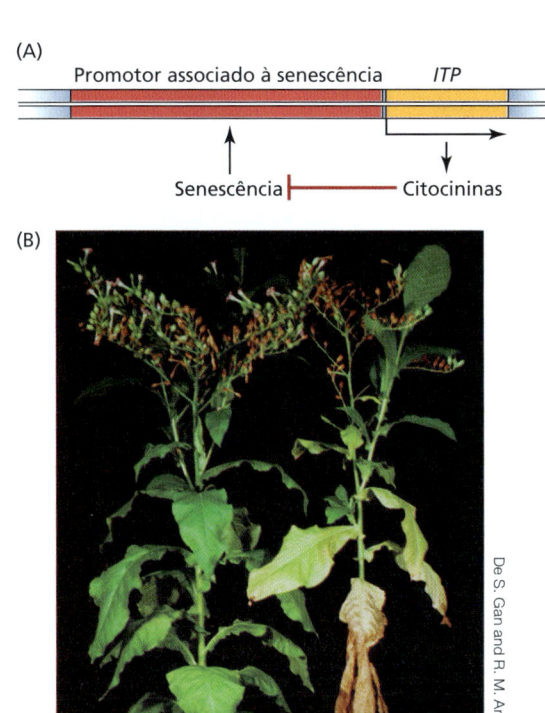

Figura 23.18 A citocinina é um regulador negativo da senescência foliar no tabaco transgênico. (A) Para gerar a construção usada neste experimento, um promotor induzido pela senescência foi fundido a um gene de biossíntese de citocinina, *ipt*, de *Agrobacterium tumefaciens*. No início da senescência das plantas transgênicas portadoras dessa construção, o promotor direciona a expressão do *IPT*, aumentando o nível de citocinina, que por sua vez inibe a senescência. A inibição da senescência atenua a expressão do promotor induzido pela senescência, evitando a superprodução de citocinina. (B) A senescência foliar é retardada em uma planta de tabaco transgênica contendo a construção *ipt* induzida pela senescência. (Segundo S. Gan and R. M. Amasino. 1995. *Science* 270: 1986–1988)

parte de um ramo lateral da via canônica de dois componentes, também são conhecidos por desempenharem um papel negativo na regulação da senescência induzida pelo escuro.

AUXINA A elucidação do papel da auxina na regulação da senescência foliar tem sido complexa, pois foi mostrado que a auxina desempenha um papel central em muitos aspectos do crescimento e do desenvolvimento vegetal. Além da complexidade, as altas concentrações de auxina estimulam a produção de etileno, que promove a senescência em folhas maduras. Entretanto, muito da evidência obtida até agora aponta para um papel da auxina como um regulador negativo da senescência foliar. A aplicação de auxina exógena em *Arabidopsis* leva a uma diminuição na expressão de muitos SAGs e à superexpressão de YUCCA6, a monoxigenase contendo flavina que catalisa a etapa limitante da taxa na biossíntese de auxina, retarda a senescência foliar e diminui a expressão de SAG. Além disso, o mutante *arf2* de *Arabidopsis* cuja senescência é retardada tem uma mutação no gene de *AUXIN RESPONSE FACTOR 2* (*ARF2*), que é um repressor de genes de resposta à auxina. Pela inativação do repressor *ARF2*, a mutação *arf2* causa uma resposta constitutiva à auxina, que adia a senescência foliar.

23.4 Abscisão

A queda de folhas, de frutos, de flores e de estruturaas não saudáveis é denominada abscisão (ver **Tópicos 23.4 e 23.5 na internet**). A abscisão ocorre dentro de camadas específicas de células na **zona de abscisão**. Nas folhas, a zona de abscisão está localizada perto da base do pecíolo (**Figura 23.19A–C**). Antes da abscisão, uma camada de separação forma-se dentro da zona de abscisão. Nas flores, a zona de abscisão é posicionada onde as pétalas e sépalas são fixadas ao receptáculo. A zona de abscisão geralmente pode ser identificada morfologicamente como uma ou mais camadas de células isodiametralmente achatadas e se torna diferenciada durante o desenvolvimento do órgão, muitos meses antes que a separação dos órgãos realmente ocorra. A zona de abscisão consiste em dois tipos de células vizinhas: **células residuais** no receptáculo e **células de secessão** nos órgãos de abscisão, ambas com atividades e estruturas celulares distintas (**Figura 23.19D e E**).

A abscisão de órgãos envolve a separação celular, que desempenha um papel crucial em muitos processos de desenvolvimento das plantas, incluindo a germinação das sementes, a formação de estômatos, o crescimento do tubo polínico e a deiscência dos frutos. Alguns desses processos são particularmente importantes para a agricultura. Por exemplo, a domesticação das culturas que levou ao desenvolvimento do arroz e do milho cultivados (milho; *Zea mays*) envolve uma redução na quebra de sementes – uma importante característica agrícola. Como as células vegetais estão embutidas nas paredes celulares, a separação das células durante os processos de desenvolvimento requer a quebra controlada das paredes celulares circundantes. Durante a abscisão, a lamela média que liga as paredes celulares dos dois tipos celulares vizinhos na zona de abscisão é degradada. A dissolução das paredes entre as células da camada de separação posteriormente resulta no órgão sendo desprendido da planta. O processamento descontrolado da parede celular por enzimas hidrolisadoras da parede celular durante a abscisão do órgão resulta na separação celular em locais ectópicos, interferindo na abscisão precisa dos órgãos (consulte as seções subsequentes para obter mais informações).

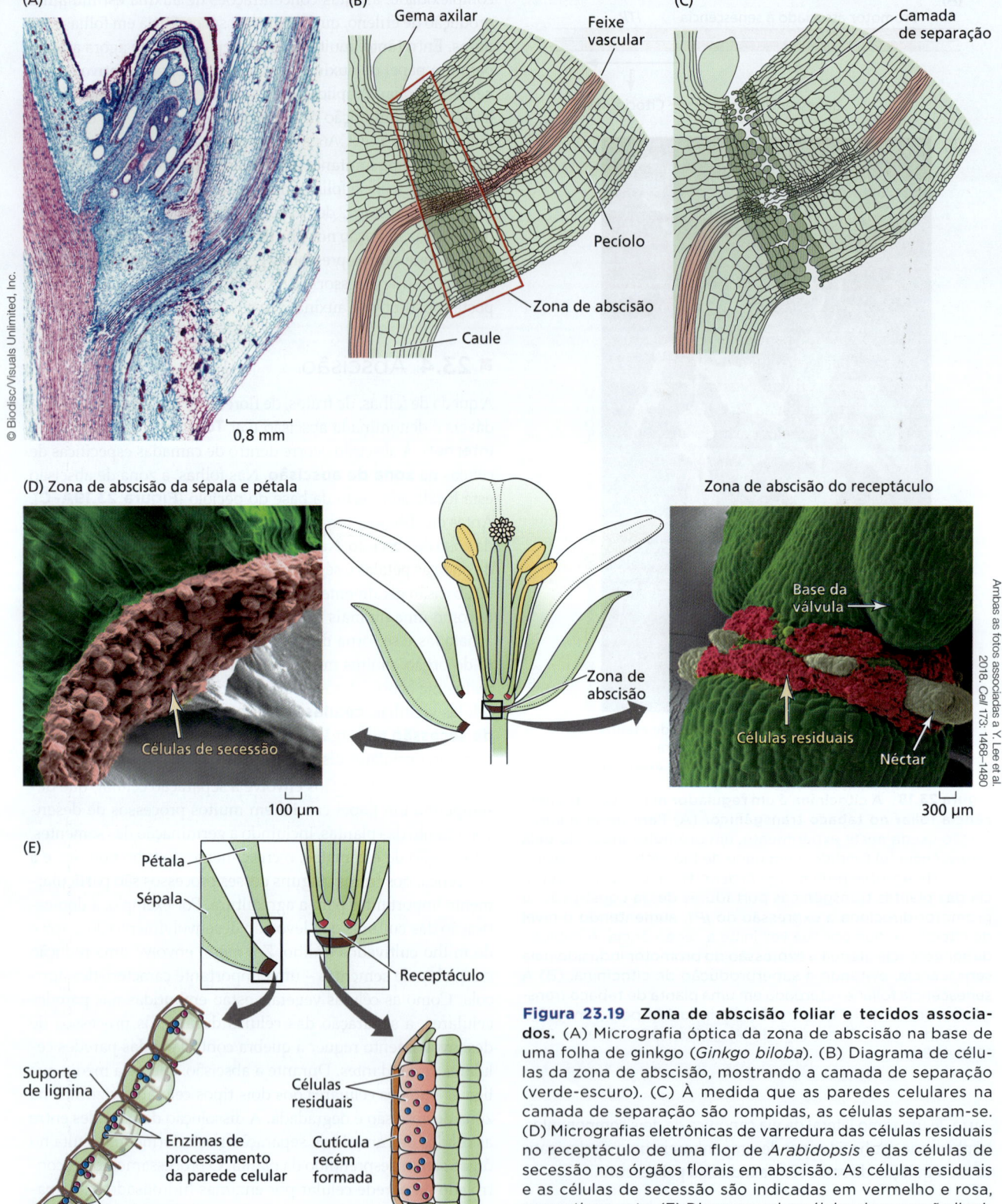

Figura 23.19 Zona de abscisão foliar e tecidos associados. (A) Micrografia óptica da zona de abscisão na base de uma folha de ginkgo (*Ginkgo biloba*). (B) Diagrama de células da zona de abscisão, mostrando a camada de separação (verde-escuro). (C) À medida que as paredes celulares na camada de separação são rompidas, as células separam-se. (D) Micrografias eletrônicas de varredura das células residuais no receptáculo de uma flor de *Arabidopsis* e das células de secessão nos órgãos florais em abscisão. As células residuais e as células de secessão são indicadas em vermelho e rosa, respectivamente. (E) Diagramas das células de secessão lignificadas e das células residuais cutinizadas das zonas de abscisão de *Arabidopsis*. (D e E segundo Y. Lee et al. 2018. *Cell* 173: 1468–1480)

Dois mutantes de tomateiro, *jointless* e *lateral suppressor*, não conseguem desenvolver uma zona de abscisão no pedicelo floral, e os genes mutados responsáveis por esses fenótipos foram identificados. O gene *JOINTLESS* do tipo selvagem codifica uma proteína MADS box, uma de um grupo de fatores de transcrição que controlam muitos aspectos do desenvolvimento, incluindo a identidade dos órgãos florais (ver Capítulo 20). Sabe-se que JOINTLESS interage com outro fator de transcrição MADS box, MACOCALYX, para regular a abscisão. O gene *LATERAL SUPPRESSOR* regula também o desenvolvimento da gema axilar (ver Capítulo 18).

A abscisão de órgãos é regulada por sinais ambientais e de desenvolvimento

O etileno desempenha um papel-chave na ativação dos eventos que conduzem à separação celular dentro da zona de abscisão. A capacidade de o gás etileno causar desfolhação em indivíduos de bétula é apresentada na **Figura 23.20**. A árvore selvagem à esquerda perdeu a maior parte de suas folhas e apenas as folhas mais novas no topo não se abscisam. A árvore à direita foi transformada com uma cópia do gene para o receptor de etileno de *Arabidopsis*, *ETR1*, carregando a mutação dominante *etr1* (discutida anteriormente). Essa árvore é incapaz de responder ao etileno e, por isso, não perde suas folhas após o tratamento com esse hormônio.

Estudos de genética molecular de *Arabidopsis* e tomate aumentaram nossa compreensão atual da abscisão de órgãos. O processo de abscisão dos órgãos pode ser dividido em quatro fases de desenvolvimento distintas, durante as quais as células da zona de abscisão se tornam competentes para responder aos estímulos do desenvolvimento e do ambiente, incluindo etileno e auxina (**Figura 23.21**).

1. *Formação da zona de abscisão e fase de supressão da abscisão.* Antes da percepção de qualquer sinal (interno ou externo) que inicie o processo de abscisão, a zona de abscisão forma-se na base dos órgãos em separação. A abscisão só pode ser induzida após a formação e diferenciação da zona de abscisão. No início da formação da zona de abscisão e fase de supressão da abscisão nas folhas, a auxina da lamina foliar impede a abscisão mantendo as células da zona de abscisão no estado insensível ao etileno. É fato já conhecido que a remoção da lâmina foliar (o sítio de produção da auxina) promove a abscisão do pecíolo. A aplicação de auxina exógena ao pecíolo, do qual a lâmina foliar foi removida, retarda o processo de abscisão. Ainda não está claro como e quando a identidade celular da zona de abscisão é especificada.

2. *Fase da indução da abscisão.* Uma redução ou reversão no gradiente de auxina da lâmina foliar, normalmente associado à senescência foliar, torna a zona de abscisão sensível ao etileno. À medida que a abscisão se aproxima, a quantidade de auxina da lâmina foliar diminui e o nível de etileno aumenta. Os tratamentos que aceleram a senescência foliar podem promover a abscisão por interferir na síntese ou no transporte de auxina na folha. O etileno parece diminuir a atividade da auxina tanto pela redução de sua síntese e transporte quanto pelo aumento de sua destruição. A redução na concentração de auxina livre aumenta a resposta ao etileno de células-alvo específicas na zona de abscisão.

3. *Fase de separação celular e abscisão.* É caracterizada pela indução de genes relacionados à abscisão codificando enzimas hidrolíticas e remodeladoras específicas que afrouxam as paredes celulares na camada de abscisão. Uma vez sintetizadas, células da zona de abscisão respondem a baixas concentrações de etileno endógeno mediante síntese e secreção de enzimas que degradam e proteínas que remodelam a parede celular, incluindo β-1,4-glucanase (celulase), poligalacturonase, xiloglicano-endotransglicosilase/hidrolase e expansina, resultando na degradação da lamela média. Nessa fase, a separação celular é controlada com precisão pela localização das enzimas de processamento da parede celular em uma área restrita. A abscisão limpa

Figura 23.20 Efeito do etileno sobre a abscisão em bétula (*Betula pendula*). A árvore na esquerda é o tipo selvagem, a árvore na direita foi transformada com uma versão mutada do gene receptor do etileno, *ETR1*, de *Arabidopsis*. A expressão desse gene estava sob controle transcricional de seu próprio promotor. Uma das características dessas árvores mutantes é que elas não perdem as folhas quando fumigadas por três dias com 50 ppm de etileno.

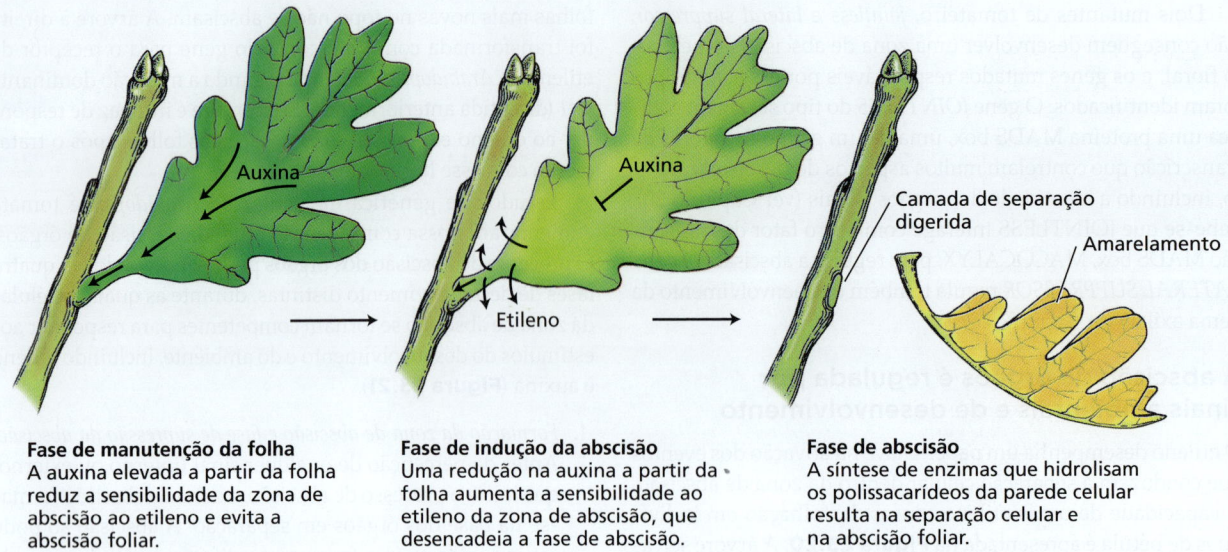

Figura 23.21 Visão esquemática dos papéis da auxina e do etileno durante a abscisão foliar. Na fase de indução da abscisão, o nível de auxina diminui e o de etileno aumenta. Essas mudanças no equilíbrio hormonal aumentam a sensibilidade das células-alvo ao etileno. (Segundo P. W. Morgan. 1984. In Ethylene: *Biochemical, Physiological and Aplied Aspects*. Y. Fuchs and E. Chalutz [Eds.], Martinus Nijhoff, The Hauge, Holanda, pp. 231–240.)

é auxiliada por uma estrutura alveolar de lignina formada pelas células de secessão no órgão de abscisão; essa estrutura atua como uma cinta que isola as células abscisantes e restringe a difusão das enzimas destruidoras da parede e das proteínas de expansão que elas secretam (ver Figura 23.19D e E).

4. *Fase pós-abscisão*. Após a conclusão da abscisão do órgão floral, as células residuais no receptáculo se *transdiferenciam* (ou seja, se convertem diretamente de um tipo de célula para outro) em células epidérmicas que formam uma cutícula, uma característica definidora da epiderme. A cutícula recém-formada protege a superfície exposta contra infecções ou outros danos. A identidade celular epidérmica é normalmente determinada durante a embriogênese inicial, portanto, a formação da cutícula na superfície recém-formada indica a especificação *de novo* das células epidérmicas, que parece estar pré-arranjada no programa de desenvolvimento.

Embora a abscisão foliar seja indiscutivelmente o tipo de abscisão mais onipresente na natureza, a ausência de um modelo genético adequado para estudá-la (folhas de *Arabidopsis* não abscisam) tem sido uma barreira para elucidar a genética do desenvolvimento da abscisão foliar. Felizmente, a abscisão das flores de *Arabidopsis* permitiu a dissecação de alguns dos genes que regulam a abscisão floral. Por exemplo, mutantes de abscisão floral retardada em *Arabidopsis* levaram à identificação de vários genes que regulam o início da abscisão e a subsequente transdução de sinal. As proteínas codificadas por esses genes incluem o pequeno peptídeo secretado INFLORESCENCE DEFICIENT IN ABSCISSION (IDA) e seus receptores na superfície da membrana plasmática, as quinases semelhantes a receptores com repetições ricas em leucina HAESA (HAE) e HAESA-LIKE2 (HSL2) (**Figura 23.22A**). Quando a IDA se liga ao HAE/HSL2, este último forma um complexo receptor com a BRI1-ASSOCIATED KINASE (BAK1) e o SOMATIC EMBRYOGENESIS RECEPTOR KINASES 1 e 2 (SERK1/2) que desencadeia a ativação de uma cascata MAPK que consiste em MKK4/5 e MPK3/6. A cascata MAPK, por sua vez, regula negativamente a atividade do TF KNOTTED-LIKE FROM ARABIDOPSIS THALIANA 1 (KNAT1, também conhecido como BREVIPEDICELLUS ou KNAT1/BP), o que leva à transcrição de *KNAT2/6*, promovendo assim a abscisão de órgãos florais (**Figura 23.22B**). Os fatores de transcrição KNAT2/6 ajudam a transcrever genes que codificam enzimas hidrolisadoras da parede celular, levando à expansão e à separação celular. Mutações de perda de função em *IDA*, *HAE/HSL2* ou *KNAT2/6* resultam na retenção dos órgãos florais no receptáculo.

A abscisão é notável porque dois tipos de células vizinhas (as células residuais e as células de secessão) sofrem mudanças distintas na arquitetura e atividade celular que realizam a abscisão do órgão de maneira precisa. A forma como esses dois vizinhos celulares se comunicam entre si para realizar uma abscisão precisa de órgãos aguarda uma investigação mais aprofundada.

23.5 Senescência de toda a planta

As mortes programadas de células vegetais individuais e órgãos são adaptações que beneficiam a planta como um todo pelo incremento de seu desempenho evolutivo. A morte da

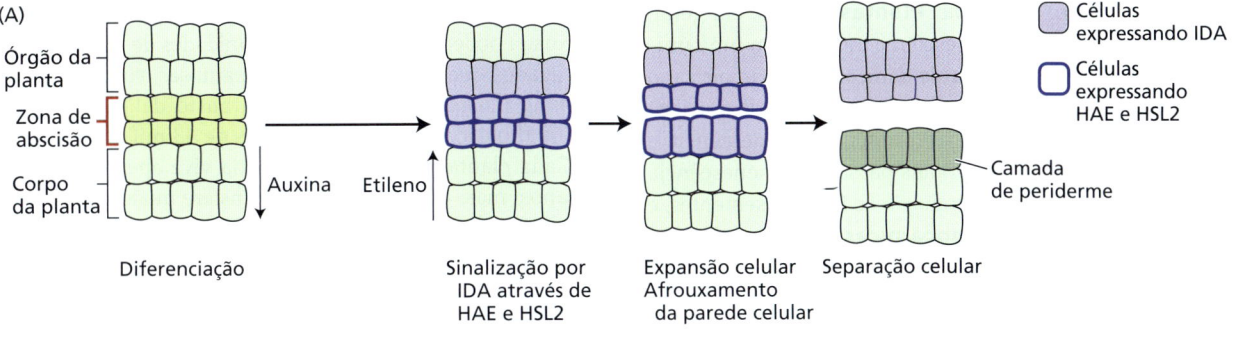

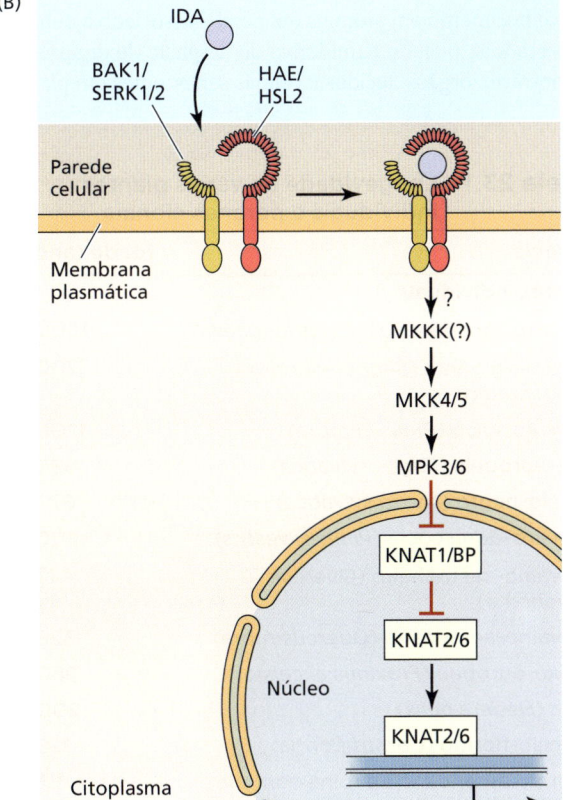

Figura 23.22 Modelo para a sinalização celular durante a abscisão. (A) Durante a abscisão, células especializadas na zona de abscisão, capazes de experimentar a separação celular programada respondem a níveis reduzidos de auxina proveniente da lâmina foliar e a níveis aumentados de etileno, tornando-se competentes para responder aos sinais de abscisão. O peptídeo-sinal IDA, indicado em roxo, é expresso ao longo de uma região mais ampla de onde estão seus receptores, HAE e HSL2 (contornos em azul-escuro). (B) A ativação dos receptores HAE e HSL2 pela IDA leva à ativação da cascata de sinalização subsequente, incluindo a associação com BAK1/SERK1/2, uma cascata MAPK e os fatores de transcrição KNAT1/BP e KNAT2/6, que por sua vez regulam a transcrição de genes de remodelação da parede celular. Esses eventos celulares causam expansão e separação celular, seguidas pela transdiferenciação das células residuais em células epidérmicas, nas quais uma camada protetora de cutícula se forma para bloquear a infecção no local. (A segundo R.B. Aalen et al. 2013. *J. Exp. Bot.* 64. 5253–5261; B segundo C.-L. Shi et al. 2011. *Plant Cell* 23: 2553–2567)

planta inteira, entretanto, não pode ser facilmente racionalizada em termos evolutivos, ainda que a duração de vida de plantas individuais seja em grande parte determinada geneticamente e varie amplamente entre as espécies. Nesta seção final do capítulo, são abordadas algumas das principais questões que têm sido estudadas a respeito da senescência da planta inteira: A senescência da planta inteira é similar ao envelhecimento em animais? Qual é a relação, se há alguma, entre a duração da vida de uma planta individual e a longevidade de suas células, tecidos e órgãos componentes? Qual é o papel da reprodução na senescência da planta inteira? Por que os meristemas param de se dividir e a falência do meristema leva à senescência da planta inteira? Como a senescência de plantas individuais difere daquela de plantas clonais? Como será visto, a regulação das relações fonte-dreno figura em destaque em todos os modelos avançados para a senescência da planta inteira até agora.

Os ciclos de vida de angiospermas podem ser anuais, bianuais ou perenes

A duração de vida de uma planta individual varia desde umas poucas semanas no caso de espécies efêmeras do deserto, que crescem e se reproduzem rapidamente em resposta a breves episódios de chuva, até cerca de 4600 anos no caso do pinheiro *bristlecone*. **Plantas anuais**, em geral, crescem, reproduzem-se, senescem e morrem em uma única temporada. **Plantas bianuais** dedicam seu primeiro ano ao crescimento vegetativo e ao armazenamento de nutrientes, e seu segundo ano para a reprodução, a senescência e a morte. Plantas anuais e bianuais passam por senescência do indivíduo inteiro após a produção de frutos e sementes, e ambas são chamadas de **monocárpicas**, pois reproduzem-se uma única vez (**Figura 23.23**).

Plantas perenes vivem por três anos ou mais e podem ser herbáceas ou lenhosas. A amplitude no tempo de vida máximo para plantas perenes é apresentada na **Tabela 23.1**. Plantas perenes em geral são **policárpicas**, produzindo frutos e sementes ao longo de múltiplas temporadas. Entretanto, há também exemplos de monocárpicas perenes, tais como o agave (*Agave americana*) (**Figura 23.24**) e o bambu-madeira japonês (*Phyllostachys bambusoides*). O agave cresce vegetativamente por 10 a 30 anos antes de florescer, frutificar e senescer, enquanto o bambu japonês pode crescer vegetativamente por 60 a 120 anos antes de se reproduzir e morrer. Digno de registro, todos os clones da mesma matriz de bambus florescem e senescem simultaneamente, independentemente da localização geográfica ou condição climática, o que sugere a presença de algum tipo de relógio biológico de longa duração.

Muitas plantas perenes que formam clones por reprodução assexuada podem proliferar em comunidades de "indivíduos" interligados que alcançam idades espantosas, como lomátia-de-king (*Lomatia tasmanica*), um arbusto da Tasmânia da família Proteaceae que pode ter mais de 43 mil anos de idade. Cada planta individual de lomátia vive apenas cerca de 300 anos, mas, uma vez que não transfere qualquer sinal de senescência para seus clones, a comunidade clonal aparentemente cresce e se prolifera indefinidamente.

A senescência da planta inteira difere do envelhecimento em animais

O envelhecimento em animais em geral é associado à deterioração gradual, o efeito cumulativo do desgaste do organismo. Ao contrário, órgãos, tecidos e células senescentes em plantas

Tabela 23.1 Longevidade de várias plantas individuais e perenes clonais

Espécie	Idade (anos)
Plantas individuais	
Pinheiro "*bristlecone*" (*Pinus longaeva*)	4600
Sequoia-gigante (*Sequoiadendron giganteum*)	3200
Pinheiro suíço (*Pinus cembra*)	1200
Faia-europeia (*Fagus sylvatica*)	930
Tupelo-negro (*Nyssa sylvatica*)	679
Pinheiro-da-escócia (*Pinus silvestris*)	500
Carvalho-castanheiro (*Quercus montana*)	427
Carvalho-americano (*Quercus rubra*)	326
Freixo-europeu (*Fraxinus excelsior*)	250
Hera (*Hedera helix*)	200
Corniso-florido (*Cornus florida*)	125
Choupo americano de folha dentada (*Populus grandidentata*)	113
Urze-escocesa (*Calluna vulgaris*)	42
Urze-de-inverno (*Erica carnea*)	21
Tomilho-escandinavo (*Thymus chamaedrys*)	14
Plantas clonais	
Lomátia-de-king (*Lomatia tasmanica*)	43.000+
Creosoto (*Larrea tridentata*)	11.000+
Samambaia verdadeira (*Pteridium aquilinum*)	1400
Erva-ovelha (*Festuca ovina*)	1000+
Pinheirinho-de-jardim (*Lycopodium complanatum*)	850
"Reed grass" (*Calamagrostis epigeios*)	400+
Sálvia-bastarda (*Teucrium scorodonia*)	10

Fonte: H. Thomas. 2013. *New Phytol.* 197. 696–711

Figura 23.23 Senescência monocárpica na soja (*Glycine max*). A planta inteira à esquerda sofreu senescência após o florescimento e a produção de frutos (vagens). A planta à direita permaneceu verde e vegetativa porque suas flores foram continuamente removidas.

Figura 23.24 Flores de agave (*Agave americana*) após 10 a 30 anos de crescimento vegetativo. Depois desse período, ela sofre senescência monocárpica.

são *programados* ou para enfraquecer rapidamente ou para ser deficientes em mecanismos que, de outro modo, os protegeriam contra o declínio fisiológico. De acordo com esse modelo, as capacidades de plantas perenes de longa duração para manterem a integridade de seus meristemas por milhares de anos derivam de programas de desenvolvimento que evitam exitosamente os efeitos degenerativos do tempo.

Um tipo de dano celular com base no tempo que foi investigado em plantas é a **carga mutacional**. Mesmo sendo da mais alta fidelidade, seria esperado que os mecanismos de replicação celular propagassem um número significativo de erros ao longo de milhares de anos. A taxa mutacional pode mesmo aumentar ao longo do tempo devido ao acúmulo de espécies reativass de oxigênio (EROs). Entretanto, em indivíduos do pinheiro *bristlecone*, nenhuma relação estatisticamente significante foi encontrada entre a idade do indivíduo e a frequência de mutações no pólen, na semente e nas plântulas. Por outro lado, um declínio significativo no número médio de grãos de pólen viáveis por amentilho (inflorescência) por rameta foi encontrado em *Populus tremuloides* com o aumento da idade clonal. Contudo, enquanto a redução na viabilidade polínica é coerente com a carga mutacional, ela não desempenha um papel direto na determinação da longevidade das comunidades clonais.

Os aumentos dependentes da idade nas mutações somáticas que levam à produção de quimeras e *sports* (partes de plantas que diferem fenotipicamente da planta parental) têm sido observados em muitas espécies perenes. Entretanto, a evidência de que tais mutações contribuem para a senescência da planta inteira é muito fraca. Todavia, as plantas parecem ter uma elevada tolerância ao **mosaicismo genético** e possuem mecanismos robustos para remover células mutantes deletérias.

Outro tipo de dano às células com base no tempo que contribuiria potencialmente para a senescência da planta inteira é o **encurtamento dos telômeros**. Os telômeros são regiões de DNA repetitivo que formam as extremidades do cromossomo e os protegem da degradação (ver Capítulo 3). A replicação normal do cromossomo resulta no encurtamento do telômero; sem qualquer mecanismo para o reparo do telômero, ele eventualmente desapareceria após sucessivos ciclos de divisão celular. A **telomerase** – um complexo ribonucleoproteico enzimático – estende as extremidades dos telômeros após a replicação pela atividade da transcriptase reversa da telomerase. Embora os animais com telomerase disfuncional envelheçam prematuramente, mutantes de *Arabidopsis* sem a atividade da telomerase crescem e se reproduzem por até dez gerações. Além disso, observações em indivíduos de pinheiro *bristlecone* e *Ginkgo biloba* não conseguiram demonstrar o encurtamento progressivo dos telômeros com o aumento da idade. A causa de diferenças entre telômeros de plantas e animais com respeito ao envelhecimento é ainda obscura.

A determinação dos meristemas apicais do caule é regulada pelo desenvolvimento

As plantas com frequência são descritas como tendo crescimento indeterminado devido às atividades dos meristemas apicais, mas a determinação dos meristemas apicais está sob estrito controle do desenvolvimento. Por exemplo, os meristemas apicais do caule podem ser continuamente meristemáticos (indeterminados), ou podem cessar a atividade (determinados) pela diferenciação em um órgão terminal, como uma flor, ou pela interrupção do crescimento ou senescência. De fato, os hábitos de crescimento, os ciclos de vida e os perfis de senescência de diferentes plantas estão intimamente conectados a seus padrões de determinação do meristema apical.

Em espécies monocárpicas, todos os ápices vegetativos indeterminados do caule tornam-se ápices florais, e a planta inteira senesce e morre após a dispersão das sementes. Espécies perenes policárpicas, ao contrário, retêm uma população de ápices caulinares indeterminados, bem como aqueles ápices que se tornam reprodutivos e determinados.

A senescência monocárpica geralmente envolve três eventos coordenados: (1) a senescência de órgãos somáticos e tecidos, como folhas; (2) a interrupção do crescimento e a senescência dos meristemas apicais do caule; e (3) a supressão das gemas axilares. Em ervilhas, foi mostrado que a senescência do meristema apical do caule é regulada tanto pelo fotoperíodo como por giberelinas. Como discutido no Capítulo 19, a auxina de gemas terminais com crescimento ativo suprime o crescimento de gemas axilares, um fenômeno conhecido como dominância apical. A estrigolactona e a citocinina desempenham papéis antagonísticos durante a dominância apical, com a estrigolactona impedindo o crescimento e a citocinina promovendo o crescimento de gemas apicais (ver Capítulo 19). A remoção ou a morte da gema terminal reduz o transporte de auxina e favorece a sinalização de citocinina nas gemas laterais, promovendo a formação de ramificação. Entretanto, a paralisação do meristema apical do caule durante a senescência monocárpica não leva à ativação das gemas axilares.

O mecanismo molecular da supressão de gemas axilares durante a senescência monocárpica foi investigado em *Arabidopsis*. A expressão do gene para o fator de transcrição *AtMYB2* no entrenó basal está associada à supressão tanto da biossíntese de citocinina como da formação de ramos durante a senescência monocárpica. Mutantes de inserção T-DNA sem uma proteína funcional AtMYB2 são ramificados como resultado do aumento da produção de citocinina. A senescência é atrasada no mutante ramificado, indicando que a citocinina atua como um regulador negativo da senescência da planta inteira.

A redistribuição de nutrientes pode desencadear a senescência em plantas monocárpicas

Uma característica diagnóstica da senescência monocárpica é a capacidade de retardá-la bem além do tempo normal de vida da planta mediante remoção das estruturas reprodutivas. Por exemplo, a retirada repetida das vagens permite aos indivíduos de soja permanecerem vegetativos por muitos anos sob condições favoráveis de crescimento, levando a uma aparência semelhante a uma árvore. Qual é a relação entre o desenvolvimento do fruto (reprodução) e a senescência da planta inteira? Uma das primeiras explicações para a senescência monocárpica foi baseada na redistribuição de nutrientes vitais via floema a partir de fontes vegetativas para drenos reprodutivos.

Os hormônios vegetais desempenham um papel importante na regulação das relações fonte-dreno. Muitos estudos mostraram que alterações nas relações fonte-dreno dos tecidos vegetativos e reprodutivos podem afetar o curso da senescência. Como discutido anteriormente em relação à senescência foliar, as citocininas aumentam a força do dreno em folhas e também retardam a senescência foliar. Durante a senescência monocárpica em ervilhas, níveis endógenos elevados de GA nas gemas vegetativas estão correlacionados com força do dreno elevada, crescimento vegetativo vigoroso e retardo da senescência da planta inteira. Por outro lado, níveis elevados de auxina em gemas florais estão correlacionados com força do dreno elevada das estruturas reprodutivas e desenvolvimento reprodutivo rápido seguido pela senescência da planta inteira.

Se sementes e frutos em desenvolvimento são drenos tão fortes que podem desencadear a senescência do resto da planta, por que plantas masculinas de espécies dioicas como o espinafre (*Spinacea oleracea*), que nunca produzem sementes ou frutos, senescem ao mesmo tempo que as plantas fêmeas, que produzem sementes e frutos abundantes? Experimentos conduzidos no final da década de 1950 mostraram que a remoção das minúsculas flores produtoras de pólen das plantas masculinas atrasava a senescência na mesma magnitude que a remoção das flores femininas. Esse resultado parecia contradizer o modelo da redistribuição de recursos, pois foi assumido que o uso de fontes de carbono pelas flores estaminadas de espinafre seria insignificante se comparado com o uso de carboidratos das flores pistiladas. No entanto, estudos mais recentes mostraram que a demanda nutricional das flores estaminadas na verdade *excede* a demanda nutricional das flores pistiladas, especialmente durante o desenvolvimento inicial da flor. Isso pode ser um fator determinante no desencadeamento da senescência monocárpica, mesmo em plantas masculinas.

Embora a redistribuição de recursos possa muito bem desencadear a senescência monocárpica, o composto crítico não é um carboidrato, uma vez que muitos estudos têm mostrado que o conteúdo de carboidratos de folhas, na verdade, aumenta durante a senescência. Essa observação é coerente com a capacidade de açúcares exógenos de desencadear a senescência. Em vez da perda de carboidratos, alterações nas relações fonte-dreno causadas pelo desenvolvimento floral podem induzir uma alteração global no equilíbrio hormonal ou nutricional dos órgãos vegetativos. Por exemplo, uma perda de nitrogênio vinculada a uma acumulação simultânea de carboidrato causaria um aumento na razão C:N, que tem sido associada à MCP do tipo vacuolar em folhas senescentes.

A produtividade de árvores de grande porte continua aumentando até o início da senescência

Todas as árvores finalmente morrem; e há muito se assume que a taxa de crescimento das árvores declina com seu tamanho e sua massa crescentes. De fato, está bem estabelecido que, à medida que as árvores se tornam mais altas, suas taxas de crescimento em altura diminuem (**Figura 23.25**). Para explicar esse declínio na taxa de crescimento do alongamento ao longo do tempo, foi argumentado que, em algum ponto, a altura de uma árvore começará a atingir os limites do sistema vascular em transportar suprimentos adequados de água, minerais e açúcares para os ápices em crescimento dos extensos sistemas do caule e das raízes. À medida que água e outros recursos se tornam limitados, deveriam ocorrer declínios na produtividade fotossintética. O declínio na eficiência fotossintética com a idade crescente da árvore é bem documentado. O declíneo do crescimento arbóreo relacionado à idade também tem sido visto como uma consequência inevitável da alocação crescente de recursos para a reprodução.

Embora os resultados de alguns estudos de uma única espécie tenham sido coerentes com as reduções nas taxas de crescimento à medida que as árvores aumentam em altura, a maior parte da evidência citada em apoio ao declínio do crescimento

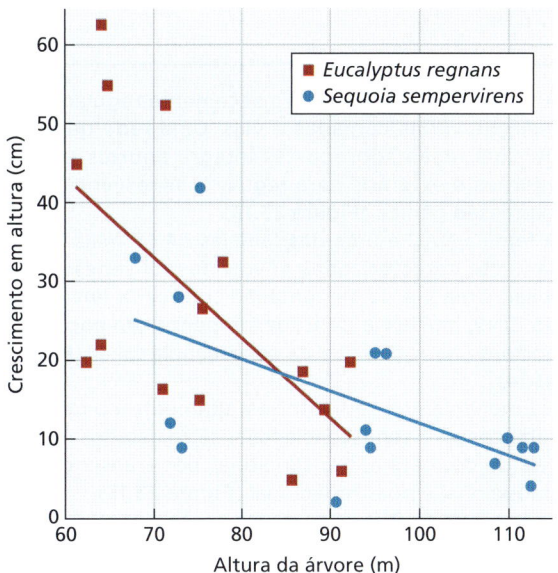

Figura 23.25 Crescimento anual em altura de eucalipto e sequoia como uma função da altura inicial da árvore no ano 2006. Em ambos os casos, o crescimento em altura declinou com a altura da árvore. (De Sillett et al. 2010. *For Ecol. Manage.* 259. 976–994.)

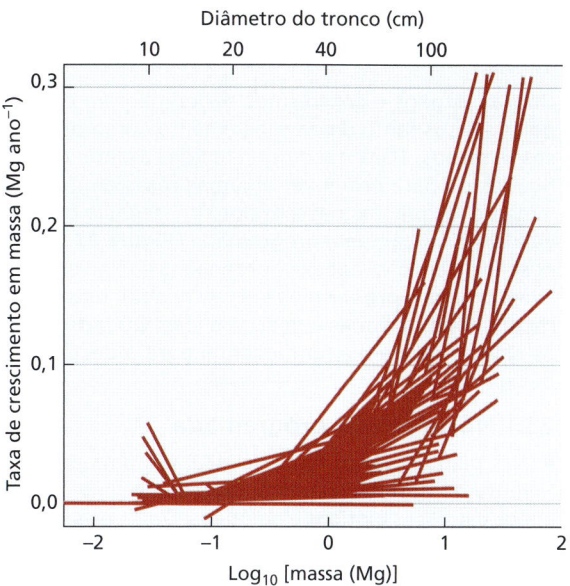

Figura 23.26 Taxas de crescimento em massa acima do solo de 110.153 árvores pertencentes a 89 espécies na América do Norte (EUA). O diâmetro do tronco (cm) é mostrado no eixo horizontal superior; a massa da árvore acima do solo, expressa como $\log_{10}$ (massa em Mg [megagramas]), é mostrada no eixo horizontal inferior; a taxa de crescimento em massa (Mg ano^{-1}) é mostrada no eixo vertical. A taxa de crescimento em massa aumenta com a massa da árvore acima do solo. Resultados similares foram obtidos para 562.893 árvores pertencentes a 314 espécies, crescendo em cinco outros continentes. (De Stephenson et al. 2014. *Nature* 507: 90–93.)

arbóreo não foi baseada em medições da massa de árvores individuais. Ela baseou-se em declínios relacionados à idade, seja na *produtividade primária líquida* de estandes florestais com todas as árvores de idades similares ou na *taxa de ganho de massa por unidade de área foliar*, com o pressuposto implícito de que o declínio da produtividade ao nível foliar individual pode ser extrapolado para a árvore inteira.

Recentemente, no entanto, foi realizada uma análise das taxas de crescimento em massa de 673.046 árvores, pertencendo a 403 espécies arbóreas tropicais, subtropicais e temperadas em florestas de cada continente. Em cada continente, as taxas de crescimento da massa arbórea acima do solo, para a maioria das espécies, aumentou continuamente com o $\log_{10}$ da massa arbórea. Os resultados para a América do Norte são mostrados na **Figura 23.26**. No caso das árvores maiores, 97% das espécies exibiram essa tendência. Em termos absolutos, diferentes espécies de árvores com diâmetros de 100 cm de tronco tipicamente adicionaram de 10 a 200 kg de massa seca acima do solo a cada ano, com média de 103 kg por ano. Isso é cerca de três vezes a taxa para árvores das mesmas espécies com troncos de 50 cm de diâmetro. No caso das espécies arbóreas de maior porte, como *Eucalyptus regnans* e *Sequoia sempervirens*, árvores individuais podem adicionar até 600 kg à massa acima do solo a cada ano.

Os resultados que acabaram de ser discutidos demonstram que, embora a **eficiência do crescimento** (crescimento da massa arbórea por unidade de área foliar ou massa foliar) com frequência declina com o tamanho arbóreo crescente, a massa total de folhas da árvore aumenta com o quadrado do diâmetro do tronco. Uma árvore típica que experimenta um aumento de 10 vezes no diâmetro passará, portanto, por um aumento de cerca de 100 vezes na massa foliar total e um aumento de 50 a 100 vezes na área foliar total. Aumentos na área foliar total são, portanto, suficientes para reverter o declínio na eficiência do crescimento e causar o aumento na taxa de acumulação de carbono da árvore inteira à medida que o tamanho da árvore aumenta. No entanto, em algum momento, um limite é atingido e a senescência ocorre enquanto o câmbio vascular ainda está produzindo tecido novo e funcional do xilema e do floema e a taxa de crescimento da massa ainda está aumentando. Essas descobertas sugerem que a senescência de grandes árvores envolve fatores ainda não identificados que levam ao colapso do sistema, em vez do simples desgaste associado ao envelhecimento. A extensão na qual a senescência de grandes árvores é causada por fatores internos *versus* fatores externos, como fogo, esgotamento de nutrientes, estresse hídrico ou ataque de patógenos, ainda é pouco compreendida.

Resumo

Células, órgãos e organismos experimentam desgaste pelos efeitos tanto do envelhecimento como de estresses externos. Para decompor tecidos velhos ou danificados ou para promover algumas rotas de desenvolvimento, as plantas passam por senescência ou morte celular geneticamente programada (**Figura 23.2**). A senescência envolve ações coordenadas nos níveis de células, órgãos e organismos e é intrincadamente regulada por meio de várias camadas e vias. Quando e como as plantas morrem é fundamental para o desempenho das plantas.

23.1 Morte celular programada

- Nas plantas, vários tipos de MCP são uma parte inerente do desenvolvimento, bem como uma resposta aos estresses bióticos e abióticos. Dois tipos distintos de MCP são MCP do desenvolvimento e MCP desencadeada por patógenos (**Figura 23.3**).
- A MCP durante o desenvolvimento normal ocorre via dilatação vacuolar e ruptura celular e é chamada de MCP do tipo vacuolar. A MCP durante a resposta de hipersensibilidade ocorre via perda de água vacuolar e contração celular e é chamada de MCP do tipo resposta de hipersensibilidade (**Figura 23.3**).
- Autofagossomos capturam constituintes celulares danificados e liberam seus conteúdos dentro do vacúolo central para serem degradados em monômeros reutilizáveis (**Figura 23.4**).
- A autofagia é um mecanismo homeostático que mantém a integridade metabólica e estrutural da célula. Também desempenha um papel importante na reciclagem de nutrientes durante a senescência das plantas. Isso garante a sobrevivência celular mantendo os níveis de energia celular e promovendo a degradação ordenada dos constituintes celulares (**Figuras 23.5, 23.6**).

23.2 A síndrome da senescência foliar

- A senescência foliar sob condições normais de crescimento é governada pela idade de desenvolvimento da folha e pode exibir um padrão sequencial ou sazonal (**Figuras 23.7, 23.8**). A senescência foliar também pode ocorrer prematuramente sob condições ambientais estressantes.
- As primeiras alterações celulares durante a senescência foliar ocorrem no cloroplasto (**Figura 23.9**).
- A autólise das proteínas do cloroplasto ocorre em vários compartimentos por meio de diferentes vias (**Figura 23.10**).
- A degradação da clorofila é governada pela via feoforbida oxigenase (PAO)/filobilina (**Figura 23.11**).

23.3 Regulação da senescência foliar: uma rede de várias camadas

- A senescência foliar é precedida por uma reprogramação expressiva da expressão gênica (**Figura 23.12**).
- A senescência foliar é intrinsecamente regulada por meio de várias camadas e vias. Uma rede de rotas de sinalização sobrepostas integra aportes (*input*) internos e externos para regular a senescência pela expressão gênica (**Figura 23.13**).
- A família NAC é uma das famílias de TF mais intensamente caracterizadas envolvidas na senescência foliar. Uma via de alimentação trifurcada envolvendo EIN2, *miR164* e ORE1 desempenha um papel importante na regulação da senescência foliar (**Figura 23.14**).
- Os mecanismos regulatórios altamente complexos subjacentes à senescência foliar são ajustados nos níveis de cromatina, transcricional, pós-transcricional, traducional e pós-traducional (**Figura 23.15**).
- As proteínas PIF são componentes centrais que transmitem informações de luz mediadas por fotorreceptores para os principais reguladores de senescência foliar (**Figura 23.16**).
- O relógio circadiano, uma parte do sistema endógeno de medição do tempo, está ligado à senescência foliar (**Figura 23.17**).
- Hormônios vegetais como etileno, ácido abscísico, ácido jasmônico e ácido salicílico atuam como reguladores positivos da senescência, enquanto as citocininas e auxinas atuam como reguladores negativos (**Figura 23.18**).
- Existe evidência crescente de que as espécies reativas de oxigênio (EROs), especialmente o H_2O_2, podem servir como um sinal interno para promover a senescência.
- Concentrações altas de açúcares também podem servir para sinalizar a senescência foliar, especialmente sob condições de baixa disponibilidade de nitrogênio.

23.4 Abscisão

- Abscisão é o desprendimento de folhas, frutos, flores ou outras partes da planta e ocorre dentro de camadas celulares específicas chamadas de zona de abscisão (**Figura 23.19**).
- Além dos hormônios vegetais auxina e etileno, o programa de desenvolvimento controla com precisão a abscisão de órgãos. Uma estrutura alveolar de lignina nas células de secessão atua como uma cinta molecular que restringe espacialmente a quebra da parede celular, e as células residuais se transdiferenciam em células epidérmicas após a conclusão da abscisão (**Figuras 23.19-23.22**).

23.5 Senescência de toda a planta

- Em geral, plantas anuais e bianuais reproduzem-se somente uma vez antes de senescer, enquanto plantas perenes podem se reproduzir múltiplas vezes antes da senescência (**Figuras 23.23, 23.24**).
- A redistribuição de nutrientes a partir de estruturas vegetativas para drenos reprodutivos pode

Resumo

desencadear a senescência da planta inteira em plantas monocárpicas.
- Enquanto a eficiência do crescimento declina em árvores com o aumento em seu tamanho, a massa foliar aumenta com o quadrado do diâmetro do tronco e pode superar essa perda em eficiência, até que fatores internos ou externos iniciem a senescência da árvore inteira (**Figuras 23.25, 22.26**).

Material da internet

- **Tópico 23.1 Senescência de pétalas** A senescência de pétalas é distinta da senescência foliar, mas compartilha com ela processos fisiológicos e bioquímicos comuns.
- **Tópico 23.2 Morte celular associada à senescência** O processo mais lento de MCP do tipo vacuolar, necessário para a transição do dreno para a fonte no nível celular, ocorre durante a senescência das células foliares.
- **Tópico 23.3 Vias bioquímicas da degradação da clorofila** A degradação da clorofila é governada pela via feoforbida a oxigenase (PAO)/filobilina.
- **Tópico 23.4 A abscisão e o início da agricultura** Um pequeno ensaio discute a domesticação de cereais modernos com base na seleção artificial de raquises que não se estilhaçam.
- **Tópico 23.5 Abscisão, biotecnologia vegetal e segurança alimentar** A investigação da abscisão de órgãos e separação de células pode fornecer estratégias para melhorar as características desejáveis nas culturas, ajudando assim a enfrentar os desafios da segurança alimentar causados pelo aumento da população global.

Para mais recursos de aprendizagem (em inglês), acesse **oup.com/he/taiz7e**.

Leituras sugeridas

Avila-Ospina, L., Moison, M., Yoshimoto, K., and Masclaux-Daubresse, C. (2014) Autophagy, plant senescence, and nutrient recycling. *J. Exp. Bot.* 65: 3799–3811.

Brusslan, J. A., Bonora, G., Rus-Canterbury, A. M., Tariq, F., Jaroszewicz, A., and Pellegrini, M. (2015) A genome-wide chronological study of gene expression and two histone modifications, H3K4me3 and H3K9ac, during developmental leaf senescence. *Plant Physiol.* 168: 1246–1261.

Gao, S., Gao, J., Zhu, X., Song, Y., Li, Z., Ren, G., Zhou, X., and Kuai, B. (2016) ABF2, ABF3, and ABF4 promote ABA-mediated chlorophyll degradation and leaf senescence by transcriptional activation of chlorophyll catabolic genes and senescence-associated genes in *Arabidopsis. Mol. Plant* 9: 1272–1285.

Guo, P., Li, Z., Huang, P., Li, B., Fang, S., Chu, J., and Guo, H. (2017) A tripartite amplification loop involving the transcription factor WRKY75, salicylic acid, and reactive oxygen species accelerates leaf senescence. *Plant Cell* 29: 2854–2870.

Humbeck, K. (2013) Epigenetic and small RNA regulation of senescence. *Plant Mol. Biol.* 82: 529–537.

Huysmans, M., Lema A. S., Coll, N. S., and Nowack, M. K. (2017) Dying two deaths - programmed cell death regulation in development and disease. *Curr. Opin. in Plant Biol.* 35: 37–44.

Ishida, H., Izumi, M., Wada, S., and Makino, A. (2014) Roles of autophagy in chloroplast recycling. *Biochim. Biophys. Acta Bioenerg.* 1837: 512–521.

Kim, J. H., Woo, H. R., Kim, J., Lim, P. O., Lee, I. C., Choi, S. H., Hwang, D., and Nam, H. G. (2009) Trifurcate feed-forward regulation of age-dependent cell death involving miR164 in Arabidopsis. *Science* 323: 1053–1057.

Kwon, S. I., Cho, H. J., Kim, S. R., Park, O. K. (2013) The Rab GTPase RabG3b positively regulates autophagy and immunity-associated hypersensitive cell death in Arabidopsis. *Plant Physiol.* 161: 1722–1736.

Lee, Y., Yoon, T. H., Lee, J., Jeon, S. Y., Lee, J. H., Lee, M. K., Chen, H., Yun, J., Oh, S. Y., Wen, X., et al. (2018) A lignin molecular brace controls precision processing of cell wall critical for surface integrity in Arabidopsis. *Cell* 173: 1468–1480.

Liebsch, D. and Keech, O. (2016) Dark-induced leaf senescence: new insights into a complex light-dependent regulatory pathway. *New Phytol.* 212: 563–570.

Liljegren, S. J., Roeder, A. H. K., Kempi, S. A., Gremski, K., Østergaard, L., Guimil, S., Reyes, D. K., and Yanofsky, M. F. (2004) Control of fruit patterning in Arabidopsis by INDEHESCENT. *Cell* 116: 843–853.

Luo, P. G., Deng, K. J., Hu, X. Y., Li, L. Q., Li, X., Chen, J. B., Zhang, H. Y., Tang, Z. X., Zhang, Y., Sun, Q. X., et al. (2013) Chloroplast ultrastructure regeneration with protection of photosystem II is responsible for the functional 'stay-green' trait in wheat. *Plant Cell Environ.* 36: 683–696.

Minina, E. A., Bozhkov, P. V., and Hofius, D. (2014) Autophagy as initiator or executioner of cell death. *Trends Plant Sci.* 19: 692–697.

Ono, Y. (2013) Evidence for contribution of autophagy to rubisco degradation during leaf senescence in *Arabidopsis thaliana. Plant Cell Environ.* 36: 1147–1159.

Sakuraba, Y., Jeong, J., Kang, M-Y., Kim, J., Paek, N-C., and Choi, G. (2014) Phytochrome-interacting transcription factors PIF4 and PIF5 induce leaf senescence in Arabidopsis. *Nat. Commun.* 5: 4636.

Thomas, H. (2013) Senescence, ageing and death of the whole plant. *New Phytol.* 197: 696–711.

Woo, H. R., Kim, H. J., Lim, P. O., and Nam, H. G. (2019) Leaf Senescence: Systems and Dynamics Aspects. *Annu. Rev. Plant Biol.* 70: 347–376.

Woo, H. R., Koo, H. J., Kim, J., Jeong, H., Yang, J. O., Lee, I. H. Jun, J. H., Choi, S. H., Park, S. J., Kang, B., et al. (2016) Programming of plant leaf senescence with temporal and inter-organellar coordination of transcriptome in Arabidopsis. *Plant Physiol.* 171: 452–467.

Zhu, X., Chen, J., Xie, Z., Gao, J., Ren, G., Gao, S., Zhou, X., and Kuai, B. (2015) Jasmonic acid promotes degreening via MYC2/3/4- and ANAC019/055/072-mediated regulation of major chlorophyll catabolic genes. *Plant J.* 84: 597–610.

24 Interações bióticas

Em hábitats naturais, as plantas vivem em ambientes diversos e complexos nos quais interagem com uma grande diversidade de organismos (**Figura 24.1**). Algumas interações são claramente benéficas, se não essenciais, tanto para a planta quanto para o outro organismo. Tais interações bióticas mutuamente benéficas são denominadas **mutualismos**. Exemplos de mutualismo incluem interações planta-polinizador, a relação simbiótica entre bactérias fixadoras de nitrogênio (rizóbios) (ver Capítulo 14) e plantas leguminosas e as associações micorrízicas observadas entre a maioria das plantas e fungos (ver Capítulo 7). Outros tipos de interações bióticas, incluindo **herbivoria**, infecção por **patógenos microbianos** ou **parasitas** (organismos que vivem dentro ou sobre a planta e obtêm sua nutrição às custas de seus hospedeiros) e **alelopatia** (guerra química entre plantas), são prejudiciais. As plantas desenvolveram mecanismos de defesa complexos para se protegerem contra os organismos nocivos, e estes organismos danosos desenvolveram mecanismos opostos para derrotar essas defesas. Tais processos evolutivos "olho por olho" são exemplos de **coevolução**, responsável pelas interações complexas entre plantas e outros organismos.

No entanto, seria uma simplificação excessiva caracterizar todos os organismos que interagem com plantas como benéficos ou prejudiciais. Por exemplo, o pastejo de flores por mamíferos diminui o desempenho em algumas espécies vegetais, mas, em outras, pode levar ao aumento no número de pedúnculos florais, melhorando assim o desempenho. Há também organismos que se beneficiam de sua interação com a planta sem causar quaisquer efeitos nocivos. Tais interações neutras (do ponto de vista da planta) são denominadas **comensalismo**. Os organismos comensais podem tornar-se benéficos se protegerem a planta de um segundo organismo, prejudicial. Por exemplo, as rizobactérias não patogênicas e os fungos do solo, que não causam dano à planta, podem estimular o sistema imunológico inato do vegetal (discutido na Seção 24.4) e, assim, protegem a planta de outros, microrganismos patogênicos.

Figura 24.1 Praticamente todas as partes da planta são adaptadas para coexistir com organismos em seu ambiente imediato. (Segundo N. M. van Dam. 2009. *Plant Biol.* 11: 1–5

A primeira linha de defesa contra organismos potencialmente prejudiciais são as **defesas constitutivas** preexistentes. Estruturas como espinhos, espinhos não verdadeiros e pelos cheios de toxinas podem impedir que os animais comam a planta. A cutícula (a camada exterior de cera), a periderme e outras barreiras mecânicas ajudam a bloquear a entrada de bactérias, fungos e insetos (ver **Tópico 24.1 na internet**). As plantas também acumulam metabólitos especializados tóxicos para deter os herbívoros ou se defender contra a invasão de patógenos. A segunda linha de defesa normalmente envolve **defesas induzíveis**, como a produção de um produto químico tóxico em resposta ao ataque. Defesas induzíveis requerem que as plantas lancem sistemas específicos de detecção e rotas de transdução de sinal, que podem detectar a presença de um herbívoro ou de um patógeno e alterar as defesas relacionadas a expressão gênica e o metabolismo em consonância.

A discussão sobre essas interações bióticas inicia-se com exemplos de associações benéficas entre plantas e microrganismos. Em seguida, serão considerados vários tipos de interações prejudiciais entre plantas, herbívoros e patógenos. Será abordada, então, a vasta gama de defesas induzidas que as plantas desenvolveram para afastar insetos herbívoros, bem como as moléculas de sinalização e as rotas de transdução de sinal que as regulam. Segue-se uma discussão sobre as respostas das plantas aos patógenos microbianos, para os quais alguns dos mesmos temas de defesas constitutivas e induzíveis são empregados. Embora as plantas não possuam imunidade adaptativa do tipo que animais vertebrados têm, várias respostas específicas das plantas ao estresse biótico podem conferir resistência tanto local quanto **sistêmica** (toda a planta) a patógenos. Por fim, serão discutidos os mecanismos de dois outros tipos de interações bióticas das plantas, os nematódeos e as plantas parasitas, e o papel ecológico que exsudatos de raízes tóxicos desempenham na competição planta-planta.

24.1 Interações de plantas com microrganismos benéficos

As primeiras plantas terrestres aparecem no registro fóssil há cerca de 450 a 500 milhões de anos (mia), com as primeiras plantas fósseis que também mostram associações fúngicas com raízes (ou seja, associações micorrízicas) datadas de aproximadamente 400 mia. Assim, uma simbiose mutualística entre planta e fungo parece ter ocorrido muito cedo na linhagem de plantas terrestres e foi provavelmente um fator importante para ajudar as plantas a invadir o ambiente terrestre. Todavia, as plantas terrestres são colonizadas por uma ampla diversidade de microrganismos benéficos: fungos endofíticos e micorrízicos, bactérias sob a forma de biofilmes sobre as superfícies das folhas e raízes, bactérias endofíticas dentro da planta e bactérias fixadoras de nitrogênio contidas em nódulos na raiz ou no caule.

Nesta seção, terão foco os mecanismos de sinalização envolvidos em interações benéficas de plantas com três tipos de microrganismos: bactérias fixadoras de nitrogênio, fungos micorrízicos e rizobactérias. Nos Capítulos 7 e 14, foram discutidas essas interações bióticas do ponto de vista anatômico e fisiológico. Aqui são examinados os mecanismos de sinalização moleculares que controlam a formação dessas associações.

O parceiro fúngico nas associações micorrízicas arbusculares pertence ao antigo filo Glomeromycota. A interação de Glomeromycota com as raízes das plantas é tão bem ajustada que esses fungos perderam a capacidade de completar seus ciclos de vida fora da planta. Em parte, a dependência fúngica de plantas parceiras resulta da necessidade de incorporar lipídeos da membrana vegetal nas estruturas da membrana periarbuscular formadas por fungos micorrízicos nas células da raiz das plantas. Como as micorrizas arbusculares só podem crescer na presença de seu hospedeiro, o progresso na dissecação da sinalização entre as micorrizas e seu hospedeiro inicialmente prosseguiu lentamente. No entanto, a associação rizóbio-leguminosa provou ser muito mais fácil de abordar porque o parceiro bacteriano nessa simbiose podia ser cultivado de forma independente, permitindo que os produtos químicos produzidos fossem mais facilmente definidos, isolados e testados para determinar seus efeitos na planta. Uma vez caracterizados os detalhes moleculares dessa interação planta-bactéria, os pesquisadores poderiam perguntar se processos semelhantes também ocorreram durante associações planta-micorrízica. As semelhanças que essas comparações revelaram levaram à proposta de que a via de sinalização rizóbio-leguminosa realmente evoluiu da mais antiga via de interação micorrízica-planta arbuscular. Essa ideia se encaixa bem com o momento da evolução da simbiose rizóbio-leguminosa, que se acredita ter se formado há relativamente pouco tempo, cerca de 60 milhões de anos.

Os fatores Nod são reconhecidos pelo receptor de fator Nod (NFR) em leguminosas

Conforme descrito no Capítulo 14, os rizóbios simbióticos fixadores de nitrogênio liberam **fatores de nodulação** (**Nod**) como agentes de sinalização à medida que se aproximam da superfície da raiz da leguminosa. A interação de fatores Nod específicos com as quinases semelhantes ao receptor do fator Nod (RLKs) correspondentes na planta é a base para a especificidade hospedeiro-simbionte (**Figura 24.2**). Após a ligação dos fatores Nod, os receptores iniciam uma série de processos de sinalização dentro da planta. Essas vias de sinalização facilitam a entrada da bactéria simbiótica nos tecidos da raiz por meio dos pelos radiculares na superfície da raiz, bem como a ativação de um conjunto de genes que regulam a formação dos nódulos radiculares mais profundos nos tecidos corticais da raiz. Esses nódulos são estruturas derivadas de plantas que eventualmente abrigarão as bactérias e fornecerão condições para que elas realizem a fixação de nitrogênio. Um segundo tipo de receptor, denominado **receptor do tipo quinase de simbiose** (SYMRK, *symbiosis receptor-like kinase*), participa em ambos os processos. Após a ligação dos fatores Nod, acredita-se que esse complexo de NFR e SYMRK ative uma cascata de etapas subsequentes, incluindo flutuações na concentração celular de Ca^{2+} da planta, chamada de pico de Ca^{2+}, dentro e ao redor do núcleo da célula epidérmica infectada (**Figura 24.3**). Esses eventos eventualmente causam a ativação dos **genes simbióticos essenciais** (ver Figura 24.2) e uma série de etapas, como a sinalização por meio do hormônio vegetal citocinina (ver Capítulo 4), que levam à nodulação.

Associações com micorrizas arbusculares e simbiose de fixação de nitrogênio envolvem rotas de sinalização

Em leguminosas, demonstrou-se que *SYMRK* e vários outros genes simbióticos essenciais são requeridos para a nodulação dos legumes e para a associação micorrízica arbuscular. Da mesma forma, as estruturas químicas dos fatores Nod que acionam esse sistema na nodulação se assemelham às das moléculas de sinalização do fator Myc que provocam eventos semelhantes em resposta a fungos micorrízicos. Juntos, esses paralelos levaram à ideia de que a interação entre leguminosas e rizóbios fixadores de nitrogênio provavelmente evoluiu da interação mais antiga entre plantas e fungos micorrízicos, com elementos de sinalização compartilhados formando uma **via simbiótica comum**. Plantas não nodulantes ou não micorrízicas, como *Arabidopsis*, parecem ter perdido alguns elementos dessa via simbiótica central, mas têm parentes próximos de alguns componentes, como os receptores do fator Myc. No entanto, nessas plantas, os receptores são usados para desencadear defesas contra fungos (discutido na Seção 24.4). Essa observação sugere que um sistema de resposta de defesa foi recrutado primeiro para o início de associações micorrízicas e,

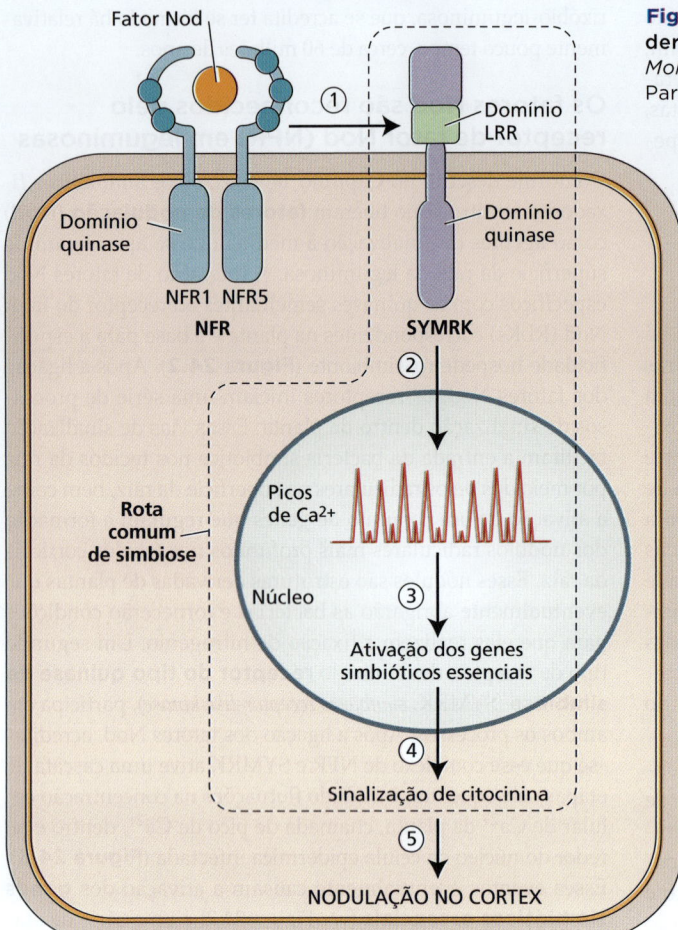

Figura 24.2 Modelo para sinalização de fator Nod na epiderme da raiz. (Segundo C. Gough and J. Cullimore. 2011. *Mol. Plant Microbe. Interact.* 24: 867–878; K. Markmann and M. Parniske. 2009. *Trends Plant Sci.* 14: 77–86

1. A ligação dos fatores Nod aos receptores de fator Nod (NFRs), os quais contêm domínios LIsM extracelulares, inicia uma interação com receptores do tipo quinase SYMRK conservado contendo um domínio com repetições ricas em leucina.

2. A interação entre NFR e SYMRK inicia oscilações de cálcio no núcleo, provavelmente via uma segunda molécula mensageira.

3. Os genes simbióticos essenciais são ativados.

4. A sinalização por citocinina é iniciada.

5. A sinalização por citocinina leva a alterações morfológicas associadas à nodulação.

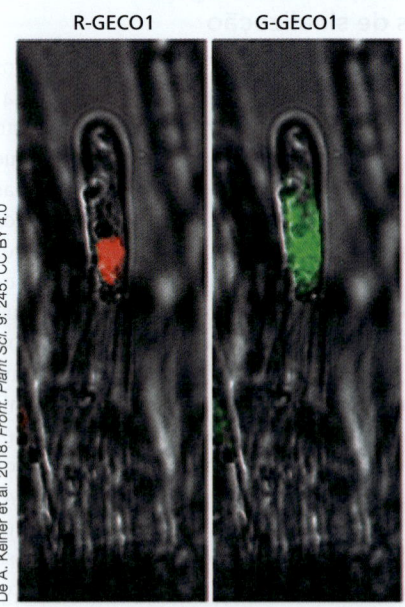

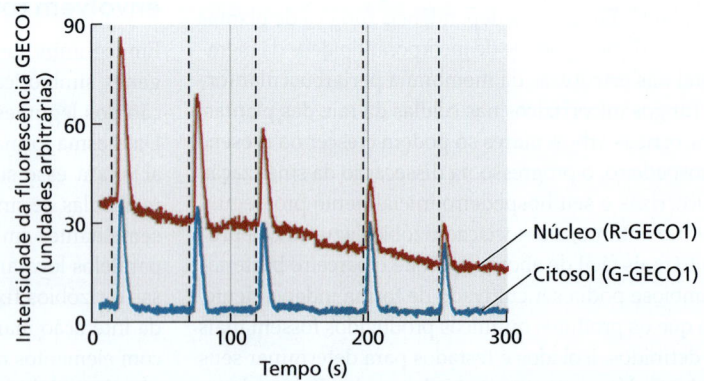

Figura 24.3 Oscilações na concentração de Ca^{2+} em um pelo radicular emergente de *Medicago truncatula* respondendo à adição do fator Nod. A planta foi engenheirada com duas proteínas fluorescentes sensíveis ao Ca^{2+} (indicadores de Ca^{2+} codificados geneticamente para imagens ópticas, ou GECOs), uma direcionada ao núcleo e outra ao citoplasma. Um pico proeminente de Ca^{2+} ocorre ao redor do núcleo, seguido por aumentos no citoplasma próximo ao núcleo e, em seguida, em todo o citoplasma do pelo da raiz. (De A. Kelner et al. 2018. *Front. Plant Sci.* 9: 245. CC POR 4.0)

posteriormente, para a sinalização entre leguminosas e rizóbios. Algumas linhagens de plantas então perderam as associações simbióticas dessa via, que foi reutilizada para a detecção de fungos patogênicos.

Rizobactérias podem aumentar a disponibilidade de nutrientes, estimular a ramificação da raiz e proteger contra patógenos

As raízes das plantas fornecem um hábitat rico em nutrientes para a proliferação das bactérias do solo que se desenvolvem em exsudatos e lisados, os quais podem representar até 40% do carbono total fixado pela fotossíntese. As densidades de população de bactérias na rizosfera podem ser até 100 vezes mais elevadas do que no solo total, e até 15% da superfície da raiz podem ser cobertos por microcolônias de várias cepas bacterianas. Ao mesmo tempo que utilizam os nutrientes que são liberados da planta hospedeira, essas bactérias também secretam metabólitos na rizosfera.

Um grupo bem definido como **rizobactérias promotoras do crescimento vegetal** (**PGPR**, *plant growth promoting rhizobacteria*) fornece vários benefícios para plantas em crescimento (**Figura 24.4**). Por exemplo, produtos químicos voláteis (ou seja, moléculas que se vaporizam facilmente no ar) produzidos pela bactéria *Bacillus subtilis* alteram a arquitetura da raiz ao alterar o comprimento e a densidade lateral da raiz. Além de terem esses efeitos no desenvolvimento, foi demonstrado que os mesmos voláteis aumentam a liberação de prótons pelas raízes de *Arabidopsis* em meios de crescimento com deficiência de ferro. Esses prótons acidificam o solo, facilitando o aumento da absorção de ferro e resultando em plantas com maior teor de clorofila, maior eficiência fotossintética e maior tamanho.

O PGPR também pode controlar o acúmulo de organismos nocivos no solo. Por exemplo, espécies de *Pseudomonas* associadas à raiz sintetizam o composto antifúngico 2,4-diacetilfloroglucinol, suprimindo o crescimento do fungo patogênico *Gaeumannomyces graminis*. Além disso, vários estudos têm sugerido que *Pseudomonas aeruginosa* pode aliviar os sintomas de estresses biótico e abiótico pela liberação de antibióticos ou **sideróforos** para remoção de ferro (ver Capítulo 8). As quantidades dos compostos liberados por *P. aeruginosa* são controladas pelas vias de sinalização por **percepção de *quorum*** (*quorum sensing*), que são ativadas quando a densidade populacional da bactéria atinge determinado nível. As plantas influenciam a quantidade de antibióticos ou sideróforos lançados pelas rizobactérias pela produção de exsudatos da raiz, que regulam estas rotas de percepção de *quorum* bacterianas. Além de produzir produtos químicos que agem para alterar as populações microbianas ou as características do solo ao redor da raiz, os

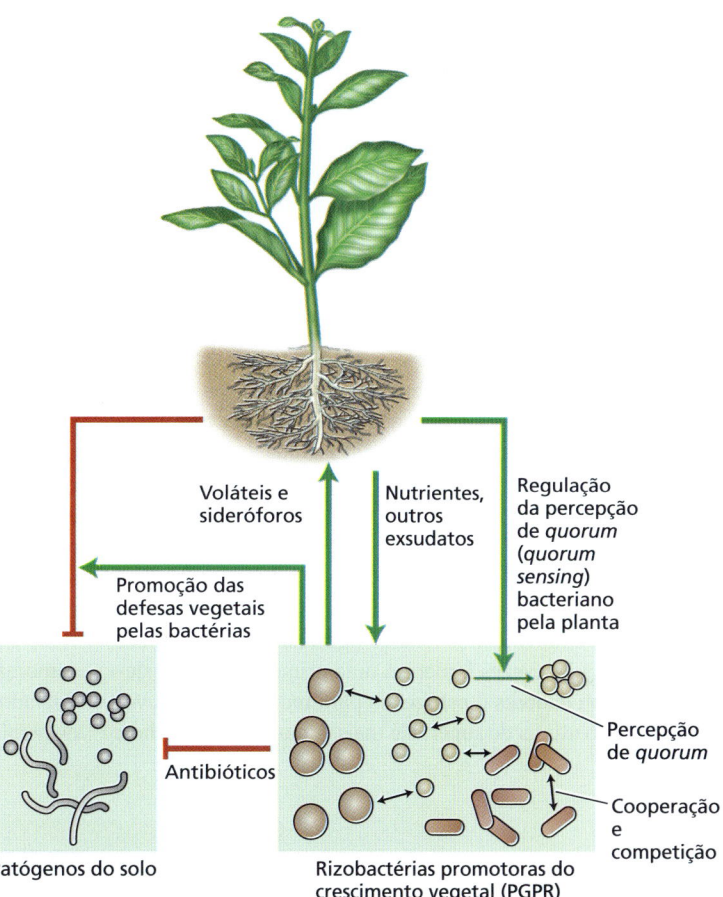

Figura 24.4 Diagrama das interações entre plantas e rizobactérias promotoras do crescimento vegetal, como *Pseudomonas aeruginosa*, que se imagina liberar antibióticos ou sideróforos para o solo, aliviando o estresse abiótico ou biótico da planta. A planta exerce controle sobre a população bacteriana mediante regulação das rotas de sinalização do *quorum sensing* bacteriano pela liberação de exsudatos pelas raízes. (De C.-H. Goh et al. 2013. *J. Chem. Ecol.* 39: 826–839

microrganismos PGPR também podem fornecer proteção contra organismos patogênicos ao ativar a via de *resistência sistêmica adquirida* (*SAR*) dentro da planta, uma rede de defesa que discutimos com mais detalhes na Seção 24.4.

24.2 Interações herbívoras que prejudicam as plantas

Junto com os patógenos microbianos, os herbívoros vertebrados e invertebrados representam uma das principais causas de danos bióticos às plantas. Numerosos mamíferos, répteis e moluscos se alimentam de plantas, assim como cerca de metade das mais de um milhão de espécies de insetos, com 20 a 40% da produtividade agrícola global sendo perdida anualmente para essas pragas. Em mais de 350 milhões de anos de coevolução planta-herbívoro, os herbívoros desenvolveram diversos estilos e comportamentos alimentares, enquanto as plantas desenvolveram mecanismos para se defender contra a herbivoria. As plantas empregam uma série de estratégias para resistir a serem comidas, incluindo barreiras mecânicas, defesas químicas constitutivas e defesas induzíveis diretas e indiretas. Esses mecanismos de defesa têm sido eficazes, uma vez que a maioria das espécies vegetais são resistentes a uma ampla gama de herbívoros. Por exemplo, cerca de 90% dos insetos herbívoros estão restritos a consumir uma única família de plantas ou algumas espécies de plantas intimamente relacionadas, enquanto apenas 10% são generalistas, adaptados a comer uma ampla gama de plantas. Essa observação sugere que a grande maioria das interações planta-herbívoro envolveu coevolução, em que o inseto teve que desenvolver estratégias específicas adaptadas para contornar as defesas de sua família específica de alvos vegetais, mas não consegue lidar com as diferentes defesas empregadas por outras plantas.

Barreiras mecânicas fornecem uma primeira linha de defesa contra insetos-praga e patógenos

As barreiras mecânicas, incluindo estruturas de superfície, cristais minerais e movimentos foliares tigmonásticos (induzidos por toque), muitas vezes fornecem uma primeira linha de defesa contra predadores e patógenos para muitas espécies vegetais. As estruturas de superfície mais comuns são espinhos, gloquídios, acúleos e tricomas (**Figura 24.5**). Os **espinhos** são ramos modificados, como em citros e acácia; **gloquídios** são estruturas agrupadas encontradas em alguns cactos; os **acúleos** são oriundos principalmente da epiderme, como em roseiras. Todas essas estruturas possuem pontas afiadas e pontiagudas que protegem fisicamente as plantas de herbívoros maiores, como os mamíferos. No entanto, eles são menos eficazes contra insetos herbívoros menores, que podem facilmente evitar essas defesas e atingir as partes comestíveis do caule. Os **tricomas**, ou pelos, fornecem outra camada de defesa que pode ser eficaz contra pragas de insetos. Essas estruturas ocorrem em uma variedade de formas, como pêlos simples que podem interferir mecanicamente na locomoção dos insetos, ou como tricomas glandulares que podem travar uma guerra química contra um potencial herbívoro. Os tricomas glandulares armazenam metabólitos secundários específicos da espécie (discutidos na próxima subseção), como fenóis e terpenos, em uma bolsa formada entre a parede celular e a cutícula. Essas bolsas estouram e liberam seu conteúdo após o contato com os herbívoros, e o cheiro forte e o sabor amargo desses compostos geralmente repelem pragas de insetos; em alguns casos, o exsudato pegajoso do tricoma pode realmente imobilizar o atacante. Além de servirem como barreiras à herbivoria de insetos, os tricomas – quando dobrados ou danificados – também podem atuar como sensores de herbívoros, mediante envio de sinais elétricos ou químicos às

Figura 24.5 Exemplos de barreiras mecânicas desenvolvidas pelas plantas. (A) Espinhos em um limoeiro (*Citrus* sp.) são ramos modificados, como pode ser visto por sua posição na axila de uma folha. (B) Gloquídios, que são característicos de cactos (*Opuntia* spp.) no Novo Mundo, são folhas modificadas. (C) Acúleos podem ser encontrados no caule e no pecíolo de roseiras (*Rosa* spp.) e são formados pela epiderme. (D) Tricomas em caules e folhas de tomateiro (*Solanum lycopersicum*) também são derivados de células epidérmicas.

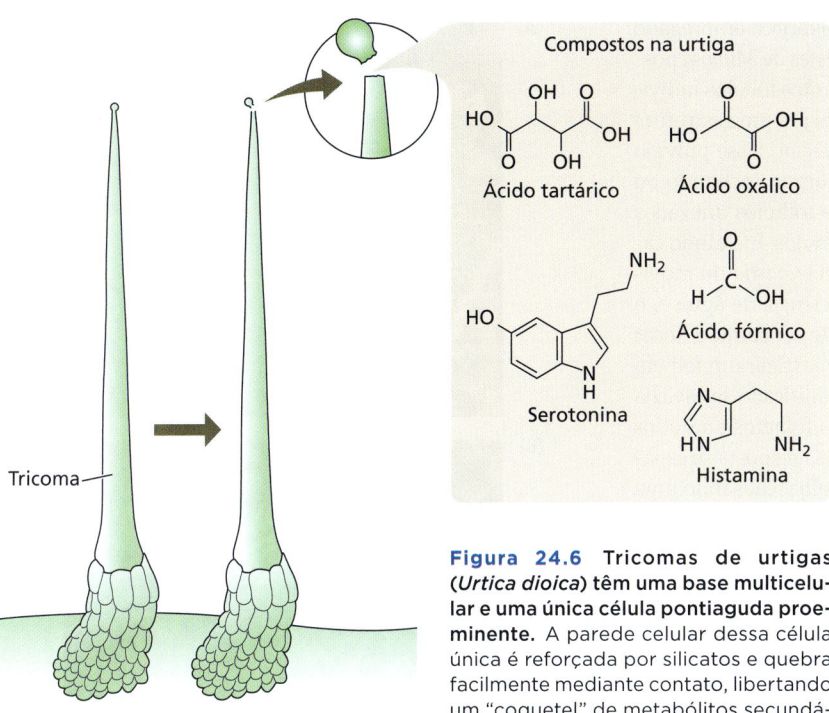

Figura 24.6 Tricomas de urtigas (*Urtica dioica*) têm uma base multicelular e uma única célula pontiaguda proeminente. A parede celular dessa célula única é reforçada por silicatos e quebra facilmente mediante contato, libertando um "coquetel" de metabólitos secundários que podem causar grave irritação na pele de animais e de humanos.

são reforçadas com silicatos (vidros) e preenchidas com um desagradável "coquetel" de ácido oxálico, ácido tartárico, ácido fórmico, o neurotransmissor serotonina e o agente inflamatório histamina (**Figura 24.6**). Antes de entrar em contato, a ponta do tricoma é coberta por uma pequena ampola vítrea, com uma ponta afiada que facilmente se desprende quando tocada por um herbívoro (ou um ser humano sem sorte que acidentalmente possa tocar nela), deixando uma ponta extremamente fina na pele do animal. A pressão de contato empurra o tricoma semelhante a uma agulha para baixo sobre o tecido esponjoso na base, que atua como o êmbolo de uma seringa, injetando o coquetel e causando irritação e inflamação severas.

Um tipo diferente de obstáculo mecânico para a herbivoria é criado por cristais minerais que estão presentes em muitas espécies de plantas. Por exemplo, cristais de sílica, chamado **fitólitos**, formam-se nas paredes das células epidérmicas, e por vezes nos vacúolos, de muitas espécies de gramíneas. Os fitólitos conferem dureza às paredes celulares, dificultando a mastigação das folhas de gramíneas para os insetos herbívoros. As paredes celulares do rabo de cavalo *Equisetum hyemale* contêm tanta sílica abrasiva que os povos indígenas da América do Norte e do México usaram os caules dessas plantas para limpar suas panelas.

células adjacentes. Esses sinais podem desencadear a formação de compostos de defesa induzíveis, um tópico que discutimos com mais detalhes na Seção 24.3.

As folhas da urtiga (*Urtica dioica*) possuem "tricomas urticantes" altamente especializados que formam uma barreira física e química eficaz contra herbívoros maiores. As paredes celulares desses tricomas ocos, semelhantes a agulhas,

Os **cristais de oxalato de cálcio** fornecem outro impedimento mecânico generalizado para comer certas plantas. Esses cristais estão presentes nos vacúolos de mais de 200 famílias de plantas, incluindo espécies dos gêneros *Vitis* (uvas), *Agave* e *Medicago* (*medick* ou *burclover*). Assim como acontece com os fitólitos, esses cristais agem como dissuasores físicos, por exemplo, tendo efeitos abrasivos no aparelho bucal de insetos herbívoros, especialmente nas mandíbulas. Portanto, eles servem como um dissuasor mecânico para o ataque de insetos, moluscos e outros herbívoros. Esses cristais podem ser distribuídos de maneira uniforme por toda a folha ou restritos a células especializadas chamadas **idioblastos**, com alguns também formando cachos de estruturas em forma de agulha chamadas **ráfides** (**Figura 24.7**). As ráfides apresentam as pontas extremamente afiadas, capazes de penetrar o tecido mole da garganta e do esôfago de um herbívoro. *Dieffenbachia*, uma planta doméstica tropical, rica em ráfides, é chamada de "*dumb cane*" ("cana-do-mudo"), porque quando as folhas são mascadas ocorre a perda temporária da voz devido a uma inflamação causados pelos oxalatos de cálcio. Além de infringir danos mecânicos, as ráfides podem ainda permitir que outros compostos tóxicos produzidos pela planta penetrem pelos ferimentos que provocam.

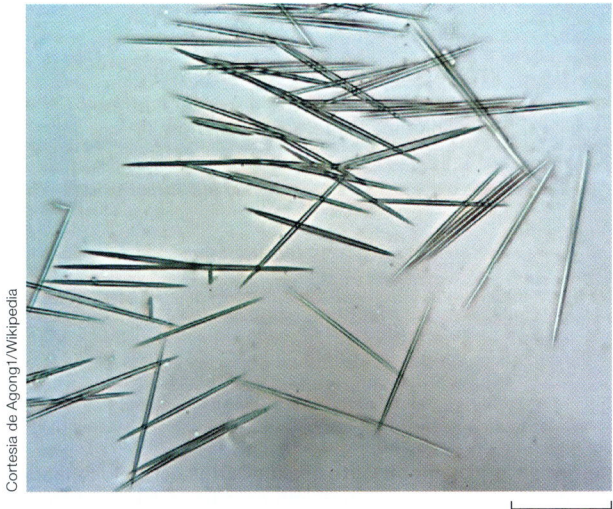

Figura 24.7 Cristais de oxalato de cálcio (ráfides) em folhas de agave (*Agave weberi*). Essas ráfides são altamente empacotadas em células especializadas, os idioblastos, e liberadas quando a célula é danificada. Observar o tamanho e as extremidades pontiagudas dessas estruturas.

Outro meio diferente de evitar a herbivoria é empregado pela planta sensitiva (*Mimosa* spp.). As espécies de *Mimosa* possuem folhas compostas constituídas por muitos folíolos individuais que estão conectados à nervura central por uma estrutura semelhante a uma articulação chamada pulvino. Esse pulvino atua como uma dobradiça acionada por turgor, inchando ou esvaziando, fazendo com que cada par de folhetos anexados se mova. O pulvino responde a vários estímulos, incluindo calor, ciclos diurnos (no que é chamado de *nictinastia* ou movimentos do sono), rastreamento solar, deficiência de água e, o mais importante, no contexto de escapar de ser comido, tocar e danificar. Se um inseto herbívoro tentar mastigar um folheto de *Mimosa*, o pulvino na base do folheto danificado se esvazia quase imediatamente, fazendo com que os folhetos anexados se dobrem. Em apenas alguns segundos, essa resposta se espalha para outras partes não danificadas da folha, causando uma onda de movimentos do folheto. Se o sinal de estresse for suficientemente forte, toda a folha colapsa, devido à ação de outro pulvino localizado na base do pecíolo. Tais movimentos rápidos de folíolos e folhas podem deter insetos fitófagos e herbívoros pastejadores, surpreendendo-os (**Figura 24.8**).

Os metabólitos secundários vegetais podem afastar insetos herbívoros

As plantas são fábricas bioquímicas incríveis, então não deve surpreender que os mecanismos de defesa química componham mais uma linha de defesa contra pragas e patógenos de plantas. As plantas produzem uma grande diversidade de químicos que podem ser classificados como metabólitos primários e especializados. Os **metabólitos primários** são aqueles compostos que todas as plantas produzem e que estão diretamente envolvidos no crescimento e no desenvolvimento. Isso inclui açúcares, aminoácidos, ácidos graxos, lipídeos e nucleotídeos, assim como moléculas maiores, que são sintetizadas a partir deles, como proteínas, polissacarídeos, DNA e RNA. Os **metabólitos especializados** (também chamados de *metabolitos secundários*), são frequentemente espécie-específicos e em geral pertencem a uma das três principais classes de moléculas: terpenos, compostos fenólicos ou alcaloides (**Figura 24.9**).

As plantas armazenam compostos tóxicos constitutivos em estruturas especializadas

As plantas podem sintetizar uma ampla gama de metabólitos especializados que apresentam efeitos negativos sobre o crescimento e o desenvolvimento de outros organismos. Exemplos clássicos de plantas que são tóxicas para humanos por causa de seus metabólitos especializados são cicuta (*Cicuta* spp.) e dedaleira (*Digitalis* spp.), que produzem a cicutoxina altamente tóxica (uma neurotoxina) e digitoxina (uma toxina cardíaca), respectivamente (**Figura 24.10**). Em alguns casos, esses compostos provaram ser úteis para fins medicinais. Por exemplo, a digitoxina é um **glicosídeo cardíaco** que atua inibindo a bomba Na^+/K^+-ATPase nas membranas plasmáticas das células cardíacas. Essa inibição leva ao aumento da contração miocárdica e, embora fatal em níveis elevados, em doses terapêuticas,

Figura 24.8 As folhas da sensitiva (*Mimosa* spp.) respondem rapidamente ao toque, dobrando seus folíolos individuais dentro de segundos. Esse movimento rápido pode inibir insetos herbívoros. (A) Folhas não tocadas (controle). (B) Folhas cinco segundos após o toque.

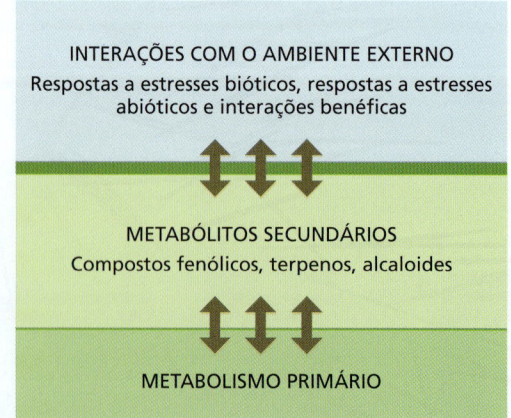

Figura 24.9 Os metabólitos secundários estão localizados na interface entre o metabolismo primário e a interação dos organismos com seu ambiente. Como tal, eles desempenham um papel importante na resposta de defesa da planta contra pragas e patógenos, na regulação das interações benéficas, incluindo a atração de polinizadores, e como moduladores da resposta ao estresse abiótico.

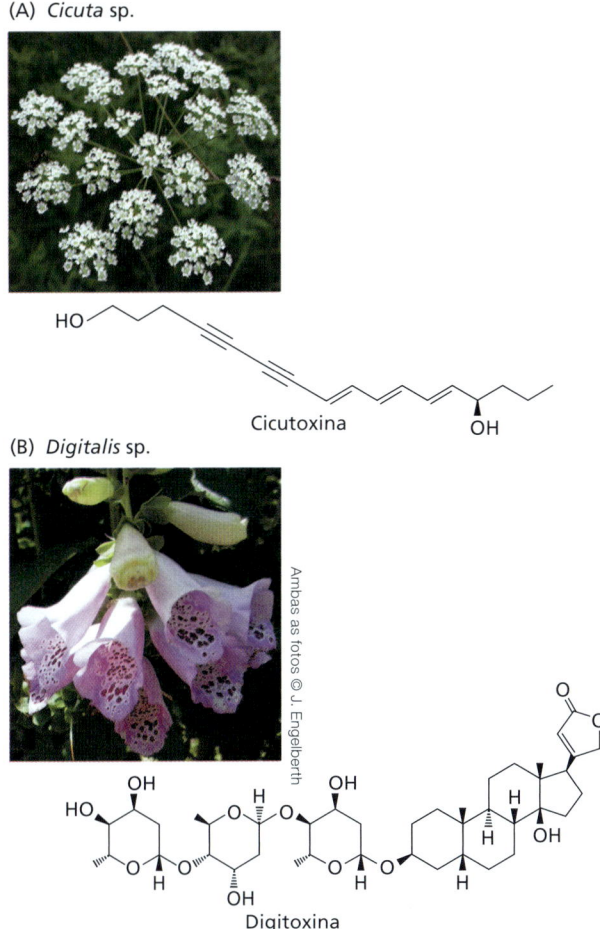

Figura 24.10 As defesas químicas constitutivas são eficazes contra muitos herbívoros diferentes, incluindo insetos e mamíferos. A cicuta (*Cicuta* sp.) produz cicutoxina, um diacetileno que prolonga a repolarização de potenciais de ação neuronais. O princípio ativo na dedaleira (*Digitalis* sp.) é a digitoxina, um glicosídeo cardíaco que inibe a atividade ATPase e pode aumentar a contração do miocárdio.

a digitoxina tem sido usada para tratar insuficiência cardíaca congestiva e arritmia cardíaca. De fato, as plantas continuam sendo uma fonte rica para a descoberta desses compostos biomedicinais. No entanto, é importante lembrar que a razão pela qual esses compostos existem é em grande parte porque as plantas os usam para evitar que sejam comidas, conduzindo uma guerra química contra seus herbívoros.

Alguns desses metabólitos especializados defensivos produzidos constitutivamente também podem ter efeitos deletérios na própria planta. Para evitar a autotoxicidade, esses compostos devem ser armazenados de forma segura em compartimentos celulares, devendo também ser relativamente isolados de tecidos sensíveis, devido a danos celulares que podem ser causados pelo vazamento. As plantas, portanto, tendem a acumular metabólitos especializados tóxicos em organelas de armazenamento, como vacúolos, ou em estruturas anatômicas especializadas, como *canais resiníferos*, *laticíferos* (células produtoras de látex) ou tricomas glandulares. Após um ataque por herbívoros ou patógenos, as toxinas são liberadas e tornam-se ativas no local do dano, sem afetar negativamente as áreas vitais de crescimento. Os **ductos de resina de coníferas**, encontrados no córtex e no floema, contêm uma mistura de diversos terpenoides (**Figura 24.11**), bem como ácidos resinosos. Esse coquetel é liberado imediatamente após danos à planta, atuando tanto para envenenar o herbívoro atacante quanto, como a resina é pegajosa, para colar o aparelho bucal do herbívoro. Em casos extremos, a resina pode até envolver todo o inseto ou patógeno, levando à morte do organismo agressor. No entanto, alguns herbívoros desenvolveram estratégias para evitar esses efeitos. Por exemplo, os besouros da casca contornam essa defesa atacando árvores com falta de água ou enfraquecidas, onde o fluxo de resina é muito reduzido.

A maioria dos canais resiníferos em coníferas é considerada defesa constitutiva, embora também possa ser induzida após um dano causado por herbívoros. A formação desses canais resiníferos adventícios, por vezes referidos como *canais resiníferos de trauma*, assim como a biossíntese de resina, é regulada pelo

Figura 24.11 A resina armazenada no canal resinífero é liberada quando os herbívoros danificam a planta. (A) Canal resinífero no lenho de um pinheiro (*Araucaria* sp.). Observa-se que o canal resinífero é circundado por células secretoras que liberam componentes de resina no seu sistema. (B) Mediante ferimento, a resina é liberada no local danificado, onde veda o dano e atua como repelente contra possível herbivoria. (C) Dois terpenoides que são componentes comuns da resina.

hormônio metiljasmonato, um derivado do ácido jasmônico (AJ, discutido na Seção 24.3).

Os **laticíferos** são compostos de células que produzem látex, um emulsificado leitoso constituído de componentes que coagulam após exposição ao ar. Em comparação com as resinas, o látex normalmente é muito mais complexo e pode conter proteínas e açúcares, além de metabólitos especializados tóxicos ou repelentes. Os laticíferos podem consistir em uma série de células fusionadas (laticíferos articulados) ou uma célula longa sincicial (laticíferos não articulados) (**Figura 24.12**). A mais notável entre as plantas produtoras de látex é a seringueira (*Hevea brasiliensis*), que tem sido cultivada comercialmente como fonte de borracha natural. Mediante ferimento, essa planta libera enormes quantidades de látex, que é recolhido e mais tarde convertido em borracha. Em condições naturais, a borracha liberada por árvores feridas defende a planta contra herbívoros e patógenos, repelindo-os ou prendendo-os.

Embora esses metabólitos especializados possam ser eficazes em dissuadir herbívoros, alguns animais desenvolveram adaptações para evitá-los (p. ex., os besouros da casca descritos anteriormente) ou, na verdade, capitalizar sua produção para sua própria defesa. Por exemplo, a erva-leiteira (*Asclepias curassavica*) e gêneros relacionados, como o oleandro (*Nerium oleander*), produzem látex que contém quantidades significativas de esteroides venenosos chamados cardenolídeos. Os insetos herbívoros generalistas sujeitos a esses compostos ou são repelidos ou sofrem espasmos que levam à morte. Por outro lado, as lagartas especialistas da borboleta-monarca (*Danaus plexippus*) são insensíveis às toxinas. Eles se alimentam de folhas de erva-leiteira e retêm os cardenolídeos em seus corpos para sua própria defesa, um truque também adotado pelo grande inseto da serralha (*Oncopeltus fasciatus*) e pelo pulgão da serralha (*Aphis nerii*) (**Figura 24.13**). Como consequência, a maioria das aves insetívoras aprendem rapidamente a evitar alimentarem-se destes insetos. A coloração brilhante e distinta das lagartas e borboletas monarcas serve para alertar sua natureza tóxica.

Outro fato interessante do oficial-de-sala é que a mosca parasita *Zenillia adamsoni* pode obter o cardenolídeo de "segunda mão" da lagarta da borboleta-monarca. Quando a mosca fêmea está pronta para a oviposição, ela procura uma lagarta-monarca e deposita seus ovos em sua superfície. Após a eclosão, as larvas desenvolvem-se dentro da lagarta e a consomem por dentro. Além de usar a lagarta para a alimentação, as larvas da mosca são capazes de armazenar o cardenolídeo tóxico da lagarta e retê-lo como uma defesa até a idade adulta.

Frequentemente, as plantas armazenam moléculas de defesa no vacúolo, como conjugados de açúcar, hidrossolúveis e não tóxicos

Além do acúmulo em estruturas especializadas, outro mecanismo comum usado pelas plantas para armazenar com segurança metabólitos especializados potencialmente perigosos é conjugar o composto tóxico com um açúcar, como a glicose, para produzir um glicosídeo. Essa modificação química produz um precursor não tóxico, além de tornar o metabólito especializado mais solúvel em água. Para se tornarem ativos, as ligações glicosídicas com frequência precisam ser hidrolisadas enzimaticamente. A ativação descontrolada é evitada pela separação espacial das

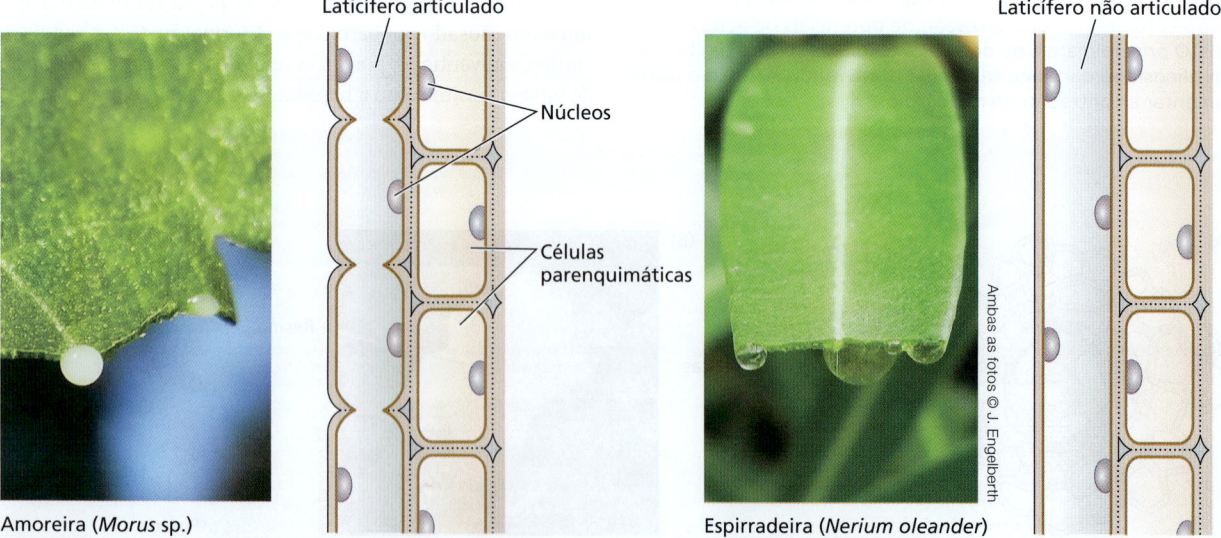

Figura 24.12 Os laticíferos são compostos de células individuais e podem ocorrer como sistemas articulados (células individuais ligadas por um pequeno tubo) ou como sistemas não articulados (uma grande célula sincicial). O látex nos laticíferos é liberado mediante dano e, muitas vezes, contém glicosídeos cardiotônicos que repelem os herbívoros. Enquanto a amoreira (*Morus* sp.) produz um látex leitoso em seus laticíferos articulados, a espirradeira (*Nerium oleander*) libera um látex claro a partir de laticíferos não articulados.

(A) Borboleta-monarca
(*Danaus plexippus*)

(B) Percevejo de oficial-de-sala
(*Oncopeltus fasciatus*)

(C) Pulgão de oficial-de-sala
(*Aphis nerii*)

Figura 24.13 Enquanto a maioria dos herbívoros é muito sensível aos metabólitos tóxicos presentes no látex de indivíduos de oficial-de-sala e espirradeira, alguns insetos herbívoros incorporam esses compostos em seus corpos e os mostram a seus potenciais predadores, apresentando cores brilhantes. Aqui são mostrados três insetos herbívoros especialistas que se alimentam dessas plantas produtoras de látex: a lagarta da borboleta-monarca (A), o percevejo de oficial-de-sala (B) e o pulgão de oficial-de-sala (C). Destes, os dois últimos usam a espirradeira como fonte de alimento, se as plantas de oficial-de-sala não estiverem disponíveis.

hidrolases ativadoras e seus respectivos substratos tóxicos, que se unem somente quando um herbívoro começa a mastigar a planta.

O armazenamento vacuolar de defesas químicas glicosiladas é usado para deter insetos e patógenos. Em alguns membros da família Poaceae (gramíneas), os benzoxazinoides (alcaloides tóxicos) são metabólitos especializados defensivos produzidos constitutivamente. Esses compostos geralmente são armazenados no vacúolo como glicosídeos acoplados à D-glicose (Glc) (**Figura 24.14**). Quando uma célula é danificada pela invasão por herbivoria ou patógeno, os glicosídeos inativos são hidrolisados, gerando produtos que são tóxicas não só para insetos herbívoros, mas também para patógenos. Além disso, os benzoxazinoides liberados no solo também podem ser tóxicos para microrganismos, insetos ou plantas concorrentes, tornando esses metabólitos uma poderosa defesa química geral contra os desafios bióticos que essas plantas enfrentarão à medida que crescerem.

Na ordem Brassicales (repolhos e seus aparentados) muitas espécies produzem glicosinolatos – compostos orgânicos que contêm enxofre, derivados de glicose e um aminoácido – como seus principais metabólitos especializados de defesa (ver **Apêndice 4 na internet**). A enzima de hidrólise, a mirosinase, está armazenada em células diferentes daquelas onde estão os substratos. Enquanto as células contendo mirosinase são geralmente livres de glicosinolatos, as células ditas ricas em enxofre contêm glicosinolatos em altas concentrações. Quando o tecido é danificado, a mirosinase e os glucosinolatos liberados se misturam, resultando na produção de uma variedade de compostos biologicamente ativos que detêm a maioria dos insetos herbívoros generalistas (**Figura 24.15**). Os aromas de mostarda, wasabi, rabanete, couve-de-bruxelas e outras espécies relacionadas são decorrentes da presença de isotiocianatos. De fato, os humanos geralmente valorizam as plantas, ou

Figura 24.14 Em membros da família Poaceae, os benzoxazinoides, alcaloides derivados da rota de triptofano, são os principais metabólitos especializados de defesa. O composto 2,4-di-hidróxi-1,4-benzoxazin-3-ona (DIBOA) e seu derivado 2,4-di-hidróxi-7-metóxi-1,4-benzoxazin-3-ona (DIMBOA) são armazenados no vacúolo como glicosídeos (ligados à D-glicose, Glc). Após o dano, os glicosídeos são hidrolisados e liberam seus produtos tóxicas.

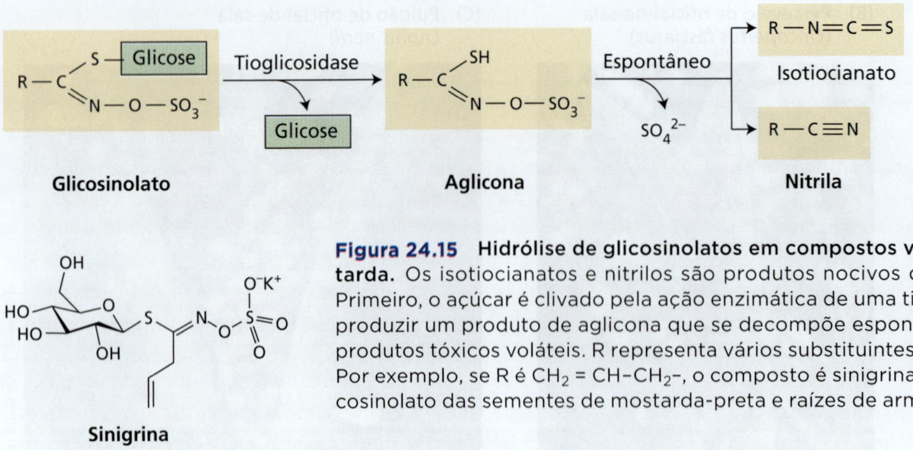

Figura 24.15 Hidrólise de glicosinolatos em compostos voláteis da mostarda. Os isotiocianatos e nitrilos são produtos nocivos dessas reações. Primeiro, o açúcar é clivado pela ação enzimática de uma tiohidrolase para produzir um produto de aglicona que se decompõe espontaneamente em produtos tóxicos voláteis. R representa vários substituintes alquila ou arila. Por exemplo, se R é $CH_2 = CH–CH_2–$, o composto é sinigrina, o principal glicosinolato das sementes de mostarda-preta e raízes de armorácia.

partes delas, pelos sabores culinários transmitidos por esses compostos. No entanto, o alto conteúdo de metabólitos especializados nessas plantas não existe principalmente para nosso uso na culinária, mas para fornecer defesas químicas nocivas para proteção contra danos causados por pragas e patógenos.

Os **glicosídeos cianogênicos** representam, particularmente, uma classe de metabólitos especializados tóxicos. Posterior ao dano nos tecidos, esses glicosídeos são decompostos e liberam o ácido cianídrico (HCN). O cianeto inibe a função mitocondrial, então, em última análise, as células do herbívoro ficam sem energia e morrem. Várias espécies vegetais de importância econômica e nutricional, incluindo o sorgo (*Sorghum bicolor*) e a mandioca (*Manihot esculenta*), produzem diferentes tipos de glicosídeos cianogênicos (**Figura 24.16**). As raízes de mandioca são uma importante fonte de calorias dietéticas para pessoas em regiões tropicais, mas devem ser cuidadosamente preparadas por meio de lavagem extensiva e cozimento completo para remover os glicosídeos e, assim, evitar a toxicidade do cianeto quando ingeridas.

24.3 Respostas de defesa induzidas contra insetos herbívoros

Enquanto as defesas químicas constitutivas proporcionam proteção básica para as plantas contra muitos predadores e patógenos e são comuns entre as plantas na natureza, existem desvantagens para esse tipo de estratégia de defesa. Em primeiro lugar, as defesas constitutivas têm alto custo para a planta. A produção de metabólitos secundários requer um investimento significativo de energia derivada do metabolismo primário,

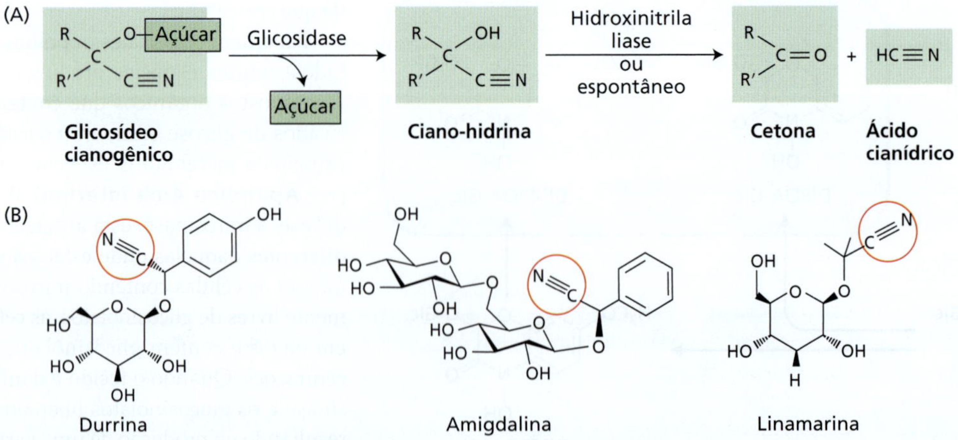

Figura 24.16 Os glicosídeos cianogênicos se decompõem para produzir cianeto de hidrogênio, fornecendo uma defesa química constitutiva contra herbívoros. (A) Hidrólise enzimática dos glicosídeos cianogênicos para liberar ácido cianídrico. A cianoidrina produzida pela ação da glicosidase no glicosídeo cianogênico armazenado se decompõe espontaneamente ou é catalisada por uma hidroxinitrila liase para formar cianeto de hidrogênio. R e R' representam vários substituintes alquila ou arila. Por exemplo, se R é fenil, R' é hidrogênio, e o açúcar é um dissacarídeo β-gentiobiose, o composto é amigdalina (um glicosídeo cianogênico comum encontrado nas sementes de amêndoa, damasco, cereja e pêssego). (B) Outros compostos que liberam cianeto tóxico são durrina do sorgo e linamarina da mandioca. O grupo cianeto está marcado por um círculo.

que passa então a ser indisponível para uso no crescimento e na reprodução. Essa compensação é mais evidente nas culturas agrícolas, em que a produtividade é aumentada, em parte, pela redução da capacidade da planta de se defender. Em segundo lugar, predadores e patógenos podem se adaptar às defesas químicas constitutivas da planta, como visto no caso da lagarta-monarca e do oficial-de-sala, mesmo usando esses compostos para se defender contra seus predadores e parasitas. Consequentemente, a maioria das plantas desenvolveu sistemas de defesa induzida, apesar de qualquer defesa constitutiva que possam ter. Os sistemas de defesa induzida permitem que as plantas respondam de forma mais flexível a todo o conjunto de ameaças apresentadas por predadores e patógenos.

As defesas induzíveis exigem sistemas que monitorem sinais de danos ou de um ataque e, em seguida, acionem uma resposta. As plantas têm muitos desses sistemas e, nesta seção, discutimos alguns dos mecanismos pelos quais as plantas reconhecem os insetos herbívoros e como eles montam suas defesas induzíveis. Em seguida, na Seção 24.4, investigaremos processos semelhantes desencadeados pelo ataque de patógenos. Para a herbivoria, essas respostas das plantas incluem não apenas a síntese de novo de metabólitos e proteínas tóxicos especializados, mas também o recrutamento de inimigos naturais do atacante, juntamente com o envio de sinais às plantas próximas para prepará-las contra a herbivoria iminente.

Com base em seu comportamento alimentar, três grandes categorias de insetos herbívoros podem ser distinguidas:

1. Os *alimentadores de floema*, como pulgões e moscas-brancas, causam poucos danos diretos aos tecidos. Os insetos sugadores inserem seu *estilete* estreito, que é uma peça bucal alongada, entre as células da epiderme e mesófilo e nos elementos de tubo crivado de folhas e caules. A resposta de defesa da planta aos alimentadores de floema é mais semelhante à resposta a patógenos (discutido na Seção 24.4) do que a herbívoros. Embora a extensão da injúria direta no tecido pela inserção do estilete seja pequena, esses insetos podem servir como vetores de vírus e então causar grandes danos.

2. Os *sugadores de conteúdo celular*, como ácaros e Thrips, são insetos perfuradores/sugadores que causam danos físicos de extensão intermediária às células vegetais.

3. Os *insetos mastigadores*, como lagartas (larvas de mariposas e borboletas), gafanhotos e besouros, causam os danos mais significativos às plantas. Na discussão que segue neste capítulo, a definição de "herbivoria por insetos" em sua maioria, está restrita a esse tipo de dano.

As plantas podem reconhecer componentes específicos na saliva dos insetos

Para estabelecer uma defesa induzida eficaz contra pragas ou patógenos, a planta hospedeira deve ser capaz de perceber a ocorrência do dano e determinar se a fonte é um ataque biótico. Danos mecânicos, sejam causados por um inseto mastigando uma folha ou por granizo danificando a superfície da folha, liberam compostos vegetais que normalmente não estão presentes no apoplasto. Isso inclui o conteúdo do citoplasma das células danificadas, como ATP ou peptídeos, bem como fragmentos da parede celular, como oligogalacturonídeos. Esses compostos podem então desencadear respostas a danos mecânicos. A maioria das respostas das plantas aos insetos herbívoros envolve tanto a resposta ao ferimento quanto o reconhecimento de certos compostos abundantes na saliva ou na regurgitação dos insetos que desencadeiam respostas posteriores de defesa. Esses compostos pertencem a um grupo amplo de moléculas denominadas **elicitores**, os quais podem desencadear respostas de defesa vegetal contra uma diversidade de herbívoros e patógenos. Embora, em algumas plantas, a lesão mecânica repetida possa induzir respostas similares àquelas causadas por herbivoria de insetos em algumas plantas, algumas moléculas na saliva do inseto podem servir como promotores desse estímulo. Além disso, os danos e os eliciadores derivados de insetos podem desencadear *sistemicamente* rotas de sinalização – ou seja, por toda a planta –, iniciando, assim, as respostas de defesa que podem minimizar danos futuros em regiões da planta que ainda não foram diretamente atacadas.

O primeiro elicitor identificado na saliva do inseto foi um conjugado de ácido graxo-glutamina-amida nas secreções orais de larvas da lagarta do cartucho da beterraba (*Spodoptera exigua*) que recebeu o nome de volicitina (**Figura 24.17A**). A volicitina é produzida somente quando o inseto se alimenta de uma planta, pois o componente do ácido graxo é derivado do tecido vegetal ingerido e conjugado enzimaticamente no intestino a um aminoácido derivado do inseto, normalmente a glutamina.

Desde a descoberta da volicitina em *Spodoptera*, uma variedade de amidas de ácidos graxos foi identificada em espécies de lepidópteros, bem como em grilos e moscas-das-frutas.

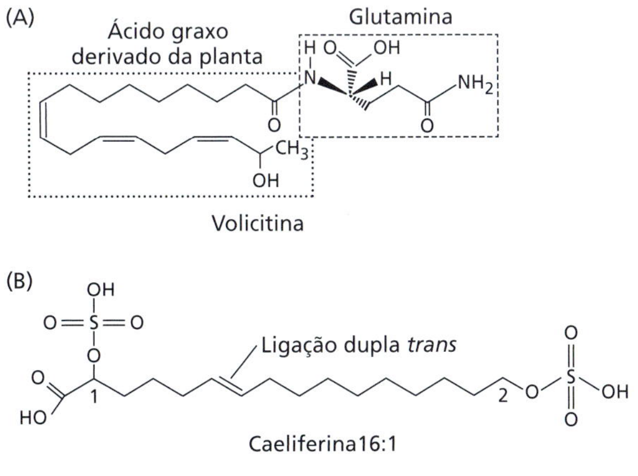

Figura 24.17 Estruturas dos principais elicitores derivados de insetos. (A) Conjugados de ácido linolênico-aminoácido, como volicitina, induzem a liberação de metabólitos especializados voláteis em plântulas de milho. (B) Duas classes de caeliferinas foram isoladas e identificadas do regurgitante do gafanhoto *Schistocerca americana*. É mostrada Caeliferina 16:1 na qual duas hidroxilas na posição α (1) e ω (2) são sulfatadas.

Verificou-se que a maioria deles funciona como elicitores quando aplicados a uma ampla variedade de plantas. As amidas de ácidos graxos são agora conhecidas por serem apenas uma de uma variedade de elicitores produzidos por insetos. Por exemplo, quando *Spodoptera* se alimenta de feijão-de-corda, ele decompõe uma enzima encontrada nos cloroplastos da planta e, assim, produz um fragmento de proteína chamado inceptina. A inceptina aparece nas secreções orais da lagarta e atua como um eliciador da defesa da planta, mais uma vez ligando o desencadeamento das vias de defesa à evidência química de que o inseto está comendo uma planta.

Alguns compostos derivados de insetos provocam respostas em uma faixa mais restrita de espécies. Por exemplo, uma classe de elicitores chamada **caeliferinas** (**Figura 24.17B**) é encontrada nas secreções orais de um gafanhoto (*Schistocerca americana*). Embora esse elicitor seja ativo no milho (milho; *Zea mays*), nem leguminosas nem plantas solanáceas respondem a ele com maior sinalização de defesa. Ao contrário das amidas de ácidos graxos, as caeliferinas parecem se originar inteiramente nos gafanhotos, pois contêm comprimentos irregulares de cadeia de ácidos graxos e uma ligação dupla *trans* não encontrada nas plantas.

Devemos observar aqui que nem todos os componentes das secreções orais dos insetos desencadeiam a defesa da planta. Por exemplo, a enzima glicose oxidase encontrada nas secreções da lagarta da espiga do milho (*Helicoverpa zea*) na verdade suprime as defesas do milho, demonstrando a complexa guerra química empregada por ambos os lados nas batalhas entre herbívoros e hospedeiros.

A sinalização de Ca^{2+} e a ativação da rota da MAP quinase são eventos iniciais associados à herbivoria de insetos

Quando as plantas reconhecem que foram danificadas e detectam elicitores da saliva dos insetos, uma complexa rede de transdução de sinal é ativada, na qual um aumento na concentração de Ca^{2+} livre citosólico ($[Ca^{2+}]_{cit}$) é um evento precoce. Ca^{2+} é um mensageiro secundário ubíquo em múltiplas respostas celulares de todos os sistemas eucarióticos (ver Capítulo 3). Sob condições normais, $[Ca^{2+}]_{cit}$ é muito baixa (cerca de 100 nM). Após estimulação por dano mecânico ou por um elicitor, os íons Ca^{2+} são rapidamente liberados no citosol por uma combinação de influxo através da membrana plasmática e liberação de compartimentos de armazenamento, como mitocôndrias, retículo endoplasmático e vacúolo. Esses fluxos levam a um aumento de aproximadamente dez vezes no $[Ca^{2+}]_{cit}$, que então ativa uma série de proteínas-alvo de ligação ao Ca^{2+}, que, por sua vez, ativam alvos a jusante da via de sinalização. Esses alvos posteriores normalmente incluem redes de eventos bioquímicos controlados pela fosforilação de proteínas e a reprogramação da expressão gênica (ver Capítulo 4). Por exemplo, em *Arabidopsis*, uma proteína chamada IQD1 foi identificada como um importante mediador das respostas de defesa contra a herbivoria de insetos, cuja função é ativar genes envolvidos na biossíntese de glucosinolatos. Consequentemente, a superexpressão de IQD1 em *Arabidopsis* reduz sua suscetibilidade à herbivoria. Verificou-se que a ação do IQD1 é regulada pelo Ca^{2+}. Assim, o IQD1 é ativado pela ligação à calmodulina, a principal proteína de ligação ao Ca^{2+}, tornando a produção de glucosinolato responsiva ao sinal $[Ca^{2+}]$ desencadeado pela herbivoria.

É importante lembrar que essas defesas são caras para a planta; quando existem esses interruptores "ligados", é provável que haja interruptores "desligados" igualmente importantes, controlando de forma cuidadosa o grau em que as defesas são induzidas. Assim, além de seu papel de ativação de defesa, o Ca^{2+} também pode estar envolvido na regulação negativa da sinalização de defesa. Quando a produção de duas proteínas quinases dependentes de Ca^{2+} (CDPKs) foi suprimida pelo silenciamento de genes em um tabaco selvagem (*Nicotiana attenuata*), o acúmulo de sinais de feridas (como o hormônio de defesa vegetal JA, discutido brevemente) após a herbivoria continuou por um período muito mais longo do que em plantas selvagens. Consequentemente, as plantas silenciadas também produziram mais metabólitos de defesa e retardaram de maneira significativa o crescimento de um herbívoro especialista, a lagarta da folha do tabaco (*Manduca sexta*). Essas observações sugerem que esses dois CDPK fazem parte do sistema necessário para desligar essas defesas induzidas. Assim, é provável que os processos regulados por Ca^{2+} estejam envolvidos no equilíbrio da indução de defesas com a necessidade de limitar seus custos gerais para a planta.

A sinalização de defesa induzida por insetos herbívoros também envolve vários tipos de proteínas quinase ativadas por mitógenos (MAPKs, *mitogen-activated protein kinases*). No tabaco, o silenciamento dos genes para a **proteína quinase induzida por lesão** (**WIPK**, *wound-induced protein kinase*) e para a **proteína quinase induzida por estresse** (**SIPK**, *stress protein kinase*), membros da família MAPK, revelou que ambos estão envolvidos na regulação de defesas anti-herbivoria. Esses genes são significativamente induzidos após a herbivoria de insetos e o tratamento com os elicitores ácidos graxos amidas. SIPK e WIPK também parecem ser essenciais para diferentes aspectos da via AJ e para a síntese relacionada a feridas de outro hormônio vegetal, o etileno. Efeitos semelhantes são observados na manipulação da atividade de MAPK em plantas tão diversas como tomate e *Arabidopsis*, demonstrando a provável importância generalizada das MAPKs na regulação das defesas das plantas contra insetos herbívoros.

O ácido jasmônico ativa respostas de defesa contra insetos herbívoros

Uma importante via de sinalização envolvida na maioria das defesas das plantas contra insetos herbívoros é desencadeada pelo hormônio jasmonato (principalmente na forma do aminoácido conjugado ácido jasmônico-isoleucina, AJ-ile). Os níveis AJ aumentam rapidamente em resposta ao dano, desencadeando a síntese de muitas proteínas envolvidas nas defesas vegetais. A demonstração direta da ação do jasmonato na resistência a insetos tem sido resultado de pesquisas em linhagens mutantes de *Arabidopsis*, tomateiro e milho deficientes em jasmonato. Tais mutantes são facilmente mortos por insetos-praga, que normalmente não danificam plantas do tipo selvagem. A aplicação de ácido jasmônico exógeno restabelece a resistência em níveis próximos aos observados nas plantas selvagens.

Em vegetais, o AJ é sintetizado a partir do ácido linolênico (ver Capítulo 13), que é liberado dos lipídeos da membrana plasmática e, então, convertido em AJ-iLe, conforme ilustrado na **Figura 24.18**. Duas organelas participam na biossíntese do AJ: cloroplastos e peroxissomos. O jasmonato desencadeia uma ampla gama de processos de defesa, incluindo a indução da transcrição de vários genes para enzimas em todas as principais vias de biossíntese de metabólitos especializados. O jasmonato também interrompe o crescimento, permitindo que a planta realoque seus recursos para as vias metabólicas envolvidas na defesa.

O ácido jasmônico atua por um mecanismo conservado de sinalização de ubiquitina ligase

Como introduzido no Capítulo 4, o AJ-iLe atua mediante um mecanismo conservado de sinalização baseado na ubiquitina ligase, o qual tem estreita semelhança com aqueles descritos para auxinas e giberelinas (**Figura 24.19**). Embora a adição de ácido jasmônico não conjugado às plantas possa desencadear algumas defesas, a maioria das respostas envolve o AJ-ile como um sinal hormonal. Essa conjugação é realizada por enzimas conhecidas como **proteínas de resistência ao jasmonato** (**JAR**), uma das quais, JAR1, parece ser de particular importância para a sinalização de defesa dependente do jasmonato.

Quando os níveis de jasmonato bioativo são baixos, as defesas induzidas são igualmente baixas porque a expressão de genes responsivos ao jasmonato está sendo ativamente inibida por membros da **família de proteínas JA-ILE ZIM-DOMAIN** (**JAZ**). Esses repressores JAZ atuam ligando-se ao **fator de transcrição MYC2** e inativando-o. MYC2 é um importante ativador de genes dependentes de jasmonato. Além disso, esses repressores mantêm a cromatina em estado "fechado", impedindo a ligação dos fatores de transcrição de resposta ao AJ aos seus genes-alvo (ver Figura 24.19). O jasmonato desencadeia a degradação das proteínas JAZ ao se ligar às proteínas JAZ e à CORONATINA-INSENSITIVE1 (COI1), que funcionam juntas como co-receptores de jasmonato. Conforme descrito no Capítulo 4, COI1 faz parte do complexo proteico SKP1-CULLIN-F-box (SCF) que liga a pequena molécula ubiquitina às proteínas para marcá-las para degradação por meio do proteassomo 26S (ver Figura 24.19). A destruição do JAZ libera o fator de transcrição MYC2, que então provoca a expressão de genes responsivos ao jasmonato para desencadear respostas de defesa induzidas.

Interações hormonais contribuem para as interações entre plantas e insetos herbívoros

Além do jasmonato, vários outros agentes de sinalização – incluindo etileno, ácido salicílico e metilsalicilato – com frequência são induzidos por insetos herbívoros. Em particular, o etileno parece desempenhar um papel importante nesse contexto. Quando aplicado isoladamente às plantas, o etileno tem pouco efeito sobre a ativação de genes relacionados à defesa. No entanto, quando aplicado junto com AJ, parece aumentar as respostas relacionadas ao jasmonato. Do mesmo modo, quando as plantas são tratadas com eliciadores, como ácidos graxos amidas (que por si só não induzem a produção de quantidades significativas de etileno), em combinação com etileno, as respostas

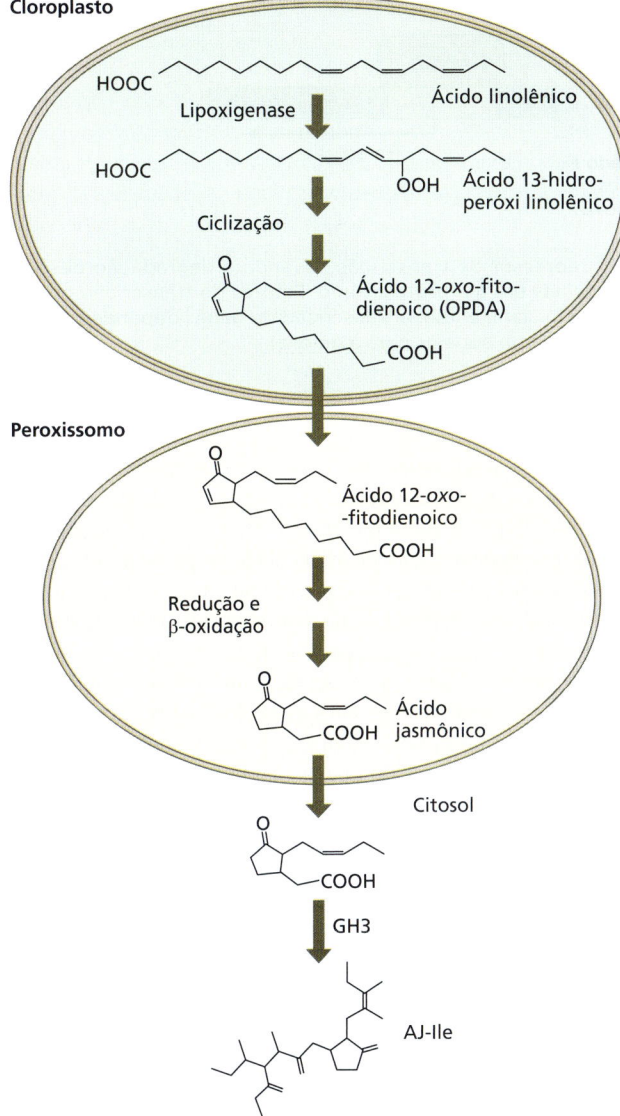

Figura 24.18 Etapas na rota de conversão do ácido linolênico em ácido jasmônico. A primeira etapa enzimática ocorre no cloroplasto, resultando em um produto cíclico, o ácido 12-*oxo*-fitodienoico (OPDA). Esse intermediário é transportado para o peroxissomo, onde é inicialmente reduzido e, após, convertido em AJ por β-oxidação. O aminoácido leucina é conjugado com AJ pela enzima JAR1.

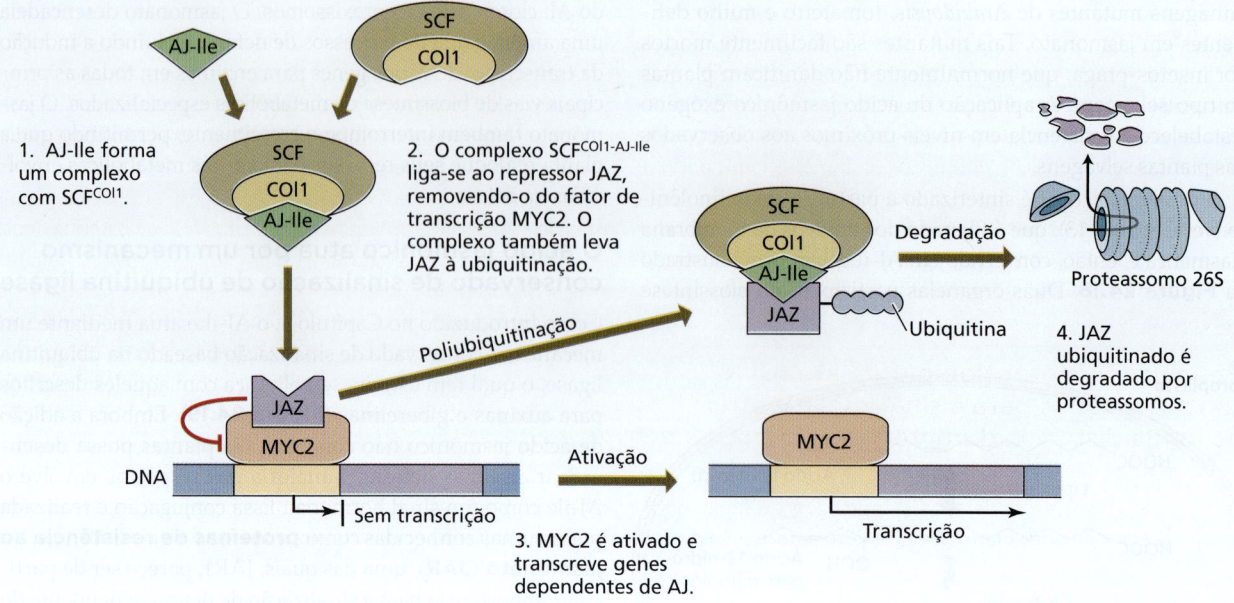

Figura 24.19 Sinalização por ácido jasmônico. O ácido jasmônico necessita ser inicialmente conjugado a um aminoácido (aqui a isoleucina) para se ligar à COI1 como parte de um complexo proteico receptor SCF^{COI1}. Esse complexo marca JAZ, um repressor de transcrição, levando à degradação dessas proteínas em um proteassomo. Fatores de transcrição como MYC2 iniciam, então, a transcrição de genes dependentes de AJ, incluindo aqueles para a defesa.

de defesa são significativamente aumentadas. Resultados como esses demonstram que é necessária uma ação conjunta desses compostos de sinalização para a ativação completa das respostas de defesa induzidas. O controle multifatorial permite que as plantas integrem vários sinais ambientais na modulação da resposta de defesa.

O ácido jasmônico inicia a produção de proteínas de defesa que inibem a digestão de herbívoros

Além de ativar as rotas para a produção de metabólitos especializados tóxicos ou repelentes, o AJ também inicia a biossíntese de proteínas de defesa. A maior parte dessas proteínas interfere no sistema digestório dos herbívoros. Por exemplo, algumas leguminosas sintetizam **inibidores da α-amilase**, que bloqueiam a ação da enzima α-amilase, responsável pela digestão de amido. Outras espécies vegetais produzem **lectinas**, proteínas de defesa que se ligam a carboidratos ou a proteínas contendo carboidratos. Após a ingestão por um herbívoro, as lectinas ligam-se às células epiteliais que revestem o trato digestório e interferem na absorção de nutrientes.

Um ataque mais direto sobre o sistema digestório do inseto herbívoro é realizado por algumas plantas por meio da produção de uma protease de cisteína, que rompe a membrana que protege o epitélio intestinal de muitos insetos. As plantas também produzem **inibidores de proteinase**. Encontradas nas leguminosas, no tomateiro e em outros vegetais, tais substâncias bloqueiam a ação das enzimas proteolíticas dos herbívoros. Estando no trato digestório desses animais, elas se ligam especificamente ao sítio ativo de enzimas proteolíticas, como tripsina e quimotripsina, impedindo a digestão das proteínas. Insetos que se alimentam de plantas contendo inibidores de proteinase sofrem taxas reduzidas de crescimento e desenvolvimento. Experimentos mostraram que esse efeito pode ser compensado pela adição de aminoácidos suplementares à sua dieta, ligando diretamente seu crescimento prejudicado à interrupção de sua capacidade de digerir proteínas em sua dieta.

No lado da planta, a função dos inibidores de protease tem sido confirmada por experimentos com tabaco transgênico. As plantas transformadas para acumular níveis aumentados de inibidores de proteases sofreram menos danos causados por insetos herbívoros do que as plantas não transformadas. No entanto, a coevolução é uma força poderosa nas interações planta-inseto e, assim como ocorreu com os glucosinolatos, alguns insetos herbívoros evoluíram para evitar essa defesa, adaptando-se para se alimentar de plantas que produzem inibidores de proteinase vegetal por meio da produção de proteinases digestivas resistentes à inibição.

Os danos causados por herbívoros induzem defesas sistêmicas

No tomateiro, o ataque de um inseto leva a um rápido acúmulo de inibidores de protease em toda a planta, mesmo em áreas não danificadas, distantes do local do ataque. Da mesma forma, em *Arabidopsis*, o ferimento de uma folha leva em minutos à produção de AJ e AJ-Ile em folhas não feridas. Essas observações indicam que as plantas possuem um sistema capaz de sinalizar rapidamente em todo o corpo da planta para acionar defesas preventivas mesmo em partes não danificadas. Em plantas de tomate sob ataque de herbívoros, essa comunicação é realizada em parte por células danificadas que liberam um peptídeo sinalizador chamado sistemina, que desencadeia a produção de AJ. Acredita-se então que o AJ, o mRNA da sistemina e possivelmente até mesmo a própria sistemina se movam sistemicamente no floema (ver o **Tópico 24.2 na internet**). Embora se acreditasse que os sinais peptídicos, como a sistemina, eram restritos às solanáceas, nos últimos anos tornou-se claro que sinalização por peptídeos em plantas é ampla, e outras plantas produzem peptídeos como moléculas sinalizadoras em resposta a uma ampla gama de estímulos em função da herbivoria por insetos.

Genes de receptor tipo glutamato (GLR) são necessários para a sinalização elétrica de longa distância durante a herbivoria

Várias linhas de evidência sugerem um papel da sinalização elétrica nas respostas de defesa sistêmica. Por exemplo, o forrageio da larva do curuquerê do algodoeiro egípcio (*Spodoptera littoralis*) nas folhas de feijoeiro induz uma onda de despolarizações que se propaga para áreas não danificadas da folha. Da mesma forma, as medições das respostas de *Arabidopsis* agora confirmaram o papel da sinalização elétrica na disseminação das defesas induzidas por AJ para folhas não danificadas em resposta a danos puramente mecânicos e à herbivoria de insetos. Durante a alimentação da larva de *S. littoralis*, os sinais elétricos induzidos próximos ao local do ataque posteriormente se propagam para as folhas vizinhas a uma velocidade máxima de 9 cm por minuto (**Figura 24.20**). Essas mudanças também são acompanhadas por ondas de propagação de Ca^{2+} e espécies reativas de oxigênio (EROs, outra molécula de sinalização celular onipresente). Esses sinais se propagam rapidamente pela vasculatura e, em seguida, se espalham pelas folhas não danificadas, provavelmente se movendo de uma célula para outra por meio de plasmodesmos para iniciar respostas de defesa mediadas por AJ-Ile. Uma família de genes de receptor tipo glutamato (GLR, *glutamate receptor-like*) foi identificada como

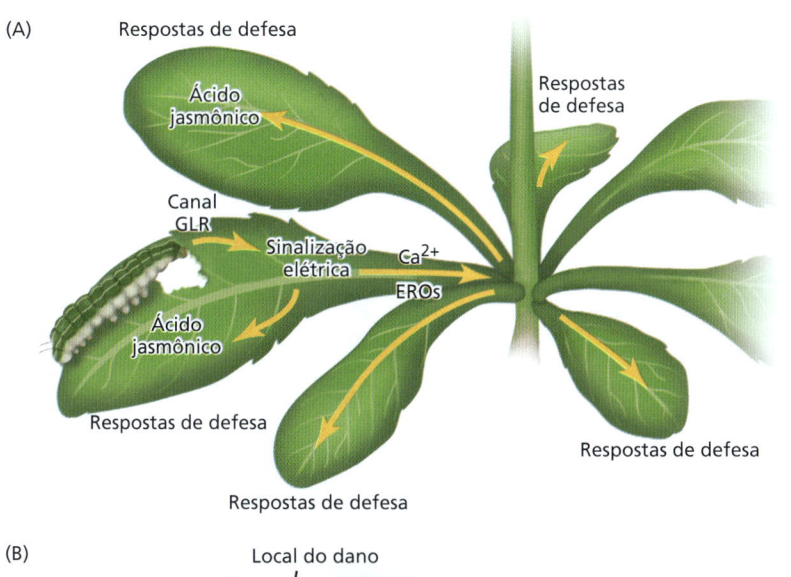

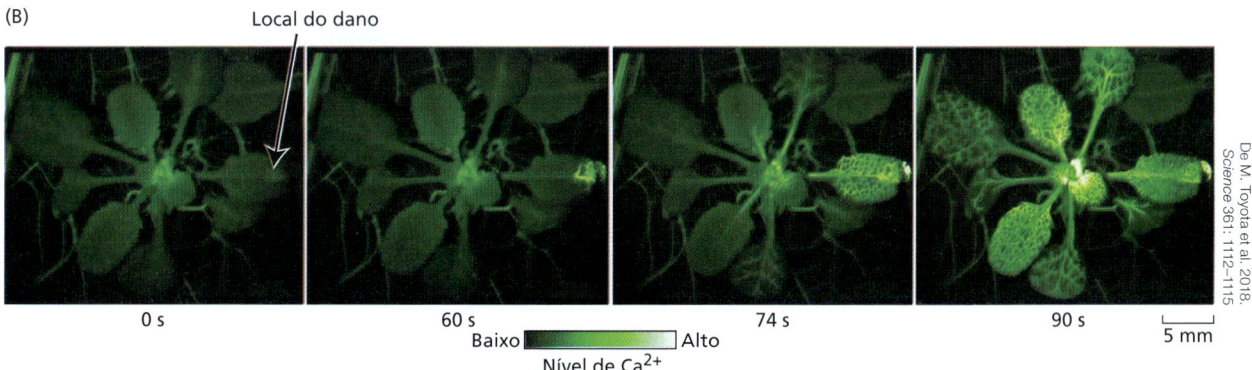

Figura 24.20 Resposta sistêmica de *Arabidopsis* ao ataque de herbívoros. (A) A lesão na folha causada por herbivoria ativa canais iônicos dos receptores tipo glutamato (GLR). Acredita-se que os GLRs acionam sinais elétricos que viajam pelo sistema vascular ao lado de ondas de sinalização química, como mudanças na concentração de Ca^{2+} e EROs, estimulando, assim, a produção de AJ no local e em outras folhas. O ácido jasmônico-Ile, em seguida, inicia as respostas de defesa que desencorajam a herbivoria. (B) Propagação do sinal de Ca^{2+} através de uma planta em resposta à aplicação local de um eliciador de dano. A planta está expressando uma proteína repórter fluorescente sensível ao Ca^{2+}. (A segundo A. Christmann e E. Grill. *Nature* 500: 404-405.)

tendo um papel importante neste processo. Esses GLR codificam canais iônicos permeáveis ao Ca^{2+}, e ambas ondas elétricas e de Ca^{2+} não se propagam mais após o ferimento quando esses genes sofrem mutação. Da mesma forma, a expressão gênica em resposta a AJ-Ile e a defesa de herbívoros nas folhas não feridas são reduzidas. Os GLRs também foram previamente implicados em respostas de defesa relacionadas a microrganismos, sugerindo um papel potencialmente amplo nas vias que levam às defesas induzíveis na planta.

Os voláteis induzidos por herbívoros podem repelir herbívoros e atrair inimigos naturais

Compostos orgânicos voláteis (VOCs), ou voláteis, são moléculas orgânicas derivadas de plantas que são induzidas ou liberadas após danos. A resposta dos insetos a esses voláteis fornece um excelente exemplo de como a coevolução pode moldar as interações planta-inseto. A combinação de moléculas emitidas é exclusiva para cada espécie de insetos herbívoros e em geral inclui representantes das três principais rotas do metabolismo secundário: terpenos, alcaloides e compostos fenólicos. Além disso, em resposta ao dano mecânico, todas as plantas emitem produtos derivados de lipídeos, como os **voláteis de folhas verdes** (uma mistura de aldeídos de seis carbonos, alcoóis e ésteres). As funções ecológicas desses voláteis são muitas (**Figura 24.21**). Muitos desses compostos, embora voláteis, permanecem ligados à superfície da folha e atuam como inibidores do forrageio, devido a seu sabor. Em outros casos, eles podem agir quase como um grito de ajuda da planta, atraindo inimigos naturais dos insetos herbívoros atacantes – predadores ou parasitas – que usam sinais voláteis para encontrar

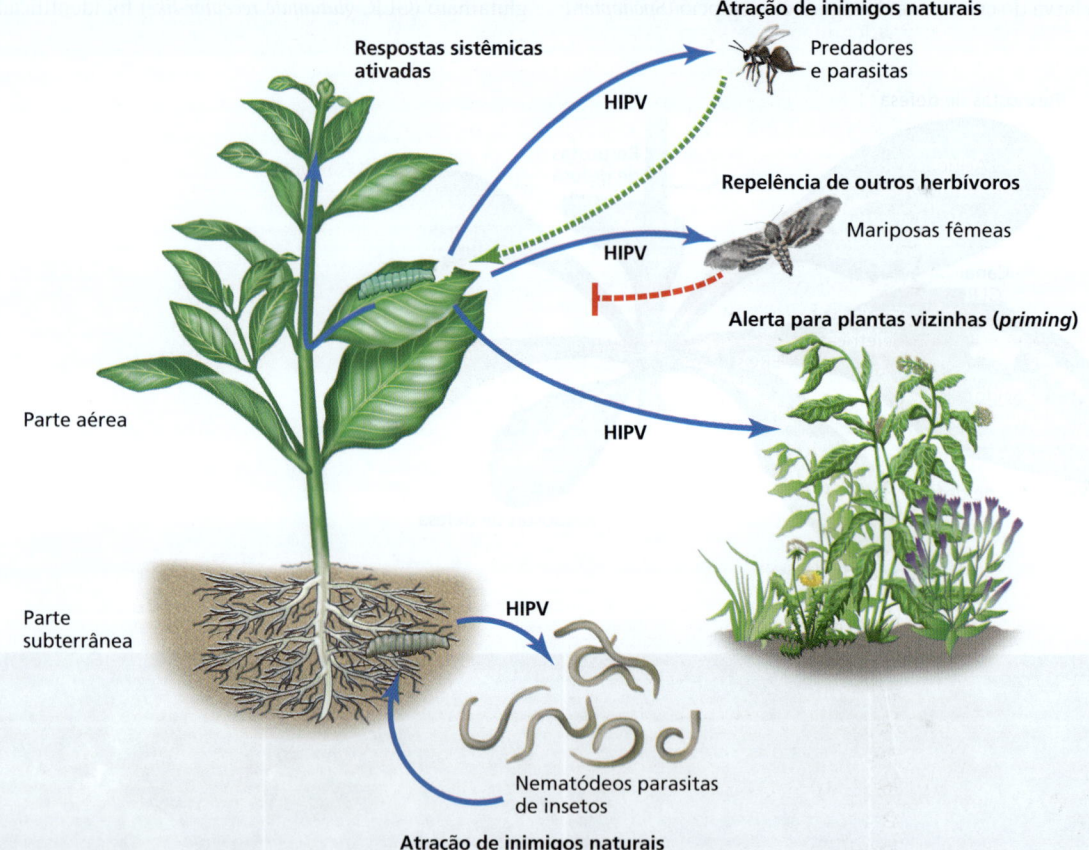

Figura 24.21 Funções ecológicas dos voláteis de vegetais induzidos por herbívoros (HIPV). Muitas plantas liberam uma fragrância específica de compostos orgânicos voláteis quando atacadas por insetos herbívoros. Esses produtos voláteis podem consistir em compostos de todas as principais rotas de metabólitos especializados, incluindo terpenos (mono e sesquiterpenos), alcaloides (indol) e fenilpropanoides (metilsalicilato), bem como os voláteis de folhas verdes. Esses voláteis podem atuar como pistas para os inimigos naturais do inseto herbívoro, por exemplo, as vespas parasitas. As partes subterrâneas das plantas podem também liberar compostos voláteis quando atacadas por herbívoros. Foi demonstrado que os voláteis atraem nematódeos parasitas de insetos, os quais atacam os herbívoros. Os voláteis também atuam como repelentes para mariposas fêmeas, evitando assim, a oviposição. Mais recentemente, descobriu-se que os voláteis atuam como sinais de defesa sistêmica em plantas altamente setorizadas, com conexões vasculares interrompidas, e também em curtas distâncias entre plantas. Assim, esses sinais voláteis preparam a planta receptora contra a herbivoria iminente por respostas de defesa preparatórias (*priming*), resultando em uma resposta mais rápida e mais forte quando a planta receptora for realmente atacada.

suas presas ou um hospedeiro para seus filhotes. Como observado anteriormente, no milho o elicitor volicitina, presente na saliva da lagarta-da-beterraba, pode induzir a síntese de produtos voláteis que atraem parasitoides. Mudas de milho tratadas com concentrações muito baixas do elicitor da lagarta do cartucho liberam quantidades relativamente grandes de terpenoides, que atraem a pequena vespa parasitoide *Microplitis croceipes*, que então deposita seus ovos nas lagartas invasoras. Em comparação, alguns herbívoros realmente aproveitam essas emissões voláteis. Por outro lado, os voláteis liberados pelas folhas durante a oviposição (postura de ovos) da mariposa podem atuar como repelentes para outras mariposas fêmeas, impedindo, assim, a nova oviposição e a competição subsequente dentre as larvas que emergem. Da mesma forma, o cianeto de benzila produzido pelas folhas do arroz durante a herbivoria é absorvido pelas fêmeas das tremonhas de plantas marrons e atua como um feromônio para os machos da espécie.

As plantas são capazes de distinguir entre várias espécies de insetos herbívoros e responder diferencialmente. Por exemplo, seguindo-se a herbivoria, *Nicotiana attenuata*, uma espécie selvagem de tabaco encontrada nos desertos da Great Basin no oeste dos Estados Unidos, produz níveis altos de nicotina, molécula tóxica para o sistema nervoso central do inseto. Entretanto, quando as plantas selvagens de tabaco são atacadas por lagartas tolerantes à nicotina, não há aumento nos níveis desse alcaloide. Em vez disso, elas liberam terpenos voláteis que atraem insetos predadores das lagartas. Claramente, o tabaco selvagem e outras plantas devem ter maneiras de determinar que tipo de inseto herbívoro está danificando sua folhagem, talvez pelo tipo de dano que causam ou pelos compostos químicos distintos que liberam em suas secreções orais.

Os voláteis induzidos por herbívoros podem servir como sinais de longa distância entre as plantas

O papel dos voláteis vegetais induzidos por herbívoros não se limita às interações entre plantas e insetos. Certos voláteis emitidos por plantas infestadas também podem servir como sinais às plantas vizinhas para iniciarem defesas anti herbivoria (ver Figura 24.21). Além de vários terpenos, os voláteis de folhas verdes atuam como sinais potentes nesse processo. Os voláteis de folhas verdes são os principais componentes do aroma familiar de gramíneas recém-cortadas. Quando as plantas de milho foram expostas a voláteis de folhas verdes, o AJ e a expressão gênica de genes relacionados a AJ foram rapidamente induzidos e, além disso, descobriu-se que essas plantas respondem mais fortemente aos ataques diretos subsequentes de insetos herbívoros. Foi demonstrado que os voláteis de folhas verdes preparam ou sensibilizam os mecanismos de defesa de várias outras espécies vegetais, incluindo feijão-fava (*Phaseolus lunatus*), artemísia (*Artemisia tridentata*), *Arabidopsis thaliana*, choupo (*Populus tremula*) e mirtilo (*Vaccinium* spp.). Além disso, eles ativam a produção de fitoalexinas e outros compostos antimicrobianos (discutido na Seção 24.4) e parecem desempenhar um papel importante nas estratégias gerais de defesa das plantas.

Os voláteis induzidos por herbívoros também podem atuar como sinais sistêmicos em uma mesma planta

Além de fornecerem um sinal para plantas vizinhas, plantas infestadas podem também enviar um sinal volátil para outras partes de si mesmas (ver Figura 24.21). De um ponto de vista evolutivo, essa pode ser a função original desses voláteis. Foi demonstrado que os voláteis atuam como indutores de resistência a herbívoros entre ramos diferentes de artemísia. Verificou-se que o fluxo de ar era essencial para a indução da resistência, indicando que as mensagens químicas estavam de fato se movendo no ar fora da planta. A artemísia, como outras plantas do deserto, é altamente *setorizada*, ou seja, o sistema vascular da planta não está bem integrado por interconexões, possivelmente como uma salvaguarda contra déficit hídrico. Embora muitas plantas sejam capazes de responder de forma sistemática aos herbívoros, por meio de sinais químicos que se movem internamente através de interconexões vasculares, a artemísia e muitas outras espécies do deserto com mais regiões internas setoriais, estão menos adaptadas a fazê-lo. Em vez disso, os voláteis são usados para superar essas limitações e proporcionar a sinalização sistêmica. No feijão-fava, os voláteis auxiliam no recrutamento de insetos de defesa parceiros. O feijão-de-lima usa o néctar de nectários extraflorais localizados na base das lâminas das folhas para atrair artrópodes predadores e artrópodes parasitoides, que por sua vez protegem o feijão contra vários tipos de herbívoros (**Figura 24.22**). Quando os besouros das folhas atacam o feijão-fava, os voláteis são liberados imediatamente do local do dano e sinalizam a outras partes da mesma planta que ativem suas defesas e produzam **néctar extrafloral** para atrair seus insetos parceiros protetores.

As respostas de defesa contra herbívoros e patógenos são reguladas por ritmos circadianos

Muitos aspectos do metabolismo e do desenvolvimento vegetais são regulados por ritmos circadianos (ver Capítulo 20). Estima-se que cerca de um terço de todos os genes de plantas

Figura 24.22 Nectários extraflorais de feijão-fava (*Phaseolus lunatus*).

exibam regulação circadiana em sua expressão. A lista de genes com a transcrição regulada ciclicamente inclui não só os previsivelmente envolvidos na fotossíntese, no metabolismo de carbono e na absorção de água, mas muitos genes envolvidos na defesa das plantas. Essa observação levou à proposta de que a resistência à herbivoria por insetos poderia estar sob o controle circadiano, para atingir o máximo na defesa da planta em momentos de máxima atividade de herbivoria.

Essa hipótese foi confirmada recentemente por um estudo das interações entre *Arabidopsis* e a lagarta-da-couve (*Trichoplusia ni*), um lepidóptero herbívoro generalista (**Figura 24.23A**). Tanto esse herbívoro quanto a defesa da planta mediada por AJ seguem os ritmos circadianos, com pico durante o dia. Esta observação sugere que o momento da resposta de defesa mediada por jasmonato pode ser uma adaptação que maximiza a defesa contra herbívoros. Para testar se o relógio circadiano vegetal aumenta a defesa contra insetos predadores, a herbivoria foi comparada em plantas de *Arabidopsis* cujas respostas de defesa mediadas por jasmonato estavam ou em fase (**Figura 24.23B**) ou fora de fase (**Figura 24.23C**) com o ritmo circadiano da atividade alimentar da lagarta-da-couve. Isso foi feito cultivando algumas das plantas em um ciclo dia-noite invertido por vários dias, de forma que seu "dia" fosse a "noite" dos loopers e vice-versa. O ritmo das defesas das plantas ligadas ao AJ foi lembrado por vários dias, mesmo quando os ciclos de luz voltaram a ser sincronizados com os dos loopers. Após deixar a lagarta forragear livremente sobre as plantas durante 72 horas, as plantas cujas respostas de defesa estiveram em fase com os loopers apresentavam visivelmente menos danos aos tecidos do que as plantas cujo ritmo circadiano estava fora de fase com o dos insetos (**Figura 24.23D**). Como resultado, durante o mesmo período, as lagartas que se alimentaram de plantas de *Arabidopsis* que mudaram de fase ganharam três vezes mais peso que as plantas-controle sincronizadas (**Figura 24.23E**).

O ácido salicílico (AS) media as respostas de defesa aos patógenos e é produzido a partir da quebra não enzimática do isocorismato-9-glutamato no citosol. O isocorismato é sintetizado pela isocorismato sintase a partir de *pools* de corismato no cloroplasto e depois exportado para o citoplasma onde ocorre a conjugação com o glutamato. A regulação da síntese de isocorismatos CIRCADIAN CLOCK-ASSOCIATED 1 (CCA1) (ver Capítulo 20) resultaem níveis aumentados durante a noite. A infecção por patógenos aumenta a exportação de isocorismato para o citoplasma, onde é conjugado ao glutamato que se degrada rapidamente para formar AS (ver **Apêndice 3 na**

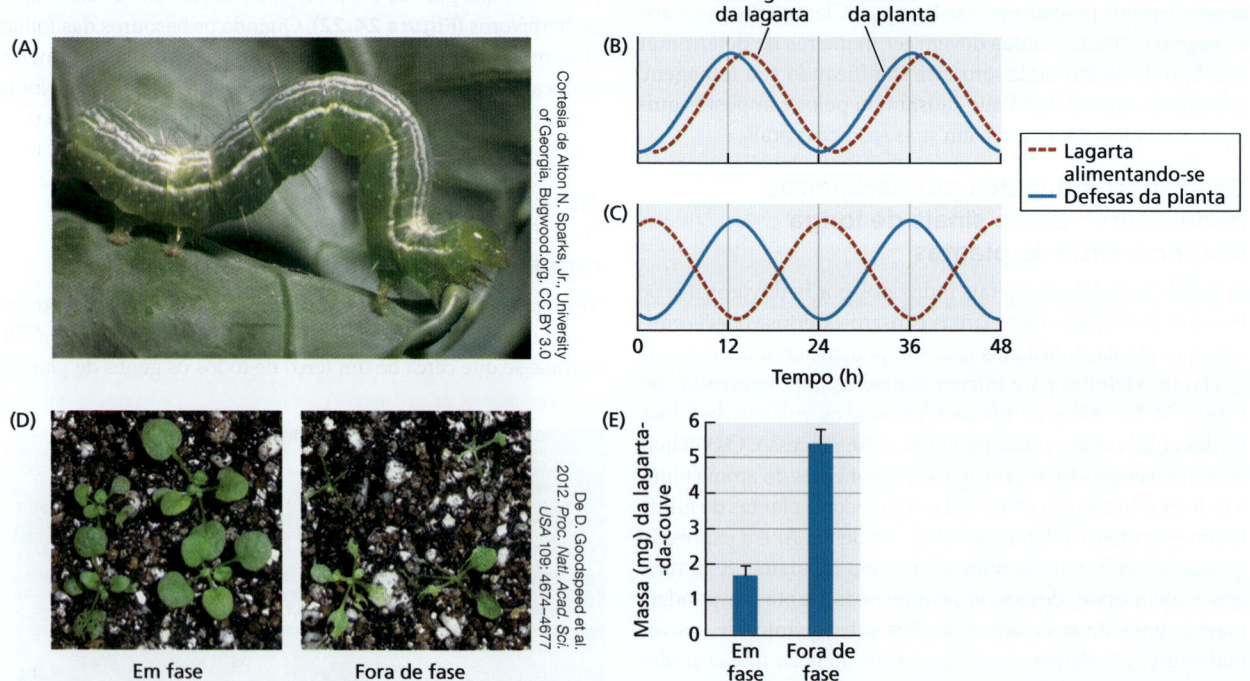

Figura 24.23 Exemplo de ritmos circadianos influenciando a defesa vegetal contra a herbivoria. (A) *Trichoplusia ni* (lagarta-da-couve) alimentando-se em planta de *Arabidopsis*. (B) Normalmente, os relógios circadianos das lagartas e das plantas são sincronizados e, tanto a atividade de forrageio quanto as defesas vegetais mediadas por jasmonato apresentam o pico durante o dia. Isso otimiza as defesas vegetais e reduz a taxa de crescimento da lagarta. (C) Se o ritmo circadiano de *Arabidopsis* é deslocado em 12 horas, a resposta de defesa da planta está no mínimo quando a atividade da lagarta está no máximo, e a lagarta cresce mais rapidamente. (D) As plantas de *Arabidopsis* fora de fase (à direita) sofrem mais dano do que as plantas em fase (à esquerda). (E) Comparação das massas de lagarta-da-couve crescendo sobre plantas de *Arabidopsis* em fase ou fora de fase. As barras de erro representam ± erro padrão médio; n = 15. (B–E de Goodspeed et al. 2012. *Proc. Natl. Acad. Sci. USA* 109: 4674–4677.)

internet). Acredita-se que o acúmulo diurno de isocorismato pode contribuir para o aumento da resistência de *Arabidopsis* contra bactérias patogênicas quando a infecção tende a ocorrer no início da manhã, em oposição ao anoitecer.

Os insetos desenvolveram mecanismos para anular as defesas vegetais

Essa seção demonstrou como as plantas desenvolveram uma série de mecanismos físicos e químicos para se protegerem. Estas defesas geralmente são altamente efetivas, mas como vimos, alguns insetos herbívoros adquiriram evolutivamente estratégias para evitar ou superar essas defesas vegetais pelo processo de *mudança evolutiva recíproca entre inseto e planta*, um tipo de coevolução. Essas adaptações, assim como as respostas de defesa vegetal, podem ser constitutivas ou induzidas. As adaptações constitutivas são mais bem distribuídas entre os insetos especialistas, os quais podem se alimentar somente de algumas espécies vegetais. As adaptações induzidas, por sua vez, são encontradas com mais probabilidade entre insetos generalistas quanto às suas dietas. Embora nem sempre seja óbvio, na maioria dos ambientes naturais, as interações planta-inseto levaram a um impasse em que existem defesas efetivas e contramedidas para iludir essas defesas e no qual a planta e o inseto podem se desenvolver e sobreviver, embora em condições abaixo do ideal.

■ 24.4 Defesas da planta contra patógenos

A patologia vegetal é o estudo de doenças de plantas. Os patógenos que causam doenças infecciosas nas plantas incluem vírus, bactérias, fungos, oomicetos e nematódeos. Os oomicetos são organismos filamentosos que estão evolutivamente mais próximos das algas marrons do que dos fungos e incluem alguns dos patógenos vegetais mais destrutivos da história. Os oomicetos incluem o gênero *Phytophthora*, causa da desastrosa praga tardia da batata causada pela Grande Fome Irlandesa (1845–1849). Coletivamente, esses patógenos levam a uma redução estimada na produção agrícola global de 15% ao ano, apesar do uso massivo de pesticidas que são caros tanto para os agricultores quanto para o meio ambiente. Um dos principais objetivos da fitopatologia é compreender a base molecular e celular do sistema imunológico vegetal para que esse conhecimento possa ser aplicado ao desenvolvimento de plantas cultivadas com sistemas imunológicos mais robustos, o que permitiria uma redução no uso de pesticidas.

Nesta seção, são examinados os diversos mecanismos que as plantas desenvolveram para resistir localmente à infecção, incluindo a **imunidade desencadeada por PRR (PTI)**, a **imunidade desencadeada por efetores (ETI)**, a produção de agentes antimicrobianos e um tipo de morte celular programada chamado **resposta de hipersensibilidade (HR)**. Também se discute uma forma de imunidade sistêmica de plantas conhecida como **resistência sistêmica adquirida (SAR)**.

Os agentes patogênicos microbianos desenvolveram várias estratégias para invadir as plantas hospedeiras

Ao longo de suas vidas, as plantas são continuamente expostas a uma ampla gama de patógenos. Os patógenos bem-sucedidos desenvolveram vários mecanismos para invadir sua planta hospedeira e causar doença (**Figura 24.24**). Alguns penetram diretamente pela cutícula e pela parede celular, pela secreção de enzimas líticas, as quais digerem essas barreiras mecânicas. Outros entram na planta através de aberturas naturais, como estômatos, hidatódios e lenticelas. Um terceiro grupo invade a planta através de locais com lesões, por exemplo, aquelas causadas por insetos herbívoros. Assim como outros tipos de patógenos, muitos vírus transferidos por insetos herbívoros, que atuam como vetores, também invadem a planta pelo local de forrageio do inseto. Os insetos sugadores de seiva, como as moscas-brancas e os afídeos, depositam os patógenos diretamente no sistema vascular, a partir do qual eles facilmente se propagam pela planta.

Uma vez no interior da planta, os patógenos em geral empregam uma das três principais estratégias de ataque para utilizar a planta hospedeira como substrato para sua própria proliferação. Os **patógenos necrotróficos** atacam seu hospedeiro pela secreção de enzimas ou toxinas degradadoras da parede celular, o que eventualmente mata as células vegetais afetadas, levando à extensa maceração dos tecidos (amolecimento dos tecidos após a morte por autólise). Esse tecido morto é, então, colonizado pelo patógeno e é utilizado como fonte de alimento. Outra estratégia é usada por **patógenos biotróficos**; após a infecção, a maior parte do tecido vegetal permanece viva e apenas danos celulares mínimos podem ser observados, à medida que os patógenos se alimentam dos substratos estirpados do seu hospedeiro. Os **patógenos hemibiotróficos** são caracterizados por uma fase inicial biotrófica, em que as células hospedeiras são mantidas vivas conforme descrito para os patógenos

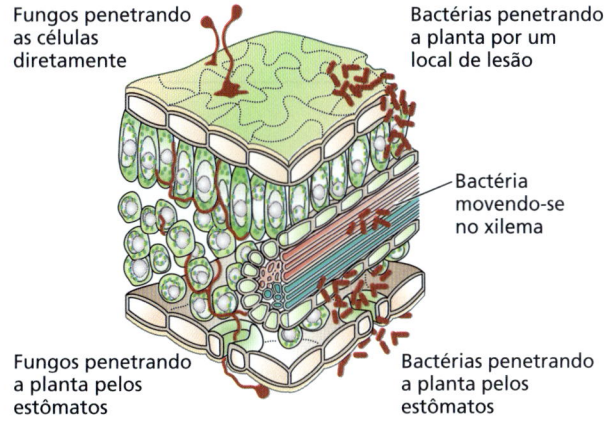

Figura 24.24 Fitopatógenos como bactérias e fungos desenvolveram vários métodos para invadir as plantas. Alguns fungos apresentam mecanismos que lhes permitem penetrar diretamente a cutícula ou a parede celular do vegetal. Outros fungos, assim como bactérias patogênicas, entram por aberturas naturais como estômato ou por lesões causadas por herbívoros.

biotróficos. Essa fase é seguida por uma fase necrotrófica, na qual o patógeno pode causar dano tecidual amplo.

Embora essas estratégias de invasão e infecção sejam individualmente bem-sucedidas, epidemias de doenças vegetais são raras em ecossistemas naturais. Isso se deve ao fato de as plantas terem desenvolvido estratégias eficazes contra esse conjunto diverso de patógenos.

Patógenos produzem moléculas efetoras que auxiliam na colonização de suas células hospedeiras vegetais

Os fitopatógenos podem produzir uma ampla série de efetores que sustentam sua capacidade de colonizar com sucesso seu hospedeiro e obter benefícios nutricionais. Os **efetores** são moléculas secretadas que suprimem o sistema imune do hospedeiro, alteram a estrutura da planta, o metabolismo ou a regulação hormonal da planta conferindo vantagem ao patógeno. A invasão de um hospedeiro suscetível é, com frequência, a etapa mais difícil para um patógeno, por isso muitos patógenos produzem enzimas que podem degradar a cutícula e a parede celular vegetal. Entre as enzimas estão cutinases, celulases, xilanases, pectinases e poligalacturonases. Essas enzimas têm a capacidade de comprometer a integridade da cutícula, bem como as paredes celulares primárias e secundárias (ver Capítulo 2).

A degradação da cutina e das paredes das células hospedeiras por enzimas patogênicas leva à liberação de moléculas que sinalizam à planta que ela está sob ataque. Esses **padrões moleculares associados a danos** (**DAMPs**) são detectados na superfície celular por **receptores de reconhecimento de padrões** (**PRRs**) que então induzem uma forte resposta imune – imunidade desencadeada por PRR, ou PTI – que descreveremos

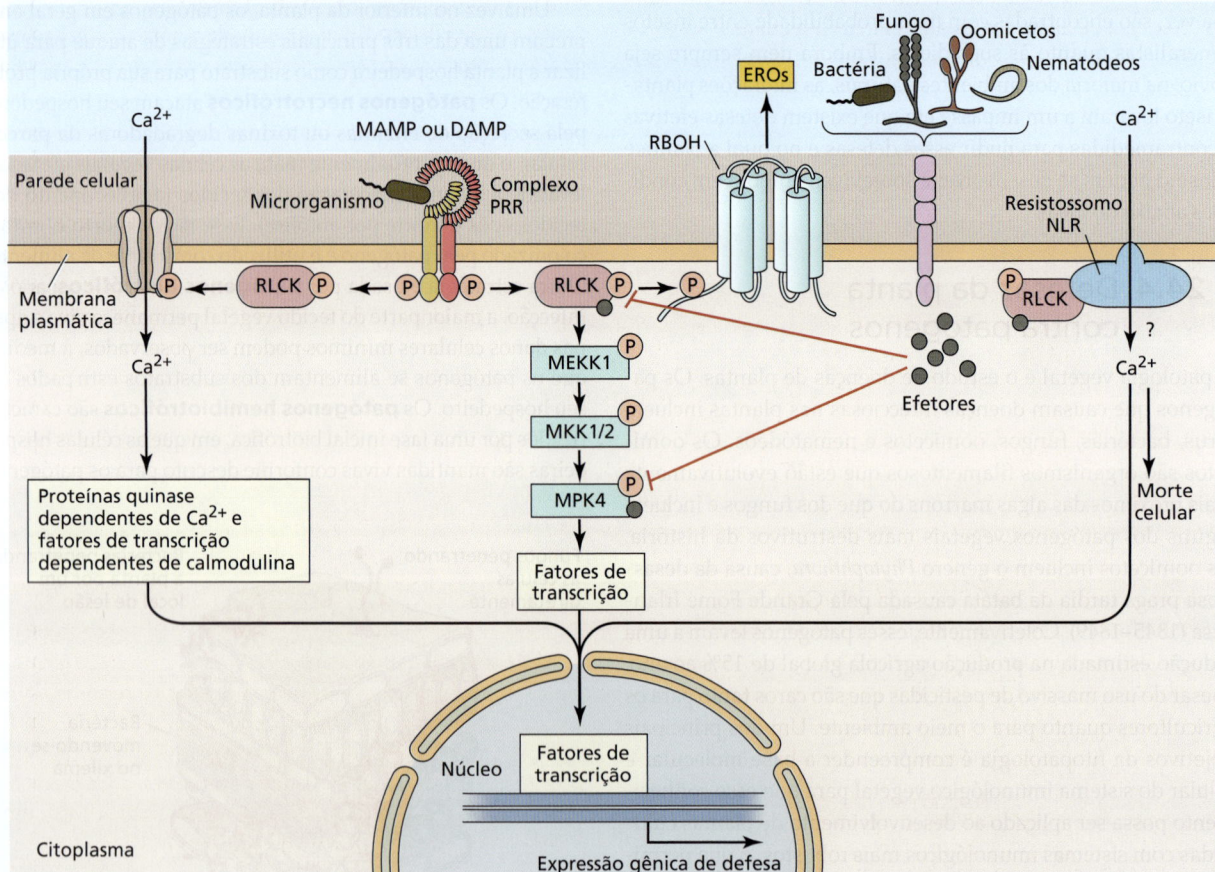

Figura 24.25 As plantas desenvolveram respostas de defesa a uma diversidade de sinais de perigo de origem biótica. Esses sinais incluem padrões moleculares associados a microrganismos (MAMPs), padrões moleculares associados a dano (DAMPs) e efetores. MAMPs extracelulares produzidos por microrganismos e DAMPs liberados por enzimas microbianas se ligam a receptores de reconhecimento de padrões (PRRs) na superfície celular. À medida que as plantas coevoluíram com os patógenos, estes adquiriram efetores como fatores de virulência que funcionam principalmente para suprimir a sinalização de PRR. Quando MAMPs, DAMPs e efetores se ligam aos PRRs e às proteínas de resistência (proteínas R), dois tipos de respostas de defesa são induzidos: imunidade desencadeada por PRR e imunidade desencadeada por efetores. As quinases citoplasmáticas semelhantes a receptores (RLCKs) são fosforiladas por quinases semelhantes a receptores, que fazem parte do complexo PRR. NLR, sítio de ligação de nucleotídeos – proteína de repetição rica em leucina; RBOH, homólogo da oxidase de explosão respiratória. (De S. Lolle et al. 2020. *Curr. Opin. Imunol.* 62: 99–105.)

com mais detalhes em breve. Para ter sucesso, os patógenos devem suprimir essa resposta de PTI (**Figura 24.25**). Isso geralmente é realizado pela translocação de efetores proteicos do patógeno para as células hospedeiras, onde as proteínas se ligam e inativam os principais componentes da via de sinalização do PTI. Sabe-se que uma única cepa de patógeno bacteriano, como a *Pseudomonas syringae* pathovar *tomato*, secreta mais de 30 efetores proteicos diferentes que têm como alvo várias etapas diferentes na via do PTI. Ainda mais impressionante, acredita-se que patógenos oomicetos, como *P. infestans*, translocam várias centenas de efetores proteicos diferentes. Esses efetores estão provando ser ferramentas muito úteis para identificar proteínas no hospedeiro que contribuem para a sinalização imune.

Além de suprimir o PTI, alguns efetores promovem a suscetibilidade da célula hospedeira ao induzir respostas celulares que promovem o crescimento do patógeno, como a liberação de açúcares das células. Um exemplo particularmente interessante disso vem de patógenos bacterianos do gênero *Xanthomonas*, que secretam os chamados efetores do tipo ativador de transcrição (TAL) que se ligam ao DNA da planta hospedeira e ativam a expressão de genes que codificam os transportadores de açúcar.

Além de secretar efetores baseados em proteínas, muitos patógenos secretam toxinas que têm como alvo proteínas específicas na planta (**Figura 24.26**). Por exemplo, a **toxina HC**

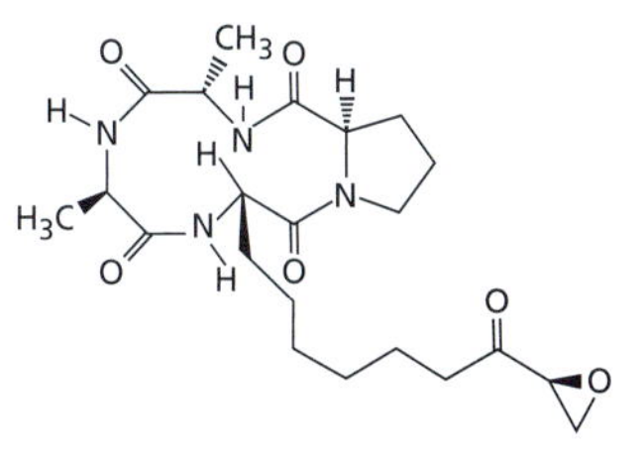

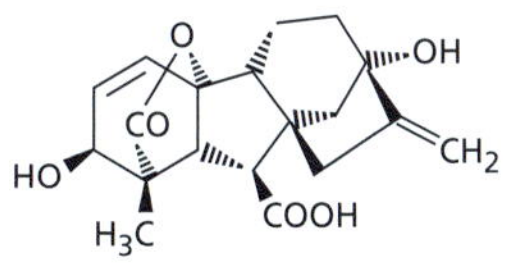

do fungo *Cochliobolus carbonum*, que causa a doença da mancha foliar, inibe as histonas desacetilase específicas no milho. Em geral, a diminuição da desacetilação de histonas, que são essenciais na organização da cromatina, tende a aumentar a expressão de genes associados (ver Capítulo 3). No entanto, não se sabe ainda se essa é a maneira pela qual a toxina HC causa a doença no milho.

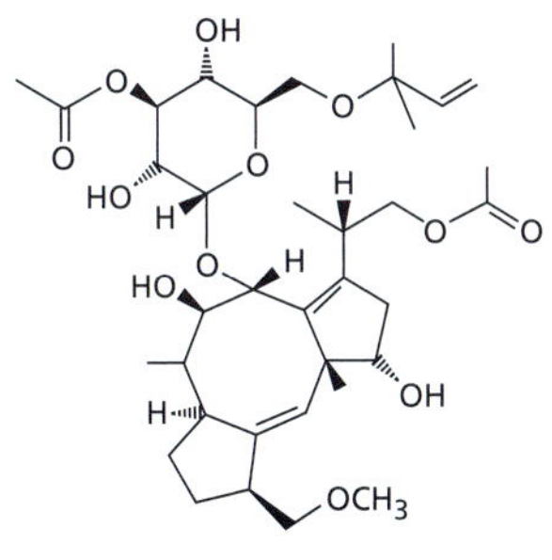

A fusicoccina (ver Figura 24.26) é uma toxina não específica produzida pelo fungo *Fusicoccum amygdali*. A **fusicoccina** ativa constitutivamente a H$^+$-ATPase da membrana plasmática da planta pela ligação inicial a uma proteína específica de reguladores do grupo 14-3-3. Esse complexo, em seguida, liga-se à região C-terminal da H$^+$-ATPase e a ativa irreversivelmente, levando à superacidificação da parede celular e à hiperpolarização da membrana plasmática. Esses efeitos da fusicoccina são de particular importância para as células-guarda do estômato (ver Capítulos 8 e 16). A hiperpolarização da membrana plasmática induzida por fusicoccina em células-guarda provoca grande absorção de K$^+$ e a abertura estomática permanente, o que leva à murcha e, por fim, à morte da planta. Ainda não está claro se e como o patógeno se beneficia da murcha excessiva de seu hospedeiro.

Alguns patógenos produzem moléculas efetoras que interferem significativamente no equilíbrio hormonal da planta hospedeira. O fungo *Gibberella fujikuroi*, que faz as partes aéreas do arroz infectado crescerem muito mais rapidamente em relação às plantas não infectadas, produz ácido giberélico (GA$_3$) e outras giberelinas. As giberelinas são, portanto, responsáveis pela "doença da planta boba" do arroz. Acreditava-se que os esporos fúngicos liberados das plantas infectadas mais altas eram mais propensos a se propagarem para as plantas vizinhas por causa de sua vantagem de altura. Posteriormente, foi demonstrado que as giberelinas são hormônios vegetais naturais (ver Capítulo 4).

As plantas podem detectar patógenos por meio da percepção de "sinais de perigo" derivados de patógenos

Conforme mencionado anteriormente, a sinalização imune em plantas é iniciada por receptores de superfície celular chamados PRRs. Com base nas sequências do transcriptoma, sabemos que as plantas expressam centenas de PRRs diferentes. Além de detectar DAMPS derivados da célula hospedeira, esses PRRs detectam **padrões moleculares associados a microrganismos** (**MAMPs**), que são conservados entre uma classe específica de microrganismos (p. ex., fragmentos de quitina para fungos, flagelina para bactérias), mas estão ausentes no hospedeiro. As quinases semelhantes a receptores (RLKs, que introduzimos no Capítulo 4 e mencionamos na Seção 24.1 em conexão com interações benéficas entre plantas e microrganismos) são PRRs essenciais para sinais moleculares derivados de microrganismos e plantas associados à infecção por patógenos (ver Figura 24.25). As RLKs contêm um domínio extracelular com repetições rica em leucina (LRRs) ou um domínio contendo motivo de lisina (LisM), um domínio transmembrana e um domínio intracelular de quinase. Além dos RLKs, alguns

Figura 24.26 Toxinas e hormônios produzidos por patógenos ajudam os patógenos a infectar as plantas. Alguns patógenos produzem toxinas específicas que alteram significativamente a fisiologia da planta. A toxina HC, um peptídeo cíclico, inibe a enzima histona desacetilase no núcleo e pode ter um efeito comprometedor na expressão de genes envolvidos na defesa. A fusicoccina liga-se às H$^+$-ATPases da membrana plasmática, principalmente àquelas nos estômatos, e as ativa irreversivelmente. As giberelinas produzidas pelo fungo *Gibberella fujikuroi* aceleram o crescimento, resultando em plantas mais altas, que podem promover a dispersão de esporos de fungos. As giberelinas produzidas pelo fungo são idênticas àquelas produzidas de forma endógena pela planta.

PRRs incluem proteínas semelhantes a receptores que contêm um domínio extracelular e um domínio transmembrana, mas não possuem um domínio de quinase intracelular. Eles normalmente se associam a RLKs para formar heterodímeros, com o domínio quinase da RLK fornecendo a função de sinalização intracelular.

A sistemina, introduzida na Seção 24.3, é um exemplo de DAMP derivado de planta encontrado no tomateiro, a qual é produzida em resposta à lesão associada à herbivoria. Entre os MAMPs mais bem estudados estão o Pep13, um peptídeo de 13 aminoácidos da transglutaminase localizada na parede celular do oomiceto *Phytophthora*, o agente causador da requeima da batata na Irlanda; o flg22, um peptídeo de 22 aminoácidos derivado da proteína flagelina bacteriana; e o elf18, um fragmento de 18 aminoácidos do fator de alongamento Tu bacteriano. Como essas moléculas são comuns em muitas, se não todas as espécies entre os grupos de microrganismos, seu reconhecimento permite à planta perceber classes inteiras de organismos potencialmente patogênicos, como fungos e bactérias.

A percepção de MAMPs ou DAMPs por PRRs da superfície celular inicia uma resposta de defesa PTI, que inibe o crescimento e a atividade de patógenos ou pragas não adaptadas. As vias de sinalização dos PRRs da superfície celular até a ativação de diversas respostas de defesa são complexas e, invariavelmente, incluem a ativação de quinases citoplasmáticas semelhantes a receptores (RLCKs; ver Figura 24.25), que são filogeneticamente relacionadas aos domínios quinase dos PRRs, mas não possuem um domínio transmembrana. Uma vez ativados por PRRs, os RLCKs fosforilam e ativam várias proteínas-alvo, incluindo NADPH/homólogos da oxidase de explosão respiratória (RBOHs) localizados na membrana plasmática, canais aniônicos, proteínas quinases quinase quinase associadas ao mitógeno (MAPKKKs) e canais de Ca^{2+} localizados na membrana plasmática. A abertura do último leva a um influxo de íons Ca^{2+} que então ativam as proteínas quinases dependentes de Ca^{2+} (CDPKs). Os CDPKs constituem uma família vegetal específica de proteínas quinases com 34 membros em *Arabidopsis thaliana*. Essas várias vias de sinalização acabam levando a mudanças dramáticas na expressão gênica, com aproximadamente 30% do transcriptoma respondendo a uma única molécula de patógeno, como flg22, o que, consequentemente, induz uma grande mudança nos recursos celulares do crescimento para a defesa. Entre os genes regulados positivamente estão aqueles que codificam enzimas hidrolíticas que atacam as paredes celulares de patógenos, como glucanases, quitinases e outras hidrolases. A quebra resultante das paredes celulares do patógeno, por sua vez, libera MAMPs adicionais, produzindo assim um circuito autoamplificador que produz uma resposta de defesa robusta.

A ativação das enzimas RBOH é especialmente significativa, pois isso leva a aumentos dramáticos nas EROs extracelulares, como o ânion superóxido (O_2^-), peróxido de hidrogênio (H_2O_2) e o radical hidroxila (OH•), como é visto em algumas respostas de estresse abiótico (ver Capítulo 15). O radical hidroxila é o oxidante mais forte dessas espécies reativas de oxigênio e pode iniciar reações de radicais em cadeia, com várias moléculas orgânicas, levando à peroxidação lipídica, à inativação de enzimas, que são diretamente tóxicas a muitos microrganismos.

A explosão de EROs também contribui para o fortalecimento da parede celular vegetal, já que certas proteínas da parede ricas em prolina se reticulam oxidativamente após o ataque do patógeno em uma reação mediada por H_2O_2. O fortalecimento da parede celular é ainda mais aprimorado pela deposição de lignina e calose no local da infecção. Acredita-se que esses polímeros sirvam como barreiras, separando tais patógenos do resto da planta, bloqueando fisicamente sua propagação.

Genes R fornecem resistência a patógenos particulares pelo reconhecimento de efetores de linhagens específicas

A evolução das proteínas efetoras por patógenos que podem suprimir o PTI colocou as plantas sob uma tremenda pressão evolutiva para desenvolver mecanismos de resistência adicionais. As plantas responderam desenvolvendo **proteínas de resistência (R)** especializadas que reconhecem esses efetores intracelulares e, em seguida, desencadeiam a abertura dos canais de Ca^{2+} por uma via independente, que então ativa muitos dos mesmos sistemas de defesa como PTI. Essa segunda via é chamada de imunidade desencadeada por efetores (ETI) (ver Figura 24.25).

A maioria das proteínas R contém um **domínio de ligação de nucleotídeos (NBD)** e **repetições ricas em leucina (LRRs)** e, portanto, são comumente chamadas de **proteínas sítios de ligação de nucleotídeos-repetição ricas em leucina (NLRs)**. Existem duas classes principais de NLRs, com uma classe caracterizada por um domínio Superhélice (*coiled coil*) N-terminal (CC) e a outra classe definida por um domínio N-terminal compartilhado com muitas proteínas de sinalização imune de mamíferos, incluindo receptores *Toll-like* e receptores de interleucina (TIRs). Análises estruturais recentes revelaram que essas duas classes formam estruturas oligoméricas distintas após a ativação por efetores, com a classe TIR-NLR (não confundir com o co-receptor de auxina TIR1) formando uma estrutura tetramérica em forma de folha de trevo e a classe CC-NLR formando uma estrutura pentamérica em forma de hélice (**Figura 24.27**). Essas estruturas oligoméricas são chamadas de **resistossomos**.

A maioria dos TIR-NLRs parece detectar efetores de patógenos diretamente por meio de uma associação física entre o efetor e o domínio LRR, além de um domínio somado a um rolo gelatinoso/tipo imunoglobulina C-terminal encontrado em muitos TIR-NLRs. A ligação do efetor à proteína NLR induz uma mudança conformacional que permite a oligomerização, trazendo quatro domínios TIR em estreita associação (ver Figura 24.27). Isso, por sua vez, forma uma bolsa de ligação entre TIRs adjacentes para o dinucleotídeo nicotinamida adenina (NAD), que é quebrado, liberando um nucleotídeo cíclico que funciona como um mensageiro secundário. Esse mensageiro secundário parece então ativar uma subfamília de proteínas CC-NLR por meio de um mecanismo que está sendo investigado ativamente, mas ainda não foi compreendido.

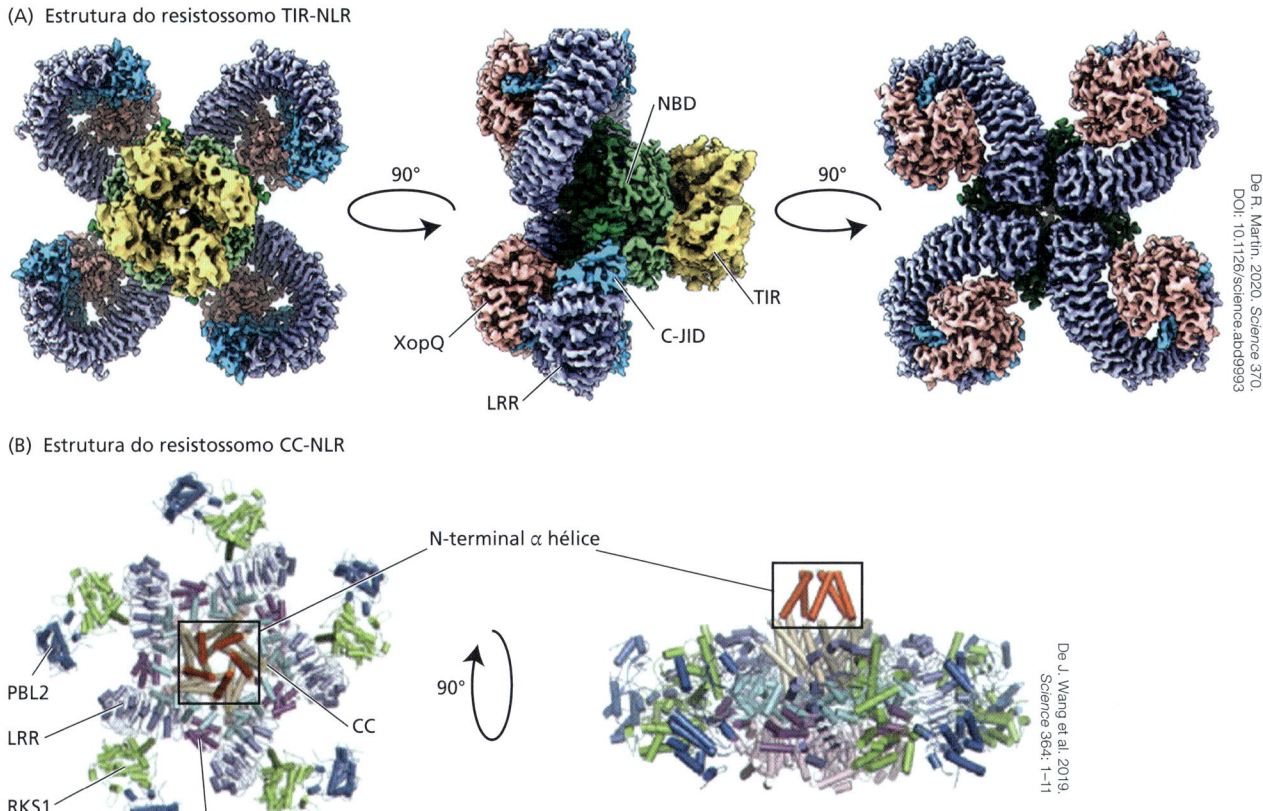

Figura 24.27 Estruturas tridimensionais de resistossomas vegetais. (A) Um resistossomo TIR-NLR. A cor rosa indica uma proteína efetora do patógeno (XopQ) ligada ao terminal C de uma proteína TIR-NLR (Roq1). Azul claro indica o domínio C-terminal gelatino/semelhante à imunoglobulina (C-JID); azul escuro, o domínio LRR; verde, o domínio de ligação de nucleotídeos (NBD); e amarelo, o domínio TIR. (B) Um resistossomo CC-NLR (ZAR1). O azul escuro no perímetro da estrutura representa o alvo efetor (PBL2) e o verde representa uma proteína quinase de ponte (RKS1). As cores restantes representam diferentes subdomínios da proteína CC-NLR: Lavanda indica o domínio LRR; roxo, o NBD; marrom claro, o domínio CC; e vermelho, a α hélice N-terminal que se une para formar uma potencial estrutura de poros (dentro da caixa).

Em comparação com as proteínas TIR-NLR, a maioria dos CC-NLRs parecem reconhecer os efetores do patógeno indiretamente, ligando-se a proteínas vegetais que são alvos dos efetores do patógeno. Na ausência de efetores de patógenos, os CC-NLRs são distribuídos no citoplasma e associados a alvos efetores em um estado monomérico inativo. No entanto, quando o efetor interage com seu alvo, alterando sua conformação ou modificando-a quimicamente, a proteína CC-NLR sofre uma mudança conformacional que permite que a oligomerização forme uma estrutura pentamérica (ver Figura 24.27).

A resposta de hipersensibilidade é uma defesa comum contra patógenos

Embora haja uma sobreposição considerável entre as respostas de defesa induzidas por ETI e PTI, a ETI difere da PTI porque geralmente leva a uma forma localizada de morte celular chamada **resposta de hipersensibilidade** (**HR**), na qual a célula atacada e as células imediatamente ao redor do local da infecção morrem de forma rápida. No caso de patógenos biotróficos, especialmente vírus, essa morte celular é altamente eficaz para isolar o patógeno e impedir sua disseminação. Se a resposta de hipersensibilidade tiver sucesso, uma pequena região do tecido morto permanece no local do ataque do patógeno, mas o restante da planta não é afetado.

Exatamente como a ETI leva à morte celular não é bem compreendida, mas parece exigir o influxo de Ca^{2+} do espaço extracelular, já que a adição de um quelante de Ca^{2+}, como o etilenoglicol-bis (éter β-aminoetílico) –N, N, N '-tetraacético (EGTA), a esse espaço bloqueia a morte induzida por ETI. No entanto, esse influxo de Ca^{2+} deve diferir qualitativamente daquele induzido pelo PTI, uma vez que o PTI normalmente não induz a morte celular. Após a oligomerização, a α hélice N-terminal das proteínas CC-NLR forma uma estrutura em forma de funil que é inserida na membrana plasmática, formando um canal pentamérico na membrana plasmática (ver Figura 24.27) que permite o influxo de Ca^{2+}, que, por sua vez, ativa uma resposta de defesa. Independentemente do mecanismo preciso, uma característica da morte celular induzida por ETI é a ruptura da membrana plasmática e o vazamento de eletrólitos para o espaço apoplástico.

Um único contato com o patógeno pode aumentar a resistência aos ataques futuros

Além de desencadearem respostas de defesa no local, agentes patogênicos microbianos também induzem a produção de sinais, como ácido salicílico, metilsalicilato e outros compostos que levam à expressão sistêmica dos **genes relacionados à patogênese** (**PR**, *pathogenesis-related*) antimicrobianos. Os genes PR codificam proteínas de baixo peso molecular (6-43 kDa) compostas por um grupo diverso de enzimas hidrolíticas, enzimas de modificação de parede celular, agentes antifúngicos e componentes de rotas de sinalização. As proteínas PR estão localizadas nos vacúolos ou no apoplasto e são abundantes nas folhas, onde mais presumivelmente conferem proteção contra infecções secundárias. Esse fenômeno pelo qual o desafio local do patógeno aumenta a resistência à infecção secundária é denominado **resistência sistêmica adquirida** (**SAR**) e em geral se desenvolve após o período de vários dias.

Embora o fenômeno da SAR seja conhecido há décadas, a identidade da molécula responsável pela sinalização sistêmica não foi descoberta até 2018, quando se demonstrou que o ácido N-hidroxi-pipecólico (NHP) se move sistemicamente nas plantas e induz genes de defesa. O NHP é um aminoácido derivado da L-lisina e sua biossíntese é demasiadamente regulada de forma positiva no local em resposta ao ataque do patógeno no sítio de infecção (**Figura 24.28**). O NHP aplicado exogenamente é convertido bem rápido em ácido N-OGlc-pipecólico, que é conjugado a um açúcar e então se acumula rapidamente nas folhas distais. É importante ressaltar que esse acúmulo distal ocorre após a aplicação de NHP, mesmo em plantas que não possuem FLAVIN-DEPENDENT MONOOXYGENASE1 (FMO1), que é necessária para a síntese de NHP. Essa observação demonstra que o NHP adicionado exogenamente é transportado e que o NHP produzido pela planta após o ataque provavelmente se move de maneira semelhante. De forma significativa, a aplicação de NHP causa rápidas mudanças globais na expressão gênica de defesa e nas vias metabólicas que levam a uma maior resistência a patógenos, incluindo a indução da produção de AS e a indução a jusante de genes relacionados à defesa.

Os principais componentes da rota de sinalização do ácido salicílico foram identificados

Rastreios genéticos de mutantes de *Arabidopsis* que são insensíveis ao ácido salicílico identificaram o *NPR1* (*NONEXPRESSOR OF PR GENES 1*) como um receptor AS. NPR1 é uma proteína contendo cobre que é encontrada predominantemente em agregados citoplasmáticos multiméricos inativos em condições normais. A ligação de AS a NPR1 causa uma

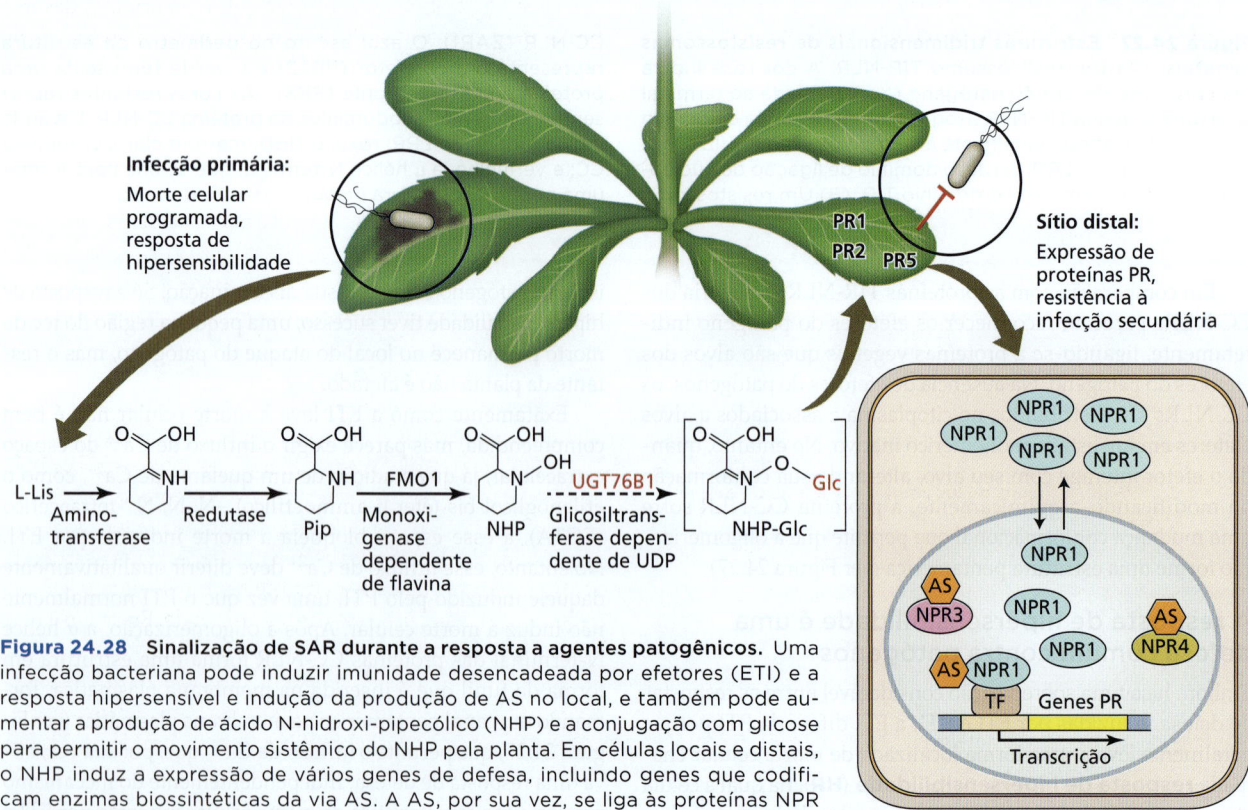

Figura 24.28 Sinalização de SAR durante a resposta a agentes patogênicos. Uma infecção bacteriana pode induzir imunidade desencadeada por efetores (ETI) e a resposta hipersensível e indução da produção de AS no local, e também pode aumentar a produção de ácido N-hidroxi-pipecólico (NHP) e a conjugação com glicose para permitir o movimento sistêmico do NHP pela planta. Em células locais e distais, o NHP induz a expressão de vários genes de defesa, incluindo genes que codificam enzimas biossintéticas da via AS. A AS, por sua vez, se liga às proteínas NPR (*NONEXPRESSOR OF PR GENES*) para induzir a expressão de vários genes relacionados à patogênese (*PR*).

alteração confirmacional em NPR1 que permite que ela interaja com fatores de transcrição no núcleo para ativar a transcrição de genes indutíveis por AS (ver Figura 24.28). NPR3 e NPR4 são proteínas com domínios de ligação a AS N-terminais que são altamente semelhantes ao NPR1. Quando não ligados ao AS, o NPR3 e o NPR4 funcionam como co-repressores da expressão gênica ligando-se aos mesmos fatores de transcrição do NPR1, mas, neste caso, seus domínios C-terminais funcionam como repressores transcricionais. Ao vincular AS, esse domínio repressor é neutralizado, permitindo que a transcrição inicie. A sinalização AS via receptores NPR ocorre tanto no local do início da infecção quanto nos locais distais após a iniciação do NHP (ver Figura 24.28).

Fitoalexinas com atividade antimicrobiana se acumulam após o ataque do patógeno

As **fitoalexinas** constituem um grupo diverso de metabólitos especializados quimicamente, com forte atividade antimicrobiana e que se acumulam em torno do local de infecção. A produção de fitoalexinas parece ser um mecanismo comum de resistência a microrganismos patogênicos em uma ampla gama de plantas. Entretanto, diferentes famílias botânicas empregam distintos produtos especializados como fitoalexinas. Por exemplo, os isoflavonoides são fitoalexinas comuns em leguminosas, como a alfafa e a soja, enquanto em solanáceas, como batata, tabaco e tomateiro, vários sesquiterpenos são produzidos como fitoalexinas (**Figura 24.29**). (Para uma discussão sobre a biossíntese desses compostos, ver **Apêndice 4 na internet**).

As fitoalexinas em geral são indetectáveis na planta antes da infecção, mas são sintetizadas rapidamente após o ataque microbiano. O ponto de controle é geralmente a expressão de genes que codificam enzimas de biossíntese de fitoalexinas. As plantas não parecem armazenar um pouco da maquinaria enzimática necessária para a síntese desses compostos. Em vez disso, logo após a invasão microbiana, eles começam a transcrever os genes apropriados em mRNA e a traduzir os mRNAs em enzimas que sintetizam fitoalexinas de novo.

Embora em bioensaios as fitoalexinas se acumulem em concentrações tóxicas aos patógenos, o significado desses compostos para a defesa da planta intacta não é completamente compreendido. Experimentos com plantas e patógenos modificados geneticamente têm fornecido as primeiras evidências da função das fitoalexinas *in vivo*. Por exemplo, as plantas de tabaco transformadas com um gene que codifica a enzima responsável pela biossíntese do resveratrol tornaram-se mais resistentes a fungos do que as plantas não transformadas. De forma similar, a resistência de *Arabidopsis* a fungos depende de camalexina, uma fitoalexina derivada do triptofano, pois mutantes deficientes em camalexina foram mais suscetíveis a fungos patogênicos que o tipo selvagem. Em outros experimentos, os patógenos transformados com genes codificadores de enzimas de degradação de fitoalexinas foram capazes de infectar plantas normalmente resistentes a eles.

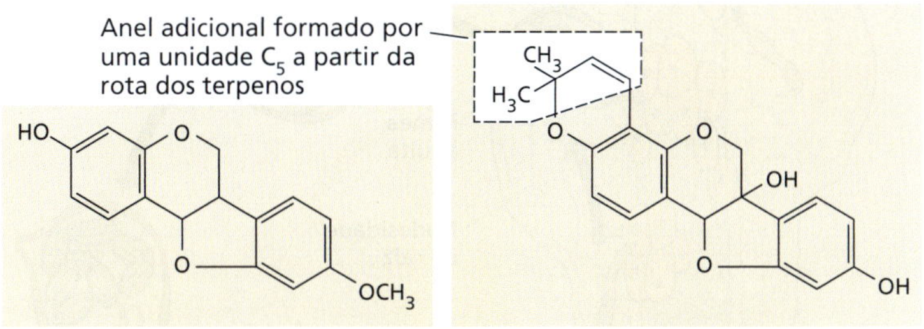

A RNA de interferência desempenha um papel central nas respostas imunes antivirais em plantas

Os mecanismos de silenciamento de genes mediado por RNA descritos no Capítulo 3 são componentes importantes das respostas imunes antivirais de plantas. Um avanço importante em nossa compreensão dos mecanismos moleculares subjacentes ao RNA de interferência (RNAi) ocorreu quando foi descoberto que a infecção de plantas com um vírus de RNA de fita positiva (vírus X da batata) induz o acúmulo de pequenos RNAs homólogos ao vírus infectante, que agora são conhecidos como RNAs de interferência curtos (siRNAs). Essa descoberta indicou que o RNAi pode estar associado a uma resposta imune baseada em RNA que ocorre mesmo em plantas não transgênicas. Isso foi baseado na observação de que as plantas frequentemente se recuperam de uma infecção por vírus, com folhas recém-emergentes em uma planta infectada com vírus exibindo uma resistência muito maior à reinfecção pelo mesmo vírus, bem como à infecção por vírus com sequências estreitamente relacionadas, mas não por vírus mais distantes. Essa descoberta indica que algum tipo de resposta imune específica da sequência deve estar ocorrendo. Em apoio a essa ideia, descobriu-se que a inserção da sequência de cDNA antisenso de um gene vegetal endógeno em um vírus de RNA pode induzir o silenciamento desse gene após a infecção viral. Esse silenciamento gênico induzido por vírus (VIGS) tornou-se uma ferramenta útil na biotecnologia vegetal, pois fornece um método rápido para o silenciamento sistêmico de genes em plantas.

Figura 24.29 Estrutura de algumas fitoalexinas encontradas em duas famílias diferentes de plantas.

Medicarpina (da alfafa)
Gliceolina (da soja)
Isoflavonoides de leguminosas (família da ervilha)

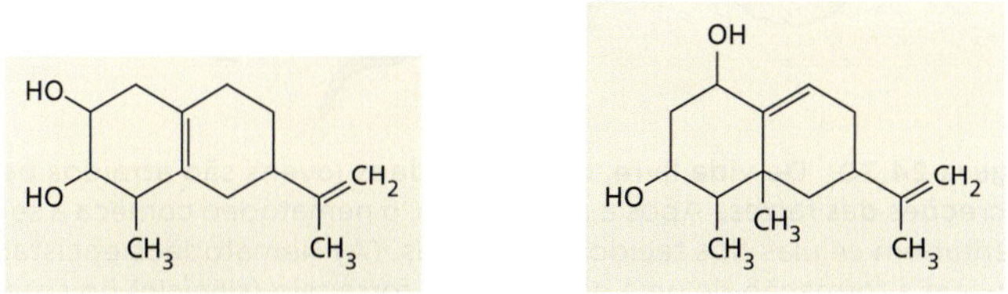

Risitina (da batata e do tomateiro)
Capsidiol (da pimenta e do tabaco)
Sesquiterpenos de Solanaceae (família da batata)

Anel adicional formado por uma unidade C_5 a partir da rota dos terpenos

Alguns nematódeos parasitas de plantas formam associações específicas através da formação de estruturas de forrageio distintas

Nematódeos, vermes cilíndricos e alongados, são habitantes de água e solo que muitas vezes superam numericamente todos os outros animais em seus respectivos ambientes. Muitos nematódeos existem como parasitas dependentes de outros organismos vivos, incluindo plantas, para completar seu ciclo de vida. Eles podem causar perdas severas de culturas agrícolas e de plantas ornamentais. Os nematódeos fitoparasitas podem infectar todas as partes do vegetal, das raízes às folhas, e podem inclusive viver na casca de árvores. Esses organismos alimentam-se por um estilete oco que facilmente penetra as paredes das células vegetais. No solo, os nematódeos podem se mover de planta a planta, causando danos imensos. Sem dúvida, os mais bem estudados entre os nematódeos fitoparasitas são os **nematódeos encistados** e os que causam a formação de galhas nas raízes infectadas, os chamados **nematódeos de nodosidades das raízes**. Ambos são endoparasitas que dependem de plantas vivas como hospedeiros para completar seus ciclos de vida, sendo, por isso, caracterizados como biotróficos. Os ciclos de vida dos nematódeos parasitas iniciam quando os ovos dormentes reconhecem compostos específicos secretados pela raiz (**Figura 24.30**). Uma vez eclodidos, os nematódeos jovens nadam até a raiz, penetram essa estrutura e, então, migram para o sistema vascular, onde começam a consumir suas células.

No local de forrageio permanente, em geral no córtex da raiz, a larva de nematódeo encistado perfura uma célula com seu estilete e injeta saliva. A saliva contém inúmeras proteínas efetoras produzidas pelas glândulas salivares do nematódeo. Com base em experimentos de silenciamento de genes, essas proteínas efetoras são necessárias para a formação de um **sincício** (ver Figura 24.30A). O sincício é um sítio, que consiste em um grande local de forrageio, metabolicamente ativo, que se torna multinucleado à medida que as células vegetais adjacentes são incorporadas a ele por dissolução da parede e fusão celular. O sincício continua a se expandir divergentemente em direção ao sistema vascular, incorporando células do periciclo e do parênquima do xilema. As paredes externas do sincício, adjacentes aos elementos condutores, formam protuberâncias semelhantes às de células de transferência (ver Capítulo 12), indicando que o sincício agora funciona como um dreno de nutrientes.

O nematódeo encistado, depois de estabelecer-se nessa estrutura de forrageio, cresce e passa por três estágios de muda para se tornar um vermiforme adulto (semelhante a um vírus). Na maturidade, a fêmea produz ovos internamente, intumesce e projeta-se da superfície da raiz. Os nematódeos machos maduros

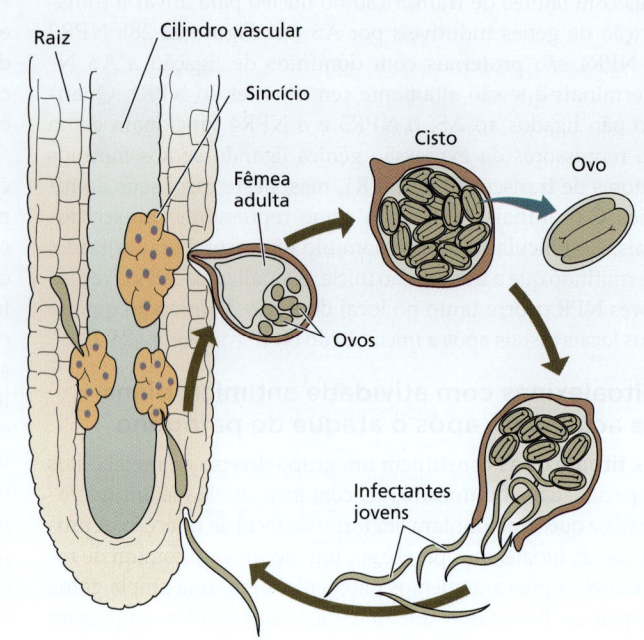

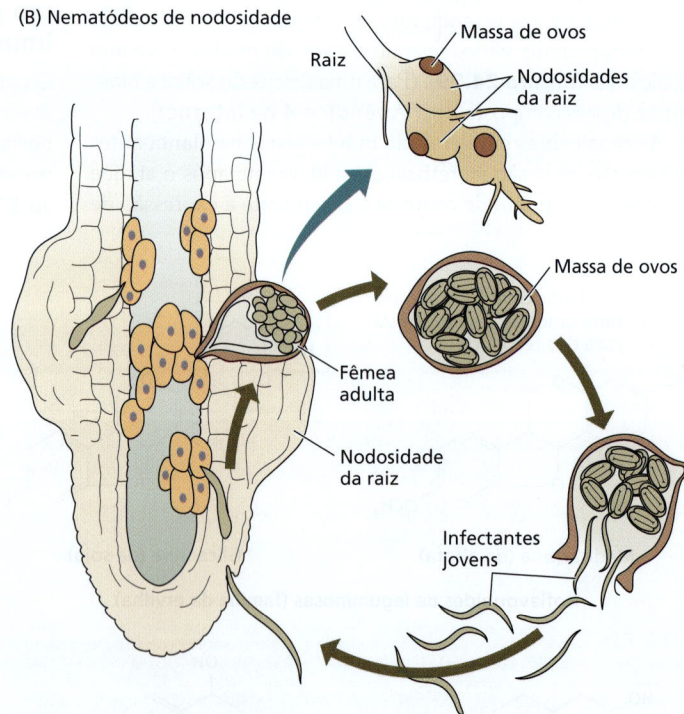

Figura 24.30 De vida livre, os nematódeos jovens são atraídos pelas secreções das raízes. Após a penetração, o nematódeo começa a se alimentar em células dos tecidos vasculares. (A) Nematódeos encistados causam a formação de uma estrutura de forrageio (sincício) no sistema vascular, mas não causam outras modificações morfológicas. Após a fertilização, a fêmea do nematódeo encistado morre, formando, assim, um cisto contendo os ovos fecundados, dos quais a nova geração de infectantes eclode. (B) A infecção por nematódeos causa a formação de células gigantes, que resultam na típica nodosidade da raiz. Após a maturação, a fêmea do nematódeo libera uma massa de ovos, da qual os infectantes jovens eclodem e causam infestações em outras plantas.

são liberados da raiz no solo e atraídos por feromônios até as fêmeas na superfície da raiz. Após a fertilização, a fêmea morre, formando um cisto que contém os ovos fecundados.

As raízes infectadas por nematódeos de nodosidade formam grandes células, resultando no estabelecimento da nodosidade ou galha, que também permanece em estreito contato com o sistema vascular e fornece nutrientes ao animal (ver Figura 24.30B).

Como já mencionado anteriormente, os nematódeos fitoparasitas secretam um grande número de proteínas efetoras que afetam a morfologia e a fisiologia da planta. Entre essas moléculas efetoras estão algumas que são especificamente reconhecidas pelas plantas e ativam respostas de defesa, pelo reconhecimento através das proteínas NLR, como descrito para as interações planta-patógeno. Por exemplo, a proteína NLR H1 da batata se liga especificamente a um efetor derivado de nematódeo e, portanto, ativa as respostas de defesa. Várias dessas proteínas NLR vegetais foram identificadas até o momento e, curiosamente, foi demonstrado que todas também participam da resistência das plantas a patógenos microbianos, sugerindo que efetores de nematódeos e efetores microbianos podem ter como alvo algumas das mesmas proteínas hospedeiras.

Plantas competem com outras plantas secretando metabólitos especializados alelopáticos no solo

As plantas liberam compostos (**exsudatos da raiz**) em seu ambiente, que alteram a química do solo, aumentando, assim, a absorção de nutrientes ou protegendo contra a toxicidade de metais. As plantas também secretam sinais químicos que são essenciais para mediar as interações entre as raízes e as bactérias não patogênicas do solo, incluindo bactérias simbiontes fixadoras de nitrogênio. No entanto, os microrganismos não são os únicos organismos influenciados por metabólitos especializados liberados pelas raízes das plantas. Alguns desses produtos químicos também participam na comunicação direta entre as plantas. As plantas liberam metabólitos especializados no solo para inibir as raízes de outras plantas, um fenômeno conhecido como alelopatia.

O interesse em alelopatia tem aumentado nos últimos anos por causa do problema das espécies invasoras que se impõem às espécies nativas, ocupando os hábitats naturais. Um exemplo devastador é a centáurea-manchada (*Centaurea maculosa*), uma erva invasora exótica introduzida na América do Norte, que libera metabólitos especializados fitotóxicos no solo. Essa espécie, membro da família Asteraceae, é nativa da Europa, onde não é dominante ou problemática. No entanto, no noroeste dos Estados Unidos, ela se tornou uma das piores ervas invasoras, infestando mais de 1,8 milhão de ha (cerca de 4.4 milhões de acres) somente em Montana. Os indivíduos de *C. maculosa* frequentemente colonizam áreas alteradas na América do Norte, mas também invadem pastagens naturais e pradarias, onde desalojam espécies nativas e estabelecem monoculturas densas.

Os metabólitos secundários fitotóxicos liberados no solo por *C. maculosa* foram identificados como uma mistura racêmica de (±)-catequina (a partir daqui denominada catequina; **Figura 24.31**). O mecanismo pelo qual a catequina atua como

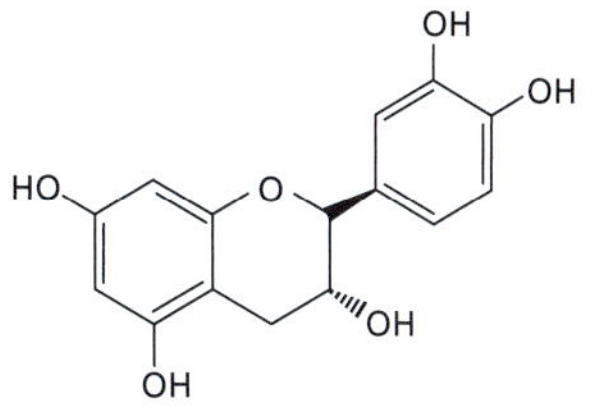

(–)-Catequina

Figura 24.31 Compostos alelopáticos fitotóxicos produzidos por *Centaurea maculosa*.

uma fitotoxina foi elucidado. Em espécies sensíveis como *Arabidopsis*, a catequina desencadeia uma onda de espécies reativas de oxigênio (EROs) iniciada no meristema da raiz, que leva a uma cascata de sinalização por Ca^{2+}, desencadeando alterações na expressão gênica ao nível de genoma. Em *Arabidopsis*, a catequina duplicou a expressão de cerca de 1.000 genes em uma hora de tratamento. Em 12 horas, muitos desses mesmos genes foram reprimidos, o que pode refletir-se no começo da morte celular. Os experimentos de laboratório que investigam os efeitos da catequina na germinação e no crescimento de plantas mostraram que as espécies nativas de pastagem norte-americanas variam consideravelmente em sua sensibilidade a esse metabólito. As espécies resistentes podem produzir exsudatos de raízes que desintoxicam esse aleloquímico.

Algumas plantas são parasitas de outras plantas

Enquanto a maioria das plantas é autotrófica, algumas evoluíram para parasitas, dependendo de outras plantas para fornecimento de nutrientes essenciais ao seu próprio crescimento e desenvolvimento. As plantas parasitas podem ser divididas em dois grupos principais, dependendo do grau de parasitismo. As **plantas hemiparasitas** retêm a capacidade de executar algum nível de fotossíntese, enquanto as **holoparasitas** são completamente dependentes de seus hospedeiros e perderam a capacidade de realizar fotossíntese. Por exemplo, o visco (gênero *Viscum*), que possui folhas verdes e é capaz de realizar a fotossíntese, é um hemiparasita (**Figura 24.32A e B**). Ao contrário, a cuscuta (gênero *Cuscuta*), que perdeu a capacidade de fotossíntese e depende inteiramente do hospedeiro para açúcares, é um holoparasita (**Figura 24.32C e D**).

As plantas parasitas desenvolveram uma estrutura especializada, o **haustório**, que é uma raiz modificada (**Figura 24.33A**). Depois de estabelecer contato com sua planta hospedeira, o haustório penetra na epiderme ou casca e depois no parênquima, para crescer em direção ao sistema vascular e absorver os nutrientes do hospedeiro (**Figura 24.33B-D**). Para chegar à planta hospedeira, as sementes de plantas parasitas são diretamente depositadas por aves ou são dispersadas de forma aleatória pelo vento ou por outros meios. Após a germinação, as plântulas devem contar, durante um período, com suas sementes como fonte de alimento, até que possam encontrar um hospedeiro adequado. Uma pesquisa recente mostrou que quantidades baixas de voláteis de plantas espécie-específicos podem servir como pistas para que plântulas de cuscuta orientem seu crescimento em direção ao hospedeiro. Por outro lado, no caso de parasitas de raiz, como *Striga*, os compostos secretados pela raiz hospedeira orientam o crescimento das raízes das plântulas em direção ao hospedeiro. Em contato com a raiz hospedeira, a raiz da plântula de *Striga* se desenvolve em um haustório. A seguir, o haustório penetra na raiz do hospedeiro e cresce diretamente no sistema vascular através do xilema pelas pontoações dos vasos, onde absorve os nutrientes necessários mediante estruturas protoplasmáticas tubulares sem parede celular.

Os mecanismos dessas interações entre plantas parasitas e seus hospedeiros têm sido estudados principalmente em nível morfológico; pouco se sabe sobre os mecanismos de sinalização envolvidos. Dados emergentes, no entanto, indicam que as moléculas de RNA, especialmente os microRNAs, se movem da planta parasita para a planta hospedeira, onde afetam a expressão gênica no hospedeiro. Da mesma forma, pouco se sabe sobre os mecanismos de defesa da planta hospedeira. É provável que as rotas de sinalização de defesa comuns, incluindo o ácido jasmônico, o ácido salicílico e o etileno, possam desempenhar um papel importante na defesa contra plantas parasitas, mas é necessário mais investigação.

Figura 24.32 Plantas parasitas. (A) Visco (*Viscum* sp.) em prosópis (gênero *Prosopis*). (B) Claramente visível é o caule verde do visco que cresce através da casca da planta hospedeira. (C) Cuscuta (*Cuscuta* sp.) crescendo em um fragmento de verbena-de-areia (*Abronia umbellata*) em dunas na costa do Pacífico, na Califórnia. (D) Detalhe mostrando a alta densidade de infestação de cuscuta em sua planta hospedeira.

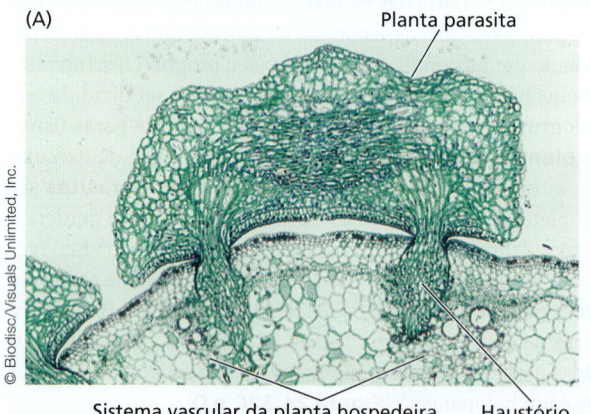

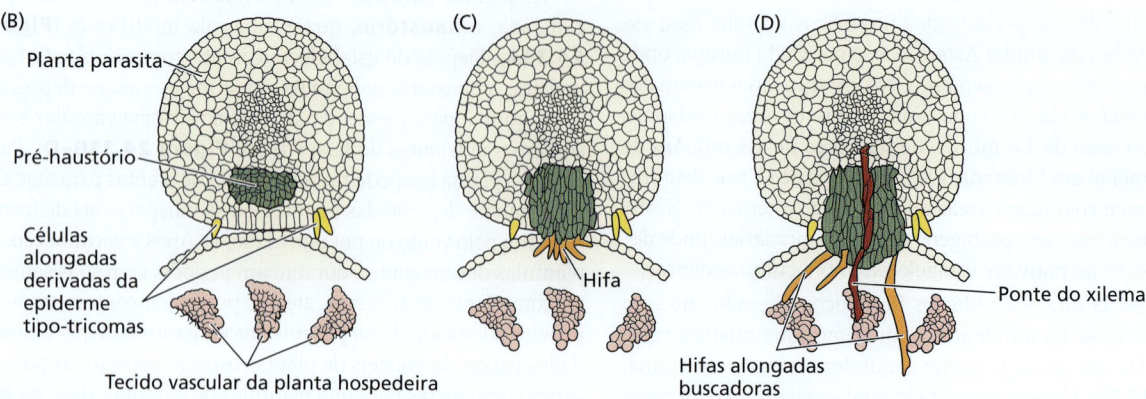

Figura 24.33 Haustório da cuscuta (*Cuscuta* sp.). (A) Micrografia de um haustório de cuscuta penetrando os tecidos da planta hospedeira. (B–D) Diagrama do processo de penetração. (B) O meristema em forma de disco aparece no pré-haustório (verde), e células alongadas semelhantes a tricomas derivadas da epiderme (amarelas) formam fixação. (C) O haustório derivado do córtex penetra no tecido hospedeiro. (D) Dentro do tecido hospedeiro, as hifas alongadas buscadoras (cor de laranja) crescem em direção à vasculatura do hospedeiro. As hifas buscadoras que entram em contato com o xilema hospedeiro estabelecem a ponte do xilema (vermelha). (B–D de Yoshida et al. 2016. *Annu. Rev. Plant Biol.* 67: 643–647.)

Resumo

As plantas desenvolveram muitas estratégias para enfrentar as ameaças de pragas e patógenos. Essas estratégias incluem mecanismos de detecção sofisticados e a produção de metabólitos especializados tóxicos e repelentes. Enquanto algumas dessas respostas são constitutivas, outras são induzidas. No geral, essas estratégias levam a um impasse na corrida coevolutiva entre as plantas e seus inimigos.

24.1 Interações de plantas com microrganismos benéficos

- Bactérias simbióticas fixadoras de nitrogênio liberam fatores Nod, os quais iniciam uma série de reações que levam à infecção e à formação de nódulos (**Figuras 24.2, 24.3**).
- Rizobactérias podem liberar metabólitos que auxiliam o crescimento vegetal, aumentando a disponibilidade de nutrientes e a proteção contra patógenos (**Figura 24.4**).

24.2 Interações herbívoras que prejudicam as plantas

- As barreiras mecânicas que fornecem uma primeira linha de defesa contra insetos predadores e patógenos incluem espinhos, acúleos, tricomas e ráfides (**Figuras 24.5-24.8**).
- Os metabólitos especializados vegetais com funções de defesa são armazenados em estruturas qualificadas que liberam seus conteúdos somente após serem danificadas (**Figuras 24.10-24.12**).
- Alguns metabólitos especializados são armazenados no vacúolo como conjugados de açúcar hidrossolúveis e separados pelo espaço de suas enzimas ativadoras (**Figuras 24.14-24.16**).

24.3 Respostas de defesa induzidas contra insetos herbívoros

- Em vez de produzirem continuamente metabólitos especializados defensivos, as plantas podem poupar energia produzindo compostos de defesa somente quando induzidas por danos mecânicos ou componentes específicos da saliva do inseto (elicitores) (**Figura 24.17**).
- A concetração de ácido jasmônico (AJ) aumenta rapidamente em resposta a danos causados por insetos e induz a transcrição de genes envolvidos na defesa vegetal (**Figuras 24.18, 24.19**).
- Os danos aos herbívoros podem induzir defesas sistêmicas, causando a síntese de sinais polipeptídicos ou propagando rapidamente sinais elétricos e químicos para iniciar respostas de defesa em tecidos ainda não danificados (**Figura 24.20**).
- As plantas podem liberar compostos voláteis para atrair inimigos naturais dos herbívoros ou para sinalizar às plantas vizinhas que iniciam mecanismos de defesa (**Figura 24.21**).

24.4 Defesas da planta contra patógenos

- Os patógenos podem invadir as plantas pelas paredes celulares, mediante secreção de enzimas líticas, pelas aberturas naturais, como estômatos e lenticelas, e pelas lesões. Os insetos herbívoros também podem ser vetores de patógenos (**Figura 24.24**).
- Os patógenos geralmente usam uma de três principais estratégias de ataque: necrotrofismo, biotrofismo ou hemibiotrofismo.
- Os patógenos muitas vezes produzem moléculas efetoras que auxiliam na infecção inicial (**Figura 24.25**).
- Todas as plantas têm receptores de reconhecimento de padrões (PRR) que desencadeiam respostas de defesa quando ativados por padrões moleculares associados a microrganismos evolutivamente conservados (MAMP; p. ex., flagelina, quitina) ou padrões moleculares associados a danos derivados do hospedeiro (DAMP; p. ex., fragmentos de parede celular, ATP extracelular, peptídeos específicos) (**Figura 24.25**).
- Os genes de resistência de plantas (*R*) codificam receptores citosólicos (proteínas NLR) que reconhecem proteínas efetoras derivados de patógenos no citosol. As proteínas NLR podem reconhecer efetores de patógenos por ligação direta ou indiretamente ao detectar mudanças conformacionais em alvos efetores (**Figuras 24.25, 24.27**).
- Sob ativação, proteínas NLR induzem a resposta de hipersensibilidade, na qual as células que cercam o sítio infectado morrem rapidamente, limitando, desse modo, a propagação da infecção.
- Uma planta que sobrevive à infecção local do patógeno frequentemente desenvolve aumento da resistência ao ataque subsequente, um fenômeno chamado de resistência sistêmica adquirida (SAR) (**Figura 24.28**).
- Em resposta à infecção, muitas plantas produzem fitoalexinas, metabólitos especializados com forte atividade antimicrobiana (**Figura 24.29**).
- O RNA de interferência provavelmente evoluiu como uma resposta de defesa antiviral (ver Capítulo 3).
- Nematódeos (vermes) são parasitas que podem se mover entre hospedeiros e que induzem a formação de estruturas de forrageiro e galhas de tecidos de plantas vasculares. Em resposta, as plantas usam rotas de sinalização de defesa semelhantes às utilizadas para a infecção por patógenos (**Figura 24.30**).
- Algumas plantas produzem metabólitos secundários alelopáticos que lhes permitem competir com espécies vegetais próximas.
- Algumas plantas são parasitas de outras plantas. Plantas parasitas podem ser divididas em dois grupos principais (hemiparasitas e holoparasitas), dependendo de sua capacidade de realizar fotossíntese (**Figura 24.32**).

Resumo

- As plantas parasitas usam uma estrutura especializada, o haustório, para penetrar seu hospedeiro, crescer em direção ao sistema vascular e absorver nutrientes (**Figura 24.33**).

- Algumas plantas parasitas detectam seu hospedeiro pelo perfil volátil específico que é constitutivamente liberado.

Material da internet

- **Tópico 24.1 Cutinas, ceras e suberinas** são superfícies vegetais cobertas com camadas de material lipídico, que as protegem contra dessecação e bloqueiam a entrada de microrganismos patogênicos.
- **Tópico 24.2 A sistemina é um sinal de defesa peptídica no tomateiro** A sistemina funciona na rápida indução da biossíntese de inibidores de protease em uma planta de tomate ferida.

Para mais recursos de aprendizagem (em inglês), acesse **oup.com/he/taiz7e**.

Leituras sugeridas

Guo, Q., Major, I. T., and Howe, G.A. (2018) Resolution of growth defense conflict: mechanistic insights from jasmonate signaling. *Curr. Opin. Plant Biol.* 44: 72–81.

Farmer, E. E., Gao, Y.-Q., Lenzoni, G., Wolfender, J.-L., and Wu, Q. (2020) Wound- and mechanostimulated electrical signals control hormone responses. *New Phytol.* 227: 1037–1050.

Lolle, S., Stevens, D., and Coaker, G. (2020) Plant NLR-triggered immunity: from receptor activation to downstream signaling. *Curr. Opin. Immunol.* 62: 99–105.

Martin, R., Qi, T., Zhang, H., Liu, F., King, M., Toth, C., Nogales, E., and Staskawicz, B. J. (2020) Structure of the activated ROQ1 resistosome directly recognizing the pathogen effector xopQ. *Science* 370: eabd9993.

Rosa, C., Kuo, Y. W., Wuriyanghan, H., and Falk, B. W. (2018) RNA interference mechanisms and applications in plant pathology. *Annu. Rev. Phytopathol.* 56: 581–610.

Sharifi, R., Lee, S.-M., and Ryu, C.-M. (2018) Microbe-induced plant volatiles. *New Phytol.* 220: 684–691.

Chen, C. Y., Liu, Y. Q., Song, W. M., Chen, D. Y., Chen, F. Y., Chen, X. Y., Chen, Z. W., Ge, S. X., Wang, C. Z., Zhan, S., Chen, X. Y., and Mao, Y. B. (2019) An effector from cotton bollworm oral secretion impairs host plant defense signaling. *Proc. Natl. Acad. Sci. USA* 116: 14331–14338.

Wang, J., Hu, M., Wang, J., Qi, J., Han, Z., Wang, G., Qi, Y., Wang, H. W., Zhou, J. M., and Chai, J. (2019) Reconstitution and structure of a plant NLR resistosome conferring immunity. *Science* 364: eaav5870.

Zhou, J. M., and Zhang, Y. (2020) Plant immunity: Danger perception and signaling. *Cell* 181: 978–989.

Glossário

(1,3; 1,4)-β-D-glucano Glucano de ligação mista encontrado nas paredes celulares de gramíneas. Ele pode se unir firmemente à superfície de celulose, produzindo uma rede menos pegajosa.

A

Abaxial Refere-se à superfície inferior da folha.

Abscisão Queda de folhas, flores e frutos de uma planta viva. Processo pelo qual células específicas no pecíolo se diferenciam para formar uma camada de abscisão, permitindo que um órgão em perecimento/morto se separe da planta.

ACC oxidases Catalisam a conversão de ACC em etileno, a última etapa na biossíntese do etileno.

Acetilação Adição química catalisada de um grupo acetato a outra molécula.

Ácido fosfatídico (PA, *phosphatidic acid*) Diacilglicerol que possui um fosfato no terceiro carbono da estrutura do glicerol.

Acil hidrolases Enzimas que removem grupos acila (consistindo em um grupo carbonila e um grupo alquila) a partir de outros grupos funcionais.

Acil-ACP Cadeia de ácidos graxos ligada à proteína carreadora de acil.

Aclimatação sistêmica adquirida (SAA, *systemic acquired acclimation*) Sistema fotoprotetor em que as folhas expostas a níveis luminosos mais altos transmitem um sinal a folhas sombreadas, iniciando sua aclimatação.

Aclimatação Aumento na tolerância das plantas ao estresse devido à exposição prévia a ele. Pode envolver expressão gênica. *Comparar com* Adaptação.

Acompanhamento do sol Movimento das lâminas foliares ao longo do dia, de modo que sua superfície planar permanece perpendicular aos raios solares.

Actina Importante proteína citoesquelética de ligação ao ATP. O monômero actina globular (ou actina G) pode ligar ADP ou ATP. A actina G carregada de ATP pode se autoassociar, formando filamentos polares longos de actina F. Na forma de actina F, o ATP é hidrolisado lentamente. Os filamentos crescem por adição de novos monômeros à extremidade mais (também chamada de extremidade farpada) e diminuem por liberação de monômeros de actina ligados ao ADP da extremidade menos (também chamada de extremidade pontiaguda).

Actinorrízico Pertencente a várias espécies de plantas lenhosas, como amieiros, que estabelecem simbiose com bactérias do solo do gênero *Frankia* fixador de nitrogênio.

Açúcares nucleotídeos polissacarídeos glicosiltransferases Grupo de enzimas que sintetizam a estrutura básica dos polissacarídeos da parede celular.

Acúleos Estruturas vegetais pontiagudas que impedem fisicamente a herbivoria e são derivadas de células epidérmicas.

Adaptação Nível herdado de resistência ao estresse adquirido por um processo de seleção ao longo de muitas gerações. *Comparar com* Aclimatação.

Adaxial Refere-se à superfície superior de uma folha.

Adesão Atração da água a uma fase sólida, como uma parede celular ou superfície vítrea, devido, principalmente, à formação de pontes de hidrogênio.

Adesina rica em cisteína no estigma/estilete (SCA, *stigma/style cisteine-rich adhesin*) Proteína secretada pelo trato transmissor do estilete do lírio, envolvida no crescimento e na adesão de tubos polínicos.

Aerênquima Característica anatômica de raízes encontradas em condições hipóxicas, mostrando no córtex espaços intercelulares grandes, cheios de gás.

Aeroponia Técnica pela qual as plantas são cultivadas sem solo, com suas raízes suspensas no ar, enquanto são aspergidas continuamente com uma solução nutritiva.

Ajuste osmótico Capacidade da célula de acumular solutos compatíveis e reduzir o potencial hídrico durante períodos de estresse osmótico.

Alelopatia Liberação, pelas plantas, de substâncias para o ambiente que têm efeitos nocivos sobre plantas vizinhas.

α-expansinas (EXPAs) Uma das duas famílias principais de proteínas expansinas que catalisam o processo (dependente do pH) de expansão e relaxamento do estresse das paredes celulares.

Alocação Distribuição regulada de fotossintatos para armazenamento, utilização e/ou transporte.

Alternância de gerações Presença de dois estágios multicelulares geneticamente distintos, um haploide e um diploide, no ciclo de vida da planta. A geração gametofítica (haploide) começa com a meiose, enquanto a geração esporofítica (diploide) começa com a fusão da célula espermática e da oosfera.

Amido Poliglucano que consiste em cadeias longas de moléculas de glicose com ligações 1,4 e pontos ramificados, onde são usadas ligações 1,6. O amido é a forma de reserva de carboidratos na maioria das plantas.

Amiloplasto Plastídio armazenador de amido encontrado abundantemente em tecidos de armazenamento de caules e raízes, bem como em sementes. Os amiloplastos especializados na coifa também servem como sensores de gravidade.

Amolecimento Distensão irreversível em longo prazo que é característica de paredes celulares em crescimento (expansão). Praticamente inexistente em paredes que não estão se expandindo.

Amplitude Em um ritmo biológico, a distância entre os valores máximo e mínimo; muitas vezes, ela pode variar, enquanto o período permanece inalterado.

Anáfase Estágio da mitose durante o qual as duas cromátides de cada cromossomo replicado são separadas e se deslocam para polos opostos.

Análise de tecidos vegetais No contexto da nutrição mineral, é a análise das concentrações de nutrientes minerais em uma amostra vegetal.

Análise do solo Determinação química do conteúdo de nutrientes em uma amostra de solo coletada na zona das raízes.

Anatomia Kranz (do alemão, *Kranz*: grinalda ou auréola) Disposição em forma de coroa das células do mesófilo ao redor de uma camada de grandes células da bainha do feixe vascular. As duas camadas concêntricas de tecido fotossintético circundam o feixe vascular. Essa característica anatômica é típica das folhas de muitas plantas C_4.

Âncora de glicosilfosfatidilinositol Nas plantas, uma modificação da proteína fosfoglicérida, que ancora as proteínas aos domínios ordenados da membrana plasmática.

Angiospermas Plantas com flores. Com sua estrutura reprodutora inovadora, a flor, elas constituem o grupo mais avançado de plantas com sementes e dominam a paisagem. Elas se distinguem das gimnospermas pela presença de um carpelo que envolve as sementes.

Ângulo de contato Uma medida quantitativa do grau em que uma molécula de água é atraída a uma fase sólida em relação a si própria.

Ângulo do valor-alvo gravitrópico Ângulo em que os órgãos gravitrópicos são mantidos em relação à gravidade.

Antiporte Tipo de transporte ativo secundário em que o movimento de dois solutos em direções opostas através da membrana é acoplado.

Aparelho filiforme Parede celular espessada e convoluta que aumenta a área de superfície da membrana plasmática de uma sinérgide na extremidade da micrópila.

Aparelho oosférico As três células na extremidade micropilar do saco embrionário, consistindo em oosfera e duas sinérgides.

Ápice do caule Consiste no meristema apical do caule mais os primórdios foliares formados mais recentemente (órgãos derivados do meristema apical).

Aplicação foliar A aplicação por pulverização e posterior absorção foliar de alguns nutrientes minerais.

Apoplasto Sistema predominantemente contínuo de paredes celulares, espaços intercelulares e vasos de xilema em uma planta.

Apoptose Tipo de morte celular programada encontrado em animais, mostrando alterações morfológicas e bioquímicas características, incluindo a fragmentação do DNA nuclear entre os nucleossomos. Alterações do tipo apoptose também ocorrem em alguns tecidos vegetais senescentes, nos elementos traqueais do xilema diferenciado e na resposta da hipersensibilidade contra patógenos.

Aquaporina Proteína integral da membrana que forma canais seletivos de água através da membrana. Esses canais facilitam o movimento da água e de outras pequenas moléculas neutras através da membrana.

***ARABIDOPSIS HISTIDINE PHOSPHOTRANS-FER* (AHP)** Gene envolvido na propagação do sinal da citocinina do receptor na membrana plasmática para o núcleo.

***ARABIDOPSIS RESPONSE REGULATOR* (ARR)** Genes de *Arabidopsis* que são semelhantes às proteínas bacterianas de sinalização de dois componentes, chamadas de reguladores de resposta. Há duas classes: ARRs do tipo A, cuja transcrição é regulada positivamente por citocininas, e ARRs do tipo B, cuja expressão não é afetada por citocininas.

Arabinanos Polissacarídeos neutros com uma estrutura de resíduos de arabinose com ligação (1→5), decorados com cadeias laterais curtas ou simples formadas de arabinose. Os arabinanos podem ser polímeros separados ou podem ser domínios vinculados à estrutura do ramnogalacturonano I.

Arabinogalactano tipo 1 Polissacarídeo péctico com uma estrutura básica de D-galactano com ligação β-(1,4), decorada com resíduos simples de arabinose.

Arabinoxilano Polissacarídeo de parede celular ramificado que consiste em uma estrutura básica de resíduos de xilose com cadeias laterais de arabinose.

Arbúsculo Estrutura ramificada de fungo micorrízico que se forma dentro das células vegetais penetradas. O arbúsculo é o sítio de transferência de nutrientes entre o fungo e a planta hospedeira.

ARGONAUTE (AGO) Proteína catalítica que faz parte do complexo de silenciamento induzido pelo RNA.

Arquitetura do sistema radicular Disposição geométrica geral das raízes da planta, constituindo um sistema.

ARR do tipo A Genes de *Arabidopsis* que codificam reguladores de resposta compostos de apenas um domínio receptor.

ARR do tipo B Genes de *Arabidopsis* que codificam reguladores de resposta que possuem um domínio de saída além de um domínio receptor.

Ascorbato peroxidase Enzima que converte peróxido e ascorbato em desidroascorbato e água.

Asparagina sintetase (AS) Enzima que transfere nitrogênio como grupo amino da glutamina para o aspartato, formando a asparagina.

Aspartato aminotransferase (Asp-AT) Aminotransferase que transfere o grupo amino do glutamato para o átomo carboxílico do oxalacetato, formando aspartato.

Assimilação de nutrientes Incorporação de nutrientes minerais em compostos de carbono, como pigmentos, cofatores enzimáticos, lipídeos, ácidos nucleicos ou aminoácidos.

Ativadores No controle da transcrição, fatores de transcrição de ação positiva que se ligam a sequências reguladoras distais, geralmente localizadas dentro de > 1.000 pb do sítio de iniciação da transcrição.

Atividade do dreno Taxa de absorção de fotossintatos por unidade de peso do tecido do dreno.

ATP sintase Complexo proteico de multissubunidades que sintetiza ATP a partir do ADP e do fosfato (P). O tipo F_0F_1, em que o índice 0 indica que é sensível ao inibidor oligomicina, está presente em bactérias e na membrana interna das mitocôndrias. Também chamado de Complexo V nas mitocôndrias. O tipo CF_0-CF_1, em que o índice 0 indica que *não* é sensível à oligomicina, está presente nos tilacoides (membranas do cloroplasto).

ATPase Enzima transmembrana que pode dividir o ATP em ADP e P_i e usar a energia liberada para conduzir o transporte transmembrana de soluto. *Ver também* ATP sintase, que tem atividade de ATPase.

Autofagia Mecanismo catabólico que, via autofagossomos, transporta macromoléculas celulares e organelas aos vacúolos líticos, onde são degradadas e recicladas.

Autofagossomo Organela ligada à membrana dupla que disponibiliza componentes celulares ao vacúolo para degradação.

Autofecundação Autofecundação é a união de gametas masculinos e femininos gerados pelo mesmo indivíduo, geralmente dentro da mesma flor ou entre flores da mesma planta. É a forma mais extrema de "endogamia", um termo também aplicado ao acasalamento de indivíduos intimamente relacionados.

Autoincompatibilidade (SI, *self-incompatibility*) Termo geral para diferentes mecanismos genéticos em angiospermas, que visam a impedir a autofecundação e, assim, promover o cruzamento (não confundir com mecanismos temporais ou anatômicos, como a heterostilia, que também reduzem a autopolinização).

Autoincompatibilidade esporofítica (SSI, *sporophytic self-incompatibility*) Tipo de autoincompatibilidade em que o fenótipo de incompatibilidade do grão de pólen é determinado pelo genoma diploide do seu progenitor – especificamente, o tapete da antera.

Autoincompatibilidade gametofítica (GSI, *gametophytic self-incompatibility*) Tipo de autoincompatibilidade em que a incompatibilidade fenotípica do pólen é determinada pelo genótipo do próprio pólen (haploide).

Autólise Destruição de uma célula pela ação de suas próprias enzimas, como endonucleases, ribonucleases, nucleases bifuncionais e proteases.

AUXIN/INDOLE-3-ACETIC ACID (AUX/AIA) Família de pequenas proteínas de vida curta que se combinam com as proteínas TIR1/AFB, formando o receptor primário de auxina. Em *Arabidopsis*, esta família regula a expressão gênica induzida por auxina mediante ligação à proteína ARF que está ligada ao DNA. Se a ARF específica for um ativador transcricional, a ligação AUX/IAA reprime a transcrição.

B

***Bacillus thuringiensis* (Bt)** Bactéria do solo que é a fonte de um transgene comumente usado e que codifica uma toxina inseticida.

Bacterioclorofilas Pigmentos absorventes de luz, ativos na fotossíntese de organismos anoxigênicos.

Bacteroide Uma organela fixadora de nitrogênio que se desenvolve a partir de uma bactéria endossimbionte após a invaginação em uma célula hospedeira vegetal.

Baga Fruto carnoso simples, produzido por um único ovário e consistindo de um exocarpo pigmentado (externo), um mesocarpo suculento e carnoso e um endocarpo membranoso (interno).

Bainha amilífera Camada de células que envolve o sistema vascular do caule e do coleóptilo, e tem continuidade com a endoderme da raiz. Ela é necessária para o gravitropismo em caules de *Arabidopsis*.

Banda pré-prófase Disposição circular de microtúbulos e microfilamentos formados no citoplasma cortical um pouco antes da divisão celular. Ela envolve o núcleo e prediz o plano de citocinese da mitose seguinte.

β-expansinas (EXPBs) Uma das duas principais famílias de expansinas; o número de genes de EXPB é especialmente grande em gramíneas, onde um subconjunto é abundantemente expresso no pólen e facilita a penetração do tubo polínico no estigma.

β-oxidação Oxidação de ácidos graxos em graxo-acil-CoA e a decomposição sequencial dos ácidos graxos em unidades de acetil-CoA. O NADH também é produzido.

Biobalística Um procedimento, também chamado de técnica do "*gene gun*", em que pequenas partículas de ouro revestidas com os genes de interesse são mecanicamente injetadas nas células da cultura. Parte do DNA é incorporada aleatoriamente ao genoma das células-alvo.

Biologia de sistemas Abordagem para examinar processos vivos complexos, que emprega modelos matemáticos e computacionais para simular redes biológicas não lineares e prever melhor sua operação.

Biosfera Partes da superfície e da atmosfera da Terra que sustentam os organismos vivos que a habitam.

Bomba Proteína de membrana que realiza o transporte ativo primário através de uma membrana biológica. A maioria das bombas transporta íons, como H^+ ou Ca^{2+}.

Bráctea Estrutura pequena semelhante à folha, com lâmina não desenvolvida.

Brassinolídeo Hormônio esteroidal vegetal com atividade promotora de crescimento, isolado pela primeira vez do pólen de *Brassica napus*. Pertence a um grupo de hormônios esteroidais vegetais com atividades semelhantes, denominados brassinosteroides.

Brassinosteroides Grupo de hormônios esteroidais vegetais que desempenham papéis importantes em muitos processos de desenvolvimento, incluindo divisão celular e alongamento celular em caules e raízes, fotomorfogênese, desenvolvimento reprodutivo, senescência foliar e respostas ao estresse.

C

Caeliferinas Família de ácidos graxos α-hidroxisulfatados que provocam a produção de voláteis vegetais e respostas imunológicas.

Calor latente de vaporização Energia necessária para separar as moléculas da fase líquida e movê-las para a fase gasosa, à temperatura constante.

Calose de lesão Calose depositada nos poros de elementos crivados danificados, isolando-os do tecido circundante intacto. À medida que os elementos crivados se restabelecem, a calose desaparece dos poros.

Calose Um β-1,3-glucano sintetizado na membrana plasmática e depositado entre ela e a parede celular, nos plasmodesmos e nos poros crivados. A calose é sintetizada por elementos crivados em resposta a danos, estresse ou como parte de um processo de desenvolvimento normal.

Camada de aleurona Camada distinta de células de aleurona que circunda o endosperma amiláceo dos grãos de cereais.

Câmbio suberoso Camada de meristema lateral que se desenvolve dentro das células maduras do córtex e do floema secundário. Produz a camada protetora secundária, a periderme. Também chamado de felogênio.

Câmbio vascular Meristema lateral constituído por células-tronco (células iniciais) fusiformes e radiais, dando origem a elementos secundários de xilema e floema, bem como ao parênquima radial.

Câmbio Camada de células meristemáticas entre o xilema e o floema que produz células desses tecidos, resultando no crescimento lateral (secundário) do caule ou da raiz.

Campos de pontoação Depressões nas paredes celulares primárias, onde vários plasmodesmos estabelecem conexões com células adjacentes. Quando presentes, as paredes secundárias não são depositadas nos locais de campos de pontoação, originando pontoações.

Canal de infecção Extensão tubular interna da membrana plasmática de pelos da raiz, através do qual os rizóbios penetram nas células da raiz.

Canal Proteína transmembrana que funciona como um poro seletivo para o transporte passivo de íons ou moléculas não carregadas, como água através da membrana.

Canalização de luz Em células fotossintetizantes, é a propagação de parte da luz incidente através do vacúolo central das células do parênquima paliçádico e através dos espaços intercelulares.

Capacidade calorífica específica Razão entre a capacidade calorífica de uma substância e a capacidade calorífica de uma substância de referência, geralmente água. A capacidade calorífica é a quantidade de calor necessária para mudar a temperatura de uma unidade de massa em 1 °C. A capacidade calorífica da água é de 1 caloria (4,184 Joule) por grama por grau Celsius.

Capilaridade Movimento ascendente da água por pequenas distâncias em um tubo capilar de vidro ou dentro da parede celular, devido à coesão, adesão e tensão superficial da água.

Característica Um caráter específico de um organismo, que é determinado por fatores genéticos (genótipo) e ambientais.

Carga mutacional Número total de genes deletérios que se acumularam no genoma de um indivíduo ou de uma população, podendo causar doença.

Carga permanente Carga iônica de minerais do solo causada pela substituição de íons (p. ex., Al^{3+} por Si^{4+}) na estrutura cristalina durante a formação mineral.

Caroço Um endocarpo endurecido (a camada interna do ovário) em frutos drupa, como o pêssego.

Carotenoides Polienos lineares dispostos como uma cadeia plana em zigue-zague, com ligações duplas conjugadas. Esses pigmentos de cor laranja funcionam como pigmentos antena e agentes fotoprotetores.

Carreadora Proteína de transporte de membrana que se liga a um soluto. Ela passa por mudança conformacional e libera o soluto no outro lado da membrana.

Carregamento do floema Movimento dos fotossintatos, dos cloroplastos do mesófilo para os elementos crivados das folhas maduras. O carregamento inclui etapas de transporte de curta distância (*ver* transporte pré-floema) e absorção final no complexo elemento crivado-células companheiras. *Ver também* Descarregamento do floema.

Carregamento do xilema Processo pelo qual os íons saem do simplasto e entram nas células condutoras do xilema.

Carriquinolida Componente da fumaça que estimula a germinação das sementes; estruturalmente similar às estrigolactonas.

Casca das sementes *Ver* Testa.

Casca Termo coletivo para todos os tecidos fora do câmbio de caules ou raízes lenhosos, composta por floema e periderme.

CASPARIAN STRIP PROTEIN 1 (CASP1) Proteína que regula as junções membrana-parede celular e a deposição da parede celular necessária para a modificação da formação da endoderme, formando a estria de Caspary, que funciona como uma barreira apoplástica ao redor do cilindro vascular da raiz.

Catalase Enzima que decompõe o peróxido de hidrogênio em água e oxigênio. Quando é abundante em peroxissomos, pode formar arranjos cristalinos.

Caule Eixo primário da planta, que geralmente se situa acima do solo, mas são comuns os caules subterrâneos modificados, anatomicamente semelhantes, como os rizomas e os bulbos.

Cavitação Colapso da tensão em uma coluna de água resultante da expansão indefinida de uma minúscula bolha de gás.

CCAAT box Sequência de nucleotídeos envolvidos na iniciação da transcrição em eucariotos.

Célula apical Em samambaias e outras plantas vasculares primitivas, ela é a única célula inicial ou célula-tronco de raízes e caules que origina todas as outras células do órgão. Na embriogênese das angiospermas, é a menor célula, rica em citoplasma, formada pela primeira divisão do zigoto.

Célula basal Na embriogênese, a maior célula, vacuolada, formada pela primeira divisão do zigoto. Ela origina o suspensor.

Célula central Célula no saco embrionário que se funde com a segunda célula espermática, dando origem à célula endospérmica primária.

Célula companheira Nas angiospermas, uma célula metabolicamente ativa que é conectada ao seu elemento crivado por contatos poro-plasmodesmo abundantes. Ela assume muitas das atividades metabólicas do elemento crivado e está ontogeneticamente relacionada a ele, ou seja, é uma célula-irmã. Nas folhas-fonte, ela funciona no transporte de fotossintatos para os elementos crivados.

Célula de Strasburger Célula metabolicamente ativa, nas gimnospermas, que está conectada às células crivadas por meio de contatos poro-plasmodesmo abundantes; assume muitas das atividades metabólicas da célula crivada. Difere das células companheiras por ter uma relação ontogenética distinta. Nas folhas-fonte, atua no transporte de fotossintatos para as células crivadas.

Célula fundamental da linhagem estomática (CFLE) Uma das duas células-filhas da divisão da célula-mãe do meristemoide durante a diferenciação das células-guarda.

Célula generativa Célula formada pela mitose I do pólen da meiose dos micrósporos. As células geradoras definem a linha germinativa masculina de transmissão hereditária vegetal e se dividem pela mitose polínica II, originando duas células espermáticas, que farão a fecundação dupla da oosfera e da célula média binucleada (núcleos polares).

Célula vegetativa (tubo) Uma das duas células produzidas pela divisão do núcleo do micrósporo durante a microgametogênese em grãos de pólen de angiospermas. Depois que a célula generativa é engolfada, a célula vegetativa origina o tubo polínico após a polinização.

Célula-mãe de célula-guarda (CMCG) Célula que dá origem ao par de células-guarda para formar um estômato.

Célula-mãe megáspora Célula no interior do rudimento seminal que, por meiose, origina megásporos.

Células albuminosas Células associadas aos elementos crivados no floema de gimnospermas. Embora semelhantes às células companheiras das angiospermas, elas têm uma origem de desenvolvimento diferente. Também denominadas células de Strasburger.

Células alveolares Camada de células rodeada por paredes celulares em forma de tubo, formada durante a celularização do endosperma cenocítico.

Células antípodais Células localizadas na extremidade calazal do saco embrionário em um gametófito feminino maduro.

Células crivadas Elementos crivados de gimnospermas, relativamente pouco especializados. *Comparar com* Elementos de tubo crivado.

Células de secessão Células da zona de abscisão, localizadas em órgãos florais separados (sépalas, pétalas e estames).

Células espermáticas Gametas masculinos. Algumas células espermáticas não são flageladas e não têm mobilidade (angiospermas, coníferas e Gnetales), enquanto outras (briófitas, samambaias, ginkgo e cicadófitas) são flageladas e móveis. As células não flageladas são transportadas ao gametófito feminino pelo tubo polínico, enquanto as células flageladas nadam pelo menos parte da distância para alcançar a oosfera.

Células fundadoras da raiz lateral Células do periciclo que dão origem aos primórdios da raiz lateral.

Células fundamentais (*pavement cells*) Tipo predominante de células epidérmicas foliares, que secretam uma cutícula cerosa e servem para proteger a planta da desidratação e dos danos causados pela radiação ultravioleta.

Células paliçádicas Uma a três camadas de células fotossintetizantes colunares, localizadas abaixo da face superior da epiderme da folha, constituindo o parênquima paliçádico.

Células residuais Células da zona de abscisão localizadas no receptáculo.

Células subsidiárias Células epidérmicas especializadas, situadas ao lado das células-guarda, que atuam junto com elas no controle das aberturas estomáticas.

Células-guarda Par de células epidérmicas especializadas que circundam a fenda estomática; elas regulam a abertura e o fechamento do estômato.

Células-mãe de meristemoide (CMMs) Células da protoderme foliar que se dividem assimetricamente (a chamada divisão de entrada) para originar o meristemoide, um precursor da célula-guarda.

Células-mãe de pólen (microsporócitos) Microsporócitos que se dividem por meiose para produzir os micrósporos na antera.

Celulose sintase Enzima que catalisa a síntese de D-glucanos individuais com ligações β-(1→4), que formam as microfibrilas de celulose.

Celulose Cadeia linear de D-glicose com ligações β-(1→4). A unidade de repetição é a celobiose.

Centro Fe-S Grupo prostético composto por ferro e enxofre inorgânicos que são abundantes em proteínas no transporte de elétrons respiratório e fotossintético.

Centro quiescente (CQ) Região central do meristema da raiz, onde as células se dividem mais lentamente do que as células circundantes ou não se dividem.

Centrômero Região constrita no cromossomo mitótico, onde o cinetocoro se forma e ao qual as fibras do fuso se ligam.

CESA (celulose sintase A) Família multigênica de celulose sintases encontrada em todas as plantas terrestres.

CF_0-CF_1-ATP sintase *Ver* ATP sintase.

Ciclinas Proteínas reguladoras associadas a quinases dependentes de ciclina, que desempenham um papel crucial na regulação do ciclo celular.

Ciclo de Calvin-Benson Rota bioquímica para a redução de CO_2 a carboidrato. O ciclo envolve três fases: a carboxilação da ribulose-1,5-bifosfato com CO_2 atmosférico, catalisada pela rubisco; a redução do 3-fosfoglicerato formado a trioses fosfato pela 3-fosfoglicerato quinase e pela NADP-gliceraldeído-3-fosfato desidrogenase; a regeneração da ribulose-1,5-bifosfato mediante a ação combinada de dez reações enzimáticas.

Ciclo do ácido tricarboxílico (TCA, *tricarboxylic acid cycle*) Ciclo de reações localizadas na matriz mitocondrial, catalisador da oxidação de acetil-CoA (do piruvato) a CO_2. ATP e NADH são gerados no processo.

Ciclo do glioxilato Sequência de reações que convertem duas moléculas de acetil-CoA em succinato no glioxissomo.

Ciclo Q Mecanismo de oxidação de plasto-hidroquinona em cloroplastos e do ubiquinol em mitocôndrias.

Cinetocoro Sítio de ligação das fibras do fuso ao cromossomo na anáfase. Trata-se de uma estrutura em camadas associada ao centrômero, a qual contém proteínas de ligação aos microtúbulos e cinesinas, que ajudam a despolimerizar e encurtar os microtúbulos do cinetocoro.

Circunutação Tendência do ápice de um caule ou raiz de oscilar segundo um padrão em espiral durante o crescimento.

Cisgenia Técnicas de engenharia genética, em que os genes são transferidos entre plantas que, de outra maneira, poderiam também ser cruzadas sexualmente.

Cisternas Rede de sáculos e túbulos achatados que compõem o retículo endoplasmático (RE).

Citocinese Após a divisão nuclear em células vegetais, a citocinese é a separação dos núcleos-filhos pela formação de uma nova parede celular.

Citocromo c Componente periférico e móvel da cadeia mitocondrial de transporte de elétrons, que oxida o complexo III e reduz o complexo IV.

Citocromo f Subunidade no complexo do citocromo b_6f que desempenha um papel no transporte de elétrons entre o fotossistemas I e II.

Citocromo P450 monoxigenase (CYP, *cytochrome P450 monooxygenase*) Designação genérica para um grande número de enzimas oxidativas de função mista relacionadas, porém distintas, localizadas no retículo endoplasmático. As CYPs participam de uma diversidade de processos oxidativos, incluindo etapas na biossíntese de giberelinas e brassinosteroides.

Citoesqueleto Composto por microfilamentos polarizados de actina ou microtúbulos de tubulina, o citoesqueleto auxilia no controle da organização e da polaridade de organelas e células durante o crescimento.

Citoplasma Matéria celular envolvida pela membrana plasmática que, excluindo o núcleo, contém o citosol, os ribossomos e o citoesqueleto. Em eucariotos, o citoesqueleto envolve organelas intracelulares e limitadas por membranas (cloroplastos, mitocôndrias, retículo endoplasmático etc.).

Cladódios Caules fotossintetizantes achatados que desempenham as funções de folhas, como na opúncia (*Opuntia*), uma cactácea.

Classificar (*sorting-out*) *Ver* Segregação vegetativa.

Clatrina Proteínas que têm uma estrutura única em *tríscele* (do inglês, *triskelion*). Espontaneamente, elas se agrupam em gaiolas de 100 nm que revestem vesículas associadas à endocitose, junto à membrana plasmática e a outros eventos do tráfego celular.

Climatério Aumento acentuado da respiração no início do amadurecimento, que ocorre em todos os frutos que amadurecem em resposta ao etileno e no processo de senescência das folhas e flores que se desprendem.

Clonagem com base em mapeamento Técnica que emprega análise genética da descendência de cruzamentos entre uma planta mutante e uma do tipo selvagem para restringir a localização da mutação a um pequeno segmento do cromossomo, que pode então ser sequenciado.

Clorofila Pigmento verde que absorve luz e ativo na fotossíntese.

Cloroplasto Organela que é o sítio da fotossíntese em organismos eucarióticos fotossintetizantes.

Clorose Amarelecimento das folhas das plantas que ocorre como resultado de deficiência mineral. As folhas afetadas e a localização da clorose na folha podem servir ao diagnóstico do tipo de deficiência.

Coeficiente de difusão Constante de proporcionalidade que mede a facilidade de uma substância específica se mover por um determinado meio. O coeficiente de difusão é uma característica da substância e depende do meio.

Coeficiente de temperatura (Q_{10}) Aumento da taxa de um processo metabólico (p. ex., respiração) para cada aumento térmico de 10 °C.

Coesão Atração mútua entre as moléculas de água devido à extensa formação de pontes de hidrogênio.

Coevolução Adaptações genéticas vinculadas de dois ou mais organismos.

Coifa Células junto ao ápice da raiz que cobrem as células meristemáticas e as protegem de dano mecânico à medida que a raiz se move pelo solo. A coifa é o sítio para a percepção da gravidade e da sinalização da resposta gravitrópica.

Colênquima Parênquima especializado com paredes celulares primárias irregularmente espessadas e ricas em pectina. Esse tecido funciona como sustentação a partes em crescimento de um caule ou de folhas.

Coleóptilo Folha modificada que se constitui em uma bainha que cobre e protege as folhas primárias jovens de uma plântula de gramínea, à medida que ela cresce no solo. A percepção unilateral da luz, especialmente a luz azul, pela extremidade resulta em crescimento assimétrico e curvatura devido à distribuição desigual de auxina nos lados iluminado e sombreado.

Coleorriza Bainha protetora que envolve a radícula do embrião de representantes da família Poaceae.

Comensalismo Relação entre dois organismos em que um organismo se beneficia sem afetar negativamente o outro.

Compartimento pré-vacuolar Compartimento de membrana equivalente ao endossomo tardio em células animais, onde a separação ocorre antes que a carga seja liberada em um vacúolo lítico.

Compensação de temperatura Característica dos ritmos circadianos, que podem manter sua periodicidade circadiana em uma faixa ampla de temperaturas dentro do espectro fisiológico.

Complementação Procedimento genético pelo qual duas mutações recessivas são introduzidas na mesma célula para descobrir se elas executam a mesma função genética, sendo, portanto, alelos. Se a configuração *trans* ($m +/+ m_1$) exibir um fenótipo mutante, as mutações são alélicas, mas se mostrar um fenótipo de tipo selvagem, elas são não alélicas.

Complexo antena Um grupo de moléculas pigmentadas que cooperam na absorção de energia luminosa e a transferem para um complexo dos centros de reação.

Complexo citocromo b_6f Grande complexo proteico composto de multissubunidades, contendo dois hemes do tipo b, um heme do tipo c (citocromo f) e uma proteína Rieske ferro-sulfurosa. Proteína imóvel distribuída igualmente entre as regiões dos *grana* e estroma das membranas.

Complexo da enzima nitrogenase Complexo proteico de dois componentes, que conduz a fixação biológica do nitrogênio, em que a amônia é produzida a partir do nitrogênio molecular.

Complexo de Golgi Organela endomembrana que modifica e empacota proteínas secretadas e alguns componentes da parede celular. Um sítio com as etapas-chave da glicosilação de proteínas. Nomeado em homenagem a seu descobridor, Camillo Golgi.

Complexo de iniciação da transcrição Complexo multiproteico de fatores de transcrição necessários para a ligação da RNA polimerase e a iniciação da transcrição.

Complexo de liberação de oxigênio (OEC, *oxygen-evolving complex*) Complexo associado ao fotossistema II, que oxida água e produz oxigênio molecular (O_2).

Complexo de silenciamento induzido por RNA (RISC) Complexo multiproteico que incorpora uma fita de pequeno RNA de interferência (siRNA) ou de microRNA (miRNA). Os complexos RISC ligam-se ao mRNA e o clivam, impedindo, assim, a tradução.

Complexo dos centros de reação Um grupo de proteínas de transferência de elétrons que recebe energia do complexo antena e a converte em energia química, usando reações de oxidação-redução.

Complexo estomático Constituído por células-guarda, células subsidiárias e fenda estomática, que juntas regulam a transpiração foliar e a absorção de CO_2.

Complexos sinaptonêmicos Estruturas proteicas que se formam entre cromossomos homólogos durante a prófase I da meiose.

Complexos S-PHASE KINASE-ASSOCIATED PROTEIN1 (Skp1)/Cullin/F-box (SCF) Complexos proteicos grandes que atuam como ubiquitina E3 ligases nas rotas de sinalização de vários hormônios vegetais.

Composta Uma folha subdividida em folíolos.

Comprimento crítico do dia Comprimento mínimo do dia necessário para o florescimento de uma planta de dia longo; o comprimento máximo do dia é que permitirá o florescimento de plantas de dia curto. No entanto, estudos mostraram que o importante é o comprimento da noite, não o do dia.

Comprimento de onda Unidade de medida para caracterizar a energia luminosa. É a distância entre as cristas sucessivas das ondas. No espectro visível, corresponde a uma cor.

Condutividade hidráulica do solo Medida da facilidade com que a água se move no solo.

Condutividade hidráulica Descreve a rapidez com que a água pode se mover através de uma membrana; ela é expressa em termos de volume de água por unidade de área de membrana por unidade de tempo por unidade de força propulsora (i.e., $m^3\ m^{-2}\ s^{-1}\ MPa^{-1}$).

Configuração Rabl Posicionamento proposto de cromossomos dentro de um núcleo, no qual todos os centrômeros e telômeros apontam em direção oposta.

Coníferas Árvores dotadas de cones.

CONSTANS (CO) Gene de um componente-chave de uma rota reguladora, que promove o florescimento de *Arabidopsis* em dias longos; ele codifica uma proteína que regula a transcrição de outros genes.

CONSTITUTIVE PHOTOMRPHOGENESIS1 (COP1) Repressor constitutivo da fotomorfogênese, que interage com fatores promotores da fotomorfogênese, como HY5, promovendo sua degradação pela rota ubiquitina-proteassomo.

Contatos poro-plasmodesmo Contatos simplásticos específicos entre um elemento crivado e sua célula companheira, composto de áreas crivadas e plasmodesmos (ramificados) que ocorrem no elemento crivado e na célula companheira, respectivamente.

Corpo autofágico Organela simples ligada à membrana, derivada do autofagossomo, que penetra no vacúolo e libera seus conteúdos para degradação.

Corpo primário da planta Parte da planta derivada diretamente dos meristemas apicais do caule e da raiz e dos meristemas primários. É composto por tecidos resultantes do crescimento primário, e não do crescimento secundário.

Corpos contendo rubisco (RCBs, *rubisco-containing bodies*) Vesículas que contêm rubisco; considera-se que são originadas de cloroplastos senescentes e, posteriormente, são engolfadas pelos autofagossomos e disponibilizadas ao vacúolo para degradação.

Corpos lipídicos Também conhecidos como oleossomos ou esferossomos, essas organelas acumulam e armazenam triacilgliceróis. São delimitados por uma única camada fosfolipídica ("meia unidade de membrana" ou "monocamada fosfolipídica") derivada do RE.

Corpos multivesiculares Parte do compartimento de triagem pré-vacuolar que atua na degradação de proteínas de membrana que sofrem endocitose e de componentes de endomembrana destinados ao vacúolo.

Corpos pró-lamelares Sofisticadas redes semicristalinas de túbulos membranosos que se desenvolvem em plastídeos ainda não expostos à luz (etioplastos).

Corrente citoplasmática Movimento coordenado de partículas e organelas através do citosol.

Córtex Região externa da raiz delimitada externamente pela epiderme e internamente pela endoderme.

Cossupressão Decréscimo da expressão de um gene quando cópias extras são introduzidas.

Cotilédones Também chamados de "folhas seminais", são as principais fontes de nutrientes durante a germinação e a fotossíntese pós-germinativa, antes que as primeiras folhas verdadeiras se desenvolvam.

Crescimento ácido Característica das paredes celulares em crescimento, em que elas se estendem mais rapidamente em pH ácido do que em pH neutro.

Crescimento anisotrópico Aumento maior em uma direção do que em outra; por exemplo, células que se alongam no eixo do caule ou raiz crescem mais em comprimento do que em largura.

Crescimento apical Crescimento localizado na extremidade de uma célula vegetal, causado pela secreção localizada de novos polímeros de parede. Ocorre em tubos polínicos, pelos de raízes, algumas fibras de esclerênquima e tricomas filamentosos do algodoeiro, bem como nos protonemas (musgos) e hifas (fungos).

Crescimento difuso Tipo de crescimento celular vegetal em que a expansão ocorre de modo mais ou menos uniforme por toda a superfície. *Comparar com* Crescimento apical.

Crescimento primário Fase do desenvolvimento vegetal que origina novos órgãos e a forma básica da planta. Resulta da proliferação celular nos meristemas apicais, seguida pelo alongamento e pela diferenciação celulares.

Crescimento secundário Crescimento do tecido que ocorre após o alongamento estar completo. Ele envolve o câmbio vascular (produtor de xilema e floema secundários) e o felogênio (produtor da periderme).

Criptocromos Família de flavoproteínas fotorreceptoras que absorvem principalmente luz azul e regulam o crescimento e o desenvolvimento vegetal.

Cristais de oxalato de cálcio Cristais de oxalato de cálcio que se formam nos vacúolos de algumas espécies vegetais para impedir a herbivoria por insetos e mamíferos.

Cristas Dobras na membrana mitocondrial interna, que se projetam para a matriz mitocondrial.

Cromatina Complexo DNA–proteína encontrado no núcleo em interfase. A condensação da cromatina forma os cromossomos mitóticos e meióticos.

Cromóforo Molécula de pigmento absorvente de luz que geralmente está ligada a uma proteína (uma apoproteína).

Cromoplastos Plastídios que contêm concentrações elevadas de pigmentos carotenoides, em vez de clorofila. Os cromoplastos são responsáveis pelas cores amarela, laranja ou vermelha de muitos frutos e flores, além de folhas de outono.

Cromossomos Forma condensada da cromatina, que se configura no início da mitose e da meiose.

CRYPTOCHROME1 (CRY1) Uma flavoproteína envolvida em muitas respostas à luz azul, que tem homologia com fotoliase. Antigamente, HY4.

Cultivo em solução Técnica de cultivar plantas sem solo, na qual suas raízes são imersas em uma solução nutritiva. *Ver também* Hidroponia.

Curso livre Designação do ritmo biológico característico de um organismo em particular, quando os sinais ambientais são removidos, como na escuridão total. *Ver Zeitgeber*.

D

Defensinas Grupo de proteínas pequenas antimicrobianas e ricas em cisteína, encontradas em animais e plantas.

Defesas constitutivas Defesas vegetais que estão sempre imediatamente disponíveis ou operacionais; ou seja, defesas que não são induzidas.

Defesas induzíveis Respostas de defesa que existem em níveis baixos, antes que seja encontrado um estresse biótico ou abiótico.

Deiscência Abertura espontânea de uma antera madura ou fruto maduro, liberando seus conteúdos.

Densidade de fluxo Taxa de transporte de uma substância s através de uma unidade de área por unidade de tempo. J_s pode ter unidades de moles por metro quadrado por segundo (mol^{-2} s^{-1}).

Dependente da posição Referente aos mecanismos que operam por modulação do comportamento das células de uma maneira que depende da posição delas no interior do embrião em desenvolvimento.

Desacoplador Composto químico que aumenta a permeabilidade de membranas a prótons e, assim, desacopla a formação do gradiente de prótons da síntese de ATP.

Desacoplamento Processo pelo qual prótons translocados para o lume, por reações luminosas, podem escapar para o estroma sem a síntese de ATP, desviando da ATP sintase. Da mesma forma, o desacoplamento ocorre nas mitocôndrias quando os prótons translocados para fora da matriz, como resultado da atividade de transporte de elétrons através dos complexos I, III e IV, retornam à matriz, desviando da F_oF_1--ATP sintase.

Descarregamento do floema Movimento de fotossintatos dos elementos crivados para as células-dreno, que os armazenam ou metabolizam. Inclui o descarregamento dos elementos crivados e o transporte de curta distância. *Ver também* Carregamento do floema.

Descoloração Perda da absorbância característica da clorofila devido à sua conversão em outro estado estrutural, frequentemente por oxidação.

Desestiolamento Mudanças rápidas de desenvolvimento, associadas à perda da forma estiolada devido à ação da luz. *Ver* Fotomorfogênese.

Desidrinas Proteínas vegetais hidrofílicas, que se acumulam em resposta ao estresse pela seca e a temperaturas baixas.

Deslizamento Extensão da parede celular dependente do pH. Contribui para a expansão da parede celular, junto com a integração de polímeros e o relaxamento do estresse.

Despolarizado Refere-se a uma diminuição na diferença de potencial de membrana, geralmente negativa, através da membrana plasmática das células vegetais. Pode ser causada pela ativação de canais aniônicos e perda de ânions, como o cloreto, do interior da célula, que é negativo em relação ao exterior.

Desvio de GABA Rota que suplementa o ciclo do ácido cítrico com a capacidade de formar e degradar o ácido γ-aminobutírico (GABA, *gamma-aminobutyric acid*).

Dia subjetivo Fase do ritmo que coincide com o período luminoso de um ciclo luz/escuro precedente, quando um organismo é colocado na escuridão total. *Ver* Noite subjetiva.

Diacilglicerol (DAG) Molécula que consiste na molécula de glicerol de três carbonos à qual, por ligações de éster, estão ligados covalentemente dois ácidos graxos.

Dia-heliotrópico Refere-se aos movimentos foliares que maximizam a interceptação da luz pelo acompanhamento da trajetória solar e minimizam a superexposição à luz.

DICER-LIKE1 (DCL1) Uma das proteínas nucleares vegetais que convertem pri-miRNAs em miRNAs.

Dicogamia A produção de estames e pistilos em momentos diferentes nas flores hermafroditas – uma adaptação que promove a polinização cruzada.

Diferença na concentração de vapor de água Diferença entre a concentração do vapor de água dos espaços de ar dentro da folha e a do ar fora da folha. Um dos dois fatores principais que impulsionam a transpiração da folha.

Diferenciação Processo pelo qual uma célula adquire propriedades metabólicas, estruturais e funcionais que são distintas das de sua célula progenitora. Nas plantas, a diferenciação é frequentemente reversível, quando células diferenciadas excisadas são colocadas em cultura de tecido.

Difusão da luz nas interfaces A randomização da direção do movimento de fótons dentro de tecidos vegetais devido à reflexão e refração da luz proveniente de muitas interfaces ar–água. Ela aumenta consideravelmente a probabilidade de absorção de fótons dentro de uma folha.

Difusão facilitada Transporte passivo através de uma membrana usando um carreador ou canal.

Difusão Movimento de substâncias devido à agitação térmica aleatória de regiões de energia livre alta para regiões de energia livre baixa (p. ex., de concentração alta para concentração baixa).

Dioico Referente a plantas com flores masculinas e femininas encontradas em indivíduos diferentes, como espinafre (*Spinacia* sp.) e cânhamo (*Cannabis sativa*). Comparar com Monoico.

Diploide (2n) Possui um conjunto pareado de cromossomos; a geração esporofítica é caracterizada por um conjunto diploide de cromossomos.

Divisões de espaçamento Divisões assimétricas das células fundamentais da linhagem estomática, que podem originar os meristemoides secundários durante a padronização dos estômatos.

DNA mitocondrial (mtDNA) DNA encontrado nas mitocôndrias. O mtDNA vegetal diverge em muitos aspectos do mtDNA de animais ou fungos. Os genes mitocondriais codificam uma diversidade de proteínas necessárias para a respiração celular.

Do *locus* S proteína rica em cisteína (SCR, *S-locus cysteine-rich proteins*) Proteína rica em cisteína, localizada no invólucro do pólen, que representa o determinante masculino S em Brassicaceae.

Dolicol difosfato Incorporado à membrana do RE, esse lipídeo é o sítio de montagem de um oligossacarídeo ramificado (N-acetilglucosamina, manose e glicose), que será transferido para o grupo amino livre de um ou mais resíduos de asparagina de uma proteína no RE que é destinada à secreção.

Dominância apical Na maioria das plantas superiores, é a inibição do crescimento das gemas laterais (gemas axilares) exercida pelo crescimento da gema apical.

Domínio de ligação de nucleotídeos (NBD, *nucleotide-binding domain*) Domínio proteico que se liga a nucleotídeos como o ATP. Ele é encontrado nas proteínas NLR.

Domínio relacionado ao PAS (PRD, *PAS-related domain*) Na proteína do fitocromo, dois domínios que mediam a dimerização dele.

Domínios (1) Regiões (sequências de nucleotídeos) dentro do gene que são semelhantes às regiões encontradas em outros genes. (2) Regiões de uma proteína (sequência de aminoácidos) com uma estrutura ou função específica. (3) Os três principais grupos taxonômicos dos seres vivos.

Dormência de sementes Estado em que uma semente viva não germinará, mesmo se todas as condições ambientais necessárias para o crescimento estiverem presentes. A dormência introduz um retardo no processo de germinação da semente, proporcionando tempo adicional para sua dispersão.

Dormência do embrião Dormência da semente que é causada diretamente pelo embrião; ela não se deve a qualquer influência do envoltório (casca) da semente ou de outros tecidos circundantes. *Ver também* Dormência endógena.

Dormência endógena Dormência da semente que é intrínseca à semente, e não se deve a nenhuma influência física ou química do tegumento da semente ou de outros tecidos circundantes. A dormência endógena é regulada pela relação entre os hormônios ácido abscísico (ABA) e giberelina (GA).

Dormência exógena Efeitos inibidores físicos da casca da semente ou de outros tecidos de revestimento, como endosperma, pericarpo ou órgãos extraflorais, no crescimento do embrião durante a germinação.

Dormência imposta pelo envoltório Dormência imposta ao embrião pelo envoltório da semente (casca) e outros tecidos de revestimento, como endosperma, pericarpo ou órgãos extraflorais. *Ver também* Dormência exógena.

Dormência primária Incapacidade de sementes maduras recém-dispersas germinarem sob condições normais, em geral induzida pelo ácido abscísico (ABA) durante a maturação da semente.

Dormência secundária Sementes que perderam sua dormência primária podem se tornar novamente dormentes se expostas a condições desfavoráveis, que inibem a germinação por determinado tempo.

Dormência Condição de vida em que o crescimento não ocorre sob circunstâncias que normalmente são favoráveis a ele.

Dreno de auxina Célula ou tecido que capta auxina de uma fonte de auxina próxima. Participa da canalização de auxina durante a diferenciação vascular.

Dreno Qualquer órgão que importa fotossintatos, incluindo os órgãos que não apresentam produção fotossintética suficiente para sustentar seu próprio crescimento ou necessidades de armazenamento, como raízes, tubérculos, frutos em desenvolvimento e folhas imaturas. *Comparar com* Fonte.

Drupa Fruto semelhante a uma baga, mas com um endocarpo endurecido similar a uma concha (caroço), que contém uma semente.

Dutos resiníferos de coníferas Ductos ou canais em folhas e tecido lenhoso de coníferas, que conduzem compostos terpenoides de defesa. Eles podem ser constitutivos ou sua formação pode ser induzida por respostas de defesa/ferimento.

E

Ectomicorriza Simbiose em que o fungo normalmente forma uma espessa capa, ou manto, de micélio ao redor das raízes. As células das raízes em si não são penetradas pelas hifas fúngicas, mas são envolvidas por uma rede de hifas chamada de rede de Hartig. Essa rede fornece uma grande área de contato, que está envolvida nas transferências de nutrientes entre os simbiontes.

Ectópico Fora do contexto normal. Usado na expressão gênica, ou seja, expressão de um produto gênico em um domínio onde ele normalmente não é expresso.

Efeito estufa Aquecimento do clima da Terra, causado pelo aprisionamento de radiação de comprimento de onda longo pelo CO_2 e por outros gases na atmosfera. Termo derivado do aquecimento de uma casa de vegetação (estufa), resultante da penetração de radiação de comprimento de onda longo através do teto de vidro, da conversão da radiação de ondas longas em calor e do bloqueio do escape de calor pelo teto de vidro.

Efeito peneira Penetração de luz fotossinteticamente ativa através de várias camadas de células, devido às lacunas entre os cloroplastos, que permitem a passagem da luz.

Efeitos do progenitor de origem Diferença fenotípica na progênie, que depende de ela ser transmitida pelo progenitor materno ou paterno.

Efetores Moléculas (incluindo proteínas) secretadas por patógenos que se ligam a proteínas vegetais específicas, alterando sua atividade. Alguns efetores agem sobre proteínas dentro de células vegetais.

Eficiência de crescimento Crescimento em massa de uma árvore por unidade de área foliar ou massa foliar.

Eficiência na conversão de energia Fração da energia dos fótons que é armazenada em reações fotoquímicas. A energia é perdida ao provocar o avanço das reações, o que evita reações inversas. Isso é diferente da produtividade quântica, que descreve a fração luminosa que induz a fotoquímica estável.

Eficiência quântica Fração de luz que incide sobre uma planta e é usada para a fotoquímica produtiva. Também chamada de produtividade quântica.

Eixo apical-basal Eixo que se estende do meristema apical do caule até o meristema apical da raiz.

Eixo primário da planta Eixo longitudinal da planta, definido pelas posições dos meristemas apicais do caule e da raiz.

Eixo radial Padrão de tecidos concêntricos que se estendem do exterior de uma raiz ou caule até seu centro.

Elemento crivado Célula do floema que conduz açúcares e outros materiais orgânicos em toda a planta. Refere-se tanto aos elementos de tubo crivado (angiospermas) quanto às células crivadas (gimnospermas).

Elemento de reconhecimento do TFIIB (BRE) Sequência conservada de ligação ao DNA dentro do promotor central, que auxilia na regulação da atividade de transcrição de determinado gene.

Elemento de resposta à auxina (AuxRE, *auxin response element*) Sequência promotora de DNA que modula a expressão gênica quando ligada por fatores de transcrição responsivos à auxina.

Elemento de tubo crivado Elemento crivado típico das angiospermas e geralmente associado a uma célula companheira. *Comparar com* Células crivadas.

Elemento distante a montante (FUE, *far upstream element*) Sequência genética conservada, localizada a montante do sítio poli-A em genes eucarióticos.

Elemento do promotor central Porção mínima de um promotor necessária para iniciar corretamente a transcrição.

Elemento essencial Elemento cuja ausência causa anormalidades graves no crescimento, no desenvolvimento ou na reprodução vegetal, podendo impedir que uma planta complete seu ciclo de vida.

Elemento iniciador (INR, *initiator element*) Uma sequência de DNA conservada, encontrada na região do promotor central dos genes eucarióticos.

Elemento promotor a jusante (DPE, *downstream promoter element*) Um tipo distinto de elemento do promotor central localizado a aproximadamente 30 nucleotídeos a jusante do sítio de início da transcrição.

Elementos *cis* Certas sequências de nucleotídeos na molécula de mRNA pelas quais a estabilidade do mRNA é regulada. Não devem ser confundidos com sequências de ação *cis* no DNA, que influenciam a atividade de transcrição.

Elementos de controle de ação *cis* Sequências de DNA que se ligam a fatores de transcrição e que são adjacentes (*cis*) às unidades de transcrição que elas regulam. Não devem ser confundidos com elementos *cis*.

Elementos de vaso Células não vivas condutoras de água, com paredes terminais perfuradas, encontradas apenas em angiospermas e em um pequeno grupo de gimnospermas.

Elementos traqueais Células do xilema especializadas no transporte de água.

Eletronegativo Com capacidade de atrair elétrons e, assim, produzir uma carga elétrica ligeiramente negativa.

Elicitores Moléculas de patógenos específicas ou fragmentos de paredes celulares que se ligam às proteínas vegetais e, assim, sinalizam a defesa da planta contra um patógeno.

Embebição Fase inicial da absorção de água em sementes secas, que é impulsionada pelo componente potencial mátrico do potencial hídrico, ou seja, pela ligação da água a superfícies, como a parede celular e as macromoléculas celulares.

Embriogênese somática Processo pelo qual as células somáticas (ou seja, células não germinativas) se desdiferenciam e passam por um processo autônomo de embriogênese, que recapitula todas as etapas da embriogênese zigótica e resulta em embriões viáveis.

Encurtamento do telômero Processo pelo qual o telômero (uma região do DNA na extremidade de um cromossomo, que protege o início da sequência de codificação genética contra a degradação) passa por encurtamento.

Endocitose Formação de pequenas vesículas a partir da membrana plasmática, que se desprendem e se movem para o citosol, onde se fundem com elementos do sistema de endomembranas.

Endoderme Camada especializada de células com uma estria de Caspary. A endoderme circunda o sistema vascular nas raízes e em alguns caules.

Endopoliploidia Poliploidia causada pela replicação de cromossomos sem divisão do núcleo.

Endorreduplicação Ciclos de replicação do DNA nuclear sem mitose, resultando em poliploidização.

Endosperma amiláceo Tecido endosperma triploide de reserva de amido que compreende a maior parte das sementes de cereais e de outros membros da família das gramíneas.

Endossimbiose Teoria que explica a origem evolutiva do cloroplasto e da mitocôndria, mediante a formação de uma relação simbiótica entre uma célula procariótica e uma célula eucariótica não fotossintetizante simples, seguida de transferência gênica extensa para o núcleo.

Endotélio Camada celular derivada da camada mais interna do tegumento, que envolve o saco embrionário e fornece nutrientes, semelhante ao tapete (camada nas anteras).

Energia livre de Gibbs Energia disponível para a realização de trabalho de síntese, transporte e movimento em sistemas biológicos.

Energia luminosa Energia associada aos fótons.

ENHANCED SUBERIN 1 (ESB1) Proteína envolvida na formação restrita de lignina na estreita faixa da parede celular que constitui a estria de Caspary na endoderme. Os mutantes no gene *ESB1* são caracterizados por uma expansão da lignificação para além da estria de Caspary, bem como por níveis elevados de suberina na raiz.

Entrenó Porção do caule entre dois nós.

Envoltório nuclear Membrana dupla que circunda o núcleo.

Envoltório Sistema de membrana dupla que envolve o cloroplasto ou o núcleo. A membrana externa do envoltório nuclear é contínua com o retículo endoplasmático.

Enzima málica Enzima que catalisa a oxidação do malato em piruvato, permitindo que a mitocôndria vegetal oxide malato ou citrato a CO_2, sem envolver o piruvato gerado pela glicólise.

Enzimas antioxidativas Proteínas que desintoxicam espécies reativas de oxigênio.

Enzimas dessaturase Enzimas que removem hidrogênios em uma cadeia de carbono, criando uma ligação dupla entre carbonos ou adicionando um grupo etila para alongar uma cadeia de carbono.

Epiderme camada mais externa das células vegetais, normalmente constituída por uma camada de células.

Epigenoma Modificações químicas hereditárias no DNA e na cromatina, incluindo metilação do DNA, metilação e acilação de histonas, além de sequências do DNA geradoras de sequências de RNA não codificadoras que interferem na expressão gênica.

Equação de Goldman Equação que prevê o potencial de difusão através de uma membrana, em função das concentrações e permeabilidades de todos os íons (p. ex., K^+, Na^+ e Cl^-) que a permeiam.

Escamas da gema Folhas pequenas, semelhantes a escamas, que formam uma capa protetora ao redor de uma gema dormente.

Escape da fotorreversibilidade Perda de fotorreversibilidade pela luz vermelho-distante de eventos mediados pelo fitocromo e induzidos pela luz vermelha após um curto período.

Esclerênquima Tecido vegetal composto por células, muitas vezes mortas na maturidade, com paredes celulares secundárias espessas e lignificadas. Atua na sustentação de regiões da planta que concluíram o crescimento.

Escotomorfogênese Programa de desenvolvimento que plantas seguem quando a germinação das sementes e o crescimento das plântulas ocorrem no escuro.

Escutelo Cotilédone único do embrião de gramínea, especializado na absorção de nutrientes do endosperma.

Espaço extracelular ou apoplasto Nas plantas, o *continuum* espacial externamente à membrana plasmática é formado pela conexão de paredes celulares, através do qual a água e os nutrientes minerais se difundem facilmente. *Ver* Apoplasto.

Espaço intermembrana Espaço preenchido de fluido entre as duas membranas mitocondriais ou entre as duas membranas do envoltório do cloroplasto.

Espécies reativas de oxigênio (EROs) Incluem o ânion superóxido ($O_2^{\bullet-}$), o peróxido de hidrogênio (H_2O_2), o radical hidroxila ($OH\bullet$) e oxigênio singleto. Elas são geradas em vários compartimentos celulares e podem atuar como sinais ou causar danos a componentes celulares.

Espectro de absorção Representação gráfica da quantidade de energia luminosa absorvida por uma substância plotada em relação ao comprimento de onda da luz.

Espectro de ação Representação gráfica da magnitude de uma resposta biológica à luz em função do comprimento de onda.

Espermatófitas Plantas em que o embrião está protegido e nutrido dentro de uma semente. São as gimnospermas e as angiospermas.

Espinhos caulinares Estruturas vegetais pontiagudas que restringem fisicamente a ação de herbívoros; são derivadas de ramos.

Espinhos Estruturas vegetais pontiagudas e rígidas, que restringem fisicamente a ação de herbívoros e podem auxiliar na conservação da água. São derivados de folhas.

Esporófito Estrutura multicelular diploide (2n) que produz esporos haploides por meiose.

Esporos Células reprodutivas, formadas nas plantas por meiose, na geração esporofítica. Sem fusão com outra célula, originam a geração gametofítica.

Estabilidade proteica Taxa de destruição ou inativação proteica; ela pode contribuir para a regulação da pós-tradução, além de desempenhar um papel importante na atividade geral de um gene ou de seu produto.

Estado de menor excitação Estado de excitação com a menor energia, alcançado quando uma molécula de clorofila em um estado energético mais alto cede parte de sua energia para seu entorno na forma de calor.

Estado fotoestacionário Relativo ao fitocromo sob luz natural, o equilíbrio de 97% Pr e 3% Pfr.

Estado separado por carga Estado produzido em centros de reação fotossintética após excitação pela luz, em que um elétron é movido do lado do lúmen para o lado do estroma. Esse movimento de elétrons forma um campo elétrico através do tilacoide.

Estágio de coleóptilo Estágio da embriogênese em monocotiledôneas, no qual o coleóptilo se torna distinguível.

Estágio de coração Segundo estágio da embriogênese. Estrutura com simetria bilateral, produzida por divisões celulares rápidas em duas regiões de cada lado do futuro ápice caulinar. *Ver* Estágio globular, Estágio de torpedo.

Estágio de maturação Estágio da embriogênese em que o embrião amadurece.

Estágio de primórdio foliar Estágio da embriogênese em monocotiledôneas, em que o primeiro primórdio foliar emerge.

Estágio de torpedo Terceiro estágio da embriogênese. Estrutura produzida pelo alongamento do eixo do embrião no estágio de coração e desenvolvimento posterior dos cotilédones. *Ver também* Estágio globular e Estágio de coração.

Estágio de transição Estágio da embriogênese no qual o embrião globular faz a transição para um estágio simétrico bilateral.

Estágio globular Primeiro estágio da embriogênese. Esfera de células, com simétrica radial, mas sem desenvolvimento uniforme, produzida por divisões celulares do zigoto inicialmente sincronizadas. *Ver* Estágio de coração, Estágio de torpedo.

Estágio zigótico Produto unicelular da união de uma oosfera e uma célula espermática.

Estatócitos Células vegetais dotadas de estatólitos, especializadas na percepção da gravidade.

Estatólitos Inclusões celulares, como os amiloplastos, que atuam como sensores de gravidade, por terem uma densidade alta em relação ao citosol e sedimentação na parte inferior da célula.

Esteira rolante (*treadmilling*) Durante a interfase, um processo pelo qual os microtúbulos no citoplasma cortical parecem migrar pela periferia celular, devido à adição de heterodímeros de tubulina à extremidade *mais*, na mesma taxa de sua remoção da extremidade *menos*.

Estelo Tecidos da raiz localizados internamente à endoderme. O estelo contém os elementos vasculares da raiz: o floema e o xilema.

Estiolamento Efeitos do crescimento das plântulas no escuro, em que o hipocótilo e o caule são mais alongados, os cotilédones e as folhas não se expandem e os cloroplastos não amadurecem.

Estípulas Apêndices pequenos semelhantes a folhas, localizados junto às bases foliares de muitas espécies de eudicotiledôneas.

Estômato Fenda microscópica na epiderme foliar circundada por um par de células-guarda e que, em algumas espécies, inclui também as células subsidiárias. O estômato regula as trocas gasosas (água e CO_2) das folhas por meio do controle de sua fenda (ostíolo).

Estratificação Processo de quebrar a dormência por meio do resfriamento de sementes.

Estresse osmótico Estresse imposto às células ou às plantas inteiras quando o potencial osmótico das soluções externas é mais negativo do que o da solução no interior da planta.

Estresse salino Efeitos adversos de minerais em excesso nas plantas.

Estresse Influências desvantajosas exercidas em uma planta por fatores externos abióticos ou bióticos, como infecção ou calor, água e anoxia. É medido em relação à sobrevivência vegetal, à produtividade de um cultivo, à acumulação de biomassa ou à absorção de CO_2.

Estria de Caspary Faixa nas paredes celulares da endoderme, impregnada com suberina, uma substância hidrofóbica semelhante à cera. Ela impede que água e solutos penetrem no xilema, movendo-se entre as células endodérmicas.

Estrigolactonas Hormônios vegetais derivados de carotenoides, que inibem a ramificação da parte aérea. Também desempenham papéis no solo, estimulando o crescimento de micorrizas arbusculares e a germinação de sementes de organismos parasíticos, como as *Striga*, a origem da denominação desse hormônio.

Estroma Componente fluídico que circunda as membranas do tilacoide de um cloroplasto.

Etilmetanossulfonato (EMS) Mutagênico químico que causa a adição de um grupo etila a um nucleotídeo, resultando em uma mutação permanente de G/C para A/T naquele sítio.

Etioplasto Forma de cloroplasto fotossinteticamente inativa, encontrada em plântulas estioladas. O cloroplasto não sintetiza clorofila ou a maioria das enzimas e proteínas estruturais necessárias para a formação de tilacoides e o funcionamento da fotossíntese. Contém um elaborado sistema de túbulos membranosos interconectados denominado corpo pró-lamelar.

Etiquetamento de transposon Técnica de inserção de um transposon em um gene, marcando-o, desse modo, com uma sequência conhecida de DNA.

Eucromatina A forma de cromatina dispersa e transcricionalmente ativa. *Ver também* Heterocromatina.

Eudicotiledôneas Uma das duas principais classes de angiospermas; esta denominação se refere ao fato de que as espécies dessa classe têm duas folhas seminais (cotilédones).

Evocação floral Eventos que ocorrem no ápice do caule, que comprometem especificamente o meristema apical a produzir flores.

Exclusão Capacidade de bloquear a absorção de íons tóxicos na célula ou de secretá-los ativamente.

Exocisto Nas plantas, um complexo proteico multifuncional e multimérico, que funciona na ligação das vesículas secretoras à membrana plasmática, antes da fusão de membrana.

Glossário

Exocitose Processo pelo qual os conteúdos vesiculares são direcionados para a membrana plasmática ou para o apoplasto.

Exoderme Camada especializada de células na maioria das angiospermas, mas não nas gimnospermas, e contém uma estria de Caspary. Ela representa a camada externa do córtex da raiz.

Expansinas Classe de proteínas de afrouxamento de paredes. Elas aceleram o relaxamento do estresse da parede e a expansão celular, normalmente com atividade ótima em pH ácido. Parecem mediar o crescimento ácido.

Exportação Movimento de fotossintatos nos elementos crivados para longe do tecido-fonte.

Expressão gênica impressa Genes impressos são expressos predominantemente a partir do alelo materno ou do paterno, diferentemente dos genes não impressos, nos quais os alelos de ambos (maternal e paternal) são expressos igualmente.

Exsudatos de raízes Açúcares e outros compostos secretados no solo pelas raízes.

F

F_1 Parte da F_oF_1-ATP sintase voltada para a matriz de ligação ao ATP.

***FACKEL* (*FK*)** Gene de *Arabidopsis* que codifica uma enzima esterol C-14 redutase necessária para esteróis estruturais, que definem nanodomínios de membrana ordenados. Os mutantes exibem defeitos na formação de padrões: cotilédones malformados, hipocótilo e raiz curtos e, frequentemente, múltiplos meristemas de caules e raízes.

Fagóforo Membrana dupla que cerca e isola componentes citoplasmáticos durante a macroautofagia.

Família de proteínas JAZ Proteínas repressoras transcricionais que são degradadas proteoliticamente após marcação induzida por jasmonato por um complexo ubiquitina E3 ligase.

Família de proteínas LEA/DHN/RAB Família de proteínas que protegem outras proteínas e membranas de efeitos biofísicos extremos.

FAR-RED ELONGATED HYPOCOTYL1 (FHY1) Proteína que facilita a entrada de phyA no núcleo em resposta à luz.

Fase G_1 Fase do ciclo celular que precede a síntese do DNA.

Fase G_2 Fase do ciclo celular após a síntese do DNA.

Fase M (fase mitótica) Fase do ciclo celular em que o núcleo de uma célula é dividido em dois núcleos com uma quantidade igual de material genético.

Fase progâmica Durante a reprodução das angiospermas, o conjunto de eventos, desde a deposição de pólen na superfície do estigma até a fecundação da oosfera pela célula espermática.

Fase S (fase da síntese de DNA) Estágio do ciclo celular durante o qual o DNA é replicado; ela sucede a fase G_1 e precede a fase G_2.

Fase Em fenômenos cíclicos (rítmicos), qualquer ponto do ciclo reconhecível por sua relação com o ciclo completo, como, por exemplo, as posições máxima e mínima.

Fator de transcrição MYC2 Proteína com motivos zíper de leucina e hélice-alça-hélice básicos, que liga um promotor G-box estendido. Sua transcrição é induzida pelo estresse da desidratação e ABA. O MYC2 regula funções dependentes do ácido jasmônico (AJ) e algumas respostas à luz.

Fatores de ação *trans* Fatores de transcrição que se ligam às sequências de ação *cis*.

Fatores de choque térmico Fatores de transcrição que regulam a expressão de proteínas de choque térmico.

Fatores de interação do fitocromo (PIF, *phytochrome interacting factors*) Famílias de proteínas de interação de fitocromos que podem ativar e reprimir a transcrição gênica; algumas são alvos da degradação mediada pelo fitocromo.

Fatores de nodulação (Nod) Moléculas de sinalização de oligossacarídeos de lipoquitinas ativas na regulação da expressão gênica durante a formação de nódulos fixadores de nitrogênio. Todos os fatores Nod têm uma estrutura de *N*-acetil-D-glucosamina de quitina com ligação β-(1→4) (variando em comprimento de três a seis unidades de açúcar) e uma cadeia de ácidos graxos na posição C-2 do açúcar não redutor.

Fatores de resposta à auxina (ARFs, *auxin response factors*) Família de proteínas que regulam a transcrição de genes específicos envolvidos em respostas à auxina; eles são inibidos por associação com proteínas específicas repressoras de Aux/AIA, que são degradadas na presença de auxina.

Fatores de troca de guanina nucleotídeo (GEFs, *GTPase-activating proteins*) Proteínas que ativam GTPases inativas mediante substituição de GDP por GTP.

Fatores gerais de transcrição Proteínas recrutadas pelas RNA polimerases de eucariotos para o posicionamento adequado no sítio de início da transcrição.

Fecundação Formação de um zigoto diploide (2n) a partir da fusão celular e nuclear de dois gametas haploides (1n), a oosfera e a célula espermática.

Felema Parte do sistema dérmico secundário (ou periderme) de plantas lenhosas, constituída por células mortas com paredes celulares secundárias ricas em suberina e lignina. Também chamada de súber.

Feloderme Em algumas plantas, uma ou mais camadas de tecido parenquimático derivado do felogênio.

Felogênio *Ver* Câmbio suberoso.

Fenocopiado Condição que se assemelha ao fenótipo de outra condição (mutante, tratamento).

Fenótipo Conjunto de características observáveis de um indivíduo, que resulta da expressão de seu genoma sob condições ambientais específicas.

Feofitina Clorofila na qual o átomo central de magnésio foi substituído por dois átomos de hidrogênio.

Fermentação Metabolismo de piruvato na ausência de oxigênio, levando à oxidação do NADH gerado na glicólise a NAD^+. Permite que a produção glicolítica de ATP funcione na ausência de oxigênio.

Ferredoxina (Fd) Proteína pequena, hidrossolúvel, ferro-sulfurosa, envolvida no transporte de elétrons do fotossistema I.

Ferredoxina-$NADP^+$ redutase (FNR) Flavoproteína associada à membrana que recebe elétrons do fotossistema I e reduz $NADP^+$ a NADPH.

Fertilizante inorgânico Fertilizante que fornece nutrientes em formas inorgânicas.

FeS_A Proteína ferro-sulfurosa ligada à membrana que transfere elétrons entre o fotossistema I e a ferredoxina.

FeS_B Proteína ferro-sulfurosa ligada à membrana que transfere elétrons entre o fotossistema I e a ferredoxina.

FeSX Proteína ferro-sulfurosa ligada à membrana que transfere elétrons entre o fotossistema I e a ferredoxina.

Fibra Célula de esclerênquima, alongada e afilada, que proporciona suporte mecânico nas plantas vasculares.

Fibras do floema Células alongadas e estreitas de esclerênquima, associadas às outras células do floema.

Filódio Pecíolo expandido que se assemelha a uma folha e exerce sua função, mas sem uma lâmina verdadeira.

Filoma Termo coletivo para todas as folhas de uma planta, incluindo as estruturas que evoluíram delas, como os órgãos florais.

Filotaxia Disposição das folhas no caule.

Fimbrina Proteína de ligação à actina que reúne filamentos de actina F em feixes filamentosos maiores.

Fitoalexinas Grupo quimicamente diverso de metabólitos especializados com forte atividade antimicrobiana. São sintetizadas após uma infecção e se acumulam no local desta.

Fitocromobilina Cromóforo tetrapirrólico linear do fitocromo.

Fitocromos bacterianos (BphPs, *bacterial phytochrome-like proteins*) Membros de uma ampla família de fotossensores que incluem fitocromos vegetais (família Phy), cianobactérias (Cph1 e Cph2) e bactérias púrpuras e outras não fotossintetizantes (BphP) e fungos (Fph).

Fitocromos Proteínas fotorreceptoras reguladoras do crescimento vegetal, que absorvem principalmente a luz vermelha e a luz vermelho-distante, mas também absorvem a luz azul. Os fitocromos contêm o cromóforo fitocromobilina.

Fitólitos Células discretas que acumulam sílica nas folhas ou raízes.

Fitômero Unidade de desenvolvimento constituída por uma ou mais folhas, o nó ao qual as folhas estão inseridas, o entrenó abaixo do nó e uma ou mais gemas axilares.

Fitoquelatinas Peptídeos de baixo peso molecular, sintetizados pela enzima fitoquelatina sintase a partir da glutationa. Esses peptídeos podem se ligar a uma diversidade de metais (metaloides) e desempenhar um papel importante na tolerância das plantas a As, Cd e Zn.

Fixação de nitrogênio Processo natural ou industrial pelo qual o nitrogênio atmosférico N_2 é convertido em amônia (NH_3) ou nitrato (NO_3^-).

Flavina adenina dinucleotídeo (FAD) Cofator contendo riboflavina, que passa por uma redução reversível de dois elétrons para produzir $FADH_2$.

Flavina mononucleotídeo (FMN) Cofator contendo riboflavina, que passa por uma redução reversível de um ou dois elétrons para produzir FMNH ou $FMNH_2$.

Flipases Enzimas que "invertem" fosfolipídeos recém-sintetizados. Isso se processa através da bicamada da face externa (citoplasmática) da membrana para o lado interno, garantindo assim a composição lipídica simétrica da membrana.

Floema de coleta Elementos crivados das nervuras menores nas fontes.

Floema de entrega Elementos crivados dos drenos.

Floema de transporte Elementos crivados da rota de conexão entre a fonte e os drenos, como o floema das nervuras centrais e dos entrenós do caule.

Floema secundário Floema produzido pelo câmbio vascular.

Floema Sistema que transporta os produtos da fotossíntese das folhas maduras para as áreas de crescimento e armazenamento, incluindo as raízes.

Florígeno Hormônio hipotético e universal do florescimento, sintetizado pelas folhas e translocado via floema para o meristema apical do caule. Até agora, ele não foi isolado ou caracterizado.

FLOWERING D (FD) Proteína que forma um complexo com FT e ativa uma cascata transcricional de genes de identidade floral no meristema apical do caule, onde estimula o florescimento.

Fluência Número de fótons absorvidos por unidade de área de superfície.

Fluorescência Após a absorção da luz, é a emissão de luz em um comprimento de onda ligeiramente mais longo (energia mais baixa) do que o comprimento de onda da luz absorvida.

Fluxo cíclico de elétrons No fotossistema I, é o fluxo de elétrons a partir dos aceptores de elétrons, mediante o complexo de citocromo b_6f e de volta ao P700, acoplado ao bombeamento de prótons para o lume. Esse fluxo de elétrons energiza a síntese de ATP, mas não oxida a água nem reduz o $NADP^+$.

F_O Parte integral da membrana da F_0F_1-ATP sintase nas mitocôndrias. *Ver também* ATP sintase.

F_0F_1-ATP sintase *Ver* ATP sintase.

Folhas sésseis Folha sem pecíolo, fixada pela lâmina diretamente ao nó.

Folhas vegetativas Apêndices laterais principais de caules, que realizam a fotossíntese.

Folhas Apêndices laterais principais que se irradiam de caules e ramos. As folhas verdes são geralmente os principais órgãos fotossintetizantes da planta.

Folíolo Subdivisão de uma folha composta.

Fonte de auxina Célula ou tecido que, por transporte polar, exporta auxina para outras células ou tecidos.

Fonte Qualquer órgão exportador capaz de elaborar produtos fotossintéticos além das suas próprias necessidades, como uma folha madura ou um órgão de reserva. *Comparar com* Dreno.

Força do dreno Capacidade de um órgão-dreno de mobilizar assimilados para si próprio. Ela depende de dois fatores: tamanho e atividade do dreno.

Força motriz de prótons (PMF, *proton motive force***)** Efeito energético do gradiente eletroquímico de H^+ através de uma membrana; ela é expressa em unidades de potencial elétrico.

Forissomo Corpo proteico que se dispersa rapidamente e bloqueia um tubo crivado. Ocorre apenas em certas leguminosas.

Forminas Proteínas que se ligam à actina e a complexos de actina–profilina, iniciando a polimerização do filamento de actina.

Fosfatases Enzimas que removem um grupo fosfato de uma proteína.

Fosfatidilcolina (PC, *phosphatidylcholine***)** Fosfolipídeo com um grupo principal de colina e variáveis comprimentos e saturações de cadeias de ácidos graxos. Componente principal das membranas vegetais.

Fosfatidilinositol-4,5-bifosfato (PIP_2, *phosphatidylinositol 4,5-bisphosphate***)** Um grupo de derivados fosforilados do fosfatidilinositol.

Fosfolipase A (PLA, *phospholipase A***)** Enzima que remove uma das cadeias de ácidos graxos de um fosfolipídeo.

Fosfolipase C (PLC, *phospholipase C***)** Enzima cuja ação sobre os fosfoinositídeos libera inositol trifosfato ($InsP_3$), junto com o diacilglicerol (DAG).

Fosfolipase D (PLD, *phospholipase D***)** Enzima ativa na sinalização de ABA; ela libera ácido fosfatídico da fosfatidilcolina.

Fosforilação em nível de substrato Processo que envolve a transferência direta de um grupo fosfato de uma molécula de substrato para o ADP, formando ATP.

Fosforilação oxidativa Transferência de elétrons para o oxigênio na cadeia mitocondrial de transporte de elétrons, que está acoplada à síntese de ATP a partir de ADP e fosfato pela ATP sintase.

Fotoassimilação Acoplamento da assimilação de nutrientes ao transporte fotossintético de elétrons.

Fotoblastia Germinação de sementes induzida pela luz.

Fotofosforilação Formação de ATP a partir de ADP e fosfato inorgânico (P_i). Essa reação é catalisada pela CF_0F_1-ATP sintase, usando energia luminosa armazenada no gradiente de prótons através da membrana do tilacoide.

Fotoinibição crônica Fotoinibição da atividade fotossintética, em que a eficiência quântica e a taxa máxima de fotossíntese são diminuídas. Ela ocorre sob níveis elevados de excesso de luz.

Fotoinibição dinâmica Fotoinibição da fotossíntese em que a eficiência quântica diminui, mas a taxa fotossintética máxima permanece inalterada. Ocorre sob luz moderada, não excessiva.

Fotoinibição Inibição da fotossíntese pelo excesso de luz.

Fotoliase Enzima ativada por luz azul que repara dímeros de pirimidina em DNA danificado por radiação ultravioleta. Contém um FAD e uma pterina.

Fotomorfogênese A influência e os papéis específicos da luz no desenvolvimento vegetal. Na plântula, mudanças na expressão gênica induzidas pela luz, para sustentar o crescimento acima do solo na luz, em vez do crescimento subterrâneo no escuro.

Fóton Unidade física discreta de energia radiante.

Fotonastia Movimentos vegetais em resposta à luz não direcional.

Fotoperiodismo Resposta biológica ao comprimento e à sincronia do dia e da noite, tornando possível a ocorrência de um evento em determinada época do ano.

Fotoproteção Sistema com base em carotenoides para dissipar o excesso de energia absorvido pela clorofila, a fim de evitar a formação de oxigênio singleto e pigmentos prejudiciais. Envolve *quenching*.

Fotoquímica Reações químicas muito rápidas, nas quais a energia luminosa absorvida por uma molécula provoca a ocorrência de uma reação química.

Fotorreceptores Proteínas que sentem a presença de luz e iniciam uma resposta por meio de uma rota de sinalização.

Fotorrespiração Absorção de O_2 atmosférico com liberação concomitante de CO_2 pelas folhas iluminadas. O oxigênio molecular serve como substrato para rubisco, e o 2-fosfoglicolato formado entra no ciclo fotorrespiratório da oxidação do carbono. A atividade do ciclo recupera parte do carbono presente no 2-fosfoglicolato, mas parte é perdida na atmosfera.

Fotorreversibilidade Interconversão das formas Pr e Pfr do fitocromo.

Fotossintato Produtos da fotossíntese que contêm carbono.

Fotossíntese C_4 Metabolismo fotossintético do carbono em certas plantas, nas quais a fixação inicial de CO_2 e sua redução subsequente ocorrem em células diferentes, o mesófilo e a bainha do feixe, respectivamente. A carboxilação inicial é catalisada pela fosfoenilpiruvato carboxilase (não pela rubisco, como em plantas C_3), produzindo um composto de quatro carbonos (oxalacetato), que é imediatamente convertido em malato ou aspartato.

Fotossistemas I e II (PSI e PSII, *photosystems I and II***)** O fotossistema I (PSI) é um sistema de fotorreações que tem o máximo de absorção da luz vermelho-distante (700 nm), oxida plastocianina e reduz ferredoxina. O fotossistema II (PSII) é um sistema de fotorreações que tem o máximo de absorção da luz vermelha (680 nm), oxida água e reduz plastoquinona. Opera muito pobremente sob luz vermelho-distante.

Fototropina 1 e fototropina 2 Duas flavoproteínas que são os fotorreceptores para luz azul, sinalizando a rota que induz a curvatura fototrópica em eudicotiledôneas e monocotiledôneas. Também mediam os movimentos dos cloroplastos e participam da abertura estomática em resposta à luz azul. As fototropinas são proteínas quinase autofosforilantes cuja atividade é estimulada pela luz azul.

Fototropismo Alteração dos padrões de crescimento vegetal em resposta à direção da radiação incidente, especialmente da luz azul.

Fragmoplasto Conjunto de microtúbulos, membranas e vesículas que se estabelece no final da anáfase ou no começo da telófase e precede a fusão das vesículas para formar a placa celular.

Frequência Unidade de medida que caracteriza ondas, em particular a energia luminosa. O número de cristas de onda que passam por um observador em um determinado momento.

Frutificação Incumbência de iniciar o desenvolvimento de frutos. É uma transição-chave no desenvolvimento, que normalmente ocorre após a fecundação e/ou polinização bem-sucedidas.

Frutos Nas angiospermas, um ou mais ovários maduros contendo sementes e, às vezes, partes adjacentes aderidas.

Fungo micorrízico Fungo que pode formar simbiose micorrízica com plantas.

Fusão de protoplastos Técnica para incorporar genes estranhos em genomas vegetais mediante fusão de duas células geneticamente diferentes, das quais foram removidas as paredes.

Fusão gênica Construção artificial que liga um promotor de um gene à sequência codificadora de outro gene. Geralmente inclui um gene repórter, como o gene da proteína verde fluorescente (*GFP*), que produz uma proteína facilmente detectada.

Fusicoccina Uma toxina fúngica que induz a acidificação das paredes celulares vegetais ao ativar uma H^+-ATPase na membrana plasmática. A fusicoccina estimula o rápido crescimento ácido em cortes do caule e do coleóptilo. Ela promove também a abertura estomática ao estimular o bombeamento de prótons na membrana plasmática das células-guarda.

Fuso mitótico Estrutura mitótica envolvida no movimento dos cromossomos. É polimerizado a partir de monômeros de α e β-tubulina, formados pela desmontagem da banda pré-prófase no início da metáfase.

G

GAF Domínio do fitocromo de ligação ao cromóforo.

Galactano Polissacarídeo de parede celular, composto por resíduos de galactose.

galha da coroa Doença da planta que forma um tumor, resultante da infecção de uma ferida do caule por bactéria de solo denominada *Agrobacterium tumefaciens*. Tumor resultante da doença.

Gameta Uma célula reprodutiva haploide (1n).

Gametas não reduzidos Gametas que têm o mesmo número de conjuntos cromossômicos da célula progenitora.

Gametófito Estrutura multicelular haploide (1n) que produz gametas haploides por mitose e diferenciação.

GC box Sequência de nucleotídeos envolvidos na iniciação da transcrição em eucariotos.

Gema acessória Gema que está situada acima ou ao lado de uma gema axilar.

Gema adventícia Gema que ocorre em outras partes da planta (como nos caules, raízes ou folhas), exceto nas axilas foliares, extremidades do caule e ápices da planta.

Gema epicórmica Gema dormente que fica coberta pela casca. As gemas epicórmicas podem atuar como gemas de reserva, que podem crescer na presença de luz aumentada ou após um incêndio florestal; podem ser preventícias ou adventícias.

Gemas axilares Meristemas secundários que se formam nas axilas das folhas. Se elas também forem meristemas vegetativos, terão uma estrutura e um potencial de desenvolvimento semelhantes aos do meristema apical vegetativo. As gemas axilares também podem formar flores, como nas inflorescências.

Gemas preventícias Gemas axilares que permanecem dormentes durante o crescimento secundário e ficam cobertas pela casca.

Gene nodulino Gene vegetal específico para nódulos.

Gene repórter Gene cuja expressão revela visivelmente a atividade de outro gene. Gene desenvolvido para compartilhar o mesmo promotor de outro gene.

Genes associados à senescência (SAGs, *senescence-associated genes*) Genes cujos níveis de expressão aumentam durante a senescência foliar.

Genes de identidade de órgãos florais Três tipos de genes que determinam o controle das localizações específicas dos órgãos florais na flor.

Genes de nodulação (*nod*) Genes de rizóbios, cujos produtos participam da formação de nódulos.

Genes de resposta primária Genes cuja expressão é necessária para a morfogênese vegetal e que são expressos rapidamente após a exposição a um sinal luminoso. Com frequência, são regulados pela ativação de fatores de transcrição ligados a fitocromos. Genes cuja expressão não requer a síntese de proteínas. *Ver* Genes de resposta secundária.

Genes de resposta secundária Genes cuja expressão requer síntese proteica e sucede a dos genes de resposta primária.

Genes de senescência regulados negativamente (SDGs, *senescence down-regulated genes*) Genes cujos níveis de expressão diminuem durante a senescência foliar.

Genes expressos maternalmente (MEGs, *maternally expressed genes*) Genes dos quais somente os alelos maternos são expressos.

Genes expressos paternalmente (PEGs, *paternally expressed genes*) Genes para os quais somente os alelos paternos são expressos.

Genes MADS box Genes codificadores de uma família de fatores de transcrição que contém uma sequência conservada, chamada de MADS box. Essa é a família que inclui a maioria dos genes homeóticos florais e alguns dos genes envolvidos na regulação do tempo de florescimento.

Genes relacionados à patogênese (PR, *pathogenesis-related*) Genes codificadores de proteínas pequenas, que têm função antimicrobiana ou que atuam na iniciação de respostas defensivas sistêmicas.

Genes simbióticos essenciais Genes que codificam componentes da rota simbiótica comum.

Genoma nuclear Conjunto completo de DNA encontrado no núcleo.

Genoma Refere-se a todos os genes em um complemento haploide de cromossomos eucarióticos, em uma organela, um micróbio ou no conteúdo de DNA ou RNA de um vírus.

Geração de esporofítica Estágio ou geração no ciclo de vida das plantas que produzem esporos. Ele alterna com a geração gametofítica, em um processo chamado de alternância de gerações.

Geração gametofítica Estágio ou geração no ciclo de vida das plantas que produzem gametas. Ela se alterna com a geração esporofítica, em um processo denominado alternância de gerações.

Germinação precoce Germinação de sementes mutantes vivíparas enquanto ainda fixadas à planta-mãe.

Germinação pré-colheita Germinação de sementes de tipo selvagem fisiologicamente maduras sobre a planta-mãe, causada por condições atmosféricas úmidas.

Germinação Eventos que ocorrem entre o início da embebição da semente seca e a emergência do embrião, geralmente a radícula, a partir das estruturas que a envolvem. Pode também ser aplicada a outras estruturas quiescentes, como grãos de pólen ou esporos.

GIBBERELLIN INSENSITIVE DWARF 1 (GID1) Proteína receptora de giberelina no arroz.

Giberelinas Grande grupo de hormônios vegetais quimicamente relacionados, sintetizados por um ramo da rota de terpenoides e associados à promoção do crescimento do caule (especialmente em plantas anãs e em roseta), à germinação de sementes e a muitas outras funções.

Gimnospermas Um grupo inicial de espermatófitas. Elas distinguem-se das angiospermas por terem sementes inseridas em cones desprotegidos (nus).

Glicano Termo geral para um polímero constituído de unidades de açúcar; ele é sinônimo de polissacarídeo.

Glicerofosfolipídeos Glicerolipídeos polares nos quais a porção hidrofóbica consiste em duas cadeias de ácidos graxos de 16 ou 18 carbonos esterificadas nas posições 1 e 2 de uma estrutura de glicerol. O grupo da cabeça polar contendo fosfato é anexado à posição 3 do glicerol.

Gliceroglicolipídeios Glicerolipídeos nos quais os açúcares formam o grupo da cabeça polar. Os gliceroglicolipídeos são os glicerolipídeos mais abundantes nas membranas dos cloroplastos.

Glicerolipídeos polares Principais lipídeos estruturais nas membranas, cuja porção hidrofóbica consiste em duas cadeias de ácidos graxos de 16 ou 18 carbonos esterificadas nas posições 1 e 2 de um glicerol.

Glicina betaína *N, N, N*-trimetil-glicina, que atua na proteção contra o estresse pela seca e foi originalmente identificada na beterraba sacarina (*Beta vulgaris*).

Glicófitas Plantas capazes de resistir aos sais no mesmo teor que as halófitas. Elas exibem inibição do crescimento, descoloração das folhas e perda de massa seca em concentrações de sal no solo acima do limiar. *Comparar com* Halófitas.

Glicólise Série de reações em que um açúcar é oxidado para produzir duas moléculas de piruvato. Uma pequena quantidade de ATP e NADH é produzida.

Gliconeogênese Síntese de carboidratos por meio da inversão da glicólise.

Glicoproteínas ligadas a N Glicano ligado a uma proteína por meio de um átomo de nitrogênio. Formada pela transferência de um glicano de 14 açúcares do dolicol difosfato incorporado à membrana do RE para o polipeptídeo nascente, à medida que ele entra no lume do RE.

Glicoproteínas Proteínas que têm oligômeros ou polímeros de açúcares ligados covalentemente.

Glicose-6-fosfato desidrogenase Enzima citosólica e plastídica que catalisa a reação inicial da rota oxidativa das pentoses fosfato.

Glicosídeo cardíaco Composto orgânico glicosilado de defesa vegetal semelhante à oleandrina da espirradeira, que é tóxica a animais e inibe os canais de sódio/potássio para provocar contrações nos músculos cardíacos.

Glicosídeos cianogênicos Compostos protetores nitrogenados, não alcaloides, que se decompõem, liberando o gás venenoso ácido cianídrico quando a planta é esmagada.

Glicosídeos Compostos contendo açúcar ou açúcares ligados.

Glioxissomo Organela encontrada nos tecidos de armazenamento ricos em óleo de sementes, em que os ácidos graxos são oxidados. Um tipo de microcorpo.

Glucano Polissacarídeo formado por unidades de glicose.

Glucomanano Polissacarídeo formado por unidades de glicose e manose.

Glucuronoarabinoxilano (GAX) Hemicelulose com estrutura básica de D-xilose (Xyl), com ligações β-(1→4) e cadeias laterais contendo arabinose (Ara) e ácido 4-O-metilglucurônico (4-O-Me-α-D-GlcA).

Glucuronoxilano Hemicelulose fundamental em algumas paredes celulares secundárias, consistindo em uma estrutura básica de resíduos de D-xilose com ligações β-(1→4) com cadeias laterais ocasionais de ácido glucurônico.

Glutamato desidrogenase (GDH) Enzima que catalisa uma reação reversível, que sintetiza ou desamina o glutamato como parte do processo de assimilação de nitrogênio.

Glutamato sintase (GOGAT) Enzima que transfere o grupo amida da glutamina para o 2-oxoglutarato, produzindo duas moléculas de glutamato. Também conhecida como glutamina:2-oxoglutarato aminotransferase (GOGAT).

Glutamina sintetase (GS) Enzima que catalisa a condensação de amônio e glutamato para formar glutamina. A reação é fundamental para a assimilação do amônio em aminoácidos essenciais. Existem duas formas de GS: uma no citosol e outra nos cloroplastos/plastídios.

Glutationa peroxidase Família de enzimas que reduzem o peróxido a água e os hidroperóxidos lipídicos a álcoois.

GNOM (GN) Gene de *Arabidopsis* que codifica um regulador do tráfego vesicular em células vegetais e é necessário para o crescimento normal. Os mutantes *gnom* homozigotos não têm raízes nem cotilédones.

Gradiente eletroquímico de prótons Soma do gradiente de cargas elétricas e do gradiente de pH através da membrana, resultante do bombeamento de prótons através de uma membrana.

Granum (plural *grana*) Pilha de tilacoides no cloroplasto.

Gravitropismo Crescimento vegetal em resposta à gravidade, capacitando as raízes ao crescimento descendente em direção ao solo e as partes aéreas ao crescimento ascendente.

***GURKE* (GK)** Gene de *Arabidopsis* que codifica uma acetil-CoA-carboxilase, que atua na síntese de ácidos graxos de cadeias muito longas, e esfingolipídeos, que caracterizam nanodomínios ordenados da membrana, que sustentam as proteínas envolvidas na própria conformação da porção apical do embrião.

Gutação Exsudação de líquido das folhas devido à pressão da raiz, ocorrendo mais comumente em plantas herbáceas.

H

H^+-ATPase de membrana plasmática H^+-ATPase que bombeia H^+ (prótons) através da membrana plasmática energizada pela hidrólise do ATP.

H^+-ATPase vacuolar (V-ATPase) Complexo enzimático grande de subunidades múltiplas e relacionado às F_0F_1-ATPases, presentes em endomembranas (tonoplasto, complexo de Golgi). Acidifica o lume da organela e fornece a força motriz do próton para o transporte secundário de uma diversidade de solutos para o interior do lume. V-ATPases também atuam na regulação do tráfego intracelular de proteínas.

H^+-pirofosfatase (H^+-PPase) Bomba eletrogênica que move H^+ (prótons) para o vacúolo, energizado pela hidrólise do pirofosfato.

Halófitas Plantas que são nativas de solos salinos e completam seu ciclo de vida nesses ambientes. *Comparar com* Glicófitas.

Haploide (1n) Possui um único conjunto não pareado de cromossomos; a geração gametofítica é caracteristicamente haploide.

Haplótipos S Genes múltiplos, herdados como uma unidade segregante única, que compõem o *locus* S.

Haustório Extremidade hifal do ápice de um fungo ou uma raiz de uma planta parasita que penetra no tecido vegetal hospedeiro.

Heading-date1 (Hd1) Gene para um homólogo *CO* que atua como inibidor de florescimento no arroz.

Heading-date3a (HD3a) Gene para a proteína FT-like no arroz, que é translocada via tubos crivados para o meristema apical.

Heliotropismo Movimentos das folhas em direção ao sol ou em direção oposta a ele.

Hemiceluloses Grupo heterogêneo de polissacarídeos que se ligam à superfície celulósica, unindo as microfibrilas de celulose em uma rede. Normalmente, são solubilizadas por soluções fortemente alcalinas.

Herança não mendeliana ou materna Padrão não mendeliano de herança, no qual os descendentes recebem genes apenas de origem materna.

Herança uniparental Forma de herança exibida tanto pelas mitocôndrias quanto pelos plastídios, significando que a descendência da reprodução sexual (via células espermáticas e oosferas) herdam organelas de apenas um progenitor.

Herbivoria Consumo de plantas ou partes de plantas como fonte de alimento.

Heterocromatina Cromatina densamente compactada, de coloração escura e inativa na transcrição; ela é responsável por cerca de 10% do DNA nuclear.

Heterocromatização Condensação da eucromatina em heterocromatina, resultando no silenciamento gênico.

Heterostilia A condição de possuir dois ou três "morfos" florais diferentes, em que os estames e pistilos têm comprimentos diferentes. Nas flores longistilas, os estames são mais curtos que os pistilos. Nas flores brevistilas, os estames são mais longos que os pistilos.

Hexoses fosfato Açúcares de seis carbonos com grupos fosfato ligados.

Hidrofilinas Pequenas proteínas que atuam na desidratação/dormência das sementes e nas respostas ao estresse por seca.

Hidroponia Técnica de cultivo de plantas cujas raízes ficam submersas em solução nutritiva, sem solo.

Hidrotropismo Crescimento vegetal em resposta à percepção pelas raízes dos gradientes de potencial hídrico no solo, permitindo o crescimento delas em direção a áreas de maior potencial hídrico.

Hifa em espiral (novelo) Estrutura ramificada de fungo micorrízico que se forma dentro das células vegetais penetradas; é o sítio de transferência de nutrientes entre o fungo e a planta hospedeira. Também chamada de arbúsculos.

Hiperacumulação Acumulação de metais em uma planta saudável em níveis muito mais altos do que os encontrados no solo e que geralmente são tóxicos a organismos não acumuladores.

Hipocótilo Região do caule da plântula abaixo dos cotilédones e acima da raiz.

Hipófise Na embriogênese de espermatófitas, a derivada mais apical da célula basal, que contribui para o embrião e fará parte do meristema apical da raiz.

Hipótese de crescimento em multirrede Referente ao depósito da parede celular durante a expansão celular. Segundo ela, cada camada de parede sucessiva é esticada e afinada durante a expansão celular, de modo que seria esperado que as microfibrilas fossem reorientadas passivamente na direção do crescimento.

Hipótese do relógio Hipótese atualmente aceita de como as plantas medem o comprimento da noite. Ela propõe que a cronometragem fotoperiódica depende do oscilador endógeno do ritmo circadiano.

Hipótese mecânica Tipo de crescimento do tubo polínico que é determinado pela arquitetura do pistilo.

Hipótese quimiotrópica Hipótese segundo a qual uma hierarquia de sinais moleculares direciona o tubo polínico para seu destino, estimulando o ápice a crescer em direção ao rudimento seminal.

Histogênese Diferenciação das células para produzir diversos tecidos.

Histonas Família de proteínas que interagem com o DNA; em torno dessas proteínas, o DNA é enrolado, formando um nucleossomo.

Homogalacturonano (HG) Polissacarídeo péctico que é um polímero de resíduos de ácido D-galacturônico com ligações β-(1→4); também chamado de ácido poligalacturônico

Homólogo D da oxidase da queima respiratória Enzima que gera superóxido usando o NADPH como doador de elétrons.

I

Idioblasto Uma célula "especial" que difere acentuadamente, quanto à forma, ao conteúdo ou ao tamanho, das outras células do mesmo tecido.

Importação Movimento de fotossintatos nos elementos crivados para o interior dos órgãos-dreno.

Imunidade desencadeada pelo efetor (ETI, *effector-triggered immunity*) Respostas imunológicas ativadas por nucleotídeo intracelular que liga proteínas de repetição ricas em leucina (NLRs, *nucleotide-binding–leucine rich repeat*) que são codificadas pelos genes R.

Imunidade desencadeada por PRR (PTI, *PRR-triggered immunity*) Resposta imunológica ativada por PRRs.

Inativação de EROs Detoxificação de espécies reativas de oxigênio por meio de interações com proteínas e moléculas aceptoras de elétrons.

Incongruência Característica reprodutiva provocada por mecanismos que favorecem a fecundação entre membros da mesma espécie, em vez de indivíduos de espécies estreitamente relacionadas. Por exemplo, a seleção feminina durante a competição de tubos polínicos no carpelo pode favorecer a fecundação por tubos polínicos da mesma espécie.

Indeiscência Ausência de abertura espontânea de uma antera madura ou de um fruto maduro.

Indução fotoperiódica Processos regulados pelo fotoperíodo que ocorrem nas folhas, resultando na transmissão de um estímulo floral para o ápice caulinar.

Inibidores da α-amilase Substâncias sintetizadas por algumas leguminosas que interferem na digestão de herbívoros ao bloquear a ação da α-amilase, enzima da digestão do amido.

Inibidores de proteinases Compostos que inibem a atividade enzimática de proteases.

Iniciação (*priming*) Durante a formação da raiz lateral, o processo metabólico que condiciona algumas células de parênquima, opostas ao polo de xilema, a se tornarem fundadoras desse tipo de raiz.

Iniciais Grupo de células indeterminadas que se dividem lentamente nos meristemas de raízes e de caules. Seus descendentes afastam-se mediante padrões polarizados de divisão celular e seguem destinos diferentes, contribuindo para a organização radial e longitudinal da raiz ou caule e para o desenvolvimento de órgãos laterais.

Intensificadores Sequências reguladoras positivas localizadas a dezenas de milhares de pares de bases do sítio de partida do gene. Os intensificadores podem estar localizados a montante ou a jusante do promotor.

Interfase Coletivamente, as fases G_1, S e G_2 do ciclo celular.

Irradiância Quantidade de energia que incide sobre um sensor plano de área conhecida por unidade de tempo. Ela é expressa em watts por metro quadrado ($W\ m^{-2}$). Observar que o tempo (segundos) está contido no termo watt: $1\ W = 1$ joule (J) s^{-1}, ou em moles de quanta por metro quadrado por segundo (mol $m^{-2}\ s^{-1}$), também referido como taxa de fluência.

J

JA-ILE ZIM-DOMAIN (JAZ) Repressor transcricional que serve como um controlador para a sinalização de jasmonato. Na presença de AJ (jasmonato, ácido jasmônico), JAZ é degradado, permitindo que reguladores transcricionais positivos ativem genes induzidos por AJ.

L

L1 Camada epidérmica distinta, derivada de um conjunto de iniciais no meristema apical do caule.

L2 Camada de células subepidérmica, derivada de um conjunto interno de iniciais no meristema apical do caule.

L3 Camada de células posicionada centralmente, derivada de um conjunto interno de iniciais no meristema apical do caule.

Lamela média Camada delgada de material rico em pectina, localizada onde as paredes primárias de células vizinhas entram em contato. Origina-se como a placa celular durante a divisão celular.

Lamelas estromais Membranas do tilacoide não empilhadas dentro do cloroplasto.

Lamelas granais Membranas dos tilacoides empilhadas dentro do cloroplasto. Cada pilha é denominada *granum*, enquanto as membranas expostas, onde não há empilhamento, são conhecidas como estroma lamelar.

Lâmina foliar Área ampla e expandida da folha.

Lâmina A lâmina de uma folha.

Látex Solução complexa, geralmente leitosa, que é exsudada de superfícies cortadas de algumas espécies vegetais e representa o citoplasma dos laticíferos, podendo conter substâncias defensivas.

Laticífero Em muitas plantas, uma rede alongada, frequentemente interconectada, de células diferenciadas separadamente. Essas células contêm látex (por isso, o termo laticífero), borracha e outros metabólitos especializados.

Lectinas Proteínas vegetais de defesa que se ligam aos carboidratos, proteínas que contêm carboidratos, que inibem sua digestão por herbívoros.

Leg-hemoglobina Proteína heme que se liga ao oxigênio, encontrada no citoplasma de células de nódulos infectados; facilita a difusão de oxigênio para a respiração de bactérias simbióticas.

Lei da reciprocidade A relação recíproca entre a taxa de fluência (mol $m^{-2}\ s^{-1}$) e a duração da exposição à luz característica de muitas reações fotoquímicas, bem como algumas respostas de desenvolvimento das plantas à luz. A fluência total depende de dois fatores: a taxa de fluência e o tempo de irradiação. Uma breve exposição luminosa pode ser eficaz com luz forte; por outro lado, luz opaca requer um tempo de exposição longo. Também conhecida como Lei de Bunsen-Roscoe.

Lenho de tensão Tipo de lenho de reação encontrado em eudicotiledôneas arborescentes, formado no lado superior de caules ou ramos inclinados ou horizontais.

Leucoplastos Plastídios não pigmentados, dos quais o mais importante é o amiloplasto.

LHCI (*light-harvesting complex I*) Complexo de captura de luz associado ao fotossistema I.

LHCII (*light-harvesting complex II*) O mais abundante complexo antena de proteínas, associado principalmente ao fotossistema II.

LIGHT-OXYGEN-VOLTAGE (LOV) Domínios que são sítios de ligação do cromóforo FMN às fototrofinas, sendo, portanto, a parte da proteína que detecta a luz.

Lignina Polímero fenólico altamente ramificado, com uma estrutura complexa composta por álcoois fenilpropanoides, que podem estar associados a celuloses e proteínas. Depositado em paredes secundárias, auxilia na sustentação, possibilitando o crescimento ascendente e permitindo a condução através do xilema sob pressão negativa. A lignina tem importantes funções defensivas.

Limite de exclusão por tamanho (SEL, *size exclusion limit*) Restrição quanto ao tamanho de moléculas que podem ser transportadas via simplasto. É imposto pela largura do envoltório citoplasmático ao redor do desmotúbulo, no centro do plasmodesmo.

Lisofosfolipídeo Fosfolipídeo do qual um ou ambos os grupos de ácidos graxos foram removidos.

Lóculos Cavidades que contêm pólen no interior das anteras. O termo também se aplica às câmaras dentro do ovário onde as sementes se desenvolvem.

Longevidade da semente Duração do tempo que uma semente pode permanecer dormente sem perder a viabilidade.

LUREs Os quimioatrativos de pólen de *Torenia fournieri*, formados por polipeptídeos ricos em cisteína.

M

Macrofibrilas Estruturas encontradas em paredes celulares secundárias de traqueídes e fibras, formadas por cerca de 10 a 20 microfibrilas de celulose agregadas.

Manano Hemicelulose constituída de uma estrutura básica de D-manose com ligações β-(1→4).

Manchas de sol Fragmentos de luz solar que passam através de aberturas no dossel até o chão da floresta. Principal fonte de radiação incidente para plantas que crescem sob o dossel da floresta.

Manchas necróticas Manchas pequenas de tecido foliar morto. Uma característica da deficiência de fósforo, por exemplo.

Margo Região porosa e relativamente flexível das membranas de pontoação nos traqueídes do xilema das coníferas, circundando um espessamento central denominado toro.

Mássulas Massas de pólen que se formam em espécies cujos micrósporos não se separam após a meiose e cujas tétrades permanecem agregadas por pontes de paredes celulares. As mássulas podem carregar dezenas de milhares de grãos de pólen. Geralmente estão associadas a espécies polinizadas por insetos, aumentando a probabilidade de que uma única visita de inseto resulte em carga alta de pólen, que se propaga em muitas outras flores.

Matriz A fase coloidal-aquosa limitada pela membrana interna de uma mitocôndria.

Maturação da semente Estágio final do desenvolvimento da semente em que ela perde água por evaporação; as sementes maduras também podem adquirir tolerância à dessecação e se tornarem dormentes.

Maturação Processo que faz com que os frutos se tornem mais palatáveis, incluindo amolecimento, aumento da doçura, perda de acidez e mudanças na coloração.

MCP (morte celular programada) do tipo resposta de hipersensibilidade Defesa vegetal comum após uma infecção microbiana, em que as células em contato imediato com o sítio de infecção morrem rapidamente, privando o patógeno de nutrientes e impedindo sua propagação.

Medula Tecido fundamental no centro do caule ou da raiz.

Megásporo Esporo haploide (1n) que se desenvolve no gametófito feminino.

Megastróbilos Estróbilos ou cones que contêm o tecido gametofítico feminino.

Meiose A "divisão redutora" pela qual duas divisões celulares sucessivas produzem quatro células haploides (1n) a partir de uma célula diploide (2n). Em plantas com alternância de gerações, os esporos são produzidos por meiose. Em animais, que não têm alternância de gerações, os gametas são produzidos por meiose.

Membrana de pontoação Camada porosa no xilema localizada entre pares de pontoação, composta por duas paredes primárias delgadas e a lamela média.

Membrana mitocondrial externa Parte externa das duas membranas mitocondriais, que parece ser livremente permeável a todas as moléculas pequenas.

Membrana mitocondrial interna Membrana mais interna das duas membranas mitocondriais, contendo a cadeia de transporte de elétrons, a F_oF_1-ATP sintase e numerosos transportadores.

Membrana plasmática Estrutura em mosaico fluido, composta de uma bicamada de lipídeos polares (fosfolipídeos e glicosilglicerídeos) e proteínas incorporadas, que, juntas, conferem permeabilidade seletiva à membrana. Também chamada de plasmalema.

Mensageiro secundário Molécula intracelular (p. ex., cálcio, EROs, IP_3 ou diacilglicerol) cuja produção ou liberação a partir do armazenamento compartimental foi eliciada pela estimulação de um receptor. Ele se difunde intracelularmente para as enzimas-alvo ou para o receptor intracelular, a fim de produzir e amplificar a resposta.

Meristema apical da raiz (MAR) Grupo de células no ápice da raiz que retém a capacidade de proliferar e cujo destino final permanece indeterminado.

Meristema apical do caule (MAC) Meristema do ápice do caule. Constituído pela zona central (ZC) terminal, que contém células iniciais indeterminadas que se dividem lentamente, pela zona periférica (ZP) de flanqueamento e pela zona medular (ZM). Na ZM, as células derivadas da ZC dividem-se mais rapidamente e depois se diferenciam.

Meristema floral Forma órgãos florais (reprodutivos): sépalas, pétalas, estames e carpelos. Ele pode se formar diretamente, a partir de meristemas vegetativos, ou indiretamente, por um meristema de inflorescência.

Meristema intercalar Meristema localizado próximo à base, em vez de no ápice de um caule ou de uma folha, como em gramíneas.

Meristema primário da inflorescência Meristema que produz o escapo da inflorescência; é formado a partir do meristema apical do caule.

Meristemas apicais Regiões localizadas nos ápices de caules e raízes, constituídas por células indiferenciadas que passam por divisão celular sem diferenciação.

Meristemas de inflorescência secundária Meristemas da inflorescência que se desenvolvem a partir das gemas axilares na junção do caule com as folhas.

Meristemas Regiões localizadas de divisões celulares contínuas, que permitem o crescimento durante o desenvolvimento pós-embrionário.

Meristemoides Agrupamentos pequenos e superficiais de células em divisão, que originam estruturas como tricomas ou estômatos.

Mesocótilo Em membros da família das gramíneas, a parte do eixo em alongamento entre o escutelo e o coleóptilo.

Mesófilo Porção da folha encontrada entre as camadas epidérmicas superior e inferior, formada por parênquima paliçádico e parênquima esponjoso.

Metabolismo ácido das crassuláceas (CAM, *crassulacean acid metabolism*) Processo bioquímico de concentração de CO_2 no sítio de carboxilação da rubisco. Encontrado na família Crassulaceae (*Crassula, Kalanchoë, Sedum*) e em várias outras famílias de angiospermas. No processo CAM, a captação e fixação de CO_2 ocorrem à noite, e a descarboxilação e redução do CO_2 liberado internamente ocorrem durante o dia.

Metabólitos especializados Compostos vegetais que não têm papel direto no crescimento e desenvolvimento das plantas, mas funcionam como defesas contra herbívoros e infecções por patógenos microbianos, na atração de animais polinizadores e de animais dispersores de sementes e como agentes na competição entre plantas.

Metabólitos primários Metabólitos associados a funções celulares básicas (p. ex., açúcares, aminoácidos, lipídeos, etc.).

Metáfase Estágio da mitose durante o qual o envoltório nuclear se desintegra e os cromossomos condensados se alinham na região mediana da célula.

Metilação Adição química de grupos metila para alterar estrutura ou função. Uma modificação comum dos resíduos de citosina no DNA.

Micorriza arbuscular Simbiose entre um fungo pertencente ao filo Glomeromycota e as raízes de uma gama ampla de angiospermas, gimnospermas, samambaias e hepáticas. Ela facilita a captação de nutrientes minerais pelas raízes.

Micorriza Associação simbiótica (mutualística) de certos fungos e raízes de plantas. Ela facilita a absorção de nutrientes minerais pelas raízes.

Microfibrila de celulose Estrutura fina, semelhante a uma fita, de comprimento indeterminado e largura variável. É composta por cadeias de D-glucanos com ligações β-(1→4) firmemente dispostas em arranjos cristalinos, alternadas com regiões amorfas menos organizadas. Proporciona integridade estrutural às paredes celulares das plantas e determina a direcionalidade da expansão celular.

Microfilamento Componente do citoesqueleto celular, constituído de actina; está envolvido na motilidade de organelas dentro das células.

Microgametogênese Processo no grão de pólen que origina gametas masculinos – as células espermáticas.

Micrópila Pequena abertura na extremidade distal do rudimento seminal (óvulo), através da qual passa o tubo polínico durante a fecundação. A oosfera está localizada na extremidade micropilar do saco embrionário.

MicroRNAs (miRNAs) RNAs curtos (21–24 nt) que têm estruturas de fita dupla e mediam a interferência de RNA.

Micrósporo Célula haploide (1n) que se desenvolve no tubo polínico ou gametófito masculino.

Microsporogênese Processo no qual os micrósporos são formados pelo microsporócito.

Microstróbilos Estróbilos ou cones que contêm o tecido esporofítico masculino.

Microtúbulo Componente do citoesqueleto celular feito de tubulina, um constituinte do fuso mitótico. Agente importante na orientação das microfibrilas de celulose na parede celular.

Mineralização Processo de decomposição de compostos orgânicos pelos microrganismos do solo, que libera nutrientes minerais em formas que podem ser assimiladas pelas plantas.

Mitocôndria Organela que é o sítio da maioria das reações no processo respiratório de eucariotos.

Mitose Processo celular ordenado pelo qual os cromossomos replicados são distribuídos às células-filhas formadas por citocinese.

Modelo ABC Proposta de como os genes homeóticos florais controlam a formação de órgãos nas flores. De acordo com o modelo, a identidade do órgão em cada verticilo é determinada por uma combinação única da atividade de três genes de identidade do órgão.

Modelo de aprisionamento de oligômeros Modelo que explica a acumulação ativa de tri, tetra e pentassacarídeos em complexos de células companheiras de elementos crivados de espécies com carregamento simplástico.

Modelo de canalização Hipótese de que, à medida que a auxina flui pelos tecidos, ela estimula e polariza seu próprio transporte, que gradualmente se torna canalizado em fileiras de células que se afastam das fontes de auxina; essas fileiras celulares podem então se diferenciar, formando tecido vascular.

Modelo de Cholodny-Went Mecanismo inicialmente proposto para tropismos que envolvem estimulação da curvatura do eixo da planta por transporte lateral de auxina em resposta a um estímulo, como luz, gravidade ou contato. O modelo original foi respaldado e expandido por evidência experimental recente.

Modelo de coincidência externa Conceito que explica como as plantas respondem adequadamente às mudanças sazonais. Quando a fase fotossensível de um ritmo interno coincide com um sinal luminoso externo, as respostas fotoperiódicas, incluindo o florescimento, podem ser induzidas em plantas de dias longos.

Modelo de fluxo de pressão Modelo amplamente aceito de translocação do floema de angiospermas. Segundo ele, o transporte nos elementos crivados é impulsionado pelo gradiente de pressão entre a fonte e o dreno. O gradiente de pressão é gerado osmoticamente e resulta do carregamento na fonte e do descarregamento no dreno.

Modelo de quaternário Modelo molecular que explica as interações dos genes das classes A, B, C e E na especificação da identidade de órgãos florais durante o florescimento. De acordo com o modelo, os genes MADS box dimerizam, e dois dímeros podem formar um tetrâmero. Hipoteticamente, esses tetrâmeros ligam CArG-boxes em genes-alvo e modificam sua expressão.

Modelo de relógio de auxina Modelo para o espaçamento de sítios pré-ramificados nas raízes, com base na flutuação periódica da atividade ou concentração de auxinas na zona de oscilação.

Modelo quimiosmótico Mecanismo pelo qual o gradiente eletroquímico de prótons, estabelecido em uma membrana por um processo de transporte de elétrons, é usado para conduzir a síntese de ATP que requer energia (mitocôndrias e cloroplastos) ou o efluxo aniônico na membrana plasmática mediado por transportadores (como no transporte polar de auxina).

Modificações epigenéticas Modificações químicas no DNA e nas histonas que causam mudanças hereditárias na atividade gênica, sem alterar a sequência nucleotídica no DNA.

Módulos MAPK Cascata de diferentes MAPKs, que propaga sinais dentro das células.

Monocárpico Referente a plantas, geralmente anuais, que produzem frutos apenas uma vez e depois morrem.

Monocotiledôneas Uma das duas classes de angiospermas, caracterizada por uma única folha seminal (cotilédone) no embrião.

Monoico Referente a plantas nas quais as flores estaminadas e pistiladas são encontradas no mesmo indivíduo, como no pepino (*Cucumis sativus*) e no milho (*Zea mays*). Comparar com Dioico.

***MONOPTEROS* (*MP*)** Gene envolvido na padronização embrionária. Codifica um fator de resposta à auxina que é essencial para a formação normal de elementos basais, como a raiz e os hipocótilos.

Morfogênese Processos de desenvolvimento que originam a forma biológica.

Morfógenos Em animais, substâncias que desempenham papéis-chave no fornecimento de indicações posicionais em certos tipos de desenvolvimento dependente da posição.

Morte celular associada à senescência Um tipo de morte celular programada (MCP) de desenvolvimento. Durante a senescência, a MCP ocorre em áreas amplas de órgãos da planta e em uma taxa relativamente lenta.

Morte celular programada (MCP) do tipo vacuolar Tipo de morte celular programada associada à senescência do desenvolvimento em células vegetais cujo vacúolo se decompõe, liberando várias hidrolases para o citoplasma.

Morte celular programada (MCP) Processo pelo qual células individuais ativam um programa intrínseco de senescência, acompanhado de um conjunto distinto de alterações morfológicas e bioquímicas, similar à apoptose em mamíferos.

Mosaicismo genético Presença de duas ou mais populações de células com genótipos diferentes, causada por mutações somáticas em uma planta que se desenvolveu a partir de uma única oosfera fecundada.

Mosaico fluido Estrutura molecular de lipídeo–proteína comum a todas as membranas biológicas. Uma camada dupla (bicamada) de lipídeos polares (fosfolipídeos ou, nos cloroplastos, glicosilglicerídeos) tem um interior hidrofóbico semelhante a um fluido. Quando esteróis e esfingolipídeos estruturais estão presentes na bicamada, a fluidez do interior diminui. As proteínas da membrana estão incorporadas à bicamada e podem se mover lateralmente.

Movimento dirigido de organelas Movimento de uma organela em uma direção determinada, que pode ser promovido pela interação com motores moleculares associados ao citoesqueleto.

MscS (canal mecanossensível de condutância pequena – *mechanosensitive channel of small conductance*) Canal iônico controlado mecanicamente, que percebe mudanças no volume celular acionadas por osmose ou contato físico com um objeto, herbívoro ou patógeno.

Mudança de fase Fenômeno em que os destinos das células meristemáticas são de tal modo alterados que elas passam a produzir novos tipos de estruturas.

Murcha Perda de rigidez da planta, levando a um estado flácido, devido à queda a zero da pressão de turgor.

Mutante Indivíduo que contém mudanças específicas em sua sequência de DNA e que pode mostrar um fenótipo alterado.

Mutualismo Relação simbiótica na qual ambos os organismos se beneficiam.

N

NAD(P)H desidrogenases Termo coletivo para enzimas ligadas à membrana que oxidam NADH ou NADPH, ou ambos, e reduzem a quinona. Várias estão presentes na cadeia de transporte de elétrons de mitocôndrias; por exemplo, o complexo I de bombeamento de prótons, mas também enzimas mais simples, que não bombeiam prótons.

NADH desidrogenase (complexo I) Complexo proteico de multissubunidades, sensível à rotenona, da cadeia mitocondrial de transporte de elétrons, que catalisa a oxidação de NADH e a redução da ubiquinona conectada ao bombeamento de prótons da matriz para o espaço intermediário.

Não climatérico Refere-se a um tipo de fruto que não passa por um climatérico ou explosão respiratória durante o amadurecimento.

Necrose Morte causada diretamente por dano físico, toxinas ou outros agentes externos.

Nectário extrafloral Nectário formado fora da flor e não envolvido em eventos de polinização.

Nematódeos de nodosidades das raízes Fitoparasitas do gênero *Meloidogyne*, encontrados em solos tropicais e subtropicais. As larvas desses nematódeos infectam as raízes, onde formam nodosidades e causam perdas expressivas nas culturas.

Nematódeos encistados Nematódeos parasitas que invadem as raízes e se transformam em um cisto imóvel. O nematódeo *Heterodera glycines* parasita a soja e representa uma grande ameaça à produção dessa leguminosa.

Neocromo Fotorreceptor na alga *Mougeotia* que consiste na fusão entre fitocromo e uma fototropina.

Nervura primária ou nervura mediana Primeiro feixe vascular formado, que se localiza no meio da lâmina foliar em folhas de dicotiledôneas.

Nictinastia Movimentos de repouso das folhas. As folhas se estendem horizontalmente para se expor à luz durante o dia e se dobram verticalmente à noite.

Nitrato redutase Enzima localizada no citosol, que reduz o nitrato (NO_3^-) a nitrito (NO_2^-). Catalisa a primeira etapa pela qual o nitrato absorvido pelas raízes é assimilado na forma orgânica.

Nó Posição do caule onde as folhas são inseridas.

Nódulo Órgão especializado de uma planta hospedeira que contém bactérias simbióticas fixadoras de nitrogênio.

Noite subjetiva Fase do ritmo que coincide com o período escuro de um ciclo luz/escuro precedente, quando um organismo é colocado na escuridão total. *Ver* Dia subjetivo.

Núcleo secundário Núcleo diploide (2n) formado na célula central do saco embrionário pela fusão dos dois núcleos polares haploides (n).

Núcleo Estrutura ligada à membrana, que contém as informações hereditárias de uma célula (cromossomos) e onde ocorre a transcrição de genes não organelares.

Nucléolo Região densamente granular no núcleo, onde ocorre a síntese do ribossomo.

Nucleoplasma Conteúdo celular contido no envoltório nuclear.

Núcleos polares Dois núcleos haploides no centro do saco embrionário que normalmente se fundem, formando o núcleo diploide da célula central.

Nucleossomo Estrutura formada por oito proteínas histonas, em torno das quais o DNA é enrolado.

Nutação Curvatura e rotação dos órgãos das plantas (p. ex., raízes, caules, folhas) durante o crescimento.

Nutrição mineral Estudo do modo como as plantas obtêm e utilizam nutrientes minerais.

Nutriente limitante Nutriente que não está suficientemente disponível para sustentar o crescimento vegetal. Sua aplicação normalmente incrementa o crescimento, desde que outros fatores (abióticos ou bióticos) também não sejam limitantes.

O

Octante O embrião esférico, globular e dotado de oito células, que exibe simetria radial.

Oligossacarídeos ligados a O Polissacarídeos pequenos ligados covalentemente à hidroxila da cadeia lateral de resíduos de serina ou treonina, em um subgrupo de glicoproteínas vegetais.

A glicosilação ligada a O ocorre no complexo de Golgi.

Oosfera O gameta feminino.

Organismos-modelo Organismos que são especialmente acessíveis e convenientes para pesquisa, fornecendo informação para testes de hipóteses em outros organismos.

Órgãos florais Órgãos de angiospermas envolvidos direta ou indiretamente na reprodução sexual; sépalas, pétalas, estames e carpelos.

Osmolaridade Unidade de concentração expressa como moles dos solutos totais dissolvidos por litro de solução (mol L^{-1}). Em biologia, o solvente geralmente é água.

Osmose Movimento da água através de uma membrana seletivamente permeável no sentido da região de potencial hídrico mais negativo, Ψ (concentração de água mais baixa).

Oxidase alternativa Enzima na cadeia mitocondrial de transporte de elétrons que reduz o oxigênio e oxida o ubiquinol.

Oxigênio singleto Forma de oxigênio extremamente reativa e danosa, formada pela reação da clorofila excitada com o oxigênio molecular. Causa danos aos componentes celulares, especialmente lipídeos.

P

P680 Clorofila do centro de reação do fotossistema II que tem o máximo de absorção a 680 nm em seu estado neutro. A letra P significa pigmento.

P700 Clorofila do centro de reação do fotossistema I que tem o máximo de absorção a 700 nm em seu estado neutro. A letra P significa pigmento.

P870 Bacterioclorofila do centro de reação de bactérias fotossintetizantes púrpuras que tem o máximo de absorção a 870 nm em seu estado neutro. A letra P significa pigmento.

Padrão de venação Padrão das nervuras de uma folha.

Padrões moleculares associados a microrganismos (MAMPs, *microbe-associated molecular patterns*) Moléculas que são conservadas em um grupo grande de microrganismos (p. ex., bactérias ou fungos), que desencadeiam respostas de defesa (p. ex., flagelina de bactérias ou quitina de fungos).

Par de pontoações Pontoações adjacentes de células traqueais adjacentes contíguas (xilema). Uma rota de baixa resistência ao movimento da água entre traqueídes.

Para-heliotrópico Referente ao movimento das folhas para longe da luz solar incidente.

Parasitas Organismo que vive sobre ou dentro de um organismo de outra espécie, conhecido como hospedeiro, de cujo corpo ele obtém nutrientes.

Parede celular Estrutura rígida da superfície celular, situada externamente à membrana plasmática. A parede sustenta, liga e protege a célula. Ela é composta por celulose e outros polissacarídeos, além de proteínas. *Ver também* Paredes celulares primárias e paredes celulares secundárias.

Paredes celulares primárias Paredes celulares delgadas (menos de 1 µm) e não especializadas, características de células jovens em crescimento. Sua massa seca possui cerca de 85% de polissacarídeos e 10% de proteínas.

Paredes celulares secundárias Paredes celulares sintetizadas por células que concluíram o crescimento. Com frequência, apresentam camadas múltiplas e contêm lignina, diferindo das paredes primárias em composição e estrutura. Formam-se durante a diferenciação celular, após a cessação da expansão celular.

Paredes secundárias de tecidos lenhosos Paredes espessadas produzidas dentro da parede celular primária; muitas vezes são lignificadas e desempenham um papel estrutural na sustentação do peso do caule.

Paredes secundárias Paredes sintetizadas por células que concluíram o crescimento. Com frequência, elas apresentam camadas múltiplas e contêm lignina, diferindo da parede primária em composição e estrutura. Elas se formam durante a diferenciação celular, após a cessação da expansão celular.

Parênquima esponjoso Tecido do mesófilo, constituído de células de formas irregulares, localizadas abaixo do parênquima paliçádico e circundadas por grandes espaços intercelulares.

Parênquima Tecido vegetal metabolicamente ativo, constituído de células de paredes delgadas, com espaços intercelulares preenchidos de ar.

Partes aéreas Tecidos localizados sobre a superfície do solo, acima da junção raiz-caule. Geralmente, incluem o caule e as folhas.

Partição Distribuição diferencial de fotossintatos em múltiplos drenos dentro da planta.

Partícula de reconhecimento de sinal (SRP, *signal recognition particle*) Ribonucleoproteína (complexo proteína-RNA) que reconhece e direciona proteínas específicas para o retículo endoplasmático em eucariotos.

PAS Domínio de fitocromo, que é necessário para a fixação do cromóforo à proteína.

PAS-GAF-PHY Metade N-terminal do fitocromo, que contém o domínio fotossensorial.

Patógenos biotróficos Patógenos que deixam os tecidos infectados vivos e apenas minimamente danificados, enquanto o patógeno continua se alimentando dos recursos do hospedeiro.

Patógenos hemibiotróficos Patógenos vegetais que apresentam um estágio inicial biotrófico, seguido por um estágio necrotrófico, no qual o patógeno causa dano extenso aos tecidos.

Patógenos microbianos Organismos bacterianos ou fúngicos que causam doenças em uma planta hospedeira.

Patógenos necrotróficos Referente a patógenos que matam células e tecidos. Eles atacam primeiro a planta hospedeira mediante secreção de enzimas e/ou toxinas que degradam a parede celular, o que leva à laceração expressiva de tecidos e à morte da planta.

Pecíolo Pedúnculo da folha que une a lâmina foliar ao caule.

Pectinas Grupo heterogêneo de polissacarídeos complexos da parede celular, que formam um gel no qual é incorporada a rede celulose-hemicelulose. Normalmente, contêm açúcares ácidos, como ácido galacturônico, e açúcares neutros, como ramnose, galactose e arabinose. Frequentemente, elas incluem cálcio como um componente estrutural, permitindo extrações da parede com quelantes ou ácidos diluídos.

Pelos da raiz Projeções microscópicas das células epidérmicas das raízes, que aumentam consideravelmente sua superfície, proporcionando, assim, maior capacidade de absorção dos íons e, em uma menor extensão, da água do solo.

PEP carboxilase Enzima citosólica que forma oxalacetato pela carboxilação do fosfoenolpiruvato.

Peptídeo de trânsito Sequência de aminoácidos N-terminal que facilita a passagem de uma proteína precursora através das membranas externa e interna de uma organela, como o cloroplasto. O peptídeo de trânsito é, na sequência, cortado.

Peptídeo sinal Sequência hidrofóbica de 18 a 30 resíduos de aminoácidos na extremidade aminoterminal de uma cadeia; é encontrado em todas as proteínas secretoras e na maioria das proteínas integrais de membrana, e permite seu trânsito através da membrana do retículo endoplasmático rugoso.

Percepção de *quorum* Sistema de sinais e respostas coordenados, pelo qual as populações regulam o crescimento e as respostas ambientais. Esse é um mecanismo comum em organismos microbianos.

Pericarpo Envoltório do fruto, derivado da parede do ovário.

Periciclo do polo do floema Células do periciclo adjacentes ao protofloema.

Periciclo do polo do xilema Células de periciclo adjacentes ao protoxilema.

Periciclo Células meristemáticas que formam a camada mais externa do cilindro vascular no caule ou raiz, disposta internamente à endoderme. Tecido interno a partir do qual surgem as raízes laterais.

Periderme Tecido produzido pelo felogênio, que contribui para a casca externa dos caules e raízes durante o crescimento secundário das plantas lenhosas, substituindo a epiderme. Também se forma sobre feridas e camadas de abscisão, após a queda de partes da planta.

Período de indução Período (de latência) decorrido entre a percepção de um sinal e a ativação da resposta. No ciclo de Calvin-Benson, é o período entre o começo da iluminação e a ativação total do ciclo.

Período Em fenômenos cíclicos (rítmicos), é o tempo entre pontos comparáveis no ciclo repetitivo, como picos ou depressões.

Perisperma Tecido de reserva derivado do nucelo, frequentemente consumido durante a embriogênese.

Permeabilidade da membrana Extensão na qual uma membrana permite ou restringe o movimento de uma substância.

Permeabilidade seletiva Propriedade de membrana que permite a difusão de algumas moléculas através dela em um grau diferente do de outras moléculas.

Peroxirredoxinas (Prx) Família de enzimas antioxidantes que inativam peróxidos.

Peroxissomo Organela na qual substratos orgânicos são oxidados pelo O_2. Essas reações geram H_2O_2, que é decomposta em água pela enzima peroxissômica catalase.

Pfr Forma de absorção de luz vermelho-distante de fitocromos, convertida a partir de Pr pela ação da luz vermelha. A Pfr de cor azul-esverdeado é convertida de volta a Pr pela luz vermelho-distante. Pfr é a forma fisiologicamente ativa do fitocromo.

PHY Designação da apoproteína do fitocromo (sem o cromóforo).

PIF3 Fator de transcrição hélice-alça-hélice básico que interage com phyA e phyB.

Pigmentos acessórios Moléculas que absorvem luz em organismos fotossintetizantes, que trabalham com a clorofila *a* na absorção da luz usada para a fotossíntese. Incluem carotenoides, outras clorofilas e ficobiliproteínas.

Piruvato desidrogenase Enzima na matriz mitocondrial, que descarboxila piruvato, produzindo NADH (a partir de NAD^+), CO_2 e ácido acético na forma de acetil-CoA (ácido acético ligado à coenzima A).

Placa celular Estrutura semelhante à parede que separa as células recém-divididas. Ela é formada pelo fragmoplasto e, posteriormente, torna-se a parede celular.

Placa crivada Parede terminal que conecta elementos de tubo crivado de angiospermas através de muitos poros; essa região crivada tem poros maiores do que os de áreas crivadas laterais.

Placa de perfuração Parede terminal perfurada de um elemento de vaso (xilema).

Planta de dias curtos (SDP, *short-day plants*) Planta que floresce apenas em dias curtos (SDP qualitativa) ou com florescimento acelerado por dias curtos (SDP quantitativa).

Planta de dias curtos-longos (SLDP, *short-long-day plants*) Planta que floresce somente após uma sequência de dias curtos seguidos por dias longos.

Planta tolerante ao sal Planta que pode sobreviver ou até mesmo se desenvolver em solos altamente salinos. *Ver também* Halófitas.

Plantas alopoliploides Poliploides com múltiplos genomas completos, derivados de duas espécies distintas.

Plantas anuais Plantas que completam seu ciclo de vida desde a semente até a produção de novas sementes, senescem e morrem no período de um ano.

Plantas autopoliploides Poliploides contendo múltiplos genomas completos de uma única espécie.

Plantas avasculares ou briófitas Plantas que não possuem sistemas vasculares, como xilema e floema.

Plantas bianuais Plantas que requerem duas estações de crescimento para florescer e produzir sementes.

Plantas com flores *Ver* Angiospermas.

Plantas de dias longos (LDPs, *long-day plants*) Plantas que florescem apenas em dias longos (LDP qualitativa) ou cujo florescimento é acelerado por dias longos (LDP quantitativa).

Plantas de dias longos-curtos (LSDPs, *long-short-day plants*) Plantas que florescem em resposta a uma mudança de dias longos para dias curtos.

Plantas de dias neutros (DNP, *day-neutral plants*) Planta cujo florescimento não é regulado pelo comprimento do dia.

Plantas hemiparasitas Plantas fotossintetizantes que também são parasitas.

Plantas holoparasitas Plantas não fotossintetizantes que são parasitas obrigatórios.

Plantas perenes Plantas que vivem por mais de dois anos.

Plantas sem sementes Famílias vegetais que não produzem sementes.

Plantas terrestres ou embriófitas Todas as famílias vegetais, incluindo as plantas avasculares e sem sementes.

Plantas vasculares (traqueófitas) Plantas que possuem xilema e floema.

Plasmodesmo Canal microscópico delimitado por membrana, que conecta células adjacentes através da parede celular e é preenchido com citoplasma e uma haste central derivada do RE, chamada de desmotúbulo. Ele possibilita o movimento de moléculas de uma célula para outra através do simplasto. Aparentemente, o tamanho do poro pode ser regulado por proteínas globulares que revestem a superfície interna do canal e o desmotúbulo, permitindo a passagem de partículas tão grandes quanto os vírus.

Plasticidade fenotípica Respostas fisiológicas ou de desenvolvimento de uma planta ao seu ambiente. Essas respostas não envolvem alterações genéticas.

Plasticidade Capacidade de ajuste morfológico, fisiológico e bioquímico em resposta a mudanças no ambiente.

Plastídios Organelas celulares encontradas em eucariotos, limitadas por uma membrana dupla e, às vezes, contendo sistemas de membranas extensos. Eles desempenham muitas funções diferentes: fotossíntese, armazenamento de amido, armazenamento de pigmentos e transformações de energia.

Plastocianina (PC) Proteína pequena (10,5 kDa), hidrossolúvel e que contém cobre, que transfere elétrons entre o complexo citocromo b_6f e o P700. Essa proteína é encontrada no espaço do lume.

Plasto-hidroquinona (PQH2) Forma totalmente reduzida de plastoquinona.

Plúmula Primeira folha verdadeira de uma plântula em crescimento.

Polar Diferença pequena de carga entre dois átomos em uma molécula. Um exemplo é a molécula de água, em que o átomo de oxigênio tem uma carga parcial negativa em relação aos dois átomos de hidrogênio.

Polaridade proximal-distal Polaridade que se desenvolve ao longo do comprimento de uma folha.

Polaridade Referente a extremidades distintas e regiões intermediárias ao longo de um eixo. Tendo como ponto de partida o zigoto unicelular, ocorre o desenvolvimento progressivo de diferenças ao longo de dois eixos: um eixo apical-basal e um eixo radial.

Políades Grandes conjuntos de pólen que facilitam a transferência em massa de muitos grãos durante a polinização mediada por insetos.

Policárpico Referente a plantas perenes que produzem frutos muitas vezes.

Polínia Agregação de pólen composta por centenas de mássulas produzidas nas anteras de certas flores. As polínias podem transportar milhões de grãos de pólen e são encontradas em orquídeas polinizadas por insetos.

Polinização cruzada Polinização de uma flor pelo pólen da flor de uma planta diferente.

Poliploide Condição em que um organismo tem mais de dois conjuntos completos de cromossomos.

Polissacarídeos de matriz Polissacarídeos que abrangem a matriz de paredes celulares vegetais. Nas paredes celulares primárias, eles consistem em pectinas, hemiceluloses e proteínas.

Pomo Tipo de fruto, como a maçã, composto por um ou mais carpelos e envolvido por tecido acessório derivado do hipanto.

Ponte de hidrogênio Ligação química fraca formada entre um átomo de hidrogênio e um átomo de oxigênio ou de nitrogênio.

Ponto de checagem Ponto-chave de regulação no início da fase G_1 do ciclo celular, que determina se a célula está comprometida com o início da síntese de DNA.

Ponto de compensação de CO_2 Concentração de CO_2 em que a taxa de respiração está em equilíbrio com a taxa fotossintética.

Pontoação areolada Par de pontoações em que a câmara de pontoação é sobreposta pela parede celular, criando uma câmara de pontoação maior e uma abertura de pontoação menor.

Pontoação Região microscópica em que a parede secundária de um elemento traqueal não está presente e a parede primária é delgada e porosa, facilitando o movimento da seiva entre uma traqueíde e a adjacente.

Poros nucleares Sítios onde se unem as duas membranas do envoltório nuclear, formando uma abertura parcial entre o interior do núcleo e o citosol. O poro contém uma estrutura elaborada de mais de cem proteínas nucleoporinas diferentes, que constituem o complexo do poro nuclear (CPN).

Portão Domínio estrutural da proteína canal, que abre ou fecha o canal em resposta a sinais externos, como mudanças de voltagem, ligação de hormônios ou luz.

Pós-maturação Técnica para quebra da dormência de sementes mediante armazenamento à temperatura ambiente, sob condições secas, geralmente por vários meses.

Potencial de ação Evento transitório no qual a diferença do potencial de membrana aumenta rapidamente (hiperpolariza) e cai abruptamente (despolariza). Os potenciais de ação, que são desencadeados pela abertura de canais iônicos, podem se autopropagar ao longo de fileiras lineares de células, especialmente nos sistemas vasculares das plantas.

Potencial de difusão A diferença de potencial (voltagem) que se desenvolve através de uma membrana semipermeável como resultado da permeabilidade diferencial de solutos com cargas opostas (p. ex., K^+ e Cl^-).

Potencial de Nernst Potencial elétrico em equilíbrio com um gradiente transmembrana de íons, conforme descrito pela equação de Nernst.

Potencial de pressão (Ψ_p) Pressão hidrostática de uma solução que excede a pressão atmosférica ambiente.

Potencial de soluto *Ver* Potencial osmótico.

Potencial eletroquímico O potencial químico de um soluto carregado eletricamente.

Potencial gravitacional Parte do potencial químico causada pela gravidade. Tem um tamanho significativo apenas quando se considera o transporte de água em árvores.

Potencial hídrico Medida da energia livre associada à água por unidade de volume ($J\ m^{-3}$). Essas unidades são equivalentes às unidades de pressão, como pascais. Ψ é uma função do potencial de soluto, do potencial de pressão e do potencial gravitacional: $\Psi = \Psi_s + \Psi_p + \Psi_g$. O termo Ψ_g é frequentemente ignorado, porque é desprezível para alturas inferiores a cinco metros.

Potencial mátrico (Ψ_m) Soma do potencial osmótico (Ψ_s) + pressão hidrostática (Ψ_p). Útil em situações (solos secos, sementes e paredes celulares) em que é difícil ou impossível a medição separada de Ψ_s e Ψ_p.

Potencial osmótico Efeito dos solutos dissolvidos no potencial hídrico. Também chamado de potencial de solutos.

Potencial químico Energia livre associada a uma substância, que está disponível para realizar o trabalho.

Pr Forma de fitocromo que absorve luz vermelha. Essa é a forma na qual o fitocromo é montado. O Pr de cor azul é convertido pela luz vermelha na forma que absorve luz vermelho-distante, Pfr.

Pré-prófase Na mitose, o estágio imediatamente anterior à prófase, durante o qual os microtúbulos de G_2 estão completamente reorganizados em uma banda pré-prófase.

Pressão de raiz Pressão hidrostática positiva no xilema de raízes.

Pressão de turgor Força por unidade de área em um líquido. Em uma célula vegetal, a pressão de turgor empurra a membrana plasmática contra a parede celular rígida e proporciona uma força para a expansão celular.

Pressão hidrostática Pressão gerada pela compressão da água em um espaço restrito. Sua unidade de medida é o pascal (Pa) ou, mais adequadamente, megapascal (MPa).

Proantocianidina Grupo de taninos condensados, presentes em muitas plantas, que servem como substâncias químicas defensivas contra fitopatógenos e herbívoros.

Procâmbio Tecido meristemático primário que se diferencia em xilema, floema e câmbio.

Produtividade quântica Razão da produtividade de um determinado produto de um processo fotoquímico relacionado ao número total de *quanta* absorvidos.

Prófase Primeiro estágio da mitose (e meiose) antes da dissociação do envoltório nuclear, durante o qual a cromatina se condensa para formar cromossomos distintos.

Profilinas Proteínas de ligação à actina que mantêm os monômeros despolimerizados de actina G globular carregados com ATP, de modo que eles podem ser rapidamente reintegrados à actina F. Também se ligam às forminas, acelerando a formação de actina F a partir das forminas.

Promotor central (promotor mínimo) Uma das duas partes do promotor eucariótico, consistindo em uma sequência mínima a montante necessária para a expressão gênica.

Promotor regulador (promotor proximal) Sequência dentro do gene ou adjacente a ele que regula sua atividade por meio de seu promotor central.

Promotor Região do gene que se liga à RNA polimerase.

Pró-plastídio Tipo de plastídio imaturo e não desenvolvido, encontrado no tecido meristemático. Durante o desenvolvimento, ele pode ser convertido em vários tipos de plastídios especializados, como cloroplastos, amiloplastos e cromoplastos.

Propriedades de amolecimento da parede celular Capacidade da parede celular de se afrouxar e se distender irreversivelmente de diferentes maneiras em resposta a distintos fatores internos e externos.

Propriedades viscoelásticas ou reológicas Propriedades que são intermediárias entre as de um sólido e as de um líquido, combinando comportamentos viscoso e elástico.

Proteassomo 26S Complexo proteolítico grande que degrada proteínas intracelulares, marcadas para destruição pela fixação de uma ou mais cópias da ubiquitina, uma proteína pequena.

Proteção cruzada Resposta vegetal a um estresse ambiental, que confere resistência frente a outro estresse.

Proteção molecular Proteção de uma molécula de fatores biofísicos extremos por outra molécula.

PROTEIN PHOSPHATASE1 (PP1) Intermediário de sinalização da rota da fototropina, durante a abertura estomática induzida pela luz azul.

Proteína antena clorofila *a/b* Proteína que contém clorofila, associada a um dos dois fotossistemas de organismos eucarióticos. Também conhecida como proteína do complexo de captação de luz (proteína LHC, *light harvesting complex*).

Proteína carreadora de acil (ACP, *acyl carrier protein*) Proteína ácida de baixo peso molecular à qual são ligadas covalentemente cadeias de acil em crescimento, com participação da ácido graxo sintase.

Proteína de transporte Proteína transmembrana que está envolvida no movimento de moléculas ou íons de um lado de uma membrana para o outro lado.

Proteína desacopladora Proteína que aumenta a permeabilidade da membrana mitocondrial interna a prótons e, portanto, reduz a conservação de energia.

Proteína integral de membrana Proteína incorporada à bicamada lipídica da membrana. A maioria atravessa a bicamada (as chamadas proteínas transmembrana), de modo que uma parte da proteína interage com um lado da membrana, outra parte interage com o centro hidrofóbico da membrana e uma terceira parte interage com o outro lado da membrana.

Proteína P Proteína estrutural nos elementos crivados de angiospermas, formando filamentos, túbulos ou estruturas cristalinas (*ver como forma especializada* Forissomo).

Proteína quinase induzida por estresse (SIPK, *stress-induced protein kinase*) Proteína quinase ativada por mitógeno semelhante à WIPK, que é ativada por diversos sinais ambientais associados ao estresse.

Proteína quinase induzida por lesão (WIPK, *wound-induced protein kinase*) Proteína quinase ativada por mitógenos, que é ativada por lesão e outros sinais ambientais.

Proteína relacionada à actina 2/3 (Arp 2/3, *actin related protein 2/3*) Proteínas 2 e 3 relacionadas à actina, que se ligam ao lado de um filamento de actina preexistente, formando um complexo com a actina para iniciar o crescimento de um ramo do filamento de actina.

Proteína Rieske ferro-sulfurosa Subunidade de proteína no complexo citocromo b_6f, em que dois átomos de ferro estão unidos por dois átomos de enxofre, com duas histidinas e duas cisteínas ligantes.

Proteínas abundantes na embriogênese tardia (LEA, *late embryogenesis abundant*) Proteínas envolvidas na tolerância à dessecação. Elas interagem formando um líquido altamente viscoso com difusão muito lenta e, portanto, reações químicas limitadas. São codificadas por um grupo de genes regulados pelo estresse osmótico, os quais foram descritos pela primeira vez em embriões submetidos à dessecação durante a maturação da semente.

Proteínas anticongelamento Proteínas que conferem às soluções aquosas a propriedade da histerese térmica. Quando induzidas por baixas temperaturas, essas proteínas vegetais se ligam às superfícies de cristais de gelo para evitar ou retardar seu crescimento, limitando ou impedindo, assim, o dano causado pelo congelamento. Algumas proteínas anticongelamento podem ser idênticas às proteínas relacionadas à patogênese.

Proteínas arabinogalactanas (AGPs, *arabinogalactan proteins*) Família de proteínas da parede celular, hidrossolúveis e altamente glicosiladas (principalmente galactose e arabinose), que geralmente representam menos de 1% da massa seca da parede. Algumas podem associar-se à membrana plasmática por meio de uma âncora de glicosilfosfatidilinositol. Elas com frequência exibem expressão específica em tecidos e em células.

Proteínas chaperonas moleculares Proteínas que mantêm e/ou restauram as estruturas tridimensionais ativas de outras macromoléculas.

Proteínas com domínio dirigente Homólogos de uma proteína que posiciona dois substratos de álcool coniferílico para a dimerização radical oxidativa em determinada conformação estereoespecífica, para a formação de (+)-pinorresinol. As proteínas dirigentes têm sido também sugeridas em uma hipótese em discussão sobre a formação ordenada de lignina.

Proteínas de ativação de GTPases (GAPs, *GTPase-activating proteins*) Proteínas que inativam as GTPases mediante promoção da hidrólise de GTP.

Proteínas de choque térmico (HSPs, *heat shock proteins*) Conjunto específico de proteínas que são induzidas por uma elevação rápida na temperatura e por outros fatores, que levam à desnaturação das proteínas. A maioria atua como chaperonas moleculares.

Proteínas de reserva da casca (BSPs, *bark storage proteins*) Proteínas de reserva que se acumulam no parênquima do floema (casca interna) de espécies lenhosas, no final da estação de crescimento em climas temperados. Na primavera, essas proteínas são mobilizadas para sustentar o crescimento.

Proteínas de resistência (R) Receptores intracelulares que detectam efetores de patógenos e, então, ativam respostas imunológicas, conferindo resistência à infecção.

Proteínas de resistência ao jasmonato (JAR) Proteínas de defesa induzidas pelo ácido jasmônico.

Proteínas do tipo PIF (PILs, *PIF-like proteins*) Proteínas nucleares de ligação ao DNA que interagem seletivamente com fitocromos em suas conformações Pfr ativas.

Proteínas F-box Componentes dos complexos de ubiquitina E3 ligase.

Proteínas não enzimáticas Proteínas sem atividade enzimática, incluindo proteínas arabinogalactanas, glicoproteínas ricas em hidroprolina, várias proteínas estruturais e de sinalização. As expansinas estão incluídas nesta categoria.

Proteínas periféricas de membrana Proteínas que são ligadas à superfície da membrana por ligações não covalentes, como ligações iônicas ou pontes de hidrogênio.

Proteínas PIN carreadoras de efluxo de auxina Proteínas de transporte na membrana plasmática que amplificam correntes direcionais e localizadas de auxina, associadas ao desenvolvimento embrionário, organogênese e crescimento trópico.

Proteínas sensoras Proteínas vegetais receptoras celulares, especializadas, que percebem sinais externos ou internos. Eles consistem em dois domínios, um *domínio de entrada* (*input*), que recebe o sinal ambiental, e um *domínio transmissor*, que transmite o sinal para o regulador de resposta.

Proteômica Estudo dos proteomas, incluindo a abundância relativa e as modificações das proteínas.

Protoderme No embrião vegetal, a camada superficial de células que cobre as duas metades do embrião e dará origem à epiderme.

Protofilamentos Hetodímeros de α e β-tubulina polimerizados.

Pseudogenes Genes estáveis, mas não funcionais; aparentemente derivados da mutação de genes ativos.

Pulvino Estrutura da folha acionada por turgor, encontrada na junção entre a lâmina com o pecíolo, propiciando uma força mecânica para os movimentos foliares.

PYR/PYL/RCAR Família de receptores ABA solúveis identificados como proteínas que interagem com as proteínas PP2C fosfatases.

Q

Quanta (*quantum* no singular) Quantidades discretas de energia contidas em um fóton.

Quebra da noite Interrupção do período escuro com uma exposição curta à luz. Ela torna ineficaz o período escuro como um todo.

Quelador Composto orgânico que pode formar um complexo não covalente com certos cátions, facilitando sua absorção (p. ex., ácido málico, ácido cítrico).

***Quenching* não fotoquímico** Dissipação da fluorescência da clorofila por outros processos que não a fotoquímica – a conversão do excesso de excitação em calor.

Quenching Processo pelo qual a energia armazenada em clorofilas excitadas é rapidamente dissipada, seja por fotoquímica ou por dissipação como calor.

Quiescência da semente Estado não germinativo, caracterizado por uma taxa metabólica reduzida, após a qual a semente é liberada da planta-mãe.

Quimiotaxia Processo pelo qual algumas células (p. ex., bactérias, protozoários, espermatozoides) são capazes de decodificar um gradiente de concentração de uma molécula (quimioatrativa) e deslocar-se por mobilidade independente (flagelos, cílios) em direção à sua fonte mais concentrada. Em todas as espécies de animais e plantas terrestres primitivas (p. ex. musgos, samambaias), os espermatozoides nadam em direção à oosfera ou aos órgãos produtores de oosferas por quimiotaxia.

Quimiotropismo Crescimento direcionado de um órgão (p. ex., raízes) ou célula em crescimento apical (p. ex., tubos polínicos e hifas) em direção a um estímulo químico externo. Em todas as plantas com flores (gimnospermas e angiospermas), as células espermáticas não móveis nascem dentro de um tubo polínico, que cresce quimiotropicamente em direção à oosfera.

Quinases dependentes de ciclina (CDKs, *cyclin-dependent kinases*) Proteínas quinase que regulam as transições de G_1 para S e de G_2 para mitose, durante o ciclo celular.

Quinases Enzimas que têm a capacidade de transferir grupos fosfato do ATP para outras moléculas.

Quociente respiratório (RQ, *respiratory quotient*) Razão entre a taxa de produção de CO_2 e a taxa de consumo de O_2.

R

Radícula Raiz embrionária. Geralmente, o primeiro órgão a emergir na germinação.

Ráfides Agulhas de oxalato ou carbonato de cálcio, que atuam na defesa vegetal.

Raios Tecidos de várias alturas e larguras, dispostos no xilema e no floema secundários e formados a partir de iniciais radiais do câmbio vascular.

Raiz adventícia Raiz que surge de um órgão diferente da raiz – normalmente um caule.

Raiz pivotante Raiz principal axial, partir da qual se desenvolvem as raízes laterais.

Raiz primária Raiz originada diretamente do crescimento da raiz ou da radícula embrionárias.

Raiz Tecidos descendentes a partir da junção raiz-caule, geralmente localizados abaixo da superfície do solo, que ancoram a planta, além de absorverem e conduzirem água e nutrientes minerais para seu interior.

Raízes coronais Raízes adventícias que emergem dos nós mais inferiores de um caule.

Raízes laterais ou ramificadas Nascem do periciclo, em regiões maduras da raiz, mediante o estabelecimento de meristemas laterais, que crescem através do córtex e da epiderme, estabelecendo um novo eixo de crescimento.

Raízes laterais Nascem do periciclo em regiões maduras da raiz, mediante o estabelecimento de meristemas secundários, que crescem através do córtex e da epiderme, formando um novo eixo de crescimento.

Raízes nodais Raízes adventícias que se formam após a emergência das raízes primárias.

Raízes seminais Raízes laterais que se desenvolvem da raiz embrionária ou radícula.

Ramificação dicotômica Ramificação que ocorre pela divisão do meristema apical do caule, produzindo dois brotos iguais.

Ramnogalacturonano I (RG I) Polissacarídeo péctico abundante, que tem uma longa estrutura básica de resíduos alternados de ramnose e de ácido galacturônico.

Ramnogalacturonano II (RG II) Polissacarídeo péctico com uma estrutura complexa, incluindo resíduos de apiose, que podem ter ligações cruzadas por ésteres de borato.

Raque Eixo principal de uma folha composta ao qual os folíolos são fixados; eixo principal de uma inflorescência ao qual as flores são fixadas.

Razão de Bowen Razão entre a perda de calor sensível e a perda de calor evaporativo, os dois processos mais importantes na regulação da temperatura foliar.

Razão de transpiração Razão entre a perda de água e o ganho de carbono pela fotossíntese. Mede a eficácia das plantas em regular a perda de água e, ao mesmo tempo, permitir a absorção suficiente de CO_2 para a fotossíntese.

Razão entre isótopos de carbono Razão da composição isotópica $^{13}C/^{12}C$ de compostos de carbono medida pelo emprego de um espectrômetro de massa.

Razão raiz-parte aérea Razão entre o comprimento da raiz e da parte aérea.

Reações de fixação de carbono Reações sintéticas que ocorrem no estroma do cloroplasto, que utilizam os compostos altamente energéticos ATP e NADPH para a incorporação de CO_2 em compostos de carbono.

Reações dos tilacoides Reações químicas da fotossíntese que ocorrem em membranas internas especializadas do cloroplasto (denominadas tilacoides). Essas reações incluem o transporte fotossintético de elétrons e a síntese de ATP.

Receptor de PRS Proteína receptora sobre a membrana do retículo endoplasmático, que se liga ao complexo ribossomo-PRS, permitindo que o ribossomo se encaixe ao poro do translocon, através do qual o polipeptídio em alongamento entra no lume do retículo endoplasmático.

Receptor de reconhecimento de padrões (PRR, *pattern-recognition receptor*) Receptor de superfície celular ativado por MAMPs ou DAMPs

Receptor do tipo quinase de simbiose (SYMRK, *symbiosis receptor-like kinase*) Proteína quinase envolvida na percepção de sinais químicos de microrganismos simbióticos.

Receptor quinase do *locus* S (SRK, *S-locus receptor kinase*) Quinase receptora de serina/treonina, localizada na membrana plasmática de células do estigma, que representa o determinante feminino S em Brassicaceae.

Receptor quinase Proteína em uma rota de sinalização que detecta a presença de um ligante, como um hormônio, por meio de fosforilação própria ou de outra proteína.

Receptores do tipo quinase (RLKs, *receptor-like kinases*) Proteínas transmembrana com domínios putativos extracelulares aminoterminais e domínios quinases intracelulares carboxiterminais, que se assemelham aos receptores tirosinas quinases em animais. Muitos RLKs vegetais fosforilam especificamente resíduos de serina ou treonina.

Recombinação homóloga (HR, *homologous recombination*) Processo pelo qual a informação genética é trocada entre duas moléculas de ácido nucleico de fita dupla ou de fita simples, que compartilham sequências de bases idênticas ou semelhantes.

Rede de Hartig Rede fúngica de hifas que envolvem as células corticais, mas não penetram nelas.

Rede *trans* do Golgi (TGN, *trans Golgi network*) Rede tubular-vesicular que deriva do desprendimento de cisternas *trans* (secretoras) do complexo de Golgi. Está separada do endossomo em reciclagem inicial, que também é chamado de retículo parcialmente revestido em plantas.

Redundância metabólica Uma característica comum do metabolismo vegetal, em que diferentes rotas servem a uma função semelhante; dessa forma, elas podem ser substituídas umas pelas outras sem perda aparente de função.

Região organizadora do nucléolo (RON) Associada ao nucléolo no núcleo em interfase. Sítio onde porções de um ou mais cromossomos contendo genes, repetidos em série, codificantes para o RNA ribossômico, são agrupadas e transcritas.

Regiões subteloméricas Regiões de um cromossomo em posição imediatamente proximal aos telômeros.

Regulação cruzada primária Envolve rotas de sinalização distintas, que regulam um componente de transdução compartilhado, de uma maneira positiva ou negativa.

Regulação cruzada secundária Regulação pela saída (*output*) de uma rota de sinal da abundância ou percepção de um segundo sinal.

Regulação cruzada terciária Envolve as saídas de duas rotas de sinalização distintas, que exercem influências recíprocas.

Regulação cruzada Interação de duas ou mais rotas de sinalização.

Regulação pós-transcricional Após a transcrição, é o controle da expressão gênica por alteração da estabilidade do mRNA ou da eficiência da tradução.

Regulação transcricional Nível de regulação que determina se e quando o RNA será transcrito a partir do DNA

Regulador de resposta Componente dos sistemas reguladores de dois componentes compostos por uma proteína sensora histidina quinase e uma proteína reguladora de resposta.

***Regulons* de resposta ao estresse** Sequências reguladoras de DNA que atuam coordenadamente em respostas ao estresse.

Relaxamento do estresse Afrouxamento seletivo de ligações entre polímeros da parede celular primária, que permite o deslizamento de um polímero em relação a outro, simultaneamente aumentando a área de superfície da parede e reduzindo nela o estresse físico.

Renovação (*turnover*) Equilíbrio entre a taxa de síntese e a taxa de degradação, geralmente aplicada a proteínas ou RNA. Um aumento na renovação normalmente se refere a um aumento na degradação.

Repetição dispersa Tipo de sequência repetida que não é restrita a um único local no genoma. Pode ocorrer como microssatélites ou transposons.

Repetições de sequência simples (SSRs, *simple sequence repeats*) (microssatélites) Grupo de repetições heterocromáticas dispersas que consistem em sequências tão curtas quanto dois nucleotídeos repetidos centenas ou mesmo milhares de vezes. Também conhecidas como microssatélites.

Repetições em série Estruturas heterocromáticas constituídas por sequências de DNA altamente repetitivas.

Repressor Proteína que, sozinha ou combinada com outras proteínas, reprime a expressão de um gene.

Resgate Quando usado em genética, restauração do crescimento e do desenvolvimento de tipos selvagens.

Resistência à difusão Restrição à difusão livre de gases para fora e para dentro da folha, imposta pela camada limítrofe e pelos estômatos.

Resistência à tração Capacidade de resistir a uma força de tensão. A água tem uma alta resistência à tração.

Resistência ao glifosato Capacidade genética de sobreviver à aplicação no campo do herbicida comercial Roundup, que mata plantas indesejadas, mas não prejudica plantas agrícolas resistentes.

Resistência da camada limítrofe Resistência à difusão do vapor de água devido à camada de ar estacionário próximo à superfície foliar. Um componente da resistência à difusão.

Resistência do mesófilo Resistência à difusão de CO_2 imposta pela fase líquida no interior das folhas. A fase líquida abrange a difusão dos espaços intercelulares foliares para os sítios de carboxilação no cloroplasto.

Resistência estomática foliar Resistência à difusão de CO_2 imposta pelas fendas estomáticas.

Resistência estomática Medida da limitação da difusão livre de gases a partir da folha e para o interior dela imposta pelas fendas estomáticas. É o inverso da condutância estomática.

Resistência nos espaços intercelulares Resistência ou obstáculo que reduz a velocidade de difusão de CO_2 no interior da folha, da câmara subestomática para as paredes das células do mesófilo.

Resistência sistêmica adquirida (SAR, *systemic acquired resistance*) Aumento da resistência da planta a uma gama de patógenos após a infecção por um patógeno em um sítio específico.

Resistossomos Complexo de múltiplas subunidades formado por 4 ou 5 proteínas NLR, além de alvos efetores e, às vezes, efetores de patógenos.

Respiração aeróbia Oxidação completa de compostos de carbono em CO_2 e H_2O, usando oxigênio como aceptor final de elétrons. A energia é liberada e conservada como ATP.

Respiração de crescimento Respiração que fornece a energia necessária para converter açúcares em blocos estruturais, que constituem um novo tecido. *Comparar com* Respiração de manutenção.

Respiração de manutenção Respiração necessária para sustentar o funcionamento e a renovação (*turnover*) de tecido existente. *Comparar com* Respiração de crescimento.

Resposta autônoma celular Resposta a um estímulo ambiental ou mutação genética que é localizada em uma célula específica.

Resposta autônoma não celular Resposta celular a um estímulo ambiental ou mutação genética que é induzida por outras células.

Resposta de proteína desdobrada (UPR, *unfolded protein response*) Resposta celular que elimina proteínas mal enoveladas no lume do retículo endoplasmático.

Resposta gravitrópica Crescimento iniciado mediante percepção da gravidade pela coifa e pelo sinal que direciona o crescimento descendente das raízes.

Retículo endoplasmático (RE) Organela que compreende uma rede de membranas que funcionam na secreção de proteínas e na biossíntese de moléculas pequenas. O RE é contínuo com a membrana nuclear. A região do RE *rugoso* está associada ao dobramento de proteínas e tem ribossomos que sintetizam proteínas do RE na superfície. A região do ER *liso* está associada à modificação lipídica e outras atividades biossintéticas.

Retículo endoplasmático cortical Rede de retículo endoplasmático que fica logo abaixo da membrana plasmática e está associada ao citoplasma em pontos de contato específicos. É diferente do retículo endoplasmático interno, que se encontra mais profundamente no citoplasma e nos cordões transvacuolares.

Retículo endoplasmático liso Retículo endoplasmático sem ribossomos anexados, geralmente constituído por túbulos.

Retículo endoplasmático rugoso Retículo endoplasmático ao qual os ribossomos são fixados.

Retificadores de entrada Canais iônicos que se abrem apenas em potenciais mais negativos do que o potencial de Nernst predominante para um cátion, ou mais positivos do que o potencial de Nernst predominante para um ânion e, portanto, mediam a corrente de entrada.

Retificadores de saída Canais iônicos que se abrem apenas em potenciais mais positivos do que o potencial de Nernst predominante para um cátion ou mais negativos do que o potencial de Nernst predominante para um ânion e, portanto, mediam a corrente de saída.

Retrotransposons Diferentemente dos transposons de DNA, os retrotransposons fazem uma cópia de RNA deles mesmos, que é então transcrita invertida em DNA antes de ser inserida em outra parte do genoma.

Ribossomo Sítio da síntese de proteínas celulares, que consiste em RNA e proteína.

Ribulose-5-fosfato Na rota das pentoses fosfato, é o produto inicial de cinco carbonos da oxidação da glicose-6-fosfato; em reações subsequentes, é convertida em fosfatos de açúcares contendo 3 a 7 átomos de carbono.

RICs (*ROP-interactive CRIB motif-containing proteins*) Proteínas que interagem com ROP1

para regular o crescimento e a polaridade do tubo polínico.

Ritmo diel Ritmo biológico em que os padrões fisiológicos ou de expressão gênica são regulares e repetitivos com um ciclo diário.

Rizobactérias promotoras do crescimento vegetal (PGPR, *plant growth promoting rhizobacteria*) Bactérias do solo associadas às superfícies das raízes, promovendo o crescimento vegetal pela produção de reguladores de crescimento e/ou fixação de nitrogênio.

Rizóbio Termo coletivo para os gêneros de bactérias do solo que estabelecem relações simbióticas (mutualísticas) com representantes da família Leguminosae.

Rizosfera Microambiente imediatamente à superfície do solo, que circunda a raiz.

Rizotaxia Disposição das raízes laterais ao longo da superfície de uma raiz.

RNA polimerases dependentes de RNA Classe especial de RNA polimerases que convertem RNA de fita simples em RNA de fita dupla.

RNA polimerases Classe de enzimas que se ligam a um gene e o transcrevem em um RNA complementar à sequência de DNA.

RNAs de interferência curtos (siRNAs) RNAs que são estrutural e funcionalmente bastante semelhantes aos miRNAs e também levam à iniciação da rota de interferência do RNA.

RNAs de silenciamento associados a repetições (ra-siRNAs) Regiões de repetições a partir das quais se originam RNAs de interferência curtos.

RNAs não codificadores (ncRNAs) RNAs que não codificam proteínas, mas podem estar envolvidos na regulação gênica ou ser ativos na rota da interferência de RNA (RNAi).

Rota de transdução de sinal Sequência de processos pela qual um sinal extracelular (normalmente luz, hormônio ou neurotransmissor) interage com um receptor na superfície celular, causando uma mudança no nível de um mensageiro secundário e, finalmente, uma mudança no funcionamento celular.

Rota do RNA de interferência (RNAi) Um processo de silenciamento de genes dependente de RNA, controlado pelo complexo de silenciamento induzido por RNA (RISC) e iniciado por moléculas curtas de RNA de fita dupla no citoplasma de uma célula.

Rota eucariótica No citoplasma, a série de reações para a síntese de glicerolipídeos. *Ver também* Rota procariótica.

Rota oxidativa das pentoses fosfato Rota citosólica e plastídica que oxida glicose e produz NADPH e vários açúcares fosfato.

Rota procariótica No cloroplasto, a série de reações para a síntese de glicerolipídeos. *Ver também* Rota eucariótica.

Rota simbiótica comum Sequência de eventos celulares comuns nas raízes das plantas, constatada na formação de micorrizas e na nodulação de raízes.

Rota ubiquitina-proteassomo Mecanismo para a degradação específica de proteínas celulares envolvendo duas etapas descontínuas: a poliubiquitinação de proteínas por meio da ubiquitina ligase E3 e a degradação da proteína (marcada) pela ação do proteassomo 26S.

Rubisco Acrônimo para a enzima ribulose bifosfato carboxilase/oxigenasse presente no cloroplasto. Em uma reação de carboxilase, a rubisco usa CO_2 atmosférico e ribulose-1,5-bifosfato para formar duas moléculas de 3-fosfoglicerato. Ela também funciona como uma oxigenase que incorpora O_2 à ribulose-1,5-bifosfato, produzindo uma molécula de 3-fosfoglicerato e outra molécula de 2-fosfoglicolato. A competição entre CO_2 e O_2 pela ribulose-1,5-bifosfato limita a fixação líquida de CO_2.

S

Sacarose Dissacarídeo composto por uma molécula de glicose e uma de frutose, unidas por uma ligação éter entre C-1, na subunidade glicosil, e C-2, na unidade frutosil. O nome químico completo é α-D-glucopiranosil--(1→2)-β-D-frutofuranosídeo. A sacarose é a forma de transporte de carboidratos (p. ex., no floema entre a fonte e o dreno).

Segregação vegetativa Uma consequência importante da herança de organelas (cloroplastos e mitocôndrias) é que uma célula vegetativa (não gamética) pode originar outra célula vegetativa via mitose. Essa célula é geneticamente diferente, porque uma célula-filha pode receber organelas com um tipo de genoma, enquanto a outra recebe organelas com informação genética diferente.

Seiva vacuolar Conteúdos fluídicos de um vacúolo, que podem incluir água, íons inorgânicos, açúcares, ácidos orgânicos e pigmentos.

Semente ortodoxa Semente que consegue tolerar a dessecação e permanecer viável após o armazenamento em um estado seco.

Sementes recalcitrantes Sementes que são liberadas da planta com uma quantidade relativamente alta de água e metabolismo ativo; como consequência, elas se deterioram sob desidratação e não sobrevivem ao armazenamento.

Senescência da planta inteira Morte da planta inteira, em vez da morte de células, tecidos ou órgãos individuais.

Senescência de órgãos Senescência de folhas inteiras, ramos, flores ou frutos. Ocorre em vários estágios do desenvolvimento vegetativo e reprodutivo, e normalmente inclui a abscisão do órgão senescente.

Senescência foliar sazonal Padrão de senescência foliar em que as folhas das árvores decíduas de climas temperados senescem de uma só vez, em resposta aos dias mais curtos e às temperaturas mais baixas do outono.

Senescência foliar sequencial Padrão de senescência foliar em que existe um gradiente desde o ápice de crescimento do caule até as folhas mais antigas na base.

Senescência Processo ativo de desenvolvimento, geneticamente controlado, no qual estruturas celulares e macromoléculas são decompostas e translocadas do órgão senescente (normalmente folhas) para regiões de crescimento ativo, que servem como drenos de nutrientes. Ela é iniciada por influências ambientais, regulada por hormônios.

Sequências do promotor regulador distal Localizadas a montante das sequências promotoras proximais, essas sequências que atuam em *cis* podem exercer controle positivo ou negativo sobre os promotores eucarióticos.

Sequências do promotor regulador Elementos de sequência que são parte do promotor central.

Sideróforos Moléculas pequenas secretadas por plantas não gramíneas e alguns microrganismos para quelar ferro, que é então absorvidas pelas células da superfície da raiz.

Silenciamento transcricional induzido por RNA (RITS, *RNA-induced transcriptional silencing*) Inativação direcionada do RNA mensageiro, quando uma sequência curta de RNA interferente hibridiza para formar um híbrido de fita dupla.

Simbiose Estreita associação de dois organismos, em uma relação que pode ou não trazer benefícios mútuos. Com frequência, aplicada à relação benéfica (mutualística). *Ver* Mutualismo.

Simplasto O *continuum* de protoplastos conectados por plasmodesmos.

Simples Uma folha com uma lâmina.

Simporte Tipo de transporte ativo secundário em que é acoplado o movimento de dois solutos na mesma direção através de uma membrana.

Sinal secundário Componente de sinalização que é produzido ou liberado pela ativação de uma rota de sinalização primária. Muitas vezes, um hormônio que atua em sítios distais ao sítio de ativação.

Sincício Célula multinucleada que pode resultar de fusões múltiplas de células uninucleadas, geralmente em resposta à infecção viral.

Sincronizado Refere-se à sincronização do período de ritmos biológicos por fatores controladores externos, como a luz e a escuridão.

Sinérgides Duas células adjacentes ao óvulo da oosfera, uma das quais é penetrada pelo tubo polínico após a entrada no rudimento seminal.

Sistema dérmico Sistema que cobre a parte externa do corpo da planta; a epiderme ou a periderme.

Sistema ferredoxina-tiorredoxina Três proteínas do cloroplasto (ferredoxina, ferredoxina–tiorredoxina redutase, tiorredoxina). A ação combinada das três proteínas usa o poder redutor do sistema fotossintético de transporte de elétrons para reduzir as ligações proteicas de dissulfeto por meio de uma cascata de trocas de tiol/dissulfeto. Como resultado, a luz controla a atividade de várias enzimas do ciclo de Calvin-Benson.

Sistemas regulatórios de dois componentes Rotas de sinalização comuns em procariotos. Normalmente envolvem uma proteína sensora de histidina quinase ligada à membrana, que percebe sinais ambientais, e uma proteína reguladora, que media a resposta. Embora raros em eucariotos, os sistemas de dois componentes estão envolvidos na sinalização do etileno e da citocinina.

Sistêmico Movimento de um sinal ou molécula de um local de uma planta para locais distais na planta.

Sítio de ligação de nucleotídeos – proteína de repetição rica em leucina (NLR, *nucleotide-binding site-leucine rich repeat*) Classe de proteínas R que contêm um NBD e repetição rica em leucina.

Sítio de pré-ramificação (*prebranch*) Local na raiz onde as células do periciclo opostas ao polo do xilema adquirem a capacidade de se tornarem células fundadoras da raiz lateral, correspondendo, aproximadamente, ao início da zona de maturação.

SNAREs Classe de proteínas de reconhecimento de alvos para fusão e fissão seletivas de vesículas e túbulos dentro do sistema de endomembranas.

Solução de Hoagland Solução nutritiva para o crescimento vegetal, formulada originalmente por Dennis R. Hoagland.

Solução nutritiva Solução com apenas sais inorgânicos, que sustenta o crescimento das plantas à luz solar, sem solo ou matéria orgânica.

Solutos compatíveis Compostos orgânicos que são acumulados no citosol durante o ajuste osmótico. Os solutos compatíveis não inibem as enzimas citosólicas, ao contrário das altas concentrações de íons. Exemplos de solutos compatíveis incluem prolina, sorbitol, manitol, e glicina betaína.

Sorbitol Açúcar-álcool formado pela redução do aldeído da glicose.

Súber *Ver* Felema.

Subfuncionalização Processo pelo qual a evolução atua sobre duplicações gênicas, fazendo com que uma cópia seja perdida ou mude de função, enquanto a outra retém sua função original.

Substrato de fitocromo quinase (PKS, *phytochrome kinase substrate*) Proteínas que participam da regulação de fitocromos via fosforilação direta ou via fosforilação por outras quinases.

***Sucrose non-Fermenting Related Kinase2* (SnRK2)** Família de quinases que inclui proteínas quinases ativadas pelo ABA ou proteínas quinases ativadas pelo estresse.

Superóxido dismutase Enzima que converte radicais superóxido em peróxido de hidrogênio.

Super-resfriamento Condição pela qual a água celular permanece líquida devido ao seu conteúdo de soluto, mesmo sob temperaturas de vários graus abaixo do ponto teórico de congelamento.

Suspensor Na embriogênese de espermatófitas, a estrutura que se desenvolve a partir da célula basal, logo após a primeira divisão do zigoto. Sustenta o embrião que se desenvolve a partir da célula apical e da hipófise, mas não é parte dele.

T

Tamanho do dreno Peso total do dreno.

Taninos condensados Taninos que são polímeros de unidades flavonoides. Eles requerem o uso de ácido forte para hidrólise.

Tapete Camada de células secretoras ao redor do lóculo da antera, que contribuem para a formação da parede celular do pólen.

TATA box Localizada a cerca de 25 a 35 pb a montante do sítio de início de transcrição, esta sequência curta TATAAA (A) serve como sítio de montagem para o complexo de iniciação da transcrição.

Taxa de transferência de massa Quantidade de material que passa por determinado corte transversal de floema, ou elementos crivados por unidade de tempo.

Tecido fundamental Tecidos vegetais internos, muito diferentes dos tecidos vasculares (de transporte).

Tecidos vasculares Tecidos vegetais especializados para o transporte de água (xilema) e produtos fotossintéticos (floema).

Telófase Estágio final da mitose (ou meiose), anterior à citocinese, durante o qual a cromatina descondensa, o envoltório nuclear se reorganiza e a placa celular se estende.

Telomerase Enzima que repara as extremidades dos cromossomos após a divisão celular e evita que eles se encurtem.

Telômeros Regiões de DNA repetitivo que formam as extremidades dos cromossomos e as protegem de degradação.

Tensão superficial Força exercida pelas moléculas de água junto à interface ar–água, resultante das propriedades de coesão e adesão de moléculas de água. Essa força minimiza a área de superfície da interface ar–água.

Tensão Pressão hidrostática negativa.

Teoria do balanço hormonal Hipótese segundo a qual a dormência e a germinação das sementes são reguladas pelo equilíbrio de ABA e giberelina.

Teoria endossimbiótica *Ver* Endossimbiose.

Território cromossômico A região específica dentro de um núcleo que é ocupada por um cromossomo.

Testa Camada externa da semente, derivada do tegumento do rudimento seminal.

Tétrade Par de cromossomos homólogos replicados que apresentam sinapses. Consiste em quatro cromátides.

Tigmotropismo Crescimento da planta em resposta ao toque. Permite que as raízes cresçam ao redor de rochas e os ramos de lianas envolvam estruturas de suporte.

Tilacoides Membranas especializadas do cloroplasto; são internas e contêm clorofila. Nelas ocorrem a absorção da luz e as reações químicas da fotossíntese.

Tolerância à dessecação Capacidade de uma planta de funcionar enquanto está desidratada.

Tolerância interna Mecanismos de tolerância que atuam no simplasto (em oposição aos mecanismos de exclusão).

Tonoplasto Membrana vacuolar.

Toro Espessamento central encontrado nas membranas de pontoação de traqueídes, no xilema da maioria das gimnospermas.

Toxina HC Tetrapeptídeo cíclico que permeia células, produzido pelo patógeno do milho *Cochliobolus carbonum*, que inibe histonas desacetilases.

Traço foliar Porção do sistema vascular primário do caule que diverge para uma folha.

Tradução Processo pelo qual uma proteína específica é sintetizada de acordo com a informação da sequência codificada pelo mRNA.

Transcrição Processo pelo qual a informação da sequência de bases no DNA é copiada em uma molécula de RNA.

Transcriptômica Estudo de transcriptomas.

Transferência de energia por ressonância de fluorescência Mecanismo físico pelo qual a energia de excitação é transmitida do pigmento que absorve a luz para o centro de reação.

Transferência de energia Nas reações luminosas da fotossíntese, é a transferência direta de energia de uma molécula excitada, como o caroteno, para outra molécula, como a clorofila. A transferência de energia pode também ocorrer entre moléculas quimicamente idênticas, como de clorofila para clorofila.

Transgene Gene exógeno ou alterado que foi inserido em uma célula ou em um organismo.

Transgênica Planta que expressa um gene exógeno introduzido por técnicas de engenharia genética.

Translocação (1) Na síntese proteica, é o movimento da proteína de seu sítio de síntese (citoplasma) para a membrana ou o lume de uma organela. (2) Movimento de fotossintatos das fontes para os drenos, no floema.

Translocon Canal proteico de membrana no retículo endoplasmático rugoso, que forma associações com receptores de PRS (partícula de reconhecimento de sinal) e permite que proteínas sintetizadas nos ribossomos entrem no lume do retículo endoplasmático.

Transpiração Evaporação de água da superfície de folhas e caules.

Transportador de fosfato Proteína na membrana plasmática específica para a absorção de fosfato pela célula.

Transporte apoplástico Movimento de moléculas pelo *continuum* celular chamado de apoplasto. As moléculas podem deslocar-se através das paredes celulares de células adjacentes unidas e, dessa forma, movem-se por toda a planta sem atravessar a membrana plasmática.

Transporte ativo primário Acoplamento direto de uma fonte de energia metabólica – como hidrólise de ATP, reação de oxidação-redução ou absorção de luz – ao transporte ativo por uma proteína carreadora.

Transporte ativo secundário Transporte ativo que usa energia armazenada na força motriz do próton ou outro gradiente iônico e opera por meio de simporte ou antiporte.

Transporte ativo Uso de energia para mover um soluto através de uma membrana contra um gradiente de concentração, um gradiente de potencial ou ambos (potencial eletroquímico). Transporte ascendente (*uphill*).

Transporte de longa distância Translocação através do floema até o dreno.

Transporte de massa Translocação de água e solutos por fluxo de massa a favor de um gradiente de pressão, como no xilema ou floema.

Transporte eletrogênico Transporte iônico ativo que envolve o movimento líquido de carga através de uma membrana.

Transporte eletroneutro Transporte ativo de íons que não envolve qualquer movimento líquido de carga através de uma membrana.

Transporte passivo Difusão através de uma membrana. O movimento espontâneo de um soluto através de uma membrana na direção de um gradiente de potencial (eletro)químico (do potencial mais alto para o mais baixo). Transporte a favor de um gradiente de concentração.

Transporte polar de auxina Corrente direcional de auxina, que atua no desenvolvimento programado e em respostas do crescimento plástico. O transporte de auxina polar por longa distância mantém a polaridade geral do eixo da planta e fornece auxina na direção de correntes localizadas.

Transporte pós-floema Movimento dos fotossintatos do parênquima do floema para o tecido-dreno, depois da liberação a partir do floema.

Transporte pré-floema Movimento de fotossintatos do mesófilo para a bainha do feixe e para o parênquima do floema, antes de sua absorção pelos complexos elemento crivado--células companheiras.

Transporte simplásmico Transporte intercelular de água e solutos através dos plasmodesmos.

Transporte Movimento de moléculas ou de íons de um local para outro. Ele pode envolver a passagem através de uma barreira de difusão, como uma ou mais membranas.

Transposase Enzima que catalisa o movimento de uma sequência de DNA de um sítio para outro na molécula de DNA.

Transposons (elementos transponíveis) Elementos de DNA que podem se mover ou ser copiados de um sítio no genoma para outro.

Transposons de DNA Grupo dominante de repetições dispersas encontradas na heterocromatina, podendo mover-se ou ser copiadas de um local para outro dentro do genoma da mesma célula.

Traqueídes Células fusiformes condutoras de água, com extremidades afiladas e paredes dotadas de pontoações. São encontradas no xilema de angiospermas e gimnospermas.

Trato transmissor Trajeto de crescimento do tubo polínico do estigma até a micrópila do ovário.

Triacilgliceróis Três grupos acil graxos, esterificados a três grupos hidroxila de glicerol. Gorduras e óleos.

Tricomas Estruturas unicelulares ou multicelulares, semelhantes a pelos, que se diferenciam a partir das células epidérmicas de partes aéreas e raízes. Os tricomas podem ser estruturais ou glandulares e atuam em respostas vegetais bióticas ou abióticas.

Trifina Substância adesiva e pegajosa, rica em proteínas, ácidos graxos, ceras e outros hidrocarbonetos, que reveste a camada de exina de paredes celulares do pólen.

Trifosfato de adenosina (ATP, *adenosine triphosphate***)** Principal transportador de energia química na célula, que por hidrólise, é convertido em difosfato de adenosina (ADP, *adenosine diphosphate*) ou monofosfato de adenosina (AMP, *adenosine diphosphate*).

Triose fosfato Açúcar de três carbonos ligado a um grupo fosfato.

Troca catiônica Substituição de cátions minerais adsorvidos à superfície de partículas do solo por outros cátions.

Tropismos Crescimento vegetal orientado em resposta a um estímulo direcional percebido de luz, gravidade, contato ou potencial hídrico.

Tubo crivado Tubo formado pela junção das paredes terminais de elementos de tubo crivado individuais.

Tubulina Família de proteínas citoesqueléticas de ligação ao GTP com três membros: α-tubulina, β-tubulina e γ-tubulina. A α-tubulina forma heterodímeros com a β-tubulina, que polimerizam e formam microtúbulos. A β-tubulina é exposta na extremidade mais de crescimento e passa por hidrólise do GTP, ao passo que o GTP não é hidrolisado na α-tubulina. A iniciação dos microtúbulos é mediada pela γ-tubulina, que constitui um "iniciador" (*primer*) aneliforme para a construção do microtúbulo em sua extremidade menos.

U

Ubiquinona Carreador móvel de elétrons da cadeia mitocondrial de transporte de elétrons. Química e funcionalmente, é semelhante à plastoquinona na cadeia fotossintética de transporte de elétrons.

Ubiquitina Polipeptídio pequeno ligado covalentemente a proteínas pela enzima ubiquitina ligase usando energia do ATP; serve como um sítio de reconhecimento para um grande complexo proteolítico, o proteassomo.

União de extremidades não homóloga (NHEJ, *non-homologous end-joining***)** Rota que repara quebras de fita dupla no DNA, ligando diretamente as extremidades das quebras sem a necessidade de um molde homólogo, geralmente na presença de um molde "guia".

UV RESISTANCE LOCUS 8 (UVR8) Receptor de proteínas que media várias respostas vegetais à irradiação UV-B.

V

Vacúolo Organela celular ligada à membrana, que contém água e substâncias dissolvidas, como sais, açúcares, enzimas e aminoácidos. Os vacúolos atuam na manutenção do equilíbrio hídrico e do turgor celular. Os vacúolos líticos são caracterizados por um pH mais ácido e, muitas vezes, podem ocupar a maior parte do espaço dentro de uma célula. Os vacúolos especializados para reserva de proteínas são encontrados principalmente em sementes e plântulas muito jovens.

Vacúolos associados à senescência (SAVs, *senescence-associated vacuoles***)** Vacúolos ácidos pequenos, ricos em protease, que aumentam em quantidade durante a senescência no mesófilo (parte da folha) e nas células-guarda, mas não nas células epidérmicas aclorofiladas. Embora sejam distintos dos corpos que contêm rubisco, esses vacúolos contêm rubisco e outras enzimas do estroma, que são capazes de degradação diretamente, independentemente da maquinaria autofágica.

Vacúolos de armazenamento de proteínas Vacúolos pequenos especializados, que acumulam proteínas de reserva, geralmente nas sementes.

Variegação Condição na qual as folhas mostram padrões de branco e verde. É produzida por segregação vegetativa e pode ser causada por mutações em genes nucleares, mitocondriais ou de cloroplastos.

Vaso Sequência tubular de dois ou mais elementos de vaso (xilema).

Vernalização Em algumas espécies, trata-se da necessidade de temperatura baixa para o florescimento. O termo é derivado da palavra "primavera".

Verticilos Pertencentes ao padrão concêntrico de um conjunto de órgãos que são iniciados ao redor dos flancos do meristema.

Vigor híbrido (heterose) Aumento do vigor frequentemente observado na descendência de cruzamentos entre duas variedades endogêmicas da mesma espécie vegetal.

Vilina Uma proteína de ligação da actina que agrupa filamentos de actina F.

Viviparidade Germinação precoce das sementes no fruto, enquanto este ainda está fixado à planta.

Voláteis de folhas verdes Mistura de aldeídos de seis carbonos derivados de lipídeos, álcoois e ésteres, liberada pelas plantas em resposta ao dano mecânico.

X

Xantofila Carotenoide envolvido no *quenching* não fotoquímico. A xantofila zeaxantina está associada ao estado sob *quenching* do fotossistema II, e a violaxantina associa-se ao estado que não está sob *quenching*.

Xilano Polímero de açúcar xilose de cinco carbonos.

Xilema secundário Xilema produzido pelo câmbio vascular.

Xilema Sistema vascular que transporta água e íons da raiz para as outras partes da planta.

Xiloglucano endotransglucosilase (XET) *Ver* Xiloglucano endotransglucosilase /hidrolases.

Xiloglucano endotransglucosilase/hidrolases (XTHs) Grande família de enzimas, incluindo a xiloglucano endotransglucosilase (XET), que têm a capacidade de clivar a estrutura básica de um xiloglucano na parede celular e unir uma extremidade da cadeia cortada à extremidade livre de um xiloglucano aceptor.

Xiloglucano Hemicelulose com uma estrutura básica de resíduos de D-glicose com ligações β-(1→4) e cadeias laterais curtas que contêm xilose, galactose e, às vezes, fucose. O xiloglucano é a hemicelulose mais abundante nas paredes primárias da maioria das plantas (em gramíneas está presente, mas é menos abundante).

XIUQIU Grupo de pequenos peptídeos do tipo defensina, ricos em cisteína, que estão envolvidos na quimioatração dos tubos polínicos em relação aos rudimentos seminais. Estão relacionados à família semelhante denominada LUREs, mas são menos específicos de espécie e, portanto, são considerados atrativos mais genéricos.

Z

Zeitgeber Sinais ambientais, como transições da luz para o escuro ou do escuro para a luz, que sincronizam o oscilador endógeno para uma periodicidade de 24 horas.

ZEITLUPE (ZTL) Fotorreceptor de luz azul que regula a percepção do comprimento do dia (fotoperiodismo) e os ritmos circadianos.

Zona central (ZC) Aglomerado central de células relativamente grandes, altamente vacuoladas e de divisões lentas, localizadas nos meristemas apicais dos caules e comparáveis ao centro quiescente dos meristemas das raízes.

Zona de abscisão Região que contém a camada de abscisão e está localizada perto da base dos órgãos florais e do pecíolo das folhas.

Zona de alongamento Região de alongamento rápido e extenso das células da raiz, mostrando poucas, quando muito, divisões celulares.

Zona de deficiência Concentrações de um nutriente mineral no tecido vegetal abaixo da concentração crítica, que reduz o crescimento da planta.

Zona de esgotamento de nutrientes Região no entorno da superfície da raiz que mostra a diminuição nas concentrações de nutrientes, devido à absorção pelas raízes e à lenta reposição por difusão.

Zona de maturação Região da raiz que completou sua diferenciação e apresenta pelos, para a absorção de água e solutos, e tecido vascular funcional.

Zona medular (ZM) Células meristemáticas localizadas abaixo da zona central do meristema apical do caule, que originam os tecidos internos desse órgão.

Zona meristemática Região no ápice da raiz que contém o meristema gerador do corpo da raiz. Localiza-se logo acima da coifa.

Zona periférica (ZP) Região em formato de "bolo de forma com o centro oco", que circunda a zona central em meristemas apicais de caules. É formada por células pequenas que se dividem ativamente e possuem vacúolos inconspícuos. Os primórdios foliares são formados na zona periférica.

Créditos das ilustrações

Capítulo 1

Alberts, B., et al. (2007) *Molecular Biology of the Cell*. 5th ed. Garland Science, New York.

Fiserova, J., et al. (2009) Nuclear envelope and nuclear pore complex structure and organization in tobacco BY-2 cells. *Plant J.* 59(2): 243–255.

Fitzgibbon, J., et al. (2013) A developmental framework for complex plasmodesmata formation revealed by large-scale imaging of the Arabidopsis leaf epidermis. *Plant Cell* 25: 57–70.

Froelich, D. R., et al. (2011) Phloem ultrastructure and pressure flow. *Plant Cell* 23: 4428–4445.

Gunning, B. E. S. (2009) *Plant Cell Biology on DVD: Information for students and a resource for teachers*. Springer: New York.

Gunning, B. E. S., and Steer, M. W. (1996) *Plant Cell Biology: Structure and Function of Plant Cells*. Jones and Bartlett, Boston.

Higaki, T., et al. (2008) Quantitative analysis of changes in actin microfilament contribution to cell plate development in plant cytokinesis. *BMC Plant Biol.* 8: 80.

Huang, A. H. C. (1987) Lipases. In *The Biochemistry of Plants: A Comprehensive Treatise*. Vol. 9, Lipids: Structure and Function of Plant Cells, pp. 91–119. Jones and Bartlett, Boston.

Leroux, O. (2012) Collenchyma: a versatile mechanical tissue with dynamic cell walls. *Ann. Bot.* 110: 1083–1098.

Rudall, P. J. (1987) Laticifers in Euphorbiaceae. *Bot. J. Linn. Soc.* 94: 143–163.

Seguí-Simarro, J. M., et al. (2004) Electron tomographic analysis of somatic cell plate formation in meristematic cells of arabidopsis preserved by high-pressure freezing. *Plant Cell* 16: 836–856.

Staehelin, L. A., and Newcomb, E. H. (2000) In *Biochemistry and Molecular Biology of Plants*. B. B. Buchanan et al. (eds.). American Society of Plant Biologists, Rockville, MD.

Ueki, S., and V. Citovsky. (2011) To gate, or not to gate. *Mol. Plant* 4(5): 782–793.

Xu, X., et al. (2007) Anchorage of plant RanGAP to the nuclear envelope involves novel nuclear-pore-associated proteins. *Curr. Biol.* 17: 1157–1163.

Zhang, W., et al. (2011) The protective shell: sclereids and their mechanical function in corollas of some species of *Camellia* (*Theaceae*). *Plant Biol.* 13: 688–692.

Capítulo 2

Baskin, T. I., et al. (1994) Morphology and microtubule organization in Arabidopsis roots exposed to oryzalin or taxol. *Plant Cell Physiol.* 35: 935–942.

Carpita, N. C., and McCann, M. C. (2000) In *Biochemistry and Molecular Biology of Plants*. B. B. Buchanan et al. (eds.). American Society of Plant Biologists, Rockville, MD.

Cosgrove, D. J. (1997) Assembly and enlargement of the primary cell wall in plants. *Annu. Rev. Cell Dev. Biol.* 13: 171–201.

Cosgrove, D. J. (2005) Growth of the plant cell wall. *Nat. Rev. Mol. Cell Biol.* 6: 850–861.

Fry, S. (2004) Primary cell wall metabolism: tracking the careers of wall polymers in living plant cells. *New Phytol.* 161(3): 641–675.

Gunning, B. E. S., and Steer, M. W. (1996) *Plant Cell Biology: Structure and Function of Plant Cells*. Jones and Bartlett, Boston.

Kimura, S., et al. (1999) Immunogold labeling of rosette terminal cellulose-synthesizing complexes in the vascular plant Vigna angularis. *Plant Cell* 11: 2075–2085.

Matthews, J. F., Skopec, C. E., Mason, P. E., Zuccato, P., Torget, R. W., Sugiyama, J., Himmel, M. E., and Brady, J. W. (2006) Computer simulation studies of microcrystalline cellulose Ib. *Carbohydr. Res.* 341: 138–152.

McCann, M. C., et al. (1990) Direct visualization of cross-links in the primary plant cell wall. *J. Cell Sci.* 96: 323–334.

Mohnen, D. (2008) Pectin structure and biosynthesis. *Curr. Opin. Plant Biol.* 11(3): 266–277

Morgan, J. L. W., et al. (2013) Crystallographic snapshot of cellulose synthesis and membrane translocation. *Nature* 493: 181–186. https://doi.org/10.1038/nature11744

Park, Y. B., and Cosgrove, D. J. (2012) A revised architecture of primary cell walls based on biomechanical changes induced by substrate-specific endoglucanases. *Plant Physiol.* 158(4): 1933–1943. https://doi.org/10.1104/pp.111.192880

Ralph, J., et al. (2007) Lignins. In *eLS*, (Ed.). https://doi.org/10.1002/9780470015902.a0020104

Roppolo, D., and Geldner, N. (2012) Membrane and walls: who is master, who is servant? *Curr. Opin. Plant Biol.* 15(6): 608–617. https://doi.org/10.1016/j.pbi.2012.09.009

Sethaphong, L. et al. (2013) Tertiary model of a plant cellulose synthase. *PNAS* 110: 7512–7517. http://www.pnas.org/content/110/18/7512.full

Terashima, N., et al. (2004) Formation of macromolecular lignin in ginkgo xylem cell walls as observed by field emission scanning electron microscopy. *Comptes Rendus Biologies* 327: 903–910. doi:10.1016/j.crvi.2004.08.001 http://www.sciencedirect.com/science/article/pii/S1631069104001738

Zha, Z., et al. (2014) Molecular dynamics simulation study of xyloglucan adsorption on cellulose surfaces: effects of surface hydrophobicity and side-chain variation. *Cellulose* 21: 1025–1039. http://link.springer.com/article/10.1007%2Fs10570-013-0041-1

Zhang, T., et al. (2014) Visualization of the nanoscale pattern of recently-deposited cellulose microfibrils and matrix materials in never-dried primary walls of the onion epidermis. *Cellulose* 21: 853–862. https://doi.org/10.1007/s10570-013-9996-1

Capítulo 3

Anzalone, A. V., et al. (2020) Genome editing with CRISPR–Cas nucleases, base editors, transposases and prime editors. *Nat. Biotechnol.* 38: 824–844. https://doi.org/10.1038/s41587-020-0561-9

Barresi, M., and Gilbert, S. (2019) *Developmental Biology*, 12th ed. Oxford University Press/Sinauer, Sunderland, MA.

Cermak, T., et al. (2011) Efficient design and assembly of custom TALEN and other TAL effector-based constructs for DNA targeting. *Nucleic Acids Res.* 39(12): e82. https://doi.org/10.1093/nar/gkr218

Comai, L. (2005) The advantages and disadvantages of being polyploid. *Nat. Rev. Genet.* 6: 836–846. https://doi.org/10.1038/nrg1711

Grandont, L., et al. (2013) Meiosis and its deviations in polyploid plants. *Cytogenet. Genome Res.* 140: 171–184.

Kato, A., et al. (2004) Chromosome painting using repetitive DNA sequences as probes for somatic chromosome identification in maize. *Proc. Natl. Acad. Sci. USA* 101: 13554-13559. © 2004 National Academy of Sciences, U.S.A.

Ma, H. (2005) Molecular genetic analyses of microsporogenesis and microgametogenesis in flowering plants. *Annu. Rev. Plant Biol.* 56: 393–434. http://www.annualreviews.org/doi/pdf/10.1146/annurev.arplant.55.031903.141717

Miura, A., et al. (2001) Mobilization of transposons by a mutation abolishing full DNA methylation in Arabidopsis. *Nature* 411: 212–214.

Paul III, J. W., and Qi, Y. (2016) CRISPR/Cas9 for plant genome editing: accomplishments, problems and prospects. *Plant Cell Rep.* 35: 1417–1427.

Sander, J., and Joung, J. (2014) CRISPR-Cas systems for editing, regulating and targeting genomes. *Nat. Biotechnol.* 32: 347–355. https://doi.org/10.1038/nbt.2842

Sun, Y., et al. (2016) Engineering herbicide-resistant rice plants through CRISPR/Cas9-mediated homologous recombination of acetolactate synthase. *Mol. Plant* 9(4): 628–631.

Tiang, C.-L., et al. (2012) Chromosome organization and dynamics during interphase, mitosis, and meiosis in plants. *Plant Physiol.* 158(1): 26–34.

Wu, F., et al. (2021) Opinion: Allow golden rice to save lives. *Proc. Natl. Acad. Sci. USA* 118 (51): e2120901118.

Capítulo 4

Aloni, R., et al. (1998) The Never ripe mutant provides evidence that tumor-induced ethylene controls the morphogenesis of Agrobacterium tumefaciens-induced crown galls in tomato stems. *Plant Physiol.* 117: 841–849.

Böhm, J., and Scherzer, S. (2021) Signaling and transport processes related to the carnivorous lifestyle of plants living on nutrient-poor soil. *Plant Physiol.* 187(4): 2017–2031.

Hartwig, T., et al. (2011) Brassinosteroid control of sex determination in maize. *PNAS* 108: 19814–19819.

Jiang, J., et al. (2013) Ligand perception, activation, and early signaling of plant steroid receptor brassinosteroid insensitive 1. *J. Integr. Plant Biol.* 55 (12): 1198–1211.

Ju, C., and Chang, C. (2012) Advances in ethylene signalling: protein complexes at the endoplasmic reticulum membrane. *AoB PLANTS* 2012: pls031. https://doi.org/10.1093/aobpla/pls031.

Liang, X., and Zhou, J.-M. (2018) Receptor-like cytoplasmic kinases: Central players in plant receptor kinase–mediated signaling. *Annu. Rev. Plant Physiol.* 69(1): 267–299.

Multani, D. S., et al. (2003) Loss of an MDR Transporter in Compact Stalks of Maize br2 and Sorghum dw3 Mutants. *Science* 302(5642): 81–84.

Riou-Khamlichi, C., et al. (1999) Cytokinin activation of Arabidposis cell division through a D-type cyclin. *Science* 283: 1541–1544.

Santner, A., Estelle, M. (2009) Recent advances and emerging trends in plant hormone signalling. *Nature* 459: 1071–1078. https://doi.org/10.1038/nature08122.

Wang, X. (2004) Lipid signaling. *Curr. Opin. Plant Biol.* 7(3): 329–336. https://doi.org/10.1016/j.pbi.2004.03.012.

Capítulo 5

Briggs, S., et al. (2014) Numerical modelling of flow and transport in rough fractures. *JRMGE* 6(6): 535–545. https://doi.org/10.1016/j.jrmge.2014.10.004.

Day, W., et al. (1978) A drought experiment using mobile shelters: The effect of drought on barley yield, water use and nutrient uptake. *J. Agric. Sci.* 91: 599–623.

Hsiao, T. C. (1973) Plant responses to water stress. *Ann Rev. Plant Physiol.* 24: 519–570.

Hsiao, T. C., and Xu, L. K. (2000) Sensitivity of growth of roots versus leaves to water stress: Biophysical analysis and relation to water transport. *J. Exp. Bot.* 51: 1595–1616.

Innes, P., and Blackwell, R. D. (1981) The effect of drought on the water use and yield of two spring wheat genotypes. *J. Agric. Sci.* 96: 603–610.

Jones, H. (2013). *Plants and Microclimate: A Quantitative Approach to Environmental Plant Physiology* (3rd ed.). Cambridge: Cambridge University Press. doi:10.1017/CBO9780511845727.

Schuur, E. A. (2003) Productivity and global climate revisited: The sensitivity of tropical forest growth to precipitation. *Ecology* 84: 1165–1170.

Capítulo 6

Bange, G. G. J. (1953) On the quantitative explanation of stomatal transpiration. *Acta Bot. Neerl.* 2: 255–296.

Gunning, B. E. S. and Steer, M. W. (1996) *Plant Cell Biology: Structure and Function of Plant Cells*. Jones and Bartlett, Boston.

Kramer, P. J. (1983) *Water Relations of Plants*, p. 132. Academic Press: San Diego, CA; after Agricultural Research Council Letcombe Laboratory Annual Report (1973, p. 10).

Meidner, H., and Mansfield, D. (1968) *Physiology of Stomata*. McGraw-Hill, London.

Nobel, P. S. (1999) *Physiochemical and Environmental Plant Physiology*, 2nd ed. Academic Press, San Diego, CA.

Palevitz, B. A. (1981) The structure and development of guard cells. In *Stomatal Physiology*, P. G. Jarvis and T. A. Mansfield, eds., Cambridge University Press, Cambridge, pp. 1–23.

Pittermann, J., et al. (2005) Torus-margo pits help conifers compete with angiosperms. *Science* 310(5756): 1924.

Sack, F. D. (1987) The development and structure of stomata. In *Stomatal Function*, E. Zeiger, G. Farquhar, and I. Cowan, Eds., Stanford University Press, Stanford, CA, pp. 59–90.

Sperry, J. S. (2000) Hydraulic constraints on plant gas exchange. *Agric. For. Meteorol.* 104(1): 13–23.

Zimmerman, H. 1983. *Xylem Structure and the Ascent of Sap*. Springer, Berlin.

Capítulo 7

Baxter, I. R., et al. (2008) The leaf ionome as a multivariable system to detect a plant's physiological status. *Proc. Natl. Acad. Sci. USA* 105(33): 12081–12086.

Bloom, A. J., et al. (1993) Root growth as a function of ammonium and nitrate in the root zone. *Plant Cell Environ.* 16: 199–206.

Brady, N. C. (1974) *The Nature and Properties of Soils*, 8th ed. Macmillan, New York.

Epstein, E. (1972) *Mineral Nutrition of Plants: Principles and Perspectives*. John Wiley and Sons, New York.

Epstein, E. (1999) Silicon. *Annu. Rev. Plant Physiol. Mol. Biol.* 50: 641–664.

Epstein, E., and Bloom, A. J. (2005) *Mineral Nutrition of Plants: Principles and Perspectives*, 2nd ed. Oxford University Press/Sinauer, Sunderland, MA.

Erisman, J. W., et al. (2011) Reactive nitrogen in the environment and its effect on climate change. *Curr. Opin. Environ. Sustain.* 3(5): 281–290. https://doi.org/10.1016/j.cosust.2011.08.012.

Evans, H. J., and Sorger, G. J. (1966) Role of mineral elements with emphasis on the univalent cations. *Annu. Rev. Plant Physiol.* 17: 47–76.

Giovannetti, M., et al. (2006) At the root of the wood wide web. *Plant Signal. Behav.* 1(1): 1–5.

Lucas, R. E., and Davis, J. F. (1961) Relationships between pH values of organic soils and availabilities of 12 plant nutrients. *Soil Sci.* 92: 177–182.

Lynch, J. P. (2007) Roots of the second Green Revolution. *Aust. J. Bot.* 55: 493–512. http://dx.doi.org/10.1071/BT06118

Matsubayashi, Y. (2018) Exploring peptide hormones in plants: identification of four peptide hormone-receptor pairs and two post-translational modification enzymes. *Proc. Jpn. Acad. Ser. B. Phys. Biol. Sci.* 94(2): 59–74.

Mengel, K., and Kirkby, E. A. (2001) *Principles of Plant Nutrition*, 5th ed. Kluwer Academic Publishers, Dordrecht, Netherlands.

Péret, B., et al. (2014) Root architecture responses: In search of phosphate. *Plant Physiol.* 166(4): 1713–1723. https://doi.org/10.1104/pp.114.244541.

Remans, T., et al. (2006) The Arabidopsis NRT1.1 transporter participates in the signaling pathway triggering root colonization of nitrate-rich patches. *Proc. Natl. Acad. Sci. USA* 103 (50): 19206–19211.

Rovira, A. D., et al. 1983. The significance of rhizosphere microflora and mycorrhizas in plant nutrition. In *Encyclopedia of Plant Physiology*, New Series, Vol. 15A: Inorganic Plant Nutrition, A. Läuchli and R. L. Bieleski, eds., Springer, Berlin, pp. 61–93.

Vukosav, P., et al. (2012) Revision of iron(III)–citrate speciation in aqueous solution. Voltammetric and spectrophotometric studies. *Analytica Chimica Acta* 745: 85–91. https://doi.org/10.1016/j.aca.2012.07.036.

Weaver, J. E. (1926) *Root Development of Field Crops*. McGraw-Hill, New York.

Capítulo 8

Focht, D., et al. (2017) Improved model of proton pump crystal structure obtained by interactive molecular dynamics flexible fitting expands the mechanistic model for proton translocation in P-Type ATPases. *Front. Physiol.* 8: 202.

Guerinot, M. L., and Yi, Y. (1994) Iron: Nutritious, noxious, and not readily available. *Plant Physiol.* 104: 815–820.

Higinbotham, N., et al. (1967) Mineral ion contents and cell transmembrane electropotentials of pea and oat seedling tissue. *Plant Physiol.* 42(1): 37–46.

Higinbotham, N. (1970) Evidence for an electrogenic ion transport pump in cells of higher plants. *J. Membr. Biol.* 3: 210–222.

Kluge, C., et al. (2003) New insight into the structure and regulation of the plant vacuolar H+-ATPase. *J. Bioenerg. Biomembr.* 35: 377–388.

Lebaudy, A., et al. (2007) K+ channel activity in plants: Genes, regulations and functions. *FEBS Lett.* 581: 2357–2366.

Leng, Q., et al. (2002) Electrophysiological analysis of cloned cyclic nucleotide-gated ion channels. *Plant Phys.* 128(2): 400–410. https://doi.org/10.1104/pp.010832.

Lin, W., et al. (1984) Sugar transport into protoplasts isolated from developing soybean cotyledons: I. Protoplast isolation and general characteristics of sugar transport. *Plant Phys.* 75(4): 936–940. https://doi.org/10.1104/pp.75.4.936

Sanders, D., and Bethke, P. (2000) Membrane Transport. In *Biochemistry and Molecular Biology of Plants*, B. B. Buchanan et al. [eds.], pp. 110-158. American Society of Plant Physiologists: Rockville, MD.

Very, A. A., and Sentenac, H. (2002) Cation channels in the Arabidopsis plasma membrane. *Trends Plant Sci.* 7: 168–175.

Capítulo 9

Allen, J. F., and Forsberg, J. (2001) Molecular recognition in thylakoid structure and function. *Trends Plant Sci.* 6(7): 317–326.

Asada, K. (1999) The water-water cycle in chloroplasts: Scavenging of active oxygens and dissipation of excess photons. *Annu. Rev. Plant Physiol. Plant Mol. Biol.* 50(1): 601–639.

Barber, J., et al. (1999) Subunit positioning in photosystem II revisited. *Trends Biochem. Sci.* 24(2): 43–45.

Barros, T., and Kühlbrandt, W. (2009) Crystallisation, structure and function of plant light-harvesting Complex II. *Biochim. Biophys. Acta.* 1787(6): 753–772. https://doi.org/10.1016/j.bbabio.2009.03.012.

Becker, W. M. (1986) *The World of the Cell*. Benjamin/Cummings, Menlo Park, CA.

Blankenship, R. E., and Prince, R. C. (1985) Excited-state redox potentials and the Z scheme of photosynthesis. *Trends Biochem. Sci.* 10(10): 382–383. https://doi.org/10.1016/0968-0004(85)90059-3.

Ferreira, K. N., et al. (2004) Architecture of the photosynthetic oxygen-evolving center. *Science* 303(5665): 1831–1838.

Jagendorf, A. T. (1967) Acid-based transitions and phosphorylation by chloroplasts. *FASEB* 26: 1361–1369.

Kurisu, G., et al. (2003) Structure of cytochrome b6f complex of oxygenic photosynthesis: tuning the cavity. *Science* 302(5647): 1009–1014.

Malkin, R., and Niyogi, K. (2000) Photosynthesis. In *Biochemistry and Molecular Biology of Plants*, B. B. Buchanan et al. (eds.), pp. 568–628. American Society of Plant Physiologists: Rockville, MD.

Nelson, N., and Ben-Shem, A. (2004) The complex architecture of oxygenic photosynthesis. *Nat. Rev. Mol. Cell Biol.* 5: 971–982.

Umena, Y., et al. (2011) Crystal structure of oxygen-evolving photosystem II at a resolution of 1.9Å. *Nature* 473: 55–60.

Capítulo 10

Blennow, A., et al. (2003) The molecular deposition of transgenically modified starch as imaged by high-resolution microscopy. *J. Struct. Biol.* 143(3): 229–241.

Chuong, S. D. X., et al. (2006) The cytoskeleton maintains organelle partitioning required for single-cell C_4 photosynthesis in Chenopodiaceae species. *Plant Cell* 18(9): 2207–2223. https://doi.org/10.1105/tpc.105.036186.

Capítulo 11

Adams, W. W., and Demmig-Adams, B. (1992) Operation of the xanthophyll cycle in higher plants in response to diurnal changes in incident sunlight. *Planta* 186: 390–398.

Barnola, J. M., et al. (2003) Historical CO_2 record from the Vostok ice core. In *Trends: A Compendium of Data on Global Change*, T. A. Boden, D. P. Kaiser, R. J. Sepanski, and F. W. Stoss, eds., Carbon Dioxide Information Analysis Center, Oak Ridge National Laboratory, U.S. Dept. of Energy, Oak Ridge, TN, pp. 7–10.

Berry, J. A., and Downton, J. S. (1982) Environmental regulation of photosynthesis. In *Photosynthesis: Development, Carbon Metabolism and Plant Productivity*, Vol. 2, Govindjee, ed., Academic Press, New York, pp. 263–343.

Björkman, O. (1981) Responses to Different Quantum Flux Densities. In *Physiological Plant Ecology I. Encyclopedia of Plant Physiology* (New Series), vol 12A, Lange, O. L. et al. (eds), pp. 57–107. Springer: Berlin, Heidelberg.

Björkman, O., et al. (1975) Photosynthetic responses of plants from habitats with contrasting thermal environments: comparison of photosynthetic characteristics of intact plants. *Carnegie Inst. Wash. Yb.* 74: 743-48.

Cerling, T., et al. (1997) Global vegetation change through the Miocene/Pliocene boundary. *Nature* 389: 153–158.

Demmig-Adams, B., and Adams, W. (2000) Harvesting sunlight safely. *Nature* 403: 371–373. https://doi.org/10.1038/35000315.

Ehleringer, J. R. (1978) Implications of quantum yield differences on the distributions of C_3 and C_4 grasses. *Oecologia* 31: 255–267.

Ehleringer, J. R., et al. (1997) C_4 photosynthesis, atmospheric CO_2, and climate. *Oecologia* 112: 285–299.

Etheridge, D. M., et al. (1998) Historical CO_2 records from the Law Dome DE08, DE08-2, and DSS ice cores. In *Trends: A Compendium of Data on Global Change*. Carbon Dioxide Information Analysis Center, Oak Ridge National Laboratory, U.S. Department of Energy, Oak Ridge, Tenn., U.S.A.

Harvey, G. W. (1979) Photosynthetic performance of isolated leaf cells from sun and shade plants. *Carnegie Inst. Wash. Yb.* 79: 161–164.

Jarvis, P. G., and Leverenz, J. W. (1983) Productivity of Temperate, Deciduous and Evergreen Forests. In *Physiological Plant Ecology IV. Encyclopedia of Plant Physiology* (New Series), vol 12D, Lange O. L. et al. (eds.), pp. 233–280. Springer: Berlin, Heidelberg.

Jeon, M.-W., et al. (2006) Photosynthetic pigments, morphology and leaf gas exchange during ex vitro acclimatization of micropropagated CAM Doritaenopsis plantlets under relative humidity and air temperature. *Env. Exp. Bot.* 55(Issues 1–2): 183–194. https://doi.org/10.1016/j.envexpbot.2004.10.014.

Keeling, C. D., and Whorf, T. P. (1994) Atmospheric CO_2 records from sites in the SIO air sampling network. In *Trends '93: A Compendium of Data on Global Change*, T. A. Boden, D. P. Kaiser, R. J. Sepanski, and F. W. Stoss, eds., Carbon Dioxide Information Center, Oak Ridge National Laboratory, Oak Ridge, TN, pp. 16–26; updated using data from Dr. Pieter Tans, NOAA/

ESRL (www.esrl.noaa.gov/gmd/ccgg/trends/) and Dr. Ralph Keeling, Scripps Institution of Oceanography (scrippsco2.ucsd.edu/).

Long, S. P., et al. (2006) Foord for thought: Lower-than-expected crop stimulation with rising CO_2 concentrations. *Science* 312: 1918-1921.

Osmond, C. B. (1994) What Is Photoinhibition? Some insights from comparisons of shade and sun plants. In *Photoinhibition of Photosynthesis: From Molecular Mechanisms to the Field*, N. Baker and J. R. Bowyer, eds., BIOS Scientific, Oxford, pp. 1–24.

Smith, H. (1986) The Light Environment. In *Photomorphogenesis in Plants*, 1st ed, R. E. Kendrick and G. H. M. Kronenberg, eds., Nijhoff, Dordrecht, Netherlands, pp. 187–217.

Smith, H. (1994) Sensing the light environment: The functions of the phytochrome family. In *Photomorphogenesis in Plants*, 2nd ed., R. E. Kendrick and G. H. M. Kronenberg, eds., Nijhoff, Dordrecht, Netherlands, pp. 377–416.

Stewart G. R., et al. (1995) 13C natural abundance in plant communities along a rainfall gradient: a biological integrator of water availability. *Funct. Plant Biol.* 22(1): 51–55.

Tlalka, M., and Fricker, M. (1999) The role of calcium in blue-light-dependent chloroplast movement in *Lemna trisulca* L. *Plant J.* 20: 461–473.

Vogelmann, T. C., and Björn, L. O. (1983) Response to directional light by leaves of a suntracking lupine (*Lupinus succulentus*). *Physiol. Plant.* 59(4): 533–538.

Capítulo 12

Bentwood, B. J., Cronshaw, J. (1978) Cytochemical localization of adenosine triphosphatase in the phloem of *Pisum sativum* and its relation to the function of transfer cells. *Planta* 140: 111–120.

Evert, R. F. (1982) Sieve-tube structure in relation to function. *Bioscience* 32: 789–795.

Froelich, D. R., et al. (2011) Phloem ultrastructure and pressure flow: Sieve-element-occlusion-related agglomerations do not affect translocation. *Plant Cell* 23(12): 4428–4445.

Fondy, B. R. (1975) Sugar selectivity of phloem loading in *Beta vulgaris, vulgaris* L. and *Fraxinus americanus, americana* L. Thesis, University of Dayton, Dayton, OH.

Furch, A. C. U., et al. (2007) Ca^{2+}-mediated remote control of reversible sieve tube occlusion in *Vicia faba*. *J. Exp. Bot.* 58(11): 2827–2838.

Gamalei, Y. V. (1985) Features of phloem loading in woody and herbaceous plants. *Fiziologiya Rastenii* (Moscow) 32: 866–875.

Hall, S. M., and Baker, D. A. (1972) The chemical composition of Ricinus phloem exudate. *Planta* 106: 131–140.

Hunziker, P., and Schulz, A. (2019) Transmission electron microscopy of the phloem with minimal artefacts. In *Phloem: Methods and Protocols, Methods in Molecular Biology*, vol. 2014, J Liesche, (ed.), pp. 17–27. Humana: New York.

Jensen, K. H., et al. (2012) Modeling the hydrodynamics of phloem sieve plates. *Front. Plant Sci.* 3(151): 1-11.

Joy, K. W. (1964) Translocation in sugar beet. I. Assimilation of 14CO_2 and distribution of materials from leaves. *J. Exp. Bot.* 15: 485–494.

Nobel, P. S. (2005) *Physicochemical and Environmental Plant Physiology*, 3rd ed., Academic Press, San Diego, CA.

Oparka, K. J., and van Bel, A. J. E. (1992) Pathways of phloem loading and unloading: a plea for a uniform terminology. In *Carbon Partitioning within and between Organisms*, Pollock, C. J. et al., (eds.), pp. 249–254. BIOS Scientific: Oxford.

Pate, J. S. (1989) Origin, destination and fate of phloem solutes in relation to organ and whole plant functioning. In: *Transport of Photoassimilates*, Baker, D. A. and Milburn, J. A. (eds) Longman Scientific and Technical, Harlow, Essex, pp. 138–166.

Peuke, A. D. (2010) Correlations in concentrations, xylem and phloem flows, and partitioning of elements and ions in intact plants. A summary and statistical re-evaluation of modelling experiments in *Ricinus communis*. *J. Exp. Bot.* 61(3): 635–655.

Rennie, E. A., and Turgeon, R. (2009) A comprehensive picture of phloem loading strategies. *Proc. Natl. Acad. Sci. USA* 106: 14163–14167.

Ross-Elliott, T. J., et al. (2017) *eLife* 6: e24125. doi: 10.7554/eLife.24125.

Schneidereit, et al. (2008) Conserved cis-regulatory elements for DNA-binding-with-one-finger and homeo-domain-leucine-zipper transcription factors regulate companion cell-specific expression of the Arabidopsis thaliana SUCROSE TRANSPORTER 2 gene. *Planta* 228(4): 651–662.

Schulz, A., and Thompson, G. A. (2009) Phloem Structure and Function (Version 2). In *Encyclopedia of Life Sciences* (eLS). John Wiley & Sons, Ltd.

Schulz, A. (1990) Conifers. In *Sieve Elements: Comparative Structure, Induction, and Development*, H.-D. Behnke and R. D. Sjolund, (eds.), pp. 63–88. Springer-Verlag: Berlin.

Schulz, A. (1986) Wound phloem in transition to bundle phloem in primary roots of *pisum sativum* ii. II: The plasmatic contact between wound sieve tubes and regular phloem. *Protoplasma* 130(1): 27–40.

Stadler, R., et al. (2005) Expression of GFP-fusions in Arabidopsis companion cells reveals non-specific protiein trafficking into sieve elements and identifies a novel post-phloem domain in roots. *Plant J.* 41: 319–331.

Toyota, M., et al. (2018) Glutamate triggers long-distance, calcium-based plant defense signaling. *Science* 361(6407): 1112–1115.

Turgeon, R. (2006) Phloem loading: How leaves gain their independence. *Bioscience* 56(1): 15–24.

Turgeon, R., et al. (1993) The intermediary cell: Minor-vein anatomy and raffinose oligosaccharide synthesis in the Scrophulariaceae. *Planta* 191: 446–456.

Turgeon, R., and Webb, J. A. (1973) Leaf development and phloem transport in *Cucurbita pepo*: Transition from import to export. *Planta* 113: 179–191.

van Bel, A. J. E. (1992) Different phloem-loading machineries correlated with the climate. *Acta Bot. Neerl.* 41: 121–141.

Werner, D., et al. (2011) A dual switch in phloem unloading during ovule development in Arabidopsis. *Protoplasma* 248: 225–235. https://doi.org/10.1007/s00709-010-0223-8.

Capítulo 13

Brand, M. D. (1994) The stoichiometry of proton pumping and ATP synthesis in mitochondria. *Biochem. (Lond.)* 16: 20–24. © 1994. The Biochemical Society.

Gunning, B. E. S., and Steer, M. W. (1996) *Plant Cell Biology: Structure and Function of Plant Cells*. Jones and Bartlett, Boston.

Iwata, M., et al. (2012) The structure of the yeast NADH dehydrogenase (Ndi1) reveals overlapping binding sites for water- and lipid-soluble substrates. *Proc. Natl. Acad. Sci. USA* 109: 15247–15252.

Perkins, G., and Renken, C. (1997) Electron tomography of neuronal mitochondria: Three-dimensional structure and organization of cristae and membrane contacts. *J. Struct. Biol.* 119: 260–272.

Shiba, T., et al. (2013) Structure of the trypanosome cyanide-insensitive alternative oxidase. *Proc. Natl. Acad. Sci. USA* 110: 4580–4585.

Capítulo 14

Bloom, A. J. (1997) Nitrogen as a Limiting Factor: Crop Acquisition of Ammonium and Nitrate. In *Ecology in Agriculture*, L. E. Jackson (ed.), pp. 145–172, Academic Press, San Diego, CA.

Bloom, A. J., et al. (2012) CO_2 enrichment inhibits shoot nitrate assimilation in C_3 but not C_4 plants and slows growth under nitrate in C_3 plants. *Ecology* 93: 355–367.

Buchanan, B., et al. (2000) *Biochemistry and Molecular Biology of Plants*. American Society of Plant Physiologists, Rockville, MD.

Burris, R. H. (1976) Nitrogen fixation. In *Plant Biochemistry*, 3rd ed., J. Bonner and J. Varner, (eds.), Academic Press, NY. pp. 887–908.

Dixon, R. O. D., and Wheeler, C. T. (1986) *Nitrogen Fixation in Plants*. Chapman and Hall, New York.

Pate, J. S. (1973) Uptake, assimilation and transport of nitrogen compounds by plants. *Soil Biol. Biochem.* 5(1): 109–119.

Schlesinger, W. H. (1997) *Biogeochemistry: An Analysis of Global Change*, 2nd ed., Academic Press, San Diego, CA.

Schroeder, J. I., et al. (2013) Using membrane transporters to improve crops for sustainable food production. *Nature* 497: 60–66.

Searles, P. S., and Bloom, A. J. (2003) Nitrate photo-assimilation in tomato leaves under short-term exposure to elevated carbon dioxide and low oxygen. *Plant Cell Environ.* 26(8): 1247–1255.

Stokkermans, T. J., et al. (1995) Structural requirements of synthetic and natural product lipo-chitin oligosaccharides for induction of nodule primordia on Glycine soja. *Plant Physiol.* 108(4): 1587–1595.

Capítulo 15

Baneyx, F., and Mujacic, M. (2004) Recombinant protein folding and misfolding in *Escherichia coli*. *Nat. Biotechnol.* 22: 1399–1408.

Beardsell, M. F., and Cohen, M. (1975.) Relationships between leaf water status, abscisic acid levels, and stomatal resistance in maize and sorghum. *Plant Physiol.* 56(2): 207–212.

Boyer, J. S. (1970) Leaf enlargement and metabolic rates in corn, soybean, and sunflower at various leaf water potentials. *Plant Physiol.* 46: 233–235.

Buchanan, B., et al. (2015) *Biochemistry and Molecular Biology of Plants*, 2nd ed. Wiley Blackwell, New York.

Fichman, Y., et al. (2019) Whole-plant live imaging of reactive oxygen species. *Mol. Plant* 12: 1203–1210. CC BY-NC-ND 4.0.

Gutzat, R., and Mittelsten-Scheid, O. (2012) Epigenetic responses to stress: Triple defense? *Curr. Opin. Plant. Biol.* 15: 568–573.

Henry, C., et al. (2015) Differential role for trehalose metabolism in salt-stressed maize. *Plant Physiol.* 169(2): 1072–1089. https://doi.org/10.1104/pp.15.00729. (https://creativecommons.org/licenses/by/4.0/)

Jones, R., et al. 2013. *The Molecular Life of Plants*. Wiley-Blackwell, Chichester, West Sussex, UK, p. 568.

Lata, C., and Prasad, M. (2011) Role of DREBs in regulation of abiotic stress responses in plants. *J. Exp. Bot.* 62: 4731–4748.

Lyons, J. M., et al. (1964) Relationship between the physical nature of mitochondrial membranes and chilling sensitivity in plants. *Plant Physiol.* 39(2): 262–268.

McAinsh, M. R., et al. (1990) Abscisic acid-induced elevation of guard cell cytosolic Ca^{2+} precedes stomatal closure. *Nature* 343: 186–188.

Mittler, R. (2006) Abiotic stress, the field environment and stress combination. *Trends Plant Sci.* 11: 15–19.

Mittler, R., and Blumwald, E. (2010) Genetic engineering for modern agriculture: Challenges and perspectives. *Annu. Rev. Plant Biol.* 61: 443–462.

Mittler, R., et al. (2012) How do plants feel the heat? *Trends Biochem. Sci.* 37: 118–125.

Pan, J., et al. (2018) Comparative proteomic investigation of drought responses in foxtail millet. *BMC Plant Biol.* 18: 315. CC BY 4.0.

Reddy, A. S. N., et al. (2011) Coping with stresses: Roles of calcium- and calcium/calmodulin-regulated gene expression. *Plant Cell* 23(6): 2010–2032. https://doi.org/10.1105/tpc.111.084988.

Saab, I. N., et al. (1990) Increased endogenous abscisic acid maintains primary root growth and inhibits shoot growth of maize seedlings at low water potentials. *Plant Physiol.* 93(4): 1329–1336.

Suzuki, N., et al. (2014) Abiotic and biotic stress combinations. *New Phytol.* 203: 32–43.

Zandalinas, S. I., and Mittler, R. (2018) ROS-induced ROS release in plant and animal cells. *Free Radic. Biol. Med.* 122: 21–27.

Capítulo 16

Ahmad, M., et al. (1998) Cryptochrome blue-light photoreceptors of Arabidopsis implicated in phototropism. *Nature* 392: 720–723.

Andel, F., et al. (1996) Resonance raman analysis of chromophore structure in the lumi-R photoproduct of phytochrome. *Biochemistry* 35(50): 15997–16008. DOI: 10.1021/bi962175k

Baskin, T. I., and Iino, M. (1987) An action spectrum in the blue and ultraviolet for phototropism in Alfalfa. *Photochem. Photobiol.* 46: 127–136.

Briggs, W. R., and Christie, J. M. (2002) Phototropins 1 and 2: versatile plant blue-light receptors. *Trends Plant Sci.* 7: 204–210.

Briggs, W. R., et al. 1984. In *Sensory Perception and Transduction in Aneural Organisms*, G. Columbetti et al. (eds.), Plenum, New York, pp. 265–280.

Burgie, E. S., et al. (2014) Crystal structure of the photosensing module from a red/far-red light-absorbing plant phytochrome. *PNAS* 111(28): 10179–10184.

Christie, J. M. (2007) Phototropin blue-light receptors. *Annu. Rev. Plant Biol.* 58(1): 21-45.

Huang, Y., et al. (2006) Crystal structure of cryptochrome 3 from Arabidopsis thaliana and its implications for photolyase activity. *PNAS* 103(47): 17701–17706.

Inoue, S.-I., and Kinoshita, T. (2017) Blue light regulation of stomatal opening and the plasma membrane H^+-ATPase. *Plant Physiol.* 174(2): 531–538.

Inoue, S.-I., et al. (2010) Phototropin signaling and stomatal opening as a model case. *Curr. Opin. Plant Biol.* 13(5): 587–593.

Jenkins, G. I. (2014) The UV-B photoreceptor UVR8: From structure to physiology. *Plant Cell* 26(1): 21–37. https://doi.org/10.1105/tpc.113.119446.

Kelly, J. M., and Lagarias, J. C. (1985) Photochemistry of 124-kilodalton Avena phytochrome under constant illumination in vitro. *Biochemistry* 24(21): 6003–3010, courtesy of Patrice Dubois

Leivar, P., and Monte, E. (2014) PIFs: Systems integrators in plant development. *Plant Cell* 26: 56–78.

Parks, B. M., et al. (2001) Photocontrol of stem growth. *Curr. Opin. Plant Biol.* 4(5): 436-440.

https://doi.org/10.1016/S1369-5266(00)00197-7.

Shropshire Jr., W., et al. (1961) Action spectra of photomorphogenic induction and photoinactivation of germination in *Arabidopsis Thaliana*. *Plant Cell Physiol.* 2(1): 63–69.

Smith, H. (1982) Light quality, photoperception, and plant strategy. *Annu. Rev. Plant Physiol.* 33(1): 481–518.

Spalding, E. P., and Cosgrove, D. J. (1989) Large plasma-membrane depolarization precedes rapid blue-light-induced growth inhibition in cucumber. *Planta* 178: 407–410.

Wada, M. (2013) Chloroplast movement. *Plant Sci.* 210: 177–182.

Yamaguchi, R., et al. (1999) Light-dependent translocation of a phytochrome B-GFP fusion protein to the nucleus in transgenic Arabidopsis. *J. Cell Biol.* 145: 437-445.

Capítulo 17

Abeles, F. B., et al. (1992) *Ethylene in Plant Biology*, 2nd ed. Academic Press, San Diego, CA.

Baldwin, K. I., et al. (2013) Gravity sensing and signal transduction in vascular plant primary roots. *Am. J. Bot.* 100: 126–142.

Bethke, P. C., et al. (1997) Hormonal signalling in cereal aleurone. *J. Exp. Bot.* 48: 1337–3365.

Bewley, J. D. (1997) Seed germination and dormancy. *Plant Cell* 9(7): 1055–1066.

Bewley, J. D., et al. (2013) In *Seeds: Physiology of Development, Germination, and Dormancy*, 3rd edition. Springer, New York.

Bibikova, T., and Gilroy, S. (2003) Root hair development. *J. Plant Growth Regul.* 21: 383–415.

Binder, B. M., et al. (2004a) Arabidopsis seedling growth response and recovery to ethylene: A kinetic analysis. *Plant Physiol.* 136(2): 2913–2920.

Binder, B. M., et al. (2004b) Short-term growth responses to ethylene in Arabidopsis seedlings are EIN3/EIL1 independent. *Plant Physiol.* 136(2): 2921–2927.

Blilou, I., et al. (2005) The PIN auxin efflux facilitator network controls growth and patterning in Arabidopsis roots. *Nature* 433: 39–44.

Busse, J. S., and Evert, R. F. (1999) Vascular differentiation and transition in the seedling of *Arabidopsis thaliana* (Brassicaceae). *Int. J. Plant Sci.* 160(2): 241–251.

Christie, J. M., et al. (2011) phot1 Inhibition of ABCB19 primes lateral auxin fluxes in the shoot apex required for phototropism. *PLOS Biol.* 9(6): e1001076. https://doi.org/10.1371/journal.pbio.1001076.

Fasano, J. M., et al. (2001) Changes in root cap pH are required for the gravity response of the Arabidopsis root. *Plant Cell* 13: 907–921.

Finch-Savage, W. E., and Leubner-Metzger, G. (2006) Seed dormancy and the control of germination. *New Phytol.* 171: 501–523.

Grappin, P., et al. (2000) Control of seed dormancy in *Nicotiana plumbaginifolia*: post-imbibition abscisic acid synthesis imposes dormancy maintenance. *Planta* 2010: 279–285.

Gubler, F., et al. (1995) Gibberellin-regulated expression of a myb gene in barley aleurone cells: evidence for Myb transactivation of a high-pI alpha-amylase gene promoter. *Plant Cell* 7: 1879–1891.

Hartmann, H. T., and Kester, D. E. (1983) *Plant Propagation: Principles and Practices*, 4th ed. Prentice-Hall, Inc., NJ.

Iino, M., and Briggs, W. R. (1984) Growth distribution during first positive phototropic curvature of maize coleoptiles. *Plant Cell Environ.* 7: 97–104.

Jacobs, M., and Ray, P. M. (1976) Rapid auxin-induced decrease in free space pH and its relationship to auxin-induced growth in maize and pea. *Plant Physiol.* 58: 203–209.

Le, J., Vandenbussche, et al. (2005) Cell elongation and microtubule behavior in the Arabidopsis hypocotyl: Responses to ethylene and auxin. *J. Plant Growth Regul.* 24: 166–178.

Lee, H.-J., et al. (2020) PIN-mediated polar auxin transport facilitates root-obstacle avoidance. *New Phytol.* 225: 1285–1296.

Leubner, G. [seedbiology.de]

Liptay, A., and Schopfer, P. (1983.) Effect of water stress, seed coat restraint, and abscisic acid upon different germination capabilities of two tomato lines at low temperature. *Plant Physiol.* 73: 935–93.

Massa, G. D., and Gilroy, S. (2003) Touch modulates gravity sensing to regulate the growth of primary roots of *Arabidopsis thaliana*. *Plant J.* 33: 435-445. https://doi.org/10.1046/j.1365-313X.2003.01637.x

Monshausen, et al. (2009) Ca^{2+} regulates reactive oxygen species production and pH during mechanosensing in Arabidopsis roots. *Plant Cell* 21: 2341–2356.

Monshausen, G. B., et al. (2010) Dynamics of auxin-dependent Ca^{2+} and pH signaling in root growth revealed by integrating high-resolution imaging with automated computer vision-based analysis. *Plant J.* 65: 309–318.

Nonogaki, H., et al. (2007) Mechanisms and Genes Involved in Germination Sensu Stricto. In *Annual Plant Reviews* Volume 27: Seed Development, Dormancy and Germination, K. J. Bradford and H. Nonogaki, eds. doi:10.1002/9780470988848.ch11.

Nonogaki, H., et al. (2010) Germination—Still a mystery. *Plant Sci.* 179: 574–581.

Palmieri, M., and Kiss, J. Z. (2007) The Role of Plastids in Gravitropism. In *The Structure and Function of Plastids. Advances in Photosynthesis and Respiration*, vol. 23, R. R. Wise and J. K. Hoober (eds.), pp. 507–525. Springer, Dordrecht.

Shaw, S., and Wilkins, M. B. (1973) The source and lateral transport of growth inhibitors in geotropically stimulated roots of *Zea mays* and *Pisum sativum*. *Planta* 109: 11–26.

Smyth, D. R. (2016) Helical growth in plant organs: mechanisms and significance. *Development* 143: 3272–3282.

Tan-Wilson, A. L., and Wilson, K. A. (2012) Mobilization of seed protein reserves. *Physiol. Plant.* 145: 140–153.

Capítulo 18

Aloni, R., et al. (2003) Gradual shifts in sites of free-auxin production during leaf-primordium development and their role in vascular differentiation and leaf morphogenesis in Arabidopsis. *Planta* 216: 841–853.

Barrada, A., et al. (2015) Spatial regulation of root growth: Placing the plant TOR pathway in a developmental perspective. *Int. J. Mol. Sci.* 16(8): 19671–19697. https://doi.org/10.3390/ijms160819671

Bayer, E., et al. (2009) Integration of transport-based models for phyllotaxis and midvein formation. *Genes Dev.* 23: 373–384.

Bowman, J. L., and Eshed, Y. (2000) Formation and maintenance of the shoot apical meristem. *Trends Plant Sci.* 5: 110–115.

Cheng, Y., et al. (2006) Auxin biosynthesis by the YUCCA flavin monooxygenases controls the formation of floral organs and vascular tissues in Arabidopsis. *Genes & Development.* 20: 1790–1799

Esau, K. (1953) *Plant Anatomy*. NY: Wiley.

Fukushima, K., and Hasebe, M. (2013) Adaxial–abaxial polarity: The developmental basis of leaf shape diversity. *Genesis* 52: 1–18.

Greb, T., et al. (2003) Molecular analysis of the LATERAL SUPPRESSOR gene in Arabidopsis reveals a conserved control mechanism for axillary meristem formation. *Genes Dev.* 17: 1175–1187.

Hasson, A., et al. (2010) Leaving the meristem behind: The genetic and molecular control of leaf patterning and morphogenesis. *C. R. Biol.* 333: 350–360.

Kanaoka, M. M., et al. (2008) SCREAM/ICE1 and SCREAM2 specify three cell-state transitional steps leading to Arabidopsis stomatal differentiation. *Plant Cell* 20(7): 1775–1785.

Kang, J., and Sinha, N. R. (2010) Leaflet initiation is temporally and spatially separated in simple and complex tomato (*Solanum lycopersicum*) leaf mutants: A developmental analysis. *Botany* 88: 710–724.

Kuchen, E. E., et al. (2012) Generation of leaf shape through early patterns of growth and tissue polarity. *Science* 335: 1092–1096.

Lau, S., and Bergmann, D. C. (2012) Stomatal development: A plant's perspective on cell polarity, cell fate transitions and intercellular communication. *Development* 139: 3683–3692.

Lucas, W. J., et al. (2013) The plant vascular system: Evolution, development and functions. *J. Int. Plant Biol.* 55: 294–388.

Nunes, T. D. G., et al. (2020) Form, development and function of grass stomata. *Plant J.* 101: 780–799.

Reinhardt, D., et al. (2003) Regulation of phyllotaxis by polar auxin transport. *Nature* 426: 255–260. https://doi.org/10.1038/nature02081.

Sawchuk, M. G., et al. (2013) Patterning of leaf vein networks by convergent auxin transport pathways. *PLOS Genet.* 9: e1003294. CC BY 4.0

Schiefelbein, J. W., et al. (1997) Building a root: The control of patterning and morphogenesis during root development. *Plant Cell* 9: 1089–1098, courtesy of J. Schiefelbein, © American Society of Plant Biologists, reprinted with permission.

Sussex, I. M. (1951) Experiments on the cause of dorsiventrality in leaves. *Nature* 167: 651–652.

Townsley, B. T., and Sinha, N. R. (2012) A new development: Evolving concepts in leaf ontogeny. *Annu. Rev. Plant Biol.* 63: 535–562.

Verna, C., et al. (2019) Coordination of tissue cell polarity by auxin transport and signaling. *eLife* 8: e51061. CC BY 4.0

Vernoux, T., et al. (2000) PIN-FORMED 1 regulates cell fate at the periphery of the shoot apical meristem. *Development* 127: 5157–5165.

Waites, R., and Hudson, A. (1995) Phantastica: A gene required for dorsoventrality of leaves in *Antirrhinum majus*. *Development* 121: 2143–2154.

Capítulo 19

Campilho, A., et al. (2020) The development of the periderm: the final frontier between a plant and its environment. *Curr. Opin. Plant Biol.* 53: 10–14.

Domagalska, M. A., and Leyser, O. (2011) Signal integration in the control of shoot branching. *Nat. Rev. Mol. Cell Biol.* 12: 211–221.

El-Showk, S., et al. (2013) Crossing paths: cytokinin signalling and crosstalk. *Development* 140(7): 1373–1383. doi: https://doi.org/10.1242/dev.086371.

Fink, S. (1983) The occurrence of adventitious and preventitious buds within the bark of some temperate and tropical trees. *Am. J. Bot.* 70(4): 532–542.

Hochholdinger, F., and Tuberosa, R. (2009) Genetic and genomic dissection of maize root development and architecture. *Curr. Opin. Plant Biol.* 12: 172–177.

Hollender, C. A., et al. (2020) Opposing influences of TAC1 and LAZY1 on lateral shoot orientation in Arabidopsis. *Sci. Rep.* 10: 6051. CC BY 4.0

Megías, M., et al. (2019) Plant Organs: Root. Primary Growth. *Atlas of Plant and Animal Histology*. Dept. of Functional Biology and Health Sciences, University of Vigo, Spain. Updated: 2020-01-19. https://mmegias.webs.uvigo.es/02-english/2--organos-v/guiada_o_v_rprimario.php.

Miyashima, S., et al. (2013) Stem cell function during plant vascular development. *EMBO J.* 32(2): 178–193.

Moreno-Risueno, M. A., et al. (2010) Oscillating gene expression determines competence for periodic Arabidopsis root branching. *Science* 329(5997): 1306–1311.

Risopatron, J. P. M., et al. (2010) The vascular cambium: molecular control of cellular structure. *Protoplasma* 247: 145–161.

Smetana, O., et al. (2019) High levels of auxin signalling define the stem-cell organizer of the vascular cambium. *Nature* 565: 485–489.

Spicer, R., and Groover, A. (2010) Evolution of development of vascular cambia and secondary growth. *New Phytol.* 186(3): 577-592.

Van Norman, J. M., et al. (2013) To branch or not to branch: the role of pre-patterning in lateral root formation. *Development* 140: 4301–4310.

Wolf, S., and Lohmann, J. U. (2019) Plant-thickening mechanisms revealed. *Nature* 565: 433–435.

Yu, B., et al. 2007. TAC1, a major quantitative trait locus controlling tiller angle in rice. *Plant J.* 52: 891–898.

Zhang, J., et al. (2019) Transcriptional regulatory framework for vascular cambium development in Arabidopsis roots. *Nat. Plants* 5: 1033–1042.

Capítulo 20

Bewley, J. D., et al. (2000) Reproductive Development. In: *Biochemistry and Molecular Biology of Plants*, B.B. Buchanan et al. (eds.), Rockville, MD: American Society of Plant Biologists.

Busch, A., and Zachgo, S. (2009) Flower symmetry evolution: towards understanding the abominable mystery of angiosperm radiation. *Bioessays* 31(11): 1181–1190.

Clark, J. R. (1983) Age-related changes in trees. *J. Arboric.* 9(8): 201–205.

Coulter, M. W., and Hamner, K. C. (1964) Photoperiodic flowering response of Biloxi soybean in 72 hour cycles. *Plant Physiol.* 39(5): 848–856.

Deitzer, G. (1984) Photoperiodic induction in long-day plants. In *Light and the Flowering Process*, D. Vince-Prue et al. (eds.), Academic Press, New York, pp. 51–63.

Hendricks, S. B., and Siegelman, H. W. (1967) Phytochrome and photoperiodism in plants. *Comp. Biochem.* 27: 211–235.

Krizek, B. A., and Fletcher, J. C. (2005) Molecular mechanisms of flower development: an armchair guide. *Nat. Rev. Genet.* 6: 688–698.

Liu, L., et al. (2013) Emerging insights into florigen transport. *Curr. Opin. Plant Biol.* 16: 607–613.

Papenfuss, H. D., and Salisbury, F. B. (1967) Aspects of clock resetting in flowering of Xanthium. *Plant Physiol.* 42: 1562–1568.

Pelaz, S., et al. (2001) Conversion of leaves into petals in Arabidopsis. *Curr. Biol.* 11(3): 182–184.

Purcell, O., et al. (2010) A comparative analysis of synthetic genetic oscillators. *J. R. Soc. Interface* 7(52): 1503–1524.

Purvis, O. N., and Gregory, F. G. (1952) Studies in vernalization of cereals. XII. The reversibility by high temperature of the vernalized condition in Petkus winter rye. *Ann. Bot.* 1: 569–592.

Riechmann, J. L., and Meyerowitz, E. M. (1997) Mad domain proteins in plant development. *Biol. Chem.* 378(10): 1079–1118.

Saji, H., et al. (1983) Studies on the photoreceptors for the promotion and inhibition of flowering in dark-grown seedlings of *Pharbitis nil choisy*. *Plant Cell Physiol.* 24(7): 1183–1189.

Salisbury, F. B. (1963) Biological timing and hormone synthesis in flowering of Xanthium. *Planta* 49: 518–524.

Song, Y. H., et al. (2018) Molecular basis of flowering under natural long-day conditions in Arabidopsis. *Nat. Plants* 4: 824–835.

Song, Y. H., et al. 2015. Photoperiodic flowering: Time measurement mechanisms in leaves. *Annu. Rev. Plant Biol.* 66(1): 441–464.

Vince-Prue, D. (1975) *Photoperiodism in Plants*. McGraw-Hill, London.

Wei, H., et al. (2020) Molecular basis of heading date control in rice. *aBIOTECH* 1: 219–232.

Capítulo 21

Aloni, R. (2021) Flower Biology and Vascular Differentiation. In *Vascular Differentiation and Plant Hormones*, p. 174. Springer Nature: Cham, Switzerland.

Ballester, P., and Ferrándiz, C. (2017) Shattering fruits: Variations on a dehiscent theme. *Curr. Opin. Plant Biol.* 35: 68–75.

Bowman, J. L., et al. (1994) Flowers. In *Arabidopsis: An Atlas of Morphology and Development*, Bowman, J. L. (ed.), p. 133–273. Springer-Verlag, New York.

Certal, A. C., et al. (1999) S-RNases in apple are expressed in the pistil along the pollen tube growth path. *Sex. Plant Reprod.* 12: 94–98.

Cheung, A. Y., et al. (2010) A transmembrane formin nucleates subapical actin assembly and controls tip-focused growth in pollen tubes. *Proc. Natl. Acad. Sci. USA* 107: 16390–16395.

Cosségal, M., et al. (2007) The Embryo Surrounding Region. In *Endosperm: Plant Cell Monographs*, vol. 8. Olsen, O. A. (ed.), pp. 57–71. Springer: Berlin, Heidelberg.

Debeaujon, I., et al. (2003) Proanthocyanidin-accumulating cells in Arabidopsis testa: Regulation of differentiation and role in seed development. *Plant Cell* 15: 2514–2531.

Dinneny, J. R., and Yanofsky, M. F. (2004) Drawing lines and borders: how the dehiscent fruit of Arabidopsis is patterned. *BioEssays* 27(1): 42–49.

Dobritsa, A. A., and Coerper, D. (2012) The novel plant protein INAPERTURATE POLLEN1 marks distinct cellular domains and controls formation of apertures in the Arabidopsis pollen exine. *Plant Cell* 24(11): 4452–4464. https://doi.org/10.1105/tpc.112.101220.

Edlund, A. F., et al. (2004) Pollen and stigma structure and function: The role of diversity in pollination. *Plant Cell* 16(Suppl. 1): S84–S97.

Edlund, A. F., et al. (2016) Pollen from *Arabidopsis thaliana* and other Brassicaceae are functionally omniaperturate. *Am. J. Bot.* 103: 1006–1019. https://doi.org/10.3732/ajb.1600031.

Fray, R. G., and Grierson, D. (1993) Identification and genetic analysis of normal and mutant phytoene synthase genes of tomato by sequencing, complementation and co-suppression. *Plant Mol. Biol.* 22: 589–602.

Gasser, C. S., and Robinson-Beers, K. (1993) Pistil development. *Plant Cell* 5: 1231–1239. © American Society of Plant Biologists, reprinted with permission.

Giovannoni, J. J. (2004) Genetic regulation of fruit development and ripening. *Plant Cell* 16 (Suppl 1): S170–S180.

Goetz, M., et al. (2007) Expression of aberrant forms of AUXIN RESPONSE FACTOR8 stimulates parthenocarpy in Arabidopsis and tomato. *Plant Physiol.* 145: 351–366.

Grierson, D. (2013) Ethylene and the control of fruit ripening. In *The Molecular Biology and Biochemistry of Fruit Ripening*. Seymour, G. B. et al. (eds.), pp. 43–73. Wiley-Blackwell: New York.

Gutermuth, T., et al. (2013) Pollen tube growth regulation by free anions depends on the interaction between the anion channel SLAH3 and calcium-dependent protein kinases CPK2 and CPK20. *Plant Cell* 25: 4525–4543.

Haughn, G., and Chaudhury, A. (2005) Genetic analysis of seed coat development in Arabidopsis. *Trends Plant Sci.* 10: 472–477.

Higashiyama, T., et al. (1998) Guidance in vitro of the pollen tube to the naked embryo sac of *Torenia fournieri*. *Plant Cell* 10(12): 2019–2031.

Hoffmann, D., et al. (2020) Plasma membrane H^+-ATPases sustain pollen tube growth and fertilization. *Nat. Comm.* 11: 2395.

Johnson, M. A., and Lord, E. (2006) Extracellular Guidance Cues and Intracellular Signaling Pathways that Direct Pollen Tube Growth. In *Plant Cell Monographs*, Vol. 3: The Pollen Tube, R. Malho (ed.), Springer, New York, p. 223–242.

Jones, R. L., et al. (2013) *The Molecular Life of Plants*. NY: Wiley-Blackwell.

Kumar, P. P., and Loh, C. S. (2012) Plant tissue culture for biotechnology. In *Plant Biotechnology and Agriculture*. A. Altman and P.M. Hasegawa, (eds.), pp. 131–138. Academic Press: Amsterdam. Photo by Wendy Shu.

Lancelle, S. A., et al. (1997) Growth inhibition and recovery in freeze-substitutedLilium longiflorum pollen tubes: structural effects of caffeine. *Protoplasma* 196: 21–33.

Michard, E., et al. (2008) Tobacco pollen tubes as cellular models for ion dynamics: improved spatial and temporal resolution of extracellular flux and free cytosolic concentration of calcium and protons using pHluorin andYC3.1 CaMeleon. *Sex. Plant Reprod.* 21: 169–181.

Michard, E., et al. (2017) Signaling with ions: The keystone for apical cell growth and morphogenesis in pollen tubes. *Plant Physiol.* 173: 91–111.

Oeller, P., et. al. (1991) Reversible inhibition of tomato fruit senescence by antisense RNA. *Science* 254: 437–439.

Olsen, O. A. (2004) Nuclear endosperm development in cereals and *Arabidopsis thaliana*. *Plant Cell* 16(Suppl. 1): S214–S227, https://doi.org/10.1105/tpc.017111.

Otegui, M. S. (2007) Endosperm Cell Walls: Formation, Composition, and Functions. In *Endosperm: Plant Cell Monographs*, vol 8. Olsen, O. A. (ed.), pp.159–178. Springer: Berlin, Heidelberg.

Seymour, G. B., et al. (2013) Fruit development and ripening. *Annu. Rev. Plant Biol.* 64: 219–241.

Troll, W. (1937)Vergleichende Morphologie der hoheren Pflanzen, Gebruder Borntrager, Berlin.

Verdier, J., et al. (2013) A regulatory network-based approach dissects late maturation processes related to the acquisition of desiccation tolerance and longevity of *Medicago truncatula* Seeds. *Plant Physiol.* 163(2): 757–774.

Williams, J. H. (2012) Pollen tube growth rates and the diversification of flowering plant reproductive cycles. *Int. J. Plant Sci.* 173(6): 649–661.

Capítulo 22

Abe, M., et al. (2003) Regulation of shoot epidermal cell differentiation by a pair of homeodomain proteins in Arabidopsis. *Development* 130(4): 635–643.

Aida, M., et al. (2004) The PLETHORA genes mediate patterning of the Arabidopsis root stem cell niche. *Cell* 119(1): 109–120. https://doi.org/10.1016/j.cell.2004.09.018.

Berleth, T., and Juergens, G. (1993) The role of the monopteros gene in organising the basal body region of the Arabidopsis embryo. *Development* 118(2): 575–587.

De Rybel, B., et al. (2013) A bHLH complex controls embryonic vascular tissue establishment and indeterminate growth in Arabidopsis. *Dev. Cell* 24(4): 426–437.

Galinha, C., et al. (2007) PLETHORA proteins as dose-dependent master regulators of Arabidopsis root development. *Nature* 449: 1053–1057.

Helariutta,Y., et al. (2000) The SHORT-ROOT gene controls radial patterning of the Arabidopsis root through radial signaling. *Cell* 101(5): 555–567.

Kim, I., et al. (2005) Subdomains for transport via plasmodesmata corresponding to the apical-basal axis are established during Arabidopsis embryogenesis. *Proc. Natl Acad. Sci. USA* 102(33): 11945–11950. © 2005 National Academy of Sciences.

Kimata,Y., et al. (2016) Cytoskeleton dynamics control the first asymmetric cell division in Arabidopsis zygote. *Proc. Natl. Acad. Sci. USA* 113: 14157–14162.

Laux, T., et al. (2004) Genetic regulation of embryonic pattern formation. *Plant Cell* 16(Suppl 1): S190–S202.

Liu, C., et al. (1993) Auxin polar transport 1s essential for the establishment of bilateral symmetry during early plant embryogenesis. *Plant Cell* 5(6): 621–630.

Long, J. A., and Barton, M. K. (1998) The development of apical embryonic pattern in Arabidopsis. *Development* 125(16): 3027–3035.

Mahonen, A. P., et al. (2000) A novel two-component hybrid molecule regulates vascular morphogenesis of the Arabidopsis root. *Genes Dev.* 14: 2938–2943 © 2000, Cold Spring Harbor Laboratory Press.

Mayer, U., et al. (1991) Mutations affecting body organization in the Arabidopsis embryo. *Nature* 353: 402–407.

Mayer, U., et al. (1993) Apical-basal pattern formation in the Arabidopsisembryo: Studies on the role of the gnom gene. *Development* 117(1): 149–162.

Meinke, D., et al. (2008) Identifying essential genes in *Arabidopsis thaliana*. *Trends Plant Sci.* 13(9): 483–491.

Nakajima, K., and Benfey, P. N. (2002) Signaling in and out: Control of cell division and differentiation in the shoot and root. *Plant Cell* 14: S265–S276.

Nakajima, K., et al. (2001) Intercellular movement of the putative transcription factor SHR in root patterning. *Nature* 413: 307–311.

Palovaara, J., et al. (2016) Tissue and organ initiation in the plant embryo: A first time for everything. *Annu. Rev. Cell Dev. Biol.* 32: 47–75.

Radoeva, T., and Weijers, D. (2014) A roadmap to embryo identity in plants. *Trends Plant Sci.* 19: 709–716.

Scheres, B., et al. (1994) Embryonic origin of the Arabidopsis primary root and root meristem initials. *Development* 120(9): 2475–2487.

Smith, Z. R., and Long, J. A. (2010) Control of Arabidopsis apical–basal embryo polarity by antagonistic transcription factors. *Nature* 464: 423–427.

Sosso, D., et al. (2012) PPR8522 encodes a chloroplast-targeted pentatricopeptide repeat protein necessary for maize embryogenesis and vegetative development. *J. Exp. Bot.* 63(16): 5843–5857.

Traas, J., et al. (1995) Normal differentiation patterns in plants lacking microtubular preprophase bands. *Nature* 375: 676–677.

West, M. A. L., and Harada, J. J. (1993) Embryogenesis in higher plants: An overview. *Plant Cell* 5(10): 1361–1369.

Yoshida, S., et al. 2014. Genetic control of plant development by overriding a geometric division rule. *Dev. Cell* 29(1): 75–87.

Capítulo 23

Aalen, R. B., et al. (2013) IDA: a peptide ligand regulating cell separation processes in Arabidopsis. *J. Exp. Bot.* 64(17): 5253–5261.

Bassham, D.C., et al. (2006) Autophagy in development and stress responses of plants. *Autophagy* 2(1): 2–11.

Breeze, E., et al. (2011) High-resolution temporal profiling of transcripts during Arabidopsis leaf senescence reveals a distinct chronology of processes and regulation. *Plant Cell* 23(3): 873–894.

Gan, S., and Amasino, R. M. (1995) Inhibition of leaf senescence by autoregulated production of cytokinin. *Science* 270: 1986–1988.

Ishida, H., et al. (2014) Roles of autophagy in chloroplast recycling. *Biochim. Biophys. Acta Bioenerg.* 1837(4): 512–521.

Keskitalo, J., et al. (2005) A cellular timetable of autumn senescence. *Plant Physiol.* 139: 1635–1648.

Kim, J. H., et al. (2009) Trifurcate feed-forward regulation of age-dependent cell death involving miR164 in Arabidopsis. *Science* 323(5917): 1053–1057.

Krupinska, K., et al. (2012) An alternative strategy of dismantling of the chloroplasts during leaf senescence observed in a high-yield variety of barley. *Physiol. Plant.* 144: 189–200.

Kwon, S. I., et al. (2013) The Rab GTPase RabG3b positively regulates autophagy and immunity-associated hypersensitive cell death in Arabidopsis. *Plant Physiol.* 161(4): 1722–1736.

Lee,Y., et al. (2018) A lignin molecular brace controls precision processing of cell walls critical for surface integrity in Arabidopsis. *Cell* 173: 1468–1480.

Liebsch, D., and Keech, O. (2016) Dark-induced leaf senescence: new insights into a complex light-dependent regulatory pathway. *New Phytol.* 212: 563–570.

Morgan, P.W., et al. (1984) Ethylene:The Natural Regulator of Abscission? In *Ethylene: Biochemical, Physiological and Applied Aspects*.Y. Fuchs and E. Chalutz (eds.), Martinus Nijhoff, The Hague, Netherlands, pp. 231–240.

Shi, C.-L., et al. (2011) Arabidopsis class I KNOTTED-like homeobox proteins act downstream in the IDA-HAE/HSL2 floral abscission signaling pathway. *Plant Cell* 23(7): 2553–2567.

Sillett, S. C., et al. (2010) Increasing wood production through old age in tall trees. *For. Ecol. Manage.* 259(5): 976–994.

Stephenson, N. L., et al. (2014) Rate of tree carbon accumulation increases continuously with tree size. *Nature* 507: 90–93.

Thomas, H. (2013) Senescence, ageing and death of the whole plant. *New Phytol.* 197: 696–711.

Vahala, J., et al. (2003) Ethylene insensitivity modulates ozone-induced cell death in birch (*Betula pendula*). *Plant Phys.* 132(1): 185–195.

Woo, H. R., et al. (2013) Plant leaf senescence and death – regulation by multiple layers of control and implications for aging in general. *J. Cell Sci.* 126(21): 4823–4833.

Woo, H. R., et al. (2019) Leaf senescence: Systems and dynamics aspects. *Annu. Rev. Plant Biol.* 70: 15.1–15.30.

Capítulo 24

Christmann, A., and Grill, E. (2013) Plant biology: Electric defence. *Nature* 500: 404–405.

Goh, C.-H., et al. (2013) The impact of beneficial plant-associated microbes on plant phenotypic plasticity. *J. Chem. Ecol.* 39: 826–839.

Goodspeed, D., et al. (2012) Arabidopsis synchronizes jasmonate-mediated defense with insect circadian behavior. *Proc. Natl. Acad. Sci. USA* 109: 4674–4677.

Gough, C., and Cullimore, J. (2011) Lipo-chitooligosaccharide signaling in endosymbiotic plant-microbe interactions. *Mol. Plant Microbe. Interact.* 24: 867–878.

Kelner, A., et al. (2018) Dual color sensors for simultaneous analysis of calcium signal dynamics in the nuclear and cytoplasmic compartments of plant cells. *Front. in Plant Sci.* 9: 245.

Lolle, S., et al. (2020) Plant NLR--triggered immunity: from receptor activation to downstream signaling. *Curr. Opin. Immunol.* 62: 99–105.

Markmann, K., and Parniske, M. (2009) Evolution of root endosymbiosis with bacteria: how novel are nodules? *Trends Plant Sci.* 14: 77–86.

Martin, R. (2020) Structure of the activated ROQ1 resistosome directly recognizing the pathogen effector XopQ. *Science* 370(6521). DOI: 10.1126/science.abd9993.

Toyota, M., et al. (2018) Glutamate triggers long-distance, calcium-based plant defense signaling. *Science* 361(6407): 1112–1115.

van Dam, N. M. (2009) How plants cope with biotic interactions. *Plant Biol.* 11: 1–5.

Wang, J., et al. (2019) Reconstitution and structure of a plant NLR resistosome conferring immunity. *Science* 364(6435): 1–11.

Yoshida, S., et al. (2016) The haustorium, a specialized invasive organ in parasitic plants. *Annu. Rev. Plant Biol.* 67: 643–647.

Índice

Os números de página em *itálico* indicam que as informações constam em uma ilustração ou tabela.

A

ABA INSENSITIVE 1 e 2, 526
ABA. *Ver* ácido abscísico
ABA-8'-hidroxilases, 126
Abacaxi (*Ananas comosus*), 303, 613
Abaxial, 7, *8*, 549
Aberturas, nas paredes das células de pólen, 629–630
Abóbora (*Cucurbita maxima*), 349
Abóbora (*Cucurbita pepo*), 172, 354, 365
ABP1. *Ver* AUXIN-BINDING PROTEIN1
Abronia
  A. umbellata, 750
  A. villosa, 599
Abrunheiro-de-jardim (*Prunus cerasifera*), 211
Abscisão, 691, 709–713
Abscisão de órgãos, 709–713
Acacia, 551
Açafrão de outono, 79
Ácaros, 733
ACC oxidase (ACO), 124, 461, 662
ACC sintase (ACS), 124, 460, 461, 662, 663, *706*
ACC. *Ver* Ácido 1-aminociclopropano-1-carboxílico
Acelga-chinesa, 80
Ácer (*Acer*), 506
Acer, 506
  A. pseudoplatanus, 593
Áceres açucareiros, 440
Acetaldeído, 382, 383, *385*
Acetato, 386, 437
Acetilação, de histonas, 84, *85*, 86
Acetilação de histonas, expressão gênica e, 84, *85*, 86
Acetil-CoA
  assimilação de enxofre, *436*
  biossíntese de ácidos graxos, 407, *409*
  ciclo do ácido tricarboxílico, 389, *390*
  conversão de lipídeos de reserva em carboidratos, *412*, 413
  desvios, por engenharia genética, das rotas fotorrespiratórias, 296
  reação enzimática málica, 391
  regulação metabólica da piruvato desidrogenase, *402*
Acetil-CoA carboxilase, 409, 679
Acetoacetil-ACP, 409
Acetobacter, 428
  A. diazotrophicus, 430
Acetosiringona, 94
Ácido 12-*oxo*-fitodienoico, *735*
Ácido 13-hidroperoxilinolênico, *735*
Ácido 1-aminociclopropano-1-
  -carboxílico (ACC), 124, 128, 585

Ácido 1-naftaleno-acético (ANA), 114
Ácido 1-naftoxiacético, 130
Ácido 2,3,5-tri-iodobenzoico (TIBA), 571
Ácido 2,4-diclorofenoxiacético (2,4-D), 114, 121
Ácido 2-metoxi-3,6-diclorobenzoi- co (dicamba), 114, 121
Ácido 5-aminolevulínico, *277*
Ácido abiético, *729*
Ácido abscísico (ABA)
  acumulação induzida pelo déficit hídrico de, 447
  amadurecimento de frutos do morango, 663
  desenvolvimento de estômatos mediado pelo déficit hídrico, 558
  desenvolvimento vegetal e, 114
  dormência de sementes, 509, 510–511
  estrutura química, *115*
  família de proteínas LEA/DHN/RAB e, *463*
  fechamento estomático, 113, *118*, 186, *239*, 240, 466–467, *468*
  funções, 117–118
  hidrotropismo da raiz, 534, *535*
  localizações primárias dos receptores, *106*
  maturação de sementes, 655
  mobilização endosperma amiláceo, 515, *516*
  movimento dentro da planta, 127–128
  quebra da dormência da semente, 511, *512*
  regulação da razão entre a raiz e a parte aérea, 469, *470*
  respostas ao estresse abiótico, 459
  rota de transdução de sinal, 138–139
  senescência foliar e, 707
  sinalização do ABA regulada por auxina em raízes, 526
  síntese e regulação homeostática, 125–126
Ácido alantoico, *363*, 435
Ácido ascórbico (ascorbato; vitamina C), 394, 401, 462, *463*
Ácido bórico, 235, 636
Ácido carbônico, 234
Ácido carboxílico, 384
Ácido cítrico (citrato), 195
  ciclo do ácido tricarboxílico, *389*, *390*
  conversão de lipídeos de reserva em carboidratos, *412*, 413
  quelatos de ferro, 234–235
  reação da enzima málica, 391

transporte transmembrana mitocondrial, *396*, *397*
Ácido desoxirribonucleico (DNA)
  cromatina, 74
  edição, 95–99, *97*, *98*
  encurtamento dos telômeros, 715
  endorreduplicação, 37–38, *652*
  engenharia genética e (*veja* Engenharia genética)
  estrutura cromossômica, 19–20
  etapas básicas na expressão gênica, 20, *21*
  genomas citoplasmáticos, 80–81
  meiose, 76–78
  metilação (*ver* metilação do DNA)
  mitose, 37, 38–40
  modelo quaternário de identidade de órgão floral, 619–620
  modificações epigenéticas e expressão gênica, 84, *85*
  replicação no ciclo celular, 36, 37–38
  RNA polimerase II e transcrição de genes codificadores de proteínas, 81–83
  rotas de reparo, 97, *98*
Ácido esteárico, *406*, *465*
Ácido etilenodiamino-N,N'-bis (ácido o-hidrofenilacético) (o,o EDDHA), 195
Ácido etilenodiaminotetracético (EDTA), 195
Ácido fenilacético, 114
Ácido fítico, 515
Ácido fórmico, 727
Ácido fosfatídico (PA), 112, 113, *406*, 410
Ácido galacturônico
  pectinas, 56, *57*
  polissacarídeos da parede celular, *48*, 49, 53–54
Ácido gama-aminobutírico (GABA), 391
Ácido giberélico, 116, *743*
Ácido glucurônico, *48*, 54, *55*
Ácido glutâmico, *277*, *363*
Ácido graxo sintase, 407
Ácido indol-3-acético (AIA)
  auxinas sintéticas, 114
  biossíntese, 119
  deficiência de zinco e, 198
  descoberta do, 114
  estrutura, *115*
  gravitropismo, 528–529, *530*–532
  inibição do crescimento da gema axilar, 570
  localizações primárias dos receptores, *106*
  modelo em chafariz do transporte em raízes, 527–528

  regulação homeostática, 120–121
  resposta de curvatura do coleóptilo, 103
  transporte polar, 128–132, 526–527
  Ver também Auxina
Ácido indol-3-acético-amido sintetase, 460
Ácido indol-3-butírico (AIB), 114, 120
Ácido isocítrico (isocitrato)
  ciclo do ácido tricarboxílico, 389, *390*
  conversão de lipídeos de reserva em carboidratos, *412*, 413
  reação da enzima málica, 391
  transporte transmembrana em mitocôndrias, *396*, *397*
Ácido jasmônico-isoleucina (AJ-ile)
  ativação de defesas das plantas induzíveis, 734, *735*
  defesas sistêmicas de plantas e, 736, 737, *738*
  desenvolvimento de plantas e, 114
  estrutura química, *115*
  inativação de proteínas repressoras na rota de sinalização de, 141–143
  localizações primárias dos receptores, *106*
  rota biossintética, *735*
Ácido láurico, *406*
Ácido linoléico, *406*, *465*, 661
Ácido linolênico, *406*, 411, *465*, 661, *735*
Ácido málico, 233, 234–235, 338
Ácido mirístico, *17*, *406*
Ácido N-hidroxi-pipecólico (NHP), 746, 747
Ácido nítrico, 204, 419
Ácido N-OGlc-pipecólico, 746
Ácido oleico, *406*, 407, *465*
Ácido oxálico, 727
Ácido palmítico, *17*, *406*, *465*
Ácido piscídico, 235
Ácido ribonucleico (RNA)
  na seiva do floema, 364
  processamento nas mitocôndrias, 396
  retrotransposons, 75
  RNAs móveis na sinalização do floema, 374–375
Ácido salicílico (AS)
  desenvolvimento de plantas e, 114
  estrutura química, *115*
  resistência sistêmica adquirida, 746—747
  ritmos circadianos na regulação das defesas induzíveis das plantas, 740
  senescência foliar, 705, 708

usos humanos e fontes vegetais de, 586
Ácido silícico, 192, 235
Ácido sulfúrico, 204, 435
Ácido tartárico, 195, 727
Ácido *trans*-cinâmico, 146
ÁcidoN-1-naftilftalâmico (NPA), 130, 519, 547
Ácidos graxos
  ácidos graxos comuns em plantas superiores, 406
  β-oxidação, 412, 413, 517
  β-oxidação em glioxissomos, 28
  biossíntese, 407, 409–410
  biossíntese de glicerolipídeos, 410–411
  biotecnologia e, 407
  conversão de lipídeos de reserva em carboidratos, 412, 413
  fluidez da membrana, 18, 463–464, 465
  fosfolipídeos, 16, 17, 18
  glicerolipídeos polares, 407
  lipídeos de membrana e sensibilidade ao frio, 411
  triacilglicerois, 406
  voláteis do sabor, 661
Ácidos graxos de cadeia muito longa (VLCFAs), 679
Ácidos graxos insaturados, 18, 406, 411
Ácidos graxos ômega-3 dessaturases, 463
Ácidos graxos saturados, 18, 406, 411
Ácidos, na maturação de frutos, 661
Ácidos orgânicos, na seiva do floema, 362
Ácidos urônicos, 48
Acil-ACP, 407, 409, 410
Acil-CoA, 410
Acil-CoA graxo, 412, 413
Acil-CoA graxo sintetase, 412, 413
Acil-CoA: DAG aciltransferase, 411
Acil-hidrolases, 111, 112
Aclimatação
  a íons tóxicos, 464–465
  aerênquima, 461–462
  ajuste osmótico, 460–461
  ajustes na recuperação do estresse, 469–470
  alterações lipídicas da membrana, 463–464, 465
  antioxidantes e inativação de EROs, 462, 463
  chaperonas moleculares e protetores moleculares, 462–463, 464
  crioprotetores e proteínas anticongelamento, 466
  de folhas para ambientes de sol e de sombra, 325–326
  definição, 325–326
  definição e descrição de, 445, 446
  estresse abiótico e rotas de sinalização que alteram a expressão gênica, 453–459
  estresse hídrico e fechamento estomático induzido pelo ABA, 466–467, 468
  interações hormonais e, 459–460
  plasticidade fenotípica, 467–469, 470

quelação e fitoquelatinas, 465–466
  regulons de resposta ao estresse e, 455, 456
  rotas de resposta ao estresse e, 452
Aclimatação sistêmica adquirida (SAA), 456, 457
ACO. *Ver* ACC oxidase
Acompanhamento do sol, 325, 475
Aconitase, 412, 413
Aconitato, 396, 397
ACP. *Ver* Proteína carreadora de acil
ACS. *Ver* ACC sintase
Actina
  definição, 32
  equilíbrio dinâmico na célula, 32–33
  miosinas e corrente citoplasmática, 34, 36
  Ver também Microfilamentos de actina; Actina filamentosa
Actina F *Ver* Ação filamentosa
Actina filamentosa (actina F)
  corrente citoplasmática, 34, 36
  definição, 32
  fragmoplasto, 40
Actina globular (actina G), 32
Açúcares
  açúcares redutores ou não redutores, 362, 363
  carregamento do floema, 351–357
  conjugados de açúcar hidrossolúveis de metabólitos secundários, 730–732
  conversão de lipídeos de reserva em sementes em germinação, 411–413
  descarregamento do floema, 365–369
  em frutas maduras, 661
  em polissacarídeos da parede celular, 48–49
  experimentos iniciais sobre translocação do floema, 347
  gliconeogênese, 385
  modelo de fluxo de pressão de translocação do floema, 357–361
  na seiva do floema, 361, 362, 363
  particionamento em drenos, 372
  reação química geral para fotossíntese, 252
  senescência foliar induzida por açúcar, 708
  Ver também Frutose; Fotossintato; Sacarose
Açúcares desóxi, 48
Açúcares do vidro, 655
Açúcares fosfato, 380, 381
Açúcares não redutores, 362, 363
Açúcares nucleotídeos polissacarídeos glicosiltransferases, 52
Açúcares redutores, 362, 363
Açúcares-alcoóis, 353, 362, 363, 461
Acúleos, 726
Adaptação, 445–446
Adaxial, 7, 8, 549
Adenilato quinase, 299, 301
Adenina desaminase, 98
Adenosina difosfato (ADP)
  assimilação de fosfato, 438
  ATP sintase mitocondrial, 395

fotorrespiração, 291, 292–293
fotossíntese C_4, 299, 301
microfilamentos de actina e, 32
mobilização de carbono em plantas terrestres, 306
regulação dinâmica da respiração, 401
regulação metabólica da piruvato desidrogenase, 402
síntese de citocinina, 123
transporte transmembrana mitocondrial, 396, 397
Adenosina monofosfato (AMP)
  degradação do amido, 310, 311
  fotossíntese C_4, 299, 301
Adenosina trifosfato (ATP)
  assimilação de amônio, 424
  assimilação de sulfato, 436
  biossíntese de sacarose, 313, 314, 315, 316
  ciclo de Calvin-Benson, 282, 283, 284–285, 285
  custos energéticos na assimilação de nutrientes, 417
  degradação do amido, 310, 311, 312
  fixação biológica de nitrogênio, 434
  fotorrespiração, 291, 292–293, 294, 295
  fotossíntese C_4, 299, 300–301
  glicólise, 383, 384
  H^+-ATPase e, 222–223
  microfilamentos de actina, 32
  modificando a respiração vegetal e, 404
  papel na respiração, 379
  proteínas de transporte em membranas, 228–230
  proteínas motoras e corrente citoplasmática, 34, 36
  proteínas quinases, 107
  regulação dinâmica da respiração, 401
  respiração mitocondrial na fotossíntese, 403
  síntese (*ver* síntese de ATP)
  síntese de citocinina, 123
Adenosina-5'-fosfossulfato (APS), 436–437, 438
Adesão, 155–156
Adesina rica em cisteína no estigma/estilete (SCA), 639
ADP-glicose, 306, 308, 309, 310
ADP-glicose pirofosforilase (AGPase), 308, 309, 312, 372
Adsorção de cátions, 2003
Aegilops tauschii, 91
Aerênquima, 404, 405, 461–462
Aeroponia, 193–194
Aerossóis, 190
Aeschynomene, 429
Aesculus hippocastanum (castanha-da-índia), 572
Afins de pteridófitas, 4, 5
Agave, 303, 305, 727
  A. americana, 714, 715
  A. weberi, 727
Aglicona, 732
AGO. *Ver* Proteína ARGONAUTE
AGPase. *Ver* ADP-glicose pirofosforilase

AGPs. *Ver* proteínas arabinogalactanos
Agrião, 476
Agricultura
  água e produtividade agrícola, 153, 154
  aplicação foliar de nutrientes, 202
  apomixia e melhoria de futuras culturas agrícolas, 647
  eficiência no uso de nitrogênio, 190
  esterilidade masculina citoplasmática, 642–643
  fertilizantes, 189, 190, 191, 200–201
  hidroponia e aeroponia, 193–194
  impacto nas micorrizas, 211
  manipulação comercial do amadurecimento do fruto, 664
  sementes de trigo, 626–627
  Ver também Cereais; Plantas agrícolas
Agrobacterium, 90–91
  A. tumefaciens, 93–94, 708, 709
Água
  abertura estomática induzida por luz azul e, 239, 240
  ciclo de Calvin-Benson, 283, 284–285, 285
  difusão e osmose, 157–159
  dormência de sementes exógenas, 509
  energia livre de, 159
  estado metaestável no xilema da árvore, 179–180
  estrutura e propriedades, 154–157
  germinação de sementes e, 512–514
  importância na vida vegetal, 153–154
  modelo de fluxo de pressão de translocação do floema, 357–361
  oxidação na fotossíntese, 264–265, 266
  produção em glicólise, 383
  produção na respiração, 380
  reação química geral para fotossíntese, 252, 254
Água do solo
  absorção pelas raízes, 171–174
  características do solo e, 169–170
  continuum solo-planta-atmosfera, 170, 186–187
  movimento de nutrientes para as raízes por fluxo de massa ou difusão, 208
  movimento por fluxo a granel, 171
AHK. *Ver* Proteínas ARABIDOPSIS HISTIDINA QUINASE
AHP. *Ver* Proteínas ARABIDOPSIS HISTIDINE PHOSPHOTRANSFER
AIA. *Ver* Ácido indol-3-acético
AIAH, 128–129
AIB. *Ver* Ácido indol-3-butírico
Aipo, 13
AJ. *Ver* Jasmonato
AJ-ile. *Ver* Ácido jasmônico-isoleucina
Ajuste osmótico, 460–461

Álamo
  controle genético de meristemas secundários, 582
  fitormônios e crescimento secundário, 584–585
  lignina, 68, 69
  transição para o crescimento secundário, 579
Álamos, 573, 697
Alanina, 299, 300, 301, 427
Alanina aminotransferase, 299, 301
Alantoína, 363, 435
Albuminas, 516, 517
Alça de ativação, 138
Alcaloides, 738
Alchemilla vulgaris (pé-de-leão), 174
Álcool coniferílico, 67
Álcool desidrogenase, 383, 385
Álcool p-cumarílico, 68
Álcool sinapil, 67
Aldeído, 362, 363
Aldolase, 284–285, 312, 313, 383
Alelopatia, 721, 749
α-Tocoferol (vitamina E), 462, 463
Alface, 481, 511, 521
Alfafa (*Medicago sativa*)
  dormência de sementes exógenas, 509
  espectro de ação do fototropismo, 480
  fitoalexinas, 747
  movimentos foliares e absorção de energia luminosa, 330
  rizóbio simbiontel, 429
Alfafa, 727
Algas
  endossimbiose e cloroplastos, 276
  movimentos dos cloroplastos em resposta à luz, 329
  Ver também Algas verdes
Algas verdes
  concentrações de íons no citosol, 222
  corrente citoplasmática, 34
  evolução das plantas e, 5
  experimentos de fotossíntese, 254
  pigmentos fotossintéticos, 4
Algas vermelhas, 5
Algodão (*Gossypium hirsutum*), 164, 469
Alimentadores de floema, 733, 741
Allard, Henry, 597–598
Allium, 185
  A. cepa, 185
Alocação, 371–372, 376
Alongamento do caule
  inibição pela luz azul, 490, 493–494
  inibição por fitocromos, 484, 485, 486, 493–494
Alonsoa warscewiczii (flor-máscara), 354
Aloploploidia, 78–79
Alotetraploidia, 79, 80
Alpiste, 114
Alternância de gerações, 5–7, 625–626
Aluminatos, 202
Alumínio, 193, 202, 204
Amadurecimento do fruto
  amolecimento do fruto, 661
  climatérico, 403, 662, 663
  definição e visão geral do, 660

etileno, 662–663, 664
fatores que afetam o paladar e o sabor do fruto, 661–662
manipulação comercial do, 664
mudanças na cor do fruto, 660, 661
regulação transcricional do, 663–664
Amaranthus retroflexus, 440
Amendoim (*Arachis*), 435
Amidas de ácidos graxos, 733–734, 735
Amido
  acumulação e partição de, 305–306
  armazenamento em amiloplastos, 514
  armazenamento em endosperma, 514
  conversão em açúcares na maturação de frutas, 661
  definição, 282
  estrutura química, 307
  formação de grânulos de amido, 307–310
  metabolismo em cloroplastos, 305–312
  mobilização de carbono em plantas terrestres, 306
  mobilização de reservas armazenadas em sementes, 514, 515–516
  transitório, 305–306 (ver também Amido transitório)
Amido transitório
  definição e funções de, 305–306
  degradação à noite, 310–311
  regulação de, 311–312
  síntese de, 307–310
Amieiros, 428
Amigdalina, 732
Amilases
  α-amilase, 141, 514, 516
  β-amilase, 514
  decomposição do amido, 310, 311
  mobilização de amido do endosperma, 514, 516
  produção mediada por giberelina, 141
  regulação do metabolismo do amido, 312
  síntese de amido, 309, 310
Amilopectina
  degradação da, 310
  degradação do amido à noite, 310, 311
  estrutura e síntese, 307–310
Amiloplastos
  conversão de cloroplastos em, 31
  definição e funções de, 30
  gravitropismo, 529–532
  mobilização de amido nos, 515–516
  no endosperma amiláceo, 515
  reserva de amido, 514
  rota oxidativa da pentose fosfato, 386
Amilose, 307–310
Aminoácidos
  assimilação de amônio, 424, 425, 426
  biossíntese, 426–427
  carregamento do floema, 353

como solutos compatíveis, 461
  na seiva do floema, 361, 362, 363, 364
1-Aminociclopropano-1-carboxilato sintase 7 (ACS7), 707
Aminotransferases, 425, 426
Amônia
  ciclo bioquímico do nitrogênio, 419
  conversão para formas orgânicas, 435
  fertilizantes nitrogenados e mudanças climáticas, 190
  fixação biológica de nitrogênio, 417, 419, 434, 435
  fixação de nitrogênio, 418
  pH do solo, 204
  transportadores de NH_3-H^+ do tipo simporte, 230
Amonificação, 418, 419
Amônio
  absorção pela raiz, 208
  adsorção por partículas do solo, 203
  assimilação de, 424–426
  assimilação de nitrato, 417, 420, 421–422
  ciclo biogeoquímico do nitrogênio, 418
  fixação biológica de nitrogênio, 417, 419
  fotorrespiração, 291, 292–293, 294, 295
  pH do solo, 204
  regulação metabólica de piruvato desidrogenase e, 402
  solução Hoagland modificada, 195
  toxicidade, 419, 420, 424
Amoreira (*Morus*), 730
Amplitude, de ritmos circadianos, 595, 596
Amthor, J. S., 404
Anabena, 428, 429
Anáfase
  meiose, 77, 78
  mitose, 39, 40
Análise de tecidos vegetais, 199–200
Análise do solo, 199
Análise elementar de alto rendimento, 200
Análises cinéticas, de mecanismos de transporte, 228
Anammox, 418
Ananas comosus (abacaxi), 303, 613
Anatomia foliar
  anatomia Kranz, 298–299, 300, 301–302
  folhas de sol e folhas de sombra, 322
  otimização da absorção da luz, 323–324
Anatomia Kranz, 298–299, 300, 301–302
Âncora de glicosilfosfatidilinositol, 17, 18
Androceu, 626
Anexinas, 453
Anfissomo, 28
Angiospermas
  anuais, bianuais e perenes, 714, 715
  células companheiras, 14, 15

ciclo de vida, 6, 7, 626
  composição de lignina, 68
  definição, 4
  desenvolvimento e maturação dos frutos, 656–664
  elementos crivados e características do floema, 347–348, 350
  elementos de tubo crivado e tubos crivado, 14
  embriogênese (ver Embriogênese)
  estrutura da semente, 506–508
  exoderme na raiz, 207
  genes de fototropina, 495
  lenho de tensão, 104, 585
  membrana de pontuação, 175
  modelo de fluxo de pressão de translocação no floema, 357–361
  na evolução vegetal, 4, 5
  ramificação e arquitetura da parte aérea, 568–573
  respostas fotorreversíveis induzidas pelo fitocromo, 481
  tipos de células do xilema, 174, 175, 176
Angiospermas basais, 4
Ângulo da folha, absorção da luz e, 325
Ângulo de contato, 156
Ângulo do valor-alvo gravitrópico, 568, 569, 577–578
Anidrase carbônica, 298, 299, 303
Ânions
  concentrações observadas e previstas em tecidos da raiz de ervilha, 221, 222
  potencial de difusão, 220
  transporte para o vacúolo, 238
Ansarina-branca (*Chenopodium album*), 484
Anteras
  estrutura e desenvolvimento, 627
  gametófitos masculinos, 626, 627–630
  locus S e mecanismos de autoincompatibilidade, 644–647
Anteraxantina, 274, 328, 329
Antípodas, 626, 631, 632, 633, 634
Antiportador de próton-nitrato CLC, 420
Antiportador Na^+–H^+, 230, 232, 465
Antiportadores, 227, 229, 230, 232, 233
Antiporte, 226, 227
Antirrhinum, 619, 620, 621
  A. majus, 552, 620
Antóceros, 4, 5
Antocianinas
  amadurecimento dos frutos, 660, 661
  deficiências minerais, 196, 197
  qualidade nutricional do fruto, 664
ANXUR 1 e 2 quinases, 638
Aparelho filiforme, 632–633
Aparelho oosférico, 632–633
Aphis nerii (pulgão de oficial-de-sala), 730, 731
Ápice da raiz, 8
Ápice do caule
  anatomia, 8
  anatomia da semente, 506, 507

definição, 545
dominância apical, 569
Apiose, *48*
Aplicação foliar, 202
Apocarotenoides, 118, 146, 661
Apomixia, 647, 687–688
Apoplasto
  acidificação no fototropismo do caule, 538
  definição, 10, 240
  estresse por congelamento e, 449
  impacto do déficit hídrico no, 447, *448*
  potencial de soluto, 163
Apoproteína PHY, 482
Apoptose, 692–693
  Ver também Morte celular programada
APS quinase, *436*, 438
APS redutase, *436*, 437
APS sulfotransferase, *436*
APS. *Ver* Adenosina-5'-fosfossulfato
Aquaporinas
  definição, 165
  funções das, 235
  modelo de fluxo de pressão na translocação do floema, 358
  movimento da água através das membranas, 165–166
  movimento da água nas raízes, 173
  movimentos estomáticos e, *239*, 240
  regulação de, 235–236
Aquecimento global
  aerênquima e emissão de metano, 404
  efeito estufa, 338–339
  efeito na respiração das plantas, 404, 405
  efeitos combinados do estresse por calor e déficit hídrico, 450–451
  efeitos dos níveis globais elevados de CO_2 na fotossíntese e na respiração, 338–340
  fertilizantes nitrogenados e, 190
Aquênios, 506, 656, 657
Arabidopsis
  acidificação da parede celular induzida por auxina, 526
  aquaporinas, 235
  arquitetura do sistema radicular, 573
  assimilação de enxofre, 438
  autofagia, 695–696
  biossíntese de glicerolipídeos, 411
  calose, 365
  canais de cátions, 231–232
  citocinina e cultura de tecidos, 117
  cloroplastos e percepção do estresse luminoso, 456
  complexo sinaptonêmico, *78*
  corpos multivesiculares, *27*
  crescimento de plântulas mutantes deficientes de brassinosteroide, 518, *519*
  criptocromos, 491, 492, 493
  defesas induzíveis de plantas, 734
  defesas sistêmicas, 736, 737
  degradação do amido, 310, *311*
  desenvolvimento de estômatos, 556, 558
  desenvolvimento de estômatos em mutantes de, 555
  desenvolvimento do câmbio vascular, 580–582
  desenvolvimento dos pelos da raiz, 522
  dessaturases, 464
  desvios, por engenharia genética, das rotas fotorrespiratórias, 296
  efeitos combinados do estresse por calor e déficit hídrico, 450
  efeitos da catequina na expressão gênica em, 749
  efeitos do etileno no crescimento de plântulas, *519*, *523*, *524*
  embriogênese (*ver* embriogênese de *Arabidopsis*)
  enzimas YUCCA, 119, *120*
  estabelecimento da identidade foliar adaxial, 552
  estrutura do fitocromo, 482
  família de proteínas ARGONAUTE, 88
  fenótipo fotorrespiratório, 296
  ferritinas, 235
  fitocromo e germinação de sementes, 478, *479*, 485
  fitormônios que regulam a senescência foliar, 707, 708, 709
  florescimento (*ver* reprodução de *Arabidopsis*)
  formação de periderme nas raízes, 585
  formação do gancho apical, 519
  formação do meristema axilar, 548–549
  formas de fitocromo em, 486–487
  fotorreceptor UV RESISTANCE LOCUS 8, 477
  fototropinas, 495–496, 497, *498*, 499–500
  fruto (*ver* reprodução de *Arabidopsis*)
  gene *AtNHX1* do antiportador, 232
  genes transportadores, 230
  importação de floema em raízes em crescimento, 367
  inibidores de luz vermelha e azul do alongamento do caule, 494
  iniciação foliar mediada por auxina e, 547
  iniciais da raiz, 543, *544*
  interações do tigmotropismo e gravitropismo da raiz, 533, 534
  lignificação, 68
  lipídeos de membrana e sensibilidade ao frio, 411
  meiose masculina, *77*
  mitocôndrias, *389*
  morfogênese mediada por fitocromo, 489
  movimento dos cloroplastos e fototropina, 497, *498*
  mutação e transposons não metilados, 76
  mutante anão torcido, 523
  mutante de caule sem meristema, 547
  mutante *wuschel*, 546
  mutantes e atividade das ácidos graxos ômega-3
  níveis de CO_2 e assimilação de nitrato no caule, 440
  origem e desenvolvimento das raízes laterais, 573–576
  oscilador circadiano, 597
  parênquima do xilema, 242
  pólen (*ver* reprodução de *Arabidopsis*)
  poros da placa crivada, tubos crivados e fluxo de massa, *359*, 360
  produção de amido, 306
  proteína P, 364
  proteínas de transporte, 224
  receptores de citocinina, 132
  receptores de etileno, 133
  regulação da senescência foliar, 700–701
  regulação das mudanças da fase juvenil para a adulta, 593, 594
  regulação dos ângulos do valor-alvo gravitrópico do disparo, *578*
  relógio circadiano e envelhecimento em, 707
  repressão do crescimento da gema axilar por estrigolactonas, 571
  resposta da raiz à graviestimulação, *530*
  respostas de plantas inteiras à deficiência de nitrogênio, 210
  ritmos circadianos influenciando as defesas induzíveis em, 740, 741
  sementes (*ver* reprodução de *Arabidopsis*)
  supressão da gema axilar durante a senescência monocárpica, 716
  transformação, 94
  transição foliar do dreno para a fonte, 370–371
  transporte de nitrato no xilema, 422
  transporte polar de auxina, 130, *528*
  tricomas, 11, *12*
  venação foliar e desenvolvimento de nervuras, 559, 561–563, 564
  Ver também Arabidopsis thaliana
  vernalização, *610*, 611–612
Arabidopsis lyrae, 641
Arabidopsis thaliana
  AtAHA2 H$^+$-ATPase, 236, *237*
  ausência de micorrizas, 211
  autopolinização, 633
  celulose sintase A, 52
  genoma nuclear, 19, 73–74
  invertase citosólica, 384
  ionômica, 200
  mutante xiloglucano, 65
  proteínas quinases dependentes de Ca^{2+}, 744
  voláteis de folha verde, 739
  XIUQUIs, 641
Arabidopsis thaliana NAC-LIKE, ATIVATED BY AP3/PI (AtNap), 707
Arabinano, *53*, 56, *57*, 58
Arabinogalactano do tipo 1, *56*, 57
Arabinose
  em polissacarídeos da parede celular, *48*
  glucoronoarabinoxilano, 54, *55*
  pectinas, 56
  proteínas arabinogalactanas, 49
Arabinoxilano, 49, *53*, 54
Arachis (amendoim), 435
Araucaria, 729
Arbúsculos, 211, *212*
Archaeplastidae, 281
Áreas crivadas, 350
Areia fina, 203
Areia grossa, 203
ARFs. *Ver* Fatores de resposta da auxina
Arginina, *427*
"Arizona honeysweet", *336*
Armazenadoras de amido, 371
Armole triangular, *327*, *328*
Arnold, William, 254
Arnon, Daniel, 270
Arquitetura do sistema radicular
  ângulo do valor-alvo gravitrópico, 577–578
  de monocotiledôneas e eudicotiledôneas, 573, 576–577
  definição e descrição de, 205–206, 573
  modificações para otimizar a absorção de água e nutrientes, 578
  origem e desenvolvimento das raízes laterais, 573–576
Arroz (*Oryza sativa*)
  absorção radicular de amônio, 208
  aerênquima, 461, 462
  aquecimento global e emissão de metano, 404
  arroz dourado transgênico, 100
  autopolinização, 633
  calose do floema, 365
  camada de aleurona, 652
  estrigolactonas, 118
  Gene *FINE CULM 1* e ramificação em, 571
  giberelina e "doença da planta boba", 116, 743
  intoxicação por arsênico e, 235
  parasitas de raiz, *119*
  proteínas de reserva, 517
  regulação do ângulo do valor-alvo gravitrópico do caule, 578
  tecnologia de substituição de genes, 97, *98*
  voláteis induzidos por herbívoros, 739
Arroz dourado, 100
ARRs. *Ver* Proteínas ARABIDOPSIS RESPONSE REGULATOR
Arsênico, 446, 465–466
Arsenito, 235
Artemísia (*Artemisia tridentata*), 739
Artemísia, *180*
Artemisia tridentata (artemísia), 739
Árvore de ginkgo (*Ginkgo biloba*), 177, *710*, 715
Árvore Matusalém (*Pinus longaeva*), 714, 715

Árvores
  carregamento passivo simplástico do floema, 355–356
  descarga e recarga de fotossintatos durante o transporte do floema, 357
  ectomicorriza, 211, 213
  extensão dos sistemas radiculares, 205
  gradiente de pressão e movimento da água, 177–178
  modelo de fluxo de pressão de translocação do floema, 360–361
  produtividade e senescência em árvores altas, 716–717
  senescência foliar sazonal, 697
Árvores decíduas, senescência foliar sazonal, 697
AS. *Ver* Ácido salicílico
AS. *Ver* Asparagina sintetase
Asarum caudatum, 327
Asclepia curassavica (oficial-de-sala), 730, 731
Ascomycota, 211
Ascorbato peroxidase, 273, 462, *463*
Asparagina, 422, 425, 426, *427*
Asparagina sintetase (AS), *425*, 426
Aspartato
  assimilação de amônio, 425, *426*
  biossíntese da asparagina, 426
  fotossíntese C$_4$, 298, 299, 300, 301
  rota biossintética, *427*
Aspartato aminotransferase (Asp-AT), *299*, 301, 425, 426
Asp-AT. *Ver* Aspartato aminotransferase
Aspergillus nidulans, 480
Assimetria, no desenvolvimento floral, 620–621
Assimilação de nitrogênio
  assimilação de amônio, 424–426
  assimilação de nitrato, 417, 420–423, *424*
  biossíntese de aminoácidos, 426–427
  ciclo biogeoquímico do nitrogênio, *418*, 419
  energética de, 439, 440
  fixação biológica de nitrogênio, 427–435 (*Ver também* Fixação biológica de nitrogênio)
  fotoassimilação, 439
  fotorrespiração e, 439–440
Assimilação de nutrientes
  assimilação de amônio, 424–426
  assimilação de enxofre, 435–438
  assimilação de fosfato, 438–439
  assimilação de nitrato, 420–423, *424*
  assimilação de oxigênio, 439
  biossíntese de aminoácidos, 426–427
  definição e visão geral de, 417–418
  energética de, 417, 439–440
  fixação biológica de nitrogênio, 427–435
  plasticidade do sistema radicular e, 578
Associações micorrízicas arbusculares, 208, 210–212, 723, 725
Astragalus, 193

Ativador transcricional GA-MYB, 516
Ativadores, 83
Atividade do dreno, 366, 372–373
Atmosfera (unidade de pressão), *157*
ATP sintase
  cadeia mitocondrial de transporte de elétrons, 394–396
  complexos proteicos fotossintéticos dos tilacoides, *258*, 259
  em cloroplastos, 29
  estrutura e função, 271–272
  fosforilação oxidativa, 381, *393*
  na fotossíntese, *262*, 263
  nas mitocôndrias, 29
  transporte de prótons em mitocôndrias e cloroplastos, 223
  transporte mitocondrial transmembrana e, 396, 397
  Ver também ATPases específicas
ATP sulfurilase, 436, 439
ATPase, 270, 271–272
  Ver também ATP sintase
ATPases do tipo P, 236–237
Atricoblastos, 521, 522
Atriplex, 301
  A. glabriuscula , 332
  A. triangularis, 327, 328
Aureocromo, *495*, 496
Autofagia
  definição e descrição de, 23, 693–694, *695*
  senescência foliar e, 696, 698–699
Autofagossomos, 27–28, 694, *695*, 698, 699
Autofecundação (autopolinização)
  definição, 633, 642
  depressão por endogamia, 642
  mecanismos para prevenir, 642–647
Autofosforilação, da fitotropina, *496*, *497*
Autoincompatibilidade (SI)
  autoincompatibilidade esporofítica, 644–645
  autoincompatibilidade gametofítica, 644–647
  visão geral, 643–644
Autoincompatibilidade esporofítica (SSI), 644–645
Autoincompatibilidade gametofítica (GSI), 644–647
Autólise, 692–693
  Ver também Morte celular programada
Autopoliploidia, 78–79
Autotetraploidia, 79
Autotoxicidade, 729
AUXIN RESISTANT 1. *Ver* Proteína AUX1
Auxina
  abertura do gancho apical, 519
  abscisão e, 711, *712*
  afrouxamento da parede celular e crescimento ácido, 526
  auxinas sintéticas, 114
  biossíntese, 119
  crescimento da plântula, 524–526
  descoberta e estudos iniciais em, 103, 114, *115*

desenvolvimento da casca da semente, 653
desenvolvimento de plantas e, 114
desenvolvimento do câmbio vascular, 581–582
desenvolvimento dos pelos da raiz, 522
dominância apical e crescimento da gema axilar, 569–571, 572
embriogênese e, 679–682
estabelecimento da identidade foliar adaxial, 552–553
estrutura química, *115*
formação de folíolos, 554
formação de meristemas axilares, 548
formação de raízes laterais, 574, *575*, 576
formas de, 114
fototropismo e, 535–536, 537, 538
frutificação e frutos partenocárpicos, 657–658
gravitropismo e, 526–529, 530–532
hidrotropismo da raiz, 535
inibição do amadurecimento de frutos no morango, 663
iniciação foliar, 547–548
interações com etileno no crescimento da raiz, 524–525
interferência hormonal em respostas ao estresse abiótico, 460
manutenção do meristema apical da raiz, 543, *544*, 545
métodos de medição dos níveis de auxina da planta, *131*
modelo de canalização e formação de nervuras foliares, 560–562, 563–564
movimentos násticos vegetais, 523
padronização radial durante a embriogênese e, 684
proteínas PIN-FORMED carreadoras de efluxo, 108
regulação do crescimento da lâmina, 553
regulação do crescimento secundário, 584
regulação homeostática, 120–121
resposta de curvatura do coleóptilo, 103, 114, *115*
senescência foliar, 709
tempo de atraso do alongamento induzido por auxina, 525–526
tigmotropismo da raiz, 533
Ver também Ácido indol-3-acético
Auxinas sintéticas, 114, 121
AUXIN-BINDING PROTEIN1 (ABP1), 121
AuxRE. *Ver* Elemento de resposta à auxina
Aveia (*Avena sativa*)
  compostos de nitrogênio na seiva do xilema, *422*
  desenvolvimento de pró-plastídios, *31*
  respostas do fitocromo a fluências muito baixas, 485
  respostas fotorreversíveis induzidas pelo fitocromo, *481*

tempo de adaptação para alongamento induzido por auxina, 525
Avena sativa. Ver Aveia
Avicennia, 405
Azolla, 61, 428, 429, 543
Azorhizobium, 428, *429*
Azospirillum, 428
Azotobacter, 428, 430

B

Bacillus, 428
  B. subtilis, 725
  B. thuringiensis (Bt), 100
Bactéria fotossintetizantes púrpuras, 259, *272*
Bactérias
  bactérias fotossintéticas anoxigênicas, 259
  bacteriofitocromos, 480
  efeitos do pH do solo sobre, 204
  fixação biológica de nitrogênio, 428–434
  patogênico (*ver* Patógenos; Patologia vegetal)
  receptores vegetais e, 105–106
  rizobactérias, 725
  sistemas regulatórios de dois componentes, 132, *133*
  teoria endossimbiótica, 80
Bactérias verdes sulfurosas, 259
Bacterioclorofilas
  características da absorção de P870, 264
  espectro de absorção da bacterioclorofila *a, 251*
  estrutura molecular da bacterioclorofila *a, 251*
  visão geral, 250
Bacteriofitocromos (BphPs), 480
Bacteroides, 434
Bagas, 657
Bainha amilífera, 529–532
Bainhas do feixe
  carregamento do floema, *352*
  floema em, 347
  fluxo cíclico de elétrons e síntese de ATP, 273
  fotossíntese C$_4$, 298–299, *300*, 301–302, 303
  modelo de aprisionamento de oligômero do carregamento do floema, 354–355
BAK1. *Ver* BRI1-ASSOCIATED RECEPTOR KINASE1
Bakanae, 116
Bambu japonês (*Phyllostachys bambusoides*), 714
Bananas, 664
Bancos de sementes, 508
Banda pré-prófase, 38, *39*
Banksia, 204
Basidiomycota, 211
BASS6. *Ver* Transportador de sódio e ácido biliar do tipo simporte
Bassham, J.A., 282
Batata (*Solanum tuberosum*)
  fitoalexinas, *747*
  floema, *349, 351*
  meristema apical do caule e desenvolvimento do primórdio foliar, *551*

mRNAs móveis na sinalização do floema, 375
temperatura de armazenamento para tubérculos, 405
Batata-doce, *465*
Beal, W.J., 655–656
Beijerinckia, 428
BEIS1. *Ver* BRI1-EMS SUPRESSOR1
Belemnite, 340
Beneertia, 29, 302
  B. cycloptera, 300
Benson, A., 282
Benzoxazinoides, 731
Berry, Joe, 321
Bertholletia excelsa (castanha-do-pará), *506*
Besouros, 733
Besouros de casca, 729
β-1,4-glucanase, 711
β-Caroteno (vitamina A)
  "arroz dourado", 100
  em algas verdes e plantas terrestres, 4
  estrutura molecular e espectro de absorção, *251*
  inativação de EROs e, 462, *463*
β-Ciclocítrico, 118
β-damascenona, 661
β-Glucuronidase (GUS), 93, 128
β-oxidação de ácidos graxos, 28, *412*, 413, 517
Beta
  B. maritima, 346
  B. vulgaris, 346, *352*, 374
Beta-conglutina, *517*
(1,3; 1,4) -β-D-glucano, 54, 65
Beterraba (*Beta vulgaris*), 346, 352, 374
Beterraba silvestre bianual (*Beta maritima*), 346
Betula, 511
  B. pendula, 711
  B. verrucosa, 593
Betulaceae, 211, 586
Bétula-prateada (*Betula verrucosa*), 593
Bétulas (*Betula*), 511
Betulina, 586
Beyer, Peter, 100
Bicarbonato
  fotossíntese C₄, 298, 299
  metabolismo do ácido crassuláceo, 303, 304, 305
BICs, 492
BIK1. *Ver* BRI1-kINASE INHIBITOR1
BIN2. *Ver* Proteína BRASSINOSTEROID INSENSITIVE 2
Biocombustíveis, 407
Biolística, 94
Biologia de sistemas, 147
Biomassa, celulósica, 45
Biomassa celulósica, 45
Biotecnologia
  lipídeos e, 407
  relevância da translocação e sinalização do floema para, 376
  Revolução Verde, 190, 567
  Ver também Engenharia genética; Transgenes
1,3-Bisfosfoglicerato, 283, *284–285, 382, 383*, 384, 438

Bivalentes, 78
Blackman, F., 321
Bloqueador de canais aniônicos NPPB, 494
BLUE-LIGHT INHIBITORS OF CRYPTOCHROMES (BICs), 492
Boca-de-leão (*Antirrhinum majus*), 552, 620
Bolhas de gás
  cavitação do xilema, 177, 180–181
  mecanismos de formação no xilema, 180
  membranas de pontoação e, 177
Bombas
  bombas Ca²⁺, 110
  definição e visão geral, *223*, 226
  transporte ativo primário, 226
  transporte ativo secundário, 226
  Ver também Bombas eletrogênicas; H⁺-ATPases; Bombas de prótons
Bombas Ca²⁺, 110
Bombas de H⁺, *229*, 230
Bombas de prótons
  Bombas H⁺, *229*, 230
  vacuolares, 237–238
  Ver também H⁺-ATPases
Bombas eletrogênicas
  bombas de prótons vacuolares, 237–238
  potencial de membrana e transporte de prótons, 222–223
  transporte ativo primário, 226
Borboleta-monarca (*Danaus plexippus*), 730, *731*
Boro
  concentração no tecido vegetal, *191*
  efeitos do pH do solo na disponibilidade, *201*
  microfibrilas de celulose e, 54
  mobilidade dentro da planta, *196*
  na nutrição vegetal, 192
  papéis funcionais na nutrição vegetal, 197
Botão-de-ouro (*Ranunculus repens*), *48*, 347
Boysen-Jensen, P., *115*
Brachypodium, 559
Brácteas, 549
Bradyrhizobium, 428, *429*
  B. japonicum, 429
Brassica
  B. canola, 517
  B. carinata, 80
  B. juncea, 80
  B. napus, 80, 118, 506, 517, 659
  B. napus ssp. *Napus, 517*
  B. nigra, 80
  B. oleracea, 80
  B. rapa, 80
Brassicaceae (família do repolho)
  alopoliploidia, 79, *80*
  ausência de micorrizas, 211
  autoincompatibilidade esporofítica e, 645
  desenvolvimento do rudimento seminal, 631–632
  epiderme da raiz, 521
  Ver também Arabidopsis
Brassicales, 731–732
Brassinas, 118

BRASSINAZOLE-RESISTANT 1 (BZR1), 136, 137, *138*
Brassinolídeo
  descoberta de, 118
  estrutura química, *115*
  rotas de sinalização de brassinosteroide, 136, *137*, 138
Brassinosteroides
  desenvolvimento vegetal e, 114
  dormência da semente e, 511
  estrutura química, *115*
  funções, 118
  inibição do desenvolvimento dos pelos da raiz, 522
  localizações primárias dos receptores, *106*
  mediação da sinalização de brassinosteroides por quinases do tipo receptores, 136–138
  movimento dentro da planta, 128
  mutação *clam*, 76
  mutante *nana1* do milho, *118*, 127
  propiconazol como um fungicida, 127
  síntese e regulação homeostática, 126–127
  supressão da fotomorfogênese no escuro, 518, *519*
BRE. *Ver* Elemento de reconhecimento TFIIB
BRI1 SUPPRESSOR1 (BSU1), 136, *138*
BRI1-ASSOCIATED RECEPTOR KINASE1 (BAK1), 136, *137*, 138, 712, 713
BRI1-EMS SUPPRESSOR1 (BES1), 136, *137, 138*
BRI1-KINASE INHIBITOR1 (BKI1), 136, *137, 138*
Briggs, Winslow, 495
Briófitas, 4, 5, 7, *481*, 669
Brócolis, *80*, 199
Bromeliaceae, 613
Broszczowia aralocaspica. Ver Suaeda aralocaspica
"Brotos fecais", 587
BR-SIGNALING KINASES (BSKs) 136, *138*
Brucella abortus, 490
Bryophyllum, 599, 607, 612, 650–651
BSKs. *Ver* BR-SIGNALING KINASES
Bulbochaete, 24
Bünning, Erwin, 602
BUS1. *Ver* BRI1 SUPPRESSOR1
Butiril-ACP, 409
BZR1. *Ver* BRASSINAZOLE-RESISTANT 1

C

C-14 redutase, 679
CA1P *Ver* 2-carboxi-D-arabintol 1-fosfato
Ca²⁺-ATPase do retículo endoplasmático (ECA1), 534, *535*
Ca²⁺-ATPases, 233, 236
Cactos (Cactaceae)
  CAM ocioso, 338
  espinhos, 726
  metabolismo do ácido crassuláceo, 303, 305

relações hídricas celulares no interior de caules, 164
Cadeia antisense, expressão gênica, 81, *82*
Cádmio, 449–450, 465–466
Caeliferinas, *733,* 734
Calamagrostis epigeios (reed grass), 714
Calase, 628
Calaza, 631, 632, *648*
Calcário, 201
Cálcio/íons de cálcio
  absorção pela raiz de, 207
  aclimatação sistêmica adquirida, 456, *457*
  ativação de grãos de pólen, 635–636
  carreadores, 233
  como mensageiros secundários, 109–110
  como um mensageiro secundário, 198
  complexo de liberação de oxigênio na fotossíntese, 265
  complexos eletrostáticos, *233*
  concentração nos tecidos vegetais, *191*
  concentrações observadas e previstas em tecidos de raiz de ervilha, *221*, 222
  crescimento apical do tubo polínico, 636, *637*, 638
  defesas das plantas induzíveis, 734
  efeitos do pH do solo na disponibilidade, *201*
  em fecundação dupla, 641
  fechamento estomático, *239*, 240
  fechamento estomático induzido pelo ABA em resposta ao estresse hídrico, 466, *468*
  fixação biológica simbiótica de nitrogênio, 723, *724*
  formação de aerênquima, 461–462
  formação de nódulos das raízes, 432
  gravitropismo, 532, 533
  hidrotropismo da raiz, 534, *535*
  imunidade desencadeada por PRR, *742*, 744
  mecanismos excluindo íons tóxicos, 465
  mobilidade dentro da planta, *196*
  mudanças de pH dependentes de Ca²⁺, 111
  na nutrição vegetal, *192*, 198
  na seiva do floema, *362*
  nos solos, 204
  potenciais de ação das plantas, 146, 147
  regulação da NADPH oxidase, 111
  resposta de lesão iniciada por glutamato, 373
  resposta hipersensível, 745
  rotas de resposta ao estresse, 453–454, 455
  sensores de cálcio, 109–110
  sinalização elétrica nas defesas sistêmicas, 737, 738
  tigmotropismo da raiz, 533, *534*

Calendula
  C. officinalis, 607
  C. vulgaris, 628
Caleosinas, 515, 517
Calluna vulgaris (urze-escocesa), 714
Calmodulina (CaM), 110, *453*, 454
Calo, 117
Calor
  dissipação por folhas, 331–332
  fotossíntese C_4 e, 303
Calor específico, 155
Calor latente de vaporização, 155, 160
Calose
  composição, 49
  imunidade desencadeada por PRR, 744
  nos tubos polínicos em crescimento, 636
  paredes celulares de micrósporos, 627, 628, 629
  vedação de elementos crivados danificados, 364, 365
Calose de lesão, 365
Calothrix, 428
Calvin, M., 282
CAM ocioso, 338
CaM. *Ver* Calmodulina
CAM. *Ver* Metabolismo ácido das crassuláceas
Camada de aleurona
  definição, 508
  descrição e funções de, 652
  desenvolvimento do endosperma amiláceo, 650
  estrutura da, *515*
  estrutura da semente de *Arabidopsis*, *648*, 649
  estrutura de sementes de cereais, *648*
  mobilização do endosperma amiláceo, 515–516
  morte celular programada, 516
Camada de separação, *658*, 659
Camada L1, 546, 561
Camada L2, 546
Camada L3, 546
Camalexina, 747
Câmaras de pressão, 160
Câmbio, 10, *11*
  Ver também Câmbio suberoso; Câmbio vascular
Câmbio fascicular, *11*
Câmbio interfascicular, *11*
Câmbio suberoso
  casca e, 586
  crescimento secundário, 568, 579
  definição, 10
  produção de felema e feloderme, 580
  produção de periderme, 585–586
Câmbio vascular
  anatomia da raiz, *8*
  anatomia do caule, *8*
  casca e, 586
  ciclos de crescimento-dormência, 580
  crescimento secundário, 10, *11*, 568
  definição, 10, 542
  desenvolvimento de, 580–582
  função no crescimento secundário, 578–579
  produção de xilema e floema secundários, 579–580
  redes de genes que controlam, 582–584
  regulação por fitormônios, 584–585
Camellia sinensis, 13
Caminho do NHEJ. *Ver* Rota de reparo de DNA de união de extremidades não homóloga
Campânula (*Campanula medium*), 599
Campanula medium (campânula), 599
Campesterol, 126
Campos de pontoação, 48
Cana de açúcar, *428*, 430
Canais
  canais de cátions, 231–232
  definição e visão geral, *223*, 224–226, *229*
  no parênquima do xilema, 242
  Ver também canais específicos e tipos de canais
Canais aniônicos
  carregamento de xilema, 242
  fechamento estomático induzido pelo ABA em resposta ao estresse hídrico, 466, *468*
  visão geral, 225
Canais cíclicos com portões de nucleotídeos, 109, *231*, 232, 453
Canais com portões controlados por voltagem, 224
Canais de ânions ativados por Ca^{2+}, 466, *468*
Canais de Ca^{2+} ativados por ERO, 454, *455*
Canais de cálcio
  aclimatação sistêmica adquirida, *456*, 457
  imunidade desencadeada por PRR, *742*, 744
  mecanismos sensores de estresse, 453
  mensageiro secundário no funcionamento de íons de cálcio, 109
  proteínas R vegetais, 744
  rotas de resposta ao estresse, 453
  sinalização elétrica em defesas sistêmicas, 738
  visão geral e tipos de, 225, *231*, 232
Canais de potássio
  abertura estomática induzida por luz azul, 239, 240
  fechamento estomático, *239*, 240
  fechamento estomático induzido por ABA em resposta ao estresse hídrico, 466, 467, *468*
  modelos de, *224*
  Retificadores de entrada e de saída, 225–226
  tipos de, *231*, 232
Canais de potássio comportões controlados por voltagem
  abertura estomática induzida por luz azul, 498
  fechamento estomático induzido por ABA em resposta ao estresse hídrico, 466
  funções de, 232
Canais do receptor de glutamato, *231*, 232
Canais estilares, 633
Canais mecanossensíveis, 105, *106*
Canais regulados
  canais cíclicos com portões de nucleotídeos, 109, *231*, 232, 453
  canais com portões controlados por voltagem, 224
  canais regulados por ligantes, *231*, *232*
  Ver também Canais regulados específicos
  visão geral, 224
Canais regulados por ligante, *231*, *232*
Canais resiníferos de trauma, 729–730
Canais retificadores de entrada de K^+, 225–226, 238, 239
Canais retificadores de saída de K^+, 225, 226, *239*, 240, 242
Canais SKOR, 242
Canal catiônico POLLUX, *432*
Canal de infecção, 432, 433
Canal mecanossensível de condutância pequena (MscS), 105
Canal permeável ao Ca^{2+} controlado por hiperosmolalidade, 453
Canal retificador de saída de potássio do estelo (SKOR), 242
Canal TPC1/SV, 232
Canal TPC1/SV ativado por Ca^{2+}, 232
Canal TPK/VK, *231*, 232
Canalização de luz, 324
Cânhamo (*Cannabis sativa*), 193
Canna compacta (cana-flor-de-lírio), 656
Cannabis sativa (cânhamo), 193
Canola (*Brassica napus* ssp. *napus*), 517
Canola, 118
Capacidade de troca aniônica, 203–204
Capacidade de troca catiônica (CEC, cátion exchange capacity), 203
Capilaridade
  água do solo, 170
  continuum solo-planta-atmosfera e, 186–187
  definição, 156
Capim das Bermudas, *29*
Capsidiol, 747
Cápsulas, *6*
Captura de conformação de cromatina (3C), 76
Carboidratos
  conversão de lipídeos de reserva em sementes em germinação, 411–413
  mudanças da fase juvenil para a fase adulta e, 593
  na seiva do floema, 361, 362, *363*
  porcentagem de energia solar convertida em, 323
  Ver também Fotossintato; Amido; Açúcares
Carbono
  alocação de carbono fixado, 371
  ciclo de carbono da fotorrespiração, 294
  concentração nos tecidos vegetais, *191*
  fixação (*ver* Reações de fixação do carbono)
  mobilização em plantas terrestres, *306*
  oxidação na respiração, 380, 382
  parede celular como reservatório de carbono, 45
  razão entre isótopos de carbono, 340–342
  rota oxidativa das pentoses fosfato, 381
  Ver também Reações de carbono da fotossíntese
2-carboxi-3-cetoarabinitol 1,5-bifosfato, 283, *285*
2-carboxi-D-arabinitol 1-fosfato (CA1P), 287, *288*
Carboxilação
  ciclo de Calvin-Benson, 283–284
  razão entre isótopos de carbono e, 341
Cardenolídeos, *730*, *731*
Cardiolipina, *389*, *408*, 410
Carga mutacional, 715
Carga permanente, 202
CArG-box, 619
Cariopses, *506*
Caroço (pedra), 659
Carotenoides
  amadurecimento do fruto, 660, *661*
  ciclo da xantofila, 328–329
  complexos pigmento-proteicos dos tilacoides, 257
  estrutura molecular e espectro de absorção, *251*
  fotoproteção, 273–274
  funções dos, 251–252
  síntese de ácido abscísico, 125
  síntese de estrigolactonas, 127
  voláteis de sabor, 661
Carpelos
  ciclo de vida da planta, 626
  desenvolvimento de frutos carnosos, 659
  frutos e, *657*
  gametófitos femininos, 626, 630–633
  genes da identidade do órgão floral, 616–617
  genes de classe D e formação do óvulo, 620
  iniciação dos, 614, *615*
  modelo ABC da identidade do órgão floral, *617*, 618
  modelo quaternário da especificação do órgão floral, *620*
  valvas, 631
Carrapicho (*Xanthium strumarium*)
  assimilação de nitrato, 422
  duração da noite e indução floral, 600
  estudos de enxertia sobre o estímulo floral, 607
  fitocromo e florescimento, 605
  respostas fotorreversíveis induzidas pelo fitocromo, *481*
Carreadores
  análises cinéticas de, 228
  carreadores de cátions, 232–233

definição e visão geral, *223*, 226
transporte ativo secundário, 226–227
Carregamento do floema
  células companheiras, 350–351
  definição, 351
  modelo de fluxo de pressão de translocação do floema, *357*, *358*
  nervuras foliares de menor diâmetro e, 559
  padrões no carregamento apoplástico e simplástico, 356
  presença de vários mecanismos de carregamento, 357
  regulação por pressão de turgor e sinais químicos, 374
  rota apoplástica, 352–354
  transporte de fotossinato do mesofilo para os elementos crivados, 351
  visão geral das rotas em, 351–352
Carregamento do xilema, 242
Carregamento passivo simplástico do floema, 355–356, 357
Carriquinas, 118–119
Carriquinolida, 512
Carúncula, 507
Carvalho-americano (*Quercus rubra*), 714
Carvalho-castanheiro (*Quercus montana*), 714
Carvalhos (*Quercus*)
  casca, 586
  duração do período juvenil, *593*
  felogênio e felema, 586
  longevidade, *714*
  paredes celulares, 46
  plasticidade fenotípica das folhas, *469*
  pólen, 630
  sementes, *506*
Carvalho-vermelho (*Quercus robur*), *593*
Casca, 10, *579*, 586
Casca das sementes
  anatomia da semente, 506, *507*
  desenvolvimento de, 652–653
  dormência da sementes imposta pela casca, 655–656
  dormência exógena, 508–509
  estrutura da sementes de *Arabidopsis*, 648
  funções de, 652
Cascalho, 203
CASPARIAN STRIP PROTEIN 1 (CASP1), 69
Castanha-da-índia (*Aesculus hippocastanum*), *572*
Castanha-do-pará (*Bertholletia excelsa*), *506*
Castasterona, 118
Castilleja chromosa (pincel-do-deserto), *599*
CASTOR, canal catiônico, *432*
Casuarina, *428*
Catalase
  desvios das rotas fotorrespiratórias, por engenharia genética, 296
  em peroxissomos, 28
  fotorrespiração, 29–293, 291, 294
  funções antioxidantes, 462, *463*
Catanina, 34, *35*

Catequina, 749
Catharanthus roseus, 109
Cátions
  concentrações observadas e previstas no sistema radicular da ervilha, 221, *222*
  ligações não covalentes com compostos de carbono, 233
  potencial de difusão, 220
Cauda poli-A, *82*, 84, 86
Caule (partes aéreas)
  ápice do caule e mudanças de fase, 592–594
  assimilação de nitrato, 422
  definição, 7
  estiolado, 517, 518, *519*
  filotaxia, 573
  fototropismo, 535–538
  meristemas apicais, 10
  ramificação e arquitetura, 567, 568–573
  razão entre raízes e partes aéreas, 205, 468–469, *470*
  transporte de auxina independente da gravidade, 526, *527*
Caules
  auxina e crescimento do caule em plântulas, 524
  crescimento secundário, 10, *11*
  desestiolamento, 477–478, 486, 494
  efeitos das deficiências minerais em, 196, 197, 198
  estrutura e função, 7, *8*
  meristemas apicais, 10
Caulinita, 203
Cavitação, 157, 180–181
CBC. *Ver* CONVEERGENCE OF BLUE LIGHT AND CO₂
CBLs. *Ver* Proteínas do tipo calcineurina-B
CCA1. *Ver* Proteína CIRCADIAN CLOCK-ASSOCIATED 1
CCAAT box, *82*, 83
CCaMKs. *Ver* Proteínas quinases dependentes de cálcio/calmodulina
CCGs. *Ver* Genes catabólicos da clorofila
CDG1. *Ver* Proteína CONSTITUTIVE DIFERENTIAL GROWTH1
CDKs. *Ver* Família de proteínas quinases dependentes de ciclina
cDNA. *Ver* DNA complementar
CDPKs. *Ver* Proteínas quinases dependentes de cálcio
Ceanothus, *428*
Ceanothus crassifolius (hoaryleaf ceanothus), *180*
Cebolas, 47, *185*, 507
CEC. *Ver* Capacidade de troca catiônica
Celobiose, 48
Célula apical, 670, 671, *672*, 673–674
Célula basal, 670, 671, *672*, 673, 674
Célula central
  Arabidopsis, 631
  fase progâmica da reprodução, 633, *634*
  fecundação dupla e, 626, 633–634, 641–642
  formação da, 632

Célula do endosperma primário, 626, 633
Célula fundamental da linhagem estomática (CFLE), 556, 557–558
Célula generativa, *626*, 628, 629
Célula vegetativa, 628, 635, 647
Célula-mãe de células-guarda (CMCG), 556, 557, *558*, 559
Célula-mãe de megásporo, 631, 632
Celularização, do endosperma cenocítico, 648–650
Células
  ablação para produção de plantas masculinas estéreis, 643
  origem de novas células, 10, *11*
  origem do termo, 46
  visão geral da estrutura celular, 7, *9*, 10
Células albuminosas, 15
Células albuminosas, *350*, 357
Células alveolares, 649, 650
Células arquesporiais, 627
Células buliformes, 330
Células companheiras
  carregamento do floema, 350–351, 351–357
  células de transferência, 353–354
  composição da seiva do floema e, 364
  definição, 14, 15
  descarga e recarga de fotossinatos durante o transporte e, 357
  estrutura e função, 350
  modelo de fluxo de pressão da translocação no floema, *358*
  no tecido do floema, *348*, *349*
Células companheiras do tipo intermediário, 354–355, 356
Células crivadas, 14, 15, 348, 361
  Ver também Elementos crivados
Células de armazenamento de água, 164
Células de secessão, 709, *710*, 712–713
Células de transferência, 353–354, 356
Células dos raios, *579*, 580
Células espermáticas dimórficas, 642
Células espermáticas isomórficas, 641–642
Células fundadoras da raiz lateral, 574, *575*, 576
Células fundamentais
  anatomia foliar, *8*
  definição e descrição de, 11, *12*, 555
  expansão celular na epiderme foliar, 63
  padronização dos estômatos, 557
Células fusiformes, *579*
Células iniciais
  definição e descrição de, 542
  formação de meristemas axilares, 548
  iniciais cambiais, 579–580, *581*
  meristema apical da raiz, 543, *544*
  meristema apical do caule, 545–547, 548
Células paliçádicas
  absorção de luz foliar, 324
  definição, 324

folhas de sol e de sombra, *322*
  movimento de cloroplasto mediado por fototropina, 496–497, *498*
  parênquima, *8*
Células papilares, 634, 635, *636*, 645
Células residuais, 709, *710*, 712–713
Células sinérgides (sinérgides)
  Arabidopsis, 631
  ciclo de vida das angiospermas, *626*
  crescimento guiado do tubo polínico, 640–641
  desenvolvimento do saco embrionário, 632
  em fertilização dupla, 641
  fase progrâmica de reprodução, *634*
  funções de, 633
Células suberosas, 10
Células subsidiárias, 184, *185*, 558, 559
Células vegetais
  citoesqueleto, 32–36
  estrutura e paredes celulares, 7, *9*
  mecanismos de expansão celular, 59–66
  membrana plasmática, 15–18
  núcleo, 18–22
  organelas semiautônomas de divisão independente, 29–32
  organização básica, 15, *16*
  plasmodesmos, 7, *9*, 10
  regulação do ciclo celular, 36–40
  sistema endomembranas, 23–29
Celulase, 711
Células-guarda
  abertura estomática induzida pela luz azul, 498–500
  anatomia foliar, *8*
  atividades de transporte nas, 238–240
  características da parede celular, 183–184, *185*
  cloroplastos, 11–12
  definição, 555
  desenvolvimento de estômatos, 555–559
  efeitos da fusicoccina nas, 743
  fatores que regulam o equilíbrio osmótico de, 185–186
  fechamento estomático induzido pelo ABA em resposta ao estresse hídrico, 466–467, *468*
  movimento da água da folha para a atmosfera e, *181*
  mudanças na pressão de turgor e abertura estomática, 184–185
Células-guarda em forma de haltere, 184
Células-guarda em forma de rim, 184
Células-mãe de meristemoides (CMMs), 556, 557, 558
Células-mãe de pólen, 627–628
Celulose
  alomorfos, 50
  barreira ao ataque enzimático, 51
  biomassa celulósica, 45
  composição e funções, 49
  ligação de hemiceluloses à, 54
  macrofibrilas, 51, *66*, 67

microfibrilas (*ver* Microfibrilas de celulose)
modelos moleculares de paredes celulares, 65
paredes celulares primárias, 49, 50, *53*
paredes celulares secundárias, 67
Celulose sintase, 52–53
Celulose sintase A (CESA)
  influência dos microtúbulos corticais na orientação da, 60, *61*, 62
  síntese de celulose em tecidos lenhosos, 67
  síntese de microfibrilas de celulose, 52, 53
Cenouras, 100
Centaurea maculosa (centáurea-manchada), 749
Centáurea-manchada (*Centaurea maculosa*), 749
Centeio (*Secale cereale*), 205, 611
Centro quiescente (CQ)
  definição e descrição de, 206, *207*, 543, *544*
  embriogênese de *Arabidopsis,*, 674
  expressão de WOX5 em, 544, 545
Centrômeros
  definição e função dos, 74
  mitose, 38, *39*, 40
  organização cromossômica na interfase, 76
  prófase da meiose, 78
Centros de Fe_2S_2, 235
Centros de organização de microtúbulos (MTOCs), 34
Centros Fe-S, 269
CEPs. *Ver* Peptídeos codificados no C-terminal
Cereais
  anatomia da semente, 515
  armazenamento de amido no endosperma, 514
  camada de aleurona, 652
  cariopse, *506*
  celularização do endosperma cenocítico, 649–650
  endófitos, 430
  endosperma amiláceo, 652
  estrutura da semente, *648*
  estruturas embrionárias, 508
  germinação pré-colheita, 509–510
  mobilização de amido do endosperma, 514, 515–516
  modificação na arquitetura caulinar em, 567
  proteínas de reserva, 516, *517*
  rendimento de grãos em função do uso da água, *154*
Cerling, Thure, 340, 342
CESA. *Ver* Celulose sintase A
Cestrum nocturnum (dama-da-noite), 599
3-cetoacil-ACP sintase, 409
Cetona, *362*, 363
Cevada (*Hordeum vulgare*)
  absorção de cálcio pela raiz, 207
  camadas de aleurona, 652
  compostos de nitrogênio na seiva do xilema, *422*
  estrutura e germinação dos grãos, *515*

fitocromo e florescimento, 606
gerontoplastos e senescência foliar, *698*
níveis de CO_2 e assimilação de nitrato no caule, 440
proteínas de reserva, *517*
tratamento pós-maturação das sementes, 512
vacúolos líticos, 27
vernalização SD, 611
volume do espaço aerífero foliar, 182
CF_0-CF_1, 271–272
CFLE. *Ver* Célula fundamental da linhagem estomática
Chailakhyan, Mikhail, 607
Chalcona sintase, 90
Chaperonas moleculares, 462–463, *464*
Chara, 34, 222
Charpentier, Emmanuelle, 96–97
Chenopodiaceae, 211, 302
Chenopodium, 608
  C. album, 484
Chlorella pyrenoidosa, 254
CHLOROPLAST UNUSUAL POSITIONING1 (CHUP1), 497, *498*
Chloroplastidae, 281
Choupo, *180*
Choupo-americano-de-folha-dentada (*Populus grandidentata*), *714*
Chromatium, *428*
Chrysanthemum morifolium (crisântemo de florista), *593*, 599, 601
CHUP1, 497, *498*
Chuva ácida, 435
Cianelas, 281
Cianeto, 222–223, 732
Cianeto de benzila, 739
Cianeto de hidrogênio, 732
Cianobactérias
  endossimbiose, 80, 276
  fixação biológica de nitrogênio, 419, 428, 429
  heterocistos, 429
Cianoidrina, *732*
CIB1.493
Cicadófitas, 4, 7, 545
Cicatrizes das gemas, *572*
Cicatrizes foliares, *572*
Ciclinas, *37*, *38*
Ciclização da dormência, *510*
Ciclo celular
  fases e visão geral de, 36–38
  regulamentação do, *37*, 38
Ciclo da xantofila, 328–329
Ciclo de Calvin-Benson
  definição e visão geral do, 282
  fases do, 282–283, *284*
  fotorrespiração e, 291, *294*, 295
  fotossíntese C_4, 298, 300, 301
  mecanismos reguladores, 286–290
  metabolismo ácido das crassuláceas, 304, 305
  mobilização de carbono em plantas terrestres, 306
  na respiração das plantas, *380*
  período de indução, 285–286
  reações no, 283–285

Ciclo de redução de carbono fotossintético. *Ver* Ciclo de Calvin-Benson
Ciclo de Yang, 124
Ciclo do ácido cítrico. *Ver* Ciclo do ácido tricarboxílico
Ciclo do ácido tricarboxílico (TCA)
  biossíntese de aminoácidos, 427
  características únicas em plantas, 391
  codificação por proteínas em genes nucleares, 398
  descoberta de, 388
  em redes biossintéticas e redox de plantas, 400–401
  estrutura e função mitocondrial, 388–389
  localização nas mitocôndrias, 29
  na respiração das plantas, *380*
  produção total de ATP, 396, *398*
  reações em, 389–391
  regulação dinâmica da respiração, 401
  regulação metabólica da piruvato desidrogenase, 402
  respiração mitocondrial na fotossíntese e, 403
  visão geral, 381
Ciclo do glioxilato, *412*, 413
Ciclo Hatch-Slack. *Ver* fotossíntese C_4
Ciclo Q, 261, *262*, 263, 267–268
Cicloheximida, 525
Ciclos biogeoquímicos, nitrogênio, 418–420
Ciclos de vida, 5–7, 625–627
Ciclos fúteis, 404
Cicuta (cicuta), 728, *729*
Cicuta oriental (*Tsuga canadensis*), 511
Cicutoxina, 728, *729*
Cinchona (quina), 586
Cinesinas, 34, 40
Cinetina, *115*, 116
Cinetocoro
  centrômeros e, 74
  cromossomos metafásicos, 37, *38*, 40
  meiose, 78
Cinza-da-montanha, 177–178
CIPKs. *Ver* Proteínas quinase que de interação com CBL
Cipselas, *506*
Circunutação, 522–523, 538
Cisgenia, 99
Cisteína
  assimilação de enxofre, 436, *437–438*
  assimilação de sulfato, 417
  biossíntese de metionina, 438
  fitoquelatinas, 465–466
  modificação de proteínas e, 109
  rota biossintética, *427*
  sinalização das EROs, 111
Cisteína proteases, 736
Cisternas
  complexo de Golgi, 24–26
  retículo endoplasmático, 23
Cisternas *cis*, 24–26
Cisternas *trans*, 24–26
Citidina desaminase, 98
Citocinese, 38, *39*, 40, 78
Citocinina oxidases, 124

Citocininas
  cultura de tecidos, 116, *117*
  descoberta das, 116
  desenvolvimento de folhas compostas, 555
  desenvolvimento de plantas e, 114
  estrutura química, *115*
  fixação biológica simbiótica de nitrogênio, 723, *724*
  funções, 116–117
  hidrotropismo da raiz, 534–535
  localizações primárias de receptores, *106*
  manutenção do meristema apical da raiz, 543, *544*, 545
  manutenção do meristema apical do caule, 547
  movimento dentro da planta, 128
  padronização radial durante a embriogênese, 684
  regulação da dominância apical e do crescimento das gemas axilares, 569, 571, 572
  regulação do crescimento secundário, 584–585
  resposta da planta à deficiência de nitrogênio, 210
  respostas ao estresse abiótico, 459
  rota de transdução de sinal, 132–133, *134*
  senescência foliar, 708–709
  síntese e regulação homeostática, 123–124
Citocininas glicosídicas, 124
Citocininas ribosídicas, 123, *124*
Citocininas ribotídicas, *123*, 124
Citocromo b_{559}, 264
Citocromo *c*, 392, *393*, 394
Citocromo *c* oxidase, 392, *393*, 394, *395*
Citocromo *f*, *266*
Citocromo P450, 127
Citocromo P450 monooxigenase (CYP), *123*, 126
Citoesqueleto
  definição, 32
  elementos de microtúbulos e microfilamentos, 32–34, *35*
  fechamento estomático induzido por ABA em resposta ao estresse hídrico, 467
  proteínas motoras e corrente citoplasmática, 34, 36
Citoplasma
  definição, 7
  divisão celular, 38, *39*, 40
  gravitropismo e pH citoplasmático, 532–533
  plasmodesmos, 7, *9*, 10
Citorrese, 162
Citosol
  ajuste osmótico, 460–461
  definição, 7
  estrutura celular vegetal, *16*
  fechamento estomático induzido por ABA em resposta ao estresse hídrico, 466–467, *468*
  mudanças no pH como mensageiros secundários, 110–111

rota oxidativa das pentoses
fosfato, 386
sinalização de fitocromo, 483
síntese de sacarose, 312–316
Citrato. Ver Ácido cítrico
Citrato sintase, 389, *390*, 391
Citrulina, *363*, 435
Citrus, *593*, 683, 726
Cladódios, 338, 551
Cladograma, de plantas terrestres, *4*, *5*
Clatrina, *25*, 26
Climatérico, 403, 662, 663
Clonagem com base em mapeamento, 90
Clorato, 230
Clorênquima, 302
Cloreto
 ajuste osmótico e, 460
 complexo de liberação de oxigênio na fotossíntese, 264
 concentrações observadas e previstas em tecidos de raiz de ervilha, *221*, 222
 crescimento apical do tubo polínico, 636, 637, *638*
 descarregamento do parênquima do xilema, 242
 fechamento estomático, *239*, 240
 fechamento estomático induzido pelo ABA em resposta ao estresse hídrico e, 466
 na seiva do floema, 362
 nos solos, 203
 transporte para o vacúolo, 238
Cloreto de potássio, 201
Cloreto de sódio
 estresse salino, 204, *448*, 449, 451
 solos salinos e, 166, 204
Cloro
 concentração nos tecidos das plantas, *191*
 mobilidade dentro da fábrica, *196*
 na nutrição vegetal, *192*, 198
4-cloro-AIA, 114
Clorofila *a*
 abundância de, 250
 biossíntese, 277
 complexo de coordenação com íons magnésio, 233
 complexos antena, 260–261
 em algas verdes e plantas terrestres, *4*, *5*
 espectro de absorção, *251*
 estrutura molecular, *251*
 senescência foliar, *700*
Clorofila *b*
 abundância de, 250
 complexos antena, 260–261
 em algas verdes e plantas terrestres, *4*, *5*
 espectro de absorção, *251*
 estrutura molecular, *251*
 senescência foliar, *700*
Clorofila *b* redutase, *700*
Clorofila *c*, 250
Clorofila *d*, 250, *251*
Clorofila *f*, 250
Clorofilas
 absorção e emissão de luz, 248–250
 amadurecimento do fruto, 660

biossíntese e decomposição de, 276, 277
características de absorção de PSI e PSII, 264
centro de reação PSI, 268–269
complexos antena, 259–261
complexos pigmento-proteicos dos tilacoides, 257
decomposição durante a senescência foliar, 698, 699–700
desenvolvimento a partir da protoclorofilida, 31
desestiolamento, 477–478
efeito de peneira, 324
espectros de absorção, 249–250, *251*
estado de menor excitação, 250
nos tilacoides, 256–257
papel na fotossíntese, 247
quenching não fotoquímico, 274
transferência de elétrons por clorofila em estado excitado, 263–264
transferência de energia entre antenas e centros de reação, 253–254
Clorofilas tripletas, 250, 252
Clorofilase, 276
Clorofilídeo *a*, 277
Clorófitas, *481*
Cloroplastos
 aminotransferases, 426
 assimilação de fosfato, 438
 ATP sintase e transporte de prótons, 223
 biossíntese de glicerolipídeos, 410, 411
 biossíntese de jasmonato, 735
 células do mesófilo, *12*
 células-guarda, 11–12
 ciclo de Calvin-Benson, 282–290
 clorofilas e pigmentos fotossintéticos, 247, 250–252 (*ver também* Clorofilas)
 conversão em cromoplastos no amadurecimento do fruto, 660
 crescimento em tamanho, 31–32
 decomposição durante a senescência foliar, 698–699
 desenvolvimento a partir de proplastídios, 30–31
 desvios das rotas fotorrespiratório por engenharia genética, 296
 difusão de dióxido de carbono para, 334–336
 efeito peneira, 324
 efeitos de herbicidas nos, 269
 endossimbiose e a origem de, 276
 estrutura de uma célula vegetal, *16*
 estrutura e função, 29, *30*, *256–257*
 fissão, 31
 fotoassimilação, 439
 fotorrespiração, 291, *292–293*
 lipídeos de membrana, 407, *410*
 mecanismos de transporte de elétrons, 261–269, 270
 metabolismo ácido das crassuláceas, *304*
 metabolismo do amido, 305–312
 mobilização de carbono em plantas terrestres, *306*

movimento (*ver* Movimento dos cloroplastos)
organização de complexos antena, 259–261
organização do aparelho fotossintético, 256–259
origem das enzimas fotorrespiratórias, 295
percepção de estresse abiótico, 456
quenching de, 273, 274
reações de tilacoides, 247–248
rota oxidativa das pentoses fosfato, 386
transporte de prótons e síntese de ATP, 270–273
Clorose, 196, 197, 198, 199
Clorose intervenal, 198, 199
Clostridium, *428*, 430
Clusia, 305
CMCG. *Ver* Célula-mãe de célula-guarda
CMM *Ver* Células-mãe de meristemoides
CNGCs. *Ver* Canais cíclicos com portões de nucleotídeos
CO_2 RESPONSE SECRETED PROTEASE, 558
Cobalamina, 193
Cobalto/deficiência de cobalto, 193
Cobre
 concentração nos tecidos das plantas, *191*
 efeitos do pH do solo na disponibilidade, *201*
 mobilidade dentro da planta, *196*
 na nutrição vegetal, *192*, 199
Cochliobolus carbonum, 743
Coco (*Cocos nucifera*), 506
Coco-do-mar (*Lodoicea maldivica*), 507
Código de histona, 86
Códons de parada, *82*, 84, 98
Coeficiente de difusão (D_s), 158
Coeficiente de temperatura (Q_{10}), 405
Coesão, 155, 156
Coesões, *37*, *38*, 77
Coevolução, 721
Coifa
 anatomia da raiz, *8*
 definição e descrição de, 206, *207*, *542*, *543*
 desenvolvimento em plântulas, 520–521
 embriogênese de *Arabidopsis*,, *674*
 gravitropismo, *521*, 529–533
 modelo em chafariz de transporte de auxina, 527–528
 sensores de gravidade de amiloplasto, *30*
Coifa lateral, *543*, *544*
Colchicina, 79, *91*, 92
Colchicum autumnale, 79
Colênquima, 13
Coleóptilos
 auxina e, 524
 descrição e função de, 508
 desenvolvimento de plântulas na luz ou no escuro, *517*, *518*
 embriogênese do milho, 671

estrutura de sementes de cereais, *648*
fototropismo, 535, 536
fototropismo de luz azul em milho, *477*
gravitropismo, 528
na emergência de plântulas, *517*
os estudos de Darwin sobre a resposta de curvatura em, 103, 114, *115*
tempo de atraso para alongamento induzido por auxina, 525–526
Coleorriza, *507*, 508, *648*, 671
Coleus blumei, 24, *354*
Coleus comum (*Coleus blumei*), *354*
Columela
 coifa e, 520
 embriogênese de *Arabidopsis* *674*
 gravitropismo, 529–533
 modelo em chafariz do transporte de auxina, 527
 origem da, 543, *544*
 tigmotropismo das raízes, 533
Colza (*Brassica napus*), *80*, 118, *506*, *517*, 659
Combustíveis fósseis
 liberação de enxofre, 435
 níveis crescentes de dióxido de carbono atmosférico, 334, *335*
Comensalismos, 721
"Comigo-niguém-pode", 727
Compartimento do endossomo inicial, 26
Compartimentos pré-vaculares, 26, 27, 28
Compensação de temperatura, 596
Competição masculina, crescimento do tubo polínico e, 634
Complementação, 90
Complexo COP 9 SIGNALOSOME (CSN), 489
Complexo CSN, 489
Complexo de captura de luz I (LHCI), 260–261, 268, *269*
Complexo de captura de luz II (LHCII), 260–261, 275, 456
Complexo de citocromo b_6f
 Esquema Z: transporte de elétrons, 261, *262*, *263*
 estrutura de, *267*
 fluxo cíclico de elétrons, 273
 localização na membrana tilacoide, *257*, *258*
 mecanismos de transporte de elétrons, 266–268
Complexo de Golgi
 ciclo celular, 37–38
 enzimas localizadas no, 26
 estrutura celular vegetal, *16*
 exocitose, 23
 formação de vesículas e nódulos na raiz, 432, *433*
 fragmoplasto, 40
 glicosilação de proteínas, 26
 H^+-pirofosfatase, 226
 proteínas motoras e fluxo citoplasmático, 34
 retículo endoplasmático e, 24
 síntese de polissacarídeos da matriz, 53–54
 sistema de endomembrana e, *15*

tráfico vesicular, 24–26
Ver também Rede Trans do Golgi
Complexo de iniciação da transcrição, 81, *82*, 83
Complexo de liberação de oxigênio (OEC), 264–265
Complexo de silenciamento induzido por RNA (RISC), *87*, 88, 89, 458
Complexo do citocromo bc_1, *392*, 393
Complexo enzima nitrogenase, 434–435
Complexo estomático, 184
Complexo Fe^{3+}-citrato, 195
Complexo I. Ver NADH desidrogenase
Complexo II. Ver Succinato desidrogenase
Complexo III. Ver Complexo de citocromo bc_1
Complexo IV. Ver Citocromo *c* oxidase
Complexo PP, 500
Complexo principal de histocompatibilidade (MHC), 643
Complexo PROTEIN PHOSPHATASE1 (PP1), 500
Complexo receptor GA-GID1, 658
Complexo TOR (TARGET OF RAPAMYCIN), 370
Complexo V. Ver F_OF_1-ATP sintase
Complexos antena
 aclimatação de plantas à sombra, 326
 estrutura e função, 259–261
 fotossistema I, 268
 proteínas integrais de membrana nos tilacoides, 257
 transferência de energia na fotossíntese, 253–254
Complexos Ca^{2+}-CAM, *453*, 454
Complexos de celulose sintase, 52–53, 66, 67
Complexos de iniciação, 34
Complexos de ubiquitina E3 ligase, 106
Complexos de valência coordenada, 233
Complexos dos centros de reação
 canalização de energia para, por complexos antena, 260
 características da absorção de PSI e PSII, 264
 fotodanos e proteção contra, 273–275
 proteínas integrais de membrana tilacoide e, 257
 transferência de elétrons por clorofila em estado excitado, 263–264
 transferência de energia na fotossíntese, 253–254
 Ver também Fotossistema I; Fotossistema II
Complexos eletrostáticos, *233*
Complexos multienzimáticos, 388
Complexos proteicos SKP1-CULLIN-F-BOX. Ver Complexos S-PHASE KINASE-ASSOCIATED PROTEIN1 (Skp1)/Cullin/F-box (SCF)

Complexos SCF. Ver Complexos S-PHASE KINASE-ASSOCIATED PROTEIN1 (Skp1)/Cullin/F-box (SCF)
Complexos sinaptonêmicos, 77, 78
Complexos Skp1/SCF, *140*, 141, *142, 143*
Complexos S-PHASE KINASE-ASSOCIATED PROTEIN1 (Skp1)/Cullin/F-box (SCF)
 degradação das proteínas DELLA pelo proteassomo e, *140*
 Proteínas SCF^{SLF} e autoincompatibilidade gametofítica, *646, 647*
 sinalização por ácido jasmônico e, *143*, *735, 736*
 um complexo de ubiquitina E3 ligase, 106, 141, *142*
Compostos de carbono
 deficiências minerais vegetais e, 196–197
 ligações não covalentes com cátions, 233
Compostos orgânicos voláteis (VOCs; voláteis)
 isotiocianatos, 731–732
 rizobactérias promotoras de crescimento e, 725
 voláteis induzidos por herbívoros, 738–739
Comprimento da noite, indução floral e, 599–600
Comprimento de onda
 de luz, 248
 espectros de absorção e, 250
Comprimento do dia
 comprimento crítico do dia, 598, *599*
 fotoperiodismo, 597–606 (*ver também* Fotoperiodismo)
 gradiente latitudinal na, *597, 598*
Comunicação célula-célula, na embriogênese, 677–678
Comunidades clonais, 714, 715
Concentração, potencial hídrico e, 159, 160
Condutividade hidráulica, 164–165, 171
Condutividade hidráulica do solo, 171
Cones, 6, 7
Configuração Rabl, 76
Conflitos (*trade-offs*) entre os desenvolvimentos reprodutivo e vegetativo em respostas ao estresse 445
Congelamento
 crioprotetores e proteínas anticongelamento, 466
 efeitos do, *448*, 449
 formação de bolhas de gás no xilema, 180
Conglutina, *517*
Coníferas
 definição, 4
 megastróbilos e microstróbilos, 7
 membranas de pontoação de traqueídes, *175*, 176, 177
 par de pontoação areolada, *175*
 Ver também Pinus
Constante de Planck, 248, 323

Contatos poro-plasmodesmo, 349, 350, 364
Convicilina, *157*
COPII (proteínas do coatômero II), 24, 25
Cordões transvacuolares, *16*, 23, 36, *37*
Corismato, 740
Corniso-florido (*Cornus florida*), 404, *714*
Cornus florida (corniso-florido), 404, *714*
Corpo, 546
Corpo autofágico, 694, *695*
Corpo primário da planta, 10
Corpos contendo rubisco (RCBs), 698, 699
Corpos de processamento (corpos P), 86
Corpos lipídicos
 armazenamento de lipídeos em, 514, 515, 517
 armazenamento de proteínas em, 515
 armazenamento de triacilgliceróis em, 406–407, 411
 estrutura celular vegetal, *16*
 estrutura e função, 28
 mobilização de reservas armazenadas em sementes, 514, 515, 517
 sistema de endomembranas, 15
Corpos multivesiculares, 26, *27*
Corpos prolamelares, 30–31
Correceptores BAK1/SERK, 108, 557
Correceptores BR11 ASSOCIATED KINASE (BAK1)/SOMATIC EMBRYOGENESIS RECEPTOR KINASE (SERK), 108
Correceptores LORELEI, 109
Corrente citoplasmática, 34, 36
Córtex
 absorção de nutrientes pelas raízes por meio de micorrizas e, 211
 anatomia da raiz, *8, 241*
 anatomia do caule, *8*
 casca e, 10
 crescimento secundário em raízes e caules, *11*
 diferenciação do, 684–686
 formação de nódulos na raiz e, 432–433
 movimento da água através de, *172, 173*
 raízes, 13–14
 sistema fundamental, 10
Cossupressão, 90
Cotilédones
 anatomia da semente, 506, 507
 embriogênese de *Arabidopsis*, 671, *672*, 675
 modificação em grãos de cereais, 508
 na emergência de plântulas, 517
 reserva de alimento e, 647
Couve, *80*
Couve-chinesa, *80*
Couve-da-etiópia, *80*
Couve-flor, *80*, 199, *465*
CQ. Ver Centro quiescente
Crassulaceae, 305
Crataegus, 104

Craterostigma plantagineum, 655
Creosoto (*Larrea tridentata*), 336, *714*
Crescimento ácido, 63–64
Crescimento anisotrópico, 59–60, *550*, 551
Crescimento apical
 definição, 59
 desenvolvimento dos pelos da raiz, 521, 522
 expansão da parede celular e, 62
 tubos polínicos, 34, 636–638 (*ver também* Crescimento do tubo polínico)
Crescimento das plantas. Ver Embriogênese; Crescimento primário; Crescimento secundário; Plântulas; Crescimento vegetativo
Crescimento determinado, 614
Crescimento difuso, 59–60
Crescimento do tubo polínico
 células sinérgicas e quimioatraentes, 640–641
 crescimento guiado no pistilo, 638–639
 mecanismos do crescimento apical, 636–638
 motores moleculares, 34
 taxas de, e competição masculina, 634
 tecido do estilete e o condicionamento dos tubos polínicos, 639–640
Crescimento indeterminado
 meristema apical da raiz, 542–545
 meristema apical do caule, 545–549
 meristema de inflorescência de *Arabidopsis*, 614
 meristemas e, 541–542
 ramificação e, 567
Crescimento isotrópico, *550*, 551
Crescimento nutacional, 551
Crescimento primário
 definição, 10
 desenvolvimento foliar, 549–551
 diferenciação dos tipos de células epidérmicas, 555–559
 limites no crescimento das plantas e, 567
 meristema apical da raiz, 542–545
 meristema apical do caule, 545–549
 padrões de venação foliar, 559–564
 tipos de meristema, 541–542
 transição para o crescimento secundário, 579, *580*
 visão geral, 541
Crescimento secundário
 câmbio suberoso e periderme, 585–586
 casca e suas funções, 586
 definição e visão geral, 10, 568, 587
 desenvolvimento do câmbio vascular, 580–582
 em raízes e caules, 10, *11*
 gemas e ramificações epicórmicas, 586–587
 meristemas laterais envolvidos em, 578–579

redes de genes que controlam meristemas secundários, 582–584
regulação por fitormônios, 584–585
transição para, do crescimento primário, 579, *580*
xilema secundário e floema produzidos pelo câmbio vascular, 579–580
Crescimento vegetativo
ápice do caule e mudanças de fase, 592–594
conflitos (*trade-offs*) em ajustes fisiológicos ao estresse abiótico, 445
crescimento secundário, 578–587 (*ver também* Crescimento secundário)
desenvolvimento foliar, 549–551
diferenciação dos tipos de células epidérmicas, 555–559
efeitos da disponibilidade de nutrientes no crescimento radicular, 208–210
efeitos das deficiências minerais em, 196–197, 198, 199
efeitos do estresse abiótico em, 444–445 (*ver também* Estresse abiótico)
efeitos do excesso de íons minerais do solo em, 204–205
estabelecimento da polaridade foliar, 551–555
fotoperiodismo, 597–606 (*ver também* Fotoperiodismo)
introdução, 567–568
meristema apical da raiz, 542–545
meristema apical do caule, 545–549
padrões de venação foliar, 559–564
ramificação e arquitetura da raiz, 573–578
ramificação e arquitetura do caule, 568–573
ritmos circadianos, 594–597
sinalização do floema, 374–375
tropismos, 526–538 (*ver também* Tropismos)
Ver também Crescimento primário; Plântulas
CRFs. *Ver* CYTOKININ RESPONSE FACTORs
Crioprotetores, 466
Criptocromos
criptocromos nucleares e fotomorfogênese, 493
desestiolamento, 477–478
efeitos no desenvolvimento de cry1 e cry2, 492
estrutura do domínio e mudanças conformacionais, 491–492
florescimento fotoperiódica, 602
funções de, 477
funções fotomorfogênicas, 518
inibição do relógio circadiano pela luz azul, 597
interações com outros fotorreceptores, 493–495
proteínas bacterianas e, 106

resposta de floração em plantas de dias longos, 606
visão geral, 491
Crisântemos, 569, 593, 599, 601
Cristais de licopeno, *31*
Cristas, *29*, 388, *389*
Cromátides
estrutura, *19*
meiose, 76–78
mitose, 38, *39*, 40
Cromatina, *16*
condensação durante a mitose, 20
definição, 20, 74
estrutura cromossômica, *19*
estrutura e tipos de, 74
regulação da senescência foliar regulada por cromatina, *702, 703, 704*
vernalização do gene *FLC*, 612
Cromóforos
de criptocromo, 491–492
definição, 476
espectros de ação e, 252
fitocromobilina, 481–482, 483
Cromoplastos, 30, 31, 660
Cromossomos
centrômeros, telômeros e regiões organizadoras nucleolares, 74–75
condensação durante a mitose, 20
em células diploides e haploides, 5
encurtamento dos telômeros, 715
endorreduplicação no endosperma amiláceo, 652
estrutura, 19–20
meiose, 76–78
métodos para produzir poliploidia, 92
mitose, 37, 38–40
nucléolo e genes do RNA ribossômico, 20
organização no núcleo interfásico, 76
poliploidia, 78–80
Cromossomos homólogos, 76–78
Crop Wild Relatives (CWRs), 92
crRNA. *Ver* RNA CRISPR
Cruciferinas, 517
Cruzamento de "ponte", 92
Cry-Interatuante bHLH1 (CIB1), 493
CRYPTOCHROME1 (CRY1)
descoberta de, 491
efeitos no desenvolvimento de, 492
inibição da degradação de proteínas induzida por COP1, 493
inibição do alongamento do caule pela luz azul, 494
resposta de florescimento em plantas de dias longos, 606
sincronização do relógio circadiano pela luz azul, 597
CRYPTOCHROME2 (CRY2)
efeitos no desenvolvimento de, 492
inibição da degradação proteica induzida por COP1, 493

inibição do alongamento do caule pela luz azul e, 494
resposta de florescimento em plantas de dias longos, 606
sincronizaçãodo relógio circadiano pela luz azul, 597
CRYPTOCHROME3 (CRY3), 492
CSI1. *Ver* Proteína interativa CESA1
Cucumis
C. melo, 354, 663
C. sativus, 193, 490, *561*, 661
Cucurbita
C. maxima, 349
C. pepo, 172, 354, 365
Cucurbitacinas, 661
Cucurbitadienol sintase, 661
Cultivar de alface 'Grand Rapids', 511
Cultivo em solução, 193
Cultura de tecidos
citocininas e, 116, *117*
embriões somáticos, 651
Curuquerê-do-algodoeiro-egípcio (*Spodoptera littoralis*), 737
Curva de pressão-volume, 164
Curvas de vulnerabilidade, 180
Cuscuta (cuscuta), 749, *750*
Cuscuta (*Cuscuta*), 749, *750*
Cutícula
abscisão de órgãos, 712
anatomia foliar, *8*
movimento da água da folha para a atmosfera, *181*
plasticidade fenotípica de plantas em resposta ao estresse abiótico, 468
uma defesa constitutiva, 722
Cynodon dactylon, 29
CYP. *Ver* Citocromo P450 monoxigenase
CYTOKININ RESPONSE FACTORs (CRFs), 708–709

D

D6 PROTEIN KINASE (D6PK), 108, 538
Dahlia pinnata, 346
DAMPS. *Ver* Padrões moleculares associados ao dano
Danaus plexippus (borboleta-monarca), 730, *731*
Darwin, Charles, 114, *115, 522*, 535, 641
Darwin, Francis, 114, *115, 522*, 535
Datisca, 428
DCMU, 269, *270*
Dedaleira (*Digitalis*), 728–729
Defensinas, 640
Defesas constitutivas
barreiras mecânicas, 726–728
definição, 722
metabólitos secundários, 728–732
Defesas da planta
barreiras mecânicas, 726–728
contra patógenos, 741–750
defesas induzíveis contra insetos herbívoros, 732–741
metabólitos secundários, 728–732
tipos de, 722
Defesas induzíveis
ativação por jasmonato, 734–735, *736*

compensações (*trade-offs*) com, 732–733
defesas sistêmicas, 736–738
definição, 722
eliciadores, 733–734
evolução recíproca planta-inseto, 741
inibição da digestão de herbívoros, 736
interações hormonais nas, 735–736
regulação por ritmos circadianos, 739–741
sinalização de Ca^{2+} e MAP quinase, 734
visão geral, 733
voláteis induzidos por herbívoros, 738–739
Defesas sistêmicas
definição, 722
induzidas por danos causados por herbívoros, 736–737
resistência sistêmica adquirida, 741
sinalização elétrica em, 737–738
Deficiência de boro, 195, 197
Deficiência de cálcio, 195, 198
Deficiência de cloro, 198
Deficiência de cobre, 199
Deficiência de enxofre, 196–197
Deficiência de ferro, 199, 200, 235
Deficiência de fosfato, 200, 438
Deficiência de fósforo, 195, 197, 209–210
Deficiência de magnésio, 198
Deficiência de manganês, 199
Deficiência de molibdênio, 199, 421
Deficiência de níquel, 199
Deficiência de nitrogênio
descrição de, 196
e de molibdênio, 199
mobilidade de nutrientes dentro da planta e, 195
respostas do sistema radicular para, 210
Deficiência de oxigênio. *Ver* Hipóxia
Deficiência de potássio, 195, 197
Deficiência de silício, 197
Deficiência de sódio, 198
Deficiência de sulfato, 438–439
Deficiência de vitamina A, 100
Deficiência de zinco, 198
Deficiências minerais
aplicações de fertilizantes, 200–202
causas e dificuldades no diagnóstico, 195
em nutrientes envolvidos em reações redox, 198–199
em nutrientes importantes para a integridade estrutural, 197
em nutrientes na forma iônica, 197–198
em nutrientes parte de compostos de carbono, 196–197
métodos de análise, 199–201
mobilidade de elementos dentro da planta, 196
perturbação do metabolismo e funcionamento vegetais, 195–196
ramificação do caule e a resposta à deficiência de nutrientes, 572

Deformação plástica, 62
Dehidroascorbato redutase, 462, *463*
Deinococcus radiodurans, 480
Densidade de fluxo, 158
Densidade de fluxo fotônico fotossintético (PPFD)
 ciclo da xantofila e, 329
 curvas fotossintéticas de resposta à luz, 326–328
 definição, 323
 fotoinibição e, 330, *331*
Densidade do fluxo de fótons, 322–323
Departamento de Agricultura dos Estados Unidos, 100
Depressão por endocruzamento, 642
Derxia, 428
Desacopladores, 395–396, *397*
Descarregamento do floema
 modelo de fluxo de pressão de translocação do floema, 357, 358
 necessidade de energia da importação apoplástica, 368–369
 regulação por pressão de turgor e sinais químicos, 374
 rota simplástica, 366–367
 rotas apoplásticas, 366, 367–368
 visão geral, 369–370
Descoloração, de clorofilas, 264
Desenvolvimento de órgãos florais
 assimetria em flores, 620–621
 genes de identidade de órgãos florais, 615, 616–620
 genes de identidade do meristema floral, 615, *616*
 iniciação de órgãos em verticilos, 614–615
 modelo ABC, 617–618
 modelo ABCE, 618–620
Desenvolvimento dependente da posição, 677
Desenvolvimento do endosperma
 camada de aleurona, 652
 celularização do endosperma cenocítico em *Arabidopsis*, 648–649, *650*
 celularização do endosperma cenocítico em cereais, 649–650
 endosperma amiláceo, 652
 expressão gênica impressa e, 651–652
 independente da embriogênese, 650–651
 visão geral, 647–648
Desenvolvimento do endosperma do tipo nuclear, 647, 648–650
Desenvolvimento do saco embrionário do tipo *Polygonum*, 632–633
Desenvolvimento foliar
 desenvolvimento de estômatos, 555–559
 determinação da forma da folha, *550,* 551
 estabelecimento da polaridade, 551–555
 estrutura foliar e tipos de folhas, 549–551
 formação de meristemas axilares e, 548–549
 formação de primórdios foliares, 545, 547–548

 padrões de venação, 559–564
Desestiolamento, 477–478, 486, 494
Desfosforilação, sinalização de fitocromo e, 488–489
Desidratação celular
 do estresse hídrico, 447, *448*
 do estresse por congelamento, 449
Desidrinas (DHNs), 463, 655
Deslizamento, 63–64
Desmatamento, aumento dos níveis de dióxido de carbono atmosférico e, 334
Desmotúbulos, *9, 10,* 240
Desnitrificação, *418, 419*
5-Desoxistrigol, *127*
Despolarização da membrana
 Fechamento estomático induzido por ABA, 466 *468*
 inibição estimulada por luz azul do alongamento do caule, 494
Despolarização. *Ver* Despolarização da membrana
Desvio de GABA, 391
Detecção de estresse físico, 452
Detecção de estresse metabólico, 452
Dextrinase limite, 310, 312
DHNs. *Ver* Desidrinas
Dhurrina, *732*
2,4-diacetilfloroglucinol, 725
Diacilglicerol (DAG), 113, *406,* 410, 411
Diacilglicerol quinase, 113
Diacinese, *77, 78*
Dia-heliotropismo, 325, 467
Diazotróficos, 428–434
DIBOA, *731*
Dicamba, 114, 121
Diclorofenildimetilureia (DCMU), 269, *270*
Dicogamia, *642, 643*
Dieffenbachia, 727
Dieta humana, razão entre isótopos de carbono e, 342
Dietas animais, razão entre isótopos de carbono e, 342
Diferenciação
 histogênese e, 670
 na embriogênese, 682–683, 684–686 (*ver também* Embriogênese)
Difosfatidilglicerol, 389, *408, 410*
Difosfato de guanosina (GDP)
 GTPases e crescimento do ápice do tubo polínico, 638
 tubulina e, 32, 33, 34, *35*
Difosfato de uridina (UDP), *383,* 384
Difosfato de uridina-glicose (UDP-glicose), 52, 314, *315, 383,* 384
Difusão
 de dióxido de carbono para o cloroplasto, 334–336
 de nutrientes minerais do solo até as raízes, 208
 definição e descrição de, 157–158
 eficácia por distâncias curtas, 158–159
 transporte de íons através de barreiras de membrana, 219–222
 Ver também Transporte passivo
Difusão da luz nas interfaces, 324

Difusão facilitada, 226
Digalactosildiacilglicerol, *408, 410*
Digitalis (dedaleira), *728–729*
Digitoxina, *728–729*
Di-hidrozeatina, 123
DII-Venus, repórter de auxina, 128
Dimetilalil difosfato (DMAPP), 123
3-dimetilsulfoniopropionato (DMSP), *461*
2,4-dinitrofenol, 396
Dionaea muscipula, *104, 146*–147
Dioneia, 104, 146–147
Dióxido de carbono
 análise de oferta e demanda da fotossíntese, 322
 ativador e substrato de rubisco, 287, *288*
 biossíntese de ácidos graxos e, 409
 ciclo de Calvin-Benson, 282–290
 conversão de lipídeos de reserva em carboidratos e, *412,* 413
 desvios, por engenharia genética, das rotas fotorrespiratórias, 296
 difusão para o cloroplasto, 334–336
 efeito na fotossíntese na folha intacta, 334–340
 efeito na respiração vegetal, 405
 efeito no desenvolvimento dos estômatos, 558
 fator de especificidade de rubisco para, 294–295
 fechamento estomático, *239,* 240
 fotorrespiração, 291, *292–293,* 294–295
 fotossíntese C_4, 297–303
 metabolismo ácido das crassuláceas, 303–305
 pH do solo e, 204
 produção em fermentação, *383,* 385
 produção na glicólise, *383*
 produção na respiração, 380, 382
 produção na rota oxidativa das pentoses fosfato, 381, 386, *387*
 produção no ciclo do ácido tricarboxílico, 381, 390
 quociente respiratório, 404
 razão da transpiração e, 186
 reação química geral para fotossíntese, 252, 254
 suprimento de CO_2 e limitações na fotossíntese, 336–338
 Ver também Dióxido de carbono atmosférico
 visão geral dos mecanismos inorgânicos de concentração de carbono, 297
Dióxido de carbono atmosférico
 análise de oferta e demanda da fotossíntese, 322
 difusão para o cloroplasto, 334–336
 efeito estufa, 338–339
 efeito na assimilação de nitrato na parte aérea, 440
 efeitos de níveis elevados na respiração das plantas, 405
 efeitos de níveis globais elevados na fotossíntese e na respiração, 338–340
 evolução das plantas C_4, 337

 fixação no ciclo de Calvin-Benson, 282–290
 níveis crescentes de, 334, *335*
 produção de fertilizantes, 190
 razão entre isótopos de carbono, 340–342
Dióxido de enxofre, 435
Dioxigenase de auxina, 120
Diploides (2n)
 ciclos de vida da planta, 5–7
 definição, 5
 meiose, 78
Diplóteno, *77,* 78
Dissacarídeos, 655
Dittmer, H. J., 2005
Diuron, 269, *270*
Divisão celular
 divisões anticlinais, 579–580
 divisões periclinais (*ver* Divisões periclinais)
 na polarização do zigoto, 673–676
 nos meristemas, 10
 padronização radial durante a embriogênese e, 682–686
 Ver também Meiose; Mitose
Divisões anticlinais, 579–580
Divisões de espaçamento, 556
Divisões mitóticas nucleares livres, 632
Divisões periclinais
 iniciais cambiais, 579, *580*
 padronização radial na embriogênese e, 683–684
DMSP, *461*
DNA complementar (cDNA), 230
DNA de transferência (T-DNA), 93–94
DNA mitocondrial (mtDNA), 398
DNPs. *Ver* Plantas de dias neutros
Doença da galha da coronária, 93
Doença da mancha foliar, 743
"Doença da plântula boba", 116, 743
Doença do rabo-de-chicote, 199
Dolicol difosfato, 26
Dominância apical, *569–571, 572*
Domínio CHASE, *132, 134*
Domínio de carga, 34
Domínio de entrada, de proteínas sensoras, 132, *133*
Domínio de ligação de nucleotídeos (NBD), 744
Domínio de saída dos reguladores de resposta, 132, *133*
Domínio GAF do fitocromo, 482, *483*
Domínio HISTIDINE KINASE ASSOCIATED SENSORY EXTRACELLULAR (CHASE), 132, *134*
Domínio K, 619
Domínio ligação ao ligante de repetições ricas em leucina, 108
Domínio LOV1 da fototropina, 496, *497*
Domínio LOV2 da fototropina, 478, *480,* 495, 496, *497*
Domínio MADS, 619–620
Domínio PAS do fitocromo, 482, *483*
Domínio PHY do fitocromo, 482, *483*

Domínio receptor de reguladores de resposta, 132, *133*
Domínio relacionado à histidina quinase (HKRD), 482, 483
Domínio transmissor de proteínas sensoras, 132, *133*
Domínios, de genes, 92
Domínios LIGHT-OXYGEN-VOLTAGE (LOV) de fototropinas, 478, *480, 495, 496, 497*
Lignina
　abscisão de órgãos, 712
　células de transporte do xilema, 174
　estria de Caspary, 172
　imunidade desencadeada por PRR, 744
　paredes celulares secundárias, 7, 48, 49, 67–70
　síntese, 67–68
Doritaenopsis, 338
Dormência
　definição, 670
　fatores que afetam a dormência da gema axilar, 572–573
　Ver também Dormência de sementes
Dormência da semente
　definição e visão geral, 505, 508
　dormência endógena, 509
　dormência exógena, 508–509
　imposta pela casca da semente, 655–656
　liberação da, 511–512
　tipos de, 508
　viviparidade e germinação precoce, 509–510
Dormência do embrião, 509
Dormência endógena, 509
Dormência exógena, 508–509, 511
Dormência imposta pela casca (da semente), 509
Dormência imposta pela casca, 508–509, 511
Dormência primária, 508
Dormência secundária, 508
Dossel
　ângulo da folha e absorção de luz, 325
　otimização da absorção de luz, 324–325
Doudna, Jennifer, 9–97
Dreno de auxina, 560
Drenos
　alocação de fotossintato, 371
　biotecnologia e, 376
　competição por fotossintato translocado, 372
　definição, 346
　descarregamento do floema, 365–369
　força do dreno, 372–373
　modelo de fluxo de pressão de translocação do floema, *358*
　padrão de translocação fonte-dreno no floema, 346–347
　partição do fotossintato, 372
　regulação por pressão de turgor e sinais químicos, 374
　transição de dreno para fonte, 369–371

Drosophila
　genes homeóticos, 616
　proteínas CRY e o relógio circadiano, 597
　ritmos diel, 594
Drupas, 657, 659
dsRBP. *Ver* Proteína com domínio de ligação a RNA de fita dupla
dsRNA. *Ver* RNA de fita dupla
Ductos de resina, 729–730
Duração crítica do dia, 598, *599*
Dutos de resina adventícios, 729–730
Dutos resiníferos de coníferas, 729

E

E1, enzima ativadora de ubiquitina, *139, 140*
E2, enzima ativadora de ubiquitina, *139, 140,* 141
EARLY FLOWERING 3 (ELF3), 494–495
ECA1, 534, *535*
Echevéria (*Echeveria harmsii*), 599
Ectomicorrizas, 210, 211, 212, 213
Ectópico, 683
Edição básica derivada do CRISPR, 98
Edição de base, 97–98
Edição de genes
　edição básica, 97–98
　edição principal, *98,* 99
　nucleases específicas de sequência e mutações direcionadas, 95–97
　substituição gênica, 97, *98*
　visão geral, 95
Editor principal, *98,* 99
Editores de base de adenina, 98
Editores de base de citosina, 97–98
EDTA, 195
Efedra, 4
Efeito crivado, 324
Efeito estufa, 338–339
Efeito Pasteur, 386
Efeitos do progenitor de origem, 651–652
Efetores
　definição e descrição de, 742–743
　imunidade desencadeada por efetores, 741, *742,* 744–745
　nematódeos parasitas, 748–749
　proteínas R nas plantas e, 744–745
Efetores autócrinos, 113
Efetores do tipo ativador da transcrição (TAL), 95, 98, 743
Efetores TAL. *Ver* Efetores do tipo ativador da transcrição
Eficiência de conversão de energia, da fotossíntese, 255–256
Eficiência de crescimento, 717
Eficiência no uso da água, 186, 303, 305
Eficiência no uso de nitrogênio (EUN), 190
EGTA, 533, 745
EIL. *Ver* ETHYLENE-INSENSIBLE LIKE
EIN2 ASSOCIATED PROTEIN 1 (ENAP1), *135,* 136
EIN2. *Ver* ETHYLENE-INSENSIBLE 2

EIN3. *Ver* ETHYLENA-INSENSIBLE 3
Eixo apical-basal/polaridade, 672–676
Eixo primário da planta, 7
Eixo radial, na embriogênese, 672, 682–686
Elefantes africanos, 342
Elemento crivado – complexo de células companheiras, 351–357
Elemento de reconhecimento TFIIB (BRE), *82,* 83
Elemento de resposta de auxina (AuxRE), 141
Elemento distante a montante (FUE), *82,* 84
Elemento iniciador (INR), 82–83
Elemento promotor a jusante (DPE), 82
Elementos *cis*, 86
Elementos crivados
　características em angiospermas e gimnospermas, *350*
　carregamento do floema, 351–357
　células companheiras, *349*
　contatos de poro-plasmodesmo, *349*
　definição, 347
　especializações para translocação de floema, 347–348, *349*
　experimentos iniciais sobre translocação do floema, 347
　importação de floema em raízes em crescimento e, 367
　modelo de fluxo de pressão de translocação do floema, 357–361
　obstrução de, em resposta a danos, 359, 364–365
　poros da área crivada, 348, *349,* 350
　taxa de transferência de massa, 357
　transporte de fotossintato para, das células do mesófilo, 351
Elementos de controle de ação *cis*, *82,* 83
Elementos de vaso
　aumento de volume durante o crescimento, 62
　definição, 15
　estrutura e função, 174, *175,* 176
　fluxo impulsionado pela pressão, 177
Elementos do tubo crivado
　células companheiras, 15, *349,* 350–351
　definição, 14, 347–348
　Ver também Elementos crivados
Elementos essenciais
　concentrações nos tecidos das plantas, 191
　deficiências minerais, 195–202 (*ver também* Deficiências minerais)
　definição e visão geral de, 191–193
　efeitos do pH do solo na disponibilidade, *201*
　lixiviação nos solos, 201
　metais pesados e a imitação de, 449–450
　mobilidade dentro da planta, *196*
Elementos promotores principais, 82

Elementos traqueais, 15
Elementos-traço
　hiperacumulação, 465
　toxicidade, *448*
Eletronegatividade, da água, *154, 155*
Elf18, 744
ELF3. *Ver EARLY* FLOWERING 3
Eliciadores, 733–734
ELONGATED HYPOCOTYLYS5 (HY5), 492
Embebição, 513
Embolia, 15, 177, 180–181
Embrião em estágio coleóptilo, 671
Embrião em estágio de coração, 671, *672*
Embrião em estágio de torpedo, 671, *672*
Embrião em estágio maduro, 671, *672*
Embrião em estágio zigótico
　embriogênese de *Arabidopsis*, 671, *672*
　embriogênese do milho, 670, *671*
Embrião no estágio dos primórdios foliares, 671
Embrião octante, 671, *672, 673,* 674–675
Embriões
　ciclos de vida da planta, 6
　embriogênese (*ver* Embriogênese)
　estado vítreo, 655
　estrutura da semente de *Arabidopsis*, *648*
　estrutura da semente de cereal, *648*
Embriófitas, 4, *5,* 669
Embriogênese
　autofagia, 696
　desenvolvimento autônomo do endosperma, 651
　em monocotiledôneas e eudicotiledôneas, 670–672
　embriogênese somática, 650–651
　estabelecimento da polaridade apical-basal, 672–676
　formação de meristemas apicais da raiz e do caule, 686–687
　introdução e visão geral, 669–670
　mecanismos que orientam a, 676–680
　padronização radial durante, 682–686
　sinalização de auxina durante, 680–682
　vias alternativas da, 687–688
Embriogênese assexuada, 687–688
Embriogênese de *Arabidopsis*
　estabelecimento da polaridade apical-basal, 672, *673*–676
　formação dos meristemas apicais da raiz e do caule, 688
　mecanismos de orientação, 676–677, 678–680
　padronização radial durante, 682–686
　saco embrionário do tipo *Polygonum*, 633
　sinalização de auxina durante, 680–682
　visão geral e estágios em, 670, *671*–672

Embriogênese somática, 650–651
Embriogênese somática artificial, 688
Emerson, Robert, 254
EMS. *Ver* Etilmetanossulfonato
ENAP1. *Ver* EIN2 ASSOCIATED PROTEIN 1
Enchimento da semente, 654
Encurtamento de telômeros, 715
Endocarpo, *659, 660*
Endocitose, 23, 26
Endocitose mediada por receptor, 26
Endoderme
  anatomia da raiz, *8, 241*
  crescimento secundário nas raízes, *11*
  definição, 14
  formação de periderme em raízes e, *585,* 586
  formação e diferenciação de, 206–207, 683, 684–686
  movimento da água nas raízes, 172–173
  prevenção da entrada de bolha de gás no xilema, 180
  transporte de íons nas raízes, 241–242
Endófitas, 430
Endoglucanases, 53, 54
Endonucleases, 692
Endopoliploidia, 78
Endoproteases, 516
Endorreduplicação, 37–38, 652
Endosperma
  anatomia da semente, *507*
  armazenamento de amido em, 514
  descrição do, 508
  estrutura da semente de *Arabidopsis*, 648
  estrutura da semente de cereal, 648
  fecundação dupla e formação do, 626, 633–634 (*ver também* Desenvolvimento do endosperma)
  mobilização de amido em cereais, 515–516
  regulação do desenvolvimento da casca da semente, 652–653
  vacúolos de armazenamento de proteínas, 27
Endosperma amiláceo, 515–516, *648,* 650, 652
Endosperma calazal, 648, 649, *650*
Endosperma cenocítico
  celularização em *Arabidopsis*, 648–649, *650*
  celularização em cereais, 649–650
Endosperma micropilar, 648, 649, *650*
Endosperma periférico, 648, *649, 650*
Endossimbiose, 15, 276, 281
Endossomo tardio, 26, *27,* 28
Endossomos
  proteínas motoras e corrente citoplasmática, 34
  reciclagem de membranas plasmáticas, 26
  sistema endomembrana, 15
Endotécio, 627
Endotélio, 652

Enediol, *283, 285, 287*
Energia livre, de água, 159
Energia livre de Gibbs, 380
Energia solar
  percentual convertido em carboidratos, 323
  Ver também Luz
Engelmann, T.W., 252–253
Engenharia genética
  controvérsias no uso da, 100–101
  edição de genomas vegetais, 95–99
  métodos de transformação, 93–94
  plantas cultivadas, 99–101
  Ver também Biotecnologia; Transgenes
ENHANCED EM LEVEL (EEL), 705, *706*
ENHANCED SUBERIN 1 (ESB1), 69
Enolase, *383*
Enopiruvilchiquimato-3-fosfato sintase (EPSPS), 99–100
Enrolamento foliar, 467
Ent-caureno, 121, *122*
Entrenós, 7, *8,* 568
Entropia
  difusão e, 157–158
  osmose e, 159
Envelope nuclear
  estrutura, 19
  estrutura celular vegetal, *16*
  meiose, 78
  mitose, 38, *39*
  sistema de endomembranas, 15
Envenenamento por arsênico, 235
Enxofre
  assimilação de, 435–438
  concentração de tecido vegetal, *191*
  disponibilidade em solos, 196, 204
  efeitos do pH do solo na disponibilidade, *201*
  em nutrição vegetal, 191–192, 196
  funções de, 435
  mobilidade dentro da planta, *196*
  modificação do pH do solo com, 201
Enzima ativadora de ubiquitina, 22
Enzima conjugadora de ubiquitina, 22
Enzima dismutadora. *Ver* Enzimas D
Enzima málica, 391
Enzima NADP-málica
  fotossíntese C$_4$, *298,* 299, 301, 302, 303
  rotas de desvio fotorrespiratório projetadas por bioengenharia, 296
Enzima NCED, 125
Enzimas antioxidativas (antioxidantes), 462, *463*
Enzimas D, *309,* 310, *311*
Enzimas de hidrólise da calose, 365
Enzimas de ramificação de amido, *309,* 310, 312
Enzimas desramificadoras, *309, 311*
Enzimas dessaturase, 410
EPF. *Ver* EPIDERMAL PATTERNING FACTOR
Epicótilos, 522–523

EPIDERMAL PATTERNING FACTOR (EPF), 108, 557, *558, 559*
Epiderme
  abscisão de órgãos, 712
  absorção de luz pela folha, 323–324
  anatomia do caule, *8*
  barreiras mecânicas para herbívoros, 726–727
  crescimento secundário em raízes e caules, *11*
  de microsporângios, 627
  definição, 10
  desenvolvimento de estômatos, 555–559
  desenvolvimento de pelos da raiz, 521–522
  expansão nas células fundamentais das folhas, 63
  folhas, 11–12
  folhas de sol e folhas de sombra, *322*
  formação da periderme nas raízes, *585*
  movimentos násticos de plantas, 522–523
  origem da, 683
  origem dos pelos da raiz, 12
  raízes, *8, 241,* 543, *544*
  tipos de células ena, 555
Epinastia, 117
EPITHIOSPECIFYING SENESCENCE REGULATOR (ESR), *703, 704*
EPSPS. *Ver* Enolpiruvilchiquimato-3-fosfato sintase
Equação de Goldman, 222
Equação de Nernst, 221–222
Equação de Poiseuille, 176–177, 360
Equação de Young-Laplace, 170–171
Equilíbrio, distinto do estado estacionário, 221
Equisetaceae, 192, 197
Equisetum, 521
  E. hyemale, 727
ER. *Ver* Retículo endoplasmático
Erica carnea (urze-de-inverno), *714*
Erwinia uredovora, 100
Eritrose 4-fosfato, *284–285, 387,* 388
ERN. *Ver* Espécies reativas de nitrogênio
Eruca (mostarda), *518*
Erva-leiteira (*Asclepia curassavica*), 730
Erva-rinchão (*Sisymbrium officinale*), 512
Ervilha (*Pisum sativum*)
  amida como forma de nitrogênio, 435
  calose do floema 365
  carregamento do floema e células de transferência, *354*
  cloroplasto 56
  composição de ácidos graxos das mitocôndrias, *465*
  compostos de nitrogênio na seiva do xilema, *422*
  concentrações de íons observadas e previstas em tecido de raiz, *221, 222*
  dormência da gema axilar, 573
  etileno e estiolamento, 117
  fenótipo de *cotilédone verde,* 700
  flores e frutas, 657

pectinas do caule, 58
proteínas de reserva, *517*
respostas fotorreversíveis induzidas pelo fitocromo, *481*
rizóbios simbiontes, *429*
senescência do meristema apical do caule, 715–716
Ervilha-do-sul (*Vigna*), 435
Erwinia uredovora, 100
Escamas das gemas, 549
Escape da fotorreversibilidade, 484
Esclereídes, 13, *66,* 348
Esclerênquima, 13
Escotomorfogênese, 488, 517–518, *519*
Escutelo
  definição, 508
  embriogênese do milho, 670, 671
  estrutura de sementes de cereais, *507,* 648
  mobilização de amido em cereais e, 516
Esfingolipídeos, 18, 111, 406, 407
Espaço extracelular, 240
  Ver também Apoplasto
Espargo, 426
Espécies reativas de nitrogênio (ERN), 190
Espécies reativas de oxigênio (ERO)
  absorção de metais pesados, 449
  aclimatação sistêmica adquirida, 456, 457
  antioxidantes e inativação de EROs, 462, *463*
  como mensageiros secundários, 111
  conversão de ozônio em, 450
  definição e formas de, 446
  esterilidade masculina citoplasmática, 643
  expressão alternativa de oxidase, 399
  fontes de, *455*
  fotodanos e proteção contra, 273–274, 275
  funções no estresse abiótico, 446–447
  Imunidade desencadeada por PRR, 744
  liberada pela desidratação celular, 447
  proteína de desacoplamento, 399, 400
  recuperação de plantas do estresse abiótico, 470
  rotas de resposta ao estresse, 453–454, 455
  senescência foliar, 708
  sinalização elétrica em defesas sistêmicas, 737
  timogtropismo da raiz, 533
  tiorredoxina e proteção contra, 289
Espectro de absorção
  de clorofila, 249–250, *251*
  de outros pigmentos fotossintéticos, *251*
  definição, 249–250
  em comparação com espectro de ação, 252
  fotorreceptores, 478, *479, 480*
Espectro de ação
  definição, 252

em comparação com espectro de absorção, 252
fotorreceptores, 477–478, *479, 480*
para fotossíntese, 252–253
Espectro eletromagnético, *248*
Espectrofotometria, 250
Espectrometria de massa de plasma indutivamente acoplada (ICP-MS), 200
Espectrômetros de massa, 340
Espectroscopia de massa, medição dos níveis de auxina da planta, *131*
Espermatófitos, 505, 669
Espermatozoide (células espermáticas)
ciclo de vida das angiospermas, *626*
ciclos de vida da planta, 5, *6*
em tubos polínicos em crescimento, 636
fase progâmica de reprodução, 633–634
fertilização dupla, 626, 633–634, 641–642
formação de, 626, 628, 629
grãos de pólen como veículos de transporte, 633
isomórfico ou dimórfico, 641–642
migração para o tubo polínico, 636
singamia, 626
Espinafre (*Spinacea oleracea*), 411, 613, 716
Espinhos, 726
Espinhos, 726
Espirradeira (*Nerium oleander*), 730, *731*
Esporófitos, 5–7
Esporopolenina, 629, 630
Esporos
ciclos de vida da planta, 5, 6–7, *626*
definição, 5
Espruce, *328*
Espruce-da-Noruega, 75, 696
Esquema Z, 255, 261–263
Estado de menor excitação da clorofila, 250
Estado estacionário, 221
Estado fotoestacionário, 481
Estado separado por carga, 263
Estado vítreo, 655
Estados S, 265
Estágio de transição
embriogênese de *Arabidopsis*, 673
embriogênese do milho, 670, *671*
Estágio embrionário globular
embriogênese de *Arabidopsis*, 671, *672*, 673, 674–675
embriogênese do milho, 670, *671*
formação de meristemas apicais da raiz e do caule, 686–687, *688*
padronização radial durante a embriogênese, 682–683
Estames
ciclo de vida da planta, 626
dicogamia, 642, *643*
formação de gametófitos masculinos, 627–630
frutas e, *657*
genes de identidade de órgãos florais e, 616–617

heterostilia, 642, *643*
hipanto e, 657
iniciação de, 614, 615
modelo ABC de identidade de órgãos florais, 617, 618
modelo quaternário de especificação de órgão floral, *620*
Estaquiose, 354, 355, 362, *363*
Estatócitos, 529–532
Estatólitos, 529–532
Esteira rolante
microfilamentos, 32–33
microtúbulos, 34, *35*
Estelo
definição e descrição de, 207
padronização radial na embriogênese e, 683–684, *685*
Esterilidade masculina, 629, 642–643
Esterilidade masculina citoplasmática, 398, 629, 642–643
Esteróis, 18, 407
Esteroleosinas, 515, 517
Estigma
adesão e hidratação de grãos de pólen, 634–635
crescimento do tubo polínico, 636, 639 (*ver também* Crescimento do tubo polínico)
fase progâmica da reprodução, 633
frutas e, *657*
germinação do pólen, 636
Locus S e mecanismos de autoincompatibilidade, 644–647
trato transmissor, 632, *634*, 639, 645–647
Estigmasterol, 18
Estilete
autoincompatibilidade gametofítica, 646–647
canais estilares, 633
crescimento do tubo polínico e, 639–640
fase progâmica da reprodução, 633
Estiletes
afídeos, 733
nematódeos, 748
Estiolamento, etileno e, 117
Estípulas, *549*, 550
Estômatos
abertura e fechamento (*ver* Movimento estomático)
acoplamento da transpiração à fotossíntese, 183
anatomia foliar, *8*
células-guarda, 11–12, 183–186
definição, 555
desenvolvimento de, 555–559
difusão de dióxido de carbono para o cloroplasto, 334, 335, 336
efeitos da fusicoccina em, 743
fotossíntese CAM, 183, 338
metabolismo ácido das crassuláceas, 303, 304, 305
movimento da água da folha para a atmosfera e, 181, 182–186
mutantes de desenvolvimento, 555
resistência da camada limítrofe da folha e, 183
Estratificação, 511, *512*

Estresse
definição, 444
mecanismos sensores de estresse, 452–453
senescência foliar e, 697, 701
Ver também Estresse abiótico; Resposta ao estresse abiótico
Estresse abiótico
aclimatação e adaptação, 445–446
ajustes da planta na recuperação de, 469–470
conflitos (*trade-offs*) entre os desenvolvimentos reprodutivo e vegetativo, 445
definição de estresse, 444
efeitos benéficos da microbiota da planta e, 451–452
efeitos da combinação de estresses, 450–451
espécies reativas de oxigênio e, 446–447
interações com estresse biótico, 451
matriz de estresses, 451
mecanismos protetores fisiológicos e de desenvolvimento, 460–470
morte celular programada do tipo resposta hipersensível, 693, *694*
proteção cruzada, 451
respostas ao (*ver* Resposta ao estresse abiótico)
visão geral dos principais estresses ambientais, 447–450
visão geral e significado de, 443–444
Estresse anaeróbico, 448–449
Estresse biótico
combinado com estresse abiótico, 451
mudanças induzidas por estresse na expressão gênica, 458
Estresse de metais pesados
combinado com estresse térmico, 451
efeito nas plantas, 449–450
quelação e fitoquelatinas, 465–466
Estresse luminoso
cloroplastos e a percepção do, 456
efeitos do, *448*
Estresse osmótico, 449
Estresse pelo frio
alteração dos lipídeos da membrana em resposta ao, 463–464, *465*
regulons de resposta ao estresse e aclimatação, *456*
Estresse por déficit hídrico
efeito no desenvolvimento dos estômatos, 558
efeitos quando combinado com estresse térmico, 450–451
fechamento estomático induzido por ABA, 186, 466–467, *468*
impacto nas plantas, 444, *445*, 447, *448*
processos fisiológicos afetados por, 166
razão de isótopos de carbono e, 341, 342

razão entre raiz e parte aérea e, 468–469
regulons de resposta ao estresse e aclimatação, *456*
respostas hormonais, 459
Estresse por ozônio, 450
Estresse salino, 204, *448*, 449, 451
Estresse térmico
alteração dos lipídeos da membrana em resposta a, 463–464, *465*
efeitos de, 447–448
efeitos do, 447–448
efeitos do estresse pelo calor e pelo déficit de água combinados, 450–451
efeitos quando combinados com estresse por déficit hídrico, 450–451
matriz de estresses, 451
matriz de tensão, *451*
Estria de Caspary
absorção de íons minerais pelas raízes, 207
definição, 14
formação da, 206–207
lignificação, 69
movimento de água nas raízes, 172–173
transporte de íons nas raízes, 241–242
Estriga, 118, *119*
Estriga de flores cor-de-rosa *119*
Estrigolactonas
desenvolvimento de plantas e, 114
estrutura química, *115*
funções, 118–119
movimento dentro da planta, 127–128
regulação da dominância apical e do crescimento da gema axilar, 569, *570*, 571, 572
síntese, 127
Estroma
ciclo de Calvin-Benson, 282–290
descrição de, *256*, 257
estrutura do cloroplasto, 29, *30*
fotoassimilação, 439
metabolismo do amido, 305–313
reações de carbono da fotossíntese, 247, 281–282
reações de tilacoides e, *258*, 259
Estudos de enxertia, descoberta do florígeno, 607–608
Etanol
estrutura, *382*
fermentação, *383*, 385
tensão superficial, *156*
ETHYLENE RECEPTOR 1 (ETR1), *135*, 711
ETHYLENE RESPONSE FACTOR1 (ERF1), 136
ETHYLENE-INSENSITIVE 2 (EIN2), 133, *135*, 136, 702–703
ETHYLENE-INSENSITIVE 3 (EIN3), 133, *135*, 136, 705, 706
ETI. *Ver* Imunidade desencadeada por efetores
Etilação, de bases nucleotídicas, 90
Etileno
abertura do gancho apical, 519, 520

abscisão, *711, 712*
amadurecimento do fruto, 662, 663, 664
crescimento da raiz, 524–525
crescimento notacional nas raízes das plântulas, 523
defesas de plantas induzíveis, 735
descoberta como um hormônio vegetal, 117
desenvolvimento de plantas e, 114
desenvolvimento dos pelos da raiz, 521
dormência da semente, 511
efeito na orientação dos microtúbulos e na expansão celular lateral, 523–524
estrutura química, *115*
formação de aerênquima, 461–462
formação de nódulos na raiz, 433
funções, 117, *124*
indução do florescimento, 613
interferência hormonal em respostas ao estresse abiótico, 460
localizações primárias dos receptores, *106*
morte celular no endosperma amiláceo, 652
movimento dentro da planta, 128
regulação do crescimento secundário, 585
rota de transdução de sinal, 133, *135*, 136
senescência foliar, *706*, 707
síntese, 124–125
Etilmetanossulfonato (EMS), 90
Etioplastos, 30–31
Etiquetagem de transposon, 90
ETR1. *Ver* ETHYLENE RECEPTOR 1
Eucalipto, 587
Eucalyptus regnans, 177–178, 717
Eucromatina, 20, 74
Eudicotiledôneas
arquitetura do sistema radicular, 205, 206, 573, 577
fotomorfogênese de plântulas, 517–518, 519–520
grupo principal entre angiospermas, 4
na evolução das plantas, 5
quelantes, 195
transição para o crescimento secundário, 579
venação foliar reticulada, 559
visão geral da embriogênese em, 670, 671–672 (*ver também* Embriogênese)
EUN. *Ver* Eficiência no uso de nitrogênio
Euphorbia, 13
E. pulcherrima, 601
Evaporação
perda de calor por evaporação, 331, 332
teoria da coesão-tensão do transporte de água no xilema, 178, *179*
Evitação, 445–446
Evocação floral, 591–592
Evolução
da fotossíntese C_4, 301, 337

de fotossistemas, 276
endossimbiose e a evolução dos cloroplastos, 276
evolução recíproca planta-inseto, 741
transposons e, 75
Exclusão, 463
Exine, 629, 630
Exocarpo, 659, *660*
Exocisto, 26
Exocitose, 23, 53
Exoderme, 207, 211, 242
Exons, *82*
Exonucleases, 86
Exoproteases, 516
Expansão celular
crescimento ácido, 63–64
efeitos do déficit hídrico na, 166
efeitos do etileno na orientação dos microtúbulos, 523–524
fatores que influenciam a extensão e a taxa de, 62
mediação por expansões, 63–64
modelo de células epidérmicas fundamentais da folha de, 63
modelos moleculares de paredes celulares e, 64–65
movimentos násticos de plantas, 522–523
mudanças estruturais que acompanham a cessação da, 65–66
orientação das microfibrilas de celulose, 59–62
papel dos microtúbulos corticais na, 60–62
relaxamento do estresse da parede celular, 62–64
visão geral, 59
Expansinas, 64, 65, 526, 712
Experimentos de enriquecimento de CO_2 ao ar livre (FACE), 339–340
Experimentos de FACE. *Ver* Experimentos de enriquecimento de CO_2 ao ar livre
Explosivos, 417
Exportação, na translocação de floema, 351
Exportadores de amida, 435
Exportadores de ureída, 435
Expressão gênica
condições fotorrespiratórias e, 297
dependente de açúcar, 402
efeitos da catequina na, 749
estresse abiótico e rotas de sinalização que alteram a expressão gênica, 453–460
etapas básicas na, 20–22
expressão gênica impressa, 651–652
imunidade desencadeada por PRR, 744
inativação de proteínas repressoras nas rotas de sinalização hormonal, 141–143
mediada por brassinosteroides, 136, *137*, 138
mediada por citocinina, 133, *134*
mediada por etileno, *135*, 136
mediado por ácido abscísico, 138–139

regulação pós-transcricional, 86–90
regulação retrógrada, 399
regulação transcricional, 81–86
regulação transcricional da senescência foliar, *701–703, 704*
respostas de defesa das plantas a patógenos, *742*, 743
sinalização de fitocromo, 483–484, 487–488
sinalização do criptocromo, 493
visão geral dos eventos na, *82*
Expressão gênica impressa, 651–652
Exsudatos da raiz, 749
Extensão C-terminal (CTE) do criptocromo, *491*, 492, *493*

F

F_1, 395
Fabaceae
fixação biológica de nitrogênio, 428
proteínas P, 364
Ver também Leguminosas
FAD. *Ver* Flavina adenina dinucleotídeo
Fagaceae, 211
Fagóforos, 694, *695*
Fagus sylvatica (faia-europeia), *593*, 714
Faia-europeia (*Fagus sylvatica*), *593*, 714
Falso fruto, 656
Família da enotera, 632
Família da mostarda. *Ver* Brassicaceae
Família das gramíneas. *Ver* Poaceae
Família das ninfeias, 521
Família de enzimas LONELY GUY, *123*
Família de fatores de transcrição NAC, 693, 702, 707
Família de genes *BSAS*, 438
Família de genes de oclusão do elemento crivado (SEO), 364
Família de genes *GA 20-OXIDASE* (*GA20ox*), 123, 144, *145*, 547
Família de genes *Ga3ox*, 123, 144, *145*
Família de genes SEO, 364
Família de genes *SERAT*, 438
Família de proteínas COBRA, 67
Família de proteínas JA-ILE ZIM-DOMAIN (JAZ), 141, *143*, 735, 736
Família de proteínas JAZ. *Ver* Família de proteínas JA-ILE ZIM-DOMAIN
Família de proteínas KORRIGAN, 67
Família de proteínas LATERAL ORGAN BOUNDARIES (LBD), 582, *583*
Família de proteínas LBD, 582, *583*
Família de proteínas LEA/DHN/RAB, 463
Família de proteínas quinases dependentes de ciclina (CDKs), 37, 38, 107
Família de proteínas SAUR, 526, 529, 538
Família de repolho. *Ver* Brassicaceae

Família de transportadores NXH, 232
Família HAK de transportadores (HAK/KT/KUP), 232
Farnesil, 17
Farnesil fosfato, 109
Farquhar, Graham, 321, 322
FAR-RED ELONGATED HYPOCOTYL1 (FHY1), 483
Fase de platô, do crescimento radicular lateral, 577
Fase de síntese de DNA (fase S), 36, *37*, 38
Fase, dos ritmos circadianos, 595, *596*
Fase G_2, 36, *37*, 38
Fase mitótica (fase M), 36, *37*, 38
Ver também Mitose
Fase programática da reprodução, 633–642
Fase S, 36, *37*, 38
Faseolina, *517*
Fator de transcrição BEL5, 375
Fator de transcrição FAMA, 556, *558*, 559
Fator de transcrição HetR, 429
Fator de transcrição HY5, 423, *493*
Fator de transcrição mielobastose (MYB), 552, *553*
Fator de transcrição MUTE, 556, *558*, 559
Fator de transcrição MYB, 552, *553*
Fator de transcrição NLP7, 423, *424*
Fator de transcrição NtcA, 429
Fator de transcrição PHR1, 438
Fator de transcrição SLIM1, 438–439
Fator de transcrição SPCH, 556, *557*, 558, 559
Fator de transcrição SPEECHLESS (SPCH), 556, *557*, 558, 559
Fator de transcrição SULFUR LIMITATION 1 (SLIM1), 438–439
Fator de transcrição WHIRLY 1 (WHY1), *702, 703, 704*
Fator de transcrição WHY1, *702, 703, 704*
Fatores de ação *trans*, 83
Fatores de choque térmico, 462
Fatores de interação do fitocromo (PIFs)
definição e funções de, 488
indução da floração e, 612, *616*
PIF4, 558, 612, *616*
regulação da densidade estomática e, 558
senescência foliar induzida por privação de luz e, 705, *706*
sinalização de fitocromo e, 486, 488, 489
sinalização de giberelina e, 141, *143*
Fatores de nodulação (Nod), 431–432, 723, *724*
Fatores de resposta à auxina (ARFs)
frutificação e partenocarpia no tomate, 65–658
interferência hormonal em respostas ao estresse abiótico, 460
manutenção com auxina do meristema apical da raiz, 543
rotas de sinalização de auxina, 141, *142*, 144

senescência foliar, 709
sinalização de auxina na embriogênese, 679-680, 681-682
Fatores de transcrição
  condições fotorrespiratórias, 297
  fatores de choque térmico, 462
  regulação transcricional da senescência foliar, 701-703, 704
  regulons de resposta ao estresse, 455, *456*
  rotas de resposta ao estresse, 453-454
  transcrição gênica, 81, 82, 83
Fatores de transcrição CUC, 553, 554
Fatores de transcrição CUP-SHAPED COTYLDEDON (CUC), 553, 554
Fatores de transcrição DEEPER ROOTING (DOR), 578
Fatores de transcrição do grupo VII do fator de resposta ao etileno, 453
Fatores de transcrição DRO, 578
Fatores de transcrição específicos, 81, *83*
Fatores de transcrição IGT, 578
Fatores de transcrição KANADI, 552-553
Fatores de transcrição LAZY, 578
Fatores de transcrição MYC, 141, *143*, 735, *736*
Fatores de transcrição TAC, 578
Fatores de transcrição TILLER ANGLE CONTROL (TAC), 578
Fatores de transcrição YABBY, 552-553
Fatores de troca de guanina nucleotídeos (GEFs), 638, 679, 681
Fatores gerais de transcrição, 81, 82, 83
Fatores responsivos ao AP2/etileno, 686-687
F-ATPases (F-ATP sintase), 237, *258*
Fava (*Vicia faba*)
  abertura estomática, *238*
  amida como forma de nitrogênio, 435
  células de transferência e carregamento do floema, 353
  composição de ácidos graxos das mitocôndrias, *465*
  compostos de nitrogênio na seiva do xilema, *422*
  desenvolvimento de plastídios, *31*
  mitocôndrias, 389
FBP7/11, 620
FCCP, 396
Fecundação, 5, 6, 626
  Ver também Fecundação dupla
Fecundação dupla
  definição, 626
  estágios na, 633-634, 641-642
  fase progâmica da reprodução, 633-*634*
Fecundação entre plantas diferentes (*outcrossing*), 633, 642
  Ver também Polinização cruzada
Fed. Fe₂S₂ *Ver* Ferredoxina
Feijão comum (*Phaseolus vulgaris*)
  características da semente, 507
  compostos de nitrogênio na seiva do xilema, *422*
  nódulos em raiz, *428*

proteína armazenada em sementes, *517*
rizóbios simbiontes, *429*
uma espécie de dias neutros, 599
ureídas, formas de nitrogênio, 435
Feijão de jardim. *Ver* Feijão comum
Feijão roxo. *Ver* Feijão comum
Feijão-caupi, 734
Feijão-fava (*Phaseolus lunatus*), 739
Feijão-trepador, 507
Feixes vasculares, 568
Felema, 580, 585-586
Feloderme, *579*, 580, 585, 586
Felogênio, 10, 579, 585, 586
  Ver também Câmbio suberoso
Fenilacetaldeído, 661
Fenilalanina, 67, *427*
2-feniletanol, 661
Fenilpropanoides, 67, 146, 660
Fenocópia, 681
Fenol, *156*
Fenólicos, 235, 726, 738
Fenótipo
  fatores determinantes, 73
  resgate de, 684
Fenótipo fotorrespiratório, 296, 297
Feofitina, 262, 265-266
Feofitina *a*, 700
Feofitinase, *700*
Feoforbida *a*, 700
Feoforbida *a* oxigenase, *700*
Fermentação
  eficiência da, 385-386
  quociente respiratório, 404
  reações em, *383*, 385
  visão geral, 382
Fermentação alcoólica, *383*, 385, 404
Fermentação de ácido lático, *383*, 385
Ferredoxina (Fd)
  assimilação de amônio, 425, 426
  assimilação de enxofre, 437, 438
  assimilação de nitrato, *420*, 421, 422
  centro de reação do PSI, 269
  esquema Z: transporte de elétrons, *262*, 263
  fixação biológica de nitrogênio, 434
  formação de espécies reativas de oxigênio na fotossíntese, 275
  fotorrespiração, *293*, 295
  reações no tilacoide, *258*
Ferredoxina-NADP⁺ redutase (FNR), *258*, 262, 269
Ferredoxina-tioredoxina redutase, 288
Ferritinas, 235
Ferro
  absorção pelas raízes de, 208
  aplicação foliar, 202
  concentração nos tecidos das plantas, *191*
  disponibilidade de fosfato nos solos e, 204
  efeitos do pH do solo na disponibilidade, 201
  mecanismos de absorção pelas raízes, 234-235
  mobilidade dentro da planta, *196*
  na nutrição vegetal, 192, 198-199

soluções nutritivas e quelantes, 195
Ferro quelato redutase, 234
Ferroquelatase, 235
Fertilizantes
  aplicação em resposta a deficiências minerais, 200-202
  fixação industrial de nitrogênio, 418, 419
  importância dos, 189
  lixiviação, 189, 1991
  mudança climática e, 190
Fertilizantes compostos, 201
Fertilizantes de nitrogênio
  gasto de energia em, 189
  lixiviação, 189, 1991
  mudança climática, 190
Fertilizantes fosfatados, 189, 191
Fertilizantes inorgânicos, 201
Fertilizantes mistos, 201
Fertilizantes orgânicos, 201-202
Fertilizantes simples, 201
Ferulado 5-hidroxilase, 69
Festuca ovina (erva-ovelha), *714*
Fibras, 13, 15, 348
Fibras do floema, 10, *11*
Fick, Adolf, 158
Ficoeritrobilina, *251*
Filamento, 627
Filódio, 551
Filoma, 549
Filotaxia, 7, 547, 573
Filotaxia alternativa, 547
Filotaxia decussada, 547
Filotaxia em espiral, 547
Fimbrina, *32, 33*
FISH. *Ver* Hibridização fluorescente in situ
Fisiologia vegetal, 3
Fissão, de plastídios e mitocôndrias, 31
Fita codificante, expressão gênica, 81, *82*
Fita-molde, 81, *82*
Fitase, 515
Fitina, 515
Fitocromo A (phyA)
  dormência da gema axilar, 573
  importação nuclear e regulação da expressão gênica, 487-488
  inibição do alongamento do caule, 494
  interação com proteínas dos substratos da fitocromo quinase, 489
  interações com CONSTANS na floração, 602
  mecanismos moleculares de floração em ambientes naturais e, 604
  mediação de respostas à luz vermelho-distante contínua, 486
  regulação do relógio circadiano, 494
  resposta de floração, 606
Fitocromo B (phyB)
  desenvolvimento de estômatos mediado por déficit hídrico, 558
  importação nuclear e regulação da expressão gênica, 487-488
  interação com proteínas dos substratos da fitocromo quinase, 489

interações com CONSTANS na floração, 602
mediação de respostas à luz vermelha ou branca contínua, 486
regulação do relógio circadiano, 494
resposta de evitação à sombra, 572
resposta de floração, 606
senescência foliar induzida por privação de luz, 705, *706*
Fitocromo Cph1, *482*, 483
Fitocromo de cianobactéria 1, *482*, 483
Fitocromobilina, 481-482, 483
Fitocromos
  abertura do gancho apical, 519-520
  características como fotorreceptor, 518
  definição, 477
  desestiolamento, 477-478
  diversidade de, 480
  espectros de ação e absorção para germinação de sementes, 478, *479*
  estado fotoestacionário, 481
  estrutura, domínios e mudanças em resposta à luz vermelha, 481-483
  etapas na ativação e transdução de sinal, 483-484
  floração fotoperiódica, 602
  forma fisiologicamente ativa, 481
  fotomorfogênese de plântulas, 518
  fotorreceptor primário no fotoperiodismo, 605-606
  fotorreceptor primário para luz vermelha e vermelho-distante, 480, *481*
  fotorreversibilidade, 478, *479*, 480-481
  funções de, 477
  germinação de sementes, 478, *479*, 485, 486
  germinação de sementes regulada pela luz, 511
  interações com criptocromos, 493, 494
  movimentos do cloroplasto em resposta à luz em algas, 329
  phyA (*ver* Fitocromo A)
  phyB (*ver* Fitocromo B)
  phyC, phyD, phyE, 486-487
  respostas do fitocromo, 484-487
  senescência foliar induzida por privação de luz, 705, *706*
  sincronização do relógio circadiano, 597
  vias de sinalização, 487-490
Fitoeno, 660
Fitoeno sintase, 100, 660, *661*
Fitol, *700*
Fitólitos, 727
Fitômeros, 568
Fitopatologia
  definição e visão geral de, 741
  estratégias de patógenos para invadir plantas, 741-742
  fitoalexinas, 747
  Interferência de RNA, 747

metabólitos secundários alelopáticos, 749
moléculas efetoras de patógenos e imunidade desencadeada por PRR, 742–743
nematódeos parasitas, 748–749
percepção das plantas sobre "sinais de perigo" derivados de patógenos, 743–744
plantas parasitas, 749–750
proteínas de resistência e resistossomos das plantas, 744–745
resistência sistêmica adquirida e sinalização de ácido salicílico, 746–747
resposta de hipersensibilidade, 745–746
visão geral das respostas de defesa da planta, *742*
Fitoquelatinas, 446, 465–466
Fitormônios
biossíntese e regulação homeostática, 119–127
defesas induzíveis das plantas e, 735–736
desenvolvimento da planta e, 113–119
esquema geral de regulação hormonal, *114*
estruturas de, *115*
morte celular programada do tipo vacuolar e, 693, *694*
movimento dentro da planta, 127–132
regulação da dominância apical e crescimento da gema axilar, 569–571, *572*
regulação da senescência foliar, 706–709
regulação das relações fonte-dreno, 374
regulação das respostas ao estresse abiótico, 459–460
regulação do crescimento secundário, 584–585
rotas de sinalização, 132–147 (*ver também* Rotas de sinalização hormonal)
teoria do equilíbrio hormonal da dormência de sementes, 510–511
transporte no floema, 364
Ver também fitormônios individuais
visão geral e importância de, 113
Fitossideróforos, 195
Fitotoxinas, 749
Fixação atmosférica de nitrogênio, *418*, 419
Fixação biológica de nitrogênio
bactérias simbióticas e de vida livre em, 428–429, *430*
biotecnologia e o futuro da agricultura, 430
ciclo biogeoquímico do nitrogênio, 418, *419*
condições microanaeróbias ou anaeróbias, 429–430
conversão de amônia em formas orgânicas, 435
custo de energia da, 417

enzima nitrogenase e a energética de, 434–435
Ver também Fixação biológica simbiótica de nitrogênio
visão geral, 427–428
Fixação biológica simbiótica de nitrogênio
bactérias em, 428–429
complexo da enzima nitrogenase, 434–435
condições microanaeróbias ou anaeróbias, 429–430
moléculas de sinalização em, 431–432, 723, *724*
nódulos e formação de nódulos, 430–431, 432–434
rota simbiótica comum, 723, 725
Fixação de nitrogênio
biológica (*ver* Fixação biológica de nitrogênio)
ciclo biogeoquímico do nitrogênio, 418–419
deficiência de molibdênio e, 199
industrial, 418, 419
Fixação de nitrogênio de vida livre, 428, *430*
Fixação de oxigênio, 439
Fixação fotossintética de carbono via C₄, 297–303, 439
Fixação industrial de nitrogênio, 418, 419, 434
FKF1, 602, 606
Flaveria
F. bidentis, 440
F. pringlei, 440
Flavina adenina dinucleotídeo (FAD/FADH₂), 491–492
assimilação de nitrato, 421
ciclo do ácido tricarboxílico, 381, 390, 391
criptocromo e, 491–492
estrutura e reações do, *381*
funções do, 382
papel na respiração das plantas, *380*
produção total na respiração aeróbia, 396, *398*
transporte de elétrons nas mitocôndrias, *392*, *393*
Flavina mononucleotídeo (FMN)
domínio LOV2 da fototropina, 478
estrutura e reações do, *381*
transporte de elétrons nas mitocôndrias, *392*, *393*
FLAVIN-BINDING KELCH REPEAT, F-BOX 1 (FKF1), 602, 606
FLAVIN-DEPENDENT MONOOXYGENASE1(FMO1), 746
Flavonóides, 131
Flavoproteína:quinona oxidoredutase, 394
Flavoproteínas, 106, 518
Flipases, 24
Floema
anatomia do caule, *8*
crescimento secundário, 10, *11*
definição, 11, 345
diferenciação em plântulas, 520
folhas, *8*
localização no tecido vascular, 347

membros do tecido do floema, 348
padronização radial na embriogênese e, 683–684, *685*
raízes, *8*, 207, *241*, 573, *574*
tipos de, 346
tipos e funções celulares, 14–15
translocação em (*ver* Translocação do floema)
transporte de hormônios em, 364
transporte de moléculas de sinalização, 373–375
transporte de nitrato, 422–423
Floema da coleta, 346
Floema de entrega, 346
Floema de transporte, 346
Floema externo, 347
Floema interno, 347
Floema primário, *11*, 562, *579*, *580*
Floema secundário
caules lenhosos, *579*, *580*
crescimento secundário e, 568
definição, 10
em raízes e caules, *11*
experimentos iniciais sobre translocação do floema, 347
funções de, 579
produção pelo câmbio vascular, 579–580
regulação da diferenciação por fitormônios, 584–585
FLORAL-BINDING PROTEIN7/11 (FBP7/11), 620
Flor-amarela-de-macaco (*Mimulus guttatus*), 468
Flor-de-lótus (*Nelumbo nucifera*), 509, 656
Flor-de-lótus (*Nelumbo nucifera*), 509, 656
Flores
abscisão, 709–713
autofecundação versus cruzamento, 642–647
ciclo de vida das angiospermas, *626*
ciclos de vida da planta, *6*, 625–627
plantas monoicas e dioicas, 7
termogênicas, 399
Flores bissexuais, 642, *643*
Flores estaminadas, 7
Flores monoicas, 642, *643*
Flores "perfeitas", 7
Flores pistiladas, 7
Flores termogênicas, 399
Florescimento
ápice caulinar e mudanças de fase, 592–594
evocação floral, 591–592
florígeno e, 606–610
fotoperiodismo, 597–606 (*ver também* Fotoperiodismo)
interações de fitocromo com criptocromo, 494
meristemas florais e desenvolvimento de órgãos florais, 613–621
regulação epigenética em resposta ao estresse abiótico, 456–457, *458*
ritmos circadianos, 594–597
sinalização de longa distância em, 606–608

sinalização do floema e biotecnologia, 376
várias rotas no, 612–613
vernalização, 610–612
Florestas
manchas de sol, 324–325
otimização da absorção de luz no dossel, 324–325
Florígeno
descoberta do, 606–608
identificação como estímulo floral, 608
regulação do florescimento em *Arabidopsis*, 608–610
translocação no floema, 608, *609*
Flor-máscara (*Alonsoa warscewiczii*), *354*
FLOWERING LOCUS T (FT)
ativação pela proteína CRY2, 597
biotecnologia e, 376
evidência como um forte promotor de florescimento, 603
mecanismos moleculares de florescimento em ambientes naturais e, 604
movimento através de plasmodesmos, 375
na seiva e sinalização do floema, 364, 375
proteína FT como florígeno, 608–610
regulação epigenética em resposta ao estresse abiótico, 457
repressão pela proteína FLC, 612
rota de florescimento fotoperiódico, 613
sinalização pelo fitocromo, 493
Fluência
categorias de respostas do fitocromo, 484–486
faixas ecológicas de, *476*
fotorrespostas, 478–479
Fluidez de membrana
estresse térmico e, 463–464, *465*
fatores que afetam, 18
Fluorescência, por clorofila, *249*, 250
Fluxo advectivo, 358
Fluxo basípeto, 128
Fluxo cíclico de elétrons, 272–273
Fluxo de massa
da água do solo, 171
fluxo de massa acionado por pressão no xilema, 176–177
nervuras foliares de maior diâmetro e, 559
Fluxo de massa
de nutrientes minerais do solo até as raízes, 208
modelo de fluxo de pressão da translocação do floema, 358
Fluxo impulsionado pela pressão, 176–177
Fluxo laminar, 176–177
Fluxo passivo, 220
Fluxo quântico, 322–323
Fluxos, 220
FMN. *Ver* Flavina mononucleotídeo
FNR. *Veja* Ferredoxina-NADP⁺ redutase
F$_O$, 395
F$_O$F$_1$-ATP sintase, 394, 395, *397*
Fogo, brotações epicórmicas e, 587

Folhas
  abscisão, 709–712
  aclimatação a ambientes de sol e sombra, 325–326
  acompanhamento do sol e heliotropismo, 325
  anatomia Kranz e fotossíntese C_4, 298–299, *300*, 301–302, 303
  aplicação foliar de nutrientes, 202
  assimilação de enxofre, 438
  assimilação de nitrogênio, *439*
  células de mesófilo, 12–13
  clorose por deficiências minerais, 196, 197, 198, 199
  como órgãos do "estado basal", 617
  continuum solo-planta-atmosfera do transporte de água, *170*
  desenvolvimento de plântulas em claro ou escuro, 517, 518
  difusão de dióxido de carbono para o cloroplasto, 334–336
  dissipação de calor, 331–332
  efeitos da luz sobre a fotossíntese na folha intacta, *326–330*, 331
  efeitos da temperatura sobre a fotossíntese, 331–333, *334*
  efeitos do ângulo e do movimento na absorção da luz, 325
  efeitos do dióxido de carbono na fotossíntese, 334–340
  eficiência de crescimento de árvores altas e, 717
  epiderme, 11–12
  estrutura, função e tipos de, 7, *8*, 549–551
  excesso de dissipação de energia luminosa, 328–330
  expansão celular nas células epidérmicas fundamentais, 63
  fechamento estomático induzido por ABA em resposta ao estresse hídrico, 466–467, *468*
  fitômeros e, 568
  fotorrespiração e homeostase redox celular, 297
  gutação, 174
  indução fotoperiódica e, 599
  lesões e injúrias por ozônio, 450
  metabolismo do amido em cloroplastos, 305–312
  metabolismo do carbono, 305–306
  movimento da água para a atmosfera, 181–186
  movimentos de cloroplastos, 329–330, 496–497, *498*
  necrose por deficiências minerais, 197, 198, 199
  padrões de venação, 559–564
  percentagem de energia solar convertida em carboidratos, 323
  plantas CAM, 303
  plasticidade fenotípica em resposta ao estresse abiótico, 467–468, *469*
  propriedades ópticas, *323*
  propriedades que influenciam a fotossíntese, 322–326
  razão entre isótopos de carbono, 341–342
  regulação da senescência, 700–709
  resistência hidráulica, 181–182
  síndrome de senescência, 696–700
  síntese de sacarose, 312–316
  superfícies adaxiais e abaxiais, 7, *8*
  teoria da coesão-tensão do transporte de água no xilema, 178, *179*
  transição do dreno para a fonte, 369–371
  variegação, 81
  volume dos espaços intercelulares, 182
Folhas bipinadas, *549*
Folhas compostas
  formação de folíolos, 554–555
  tipos de, *549*, 550
Folhas de roseta, *614*
Folhas de sol, *322*, 326
Folhas de sombra
  aclimatação à qualidade da luz, 326
  anatomia de, *322*
  características bioquímicas e morfológicas, 326
  excesso de energia luminosa e, *329*
Folhas palmadas, *549*
Folhas paripinadas, *549*
Folhas sésseis, *549*, 550
Folhas simples, *549*, 550
Folhas trifoliadas, *549*
Folhas tripinadas, *549*
Folhas vegetativas, 549
Folíolos
  folhas compostas, *549*, 550
  formação de, 554–555
Fonte de auxina, 560
Fontes
  ajuste às mudanças de longo prazo na relação fonte-dreno, 373
  alocação de fotossintato, 371–372
  biotecnologia e, 376
  carregamento do floema, 351–357
  definição, 346
  modelo de fluxo de pressão de translocação do floema, *358*
  padrão de translocação fonte-dreno no floema, 346–347
  regulação por pressão de turgor e sinais químicos, 374
  transição de dreno para fonte, 369–371
Força do dreno, 372–373
Força motriz do próton
  bombas de prótons vacuolares, 237–238
  definição, 226, 270–271
  desacopladores e, 395–396
  fotofosforilação, 270–271
  funções de, 110–111
  mecanismo quimiosmótico da síntese mitocondrial de ATP, 395–396
  na fotossíntese anoxigênica, 259
  transporte ativo secundário, 226
Forissomos, 364, 365
Formação calcári Pee Dee, 340

Formação de cristais de gelo
  crioprotetores e proteínas anticongelantes, 466
  estresse por congelamento, 449
Formação tipo roseta, *76*
Forminas, *32*, *33*
Forrageamento na camada superficial do solo, 209–210
Fosfatases, 109
Fosfatases proteicas
  fechamento estomático induzido por ABA em resposta ao estresse hídrico, 467, *468*
  rota de sinalização do ácido abscísico, 138–139
  rotas de resposta ao estresse, *453*
Fosfatidilcolina (PC)
  biossíntese, 410, 411
  em membranas celulares, *410*
  estrutura, 17, *406*, *408*
  sinalização lipídica, *112*, 113
Fosfatidiletanolamina, *406*, *408*, 410
Fosfatidilglicerol, *408*, 410, 411
Fosfatidilinositol, 113, *408*, 410
Fosfatidilinositol-4,5-bifosfato (PIP_2), 411
Fosfatidilserina, *408*
Fosfato
  absorção radicular de, 208
  absorção radicular por meio de micorrizas arbusculares, 211–212
  armazenamento em sementes, 515
  assimilação de, 438–439
  biossíntese de sacarose, *313*, 314, 315
  concentrações observadas e previstas em tecidos de raiz de ervilha, *221*, 222
  em solos, 204
  forrageamento da camada superficial do solo pelas raízes, 209–210
  fotossíntese limitada por fosfato, 333
  na seiva do floema, *362*
  Ver também Fosfato inorgânico; Pirofosfato
Fosfato de dihidroxiacetona
  biossíntese de sacarose, 312, *313*, 314
  ciclo de Calvin-Benson, *284–285*
  estrutura, 382
  glicólise, *383*, 384
  interconversão, 302
Fosfato de ferro, 195
Fosfato inorgânico (P_i)
  assimilação de fosfato, 438
  assimilação de sulfato, 436
  degradação do amido, 310, *311*
  fosforilação oxidativa, 381, *393*, *394*, 395, 396
  fotossíntese C_4, *299*, 300–301
  Inositol 1,4,5-trifosfato (IP_3), 113
  regulação da glicólise, 402
  regulação dinâmica da respiração, 401, 402
  transportador de fosfato, 396, *397*
Fosfatos de inositol, 113
3′-Fosfoadenilato, *436*
3′-Fosfoadenosina-5′-fosfosulfato (PAPs), *436*, 438

Fosfoenolpiruvato (PEP)
  biossíntese de aminoácidos, 427
  conversão de lipídeos de reserva em carboidratos, *412*, 413
  deficiência de sódio e, 198
  estrutura, *382*
  fotossíntese C_4, *298*, 299, 300–301, 303
  Fotossíntese CAM, 338
  glicólise e metabolismo em piruvato ou malato, *383*, 384, 385
  metabolismo ácido das crassuláceas, 303, *304*
  regulação dinâmica da respiração, 401–402
  rota do ácido chiquímico, 388
  rotas alternativas do metabolismo, 391
Fosfoenolpiruvato carboxilase (PEPCase)
  fotossíntese C_4, 298, 299, 302, 303
  metabolismo ácido das crassuláceas, 303, 304, 305
  metabolismo do PEP e, *383*, 385, 391
  razão de isótopos de carbono e, 341, 342
  regulação dinâmica da respiração e, 401
  regulação dinâmica de, 402
  regulação em plantas CAM *versus* plantas C_4, 305
Fosfoenolpiruvato carboxiquinase (PEPCK)
  fotossíntese C_4, *299*, 301, 302
  metabolismo ácido das crassuláceas, 303, *304*, 305
Fosfoenolpiruvato diquinase, 298
Fosfofrutoquinase, 290, *313*, 314
Fosfofrutoquinase dependente de ATP, 385, 402
Fosfofrutoquinase dependente de pirofosfato, *313*, 314
Fosfofrutoquinase dependente de PP_i, *313*, 314, *383*, 384, 385, 402
3-Fosfoglicerato
  biossíntese de aminoácidos, 427
  ciclo de Calvin-Benson, 283, *284–285*, 286
  estrutura, *382*
  fotorrespiração, 291, *292–293*, 295
  fotossíntese C_4, 298
  glicólise, *383*, 384
  produto da atividade de rubisco, 290
2-Fosfoglicerato, *382*, 383
Fosfoglicerato mutase, *383*
3-Fosfoglicerato quinase, 283, *284–285*
Fosfoglicerato quinase, *383*, 384
Fosfoglicerolipídeos, 111
2-Fosfoglicolato
  ciclo de Calvin-Benson, *285*
  fotorrespiração, 291, *292–293*, 295
  oxigenação de ribulose-1,5-bifosfato, 290–291
2-Fosfoglicolato fosfatase, 291, *292–293*
Fosfoglucano fosfatase, 312
Fosfoglucoisomerase, 312

Fosfoglucomutase, 312, *313,* 314, *383*
6-Fosfogluconato, *387*
Fosfoinositídeos, 41
Fosfolipase A (PLA), *112,* 113
Fosfolipase C (PLC), *112,* 113
Fosfolipase D (PLD), *112,* 113, 698
Fosfolipases, 111, *112,* 113
Fosfolipídeos
　fluidez da membrana, 18
　funções de, 406
　membrana do corpo lipídico e, 407
　síntese em RE liso, 24
　visão geral e descrição de, 16–18
Fosforibuloquinase, *284–285,* 287, 288, 289–290
Fosforilação de proteínas
　fosfatases, 109
　sinalização do fitocromo, 488–489
Fosforilação em nível de substrato
　ciclo do ácido tricarboxílico, 389, *390,* 391
　glicólise, *383,* 384–385
　produtividade total na respiração aeróbia, 396, *398*
Fosforilação oxidativa
　cadeia de transporte de elétrons, 392–394
　codificação de complexos por genomas nucleares e mitocondriais, 398
　na respiração vegetal, *380*
　rotas sem conservação de energia e suas funções, 393–394, 398–400
　síntese de ATP, 394–396
　transporte transmembrana mitocondrial, 396, *397*
　visão geral, 381, 391–392
Fosforilação, sinalização de fitocromo e, 488–489
Fosforilases, *309,* 310
Fosforito, 201
Fósforo
　concentração de tecido vegetal, *191*
　disponibilidade em solos, 196, 204
　efeitos do pH do solo na disponibilidade, *201*
　em nutrição vegetal, 191–192, 197
　fertilizantes inorgânicos, 201
　forrageamento da camada superficial do solo pelas raízes, 209–210
　mobilidade dentro da planta, *196*
Fosfotidilinositol, 411
Fosfotidilinositol-4,5-bifosfato (PIP_2), 411
Fotoassimilação, 439
Fotoblastia, 475, 511
Fotocromismo, 480
　Ver também Fotorreversibilidade
Fotodano, 256
Fotofosforilação, 270–273
Fotoinibição, 330, *331*
Fotoinibição crônica, 330, *331*
Fotoinibição dinâmica, 330, *331*
Fotoliase, 491
Fotomorfogênese
　criptocromos, 491–493
　definição e visão geral, 475–476

fitocromos, 480–484
fotorreceptores, 476–479, *480*
fototropinas, 495–500
interações de criptocromos com outros fotorreceptores, 493–495
respostas à luz azul e fotorreceptores, 490
respostas à radiação UV, 500–501
respostas do fitocromo, 484–487
rotas de sinalização do fitocromo, 487–490
Fotonastia, 475
Fótons
　absorção e emissão por clorofilas, 248–250
　fotodanos e, 273
　propriedades físicas de, 248
Fotoperiodismo
　comprimento da noite e indução floral, 599–600
　CONSTANS e floração em plantas de dias longos, 602–603
　definição, 475, 592, 597
　dormência da gema axilar, 573
　efeito da latitude no comprimento do dia, 597, *598*
　fitocromo como fotorreceptor primário em, 605–606
　folhas e indução fotoperiódica, 599
　fotorreceptores de luz azul e floração em plantas de dias longos, 606
　hipótese do relógio da cronometragem fotoperiódica, 601–602
　mecanismos moleculares de floração em ambientes naturais, 604
　modelos de coincidência externa, 602–604
　quebras da noite, 600–601, 605–606
　rota de floração fotoperiódica, 613
　tipos de respostas fotoperiódicas, 597–599
　vinculado à vernalização, 610–611
Fotoproteção, 273–274
Fotoquímica, 250
Fotorreceptor LOCUS 8 (UVR8), 477, 500, *501*
Fotorreceptores
　características e visão geral de, 476–477
　convenções para abreviar, 477
　criptocromos, 491–495
　espectros de absorção e ação, 477–478, *479, 480*
　fitocromos, 480–490 (*ver também* Fitocromos)
　fototropinas (*ver* Fototropinas)
　promoção de respostas fotomorfogênicas, 518
　proteínas bacterianas e, 105–106
　quantidade de luz necessária para induzir atividade, 478–479
Fotorreceptores de luz azul
　criptocromos, 491–493 (*ver também* Criptocromos)

fototropinas, 477, 478, *480,* 490, 495–500 (*ver também* Fototropinas)
visão geral, 477
Fotorreceptores ZEITLUPE (ZTL), 477, *495,* 496, 602, 606
Fotorreceptores ZTL. *Ver* Fotorreceptores ZEITLUPE
Fotorrespiração
　aumento da biomassa por modificação genética de, 296
　curvas de resposta à temperatura da fotossíntese e, 333
　eficiência fotossintética e, 333
　enzimas que derivam de diferentes ancestrais, 295–296
　fotossíntese C_4 e, 302, 303
　interações com vias metabólicas, 296–297
　ligação com o transporte fotossintético de elétrons, 295
　metabolismo ácido das crassuláceas e, 304, 305
　ponto de compensação de CO_2 e, 336, 337
　relações carbono-nitrogênio e, 439–440
　visão geral e reações em, 290–295
Fotorrespostas
　à radiação UV, 500–501
　espectro eletromagnético de sinais, *477*
　fotorreceptores, 476–479, *480*
　influência da qualidade da luz ou da energia espectral em, 477–478, *479, 480*
　quantidade de luz necessária para induzir, 478–479
　respostas à luz azul, 478, *480,* 490, 496–500 (*ver também* Respostas à luz azul)
　respostas à luz vermelha e vermelho-distante, 480–490 (*ver também* Fitocromos)
　visão geral, 475–476, *477*
Fotorreversibilidade
　de fitocromos, 478, *479,* 480–481
　escapar de, 484
　mediação por phyB, 486
Fotossintato
　acumulação e partição de, 305–306
　alocação e partição, 371–373
　carregamento do floema, 351–357
　definição, 346
　descarga e recarga durante o transporte, 357
　descarregamento do floema, 365–369
　padrão de translocação fonte-dreno no floema, 346–347
　transição de dreno para fonte, 369–371
　transporte do mesófilo para os elementos crivados, 351
Fotossíntese
　acoplamento da transpiração a, por estômatos, 183
　anoxigênico, 259
　curvas de resposta à luz, 326–328
　curvas de resposta à temperatura, 332–333
　deficiência de manganês e, 199

efeitos da luz na folha intacta, 326–330, *331*
efeitos da temperatura na folha intacta, 331–333, *334*
efeitos das propriedades da folha em, 322–326
efeitos do dióxido de carbono na folha intacta, 334–340
efeitos dos níveis globais elevados de CO_2 em, 338–340
eficiência de conversão de energia, 255–256
espectros de ação, 252–253
fotoinibição, 274–275
fotossistemas (*ver* Fotossistema I; Fotossistema II)
hipótese do fator limitante de, 321
inter-relação das reações de luz e carbono, *282*
limitações em, 256
luz como condutora de, 254–255
mecanismos de reparo e regulação, 273–275
modelo bioquímico de, 321–322
organização do aparelho fotossintético, 256–259
organização dos complexos antena, 259–261
principais experimentos de compreensão, 252–256
produtividade quântica (*ver* Produtividade quântica da fotossíntese)
propriedades físicas da luz, 248
razão de isótopos de carbono, 340–342
reação química geral, 252, 254
reações de carbono de (*ver* Reações de carbono da fotossíntese)
rendimento fotossintético consumido pela respiração, 403
sensibilidade à temperatura da eficiência fotossintética, 333, *334*
significado do termo, 247
temperatura ideal, 332
transferência de energia entre antenas e centros de reação, 253–254
transporte de elétrons (*ver* Transporte fotossintético de elétrons)
transporte de prótons e síntese de ATP, 270–273
visão geral, 247–248
Fotossíntese anoxigênica, 259
Fotossíntese C_3
　como uma função da temperatura foliar, *332*
　evolução da fotossíntese C_4 e, 301
　fatores que limitam as taxas da, 297
　fornecimento de CO_2 e limitações na, 336–337
　ideal térmico fotossintético, 333
　modelo bioquímico da, 321–322
　partição de carbono assimilado, 302–303
　processos de transporte, 302–303
　produtividade quântica máximo de, 327

sensibilidade à temperatura da
eficiência fotossintética, 333, *334*
temperatura ideal para, 303
Fotossíntese C$_4$
anatomia Kranz, 297–298, *300*, 301–302
como uma função da temperatura foliar, *332*
definição e visão geral de, 297
diferenças bioquímicas no mesófilo e nas células da bainha do feixe, 302
efeitos dos níveis globais elevados de CO$_2$ na, 339
em climas quentes e secos, 303
evolução da, 301, 337
fluxo cíclico de elétrons e síntese de ATP, 273
fornecimento de CO$_2$ e limitações na, 337–338
fotorrespiração e, 303
ideal térmico fotossintético, 333
plantas C$_4$ de única célula, *300*, 302
processos de transporte, 302–303
produtividade quântica máxima de, 327
produtos primários de carboxilação da, 297–298
reações da, *298*, 299–301
regulação por luz, 302
sensibilidade à temperatura da eficiência fotossintética, 333, *334*
subtipos bioquímicos, 301
Fotossíntese C$_4$ em célula única, *300*, 302
Fotossistema I (PSI)
características de absorção, 264
ciclo Q, 267, 268
empilhamento de tilacoides e partição de energia entre fotossistemas, 275
esquema Z: transporte de elétrons, 255, 261–263
fluxo cíclico de elétrons e, 273
fotossíntese C$_4$, 302
organização e estrutura, 257–259, 268–269
proteínas do complexo de captura de luz I, 260–261
superóxido e fotodano, 273–274
transferência de elétrons para, por plastocianina, 268
transferência de elétrons por clorofila em estado excitado, 263–264
visão geral, 255
Fotossistema II (PSII)
aclimatação da planta à sombra e, 326
características de absorção, 264
centros de reação de bactérias púrpuras e, 259
ciclo Q e, 267, *268*
efeitos de herbicidas no, 269, *270*
empilhamento de tilacoides e partição de energia entre fotossistemas, 275
esquema Z: transporte de elétrons, 255, 261–263
fotoinibição e, 330, *331*
fotoinibição e proteção contra, 273–275

fotossíntese C$_4$, 302
organização e estrutura de, 264, *265, 266*
organização na membrana tilacoide, 257–259
oxidação da água por, 264–265, *266*
Proteína PsbS e, 274
proteínas do complexo de captura de luz II, 260–261
transferência de elétrons por clorofila em estado excitado, 263–264
transferência de feofitina e elétrons para plastoquinona, 265–266, *266*
visão geral, 255
Fotossistemas
aclimatação da planta à qualidade da luz e, 326
biossíntese e degradação da clorofila, 276, *277*
empilhamento de tilacoides e partição de energia entre, 275
esquema Z de fotossíntese, 255
evolução, 276
genética de, 275
mecanismos de reparo e regulação, 273–275
montagem de, 275–276
separação espacial na membrana tilacoide, 257–259
Ver também Fotossistema I; Fotossistema II
visão geral, 248, 255
Fototaxia, 490
Fototropina 1 (PHOT1)
fosforilação da quinase BLUS1, 499
fototropismo da parte aérea, 537, 538
funções de, 495, 535
mutante duplo *phot1/phot2*, 497, 498
mutante *phot1*, 494, 497
Fototropina 1 fotorreceptor quinase, 131
Fototropina 2 (PHOT2)
fosforilação da quinase BLUS1, 499
funções de, 495, 535
mutante duplo *phot1/phot2*, 497, 498
mutante *phot2*, 497
Fototropinas
abertura estomática e, 498–500
abertura estomática induzida por luz azul e, 186, 239–240
autofosforilação, 496, *497*
cinética das respostas à luz azul e, 490
descoberta de, 495
domínio LOV2, 478, *480, 495, 496, 497*
em fototropismo, 535, 537, 538
espectros de ação e absorção para fototropismo, 478, *480*
estrutura de domínio e mudanças conformacionais, 495–496
funções de, 477
movimentos da planta para melhorar o uso da luz, 496–497, *498*

Ver também Fototropina 1; Fototropina 2
visão geral, 495
Fototropismo
definição, 475, *477*, 526
espectros de ação e absorção da fototropina, 479, *480*
etapas no fototropismo fotográfico, 536–538
fototropinas e, 535, 537, 538
redistribuição lateral da auxina, 535–536, 537
Fragaria. *Ver* Morango
Fragmoplasto, *39*, 40
Frankia, 428
Fraxinus excelsior (freixo-europeu), 714
Freixo-europeu (*Fraxinus excelsior*), 714
Frequência
de luz, 248
espectros de absorção e, 250
FRET. *Ver* Transferência de energia de ressonância de fluorescência
Fritillaria assyriaca, 19
Fruta não climatérica, 662, 663
Frutas pomóideas, 657
Frutas simples, 657
Frutificação, 656–657
Fruto acessório, 656
Fruto botânico, 656
Fruto de framboesa, *657, 659*
Frutos
amadurecimento, 660–664 (*ver também* Amadurecimento do fruto)
definição e tipos de, 656
desenvolvimento da zona de deiscência, 658–659
desenvolvimento de frutos carnosos, 659–660
desenvolvimento de frutos e senescência de plantas inteiras, 716
fatores que afetam o paladar e o sabor, 661–662
frutos semelhantes a sementes, *506*
importação do floema, 367–368
regulação da frutificação e partenocarpia, 656–658
temperatura de armazenamento, 405
Frutos agregados, 657
Frutos carnosos
amadurecimento e sua regulação, 660–664
desenvolvimento, 659–660
Frutos deiscentes, 657, 658–659
Frutos indeiscentes, *506*, 657
Frutose
glicólise, *383*, 384
mobilização de carbono em plantas terrestres, 306
um açúcar redutor, 362, *363*
Frutose 1,6-bifosfato
ciclo de Calvin-Benson, *284–285*
estrutura, *382*
glicólise, *383*, 385
regulação dinâmica da respiração e, 401
trioses fosfato e o *pool* citosólico de, 312–314

Frutose 1,6-bifosfato aldolase, *313*
Frutose 1,6-bisfosfatase
biossíntese de sacarose, *313*, 314
gliconeogênese, 385
inibição pela frutose 2,6-bifosfato, 402
reações do ciclo de Calvin-Benson, *284–285*
regulação de no ciclo de Calvin-Benson, 287, 288, 289
Frutose 2,6-bifosfato, *313*, 314, 402
Frutose 2,6-bisfosfatase, *313*, 314
Frutose 6-fosfato
biossíntese de sacarose, *313*, 314, *315*
ciclo de Calvin-Benson, *284–285*
estrutura, *382*
glicólise, *383*, 385
regulação dinâmica da respiração, 401
rota oxidativa das pentoses fosfato, *386*, 387
Frutose 6-fosfato 1-quinase, *313*
Frutose 6-fosfato 2-quinase, *313*, 314
FT INTERACTING PROTEIN1 (FTIP1), 608, *609*
FT. *Ver* FLOWERING LOCUS T
Fucose, 48, 54, *55*
Fucsia, 601
FUE. *Ver* Elemento distante a montante
Fumaça, quebra da dormência da semente e, 512
Fumarato, 389, *390*
Fungicidas, 127
Fungos
efeitos do pH do solo em, 204
micorrízicos, *210–213* (*ver também* Micorrizas)
patogênicos (*ver* Patógenos; Patologia vegetal)
Fungos micorrízicos, 210–213
Funículo, 631, 632, *634*
Fusão de protoplastos, 92, 94
Fusarium fujikuroi, 116
Fusicoccina, 63, 236–237, 498, 743
Fusicoccum amygdali, 743
Fuso mitótico, 38, *39*, 40
Fusões gênicas, 92–93

G

G$_1$ fase, 36, 37, 38
Gaeumannomyces graminis, 725
Gafanhoto castanho (*Nilaparvata lugens*), 739
Gafanhotos, 733, 734
Galactano, 48, 57, 58
Galactinol, 355
Galactolipídeos, 18, 406
Galactono-gama-lactona desidrogenase, 394
Galactose
açúcares da família da rafinose e, 362, *363*
hemiceluloses, 54, *55*
pectinas, 56
polissacarídeos da parede celular, 48
proteínas arabinogalactanos, 49
Galha da coroa, 93
Galium aparine, 12

γ-Radiação, para transferir segmentos cromossômicos "estranhos" por, 92
Gameta feminino (oosfera)
  ciclos de vida da planta, 5, 6
  herança uniparental de genomas citoplasmáticos, 81
Gametas
  ciclos de vida da planta, 5, 6
  definição, 5
  eventos de meiose, 76–78
  fase progâmica da reprodução, 633–634
  fecundação dupla, 641–642 (ver também Fecundação dupla)
  formação, 626
  gametas não reduzidos, 79
  microgametogênese, 628–629
  singamia, 626
Gâmetas masculinos
  microgametogênese, 628–629
  Ver também Espermatozoide
Gametas não reduzidos, 79
Gametófitos
  ciclos de vida da planta, 5, 6, 7, 625–626
  definição, 5
  Ver também Gametófitos femininos; Gametófitos masculinos
Gametófitos femininos
  ciclo de vida da planta, 626
  ciclo de vida das angiospermas, 626
  fecundação dupla, 626
  formação e desenvolvimento, 78, 626, 630–633
Gametófitos masculinos
  ciclo de vida da planta, 626
  ciclo de vida das angiospermas, 626
  formação de, 78, 626, 627–630
Gancho apical
  abertura do, 519–520
  fotomorfogênese de plântulas e, 517, 518
  na emergência de plântulas, 517
GAPs. Ver Proteínas ativadoras de GTPase
Garner, Wightman, 597–598
Gases de efeito estufa, 190
GAUT1, 53–54
GAX. Ver Glucoronoarabinoxilano
GC box, 82, 83
GDH. Ver Glutamato desidrogenase
GDP. Ver Guanosina difosfato
GEFs. Ver Fatores de troca de guanina nucleotídeos
Gelatina, 156
Gemas acessórias, 572, 573
Gemas acessórias secundárias, 572
Gemas adventícias, 587
Gemas axilares
  caules, 8
  definição, 10
  fatores que afetam a dormência em, 572–573
  filotaxia, 573
  fitômeros e, 568
  ramificação do caule e arquitetura, 567, 568
  regulação hormonal do crescimento, 569–571, 572

  resposta à deficiência de nutrientes e, 572
  resposta de evitação à sombra e, 572
  supressão durante a senescência monocárpica, 716
Gemas e ramos epicórmicos, 586–587
Gemas preventivas, 587
Gemas sequenciais, 572, 573
Gene AB14, 456
Gene AGAMOUS (AG)
  modelo ABC de identidade de órgãos florais, 617
  modelo ABCE de identidade de órgãos florais, 619, 620
  um gene de identidade de órgão floral, 616–617
  um gene MADS box, 619
Gene AGAMOUS-LIKE1-3 (AGL1-3), 617
Gene AGL1-3, 617
Gene AINTEGUMENTA (ANT), 582
Gene ALCATRAZ (ALC), 659
Gene ALLENE OXIDE CYCLASE 1 (AOC1), 708
Gene ALLENE OXIDE SYNTHASE (AOS), 708
Gene AmSEP3B, 616
Gene ANT, 582
Gene AOC1, 708
Gene AOS, 708
Gene AP1. Ver Gene APETALA1
Gene AP2. Ver Gene APETALA2
Gene AP3. Ver Gene APETALA3
Gene APETALA1 (AP1)
  ativação no florescimento, 608, 609, 610, 613
  características e funções de, 616
  modelo ABC de identidade de órgãos florais, 617
  modelo ABCE de identidade de órgãos florais, 620
  um gene de identidade do meristema floral, 615, 616, 617
Gene APETALA2 (AP2), 615, 616, 617, 659
Gene APETALA3 (AP3), 616, 617, 619, 620
Gene ARABIDOPSIS THALIANA MERISTEM LAYER 1 (ATML1), 683
Gene AtCO, 166
Gene ATML1, 683
Gene Bi, 661
Gene Bitter (Bi), 661
Gene brachytic 2 (BR2), 130
Gene BRANCHED FLORETLESS1, 616
Gene CAL, 616
Gene CHL1/NRT1.1, 230
Gene Clip, 699
Gene COUVE-FLOR (CAL, cauliflower), 616
Gene CYCLOIDEA, 621
Gene da acetolactato sintase, 97, 98
Gene da caroteno dessaturase, 100
Gene DEFICIENS, 619
Gene DICHOTOMA, 621
Gene DIVARICATA (DIV), 620, 621
Gene do transportador do tipo antiporte AtNHX1, 232
Gene DWARF4, 76
Gene FACKEL (FK), 679

Gene FARINELLI, 166
Gene FASS, 677, 684
Gene FC1, 571
Gene filamentous temperature-sensitive H (FtsH), 699
Gene FINE COLM 1 (FC1), 571
Gene FK, 679
Gene FL, 616
Gene FLC. Ver Gene FLOWERING LOCUS C
Gene FLM, 616
Gene FLO, 615, 616
Gene FLORICAULA (FLO), 615, 616
Gene FLOWERING D (FD)
  características e funções do, 616
  floração mediada por florígeno, 608, 609, 610
  repressão pela proteína FLC, 612
  rotas do florescimento e, 613
  um gene de identidade do meristema floral, 615, 616
Gene FLOWERING LOCUS C (FLC), 457, 611–612, 613, 616
Gene FLOWERING LOCUS M (FLM), 616
Gene FLOWERING WAGENIGEN (FWA), 652
Gene FLY. Ver Gene LEAFY
Gene FRUTFUL (FUL), 616, 659
Gene FtsH, 699
Gene FULL, 616, 659
Gene FWA, 652
Gene GK, 679
Gene GLOBOSA, 616
Gene GLOSSY15, 616
Gene GmSARK, 750
Gene gun, 94
Gene GUN1, 456
Gene GURKE (GK), 679
Gene HAIKU, 653
Gene HOOKLESS 1 (HSL1), 703
Gene Hos15, 457
Gene HSL1, 703
Gene INAPERTURATE1, 630
Gene INDEISCENT (IND), 659
Gene JOINTLES, 711
Gene LEAFY (LFY)
  ativação no florescimento, 609, 610, 613
  características e funções de, 616
  florescimento induzido por giberelina, 612
  um gene de identidade de meristema floral, 615, 616
Gene LHCB, 456
Gene LIPOXYGENASE 1 (LOX1), 707–708
Gene LOX1, 707–708
Gene MONOPTEROS (MP), 679–680, 681–682, 684, 686, 687
Gene MP. Ver MONOPTEROS
Gene NPH4, 687
Gene OsFD1, 616
Gene PHAN, 552, 553
Gene PHERES1 (PHE1), 652
Gene protease caseinolítica (Clp), 699
Gene PROTODERMAL FACTOR 2 (PDF2), 683
Gene RAD, 620–621
Gene RADIALIS (RAD), 620–621
Gene RECEPTOR PROTEIN KINASE 1 (RPK1), 705
Gene REPLUMLESS (RPL), 659

Gene repórter da luciferase, 494, 606
Gene RLF, 616
Gene RPK1, 705
Gene RPL, 659
Gene SCARECROW (SCR), 684, 685, 686, 687
Gene SCR. Ver Gene SCARECROW
Gene SEEDSTICK (STK), 620
Gene SHOOT MERISTEMLESS (STM), 687
Gene SHORT ROOT (SHR), 684–686, 687
Gene SHR, 684–686, 687
Gene SOC1. Ver Gene SUPPRESSOR OF OVEREXPRESSION OF CONSTANS1
Gene STK, 620
Gene STM, 687
Gene SUPPRESSOR OF OVEREXPRESSION OF CONSTANS1 (SOC1)
  características e funções de, 616
  em diversas rotas de florescimento, 613
  regulação epigenética da floração, 457
  repressão pela proteína FLC, 612
  resposta de florescimento mediada por florígeno, 609, 610
  um gene de identidade do meristema floral, 615, 616
Gene TARGET OF MONOPTEROS 5 (TMO5), 684, 685, 686
Gene TB1, 571, 572
Gene TEOSINTE BRANCHED 1 (TB1), 571, 572
Gene TIC, 494–495
Gene TIM FOR COFFEE (TIC), 494–495
Gene TLD1, 460
Gene TMO5, 684, 685, 686
Gene TRANSPARENT TESTA GLABRA2 (TTG2), 653
Gene Transport Inhibitor of Auxin Resistant 1 (TIR1), 657
Gene TTG2, 653
Gene WOL, 684, 685
Gene WOODEN LEG (WOL), 684, 685
Gene ZAG1, 616
Gene ZAP1, 616
GenePDF2, 683
GenePI, 616, 617, 619, 620
GenePLENA, 616
Genes
  domínios, 92
  ferramentas para estudar a função genética, 90–93
  introgressão em plantas cultivadas, 91–92
  ionômica, e, 200
  RNA polimerase II e transcrição de genes codificadores de proteínas, 81–83
Genes ARR do tipo A, 132, 133
Genes ARR do tipo B, 132–133, 141
Genes associados à senescência (SAGs), 700–701, 703, 706, 709
Genes ASYMMETRIC LEAVES, 552
Genes ATG. Ver Genes relacionados à autofagia
Genes Blade on Petiole (BOP), 553, 554

Genes *BOP*, 553, 554
Genes catabólicos da clorofila (CCGs), 700
Genes da Classe A, *616*, 617–620
Genes da Classe B, *616*, 617–620
Genes da Classe C, *616*, 617–620
Genes da Classe D, 617
Genes da Classe E, *616*, 617–618
Genes da nodulina, 431–432
Genes de identidade de órgãos florais, 615, 616–620
Genes de identidade do meristema floral, 615, *616*
Genes de nodulação (*nod*), 431–432
Genes de resistência a antibióticos, 93, 94
Genes de resposta primária, 488
Genes de resposta secundária, 488
Genes de senescência regulados negativamente (SDGs), 701
Genes de virulência (*vir*), 93, *94*
Genes *DEFH*, 616
Genes *do tipo CESA (CSL)*, 53
Genes expressos maternalmente (MEG), 652
Genes expressos paternalmente (PEGs), 652
Genes *FERTILIZATION-INDEPENDENT SEEDS (FIS)*, 651, 652
Genes *FIS*, 651, 652
Genes homeóticos, 616–617
Ver também Genes de identidade de órgãos florais
Genes MADS box, 619–620
Genes *PHOSPHATE (PHO)*, 438
Genes *PISTILLATA (PI)*, 616, 617, 619, 620
Genes PR. Ver Genes relacionados à patogênese
Genes relacionados à autofagia (ATG), 695, 696, *699*
Genes relacionados à patogênese (PR), 746
Genes repórteres, 92–93
Genes saltadores. Ver Transposons
Genes *SHATTERPROOF (SHP)*, 620, 659
Genes *SHP*, 620, 659
Genes simbióticos essenciais, 723, 724
Genes *SQUAMOSA PROMOTER BINDING PROTEIN-LIKE*, 594
Genes *ZMM*, 616
Gengibre-selvagem, 327
Genoma do cloroplasto
características dos genomas de plastídios, 80–81
edição de base, 98
genes nucleares e a montagem de proteínas dos cloroplastos, 275–276
herança não mendeliana, 275
Genoma mitocondrial
codificação de subunidades dos complexos respiratórios, 398
descrição de, 80–81
edição de base, 98
esterilidade masculina citoplasmática, 398, 642–643
processamento de RNA e, 396
tamanho de, 398

Genoma nuclear
cromossomos interfásicos, 76
definição, 18–19
marcos estruturais dos cromossomos, 74–75
meiose, 76–78
poliploidia, 78–80
regulação pós-transcricional da expressão gênica, 86–90
regulação transcricional da expressão gênica, 81–86
tipos e estrutura da cromatina, 74
transposons, 75–76
visão geral, 73–74
Genomas
genoma nuclear, 73–80 (ver também Genoma nuclear)
genomas citoplasmáticos, 80–81
metilação e regulação de transposons, *75*, 76
métodos de edição, 95–99
organismos-modelo, 4
Ver também Genoma do cloroplasto; Genoma mitocondrial
Genomas citoplasmáticos, 80–81
Genomas de plastídios
descrição de, 80–81
edição de base, 98
GEOs. Ver Organismos Geneticamente Desenvolvidos
Geração de esporófitos
ciclo de vida das angiospermas, 626
ciclos de vida da planta, 669
definição, 6–7, 625
Geração gametofítica, 6, 7, 625–626, 669
Geranilgeranil, 17, 109
Geranilgeranil difosfato (GGPP), 121, *122*
Germinação, 512, 670
Ver também Germinação de sementes
Germinação da semente
absorção de água e, 512–514
conversão de lipídeos de reserva em carboidratos, 411–413
definição e visão geral, 505, 508, 512–513
fases de, 513–514
fitocromo e, 478, *479*, 485, 486
mobilização de reservas armazenadas, 514–516
quebra da dormência, 511–512
viviparidade e germinação pré-colheita, 509–510
Germinação pré-colheita, 509–510
Gerontoplastos, *698*
Gesso, 204
GFP. Ver Proteína verde fluorescente
Gibberela fujikuroi, 116, 743
GIBBERELLIN INSENSITIVE DWARF 1 (GID1), 140, 141, *143*, *145*, 658
Giberelinas
biossíntese, 121, *122*
como reguladores de crescimento de plantas, 123
descoberta das, 116
desenvolvimento de folhas compostas, 555
desenvolvimento vegetal e, 114

"doença da plântula boba", 743
dormência de sementes, 509, 510–511
estrutura química, *115*
formas bioativas, 114, 116
frutificação e frutos partenocárpicos, 657, 658
funções das, 114, 116
indução do florescimento, 612—613
manutenção do meristema apical do caule, 547
mobilização de proteínas de reserva, 516
mobilização do endosperma amiláceo, 515, 516
movimento dentro da planta, 128
movimentos násticos de plantas, 523
mudanças de fase juvenil para fase adulta, 593–594
quebra da dormência da semente, 511, 512
regulação do crescimento secundário, 584
regulação homeostática, 123
supressão da fotomorfogênese no escuro, 518
GID 1. Ver GIBERELLIN INSENSITIVE DWARF 1
GIGANTEA (GI), 144, *145*
Gimnospermas
características do floema, 348, *350*, 351
carregamento passivo do floema simplástico, 356
células albuminosas, 15
células crivadas, 14
ciclo de vida, 6, 7
definição, 4
embriogênese, 670
hemiceluloses, 54
lenho de compressão, *104*
membranas de pontoação nas traqueídes, *175*, 176, *177*
na evolução das plantas, 4, *5*
respostas fotorreversíveis induzidas pelo fitocromo, *481*
tipos de células do xilema, 174, *175*, 176
transição para o crescimento secundário, 579
translocação no floema, 361
Gineceu
ciclo de vida da planta, 626
desenvolvimento de gametófitos femininos, 630–633
fase progâmica da reprodução, 633–634
iniciação do, 615
Ginkgo, 4, 7, 66
G. biloba, 177, 710, 715
GIPC. Ver Glicosilinositol, fosforilceramida.
Girassóis (*Helianthus*)
cipsela, 506
compostos de nitrogênio na seiva do xilema, 422
efeitos do estresse hídrico na fotossíntese e na expansão foliar, 447
estudos de enxertia sobre o estímulo floral, 607

mudanças diurnas no conteúdo de xantofila, *329*
murcha das folhas, 330
paredes celulares, *48*
proteínas de reserva, *517*
Glaucófitas, 281
Gliadinas, *517*
Glicano, 48–49
Glicano N-ligado, 26
Glicano sintases, 53
Gliceolina I, 747
Gliceraldeído 3-fosfato
biossíntese de açúcar, 312, *313*, 314
ciclo de Calvin-Benson, 283–285
estrutura, *382*
fotossíntese C_3, 302
glicólise, *383*, 384
rota oxidativa das pentoses fosfato, 386, *387*
Gliceraldeído 3-fosfato desidrogenase, 289, 290, *383*, 384
Glicerato, 291, 292–293, 294
Glicerato quinase, 291, *292–293*, 295
Glicerofosfolipídeos, 407, *408*, 410
Gliceroglicolipídeos, 407, *408*
Glicerol
estrutura, *406*
fosfolipídeos, 16
glicerolipídeos polares, 407
triacilgliceróis, 406
Glicerol 3-fosfato, 410
Glicerolipídeos
biossíntese, 410–411
biotecnologia e, 407
visão geral, 405
Glicerolipídeos polares
descrição e funções de, 407
em membranas celulares, *410*
estrutura de, *406*, *408*
visão geral, 405
Glicina
fitoquelatinas, 465, *466*
fotorrespiração, 291, *292–293*
rota biossintética, *427*
Glicina betaína, 461
Glicina descarboxilase, 291, *292–293*, 295, 296, 297
Glicinina, *517*
Glicófitas, 446, 449, 465
Glicolato
desvios, por engenharia genética, das rotas fotorrespiratórias, 296
fotorrespiração, 291, *292–293*, 294
Glicolato oxidase
desvios, por engenharia genética, das rotas fotorrespiratórias, 296
fotorrespiração, 291, *292–293*, 294
homeostase redox celular, 297
Glicólise
assimilação de fosfato, 438
biossíntese de aminoácidos, 427
efeito Pasteur, 386
em redes biossintéticas e redox de plantas, 400–401
estruturas de intermediários de carbono, *382*
fermentação, *383*, 385–386
modificando a respiração da planta e, 404
na respiração das plantas, 380

perfil metabólico, 386
produção total de ATP, *396, 398*
reações glicolíticas alternativas, 385
redundância metabólica, 384
visão geral, 380, 382
Gliconeogênese, 385, *412*, 413
Glicoproteínas, 26, 65
Glicoproteínas ligadas a N, 26
Glicoproteínas ricas em hidroxiprolina (HRGPs), *47, 50*
Glicose
    conjugados de açúcar hidrossolúveis de metabólitos secundários, 730–731, 732
    decomposição do amido, 310, 311
    difusão na água, 158–159
    estruturas conformacionais, *48*
    glicólise, 383, 384
    gliconeogênese, 385
    glicosilação de proteínas, 26
    hemiceluloses, 54, *55*
    microfibrilas de celulose, 50, 51
    mobilização de carbono em plantas terrestres, *306*
    polissacarídeos da parede celular, *48,* 49
    reação química geral para fotossíntese, 252
    regulação dinâmica da respiração, 402
    síntese de amido, 307, 308–310
    um açúcar redutor, 362, *363*
Glicose 1-fosfato
    biossíntese de sacarose, 314, *315, 383*
    glicólise, *313*
Glicose 6-fosfato
    biossíntese de sacarose, *313*, 314, *315, 316*
    decomposição do amido, 310, 311
    estrutura, *382*
    glicólise, *383,* 384
    rota oxidativa das pentoses fosfato, 381, 386, *387*
Glicose 6-fosfato desidrogenase, *387, 388*
Glicose oxidase, 734
Glicosidases, 54, 58, 732
Glicosídeos, 730–731, 732
Glicosídeos cardíacos, 728–729
Glicosídeos cianogênicos, 732
Glicosil, *48*
Glicosilação, 109
Glicosilases, 84
Glicosilceramida, 18
Glicosilceramida, *408*
Glicosilglicerídeos, 18
Glicosilinositol fosforilceramida (GIPC), *17*, 18
Glicosiltransferases, 53–54
Glicosinolatos, 731–732
Glifosato, 99–100
Glioxilato, 28, 291, *292–293*, 296
Glioxissomos, 15, 28, *412*, 413
Globulinas, 516, *517*
Gloeothece, 428, 430
Glomeromycota, 210, 723
Glomus mosseae, 211
GLRs. *Ver* Receptores do tipo glutamato

Glucano
    celulose e microfibrilas de celulose, 49, 50, 51
    definição, 48
    degradação do amido, 310, *311*
    hemiceluloses, 54, *55*
    parede celular rígida e, 65
    síntese de amido, 308–310
    síntese de celulose, 52–53
Glucano fosfatases, 310, *311*
Glucano fosforilases, 310, *311*, 312
Glucano-água diquinases, 310, *311*, 312
Glucomanano, *49,* 54, *55, 66,* 67
Glucuronoarabinoxilano (GAX), 54, *55,* 64, *70*
Glucuronoarabinoxilano, 49
Glucuronoxilano, 54
Glutamato
    assimilação de amônio, 424, 425, 426
    assimilação de nitrato, *420*
    biossíntese de aminoácidos, 427
    fitoquelatinas, 465, *466*
    fotorrespiração, 291, *292–293,* 294, 295
    fotossíntese C_4, 299
    resposta à lesão mediada por Ca^{2+}, 373
    rota biossintética, *427*
Glutamato desidrogenase (GDH), *425,* 426
Glutamato sintase, *420,* 424–426
Glutamato:glioxilato aminotransferase, 291, *292–293,* 294, 295
Glutamina
    assimilação de amônio, 424–425
    assimilação de nitrato, 420, *422*
    biossíntese de aminoácidos, 427
    conversão de nitrito em amônio, 422
    fotorrespiração, 291, *292–293,* 294
    ligação do metabolismo de carbono e nitrogênio, 426
    rota biossintética, *427*
    seiva do floema, *363*
Glutamina sintetase (GS)
    assimilação de amônio, 424, 425
    assimilação de nitrato, *420*
    fotorrespiração, 291, *292–293,* 295
Glutamina: 2-oxoglutarato aminotransferase (GOGAT)
    assimilação de amônio, 424–426
    assimilação de nitrato, *420*
    fotorrespiração, *293,* 294, 295
Glutarredoxina, 210
Glutationa
    assimilação de enxofre, 437, 438
    desintoxicação do peróxido de hidrogênio, 462
    fitoquelatinas, *466*
Glutationa peroxidase, 462, *463*
Glutationa redutase, 462, *463*
Glutationa S-transferases, 121
Glutelinas, 516, *517*
Glycine max. Ver Soja
Gnetales, 174
Gnetófitas, 4
Goethe, Johann Wolfgang von, 617
GOGAT. *Ver* Glutamina: 2-oxoglutarato aminotransferase

Gorduras
    armazenamento de energia, 405–406
    características dos triacilgliceróis, 406–407
    definição, 406
Gossypium hirsutum (algodão), *164, 469*
"Gotas de orvalho", 174
Gotículas lipídicas. *Ver* Corpos lipídicos
Gradiente eletroquímico de prótons
    desacopladores, 395–396
    mecanismo quimiosmótico da síntese mitocondrial de ATP, 395–396
    transporte transmembrana em mitocôndrias, 396, *397*
Gradientes de concentração, difusão e, 158
Gradientes de pressão
    fluxo impulsionado pela pressão no xilema, 176–177
    modelo de fluxo de pressão de translocação do floema, 357–358
    movimento da água através do solo, 171
    movimento da água nas árvores mais altas, 177–178
Grama-de-timothy, *30*
Gramíneas aquáticas, 4n1
Grana, 29, 30
Grande Fome Irlandesa, 741, 744
Grande inseto da serralha (*Oncopeltus fasciatus*), 730, *731*
Grânulos de amido
    composição e estrutura de, *307*
    endosperma amiláceo, 515
    formação de, 307–310
    mobilização de amido, 310–312
    regulação da síntese e degradação, 311–312
Grão de café (*Coffea*), 506
Grãos de aleurona. *Ver* Vacúolos de armazenamento de proteínas
Grãos de pólen
    adesão e hidratação em superfícies de estigma, 634–635
    Ativação desencadeada por Ca^{2+}, 635–636
    ciclo de vida das angiospermas, *626*
    efeitos da alta temperatura em, 633
    fase programática de reprodução, 633, *634*
    formação, 627–629
    Locus S e mecanismos de autoincompatibilidade, 644–647
    paredes e aberturas celulares, 629–630
    polinização, 633, 634–641
Gravidade
    circunferência, 522
    movimento da água nas árvores mais altas, 178
    potencial hídrico, 159, 160
Gravitropismo
    coifa, 206, 521
    definição, 526
    independência gravitacional do transporte polar de auxina, 526, *527*

    interações com tigmotropismo das raízes, *533,* 534
    papéis dos gradientes de pH e Ca^{2+} em, 532–533
    redistribuição lateral da auxina, 526–529, 530, 531
    sedimentação de estatólitos, 529–532
Gretchen Hagen 3 (GH3) amido sintetases, 120
gRNA. *Ver* RNA guia
Grupo amino, biossíntese de aminoácidos, 427
Grupos fenólicos, 66
GS. *Veja* Glutamina sintetase
GS2 nos plastídios, 426
GSI. *Ver* Autoincompatibilidade gametofítica
GTP. *Ver* Trifosfato de guanosina
GTPase Ras, 24
GTPases, crescimento do ápice do tubo polínico e, 638
Gunnera, 428, 430
GUS. *Ver* β-glucuronidase
Gutação, 174

H

H^+/K^+-ATPase, 226
H^+-ATPase vacuolar (V-ATPase), 226, 237–238
H^+-ATPases
    abertura estomática induzida pela luz azul, 239–240, 498–500
    acidificação da parede celular induzida por auxina, 526
    carregamento de xilema, 242
    crescimento ácido e, 63
    estrutura, função e regulação de, 236–237
    exclusão de íons sódio por glicófitas, 465
    fechamento estomático, *239,* 240
    fechamento estomático induzido pelo ABA em resposta ao estresse hídrico e, 467, *468*
    fototropismo, *537, 538*
    funções de, 230
    fusicoccina e, 743
    gravitropismo, 533
    H^+-ATPase da membrana plasmática, 226, 236–237
    H^+-ATPase do tonoplasto, 237–238
    potencial de membrana e transporte de prótons, 222–223
    transporte ativo secundário, 226
    transporte de auxina polar, 128, *129*
H^+-pirofosfatase (H^+-Pase), 226
Haemophilus influenzae, 224
Hakea, 204
    H. prostrata, 206
Halófitas, 166, 204, 449, 460
Haploides (1n), 5, 6, 7, 78
Haplótipos *S,* 644, 645
HAT. *Ver* Histona acetiltransferase
Hatch, M.D., 298
Haustório, 749, 750
HDAC. *Ver* Histona desacetilase
Hedera helix (hera), 592, 593, *714*
Helianthus. Ver Girassóis
Helicoverpa zea (lagarta da espiga do milho), 734

Heliobactérias, 259
Heliotropismo, 325
Hemiceluloses
　composição e funções, 49, *50*
　estruturas de, 54, *55*
　ligação à celulose, 54
　modelos moleculares de paredes celulares, 64–65
　montagem das paredes celulares primárias, 58
　paredes celulares primárias, 49, 50, *53*
　paredes celulares secundárias, 67
　pectinas, 56
　síntese de microfibrilas de celulose, 53
Hepáticas, 4, *5*
Hera (*Hedera helix*), 592, *593, 714*
Herança materna, dos genes do cloroplasto, 275
Herança não mendeliana, 275
Herança uniparental, 81
Herbaspirillum, 430
Herbicida Roundup, 99–100
Herbicidas
　auxinas sintéticas, 121
　bloqueio do fluxo fotossintético de elétrons, *269, 270*
Herbivoria/Herbívoros
　defesas vegetais induzíveis, *732–741 (ver também* Defesas induzíveis)
　interações bióticas e, 721
　interações que prejudicam as plantas, 725–732
Heterocistos, 429
Heterocromatina, 20, 74, 75
Heterocromatização, 86
Heterofilia, 467
Heteroglicanos, 311
Heterose (vigor híbrido), 79–80, 643, 647
Heterostilia, *642, 643*
Hevea brasiliensis (seringueira), 730
Hexanais, 661
Hexenol, 661
Hexoquinase, *311, 383*
Hexose fosfato isomerase, *313,* 314, *383, 387*
Hexoses
　açúcares redutores, 362, *363*
　polissacarídeos da parede celular, *48*
Hexoses fosfato
　decomposição do amido, *311*
　glicólise, *380, 382, 383, 384*
　mobilização de carbono em plantas terrestres, *306*
　trioses fosfato e o *pool* citosólico de, *312*–314
HG. *Ver* Homogalacturonano
Hibridização fluorescente in situ (FISH), 74
Hibridização in situ, 92
Hibridização somática, 92
Híbridos, 79–80
Híbridos interespecíficos, 79–80
Hidatódios, 174
Hidrofilinas, 463
Hidrogênio, concentração nos tecidos das plantas, 191
2-hidroperóxi-3-cetonarabini-tol-1,5-bifosfato, *285*

Hidroponia, 193, 195
Hidrotropismo, 526, 534–535, 578
Hidróxido de ferro, 195
Hidroxinitrilo, *732*
Hidroxipiruvato, 291, *292–293*
Hidroxipiruvato redutase, *293,* 295
Hifas em espiral, 211, *212*
Hifas, micorrizas, 211, 212, 213
Hill, Robert, 254
Hipanto, 657
Hiperacidificação, de vacúolos, 238
Hiperacumulação, 465
Hipernutação, 523
Hipocótilo
　abertura do gancho apical, 519
　anatomia da semente, 506, *507*
　desenvolvimento de plântulas na presença da luz ou no escuro, 517, 518
　diferenciação vascular no, 520
　efeitos do etileno na orientação dos microtúbulos e na expansão celular, 523–524
　embriogênese de *Arabidopsis*, 675
　emergência de plântulas, 517
　fitocromos e alongamento, 485, 486
　fototropismo, *536,* 537–538
　modificação em grãos de cereais, 508
　movimentos násticos, 522–523
　respostas à luz azul, 490, 491
　sinalização de giberelina, 144, *145*
　tempo de atraso para alongamento induzido por auxina, 525–526
Hipótese, 674
Hipótese de crescimento em multirrede, 60
Hipótese do fator limitante da fotossíntese, 321
Hipótese mecânica do crescimento do tubo polínico, 639
Hipótese quimiotrópica do crescimento do tubo polínico, 639, 640–641
Hipóxia
　aerênquima e, 405, 461–462
　fermentação e, 385
HIRS. *Ver* Respostas à alta irradiância
Histamina, 727
Histidina, *427,* 465
Histidina quinases, *107,* 132, 133, *134*
Histogênese, 670
Histona acetiltransferase (HAT)
　rotas de sinalização hormonal, 141, *142, 143*
　senescência foliar, 703
　sinalização do etileno, *135,* 136
Histona desacetilase (HDAC)
　funções da, 84, *85*
　inibição pela toxina HC, 743
　rotas de sinalização hormonal, 141, *142, 143*
Histona metiltransferase, *85*
Histonas
　estrutura cromossômica, *19,* 20
　modificações epigenéticas e expressão gênica, 84–86

　modificações nas adaptações ao estresse abiótico, 456–457, *458*
　nucleossomos, 74
　regulação regulada por cromatina da senescência foliar, *702,* 703, *704*
　subunidade H2A.Z, 488
　transcrição gênica e, 81, 84–86
Histonas desmetilase, 84, *85*
HKKD. *Ver* Domínio relacionado à histidina quinase
Hoagland, Dennis R., 194
Homeostase redox, 297
Homogalacturonano (HG)
　estrutura e propriedades, 56–57, 58
　expansão da parede celular, 62
　montagem da parede celular primária mediada por enzimas, 58
　síntese, 53–54
　uma pectina, *49*
Homólogos da oxidase de explosão respiratória (RBOH), *455,* 456, *457, 468, 742,* 744
　Ver também NADPH oxidase
Hooke, Robert, 46
Hordeínas, 517
Hordeum vulgare. Ver Cevada
Hormônios endócrinos, 113
Hormônios parácrinos, 113
Hormônios peptídicos, 114
Hormônios. *Ver* Fitormônios
HRGPs. *Ver* Glicoproteínas ricas em hidroxiprolina
HSPs. *Ver* Proteínas de choque térmico
Húmus, 169
Hyoscyamus, 486
　H. niger, 607
HYPONASTIC LEAVES 1 (HYL1), *86,* 87

I

Ideal térmico fotossintético, 332, 333
Idioblastos, 727
Ilita, 203
Impatiens, 422
Importação, para drenos, 366–369
Impressão genética, 651–652
Imunidade desencadeada por efetores (ETI)
　definição e descrição de, 741, *742,* 744–745
　resposta hipersensível, 745–746
Imunidade desencadeada por PRR. *Ver* Imunidade desencadeada por receptor de reconhecimento de padrões
Imunidade desencadeada por receptor de reconhecimento de padrões (PTI), 741, *742*–743
Imunidade inata
　estresse abiótico e, 451
　imunidade desencadeada por efetores, 741, *742,* 744—745
　imunidade desencadeada por receptor de reconhecimento de padrões, 741, *742*–743
Imunodetecção, medição dos níveis de auxina em plantas, *131*
Inativação de ERO, 462, *463*

Incêndios florestais, brotações epicórmicas e, 587
Incongruência, 641
Índice de colheita, 376
Indol-3-piruvato, 119
Indolacetonitrila, 119
Indole-3-acetato
　O-metiltransferase1 (IAMT1), 120
Indução fotoperiódica, 599
Ingenhousz, Jan, 252
Inibidor da uracil glicosilase, 98
Inibidor de transporte de auxina TIBA, 571
Inibidores da α-amilase, 736
Inibidores de protease, 516
Inibidores de proteinase, 736
Iniciação, 574, *575*
Iniciais cambiais, 579–580, *581*
Iniciais corticais-endodérmicas, 543, *544*
Iniciais da coifa lateral e da epiderme, 543, *544*
Iniciais da Columela, 543, *544*
Iniciais do estelo, 543, *544*
INO80, complexo de remodelação da cromatina, 488
Insetos herbívoros
　defesas das plantas induzíveis, *732–741 (ver também* Defesas induzíveis)
　eliciadores, 733–734
　evolução recíproca com plantas, 741
　tipos de, 733
　transferência de patógenos para plantas, 741
Insetos mastigadores, 733
Insetos perfuradores/sugadores, 733
Insetos sugadores de conteúdo celular, 733
Intemperismo da rocha, 204
Intensidade de luz alta. *Ver* Estresse luminoso
Intensificadores, 83
Interações agonísticas, 147
Interações antagônicas, 147
Interações bióticas
　com microrganismos benéficos, 723–725
　defesas induzíveis contra insetos herbívoros, 732–741 (*ver também* Defesas induzíveis)
　defesas vegetais contra patógenos, 741–750 (*ver também* Patologia vegetal)
　interações de herbívoros que prejudicam as plantas, 725–732
　visão geral, 721–723
Interfase, 36, 76
Interferência de RNA (RNAi), 86–90, 747
Interferência, entre rotas de resposta ao estresse, 454–455
Intina, 629
Introgressão, 91–92
Íntrons, *82*
Invertase citosólica, 384
Invertases, 368, *383,* 384
Invertases da parede celular, 384
Ionoma, 200
Ionômica, 200

Índice   **811**

Íons
concentrações observadas e previstas em tecidos de raiz de ervilha, 221, 222
gradientes de íons e transporte ativo secundário, 226–227
potencial de membrana e, 220–221
potencial eletroquímico, 219
transporte através de barreiras de membrana, 219–223
transporte passivo e ativo, 218–219
Íons férricos, 195, 234, 235
Íons ferrosos, 234, 235
Íons potássio/potássio
abertura estomática induzida por luz azul, 239, 240, 498
absorção radicular de, 208
adsorção por partículas do solo, 203
ajuste osmótico e, 460
carreadores, 232
complexos eletrostáticos, 233
concentração de tecido vegetal, *191*
concentrações observadas e previstas em tecidos de raiz de ervilha, 221, 222
efeitos do pH do solo na disponibilidade, *201*
em nutrição vegetal, *192,* 197
estresse de salinidade, 449
Fechamento estomático induzido por ABA em resposta ao estresse hídrico, 466, *468*
fertilizantes inorgânicos, 201
mobilidade dentro da planta, *196*
na seiva do floema, 361, *362,* 364
potenciais de ação da planta, 146
potencial de membrana e, 222
potencial osmótico e células-guarda, 185
proteínas de transporte de membrana, *229,* 230
Íons sódio/sódio
ajuste osmótico e, 460
carreadores, 232
concentração de tecido vegetal, *191*
concentrações observadas e previstas em tecidos de raiz de ervilha, 221, 222
em nutrição vegetal, *192,* 198
estresse de salinidade, 449
glicófitos e exclusão de, 465
halófitos e tolerância de, 465
mobilidade dentro da planta, *196*
na seiva do floema, *362*
proteínas de transporte de membrana e, *229,* 230
solos salinos, 204
Íons tóxicos
exclusão e tolerância interna, 464–465
quelação e fitoquelatinas, 465–466
Ipomeia (*Ipomoea nil*), 360
Ipomoea nil (ipomeia*),* 360
IPT. *Ver* Isopentenil transferase
Irradiância
definição, 322, 478
respostas do fitocromo à alta irradiância, 485–486
Irrigação, salinização do solo e, 204
Isoamilases, *309, 310*
Isocitrato liase, *412, 413*
Isocitrato. *Ver* Ácido isocítrico
Isocorismato, 740–741
Isocorismato sintase, 741
Isoflavonóides, 747
Isoleucina, *427*
Isopentenil adenina, 123
Isopentenil transferase (IPT), 123, 124, 459, 571, 708, *709*
Isoprenóides, 406
Isotiocianatos, 731–732

J

Jafendorf, Andre, *270, 271*
Jasmim-da-noite (*Cestrum nocturnum*), 599
Jasmonato (AJ)
ácido linolênico, 411
ativação de defesas das plantas induzíveis, 734–735, *736*
biossíntese de proteínas de defesa vegetal, 736
defesas sistêmicas de plantas, 736–737, 738
desenvolvimento de plantas e, 114
ritmos circadianos na regulação das defesas das plantas induzíveis, 740
rota biossintética, 735
voláteis de folhas verdes, 739
Joio (*Lolium temulentum*), 606
Jorgensen, Richard, 90
Juncos de polimento, 197
Jα-hélice, *495,* 496, *497*

K

Kalanchoe
embriogênese somática, 650–651
K. pinnata, 303
metabolismo ácido das crassuláceas, 303, *304,* 305
necessidade de luz para germinação de sementes, 511
tratamentos com quebra da noite, 601
uma planta de dias longos-curtos, 599
Karpilov, Y., 298
Keeling, C. David, 334
Klebsiella, 428
Knop, Wilhelm, 194
Kortschack, H.P., 298
Krebs, Hans A., 388
Kurosawa, Eiichi, 116

L

Labaça-crespa (*Rumex crispus*), *512*
Lacases, 68, 69
Lactato, *382, 383, 385*
Lactato desidrogenase, *383, 385*
Lactuca (alface), *481,* 511, *521*
Lactuca sativa (alface), 511
Lagarta da espiga do milho (*Helicoverpa zea*), 734
Lagarta da folha do tabaco (*Manduca sexta*), 734
Lagarta-do-cartucho da beterraba (*Spodoptera exigua*), 733, 734
Lagarta-mede-palmo (*Trichoplusia ni*), 740
Lagartas, 733
Lamela média
abscisão, 709, 712
composição, 47
definição e descrição de, 7, *9*
estrutura celular vegetal, *16*
lignificação, 69
Lamelas estromais
ATP sintase e, 259
cloroplasto de ervilha, *256*
definição, 257
desenvolvimento a partir de corpos pró-lamelares, 31
estrutura do cloroplasto, 29, *30*
Lamelas granais *256,* 257
Lâmina, 549
definição, 7.549
estabelecimento da identidade abaxial-adaxial, 551–553
estabelecimento da identidade proximal-distal, 553–554
regulação da emergência, 553
Ver também Lâmina
Larrea tridentata (creosoto)*, 336,* 714
Látex, 13, 730
Laticíferos, 13, 348, 729, 730
Laticíferos articulados, 730
Laticíferos não articulados, 730
Lavatera, 325
LDPs. *Ver* plantas de dias longos
Lectinas, 736
Leg-hemoglobinas, 431
Leguminas, 516, *517*
Leguminosas
acompanhamento do sol, 325
dormência exógena da semente, 509
eficiência do uso de nitrogênio na agricultura, 190
exportadores de amidas ou ureídas, 435
fitoalexinas, 747
fixação biológica de nitrogênio, 428, 430–435
mobilização de proteínas em sementes, *516, 517*
nódulos, 430–431
resistência das cápsulas à quebra, 659
sementes, 507
Lei da reciprocidade, 485
Lemna, 4*,* 30
Lenho de tensão, *104,* 585
Lentilha (*Lens*), 435
Lentilha-d'água, 4, *330*
Leptoteno, *77, 78*
Leucina, *427*
Leucoplastos, 30
LFRs. *Ver* Respostas à fluência baixa
LHCI. *Ver* Complexo de captura de luz I
LHCII. *Ver* Complexo de captura de luz II
Licopeno, *100,* 660, *661*
Licopódio (*Lycopodium complanatum*), 714
Ligações de cisteínas, 23
Ligações de dissulfeto (pontes de dissulfeto), 111, 435
Ligações de tioéter, 482
Ligações de valência coordenada, 233
Ligações eletrostáticas, 233
Ligações glicosídicas
metabólitos secundários glicosilados, 730–731
mobilização de amido, 310, *311*
síntese de amido, 307, 308–310
Ligações químicas, entre cátions e compostos de carbono, 233
Lilium longiflorum, 633
Limite de exclusão por tamanho (SEL), 10, 375
Limoeiro, *726*
Linamarina, *732*
Linária (*Linaria vulgaris*)*,* 620, *621*
Linaria vulgaris (linária), 620, *621*
Linho, 8
Linnaeus, Carl, 620
Linum usitatissimum, 8
Lipases, *412, 413,* 517
Lipídeos
armazenagem de energia e, 405–406
armazenagem em corpos lipídicos, 514, 515, 517
biossíntese de ácidos graxos, 407, 409–410
biossíntese de glicerolipídeos, 410–411
biotecnologia e, 407
conversão de lipídeos de reserva em carboidratos, 411–413
definição, 405–406
degradação durante a senescência foliar, 698
hidratação do pólen, 635
mobilização de reservas armazenadas em sementes, 514, 515, 517
moléculas de sinalização de lipídeos como mensageiros secundários, 111–113
oxidação por EROs, 111
Ver também Lipídeos de membrana; Fosfolipídeos
visão geral e importância de, 405
Lipídeos de membrana
alteração em resposta ao estresse abiótico, 463–464, *465*
como precursores de compostos de sinalização, 411
efeito no funcionamento da membrana, 411
glicerolipídeos polares, 407, *408, 410*
influência no funcionamento da membrana, 411
membranas mitocondriais, 389, *410*
quebra durante a senescência foliar, 698
visão geral e descrição de, 16–18
Lipoxigenase, 661, 698, *735*
Liquidâmbar, 440
Lírio vodu (*Sauromatum guttatum*), 399
Lisina, *427*
Lisofosfolipídeo, 111, *112,* 113
Lixiviação
de fertilizantes, 189, 191

efeitos do pH do solo na, 201
pH do solo e, 204
Lixiviação do nitrato, 201, *418, 419*
Locais de contato do RE com a membrana plasmática, 23
Locais de nucleação, 180
Local de divisão cortical, 38
Lóculo, 627, 628, 629
Locus *CLV3*, 659
Locus *Cnr*, 663, 664
Locus *Colorless non-ripening (Cnr)*, 663, 664
Locus de não amadurecimento (*nor*), 663, 664
Locus do inibidor de amadurecimento (*rin*), 663, 664
Locus *FASCIATED, 659*, 660
Locus *Fw2*, 659, 660
Locus *LOCULE NUMBER*, 659
Locus *nor*, 663, 664
Locus *OVATE*, 660
Locus *S*, 643–644, 645–647
Locus *SELF-PRUNING*, 660
Lodoicea maldivica (coco-do-mar), 507
Lolium temulentum (joio), 606
Lomatia tasmanica (lomátia-de-King), 714
Lomátia-de-King (*Lomatia tasmanica*), 714
Longevidade da semente, 653–654, 655–656
Lorimer, George, 287
LSDPs. *Ver* Plantas de dias longos-curtos
Lume do tilacoide, 257, *258*, 259, 274
Lume. *Ver* Lume do tilacoide
Lupinus, 362
  L. albus, 204, 422, 517
  L. suculentus, 325
LUREs, peptídeos de orientação do pólen LURE, 109, 640–641
Luteína, *261*
Luz
  absorção e emissão por clorofilas, 248–250
  anatomia foliar e absorção de luz, 323–324
  curvas de resposta à luz fotossintética, 326–328
  dissipação foliar do excesso de energia luminosa, 328–330
  dossel e absorção de luz, 324–325
  efeito na fotossíntese na folha intacta, 326–330, *331*
  eficiência quântica da fotossíntese, 256
  espectros de ação da fotossíntese, 252–253
  espectros de ação e absorção de fotorreceptores, *477–478, 479*, *480*
  fotoinibição, 330, *331*
  fotomorfogênese de plântulas, 517–518, 519–520
  fotorrespostas das plantas, 475–476, *477 (ver também* Fotorrespostas)
  impulsionador da fotossíntese, 254–255
  irradiância e fluxo quântico, 322–323

mudanças da fase juvenil para a fase adulta e, 593
parâmetros ecologicamente importantes, 476
produtividade quântica da fotossíntese, 252
propriedades físicas da, 248
quantidade requerida para induzir fotorrespostas, 478–479
quebra da dormência da semente, 511
regulação da fotossíntese C_4, 302
regulação do ciclo de Calvin-Benson, 287, 288–290
ritmos circadianos, 594–597
senescência das folhas induzida pela privação de luz, 705, *706*
Luz azul
  absorção pela clorofila, 250
  Ver também Respostas à luz azul
Luz vermelha
  absorção pela clorofila, 250
  absorção pelo fotossistema II, 255
  fitocromo como receptor primário para, 477, 480, *481*
  fitocromo e germinação de sementes, 478, *479*
  fotomorfogênese de plântulas, 518, 519–520
  mecanismos moleculares de floração em ambientes naturais e, 604
  sincronização do relógio circadiano, 597
  Ver também Razão vermelho:vermelho-distante
Luz vermelho-distante
  absorção pelo fotossistema I, 255
  aclimatação de plantas à qualidade da luz, 326
  fitocromo como receptor primário para, 477, 480, *481*
  mecanismos moleculares de florescimento em ambientes naturais, 604
  Ver também Razão entre luz vermelha e luz vermelho-distante
Lycopodium, 521
  L. complanatum, 714

M

MAC. *Ver* Meristema apical do caule
Maçã (*Malus domestica*)
  autoincompatibilidade gametofítica, *646*
  carregamento passivo do floema simplástico, 355–356
  dormência endógena da semente, 509
  duração do período juvenil, 593
  estratificação de sementes, 511, 512
  manipulação comercial do amadurecimento, 664
Macadamia, 204
Macrofibrilas de celulose, 51, *66, 67*
  boro e o alinhamento de, 54
  células-guarda, 184
  efeitos do etileno na orientação dos microtúbulos e na expansão celular, 523–524
  estrutura e alomorfos, 50–51

influência dos microtúbulos corticais na orientação das, 60–62
macrofibrilas e, *51, 66, 67*
modelos moleculares de paredes celulares, 65
orientação da microfibrila e direcionalidade do crescimento celular, 59–62
orientação dos microtúbulos corticais e, 34
paredes celulares secundárias, *66*, 67
síntese, 52–53
teoria da coesão-tensão do transporte de água no xilema, 178, *179*
variabilidade em largura e grau de organização, 51
Macrofibrilas de celulose, 51, *66, 67*
Macronutrientes
  concentrações em tecido vegetal, *191*
  fertilizantes inorgânicos, 201
  solução de Hoagland modificada, *194*
  Ver também Elementos essenciais
Madeira
  crescimento secundário, 578 (*ver também* Crescimento secundário)
  funções de, 578
  hemiceluloses, 54
  lenho de tensão e compressão, *104*, 585
Madeira de compressão, *104*
MADS box, 619
Magnésio
  ativação da Rubisco, 287, *288*
  biossíntese de clorofila, 277
  complexo de valência coordenada com clorofila *a*, 233
  concentração em tecido vegetal, *191*
  concentrações observadas e previstas no tecido de raiz da ervilha, *221*, 222
  efeitos do pH do solo na disponibilidade, *201*
  em nutrição vegetal, *192*, 198
  mobilidade dentro da planta, *196*
  na seiva do floema, 362
  quebra da clorofila, 276
  regulação do ciclo de Calvin-Benson, 289
  regulação metabólica da piruvato desidrogenase, *402*
Magnésio dequelatase, 276
Magnólias e grupos afins, 5
Malária, 642
Malato
  ciclo do ácido tricarboxílico, 390, 391
  conversão de lipídeos de armazenamento em carboidratos, *412, 413*
  descarboxilação oxidativa pela enzima málica, 391
  fechamento estomático, *239*, 240
  fechamento estomático induzido por ABA em resposta ao estresse hídrico, 466
  fotossíntese C_4, 298, *299*, 301

fotossíntese CAM, 338
glicólise, *383*, 384
metabolismo ácido das crassuláceas, 303, *304*, 305
metabolismo do PEP, *383*, 385
relações carbono-nitrogênio e, 439–440
transporte para o vacúolo, 238
transporte transmembrana mitocondrial, 396, *397*
Malato de potássio, *233*
Malato desidrogenase
  ciclo do ácido tricarboxílico, 390, 391
  conversão de lipídeos de armazenamento em carboidratos, *412*, 413
  metabolismo do PEP, *383*, 385
Malato sintase, 296, *412*, 413
Malonil-ACP, 409
Malonil-CoA, 409
Malto-oligossacarídeos, 310
Maltopentaose, 310
Maltose, *306*, 310–311, 351
Maltotriose, 310
Malus domestica. *Ver* Maçã
Malvaceae, 325
Mamona (*Ricinus communis*)
  anatomia da semente, *507*
  composição da seiva do floema, *362*
  elementos crivados e células companheiras, *349*
  gliconeogênese, 385
  sementes endospérmicas, 508
  vacúolos de armazenamento de proteínas, 27
MAMPs. *Ver* Padrões moleculares associados a microrganismos
Manano, 48 anos
Manchas de sol, 324–325
Manchas necróticas, 197, 198, 199
Mandioca (*Manihot esculenta*), 732
Manduca sexta (lagarta da folha do tabaco), 734
Manganês
  aplicação foliar, 202
  complexo de liberação de oxigênio na fotossíntese, 265
  concentração em tecido vegetal, *191*
  efeitos do pH do solo na disponibilidade, *201*
  em nutrição vegetal, *192*, 193, 199
  regulação metabólica da piruvato desidrogenase, *402*
Mangue-vermelho (*Rhizophora mangle*), 509
Manihot esculenta (mandioca), 732
Manitol, 353, 362, *363*
Manômetros, 174
Manose
  açúcares redutores, *363*
  glicosilação de proteínas, 26
  glucomanano, 54, *55*
  polissacarídeos da parede celular, 48
Manto de micélio, 212
MAP quinase fosfatases, 143
MAP quinase quinase (MAP2K), 107
MAP quinase quinase quinase (MAP3K), 107

MAPKs. *Ver* Proteínas quinases ativadas por mitógeno
Marcação *pulse-chase*, 298
Margo, *175*, 177
Mariposas, 739
Massulae, 628
Matéria orgânica, capacidade de troca catiônica, 203
Matriz de estresses, 451
Matriz mitocondrial
   cadeia de transporte de elétrons, 392, *393*
   ciclo do ácido tricarboxílico, 29, 389–391
   descrição de, 388, *389*
   enzima málica, 391
   transporte transmembrana mitocondrial, 396, *397*
Maturação de sementes, 505, 653–656
Maturação. *Ver* Maturação da semente
Mecanismo de coesão-tensão da ascensão da seiva
   cavitação do xilema e mecanismos a serem superados, 180–181
   desafios físicos em árvores, 178–180
   descrição do, 178, *179*
Mecanismos inorgânicos de concentração de carbono
   fixação fotossintética de carbono via C_4, 297–303
   metabolismo ácido das crassuláceas, 303–305
   visão geral, 297
Medicago sativa. *Ver* Alfafa
Medicago truncatula (trevo-barril), 654, 655, *724*
Medicarpina, 747
Medick, 727
Medula, *8*, 10, 13, *579*
Megagametófitos. *Ver* Gametófitos femininos
Megapascais (MPa), 156, *157*
Megasporócitos, *626*
Megásporos
   ciclo de vida das angiospermas, *626*
   ciclos de vida da planta, *6*, 7
   definição, 7
   Desenvolvimento do saco embrionário do tipo *Polygonum*, 632–633
   formação de, 78, 626
Megastróbilos, 7
Megathyrsus maximus, *301*
MEGs. *Ver* Genes expressos maternalmente
Meia unidade de membrana, 28
Meimendro-negro, *486, 607*
Meiose
   ciclo de vida das angiospermas, *626*
   ciclos de vida da planta, 5, 6, 626
   definição, 5
   descrição de, 76–78
   na microsporogênese, 627, *628*
   poliploidia e, 78–79
MeJA. *Ver* Metiljasmonato
MEKK 1, *704*
Melão (*Cucumis melo*), *354*, 663

Melhoramento seletivo, 99
Membrana mitocondrial externa, 388, 389, 396, *397*
Membrana mitocondrial interna
   cadeia de transporte de elétrons, *392, 393*
   desacopladores, 396
   descrição da, 388, 389
   mecanismo quimiosmótico da síntese de ATP, 395
   ramos suplementares da cadeia de transporte de elétrons, 393–394
   transporte de piruvato através da, 389
   transporte transmembrana, 396, *397*
Membrana peribacteroide, 434
Membrana plasmática (plasmalema)
   abertura estomática induzida por luz azul, 498–500
   citocinese, 40
   condutividade hidráulica, 164–165
   definição e função, 7
   do parênquima do xilema, 242
   estresse por congelamento, 449
   estrutura celular vegetal, *16*
   fechamento estomático induzido por ABA em resposta ao estresse hídrico, 466, 467, *468*
   fixação do RE cortical a, 23
   fluxo citoplasmático, 34
   funções de, 15–16
   H^+-ATPases, 236–237
   lipídeos, 16–18
   plasmodesmos, *9*
   proteínas de membrana, 15–16, *17*, 18
   proteínas de transporte, 228–238
   receptores de fototropina, 495–496
   reciclagem de, 26
   regulação fitocromática dos fluxos de íons, 487
   transporte de auxina polar, 128–130, 131
Membrana plasmática H^+-ATPase, 226
Membranas
   alteração dos lipídeos de membrana em resposta ao estresse abiótico, 463–464, *465*
   aquaporinas e movimento de água, 165–166
   condutividade hidráulica da membrana plasmática, 164–165
   membrana dos corpos lipídicos, 407
   permeabilidade seletiva e osmose, 159
   transporte de íons através de, 219–223
   Ver também Membrana plasmática
Membranas artificiais, 223
Membranas biológicas, 15–18
   Ver também Membranas; *membranas biológicas específicas*
Membranas de envelope, de cloroplastos, *256*, 257
Membranas de pontoação
   bolhas de gás, 180

   fluxo impulsionado pela pressão, 177
   tipos de, *175*, 176
Membranas seletivamente permeáveis, 159
Memória, recuperação das plantas do estresse abiótico e, 470
Mensageiros secundários
   definição, 103
   espécies reativas de oxigênio, 111
   íons de cálcio, 109–110, 198
   moléculas de sinalização lipídica, 111–113
   morte celular programada do tipo vacuolar e, 693, *694*
   mudanças no pH citosólico ou da parede celular como, 110–111
Meristema apical da raiz (RAM)
   anatomia da raiz, *8*
   células iniciais e origem dos tecidos da raiz, 543, *544*
   crescimento indeterminado, 542
   de raízes laterais, 576
   definição e descrição de, 206, *207*, 542
   embriogênese de *Arabidopsis*, 671, *672*, 674, 675
   embriogênese do milho, 671
   formação de, 686–687, 688
   funções da auxina e da citocinina na manutenção de, 543, 544, *545*
   redes de genes que controlam, 582–584
   zonas de desenvolvimento, 542, *543*
Meristema apical do caule (SAM), *8*
   anatomia da semente, 507
   crescimento indeterminado, 542
   definição e descrição de, 542, 545
   determinação em, regulada pelo desenvolvimento, 715–716
   embriogênese de *Arabidopsis*, 671, *672*, 675
   embriogênese do milho, 670, 671
   estabelecimento da polaridade foliar, 551–552, 553–554
   evocação floral, 591–592
   formação de, 687, *688*
   formação de gemas axilares, 548–549
   iniciação foliar, 547–548
   manutenção do tamanho do meristema, 546–547
   na emergência de plântulas, 517
   organização de, 545–546
   ramificação dicotômica e, 568
   redes de genes que controlam, 582–584
   transição do desenvolvimento vegetativo para o reprodutivo, 613–614
   vernalização e a competência para florescer, 610–611
Meristema da ramificações das raízes, 10
Meristema de ramificação, anatomia da raiz, *8*
Meristema do nódulo, 434
Meristemas
   crescimento indeterminado e, 541–542
   crescimento secundário e, 10, *11*
   definição, 10, 541

   pró-plastídios, 30
   tipos de, 10, 542
   Ver também meristemas específicos
Meristemas apicais, 10
   Ver também Meristema apical da raiz; Meristema apical do caule
Meristemas axilares
   formação de, 548–549
   formação de gemas axilares, 568
   regulação hormonal do crescimento, 569–571, 572
Meristemas de inflorescência, 614
Meristemas florais
   definição, 614
   meristemas de inflorescências, 614
   órgãos florais iniciados por, 614–615
   transição do desenvolvimento vegetativo para, 613–614
Meristemas intercalares, 542
Meristemas laterais, 578–579
   Ver também Câmbio suberoso; Câmbio vascular
Meristemas primários da inflorescência, 614
Meristemas primários, redes de genes que controlam, 582–584
Meristemas secundários da inflorescência, 614
Meristemoides, 542, 556, 557–558
Mesembryanthemum crystallinum (erva-de-gelo), 305
Mesocarpo, 659, *660*
Mesocótilo, 508
Mesófilo
   Anatomia Kranz e fotossíntese C_4, 298–299, *300*, 301–302, 303
   carregamento passivo simplástico do floema, 355–356
   desenvolvimento de estômatos, 557
   fechamento estomático induzido por ABA, 186
   fotossíntese C_4, 298
   funções, 12
   modelo de aprisionamento de oligômeros do carregamento do floema, 354–355
   movimento de água da folha para a atmosfera, 181
   na fotossíntese, 247–248
   parênquima, 12–13
   resistência hidráulica da folha, 182
   sistema fundamental, 10
   transporte de fotossintato para elementos crivados, 351
   Ver também Parênquima esponjoso
Mesófilo esponjoso
   absorção de luz foliar, 324
   anatomia foliar, *8*
   definição e descrição de, 12, 324
   folhas de sol e de sombra, *322*
   Ver também Mesófilo
Mesófilo paliçádico, 12
Mesorhizobium, 428
Metabolismo ácido das crassuláceas (CAM)
   CO_2 e fotossíntese, 338
   deficiência de sódio, 198
   definição, 303

padrão de abertura e fechamento estomático, 183
plantas CAM facultativas, 304, 305
razão entre isótopos de carbono, 342
reações e fases em, 303–305
regulação da PEPCase, 305
taxa de transpiração, 186
versatilidade na resposta a estímulos ambientais, 305
Metabólitos especializados. *Ver* Metabólitos secundários
Metabólitos primários, 728
Metabólitos secundários
alelopático, 749
como defesa constitutiva, 722
conjugados de açúcar hidrossolúveis, 730–732
definição, 728
em casca, 586
em tricomas glandulares, 726
exemplos de, 728–729
reserva das plantas de, 729–732
Metáfase
meiose, 77, 78
mitose, 37, 38, *39*, 40
Metafloema, 250
Metaloproteases, 516
Metano, 338, 404
Metaxilema, 520
Methanococcus, *428*
Metilação
de DNA, 84, *85*
de histonas, 84–86
Metilação da lisina, *84*, *85*
Metilação de citosina, 84, *85*
Metilação de histona
expressão gênica e, 84, *85*, 86
regulação dos transposons, 75
Rota do RNAi e a redefinição das marcas epigenéticas, 89
Metilação do DNA
expressão gênica e, 84, *85*
mudanças induzidas por estresse na expressão gênica, *458*
regulação de transposons, *75*, 76
rota de RNAi e a redefinição de marcas epigenéticas, *89*
siRNAs ligados ao RISC, 88
Metil-AIA, 120
Metilbutanais, 661
Metilbutanóis, 661
Metiljasmonato (MeJA)
desenvolvimento dos pelos da raiz e, 522
ductos de resina adventícios e, 730
senescência foliar e, 707–708
Metilsalicilato, 661
Metiltetra-hidrofolato (MTHF), 291, *292–293*, 297, 491–492
Metiltransferases, 84
Metionina, 124, *427*, 438
MHC. *Ver* Complexo principal de histocompatibilidade
Micélio, 211, 212, 213
Micorrizas
absorção de nutrientes pelas raízes, 210–213, 578
associações micorrízicas arbusculares, 210–212, 723, 725
definição, 210

disponibilidade de fosfato nos solos e, 204
ectomicorrizas, 210, 211, 212, 213
movimento de nutrientes do solo para as raízes, 213
resposta à deficiência de nutrientes e, 572
transferência de nutrientes entre plantas, 213
via simbiótica comum, 723, 725
Microeletrodos, 221
Microfilamentos de actina
corrente citoplasmática, 34, 36
crescimento apical do tubo polínico, 636, 637, *638*
definição, 32
estrutura celular vegetal, *16*
fechamento estomático induzido pelo ABA em resposta ao estresse hídrico, 467
modulação por ácido fosfatídico, 113
movimentos do cloroplasto em resposta à luz, 329–330
polaridade e esteira rolante, 32–33
Microfilamentos. *Ver* Microfilamentos de actina
Microgametófitos. *Ver* Gametófitos masculinos
Microgametogênese, 627, 628–629
Micrographia (Hooke), 46
Micronutrientes
concentrações em tecido vegetal, *191*
em fertilizantes, 201
solução de Hoagland modificada, *194*
Ver também Elementos essenciais
Micrópila
Arabidopsis, 631, 632, *648*
crescimento guiado do tubo polínico em direção a, 639, 640–641
em fertilização dupla, 641
fase programática de reprodução, *634*
Microplitis croceipes, 739
Microrganismos
interações benéficas, 723–725
interações patogênicas, 721 (*ver também* Fitopatologia)
tolerância das plantas ao estresse abiótico e, 451–452
MicroRNAs (miRNAs)
estabelecimento da identidade foliar adaxial, 552, *553*
formação do meristema apical do caule, 688
na sinalização de fosfato e sulfato, 438–439
regulação da senescência foliar, 702–703, *704*, 705
respostas ao estresse abiótico, 458–459
RNA de fita dupla e, 86
RNAs móveis na sinalização do floema, 374
rota do RNAi e regulação gênica pós-transcricional, 86, 87, 88, 90
transições de fase em plantas, 594
Microsporângios, 627–629
Microsporócitos, *626*, 627–628

Microsporogênese, 627–628
Micrósporos
ciclo de vida das angiospermas, *626*
ciclos de vida da planta, 6, 7
definição, 7
formação de, 78, 626, 627–628
microgametogênese, 628–629
Micrósporos polarizados, 628
Microssatélites, 74
Microstróbilos, 7
Microtúbulos
cinesinas e fluxo citoplasmático, 34
definição, 32
estrutura celular vegetal, *16*
mitose, 38, *39*, 40
polaridade, instabilidade dinâmica e esteira rolante, 34, *35*
rigidez da parede celular, 66
Microtúbulos corticais
citocinese, 40
estrutura de célula vegetal, *16*
mitose, *38*, *39*
orientação das microfibrilas de celulose da parede celular e, 34, 60–*62*
Microtúbulos polares, *39*
Milho (*Zea mays*)
absorção radicular de amônio, 208
aerênquima induzido, 461
apomixia e melhoria de futuras culturas agrícolas, 647
arquitetura do sistema radicular, 576–577
brassinosteroide e o mutante *nana1*, *118*, 127
camada de aleurona, 652
composição de ácidos graxos das mitocôndrias, *465*
compostos de nitrogênio na seiva do xilema, *422*
doença da mancha foliar, 743
efeitos do estresse hídrico em, *444*, *445*
eliciotores produzidos por insetos e, 734
embriogênese, 670–672
endorreduplicação em endosperma amiláceo, 652
estômatos, *184*
expressão gênica impressa, 651
fermentação em solos alagados, 385
fixação biológica de nitrogênio, 430
fotossíntese C$_4$, *301*
fototropismo de coleóptilo, *477*, 536
gene *TEOSINTE BRANCHED 1* e ramificação em, 571, *572*
germinação pré-colheita, 510
marcadores cromossômicos, 74
melhoramento seletivo, 99
morte celular endospérmica e mutante *shrunken2*, 652
níveis de CO$_2$ e assimilação de nitrato da parte aérea, *440*
pectinas do caule, 58
plântulas cultivadas na luz e no escuro, *518*
pólen, 630

Proteína KNOTTED, 547
síntese de asparagina, 426
voláteis induzidos por herbívoros, 739
volume do espaço aerífero de folhas, 182
Mimosa pudica, 104, 146, *728*
Mimulus guttatus (flor-amarela-de-macaco), 468
Mineralização, 201–202, *418*
Minifragmoplastos, 649, *650*
Miosinas, 34, 36
miRNAs. *Ver* microRNAs
Mirosinase, 731
Mirtilos (*Vaccinium*), *661*, 739
Miscanthus, 303, 333, *428*
Mitchell, Peter, 267, 270, 394
Mitocôndria
assimilação de fosfato, 438
ATP sintase e transporte de prótons, 223
células companheiras, 350
ciclo do ácido tricarboxílico, 388–391
composição de ácidos graxos, *465*
composição lipídica das membranas, *410*
conversão de lipídeos de armazenamento em carboidratos, *412*, 413
crescimento em tamanho, 31–32
definição, 388
desvios, por engenharia genética, das rotas fotorrespiratórias, 296
elementos crivados, 348, *349*
em redes redox e de biossíntese de plantas, 400–401
endossimbiose e a origem de, 276
estrutura celular vegetal, *16*
estrutura e função, 29, 388–389
fissão, 31
fosforilação oxidativa, 391–400
fotorrespiração, 291, *292–293*
importância da respiração na fotossíntese, 403
metabolismo ácido das crassuláceas, *304*
movimento na célula, 32
na respiração vegetal, *380*
NADPH desidrogenase, 386
percepção de estresse abiótico, 456
proteínas motoras e fluxo citoplasmático, 34
transporte transmembrana e, 396, *397*
Mitocondrial, matriz. *Ver* Matriz mitocondrial
MITOGEN-ACTIVATED PROTEIN KINASE KINASE KINASE 1 (MEKK1), 704
Mitose
ciclo de vida das angiospermas, *626*
ciclos de vida da planta, 5–7
condensação da cromatina, 20
definição, 5
divisões mitóticas nucleares livres no desenvolvimento do saco embrionário, 632
eventos de, 38–40
fase mitótica do ciclo celular, 36, *37*, 38

Índice **815**

formação de gametas, 626
formação de gametófitos, 626
  na microgametogênese, 628, 629
  no desenvolvimento do endosperma do tipo nuclear, 648, 649–650
  segregação vegetativa de plastídios e mitocôndrias, 81
  visão geral, 37
MIZU-KUSSEI 1 (MIZ1), 534
MKK4/5, 712, *713*
MKK9-MAPK6 (MPK6), *702, 705*
Modelo ABC de identidade de órgãos florais, 617–618
Modelo ABCE de identidade de órgãos florais, 618–620
Modelo bioquímico da fotossíntese C$_3$, 321–322
Modelo de aprisionamento de oligômeros de carregamento do floema, 354–355, 356, *357*
Modelo de canalização, 560–562, *564*
Modelo de Cholodny-Went, 526, 535, *536*
Modelo de coincidência de florescimento, 602–604
Modelo de coletor de alta pressão de transporte no floema, 361
Modelo de de transmissão do transporte de floema, 361
Modelo de fluxo de pressão
  gradiente de pressão gerado osmoticamente, 357–358
  modificações de, 361
  poros da placa crivada e, 359–360
  previsões de, 359
  transporte de floema em árvores, 360–361
  visão geral, 357
Modelo de mosaico fluido, 16, *17*
Modelo de "rede conectada" das paredes celulares, 64–65
Modelo de relógio da auxina de formação de raízes laterais, 574, *575, 576*
Modelo de "sítios preferenciais" de paredes celulares, 65
Modelo em chafariz do transporte de auxina, 527–528
Modelo Quaternário, 619–620
Modificações epigenéticas
  acetato e, 386
  adaptações ao estresse abiótico, 456–459
  expressão gênica impressa, 651–652
  na expressão gênica, 84–86
  rota de RNAi e a redefinição de marcas epigenéticas, 89
  vernalização e, 611–612
Módulo volumétrico de elasticidade, 164
Módulos MAPK, 455
Moléculas polares, água, 154, *155*
Molibdênio
  assimilação de nitrato, 421
  concentração em tecido vegetal, *191*
  efeitos do pH do solo na disponibilidade, *201*
  em nutrição vegetal, *192*, 199
  mobilidade dentro da planta, *196*

Monocamadas de fosfolipídeos, 28
Monocotiledôneas
  arquitetura do sistema radicular, 205, 206, 573, 576–577
  crescimento secundário em, 568
  deficiência de potássio, 197
  desenvolvimento de estômatos, 558–559
  fotomorfogênese de plântulas, 517, *518*
  grupo principal entre angiospermas, 4
  na evolução das plantas, *5*
  quelantes, 195
  venação foliar paralela, 559
  visão geral da embriogênese em, 670–671, 672 (*ver também* Embriogênese)
Monodesidroascorbato redutase, 462, *463*
Monogalactosildiacilglicerol, *408, 410*
Monolignóis, 67–68, *69*
Montmorilonita, 203
Morango (*Fragaria*)
  amadurecimento, 660, *661*
  antocianinas, *661*
  aquênios, *506*
  estudo da frutificação, 657
  uma fruta acessória, 656
Morfogênese, 669
Morfógenos, 127–132
Morfos, 642, *643*
Morte celular associada à senescência, 693
Morte celular programada (MCP)
  autofagia, 693–695
  da camada de aleurona, 516
  de células do tapete, 629
  de células megásporas, *626, 632*
  de células sinérgicas, 641
  de endosperma amiláceo, 652
  definição, 691
  esterilidade masculina citoplasmática, 398
  estresse por metais pesados, 449
  estresse por ozônio, 450
  exemplos de, *692*
  senescência foliar, 696 (*ver também* Senescência foliar)
  tipos e processos em, 693, *694*
  traqueídes e vasos, 15
  visão geral, 692–693
Morte celular programada do tipo vacuolar, 693, *694*, 696
Morte celular programada para o desenvolvimento, 693, 696
Morus (amoreira), *730*
Mosaicismo genético, 715
Moscas-brancas, 733, 741
Mostarda (*Eruca*), *518*
Mostarda preta, *80*
Mostarda silvestre (*Sinapis arvensis*), 509
Mostarda-branca (*Sinapis alba*), 486
Mostarda-da-índia, *80*
Mougeotia, *481*, 487
Movimento das folhas
  absorção da luz e, 325
  acompanhamento do sol, 325, 475
  fotonastia, 475
  nictinastia, 475, 728

  para reduzir o excesso de radiação, 330
Movimento dirigido de organelas, 34, 36
Movimento dos cloroplastos
  fitocromo e, 487
  mediado por fototropinas, 496–497, *498*
  para reduzir a absorção do excesso de energia luminosa, 329–330
  visão geral, 32
Movimento estomático
  abertura induzida por luz azul, 186, 239–240, 498–500
  atividades de transporte em células-guarda e, 238–240
  fechamento em resposta ao estresse hídrico, 186, 466–467, *468*
  Fechamento induzido por ABA, 113, *118*, 186, *239*, 240, 466–467, *468*
  sacarose e, 316
Movimentos násticos, 522–523
MPK3/6, 712, *713*
MPK6, *702, 705*
mRNAs *EBF1/2*, *135*, 136
mRNAs *ETHYLENE BINDING FBOX 1 e 2 (EBF1/2)*, *135*, 136
MscS. *Ver* Canal mecanossensível de condutância pequena
mtDNA. *Ver* DNA mitocondrial
MTHF. *Ver* Metiltetra-hidrofolato
MTOCs. *Ver* Centros de organização de microtúbulos
Mucigel, 206, *207*
Mucilagem, 521
Mudança climática. *Ver* Aquecimento global
Mudanças da fase juvenil para a fase adulta, 592–594
Muller, H.J., 90
Munique, Ernst, 357
Murcha
  definição, 163
  efeito na orientação da folha, 467
  efeito na transpiração, 183
  para reduzir a absorção do excesso de energia luminosa, 330
Murcha foliar, 467
Muriato de potássio, 201
Musgos, 4, *5, 6*, 669
Mutação *clam*, 76
Mutação de *diminuição na metilação do DNA (ddm1)*, 76
Mutação do tomateiro *Never-ripe*, 662
Mutagênese
  métodos em, 90–91
  nucleases específicas de sequência e mutações direcionadas, 95–97
Mutante *Aux1*, 130
Mutante *fama*, *555*, 556
Mutante *mute*, *555*, 556
Mutante *Nana1 118*, 127
Mutante *Peloria*, 620, *621*
Mutante *Scrm*, *555*, 556
Mutante *Spch*, *555*, 556
Mutantes *de plântulas defeituosos*, 678

Mutantes *embryo lethal*, 678
Mutantes *Wilty*, 459
Mutantes/mutações
  definição, 90
  senescência de planta inteira, 715
  transposons, 75, 76
  uso para estudar a função do gene, 90–91
Mutualismos
  definição, 721
  fixação simbiótica de nitrogênio, 723, *724* (*ver também* Fixação biológica simbiótica de nitrogênio)
  micorrizas (*Ver* Micorrizas)
  via simbiótica comum e, 723, 725
  visão geral, 723
Myrtaceae, 211

N

Na$^+$/K$^+$-ATPase, 226, 728–729
Nabos, *465*
NAC SECONDARY WALL THICKENING PROMOTING FACTORS (NSTs), 659
N-acetilglucosamina, 26
N-Aciltransferase, 431
NAD(P)H desidrogenases, 386, 393
NAD(P)H desidrogenases insensíveis à rotenona, 393, 400
NAD(P)-malato desidrogenase
  fotossíntese C$_4$, 299, 301, 302
  metabolismo ácido das crassuláceas, 303, *304*, 305
NADH desidrogenase
  razão ADP:O e, 394, *395*
  transporte de elétrons não conservador de energia, 393, *394*
  transporte mitocondrial de elétrons, 392, *393*
NADH. *Ver* Nicotinamida adenina dinucleotídeo
NADP. *Ver* Nicotinamida adenina dinucleotídeo fosfato
NADP-gliceraldeído-3-fosfato desidrogenase
  reações do ciclo de Calvin-Benson, 283, *284–285*
  regulação de, no ciclo de Calvin-Benson, 287, 288, 289
NADPH oxidase
  aclimatação sistêmica adquirida, 456, *457*
  espécies reativas de oxigênio e, 111
  fechamento estomático induzido por ABA em resposta ao estresse hídrico, *468*
  lignificação da estria de Caspary e, 69
  rotas de resposta ao estresse, 454, *455*
  Ver também Homólogas da oxidase de explosão respiratória
Nagaharu U, *80*
Napin, 517
ncRNAs. *Ver* RNAs não codificantes
ND$_{in}$(NADH), 393, 400
ND$_{in}$(NADPH), 393
Necrose, 691
Nectários extraflorais, 739
Neljubov, Dimitry, 117

Nelumbo nucifera (flor-de-lótus), 509, 656
Nematódeos, 748–749
Nematódeos de nodosidades, 748, 749
Nematódeos encistados, 748–749
Neocromo, 487, *495*, 496
Neoxantina, *261*
Nepenthes alata, 230
Nerium oleander (espirradeira), 730, *731*
Nervura mediana, *549*, *559*, 561–562
 Ver também Nervura primária
Nervura mediana, *549* EXCLUIR
Nervura primária, *559*, 560, 561–562, 564
Nervuras foliares, *549*
 desenvolvimento de, 559–564
 organização hierárquica, 559
 resistência hidráulica foliar, 182
 tipos de padrões de venação, 559
 transição foliar do dreno para a fonte, 370
Nervuras marginais, *559*
Nervuras quaternárias, *559*
Nervuras secundárias, *559*, 562, *563*, 564
Nervuras terciárias, *559*, 562–563
Neurospora, 594
Nexina, 629
NH_3–H^+ do tipo simporter, 230
Nicotiana
 estudos de enxertia sobre o estímulo floral, 607
 mudanças de fase juvenil para adulta, 593
 N. attenuata, 734, 739
 N. plumbaginifolia, 512
 N. sylvestris, 607
 transição foliar do dreno para a fonte, 369–370
 Ver também Tabaco
Nicotianamina, 465
Nicotina, 739
Nicotinamida adenina dinucleotídeo (NAD^+/$NADH_2$)
 assimilação de amônio, 425–426
 assimilação de enxofre, 438
 assimilação de nitrato, *420*, 421, 440
 assimilação de nitrogênio, *439*
 ciclo do ácido tricarboxílico, 381, 389, 390, 391
 conversão de lipídeos de armazenamento em carboidratos, *412*, 413
 desidrogenases insensíveis à rotenona e, 393, 400
 estrutura e reações de, *381*
 fermentação, *383*, 385
 ferro-quelato redutase e, 234
 fosforilação oxidativa, 381
 fotorrespiração, 291, *292–293*
 glicólise, 380, 382, *383*, 384, 385
 inativação de EROS e, 462, *463*
 papel na respiração das plantas, *380*
 papel nas reações redox, 381–382
 proteínas TIR-NLR e, 744
 regulação dinâmica da respiração, 401
 regulação metabólica da piruvato desidrogenase, *402*

relações carbono-nitrogênio e, 440
rendimento total em respiração aeróbia, 396, *398*
respiração mitocondrial na fotossíntese, 403
rotas de desvio fotorrespiratório projetadas por bioengenharia, 296
Nicotinamida adenina dinucleotídeo fosfato ($NADP^+$/NADPH)
 assimilação de amônio, 425, *426*
 assimilação de enxofre, 438
 assimilação de nitrato, *420*, 421
 biossíntese de ácidos graxos, 409
 ciclo de Calvin-Benson, 282, 283, *284-285*, 285
 desidrogenases insensíveis à rotenona e, 393, 400
 estrutura e reações de, *381*
 ferro-quelato redutase e, 234
 fotossíntese C_4, *299*
 funções de, 382
 inativação de EROS e, 462, *463*
 na fotossíntese, 247, 248, 254, 255, *258*, 259
 regulação dinâmica da respiração, 401
 rotas de desvio fotorrespiratório projetadas por bioengenharia, 296
 transporte fotossintético de elétrons, 255, 261, *262*, 263
 via oxidativa da pentose fosfato, 381, 386, *387*, 388
Nictinastia, 475, 728
Niel, C. B. van, 252
Níquel, 191, *192*, 199
Nitella, 34, 59, 222
Nitrato
 absorção radicular de, 208
 assimilação, 417, 420–423, *424*, 439–440
 bioengenharia da respiração vegetal e, 404
 ciclo bioquímico do nitrogênio, 419
 concentrações observadas e previstas no tecido de raiz da ervilha, *221*, 222
 descarga do parênquima do xilema, 242
 em solos, 203, 204
 fechamento estomático e, *239*, 240
 fixação de nitrogênio, 418
 lixiviação de fertilizantes, 191
 na seiva do floema, *362*
 quebra da dormência da semente, 512
 respostas de plantas inteiras à deficiência de nitrogênio, 210
 solução de Hoagland modificada, 195
 toxicidade e respostas das plantas a, 419–420
Nitrato de amônio, 201, 417
Nitrato de sódio, 201
Nitrato redutase, 199, *420*, 421, 423, *424*
Nitrificação, *418*, 419
Nitrilo, *732*

Nitrito
 assimilação de nitrato, 417, 420, 421–422
 ciclo biogeoquímico do nitrogênio, *419*
Nitrito redutase, 421–422, 423, *424*
Nitrogenase
 condições anaeróbias, 429, 431
 molibdênio e, 199
 reações catalisadas por, *435*
Nitrogênio
 absorção radicular via micorrizas, 213
 aplicação foliar, 202
 assimilação (*ver* Assimilação de nitrogênio)
 ciclo biogeoquímico, 418–420
 concentração em tecido vegetal, *191*
 disponibilidade em solos, 196
 efeitos do pH do solo na disponibilidade, *201*
 em nutrição vegetal, 191–192, 196
 fertilizantes inorgânicos, 201
 fixação (*ver* Fixação biológica de nitrogênio; Fixação de nitrogênio)
 fotorrespiração e, 294, 295, 297
 mobilidade dentro da planta, *196*
 proteínas de reserva da casca, 586
 proteínas de transporte para compostos contendo nitrogênio, 230–231
 solução de Hoagland modificada, 195
Nitroglicerina, 417
Nitrosilação, 109
NLRs. *Ver* Proteínas sítios de ligação de nucleotídeos–repetição ricas em leucina
NLS. *Ver* Sinal de localização nuclear
N-miristoilação, 109
Nod box, 431
Nódulos
 conversão de amônia em formas orgânicas, 435
 descrição de, 430–431
 formação de, 432–434
 moléculas de sinalização na formação de, 431–432
Northern blotting, 92
Nós, 7, *8*, 568
Nostoc, 428
Nozes, 506
NPA. *Ver* Ácido N-1-naftilftalâmico
NSTs. *Ver* NAC SECONDARY WALL THICKENING PROMOTING FACTORS
Nucelo, 507, 631, 632
Nucleases com efetores do tipo ativador da transcrição (TALENs), 95
Nucleases específicas de sequência (SSNs), 95–97
Núcleo
 cromossomos, 19–20
 definição, 18
 estrutura, 19
 estrutura celular vegetal, *16*
 expressão gênica, 20, *21*
 genoma nuclear, 18–19
 interfase, 76

 nucléolo, 20
 sinalização de fitocromo, 483–484
Núcleo secundário, 632
Núcleo vegetativo
 em fertilização dupla, *641*
 em tubos polínicos em crescimento, 636
 migração para o tubo polínico, 636
Nucléolo, *16*, 20, 38, 75
Nucleoplasma, 19
Nucleoporinas, 19
Núcleos polares, *626*, 632, 633
Nucleossomos, 20, 74, 81, 84–86
Número de Avogadro, 323
Nutação, 522, 523
Nutrição mineral
 aplicação foliar de nutrientes, 202
 assimilação de nutrientes (*ver* Assimilação de nutrientes)
 deficiências minerais, 195–202 (*ver também* Deficiências minerais)
 definição, 189
 distribuição de nutrientes e senescência monocárpica, 716
 efeitos do pH do solo na disponibilidade de nutrientes, *201*
 elementos essenciais, 191–193
 fertilizantes, 189, 190, 191, 200–202
 métodos de análise do estado nutricional das plantas, 199–201
 reciclagem durante a senescência foliar, 696, 699–700
 sistemas radiculares e micorrizas, 205–213
 solos e, 202–205
 soluções nutritivas, 194–195
 técnicas em estudos nutricionais, 193–194
 zona de deficiência, 199–200
Nutriente limitante
 definição, 189
 fertilizantes, 189, 190, 191
Nutrientes. *Ver* Macronutrientes; Micronutrientes; Nutrição mineral
Nymphaeaceae, 521
Nymphaeales, 632
Nyssa sylvatica (tupelo-negro), *714*

O

O-acetilserina (OAS), *436*, 437–438
O-acetilserina (tiol) liase, *436*, 438
OAS. *Ver* O-Acetilserina
OEC. *Ver* Complexo de liberação de oxigênio
Oenothera, 633
OGM. *Ver* Organismos Geneticamente Modificados
Oleaginosas, 411, 413
Óleo de amendoim, *406*
Óleo de canola, 407
Óleo de soja, 406, 407
Óleos
 armazenamento de energia, 405–406
 biotecnologia e, 407
 características dos triacilgliceróis, 406–407
 definição, 406
Oleosinas, 407, 515, 517

Oleossomos, 28
   Ver também Corpos lipídicos
Oligossacarídeos
   modelo de aprisionamento de oligômeros de carregamento do floema, 354–355, 356, 357
   proteínas LEA e tolerância à dessecação de sementes, 655
Oligossacarídeos de lipoquitina, 431–432
Oligossacarídeos O-ligados, 26
Onagraceae, 632
Oncopeltus fasciatus (inseto da serralha), 730, *731*
Onoclea, 481
o,o-EDDHA, 195
Oomicetos, 741, 743
Oosferas
   Arabidopsis, 631
   ciclo de vida das angiospermas, *626*
   fase progâmica da reprodução, 633, 634
   fecundação dupla, 633, 641–642
   formação de, 626, 632
   singamia, 626
Opinas, 93
Opuntia, 551, *726*
   O. ficus-indica, 164
   O. stricta, 305
Organelas
   categorias principais de, 15
   ciclo celular e, 37–38
   edição de base de genomas, 98
   movimento organelar direcionado, 34, 36
   núcleo, 18–22
   organelas semiautônomas de divisão independente, 29–32
   sistema de endomembranas, 23–29
Organelas semiautônomas
   divisão de mitocôndrias e plastídios, 31–32
   pró-plastídios, 30–31
   visão geral e principais características do, 29–30
Organismos Geneticamente Desenvolvidos (OGDs; GEOs), 100–101
Organismos Geneticamente Modificados (OGM; GMOs), 100–101
Organismos modelo, 4
Organizadora do câmbio, *581,* 582
Organogênese, 669–670
Órgãos de reserva
   importação de floema, 367–368
   padrão de translocação fonte-dreno no floema, 346
Órgãos florais, 549
   Ver também Flores
Orizalina, 60, *61*
Orobancas, 118
Orobanche, 118
Orquídeas
   estilos ocos, 633
   metabolismo ácido das crassuláceas, 303
   polínia, 628
   tamanho da semente, 506–507
Oryza sativa. Ver Arroz

Oscilador endógeno
   descrição de, 594–595
   hipótese do relógio da cronometragem fotoperiódica, 601–602
   modelo de coincidência, 602
   mudança de fase, 596, *597*
   sincronização, 595–596, 597
Osmolaridade, 160
Osmoprotetores, 461
Osmose, 157, 159, 162
Osmose reversa, 162
OST1 quinase, 453, *468*
Ovários
   aquênios de morango, 656, 657
   desenvolvimento do óvulo, 631–632
   fase progâmica de reprodução, 633–634
   frutas e, *657*
   gametófitos femininos, 626
   placenta, 631
Óvulos
   crescimento guiado do tubo polínico, 638–640
   desenvolvimento do endosperma, 647–652
   fase progâmica de reprodução, 633–634
   frutas e, *657*
   gametófitos femininos, 626, 630–633
   genes de classe D e formação de, 620
Oxalacetato
   assimilação de amônio, *425,* 426
   biossíntese de aminoácidos, 427
   ciclo do ácido tricarboxílico, 389, 390, 391
   conversão de lipídeos de armazenamento em carboidratos, *412,* 413
   fotossíntese C_4, *299,* 300, 301
   fotossíntese CAM, 338
   metabolismo ácido das crassuláceas, 303, *304*
   metabolismo do PEP, *383,* 385
Oxidase alternativa, 393–394, 398–399, 404
Oxidases, montagem da parede celular primária, 58–59
Óxido nítrico, *454,* 512
Óxido nitroso, 190, 422
Óxidos de nitrogênio (NOx), 190
Oxigenases, 439
Oxigênio
   afinidade das leg-hemoglobinas para, 431
   assimilação de, 439
   clorofila tripleta e, 250
   concentração em nódulos, 430–431
   concentração em tecido vegetal, *191*
   dormência de sementes exógenas, 509
   efeito na respiração vegetal, 404–405
   espectros de ação para fotossíntese e, 252–253
   fator de especificidade de rubisco para, 294–295
   fosforilação oxidativa, 392–400

   fotorrespiração, 291, *292–293, 294*
   hidroponia, 193
   produção na fotossíntese, 254, 255, 264–265
   quociente respiratório, 404
   razão ADP:O, 394, *395*
   redução na respiração, 380, 382
Oxigênio singleto, 273, 446, *454*
Oxigênio tripleto, *454*
2-oxoglutarato
   assimilação de amônio, 425, 426
   biossíntese de aminoácidos, 427
   ciclo do ácido tricarboxílico, *390,* 391
   fixação biológica de nitrogênio, 429
   fotorrespiração, 291, *292–293, 294*
   respiração mitocondrial na fotossíntese, 403
Ozônio, 190, *454*

P

P680
   características de absorção, 264
   complexo de liberação de oxigênio na fotossíntese, 265
   esquema Z de transporte de elétrons, *255,* 261, *262*
   fotossistema II, *255 (ver também* Fotossistema II)
P700
   características de absorção, 264
   ciclo Q, 267, *268*
   esquema Z de transporte de elétrons, *255,* 261, *262*
   fluxo cíclico de elétrons, 273
   fotossistema I, *255 (ver também* Fotossistema I)
   PSI e, 268, *269*
P870, 264
PA. *Ver* Ácido fosfatídico
Paclitaxel, 586
Paclobutrazol, 123
Padrões de venação, 559–564
Padrões moleculares associados a microrganismos (MAMPs), *742, 743,* 744
Padrões moleculares associados ao dano (DAMPS), 742, 743, 744
Painço (*Panicum italicum*), *470*
Panicum italicum (painço), *470*
Papaver rhoeas, 647
Papoulas, 647
PAPS. *Ver* 3'-fosfoadenosina-5'-fosfosulfato
Paquiteno, *77,* 78
PAR. *Ver* Radiação fotossinteticamente ativa
Para-heliotropismo, 325, 330, 467
Paraquat, 269, *270*
Parasitas
   definição, 721
   nematódeos parasitas, 748–749
   plantas parasitas, 749–750
Parasitas da raiz, *119*
Parasponia, 428, *429*
Paredes celulares
   abscisão e, 709–713
   acidificação no fototropismo da parte aérea, 538
   auxina e crescimento ácido, 526
   celularização do endosperma cenocítico, 648–650

   células-guarda, 183–184, *185*
   componentes das paredes primárias e secundárias, 48–50
   crescimento ácido, 63–64
   de micrósporos, 627
   efeitos do etileno na orientação dos microtúbulos e na expansão celular, 523–524
   espécies reativas de oxigênio, 111
   estratificação de, *47*
   fatores que influenciam a taxa de expansão, 62
   fitólitos, 727
   grãos de pólen, 629–630
   hemiceluloses, 54, *55*
   importância no crescimento, desenvolvimento e fisiologia das plantas, 46
   imunidade desencadeada por PRRs, 744
   mecanismos de expansão celular, 59–66
   microfibrilas de celulose, 50–53
   microtúbulos corticais e orientação da celulose, 34
   modelos moleculares de, 64–65
   movimento da água da folha para a atmosfera, 181
   movimento da água nas raízes, *172, 173*
   mudanças no pH como mensageiros secundários, 110–111
   pectinas, 56–58
   plasmodesmos, *7, 9, 10*
   polissacarídeos de matriz, 53–54
   propriedades de amolecimento de, 62
   relaxamento do estresse, 62–63
   remodelação durante o amadurecimento dos frutos, 661
   serina/treonina quinases semelhantes a receptores, *108,* 109
   status hídrico das plantas, 163–164
   teoria da coesão-tensão do transporte de água no xilema, 178, *179*
   transporte de água pelo xilema em árvores, 178–179
   variabilidade na estrutura e função, 46–48
   Ver também Paredes celulares primárias; Paredes celulares secundárias
   visão geral e descrição de, *7, 9,* 45
Paredes celulares primárias
   componentes de, 48–50
   crescimento difuso e orientação das microfibrilas de celulose, 59–60
   definição, 7
   diversidade morfológica, 47
   estrutura celular vegetal, *16*
   hemiceluloses, 54
   lignificação, 68–69
   mecanismos de montagem, 58–59
   modelos moleculares de, 64–65
   parênquima, 13
   pectinas, 56–58
   plasmodesmos, *9*

principais componentes
  estruturais, 53
Paredes celulares secundárias
  células do xilema, 15, 174
  componentes e organização
    hierárquica, 48–49, 50, 66, 67
  definição, 7
  diversidade morfológica, 47–48
  esclerênquima, 13
  fibras, 13
  hemiceluloses, 54
  plasmodesmos, 9
  visão geral e funções de, 66–67
Parênquima
  bainha do feixe e parênquima
    paliçádico, 8
  componentes primários da
    parede celular, 50
  descrição de, 12–13
  parênquima do floema, 348, 351,
    352, 586
  parênquima do xilema, 241, 242
Parênquima da bainha do feixe, 8
Parênquima do floema, 348, 351,
  352, 361, 586
Parênquima do xilema, 241, 242
Pares de pontoações, 175, 176
Paris japonica, 73
Partenocarpia, 657–658
Partes aéreas estioladas, 517, 518,
  519
Particionamento, 371, 372, 376
Partícula de reconhecimento de
  sinal (PRS), 20, 21, 22
Partículas do solo
  adsorção de nutrientes minerais,
    202–204
  categorização por tamanho, 203
  contato dos pelos da raiz com,
    171
  impacto das micorrizas em, 211
Pascais (Pa), 156, 157
Pasteur, Louis, 386
Patch clamping, 224
Patógenos
  defesas de plantas contra,
    741–750 (*ver também*
    Fitopatologia)
  efetores, 742–743
  estratégias para invadir plantas,
    741–742
  morte celular programada do tipo
    resposta de hipersensibilidade,
    693, 694, 695–696
Patógenos biotróficos, 741
Patógenos hemibiotróficos, 741
Patógenos necrotróficos, 741
PC. *Ver* Fosfatidilcolina;
  Plastocianina
PC:DAG aciltransferase, 411
PC:DAG colinafosfotransferase, 411
PCD. *Ver* Morte celular programada
Pecíolos, 549, 550
Pectato de cálcio, 233
Pectina aciltransferases, 58
Pectina metilesterases, 57, 58
Pectinas
  composição e funções, 49
  estruturas e propriedades de,
    56–58
  expansão da parede celular, 62
  modelos moleculares de paredes
    celulares, 64–65

paredes celulares de gramíneas,
  54
paredes celulares primárias, 49,
  50, 53
paredes celulares secundárias, 67
placa celular, 47
realinhamento na parede celular,
  54
rigidez da parede celular, 65
síntese e entrega à parede celular,
  53–54
Pé-de-leão (*Alchemilla vulgaris*), 174
Pedra (caroço), 659
pegRNA. *Ver* RNA-guia de edição
  principal
PEGs. *Ver* Genes expressos
  paternalmente
Pelos da raiz
  absorção de água, 171
  absorção de fosfato, 208
  absorção de íons, 241
  anatomia da raiz, 8
  aparência na zona de maturação,
    207
  contato com partículas do solo,
    171
  crescimento ácido, 63
  desenvolvimento em plântulas,
    521–522
  fixação biológica simbiótica de
    nitrogênio, 723, 724
  formação de nódulos e, 432–434
  origem epidérmica, 12
  origem na zona de alongamento,
    542, 543
  sistemas radiculares de centeio,
    205
Pelos. *Ver* Tricomas
Pentose fosfato epimerase, 387
Pentose fosfato isomerase, 387
Pentose fosfatos, 380, 381
Pentoses, 48
PEP. *Ver* Fosfoenolpiruvato
PEP carboxiquinase (PEPCK)
  conversão de lipídeos de reserva
    em carboidratos e, 412, 413
  fotossíntese C_4, 299, 301, 302
Pep-13, 744
PEPCase quinase, 302
PEPCase. *Ver* Fosfoenolpiruvato
  carboxilase
PEPCK. *Ver* PEP carboxiquinase
Peperomia, 633
Pepino (*Cucumis sativus*), 193, 490,
  561, 661
Peptídeo flg 22, 108, 744
Peptídeo sinal, 20, 21, 22
Peptídeos codificados no terminal C
  (CEPs), 114, 210, 423
Peptídeos de trânsito, 276
Peptídeos, modificação de proteínas
  e, 109
Peptídeos semelhantes a EPF, 557,
  559
Pera espinhosa africana (*Opuntia
  stricta*), 305
Peras, 657
Percepção de *quorum*, 725
Perda de água
  difusão de dióxido de carbono
    para o cloroplasto e, 334
  plantas CAM, 338
  transpiração, 153–154

Perda de calor latente, 332
Perda de calor radioativa, 331
Perda de calor sensível, 331–332
Perfil metabólico, 386
Pericarpo
  definição, 506, 507
  desenvolvimento de frutos
    carnudos, 659–660
  estrutura de sementes de cereais,
    648
Periciclo
  anatomia da raiz, 8
  casca e, 10
  definição, 10, 11
  formação da periderme, 585, 586
  formação de nódulos, 432–433
  importação do floema em raízes
    em crescimento, 367
  origem de, 543, 544
  origem dos primórdios da raiz
    lateral, 573, 574, 575
Periciclo do polo do floema, 573,
  574, 586
Periciclo no polo do xilema
  formação da periderme e, 586
  formação de primórdios da raiz
    lateral e, 573, 574, 575
  organizadoras de câmbio e, 582
  plasticidade de, 586
Periderme
  câmbio suberoso e formação da,
    585–586
  definição, 10, 11, 579
  uma defesa constitutiva, 722
Perilla
  P. crispa, 599, 607, 608
  P. fruticosa, 422
Período de indução, ciclo de
  Calvin-Benson, 285–286
Período, dos ritmos circadianos,
  595, 596
Perisperma, 507
Permeabilidade da membrana
  canais, 224–226
  comparação de membranas
    artificiais com biológicas, 223
  definição, 219
  potencial de difusão, 220
  proteínas de transporte, 223–224
Peroxidases, 66, 68
Peróxido de hidrogênio
  desintoxicação, 462, 463
  desvios, por engenharia genética,
    das rotas fotorrespiratórias, 296
  fontes de, 454
  fotodanos, 273, 274
  fotorrespiração, 291, 292–293, 294
  homeostase redox celular, 297
  imunidade desencadeada por
    PRR, 744
  senescência foliar, 708
  uma espécie reativa de oxigênio,
    111, 446
Peroxirredoxinas (Prx), 462, 463
Peroxissomos, 12
  β-oxidação de ácidos graxos, 413
  biossíntese do jasmonato, 735
  desvios, por engenharia genética,
    das rotas fotorrespiratórias, 296
  estrutura celular vegetal, 16
  fotorrespiração, 291, 292–293,
    295
  funções de, 28–29

proteínas motoras e fluxo
  citoplasmático, 34
senescência foliar, 698
sistema endomembrana, 15
Pétalas
  desenvolvimento floral
    assimétrico, 620–621
  genes de identidade de órgãos
    florais, 616, 617
  hipântio, 657
  iniciação de, 614, 615
  modelo ABC de identidade de
    órgãos florais, 617, 618
  modelo quaternário de
    especificação de órgão floral,
    620
Petúnia, 90, 607, 620
Petúnia hybrida, 607
Pfr
  escape da fotorreversibilidade,
    484
  espectros de ação e absorção para
    germinação de sementes, 478,
    479
  fatores de interação do fitocromo,
    488
  forma fisiologicamente ativa do
    fitocromo, 481
  fotomorfogênese de plântulas,
    518
  interconversão com Pr, 478, 479,
    480–481
  resposta de floração em plantas
    de dias curtos, 605
  respostas à fluência muito baixa,
    485
  sinalização de fitocromo, 483
PGPR. *Ver* Rizobactérias promotoras
  do crescimento vegetal
pH
  acidificação da parede celular e
    crescimento ácido, 63–64
  crescimento apical do tubo
    polínico, 636, 637, 638
  de seiva vacuolar, 238
  efeito sobre complexos de
    Fe^{3+}-citrato, 195
  fototropismo de parte aérea, 538
  gradiente de pH do cloroplasto,
    271
  gravitropismo, 532–533
  mudanças no pH citosólico
    ou da parede celular como
    mensageiros secundários,
    110–111
  tigmotropismo radicular, 533, 534
  toxicidade do amônio e
    gradientes de pH, 420
pH do solo
  adsorção de nutrientes minerais
    pelas partículas do solo, 203, 204
  efeito na disponibilidade de
    nutrientes, microrganismos e
    crescimento radicular, 201, 204
  lixiviação e, 201
  métodos de modificação, 201
Phalaris canariensis, 114
Pharbitis, 600
  P. nil, 605
Phaseolus
  P. lunatus, 739
  P. vulgaris (*ver* Feijão comum)
Phelipanche, 118

Phleum pratense, 30, 185
Phoenix dactylifera (tamareira), 653–654, 656
PHOSPHOINOSITIDE DEPENDENT KINASE 1 (PDK1), 108
PHOT1. *Ver* Fototropina 1
PHOT2. *ver* Fototropina 2
Phyllostachys bambusoides (bambu-madeira japonês), 714
Phytophthora, 741, 744
  P. infestans, 743
Picea
  P. abies, 75, *350*
  P. sitchensis, *328*
Piericidina, 393
PIFs. *Ver* Fatores de interação do fitocromo
Pigmentos
  amadurecimento de frutas e, 660, *661*
  pigmentos acessórios, 251–252
  Ver também Pigmentos fotossintéticos
Pigmentos acessórios, 251–252
Pigmentos fotossintéticos
  espectros de absorção, 249–250, *251*
  estrutura molecular de, 250–251
  Ver também Clorofilas
Pilobolus, 594
Pilriteiros, *104*
PILs. *Ver* Proteínas do tipo PIF
PIN carreadoras de efluxo de auxina. *Ver* Proteínas PIN-FORMED
Pinaceae, 211, *213*
Pincel-do-deserto (*Castilleja chromosa*), *599*
Pinene, *729*
Pinheiro loblolly (*Pinus taeda*), 440
Pinheiro suíço (*Pinus cembra*), 714
Pinheiro-da-escócia (*Pinus silvestris*), 714
Pinheiros
  ectomicorriza, 211, *213*
  respostas fotorreversíveis induzidas pelo fitocromo, *481*
  volume do espaço aerífero, da acícula, *182*
Pinus
  ectomicorriza, 211, *213*
  P. cembra, 714
  P. longaeva, 714, *715*
  P. silvestris , 714
  respostas fotorreversíveis induzidas pelo fitocromo, *481*
  volume do espaço aerífero, da acícula, *182*
PIP_2, 411
Pipecolatos, 114
Pirabactina, 138
Piridoxal fosfato, 426
Pirofosfatase, *299*, 436–437
Pirofosfato (PP_i)
  ativação de sulfato, 436
  biossíntese de sacarose, 314, *315*
  fotossíntese C_4, *299*, 301
  glicólise, *383*, 384, 385
Piruvato
  biossíntese de aminoácidos, 427
  ciclo do ácido tricarboxílico, 381, 389–391

desvios, por engenharia genética, das rotas fotorrespiratórias, 296
  estrutura, *382*
  fermentação, *383*, 385
  fotossíntese C_4, *298*, *299*, 300, 301, 303
  glicólise, *382*, *383*, 384
  reação da enzima málica, *391*
  regulação metabólica da piruvato desidrogenase, *402*
  transporte transmembrana mitocondrial, *397*
Piruvato descarboxilase, *383*, 385
Piruvato desidrogenase
  desvios, por engenharia genética, das rotas fotorrespiratórias, 296
  regulação dinâmica da respiração, 401, 402
  regulação metabólica de, 402
  respiração mitocondrial na fotossíntese, 403
Piruvato quinase
  glicólise, *383*, 384, 385
  regulação dinâmica da respiração, 401
  regulação dinâmica de, 402
Piruvato-fosfato diquinase, *299*, 301, 302
Pistilos
  crescimento guiado do tubo polínico em, 638–639
  dicogamia, 642, *643*
  fase progâmica de reprodução, 633–634
  genes de identidade de órgãos florais e, 617
  heterostilia, 642, *643*
  início de, 615
  Locus S e mecanismos de autoincompatibilidade, 644–647
Pisum sativum. Ver Ervilha
Piteira (*Agave americana*), 714, *715*
PLA. *Ver* Fosfolipase A
Placa celular, *39*, 40, 47
Placa metafásica, 40, *77*, 78
Placas crivadas, 14–15
Placas de perfuração, *175*, 176
Placas de perfuração compostas, *175*, 176
Placas de perfuração escalariformes, *175*, 176
Placas de perfuração simples, *175*, 176
Placenta, 631
Planta de cicuta (*Cicuta*), 728, *729*
Planta de dossel, 73
Planta de gelo (*Mesembryanthemum crystallinum*), 305
Planta sensitiva, *104*, 146, 728
Plantas
  ciclos de vida, 5–7
  princípios unificadores, 4–7
  reguladores hormonais do desenvolvimento, 113–119
  tipos de tecido, 10–15
  visão geral da estrutura da planta, 7–10, *11*
Plantas actinorrízicas, 428, 430–431
Plantas agrícolas
  abscisão de órgãos, 709
  aplicação de fertilizantes em resposta a deficiências minerais, 200–201

apomixia e melhoria de futuras culturas agrícolas, 647
  efeitos da combinação de estresse pelo calor e estresse pelo déficit de água, 450
  engenharia genética, 99–101
  esterilidade masculina citoplasmática, 642–643
  fecundação dupla e, 626–627
  hidroponia e aeroponia, 193–194
  introgressão de genes de parente silvestre, 91–92
  lipídeos de membrana e sensibilidade ao frio, 411
  lipídeos e biotecnologia, 407
  melhoramento seletivo, 99
  modificando a respiração em, 404
  relação da produtividade com a luz sazonal total, 327
  translocação no floema e biotecnologia, 376
  usos de auxinas sintéticas, 121
  Ver também Agricultura; Cereais
Plantas anãs, 116
Plantas anuais, 445, 714
Plantas avasculares, 4, *5*
Plantas bianuais, 714
Plantas C_3
  efeitos do aumento dos níveis atmosféricos de CO_2 na assimilação de nitrato, 440
  razão entre isótopos de carbono, 340–341, *342*
  relações carbono-nitrogênio, 439
  taxa de transpiração, 186
Plantas C_4
  deficiência de sódio, 198
  fluxo cíclico de elétrons e síntese de ATP, 273
  níveis de CO_2 e a evolução das, 301, 337
  razão da transpiração, 186
  razão entre isótopos de carbono, 340–341, *342*
  relações carbono-nitrogênio, 440
Plantas CAM facultativas, 304, 305
Plantas com dualidade de comprimento do dia, 599
Plantas com sementes, 4, 505, 669
"Plantas da ressurreição", 655
Plantas de dias curtos (SDPs)
  comprimento da noite e indução floral, 600
  definição e descrição de, 598, 599
  fitocromo e floração, 605
  hipótese do relógio da cronometragem fotoperiódica, 601–602
  indução do florescimento por giberelina, 612
  modelo externo de coincidência de florescimento, 602, 603–604
  resposta às quebras da noite, 600–601, 605
Plantas de dias curtos qualitativas, 598
Plantas de dias curtos quantitativas, 598
Plantas de dias curtos-longos (SLDPs), 599
Plantas de dias longos (LDPs)
  definição e descrição de, 598, 599

duração da noite e indução floral, *600*
  expressão de CONSTANS e florescimento, 602–603
  fitocromo e florescimento, 605–606
  indução do florescimento por giberelina, 612, *613*
  modelo de coincidência, 602
  regulação do florescimento por fotorreceptores de luz azul, 606
  resposta às quebras da noite, 600–601, 605–606
  rota de florescimento fotoperiódico, 613
Plantas de dias longos qualitativas, 598
Plantas de dias longos quantitativas, 598
Plantas de dias longos-curtos (LSDPs), 599
Plantas de dias neutros (DNPs), 599
Plantas de sol, curvas fotossintéticas de resposta à luz, 327, *328*
Plantas de sombra
  aclimatação à qualidade da luz, 326
  curvas fotossintéticas de resposta à luz, 327
Plantas de zonas úmidas, 461–462
Plantas dioicas, 7
Plantas em forma de jarro, 230
Plantas floríferas, 4
  Ver também Angiospermas
Plantas hemiparasitas, 749
Plantas holoparasitas, 749
Plantas lenhosas, mudanças da fase juvenil para adulta, 593
Plantas monocárpicas
  definição e exemplos de, 714, *715*
  senescência e, 715–716
Plantas monoicas, 7
Plantas oleaginosas, 515
Plantas perenes
  conflitos (*trade-offs*) entre os desenvolvimentos reprodutivo e vegetativo em respostas ao estresse, 445
  definição, 714
  mutações somáticas e, 715
Plantas policárpicas, 714, 715
Plantas resistentes ao resfriamento, 464, *465*
Plantas sem sementes, 4
Plantas sensíveis ao resfriamento, 464, *465*
Plantas terrestres, 4, *5*
Plantas tolerantes ao sal, 204, 449
Plantas vasculares, 4, *5*, 669
Plântulas
  definição do estabelecimento de plântulas, 517
  desenvolvimento do ápice e dos pelos da raiz, 520–522
  desenvolvimento em claro ou escuro, 517–518, *519*
  diferenciação vascular, 520
  eixos principais de, 672
  mecanismos de crescimento diferencial, 522–526
  polaridade apical-basal, *673*, *674*
  regulação da abertura do gancho apical, 519–520

tropismos, 526–538 (*ver também* Tropismos)
Plasmídio indutor de tumores (Ti), 93–94
Plasmídio Ti, 93–94
Plasmodesmos
　carregamento apoplástico do floema, 353–354
　carregamento passivo simplástico do floema, 355, 356, 357
　citocinese, 40
　comunicação célula-célula na embriogênese, 677–678
　contatos poro-plasmodesmo, *349, 350*
　descarregamento simplástico do floema, 366
　estrutura celular vegetal, 16
　estrutura e função, 7, *9, 10*
　floema, 14–15
　fotossíntese C$_4$, 299
　fototropismo de parte aérea, 538
　função na sinalização do floema, 375
　limite de exclusão de tamanho, 375
　modelo de aprisionamento de oligômeros de carregamento do floema, 354–355
　modelo de coletor de alta pressão de transporte no floema, 361
　movimento da água nas raízes, *172, 173*
　movimentos násticos de plantas, 523
　transição foliar do dreno para a fonte, 370
　transporte de íons nas raízes, 240–241
　transporte simplástico de vírus, 10
Plasmodesmos primários, *9, 10*
Plasmodesmos secundários, *9, 10*
Plasmodium, 642
Plasmólise, 162
Plasticidade, 326
　Ver também Plasticidade fenotípica
Plasticidade fenotípica
　definição, 467
　respostas ao estresse abiótico, 467–469, *470*
PLASTID RIBOSOMAL SMALL UNIT PROTEIN 17 (PRPS17), *702, 705*
Plastídios
　amiloplastos, 514, 515 (*ver também* Amiloplastos)
　biossíntese de ácidos graxos, 407
　biossíntese de glicerolipídeos, 410, 411
　crescimento em tamanho, 31–32
　elementos crivados, 348
　fissão, 31
　membranas de, 18
　movimento na célula, 32
　papel na respiração das plantas, *380*
　rota oxidativa da pentose fosfato, 386, 388
　síntese de ácido abscísico, 125
　síntese de citocinina, 123
　síntese de estrigolactona, 127

síntese de giberelina, 121, *122*
tipos e funções de, 29–30
Plastocianina (PC)
　cobre e, 199
　esquema Z: transporte de elétrons, 261, *262,* 263
　organização da cadeia fotossintética de transporte de elétrons, 257, *258,* 259
　peptídeo de trânsito, 276
　transferência de elétrons entre o citocromo b_6f e PSI, 268
Plasto-hidroquinona
　ciclo Q, 267, 268
　esquema Z: transporte de elétrons, 261, *262,* 263
　estrutura de, *267*
　fluxo cíclico de elétrons, 273
　transporte fotossintético de elétrons, *258,* 266
Plastoquinona (PQ)
　efeitos de herbicidas na, 269, *270*
　esquema Z: transporte de elétrons, 261, *262,* 263
　estrutura de, *267*
　organização da cadeia fotossintética de transporte de elétrons, 257, *258,* 259
　partição de energia entre fotossistemas, 275
　reações redox, *267*
　transferência de elétrons da feofitina, 265–266
Plastosemiquinona, 266, *267*
PLC. *Ver* Fosfolipase C
PLD. *Ver* Fosfolipase D
PLGG1. *Ver* Transportador plastidial de glicolato/glicerato
Plumbagella, 63
Plumbago, 633
　P. zeylanica, 642
Plúmula, 506, *507*
Pneumatóforos, 405
p-nitrofenil β-D-glucuronídeo, 128
Poaceae (família das gramíneas)
　camadas de aleurona, 508
　células antípodas, 632
　células-guarda, 184, *185*
　composição da lignina, 68
　defesas químicas glicosiladas, 731
　desenvolvimento de estômatos, 558–559
　hemiceluloses da parede celular primária, 54
　lignificação e, 70
　mecanismos de absorção radicular de ferro, 234, 235
　plantas C$_4$ tolerantes ao resfriamento, 303
　pólen, 630
　resposta de flexão do coleóptilo, 103, 114, *115*
　Ver também Milho
Podocarpus, 66
Poinsétia (*Euphorbia pulcherrima*), 601
Poiseuille, Jean Leonard Marie, 176
Polaridade
　na embriogênese, 672–676
　no desenvolvimento foliar, 551–554
Polaridade de folha abaxial-adaxial, 551–553, 563

Polaridade de folha adaxial-abaxial, 551–553, 563
Polaridade foliar
　estabelecimento da identidade proximal-distal, 553–554
　estabelecimento da polaridade adaxial-abaxial, 551–553
　regulação da emergência da lâmina, 553
Polaridade proximal-distal, estabelecimento nas folhas, 553–554
Pólen
　autoincompatibilidade, 642, 643–647
　carga mutacional, 715
　ciclos de vida da planta, 6
　esterilidade masculina citoplasmática, 398
　herança uniparental de genomas citoplasmáticos, 81
Poliadenilação, *82,* 84
Políades, 628
Poliaminas, 111
Poligalacturonase, 712
Polimorfismos de nucleotídeo único (SNPs), 98
Polínia, 628
Polinização
　adesão e hidratação de grãos de pólen em superfícies de estigma, 634–635
　autopolinização e polinização cruzada, 633
　crescimento do tubo polínico, 636–641 (*ver também* Crescimento do tubo polínico)
　definição, 633
　fase programática de reprodução, 633, *634*
　formação do tubo polínico, 635–636
Polinização cruzada, 633
Polipeptídeos XIUQUI, 641
Poliploidia
　duplicação endócrina, 37–38
　endopoliploidia, 78
　indução artificial de, 79, 92
　rotas para, 78–79, *80*
　subfuncionalização e, 80
　vigor híbrido, 79–80
Polirribossomos (polissomos), 20, *24,* 698
Polissacarídeos
　lignificação, 70
　paredes celulares, 48–50 (*ver também* Polissacarídeos de matriz)
　placa celular, 47
Polissacarídeos da matriz
　células-guarda, 184
　definição, 49
　hemiceluloses, 54, *55*
　lignificação, 70
　montagem da parede celular primária, 58–59
　pectinas, 56–58
　rigidez da parede celular, 65
　síntese e entrega à parede celular, 53–54
Polissacarídeos da parede celular, 26
Polissacarídeos pécticos neutros, 57
Pólvora, 417

POLYCOMB REPRESSIVE COMPLEX 2 (PRC2), 653
Polytrichum, 481
Pontes de hidrogênio
　estrutura da água, 154, *155*
　propriedades da água e, 154–157
Ponto de checagem, ciclo celular, 37
Ponto de compensação de CO$_2$, 336, 337
Ponto de compensação de luz, 327
Ponto de compensação do dióxido de carbono, 336, 337
Pontoações
　definição, 48
　descrição de, 15
　estrutura e função em elementos de vaso, *175,* 176
　estrutura e função em traqueídes, 174, *175,* 176
Pontoações simples, 15
Pontuações areoladas, 15
Populus
　P. grandidentata, 714
　P. tremula, 739
　P. tremuloides, 715
　Ver também Álamo
Porfobilinogênio, 277
Poros
　contatos poro-plasmodesmo, *349, 350*
　elementos crivados, 348, *349,* 350
　nas paredes celulares de pólen, 629–630
　translocação do floema em gimnospermas, 361
Poros da placa crivada
　descrição de, 348, *349, 350*
　modelo de fluxo de pressão de translocação do floema, 359–360
　obstrução de, em resposta a danos, 359, 364–365
Poros nucleares
　estrutura, 19
　exportação de miRNA, 86, *87*
　síntese proteica, 20, *21*
Portões, 224
Potenciais de ação, 146–147
Potencial da água
　abertura estomática induzida por luz azul, 239
　ajuste osmótico, 460–461
　definição, 159
　germinação de sementes, 513, 514
　hidrotropismo da raiz, 534–535
　impacto do déficit hídrico em, 447, *448*
　medição, 160
　modelo de fluxo de pressão da translocação do floema, 358
　movimento da água ao longo dos gradientes de potencial hídrico, 161–162, *163*
　movimento da água da folha para a atmosfera e, 181
　potencial hídrico do solo, 170–171
　potencial mátrico, 160–161
　pressão radicular, 174
　principais fatores que influenciam, 159–160
　relação entre volume celular e pressão de turgor, 163–164

status hídrico da planta, 166–167
variabilidade dentro da planta, 163
Potencial de concentração, 218
Potencial de difusão, 220, 222
Potencial de difusão de Goldman, 222
Potencial de equilíbrio, 222, 225
Potencial de membrana
　distribuição de íons através de uma membrana, 220–221
　métodos de medição, 221
　regulação do fitocromo de, 487
　transporte de prótons, 222–223
Potencial de Nernst, 221
Potencial de pressão
　de água do solo, 170–171
　definição, 160
　medição, 160
　osmose reversa e, 162
　variabilidade dentro da planta, 163
Potencial de soluto
　definição, 160
　halófitas, 166
　manutenção da pressão de turgor e do volume celular, 166–167
　medição, 160
　modelo de fluxo de pressão da translocação do floema, 358
　movimento da água para dentro e para fora das células, 161–162, *163*
　variabilidade dentro da planta, 163
Potencial elétrico, 218, 220–221
Potencial eletroquímico, 219
Potencial gravitacional, 160, 171
Potencial hídrico no solo, 170–171
Potencial hidrostático, 218
Potencial mátrico, 160–161, 513
Potencial osmótico
　abertura estomática, 185
　abertura estomática induzida por luz azul, 240
　ajuste osmótico, 460–461
　carregamento do floema, 352–353
　de água do solo, 170
　definição, 160
　pressão radicular, 174
　Ver também Potencial de soluto
Potencial químico, 159, 218–219, 270
Potrykus, Ingo, 100
Power of Movement in Plants, The (Darwin & Darwin), 114, 522
PP2A. *Ver* Proteína fosfatase 2A
PP2C. *Ver* Proteína fosfatase 2C
PPFD. *Ver* Densidade do fluxo fotônico fotossintético
PQ. *Ver* Plastoquinona
Pr
　espectros de ação e absorção para germinação de sementes, 478, *479*
　interconversão com Pfr, 478, *479*, 480–481
　resposta de floração em plantas de dias curtos, 605
　respostas à fluência muito baixa, 485
　sinalização de fitocromo, 483
Praga tardia da batata, 741, 744

Precipitação
　produtividade do ecossistema e, *154*
　razão de isótopos de carbono vegetal e, 342
Precursores do elemento crivado, 581
Precursores do elemento crivado do protofloema, 581, 582
Prenilação, 109
Pré-procâmbio, 562–563, 564
Pré-prófase, 38, *39*
Pressão
　potencial hídrico e, 159, 160
　pressão hidrostática, 156–157
　unidades de, 156, *157*
Pressão de raiz, 174, 181
Pressão de turgor
　células flácidas, 161
　definição, 153, 160
　expansão da parede celular, 62–63
　fechamento estomático induzido por ABA em resposta ao estresse hídrico, 186, 466
　função na coordenação das atividades de fonte e dreno, 374
　impacto do déficit hídrico em, 447, *448*
　modelo de fluxo de pressão da translocação do floema, 358, 360–361
　movimentos estomáticos, 184–185
　mudanças no volume celular, 163–164
　murcha, 163
　reciclagem de membranas plasmáticas, 26
　vantagens de manter uma pressão positiva, 166–167
Pressão hidrostática
　definição, 156–157
　estado metaestável da água no xilema da árvore, 179–180
　pressão de raiz, 174
　pressão de turgor, 160
　tensão, 160
　teoria da coesão-tensão do transporte de água no xilema, *178, 179*
Priestly, Joseph, 252
Primeira lei de Fick, 158
Primexina, 629
Primórdio modular, 432–433
Primórdios foliares
　ápice caulinar, *8*
　desenvolvimento vascular, 560–562
　embriogênese de milho, 671
　estabelecimento da polaridade, 551–553
　filotaxia, 573
　formação dos meristemas axilares e, 548–549
　formação pelo meristema apical do caule, 545, 547–548
Primula kewensis, 24
Proantocianidina, 652, 653
Procâmbio
　desenvolvimento das nervuras foliares, 560, 561–562, 563

em embriogênese, 683
raízes, 581–582
Processo Haber-Bosch, 418
Processos de transporte em membranas
　análises cinéticas de, 228
　canais, *223*, 224–226
　carreadores, *223*, 226
　proteínas de transporte e, 223–224
　transporte ativo primário, 226
　transporte ativo secundário, 226–227
Produção de calor
　oxidase alternativa e respiração resistente ao cianeto, 398–399
　proteína desacopladora, 399–400
Produtividade de grãos, *154*
Produtividade do ecossistema, importância da água, 153, *154*
Produtividade quântica da fotossíntese
　definição, 253, 327
　eficiência da fotossíntese e, 255, 256, 333, *334*
　fotoinibição e, 330
Produtividade quântica máxima da fotossíntese, 327
Prófase
　meiose, 77, 78
　mitose, 38, *39*
Profilina, 32, *33*
Profilos, 614
Projeto Crop Wild Relatives, 92
Prolaminas, 516, *517*
Prolina, 231, 394, *427*, 461
Prolina desidrogenase, 394
Promotor mínimo, 81–83
Promotor principal, 81–83
Promotor proximal, 83
Promotores
　estrutura e função, 81–83
　no DNA mitocondrial, 398
　regulados pela luz, 487
Promotores regulatórios, 81–82, 83
Propágulos, *651*
Propiconazol, 127
Pró-plastídios, 30–31
Propriedades reológicas, 62
Propriedades viscoelásticas, 62
Prosópis (algaroba), 205, *750*
Prosopis, 205, *750*
Protândrica, 642, *643*
Protea, 204
Proteaceae, 204, 206, 211
Proteases, 516, 517, 692–693, 698
Proteases aspárticas, 516
Proteases de serina, 516
Proteassomas, 22
Proteassomo 26S, 22, *140*, 141
Proteção cruzada, 451
Proteção molecular, 463
PROTEIN KINASE ASSOCIATED WITH BREVIX RADIX (PAX), 108, 538
Proteína 2/3 relacionada à actina (Arp 2/3), 32, *33*
Proteína ACS7, 707
Proteína ARGONAUTE (AGO), *87*, 88, 89
Proteína AtAHA2, 236, *237*
Proteína AtMYB2, 716
Proteína AtNAP, 707

Proteína AUX1
　crescimento nutacional nas raízes das plântulas, 523
　desenvolvimento dos pelos de raízes, 522
　gravitropismo, 529
　modelo em chafariz do transporte de auxina, 527, *528*
　modelo quimiosomótico de transporte de auxina, *129*, 130
　regulação de, 131
Proteína AXR4, 131
Proteína BASL, 558
Proteína BDL, 682
Proteína BF, 661
Proteína BFN1, 693
Proteína BIFUNCIONAL NUCLEASE1 (BFN1), 693
Proteína BITTER FRUIT (BF), 661
Proteína BITTER LEAF (BL), 661
Proteína BL, 661
Proteína BODNELOS, 682, *688*
Proteína BRASSINOSTEROID INSENSITIVE 1 (BRI1), 108, 136, *137, 138*
Proteína BRASSINOSTEROID INSENSITIVE 2 (BIN2), 136, *137, 138*
Proteína BREAKING OF ASYMMETRY IN THE STOMATAL LINEAGE (BASL), 558
Proteína BRI1. *Ver* Proteína BRASSINOSTEROID INSENSITIVE 1
Proteína carreadora de acil (ACP), 407, 409–410, 411
Proteína Cas9, 96, 97–98
　Ver também a tecnologia CRISPR-Cas9
Proteína CIRCADIAN CLOCK-ASSOCIATED 1 (CCA1), 706, 707, 740
Proteína CLE. *Ver* Proteína relacionada à região circundante de CLAVATA3/embrião
Proteína CO. *Ver* Proteína CONSTANS
Proteína COI1. *Ver* Proteína CORONATINE-INSENSITIVE1
Proteína com domínio de ligação a RNA de fita dupla (dsRBP), 86
Proteína CONSTANS (CO)
　florescimento em plantas de dias longos, 602–603
　florescimento induzido por giberelina, 612
　mecanismos moleculares de florescimento em ambientes naturais, 604
　mediação pela proteína FT no florescimento, 608
　modulação por criptocromos no florescimento, 606
　rota fotoperiódica de florescimento, 613
Proteína CONSTITUTIVE DIFFERENTIAL GROWTH1 (CDG1), 136, *138*
Proteína CONSTITUTIVE PHTOMORPHOGENESIS 1 (COP1)
　formação estomática, 558

fotomorfogênese induzida por fitocromo, 489–490, 518
inibição da degradação por criptocromos nucleares, 493
respostas à UV, 500, *501*
Proteína CONSTITUTIVE TRIPLE RESPONSE 1 (CTR1), 133, *135*, 136
Proteína COP1. *Ver* Proteína FOTOMORFOGÊNESE CONSTITUTIVA 1
Proteína CORONATINE-INSENSITIVE1(COI1), 141, 708, 735, *736*
Proteína CP12, 289, *290*
Proteína CP43, 265, *266*
Proteína CP7, 265, *266*
Proteína CRE1. *Ver* Proteína CYTOKININ RESPONSE 1
Proteína CrRLK1, 109, 638
Proteína CTR1. *Ver* CONSTITUTIVE TRIPLE RESPONSE 1
Proteína Cullin, *140*, 141, *142*, *143*
Proteína CYCLOPS, 432
Proteína CYTOKININ RESPONSE 1(CRE1), 132, *133*, *134*, 684
Proteína D1, 264, *265*, *266*, 275
Proteína D2, 264, *265*, *266*
Proteína de capeamento de actina, 113
Proteína de início de nódulo (NIN), 432
Proteína de ligação à clorofila de captação de luz II (LHCP II), 698, *699–700*
Proteína desacopladora (UCP), *393*, *396*, *397*, 399–400
Proteína EC1, 642
Proteína EEL, 705, *706*
Proteína ERECTA, 557, 559
Proteína ERF1, 136
Proteína ESR, 703, *704*
Proteína ETHYLENE-INSENSITIVE LIKE (EIL), 133, *135*
Proteína Fe, 434
Proteína FHY1, 483
Proteína FHY1-LIKE (FHL), 483
Proteína fluorescente amarela (YFP), *359*, 360
Proteína FMO1, 746
Proteína fosfatase 2A (PP2A), 136, *138*, 302, 305
Proteína fosfatase 2C (PP2C)
expansão celular induzida por auxina, 526
fechamento estomático, 113, *468*
PP2C.D1, 526
sinalização do ácido abscísico, 138, 139, 707
Proteína GI, 144, *145*
Proteína GN. *Ver* Proteína GNOM
Proteína GNOM (GN), 679–680, 681, 682
Proteína HAPLESS2 (HAP2), 642
Proteína HASTY, 86, *87*
Proteína HDA9, *702*, *703*, 704
Proteína HetP, 429
Proteína HISTONE DESACETYLASE 9 (HDA9), *702*, *703*, *704*
Proteína IDA, 712, *713*

Proteína INFLOSCENCE DEFICIENT IN ABSCISSION (IDA), 712, *713*
Proteína interativa CESA 1 (CSI1), 62
Proteína IQD1, 734
Proteína KNAT1, 712, *713*
Proteína KNAT1/BP, 712, *713*
Proteína KNOTED-LIKE FROM *ARABIDOPSIS* THALIANA (KNAT1), 712, *713*
Proteína KNOTED-LIKE FROM *ARABIDOPSIS* THALIANA1/BREVIPEDICELLUS (KNAT1/BP), 712, *713*
Proteína KNOTTED, 547
Proteína LATERAL SUPPRESSOR (LS), 548–549, 711
Proteína LHCP II, 698, *699–700*
Proteína LHW, 684, *685*
Proteína LONESOME HIGHWAY (LHW), 684, *685*
Proteína LS. *Ver* Proteína LATERAL SUPPRESSOR
Proteína MACROCALYX (MC), 664, 711
Proteína MADS-RIN, 663, 664
Proteína MC. *Ver* Proteína MACROCALYX
Proteína MC9, 693
Proteína METACASPASE 9 (MC9), 693
Proteína MoFe, 434
Proteína NAC-NOR, 663
Proteína NIN, 432
Proteína NINJA, 141, *143*
Proteína NON-YELLOW COLORING 1 (NYC1), *706*
Proteína NYC1, *706*
Proteína ORESARA1 (ORE1), 702–703, 705, *706*, 707
Proteína Oryza sativa NAC2 (OsNAC2), 707
Proteína OsNaC, 707
Proteína PDK1, 108
Proteína PETAL LOSS (PTL), 582, *583*
Proteína PHABULOSA (PHB), 687
Proteína PHB, 687
Proteína PHLOEM INTERCALATING WITH XYLEM (PXY), 582, *583*, 584
Proteína PHOSPHATE TRANSPORTER 1 (PHT1), 438
Proteína PHT1, 438
Proteína PKS, 489, 537–538
Proteína POWERDRESS (PWR), 703, *704*
Proteína PRPS17, *702*, 705
Proteína PsaA, 268, *269*
Proteína PsaB, 268, *269*
Proteína PsbS, 274
Proteína PTL, 582, *583*
Proteína PWR, 703, *704*
Proteína PXY. *Ver* Proteína PHLOEM INTERCALATING WITH XYLEM
Proteína PYL. *Ver* Proteína PYR1-LIKE
Proteína PYR1. *Ver* Proteína PYRABACTINA RESISTANCE1
Proteína PYR1-LIKE (PYL), 139, 707

Proteína PYRABACTIN RESISTANCE1 (PYR1), 138, 707
Proteína quinase BLUE LIGHT SIGNALING 1 (BLUS1), 499–500, 538
Proteína quinase BLUS1, 499–500, 538
Proteína quinase induzida por estresse (SIPK), 734
Proteína quinase induzida por lesão (WIPK), 734
Proteína quinase PAX, 108, 538
Proteína quinase SIPK, 734
Proteína quinase SUPPRESSOR OF PHYTOCHROME A1 (SPA1), 489, 493, 500, *501*
Proteína quinase WIPK, 734
Proteína RabG3b, 695–696
Proteína radial, 9, 10
Proteína relacionada à região circundante de CLAVATA3/embrião (CLE), 114, 547, 582, *583*
Proteína repressora AUX/IAA. *Ver* Proteína repressora de AUXIN/INDOLE-3-ACETIC ACID
Proteína rica em glicina, *50*
Proteína rica em prolina, *50*
Proteína Rieske ferro-sulfurosa, 266, 267
Proteína *SALICYLIC ACID INDUCTION-DEFICIENT 2* (*SID2*), 708
Proteína SARK, 705
Proteína semelhante a ERECTA, 557
Proteína SENESCENCE-ASSOCIATED RECEPTOR-LIKE KINASE (SARK), 705
Proteína SEPALLATA (SEP), *616*, 618–619, 620, 663, *664*
Proteína SGR, 699–700, *706*
Proteína SHORT VEGETATIVE PHASE (SVP), 582, *616*
Proteína *SID2*, 708
Proteína SLF/SFB, 645–646, 647
Proteína SLY1, 141, *143*, *145*
Proteína SQUAMOSA, 616, *663*
Proteína SSPP, 705
Proteína STAY-GREEN (SGR), 699–700
Proteína SUVH2, *702*, *703*, *704*
Proteína SVP, 582, *616*
Proteína TARGET OF MONOPTEROS 6 (TMO6), 582
Proteína TARGET OF MONOPTEROS7 (TMO7), 682, 686
Proteína TDIF RECEPTOR (TDR), 582, *583*
Proteína TDR, 582, *583*
Proteína TMO6, 582
Proteína TMO7, 682, 686
Proteína TOC1, 705–706, 707
Proteína TOO MANY MOUTHS, 108, 557, 559
Proteína TOPLESS (TPL), 141, *142*, *143*, 688
Proteína TPL. *Ver* Proteína TOPLESS
Proteína TWISTED DWARF1, 131
Proteína verde fluorescente (GFP, green fluorescente protein), 93, 128

Proteína WUSCHEL (WUS), 546, 547, 582, *583*, 659
Proteínas
chaperonas moleculares e escudos moleculares, 462–463, *464*
crescimento ácido e, 64
dobradas no RE, 23–24
glicosilação, 26
inativação de proteínas repressoras nas rotas de sinalização hormonal, 139–142, *143*
mobilização de reservas armazenadas em sementes, 514–515, 516, *517*
modificações de proteínas e reconfiguração de processos celulares, 109
na seiva do floema, *362*
nas paredes celulares, 49, *50*
proteínas de transporte de membrana, 15–16
proteínas móveis na sinalização do floema, 375
quebra durante a senescência foliar, 698–700
renovação, 22
sinalização do fitocromo e, 488–490
Ver também Proteínas de reserva; Proteínas de transporte
Proteínas 14-3-3
abertura estomática iniciada por luz azul, *498*, 499
fototropismo, 537
fusicoccina, 743
inativação da nitrato redutase, 421
regulação de H$^+$-ATPases, 236–237
rota de transdução de sinal de brassinosteroides, *137*, 138
Proteínas ABC. *Ver* transportadores de membrana de cassete de ligação a ATP
Proteínas ABCB (transportadores de auxina)
desenvolvimento de pelos em raízes e, 522
efluxo de auxina e, 130
fototropismo da parte aérea e, 536, 537
gravitropismo e, 530, *531*
mecanismos reguladores, 131
movimentos násticos das plantas e, 523
regulação por auxina do crescimento da gema axilar e, 569
transporte de auxina polar em plântulas, 527, *528*
Proteínas ABI, 655, 705, *706*
Proteínas ABSCISIC ACID INSENSITIVE (ABI), 655, 705, *706*
Proteínas abundantes na embriogênese tardia (LEA), 460, 463, 655
Proteínas ancoradas, *17*, 18
Proteínas antena clorofilas a/b, 260–261
Proteínas anticongelamento, 466

Proteínas ARABIDOPSIS HISTIDINE PHOSHOTRANSFER(AHP), 132, *134*, 584
Proteínas ARABIDOPSIS RESPONSE REGULATION (ARRs)
   hidrotropismo, 534–535
   manutenção da citocinina do meristema apical da raiz, 543, *544*, 545
   transdução de sinal de citocinina, 132–133, *134*
Proteínas arabinogalactanas (AGPs), 49, 50, *56*, 57
Proteínas ativadoras de GTPase (GAPs), 638
Proteínas BRANCHED (BRC), 571, 572
Proteínas BRC, 571, 572
Proteínas CC-NLR, 744–745
Proteínas CLAVATA, 114, 546–547
Proteínas com domínio dirigente, 69
Proteínas com homeodomínio e o zíper de leucina de classe III (HD-ZIP III)
   formação do meristema apical do caule, 687, *688*
   padronização adaxial-abaxial da folha, 552, *553*
   padronização do câmbio vascular, 581–582
Proteínas com zíper de leucina bHLH (bHLH-LZ)
   criptocromos, 493
   degradação DELLA, 141
   desenvolvimento dos estômatos, 556, 558
Proteínas contendo motivos CRIB interagindo com ROPs (RICs), 638
Proteínas CONVERGENCE OF BLUE LIGHT AND CO_2 (CBC), *499*, 500, *537*, 538
Proteínas da família YUCCA, 119, *120*, 709
Proteínas da membrana periférica, *17*, 18, 395
Proteínas DCL. *Ver* Proteínas DICER-LIKE
Proteínas de ARABIDOPSIS HISTIDINE KINASE (AHK), 132, *133*, *134*, 708
Proteínas de carga, 24
Proteínas de choque térmico (HSPs), 453, 462, *464*
Proteínas de fosfotransferência, 132, *133*, *134*
Proteínas de membrana
   descrição de, 18
   em bicamadas de fosfolipídeos, *17*
   localização polarizada, 18
   Ver também Proteínas de transporte
Proteínas de movimento viral, 10
Proteínas de repetição pentatricopitídica (PRR), 287
Proteínas de reserva
   em corpos lipídicos, 515
   em endosperma amiláceo, 652
   em vacúolos de armazenamento de proteínas, 514 (*ver também* Vacúolos de reserva de proteínas)
   principais famílias de proteínas de reserva nas sementes, 516, *517*
   proteínas de reserva da casca, 586
Proteínas de reserva da semente, 516, *517*
Proteínas de reserva de casca, 586
Proteínas de resistência (R), *742*, 744–745
Proteínas de resistência ao jasmonato (JAR), *735*, *736*
Proteínas de transporte
   análises cinéticas de, 228
   aquaporinas (*ver* Aquaporinas)
   canais, *223*, 224–226
   carreadoras, *223*, 226–227
   codificação de genes, 230
   definição e visão geral, 223–224
   funções de, 15–16
   H^+-pirofosfatases e H^+-ATPases do tipo P, 238
   membrana plasmática H^+-ATPases, 236–237
   para compostos contendo nitrogênio, 230–231
   tonoplasto H^+-ATPase, 236–237
   transportadores de ânions, 233–234
   transportadores de cátions, 231–233
   transportadores de tonoplastos e auxina, 121
   transportadores para íons metálicos e metaloides, 234–235
   visão geral dos transportadores da membrana plasmática e do vacúolo, 228–230
Proteínas de transporte em membranas. *Ver* Proteínas de transporte
Proteínas DELLA
   degradação dependente de proteassomo, *140*
   florescimento induzido por giberelina, 612
   partenocarpia, 658
   sinalização de giberelina, *140*, 141, *143*, 144, 145
Proteínas DICER-LIKE (DCL), 86, *87*, 88, 89
Proteínas do coatômero tipo II (COPII), 24, *25*
Proteínas do relógio, 144, *145*
Proteínas do tipo 2, 26
Proteínas do tipo calcineurina-B (CBLs), 110
Proteínas do tipo calmodulina, 110
Proteínas do tipo PIF (PILs), 488
Proteínas dos substratos da fitocromo quinase (PKS), 489, 537–538
Proteínas ESCRT, 27
Proteínas F-box
   autoincompatibilidade gametofítica, 645–647
   complexos Skp1/SCF, *140*, 141, *142*, *143*
   família KISS ME DEADLY, 133
Proteínas fosfatases do tipo 2A, 496
Proteínas fosfatases específicas de serina/treonina, 109
Proteínas G, 106
Proteínas GLK, 705, *706*, *707*
Proteínas GOLDEN2-LIKE (GLK), 705, *706*, *707*
Proteínas Hd. *Ver* Proteínas Heading-date
Proteínas HD-ZIP III. *Ver* Proteínas com homeodomínio e o zíper de leucina de Classe III
Proteínas Heading-date (Hd), 603–604, 608, *616*
Proteínas integrais de membrana
   ancoragem na membrana, 22
   bicamadas de fosfolipídeos, *17*
   de tilacoides, 257
   descrição e tipos de, 18
   enzimas dessaturases, 410
   F_0F_1-ATP sintase, 395
   fotossíntese anoxigênica, 259
   síntese, 20, *21*, 22
Proteínas JAR, *735*, *736*
Proteínas KISS ME DEADLY (KMD), 133, 141
Proteínas KMD. *Ver* Proteínas KISS ME DEADLY
Proteínas KNOX
   desenvolvimento de folhas compostas e, *554*, 555
   estabelecimento da polaridade foliar adaxial-abaxial, 552, *553*
   inibição da giberelina, 123
   manutenção da proliferação no meristema apical do caule, 547
   regulação para cima da citocinina, 124
Proteínas LEA, 460, 463, 655
Proteínas motoras, 34, 36
Proteínas não enzimáticas, nas paredes celulares, 49, *50*
Proteínas NONEXPRESSOR OF PR GENES (NPR), 705, 746–747
Proteínas NONPHOTOTROPIC HYPOCOTYL (NPH), 495, 537, 538, *687*
Proteínas NPH. *Ver* Proteínas NONPHOTOTROPIC HYPOCOTYL
Proteínas NPH3/RPT2 LIKE (NRL), 537
Proteínas NPR. *Ver* Proteínas NONEXPRESSOR OF PR GENES
Proteínas NRL, 537
Proteínas P
   distribuição no lume do tubo crivado, 360
   localização e funções de, 14, 348, *349*
   na seiva do floema, 364
   obstrução dos poros da placa crivada em elementos crivados danificados, 359, 364–365
   presença em angiospermas, 348, *350*
Proteínas PANGLOSS (PAN), *558*, 559
Proteínas PEAR, 581, 582
Proteínas PHLOEM EARLY DOF (PEAR), 581, 582
Proteínas PIN. *Ver* Proteínas PIN-FORMED
Proteínas PIN-FORMED (carreadoras PIN de efluxo de auxina)
   desenvolvimento de nervuras foliares mediado por auxina, 561–562, 564
   desenvolvimento dos pelos da raiz, 522
   formação de folíolos, 554
   fototropismo da parte aérea, *537*, 538
   gravitropismo, 529, 530–532, *531*
   iniciação foliar mediada por auxina, 547–548
   modelo em chafariz de transporte de auxina, 527–528
   Quinases AGC e a ativação de, 108
   regulação por auxina do crescimento da gema axilar, 569
   sequestro de auxina no retículo endoplasmático, 121
   sinalização de auxina na embriogênese, 679, 680–681
   transporte de auxina polar, *129*, 130, 131–132
Proteínas PIN-LIKE (PIL), 121
Proteínas PLETHORA (PLT)
   formação de raízes, 576, 686–687, *688*
   manutenção do meristema apical da raiz, 543, *544*, 545
Proteínas PLT. *Ver* Proteínas PLETHORA
Proteínas PRR. *Ver* Proteínas de repetição pentatricopitídea
Proteínas quinase de interação com CBL (CIPKs), 110, 111
Proteínas quinases
   amplificação de sinal, 107
   conservação entre reinos, 106
   fechamento estomático induzido por ABA em resposta ao estresse hídrico, 467, *468*
   fosforilação de proteínas, 107
   regulação do metabolismo do amido, 312
   rotas de resposta ao estresse, *453*, 454
   tipos e funções de, 107–108
Proteínas quinases AGCVIII, 538
Proteínas quinases ativadas por mitógeno (MAPKs)
   abscisão, 712, *713*
   amplificação de sinal, 107
   defesas induzidas das plantas, 734
   imunidade desencadeada por PRR, *742*, 744
   regulação da rota da MAP quinase, 143
   rotas de resposta ao estresse, 454–455
   senescência foliar, 705, 708
Proteínas quinases de ligação ao Ca^{2+}, 108
Proteínas quinases dependentes de cálcio (CDPKs)
   defesas das plantas induzíveis, 734
   fechamento estomático induzido pelo ABA em resposta ao estresse hídrico, 468

imunidade desencadeada por PRR, *742*, 744
regulação da NADPH oxidase, 111
rotas de resposta ao estresse, 453, 454, 455
sinalização do mensageiro secundário, 110
Proteínas quinases dependentes de cálcio/calmodulina (CCaMKs), 110, 432
Proteínas R, *742*, 744–745
Proteínas reguladoras de genes, 81
Proteínas relacionadas à oclusão do elemento crivado (SEOR), *359*, 360, 364
Proteínas REPRESSOR OF UVR8, 500, *501*
Proteínas repressoras AUXIN/ INDOLE-3-ACETIC ACID (AUX/ IAA)
 degradação de na sinalização de auxina, *140*, 141, 142
 regulação de, 143–144
 repórteres de auxina e, 128
 sinalização de auxina durante a embriogênese, 682
 TMK1 e a repressão da sinalização de auxina, 526
Proteínas ricas em cisteína do *locus* S (SCRs), 645
Proteínas SCREAM (SCRM), 556
Proteínas secretoras
 movimentação vesicular, 24–26
 síntese, 20, *21*, 22, 23–24
Proteínas semelhantes a LUREs, 641
Proteínas sensoras, 132, *133, 134*, 481
Proteínas SEOR, *359*, 360, 364
Proteínas SHATTERING1-5 (SHAT1-5), 659
Proteínas sítios de ligação de nucleotídeos–repetição ricas em leucina (NLRs), *742*, 744–745, 749
Proteínas *Small Auxin Up RNAs* (*SAUR*), 526
Proteínas SWIch2/Sucrose Non-Fermentable 2 (SWI2/SNF2), 703
Proteínas TIR-NLR, 744, 745
Proteínas transmembranas, 22
Proteínas WOX (família WUSCHEL *homeobox*)
 controle de meristemas secundários, 582, *583*
 estabelecimento da identidade foliar adaxial, 552, *553*
 formação do meristema apical da raiz, 687
 manutenção do meristema apical da raiz, 543, 545
 regulação da emergência da lâmina, 553
Proteínas WRKY, *702, 703, 704*, 705
Proteínas XCP, 693
Proteômica, 92
Protoclorofilídeo, 31, 477–478
Protoclorofilídeo oxidorredutase, 277
Protoclorofilídeo *a* monovinílico, 277
Protoderme, 555, 671, 672, 675, *683*
Protoespaçadores, 96

Protofilamentos, 32
Protofloema, 367, 520, 562, 581, 582
Protoginia, 642, *643*
Protolignina, 69
Prótons
 acidificação do lume do tilacoide em *quenching* não fotoquímico, 274
 como mensageiros secundários, 110–111
 mecanismo quimiosmótico da síntese mitocondrial de ATP, 395–396
 potencial de membrana, 222–223
 transporte ativo secundário, 226–227
 transporte transmembrana mitocondrial, 396, *397*
Protoporfirina IX, 277
Protoxilema, 520, 581, 582
PRRs. *Ver* Receptores de reconhecimento de padrões
PRS. *Ver* Partícula de reconhecimento de sinal
Prunus cerasifera (abrunheiro-de-jardim), *211*
Prx. *Ver* Peroxirredoxinas
P_{SARK}, 459
Pseudogenes, 73, 74
Pseudomonas, 725
 P. aeruginosa, 725
 P. syringae, 695
 P. syringae pathovar *tomato*, 743
PSI. *Ver* Fotossistema I
Psicrômetros, 160
PSII. *Ver* Fotossistema II
PSVs. *Ver* Vacúolos de reserva de proteínas
Pterídio (*Pteridium aquilinum*), 714
Pteridium aquilinum (samambaia verdadeira), 714
Pteridófitas, 4, *5, 6*
Pteridófitas, *481*
Pterina, 421, 491–492
PTI. *Ver* Imunidade desencadeada por receptor de reconhecimento de padrões
p-Trifluorometoxicarbonilcianeto- -fenilidrazona (FCCP), 396
Pulgão de oficial-de-sala (*Aphis nerii*), *730*, 731
Pulgões
 coletando seiva do floema com, 362
 como sugadores do floema, 733
 medindo a pressão de turgor do floema com, 360
 transferência de patógenos para plantas, 741
Pululanases, *309, 310*, 312
Pulvino, 325, 728

Q

Q_{10}, 405
QR. *Ver* Quociente respiratório
qRT-PCR. *Ver* Reação em cadeia da polimerase de transcrição reversa quantitativa
Qualisoy, 407
Quanta, 248, 322–323
Quebra da noite, 600–601, 605–606
Quelação, 465–466
Quelantes, 195

Quelatos, 234–235
Quenching de clorofilas, 273, 274
Quenching não fotoquímico, 274, 328–330
Quercus, 506
 Q. robur, 593
 Q. montana, 714
 Q. rubra, 714
 Q. suber, 46, 586
 Ver também Carvalhos
Quiasma, 77, 78
Quiescência da semente, 505, 508
Quimioatraentes, 639, 640–641
Quimiosmose
 fotofosforilação e, 270–271
 modelo quimiosmótico de transporte polar de auxina, 128–130
 síntese de ATP na mitocôndria, 394–396
 visão geral do mecanismo quimiosmótico, 394–395
Quimiotaxia, 431, 639, 640–641
Quimotripsina, 736
Quinase D6PK, 131, 132
Quinase Open Stomata 1 (OST1), 453, *468*
Quinase PINOID, 108, 132
Quinase receptora HSL2, 712, *713*
Quinase semelhante ao receptor FERONIA, 638, 641
Quinases AGC, 107–108, 131, 132
Quinases citoplasmáticas semelhantes a receptores (RLCKs), *742*, 744
Quinases, conservação entre reinos, 106
Quinases dependentes de ATP, 699
Quinases receptoras, 106
Quinases semelhantes a receptores MDIS1-MIK, 641
Quinina, 586
Quitina oligossacarídeo desacetilase, 431
Quitina oligossacarídeo sintase, 431
Quociente respiratório (QR), 404

R

Rabanete, *422*
Rabl, Carl, 76
Radiação fotossinteticamente ativa (PAR), 186, 323, 324
Radiação ultravioleta (UV)
 defesas da planta contra, 475
 efeitos de, 450
 fluência e fotorrespostas, 479
 Fotorreceptor UV-A, 477
 respostas da planta a, 500–501
 UV-B, 500, *501*
Radical hidroxila
 ferro livre e, 235
 fontes de, *454*
 fotodanos, 274
 Imunidade desencadeada por PRR, 744
 uma espécie reativa de oxigênio, 446
Radical peridroxil, *454*
Radícula, *648*
 anatomia da semente, 506, *507*
 diferenciação vascular em, 520
 embriogênese do milho, 671

emergência no final da germinação, 513–514
germinação de sementes regulada pela luz, 511
tigmotropismo, 53
Ráfides, 727
Rafinose, 354, 355, 356, 362, *363*
Raios, 10, *11, 579*, 580
Raios da medula, *11*
Raios do floema, *579*
Raios do xilema, *579*
Raiz pivotante, *8*, 205, 573, 577
Raízes
 absorção de água, 171–174
 absorção de íons minerais, 207–208
 aerênquima, 461–462
 anatomia de, *520*
 arquiteturas do sistema radicular, 205–206
 assimilação de amônio, 426
 assimilação de nitrato, 422
 concentrações de íons observadas e previstas em tecido de raiz de ervilha, *221*, 222
 córtex, 13–14
 crescimento nutricional em mudas, 523
 crescimento secundário, 10, *11*
 deficiência de cálcio, 198
 deficiência de potássio, 197
 desenvolvimento do câmbio vascular, 581–582
 desenvolvimento em plântulas, 520–522
 dimensões e diversidade de, 205
 efeitos da disponibilidade de nutrientes no crescimento e desenvolvimento, 208–210
 efeitos da fertilização e irrigação em, 205
 efeitos do déficit hídrico em, 166
 efeitos do pH no crescimento, 204
 endoderme, 14
 estresse anaeróbico causado por inundação, 448–449
 estria de Caspary, 14
 estrutura e função, 7, *8*
 fixação biológica simbiótica de nitrogênio, 428, 429, 430–434, 723, *724*
 formação da periderme, *585*, 586
 formação de nódulos, 432–434
 gravitropismo, 528–533
 hidrotropismo, 534–535
 importação de floema em regiões em crescimento, 367
 interações de auxina e etileno no crescimento, 524–525
 mecanismos de absorção de ferro, 234–235
 meristemas apicais, 10
 modelo em chafariz de transporte de auxina, 527–528
 nematódeos parasitas, 748–749
 organização de tecidos em, *241*
 padrão radial durante a embriogênese e, 684–686
 plantas parasitas e, 750
 pressão de raiz, 174, 181
 quimioatração de bactérias fixadoras de nitrogênio, 431

ramificação e arquitetura, 567, 573–578
razão entre raízes e partes aéreas, 205, 468–469, *470*
regiões de crescimento apical, 206–207
resposta tripla, 519
rizotaxia, 573
rotas de transporte de água, 172–173
simbioses micorrízicas e absorção de nutrientes, 210–213
sinalização ABA regulada por auxina, 526
tigmotropismo, 533–534
transporte de auxina independente da gravidade, 526, *527*
transporte de íons em, 240–242
variabilidade nas taxas de respiração, 403
zona de depleção de nutrientes, 208
zonas de desenvolvimento, 542, *543*
Raízes adventícias
  definição, 573
  descrição de, 567
  sistemas de raízes de eudicotiledôneas, 577
  transporte de auxina independente da gravidade, 526, *527*
Raízes da coronais, 576–577
Raízes laterais
  anatomia da raiz, *8*
  ângulo do valor-alvo gravitrópico, 577–578
  definição, 10, 573
  em sistemas com raiz pivotante, 205
  origem e desenvolvimento de, 542, *543*, 573–576
  resposta das plantas à deficiência de fósforo, 209
  resposta das plantas à deficiência de nitrogênio, 210
  rizotaxia, 573
  sistemas de raízes de eudicotiledôneas, 577
Raízes nodais, 205
Raízes primárias, 205, 576–577
Raízes proteoides, 206
Raízes proteóides, 206
Raízes ramificadas, 573
  Ver também Raízes laterais
Raízes seminais, 205, 576–577
Raízes-escora, 205, 577
RALFs. *Ver* RAPID ALKALINIZATION FACTORS
RAM. *Ver* Meristema apical da raiz
Ramie, 13
Ramificação
  ângulo do valor-alvo gravitrópico, 568, *569*, 577–578
  ramificação e arquitetura da raiz, 567, 573–578
  ramificação e arquitetura do caule, 568–573
  visão geral, 567
Ramificação dicotômica, 568
Ramificações sequenciais, 572

Ramnogalacturonano I (IRGI)
  paredes celulares primárias, 56, 57, 58
  paredes celulares secundárias, 67
  paredes celulares vegetais, 49
Ramnogalacturonano II (RGII)
  boro e, 197, 636
  paredes celulares primárias, *53*, 56, 57, 58
  paredes celulares secundárias, 67
  paredes celulares vegetais, *49*
Ramnose, 48, 49, 56, 57
Ramos laterais
  ângulo do valor-alvo gravitrópico, *568*, *569*, 577–578
  "brotos em tocos de árvores" ("stool shoots"), 587
  desenvolvimento de, 568
  regulação hormonal do crescimento em, 569–571, *572*
  Ver também Gemas axilares
Ranunculus
  R. occidentalis, 48
  R. repens, 48, 347
RAPID ALKALINIZATION FACTORS (RALFs), 109, 638
Raque, *549,* 550
ra-siRNAs. *Ver* RNAs de silenciamento associados a repetições
Razão ADP:O 394, *395,* 396
Razão de Bowen, 332
Razão de transpiração, 186
Razão entre isótopos de carbono, 340–342
Razão entre raízes e partes aéreas, 205, 468–469, *470*
Razão R:FR. *Ver* Razão vermelho:vermelho-distante
Razão vermelho:vermelho-distante (R:FR)
  faixas ecológicas de, *476*
  fatores de interação do fitocromo e, 488
  fitocromo e, 481
  mecanismos moleculares de floração em ambientes naturais e, 604
  resposta de evitação à sombra, 572
  senescência foliar induzida por privação de luz, 705, *706*
RBOHs. *Ver* Homólogos da oxidase de explosão respiratória
RCARs, 139, 707
RCBs. *Ver* Corpos contendo rubisco
RCC redutase, *700*
RdRP. *Ver* RNA polimerases dependentes de RNA
Reação de Hill, 254
Reação em cadeia da polimerase de transcrição reversa quantitativa (qRT-PCR), 92
Reações anapleróticas, 391
Reações de carboxilação da fotossíntese
  acumulação e partição de fotossintatos, 305–306
  biossíntese e sinalização de sacarose, 312–316
  ciclo de Calvin-Benson, 282–290
  fixação fotossintética de carbono via C_4, 297–303

formação e mobilização do amido do cloroplasto, 306–312
interrelação com as reações luminosas, *282*
metabolismo ácido das crassuláceas, 303–305
oxigenação de rubisco e fotorrespiração, 290–297
visão geral, 281–282
visão geral dos mecanismos inorgânicos de concentração de carbono, 297
Reações de fixação do carbono
  ciclo de Calvin-Benson, 282–290
  curvas fotossintéticas de resposta à luz, 326–328
  definição, 247
  fixação fotossintética de carbono via C_4, 297–303
  localização no estroma, 257
  metabolismo ácido das crassuláceas, 303–305
  razão da transpiração e, 186
  razão entre isótopos de carbono, 340–342
  vinculação estomática da transpiração à fotossíntese e, 183
  visão geral, 254–255
  visão geral dos mecanismos inorgânicos de concentração de carbono, 297
Reações de transaminação, 425, *426*
Reações do estroma, 255
  Ver também Reações de fixação de carbono
Reações do tilacoide
  conceitos gerais subjacentes, 248–252
  esquema Z, 255, 261–263
  fluxo cíclico de elétrons e síntese de ATP, 272–273
  fotossistemas I e II, 255 (*ver também* Fotossistema I; Fotossistema II)
  luz como condutora de, 254
  mecanismos de transporte de elétrons, 261–269, *270* (*ver também* Transporte fotossintético de elétrons)
  organização do aparelho fotossintético, 256–259
  organização e função dos complexos antena, 259–261
  principais experimentos de compreensão, 252–256
  transporte de prótons e síntese de ATP, 270–273
  visão geral, 247–248, 254
Reações escuras. *Ver* Reações de carboxilação da fotossíntese
Reações luminosas da fotossíntese. *Ver* Reações dos tilacoides
Reações redox
  deficiências minerais vegetais e, 198–199
  fotossíntese como, 254, 255
  regulação da degradação do amido, 311–312
Receptáculos, 657
Receptor do tipo quinase de simbiose (SYMRK), 723, *724*
Receptor FERONIA, 109

Receptor FLAGELLIN SENSITIVE 2, 108
Receptor quinase de SERK 1/2, 712, *713*
Receptor quinase do *locus S* (SRK), 645
Receptor quinase HAESA (HAE), 712, *713*
Receptor quinase HAESA-LIKE2 (HSL2), 712, *713*
Receptor quinase PRK6, 641
Receptores
  conservação entre reinos, 105–106
  definição, 103
  localização de, 105, *106*
  receptor quinase, 106
  receptores do tipo serina/treonina quinase, 108–109
Receptores CEP 1 e 2, 210
Receptores de citocinina, 132, *134*
Receptores de etileno, 133, *135*, 136, 711
Receptores de reconhecimento de padrões (PRRs), 742, 743–744
Receptores do fator Nod (NFRs), 432, 723, *724*
Receptores do tipo glutamato (GLRs), 109, 373, 737–738
Receptores do tipo quinase (RLKs)
  crescimento do tubo polínico, 638
  detecção de patógenos em plantas, 743–744
  senescência foliar, 705
Receptores do tipo serina/treonina quinase
  mediação da rota de sinalização de brassinosteroides, 136–138
  pouco representados em outros reinos, 106
  tipos e funções de, 108–109
Receptores hormonais
  localização e conservação entre reinos, 105–106
  na regulação hormonal, 113, 114
Receptores PRS, 20, *21*, 22
Receptores RCAR/PYR/PYL ABA, *468*
Receptores TIR1/AFB, *140*, 141, 144
Receptores *Toll-like* e receptores de interleucina (TIRs), 657, 744
Reciclagem de nutrientes, durante a senescência foliar, 696, 699–700
Rede de Hartig, 212
Rede *trans* do Golgi (TGN), *24*
  exocitose, 23
  fragmoplasto, 40
  movimentação vesicular, 25–26
  reciclagem de membranas plasmáticas, 26
  sistema endomembranas, 15
Redes de genes, controlando meristemas secundários, 582–584
Redução meiótica, 78
Redundância metabólica, 384
Redutase dependente de NADH, 291, *292–293*
Reed grass (*Calamagrostis epigeios*), 714
Região homóloga à fotoliase (PHR) do criptocromo, *491*, 492, 493
Regiões organizadoras do nucléolo (RONs), 20, 74–75

Regiões subteloméricas, 74
Regra Sustentável, Ecológica, Consistente, Uniforme, Responsável, Eficiente (SECURE), 100
Regulação cruzada, 147
Regulação cruzada primária, 147
Regulação cruzada secundária, 147
Regulação cruzada terciária, 147
Regulação negativa
  receptores de etileno e, 133, 136
  rotas de sinalização hormonal, 139, 144
Regulação por retroalimentação, das rotas de sinalização hormonal, 143–144, *145*
Regulação pós-traducional da senescência foliar, *702, 704,* 705
Regulação pós-transcricional
  da expressão gênica nuclear, 86–90
  da senescência foliar, *702,* 703, 705
Regulação retrógrada, 399
Regulação traducional, da senescência foliar, *702,* 705
Regulação transcricional
  da senescência foliar, 701–703, *704*
  definição, 81
  modificações epigenéticas, 84–86
  RNA polimerase II e os mecanismos de transcrição, 81–83
  terminação da transcrição e poliadenilação, *82,* 84
Regulador de resposta, 132, *133,* 481
Reguladores do crescimento das plantas
  auxinas sintéticas, 121
  giberelinas e antagonistas das giberelinas, 123
REGULATORY COMPONENTS OF ABA RECEPTORS (RCARs), 139, 707
Regulons de resposta ao estresse, 455, *456*
Relâmpago, fixação atmosférica de nitrogênio, *418,* 419
Relaxamento do estresse, 62–63
Relógio circadiano
  dormência da gema axilar e, 573
  hipótese do relógio de cronometragem fotoperiódica, 601–602
  regulação por fotorreceptores, 494–495
  sincronização, 494
Renovação, 22
Repetições dispersas, 74
Repetições do domínio relacionado ao PAS (PRD), 482, 483
Repetições em série, 74
Repetições PRD, 482, 483
Repetições ricas em leucina (LRRs), 744
Replo, 631, 658, 659
Repórter Auxsen, 128
Repórteres baseados no domínio DII, 680
Repórteres baseados no promotor DR5, 128, 680

Repórteres para auxina, 128, 131–132
Repressores
  inativação nas vias de sinalização hormonal, 139–142, *143*
  inibição da transcrição, 83
Reprodução
  assistida por marcadores, 91–92
  cruzamento de "ponte", 92
  depressão por endocruzamento, 642
  melhoramento seletivo de plantas agrícolas, 99
Reprodução assexuada, 647
Reprodução assistida por marcadores, 91–92
Reprodução clonal, 647
Reprodução de *Arabidopsis*
  abscisão das flores, *710,* 711, 712–713
  ativação de grãos de pólen, 635–636
  celularização do endosperma cenocítico, 648–649, *650*
  células do tapete, 630
  células-mãe de pólen, 627
  crescimento do tubo polínico, 636, 638, 639, 640, 641
  desenvolvimento autônomo do endosperma, 651
  desenvolvimento da casca da semente, *653*
  desenvolvimento da zona de deiscência de frutos, 658–659
  desenvolvimento de endosperma do tipo nuclear, 647, 648–649
  desenvolvimento do rudimento seminal, 620, 631–632
  estrutura de sementes, *648*
  fase progâmica da reprodução, 633–634
  fecundação dupla, 633, 641–642
  frutificação efetiva e partenocarpia, 657, 658
  genes de identidade de órgãos florais, 616–617
  genes de identidade do meristema floral, 615
  hidratação do pólen, 635
  indução do florescimento por giberelina, 612
  iniciação de órgãos florais em verticilos, 614, 615
  luz azul e indução floral, 606
  luz vermelho-distante e indução floral, 606
  mecanismos moleculares de florescimento em ambientes naturais, 604
  meristemas florais, 613–614
  modelo ABCE de identidade de órgãos florais, 618–619
  paredes celulares do pólen, 629, 630
  proteína CONSTANS e florescimento em, 602, *603*
  regulação do florescimento pelo florígeno, 608–610
  regulação epigenética do tempo de florescimento, 456–457
  rota de floração autônoma, 613
  saco embrionário do tipo *Polygonum, 633*

  tolerância à dessecação de sementes, 655
Reprodução sexual
  apomixia, 647
  autofecundação *versus* cruzamento, 642–647
  desenvolvimento da casca da semente, 652–653
  desenvolvimento das gerações de gametófitos, 625–627
  desenvolvimento de gametófitos femininos, 630–633
  desenvolvimento do endosperma, 647–652
  desenvolvimento e amadurecimento dos frutos, 656–664
  formação de gametófitos masculinos, 627–630
  introdução, 625
  maturação de sementes e tolerância à dessecação, 653–656
  polinização e fertilização em angiospermas, 633–642 (*ver também* Fertilização dupla; Polinização)
Resgate de embriões, 92
Resgate do fenótipo, 684
Resíduos orgânicos, mineralização, 201–202
Resistência à difusão, 182–183
Resistência a herbicidas, 99–100
Resistência à quebra, 659
Resistência à quebra da vagem, 659
Resistência à tensão, da água, 156–157
Resistência ao glifosato, 99–100
Resistência da camada limítrofe, *181,* 182–183, 334, 335, 336
Resistência do mesófilo, 335–336
Resistência estomática
  definição, 182
  difusão de dióxido de carbono na folha e, 334, 335, 336
  transpiração foliar e, *181,* 182, 183
Resistência hidráulica, das folhas, 181–182
Resistência nos espaços intercelulares, 334, 335, *336*
Resistência sistêmica adquirida (SAR), 725, 741, 746
Resistossomos, *742,* 744–745
Respiração
  aquecimento global e, 404
  ciclo do ácido tricarboxílico, 388–391
  efeitos dos níveis globais elevados de CO_2 em, 338–340
  em plantas e tecidos intactos, 402–405
  fosforilação oxidativa, 391–402 (*ver também* Fosforilação oxidativa)
  glicólise, 382–386
  modificação em plantas agrícolas, 404
  ponto de compensação de CO_2 e, 336
  produção fotossintética consumida por, 403
  produção total de ATP, 396, *398*
  redes biossintética e redox de plantas e, 400–401

  regulação em vários níveis, 401–402
  rota oxidativa da pentose fosfato, 386–388
  visão geral e equação geral para, 379–382, 380, 382
Respiração aeróbia
  assimilação de oxigênio, 439
  ciclo do ácido tricarboxílico, 388–391
  definição e visão geral, 379–382
  em redes biossintéticas e redox de plantas, 400–401
  equação geral para, 380, 382
  fosforilação oxidativa, 391–402 (*ver também* Fosforilação oxidativa)
  glicólise, 382–385
  produção total de ATP, 396, *398*
  regulação em múltiplos níveis, 401–402
  rota oxidativa das pentoses fosfato, 386–388
Respiração de crescimento, 403
Respiração de manutenção, 403
Respiração resistente ao cianeto, 393–394, 398–399
Respirossomos, 392
Resposta à deficiência de nutrientes, 572
  Ver também Deficiências minerais
Resposta à lesão, 373
Resposta ao estresse abiótico
  ajustes da planta na recuperação de, 469–470
  conflitos (*trade-offs*) entre os desenvolvimentos reprodutivo e vegetativo, 445
  interações hormonais e a regulação de, 459–460
  mecanismos de percepção de estresse, 452–453
  mecanismos epigenéticos, 456–459
  mecanismos protetores fisiológicos e de desenvolvimento, 460–470
  rotas de transdução de sinal ativadas, 453–460
Resposta autônoma celular, 105
Resposta autônoma não celular, 105
Resposta de evitação à sombra, 572
Resposta de florescimento facultativo, 592
Resposta de proteína desdobrada, 23–24
Resposta hipersensível
  definição e descrição de, 741, 745–746
  morte celular programada e, 693, 694, *695–696*
Resposta obrigatória de floração, 592
Resposta primária ao nitrato, 423, *424*
Resposta qualitativa de florescimento, 592
Resposta quantitativa de florescimento, 592
Resposta tripla, *117,* 519–520
Respostas à alta irradiância (HIRs), 484, 485–486, 606

Respostas à baixa fluência (LFRs), 484–485, 486
Respostas à fluência muito baixa (VLFRs), 484–485, 486
Respostas à luz azul
    abertura estomática, 186, 239–240, 498–500
    acompanhamento do sol, 325
    cinética e tempo de atraso, 490
    fototropismo, 478, *480*, 535, 536–538 (*ver também* Fototropismo)
    movimentos de cloroplasto, 329, 496–497, *498*
    resposta de florescimento em plantas de dias longos, 606
    sincronização do relógio circadiano, 597
    visão geral, 490
Retículo endoplasmático (RE)
    autofagia, 694, *695*
    biossíntese de auxina, 119
    biossíntese de glicerolipídeos, 410–411
    biossíntese de triacilgliceróis, 407
    citocinese, 40
    complexo de Golgi, 24
    composição lipídica das membranas, *410*
    corpos lipídicos, 28
    corrente citoplasmática, 34
    estrutura e função, 23–24
    florígeno, 608, *609*
    fragmoplasto, 40
    glicosilação de proteínas, 26
    hidrotropismo da raiz, 534
    mitose, 38, *39*
    plasmodesmos, *9*
    rota de sinalização da citocinina, 132, *134*
    rota de sinalização de etileno, 133, *135*, 136
    sequestro de auxina, 121
    síntese proteica, 20, *21*, 22
    sistema endomembrana, 15
    vacúolos, 28
Retículo endoplasmático cortical, 23
Retículo endoplasmático liso
    áreas crivadas de gimnosperma, 350
    elementos crivados, 348
    estrutura celular vegetal, *16*
    funções de, 24
    translocação do floema em gimnospermas, 361
Retículo endoplasmático rugoso
    estrutura celular vegetal, *16*
    funções de, 23–24
    movimento vesicular, *25*
    síntese proteica, *21*
Reticuloplasminas, 24
Retrotransposon ONSEN, 76, 459
Retrotransposons, 75, 459
Reversão térmica, 481
Revolução Verde, 190, 567
Rhizobium, 428
    R. etli, *429*
    R. leguminosarum bv. *phaseoli*, *429*
    R. leguminosarum bv. *trifolii*, *429*
    R. leguminosarum bv. *viciae*, *429*, 431–432
    R. meliloti, 431–432
    R. tropici, *429*

Rhizophora, 405
    R. mangle, 509
Rho GTPases (ROPs), 63, 467, 638
Rhodophyceae, 281
Rhodopseudomonas palustris, 480
Rhodospirillum, *428*, 430
    R. centenum, 480
Ribose 5-fosfate, *284–285, 387,* 388
Ribossomos
    estrutura celular vegetal, *16*
    RE rugoso e, 23
    regiões organizadoras do nucléolo e, 74–75
    senescência foliar e, 698
    síntese no nucléolo, 20
    síntese proteica, 20, *21,* 22
    tipos de, 20
Ribossomos 70S, 20
Ribossomos 80S, 20
Ribulose-1,5-bifosfato (RuBP)
    carboxilação e oxigenação por rubisco, 290–291
    ciclo de Calvin-Benson, 283, 284, 285, *286*
    fotorrespiração, 291, *292–293*, 294, 295
    fotossíntese limitada por CO_2 e, 337
    metabolismo ácido das crassuláceas, 305
    modelo bioquímico da fotossíntese C_3, 322
    regulação de rubisco, 287, *288*
Ribulose-1,5-bifosfato carboxilase/oxigenase (rubisco)
    carboxilação e oxigenação de ribulose-1,5-bifosfato, 290–291
    ciclo de Calvin-Benson, 283, *284–285*
    concentração de CO_2 e limitações na fotossíntese, 336
    desvios, por engenharia genética, das rotas fotorrespiratórias, 296
    fatores de especificidade para oxigênio e dióxido de carbono, 294–295
    fixação de oxigênio e, 439
    fotossíntese C_4, 297, 298, 299, 300, 301, 302, 303, 337
    ideal térmico fotossintético e, 333
    localizada no estroma do cloroplasto, 29
    metabolismo ácido das crassuláceas, 304, 305
    modelo bioquímico da fotossíntese C_3, 322
    montagem de, 275
    oxigenação e fotorrespiração, 290–295 (*ver também* Fotorrespiração)
    quebra durante a senescência foliar, 698–699
    razão de isótopos de carbono e, 341
    regulação da atividade catalítica pela rubisco ativase, 287–288
Ribulose-5-fosfato, 381, 386, *387*, 388
Ribulose-5-fosfato epimerase, *284–285*
Ribulose-5-fosfato isomerase, *284–285*
Ribulose-5-fosfato quinase, *284–285*

Ricinus communis. *Ver* Mamona
RICs. *Ver* Proteínas contendo motivos CRIB interagindo com ROPs
RISC. *Ver* Complexo de silenciamento induzido por RNA
Risitina, 747
Ritmos circadianos
    definição, 594
    hipótese do relógio de cronometragem fotoperiódica, 601–602
    indução de florescimento por luz vermelho-distante em plantas de dias longos e, 606
    modelo de coincidência externa, 602
    mudança de fase, *596,* 597
    oscilador endógeno, 594–595
    regulação das defesas induzíveis das plantas, 739–741
    senescência foliar e, 705–706, *707*
    sincronização, 595–596, 597
    traços característicos, 595–596
Ritmos circadianos de curso livre, 596
Ritmos diel, 594, 602
RITS. *Ver* Silenciamento transcricional induzido por RNA
Rizobactérias, 725
Rizobactérias promotoras do crescimento vegetal (PGPR), 725
Rizóbio
    complexo da enzima nitrogenase, 434–435
    moléculas de sinalização na fixação simbiótica de nitrogênio, 431–432, 723, *724*
    na fixação simbiótica de nitrogênio, 428, *429*
    nódulos e formação de nódulos, 430–431, 432–434
Rizosfera
    absorção radicular de nutrientes, 207–208
    definição, 205
    zona de depleção de nutrientes, 208
Rizotaxia, 573
RLCKs. *Ver* Quinases citoplasmáticas semelhantes a receptores
RLKs semelhantes a CRRLK1, 109
RLKs. *Ver* Receptores dp tipo quinase
RNA CRISPR (crRNA), 96
RNA CRISPR transativador (tracrRNA), 96–97
RNA de fita dupla (dsRNA), 86–90
RNA de transferência (tRNA)
    RNAs móveis na sinalização do floema, 374
    senescência foliar, 698
    tradução, 20, *21*
RNA guia (gRNA), 96–97
RNA mensageiro (mRNA)
    análise transcricional, 92
    degradação, 86
    etapas básicas na expressão gênica, 20, *21,* 22
    modificação pós-transcricional e a rota do RNAi, 86–90
    na seiva do floema, 364

RNAs móveis na sinalização do floema, 374–375
    término da transcrição e poliadenilação, *82,* 84
    transcrição e a formação de, 81–83
RNA polimerase II
    término da transcrição, *82,* 84
    transcrição de sequências que codificam miRNA, 87
    transcrição gênica e, 81, 82, *83*
RNA polimerase IV, 87
RNA polimerase, transcrição gênica e, 81, 82, *83*
RNA polimerase V, 87
RNA polimerases dependentes de RNA (RdRP), 87, 90
RNA ribossômico (rRNA)
    regiões organizadoras do nucléolo e, 20, 74–75
    RNAs móveis na sinalização do floema, 374
    senescência foliar, 698
    tradução, 20, *21*
RNA-guia de edição principal (pegRNA), *98,* 99
RNAi. *Ver* Interferência de RNA
RNAs curtos (sRNAs), 458–459
    Ver também RNAs não codificadores
RNAs de interferência curtos (siRNAs), 86–88, 89, 90, 458–459, 747
RNAs de interferência pequenos. *Ver* RNAs de interferência curtos
RNAs de silenciamento associados a repetições (ra-siRNAs), 87
RNAs exógenos, rota de RNAi e, 87–88, *89*
RNAs não codificadores (ncRNAs)
    genoma nuclear, 73–74
    rota de RNAi e a regulação da atividade do mRNA, 86–90
RNases, 698
Rocha fosfatada, 201
RONs. *Ver* Regiões organizadoras do nucléolo
ROOT PHOTOTROPISM 2 (RPT2), 537
ROPs. *Ver* Rho GTPases
Rosaceae, 645–647
Rosas (*Rosa*), *593,* 726
Rota autônoma do florescimento, 592, 613
Rota da proteassoma ubiquitina
    autoincompatibilidade gametofítica, 646, *647*
    inativação de proteínas repressoras nas rotas de sinalização hormonal, 139–142, *143*
Rota de reparo de DNA de recombinação homóloga (HR), *97, 98*
Rota de reparo de DNA de união de extremidades não homóloga (NHEJ), 97
Rota de sinalização da giberelina
    inativação de proteínas repressoras em, *140,* 141–143
    localizações primárias dos receptores, *106*

mecanismos regulatórios, 144, 145
Rota do ácido chiquímico, 99–100, 388
Rota eucariótica, da biossíntese de glicerolipídeos, 410–411
Rota procariótica da biossíntese de glicerolipídeos, 410, 411
Rota redutora da pentose fosfato. *Ver* Ciclo de Calvin-Benson
Rota simbiótica comum, 723, 725
Rota SOS, 446
Rota transmembrana, do movimento da água nas raízes, 172, *173*
Rota/transporte pré-floema, *346*, 351, 355–356
Rotas de sinalização hormonal
  degradação de proteínas e a rota ubiquitina-proteassomo, 139–142, *143*
  modulação por moléculas endógenas, 144, 146
  regulação cruzada e integração de rotas, 147
  regulação negativa, 139, 144
  respostas específicas do tecido, 144
  rotas de transdução de sinal de citocinina e etileno, 132–136
  sinalização de brassinosteroides, 136–138
  terminação ou atenuação da sinalização, 143–144, *145*
  via do ácido abscísico, 138–139
Rotas de transdução de sinal
  amplificação de sinal, 106–107
  aspectos temporais e espaciais da sinalização, 104–105
  ativadas em resposta ao estresse abiótico, 453–460
  definição, 103
  esquema geral para transdução de sinal, *105*
  estudos de Darwin sobre a resposta de curvatura de coleóptilos, 103
  fosfatases e fosforilação de proteínas, 109
  mensageiros secundários, 109–113
  modificações de proteínas e, 109
  receptores, 105–106
  regulação do transporte polar de auxina, 131
  regulação negativa das roas hormonais, 139, 144
  rotas de resposta ao estresse e, 452
  sinalização de ácido abscísico, 138–139
  sinalização de citocinina, 132–133, *134*
  sinalização de etileno, 133, *135*, 136
  sinalização do fitocromo, 487–490
  sinalização do fitocromo e, 483–484
  sinalização por brassinosteroides, 136–138
  tipos e funções das proteínas quinases, 107–108
Rotenona, 393

RPT2, 537
Rubisco ativase, 287–288
Rubisco. *Ver* Ribulose-1,5-bifosfato carboxilase/oxigenase
RuBP. *Ver* Ribulose-1,5-bifosfato
Rumex crispus (labaça-crespa), 512
Rustificação, 46

S

SAA. *Ver* Aclimatação sistêmica adquirida
Sacarose
  acumulação e partição de, 305–306
  amadurecimento de frutas em morango, 663
  análises cinéticas da absorção de sacarose, 228
  carregamento do floema, 351–357
  conversão de lipídeos de reserva em sementes em germinação, 411–413
  definição, 282
  difusão através de uma membrana plasmática, 219
  estrutura, *382*
  glicólise, 380, 384
  gliconeogênese, 385
  importação de floema em tecidos-dreno, 368
  mobilização de carbono em plantas terrestres, *306*
  na seiva do floema, 361, 362, *363*
  Proteínas LEA e tolerância à dessecação de sementes, 655
  regulação dinâmica da respiração, 402
  regulação estomática, 316
  síntese (*ver* Síntese da sacarose)
  transporte do mesófilo para os elementos crivados, 351
Sacarose 6^F-fosfato sintase fosfatase, *315, 316*
Sacarose fosfato sintase, 372
Sacarose sintase, *383*, 384, 386
Sacarose-6^F-fosfato, 314, *315*
Sacarose-6^F-fosfato fosfatase, 314, *315*
Sacarose-6^F-fosfato sintase, 314, *315, 316*
Sachs, Julius von, 113
S-acilação, 109
Saco embrionário
  Arabidopsis, 631
  ciclos de vida da planta, *6*
  desenvolvimento do tipo *Polygonum*, 632–633
  fase progâmica da reprodução, 633–634
  fecundação dupla, 641–642
S-Adenosilmetionina, 124, 438
SAGs. *Ver* Genes associados à senescência
Salgueiros, 355–356, 586
Salicaceae, 211
Saliências da sequoia-vermelha, 587
Salix babylonica, 355–356
Sálvia-bastarda (*Teucrium scorondonia*), *714*
Samambaia sensitiva, *481*
Sâmaras, *506*, 656
SAR. *Ver* Resistência sistêmica adquirida

Sauromatum guttatum (lírio vodu), 399
SAVs. *Ver* Vacúolos associados à senescência
SCA. *Ver* Adesina rica em cisteína no estigma/estilete
Schistocerca americana, 733, 734
Scrophulariaceae, 645–647
SCRs. *Ver* Proteínas ricas em cisteína do *locus* S
SDGs. *Ver* Genes de senescência regulados negativamente
SDPs. *Ver* Plantas de dias curtos
Seca
  cavitação no xilema, 177, 180–181
  definição, 447
  fotossíntese CAM, 338
  processos fisiológicos afetados pela, 166
Secale cereale (centeio), 205, 611
Sedo-heptulose-1,7-bifosfatase, *284–285*, 287, 288, 289
Sedo-heptulose-1,7-bifosfato, *284–285*
Sedo-heptulose-7-fosfato, *284–285*, 387
Segregação vegetativa, 81
Segunda lei da termodinâmica
  difusão e, 157–158
  osmose e, 159
Seiva
  compostos de nitrogênio na seiva do xilema, *422*
  definição, 345
  mecanismo de coesão-tensão do transporte da seiva, 178–181
  Ver também Seiva do floema
Seiva do floema
  definição, 345
  materiais em, 361–364
  translocação (*ver* Translocação do floema)
  uso de afídeos para amostragem, 362
Seiva do xilema
  compostos de nitrogênio em, *422*
  mecanismo de coesão-tensão do transporte da seiva, 178–181
Selaginella, 521
Seleção sexual, 625
Selênio, 193
Semeadura de ar, 180
Semente de abacate, 654
Semente de manga, 654
Semente ortodoxa, 653–656
Sementes
  agricultura e sementes de trigo, 626–627
  apomixia, 647
  desenvolvimento da casca da semente, 652–653
  desenvolvimento de sementes e senescência da planta inteira, 716
  desenvolvimento do endosperma, 647–652
  dormência, 508–511 (*ver também* Dormência da semente)
  efeitos do tamanho da semente no estabelecimento de plântulas, 517
  embriogênese alternativa e células do suspensor, 688

estrutura de, 506–508, 515, *648*
exemplos de, *506*
germinação, 512–514 (*ver também* Germinação de sementes)
importação de floema, 367–368
longevidade, 653–654, 655–656
mobilização de reservas armazenadas, 514–516
pró-plastídios, 30–31
quebra da dormência, 511–512
tolerância à maturação e dessecação, 653–656
visão geral do desenvolvimento, 505–506
viviparidade e germinação precoce, 509–510
Sementes da beterraba, 507
Sementes de feno-grego, *507*
Sementes endospérmicas, 507, 508
Sementes não endospérmicas, 507
Sementes recalcitrantes, 654
Sementes verdadeiras, *506*
Senecio vulgaris (tasneira), 592
SENESCENCE-SUPPRESSED PROTEIN PHOSPHATASE (SSPP), 705
Senescência
  abscisão, 709–713
  autofagia e reciclagem de nutrientes, 696
  climatério, 403
  definição, 691
  morte celular programada, 692—696
  regulação da senescência foliar, 700–709
  senescência de plantas inteiras, 713–717
  síndrome da senescência foliar, 696–700
Senescência de órgãos, 691
Senescência de plantas inteiras, 692, 713–717
Senescência foliar
  autofagia, 696, 698–699
  autólise de proteínas do cloroplasto, 698–699
  morte celular programada, 693
  mudanças estruturais e bioquímicas durante, 698
  reciclagem de proteínas LHCP II e catabolismo da clorofila, 699–700
  regulação da, 700–709
  rotas metabólicas reguladas para cima ou para baixo durante, *701*
  tipos de, 697
  visão geral, 696–697
Senescência foliar induzida por estresse, 697
Senescência foliar relacionada ao estresse, 701
Senescência foliar sazonal, 697
Senescência foliar sequencial, 697
Sensibilidade ao resfriamento/ efeitos do estresse de, 448
  lipídeos de membrana e, 411, 463–464, *465*
Sensor biofísico de estresse, 452
Sensor bioquímico de estresse, 452
Sensor de estresse epigenético, 452
Sensor híbrido de histidinas quinase, 132

Sensores Ca^{2+}, 109–110
Sensores de gravidade, 30
Sépalas
  genes de identidade de órgãos florais e, 616, 617
  hipanto e, 657
  iniciação de, 614, 615
  modelo ABC de identidade de órgãos florais, 617, *618*
  modelo quarternário de especificação de órgão floral, *620*
Separase, 37
Septo, 631, 632, 658
Sequência AATAAA, *82*, 84
Sequências promotoras reguladoras distais, 83
Sequências repetitivas de DNA
  repetições em série e repetições dispersas, 74
  RNAS de interferência curtos, 86–88
  transposons, 75–76
Sequências simples repetidas (SSRs), 74
Sequoia sempervirens (sequoia-vermelha), 177–178, *593*, 717
Sequoiadendrom giganteum (sequoia-gigante), 357, *440*, 714
Sequoia-gigante (*Sequoiadendrom giganteum*), 357, *440*, 714
Sequoia-vermelha (*Sequoia sempervirens*), 177–178, *593*, 717
Serina
  assimilação de enxofre, *436*
  fotorrespiração, 291, *292–293*
  rota biossintética, *427*
Serina acetiltransferase, *436*, 437–438
Serina hidroximetiltransferase, 291, *292–293*, 295, 297
Serina:2-oxoglutarato aminotransferase, 291, *292–293*, 295
Seringueira (*Hevea brasiliensis*), 730
Serotonina, 727
Sesbania, 429
Sesquiterpenoides, 125
Sesquiterpenos, 747
Sexina, 629
SFA-8, *517*
Sharkey, Tom, 32
SI. *Ver* Autoincompatibilidade
Sicômoro (*Acer pseudoplatanus*), *593*
Sideróforos, 234, 235, 725
Silenciamento de genes induzido por vírus, 747
Silenciamento gênico
  cossupressão, 90
  resposta imune antiviral em plantas, 747
  rota de RNAi e, 86
Silenciamento transcricional induzido por RNA (RITS), 458
Silene, 607
Sílica, 197, 727
Sílica amorfa, 192, 197
Silicatos, 202, 727
Silício
  concentração de tecido vegetal, *191*
  em nutrição vegetal, 192, 197
  em solos, 202

Síliques, 657
Silte, 203
Simbioses
  com organismos do solo, 202
  definição, 202
  fixação biológica de nitrogênio, 428–435, 723, *724*, 725
  micorrízicas, 210–213
Simbiossomos, 433–434
Simplasto
  definição, 10, 240
  limite de exclusão por tamanho, 10
Simportadores de auxina AUXI/LAX, 129
Simporte 226, 227
Sinais
  amplificação de sinal, 106–107
  aspectos temporais e espaciais da sinalização, 104–105
  definição e visão geral de, 103–104
  esquema geral para transdução de sinal, *105*
  hormônios e, 113 (*ver também* Fitormônios)
  lipídeos como compostos de sinalização, 411
  receptores, 105–106
  transporte do floema de moléculas sinalizadoras, 373–375
Sinais poli-A, *82*, 84
Sinais secundários, 103
Sinal de localização nuclear (NLS), 19, 482, 483
Sinalização de auxina
  inativação de proteínas repressoras em, *140*, 141–143
  regulação da retroalimentação, 143–144
  respostas específicas do tecido, 144
Sinalização do fator MYC, 723
Sinalização do floema
  interação entre pressão de turgor e sinais químicos, 374
  plasmodesmos e, 375
  proteínas móveis, 375
  relevância para a biotecnologia e as mudanças climáticas, 376
  RNAs móveis, 374–375
  visão geral, 373–374
Sinalização elétrica, 146–147, 737–738
Sinalização sistêmica de demanda de nitrogênio mediada por CEP1, 423
Sinapis, 608
  S. alba, 486
  S. arvensis, 509w
Sincício, 632, 748
Sincroninação
  mecanismos moleculares, 597
  relógio circadiano, 494
  ritmos circadianos, 595–596, 597
Singamia, 626
Sinigrina, 732
Sinorhizobium, 428
  S. fredii, 429
  S. meliloti, 429
Sintases de amido, 308, *309*, 310, 312

Síntese de amido
  alocação de fotossintato e, 371–372
  enzimas-chave em, 372
  síntese de amido do cloroplasto, 307–310
Síntese de ATP
  assimilação de fosfato, 438
  ciclo do ácido tricarboxílico, 381, 389, *390*, 391
  fermentação, 385–386
  força motriz de prótons, 270–271
  fosforilação em nível de substrato, *383*, 384–385
  fosforilação oxidativa, 381, *391–392*, *393*, 394–396
  fotofosforilação no cloroplasto, 270–273
  glicólise, 382, *383*, 384–385
  na fotossíntese, 254, *258*, 259, 272–273
  na fotossíntese anoxigênica, 259
  na respiração vegetal, 382
  oxidação lipídica e, 406
  produção total em respiração aeróbia, 396, *398*
  transporte mitocondrial de elétrons, 394–396
  visão geral da respiração das plantas, 380
Síntese de proteínas "eucarióticas", 20
Síntese de proteínas "procarióticas", 20
Síntese de sacarose
  alocação de fotossintato e, 371, 372
  descrição de, 312–316
  enzimas-chave em, 372
Síntese proteica
  etapas básicas na expressão gênica, 20–22
  funções do RE rugoso, 23–24
  modificações pós-traducionais, 22
  ribossomos, 20
siRNAs. *Ver* RNAs de interferência curtos
Sistema de receptor F-box/ubiquitina ligase, 106
Sistema de transmissão de fosforilação, 132–133, *134*
Sistema dérmico, *8*, 10, 11–12
Sistema endomembrana
  complexo de Golgi, 24–26
  corpos lipídicos, 28
  funções, 15
  organelas derivadas do, 15
  peroxissomos, 28–29
  reciclagem para a membrana plasmática, 26
  retículo endoplasmático, 23–24
  sequestro de auxina, 121
  síntese proteica, 20, *21*, 22
  vacúolos, 27–28
  visão geral e funções do, 23
Sistema ferredoxina-tiorredoxina
  regulação da fotossíntese C$_4$, 302
  regulação da rota oxidativa das pentoses fosfato, 388
  regulação do ciclo de Calvin-Benson, 288–290

Sistema fundamental
  anatomia da raiz, *8*
  anatomia do caule, *8*
  anatomia foliar, *8*
  definição e descrição de, 10, 12–14
  origem de, 683
Sistemas de raízes fasciculadas, 205, 573, 576–577
Sistemas de tecidos, 10–15
Sistemas regulatórios de dois componentes
  em bactérias, 132, *133*
  rotas de sinalização de citocinina e etileno, 132–136
Sistemina, 736–737, 744
Sisymbrium officinale (erva-rinchão), 512
Sítio pré-ramificação, 574, *575*, 576
Sitosterol, 18
Slack, S.R., 298
SLDPs. *Ver* Plantas de dias curtos-longos
SNAREs, 26
SNF1-RELATED PROTEIN KINASES. *Ver* Sucrose non-Fermenting (SNF) Related Kinases
SNRKs. *Ver* Sucrose non-Fermenting (SNF) Related Kinases
Sobreiro (*Quercus suber*), 46, 586
Soja (*Glycine max*)
  ajuste foliar às mudanças de longo prazo na relação fonte-dreno, 373
  alocação de fotossintato, 372
  arquitetura do sistema radicular, 577
  comprimento da noite e indução floral, 600
  efeitos da decomposição, 716
  estudos de enxertia sobre o estímulo floral, 607
  fitoalexinas, 747
  fotossíntese C$_4$, *301*
  movimentos foliares em resposta ao estresse osmótico, *469*
  proteínas de reserva, *517*
  resistência à quebra, 659
  resposta de florescimento às quebras da noite, *601*
  rizóbios simbiontes, 429
  senescência monocárpica, *714*
  tempo de adaptação para alongamento induzido por auxina, 525
  ureídas, formas de nitrogênio, 435
Solanaceae (família da batata), 54, 645–647, 660, 747
Solanum
  S. lycopersicum (*ver* Tomateiro)
  S. pimpinellifolium, 660
  S. tuberosum (*ver* Batata)
Solos
  características físicas, 202
  características que afetam o conteúdo e o movimento da água, 169–170
  continuum solo-planta-atmosfera, *170*, 186–187
  disponibilidade de enxofre, 196

disponibilidade de nitrogênio e fósforo, 196
disponibilidade de oxigênio e respiração vegetal, 404, 405
ecossistemas de gás, 202
efeitos do estresse salino nas plantas, *448*, 449
fosfato em, 438
hidrotropismo da raiz, 534–535
impacto das micorrizas em, 211
mecanismos de absorção de ferro pelas raízes, 234–235
movimento de nutrientes para as raízes por fluxo de massa ou difusão, 208
nutrição mineral vegetal e, 202–205
rizobactérias, 725
salinização, 204
solos serpentinos, 445
sulfato em, 435
tigmotropismo da raiz, 533-534
Ver também Solos argilosos; Solos alagados
Solos alagados
aerênquima, 461–462
disponibilidade de oxigênio e respiração vegetal, 405
estresse anaeróbio nas raízes, 448–449
fermentação, 385
Solos arenosos, 169, 170, 171
Solos argilosos
características que afetam o conteúdo e o movimento da água, 169, 170
condutividade hidráulica, 171
tamanho das partículas do solo, 203
Solos inundados. *Ver* Solos alagados
Solos salinos, 166, 204
Solos serpentinos, 445
Solução de Hoagland, 194–195
Solução de Hoagland modificada, 194–195
Soluções nutritivas
aplicações foliares, 202
em estudos nutricionais, 193–194
formulações para o rápido crescimento das plantas, 194–195
Solutos
ajuste osmótico, 460–461
manutenção da pressão de turgor e do volume celular, 166–167
potencial hídrico e, 160
Solutos compatíveis, 460–461
Solventes, água como, 154–155
SOMATIC EMBRYOGENESIS RECEPTOR KINASES 1 e 2 (SERK1/2), 712, 713
Sorbitol, 353, 362, 461
Sorgo (*Sorghum bicolor*), 732
Soro, 6
Sorting-out (classificação), 81
SPA 1. *Ver* Proteína quinase SUPPRESSOR OF PHYTOCHROME A1
Spartina, 303
Spirogyra, 253
Spodoptera
S. exigua, 733, 734
S. littoralis, 737

S-ribonuclease (S-RNase), 646–647
S-ribonuclease citotóxica (S-RNase), 646–647
SRK. *Ver* Receptor quinase do *locus S*
S-RNase. *Ver* S-ribonuclease citotóxica
SSI. *Ver* Autoincompatibilidade esporofítica
SSRs. *Ver* Sequências simples repetidas
S-Sulfoglutationa, *436*
Stadler, L.J., 90
Stanleya, 193
Status hídrico
condutividade hidráulica da membrana plasmática e, 164–165
influência das paredes celulares em, 163–164
potencial hídrico e, 166–167
processos fisiológicos afetados por, 166
Stellaria media, 422
Streptococcus thermophilus, 96
Striga, 118, 750
S. hermonthica, 119
Suaeda aralocaspica, 299, *300*, 302
Súber, *579, 580*, 585–586
Suberina, *172*, 206–207
Subfamília de proteínas PYR/PYL/RCAR, 138–139
Subfuncionalização, 80
Substituição isomorfa, 202
Subunidade de histona H2A.Z, 488
Subunidade PRSL1, 500
Succinato
ciclo do ácido tricarboxílico, 390
conversão de lipídeos de reserva em carboidratos e, *412*, 413
desvio de GABA, 391
transporte mitocondrial de elétrons, 392, *393*, 394
transporte transmembrana mitocondrial, 396, *397*
Succinato desidrogenase
ciclo do ácido tricarboxílico, 389, 390
Razão ADP:O e, 394, *395*
transporte mitocondrial de elétrons, 392, *393*
Succinil-CoA, 389, *390*
Succinil-CoA sintetase, 389, *390*, 391
Sucrose non-Fermenting (SNF) Related Kinases (SnRKs)
quinase relacionada ao SNF1 e detecção de estresse, 452
Sinalização SnRK2 e ABA, 138, 139, 707
SnRK1 e expressão gênica dependente de açúcar, 402
SnRK1 e síntese de sacarose, 315, *316*
SULFATE TRANSPORTER 2;1 (*SULTR2;1*), 439
Sulfato
assimilação de, 417, 436–438
concentrações observadas e previstas em tecidos de raiz de ervilha, *221*, 222
em solos, 204

miRNAs e sinalização de sulfato, 438–439
na seiva do floema, *362*
transporte em plantas, 435
Sulfato de sódio, 204
Sulfeto, *436*, 437
Sulfeto de hidrogênio, 204, 435
Sulfito, *436*, 437
Sulfito redutase, *436*, 437
Sulfolipídeo, *408, 410*
Sulfoquinovosildiacilglicerol, *408*
Sulfotransferases, *436*, 438
Sumuki, Yusuke, 116
Superfamília de proteínas do domínio START, 138
Superfosfato, 201
Superóxido
detoxificação, 462, *463*
efeitos de herbicidas em cloroplastos e, 269
fontes de, *454*
fotodanos e proteção contra, 273–274, 275
imunidade desencadeada por PRR, 744
sinalização ROS, 111
uma espécie reativa de oxigênio, 446
Superóxido dismutase, 273, 462, *463*
Super-resfriamento, 466
SUPPRESSOR OF VARIEGATION 3-9 HOMOLOG 2 (SUVH2), 702, 703, *704*
Surfactantes, 202
Surfactantes organossiliconados, 202
Suspensor
embriogênese alternativa e, 688
embriogênese de *Arabidopsis*, 674, 675
embriogênese do milho, 670, *671*
estrutura da semente de *Arabidopsis*, 648
SYMRK, 723, *724*

T

Tabaco (*Nicotiana tabacum*)
aparelho de Golgi, 24
células-guarda, *185*
citocinina e senescência foliar, *709*
crescimento apical do tubo polínico, *637*
efeitos do déficit hídrico na citocinina, *459*
estudos de enxertia sobre o estímulo floral, 607
fitoalexinas, 747
hidratação do pólen em estigmas, 635
"Maryland Mammoth", 598
Proteína P, 364
respostas fotoperiódicas, 598
transição foliar do dreno para a fonte, 369–370
volume do espaço aerífero foliar, 182
Tabaco "Maryland Mammoth", 598, 607
TALENs. *Ver* Nucleases com efetores do tipo ativador da transcrição
Tamanho do dreno, 372

Tamareira (*Phoenix dactylifera*), 653–654, 656
Tamareira da judeia (*Phoenix dactylifera*), 653–654, 656
Taninos condensados, 652
Tapete
autoincompatibilidade esporofítica, 644, 645
boro e, 636
definição, 627–628
formação de grãos de pólen, 627–628, 629
trifina e, 630
Tasneira (*Senecio vulgaris*), 592
TATA box, 82, 83
Taxa de transferência de massa, 357
Taxa fotossintética
fotoinibição e, 330, *331*
hipótese do fator limitante, 321
temperatura ideal, 332
Taxas respiratórias
comparadas de plantas e animais, 403
fatores ambientais que afetam, 404–405
variabilidade em diferentes tecidos e órgãos, 403–404
visão geral dos fatores que afetam, 402–403
T-DNA, 93–94
Tecido vascular
anatomia da raiz, 8
anatomia do caule, 8
anatomia foliar, 8
arranjo em raízes, 573, *574*
crescimento secundário (*ver* Crescimento secundário)
definição, 10–11
diferenciação em plântulas, 520
origem nas raízes, 543
padrões de venação foliar, 559–564
padronização radial na embriogênese, 683–684, *685*
tipos e funções de, 14–15
Tecido vascular diarco, 573, *574*
Tecido vascular tetrarca, 573, *574*
Tecido vascular triarca, 573, *574*
Tecnologia CRISPR-Cas9
descrição da, 95–97
"domesticação" do tomate e, 660
edição principal e, *98*, 99
produção do mutante *RIN-KO* de tomate, 664
reparo direcionado por homologia e, 97, *98*
Tecnologia de nocaute gênico, 97
Tegumento externo, *631, 632*, 652
Tegumento interno, 631–632, 652
Tegumentos
Arabidopsis, 631–632
ciclo de vida das angiospermas, *626*
desenvolvimento da casca da semente, 652, *653*
fase progâmica da reprodução, *634*
Teixo-do-Pacífico, 586
Telófase
meiose, 77, 78
mitose, *39*, 40
Telomerase, 715
Telômeros, 38, 74, 76

Temperatura
　curvas de resposta à temperatura da fotossíntese, 332–333
　definição, 155
　efeito na fotossíntese na folha intacta, 331–333, *334*
　efeito na respiração das plantas, 405
　efeito no desenvolvimento dos estômatos, 558
　fotossíntese C_4 e, 303
　propriedades térmicas da água, 155
　temperatura ideal para fotossíntese C_3, 303
　Ver também Estresse térmico
Temperatura alta. *Ver* Calor; Estresse térmico
Temperatura da folha
　dissipação de calor, 331–332
　impacto na transpiração, 182
　mecanismo de coesão-tensão do transporte de água no xilema e, 178
Tempo de atraso, nas respostas do fitocromo, 484
Tensão, pressão hidrostática negativa, 160
Tensão superficial, 155–156, 170–171
Teoria do equilíbrio hormonal, 510–511
Teoria endossimbiótica, 80
TEOSINTE BRANCHED/CYCLOIDEA/PCF (TCP), 705
Teosinto (*Zea mays* ssp. *parviglumis*), 99, 571, *572*
Terpenoides
　dutos de resina de coníferas, 729
　funções de, 406
　síntese de ácido abscísico, 125
　tricomas glandulares, 726
　voláteis induzidos por herbívoros, 738, 739
Terpenos, 739
Território cromossômico, 76
Testa, 506, *507, 648*
　Ver também Casca das sementes
Teto, *629*
Tétrade, 78, 628
Tetrapirrol, 276
Tetrassacarídeos, 354, 355
Teucrium scorondonia (sálvia-bastarda), *714*
TGN. *Ver* Rede *trans* do Golgi
Thermopsis montana, 322
Thrips, 733
Thymus chamaedrys (tomilho-escandinavo), *714*
Tidestromia oblongifolia, 332, *336*
Tigmotropismo, 526, 533–534
Tilacoides
　desenvolvimento a partir de corpos pró-lamelares, 31
　empilhamento de tilacoides e partição de energia entre fotossistemas, 275
　estrutura de, 256–257
　estrutura do cloroplasto, 29, *30*
　fotossistemas I e II, 257–259
　organização e função dos complexos antena, 259–261
　proteínas integrais de membrana, 257

Tilia, *347*
Tilia, 347
　T. platyphyllos, 587
TIMING OF CAB EXPRESSION 1 (TOC1) protein, 705–706, *707*
Tioglucosidase, *732*
Tióis, 465–466
Tiorredoxina, 289, 310, 462, *463*
　Ver também Sistema ferredoxina-tiorredoxina
Tirosina, *427*
TIRs. *Ver* Receptores *Toll-like* e receptores de interleucina
TMK1, 526, 538
TMK4, 538
TNT (trinitrotolueno), 417
Tolerância à dessecação, 653–656
Tolerância à seca, 164
Tolerância interna, 464–465
Tomateiro (*Solanum lycopersicum*)
　abscisão de flores, 711
　absorção de água e germinação de sementes, 513
　amadurecimento de frutas e sua regulação, 660, 661, 662, 663–664
　ápice do caule, *545*
　biomassa de raiz como função de nitrato e amônio do solo, *209*
　cromoplasto, *31*
　desenvolvimento de frutos, 659–660
　etileno e epinastia foliar, *117*
　fitoalexinas, *747*
　formação do meristema axilar, *548*
　frutos partenocárpicos, 657–658
　iniciação foliar mediada por auxina, 547, *548*
　manipulação comercial do amadurecimento, 664
　mutação *Never-ripe*, 662
　níveis de CO_2 do caule e assimilação de nitrato, *440*
　produção hidropônica, 193
　reprodução seletiva, 99
　sistemina, 744
　tricomas, *726*
Tomilho-escandinavo (*Thymus chamaedrys*), *714*
Tonoplasto
　canais, 232
　carreadores de cátions, 232
　definição, 27
　estrutura celular vegetal, *16*
　expansão de, 28
　H^+-ATPases, 237–238
　movimento da água nas raízes, 172
　proteínas de transporte, 228–230
　transportadores de membrana, 121
Torenia fournieri, 639–641
Toro, *175*, 177, 180
Toxina Bt, 100
Toxina HC, 743
Toxinas, secretadas por patógenos, 743
Toxoplasma, 642
Traço foliar, 560–562
Traços, introgressão de traços selvagens em plantas cultivadas, 91–92

tracrRNA. *Ver* RNA CRISPR transativador
Tradescantia, 12
　T. zebrina, 184
Tradução, 20, *21,* 22, *82*
Transaldolase, *387*
Transceptor de nitrato, 423, *424*
Transcetolase, *284–285, 387*
Transcrição
　métodos de avaliação, 92
　modificações epigenéticas, 84–86
　RNA polimerase II e os mecanismos de, 81–83
　sinalização do fitocromo, 483–484, 487–488
　terminação e poliadenilação, *82,* 84
　visão geral, 20, *21*
　visão geral da expressão gênica, *82*
Transcriptase reversa, *75, 98,* 99
Transcriptômica, 92
Transdiferenciação, 712
Transferência de energia de ressonância de fluorescência (FRET), 128, 259–260
Transferência de energia, pela clorofila, 250
Transformação, 93–94
Transgenes
　controvérsias no uso de, 100–101
　engenharia genética de plantas cultivadas, 99–101
　métodos de transformação de plantas, 93–94
　rota do RNAi e cossupressão, 90
Transgênicos, 99–100
Transglicosilases, 58
Transglucosidase, 311, 312
Translocação
　carregamento do xilema, 242
　definição, 217
　Ver também Translocação do floema
Translocação do floema
　carregamento do floema, 351–357
　de compostos de enxofre, 438
　de florígeno, 608, *609*
　descarga e recarga de fotossintatos, 357
　descarregamento do floema, 365–369
　em raízes, 207
　gimnospermas, 361
　introdução, 345
　materiais translocados, 361–365
　modelo de fluxo de pressão, 357–361
　padrão fonte-dreno, 346–347
　primeiros experimentos em, 347
　relevância para a biotecnologia e as mudanças climáticas, 376
　rotas de, 347–351
　taxa de transferência de massa, 357
　transição de dreno para fonte, 369–371
　transporte de moléculas de sinalização, 373–375
Translocador de ADP-glicose, 312
Translocador de fosfato/triose fosfato, *313*

Translocador de fosfoenolpiruvato fosfato, 303
Translocador de triose fosfato, 302
Translocons, 20, *21*, 22
TRANSMEMBRANE KINASE 1 (TMK1), 526, 538
TRANSMEMBRANE KINASE 4 (TMK4), 538
Transpiração
　acoplamento à fotossíntese pelos estômatos, 183
　controle estomático de, 183–186
　definição, 153
　perda de água, 153–154
　perda de calor por evaporação, 331, 332
　principais fatores que afetam, 182
　teoria da coesão-tensão do transporte de água no xilema, 178, *179*
Transportador ADP/ATP, 396, *397*
Transportador de adenina nucleotídeo, 396, *397*
Transportador de dicarboxilato, 303, 396, *397*
Transportador de glicose, 310, 312
Transportador de H^+-HPO_4^{2-} do tipo simporte, 438
Transportador de H^+-SO_4^{2-} do tipo simporte, 435
Transportador de maltose, 312
Transportador de nitrato CHL1, 423, *424*
Transportador de nitrato/peptídeo NPF3, 128
Transportador de piruvato, *397*
Transportador de piruvato dependente de Na^+, 303
Transportador de sacarose-H^+ do tipo simporte
　carregamento apoplástico do floema, 353
　importação apoplástica do floema e, 368–369
　regulação por níveis de açúcar nas folhas de origem, 374
　transição foliar do dreno para a fonte, 370, 371
Transportador de sacarose-H^+ do tipo simporte SUC2, 353, 370, 371
Transportador de sacarose-H^+ do tipo simporte SUT1, 353, 368–369
Transportador de sódio e ácido biliar do tipo simporte (BASS6), 291, 292–293
Transportador de tricarboxilato, 396, *397*
Transportador do tipo antiporte extremamente sensível ao sal (tipo SOS1.SOS1), 232
Transportador do tipo antiporte SOS1.SOS1, 232
Transportador do tonoplasto WALLS ARE THIN1 (WAT1), 121
Transportador plastidial de glicolato/glicerato (PLGG1), 291, *292–293,* 296
Transportadores ABCG, 127–128
Transportadores AMT1, *420*
Transportadores de aminoácidos, 231
Transportadores de amônia, 230
Transportadores de amônio, 230

Transportadores de ânions, 233–234
Transportadores de auxina
  desenvolvimento dos pelos da raiz, 522
  interferência hormonal em respostas ao estresse abiótico, 460
  transportadores de aminoácidos e, 231
  Ver também Proteínas ABCB; proteínas PIN-FORMED
Transportadores de boro, 235, 242
Transportadores de Ca^{2+}-H$^+$ do tipo antiporte, 233
Transportadores de cassetes de ligação ao ATP (ABC)
  efluxo de auxina e, 130
  transportadores ABCG, 127–128
  Ver também Proteínas ABCB
  visão geral, *229*, 231
Transportadores de cátion-H$^+$ do tipo antiporte, 232
Transportadores de cátions
  canais, 231–232
  carreadores, 232–233
Transportadores de cloreto, 233–234
Transportadores de fosfato, 211–212, 233–234, 396, *397*
Transportadores de H$^+$-K$^+$ do tipo simporte, 232
Transportadores de íons metálicos, 234–235
Transportadores de K$^+$-H$^+$ do tipo antiporte, *239*, 240
Transportadores de K$^+$-H$^+$ do tipo simporte, 232
Transportadores de K$^+$-Na$^+$ do tipo simporte, 232
Transportadores de metaloides, 235
Transportadores de nitrato
  absorção de nitrato, 420
  descrição de, 230, 233–234
  resposta à deficiência de nitrogênio nas raízes, 210
  sinalização de nitrato, 423, *424*
  transporte de auxina, 130
  transporte de nitrato, 422, 423
Transportadores de nitrato NRT, 130, 210, 420, 422, 423, *424*
Transportadores de peptídeos, 230–231
Transportadores de potássio, 224, 465
Transportadores de sacarose, 316
Transportadores de silício, 235
Transportadores de sulfato, 233–234, 439
Transportadores do tipo simporte, 227, *229*
Transportadores HKT, 232
Transportadores Trk/HKT, 232
Transportadores ZIP, 234
Transporte
  de íons através das barreiras da membrana, 219–223
  definição e visão geral, 217
  em células-guarda estomáticas, 238–240
  passivo e ativo, 218–219 (*ver também* Transporte ativo; Transporte passivo)
  processos de transporte em membranas, 223–228

proteínas de transporte em membranas, 228–238 (*ver também* Proteínas de transporte)
transporte de íons nas raízes, 240–242
Ver também Translocação
Transporte acrópeto, 128
Transporte apoplástico
  carregamento de floema, 351–354, 356, 357
  de íons nas raízes e, 240, 241
  definição, 10
  descarregamento do floema, 366, 368–369
  movimento da água nas raízes, 172, *173*
  movimento da água no xilema, 176
Transporte ativo
  definição, 218
  potencial químico e, 218
  transporte ativo primário, 226
  transporte ativo secundário, 226–227
  transporte de prótons e potencial de membrana, 222–223
Transporte ativo primário, 227
Transporte ativo secundário, 129–130, 226–227
Transporte de água
  absorção de água pelas raízes, 171–174
  ao longo de gradientes de potencial hídrico, 161–162, *163*
  aquaporinas, 165–166
  através das raízes, 172–174
  através do xilema, 174–181 (*ver também* Transporte de água pelo xilema)
  condutividade hidráulica da membrana plasmática, 164–165
  continuum solo-planta-atmosfera, *170*, 186–187
  da folha à atmosfera, 181–186
  introdução, 169
  osmose, 158–159
  plasticidade do sistema radicular e, 578
  propriedades da água do solo, 169–171
  transpiração, 153–154
Transporte de água pelo xilema
  bolhas de gás e cavitação, 177, 180–181
  células do xilema transportadoras de água, 174–176
  continuum solo-planta-atmosfera, *170*, 186–187
  de amidas e ureídas, 435
  desafios físicos em árvores, 178–180
  eficiência de, 177
  em raízes, 172–173, 174
  fluxo impulsionado por pressão, 176–177
  mecanismo de coesão-tensão do transporte da seiva, 178–180
  nas árvores mais altas, 177–178
Transporte de auxina
  em raízes, 522
  modelo de fonte de, 527–528
  modelo quimiosmótico de, 128–130

movimentos násticos de plantas e, 523
transporte polar, 128–132 (*ver também* Transporte de auxina polar)
Transporte de elétrons
  na fotossíntese (*ver* Transporte fotossintético de elétrons)
  na respiração (*ver* Transporte mitocondrial de elétrons)
  receptores artificiais de elétrons, 254
  semelhança do fluxo de elétrons fotossintético e respiratório, *272*
Transporte de elétrons não conservador de energia, 393–394, 398–400, 404
Transporte de longa distância
  descarregamento e recarregamento de fotossintatos durante, 357
  modelo de fluxo de pressão, 357–361
  na translocação no floema, 351
  taxa de transferência de massa, 357
Transporte de prótons
  ciclo Q, 268
  esquema Z: transporte de elétrons, 261, *262*, 263
  mecanismo quimiosmótico da síntese mitocondrial de ATP, 395–396
  oxidação da água na fotossíntese, 265
  Síntese de ATP na fotossíntese, *258*, 259
  Síntese de ATP no cloroplasto, 270–273
  transporte mitocondrial de elétrons, 392, *393*
Transporte de soluto. *Ver* Transporte
Transporte eletrogênico, 226
Transporte eletroneutro, 226
Transporte em diração ao cuale, 128
Transporte em direção à raiz, 128
Transporte fotossintético de elétrons
  bloqueio por herbicidas, 269, *270*
  características da absorção de PSI e PSII, 264
  desacoplado, 270
  esquema Z, 255, 261–263
  fluxo cíclico de elétrons e síntese de ATP, 272–273
  fotorrespiração e, 295
  mecanismos de, 261–269, *270*
  na fotossíntese anoxigênica, 259
  organização e estrutura do PSII, 264, *265*, 266
  organização na membrana tilacoide, 257–259
  oxidação da água por PSII, 264–265, *266*
  papel da feofitina e das quinonas, 265–266
  papel da plastocianina, 268
  papel do centro de reação PSI, 268–269
  papel do complexo citocromo b_6f, 266–268
  proteínas integrais de membrana tilacoide e, 257

receptores artificiais de elétrons e a descoberta de, 254
  semelhança com o fluxo respiratório de elétrons, *272*
  transferência de elétrons por clorofila em estado excitado, 263–264
  translocação de prótons e, *258*, 259, 265, 270
  visão geral, *253*, 254, 255
Transporte mitocondrial de elétrons
  descrição de, 392, *393*
  localização de, 29
  ramificações suplementares, 393–394
  semelhança com o fluxo fotossintético de elétrons, *272*
  síntese de ATP, 394–396
  transporte de elétrons não conservador de energia, 393–394, 398–400, 404
  Ver também Fosforilação oxidativa
  visão geral, 381
Transporte passivo, 218–219, 226
  Ver também Difusão
Transporte polar de auxina
  em plântulas, 526–528
  gravitropismo, 529
  hidrotropismo radicular, 535
  independência gravitacional de, 526, *527*
  modelo em chafariz de, em raízes, 527–528
  proteínas PIN, 108
  regulação de, 131–132
  regulação por auxina do crescimento da gema axilar, 569
  repórteres de auxina, 128
  supressão na formação de nódulos na raiz, 433
  termos que descrevem a direção do movimento, 526, *527*
  visão geral e modelo quimiosmótico de, 128–130
Transporte simplástico
  carregamento do floema, 351–352
  de íons nas raízes, 240–242
  de vírus, 10
  definição, 10
  descarregamento do floema, 366–368
  limite de exclusão por tamanho, 10
  movimento da água nas raízes, 172–173
  transporte pré-floema, 351
TRANSPORTER OF IBA1 (TOB1), 121
Transposons (elementos transponíveis)
  definição e classes de, 75
  etiquetagem de transposons, 90
  mutações e, 75, *76*
  regulação de, 75–76
  repetições dispersas, 74
  respostas ao estresse abiótico, 459
Transposons de DNA, 75
Traqueídes
  definição, 15
  estresse por congelamento e, 449
  estrutura e função, 174, *175*, 176

fluxo impulsionado pela pressão e, 177
paredes celulares secundárias, 66
Traqueófitos, 4, 5, 669
Tratamento por resfriamento, 511, 512
Tratamento pós-maturação, 511, 512
Trato transmissor
  autoincompatibilidade gametofítica, 646–647
  crescimento do tubo polínico, 634, 639
  definição, 632, 639
  desenvolvimento do óvulo, 632
Trealose, 312
Trealose-6-fosfato, 312, 402, 593, 708
Tremoço (*Lupinus albus*), 204, 422, 517
Tremoço, 204, 325, 330
Treonina, 427
Treonina quinase fosfatase, 302
Trevo-barril (*Medicago truncatula*), 654, 655, 724
Trevo-branco (*Trifolium repens*), 422, 599
Trevos (*Trifolium*), 429, 435, 509
Triacilgliceróis
  biossíntese, 407, 411
  características estruturais, 406
  conversão em carboidratos em sementes em germinação, 411–413
  corpos lipídicos, 28, 406–407, 517
  proporções de ácidos graxos em, 406
  visão geral, 405
Triângulo do U, 80
Trichoplusia ni (lagarta-mede-palmo), 740
Tricoblastos, 521–522
  Ver também Pelos da raiz
Tricomas
  Arabidopsis, 11, 12
  definição, 555, 726
  nas defesas das plantas, 726–727
  plasticidade fenotípica das plantas em resposta ao estresse abiótico, 467–468
Tricomas glandulares, 726, 729
"Tricomas urticantes", 727
Trifina, 630
Trifolium, 429, 435, 509
  T. repens, 422, 599
Trifosfato de guanosina (GTP)
  GTPases e crescimento do ápice do tubo polínico, 638
  tubulina e, 32, 33, 34, 35
Trifosfato de uridina (UTP), 314, 315, 383, 384
Trigo (*Triticum aestivum*)
  agricultura e, 626–627
  anatomia da semente, 507
  aplicação foliar de nitrogênio, 202
  camada de aleurona, 652
  estrutura da semente, 648
  germinação pré-colheita, 510
  introgressão de características genéticas, 91, 92
  níveis atmosféricos de CO_2 e assimilação de nitrato, 440
  reprodução seletiva, 99
  senescência foliar, 697

sistema radicular, 205
uma planta de dias longos, 599
vernalização SD, 611
Trigo de inverno, 599
Trigo do pão. *Ver* Trigo
Trinitrotolueno (TNT), 417
Triose fosfato isomerase
  ciclo de Calvin-Benson, 284–285
  glicólise, 383, 384
  inibição por 2-fosfoglicolato, 290
  interconversão de trioses fosfato, 302
  síntese de sacarose, 313
Trioses fosfato
  alocação, 371
  biossíntese de sacarose, 312–314
  ciclo de Calvin-Benson, 283–286
  conversão em sacarose no citosol, 351
  fotossíntese limitada por fosfato, 333
  glicólise, 380, 382, 383, 384
  metabolismo ácido das crassuláceas, 303, 304
  mobilização de carbono em plantas terrestres, 306
  modelo bioquímico da fotossíntese C_3, 322
  quebra do amido, 311
  transporte em plantas C_3 e C_4, 302–303
Trióxido de enxofre, 435
Tripsina, 736
Triptofano, 119, 427
Triptofano aminotransferase, 119
Trissacarídeos, 354, 355
Triticum, 506, 517
  T. aestivum (*ver* Trigo)
Troca de cátions, 2003
Trocadores de Ca^{2+}, 110
Tropismos
  definição e visão geral de, 526
  fototropismo, 535–538 (*ver também* Fototropismo)
  gravitropismo, 526–533
  hidrotropismo, 534–535
  tigmotropismo, 533–534
Tsuga canadensis (cicuta oriental), 511
Tubos crivados, 14, 348
Tubos polínicos
  ativação do grão de pólen e a formação de, 635–636
  autoincompatibilidade gametofítica, 644, 646–647
  ciclo de vida das angiospermas, 626
  componentes da parede celular primária, 50
  em fertilização dupla, 641
  fase programática de reprodução, 633, 634
  fluxo citoplasmático, 34
  zona clara, 636, 637
Tubulina
  α-tubulina, 33
  β-tubulina, 33, 34, 35
  definição, 32
  equilíbrio dinâmico na célula, 32, 33, 34, 35
  γ-tubulina, 34, 35
Tupelo-negro (*Nyssa sylvatica*), 714
Tween 80®, 202

U
Ubiquinona (ubiquinol)
  rota alternativa da oxidase, 393–394
  transporte mitocondrial de elétrons, 392, 393
Ubiquitina ligase, 22, 735, 736
Ubiquitina/ubiquitinação
  renovação de proteínas, 22
  rota da proteassoma ubiquitina e, 139, 140
  senescência foliar e, 704, 705
Ubiquitina-proteína ligase (UPL), 704, 705
UDP. *Ver* Difosfato de uridina
UDP-glicose pirofosforilase, 314, 315, 383, 384
UDP-glicose. *Ver* Difosfato de uridina-glicose
Uniconazol, 123
Urease, 199
Ureia, 199
Ureídas, 363
Urtica dioica (urtiga), 727
Urtiga (*Urtica dioica*), 727
Urze comum (*Calendua vulgaris*), 628
Urze-de-inverno (*Erica carnea*), 714
Urze-escocesa (*Calluna vulgaris*), 714
UTP. *Ver* Trifosfato de uridina
Utriculária, 75
Utricularia gibba, 75
Uvas (*Vitis*), 116, 593, 727
Uvas "Thompson sem sementes", 116

V
Vaccinium (mirtilos), 661, 739
Vacinas, plantas transgênicas e, 100
Vacúolos
  ajuste osmótico, 460–461
  armazenamento de metabólitos secundários em, 729, 730–732
  armazenamento de nitrato, 422–423
  autofagia, 694, 695
  canais de tonoplastos, 232
  carreadores de cátions, 232
  ciclo celular e, 36
  definição, 7
  estrutura celular vegetal, 16
  hiperacidificação, 238
  metabolismo ácido das crassuláceas, 303, 304
  morte celular programada do tipo vacuolar, 693, 694, 696
  movimentos estomáticos, 239, 240
  pH da seiva vacuolar, 238
  proteínas de transporte no tonoplasto, 228–230
  reciclagem de membranas plasmáticas, 26
  sequestro de íons minerais em, 204–205
  sistema endomembranas, 15
  tipos e funções de, 27–28
  transporte de auxina a partir de, 121

vacúolos associados à senescência, 698–699
V-ATPase, 226, 237–238
Vacúolos associados à senescência (SAVs), 698–699
Vacúolos de reserva de proteínas (PSVs)
  definição e funções de, 27, 508, 514
  em endosperma, 508
  em endosperma amiláceo, 652
  formação em sementes, 28
  mobilização de reservas armazenadas em sementes, 514–515, 516, 517
Vacúolos líticos, 27–28
Valina, 427
Válvulas, 631, 658–659
van Niel, C. B., 252
Vapor de água
  continuum solo-planta-atmosfera do transporte de água, 170
  razão de transpiração, 186
  teoria da coesão-tensão do transporte de água no xilema, 178, 179
  transpiração, 181, 182
Várias frutas, 657
Variegação, 81
Vasos
  definição, 15, 176
  estresse por congelamento, 449
  estrutura e função dos elementos de vaso, 175, 176
V-ATPase, 226, 237–238
Velocidade, de materiais em elementos crivados, 357
Venação paralela, 559
Venação reticulada, 559
Verbasco (*Verbascum blattaria*), 656
Verbascum blattaria (verbasco), 656
Verbena-de-areia (*Abronia umbellata*), 750
Verbena-do-deserto-arenoso (*Abronia villosa*), 599
Vermes cilíndricos, 748–749
Vernalização
  amplitude efetiva de temperatura para, 610
  competência para florescer no meristema apical do caule, 610–611
  definição, 105, 592, 610
  diversidade de rotas em, 612
  rota de vernalização de florescimento, 613
Vernalização SD, 611
Verticilos, 614–615
  Ver também Desenvolvimento de órgãos florais
Vesículas
  aparelho de Golgi e movimento vesicular, 24–26
  reciclagem de membranas plasmáticas, 26
Vesículas intraluminais, 27
Vesículas revestidas com COPI, 24, 25
Vesículas revestidas com proteína do coatômero I (COPI), 24, 25
Vespas parasitoides, 739

Via oxidativa da pentose fosfato
  em redes redox e de biossíntese
    de plantas, 400–401
  na respiração vegetal, *380*
  papéis no metabolismo vegetal,
    386, 388
  reações em, 386, *387*
  regulação de, 388
  visão geral, 380–381, 386
Vicia faba. Ver Fava
Vicilinas, 516, *517*
Vidros biológicos, 655
Vigna (ervilha-do-sul), 435
Vigor híbrido (heterose), 79–80,
  643, 647
Vilina, 32, *33*
Violaxantina, *261*, 328, 329
Violaxantina de-epoxidase, 274
Viridiplantae, 281
Vírus
  proteína HAP2 e, 642
  resposta de interferência de RNA
    vegetal, 89, 747
  transferência para plantas por
    insetos herbívoros, 741
  transporte simplástico, 10
  Ver também Patógenos; Patologia
    vegetal
Vírus de RNA, 747
Visco (*Viscum*), 749, *750*
Viscosidade, fluxo impulsionado
  pela pressão no xilema e, 176
Viscum (visco), 749, *750*
Vitamina A. *Ver* β-Caroteno
Vitamina B$_{12}$, 193
Vitamina B$_6$, 426
Vitamina C. *Ver* Ácido ascórbico
Vitamina E, 462, *463*
Vitis (uvas), 116, *593*, 727
Viviparidade, 509
VLFRs. *Ver* Respostas à fluência
  muito baixa
V$_{máx}$, 228
Voláteis de folhas verdes, 738–739
Voláteis do sabor, 661–662

Voláteis induzidos por herbívoros,
  738–739
Volatilização, *418*
Volicitina, 733
Volume celular
  benefícios de manter uma
    pressão de turgor positiva,
    166–167
  mudanças na pressão de turgor e,
    163–164
  osmose e, 159
Volume do espaço aerífero, de
  folhas, 182
von Caemmerer, Susanne, 321

X

Xanthium, 600, *601*, 607
  X. strumarium (*ver* Carrapicho)
Xanthomonas, 95, 743
Xantofilas, 274
Xantoxina, 125–126
Xenopus, 230
XET. *Ver* Xiloglucano
  endotransglucosilase
Xilano, 48, 54, *66*, 67
Xilema
  anatomia foliar, *8*
  arranjo em raízes, *573*, *574*
  caules, *8*
  crescimento secundário, 10, *11*
  definição, 11
  diferenciação em plântulas, 520
  estresse por congelamento, 449
  mecanismos de formação de
    bolhas de gás em, 180
  modelo de fluxo de pressão da
    translocação do floema, 358
  organizadoras de câmbio, 582
  padronização radial na
    embriogênese, 683–684, *685*
  raízes, *8*, 207, *241*
  resistência hidráulica da folha,
    181–182
  tipos e funções celulares, 15

  transporte de água em, 174–181
    (*ver também* Transporte de água
    pelo xilema)
  transporte de íons nas raízes, 241,
    242
  transporte de nitrato, 422–423
Xilema primário, *11*, 562, *579*, *580*
Xilema secundário
  caules lenhosos, *579*, *580*
  crescimento secundário e, 568
  definição, 10
  em raízes e caules, *11*
  funções de, 579
  produção pelo câmbio vascular,
    579–580
  regulação da diferenciação por
    fitormônios, 584–585
Xiloglucano
  estrutura, 49, 54, *55*
  expansinas e crescimento ácido,
    64
  modelos moleculares de paredes
    celulares, 64–65
  montagem da parede celular
    primária mediada por enzimas,
    58, *59*
  paredes celulares primárias, *53*
Xiloglucano endotransglucosilase
  (XET), 58, *59*
Xiloglucano endotransglucosilase/
  hidrolases (XTHs), 58, 712
Xilose, *48*, *55*
Xilosil, *54*
Xilulose-1,5-bifosfato, 287, *288*
Xilulose-5-fosfato, *284–285*, *387*
XTHs. *Ver* Xiloglucano
  endotransglucosilase/hidrolases
XYLEM CYSTEINE PEPTIDASES
  (XCPs), 693
Xylorhiza, 193

Y

Yabuta, Teijiro, 116
YFP. *Ver* Proteína fluorescente
  amarela

Z

Zaxinona, 118
ZC. *Ver* Zona central
Zea, 99
  Z. mays (*Ver* Milho)
  Z. mays ssp. *parviglumis*, 99, 571,
    572
Zeatina, *115*, 123
Zeaxantina, 274, 328–329
Zeitgebers, 596
Zenillia adamsoni, 730
Zigóteno, 77, *78*
Zigoto
  ciclos de vida da planta, 5–6
  formação de, 626, 633
  polarização, 673–676
  Ver também Embriogênese
Zinco
  concentração de tecido vegetal,
    191
  efeitos do pH do solo na
    disponibilidade, *201*
  em nutrição vegetal, *192*, 198
  mobilidade dentro da planta, *196*
Zinnia, 61
ZM. *Ver* Zona medular
Zona central (ZC), 545, *546*
Zona clara, de tubos polínicos, 636,
  637
Zona de abscisão, *709*, *710*, 711–713
Zona de alongamento
  definição e descrição de, 206–207,
    542, *543*
  formação da raiz lateral, *574*, *575*
  hidrotropismo da raiz, 534
  modelo em chafariz do
    transporte de auxina, 527–528
Zona de deficiência, 199–200
Zona de deiscência, 658–659
Zona de depleção de nutrientes, 208
Zona de maturação, 207, *574*, *575*,
  576
Zona medular (ZM), 545, *546*
Zona meristemática, 206, *207*, *542*,
  543
Zona periférica (PZ), 545, *546*
ZP. *Ver* Zona periférica